中国西南野生生物种质资源库
种子名录 2018

主编　李德铢

副主编　杨湘云　蔡　杰　张　挺　李洪涛　李拓径

谨以此书纪念中国科学院昆明植物研究所建所八十周年
暨中国西南野生生物种质资源库种子保藏物种达万种

科 学 出 版 社

北　京

内 容 简 介

本书收录了中国西南野生生物种质资源库已完成鉴定并入库保藏的种子名录，共计228科2005属10 013种（不含种下等级）。每个物种均列出了已保存种子份的数据，包括采集地、采集人和采集号等信息。本书还精选了部分已保存物种的野外生态写生照片和种子（果实）光学显微照片，以种子（果实）形态的形式，展现我国植物的多样性及其保护的最新进展。

本书可供植物学领域的研究人员、生物多样性保护、自然资源管理和政府相关决策部门参考使用。收录的物种均有对应的种子实物及相关信息，并已通过中国西南野生生物种质资源库网站（http://www.genobank.org/）向社会各界提供分发共享服务。

图书在版编目（CIP）数据

中国西南野生生物种质资源库种子名录. 2018 / 李德铢主编. —北京：科学出版社，2018.9

ISBN 978-7-03-058425-0

Ⅰ.①中… Ⅱ.①李… Ⅲ.①种子－西南地区－2018－名录 Ⅳ.①Q944.59-62

中国版本图书馆CIP数据核字（2018）第175729号

责任编辑：王海光 赵小林 / 责任校对：郑金红
责任印制：肖 兴 / 封面设计：高建旭

科学出版社 出版
北京东黄城根北街16号
邮政编码：100717
http: //www.sciencep. com

中国科学院印刷厂 印刷

科学出版社发行 各地新华书店经销

*

2018年9月第 一 版 开本：787×1092 1/16
2018年9月第一次印刷 印张：42 插页：54
字数：996 000

定价：398.00元

（如有印装质量问题，我社负责调换）

《中国西南野生生物种质资源库种子名录 2018》
编辑委员会

主　编　李德铢

副主编　杨湘云　蔡　杰　张　挺　李洪涛　李拓径

编　委（按姓氏拼音排序）

蔡　杰　杜　燕　郭永杰　郭云刚　何华杰

胡枭剑　黄　莉　李　慧　李爱花　李德铢

李洪涛　李涟漪　李梅娟　李拓径　刘　成

秦少发　亚吉东　杨　娟　杨湘云　杨娅娟

张　挺　张桥蓉　张志峰

CATALOGUE OF SEEDS 2018
GERMPLASM BANK OF WILD SPECIES

EDITORIAL COMMITTEE

序

生物多样性是自然生态系统生产和服务的基础和源泉。工业革命以来，全球人口的爆炸性增长、气候变化以及掠夺式的土地利用，导致超过 90% 的自然生境丧失，生物多样性降低的速率有可能超过了地质历史时期前五次生物大灭绝。由于人口众多，加上社会经济的快速发展，中国生物多样性保护面临的挑战日益严峻。据世界自然保护联盟（IUCN）的报告（2010），全球近 1/5 的物种面临灭绝威胁。相关专家估计，中国有 20% 以上的物种处于严重受威胁状态，有些濒临灭绝，或遗传多样性丧失殆尽，直接影响着我国的生态安全和可持续发展。联合国大会于 2010 年把 2011-2020 年确定为“生物多样性十年”，中国作为《生物多样性公约》缔约国，做出了积极响应，制定了《中国生物多样性保护战略与行动计划》（2011-2030 年）。

生物多样性在物种水平上所体现的野生生物种质资源是在亿万年的地质历史中适应性进化产生的，是现有农作物、栽培植物、家养动物和人工培养微生物的资源宝库，是培育动植物新品种的遗传物质基础。这些资源一旦消失，将不可逆转，并有可能在根本上影响生态文明建设和人类社会的持续发展。因此，通过野生生物种质资源保藏体系的建立，抢救性地保护生物多样性，对于维持生态平衡、应对全球变化具有重大现实意义。

随着科技的进步，科学家们认识到种质资源的保护对人类社会可持续发展的重要作用，许多国家都投入了大量的人力和财力开展这方面的收集与研究，并且在这一领域展开了激烈的竞争。近几十年来，各国对野生生物种质资源库的建设十分重视，美国、英国、日本、意大利、巴西和印度等国均建立了较为完整的种质资源保存体系。据联合国粮食及农业组织（FAO）的报告，全世界有近 1300 个种质资源库，保存着各类种质资源共计 600 多万份，其中种子约占 90%。目前，以种质资源库的方式收集保存农作物种质资源最多的 3 个国家是美国（51 万份）、俄罗斯（37 万份）和中国（50 万份），而保存野生生物种质资源最多的是英国（9 万份）。

“中国西南野生生物种质资源库”是我国第一个国家级野生生物种质资源库。该项目于 1999 年 8 月由国家最高科学技术奖获得者吴征镒院士向国家提出前瞻性重大建议，得到朱镕基总理的批复。经过 5 年的前期工作，于 2004 年 3 月获国家发展和改革委员会批复为重大科学工程项目。2005 年 3 月在中国科学院昆明植物研究所开工建设，2007 年建成并投入试运行，2009 年 11 月通过国家验收，投入正式运行。中国西南野生生物种质资源库根据以植物为主，兼顾动物和微生物的建设方案，以种子库、DNA 库、植物离体库、动物库、微生物库等实体库及相关信息库为目标，建成了亚洲一流、特色鲜明、“五库合一”的野生生物种质资源保藏体系。该体系的建成是我国履行《生物多样性公约》，实施可持续发展战略的重要支撑，将对我国的生物多样性保护、战略生物资源的保存和参与全球生物技术产业竞争产生积极而深远的影响。

种子是有生命的繁殖单元，当它们在母株上成熟时，绝大多数种子获得了耐干燥的能力。这些种子可以通过干燥、低温的保存方式延长寿命。20 世纪五六十年代，美国科学家 James Harrington 提出了种子保存的“经验法则”，即将种子的含水量降低 1% 或将储藏温度降低 5℃可使种子寿命延长一倍。种子库就是利用这一原理有效保存种子的。经过 12 年的运行和维护，中国西南野生生物种质资源库已在 2018 年 6 月提前实现了有效保存植物种子一万种、七万七千份的目标，保存物种数占我国植物总数的 1/3，为我国履行《生物多样性公约》、保障国家生物战略资源安全做出了切实的贡献，成效显著，来之不易，可喜可贺！

是为序。

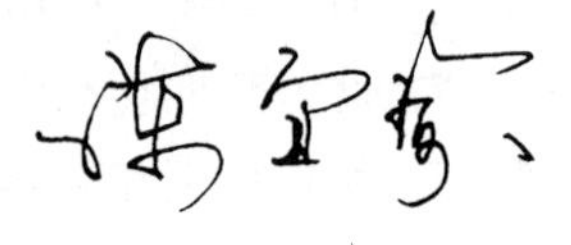

2018 年 8 月于北京

前　言

我国是全球生物多样性最丰富的国家之一，已知的高等植物有 34 000 多种，约占全世界高等植物种类的 10%，其中特有物种约占 50%。植物是生态系统的第一生产者，构成了陆地生态系统的基本景观和框架，是其他生物赖以生存的基础食物和栖息地，更是人类社会经济发展必不可少的可再生资源。种类繁多、形态各异、功能多样的植物携带着丰富的基因资源，蕴藏着巨大的社会、经济、文化、生态和科学价值，在维护全球生态平衡中发挥着不可替代的作用。

近几十年来，全球气候和环境变化及其对生物多样性的影响俱增，加上人类活动的加剧，导致资源过度采集，环境日趋恶化，野生物种的生存空间不断萎缩，分布区逐渐减少，全球和区域性生物多样性呈急剧下降态势。据初步评估，中国有 20% 以上的高等植物处于濒危或受威胁状态，不少物种濒临灭绝。开展野生生物种质资源的抢救性系统收集和保存，已成为我国生物多样性保护和生态文明建设的重要组成部分。

1999 年 8 月，由吴征镒先生提议建立野生生物种质资源库，时任国务院总理朱镕基批示同意开展项目可行性研究。经过 5 年的前期工作，国家发展改革委于 2004 年批准国家重大科学基础设施“中国西南野生生物种质资源库”（以下简称“种质资源库”）立项。2005 年种质资源库开工建设，2007 年初步建成并投入试运行，并于 2009 年 11 月通过国家验收。这是亚洲最大的野生生物种质资源保藏中心，包括种子库、DNA 库、植物离体库、动物库、微生物库。在投入试运行之初，种质资源库就按照国际标准组建了种质资源采集、鉴定及保藏团队，创建了广泛的种质资源收集、保存网络，并逐步对我国重要野生生物种质资源进行了系统性的采集和保护。目前收集保藏的种子已达到了 1 万种、7.9 万余份，为实现种质资源库国家批复的建设目标奠定了坚实的基础，成为中国野生植物的“诺亚方舟”，也为实现《全球植物多样性保护战略（2011-2020）》的相关目标做出了重要贡献。

本名录系统整理了种质资源库最主要的实体库即种子库的物种清单，统计数据截至 2018 年 6 月 30 日，每个物种均列出了已保存种子份的数据，包括采集号、采集地和采集人等信息。本书还精选了部分已保存物种的野外生态写生照片和种子（果实）光学显微照片，以种子（果实）形态的形式，展现我国植物的多样性及其保护的最新进展。

本名录物种名参考《中国植物志（英文修订版）》（*Flora of China*）及其出版后发表的类群，按物种的科、属的拉丁学名字母顺序排列。物种所属的“科”采用《中国维管植物科属词典》中“科”的范畴。因 *Flora of China* 与《中国维管植物科属词典》在一些科属的范围上发生了变化，但在种一级的水平上尚未根据国际植物命名法规进行分类学处理，故本书中“属”“种”的范畴和相关统计数据参照 *Flora of China*，中国特有种在中文名后用“*”进行标注。

本名录物种清单共收录 228 科 2005 属 10 013 种，覆盖了种质资源库所有已经完成鉴定并入库保藏的种子。其中，珍稀濒危物种、中国特有物种和具有重要经济价值的野生物种是种质资源库收集的重点，目前已保存珍稀濒危物种 669 种，包括极危（CR）物种 67 种、濒危（EN）物种 199 种、易危（VU）物种 403 种；已保存中国特有种 4035 种，占总保存物种数的 40.30%。此外，还有相当一部分无法通过种子保存的濒危和特有物种已通过离体库、活体圃、DNA 库的形式加以补充。目前，在中国科学院重大科技基础设施和国家重要野生植物种质资源共享服务平台的支持下，野生植物种子已开展分发和共享服务。

种质资源库的收集保存和运行工作在院省共建共管的框架下，得到了各方面的大力支持。国家发展改革委、科技部、财政部、生态环境部、国家林业和草原局等部委和中国科学院，以及云南省政府从立项到运行给予了大力支持；云南省林业厅、西藏自治区林业厅等地方林业部门及所属各级自然保护区在行政审批上给予支持，开展了卓有成效的采集培训和合作；中国科学院重大科技基础设施办公室、国家科技基础条件平台中心给予了项目运行和共享服务等方面的支持；种质资源库科技委员会和用户委员会在科学目标、收集保藏策略和共享服务等方面给予了把关和支持；除了自然保护区和高校与科研院所的采集网络外，还有诸多科研人员乃至普通公众积极捐赠包括普通野生稻在内的重要资源。在此，我们谨向所有关心、支持种质资源收集保存工作的各级政府部门、专家和各界人士表示衷心的感谢！

由于时间有限，书中难免存在一些错误、遗漏和不足之处，敬请读者批评指正。

谨识

2018 年 7 月于昆明黑龙潭

目　　录

中国科学院昆明植物研究所
Kunming Institute of Botany, Chinese Academy of Sciences

概　述

中国西南野生生物种质资源库（Germplasm Bank of Wild Species，以下简称“种质资源库”）是国家重大科技基础设施，由中国科学院和云南省共建，依托中国科学院昆明植物研究所运行管理。总体科学目标是建成国际上有重要影响、亚洲一流的野生生物种质资源保存设施和科学体系，使我国的生物战略资源安全得到可靠保障，为我国生物技术产业的发展和生命科学的研究源源不断地提供所需的种质资源材料及相关信息和人才，促进我国生物技术产业和社会经济的可持续发展，为我国切实履行国际公约、实现生物多样性的有效保护和实施可持续发展战略奠定物质基础。

种质资源库是我国第一个综合性的野生生物种质资源收集保藏设施，包括种子库、DNA 库、植物离体库、微生物库、动物库和信息中心。种质资源库建成后在第一个五年内已收集保存了野生生物种质资源 8444 种、74 641 份（株），在 2020 年之前拟收集保存各类种质资源 1.9 万种、19 万份（株），其中种子 1 万种、7.7 万份。

种子是种子植物生活史的重要环节，是其散布传播的主要载体，也是在复杂多变的环境中世代繁衍和生存的特殊方式。在自然条件下，植物以种子的形式从一个生长季存活到下一个生长季，且有些物种的成熟种子可进入休眠状态，在数十年乃至上百年后仍然保持活力。对种子的收集保存，能在有限的空间内，最大限度地保存一个物种的有效繁殖群体和遗传多样性。大部分植物的种子在干燥后低温条件下能长期存活，与其他生物多样性保护的手段相比，收集保存种子能更高效、更安全地保护植物的种质资源和多样性。因此，种子是种质资源库收集保存的核心资源。截至 2018 年 6 月，种质资源库收集保藏的种子已达到 10 013 种、7.9 万余份，为全球第二个收集保存野生植物种子超过万种的种子保存设施。

一、种子库的工作原理和流程

种子库是种质资源库的核心设施，按照国际同类种子库的规范建设和运行。种子库利用种子的生物学特性和现代技术，使种子在干燥和冷藏的条件下仍然可以存活数十年或数百年，甚至上千年。在将来的生态恢复、种群重建或资源利用的过程中需要某些物种时，可以利用种子库中保存的种子进行培育和扩繁。

在野生植物的收集保存过程中，珍稀濒危物种（endangered）、地区性特有物种（endemic）和具有重要经济价值的物种（economically important）是优先采集保存的对象。为了使收集保存的种子有足够的数量用于长期保存、研究和利用，种质资源库设置的标准是每份种子的采集保存量不少于 2500 粒，对于珍稀、濒危或种子非常难以获得的物种，每份种子的最低保存量应不少于恢复该物种一个野外居群的最低种子量，即每份种子最少保存 500 粒。

采集的种子到达种子库后，将放置于空气相对湿度为 15%、温度为 15℃的干燥间内进行干燥，经过清理、X 光检验、计数等环节，密封保存于 –20℃的冷库中长期储存。每份种子在储存期间都要进行种子萌发试验，测试种子的活力，摸索种子萌发的最适条件并且定期（5-10 年）进行重复检测（图 1）。

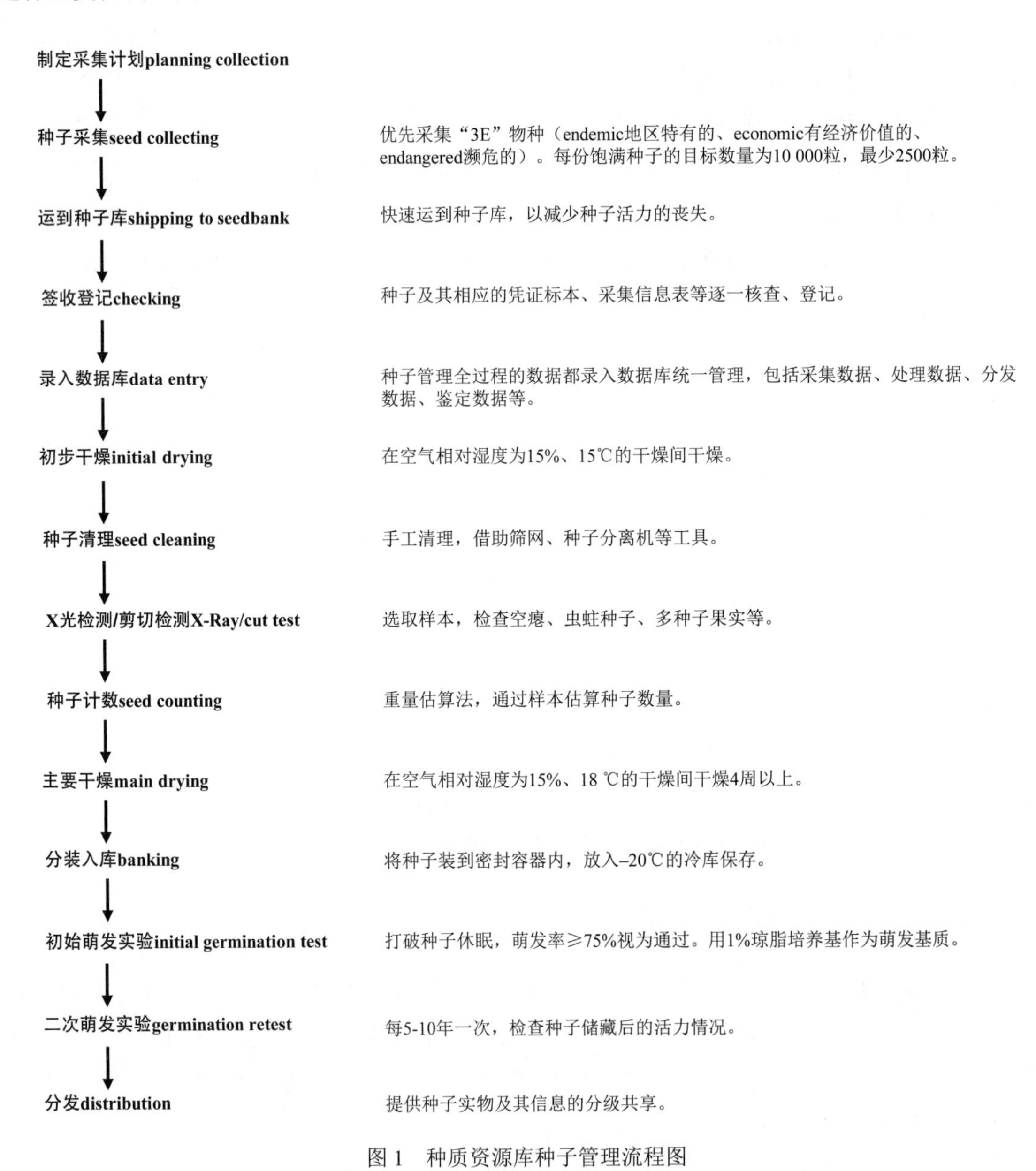

图 1　种质资源库种子管理流程图

二、种子采集保存简史

种质资源库种子收集保存的历史以 2009 年国家验收为分界线，可分为两个时期。第一个时期从种质资源库2005年开工建设到2009年国家验收之前，根据“边建设、边运行”的原则，以种质资源库自主采集和国家自然科技资源共享平台项目的支持，开拓种子采集的区域和锻炼采集队伍；第二个时期从2009年种质资源库通过国家验收至今，这一时期种子采集保存的途径更加多元化，创建了种质资源库采集网络，对区域性植物种质资源开展重点采集。同时，种质资源库将重点转移到培训和标准规范的把握，并积极参与和支撑重大基础性科技工作专项的实施。

总体来说，种质资源库种子收集保存的途径包括五部分。第一部分为种质资源库采集部工作人员自主部署对关键区域和重点类群的采集；第二部分为种质资源库在全国范围内构建的采集网络，以覆盖我国不同的行政区域和生态系统；第三部分为种质资源库参与和支撑的以生物资源收集调查为主的重大基础性科技工作专项。此外，种子的捐赠和合作备存也是种质资源库收集保存的重要来源。

1. 种子采集保存队伍的组建与成长

在中国科学院的支持下，昆明植物所于2005年10月招聘了第一批专职从事野生植物种子采集保存的工作人员，开始了种子采集工作。通过英国皇家植物园邱园千年种子库的技术指导，种质资源库涉及种子采集、保存、运行和数据库的5位工作人员协同昆明植物所标本馆组成了两个采集队，以滇中高原特别是昆明及其周边地区为主，在2个月内共采集各类野生植物种子146份，该批种子成为种质资源库收集保存的第一批种子。种质资源库的种子采集保存活动，使我国野生生物种质资源保护战略进入实质性的实施阶段。通过采集保存过程中的经验积累，推动培养了一批从事野生植物种质资源采集保存的专业人才，在一定程度上也推动了我国野生植物种质资源收集保存技术和理论的发展。

2006年10月，昆明植物所组建了种质保藏中心，形成了专门开展野生植物种质资源采集保存的技术支撑团队。2007年，种质资源库主体大楼完成建设并投入试运行。采集人员增加和采集区域逐渐扩大，种子采集工作遍及云南各地，并逐渐向西藏、四川、广西、贵州、重庆等省、自治区、直辖市延伸。随着全国范围内种子采集网络的建立，种质资源库的工作也逐渐由区域扩展型采集转向针对生物多样性采集调查空白区和重点保护物种的采集。在众多的采集保存活动中，具有重要意义的如下：

2007年9月，赴西藏芒康、林芝等地进行采集，种质资源库收集到第一批来自西藏的种子共计47份。

2008年8月，种质资源库冷库完成调试和试运行，种子保存设施正式投入运行。

2008年8月，专职种子采集员和种子管理员分别增加至四人和六人，种质资源库开始大规模的协调采集、自主采集和种子入库工作。

2008年10月，英国皇家植物园邱园千年种子库将204份英国本土植物种子备存于昆明，种质资源库接收了第一批来自国外的备存种子。

2009年6月，在云南麻栗坡马鹿塘水电站淹没区发现国家重点保护植物广西青梅（*Vatica*

guangxiensis）的新分布点，并开展抢救性迁地保护工作。

2009年9月，赴西藏察隅等地开展种子采集，收集到那觉小檗（*Berberis atroviridiana*）、藏南丁香（*Syringa tibetica*）等物种的种子共计140份。

2009年12月，对云南巧家白鹤滩水电站拟建坝址地区进行调查和采集，狭域分布物种旱地木槿（*Hibiscus aridicola*）的种子得到安全保存。

2011年8-9月，赴滇西北-川西南地区开展种子采集，采集各类植物种子430份。

2012年，分别在云南、贵州、重庆、湖北、广西、广东、台湾等省、自治区、直辖市开展种子采集工作，采集到了栌菊木（*Nouelia insignis*）、台湾白珠（*Gaultheria taiwaniana*）、圆基火麻树（*Dendrocnide basirotunda*）等一批我国特有和具有重要研究价值的物种。

2013年10月，对云南香格里拉小中甸水库库区的特有种中甸刺玫（*Rosa praelucens*）居群开展抢救性采集。

2014年11月，赴贡山独龙江，对独龙江流域的北段、中段、南段以及怒江河谷开展采集，采集种子265种332号。其中独龙天胡荽（*Hydrocotyle dulongensis*）、贡山九子母（*Dobinea vulgaris*）、草马桑（*Coriaria terminalis*）等怒江-独龙江流域狭域分布种为种质资源库首次保存。

2015年9月，赴海南三沙市鸭公岛、甘泉岛等岛礁采集种子13份，种质资源库收集保存的范围在我国版图上向南海推进。

2016年8-9月，赴新疆阿勒泰地区、伊犁地区采集种子416份，其中新疆三肋果（*Tripleurospermum inodorum*）、瓣鳞花（*Frankenia pulverulenta*）、阿尔泰山楂（*Crataegus altaica*）、灰薄荷（*Mentha vagans*）等140余种为首次保存，发现中国新记录盾苞茜属（*Callipeltis*）、棘头花属（*Acanthocephalus*）和5个新记录种。

2016年9-10月，与国家海洋局东海分局合作，开展浙江东海岛屿种质资源采集工作，登上18个无人岛，采集植物种子249份50多种，其中17个种为种质资源库首次保存，丰富了我国海岛生态系统的植物种质资源收集保存。

2016年11月，组织两个采集队对西藏墨脱地区开展野生植物种质资源的考察和采集。采集到不丹松（*Pinus bhutanica*）、墨脱花椒（*Zanthoxylum motuoense*）、墨脱尖子木（*Oxyspora cernua*）、墨脱吊石苣苔（*Lysionotus metuoensis*）等藏东南特有植物种子371份，填补了我国在该地区种质资源收集保存的空白。

2017年11月，参加青藏高原第二次综合科考，对“南亚通道南端”中国吉隆-尼泊尔段进行种子采集，收集保存乔松（*Pinus wallichiana*）、树形杜鹃（*Rhododendron arboreum*）、柳叶沙棘（*Hippophae salicifolia*）等物种的种子共计105份。

此外，在国家“一带一路”的倡议下和中国科学院“走出去”战略的指导下，种质资源库从2013年开始，已逐步开展亚洲（老挝、缅甸、越南、柬埔寨、尼泊尔）、拉丁美洲（哥斯达黎加、法属圭亚那）、非洲（肯尼亚、马达加斯加）等地区的国际采集，为今后深入研究这些地区的植物区系和植物多样性提供了宝贵的资料，也为跨境开展种质资源的收集积累了经验。

2. 技术培训和种子采集网络

种质资源库在建设过程中，通过借鉴国外同行的理论技术，结合大量的实践经验，发展了符合我国国情种子采集保存理论体系和技术规范，并通过各类培训进行技术推广，推动我国野生植物种质资源的调查采集的标准化和规范化。从2007年起，与云南省林业厅开展战略合作，先后举办了7期“云南省自然保护区野生植物种子采集保存技术”培训班，覆盖云南省95%的各级自然保护区，提供了超过200人次的技术培训，有力地支持了自然保护区的能力建设，提高了自然保护区管理人员的业务技能，为实现植物多样性就地保护与迁地保护的有效互补做出了重要贡献。

种质资源库的收集和保存工作立足西南，辐射全国及周边地区。随着种子采集保存技术体系的建立和完善，种子库作为植物多样性保护的重要手段被广泛接受，种质资源库通过学术交流、技术培训，逐步在全国范围内构建了种子采集合作网络。截至2018年5月，种质资源库在中国科学院重大科研基础设施运行费的支持下，与全国21个省、自治区、直辖市的58个高校、科研单位和自然保护区建立了种子采集合作伙伴关系（表1），并吸纳了一批植物分类爱好者参与种子采集，为我国野生植物种质资源的收集保存创立了新的模式。

表1　种子采集合作单位一览表（2007-2017年）

省、自治区、直辖市	合作单位	采集物种数（不含种下等级）	采集种子份数
安徽	安徽师范大学	225	353
安徽	合肥师范学院	349	559
安徽	黄山学院	856	1007
北京	北京大学	355	409
北京	中央民族大学	248	568
重庆	重庆药物种植研究所	318	354
广西	广西壮族自治区中国科学院广西植物研究所	97	113
贵州	贵州省生物研究所	405	733
海南	海南大学	29	163
河北	衡水学院	515	572
河南	信阳师范学院	78	81
黑龙江	东北林业大学	268	323
黑龙江	哈尔滨师范大学	479	545
黑龙江	黑龙江大学	272	343
湖北	神农架林区建设局	282	326
湖北	中南民族大学	114	148
湖北	竹溪县敞良生物研究所	802	1040
湖南	吉首大学	254	377

续表

省、自治区、直辖市	合作单位	采集物种数（不含种下等级）	采集种子份数
吉林	吉林农业大学	285	340
吉林	磐石市烟筒镇海城药材花卉苗木专业合作社	353	439
吉林	中国科学院东北地理与农业生态研究所	86	125
江西	赣南师范学院	91	122
江西	江西中医药大学	109	134
江西	九江森林植物标本馆	1313	2219
江西	龙南县梁跃龙苗圃	83	136
辽宁	中国科学院沈阳应用生态研究所	286	931
宁夏	宁夏农林科学院	174	225
山东	山东师范大学	185	226
山东	山东中医药大学	698	840
山东	烟台大学	429	569
山东	中国海洋大学	312	324
山西	山西大学	156	170
陕西	陕西师范大学	496	567
上海	华东师范大学	375	413
四川	乐山师范学院	5	92
四川	四川农业大学	593	830
四川	四川省草原科学研究院	364	564
云南	大理大学	72	169
云南	红河学院	187	246
云南	龙陵县青丰生物科技有限公司	150	161
云南	麻栗坡县老君山自然保护区管护所	422	498
云南	普洱市民族传统医药研究所	919	1336
云南	文山国家级自然保护区管护局老君山分局	498	567
云南	云龙天池自然保护区管护局	202	224
云南	云南哀牢山国家级自然保护区新平管护局	752	1189
云南	云南哀牢山国家级自然保护区镇沅管护局	369	460
云南	云南哀牢山无量山国家级自然保护区景东管护局	439	517
云南	云南沧源南滚河国家级自然保护区管护局	257	321
云南	云南大围山国家级自然保护区河口管护局	129	173
云南	云南大围山国家级自然保护区屏边管护局	148	184
云南	云南高黎贡山国家级自然保护区保山管护局	584	846
云南	云南高黎贡山国家级自然保护区腾冲管护局	493	589
云南	云南黄连山国家级自然保护区管护局	335	422

续表

省、自治区、直辖市	合作单位	采集物种数（不含种下等级）	采集种子份数
云南	云南金平分水岭国家级自然保护区管护局	107	117
云南	云南铜壁关自然保护区盈江管护所	222	266
云南	云南无量山国家级自然保护区南涧管护局	715	1102
云南	云南药山国家级自然保护区管护局	202	255
云南	云南永德大雪山国家级自然保护区管护局	1210	1925
	其他－个人	1302	1694

3. 种子库参与、支撑的重大科研专项

21 世纪伊始，我国政府对野生植物种质资源的调查、收集和保存给予了高度的关注和大力的支持。通过科技部国家自然科技资源共享平台和科技基础性工作专项，先后启动了“重要野生植物种质资源采集保存技术规范和标准研制及整合共享”“非粮柴油能源植物与相关微生物资源的调查、收集与保存”“青藏高原特殊生境下野生植物种质资源的调查与保存”等多个与野生植物种质资源现状的调查、评价和种子采集保存相关的重大专项（表 2）。种质资源库先后参与、支撑了 6 个涉及种子采集保存的项目，并对专项实施过程中采集的种子及相关数据按照技术规范进行整理、保存和研究，为我国的科技基础资源提供良好的保存条件和共享服务平台。

表 2　中国西南野生生物种质资源库参与、支撑的重大科研专项一览表

专项名称	项目主持单位	项目主持人	项目执行年限	采集物种数（不含种下等级）	采集种子份数
国家自然科技资源共享平台项目－重要野生植物种质资源收集保存的标准化及共享试点	中国科学院昆明植物研究所	李德铢 龙春林	2004–2006	4189	23 578
国家科技基础条件平台项目－重要野生植物种质资源采集保存技术规范和标准研制及整合共享	中国科学院昆明植物研究所	李德铢 龙春林	2005–2008		
科技基础性工作专项重点项目－青藏高原特殊生境下野生植物种质资源的调查与保存	中国科学院昆明植物研究所	孙航	2008–2012	3648	15 147
科技基础性工作专项重点项目－西南民族地区重要工业原料植物调查	中国科学院昆明植物研究所	王雨华	2012–2016	85	109
科技基础性工作专项重点项目－中国北方内陆盐碱地植物种质资源调查及数据库构建	中国科学院东北地理与农业生态研究所	王志春	2015–2019	169	1282
科技基础资源调查专项－中国西南地区极小种群野生植物调查与种质保存	中国科学院昆明植物研究所	孙卫邦	2017–2021	25	229

4. 种子捐赠

在种质资源库建设的过程中，随着媒体的宣传和种子采集保存活动的广泛开展，种子的收集保存工作逐渐进入公众的视野。种质资源库陆续收到社会各界人士、科教机构、民间团体按规范采集捐赠的种子。目前，种质资源库已收到的捐赠种子共计 32 批 945 份，其中不乏极其珍贵的物种种子，如野生稻、兰科植物等（表 3）。目前来自社会捐赠的种子仅占已保存种子份数的 1.1%，但随着公共媒体的宣传引导，社会公众对植物多样性保护认知的逐渐提高，各类研究机构和民间组织对自身社会责任认识的不断增强，种子捐赠今后可望成为种质资源库在新时期发展建设的有益补充，成为科研活动与公众互动的重要窗口。

表 3　中国西南野生生物种质资源库种子捐赠个人 / 单位一览表

捐赠人姓名 / 捐赠单位	捐赠种子份数	捐赠种子类别	捐赠时间
陈勇 / 云南省农业科学院	58	野生稻	2009.5
陈高 / 中国科学院昆明植物研究所	1	贯叶马兜铃	2010.1
韦毅刚 / 广西壮族自治区中国科学院广西植物研究所	6	苦苣苔科	2010.1
郑国伟 / 中国科学院昆明植物研究所	3	十字花科	2010.1
龚洵 / 中国科学院昆明植物研究所	61	橐吾属	2010.2
陈之端 / 中国科学院植物研究所	17	桦木科植物	2010.8
刘虹 / 广西大学	13	地宝兰	2011.6
马永鹏 / 中国科学院昆明植物研究所	2	杜鹃属	2012.1
吴天贵 / 广西凌云长生仙草生物科技开发有限公司	3	石斛属	2012.1
郭振华 / 中国科学院昆明植物研究所	2	龙竹	2012.4
姜北 / 大理大学	4	黄耆	2013.3
李晓滨 / 景德镇市农牧渔业科学研究所	1	檵木	2013.3
杨汉奇 / 中国林业科学研究院资源昆虫研究所	2	竹类	2013.5
郭起荣 / 国际竹藤中心	74	竹类	2013.9
刘波 / 中国科学院东北地理与农业生态研究所	51	东北湿地植物	2014.3; 2015.4
刘长江 / 中国科学院植物研究所	1	古莲子	2014.5
刘杰 / 中国科学院昆明植物研究所	5	荨麻科植物	2015.9; 2018.4
李晖 / 西藏自治区高原生物研究所	177	藏药植物	2015.11
张书东 / 中国科学院昆明植物研究所	8	西藏植物	2016.9
王娟 / 云南省林业科学院	2	牡丹属	2017
代建菊 / 云南省农业科学院热区生态农业研究所	341	小桐子	2017.3; 2017.11
曹长清 / 吉林省白山市林业科学研究院	276	长白山植物	2017.3; 2018.1
杨宗宗	1	囊果草	2017.4
章成君 / 中国科学院昆明植物研究所	1	人参	2017.9
钟扬 / 复旦大学	1	野大豆	2017.11
彭德力 / 中国科学院昆明植物研究所	2	耧斗菜等	2018.2
田代科 / 上海辰山植物园	7	秋海棠	2018.2
温放 / 广西壮族自治区中国科学院广西植物研究所	1	苦苣苔	2018.2
杜凡 / 西南林业大学	1	射毛悬竹	2018.3

5. 种子备存

种质资源库作为中科院国家重大科学基础设施中的公益性科技设施，在确保设施正常运行和国家战略生物资源优先得到保护的同时，也加强设施平台的开放共享力度，先后与英国皇家植物园、世界农用林业中心、国际竹藤中心、上海辰山植物园等国内外科研机构签署了种子备存协议（表4），在明确备存双方责权义务的前提下，通过种子的异地备存，提高了种质资源保存的安全系数，确保了我国在国际生物多样性保护领域的地位。

表4 种子备存于中国西南野生生物种质资源库的机构 / 单位

机构 / 单位名称	备存种子类型	备存种子份数	备存时间
英国皇家植物园邱园（Royal Botanic Gardens Kew）	英国本土植物	1562	2008.7
世界农用林业中心（World Agroforestry Center）	林木种质资源	640	2009.6; 2012.3
国际竹藤中心（International Center for Bamboo and Rattan）	竹类种子	74	2013.9
内蒙古蒙草生态环境（集团）股份有限公司		10	2016.10
上海辰山植物园	华东地区种子植物	112	2018.5

三、已保存种子的物种分析

1. 已保存物种科水平分析

经过统计，已采集保存物种隶属228科，占我国种子植物科总数的83.88%。尚未保存的科仍有45个（表5），包括栽培归化的南洋杉科（Araucariaceae）、凤梨科（Bromeliaceae）、辣木科（Moringaceae）、金松科（Sciadopityaceae）等6科，种子对低温和脱水敏感而不适合种子库长期保存的金鱼藻科（Ceratophyllaceae）、苏铁科（Cycadaceae）、龙脑香科（Dipterocarpaceae）、玉蕊科（Lecythidaceae）、桑寄生科（Loranthaceae）、肉豆蔻科（Myristicaceae）6科，生长于海洋中的丝粉藻科（Cymodoceaceae）、大叶藻科（Zosteraceae）、波喜荡科（Posidoniaceae）3科和可能已经野外灭绝的白玉簪科（Corsiaceae）等。

已保存的物种中，菊科、豆科、蔷薇科和禾本科是数量最多的四个科，分别有954种、568种、535种和316种，占已保存物种总数的9.53%、5.67%、5.34%和3.16%。已保存种数最多的前12个科中（见图2），各科的种数均超过了200种，总计接近已保存物种数的一半（49.38%）。

表5 种质资源库尚未采集保存种子的国产科统计

科 *Flora of China*	科 《中国维管植物科属词典》	备注
钩枝藤科（Ancistrocladaceae）	钩枝藤科（Ancistrocladaceae）	
水蕹科（Aponogetonaceae）	水蕹科（Aponogetonaceae）	
南洋杉科（Araucariaceae）	南洋杉科（Araucariaceae）	栽培归化
凤梨科（Bromeliaceae）	凤梨科（Bromeliaceae）	栽培归化
莼菜科（Cabombaceae）	莼菜科（Cabombaceae）	
心翼果科（Cardiopteridaceae）	心翼果科（Cardiopteridaceae）	

续表

科 *Flora of China*	科 《中国维管植物科属词典》	备注
刺鳞草科（Centrolepidaceae）	刺鳞草科（Centrolepidaceae）	
金鱼藻科（Ceratophyllaceae）	金鱼藻科（Ceratophyllaceae）	不适合种子库保存
牛筋果科（Cneoraceae）	芸香科（Rutaceae）	
白玉簪科（Corsiaceae）	白玉簪科（Corsiaceae）	
苏铁科（Cycadaceae）	苏铁科（Cycadaceae）	不适合种子库保存
丝粉藻科（Cymodoceaceae）	丝粉藻科（Cymodoceaceae）	海生植物
锁阳科（Cynomoriaceae）	锁阳科（Cynomoriaceae）	
毒鼠子科（Dichapetalaceae）	毒鼠子科（Dichapetalaceae）	
龙脑香科（Dipterocarpaceae）	龙脑香科（Dipterocarpaceae）	不适合种子库保存
须叶藤科（Flagellariaceae）	须叶藤科（Flagellariaceae）	
草海桐科（Goodeniaceae）	草海桐科（Goodeniaceae）	
玉蕊科（Lecythidaceae）	玉蕊科（Lecythidaceae）	不适合种子库保存
浮萍科（Lemnaceae）	天南星科（Araceae）	
桑寄生科（Loranthaceae）	桑寄生科（Loranthaceae）	不适合种子库保存
兰花蕉科（Lowiaceae）	兰花蕉科（Lowiaceae）	
角胡麻科（Martyniaceae）	角胡麻科（Martyniaceae）	栽培归化
单室茱萸科（Mastixiaceae）	山茱萸科（Cornaceae）	
辣木科（Moringaceae）	辣木科（Moringaceae）	栽培归化
苦槛蓝科（Myoporaceae）	玄参科（Scrophulariaceae）	
肉豆蔻科（Myristicaceae）	肉豆蔻科（Myristicaceae）	不适合种子库保存
金莲木科（Ochnaceae）	金莲木科（Ochnaceae）	
小盘木科（Pandaceae）	小盘木科（Pandaceae）	
露兜树科（Pandanaceae）	露兜树科（Pandanaceae）	
五列木科（Pentaphylacaceae）	五列木科（Pentaphylacaceae）	
斜翼科（Plagiopteraceae）	斜翼科（Plagiopteraceae）	
川苔草科（Podostemaceae）	川苔草科（Podostemaceae）	
波喜荡科（Posidoniaceae）	波喜荡科（Posidoniaceae）	海生植物
大花草科（Rafflesiaceae）	大花草科（Rafflesiaceae）	
刺茉莉科（Salvadoraceae）	刺茉莉科（Salvadoraceae）	
金松科（Sciadopityaceae）	金松科（Sciadopityaceae）	栽培归化
肋果茶科（Sladeniaceae）	肋果茶科（Sladeniaceae）	
尖瓣花科（Sphenocleaceae）	尖瓣花科（Sphenocleaceae）	
百部科（Stemonaceae）	百部科（Stemonaceae）	
海人树科（Surianaceae）	海人树科（Surianaceae）	
菱科（Trapaceae）	千屈菜科（Lythraceae）	
霉草科（Triuridaceae）	霉草科（Triuridaceae）	
昆栏树科（Trochodendraceae）	昆栏树科（Trochodendraceae）	
旱金莲科（Tropaeolaceae）	旱金莲科（Tropaeolaceae）	栽培归化
大叶藻科（Zosteraceae）	大叶藻科（Zosteraceae）	海生植物

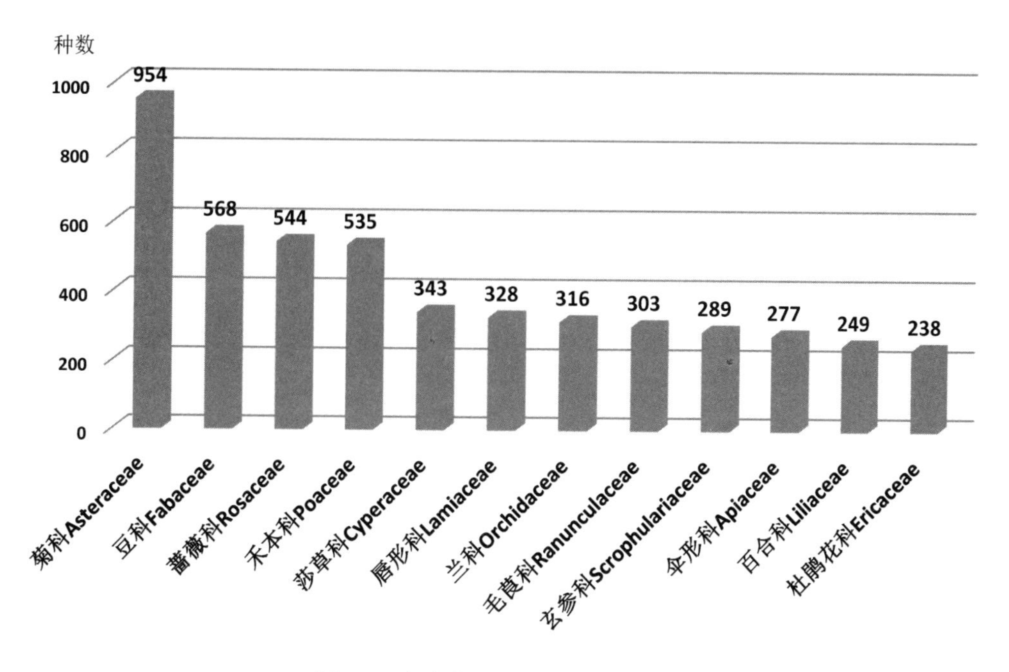

图 2 已保存物种数量最多的 12 个科

2. 已保存物种属水平分析

已保存种子的属已达 2005 个，占 *Flora of China* 中种子植物属数的 63.18%，其中包括 2012 年发现的中国新记录仙女越桔属（*Andromeda*）和 2017 年发表的新属希陶木属（*Tsaiodendron*）。

已保存物种数最多的 5 个属分别是薹草属（*Carex*）、杜鹃属（*Rhododendron*）、风毛菊属（*Saussurea*）、马先蒿属（*Pedicularis*）和悬钩子属（*Rubus*）。采集保存种数最多的 23 个属（表 6），各属种数均超过 50 种。

表 6 已保存物种数量最多的 23 个属

科	属	已保存种子的种数（不含种下等级）
莎草科 Cyperaceae	薹草属 *Carex*	185
杜鹃花科 Ericaceae	杜鹃属 *Rhododendron*	153
菊科 Asteraceae	风毛菊属 *Saussurea*	129
玄参科 Scrophulariaceae	马先蒿属 *Pedicularis*	126
蔷薇科 Rosaceae	悬钩子属 *Rubus*	104
报春花科 Primulaceae	报春花属 *Primula*	95
龙胆科 Gentianaceae	龙胆属 *Gentiana*	92
小檗科 Berberidaceae	小檗属 *Berberis*	84
菊科 Asteraceae	橐吾属 *Ligularia*	77
冬青科 Aquifoliaceae	冬青属 *Ilex*	76

续表

科	属	已保存种子的种数（不含种下等级）
菊科 Asteraceae	蒿属 *Artemisia*	76
蓼科 Polygonaceae	蓼属 *Polygonum*	74
石竹科 Caryophyllaceae	蝇子草属 *Silene*	64
蔷薇科 Rosaceae	蔷薇属 *Rosa*	61
毛茛科 Ranunculaceae	铁线莲属 *Clematis*	60
百合科 Liliaceae	葱属 *Allium*	58
豆科 Fabaceae	黄耆属 *Astragalus*	58
毛茛科 Ranunculaceae	乌头属 *Aconitum*	53
菊科 Asteraceae	紫菀属 *Aster*	52
蔷薇科 Rosaceae	委陵菜属 *Potentilla*	52
秋海棠科 Begoniaceae	秋海棠属 *Begonia*	52
罂粟科 Papaveraceae	紫堇属 *Corydalis*	52
槭树科 Aceraceae	槭属 *Acer*	51

此外，在我国具有重要经济价值的类群，如悬钩子属、蓼属、大黄属（*Rheum*）、山楂属（*Crataegus*）、苹果属（*Malus*）、花楸属（*Sorbus*）、绣线菊属（*Spiraea*）、枫属、花椒属（*Zanthoxylum*）、五味子属（*Schisandra*）等，均已完成了一半以上国产种数的收集保存。对四数花属（*Tetradium*）、旌节花属（*Stachyurus*）、泽泻属（*Alisma*）、柘属（*Maclura*）、白刺属（*Nitraria*）和苦苣菜属（*Sonchus*）完成了全部国产种的收集保存。

根据 *Flora of China* 的数据统计，中国种子植物特有属 194 个，种质资源库目前已收集保存包括杜仲属（*Eucommia*）、芒苞草属（*Acanthochlamys*）、金铁锁属（*Psammosilene*）、金钱枫属（*Dipteronia*）、马蹄芹属（*Dickinsia*）、瘿椒树属（*Tapiscia*）等 96 个中国特有属，使种子植物系统演化的重要类群得到有效保护。

3. 已保存物种种水平分析

目前，种质资源库已保存种子 10 013 种（不含种下等级），占中国种子植物总种数的 34.06%。其中，中国特有种 4035 种，占已保存物种数的 40.30%。此外，还收集保存了近 10 年来发表的新种和中国新记录种 20 种，如雅砻江冬麻豆（*Salweenia bouffordiana*）、大果五味子（*Schisandra macrocarpa*）和四裂秋海棠（*Begonia tetralobata*）等。

根据最新“中国高等植物受威胁物种名录”的统计，已采集保存的各类受威胁物种（极危 CR、濒危 EN、易危 VU）669 种，占受威胁物种数的 19.05%。其中极危种包括水松（*Glyptostrobus pensilis*）、华山新麦草（*Psathyrostachys huashanica*）、距瓣尾囊草（*Urophysa rockii*）、降香黄檀（*Dalbergia odorifera*）等 67 种，濒危种有半日花（*Helianthemum songaricum*）、瓣鳞花（*Frankenia pulverulenta*)、陕西羽叶报春（*Primula filchnerae*）、云南芙蓉（*Hibiscus yunnanensis*）等 199 种，易危种有梭砂贝母（*Fritillaria delavayi*）、顶果木（*Acrocarpus fraxinifolius*）、旱地木槿（*Hibiscus aridicola*）等 403 种。

对已保存种子采集地（行政区域）的统计分析结果显示，收集保存的种子已经覆盖了全国除天津、香港和澳门以外的省、自治区、直辖市。然而，采自台湾、广东、上海、福建等地的物种数量仅有少量代表，均在 100 种以下，分别为 2 种、25 种、59 种、84 种。已采集保存物种数最多的省份主要位于西南地区，其中云南（5465 种）最多，四川（2705 种）和西藏（1701 种）次之（图 3）。

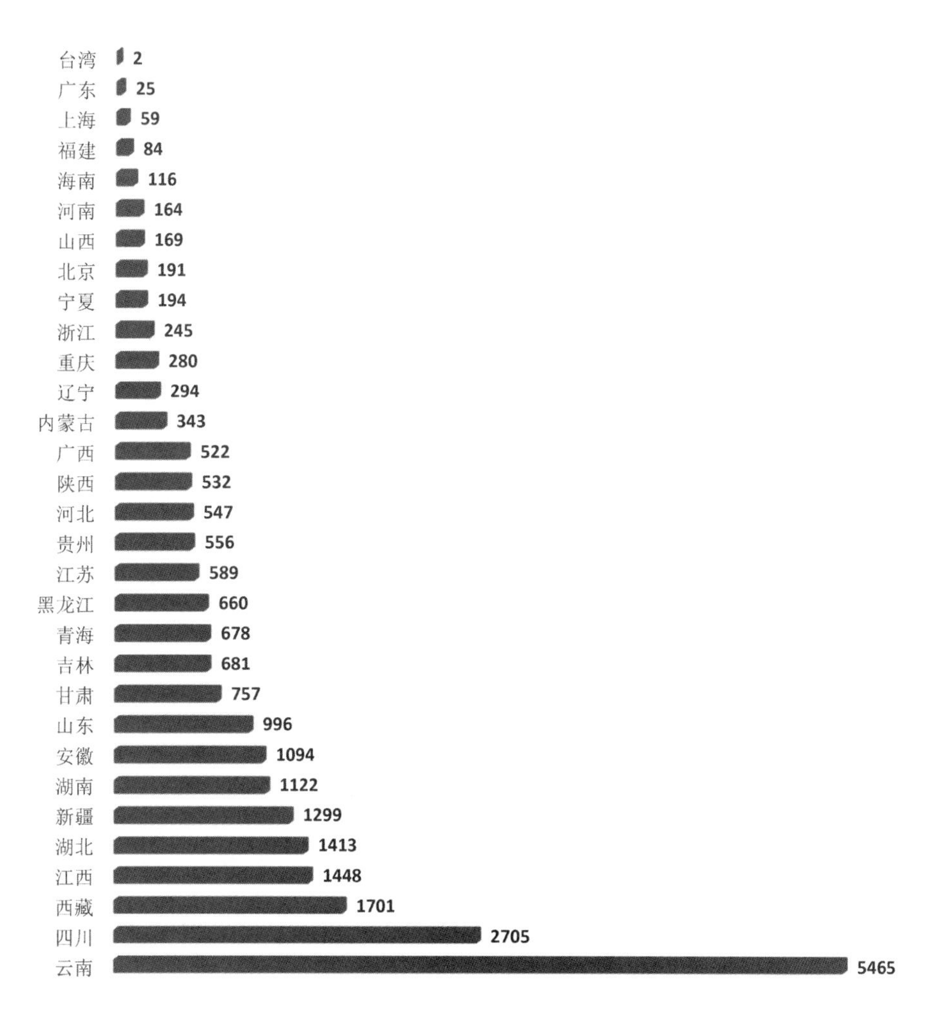

图 3 各省、自治区、直辖市已采集保存种子的物种数量

四、 种子的分发与共享

种质资源库保存的种子为物种回归自然和种群重建、科学传播与展示和科学研究提供了实物材料的保障，并通过分级审核的分发机制，向社会非商业化的活动进行共享。目前，种质资

源库已累计共向 85 个国内外机构（单位）235 人次分发了 12 351 份 474 410 粒野生植物种子（图 4），分发量占到保藏总份数的 16.5%，分发的用户涉及 25 个学科领域和方向（图 5），为我国植物系统进化、基因组学、谱系生物地理学、种子生物学等学科领域的研究提供了实验材料，为新能源、高产作物、新型园艺植物、药用植物等资源的筛选和利用提供了便利，深化了多学科领域的研究，对我国生物科学研究和生物技术产业的前期探索提供了重要的支撑服务，促进了生物资源的开发和利用，加快了我国生物产业的发展。

种质资源库已开通了在线申请服务，用户可以通过“中国西南野生生物种质资源库”的官方网站（http://www.genobank.org/），注册登录后进行种子的共享申请。

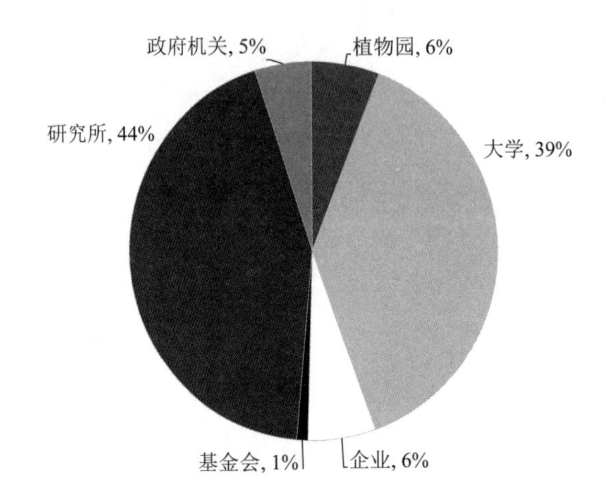

图 4　申请种子共享的单位类型

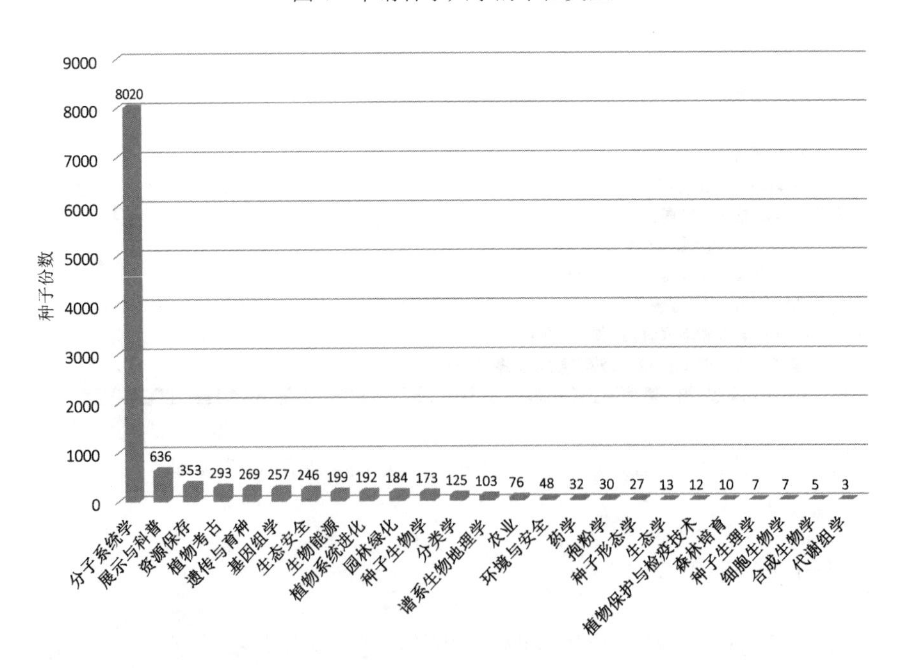

图 5　种子共享涉及的研究领域和方向

Acanthaceae 爵床科

爵床科	世界	中国	种质库
属 / 种（种下等级）/ 份数	～250/～4000	41/～310	15/38/95

Asystasia gangetica subsp. **micrantha** (Nees) Ensermu 小花十万错
广东：天河区 童毅华 TYH11

Asystasia neesiana (Wallich) Nees 白接骨
河南：浉河区 朱鑫鑫，闫明慧，王君等 ZhuXX256
江西：武宁 张吉华，刘运群 TanCM1138
四川：峨眉山 李小杰 LiXJ209
云南：南涧 马德跃，官有才 NJWLS817
云南：文山 何德明，曹世超 WSLJS676
云南：新平 何罡安 XPALSB473

Barleria cristata Linnaeus 假杜鹃
四川：米易 袁明 MY420
云南：蒙自 田学军，张冲，马明波 TianXJ263
云南：南涧 李加生，官有才 NJWLS838
云南：永德 李永亮 LiYL1508
云南：永德 李永亮 YDDXS0071

Cystacanthus paniculatus T. Anderson 鳔冠花
云南：永德 李永亮 LiYL1512

Cystacanthus yunnanensis W. W. Smith 滇鳔冠花 *
云南：宁洱 张绍云，叶金科，胡启和 YNS1222

Dicliptera chinensis (Linnaeus) Jussieu 狗肝菜
四川：峨眉山 李小杰 LiXJ678
云南：孟连 彭华，向春雷，陈丽 P.H.5851
云南：文山 何德明，古少国 WSLJS1020
云南：永德 李永亮 YDDXS0593

Hygrophila ringens (Linnaeus) R. Brown ex Sprengel 水蓑衣
安徽：屯溪区 方建新 TangXS0069
江西：黎川 童和平，王玉珍，常迪江等 TanCM2082
江西：庐山区 谭策铭，董安淼 TCM09065
江西：修水 缪以清，李立新 TanCM1259
四川：乐至 邓兴敏，邓秀发，张昌兵 ZCB0408
云南：镇沅 张绍云，胡启和 YNS1013

Hypoestes triflora (Forsskal) Roemer & Schultes 三花枪刀药
云南：五华区 蔡杰，张挺，郭永杰 11CS3678
云南：西山区 彭华，陈丽 P.H.5308
云南：西山区 彭华，陈丽 P.H.5333
云南：永德 李永亮 YDDXSB020
云南：云龙 郭永杰，王杨飞，李施文等 TC4015
云南：镇康 张挺，蔡杰，刘成等 13CS5879

Justicia championii T. Anderson 圆苞杜根藤 *
江西：星子 董安淼，吴从梅 TanCM1420

Justicia patentiflora Hemsley 野靛棵
云南：勐腊 郭永杰，聂细转，黄秋月等 12CS4935
云南：文山 何德明，曹世超 WSLJS938

Justicia procumbens Linnaeus 爵床
安徽：肥东 徐忠东，陈延松 Xuzd030
安徽：屯溪区 方建新 TangXS0003
福建：武夷山 于文涛，陈旭东 YUWT008
湖北：竹溪 李盛兰 GanQL144
湖南：永顺 陈功锡，张代贵，邓涛等 SCSB-HC-2007420
湖南：沅陵 李胜华，伍贤进，刘光华等 Wuxj943
江苏：海州区 汤兴利 HANGYY8483
江西：黎川 童和平，王玉珍，常迪江等 TanCM2057
江西：庐山区 谭策铭，董安淼 TCM09110
山东：崂山区 罗艳，李中华 LuoY402
山东：长清区 张少华，张诏，程丹丹等 Lilan648
四川：峨眉山 李小杰 LiXJ237
四川：乐至 邓兴敏，邓秀发，张昌兵 ZCB0442
四川：米易 袁明 MY018
四川：射洪 袁明 YUANM2015L049
云南：澜沧 胡启和，赵强，周英等 YNS0783
云南：麻栗坡 肖波 LuJL306
云南：南涧 阿国仁 NJWLS1151
云南：永德 李永亮 YDDXS0797
云南：永德 李永亮 YDDXS0871

Lepidagathis incurva Buchanan-Hamilton ex D. Don 鳞花草
广东：天河区 童毅华 TYH13
云南：永德 李永亮 YDDXS1279

Nelsonia canescens (Lamarck) Sprengel 瘤子草
云南：永德 李永亮 YDDXS0068

Peristrophe bivalvis (Linnaeus) Merrill 观音草
云南：腾冲 周应再 Zhyz-401

Peristrophe floribunda (Hemsley) C. Y. Wu & H. S. Lo 海南山蓝
云南：永德 李永亮 YDDXS0707

Peristrophe japonica (Thunberg) Bremekamp 九头狮子草
江西：庐山区 董安淼，吴从梅 TanCM1684
江西：武宁 张吉华，张东红 TanCM2960
云南：元江 胡启元，周兵，张绍云 YNS0843

Peristrophe paniculata (Forsskal) Brummitt 双萼观音草
云南：南涧 熊绍荣 NJWLS1210

Phaulopsis dorsiflora (Retzius) Santapau 肾苞草
云南：绿春 黄连山保护区科研所 HLS0077

Rhinacanthus nasutus (Linnaeus) Kurz 灵枝草
湖南：沅陵 李胜华，伍贤进，刘光华等 Wuxj955
湖南：新华 姜孝成，唐贵华，田春娥 SCSB-HNJ-0147

Rungia chinensis Bentham 中华孩儿草
江西：武陵 张吉华，张东红 TanCM2671

Rungia densiflora H. S. Lo 密花孩儿草 *
江西：武陵 张吉华，张东红 TanCM2815

Rungia pectinata (Linnaeus) Nees 孩儿草
云南：盈江 王立彦，刀江飞 SCSB-TBG-217
云南：永德 李永亮 YDDXS1179
云南：景东 鲁艳 200859

Strobilanthes affinis (Griffith) Terao ex J. R. I. Wood & J. R. Bennett 肖笼鸡
云南：景东 鲁艳 2008211
云南：镇沅 罗成瑜 ALSZY391
云南：澜沧 张绍云，胡启和，仇亚等 YNS1113
云南：麻栗坡 肖波 LuJL479

Strobilanthes chinensis (Nees) J. R. I. Wood & Y. F. Deng 黄球花
安徽：宁国 洪欣，李中林 ZhouSB0214

Strobilanthes cusia (Nees) Kuntze 板蓝
四川：峨眉山 李小杰 LiXJ343

Strobilanthes dalzielii (W. W. Smith) Benoist 曲枝马蓝
云南：腾冲 余新林，赵玮 BSGLGStc188

Strobilanthes glomerata (Nees) T. Anderson 球序马蓝
云南：永德 李永亮，王学军，杨建文等 YDDXSB073

Strobilanthes helicta T. Anderson 曲序马蓝
云南：隆阳区 郭永杰，李涟漪，聂细转 12CS5066
Strobilanthes henryi Hemsley 南一笼鸡 *
湖北：神农架 李巨平 LiJuPing0091
Strobilanthes lamiifolia (Nees) T. Anderson 蒙自马蓝
云南：文山 丰艳飞，韦荣彪，黄太文 WSLJS734
Strobilanthes longespicata Hayata 长穗马蓝 *
云南：永德 李永亮 YDDXS0686
Strobilanthes mastersii T. Anderson 瑞丽叉花草
云南：腾冲 周应再 Zhyz547
云南：腾冲 余新林，赵玮 BSGLGStc198
云南：盈江 王立彦，刀江飞，尹可欢 SCSB-TBG-148
云南：江城 叶金科 YNS0453
Strobilanthes oligantha Miquel 少花马蓝
安徽：绩溪 胡长玉，方建新，徐林飞 TangXS0651
江西：庐山区 董安淼，吴从梅 TanCM1085
Strobilanthes penstemonoides (Nees) T. Anderson 圆苞马蓝
四川：峨眉山 李小杰 LiXJ316
Strobilanthes procumbens Y. F. Deng & J. R. I. Wood 金佛山马蓝 *
云南：文山 韦荣彪，何德明，丰艳飞 WSLJS658
Strobilanthes yunnanensis Diels 云南马蓝 *
云南：永德 李永亮，马文军 YDDXSB168
云南：贡山 蔡杰，郭云刚，张凤琼等 14CS9767
Thunbergia coccinea Wallich 红花山牵牛
湖北：神农架 李巨平 LiJuPing0253
Thunbergia fragrans Roxburgh 碗花草
四川：米易 袁明 MY433
云南：永德 李永亮 YDDXS0154

Achariaceae 钟花科

钟花科	世界	中国	种质库
属 / 种（种下等级）/ 份数	32/145	2/5	2/2/3

Gynocardia odorata Roxburgh 马蛋果
西藏：墨脱 刘成，亚吉东，何华杰等 16CS11971
Hydnocarpus anthelminthicus Pierre 泰国大风子
云南：勐腊 赵相兴 A021
云南：勐腊 赵相兴 A085

Acoraceae 菖蒲科

菖蒲科	世界	中国	种质库
属 / 种（种下等级）/ 份数	1/2-4	1/2	1/2/14

Acorus calamus Linnaeus 菖蒲
重庆：城口 易思荣，谭秋平 YISR419
黑龙江：五大连池 郑宝江，丁晓炎，王美娟 ZhengBJ271
黑龙江：北安 孙阎，赵立波，晁雄雄 SunY205
黑龙江：北安 王臣，张欣欣，史传奇 WangCh194
吉林：磐石 安海成 AnHC086
吉林：南关区 姜明，刘波 LiuB0012
江苏：海州区 汤兴利 HANGYY8431
江西：庐山区 谭策铭，董安淼 TanCM321
辽宁：恒仁 祝业平 CaoW981
山东：莒县 高德民，步瑞兰，辛晓伟等 lilan771
Acorus gramineus Solander ex Aiton 金钱蒲
湖北：竹溪 李盛兰 GanQL525
江西：庐山区 谭策铭，董安淼 TanCM269
江西：庐山区 董安淼，吴从梅 TanCM1008
四川：峨眉山 李小杰 LiXJ435

Actinidiaceae 猕猴桃科

猕猴桃科	世界	中国	种质库
属 / 种（种下等级）/ 份数	3/357	3/66	3/38(50)/269

Actinidia arguta (Siebold & Zuccarini) Planchon ex Miquel 软枣猕猴桃
河北：平山 牛玉璐，高彦飞，赵二涛 NiuYL389
黑龙江：尚志 刘玫，张欣欣，程薪宇等 Liuetal351
黑龙江：五常 孙阎，吕军，张健男 SunY440
湖北：五峰 李平 AHL034
湖南：桑植 陈功锡，廖博儒，查学州等 186
吉林：安图 周海城 ZhouHC026
吉林：南关区 韩忠明 Yanglm0118
吉林：磐石 安海成 AnHC085
江西：湾里区 杜小浪，慕泽泾，曹岚 DXL117
辽宁：桓仁 祝业平 CaoW1051
山东：崂山区 罗艳，李中华，邓建平 LuoY059
四川：峨眉山 李小杰 LiXJ488
云南：沧源 赵金超，杨红强 CYNGH308
云南：永德 李永亮 YDDXS0441
云南：元阳 亚吉东，黄莉，何华杰 15CS11260
云南：云龙 李施文，张志云，段耀飞等 TC3001
Actinidia arguta var. **giraldii** (Diels) Voroschilov 陕西猕猴桃 *
湖北：神农架林区 祝文志，刘志祥，曹远俊 ShenZH5621
辽宁：开原 刘少硕，谢峰 CaoW316
Actinidia callosa Lindley 硬齿猕猴桃
贵州：黄平 邹方伦 ZouFL0238
湖北：竹溪 李盛兰 GanQL370
湖南：新化 黄先辉，杨亚平，卜剑超 SCSB-HNJ-0321
云南：景东 罗忠华，谢有能，刘长铭等 JDNR080
云南：龙陵 孙兴旭 SunXX102
云南：龙陵 孙兴旭 SunXX161
云南：隆阳区 赵玮，莫连贤，段在贤 BSGLGS1y023
云南：麻栗坡 张挺，李洪超，左定科 SCSB-B-000325
云南：文山 何德明，张挺，刘成等 WSLJS501
云南：永德 李永亮 LiYL1358
云南：永德 李永亮 LiYL1436
云南：元阳 李文锋，刘成，杨娅娟等 YYGYS044
Actinidia callosa var. **discolor** C. F. Liang 异色猕猴桃 *
广西：钟山 黄俞淞，吴望辉，农冬新 Liuyan0265
江西：黎川 杨文斌，饶云芳 TanCM1323
江西：星子 董安淼，吴从梅 TanCM1644
云南：景东 杨国平，李达文，鲁志云 ygp-028
云南：元阳 亚吉东，黄莉，何华杰 15CS11257
浙江：开化 李宏庆，熊申展，桂萍 Lihq0413
Actinidia callosa var. **henryi** Maximowicz 京梨猕猴桃 *
广西：龙州 黄俞淞，梁永延，叶晓霞 Liuyan0013
湖北：五峰 李平 AHL041
湖北：宣恩 祝文志，刘志祥，曹远俊 ShenZH0060
湖南：鹤城区 李胜华，伍贤进，刘光华等 Wuxj821

湖南：洪江 李胜华，伍贤进，刘光华等 Wuxj1057
湖南：洪江 李胜华，伍贤进，刘光华等 Wuxj1088
湖南：怀化 李胜华，伍贤进，曾汉元等 HHXY338
湖南：永顺 陈功锡，张代贵 SCSB-HC-2008238
湖南：沅陵 李胜华，伍贤进，刘光华等 Wuxj890
湖南：沅陵 李胜华，伍贤进，刘光华等 Wuxj917
江西：武宁 张吉华，张东红 TanCM2840
四川：峨眉山 李小杰 LiXJ149
云南：大关 张挺，雷立公，王建军等 SCSB-B-000134

Actinidia callosa var. **strigillosa** C. F. Liang **毛叶硬齿猕猴桃** *

湖南：新化 姜孝成，唐妹，戴小军等 Jiangxc0559

Actinidia chinensis Planchon **中华猕猴桃**

安徽：石台 陈延松，吴国伟，洪欣 Zhousb0063
安徽：舒城 陈延松，欧祖兰，高秋晨等 Xuzd264
安徽：休宁 唐鑫生 TangXS0578
重庆：南川区 易思荣 YISR091
湖北：神农架林区 李巨平 LiJuPing0118
湖北：五峰 李平 AHL042
湖南：安化 刘克明，彭珊，李珊等 SCSB-HN-1700
湖南：古丈 刘克明，朱晓文 SCSB-HN-0545
湖南：怀化 李胜华，伍贤进，曾汉元等 HHXY344
湖南：会同 李胜华，伍贤进，曾汉元等 Wuxj1009
湖南：双牌 姜孝成，王丽萍，李育华 Jiangxc0837
湖南：双牌 姜孝成，王丽萍，李育华 Jiangxc0850
湖南：新化 黄先辉，杨亚平，卜剑超 SCSB-HNJ-0330
湖南：新化 刘克明，彭珊，李珊等 SCSB-HN-1715
湖南：新宁 姜孝成，唐贵华，袁双艳等 SCSB-HNJ-0305
湖南：永顺 陈功锡，张代贵 SCSB-HC-2008223
湖南：沅陵 周丰杰 SCSB-HN-1870
湖南：沅陵 周丰杰 SCSB-HN-1905
湖南：沅陵 周丰杰，刘克明 SCSB-HN-1348
江西：黎川 童和平，王玉珍 TanCM2712
江西：修水 谭策铭，缪以清 TCM09167
陕西：眉县 董栓录 TianXH1206
四川：宝兴 袁明 Y07017
四川：汶川 袁明，高刚，杨勇 YM2014012
云南：巧家 杨光明 SCSB-W-1511
浙江：开化 李宏庆，熊申展，桂萍 Lihq0430

Actinidia chinensis var. **deliciosa** (A. Chevalier) A. Chevalier **美味猕猴桃** *

湖北：五峰 李平 AHL043
湖北：宜昌 陈功锡，张代贵 SCSB-HC-2008076
湖北：竹溪 李盛兰 GanQL556
湖北：竹溪 甘霖 GanQL626
湖南：永定区 廖博儒，吴福川，查学州等 139
湖南：永顺 陈功锡，张代贵 SCSB-HC-2008267
四川：峨眉山 李小杰 LiXJ152

Actinidia eriantha Bentham **毛花猕猴桃** *

广西：贺州 姜孝成，王丽萍，鲁长青 Jiangxc0694
广西：金秀 许为斌，黄俞淞，叶晓霞等 Liuyan0139
广西：临桂 许为斌，黄俞淞，朱章明 Liuyan0432
广西：龙胜 许为斌，黄俞淞，朱章明 Liuyan0445
广西：龙胜 许为斌，黄俞淞，朱章明 Liuyan0448
广西：龙胜 黄俞淞，梁永延，叶晓霞 Liuyan0053
贵州：黎平 刘克明，王成，张恒 SCSB-HN-1080
湖南：洞口 肖乐希，唐光波，谢江等 SCSB-HN-1550
湖南：桂东 蔡秀珍，孙秋妍 SCSB-HN-1255
湖南：江华 肖乐希 SCSB-HN-0878
湖南：江华 肖乐希 SCSB-HN-0880
湖南：江华 肖乐希 SCSB-HN-1611
湖南：炎陵 刘应迪，孙秋妍，陈珮珮 SCSB-HN-1539A
湖南：资兴 蔡秀珍，孙秋妍 SCSB-HN-1303
江西：黎川 童和平，王玉珍 TanCM1867
云南：绿春 张挺，马国强，刘娜等 SCSB-B-000583

Actinidia fortunatii Finet & Gagnepain **条叶猕猴桃** *

广西：金秀 许为斌，黄俞淞，叶晓霞等 Liuyan0134
广西：上思 叶晓霞，吴望辉，农冬新 Liuyan0359

Actinidia fulvicoma Hance **黄毛猕猴桃** *

广西：金秀 许为斌，黄俞淞，叶晓霞等 Liuyan0133

Actinidia glaucocallosa C. Y. Wu **粉叶猕猴桃** *

云南：腾冲 周应再 Zhyz-144
云南：盈江 郭永杰，唐培洵，金永明等 13CS8018

Actinidia henryi Dunn **蒙自猕猴桃** *

云南：麻栗坡 肖波 LuJL394
云南：屏边 钱良超，陆海兴，徐浩 Pbdws163

Actinidia hubeiensis H. M. Sun & R. H. Huang **湖北猕猴桃** *

湖北：竹溪 李盛兰 GanQL996

Actinidia indochinensis Merrill **中越猕猴桃**

湖北：长阳 祝文志，刘志祥，曹远俊 ShenZH5772
江西：井冈山 兰国华 LiuRL087
云南：河口 张贵良，杨鑫峰，陶美英等 ZhangGL095
云南：龙陵 孙兴旭 SunXX013
云南：麻栗坡 肖波，陆章强 LuJL020
云南：盈江 王立彦，左常盛，何维海 SCSB-TBG-016

Actinidia kolomikta (Maximowicz & Ruprecht) Maximowicz **狗枣猕猴桃**

河北：青龙 牛玉璐，王晓亮 NiuYL579
黑龙江：阿城 孙阎，杜景红 SunY260
黑龙江：岭东区 刘玫，张欣欣，程薪宇等 Liuetal316
黑龙江：通河 郑宝江，丁晓炎，李月等 ZhengBJ209
湖北：仙桃 张代贵 Zdg2693
山东：崂山区 步瑞兰，辛晓伟，张世尧等 Lilan787
山东：牟平区 卞福花，陈朋 BianFH-0310
山东：牟平区 卞福花，宋言贺 BianFH-501
四川：峨眉山 李小杰 LiXJ128
四川：峨眉山 李小杰 LiXJ142
云南：大关 张挺，王培，肖良俊 SCSB-B-000520
云南：永善 蔡杰，刘成，秦少发等 08CS378

Actinidia lanceolata Dunn **小叶猕猴桃** *

安徽：绩溪 唐鑫生，方建新 TangXS0371
安徽：石台 陈延松，吴国伟，洪欣 Zhousb0037
江西：修水 缪以清，陈三友 TanCM2166
浙江：开化 李宏庆，熊申展，桂萍 Lihq0410

Actinidia latifolia (Gardner & Champion) Merrill **阔叶猕猴桃**

广西：八步区 黄俞淞，吴望辉，农冬新 Liuyan0291
广西：防城港 许为斌，黄俞淞，梁永延等 Liuyan0231
广西：临桂 许为斌，黄俞淞，朱章明 Liuyan0433
广西：田林 叶晓霞，农冬新，吴磊 Liuyan0480
广西：昭平 吴望辉，黄俞淞，蒋日红 Liuyan0327
贵州：施秉 张代贵 Zdg1323
湖南：双牌 姜孝成，王丽萍，李育华 Jiangxc0790
湖南：武陵源区 吴福川，廖博儒，秦亚丽等 7096
湖南：新化 黄先辉，杨亚平，卜剑超 SCSB-HNJ-0354
湖南：永顺 陈功锡，张代贵，邓涛等 SCSB-HC-2007494
云南：云龙 李爱花，李洪超，黄天才等 SCSB-A-000194

Actinidia latifolia var. **mollis** (Dunn) Handel-Mazzetti **长绒**

猕猴桃 *
云南：文山 韦荣彪，何德明 WSLJS636
Actinidia liangguangensis C. F. Liang 两广猕猴桃 *
广西：八步区 黄俞淞，吴望辉，农冬新 Liuyan0283
Actinidia melanandra Franchet 黑蕊猕猴桃 *
安徽：黄山区 方建新 TangXS0325
江西：修水 缪以清，余于明 TanCM647
云南：巧家 杨光明 SCSB-W-1519
云南：文山 何德明，邵会昌，沈素娟 WSLJS513
Actinidia melliana Handel-Mazzetti 美丽猕猴桃 *
广西：金秀 许为斌，黄俞淞，叶晓霞等 Liuyan0135
广西：田林 叶晓霞，农冬新，吴磊 Liuyan0482
Actinidia pilosula (Finet & Gagnepain) Stapf ex Handel-Mazzetti 贡山猕猴桃 *
云南：福贡 刀志灵，陈哲 DZL-070
云南：贡山 刀志灵 DZL859
云南：贡山 刀志灵 DZL860
Actinidia polygama (Siebold & Zuccarini) Maximowicz 葛枣猕猴桃
黑龙江：尚志 李兵，路科 CaoW0119
黑龙江：尚志 王臣，张欣欣，崔皓钧等 WangCh409
湖北：保康 甘啟良 GanQL122
湖北：神农架林区 祝文志，刘志祥，曹远俊 ShenZH5626
湖北：宜昌 陈功锡，张代贵 SCSB-HC-2008074
吉林：磐石 安海成 AnHC080
辽宁：庄河 于立敏 CaoW802
山东：崂山区 罗艳，李中华，邓建平 LuoY304
山东：牟平区 卞福花，陈朋 BianFH-0345
陕西：宁陕 田先华，吴礼慧 TianXH1153
Actinidia rubricaulis Dunn 红茎猕猴桃
贵州：江口 周云，王勇 XiangZ011
湖南：鹤城区 李胜华，伍贤进，刘光华等 Wuxj813
湖南：永顺 陈功锡，张代贵，邓涛等 SCSB-HC-2007395
湖南：永顺 陈功锡，张代贵，邓涛等 SCSB-HC-2007561
云南：金平 张挺，马国强，刘娜等 SCSB-B-000594
云南：绿春 黄连山保护区科研所 HLS0037
云南：麻栗坡 肖波 LuJL460
云南：文山 何德明，曾祥 WSLJS1005
云南：新平 何罡安 XPALSB049
Actinidia rubricaulis var. coriacea (Finet & Gagnepain) C. F. Liang 革叶猕猴桃 *
安徽：休宁 方建新，张慧冲，程周旺等 TangXS0151
贵州：江口 周云，王勇 XiangZ024
湖北：仙桃 张代贵 Zdg1329
湖南：古丈 陈薇，朱香清，马仲辉 SCSB-HN-0491
湖南：会同 刘克明，王成，张恒 SCSB-HN-1116
江西：井冈山 兰国华 LiuRL070
四川：峨眉山 李小杰 LiXJ167
云南：文山 何德明，王成 WSLJS992
Actinidia rudis Dunn 糙叶猕猴桃 *
云南：河口 张贵良，杨鑫峰，陶美英等 ZhangGL111
云南：金平 张挺，马国强，刘娜等 SCSB-B-000593
Actinidia rufotricha C. Y. Wu 红毛猕猴桃 *
云南：屏边 税玉民，陈文红 82496
Actinidia sabiifolia Dunn 清风藤猕猴桃 *
安徽：祁门 洪欣 ZSB306
湖南：双牌 姜孝成，王丽萍，李育华 Jiangxc0779
Actinidia tetramera Maximowicz 四萼猕猴桃 *
陕西：眉县 田先华，张挺，刘成 TianXH143
四川：宝兴 袁明 Y07021
Actinidia trichogyna Franchet 毛蕊猕猴桃 *
湖南：永定区 吴福川，廖博儒 7112
Actinidia ulmifolia C. F. Liang 榆叶猕猴桃 *
云南：勐海 谭运洪，余涛 B368
云南：勐海 谭运洪，余涛 B508
Actinidia valvata Dunn 对萼猕猴桃 *
湖北：竹溪 李盛兰 GanQL772
湖南：永顺 陈功锡，张代贵，邓涛等 SCSB-HC-2007310
江西：武宁 张吉华，张东红 TanCM3230
Actinidia venosa Rehder 显脉猕猴桃 *
四川：宝兴 袁明 Y07016
四川：峨眉山 李小杰 LiXJ519
四川：峨眉山 李小杰 LiXJ664
西藏：错那 扎西次仁 ZhongY389
西藏：林芝 罗建，汪书丽，任德智 LiuJQ-09XZ-326
云南：贡山 刀志灵，陈哲 DZL-037
云南：贡山 刀志灵，陈哲 DZL-038
云南：贡山 刀志灵 DZL371
云南：剑川 杨青松，杨莹，黄永江等 ZhouZK-07ZX-0120
云南：兰坪 孔航辉，任琛 Yangqe2889
云南：腾冲 余新林，赵玮 BSGLGStc063
云南：永德 奎文康，杨金柱，鲁金国等 YDDXSC078
Clematoclethra scandens (Franchet) Maximowicz 藤山柳 *
云南：大关 蔡杰，刘成，秦少发等 08CS350
Clematoclethra scandens subsp. actinidioides (Maximowicz) Y. C. Tang & Q. Y. Xiang 猕猴桃藤山柳 *
四川：峨眉山 李小杰 LiXJ538
四川：康定 彭玉兰，涂卫国 Gaoxf-1064
四川：凉山 孙航，张建文，邓涛等 SunH-07ZX-3798
四川：冕宁 张大才，尹五元，李双智等 ZhangDC-07ZX-2460
Saurauia cerea Griffith ex Dyer 蜡质水东哥
西藏：墨脱 刘成，亚吉东，何华杰等 16CS11981
云南：文山 何德明，李永春 WSLJS529
Saurauia erythrocarpa C. F. Liang & Y. S. Wang 红果水东哥 *
云南：贡山 刘成，何华杰，黄莉等 14CS8571
Saurauia macrotricha Kurz ex Dyer 长毛水东哥
云南：江城 张绍云，胡启和 YNS1239
Saurauia miniata C. F. Liang & Y. S. Wang 朱毛水东哥 *
云南：沧源 赵金超，刘成，高歌 CYNGH281
云南：龙陵 孙兴旭 SunXX023
云南：麻栗坡 税玉民，陈文红 72129
云南：麻栗坡 肖波，陆章强 LuJL044
云南：马关 税玉民，陈文红 82288
云南：蒙自 税玉民，陈文红 72397
云南：腾冲 余新林，赵玮 BSGLGStc215
Saurauia napaulensis Candolle 尼泊尔水东哥
四川：峨眉山 李小杰 LiXJ320
云南：沧源 赵金超，杨红强 CYNGH075
云南：贡山 李恒，李嵘 859
云南：河口 张贵良，杨鑫峰，陶美英等 ZhangGL097
云南：景东 鲁艳 2008108
云南：景东 罗忠华，刘长铭，罗文寿等 JDNR011
云南：景东 谢有能，刘长铭，张明勇等 JDNR045
云南：龙陵 孙兴旭 SunXX033
云南：隆阳区 尹学建 BSGLGSly2019
云南：麻栗坡 税玉民，陈文红 72130

云南：麻栗坡 肖波，陆章强 LuJL039
云南：马关 税玉民，陈文红 82287
云南：蒙自 税玉民，陈文红 72376
云南：蒙自 税玉民，陈文红 72453
云南：蒙自 税玉民，陈文红 72540
云南：南涧 李名生，苏世忠 NJWLS2008206
云南：屏边 税玉民，陈文红 82519
云南：普洱 叶金科 YNS0237
云南：西盟 胡启和，赵强，周英等 YNS0760
云南：新平 刘家良 XPALSD022
云南：永德 李永亮 YDDXS0302
云南：元阳 田学军，杨建，邱成书等 Tianxj0052
云南：镇沅 张绍云，胡启和 YNS1012

Saurauia polyneura C. F. Liang & Y. S. Wang 多脉水东哥
云南：贡山 许炳强，吴兴，李婧等 XiaNh-07zx-112
云南：贡山 郭永杰，吴之坤，吴兴等 14CS9870
云南：贡山 朱枫，张仲富，成梅 Wangsh-07ZX-045
云南：景谷 叶金科 YNS0267
云南：隆阳区 刀志灵，陈哲 DZL-083
云南：隆阳区 刀志灵，陈哲 DZL-091
云南：隆阳区 段在贤，代如亮，赵玮 BSGLGSly058
云南：腾冲 李爱花，黄之镨，黄押稳等 SCSB-A-000280

Saurauia polyneura var. **paucinervis** J. Q. Li & Soejarto 少脉水东哥 *
西藏：察隅 张挺，蔡杰，袁明 09CS1590
云南：贡山 蔡杰，郭云刚，张凤琼等 14CS9713
云南：隆阳区 张雪梅，刘媛，万珠珠 SCSB-L-0007
云南：腾冲 周应再 Zhyz-060
云南：腾冲 余新林，赵玮 BSGLGStc027

Saurauia punduana Wallich 大花水东哥
西藏：墨脱 刘成，亚吉东，何华杰等 16CS11983

Saurauia thyrsiflora C. F. Liang & Y. S. Wang 聚锥水东哥 *
广西：融水 许为斌，梁永延，黄俞淞等 Liuyan0182

Saurauia tristyla Candolle 水东哥
广西：贺州 姜孝成，王丽萍，鲁长青 Jiangxc0717
云南：河口 税玉民，陈文红 71710
云南：金平 税玉民，陈文红 80196
云南：景洪 谭运洪，余涛 B258
云南：绿春 何疆海，何来收，白然思等 HLS0345
云南：文山 税玉民，陈文红 16337
云南：西畴 税玉民，陈文红 80793

Saurauia yunnanensis C. F. Liang & Y. S. Wang 云南水东哥 *
云南：耿马 张挺，孙之星，杨秋林 SCSB-B-000432
云南：景谷 叶金科 YNS0272
云南：澜沧 胡启和，仇亚，周英等 YNS0692
云南：绿春 黄连山保护区科研所 NULL HLS0152
云南：镇沅 何忠云，王立东 ALSZY08

Adoxaceae 五福花科

五福花科	世界	中国	种质库
属 / 种（种下等级）/ 份数	4/220	4/81	2/50(61)/661

Sambucus adnata Wallich ex Candolle 血满草
甘肃：夏河 尹鑫，吴航，葛文静 LiuJQ-GN-2011-295
湖北：宜昌 陈功锡，张代贵 SCSB-HC-2008109
青海：互助 薛春迎 Xuechy0055
四川：康定 彭玉兰，涂卫国，余春丽 Gaoxf-0631
四川：康定 何兴金，郜鹏，彭禄等 SCU-11-319
四川：理塘 何兴金，赵丽华，梁乾隆等 SCU-11-133
四川：理县 许炳强，童毅华，吴兴等 XiaNH-07ZX-0907
四川：马尔康 高云东，李忠荣，鞠文彬 GaoXF-12-063
四川：木里 刘克明，吕杰 SCSB-HN-1804
四川：木里 刘克明，吕杰 SCSB-HN-1813
四川：木里 刘克明，吕杰 SCSB-HN-1831
四川：木里 刘克明，吕杰 SCSB-HN-1842
四川：木里 刘克明，吕杰 SCSB-HN-1898
四川：乡城 杨青松，杨莹，黄永江等 ZhouZK-07ZX-0076
四川：盐源 刘克明，吕杰 SCSB-HN-1886
西藏：工布江达 扎西次仁 ZhongY309
西藏：林芝 卢洋，刘帆等 LiJ747
西藏：林芝 卢洋，刘帆等 LiJ803
西藏：林芝 陈家辉，韩希，王东超等 YangYP-Q-4045
西藏：林芝 陈家辉，韩希，王广艳等 YangYP-Q-4091
西藏：米林 张晓纬，汪书丽，罗建 LiuJQ-09XZ-LZT-004
云南：大理 张书东，林娜娜，陆露等 SCSB-W-182
云南：德钦 张书东，林娜娜，郁文彬等 SCSB-W-012
云南：德钦 杨亲二，孔航辉，李磊 Yangqe3254
云南：德钦 杨青松，杨莹，黄永江等 ZhouZK-07ZX-0205
云南：德钦 刀志灵 DZL439
云南：洱源 李爱花，雷立公，马国强等 SCSB-A-000143
云南：贡山 刀志灵 DZL356
云南：贡山 刀志灵 DZL380
云南：古城区 郁文彬等 SCSB-W-611
云南：金平 喻智勇，官兴永，张云飞等 JinPing45
云南：隆阳区 赵玮 BSGLGSly093
云南：宁蒗 任宗昕，寸龙琼，任尚国 SCSB-W-1349
云南：巧家 李文虎，吴天抗，高顺勇等 QJYS0129
云南：巧家 郁文彬，任宗昕，艾洪莲等 SCSB-W-1039
云南：巧家 张天壁 SCSB-W-258
云南：巧家 张书东，何俊，蒋伟等 SCSB-W-321
云南：嵩明 蔡杰，廖琼，徐远杰等 SCSB-B-000083
云南：腾冲 周应再 Zhyz-036
云南：腾冲 周应再 Zhyz-262
云南：维西 杨亲二，孔航辉，李磊 Yangqe3228
云南：香格里拉 杨亲二，孔航辉，李磊 Yangqe3033
云南：香格里拉 杨亲二，袁琼 Yangqe2719
云南：新平 谢天华，郎定富，李应富 XPALSA149
云南：盈江 王立彦 WLYTBG-044

Sambucus javanica Blume 接骨草
安徽：金寨 陈延松，欧祖兰，刘旭升 Xuzd198
安徽：宁国 洪欣，陶旭 ZSB276
安徽：石台 陈延松，吴国伟，洪欣 Zhousb0019
安徽：屯溪区 方建新 TangXS0149
安徽：宣城 刘淼 HANGYY8099
广西：那坡 黄俞淞，梁永延，叶晓霞 Liuyan0027
广西：兴安 吴望辉，吴磊，农冬新 Liuyan0506
湖北：宣恩 沈泽昊 HXE056
湖南：安化 刘克明，彭珊，李珊等 SCSB-HN-1697
湖南：慈利 吴福川，查学州，余祥洪等 73
湖南：鹤城区 李胜华，伍贤进，曾汉元等 HHXY168
湖南：怀化 李胜华，伍贤进，曾汉元等 HHXY071
湖南：开福区 姜孝成，唐妹，尹恒等 SCSB-HNJ-0406
湖南：澧县 田淑珍 SCSB-HN-1582
湖南：宁乡 熊凯辉，刘克明 SCSB-HN-1971

湖南：宁乡 熊凯辉，刘克明 SCSB-HN-2025
湖南：石门 姜孝成，唐妹，吕杰等 Jiangxc0494
湖南：望城 姜孝成，卢叶平，杨强 Jiangxc0768
湖南：新化 姜孝成，唐妹，戴小军等 Jiangxc0576
湖南：新化 黄先辉，杨亚平，卜剑超 SCSB-HNJ-0332
湖南：新化 刘克明，彭珊，李珊等 SCSB-HN-1645
湖南：永顺 陈功锡，张代贵 SCSB-HC-2008106
湖南：永顺 陈功锡，张代贵 SCSB-HC-2008107
湖南：岳麓区 姜孝成，田春娥，马正辉等 SCSB-HNJ-0132
江苏：句容 王兆银，吴宝成 SCSB-JS0284
江苏：玄武区 顾子霞 HANGYY8678
江西：黎川 杨文斌，饶云芳 TanCM1303
青海：互助 陈世龙，高庆波，张发起等 Chensl1727
陕西：城固 田先华，王梅荣，吴明华 TianXH526
四川：巴塘 张大才，尹五元，李双智等 ZhangDC-07ZX-2226
四川：巴塘 王文礼，冯欣，刘飞鹏 OUXK11145
四川：稻城 何兴金，胡灏禹，陈德友等 SCU-09-347
四川：康定 何兴金，高云东，刘海艳等 SCU-20080402
四川：康定 何兴金，王月，胡灏禹等 SCU-08144
四川：康定 何兴金，胡灏禹，王月 SCU-08180
四川：康定 张大才，尹五元，李双智等 ZhangDC-07ZX-2382
四川：乐至 邓兴敏，邓秀发，张昌兵 ZCB0488
四川：理县 何兴金，李琴琴，赵丽华等 SCU-09-519
四川：理县 何兴金，高云东，余岩等 SCU-09-549
四川：木里 孔航辉，罗江平，左雷等 YangQE3407
四川：射洪 袁明 YUANM2015L004
四川：汶川 袁明，高刚，杨勇 YM2014024
四川：乡城 李晓东，张景博，徐凌翔等 LiJ359
四川：乡城 王文礼，冯欣，刘飞鹏 OUXK11131
四川：雨城区 刘静，古玉 Y07308
西藏：察隅 张挺，蔡杰，袁明 09CS1512
西藏：林芝 张大才，李双智，唐路等 ZhangDC-07ZX-1831
西藏：林芝 何兴金，邓贤兰，廖晨阳等 SCU-080392
西藏：芒康 王文礼，冯欣，刘飞鹏 OUXK11154
云南：德钦 王文礼，冯欣，刘飞鹏 OUXK11182
云南：德钦 王文礼，冯欣，刘飞鹏 OUXK11192
云南：德钦 王文礼，冯欣，刘飞鹏 OUXK11205
云南：德钦 孙航，李新辉，陈林杨 SunH-07ZX-2977
云南：隆阳区 段在贤，杨采龙，杨安友 BSGLGSly1005
云南：绿春 何疆海 HLS0181
云南：麻栗坡 肖波，陆章强 LuJL038
云南：蒙自 税玉民，陈文红 72381
云南：勐海 胡光万 HGW-00348
云南：勐腊 谭运洪，余涛 B245
云南：勐腊 胡光万 HGW-00344
云南：南涧 袁玉川，徐家武 NJWLS582
云南：屏边 钱良超，陆海兴，张照跃等 Pbdws126
云南：普洱 叶金科 YNS0218
云南：瑞丽 谭运洪 B153
云南：嵩明 胡光万 400221-027
云南：维西 张挺，杨新相，王东良 SCSB-B-000422
云南：维西 陈文允，于文涛，黄永江等 CYHL068
云南：文山 何德明，张挺，黎谷香 WSLJS560
云南：香格里拉 王文礼，冯欣，刘飞鹏 OUXK11104
云南：香格里拉 李晓东，张紫刚，操榆 LiJ630
云南：新平 白绍斌 XPALSC044
云南：新平 刘家良 XPALSD024
云南：永德 李永亮 YDDXS0374
云南：玉龙 孔航辉，任琛 Yangqe2785
云南：元阳 田学军，杨建，邱成书等 Tianxj0056
浙江：临安 李宏庆，田怀珍，刘国丽 Lihq0079
浙江：鄞州区 李宏庆，葛斌杰 Lihq0111

Sambucus sibirica Nakai 西伯利亚接骨木
新疆：阿勒泰 谭敦炎，邱娟 TanDY0440
新疆：布尔津 谭敦炎，邱娟 TanDY0468

Sambucus williamsii Hance 接骨木 *
安徽：休宁 胡长玉，方建新 TangXS0979
贵州：开阳 肖恩婷 Yuanm025
河北：邢台 牛玉璐，高彦飞，赵二涛 NiuYL312
黑龙江：大兴安岭 郑宝江 ZhengBJ040
黑龙江：呼兰 刘玫，张欣欣，程薪宇等 Liuetal460
黑龙江：岭东区 刘玫，张欣欣，程薪宇等 Liuetal314
湖北：仙桃 李巨平 LiJuping0319
湖北：竹溪 甘啟良 GanQL029
湖南：沅陵 周丰杰，刘克明 SCSB-HN-1344
吉林：南关区 韩忠明 Yanglm0104
吉林：磐石 安海成 AnHC010
江西：遂川 彭华，陈丽，向春雷等 P.H. 5433
辽宁：桓仁 祝业平 CaoW977
陕西：宁陕 田陌，王梅荣，田先华 TianXH160
四川：峨眉山 李小杰 LiXJ490
云南：贡山 刀志灵 DZL335
云南：弥渡 张德全，杨思秦，陈金虎等 ZDQ157

Viburnum amplifolium Rehder 广叶荚蒾 *
云南：绿春 HLS0155
云南：屏边 楚永兴，普华柱，刘永建 Pbdws038

Viburnum atrocyaneum C. B. Clarke 蓝黑果荚蒾
重庆：南川区 易思荣，谭秋平 YISR416
广西：金秀 彭华，向春雷，陈丽 PengH8120
广西：金秀 彭华，向春雷，陈丽 PengH8158
西藏：波密 张大才，李双智，唐路等 ZhangDC-07ZX-1749
云南：贡山 刘成，何华杰，黄莉等 14CS8594
云南：贡山 郭永杰，吴之坤，吴兴等 14CS9910
云南：鹤庆 孙航，李新辉，陈林杨 SunH-07ZX-3146
云南：鹤庆 张大才，李双智，杨川 ZhangDC-07ZX-2074
云南：巧家 张书东，张荣，王银环等 QJYS0226
云南：巧家 张天壁 SCSB-W-662
云南：文山 何德明，韦荣彪，黄太文 WSLJS762
云南：永德 欧阳红才，普跃东，鲁金国等 YDDXSC030
云南：云龙 王文礼，冯欣，刘飞鹏 OUXK11017

Viburnum betulifolium Batalin 桦叶荚蒾 *
安徽：休宁 唐鑫生，方建新 TangXS0335
甘肃：夏河 尹鑫，吴航，葛文静 LiuJQ-GN-2011-298
贵州：施秉 邹方伦 ZouFL0256
贵州：绥阳 赵厚涛，韩国营 YBG026
贵州：台江 邹方伦 ZouFL0265
贵州：威宁 邹方伦 ZouFL0312
湖北：神农架林区 李巨平 LiJuPing0263
湖北：神农架林区 祝文志，刘志祥，曹远俊 ShenZH5722
湖北：五峰 李平 AHL036
湖北：宣恩 沈泽昊 DS2264
湖南：怀化 李胜华，伍贤进，曾汉元等 HHXY036
湖南：新化 黄先辉，杨亚平，卜剑超 SCSB-HNJ-0317
湖南：永定区 吴福川，廖博儒 7115
山西：阳城 连俊强，赵璐璐，廉凯敏等 Zhangf0022
陕西：宁陕 王梅荣，田陌，田先华 TianXH101

陕西：长安区 田先华，王梅荣，田陌 TianXH045
四川：黑水 顾垒，李忠荣 GaoXF-09ZX-1771
四川：九龙 孙航，张建文，邓涛等 SunH-07ZX-3776
四川：理塘 何兴金，马祥光，张云香等 SCU-11-203
四川：理县 张昌兵，邓秀发 ZhangCB0408
四川：凉山 孙航，张建文，邓涛等 SunH-07ZX-3794
四川：泸定 何兴金，李琴琴，王长宝等 SCU-08068
四川：泸定 高云东，李忠荣，鞠文彬 GaoXF-12-199
四川：冕宁 张大才，尹五元，李双智等 ZhangDC-07ZX-2454
四川：天全 汤加勇，赖建军 Y07065
云南：大关 张挺，王培，肖良俊 SCSB-B-000513
云南：德钦 杨亲二，孔航辉，李磊 Yangqe3253
云南：贡山 蔡杰，郭云刚，张凤琼等 14CS9790
云南：贡山 蔡杰，郭云刚，张凤琼等 14CS9797
云南：贡山 刀志灵 DZL803
云南：贡山 郭永杰，吴之坤，吴兴等 14CS9930
云南：鹤庆 张大才，李双智，杨川 ZhangDC-07ZX-2082
云南：剑川 陈文允，于文涛，黄永江等 CYHL236
云南：兰坪 孔航辉，任琛 Yangqe2895
云南：丽江 孔航辉，罗江平，左雷等 YangQE3321
云南：丽江 张书东，林娜娜，陆露等 SCSB-W-137
云南：丽江 彭华，王英，陈丽 P.H.5270
云南：丽江 杨亲二，袁琼 Yangqe2668
云南：宁蒗 孔航辉，罗江平，左雷等 YangQE3350
云南：宁蒗 任宗昕，寸龙琼，任尚国 SCSB-W-1362
云南：巧家 任宗昕，董莉娜，黄盼辉 SCSB-W-277
云南：巧家 张书东，何俊，蒋伟等 SCSB-W-309
云南：巧家 张天壁 SCSB-W-676
云南：巧家 张天壁 SCSB-W-918
云南：巧家 杨光明，颜再奎，张天壁等 QJYS0078
云南：维西 刀志灵 DZL421
云南：维西 杨亲二，袁琼 Yangqe2705
云南：香格里拉 孔航辉，罗江平，左雷等 YangQE3305
云南：香格里拉 亚吉东，张桥蓉，张继等 11CS3549
云南：香格里拉 杨亲二，孔航辉，李磊 Yangqe3271
云南：香格里拉 杨亲二，袁琼 Yangqe2679
云南：香格里拉 张大才，李双智，唐路等 ZhangDC-07ZX-1646
云南：香格里拉 张挺，亚吉东，李明勤等 11CS3318
云南：彝良 张挺，雷立公，王建军等 SCSB-B-000114
云南：彝良 张挺，雷立公，王建军等 SCSB-B-000118
云南：彝良 张挺，雷立公，王建军等 SCSB-B-000123
云南：玉龙 王四海，李苏雨，吴超 Wangsh-07ZX-019
云南：玉龙 张挺，郭起荣，黄兰兰等 15PX202
云南：玉龙 孔航辉，任琛 Yangqe2793
云南：云龙 字建泽，杨六斤，李国宏等 TC1080

Viburnum brachybotryum Hemsley 短序荚蒾 *
重庆：南川区 易思荣 YISR168
重庆：南川区 易思荣，谭秋平 YISR415
贵州：江口 周云，王勇 XiangZ023
湖北：五峰 陈功锡，张代贵 SCSB-HC-2008399
湖北：仙桃 张代贵 Zdg1730
湖北：宣恩 许玥，祝文志，刘志祥等 ShenZH7850
湖南：石门 姜孝成，唐妹，卜剑超等 Jiangxc0442
湖南：永顺 陈功锡，张代贵 SCSB-HC-2008037
云南：金平 张挺，马国强，刘娜等 SCSB-B-000585
云南：屏边 楚永兴，普华柱，刘永建 Pbdws040

Viburnum burejaeticum Regel & Herder 修枝荚蒾
黑龙江：巴彦 孙阎，赵立波 SunY042
黑龙江：宁安 刘玫，张欣欣，程薪宇等 Liuetal431
吉林：安图 周海城 ZhouHC060
吉林：磐石 安海成 AnHC020

Viburnum chingii P. S. Hsu 漾濞荚蒾
云南：洱源 杨青松，星耀武，苏涛 ZhouZK-07ZX-0311
云南：景东 罗忠华，谢有能，刘长铭等 JDNR075
云南：隆阳区 赵玮 BSGLGS1y090
云南：腾冲 周应再 Zhyz-001
云南：腾冲 赵玮 BSGLGS1y124
云南：文山 何德明，邵会昌，沈素娟 WSLJS442
云南：新平 刘家良，王家和，谢雄 XPALSD313
云南：盈江 王立彦，桂魏，刀江飞 SCSB-TBG-092
云南：盈江 王立彦，桂魏，刀江飞 SCSB-TBG-096
云南：永德 李永亮 YDDXS0574
云南：云龙 李爱花，李洪超，李文化等 SCSB-A-000170
云南：镇沅 朱恒 ALSZY062
云南：镇沅 何忠云 ALSZY355

Viburnum chinshanense Graebner 金佛山荚蒾 *
湖南：石门 姜孝成，唐妹，陈显胜等 Jiangxc0430
四川：康定 彭玉兰，涂卫国，余春丽 Gaoxf-0682
云南：宾川 孙振华，王文礼，宋晓卿等 OuxK-BC-0001
云南：兰坪 孔航辉，任琛 Yangqe2915
云南：思茅区 张绍云，胡启和 YNS1273
云南：永德 李永亮 YDDXS0411
云南：永胜 孙振华，郑志兴，沈蕊等 OuXK-YS-200
云南：永胜 孙振华，郑志兴，沈蕊等 OuXK-YS-208
云南：永胜 孙振华，王文礼，宋晓卿等 OuxK-YS-0015
云南：镇沅 胡启和，张绍云 YNS0952

Viburnum cinnamomifolium Rehder 樟叶荚蒾 *
四川：峨眉山 李小杰 LiXJ772

Viburnum congestum Rehder 密花荚蒾 *
贵州：安龙 莫水松，蒋日红，廖云标 Liuyan1035
四川：康定 彭玉兰，涂卫国，余春丽 Gaoxf-0747
四川：木里 彭华，向春雷，刘振稳 P.H.5025
云南：洱源 张书东，林娜娜，陆露等 SCSB-W-161
云南：洱源 杨青松，星耀武，苏涛 ZhouZK-07ZX-0312
云南：隆阳区 赵文李 BSGLGS1y3058
云南：蒙自 田学军，邱成书，高波 TianXJ0140
云南：文山 税玉民，陈文红 16287
云南：文山 何德明，韦荣彪 WSLJS709
云南：云龙 张挺，徐远杰，陈冲等 SCSB-B-000206
云南：云龙 李施文，张志云，段耀飞 TC3032

Viburnum corylifolium J. D. Hooker & Thomson 榛叶荚蒾
云南：鹤庆 孙航，李新辉，陈林杨 SunH-07ZX-3192
云南：文山 何德明，王连春，徐兴胜 WSLJS1002
云南：玉龙 孙航，李新辉，陈林杨 SunH-07ZX-3228

Viburnum corymbiflorum P. S. Hsu & S. C. Hsu 伞房荚蒾 *
江西：井冈山 兰国华 LiuRL002
四川：峨眉山 李小杰 LiXJ473

Viburnum cylindricum Buchanan-Hamilton ex D. Don 水红木
广西：兴安 刘演，黄俞淞，吴望辉等 Liuyan0110
贵州：道真 赵厚涛，韩国营 YBG038
贵州：惠水 邹方伦 ZouFL0156
湖北：五峰 李平 AHL107
湖北：五峰 陈功锡，张代贵 SCSB-HC-2008344
湖北：宣恩 沈泽昊 HXE043
湖南：吉首 陈功锡，张代贵，邓涛等 SCSB-HC-2007402
湖南：桑植 陈功锡，廖博儒，查学州等 199

湖南：石门 姜孝成，唐妹，陈显胜等 Jiangxc0431
西藏：波密 孙航，张建文，陈建国等 SunH-07ZX-2593
西藏：波密 扎西次仁，西落 ZhongY728
西藏：错那 扎西次仁 ZhongY391
西藏：墨脱 刘成，亚吉东，何华杰等 16CS11874
云南：安宁 张书东，林娜娜，陆露等 SCSB-W-066
云南：沧源 赵金超，田立新 CYNGH045
云南：大理 张德全，段丽珍，段金成等 ZDQ018
云南：大理 杨亲二，袁琼 Yangqe2613
云南：德钦 孙航，李新辉，陈林杨 SunH-07ZX-2986
云南：德钦 张大才，李双智，杨川 ZhangDC-07ZX-1973
云南：洱源 张书东，林娜娜，陆露等 SCSB-W-162
云南：洱源 杨青松，星耀武，苏涛 ZhouZK-07ZX-0286
云南：凤庆 谭运洪 B96
云南：福贡 刀志灵，陈哲 DZL-068
云南：贡山 蔡杰，郭云刚，张凤琼等 14CS9769
云南：贡山 郭永杰，吴之坤，吴兴等 14CS9820
云南：贡山 朱枫，张仲富，成梅 Wangsh-07ZX-043
云南：贡山 许炳强，吴兴，李婧等 XiaNh-07zx-061
云南：贡山 刀志灵，陈哲 DZL-048
云南：河口 张贵良，饶春，陶英美等 ZhangGL042
云南：鹤庆 杨亲二，孔航辉，李磊 Yangqe3215
云南：鹤庆 孙振华，王文礼，宋晓卿等 OuxK-HQ-0016
云南：剑川 陈文允，于文涛，黄永江等 CYHL237
云南：景东 罗忠华，段玉伟，刘长铭等 JD070
云南：景东 罗忠华，刘长铭，鲁成荣等 JD113
云南：丽江 孙航，李新辉，陈林杨 SunH-07ZX-3135
云南：隆阳区 赵文李 BSGLGSly3048
云南：隆阳区 段在贤，封占昕 BSGLGSly035
云南：隆阳区 尹学建 BSGLGSly2020
云南：隆阳区 段在贤，蔡芝洪 BSGLGSly1208
云南：隆阳区 赵玮 BSGLGSly215
云南：泸水 孙振华，郑志兴，沈蕊等 OuXK-LC-038
云南：泸水 孔航辉，任琛 Yangqe2906
云南：绿春 黄连山保护区科研所 HLS0011
云南：麻栗坡 肖波，陆章强 LuJL023
云南：麻栗坡 税玉民，陈文红 72033
云南：勐海 彭华，向春雷，陈丽等 P.H.5730
云南：孟连 彭华，向春雷，陈丽 P.H.5894
云南：墨江 张绍云，叶金科，仇亚 YNS1282
云南：牟定 王文礼，何彪，冯欣等 OUXK11271
云南：南涧 沈文明 NJWLS1402
云南：南涧 邹国娟，时国彩 njwls2007002
云南：南涧 高国政 NJWLS1419
云南：宁洱 胡启和，仇亚 YNS0563
云南：宁蒗 任宗昕，寸龙琼，任尚国 SCSB-W-1393
云南：盘龙区 张书东，林娜娜，陆露等 SCSB-W-062
云南：普洱 叶金科 YNS0334
云南：巧家 张天壁 SCSB-W-839
云南：施甸 孙振华，郑志兴，沈蕊等 OuXK-LC-003
云南：石林 张挺，张书东，杨茜等 SCSB-A-000023
云南：石林 税玉民，陈文红 65469
云南：腾冲 李爱花，黄之镨，黄押稳等 SCSB-A-000298
云南：腾冲 周应再 Zhyz-126
云南：维西 张挺，徐远杰，黄押稳等 SCSB-B-000143
云南：维西 王文礼，冯欣，刘飞鹏 OUXK11049
云南：维西 王文礼，冯欣，刘飞鹏 OUXK11063
云南：文山 何德明，丰艳飞，韦荣彪等 WSLJS720
云南：香格里拉 杨亲二，孔航辉，李磊 Yangqe3283
云南：香格里拉 王文礼，冯欣，刘飞鹏 OUXK11100
云南：香格里拉 孔航辉，罗江平，左雷等 YangQE3310
云南：新平 王家和，谢雄 XPALSC025
云南：盈江 王立彦，桂魏，刀江飞 SCSB-TBG-115
云南：永德 李永亮 YDDXS0591
云南：永德 李永亮，王学军，陈海涛 YDDXSB090
云南：玉龙 李云龙，鲁仪增，和荣华等 15PX107
云南：玉龙 张挺，郭起荣，黄兰兰等 15PX207
云南：玉龙 张大才，李双智，杨川 ZhangDC-07ZX-2046
云南：玉龙 孔航辉，任琛 Yangqe2802
云南：元江 孙振华，王文礼，宋晓卿等 Ouxk-YJ-0045
云南：元阳 亚吉东，黄莉，何华杰 15CS11269
云南：云龙 赵玉贵，李占兵，张吉平等 TC2013
云南：镇沅 朱恒 ALSZY131
云南：镇沅 王立东，何忠云，罗成瑜 ALSZY181

Viburnum dilatatum Thunberg **荚蒾**

安徽：金寨 刘淼 SCSB-JSC13
安徽：金寨 刘淼 SCSB-JSC14
安徽：宁国 洪欣，陶旭 ZSB280
安徽：祁门 方建新 TangXS0044
安徽：舒城 陈延松，欧祖兰，高秋晨等 Xuzd369
湖北：黄梅 刘淼 SCSB-JSA29
湖北：神农架林区 祝文志，刘志祥，曹远俊 ShenZH5613
湖南：古丈 刘克明，朱晓文 SCSB-HN-0508
湖南：鹤城区 曾汉元，伍贤进，李胜华等 HHXY103
湖南：鹤城区 李胜华，伍贤进，曾汉元等 HHXY165
湖南：会同 刘克明，王成，张恒 SCSB-HN-1117
湖南：宁乡 熊凯辉 SCSB-HN-2032
湖南：桑植 陈功锡，廖博儒，查学州等 183
湖南：石门 姜孝成，唐妹，卜剑超等 Jiangxc0455
湖南：石门 姜孝成，唐妹，吕杰等 Jiangxc0483
湖南：望城 姜孝成，段志贵 SCSB-HNJ-0140
湖南：新化 姜孝成，唐妹，戴小军等 Jiangxc0560
湖南：永顺 陈功锡，张代贵 SCSB-HC-2008215
湖南：资兴 熊凯辉，王得刚，盛波 SCSB-HN-2056
江苏：句容 王兆银，吴宝成 SCSB-JS0280
江苏：宜兴 李宏庆，田怀珍，葛斌杰等 Lihq0268
江西：九江 谭策铭，张丽萍，奚亚 TanCM3410
江西：修水 缪以清，余于民 TanCM2435
云南：大理 张德全，王应龙，文青华等 ZDQ099
云南：禄劝 郁文彬，董莉娜，张舒等 SCSB-W-963
云南：石林 税玉民，陈文红 66525
云南：腾冲 周应再 Zhyz-040
云南：维西 张挺，徐远杰，黄押稳等 SCSB-B-000148
云南：香格里拉 李爱花，周开洪，黄之镨等 SCSB-A-000243

Viburnum erosum Thunberg **宜昌荚蒾**

安徽：石台 陈延松，吴国伟，洪欣 Zhousb0091
安徽：休宁 唐鑫生，方建新 TangXS0265
重庆：南川区 易思荣 YISR280
贵州：江口 邹方伦 ZouFL0119
湖北：宣恩 沈泽昊 HXE032
湖南：洪江 李胜华，伍贤进，刘光华等 Wuxj1070
湖南：洪江 李胜华，伍贤进，刘光华等 Wuxj1080
湖南：会同 李胜华，伍贤进，曾汉元等 Wuxj1008
湖南：永定区 吴福川，廖博儒，余祥洪等 120
湖南：永定区 吴福川，查学州，曹赫 7081
江苏：句容 王兆银，吴宝成 SCSB-JS0248

江西：湾里区 杜小浪，慕泽泾，曹岚 DXL123
江西：武宁 张吉华，刘运群 TanCM718
江西：武宁 张吉华，刘运群 TanCM786
江西：武宁 张吉华，刘运群 TanCM1126
山东：崂山区 罗艳，李中华，母华伟 LuoY046
山东：牟平区 卞福花，杜丽君，孟凡涛 BianFH-0133
云南：大关 张挺，王培，肖良俊 SCSB-B-000519
云南：彝良 张挺，雷立公，王建军等 SCSB-B-000119
浙江：开化 李宏庆，熊申展，桂萍 Lihq0402

Viburnum erubescens Wallich **红荚蒾**

湖北：竹溪 李盛兰 GanQL085
四川：冕宁 张大才，尹五元，李双智等 ZhangDC-07ZX-2453
西藏：错那 罗建，汪书丽 LiuJQ11XZ172
西藏：错那 扎西次仁，西落 ZhongY567
云南：南涧 李成清，高国政，徐如标 NJWLS461
云南：腾冲 余新林，赵玮 BSGLGStc007
云南：新平 谢天华，郎定富，杨如伟 XPALSA003
云南：新平 罗有明 XPALSB067
云南：云龙 赵玉贵，李占兵，张吉平等 TC2019

Viburnum foetidum var. **ceanothoides** (C. H. Wright) Handel-Mazzetti **珍珠荚蒾** *

贵州：安龙 莫水松，蒋日红，廖云标 Liuyan1034
四川：黑水 顾垒，李忠荣 GaoXF-09ZX-1841
四川：冕宁 孔航辉，罗江平，左雷等 YangQE3422
云南：谭运洪 B64
云南：华宁 彭华，陈丽 P.H.5378
云南：会泽 杜燕，黄天才，董勇等 SCSB-A-000320
云南：景东 杨国平，李达文，鲁志云 ygp-035
云南：龙陵 张雪梅，刘媛，万珠珠 SCSB-L-0005
云南：龙陵 孙兴旭 SunXX015
云南：龙陵 郭永杰，吴义军，马蓉等 12CS5146
云南：隆阳区 赵玮，莫连贤，段在贤 BSGLGSly014
云南：麻栗坡 肖波 LuJL152
云南：蒙自 田学军，邱成书，高波 TianXJ0143
云南：蒙自 田学军，邱成书，高波 TianXJ0153
云南：南涧 马德跃，官有才，罗开宏等 NJWLS954
云南：盘龙区 张书东，林娜娜，陆露等 SCSB-W-053
云南：屏边 钱良超，陆海兴，康远勇等 Pbdws192
云南：普洱 胡启和，周英，仇亚等 YNS0621
云南：腾冲 李爱花，黄之镨，黄押稳等 SCSB-A-000288
云南：腾冲 余新林，赵玮 BSGLGStc016
云南：腾冲 周应再 Zhyz-048
云南：文山 何德明，胡艳花 WSLJS491
云南：新平 王家和，谢雄 XPALSC001
云南：新平 白绍斌 XPALSC510
云南：盈江 王立彦，左常盛，何维海 SCSB-TBG-014
云南：永德 李永亮 LiYL1341
云南：元阳 亚吉东，黄莉，何华杰 15CS11432

Viburnum foetidum var. **rectangulatum** (Graebner) Rehder **直角荚蒾** *

贵州：施秉 邹方伦 ZouFL0255
湖北：利川 祝文志，刘志祥，曹远俊 ShenZH3445
湖北：宣恩 沈泽昊 HXE087
江西：靖安 张吉华，刘运群 TanCM1124
陕西：平利 田先华，王孝安 TianXH1047
云南：南涧 徐家武，李毕祥，袁玉明 NJWLS589
云南：宁蒗 亚吉东，刘成 15CS11233
云南：新平 何罡安 XPALSB037
云南：元阳 李文锋，刘成，杨娅娟等 YYGYS029

Viburnum foetidum Wallich **臭荚蒾**

贵州：安龙 彭华，许瑾，陈丽 P.H.5074
贵州：南明区 邹方伦 ZouFL0211
湖北：竹溪 李盛兰 GanQL780
湖北：竹溪 李盛兰 GanQL1130
湖南：怀化 李胜华，伍贤进，曾汉元等 HHXY272
四川：康定 彭玉兰，涂卫国 Gaoxf-1037
西藏：错那 扎西次仁 ZhongY388
云南：安宁 所内采集组培训 SCSB-A-000117
云南：安宁 伊廷双 MJ-856
云南：临沧 彭华，向春雷，王泽欢 PengH8071
云南：禄丰 闫海忠，孙振华，王文礼等 Ouxk-LF-0002
云南：麻栗坡 税玉民，陈文红 72025
云南：麻栗坡 税玉民，陈文红 72119
云南：麻栗坡 税玉民，陈文红 72124
云南：麻栗坡 肖波 LuJL408
云南：蒙自 税玉民，陈文红 72260
云南：南涧 阿国仁，罗新洪，李敏等 NJWLS2008133
云南：文山 何德明，古少国 WSLJS1018
云南：西山区 税玉民，陈文红 65399
云南：新平 王家和，刘蜀南，李俊友 XPALSC187
云南：元谋 冯欣 OuXK-0088
云南：元阳 亚吉东，黄莉，何华杰 15CS11441
云南：云龙 李爱花，李洪超，李文化等 SCSB-A-000176
云南：云龙 字建泽，杨六斤，李国宏等 TC1089

Viburnum fordiae Hance **南方荚蒾** *

广西：桂林 黄俞淞，叶晓霞，邹容 Liuyan0067
广西：贺州 姜孝成，王丽萍，鲁长青 Jiangxc0723
广西：金秀 许为斌，黄俞淞，叶晓霞等 Liuyan0117
广西：龙州 黄俞淞，梁永延，叶晓霞 Liuyan0011
广西：全州 莫水松，杨金财，蒋日红 Liuyan1036
广西：上思 黄俞淞，吴望辉，农冬新 Liuyan0339
广西：钟山 黄俞淞，吴望辉，农冬新 Liuyan0271
广西：钟山 黄俞淞，吴望辉，农冬新 Liuyan0276
湖南：洞口 肖乐希，尹成园，谢江等 SCSB-HN-1552
湖南：桂东 蔡秀珍，孙秋妍，王燕归等 SCSB-HN-1263
湖南：会同 刘克明，王成 SCSB-HN-1121
湖南：江华 肖乐希 SCSB-HN-1612
湖南：江华 肖乐希，刘欣欣 SCSB-HN-0888
湖南：江永 蔡秀珍，肖乐希，田淑珍 SCSB-HN-0617
湖南：双牌 姜孝成，王丽萍，李育华 Jiangxc0772
湖南：双牌 姜孝成，王丽萍，李育华 Jiangxc0813
湖南：新化 姜孝成，唐贵华，田春娥 SCSB-HNJ-0173
湖南：炎陵 刘应迪，孙秋妍，陈珮珮 SCSB-HN-1542
湖南：宜章 田淑珍 SCSB-HN-0796
湖南：沅陵 周丰杰，刘克明 SCSB-HN-1358A
江西：芦溪 杜小浪，慕泽泾，曹岚 DXL030

Viburnum glomeratum Maximowicz **聚花荚蒾**

湖北：仙桃 李巨平 Lijuping0290
陕西：宁陕 田先华，韦梦成 TianXH1107
四川：泸定 高云东，李忠荣，鞠文彬 GaoXF-12-197
云南：古城区 刀志灵，张洪喜 DZL478

Viburnum glomeratum subsp. **magnificum** (P. S. Hsu) P. S. Hsu **壮大荚蒾** *

安徽：绩溪 宋曰钦，方建新，张恒 TangXS0579

Viburnum grandiflorum Wallich ex Candolle **大花荚蒾**

西藏：聂拉木 扎西次仁 ZhongY040

Viburnum hanceanum Maximowicz **蝶花荚蒾 ***
广西：金秀 许玥，祝文志，刘志祥等 ShenZH8081
湖南：双峰 姜孝成，唐妹，陈峰林等 Jiangxc0615
Viburnum henryi Hemsley **巴东荚蒾 ***
湖南：武陵源区 吴福川，廖博儒，余祥洪 35
湖南：沅陵 李胜华，伍贤进，刘光华等 Wuxj938
Viburnum inopinatum Craib **厚绒荚蒾**
广西：上思 何海文，杨锦超 YANGXF0495
云南：河口 张挺，胡益敏 SCSB-B-000546
云南：河口 张贵良，饶春，陶英美等 ZhangGL045
云南：绿春 何疆海 HLS0158
云南：麻栗坡 肖波 LuJL202
云南：元阳 浦仕梅，刘成，杨娅娟等 YYGYS027
云南：元阳 车鑫，亚吉东，秦少发等 YYGYS089
Viburnum kansuense Batalin **甘肃荚蒾 ***
四川：康定 彭玉兰，涂卫国 Gaoxf-0910
西藏：林芝 罗建，汪书丽 LiuJQ-08XZ-164
西藏：林芝 罗建，汪书丽，王国严 LiuJQ-09XZ-371
西藏：林芝 孙航，张建文，陈建国等 SunH-07ZX-2788
西藏：林芝 张挺，蔡杰，刘恩德等 SCSB-B-000494
云南：香格里拉 李爱花，周开洪，黄之镨等 SCSB-A-000261
云南：香格里拉 张挺，亚吉东，张桥蓉等 11CS3562
Viburnum lancifolium P. S. Hsu **披针形荚蒾 ***
江西：黎川 童和平，王玉珍，常迪江等 TanCM2072
Viburnum leiocarpum P. S. Hsu **光果荚蒾**
云南：河口 张贵良，杨鑫峰，陶美英等 ZhangGL107
Viburnum leiocarpum var. **punctatum** P. S. Hsu **斑点光果荚蒾 ***
云南：洱源 李爱花，雷立公，徐远杰等 SCSB-A-000135
云南：麻栗坡 肖波 LuJL471
Viburnum lutescens Blume **淡黄荚蒾**
广西：龙胜 黄俞淞，梁永延，叶晓霞 Liuyan0058
广西：永福 许为斌，黄俞淞，朱章明 Liuyan0465
Viburnum luzonicum Rolfe **吕宋荚蒾**
江西：黎川 杨文斌，饶云芳 TanCM1305
Viburnum mongolicum (Pallas) Rehder **蒙古荚蒾**
内蒙古：克什克腾旗 刘润宽，李茂文，李昌亮 M114
陕西：长安区 田先华，田陌 TianXH484
Viburnum mullaha Buchanan-Hamilton ex D. Don **西域荚蒾**
西藏：波密 扎西次仁，西落 ZhongY656
西藏：察隅 张挺，蔡杰，袁明 09CS1501
西藏：隆子 扎西次仁，西落 ZhongY581
Viburnum mullaha var. **glabrescens** (C. B. Clarke) Kitamura **少毛西域荚蒾**
西藏：波密 张大才，李双智，唐路等 ZhangDC-07ZX-1747
Viburnum nervosum D. Don **显脉荚蒾**
云南：兰坪 杨莹，黄永江，翟艳红 ZhouZK-07ZX-0160
云南：麻栗坡 肖波 LuJL274
云南：维西 王文礼，冯欣，刘飞鹏 OUXK11042
云南：香格里拉 张建文，陈建国，陈林杨等 SunH-07ZX-2268
Viburnum odoratissimum Ker Gawler **珊瑚树**
安徽：屯溪区 方建新 TangXS0884
广西：环江 莫水松，彭日成，黄歆怡 Liuyan1022
湖南：鹤城区 李胜华，伍贤进，曾汉元等 HHXY155
湖南：桑植 吴福川，廖博儒，查学州等 32
Viburnum odoratissimum var. **awabuki** (K. Koch) Zabel ex Rümpler **日本珊瑚树**
湖北：五峰 陈功锡，张代贵 SCSB-HC-2008398
湖南：衡山 刘克明，田淑珍 SCSB-HN-0360
湖南：衡山 旷仁平 SCSB-HN-1152
湖南：江华 刘克明，王成，欧阳书珍 SCSB-HN-0846
湖南：浏阳 刘克明，朱晓文 SCSB-HN-0427
湖南：石门 姜孝成，唐妹，吕杰等 Jiangxc0486
湖南：望城 李辉良 SCSB-HN-1030
湖南：永顺 陈功锡，张代贵 SCSB-HC-2008033
湖南：雨花区 蔡秀珍，陈薇 SCSB-HN-0334
湖南：岳麓区 刘克明，蔡秀珍，肖乐希 SCSB-HN-0314
湖南：岳麓区 姜孝成，唐贵华，张俊 SCSB-HNJ-0121
湖南：长沙 田淑珍，刘克明 SCSB-HN-1460
湖南：长沙 刘克明，蔡秀珍，田淑珍 SCSB-HN-0724
Viburnum oliganthum Batalin **少花荚蒾 ***
湖北：仙桃 张代贵 Zdg1311
四川：峨眉山 李小杰 LiXJ029
Viburnum opulus Linnaeus **欧洲荚蒾**
湖北：保康 甘啟良 GanQL120
吉林：安图 周海城 ZhouHC030
山东：崂山区 罗艳，李中华，邓建平 LuoY038
山东：崂山区 赵遵田，郑国伟，王海英等 Zhaozt0170
陕西：太白 李智军，董栓录 TianXH272
Viburnum opulus subsp. **calvescens** (Rehder) Sugimoto **鸡树条**
甘肃：夏河 尹鑫，吴航，葛文静 LiuJQ-GN-2011-293
河北：平山 牛玉璐，高彦飞，黄士良 NiuYL161
黑龙江：北安 郑宝江，潘磊 ZhengBJ010
黑龙江：虎林市 王庆贵 CaoW587
黑龙江：虎林市 王庆贵 CaoW655
黑龙江：虎林市 王庆贵 CaoW679
黑龙江：饶河 王庆贵 CaoW745
黑龙江：尚志 李兵，路科 CaoW0087
黑龙江：尚志 李兵，路科 CaoW0116
黑龙江：尚志 刘玫，张欣欣，程薪宇等 Liuetal308
黑龙江：五常 李兵，路科 CaoW0138
黑龙江：五大连池 孙阎，杜景红 SunY098
黑龙江：延寿 李兵，路科 CaoW0127
湖北：神农架林区 祝文志，刘志祥，曹远俊 ShenZH5620
湖北：仙桃 张代贵 Zdg3014
吉林：丰满区 李兵，路科 CaoW0079
吉林：抚松 韩忠明 Yanglm0432
吉林：珲春 杨保国，张明鹏 CaoW0064
吉林：蛟河 陈武璋，王炳辉 CaoW0155
辽宁：凤城 李忠宇 CaoW227
辽宁：凤城 董清 CaoW250
辽宁：凤城 朱春龙 CaoW253
辽宁：凤城 张春华 CaoW272
辽宁：开原 刘少硕，谢峰 CaoW309
辽宁：铁岭 刘少硕，谢峰 CaoW281
山东：牟平区 卞福花，卢学新，纪伟等 BianFH00048
山东：牟平区 卞福花，宋言贺 BianFH-554
山东：平邑 高德民，王萍，张颖颖等 Lilan603
Viburnum plicatum Thunberg **粉团**
湖北：竹溪 李盛兰 GanQL061
湖北：竹溪 李盛兰 GanQL062
Viburnum propinquum Hemsley **球核荚蒾 ***
湖北：兴山 张代贵 Zdg2713
湖北：竹溪 李盛兰，甘霖 GanQL607
湖南：吉首 陈功锡，张代贵，邓涛等 SCSB-HC-2007355
江西：靖安 张吉华，刘运群 TanCM767
江西：修水 缪以清，余于民 TanCM2425

Viburnum punctatum Buchanan-Hamilton ex D. Don **鳞斑荚蒾**
云南：大理 李爱花，雷立公，马国强等 SCSB-A-000160
云南：丽江 张书东，林娜娜，陆露等 SCSB-W-139
云南：屏边 钱良超，康远勇，陆海兴 Pbdws152

Viburnum punctatum var. **lepidotulum** (Merrill & Chun) P. S. Hsu **大果鳞斑荚蒾** *
云南：景东 罗忠华，刘长铭，鲁成荣等 JD080

Viburnum pyramidatum Rehder **锥序荚蒾**
云南：江城 张绍云，胡启和 YNS1237
云南：麻栗坡 肖波，陆章强 LuJL047

Viburnum rhytidophyllum Hemsley **皱叶荚蒾** *
贵州：江口 彭华，王英，陈丽 P.H.5148
贵州：清镇 邹方伦 ZouFL0125
湖北：神农架林区 祝文志，刘志祥，曹远俊 ShenZH5593
湖北：宜昌 陈功锡，张代贵 SCSB-HC-2008057
湖北：竹溪 李盛兰 GanQL082
湖南：怀化 李胜华，伍贤进，曾汉元等 HHXY210
湖南：怀化 李胜华，伍贤进，曾汉元等 HHXY298
湖南：吉首 陈功锡，张代贵，邓涛等 SCSB-HC-2007401
湖南：永顺 陈功锡，张代贵，龚双骄等 261A
云南：泸水 王四海，张仲富，成梅 Wangsh-07ZX-055

Viburnum schensianum Maximowicz **陕西荚蒾** *
山东：历城区 樊守金，郑国伟，邵娜等 Zhaozt0060
山西：阳城 张贵平，张丽，吴琼等 Zhangf0025

Viburnum sempervirens K. Koch **常绿荚蒾** *
云南：禄丰 闫海忠，孙振华，王文礼等 Ouxk-LF-0001

Viburnum sempervirens var. **trichophorum** Handel-Mazzetti **具毛常绿荚蒾** *
江西：井冈山 兰国华 LiuRL029
江西：湾里区 杜小浪，慕泽泾，曹岚 DXL120
云南：屏边 钱良超，陆海兴，张照跃等 Pbdws113

Viburnum setigerum Hance **茶荚蒾** *
安徽：黄山区 唐鑫生，方建新 TangXS0321
安徽：黄山区 唐鑫生，张翔 TangXS0150
安徽：石台 陈延松，吴国伟，洪欣 Zhousb0044
安徽：黟县 刘淼 SCSB-JSB2
重庆：南川区 易思荣 YISR109
贵州：江口 周云，王勇 XiangZ028
贵州：南明区 侯小琪 YBG150
贵州：清镇 邹方伦 ZouFL0124
湖北：利川 祝文志，刘志祥，曹远俊 ShenZH3424
湖北：仙桃 张代贵 Zdg1344
湖北：咸丰 丛义艳，陈丰林 SCSB-HN-1235
湖北：宣恩 沈泽昊 DS2252
湖北：宣恩 沈泽昊 HXE033
湖北：竹溪 李盛兰 GanQL489
湖南：古丈 刘克明，朱晓文 SCSB-HN-0505
湖南：浏阳 姜孝成，陈晓莲，周亮 Jiangxc0874
湖南：双牌 姜孝成，王丽萍，李育华 Jiangxc0821
湖南：新化 姜孝成，唐妹，戴小军等 Jiangxc0542
湖南：炎陵 刘应迪，孙秋妍，陈珮珮 SCSB-HN-1520
湖南：炎陵 刘应迪，孙秋妍，陈珮珮 SCSB-HN-1534
湖南：永顺 陈功锡，张代贵 SCSB-HC-2008385
湖南：资兴 熊凯辉，王得刚，盛波 SCSB-HN-2048
湖南：资兴 熊凯辉，王得刚，盛波 SCSB-HN-2075
湖南：资兴 熊凯辉，王得刚，盛波 SCSB-HN-2096
江西：黎川 童和平，王玉珍 TanCM1880
江西：庐山区 谭策铭，易桂花，李秀枝等 TanCM582
江西：武宁 张吉华，刘运群 TanCM788
江西：星子 董安淼，吴从梅 TanCM1655

Viburnum sympodiale Graebner **合轴荚蒾** *
重庆：南川区 易思荣 YISR105
江西：庐山区 董安淼，吴从梅 TanCM3312
云南：鹤庆 杨亲二，孔航辉，李磊 Yangqe3205

Viburnum tengyuehense (W. W. Smith) P. S. Hsu **腾越荚蒾**
云南：福贡 许炳强，吴兴，李婧等 XiaNh-07zx-205
云南：兰坪 张挺，徐远杰，陈冲等 SCSB-B-000214
云南：新平 刘家良 XPALSD297
云南：新平 王家和，李丛生 XPALSC297
云南：新平 罗有明 XPALSB300
云南：永德 欧阳红才，普跃东，奎文康 YDDXSC012

Viburnum ternatum Rehder **三叶荚蒾** *
四川：峨眉山 李小杰 LiXJ669

Viburnum triplinerve Handel-Mazzetti **三脉叶荚蒾** *
广西：凭祥 黄俞淞，梁永延，叶晓霞 Liuyan0004

Viburnum utile Hemsley **烟管荚蒾** *
重庆：南川区 全健，曹厚强 YISR173
贵州：江口 周云，王勇 XiangZ016
湖北：神农架林区 李巨平 LiJuPing0073
湖北：竹溪 李盛兰 GanQL074
湖南：慈利 吴福川，查学州，余祥洪等 74
湖南：花垣 刘克明，蔡秀珍，肖乐希等 SCSB-HN-0192
湖南：新宁 姜孝成，唐贵华，袁双艳等 SCSB-HNJ-0303
四川：峨眉山 李小杰 LiXJ796
云南：鹤庆 杨亲二，孔航辉，李磊 Yangqe3200

Aizoaceae 番杏科

番杏科	世界	中国	种质库
属 / 种（种下等级）/ 份数	135/1800	3/3	1/1/1

Sesuvium portulacastrum (Linnaeus) Linnaeus **海马齿**
海南：三沙 郭永杰，涂铁要，李晓娟等 15CS10496

Akaniaceae 叠珠树科

叠珠树科	世界	中国	种质库
属 / 种（种下等级）/ 份数	2/2	1/1	1/1/6

Bretschneidera sinensis Hemsley **伯乐树**
贵州：从江 杨加文 YangJW005
贵州：丹寨 杨加文 YangJW006
湖南：江华 肖乐希，王成，刘欣欣 SCSB-HN-0879
江西：井冈山 兰国华 LiuRL055
江西：井冈山 兰国华 LiuRL095
云南：南涧 时国彩，何贵才，杨建平等 njwls2007042

Alismataceae 泽泻科

泽泻科	世界	中国	种质库
属 / 种（种下等级）/ 份数	16/100	6/18	3/10(12)/65

Alisma canaliculatum A. Braun & C. D. Bouché **窄叶泽泻**
湖北：茅箭区 甘啟良 GanQL117

江苏：句容 王兆银，吴宝成 SCSB-JS0129
江西：庐山区 谭策铭，董安淼 TCM09126
江西：星子 董安淼，吴从梅 TanCM1039

Alisma gramineum Lejeune **草泽泻**
吉林：镇赉 姜明，刘波 LiuB0010
新疆：和静 杨赵平，焦培培，白冠章等 LiZJ0736

Alisma lanceolatum Withering **膜果泽泻**
新疆：裕民 谭敦炎，吉乃提 TanDY0703

Alisma nanum D. F. Cui **小泽泻** *
新疆：富蕴 段士民，王喜勇，刘会良等 169

Alisma orientale (Samuelsson) Juzepczuk **东方泽泻**
黑龙江：北安 郑宝江，潘磊 ZhengBJ015
黑龙江：宁安 刘玫，张欣欣，程薪宇等 Liuetal440
黑龙江：尚志 郑宝江，丁晓炎，王美娟等 ZhengBJ299
湖南：雨花区 刘克明，陈薇 SCSB-HN-0320
辽宁：桓仁 祝业平 CaoW971
山东：长清区 王萍，高德民，张诏等 lilan266
山西：夏县 张丽，廉凯敏，吴琼 Zhangf0031
四川：乐至 邓兴敏，邓秀发，张昌兵 ZCB0441
四川：米易 袁明 MY370
新疆：博乐 徐文斌，黄雪姣 SHI-2008407
云南：景东 鲁艳 200833
云南：澜沧 胡启和，周兵，仇亚 YNS0911
云南：蒙自 田学军，邱成书，高波 TianXJ0215
云南：孟连 胡启和，赵强，周英等 YNS0780
云南：南涧 李成清，高国政，徐如标 NJWLS508
云南：南涧 阿国仁 NJWLS1148
云南：新平 张云德，李俊友 XPALSC129
云南：易门 彭华，向春雷，王泽欢 PengH8364
云南：永德 李永亮 YDDXS0221

Alisma plantago-aquatica Linnaeus **泽泻**
黑龙江：五大连池 孙阎，杜景红 SunY082
吉林：南关区 姜明，刘波 LiuB0018
吉林：磐石 安海成 AnHC0189
内蒙古：回民区 蒲拴莲，李茂文 M084
内蒙古：赛罕区 蒲拴莲，刘润宽，刘毅等 M255
内蒙古：锡林浩特 张红香 ZhangHX118
新疆：阿勒泰 段士民，王喜勇，刘会良等 176
新疆：乌鲁木齐 王喜勇，马文宝，施翔 zdy385
新疆：伊犁 段士民，王喜勇，刘会良 Zhangdy333
云南：江城 叶金科 YNS0467
云南：勐海 彭华，向春雷，陈丽等 P.H. 5680
云南：南涧 熊绍荣，张雄 NJWLS1225
云南：新平 谢天华，郎定富，杨如伟 XPALSA029

Caldesia parnassifolia (Bassi ex Linnaeus) Parlatore **泽薹草**
云南：永德 李永亮 YDDXS0532

Sagittaria guayanensis subsp. **lappula** (D. Don) Bogin **冠果草**
云南：永德 李永亮 YDDXS0822

Sagittaria natans Pallas **浮叶慈姑**
黑龙江：北安 王臣，张欣欣，史传奇 WangCh192
黑龙江：北安 孙阎，赵立波，晁雄雄 SunY201

Sagittaria trifolia Linnaeus **野慈姑**
安徽：绩溪 宋曰钦，方建新，张恒 TangXS0586
安徽：屯溪区 方建新 TangXS0623
贵州：花溪区 邹方伦 ZouFL0222
黑龙江：北安 王臣，张欣欣，史传奇 WangCh193
黑龙江：桦川 孙阎，张欣欣 SunY116
黑龙江：宁安 刘玫，张欣欣，程薪宇等 Liuetal509
黑龙江：尚志 郑宝江，丁晓炎，王美娟等 ZhengBJ300
湖北：竹溪 李盛兰 GanQL189
吉林：南关区 姜明，刘波 LiuB0017
江西：黎川 童和平，王玉珍，常迪江等 TanCM2054
江西：武宁 张吉华，刘运群 TanCM1117
江西：修水 缪以清，李立新 TanCM1255
山东：海阳 张少华，张诏，程丹丹等 Lilan686
四川：米易 刘静，袁明 MY-224
四川：万源 张桥蓉，余华 15CS11532
云南：南涧 熊绍荣 NJWLS1212
云南：新平 自正尧 XPALSB504
云南：永德 李永亮 LiYL1386
云南：永德 李永亮 YDDXS0474

Sagittaria trifolia subsp. **leucopetala** (Miquel) Q. F. Wang **华夏慈姑**
湖南：吉首 陈功锡，张代贵，邓涛等 SCSB-HC-2007412
湖南：吉首 陈功锡，张代贵，邓涛等 SCSB-HC-2007513

Altingiaceae 蕈树科

蕈树科	世界	中国	种质库
属 / 种（种下等级）/ 份数	1/15	1/10	※2/4/12

※《中国维管植物科属词典》将半枫荷属 Semiliquidambar 和蕈树属 Altingia 并入枫香树属 Liquidambar，置于蕈树科 Altingiaceae。本书未对蕈树属进行归并处理。

Altingia chinensis (Champion) Oliver ex Hance **蕈树**
江西：龙南 梁跃龙，廖海红 LiangYL117

Altingia excelsa Noronha **细青皮**
云南：绿春 黄连山保护区科研所 HLS0247
云南：屏边 楚永兴，肖文权 Pbdws024
云南：盈江 王立彦，桂魏，刀江飞 SCSB-TBG-213

Liquidambar acalycina H. T. Chang **缺萼枫香树** *
江西：庐山区 董安淼，吴从梅 TanCM2229

Liquidambar formosana Hance **枫香树**
安徽：休宁 唐鑫生，方建新 TangXS0759
湖南：浏阳 姜孝成，陈晓莲，周亮 Jiangxc0882
湖南：双峰 姜孝成，唐妹，陈峰林等 Jiangxc0613
湖南：双峰 姜孝成，唐妹，陈峰林等 Jiangxc0629
湖南：岳麓区 刘克明，肖乐希 SCSB-HN-0408
江西：井冈山 兰国华 LiuRL110
江西：庐山区 董安淼，吴从梅 TanCM2226

Amaranthaceae 苋科

苋科	世界	中国	种质库
属 / 种（种下等级）/ 份数	170/～2300	54/234	38/139（146）/1769

Achyranthes aspera Linnaeus **土牛膝**
重庆：南川区 易思荣 YISR106
湖北：竹溪 李盛兰 GanQL136
湖南：永定区 廖博儒，吴福川，查学州等 56
江西：黎川 童和平，王玉珍 TanCM1918
江西：庐山区 董安淼，吴从梅 TanCM880
四川：乐至 邓兴敏，邓秀发，张昌兵 ZCB0412
四川：米易 刘静，袁明 MY-086
云南：大理 张德全，杨思秦，陈金虎等 ZDQ167
云南：洱源 杨青松，杨莹，黄永江等 ZhouZK-07ZX-0059

云南：景东 罗忠华，谢有能，罗文涛等 JDNR147
云南：景谷 胡启和，周英，仇亚 YNS0631
云南：景洪 彭华，向春雷，王泽欢 PengH8531
云南：隆阳区 赵玮 BSGLGSly154
云南：麻栗坡 肖波 LuJL421
云南：南涧 阿国仁，熊绍荣，邹国娟等 NJWLS2008024
云南：普洱 叶金科 YNS0386
云南：巧家 李文虎，吴天抗，张天壁等 QJYS0187
云南：新平 彭华，向春雷，陈丽 PengH8280
云南：易门 彭华，向春雷，王泽欢 PengH8374
云南：永德 李永亮 YDDXS0168
浙江：余杭区 葛斌杰 Lihq0131

Achyranthes aspera var. **indica** Linnaeus **钝叶土牛膝**

云南：云龙 郭永杰，王杨飞，李施文等 TC4010

Achyranthes bidentata Blume **牛膝**

安徽：绩溪 胡长玉，方建新，徐林飞 TangXS0660
安徽：宁国 刘淼 SCSB-JSC62
安徽：宁国 刘淼 SCSB-JSD15
安徽：舒城 陈延松，欧祖兰，高秋晨等 Xuzd437
安徽：蜀山区 吴林园 HANGYY8710
安徽：蜀山区 陈延松，徐忠东，耿明 Xuzd010
贵州：花溪区 邹方伦 ZouFL0056
贵州：花溪区 赵亚美 SCSB-JS0460
贵州：江口 彭华，王英，陈丽 P.H.5155
贵州：铜仁 彭华，王英，陈丽 P.H.5192
河南：栾川 黄振英，于顺利，杨学军 Huangzy0022
河南：南召 黄振英，于顺利，杨学军 Huangzy0185
河南：嵩县 黄振英，于顺利，杨学军 Huangzy0115
湖北：神农架林区 李巨平 LiJuPing0016
湖北：五峰 陈功锡，张代贵 SCSB-HC-2008273
湖北：宣恩 沈泽昊 HXE035
湖北：竹溪 李盛兰 GanQL915
湖北：竹溪 李盛兰 GanQL1090
湖南：怀化 李胜华，伍贤进，曾汉元等 HHXY266
湖南：新化 姜孝成，唐妹，戴小军等 Jiangxc0577
江苏：赣榆 吴宝成 HANGYY8573
江苏：句容 王兆银，吴宝成 SCSB-JS0283
江苏：南京 高兴 SCSB-JS0441
江西：庐山区 谭策铭，董安淼 TCM09009
山东：岚山区 吴宝成 HANGYY8579
山东：崂山区 赵遵田，郑国伟，张璐璐等 Zhaozt0221
山东：牟平区 卞福花，杜丽君，孟凡涛 BianFH-0160
陕西：长安区 田陌，田先华 TianXH537
四川：米易 袁明 MY637
四川：射洪 袁明 YUANM2015L019
四川：盐源 苏涛，黄永江，杨青松等 ZhouZK11405
四川：雨城区 贾学静 YuanM2012030
云南：贡山 郭永杰，吴之坤，吴兴等 14CS9865
云南：景东 鲁艳 07-151
云南：景东 罗忠华，刘长铭，李绍昆等 JDNR09065
云南：绿春 HLS0172
云南：麻栗坡 肖波 LuJL265
云南：南涧 熊绍荣，徐家武，罗增阳等 NJWLS2008152
云南：盘龙区 伊廷双，孟静，杨杨 MJ-920
云南：石林 税玉民，陈文红 65878
云南：腾冲 周应再 Zhyz-173
云南：文山 何德明，丰艳飞，曹世超 WSLJS668
云南：新平 谢天华，郎定富，李应富 XPALSA069
云南：新平 谢雄 XPALSC198
云南：新平 何罡安 XPALSB017
浙江：鄞州区 李宏庆，葛斌杰，刘国丽等 Lihq0046

Achyranthes bidentata var. **japonica** Miquel **少毛牛膝**

安徽：绩溪 宋曰钦，方建新，张恒 TangXS0595
安徽：金寨 陈延松，欧祖兰，姜九龙 Xuzd251

Achyranthes longifolia (Makino) Makino **柳叶牛膝**

贵州：南明区 邹方伦 ZouFL0123
湖南：古丈 刘克明，朱晓文 SCSB-HN-0503
湖南：吉首 陈功锡，张代贵，邓涛等 SCSB-HC-2007485
湖南：沅陵 李胜华，伍贤进，刘光华等 Wuxj941
江西：黎川 童和平，王玉珍 TanCM1924
江西：龙南 梁跃龙，廖海红 LiangYL101
江西：武宁 谭策铭，张吉华 TanCM425
四川：峨眉山 李小杰 LiXJ218

Acroglochin persicarioides (Poiret) Moquin-Tandon **千针苋**

重庆：南川区 易思荣 YISR090
甘肃：文县 齐威 LJQ-2008-GN-277
湖北：神农架林区 李巨平 LiJuPing0018
湖北：宣恩 祝文志，刘志祥，曹远俊 ShenZH0084
湖北：竹溪 李盛兰 GanQL758
陕西：宁陕 田先华，吴礼慧 TianXH498
西藏：八宿 张挺，蔡杰，刘恩德等 SCSB-B-000481
云南：安宁 杜燕，黄天才，董勇等 SCSB-A-000351
云南：剑川 陈文允，于文涛，黄永江等 CYHL002
云南：南涧 袁玉川，徐家武 NJWLS586
云南：南涧 阿国仁，熊绍荣，邹国娟等 NJWLS2008023
云南：南涧 官有才，罗开宏 NJWLS1613
云南：腾冲 余新林，赵玮 BSGLGStc030
云南：香格里拉 孙航，李新辉，陈林杨 SunH-07ZX-3109
云南：永德 李永亮 LiYL1470
云南：永德 李永亮 YDDXS0401
云南：永德 李永亮，马文军 YDDXSB125

Aerva sanguinolenta (Linnaeus) Blume **白花苋**

贵州：镇宁 张文超 Yuanm047
四川：布拖 蔡杰，郭永杰，李昌洪 09CS1122
云南：东川区 张挺，刘成，郭明明等 11CS3653
云南：红河 彭华，向春雷，陈丽 PengH8252
云南：勐腊 刀志灵，崔景云 DZL-148
云南：孟连 彭华，向春雷，陈丽 P.H.5895
云南：永德 李永亮 YDDXS0137

Agriophyllum squarrosum (Linnaeus) Moquin-Tandon **沙蓬**

内蒙古：海勃湾区 刘博，蒲拴莲，刘润宽等 M338
宁夏：平罗 何志斌，杜军，陈龙飞等 HHZA0111
宁夏：盐池 李出山，牛钦瑞 ZuoZh138
青海：德令哈 潘建斌，杜维波，牛炳韬 Liujq-2011CDM-325
青海：都兰 潘建斌，杜维波，牛炳韬 Liujq-2011CDM-079
青海：都兰 潘建斌，杜维波，牛炳韬 Liujq-2011CDM-084
青海：都兰 冯虎元 LiuJQ-08KLS-161
青海：乌兰 潘建斌，杜维波，牛炳韬 Liujq-2011CDM-345
新疆：阜康 王喜勇，马文宝，施翔 zdy334
新疆：阜康 魏岩，黄振英，朱雅娟 Beijing-Junggar-000024
新疆：阜康 段士民，王喜勇，刘会良等 246
新疆：阜康 段士民，王喜勇，刘会良等 247

Alternanthera pungens Kunth **刺花莲子草**

云南：南涧 张世雄，时国彩 NJWLS2008056
云南：新平 自正尧 XPALSB285
云南：永德 李永亮 YDDXS1134

Alternanthera sessilis (Linnaeus) R. Brown ex Candolle 莲子草
安徽：屯溪区 方建新 TangXS0621
贵州：独山 张文超 Yuanm040
贵州：铜仁 彭华，王英，陈丽 P.H.5198
江苏：赣榆 吴宝成 HANGYY8553
江苏：盱眙 李宏庆，熊申展，胡超 Lihq0374
江西：庐山区 谭策铭，董安淼 TCM09067
山东：莒南 王萍，高德民，张诏等 lilan288
山东：章丘 李兰，王萍，张少华 Lilan081
云南：景东 鲁艳 2008154
云南：景东 罗忠华，刘长铭，李绍昆等 JDNR09071
云南：蒙自 税玉民，陈文红 72209
云南：南涧 熊绍荣 NJWLS716
云南：南涧 马德跃，官有才，罗开宏等 NJWLS980
云南：宁洱 胡启和，张绍云 YNS0942
云南：思茅区 胡启和，周兵，仇亚 YNS0887
云南：思茅区 胡启和，张绍云，周兵 YNS0979
云南：新平 白绍斌 XPALSC154
云南：新平 自正尧，李伟 XPALSB217
云南：永德 李永亮 YDDXS1196
云南：元阳 田学军，杨建，邱成书等 Tianxj0073

Amaranthus albus Linnaeus 白苋
山东：长清区 李兰，王萍，张少华 Lilan010
新疆：博乐 刘鸯 SHI2006333
新疆：博乐 徐文斌，杨清理 SHI-2008369
新疆：呼图壁 段士民，王喜勇，刘会良等 319
新疆：吉木萨尔 段士民，王喜勇，刘会良等 264
新疆：吉木萨尔 段士民，王喜勇，刘会良等 265
新疆：奇台 段士民，王喜勇，刘会良等 255
新疆：石河子 陶冶，雷凤品 SHI2006245
新疆：石河子 石大标 SHI-2006462
新疆：托里 徐文斌，黄刚 SHI-2009293
新疆：托里 徐文斌，黄刚 SHI-2009326
新疆：托里 徐文斌，郭一敏 SHI-2009493
新疆：乌鲁木齐 王喜勇，马文宝，施翔 zdy308
新疆：裕民 徐文斌，郭一敏 SHI-2009379
新疆：裕民 徐文斌，杨清理 SHI-2009411
新疆：裕民 徐文斌，杨清理 SHI-2009429
新疆：裕民 徐文斌，郭一敏 SHI-2009466
新疆：裕民 徐文斌，杨清理 SHI-2009486

Amaranthus blitoides S. Watson 北美苋
吉林：长岭 张宝田 Yanglm0347

Amaranthus blitum Linnaeus 凹头苋
安徽：祁门 唐鑫生，方建新 TangXS0458
甘肃：舟曲 齐威 LJQ-2008-GN-276
湖北：竹溪 李盛兰 GanQL108
江西：龙南 梁跃龙，廖海红 LiangYL009
江西：庐山区 董安淼，吴从梅 TanCM1052
江西：武宁 张吉华，刘运群 TanCM1354
江西：星子 董安淼，吴从梅 TanCM1084
山东：莱山区 卞福花，杨蕾蕾，谷胤征 BianFH-0116
山东：历下区 高德民，张诏，王萍等 lilan486
四川：峨眉山 李小杰 LiXJ151
新疆：拜城 塔里木大学植物资源调查组 TD-00940
新疆：吐鲁番 段士民 zdy084
新疆：温泉 石大标 SCSB-SHI-2006219
新疆：乌鲁木齐 王喜勇，马文宝，施翔 zdy307
新疆：乌什 白宝伟，段黄金 TD-01845
云南：景洪 彭华，向春雷，王泽欢 PengH8527
云南：南涧 阿国仁，何贵才 NJWLS1106
云南：镇沅 罗成瑜 ALSZY236
浙江：鄞州区 李宏庆，田怀珍，葛斌杰等 Lihq0206

Amaranthus caudatus Linnaeus 老枪谷
河北：桃城 牛玉璐，郑博颖，黄士良等 NiuYL059
山西：夏县 廉凯敏 Zhangf0174
云南：丽江 李晓东，张紫刚，操榆 LiJ693
云南：新平 白绍斌 XPALSC444

Amaranthus cruentus Linnaeus 老鸦谷
安徽：屯溪区 方建新 TangXS0014
河北：桃城 牛玉璐，高彦飞，黄士良 NiuYL269
河南：栾川 黄振英，于顺利，杨学军 Huangzy0048
河南：南召 邓志军，付婷婷，水庆艳 Huangzy0198
河南：嵩县 邓志军，付婷婷，水庆艳 Huangzy0132
湖南：安化 刘克明，彭珊，李珊等 SCSB-HN-1698
湖南：南县 田淑珍，刘克明 SCSB-HN-1768
湖南：新化 刘克明，彭珊，李珊等 SCSB-HN-1646
湖南：新化 刘克明，彭珊，李珊等 SCSB-HN-1712
湖南：沅陵 周丰杰，刘克明 SCSB-HN-1334A
江西：庐山区 董安淼，吴从梅 TanCM852
江西：星子 董安淼，吴从梅 TanCM2228
山东：长清区 李兰，王萍，张少华 Lilan062
云南：新平 谢雄 XPALSC357

Amaranthus hybridus Linnaeus 绿穗苋
安徽：金寨 陈延松，欧祖兰，周虎 Xuzd173
安徽：蜀山区 陈延松，徐忠东，耿明 Xuzd009
安徽：屯溪区 方建新 TangXS0010
安徽：黟县 刘淼 SCSB-JSB6
湖北：五峰 陈功锡，张代贵 SCSB-HC-2008296
湖北：英山 朱鑫鑫，王君 ZhuXX018
湖北：竹溪 李盛兰 GanQL240
湖南：吉首 陈功锡，张代贵，龚双骄等 236A
湖南：宁乡 姜孝成，唐妹，成海兰等 Jiangxc0524
湖南：新宁 姜孝成，唐贵华，袁双艳等 SCSB-HNJ-0226
湖南：永顺 陈功锡，张代贵 SCSB-HC-2008240
湖南：永顺 陈功锡，张代贵，邓涛等 SCSB-HC-2007558
湖南：岳麓区 姜孝成，唐妹，尹恒等 SCSB-HNJ-0415
湖南：中方 伍贤进，李胜华，曾汉元等 HHXY116
山东：崂山区 樊守金 Zhaozt0232
山东：长清区 高德民，张诏，王萍等 lilan487
四川：乐至 邓兴敏，邓秀发，张昌兵 ZCB0435

Amaranthus hypochondriacus Linnaeus 千穗谷
吉林：磐石 安海成 AnHC0399
吉林：长岭 胡良军，王伟娜，胡应超 HuLJ037
吉林：长岭 胡良军，王伟娜，张祖毓 DBB201509220106P
山东：宁津 刘奥，王广阳 WBG001824
云南：沧源 赵金超，肖美芳 CYNGH208
云南：南涧 马德跃，官有才，罗开宏等 NJWLS964
云南：新平 白绍斌 XPALSC492
云南：盈江 王立彦 SCSB-TBG-180
云南：永德 李永亮 LiYL1553

Amaranthus retroflexus Linnaeus 反枝苋
安徽：金寨 刘淼 SCSB-JSC54
安徽：宁国 刘淼 SCSB-JSD6
北京：东城区 王雷，朱雅娟，黄振英 Beijing-huang-bhs-0007
北京：东城区 王雷，朱雅娟，黄振英 Beijing-huang-bws-0009
北京：东城区 王雷，朱雅娟，黄振英 Beijing-huang-dls-0018

北京：海淀区 付婷婷 SCSB-D-0019
北京：海淀区 林坚 SCSB-B-0005
北京：门头沟区 林坚 SCSB-E-0021
北京：西城区 王雷，朱雅娟，黄振英 Beijing-huang-ss-0007
北京：西城区 王雷，朱雅娟，黄振英 Beijing-huang-yms-0009
福建：武夷山 于文涛，陈旭东 YUWT002
黑龙江：大同区 杨帆，马红媛，安丰华 SNA0637
黑龙江：虎林市 王庆贵 CaoW558
黑龙江：虎林市 王庆贵 CaoW609
黑龙江：虎林市 王庆贵 CaoW628
黑龙江：饶河 王庆贵 CaoW630
黑龙江：饶河 王庆贵 CaoW678
湖北：五峰 李平 AHL089
湖北：宣恩 祝文志，刘志祥，曹远俊 ShenZH0041
吉林：大安 杨帆，马红媛，安丰华 SNA0075
吉林：镇赉 杨帆，马红媛，安丰华 SNA0161
江苏：赣榆 吴宝成 HANGYY8564
江苏：句容 王兆银，吴宝成 SCSB-JS0169
江苏：南京 韦阳连 SCSB-JS0491
江苏：启东 高兴 HANGYY8623
江苏：宜兴 李宏庆，田怀珍，葛斌杰等 Lihq0244
内蒙古：赛罕区 郝丽珍，黄振英，朱雅娟 Beijing-ordos2-000016
宁夏：盐池 左忠，刘华 ZuoZh083
四川：得荣 孙航，李新辉，陈林杨 SunH-07ZX-3065
四川：峨眉山 李小杰 LiXJ250
四川：冕宁 孔航辉，罗江平，左雷等 YangQE3436
新疆：阿图什 杨赵平，黄文娟 TD-01793
新疆：拜城 塔里木大学植物资源调查组 TD-00935
新疆：拜城 张玲 TD-02017
新疆：博乐 翟伟，刘鸯 SHI2006308
新疆：博乐 徐文斌，黄雪姣 SHI-2008103
新疆：博乐 徐文斌，黄雪姣 SHI-2008190
新疆：博乐 徐文斌，许晓敏 SHI-2008367
新疆：博乐 徐文斌，黄雪姣 SHI-2008392
新疆：博乐 徐文斌，杨清理 SHI-2008468
新疆：阜康 段士民，王喜勇，刘会良等 349
新疆：巩留 徐文斌，马真，贺晓欢等 SHI-A2007205
新疆：巩留 刘鸯，徐文斌，马真等 SHI-A2007253
新疆：和硕 杨赵平，焦培培，白冠章等 LiZJ0604
新疆：呼图壁 段士民，王喜勇，刘会良等 320
新疆：霍城 刘鸯，马真，贺晓欢等 SHI-A2007160
新疆：精河 石大标 SCSB-SHI-2006235
新疆：柯坪 塔里木大学植物资源调查组 TD-00842
新疆：麦盖提 郭永杰，黄文娟，段黄金 LiZJ0158
新疆：尼勒克 贺晓欢，徐文斌，刘鸯等 SHI-A2007398
新疆：尼勒克 刘鸯，马真，贺晓欢等 SHI-A2007497
新疆：尼勒克 徐文斌，刘鸯，马真等 SHI-A2007525
新疆：奇台 段士民，王喜勇，刘会良等 256
新疆：沙雅 塔里木大学植物资源调查组 TD-00984
新疆：沙雅 白宝伟，段黄金 TD-02038
新疆：莎车 黄文娟，段黄金，王英鑫等 LiZJ0833
新疆：石河子 石大标 SCSB-Y-2006157
新疆：疏勒 黄文娟，段黄金，王英鑫等 LiZJ0389
新疆：吐鲁番 段士民 zdy093
新疆：托里 翟伟，马真 SHI2006359
新疆：托里 徐文斌，杨清理 SHI-2009282
新疆：托里 徐文斌，郭一敏 SHI-2009325
新疆：温泉 石大标 SCSB-SHI-2006230
新疆：温泉 徐文斌，王莹 SHI-2008077
新疆：温泉 徐文斌，王莹 SHI-2008228
新疆：温宿 白宝伟，段黄金 TD-01828
新疆：乌鲁木齐 王雷，王宏飞，黄振英 Beijing-huang-xjys-0030
新疆：乌鲁木齐 王喜勇，马文宝，施翔 zdy305
新疆：乌什 白宝伟，段黄金 TD-01846
新疆：乌什 塔里木大学植物资源调查组 TD-00490
新疆：乌什 塔里木大学植物资源调查组 TD-00892
新疆：新和 白宝伟，段黄金 TD-02051
新疆：叶城 黄文娟，段黄金，王英鑫等 LiZJ0905
新疆：叶城 郭永杰，黄文娟，段黄金 LiZJ0172
新疆：伊宁 刘鸯 SHI-A2007191
新疆：伊吾 王喜勇，马文宝，施翔 zdy483
新疆：裕民 徐文斌，杨清理 SHI-2009378
新疆：裕民 徐文斌，郭一敏 SHI-2009487
云南：大理 张德全，王应龙，杨思秦等 ZDQ153
云南：德钦 孙航，李新辉，陈林杨 SunH-07ZX-2960
浙江：鄞州区 李宏庆，葛斌杰 Lihq0026

Amaranthus roxburghianus H. W. Kung **腋花苋**

河北：平山 牛玉璐，高彦飞，黄士良 NiuYL268
山东：莒县 高德民，步瑞兰，辛晓伟等 lilan773
新疆：博乐 徐文斌，许晓敏 SHI-2008102
新疆：博乐 徐文斌，许晓敏 SHI-2008436
新疆：博乐 徐文斌，黄雪姣 SHI-2008467
新疆：托里 徐文斌，杨清理 SHI-2009294
新疆：温泉 徐文斌，王莹 SHI-2008071
新疆：温泉 徐文斌，黄雪姣 SHI-2008082
新疆：温泉 徐文斌，王莹 SHI-2008143
新疆：温泉 徐文斌，许晓敏 SHI-2008166
新疆：裕民 徐文斌，黄刚 SHI-2009380

Amaranthus spinosus Linnaeus **刺苋**

安徽：金寨 陈延松，欧祖兰，刘旭升 Xuzd172
安徽：屯溪区 方建新 TangXS0139
湖南：吉首 陈功锡，张代贵，龚双骄等 240B
湖南：江永 姜孝成，唐贵华，潘孝武 SCSB-HNJ-0069
湖南：江永 刘克明，田淑珍，肖乐希等 SCSB-HN-0140
湖南：澧县 田淑珍 SCSB-HN-1571
湖南：新化 李伟，刘克明 SCSB-HN-1667
湖南：永顺 陈功锡，张代贵 SCSB-HC-2008046
湖南：沅陵 周丰杰 SCSB-HN-1372
湖南：岳麓区 姜孝成，唐妹，尹恒等 SCSB-HNJ-0413
四川：峨眉山 李小杰 LiXJ116
四川：米易 袁明 MY501
四川：米易 袁明 MY625
云南：金平 喻智勇 JinPing66
云南：景东 鲁艳 200880
云南：景东 罗忠华，刘长铭，鲁成荣 JD031
云南：蒙自 田学军 TianXJ0119
云南：勐腊 赵相兴 A097
云南：勐腊 刀志灵，崔景云 DZL-143
云南：南涧 李名生，苏世忠，丁国平 NJWLS2008200
云南：南涧 阿国仁，罗新洪 NJWLS1110
云南：普洱 叶金科 YNS0145
云南：腾冲 周应再 Zhyz-399
云南：腾冲 赵玮 BSGLGSly125
云南：腾冲 周应再 Zhyz514
云南：新平 谢雄，白绍斌 XPALSC038
云南：新平 白绍斌 XPALSC445

云南：盈江 王立彦，桂魏 SCSB-TBG-138
云南：永德 李永亮 YDDXS0079
云南：永德 李永亮 YDDXS0456
浙江：临安 吴林园，彭斌，顾子霞 HANGYY9015

Amaranthus tricolor Linnaeus **苋**

安徽：霍山 吴林园，张晓峰 HANGYY9086
安徽：屯溪区 方建新 TangXS0950
北京：东城区 王雷，朱雅娟，黄振英 Beijing-huang-bhs-0022
北京：东城区 王雷，朱雅娟，黄振英 Beijing-huang-bws-0053
北京：东城区 王雷，朱雅娟，黄振英 Beijing-huang-dls-0078
北京：海淀区 宋松泉，付婷婷 SCSB-D-0012
北京：海淀区 李燕军 SCSB-B-0012
北京：门头沟区 林坚 SCSB-E-0028
北京：西城区 王雷，朱雅娟，黄振英 Beijing-huang-yms-0035
北京：西城区 王雷，朱雅娟，黄振英 Beijing-huang-ss-0026
贵州：花溪区 邹方伦 ZouFL0042
贵州：江口 彭华，王英，陈丽 P.H.5171
河北：阜平 牛玉璐，王晓亮 NiuYL543
河北：兴隆 林坚 SCSB-A-0011
河南：鲁山 宋松泉 HN032
河南：鲁山 宋松泉 HN089
河南：鲁山 宋松泉 HN138
湖北：五峰 陈功锡，张代贵 SCSB-HC-2008305
湖北：宣恩 祝文志，刘志祥，曹远俊 ShenZH0010
湖南：湘西 陈功锡，张代贵 SCSB-HC-2008104
湖南：永顺 陈功锡，张代贵 SCSB-HC-2008251
湖南：沅陵 刘克明，周磊，彭新星等 SCSB-HN-1354
湖南：资兴 蔡秀珍，孙秋妍，王燕归等 SCSB-HN-1299
辽宁：桓仁 祝业平 CaoW1001
山东：崂山区 樊守金 Zhaozt0250
山东：历下区 李兰，王萍，张少华等 Lilan-026
陕西：榆阳区 何志斌，杜军，陈龙飞等 HHZA0295
四川：峨眉山 李小杰 LiXJ301
四川：米易 袁明 MY508
四川：西昌 苏涛，黄永江，杨青松等 ZhouZK11386
新疆：博乐 刘鸯 SHI2006318
新疆：乌鲁木齐 马文宝，刘会良，施翔 zdy207
云南：宾川 孙振华，宋晓卿，文晖等 OuXK-BC-207
云南：金平 喻智勇，官兴永，张云飞等 JinPing85
云南：景东 罗忠华，刘长铭，鲁成荣 JD033
云南：景东 鲁艳 200882
云南：麻栗坡 税玉民，陈文红 72080
云南：腾冲 周应再 Zhyz-303
云南：新平 自正尧 XPALSB279
云南：新平 谢雄 XPALSC373
云南：元谋 何彪 OuXK-0073
云南：元阳 田学军，杨建，邱成书等 Tianxj0015
浙江：临安 吴林园，彭斌，顾子霞 HANGYY9023

Amaranthus viridis Linnaeus **皱果苋**

安徽：屯溪区 方建新 TangXS0138
湖南：永定区 吴福川，廖博儒，陈启超 209
湖南：岳麓区 刘克明，肖乐希 SCSB-HN-0028
江苏：赣榆 吴宝成 HANGYY8563
江苏：句容 王兆银，吴宝成 SCSB-JS0136
江苏：启东 高兴 HANGYY8628
山东：高青 刘奥，王广阳 WBG001867
山东：历下区 赵遵田 Zhaozt0275
山东：武城 刘奥，王广阳 WBG001909
山东：长清区 王萍，高德民，张诏等 lilan336
四川：米易 袁明 MY510
四川：射洪 袁明 YUANM2015L022
云南：勐腊 李梦 A043
云南：南涧 何家润，邹国娟，番继宏等 NJWLS374
云南：南涧 李成清 NJWLS501
云南：南涧 熊绍荣 NJWLS2008190
云南：永德 李永亮 YDDXS0231

Anabasis aphylla Linnaeus **无叶假木贼**

新疆：阜康 段士民，王喜勇，刘会良等 372
新疆：克拉玛依 石大标 SHI-2006433
新疆：石河子 翟伟，马真 SHI2006376
新疆：石河子 石大标 SHI-2006414
新疆：石河子 段士民，王喜勇，刘会良等 297
新疆：乌鲁木齐 王喜勇，马文宝，施翔 zdy417
新疆：五家渠 段士民，王喜勇，刘会良等 322
新疆：五家渠 段士民，王喜勇，刘会良等 341

Anabasis brevifolia C. A. Meyer **短叶假木贼**

新疆：乌鲁木齐 王喜勇，马文宝，施翔 zdy403
新疆：伊吾 王喜勇，马文宝，施翔 zdy472

Anabasis elatior (C. A. Meyer) Schischkin **高枝假木贼**

新疆：阜康 王喜勇，马文宝，施翔 zdy437
新疆：阜康 段士民，王喜勇，刘会良等 367
新疆：吉木萨尔 段士民，王喜勇，刘会良等 Zhangdy483
新疆：沙依巴克区 吉乃提，地里努尔 TanDY0799
新疆：乌鲁木齐 段士民，王喜勇，刘会良等 Zhangdy457
新疆：乌鲁木齐 段士民，王喜勇，刘会良等 Zhangdy467

Atriplex aucheri Moquin-Tandon **野榆钱菠菜**

新疆：昌吉 段士民，王喜勇，刘会良 Zhangdy286
新疆：阜康 吉乃提，贾静 TanDY0789
新疆：沙依巴克区 吉乃提，地里努尔 TanDY0794
新疆：乌鲁木齐 段士民，王喜勇，刘会良等 Zhangdy447
新疆：乌鲁木齐 段士民，王喜勇，刘会良等 Zhangdy464
新疆：乌鲁木齐 段士民，王喜勇，刘会良等 Zhangdy526
新疆：乌鲁木齐 魏岩，黄振英，朱雅娟 Beijing-Junggar-000022
新疆：乌鲁木齐 王喜勇，马文宝，施翔 zdy286

Atriplex centralasiatica Iljin **中亚滨藜**

吉林：大安 杨帆，马红媛，安丰华 SNA0046
吉林：大安 杨帆，马红媛，安丰华 SNA0070
吉林：大安 杨帆，马红媛，安丰华 SNA0555
宁夏：贺兰 何志斌，杜军，陈龙飞等 HHZA0133
宁夏：惠农 何志斌，杜军，陈龙飞等 HHZA0096
宁夏：平罗 何志斌，杜军，康建军等 HHZA0056
山东：垦利 曹子谊，韩国营，曹宇等 Zhaozt0097
陕西：定边 何志斌，杜军，陈龙飞等 HHZA0029
陕西：定边 何志斌，杜军，陈龙飞等 HHZA0274
西藏：日土 陈家辉，庄会富，刘德团等 Yangyp-Q-0087
新疆：阿合奇 塔里木大学植物资源调查组 TD-00599
新疆：和田 郭永杰，黄文娟，段黄金 LiZJ0266
新疆：库车 塔里木大学植物资源调查组 TD-00968
新疆：塔什库尔干 黄文娟，段黄金，王英鑫等 LiZJ0365
新疆：托里 亚吉东，张桥蓉，秦少发等 16CS13880

Atriplex dimorphostegia Karelin & Kirilov **犁苞滨藜**

新疆：吉木萨尔 谭敦炎，邱娟 TanDY0053
新疆：精河 亚吉东，张桥蓉，胡枭剑 16CS13142
新疆：克拉玛依 张振春，刘建华 TanDY0132

Atriplex laevis C. A. Meyer **光滨藜**

新疆：裕民 谭敦炎，吉乃提 TanDY0690

Atriplex micrantha C. A. Meyer **异苞滨藜**
新疆：博乐 翟伟 SHI2006319
新疆：克拉玛依 石大标 SHI-2006425
新疆：乌鲁木齐 魏岩，黄振英，朱雅娟 Beijing-Junggar-000021
Atriplex patens (Litvinov) Iljin **滨藜**
黑龙江：让胡路区 孙阎 SunY248
黑龙江：五大连池 郑宝江，丁晓炎，王美娟 ZhengBJ273
吉林：大安 杨帆，马红媛，安丰华 SNA0066
辽宁：长海 郑宝江，丁晓炎，焦宏斌等 ZhengBJ345
山东：海阳 王萍，高德民，张诏等 lilan253
山东：莱山区 卞福花，宋言贺 BianFH-511
山东：崂山区 罗艳，李中华 LuoY388
新疆：阜康 马文宝，张道远 zdy047
Atriplex sibirica Linnaeus **西伯利亚滨藜**
内蒙古：鄂托克旗 刘博，蒲拴莲，刘润宽等 M322
内蒙古：新巴尔虎左旗 黄学文 NMDB20170807029
内蒙古：新巴尔虎右旗 黄学文 NMDB20170808098
内蒙古：新巴尔虎右旗 黄学文 NMDB20170809109
内蒙古：新巴尔虎右旗 黄学文 NMDB20170809154
内蒙古：新巴尔虎右旗 黄学文 NMDB20170810204
内蒙古：新巴尔虎右旗 黄学文 NMDB20170810216
宁夏：盐池 左忠，刘华 ZuoZh021
青海：德令哈 潘建斌，杜维波，牛炳韬 Liujq-2011CDM-327
青海：德令哈 潘建斌，杜维波，牛炳韬 Liujq-2011CDM-358
青海：都兰 潘建斌，杜维波，牛炳韬 Liujq-2011CDM-073
青海：都兰 潘建斌，杜维波，牛炳韬 Liujq-2011CDM-088
青海：都兰 潘建斌，杜维波，牛炳韬 Liujq-2011CDM-130
青海：都兰 潘建斌，杜维波，牛炳韬 Liujq-2011CDM-140
青海：都兰 潘建斌，杜维波，牛炳韬 Liujq-2011CDM-185
青海：都兰 潘建斌，杜维波，牛炳韬 Liujq-2011CDM-249
青海：格尔木 冯虎元 LiuJQ-08KLS-014
青海：格尔木 潘建斌，杜维波，牛炳韬 Liujq-2011CDM-050
青海：乌兰 潘建斌，杜维波，牛炳韬 Liujq-2011CDM-266
青海：乌兰 潘建斌，杜维波，牛炳韬 Liujq-2011CDM-381
新疆：阿克陶 杨赵平，黄文娟 TD-01777
新疆：阿勒泰 段士民，王喜勇，刘会良等 Zhangdy506
新疆：策勒 冯建菊 Liujq-fjj-0064
新疆：昌吉 王喜勇，马文宝，施翔 zdy434
新疆：和静 杨赵平，焦培培，白冠章等 LiZJ0675
新疆：和静 杨赵平，焦培培，白冠章等 LiZJ0769
新疆：和田 冯建菊 Liujq-fjj-0101
新疆：塔什库尔干 邱娟，冯建菊 LiuJQ0151
新疆：塔什库尔干 黄文娟，杨赵平，王英鑫 TD-01132
新疆：塔什库尔干 杨赵平，黄文娟 TD-01736
新疆：塔什库尔干 黄文娟，段黄金，王英鑫等 LiZJ0280
新疆：塔什库尔干 黄文娟，段黄金，王英鑫等 LiZJ0340
新疆：乌恰 杨赵平，黄文娟 TD-01809
新疆：叶城 黄文娟，段黄金，王英鑫等 LiZJ0867
Atriplex tatarica Linnaeus **鞑靼滨藜**
新疆：阜康 段士民，王喜勇，刘会良等 366
新疆：克拉玛依 石大标 SHI-2006426
新疆：奎屯 石大标 SHI-2006504
新疆：玛纳斯 贺小欢 SHI-2006487
新疆：奇台 段士民，王喜勇，刘会良等 Zhangdy494
新疆：沙湾 石大标 SHI2006388
新疆：沙湾 石大标 SHI-2006479
新疆：石河子 石大标 SHI-2006402
新疆：石河子 石大标 SHI-2006412
新疆：石河子 石大标 SHI-2006450
新疆：石河子 段士民，王喜勇，刘会良等 300
新疆：乌鲁木齐 段士民，王喜勇，刘会良等 Zhangdy444
新疆：乌鲁木齐 段士民，王喜勇，刘会良等 Zhangdy453
新疆：乌鲁木齐 段士民，王喜勇，刘会良等 Zhangdy463
新疆：乌鲁木齐 王喜勇，马文宝，施翔 zdy440
新疆：乌鲁木齐 王喜勇，马文宝，施翔 zdy448
Axyris amaranthoides Linnaeus **轴藜**
甘肃：合作 尹鑫，吴航，葛文静 LiuJQ-GN-2011-134
甘肃：夏河 齐威 LJQ-2008-GN-274
黑龙江：宁安 刘玫，张欣欣，程薪宇等 Liuetal542
黑龙江：五大连池 孙阎，赵立波 SunY123
黑龙江：五大连池 郑宝江，丁晓炎，王美娟 ZhengBJ268
吉林：磐石 安海成 AnHC0439
辽宁：庄河 于立敏 CaoW831
内蒙古：武川 蒲拴莲，刘润宽，刘毅等 M222
内蒙古：锡林浩特 张红香 ZhangHX089
内蒙古：新巴尔虎右旗 黄学文 NMDB20170809179
四川：若尔盖 尹鑫，吴航，葛文静 LiuJQ-GN-2011-140
Axyris hybrida Linnaeus **杂配轴藜**
甘肃：碌曲 李晓东，刘帆，张景博等 LiJ0144
甘肃：碌曲 李晓东，刘帆，张景博等 LiJ0160
四川：理塘 李晓东，张景博，徐凌翔等 LiJ327
四川：乡城 李晓东，张景博，徐凌翔等 LiJ370
西藏：昌都 陈家辉，王赟，刘德团 YangYP-Q-3139
新疆：昭苏 亚吉东，张桥蓉，秦少发等 16CS13584
云南：香格里拉 李晓东，张紫刚，操榆 LiJ636
Axyris prostrata Linnaeus **平卧轴藜**
甘肃：玛曲 尹鑫，吴航，葛文静 LiuJQ-GN-2011-141
甘肃：玛曲 齐威 LJQ-2008-GN-270
西藏：措勤 李晖，卜海涛，边巴等 lihui-Q-09-08
西藏：当雄 陈家辉，韩希，王东超等 YangYP-Q-4253
西藏：当雄 许炳强，童毅华 XiaNh-07zx-552
西藏：噶尔 陈家辉，庄会富，刘德团等 Yangyp-Q-0069
西藏：浪卡子 杨永平，王东超，杨大松等 YangYP-Q-5040
西藏：申扎 李晖，文雪梅，次旺加布等 Lihui-Q-0108
西藏：仲巴 李晖，文雪梅，熊继贵 Lihui-Q-2010-27
新疆：塔什库尔干 黄文娟，段黄金，王英鑫等 LiZJ0297
云南：镇沅 罗成瑜 ALSZY414
Bassia dasyphylla (Fischer & C. A. Meyer) Kuntze **雾冰藜**
内蒙古：和林格尔 蒲拴莲，刘润宽，刘毅等 M296
内蒙古：新巴尔虎右旗 黄学文 NMDB20170808092
宁夏：平罗 何志斌，杜军，陈龙飞等 HHZA0109
宁夏：银川 李磊，朱奋霞 ZuoZh130
青海：德令哈 潘建斌，杜维波，牛炳韬 Liujq-2011CDM-316
青海：德令哈 潘建斌，杜维波，牛炳韬 Liujq-2011CDM-370
青海：都兰 冯虎元 LiuJQ-08KLS-167
青海：都兰 潘建斌，杜维波，牛炳韬 Liujq-2011CDM-082
青海：都兰 潘建斌，杜维波，牛炳韬 Liujq-2011CDM-127
青海：都兰 潘建斌，杜维波，牛炳韬 Liujq-2011CDM-207
青海：格尔木 潘建斌，杜维波，牛炳韬 Liujq-2011CDM-061
青海：乌兰 潘建斌，杜维波，牛炳韬 Liujq-2011CDM-250
西藏：日土 陈家辉，庄会富，刘德团等 Yangyp-Q-0113
新疆：阿勒泰 段士民，王喜勇，刘会良等 Zhangdy516
新疆：阜康 段士民，王喜勇，刘会良等 242
新疆：阜康 段士民，王喜勇，刘会良等 282
新疆：阜康 段士民，王喜勇，刘会良等 284
Bassia hyssopifolia (Pallas) Kuntze **钩刺雾冰藜**

新疆：阜康 段士民，王喜勇，刘会良等 359
新疆：阜康 段士民，王喜勇，刘会良等 374
新疆：吉木萨尔 段士民，王喜勇，刘会良等 Zhangdy479
新疆：吉木萨尔 段士民，王喜勇，刘会良等 Zhangdy481
新疆：奎屯 石大标 SHI-2006503
新疆：奎屯 石大标 SHI-2006519
新疆：玛纳斯 翟伟 SHI-2006489
新疆：玛纳斯 段士民，王喜勇，刘会良等 315
新疆：奇台 段士民，王喜勇，刘会良等 Zhangdy487
新疆：奇台 段士民，王喜勇，刘会良等 Zhangdy492
新疆：奇台 段士民，王喜勇，刘会良等 Zhangdy499
新疆：沙湾 石大标 SHI2006387
新疆：石河子 石大标 SHI-2006410
新疆：石河子 石大标 SHI-2006451
新疆：石河子 石大标 SHI-2006471
新疆：五家渠 段士民，王喜勇，刘会良等 334
新疆：五家渠 段士民，王喜勇，刘会良等 345

Beta vulgaris Linnaeus 甜菜

河北：灵寿 牛玉璐，高彦飞，赵二涛 NiuYL375
江苏：句容 吴宝成，王兆银 HANGYY8224

Borszczowia aralocaspica Bunge 异子蓬

新疆：博乐 翟伟，马真 SHI2006303
新疆：奇台 段士民，王喜勇，刘会良等 Zhangdy501
新疆：乌鲁木齐 王喜勇，马文宝，施翔 zdy485

Camphorosma monspeliaca Linnaeus 樟味藜

新疆：五家渠 段士民，王喜勇，刘会良等 332
新疆：五家渠 段士民，王喜勇，刘会良等 338

Celosia argentea Linnaeus 青葙

安徽：肥东 陈延松，方晓磊，陈翠兵等 Xuzd087
安徽：宁国 刘淼 SCSB-JSD7
安徽：舒城 陈延松，欧祖兰，高秋晨等 Xuzd376
安徽：太和 彭斌 HANGYY8692
安徽：屯溪区 方建新 TangXS0163
安徽：黟县 刘淼 SCSB-JSB1
福建：福清 李宏庆，陈纪云，王双 Lihq0298
广西：都安 赵亚美 SCSB-JS0497
广西：贺州 姜孝成，王丽萍，鲁长青 Jiangxc0674
广西：贺州 姜孝成，王丽萍，鲁长青 Jiangxc0705
贵州：江口 彭华，王英，陈丽 P.H.5119
贵州：黎平 刘克明 SCSB-HN-1081
贵州：罗甸 邹方伦 ZouFL0024
海南：三亚 彭华，向春雷，陈丽 PengH8187
海南：三亚 谭策铭，易桂花 TCM09198
湖北：来凤 丛义艳，陈丰林 SCSB-HN-1234
湖北：利川 许玥，祝文志，刘志祥等 ShenZH7915
湖北：五峰 李平 AHL086
湖南：保靖 刘克明，蔡秀珍，田淑珍等 SCSB-HN-0189
湖南：道县 刘克明，陈薇 SCSB-HN-1003
湖南：古丈 刘克明，朱晓文 SCSB-HN-0495
湖南：桂东 蔡秀珍，孙秋妍，王燕归等 SCSB-HN-1257
湖南：鹤城区 伍贤进，李胜华，曾汉元等 HHXY142
湖南：洪江 李胜华，伍贤进，曾汉元等 Wuxj1023
湖南：吉首 陈功锡，张代贵，龚双骄等 229B
湖南：吉首 陈功锡，张代贵，邓涛等 SCSB-HC-2007305
湖南：江华 肖乐希 SCSB-HN-1636
湖南：浏阳 刘克明，朱晓文 SCSB-HN-0429
湖南：浏阳 朱晓文 SCSB-HN-1029
湖南：宁乡 熊凯辉，刘克明 SCSB-HN-1992
湖南：平江 刘克明，旷强，刘洪新 SCSB-HN-0946
湖南：平江 刘克明，旷强，刘洪新 SCSB-HN-0974
湖南：石门 姜孝成，唐妹，吕杰等 Jiangxc0495
湖南：石门 陈功锡，张代贵，邓涛等 SCSB-HC-2007540
湖南：双牌 姜孝成，王丽萍，李育华 Jiangxc0826
湖南：湘西 陈功锡，张代贵 SCSB-HC-2008097
湖南：湘乡 朱香清，田淑珍 SCSB-HN-1424
湖南：炎陵 刘应迪，孙秋妍，陈珮珮 SCSB-HN-1528
湖南：炎陵 蔡秀珍，孙秋妍，王燕归等 SCSB-HN-1284
湖南：永定区 吴福川，查学州，余祥洪 121
湖南：永顺 陈功锡，张代贵 SCSB-HC-2008246
湖南：沅陵 周丰杰，刘克明，盛波 SCSB-HN-1358B
湖南：沅陵 刘克明，周磊，彭新星等 SCSB-HN-1353
湖南：沅陵 李胜华，伍贤进，刘光华等 Wuxj946
湖南：沅陵 周丰杰 SCSB-HN-2029
吉林：南关区 王云贺 Yanglm0078
江苏：赣榆 吴宝成 HANGYY8570
江苏：句容 王兆银，吴宝成 SCSB-JS0150
江苏：南京 韦阳连 SCSB-JS0480
江西：黎川 童和平，王玉珍，常迪江等 TanCM1986
江西：湾里区 杜小浪，慕泽泾，曹岚 DXL046
山东：莱山区 卞福花，宋言贺 BianFH-538
山东：莱芜 张少华，王萍，张诏等 Lilan145
山东：岚山区 吴宝成 HANGYY8592
四川：乐至 邓兴敏，邓秀发，张昌兵 ZCB0381
云南：河口 税玉民，陈文红 82714
云南：金平 税玉民，陈文红 80002
云南：金平 税玉民，陈文红 80031
云南：金平 税玉民，陈文红 80159
云南：金平 税玉民，陈文红 80209
云南：金平 税玉民，陈文红 80723
云南：金平 喻智勇，官兴永，张云飞等 JinPing04
云南：景东 鲁艳 200879
云南：景东 罗忠华，刘长铭，鲁成荣等 JDNR09031
云南：景洪 叶金科 YNS0229
云南：景洪 彭华，向春雷，王泽欢 PengH8489
云南：景洪 彭华，向春雷，王泽欢 PengH8523
云南：景洪 彭华，向春雷，王泽欢 PengH8526
云南：景洪 彭华，向春雷，王泽欢 PengH8537
云南：景洪 彭华，向春雷，王泽欢 PengH8538
云南：隆阳区 段在贤，代如亮 BSGLGSly1228
云南：绿春 黄连山保护区科研所 HLS0279
云南：绿春 彭华，向春雷，陈丽等 P.H.5589
云南：麻栗坡 肖波 LuJL254
云南：蒙自 税玉民，陈文红 72244
云南：勐腊 刀志灵，崔景云 DZL-140
云南：孟连 彭华，向春雷，陈丽 P.H.5838
云南：双柏 彭华，向春雷，陈丽等 P.H.5565
云南：新平 李应富，李材国，郎定富 XPALSA159
云南：新平 张学林 XPALSD168
云南：永德 李永亮 YDDXS0080
云南：永德 杨金荣，黄德武，李增柱等 YDDXSA088
云南：元谋 何彪 OuXK-0076
云南：元阳 田学军，杨建，邱成书等 Tianxj0039
云南：元阳 刀志灵，陈渝 DZL635
云南：云龙 李施文，张志云 TC3053
云南：镇沅 罗成瑜，朱恒 ALSZY073

Celosia cristata Linnaeus 鸡冠花

湖南：江永 姜孝成，唐贵华，潘孝武 SCSB-HNJ-0079
湖南：浏阳 刘克明，朱晓文，田淑珍 SCSB-HN-0432
山东：历城区 张少华，王萍，张诏等 Lilan235
云南：南涧 马德跃，官有才，罗开宏等 NJWLS936
云南：新平 张云德，李俊友 XPALSC132

Ceratocarpus arenarius Linnaeus 角果藜

新疆：福海 马文宝，刘会良，施翔 zdy121
新疆：阜康 王喜勇，马文宝，施翔 zdy341
新疆：阜康 段士民，王喜勇，刘会良等 244
新疆：阜康 段士民，王喜勇，刘会良等 270
新疆：吉木萨尔 段士民，王喜勇，刘会良等 253
新疆：奇台 段士民，王喜勇，刘会良等 262

Chenopodium acuminatum subsp. **virgatum** (Thunberg) Kitamura 狭叶尖头叶藜

江苏：赣榆 吴宝成 HANGYY8576
四川：射洪 袁明 YUANM2015L093

Chenopodium acuminatum Willdenow 尖头叶藜

甘肃：文县 齐威 LJQ-2008-GN-278
黑龙江：大同区 杨帆，马红媛，安丰华 SNA0624
黑龙江：虎林市 王庆贵 CaoW576
黑龙江：虎林市 王庆贵 CaoW720
黑龙江：虎林市 王庆贵 CaoW736
黑龙江：松北 孙阎 SunY353
湖北：五峰 陈功锡，张代贵 SCSB-HC-2008330
吉林：大安 杨帆，马红媛，安丰华 SNA0076
吉林：长岭 张永刚 Yanglm0335
吉林：镇赉 杨帆，马红媛，安丰华 SNA0501
江西：庐山区 谭策铭，董安淼 TanCM468
内蒙古：新巴尔虎左旗 黄学文 NMDB20160815149
内蒙古：新巴尔虎左旗 黄学文 NMDB20160815196
山东：长清区 王萍，高德民，张诏等 lilan278
新疆：昌吉 段士民，王喜勇，刘会良 Zhangdy282
新疆：和静 杨赵平，焦培培，白冠章等 LiZJ0655
新疆：吉木萨尔 段士民，王喜勇，刘会良等 266
新疆：吐鲁番 段士民 zdy106
新疆：托里 徐文斌，黄刚 SHI-2009173
新疆：乌鲁木齐 王喜勇，马文宝，施翔 zdy321
新疆：乌鲁木齐 段士民，王喜勇，刘会良 Zhangdy224
新疆：乌鲁木齐 段士民，王喜勇，刘会良 Zhangdy276
新疆：叶城 黄文娟，段黄金，王英鑫等 LiZJ0852
新疆：伊吾 王喜勇，马文宝，施翔 zdy459

Chenopodium album Linnaeus 藜

安徽：霍山 吴林园，张晓峰 HANGYY9084
安徽：舒城 陈延松，欧祖兰，高秋晨等 Xuzd474
安徽：蜀山区 陈延松，徐忠东，耿明 Xuzd005
安徽：屯溪区 方建新 TangXS0620
甘肃：合作 郭淑青，杜品 LiuJQ-2012-GN-145
甘肃：临潭 齐威 LJQ-2008-GN-280
甘肃：碌曲 李晓东，刘帆，张景博等 LiJ0086
甘肃：夏河 齐威 LJQ-2008-GN-279
甘肃：卓尼 齐威 LJQ-2008-GN-284
贵州：南明区 邹方伦 ZouFL0104
贵州：威宁 邹方伦 ZouFL0288
黑龙江：北安 郑宝江，潘磊 ZhengBJ026
黑龙江：虎林市 王庆贵 CaoW551
黑龙江：虎林市 王庆贵 CaoW660
黑龙江：饶河 王庆贵 CaoW616
黑龙江：饶河 王庆贵 CaoW621
黑龙江：饶河 王庆贵 CaoW682
湖北：五峰 陈功锡，张代贵 SCSB-HC-2008325
湖北：宣恩 祝文志，刘志祥，曹远俊 ShenZH0011
湖北：竹溪 李盛兰 GanQL1071
湖南：永定区 吴福川，廖博儒 245A
湖南：永定区 吴福川，廖博儒 7099
吉林：长岭 张宝田 Yanglm0368
江苏：赣榆 吴宝成 HANGYY8292
江苏：句容 王兆银，吴宝成 SCSB-JS0257
江苏：句容 吴宝成，王兆银 HANGYY8227
江苏：射阳 吴宝成 HANGYY8264
江苏：海州区 汤兴利 HANGYY8446
辽宁：桓仁 祝业平 CaoW1039
辽宁：庄河 于立敏 CaoW944
内蒙古：赛罕区 郝丽珍，黄振英，朱雅娟 Beijing-ordos2-000015
内蒙古：太仆寺旗 陈晖，王金山 NMZA0007
内蒙古：武川 蒲拴莲，刘润宽，刘毅等 M187
宁夏：西夏区 左忠，刘华 ZuoZh233
青海：门源 吴玉虎 LJQ-QLS-2008-0057
青海：门源 吴玉虎 LJQ-QLS-2008-0236
青海：玉树 许炳强，周伟，郑朝汉 Xianh0340
山东：博兴 刘奥，王广阳 WBG000013
山东：茌平 刘奥，王广阳 WBG001111
山东：茌平 刘奥，王广阳 WBG001953
山东：东阿 刘奥，王广阳 WBG001540
山东：东阿 刘奥，王广阳 WBG001996
山东：高唐 刘奥，王广阳 WBG001066
山东：冠县 刘奥，王广阳 WBG001303
山东：莱山区 陈朋 BianFH-390
山东：乐陵 刘奥，王广阳 WBG000280
山东：历城区 樊守金，郑国伟，邵娜等 Zhaozt0040
山东：历下区 李兰，王萍，张少华 Lilan-016
山东：聊城 刘奥，王广阳 WBG001474
山东：聊城 刘奥，王广阳 WBG001507
山东：临清 刘奥，王广阳 WBG001186
山东：临清 刘奥，王广阳 WBG001935
山东：临邑 刘奥，王广阳 WBG000472
山东：平邑 赵遵田 Zhaozt0257
山东：平原 刘奥，王广阳 WBG000874
山东：平原 刘奥，王广阳 WBG000880
山东：齐河 刘奥，王广阳 WBG000670
山东：齐河 刘奥，王广阳 WBG000712
山东：庆云 刘奥，王广阳 WBG000181
山东：商河 刘奥，王广阳 WBG001873
山东：莘县 刘奥，王广阳 WBG001321
山东：莘县 刘奥，王广阳 WBG001372
山东：夏津 刘奥，王广阳 WBG000934
山东：夏津 刘奥，王广阳 WBG001928
山东：阳谷 刘奥，王广阳 WBG001975
山东：阳谷 刘奥，王广阳 WBG001994
山东：禹城 刘奥，王广阳 WBG000784
山西：尖草坪区 张贵平，张丽，焦磊等 Zhangf0057
陕西：眉县 田先华，董栓录 TianXH1168
四川：宝兴 袁明 Y07105
四川：稻城 何兴金，李琴琴，马祥光等 SCU-09-165
四川：甘孜 陈文允，于文涛，黄永江 CYH191
四川：汉源 汤加勇，赖建军 Y07129
四川：红原 张昌兵，邓秀华 ZhangCB0307

四川：乐至 邓兴敏，邓秀发，张昌兵 ZCB0425
四川：理县 何兴金，李琴琴，赵丽华等 SCU-09-516
四川：泸定 何兴金，赵丽华，梁乾隆等 SCU-11-115
四川：泸定 何兴金，赵丽华，梁乾隆等 SCU-11-706
四川：米易 刘静，袁明 MY-083
四川：壤塘 何兴金，马祥光，郜鹏 SCU-10-244
四川：射洪 袁明 YUANM2015L099
四川：雅江 何兴金，郜鹏，彭禄等 SCU-11-325
西藏：城关区 李晖，边巴，徐爱国 lihui-Q-09-71
西藏：当雄 李晖，文雪梅，次旺加布等 Lihui-Q-0086
西藏：当雄 许炳强，童毅华 XiaNh-07zx-548
西藏：拉萨 卢洋，刘帆等 LiJ701
西藏：拉萨 卢洋，刘帆等 LiJ734
西藏：拉萨 钟扬 ZhongY1029
西藏：林芝 卢洋，刘帆等 LiJ778
西藏：林芝 卢洋，刘帆等 LiJ815
西藏：曲水 卢洋，刘帆等 LiJ938
西藏：日土 李晖，文雪梅，次旺加布等 Lihui-Q-0046
新疆：拜城 张玲 TD-02015
新疆：博乐 郭静谊 SHI2006317
新疆：博乐 徐文斌，王莹 SHI-2008101
新疆：博乐 徐文斌，黄雪姣 SHI-2008350
新疆：博乐 徐文斌，黄雪姣 SHI-2008395
新疆：博乐 徐文斌，黄雪姣 SHI-2008410
新疆：博乐 徐文斌，黄雪姣 SHI-2008431
新疆：博乐 徐文斌，许晓敏 SHI-2008481
新疆：策勒 冯建菊 Liujq-fjj-0044
新疆：策勒 冯建菊 Liujq-fjj-0068
新疆：巩留 徐文斌，马真，贺晓欢等 SHI-A2007199
新疆：和布克赛尔 徐文斌，郭一敏 SHI-2009130
新疆：和静 邱爱军，张玲，马帅 LiZJ1746
新疆：和静 杨赵平，焦培培，白冠章等 LiZJ0713
新疆：霍城 徐文斌，刘鸯，马真等 SHI-A2007130
新疆：吉木萨尔 谭敦炎，吉乃提 TanDY0583
新疆：精河 石大标 SCSB-SHI-2006236
新疆：库尔勒 张挺，杨赵平，焦培培等 LiZJ0424
新疆：奎屯 刘鸯 SHI2006302
新疆：奇台 段士民，王喜勇，刘会良等 130
新疆：沙湾 石大标 SHI2006390
新疆：沙雅 白宝伟，段黄金 TD-02033
新疆：石河子 白宝伟，段黄金 TD-02069
新疆：石河子 白宝伟，段黄金 TD-02075
新疆：疏勒 黄文娟，段黄金，王英鑫等 LiZJ0392
新疆：塔什库尔干 邱娟，冯建菊 LiuJQ0054
新疆：塔什库尔干 黄文娟，段黄金，王英鑫等 LiZJ0293
新疆：塔什库尔干 黄文娟，段黄金，王英鑫等 LiZJ0355
新疆：托里 徐文斌 SHI2006358
新疆：托里 谭敦炎，吉乃提 TanDY0775
新疆：托里 徐文斌，郭一敏 SHI-2009175
新疆：托里 徐文斌，杨清理 SHI-2009276
新疆：托里 徐文斌，郭一敏 SHI-2009313
新疆：温泉 石大标 SCSB-SHI-2006211
新疆：温泉 石大标 SCSB-SHI-2006232
新疆：温泉 段士民，王喜勇，刘会良等 21
新疆：温泉 徐文斌，黄雪姣 SHI-2008076
新疆：温泉 徐文斌，王莹 SHI-2008189
新疆：温泉 徐文斌，许晓敏 SHI-2008194
新疆：温泉 徐文斌，黄雪姣 SHI-2008229
新疆：温泉 徐文斌，黄雪姣 SHI-2008274
新疆：温宿 白宝伟，段黄金 TD-01827
新疆：新和 塔里木大学植物资源调查组 TD-00993
新疆：叶城 黄文娟，段黄金，王英鑫等 LiZJ0889
新疆：叶城 黄文娟，段黄金，王英鑫等 LiZJ0904
新疆：叶城 郭永杰，黄文娟，段黄金 LiZJ0175
新疆：英吉沙 黄文娟，段黄金，王英鑫等 LiZJ0809
新疆：裕民 徐文斌，黄刚 SHI-2009356
新疆：裕民 徐文斌，郭一敏 SHI-2009382
新疆：裕民 徐文斌，郭一敏 SHI-2009421
新疆：裕民 徐文斌，黄刚 SHI-2009467
新疆：裕民 徐文斌，杨清理 SHI-2009483
云南：景东 鲁艳 200837
云南：昆明 税玉民，陈文红 65833
云南：龙陵 孙兴旭 SunXX128
云南：勐腊 刀志灵，崔景云 DZL-153
云南：南涧 熊绍荣 NJWLS2008305
云南：南涧 阿国仁，何贵菜 NJWLS1105
云南：石林 税玉民，陈文红 65862
云南：腾冲 周应再 Zhyz-272
云南：腾冲 周应再 Zhyz-452
云南：腾冲 周应再 Zhyz-453
云南：腾冲 周应再 Zhyz-454
云南：维西 陈文允，于文涛，黄永江等 CYHL024
云南：西山区 税玉民，陈文红 65413
云南：西山区 税玉民，陈文红 65794
云南：新平 谢天华，郎定富，杨如伟 XPALSA051
云南：新平 谢天华，郎定富 XPALSA129
云南：新平 谢雄 XPALSC411
云南：新平 刘家良 XPALSD279
云南：新平 自正尧，李伟 XPALSB212
云南：新平 王家和，罗田发，李丛生 XPALSC390
云南：新平 谢雄 XPALSC464
云南：新平 张云德，李俊友 XPALSC136
云南：镇沅 胡启元，周兵，张绍云 YNS0870
浙江：余杭区 葛斌杰 Lihq0135

Chenopodium bryoniifolium Bunge 菱叶藜

北京：房山区 宋松泉 BJ014
河北：平山 牛玉璐，高彦飞，黄士良 NiuYL243
河南：鲁山 宋松泉 HN022
河南：鲁山 宋松泉 HN081
河南：鲁山 宋松泉 HN131

Chenopodium ficifolium Smith 小藜

安徽：蜀山区 陈延松，徐忠东，耿明 Xuzd013
湖北：五峰 李平 AHL059
湖北：竹溪 甘啟良 GanQL019
湖南：永顺 陈功锡，张代贵 SCSB-HC-2008039
江苏：连云港 李宏庆，熊申展，胡超 Lihq0348
江苏：启东 高兴 HANGYY8635
江苏：武进区 吴林园 HANGYY8698
山东：垦利 曹子谊，吕蕾，张洛艳等 Zhaozt0099
山东：崂山区 罗艳，李中华 LuoY249
山东：天桥区 李兰，王萍，张少华等 Lilan248
山西：尖草坪区 张贵平，张丽，焦磊等 Zhangf0053
四川：白玉 李晓东，张景博，徐凌翔等 LiJ444
四川：米易 袁明 MY549
新疆：莎车 黄文娟，段黄金，王英鑫等 LiZJ0834
云南：景东 罗忠华，刘长铭，鲁成荣等 JDNR09021

云南：麻栗坡 肖波 LuJL280
云南：南涧 熊绍荣 NJWLS1224
云南：永德 李永亮 YDDXS1195
云南：云龙 字建泽，杨六斤，李国宏等 TC1078

Chenopodium foliosum Ascherson **球花藜**

新疆：巴里 段士民，王喜勇，刘会良 Zhangdy151
新疆：博乐 马文宝 TanDY0314
新疆：阜康 马健，陈亮 MAJ001
新疆：哈密 段士民，王喜勇，刘会良 Zhangdy204
新疆：和静 邱爱军，张玲，徐盼 LiZJ1555
新疆：和静 邱爱军，张玲，马帅 LiZJ1744
新疆：和静 邱爱军，张玲 LiZJ1785
新疆：和静 杨赵平，焦培培，白冠章等 LiZJ0545
新疆：青河 段士民，王喜勇，刘会良 Zhangdy215
新疆：塔什库尔干 邱娟，冯建菊 LiuJQ0125
新疆：塔什库尔干 邱娟，冯建菊 LiuJQ0166
新疆：塔什库尔干 杨赵平，黄文娟 TD-01733
新疆：温宿 杨赵平，周禧琳，贺冰 LiZJ1934
新疆：乌鲁木齐 段士民，王喜勇，刘会良 Zhangdy216
新疆：乌恰 杨赵平，周禧琳，贺冰 LiZJ1330
新疆：乌苏 段士民，王喜勇，刘会良 Zhangdy217
新疆：新源 亚吉东，张桥蓉，秦少发等 16CS13368

Chenopodium giganteum D. Don **杖藜**

甘肃：碌曲 李晓东，刘帆，张景博等 LiJ0131
湖北：竹溪 李盛兰 GanQL649
青海：城北区 薛春迎 Xuechy0265
云南：新平 何罡安 XPALSB019

Chenopodium glaucum Linnaeus **灰绿藜**

甘肃：合作 郭淑青，杜品 LiuJQ-2012-GN-146
甘肃：合作 尹鑫，吴航，葛文静 LiuJQ-GN-2011-136
甘肃：碌曲 李晓东，刘帆，张景博等 LiJ0161
甘肃：夏河 齐威 LJQ-2008-GN-275
黑龙江：大同区 杨帆，马红媛，安丰华 SNA0641
湖南：望城 王得刚，熊凯辉 SCSB-HN-1836
湖南：望城 熊凯辉，刘克明 SCSB-HN-2145
湖南：岳麓区 熊凯辉，刘克明 SCSB-HN-2202
湖南：长沙 熊凯辉，刘克明 SCSB-HN-2181
湖南：长沙 熊凯辉，刘克明 SCSB-HN-2187
吉林：大安 杨帆，马红媛，安丰华 SNA0088
吉林：长岭 胡良军，王伟娜，张祖毓 DBB201509220102P
江苏：南京 高兴 SCSB-JS0443
江苏：启东 高兴 HANGYY8639
江苏：射阳 吴宝成 HANGYY8266
江苏：海州区 汤兴利 HANGYY8477
辽宁：长海 郑宝江，丁晓炎，焦宏斌等 ZhengBJ344
内蒙古：锡林浩特 张红香 ZhangHX057
宁夏：贺兰 何志斌，杜军，陈龙飞等 HHZA0134
宁夏：青铜峡 何志斌，杜军，陈龙飞等 HHZA0082
宁夏：盐池 左忠，刘华 ZuoZh078
山东：莱山区 陈朋 BianFH-392
山东：岚山区 吴宝成 HANGYY8555
山西：岢岚 何志斌，杜军，陈龙飞等 HHZA0309
山西：夏县 张丽，廉凯敏，吴琼 Zhangf0034
四川：理塘 李晓东，张景博，徐凌翔等 LiJ321
西藏：日土 李晖，文雪梅，次旺加布等 Lihui-Q-0053
新疆：阿合奇 黄文娟，杨赵平，王英鑫 TD-01945
新疆：拜城 张玲 TD-01989
新疆：博乐 徐文斌，王莹 SHI-2008104
新疆：和静 张玲 TD-01662
新疆：呼图壁 段士民，王喜勇，刘会良等 318
新疆：奇台 段士民，王喜勇，刘会良等 257
新疆：沙雅 白宝伟，段黄金 TD-02037
新疆：石河子 高木木，郭静谊 SHI2006372
新疆：石河子 黄文娟，杨赵平，王英鑫 TD-02091
新疆：温宿 白宝伟，段黄金 TD-01826
新疆：乌鲁木齐 王喜勇，马文宝，施翔 zdy315
新疆：乌鲁木齐 王喜勇，马文宝，施翔 zdy337
新疆：新和 塔里木大学植物资源调查组 TD-00994
新疆：叶城 黄文娟，段黄金，王英鑫等 LiZJ0892
新疆：伊犁 段士民，王喜勇，刘会良 Zhangdy337
云南：德钦 孙航，李新辉，陈林杨 SunH-07ZX-2959
云南：香格里拉 孙航，李新辉，陈林杨 SunH-07ZX-3108
云南：香格里拉 李晓东，张紫刚，操榆 LiJ628

Chenopodium gracilispicum H. W. Kung **细穗藜**

安徽：舒城 陈延松，欧祖兰，高秋晨等 Xuzd329
湖北：仙桃 张代贵 Zdg2622
湖北：竹溪 李盛兰 GanQL338
四川：理塘 李晓东，张景博，徐凌翔等 LiJ323

Chenopodium hybridum Linnaeus **杂配藜**

北京：东城区 王雷，朱雅娟，黄振英 Beijing-huang-bws-0005
北京：东城区 王雷，朱雅娟，黄振英 Beijing-huang-dls-0013
北京：海淀区 王伟青 SCSB-D-0036
北京：门头沟区 李燕军 SCSB-E-0007
北京：西城区 王雷，朱雅娟，黄振英 Beijing-huang-yms-0005
甘肃：临潭 齐威 LJQ-2008-GN-272
甘肃：夏河 尹鑫，吴航，葛文静 LiuJQ-GN-2011-135
甘肃：舟曲 齐威 LJQ-2008-GN-273
河北：赞皇 牛玉璐，高彦飞，赵二涛 NiuYL411
黑龙江：让胡路区 孙阎 SunY247
吉林：临江 李长田 Yanglm0003
山东：沂源 高德民，邵尉，韩文凯 Lilan941
新疆：莎车 黄文娟，段黄金，王英鑫等 LiZJ0827
新疆：托里 徐文斌，郭一敏 SHI-2009343
新疆：乌鲁木齐 段士民，王喜勇，刘会良 Zhangdy278
新疆：五家渠 段士民，王喜勇，刘会良等 324
云南：德钦 孙航，张建文，陈建国等 SunH-07ZX-2399

Chenopodium iljinii Goloskokov **小白藜**

甘肃：合作 尹鑫，吴航，葛文静 LiuJQ-GN-2011-704
青海：格尔木 冯虎元 LiuJQ-08KLS-071
青海：格尔木 冯虎元 LiuJQ-08KLS-091
新疆：额敏 谭敦炎，吉乃提 TanDY0615

Chenopodium karoi (Murr) Aellen **平卧藜**

四川：道孚 何兴金，胡灏禹，沈呈娟等 SCU-11-460
新疆：塔什库尔干 邱娟，冯建菊 LiuJQ0126

Chenopodium rubrum Linnaeus **红叶藜**

新疆：沙湾 石大标 SHI2006389

Chenopodium strictum Roth **圆头藜**

西藏：日土 陈家辉，庄会富，刘德团等 Yangyp-Q-0080
新疆：昌吉 王喜勇，段士民 472
新疆：昌吉 段士民，王喜勇，刘会良等 Zhangdy549
新疆：特克斯 段士民，王喜勇，刘会良 Zhangdy430
新疆：温泉 段士民，王喜勇，刘会良等 20
新疆：乌什 塔里木大学植物资源调查组 TD-00891
新疆：伊犁 段士民，王喜勇，刘会良 Zhangdy433

Corispermum candelabrum Iljin **烛台虫实** *

山东：历下区 李兰，王萍，张少华 Lilan102

Corispermum chinganicum Iljin 兴安虫实
河北：围场 牛玉璐，王晓亮 NiuYL560
黑龙江：松北 孙阎 SunY373
吉林：长岭 韩忠明 Yanglm0331
山东：莱山区 卞福花，宋言贺 BianFH-527
山东：莱山区 卞福花，杨蕾蕾，谷胤征 BianFH-0110

Corispermum declinatum Stephan ex Iljin 绳虫实
甘肃：玛曲 李晓东，刘帆，张景博等 LiJ0006
河北：灵寿 牛玉璐，高彦飞，黄士良 NiuYL196
新疆：特克斯 亚吉东，张桥蓉，秦少发等 16CS13462
新疆：托里 谭敦炎，吉乃提 TanDY0728

Corispermum dutreuilii Iljin 粗喙虫实
西藏：噶尔 陈家辉，庄会富，刘德团等 Yangyp-Q-0065
新疆：阿合奇 杨赵平，周禧琳，贺冰 LiZJ1374

Corispermum heptapotamicum Iljin 中亚虫实
新疆：和田 冯建菊，蒋学玮 Liujq-fjj-0188-054
新疆：青河 许炳强，胡伟明 XiaNH-07ZX-805
新疆：于田 冯建菊 Liujq-fjj-0037

Corispermum lehmannianum Bunge 倒披针叶虫实
新疆：阿勒泰 段士民，王喜勇，刘会良等 Zhangdy509
新疆：昌吉 王喜勇，段士民 467
新疆：昌吉 段士民，王喜勇，刘会良等 Zhangdy532
新疆：阜康 魏岩，黄振英，朱雅娟 Beijing-Junggar-000023
新疆：阜康 谭敦炎，邱娟 TanDY0010
新疆：阜康 谭敦炎，邱娟 TanDY0041
新疆：霍城 马真，翟伟 SHI-A2007007
新疆：霍城 刘鸯，马真，贺晓欢等 SHI-A2007153
新疆：霍城 刘鸯，马真，贺晓欢等 SHI-A2007165
新疆：吉木萨尔 谭敦炎，邱娟 TanDY0047
新疆：克拉玛依 谭敦炎，邱娟 TanDY0091
新疆：克拉玛依 张振春，刘建华 TanDY0332
新疆：木垒 段士民，王喜勇，刘会良等 141
新疆：奇台 段士民，王喜勇，刘会良等 261
新疆：奇台 段士民，王喜勇，刘会良等 263
新疆：青河 段士民，王喜勇，刘会良等 150
新疆：沙湾 刘成，李昌洪，熊晓强 16CS13351
新疆：石河子 石大标 SCSB-Y-2006111
新疆：石河子 谭敦炎，邱娟 TanDY0072
新疆：石河子 谭敦炎，邱娟 TanDY0075
新疆：石河子 谭敦炎，艾沙江 TanDY0383

Corispermum mongolicum Iljin 蒙古虫实
内蒙古：和林格尔 李茂文，李昌亮 M146
新疆：阜康 亚吉东，张桥蓉，秦少发等 16CS13186

Corispermum orientale Lamarck 东方虫实
新疆：和田 冯建菊 Liujq-fjj-0086

Corispermum pamiricum Iljin 帕米尔虫实
西藏：日土 李晖，文雪梅，次旺加布等 Lihui-Q-0044
西藏：日土 陈家辉，庄会富，刘德团等 Yangyp-Q-0099

Corispermum puberulum Iljin 软毛虫实 *
河北：丰宁 牛玉璐，高彦飞 NiuYL615
山东：岚山区 吴宝成 HANGYY8597

Corispermum stauntonii Moquin-Tandon 华虫实 *
甘肃：玛曲 尹鑫，吴航，葛文静 LiuJQ-GN-2011-142

Corispermum tibeticum Iljin 藏虫实
甘肃：玛曲 齐威 LJQ-2008-GN-283
青海：德令哈 潘建斌，杜维波，牛炳韬 Liujq-2011CDM-319
青海：都兰 潘建斌，杜维波，牛炳韬 Liujq-2011CDM-086
青海：都兰 潘建斌，杜维波，牛炳韬 Liujq-2011CDM-244
西藏：定日 王东超，杨大松，张春林等 YangYP-Q-5108
西藏：噶尔 陈家辉，庄会富，刘德团等 Yangyp-Q-0042
新疆：叶城 黄文娟，段黄金，王英鑫等 LiZJ0882

Corispermum tylocarpum Hance 毛果绳虫实
山东：莱山区 卞福花 BianFH-0210
山东：莱山区 卞福花，宋言贺 BianFH-526

Cyathula capitata Moquin-Tandon 头花杯苋
云南：大理 张德全，陈琪，吴小波 ZDQ178
云南：景东 刘长铭，荣理德，刘乐 JDNR124
云南：龙陵 孙兴旭 SunXX107
云南：隆阳区 段在贤，李永元 BSGLGS1y068
云南：南涧 时国彩，何贵才，杨建平等 njwls2007043
云南：南涧 徐家武，袁立川，罗增阳等 NJWLS2008174
云南：腾冲 余新林，赵玮 BSGLGStc079
云南：文山 何德明，王成 WSLJS1047
云南：新平 张学林，罗正权 XPALSD088
云南：盈江 王立彦 TBG-005
云南：永德 李永亮 YDDXS0581
云南：永德 李永亮，王学军，陈海涛 YDDXSB093
云南：玉溪 彭华，陈丽，许瑾 P.H.5283
云南：云龙 李施文，张志云，段耀飞等 TC3069
云南：镇沅 罗成瑜 ALSZY340

Cyathula officinalis K. C. Kuan 川牛膝
重庆：南川区 易思荣 YISR065
湖南：石门 陈功锡，张代贵 SCSB-HC-2008179
云南：盘龙区 伊廷双，孟静，杨杨 MJ-952
云南：腾冲 李爱花，黄之镨，黄押稳等 SCSB-A-000311
云南：腾冲 周应再 Zhyz-150

Cyathula prostrata (Linnaeus) Blume 杯苋
云南：安宁 杜燕，周开洪，王建军等 SCSB-A-000363
云南：景东 鲁艳 07-164
云南：澜沧 彭华，向春雷，陈丽 P.H.5778
云南：盈江 王立彦，桂魏 SCSB-TBG-135
云南：永德 李永亮 LiYL1368
云南：镇沅 罗成瑜 ALSZY245

Deeringia amaranthoides (Lamarck) Merrill 浆果苋
广西：环江 许为斌，梁永延，黄俞淞等 Liuyan0163
广西：隆安 莫水松，胡仁传，林春蕊 Liuyan1115
云南：沧源 赵金超，杨红强 CYNGH415
云南：贡山 刘成，何华杰，黄莉等 14CS8512
云南：景东 罗忠华，谢有能，罗文涛等 JDNR119
云南：澜沧 张绍云，胡启和，仇亚等 YNS1110
云南：隆阳区 段在贤，李晓东，封占昕 BSGLGS1y045
云南：隆阳区 尹学建 BSGLGS1y2044
云南：隆阳区 段在贤，尹布贵，刀开国等 BSGLGS1y1218
云南：禄劝 蔡杰，亚吉东，苏勇等 14CS9693
云南：绿春 黄连山保护区科研所 HLS0086
云南：绿春 李嵘，张洪喜 DZL-261
云南：绿春 税玉民，陈文红 81541
云南：麻栗坡 税玉民，陈文红 81287
云南：麻栗坡 肖波 LuJL111
云南：勐海 彭华，向春雷，陈丽等 P.H.5749
云南：孟连 彭华，向春雷，陈丽 P.H.5853
云南：弥勒 刘恩德，方伟，杜燕等 SCSB-B-000032
云南：南涧 NJWLS818
云南：南涧 马德跃，官有才，熊绍荣 NJWLS695
云南：南涧 高国政，徐如标，李成清 NJWLS2008258
云南：腾冲 余新林，赵玮 BSGLGStc102

云南：腾冲 周应再 Zhyz540
云南：文山 何德明 WSLJS565
云南：西盟 胡启和，赵强，周英等 YNS0773
云南：盈江 王立彦，桂魏，刀江飞 SCSB-TBG-121
云南：永德 李永亮 YDDXS0955
云南：永德 李永亮，马文军 YDDXSB230
云南：镇沅 罗成瑜 ALSZY254
云南：镇沅 朱恒，罗成瑜 ALSZY200
云南：镇沅 罗成瑜 ALSZY478

Dysphania ambrosioides (Linnaeus) Mosyakin & Clemants 土荆芥

贵州：荔波 刘克明，王得刚 SCSB-HN-1873
贵州：荔波 刘克明，王得刚 SCSB-HN-1880
贵州：荔波 刘克明，王得刚 SCSB-HN-1903
贵州：荔波 旷仁平，盛波 SCSB-HN-1928
湖南：洞口 肖乐希，尹成园 SCSB-HN-1559
湖南：江永 姜孝成，唐贵华，潘孝武 SCSB-HNJ-0044
湖南：澧县 田淑珍 SCSB-HN-1581
湖南：浏阳 丛义艳，田淑珍 SCSB-HN-1494
湖南：宁乡 熊凯辉，刘克明 SCSB-HN-1966
湖南：宁乡 熊凯辉，刘克明 SCSB-HN-1980
湖南：湘西 陈功锡，张代贵 SCSB-HC-2008103
湖南：新化 刘克明，彭珊，李珊等 SCSB-HN-1648
湖南：新宁 姜孝成，唐贵华，袁双艳等 SCSB-HNJ-0227
湖南：永定区 廖博儒，吴福川，查学州等 53
江苏：句容 王兆银，吴宝成 SCSB-JS0359
江苏：溧阳 吴宝成 HANGYY8354
江苏：宜兴 李宏庆，田怀珍，葛斌杰等 Lihq0243
四川：白玉 李晓东，张景博，徐凌翔等 LiJ478
四川：射洪 袁明 YUANM2015L023
四川：雨城区 贾学静 YuanM2012007
西藏：芒康 王文礼，冯欣，刘飞鹏 OUXK11162
云南：沧源 赵金超，肖美芳 CYNGH201
云南：景东 鲁艳 07-100
云南：景东 罗忠华，刘长铭，鲁成荣 JD032
云南：昆明 税玉民，陈文红 65771
云南：丽江 苏涛，黄永江，杨青松等 ZhouZK11465
云南：麻栗坡 肖波 LuJL170
云南：麻栗坡 税玉民，陈文红 72041
云南：麻栗坡 税玉民，陈文红 72132
云南：蒙自 税玉民，陈文红 72245
云南：南涧 邹国娟，李加生，时国彩 NJWLS378
云南：南涧 罗新洪，阿国仁，何贵才 NJWLS771
云南：南涧 熊绍荣，徐家武，罗增阳等 NJWLS2008150
云南：南涧 阿国仁，何贵才 NJWLS1140
云南：腾冲 周应再 Zhyz-122
云南：维西 王文礼，冯欣，刘飞鹏 OUXK11035
云南：西山区 税玉民，陈文红 65793
云南：香格里拉 李晓东，张紫刚，操榆 LiJ640
云南：祥云 孙振华，王文礼，宋晓卿等 OuxK-XY-0010
云南：新平 谢天华，郎定富，杨如伟 XPALSA053
云南：新平 谢雄 XPALSC431
云南：新平 白绍斌 XPALSC446
云南：新平 白绍斌，白飞尧 XPALSC486
云南：新平 何罡安 XPALSB188
云南：永平 王文礼，冯欣，刘飞鹏 OUXK11004
云南：元阳 田学军，杨建，邱成书等 Tianxj0049
云南：云龙 郭永杰，王杨飞，李施文等 TC4027
云南：镇沅 罗成瑜 ALSZY238
云南：镇沅 朱恒，何忠云 ALSZY020

Dysphania aristata (Linnaeus) Mosyakin & Clemants 刺藜

甘肃：玛曲 李晓东，刘帆，张景博等 LiJ0008
甘肃：玛曲 齐威 LJQ-2008-GN-271
甘肃：夏河 郭淑青，杜品 LiuJQ-2012-GN-180
河北：平山 牛玉璐，郑博颖，黄士良等 NiuYL112
黑龙江：木兰 刘玫，张欣欣，程薪宇等 Liuetal323
黑龙江：五大连池 孙阎，赵立波 SunY066
吉林：长岭 张宝田 Yanglm0328
内蒙古：卓资 蒲拴莲，刘润宽，刘毅等 M259
山东：天桥区 王萍，高德民，张诏等 lilan262
四川：稻城 何兴金，李琴琴，马祥光等 SCU-09-159
西藏：定日 王东超，杨大松，张春林等 YangYP-Q-5101
西藏：吉隆 陈家辉，韩希，王广艳等 YangYP-Q-4327
西藏：拉萨 杨永平，王东超，杨大松等 YangYP-Q-5024
西藏：浪卡子 陈家辉，韩希，王广艳等 YangYP-Q-4170
西藏：浪卡子 陈家辉，韩希，王广艳等 YangYP-Q-4183
西藏：日土 李晖，文雪梅，次旺加布等 Lihui-Q-0043
西藏：扎囊 王东超，杨大松，张春林等 YangYP-Q-5082
新疆：哈巴河 段士民，王喜勇，刘会良等 216
新疆：和静 杨赵平，焦培培，白冠章等 LiZJ0719
新疆：和静 邱爱军，张玲 LiZJ1854
新疆：奎屯 亚吉东，张桥蓉，秦少发等 16CS13256
新疆：乌鲁木齐 段士民，王喜勇，刘会良 Zhangdy261
新疆：乌鲁木齐 段士民，王喜勇，刘会良 Zhangdy279

Dysphania botrys (Linnaeus) Mosyakin & Clemants 香藜

四川：稻城 何兴金，李琴琴，马祥光等 SCU-09-158
西藏：定日 陈家辉，韩希，王东超等 YangYP-Q-4306
西藏：定日 王东超，杨大松，张春林等 YangYP-Q-5094
西藏：浪卡子 杨永平，王东超，杨大松等 YangYP-Q-5039
西藏：日喀则 陈家辉，韩希，王东超等 YangYP-Q-4354
西藏：扎囊 王东超，杨大松，张春林等 YangYP-Q-5083
新疆：博乐 徐文斌，许晓敏 SHI-2008111
新疆：布尔津 谭敦炎，邱娟 TanDY0442
新疆：布尔津 谭敦炎，邱娟 TanDY0482
新疆：昌吉 王喜勇，段士民 471
新疆：阜康 王宏飞，王磊，黄振英 Beijing-huang-xjsm-0016
新疆：和静 张挺，杨赵平，焦培培等 LiZJ0456
新疆：和静 杨赵平，焦培培，白冠章等 LiZJ0728
新疆：和硕 邱爱军，张玲，徐盼 LiZJ1432
新疆：和硕 杨赵平，焦培培，白冠章等 LiZJ0615
新疆：霍城 刘鸯，马真，贺晓欢等 SHI-A2007157
新疆：玛纳斯 亚吉东，张桥蓉，秦少发等 16CS13217
新疆：沙湾 石大标 SCSB-Y-2006088
新疆：沙湾 石大标 SHI-2006477
新疆：鄯善 王仲科，徐海燕，郭静谊 SHI2006276
新疆：塔城 谭敦炎，吉乃提 TanDY0668
新疆：塔什库尔干 黄文娟，段黄金，王英鑫等 LiZJ0364
新疆：托里 谭敦炎，吉乃提 TanDY0731
新疆：托里 谭敦炎，吉乃提 TanDY0771
新疆：托里 徐文斌，杨清理 SHI-2009051
新疆：托里 徐文斌，杨清理 SHI-2009183
新疆：托里 徐文斌，黄刚 SHI-2009212
新疆：托里 徐文斌，郭一敏 SHI-2009295
新疆：托里 徐文斌，杨清理 SHI-2009306
新疆：温泉 徐文斌，黄雪姣 SHI-2008043
新疆：温泉 徐文斌，许晓敏 SHI-2008069

新疆：温泉 徐文斌，王莹 SHI-2008083
新疆：温泉 徐文斌，黄雪姣 SHI-2008165
新疆：温泉 徐文斌，王莹 SHI-2008243
新疆：乌鲁木齐 王雷，王宏飞，黄振英 Beijing-huang-xjys-0016
新疆：乌鲁木齐 马文宝，刘会良 zdy034
新疆：乌鲁木齐 谭敦炎，吉乃提 TanDY0509
新疆：乌鲁木齐 马文宝，刘会良，施翔 zdy183
新疆：乌鲁木齐 王喜勇，马文宝，施翔 zdy320
新疆：乌鲁木齐 王喜勇，马文宝，施翔 zdy420
新疆：乌鲁木齐 段士民，王喜勇，刘会良 Zhangdy260
新疆：伊吾 段士民，王喜勇，刘会良 Zhangdy165
新疆：伊吾 段士民，王喜勇，刘会良 Zhangdy173
新疆：伊吾 段士民，王喜勇，刘会良 Zhangdy189
新疆：裕民 谭敦炎，吉乃提 TanDY0689
新疆：裕民 谭敦炎，吉乃提 TanDY0710
新疆：裕民 谭敦炎，吉乃提 TanDY0724
新疆：裕民 徐文斌，郭一敏 SHI-2009403
新疆：裕民 徐文斌，黄刚 SHI-2009410
新疆：裕民 徐文斌，杨清理 SHI-2009423
新疆：裕民 徐文斌，杨清理 SHI-2009471

Dysphania schraderiana (Roemer & Schultes) Mosyakin & Clemants **菊叶香藜**

甘肃：迭部 齐威 LJQ-2008-GN-282
甘肃：合作 尹鑫，吴航，葛文静 LiuJQ-GN-2011-138
甘肃：夏河 齐威 LJQ-2008-GN-285
青海：乌兰 潘建斌，杜维波，牛炳韬 Liujq-2011CDM-379
四川：稻城 孙航，董金龙，朱鑫鑫等 SunH-07ZX-4081
四川：得荣 孙航，李新辉，陈林杨 SunH-07ZX-2958
四川：理县 张昌兵，邓秀发 ZhangCB0390
四川：壤塘 何兴金，赵丽华，梁乾隆 SCU-10-051
西藏：波密 孙航，张建文，陈建国等 SunH-07ZX-2532
西藏：察隅 孙航，张建文，陈建国等 SunH-07ZX-2495
西藏：城关区 许炳强，童毅华 XiaNh-07zx-504
西藏：达孜 卢洋，刘帆等 LiJ918
西藏：当雄 陈家辉，韩希，王东超等 YangYP-Q-4240
西藏：拉萨 卢洋，刘帆等 LiJ733
西藏：拉萨 钟扬 ZhongY1044
西藏：拉萨 陈家辉，韩希，王广艳等 YangYP-Q-4192
西藏：普兰 李晖，文雪梅，次旺加布等 Lihui-Q-0006
西藏：曲水 卢洋，刘帆等 LiJ932
西藏：仁布 李晖，文雪梅，次旺加布等 Lihui-Q-0090
西藏：仁布 陈家辉，韩希，王东超等 YangYP-Q-4364
西藏：日土 陈家辉，庄会富，刘德团等 Yangyp-Q-0101
西藏：仲巴 李晖，文雪梅，熊继贵 Lihui-Q-2010-02
新疆：策勒 冯建菊 Liujq-fjj-0043
云南：德钦 孙航，张建文，陈建国等 SunH-07ZX-2400

Halocnemum strobilaceum (Pallas) Marschall von Bieberstein **盐节木**

新疆：阿勒泰 段士民，王喜勇，刘会良等 Zhangdy519
新疆：阿勒泰 段士民，王喜勇，刘会良等 Zhangdy520
新疆：阜康 王雷，朱雅娟，黄振英 Beijing-junggar-000012
新疆：乌鲁木齐 王喜勇，马文宝，施翔 zdy484

Halogeton arachnoideus Moquin-Tandon **白茎盐生草**

内蒙古：鄂托克旗 刘博，蒲拴莲，刘润宽等 M316
宁夏：盐池 左忠，刘华 ZuoZh031
新疆：昌吉 段士民，王喜勇，刘会良等 Zhangdy547
新疆：哈密 王喜勇，马文宝，施翔 zdy442
新疆：呼图壁 段士民，王喜勇，刘会良等 317
新疆：吉木萨尔 段士民，王喜勇，刘会良等 Zhangdy478
新疆：吉木萨尔 段士民，王喜勇，刘会良等 Zhangdy480
新疆：奎屯 石大标 SHI-2006497
新疆：玛纳斯 石大标 SHI-2006468
新疆：奇台 段士民，王喜勇，刘会良等 Zhangdy486
新疆：奇台 段士民，王喜勇，刘会良等 Zhangdy493
新疆：沙湾 石大标 SHI-2006475
新疆：石河子 石大标 SHI-2006419
新疆：石河子 石大标 SHI-2006452
新疆：伊吾 王喜勇，马文宝，施翔 zdy486

Halogeton glomeratus (Marschall von Bieberstein) C. A. Meyer **盐生草**

宁夏：贺兰 何志斌，杜军，陈龙飞等 HHZA0125
宁夏：惠农 何志斌，杜军，陈龙飞等 HHZA0091
宁夏：利通区 何志斌，杜军，康建军等 HHZA0053
青海：德令哈 潘建斌，杜维波，牛炳韬 Liujq-2011CDM-315
青海：都兰 潘建斌，杜维波，牛炳韬 Liujq-2011CDM-087
青海：都兰 潘建斌，杜维波，牛炳韬 Liujq-2011CDM-126
青海：都兰 潘建斌，杜维波，牛炳韬 Liujq-2011CDM-246
青海：乌兰 潘建斌，杜维波，牛炳韬 Liujq-2011CDM-251
青海：乌兰 潘建斌，杜维波，牛炳韬 Liujq-2011CDM-332
青海：乌兰 潘建斌，杜维波，牛炳韬 Liujq-2011CDM-380
新疆：阜康 段士民，王喜勇，刘会良等 361
新疆：克拉玛依 石大标 SHI-2006431
新疆：玛纳斯 徐文斌 SHI-2006490
新疆：米东 王雷，朱雅娟，黄振英 Beijing-junggar-000014
新疆：沙湾 石大标 SHI-2006476
新疆：沙湾 石大标 SHI-2006494
新疆：石河子 石大标 SHI-2006422
新疆：石河子 石大标 SHI-2006472
新疆：乌鲁木齐 王喜勇，马文宝，施翔 zdy353
新疆：乌鲁木齐 魏岩，黄振英，朱雅娟 Beijing-Junggar-000027
新疆：伊吾 王喜勇，马文宝，施翔 zdy457

Halostachys caspica C. A. Meyer ex Schrenk **盐穗木**

新疆：阜康 王雷，朱雅娟，黄振英 Beijing-junggar-000011
新疆：阜康 段士民，王喜勇，刘会良等 352
新疆：阜康 马健，陈亮 MAJ005
新疆：阜康 段士民，王喜勇，刘会良等 357
新疆：奎屯 石大标 SHI-2006499
新疆：民丰 王喜勇，马文宝，施翔 zdy469
新疆：石河子 段士民，王喜勇，刘会良等 289
新疆：乌鲁木齐 王喜勇，马文宝，施翔 zdy297
新疆：五家渠 段士民，王喜勇，刘会良等 327
新疆：五家渠 段士民，王喜勇，刘会良等 330
新疆：五家渠 段士民，王喜勇，刘会良等 337

Haloxylon ammodendron (C. A. Meyer) Bunge **琐琐**

宁夏：盐池 牛钦瑞，朱奋霞 ZuoZh161
青海：德令哈 潘建斌，杜维波，牛炳韬 Liujq-2011CDM-320
青海：都兰 冯虎元 LiuJQ-08KLS-158
青海：都兰 潘建斌，杜维波，牛炳韬 Liujq-2011CDM-100
青海：都兰 潘建斌，杜维波，牛炳韬 Liujq-2011CDM-132
新疆：阜康 王雷，朱雅娟，黄振英 Beijing-junggar-000013
新疆：阜康 魏岩，黄振英，朱雅娟 Beijing-Junggar-000026
新疆：阜康 马健，陈亮 MAJ011
新疆：克拉玛依 石大标 SHI-2006428
新疆：克拉玛依 石大标 SHI-2006432
新疆：民丰 王喜勇，马文宝，施翔 zdy361
新疆：石河子 石大标 SHI2006398

新疆：石河子 王喜勇，马文宝，施翔 zdy338
新疆：石河子 石大标 SHI-2006417
新疆：石河子 石大标 SHI-2006454
新疆：石河子 段士民，王喜勇，刘会良等 295
新疆：石河子 段士民，王喜勇，刘会良等 306
新疆：乌苏 石大标 SHI-2006514
新疆：五家渠 段士民，王喜勇，刘会良等 325
新疆：伊吾 王喜勇，马文宝，施翔 zdy492

Haloxylon persicum Bunge ex Boissier & Buhse 白琐琐

新疆：阜康 王喜勇，马文宝，施翔 zdy324
新疆：阜康 魏岩，黄振英，朱雅娟 Beijing-Junggar-000025
新疆：阜康 段士民，王喜勇，刘会良等 277
新疆：阜康 段士民，王喜勇，刘会良等 280
新疆：阜康 段士民，王喜勇，刘会良等 283
新疆：阜康 段士民，王喜勇，刘会良等 287
新疆：石河子 石大标 SHI2006391
新疆：石河子 石大标 SHI2006399

Horaninovia ulicina Fischer & C. A. Meyer 对节刺

新疆：阜康 王喜勇，马文宝，施翔 zdy329

Iljinia regelii (Bunge) Korovin 戈壁藜

新疆：哈密 王喜勇，马文宝，施翔 zdy443
新疆：克拉玛依 石大标 SHI-2006430
新疆：伊吾 王喜勇，马文宝，施翔 zdy476

Kalidium caspicum (Linnaeus) Ungern-Sternberg 里海盐爪爪

新疆：阿勒泰 段士民，王喜勇，刘会良等 Zhangdy507
新疆：阿勒泰 段士民，王喜勇，刘会良等 Zhangdy518
新疆：昌吉 段士民，王喜勇，刘会良等 Zhangdy538
新疆：阜康 马健，陈亮 MAJ003
新疆：阜康 段士民，王喜勇，刘会良等 370
新疆：奎屯 石大标 SHI-2006501
新疆：玛纳斯 段士民，王喜勇，刘会良等 308
新疆：玛纳斯 段士民，王喜勇，刘会良等 314
新疆：米东 王雷，朱雅娟，黄振英 Beijing-junggar-000010
新疆：奇台 段士民，王喜勇，刘会良等 Zhangdy498
新疆：乌苏 石大标 SHI-2006511

Kalidium cuspidatum (Ungern-Sternberg) Grubov 尖叶盐爪爪

宁夏：盐池 朱奋霞，李磊 ZuoZh174
新疆：阿勒泰 段士民，王喜勇，刘会良等 Zhangdy513
新疆：乌鲁木齐 王喜勇，马文宝，施翔 zdy258

Kalidium cuspidatum var. **sinicum** A. J. Li 黄毛头 *

青海：德令哈 潘建斌，杜维波，牛炳韬 Liujq-2011CDM-330

Kalidium foliatum (Pallas) Moquin-Tandon 盐爪爪

宁夏：平罗 何志斌，杜军，陈龙飞等 HHZA0108
宁夏：盐池 李生山，朱奋霞 ZuoZh179
青海：都兰 潘建斌，杜维波，牛炳韬 Liujq-2011CDM-071
青海：都兰 潘建斌，杜维波，牛炳韬 Liujq-2011CDM-120
青海：乌兰 潘建斌，杜维波，牛炳韬 Liujq-2011CDM-349
陕西：定边 何志斌，杜军，康建军等 HHZA0047
新疆：巴里 王喜勇，马文宝，施翔 zdy494
新疆：昌吉 段士民，王喜勇，刘会良等 Zhangdy537
新疆：阜康 王雷，朱雅娟，黄振英 Beijing-junggar-000009
新疆：阜康 段士民，王喜勇，刘会良等 351
新疆：阜康 段士民，王喜勇，刘会良等 358
新疆：奎屯 石大标 SHI-2006500
新疆：奎屯 石大标 SHI-2006508
新疆：轮台 王喜勇，马文宝，施翔 zdy436
新疆：玛纳斯 石大标 SHI-2006465
新疆：玛纳斯 段士民，王喜勇，刘会良等 309
新疆：玛纳斯 段士民，王喜勇，刘会良等 313
新疆：石河子 段士民，王喜勇，刘会良等 299
新疆：乌鲁木齐 王喜勇，马文宝，施翔 zdy298
新疆：乌苏 石大标 SHI-2006512
新疆：五家渠 段士民，王喜勇，刘会良等 335

Kalidium gracile Fenzl 细枝盐爪爪

宁夏：盐池 左忠，刘华 ZuoZh275

Kochia krylovii Litvinov 全翅地肤

新疆：伊吾 王喜勇，马文宝，施翔 zdy458

Kochia melanoptera Bunge 黑翅地肤

新疆：伊吾 王喜勇，马文宝，施翔 zdy461

Kochia prostrata (Linnaeus) Schrader 木地肤

新疆：青河 段士民，王喜勇，刘会良等 Zhangdy511

Kochia scoparia (Linnaeus) Schrader 地肤

安徽：舒城 陈延松，欧祖兰，高秋晨等 Xuzd409
黑龙江：肇东 郑宝江，王洪峰 ZhengBJ045
湖北：宣恩 祝文志，刘志祥，曹远俊 ShenZH0001
湖北：竹溪 李盛兰 GanQL1157
湖南：鹤城区 李胜华，伍贤进，曾汉元等 HHXY152
吉林：长岭 张宝田 Yanglm0313
江苏：江宁区 吴宝成 SCSB-JS0335
江西：庐山区 董安淼，吴从梅 TanCM1082
内蒙古：开鲁 张永刚 Yanglm0247
宁夏：贺兰 何志斌，杜军，陈龙飞等 HHZA0132
宁夏：西夏区 左忠，刘华 ZuoZh231
青海：都兰 潘建斌，杜维波，牛炳韬 Liujq-2011CDM-193
山东：冠县 刘奥，王广阳 WBG001962
山东：海阳 王萍，高德民，张诏等 lilan279
山东：平原 刘奥，王广阳 WBG001744
山东：长清区 李兰，王萍，张少华 Lilan-056
新疆：乌鲁木齐 段士民，王喜勇，刘会良等 Zhangdy439
云南：河口 税玉民，陈文红 71728
云南：蒙自 税玉民，陈文红 72422
云南：南涧 马德跃，官有才，罗开宏等 NJWLS933
云南：西山区 税玉民，陈文红 65414
云南：新平 白绍斌 XPALSC160
云南：新平 白绍斌 XPALSC319
云南：新平 白绍斌 XPALSC536
云南：新平 谢雄 XPALSC014
云南：永德 李永亮 LiYL1373
云南：永德 李永亮 YDDXS0430
云南：云龙 李爱花，李洪超，黄天才等 SCSB-A-000206

Kochia stellaris Moquin-Tandon 伊朗地肤

新疆：昌吉 段士民，王喜勇，刘会良等 Zhangdy551
新疆：阜康 段士民，王喜勇，刘会良等 271
新疆：阜康 段士民，王喜勇，刘会良等 348
新疆：阜康 段士民，王喜勇，刘会良等 362
新疆：阜康 段士民，王喜勇，刘会良等 Zhangdy469
新疆：阜康 段士民，王喜勇，刘会良等 Zhangdy471
新疆：阜康 段士民，王喜勇，刘会良等 Zhangdy473
新疆：吉木萨尔 段士民，王喜勇，刘会良等 Zhangdy475
新疆：五家渠 段士民，王喜勇，刘会良等 333
新疆：五家渠 段士民，王喜勇，刘会良等 339

Krascheninnikovia arborescens (Losina-Losinskaja) Czerepanov 华北驼绒藜 *

内蒙古：和林格尔 蒲拴莲，刘润宽，刘毅等 M290

Krascheninnikovia ceratoides (Linnaeus) Gueldenstaedt 驼绒藜

甘肃：卓尼 齐威 LJQ-2008-GN-281

吉林：长岭 张宝田 Yanglm0352
宁夏：西夏区 朱强 ZhuQ005
青海：德令哈 潘建斌，杜维波，牛炳韬 Liujq-2011CDM-323
青海：德令哈 潘建斌，杜维波，牛炳韬 Liujq-2011CDM-364
青海：都兰 冯虎元 LiuJQ-08KLS-164
青海：都兰 潘建斌，杜维波，牛炳韬 Liujq-2011CDM-145
青海：都兰 潘建斌，杜维波，牛炳韬 Liujq-2011CDM-174
青海：格尔木 冯虎元 LiuJQ-08KLS-008
青海：格尔木 潘建斌，杜维波，牛炳韬 Liujq-2011CDM-012
青海：乌兰 潘建斌，杜维波，牛炳韬 Liujq-2011CDM-264
青海：乌兰 潘建斌，杜维波，牛炳韬 Liujq-2011CDM-348
新疆：阿合奇 杨赵平，周禧琳，贺冰 LiZJ1375
新疆：阜康 段士民，王喜勇，刘会良等 364
新疆：哈密 王喜勇，马文宝，施翔 zdy446
新疆：塔什库尔干 邱娟，冯建菊 LiuJQ0079
新疆：塔什库尔干 邱娟，冯建菊 LiuJQ0110
新疆：塔什库尔干 黄文娟，段黄金，王英鑫等 LiZJ0294
新疆：塔什库尔干 黄文娟，段黄金，王英鑫等 LiZJ0385
新疆：乌鲁木齐 王喜勇，马文宝，施翔 zdy399
新疆：叶城 郭永杰，黄文娟，段黄金 LiZJ0223
新疆：伊吾 王喜勇，马文宝，施翔 zdy430

Krascheninnikovia ewersmannia (Stschegleev ex Losina-Losinskaja) Grubov **心叶驼绒藜**

新疆：阿勒泰 段士民，王喜勇，刘会良等 Zhangdy510
新疆：阜康 王喜勇，马文宝，施翔 zdy348
新疆：石河子 石大标 SHI2006394
新疆：石河子 段士民，王喜勇，刘会良等 293
新疆：石河子 段士民，王喜勇，刘会良等 305
新疆：乌鲁木齐 王喜勇，马文宝，施翔 zdy275
新疆：乌鲁木齐 王喜勇，马文宝，施翔 zdy392
新疆：五家渠 段士民，王喜勇，刘会良等 342

Microgynoecium tibeticum J. D. Hooker **小果滨藜**

西藏：芒康 张挺，蔡杰，袁明 09CS1621
西藏：仲巴 李晖，文雪梅，熊继贵 Lihui-Q-2010-28

Nanophyton erinaceum (Pallas) Bunge **小蓬**

新疆：沙依巴克区 吉乃提，地里努尔 TanDY0798
新疆：乌鲁木齐 王喜勇，马文宝，施翔 zdy360
新疆：伊吾 王喜勇，马文宝，施翔 zdy432

Petrosimonia sibirica (Pallas) Bunge **叉毛蓬**

新疆：昌吉 段士民，王喜勇，刘会良等 346
新疆：阜康 段士民，王喜勇，刘会良等 269
新疆：阜康 段士民，王喜勇，刘会良等 272
新疆：吉木萨尔 段士民，王喜勇，刘会良等 Zhangdy482
新疆：米东 王雷，朱雅娟，黄振英 Beijing-junggar-000015
新疆：奇台 段士民，王喜勇，刘会良等 Zhangdy485
新疆：乌鲁木齐 段士民，王喜勇，刘会良等 Zhangdy451
新疆：乌鲁木齐 段士民，王喜勇，刘会良等 Zhangdy525
新疆：五家渠 段士民，王喜勇，刘会良等 340

Polycnemum arvense Linnaeus **多节草**

新疆：巩留 亚吉东，张桥蓉，秦少发等 16CS13511
新疆：和静 杨赵平，焦培培，白冠章等 LiZJ0651

Psilotrichum ferrugineum var. **ximengense** Y. Y. Qian **西盟林地苋 ***

云南：新平 白绍斌 XPALSC249

Salicornia europaea Linnaeus **盐角草**

青海：德令哈 潘建斌，杜维波，牛炳韬 Liujq-2011CDM-311
青海：都兰 潘建斌，杜维波，牛炳韬 Liujq-2011CDM-124
青海：格尔木 潘建斌，杜维波，牛炳韬 Liujq-2011CDM-043
新疆：阜康 段士民，王喜勇，刘会良等 350
新疆：奎屯 石大标 SHI-2006505
新疆：奎屯 石大标 SHI-2006515
新疆：玛纳斯 石大标 SHI-2006466
新疆：玛纳斯 段士民，王喜勇，刘会良等 310
新疆：石河子 石大标 SHI-2006449
新疆：石河子 段士民，王喜勇，刘会良等 303
新疆：乌鲁木齐 段士民，王喜勇，刘会良等 Zhangdy445
新疆：乌鲁木齐 段士民，王喜勇，刘会良等 Zhangdy449
新疆：乌鲁木齐 段士民，王喜勇，刘会良等 Zhangdy454
新疆：乌鲁木齐 王喜勇，马文宝，施翔 zdy303
新疆：五家渠 段士民，王喜勇，刘会良等 329

Salsola abrotanoides Bunge **蒿叶猪毛菜**

青海：德令哈 潘建斌，杜维波，牛炳韬 Liujq-2011CDM-318
青海：德令哈 潘建斌，杜维波，牛炳韬 Liujq-2011CDM-361
青海：格尔木 陈世龙，高庆波，张发起 Chensl0867
青海：乌兰 潘建斌，杜维波，牛炳韬 Liujq-2011CDM-265
青海：乌兰 潘建斌，杜维波，牛炳韬 Liujq-2011CDM-382

Salsola affinis C. A. Meyer **紫翅猪毛菜**

新疆：阿勒泰 段士民，王喜勇，刘会良等 Zhangdy517
新疆：阜康 王雷，朱雅娟，黄振英 Beijing-junggar-000002
新疆：阜康 吉乃提，贾静 TanDY0790
新疆：阜康 王喜勇，马文宝，施翔 zdy482
新疆：阜康 段士民，王喜勇，刘会良等 368
新疆：吉木萨尔 段士民，王喜勇，刘会良等 Zhangdy484
新疆：奇台 段士民，王喜勇，刘会良等 Zhangdy503
新疆：沙湾 石大标 SHI-2006495
新疆：沙依巴克区 吉乃提，地里努尔 TanDY0797
新疆：石河子 石大标 SHI-2006459
新疆：乌鲁木齐 段士民，王喜勇，刘会良等 Zhangdy450
新疆：乌苏 石大标 SHI-2006520

Salsola arbuscula Pallas **木本猪毛菜**

宁夏：西夏区 左忠，刘华 ZuoZh262
新疆：昌吉 王喜勇，马文宝，施翔 zdy433
新疆：乌鲁木齐 王喜勇，马文宝，施翔 zdy397

Salsola brachiata Pallas **散枝猪毛菜**

新疆：阜康 马健，陈亮 MAJ007
新疆：玛纳斯 高木木 SHI-2006491
新疆：沙依巴克区 吉乃提，地里努尔 TanDY0796
新疆：乌鲁木齐 王喜勇，马文宝，施翔 zdy237
新疆：乌鲁木齐 段士民，王喜勇，刘会良等 Zhangdy448

Salsola collina Pallas **猪毛菜**

甘肃：夏河 尹鑫，吴航，葛文静 LiuJQ-GN-2011-690
甘肃：夏河 齐威 LJQ-2008-GN-164
黑龙江：让胡路区 刘玫，王臣，张欣欣等 Liuetal791
吉林：磐石 安海成 AnHC0247
吉林：通榆 林红梅 Yanglm0402
江苏：赣榆 吴宝成 HANGYY8574
内蒙古：陈巴尔虎旗 黄学文 NMDB20170811269
内蒙古：海拉尔区 黄学文 NMDB20160814118
内蒙古：武川 蒲拴莲，刘润宽，刘毅等 M186
内蒙古：新巴尔虎右旗 黄学文 NMDB20170808052
内蒙古：新巴尔虎右旗 黄学文 NMDB20170808099
内蒙古：新巴尔虎右旗 黄学文 NMDB20170809113
内蒙古：新巴尔虎右旗 黄学文 NMDB20170809122
内蒙古：新巴尔虎右旗 黄学文 NMDB20170809172
内蒙古：新巴尔虎左旗 黄学文 NMDB20160815151
内蒙古：新巴尔虎左旗 黄学文 NMDB20160815183

内蒙古：新巴尔虎左旗 黄学文 NMDB20160815199
内蒙古：新巴尔虎左旗 黄学文 NMDB20160816254
宁夏：惠农 何志斌，杜军，陈龙飞等 HHZA0090
宁夏：利通区 何志斌，杜军，陈龙飞等 HHZA0150
宁夏：盐池 何志斌，杜军，陈龙飞等 HHZA0170
宁夏：盐池 左忠，刘华 ZuoZh033
山东：垦利 曹子谊，韩国营，柴振光等 Zhaozt0102
山东：莱山区 卞福花 BianFH-0228
山东：莱山区 卞福花，宋言贺 BianFH-533
山东：崂山区 罗艳，李中华 LuoY389
山东：天桥区 王萍，高德民，张诏等 lilan335

Salsola dshungarica Iljin 准噶尔猪毛菜
新疆：沙依巴克区 吉乃提，地里努尔 TanDY0800
新疆：乌鲁木齐 王喜勇，马文宝，施翔 zdy414

Salsola foliosa (Linnaeus) Schrader ex Roemer & Schultes 浆果猪毛菜
新疆：昌吉 段士民，王喜勇，刘会良等 347
新疆：阜康 王雷，朱雅娟，黄振英 Beijing-junggar-000001
新疆：阜康 段士民，王喜勇，刘会良等 375
新疆：奎屯 石大标 SHI-2006498
新疆：石河子 石大标 SHI-2006421
新疆：石河子 石大标 SHI-2006445
新疆：石河子 石大标 SHI-2006455
新疆：乌鲁木齐 王喜勇，马文宝，施翔 zdy245
新疆：乌鲁木齐 王喜勇，马文宝，施翔 zdy276
新疆：乌鲁木齐 王喜勇，马文宝，施翔 zdy441
新疆：乌鲁木齐 魏岩，黄振英，朱雅娟 Beijing-Junggar-000028
新疆：五家渠 段士民，王喜勇，刘会良等 321
新疆：五家渠 段士民，王喜勇，刘会良等 328

Salsola heptapotamica Iljin 钝叶猪毛菜
新疆：昌吉 段士民，王喜勇，刘会良等 Zhangdy539
新疆：阜康 段士民，王喜勇，刘会良等 267
新疆：阜康 段士民，王喜勇，刘会良等 353
新疆：米东 王雷，朱雅娟，黄振英 Beijing-junggar-000004
新疆：乌苏 石大标 SHI-2006513

Salsola korshinskyi Drobow 褐翅猪毛菜
新疆：沙湾 石大标 SHI2006386
新疆：石河子 石大标 SHI-2006415
新疆：石河子 石大标 SHI-2006458
新疆：石河子 段士民，王喜勇，刘会良等 298
新疆：乌苏 石大标 SHI-2006522
新疆：五家渠 段士民，王喜勇，刘会良等 323

Salsola lanata Pallas 短柱猪毛菜
新疆：阜康 王雷，朱雅娟，黄振英 Beijing-junggar-000006
新疆：克拉玛依 石大标 SHI-2006434
新疆：石河子 段士民，王喜勇，刘会良等 296

Salsola laricifolia Turczaninow ex Litvinov 松叶猪毛菜
内蒙古：鄂托克旗 刘博，蒲拴莲，刘润宽等 M315
青海：都兰 冯虎元 LiuJQ-08KLS-168

Salsola micranthera Botschantzev 小药猪毛菜
新疆：阜康 王雷，朱雅娟，黄振英 Beijing-junggar-000003

Salsola monoptera Bunge 单翅猪毛菜
西藏：噶尔 陈家辉，庄会富，刘德团等 Yangyp-Q-0066
西藏：朗县 罗建，汪书丽，任德智 L035
西藏：日土 陈家辉，庄会富，刘德团等 Yangyp-Q-0097

Salsola nitraria Pallas 钠猪毛菜
新疆：阜康 段士民，王喜勇，刘会良等 365
新疆：吉木萨尔 段士民，王喜勇，刘会良等 Zhangdy477
新疆：吉木萨尔 段士民，王喜勇，刘会良等 Zhangdy476
新疆：奇台 段士民，王喜勇，刘会良等 Zhangdy496
新疆：奇台 段士民，王喜勇，刘会良等 Zhangdy497
新疆：沙湾 石大标 SHI-2006496
新疆：石河子 郭静谊，高木木 SHI2006377
新疆：石河子 石大标 SHI2006400
新疆：石河子 石大标 SHI-2006443
新疆：石河子 石大标 SHI-2006456
新疆：石河子 段士民，王喜勇，刘会良等 302
新疆：乌鲁木齐 王喜勇，马文宝，施翔 zdy242
新疆：乌苏 石大标 SHI-2006521

Salsola passerina Bunge 珍珠猪毛菜
内蒙古：鄂托克旗 刘博，蒲拴莲，刘润宽等 M313
青海：都兰 潘建斌，杜维波，牛炳韬 Liujq-2011CDM-095

Salsola rosacea Linnaeus 蔷薇猪毛菜
新疆：沙依巴克区 吉乃提，地里努尔 TanDY0795

Salsola subcrassa Popov ex Iljin 粗枝猪毛菜
新疆：阜康 王雷，朱雅娟，黄振英 Beijing-junggar-000005
新疆：奇台 段士民，王喜勇，刘会良等 Zhangdy502
新疆：奇台 段士民，王喜勇，刘会良等 Zhangdy504

Salsola sukaczevii (Botschantzev) A. J. Li 长柱猪毛菜
新疆：玛纳斯 贺小欢，徐文斌，高木木 SHI2006367
新疆：石河子 石大标 SHI-2006401
新疆：石河子 石大标 SHI-2006457

Salsola tragus Linnaeus 刺沙蓬
江苏：赣榆 吴宝成 HANGYY8572
青海：德令哈 潘建斌，杜维波，牛炳韬 Liujq-2011CDM-324
青海：都兰 潘建斌，杜维波，牛炳韬 Liujq-2011CDM-083
青海：都兰 潘建斌，杜维波，牛炳韬 Liujq-2011CDM-152
青海：都兰 潘建斌，杜维波，牛炳韬 Liujq-2011CDM-187
青海：都兰 潘建斌，杜维波，牛炳韬 Liujq-2011CDM-243
青海：乌兰 潘建斌，杜维波，牛炳韬 Liujq-2011CDM-346
山东：莱山区 卞福花 BianFH-0223
山东：岚山区 吴宝成 HANGYY8591
西藏：日土 陈家辉，庄会富，刘德团等 Yangyp-Q-0077
新疆：阜康 段士民，王喜勇，刘会良等 Zhangdy468
新疆：阜康 段士民，王喜勇，刘会良等 Zhangdy470
新疆：阜康 段士民，王喜勇，刘会良等 Zhangdy472
新疆：吉木萨尔 段士民，王喜勇，刘会良等 Zhangdy474
新疆：乌鲁木齐 王喜勇，马文宝，施翔 zdy354
新疆：五家渠 段士民，王喜勇，刘会良等 331
新疆：五家渠 段士民，王喜勇，刘会良等 336
新疆：伊吾 王喜勇，马文宝，施翔 zdy460
新疆：伊吾 王喜勇，马文宝，施翔 zdy468

Suaeda acuminata (C. A. Meyer) Moquin-Tandon 刺毛碱蓬
新疆：昌吉 段士民，王喜勇，刘会良 Zhangdy285
新疆：阜康 王喜勇，马文宝，施翔 zdy439
新疆：阜康 段士民，王喜勇，刘会良等 268
新疆：阜康 段士民，王喜勇，刘会良等 354
新疆：阜康 马健，陈亮 MAJ006
新疆：阜康 段士民，王喜勇，刘会良等 369
新疆：阜康 段士民，王喜勇，刘会良等 373
新疆：呼图壁 段士民，王喜勇，刘会良 Zhangdy300
新疆：呼图壁 段士民，王喜勇，刘会良 Zhangdy310
新疆：奎屯 徐文斌，杨清理 SHI-2009003
新疆：玛纳斯 翟伟，马真 SHI2006366
新疆：玛纳斯 高木木 SHI-2006485
新疆：沙湾 石大标 SHI-2006480

新疆：特克斯 段士民，王喜勇，刘会良 Zhangdy426
新疆：托里 徐文斌，杨清理 SHI-2009489
新疆：伊吾 王喜勇，马文宝，施翔 zdy426

Suaeda altissima (Linnaeus) Pallas 高碱蓬

新疆：博乐 徐文斌，杨清理 SHI-2008348
新疆：博乐 徐文斌，杨清理 SHI-2008372
新疆：博乐 徐文斌，黄雪姣 SHI-2008461
新疆：阜康 段士民，王喜勇，刘会良等 355
新疆：奎屯 翟伟，马真 SHI2006350
新疆：奎屯 石大标 SHI-2006436
新疆：奎屯 徐文斌，郭一敏 SHI-2009001
新疆：奎屯 徐文斌，杨清理 SHI-2009147
新疆：玛纳斯 石大标 SHI-2006469
新疆：玛纳斯 段士民，王喜勇，刘会良等 316
新疆：石河子 石大标 SHI-2006439
新疆：石河子 石大标 SHI-2006447
新疆：托里 徐文斌，郭一敏 SHI-2009490

Suaeda arcuata Bunge 五蕊碱蓬

新疆：石河子 杨赵平，焦培培，白冠章等 LiZJ0953
新疆：石河子 黄文娟，杨赵平，王英鑫 TD-02089
新疆：乌恰 杨赵平，黄文娟 TD-01884

Suaeda corniculata (C. A. Meyer) Bunge 角果碱蓬

河北：桃城 牛玉璐，郑博颖，黄士良等 NiuYL128
黑龙江：肇东 刘玫，王臣，史传奇等 Liuetal584
黑龙江：肇源 杨帆，马红媛，安丰华 SNA0588
吉林：长岭 杨莉 Yanglm0320
内蒙古：太仆寺旗 陈晖，王金山 NMZA0017
陕西：定边 何志斌，杜军，陈龙飞等 HHZA0028
西藏：革吉 李晖，卜海涛，边巴等 Lihui-Q-09-33
西藏：日土 陈家辉，庄会富，刘德团等 Yangyp-Q-0098
西藏：仲巴 李晖，文雪梅，熊继贵 Lihui-Q-2010-29
新疆：富蕴 段士民，王喜勇，刘会良等 167
新疆：托里 徐文斌，郭一敏 SHI-2009223
新疆：乌鲁木齐 王喜勇，马文宝，施翔 zdy309
新疆：乌鲁木齐 段士民，王喜勇，刘会良等 Zhangdy458
新疆：乌鲁木齐 段士民，王喜勇，刘会良等 Zhangdy459
新疆：叶城 黄文娟，段黄金，王英鑫等 LiZJ0885

Suaeda glauca (Bunge) Bunge 碱蓬

河北：桃城 牛玉璐，郑博颖，黄士良等 NiuYL124
黑龙江：肇东 刘玫，张欣欣，程薪宇等 Liuetal475
黑龙江：肇源 杨帆，马红媛，安丰华 SNA0589
吉林：大安 杨帆，马红媛，安丰华 SNA0047
吉林：大安 杨帆，马红媛，安丰华 SNA0064
吉林：大安 杨帆，马红媛，安丰华 SNA0562
吉林：长岭 张宝田 Yanglm0373
吉林：长岭 胡良军，王伟娜 DBB201509200103P
江苏：赣榆 吴宝成 HANGYY8551
江苏：启东 高兴 HANGYY8625
青海：都兰 冯虎元 LiuJQ-08KLS-165
山东：滨州 刘奥，王广阳 WBG001648
山东：城阳区 罗艳，李中华 LuoY175
山东：茌平 刘奥，王广阳 WBG001150
山东：东营区 曹子谊，柴振光，韩国营等 Zhaozt0073
山东：东营区 曹子谊，韩国营，吕蕾等 Zhaozt0075
山东：高青 刘奥，王广阳 WBG001866
山东：高唐 刘奥，王广阳 WBG001993
山东：冠县 刘奥，王广阳 WBG001781
山东：冠县 刘奥，王广阳 WBG001964
山东：海阳 王萍，高德民，张诏等 lilan280
山东：惠民 刘奥，王广阳 WBG000031
山东：济阳 刘奥，王广阳 WBG000619
山东：莱山区 卞福花，杨蕾蕾，谷胤征 BianFH-0124
山东：岚山区 吴宝成 HANGYY8599
山东：乐陵 刘奥，王广阳 WBG000241
山东：临清 刘奥，王广阳 WBG001234
山东：平原 刘奥，王广阳 WBG000826
山东：齐河 刘奥，王广阳 WBG000706
山东：庆云 刘奥，王广阳 WBG000211
山东：商河 刘奥，王广阳 WBG001876
陕西：定边 何志斌，杜军，陈龙飞等 HHZA0074
新疆：策勒 冯建菊 Liujq-fjj-0075
新疆：和田 冯建菊 Liujq-fjj-0103
新疆：石河子 石大标 SHI-2006441

Suaeda heterophylla (Karelin & Kirilov) Bunge 盘果碱蓬

新疆：阿瓦提 杨赵平，焦培培，白冠章等 LiZJ0948
新疆：塔什库尔干 邱娟，冯建菊 LiuJQ0156

Suaeda kossinskyi Iljin 肥叶碱蓬

新疆：塔什库尔干 黄文娟，段黄金，王英鑫等 LiZJ0328
新疆：焉耆 杨赵平，焦培培，白冠章等 LiZJ0616

Suaeda linifolia Pallas 亚麻叶碱蓬

新疆：博乐 徐文斌，杨清理 SHI-2008474
新疆：奎屯 石大标 SHI-2006437
新疆：奎屯 石大标 SHI-2006507
新疆：奎屯 徐文斌，郭一敏 SHI-2009139
新疆：沙湾 石大标 SHI2006384
新疆：石河子 石大标 SHI-2006404
新疆：石河子 石大标 SHI-2006440
新疆：石河子 石大标 SHI-2006448
新疆：托里 徐文斌，黄刚 SHI-2009491

Suaeda microphylla Pallas 小叶碱蓬

新疆：阿瓦提 杨赵平，黄文娟，段黄金等 LiZJ0009
新疆：博乐 徐文斌，杨清理 SHI-2008328
新疆：博乐 徐文斌，许晓敏 SHI-2008335
新疆：博乐 徐文斌，许晓敏 SHI-2008370
新疆：博乐 徐文斌，杨清理 SHI-2008375
新疆：博乐 徐文斌，许晓敏 SHI-2008466
新疆：昌吉 段士民，王喜勇，刘会良等 Zhangdy536
新疆：阜康 段士民，王喜勇，刘会良等 360
新疆：奎屯 石大标 SHI-2006435
新疆：奎屯 石大标 SHI-2006506
新疆：奎屯 徐文斌，杨清理 SHI-2009006
新疆：奎屯 徐文斌，郭一敏 SHI-2009142
新疆：奎屯 徐文斌，郭一敏 SHI-2009148
新疆：玛纳斯 石大标 SHI-2006467
新疆：玛纳斯 段士民，王喜勇，刘会良等 307
新疆：玛纳斯 段士民，王喜勇，刘会良等 312
新疆：米东 王雷，朱雅娟，黄振英 Beijing-junggar-000007
新疆：沙雅 塔里木大学植物资源调查组 TD-00974
新疆：石河子 石大标 SHI2006397
新疆：石河子 石大标 SHI-2006413
新疆：石河子 石大标 SHI-2006442
新疆：石河子 石大标 SHI-2006446
新疆：石河子 段士民，王喜勇，刘会良等 301
新疆：乌鲁木齐 王喜勇，马文宝，施翔 zdy300
新疆：乌鲁木齐 王喜勇，马文宝，施翔 zdy313
新疆：乌苏 石大标 SHI-2006510

新疆：乌苏 段士民，王喜勇，刘会良 Zhangdy313

Suaeda paradoxa (Bunge) Bunge **奇异碱蓬**

新疆：奎屯 徐文斌，杨清理 SHI-2009144

Suaeda physophora Pallas **囊果碱蓬**

新疆：阜康 段士民，王喜勇，刘会良等 356

新疆：阜康 段士民，王喜勇，刘会良等 371

新疆：米东 王雷，朱雅娟，黄振英 Beijing-junggar-000008

新疆：石河子 徐文斌，贺小欢 SHI2006379

新疆：乌鲁木齐 王喜勇，马文宝，施翔 zdy302

Suaeda prostrata Pallas **平卧碱蓬**

河北：阜平 牛玉璐，王晓亮 NiuYL542

青海：德令哈 潘建斌，杜维波，牛炳韬 Liujq-2011CDM-329

青海：都兰 潘建斌，杜维波，牛炳韬 Liujq-2011CDM-076

青海：都兰 潘建斌，杜维波，牛炳韬 Liujq-2011CDM-123

青海：都兰 潘建斌，杜维波，牛炳韬 Liujq-2011CDM-153

青海：都兰 潘建斌，杜维波，牛炳韬 Liujq-2011CDM-192

青海：格尔木 潘建斌，杜维波，牛炳韬 Liujq-2011CDM-047

青海：乌兰 潘建斌，杜维波，牛炳韬 Liujq-2011CDM-258

新疆：阿合奇 杨赵平，周禧琳，贺冰 LiZJ1382

新疆：阿勒泰 许炳强，胡伟明 XiaNH-07ZX-813

新疆：阿瓦提 杨赵平，焦培培，白冠章等 LiZJ0954

Suaeda pterantha (Karelin & Kirilov) Bunge **纵翅碱蓬**

新疆：博乐 徐文斌，黄雪姣 SHI-2008380

新疆：石河子 阎平，马真 SCSB-2006048

Suaeda rigida H. W. Kung & G. L. Chu **硬枝碱蓬** *

新疆：阿克苏 白宝伟，段黄金 TD-01837

新疆：库车 杨赵平，焦培培，白冠章等 LiZJ0774

新疆：库尔勒 杨赵平，焦培培，白冠章等 LiZJ0646

新疆：疏勒 黄文娟，段黄金，王英鑫等 LiZJ0396

新疆：英吉沙 黄文娟，段黄金，王英鑫等 LiZJ0811

Suaeda salsa (Linnaeus) Pallas **盐地碱蓬**

吉林：长岭 杨莉 Yanglm0319

江苏：赣榆 吴宝成 HANGYY8552

山东：城阳区 罗艳，李中华 LuoY179

山东：莱山区 卞福花，宋言贺 BianFH-542

山东：天桥区 王萍，高德民，张诏等 lilan353

新疆：阿勒泰 谭敦炎，邱娟 TanDY0493

新疆：奎屯 石大标 SHI-2006438

新疆：石河子 石大标 SHI-2006405

新疆：石河子 石大标 SHI-2006463

新疆：石河子 段士民，王喜勇，刘会良等 304

Suaeda stellatiflora G. L. Chu **星花碱蓬** *

新疆：库车 杨赵平，焦培培，白冠章等 LiZJ0773

新疆：库尔勒 杨赵平，焦培培，白冠章等 LiZJ0642

新疆：疏勒 黄文娟，段黄金，王英鑫等 LiZJ0395

新疆：塔什库尔干 杨赵平，周禧林，贺冰 LiZJ1193

新疆：塔什库尔干 黄文娟，段黄金，王英鑫等 LiZJ0323

Sympegma regelii Bunge **合头草**

新疆：阿克陶 塔里木大学植物资源调查组 TD-00759

新疆：和硕 邱爱军，张玲，马帅 LiZJ1683

新疆：塔什库尔干 杨赵平，周禧林，贺冰 LiZJ1239

新疆：塔什库尔干 黄文娟，段黄金，王英鑫等 LiZJ0374

新疆：塔什库尔干 黄文娟，段黄金，王英鑫等 LiZJ0386

新疆：伊吾 王喜勇，马文宝，施翔 zdy47

Amaryllidaceae 石蒜科

石蒜科	世界	中国	种质库
属 / 种（种下等级）/ 份数	68/1616	6/161	2/62(63)/308

Allium anisopodium Ledebour **矮韭**

河北：围场 牛玉璐，王晓亮 NiuYL518

吉林：长岭 张宝田 Yanglm0317

内蒙古：锡林浩特 张红香 ZhangHX073

内蒙古：伊金霍洛旗 朱雅娟，黄振英，曲荣明 Beijing-Ordos-000011

Allium atrosanguineum Schrenk **蓝苞葱**

四川：稻城 张大才，尹五元，李双智等 ZhangDC-07ZX-2177

Allium beesianum W. W. Smith **蓝花韭** *

四川：白玉 李晓东，张景博，徐凌翔等 LiJ439

四川：小金 汪书丽，王志强，邹嘉宾 Liujq-Txm10-252

Allium bidentatum Fischer ex Prokhanov & Ikonnikov-Galitzky **砂韭**

内蒙古：土默特右旗 刘博，蒲拴莲，刘润宽等 M360

Allium brevidentatum F. Z. Li **矮齿韭** *

山东：沂源 辛晓伟，张世尧 Lilan877

Allium caeruleum Pallas **棱叶薤**

新疆：阿勒泰 谭敦炎，邱娟 TanDY0437

新疆：玛纳斯 谭敦炎，吉乃提 TanDY0786

新疆：玛纳斯 亚吉东，张桥蓉，秦少发等 16CS13233

新疆：塔城 谭敦炎，吉乃提 TanDY0636

新疆：乌鲁木齐 谭敦炎，艾沙江 TanDY0193

新疆：乌鲁木齐 谭敦炎，艾沙江 TanDY0554

新疆：乌鲁木齐 谭敦炎，吉乃提 TanDY0516

Allium caespitosum Sievers ex Bongard & C. A. Meyer **疏生韭**

山东：海阳 辛晓伟 Lilan855

新疆：布尔津 谭敦炎，邱娟 TanDY0452

新疆：和静 塔里木大学植物资源调查组 TD-00343

新疆：乌鲁木齐 王喜勇，马文宝，施翔 zdy330

Allium carolinianum Redouté **镰叶韭**

内蒙古：伊金霍洛旗 朱雅娟，黄振英，蒙艳华 Beijing-Ordos-000015

青海：格尔木 冯虎元 LiuJQ-08KLS-096

青海：海西 SCSB-B-000359

青海：海西 SCSB-B-000360

青海：海西 汪书丽，王志强，邹嘉宾 Liujq-Txm10-068

青海：玛多 田斌，姬明飞 Liujq-2010-QH-005

青海：玛多 陈世龙，高庆波，张发起 Chens10521

西藏：左贡 张大才，罗康，梁群等 ZhangDC-07ZX-1350

新疆：和静 邱爱军，张玲，徐盼 LiZJ1571

新疆：塔什库尔干 杨赵平，周禧林，贺冰 LiZJ1211

Allium chrysanthum Regel **野葱** *

甘肃：碌曲 李晓东，刘帆，张景博等 LiJ0191

湖北：竹溪 李盛兰 GanQL1084

青海：互助 薛春迎 Xuechy0209

Allium chrysocephalum Regel **折被韭** *

甘肃：迭部 齐威 LJQ-2008-GN-200

Allium condensatum Turczaninow **黄花韭**

内蒙古：赛罕区 蒲拴莲，刘润宽，刘毅等 M288

山东：沂源 辛晓伟，张世尧 Lilan878

Allium cyaneum Regel **天蓝韭**

甘肃：合作 尹鑫，吴航，葛文静 LiuJQ-GN-2011-176

甘肃：卓尼 齐威 LJQ-2008-GN-199

青海：玛多 田斌，姬明飞 Liujq-2010-QH-006
四川：德格 毛康珊，任广朋，邹嘉宾 LiuJQ-QTP-2011-257
西藏：安多 汪书丽，王志强，邹嘉宾 Liujq-Txm10-113
西藏：波密 陈家辉，韩希，王东超等 YangYP-Q-4079
西藏：当雄 陈家辉，韩希，王东超等 YangYP-Q-4245
西藏：丁青 陈家辉，王赟，刘德团 YangYP-Q-3197
西藏：江达 张挺，李爱花，刘成等 08CS776

Allium cyathophorum Bureau & Franchet **杯花韭 ***
青海：囊谦 许炳强，周伟，郑朝汉 Xianh0077

Allium cyathophorum var. **farreri** (Stearn) Stearn **川甘韭 ***
甘肃：玛曲 尹鑫，吴航，葛文静 LiuJQ-GN-2011-184
甘肃：夏河 齐威 LJQ-2008-GN-197
甘肃：卓尼 齐威 LJQ-2008-GN-196

Allium fasciculatum Rendle **粗根韭**
青海：玉树 汪书丽，朱洪涛 Liujq-QLS-TXM-087
西藏：昂仁 毛康珊，任广朋，邹嘉宾 LiuJQ-QTP-2011-031
西藏：当雄 李晖，文雪梅，熊继贵 Lihui-Q-2010-60
西藏：定日 王东超，杨大松，张春林等 YangYP-Q-5120
西藏：江达 陈家辉，王赟，刘德团 YangYP-Q-3090
西藏：拉萨 扎西次仁 ZhongY256
西藏：拉孜 毛康珊，任广朋，邹嘉宾 LiuJQ-QTP-2011-025
西藏：朗县 罗建，汪书丽，任德智 L090
西藏：浪卡子 扎西次仁 ZhongY188
西藏：洛扎 扎西次仁 ZhongY204
西藏：萨嘎 毛康珊，任广朋，邹嘉宾 LiuJQ-QTP-2011-038
西藏：萨嘎 李晖，文雪梅，次旺加布等 Lihui-Q-0077
西藏：索县 汪书丽，王志强，邹嘉宾 Liujq-Txm10-145
西藏：仲巴 李晖，文雪梅，熊继贵 Lihui-Q-2010-06
西藏：左贡 张永洪，王晓雄，周卓等 SunH-07ZX-1051

Allium flavidum Ledebour **新疆韭**
新疆：布尔津 谭敦炎，邱娟 TanDY0473

Allium forrestii Diels **梭沙韭 ***
四川：九龙 张大才，尹五元，李双智等 ZhangDC-07ZX-2426
云南：德钦 杨青松，星耀武，苏涛 ZhouZK-07ZX-0442

Allium glomeratum Prokhanov **头花薤**
新疆：和静 杨赵平，焦培培，白冠章等 LiZJ0701
新疆：乌鲁木齐 王喜勇，马文宝，施翔 zdy282

Allium hookeri Thwaites **宽叶韭**
西藏：左贡 张大才，李双智，罗康等 ZhangDC-07ZX-0608
云南：香格里拉 张挺，亚吉东，李明勤等 11CS3312

Allium kingdonii Stearn **钟花韭 ***
西藏：林芝 罗建，王国严，汪书丽 LiuJQ-08XZ-017

Allium korolkowii Regel **褐皮韭**
新疆：和静 杨赵平，焦培培，白冠章等 LiZJ0758
新疆：和静 张玲 TD-01708
新疆：昭苏 亚吉东，张桥蓉，秦少发等 16CS13521

Allium kurssanovii M. Popov **条叶长喙韭**
新疆：霍城 亚吉东，张桥蓉，秦少发等 16CS13815

Allium ledebourianum Schultes & J. H. Schultes **硬皮葱**
黑龙江：嫩江 郑宝江，丁晓炎 ZhengBJ384
黑龙江：五常 王臣，张欣欣，谢博勋等 WangCh376
黑龙江：五大连池 刘玫，王臣，张欣欣等 Liuetal775

Allium longistylum Baker **长柱韭 ***
内蒙古：武川 蒲拴莲，刘润宽，刘毅等 M223

Allium macranthum Baker **大花韭**
四川：稻城 孙航，张建文，董金龙等 SunH-07ZX-3621
四川：稻城 李晓东，张景博，徐凌翔等 LiJ408
云南：红河 彭华，向春雷，陈丽 PengH8235

Allium macrostemon Bunge **薤白**
江西：庐山区 董安淼，吴从梅 TanCM1560
陕西：长安区 田陌，田先华 TianXH011

Allium mairei H. Léveillé **滇韭 ***
四川：米易 袁明 MY258
云南：嵩明 刘恩德，张挺，方伟等 SCSB-A-000058
云南：香格里拉 张挺，亚吉东，李明勤等 11CS3390
云南：永德 李永亮 YDDXS0519
云南：玉龙 孔航辉，任琛 Yangqe2756

Allium megalobulbon Regel **大鳞韭 ***
新疆：博乐 亚吉东，张桥蓉，秦少发等 16CS13840

Allium mongolicum Regel **蒙古韭**
甘肃：夏河 尹鑫，吴航，葛文静 LiuJQ-GN-2011-180
内蒙古：鄂托克旗 郝丽珍，黄振英，朱雅娟 Beijing-ordos2-000011
内蒙古：鄂托克旗 刘博，蒲拴莲，刘润宽等 M323
内蒙古：伊金霍洛旗 朱雅娟，黄振英，曲荣明 Beijing-Ordos-000004
宁夏：盐池 左忠，刘华 ZuoZh063
陕西：榆阳区 田先华，李明辉 TianXH476

Allium neriniflorum (Herbert) G. Don **长梗合被韭**
北京：东城区 王雷，朱雅娟，黄振英 Beijing-huang-dls-0036
吉林：前郭尔罗斯 张红香 ZhangHX146
吉林：前郭尔罗斯 杨帆，马红媛，安丰华 SNA0382
吉林：前郭尔罗斯 杨帆，马红媛，安丰华 SNA0459
辽宁：长海 郑宝江，丁晓炎，焦宏斌等 ZhengBJ340

Allium obliquum Linnaeus **高葶韭**
新疆：昭苏 亚吉东，张桥蓉，秦少发等 16CS13528

Allium omeiense Z. Y. Zhu **峨眉韭 ***
四川：峨眉山 李小杰 LiXJ224
四川：峨眉山 李小杰 LiXJ515

Allium oreoprasum Schrenk **滩地韭**
新疆：阿克陶 张玲，杨赵平 TD-01566
新疆：阿勒泰 谭敦炎，邱娟 TanDY0491
新疆：和静 邱爱军，张玲 LiZJ1852
新疆：和静 杨赵平，焦培培，白冠章等 LiZJ0672
新疆：和静 杨赵平，焦培培，白冠章等 LiZJ0727
新疆：和静 张玲 TD-01664
新疆：特克斯 亚吉东，张桥蓉，秦少发等 16CS13460
新疆：托里 亚吉东，张桥蓉，秦少发等 16CS13881
新疆：托里 谭敦炎，吉乃提 TanDY0763

Allium ovalifolium Handel-Mazzetti **卵叶山葱 ***
云南：香格里拉 郭永杰，张桥蓉，李春晓等 11CS3427
云南：香格里拉 张挺，李明勤，王关友等 11CS3617
云南：香格里拉 杨青松，星耀武，苏涛 ZhouZK-07ZX-0364
云南：永德 李永亮 YDDXS0643
云南：永德 杨金荣，王学军，黄德武等 YDDXSA037

Allium pallasii Murray **小山蒜**
新疆：奎屯 谭敦炎，邱娟 TanDY0116

Allium petraeum Karelin & Kirilov **石坡韭**
新疆：哈密 王喜勇，马文宝，施翔 zdy449

Allium platyspathum Schrenk **宽苞韭**
新疆：和静 杨赵平，焦培培，白冠章等 LiZJ0555

Allium plurifoliatum Rendle **多叶韭 ***
四川：阿坝 蔡杰，张挺，刘成 10CS2560
四川：阿坝 蔡杰，张挺，刘成 10CS2572

Allium polyrhizum Turczaninow ex Regel **碱韭**
河北：蔚县 牛玉璐，高彦飞，黄士良 NiuYL246
黑龙江：大同区 杨帆，马红媛，安丰华 SNA0647
吉林：前郭尔罗斯 杨帆，马红媛，安丰华 SNA0381

吉林：洮北区 杨帆，马红媛，安丰华 SNA0328
山东：章丘 步瑞兰，辛晓伟，徐永娟等 Lilan866
新疆：布尔津 谭敦炎，邱娟 TanDY0485

Allium prattii C. H. Wright ex Hemsley **太白山葱**

青海：互助 薛春迎 Xuechy0092
青海：囊谦 汪书丽，朱洪涛 Liujq-QLS-TXM-104
青海：囊谦 许炳强，周伟，郑朝汉 Xianh0076
四川：稻城 李晓东，张景博，徐凌翔等 LiJ383
四川：稻城 张大才，尹五元，李双智等 ZhangDC-07ZX-2178
四川：得荣 张挺，李爱花，刘成等 08CS638
四川：德格 张挺，李爱花，刘成等 08CS810
四川：甘孜 陈家辉，王赟，刘德团 YangYP-Q-3043
四川：九寨沟 张挺，李爱花，刘成等 08CS872
四川：理塘 何兴金，赵丽华，梁乾隆等 SCU-11-189
四川：理塘 何兴金，廖晨阳，任海燕等 SCU-09-423
四川：雅江 何兴金，王长宝，刘爽等 SCU-09-020
四川：雅江 何兴金，高云东，王志新等 SCU-09-228
西藏：八宿 张大才，李双智，罗康等 ZhangDC-07ZX-0797
西藏：八宿 徐波，陈光富，陈林杨等 SunH-07ZX-1600
西藏：林芝 陈家辉，韩希，王东超等 YangYP-Q-4034
云南：香格里拉 郭永杰，张桥蓉，李春晓等 11CS3477
云南：香格里拉 郭永杰，张桥蓉，李春晓等 11CS3519

Allium przewalskianum Regel **青甘韭**

甘肃：合作 尹鑫，吴航，葛文静 LiuJQ-GN-2011-185
甘肃：玛曲 尹鑫，吴航，葛文静 LiuJQ-GN-2011-182
青海：都兰 潘建斌，杜维波，牛炳韬 Liujq-2011CDM-177
青海：都兰 潘建斌，杜维波，牛炳韬 Liujq-2011CDM-222
青海：湟源 汪书丽，朱洪涛 Liujq-QLS-TXM-013
青海：门源 吴玉虎 LJQ-QLS-2008-0157
青海：门源 陈世龙，高庆波，张发起等 Chensl1637
四川：甘孜 张大才，尹五元，李双智等 ZhangDC-07ZX-2326
四川：石渠 陈世龙，高庆波，张发起 Chensl0627
四川：乡城 周浙昆，苏涛，杨莹等 Zhou09-208
西藏：班戈 陈家辉，庄会富，边巴扎西 Yangyp-Q-2062
西藏：波密 汪书丽，王志强，邹嘉宾 Liujq-Txm10-204
西藏：当雄 杨永平，段元文，边巴扎西 Yangyp-Q-1024
西藏：吉隆 张晓纬，汪书丽，罗建 LiuJQ-09XZ-LZT-063
西藏：吉隆 张晓纬，汪书丽，罗建 LiuJQ-09XZ-LZT-098
西藏：吉隆 陈家辉，韩希，王广艳等 YangYP-Q-4346
西藏：康马 毛康珊，任广朋，邹嘉宾 LiuJQ-QTP-2011-135
西藏：南木林 李晖，文雪梅，次旺加布等 Lihui-Q-0095
西藏：南木林 李晖，文雪梅，次旺加布等 Lihui-Q-0121
西藏：萨嘎 陈家辉，庄会富，刘德团等 Yangyp-Q-0134
西藏：萨嘎 毛康珊，任广朋，邹嘉宾 LiuJQ-QTP-2011-079
西藏：索县 岳伟，苏旭，王玉金 LiuJQ-2011-WYJ-167
新疆：叶城 黄文娟，段黄金，王英鑫等 LiZJ0879
新疆：叶城 郭永杰，黄文娟，段黄金 LiZJ0220

Allium ramosum Linnaeus **野韭**

河北：平山 牛玉璐，高彦飞，黄士良 NiuYL249
黑龙江：北安 郑宝江，丁晓炎，王美娟 ZhengBJ289
黑龙江：五大连池 孙阎，赵立波 SunY019
吉林：临江 李长田 Yanglm0018
吉林：前郭尔罗斯 杨帆，马红媛，安丰华 SNA0400
吉林：长岭 韩忠明 Yanglm0327
辽宁：凌源 卜军，金实，阴黎明 CaoW430
辽宁：长海 郑宝江，丁晓炎，焦宏斌等 ZhengBJ337
山东：长清区 李兰，王萍，张少华等 Lilan-064
四川：小金 高云东，李忠荣，鞠文彬 GaoXF-12-099
新疆：和静 杨赵平，焦培培，白冠章等 LiZJ0673
新疆：温宿 杨赵平，周禧琳，贺冰 LiZJ1957

Allium roborowskianum Regel **新疆蒜**

新疆：塔城 谭敦炎，吉乃提 TanDY0640

Allium rude J. M. Xu **野黄韭** *

甘肃：玛曲 尹鑫，吴航，葛文静 LiuJQ-GN-2011-178
甘肃：卓尼 尹鑫，吴航，葛文静 LiuJQ-GN-2011-183
青海：玛沁 陈世龙，高庆波，张发起 Chensl1051
青海：玛沁 陈世龙，高庆波，张发起 Chensl1072
四川：巴塘 张大才，尹五元，李双智等 ZhangDC-07ZX-2262
四川：德格 张大才，尹五元，李双智等 ZhangDC-07ZX-2308
四川：甘孜 毛康珊，任广朋，邹嘉宾 LiuJQ-QTP-2011-258
四川：甘孜 张大才，尹五元，李双智等 ZhangDC-07ZX-2327
四川：黑水 顾垒，李忠荣 GaoXF-09ZX-1641
四川：红原 高云东，李忠荣，鞠文彬 GaoXF-12-044
四川：小金 顾垒，张羽 GAOXF-10ZX-1932

Allium saxatile Marschall von Bieberstein **长喙韭**

新疆：玛纳斯 亚吉东，张桥蓉，秦少发等 16CS13245
新疆：托里 谭敦炎，吉乃提 TanDY0753
新疆：乌鲁木齐 谭敦炎，吉乃提 TanDY0519
新疆：昭苏 亚吉东，张桥蓉，秦少发等 16CS13548

Allium schoenoprasum Linnaeus **北葱**

黑龙江：嫩江 王臣，张欣欣，谢博勋等 WangCh328
吉林：长岭 张宝田 Yanglm0355

Allium senescens Linnaeus **山韭**

河北：平山 牛玉璐，郑博颖，黄士良等 NiuYL099
黑龙江：让胡路区 刘玫，王臣，张欣欣等 Liuetal804
黑龙江：五大连池 孙阎，杜景红，李鑫鑫 SunY213
黑龙江：肇东 刘玫，张欣欣，程薪宇等 Liuetal478
吉林：磐石 安海成 AnHC0246
吉林：洮北区 杨帆，马红媛，安丰华 SNA0315
辽宁：长海 郑宝江，丁晓炎，焦宏斌等 ZhengBJ342
辽宁：庄河 于立敏 CaoW828
内蒙古：额尔古纳 郑宝江，姜洪哲 ZhengBJ242
内蒙古：武川 蒲拴莲，刘润宽，刘毅等 M197
内蒙古：锡林浩特 张红香 ZhangHX044
内蒙古：新城区 蒲拴莲，李茂文 M030
山东：长清区 高德民，邵尉 Lilan892
新疆：乌鲁木齐 谭敦炎，吉乃提 TanDY0515

Allium sikkimense Baker **高山韭**

甘肃：合作 尹鑫，吴航，葛文静 LiuJQ-GN-2011-181
甘肃：玛曲 尹鑫，吴航，葛文静 LiuJQ-GN-2011-179
甘肃：夏河 齐威 LJQ-2008-GN-193
甘肃：卓尼 齐威 LJQ-2008-GN-194
青海：海南 田斌，姬明飞 Liujq-2010-QH-001
青海：河南 田斌，姬明飞 Liujq-2010-QH-034
青海：玛沁 田斌，姬明飞 Liujq-2010-QH-021
青海：玛沁 田斌，姬明飞 Liujq-2010-QH-027
青海：玛沁 田斌，姬明飞 Liujq-2010-QH-028
青海：同德 田斌，姬明飞 Liujq-2010-QH-030
青海：玉树 田斌，姬明飞 Liujq-2010-QH-013
青海：玉树 田斌，姬明飞 Liujq-2010-QH-016
四川：稻城 陈家辉，刘亚辉，周妍等 YangYP-Q-2261
四川：甘孜 陈家辉，王赟，刘德团 YangYP-Q-3029
四川：九龙 张大才，尹五元，李双智等 ZhangDC-07ZX-2434
四川：康定 高云东，李忠荣，鞠文彬 GaoXF-12-187
四川：马尔康 汪书丽，王志强，邹嘉宾 Liujq-Txm10-266
西藏：八宿 张挺，李爱花，刘成等 08CS708

西藏：吉隆 毛康珊，任广朋，邹嘉宾 LiuJQ-QTP-2011-098
西藏：吉隆 何华杰，张书东 8962
云南：东川区 蔡杰，郭永杰，吴之坤等 11CS2967

Allium strictum Schrader **辉韭**
宁夏：盐池 左忠，刘华 ZuoZh064
新疆：塔城 谭敦炎，吉乃提 TanDY0637

Allium subtilissimum Ledebour **蜜囊韭**
新疆：奇台 谭敦炎，吉乃提 TanDY0575

Allium taishanense J. M. Xu **泰山韭** *
山东：长清区 高德民，邵尉 Lilan965
山东：长清区 步瑞兰，辛晓伟，史安冉 lilan751

Allium tanguticum Regel **唐古韭** *
青海：海晏 毛康珊，任广朋，邹嘉宾 LiuJQ-QTP-2011-001
青海：平安 陈世龙，高庆波，张发起等 Chensl1767
西藏：芒康 张永洪，王晓雄，周卓等 SunH-07ZX-0556

Allium tenuissimum Linnaeus **细叶韭**
黑龙江：让胡路区 王臣，张欣欣，史传奇 WangCh208
黑龙江：肇源 杨帆，马红媛，安丰华 SNA0606
吉林：大安 杨帆，马红媛，安丰华 SNA0035
吉林：前郭尔罗斯 杨帆，马红媛，安丰华 SNA0380
吉林：前郭尔罗斯 杨帆，马红媛，安丰华 SNA0475
江苏：海州区 汤兴利 HANGYY8469
辽宁：盖州 郑宝江，丁晓炎，焦宏斌等 ZhengBJ367
辽宁：庄河 于立敏 CaoW763
内蒙古：和林格尔 蒲拴莲，李茂文 M093
内蒙古：锡林浩特 张红香 ZhangHX052
内蒙古：伊金霍洛旗 朱雅娟，黄振英，曲荣明 Beijing-Ordos-000010
宁夏：盐池 牛有栋，朱奋霞 ZuoZh198
青海：共和 陈世龙，张得钧，高庆波等 Chensl0016
山东：海阳 王萍，高德民，张诏等 lilan322
山东：崂山区 罗艳，李中华 LuoY156
山东：芝罘区 卞福花，陈朋 BianFH-0320
山东：芝罘区 卞福花，宋言贺 BianFH-518
四川：红原 张昌兵 ZhangCB0018

Allium thunbergii G. Don **球序韭**
吉林：磐石 安海成 AnHC0271
辽宁：桓仁 祝业平 CaoW1017
辽宁：庄河 于立敏 CaoW782
山东：海阳 王萍，高德民，张诏等 lilan299
山东：莱山区 卞福花，宋言贺 BianFH-564
山东：崂山区 罗艳，李中华 LuoY214
山东：牟平区 卞福花，卢学新，纪伟等 BianFH00042
山东：芝罘区 卞福花，卢学新，纪伟 BianFH00013

Allium tuberosum Rottler ex Sprengel **韭**
重庆：南川区 易思荣 YISR026
甘肃：夏河 尹鑫，吴航，葛文静 LiuJQ-GN-2011-691
贵州：江口 彭华，王英，陈丽 P.H.5159
黑龙江：大同区 杨帆，马红媛，安丰华 SNA0653
湖北：竹溪 李盛兰 GanQL567
吉林：大安 杨帆，马红媛，安丰华 SNA0529
吉林：前郭尔罗斯 杨帆，马红媛，安丰华 SNA0386
吉林：前郭尔罗斯 杨帆，马红媛，安丰华 SNA0458
江苏：江宁区 王兆银，吴宝成 SCSB-JS0397
西藏：江达 苏涛，黄永江，杨青松等 ZhouZK11245

Allium tubiflorum Rendle **合被韭** *
陕西：长安区 田先华，田陌 TianXH1114
陕西：长安区 田先华，田陌 TianXH1163

Allium victorialis Linnaeus **茖葱**
甘肃：卓尼 齐威 LJQ-2008-GN-192
陕西：眉县 田先华，白根录 TianXH094

Allium wallichii Kunth **多星韭**
广西：兴安 蒋日红，农冬新 Liuyan0382
贵州：威宁 邹方伦 ZouFL0304
云南：东川区 张挺，刘成，郭明明等 11CS3669
云南：富民 蔡杰，刘成，李昌洪 13CS7257
云南：南涧 马德跃，官有才，罗开宏等 NJWLS972
云南：石林 税玉民，陈文红 65471
云南：五华区 蔡杰，张挺，郭永杰 11CS3681
云南：香格里拉 郭永杰，张桥蓉，李春晓等 11CS3494
云南：香格里拉 张挺，亚吉东，李明勤等 11CS3314
云南：永德 李永亮 YDDXS0520
云南：永德 李永亮 YDDXS0635

Allium yuanum F. T. Wang & Tang **齿被韭** *
四川：红原 毛康珊，任广朋，邹嘉宾 LiuJQ-QTP-2011-277
四川：炉霍 毛康珊，任广朋，邹嘉宾 LiuJQ-QTP-2011-266

Lycoris aurea (L'Heritier) Herbert **忽地笑**
贵州：江口 周云，王勇 XiangZ084
贵州：正安 韩国营 HanGY013
江西：庐山区 董安淼，吴丛梅 TanCM3078
四川：峨眉山 李小杰 LiXJ777
云南：腾冲 周应再 Zhyz-364

Lycoris chinensis Traub **中国石蒜**
江西：庐山区 董安淼，吴丛梅 TanCM1593

Lycoris longituba Y. Xu & G. J. Fan **长筒石蒜** *
江苏：盱眙 李宏庆，熊申展，胡超 Lihq0376

Lycoris radiata (L'Heritier) Herbert **石蒜**
安徽：休宁 唐鑫生，许竞成，方建新 TangXS0606
江西：黎川 童和平，王玉珍 TanCM3132
江西：庐山区 董安淼，吴丛梅 TanCM881

Anacardiaceae 漆树科

漆树科	世界	中国	种质库
属 / 种（种下等级）/ 份数	81/ ～ 800	17/55	11/27(34)/281

Choerospondias axillaris (Roxburgh) B. L. Burtt & A. W. Hill **南酸枣**
安徽：屯溪区 方建新 TangXS0802
贵州：江口 周云，王勇 XiangZ083
海南：昌江 康勇，林灯，陈庆 LWXS051
湖北：兴山 张代贵 Zdg2812
湖北：长阳 祝文志，刘志祥，曹远俊 ShenZH5493
湖南：武陵源区 吴福川，廖博儒，余祥洪 17
湖南：岳麓区 陈薇，田淑珍，肖乐希 SCSB-HN-0306
云南：沧源 赵金超，龙源凤 CYNGH019
云南：峨山 刘恩德，方伟，杜燕等 SCSB-B-000011
云南：河口 张贵良，张贵生，陶英美等 ZhangGL077
云南：景东 鲁艳 07-93
云南：景洪 张顺成 A067
云南：龙陵 孙兴旭 SunXX092
云南：芒市 谭运洪 B125
云南：勐海 张挺，谭运洪，王建军等 SCSB-B-000281
云南：腾冲 周应再 Zhyz-069
云南：文山 何德明，韦荣彪，黄太文 WSLJS787
云南：永德 李永亮 YDDXS0470

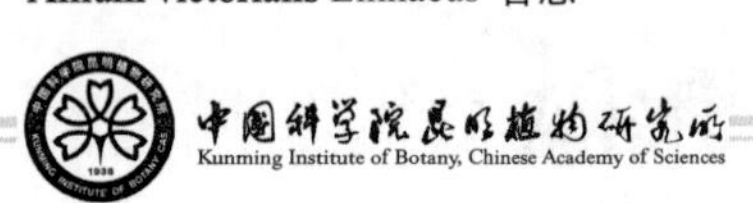

浙江：鄞州区 李宏庆，葛斌杰，刘国丽等 Lihq0125

Cotinus coggygria var. **cinerea** Engler **灰毛黄栌**

北京：东城区 朱雅娟，王雷，黄振英 Beijing-huang-xs-0020

湖北：神农架林区 李巨平 LiJuPing0244

湖北：竹溪 李盛兰 GanQL404

山东：长清区 高德民，谭洁，李明栓等 lilan978

Cotinus coggygria var. **pubescens** Engler **毛黄栌**

贵州：黔东 张代贵 Zdg1308B

湖南：永定区 廖博儒，吴福川，查学州等 7057

山东：长清区 王萍，高德民，张诏等 lilan291

山西：夏县 张贵平 Zhangf0132

Dobinea delavayi (Baillon) Baillon **羊角天麻** *

四川：盐源 张启泰，吴昊，马瑞 2008-055

云南：香格里拉 张挺，亚吉东，张桥蓉等 11CS3528

Dobinea vulgaris Buchanan-Hamilton ex D. Don **九子母**

西藏：墨脱 刘成，亚吉东，何华杰等 16CS11960

云南：贡山 刘成，何华杰，黄莉等 14CS8509

云南：贡山 李恒，李嵘 779

Dracontomelon duperreanum Pierre **人面子**

云南：麻栗坡 张挺，郭永杰，肖波 09CS1461

Lannea coromandelica (Houttuyn) Merrill **厚皮树**

云南：新平 谢天华，李应富，郎定富 XPALSA044

Pegia nitida Colebrooke **藤漆**

云南：景谷 胡启和，张绍云 YNS0960

云南：绿春 黄连山保护区科研所 HLS0199

云南：屏边 楚永兴，陶国权，张照跃 Pbdws012

云南：永德 李永亮 YDDXS0224

Pistacia chinensis Bunge **黄连木** *

安徽：休宁 唐鑫生，许竞成，方建新 TangXS0604

河北：武安 牛玉璐，高彦飞，赵二涛 NiuYL503

湖北：神农架林区 李巨平 LiJuPing0265

湖南：永顺 陈功锡，张代贵 SCSB-HC-2008232

江苏：句容 王兆银，吴宝成 SCSB-JS0294

江苏：南京 韦阳连 SCSB-JS0474

江苏：宜兴 李宏庆，田怀珍，葛斌杰等 Lihq0260

江西：庐山区 谭策铭，董安淼 TCM09058

山东：牟平区 卞福花 BianFH-0249

山西：夏县 连俊强，吴琼 Zhangf0093

陕西：眉县 白根录，田先华 TianXH468

云南：大理 张德全，朱静洁，王应龙等 ZDQ034

云南：剑川 彭华，许瑾，陈丽 P.H.5056

云南：新平 自正尧 XPALSB258

Pistacia weinmanniifolia J. Poisson ex Franchet **清香木**

四川：康定 何兴金，高云东，刘海艳等 SCU-20080443

四川：凉山 刘克明，吕杰 SCSB-HN-1897

四川：米易 袁明 MY260

四川：木里 刘克明，吕杰 SCSB-HN-1803

四川：木里 刘克明，吕杰 SCSB-HN-1810

四川：木里 刘克明，吕杰 SCSB-HN-1819

四川：木里 刘克明，吕杰 SCSB-HN-1828

四川：木里 刘克明，吕杰 SCSB-HN-1839

云南：兰坪 王四海，唐春云，李苏雨 Wangsh-07ZX-016

云南：怒江 孙振华，郑志兴，沈蕊等 OuXK-LC-041

云南：双柏 孙振华，郑志兴，沈蕊等 OuXK-SHB-001

云南：维西 王文礼，冯欣，刘飞鹏 OUXK11068

云南：西畴 肖波 LuJL516

云南：香格里拉 王文礼，冯欣，刘飞鹏 OUXK11103

云南：香格里拉 孔航辉，任琛 Yangqe2815

云南：新平 谢雄 XPALSC381

云南：新平 白绍斌 XPALSC302

云南：新平 孙振华，郑志兴，沈蕊等 OuXK-XP-102

云南：永德 李永亮 YDDXS0288

云南：元谋 闫海忠，孙振华，王文礼等 Ouxk-YM-0029

Rhus chinensis Miller **盐麸木**

安徽：石台 洪欣，王欧文 ZSB368

安徽：舒城 陈延松，欧祖兰，高秋晨等 Xuzd451

安徽：屯溪区 方建新，张勇，张恒 TangXS0628

福建：武夷山 于文涛，陈旭东 YUWT013

广西：八步区 莫水松 Liuyan1102

广西：上思 何海文，杨锦超 YANGXF0525

贵州：册亨 邹方伦 ZouFL0061

贵州：黎平 刘克明，王成，张恒 SCSB-HN-1100

贵州：罗甸 邹方伦 ZouFL0039

河南：鲁山 宋松泉 HN048

河南：鲁山 宋松泉 HN100

河南：鲁山 宋松泉 HN149

河南：栾川 黄振英，于顺利，杨学军 Huangzy0001

河南：南召 黄振英，于顺利，杨学军 Huangzy0169

河南：嵩县 黄振英，于顺利，杨学军 Huangzy0099

湖北：神农架林区 祝文志，刘志祥，曹远俊 ShenZH5729

湖北：五峰 李平 AHL098

湖北：宣恩 沈泽昊 HXE001

湖北：宜昌 陈功锡，张代贵 SCSB-HC-2008131

湖南：安化 旷仁平，盛波 SCSB-HN-1989

湖南：会同 刘克明，王成 SCSB-HN-1110

湖南：澧县 田淑珍 SCSB-HN-1584

湖南：浏阳 姜孝成，陈晓莲，周亮 Jiangxc0877

湖南：浏阳 吴惊香 SCSB-HN-1246

湖南：南岳区 刘克明，丛义艳 SCSB-HN-1395

湖南：南岳区 相银龙，熊凯辉 SCSB-HN-2221

湖南：宁乡 熊凯辉，刘克明 SCSB-HN-1965

湖南：宁乡 熊凯辉，刘克明 SCSB-HN-2000

湖南：宁乡 熊凯辉，刘克明 SCSB-HN-2015

湖南：平江 吴惊香 SCSB-HN-0925

湖南：石门 陈功锡，张代贵，龚双骄等 242A

湖南：双牌 姜孝成，王丽萍，李育华 Jiangxc0817

湖南：望城 姜孝成，旷仁平 SCSB-HNJ-0360

湖南：新化 刘克明，彭珊，李珊等 SCSB-HN-1675

湖南：炎陵 孙秋妍，陈珮珮 SCSB-HN-1536

湖南：宜章 肖伯仲 SCSB-HN-0811

湖南：永定区 吴福川，廖博儒 242B

湖南：永顺 陈功锡，张代贵 SCSB-HC-2008044

湖南：沅陵 周丰杰，刘克明 SCSB-HN-1784

湖南：岳麓区 朱晓文，肖乐希 SCSB-HN-0663

湖南：岳麓区 肖乐希 SCSB-HN-1229

湖南：岳麓区 熊凯辉，刘克明 SCSB-HN-2189

湖南：长沙 朱香清，田淑珍，刘克明 SCSB-HN-1487

湖南：资兴 王得刚，熊凯辉 SCSB-HN-2122

吉林：通化 郑宝江，潘磊，王平等 ZhengBJ048

江苏：句容 王兆银，吴宝成 SCSB-JS0358

江苏：南京 韦阳连 SCSB-JS0484

江西：井冈山 兰国华 LiuRL089

江西：黎川 童和平，王玉珍 TanCM1926

辽宁：凤城 李忠诚 CaoW209

辽宁：凤城 朱春龙 CaoW263

山东：崂山区 赵遵田，郑国伟，杜超等 Zhaozt0157

山东：牟平区 卞福花，卢学新，纪伟等 BianFH00032
山西：沁水 张贵平，廉凯敏，吴琼等 Zhangf0020
四川：射洪 袁明 YUANM2015L029
四川：射洪 袁明 YUANM2016L189
四川：天全 汤加勇，赖建军 Y07067
四川：雨城区 贾学静 YuanM2012028
云南：安宁 伊廷双，孟静，杨杨 MJ-879
云南：河口 张贵良，张贵生，陶英美等 ZhangGL058
云南：鹤庆 孙振华，王文礼，宋晓卿等 OuxK-HQ-0001
云南：华宁 彭华，陈丽 P.H.5376
云南：剑川 柳小康 OuXK-0028
云南：金平 喻智勇，官兴永，张云飞等 JinPing84
云南：景东 罗忠华，刘长铭，鲁成荣等 JD106
云南：景东 鲁艳 2008157
云南：景谷 张绍云，叶金科 YNS0024
云南：兰坪 孙振华，郑志兴，沈蕊等 OuXK-LC-055
云南：隆阳区 李恒，李嵘，刀志灵 1268
云南：隆阳区 李恒，李嵘，刀志灵 1306
云南：绿春 黄连山保护区科研所 HLS0126
云南：麻栗坡 肖波，陆章强 LuJL064
云南：勐腊 郭永杰，聂细转，黄秋月等 12CS4902
云南：南涧 阿国仁，何贵财 NJWLS542
云南：南涧 阿国仁，熊绍荣，邹国娟等 NJWLS2008022
云南：盘龙区 伊廷双，孟静，杨杨 MJ-953
云南：屏边 钱良超，陆海兴，张照跃等 Pbdws120
云南：屏边 楚永兴 Pbdws063
云南：普洱 谭运洪，余涛 B438
云南：腾冲 余新林，赵玮 BSGLGStc233
云南：维西 王文礼，冯欣，刘飞鹏 OUXK11038
云南：维西 王文礼，冯欣，刘飞鹏 OUXK11059
云南：文山 何德明 WSLJS868
云南：香格里拉 孙振华，郑志兴，沈蕊等 OuXK-YS-228
云南：香格里拉 孔航辉，任琛 Yangqe2816
云南：新平 刘恩德，方伟，杜燕等 SCSB-B-000025
云南：新平 白绍斌 XPALSC148
云南：新平 张学林 XPALSD177
云南：新平 谢天华，郎定富，杨如伟 XPALSA052
云南：新平 自正尧 XPALSB261
云南：漾濞 孙振华，郑志兴，沈蕊等 OuXK-LC-072
云南：盈江 王立彦，左常盛，桂魏 SCSB-TBG-033
云南：元江 孙振华，王文礼，宋晓卿等 Ouxk-YJ-0024
云南：元阳 田学军，杨建，邱成书等 Tianxj0091
云南：云龙 李施文，张志云，段耀飞 TC3063
浙江：鄞州区 李宏庆，葛斌杰，刘国丽等 Lihq0056
浙江：余杭区 葛斌杰 Lihq0136

Rhus chinensis var. **roxburghii** (Candolle) Rehder **滨盐麸木 ***
云南：澜沧 张绍云，胡启和，仇亚等 YNS1127
云南：隆阳区 段在贤，刘绍纯，杨志顺等 BSGLGSly1078
云南：隆阳区 尹学建，蒙玉永 BSGLGSly2034
云南：勐海 谭运洪，余涛 B376
云南：腾冲 周应再 Zhyz-043
云南：彝良 张挺，雷立公，王建军等 SCSB-B-000127

Rhus potaninii Maximowicz **青麸杨 ***
北京：房山区 宋松泉 BJ039
河北：涉县 牛玉璐，王晓亮 NiuYL580
河南：鲁山 宋松泉 HN062
河南：鲁山 宋松泉 HN113
河南：鲁山 宋松泉 HN161
湖北：仙桃 张代贵 Zdg3516
湖北：竹溪 李盛兰 GanQL042
湖南：保靖 刘克明，蔡秀珍，肖乐希等 SCSB-HN-0202
陕西：眉县 张九东，杜喜春 TianXH082
四川：宝兴 袁明，胡超 Y07007
四川：汉源 汤加勇，赖建军 Y07141
云南：南涧 李加生，苏世忠 NJWLS2008322
云南：文山 何德明，胡艳花 WSLJS485

Rhus punjabensis J. L. Stewart ex Brandis **旁遮普麸杨**
湖北：神农架林区 李巨平 LiJuPing0059A
云南：兰坪 孔航辉，任琛 Yangqe2909
云南：维西 杨亲二，袁琼 Yangqe2713
云南：香格里拉 孔航辉，任琛 Yangqe2877

Rhus punjabensis var. **sinica** (Diels) Rehder & E. H. Wilson **红麸杨 ***
湖北：神农架林区 祝文志，刘志祥，曹远俊 ShenZH5566
湖北：五峰 李平 AHL109
湖北：五峰 陈功锡，张代贵 SCSB-HC-2008339
湖北：五峰 陈功锡，张代贵 SCSB-HC-2008343
湖北：宜昌 陈功锡，张代贵 SCSB-HC-2008129
湖北：竹溪 李盛兰 GanQL348
湖南：永顺 陈功锡，张代贵 SCSB-HC-2008038
四川：峨眉山 李小杰 LiXJ063
四川：峨眉山 李小杰 LiXJ125
云南：巧家 李文虎，豆文礼，苏普芬等 QJYS0006

Rhus typhina Linnaeus **火炬树**
辽宁：千山区 孙阎 SunY211
辽宁：千山区 刘玫，王臣，张欣欣等 Liuetal690
宁夏：盐池 李出山，牛钦瑞 ZuoZh144
山东：历下区 李兰，王萍，张少华等 Lilan-074

Rhus wilsonii Hemsley **川麸杨 ***
四川：米易 袁明 MY567

Spondias lakonensis Pierre **岭南酸枣**
海南：昌江 康勇，林灯，陈庆 LWXS035
云南：景洪 胡光万 HGW-00346

Spondias pinnata (Linnaeus f.) Kurz **槟榔青**
云南：勐海 张挺，谭运洪，王建军等 SCSB-B-000276

Terminthia paniculata (Wallich ex G. Don) C. Y. Wu & T. L. Ming **三叶漆**
云南：元江 刀志灵，陈渝，张洪喜 DZL-199

Toxicodendron acuminatum (Candolle) C. Y. Wu & T. L. Ming **尖叶漆**
云南：永德 李永亮 YDDXS0253

Toxicodendron delavayi (Franchet) F. A. Barkley **小漆树 ***
山西：夏县 张贵平，吴琼，赵璐璐等 Zhangf00444

Toxicodendron grandiflorum C. Y. Wu & T. L. Ming **大花漆 ***
重庆：南川区 易思荣 YISR059
云南：兰坪 孔航辉，任琛 Yangqe2897

Toxicodendron griffithii (J. D. Hooker) Kuntze **裂果漆**
云南：镇沅 何忠云，王立东 ALSZY155

Toxicodendron griffithii var. **microcarpum** C. Y. Wu & T. L. Ming **小果裂果漆 ***
云南：麻栗坡 肖波，陆章强 LuJL002
云南：麻栗坡 肖波，陆章强 LuJL060

Toxicodendron hookeri var. **microcarpum** (C. C. Huang ex T. L. Ming) C. Y. Wu & T. L. Ming **小果大叶漆 ***
云南：贡山 许炳强，吴兴，李婧等 XiaNh-07zx-070
云南：贡山 李恒，李嵘 1010

Toxicodendron succedaneum (Linnaeus) Kuntze 野漆
安徽：石台 洪欣，王欧文 ZSB363
安徽：石台 陈延松，吴国伟，洪欣 Zhousb0043
安徽：休宁 唐鑫生，方建新 TangXS0375
贵州：云岩区 邹方伦 ZouFL0205
海南：昌江 康勇，林灯，陈庆 LWXS029
湖北：十堰 张代贵 Zdg3588
湖南：平江 刘克明，蔡秀珍，陈丰林 SCSB-HN-0909
湖南：沅陵 刘克明，周磊，彭新星等 SCSB-HN-1336
江西：龙南 梁跃龙，潘国元，欧考胜 LiangYL031
江西：庐山区 谭策铭，董安淼 TanCM528
四川：峨眉山 李小杰 LiXJ118
四川：木里 孔航辉，罗江平，左雷等 YangQE3379
云南：沧源 赵金超，周佳华 CYNGH020
云南：富民 王文礼，何彪，冯欣等 OUXK11253
云南：兰坪 孙振华，郑志兴，沈蕊等 OuXK-LC-046
云南：澜沧 张绍云，胡启和，仇亚等 YNS1143
云南：龙陵 孙兴旭 SunXX021
云南：绿春 彭华，向春雷，陈丽等 P.H.5615
云南：麻栗坡 肖波 LuJL094
云南：南涧 彭华，向春雷，陈丽 P.H.5934
云南：屏边 钱良超，陆海兴，张照跃等 Pbdws102
云南：施甸 孙振华，郑志兴，沈蕊等 OuXK-LC-005
云南：石林 税玉民，陈文红 65218
云南：腾冲 余新林，赵玮 BSGLGStc265
云南：文山 何德明 WSLJS994
云南：文山 丰艳飞，韦荣彪，黄太文 WSLJS737
云南：盈江 王立彦，赵永全，赵科宗 WLYTBG-029
云南：永德 李永亮 LiYL1367
浙江：临安 吴林园，彭斌，顾子霞 HANGYY9056

Toxicodendron sylvestre (Siebold & Zuccarini) Kuntze 木蜡树
安徽：舒城 陈延松，欧祖兰，高秋晨等 Xuzd337
安徽：休宁 唐鑫生，方建新 TangXS0331
湖南：南岳区 刘克明，相银龙，周磊 SCSB-HN-1759
湖南：炎陵 蔡秀珍，孙秋妍，王燕归等 SCSB-HN-1278
江苏：句容 王兆银，吴宝成 SCSB-JS0286
江西：黎川 童和平，邓若生 TanCM1822
江西：星子 谭策铭，董安淼 TanCM474

Toxicodendron trichocarpum (Miquel) Kuntze 毛漆树
安徽：绩溪 方建新 TangXS0742
江西：庐山区 董安淼，吴从梅 TanCM1614

Toxicodendron vernicifluum (Stokes) F. A. Barkley 漆树
北京：房山区 宋松泉 BJ013
贵州：花溪区 邹方伦 ZouFL0113
河北：赞皇 牛玉璐，高彦飞，赵二涛 NiuYL452
河南：鲁山 宋松泉 HN080
湖北：仙桃 张代贵 Zdg1314
湖北：竹溪 李盛兰 GanQL553
湖南：衡山 刘克明，田淑珍 SCSB-HN-0265
湖南：江永 刘克明，肖乐希 SCSB-HN-0061
湖南：新宁 姜孝成，唐贵华，袁双艳等 SCSB-HNJ-0267
陕西：宁陕 吴礼慧，张峰 TianXH047
四川：理县 何兴金，高云东，余岩等 SCU-09-573
四川：汶川 袁明，高刚，杨勇 YM2014029
云南：宁蒗 孔航辉，罗江平，左雷等 YangQE3342
云南：腾冲 周应再 Zhyz-484
云南：香格里拉 孙航，李新辉，陈林杨 SunH-07ZX-3105
云南：彝良 张挺，雷立公，王建军等 SCSB-B-000125
云南：盈江 王立彦，桂魏，刀江飞 SCSB-TBG-106
云南：永德 李永亮 YDDXS0444
云南：元江 孙振华，王文礼，宋晓卿等 Ouxk-YJ-0039

Toxicodendron wallichii var. **microcarpum** C. C. Huang ex T. L. Ming 小果绒毛漆 *
云南：景谷 胡启和，周英，张绍云 YNS0521
云南：丽江 孙航，李新辉，陈林杨 SunH-07ZX-3124
云南：屏边 钱良超，陆海兴，张照跃等 Pbdws127

Annonaceae 番荔枝科

番荔枝科	世界	中国	种质库
属 / 种（种下等级）/ 份数	~110/~2440	26/120	8/12/24

Alphonsea hainanensis Merrill & Chun 海南藤春 *
广西：上思 何海文，杨锦超 YANGXF0440

Annona glabra Linnaeus 圆滑番荔枝
云南：勐腊 谭运洪 A317

Annona muricata Linnaeus 刺果番荔枝
云南：勐腊 谭运洪 A328

Artabotrys hexapetalus (Linnaeus f.) Bhandari 鹰爪花
云南：勐腊 谭运洪 A345

Desmos grandifolius (Finet & Gagnepain) C. Y. Wu ex P. T. Li 大叶假鹰爪
云南：河口 刘成，亚吉东，张桥蓉等 16CS14135

Desmos saccopetaloides (W. T. Wang) P. T. Li 亮花假鹰爪 *
云南：勐腊 赵相兴 A100
云南：勐腊 谭运洪 A270
云南：勐腊 谭运洪 A276

Fissistigma oldhamii (Hemsley) Merrill 瓜馥木 *
海南：昌江 康勇，林灯，陈庆 LWXS044
湖南：江华 肖乐希，欧阳书珍 SCSB-HN-0886
江西：黎川 童和平，王玉珍 TanCM2726
江西：永新 杜小浪，慕泽泾，曹岚 DXL034

Fissistigma polyanthum (J. D. Hooker & Thomson) Merrill 多花瓜馥木
海南：昌江 康勇，林灯，陈庆 LWXS046

Goniothalamus calvicarpus Craib 大花哥纳香
云南：思茅区 叶金科 YNS0304

Goniothalamus leiocarpus (W. T. Wang) P. T. Li 金平哥纳香 *
云南：元阳 车鑫，亚吉东，秦少发等 YYGYS060

Miliusa balansae Finet & Gagnepain 野独活
云南：麻栗坡 肖波 LuJL342

Polyalthia cerasoides (Roxburgh) Bentham & J. D. Hooker ex Beddome 细基丸
云南：石屏 刘成，张凤琼，丁艳蓉等 13CS6318
云南：新平 白绍斌 XPALSC282
云南：新平 刘家良 XPALSD047
云南：新平 王家和 XPALSC384
云南：新平 谢雄 XPALSC016
云南：新平 自正尧 XPALSB222
云南：元江 孙振华，郑志兴，沈蕊等 OuXK-YJ-101
云南：元江 孙振华，王文礼，宋晓卿等 Ouxk-YJ-0017

Apiaceae 伞形科

伞形科	世界	中国	种质库
属 / 种（种下等级）/ 份数	300-440/ 3000-3700	～99/616	69/272(299) /1241

Acronema astrantiifolium H. Wolff 星叶丝瓣芹 *
四川：乡城 周浙昆，苏涛，杨莹等 Zhou09-206
Acronema chinense H. Wolff 尖瓣芹 *
甘肃：碌曲 李晓东，刘帆，张景博等 LiJ0129
甘肃：玛曲 尹鑫，吴航，葛文静 LiuJQ-GN-2011-285
四川：白玉 李晓东，张景博，徐凌翔等 LiJ440
Acronema handelii H. Wolff 中甸丝瓣芹
云南：香格里拉 张挺，蔡杰，郭永杰等 11CS3089
Acronema muscicola (Handel-Mazzetti) Handel-Mazzetti 苔间丝瓣芹 *
云南：香格里拉 郭永杰，张桥蓉，李春晓等 11CS3429
Acronema paniculatum (Franchet) H. Wolff 圆锥丝瓣芹 *
四川：米易 刘静，袁明 MY-201
Acronema schneideri H. Wolff 丽江丝瓣芹 *
四川：康定 彭玉兰，涂卫国 Gaoxf-1019
云南：云龙 字建泽，杨六斤，李国宏等 TC1019
Aegopodium alpestre Ledebour 东北羊角芹
黑龙江：阿城 孙阎，张兰兰 SunY352
黑龙江：宁安 王臣，张欣欣，崔皓钧等 WangCh426
吉林：抚松 杨莉 Yanglm0464
吉林：磐石 安海成 AnHC065
新疆：乌鲁木齐 段士民，王喜勇，刘会良 Zhangdy266
Aegopodium henryi Diels 巴东羊角芹 *
湖北：宣恩 沈泽昊 HXE055
湖北：竹溪 甘霖 GanQL628
Anethum graveolens Linnaeus 莳萝
云南：新平 白绍斌 XPALSC318
Angelica amurensis Schischkin 黑水当归
黑龙江：北安 郑宝江，潘磊 ZhengBJ013
黑龙江：宁安 刘玫，张欣欣，程薪宇等 Liuetal524
Angelica anomala Ave-Lallemant 狭叶当归
吉林：磐石 安海成 AnHC0169
Angelica apaensis R. H. Shan & C. Q. Yuan 阿坝当归 *
四川：道孚 何兴金，马祥光，郜鹏 SCU-10-205
四川：康定 许炳强，童毅华，吴兴等 XiaNH-07ZX-1104
四川：康定 何兴金，高云东，刘海艳等 SCU-20080430
西藏：察隅 张挺，蔡杰，袁明 09CS1526
西藏：墨脱 孙航，张建文，陈建国等 SunH-07ZX-2706
Angelica biserrata (R. H. Shan & C. Q. Yuan) C. Q. Yuan & R. H. Shan 重齿当归 *
湖南：双牌 姜孝成，王丽萍，李育华 Jiangxc0805
江西：靖安 张吉华，刘运群 TanCM772
浙江：临安 李宏庆，董全英，桂萍 Lihq0437
Angelica cartilaginomarginata (Makino ex Y. Yabe) Nakai 长鞘当归
河北：涿鹿 牛玉璐，高彦飞，赵二涛 NiuYL348
吉林：临江 李长田 Yanglm0034
山东：海阳 辛晓伟 Lilan854
Angelica cincta H. de Boissieu 湖北当归 *
辽宁：桓仁 祝业平 CaoW1023
Angelica dahurica (Fischer ex Hoffmann) Bentham & J. D. Hooker ex Franchet & Savatier 白芷
重庆：南川区 易思荣 YISR011
甘肃：迭部 齐威 LJQ-2008-GN-052
河北：平山 牛玉璐，郑博颖，黄士良等 NiuYL062
河南：栾川 何明高，付婷婷，水庆艳 Huangzy0095
河南：南召 何明高，付婷婷，水庆艳 Huangzy0226
河南：嵩县 何明高，付婷婷，水庆艳 Huangzy0166
黑龙江：阿城 孙阎，李鑫鑫 SunY346
黑龙江：尚志 郑宝江，丁晓炎，李月等 ZhengBJ170
黑龙江：五常 王臣，张欣欣，崔皓钧等 WangCh386
湖北：竹溪 李盛兰 GanQL337
湖南：保靖 陈功锡，张代贵，邓涛等 SCSB-HC-2007459
吉林：磐石 安海成 AnHC0382
辽宁：桓仁 祝业平 CaoW1053
内蒙古：额尔古纳 郑宝江，姜洪哲 ZhengBJ152
陕西：眉县 田先华，张挺，刘成 TianXH099
陕西：渭城区 谭策铭，易桂花 TanCM348
Angelica decursiva (Miquel) Franchet & Savatier 紫花前胡
安徽：舒城 陈延松，欧祖兰，高秋晨等 Xuzd458
广西：全州 黄俞淞，胡仁传 Liuyan1032
江苏：句容 王兆银，吴宝成 SCSB-JS0354
江苏：句容 王兆银，吴宝成 SCSB-JS0391
江苏：句容 吴林园，白明明，王兆银 HANGYY9114
江西：庐山区 谭策铭，董安淼 TCM09113
四川：白玉 孙航，张建文，董金龙等 SunH-07ZX-3671
四川：白玉 孙航，张建文，邓涛等 SunH-07ZX-3721
四川：甘孜 孙航，张建文，董金龙等 SunH-07ZX-3967
四川：汶川 袁明，高刚，杨勇 YM2014017
Angelica duclouxii Fedde ex H. Wolff 东川当归 *
云南：镇沅 朱恒 ALSZY126
Angelica laxifoliata Diels 疏叶当归 *
湖北：宣恩 沈泽昊 XE737
四川：理县 何兴金，高云东，余岩等 SCU-09-565
四川：荥经 许炳强，童毅华，吴兴等 XiaNh-07ZX-1126
Angelica longicaudata C. Q. Yuan & R. H. Shan 长尾叶当归 *
湖北：竹溪 李盛兰 GanQL815
Angelica megaphylla Diels 大叶当归 *
重庆：南川区 易思荣 YISR060
贵州：道真 易思荣，谭秋平 YISR423
Angelica multicaulis Pimenov 多茎当归
新疆：新源 亚吉东，张桥蓉，秦少发等 16CS13387
Angelica nitida H. Wolff 青海当归 *
甘肃：玛曲 尹鑫，吴航，葛文静 LiuJQ-GN-2011-268
甘肃：卓尼 尹鑫，吴航，葛文静 LiuJQ-GN-2011-259
甘肃：卓尼 齐威 LJQ-2008-GN-058
青海：海南 田斌，姬明飞 Liujq-2010-QH-002
青海：互助 陈世龙，高庆波，张发起等 Chensl1716
青海：乐都 陈世龙，高庆波，张发起等 Chensl1802
四川：红原 张昌兵，邓秀华 ZhangCB0250
Angelica omeiensis C. C. Yuan & R. H. Shan 峨眉当归 *
四川：峨眉山 李小杰 LiXJ163
四川：天全 何兴金，廖晨阳，任海燕等 SCU-09-473
Angelica oncosepala Handel-Mazzetti 隆萼当归 *
云南：河口 张贵良，杨鑫峰，陶美英等 ZhangGL087
云南：南涧 马德跃，官有才，罗开宏等 NJWLS955
云南：香格里拉 孙航，张建文，邓涛等 SunH-07ZX-3314
Angelica paeoniifolia C. Q. Yuan & R. H. Shan 牡丹叶当归 *
西藏：林芝 张挺，蔡杰，刘恩德等 SCSB-B-000491

西藏：林芝 罗建，汪书丽，王国严 LiuJQ-09XZ-362

Angelica polymorpha Maximowicz 拐芹

湖北：神农架林区 李巨平 LiJuPing0189

吉林：磐石 安海成 AnHC0430

江西：庐山区 董安淼，吴从梅 TanCM878

江西：庐山区 谭策铭，蔡如意，徐玉荣 TanCM3405

辽宁：庄河 于立敏 CaoW824

山东：崂山区 罗艳，李中华 LuoY392

山东：崂山区 赵遵田，郑国伟，王海英等 Zhaozt0165

山东：牟平区 卞福花，卢学新，纪伟等 BianFH00026

山东：牟平区 卞福花，宋言贺 BianFH-556

Angelica pseudoselinum H. de Boissieu 管鞘当归 *

四川：理县 许炳强，童毅华，吴兴等 XiaNH-07ZX-0913

四川：松潘 何兴金，张云香，王志新 SCU-10-503

四川：小金 何兴金，高云东，刘海艳等 SCU-20080466

Angelica sinensis (Oliver) Diels 当归 *

四川：宝兴 刘静 Y07119

西藏：昌都 易思荣，谭秋平 YISR259

Angelica sylvestris Linnaeus 林当归

新疆：尼勒克 贺晓欢，徐文斌，刘鸯等 SHI-A2007376

新疆：新源 亚吉东，张桥蓉，秦少发等 16CS13408

Anthriscus sylvestris (Linnaeus) Hoffmann 峨参

安徽：屯溪区 方建新 TangXS0851

重庆：南川区 易思荣 YISR003

重庆：南川区 易思荣 YISR161

重庆：南川区 易思荣，谭秋平 YISR398

甘肃：合作 郭淑青，杜品 LiuJQ-2012-GN-206

湖北：神农架林区 李巨平 LiJuPing0082

湖北：竹溪 李盛兰 GanQL329

江苏：句容 吴宝成，王兆银 HANGYY8154

辽宁：千山区 孙阎 SunY287

辽宁：清原 张永刚 Yanglm0166

内蒙古：克什克腾旗 刘润宽，李茂文，李昌亮 M120

陕西：长安区 田先华，田陌 TianXH1085

四川：巴塘 张大才，尹五元，李双智等 ZhangDC-07ZX-2246

四川：稻城 何兴金，廖晨阳，任海燕等 SCU-09-448

四川：德格 苏涛，黄永江，杨青松等 ZhouZK11211

四川：峨眉山 李小杰 LiXJ041

四川：康定 何兴金，李琴琴，王长宝等 SCU-08070

四川：康定 彭玉兰，涂卫国 Gaoxf-0888

四川：马尔康 何兴金，王月，胡灏禹等 SCU-08116

四川：若尔盖 何兴金，高云东，刘海艳等 SCU-20080528

四川：小金 何兴金，冯图，廖晨阳等 SCU-080315

四川：新龙 陈文允，于文涛，黄永江 CYH077

新疆：昭苏 亚吉东，张桥蓉，秦少发等 16CS13564

云南：香格里拉 郭永杰，张桥蓉，李春晓等 11CS3483

云南：香格里拉 张挺，蔡杰，郭永杰等 11CS3203

云南：永德 欧阳红才，杨金柱，奎文康 YDDXSC053

云南：永德 欧阳红才，杨金柱，鲁金国 YDDXSC054

Anthriscus sylvestris subsp. **nemorosa** (Marschall von Bieberstein) Koso-Poljansky 刺果峨参

四川：德格 孙航，张建文，董金龙等 SunH-07ZX-3700

四川：理塘 何兴金，马祥光，张云香等 SCU-11-208

西藏：昌都 易思荣，谭秋平 YISR223

新疆：博乐 刘鸯，马真，贺晓欢等 SHI-A2007026

Archangelica brevicaulis (Ruprecht) Reichenbach 短茎古当归

新疆：独山子区 亚吉东，张桥蓉，秦少发等 16CS13286

新疆：昭苏 亚吉东，张桥蓉，秦少发等 16CS13594

Archangelica decurrens Ledebour 下延叶古当归

新疆：阿勒泰 谭敦炎，邱娟 TanDY0441

新疆：托里 徐文斌，郭一敏 SHI-2009256

Arcuatopterus sikkimensis (C. B. Clarke) Pimenov & Ostroumova 弓翅芹

云南：南涧 阿国仁，何贵才 NJWLS2008236

Arcuatopterus thalictroideus M. L. Sheh & R. H. Shan 唐松叶弓翅芹 *

云南：禄劝 蔡杰，亚吉东，苏勇等 14CS9696

Bupleurum aureum Fischer ex Hoffmann 金黄柴胡

新疆：新源 亚吉东，张桥蓉，秦少发等 16CS13416

Bupleurum candollei Wallich ex de Candolle 川滇柴胡

西藏：察隅 张挺，蔡杰，袁明 09CS1601

云南：贡山 刘成，何华杰，黄莉等 14CS9989

云南：澜沧 张绍云，叶金科，仇亚 YNS1369

云南：腾冲 周应再 Zhyz-483

云南：武定 张挺，张书东，李爱花等 SCSB-A-000075

云南：新平 何罡安 XPALSB053

云南：永德 杨金荣，黄德武，李增柱等 YDDXSA082

云南：永德 欧阳红才，杨金柱，穆勤学 YDDXSC058

Bupleurum chinense de Candolle 北柴胡 *

北京：东城区 王雷，朱雅娟，黄振英 Beijing-huang-dls-0005

北京：门头沟区 邓志军 SCSB-E-0004

甘肃：临潭 齐威 LJQ-2008-GN-054

甘肃：夏河 尹鑫，吴航，葛文静 LiuJQ-GN-2011-273

甘肃：夏河 齐威 LJQ-2008-GN-056

河北：元氏 牛玉璐，郑博颖，黄士良等 NiuYL138

黑龙江：宁安 刘玫，王臣，张欣欣等 Liuetal667

黑龙江：五大连池 孙阎，赵立波 SunY062

吉林：南关区 王云贺 Yanglm0050

吉林：磐石 安海成 AnHC0181

吉林：洮北区 杨帆，马红媛，安丰华 SNA0290

内蒙古：锡林浩特 张红香 ZhangHX066

青海：互助 薛春迎 Xuechy0072

青海：乐都 陈世龙，高庆波，张发起等 Chensl1827

山东：海阳 张少华，张诏，程丹丹等 Lilan665

陕西：太白 田先华，董栓录 TianXH1175

Bupleurum commelynoideum H. de Boissieu 紫花鸭跖柴胡 *

甘肃：夏河 齐威 LJQ-2008-GN-055

甘肃：卓尼 尹鑫，吴航，葛文静 LiuJQ-GN-2011-276

青海：玉树 许炳强，周伟，郑朝汉 Xianh0324

四川：九龙 张大才，尹五元，李双智等 ZhangDC-07ZX-2422

云南：东川区 蔡杰，郭永杰，吴之坤等 11CS2997

Bupleurum commelynoideum var. **flaviflorum** R. H. Shan & Yin Li 黄花鸭跖柴胡 *

甘肃：合作 尹鑫，吴航，葛文静 LiuJQ-GN-2011-278

青海：同仁 陈世龙，高庆波，张发起 Chensl0915

四川：红原 高云东，李忠荣，鞠文彬 GaoXF-12-029

四川：红原 张昌兵，邓秀华 ZhangCB0227

四川：若尔盖 何兴金，高云东，刘海艳等 SCU-20080522

四川：松潘 何兴金，张云香，王志新 SCU-10-511

西藏：江达 张挺，李爱花，刘成等 08CS768

Bupleurum dalhousieanum (C. B. Clarke) Koso-Poljansky 匍枝柴胡

四川：甘孜 张挺，李爱花，刘成等 08CS827

西藏：普兰 陈家辉，庄会富，刘德团等 Yangyp-Q-0018

Bupleurum densiflorum Ruprecht 密花柴胡

青海：互助 薛春迎 Xuechy0230

新疆：独山子区 亚吉东，张桥蓉，秦少发等 16CS13278

Bupleurum euphorbioides Nakai 大苞柴胡

黑龙江：五常 王臣，张欣欣，刘跃印等 WangCh375

黑龙江：五常 孙阎，吕军 SunY432

吉林：安图 周海城 ZhouHC008

Bupleurum exaltatum Marschall von Bieberstein 新疆柴胡

新疆：玛纳斯 亚吉东，张桥蓉，秦少发等 16CS13251

Bupleurum hamiltonii N. P. Balakrishnan 小柴胡

四川：米易 袁明 MY450

四川：盐边 苏涛，黄永江，杨青松等 ZhouZK11336

西藏：昌都 苏涛，黄永江，杨青松等 ZhouZK11266

云南：官渡区 彭华，陈丽，王英 P.H.5348

云南：景东 刘长铭，刘东，罗尧等 JDNR11066

云南：丽江 苏涛，黄永江，杨青松等 ZhouZK11475

云南：麻栗坡 肖波 LuJL208

云南：南涧 阿国仁，何贵才 NJWLS1104

云南：南涧 马德跃，官有才，罗开宏 NJWLS937

云南：宁蒗 苏涛，黄永江，杨青松等 ZhouZK11448

云南：盘龙区 彭华，向春雷，王泽欢 PengH8448

云南：普洱 叶金科 YNS0383

云南：腾冲 周应再 Zhyz-390

云南：新平 彭华，向春雷，陈丽 PengH8271

Bupleurum hamiltonii var. **humile** (Franchet) R. H. Shan & M. L. Sheh 矮小柴胡

云南：巧家 李文虎，吴天抗，张天壁等 QJYS0185

Bupleurum komarovianum O. A. Linczevski 长白柴胡

黑龙江：肇东 刘玫，王臣，史传奇等 Liuetal612

Bupleurum krylovianum Schischkin ex Krylov 阿尔泰柴胡

新疆：新源 亚吉东，张桥蓉，秦少发等 16CS13415

Bupleurum kunmingense Yin Li & S. L. Pan 韭叶柴胡 *

云南：新平 白绍斌，鲁兴文 XPALSC173

Bupleurum kweichowense R. H. Shan 贵州柴胡 *

贵州：开阳 肖恩婷 Yuanm028

Bupleurum longicaule de Candolle 长茎柴胡

青海：门源 吴玉虎，刘建全 LJQ-QLS-2008-0034

Bupleurum longicaule var. **amplexicaule** C. Y. Wu ex R. H. Shan & Yin Li 抱茎柴胡 *

云南：贡山 郭永杰，吴之坤，吴兴等 14CS9926

云南：巧家 张书东，张荣，王银环等 QJYS0234

云南：巧家 杨光明 SCSB-W-1255

云南：巧家 王红 SCSB-W-202

云南：西山区 蔡杰，张挺，郭永杰等 11CS3712

Bupleurum longicaule var. **franchetii** H. de Boissieu 空心柴胡 *

湖北：仙桃 张代贵 Zdg1851

Bupleurum longiradiatum Turczaninow 大叶柴胡

黑龙江：宁安 刘玫，王臣，史传奇等 Liuetal574

黑龙江：五大连池 孙阎，赵立波 SunY192

吉林：安图 周海城 ZhouHC016

吉林：磐石 安海成 AnHC0212

江西：庐山区 董安淼，吴从梅 TanCM925

辽宁：桓仁 祝业平 CaoW1018

Bupleurum marginatum var. **stenophyllum** (H. Wolff) R. H. Shan & Yin Li 窄竹叶柴胡

西藏：贡嘎 扎西次仁 ZhongY170

西藏：朗县 林玲 LiuJQ-08XZ-233

西藏：朗县 罗建，汪书丽，任德智 L003

西藏：林芝 罗建，汪书丽 LiuJQ-08XZ-218

Bupleurum marginatum Wallich ex de Candolle 竹叶柴胡

湖北：神农架林区 李巨平 LiJuPing0008

四川：米易 袁明 MY441

西藏：八宿 徐波，陈光富，陈林杨等 SunH-07ZX-2030

西藏：朗县 罗建，汪书丽，任德智 L091

云南：大理 张德全，文青华，段金成等 ZDQ084

云南：景东 杨国平，李达文，鲁志云 ygp-033

云南：香格里拉 郭永杰，张桥蓉，李春晓等 11CS3497

Bupleurum petiolulatum Franchet 有柄柴胡 *

云南：永德 李永亮 YDDXS0608

Bupleurum rockii H. Wolff 丽江柴胡 *

西藏：错那 罗建，汪书丽 LiuJQ11XZ225

云南：巧家 李文虎，吴天抗，高顺勇等 QJYS0140

云南：巧家 杨光明 SCSB-W-1198

云南：巧家 李文虎，吴天抗，张天壁等 QJYS0170

Bupleurum scorzonerifolium Willdenow 红柴胡

河北：蔚县 牛玉璐，高彦飞，黄士良 NiuYL228

黑龙江：让胡路区 孙阎，吕军，张兰兰 SunY328

吉林：通榆 张永刚 Yanglm0403

江苏：句容 王兆银，吴宝成 SCSB-JS0367

山东：崂山区 罗艳，李中华 LuoY212

山东：泰山区 张璐璐，杜超，王慧燕等 Zhaozt0209

山东：章丘 步瑞兰，辛晓伟，徐永娟等 Lilan871

山东：芝罘区 卞福花 BianFH-0269

Bupleurum sibiricum Vest ex Sprengel 兴安柴胡

内蒙古：武川 蒲拴莲，刘润宽，刘毅等 M205

Bupleurum smithii H. Wolff 黑柴胡 *

甘肃：夏河 尹鑫，吴航，葛文静 LiuJQ-GN-2011-277

河北：涿鹿 牛玉璐，高彦飞，赵二涛 NiuYL391

Bupleurum smithii var. **parvifolium** R. H. Shan & Yin Li 小叶黑柴胡 *

甘肃：合作 郭淑青，杜品 LiuJQ-2012-GN-205

青海：平安 陈世龙，高庆波，张发起等 Chensl1776

Bupleurum thianschanicum Freyn 天山柴胡

新疆：霍城 亚吉东，张桥蓉，秦少发等 16CS13814

新疆：昭苏 亚吉东，张桥蓉，秦少发等 16CS13535

新疆：昭苏 亚吉东，张桥蓉，秦少发等 16CS13545

新疆：昭苏 亚吉东，张桥蓉，秦少发等 16CS13574

Bupleurum triradiatum Adams ex Hoffmann 三辐柴胡

青海：共和 陈世龙，高庆波，张发起 Chensl0490

四川：康定 张昌兵，向丽 ZhangCB0208

Bupleurum yunnanense Franchet 云南柴胡 *

西藏：芒康 张永洪，李国栋，王晓雄 SunH-07ZX-1740

西藏：左贡 徐波，陈光富，陈林杨等 SunH-07ZX-0863

Carlesia sinensis Dunn 山茴香

山东：崂山区 邓建平 LuoY099

山东：崂山区 赵遵田，郑国伟，王海英等 Zhaozt0178

山东：牟平区 卞福花，陈朋 BianFH-0339

Carum buriaticum Turczaninow 田葛缕子

甘肃：合作 尹鑫，吴航，葛文静 LiuJQ-GN-2011-274

甘肃：夏河 尹鑫，吴航，葛文静 LiuJQ-GN-2011-272

甘肃：夏河 齐威 LJQ-2008-GN-043

青海：门源 吴玉虎 LJQ-QLS-2008-0135

青海：门源 陈世龙，高庆波，张发起等 Chensl1621

青海：囊谦 许炳强，周伟，郑朝汉 Xianh0086

山东：长清区 辛晓伟 Lilan804

西藏：贡嘎 扎西次仁 ZhongY167

西藏：林芝 罗建，汪书丽，任德智 LiuJQ-09XZ-ML107

西藏：南木林 李晖，文雪梅，次旺加布等 Lihui-Q-0105

新疆：和静 邱爱军，张玲，马帅 LiZJ1760

Carum carvi Linnaeus **葛缕子**

北京：东城区 王雷，朱雅娟，黄振英 Beijing-huang-bws-0043
北京：东城区 王雷，朱雅娟，黄振英 Beijing-huang-dls-0066
北京：海淀区 李燕军 SCSB-D-0052
北京：门头沟区 李燕军 SCSB-E-0036
北京：西城区 王雷，朱雅娟，黄振英 Beijing-huang-ss-0019
北京：西城区 王雷，朱雅娟，黄振英 Beijing-huang-yms-0028
甘肃：合作 郭淑青，杜品 LiuJQ-2012-GN-207
甘肃：合作 尹鑫，吴航，葛文静 LiuJQ-GN-2011-275
甘肃：玛曲 尹鑫，吴航，葛文静 LiuJQ-GN-2011-270
内蒙古：克什克腾旗 刘润宽，李茂文，李昌亮 M107
青海：都兰 潘建斌，杜维波，牛炳韬 Liujq-2011CDM-182
青海：共和 陈世龙，张得钧，高庆波等 Chens10002
青海：门源 吴玉虎，刘建全 LJQ-QLS-2008-0033
青海：乌兰 潘建斌，杜维波，牛炳韬 Liujq-2011CDM-281
青海：玉树 汪书丽，朱洪涛 Liujq-QLS-TXM-121
青海：杂多 陈世龙，高庆波，张发起 Chens10766
四川：道孚 何兴金，胡灏禹，沈呈娟等 SCU-11-452
四川：道孚 何兴金，胡灏禹，沈呈娟等 SCU-11-475
四川：甘孜 张大才，尹五元，李双智等 ZhangDC-07ZX-2333
四川：红原 张昌兵，邓秀华 ZhangCB0230
四川：理塘 何兴金，赵丽华，梁乾隆等 SCU-11-141
四川：理塘 何兴金，马祥光，张云香等 SCU-11-245
四川：若尔盖 高云东，李忠荣，鞠文彬 GaoXF-12-015
西藏：工布江达 卢洋，刘帆等 LiJ864
西藏：工布江达 卢洋，刘帆等 LiJ875
西藏：贡嘎 扎西次仁 ZhongY168
西藏：浪卡子 扎西次仁 ZhongY196
西藏：日土 李晖，文雪梅，次旺加布等 Lihui-Q-0061
西藏：索县 汪书丽，王志强，邹嘉宾 Liujq-Txm10-132
新疆：阿合奇 塔里木大学植物资源调查组 TD-00638
新疆：布尔津 谭敦炎，邱娟 TanDY0501
新疆：塔什库尔干 邱娟，冯建菊 LiuJQ0036
新疆：托里 徐文斌，杨清理 SHI-2009258
新疆：乌鲁木齐 马文宝，刘会良 zdy030
新疆：乌鲁木齐 谭敦炎，地里努尔 TanDY0604
新疆：裕民 谭敦炎，吉乃提 TanDY0683
云南：新平 白绍斌 XPALSC065

Centella asiatica (Linnaeus) Urban **积雪草**

安徽：屯溪区 方建新 TangXS0732
江西：黎川 童和平，王玉珍 TanCM2397
江西：庐山区 董安淼，吴从梅 TanCM1014
四川：米易 袁明 MY409
云南：文山 何德明，丰艳飞 WSLJS959
云南：新平 自正尧 XPALSB238

Chaerophyllum prescottii de Candolle **新疆细叶芹**

新疆：和静 杨赵平，焦培培，白冠章等 LiZJ0546
新疆：塔什库尔干 黄文娟，段黄金，王英鑫等 LiZJ0295

Chaerophyllum villosum de Candolle **细叶芹**

安徽：蜀山区 陈延松，朱合军，姜九龙 Xuzd038
山东：市南区 罗艳 LuoY246
四川：德格 张挺，李爱花，刘成等 08CS793
四川：射洪 袁明 YUANM2016L140
西藏：错那 罗建，汪书丽 LiuJQ11XZ188
西藏：林芝 张挺，蔡杰，刘恩德等 SCSB-B-000500
西藏：林芝 罗建，汪书丽，王国严 LiuJQ-09XZ-374
云南：永德 李永亮 YDDXS1117

Chamaesium paradoxum H. Wolff **矮泽芹** *

甘肃：玛曲 尹鑫，吴航，葛文静 LiuJQ-GN-2011-261
甘肃：玛曲 齐威 LJQ-2008-GN-051
四川：马尔康 何兴金，冯图，廖晨阳等 SCU-080301
四川：马尔康 何兴金，冯图，廖晨阳等 SCU-080352
四川：若尔盖 何兴金，王月，胡灏禹等 SCU-08095
西藏：当雄 杨永平，段元文，边巴扎西 Yangyp-Q-1008
西藏：江达 陈家辉，王赟，刘德团 YangYP-Q-3074
西藏：那曲 陈家辉，庄会富，刘德团 Yangyp-Q-0192
西藏：那曲 陈家辉，庄会富，刘德团 Yangyp-Q-0229
云南：德钦 杨青松，星耀武，苏涛 ZhouZK-07ZX-0411
云南：巧家 杨光明 SCSB-W-1268

Chamaesium thalictrifolium H. Wolff **松潘矮泽芹** *

甘肃：碌曲 李晓东，刘帆，张景博等 LiJ0083
甘肃：玛曲 李晓东，刘帆，张景博等 LiJ0027
西藏：当雄 陈家辉，庄会富，刘德团 Yangyp-Q-0178

Changium smyrnioides H. Wolff **明党参** *

江苏：句容 吴宝成，王兆银 HANGYY8235
江苏：宜兴 吴宝成 HANGYY8234
江西：庐山区 谭策铭，董安淼 TanCM260
江西：星子 董安淼，吴从梅 TanCM1002

Cicuta virosa Linnaeus **毒芹**

黑龙江：北安 孙阎，赵立波，晁雄雄 SunY198
黑龙江：尚志 王臣，张欣欣，刘跃印等 WangCh415
吉林：磐石 安海成 AnHC0164
陕西：神木 田先华，李明辉 TianXH473
新疆：阿勒泰 段士民，王喜勇，刘会良等 184
新疆：巩留 段士民，王喜勇，刘会良 Zhangdy385
新疆：尼勒克 段士民，王喜勇，刘会良 Zhangdy368
新疆：乌鲁木齐 王喜勇，马文宝，施翔 zdy368

Cicuta virosa var. **latisecta** Celakovski **宽叶毒芹**

吉林：磐石 安海成 AnHC0141

Cnidium monnieri (Linnaeus) Cusson **蛇床**

安徽：屯溪区 方建新 TangXS0105
甘肃：舟曲 齐威 LJQ-2008-GN-068
贵州：花溪区 邹方伦 ZouFL0225
河北：灵寿 牛玉璐，高彦飞，黄士良 NiuYL178
黑龙江：虎林市 王庆贵 CaoW727
黑龙江：五营区 孙阎，晁雄雄 SunY168
湖北：竹溪 李盛兰 GanQL749
吉林：磐石 安海成 AnHC0135
吉林：通榆 杨莉 Yanglm0411
吉林：长岭 张宝田 Yanglm0342
江苏：句容 吴宝成，王兆银 HANGYY8132
江西：黎川 童和平，王玉珍 TanCM2307
江西：星子 谭策铭，董安淼 TanCM256
山东：莱山区 卞福花，杨蕾蕾，谷胤征 BianFH-0105
山东：崂山区 罗艳，刘梅 LuoY084
山东：天桥区 李兰，王萍，张少华等 Lilan243
陕西：宁陕 田先华，李明辉 TianXH1048
云南：香格里拉 张大才，李双智，杨川 ZhangDC-07ZX-1999

Cnidium salinum Turczaninow **碱蛇床**

湖南：吉首 陈功锡，张代贵，邓涛等 SCSB-HC-2007506

Conioselinum chinense (Linnaeus) Britton et al. **山芎**

湖北：英山 朱鑫鑫，甄爱国，孙增朋等 ZhuXX144

Conioselinum vaginatum (Sprengel) Thellung **鞘山芎**

新疆：巩留 亚吉东，张桥蓉，秦少发等 16CS13479

Conium maculatum Linnaeus **毒参**

新疆：巩留 段士民，王喜勇，刘会良 Zhangdy379
新疆：巩留 段士民，王喜勇，刘会良 Zhangdy380
新疆：巩留 段士民，王喜勇，刘会良 Zhangdy387
新疆：巩留 段士民，王喜勇，刘会良 Zhangdy388
新疆：巩留 段士民，王喜勇，刘会良 Zhangdy393
新疆：巩留 段士民，王喜勇，刘会良 Zhangdy394
新疆：巩留 亚吉东，张桥蓉，秦少发等 16CS13471
新疆：尼勒克 段士民，王喜勇，刘会良 Zhangdy415
新疆：乌鲁木齐 王喜勇，马文宝，施翔 zdy388
新疆：新源 段士民，王喜勇，刘会良 Zhangdy400
新疆：裕民 徐文斌，郭一敏 SHI-2009442

Coriandrum sativum Linnaeus **芫荽**

江苏：溧阳 吴宝成 HANGYY8232
江苏：射阳 吴宝成 HANGYY8270
四川：松潘 何兴金，刘爽，赵财 SCU-10-424
西藏：林芝 卢洋，刘帆等 LiJ780

Cortiella hookeri (C. B. Clarke) C. Norman **栓果芹**

西藏：错那 罗建，汪书丽 LiuJQ11XZ071
西藏：林芝 罗建，汪书丽 LiuJQ-08XZ-151

Cryptotaenia japonica Hasskarl **鸭儿芹**

安徽：繁昌 洪欣 ZSB324
安徽：黄山区 唐鑫生，夏日红，程周旺等 TangXS0273
安徽：金安区 喻梅，赵冰 ZSB325
安徽：南陵 喻梅 ZSB326
安徽：潜山 喻梅，赵冰 ZSB327
安徽：石台 陈延松，吴国伟，洪欣 Zhousb0040
安徽：舒城 陈延松，欧祖兰，高秋晨等 Xuzd311
安徽：铜官区 张丹丹 ZSB328
安徽：屯溪区 喻梅，洪欣 ZSB323
重庆：南川区 易思荣 YISR204
重庆：南川区 易思荣，谭秋平 YISR402
广西：环江 莫水松，彭日成，刘静 Liuyan1019
贵州：开阳 肖恩婷 Yuanm018
湖北：神农架林区 李巨平 LiJuPing0060
湖北：竹溪 李盛兰 GanQL987
湖南：江华 肖乐希 SCSB-HN-0857
湖南：江永 姜孝成，唐贵华，潘孝武 SCSB-HNJ-0036
湖南：江永 刘克明，蔡秀珍，肖乐希 SCSB-HN-0072
湖南：桑植 吴福川，廖博儒，查学州等 26
湖南：石门 姜孝成，唐妹，卜剑超等 Jiangxc0445
湖南：新宁 姜孝成，唐贵华，袁双艳等 SCSB-HNJ-0207
湖南：沅陵 李胜华，伍贤进，刘光华等 Wuxj925
江西：黎川 童和平，王玉珍 TanCM2389
江西：庐山区 董安淼，吴从梅 TanCM1588
陕西：眉县 董栓录，田陌 TianXH221
四川：乐至 邓兴敏，邓秀发，张昌兵 ZCB0389
云南：河口 税玉民，陈文红 71727
云南：隆阳区 尹学建，段在贤 BSGLGSly2001
云南：文山 税玉民，陈文红 71913
云南：西山区 税玉民，陈文红 65377

Cuminum cyminum Linnaeus **孜然芹**

甘肃：临泽 亚吉东，濮格林 16CS13893

Cyclorhiza waltonii (H. Wolff) M. L. Sheh & R. H. Shan **环根芹** *

四川：乡城 陈家辉，刘亚辉，周妍等 YangYP-Q-2231
西藏：八宿 张永洪，王晓雄，周卓等 SunH-07ZX-1184
西藏：浪卡子 扎西次仁 ZhongY179

Cyclospermum leptophyllum (Persoon) Sprague ex Britton & P. Wilson **细叶旱芹**

江苏：句容 王兆银，吴宝成 SCSB-JS0164
云南：永德 李永亮 YDDXS1192
浙江：余杭区 葛斌杰 Lihq0144

Czernaevia laevigata Turczaninow **柳叶芹**

黑龙江：尚志 王臣，张欣欣，谢博勋等 WangCh414
吉林：磐石 安海成 AnHC0173

Daucus carota Linnaeus **野胡萝卜**

贵州：江口 熊建兵 XiangZ145
湖北：神农架林区 李巨平 LiJuPing0077
湖南：保靖 刘克明，蔡秀珍，肖乐希等 SCSB-HN-0190
湖南：望城 姜孝成，唐妹，尹恒等 SCSB-HNJ-0417
湖南：武陵源区 吴福川，廖博儒，林永惠等 104
湖南：岳麓区 姜孝成，旷仁平 SCSB-HNJ-0009
江苏：句容 王兆银，吴宝成 SCSB-JS0132
江苏：射阳 吴宝成 HANGYY8274
江苏：海州区 汤兴利 HANGYY8463
江苏：玄武区 顾子霞 HANGYY8673
内蒙古：克什克腾旗 刘润宽，李茂文，李昌亮 M125
四川：九寨沟 齐威 LJQ-2008-GN-060
四川：康定 张昌兵，向丽 ZhangCB0196
四川：汶川 何兴金，李琴琴，赵丽华等 SCU-09-511
新疆：巩留 段士民，王喜勇，刘会良 Zhangdy423
新疆：尼勒克 段士民，王喜勇，刘会良 Zhangdy421
新疆：吐鲁番 段士民 zdy115
新疆：吐鲁番 段士民，王喜勇，刘会良 Zhangdy569
新疆：新源 段士民，王喜勇，刘会良 Zhangdy404
新疆：新源 段士民，王喜勇，刘会良 Zhangdy407
云南：新平 罗光进 XPALSB426

Daucus carota var. **sativa** Hoffmann **胡萝卜**

新疆：巩留 段士民，王喜勇，刘会良等 78

Dickinsia hydrocotyloides Franchet **马蹄芹** *

四川：峨眉山 李小杰 LiXJ692

Eriocycla albescens (Franchet) H. Wolff **绒果芹** *

内蒙古：武川 蒲拴莲，刘润宽，刘毅等 M226
新疆：和静 杨赵平，焦培培，白冠章等 LiZJ0695

Eriocycla nuda Lindley **裸茎绒果芹**

西藏：普兰 李晖，文雪梅，次旺加布等 Lihui-Q-0012
西藏：普兰 陈家辉，庄会富，刘德团等 Yangyp-Q-0023

Eryngium foetidum Linnaeus **刺芹**

云南：沧源 赵金超 CYNGH021
云南：麻栗坡 税玉民，陈文红 72014
云南：南涧 官有才 NJWLS1668
云南：普洱 彭志仙 YNS0211
云南：新平 自正尧 XPALSB252
云南：新平 刘家良 XPALSD300

Eryngium planum Linnaeus **扁叶刺芹**

新疆：裕民 亚吉东，张桥蓉，秦少发等 16CS13862

Ferula bungeana Kitagawa **硬阿魏** *

内蒙古：伊金霍洛旗 朱雅娟，黄振英，曲荣明 Beijing-Ordos-000009
宁夏：盐池 左忠，刘华 ZuoZh030
陕西：神木 田先华 TianXH1099

Ferula feruloides (Steudel) Korovin **多伞阿魏**

新疆：裕民 徐文斌，杨清理 SHI-2009087

Ferula kingdon-wardii H. Wolff **草甸阿魏** *

西藏：江达 苏涛，黄永江，杨青松等 ZhouZK11228
云南：香格里拉 杨亲二，袁琼 Yangqe1856

Ferula licentiana var. **tunshanica** (S. W. Su) R. H. Shan & Q. X.

Liu 铜山阿魏 *
山东：章丘 辛晓伟 Lilan794
Ferula songarica Pallas ex Sprengel **准噶尔阿魏**
新疆：塔城 谭敦炎，吉乃提 TanDY0647
新疆：托里 徐文斌，郭一敏 SHI-2009268
Ferula syreitschikowii Koso-Poljansky **荒地阿魏**
新疆：阜康 谭敦炎，邱娟 TanDY0031
新疆：克拉玛依 谭敦炎，邱娟 TanDY0083
Foeniculum vulgare (Linnaeus) Miller **茴香**
重庆：南川区 易思荣 YISR025
四川：德格 苏涛，黄永江，杨青松等 ZhouZK11202
四川：甘孜 苏涛，黄永江，杨青松等 ZhouZK11193
西藏：八宿 张挺，蔡杰，刘恩德等 SCSB-B-000475
Glehnia littoralis F. Schmidt ex Miquel **珊瑚菜**
山东：崂山区 罗艳，李中华，邓建平 LuoY272
Haplosphaera phaea Handel-Mazzetti **单球芹** *
云南：香格里拉 郭永杰，张桥蓉，李春晓等 11CS3418
Harrysmithia franchetii (M. Hiroe) M. L. Sheh **云南细裂芹** *
云南：德钦 陈文允，于文涛，黄永江等 CYHL157
云南：新平 白绍斌 XPALSC272
Heracleum bivittatum H. de Boissieu **二管独活**
西藏：普兰 陈家辉，庄会富，刘德团等 Yangyp-Q-0017
云南：贡山 刘成，何华杰，黄莉等 14CS8522
云南：贡山 郭永杰，吴之坤，吴兴等 14CS9815
云南：贡山 郭永杰，吴之坤，吴兴等 14CS9887
云南：贡山 刀志灵，陈哲 DZL-010
云南：江城 叶金科 YNS0461
云南：金平 喻智勇，官兴永，张云飞等 JinPing80
云南：景东 鲁艳 07-176
云南：景东 刘长铭，荣理德，刘乐 JDNR125
云南：龙陵 孙兴旭 SunXX095
云南：隆阳区 赵文李 BSGLGS1y3033
云南：隆阳区 段在贤，代如亮，赵玮 BSGLGS1y062
云南：绿春 张挺，马国强，刘娜等 SCSB-B-000567
云南：绿春 黄连山保护区科研所 HLS0052
云南：绿春 何疆海，何来收，白然思等 HLS0343
云南：麻栗坡 肖波 LuJL122
云南：文山 税玉民，陈文红 16269
云南：文山 税玉民，陈文红 16293
云南：永德 杨金荣，黄德武，李增柱等 YDDXSA073
云南：永德 李永亮 YDDXS0571
云南：永德 欧阳红才，普跃东，鲁金国等 YDDXSC036
云南：元阳 车鑫，亚吉东，秦少发等 YYGYS068
Heracleum candicans var. obtusifolium (Wallich ex de Candolle) F. T. Pu & M. F. Watson **钝叶独活**
西藏：定日 王东超，杨大松，张春林等 YangYP-Q-5100
西藏：拉萨 钟扬 ZhongY1056
西藏：拉萨 扎西次仁 ZhongY141
西藏：拉孜 李晖，文雪梅，次旺加布等 Lihui-Q-0081
西藏：浪卡子 陈家辉，韩希，王广艳等 YangYP-Q-4174
西藏：浪卡子 扎西次仁 ZhongY178
西藏：浪卡子 扎西次仁 ZhongY231
西藏：墨竹工卡 钟扬 ZhongY1054
西藏：曲水 扎西次仁 ZhongY005
西藏：桑日 陈家辉，韩希，王广艳等 YangYP-Q-4229
云南：德钦 于文涛，李国锋 WTYu-403
云南：新平 张学林 XPALSD174
Heracleum candicans Wallich ex de Candolle **白亮独活**
青海：班玛 陈世龙，张得钧，高庆波等 Chens10322
青海：班玛 陈世龙，张得钧，高庆波等 Chens10354
青海：囊谦 许炳强，周伟，郑朝汉 Xianh0099
四川：白玉 李晓东，张景博，徐凌翔等 LiJ462
四川：丹巴 余岩，周春景，秦汉涛 SCU-11-049
四川：道孚 何兴金，赵丽华，梁乾隆 SCU-10-030
四川：道孚 何兴金，胡灏禹，沈呈娟等 SCU-11-488
四川：稻城 李晓东，张景博，徐凌翔等 LiJ390
四川：稻城 何兴金，王长宝，刘爽等 SCU-09-060
四川：康定 何兴金，高云东，刘海艳等 SCU-20080403
四川：康定 陈文允，于文涛，黄永江 CYH230
四川：康定 彭玉兰，涂卫国 Gaoxf-0894
四川：理塘 张大才，尹五元，李双智等 ZhangDC-07ZX-2187
四川：理塘 何兴金，赵丽华，梁乾隆等 SCU-11-149
四川：理塘 何兴金，赵丽华，梁乾隆等 SCU-11-152
四川：理塘 何兴金，赵丽华，梁乾隆等 SCU-11-185
四川：壤塘 何兴金，马祥光，郜鹏 SCU-10-220
四川：壤塘 何兴金，刘爽，易欣 SCU-10-340
四川：石渠 陈世龙，高庆波，张发起 Chens10626
四川：雅江 何兴金，郜鹏，彭禄等 SCU-11-367
四川：雅江 何兴金，郜鹏，彭禄等 SCU-11-375
四川：雅江 何兴金，王长宝，刘爽等 SCU-09-025
四川：雅江 何兴金，高云东，王志新等 SCU-09-217
西藏：察隅 孙航，张建文，陈建国等 SunH-07ZX-2510
西藏：昌都 易思荣，谭秋平 YISR266
西藏：工布江达 何兴金，邓贤兰，廖晨阳等 SCU-080395
西藏：浪卡子 李国栋，董金龙 SunH-07ZX-3274
西藏：左贡 张大才，李双智，罗康等 ZhangDC-07ZX-0622
云南：大理 孙振华，王文礼，宋晓卿等 OuxK-DL-0001
云南：德钦 张书东，林娜娜，郁文彬等 SCSB-W-013
云南：南涧 高国政，徐如标，李成清 NJWLS2008256
云南：南涧 袁玉川等 NJWLS2008344
云南：巧家 郁文彬，任宗昕，艾洪莲等 SCSB-W-1052
云南：文山 何德明，邵会昌，沈素娟 WSLJS526
云南：香格里拉 陈文允，于文涛，黄永江等 CYHL198
云南：香格里拉 李晓东，张紫刚，操榆 LiJ678
云南：香格里拉 张挺，亚吉东，李明勤等 11CS3327
云南：香格里拉 孔航辉，任琛 Yangqe2741
Heracleum dissectum Ledebour **兴安独活**
黑龙江：五常 王臣，张欣欣，刘跃印等 WangCh383
黑龙江：五大连池 孙阎，赵立波 SunY193
吉林：磐石 安海成 AnHC0340
新疆：布尔津 谭敦炎，邱娟 TanDY0481
新疆：巩留 亚吉东，迟建才，张桥蓉等 16CS13495
新疆：新源 亚吉东，张桥蓉，秦少发等 16CS13298
Heracleum franchetii M. Hiroe **尖叶独活** *
四川：道孚 余岩，周春景，秦汉涛 SCU-11-033
四川：康定 高云东，李忠荣，鞠文彬 GaoXF-12-179
四川：康定 彭玉兰，涂卫国 Gaoxf-0865
云南：福贡 刀志灵，陈哲 DZL-065
云南：贡山 刘成，何华杰，黄莉等 14CS8532
云南：巧家 杨光明 SCSB-W-1246
Heracleum hemsleyanum Diels **独活** *
吉林：临江 李长田 Yanglm0037
辽宁：清原 张永刚 Yanglm0159
四川：宝兴 Y07086
四川：黑水 顾垒，李忠荣 GaoXF-09ZX-1341
云南：贡山 刀志灵 DZL348

云南：丽江 张书东，林娜娜，陆露等 SCSB-W-104
重庆：南川区 易思荣 YISR271
Heracleum henryi H. Wolff 思茅独活 *
云南：普洱 谭运洪，余涛 B429
云南：腾冲 余新林，赵玮 BSGLGStc010
云南：文山 何德明，丰艳飞，陈斌等 WSLJS798
Heracleum kingdonii H. Wolff 贡山独活
西藏：察隅 张挺，蔡杰，袁明 09CS1576
西藏：亚东 李国栋，董金龙 SunH-07ZX-3269
云南：沧源 赵金超，田立新 CYNGH040
云南：隆阳区 尹学建，蒙玉永，郭辅景等 BSGLGSly2037
云南：屏边 钱良超，陆海兴，张照跃等 Pbdws123
云南：西畴 彭华，刘恩德，陈丽 P.H.5540
云南：盈江 王立彦 SCSB-TBG-152
云南：云龙 字建泽，杨六斤，李国宏等 TC1091
云南：镇沅 何忠云，王立东 ALSZY152
Heracleum millefolium Diels 裂叶独活
甘肃：合作 齐威 LJQ-2008-GN-048
甘肃：合作 尹鑫，吴航，葛文静 LiuJQ-GN-2011-253
甘肃：玛曲 李晓东，刘帆，张景博等 LiJ0049
甘肃：玛曲 尹鑫，吴航，葛文静 LiuJQ-GN-2011-260
四川：若尔盖 何兴金，高云东，刘海艳等 SCU-20080512
西藏：安多 陈家辉，庄会富，边巴扎西 Yangyp-Q-2152
西藏：八宿 扎西次仁，西落 ZhongY744
西藏：芒康 徐波，陈光富，陈林杨等 SunH-07ZX-1510
西藏：普兰 扎西次仁 ZhongY114
Heracleum millefolium var. **longilobum** C. Norman 长裂叶独活 *
四川：红原 张昌兵，邓秀华 ZhangCB0224
Heracleum moellendorffii Hance 短毛独活
北京：东城区 王雷，朱雅娟，黄振英 Beijing-huang-bhs-0004
北京：东城区 王雷，朱雅娟，黄振英 Beijing-huang-bws-0006
北京：东城区 王雷，朱雅娟，黄振英 Beijing-huang-dls-0015
北京：海淀区 程红焱 SCSB-D-0021
北京：海淀区 林坚 SCSB-B-0003
北京：门头沟区 李燕军 SCSB-E-0019
北京：西城区 王雷，朱雅娟，黄振英 Beijing-huang-ss-0004
北京：西城区 王雷，朱雅娟，黄振英 Beijing-huang-yms-0006
河北：平山 牛玉璐，郑博颖，黄士良等 NiuYL087
河北：兴隆 李燕军 SCSB-A-0003
河南：栾川 邓志军，付婷婷，水庆艳 Huangzy0068
河南：南召 何明高，付婷婷，水庆艳 Huangzy0212
河南：嵩县 何明高，付婷婷，水庆艳 Huangzy0146
黑龙江：尚志 刘玫，张欣欣，程薪宇等 Liuetal464
黑龙江：尚志 郑宝江，丁晓炎，李月等 ZhengBJ169
黑龙江：五常 王臣，张欣欣，崔皓钧等 WangCh374
湖北：神农架林区 李巨平 LiJuPing0183
湖北：英山 朱鑫鑫，甄爱国，孙增朋等 ZhuXX140
吉林：抚松 韩忠明 Yanglm0463
江苏：海州区 汤兴利 HANGYY8509
江西：庐山区 董安淼，吴从梅 TanCM3088
江西：庐山区 董安淼，吴丛梅 TanCM3349
辽宁：凤城 李忠宇 CaoW234
山东：平邑 辛晓伟，张世尧 Lilan852
陕西：眉县 田先华，白根录 TianXH132
四川：巴塘 张大才，尹五元，李双智等 ZhangDC-07ZX-2243
四川：稻城 何兴金，王长宝，刘爽等 SCU-09-050
Heracleum moellendorffii var. **subbipinnatum** (Franchet) Kitagawa 狭叶短毛独活
河北：宽城 牛玉璐，高彦飞，赵二涛 NiuYL463
黑龙江：穆棱 孙阎，赵立波 SunY244
Heracleum nyalamense R. H. Shan & T. S. Wang 聂拉木独活 *
西藏：八宿 张永洪，王晓雄，周卓等 ZhangDC-07ZX-1635
西藏：察隅 张挺，蔡杰，袁明 09CS1608
西藏：芒康 徐波，陈光富，陈林杨等 SunH-07ZX-0264
西藏：芒康 徐波，陈光富，陈林杨等 SunH-07ZX-1564
西藏：芒康 张永洪，李国栋，王晓雄 SunH-07ZX-1738
西藏：普兰 李晖，文雪梅，次旺加布等 Lihui-Q-0008
西藏：左贡 张永洪，王晓雄，周卓等 SunH-07ZX-1079
Heracleum oreocharis H. Wolff 山地独活 *
云南：镇沅 张绍云，叶金科 YNS0004
Heracleum scabridum Franchet 糙独活 *
云南：澜沧 张绍云，胡启和 YNS1091
云南：蒙自 田学军，邱成书，高波 TianXJ0213
云南：腾冲 周应再 Zhyz-493
云南：玉龙 亚吉东，张德全，唐治喜等 15PX501
Heracleum souliei H. de Boissieu 康定独活 *
四川：黑水 顾垒，李忠荣 GaoXF-09ZX-1415
四川：康定 何兴金，高云东，刘海艳等 SCU-20080428
Heracleum stenopterum Diels 狭翅独活 *
四川：康定 何兴金，胡灏禹，陈德友等 SCU-09-306
云南：香格里拉 张挺，亚吉东，李明勤等 11CS3603
Heracleum tiliifolium H. Wolff 椴叶独活 *
江西：武宁 张吉华，刘运群 TanCM731
Heracleum vicinum H. de Boissieu 平截独活 *
湖北：竹溪 李盛兰 GanQL367
Heracleum yungningense Handel-Mazzetti 永宁独活 *
四川：道孚 何兴金，刘爽，易欣 SCU-10-304
四川：稻城 何兴金，廖晨阳，任海燕等 SCU-09-459
四川：稻城 何兴金，廖晨阳，任海燕等 SCU-09-468
Hyalolaena bupleuroides (Schrenk ex Fischer & C. A. Meyer) Pimenov & Kljuykov 柴胡状斑膜芹
新疆：和田 冯建菊 Liujq-fjj-0108
Hyalolaena trichophylla (Schrenk) Pimenov & Kljuykov 斑膜芹
新疆：玛纳斯 亚吉东，张桥蓉，秦少发等 16CS13232
Libanotis buchtormensis (Fischer) de Candolle 岩风
新疆：阿勒泰 段士民，王喜勇，刘会良等 194
新疆：独山子区 亚吉东，张桥蓉，秦少发等 16CS13266
新疆：巩留 亚吉东，张桥蓉，秦少发等 16CS13515
Libanotis condensata (Linnaeus) Crantz 密花岩风
新疆：托里 谭敦炎，吉乃提 TanDY0736
新疆：裕民 谭敦炎，吉乃提 TanDY0720
Libanotis eriocarpa Schrenk 绵毛岩风
新疆：和静 杨赵平，焦培培，白冠章等 LiZJ0659
Libanotis iliensis (Lipsky) Korovin 伊犁岩风
新疆：奎屯 亚吉东，张桥蓉，秦少发等 16CS13254
新疆：尼勒克 亚吉东，张桥蓉，秦少发等 16CS13442
Libanotis incana (Stephan ex Willdenow) O. Fedtschenko & B. Fedtschenko 碎叶岩风
新疆：博乐 亚吉东，张桥蓉，秦少发等 16CS13843
新疆：布尔津 谭敦炎，邱娟 TanDY0484
新疆：托里 亚吉东，张桥蓉，秦少发等 16CS13883
新疆：托里 许炳强，胡伟明 XiaNH-07ZX-850
Libanotis jinanensis L. C. Xu & M. D. Xu 济南岩风 *
山东：章丘 高德民，步瑞兰，辛晓伟 Lilan846

Libanotis schrenkiana C. A. Meyer ex Schischkin 坚挺岩风
新疆：新源 亚吉东，张桥蓉，秦少发等 16CS13404
新疆：新源 亚吉东，张桥蓉，秦少发等 16CS13420
Libanotis seseloides (Fischer & C. A. Meyer ex Turczaninow) Turczaninow 香芹
山东：东营区 曹子谊，韩国营，吕蕾等 Zhaozt0077
山东：莒县 张颖颖，步瑞兰，辛晓伟等 Lilan749
山东：崂山区 赵遵田，郑国伟，王海英等 Zhaozt0177
Ligusticum acuminatum Franchet 尖叶藁本 *
甘肃：舟曲 齐威 LJQ-2008-GN-050
甘肃：卓尼 齐威 LJQ-2008-GN-070
广西：金秀 彭华，向春雷，陈丽 PengH8128
四川：甘孜 张大才，尹五元，李双智等 ZhangDC-07ZX-2336
四川：小金 高云东，李忠荣，鞠文彬 GaoXF-12-121
西藏：墨脱 张大才，李双智，唐路等 ZhangDC-07ZX-1766
云南：巧家 张书东，张荣，王银环等 QJYS0235
Ligusticum ajanense (Regel & Tiling) Koso-Poljansky 黑水岩茴香
山东：崂山区 罗艳，李中华 LuoY365
山东：历下区 高德民，张诏，王萍等 lilan503
Ligusticum angelicifolium Franchet 归叶藁本 *
陕西：眉县 田先华，白根录 TianXH078
西藏：察隅 孙航，张建文，陈建国等 SunH-07ZX-2505
云南：香格里拉 郭永杰，张桥蓉，李春晓等 11CS3443
云南：新平 何罡安 XPALSB095
云南：永德 杨金荣，王学军，黄德武等 YDDXSA038
Ligusticum brachylobum Franchet 短片藁本 *
四川：冕宁 张大才，尹五元，李双智等 ZhangDC-07ZX-2464
西藏：察隅 张挺，蔡杰，袁明 09CS1525
云南：隆阳区 段在贤，密得生，杨海等 BSGLGSly1036
云南：泸水 朱枫，张仲富，成梅 Wangsh-07ZX-047
云南：永德 李永亮，杨金柱 YDDXSB013
Ligusticum capillaceum H. Wolff 细苞藁本 *
云南：巧家 李文虎，高顺勇，吴天抗等 QJYS0099
Ligusticum daucoides (Franchet) Franchet 羽苞藁本 *
四川：丹巴 余岩，周春景，秦汉涛 SCU-11-051
四川：峨眉山 李小杰 LiXJ510
四川：甘孜 陈文允，于文涛，黄永江 CYH119
四川：康定 高云东，李忠荣，鞠文彬 GaoXF-12-184
四川：理塘 何兴金，马祥光，张云香等 SCU-11-248
四川：乡城 张大才，尹五元，李双智等 ZhangDC-07ZX-2120
云南：迪庆 张书东，林娜娜，郁文彬等 SCSB-W-036
云南：巧家 李文虎，高顺勇，吴天抗等 QJYS0030
Ligusticum delavayi Franchet 丽江藁本 *
云南：永德 奎文康，欧阳红才，鲁金国等 YDDXSC042
Ligusticum discolor Ledebour 异色藁本
新疆：尼勒克 段士民，王喜勇，刘会良 Zhangdy371
新疆：新源 亚吉东，张桥蓉，秦少发等 16CS13363
Ligusticum hispidum (Franchet) H. Wolff 毛藁本 *
云南：会泽 杜燕，黄天才，董勇等 SCSB-A-000325
Ligusticum involucratum Franchet 多苞藁本 *
四川：理塘 张大才，尹五元，李双智等 ZhangDC-07ZX-2185
Ligusticum jeholense (Nakai & Kitagawa) Nakai & Kitagawa 辽藁本 *
北京：门头沟区 林坚 SCSB-E-0005
河北：平山 牛玉璐，郑博颖，黄士良等 NiuYL063
山东：崂山区 罗艳，李中华 LuoY395
山东：历城区 张少华，张诏，程丹丹等 Lilan667
山东：牟平区 卞福花，陈朋 BianFH-0362
Ligusticum mucronatum (Schrenk) Leute 短尖藁本
新疆：独山子区 亚吉东，张桥蓉，秦少发等 16CS13288
新疆：巩留 亚吉东，张桥蓉，秦少发等 16CS13465
新疆：尼勒克 刘骞，马真，贺晓欢等 SHI-A2007451
新疆：新源 亚吉东，张桥蓉，秦少发等 16CS13378
Ligusticum multivittatum Franchet 多管藁本 *
云南：东川区 蔡杰，郭永杰，吴之坤等 11CS3001
Ligusticum oliverianum (H. de Boissieu) R. H. Shan 膜苞藁本 *
四川：道孚 许炳强，童毅华，吴兴等 XiaNH-07ZX-0982
四川：九龙 张大才，尹五元，李双智等 ZhangDC-07ZX-2408
云南：德钦 杨青松，星耀武，苏涛 ZhouZK-07ZX-0424
Ligusticum pteridophyllum Franchet 蕨叶藁本 *
四川：稻城 李晓东，张景博，徐凌翔等 LiJ385
四川：壤塘 何兴金，刘爽，易欣 SCU-10-342
四川：雅江 苏涛，黄永江，杨青松等 ZhouZK11065
Ligusticum scapiforme H. Wolff 抽葶藁本 *
四川：丹巴 余岩，周春景，秦汉涛 SCU-11-046
四川：丹巴 余岩，周春景，秦汉涛 SCU-11-067
四川：稻城 张大才，尹五元，李双智等 ZhangDC-07ZX-2148
四川：雅江 何兴金，郜鹏，彭禄等 SCU-11-353
云南：巧家 李文虎，吴天抗，张天壁等 QJYS0151
Ligusticum sikiangense M. Hiroe 川滇藁本 *
四川：甘孜 张大才，尹五元，李双智等 ZhangDC-07ZX-2323
四川：九龙 张大才，尹五元，李双智等 ZhangDC-07ZX-2407
四川：雅江 苏涛，黄永江，杨青松等 ZhouZK11103
云南：巧家 杨光明 SCSB-W-1253
Ligusticum sinense cv. **Chuanxiong** S. H. Qiu et al. 川芎 *
湖南：怀化 李胜华，伍贤进，曾汉元等 HHXY270
云南：香格里拉 杨青松，杨莹，黄永江等 ZhouZK-07ZX-0037
Ligusticum sinense Oliver 藁本 *
甘肃：卓尼 尹鑫，吴航，葛文静 LiuJQ-GN-2011-279
湖北：宣恩 沈泽昊 HXE073
江西：靖安 张吉华，刘运群 TanCM773
江西：武宁 张吉华，刘运群 TanCM716
Ligusticum tachiroei (Franchet & Savatier) M. Hiroe & Constance 岩茴香
河北：蔚县 牛玉璐，高彦飞，黄士良 NiuYL271
Ligusticum tenuissimum (Nakai) Kitagawa 细叶藁本
四川：米易 刘静，袁明 MY-249
Ligusticum thomsonii C. B. Clarke 长茎藁本
甘肃：玛曲 齐威 LJQ-2008-GN-049
甘肃：玛曲 尹鑫，吴航，葛文静 LiuJQ-GN-2011-265
青海：都兰 潘建斌，杜维波，牛炳韬 Liujq-2011CDM-221
青海：湟中 薛春迎 Xuechy0272
青海：门源 陈世龙，高庆波，张发起等 Chensl1647
青海：乌兰 潘建斌，杜维波，牛炳韬 Liujq-2011CDM-286
青海：玉树 汪书丽，朱洪涛 Liujq-QLS-TXM-089
四川：若尔盖 高云东，李忠荣，鞠文彬 GaoXF-12-020
四川：若尔盖 尹鑫，吴航，葛文静 LiuJQ-GN-2011-255
四川：石渠 陈世龙，高庆波，张发起 Chensl0638
云南：香格里拉 郭永杰，张桥蓉，李春晓等 11CS3459
Meeboldia yunnanensis (H. Wolff) Constance & F. T. Pu 滇芹 *
西藏：芒康 徐波，陈光富，陈林杨等 SunH-07ZX-1538
西藏：左贡 徐波，陈光富，陈林杨等 SunH-07ZX-2083
Nothosmyrnium japonicum Miquel 白苞芹
河南：浉河区 朱鑫鑫，王君，石琳琳等 ZhuXX312

Nothosmyrnium xizangense R. H. Shan & T. S. Wang 西藏白苞芹 *
西藏：错那 罗建，汪书丽 LiuJQ11XZ180
西藏：林芝 罗建，汪书丽，王国严 LiuJQ-09XZ-355
Notopterygium franchetii H. de Boissieu 宽叶羌活 *
甘肃：合作 郭淑青，杜品 LiuJQ-2012-GN-210
甘肃：玛曲 尹鑫，吴航，葛文静 LiuJQ-GN-2011-263
甘肃：夏河 齐威 LJQ-2008-GN-044
青海：班玛 陈世龙，高庆波，张发起 Chensl1138
青海：贵德 陈世龙，高庆波，张发起 Chensl0966
四川：德格 苏涛，黄永江，杨青松等 ZhouZK11200
云南：巧家 杨光明 SCSB-W-1299
Notopterygium incisum C. C. Ting ex H. T. Chang 羌活 *
甘肃：玛曲 齐威 LJQ-2008-GN-046
甘肃：玛曲 尹鑫，吴航，葛文静 LiuJQ-GN-2011-266
青海：刚察 汪书丽，朱洪涛 Liujq-QLS-TXM-032
青海：互助 薛春迎 Xuechy0101
青海：祁连 陈世龙，高庆波，张发起等 Chensl1579
四川：道孚 何兴金，赵丽华，梁乾隆 SCU-10-028
四川：康定 高云东，李忠荣，鞠文彬 GaoXF-12-183
西藏：丁青 扎西次仁，西落，耿宇鹏 ZhongY746
西藏：左贡 苏涛，黄永江，杨青松等 ZhouZK11309
Oenanthe benghalensis (Roxburgh) Kurz 短辐水芹
云南：澜沧 胡启和，周兵，仇亚 YNS0910
云南：南涧 阿国仁，熊绍荣，邹国娟等 NJWLS2008014
Oenanthe hookeri C. B. Clarke 高山水芹
四川：道孚 陈文允，于文涛，黄永江 CYH214
云南：香格里拉 郭永杰，张桥蓉，李春晓等 11CS3475
Oenanthe javanica (Blume) de Candolle 水芹
安徽：屯溪区 方建新 TangXS0262
河北：灵寿 牛玉璐，高彦飞，黄士良 NiuYL182
黑龙江：北安 王臣，张欣欣，史传奇 WangCh196
黑龙江：尚志 郑宝江，丁晓炎，李月等 ZhengBJ172
湖北：仙桃 张代贵 Zdg1342
湖北：竹溪 李盛兰 GanQL103
吉林：磐石 安海成 AnHC0170
江西：黎川 童和平，王玉珍 TanCM2349
江西：龙南 梁跃龙，潘国元，欧考胜 LiangYL028
江西：庐山区 谭策铭，董安淼 TanCM318
山东：莱山区 卞福花，陈朋 BianFH-0314
山东：崂山区 罗艳，李中华 LuoY166
山东：历城区 王萍，高德民，张诏等 lilan310
四川：峨眉山 李小杰 LiXJ157
四川：射洪 袁明 YUANM2016L199
云南：龙陵 孙兴旭 SunXX056
云南：麻栗坡 肖波 LuJL186
云南：腾冲 余新林，赵玮 BSGLGStc067
云南：西山区 税玉民，陈文红 65787
云南：永德 李永亮 YDDXS0486
云南：永德 欧阳红才，穆勤学，奎文康 YDDXSC038
Oenanthe javanica subsp. **rosthornii** (Diels) F. T. Pu 卵叶水芹
湖北：竹溪 李盛兰，甘霖 GanQL605
湖南：新化 姜孝成，唐妹，戴小军等 Jiangxc0539
Oenanthe linearis subsp. **rivularis** (Dunn) C. Y. Wu & F. T. Pu 蒙自水芹
云南：蒙自 田学军，邱成书，高波 TianXJ0169
云南：宁洱 胡启和，仇亚，张绍云 YNS0938
Oenanthe linearis Wallich ex de Candolle 线叶水芹
四川：盐源 苏涛，黄永江，杨青松等 ZhouZK11413
云南：景东 鲁艳 200874
云南：景东 鲁艳 2008102
云南：新平 王家和，谢雄，鲁发旺 XPALSC007
云南：新平 何罡安 XPALSB184
云南：永德 李永亮 YDDXS1061
重庆：南川区 易思荣 YISR072
Oenanthe thomsonii C. B. Clarke 多裂叶水芹
云南：景东 杨国平，李达文，鲁志云 ygp-019
云南：景东 杨国平 JD091
云南：新平 白绍斌 XPALSC453
云南：永德 李永亮 YDDXS0207
Oenanthe thomsonii subsp. **stenophylla** (H. de Boissieu) F. T. Pu 窄叶水芹
四川：峨眉山 李小杰 LiXJ498
Osmorhiza aristata (Thunberg) Rydberg 香根芹
安徽：金寨 陈延松，欧祖兰，姜九龙 Xuzd150
黑龙江：五常 王臣，张欣欣，崔皓钧等 WangCh385
江苏：句容 吴宝成，王兆银 HANGYY8162
江西：庐山区 董安淼，吴丛梅 TanCM2534
浙江：临安 李宏庆，田怀珍 Lihq0222
Osmorhiza aristata var. **laxa** (Royle) Constance & R. H. Shan 疏叶香根芹
湖北：竹溪 李盛兰 GanQL044
云南：香格里拉 蔡杰，张挺，刘成等 11CS3242
Ostericum grosseserratum (Maximowicz) Kitagawa 大齿山芹
安徽：金寨 刘淼 SCSB-JSC48
北京：东城区 王雷，朱雅娟，黄振英 Beijing-huang-dls-0026
北京：门头沟区 李燕军 SCSB-E-0041
河北：平山 牛玉璐，高彦飞，黄士良 NiuYL272
吉林：磐石 安海成 AnHC0392
Ostericum maximowiczii (F. Schmidt ex Maximowicz) Kitagawa 全叶山芹
黑龙江：嫩江 王臣，张欣欣，史传奇 WangCh252
Ostericum maximowiczii var. **australe** (Komarov) Kitagawa 大全叶山芹
吉林：磐石 安海成 AnHC0225
Ostericum sieboldii (Miquel) Nakai 山芹
河北：涿鹿 牛玉璐，高彦飞，赵二涛 NiuYL368
吉林：磐石 安海成 AnHC0405
江西：武宁 谭策铭，张吉华 TanCM432
辽宁：庄河 于立敏 CaoW834
Ostericum sieboldii var. **praeteritum** (Kitagawa) Y. Huei Huang 狭叶山芹
黑龙江：阿城 王臣，张欣欣，史传奇 WangCh217
Ostericum viridiflorum (Turczaninow) Kitagawa 绿花山芹
吉林：磐石 安海成 AnHC0388
Pachypleurum xizangense H. T. Chang & R. H. Shan 西藏厚棱芹 *
西藏：八宿 张挺，李爱花，刘成等 08CS706
Peucedanum angelicoides H. Wolff 芷叶前胡 *
云南：香格里拉 张挺，亚吉东，张桥蓉等 11CS3569
Peucedanum elegans Komarov 刺尖前胡
吉林：磐石 安海成 AnHC0209
Peucedanum guangxiense R. H. Shan & M. L. Sheh 广西前胡 *
广西：武鸣 何海文，杨锦超 YANGXF0168
Peucedanum henryi H. Wolff 鄂西前胡 *
湖南：永顺 陈功锡，张代贵 SCSB-HC-2008257

Peucedanum japonicum Thunberg **滨海前胡**
山东：崂山区 罗艳，李中华，邓建平 LuoY114
Peucedanum medicum Dunn **华中前胡** *
重庆：南川区 易思荣 YISR061
湖北：宣恩 许玥，祝文志，刘志祥等 ShenZH7819
Peucedanum morisonii Besser ex Sprengel **准噶尔前胡**
新疆：哈巴河 段士民，王喜勇，刘会良等 215
Peucedanum nanum R. H. Shan & M. L. Sheh **矮前胡** *
西藏：萨嘎 李晖，文雪梅，次旺加布等 Lihui-Q-0078
Peucedanum praeruptorum Dunn **前胡** *
安徽：绩溪 唐鑫生，方建新 TangXS0370
湖北：神农架林区 李巨平 LiJuPing0190
湖北：宣恩 沈泽昊 HXE128
湖北：竹溪 李盛兰 GanQL361
江苏：句容 王兆银，吴宝成 SCSB-JS0392
江西：靖安 李立新，缪以清 TanCM1240
江西：龙南 梁跃龙，廖海红 LiangYL020
江西：芦溪 杜小浪，慕泽泾，曹岚 DXL017
陕西：太白 田先华，董栓录 TianXH1203
四川：宝兴 袁明，胡超 Y07013
Peucedanum rubricaule R. H. Shan & M. L. Sheh **红前胡** *
云南：巧家 杨光明 SCSB-W-1239
云南：巧家 杨光明 SCSB-W-1240
云南：香格里拉 杨青松，星耀武，苏涛 ZhouZK-07ZX-0380
云南：香格里拉 杨亲二，袁琼 Yangqe1843
云南：彝良 伊廷双，杨杨，孟静 MJ-790
Peucedanum terebinthaceum (Fischer ex Treviranus) Ledebour **石防风**
河北：平山 牛玉璐，高彦飞，黄士良 NiuYL273
吉林：磐石 安海成 AnHC0208
辽宁：桓仁 祝业平 CaoW1057
Peucedanum terebinthaceum var. **deltoideum** (Makino ex Y. Yabe) Makino **宽叶石防风**
湖北：竹溪 李盛兰 GanQL319
辽宁：庄河 于立敏 CaoW825
Peucedanum turgeniifolium H. Wolff **长前胡** *
四川：松潘 何兴金，刘爽，赵财 SCU-10-418
四川：松潘 何兴金，张云香，王志新 SCU-10-514
Peucedanum veitchii H. de Boissieu **华西前胡** *
湖北：神农架林区 李巨平 LiJuPing0009
Peucedanum violaceum R. H. Shan & M. L. Sheh **紫茎前胡** *
西藏：八宿 张大才，李双智，罗康等 ZhangDC-07ZX-1208
西藏：左贡 徐波，陈光富，陈林杨等 SunH-07ZX-2081
Peucedanum wawrae (H. Wolff) Su ex M. L. Sheh **泰山前胡** *
辽宁：长海 郑宝江，丁晓炎，焦宏斌等 ZhengBJ336
山东：崂山区 罗艳，李中华 LuoY404
山东：芝罘区 卞福花，卢学新，纪伟 BianFH00003
山东：芝罘区 卞福花，宋言贺 BianFH-488
Physospermopsis cuneata H. Wolff **楔叶滇芎** *
云南：香格里拉 周浙昆，苏涛，杨莹等 Zhou09-085
Physospermopsis kingdon-wardii (H. Wolff) C. Norman **小滇芎**
西藏：察隅 孙航，张建文，陈建国等 SunH-07ZX-2424
Physospermopsis muliensis R. H. Shan & S. L. Liou **木里滇芎** *
四川：木里 聂泽龙，孟盈，邓涛 SunH-07ZX-2330
西藏：林芝 孙航，张建文，陈建国等 SunH-07ZX-2785
Physospermopsis obtusiuscula (Wallich ex de Candolle) C. Norman **波棱滇芎**
西藏：林芝 罗建，汪书丽，王国严 LiuJQ-09XZ-388
Physospermopsis shaniana C. Y. Wu & F. T. Pu **丽江滇芎**
云南：富民 蔡杰，郭永杰，郁文彬等 13CS7170
云南：巧家 杨光明 SCSB-W-1237
Pimpinella acuminata (Edgeworth) C. B. Clarke **尖叶茴芹**
西藏：定日 陈家辉，韩希，王广艳等 YangYP-Q-4351
西藏：林芝 罗建，汪书丽，任德智 LiuJQ-09XZ-279
Pimpinella anisum Linnaeus **茴芹**
河南：栾川 黄振英，于顺利，杨学军 Huangzy0008
Pimpinella arguta Diels **锐叶茴芹** *
湖北：仙桃 李巨平 Lijuping0303
湖北：竹溪 甘霖 GanQL625
陕西：宁陕 吴礼慧，田先华 TianXH551
陕西：宁陕 田先华，田陌 TianXH1119
四川：峨眉山 李小杰 LiXJ234
Pimpinella bisinuata H. Wolff **重波茴芹** *
四川：理县 张昌兵，邓秀发 ZhangCB0386
四川：米易 袁明 MY470
Pimpinella brachycarpa (Komarov) Nakai **短果茴芹**
吉林：抚松 韩忠明 Yanglm0462
吉林：临江 林红梅 Yanglm0308
吉林：磐石 安海成 AnHC0167
Pimpinella brachystyla Handel-Mazzetti **短柱茴芹** *
安徽：绩溪 胡长玉，方建新，徐林飞 TangXS0652
Pimpinella candolleana Wight & Arnott **杏叶茴芹**
安徽：金寨 陈延松，欧祖兰，刘旭升 Xuzd189
四川：乐至 邓兴敏，邓秀发，张昌兵 ZCB0463
四川：冕宁 张大才，尹五元，李双智等 ZhangDC-07ZX-2443
云南：东川区 张挺，蔡杰，刘成等 11CS3599
云南：贡山 郭永杰，吴之坤，吴兴等 14CS9903
云南：贡山 李恒，李嵘，刀志灵 987
云南：景东 张绍云，胡启和，仇亚等 YNS1159
云南：宁蒗 苏涛，黄永江，杨青松等 ZhouZK11446
云南：巧家 李文虎，吴天抗，张天壁等 QJYS0182
云南：文山 何德明 WSLJS831
云南：香格里拉 孔航辉，任琛 Yangqe2843
云南：永德 杨金荣，黄德武，李任斌等 YDDXSA102
云南：永德 奎文康，欧阳红才，杨金柱 YDDXSC067
Pimpinella chungdienensis C. Y. Wu ex R. H. Shan et al. **中甸茴芹** *
西藏：林芝 罗建，汪书丽，任德智 LiuJQ-09XZ-ML099
Pimpinella cnidioides H. Pearson ex H. Wolff **蛇床茴芹** *
吉林：前郭尔罗斯 杨帆，马红媛，安丰华 SNA0449
Pimpinella coriacea (Franchet) H. de Boissieu **革叶茴芹** *
贵州：江口 周云，王勇 XiangZ070
云南：新平 刘家良 XPALSD121
云南：永德 李永亮 YDDXS0540
Pimpinella diversifolia de Candolle **异叶茴芹**
安徽：屯溪区 方建新 TangXS0956
甘肃：迭部 尹鑫，吴航，葛文静 LiuJQ-GN-2011-258
贵州：惠水 邹方伦 ZouFL0129
湖南：石门 陈功锡，张代贵 SCSB-HC-2008156
江西：靖安 李立新，缪以清 TanCM1243
江西：武宁 张吉华，刘运群 TanCM1193
四川：九寨沟 齐威 LJQ-2008-GN-042
四川：乐至 邓兴敏，邓秀发，张昌兵 ZCB0392
四川：米易 刘静，袁明 MY-191
云南：丽江 张书东，林娜娜，陆露等 SCSB-W-113

云南：南涧 阿国仁，罗新洪，李敏等 NJWLS2008125
云南：宁洱 张绍云，胡启和 YNS1068
云南：宁蒗 苏涛，黄永江，杨青松等 ZhouZK11445
云南：香格里拉 孔航辉，任琛 Yangqe2846
云南：永德 李永亮 YDDXS0896
云南：云龙 字建泽，杨六斤，李国庆等 TC1055

Pimpinella diversifolia var. **angustipetala** R. H. Shan & F. T. Pu **尖瓣异叶茴芹 ***
四川：小金 何兴金，王月，胡灏禹 SCU-08157

Pimpinella grisea H. Wolff **灰叶茴芹 ***
云南：新平 彭华，向春雷，陈丽 PengH8300

Pimpinella henryi Diels **川鄂茴芹 ***
四川：理县 张昌兵，邓秀发 ZhangCB0399

Pimpinella kingdon-wardii H. Wolff **德钦茴芹 ***
西藏：察隅 张挺，蔡杰，袁明 09CS1602
云南：腾冲 周应再 Zhyz-350
云南：腾冲 余新林，赵玮 BSGLGStc220

Pimpinella refracta H. Wolff **下曲茴芹 ***
云南：香格里拉 张挺，亚吉东，李明勤等 11CS3341

Pimpinella rhomboidea Diels **菱叶茴芹 ***
湖北：神农架林区 李巨平 LiJuPing0095
陕西：宁陕 田先华，田陌 TianXH1120
四川：小金 高云东，李忠荣，鞠文彬 GaoXF-12-113

Pimpinella rubescens (Franchet) H. Wolff **少花茴芹 ***
云南：德钦 张大才，李双智，杨川 ZhangDC-07ZX-1987

Pimpinella smithii H. Wolff **直立茴芹 ***
甘肃：卓尼 尹鑫，吴航，葛文静 LiuJQ-GN-2011-256
青海：互助 薛春迎 Xuechy0136
青海：平安 陈世龙，高庆波，张发起等 Chensl1740
青海：平安 陈世龙，高庆波，张发起等 Chensl1741
四川：道孚 何兴金，赵丽华，梁乾隆 SCU-10-027
四川：壤塘 何兴金，刘爽，易欣 SCU-10-326
四川：汶川 何兴金，高云东，刘海艳等 SCU-20080454

Pimpinella thellungiana H. Wolff **羊红膻**
黑龙江：宁安 刘玫，张欣欣，程薪宇等 Liuetal510
山东：平邑 高德民，辛晓伟，张世尧等 Lilan845

Pimpinella tibetanica H. Wolff **藏茴芹**
云南：南涧 罗新洪，阿国仁 NJWLS548

Pleurospermum amabile Craib & W. W. Smith **美丽棱子芹**
四川：稻城 张大才，尹五元，李双智等 ZhangDC-07ZX-2154
四川：稻城 陈家辉，刘亚辉，周妍等 YangYP-Q-2297
四川：黑水 顾垒，李忠荣 GaoXF-09ZX-1404
西藏：八宿 张大才，李双智，罗康等 ZhangDC-07ZX-1220
西藏：察隅 孙航，张建文，陈建国等 SunH-07ZX-2516
西藏：错那 聂泽龙，牛洋，周卓等 SunH-07ZX-2351
西藏：林芝 孙航，张建文，陈建国等 SunH-07ZX-2764
西藏：林芝 张大才，李双智，唐路等 ZhangDC-07ZX-1826
西藏：左贡 徐波，陈光富，陈林杨等 SunH-07ZX-2102
云南：香格里拉 郭永杰，张桥蓉，李春晓等 11CS3524

Pleurospermum angelicoides (Wallich ex de Candolle) C. B. Clarke **归叶棱子芹**
云南：腾冲 周应再 Zhyz-117
云南：香格里拉 蔡杰，张挺，刘成等 11CS3297

Pleurospermum aromaticum W. W. Smith **芳香棱子芹 ***
四川：理塘 何兴金，马祥光，张云香等 SCU-11-270
四川：雅江 何兴金，郜鹏，彭禄等 SCU-11-388
云南：香格里拉 张挺，亚吉东，李明勤等 11CS3606

Pleurospermum astrantioideum (H. de Boissieu) K. T. Fu & Y. C. Ho **雅江棱子芹 ***
四川：康定 何兴金，王长宝，刘爽等 SCU-09-009

Pleurospermum benthamii (Wallich ex de Candolle) C. B. Clarke **宝兴棱子芹**
云南：香格里拉 李晓东，张紫刚，操榆 LiJ615

Pleurospermum bicolor (Franchet) C. Norman ex Z. H. Pan & M. F. Watson **二色棱子芹 ***
四川：乡城 张大才，尹五元，李双智等 ZhangDC-07ZX-2105
四川：乡城 周浙昆，苏涛，杨莹等 Zhou09-123

Pleurospermum calcareum H. Wolff **疣叶棱子芹 ***
云南：禄劝 胡光万 HGW-00335

Pleurospermum cristatum H. de Boissieu **鸡冠棱子芹 ***
甘肃：夏河 尹鑫，吴航，葛文静 LiuJQ-GN-2011-262
陕西：眉县 董栓录，李智军 TianXH511
四川：盐源 聂泽龙，孟盈，邓涛 SunH-07ZX-2333

Pleurospermum foetens Franchet **丽江棱子芹 ***
四川：康定 彭玉兰，涂卫国 Gaoxf-0878
云南：东川区 蔡杰，郭永杰，吴之坤等 11CS2974
云南：香格里拉 郭永杰，张桥蓉，李春晓等 11CS3526

Pleurospermum franchetianum Hemsley **松潘棱子芹 ***
甘肃：卓尼 尹鑫，吴航，葛文静 LiuJQ-GN-2011-281
甘肃：卓尼 齐威 LJQ-2008-GN-057
甘肃：卓尼 齐威 LJQ-2008-GN-059
青海：平安 陈世龙，高庆波，张发起等 Chensl1780
四川：康定 何兴金，廖晨阳，任海燕等 SCU-09-412
四川：汶川 何兴金，高云东，刘海艳等 SCU-20080458

Pleurospermum giraldii Diels **太白棱子芹 ***
陕西：眉县 田先华，蔡杰，白根录 TianXH072

Pleurospermum hedinii Diels **垫状棱子芹 ***
青海：称多 许炳强，周伟，郑朝汉 Xianh0442
青海：格尔木 冯虎元 LiuJQ-08KLS-100
西藏：安多 陈家辉，庄会富，边巴扎西 Yangyp-Q-2154

Pleurospermum hookeri var. **thomsonii** C. B. Clarke **西藏棱子芹 ***
甘肃：迭部 尹鑫，吴航，葛文静 LiuJQ-GN-2011-284
甘肃：玛曲 尹鑫，吴航，葛文静 LiuJQ-GN-2011-282
甘肃：卓尼 齐威 LJQ-2008-GN-065
青海：祁连 陈世龙，高庆波，张发起等 Chensl1486
四川：白玉 孙航，张建文，邓涛等 SunH-07ZX-3714
四川：稻城 张大才，尹五元，李双智等 ZhangDC-07ZX-2155
四川：德格 张大才，尹五元，李双智等 ZhangDC-07ZX-2304
四川：石渠 孙航，张建文，邓涛等 SunH-07ZX-3730
西藏：昌都 易思荣，谭秋平 YISR245
西藏：错那 聂泽龙，牛洋，周卓等 SunH-07ZX-2313
西藏：错那 罗建，汪书丽 LiuJQ11XZ050
西藏：错那 罗建，汪书丽 LiuJQ11XZ239
西藏：当雄 李晖，文雪梅，熊继贵 Lihui-Q-2010-57
西藏：加查 许炳强，童毅华 XiaNh-07zx-693
西藏：林芝 孙航，张建文，陈建国等 SunH-07ZX-2762
西藏：林芝 张大才，李双智，唐路等 ZhangDC-07ZX-1801
西藏：南木林 李晖，文雪梅，次旺加布等 Lihui-Q-0114
西藏：萨嘎 陈家辉，庄会富，刘德团等 Yangyp-Q-0136
西藏：左贡 张大才，罗康，梁群等 ZhangDC-07ZX-1353

Pleurospermum linearilobum W. W. Smith **线裂棱子芹 ***
四川：稻城 何兴金，胡灏禹，陈德友等 SCU-09-328
四川：乡城 周浙昆，苏涛，杨莹等 Zhou09-197

Pleurospermum nanum Franchet **矮棱子芹 ***
四川：甘孜 陈家辉，王赟，刘德团 YangYP-Q-3031

西藏：丁青 陈家辉，王赟，刘德团 YangYP-Q-3222
西藏：噶尔 陈家辉，庄会富，刘德团等 Yangyp-Q-0122
云南：德钦 陈文允，于文涛，黄永江等 CYHL167
云南：永德 李永亮，杨金荣 YDDXSB001

Pleurospermum pilosum C. B. Clarke ex H. Wolff 疏毛棱子芹
西藏：吉隆 马永鹏 ZhangCQ-0031

Pleurospermum pulszkyi Kanitz 青藏棱子芹 *
甘肃：合作 郭淑青，杜品 LiuJQ-2012-GN-212
青海：称多 陈世龙，高庆波，张发起 Chensl0593
青海：囊谦 陈世龙，高庆波，张发起 Chensl0703
青海：祁连 陈世龙，高庆波，张发起等 Chensl1582
青海：杂多 陈世龙，高庆波，张发起 Chensl0765
四川：阿坝 陈世龙，张得钧，高庆波等 Chensl0436

Pleurospermum rupestre (Popov) K. T. Fu & Y. C. Ho 岩生棱子芹
新疆：独山子区 亚吉东，张桥蓉，秦少发等 16CS13279

Pleurospermum simplex (Ruprecht) Bentham & J. D. Hooker ex Drude 单茎棱子芹
新疆：昭苏 亚吉东，张桥蓉，秦少发等 16CS13566

Pleurospermum szechenyii Kanitz 青海棱子芹 *
甘肃：玛曲 李晓东，刘帆，张景博等 LiJ0074
甘肃：玛曲 尹鑫，吴航，葛文静 LiuJQ-GN-2011-257
甘肃：玛曲 齐威 LJQ-2008-GN-063
青海：达日 陈世龙，高庆波，张发起 Chensl1122

Pleurospermum tsekuense R. H. Shan 泽库棱子芹 *
青海：祁连 陈世龙，高庆波，张发起等 Chensl1564

Pleurospermum uralense Hoffmann 棱子芹
辽宁：桓仁 祝业平 CaoW1025
青海：互助 薛春迎 Xuechy0140
四川：马尔康 何兴金，胡灏禹，王月 SCU-08181

Pleurospermum wilsonii H. de Boissieu 粗茎棱子芹
青海：乐都 陈世龙，高庆波，张发起等 Chensl1811
四川：甘孜 陈文允，于文涛，黄永江 CYH145
四川：康定 许炳强，童毅华，吴兴等 XiaNH-07ZX-1023
西藏：左贡 张大才，罗康，梁群等 ZhangDC-07ZX-1349

Pleurospermum wrightianum H. de Boissieu 瘤果棱子芹 *
青海：囊谦 许炳强，周伟，郑朝汉 Xianh0071
青海：玉树 汪书丽，朱洪涛 Liujq-QLS-TXM-118
青海：玉树 许炳强，周伟，郑朝汉 Xianh0258
四川：白玉 张大才，尹五元，李双智等 ZhangDC-07ZX-2275
四川：道孚 何兴金，马祥光，郜鹏 SCU-10-204
四川：稻城 孙航，张建文，邓涛等 SunH-07ZX-3349
四川：理塘 余岩，周春景，秦汉涛 SCU-11-072
四川：理塘 何兴金，赵丽华，梁乾隆等 SCU-11-190
四川：理塘 何兴金，马祥光，张云香等 SCU-11-255
四川：若尔盖 何兴金，高云东，刘海艳等 SCU-20080527
西藏：昌都 陈家辉，王赟，刘德团 YangYP-Q-3152

Pternopetalum botrychioides (Dunn) Handel-Mazzetti 散血芹 *
四川：峨眉山 李小杰 LiXJ646

Pternopetalum cardiocarpum (Franchet) Handel-Mazzetti 心果囊瓣芹 *
云南：香格里拉 郭永杰，张桥蓉，李春晓等 11CS3484
云南：香格里拉 张挺，蔡杰，郭永杰等 11CS3202

Pternopetalum davidii Franchet 囊瓣芹 *
四川：峨眉山 李小杰 LiXJ023
四川：天全 何兴金，李琴琴，马祥光等 SCU-09-104
云南：巧家 郁文彬，任宗昕，艾洪莲等 SCSB-W-1076
云南：永德 杨金荣，黄德武，李增柱等 YDDXSA080

Pternopetalum delavayi (Franchet) Handel-Mazzetti 澜沧囊瓣芹 *
云南：腾冲 周应再 Zhyz-313

Pternopetalum delicatulum (H. Wolff) Handel-Mazzetti 嫩弱囊瓣芹 *
四川：峨眉山 李小杰 LiXJ441

Pternopetalum heterophyllum Handel-Mazzetti 异叶囊瓣芹 *
青海：乐都 陈世龙，高庆波，张发起等 Chensl1825

Pternopetalum nudicaule (H. de Boissieu) Handel-Mazzetti 裸茎囊瓣芹
贵州：黔东 张代贵 Zdg1261
云南：永德 李永亮 YDDXS0283

Pternopetalum tanakae (Franchet & Savatier) Handel-Mazzetti 东亚囊瓣芹
湖北：神农架林区 李巨平 LiJuPing0151

Pternopetalum vulgare (Dunn) Handel-Mazzetti 五匹青
四川：峨眉山 李小杰 LiXJ450
云南：宁洱 张绍云，胡启和 YNS1061

Pternopetalum vulgare var. **acuminatum** C. Y. Wu ex R. H. Shan & F. T. Pu 尖叶五匹青 *
四川：峨眉山 李小杰 LiXJ693

Sanicula astrantiifolia H. Wolff 川滇变豆菜 *
云南：巧家 任宗昕，董莉娜，黄盼辉 SCSB-W-291
云南：巧家 张书东，何俊，蒋伟等 SCSB-W-327
云南：香格里拉 张挺，亚吉东，李明勤等 11CS3313

Sanicula chinensis Bunge 变豆菜
安徽：绩溪 唐鑫生，宋曰钦，方建新 TangXS0571
湖北：宣恩 沈泽昊 HXE082
湖北：竹溪 甘霖 GanQL619
吉林：临江 李长田 Yanglm0010
江苏：句容 王兆银，吴宝成 SCSB-JS0366
江苏：宜兴 李宏庆，田怀珍，葛斌杰等 Lihq0257
江西：黎川 童和平，王玉珍 TanCM2387
江西：庐山区 董安淼，吴从梅 TanCM1080
辽宁：庄河 于立敏 CaoW797
山东：崂山区 罗艳，李中华 LuoY333
山东：历城区 张少华，张诏，程丹丹等 Lilan669
陕西：宁陕 田先华，吴礼慧 TianXH497
四川：峨眉山 李小杰 LiXJ698
四川：万源 张桥蓉，余华，王义 15CS11515
云南：石林 税玉民，陈文红 65492

Sanicula elata Buchanan-Hamilton ex D. Don 软雀花
西藏：墨脱 刘成，亚吉东，何华杰等 16CS11898
云南：石林 税玉民，陈文红 65494
云南：文山 何德明，丰艳飞，韦荣彪等 WSLJS723
云南：新平 何罡安 XPALSB436
云南：永德 李永亮 YDDXS0125

Sanicula giraldii H. Wolff 首阳变豆菜 *
甘肃：临潭 齐威 LJQ-2008-GN-045

Sanicula lamelligera Hance 薄片变豆菜
四川：峨眉山 李小杰 LiXJ629

Sanicula orthacantha S. Moore 野鹅脚板
江西：黎川 童和平，王玉珍 TanCM2343
江西：庐山区 谭策铭，董安淼 TanCM484

Sanicula orthacantha var. **stolonifera** R. H. Shan & S. L. Liou 走茎鹅脚板 *
四川：峨眉山 李小杰 LiXJ604

Sanicula rubriflora F. Schmidt ex Maximowicz 红花变豆菜

黑龙江：阿城 郑宝江，丁晓炎，王美娟等 ZhengBJ257
黑龙江：阿城 王臣，张欣欣，史传奇 WangCh215
吉林：磐石 安海成 AnHC051

Saposhnikovia divaricata (Turczaninow) Schischkin 防风
河北：平山 牛玉璐，郑博颖，黄士良等 NiuYL088
黑龙江：五大连池 孙阎，赵立波 SunY009
黑龙江：肇东 刘玫，张欣欣，程薪宇等 Liuetal473
吉林：大安 杨帆，马红媛，安丰华 SNA0543
吉林：南关区 王云贺 Yanglm0048
吉林：磐石 安海成 AnHC0166
吉林：前郭尔罗斯 杨帆，马红媛，安丰华 SNA0356
吉林：洮北区 杨帆，马红媛，安丰华 SNA0294
辽宁：长海 郑宝江，丁晓炎，焦宏斌等 ZhengBJ339
内蒙古：克什克腾旗 刘润宽，李茂文，李昌亮 M100
内蒙古：新城区 蒲拴莲，李茂文 M076
青海：互助 薛春迎 Xuechy0102
山东：崂山区 罗艳，李中华 LuoY317
山东：平邑 张少华，张诏，程丹丹等 Lilan666
山东：芝罘区 卞福花，卢学新，纪伟 BianFH00012
山东：芝罘区 卞福花，宋言贺 BianFH-523
重庆：南川区 易思荣 YISR270

Selinum cryptotaenium H. de Boissieu 亮蛇床 *
云南：泸水 许炳强，吴兴，李婧等 XiaNh-07zx-014

Selinum wallichianum (de Candolle) Raizada & H. O. Saxena 细叶亮蛇床
西藏：昌都 苏涛，黄永江，杨青松等 ZhouZK11298
西藏：朗县 罗建，汪书丽，任德智 L045
西藏：林芝 罗建，汪书丽，任德智 LiuJQ-09XZ-330
云南：大理 李爱花，雷立公，马国强等 SCSB-A-000152

Semenovia rubtzovii (Schischkin) Mandenova 光果大瓣芹
新疆：昭苏 亚吉东，张桥蓉，秦少发等 16CS13565

Semenovia transiliensis Regel & Herder 大瓣芹
新疆：新源 亚吉东，张桥蓉，秦少发等 16CS13380

Seseli aemulans Popov 大果西风芹
新疆：托里 谭敦炎，吉乃提 TanDY0737

Seseli mairei H. Wolff 竹叶西风芹
云南：富民 蔡杰，郭永杰，郁文彬等 13CS7171

Seseli purpureovaginatum R. H. Shan & M. L. Sheh 紫鞘西风芹 *
西藏：定日 王东超，杨大松，张春林等 YangYP-Q-5095

Seseli valentinae Popov 叉枝西风芹
新疆：阿合奇 杨赵平，周禧琳，贺冰 LiZJ1390

Seselopsis tianschanica Schischkin 西归芹
新疆：乌鲁木齐 谭敦炎，地里努尔 TanDY0607
新疆：新源 亚吉东，张桥蓉，秦少发等 16CS13419

Silaum silaus (Linnaeus) Schinz & Thellung 亮叶芹
青海：平安 陈世龙，高庆波，张发起等 Chensl1784

Sinocarum coloratum (Diels) H. Wolff ex R. H. Shan & F. T. Pu 紫茎小芹
四川：甘孜 张挺，李爱花，刘成等 08CS828

Sinocarum pauciradiatum R. H. Shan & F. T. Pu 少辐小芹
云南：香格里拉 蔡杰，张挺，刘成等 11CS3259

Sinolimprichtia alpina H. Wolff 舟瓣芹 *
四川：阿坝 蔡杰，张挺，刘成 10CS2567
西藏：昌都 易思荣，谭秋平 YISR265

Sinolimprichtia alpina var. **dissecta** R. H. Shan & S. L. Liou 裂苞舟瓣芹 *
四川：甘孜 张大才，尹五元，李双智等 ZhangDC-07ZX-2325

西藏：左贡 张大才，罗康，梁群等 ZhangDC-07ZX-1369

Sium medium Fischer & C. A. Meyer 中亚泽芹
新疆：布尔津 许炳强，胡伟明 XiaNH-07ZX-818
新疆：巩留 亚吉东，迟建才，张桥蓉等 16CS13493
新疆：温泉 石大标 SCSB-SHI-2006220
新疆：温泉 徐文斌，黄雪姣 SHI-2008259
新疆：温泉 徐文斌，许晓敏 SHI-2008281
新疆：新源 亚吉东，张桥蓉，秦少发等 16CS13409

Sium suave Walter 泽芹
黑龙江：宁安 刘玫，张欣欣，程薪宇等 Liuetal346
吉林：磐石 安海成 AnHC0198
辽宁：桓仁 祝业平 CaoW967
辽宁：庄河 于立敏 CaoW793
山东：海阳 张少华，张诏，程丹丹等 Lilan668

Soranthus meyeri Ledebour 簇花芹
新疆：张道远，马文宝 zdy057
新疆：阜康 张道远，马文宝 zdy060
新疆：乌鲁木齐 王喜勇，马文宝，施翔 zdy251

Sphallerocarpus gracilis (Besser ex Treviranus) Koso-Poljansky 迷果芹
甘肃：合作 尹鑫，吴航，葛文静 LiuJQ-GN-2011-254
甘肃：夏河 齐威 LJQ-2008-GN-047
青海：互助 陈世龙，高庆波，张发起等 Chensl1724
青海：乐都 陈世龙，高庆波，张发起等 Chensl1815
青海：祁连 陈世龙，高庆波，张发起等 Chensl1544
四川：射洪 袁明 YUANM2016L181
西藏：昌都 许炳强，周伟，郑朝汉 Xianh0173

Talassia transiliensis (Regel & Herder) Korovin 伊犁芹
新疆：新源 亚吉东，张桥蓉，秦少发等 16CS13403

Tongoloa elata H. Wolff 大东俄芹 *
甘肃：玛曲 尹鑫，吴航，葛文静 LiuJQ-GN-2011-271
甘肃：夏河 齐威 LJQ-2008-GN-061
甘肃：卓尼 齐威 LJQ-2008-GN-069

Tongoloa gracilis H. Wolff 纤细东俄芹
甘肃：临潭 齐威 LJQ-2008-GN-067
甘肃：夏河 尹鑫，吴航，葛文静 LiuJQ-GN-2011-283
四川：红原 张昌兵，邓秀华 ZhangCB0239
四川：红原 张昌兵，邓秀华 ZhangCB0277

Tongoloa silaifolia (H. de Boissieu) H. Wolff 城口东俄芹 *
陕西：眉县 董栓录，李智军 TianXH510
四川：道孚 陈文允，于文涛，黄永江 CYH206

Tongoloa stewardii H. Wolff 牯岭东俄芹 *
江西：庐山区 谭策铭，董安淼 TCM09125

Tongoloa taeniophylla (H. de Boissieu) H. Wolff 条叶东俄芹 *
四川：甘孜 张大才，尹五元，李双智等 ZhangDC-07ZX-2324

Torilis japonica (Houttuyn) de Candolle 小窃衣
安徽：肥西 陈延松，陈翠兵，沈云 Xuzd058
安徽：屯溪区 方建新 TangXS0106
河北：平山 牛玉璐，高彦飞，黄士良 NiuYL250
湖北：神农架林区 李巨平 LiJuPing0065
湖北：宜昌 陈功锡，张代贵 SCSB-HC-2008058
湖南：岳麓区 刘克明，陈薇，蔡秀珍 SCSB-HN-0024
吉林：抚松 张永刚 Yanglm0465
江西：庐山区 董安淼，吴丛梅 TanCM2535
辽宁：桓仁 祝业平 CaoW973
山东：牟平区 卞福花，杨蕾蕾，谷胤征 BianFH-0111
山西：交城 陈姣，廉凯敏，张海博 Zhangf0184
四川：白玉 孙航，张建文，邓涛等 SunH-07ZX-3708

四川：白玉 张大才，尹五元，李双智等 ZhangDC-07ZX-2252
四川：道孚 余岩，周春景，秦汉涛 SCU-11-012
四川：甘孜 陈文允，于文涛，黄永江 CYH166
四川：甘孜 陈文允，于文涛，黄永江 CYH184
四川：九龙 孔航辉，罗江平，左雷等 YangQE3451
四川：九龙 孙航，张建文，邓涛等 SunH-07ZX-3773
四川：康定 孙航，张建文，董金龙等 SunH-07ZX-3999
四川：康定 张大才，尹五元，李双智等 ZhangDC-07ZX-2387
四川：康定 孙航，张建文，董金龙等 SunH-07ZX-4035
四川：康定 张昌兵，向丽 ZhangCB0189
四川：康定 彭玉兰，涂卫国 Gaoxf-0966
四川：理县 何兴金，李琴琴，赵丽华等 SCU-09-515
四川：泸定 何兴金，赵丽华，梁乾隆等 SCU-11-113
四川：普格 苏涛，黄永江，杨青松等 ZhouZK11050
四川：壤塘 何兴金，赵丽华，梁乾隆 SCU-10-038
四川：松潘 何兴金，张云香，王志新 SCU-10-500
四川：小金 高云东，李忠荣，鞠文彬 GaoXF-12-085
四川：盐源 孔航辉，罗江平，左雷等 YangQE3373
西藏：波密 孙航，张建文，陈建国等 SunH-07ZX-2535
西藏：林芝 罗建，汪书丽，任德智 LiuJQ-09XZ-313
云南：德钦 孙航，李新辉，陈林杨 SunH-07ZX-2970
云南：德钦 孙航，李新辉，陈林杨 SunH-07ZX-3070
云南：剑川 王文礼，冯欣，刘飞鹏 OUXK11241
云南：丽江 孙航，李新辉，陈林杨 SunH-07ZX-3136
云南：宁蒗 任宗昕，寸龙琼，任尚国 SCSB-W-1386
云南：宁蒗 苏涛，黄永江，杨青松等 ZhouZK11450
云南：巧家 张天壁 SCSB-W-897
云南：巧家 杨光明 SCSB-W-1229
云南：腾冲 周应再 Zhyz-270
云南：文山 何德明 WSLJS826
云南：香格里拉 陈文允，于文涛，黄永江等 CYHL203
云南：香格里拉 王文礼，冯欣，刘飞鹏 OUXK11096
云南：香格里拉 王文礼，冯欣，刘飞鹏 OUXK11221
云南：香格里拉 杨亲二，袁琼 Yangqe1858
云南：新平 何罡安 XPALSB039
云南：新平 谢天华，郎定富，李应富 XPALSA105
云南：新平 刘家良 XPALSD318
云南：永德 李永亮 YDDXS0295

Torilis scabra (Thunberg) de Candolle 窃衣
安徽：石台 洪欣 ZhouSB0159
安徽：屯溪区 方建新 TangXS0735
贵州：关岭 张文超 Yuanm052
湖北：神农架林区 李巨平 LiJuPing0066
湖北：五峰 李平 AHL053
湖北：宣恩 许玥，祝文志，刘志祥等 ShenZH4867
湖北：竹溪 李盛兰 GanQL962
湖南：衡山 刘克明，陈薇，田淑珍 SCSB-HN-0220
湖南：江永 姜孝成，唐贵华，潘孝武 SCSB-HNJ-0047
湖南：澧县 蔡秀珍，田淑珍 SCSB-HN-1059
湖南：石门 姜孝成，唐妹，卜剑超等 Jiangxc0444
湖南：望城 姜孝成，唐妹，尹恒等 SCSB-HNJ-0418
湖南：新宁 姜孝成，唐贵华，袁双艳等 SCSB-HNJ-0254
湖南：长沙 陈薇，田淑珍 SCSB-HN-0743
湖南：资兴 肖乐希，蔡秀珍 SCSB-HN-0279
江苏：句容 吴宝成，王兆银 HANGYY8223
江苏：溧阳 吴宝成 HANGYY8169
江西：黎川 童和平，王玉珍 TanCM2743
四川：白玉 李晓东，张景博，徐凌翔等 LiJ473
四川：康定 何兴金，冯图，廖晨阳等 SCU-080399
四川：理县 张昌兵，邓秀发 ZhangCB0405
四川：马尔康 何兴金，王月，胡灏禹等 SCU-08121
四川：米易 赖建军 MY-087
四川：壤塘 何兴金，刘爽，易欣 SCU-10-327
四川：壤塘 何兴金，刘爽，易欣 SCU-10-341
四川：壤塘 张挺，李爱花，刘成等 08CS839
四川：汶川 何兴金，高云东，余岩等 SCU-09-545
四川：新龙 陈文允，于文涛，黄永江 CYH080
四川：盐边 苏涛，黄永江，杨青松等 ZhouZK11328
云南：安宁 张书东，林娜娜，陆露等 SCSB-W-067
云南：巧家 任宗昕，董莉娜，黄盼辉 SCSB-W-289
云南：腾冲 周应再 Zhyz-295
云南：西山区 税玉民，陈文红 65378
云南：西山区 税玉民，陈文红 65798
浙江：余杭区 葛斌杰 Lihq0234

Trachydium subnudum C. B. Clarke ex H. Wolff 密瘤瘤果芹
西藏：定日 王东超，杨大松，张春林等 YangYP-Q-5097
西藏：工布江达 罗建，汪书丽，任德智 LiuJQ-09XZ-ML049
西藏：吉隆 马永鹏 ZhangCQ-0024

Trachyspermum scaberulum (Franchet) H. Wolff 糙果芹 *
云南：安宁 所内采集组培训 SCSB-A-000122
云南：文山 丰艳飞，何德明，黄太文 WSLJS987
云南：新平 何罡安 XPALSB450

Turgenia latifolia (Linnaeus) Hoffmann 刺果芹
新疆：察布查尔 亚吉东，张桥蓉，胡枭剑 16CS13096

Vicatia coniifolia Wallich ex de Candolle 凹乳芹
西藏：左贡 徐波，陈光富，陈林杨等 SunH-07ZX-2059

Vicatia thibetica H. de Boissieu 西藏凹乳芹
西藏：堆龙德庆 扎西次仁 ZhongY146
西藏：工布江达 罗建，汪书丽，任德智 LiuJQ-09XZ-ML082
西藏：林芝 罗建，汪书丽，任德智 LiuJQ-09XZ-283
西藏：林芝 罗建，汪书丽，王国严 LiuJQ-09XZ-387
西藏：林芝 罗建，汪书丽，任德智 LiuJQ-09XZ-ML106
西藏：林周 扎西次仁 ZhongY412
云南：巧家 李文虎，吴天抗，高顺勇等 QJYS0139
云南：巧家 李文虎，吴天抗，高顺勇等 QJYS0143
云南：香格里拉 郭永杰，张桥蓉，李春晓等 11CS3500

Apocynaceae 夹竹桃科

夹竹桃科	世界	中国	种质库
属 / 种（种下等级）/ 份数	～366/～5100	87/423	32/74/287

Adelostemma gracillimum (Wallich ex Wight) J. D. Hooker 乳突果
广西：那坡 张挺，蔡杰，方伟 12CS3800

Alstonia mairei H. Léveillé 羊角棉 *
云南：永德 李永亮，马文军 YDDXSB249

Alstonia rostrata C. E. C. Fischer 盆架树
云南：永德 李永亮 YDDXS0765

Alstonia scholaris (Linnaeus) R. Brown 糖胶树
云南：沧源 赵金超，肖美芳 CYNGH287
云南：金平 喻智勇 Jinping113
云南：麻栗坡 肖波 LuJL529
云南：普洱 叶金科 YNS0150

Alstonia yunnanensis Diels 鸡骨常山 *
云南：盘龙区 胡光万 400221-024

Alyxia levinei Merrill 筋藤 *
贵州：江口 周云，王勇 XiangZ046

Anodendron formicinum (Tsiang & P. T. Li) D. J. Middleton 平脉藤 *
云南：南涧 刘成，王苏化，朱迪恩 12CS4302

Apocynum pictum Schrenk 白麻
新疆：精河 亚吉东，张桥蓉，秦少发等 16CS13887

Apocynum venetum Linnaeus 罗布麻
河北：桃城 牛玉璐，高彦飞，赵二涛 NiuYL405
吉林：洮北区 杨帆，马红媛，安丰华 SNA0330
吉林：通榆 韩忠明 Yanglm0409
宁夏：盐池 左忠，刘华 ZuoZh279
山东：莱山区 卞福花，宋言贺 BianFH-481
山东：莱山区 卞福花 BianFH-0224
山东：崂山区 罗艳，李中华 LuoY313
山东：天桥区 高德民，谭洁，李明栓等 lilan985
山东：长清区 李兰，王萍，张少华 Lilan117
新疆：巴楚 塔里木大学植物资源调查组 TD-00824
新疆：博乐 徐文斌，许晓敏 SHI-2008464
新疆：库尔勒 杨赵平，焦培培，白冠章等 LiZJ0643
新疆：石河子 黄文娟，杨赵平，王英鑫 TD-02078
新疆：尉犁 段士民，王喜勇，刘会良等 2
新疆：尉犁 魏岩，黄振英，朱雅娟 Beijing-Junggar-000032

Asclepias curassavica Linnaeus 马利筋
云南：景谷 胡启和，张绍云 YNS0959
云南：勐腊 谭运洪 A147
云南：南涧 马德跃，官有才，罗开宏 NJWLS948
云南：永德 李永亮 LiYL1579

Beaumontia khasiana J. D. Hooker 云南清明花
云南：永德 李永亮 LiYL1490

Calotropis gigantea (Linnaeus) W. T. Aiton 牛角瓜
云南：东川区 闫海忠，孙振华，王文礼等 OuxK-DC-0012
云南：红河 何彪 OuXK-0099
云南：元江 孙振华，王文礼，宋晓卿等 Ouxk-YJ-0021
云南：元谋 孙振华，罗圆，宋晓卿等 OUXK-YM-0009
云南：元阳 田学军，杨建，邱成书等 Tianxj0062

Carissa spinarum Linnaeus 假虎刺
云南：蒙自 田学军 TianXJ258

Chonemorpha eriostylis Pitard 鹿角藤
云南：景谷 张绍云 YNS0110
云南：景谷 张绍云 YNS0113

Cryptolepis buchananii Schultes 古钩藤
云南：景谷 张绍云 YNS0112
云南：龙陵 孙兴旭 SunXX135
云南：新平 白绍斌 XPALSC342
云南：永德 李永亮 YDDXS0054
云南：镇沅 胡启元，周兵，张绍云 YNS0869

Cynanchum acutum subsp. **sibiricum** (Willdenow) K. H. Rechinger 戟叶鹅绒藤
新疆：阿克苏 塔里木大学植物资源调查组 TD-00894
新疆：阿勒泰 段士民，王喜勇，刘会良等 173
新疆：阿瓦提 杨赵平，黄文娟，段黄金等 LiZJ0025
新疆：博乐 徐文斌，黄雪姣 SHI-2008309
新疆：博乐 徐文斌，许晓敏 SHI-2008376
新疆：博乐 徐文斌，许晓敏 SHI-2008433
新疆：轮台 王喜勇，马文宝，施翔 zdy412
新疆：鄯善 王仲科，徐海燕，郭静谊 SHI2006278
新疆：乌鲁木齐 王喜勇，马文宝，施翔 zdy277
新疆：乌鲁木齐 王喜勇，马文宝，施翔 zdy396
新疆：新和 塔里木大学植物资源调查组 TD-00996
新疆：新源 段士民，王喜勇，刘会良 Zhangdy397
新疆：叶城 黄文娟，段黄金，王英鑫等 LiZJ0849
新疆：裕民 徐文斌，黄刚 SHI-2009392
新疆：岳普湖 黄文娟，段黄金，王英鑫等 LiZJ0801

Cynanchum amplexicaule (Siebold & Zuccarini) Hemsley 合掌消
黑龙江：肇东 刘玫，张欣欣，程薪宇等 Liuetal471
吉林：大安 杨帆，马红媛，安丰华 SNA0530
吉林：前郭尔罗斯 杨帆，马红媛，安丰华 SNA0443
山东：威海 高德民，吴燕秋 Lilan958

Cynanchum atratum Bunge 白薇
黑龙江：肇东 刘玫，王臣，张欣欣等 Liuetal685
吉林：磐石 安海成 AnHC0234
四川：甘孜 陈文允，于文涛，黄永江 CYH188
云南：香格里拉 李晓东，张紫刚，操榆 LiJ644

Cynanchum auriculatum Royle ex Wight 牛皮消
安徽：黄山 唐鑫生，方建新 TangXS1006
安徽：金寨 陈延松，欧祖兰，刘旭升 Xuzd210
重庆：南川区 易思荣 YISR031
湖北：五峰 李平 AHL046
湖南：会同 李胜华，伍贤进，曾汉元等 Wuxj1012
湖南：新化 黄先辉，杨亚平，卜剑超 SCSB-HNJ-0334
湖南：沅江 熊凯辉，刘克明 SCSB-HN-2206
湖南：沅江 熊凯辉，刘克明 SCSB-HN-2218
湖南：沅江 熊凯辉，刘克明 SCSB-HN-2252
湖南：沅江 熊凯辉，刘克明 SCSB-HN-2256
湖南：沅江 熊凯辉，刘克明 SCSB-HN-2261
江西：黎川 杨文斌，饶云芳 TanCM1304
江西：庐山区 谭策铭，董安淼 TCM09115
江西：修水 缪以清，胡建华 TanCM1768
山东：沂源 高德民，邵尉 Lilan920
山西：小店区 张贵平，焦磊 Zhangf0080
陕西：榆阳区 田先华，姜林 TianXH280
四川：峨眉山 李小杰 LiXJ302
西藏：错那 罗建，汪书丽 LiuJQ11XZ185
西藏：工布江达 扎西次仁 ZhongY299
西藏：朗县 罗建，汪书丽，任德智 L084
西藏：隆子 扎西次仁，西落 ZhongY607
西藏：米林 扎西次仁 ZhongY328

Cynanchum bungei Decaisne 白首乌
山东：历城区 高德民，邵尉 Lilan931
山东：历城区 张少华，张诏，程丹丹等 Lilan656

Cynanchum chinense R. Brown 鹅绒藤
安徽：绩溪 宋曰钦，方建新，张恒 TangXS0598
河北：桃城 牛玉璐，郑博颖，黄士良等 NiuYL058
吉林：大安 杨帆，马红媛，安丰华 SNA0024
吉林：洮北区 杨帆，马红媛，安丰华 SNA0282
吉林：长岭 杨帆，马红媛，安丰华 SNA0340
内蒙古：东河区 刘博，蒲拴莲，刘润宽等 M343
内蒙古：鄂托克旗 刘博，蒲拴莲，刘润宽等 M318
内蒙古：开鲁 张永刚 Yanglm0245
内蒙古：赛罕区 蒲拴莲，刘润宽，刘毅等 M158
宁夏：大武口区 何志斌，杜军，陈龙飞等 HHZA0099
宁夏：利通区 何志斌，杜军，陈龙飞等 HHZA0143
宁夏：盐池 左忠，刘华 ZuoZh015
山东：东营区 曹子谊，韩国营，吕蕾等 Zhaozt0079

山东：莱山区 卞福花，宋言贺 BianFH-512
山东：历下区 李兰，王萍，张少华 Lilan067
山东：牟平区 卞福花，陈朋 BianFH-0317

Cynanchum corymbosum Wight 刺瓜
云南：贡山 刘成，何华杰，黄莉等 14CS8580
云南：澜沧 张绍云，叶金科 YNS1395

Cynanchum decipiens C. K. Schneider 豹药藤 *
四川：得荣 张大才，李双智，杨川 ZhangDC-07ZX-1948
西藏：芒康 张挺，蔡杰，刘恩德等 SCSB-B-000462

Cynanchum forrestii Schlechter 大理白前 *
四川：得荣 孙航，李新辉，陈林杨 SunH-07ZX-3014
四川：甘孜 陈文允，于文涛，黄永江 CYH125
四川：康定 张大才，尹五元，李双智等 ZhangDC-07ZX-2370
四川：康定 苏涛，黄永江，杨青松等 ZhouZK11058
西藏：芒康 徐波，陈光富，陈林杨等 SunH-07ZX-0314
西藏：芒康 张永洪，李国栋，王晓雄 SunH-07ZX-1717
云南：南涧 熊绍荣 NJWLS1207
云南：南涧 袁玉川，李毕祥 NJWLS612
云南：巧家 李文虎，吴天抗，张天壁等 QJYS0087
云南：巧家 张天壁 SCSB-W-895
云南：巧家 任宗昕，董莉娜，黄盼辉 SCSB-W-275
云南：巧家 杨光明 SCSB-W-1296
云南：香格里拉 杨亲二，孔航辉，李磊 Yangqe3273
云南：香格里拉 王文礼，冯欣，刘飞鹏 OUXK11116
云南：香格里拉 孔航辉，罗江平，左雷等 YangQE3300
云南：香格里拉 杨亲二，袁琼 Yangqe1836
云南：永德 杨金荣，王学军，黄德武等 YDDXSA041
云南：永德 欧阳红才，普跃东，赵学盛等 YDDXSC048
云南：永平 王文礼，冯欣，刘飞鹏 OUXK11008
云南：云龙 李施文，张志云，段耀飞 TC3038

Cynanchum inamoenum (Maximowicz) Loesener 竹灵消
河北：蔚县 牛玉璐，高彦飞，黄士良 NiuYL235
湖北：五峰 李平 AHL058
湖北：五峰 陈功锡，张代贵 SCSB-HC-2008342
湖南：石门 陈功锡，张代贵，邓涛等 SCSB-HC-2007489
山东：崂山区 步瑞兰，辛晓伟，高丽丽等 Lilan743
山东：崂山区 罗艳，李中华，邓建平 LuoY105
山东：牟平区 卞福花，陈朋 BianFH-0302
四川：道孚 何兴金，赵丽华，梁乾隆 SCU-10-031
四川：稻城 何兴金，胡灏禹，陈德友等 SCU-09-357
西藏：波密 扎西次仁，西落 ZhongY694
西藏：察隅 张大才，李双智，唐路等 ZhangDC-07ZX-1712
云南：新平 谢天华，郎定富，李应富 XPALSA146

Cynanchum mongolicum (Maximowicz) Hemsley 华北白前 *
内蒙古：阿拉善左旗 徐媛银 M256
内蒙古：克什克腾旗 刘润宽，李茂文，李昌亮 M097
内蒙古：伊金霍洛旗 杨学军 Huangzy0241
青海：贵德 陈世龙，高庆波，张发起等 Chens11202
陕西：榆阳区 田先华，姜林 TianXH281
新疆：阜康 王宏飞，王磊，黄振英 Beijing-huang-xjsm-0015
新疆：吐鲁番 段士民 zdy095
新疆：乌鲁木齐 王雷，王宏飞，黄振英 Beijing-huang-xjys-0015

Cynanchum mooreanum Hemsley 毛白前 *
安徽：绩溪 宋曰钦，方建新，张恒 TangXS0599

Cynanchum officinale (Hemsley) Tsiang & Zhang 朱砂藤 *
陕西：紫阳 田先华，王孝安 TianXH1064
云南：玉龙 张大才，李双智，杨川 ZhangDC-07ZX-2054

Cynanchum otophyllum C. K. Schneider 青羊参 *
云南：宁蒗 任宗昕，艾洪莲，张舒 SCSB-W-1450
云南：维西 张挺，徐远杰，陈冲等 SCSB-B-000236
云南：维西 陈文允，于文涛，黄永江等 CYHL069
云南：新平 王家和 XPALSC293

Cynanchum paniculatum (Bunge) Kitagawa 徐长卿
吉林：磐石 安海成 AnHC0137
山东：芝罘区 卞福花，陈朋 BianFH-0322

Cynanchum szechuanense Tsiang & Zhang 四川鹅绒藤 *
四川：盐源 聂泽龙，孟盈，邓涛 SunH-07ZX-2332

Cynanchum thesioides (Freyn) K. Schumann 地梢瓜
吉林：前郭尔罗斯 杨帆，马红媛，安丰华 SNA0374
辽宁：盖州 郑宝江，丁晓炎，焦宏斌等 ZhengBJ366
内蒙古：和林格尔 蒲拴莲，李茂文 M089
内蒙古：赛罕区 蒲拴莲，刘润宽，刘毅等 M161
宁夏：盐池 左忠，刘华 ZuoZh034
山东：章丘 步瑞兰，辛晓伟，徐永娟等 Lilan848
山东：长清区 张少华，王萍，张诏等 Lilan215
陕西：榆阳区 田先华，姜林 TianXH282
新疆：托里 亚吉东，张桥蓉，秦少发等 16CS13879
新疆：托里 徐文斌，杨清理 SHI-2009024
新疆：托里 徐文斌，黄刚 SHI-2009182

Cynanchum wallichii Wight 昆明杯冠藤
云南：南涧 李加生，官有才 NJWLS841
云南：文山 何德明，丰艳飞，张代明 WSLJS1054
云南：云龙 字建泽，杨六斤，李国宏等 TC2035

Cynanchum wilfordii (Maximowicz) J. D. Hooker 隔山消
安徽：石台 唐鑫生，方建新 TangXS1022
湖北：神农架林区 李巨平 LiJuPing0132
山东：莱山区 卞福花，宋言贺 BianFH-574
陕西：平利 李盛兰 GanQL825
四川：峨眉山 李小杰 LiXJ247
四川：乐至 邓兴敏，邓秀发，张昌兵 ZCB0468

Dregea volubilis (Linnaeus f.) Bentham ex J. D. Hooker 南山藤
云南：新平 白绍斌 XPALSC556
云南：镇沅 刘成，王苏化，朱迪恩 12CS4407

Gymnema inodorum (Loureiro) Decaisne 广东匙羹藤
云南：思茅区 胡启和，叶金科，张绍云 YNS1357
云南：元江 刀志灵，陈渝 DZL-194

Heterostemma siamicum Craib 心叶醉魂藤
云南：永德 李永亮 YDDXS0963

Hoya carnosa (Linnaeus f.) R. Brown 球兰
云南：西盟 胡启和，赵强，周英等 YNS0756

Hoya fusca Wallich 黄花球兰
云南：永德 李永亮 YDDXSB259

Marsdenia griffithii J. D. Hooker 白药牛奶菜
云南：南涧 阿国仁，罗新洪，李敏等 NJWLS2008135

Marsdenia koi Tsiang 大叶牛奶菜
云南：景谷 叶金科 YNS0117

Marsdenia sinensis Hemsley 牛奶菜 *
江西：黎川 杨文斌，饶云芳 TanCM1325

Marsdenia stenantha Handel-Mazzetti 狭花牛奶菜 *
云南：南涧 李加生，官有才 NJWLS847

Marsdenia tenacissima (Roxburgh) Moon 通光散
云南：澜沧 彭华，向春雷，陈丽 P.H.5766
云南：文山 何德明 WSLJS818

Melodinus cochinchinensis (Loureiro) Merrill 思茅山橙

云南：沧源 赵金超，肖尼道 CYNGH434
云南：蒙自 税玉民，陈文红 72352
云南：思茅区 张绍云，叶金科，周兵 YNS1363

Melodinus hemsleyanus Diels 川山橙 *
重庆：南川区 易思荣 YISR108

Melodinus khasianus J. D. Hooker 景东山橙
云南：龙陵 孙兴旭 SunXX114
云南：隆阳区 赵玮，莫连贤，段在贤 BSGLGSly022
云南：绿春 黄连山保护区科研所 HLS0457
云南：南涧 李成清，沈文明，徐如标 NJWLS484
云南：南涧 阿国仁，熊绍荣，邹国娟等 NJWLS2008018
云南：腾冲 李爱花，黄之镨，黄押稳等 SCSB-A-000296
云南：腾冲 余新林，赵玮 BSGLGStc315
云南：西盟 张绍云，叶金科，仇亚 YNS1301
云南：永德 李永亮 LiYL1437

Melodinus suaveolens (Hance) Champion ex Bentham 山橙
广西：防城港 许为斌，黄俞淞，梁永延等 Liuyan0246

Melodinus tenuicaudatus Tsiang & P. T. Li 薄叶山橙 *
云南：盈江 王立彦，桂魏，刀江飞 SCSB-TBG-205

Melodinus yunnanensis Tsiang & P. T. Li 雷打果 *
云南：沧源 张挺，蔡杰，刘成等 13CS5937
云南：南涧 阿国仁，饶来文 NJWLS1508

Metaplexis hemsleyana Oliver 华萝藦 *
湖北：宣恩 沈泽昊 HXE146
湖南：石门 陈功锡，张代贵，邓涛等 SCSB-HC-2007535
湖南：永顺 陈功锡，张代贵 SCSB-HC-2008192

Metaplexis japonica (Thunberg) Makino 萝藦
安徽：舒城 陈延松，欧祖兰，高秋晨等 Xuzd455
安徽：黟县 胡长玉，方建新，张勇等 TangXS0670
黑龙江：木兰 刘玫，张欣欣，程薪宇等 Liuetal312
黑龙江：五大连池 孙阎，赵立波 SunY069
吉林：南关区 王云贺 Yanglm0051
吉林：磐石 安海成 AnHC0139
江苏：句容 吴宝成，王兆银 HANGYY8662
江西：庐山区 谭策铭，董安淼 TCM09066
辽宁：连山区 卜军，金实，阴黎明 CaoW398
辽宁：连山区 卜军，金实，阴黎明 CaoW517
辽宁：凌源 卜军，金实，阴黎明 CaoW432
辽宁：凌源 卜军，金实，阴黎明 CaoW518
辽宁：凌源 卜军，金实，阴黎明 CaoW519
辽宁：绥中 卜军，金实，阴黎明 CaoW404
辽宁：庄河 于立敏 CaoW945
山东：莱山区 陈朋，孙海龙 BianFH00071
山东：崂山区 罗艳，李中华 LuoY071
山东：历城区 张少华，王萍，张诏等 Lilan134
陕西：长安区 田先华 TianXH1210

Myriopteron extensum (Wight & Arnott) K. Schumann 翅果藤
云南：景洪 张挺，李洪超，李文化等 SCSB-B-000399
云南：南涧 李加生，官有才 NJWLS842
云南：双柏 张挺，张昌兵，邓秀发 12CS3927
云南：永德 李永亮 YDDXS0019

Nerium oleander Linnaeus 欧洲夹竹桃
云南：勐腊 李梦 A128

Periploca calophylla (Wight) Falconer 青蛇藤
云南：贡山 郭永杰，吴之坤，吴兴等 14CS9850
云南：麻栗坡 肖波 LuJL353
云南：南涧 阿国仁，熊绍荣，邹国娟等 NJWLS2008003
云南：腾冲 余新林，赵玮 BSGLGStc302

Periploca forrestii Schlechter 黑龙骨
云南：绿春 HLS0178
云南：五华区 蔡杰，刘成 12CS3753
云南：永德 奎文康，欧阳红才，杨金柱 YDDXSC070

Periploca sepium Bunge 杠柳 *
河北：武安 牛玉璐，高彦飞，赵二涛 NiuYL440
河南：栾川 何明高，付婷婷，水庆艳 Huangzy0097
河南：嵩县 何明高，付婷婷，水庆艳 Huangzy0168
吉林：长岭 张宝田 Yanglm0354
内蒙古：赛罕区 蒲拴莲，刘润宽，刘毅等 M152
宁夏：盐池 李磊，朱奋霞 ZuoZh118
山东：牟平区 卞福花，宋言贺 BianFH-540
山东：泰安 李兰，王萍，张少华 Lilan071
山西：洪洞 高瑞如，李农业，张爱红 Huangzy0249
陕西：宁陕 田先华，王梅荣，田陌 TianXH125
新疆：阜康 王宏飞，王磊，黄振英 Beijing-huang-xjsm-0022

Rauvolfia tetraphylla Linnaeus 四叶萝芙木
云南：勐腊 谭运洪 A151

Rauvolfia verticillata (Loureiro) Baillon 萝芙木
云南：勐腊 李梦 A037
云南：勐腊 赵相兴 A076
云南：西畴 张挺，蔡杰，刘越强等 SCSB-B-000445

Rauvolfia vomitoria Afzelius 催吐萝芙木
云南：勐腊 谭运洪 A304

Secamone elliptica R. Brown 鲫鱼藤
贵州：册亨 蔡杰，张挺 12CS5737

Sindechites henryi Oliver 毛药藤 *
云南：文山 何德明，丰艳飞，陈斌等 WSLJS799

Stelmocrypton khasianum (Kurz) Baillon 须药藤
云南：景洪 张绍云 YNS0087
云南：宁洱 张绍云，叶金科 YNS0066

Telosma cordata (N. L. Burman) Merrill 夜来香
贵州：南明区 赵厚涛，韩国营 YBG083

Telosma procumbens (Blanco) Merrill 卧茎夜来香
云南：河口 刘成，亚吉东，张桥蓉等 16CS14132

Thevetia peruviana (Persoon) K. Schumann 黄花夹竹桃
云南：新平 刘家良 XPALSD345
云南：永德 李永亮 YDDXS0527

Trachelospermum axillare J. D. Hooker 紫花络石 *
江西：武宁 张吉华，刘运群 TanCM1137
江西：修水 缪以清，陈三友 TanCM2121

Trachelospermum jasminoides (Lindley) Lemaire 络石
安徽：屯溪区 方建新 TangXS0143
广西：富川 莫水松 Liuyan1053
江苏：句容 王兆银，吴宝成 SCSB-JS0411
江西：黎川 童和平，王玉珍 TanCM1882
江西：庐山区 董安淼，吴从梅 TanCM932
江西：修水 缪以清，陈三友 TanCM2185
山东：崂山区 罗艳，李中华 LuoY213
山东：长清区 步瑞兰，高德民，辛晓伟 lilan758

Tylophora floribunda Miquel 七层楼
江西：庐山区 董安淼，吴从梅 TanCM3372

Tylophora rotundifolia Buchanan-Hamilton ex Wight 圆叶娃儿藤
云南：石屏 刘成，蔡杰，胡枭剑 12CS4723

Tylophora silvestris Tsiang 贵州娃儿藤 *
江西：修水 缪以清，谢由根 TanCM2457

Urceola tournieri (Pierre) D. J. Middleton 云南水壶藤

云南：景谷 张绍云 YNS0116

Wrightia laevis J. D. Hooker **蓝树**

云南：勐腊 张挺，李洪超，李文化等 SCSB-B-000388

Wrightia pubescens R. Brown **倒吊笔**

云南：景洪 张挺，李洪超，李文化等 SCSB-B-000395

云南：永德 李永亮 YDDXS1019

Aquifoliaceae 冬青科

冬青科	世界	中国	种质库
属 / 种（种下等级）/ 份数	1/420	1/204	1/76(87)/391

Ilex aculeolata Nakai **满树星 ***

贵州：黎平 刘克明 SCSB-HN-1077

湖南：衡山 刘克明，陈薇，田淑珍 SCSB-HN-0228

湖南：江华 肖乐希 SCSB-HN-0862

湖南：江华 肖乐希 SCSB-HN-1624

湖南：南岳区 刘克明，田淑珍 SCSB-HN-1749

湖南：宁乡 姜孝成，唐妹，成海兰等 Jiangxc0520

湖南：湘乡 陈薇，朱香清，马仲辉 SCSB-HN-0468

湖南：新化 姜孝成，唐妹，戴小军等 Jiangxc0551

湖南：雨花区 刘克明，陈薇 SCSB-HN-0319

湖南：岳麓区 姜孝成，唐妹，卜剑超等 Jiangxc0508

湖南：岳麓区 姜孝成，唐贵华，张俊 SCSB-HNJ-0123

湖南：资兴 熊凯辉，王得刚，盛波 SCSB-HN-2038

湖南：资兴 刘克明，盛波，王得刚 SCSB-HN-2112

江西：井冈山 兰国华 LiuRL004

江西：黎川 童和平，王玉珍 TanCM1839

江西：湾里区 杜小浪，慕泽泾，曹岚 DXL126

江西：永新 旷仁平 SCSB-HN-2216

Ilex atrata W. W. Smith **黑果冬青**

云南：贡山 许炳强，吴兴，李婧等 XiaNh-07zx-071

云南：西盟 张绍云，叶金科，仇亚 YNS1284

Ilex bioritsensis Hayata **刺叶冬青 ***

云南：巧家 杨光明 SCSB-W-1222

云南：沾益 彭华，陈丽 P.H.5970

Ilex centrochinensis S. Y. Hu **华中枸骨 ***

安徽：绩溪 唐鑫生，方建新 TangXS0418

安徽：金寨 陈延松，欧祖兰，刘旭升 Xuzd240

贵州：江口 熊建兵 XiangZ123

湖南：浏阳 姜孝成，陈晓莲，周亮 Jiangxc0880

江西：井冈山 兰国华 LiuRL024

云南：新平 何罡安 XPALSB091

Ilex chapaensis Merrill **沙坝冬青**

云南：金平 张挺，马国强，刘娜等 SCSB-B-000587

云南：文山 何德明 WSLJS865

云南：元阳 刘成，杨娅娟，杨忠兰 15CS10344

云南：元阳 车鑫，亚吉东，秦少发等 YYGYS066

Ilex cheniana T. R. Dudley **龙陵冬青 ***

云南：龙陵 孙兴旭 SunXX093

Ilex chinensis Sims **冬青**

广西：金秀 许为斌，黄俞淞，叶晓霞等 Liuyan0145

贵州：黎平 王成 SCSB-HN-1101

贵州：南明区 邹方伦 ZouFL0002

贵州：南明区 侯小琪 YBG147

湖北：宣恩 沈泽昊 HXE025

湖北：英山 朱鑫鑫，甄爱国，孙增朋等 ZhuXX060

湖南：浏阳 朱香清，田淑珍，刘克明 SCSB-HN-1718

湖南：浏阳 朱晓文 SCSB-HN-1248

湖南：平江 吴惊香 SCSB-HN-0995

湖南：沅陵 周丰杰，刘克明 SCSB-HN-1311

湖南：岳麓区 肖乐希 SCSB-HN-1231

湖南：长沙 朱香清，田淑珍，刘克明 SCSB-HN-1724

江苏：句容 王兆银，吴宝成 SCSB-JS0364

江西：黎川 童和平，王玉珍 TanCM1865

四川：峨眉山 李小杰 LiXJ561

四川：射洪 袁明 YUANM2015L139

浙江：金华 许玥，祝文志，刘志祥等 ShenZH8433

浙江：鄞州区 李宏庆，葛斌杰，刘国丽等 Lihq0048

Ilex corallina Franchet **珊瑚冬青 ***

安徽：休宁 方建新 TangXS0063

广西：昭平 莫水松 Liuyan1058

贵州：道真 赵厚涛，韩国营 YBG031

湖北：神农架林区 李巨平 LiJuPing0232

湖北：竹溪 李盛兰 GanQL353

湖南：石门 姜孝成，唐妹，陈显胜等 Jiangxc0434

湖南：石门 陈功锡，张代贵，邓涛等 SCSB-HC-2007547

湖南：永顺 陈功锡，张代贵 SCSB-HC-2008230

江西：黎川 杨文斌，饶云芳 TanCM1321

江西：龙南 梁跃龙，廖海红 LiangYL074

四川：峨眉山 李小杰 LiXJ171

四川：峨眉山 李小杰 LiXJ675

云南：景东 罗忠华，孔明勇，刘长铭等 JD114

云南：景东 谭运洪，余涛 B276

云南：兰坪 刀志灵 DZL414

云南：牟定 王文礼，何彪，冯欣等 OUXK11269

云南：南涧 沈文明 NJWLS1339

云南：南涧 熊绍荣 NJWLS436

云南：宁洱 胡启元，周兵，张绍云 YNS0876

云南：石林 税玉民，陈文红 66512

云南：盈江 王立彦，左常盛，何维海 SCSB-TBG-022

云南：永德 李永亮 LiYL1443

云南：云龙 李施文，张志云，段耀飞 TC3035

Ilex cornuta Lindley & Paxton **枸骨**

安徽：绩溪 唐鑫生，方建新 TangXS0368

安徽：金寨 刘淼 SCSB-JSC55

安徽：屯溪区 方建新 TangXS0068

贵州：云岩区 赵厚涛，韩国营 YBG020

湖南：慈利 刘克明，熊凯辉 SCSB-HN-2239

湖南：古丈 刘克明，朱晓文 SCSB-HN-0536

湖南：南岳区 刘克明，相银龙，周磊等 SCSB-HN-1758

湖南：宁乡 姜孝成，唐妹，卜剑超等 Jiangxc0521

湖南：宁乡 姜孝成，唐妹，卜剑超等 Jiangxc0643

湖南：平江 刘克明，旷强，刘洪新 SCSB-HN-0994

湖南：双峰 姜孝成，唐妹，陈峰林等 Jiangxc0628

湖南：炎陵 蔡秀珍，孙秋妍 SCSB-HN-1295

湖南：炎陵 刘应迪，孙秋妍，陈珮珮 SCSB-HN-1539B

湖南：沅陵 周丰杰，刘克明 SCSB-HN-1345

湖南：岳麓区 陈薇，朱晓文，肖乐希 SCSB-HN-0418

湖南：岳麓区 王得刚，熊凯辉 SCSB-HN-2281

湖南：长沙 王得刚，熊凯辉 SCSB-HN-1821

湖南：长沙 王得刚，熊凯辉 SCSB-HN-2275

湖南：长沙 朱香清，田淑珍 SCSB-HN-1466B

湖南：长沙 朱香清，田淑珍 SCSB-HN-1727

江苏：句容 王兆银，吴宝成 SCSB-JS0395

江苏：无锡 李宏庆，熊申展，桂萍 Lihq0389

江西：星子 董安淼，吴从梅 TanCM1428
江西：修水 缪以清，陈三友 TanCM2186
江西：修水 谭策铭，缪以清 TCM09179

Ilex crenata Thunberg 齿叶冬青
江西：修水 缪以清，李江海 TanCM2464
云南：腾冲 刀志灵，陈哲 DZL-093

Ilex cupreonitens C. Y. Wu ex Y. R. Li 铜光冬青 *
云南：屏边 税玉民，陈文红 82513

Ilex cyrtura Merrill 弯尾冬青
广西：龙胜 黄俞淞，梁永延，叶晓霞等 Liuyan0049
云南：贡山 蔡杰，郭云刚，张凤琼等 14CS9795

Ilex dasyclada C. Y. Wu ex Y. R. Li 毛枝冬青 *
云南：贡山 许炳强，吴兴，李婧等 XiaNh-07zx-062
云南：景东 罗忠华，谢有能，刘长铭等 JDNR052

Ilex delavayi Franchet 陷脉冬青
四川：木里 孔航辉，罗江平，左雷等 YangQE3406
云南：贡山 刀志灵，陈哲 DZL-016

Ilex denticulata Wallich ex Wight 细齿冬青
四川：峨眉山 李小杰 LiXJ701
云南：腾冲 余新林，赵玮 BSGLGStc275

Ilex dipyrena Wallich 双核枸骨
云南：云龙 李施文，张志云，段耀飞 TC3037

Ilex editicostata Hu & T. Tang 显脉冬青 *
广西：龙胜 黄俞淞，梁永延，叶晓霞 Liuyan0044
湖北：宣恩 沈泽昊 HXE026

Ilex elmerrilliana S. Y. Hu 厚叶冬青 *
安徽：石台 陈延松，吴国伟，洪欣 Zhousb0093
安徽：休宁 唐鑫生，方建新 TangXS0746
广西：龙胜 黄俞淞，梁永延，叶晓霞 Liuyan0057
江西：黎川 童和平，王玉珍 TanCM1905

Ilex euryoides C. J. Tseng 柃叶冬青 *
云南：景东 杨华军，刘国庆 JDNR11003

Ilex excelsa (Wallich) Wallich 高冬青
云南：兰坪 孙振华，郑志兴，沈蕊等 OuXK-LC-057
云南：腾冲 周应再 Zhyz-127
云南：新平 李德才，张云德 XPALSC072
云南：盈江 王立彦，桂魏，刀江飞 SCSB-TBG-124
云南：元阳 李文锋，刘成，杨娅娟等 YYGYS042

Ilex fargesii Franchet 狭叶冬青 *
湖北：神农架林区 祝文志，刘志祥，曹远俊 ShenZH5692
湖北：仙桃 张代贵 Zdg3296
湖南：洪江 李胜华，伍贤进，刘光华等 Wuxj1069
湖南：洪江 李胜华，伍贤进，刘光华等 Wuxj1087
四川：峨眉山 李小杰 LiXJ665

Ilex fengqingensis C. Y. Wu ex Y. R. Li 凤庆冬青 *
云南：大理 李爱花，雷立公，马国强等 SCSB-A-000161
云南：大理 雷红，李爱花，马国强等 SCSB-LLG-004
云南：腾冲 周应再 Zhyz534
云南：新平 罗田发，白绍斌 XPALSC047
云南：永德 普跃东，杨金柱，奎文康 YDDXSC009

Ilex ficifolia C. J. Tseng ex S. K. Chen & Y. X. Feng 硬叶冬青 *
福建：武夷山 于文涛，陈旭东 YUWT030
江西：井冈山 兰国华 LiuRL106
江西：武宁 谭策铭，张吉华 TanCM426
江西：修水 缪以清，胡建华 TanCM1739

Ilex ficoidea Hemsley 榕叶冬青
安徽：宁国 刘淼 SCSB-JSD9
广西：贺州 姜孝成，王丽萍，鲁长青 Jiangxc0711
湖北：宣恩 李正辉，艾洪莲 AHL2015
湖北：宣恩 沈泽昊 HXE092

Ilex formosana Maximowicz 台湾冬青
广西：兴安 许为斌，黄俞淞，朱章明 Liuyan0451
江西：庐山区 董安淼，吴从梅 TanCM967
江西：武宁 张吉华，刘运群 TanCM1152

Ilex forrestii H. F. Comber 滇西冬青 *
云南：福贡 刀志灵，陈哲 DZL-053

Ilex forrestii var. **glabra** S. Y. Hu 无毛滇西冬青 *
云南：隆阳区 尹学建 BSGLGSly2022

Ilex fragilis J. D. Hooker 薄叶冬青
云南：贡山 刀志灵 DZL369
云南：河口 杨鑫峰 ZhangGL026
云南：金平 税玉民，陈文红 80029
云南：绿春 税玉民，陈文红 72935
云南：绿春 税玉民，陈文红 72996
云南：勐海 彭华，向春雷，陈丽等 P.H.5719
云南：南涧 邹国娟，常学科，徐家武等 njwls2007010
云南：巧家 杨光明 SCSB-W-1475
云南：新平 彭华，向春雷，陈丽 PengH8297
云南：新平 自正荣，自成仲，刘家良 XPALSD033
云南：元阳 彭华，向春雷，陈丽 PengH8223

Ilex franchetiana Loesener 康定冬青
云南：巧家 杨光明，颜再奎，张天壁等 QJYS0067

Ilex georgei H. F. Comber 长叶枸骨
四川：木里 孔航辉，罗江平，左雷等 YangQE3393
云南：腾冲 余新林，赵玮 BSGLGStc006
云南：腾冲 周应再 Zhyz-044
云南：腾冲 周应再 Zhyz-358

Ilex gintungensis H. W. Li ex Y. R. Li 景东冬青 *
云南：景东 罗忠华，刘长铭，鲁成荣等 JD110

Ilex glomerata King 团花冬青
湖南：望城 姜孝成，杨强，刘昌 Jiangxc0752

Ilex godajam (Colebrooke) J. D. Hooker 伞花冬青
广西：金秀 彭华，向春雷，陈丽 PengH8132
云南：景谷 刀志灵，陈渝 DZL574
云南：澜沧 张绍云，胡启和，仇亚等 YNS1140
云南：麻栗坡 肖波，陆章强 LuJL018

Ilex hainanensis Merrill 海南冬青 *
广西：环江 许为斌，梁永延，黄俞淞等 Liuyan0171
广西：上思 许为斌，黄俞淞，梁永延等 Liuyan0207
广西：上思 叶晓霞，吴望辉，农冬新 Liuyan0349
广西：上思 叶晓霞，吴望辉，农冬新 Liuyan0361
云南：金平 喻智勇，官兴永，张云飞等 JinPing44
云南：思茅区 张绍云，叶金科，周兵 YNS1360

Ilex hanceana Maximowicz 青茶香 *
江西：井冈山 兰国华 LiuRL074
江西：修水 缪以清，胡建华 TanCM1752

Ilex hookeri King 贡山冬青
云南：隆阳区 段在贤，密得生，杨海等 BSGLGSly1043

Ilex hylonoma Hu & T. Tang 细刺枸骨 *
贵州：丹寨 赵厚涛，韩国营 YBG058
四川：峨眉山 李小杰 LiXJ540

Ilex intricata J. D. Hooker 错枝冬青
云南：贡山 刀志灵 DZL843

Ilex kengii S. Y. Hu 皱柄冬青 *
浙江：鄞州区 李宏庆，葛斌杰，刘国丽等 Lihq0051

Ilex kwangtungensis Merrill 广东冬青 *
广西：金秀 许为斌，黄俞淞，叶晓霞等 Liuyan0140
广西：金秀 许为斌，黄俞淞，叶晓霞等 Liuyan0141
江西：井冈山 兰国华 LiuRL020
Ilex latifolia Thunberg 大叶冬青
安徽：绩溪 唐鑫生，方建新 TangXS0398
江西：黎川 杨文斌，饶云芳 TanCM1334
江西：庐山区 谭策铭，董安淼 TCM09053
云南：麻栗坡 肖波，陆章强 LuJL024
云南：麻栗坡 肖波 LuJL472
Ilex lohfauensis Merrill 矮冬青 *
江西：井冈山 兰国华 LiuRL017
Ilex longecaudata H. F. Comber 长尾冬青 *
云南：景东 杨国平 ygp-056
云南：南涧 熊绍荣，阿国仁，时国彩等 njwls2007133
云南：永德 李永亮 YDDXS0618
Ilex longecaudata var. **glabra** S. Y. Hu 无毛长尾冬青 *
云南：河口 张贵良，张贵生，陶英美等 ZhangGL067
云南：南涧 邹国娟，徐汝彪，李成清等 NJWLS2008288
云南：腾冲 赵玮 BSGLGS1y180
Ilex ludianensis S. C. Huang ex Y. R. LI 鲁甸冬青 *
云南：屏边 钱良超，康远勇，陆海兴 Pbdws142
Ilex macrocarpa Oliver 大果冬青 *
湖南：石门 陈功锡，张代贵，邓涛等 SCSB-HC-2007441
四川：峨眉山 李小杰 LiXJ668
云南：西山区 张挺，唐勇，陈伟等 SCSB-B-000102
Ilex macrocarpa var. **longipedunculata** S. Y. Hu 长梗冬青 *
安徽：舒城 陈延松，欧祖兰，高秋晨等 Xuzd343
湖北：长阳 祝文志，刘志祥，曹远俊 ShenZH5770
陕西：白河 田先华，王孝安 TianXH1066
云南：文山 何德明 WSLJS985
Ilex macropoda Miquel 大柄冬青
湖北：宣恩 沈泽昊 HXE021
湖北：英山 朱鑫鑫，甄爱国，孙增朋等 ZhuXX129
江西：庐山区 谭策铭，董安淼 TanCM464
Ilex mamillata C. Y. Wu ex C. J. Tseng 乳头冬青 *
云南：文山 何德明，曾祥 WSLJS1016
Ilex manneiensis S. Y. Hu 红河冬青 *
云南：贡山 刀志灵 DZL825
云南：景东 张挺，李爱花，戚志洲等 SCSB-A-000100
云南：景东 杨国平，李达文，鲁志云 ygp-032
云南：景东 鲍文强，鲍文华 JDNR11079
云南：景东 罗忠华，谢有能，刘长铭等 JDNR055
云南：文山 税玉民，陈文红 16330
Ilex maximowicziana Loesener 倒卵叶冬青
云南：南涧 徐家武，李毕祥，袁玉明 NJWLS596
Ilex melanotricha Merrill 黑毛冬青
云南：永平 王文礼，冯欣，刘飞鹏 OUXK11010
Ilex metabaptista Loesener 河滩冬青 *
贵州：花溪区 邹方伦 ZouFL0112
Ilex micrococca Maximowicz 小果冬青
安徽：歙县 方建新 TangXS0819
重庆：南川区 易思荣 YISR071
广西：龙胜 黄俞淞，叶晓霞，邹容 Liuyan0060
广西：上思 何海文，杨锦超 YANGXF0493
广西：兴安 吴望辉，吴磊，农冬新 Liuyan0497
贵州：江口 周云 XiangZ108
贵州：平塘 邹方伦 ZouFL0140
湖北：宣恩 祝文志，刘志祥，曹远俊 ShenZH0062
湖南：保靖 陈功锡，张代贵，邓涛等 SCSB-HC-2007403
江西：井冈山 兰国华 LiuRL072
江西：修水 谭策铭，易桂花，缪以清等 TanCM2128
江西：修水 谭策铭，缪以清 TCM09144
四川：峨眉山 李小杰 LiXJ521
云南：沧源 李春华，肖美芳，李华明等 CYNGH110
云南：贡山 刘成，何华杰，黄莉等 14CS8587
云南：江城 叶金科 YNS0436
云南：金平 喻智勇，官兴永，张云飞等 JinPing14
云南：景东 张挺，方伟，王建军等 SCSB-B-000191
云南：景东 刘长铭，张明勇，罗庆光 JDNR11036
云南：隆阳区 段在贤，陈学良，密祖廷等 BSGLGS1y1258
云南：隆阳区 段在贤，杨安友，陈波等 BSGLGS1y1239
云南：隆阳区 段在贤，杨安友，陈波等 BSGLGS1y1241
云南：绿春 黄连山保护区科研所 HLS0406
云南：麻栗坡 肖波 LuJL226
云南：麻栗坡 肖波 LuJL321
云南：屏边 钱良超，陆海兴，张照跃等 Pbdws099
云南：屏边 田学军，杨建，高波 Tianxj0104
云南：屏边 楚永兴 Pbdws068
云南：普洱 叶金科 YNS0097
云南：普洱 叶金科 YNS0294
云南：文山 何德明，张挺，黎谷香 WSLJS559
云南：西畴 张挺，李洪超，左定科 SCSB-B-000314
云南：新平 谢天华，李应富，郎定富 XPALSA040
云南：元阳 车鑫，亚吉东，秦少发等 YYGYS058
云南：元阳 车鑫，亚吉东，秦少发等 YYGYS091
浙江：鄞州区 葛斌杰，熊申展，胡超 Lihq0447
Ilex micropyrena C. Y. Wu ex Y. R. Li 小核冬青 *
云南：腾冲 李爱花，黄之镨，黄押稳等 SCSB-A-000286
云南：腾冲 周应再 Zhyz-004
Ilex nothofagifolia Kingdon Ward 小圆叶冬青
云南：贡山 刀志灵 DZL844
Ilex pedunculosa Miquel 具柄冬青
广西：金秀 许为斌，黄俞淞，叶晓霞等 Liuyan0147
广西：兴安 刘演，黄俞淞，吴望辉等 Liuyan0105
江西：修水 缪以清，胡建华 TanCM1740
Ilex peiradena S. Y. Hu 上思冬青
广西：上思 许为斌，黄俞淞，梁永延等 Liuyan0209
Ilex pernyi Franchet 猫儿刺 *
湖北：神农架林区 祝文志，刘志祥，曹远俊 ShenZH5683
湖北：仙桃 张代贵 Zdg3669
陕西：紫阳 田先华，吴自强 TianXH1126
四川：峨眉山 李小杰 LiXJ802
四川：天全 汤加勇，陈刚 Y07157
Ilex polyneura (Handel-Mazzetti) S. Y. Hu 多脉冬青 *
云南：沧源 赵金超，李春华 CYNGH301
云南：沧源 赵金超，李春华 CYNGH324
云南：福贡 刀志灵，陈哲 DZL-066
云南：景东 张挺，方伟，王建军等 SCSB-B-000192
云南：景东 鲁艳 07-94
云南：景东 鲁成荣，谢有能，王强等 JD043
云南：澜沧 胡启和，仇亚，周英等 YNS0695
云南：龙陵 孙兴旭 SunXX017
云南：隆阳区 段在贤，李晓东，封占昕 BSGLGS1y043
云南：隆阳区 段在贤，杨宝柱，蔡之洪等 BSGLGS1y1016
云南：隆阳区 刀志灵，陈哲 DZL-074

云南：隆阳区 段在贤 BSGLGSly001
云南：隆阳区 赵玮 BSGLGSly213
云南：绿春 黄连山保护区科研所 HLS0296
云南：绿春 刀志灵，张洪喜 DZL616
云南：绿春 黄连山保护区科研所 HLS0154
云南：蒙自 田学军，邱成书，高波 TianXJ0179
云南：勐海 蔡杰，张挺，李昌洪 13CS7193
云南：墨江 张绍云，叶金科，胡启和 YNS1341
云南：普洱 胡启和，周英，张绍云等 YNS0533
云南：普洱 刀志灵 DZL580
云南：腾冲 周应再 Zhyz-005
云南：腾冲 郭永杰，李涟漪，聂细转 12CS5209
云南：文山 张挺，丰艳飞 WSLJS447
云南：文山 何德明 WSLJS625
云南：新平 彭华，陈丽 P.H.5360
云南：新平 王家和，张宏雨 XPALSC115
云南：新平 刘家良 XPALSD021
云南：盈江 王立彦，桂魏，刀江飞 SCSB-TBG-116
云南：永德 奎文康，欧阳红才，杨金柱 YDDXSC072
云南：永德 李增柱，王学军，杨金荣 YDDXSA025
云南：永德 杨金荣，王学军，黄德武等 YDDXSA007
云南：永德 杨金荣，王学军，黄德武等 YDDXSA053
云南：永德 杨金荣，王学军，黄德武等 YDDXSA061
云南：元阳 亚吉东，黄莉，何华杰 15CS11262
云南：镇沅 朱恒，何忠云 ALSZY027
云南：镇沅 罗成瑜，乔永华 ALSZY036

Ilex pubescens Hooker & Arnott **毛冬青 ***

广西：金秀 许为斌，黄俞淞，叶晓霞等 Liuyan0118
广西：临桂 许为斌，黄俞淞，朱章明 Liuyan0431
广西：灵川 吴望辉，黄俞淞，农冬新 Liuyan0407
广西：阳朔 吴望辉，许为斌，农冬新 Liuyan0514
广西：钟山 黄俞淞，吴望辉，农冬新 Liuyan0266
湖南：江华 肖乐希 SCSB-HN-1625
湖南：江华 肖乐希，王成 SCSB-HN-1189
江西：井冈山 兰国华 LiuRL010
江西：湾里区 杜小浪，慕泽泾，曹岚 DXL087
江西：武宁 张吉华，张东红 TanCM3249
江西：修水 谭策铭，缪以清，李立新 TanCM567
浙江：开化 李宏庆，熊申展，桂萍 Lihq0409

Ilex pubescens var. **kwangsiensis** Handel-Mazzetti **广西毛冬青 ***

广西：隆安 莫水松，胡仁传，林春蕊 Liuyan1116

Ilex punctatilimba C. Y. Wu ex Y. R. Li **点叶冬青 ***

云南：南涧 沈文明 NJWLS1325

Ilex rotunda Thunberg **铁冬青**

安徽：休宁 方建新 TangXS0801
广西：金秀 许为斌，黄俞淞，叶晓霞等 Liuyan0142
广西：荔浦 吴望辉，黄俞淞，蒋日红 Liuyan0335
广西：灵川 吴望辉，黄俞淞，农冬新 Liuyan0402
湖北：咸丰 丛义艳，陈丰林 SCSB-HN-1163
湖南：洞口 刘克明，肖乐希，田淑珍 SCSB-HN-1602
湖南：江华 肖乐希 SCSB-HN-1628
湖南：江华 肖乐希 SCSB-HN-1638
湖南：江华 肖乐希，刘欣欣 SCSB-HN-1181
湖南：江华 肖乐希，欧阳书珍 SCSB-HN-0891
湖南：宜章 田淑珍 SCSB-HN-0798
湖南：沅陵 刘克明，肖乐希 SCSB-HN-1319
湖南：沅陵 李胜华，伍贤进，刘光华等 Wuxj939
湖南：沅陵 李胜华，伍贤进，刘光华等 Wuxj940
江苏：宜兴 李宏庆，田怀珍，葛斌杰等 Lihq0251
江西：黎川 童和平，王玉珍 TanCM2755
江西：湾里区 杜小浪，慕泽泾，曹岚 DXL088
云南：普洱 谭运洪 B83
云南：新平 刘家良 XPALSD350
浙江：临安 李宏庆，董全英，桂萍 Lihq0434
浙江：遂昌 许玥，祝文志，刘志祥等 ShenZH7897

Ilex serrata Thunberg **落霜红**

江西：井冈山 兰国华 LiuRL008
江西：修水 缪以清 TanCM688

Ilex sinica (Loesener) S. Y. Hu **中华冬青 ***

云南：沧源 赵金超，肖美芳，汪顺莉 CYNGH233
云南：景谷 胡启和，周英，张绍云 YNS0525

Ilex suaveolens (H. Léveillé) Loesener **香冬青 ***

安徽：黄山 唐鑫生，方建新 TangXS0998
安徽：绩溪 宋曰钦，方建新，张恒 TangXS0703
湖南：怀化 李胜华，伍贤进，曾汉元等 HHXY256
江西：庐山区 谭策铭，董安淼 TanCM470
云南：文山 韦荣彪，何德明 WSLJS643

Ilex subrugosa Loesener **异齿冬青 ***

四川：峨眉山 李小杰 LiXJ707

Ilex szechwanensis Loesener **四川冬青 ***

湖南：衡山 刘克明，陈薇，田淑珍 SCSB-HN-0246
湖南：武陵源区 吴福川，廖博儒，王文娟等 211
江西：龙南 梁跃龙，廖海红，徐清娣 LiangYL058
云南：峨山 刘恩德，方伟，杜燕等 SCSB-B-000012
云南：南涧 沈文明 NJWLS1320
云南：新平 罗田发，李丛生 XPALSC473
云南：新平 谢雄，王家和，李进勇 XPALSC103
云南：镇沅 何忠云，王立东 ALSZY093

Ilex szechwanensis var. **mollissima** C. Y. Wu ex Y. R. Li **毛叶四川冬青 ***

云南：屏边 陆海兴，钱良超，康远勇 Pbdws195

Ilex triflora Blume **三花冬青**

广西：龙胜 黄俞淞，叶晓霞，邹容 Liuyan0083
江西：龙南 梁跃龙，徐宝田，赖曰旺 LiangYL035
云南：永德 李永亮 YDDXS1160
云南：镇沅 朱恒 ALSZY053

Ilex tsiangiana C. J. Tseng **蒋英冬青 ***

云南：龙陵 孙兴旭 SunXX059
云南：元谋 蔡杰，黄莉，张凤琼 15CS11389

Ilex umbellulata (Wallich) Loesener **伞序冬青**

云南：沧源 赵金超，李春华 CYNGH298
云南：永德 李永亮 YDDXS0889
云南：永德 李永亮 YDDXS1158
云南：永德 杨金荣，李永良，王学军等 YDDXSA001

Ilex venosa C. Y. Wu ex Y. R. Li **细脉冬青 ***

云南：新平 谢天华 XPALSA064
云南：新平 张云德，鲁兴文，施文安 XPALSC114
云南：新平 罗有明 XPALSB303

Ilex venulosa J. D. Hooker **微脉冬青**

西藏：墨脱 刘成，亚吉东，何华杰等 16CS11871
云南：沧源 李春华，肖美芳，李华明等 CYNGH111
云南：沧源 赵金超，杨红强 CYNGH322
云南：景东 鲍文强 JDNR11078
云南：龙陵 孙兴旭 SunXX001
云南：南涧 高国政，徐如标，李成清 NJWLS2008257

云南：腾冲 余新林，赵玮 BSGLGStc227
云南：腾冲 周应再 Zhyz-012

Ilex viridis Champion ex Bentham 绿叶冬青 *
江西：黎川 童和平，王玉珍 TanCM2792
江西：武宁 张吉华，张东红 TanCM3248

Ilex wattii Loesener 假香冬青
云南：隆阳区 段在贤，李晓东，封占昕 BSGLGS1y040
云南：永德 YDDXSB260

Ilex wilsonii Loesener 尾叶冬青 *
安徽：绩溪 唐鑫生，方建新 Tangxs0424
湖南：洪江 李胜华，伍贤进，刘光华等 Wuxj1074
湖南：沅陵 李胜华，伍贤进，刘光华等 Wuxj872
江西：修水 谭策铭，缪以清 TCM09177
四川：米易 袁明 MY563

Ilex wuana T. R. Dudley 征镒冬青 *
云南：峨山 刘恩德，方伟，杜燕等 SCSB-B-000013
云南：景东 鲁艳 07-127

Ilex yuana S. Y. Hu 独龙冬青 *
云南：腾冲 余新林，赵玮 BSGLGStc071

Ilex yunnanensis Franchet 云南冬青
云南：大理 张德全，段丽珍，段金成等 ZDQ016
云南：兰坪 孔航辉，任琛 Yangqe2912
云南：沾益 彭华，陈丽 P.H.5986

Araceae 天南星科

天南星科	世界	中国	种质库
属 / 种（种下等级）/ 份数	117/4095	30/190	13/31/106

Aglaonema modestum Schott ex Engler 广东万年青
云南：河口 刘成，亚吉东，张桥蓉等 16CS14137

Alocasia macrorrhizos (Linnaeus) G. Don 热亚海芋
湖南：永定区 吴福川，查学州，余祥洪等 101

Alocasia odora (Roxburgh) K. Koch 海芋
广东：天河区 童毅华 TYH24

Amorphophallus kiusianus (Makino) Makino 东亚磨芋
安徽：休宁 唐鑫生，方建新 TangXS0743
江西：修水 谭策铭，缪以清，李立新 TanCM323

Amorphophallus konjac K. Koch 花磨芋 *
云南：新平 刘家良 XPALSD312
云南：新平 谢雄 XPALSC400

Arisaema amurense Maximowicz 东北南星
河北：隆化 牛玉璐，王晓亮 NiuYL515
黑龙江：阿城 郑宝江，王美娟，陆亮亮等 ZhengBJ415
黑龙江：尚志 刘玫，王臣，张欣欣等 Liuetal673
吉林：和龙 韩忠明 Yanglm0223
吉林：磐石 安海成 AnHC009
山东：岱岳区 步瑞兰，辛晓伟，高丽丽 Lilan721
山东：牟平区 卞福花，卢学新，纪伟等 BianFH00029

Arisaema asperatum N. E. Brown 刺柄南星 *
湖北：仙桃 张代贵 Zdg3378

Arisaema austroyunnanense H. Li 滇南南星
四川：米易 袁明 MY396
云南：丽江 田先华，李金钢 TianXHZS008

Arisaema bockii Engler 灯台莲 *
安徽：黄山 宋曰钦，方建新 TangXS0986
湖北：五峰 李平 AHL040
湖南：桑植 陈功锡，廖博儒，查学州等 191

Arisaema elephas Buchet 象南星
四川：峨眉山 李小杰 LiXJ468
四川：九龙 张大才，尹五元，李双智等 ZhangDC-07ZX-2419
西藏：波密 孙航，张建文，陈建国等 SunH-07ZX-2615
西藏：墨脱 孙航，张建文，陈建国等 SunH-07ZX-2678
云南：巧家 张天壁 SCSB-W-245

Arisaema erubescens (Wallich) Schott 一把伞南星
甘肃：卓尼 刘坤 LiuJQ-GN-2011-602
湖南：新化 姜孝成，唐妹，戴小军等 Jiangxc0543
江西：庐山区 谭策铭，董安淼 TanCM486
陕西：眉县 田先华，董栓录 TianXH275
四川：丹巴 高云东，李忠荣，鞠文彬 GaoXF-12-156
四川：得荣 张大才，李双智，杨川 ZhangDC-07ZX-1943
四川：康定 张大才，尹五元，李双智等 ZhangDC-07ZX-2373
四川：康定 孙航，张建文，董金龙等 SunH-07ZX-4032
四川：凉山 孙航，张建文，邓涛等 SunH-07ZX-3786
四川：冕宁 张大才，尹五元，李双智等 ZhangDC-07ZX-2445
四川：冕宁 孙航，张建文，邓涛等 SunH-07ZX-3780
四川：冕宁 孙航，张建文，董金龙等 SunH-07ZX-4066
四川：壤塘 何兴金，马祥光，郜鹏 SCU-10-214
四川：壤塘 张挺，李爱花，刘成等 08CS836
四川：壤塘 陈世龙，高庆波，张发起 Chens11151
西藏：波密 孙航，张建文，陈建国等 SunH-07ZX-2613
西藏：察隅 张大才，李双智，唐路等 ZhangDC-07ZX-1705
西藏：林芝 罗建，汪书丽 LiuJQ-09XZ-128
西藏：芒康 张永洪，王晓雄，周卓等 SunH-07ZX-0525
西藏：芒康 张大才，罗康，梁群等 ZhangDC-07ZX-1292
西藏：左贡 张大才，李双智，罗康等 ZhangDC-07ZX-0603
云南：昌宁 赵玮 BSGLGS1y096
云南：洱源 张德全，王应龙，杨思秦等 ZDQ155
云南：贡山 刘成，何华杰，黄莉等 14CS9995
云南：贡山 张挺，杨湘云，周明芬等 14CS9660
云南：河口 张贵良，张贵生，陶英美等 ZhangGL082
云南：景东 杨国平，李达文，鲁志云 ygp-046
云南：宁蒗 任宗昕，寸龙琼，任尚国 SCSB-W-1366
云南：腾冲 余新林，赵玮 BSGLGStc323
云南：维西 陈文允，于文涛，黄永江等 CYHL017
云南：维西 陈文允，于文涛，黄永江等 CYHL110
云南：文山 税玉民，陈文红 81085
云南：香格里拉 李爱花，周开洪，黄之镨等 SCSB-A-000239
云南：香格里拉 张挺，亚吉东，李明勤等 11CS3328
云南：新平 彭华，陈丽 P.H.5353
云南：玉龙 张大才，李双智，杨川 ZhangDC-07ZX-2027

Arisaema flavum subsp. **tibeticum** J. Murata 黄苞南星
四川：得荣 张大才，李双智，杨川 ZhangDC-07ZX-1942
西藏：堆龙德庆 扎西次仁 ZhongY158
西藏：拉萨 杨永平，王东超，杨大松等 YangYP-Q-5004
西藏：拉萨 扎西次仁 ZhongY253
西藏：拉萨 杨永平，段元文，边巴扎西 Yangyp-Q-1034
西藏：林周 许炳强，童毅华 XiaNh-07zx-598
西藏：芒康 徐波，陈光富，陈林杨等 SunH-07ZX-0327

Arisaema franchetianum Engler 象头花
云南：巧家 杨光明 SCSB-W-1178
云南：香格里拉 郭永杰，张桥蓉，李春晓等 11CS3509

Arisaema heterophyllum Blume 天南星
吉林：磐石 安海成 AnHC0102
江苏：句容 王兆银，吴宝成 SCSB-JS0407
江西：黎川 童和平，王玉珍 TanCM2789

江西：修水 缪以清，李立新，邹仁刚 TanCM674
辽宁：桓仁 祝业平 CaoW1050
四川：峨眉山 李小杰 LiXJ583
四川：米易 袁明 MY383
四川：木里 任宗昕，蒋伟，黄盼辉 SCSB-W-349
西藏：芒康 张挺，李爱花，刘成等 08CS676

Arisaema peninsulae Nakai 细齿南星
辽宁：庄河 于立敏 CaoW806

Arisaema tortuosum (Wallich) Schott 曲序南星
西藏：波密 孙航，张建文，陈建国等 SunH-07ZX-2600
西藏：堆龙德庆 杨永平，王东超，杨大松等 YangYP-Q-5066
西藏：芒康 马永鹏 ZhangCQ-0005
西藏：扎囊 王东超，杨大松，张春林等 YangYP-Q-5074

Arisaema wardii C. Marquand & Airy Shaw 隐序南星 *
青海：班玛 陈世龙，张得钧，高庆波等 Chensl0351

Arisaema wilsonii Engler 川中南星 *
四川：康定 彭玉兰，涂卫国 Gaoxf-0961

Arisaema yunnanense Buchet 山珠南星
云南：嵩明 张挺，志愿者 SCSB-B-000091
云南：文山 何德明，曾祥 WSLJS1008

Calla palustris Linnaeus 水芋
黑龙江：乌伊岭区 郑宝江，丁晓炎，王美娟 ZhengBJ249
黑龙江：五常 王臣，张欣欣，刘跃印等 WangCh373
吉林：磐石 安海成 AnHC077

Colocasia esculenta (Linnaeus) Schott 芋
云南：河口 王东，张贵生，梁忠等 ZhangGL007
云南：麻栗坡 肖波 LuJL457

Colocasia fallax Schott 假芋
云南：永德 李永亮 YDDXS1072

Epipremnum pinnatum (Linnaeus) Engler 麒麟叶
云南：麻栗坡 肖波 LuJL485

Homalomena occulta (Loureiro) Schott 千年健
云南：勐腊 谭运洪，余涛 A542

Pinellia pedatisecta Schott 虎掌 *
山东：长清区 张少华，张诏，程丹丹等 Lilan677

Pinellia ternata (Thunberg) Tenore ex Breitenbach 半夏
吉林：镇赉 杨帆，马红媛，安丰华 SNA0154
四川：峨眉山 李小杰 LiXJ752
四川：康定 苏涛，黄永江，杨青松等 ZhouZK11076

Remusatia pumila (D. Don) H. Li & A. Hay 曲苞芋
云南：江城 张绍云，叶金科，胡启和 YNS1231
云南：景东 赵贤坤，鲍文华，鲍文强等 JDNR11047

Rhaphidophora decursiva (Roxburgh) Schott 爬树龙
云南：贡山 张挺，杨湘云，李涟漪等 14CS9623

Rhaphidophora hookeri Schott 毛过山龙
云南：麻栗坡 张挺，修莹莹，李胜 SCSB-B-000630

Sauromatum giganteum (Engler) Cusimano & Hetterscheid 独角莲 *
陕西：宁陕 田先华，吴礼慧，高玉兵 TianXH234

Typhonium flagelliforme (Loddiges) Blume 鞭檐犁头尖
湖北：神农架林区 李巨平 LiJuPing0241

Araliaceae 五加科

五加科	世界	中国	种质库
属 / 种（种下等级）/ 份数	43/1450	22/～192	20/81 (94) /444

Aralia armata (Wallich ex G. Don) Seemann 野楤头
云南：谭运洪 B48
云南：景东 杨国平，李达文，鲁志云 ygp-030
云南：隆阳区 许炳强，吴兴，李婧等 XiaNh-07zx-244
云南：绿春 黄连山保护区科研所 HLS0076
云南：绿春 黄连山保护区科研所 HLS0415
云南：麻栗坡 肖波 LuJL231

Aralia chinensis Linnaeus 黄毛楤木 *
安徽：石台 陈延松，吴国伟，洪欣 Zhousb0045
安徽：舒城 陈延松，欧祖兰，高秋晨等 Xuzd336
安徽：休宁 方建新，张慧冲，程周旺等 TangXS0156
北京：房山区 宋松泉 BJ001
甘肃：夏河 刘坤 LiuJQ-GN-2011-637
河南：鲁山 宋松泉 HN066
河南：鲁山 宋松泉 HN117
湖北：神农架林区 李巨平 LiJuPing0228
湖北：五峰 陈功锡，张代贵 SCSB-HC-2008117
湖北：宜昌 陈功锡，张代贵 SCSB-HC-2008092
湖北：竹溪 李盛兰 GanQL785
湖南：道县 刘克明，陈薇，朱晓文 SCSB-HN-0996
湖南：衡山 刘克明，陈薇，田淑珍 SCSB-HN-0230
湖南：洪江 李胜华，伍贤进，刘光华等 Wuxj1090
湖南：江华 刘克明，旷强，吴惊香 SCSB-HN-0824
湖南：石门 姜孝成，唐妹，吕杰等 Jiangxc0477
湖南：石门 姜孝成，唐妹，吕杰等 Jiangxc0478
湖南：望城 姜孝成，旷仁平 SCSB-HNJ-0363
湖南：望城 姜孝成，卢叶平，杨强 Jiangxc0760
湖南：新化 姜孝成，唐贵华，田春娥 SCSB-HNJ-0153
湖南：新宁 姜孝成，唐贵华，袁双艳等 SCSB-HNJ-0213
湖南：宜章 刘克明，王成，田淑珍 SCSB-HN-0765
湖南：宜章 刘克明，王成，刘欣欣 SCSB-HN-0772
湖南：永顺 陈功锡，张代贵，邓涛等 228
湖南：永顺 陈功锡，张代贵 SCSB-HC-2008042
湖南：沅江 刘克明，肖乐希 SCSB-HN-0383
湖南：沅陵 李胜华，伍贤进，刘光华等 Wuxj885
湖南：资兴 肖乐希，蔡秀珍 SCSB-HN-0282
江苏：句容 王兆银，吴宝成 SCSB-JS0287
江西：庐山区 董安淼，吴从梅 TanCM1066
山东：历城区 步瑞兰，辛晓伟，张世尧等 lilan772
山东：历城区 高德民，王萍，张颖颖等 Lilan609
陕西：宁陕 田先华，陈振宁，曾阳 TianXH116
陕西：宁陕 王梅荣，田陌，田先华 TianXH104
四川：天全 汤加勇，赖建军 Y07080
四川：汶川 袁明，高刚，杨勇 YM2014009
云南：贡山 王四海，唐春云，余奇 WangSH-07ZX-002
云南：河口 张贵良，张贵生，陶英美等 ZhangGL064
云南：金平 税玉民，陈文红 80469
云南：绿春 HLS0187
云南：绿春 税玉民，陈文红 81655
云南：屏边 陆海兴，钱良超，康远勇 Pbdws194
云南：香格里拉 张挺，李明勤，王关友等 11CS3629
云南：香格里拉 孔航辉，罗江平，左雷等 YangQE3576
云南：香格里拉 张大才，李双智，唐路等 ZhangDC-07ZX-1637
云南：寻甸 张挺，蔡杰，杜燕等 SCSB-A-000115
云南：彝良 张挺，雷立公，王建军等 SCSB-B-000111
云南：镇沅 朱恒 ALSZY066

Aralia continentalis Kitagawa 东北土当归
吉林：和龙 刘翠晶 Yanglm0219
吉林：磐石 安海成 AnHC0161

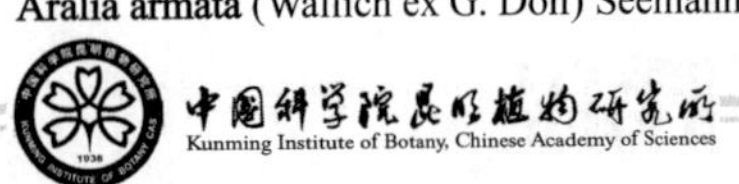

辽宁：桓仁 祝业平 CaoW1052

Aralia cordata Thunberg 食用土当归 *

安徽：黄山区 方建新 TangXS0327

江西：武宁 张吉华，张东红 TanCM2949

Aralia dasyphylla Miquel 头序楤木

广西：临桂 吴望辉，黄俞淞，农冬新 Liuyan0386

广西：临桂 许为斌，黄俞淞，朱章明 Liuyan0464

广西：龙胜 黄俞淞，梁永延，叶晓霞 Liuyan0054

广西：融水 许为斌，梁永延，黄俞淞等 Liuyan0177

湖南：保靖 张代贵 Zdg1345

江西：黎川 童和平，王玉珍 TanCM1925

江西：庐山区 谭策铭，董安淼 TCM09041

云南：文山 何德明，韦荣彪，黄太文 WSLJS790

浙江：开化 李宏庆，熊申展，桂萍 Lihq0418

Aralia decaisneana Hance 台湾毛楤木 *

贵州：南明区 邹方伦 ZouFL0277

江西：湾里区 杜小浪，慕泽泾，曹岚 DXL077

云南：普洱 叶金科 YNS0234

云南：香格里拉 李爱花，周开洪，黄之镨等 SCSB-A-000247

Aralia echinocaulis Handel-Mazzetti 棘茎楤木 *

安徽：舒城 陈延松，欧祖兰，高秋晨等 Xuzd292

安徽：休宁 唐鑫生，方建新 TangXS0267

湖北：五峰 李平 AHL047

湖北：宣恩 沈泽昊 HXE113

湖北：竹溪 李盛兰 GanQL1115

湖南：江华 肖乐希 SCSB-HN-1217

湖南：江华 肖乐希，刘克明 SCSB-HN-1629

湖南：宁乡 熊凯辉，刘克明 SCSB-HN-1968

湖南：宁乡 熊凯辉，刘克明 SCSB-HN-1974

湖南：宁乡 熊凯辉，刘克明 SCSB-HN-2016

湖南：新化 刘克明，彭珊，李珊等 SCSB-HN-1652

湖南：炎陵 刘应迪，孙秋妍，陈珮珮 SCSB-HN-1523

湖南：炎陵 刘应迪，孙秋妍，陈珮珮 SCSB-HN-1535

湖南：宜章 肖伯仲 SCSB-HN-1207

湖南：永顺 陈功锡，张代贵 SCSB-HC-2008031

湖南：沅陵 周丰杰，刘克明 SCSB-HN-1318

湖南：资兴 熊凯辉，王得刚，盛波 SCSB-HN-2088

江西：铅山 谭策铭，蔡如意，奚亚等 TanCM3501

江西：修水 缪以清 TanCM1716

四川：宝兴 袁明 Y07033

云南：南涧 邹国娟，邱云龙，时国彩等 njwls2007018

云南：新平 何罡安 XPALSB013

云南：新平 刘家良 XPALSD025

Aralia elata (Miquel) Seemann 楤木

重庆：南川区 易思荣 YISR279

黑龙江：虎林市 王庆贵 CaoW581

湖北：神农架林区 祝文志，刘志祥，曹远俊 ShenZH5569

湖北：五峰 李平 AHL095

湖北：仙桃 张代贵 Zdg1347

湖北：宣恩 沈泽昊 HXE085

湖北：竹溪 甘啟良 GanQL110

吉林：安图 杨保国，张明鹏 CaoW0028

吉林：和龙 林红梅 Yanglm0206

吉林：珲春 杨保国，张明鹏 CaoW0065

吉林：磐石 安海成 AnHC0160

辽宁：清河区 刘少硕，谢峰 CaoW296

辽宁：瓦房店 宫本胜 CaoW342

四川：万源 张桥蓉，余华，王义 15CS11500

云南：景东 鲁成荣，张明勇，王春华等 JDNR11050

云南：腾冲 余新林，赵玮 BSGLGStc203

云南：腾冲 周应再 Zhyz529

云南：香格里拉 亚吉东，张桥蓉，张继等 11CS3547

Aralia elata var. **glabrescens** (Franchet & Savatier) Pojarkova 辽东楤木

吉林：安图 周海城 ZhouHC032

Aralia fargesii Franchet 龙眼独活 *

云南：麻栗坡 张挺，修莹莹，李胜 SCSB-B-000608

Aralia finlaysoniana (Wallich ex G. Don) Seemann 虎刺楤木

广西：龙胜 黄俞淞，叶晓霞，邹容 Liuyan0086

Aralia foliolosa Seemann ex C. B. Clarke 小叶楤木

云南：普洱 叶金科 YNS0362

云南：盈江 王立彦，左常盛，桂魏 SCSB-TBG-048

Aralia gintungensis C. Y. Wu 景东楤木

云南：景东 鲁艳 2008142

Aralia officinalis Z. Z. Wang 陕鄂楤木 *

湖北：仙桃 张代贵 Zdg3322

Aralia scaberula G. Hoo 糙叶楤木 *

江西：井冈山 兰国华 LiuRL036

Aralia searelliana Dunn 粗毛楤木

云南：河口 张贵良 ZhangGL124

云南：江城 叶金科 YNS0433

云南：绿春 黄连山保护区科研所 HLS0050

云南：绿春 税玉民，陈文红 82752

云南：普洱 彭志仙 YNS0248

Aralia spinifolia Merrill 长刺楤木 *

广西：八步区 黄俞淞，吴望辉，农冬新 Liuyan0298

广西：临桂 吴望辉，黄俞淞，农冬新 Liuyan0388

Aralia thomsonii Seemann ex C. B. Clarke 云南楤木

云南：景东 谭运洪，余涛 B306

云南：景东 刘长铭，刘东，罗尧等 JDNR11085

云南：绿春 黄连山保护区科研所 HLS0391

Aralia tibetana G. Hoo 西藏土当归 *

西藏：察隅 张挺，蔡杰，袁明 09CS1519

Brassaiopsis ciliata Dunn 纤齿罗伞

四川：峨眉山 李小杰 LiXJ618

云南：贡山 刀志灵 DZL808

云南：新平 谢雄 XPALSC101

Brassaiopsis glomerulata (Blume) Regel 罗伞

广西：阳朔 吴望辉，许为斌，农冬新 Liuyan0517

广西：永福 许为斌，梁永延，黄俞淞等 Liuyan0191

四川：峨眉山 李小杰 LiXJ346

云南：贡山 蔡杰，郭云刚，张凤琼等 14CS9787

云南：思茅区 胡启和，周兵 YNS0799

云南：文山 何德明 WSLJS912

Brassaiopsis hainla (Buchanan-Hamilton) Seemann 浅裂罗伞

云南：沧源 赵金超，杨红强 CYNGH457

Brassaiopsis shweliensis W. W. Smith 瑞丽罗伞 *

云南：泸水 刀志灵 DZL888

云南：泸水 刀志灵 DZL891

Dendropanax burmanicus Merrill 缅甸树参

云南：贡山 张挺，杨湘云，李涟漪等 14CS8990

Dendropanax dentiger (Harms) Merrill 树参

安徽：绩溪 唐鑫生，方建新 TangXS0749

贵州：绥阳 赵厚涛，韩国营 YBG028

江西：井冈山 兰国华 LiuRL013

江西：修水 谭策铭，缪以清，李立新 TanCM346

Dendropanax productus H. L. Li 长萼树参 *
云南：江城 张绍云，胡启和，白海洋 YNS1261
Eleutherococcus cissifolius (Griffith ex C. B. Clarke) Nakai 乌蔹莓五加
云南：兰坪 张挺，徐远杰，黄押稳等 SCSB-B-000183
Eleutherococcus giraldii (Harms) Nakai 红毛五加 *
青海：互助 薛春迎 Xuechy0095
四川：宝兴 袁明 Y07018
四川：九寨沟 张挺，李爱花，刘成等 08CS880
四川：康定 彭玉兰，涂卫国 Gaoxf-1017
西藏：昌都 许炳强，周伟，郑朝汉 Xianh0156
云南：香格里拉 杨青松，星耀武，苏涛 ZhouZK-07ZX-0367
Eleutherococcus henryi Oliver 糙叶五加 *
重庆：南川区 易思荣 YISR273
湖北：保康 甘啟良 GanQL125
湖北：英山 朱鑫鑫，甄爱国，孙增朋等 ZhuXX157
湖南：安化 刘克明，彭珊，李珊等 SCSB-HN-1694
湖南：江华 肖乐希，刘克明 SCSB-HN-1615
湖南：南岳区 刘克明，丛义艳 SCSB-HN-1419
湖南：新化 刘克明，彭珊，李珊等 SCSB-HN-1656
湖南：新化 刘克明，彭珊，李珊等 SCSB-HN-1678
Eleutherococcus henryi var. **faberi** (Harms) S. Y. Hu 毛梗糙叶五加 *
湖北：神农架林区 祝文志，刘志祥，曹远俊 ShenZH5691
Eleutherococcus lasiogyne (Harms) S. Y. Hu 康定五加 *
四川：丹巴 高云东，李忠荣，鞠文彬 GaoXF-12-135
四川：康定 许炳强，童毅华，吴兴等 XiaNH-07ZX-1072
西藏：波密 孙航，张建文，陈建国等 SunH-07ZX-2549
西藏：波密 张大才，李双智，唐路等 ZhangDC-07ZX-1722
西藏：波密 张大才，李双智，唐路等 ZhangDC-07ZX-1730
西藏：波密 扎西次仁，西落 ZhongY660
西藏：波密 刘成，亚吉东，何华杰等 16CS11822
Eleutherococcus leucorrhizus Oliver 藤五加
湖北：仙桃 张代贵 Zdg1917
四川：黑水 顾垒，李忠荣 GaoXF-09ZX-1769
四川：康定 许炳强，童毅华，吴兴等 XiaNH-07ZX-1077
云南：巧家 颜再奎，张天壁，苏普芬等 QJYS0082
云南：巧家 杨光明 SCSB-W-1498
云南：新平 刘家良 XPALSD351
Eleutherococcus leucorrhizus var. **fulvescens** (Harms & Rehder) Nakai 糙叶藤五加 *
云南：德钦 孙航，李新辉，陈林杨 SunH-07ZX-2976
云南：彝良 张挺，雷立公，王建军等 SCSB-B-000110
Eleutherococcus leucorrhizus var. **scaberulus** (Harms & Rehder) Nakai 狭叶藤五加 *
江西：庐山区 董安淼，吴从梅 TanCM2205
Eleutherococcus leucorrhizus var. **setchuenensis** (Harms) C. B. Shang & J. Y. Huang 蜀五加 *
湖北：长阳 祝文志，刘志祥，曹远俊 ShenZH5775
陕西：长安区 田先华 TianXH105
Eleutherococcus nodiflorus (Dunn) S. Y. Hu 细柱五加 *
安徽：休宁 张慧冲，夏日红，胡长玉等 TangXS0253
湖北：仙桃 张代贵 Zdg1354
江西：修水 李立新，缪以清 TanCM1224
四川：宝兴 袁明 Y07019
云南：景东 张绍云，胡启和，仇亚等 YNS1160
云南：西山区 彭华，陈丽 P.H. 5302
Eleutherococcus senticosus (Ruprecht & Maximowicz) Maximowicz 刺五加
河北：武安 牛玉璐，高彦飞，赵二涛 NiuYL487
黑龙江：虎林市 王庆贵 CaoW549
黑龙江：虎林市 王庆贵 CaoW580
黑龙江：虎林市 王庆贵 CaoW585
黑龙江：虎林市 王庆贵 CaoW588
黑龙江：虎林市 王庆贵 CaoW685
黑龙江：虎林市 王庆贵 CaoW741
黑龙江：宁安 刘玫，王臣，史传奇等 Liuetal562
黑龙江：饶河 王庆贵 CaoW618
黑龙江：饶河 王庆贵 CaoW637
黑龙江：饶河 王庆贵 CaoW658
黑龙江：饶河 王庆贵 CaoW740
黑龙江：尚志 李兵，路科 CaoW0097
黑龙江：尚志 李兵，路科 CaoW0120
黑龙江：尚志 郑宝江，余快，丁岩岩 ZhengBJ108
黑龙江：五常 李兵，路科 CaoW0141
黑龙江：五大连池 晁雄雄，焉志远 SunY049
湖南：鹤城区 李胜华，伍贤进，刘光华等 Wuxj827
湖南：沅陵 李胜华，伍贤进，刘光华等 Wuxj873
吉林：安图 周海城 ZhouHC018
吉林：敦化 杨保国，张明鹏 CaoW0003
吉林：丰满区 李兵，路科 CaoW0077
吉林：和龙 张永刚 Yanglm0243
吉林：汪清 陈武璋，王炳辉 CaoW0167
吉林：汪清 陈武璋，王炳辉 CaoW0179
陕西：眉县 蔡杰，白根录，刘成 TianXH069
云南：盈江 王立彦，左常盛，何维海 SCSB-TBG-026
Eleutherococcus sessiliflorus (Ruprecht & Maximowicz) S. Y. Hu 无梗五加
黑龙江：梨树区 陈武璋，王炳辉 CaoW0207
黑龙江：穆棱 陈武璋，王炳辉 CaoW0200
黑龙江：宁安 陈武璋，王炳辉 CaoW0191
黑龙江：尚志 刘玫，张欣欣，程薪宇等 Liuetal348
黑龙江：绥芬河 陈武璋，王炳辉 CaoW0201
黑龙江：铁力 郑宝江，丁晓炎，李月等 ZhengBJ218
黑龙江：五大连池 晁雄雄，焉志远 SunY047
黑龙江：阳明区 陈武璋，王炳辉 CaoW0192
辽宁：凤城 董清 CaoW252
辽宁：铁岭 刘少硕，谢峰 CaoW279
辽宁：瓦房店 宫本胜 CaoW335
Eleutherococcus setosus (H. L. Li) Y. R. Ling 刚毛白簕 *
贵州：花溪区 邹方伦 ZouFL0220
湖南：中方 伍贤进，李胜华，曾汉元等 HHXY132
云南：文山 何德明，丰艳飞，韦荣彪等 WSLJS785
Eleutherococcus trifoliatus (Linnaeus) S. Y. Hu 白簕
广西：灵川 许为斌，黄俞淞，朱章明 Liuyan0456
贵州：江口 彭华，王英，陈丽 P.H. 5113
贵州：江口 周云，王勇 XiangZ052
湖南：鹤城区 李胜华，伍贤进，刘光华等 Wuxj852
湖南：麻阳 彭华，王英，陈丽 P.H. 5232
湖南：永顺 陈功锡，张代贵 SCSB-HC-2008218
江西：黎川 童和平，王玉珍 TanCM1917
四川：米易 刘静，袁明 MY-123
四川：米易 刘静，袁明 MY-177
四川：万源 张桥蓉，余华，王义 15CS11519
云南：澜沧 张绍云，胡启和，叶金科等 YNS1185
云南：麻栗坡 肖波 LuJL120

云南：勐腊 谭运洪 A385
云南：南涧 李成清，沈文明，徐如标 NJWLS485
云南：腾冲 周应再 Zhyz-511
云南：腾冲 余新林，赵玮 BSGLGStc308
云南：永德 李永亮 YDDXS0479

Eleutherococcus wilsonii (Harms) Nakai 狭叶五加 *
青海：互助 陈世龙，高庆波，张发起等 Chensl1722
西藏：昌都 许炳强，周伟，郑朝汉 Xianh0352
西藏：昌都 张挺，李爱花，刘成等 08CS752

Eleutherococcus wilsonii var. **pilosulus** (Rehder) P. S. Hsu & S. L. Pan 毛狭叶五加 *
四川：若尔盖 刘坤 LiuJQ-GN-2011-620

Fatsia japonica (Thunberg) Decaisne & Planchon 八角金盘
安徽：屯溪区 方建新 TangXS0824

Gamblea ciliata C. B. Clarke 萸叶五加
云南：文山 何德明，邵会明，陈斌 WSLJS494

Gamblea ciliata var. **evodiifolia** (Franchet) C. B. Shang et al. 吴茱萸五加
江西：庐山区 谭策铭，董安淼 TanCM309
江西：修水 缪以清，胡建华 TanCM1731
西藏：波密 孙航，张建文，陈建国等 SunH-07ZX-2569
西藏：昌都 易思荣，谭秋平 YISR256
云南：景东 张挺，李爱花，戚志洲等 SCSB-A-000102
云南：香格里拉 李爱花，周开洪，黄之镨等 SCSB-A-000252
云南：永德 李永亮，马文军 YDDXSB016

Hedera nepalensis var. **sinensis** (Tobler) Rehder 常春藤
安徽：歙县 查红光，方建新 TangXS0977
湖南：怀化 李胜华，伍贤进，曾汉元等 HHXY377
江西：武宁 张吉华，张东红 TanCM2881
四川：峨眉山 李小杰 LiXJ325
云南：腾冲 余新林，赵玮 BSGLGStc142
云南：新平 罗光进 XPALSB160

Heteropanax fragrans (Roxburgh ex Candolle) Seemann 幌伞枫
云南：景洪 谭运洪，余涛 B208
云南：景洪 谭运洪，余涛 B228

Hydrocotyle himalaica P. K. Mukherjee 喜马拉雅天胡荽
四川：峨眉山 李小杰 LiXJ120
云南：腾冲 周应再 Zhyz523
云南：新平 鲁兴文，白绍斌 XPALSC171

Hydrocotyle hookeri (C. B. Clarke) Craib 缅甸天胡荽
云南：新平 何罡安 XPALSB425

Hydrocotyle hookeri subsp. **chinensis** (Dunn ex R. H. Shan & S. L. Liou) M. F. Watson & M. L. Sheh 中华天胡荽
重庆：南川区 易思荣 YISR277
湖南：江永 姜孝成，唐贵华，潘孝武 SCSB-HNJ-0028
四川：峨眉山 李小杰 LiXJ434
云南：金平 税玉民，陈文红 71533

Hydrocotyle nepalensis Hooker 红马蹄草
安徽：祁门 方建新 TangXS0988
广西：那坡 张挺，蔡杰，方伟 12CS3773
湖北：宣恩 沈泽昊 HXE151
江西：黎川 童和平，王玉珍 TanCM2705
江西：武宁 张吉华，刘运群 TanCM1179
江西：修水 余于明，缪以清 TanCM1258
云南：金平 税玉民，陈文红 80274
云南：麻栗坡 肖波 LuJL206
云南：蒙自 税玉民，陈文红 72417
云南：南涧 官有才 NJWLS1621
云南：思茅区 蔡杰，张挺 13CS7211
云南：腾冲 余新林，赵玮 BSGLGStc039
云南：文山 WSLJS730
云南：盈江 王立彦 TBG-019
云南：永德 李永亮 LiYL1603
云南：永德 李永亮 YDDXS0780
云南：元阳 亚吉东，黄莉，何华杰 15CS11415

Hydrocotyle sibthorpioides Lamarck 天胡荽
广西：金秀 彭华，向春雷，陈丽 PengH8122
江西：庐山区 谭策铭，董安淼 TanCM282
江西：庐山区 董安淼，吴丛梅 TanCM3034
四川：峨眉山 李小杰 LiXJ048
四川：峨眉山 李小杰 LiXJ409
云南：景洪 张挺，谭运洪，王建军等 SCSB-B-000262
云南：芒市 谭运洪 B123
云南：绿春 彭华，向春雷，陈丽等 P.H.5603
云南：勐腊 谭运洪，余涛 B241
云南：普洱 叶金科 YNS0307
云南：文山 何德明，古少国 WSLJS1017
云南：易门 彭华，向春雷，王泽欢 PengH8359
云南：盈江 王立彦 SCSB-TBG-186
云南：永德 李永亮 LiYL1395
云南：永德 李永亮 YDDXS0299
云南：永德 李永亮 YDDXS0818

Hydrocotyle sibthorpioides var. **batrachium** (Hance) Handel-Mazzetti ex R. H. Shan 破铜钱
安徽：屯溪区 方建新 TangXS0831

Hydrocotyle wilfordii Maximowicz 肾叶天胡荽
云南：贡山 郭永杰，吴之坤，吴兴等 14CS9898
云南：绿春 黄连山保护区科研所 HLS0259
云南：巧家 杨光明 SCSB-W-1117

Kalopanax septemlobus (Thunberg) Koidzumi 刺楸
河北：青龙 牛玉璐，王晓亮 NiuYL578
吉林：安图 周海城 ZhouHC031
吉林：桦甸 安海成 AnHC0443
江苏：句容 王兆银，吴宝成 SCSB-JS0321
江西：庐山区 谭策铭，董安淼 TCM09103
江西：修水 缪以清，李立新 TanCM1270
辽宁：瓦房店 宫本胜 CaoW357
山东：崂山区 罗艳，邓建平 LuoY204
四川：峨眉山 李小杰 LiXJ314
四川：射洪 袁明 YUANM2015L132

Macropanax chienii G. Hoo 显脉大参 *
云南：景东 罗忠华，刘长铭，鲁成荣等 JD079

Macropanax rosthornii (Harms) C. Y. Wu ex G. Hoo 短梗大参 *
湖北：仙桃 张代贵 Zdg1332
湖北：宣恩 沈泽昊 HXE084
江西：修水 缪以清，陈三友 TanCM2175

Macropanax undulatus (Wallich ex G. Don) Seemann 波缘大参
云南：永德 杨金柱，普跃东，奎文康 YDDXSC098

Merrilliopanax listeri (King) H. L. Li 常春木
云南：贡山 刀志灵 DZL835

Metapanax davidii (Franchet) J. Wen & Frodin 异叶梁王茶
贵州：江口 周云，王勇 XiangZ034
湖北：五峰 李平 AHL029
湖北：仙桃 李巨平 Lijuping0321
湖北：竹溪 李盛兰 GanQL357

湖南：永顺 陈功锡，张代贵 SCSB-HC-2008235
湖南：永顺 陈功锡，张代贵，邓涛等 SCSB-HC-2007328
四川：峨眉山 李小杰 LiXJ067
云南：腾冲 周应再 Zhyz-087

Metapanax delavayi (Franchet) J. Wen & Frodin **梁王茶**
重庆：南川区 易思荣 YISR117
云南：麻栗坡 肖波，陆章强 LuJL021
云南：玉龙 张大才，李双智，杨川 ZhangDC-07ZX-2035
云南：云龙 字建泽，杨六斤，李国宏等 TC1017

Oplopanax elatus (Nakai) Nakai **刺参**
吉林：安图 周海城 ZhouHC045

Panax japonicus var. **bipinnatifidus** (Seemann) C. Y. Wu & K. M. Feng **疙瘩七**
四川：黑水 顾垒，李忠荣 GaoXF-09ZX-1543

Panax japonicus var. **major** (Burkill) C. Y. Wu & K. M. Feng **珠子参**
四川：九龙 孙航，张建文，邓涛等 SunH-07ZX-3771
云南：香格里拉 蔡杰，张挺，刘成等 11CS3232
云南：香格里拉 亚吉东，张桥蓉，张继等 11CS3541
云南：香格里拉 张挺，亚吉东，李明勤等 11CS3331

Pentapanax caesius (Handel-Mazzetti) C. B. Shang **圆叶羽叶参** *
云南：香格里拉 陈文允，于文涛，黄永江等 CYHL210

Pentapanax fragrans (D. Don) T. D. Ha **羽叶参**
云南：元阳 亚吉东，黄莉，何华杰 15CS11405
云南：元阳 亚吉东，黄莉，何华杰 15CS11407

Pentapanax fragrans var. **forrestii** (W. W. Smith) C. B. Shang **全缘羽叶参** *
西藏：察隅 张挺，蔡杰，袁明 09CS1609
云南：巧家 杨光明 SCSB-W-1208

Pentapanax henryi Harms **锈毛羽叶参** *
四川：米易 袁明 MY569
云南：安宁 杜燕，周开洪，王建军等 SCSB-A-000364
云南：河口 张贵良，张贵生，陶英美等 ZhangGL069

Pentapanax subcordatus (Wallich ex G. Don) Seemann **心叶羽叶参**
云南：贡山 刀志灵 DZL830

Pentapanax tomentellus var. **distinctus** C. B. Shang **离柱马肠子树** *
云南：澜沧 张绍云，胡启和，叶金科等 YNS1186

Schefflera arboricola (Hayata) Merrill **鹅掌藤** *
云南：新平 谢雄 XPALSC424

Schefflera bodinieri (H. Léveillé) Rehder **短序鹅掌柴**
湖南：永定区 廖博儒，查学州 7036
云南：河口 张贵良，张贵生，陶英美等 ZhangGL055

Schefflera chapana Harms **异叶鹅掌柴**
云南：麻栗坡 肖波 LuJL423

Schefflera chinensis (Dunn) H. L. Li **中华鹅掌柴** *
云南：永德 李永亮 YDDXS1293

Schefflera delavayi (Franchet) Harms **穗序鹅掌柴**
广西：兴安 吴望辉，吴磊，农冬新 Liuyan0494
湖北：五峰 陈功锡，张代贵 SCSB-HC-2008408
湖北：宣恩 沈泽昊 HXE143
江西：黎川 童和平，王玉珍 TanCM2791
四川：峨眉山 李小杰 LiXJ326
云南：南涧 阿国仁 NJWLS775
云南：新平 罗永朋 XPALSB073

Schefflera elliptica (Blume) Harms **密脉鹅掌柴**
云南：峨山 刘成，张凤琼，丁艳蓉 13CS6336
云南：江城 张绍云，叶金科，胡启和 YNS1227
云南：兰坪 孙振华，郑志兴，沈蕊等 OuXK-LC-056
云南：澜沧 叶金科 YNS0168
云南：绿春 黄连山保护区科研所 HLS0411
云南：绿春 税玉民，陈文红 72826
云南：腾冲 余新林，赵玮 BSGLGStc212
云南：新平 白绍斌 XPALSC276
云南：永德 李永亮 YDDXS6343
云南：元江 胡启元，周兵，张绍云 YNS0848
云南：镇沅 胡启和，张绍云 YNS0954

Schefflera fengii C. J. Tseng & G. Hoo **文山鹅掌柴** *
云南：景东 刘长铭，罗庆光，袁小龙等 JDNR11016
云南：景东 罗忠华，谢有能，刘长铭等 JDNR083
云南：麻栗坡 肖波 LuJL128
云南：文山 何德明，张挺，刘成等 WSLJS496
云南：新平 白绍斌 XPALSC278
云南：元阳 李文锋，刘成，杨娅娟等 YYGYS034

Schefflera glabrescens (C. J. Tseng & G. Hoo) Frodin **光叶鹅掌柴**
云南：泸水 许炳强，吴兴，李婧等 XiaNh-07zx-030

Schefflera heptaphylla (Linnaeus) Frodin **鹅掌柴**
广西：金秀 许为斌，黄俞淞，叶晓霞等 Liuyan0131
云南：景东 罗忠华，谢有能，刘长铭等 JDNR082
云南：景洪 刀志灵 DZL-174
云南：景洪 刀志灵 DZL-174A
云南：景洪 张绍云 YNS0078
云南：勐腊 谭运洪 A292
云南：南涧 高国政，徐汝彪 NJWLS1338
云南：普洱 叶金科 YNS0219
云南：文山 税玉民，陈文红 16349
云南：新平 自成仲，自正荣 XPALSD129
云南：镇沅 何忠云，周立刚 ALSZY322

Schefflera hoi (Dunn) R. Viguier **红河鹅掌柴**
云南：沧源 赵金超，熊友明，朱恒英 CYNGH070
云南：贡山 刘成，何华杰，黄莉等 14CS8597
云南：金平 税玉民，陈文红 80518
云南：绿春 黄连山保护区科研所 HLS0137
云南：绿春 黄连山保护区科研所 HLS0193
云南：麻栗坡 肖波 LuJL434
云南：南涧 熊绍荣，阿国仁，时国彩等 njwls2007132
云南：南涧 阿国仁 NJWLS776
云南：屏边 楚永兴 Pbdws076
云南：腾冲 余新林，赵玮 BSGLGStc123
云南：新平 王家和，刘蜀南 XPALSC183
云南：永德 李永亮 YDDXS0118
云南：永德 李永亮 YDDXS0343

Schefflera hypoleuca (Kurz) Harms **白背鹅掌柴**
云南：绿春 税玉民，陈文红 82856

Schefflera hypoleucoides Harms **离柱鹅掌柴**
云南：税玉民，陈文红 70332
云南：文山 何德明，丰艳飞 WSLJS810
云南：文山 何德明，丰艳飞 WSLJS815
云南：西畴 张挺，李洪超，左定科 SCSB-B-000307

Schefflera khasiana (C. B. Clarke) R. Viguier **扁盘鹅掌柴**
云南：盈江 郭永杰，赵文李，唐培洵等 13CS7482
云南：盈江 张挺，王建军，杨茜等 SCSB-B-000413

Schefflera leucantha R. Viguier **白花鹅掌柴**

云南：迪庆 聂泽龙，孟盈，邓涛 SunH-07ZX-2343

Schefflera minutistellata Merrill ex H. L. Li 星毛鹅掌柴 *

云南：龙陵 孙兴旭 SunXX105

云南：隆阳区 段在贤，杨安友，陈波等 BSGLGSly1240

云南：腾冲 余新林，赵玮 BSGLGStc407

云南：腾冲 周应再 Zhyz-111

云南：腾冲 周应再 Zhyz-180

云南：腾冲 周应再 Zhyz-216

云南：腾冲 周应再 Zhyz-380

Schefflera parvifoliolata C. J. Tseng & G. Hoo 小叶鹅掌柴 *

云南：文山 何德明，张挺，黎谷香 WSLJS545

Schefflera pauciflora R. Viguier 球序鹅掌柴

云南：江城 张绍云，叶金科 YNS0039

云南：麻栗坡 肖波 LuJL514

Schefflera shweliensis W. W. Smith 瑞丽鹅掌柴 *

云南：南涧 李成法，高国政 NJWLS516

云南：新平 何罡安 XPALSB119

云南：永德 杨金荣，王学军，黄德武等 YDDXSA062

云南：永德 欧阳红才，穆勤学，奎文康 YDDXSC024

Schefflera wardii Marquand & Airy Shaw 西藏鹅掌柴 *

云南：贡山 朱枫，张仲富，成梅 Wangsh-07ZX-038

Tetrapanax papyrifer (Hooker) K. Koch 通脱木 *

湖北：竹溪 甘霖 GanQL633

湖南：永顺 陈功锡，张代贵 SCSB-HC-2008217

江西：武宁 张吉华，刘运群 TanCM1357

江西：修水 缪以清，李江海 TanCM2467

陕西：洋县 田先华，王梅荣，杨建军 TianXH1187

Trevesia palmata (Roxburgh ex Lindley) Visiani 刺通草

云南：新平 李应宝，谢天华 XPALSA131

Tupidanthus calyptratus J. D. Hooker & Thomson 多蕊木

云南：景洪 张挺，徐远杰，谭文杰 SCSB-B-000353

云南：思茅区 胡启和，叶金科，张绍云 YNS1352

云南：永德 李永亮 YDDXS0201

Arecaceae 棕榈科

棕榈科	世界	中国	种质库
属 / 种（种下等级）/ 份数	183/2450	18/77	3/3/12

Arenga pinnata (Wurmb) Merrill 砂糖椰子

云南：勐腊 赵相兴 A003

Phoenix roebelenii O'Brien 江边刺葵

云南：绿春 黄连山保护区科研所 HLS0430

云南：普洱 胡启和，仇亚 YNS0502

Trachycarpus fortunei (Hooker) H. Wendland 棕榈

湖北：五峰 陈功锡，张代贵 SCSB-HC-2008403

湖北：宣恩 祝文志，刘志祥，曹远俊 ShenZH0075

湖南：鹤城区 李胜华，伍贤进，曾汉元等 Wuxj850

湖南：衡山 刘克明，陈薇，田淑珍 SCSB-HN-0227

湖南：浏阳 刘克明，朱晓文，田淑珍 SCSB-HN-0453

湖南：永定区 陈超，吴福川 222A

湖南：岳麓区 刘克明，肖乐希 SCSB-HN-0326

江西：修水 缪以清 TanCM621

四川：汶川 袁明，高刚，杨勇 YM2014023

Aristolochiaceae 马兜铃科

马兜铃科	世界	中国	种质库
属 / 种（种下等级）/ 份数	5-8/450-600	4/86	3/16/34

Aristolochia chlamydophylla C. Y. Wu ex S. M. Hwang 苞叶马兜铃 *

云南：沧源 赵金超，肖美芳，汪顺莉 CYNGH258

Aristolochia contorta Bunge 北马兜铃

吉林：磐石 安海成 AnHC0123

辽宁：凤城 朱春龙 CaoW262

辽宁：庄河 于立敏 CaoW755

山东：历城区 李兰，王萍，张少华等 Lilan-055

山东：牟平区 卞福花，陈朋 BianFH-0344

Aristolochia debilis Siebold & Zuccarini 马兜铃

重庆：南川区 易思荣 YISR033

吉林：南关区 韩忠明 Yanglm0123

江西：庐山区 董安淼，吴从梅 TanCM933

江西：星子 董安淼，吴从梅 TanCM1089

山东：崂山区 罗艳，李中华 LuoY334

山东：薛城区 高德民，高丽丽，郭雷等 lilan765

Aristolochia delavayi Franchet 山草果 *

云南：宁蒗 张启泰 2008 — 061

云南：玉龙 ChenG0001

Aristolochia fangchi Y. C. Wu ex L. D. Chow & S. M. Hwang 广防已 *

贵州：花溪区 赵厚涛，韩国营 YBG024

Aristolochia griffithii J. D. Hooker & Thomson ex Duchartre 西藏马兜铃

西藏：错那 罗建，汪书丽 LiuJQ11XZ214

Aristolochia manshuriensis Komarov 关木通 *

黑龙江：宁安 刘玫，张欣欣，程薪宇等 Liuetal514

吉林：安图 孙阎 SunY052

吉林：磐石 安海成 AnHC0407

Aristolochia mollissima Hance 寻骨风 *

江西：星子 董安淼，吴从梅 TanCM1580

山东：莒县 高德民，步瑞兰，辛晓伟等 Lilan811

山东：莒县 高德民，张少华，邵尉 Lilan885

Aristolochia tagala Chamisso 耳叶马兜铃

云南：沧源 赵金超，刀永强 CYNGH073

云南：景东 刘长铭，罗庆光，袁小龙等 JDNR11023

云南：盈江 王立彦，桂魏 SCSB-TBG-163

Aristolochia tubiflora Dunn 辟蛇雷 *

江西：庐山区 董安淼，吴从梅 TanCM1081

Aristolochia zhongdianensis J. S. Ma 中甸马兜铃 *

云南：香格里拉 陈高 SunH-07ZX-2348

Asarum caudigerellum C. Y. Cheng & C. S. Yang 短尾细辛 *

重庆：南川区 易思荣，张挺，蔡杰 YISR362

Asarum caudigerum Hance 尾花细辛

江西：修水 缪以清，余于明 TanCM2475

云南：文山 何德明 WSLJS819

Asarum petelotii O. C. Schmidt 红金耳环

云南：澜沧 张绍云，胡启和 YNS1093

云南：屏边 蔡杰，刘东升，杨德进 12CS5374

Asarum sieboldii Miquel 汉城细辛

江西：庐山区 董安淼，吴丛梅 TanCM3304

Saruma henryi Oliver 马蹄香 *
陕西：眉县 田先华，董栓录 TianXH179

Asparagaceae 天门冬科

天门冬科	世界	中国	种质库
属 / 种（种下等级）/ 份数	153/ ～ 2500	25/258	19/69/264

Agave americana Linnaeus 龙舌兰
云南：永德 李永亮 YDDXS0453
云南：元谋 闫海忠，孙振华，王文礼等 Ouxk-YM-0020

Agave sisalana Perrine ex Engelmann 剑麻
云南：普洱 谭运洪，余涛 B447

Anemarrhena asphodeloides Bunge 知母
河北：邢台 牛玉璐，高彦飞，赵二涛 NiuYL365
黑龙江：五大连池 孙阎，晁雄雄 SunY085
黑龙江：肇东 刘玫，张欣欣，程薪宇等 Liuetal481
吉林：磐石 安海成 AnHC0120
吉林：前郭尔罗斯 张红香 ZhangHX149
吉林：前郭尔罗斯 杨帆，马红媛，安丰华 SNA0357
吉林：通榆 刘翠晶 Yanglm0407
宁夏：隆德 李磊，朱奋霞 ZuoZh127
山东：牟平区 卞福花，陈朋 BianFH-0300
山东：章丘 步瑞兰，辛晓伟，徐永娟等 Lilan841

Asparagus brachyphyllus Turczaninow 攀援天门冬
西藏：昌都 许炳强，周伟，郑朝汉 Xianh0366

Asparagus breslerianus Schultes & J. H. Schultes 西北天门冬
青海：门源 陈世龙，高庆波，张发起等 Chensl1652

Asparagus cochinchinensis (Loureiro) Merrill 天门冬
安徽：绩溪 唐鑫生，方建新 TangXS0754
重庆：武隆 易思荣，谭秋平 YISR372
湖北：利川 许玥，祝文志，刘志祥等 ShenZH7886
江西：庐山区 董安淼，吴丛梅 TanCM3046
青海：互助 薛春迎 Xuechy0097
四川：峨眉山 李小杰 LiXJ673

Asparagus dauricus Link 兴安天门冬
黑龙江：松北 孙阎，张兰兰 SunY288
黑龙江：松北 王臣，张欣欣，史传奇 WangCh201
辽宁：桓仁 蔡杰 11CS2927
内蒙古：锡林浩特 张红香 ZhangHX128
内蒙古：新巴尔虎右旗 黄学文 NMDB20170810211
内蒙古：新城区 蒲拴莲，李茂文 M015
宁夏：盐池 李磊，朱奋霞 ZuoZh120
山东：莱山区 卞福花 BianFH-0204
山东：莱山区 卞福花，宋言贺 BianFH-485
山东：崂山区 罗艳，李中华 LuoY080

Asparagus filicinus D. Don 羊齿天门冬
广西：金秀 彭华，向春雷，陈丽 PengH8111
西藏：左贡 徐波，陈光富，陈林杨等 SunH-07ZX-0829

Asparagus longiflorus Franchet 长花天门冬 *
甘肃：碌曲 李晓东，刘帆，张景博等 LiJ0173
甘肃：卓尼 尹鑫，吴航，葛文静 LiuJQ-GN-2011-177
甘肃：卓尼 齐威 LJQ-2008-GN-189
青海：平安 陈世龙，高庆波，张发起等 Chensl1751

Asparagus meiocladus H. Léveillé 密齿天门冬 *
云南：鹤庆 张红良，木栅，李玉瑛等 15PX407
云南：玉龙 张大才，李双智，杨川 ZhangDC-07ZX-2024

Asparagus myriacanthus F. T. Wang & S. C. Chen 多刺天门冬 *
四川：巴塘 张挺，蔡杰，刘恩德等 SCSB-B-000454

Asparagus officinalis Linnaeus 石刁柏
北京：海淀区 王文军 SCSB-D-0060
北京：门头沟区 李燕军 SCSB-E-0062
黑龙江：五大连池 孙阎，杜景红 SunY081
吉林：抚松 张宝田 Yanglm0449
新疆：乌鲁木齐 王雷，王宏飞，黄振英 Beijing-huang-xjys-0021

Asparagus oligoclonos Maximowicz 南玉带
黑龙江：五常 王臣，张欣欣，刘跃印等 WangCh387
吉林：洮北区 杨帆，马红媛，安丰华 SNA0318
辽宁：庄河 于立敏 CaoW764
山东：莱山区 卞福花，宋言贺 BianFH-557
山东：牟平区 卞福花，陈朋 BianFH-0367
山东：平邑 高德民，王萍，张颖颖等 Lilan614
山东：市南区 罗艳，李中华 LuoY349

Asparagus schoberioides Kunth 龙须菜
黑龙江：尚志 郑宝江，丁晓炎，李月等 ZhengBJ174
山东：历城区 高德民，王萍，张颖颖等 Lilan613
山东：牟平区 卞福花，陈朋 BianFH-0351

Asparagus setaceus (Kunth) Jessop 文竹
云南：宁蒗 任宗昕，寸龙琼，任尚国 SCSB-W-1363

Barnardia japonica (Thunberg) Schultes & J. H. Schultes 绵枣儿
安徽：肥东 陈延松，徐忠东 Xuzd027
安徽：屯溪区 唐鑫生 TangXS0494
黑龙江：宁安 刘玫，王臣，张欣欣等 Liuetal758
黑龙江：五大连池 孙阎，赵立波 SunY121
江苏：海州区 汤兴利 HANGYY8456
江苏：句容 王兆银，吴宝成 SCSB-JS0303
江西：庐山区 董安淼，吴从梅 TanCM1069
山东：崂山区 罗艳，李中华，邓建平 LuoY093
山东：历下区 樊守金，曹子谊，郑国伟等 Zhaozt0005
山东：泰安 李兰，王萍，张少华 Lilan-073
山东：芝罘区 卞福花，卢学新，纪伟 BianFH00008
山东：芝罘区 卞福花，宋言贺 BianFH-524
新疆：阿勒泰 许炳强，胡伟明 XiaNH-07ZX-811

Campylandra chinensis (Baker) M. N. Tamura et al. 开口箭 *
四川：峨眉山 李小杰 LiXJ739
云南：腾冲 余新林，赵玮 BSGLGStc069

Campylandra delavayi (Franchet) M. N. Tamura et al. 筒花开口箭 *
云南：云龙 字建泽，杨六斤，李国宏等 TC1084

Campylandra ensifolia (F. T. Wang & T. Tang) M. N. Tamura et al. 剑叶开口箭 *
云南：隆阳区 段在贤，蔡之红，密得生 BSGLGSly1272

Campylandra fimbriata (Handel-Mazzetti) M. N. Tamura et al. 齿瓣开口箭
云南：腾冲 周应再 Zhyz-432

Campylandra wattii C. B. Clarke 弯蕊开口箭
云南：贡山 郭永杰，吴之坤，吴兴等 14CS9934
云南：文山 税玉民，陈文红 81104

Chlorophytum nepalense (Lindley) Baker 西南吊兰
云南：景东 赵贤坤，鲍文华，鲍文强等 JDNR11045
云南：文山 何德明 WSLJS733
云南：香格里拉 张挺，亚吉东，张桥蓉等 11CS3529

Convallaria majalis Linnaeus 铃兰

黑龙江：尚志 刘玫，王臣，史传奇等 Liuetal598
吉林：九台 韩忠明 Yanglm0227
吉林：磐石 安海成 AnHC014
山东：海阳 高德民，辛晓伟 Lilan710
山东：牟平区 卞福花，陈朋 BianFH-0329

Disporopsis fuscopicta Hance 竹根七
贵州：江口 周云，张勇 XiangZ105
湖南：永定区 吴福川，廖博儒 7070

Disporopsis longifolia Craib 长叶竹根七
云南：贡山 刀志灵 DZL836

Disporopsis pernyi (Hua) Diels 深裂竹根七 *
江西：武宁 张吉华，张东红 TanCM2680
四川：峨眉山 李小杰 LiXJ657

Diuranthera major Hemsley 鹭鸶兰 *
四川：米易 袁明 MY568
云南：景东 李坚强，罗尧，黄志明 JDNR11075
云南：思茅区 张挺，徐远杰，谭文杰 SCSB-B-000333
云南：易门 王焕冲，马兴达 WangHCH045
云南：永德 李永亮 YDDXS0770

Dracaena angustifolia Roxburgh 长花龙血树
海南：昌江 康勇，林灯，陈庆 LWXS028

Heterosmilax septemnervia F. T. Wang & Tang 短柱肖菝葜
云南：文山 高发能，何德明 WSLJS1033

Heterosmilax yunnanensis Gagnepain 云南肖菝葜 *
贵州：江口 彭华，王英，陈丽 P.H. 5165
湖北：长阳 祝文志，刘志祥，曹远俊 ShenZH2437
云南：绿春 HLS0177
云南：元阳 亚吉东，黄莉，何华杰 15CS11267

Hosta ensata F. Maekawa 东北玉簪
吉林：磐石 安海成 AnHC0228

Hosta plantaginea (Lamarck) Ascherson 玉簪 *
贵州：花溪区 邹方伦 ZouFL0229
贵州：南明区 侯小琪 YBG156
湖南：平江 刘克明，旷强，刘洪新 SCSB-HN-0969
湖南：石门 陈功锡，张代贵 SCSB-HC-2008176
湖南：雨花区 刘克明，陈薇 SCSB-HN-0321
江苏：句容 吴宝成，王兆银 HANGYY8608

Hosta ventricosa (Salisbury) Stearn 紫萼 *
安徽：金寨 陈延松，欧祖兰，王冬 Xuzd151
安徽：石台 陈延松，吴国伟，洪欣 Zhousb0090
重庆：南川区 易思荣 YISR043
贵州：南明区 赵厚涛，韩国营 YBG073
湖北：宣恩 祝文志，刘志祥，曹远俊 ShenZH0028
湖北：宣恩 沈泽昊 XE758
湖北：英山 朱鑫鑫，甄爱国，孙增朋等 ZhuXX155
湖南：吉首 陈功锡，张代贵，邓涛等 SCSB-HC-2007321
江苏：句容 王兆银，吴宝成 SCSB-JS0410
江西：黎川 童和平，王玉珍 TanCM2702
江西：修水 谭策铭，缪以清，李立新 TanCM340
四川：宝兴 袁明 Y07099
四川：峨眉山 李小杰 LiXJ159
四川：米易 袁明 MY582

Liriope graminifolia (Linnaeus) Baker 禾叶山麦冬 *
重庆：南川区 易思荣 YISR115
江西：庐山区 董安淼，吴从梅 TanCM898
山东：莱山区 卞福花，宋言贺 BianFH-558
山东：牟平区 卞福花，陈朋 BianFH-0333
山东：章丘 步瑞兰，辛晓伟，徐永娟等 Lilan839

Liriope muscari (Decaisne) L. H. Bailey 阔叶山麦冬
安徽：祁门 唐鑫生，方建新 TangXS0479
湖南：武陵源区 吴福川，佘祥洪，曹赫等 2007A007
江苏：句容 王兆银，吴宝成 SCSB-JS0357
江西：黎川 童和平，王玉珍，常迪江等 TanCM2076
江西：庐山区 谭策铭，董安淼 TCM09044
山东：崂山区 罗艳，李中华 LuoY417
山东：历城区 张少华，王萍，张诏等 Lilan163
云南：隆阳区 赵玮，蔺汝肃 BSGLGSly208
云南：沾益 彭华，陈丽 P.H. 5985

Liriope spicata (Thunberg) Loureiro 山麦冬
安徽：屯溪区 方建新，吴伶欢 Tangxs0166
重庆：南川区 易思荣 YISR119
江苏：句容 王兆银，吴宝成 SCSB-JS0353
江西：黎川 童和平，王玉珍 TanCM2783
江西：庐山区 董安淼，吴从梅 TanCM3099
江西：庐山区 谭策铭，董安淼 TCM09107
云南：河口 张贵良，张贵生，陶英美等 ZhangGL083

Maianthemum atropurpureum (Franchet) LaFrankie 高大鹿药 *
西藏：林芝 张挺，蔡杰，刘恩德等 SCSB-B-000496

Maianthemum bifolium (Linnaeus) F. W. Schmidt 舞鹤草
黑龙江：海林 郑宝江，丁晓炎，王美娟等 ZhengBJ315
黑龙江：嫩江 王臣，张欣欣，史传奇 WangCh245

Maianthemum fuscum (Wallich) LaFrankie 西南鹿药
西藏：波密 孙航，张建文，陈建国等 SunH-07ZX-2642

Maianthemum henryi (Baker) LaFrankie 管花鹿药
西藏：察隅 张挺，蔡杰，袁明 09CS1611
云南：香格里拉 蔡杰，张挺，刘成等 11CS3230

Maianthemum japonicum (A. Gray) LaFrankie 鹿药
安徽：舒城 陈延松，欧祖兰，高秋晨等 Xuzd391
黑龙江：尚志 郑宝江，潘磊 ZhengBJ098
湖南：永定区 吴福川，廖博儒 7114
山东：牟平区 卞福花，杜丽君，孟凡涛 BianFH-0134

Maianthemum tatsienense (Franchet) LaFrankie 窄瓣鹿药
云南：香格里拉 杨青松，星耀武，苏涛 ZhouZK-07ZX-0387

Milula spicata Prain 穗花韭
西藏：昂仁 毛康珊，任广朋，邹嘉宾 LiuJQ-QTP-2011-030
西藏：当雄 李晖，文雪梅，熊继贵 Lihui-Q-2010-61
西藏：当雄 毛康珊，任广朋，邹嘉宾 LiuJQ-QTP-2011-008
西藏：定日 王东超，杨大松，张春林等 YangYP-Q-5109
西藏：朗县 罗建，汪书丽，任德智 L044
西藏：朗县 罗建，汪书丽，任德智 L093
西藏：洛扎 扎西次仁 ZhongY205
西藏：米林 毛康珊，任广朋，邹嘉宾 LiuJQ-QTP-2011-164
西藏：曲水 毛康珊，任广朋，邹嘉宾 LiuJQ-QTP-2011-011
西藏：桑日 陈家辉，韩希，王广艳等 YangYP-Q-4230

Ophiopogon bodinieri H. Léveillé 沿阶草
重庆：南川区 易思荣 YISR120
四川：峨眉山 李小杰 LiXJ295
四川：九寨沟 齐威 LJQ-2008-GN-186
云南：贡山 郭永杰，吴之坤，吴兴等 14CS9948

Ophiopogon grandis W. W. Smith 大沿阶草 *
云南：隆阳区 段在贤，蔡之红，密得生 BSGLGSly1271
云南：腾冲 余新林，赵玮 BSGLGStc310

Ophiopogon intermedius D. Don 间型沿阶草
重庆：南川区 易思荣 YISR122
江西：庐山区 董安淼，吴从梅 TanCM2243

江西：修水 缪以清，余于明 TanCM1285
四川：峨眉山 李小杰 LiXJ292
云南：腾冲 郭永杰，李涟漪，聂细转 12CS5190
云南：西山区 蔡杰，张挺，郭永杰等 11CS3725
云南：永德 欧阳红才，普跃东，鲁金国等 YDDXSC037

Ophiopogon japonicus (Linnaeus f.) Ker Gawler 麦冬
安徽：屯溪区 方建新 TangXS0174
贵州：黎平 刘克明，王成 SCSB-HN-1099
河南：浉河区 朱鑫鑫，闫明慧，王君等 ZhuXX259
湖南：洞口 肖乐希 SCSB-HN-1607
湖南：会同 刘克明，王成 SCSB-HN-1134
湖南：江华 肖乐希 SCSB-HN-0830
湖南：江华 肖乐希 SCSB-HN-1631
湖南：开福区 陈薇，丛义艳，肖乐希 SCSB-HN-0643
湖南：南岳区 旷仁平 SCSB-HN-1138
湖南：南岳区 刘克明 SCSB-HN-1423
湖南：南岳区 刘克明，相银龙，周磊等 SCSB-HN-1413
湖南：炎陵 孙秋妍，陈珮珮 SCSB-HN-1510
湖南：宜章 肖伯仲 SCSB-HN-0810
湖南：沅陵 周丰杰 SCSB-HN-1371
湖南：岳麓区 王得刚，熊凯辉 SCSB-HN-2269
湖南：长沙 朱香清，田淑珍，刘克明 SCSB-HN-1467
江西：黎川 童和平，王玉珍，常迪江等 TanCM2074
江西：庐山区 谭策铭，董安淼 TCM09052
江西：庐山区 董安淼，吴从梅 TanCM2230
四川：乐至 邓兴敏，邓秀发，张昌兵 ZCB0499
云南：永德 李永亮 YDDXS1245

Ophiopogon peliosanthoides F. T. Wang & Tang 长药沿阶草 *
云南：文山 何德明，丰艳飞 WSLJS1052

Ophiopogon tsaii F. T. Wang & Tang 簇叶沿阶草 *
云南：沧源 赵金超，肖美芳 CYNGH204

Polygonatum cirrhifolium (Wallich) Royle 卷叶黄精
青海：乐都 陈世龙，高庆波，张发起等 Chensl1808
四川：稻城 孙航，张建文，董金龙等 SunH-07ZX-3612
四川：康定 何兴金，郜鹏，彭禄等 SCU-11-309
四川：理塘 何兴金，赵丽华，梁乾隆等 SCU-11-182
四川：乡城 孔航辉，罗江平，左雷等 YangQE3544
四川：乡城 李晓东，张景博，徐凌翔等 LiJ367
西藏：八宿 张永洪，王晓雄，周卓等 SunH-07ZX-1638
西藏：波密 张大才，李双智，唐路等 ZhangDC-07ZX-1740
西藏：波密 扎西次仁，西落 ZhongY697
西藏：察隅 张挺，蔡杰，袁明 09CS1544
西藏：江达 张挺，李爱花，刘成等 08CS766
西藏：林芝 张挺，蔡杰，刘恩德等 SCSB-B-000490
西藏：林周 扎西次仁 ZhongY414
西藏：左贡 徐波，陈光富，陈林杨等 SunH-07ZX-0831
西藏：左贡 张永洪，王晓雄，周卓等 SunH-07ZX-1060
西藏：左贡 张永洪，李国栋，王晓雄 SunH-07ZX-1791
云南：香格里拉 张挺，亚吉东，李明勤等 11CS3398
云南：香格里拉 郭永杰，张桥蓉，李春晓等 11CS3422

Polygonatum curvistylum Hua 垂叶黄精 *
四川：阿坝 蔡杰，张挺，刘成 10CS2580

Polygonatum cyrtonema Hua 多花黄精 *
安徽：祁门 方建新 TangXS0972
湖南：新宁 姜孝成，唐贵华，袁双艳等 SCSB-HNJ-0235
江西：黎川 童和平，王玉珍 TanCM2744
江西：修水 谭策铭，缪以清 TCM09157
浙江：开化 李宏庆，熊申展，桂萍 Lihq0390

Polygonatum filipes Merrill ex C. Jeffrey & McEwan 长梗黄精 *
安徽：休宁 唐鑫生，方建新 TangXS0695
江西：修水 谭策铭，缪以清，李立新 TanCM377

Polygonatum griffithii Baker 三脉黄精
西藏：墨脱 刘成，亚吉东，何华杰等 16CS11940

Polygonatum hookeri Baker 独花黄精
四川：九龙 张大才，尹五元，李双智等 ZhangDC-07ZX-2424

Polygonatum inflatum Komarov 毛筒玉竹
吉林：磐石 安海成 AnHC0380

Polygonatum involucratum (Franchet & Savatier) Maximowicz 二苞黄精
山东：牟平区 卞福花，陈朋 BianFH-0323

Polygonatum kingianum Collett & Hemsley 滇黄精
云南：南涧 徐家武，袁玉川，罗增阳 NJWLS628

Polygonatum macropodum Turczaninow 热河黄精 *
山东：长清区 步瑞兰，辛晓伟，高丽丽等 Lilan816

Polygonatum odoratum (Miller) Druce 玉竹
黑龙江：尚志 郑宝江，丁晓炎，王美娟 ZhengBJ264
黑龙江：尚志 刘玫，王臣，张欣欣等 Liuetal717
黑龙江：五大连池 孙阎，杜景红，李鑫鑫 SunY223
吉林：南关区 张永刚 Yanglm0091
吉林：磐石 安海成 AnHC050
江苏：句容 王兆银，吴宝成 SCSB-JS0385
山东：历城区 高德民，邵尉 Lilan924
山东：牟平区 卞福花，陈朋 BianFH-0350

Polygonatum prattii Baker 康定玉竹 *
四川：若尔盖 张昌兵 ZhangCB0012

Polygonatum punctatum Royle ex Kunth 点花黄精
云南：贡山 郭永杰，吴之坤，吴兴等 14CS9927
云南：新平 罗田发，李丛生 XPALSC222

Polygonatum roseum (Ledebour) Kunth 新疆黄精
新疆：乌鲁木齐 段士民，王喜勇，刘会良 Zhangdy237

Polygonatum sibiricum Redouté 黄精
黑龙江：肇东 王臣，张欣欣，崔皓钧等 WangCh429
湖南：怀化 李胜华，伍贤进，曾汉元等 HHXY333
江西：井冈山 兰国华 LiuRL085

Polygonatum stenophyllum Maximowicz 狭叶黄精
黑龙江：宁安 刘玫，王臣，史传奇等 Liuetal577
黑龙江：五大连池 孙阎，赵立波 SunY191
吉林：磐石 安海成 AnHC099

Polygonatum tessellatum F. T. Wang & Tang 格脉黄精
云南：南涧 马德跃，官有才，罗开宏等 NJWLS963

Polygonatum verticillatum (Linnaeus) Allioni 轮叶黄精
甘肃：合作 尹鑫，吴航，葛文静 LiuJQ-GN-2011-186
甘肃：碌曲 李晓东，刘帆，张景博等 LiJ0177
甘肃：玛曲 尹鑫，吴航，葛文静 LiuJQ-GN-2011-175
甘肃：卓尼 齐威 LJQ-2008-GN-190
青海：囊谦 许炳强，周伟，郑朝汉 Xianh0082
四川：巴塘 张大才，尹五元，李双智等 ZhangDC-07ZX-2221
四川：九龙 孙航，张建文，邓涛等 SunH-07ZX-3770
四川：康定 许炳强，童毅华，吴兴等 XiaNH-07ZX-1047
西藏：芒康 徐波，陈光富，陈林杨等 SunH-07ZX-0263
西藏：芒康 张大才，李双智，罗康等 ZhangDC-07ZX-0051

Reineckea carnea (Andrews) Kunth 吉祥草
四川：峨眉山 李小杰 LiXJ315
四川：乐至 邓兴敏，邓秀发，张昌兵 ZCB0498
云南：西山区 蔡杰，张挺，刘成等 11CS3706

Rohdea japonica (Thunberg) Roth 万年青
江西：庐山区 董安淼，吴从梅 TanCM966

Asphodelaceae 独尾草科

独尾草科	世界	中国	种质库
属 / 种（种下等级）/ 份数	41/900	4/17	4/13/45

Aloe vera (Linnaeus) N. L. Burman 芦荟
云南：新平 白绍斌 XPALSC537
Dianella ensifolia (Linnaeus) Redouté 山菅
福建：蕉城区 李宏庆，熊申展，陈纪云 Lihq0340
广西：上思 何海文，杨锦超 YANGXF0283
云南：景东 鲁艳 07-38
云南：景东 鲁艳 07-39
云南：普洱 叶金科 YNS0252
云南：普洱 郭永杰，聂细转，黄秋月等 12CS4999
云南：永德 李永亮 YDDXS0642
云南：永德 李永亮 YDDXS1076
云南：永德 李永亮，马文军 YDDXSB119
云南：镇沅 罗成瑜 ALSZY466
Eremurus altaicus (Pallas) Steven 阿尔泰独尾草
新疆：察布查尔 贺晓欢 SHI-A2007082
新疆：霍城 马真，贺晓欢，徐文斌等 SHI-A2007055
新疆：昭苏 亚吉东，张桥蓉，秦少发等 16CS13543
Eremurus anisopterus (Karelin & Kirilov) Regel 异翅独尾草
新疆：克拉玛依 谭敦炎，邱娟 TanDY0093
新疆：克拉玛依 张振春，刘建华 TanDY0323
新疆：石河子 谭敦炎，邱娟 TanDY0066
Eremurus chinensis O. Fedtschenko 独尾草 *
四川：巴塘 张挺，蔡杰，刘恩德等 SCSB-B-000453
四川：巴塘 张永洪，王晓雄，周卓等 SunH-07ZX-0416
云南：德钦 孙航，李新辉，陈林杨 SunH-07ZX-2962
Eremurus inderiensis (Steven) Regel 粗柄独尾草
新疆：克拉玛依 谭敦炎，邱娟 TanDY0106
Hemerocallis citrina Baroni 黄花菜
安徽：舒城 陈延松，欧祖兰，高秋晨等 Xuzd262
黑龙江：让胡路区 刘玫，王臣，张欣欣等 Liuetal790
江西：黎川 童和平，王玉珍，常迪江等 TanCM1987
山东：济南 张少华，王萍，张诏等 Lilan203
山东：莱山区 卞福花，宋言贺 BianFH-516
山东：崂山区 罗艳，李中华，邓建平 LuoY217
山东：芝罘区 卞福花，杨蕾蕾，谷胤征 BianFH-0128
Hemerocallis esculenta Koidzumi 北萱草
北京：门头沟区 李燕军 SCSB-E-0070
黑龙江：肇东 刘玫，王臣，史传奇等 Liuetal580
Hemerocallis fulva (Linnaeus) Linnaeus 萱草
安徽：休宁 方建新 TangXS0441
湖北：竹溪 李盛兰 GanQL994
江苏：句容 王兆银，吴宝成 SCSB-JS0389
宁夏：银川 牛钦瑞，朱奋霞 ZuoZh154
Hemerocallis lilioasphodelus Linnaeus 北黄花菜
黑龙江：让胡路区 孙阎，吕军，张兰兰 SunY305
吉林：抚松 张宝田 Yanglm0451
吉林：磐石 安海成 AnHC070
辽宁：庄河 于立敏 CaoW769
Hemerocallis middendorffii Trautvetter & C. A. Meyer 大苞萱草
黑龙江：五常 王臣，张欣欣，崔皓钧等 WangCh388
吉林：磐石 安海成 AnHC033
Hemerocallis minor Miller 小黄花菜
河北：平山 牛玉璐，郑博颖，黄士良等 NiuYL001
黑龙江：大兴安岭 郑宝江，丁晓炎，王美娟等 ZhengBJ392
吉林：桦甸 安海成 AnHC0338
内蒙古：和林格尔 蒲拴莲，李茂文 M062
Hemerocallis plicata Stapf 折叶萱草 *
云南：五华区 蔡杰，张挺，郭永杰 11CS3685

Asteraceae 菊科

菊科	世界	中国	种质库
属 / 种（种下等级）/ 份数	1600-1700/ 24000-30000	253/～2350	173/954(10 10)/5543

Acanthospermum hispidum Candolle 刺苞果
四川：米易 袁明 MY626
云南：永德 李永亮 YDDXS0389
云南：云龙 郭永杰，王杨飞，李施文等 TC4029
Achillea acuminata (Ledebour) Schultz Bipontinus 齿叶蓍
甘肃：临潭 齐威 LJQ-2008-GN-134
黑龙江：嫩江 王臣，张欣欣，史传奇 WangCh126
四川：巴塘 陈文允，于文涛，黄永江 CYH043
Achillea alpina Linnaeus 高山蓍
甘肃：舟曲 齐威 LJQ-2008-GN-133
河北：涿鹿 牛玉璐，高彦飞，赵二涛 NiuYL350
辽宁：桓仁 祝业平 CaoW1031
陕西：宁陕 田先华，田陌，王梅荣 TianXH1029
四川：若尔盖 刘坤 LiuJQ-GN-2011-475
Achillea asiatica Sergievskaya 亚洲蓍
河北：围场 牛玉璐，王晓亮 NiuYL519
黑龙江：嫩江 王臣，张欣欣，史传奇 WangCh251
内蒙古：锡林浩特 张红香 ZhangHX090
新疆：和静 杨赵平，焦培培，白冠章等 LiZJ0744
Achillea millefolium Linnaeus 蓍
新疆：博乐 徐文斌，杨清理 SHI-2008354
新疆：吉木乃 许炳强，胡伟明 XiaNH-07ZX-825
新疆：托里 徐文斌，郭一敏 SHI-2009259
新疆：裕民 徐文斌，杨清理 SHI-2009450
Achillea ptarmicoides Maximowicz 短瓣蓍
黑龙江：带岭区 郑宝江，丁晓炎，李月等 ZhengBJ239
黑龙江：嫩江 王臣，张欣欣，史传奇 WangCh115
黑龙江：五大连池 孙阎，赵立波 SunY119
吉林：磐石 安海成 AnHC0192
Achillea setacea Waldstein & Kitaibel 丝叶蓍
新疆：托里 徐文斌，黄刚 SHI-2009305
新疆：裕民 徐文斌，黄刚 SHI-2009413
Achillea wilsoniana (Heimerl ex Handel-Mazzetti) Heimerl 云南蓍 *
云南：香格里拉 孔航辉，李磊 Yangqe3022
云南：香格里拉 杨亲二，袁琼 Yangqe1898
云南：镇沅 罗成瑜 ALSZY335
Acmella calva (Candolle) R. K. Jansen 美形金钮扣
云南：景东 罗忠华，刘长铭，鲁成荣等 JD105
云南：景东 鲁艳 2008124
云南：景东 张绍云，胡启和，仇亚等 YNS1144
云南：麻栗坡 肖波 LuJL464

云南：麻栗坡 肖波 LuJL498
云南：勐腊 刀志灵，崔景云 DZL-156
云南：宁洱 胡启和，仇亚 YNS0558
云南：腾冲 周应再 Zhyz-411
云南：盈江 王立彦，桂魏 SCSB-TBG-161
云南：永德 李永亮 YDDXS0178
云南：永德 李永亮 YDDXS0845

Acmella paniculata (Wallich ex Candolle) R. K. Jansen **金钮扣**
安徽：屯溪区 方建新 TangXS0409
广西：金秀 彭华，向春雷，陈丽 PengH8129
云南：景东 张绍云，叶金科，周兵 YNS1383
云南：麻栗坡 肖波 LuJL276
云南：勐海 彭华，向春雷，陈丽等 P.H.5691
云南：南涧 李名生，张健姜 NJWLS2008208
云南：宁洱 胡启和，周英，张绍云 YNS0516
云南：宁洱 胡启和，仇亚 YNS0557
云南：普洱 胡启和，周英，张绍云等 YNS0537
云南：永德 李永亮 YDDXS0229
云南：永德 李永亮 YDDXS0242
云南：永德 李永亮 YDDXS0984
云南：永德 李永亮 YDDXS1178

Adenocaulon himalaicum Edgeworth **和尚菜**
湖北：竹溪 李盛兰 GanQL774
吉林：和龙 林红梅，刘翠晶 Yanglm0203
吉林：磐石 安海成 AnHC0355
江西：靖安 张吉华，刘运群 TanCM708
辽宁：桓仁 祝业平 CaoW1013
辽宁：庄河 于立敏 CaoW778
四川：峨眉山 李小杰 LiXJ217
四川：雨城区 刘静，古玉 Y07341
云南：麻栗坡 肖波 LuJL143
云南：巧家 张书东，何俊，蒋伟等 SCSB-W-305
云南：文山 税玉民，陈文红 16246
云南：永德 李永亮 YDDXS0677
云南：云龙 字建泽，杨六斤，李国宏等 TC1051

Adenostemma lavenia (Linnaeus) Kuntze **下田菊**
福建：武夷山 于文涛，陈旭东 YUWT029
湖北：宣恩 沈泽昊 HXE145
湖南：石门 陈功锡，张代贵，邓涛等 SCSB-HC-2007539
江西：庐山区 谭策铭，董安淼 TCM09064
江西：修水 缪以清，胡建华 TanCM1750
四川：峨眉山 李小杰 LiXJ667
云南：P.H.5632
云南：P.H.5635
云南：沧源 赵金超，杨红强 CYNGH318
云南：贡山 刘成，何华杰，黄莉等 14CS8531
云南：贡山 张挺，杨湘云，李涟漪等 14CS8974
云南：景东 鲁艳 07-177
云南：龙陵 孙兴旭 SunXX153
云南：普洱 叶金科 YNS0355
云南：腾冲 周应再 Zhyz-088
云南：腾冲 余新林，赵玮 BSGLGStc262
云南：西山区 彭华，陈丽 P.H.5323
云南：新平 谢雄，王家和，白少兵 XPALSC111
云南：新平 何罡安 XPALSB051
云南：新平 张学林 XPALSD169
云南：盈江 王立彦，左常盛，何维海 SCSB-TBG-010
云南：永德 欧阳红才，普跃东，鲁金国等 YDDXSC026
云南：元阳 田学军，杨建，邱成书等 Tianxj0040

Adenostemma lavenia var. **latifolium** (D. Don) Handel-Mazzetti **宽叶下田菊**
云南：贡山 郭永杰，吴之坤，吴兴等 14CS9905
云南：瑞丽 郭永杰，李涟漪，聂细转 12CS5296
云南：文山 何德明，古少国 WSLJS1024
浙江：鄞州区 李宏庆，葛斌杰，刘国丽 Lihq0095

Ageratina adenophora (Sprengel) R. M. King & H. Robinson **破坏草**
云南：新平 刘家良 XPALSD050
云南：新平 自正尧 XPALSB264

Ageratum conyzoides Linnaeus **藿香蓟**
安徽：舒城 陈延松，欧祖兰，高秋晨等 Xuzd472
湖南：鹤城区 李胜华，伍贤进，刘光华等 Wuxj837
湖南：怀化 李胜华，伍贤进，曾汉元等 HHXY381
湖南：吉首 陈功锡，张代贵，邓涛等 SCSB-HC-2007306
湖南：江永 姜孝成，唐贵华，潘孝武 SCSB-HNJ-0018
湖南：江永 刘克明，肖乐希，蔡秀珍等 SCSB-HN-0042
湖南：湘乡 陈薇，朱香清，马仲辉 SCSB-HN-0479
吉林：南关区 韩忠明 Yanglm0132
江苏：南京 韦阳连 SCSB-JS0492
四川：峨眉山 李小杰 LiXJ229
四川：米易 袁明 MY506
四川：射洪 袁明 YUANM2015L041
云南：景东 杨国平 07-92A
云南：景洪 谭运洪，余涛 B467
云南：丽江 王文礼 OuXK-0014
云南：临沧 彭华，向春雷，王泽欢 PengH8086
云南：南涧 阿国仁，何贵才 NJWLS2008142
云南：南涧 袁玉川，李毕祥 NJWLS619
云南：南涧 熊绍荣 NJWLS2008082
云南：腾冲 周应再 Zhyz-305
云南：新平 谢雄 XPALSC204
云南：镇沅 朱恒，何忠云 ALSZY022

Ageratum houstonianum Miller **熊耳草**
安徽：屯溪区 方建新 TangXS0090
云南：蒙自 田学军 TianXJ0130
云南：新平 白绍斌 XPALSC157
云南：镇沅 胡启和，张绍云，周兵 YNS0971

Ainsliaea aptera Candolle **无翅兔儿风**
西藏：林芝 罗建，汪书丽，王国严 LiuJQ-09XZ-368

Ainsliaea foliosa Handel-Mazzetti **异叶兔儿风** *
西藏：察隅 张挺，蔡杰，袁明 09CS1581

Ainsliaea fragrans Champion ex Bentham **杏香兔儿风**
江西：武宁 张吉华，刘运群 TanCM1349
江西：修水 缪以清，余于明 TanCM1271
云南：永德 李永亮 YDDXS0689

Ainsliaea grossedentata Franchet **粗齿兔儿风** *
湖北：宣恩 祝文志，刘志祥，曹远俊 ShenZH0034
湖南：永定区 吴福川，余祥洪，曹赫等 2007A010

Ainsliaea henryi Diels **长穗兔儿风** *
云南：泸水 许炳强，吴兴，李婧等 XiaNh-07zx-010

Ainsliaea latifolia (D. Don) Schultz Bipontinus **宽叶兔儿风**
湖北：竹溪 李盛兰 GanQL1128
湖南：永顺 陈功锡，张代贵，邓涛等 SCSB-HC-2007556
云南：景东 杨国平 07-03
云南：麻栗坡 肖波 LuJL127
云南：维西 张挺，徐远杰，黄押稳等 SCSB-B-000169

云南：新平 何罡安 XPALSB183
云南：永德 李永亮 LiYL1523
Ainsliaea macroclinidioides Hayata **阿里山兔儿风**
江西：庐山区 董安淼，吴从梅 TanCM1416
江西：修水 缪以清，余于明 TanCM1273
Ainsliaea mairei H. Léveillé **药山兔儿风** *
四川：米易 刘静，袁明 MY-233
Ainsliaea nervosa Franchet **直脉兔儿风** *
四川：峨眉山 李小杰 LiXJ630
Ainsliaea reflexa Merrill **长柄兔儿风**
云南：隆阳区 赵文李 BSGLGS1y3019
Ainsliaea spicata Vaniot **细穗兔儿风**
云南：景东 鲁艳 200823
云南：兰坪 张挺，徐远杰，陈冲等 SCSB-B-000218
云南：隆阳区 赵文李 BSGLGS1y3038
云南：文山 彭华，刘恩德，陈丽 P.H.6017
云南：永德 李永亮，马文军 YDDXSB203
云南：云龙 李施文，张志云 TC3057
云南：镇沅 胡启和，周英，仇亚 YNS0635
Ainsliaea yunnanensis Franchet **云南兔儿风** *
四川：米易 刘静，袁明 MY-129
四川：米易 袁明 MY149
Ajania fruticulosa (Ledebour) Poljakov **灌木亚菊**
甘肃：夏河 刘坤 LiuJQ-GN-2011-460
西藏：左贡 徐波，陈光富，陈林杨等 SunH-07ZX-2101
新疆：塔什库尔干 黄文娟，段黄金，王英鑫等 LiZJ0351
Ajania khartensis (Dunn) C. Shih **铺散亚菊**
四川：红原 张昌兵，邓秀发，郝国歉 ZhangCB0348
云南：德钦 杨青松，星耀武，苏涛 ZhouZK-07ZX-0421
Ajania myriantha (Franchet) Y. Ling ex C. Shih **多花亚菊**
甘肃：夏河 刘坤 LiuJQ-GN-2011-462
甘肃：卓尼 齐威 LJQ-2008-GN-138
西藏：朗县 罗建，汪书丽，任德智 L118
Ajania parviflora (Gruning) Y. Ling **小花亚菊**
内蒙古：海勃湾区 刘博，蒲拴莲，刘润宽等 M326
Ajania przewalskii Poljakov **细裂亚菊** *
甘肃：合作 齐威 LJQ-2008-GN-142
甘肃：玛曲 刘坤 LiuJQ-GN-2011-464
甘肃：卓尼 刘坤 LiuJQ-GN-2011-463
四川：黑水 顾垒，李忠荣 GaoXF-09ZX-1726
Ajania salicifolia (Mattfeld ex Rehder & Kobuski) Poljakov **柳叶亚菊** *
甘肃：卓尼 刘坤 LiuJQ-GN-2011-461
甘肃：卓尼 齐威 LJQ-2008-GN-139
四川：米易 刘静，袁明 MY-003
Ajania tenuifolia (Jacquemont ex Candolle) Tzvelev **细叶亚菊** *
甘肃：临潭 齐威 LJQ-2008-GN-141
甘肃：玛曲 刘坤 LiuJQ-GN-2011-465
青海：称多 许炳强，周伟，郑朝汉 Xianh0450
青海：乌兰 潘建斌，杜维波，牛炳韬 Liujq-2011CDM-292
四川：九龙 张大才，尹五元，李双智等 ZhangDC-07ZX-2413
Ajania tibetica (J. D. Hooker & Thomson ex C. B. Clarke) Tzvelev **西藏亚菊**
西藏：左贡 张大才，罗康，梁群等 ZhangDC-07ZX-1373
Alfredia acantholepis Karelin & Kirilov **薄叶翅膜菊**
新疆：和静 杨赵平，焦培培，白冠章等 LiZJ0749
新疆：乌鲁木齐 段士民，王喜勇，刘会良 Zhangdy241
Alfredia nivea Karelin & Kirilov **厚叶翅膜菊**
新疆：巩留 亚吉东，张桥蓉，秦少发等 16CS13508
新疆：尼勒克 贺晓欢，徐文斌，刘鸯等 SHI-A2007382
Allardia huegelii Schultz Bipontinus **多毛扁毛菊**
西藏：八宿 张大才，罗康，梁群等 ZhangDC-07ZX-1335
Allardia tomentosa Decaisne **羽裂扁毛菊**
西藏：普兰 李晖，文雪梅，熊继贵 Lihui-Q-2010-48
Amberboa turanica Iljin **黄花珀菊**
新疆：阜康 谭敦炎，邱娟 TanDY0008
新疆：阜康 谭敦炎，邱娟 TanDY0054
新疆：克拉玛依 张振春，刘建华 TanDY0336
新疆：沙湾 亚吉东，张桥蓉，胡枭剑 16CS13161
Ambrosia trifida Linnaeus **三裂叶豚草**
吉林：南关区 韩忠明 Yanglm0126
江苏：徐州 李宏庆，熊申展，胡超 Lihq0361
Anaphalis aureopunctata Lingelsheim & Borza **黄腺香青** *
甘肃：卓尼 齐威 LJQ-2008-GN-095
湖北：神农架林区 李巨平 LiJuPing0178
湖北：竹溪 甘霖 GanQL645
四川：峨眉山 李小杰 LiXJ512
四川：红原 高云东，李忠荣，鞠文彬 GaoXF-12-033
四川：乡城 陈家辉，刘亚辉，周妍等 YangYP-Q-2240
西藏：米林 陈家辉，王赟，刘德团 YangYP-Q-3279
云南：德钦 王文礼，冯欣，刘飞鹏 OUXK11199
云南：巧家 李文虎，高顺勇，吴天抗等 QJYS0038
云南：腾冲 余新林，赵玮 BSGLGStc367
云南：香格里拉 周浙昆，苏涛，杨莹等 Zhou09-018
Anaphalis aureopunctata var. **tomentosa** Handel-Mazzetti **绒毛黄腺香青** *
湖北：神农架林区 李巨平 LiJuPing0205
Anaphalis bicolor (Franchet) Diels **二色香青** *
甘肃：玛曲 齐威 LJQ-2008-GN-098
四川：丹巴 余岩，周春景，秦汉涛 SCU-11-059
Anaphalis bicolor var. **kokonorica** Y. Ling **青海二色香青** *
甘肃：玛曲 刘坤 LiuJQ-GN-2011-503
Anaphalis bicolor var. **subconcolor** Handel-Mazzetti **同色二色香青** *
四川：丹巴 余岩，周春景，秦汉涛 SCU-11-047
西藏：拉萨 钟扬 ZhongY1045
Anaphalis bulleyana (Jeffrey) C. C. Chang **粘毛香青** *
四川：峨眉山 李小杰 LiXJ072
四川：黑水 顾垒，李忠荣 GaoXF-09ZX-1800
四川：理县 何兴金，高云东，余岩等 SCU-09-563
四川：普格 苏涛，黄永江，杨青松等 ZhouZK11010
四川：小金 高云东，李忠荣，鞠文彬 GaoXF-12-076
西藏：林芝 罗建，汪书丽 LiuJQ-08XZ-088
云南：东川区 蔡杰，郭永杰，吴之坤等 11CS3588
云南：官渡区 彭华，陈丽，王英 P.H.5342
云南：巧家 杨光明 SCSB-W-1490
Anaphalis busua (Buchanan-Hamilton ex D. Don) Candolle **蛛毛香青**
四川：稻城 何兴金，王长宝，刘爽等 SCU-09-068
云南：南涧 阿国仁 NJWLS1152
云南：巧家 杨光明 SCSB-W-1273
云南：腾冲 余新林，赵玮 BSGLGStc100
Anaphalis chungtienensis F. H. Chen **中甸香青** *
云南：香格里拉 杨青松，杨莹，黄永江等 ZhouZK-07ZX-0207
Anaphalis contorta (D. Don) J. D. Hooker **旋叶香青**

四川：米易 刘静，袁明 MY-079
四川：盐源 任宗昕，艾洪莲，张舒 SCSB-W-1436
西藏：错那 罗建，林玲 LiuJQ11XZ105
西藏：拉萨 杨永平，王东超，杨大松等 YangYP-Q-5007
西藏：亚东 钟扬，扎西次仁 ZhongY794
西藏：亚东 陈家辉，韩希，王东超等 YangYP-Q-4297
云南：沧源 赵金超 CYNGH452
云南：迪庆 聂泽龙，孟盈，邓涛 SunH-07ZX-2342
云南：福贡 许炳强，吴兴，李婧等 XiaNh-07zx-196
云南：景东 鲁艳 2008168
云南：景东 鲁艳 2008208
云南：景东 刘长铭，王春华，罗启顺 JDNR110118
云南：澜沧 张绍云，叶金科，胡启和 YNS1205
云南：麻栗坡 肖波 LuJL260
云南：南涧 时国彩 NJWLS2008073
云南：南涧 彭华，向春雷，陈丽 P.H.5906
云南：宁蒗 任宗昕，周伟，何俊等 SCSB-W-934
云南：腾冲 周应再 Zhyz-280
云南：维西 杨亲二，孔航辉，李磊 Yangqe3232
云南：维西 孔航辉，任琛 Yangqe2831
云南：新平 彭华，向春雷，陈丽等 P.H.5585

Anaphalis contortiformis Handel-Mazzetti **银衣香青 ***
云南：盘龙区 张书东，林娜娜，陆露等 SCSB-W-061

Anaphalis deserti J. R. Drummond **江孜香青 ***
西藏：八宿 徐波，陈光富，陈林杨等 SunH-07ZX-2001

Anaphalis elegans Y. Ling **雅致香青 ***
四川：稻城 陈家辉，刘亚辉，周妍等 YangYP-Q-2268
西藏：昌都 苏涛，黄永江，杨青松等 ZhouZK11278
西藏：江达 陈家辉，王赟，刘德团 YangYP-Q-3075

Anaphalis flaccida Y. Ling **萎软香青 ***
甘肃：玛曲 齐威 LJQ-2008-GN-097
湖北：竹溪 李盛兰 GanQL187
四川：康定 许炳强，童毅华，吴兴等 XiaNH-07ZX-1010
四川：康定 许炳强，童毅华，吴兴等 XiaNH-07ZX-1049
四川：乡城 周浙昆，苏涛，杨莹等 Zhou09-151
云南：香格里拉 周浙昆，苏涛，杨莹等 Zhou09-108
云南：永德 李永亮 YDDXS0633

Anaphalis flavescens Handel-Mazzetti **淡黄香青 ***
甘肃：卓尼 刘坤 LiuJQ-GN-2011-502
甘肃：卓尼 齐威 LJQ-2008-GN-093
青海：互助 薛春迎 Xuechy0108
四川：道孚 何兴金，胡灏禹，沈呈娟等 SCU-11-474
四川：稻城 陈家辉，刘亚辉，周妍等 YangYP-Q-2291
四川：德格 张挺，李爱花，刘成等 08CS804
四川：峨眉山 李小杰 LiXJ337
四川：甘孜 陈家辉，王赟，刘德团 YangYP-Q-3028
四川：甘孜 陈家辉，王赟，刘德团 YangYP-Q-3041
四川：理塘 苏涛，黄永江，杨青松等 ZhouZK11125
四川：理塘 何兴金，赵丽华，梁乾隆等 SCU-11-167
西藏：工布江达 罗建，汪书丽，任德智 LiuJQ-09XZ-ML059
西藏：拉萨 陈家辉，韩希，王广艳等 YangYP-Q-4209
西藏：林芝 张大才，李双智，唐路等 ZhangDC-07ZX-1825

Anaphalis gracilis Handel-Mazzetti **纤枝香青 ***
四川：道孚 何兴金，赵丽华，梁乾隆 SCU-10-024
四川：道孚 何兴金，赵丽华，梁乾隆 SCU-10-029
四川：甘孜 陈文允，于文涛，黄永江 CYH170
四川：红原 高云东，李忠荣，鞠文彬 GaoXF-12-028
四川：泸定 袁明 YM20090004

Anaphalis hancockii Maximowicz **铃铃香青 ***
甘肃：合作 刘坤 LiuJQ-GN-2011-519
甘肃：合作 齐威 LJQ-2008-GN-163
甘肃：玛曲 刘坤 LiuJQ-GN-2011-500
河北：武安 牛玉璐，高彦飞，赵二涛 NiuYL495
内蒙古：克什克腾旗 刘润宽，李茂文，李昌亮 M128
青海：门源 吴玉虎 LJQ-QLS-2008-0005
四川：若尔盖 齐威 LJQ-2008-GN-094
西藏：波密 陈家辉，韩希，王东超等 YangYP-Q-4064
西藏：林芝 罗建，汪书丽，王国严 LiuJQ-09XZ-376

Anaphalis lactea Maximowicz **乳白香青 ***
甘肃：合作 刘坤 LiuJQ-GN-2011-520
甘肃：玛曲 刘坤 LiuJQ-GN-2011-501
青海：都兰 潘建斌，杜维波，牛炳韬 Liujq-2011CDM-165
青海：都兰 潘建斌，杜维波，牛炳韬 Liujq-2011CDM-212
青海：门源 吴玉虎，刘建全 LJQ-QLS-2008-0025

Anaphalis latialata Y. Ling & Y. L. Chen **宽翅香青 ***
甘肃：临潭 齐威 LJQ-2008-GN-105
甘肃：玛曲 刘坤 LiuJQ-GN-2011-499
甘肃：卓尼 齐威 LJQ-2008-GN-096
四川：稻城 何兴金，高云东，王志新等 SCU-09-267
四川：炉霍 许炳强，童毅华，吴兴等 XiaNH-07ZX-0975

Anaphalis margaritacea (Linnaeus) Bentham & J. D. Hooker **珠光香青**
湖北：神农架林区 李巨平 LiJuPing0145
湖北：五峰 陈功锡，张代贵 SCSB-HC-2008300
江西：武宁 张吉华，刘运群 TanCM1346
江西：修水 缪以清，陈三友，胡建华 TanCM2108
陕西：宁陕 田先华，吴礼慧 TianXH517
四川：黑水 顾垒，李忠荣 GaoXF-09ZX-1371
四川：康定 高云东，李忠荣，鞠文彬 GaoXF-12-173
四川：米易 袁明 MY166
西藏：错那 罗建，汪书丽 LiuJQ11XZ222
西藏：林芝 张大才，李双智，唐路等 ZhangDC-07ZX-1860
西藏：林芝 陈家辉，韩希，王广艳等 YangYP-Q-4089
西藏：林芝 陈家辉，韩希，王广艳等 YangYP-Q-4103
西藏：芒康 张大才，李双智，罗康等 ZhangDC-07ZX-0120
西藏：左贡 徐波，陈光富，陈林杨等 SunH-07ZX-2096
云南：泸水 许炳强，吴兴，李婧等 XiaNh-07zx-004
云南：绿春 黄连山保护区科研所 HLS0301
云南：巧家 郁文彬，任宗昕，艾洪莲等 SCSB-W-1078
云南：巧家 李文虎，高顺勇，吴天抗等 QJYS0098
云南：巧家 杨光明 SCSB-W-1295
云南：腾冲 周应再 Zhyz-319
云南：香格里拉 陈家辉，刘亚辉，周妍等 YangYP-Q-2182

Anaphalis margaritacea var. **angustifolia** (Franchet & Savatier) Hayata **线叶珠光香青**
湖北：神农架林区 李巨平 LiJuPing0206
湖北：五峰 陈功锡，张代贵 SCSB-HC-2008284
西藏：林芝 罗建，汪书丽，任德智 LiuJQ-09XZ-280
西藏：林芝 罗建，汪书丽，任德智 LiuJQ-09XZ-ML108

Anaphalis margaritacea var. **cinnamomea** (Candolle) Herder ex Maximowicz **黄褐珠光香青**
云南：巧家 郁文彬，任宗昕，艾洪莲等 SCSB-W-1061

Anaphalis muliensis (Handel-Mazzetti) Handel-Mazzetti **木里香青**
西藏：江达 苏涛，黄永江，杨青松等 ZhouZK11237

Anaphalis nepalensis (Sprengel) Handel-Mazzetti **尼泊尔香青**

四川：德格 张挺，李爱花，刘成等 08CS802
四川：甘孜 陈文允，于文涛，黄永江 CYH136
四川：木里 苏涛，黄永江，杨青松等 ZhouZK11341
四川：普格 任宗昕，艾洪莲，张舒 SCSB-W-1411
四川：盐源 任宗昕，艾洪莲，张舒 SCSB-W-1433
西藏：波密 陈家辉，韩希，王东超等 YangYP-Q-4063
西藏：察雅 张挺，李爱花，刘成等 08CS745
西藏：林芝 罗建，汪书丽 LiuJQ-09XZ-229
西藏：墨脱 孙航，张建文，陈建国等 SunH-07ZX-2709
西藏：左贡 徐波，陈光富，陈林杨等 SunH-07ZX-0354
云南：会泽 杜燕，黄天才，董勇等 SCSB-A-000339
云南：宁蒗 任宗昕，艾洪莲，张舒 SCSB-W-1454
云南：巧家 李文虎，杨光明，张天壁 QJYS0106
云南：巧家 杨光明 SCSB-W-1491
云南：维西 陈文允，于文涛，黄永江等 CYHL065

Anaphalis nepalensis var. **corymbosa** (Bureau & Franchet) Handel-Mazzetti **伞房尼泊尔香青**
西藏：丁青 陈家辉，王赟，刘德团 YangYP-Q-3202
西藏：类乌齐 陈家辉，王赟，刘德团 YangYP-Q-3180
云南：香格里拉 周浙昆，苏涛，杨莹等 Zhou09-078

Anaphalis nepalensis var. **monocephala** (Candolle) Handel-Mazzetti **单头尼泊尔香青**
西藏：林芝 罗建，王国严，汪书丽 LiuJQ-08XZ-030

Anaphalis pannosa Handel-Mazzetti **污毛香青** *
四川：乡城 陈家辉，刘亚辉，周妍等 YangYP-Q-2251
云南：德钦 张书东，林娜娜，郁文彬等 SCSB-W-008
云南：丽江 张书东，林娜娜，陆露等 SCSB-W-103
云南：丽江 张书东，林娜娜，陆露等 SCSB-W-106

Anaphalis plicata Kitamura **褶苞香青** *
西藏：芒康 张永洪，李国栋，王晓雄 SunH-07ZX-1718

Anaphalis rhododactyla W. W. Smith **红指香青** *
四川：乡城 周浙昆，苏涛，杨莹等 Zhou09-133
西藏：左贡 张大才，李双智，罗康等 ZhangDC-07ZX-0639

Anaphalis royleana Candolle **须弥香青**
西藏：八宿 张大才，罗康，梁群等 ZhangDC-07ZX-1337
西藏：左贡 张大才，罗康，梁群等 ZhangDC-07ZX-1368

Anaphalis sinica Hance **香青**
安徽：绩溪 宋曰钦，方建新，张恒 TangXS0700
安徽：舒城 陈延松，欧祖兰，高秋晨等 Xuzd421
河南：栾川 黄振英，于顺利，杨学军 Huangzy0014
河南：南召 黄振英，于顺利，杨学军 Huangzy0179
河南：嵩县 黄振英，于顺利，杨学军 Huangzy0109
湖北：五峰 陈功锡，张代贵 SCSB-HC-2008298
湖北：英山 朱鑫鑫，王君 ZhuXX025
江西：武宁 张吉华，刘运群 TanCM765
山东：历城区 王萍，高德民，张诏等 lilan325
山西：沁水 张贵平，张丽，吴琼 Zhangf0008
陕西：眉县 田先华，董栓录 TianXH1183
四川：射洪 袁明 YUANM2016L155
西藏：错那 罗建，汪书丽 LiuJQ11XZ187
云南：洱源 张德全，王应龙，杨思秦等 ZDQ144
云南：富民 郁文彬，董莉娜，张舒等 SCSB-W-952
云南：盘龙区 彭华，向春雷，王泽欢 PengH8426
云南：巧家 郁文彬，张舒，艾洪莲等 SCSB-W-1021

Anaphalis sinica var. **alata** (Maximowicz) S. X. Zhu & R. J. Bayer **疏生香青**
河北：蔚县 牛玉璐，高彦飞，黄士良 NiuYL206

Anaphalis sinica var. **densata** Y. Ling **密生香青** *
山东：历城区 张少华，张诏，程丹丹等 Lilan636

Anaphalis souliei Diels **蜀西香青** *
四川：乡城 何兴金，高云东，王志新等 SCU-09-234

Anaphalis spodiophylla Y. Ling & Y. L. Chen **灰叶香青** *
四川：甘孜 孙航，张建文，董金龙等 SunH-07ZX-3923
西藏：朗县 罗建，汪书丽，任德智 L039
西藏：林芝 罗建，汪书丽，任德智 LiuJQ-09XZ-ML103

Anaphalis surculosa (Handel-Mazzetti) Handel-Mazzetti **萌条香青** *
四川：德格 苏涛，黄永江，杨青松等 ZhouZK11222
四川：甘孜 苏涛，黄永江，杨青松等 ZhouZK11177

Anaphalis szechuanensis Y. Ling & Y. L. Chen **四川香青** *
四川：甘孜 张大才，尹五元，李双智等 ZhangDC-07ZX-2359

Anaphalis tibetica Kitamura **西藏香青** *
西藏：八宿 徐波，陈林杨，陈光富 SunH-07ZX-0968a
西藏：昌都 陈家辉，王赟，刘德团 YangYP-Q-3149
西藏：当雄 李晖，文雪梅，熊继贵 Lihui-Q-2010-62
西藏：左贡 张永洪，王晓雄，周卓等 SunH-07ZX-1074

Anaphalis virens C. C. Chang **黄绿香青** *
四川：稻城 陈家辉，刘亚辉，周妍等 YangYP-Q-2279
四川：甘孜 陈家辉，王赟，刘德团 YangYP-Q-3062
四川：普格 苏涛，黄永江，杨青松等 ZhouZK11049
西藏：江达 陈家辉，王赟，刘德团 YangYP-Q-3095
西藏：左贡 张永洪，李国栋，王晓雄 SunH-07ZX-1793
云南：香格里拉 陈家辉，刘亚辉，周妍等 YangYP-Q-2191
云南：香格里拉 陈家辉，刘亚辉，周妍等 YangYP-Q-2210

Anaphalis viridis Cummins **绿香青** *
云南：迪庆 杨青松，杨莹，黄永江等 ZhouZK-07ZX-022

Anaphalis xylorhiza Schultz Bipontinus ex J. D. Hooker **木根香青**
四川：稻城 孙航，张建文，邓涛等 SunH-07ZX-3336
西藏：定日 王东超，杨大松，张春林等 YangYP-Q-5121
西藏：拉萨 杨永平，王东超，杨大松等 YangYP-Q-5006
西藏：南木林 李晖，文雪梅，次旺加布等 Lihui-Q-0097
西藏：萨嘎 陈家辉，庄会富，刘德团等 Yangyp-Q-0132

Ancathia igniaria (Sprengel) Candolle **肋果蓟**
新疆：博乐 亚吉东，张桥蓉，秦少发等 16CS13849
新疆：哈密 王喜勇，马文宝，施翔 zdy454

Anisopappus chinensis Hooker & Arnott **山黄菊**
云南：江城 叶金科 YNS0464
云南：永德 李永亮 YDDXS0950
云南：镇沅 罗成瑜 ALSZY427

Archiserratula forrestii (Iljin) L. Martins **滇麻花头** *
四川：稻城 王文礼，冯欣，刘飞鹏 OUXK11141

Arctium lappa Linnaeus **牛蒡**
北京：东城区 王雷，朱雅娟，黄振英 Beijing-huang-dls-0089
北京：房山区 李燕军 SCSB-C-0002
甘肃：合作 郭淑青，杜品 LiuJQ-2012-GN-122
贵州：独山 张文超 Yuanm046
贵州：南明区 赵厚涛，韩国营 YBG072
河北：蔚县 牛玉璐，高彦飞，赵二涛 NiuYL355
黑龙江：北安 郑宝江，潘磊 ZhengBJ027
黑龙江：虎林市 王庆贵 CaoW562
黑龙江：虎林市 王庆贵 CaoW651
黑龙江：虎林市 王庆贵 CaoW667
黑龙江：虎林市 王庆贵 CaoW689
黑龙江：饶河 王庆贵 CaoW603
黑龙江：饶河 王庆贵 CaoW620

湖北：神农架林区 李巨平 LiJuPing0071
湖北：五峰 李平 AHL015
湖北：长阳 祝文志，刘志祥，曹远俊 ShenZH5777
湖南：新宁 姜孝成，唐贵华，袁双艳等 SCSB-HNJ-0253
吉林：南关区 王云贺 Yanglm0052
辽宁：凤城 张春华 CaoW271
内蒙古：新城区 李茂文，李昌亮 M143
青海：城北区 薛春迎 Xuechy0274
青海：互助 薛春迎 Xuechy0124
青海：同德 汪书丽，朱洪涛 Liujq-QLS-TXM-217
山西：尖草坪区 张贵平，张丽，焦磊等 Zhangf0047
陕西：渭城区 谭策铭，易桂花 TanCM350
四川：丹巴 何兴金，胡灏禹，沈呈娟等 SCU-11-423
四川：道孚 余岩，周春景，秦汉涛 SCU-11-007
四川：甘孜 陈文允，于文涛，黄永江 CYH096
四川：甘孜 张挺，李爱花，刘成等 08CS824
四川：康定 孙航，张建文，董金龙等 SunH-07ZX-4039
四川：康定 张大才，尹五元，李双智等 ZhangDC-07ZX-2374
四川：康定 何兴金，高云东，刘海艳等 SCU-20080442
四川：米易 刘静，袁明 MY-229
四川：若尔盖 何兴金，冯图，廖晨阳等 SCU-080353
四川：松潘 何兴金，刘爽，赵财 SCU-10-408
四川：小金 高云东，李忠荣，鞠文彬 GaoXF-12-083
四川：雅江 彭华，向春雷，刘振稳等 P.H.5027
新疆：拜城 塔里木大学植物资源调查组 TD-00938
新疆：巩留 马真，徐文斌，贺晓欢等 SHI-A2007215
新疆：和硕 邱爱军，张玲，马帅 LiZJ1663
新疆：玛纳斯 郭静谊 SHI-2006486
新疆：鄯善 王仲科，徐海燕，郭静谊 SHI2006273
新疆：塔城 许炳强，胡伟明 XiaNH-07ZX-837
新疆：托里 徐文斌，黄刚 SHI-2009275
新疆：托里 徐文斌，黄刚 SHI-2009320
新疆：温泉 徐文斌，王莹 SHI-2008195
新疆：温泉 徐文斌，许晓敏 SHI-2008233
新疆：温宿 塔里木大学植物资源调查组 TD-00915
新疆：乌鲁木齐 马文宝，刘会良，施翔 zdy203
新疆：乌鲁木齐 王喜勇，马文宝，施翔 zdy356
新疆：乌鲁木齐 王喜勇，马文宝，施翔 zdy373
新疆：乌鲁木齐 段士民，王喜勇，刘会良 Zhangdy258
新疆：乌什 塔里木大学植物资源调查组 TD-00877
云南：德钦 于文涛，李国锋 WTYu-385
云南：德钦 孙航，李新辉，陈林杨 SunH-07ZX-2975
云南：德钦 孙航，李新辉，陈林杨 SunH-07ZX-3080
云南：景东 谢有能，刘长铭，段玉伟等 JDNR038
云南：普洱 叶金科 YNS0394
云南：巧家 张天壁 SCSB-W-232
云南：维西 陈文允，于文涛，黄永江等 CYHL071
云南：香格里拉 王文礼，冯欣，刘飞鹏 OUXK11228
云南：香格里拉 杨亲二，孔航辉，李磊 Yangqe3265
云南：香格里拉 杨亲二，袁琼 Yangqe2427
云南：新平 王家和 XPALSC467

Arctium tomentosum Miller 毛头牛蒡

四川：壤塘 何兴金，马祥光，郜鹏 SCU-10-225
四川：小金 何兴金，高云东，刘海艳等 SCU-20080464
新疆：拜城 张玲 TD-01981
新疆：博乐 翟伟，刘鸯 SHI2006330
新疆：博乐 徐文斌，许晓敏 SHI-2008391
新疆：博乐 徐文斌，黄雪姣 SHI-2008401
新疆：和静 杨赵平，焦培培，白冠章等 LiZJ0753
新疆：玛纳斯 翟伟，马真 SHI2006290
新疆：尼勒克 徐文斌，刘鸯，马真等 SHI-A2007420
新疆：尼勒克 徐文斌，刘鸯，马真等 SHI-A2007439
新疆：尼勒克 刘鸯，马真，贺晓欢等 SHI-A2007477
新疆：尼勒克 段士民，王喜勇，刘会良 Zhangdy367
新疆：沙湾 陶冶，雷凤品 SHI2006253
新疆：托里 徐文斌，郭一敏 SHI-2009277
新疆：托里 徐文斌，郭一敏 SHI-2009319
新疆：温泉 石大标 SCSB-SHI-2006210
新疆：温泉 徐文斌，王莹 SHI-2008198
新疆：温泉 徐文斌，许晓敏 SHI-2008227
新疆：乌鲁木齐 王喜勇，马文宝，施翔 zdy367
新疆：乌鲁木齐 王喜勇，马文宝，施翔 zdy387
新疆：乌鲁木齐 段士民，王喜勇，刘会良 Zhangdy244
新疆：乌鲁木齐 段士民，王喜勇，刘会良 Zhangdy267
新疆：裕民 徐文斌，杨清理 SHI-2009459

Artemisia absinthium Linnaeus 中亚苦蒿

新疆：奇台 谭敦炎，吉乃提 TanDY0567
新疆：托里 谭敦炎，吉乃提 TanDY0761

Artemisia anethifolia Weber ex Stechmann 碱蒿

黑龙江：让胡路区 孙阎，赵立波 SunY094
黑龙江：让胡路区 刘玫，王臣，张欣欣等 Liuetal798
吉林：大安 杨帆，马红媛，安丰华 SNA0044
吉林：长岭 杨莉 Yanglm0318
吉林：长岭 胡良军，王伟娜，胡应超 HuLJ029
吉林：长岭 胡良军，王伟娜 DBB201509190102P
内蒙古：陈巴尔虎旗 黄学文 NMDB20170811279
内蒙古：新巴尔虎左旗 黄学文 NMDB20170807008
内蒙古：新巴尔虎左旗 黄学文 NMDB20170807024
内蒙古：新巴尔虎右旗 黄学文 NMDB20170809188
内蒙古：新巴尔虎右旗 黄学文 NMDB20170810226
新疆：阿勒泰 段士民，王喜勇，刘会良等 Zhangdy508

Artemisia anethoides Mattfeld 莳萝蒿

吉林：大安 杨帆，马红媛，安丰华 SNA0067
吉林：大安 杨帆，马红媛，安丰华 SNA0542
青海：都兰 潘建斌，杜维波，牛炳韬 Liujq-2011CDM-195
青海：都兰 潘建斌，杜维波，牛炳韬 Liujq-2011CDM-236

Artemisia angustissima Nakai 狭叶牡蒿

山东：莒县 张少华，高德民，步瑞兰等 lilan762

Artemisia annua Linnaeus 黄花蒿

安徽：金寨 刘淼 SCSB-JSC3
安徽：屯溪区 方建新 TangXS0408
河北：涉县 牛玉璐，高彦飞 NiuYL621
黑龙江：巴彦 孙阎，赵立波 SunY046
黑龙江：哈尔滨 刘玫，王臣，史传奇等 Liuetal606
湖北：恩施 李正辉，艾洪莲 AHL2037
湖北：神农架林区 李巨平 LiJuPing0033
湖南：永顺 陈功锡，张代贵 SCSB-HC-2008259
江苏：句容 王兆银，吴宝成 SCSB-JS0332
江西：庐山区 谭策铭，董安淼 TanCM534
内蒙古：锡林浩特 张红香 ZhangHX093
宁夏：西夏区 左忠，刘华 ZuoZh239
山东：莱山区 卞福花 BianFH-0270
四川：乐至 邓兴敏，邓秀发，张昌兵 ZCB0449
四川：理塘 陈文允，于文涛，黄永江 CYH028
西藏：朗县 罗建，汪书丽，任德智 L038
新疆：石河子 段士民，王喜勇，刘会良等 290

新疆：乌鲁木齐 段士民，王喜勇，刘会良等 Zhangdy465
云南：隆阳区 段在贤，杨采龙 BSGLGSly1023

Artemisia anomala S. Moore 奇蒿 *
安徽：黄山区 方建新 TangXS0320
安徽：金寨 陈延松，欧祖兰，刘旭升 Xuzd228
安徽：石台 陈延松，吴国伟，洪欣 Zhousb0084
湖南：鹤城区 曾汉元，伍贤进，李胜华等 HHXY091
江西：黎川 童和平，王玉珍 TanCM3118
江西：龙南 梁跃龙，潘国元，欧考胜 LiangYL027
江西：庐山区 谭策铭，董安淼 TCM09008
江西：星子 董安淼，吴从梅 TanCM1617
江西：修水 谭策铭，缪以清 TCM09137

Artemisia argyi H. Léveillé & Vaniot 艾
安徽：舒城 陈延松，欧祖兰，高秋晨等 Xuzd461
甘肃：夏河 刘坤 LiuJQ-GN-2011-444
甘肃：卓尼 齐威 LJQ-2008-GN-076
贵州：花溪区 邹方伦 ZouFL0064
河北：围场 牛玉璐，王晓亮 NiuYL521
黑龙江：宁安 刘玫，张欣欣，程薪宇等 Liuetal518
黑龙江：让胡路区 孙阎，赵立波 SunY095
黑龙江：肇源 杨帆，马红媛，安丰华 SNA0575
湖北：神农架林区 李巨平 LiJuPing0026
湖北：竹溪 李盛兰 GanQL652
江西：星子 谭策铭，董安淼 TanCM542
山东：莱山区 卞福花 BianFH-0225
四川：峨眉山 李小杰 LiXJ567
四川：米易 刘静，袁明 MY-076
四川：射洪 袁明 YUANM2015L089
云南：绿春 黄连山保护区科研所 HLS0148
云南：易门 彭华，向春雷，王泽欢 PengH8394

Artemisia atrovirens Handel-Mazzetti 暗绿蒿
湖北：神农架林区 李巨平 LiJuPing0122
江西：武宁 张吉华，刘运群 TanCM1166
云南：盈江 王立彦，桂魏 SCSB-TBG-154

Artemisia aurata Komarov 黄金蒿
黑龙江：宁安 王臣，张欣欣，刘跃印等 WangCh423
黑龙江：宁安 刘玫，张欣欣，程薪宇等 Liuetal526

Artemisia austroyunnanensis Y. Ling & Y. R. Ling 滇南艾
云南：景东 鲁艳 200821

Artemisia bargusinensis Sprengel 巴尔古津蒿
新疆：奇台 段士民，王喜勇，刘会良等 Zhangdy488
新疆：奇台 段士民，王喜勇，刘会良等 Zhangdy489
新疆：奇台 段士民，王喜勇，刘会良等 Zhangdy490
新疆：奇台 段士民，王喜勇，刘会良等 Zhangdy491
新疆：奇台 段士民，王喜勇，刘会良等 Zhangdy495
山西：运城 陈姣，张海博，廉凯敏 Zhangf0194

Artemisia brachyloba Franchet 山蒿
山西：永济 陈姣，张海博，廉凯敏 Zhangf0194

Artemisia calophylla Pampanini 美叶蒿 *
西藏：亚东 钟扬，扎西次仁 ZhongY795

Artemisia capillaris Thunberg 茵陈蒿
安徽：舒城 陈延松，欧祖兰，高秋晨等 Xuzd453
北京：东城区 王雷，朱雅娟，黄振英 Beijing-huang-bhs-0019
北京：东城区 王雷，朱雅娟，黄振英 Beijing-huang-bws-0046
北京：东城区 王雷，朱雅娟，黄振英 Beijing-huang-dls-0070
北京：海淀区 程红焱 SCSB-D-0015
北京：门头沟区 李燕军 SCSB-E-0026
北京：西城区 王雷，朱雅娟，黄振英 Beijing-huang-yms-0031
北京：西城区 王雷，朱雅娟，黄振英 Beijing-huang-ss-0021
湖北：仙桃 李巨平 Lijuping0313
湖北：竹溪 李盛兰 GanQL167
湖南：永顺 陈功锡，张代贵 SCSB-HC-2008253
吉林：大安 杨帆，马红媛，安丰华 SNA0345
吉林：前郭尔罗斯 杨帆，马红媛，安丰华 SNA0365
吉林：镇赉 杨帆，马红媛，安丰华 SNA0502
江苏：句容 王兆银，吴宝成 SCSB-JS0201
江苏：句容 王兆银，吴宝成 SCSB-JS0299
江苏：句容 吴宝成，王兆银 HANGYY8647
江西：九江 谭策铭，董安淼 TanCM554
内蒙古：土默特右旗 刘博，蒲拴莲，刘润宽等 M351
山东：莱山区 卞福花，宋言贺 BianFH-497
山东：崂山区 罗艳，李中华 LuoY410
山东：平邑 李卫东 SCSB-010
四川：白玉 李晓东，张景博，徐凌翔等 LiJ471
云南：洱源 杨青松，杨莹，黄永江等 ZhouZK-07ZX-0252

Artemisia caruifolia Buchanan-Hamilton ex Roxburgh 青蒿
安徽：屯溪区 方建新 TangXS0402
江西：武宁 张吉华，刘运群 TanCM763
四川：丹巴 余岩，周春景，秦汉涛 SCU-11-039
四川：理塘 孔航辉，罗江平，左雷等 YangQE3519
山东：海阳 张少华，张诏，程丹丹等 Lilan6455
西藏：昌都 苏涛，黄永江，杨青松等 ZhouZK11281
云南：腾冲 周应再 Zhyz-251
云南：香格里拉 陈文允，于文涛，黄永江等 CYHL194

Artemisia dalai-lamae Krascheninnikov 米蒿 *
青海：德令哈 潘建斌，杜维波，牛炳韬 Liujq-2011CDM-321
青海：都兰 潘建斌，杜维波，牛炳韬 Liujq-2011CDM-096
青海：都兰 潘建斌，杜维波，牛炳韬 Liujq-2011CDM-135
青海：都兰 潘建斌，杜维波，牛炳韬 Liujq-2011CDM-194
青海：天峻 潘建斌，杜维波，牛炳韬 Liujq-2011CDM-337
青海：乌兰 潘建斌，杜维波，牛炳韬 Liujq-2011CDM-262
青海：乌兰 潘建斌，杜维波，牛炳韬 Liujq-2011CDM-289
青海：乌兰 潘建斌，杜维波，牛炳韬 Liujq-2011CDM-378

Artemisia demissa Krascheninnikov 纤杆蒿
青海：都兰 潘建斌，杜维波，牛炳韬 Liujq-2011CDM-097
西藏：当雄 许炳强，童毅华 XiaNh-07zx-550
西藏：定日 王东超，杨大松，张春林等 YangYP-Q-5092
西藏：改则 李晖，卜海涛，边巴等 lihui-Q-09-29
西藏：吉隆 陈家辉，韩希，王广艳等 YangYP-Q-4345
西藏：江孜 陈家辉，韩希，王东超等 YangYP-Q-4266
西藏：日喀则 陈家辉，韩希，王东超等 YangYP-Q-4353
西藏：仲巴 李晖，文雪梅，熊继贵 Lihui-Q-2010-53

Artemisia desertorum Sprengel 沙蒿
甘肃：合作 刘坤 LiuJQ-GN-2011-459
甘肃：碌曲 李晓东，刘帆，张景博等 LiJ0158
甘肃：玛曲 李晓东，刘帆，张景博等 LiJ0009
甘肃：玛曲 刘坤 LiuJQ-GN-2011-458
甘肃：玛曲 齐威 LJQ-2008-GN-078
黑龙江：尚志 王臣，张欣欣，谢博勋等 WangCh403
内蒙古：赛罕区 蒲拴莲，刘润宽，刘毅等 M282
内蒙古：锡林浩特 张红香 ZhangHX047
青海：德令哈 潘建斌，杜维波，牛炳韬 Liujq-2011CDM-312
青海：都兰 潘建斌，杜维波，牛炳韬 Liujq-2011CDM-081
青海：都兰 潘建斌，杜维波，牛炳韬 Liujq-2011CDM-206
青海：乌兰 潘建斌，杜维波，牛炳韬 Liujq-2011CDM-255
青海：乌兰 潘建斌，杜维波，牛炳韬 Liujq-2011CDM-347

四川：稻城 陈家辉，刘亚辉，周妍等 YangYP-Q-2285
四川：理塘 陈家辉，刘亚辉，周妍等 YangYP-Q-2306
四川：理塘 何兴金，马祥光，张云香等 SCU-11-259
西藏：拉萨 杨永平，王东超，杨大松等 YangYP-Q-5020
云南：香格里拉 杨亲二，袁琼 Yangqe2731

Artemisia desertorum var. **foetida** (Jacquemont ex Candolle) Y. Ling & Y. R. Ling **矮沙蒿 ***
四川：红原 张昌兵，邓秀发，郝国歉 ZhangCB0350

Artemisia dracunculus Linnaeus **龙蒿**
宁夏：西夏区 左忠，刘华 ZuoZh223
青海：德令哈 潘建斌，杜维波，牛炳韬 Liujq-2011CDM-363
青海：都兰 潘建斌，杜维波，牛炳韬 Liujq-2011CDM-092
青海：都兰 潘建斌，杜维波，牛炳韬 Liujq-2011CDM-134
青海：都兰 潘建斌，杜维波，牛炳韬 Liujq-2011CDM-196
青海：格尔木 潘建斌，杜维波，牛炳韬 Liujq-2011CDM-027
青海：天峻 潘建斌，杜维波，牛炳韬 Liujq-2011CDM-341
四川：峨眉山 李小杰 LiXJ578
新疆：和静 杨赵平，焦培培，白冠章等 LiZJ0690
新疆：托里 谭敦炎，吉乃提 TanDY0745
新疆：乌鲁木齐 王喜勇，马文宝，施翔 zdy421
新疆：乌恰 塔里木大学植物资源调查组 TD-00694

Artemisia dracunculus var. **pamirica** (C. Winkler) Y. R. Ling & Humphries **帕米尔蒿**
新疆：塔什库尔干 邱娟，冯建菊 LiuJQ0045

Artemisia dubia var. **subdigitata** (Mattfeld) Y. R. Ling **无毛牛尾蒿**
甘肃：夏河 齐威 LJQ-2008-GN-072
河北：平山 牛玉璐，高彦飞，黄士良 NiuYL253
河南：栾川 邓志军，付婷婷，水庆艳 Huangzy0069
河南：嵩县 何明高，付婷婷，水庆艳 Huangzy0147

Artemisia dubia Wallich ex Besser **牛尾蒿**
湖北：神农架林区 李巨平 LiJuPing0025
山东：平邑 李卫东 SCSB-016
四川：射洪 袁明 YUANM2015L094

Artemisia eriopoda Bunge **南牡蒿**
内蒙古：根河 孙阎 SunY465
内蒙古：土默特右旗 刘博，蒲拴莲，刘润宽等 M348
山东：崂山区 罗艳，李中华 LuoY421
山东：历城区 张少华，张诏，程丹丹等 Lilan637

Artemisia frigida Willdenow **冷蒿**
甘肃：夏河 刘坤 LiuJQ-GN-2011-443
甘肃：卓尼 齐威 LJQ-2008-GN-084
内蒙古：根河 孙阎 SunY460
内蒙古：赛罕区 蒲拴莲，刘润宽，刘毅等 M279
内蒙古：太仆寺旗 陈晖，王金山 NMZA0002
青海：德令哈 潘建斌，杜维波，牛炳韬 Liujq-2011CDM-374
青海：都兰 潘建斌，杜维波，牛炳韬 Liujq-2011CDM-175
青海：乌兰 潘建斌，杜维波，牛炳韬 Liujq-2011CDM-274
新疆：哈密 王喜勇，马文宝，施翔 zdy453

Artemisia giraldii Pampanini **华北米蒿 ***
宁夏：隆德 牛有栋，朱奋霞 ZuoZh217

Artemisia gmelinii var. **incana** (Besser) H. C. Fu **灰莲蒿**
黑龙江：宁安 刘玫，张欣欣，程薪宇等 Liuetal505

Artemisia gmelinii Weber ex Stechmann **细裂叶莲蒿**
北京：东城区 王雷，朱雅娟，黄振英 Beijing-huang-bhs-0016
北京：东城区 王雷，朱雅娟，黄振英 Beijing-huang-bws-0041
北京：东城区 王雷，朱雅娟，黄振英 Beijing-huang-dls-0063
北京：西城区 王雷，朱雅娟，黄振英 Beijing-huang-yms-0026
北京：西城区 王雷，朱雅娟，黄振英 Beijing-huang-ss-0017
甘肃：夏河 刘坤 LiuJQ-GN-2011-450
甘肃：夏河 齐威 LJQ-2008-GN-073
黑龙江：带岭区 郑宝江，丁晓炎，李月等 ZhengBJ223
湖北：竹溪 李盛兰 GanQL219
吉林：长岭 张宝田 Yanglm0344
江西：庐山区 谭策铭，董安淼 TCM09092
山东：莱山区 卞福花，宋言贺 BianFH-562
山东：崂山区 罗艳，李中华 LuoY422

Artemisia gmelinii Weber ex Stechmann **白莲蒿**
黑龙江：五大连池 孙阎，赵立波 SunY071

Artemisia halodendron Turczaninow ex Besser **盐蒿**
青海：乌兰 潘建斌，杜维波，牛炳韬 Liujq-2011CDM-260
山东：长清区 张少华，张颖颖，程丹丹等 lilan514
新疆：乌恰 杨赵平，周禧琳，贺冰 LiZJ1299

Artemisia hedinii Ostenfeld **臭蒿**
甘肃：合作 刘坤 LiuJQ-GN-2011-441
甘肃：玛曲 刘坤 LiuJQ-GN-2011-442
甘肃：夏河 齐威 LJQ-2008-GN-071
青海：都兰 潘建斌，杜维波，牛炳韬 Liujq-2011CDM-170
青海：格尔木 冯虎元 LiuJQ-08KLS-057
青海：乌兰 潘建斌，杜维波，牛炳韬 Liujq-2011CDM-296
四川：道孚 何兴金，胡灏禹，沈呈娟等 SCU-11-462
四川：德格 苏涛，黄永江，杨青松等 ZhouZK11203
西藏：吉隆 陈家辉，韩希，王广艳等 YangYP-Q-4334
西藏：江达 苏涛，黄永江，杨青松等 ZhouZK11239
西藏：江孜 陈家辉，韩希，王东超等 YangYP-Q-4265
新疆：阜康 王喜勇，马文宝，施翔 zdy349
新疆：乌鲁木齐 王喜勇，马文宝，施翔 zdy413
新疆：伊吾 王喜勇，马文宝，施翔 zdy478

Artemisia igniaria Maximowicz **歧茎蒿 ***
河北：平山 牛玉璐，高彦飞，黄士良 NiuYL252
山东：历下区 张少华，张颖颖，程丹丹等 lilan509

Artemisia indica Willdenow **五月艾**
湖北：利川 祝文志，刘志祥，曹远俊 ShenZH3425
云南：贡山 许炳强，吴兴，李婧等 XiaNh-07zx-076
云南：腾冲 周应再 Zhyz-157
云南：腾冲 周应再 Zhyz-387
云南：镇沅 罗成瑜，乔永华 ALSZY294

Artemisia integrifolia Linnaeus **柳叶蒿**
黑龙江：肇源 杨帆，马红媛，安丰华 SNA0605

Artemisia japonica Thunberg **牡蒿**
安徽：屯溪区 方建新 TangXS0488
甘肃：夏河 齐威 LJQ-2008-GN-081
黑龙江：嫩江 王臣，张欣欣，谢博勋等 WangCh323
黑龙江：让胡路区 孙阎 SunY251
湖北：竹溪 李盛兰 GanQL651
湖南：永顺 陈功锡，张代贵 SCSB-HC-2008244
江苏：句容 王兆银，吴宝成 SCSB-JS0401
江苏：句容 吴宝成，王兆银 HANGYY8392
江苏：句容 吴宝成，王兆银 HANGYY8652
江西：庐山区 谭策铭，董安淼 TCM09096
山东：莱山区 卞福花 BianFH-0229
山东：历城区 张少华，张诏，程丹丹等 Lilan639
四川：乐至 邓兴敏，邓秀发，张昌兵 ZCB0387
四川：米易 刘静，袁明 MY-077
四川：米易 袁明 MY640
云南：景东 鲁艳 2008177

云南：景东 罗忠华，刘长铭，李绍昆等 JDNR09106
云南：南涧 饶富玺，阿国仁，何贵才 NJWLS789
云南：南涧 阿国仁，何贵才 NJWLS2008227
云南：盘龙区 彭华，向春雷，王泽欢 PengH8422
云南：盘龙区 彭华，向春雷，王泽欢 PengH8468
云南：思茅区 张绍云，叶金科，周兵 YNS1378
云南：永德 李永亮 YDDXS0709

Artemisia keiskeana Miquel 无齿蒌蒿
黑龙江：阿城 王臣，张欣欣，史传奇 WangCh213
黑龙江：五大连池 孙阎，吕军，张健男 SunY472
吉林：磐石 安海成 AnHC0263
山东：崂山区 罗艳，李中华 LuoY420
山东：牟平区 卞福花，陈朋 BianFH-0365
山东：牟平区 卞福花，宋言贺 BianFH-552

Artemisia lactiflora Wallich ex Candolle 白苞蒿
安徽：金寨 陈延松，欧祖兰，白雅洁 Xuzd184
安徽：祁门 唐鑫生，方建新 TangXS0518
安徽：舒城 陈延松，欧祖兰，高秋晨等 Xuzd460
重庆：南川区 易思荣 YISR112
湖北：神农架林区 李巨平 LiJuPing0217
湖北：五峰 陈功锡，张代贵 SCSB-HC-2008389
湖北：宣恩 沈泽昊 HXE161
湖北：竹溪 李盛兰 GanQL573
江苏：南京 高兴 SCSB-JS0440
江西：黎川 童和平，王玉珍 TanCM1923
江西：星子 谭策铭，董安淼 TCM09085
四川：峨眉山 李小杰 LiXJ568

Artemisia lagocephala (Fischer ex Besser) Candolle 白山蒿
黑龙江：北安 郑宝江，丁晓炎，王美娟 ZhengBJ283

Artemisia lancea Vaniot 矮蒿
湖北：崇阳 谭策铭，易桂花，缪以清等 TanCM2142
山东：莱山区 卞福花 BianFH-0271
山东：莱山区 卞福花，宋言贺 BianFH-537
山东：历城区 步瑞兰，辛晓伟，张世尧等 lilan764
四川：德格 孙航，张建文，董金龙等 SunH-07ZX-3911
云南：玉溪 彭华，陈丽，许瑾 P.H.5282

Artemisia lavandulifolia Candolle 野艾蒿
安徽：舒城 陈延松，欧祖兰，高秋晨等 Xuzd423
安徽：屯溪区 方建新 TangXS0416
河北：元氏 牛玉璐，郑博颖，黄士良等 NiuYL140
河南：栾川 黄振英，于顺利，杨学军 Huangzy0030
黑龙江：虎林市 王庆贵 CaoW575
黑龙江：虎林市 王庆贵 CaoW640
黑龙江：虎林市 王庆贵 CaoW665
黑龙江：虎林市 王庆贵 CaoW722
黑龙江：宁安 刘玫，张欣欣，程薪宇等 Liuetal538
黑龙江：饶河 王庆贵 CaoW615
黑龙江：饶河 王庆贵 CaoW676
江苏：句容 吴林园，王兆银，白明明 HANGYY9092
江西：庐山区 董安淼，吴从梅 TanCM1422
江西：庐山区 董安淼，吴从梅 TanCM1677
山东：东营区 曹子谊，韩国营，吕蕾等 Zhaozt0087
山东：莱山区 卞福花 BianFH-0226
山东：莱山区 卞福花，宋言贺 BianFH-495
山东：崂山区 罗艳，李中华 LuoY411
山东：历城区 张少华，张诏，程丹丹等 Lilan644
四川：稻城 李晓东，张景博，徐凌翔等 LiJ381
新疆：塔什库尔干 邱娟，冯建菊 LiuJQ0143
新疆：乌鲁木齐 王喜勇，马文宝，施翔 zdy292
新疆：乌鲁木齐 王喜勇，马文宝，施翔 zdy423
云南：永德 李永亮 YDDXSB021

Artemisia leucophylla C. B. Clarke 白叶蒿
内蒙古：土默特右旗 刘博，蒲拴莲，刘润宽等 M350
新疆：和静 杨赵平，焦培培，白冠章等 LiZJ0658
新疆：温宿 杨赵平，黄文娟，段黄金等 LiZJ0123

Artemisia macilenta (Maximowicz) Krascheninnikov 细杆沙蒿
内蒙古：根河 孙阎 SunY464
内蒙古：武川 蒲拴莲，刘润宽，刘毅等 M173

Artemisia macrocephala Jacquemont ex Besser 大花蒿
西藏：日土 李晖，卜海涛，边巴等 lihui-Q-09-44
新疆：和静 杨赵平，焦培培，白冠章等 LiZJ0677
新疆：和静 杨赵平，焦培培，白冠章等 LiZJ0693
新疆：和静 杨赵平，焦培培，白冠章等 LiZJ0757
新疆：托里 徐文斌，杨清理 SHI-2009345
新疆：叶城 黄文娟，段黄金，王英鑫等 LiZJ0858

Artemisia minor Jacquemont ex Besser 垫型蒿
青海：都兰 潘建斌，杜维波，牛炳韬 Liujq-2011CDM-149
西藏：林芝 卢洋，刘帆等 LiJ765
新疆：乌鲁木齐 王喜勇，马文宝，施翔 zdy374

Artemisia mongolica (Fischer ex Besser) Nakai 蒙古蒿
甘肃：合作 刘坤 LiuJQ-GN-2011-453
甘肃：合作 齐威 LJQ-2008-GN-080
甘肃：玛曲 刘坤 LiuJQ-GN-2011-454
甘肃：夏河 齐威 LJQ-2008-GN-079
河北：平山 牛玉璐，高彦飞，黄士良 NiuYL254
湖北：竹溪 李盛兰 GanQL653
吉林：前郭尔罗斯 杨帆，马红媛，安丰华 SNA0654
吉林：长岭 张永刚 Yanglm0333
吉林：长岭 胡良军，王伟娜 DBB201509210101P
江西：武宁 张吉华，张东红 TanCM3237
内蒙古：赛罕区 蒲拴莲，刘润宽，刘毅等 M265
宁夏：利通区 何志斌，杜军，陈龙飞等 HHZA0146
宁夏：盐池 何志斌，杜军，陈龙飞等 HHZA0155
宁夏：盐池 左忠，刘华 ZuoZh289
山东：崂山区 罗艳，李中华 LuoY412
山东：牟平区 卞福花，陈朋 BianFH-0384
四川：米易 赖建军 MY-088
新疆：塔什库尔干 杨赵平，黄文娟 TD-01755
新疆：塔什库尔干 黄文娟，段黄金，王英鑫等 LiZJ0326
新疆：乌鲁木齐 王喜勇，马文宝，施翔 zdy262
四川：阿坝 张昌兵，邓秀发，郝国歉 ZhangCB0340
西藏：昌都 陈家辉，王赟，刘德团 YangYP-Q-3188
西藏：拉萨 陈家辉，韩希，王广艳等 YangYP-Q-4153
西藏：山南 王东超，杨大松，张春林等 YangYP-Q-5081

Artemisia moorcroftiana Wallich ex Candolle 小球花蒿
四川：红原 张昌兵，邓秀发，郝国歉 ZhangCB0340
西藏：拉萨 陈家辉，韩希，王广艳等 YangYP-Q-4199
西藏：拉萨 杨永平，王东超，杨大松等 YangYP-Q-5025
西藏：类乌齐 陈家辉，王赟，刘德团 YangYP-Q-3188
西藏：林周 陈家辉，韩希，王广艳等 YangYP-Q-4153
西藏：扎囊 王东超，杨大松，张春林等 YangYP-Q-5081

Artemisia myriantha Wallich ex Besser 多花蒿
甘肃：合作 刘坤 LiuJQ-GN-2011-447
云南：景东 罗忠华，谢有能，刘长铭等 JDNR074

Artemisia nanschanica Krascheninnikov 昆仑蒿 *
青海：都兰 冯虎元 LiuJQ-08KLS-170

西藏：康马 陈家辉，韩希，王东超等 YangYP-Q-4274

Artemisia ordosica Krascheninnikov 黑沙蒿 *

内蒙古：鄂托克旗 刘博，蒲拴莲，刘润宽等 M312
内蒙古：伊金霍洛旗 朱雅娟，黄振英，叶学华 Beijing-Ordos-000022
宁夏：平罗 何志斌，杜军，陈龙飞等 HHZA0115
宁夏：盐池 李磊，朱奋霞 ZuoZh122
陕西：靖边 何志斌，杜军，蔺鹏飞等 HHZA0284
陕西：神木 田先华，李明辉 TianXH475
新疆：昌吉 段士民，王喜勇，刘会良等 Zhangdy521
新疆：昌吉 段士民，王喜勇，刘会良等 Zhangdy522
新疆：昌吉 段士民，王喜勇，刘会良等 Zhangdy523
新疆：阜康 段士民，王喜勇，刘会良等 250
新疆：阜康 段士民，王喜勇，刘会良等 276
新疆：阜康 段士民，王喜勇，刘会良等 279
新疆：奇台 段士民，王喜勇，刘会良等 Zhangdy500

Artemisia palustris Linnaeus 黑蒿

黑龙江：宁安 刘玫，张欣欣，程薪宇等 Liuetal534
内蒙古：新巴尔虎右旗 黄学文 NMDB20170809187
内蒙古：新巴尔虎右旗 黄学文 NMDB20170809200

Artemisia parviflora Buchanan-Hamilton ex D. Don 西南牡蒿

云南：普洱 叶金科 YNS0370

Artemisia persica Boissier 伊朗蒿

西藏：南木林 李晖，文雪梅，次旺加布等 Lihui-Q-0091
西藏：日土 李晖，文雪梅，次旺加布等 Lihui-Q-0047

Artemisia pewzowii C. Winkler 纤梗蒿 *

青海：都兰 潘建斌，杜维波，牛炳韬 Liujq-2011CDM-075
新疆：布尔津 许炳强，胡伟明 XiaNH-07ZX-814

Artemisia phaeolepis Krascheninnikov 褐苞蒿

甘肃：合作 刘坤 LiuJQ-GN-2011-448
甘肃：夏河 刘坤 LiuJQ-GN-2011-449
黑龙江：嫩江 王臣，张欣欣，史传奇 WangCh232

Artemisia princeps Pampanini 魁蒿

河北：平山 牛玉璐，高彦飞，黄士良 NiuYL255
河南：浉河区 朱鑫鑫，闫明慧，王君等 ZhuXX250
湖北：神农架林区 李巨平 LiJuPing0035
湖北：宣恩 李正辉，艾洪莲 AHL2014
湖北：竹溪 李盛兰 GanQL223
湖南：永顺 陈功锡，张代贵 SCSB-HC-2008255
湖南：沅陵 李胜华，伍贤进，刘光华等 Wuxj915
山东：崂山区 罗艳，李中华 LuoY403
山东：历下区 张少华，张颖颖，程丹丹等 lilan511
山东：牟平区 卞福花 BianFH-0248
四川：峨眉山 李小杰 LiXJ557
四川：峨眉山 李小杰 LiXJ581
云南：新平 白绍斌 XPALSC168

Artemisia roxburghiana Besser 灰苞蒿

甘肃：玛曲 刘坤 LiuJQ-GN-2011-455
甘肃：夏河 齐威 LJQ-2008-GN-082
甘肃：夏河 齐威 LJQ-2008-GN-083
四川：峨眉山 李小杰 LiXJ579
西藏：昌都 陈家辉，王赟，刘德团 YangYP-Q-3120
西藏：拉萨 卢洋，刘帆等 LiJ704
西藏：桑日 陈家辉，韩希，王广艳等 YangYP-Q-4216
云南：景东 鲁艳 07-170

Artemisia rubripes Nakai 红足蒿

河北：宽城 牛玉璐，高彦飞，赵二涛 NiuYL467
黑龙江：大同区 杨帆，马红媛，安丰华 SNA0643
黑龙江：宁安 刘玫，张欣欣，程薪宇等 Liuetal525
黑龙江：五营区 孙阎，晁雄雄，刘博奇 SunY033
黑龙江：肇源 杨帆，马红媛，安丰华 SNA0567
湖北：五峰 陈功锡，张代贵 SCSB-HC-2008308
吉林：大安 杨帆，马红媛，安丰华 SNA0351
吉林：大安 杨帆，马红媛，安丰华 SNA0536
吉林：桦甸 安海成 AnHC0424
吉林：前郭尔罗斯 杨帆，马红媛，安丰华 SNA0377
吉林：长岭 杨莉 Yanglm0321
吉林：镇赉 杨帆，马红媛，安丰华 SNA0103
吉林：镇赉 杨帆，马红媛，安丰华 SNA0130
江苏：句容 王兆银，吴宝成 SCSB-JS0300
内蒙古：武川 蒲拴莲，刘润宽，刘毅等 M174
内蒙古：锡林浩特 张红香 ZhangHX079
山东：长清区 张少华，张颖颖，程丹丹等 lilan512
云南：古城区 彭华，王英，陈丽 P.H.5257

Artemisia rutifolia Stephen ex Sprengel 香叶蒿

西藏：浪卡子 陈家辉，韩希，王东超等 YangYP-Q-4255
新疆：和静 杨赵平，焦培培，白冠章等 LiZJ0699
新疆：乌恰 杨赵平，周禧琳，贺冰 LiZJ1295

Artemisia scoparia Waldstein & Kitaibel 猪毛蒿

安徽：屯溪区 方建新 TangXS0407
甘肃：合作 刘坤 LiuJQ-GN-2011-456
甘肃：卓尼 齐威 LJQ-2008-GN-074
黑龙江：虎林市 王庆贵 CaoW647
黑龙江：宁安 刘玫，张欣欣，程薪宇等 Liuetal497
黑龙江：让胡路区 孙阎，赵立波 SunY092
吉林：大安 杨帆，马红媛，安丰华 SNA0045
吉林：大安 杨帆，马红媛，安丰华 SNA0068
吉林：大安 杨帆，马红媛，安丰华 SNA0352
吉林：前郭尔罗斯 张红香 ZhangHX152
吉林：洮北区 杨帆，马红媛，安丰华 SNA0271
吉林：长岭 胡良军，王伟娜，胡应超 HuLJ032
吉林：长岭 胡良军，王伟娜 DBB201509190103P
吉林：长岭 张红香 ZhangHX176
吉林：镇赉 杨帆，马红媛，安丰华 SNA0102
内蒙古：海拉尔区 黄学文 NMDB20160814119
内蒙古：开鲁 张永刚 Yanglm0239
内蒙古：赛罕区 蒲拴莲，刘润宽，刘毅等 M263
内蒙古：锡林浩特 张红香 ZhangHX067
内蒙古：新巴尔虎左旗 黄学文 NMDB20170807023
内蒙古：新巴尔虎右旗 黄学文 NMDB20170808053
内蒙古：新巴尔虎右旗 黄学文 NMDB20170809119
内蒙古：新巴尔虎右旗 黄学文 NMDB20170809168
内蒙古：新巴尔虎右旗 黄学文 NMDB20170810210
内蒙古：新巴尔虎左旗 黄学文 NMDB20160815150
内蒙古：新巴尔虎左旗 黄学文 NMDB20160815200
内蒙古：新巴尔虎左旗 黄学文 NMDB20160816267
宁夏：惠农 何志斌，杜军，陈龙飞等 HHZA0089
宁夏：盐池 左忠，刘华 ZuoZh085
青海：都兰 潘建斌，杜维波，牛炳韬 Liujq-2011CDM-176
山东：东营区 曹子谊，张洛艳，吕蕾等 Zhaozt0074
山东：历城区 张少华，张诏，程丹丹等 Lilan638
陕西：定边 何志斌，杜军，康建军等 HHZA0040
四川：木里 苏涛，黄永江，杨青松等 ZhouZK11354
西藏：城关区 李晖，边巴，徐爱国 lihui-Q-09-66
西藏：城关区 许炳强，童毅华 XiaNh-07zx-520
西藏：拉萨 卢洋，刘帆等 LiJ730
西藏：尼木 李晖，文雪梅，次旺加布等 Lihui-Q-0088

Artemisia selengensis Turczaninow ex Besser **蒌蒿**
黑龙江：巴彦 孙阎，赵立波 SunY045
黑龙江：带岭区 郑宝江，丁晓炎，李月等 ZhengBJ222
黑龙江：哈尔滨 刘玫，王臣，张欣欣等 Liuetal786
吉林：磐石 安海成 AnHC0264
江西：庐山区 董安淼，吴从梅 TanCM3362
山东：泰山区 高德民，邵尉 Lilan935

Artemisia shennongjiaensis Y. Ling & Y. R. Ling **神农架蒿** *
湖北：竹溪 李盛兰 GanQL173

Artemisia sieversiana Ehrhart ex Willdenow **大籽蒿**
甘肃：合作 刘坤 LiuJQ-GN-2011-439
黑龙江：虎林市 王庆贵 CaoW648
湖北：神农架林区 李巨平 LiJuPing0034
湖南：永定区 廖博儒，吴福川，查学州等 61
吉林：前郭尔罗斯 杨帆，马红媛，安丰华 SNA0390
辽宁：桓仁 祝业平 CaoW993
内蒙古：开鲁 张永刚 Yanglm0246
内蒙古：赛罕区 蒲拴莲，刘润宽，刘毅等 M264
内蒙古：锡林浩特 张红香 ZhangHX064
宁夏：西夏区 左忠，刘华 ZuoZh235
青海：都兰 冯虎元 LiuJQ-08KLS-172
青海：格尔木 冯虎元 LiuJQ-08KLS-006
青海：同仁 汪书丽，朱洪涛 Liujq-QLS-TXM-194
西藏：昌都 许炳强，周伟，郑朝汉 Xianh0452
西藏：昌都 陈家辉，王赟，刘德团 YangYP-Q-3145
西藏：城关区 李晖，边巴，徐爱国 lihui-Q-09-74
西藏：当雄 许炳强，童毅华 XiaNh-07zx-546
西藏：贡嘎 李晖，边巴，徐爱国 lihui-Q-09-57
西藏：拉萨 钟扬 ZhongY1040
西藏：曲水 卢洋，刘帆等 LiJ939
西藏：曲水 陈家辉，韩希，王东超等 YangYP-Q-4367
西藏：日喀则 马永鹏 ZhangCQ-0016
新疆：阿勒泰 段士民，王喜勇，刘会良等 Zhangdy512
新疆：阿勒泰 段士民，王喜勇，刘会良等 Zhangdy515
新疆：塔什库尔干 邱娟，冯建菊 LiuJQ0044
新疆：塔什库尔干 黄文娟，段黄金，王英鑫等 LiZJ0304
新疆：托里 亚吉东，张桥蓉，秦少发等 16CS13877
新疆：托里 许炳强，胡伟明 XiaNH-07ZX-846
新疆：温宿 杨赵平，周禧琳，贺冰 LiZJ1962
新疆：乌恰 杨赵平，周禧琳，贺冰 LiZJ1275
新疆：叶城 黄文娟，段黄金，王英鑫等 LiZJ0880
新疆：伊吾 王喜勇，马文宝，施翔 zdy429
新疆：伊吾 王喜勇，马文宝，施翔 zdy455

Artemisia simulans Pampanini **中南蒿** *
四川：峨眉山 李小杰 LiXJ584

Artemisia speciosa (Pampanini) Y. Ling & Y. R. Ling **西南大头蒿** *
云南：安宁 彭华，向春雷，陈丽 P.H.5656

Artemisia sphaerocephala Krascheninnikov **圆头蒿**
内蒙古：伊金霍洛旗 朱雅娟，黄振英，叶学华 Beijing-Ordos-000023
宁夏：利通区 何志斌，杜军，陈龙飞等 HHZA0001

Artemisia stolonifera (Maximowicz) Komarov **宽叶山蒿**
黑龙江：五大连池 刘玫，王臣，张欣欣等 Liuetal778
吉林：磐石 安海成 AnHC0261

Artemisia stracheyi J. D. Hooker & Thomson ex C. B. Clarke **冻原白蒿**
西藏：仲巴 李晖，文雪梅，熊继贵 Lihui-Q-2010-34

Artemisia stricta Edgeworth **直茎蒿**
四川：若尔盖 张昌兵 ZhangCB0058
西藏：林芝 卢洋，刘帆等 LiJ769

Artemisia subulata Nakai **线叶蒿**
黑龙江：让胡路区 孙阎，焉志远 SunY076
黑龙江：让胡路区 刘玫，王臣，张欣欣等 Liuetal796

Artemisia sylvatica Maximowicz **阴地蒿**
黑龙江：宁安 刘玫，张欣欣，程薪宇等 Liuetal540
黑龙江：五大连池 孙阎，赵立波 SunY056
湖北：宣恩 祝文志，刘志祥，曹远俊 ShenZH0068
湖北：竹溪 李盛兰 GanQL238
吉林：磐石 安海成 AnHC0426
江西：庐山区 谭策铭，董安淼 TCM09097
江西：庐山区 董安淼，吴从梅 TanCM1424
江西：修水 缪以清，李立新 TanCM1268
山东：平邑 辛晓伟，张世尧 Lilan864
云南：P.H.5638

Artemisia tanacetifolia Linnaeus **裂叶蒿**
北京：东城区 王雷，朱雅娟，黄振英 Beijing-huang-bws-0059
北京：东城区 王雷，朱雅娟，黄振英 Beijing-huang-dls-0085
北京：海淀区 李燕军 SCSB-B-0028
北京：海淀区 宋松泉 SCSB-D-0042
北京：门头沟区 李燕军 SCSB-E-0052
北京：西城区 王雷，朱雅娟，黄振英 Beijing-huang-ss-0032
北京：西城区 王雷，朱雅娟，黄振英 Beijing-huang-yms-0041
甘肃：卓尼 刘坤 LiuJQ-GN-2011-452
内蒙古：武川 蒲拴莲，刘润宽，刘毅等 M246
内蒙古：锡林浩特 张红香 ZhangHX083

Artemisia tangutica Pampanini **甘青蒿**
甘肃：合作 刘坤 LiuJQ-GN-2011-445
甘肃：玛曲 刘坤 LiuJQ-GN-2011-446

Artemisia tangutica var. **tomentosa** Handel-Mazzetti **绒毛甘青蒿** *
四川：红原 张昌兵，邓秀发，郝国歉 ZhangCB0342

Artemisia verbenacea (Komarov) Kitagawa **辽东蒿** *
宁夏：西夏区 左忠，刘华 ZuoZh222

Artemisia verlotorum Lamotte **南艾蒿**
四川：峨眉山 李小杰 LiXJ574

Artemisia vestita Wallich ex Besser **毛莲蒿**
甘肃：卓尼 刘坤 LiuJQ-GN-2011-451
甘肃：卓尼 齐威 LJQ-2008-GN-075
河北：武安 牛玉璐，高彦飞，赵二涛 NiuYL494
青海：都兰 潘建斌，杜维波，牛炳韬 Liujq-2011CDM-157
四川：康定 张昌兵，向丽 ZhangCB0201
四川：炉霍 许炳强，童毅华，吴兴等 XiaNH-07ZX-0983
云南：东川区 彭华，陈丽 P.H.5964
云南：东川区 彭华，陈丽 P.H.5965

Artemisia viscida (Mattfeld) Pampanini **腺毛蒿** *
西藏：工布江达 卢洋，刘帆等 LiJ860
西藏：拉萨 刘帆，卢洋等 LiJ706

Artemisia vulgaris Linnaeus **北艾**
新疆：阿图什 塔里木大学植物资源调查组 TD-00616
新疆：拜城 张玲 TD-01998
新疆：和静 杨赵平，焦培培，白冠章等 LiZJ0692
新疆：和静 杨赵平，焦培培，白冠章等 LiZJ0756

Artemisia wellbyi Hemsley & H. Pearson **藏沙蒿**
西藏：定日 王东超，杨大松，张春林等 YangYP-Q-5132
西藏：拉萨 陈家辉，韩希，王广艳等 YangYP-Q-4204
西藏：亚东 钟扬，扎西次仁 ZhongY791

西藏：仲巴 李晖，文雪梅，熊继贵 Lihui-Q-2010-23

Artemisia xigazeensis Y. R. Ling & M. G. Gilbert 日喀则蒿 *

西藏：改则 李晖，卜海涛，边巴等 lihui-Q-09-27

Artemisia yunnanensis Jeffrey ex Diels 云南蒿 *

云南：贡山 许炳强，吴兴，李婧等 XiaNh-07zx-053

Artemisia zhongdianensis Y. R. Ling 中甸艾 *

云南：南涧 阿国仁，何贵才 NJWLS1123

Askellia flexuosa (Ledebour) W. A. Weber 弯茎假苦菜

甘肃：夏河 齐威 LJQ-2008-GN-159

青海：都兰 潘建斌，杜维波，牛炳韬 Liujq-2011CDM-144

青海：格尔木 冯虎元 LiuJQ-08KLS-005

青海：格尔木 潘建斌，杜维波，牛炳韬 Liujq-2011CDM-028

青海：乌兰 潘建斌，杜维波，牛炳韬 Liujq-2011CDM-300

西藏：八宿 徐波，陈光富，陈林杨等 SunH-07ZX-1461

西藏：日土 李晖，文雪梅，次旺加布等 Lihui-Q-0045

新疆：塔什库尔干 邱娟，冯建菊 LiuJQ0074

Aster albescens (Candolle) Wallich ex Handel-Mazzetti 小舌紫菀

湖北：五峰 陈功锡，张代贵 SCSB-HC-2008289

湖北：仙桃 李巨平 Lijuping0300

湖北：竹溪 李盛兰 GanQL198

四川：康定 许炳强，童毅华，吴兴等 XiaNH-07ZX-1078

四川：理县 何兴金，李琴琴，赵丽华等 SCU-09-525

四川：理县 何兴金，高云东，余岩等 SCU-09-575

西藏：波密 孙航，张建文，陈建国等 SunH-07ZX-2646

西藏：察隅 孙航，张建文，陈建国等 SunH-07ZX-2483

西藏：察隅 扎西次仁，西落 ZhongY710

西藏：错那 罗建，林玲 LiuJQ11XZ110

西藏：加查 许炳强，童毅华 XiaNh-07zx-698

西藏：林芝 孙航，张建文，陈建国等 SunH-07ZX-2776

西藏：亚东 钟扬，扎西次仁 ZhongY757

Aster albescens var. **discolor** Y. Ling 白背小舌紫菀 *

四川：金川 何兴金，马祥光，郜鹏 SCU-10-227

Aster albescens var. **glabratus** (Diels) Boufford & Y. S. Chen 无毛小舌紫菀 *

甘肃：舟曲 齐威 LJQ-2008-GN-157

四川：得荣 孙航，李新辉，陈林杨 SunH-07ZX-2921

云南：德钦 孙航，李新辉，陈林杨 SunH-07ZX-3069

Aster albescens var. **gracilior** (Handel-Mazzetti) Handel-Mazzetti 狭叶小舌紫菀 *

陕西：紫阳 田先华，王孝安 TianXH1051

四川：丹巴 高云东，李忠荣，鞠文彬 GaoXF-12-157

四川：康定 孙航，张建文，董金龙等 SunH-07ZX-3995

四川：马尔康 高云东，李忠荣，鞠文彬 GaoXF-12-072

四川：茂县 高云东，李忠荣，鞠文彬 GaoXF-12-003

四川：小金 高云东，李忠荣，鞠文彬 GaoXF-12-129

西藏：林芝 卢洋，刘帆等 LiJ788

Aster albescens var. **limprichtii** (Diels) Handel-Mazzetti 椭叶小舌紫菀 *

甘肃：迭部 齐威 LJQ-2008-GN-151

甘肃：迭部 齐威 LJQ-2008-GN-152

Aster albescens var. **salignus** (Franchet) Handel-Mazzetti 柳叶小舌紫菀

四川：丹巴 何兴金，胡灏禹，沈呈娟等 SCU-11-422

Aster alpinus Linnaeus 高山紫菀

河北：邢台 牛玉璐，高彦飞，赵二涛 NiuYL367

四川：康定 何兴金，高云东，刘海艳等 SCU-20080423

新疆：塔什库尔干 邱娟，冯建菊 LiuJQ0124

Aster altaicus var. **canescens** (Nees) Sergievskaya 灰白阿尔泰狗娃花

北京：东城区 王雷，朱雅娟，黄振英 Beijing-huang-dls-0033

北京：海淀区 李燕军 SCSB-B-0021

北京：门头沟区 李燕军 SCSB-E-0010

甘肃：合作 郭淑青，杜品 LiuJQ-2012-GN-115

甘肃：合作 刘坤 LiuJQ-GN-2011-512

贵州：开阳 肖恩婷 Yuanm033

青海：都兰 潘建斌，杜维波，牛炳韬 Liujq-2011CDM-138

青海：都兰 潘建斌，杜维波，牛炳韬 Liujq-2011CDM-169

青海：都兰 潘建斌，杜维波，牛炳韬 Liujq-2011CDM-235

青海：天峻 潘建斌，杜维波，牛炳韬 Liujq-2011CDM-342

山东：历下区 赵遵田，樊守金，郑国伟等 Zhaozt0026

新疆：温宿 杨赵平，周禧琳，贺冰 LiZJ1961

新疆：乌鲁木齐 王喜勇，马文宝，施翔 zdy287

新疆：乌鲁木齐 王喜勇，马文宝，施翔 zdy359

Aster altaicus Willdenow 阿尔泰狗娃花

甘肃：夏河 齐威 LJQ-2008-GN-149

黑龙江：尚志 刘玫，张欣欣，程薪宇等 Liuetal454

内蒙古：伊金霍洛旗 杨学军 Huangzy0227

青海：格尔木 冯虎元 LiuJQ-08KLS-033

山东：芝罘区 卞福花，杜丽君，孟凡涛 BianFH-0153

西藏：普兰 李晖，文雪梅，次旺加布等 Lihui-Q-0002

新疆：博乐 谭敦炎，吉乃提，艾沙江 TanDY0245

新疆：博乐 谭敦炎，吉乃提，艾沙江 TanDY0253

新疆：博乐 徐文斌 SHI-A2007016

新疆：博乐 徐文斌，黄雪姣 SHI-2008132

新疆：巩留 亚吉东，迟建才，张桥蓉等 16CS13503

新疆：和静 杨赵平，焦培培，白冠章等 LiZJ0714

新疆：沙湾 亚吉东，张桥蓉，秦少发等 16CS13252

新疆：托里 徐文斌，黄刚 SHI-2009206

新疆：托里 徐文斌，黄刚 SHI-2009329

新疆：托里 徐文斌，郭一敏 SHI-2009160

新疆：托里 徐文斌，郭一敏 SHI-2009226

新疆：温泉 段士民，王喜勇，刘会良等 30

新疆：温泉 石大标 SCSB-SHI-2006228

新疆：温泉 徐文斌，黄雪姣 SHI-2008153

新疆：温泉 徐文斌，黄雪姣 SHI-2008168

新疆：温泉 徐文斌，王莹 SHI-2008095

新疆：温泉 徐文斌，王莹 SHI-2008225

新疆：温泉 徐文斌，许晓敏 SHI-2008042

Aster asteroides (Candolle) Kuntze 星舌紫菀

西藏：班戈 杨永平，陈家辉，段元文等 Yangyp-Q-0145

西藏：当雄 杨永平，段元文，边巴扎西 Yangyp-Q-1030

西藏：噶尔 陈家辉，庄会富，刘德团等 Yangyp-Q-0127

Aster auriculatus Franchet 耳叶紫菀 *

云南：东川区 蔡杰，郭永杰，吴之坤等 11CS3587

云南：香格里拉 孔航辉，李磊 Yangqe3026

Aster baccharoides (Bentham) Steetz 白舌紫菀 *

江西：黎川 童和平，王玉珍，常迪江等 TanCM2060

Aster batangensis Bureau & Franchet 巴塘紫菀 *

四川：得荣 孙航，李新辉，陈林杨 SunH-07ZX-3001

四川：得荣 张大才，李双智，杨川 ZhangDC-07ZX-1920

西藏：芒康 张永洪，李国栋，王晓雄 SunH-07ZX-1722

西藏：左贡 张大才，罗康，梁群等 ZhangDC-07ZX-1348

云南：东川区 蔡杰，郭永杰，吴之坤等 11CS2988

Aster boweri Hemsley 青藏狗娃花 *

西藏：当雄 陈家辉，韩希，王东超等 YangYP-Q-4251

西藏：吉隆 陈家辉，韩希，王广艳等 YangYP-Q-4329
西藏：吉隆 陈家辉，韩希，王广艳等 YangYP-Q-4347
西藏：江孜 陈家辉，韩希，王东超等 YangYP-Q-4264
西藏：林芝 卢洋，刘帆等 LiJ817

Aster brachytrichus Franchet **短毛紫菀**

安徽：休宁 唐鑫生，方建新 TangXS0384
广西：贺州 姜孝成，王丽萍，鲁长青 Jiangxc0698
广西：金秀 彭华，向春雷，陈丽 PengH8125
湖北：五峰 陈功锡，张代贵 SCSB-HC-2008410
云南：红河 彭华，向春雷，陈丽 PengH8228
云南：隆阳区 段在贤，密得生，刀开国等 BSGLGSly1062
云南：蒙自 田学军，邱成书，高波 TianXJ0204
云南：南涧 袁玉明，李毕祥 NJWLS592
云南：南涧 罗新洪，阿国仁，何贵才 NJWLS763
云南：南涧 马德跃，官有才，熊绍荣 NJWLS696
云南：石林 税玉民，陈文红 66619
云南：文山 税玉民，陈文红 16342
云南：易门 彭华，向春雷，王泽欢 PengH8355
云南：元阳 彭华，向春雷，陈丽 PengH8199
云南：镇沅 朱恒 ALSZY120
云南：镇沅 王立东，何忠云，罗成瑜 ALSZY169

Aster crenatifolius Handel-Mazzetti **圆齿狗娃花**

甘肃：卓尼 刘坤 LiuJQ-GN-2011-515
青海：城北区 薛春迎 Xuechy0256
四川：松潘 何兴金，张云香，王志新 SCU-10-528
西藏：波密 刘成，亚吉东，何华杰等 16CS11809
西藏：察隅 张挺，蔡杰，袁明 09CS1492
西藏：昌都 陈家辉，王赟，刘德团 YangYP-Q-3130
西藏：达孜 卢洋，刘帆等 LiJ917
西藏：朗县 罗建，汪书丽，任德智 L014

Aster diplostephioides (Candolle) Bentham ex C. B. Clarke **重冠紫菀**

甘肃：迭部 郭淑青，杜品 LiuJQ-2012-GN-139
甘肃：碌曲 李晓东，刘帆，张景博等 LiJ0190
甘肃：玛曲 刘坤 LiuJQ-GN-2011-528
甘肃：玛曲 齐威 LJQ-2008-GN-161
青海：互助 薛春迎 Xuechy0150
青海：互助 薛春迎 Xuechy0208
四川：得荣 张大才，李双智，杨川 ZhangDC-07ZX-1911
四川：理塘 何兴金，高云东，王志新等 SCU-09-230
西藏：错那 罗建，汪书丽 LiuJQ11XZ218
西藏：工布江达 罗建，汪书丽，任德智 LiuJQ-09XZ-ML056
西藏：工布江达 卢洋，刘帆等 LiJ866
云南：香格里拉 张挺，亚吉东，李明勤等 11CS3365
云南：香格里拉 郭永杰，张桥蓉，李春晓等 11CS3474

Aster dolichopodus Y. Ling **长梗紫菀** *

四川：白玉 张大才，尹五元，李双智等 ZhangDC-07ZX-2251
四川：道孚 何兴金，胡灏禹，沈呈娟等 SCU-11-491

Aster flaccidus Bunge **萎软紫菀**

青海：海西 汪书丽，王志强，邹嘉宾 Liujq-Txm10-075
青海：互助 薛春迎 Xuechy0204
青海：祁连 陈世龙，高庆波，张发起等 Chensl1494
四川：小金 高云东，李忠荣，鞠文彬 GaoXF-12-119
西藏：安多 陈家辉，庄会富，边巴扎西 Yangyp-Q-2147
西藏：当雄 陈家辉，庄会富，刘德团 Yangyp-Q-0167
西藏：日土 陈家辉，庄会富，刘德团等 Yangyp-Q-0110
云南：宁蒗 苏涛，黄永江，杨青松等 ZhouZK11419
云南：香格里拉 孔航辉，任琛 Yangqe2736

Aster gouldii C. E. C. Fischer **拉萨狗娃花**

甘肃：合作 刘坤 LiuJQ-GN-2011-514
甘肃：合作 齐威 LJQ-2008-GN-150
西藏：八宿 陈家辉，王赟，刘德团 YangYP-Q-3289
西藏：城关区 许炳强，童毅华 XiaNh-07zx-505
西藏：工布江达 罗建，汪书丽，任德智 LiuJQ-09XZ-ML070
西藏：浪卡子 李晖，边巴，李发平 lihui-Q-09-93
西藏：林芝 罗建 LiuJQ-08XZ-005

Aster handelii Onno **红冠紫菀** *

四川：道孚 高云东，李忠荣，鞠文彬 GaoXF-12-164
四川：稻城 何兴金，王长宝，刘爽等 SCU-09-039
四川：雅江 何兴金，郜鹏，彭禄等 SCU-11-350

Aster himalaicus C. B. Clarke **须弥紫菀**

四川：巴塘 徐波，陈光富，陈林杨等 SunH-07ZX-1498
西藏：八宿 徐波，陈光富，陈林杨等 SunH-07ZX-1417
西藏：八宿 徐波，陈光富，陈林杨等 SunH-07ZX-2012
西藏：芒康 徐波，陈光富，陈林杨等 SunH-07ZX-1547

Aster hispidus Thunberg **狗娃花**

北京：东城区 王雷，朱雅娟，黄振英 Beijing-huang-bws-0020
北京：东城区 王雷，朱雅娟，黄振英 Beijing-huang-dls-0035
北京：门头沟区 李燕军 SCSB-E-0015
河北：灵寿 牛玉璐，高彦飞，黄士良 NiuYL146
湖北：英山 甘啟良 GanQL161
江西：武宁 张吉华，刘运群 TanCM766
辽宁：凤城 朱春龙 CaoW266
山东：海阳 王萍，高德民，张诏等 lilan273
山东：崂山区 罗艳，李中华 LuoY414

Aster hypoleucus Handel-Mazzetti **白背紫菀** *

西藏：加查 许炳强，童毅华 XiaNh-07zx-639
西藏：朗县 罗建，汪书丽，任德智 L048

Aster incisus Fischer **裂叶马兰**

黑龙江：宁安 刘玫，张欣欣，程薪宇等 Liuetal503
黑龙江：尚志 郑宝江，丁晓炎，李月等 ZhengBJ206
吉林：抚松 张宝田 Yanglm0447
吉林：临江 林红梅 Yanglm0307

Aster indamellus Grierson **叶苞紫菀**

西藏：左贡 徐波，陈光富，陈林杨等 SunH-07ZX-2087

Aster indicus Linnaeus **马兰**

安徽：绩溪 胡长玉，方建新，徐林飞 TangXS0662
安徽：金寨 陈延松，欧祖兰，姜九龙 Xuzd191
安徽：舒城 陈延松，欧祖兰，高秋晨等 Xuzd426
安徽：歙县 方建新 TangXS0635
甘肃：文县 齐威 LJQ-2008-GN-155
贵州：江口 周云 XiangZ119
湖北：竹溪 李盛兰 GanQL094
湖南：湘乡 陈薇，朱香清，马仲辉 SCSB-HN-0487
湖南：永顺 陈功锡，张代贵 SCSB-HC-2008260
湖南：沅陵 李胜华，伍贤进，刘光华等 Wuxj927
江西：黎川 童和平，王玉珍，常迪江等 TanCM2030
江西：龙南 梁跃龙，廖海红 LiangYL102
江西：庐山区 董安淼，吴从梅 TanCM903
江西：武宁 张吉华，刘运群 TanCM1121
山东：崂山区 罗艳，李中华 LuoY185
山东：泰山区 杜超，张璐璐，王慧燕等 Zhaozt0195
山东：长清区 张少华，张颖颖，程丹丹等 lilan513
四川：乐至 邓兴敏，邓秀发，张昌兵 ZCB0388
四川：盐源 苏涛，黄永江，杨青松等 ZhouZK11414
西藏：左贡 苏涛，黄永江，杨青松等 ZhouZK11307

云南：景东 鲁艳 200812
云南：永德 李永亮 YDDXS0370

Aster indicus var. stenolepis (Handel-Mazzetti) Soejima & Igari **狭苞马兰＊**
四川：峨眉山 李小杰 LiXJ505

Aster jeffreyanus Diels **滇西北紫菀＊**
四川：九龙 孙航，张建文，董金龙等 SunH-07ZX-4011

Aster lautureanus (Debeaux) Franchet **山马兰＊**
河南：浉河区 朱鑫鑫，闫明慧，王君等 ZhuXX240
黑龙江：带岭区 郑宝江，丁晓炎，李月等 ZhengBJ224
山东：长清区 张少华，王萍，张诏等 Lilan227

Aster likiangensis Franchet **丽江紫菀**
四川：小金 何兴金，冯图，廖晨阳等 SCU-080366
西藏：八宿 张永洪，王晓雄，周卓等 SunH-07ZX-1179

Aster lingulatus Franchet **舌叶紫菀＊**
云南：丽江 苏涛，黄永江，杨青松等 ZhouZK11464
云南：新平 刘家良 XPALSD252

Aster maackii Regel **圆苞紫菀**
黑龙江：嫩江 王臣，张欣欣，崔皓钧等 WangCh324
黑龙江：嫩江 王臣，张欣欣，史传奇 WangCh241
吉林：磐石 安海成 AnHC0191

Aster meyendorffii (Regel & Maack) Voss **砂狗娃花**
北京：东城区 王雷，朱雅娟，黄振英 Beijing-huang-dls-0041

Aster mongolicus Franchet **蒙古马兰**
甘肃：夏河 刘坤 LiuJQ-GN-2011-470
甘肃：夏河 齐威 LJQ-2008-GN-170
河北：涿鹿 牛玉璐，高彦飞，赵二涛 NiuYL301
黑龙江：阿城 王臣，张欣欣，史传奇 WangCh224
湖北：竹溪 李盛兰 GanQL130
山东：历城区 张少华，张诏，程丹丹等 Lilan641

Aster neoelegans Grierson **新雅紫菀**
西藏：错那 罗建，林玲 LiuJQ11XZ119
西藏：林芝 罗建，汪书丽，王国严 LiuJQ-09XZ-366

Aster oreophilus Franchet **石生紫菀＊**
四川：米易 刘静，袁明 MY-184
四川：木里 苏涛，黄永江，杨青松等 ZhouZK11368
云南：迪庆 张书东，林娜娜，郁文彬等 SCSB-W-033
云南：丽江 苏涛，黄永江，杨青松等 ZhouZK11466
云南：巧家 李文虎，高顺勇，吴天抗等 QJYS0088
云南：巧家 李文虎，吴天抗，张天壁等 QJYS0178
云南：巧家 杨光明 SCSB-W-1298
云南：巧家 杨光明 SCSB-W-1321
云南：腾冲 周应再 Zhyz-485
云南：香格里拉 杨青松，星耀武，苏涛 ZhouZK-07ZX-0373

Aster panduratus Nees ex Walpers **琴叶紫菀＊**
安徽：屯溪区 方建新 TangXS0880
四川：甘孜 苏涛，黄永江，杨青松等 ZhouZK11178

Aster pekinensis (Hance) F. H. Chen **全叶马兰**
安徽：舒城 陈延松，欧祖兰，高秋晨等 Xuzd479
河北：蔚县 牛玉璐，高彦飞，黄士良 NiuYL251
河南：栾川 黄振英，于顺利，杨学军 Huangzy0036
河南：南召 邓志军，付婷婷，水庆艳 Huangzy0193
河南：嵩县 邓志军，付婷婷，水庆艳 Huangzy0126
黑龙江：尚志 刘玫，张欣欣，程薪宇等 Liuetal306
黑龙江：五大连池 孙阎，杜景红 SunY079
湖北：竹溪 李盛兰 GanQL135
吉林：长岭 张宝田 Yanglm0360
江苏：海州区 汤兴利 HANGYY8450
江苏：江宁区 吴宝成 SCSB-JS0336
江西：武宁 张吉华，刘运群 TanCM1171
山东：长清区 王萍，高德民，张诏等 lilan301
山东：芝罘区 卞福花 BianFH-0268
四川：巴塘 孙航，张建文，邓涛等 SunH-07ZX-3389
四川：白玉 孙航，张建文，邓涛等 SunH-07ZX-3703

Aster poliothamnus Diels **灰枝紫菀＊**
甘肃：玛曲 刘坤 LiuJQ-GN-2011-508
甘肃：夏河 刘坤 LiuJQ-GN-2011-509
青海：玉树 许炳强，周伟，郑朝汉 Xianh0342
四川：甘孜 陈家辉，王赟，刘德团 YangYP-Q-3054
四川：新龙 陈家辉，王赟，刘德团 YangYP-Q-3012
西藏：八宿 张永洪，李国栋，王晓雄 SunH-07ZX-1780
西藏：八宿 张挺，蔡杰，袁明 09CS1490
西藏：芒康 徐波，陈光富，陈林杨等 SunH-07ZX-1569
西藏：左贡 徐波，陈光富，陈林杨等 SunH-07ZX-1589
西藏：左贡 徐波，陈光富，陈林杨等 SunH-07ZX-2049

Aster polius C. K. Schneider **灰毛紫菀＊**
四川：壤塘 许炳强，童毅华，吴兴等 XiaNH-07ZX-0937

Aster procerus Hemsley **高茎紫菀＊**
湖北：英山 朱鑫鑫，王君 ZhuXX013
江西：武宁 张吉华，张东红 TanCM2834

Aster pycnophyllus Franchet ex W. W. Smith **密叶紫菀**
西藏：昌都 陈家辉，王赟，刘德团 YangYP-Q-3144
西藏：丁青 陈家辉，王赟，刘德团 YangYP-Q-3210
西藏：左贡 张永洪，王晓雄，周卓等 SunH-07ZX-1071
云南：景东 鲁艳 2008205

Aster salwinensis Onno **怒江紫菀**
西藏：八宿 张大才，李双智，罗康等 SunH-07ZX-0793

Aster scaber Thunberg **东风菜**
北京：海淀区 甘阳英 SCSB-D-0038
北京：门头沟区 李燕军 SCSB-E-0057
河北：平山 牛玉璐，郑博颖，黄士良等 NiuYL075
黑龙江：宁安 刘玫，张欣欣，程薪宇等 Liuetal523
江西：武宁 张吉华，刘运群 TanCM777
山东：崂山区 罗艳，李中华 LuoY405

Aster semiprostratus (Grierson) H. Ikeda **半卧狗娃花**
四川：若尔盖 蔡杰，张挺，刘成 10CS2529
西藏：八宿 张挺，李爱花，刘成等 08CS700
西藏：定日 陈家辉，韩希，王广艳等 YangYP-Q-4350
西藏：拉萨 陈家辉，韩希，王广艳等 YangYP-Q-4211
西藏：普兰 陈家辉，庄会富，刘德团等 Yangyp-Q-0003
西藏：桑日 陈家辉，韩希，王广艳等 YangYP-Q-4227

Aster setchuenensis Franchet **四川紫菀＊**
云南：香格里拉 孙航，张建文，邓涛等 SunH-07ZX-3306

Aster shimadae (Kitamura) Nemoto **毡毛马兰＊**
安徽：肥东 陈延松，朱合军，姜九龙 Xuzd068

Aster smithianus Handel-Mazzetti **甘川紫菀＊**
四川：甘孜 陈文允，于文涛，黄永江 CYH130
四川：泸定 何兴金，王长宝，刘爽等 SCU-09-003
四川：若尔盖 高云东，李忠荣，鞠文彬 GaoXF-12-013

Aster souliei Franchet **缘毛紫菀**
甘肃：合作 刘坤 LiuJQ-GN-2011-510
甘肃：玛曲 刘坤 LiuJQ-GN-2011-511
甘肃：玛曲 齐威 LJQ-2008-GN-174
四川：巴塘 孙航，张建文，董金龙等 SunH-07ZX-3647
四川：丹巴 余岩，周春景，秦汉涛 SCU-11-043
四川：稻城 陈家辉，刘亚辉，周妍等 YangYP-Q-2259

四川：稻城 陈家辉，刘亚辉，周妍等 YangYP-Q-2283
四川：德格 张挺，李爱花，刘成等 08CS821
四川：红原 何兴金，高云东，刘海艳等 SCU-20080501
四川：理塘 何兴金，马祥光，张云香等 SCU-11-262
四川：马尔康 何兴金，冯图，廖晨阳等 SCU-080304
四川：雅江 苏涛，黄永江，杨青松等 ZhouZK11098
四川：雅江 何兴金，郜鹏，彭禄等 SCU-11-333
西藏：波密 陈家辉，韩希，王东超等 YangYP-Q-4068
西藏：昌都 许炳强，周伟，郑朝汉 Xianh0364
西藏：定日 王东超，杨大松，张春林等 YangYP-Q-5102
西藏：江达 陈家辉，王赟，刘德团 YangYP-Q-3076
西藏：类乌齐 陈家辉，王赟，刘德团 YangYP-Q-3164
西藏：林芝 罗建，汪书丽 LiuJQ-09XZ-210
西藏：林芝 陈家辉，韩希，王东超等 YangYP-Q-4027
西藏：林周 陈家辉，韩希，王广艳等 YangYP-Q-4158
西藏：林周 杨永平，段元文，边巴扎西 Yangyp-Q-1040
西藏：聂拉木 陈家辉，韩希，王广艳等 YangYP-Q-4315

Aster taliangshanensis Y. Ling **凉山紫菀 ***
四川：米易 刘静，袁明 MY-205

Aster tataricus Linnaeus f. **紫菀**
河北：灵寿 牛玉璐，高彦飞，黄士良 NiuYL203
黑龙江：北安 郑宝江，潘磊 ZhengBJ011
黑龙江：宁安 刘玫，张欣欣，程薪宇等 Liuetal543
吉林：南关区 韩忠明 Yanglm0124
吉林：前郭尔罗斯 杨帆，马红媛，安丰华 SNA0436
江苏：海州区 汤兴利 HANGYY8442
辽宁：凤城 朱春龙 CaoW267
山东：历城区 张少华，张诏，程丹丹等 Lilan642
陕西：长安区 田陌，田先华 TianXH536
四川：得荣 孙航，李新辉，陈林杨 SunH-07ZX-3024
四川：米易 刘静，袁明 MY-009
四川：壤塘 何兴金，刘爽，易欣 SCU-10-328
四川：汶川 何兴金，高云东，余岩等 SCU-09-546
云南：丽江 张书东，林娜娜，陆露等 SCSB-W-101

Aster tongolensis Franchet **东俄洛紫菀 ***
甘肃：玛曲 刘坤 LiuJQ-GN-2011-513
四川：稻城 何兴金，高云东，王志新等 SCU-09-262
四川：德格 苏涛，黄永江，杨青松等 ZhouZK11199
四川：红原 何兴金，冯图，廖晨阳等 SCU-080388
四川：康定 何兴金，王长宝，李琴琴等 SCU-08073
四川：康定 何兴金，廖晨阳，任海燕等 SCU-09-409
西藏：八宿 张大才，罗康，梁群等 ZhangDC-07ZX-1327
西藏：朗县 罗建，汪书丽，任德智 L071
云南：德钦 王文礼，冯欣，刘飞鹏 OUXK11170
云南：巧家 郁文彬，任宗昕，艾洪莲等 SCSB-W-1035
云南：巧家 郁文彬，任宗昕，艾洪莲等 SCSB-W-1077
云南：巧家 郁文彬，张舒，艾洪莲等 SCSB-W-1017
云南：香格里拉 杨青松，星耀武，苏涛 ZhouZK-07ZX-0339

Aster trinervius Roxburgh ex D. Don **三基脉紫菀**
甘肃：文县 齐威 LJQ-2008-GN-158

Aster trinervius subsp. **ageratoides** (Turczaninow) Grierson **三脉紫菀**
安徽：黄山区 唐鑫生，方建新 TangXS0510
安徽：宁国 刘淼 SCSB-JSD8
北京：彭华，王立松，董洪进 P.H.5519
福建：武夷山 于文涛，陈旭东 YUWT035
甘肃：迭部 齐威 LJQ-2008-GN-154
甘肃：夏河 刘坤 LiuJQ-GN-2011-507
甘肃：夏河 齐威 LJQ-2008-GN-156
贵州：花溪区 邹方伦 ZouFL0013
湖北：宣恩 祝文志，刘志祥，曹远俊 ShenZH0100
湖北：竹溪 李盛兰 GanQL175
湖北：竹溪 李盛兰 GanQL216
湖南：石门 陈功锡，张代贵 SCSB-HC-2008160
湖南：永顺 陈功锡，张代贵 SCSB-HC-2008268
江苏：江宁区 王兆银，吴宝成 SCSB-JS0270
江苏：句容 吴宝成，王兆银 HANGYY8646
江苏：句容 王兆银，吴宝成 SCSB-JS0147
江苏：南京 顾子霞 SCSB-JS0419
江西：黎川 童和平，王玉珍 TanCM1938
江西：黎川 童和平，王玉珍，常迪江等 TanCM2084
江西：武宁 张吉华，刘运群 TanCM597
山东：崂山区 罗艳，李中华 LuoY400
山东：牟平区 卞福花，陈朋 BianFH-0373
四川：峨眉山 李小杰 LiXJ269
四川：峨眉山 李小杰 LiXJ544
四川：汉源 许炳强，童毅华，吴兴等 XiaNH-07ZX-1120
四川：理县 何兴金，高云东，余岩等 SCU-09-576
四川：马尔康 高云东，李忠荣，鞠文彬 GaoXF-12-064
西藏：错那 罗建，汪书丽 LiuJQ11XZ198
云南：西山区 彭华，陈丽 P.H.5326

Aster tsarungensis (Grierson) Y. Ling **察瓦龙紫菀 ***
西藏：亚东 陈家辉，韩希，王东超等 YangYP-Q-4284

Aster turbinatus S. Moore **陀螺紫菀 ***
江西：庐山区 谭策铭，董安淼 TanCM547

Aster verticillatus (Reinwardt) Brouillet **秋分草**
湖南：永顺 陈功锡，张代贵 SCSB-HC-2008271
江西：黎川 童和平，王玉珍，常迪江等 TanCM2067
四川：峨眉山 李小杰 LiXJ550
四川：峨眉山 李小杰 LiXJ732
云南：麻栗坡 肖波 LuJL105
云南：普洱 叶金科 YNS0363
云南：文山 何德明，丰艳飞，韦荣彪等 WSLJS749

Aster vestitus Franchet **密毛紫菀**
西藏：波密 陈家辉，韩希，王东超等 YangYP-Q-4006
西藏：当雄 杨永平，段元文，边巴扎西 yangyp-Q-1028
西藏：芒康 徐波，陈光富，陈林杨等 SunH-07ZX-1516
西藏：左贡 张永洪，王晓雄，周卓等 SunH-07ZX-1073
云南：南涧 饶富玺，阿国仁，何贵才 NJWLS788

Aster yunnanensis Franchet **云南紫菀 ***
四川：道孚 何兴金，马祥光，郜鹏 SCU-10-207
四川：甘孜 陈文允，于文涛，黄永江 CYH143
西藏：芒康 徐波，陈光富，陈林杨等 SunH-07ZX-1517
西藏：芒康 徐波，陈光富，陈林杨等 SunH-07ZX-1529
云南：香格里拉 杨亲二，孔航辉 Yangqe3014
云南：香格里拉 杨亲二，孔航辉，李磊 Yangqe3267

Aster yunnanensis var. **angustior** Handel-Mazzetti **狭苞云南紫菀 ***
云南：宁蒗 任宗昕，寸龙琼，任尚国 SCSB-W-1359

Aster yunnanensis var. **labrangensis** (Handel-Mazzetti) Y. Ling **夏河云南紫菀 ***
甘肃：玛曲 刘坤 LiuJQ-GN-2011-529
青海：玉树 许炳强，周伟，郑朝汉 Xianh0411

Asterothamnus centraliasiaticus Novopokrovsky **中亚紫菀木**
青海：德令哈 潘建斌，杜维波，牛炳韬 Liujq-2011CDM-314
青海：德令哈 潘建斌，杜维波，牛炳韬 Liujq-2011CDM-365

青海：都兰 冯虎元 LiuJQ-08KLS-173
青海：都兰 潘建斌，杜维波，牛炳韬 Liujq-2011CDM-089
青海：都兰 潘建斌，杜维波，牛炳韬 Liujq-2011CDM-139
青海：都兰 潘建斌，杜维波，牛炳韬 Liujq-2011CDM-203
青海：格尔木 冯虎元 LiuJQ-08KLS-002
青海：乌兰 潘建斌，杜维波，牛炳韬 Liujq-2011CDM-256
青海：乌兰 潘建斌，杜维波，牛炳韬 Liujq-2011CDM-305

Asterothamnus fruticosus (C. Winkler) Novopokrovsky 灌木紫菀木
新疆：阿合奇 杨赵平，周禧琳，贺冰 LiZJ1364
新疆：和静 杨赵平，焦培培，白冠章等 LiZJ0668
新疆：和静 杨赵平，焦培培，白冠章等 LiZJ0724
新疆：疏附 杨赵平，周禧林，贺冰 LiZJ1126
新疆：乌鲁木齐 王喜勇，马文宝，施翔 zdy393

Atractylodes koreana (Nakai) Kitamura 朝鲜苍术
山东：崂山区 罗艳，李中华 LuoY398

Atractylodes lancea (Thunberg) Candolle 苍术
河北：武安 牛玉璐，高彦飞，赵二涛 NiuYL506
黑龙江：北安 郑宝江，丁晓炎，王美娟 ZhengBJ287
黑龙江：五大连池 刘玫，王臣，张欣欣等 Liuetal770
吉林：和龙 刘翠晶 Yanglm0209
江苏：句容 吴宝成，王兆银 HANGYY8648
内蒙古：武川 蒲拴莲，刘润宽，刘毅等 M230
陕西：长安区 田陌，田先华 TianXH539

Atractylodes macrocephala Koidzumi 白术 *
重庆：南川区 易思荣 YISR018
安徽：祁门 方建新 TangXS0973

Aucklandia costus Falconer 云木香
重庆：南川区 易思荣 YISR040
湖南：石门 陈功锡，张代贵 SCSB-HC-2008149

Bidens bipinnata Linnaeus 婆婆针
安徽：宣城 刘淼 HANGYY8092
北京：东城区 王雷，朱雅娟，黄振英 Beijing-huang-bws-0030
北京：东城区 王雷，朱雅娟，黄振英 Beijing-huang-dls-0050
北京：西城区 王雷，朱雅娟，黄振英 Beijing-huang-yms-0018
贵州：铜仁 彭华，王英，陈丽 P.H.5197
黑龙江：虎林市 王庆贵 CaoW535
湖北：竹溪 李盛兰 GanQL1037
湖南：古丈 刘克明，朱晓文 SCSB-HN-0490
湖南：永定区 林永惠，吴福川，晏丽等 9
湖南：长沙 刘克明，肖乐希 SCSB-HN-0029
江苏：江宁区 吴宝成 SCSB-JS0343
江苏：句容 王兆银，吴宝成 SCSB-JS0260
辽宁：桓仁 祝业平 CaoW984
山东：崂山区 罗艳，李中华 LuoY138
山东：历下区 赵遵田，郑国伟，孙中帅等 Zhaozt0002
云南：宾川 王文礼，冯欣，刘飞鹏 OUXK11001
云南：宾川 孙振华 OuXK-0004
云南：剑川 王文礼，冯欣，刘飞鹏 OUXK11244
云南：景东 罗忠华，刘长铭，鲁成荣 JD010
云南：宁洱 胡启和，仇亚，张绍云 YNS0591
云南：思茅区 张绍云，胡启和 YNS1095
云南：祥云 孙振华，王文礼，宋晓卿等 OuxK-XY-0001
云南：永德 李永亮 LiYL1379

Bidens biternata (Loureiro) Merrill & Sherff 金盏银盘
安徽：舒城 陈延松，欧祖兰，高秋晨等 Xuzd412
安徽：屯溪区 方建新 TangXS0951
重庆：南川区 易思荣 YISR037
贵州：凯里 陈功锡，张代贵 SCSB-HC-2008084
贵州：清镇 邹方伦 ZouFL0127
河北：井陉 牛玉璐，高彦飞，黄士良 NiuYL166
湖北：利川 许玥，祝文志，刘志祥等 ShenZH7916
湖北：五峰 陈功锡，张代贵 SCSB-HC-2008321
湖北：宣恩 沈泽昊 HXE003
湖北：英山 朱鑫鑫，王君 ZhuXX030
湖北：竹溪 甘霖 GanQL591
湖南：怀化 李胜华，伍贤进，曾汉元等 HHXY323
江西：庐山区 谭策铭，董安淼 TanCM469
辽宁：庄河 于立敏 CaoW791
山东：城阳区 罗艳，李中华 LuoY077
山东：历下区 李兰，王萍，张少华 Lilan-004
山东：牟平区 卞福花，杜丽君，孟凡涛 BianFH-0141
四川：峨眉山 李小杰 LiXJ535
四川：康定 何兴金，王月，胡灏禹 SCU-08167
四川：乐至 邓兴敏，邓秀发，张昌兵 ZCB0514
四川：雨城区 贾学静 YuanM2012020
云南：西山区 税玉民，陈文红 65786
云南：永德 李永亮 YDDXS1237
云南：镇沅 胡启和，张绍云，周兵 YNS0972

Bidens cernua Linnaeus 柳叶鬼针草
黑龙江：尚志 郑宝江，丁晓炎，王美娟等 ZhengBJ254
黑龙江：尚志 郑宝江，丁晓炎，李月等 ZhengBJ177
吉林：磐石 安海成 AnHC0256
西藏：拉萨 钟扬 ZhongY1059
西藏：林芝 罗建，汪书丽，王国严 LiuJQ-09XZ-400
西藏：林芝 卢洋，刘帆等 LiJ756
新疆：阿勒泰 段士民，王喜勇，刘会良等 177
新疆：温泉 石大标 SCSB-SHI-2006224
云南：麻栗坡 肖波 LuJL505

Bidens frondosa Linnaeus 大狼杷草
安徽：金寨 陈延松，欧祖兰，白雅洁 Xuzd211
安徽：舒城 陈延松，欧祖兰，高秋晨等 Xuzd332
安徽：屯溪区 方建新 TangXS0007
湖北：竹溪 李盛兰 GanQL801
湖南：保靖 陈功锡，张代贵，邓涛等 SCSB-HC-2007446
吉林：磐石 安海成 AnHC0260
江苏：赣榆 吴宝成 HANGYY8550
山东：崂山区 罗艳，李中华 LuoY331
山东：泰山区 杜超，张璐璐，王慧燕等 Zhaozt0193
山东：天桥区 赵遵田，郑国伟，王海英等 Zhaozt0066
山东：长清区 张少华，王萍，张诏等 Lilan130
四川：汶川 袁明，高刚，杨勇 YM2014033

Bidens leptophylla C. H. An 薄叶鬼针草 *
新疆：泽普 黄文娟，段黄金，王英鑫等 LiZJ0846

Bidens maximowicziana Oettingen 羽叶鬼针草
黑龙江：嫩江 王臣，张欣欣，史传奇 WangCh158
吉林：磐石 安海成 AnHC0266

Bidens parviflora Willdenow 小花鬼针草
甘肃：迭部 齐威 LJQ-2008-GN-136
黑龙江：宾县 郑宝江，丁晓炎 ZhengBJ297
黑龙江：虎林市 王庆贵 CaoW674
黑龙江：宁安 刘玫，张欣欣，程薪宇等 Liuetal517
黑龙江：五大连池 孙阎，赵立波 SunY115
湖北：竹溪 李盛兰 GanQL360
吉林：磐石 安海成 AnHC0255
吉林：长岭 韩忠明 Yanglm0332

江苏：赣榆 吴宝成 HANGYY8565
辽宁：庄河 于立敏 CaoW789
内蒙古：赛罕区 蒲拴莲，刘润宽，刘毅等 M272
山东：崂山区 罗艳，李中华，邓建平 LuoY302
山东：历下区 李兰，王萍，张少华等 Lilan-017
山东：牟平区 卞福花 BianFH-0230
山西：永济 廉凯敏，陈姣，焦磊 Zhangf0192
四川：小金 高云东，李忠荣，鞠文彬 GaoXF-12-096
云南：永德 李永亮 LiYL1407
云南：玉龙 彭华，王英，陈丽 P.H.5265

Bidens pilosa Linnaeus 鬼针草

安徽：金寨 刘淼 SCSB-JSC10
安徽：蜀山区 陈延松，徐忠东，耿明 Xuzd011
安徽：屯溪区 方建新 TangXS0808
安徽：黟县 刘淼 SCSB-JSB41
北京：海淀区 宋松泉，付婷婷 SCSB-D-0005
甘肃：文县 齐威 LJQ-2008-GN-137
甘肃：夏河 刘坤 LiuJQ-GN-2011-498
贵州：南明区 邹方伦 ZouFL0050
贵州：榕江 赵厚涛，韩国营 YBG014
湖北：神农架林区 李巨平 LiJuPing0042
湖北：五峰 李平 AHL054
湖北：竹溪 李盛兰 GanQL064
湖南：江永 姜孝成，唐贵华，潘孝武 SCSB-HNJ-0019
江苏：句容 吴宝成，王兆银 HANGYY8643
青海：城北区 薛春迎 Xuechy0262
山东：滨州 刘奥，王广阳 WBG001854
山东：博兴 刘奥，王广阳 WBG001699
山东：茌平 刘奥，王广阳 WBG001950
山东：聊城 刘奥，王广阳 WBG001957
山东：临邑 刘奥，王广阳 WBG001889
山东：平邑 李卫东 SCSB-004
山东：平原 刘奥，王广阳 WBG001901
山东：庆云 刘奥，王广阳 WBG001832
山东：庆云 刘奥，王广阳 WBG001836
山东：莘县 刘奥，王广阳 WBG001968
山东：阳谷 刘奥，王广阳 WBG001978
山东：阳信 刘奥，王广阳 WBG001841
山东：阳信 刘奥，王广阳 WBG001843
陕西：紫阳 田先华，王孝安 TianXH1052
陕西：紫阳 田先华 TianXH1121
四川：丹巴 何兴金，李琴琴，王长宝等 SCU-08056
四川：道孚 余岩，周春景，秦汉涛 SCU-11-002
四川：峨眉山 李小杰 LiXJ542
四川：康定 何兴金，郜鹏，彭禄等 SCU-11-300
四川：米易 赖建军 MY-007
四川：冕宁 孙航，张建文，邓涛等 SunH-07ZX-3782
四川：射洪 袁明 YUANM2015L020
西藏：错那 扎西次仁，西落 ZhongY563
云南：宾川 孙振华，宋晓卿，文晖等 OuXK-BC-202
云南：东川区 闫海忠，孙振华，王文礼等 OuxK-DC-0001
云南：个旧 税玉民，陈文红 71509
云南：河口 税玉民，陈文红 71706
云南：景东 杨国平 07-22
云南：景东 赵贤坤，鲍文华 JDNR11049
云南：开远 税玉民，陈文红 71976
云南：麻栗坡 税玉民，陈文红 72003
云南：南涧 邹国娟，时国彩 njwls2007003
云南：普洱 叶金科 YNS0319
云南：普洱 叶金科 YNS0375
云南：石林 税玉民，陈文红 65485
云南：石林 税玉民，陈文红 64538
云南：腾冲 周应再 Zhyz-024
云南：腾冲 周应再 Zhyz-372
云南：新平 何罡安 XPALSB005
云南：新平 胡启元，周兵，张绍云 YNS0859
云南：新平 谢雄 XPALSC358
云南：漾濞 杨青松，杨莹，黄永江等 ZhouZK-07ZX-0042
云南：盈江 王立彦，徐桂华 SCSB-TBG-060
云南：永德 李永亮 YDDXS1181
云南：永德 欧阳红才，普跃东，鲁金国等 YDDXSC034
浙江：余杭区 葛斌杰 Lihq0145

Bidens tripartita Linnaeus 狼杷草

安徽：歙县 胡长玉，方建新，徐林飞 TangXS0669
安徽：黟县 刘淼 SCSB-JSB25
甘肃：卓尼 刘坤 LiuJQ-GN-2011-476
甘肃：卓尼 齐威 LJQ-2008-GN-135
广西：田林 叶晓霞，农冬新，吴磊 Liuyan0478
贵州：铜仁 彭华，王英，陈丽 P.H.5200
河南：栾川 黄振英，于顺利，杨学军 Huangzy0053
河南：南召 何明高，付婷婷，水庆艳 Huangzy0202
河南：嵩县 邓志军，付婷婷，水庆艳 Huangzy0136
黑龙江：北安 郑宝江，潘磊 ZhengBJ031
湖北：黄梅 刘淼 SCSB-JSA32
湖北：神农架林区 李巨平 LiJuPing0116
湖北：五峰 李平 AHL061
湖北：竹溪 李盛兰 GanQL830
湖南：怀化 李胜华，伍贤进，曾汉元等 HHXY314
湖南：石门 陈功锡，张代贵，邓涛等 SCSB-HC-2007517
湖南：永顺 陈功锡，张代贵 SCSB-HC-2008212
湖南：资兴 熊凯辉，王得刚，盛波 SCSB-HN-2061
吉林：南关区 韩忠明 Yanglm0136
江苏：赣榆 吴宝成 HANGYY8298
江苏：句容 王兆银，吴宝成 SCSB-JS0290
江苏：句容 王兆银，吴宝成 SCSB-JS0314
辽宁：桓仁 祝业平 CaoW989
内蒙古：锡林浩特 张红香 ZhangHX126
山西：晋源区 张丽，焦磊，廉凯敏 Zhangf0067
四川：米易 刘静，袁明 MY-036
四川：普格 苏涛，黄永江，杨青松等 ZhouZK11033
四川：盐源 苏涛，黄永江，杨青松等 ZhouZK11409
新疆：博乐 徐文斌，杨清理 SHI-2008345
新疆：博乐 徐文斌，黄雪姣 SHI-2008398
新疆：尼勒克 徐文斌，刘鸯，马真等 SHI-A2007427
新疆：尼勒克 刘鸯，马真，贺晓欢等 SHI-A2007456
新疆：尼勒克 刘鸯，马真，贺晓欢等 SHI-A2007488
新疆：尼勒克 段士民，王喜勇，刘会良 Zhangdy360
新疆：尼勒克 段士民，王喜勇，刘会良 Zhangdy414
新疆：温宿 塔里木大学植物资源调查组 TD-00911
新疆：乌鲁木齐 王喜勇，马文宝，施翔 zdy350
新疆：乌鲁木齐 王喜勇，马文宝，施翔 zdy381
新疆：裕民 徐文斌，黄刚 SHI-2009434
云南：河口 税玉民，陈文红 71691
云南：景东 鲁艳 2008187
云南：麻栗坡 肖波 LuJL224
云南：蒙自 田学军，邱成书，高波 TianXJ0212

云南：南涧 官有才，熊绍荣，张雄等 NJWLS659
云南：南涧 阿国仁，何贵才 NJWLS1143
云南：宁洱 胡启和，仇亚，张绍云 YNS0577
云南：维西 陈文允，于文涛，黄永江等 CYHL066
云南：云龙 字建泽，杨六斤，李国庆等 TC1020
浙江：龙泉 吴林园，郭建林，白明明 HANGYY9072
浙江：余杭区 葛斌杰 Lihq0137

Blainvillea acmella (Linnaeus) Philipson 百能葳
湖南：江永 刘克明，肖乐希，田淑珍 SCSB-HN-0086
云南：景东 罗忠华，刘长铭，鲁成荣等 JD099
云南：景东 刘长铭，罗庆光，袁小龙等 JDNR11010
云南：景洪 胡启和，仇亚，周英等 YNS0675
云南：澜沧 彭华，向春雷，陈丽 P.H.5780
云南：绿春 彭华，向春雷，陈丽等 P.H.5601
云南：勐海 彭华，向春雷，陈丽等 P.H.5744
云南：文山 何德明 WSLJS857
云南：新平 白绍斌 XPALSC279
云南：盈江 王立彦，徐桂华 SCSB-TBG-058
云南：永德 李永亮 YDDXS0923

Blumea aromatica Candolle 馥芳艾纳香
江西：武宁 张吉华，张东红 TanCM2653
云南：贡山 郭永杰，吴之坤，吴兴等 14CS9862
云南：宁洱 张绍云 YNS0122
云南：永德 李永亮 YDDXS1291
云南：镇沅 胡启元，周兵，张绍云 YNS0868

Blumea axillaris (Lamarck) Candolle 柔毛艾纳香
云南：景东 鲁艳 200850
云南：南涧 阿国仁 NJWLS1527

Blumea balsamifera (Linnaeus) Candolle 艾纳香
云南：勐腊 郭永杰，聂细转，黄秋月等 12CS4957
云南：普洱 叶金科 YNS0159
云南：新平 刘家良 XPALSD296
云南：永德 李永亮 YDDXS0176
云南：永德 李永亮 YDDXS7046

Blumea fistulosa (Roxburgh) Kurz 节节红
云南：永德 李永亮 YDDXS1029

Blumea flava Candolle 拟艾纳香
云南：永德 李永亮 YDDXS1004

Blumea formosana Kitamura 台北艾纳香 *
安徽：石台 唐鑫生，方建新 TangXS1010
湖南：桃源 陈功锡，张代贵 SCSB-HC-2008164
湖南：永顺 陈功锡，张代贵 SCSB-HC-2008170
江西：修水 缪以清 TanCM692

Blumea hieraciifolia (Sprengel) Candolle 毛毡草
云南：新平 谢天华，郎定富 XPALSA096

Blumea lacera (N. L. Burman) Candolle 见霜黄
江西：黎川 童和平，王玉珍 TanCM1939
云南：思茅区 胡启和，仇亚，张绍云 YNS0824

Blumea lanceolaria (Roxburgh) Druce 千头艾纳香
云南：新平 李伟，王家和 XPALSC232

Blumea martiniana Vaniot 裂苞艾纳香
北京： 彭华，王立松，董洪进等 P.H.5521

Blumea megacephala (Randeria) C. C. Chang & Y. Q. Tseng 东风草
四川：峨眉山 李小杰 LiXJ385

Blumea oxyodonta Candolle 尖齿艾纳香
云南：新平 谢雄 XPALSC203

Blumea riparia Candolle 假东风草
云南：勐腊 郭永杰，聂细转，黄秋月等 12CS4919

Blumea sericans (Kurz) J. D. Hooker 拟毛毡草
江西：武宁 张吉华，刘运群 TanCM1185
云南：腾冲 余新林，赵玮 BSGLGStc135

Blumea sinuata (Loureiro) Merrill 六耳铃
四川：米易 袁明 MY546
云南：新平 刘家良 XPALSD278
云南：永德 李永亮 YDDXS1147
云南：镇沅 胡启和，张绍云 YNS0803

Blumea virens Candolle 绿艾纳香
云南：永德 李永亮 YDDXS1030

Calendula officinalis Linnaeus 金盏菊
甘肃：合作 郭淑青，杜品 LiuJQ-2012-GN-121

Callistephus chinensis (Linnaeus) Nees 翠菊
河北：围场 牛玉璐，王晓亮 NiuYL567
辽宁：凤城 李忠诚 CaoW213
内蒙古：武川 蒲拴莲，刘润宽，刘毅等 M193

Calotis caespitosa C. C. Chang 刺冠菊 *
西藏：昌都 许炳强，周伟，郑朝汉 Xianh0151

Camchaya loloana Kerr 凋缨菊
云南：昌宁 赵玮 BSGLGSly138

Cancrinia discoidea (Ledebour) Poljakov ex Tzvelev 小甘菊
新疆：阜康 王喜勇，段士民 403
新疆：乌鲁木齐 马文宝，刘会良 zdy036
新疆：乌鲁木齐 马文宝，刘会良，施翔 zdy190
新疆：乌鲁木齐 段士民，王喜勇，刘会良 Zhangdy049
新疆：伊吾 段士民，王喜勇，刘会良 Zhangdy193
新疆：伊吾 段士民，王喜勇，刘会良 Zhangdy195

Cancrinia maximowiczii C. Winkler 灌木小甘菊
甘肃：夏河 齐威 LJQ-2008-GN-140
青海：德令哈 潘建斌，杜维波，牛炳韬 Liujq-2011CDM-313
青海：德令哈 潘建斌，杜维波，牛炳韬 Liujq-2011CDM-375
青海：互助 薛春迎 Xuechy0192

Carduus acanthoides Linnaeus 节毛飞廉
四川：甘孜 陈家辉，王赟，刘德团 YangYP-Q-3053
四川：康定 彭玉兰，涂卫国，余春丽 Gaoxf-0612
西藏：昌都 陈家辉，王赟，刘德团 YangYP-Q-3124

Carduus crispus Linnaeus 丝毛飞廉
黑龙江：尚志 刘玫，王臣，张欣欣等 Liuetal716
黑龙江：香坊区 郑宝江，潘磊 ZhengBJ087
湖北：竹溪 李盛兰 GanQL716
江苏：句容 吴宝成，王兆银 HANGYY8173
青海：门源 吴玉虎 LJQ-QLS-2008-0134
四川：道孚 余岩，周春景，秦汉涛 SCU-11-016
四川：康定 何兴金，冯图，廖晨阳等 SCU-080382
四川：马尔康 何兴金，李琴琴，王长宝等 SCU-08043
四川：马尔康 何兴金，冯图，廖晨阳等 SCU-080328
四川：米易 袁明 MY277
四川：新龙 陈文允，于文涛，黄永江 CYH085
云南：南涧 袁玉川 NJWLS639
云南：香格里拉 杨亲二，孔航辉，李磊 Yangqe3278

Carduus nutans Linnaeus 飞廉
甘肃：合作 刘坤 LiuJQ-GN-2011-518
甘肃：玛曲 刘坤 LiuJQ-GN-2011-547
黑龙江：松北 孙阎，张健男 SunY393
吉林：南关区 韩忠明 Yanglm0069
辽宁：清原 张永刚 Yanglm0158
内蒙古：回民区 蒲拴莲，李茂文 M007

内蒙古：武川 蒲拴莲，刘润宽，刘毅等 M249
四川：红原 张昌兵，邓秀华 ZhangCB0293
四川：壤塘 何兴金，胡灏禹，黄德青 SCU-10-119
四川：壤塘 何兴金，胡灏禹，黄德青 SCU-10-137
西藏：昌都 易思荣，谭秋平 YISR244

Carpesium abrotanoides Linnaeus 天名精

安徽：金寨 陈延松，欧祖兰，姜九龙 Xuzd200
安徽：屯溪区 方建新 TangXS0415
贵州：南明区 邹方伦 ZouFL0047
湖北：神农架林区 李巨平 LiJuPing0039
湖北：五峰 陈功锡，张代贵 SCSB-HC-2008292
湖北：宣恩 沈泽昊 HXE076
湖北：竹溪 李盛兰 GanQL192
湖南：永定区 吴福川，查学州，余祥洪 126
江苏：江宁区 王兆银，吴宝成 SCSB-JS0262
江西：庐山区 董安淼，吴从梅 TanCM972
宁夏：中卫 何志斌，杜军，陈龙飞等 HHZA0203
山东：莒县 高德民，步瑞兰，辛晓伟等 lilan763
云南：贡山 许炳强，吴兴，李婧等 XiaNh-07zx-121
云南：麻栗坡 肖波 LuJL034
云南：南涧 阿国仁，熊绍荣，邹国娟等 NJWLS2008021
云南：盘龙区 彭华，向春雷，王泽欢 PengH8467
云南：巧家 杨光明 SCSB-W-1467
云南：腾冲 余新林，赵玮 BSGLGStc082
云南：腾冲 周应再 Zhyz-138
云南：西山区 蔡杰，张挺，刘成等 11CS3697
云南：新平 刘家良 XPALSD349
云南：易门 彭华，向春雷，王泽欢 PengH8373
云南：永德 李永亮 YDDXS0541
云南：云龙 赵玉贵，李占兵，张吉平等 TC2020
浙江：余杭区 葛斌杰 Lihq0138

Carpesium cernuum Linnaeus 烟管头草

安徽：石台 陈延松，吴国伟，洪欣 Zhousb0088
安徽：屯溪区 方建新 TangXS0309
甘肃：舟曲 齐威 LJQ-2008-GN-116
河北：灵寿 牛玉璐，高彦飞，黄士良 NiuYL189
河南：栾川 邓志军，付婷婷，水庆艳 Huangzy0073
河南：南召 何明高，付婷婷，水庆艳 Huangzy0216
河南：嵩县 何明高，付婷婷，水庆艳 Huangzy0151
湖南：新宁 姜孝成，唐贵华，袁双艳等 SCSB-HNJ-0304
江西：修水 谭策铭，易桂花，缪以清等 TanCM2127
辽宁：长海 郑宝江，丁晓炎，焦宏斌等 ZhengBJ356
辽宁：庄河 于立敏 CaoW940
青海：乐都 陈世龙，高庆波，张发起等 Chensl1826
山东：崂山区 罗艳，李中华，邓建平 LuoY152
山东：历下区 樊守金，郑国伟，孙中帅等 Zhaozt0023
山西：夏县 吴琼，张贵平 Zhangf0089
四川：九龙 孙航，张建文，邓涛等 SunH-07ZX-3774
四川：乐至 邓兴敏，邓秀发，张昌兵 ZCB0493
四川：凉山 孙航，张建文，邓涛等 SunH-07ZX-3790
四川：米易 汤加勇 MY-265
四川：米易 袁明 MY484
四川：松潘 何兴金，张云香，王志新 SCU-10-506
云南：安宁 彭华，向春雷，陈丽 P.H.5657
云南：金平 喻智勇 Jinping114
云南：景东 杨国平 2008131
云南：景东 张绍云，胡启和，仇亚等 YNS1163
云南：澜沧 张绍云，胡启和，叶金科等 YNS1192
云南：隆阳区 段在贤，杨宝柱，蔡之洪等 BSGLGSly1015
云南：南涧 彭华，向春雷，陈丽 P.H.5930
云南：南涧 阿国仁，罗新洪 NJWLS1115
云南：宁蒗 任宗昕，寸龙琼，任尚国 SCSB-W-1400
云南：巧家 杨光明 SCSB-W-1482
云南：巧家 李文虎，高顺勇，吴天抗等 QJYS0023
云南：巧家 李文虎，郭永杰，吴天抗等 QJYS0158
云南：巧家 郁文彬，任宗昕，艾洪莲等 SCSB-W-1051
云南：石林 税玉民，陈文红 65490
云南：石林 税玉民，陈文红 65854
云南：文山 税玉民，陈文红 81048
云南：文山 税玉民，陈文红 81136
云南：香格里拉 郭永杰，张桥蓉，李春晓等 11CS3447
云南：香格里拉 孔航辉，罗江平，左雷等 YangQE3302
云南：新平 自正尧 XPALSB284
云南：永德 李永亮 YDDXS0377
云南：永德 李永亮 YDDXS0579
云南：玉溪 伊廷双，孟静，杨杨 MJ-898
浙江：鄞州区 李宏庆，葛斌杰，刘国丽 Lihq0099

Carpesium divaricatum Siebold & Zuccarini 金挖耳

安徽：屯溪区 方建新 TangXS0936
湖南：鹤城区 李胜华，伍贤进，曾汉元等 HHXY190
湖南：怀化 李胜华，伍贤进，曾汉元等 HHXY322
湖南：怀化 李胜华，伍贤进，曾汉元等 HHXY335
湖南：中方 伍贤进，李胜华，曾汉元等 HHXY121
吉林：和龙 刘翠晶 Yanglm0216
江西：庐山区 谭策铭，董安淼 TCM09116
四川：冕宁 孙航，张建文，邓涛等 SunH-07ZX-3781
四川：汶川 何兴金，李琴琴，赵丽华等 SCU-09-507
云南：玉龙 陈文允，于文涛，黄永江等 CYHL033

Carpesium faberi C. Winkler 中日金挖耳

湖北：竹溪 李盛兰 GanQL438
四川：峨眉山 李小杰 LiXJ536

Carpesium lipskyi C. Winkler 高原天名精 *

甘肃：合作 刘坤 LiuJQ-GN-2011-738
甘肃：卓尼 齐威 LJQ-2008-GN-115
青海：互助 陈世龙，高庆波，张发起等 Chensl1706
青海：互助 陈世龙，高庆波，张发起等 Chensl1737
青海：互助 薛春迎 Xuechy0142
青海：平安 陈世龙，高庆波，张发起等 Chensl1755
四川：巴塘 张大才，尹五元，李双智等 ZhangDC-07ZX-2229
四川：巴塘 孙航，张建文，邓涛等 SunH-07ZX-3474
四川：巴塘 陈文允，于文涛，黄永江 CYH039
四川：白玉 孙航，张建文，邓涛等 SunH-07ZX-3735
四川：道孚 陈文允，于文涛，黄永江 CYH204
四川：甘孜 陈家辉，王赟，刘德团 YangYP-Q-3066
四川：黑水 顾垒，李忠荣 GaoXF-09ZX-1448
四川：马尔康 高云东，李忠荣，鞠文彬 GaoXF-12-053
四川：米易 汤加勇 MY-275
四川：壤塘 何兴金，赵丽华，梁乾隆 SCU-10-036
西藏：波密 陈家辉，韩希，王东超等 YangYP-Q-4005
西藏：波密 陈家辉，韩希，王东超等 YangYP-Q-4065
西藏：江达 陈家辉，王赟，刘德团 YangYP-Q-3098
西藏：林芝 罗建，汪书丽，任德智 LiuJQ-09XZ-292
西藏：林芝 罗建，汪书丽，王国严 LiuJQ-09XZ-359
西藏：林芝 陈家辉，韩希，王广艳等 YangYP-Q-4097
西藏：芒康 孙航，张建文，邓涛等 SunH-07ZX-3368
西藏：芒康 徐波，陈光富，陈林杨等 SunH-07ZX-1518

云南：东川区 张挺，蔡杰，刘成等 11CS3593
云南：香格里拉 杨青松，星耀武，苏涛 ZhouZK-07ZX-0449

Carpesium longifolium F. H. Chen & C. M. Hu 长叶天名精 *

湖南：吉首 陈功锡，张代贵，邓涛等 SCSB-HC-2007409

Carpesium macrocephalum Franchet & Savatier 大花金挖耳

河南：栾川 黄振英，于顺利，杨学军 Huangzy0043
湖北：五峰 陈功锡，张代贵 SCSB-HC-2008275
湖北：竹溪 李盛兰 GanQL611
吉林：临江 李长田 Yanglm0002
吉林：磐石 安海成 AnHC0157
辽宁：桓仁 祝业平 CaoW1011
陕西：眉县 田先华，白根录 TianXH1165
四川：射洪 袁明 YUANM2015L064
四川：射洪 袁明 YUANM2015L125

Carpesium minus Hemsley 小花金挖耳 *

四川：射洪 袁明 YUANM2015L060
云南：盘龙区 彭华，向春雷，王泽欢 PengH8400

Carpesium nepalense Lessing 尼泊尔天名精

云南：香格里拉 杨青松，杨莹，黄永江等 ZhouZK-07ZX-0211

Carpesium nepalense var. **lanatum** (J. D. Hooker & Thomson ex C. B. Clarke) Kitamura 棉毛尼泊尔天名精

云南：景东 罗忠华，谢有能，刘长铭等 JDNR071

Carpesium scapiforme F. H. Chen & C. M. Hu 葶茎天名精

四川：巴塘 孙航，张建文，邓涛等 SunH-07ZX-3391
四川：道孚 许炳强，童毅华，吴兴等 XiaNH-07ZX-0980
四川：康定 孙航，张建文，邓涛等 SunH-07ZX-3818
四川：康定 何兴金，高云东，王志新等 SCU-09-212
西藏：林芝 孙航，张建文，陈建国等 SunH-07ZX-2812
云南：德钦 孙航，李新辉，陈林杨 SunH-07ZX-3074
云南：丽江 孙航，李新辉，陈林杨 SunH-07ZX-3132
云南：香格里拉 周浙昆，苏涛，杨莹等 Zhou09-041

Carpesium szechuanense F. H. Chen & C. M. Hu 四川天名精 *

湖北：竹溪 李盛兰 GanQL814

Carpesium tracheliifolium Lessing 粗齿天名精

甘肃：夏河 齐威 LJQ-2008-GN-172
西藏：波密 孙航，张建文，陈建国等 SunH-07ZX-2581
西藏：错那 罗建，汪书丽 LiuJQ11XZ178
云南：新平 谢天华，郎定富，李应富 XPALSA071

Carpesium triste Maximowicz 暗花金挖耳

湖北：神农架林区 李巨平 LiJuPing0179
湖北：仙桃 张代贵 Zdg2254
四川：峨眉山 李小杰 LiXJ190
四川：九龙 孙航，张建文，邓涛等 SunH-07ZX-3832
四川：小金 高云东，李忠荣，鞠文彬 GaoXF-12-080
西藏：波密 扎西次仁，西落 ZhongY684
云南：新平 何罡安 XPALSB034
云南：新平 何罡安 XPALSB102
云南：永胜 苏涛，黄永江，杨青松等 ZhouZK11457

Carthamus tinctorius Linnaeus 红花

重庆：南川区 易思荣 YISR042
新疆：木垒 段士民，王喜勇，刘会良等 138
新疆：吐鲁番 段士民 zdy081
新疆：吐鲁番 段士民，王喜勇，刘会良 Zhangdy565
新疆：乌鲁木齐 王雷，王宏飞，黄振英 Beijing-huang-xjys-0029

Centaurea iberica Treviranus ex Sprengel 镇刺矢车菊

新疆：巩留 阎平，徐文斌 SHI-A2007334

Centaurea pulchella Ledebour 琉苞菊

新疆：阜康 谭敦炎，邱娟 TanDY0007
新疆：阜康 谭敦炎，邱娟 TanDY0036
新疆：霍城 亚吉东，张桥蓉，胡枭剑 16CS13124
新疆：吉木萨尔 谭敦炎，邱娟 TanDY0050
新疆：克拉玛依 谭敦炎，邱娟 TanDY0095
新疆：石河子 谭敦炎，邱娟 TanDY0069

Centaurea scabiosa subsp. **adpressa** (Ledebour) Gugler 糙叶矢车菊

新疆：托里 徐文斌，黄刚 SHI-2009347
新疆：新源 亚吉东，张桥蓉，秦少发等 16CS13410

Centaurea virgata subsp. **squarrosa** (Boissier) Gugler 小花矢车菊

新疆：乌鲁木齐 王喜勇，马文宝，施翔 zdy322
新疆：乌鲁木齐 段士民，王喜勇，刘会良等 Zhangdy462
新疆：伊犁 段士民，王喜勇，刘会良 Zhangdy322
新疆：伊宁 马真 SHI-A2007172
新疆：伊吾 王喜勇，马文宝，施翔 zdy462

Centipeda minima (Linnaeus) A. Braun & Ascherson 石胡荽

安徽：歙县 方建新 TangXS0630
黑龙江：宁安 刘玫，王臣，张欣欣等 Liuetal649
湖北：竹溪 李盛兰 GanQL040
湖南：吉首 陈功锡，张代贵，邓涛等 SCSB-HC-2007360
吉林：磐石 安海成 AnHC0186
江西：黎川 童和平，王玉珍，常迪江等 TanCM2100
江西：庐山区 董安淼，吴从梅 TanCM858
山东：莱山区 卞福花，宋言贺 BianFH-476
山东：莱山区 陈朋 BianFH-419
山东：崂山区 赵遵田，李振华，郑国伟等 Zhaozt0114
山东：崂山区 罗艳，李中华 LuoY311
四川：峨眉山 李小杰 LiXJ455
云南：景洪 彭华，向春雷，王泽欢 PengH8575
云南：永德 李永亮 LiYL1616
浙江：鄞州区 李宏庆，田怀珍，葛斌杰等 Lihq0201

Chondrilla leiosperma Karelin & Kirilov 北疆粉苞菊

新疆：博乐 刘鸯 SHI-A2007009
新疆：塔什库尔干 黄文娟，段黄金，王英鑫等 LiZJ0287

Chondrilla ornata Iljin 中亚粉苞菊

新疆：沙湾 石大标 SCSB-Y-2006085
新疆：塔什库尔干 杨赵平，黄文娟 TD-01756
新疆：温泉 徐文斌，许晓敏 SHI-2008036

Chondrilla phaeocephala Ruprecht 暗粉苞菊

新疆：温宿 杨赵平，焦培培，白冠章等 LiZJ0934

Chondrilla piptocoma Fischer C. A. Meyer & Avé-Lallemant 粉苞菊

新疆：阿克陶 张玲，杨赵平 TD-01392
新疆：玛纳斯 亚吉东，张桥蓉，秦少发等 16CS13216
新疆：塔什库尔干 邱娟，冯建菊 LiuJQ0073
新疆：乌鲁木齐 马文宝，刘会良 zdy017
新疆：乌鲁木齐 马文宝，刘会良，施翔 zdy180

Chondrilla rouillieri Karelin & Kirilov 基叶粉苞菊

新疆：阿合奇 杨赵平，黄文娟，何刚 LiZJ0983
新疆：和静 邱爱军，张玲，徐盼 LiZJ1500

Chromolaena odorata (Linnaeus) R. M. King & H. Robinson 飞机草

云南：南涧 沈文明 NJWLS1404
云南：思茅区 胡启和，周兵，仇亚 YNS0934
云南：腾冲 周应再 Zhyz-438
云南：新平 谢雄 XPALSC010
云南：新平 谢雄 XPALSC413

云南：永德 李永亮 YDDXS0014

Chrysanthemum chanetii H. Léveillé 小红菊

河北：武安 牛玉璐，高彦飞，赵二涛 NiuYL493
辽宁：凤城 李忠宇 CaoW236
辽宁：庄河 于立敏 CaoW842
内蒙古：赛罕区 蒲拴莲，刘润宽，刘毅等 M289
山东：莱山区 卞福花，宋言贺 BianFH-565
山东：牟平区 卞福花，陈朋 BianFH-0372

Chrysanthemum glabriusculum (W. W. Smith) Handel-Mazzetti 拟亚菊 *

四川：米易 刘静 MY-285

Chrysanthemum indicum Linnaeus 野菊

安徽：屯溪区 方建新 Tangxs0173
河北：灵寿 牛玉璐，高彦飞，黄士良 NiuYL202
湖北：广水 朱鑫鑫，王君，石琳琳等 ZhuXX286
湖北：神农架林区 李巨平 LiJuPing0127
湖北：宣恩 祝文志，刘志祥，曹远俊 ShenZH0099
湖北：竹溪 李盛兰 GanQL213
江西：庐山区 董安淼，吴从梅 TanCM1423
江西：武宁 张吉华，刘运群 TanCM1197
江西：武宁 张吉华，刘运群 TanCM1358
山东：莱山区 卞福花 BianFH-0279
山东：崂山区 罗艳，李中华 LuoY425
山东：历下区 张少华，王萍，张诏等 Lilan205
四川：峨眉山 李小杰 LiXJ330
四川：射洪 袁明 YUANM2015L128
西藏：江达 苏涛，黄永江，杨青松等 ZhouZK11240
云南：巧家 李文虎，杨光明 QJYS0118

Chrysanthemum lavandulifolium (Fischer ex Trautvetter) Makino 甘菊

黑龙江：木兰 刘玫，张欣欣，程薪宇等 Liuetal325
山东：莱山区 卞福花，宋言贺 BianFH-570
云南：景东 鲁艳 200828

Chrysanthemum potentilloides Handel-Mazzetti 委陵菊 *

湖北：竹溪 李盛兰 GanQL232
山东：海阳 张少华，张诏，程丹丹等 Lilan647
山东：牟平区 卞福花，陈朋 BianFH-0383

Chrysanthemum zawadskii Herbich 紫花野菊

北京：东城区 王雷，朱雅娟，黄振英 Beijing-huang-bws-0018
北京：东城区 王雷，朱雅娟，黄振英 Beijing-huang-dls-0030
北京：海淀区 李燕军 SCSB-D-0039
北京：门头沟区 林坚 SCSB-E-0055
北京：西城区 王雷，朱雅娟，黄振英 Beijing-huang-yms-0013

Cicerbita azurea (Ledebour) Beauverd 岩参

新疆：昭苏 亚吉东，张桥蓉，秦少发等 16CS13557

Cicerbita roborowskii (Maximowicz) Beauverd 川甘岩参 *

甘肃：玛曲 刘坤 LiuJQ-GN-2011-473
甘肃：玛曲 齐威 LJQ-2008-GN-125

Cichorium intybus Linnaeus 菊苣

重庆：南川区 易思荣 YISR094
新疆：博乐 徐文斌，许晓敏 SHI-2008311
新疆：巩留 刘鸯，徐文斌，马真等 SHI-A2007230
新疆：呼图壁 段士民，王喜勇，刘会良 Zhangdy295
新疆：霍城 段士民，王喜勇，刘会良 Zhangdy319
新疆：塔城 谭敦炎，吉乃提 TanDY0642
新疆：塔城 谭敦炎，吉乃提 TanDY0652
新疆：托里 徐文斌，杨清理 SHI-2009273
新疆：托里 徐文斌，杨清理 SHI-2009318
新疆：温泉 徐文斌，黄雪姣 SHI-2008091
新疆：乌鲁木齐 段士民，王喜勇，刘会良 Zhangdy230
新疆：伊犁 段士民，王喜勇，刘会良 Zhangdy324
新疆：伊宁 徐文斌 SHI-A2007182
新疆：裕民 谭敦炎，吉乃提 TanDY0673
新疆：裕民 徐文斌，郭一敏 SHI-2009355
新疆：裕民 徐文斌，郭一敏 SHI-2009424
新疆：裕民 徐文斌，黄刚 SHI-2009389

Cirsium alatum (S. G. Gmelin) Bobrov 准噶尔蓟

新疆：托里 徐文斌，杨清理 SHI-2009096

Cirsium alberti Regel & Schmalhausen 天山蓟

新疆：巩留 亚吉东，张桥蓉，秦少发等 16CS13484
新疆：玛纳斯 石大标 SCSB-Y-2006073
新疆：温宿 杨赵平，周禧琳，贺冰 LiZJ1935

Cirsium argyracanthum Candolle 南蓟

西藏：城关区 李晖，边巴，徐爱国 lihui-Q-09-65
西藏：错那 罗建，汪书丽 LiuJQ11XZ221
西藏：达孜 卢洋，刘帆等 LiJ924
西藏：林芝 卢洋，刘帆等 LiJ741

Cirsium arvense (Linnaeus) Scopoli 丝路蓟

西藏：堆龙德庆 杨永平，王东超，杨大松等 YangYP-Q-5061
新疆：鄯善 王仲科，徐海燕，郭静谊 SHI2006266
新疆：塔什库尔干 邱娟，冯建菊 LiuJQ0027
新疆：塔什库尔干 邱娟，冯建菊 LiuJQ0150
新疆：托里 徐文斌，杨清理 SHI-2009249
新疆：温泉 徐文斌，王莹 SHI-2008041
新疆：温泉 徐文斌，王莹 SHI-2008089

Cirsium arvense var. **alpestre** Nageli 藏蓟

甘肃：夏河 刘坤 LiuJQ-GN-2011-517
青海：共和 许炳强，周伟，郑朝汉 Xianh0451
新疆：阿瓦提 杨赵平，黄文娟，段黄金等 LiZJ0011
新疆：和静 杨赵平，焦培培，白冠章等 LiZJ0662
新疆：和静 杨赵平，焦培培，白冠章等 LiZJ0720
新疆：塔什库尔干 黄文娟，段黄金，王英鑫等 LiZJ0349
新疆：叶城 郭永杰，黄文娟，段黄金 LiZJ0195

Cirsium arvense var. **integrifolium** Wimmer & Grabowski 刺儿菜

安徽：芜湖 李中林 ZhouSB0176
北京：东城区 朱雅娟，王雷，黄振英 Beijing-huang-xs-0016
甘肃：合作 齐威 LJQ-2008-GN-132
河北：桃城 牛玉璐，高彦飞，赵二涛 NiuYL400
黑龙江：尚志 郑宝江，丁晓炎，李月等 ZhengBJ186
湖北：神农架林区 李巨平 LiJuPing0024
湖南：双牌 姜孝成，王丽萍，李育华 Jiangxc0825
湖南：永顺 陈功锡，张代贵，邓涛等 SCSB-HC-2007566
吉林：南关区 王云贺 Yanglm0054
江苏：大丰 吴宝成 HANGYY8064
江苏：句容 吴宝成，王兆银 HANGYY8172
江苏：射阳 吴宝成 HANGYY8283
青海：都兰 潘建斌，杜维波，牛炳韬 Liujq-2011CDM-074
青海：格尔木 潘建斌，杜维波，牛炳韬 Liujq-2011CDM-018
青海：互助 薛春迎 Xuechy0059
青海：互助 薛春迎 Xuechy0193
青海：化隆 陈世龙，高庆波，张发起 Chensl0881
山东：莱山区 卞福花 BianFH-0214
山东：崂山区 罗艳，李中华 LuoY132
山东：崂山区 郑国伟 Zhaozt0242
山东：平阴 张少华，王萍，张诏等 Lilan233

山西：小店区 吴琼，赵璐璐 Zhangf0082
陕西：神木 田先华 TianXH1102
上海：宝山区 李宏庆 Lihq0182
四川：泸定 何兴金，王长宝，刘爽等 SCU-09-001
四川：射洪 袁明 YUANM2016L059
新疆：阿图什 塔里木大学植物资源调查组 TD-00657
新疆：乌鲁木齐 王雷，王宏飞，黄振英 Beijing-huang-xjys-0032
新疆：乌鲁木齐 王喜勇，马文宝，施翔 zdy220
新疆：乌鲁木齐 王喜勇，马文宝，施翔 zdy278
云南：丽江 孙航，李新辉，陈林杨 SunH-07ZX-3137

Cirsium botryodes Petrak 灰蓟 *
云南：鹤庆 张大才，李双智，杨川 ZhangDC-07ZX-2075
云南：丽江 孔航辉，罗江平，左雷等 YangQE3325
云南：腾冲 余新林，赵玮 BSGLGStc284
云南：镇沅 何忠云，王立东 ALSZY077

Cirsium chinense Gardner & Champion 绿蓟 *
山东：莱山区 卞福花 BianFH-0277
山东：崂山区 罗艳 LuoY157
山东：历城区 张少华，张诏，程丹丹等 Lilan646

Cirsium chlorolepis Petrak 两面蓟 *
云南：峨山 王焕冲，马兴达 WangHCH013
云南：石林 税玉民，陈文红 64215

Cirsium eriophoroides (J. D. Hooker) Petrak 贡山蓟
四川：理县 何兴金，李琴琴，赵丽华等 SCU-09-529
四川：凉山 孙航，张建文，邓涛等 SunH-07ZX-3791
四川：冕宁 张大才，尹五元，李双智等 ZhangDC-07ZX-2458
西藏：波密 孙航，张建文，陈建国等 SunH-07ZX-2649
西藏：波密 张大才，李双智，唐路等 ZhangDC-07ZX-1755
西藏：工布江达 卢洋，刘帆等 LiJ844
西藏：林芝 孙航，张建文，陈建国等 SunH-07ZX-2717
西藏：林芝 卢洋，刘帆等 LiJ792
西藏：墨脱 孙航，张建文，陈建国等 SunH-07ZX-2710
西藏：普兰 李晖，文雪梅，次旺加布等 Lihui-Q-0003
云南：贡山 刀志灵 DZL362
云南：贡山 李恒，李嵘，刀志灵 977

Cirsium esculentum (Sievers) C. A. Meyer 莲座蓟
河北：蔚县 牛玉璐，高彦飞，黄士良 NiuYL237
新疆：和静 张玲 TD-01644
新疆：尼勒克 段士民，王喜勇，刘会良 Zhangdy364
新疆：托里 徐文斌，黄刚 SHI-2009242
新疆：温泉 徐文斌，王莹 SHI-2008176
新疆：温泉 徐文斌，王莹 SHI-2008204
新疆：温泉 徐文斌，许晓敏 SHI-2008051
新疆：昭苏 阎平，张庆 SHI-A2007307

Cirsium fargesii (Franchet) Diels 等苞蓟 *
陕西：镇坪 李盛兰 GanQL068

Cirsium glabrifolium (C. Winkler) Petrak 无毛蓟
新疆：裕民 亚吉东，张桥蓉，秦少发等 16CS13868

Cirsium handelii Petrak 骆骑 *
西藏：林芝 张大才，李双智，唐路等 ZhangDC-07ZX-1797
西藏：普兰 毛康珊，任广朋，邹嘉宾 LiuJQ-QTP-2011-051

Cirsium henryi (Franchet) Diels 刺苞蓟 *
湖北：神农架林区 李巨平 LiJuPing0213
湖北：宜昌 陈功锡，张代贵 SCSB-HC-2008091
四川：峨眉山 李小杰 LiXJ497
四川：红原 张昌兵，邓秀发 ZhangCB0371
云南：洱源 杨青松，星耀武，苏涛 ZhouZK-07ZX-0276
云南：香格里拉 陈文允，于文涛，黄永江等 CYHL211

Cirsium interpositum Petrak 披裂蓟 *
西藏：波密 刘成，亚吉东，何华杰等 16CS11810
西藏：林芝 毛康珊，任广朋，邹嘉宾 LiuJQ-QTP-2011-194
云南：贡山 刘成，何华杰，黄莉等 14CS8521
云南：贡山 许炳强，吴兴，李婧等 XiaNh-07zx-122

Cirsium japonicum Candolle 蓟
安徽：黄山区 方建新 Tangxs0422
重庆：南川区 易思荣 YISR035
河北：赤城 牛玉璐，王晓亮 NiuYL573
吉林：南关区 韩忠明 Yanglm0112
江苏：句容 王兆银，吴宝成 SCSB-JS0097
江西：靖安 张吉华，刘运群 TanCM768
江西：黎川 童和平，王玉珍，常迪江等 TanCM1963
山东：市南区 邓建平 LuoY269
四川：丹巴 余岩，周春景，秦汉涛 SCU-11-048
云南：洱源 张书东，林娜娜，陆露等 SCSB-W-167
云南：丽江 张书东，林娜娜，陆露等 SCSB-W-123
云南：宁蒗 任宗昕，寸龙琼，任尚国 SCSB-W-1344
云南：巧家 郁文彬，任宗昕，艾洪莲等 SCSB-W-1031
云南：巧家 郁文彬，任宗昕，艾洪莲等 SCSB-W-1090
云南：巧家 郁文彬，张舒，艾洪莲等 SCSB-W-1011
云南：香格里拉 杨亲二，孔航辉，李磊 Yangqe3266
云南：新平 罗有明 XPALSB062

Cirsium leo Nakai & Kitagawa 魁蓟 *
重庆：南川区 易思荣 YISR186
甘肃：卓尼 齐威 LJQ-2008-GN-102
河南：栾川 邓志军，付婷婷，水庆艳 Huangzy0067
湖北：竹溪 李盛兰 GanQL026
四川：汶川 何兴金，高云东，刘海艳等 SCU-20080456

Cirsium lineare (Thunberg) Schultz Bipontinus 线叶蓟
安徽：屯溪区 方建新 TangXS0489
湖北：利川 祝文志，刘志祥，曹远俊 ShenZH3456
湖北：宜昌 陈功锡，张代贵 SCSB-HC-2008078
湖北：竹溪 李盛兰 GanQL177
江西：庐山区 谭策铭，董安淼 TCM09091
江西：武宁 张吉华，刘运群 TanCM750
四川：乐至 邓兴敏，邓秀发，张昌兵 ZCB0465

Cirsium maackii Maximowicz 野蓟
贵州：乌当区 赵厚涛，韩国营 YBG124
黑龙江：肇东 刘玫，王臣，史传奇等 Liuetal578
江苏：句容 王兆银，吴宝成 SCSB-JS0275
辽宁：庄河 于立敏 CaoW939

Cirsium monocephalum (Vaniot) H. Léveillé 马刺蓟 *
贵州：江口 周云，王勇 XiangZ088
湖北：神农架林区 李巨平 LiJuPing0214
湖北：竹溪 李盛兰 GanQL694
陕西：宁陕 吴功钦，田先华 TianXH237

Cirsium pendulum Fischer ex Candolle 烟管蓟
黑龙江：宁安 刘玫，张欣欣，程薪宇等 Liuetal508
黑龙江：尚志 郑宝江，丁晓炎，李月等 ZhengBJ185
黑龙江：松北 孙阎 SunY184
吉林：九台 张永刚 Yanglm0235
吉林：磐石 安海成 AnHC0384
辽宁：桓仁 祝业平 CaoW1006

Cirsium periacanthaceum C. Shih 川蓟 *
四川：康定 彭玉兰，涂卫国，余春丽 Gaoxf-0699

Cirsium racemiforme Y. Ling & C. Shih 总序蓟 *
江西：黎川 童和平，王玉珍，常迪江等 TanCM1966

云南：澜沧 张绍云，胡启和 YNS1076

Cirsium semenowii Regel 新疆蓟

新疆：和静 杨赵平，焦培培，白冠章等 LiZJ0762
新疆：和静 杨赵平，焦培培，白冠章等 LiZJ0771

Cirsium shansiense Petrak 牛口蓟

内蒙古：和林格尔 蒲拴莲，李茂文 M039
四川：峨眉山 李小杰 LiXJ010
云南：福贡 朱枫，张仲富，成梅 Wangsh-07ZX-030
云南：鹤庆 于文涛，李国锋 WTYu-482
云南：景东 杨国平 2008130
云南：景东 谢有能，刘长铭，王强等 JDNR039
云南：蒙自 田学军，邱成书，高波 TianXJ0157
云南：腾冲 周应再 Zhyz-152
云南：腾冲 周应再 Zhyz-314
云南：香格里拉 杨亲二，袁琼 Yangqe1889
云南：新平 罗田发，李德才 XPALSC116
云南：盈江 王立彦，桂魏，刀江飞 SCSB-TBG-094
云南：永德 李永亮 LiYL1476
云南：永德 李永亮 YDDXS0663
云南：永德 李永亮，马文军 YDDXSB088
云南：永德 李永亮，王学军，杨建文等 YDDXSB069

Cirsium sieversii (Fischer & C. A. Meyer) Petrak 附片蓟

新疆：新源 亚吉东，张桥蓉，秦少发等 16CS13393

Cirsium souliei (Franchet) Mattfeld 葵花大蓟

甘肃：玛曲 李晓东，刘帆，张景博等 LiJ0080
青海：互助 薛春迎 Xuechy0103
青海：门源 吴玉虎，刘建全 LJQ-QLS-2008-0028
青海：泽库 陈世龙，高庆波，张发起 Chens10994
四川：甘孜 陈文允，于文涛，黄永江 CYH129
西藏：当雄 李晖，文雪梅，次旺加布等 Lihui-Q-0084
西藏：当雄 陈家辉，庄会富，刘德团 Yangyp-Q-0163
西藏：那曲 陈家辉，庄会富，边巴扎西 Yangyp-Q-2112

Cirsium vernonioides C. Shih 斑鸠蓟 *

云南：隆阳区 段在贤，代如山，黄国兵等 BSGLGS1y1268

Cirsium vlassovianum Fischer ex Candolle 绒背蓟

辽宁：桓仁 祝业平 CaoW1019

Cirsium vulgare (Savi) Tenore 翼蓟

新疆：察布查尔 阎平，董雪洁 SHI-A2007337
新疆：霍城 徐文斌 SHI-A2007071
新疆：玛纳斯 亚吉东，张桥蓉，秦少发等 16CS13215
新疆：沙湾 石大标 SCSB-Y-2006089
新疆：温泉 徐文斌，黄雪姣 SHI-2008256
新疆：裕民 徐文斌，郭一敏 SHI-2009436
新疆：昭苏 阎平，邓丽娟 SHI-A2007320

Cissampelopsis corifolia C. Jeffrey & Y. L. Chen 革叶滕菊

云南：贡山 郭永杰，吴之坤，吴兴等 14CS9882

Coreopsis grandiflora Hogg ex Sweet 大花金鸡菊

湖南：衡山 刘克明，陈薇，田淑珍 SCSB-HN-0223
湖南：浏阳 刘克明，朱晓文，田淑珍 SCSB-HN-0440
湖南：望城 肖乐希，陈薇 SCSB-HN-0345
湖南：雨花区 田淑珍，陈薇 SCSB-HN-0342
湖南：长沙 陈薇，田淑珍 SCSB-HN-0300

Coreopsis lanceolata Linnaeus 剑叶金鸡菊

贵州：花溪区 邹方伦 ZouFL0212
河北：元氏 牛玉璐，郑博颖，黄士良等 NiuYL041
湖南：望城 姜孝成，卢叶平，杨强 Jiangxc0757
江苏：句容 王兆银，吴宝成 SCSB-JS0127
江苏：南京 韦阳连 SCSB-JS0487
江苏：海州区 汤兴利 HANGYY8438
山东：文登 高德民，谭洁，李明栓等 lilan981

Cosmos bipinnatus Cavanilles 秋英

贵州：南明区 邹方伦 ZouFL0209
江苏：句容 王兆银，吴宝成 SCSB-JS0133
山东：济南 张少华，王萍，张诏等 Lilan212
西藏：拉萨 钟扬 ZhongY1014
云南：个旧 田学军，杨建，邱成书等 Tianxj0099
云南：云龙 字建泽，杨六斤，李国宏等 TC1070

Cosmos sulphureus Cavanilles 硫磺菊

云南：景东 鲁艳 2008180
云南：永德 杨金荣，李任斌，毕金荣 YDDXSA106

Cotula anthemoides Linnaeus 芫绥菊

云南：思茅区 胡启和，周兵，赵强 YNS0838
云南：腾冲 周应再 Zhyz-458

Cousinia affinis Schrenk ex Fischer & C. A. Meyer 刺头菊

新疆：阜康 段士民，王喜勇，刘会良等 275
新疆：阜康 段士民，王喜勇，刘会良等 285
新疆：哈巴河 段士民，王喜勇，刘会良等 229
新疆：霍城 刘鸯，马真，贺晓欢等 SHI-A2007154

Cousinia thomsonii C. B. Clarke 毛苞刺头菊

西藏：普兰 陈家辉，庄会富，刘德团等 Yangyp-Q-0014

Crassocephalum crepidioides (Bentham) S. Moore 野茼蒿

安徽：金寨 陈延松，欧祖兰，王冬 Xuzd141
安徽：石台 陈延松，吴国伟，洪欣 Zhousb0033
安徽：舒城 陈延松，欧祖兰，高秋晨等 Xuzd442
福建：武夷山 于文涛，陈旭东 YUWT019
贵州：凯里 陈功锡，张代贵 SCSB-HC-2008096
湖北：宣恩 沈泽昊 HXE134
湖南：东安 刘克明，田淑珍，肖乐希等 SCSB-HN-0150
湖南：衡山 刘克明，陈薇，田淑珍 SCSB-HN-0231
湖南：洪江 李胜华，伍贤进，刘光华等 Wuxj1045
湖南：江华 刘克明，蔡秀珍，田淑珍 SCSB-HN-0816
湖南：江永 姜孝成，唐贵华，潘孝武 SCSB-HNJ-0025
湖南：江永 刘克明，肖乐希，陈微等 SCSB-HN-0039
湖南：望城 姜孝成，唐妹，陈显胜等 SCSB-HNJ-0419
湖南：新化 姜孝成，唐妹，戴小军等 Jiangxc0563
湖南：宜章 刘克明，王成，刘欣欣 SCSB-HN-0785
湖南：永定区 吴福川，查学州，余祥洪 64
湖南：永顺 陈功锡，张代贵 SCSB-HC-2008016
湖南：沅江 刘克明，肖乐希 SCSB-HN-0392
湖南：资兴 肖乐希，蔡秀珍 SCSB-HN-0283
江西：庐山区 谭策铭，董安淼 TCM09023
四川：米易 刘静，袁明 MY-140
四川：射洪 袁明 YUANM2015L123
云南：沧源 赵金超，田立新，陈海兵 CYNGH004
云南：河口 税玉民，陈文红 71705
云南：景东 鲁艳 07-111
云南：景东 杨国平 2008183
云南：景东 罗忠华，刘长铭，鲁成荣 JD021
云南：临沧 彭华，向春雷，陈丽 PengH8053
云南：泸水 李爱花，李洪超，黄天才等 SCSB-A-000217
云南：南涧 何家润，邹国娟，饶富玺等 NJWLS413
云南：南涧 张世雄，时国彩 NJWLS2008059
云南：南涧 阿国仁，罗新洪 NJWLS1112
云南：普洱 彭志仙 YNS0217
云南：腾冲 周应再 Zhyz-017
云南：维西 陈文允，于文涛，黄永江等 CYHL048

云南：新平 刘家良 XPALSD004
云南：盈江 王立彦，桂魏，刀江飞 SCSB-TBG-110
云南：永德 李永亮 YDDXSB025
云南：永德 李永亮 YDDXS6595
云南：永胜 孙振华，王文礼，宋晓卿等 OuxK-YS-0012
云南：云龙 字建泽，杨六斤，李国宏等 TC1077
浙江：余杭区 葛斌杰 Lihq0237

Crassocephalum rubens (Jussieu ex Jacquin) S. Moore 蓝花野茼蒿
云南：景东 赵资坤，鲍文华 JDNR11042
云南：镇沅 朱恒，何忠云 ALSZY025

Cremanthodium angustifolium W. W. Smith 狭叶垂头菊 *
四川：稻城 张大才，尹五元，李双智等 ZhangDC-07ZX-2171
四川：稻城 孙航，张建文，邓涛等 SunH-07ZX-3333
四川：稻城 孙航，张建文，董金龙等 SunH-07ZX-3615
四川：稻城 陈文允，于文涛，黄永江 CYH015
四川：甘孜 陈文允，于文涛，黄永江 CYH126
四川：理塘 苏涛，黄永江，杨青松等 ZhouZK11123
云南：香格里拉 孙航，张建文，董金龙等 SunH-07ZX-3503

Cremanthodium brachychaetum C. C. Chang 短缨垂头菊 *
云南：香格里拉 郭永杰，张桥蓉，李春晓等 11CS3411
云南：香格里拉 陈家辉，刘亚辉，周妍等 YangYP-Q-2218

Cremanthodium brunneopilosum S. W. Liu 褐毛垂头菊 *
甘肃：碌曲 李晓东，刘帆，张景博等 LiJ0108
甘肃：玛曲 齐威 LJQ-2008-GN-162
青海：班玛 陈世龙，张得钧，高庆波等 Chens10374
青海：乌兰 潘建斌，杜维波，牛炳韬 Liujq-2011CDM-297
四川：阿坝 龚洵，潘跃芝，嘉婧 PG100835
四川：红原 龚洵，潘跃芝，嘉婧 PG100821
四川：若尔盖 蔡杰，张挺，刘成 10CS2524
四川：若尔盖 刘坤 LiuJQ-GN-2011-432

Cremanthodium calcicola W. W. Smith 长鞘垂头菊 *
四川：九龙 张大才，尹五元，李双智等 ZhangDC-07ZX-2394

Cremanthodium campanulatum Diels 钟花垂头菊
四川：稻城 何兴金，李琴琴，马祥光等 SCU-09-138
云南：香格里拉 杨亲二，孔航辉，李磊 Yangqe3070

Cremanthodium campanulatum var. **brachytrichum** Y. Ling & S. W. Liu 短毛钟花垂头菊 *
四川：理塘 何兴金，赵丽华，梁乾隆等 SCU-11-153
四川：普格 任宗昕，艾洪莲，张舒 SCSB-W-1414
云南：香格里拉 张挺，亚吉东，李明勤等 11CS3391
云南：香格里拉 郭永杰，张桥蓉，李春晓等 11CS3403
云南：香格里拉 孙航，张建文，董金龙等 SunH-07ZX-3510

Cremanthodium citriflorum R. D. Good 柠檬色垂头菊
四川：稻城 于文涛，李国锋 WTYu-476

Cremanthodium decaisnei C. B. Clarke 喜马拉雅垂头菊
云南：香格里拉 郭永杰，张桥蓉，李春晓等 11CS3521

Cremanthodium ellisii (J. D. Hooker) Kitamura 车前叶垂头菊
青海：格尔木 冯虎元 LiuJQ-08KLS-123
西藏：错那 罗建，汪书丽 LiuJQ11XZ048
西藏：类乌齐 陈家辉，王赟，刘德团 YangYP-Q-3169
西藏：林芝 罗建，王国严，汪书丽 LiuJQ-08XZ-025

Cremanthodium forrestii Jeffrey 矢叶垂头菊 *
西藏：聂拉木 陈家辉，韩希，王广艳等 YangYP-Q-4320

Cremanthodium helianthus (Franchet) W. W. Smith 向日垂头菊 *
云南：玉龙 孔航辉，任琛 Yangqe2754

Cremanthodium lineare Maximowicz 条叶垂头菊 *
甘肃：合作 齐威 LJQ-2008-GN-129
甘肃：玛曲 刘坤 LiuJQ-GN-2011-431
青海：泽库 田斌，姬明飞 Liujq-2010-QH-040
四川：阿坝 蔡杰，张挺，刘成 10CS2558
四川：巴塘 孙航，张建文，董金龙等 SunH-07ZX-3634
四川：白玉 孙航，张建文，邓涛等 SunH-07ZX-3745
四川：德格 张挺，李爱花，刘成等 08CS820
四川：甘孜 陈文允，于文涛，黄永江 CYH162
四川：红原 张昌兵，邓秀华 ZhangCB0251
四川：新龙 李晓东，张景博，徐凌翔等 LiJ496
云南：香格里拉 李晓东，张紫刚，操榆 LiJ660

Cremanthodium lineare var. **eligulatum** Y. Ling & S. W. Liu 无舌条叶垂头菊 *
四川：稻城 孙航，张建文，邓涛等 SunH-07ZX-3332
四川：稻城 孙航，张建文，董金龙等 SunH-07ZX-3556
四川：稻城 张大才，尹五元，李双智等 ZhangDC-07ZX-2146

Cremanthodium lineare var. **roseum** Handel-Mazzetti 红花条叶垂头菊 *
四川：马尔康 顾垒，张羽 GAOXF-10ZX-1919

Cremanthodium lingulatum S. W. Liu 舌叶垂头菊 *
西藏：林芝 罗建，王国严，汪书丽 LiuJQ-08XZ-049

Cremanthodium pinnatifidum Bentham 羽裂垂头菊
西藏：亚东 陈家辉，韩希，王东超等 YangYP-Q-4302

Cremanthodium principis (Franchet) R. D. Good 方叶垂头菊 *
四川：稻城 何兴金，李琴琴，马祥光等 SCU-09-166
四川：乡城 张大才，尹五元，李双智等 ZhangDC-07ZX-2106
云南：香格里拉 杨亲二，孔航辉，李磊 Yangqe3260

Cremanthodium puberulum S. W. Liu 毛叶垂头菊 *
西藏：吉隆 毛康珊，任广朋，邹嘉宾 LiuJQ-QTP-2011-095

Cremanthodium pulchrum R. D. Good 美丽垂头菊
西藏：八宿 张大才，李双智，罗康等 ZhangDC-07ZX-1246

Cremanthodium reniforme (Candolle) Bentham 肾叶垂头菊
青海：互助 薛春迎 Xuechy0231
四川：稻城 李晓东，张景博，徐凌翔等 LiJ395
四川：稻城 何兴金，高云东，王志新等 SCU-09-263

Cremanthodium rhodocephalum Diels 长柱垂头菊 *
云南：香格里拉 孔航辉，罗江平，左雷等 YangQE3557

Cremanthodium sagittifolium Y. Ling & Y. L. Chen ex S. W. Liu 箭叶垂头菊 *
云南：东川区 蔡杰，郭永杰，吴之坤等 11CS2975

Cremanthodium stenactinium Diels 膜苞垂头菊 *
四川：稻城 何兴金，廖晨阳，任海燕等 SCU-09-435
西藏：昌都 易思荣，谭秋平 YISR221

Cremanthodium stenoglossum Y. Ling & S. W. Liu 狭舌垂头菊 *
青海：称多 许炳强，周伟，郑朝汉 Xianh0415
青海：玛多 田斌，姬明飞 Liujq-2010-QH-009

Cremanthodium suave W. W. Smith 木里垂头菊 *
四川：稻城 陈文允，于文涛，黄永江 CYH016

Cremanthodium thomsonii C. B. Clarke 叉舌垂头菊
西藏：林芝 陈家辉，韩希，王东超等 YangYP-Q-4036

Crepidiastrum denticulatum (Houttuyn) Pak & Kawano 黄瓜假还阳参
安徽：贵池区 李中林，王欧文 ZhouSB0140
安徽：金寨 陈延松，欧祖兰，姜九龙 Xuzd212
安徽：休宁 唐鑫生，方建新 TangXS0379
湖北：五峰 陈功锡，张代贵 SCSB-HC-2008323
湖北：竹溪 甘啟良 GanQL016

湖南：永顺 陈功锡，张代贵 SCSB-HC-2008252
江苏：句容 王兆银，吴宝成 SCSB-JS0088
江西：靖安 李立新，缪以清 TanCM1241
江西：庐山区 董安淼，吴从梅 TanCM882
山东：莱山区 卞福花，宋言贺 BianFH-559
山东：崂山区 罗艳，李中华 LuoY375
山东：崂山区 赵遵田，郑国伟，杜超等 Zhaozt0147
山东：历下区 张少华，张颖颖，程丹丹等 lilan515
山东：牟平区 卞福花，陈朋 BianFH-0363
云南：麻栗坡 肖波 LuJL079

Crepidiastrum sonchifolium (Maximowicz) Pak & Kawano **尖裂假还阳参**
安徽：石台 洪欣 ZhouSB0162
安徽：屯溪区 方建新 TangXS0207
北京：东城区 王雷，朱雅娟，黄振英 Beijing-huang-dls-0027
北京：门头沟区 林坚 SCSB-E-0011
吉林：南关区 韩忠明 Yanglm0107
江苏：句容 王兆银，吴宝成 SCSB-JS0086
山东：莱山区 卞福花 BianFH-0169
山东：莱山区 卞福花，宋言贺 BianFH-426
山东：崂山区 罗艳，刘梅 LuoY055
山东：天桥区 李兰，王萍，张少华等 Lilan245
浙江：鄞州区 李宏庆，葛斌杰，刘国丽等 Lihq0043

Crepidiastrum tenuifolium (Willdenow) Sennikov **细叶假还阳参**
新疆：独山子区 亚吉东，张桥蓉，秦少发等 16CS13268
新疆：和静 杨赵平，焦培培，白冠章等 LiZJ0680

Crepis bodinieri H. Léveillé **果山还阳参** *
云南：普洱 叶金科 YNS0208

Crepis elongata Babcock **藏滇还阳参**
云南：腾冲 周应再 Zhyz-233
云南：新平 谢天华，郎定富 XPALSA088

Crepis lignea (Vaniot) Babcock **绿茎还阳参**
云南：新平 自正尧 XPALSB226

Crepis multicaulis Ledebour **多茎还阳参**
西藏：噶尔 陈家辉，庄会富，刘德团等 Yangyp-Q-0120

Crepis napifera (Franchet) Babcock **芜菁还阳参** *
云南：新平 刘家良 XPALSD260

Crepis rigescens Diels **还阳参**
吉林：南关区 韩忠明 Yanglm0102
四川：米易 袁明 MY375

Crepis tectorum Linnaeus **屋根草**
黑龙江：尚志 刘玫，张欣欣，程薪宇等 Liuetal331
黑龙江：五大连池 孙阎，赵立波 SunY054
吉林：磐石 安海成 AnHC059

Crupina vulgaris Persoon ex Cassini **半毛菊**
新疆：巩留 亚吉东，迟建才，张桥蓉等 16CS13500

Cyanus segetum Hill **蓝花矢车菊**
云南：新平 自正尧 XPALSB265

Cyathocline purpurea (Buchanan-Hamilton ex D. Don) Kuntze **杯菊**
云南：腾冲 周应再 Zhyz-443
云南：永德 李永亮 LiYL1521

Dichrocephala benthamii C. B. Clarke **小鱼眼草**
云南：景东 鲁艳 07-43
云南：南涧 熊绍荣 NJWLS1229
云南：普洱 叶金科 YNS0185
云南：新平 谢天华，郎定富 XPALSA093
云南：新平 何罡安 XPALSB168
云南：永德 李永亮 YDDXS0284
云南：镇沅 罗成瑜 ALSZY369
云南：镇沅 王立东，何忠云，罗成瑜 ALSZY170

Dichrocephala chrysanthemifolia (Blume) Candolle **菊叶鱼眼草**
四川：峨眉山 李小杰 LiXJ372

Dichrocephala integrifolia (Linnaeus f.) Kuntze **鱼眼草**
湖南：怀化 李胜华，伍贤进，曾汉元等 HHXY038
湖南：江永 姜孝成，唐贵华，潘孝武 SCSB-HNJ-0024
湖南：石门 陈功锡，张代贵，邓涛等 SCSB-HC-2007530
江西：黎川 童和平，王玉珍，常迪江等 TanCM2018
四川：峨眉山 李小杰 LiXJ032
四川：乐至 邓兴敏，邓秀发，张昌兵 ZCB0433
四川：米易 刘静，袁明 MY-172
四川：米易 袁明 MY168
四川：米易 袁明 MY174
四川：汶川 袁明，高刚，杨勇 YM2014004
云南：南涧 阿国仁 NJWLS810
云南：南涧 罗增阳，徐家武 NJWLS910
云南：巧家 杨光明 SCSB-W-1139
云南：思茅区 胡启和，周兵，仇亚 YNS0927
云南：腾冲 余新林，赵玮 BSGLGStc200
云南：腾冲 周应再 Zhyz-196
云南：文山 税玉民，陈文红 71789
云南：新平 刘家良 XPALSD060
云南：盈江 王立彦，桂魏，刀江飞 SCSB-TBG-108
云南：永德 李永亮 YDDXS0368

Diplazoptilon picridifolium (Handel-Mazzetti) Y. Ling **重羽菊** *
西藏：察隅 张挺，蔡杰，袁明 09CS1548

Dolomiaea berardioidea (Franchet) C. Shih **厚叶川木香** *
云南：古城区 张挺，郭起荣，黄兰兰等 15PX214

Dolomiaea calophylla Y. Ling **美叶川木香** *
西藏：城关区 许炳强，童毅华 XiaNh-07zx-512
西藏：定日 王东超，杨大松，张春林等 YangYP-Q-5106
西藏：定日 王东超，杨大松，张春林等 YangYP-Q-5124
西藏：拉萨 钟扬 ZhongY1046
西藏：拉萨 杨永平，王东超，杨大松等 YangYP-Q-5011
西藏：墨竹工卡 卢洋，刘帆等 LiJ897
西藏：左贡 张永洪，王晓雄，周卓等 SunH-07ZX-1120

Dolomiaea forrestii (Diels) C. Shih **膜缘川木香** *
云南：香格里拉 张挺，亚吉东，李明勤等 11CS3375

Dolomiaea souliei (Franchet) C. Shih **川木香** *
西藏：芒康 徐波，陈光富，陈林杨等 SunH-07ZX-0247
西藏：芒康 徐波，陈光富，陈林杨等 SunH-07ZX-1578
西藏：芒康 张永洪，王晓雄，周卓等 SunH-07ZX-0449
西藏：左贡 张永洪，李国栋，王晓雄 SunH-07ZX-1787

Dolomiaea wardii (Handel-Mazzetti) Y. Ling **西藏川木香** *
西藏：拉孜 毛康珊，任广朋，邹嘉宾 LiuJQ-QTP-2011-024

Doronicum calotum (Diels) Q. Yuan **西藏多郎菊** *
云南：丽江 张书东，林娜娜，陆露等 SCSB-W-122

Doronicum gansuense Y. L. Chen **甘肃多郎菊** *
四川：石渠 孙航，张建文，邓涛等 SunH-07ZX-3733

Doronicum oblongifolium Candolle **长圆叶多郎菊**
西藏：昌都 张挺，李爱花，刘成等 08CS762

Doronicum stenoglossum Maximowicz **狭舌多郎菊** *
甘肃：合作 郭淑青，杜品 LiuJQ-2012-GN-108

甘肃：合作 刘坤 LiuJQ-GN-2011-735
甘肃：卓尼 齐威 LJQ-2008-GN-127
四川：红原 张昌兵，邓秀发 ZhangCB0365
四川：雅江 何兴金，郜鹏，彭禄等 SCU-11-339

Dubyaea amoena (Handel-Mazzetti) Stebbins **棕毛厚喙菊 ***
四川：乡城 陈家辉，刘亚辉，周妍等 YangYP-Q-2228

Dubyaea hispida Candolle **厚喙菊**
西藏：林芝 罗建，汪书丽，任德智 LiuJQ-09XZ-296
西藏：亚东 聂泽龙，牛洋，周卓等 SunH-07ZX-2319

Duhaldea cappa (Buchanan-Hamilton ex D. Don) Pruski & Anderberg **羊耳菊**
江西：黎川 童和平，王玉珍，常迪江等 TanCM2031
四川：峨眉山 李小杰 LiXJ324
云南：景东 鲁艳 200822
云南：思茅区 张绍云，叶金科，胡启和 YNS1212
云南：腾冲 周应再 Zhyz-181
云南：新平 何罡安 XPALSB131

Duhaldea nervosa (Wallich ex Candolle) Anderberg **显脉旋覆花**
四川：米易 刘静 MY-010
西藏：左贡 徐波，陈光富，陈林杨等 SunH-07ZX-2099
云南：景东 鲁艳 2008214
云南：永德 李永亮 YDDXS0622
云南：镇沅 罗成瑜 ALSZY452

Duhaldea pterocaula (Franchet) Anderberg **翼茎羊耳菊 ***
云南：香格里拉 陈文允，于文涛，黄永江等 CYHL215

Duhaldea rubricaulis (Candolle) Anderberg **赤茎羊耳菊**
云南：永德 李永亮 LiYL15140

Echinops davuricus Fischer ex Hornemann **驴欺口**
北京：东城区 王雷，朱雅娟，黄振英 Beijing-huang-bhs-0029
北京：东城区 王雷，朱雅娟，黄振英 Beijing-huang-dls-0086
北京：西城区 王雷，朱雅娟，黄振英 Beijing-huang-yms-0042

Echinops dissectus Kitagawa **东北蓝刺头**
内蒙古：武川 蒲拴莲，刘润宽，刘毅等 M200

Echinops gmelinii Turczaninow **砂蓝刺头**
宁夏：盐池 左忠，刘华 ZuoZh016
青海：都兰 冯虎元 LiuJQ-08KLS-163
青海：都兰 潘建斌，杜维波，牛炳韬 Liujq-2011CDM-085
新疆：阜康 王宏飞，王磊，黄振英 Beijing-huang-xjsm-0014
新疆：乌鲁木齐 王雷，王宏飞，黄振英 Beijing-huang-xjys-0014

Echinops grijsii Hance **华东蓝刺头 ***
江苏：江宁区 王兆银，吴宝成 SCSB-JS0209
山东：莱山区 卞福花 BianFH-0278
山东：崂山区 罗艳，李中华，邓建平 LuoY428
山东：泰安 李兰，王萍，张少华等 Lilan-088

Echinops humilis M. Bieberstein **矮蓝刺头**
新疆：塔什库尔干 邱娟，冯建菊 LiuJQ0025

Echinops nanus Bunge **丝毛蓝刺头**
新疆：哈密 段士民，王喜勇，刘会良 Zhangdy131
新疆：哈密 段士民，王喜勇，刘会良 Zhangdy137
新疆：哈密 段士民，王喜勇，刘会良 Zhangdy206
新疆：哈密 段士民，王喜勇，刘会良 Zhangdy207
新疆：塔什库尔干 黄文娟，段黄金，王英鑫等 LiZJ0283
新疆：塔什库尔干 黄文娟，段黄金，王英鑫等 LiZJ0314

Echinops sphaerocephalus Linnaeus **蓝刺头**
内蒙古：克什克腾旗 刘润宽，李茂文，李昌亮 M104
宁夏：平罗 何志斌，杜军，陈龙飞等 HHZA0118
新疆：张道远，马文宝 zdy052
新疆：乌鲁木齐 马文宝，刘会良，施翔 zdy181

Echinops talassicus Goloskokov **大蓝刺头**
新疆：木垒 段士民，王喜勇，刘会良等 135
新疆：尼勒克 刘鸯，马真，贺晓欢等 SHI-A2007453

Echinops tjanschanicus Bobrov **天山蓝刺头**
新疆：乌鲁木齐 王喜勇，马文宝，施翔 zdy370

Eclipta prostrata (Linnaeus) Linnaeus **鳢肠**
安徽：石台 陈延松，吴国伟，洪欣 Zhousb0034
安徽：舒城 陈延松，欧祖兰，高秋晨等 Xuzd477
安徽：蜀山区 陈延松，徐忠东，耿明 Xuzd023
安徽：屯溪区 方建新 TangXS0088
安徽：黟县 刘淼 SCSB-JSB13
广西：昭平 吴望辉，黄俞淞，蒋日红 Liuyan0320
贵州：铜仁 彭华，王英，陈丽 P.H.5202
海南：三亚 彭华，向春雷，陈丽 PengH8178
河北：阜平 牛玉璐，王晓亮 NiuYL540
湖北：黄梅 刘淼 SCSB-JSA38
湖北：仙桃 李巨平 Lijuping0278
湖北：宣恩 沈泽昊 HXE049
湖北：竹溪 李盛兰 GanQL963
湖南：安化 熊凯辉，刘克明 SCSB-HN-2140
湖南：宁乡 刘克明，熊凯辉 SCSB-HN-1848
湖南：湘西 陈功锡，张代贵 SCSB-HC-2008136
湖南：永定区 林永惠，吴福川，魏清润等 24
湖南：沅陵 李胜华，伍贤进，刘光华等 Wuxj887
湖南：岳麓区 刘克明，肖乐希 SCSB-HN-0027
湖南：岳麓区 姜孝成 SCSB-HNJ-0189
湖南：长沙 熊凯辉，刘克明 SCSB-HN-2150
湖南：长沙 熊凯辉，刘克明 SCSB-HN-2186
江苏：赣榆 吴宝成 HANGYY8557
江苏：句容 王兆银，吴宝成 SCSB-JS0152
江苏：南京 韦阳连 SCSB-JS0490
江苏：启东 高兴 HANGYY8621
江西：黎川 童和平，王玉珍，常迪江等 TanCM2001
江西：武宁 张吉华，刘运群 TanCM1356
山东：高唐 刘奥，王广阳 WBG001944
山东：惠民 刘奥，王广阳 WBG001850
山东：垦利 曹子谊，韩国营，张洛艳等 Zhaozt0095
山东：莱山区 卞福花，杜丽君，孟凡涛 BianFH-0155
山东：岚山区 吴宝成 HANGYY8584
山东：乐陵 刘奥，王广阳 WBG001829
山东：历城区 赵遵田，张璐璐，杜超等 Zhaozt0029
山东：临清 刘奥，王广阳 WBG001934
山东：临邑 刘奥，王广阳 WBG000499
山东：宁津 刘奥，王广阳 WBG001816
山东：齐河 刘奥，王广阳 WBG000688
山东：市南区 罗艳 LuoY141
山东：武城 刘奥，王广阳 WBG001917
山东：夏津 刘奥，王广阳 WBG001922
山东：长清区 李兰，王萍，张少华等 Lilan-002
四川：乐至 邓兴敏，邓秀发，张昌兵 ZCB0438
四川：射洪 袁明 YUANM2015L013
四川：万源 张桥蓉，余华 15CS11531
云南：景东 鲁艳 07-107
云南：景洪 彭华，向春雷，陈丽等 P.H.5697
云南：景洪 彭华，向春雷，王泽欢 PengH8496
云南：隆阳区 赵玮 BSGLGSly140
云南：隆阳区 尹学建，赵菊兰 BSGLGSly2006

云南：绿春 黄连山保护区科研所 HLS0266
云南：麻栗坡 肖波 LuJL243
云南：南涧 熊绍荣 NJWLS425
云南：南涧 熊绍荣 NJWLS1203
云南：南涧 张世雄，时国彩 NJWLS2008054
云南：南涧 李名生，张健姜 NJWLS2008209
云南：南涧 官有才，罗新洪 NJWLS1607
云南：普洱 叶金科 YNS0153
云南：巧家 张书东，张荣，王银环等 QJYS0215
云南：新平 白绍斌 XPALSC146
云南：新平 自正尧，李伟 XPALSB203
云南：盈江 王立彦 SCSB-TBG-185
云南：永德 李永亮 YDDXS0170
云南：元阳 田学军，杨建，邱成书等 Tianxj0070
云南：镇沅 罗成瑜 ALSZY218
浙江：临安 吴林园，彭斌，顾子霞 HANGYY9034
浙江：庆元 吴林园，郭建林，白明明 HANGYY9075
浙江：余杭区 葛斌杰 Lihq0231

Elephantopus scaber Linnaeus **地胆草**

广西：金秀 彭华，向春雷，陈丽 PengH8095
云南：沧源 赵金超，肖美芳，汪顺莉 CYNGH241
云南：景东 鲁艳 07-178
云南：景东 罗忠华，谢有能，罗文涛等 JDNR115
云南：绿春 黄连山保护区科研所 HLS0258
云南：绿春 彭华，向春雷，陈丽等 P.H.5587
云南：勐海 张挺，谭运洪，王建军等 SCSB-B-000280
云南：勐海 彭华，向春雷，陈丽等 P.H.5692
云南：普洱 谭运洪，余涛 B451
云南：普洱 叶金科 YNS0377
云南：双柏 彭华，向春雷，陈丽等 P.H.5570
云南：新平 张学林，李云贵 XPALSD092
云南：盈江 王立彦，左常盛，桂魏 SCSB-TBG-045
云南：永德 李永亮 YDDXS0868
云南：永德 李永亮，马文军，陈海涛 YDDXSB112
云南：镇沅 罗成瑜 ALSZY259
云南：镇沅 何忠云 ALSZY286

Elephantopus tomentosus Linnaeus **白花地胆草**

海南：三亚 彭华，向春雷，陈丽 PengH8184
海南：三亚 彭华，向春雷，陈丽 PengH8189

Emilia prenanthoidea Candolle **小一点红**

江西：修水 谭策铭，缪以清，李立新 TanCM345
云南：思茅区 胡启和，张绍云，周兵 YNS0974
云南：永德 李永亮 YDDXS0556

Emilia sonchifolia (Linnaeus) Candolle **一点红**

安徽：祁门 唐鑫生，方建新 TangXS0455
安徽：舒城 陈延松，欧祖兰，高秋晨等 Xuzd334
湖南：开福区 姜孝成，唐妹，陈显胜等 Jiangxc0422
江苏：南京 顾子霞 SCSB-JS0421
江西：黎川 童和平，王玉珍 TanCM2340
江西：庐山区 谭策铭，董安淼 TanCM471
四川：米易 袁明 MY-144
云南：景东 鲁艳 07-128
云南：隆阳区 赵玮 BSGLGS1y083
云南：隆阳区 段在贤，密得生，刀开国等 BSGLGS1y1061
云南：南涧 时国彩 NJWLS2008351
云南：双柏 彭华，刘恩德，陈丽等 P.H.5498
云南：永德 李永亮 YDDXSB040
云南：玉溪 彭华，陈丽，许瑾 P.H.5277
浙江：鄞州区 李宏庆，葛斌杰 Lihq0117

Epilasia acrolasia (Bunge) C. B. Clarke ex Lipschitz **顶毛鼠毛菊**

新疆：阜康 谭敦炎，邱娟 TanDY0057
新疆：阜康 亚吉东，张桥蓉，胡枭剑 16CS12746

Epilasia hemilasia (Bunge) C. B. Clarke ex Kuntze **鼠毛菊**

新疆：阜康 亚吉东，张桥蓉，胡枭剑 16CS12753

Erechtites hieraciifolius (Linnaeus) Rafinesque ex Candolle **梁子菜**

云南：蒙自 田学军，邱成书，高波 TianXJ0150

Erigeron acris Linnaeus **飞蓬**

甘肃：合作 刘坤 LiuJQ-GN-2011-492
甘肃：合作 齐威 LJQ-2008-GN-113
甘肃：玛曲 刘坤 LiuJQ-GN-2011-489
甘肃：玛曲 齐威 LJQ-2008-GN-114
宁夏：盐池 牛有栋，朱奋霞 ZuoZh193
青海：门源 吴玉虎 LJQ-QLS-2008-0173
青海：乌兰 潘建斌，杜维波，牛炳韬 Liujq-2011CDM-291
四川：丹巴 何兴金，赵丽华，李琴琴等 SCU-08025
四川：马尔康 何兴金，冯图，廖晨阳等 SCU-080314
四川：汶川 何兴金，李琴琴，赵丽华等 SCU-09-506
西藏：昌都 陈家辉，王赟，刘德团 YangYP-Q-3104
西藏：昌都 陈家辉，王赟，刘德团 YangYP-Q-3140
西藏：昌都 许炳强，周伟，郑朝汉 Xianh0166
西藏：拉萨 卢洋，刘帆等 LiJ707
新疆：巩留 刘鸯，徐文斌，马真等 SHI-A2007232
新疆：霍城 马真，贺晓欢，徐文斌等 SHI-A2007051
新疆：玛纳斯 亚吉东，张桥蓉，秦少发等 16CS13228
新疆：尼勒克 刘鸯，马真，贺晓欢等 SHI-A2007498
新疆：沙湾 石大标 SCSB-Y-2006080
新疆：沙湾 亚吉东，张桥蓉，秦少发等 16CS13253
新疆：温泉 徐文斌，黄雪姣 SHI-2008037
云南：剑川 陈文允，于文涛，黄永江等 CYHL005
云南：丽江 孔航辉，罗江平，左雷等 YangQE3318

Erigeron acris subsp. **kamtschaticus** (Candolle) H. Hara **堪察加飞蓬**

河北：涿鹿 牛玉璐，高彦飞，赵二涛 NiuYL331

Erigeron acris subsp. **politus** (Fries) H. Lindberg **长茎飞蓬**

四川：马尔康 何兴金，高云东，刘海艳等 SCU-20080488
四川：米易 袁明 MY561

Erigeron allochrous Botschantzev **异色飞蓬**

新疆：和静 张玲 TD-01619

Erigeron altaicus Popov **阿尔泰飞蓬**

新疆：阿合奇 塔里木大学植物资源调查组 TD-00598

Erigeron annuus (Linnaeus) Persoon **一年蓬**

湖北：黄梅 刘淼 SCSB-JSA12
湖南：鹤城区 曾汉元，伍贤进，李胜华等 HHXY094
湖南：永定区 林永惠，吴福川，晏丽等 10
山东：平邑 赵遵田 Zhaozt0272
浙江：临安 吴林园，彭斌，顾子霞 HANGYY9055

Erigeron aurantiacus Regel **橙花飞蓬**

新疆：和静 张玲 TD-01638

Erigeron bonariensis Linnaeus **香丝草**

湖北：五峰 陈功锡，张代贵 SCSB-HC-2008291
湖北：竹溪 李盛兰 GanQL398
湖南：湘西 陈功锡，张代贵 SCSB-HC-2008102
江苏：赣榆 吴宝成 HANGYY8569
江苏：海州区 汤兴利 HANGYY8451

江苏：南京 顾子霞 SCSB-JS0422
山东：岚山区 吴宝成 HANGYY8585
云南：昆明 税玉民，陈文红 65773
云南：昆明 税玉民，陈文红 65777
云南：南涧 徐家武，袁立川，罗增阳等 NJWLS2008173
云南：普洱 胡启和，仇亚，张绍云 YNS0664
云南：永德 李永亮 YDDXS1295
浙江：临安 吴林园，彭斌，顾子霞 HANGYY9032
浙江：龙泉 吴林园，郭建林，白明明 HANGYY9068

Erigeron breviscapus (Vaniot) Handel-Mazzetti **短葶飞蓬 ***

四川：稻城 孔航辉，罗江平，左雷等 YangQE3541
四川：甘孜 苏涛，黄永江，杨青松等 ZhouZK11183
四川：米易 刘静 MY-292
四川：乡城 陈家辉，刘亚辉，周妍等 YangYP-Q-2234
云南：巧家 杨光明 SCSB-W-1290
云南：嵩明 张挺，蔡杰，刘成等 08CS395
云南：香格里拉 张书东，林娜娜，郁文彬等 SCSB-W-048
云南：永德 李永亮 YDDXS1079

Erigeron canadensis Linnaeus **小蓬草**

甘肃：迭部 齐威 LJQ-2008-GN-112
甘肃：文县 齐威 LJQ-2008-GN-106
湖北：神农架林区 李巨平 LiJuPing0172
湖北：五峰 陈功锡，张代贵 SCSB-HC-2008285
湖北：五峰 陈功锡，张代贵 SCSB-HC-2008396
湖北：宜昌 陈功锡，张代贵 SCSB-HC-2008112
湖南：湘西 陈功锡，张代贵 SCSB-HC-2008105
湖南：岳麓区 刘克明，陈薇，丛义艳 SCSB-HN-0015
江苏：赣榆 吴宝成 HANGYY8559
江苏：江宁区 吴宝成 SCSB-JS0342
江苏：南京 韦阳连 SCSB-JS0488
辽宁：桓仁 祝业平 CaoW985
山东：平邑 李卫东 SCSB-006
山东：天桥区 赵遵田，郑国伟，王海英等 Zhaozt0063
四川：丹巴 何兴金，胡灏禹，沈呈娟等 SCU-11-420
四川：马尔康 何兴金，胡灏禹，黄德青 SCU-10-116
四川：米易 刘静，汤加勇 MY-078
四川：米易 袁明 MY638
四川：射洪 袁明 YUANM2015L005
西藏：城关区 李晖，边巴，徐爱国 lihui-Q-09-67
西藏：拉萨 钟扬 ZhongY1043
新疆：博乐 徐文斌，王莹 SHI-2008113
新疆：博乐 徐文斌，许晓敏 SHI-2008308
新疆：博乐 徐文斌，杨清理 SHI-2008366
新疆：昌吉 段士民，王喜勇，刘会良 Zhangdy287
新疆：霍城 徐文斌，刘鸯，马真等 SHI-A2007122
新疆：奎屯 徐文斌，许晓敏 SHI-2008130
新疆：石河子 石大标 SCSB-Y-2006110
新疆：托里 徐文斌，杨清理 SHI-2009189
新疆：托里 徐文斌，杨清理 SHI-2009270
新疆：温泉 徐文斌，许晓敏 SHI-2008039
新疆：温泉 徐文斌，许晓敏 SHI-2008251
新疆：温泉 徐文斌，许晓敏 SHI-2008275
新疆：乌鲁木齐 马文宝，刘会良，施翔 zdy178
新疆：裕民 徐文斌，杨清理 SHI-2009360
新疆：裕民 徐文斌，黄刚 SHI-2009383
新疆：裕民 徐文斌，杨清理 SHI-2009435
新疆：裕民 徐文斌，黄刚 SHI-2009482
云南：德钦 孙航，李新辉，陈林杨 SunH-07ZX-3079
云南：河口 税玉民，陈文红 71721
云南：景东 罗忠华，刘长铭，鲁成荣 JD023
云南：禄丰 杨青松，杨莹，黄永江等 ZhouZK-07ZX-0053
云南：蒙自 田学军，邱成书，高波 TianXJ0162
云南：南涧 阿国仁，何贵才 NJWLS579
云南：南涧 罗新洪，阿国仁，何贵才 NJWLS774
云南：南涧 罗增阳，徐家武 NJWLS906
云南：南涧 时国彩 njwls2007021
云南：腾冲 周应再 Zhyz-276
云南：腾冲 周应再 Zhyz-371
云南：元阳 田学军，杨建，邱成书等 Tianxj0037
云南：镇沅 罗成瑜，王永发 ALSZY006
云南：镇沅 罗成瑜 ALSZY415
浙江：临安 吴林园，彭斌，顾子霞 HANGYY9001

Erigeron himalajensis Vierhapper **珠峰飞蓬**

四川：红原 张昌兵，邓秀华 ZhangCB0301
西藏：林芝 罗建，汪书丽，任德智 LiuJQ-09XZ-311

Erigeron krylovii Sergievskaya **西疆飞蓬**

新疆：昭苏 亚吉东，张桥蓉，秦少发等 16CS13524

Erigeron multiradiatus (Lindley ex Candolle) Bentham ex C. B. Clarke **多舌飞蓬**

云南：丽江 张书东，林娜娜，陆露等 SCSB-W-068

Erigeron patentisquama Jeffrey ex Diels **展苞飞蓬 ***

西藏：波密 刘成，亚吉东，何华杰等 16CS11835
西藏：察隅 张挺，蔡杰，袁明 09CS1584
云南：巧家 张书东，张荣，王银环等 QJYS0239
云南：维西 陈文允，于文涛，黄永江等 CYHL094
云南：香格里拉 郭永杰，张桥蓉，李春晓等 11CS3491

Erigeron petiolaris Vierhapper **柄叶飞蓬**

新疆：乌恰 杨赵平，周禧琳，贺冰 LiZJ1353

Erigeron pseudoseravschanicus Botschantzev **假泽山飞蓬**

新疆：温宿 杨赵平，周禧琳，贺冰 LiZJ1930

Erigeron sumatrensis Retzius **苏门白酒草**

甘肃：文县 齐威 LJQ-2008-GN-111
湖北：宣恩 祝文志，刘志祥，曹远俊 ShenZH0012
西藏：拉萨 钟扬 ZhongY1028
云南：思茅区 胡启和，周兵，仇亚 YNS0929
云南：腾冲 周应再 Zhyz-283
云南：新平 何罡安 XPALSB036
云南：新平 谢天华，郎定富 XPALSA095
云南：新平 谢雄，白绍斌 XPALSC039
云南：漾濞 杨青松，杨莹，黄永江等 ZhouZK-07ZX-0030

Eschenbachia blinii (H. Léveillé) Brouillet **熊胆草 ***

四川：米易 刘静，袁明 MY-209
云南：南涧 段建伟，邹国娟，常学科 NJWLS403
云南：宁蒗 任宗昕，寸龙琼，任尚国 SCSB-W-1340

Eschenbachia japonica (Thunberg) J. Koster **白酒草**

四川：德格 孙航，张建文，董金龙等 SunH-07ZX-3905
四川：米易 刘静，袁明 MY-235
云南：彭华，向春雷，陈丽 P.H. 5661
云南：官渡区 彭华，陈丽，王英 P.H. 5337
云南：建水 彭华，向春雷，陈丽 P.H. 6002
云南：景东 杨国平 07-76
云南：临沧 彭华，向春雷，陈丽 PengH8066
云南：腾冲 周应再 Zhyz-447
云南：腾冲 周应再 Zhyz-448
云南：西山区 税玉民，陈文红 65778
云南：新平 谢天华，郎定富 XPALSA094

云南：盈江 王立彦，左安辉，何维海 SCSB-TBG-218
云南：永德 李永亮 YDDXS0572
云南：永德 李永亮 YDDXS0879
云南：永德 YDDXSB035

Eschenbachia leucantha (D. Don) Brouillet 粘毛白酒草
云南：腾冲 周应再 Zhyz-472

Eschenbachia muliensis (Y. L. Chen) Brouillet 木里白酒草 *
云南：富民 彭华，向春雷，许瑾等 P.H.5475
云南：南涧 熊绍荣 NJWLS2008084
云南：南涧 阿国仁 NJWLS1170
云南：易门 彭华，向春雷，王泽欢 PengH8382
云南：永德 李永亮 YDDXS0382

Eschenbachia perennis (Handel-Mazzetti) Brouillet 宿根白酒草 *
云南：景东 杨国平 07-73

Eupatorium chinense Linnaeus 多须公
安徽：金寨 陈延松，欧祖兰，白雅洁 Xuzd193
安徽：休宁 唐鑫生，方建新 TangXS0270
湖北：五峰 陈功锡，张代贵 SCSB-HC-2008274
湖北：宣恩 沈泽昊 HXE138
湖北：宜昌 陈功锡，张代贵 SCSB-HC-2008116
湖北：竹溪 李盛兰 GanQL176
湖南：怀化 李胜华，伍贤进，曾汉元等 HHXY398
湖南：桃源 陈功锡，张代贵 SCSB-HC-2008163
湖南：桃源 陈功锡，张代贵 SCSB-HC-2008166
湖南：永顺 陈功锡，张代贵 SCSB-HC-2008172
湖南：永顺 陈功锡，张代贵 SCSB-HC-2008376
江西：黎川 童和平，王玉珍 TanCM3101
江西：庐山区 谭策铭，董安淼 TanCM308
四川：荥经 许炳强，童毅华，吴兴等 XiaNh-07ZX-1142
云南：贡山 郭永杰，吴之坤，吴兴等 14CS9811
云南：蒙自 田学军，邱成书，高波 TianXJ0175
云南：南涧 高国政 NJWLS1331
云南：文山 何德明，韦荣彪，黄太文 WSLJS788
云南：永德 李永亮 YDDXS0688

Eupatorium formosanum Hayata 台湾泽兰
湖南：鹤城区 李胜华，伍贤进，刘光华等 Wuxj839

Eupatorium fortunei Turczaninow 佩兰
安徽：舒城 陈延松，欧祖兰，高秋晨等 Xuzd276
湖南：衡山 刘克明，陈薇，田淑珍 SCSB-HN-0248
湖南：新化 姜孝成，唐贵华，田春娥 SCSB-HNJ-0166
湖南：沅江 刘克明，肖乐希 SCSB-HN-0385
湖南：资兴 肖乐希，蔡秀珍 SCSB-HN-0286
江苏：句容 吴宝成，王兆银 HANGYY8329
江苏：句容 吴宝成，王兆银 HANGYY8649
江西：修水 缪以清，李立新，邹仁刚 TanCM672
山东：历城区 张少华，王萍，张诏等 Lilan234
云南：麻栗坡 肖波 LuJL233
云南：维西 陈文允，于文涛，黄永江等 CYHL025
云南：西山区 税玉民，陈文红 65784

Eupatorium heterophyllum Candolle 异叶泽兰
湖北：神农架林区 李巨平 LiJuPing0215
湖北：五峰 陈功锡，张代贵 SCSB-HC-2008317
湖北：竹溪 李盛兰 GanQL560
湖南：石门 陈功锡，张代贵 SCSB-HC-2008152
湖南：永顺 陈功锡，张代贵 SCSB-HC-2008266
四川：茂县 高云东，李忠荣，鞠文彬 GaoXF-12-004
四川：乡城 王文礼，冯欣，刘飞鹏 OUXK11122
云南：宾川 孙振华，王文礼，宋晓卿等 OuxK-BC-0002
云南：德钦 王文礼，冯欣，刘飞鹏 OUXK11214
云南：德钦 孙航，李新辉，陈林杨 SunH-07ZX-2982
云南：德钦 张大才，李双智，杨川 ZhangDC-07ZX-1985
云南：东川区 张挺，刘成，郭明明等 11CS3658
云南：东川区 闫海忠，孙振华，王文礼等 OuxK-DC-0004
云南：丽江 彭华，王英，陈丽 P.H.5260
云南：禄劝 王文礼，何彪，冯欣等 OUXK11255
云南：巧家 张书东，张荣，王银环等 QJYS0225
云南：巧家 张书东，张荣，王银环等 QJYS0247
云南：石林 税玉民，陈文红 65880
云南：维西 王文礼，冯欣，刘飞鹏 OUXK11052
云南：维西 杨亲二，袁琼 Yangqe2067
云南：维西 孔航辉，任琛 Yangqe2824
云南：香格里拉 杨亲二，孔航辉，李磊 Yangqe3281
云南：香格里拉 王文礼，冯欣，刘飞鹏 OUXK11082
云南：香格里拉 王文礼，冯欣，刘飞鹏 OUXK11231
云南：香格里拉 张大才，李双智，杨川 ZhangDC-07ZX-1991
云南：香格里拉 孔航辉，罗江平，左雷等 YangQE3306

Eupatorium japonicum Thunberg 白头婆
安徽：石台 陈延松，吴国伟，洪欣 Zhousb0065
安徽：休宁 唐鑫生，方建新 TangXS0389
广西：八步区 吴望辉，黄俞淞，蒋日红 Liuyan0310
贵州：江口 周云，张勇 XiangZ097
贵州：南明区 赵厚涛，韩国营 YBG084
湖北：神农架林区 李巨平 LiJuPing0037
湖南：石门 姜孝成，唐妹，卜剑超等 Jiangxc0473
江苏：宜兴 李宏庆，田怀珍，葛斌杰等 Lihq0267
江西：庐山区 谭策铭，董安淼 TanCM295
江西：修水 缪以清，李立新 TanCM1229
山东：崂山区 罗艳，李中华 LuoY176
山东：牟平区 高德民，步瑞兰，辛晓伟 lilan761
山东：牟平区 卞福花，杜丽君，孟凡涛 BianFH-0145
山东：牟平区 张少华，张诏，程丹丹等 Lilan635
山东：市南区 罗艳，李中华 LuoY369
陕西：长安区 田先华，田陌 TianXH487
四川：米易 刘静 MY-128
云南：隆阳区 段在贤，陈学良，刀开国 BSGLGSly1207
云南：南涧 阿国仁，何贵才 NJWLS571
云南：巧家 李文虎，高顺勇，吴天抗等 QJYS0009
云南：巧家 郁文彬，任宗昕，艾洪莲等 SCSB-W-1066
云南：巧家 郁文彬，任宗昕，艾洪莲等 SCSB-W-1083
云南：腾冲 周应再 Zhyz536
云南：维西 陈文允，于文涛，黄永江等 CYHL108
云南：香格里拉 杨青松，杨莹，黄永江等 ZhouZK-07ZX-0213
云南：永德 李永亮 YDDXS0544
云南：永胜 苏涛，黄永江，杨青松等 ZhouZK11455
云南：云龙 字建泽，杨六斤，李国宏等 TC1076

Eupatorium lindleyanum Candolle 林泽兰
安徽：屯溪区 方建新 TangXS0844
北京：东城区 王雷，朱雅娟，黄振英 Beijing-huang-bws-0021
北京：东城区 王雷，朱雅娟，黄振英 Beijing-huang-dls-0037
黑龙江：宁安 刘玫，张欣欣，程薪宇等 Liuetal513
湖南：永定区 吴福川，廖博儒，查学州等 87
吉林：磐石 安海成 AnHC0177
江苏：句容 王兆银，吴宝成 SCSB-JS0188
江苏：海州区 汤兴利 HANGYY8513
江西：黎川 童和平，王玉珍 TanCM1937

江西：武宁 张吉华，张东红 TanCM2683
辽宁：凌源 郑宝江，王美娟，曹鹏等 ZhengBJ396
辽宁：长海 郑宝江，丁晓炎，焦宏斌等 ZhengBJ322
辽宁：庄河 于立敏 CaoW773
山东：莱山区 卞福花 BianFH-0262
山东：莱山区 卞福花，宋言贺 BianFH-536
山东：历城区 张少华，王萍，张诏等 Lilan135
山东：历城区 郑国伟，任昭杰，孙中帅等 Zhaozt0059
云南：玉溪 彭华，陈丽，许瑾 P.H.5284

Faberia sinensis Hemsley 花佩菊 *
云南：永德 李永亮 YDDXS0893

Farfugium japonicum (Linnaeus) Kitamura 大吴风草
江西：武宁 张吉华，刘运群 TanCM1359

Filago arvensis Linnaeus 絮菊
新疆：阜康 王喜勇，段士民 420
新疆：呼图壁 王喜勇，段士民 474
新疆：玛纳斯 王喜勇，段士民 486
新疆：玛纳斯 王喜勇，段士民 489

Filifolium sibiricum (Linnaeus) Kitamura 线叶菊
黑龙江：让胡路区 孙阎 SunY250
黑龙江：让胡路区 王臣，张欣欣，史传奇 WangCh211
辽宁：建平 卜军，金实，阴黎明 CaoW471
内蒙古：克什克腾旗 刘润宽，李茂文，李昌亮 M098
内蒙古：武川 蒲拴莲，李茂文 M066
内蒙古：锡林浩特 张红香 ZhangHX104

Flaveria bidentis (Linnaeus) Kuntze 黄顶菊
河北：桃城 牛玉璐，高彦飞，赵二涛 NiuYL413
山东：德州 刘奥，王广阳 WBG001609
山东：临邑 刘奥，王广阳 WBG001893
山东：商河 刘奥，王广阳 WBG001723
山东：天桥区 王萍，高德民，张诏等 lilan276
山东：禹城 刘奥，王广阳 WBG001897

Galatella dahurica Candolle 兴安乳菀
黑龙江：嫩江 王臣，张欣欣，史传奇 WangCh244

Galatella fastigiiformis Novopokrovsky 扫枝乳菀
新疆：托里 徐文斌，黄刚 SHI-2009257

Galatella punctata (Waldstein & Kitaibel) Nees 乳菀
黑龙江：庆安 孙阎，李鑫鑫 SunY241
新疆：独山子区 亚吉东，张桥蓉，秦少发等 16CS13270
新疆：尼勒克 刘鸯，马真，贺晓欢等 SHI-A2007513
新疆：裕民 徐文斌，黄刚 SHI-2009452

Galinsoga parviflora Cavanilles 牛膝菊
安徽：金寨 陈延松，欧祖兰，姜九龙 Xuzd260
湖北：宣恩 祝文志，刘志祥，曹远俊 ShenZH0073
湖北：竹溪 李盛兰 GanQL980
江苏：海州区 汤兴利 HANGYY8423
山东：泰山区 张璐璐，王慧燕，杜超等 Zhaozt0188
四川：射洪 袁明 YUANM2015L007
西藏：城关区 钟扬，扎西次仁 ZhongY425
西藏：拉萨 钟扬 ZhongY1037
云南：景东 鲁艳 07-155
云南：蒙自 田学军 TianXJ0129
云南：南涧 阿国仁，罗新洪 NJWLS1111
云南：南涧 官有才 NJWLS1634
云南：南涧 罗新洪，阿国仁，何贵才 NJWLS762
云南：南涧 徐家武，李世东，袁玉明 NJWLS594
云南：南涧 徐家武，袁玉川，李世东 NJWLS635
云南：宁洱 胡启和，仇亚，张绍云 YNS0561
云南：宁洱 胡启和，仇亚，张绍云 YNS0562
云南：巧家 杨光明，张书东，张荣等 QJYS0255
云南：腾冲 周应再 Zhyz-275
云南：腾冲 周应再 Zhyz-281
云南：永德 李永亮 LiYL1346
云南：永德 李永亮 LiYL1347
云南：镇沅 何忠云 ALSZY266
云南：镇沅 何忠云 ALSZY277

Galinsoga quadriradiata Ruiz & Pavon 粗毛牛膝菊
安徽：舒城 陈延松，欧祖兰，高秋晨等 Xuzd471
江西：庐山区 董安淼，吴从梅 TanCM1579
江西：武宁 张吉华，刘运群 TanCM1352

Gamochaeta pensylvanica (Willdenow) Cabrera 匙叶合冠鼠麹草
安徽：屯溪区 方建新 TangXS0216
湖北：黄梅 刘淼 SCSB-JSA10
江苏：句容 吴宝成，王兆银 HANGYY8148
江西：庐山区 董安淼，吴从梅 TanCM1551
江西：修水 缪以清，陈三友 TanCM2173
云南：景东 鲁艳 200847
云南：南涧 罗新洪，阿国仁，何贵才 NJWLS761
云南：南涧 罗增阳，徐家武 NJWLS908
云南：腾冲 周应再 Zhyz-421
云南：镇沅 罗成瑜 ALSZY246

Garhadiolus papposus Boissier & Buhse 小疮菊
新疆：察布查尔 亚吉东，张桥蓉，胡枭剑 16CS13098
新疆：昌吉 王喜勇，段士民 465
新疆：昌吉 王喜勇，段士民 468
新疆：额敏 谭敦炎，吉乃提 TanDY0622
新疆：阜康 王喜勇，段士民 379
新疆：阜康 王喜勇，段士民 409
新疆：乌鲁木齐 谭敦炎，艾沙江 TanDY0536
新疆：乌鲁木齐 王喜勇，段士民 455
新疆：裕民 徐文斌，杨清理 SHI-2009375

Gerbera nivea (Candolle) Schultz Bipontinus 白背火石花
云南：香格里拉 张挺，李明勤，王关友等 11CS3616

Glebionis coronaria (Linnaeus) Cassini ex Spach 茼蒿
湖南：怀化 李胜华，伍贤进，曾汉元等 HHXY312

Gnaphalium japonicum Thunberg 细叶鼠麹草
安徽：屯溪区 方建新 TangXS0209
湖北：竹溪 李盛兰 GanQL289
湖北：竹溪 李盛兰 GanQL407
湖南：永定区 廖博儒，吴福川，查学州等 7022
江西：庐山区 董安淼，吴从梅 TanCM3011
云南：文山 何德明，丰艳飞，曹世超 WSLJS696

Gnaphalium polycaulon Persoon 多茎鼠麹草
安徽：屯溪区 方建新 TangXS0210
江西：庐山区 董安淼，吴从梅 TanCM2517
四川：米易 刘静，袁明 MY-055

Gnaphalium uliginosum Linnaeus 湿生鼠麹草
山东：海阳 高德民，张颖颖，程丹丹等 lilan564

Grangea maderaspatana (Linnaeus) Poiret 田基黄
湖南：洪江 李胜华，伍贤进，刘光华等 Wuxj1040
湖南：怀化 李胜华，伍贤进，曾汉元等 HHXY242
云南：永德 李永亮 YDDXS0220

Gynura cusimbua (D. Don) S. Moore 木耳菜
云南：沧源 赵金超，杨红强 CYNGH313
云南：隆阳区 段在贤，刀开国，陈学良 BSGLGS1y1203

云南：南涧 常学科，熊绍荣，时国彩等 njwls2007148
云南：腾冲 周应再 Zhyz-416
云南：腾冲 余新林，赵玮 BSGLGStc098
云南：新平 刘家良 XPALSD355
云南：永德 李永亮 YDDXS0595
云南：镇沅 何忠云，周立刚 ALSZY321

Gynura divaricata (Linnaeus) Candolle **白子菜**

云南：普洱 胡启和，周英，仇亚等 YNS0622

Gynura japonica (Thunberg) Juel **菊三七**

四川：峨眉山 李小杰 LiXJ626
云南：南涧 罗增阳，袁立川，徐家武等 NJWLS2008175
云南：永德 李永亮 LiYL1303

Gynura procumbens (Loureiro) Merrill **平卧菊三七**

云南：永德 李永亮 YDDXS0022

Helianthus tuberosus Linnaeus **菊芋**

河北：桃城 牛玉璐，高彦飞，赵二涛 NiuYL362

Hemisteptia lyrata (Bunge) Fischer & C. A. Meyer **泥胡菜**

安徽：石台 洪欣 ZhouSB0165
安徽：屯溪区 方建新 TangXS0089
北京：东城区 朱雅娟，王雷，黄振英 Beijing-huang-xs-0009
北京：西城区 王雷，朱雅娟，黄振英 Beijing-huang-ssl-0009
重庆：南川区 易思荣 YISR167
重庆：南川区 易思荣，谭秋平 YISR385
河北：武安 牛玉璐，王晓亮 NiuYL535
黑龙江：虎林市 王庆贵 CaoW542
湖南：永定区 吴福川，廖博儒 7049
江苏：江宁区 吴宝成 SCSB-JS0340
江苏：句容 王兆银，吴宝成 SCSB-JS0085
江西：黎川 童和平，王玉珍，常迪江等 TanCM2012
江西：修水 缪以清，李立新 TanCM1204
江西：修水 谭策铭，缪以清，李立新 TanCM234
山东：莱山区 卞福花，杨蕾蕾，谷胤征 BianFH-0096
山东：崂山区 罗艳 LuoY056
上海：闵行区 李宏庆，葛斌杰，刘国丽 Lihq0158
四川：米易 刘静，袁明 MY-141
四川：射洪 袁明 YUANM2015L124
云南：个旧 田学军，杨建，邱成书等 Tianxj0098
云南：景东 鲁艳 200842
云南：南涧 熊绍荣 NJWLS460
云南：思茅区 张绍云，叶金科，胡启和 YNS1214
云南：腾冲 周应再 Zhyz-201
云南：西山区 伊廷双，孟静，杨杨 MJ-889
云南：香格里拉 杨亲二，袁琼 Yangqe2262
云南：新平 谢天华，郎定富 XPALSA117
云南：新平 刘家良 XPALSD276
云南：永德 李永亮 YDDXS1271
云南：镇沅 胡启元，周兵，张绍云 YNS0872

Heteracia szovitsii Fischer & C. A. Meyer **异喙菊**

新疆：察布查尔 亚吉东，张桥蓉，胡枭剑 16CS13101
新疆：乌鲁木齐 谭敦炎，艾沙江 TanDY0535
新疆：乌鲁木齐 地里努尔，阿玛努拉 TanDY0804

Hieracium korshinskyi Zahn **高山柳菊**

新疆：新源 亚吉东，张桥蓉，秦少发等 16CS13366

Hieracium regelianum Zahn **卵叶山柳菊**

新疆：玛纳斯 亚吉东，张桥蓉，秦少发等 16CS13247

Hieracium umbellatum Linnaeus **山柳菊**

河北：平山 牛玉璐，郑博颖，黄士良等 NiuYL048
黑龙江：穆棱 孙阎，赵立波 SunY245
黑龙江：嫩江 王臣，张欣欣，史传奇 WangCh238
湖北：神农架林区 李巨平 LiJuPing0036
湖北：仙桃 张代贵 Zdg3070
吉林：南关区 韩忠明 Yanglm0141
吉林：磐石 安海成 AnHC0258
辽宁：庄河 于立敏 CaoW752
内蒙古：赛罕区 蒲拴莲，李茂文 M055
山东：海阳 辛晓伟 Lilan865
西藏：林芝 卢洋，刘帆等 LiJ768
新疆：巩留 亚吉东，迟建才，张桥蓉等 16CS13499
云南：香格里拉 杨亲二，孔航辉，李磊 Yangqe3155
云南：镇沅 罗成瑜 ALSZY432

Hieracium virosum Pallas **粗毛山柳菊**

黑龙江：宁安 刘玫，张欣欣，程薪宇等 Liuetal522

Himalaiella deltoidea (Candolle) Raab-Straube **三角叶须弥菊**

安徽：休宁 方建新 TangXS0487
广西：八步区 吴望辉，黄俞淞，蒋日红 Liuyan0305
广西：龙胜 黄俞淞，梁永延，叶晓霞 Liuyan0050
湖北：宣恩 沈泽昊 DS2260
湖南：新化 刘克明，彭珊，李珊等 SCSB-HN-1651
湖南：资兴 王得刚，熊凯辉 SCSB-HN-1815
湖南：资兴 刘克明，盛波，王得刚 SCSB-HN-1843
湖南：资兴 刘克明，盛波，王得刚 SCSB-HN-1882
湖南：资兴 王得刚，熊凯辉 SCSB-HN-2126
湖南：资兴 王得刚，熊凯辉 SCSB-HN-2136
江西：庐山区 谭策铭，董安淼 TCM09112
云南：贡山 郭永杰，吴之坤，吴兴等 14CS9800
云南：河口 张贵良，杨鑫峰，陶美英等 ZhangGL102
云南：红河 彭华，向春雷，陈丽 PengH8248
云南：景东 杨国平 ygp-055
云南：景东 刘国庆，杨华军 JDNR110102
云南：澜沧 张绍云，叶金科，仇亚 YNS1367
云南：隆阳区 赵文李 BSGLGSly3032
云南：泸水 许炳强，吴兴，李婧等 XiaNh-07zx-012
云南：禄丰 刀志灵，陈渝 DZL496
云南：麻栗坡 肖波，陆章强 LuJL041
云南：南涧 阿国仁 NJWLS1171
云南：南涧 李毕祥，袁玉明 NJWLS600
云南：南涧 李成清，高国政，徐如标 NJWLS488
云南：南涧 高国政 NJWLS1411
云南：南涧 熊绍荣，阿国仁，时国彩等 njwls2007128
云南：盘龙区 彭华，向春雷，王泽欢 PengH8410
云南：巧家 杨光明 SCSB-W-1500
云南：巧家 李文虎，吴天抗，张天壁等 QJYS0164
云南：文山 何德明，邵会昌，沈素娟 WSLJS523
云南：西山区 彭华，陈丽 P.H.5299
云南：西山区 蔡杰，张挺，刘成等 11CS3707
云南：盈江 王立彦，黄建刚 TBG-014
云南：盈江 王立彦，桂魏 SCSB-TBG-090
云南：云龙 李施文，张志云，段耀飞 TC3061
云南：镇沅 王立东，何忠云，罗成瑜 ALSZY175
云南：镇沅 罗成瑜，乔永华 ALSZY339

Himalaiella nivea (Candolle) Raab-Straube **小头须弥菊**

云南：澜沧 张绍云，胡启和，仇亚等 YNS1124
云南：蒙自 田学军 TianXJ0183
云南：蒙自 田学军，邱成书，高波 TianXJ0206
云南：永德 李永亮，杨建文 YDDXSB037

Hippolytia delavayi (Franchet ex W. W. Smith) C. Shih **川滇**

女蒿 *
云南：东川区 蔡杰，郭永杰，吴之坤等 11CS2981

Hololeion maximowiczii Kitamura **全光菊**
山东：海阳 辛晓伟 Lilan863

Hypochaeris ciliata (Thunberg) Makino **猫儿菊**
黑龙江：让胡路区 孙阎 SunY449
吉林：磐石 安海成 AnHC0375

Inula britannica Linnaeus **欧亚旋覆花**
黑龙江：北安 王臣，张欣欣，史传奇 WangCh198
黑龙江：五大连池 孙阎，赵立波 SunY111
内蒙古：武川 蒲拴莲，刘润宽，刘毅等 M214
内蒙古：锡林浩特 张红香 ZhangHX094
山东：海阳 张少华，张诏，程丹丹等 Lilan643
新疆：博乐 徐文斌，黄雪姣 SHI-2008437
新疆：霍城 徐文斌，刘鸯，马真等 SHI-A2007125
新疆：温泉 徐文斌，黄雪姣 SHI-2008265
新疆：温泉 徐文斌，王莹 SHI-2008219
新疆：温泉 徐文斌，王莹 SHI-2008276

Inula britannica var. **sublanata** Komarov **棉毛欧亚旋覆花**
新疆：博乐 徐文斌 SHI2006321
新疆：尼勒克 徐文斌，刘鸯，马真等 SHI-A2007419
新疆：托里 徐文斌，郭一敏 SHI-2009349

Inula caspica Ledebour **里海旋覆花**
新疆：阿勒泰 段士民，王喜勇，刘会良等 185
新疆：和静 杨赵平，焦培培，白冠章等 LiZJ0731
新疆：奎屯 段士民，王喜勇，刘会良等 3
新疆：温泉 段士民，王喜勇，刘会良等 24
新疆：乌鲁木齐 王喜勇，马文宝，施翔 zdy410
新疆：新源 段士民，王喜勇，刘会良 Zhangdy410

Inula helenium Linnaeus **土木香**
湖北：宣恩 沈泽昊 HXE157

Inula helianthus-aquatilis C. Y. Wu ex Y. Ling **水朝阳旋覆花** *
贵州：开阳 肖恩婷 Yuanm016
贵州：南明区 邹方伦 ZouFL0030
云南：云龙 字建泽，杨六斤，李国宏等 TC1033

Inula hookeri C. B. Clarke **锈毛旋覆花**
西藏：错那 罗建，汪书丽 LiuJQ11XZ212

Inula japonica Thunberg **旋覆花**
重庆：南川区 易思荣 YISR276
甘肃：迭部 齐威 LJQ-2008-GN-126
甘肃：合作 郭淑青，杜品 LiuJQ-2012-GN-132
河北：桃城 牛玉璐，郑博颖，黄士良等 NiuYL125
湖南：永顺 陈功锡，张代贵 SCSB-HC-2008241
湖南：永顺 陈功锡，张代贵，邓涛等 SCSB-HC-2007302
吉林：大安 杨帆，马红媛，安丰华 SNA0052
吉林：南关区 韩忠明 Yanglm0062
吉林：前郭尔罗斯 张红香 ZhangHX180
吉林：长岭 胡良军，王伟娜，胡应超 HuLJ036
吉林：镇赉 杨帆，马红媛，安丰华 SNA0150
江西：庐山区 谭策铭，董安淼 TanCM506
辽宁：桓仁 祝业平 CaoW1040
山东：莱山区 卞福花 BianFH-0215
山东：平邑 李卫东 SCSB-007
山东：市南区 罗艳 LuoY202
山东：长清区 王萍，高德民，张诏等 lilan349
山西：交城 焦磊，张海博，陈姣 Zhangf0198

Inula linariifolia Turczaninow **线叶旋覆花**
吉林：长岭 张宝田 Yanglm0443
江苏：句容 王兆银，吴宝成 SCSB-JS0148
山东：长清区 高德民，张颖颖，程丹丹等 lilan562

Inula racemosa J. D. Hooker **总状土木香**
四川：理塘 李晓东，张景博，徐凌翔等 LiJ333
西藏：八宿 张永洪，王晓雄，周卓等 SunH-07ZX-1644
西藏：昌都 易思荣，谭秋平 YISR264
新疆：察布查尔 刘鸯，马真，贺晓欢等 SHI-A2007169
新疆：巩留 亚吉东，张桥蓉，秦少发等 16CS13466
新疆：霍城 徐文斌，刘鸯，马真等 SHI-A2007138
新疆：尼勒克 徐文斌，刘鸯，马真等 SHI-A2007438
新疆：尼勒克 刘鸯，马真，贺晓欢等 SHI-A2007493
新疆：尼勒克 段士民，王喜勇，刘会良 Zhangdy361

Inula rhizocephala Schrenk ex Fischer & C. A. Meyer **羊眼花**
新疆：乌恰 杨赵平，周禧琳，贺冰 LiZJ1319

Inula salicina Linnaeus **柳叶旋覆花**
吉林：吉林 安海成 AnHC0343

Inula salsoloides (Turczaninow) Ostenfeld **蓼子朴**
宁夏：盐池 左忠，刘华 ZuoZh043

Inula sericophylla Franchet **绢叶旋覆花**
云南：镇沅 罗成瑜 ALSZY453

Ixeridium dentatum (Thunberg) Tzvelev **小苦荬**
湖北：竹溪 李盛兰 GanQL873
湖南：石门 陈功锡，张代贵 SCSB-HC-2008024
江苏：句容 吴宝成，王兆银 HANGYY8113
山东：莱山区 卞福花，宋言贺 BianFH-427
浙江：鄞州区 李宏庆，田怀珍，葛斌杰等 Lihq0196

Ixeridium gracile (Candolle) Pak & Kawano **细叶小苦荬**
安徽：屯溪区 方建新 TangXS0208
湖北：仙桃 张代贵 Zdg3267
四川：峨眉山 李小杰 LiXJ395
四川：米易 袁明 MY602
云南：景东 杨国平 07-50
云南：思茅区 胡启和，周兵，仇亚 YNS0926
云南：腾冲 周应再 Zhyz-236
云南：新平 谢天华，郎定富 XPALSA099
云南：永德 李永亮 LiYL1533
云南：永德 李永亮 YDDXS1103

Ixeridium sagittarioides (C. B. Clarke) Pak & Kawano **戟叶小苦荬**
云南：景东 鲁艳 200838

Ixeris chinensis (Thunberg) Kitagawa **中华苦荬菜**
黑龙江：呼兰 刘玫，张欣欣，程薪宇等 Liuetal370
内蒙古：伊金霍洛旗 杨学军 Huangzy0228
山东：莱山区 卞福花 BianFH-0170
云南：巧家 杨光明 SCSB-W-1250

Ixeris chinensis subsp. **versicolor** (Fischer ex Link) Kitamura **多色苦荬**
甘肃：合作 刘坤 LiuJQ-GN-2011-485
吉林：长岭 张宝田 Yanglm0446
山东：城阳区 罗艳，李中华 LuoY237

Ixeris polycephala Cassini ex Candolle **苦荬菜**
安徽：舒城 陈延松，欧祖兰，高秋晨等 Xuzd443
安徽：屯溪区 方建新 TangXS0182
北京：东城区 朱雅娟，王雷，黄振英 Beijing-huang-xs-0022
黑龙江：让胡路区 孙阎，赵立波 SunY084
湖北：竹溪 李盛兰 GanQL249
江西：龙南 梁跃龙，欧考昌，欧考胜 LiangYL124
江西：庐山区 董安淼，吴从梅 TanCM1509

山东：东营区 曹子谊，韩国营，吕蕾等 Zhaozt0080
山东：历下区 张少华，王萍，张诏等 Lilan208
四川：峨眉山 李小杰 LiXJ617
四川：米易 袁明 MY531
西藏：林芝 卢洋，刘帆等 LiJ806
云南：景东 鲁艳 200891
云南：腾冲 周应再 Zhyz-209
云南：香格里拉 张挺，亚吉东，李明勤等 11CS3305
云南：新平 彭华，向春雷，陈丽 PengH8310
云南：永德 李永亮 LiYL1504

Ixeris repens (Linnaeus) A. Gray **沙苦荬菜**
山东：海阳 张少华，张诏，王萍等 lilan567

Jurinea dshungarica (N. I. Rubtzov) Ilj **天山苓菊**
新疆：阜康 王喜勇，段士民 394

Jurinea lanipes Ruprecht **绒毛苓菊**
新疆：昭苏 亚吉东，张桥蓉，秦少发等 16CS13577

Jurinea mongolica Maximowicz **蒙疆苓菊**
宁夏：盐池 李出山，牛钦瑞 ZuoZh133

Jurinea multiflora (Linnaeus) B. Fedtschenko **多花苓菊**
新疆：托里 亚吉东，张桥蓉，秦少发等 16CS13876
新疆：托里 许炳强，胡伟明 XiaNH-07ZX-851

Karelinia caspia (Pallas) Lessing **花花柴**
内蒙古：海勃湾区 刘博，蒲拴莲，刘润宽等 M335
青海：格尔木 潘建斌，杜维波，牛炳韬 Liujq-2011CDM-007
新疆：阿图什 杨赵平，黄文娟 TD-01782
新疆：巴楚 塔里木大学植物资源调查组 TD-00826
新疆：博乐 许炳强，胡伟明 XiaNH-07ZX-865
新疆：博乐 徐文斌，黄雪姣 SHI-2008324
新疆：博乐 徐文斌，黄雪姣 SHI-2008374
新疆：博乐 徐文斌，黄雪姣 SHI-2008413
新疆：博乐 徐文斌，许晓敏 SHI-2008326
新疆：博乐 徐文斌，许晓敏 SHI-2008305
新疆：博乐 徐文斌，杨清理 SHI-2008426
新疆：博乐 徐文斌，杨清理 SHI-2008462
新疆：福海 许炳强，胡伟明 XiaNH-07ZX-808
新疆：阜康 王喜勇，马文宝，施翔 zdy346
新疆：霍城 刘鸯，马真，贺晓欢等 SHI-A2007163
新疆：精河 徐文斌，许晓敏 SHI-2008296
新疆：克拉玛依 石大标 SHI-2006423
新疆：库车 杨赵平，焦培培，白冠章等 LiZJ0772
新疆：库尔勒 杨赵平，焦培培，白冠章等 LiZJ0633
新疆：奎屯 高木木，郭静谊 SHI2006342
新疆：奎屯 高木木，郭静谊 SHI2006345
新疆：奎屯 徐文斌 SHI2006352
新疆：奎屯 徐文斌，杨清理 SHI-2009153
新疆：玛纳斯 郭静谊 SHI-2006492
新疆：沙湾 石大标 SHI2006385
新疆：沙雅 白宝伟，段黄金 TD-02028
新疆：鄯善 王仲科，徐海燕，郭静谊 SHI2006277
新疆：石河子 徐文斌，贺小欢 SHI2006371
新疆：石河子 马真，翟伟 SHI2006380
新疆：石河子 石大标 SHI-2006411
新疆：石河子 石大标 SHI-2006460

Kaschgaria komarovii (Krascheninnikov & N. I. Rubtzov) Poljakov **喀什菊**
新疆：伊吾 王喜勇，马文宝，施翔 zdy467

Klasea centauroides (Linnaeus) Cassini ex Kitagawa **麻花头**
河北：蔚县 牛玉璐，高彦飞，黄士良 NiuYL234
黑龙江：肇东 刘玫，王臣，史传奇等 Liuetal583
吉林：长岭 张宝田 Yanglm0346
辽宁：清原 张永刚 Yanglm0152
山东：牟平区 卞福花，陈朋 BianFH-0294
山东：天桥区 李兰，王萍，张少华等 Lilan246
四川：若尔盖 何兴金，冯图，廖晨阳等 SCU-080384

Klasea centauroides subsp. **strangulata** (Iljin) L. Martins **缢苞麻花头 ***
甘肃：合作 郭淑青，杜品 LiuJQ-2012-GN-137
甘肃：合作 刘坤 LiuJQ-GN-2011-516
甘肃：夏河 齐威 LJQ-2008-GN-131
陕西：长安区 王梅荣，田陌，田先华 TianXH117

Klasea marginata (Tausch) Kitagawa **薄叶麻花头**
四川：松潘 何兴金，刘爽，赵财 SCU-10-419

Klasea procumbens (Regel) Holub **歪斜麻花头**
新疆：塔什库尔干 杨赵平，周禧林，贺冰 LiZJ1195

Koelpinia linearis Pallas **蝎尾菊**
新疆：察布查尔 亚吉东，张桥蓉，胡枭剑 16CS13105
新疆：独山子区 谭敦炎，邱娟 TanDY0112
新疆：额敏 谭敦炎，吉乃提 TanDY0620
新疆：阜康 谭敦炎，邱娟 TanDY0011
新疆：阜康 谭敦炎，邱娟 TanDY0055
新疆：阜康 王喜勇，段士民 410
新疆：呼图壁 王喜勇，段士民 476
新疆：霍城 亚吉东，张桥蓉，胡枭剑 16CS13131
新疆：克拉玛依 谭敦炎，邱娟 TanDY0090
新疆：石河子 马真 SCSB-2006022
新疆：石河子 翟伟，王仲科 SCSB-2006025
新疆：塔城 谭敦炎，吉乃提 TanDY0667
新疆：托里 谭敦炎，吉乃提 TanDY0768
新疆：乌鲁木齐 王喜勇，段士民 454
新疆：乌鲁木齐 谭敦炎，邱娟 TanDY0154
新疆：乌鲁木齐 谭敦炎，艾沙江 TanDY0189
新疆：裕民 谭敦炎，吉乃提 TanDY0695

Lactuca dolichophylla Kitamura **长叶莴苣**
云南：蒙自 田学军，刘成兴，赵丽花 TianXJ0126

Lactuca formosana Maximowicz **台湾翅果菊 ***
安徽：屯溪区 方建新 TangXS0229
重庆：南川区 易思荣 YISR210
河南：栾川 黄振英，于顺利，杨学军 Huangzy0060
河南：南召 何明高，付婷婷，水庆艳 Huangzy0208
河南：嵩县 何明高，付婷婷，水庆艳 Huangzy0142
湖北：竹溪 李盛兰 GanQL065
江西：庐山区 谭策铭，董安淼 TanCM254

Lactuca indica Linnaeus **翅果菊**
安徽：金寨 陈延松，欧祖兰，白雅洁 Xuzd208
安徽：太和 彭斌 HANGYY8696
安徽：屯溪区 方建新 TangXS0359
安徽：芜湖 陈延松，吴国伟，洪欣 Zhousb0098
北京：东城区 王雷，朱雅娟，黄振英 Beijing-huang-bws-0016
北京：东城区 王雷，朱雅娟，黄振英 Beijing-huang-dls-0025
北京：西城区 王雷，朱雅娟，黄振英 Beijing-huang-yms-0020
重庆：南川区 易思荣 YISR044
贵州：江口 彭华，王英，陈丽 P.H.5115
黑龙江：呼兰 刘玫，张欣欣，程薪宇等 Liuetal414
湖北：宣恩 沈泽昊 HXE106
湖南：桑植 陈功锡，廖博儒，查学州等 174
湖南：湘乡 陈薇，朱香清，马仲辉 SCSB-HN-0473

湖南：永定区 吴福川 7006
湖南：沅陵 李胜华，伍贤进，刘光华等 Wuxj893
湖南：岳麓区 刘克明，肖乐希 SCSB-HN-0410
吉林：大安 杨帆，马红媛，安丰华 SNA0082
江西：黎川 童和平，王玉珍 TanCM1909
江西：武宁 张吉华，刘运群 TanCM757
辽宁：桓仁 祝业平 CaoW986
辽宁：庄河 于立敏 CaoW786
山东：崂山区 罗艳，李中华 LuoY146
山东：历城区 樊守金，郑国伟，孙中帅等 Zhaozt0042
四川：乐至 邓兴敏，邓秀发，张昌兵 ZCB0400
四川：万源 张桥蓉，余华 15CS11523
云南：腾冲 周应再 Zhyz-265

Lactuca raddeana Maximowicz **毛脉翅果菊**

安徽：祁门 唐鑫生，方建新 TangXS0465
安徽：舒城 陈延松，欧祖兰，高秋晨等 Xuzd449
河南：浉河区 朱鑫鑫，闫明慧，王君等 ZhuXX263
黑龙江：宁安 刘玫，张欣欣，程薪宇等 Liuetal501
黑龙江：松北 孙阎 SunY186
湖北：仙桃 张代贵 Zdg2662
湖北：竹溪 李盛兰 GanQL365
江西：修水 缪以清，梁荣文 TanCM658
山东：莱山区 卞福花 BianFH-0212
山东：崂山区 步瑞兰，辛晓伟，高丽丽 Lilan826

Lactuca sativa Linnaeus **莴苣**

湖南：冷水江 姜孝成，唐贵华，田春娥 SCSB-HNJ-0195
吉林：南关区 韩忠明 Yanglm0125
西藏：日土 陈家辉，庄会富，刘德团等 yangyp-Q-0084
云南：新平 谢雄 XPALSC406

Lactuca serriola Linnaeus **野莴苣**

山东：崂山区 罗艳，李中华 LuoY117
山东：长清区 高德民，张颖颖，程丹丹等 lilan563
陕西：长安区 王梅荣，田陌 TianXH012
新疆：博乐 徐文斌，黄雪姣 SHI-2008002
新疆：昌吉 段士民，王喜勇，刘会良 Zhangdy284
新疆：巩留 刘鸯，徐文斌，马真等 SHI-A2007240
新疆：石河子 徐文斌，杨清理 SHI-2009135
新疆：吐鲁番 段士民 zdy083
新疆：托里 徐文斌，郭一敏 SHI-2009054
新疆：托里 徐文斌，黄刚 SHI-2009107
新疆：温泉 徐文斌，王莹 SHI-2008234
新疆：新源 段士民，王喜勇，刘会良等 91
新疆：裕民 徐文斌，郭一敏 SHI-2009061

Lactuca sibirica (Linnaeus) Bentham ex Maximowicz **山莴苣**

北京：海淀区 付婷婷 SCSB-D-0028
北京：门头沟区 林坚 SCSB-E-0039
黑龙江：岭东区 刘玫，张欣欣，程薪宇等 Liuetal381
湖南：石门 姜孝成，唐妹，卜剑超等 Jiangxc0488
辽宁：清原 张永刚 Yanglm0164
山东：莱山区 卞福花，宋言贺 BianFH-532
山东：牟平区 卞福花，杜丽君，孟凡涛 BianFH-0142
山西：小店区 廉凯敏，焦磊 Zhangf0061
四川：峨眉山 李小杰 LiXJ364

Lactuca tatarica (Linnaeus) C. A. Meyer **乳苣**

河北：桃城 牛玉璐，郑博颖，黄士良等 NiuYL015
河北：桃城 牛玉璐，高彦飞，赵二涛 NiuYL433
内蒙古：伊金霍洛旗 杨学军 Huangzy0229
青海：都兰 潘建斌，杜维波，牛炳韬 Liujq-2011CDM-077
青海：都兰 潘建斌，杜维波，牛炳韬 Liujq-2011CDM-205
青海：格尔木 潘建斌，杜维波，牛炳韬 Liujq-2011CDM-024
青海：格尔木 潘建斌，杜维波，牛炳韬 Liujq-2011CDM-051
青海：乌兰 潘建斌，杜维波，牛炳韬 Liujq-2011CDM-267
山东：垦利 曹子谊，韩国营，柴振光等 Zhaozt0100
新疆：阿瓦提 杨赵平，黄文娟，段黄金等 LiZJ0014
新疆：博乐 贺晓欢 SHI-A2007011
新疆：博乐 谭敦炎，吉乃提，艾沙江 TanDY0265
新疆：博乐 徐文斌，许晓敏 SHI-2008001
新疆：察布查尔 亚吉东，张桥蓉，胡枭剑 16CS13093
新疆：和静 杨赵平，焦培培，白冠章等 LiZJ0705
新疆：精河 谭敦炎，吉乃提，艾沙江 TanDY0232
新疆：库尔勒 张挺，杨赵平，焦培培等 LiZJ0409
新疆：石河子 张挺，杨赵平，焦培培等 LiZJ0402
新疆：塔什库尔干 黄文娟，段黄金，王英鑫等 LiZJ0332
新疆：叶城 郭永杰，黄文娟，段黄金 LiZJ0168
新疆：叶城 黄文娟，段黄金，王英鑫等 LiZJ0891
新疆：裕民 徐文斌，杨清理 SHI-2009060

Lactuca undulata Ledebour **飘带果**

新疆：阜康 谭敦炎，邱娟 TanDY0023
新疆：克拉玛依 张振春，刘建华 TanDY0321

Laggera alata (D. Don) Schultz Bipontinus ex Oliver **六棱菊**

四川：米易 袁明 MY251
云南：景谷 张绍云 YNS0111
云南：勐腊 刀志灵，崔景云 DZL-133
云南：普洱 郭永杰，聂细转，黄秋月等 12CS4991
云南：腾冲 周应再 Zhyz-442
云南：新平 刘家良 XPALSD275
云南：镇沅 胡启和，张绍云 YNS0816

Laggera crispata (Vahl) Hepper & J. R. I. Wood **翼齿六棱菊**

云南：景东 杨国平 07-26
云南：景东 罗忠华，谢有能，刘长铭等 JDNR09005
云南：盘龙区 蔡杰 15CS10015
云南：元江 刀志灵，陈渝 DZL-196
云南：镇沅 胡启和，张绍云 YNS0802

Lapsanastrum apogonoides (Maximowicz) Pak & K. Bremer **稻槎菜**

安徽：屯溪区 方建新 TangXS0184
湖北：竹溪 李盛兰 GanQL681
江苏：句容 吴宝成，王兆银 HANGYY8129
江西：黎川 童和平，王玉珍，常迪江等 TanCM1991
江西：庐山区 董安淼，吴从梅 TanCM1504
上海：闵行区 李宏庆，殷鸽，杨灵霞 Lihq0171

Launaea polydichotoma (Ostenfeld) Amin ex N. Kilian **河西菊** *

新疆：轮台 塔里木大学植物资源调查组 TD-00151
新疆：温宿 杨赵平，焦培培，白冠章等 LiZJ0935

Launaea procumbens (Roxburgh) Ramayya & Rajagopal **假小喙菊**

云南：巧家 杨光明 SCSB-W-1192

Leibnitzia anandria (Linnaeus) Turczaninow **大丁草**

河北：蔚县 牛玉璐，高彦飞，黄士良 NiuYL239
黑龙江：嫩江 王臣，张欣欣，史传奇 WangCh231
黑龙江：尚志 刘玫，王臣，张欣欣等 Liuetal725
吉林：南关区 韩忠明 Yanglm0142
江西：修水 缪以清，李立新 TanCM1263
辽宁：庄河 于立敏 CaoW783
山东：莱山区 卞福花，宋言贺 BianFH-480

山东：崂山区 罗艳，李中华，邓建平 LuoY168
山东：历城区 樊守金，郑国伟 Zhaozt0046
山东：牟平区 卞福花，杜丽君，孟凡涛 BianFH-0152
四川：稻城 孔航辉，罗江平，左雷等 YangQE3533
四川：甘孜 陈文允，于文涛，黄永江 CYH175
云南：鹤庆 陈文允，于文涛，黄永江等 CYHL245
云南：巧家 张书东，廖太谷，金建昌 QJYS0198
云南：嵩明 张挺，唐勇，陈伟等 SCSB-B-000097

Leibnitzia nepalensis (Kunze) Kitamura 尼泊尔大丁草
甘肃：卓尼 刘坤 LiuJQ-GN-2011-495
甘肃：卓尼 刘坤 LiuJQ-GN-2011-496
甘肃：卓尼 齐威 LJQ-2008-GN-210
西藏：察隅 张挺，蔡杰，袁明 09CS1538
西藏：工布江达 罗建，汪书丽，任德智 LiuJQ-09XZ-ML058
西藏：朗县 罗建，汪书丽，任德智 L096
西藏：墨竹工卡 钟扬 ZhongY1062
西藏：左贡 张大才，罗康，梁群等 ZhangDC-07ZX-1364
西藏：左贡 徐波，陈光富，陈林杨等 SunH-07ZX-2095
云南：会泽 杜燕，黄天才，董勇等 SCSB-A-000333
云南：香格里拉 郭永杰，张桥蓉，李春晓等 11CS3495
云南：香格里拉 周浙昆，苏涛，杨莹等 Zhou09-031

Leibnitzia pusilla (Candolle) S. Gould 灰岩大丁草
四川：德格 苏涛，黄永江，杨青松等 ZhouZK11213
云南：宁蒗 任宗昕，艾洪莲，张舒 SCSB-W-1457

Leibnitzia ruficoma (Franchet) Kitamura 红缨大丁草
西藏：芒康 孙航，张建文，邓涛等 SunH-07ZX-3384
西藏：芒康 张挺，李爱花，刘成等 08CS686
云南：古城区 张挺，郭起荣，黄兰兰等 15PX219

Leontopodium andersonii C. B. Clarke 松毛火绒草
四川：甘孜 苏涛，黄永江，杨青松等 ZhouZK11169
四川：普格 苏涛，黄永江，杨青松等 ZhouZK11038
西藏：江达 苏涛，黄永江，杨青松等 ZhouZK11230
云南：巧家 李文虎，高顺勇，吴天抗等 QJYS0089

Leontopodium calocephalum (Franchet) Beauverd 美头火绒草 *
四川：黑水 顾垒，李忠荣 GaoXF-09ZX-1724
四川：康定 许炳强，童毅华，吴兴等 XiaNH-07ZX-1007
四川：理塘 陈家辉，刘亚辉，周妍等 YangYP-Q-2302
四川：马尔康 顾垒，张羽 GAOXF-10ZX-1923
四川：乡城 陈家辉，刘亚辉，周妍等 YangYP-Q-2242

Leontopodium campestre (Ledebour) Handel-Mazzetti 山野火绒草
新疆：塔什库尔干 杨赵平，周禧林，贺冰 LiZJ1188

Leontopodium dedekensii (Bureau & Franchet) Beauverd 戟叶火绒草
西藏：昌都 许炳强，周伟，郑朝汉 Xianh0219

Leontopodium forrestianum Handel-Mazzetti 鼠麴火绒草
西藏：昌都 苏涛，黄永江，杨青松等 ZhouZK11284
云南：丽江 苏涛，黄永江，杨青松等 ZhouZK11467

Leontopodium haplophylloides Handel-Mazzetti 香芸火绒草 *
甘肃：合作 刘坤 LiuJQ-GN-2011-521
甘肃：玛曲 刘坤 LiuJQ-GN-2011-497

Leontopodium himalayanum Candolle 珠峰火绒草
西藏：浪卡子 李晖，边巴，李发平 lihui-Q-09-89

Leontopodium jacotianum Beauverd 雅谷火绒草
西藏：城关区 许炳强，童毅华 XiaNh-07zx-522

Leontopodium japonicum Miquel 薄雪火绒草
安徽：金寨 陈延松，欧祖兰，刘旭升 Xuzd222
安徽：舒城 陈延松，欧祖兰，高秋晨等 Xuzd441
湖北：罗田 朱鑫鑫，甄爱国，孙增朋等 ZhuXX146
湖北：五峰 陈功锡，张代贵 SCSB-HC-2008332
湖北：竹溪 李盛兰 GanQL779

Leontopodium junpeianum Kitamura 长叶火绒草
甘肃：卓尼 刘坤 LiuJQ-GN-2011-525
四川：道孚 许炳强，童毅华，吴兴等 XiaNH-07ZX-0977
西藏：安多 陈家辉，庄会富，边巴扎西 Yangyp-Q-2146

Leontopodium leontopodioides (Willdenow) Beauverd 火绒草
北京：东城区 王雷，朱雅娟，黄振英 Beijing-huang-bws-0015
北京：东城区 王雷，朱雅娟，黄振英 Beijing-huang-dls-0024
甘肃：夏河 刘坤 LiuJQ-GN-2011-524
甘肃：夏河 齐威 LJQ-2008-GN-175
河北：平山 牛玉璐，郑博颖，黄士良等 NiuYL077
吉林：长岭 张宝田 Yanglm0445
青海：格尔木 冯虎元 LiuJQ-08KLS-052
青海：格尔木 冯虎元 LiuJQ-08KLS-111
青海：格尔木 冯虎元 LiuJQ-08KLS-135
青海：互助 薛春迎 Xuechy0235
山东：芝罘区 卞福花，杨蕾蕾，谷胤征 BianFH-0082
山西：夏县 张丽 Zhangf0160
陕西：太白 田先华，董栓录 TianXH1200
四川：巴塘 陈文允，于文涛，黄永江 CYH044
四川：道孚 陈文允，于文涛，黄永江 CYH212
云南：洱源 张德全，王应龙，杨思秦等 ZDQ143
云南：丽江 张书东，林娜娜，陆露等 SCSB-W-107

Leontopodium muscoides Handel-Mazzetti 藓状火绒草 *
西藏：芒康 张永洪，李国栋，王晓雄 SunH-07ZX-1732

Leontopodium nanum (J. D. Hooker & Thomson ex C. B. Clarke) Handel-Mazzetti 矮火绒草
青海：称多 许炳强，周伟，郑朝汉 Xianh0445
青海：海西 SCSB-B-000358
四川：白玉 李晓东，张景博，徐凌翔等 LiJ487
西藏：当雄 杨永平，段元文，边巴扎西 Yangyp-Q-1000
新疆：和静 邱爱军，张玲 LiZJ1801
新疆：和静 张挺，杨赵平，焦培培等 LiZJ0460
新疆：和静 杨赵平，焦培培，白冠章等 LiZJ0767
新疆：乌恰 杨赵平，周禧琳，贺冰 LiZJ1335

Leontopodium ochroleucum Beauverd 黄白火绒草
新疆：和静 张玲 TD-01620
新疆：塔什库尔干 邱娟，冯建菊 LiuJQ0133
新疆：塔什库尔干 冯建菊 LiuJQ0237
新疆：温宿 杨赵平，周禧琳，贺冰 LiZJ1929
新疆：温宿 杨赵平，黄文娟，段黄金等 LiZJ0128

Leontopodium pusillum (Beauverd) Handel-Mazzetti 弱小火绒草
青海：都兰 潘建斌，杜维波，牛炳韬 Liujq-2011CDM-180
西藏：班戈 杨永平，陈家辉，段元文等 yangyp-Q-0152
西藏：措勤 李晖，卜海涛，边巴等 lihui-Q-09-09
西藏：当雄 陈家辉，韩希，王东超等 YangYP-Q-4244
西藏：林周 陈家辉，韩希，王广艳等 YangYP-Q-4159
西藏：那曲 陈家辉，庄会富，边巴扎西 Yangyp-Q-2122

Leontopodium sinense Hemsley 华火绒草 *
四川：米易 刘静 MY-305
西藏：察雅 张挺，李爱花，刘成等 08CS742
西藏：左贡 张大才，李双智，罗康等 ZhangDC-07ZX-0652

Leontopodium smithianum Handel-Mazzetti 绢茸火绒草 *
内蒙古：武川 蒲拴莲，刘润宽，刘毅等 M196

内蒙古：武川 蒲拴莲，刘润宽，刘毅等 M240

Leontopodium souliei Beauverd 银叶火绒草 *

甘肃：合作 刘坤 LiuJQ-GN-2011-526

甘肃：合作 齐威 LJQ-2008-GN-100

甘肃：玛曲 刘坤 LiuJQ-GN-2011-527

青海：祁连 陈世龙，高庆波，张发起等 Chensl1473

四川：丹巴 余岩，周春景，秦汉涛 SCU-11-053

四川：黑水 顾垒，李忠荣 GaoXF-09ZX-1370

四川：红原 张昌兵，邓秀华 ZhangCB0284

四川：红原 张昌兵，邓秀发，郝国歉 ZhangCB0335

四川：乡城 周浙昆，苏涛，杨莹等 Zhou09-210

西藏：芒康 孙航，张建文，邓涛等 SunH-07ZX-3383

西藏：左贡 徐波，陈光富，陈林杨等 SunH-07ZX-2098

云南：玉龙 于文涛，李国锋 WTYu-367

Leontopodium stracheyi (J. D. Hooker) C. B. Clarke ex Hemsley 毛香火绒草

四川：稻城 陈家辉，刘亚辉，周妍等 YangYP-Q-2290

四川：甘孜 陈家辉，王赟，刘德团 YangYP-Q-3061

四川：理塘 陈家辉，刘亚辉，周妍等 YangYP-Q-2301

四川：木里 苏涛，黄永江，杨青松等 ZhouZK11338

西藏：工布江达 罗建，汪书丽，任德智 LiuJQ-09XZ-ML061

西藏：工布江达 卢洋，刘帆等 LiJ883

西藏：加查 许炳强，童毅华 XiaNh-07zx-668

西藏：江达 陈家辉，王赟，刘德团 YangYP-Q-3078

西藏：朗县 罗建，汪书丽，任德智 L095

Leontopodium suffruticosum Y. L. Chen 亚灌木火绒草 *

西藏：昌都 陈家辉，王赟，刘德团 YangYP-Q-3150

Leontopodium wilsonii Beauverd 川西火绒草 *

广西：金秀 彭华，向春雷，陈丽 PengH8096

四川：德格 苏涛，黄永江，杨青松等 ZhouZK11198

四川：康定 彭玉兰，涂卫国 Gaoxf-1024

Ligularia achyrotricha (Diels) Y. Ling 刚毛橐吾 *

四川：稻城 何兴金，王长宝，刘爽等 SCU-09-070

Ligularia alatipes Handel-Mazzetti 翅柄橐吾 *

四川：木里 龚洵，潘跃芝，王文彩 PG100924

云南：东川区 蔡杰，郭永杰，吴之坤等 11CS2996

Ligularia alpigena Pojarkova 帕米尔橐吾

新疆：和静 张挺，杨赵平，焦培培等 LiZJ0507

Ligularia atroviolacea (Franchet) Handel-Mazzetti 黑紫橐吾 *

四川：盐源 龚洵，潘跃芝，王文彩 PG100907

云南：丽江 龚洵，潘跃芝，王文彩 PG100951

Ligularia botryodes (C. Winkler) Handel-Mazzetti 总状橐吾

四川：马尔康 顾垒，张羽 GAOXF-10ZX-1901

Ligularia brassicoides Handel-Mazzetti 芥形橐吾 *

四川：阿坝 龚洵，潘跃芝，嘉婧 PG100836

四川：九龙 张大才，尹五元，李双智等 ZhangDC-07ZX-2399

四川：九龙 孙航，张建文，邓涛等 SunH-07ZX-3765

四川：松潘 龚洵，潘跃芝，嘉婧 PG100853

Ligularia caloxantha (Diels) Handel-Mazzetti 黄亮橐吾 *

云南：巧家 杨光明 SCSB-W-1283

Ligularia chalybea S. W. Liu 灰苞橐吾 *

四川：理塘 何兴金，李琴琴，马祥光等 SCU-09-126

Ligularia changiana S. W. Liu ex Y. L. Chen & Z. Yu Li 长毛橐吾 *

四川：木里 龚洵，潘跃芝，王文彩 PG100937

四川：盐源 龚洵，潘跃芝，王文彩 PG100909

云南：宁蒗 龚洵，潘跃芝，王文彩 PG100941

Ligularia chimiliensis C. C. Chang 缅甸橐吾

西藏：察隅 张挺，蔡杰，袁明 09CS1564

云南：隆阳区 段在贤，密得生，杨海等 BSGLGS1y1035

Ligularia confertiflora C. C. Chang 密花橐吾 *

云南：玉龙 龚洵，潘跃芝，湛青青 PG090985

Ligularia cremanthodioides Handel-Mazzetti 垂头橐吾

西藏：昌都 易思荣，谭秋平 YISR218

西藏：芒康 徐波，陈光富，陈林杨等 SunH-07ZX-0215

西藏：芒康 张大才，李双智，罗康等 ZhangDC-07ZX-0048

Ligularia curvisquama Handel-Mazzetti 弯苞橐吾 *

四川：道孚 何兴金，胡灏禹，黄德青 SCU-10-106

云南：德钦 龚洵，潘跃芝，湛青青 PG090973

Ligularia cyathiceps Handel-Mazzetti 浅苞橐吾 *

四川：理塘 何兴金，赵丽华，梁乾隆等 SCU-11-164

云南：丽江 龚洵，潘跃芝，王文彩 PG100947

云南：香格里拉 杨亲二，孔航辉，李磊 Yangqe3046

云南：香格里拉 龚洵，潘跃芝，湛青青 PG090904

Ligularia cymbulifera (W. W. Smith) Handel-Mazzetti 舟叶橐吾 *

四川：道孚 何兴金，胡灏禹，沈呈娟等 SCU-11-489

四川：稻城 孙航，张建文，董金龙等 SunH-07ZX-3622

四川：稻城 龚洵，潘跃芝，湛青青 PG090962

四川：理塘 龚洵，潘跃芝，湛青青 PG090950

四川：理塘 何兴金，赵丽华，梁乾隆等 SCU-11-187

四川：理塘 何兴金，马祥光，张云香等 SCU-11-232

四川：木里 龚洵，潘跃芝，王文彩 PG100930

四川：乡城 龚洵，潘跃芝，湛青青 PG090937

四川：雅江 何兴金，郜鹏，彭禄等 SCU-11-370

西藏：江达 龚洵，余姣君，龚奕青等 PG121002

云南：德钦 杨亲二，孔航辉，李磊 Yangqe3245

云南：德钦 龚洵，潘跃芝，湛青青 PG090975

云南：丽江 龚洵，潘跃芝，王文彩 PG100946

云南：香格里拉 龚洵，潘跃芝，湛青青 PG090910

云南：香格里拉 龚洵，潘跃芝，湛青青 PG090915

云南：香格里拉 龚洵，潘跃芝，湛青青 PG090936

云南：香格里拉 杨亲二，孔航辉，李磊 Yangqe3030

云南：香格里拉 杨亲二，袁琼 Yangqe2223

云南：香格里拉 张挺，亚吉东，张桥蓉等 11CS3568

Ligularia dentata (A. Gray) H. Hara 齿叶橐吾

湖北：五峰 陈功锡，张代贵 SCSB-HC-2008276

湖南：石门 陈功锡，张代贵 SCSB-HC-2008148

湖南：永顺 陈功锡，张代贵，邓涛等 SCSB-HC-2007417

山西：沁水 张丽，赵璐璐 Zhangf0072

四川：黑水 顾垒，李忠荣 GaoXF-09ZX-1579

云南：永德 李永亮 LiYL1442

浙江：杭州 王金凤 PG100711

Ligularia dictyoneura (Franchet) Handel-Mazzetti 网脉橐吾 *

四川：稻城 龚洵，潘跃芝，湛青青 PG090947

云南：德钦 龚洵，余姣君，龚奕青等 PG121001

云南：迪庆 张书东，林娜娜，郁文彬等 SCSB-W-034

云南：丽江 龚洵，潘跃芝，王文彩 PG100954

云南：宁蒗 龚洵，潘跃芝，王文彩 PG100940

云南：香格里拉 孔航辉，李磊 Yangqe3017

云南：香格里拉 龚洵，潘跃芝，湛青青 PG090901

Ligularia dolichobotrys Diels 太白山橐吾 *

陕西：眉县 白根录，蔡杰，刘成 TianXH129

Ligularia duciformis (C. Winkler) Handel-Mazzetti 大黄橐吾 *

甘肃：舟曲 齐威 LJQ-2008-GN-146

四川：稻城 龚洵，潘跃芝，湛青青 PG090956

四川：康定 何兴金，冯图，廖晨阳等 SCU-080369
四川：理塘 李晓东，张景博，徐凌翔等 LiJ426
云南：贡山 刀志灵 DZL862
云南：巧家 杨光明 SCSB-W-1274
云南：巧家 郁文彬，任宗昕，艾洪莲等 SCSB-W-1058
云南：腾冲 余新林，赵玮 BSGLGStc165
云南：香格里拉 龚洵，潘跃芝，湛青青 PG090905

Ligularia fangiana Handel-Mazzetti **植扶橐吾** *

云南：丽江 龚洵，潘跃芝，王文彩 PG100950

Ligularia fischeri (Ledebour) Turczaninow **蹄叶橐吾**

安徽：绩溪 胡长玉，方建新，徐林飞 TangXS0655
重庆：南川区 易思荣 YISR062
重庆：南川区 易思荣，谭秋平 YISR434
河南：鲁山 宋松泉 HN043
河南：鲁山 宋松泉 HN095
河南：鲁山 宋松泉 HN144
黑龙江：五大连池 孙阎，赵立波 SunY004
湖北：竹溪 李盛兰 GanQL819
江西：修水 缪以清，李立新 TanCM1269
江西：修水 缪以清，余于民 TanCM2444
辽宁：凤城 李忠宇 CaoW235
辽宁：桓仁 祝业平 CaoW1015
内蒙古：额尔古纳 郑宝江，姜洪哲 ZhengBJ241
西藏：林芝 龚洵，余姣君，龚奕青等 PG121011
西藏：芒康 张永洪，王晓雄，周卓等 SunH-07ZX-0446

Ligularia franchetiana (H. Léveillé) Handel-Mazzetti **隐舌橐吾** *

云南：大关 张挺，王培，肖良俊 SCSB-B-000521
云南：禄劝 潘跃芝，余姣君，董洪进 PG101103

Ligularia ghatsukupa Kitamura **粗茎橐吾** *

西藏：林芝 龚洵，余姣君，龚奕青等 PG121006
西藏：隆子 罗建，汪书丽 LiuJQ11XZ155
西藏：南木林 李晖，文雪梅，次旺加布等 Lihui-Q-0117

Ligularia heterophylla Ruprecht **异叶橐吾**

新疆：博乐 刘鸯，马真，贺晓欢等 SHI-A2007029
新疆：察布查尔 贺晓欢 SHI-A2007103
新疆：霍城 马真，贺晓欢，徐文斌等 SHI-A2007059
新疆：乌鲁木齐 王喜勇，马文宝，施翔 zdy274
新疆：乌鲁木齐 段士民，王喜勇，刘会良 Zhangdy274
新疆：新源 徐文斌，董雪洁 SHI-A2007279
新疆：昭苏 贺晓欢，徐文斌，刘鸯等 SHI-A2007097

Ligularia hodgsonii J. D. Hooker **鹿蹄橐吾**

安徽：绩溪 宋曰钦，方建新，张恒 TangXS0594
青海：班玛 汪书丽，朱洪涛 Liujq-QLS-TXM-176
四川：雅江 苏涛，黄永江，杨青松等 ZhouZK11074
云南：巧家 李文虎，吴天抗，张天壁等 QJYS0148

Ligularia hookeri (C. B. Clarke) Handel-Mazzetti **细茎橐吾**

西藏：林芝 毛康珊，任广朋，邹嘉宾 LiuJQ-QTP-2011-182
云南：大理 龚洵，潘跃芝，王文彩 PG100960
云南：香格里拉 杨亲二，孔航辉，李磊 Yangqe3051
云南：玉龙 龚洵，潘跃芝，湛青青 PG090980

Ligularia intermedia Nakai **狭苞橐吾**

安徽：舒城 陈延松，欧祖兰，高秋晨等 Xuzd452
河北：平山 牛玉璐，郑博颖，黄士良等 NiuYL111
湖北：神农架林区 李巨平 LiJuPing0129
湖北：神农架林区 李巨平 LiJuPing0207
湖北：仙桃 张代贵 Zdg2428
湖南：吉首 陈功锡，张代贵，邓涛等 SCSB-HC-2007493
湖南：石门 陈功锡，张代贵 SCSB-HC-2008151
吉林：磐石 安海成 AnHC0187
辽宁：凌源 卜军，金实，阴黎明 CaoW431
内蒙古：武川 蒲拴莲，刘润宽，刘毅等 M179
山西：翼城 张贵平，陈浩 Zhangf0119
四川：巴塘 陈文允，于文涛，黄永江 CYH041
四川：得荣 张大才，李双智，杨川 ZhangDC-07ZX-1929
四川：红原 何兴金，冯图，廖晨阳等 SCU-080374
四川：木里 龚洵，潘跃芝，王文彩 PG100912
云南：东川区 潘跃芝，余姣君，董洪进 PG101102
云南：巧家 李文虎，高顺勇，吴天抗等 QJYS0045

Ligularia jaluensis Komarov **复序橐吾**

西藏：江达 龚洵，余姣君，龚奕青等 PG121003

Ligularia jamesii (Hemsley) Komarov **长白山橐吾**

吉林：抚松 周海城 ZhouHC070

Ligularia kanaitzensis (Franchet) Handel-Mazzetti **干崖子橐吾** *

云南：香格里拉 杨亲二，孔航辉，李磊 Yangqe3027

Ligularia kanaitzensis var. **subnudicaulis** (Handel-Mazzetti) S. W. Liu **菱苞橐吾** *

四川：理塘 陈文允，于文涛，黄永江 CYH020
云南：大理 龚洵，潘跃芝，王文彩 PG100964
云南：鹤庆 龚洵，潘跃芝，王文彩 PG100957
云南：丽江 龚洵，潘跃芝，王文彩 PG100952
云南：宁蒗 龚洵，潘跃芝，王文彩 PG100939
云南：香格里拉 龚洵，潘跃芝，湛青青 PG090902

Ligularia konkalingensis Handel-Mazzetti **贡嘎岭橐吾** *

四川：稻城 龚洵，潘跃芝，湛青青 PG090945
四川：乡城 张大才，尹五元，李双智等 ZhangDC-07ZX-2103
四川：乡城 龚洵，潘跃芝，湛青青 PG090941

Ligularia kunlunshanica C. H. An **昆仑山橐吾** *

新疆：博乐 刘鸯，马真，贺晓欢等 SHI-A2007030
新疆：塔什库尔干 邱娟，冯建菊 LiuJQ0127

Ligularia lamarum (Diels) C. C. Chang **沼生橐吾**

四川：巴塘 孙航，张建文，董金龙等 SunH-07ZX-3623
四川：德格 苏涛，黄永江，杨青松等 ZhouZK11217
四川：小金 高云东，李忠荣，鞠文彬 GaoXF-12-107
西藏：错那 罗建，汪书丽 LiuJQ11XZ092
西藏：林芝 罗建，王国严，汪书丽 LiuJQ-08XZ-036
西藏：林芝 龚洵，余姣君，龚奕青等 PG121007
云南：东川区 蔡杰，郭永杰，吴之坤等 11CS2977
云南：丽江 龚洵，潘跃芝，王文彩 PG100945
云南：丽江 龚洵，潘跃芝，王文彩 PG100949
云南：香格里拉 孔航辉，任琛 Yangqe2853

Ligularia lankongensis (Franchet) Handel-Mazzetti **洱源橐吾** *

四川：巴塘 陈文允，于文涛，黄永江 CYH053
四川：理塘 苏涛，黄永江，杨青松等 ZhouZK11138
四川：木里 龚洵，潘跃芝，王文彩 PG100931
云南：香格里拉 龚洵，潘跃芝，湛青青 PG090923

Ligularia lapathifolia (Franchet) Handel-Mazzetti **牛蒡叶橐吾** *

四川：木里 龚洵，潘跃芝，王文彩 PG100920
四川：木里 龚洵，潘跃芝，王文彩 PG100922
西藏：林芝 龚洵，余姣君，龚奕青等 PG121004
西藏：林芝 龚洵，余姣君，龚奕青等 PG121009
云南：德钦 刀志灵 DZL445
云南：德钦 杨亲二，袁琼 Yangqe2513
云南：洱源 李爱花，雷立公，马国强等 SCSB-A-000141
云南：丽江 龚洵，潘跃芝，王文彩 PG100942

Ligularia latihastata (W. W. Smith) Handel-Mazzetti 宽戟橐吾 *
四川：米易 袁明 MY488
四川：木里 苏涛，黄永江，杨青松等 ZhouZK11342
云南：香格里拉 杨亲二，孔航辉，李磊 Yangqe3159
云南：香格里拉 龚洵，潘跃芝，湛青青 PG090908
云南：香格里拉 李晓东，张紫刚，操榆 LiJ673

Ligularia liatroides (C. Winkler) Handel-Mazzetti 缘毛橐吾 *
西藏：当雄 陈家辉，庄会富，刘德团 Yangyp-Q-0173
西藏：吉隆 聂泽龙，牛洋，周卓等 SunH-07ZX-2323
西藏：左贡 张大才，李双智，罗康等 ZhangDC-07ZX-0637

Ligularia longifolia Handel-Mazzetti 长叶橐吾 *
四川：木里 龚洵，潘跃芝，王文彩 PG100917

Ligularia longihastata Handel-Mazzetti 长戟橐吾 *
云南：维西 张挺，徐远杰，黄押稳等 SCSB-B-000161

Ligularia macrophylla (Ledebour) Candolle 大叶橐吾
新疆：阿合奇 塔里木大学植物资源调查组 TD-00642
新疆：和布克赛尔 许炳强，胡伟明 XiaNH-07ZX-832
新疆：和静 邱爱军，张玲 LiZJ1792
新疆：和静 塔里木大学植物资源调查组 TD-00142
新疆：和静 塔里木大学植物资源调查组 TD-00535
新疆：和静 杨赵平，焦培培，白冠章等 LiZJ0656
新疆：温泉 徐文斌，王莹 SHI-2008032
新疆：乌恰 塔里木大学植物资源调查组 TD-00701
新疆：乌恰 黄文娟，杨赵平 TD-01485

Ligularia melanocephala (Franchet) Handel-Mazzetti 黑苞橐吾 *
四川：木里 龚洵，潘跃芝，王文彩 PG100925
西藏：左贡 张永洪，王晓雄，周卓等 SunH-07ZX-1091
云南：东川区 蔡杰，郭永杰，吴之坤等 11CS2963
云南：香格里拉 郭永杰，张桥蓉，李春晓等 11CS3493
云南：香格里拉 杨亲二，孔航辉，李磊 Yangqe3036
云南：香格里拉 龚洵，潘跃芝，湛青青 PG090916

Ligularia microcephala (Handel-Mazzetti) Handel-Mazzetti 小头橐吾 *
云南：香格里拉 郭永杰，张桥蓉，李春晓等 11CS3513

Ligularia mongolica (Turczaninow) Candolle 全缘橐吾
黑龙江：五大连池 孙阎，杜景红 SunY235

Ligularia muliensis Handel-Mazzetti 木里橐吾 *
四川：木里 龚洵，潘跃芝，王文彩 PG100935
四川：雅江 苏涛，黄永江，杨青松等 ZhouZK11106

Ligularia myriocephala Y. Ling ex S. W. Liu 千花橐吾 *
西藏：昌都 易思荣，谭秋平 YISR219
西藏：江达 陈家辉，王赟，刘德团 YangYP-Q-3097

Ligularia nanchuanica S. W. Liu 南川橐吾 *
四川：木里 龚洵，潘跃芝，王文彩 PG100932

Ligularia narynensis (C. Winkler) O. Fedtschenko & B. Fedtschenko 山地橐吾
新疆：和静 杨赵平，焦培培，白冠章等 LiZJ0751
新疆：库车 张玲 TD-01996
新疆：裕民 刘成，李昌洪，熊晓强 16CS12494

Ligularia nelumbifolia (Bureau & Franchet) Handel-Mazzetti 莲叶橐吾 *
湖北：竹溪 李盛兰 GanQL328
四川：稻城 龚洵，潘跃芝，湛青青 PG090963
四川：红原 龚洵，潘跃芝，嘉婧 PG100820
四川：康定 许炳强，童毅华，吴兴等 XiaNH-07ZX-1103
四川：康定 何兴金，胡灏禹，陈德友等 SCU-09-308
四川：康定 何兴金，廖晨阳，任海燕等 SCU-09-411
四川：理塘 龚洵，潘跃芝，湛青青 PG090952
四川：理县 许炳强，童毅华，吴兴等 XiaNH-07ZX-0902
四川：理县 何兴金，李琴琴，赵丽华等 SCU-09-534
四川：雅江 孔航辉，罗江平，左雷等 YangQE3492
云南：香格里拉 杨亲二，孔航辉 Yangqe3143
云南：香格里拉 杨亲二，袁琼 Yangqe2102

Ligularia odontomanes Handel-Mazzetti 马蹄叶橐吾 *
云南：宁蒗 任宗昕，艾洪莲，张舒 SCSB-W-1458
云南：宁蒗 任宗昕，寸龙琼，任尚国 SCSB-W-1346

Ligularia oligonema Handel-Mazzetti 疏舌橐吾 *
云南：永德 李永亮，杨金柱 YDDXSB006

Ligularia platyglossa (Franchet) Handel-Mazzetti 宽舌橐吾 *
四川：松潘 龚洵，潘跃芝，嘉婧 PG100848

Ligularia pleurocaulis (Franchet) Handel-Mazzetti 侧茎橐吾 *
四川：巴塘 孙航，张建文，董金龙等 SunH-07ZX-3627
四川：巴塘 孙航，张建文，董金龙等 SunH-07ZX-3648
四川：稻城 张大才，尹五元，李双智等 ZhangDC-07ZX-2145
四川：稻城 龚洵，潘跃芝，湛青青 PG090958
四川：康定 高云东，李忠荣，鞠文彬 GaoXF-12-182
四川：康定 许炳强，童毅华，吴兴等 XiaNH-07ZX-1030
四川：康定 彭玉兰，涂卫国 Gaoxf-0989
四川：理塘 陈文允，于文涛，黄永江 CYH021
四川：理塘 何兴金，赵丽华，梁乾隆等 SCU-11-198
四川：理塘 何兴金，马祥光，张云香等 SCU-11-263
云南：香格里拉 杨亲二，孔航辉，李磊 Yangqe3146

Ligularia potaninii (C. Winkler) Y. Ling 浅齿橐吾 *
四川：九龙 张大才，尹五元，李双智等 ZhangDC-07ZX-2393

Ligularia przewalskii (Maximowicz) Diels 掌叶橐吾 *
甘肃：合作 刘坤 LiuJQ-GN-2011-737
甘肃：卓尼 齐威 LJQ-2008-GN-147
青海：互助 薛春迎 Xuechy0120
青海：互助 薛春迎 Xuechy0237
青海：平安 陈世龙，高庆波，张发起等 Chensl1749
四川：阿坝 蔡杰，张挺，刘成 10CS2587
四川：壤塘 许炳强，童毅华，吴兴等 XiaNH-07ZX-0939
四川：壤塘 陈世龙，高庆波，张发起 Chensl1152
四川：松潘 何兴金，刘爽，赵财 SCU-10-409
四川：小金 高云东，李忠荣，鞠文彬 GaoXF-12-077

Ligularia purdomii (Turrill) Chittenden 褐毛橐吾 *
甘肃：玛曲 陈世龙，张得钧，高庆波等 Chensl0443
甘肃：玛曲 刘坤 LiuJQ-GN-2011-438
青海：班玛 陈世龙，张得钧，高庆波等 Chensl0377
青海：久治 龚洵，潘跃芝，嘉婧 PG100838
四川：阿坝 龚洵，潘跃芝，嘉婧 PG100843
四川：道孚 余岩，周春景，秦汉涛 SCU-11-021
四川：道孚 何兴金，胡灏禹，沈呈娟等 SCU-11-432
四川：甘孜 张大才，尹五元，李双智等 ZhangDC-07ZX-2330
四川：理塘 何兴金，马祥光，张云香等 SCU-11-225
四川：壤塘 何兴金，胡灏禹，黄德青 SCU-10-143
四川：壤塘 何兴金，马祥光，郜鹏 SCU-10-253
四川：壤塘 何兴金，刘爽，易欣 SCU-10-335
四川：松潘 齐威 LJQ-2008-GN-145
四川：雅江 何兴金，郜鹏，彭禄等 SCU-11-330

Ligularia pyrifolia S. W. Liu 梨叶橐吾 *
四川：普格 苏涛，黄永江，杨青松等 ZhouZK11018

Ligularia qiaojiaensis Y. S. Chen & H. J. Dong 巧家橐吾 *
云南：东川区 潘跃芝，余姣君，董洪进 PG101101

Ligularia retusa Candolle 黑毛橐吾

西藏：吉隆 何华杰，张书东 81137
云南：文山 税玉民，陈文红 81137
Ligularia rumicifolia S. W. Liu 藏橐吾
西藏：堆龙德庆 扎西次仁 ZhongY155
西藏：加查 许炳强，童毅华 XiaNh-07zx-688
西藏：加查 许炳强，童毅华 XiaNh-07zx-753
西藏：拉萨 扎西次仁 ZhongY247
西藏：浪卡子 杨永平，王东超，杨大松等 YangYP-Q-5043
西藏：林周 陈家辉，韩希，王广艳等 YangYP-Q-4146
西藏：洛扎 扎西次仁 ZhongY218
云南：隆阳区 段在贤，密得生，杨海等 BSGLGSly1040
云南：香格里拉 张建文，陈建国，陈林杨等 SunH-07ZX-2279
云南：香格里拉 李国栋，陈建国，陈林杨等 SunH-07ZX-2284
Ligularia sachalinensis Nakai 黑龙江橐吾
黑龙江：嫩江 王臣，张欣欣，史传奇 WangCh239
Ligularia sagitta (Maximowicz) Mattfeld ex Rehder & Kobuski 箭叶橐吾
甘肃：合作 刘坤 LiuJQ-GN-2011-433
甘肃：合作 齐威 LJQ-2008-GN-148
甘肃：碌曲 李晓东，刘帆，张景博等 LiJ0120
甘肃：卓尼 刘坤 LiuJQ-GN-2011-434
青海：互助 薛春迎 Xuechy0225
青海：囊谦 许炳强，周伟，郑朝汉 Xianh0048
青海：同德 陈世龙，高庆波，张发起 Chensl1048
青海：同仁 汪书丽，朱洪涛 Liujq-QLS-TXM-191
四川：白玉 孙航，张建文，董金龙等 SunH-07ZX-3673
四川：甘孜 陈文允，于文涛，黄永江 CYH104
四川：康定 彭玉兰，涂卫国 Gaoxf-0984
四川：理塘 龚洵，潘跃芝，湛青青 PG090948
四川：米易 刘静，袁明 MY-204
四川：汶川 何兴金，高云东，刘海艳等 SCU-20080451
四川：乡城 龚洵，潘跃芝，湛青青 PG090970
四川：雅江 何兴金，李琴琴，马祥光等 SCU-09-120
西藏：墨竹工卡 何华杰，张书东 81292
西藏：墨竹工卡 何华杰，张书东 81293
Ligularia sibirica (Linnaeus) Cassini 橐吾
湖北：竹溪 甘霖 GanQL627
内蒙古：锡林浩特 张红香 ZhangHX087
青海：互助 薛春迎 Xuechy0176
Ligularia songarica (Fischer) Y. Ling 准噶尔橐吾
新疆：和布克赛尔 许炳强，胡伟明 XiaNH-07ZX-830
新疆：托里 许炳强，胡伟明 XiaNH-07ZX-848
新疆：托里 徐文斌，郭一敏 SHI-2009499
新疆：温泉 石大标 SCSB-SHI-2006226
新疆：温泉 许炳强，胡伟明 XiaNH-07ZX-854
Ligularia stenocephala (Maximowicz) Matsumura & Koidzumi 窄头橐吾
安徽：绩溪 胡长玉，方建新，徐林飞 TangXS0656
湖北：宣恩 祝文志，刘志祥，曹远俊 ShenZH0024
江西：武宁 张吉华，刘运群 TanCM1163
四川：九龙 孙航，张建文，董金龙等 SunH-07ZX-4056
Ligularia stenoglossa (Franchet) Handel-Mazzetti 裂舌橐吾 *
云南：大理 龚洵，潘跃芝，王文彩 PG100961
云南：玉龙 龚洵，潘跃芝，湛青青 PG090978
Ligularia subspicata (Bureau & Franchet) Handel-Mazzetti 穗序橐吾 *
四川：巴塘 张大才，尹五元，李双智等 ZhangDC-07ZX-2242
四川：稻城 龚洵，潘跃芝，湛青青 PG090959
四川：甘孜 陈家辉，王赟，刘德团 YangYP-Q-3045
四川：黑水 顾垒，李忠荣 GaoXF-09ZX-1526
四川：康定 许炳强，童毅华，吴兴等 XiaNH-07ZX-1009
四川：康定 许炳强，童毅华，吴兴等 XiaNH-07ZX-1039
四川：康定 彭玉兰，涂卫国 Gaoxf-0990
四川：木里 龚洵，潘跃芝，王文彩 PG100915
四川：乡城 龚洵，潘跃芝，湛青青 PG090938
四川：乡城 龚洵，潘跃芝，湛青青 PG090972
云南：维西 陈文允，于文涛，黄永江等 CYHL080
云南：香格里拉 龚洵，潘跃芝，湛青青 PG090912
云南：香格里拉 龚洵，潘跃芝，湛青青 PG090933
云南：香格里拉 杨青松，星耀武，苏涛 ZhouZK-07ZX-0343
云南：香格里拉 周浙昆，苏涛，杨莹等 Zhou09-019
Ligularia tangutorum Pojarkova 唐古特橐吾 *
青海：班玛 陈世龙，高庆波，张发起 Chensl1130
Ligularia tenuicaulis C. C. Chang 纤细橐吾 *
西藏：芒康 张永洪，李国栋，王晓雄 SunH-07ZX-1714
西藏：左贡 徐波，陈光富，陈林杨等 SunH-07ZX-2097
Ligularia tenuipes (Franchet) Diels 簇梗橐吾 *
湖北：五峰 陈功锡，张代贵 SCSB-HC-2008322
Ligularia thomsonii (C. B. Clarke) Pojarkova 西域橐吾
新疆：博乐 徐文斌，许晓敏 SHI-2008123
新疆：博乐 徐文斌，许晓敏 SHI-2008343
新疆：托里 徐文斌，郭一敏 SHI-2009214
新疆：托里 徐文斌，杨清理 SHI-2009228
新疆：托里 徐文斌，杨清理 SHI-2009252
新疆：温泉 徐文斌，许晓敏 SHI-2008163
新疆：温泉 徐文斌，王莹 SHI-2008170
新疆：温泉 徐文斌，王莹 SHI-2008231
Ligularia tongolensis (Franchet) Handel-Mazzetti 东俄洛橐吾 *
四川：丹巴 余岩，周春景，秦汉涛 SCU-11-063
四川：道孚 何兴金，刘爽，易欣 SCU-10-312
四川：道孚 何兴金，刘爽，易欣 SCU-10-319
四川：稻城 龚洵，潘跃芝，湛青青 PG090946
四川：稻城 龚洵，潘跃芝，湛青青 PG090965
四川：稻城 何兴金，王长宝，刘爽等 SCU-09-061
四川：理塘 张大才，尹五元，李双智等 ZhangDC-07ZX-2201
四川：理塘 龚洵，潘跃芝，湛青青 PG090949
四川：木里 孔航辉，罗江平，左雷等 YangQE3412
四川：木里 龚洵，潘跃芝，王文彩 PG100911
四川：木里 龚洵，潘跃芝，王文彩 PG100923
云南：东川区 蔡杰，郭永杰，吴之坤等 11CS2995
云南：香格里拉 龚洵，潘跃芝，湛青青 PG090906
云南：香格里拉 龚洵，潘跃芝，湛青青 PG090913
云南：香格里拉 龚洵，潘跃芝，湛青青 PG090919
云南：香格里拉 杨亲二，袁琼 Yangqe1996
Ligularia tsangchanensis (Franchet) Handel-Mazzetti 苍山橐吾 *
四川：红原 龚洵，潘跃芝，嘉婧 PG100817
四川：康定 彭玉兰，涂卫国 Gaoxf-1001
西藏：波密 孙航，张建文，陈建国等 SunH-07ZX-2635
西藏：察隅 张挺，蔡杰，袁明 09CS1539
西藏：林芝 罗建，王国严，汪书丽 LiuJQ-08XZ-053
西藏：林芝 龚洵，余姣君，龚奕青等 PG121010
西藏：林芝 孙航，张建文，陈建国等 SunH-07ZX-2720
云南：鹤庆 张大才，李双智，杨川 ZhangDC-07ZX-2080
云南：丽江 张书东，林娜娜，陆露等 SCSB-W-114

云南：宁蒗 龚洵，潘跃芝，王文彩 PG100938
云南：巧家 杨光明 SCSB-W-1251
云南：巧家 杨光明 SCSB-W-1252
云南：香格里拉 龚洵，潘跃芝，湛青青 PG090907

Ligularia veitchiana (Hemsley) Greenman **离舌橐吾 ***
广西：灵川 吴望辉，黄俞淞，农冬新 Liuyan0406
陕西：宁陕 吴礼慧，田先华 TianXH249
四川：峨眉山 李小杰 LiXJ283

Ligularia vellerea (Franchet) Handel-Mazzetti **棉毛橐吾 ***
四川：木里 龚洵，潘跃芝，王文彩 PG100913
云南：丽江 龚洵，潘跃芝，王文彩 PG100944
云南：巧家 李文虎，吴天抗，张天壁等 QJYS0120
云南：香格里拉 郭永杰，张桥蓉，李春晓等 11CS3449
云南：香格里拉 龚洵，潘跃芝，湛青青 PG090911
云南：香格里拉 龚洵，潘跃芝，湛青青 PG090920
云南：香格里拉 龚洵，潘跃芝，湛青青 PG090932
云南：香格里拉 孔航辉，罗江平，左雷等 YangQE3303
云南：香格里拉 杨亲二，孔航辉，李磊 Yangqe3034
云南：香格里拉 杨亲二，孔航辉，李磊 Yangqe3147
云南：香格里拉 杨亲二，袁琼 Yangqe1839
云南：香格里拉 杨青松，杨莹，黄永江等 ZhouZK-07ZX-0086
云南：香格里拉 杨青松，星耀武，苏涛 ZhouZK-07ZX-0344
云南：香格里拉 张挺，李明勤，王关友等 11CS3618
云南：香格里拉 张挺，李明勤，王关友等 11CS3621
云南：玉龙 杨亲二，孔航辉，李磊 Yangqe3167

Ligularia virgaurea (Maximowicz) Mattfeld ex Rehder & Kobuski **黄帚橐吾**
甘肃：合作 刘坤 LiuJQ-GN-2011-436
甘肃：玛曲 李晓东，刘帆，张景博等 LiJ0076
甘肃：玛曲 刘坤 LiuJQ-GN-2011-435
甘肃：玛曲 刘坤 LiuJQ-GN-2011-437
甘肃：玛曲 齐威 LJQ-2008-GN-143
甘肃：玛曲 齐威 LJQ-2008-GN-144
甘肃：玛曲 齐威 LJQ-2008-GN-167
青海：久治 汪书丽，朱洪涛 Liujq-QLS-TXM-182
青海：囊谦 陈世龙，高庆波，张发起 Chensl0709
青海：杂多 陈世龙，高庆波，张发起 Chensl0721
青海：泽库 陈世龙，高庆波，张发起 Chensl0992
青海：治多 汪书丽，朱洪涛 Liujq-QLS-TXM-074
四川：阿坝 陈世龙，张得钧，高庆波等 Chensl0434
四川：阿坝 龚洵，潘跃芝，嘉婧 PG100840
四川：道孚 陈文允，于文涛，黄永江 CYH199
四川：道孚 何兴金，胡灏禹，沈呈娟等 SCU-11-431
四川：道孚 何兴金，刘爽，易欣 SCU-10-305
四川：道孚 余岩，周春景，秦汉涛 SCU-11-018
四川：道孚 余岩，周春景，秦汉涛 SCU-11-026
四川：稻城 何兴金，王长宝，刘爽等 SCU-09-048
四川：稻城 孙航，张建文，董金龙等 SunH-07ZX-3564
四川：甘孜 苏涛，黄永江，杨青松等 ZhouZK11180
四川：红原 高云东，李忠荣，鞠文彬 GaoXF-12-027
四川：红原 龚洵，潘跃芝，嘉婧 PG100825
四川：红原 龚洵，潘跃芝，嘉婧 PG100831
四川：红原 张昌兵，邓秀华 ZhangCB0280
四川：九龙 孔航辉，罗江平，左雷等 YangQE3463
四川：九龙 孙航，张建文，董金龙等 SunH-07ZX-4013
四川：康定 何兴金，冯图，廖晨阳等 SCU-080379
四川：康定 彭玉兰，涂卫国 Gaoxf-0992
四川：康定 许炳强，童毅华，吴兴等 XiaNH-07ZX-1040
四川：理塘 何兴金，马祥光，张云香等 SCU-11-222
四川：理塘 何兴金，赵丽华，梁乾隆等 SCU-11-134
四川：若尔盖 龚洵，潘跃芝，嘉婧 PG100845
四川：若尔盖 龚洵，潘跃芝，嘉婧 PG100861
四川：乡城 龚洵，潘跃芝，湛青青 PG090939
四川：雅江 何兴金，郜鹏，彭禄等 SCU-11-327
四川：雅江 孔航辉，罗江平，左雷等 YangQE3493
西藏：林芝 龚洵，余姣君，龚奕青等 PG121008
西藏：芒康 龚洵，余姣君，龚奕青等 PG121012
西藏：芒康 徐波，陈光富，陈林杨等 SunH-07ZX-1536

Ligularia wilsoniana (Hemsley) Greenman **川鄂橐吾 ***
四川：巴塘 孙航，张建文，董金龙等 SunH-07ZX-3653

Ligularia yunnanensis (Franchet) C. C. Chang **云南橐吾 ***
云南：香格里拉 杨亲二，孔航辉，李磊 Yangqe3037
云南：玉龙 龚洵，潘跃芝，湛青青 PG090982

Matricaria matricarioides (Lessing) Porter ex Britton **同花母菊**
黑龙江：尚志 刘玫，张欣欣，程薪宇等 Liuetal401

Melanoseris atropurpurea (Franchet) N. Kilian & Z. H. Wang **大花毛鳞菊**
西藏：墨脱 孙航，张建文，陈建国等 SunH-07ZX-2675
云南：巧家 郁文彬，任宗昕，艾洪莲等 SCSB-W-1050
云南：思茅区 张绍云，叶金科，胡启和 YNS1215
云南：香格里拉 杨亲二，孔航辉，李磊 Yangqe3044
云南：香格里拉 陈家辉，刘亚辉，周妍等 YangYP-Q-2220
云南：永德 李永亮，杨金柱 YDDXSB008

Melanoseris bracteata (J. D. Hooker & Thomson ex C. B. Clarke) N. Kilian **苞叶毛鳞菊**
西藏：林芝 罗建，汪书丽，任德智 LiuJQ-09XZ-318

Melanoseris cyanea (D. Don) Edgeworth **蓝花毛鳞菊**
云南：巧家 李文虎，高顺勇，吴天抗等 QJYS0039
云南：新平 何罡安 XPALSB105
云南：永德 李永亮 YDDXS0813

Melanoseris graciliflora (Candolle) N. Kilian **细莴苣**
云南：贡山 蔡杰，郭云刚，张凤琼等 14CS9717
云南：南涧 常学科，熊绍荣，时国彩等 njwls2007166
云南：腾冲 余新林，赵玮 BSGLGStc122
云南：香格里拉 张挺，亚吉东，李明勤等 11CS3361

Melanoseris henryi (Dunn) N. Kilian **普洱毛鳞菊 ***
云南：永德 李永亮 LiYL1383

Melanoseris leptantha (C. Shih) N. Kilian **景东细莴苣 ***
云南：腾冲 周应再 Zhyz-509

Melanoseris likiangensis (Franchet) N. Kilian & Z. H. Wang **丽江毛鳞菊 ***
云南：香格里拉 张挺，亚吉东，李明勤等 11CS3377

Melanoseris souliei (Franchet) N. Kilian **康滇毛鳞菊**
四川：九龙 张大才，尹五元，李双智等 ZhangDC-07ZX-2396
西藏：八宿 张永洪，王晓雄，周卓等 SunH-07ZX-1700
西藏：察隅 张挺，蔡杰，袁明 09CS1565
西藏：错那 罗建，汪书丽 LiuJQ11XZ234
西藏：林芝 孙航，张建文，陈建国等 SunH-07ZX-2821
西藏：芒康 张永洪，李国栋，王晓雄 SunH-07ZX-2216
西藏：左贡 张大才，罗康，梁群等 ZhangDC-07ZX-1374
西藏：左贡 张大才，李双智，罗康等 ZhangDC-07ZX-0177
西藏：左贡 徐波，陈光富，陈林杨等 SunH-07ZX-2069
云南：德钦 张大才，李双智，唐路等 ZhangDC-07ZX-1882

Melanoseris triflora (C. C. Chang & C. Shih) N. Kilian **栉齿细莴苣 ***
云南：贡山 郭永杰，吴之坤，吴兴等 14CS9857

云南：永德 李永亮 YDDXS0971

Microglossa pyrifolia (Lamarck) Kuntze 小舌菊

云南：峨山 蔡杰，刘成，郑国伟 12CS5771

云南：巧家 杨光明 SCSB-W-1322

云南：永德 李永亮 YDDXS1014

云南：永德 李永亮 YDDXS1176

云南：镇沅 胡启和，张绍云 YNS0814

Mikania cordata (N. L. Burman) B. L. Robinson 假泽兰

云南：维西 陈文允，于文涛，黄永江等 CYHL102

Mikania micrantha Kunth 微甘菊

云南：永德 李永亮 LiYL1474

Myriactis delavayi Gagnepain 羽裂粘冠草

云南：永德 李永亮 LiYL1568

Myriactis nepalensis Lessing 圆舌粘冠草

湖北：鹤峰 甘啟良 GanQL160

湖北：宣恩 沈泽昊 HXE077

四川：峨眉山 李小杰 LiXJ548

四川：凉山 孙航，张建文，邓涛等 SunH-07ZX-3788

四川：米易 刘静，袁明 MY-133

四川：盐边 苏涛，黄永江，杨青松等 ZhouZK11330

四川：盐源 任宗昕，艾洪莲，张舒 SCSB-W-1426

四川：盐源 苏涛，黄永江，杨青松等 ZhouZK11396

西藏：林芝 罗建，汪书丽，王国严 LiuJQ-09XZ-365

云南：景东 杨国平，李达文，鲁志云 ygp-014

云南：景东 杨国平 2008159

云南：景东 罗忠华，刘长铭，鲁成荣等 JD085

云南：隆阳区 段在贤，密得生，杨海等 BSGLGS1y1039

云南：蒙自 田学军，邱成书，高波 TianXJ0205

云南：盘龙区 伊廷双，孟静，杨杨 MJ-950

云南：普洱 叶金科 YNS0332

云南：巧家 李文虎，吴天抗，张天壁等 QJYS0162

云南：双柏 马兴达，乔娣 WangHCH051

云南：嵩明 张书东，刘振稳，杜燕等 SCSB-A-000001

云南：腾冲 周应再 Zhyz-135

云南：西山区 彭华，陈丽 P.H.5332

云南：香格里拉 陈文允，于文涛，黄永江等 CYHL213

云南：香格里拉 孙航，李新辉，陈林杨 SunH-07ZX-2999

云南：新平 何罡安 XPALSB055

云南：新平 张云德，李德生，罗田发 XPALSC070

云南：永德 李永亮 YDDXS0421

云南：永德 李永亮 YDDXS0549

云南：永德 李永亮 YDDXSB046

云南：云龙 李爱花，李洪超，黄天才等 SCSB-A-000197

云南：镇沅 何忠云，王立东 ALSZY089

Myriactis wallichii Lessing 狐狸草

四川：泸定 高云东，李忠荣，鞠文彬 GaoXF-12-192

云南：景东 张绍云，胡启和，仇亚等 YNS1168

云南：丽江 张书东，林娜娜，陆露等 SCSB-W-145

云南：勐海 彭华，向春雷，陈丽等 P.H.5746

云南：孟连 彭华，向春雷，陈丽 P.H.5877

云南：南涧 彭华，向春雷，陈丽 P.H.5926

云南：香格里拉 周浙昆，苏涛，杨莹等 Zhou09-082

云南：永德 李永亮 YDDXS0684

云南：镇沅 王立东，何忠云，罗成瑜 ALSZY186

Myriactis wightii Candolle 粘冠草

四川：九龙 孙航，张建文，邓涛等 SunH-07ZX-3775

四川：凉山 孙航，张建文，邓涛等 SunH-07ZX-3789

西藏：工布江达 罗建，汪书丽，任德智 LiuJQ-09XZ-ML069

云南：南涧 常学科，熊绍荣，时国彩等 njwls2007167

云南：巧家 李文虎，高顺勇，吴天抗等 QJYS0022

云南：西山区 蔡杰，张挺，刘成等 11CS3694

Myripnois dioica Bunge 蚂蚱腿子 *

河北：灵寿 牛玉璐，高彦飞，赵二涛 NiuYL373

Nabalus tatarinowii (Maximowicz) Nakai 盘果菊

北京：东城区 王雷，朱雅娟，黄振英 Beijing-huang-bws-0056

北京：东城区 王雷，朱雅娟，黄振英 Beijing-huang-dls-0081

北京：房山区 宋松泉 BJ011

北京：海淀区 甘阳英 SCSB-D-0048

北京：海淀区 李燕军 SCSB-B-0023

北京：门头沟区 李燕军 SCSB-E-0045

北京：西城区 王雷，朱雅娟，黄振英 Beijing-huang-ss-0029

甘肃：合作 郭淑青，杜品 LiuJQ-2012-GN-124

甘肃：卓尼 齐威 LJQ-2008-GN-123

河北：平山 牛玉璐，郑博颖，黄士良等 NiuYL084

河南：鲁山 宋松泉 HN016

河南：鲁山 宋松泉 HN077

河南：鲁山 宋松泉 HN127

黑龙江：阿城 郑宝江，丁晓炎，王美娟等 ZhengBJ259

黑龙江：阿城 王臣，张欣欣，史传奇 WangCh225

湖北：竹溪 甘霖 GanQL617

湖南：石门 陈功锡，张代贵 SCSB-HC-2008022

湖南：永顺 陈功锡，张代贵 SCSB-HC-2008009

陕西：宁陕 田先华，吴礼慧 TianXH501

Neobrachyactis roylei (Candolle) Brouillet 西疆短星菊

新疆：奎屯 亚吉东，张桥蓉，秦少发等 16CS13263

新疆：尼勒克 徐文斌，刘鸯，马真等 SHI-A2007406

新疆：温泉 徐文斌，许晓敏 SHI-2008289

Neopallasia pectinata (Pallas) Poljakov 栉叶蒿

内蒙古：土默特右旗 刘博，蒲拴莲，刘润宽等 M358

新疆：特克斯 段士民，王喜勇，刘会良等 73

Notoseris macilenta (Vaniot & H. Léveillé) N. Kilian 光苞紫菊 *

重庆：南川区 易思荣 YISR207

重庆：南川区 易思荣 YISR282

湖南：古丈 张代贵 Zdg1221

四川：峨眉山 李小杰 LiXJ014

云南：文山 何德明 WSLJS866

Notoseris melanantha (Franchet) C. Shih 黑花紫菊 *

四川：小金 高云东，李忠荣，鞠文彬 GaoXF-12-108

云南：景东 杨国平 2008196

云南：景东 刘长铭，王春华，李应付等 JDNR110128

云南：腾冲 赵玮 BSGLGS1y179

云南：新平 何罡安 XPALSB108

云南：永德 李永亮 LiYL1434

云南：镇沅 何忠云，周立刚 ALSZY323

Notoseris yunnanensis C. Shih 云南紫菊 *

云南：绿春 黄连山保护区科研所 HLS0046

Nouelia insignis Franchet 栌菊木 *

云南：禄劝 蔡杰，张挺，亚吉东等 14CS9040

云南：南涧 刘成，王苏化，朱迪恩 12CS4300

云南：元谋 蔡杰，李爱花，Gemma Hoyle 09CS1074

Olgaea leucophylla (Turczaninow) Iljin 火媒草

内蒙古：武川 蒲拴莲，刘润宽，刘毅等 M198

陕西：神木 田先华 TianXH1104

Olgaea roborowskyi Iljin 假九眼菊 *

新疆：乌恰 杨赵平，周禧林，贺冰 LiZJ1266

Olgaea tangutica Iljin **刺疙瘩 ***
甘肃：碌曲 李晓东，刘帆，张景博等 LiJ0188
甘肃：卓尼 齐威 LJQ-2008-GN-101
湖南：永定区 吴福川，廖博儒，查学州等 7060
内蒙古：鄂托克旗 刘博，蒲拴莲，刘润宽等 M324
陕西：长安区 王梅荣，杨秀梅，田先华 TianXH005
四川：白玉 李晓东，张景博，徐凌翔等 LiJ434
西藏：拉萨 卢洋，刘帆等 LiJ719
西藏：曲水 卢洋，刘帆等 LiJ929

Onopordum acanthium Linnaeus **大翅蓟**
新疆：博乐 马真，翟伟 SHI2006324
新疆：博乐 徐文斌，黄雪姣 SHI-2008112
新疆：霍城 贺晓欢 SHI-A2007070
新疆：玛纳斯 石大标 SCSB-Y-2006072
新疆：木垒 段士民，王喜勇，刘会良等 131
新疆：沙湾 马真，翟伟 SCSB-2006058
新疆：沙湾 石大标 SCSB-Y-2006078
新疆：沙湾 石大标 SCSB-Y-2006087
新疆：石河子 石大标 SCSB-Y-2006171
新疆：托里 高木木，郭静谊 SHI2006357
新疆：托里 徐文斌，黄刚 SHI-2009056
新疆：托里 徐文斌，黄刚 SHI-2009095
新疆：托里 徐文斌，黄刚 SHI-2009308
新疆：托里 徐文斌，杨清理 SHI-2009045
新疆：托里 徐文斌，杨清理 SHI-2009174
新疆：温泉 徐文斌，黄雪姣 SHI-2008055
新疆：温泉 徐文斌，王莹 SHI-2008074
新疆：乌鲁木齐 马文宝，刘会良 zdy023
新疆：乌鲁木齐 马文宝，刘会良 zdy039
新疆：乌鲁木齐 马文宝，刘会良，施翔 zdy201
新疆：乌鲁木齐 马文宝，刘会良，施翔 zdy209
新疆：乌鲁木齐 王喜勇，马文宝，施翔 zdy222
新疆：裕民 徐文斌，黄刚 SHI-2009062
新疆：裕民 徐文斌，黄刚 SHI-2009404
新疆：裕民 徐文斌，黄刚 SHI-2009461
新疆：裕民 徐文斌，杨清理 SHI-2009381
新疆：昭苏 徐文斌，邓丽娟 SHI-A2007318

Paraprenanthes diversifolia (Vaniot) N. Kilian **林生假福王草 ***
江西：武宁 谭策铭，张吉华 TanCM439

Paraprenanthes heptantha C. Shih & D. J. Liu **雷山假福王草 ***
湖北：竹溪 李盛兰 GanQL041

Paraprenanthes polypodiifolia (Franchet) C. C. Chang ex C. Shih **蕨叶假福王草 ***
云南：南涧 阿国仁，何贵才 NJWLS2008233
云南：思茅区 胡启和，仇亚，赵强 YNS0906
云南：新平 胡启元，周兵，张绍云 YNS0861
云南：新平 刘家良 XPALSD280
云南：永德 李永亮 YDDXS1051
云南：永德 李永亮 YDDXS1175

Paraprenanthes sororia (Miquel) C. Shih **假福王草**
湖北：竹溪 李盛兰 GanQL848
湖南：永顺 陈功锡，张代贵 SCSB-HC-2008011
湖南：永顺 陈功锡，张代贵 SCSB-HC-2008173
江苏：宜兴 吴宝成 HANGYY8206
江西：黎川 童和平，王玉珍 TanCM2347
江西：庐山区 谭策铭，董安淼 TanCM268
江西：武宁 张吉华，刘运群 TanCM1103
云南：澜沧 张绍云，胡启和，叶金科等 YNS1194
浙江：鄞州区 李宏庆，田怀珍，葛斌杰等 Lihq0191

Parasenecio ainsliaeiflorus (Franchet) Y. L. Chen **兔儿风蟹甲草 ***
湖北：仙桃 李巨平 Lijuping0302
湖北：宣恩 祝文志，刘志祥，曹远俊 ShenZH0007

Parasenecio ambiguus (Y. Ling) Y. L. Chen **两似蟹甲草 ***
河南：栾川 何明高，付婷婷，水庆艳 Huangzy0085
河南：南召 何明高，付婷婷，水庆艳 Huangzy0222
河南：嵩县 何明高，付婷婷，水庆艳 Huangzy0161
山西：夏县 张丽 Zhangf0156

Parasenecio auriculatus (Candolle) J. R. Grant **耳叶蟹甲草**
陕西：眉县 田先华，张挺，刘成 TianXH096

Parasenecio bulbiferoides (Handel-Mazzetti) Y. L. Chen **珠芽蟹甲草 ***
湖北：宣恩 沈泽昊 HXE162

Parasenecio deltophyllus (Maximowicz) Y. L. Chen **三角叶蟹甲草 ***
甘肃：玛曲 刘坤 LiuJQ-GN-2011-466
青海：大通 陈世龙，高庆波，张发起等 Chensl1663

Parasenecio forrestii W. W. Smith & J. Small **蟹甲草 ***
四川：米易 刘静，袁明 MY-288

Parasenecio hastatus (Linnaeus) H. Koyama **山尖子**
北京：东城区 王雷，朱雅娟，黄振英 Beijing-huang-bws-0044
北京：东城区 王雷，朱雅娟，黄振英 Beijing-huang-dls-0067
北京：门头沟区 李燕军 SCSB-E-0008
北京：西城区 王雷，朱雅娟，黄振英 Beijing-huang-yms-0029
河北：宽城 牛玉璐，高彦飞，赵二涛 NiuYL471
河北：涿鹿 牛玉璐，高彦飞，赵二涛 NiuYL352
黑龙江：海林 郑宝江，丁晓炎，王美娟等 ZhengBJ306
黑龙江：虎林市 王庆贵 CaoW555
黑龙江：宁安 刘玫，张欣欣，程薪宇等 Liuetal502
黑龙江：五大连池 孙阎，赵立波 SunY125
黑龙江：五大连池 孙阎，杜景红 SunY232
湖北：仙桃 张代贵 Zdg2036
湖北：宜昌 陈功锡，张代贵 SCSB-HC-2008090
吉林：和龙 韩忠明 Yanglm0225
吉林：磐石 安海成 AnHC0194

Parasenecio hwangshanicus (Y. Ling) C. I Peng & S. W. Chung **黄山蟹甲草 ***
安徽：绩溪 宋曰钦，方建新，张恒 TangXS0596
江西：黎川 杨文斌，饶云芳 TanCM1318

Parasenecio komarovianus (Pojarkova) Y. L. Chen **星叶蟹甲草**
黑龙江：庆安 孙阎，吕军 SunY337

Parasenecio lancifolius (Franchet) Y. L. Chen **披针叶蟹甲草 ***
湖北：竹溪 李盛兰 GanQL1145

Parasenecio latipes (Franchet) Y. L. Chen **阔柄蟹甲草 ***
四川：理塘 苏涛，黄永江，杨青松等 ZhouZK11146
云南：宁蒗 任宗昕，寸龙琼，任尚国 SCSB-W-1373

Parasenecio otopteryx (Handel-Mazzetti) Y. L. Chen **耳翼蟹甲草 ***
河南：栾川 何明高，付婷婷，水庆艳 Huangzy0086
河南：南召 何明高，付婷婷，水庆艳 Huangzy0223
河南：嵩县 何明高，付婷婷，水庆艳 Huangzy0162

Parasenecio palmatisectus (Jeffrey) Y. L. Chen **掌裂蟹甲草**
四川：康定 许炳强，童毅华，吴兴等 XiaNH-07ZX-1054
四川：理县 何兴金，高云东，余岩等 SCU-09-551
云南：巧家 郁文彬，任宗昕，艾洪莲等 SCSB-W-1054
云南：香格里拉 杨亲二，孔航辉，李磊 Yangqe3059

云南：香格里拉 张挺，亚吉东，李明勤等 11CS3357

Parasenecio pilgerianus (Diels) Y. L. Chen **太白蟹甲草** *

青海：门源 陈世龙，高庆波，张发起等 Chensl1684

Parasenecio praetermissus (Pojarkova) Y. L. Chen **长白蟹甲草**

吉林：和龙 韩忠明，林红梅 Yanglm0201

Parasenecio profundorum (Dunn) Y. L. Chen **深山蟹甲草** *

湖北：神农架林区 李巨平 LiJuPing0092

Parasenecio quinquelobus (Wallich ex Candolle) Y. L. Chen **五裂蟹甲草**

西藏：林芝 罗建，汪书丽 LiuJQ-08XZ-178

西藏：林芝 罗建，汪书丽，王国严 LiuJQ-09XZ-348

西藏：林芝 孙航，张建文，陈建国等 SunH-07ZX-2832

Parasenecio roborowskii (Maximowicz) Y. L. Chen **蛛毛蟹甲草** *

甘肃：夏河 刘坤 LiuJQ-GN-2011-468

甘肃：舟曲 齐威 LJQ-2008-GN-110

甘肃：卓尼 齐威 LJQ-2008-GN-107

甘肃：卓尼 齐威 LJQ-2008-GN-108

青海：互助 薛春迎 Xuechy0188

青海：门源 陈世龙，高庆波，张发起等 Chensl1683

四川：壤塘 许炳强，童毅华，吴兴等 XiaNH-07ZX-0935

Parasenecio rubescens (S. Moore) Y. L. Chen **矢镞叶蟹甲草** *

江西：庐山区 谭策铭，董安淼 TCM09020

Parasenecio rufipilis (Franchet) Y. L. Chen **红毛蟹甲草** *

江西：武宁 张吉华，刘运群 TanCM1164

Parasenecio sinicus (Y. Ling) Y. L. Chen **中华蟹甲草** *

河南：栾川 何明高，付婷婷，水庆艳 Huangzy0083

河南：南召 何明高，付婷婷，水庆艳 Huangzy0221

河南：嵩县 何明高，付婷婷，水庆艳 Huangzy0159

湖北：神农架林区 李巨平 LiJuPing0174

湖北：五峰 陈功锡，张代贵 SCSB-HC-2008282

Parasenecio tenianus (Handel-Mazzetti) Y. L. Chen **盐丰蟹甲草** *

云南：巧家 杨光明 SCSB-W-1465

Parthenium hysterophorus Linnaeus **银胶菊**

云南：新平 白绍斌 XPALSC508

云南：永德 李永亮 YDDXS0708

云南：永德 李永亮 YDDXS6708

Pertya berberidoides (Handel-Mazzetti) Y. C. Tseng **异叶帚菊** *

四川：得荣 孙航，李新辉，陈林杨 SunH-07ZX-3047

四川：乡城 孙航，李新辉，陈林杨 SunH-07ZX-2944

Pertya bodinieri Vaniot **昆明帚菊** *

云南：盘龙区 伊廷双，孟静，杨杨 MJ-938

Pertya discolor Rehder **两色帚菊** *

甘肃：夏河 刘坤 LiuJQ-GN-2011-483

Pertya phylicoides Jeffrey **针叶帚菊** *

云南：德钦 于文涛，李国锋 WTYu-376

云南：德钦 王文礼，冯欣，刘飞鹏 OUXK11215

云南：香格里拉 张书东，林娜娜，郁文彬等 SCSB-W-019

云南：香格里拉 杨青松，星耀武，苏涛 ZhouZK-07ZX-0447

Pertya sinensis Oliver **华帚菊** *

陕西：眉县 田先华，董栓录 TianXH1169

Petasites japonicus (Siebold & Zuccarini) Maximowicz **蜂斗菜**

重庆：南川区 易思荣，谭秋平，张挺 YISR129

湖南：永顺 陈功锡，张代贵 SCSB-HC-2008004

陕西：宁陕 田先华，吴礼慧 TianXH828

Petasites tricholobus Franchet **毛裂蜂斗菜**

湖北：竹溪 李盛兰 GanQL248

西藏：昌都 易思荣，谭秋平 YISR171

云南：贡山 张挺，蔡杰，刘成等 11CS2776

Picris divaricata Vaniot **滇苦菜** *

云南：德钦 杨青松，杨莹，黄永江等 ZhouZK-07ZX-0071

云南：巧家 张书东，张荣，王银环等 QJYS0229

云南：新平 何罡安 XPALSB146

Picris hieracioides Linnaeus **毛连菜**

重庆：城口 易思荣 YISR183

甘肃：合作 刘坤 LiuJQ-GN-2011-493

贵州：花溪区 邹方伦 ZouFL0111

湖北：宜昌 陈功锡，张代贵 SCSB-HC-2008088

湖北：竹溪 甘啟良 GanQL008

湖南：古丈 张代贵 Zdg1206

吉林：磐石 安海成 AnHC0231

内蒙古：锡林浩特 张红香 ZhangHX105

青海：互助 薛春迎 Xuechy0238

山东：牟平区 卞福花，杜丽君，孟凡涛 BianFH-0144

陕西：长安区 王梅荣，田先华，田陌 TianXH035

四川：白玉 李晓东，张景博，徐凌翔等 LiJ435

四川：白玉 孙航，张建文，邓涛等 SunH-07ZX-3704

四川：稻城 何兴金，王长宝，刘爽等 SCU-09-069

四川：稻城 何兴金，李琴琴，马祥光等 SCU-09-155

四川：稻城 何兴金，胡灏禹，陈德友等 SCU-09-346

四川：稻城 何兴金，廖晨阳，任海燕等 SCU-09-442

四川：稻城 何兴金，廖晨阳，任海燕等 SCU-09-464

四川：甘孜 苏涛，黄永江，杨青松等 ZhouZK11187

四川：红原 张昌兵，邓秀华 ZhangCB0236

四川：康定 何兴金，李琴琴，王长宝等 SCU-08078

四川：理塘 何兴金，赵丽华，梁乾隆等 SCU-11-193

四川：泸定 何兴金，王长宝，刘爽等 SCU-09-002

四川：马尔康 何兴金，王月，胡灏禹 SCU-08176

四川：马尔康 顾垒，张羽 GAOXF-10ZX-1918

四川：木里 孔航辉，罗江平，左雷等 YangQE3400

四川：若尔盖 何兴金，冯图，廖晨阳等 SCU-080343

四川：新龙 陈家辉，王赟，刘德团 YangYP-Q-3019

西藏：错那 罗建，汪书丽 LiuJQ11XZ181

云南：洱源 杨青松，杨莹，黄永江等 ZhouZK-07ZX-0240

云南：巧家 张书东，李文虎，杨光明等 QJYS0252

云南：石林 税玉民，陈文红 64660

云南：文山 何德明，邵会昌，沈素娟 WSLJS445

云南：香格里拉 郭永杰，张桥蓉，李春晓等 11CS3498

云南：香格里拉 张挺，亚吉东，张桥蓉等 11CS3564

云南：香格里拉 孔航辉，李磊 Yangqe3116

云南：香格里拉 杨亲二，袁琼 Yangqe1872

云南：永德 李永亮 LiYL1332

云南：永德 李永亮 YDDXS0397

云南：永德 李永亮 YDDXS1230

Picris japonica Thunberg **日本毛连菜**

甘肃：夏河 齐威 LJQ-2008-GN-169

河北：蔚县 牛玉璐，高彦飞，赵二涛 NiuYL337

黑龙江：带岭区 郑宝江，丁晓炎，李月等 ZhengBJ226

黑龙江：宁安 刘玫，张欣欣，程薪宇等 Liuetal507

黑龙江：五营区 孙阎，晁雄雄 SunY037

湖北：竹溪 李盛兰 GanQL707

江苏：徐州 李宏庆，熊申展，胡超 Lihq0364

山东：崂山区 罗艳，李中华 LuoY116

山东：历城区 王萍，高德民，张诏等 lilan303

四川：康定 何兴金，高云东，刘海艳等 SCU-20080418

四川：康定 彭玉兰，涂卫国 Gaoxf-0895
四川：理塘 余岩，周春景，秦汉涛 SCU-11-086
四川：雅江 何兴金，郜鹏，彭禄等 SCU-11-364
西藏：昌都 许炳强，周伟，郑朝汉 Xianh0163
云南：腾冲 余新林，赵玮 BSGLGStc350

Picris junnanensis V. N. Vassiljev 云南毛连菜 *

四川：得荣 孙航，李新辉，陈林杨 SunH-07ZX-3034
四川：若尔盖 何兴金，王月，胡灏禹 SCU-08154

Picris nuristanica Bornmüller 新疆毛连菜

新疆：玛纳斯 亚吉东，张桥蓉，秦少发等 16CS13229

Piloselloides hirsuta (Forsskal) C. Jeffrey ex Cufodontis 兔耳一枝箭

四川：稻城 何兴金，王长宝，刘爽等 SCU-09-044
西藏：察雅 张挺，李爱花，刘成等 08CS744
云南：香格里拉 杨亲二，孔航辉，李磊 Yangqe3269
云南：永德 李永亮 LiYL1306

Plagiobasis centauroides Schrenk 斜果菊

新疆：玛纳斯 亚吉东，张桥蓉，秦少发等 16CS13212
新疆：尼勒克 亚吉东，张桥蓉，秦少发等 16CS13441

Praxelis clematidea R. M. King & H. Robinson 假臭草

广东：天河区 童毅华 TYH08
云南：永德 李永亮 LiYL1535

Pseudognaphalium affine (D. Don) Anderberg 拟鼠麹草

安徽：屯溪区 方建新 TangXS0203
湖北：竹溪 李盛兰 GanQL266
江西：修水 谭策铭，缪以清，李立新 TanCM232
山东：牟平区 卞福花 BianFH-0194
山东：泰山区 张璐璐，王慧燕，杜超等 Zhaozt0202
上海：闵行区 李宏庆，殷鸽，杨灵霞 Lihq0169
四川：米易 刘静，袁明 MY-222
西藏：工布江达 罗建，汪书丽，任德智 LiuJQ-09XZ-ML074
西藏：拉萨 钟扬 ZhongY1039
西藏：米林 罗建，汪书丽 LiuJQ-08XZ-128
云南：沧源 赵金超，杨红强 CYNGH453
云南：德钦 王文礼，冯欣，刘飞鹏 OUXK11188
云南：洱源 杨青松，杨莹，黄永江等 ZhouZK-07ZX-0245
云南：景东 鲁艳 200824
云南：勐腊 刀志灵，崔景云 DZL-149
云南：南涧 罗增阳，徐家武 NJWLS909
云南：南涧 阿国仁 NJWLS1177
云南：思茅区 胡启和，周兵，张绍云 YNS0924
云南：腾冲 余新林，赵玮 BSGLGStc209
云南：腾冲 周应再 Zhyz-223
云南：香格里拉 杨青松，詹克平，于文涛等 ZhouZK-07ZX-0016
云南：新平 罗有明 XPALSB082
云南：永德 李永亮 YDDXS1105

Pseudognaphalium hypoleucum (Candolle) Hilliard & B. L. Burtt 秋拟鼠麹草

湖北：竹溪 李盛兰 GanQL221
湖南：永定区 吴福川 7042
江苏：句容 吴宝成，王兆银 HANGYY8165
四川：峨眉山 李小杰 LiXJ338
四川：米易 刘静，袁明 MY-148
西藏：林芝 卢洋，刘帆等 LiJ745
西藏：米林 罗建，汪书丽 LiuJQ-08XZ-129
云南：富民 彭华，向春雷，许瑾等 P.H.5476
云南：丽江 彭华，王英，陈丽 P.H.5259
云南：腾冲 周应再 Zhyz-370

云南：镇沅 何忠云 ALSZY395
浙江：鄞州区 李宏庆，田怀珍，葛斌杰等 Lihq0200

Psychrogeton poncinsii (Franchet) Y. Ling & Y. L. Chen 藏寒蓬

新疆：塔什库尔干 邱娟，冯建菊 LiuJQ0183

Pulicaria insignis J. R. Drummond ex Dunn 臭蚤草

西藏：拉萨 扎西次仁 ZhongY246
西藏：浪卡子 陈家辉，韩希，王广艳等 YangYP-Q-4184
西藏：浪卡子 陈家辉，韩希，王东超等 YangYP-Q-4259
西藏：浪卡子 扎西次仁 ZhongY183
西藏：浪卡子 扎西次仁 ZhongY229
西藏：聂拉木 陈家辉，韩希，王广艳等 YangYP-Q-4311

Pulicaria vulgaris Gaertner 蚤草

新疆：博乐 徐文斌，许晓敏 SHI-2008412
新疆：哈巴河 段士民，王喜勇，刘会良等 227
新疆：呼图壁 段士民，王喜勇，刘会良 Zhangdy298

Rhaponticum chinense (S. Moore) L. Martins & Hidalgo 华漏芦 *

湖南：平江 姜孝成，戴小军 Jiangxc0598
湖南：新化 姜孝成，唐妹，戴小军等 Jiangxc0588
湖南：新化 姜孝成，唐妹，戴小军等 Jiangxc0594
江西：龙南 梁跃龙，廖海红 LiangYL099
江西：武宁 张吉华，刘运群 TanCM713
江西：修水 缪以清，胡建华 TanCM1728

Rhaponticum repens (Linnaeus) Hidalgo 顶羽菊

青海：都兰 冯虎元 LiuJQ-08KLS-151
青海：都兰 潘建斌，杜维波，牛炳韬 Liujq-2011CDM-128
新疆：博乐 徐文斌，黄雪姣 SHI-2008321
新疆：博乐 徐文斌，黄雪姣 SHI-2008365
新疆：博乐 徐文斌，黄雪姣 SHI-2008428
新疆：博乐 徐文斌，许晓敏 SHI-2008403
新疆：博乐 徐文斌，许晓敏 SHI-2008421
新疆：福海 许炳强，胡伟明 XiaNH-07ZX-807
新疆：阜康 王宏飞，王磊，黄振英 Beijing-huang-xjsm-0012
新疆：和硕 邱爱军，张玲，马帅 LiZJ1672
新疆：和硕 杨赵平，焦培培，白冠章等 LiZJ0610
新疆：和硕 塔里木大学植物资源调查组 TD-00096
新疆：精河 徐文斌，杨清理 SHI-2008298
新疆：克拉玛依 徐文斌，郭一敏 SHI-2009154
新疆：克拉玛依 徐文斌，黄刚 SHI-2009194
新疆：库尔勒 杨赵平，焦培培，白冠章等 LiZJ0636
新疆：石河子 翟伟 SCSB-2006056
新疆：石河子 陶冶，雷凤品 SHI2006258
新疆：托里 徐文斌，郭一敏 SHI-2009106
新疆：托里 徐文斌，郭一敏 SHI-2009178
新疆：托里 徐文斌，郭一敏 SHI-2009280
新疆：托里 徐文斌，郭一敏 SHI-2009298
新疆：托里 徐文斌，黄刚 SHI-2009341
新疆：托里 徐文斌，黄刚 SHI-2009494
新疆：托里 徐文斌，杨清理 SHI-2009204
新疆：托里 徐文斌，杨清理 SHI-2009210
新疆：温泉 徐文斌，王莹 SHI-2008065
新疆：温泉 徐文斌，王莹 SHI-2008149
新疆：温泉 徐文斌，王莹 SHI-2008210
新疆：温泉 徐文斌，王莹 SHI-2008270
新疆：温宿 杨赵平，焦培培，白冠章等 LiZJ0799
新疆：温宿 白宝伟，段黄金 TD-01818
新疆：乌尔禾区 徐文斌，郭一敏 SHI-2009118

新疆：乌鲁木齐 王雷，王宏飞，黄振英 Beijing-huang-xjys-0012
新疆：乌鲁木齐 马文宝，刘会良 zdy041
新疆：乌鲁木齐 王喜勇，马文宝，施翔 zdy280
新疆：乌什 白宝伟，段黄金 TD-01854
新疆：叶城 黄文娟，段黄金，王英鑫等 LiZJ0910
新疆：伊宁 刘鸯 SHI-A2007179
新疆：伊吾 王喜勇，马文宝，施翔 zdy470
新疆：裕民 徐文斌，杨清理 SHI-2009405
新疆：裕民 徐文斌，黄刚 SHI-2009479

Rhaponticum uniflorum (Linnaeus) Candolle **漏芦**
山东：历城区 张少华，王萍，张诏等 Lilan181
陕西：长安区 田先华，王梅荣 TianXH156

Rhinactinidia eremophila (Bunge) Novopokrovsky ex Botschantzev **沙生岩菀**
新疆：塔什库尔干 邱娟，冯建菊 LiuJQ0005
新疆：乌恰 杨赵平，周禧林，贺冰 LiZJ1268
新疆：乌恰 杨赵平，周禧琳，贺冰 LiZJ1346

Rhinactinidia limoniifolia (Lessing) Novopokrovsky ex Botschantzev **岩菀**
新疆：塔什库尔干 杨赵平，周禧林，贺冰 LiZJ1214

Rudbeckia hirta Linnaeus **黑心菊**
吉林：南关区 韩忠明 Yanglm0063

Saussurea alata Candolle **翼茎风毛菊**
内蒙古：锡林浩特 张红香 ZhangHX076
新疆：温泉 徐文斌，许晓敏 SHI-2008181

Saussurea alpina (Linnaeus) Candolle **高山风毛菊**
新疆：哈巴河 段士民，王喜勇，刘会良等 214
新疆：昭苏 阎平，陈志丹 SHI-A2007321

Saussurea amara (Linnaeus) Candolle **草地风毛菊**
北京：东城区 王雷，朱雅娟，黄振英 Beijing-huang-dls-0014
黑龙江：大同区 杨帆，马红媛，安丰华 SNA0639
黑龙江：让胡路区 孙阎，赵立波 SunY096
黑龙江：让胡路区 刘玫，王臣，张欣欣等 Liuetal800
吉林：前郭尔罗斯 张红香 ZhangHX182
吉林：镇赉 杨帆，马红媛，安丰华 SNA0128
吉林：镇赉 杨帆，马红媛，安丰华 SNA0504
内蒙古：陈巴尔虎旗 黄学文 NMDB20170811274
内蒙古：陈巴尔虎旗 黄学文 NMDB20170811288
内蒙古：陈巴尔虎旗 黄学文 NMDB20170811291
内蒙古：武川 蒲拴莲，刘润宽，刘毅等 M210
内蒙古：锡林浩特 张红香 ZhangHX081
内蒙古：新巴尔虎左旗 黄学文 NMDB20160815140
内蒙古：新巴尔虎左旗 黄学文 NMDB20160815173
内蒙古：新巴尔虎左旗 黄学文 NMDB20170807016
青海：大通 陈世龙，高庆波，张发起等 Chensl1671
青海：都兰 潘建斌，杜维波，牛炳韬 Liujq-2011CDM-159
青海：湟源 汪书丽，朱洪涛 Liujq-QLS-TXM-005
新疆：和静 张玲 TD-01633

Saussurea amurensis Turczaninow ex Candolle **龙江风毛菊**
吉林：龙江：大兴安岭 孙阎，张健男 SunY481
吉林：长岭 张宝田 Yanglm0339

Saussurea andersonii C. B. Clarke **卵苞风毛菊**
西藏：江达 苏涛，黄永江，杨青松等 ZhouZK11248

Saussurea andryaloides (Candolle) Schultz Bipontinus **吉隆风毛菊**
四川：理塘 岳伟，苏旭，王玉金 LiuJQ-2011-WYJ-237
西藏：安多 陈家辉，庄会富，边巴扎西 Yangyp-Q-2148
西藏：班戈 杨永平，陈家辉，段元文等 yangyp-Q-0157
西藏：班戈 陈家辉，韩希，王东超等 YangYP-Q-4250
西藏：察隅 张挺，蔡杰，袁明 09CS1546
西藏：当雄 杨永平，段元文，边巴扎西 yangyp-Q-1021
西藏：林芝 杨永平，王东超，杨大松等 YangYP-Q-4118
西藏：芒康 徐波，陈光富，陈林杨等 SunH-07ZX-1546
西藏：那曲 陈家辉，庄会富，边巴扎西 Yangyp-Q-2051
西藏：那曲 陈家辉，庄会富，边巴扎西 Yangyp-Q-2114
西藏：那曲 陈家辉，庄会富，刘德团 yangyp-Q-0181
西藏：聂荣 陈家辉，庄会富，边巴扎西 Yangyp-Q-2094
西藏：左贡 徐波，陈光富，陈林杨等 SunH-07ZX-2100

Saussurea apus Maximowicz **无梗风毛菊** *
青海：格尔木 冯虎元 LiuJQ-08KLS-064
青海：格尔木 冯虎元 LiuJQ-08KLS-084
青海：格尔木 冯虎元 LiuJQ-08KLS-132
青海：玛多 陈世龙，高庆波，张发起 Chensl0529
青海：曲麻莱 陈世龙，高庆波，张发起 Chensl0858

Saussurea arenaria Maximowicz **沙生风毛菊** *
青海：都兰 潘建斌，杜维波，牛炳韬 Liujq-2011CDM-151
青海：曲麻莱 陈世龙，高庆波，张发起 Chensl0852
青海：治多 岳伟，苏旭，王玉金 LiuJQ-2011-WYJ-043
西藏：普兰 毛康珊，任广朋，邹嘉宾 LiuJQ-QTP-2011-052
西藏：左贡 徐波，陈光富，陈林杨等 SunH-07ZX-1580
西藏：左贡 张永洪，李国栋，王晓雄 SunH-07ZX-1783

Saussurea bella Y. Ling **漂亮风毛菊** *
青海：海东 薛春迎 Xuechy0210
西藏：昌都 徐波，陈光富，陈林杨等 SunH-07ZX-0992

Saussurea brunneopilosa Handel-Mazzetti **异色风毛菊** *
青海：玛多 陈世龙，张得钧，高庆波等 Chensl0112
青海：玛多 田斌，姬明飞 Liujq-2010-QH-008
青海：囊谦 许炳强，周伟，郑朝汉 Xianh0223
西藏：八宿 张大才，罗康，梁群等 ZhangDC-07ZX-1333
西藏：普兰 毛康珊，任广朋，邹嘉宾 LiuJQ-QTP-2011-077

Saussurea bullockii Dunn **庐山风毛菊** *
湖北：神农架林区 李巨平 LiJuPing0209
湖北：竹溪 李盛兰 GanQL820
湖北：竹溪 李盛兰 GanQL1142
江西：靖安 张吉华，刘运群 TanCM771

Saussurea cana Ledebour **灰白风毛菊**
新疆：博乐 刘鸯，徐文斌，马真等 SHI-A2007268
新疆：尼勒克 徐文斌，刘鸯，马真等 SHI-A2007429
新疆：尼勒克 刘鸯，马真，贺晓欢等 SHI-A2007503
新疆：托里 徐文斌，郭一敏 SHI-2009265

Saussurea caudata Franchet **尾叶风毛菊** *
四川：红原 高云东，李忠荣，鞠文彬 GaoXF-12-026
云南：香格里拉 杨亲二，孔航辉 Yangqe3009

Saussurea cauloptera Handel-Mazzetti **翅茎风毛菊** *
青海：互助 薛春迎 Xuechy0249
新疆：托里 徐文斌，黄刚 SHI-2009254

Saussurea centiloba Handel-Mazzetti **百裂风毛菊** *
云南：巧家 李文虎，高顺勇，张天壁等 QJYS0121

Saussurea chetchozensis Franchet **大坪风毛菊** *
四川：红原 何兴金，冯图，廖晨阳等 SCU-080377

Saussurea cochleariifolia Y. L. Chen & S. Yun Liang **匙叶风毛菊**
西藏：左贡 张大才，罗康，梁群等 ZhangDC-07ZX-1377

Saussurea columnaris Handel-Mazzetti **柱茎风毛菊**
四川：理塘 苏涛，黄永江，杨青松等 ZhouZK11133
西藏：江达 苏涛，黄永江，杨青松等 ZhouZK11247

Saussurea cordifolia Hemsley 心叶风毛菊 *
重庆：南川区 易思荣，谭秋平 YISR433
河南：栾川 何明高，付婷婷，水庆艳 Huangzy0082
Saussurea daurica Adams 达乌里风毛菊
青海：德令哈 潘建斌，杜维波，牛炳韬 Liujq-2011CDM-310
青海：德令哈 潘建斌，杜维波，牛炳韬 Liujq-2011CDM-357
青海：都兰 潘建斌，杜维波，牛炳韬 Liujq-2011CDM-122
青海：都兰 潘建斌，杜维波，牛炳韬 Liujq-2011CDM-239
青海：乌兰 潘建斌，杜维波，牛炳韬 Liujq-2011CDM-263
青海：乌兰 潘建斌，杜维波，牛炳韬 Liujq-2011CDM-352
Saussurea dielsiana Koidzumi 狭头风毛菊 *
四川：马尔康 高云东，李忠荣，鞠文彬 GaoXF-12-058
Saussurea dolichopoda Diels 长梗风毛菊 *
陕西：宁陕 田先华，田陌，王梅荣 TianXH1181
Saussurea dschungdienensis Handel-Mazzetti 中甸风毛菊 *
四川：乡城 孙航，张建文，邓涛等 SunH-07ZX-3328
Saussurea dzeurensis Franchet 川西风毛菊 *
甘肃：玛曲 刘坤 LiuJQ-GN-2011-423
陕西：定边 何志斌，杜军，康建军等 HHZA0043
四川：雅江 何兴金，胡灏禹，陈德友等 SCU-09-316
西藏：当雄 陈家辉，韩希，王东超等 YangYP-Q-4243
西藏：江达 苏涛，黄永江，杨青松等 ZhouZK11238
Saussurea elegans Ledebour 优雅风毛菊
新海：玉树 许炳强，周伟，郑朝汉 Xianh0406
新疆：博乐 刘鸯，徐文斌，马真等 SHI-A2007264
新疆：玛纳斯 郭静谊 SHI2006284
Saussurea epilobioides Maximowicz 柳叶菜风毛菊 *
甘肃：玛曲 刘坤 LiuJQ-GN-2011-415
青海：囊谦 许炳强，周伟，郑朝汉 Xianh0121
四川：白玉 张大才，尹五元，李双智等 ZhangDC-07ZX-2282
四川：道孚 何兴金，胡灏禹，黄德青 SCU-10-100
四川：壤塘 何兴金，马祥光，郜鹏 SCU-10-250
四川：小金 高云东，李忠荣，鞠文彬 GaoXF-12-106
云南：香格里拉 杨亲二，孔航辉，李磊 Yangqe3053
Saussurea erubescens Lipschitz 红柄雪莲 *
青海：囊谦 汪书丽，朱洪涛 Liujq-QLS-TXM-099
青海：囊谦 许炳强，周伟，郑朝汉 Xianh0047
青海：囊谦 许炳强，周伟，郑朝汉 Xianh0049
青海：玉树 许炳强，周伟，郑朝汉 Xianh0221
四川：白玉 张大才，尹五元，李双智等 ZhangDC-07ZX-2278
四川：德格 岳伟，苏旭，王玉金 LiuJQ-2011-WYJ-114
四川：理塘 张大才，尹五元，李双智等 ZhangDC-07ZX-2193
西藏：昌都 岳伟，苏旭，王玉金 LiuJQ-2011-WYJ-130
西藏：江达 陈家辉，王赟，刘德团 YangYP-Q-3087
西藏：类乌齐 岳伟，苏旭，王玉金 LiuJQ-2011-WYJ-148
Saussurea euodonta Diels 锐齿风毛菊 *
云南：巧家 郁文彬，任宗昕，艾洪莲等 SCSB-W-1046
Saussurea fastuosa (Decaisne) Schultz Bipontinus 奇形风毛菊
西藏：林芝 罗建，汪书丽，任德智 LiuJQ-09XZ-305
Saussurea globosa F. H. Chen 球花雪莲 *
甘肃：玛曲 齐威 LJQ-2008-GN-088
青海：玉树 田斌，姬明飞 Liujq-2010-QH-015
四川：巴塘 孙航，张建文，董金龙等 SunH-07ZX-3635
四川：丹巴 余岩，周春景，秦汉涛 SCU-11-050
四川：稻城 张大才，尹五元，李双智等 ZhangDC-07ZX-2169
四川：稻城 孙航，张建文，董金龙等 SunH-07ZX-3563
四川：红原 何兴金，高云东，刘海艳等 SCU-20080504
四川：康定 许炳强，童毅华，吴兴等 XiaNH-07ZX-1111
四川：理塘 何兴金，赵丽华，梁乾隆等 SCU-11-163
四川：若尔盖 何兴金，高云东，刘海艳等 SCU-20080518
四川：石渠 岳伟，苏旭，王玉金 LiuJQ-2011-WYJ-104
四川：乡城 岳伟，苏旭，王玉金 LiuJQ-2011-WYJ-338
四川：雅江 何兴金，郜鹏，彭禄等 SCU-11-348
Saussurea gossipiphora D. Don 雪兔子
西藏：错那 聂泽龙，牛洋，周卓等 SunH-07ZX-2309
Saussurea graminea Dunn 禾叶风毛菊 *
甘肃：玛曲 李晓东，刘帆，张景博等 LiJ0063
甘肃：玛曲 刘坤 LiuJQ-GN-2011-410
四川：甘孜 张大才，尹五元，李双智等 ZhangDC-07ZX-2351
四川：康定 张大才，尹五元，李双智等 ZhangDC-07ZX-2380
西藏：昌都 易思荣，谭秋平 YISR255
西藏：当雄 陈家辉，庄会富，刘德团 Yangyp-Q-0174
西藏：芒康 张大才，罗康，梁群等 SunH-07ZX-1295
Saussurea graminifolia Wallich ex Candolle 密毛风毛菊
四川：稻城 张大才，尹五元，李双智等 ZhangDC-07ZX-2176
Saussurea grubovii Lipschitz 蒙新风毛菊
新疆：托里 徐文斌，黄刚 SHI-2009233
Saussurea gyacaensis S. W. Liu 加查雪兔子 *
西藏：左贡 徐波，陈光富，陈林杨等 SunH-07ZX-2067
Saussurea henryi Hemsley 巴东风毛菊 *
陕西：宁陕 田先华，田陌，王梅荣 TianXH1135
Saussurea hieracioides J. D. Hooker 长毛风毛菊
甘肃：迭部 齐威 LJQ-2008-GN-085
四川：阿坝 蔡杰，张挺，刘成 10CS2562
四川：巴塘 张大才，尹五元，李双智等 ZhangDC-07ZX-2256
四川：巴塘 孙航，张建文，董金龙等 SunH-07ZX-3636
四川：丹巴 何兴金，胡灏禹，沈呈娟等 SCU-11-410
四川：稻城 张大才，尹五元，李双智等 ZhangDC-07ZX-2127
四川：稻城 孙航，张建文，董金龙等 SunH-07ZX-3614
四川：得荣 孙航，李新辉，陈林杨 SunH-07ZX-2917
四川：九龙 张大才，尹五元，李双智等 ZhangDC-07ZX-2406
四川：康定 许炳强，童毅华，吴兴等 XiaNH-07ZX-1050
四川：理塘 孙航，张建文，邓涛等 SunH-07ZX-3363
四川：理塘 苏涛，黄永江，杨青松等 ZhouZK11148
四川：理塘 何兴金，赵丽华，梁乾隆等 SCU-11-172
四川：理塘 何兴金，赵丽华，梁乾隆等 SCU-11-703
四川：若尔盖 高云东，李忠荣，鞠文彬 GaoXF-12-022
四川：雅江 何兴金，郜鹏，彭禄等 SCU-11-342
西藏：八宿 徐波，陈光富，陈林杨等 SunH-07ZX-0999
西藏：昌都 易思荣，谭秋平 YISR237
西藏：工布江达 卢洋，刘帆等 LiJ892
西藏：芒康 张永洪，王晓雄，周卓等 SunH-07ZX-0504
西藏：左贡 张永洪，王晓雄，周卓等 SunH-07ZX-0561
云南：巧家 杨光明 SCSB-W-1243
Saussurea hookeri C. B. Clarke 椭圆风毛菊
西藏：安多 陈家辉，庄会富，边巴扎西 Yangyp-Q-2149
Saussurea integrifolia Handel-Mazzetti 全缘叶风毛菊 *
四川：道孚 陈文允，于文涛，黄永江 CYH202
四川：稻城 陈家辉，刘亚辉，周妍等 YangYP-Q-2289
云南：香格里拉 杨青松，星耀武，苏涛 ZhouZK-07ZX-0375
Saussurea iodostegia Hance 紫苞雪莲 *
甘肃：迭部 齐威 LJQ-2008-GN-089
甘肃：玛曲 刘坤 LiuJQ-GN-2011-412
甘肃：卓尼 刘坤 LiuJQ-GN-2011-411
河北：平山 牛玉璐，郑博颖，黄士良等 NiuYL076
山西：翼城 连俊强，张丽，尉伯瀚等 Zhangf0017

陕西：眉县 田先华，蔡杰，白根录 TianXH130
四川：丹巴 何兴金，胡灏禹，沈呈娟等 SCU-11-412
四川：道孚 余岩，周春景，秦汉涛 SCU-11-029

Saussurea japonica (Thunberg) Candolle 风毛菊
安徽：绩溪 唐鑫生，方建新 TangXS0412
北京：东城区 王雷，朱雅娟，黄振英 Beijing-huang-bws-0031
北京：东城区 王雷，朱雅娟，黄振英 Beijing-huang-dls-0051
北京：门头沟区 李燕军 SCSB-E-0016
重庆：南川区 易思荣 YISR055
甘肃：合作 郭淑青，杜品 LiuJQ-2012-GN-106
甘肃：合作 刘坤 LiuJQ-GN-2011-417
贵州：安龙 彭华，许瑾，陈丽 P.H.5073
河北：灵寿 牛玉璐，高彦飞，黄士良 NiuYL201
湖北：竹溪 李盛兰 GanQL180
湖南：保靖 陈功锡，张代贵，邓涛等 SCSB-HC-2007450
湖南：永顺 陈功锡，张代贵 SCSB-HC-2008263
江苏：句容 王兆银，吴宝成 SCSB-JS0368
江西：庐山区 谭策铭，董安淼 TCM09090
山东：海阳 高德民，张诏，王萍等 lilan502
山东：芝罘区 卞福花 BianFH-0265
陕西：长安区 田先华，田陌 TianXH550
四川：乐至 邓兴敏，邓秀发，张昌兵 ZCB0440
四川：理县 张昌兵，邓秀发 ZhangCB0384

Saussurea kansuensis Handel-Mazzetti 甘肃风毛菊 *
甘肃：玛曲 刘坤 LiuJQ-GN-2011-427

Saussurea kaschgarica Ruprecht 喀什风毛菊
新疆：塔什库尔干 邱娟，冯建菊 LiuJQ0004

Saussurea katochaete Maximowicz 重齿风毛菊
青海：称多 许炳强，周伟，郑朝汉 Xianh0005
青海：祁连 陈世龙，高庆波，张发起等 Chensl1578
青海：治多 岳伟，苏旭，王玉金 LiuJQ-2011-WYJ-058
四川：巴塘 张大才，尹五元，李双智等 ZhangDC-07ZX-2235
四川：白玉 张大才，尹五元，李双智等 ZhangDC-07ZX-2274
西藏：比如 岳伟，苏旭，王玉金 LiuJQ-2011-WYJ-175
西藏：昌都 毛康珊，任广朋，邹嘉宾 LiuJQ-QTP-2011-231
西藏：丁青 岳伟，苏旭，王玉金 LiuJQ-2011-WYJ-162
西藏：芒康 张大才，罗康，梁群等 ZhangDC-07ZX-1315
西藏：那曲 陈家辉，庄会富，刘德团 Yangyp-Q-0218
云南：德钦 杨青松，星耀武，苏涛 ZhouZK-07ZX-0414

Saussurea kingii C. E. C. Fischer 拉萨雪兔子 *
西藏：城关区 许炳强，童毅华 XiaNh-07zx-518
西藏：加查 许炳强，童毅华 XiaNh-07zx-642
西藏：加查 许炳强，童毅华 XiaNh-07zx-645
西藏：拉萨 钟扬 ZhongY1047
西藏：日喀则 毛康珊，任广朋，邹嘉宾 LiuJQ-QTP-2011-021

Saussurea laciniata Ledebour 裂叶风毛菊
新疆：托里 徐文斌，黄刚 SHI-2009164
新疆：伊吾 王喜勇，马文宝，施翔 zdy491

Saussurea laniceps Handel-Mazzetti 绵头雪兔子
西藏：左贡 张挺，李爱花，刘成等 08CS693

Saussurea larionowii C. Winkler 天山风毛菊
新疆：阿合奇 杨赵平，周禧琳，贺冰 LiZJ1376
新疆：温宿 杨赵平，周禧琳，贺冰 LiZJ1938
新疆：温宿 杨赵平，周禧琳，贺冰 LiZJ1963

Saussurea leclerei H. Léveillé 利马川风毛菊 *
云南：巧家 郁文彬，任宗昕，艾洪莲等 SCSB-W-1026
云南：巧家 杨光明 SCSB-W-1205

Saussurea leontodontoides (Candolle) Schultz Bipontinus 狮牙草状风毛菊
甘肃：玛曲 刘坤 LiuJQ-GN-2011-426
青海：治多 岳伟，苏旭，王玉金 LiuJQ-2011-WYJ-059
四川：道孚 许炳强，童毅华，吴兴等 XiaNH-07ZX-0970
四川：道孚 陈文允，于文涛，黄永江 CYH211
四川：康定 许炳强，童毅华，吴兴等 XiaNH-07ZX-1051
四川：壤塘 许炳强，童毅华，吴兴等 XiaNH-07ZX-0946
西藏：昂仁 毛康珊，任广朋，邹嘉宾 LiuJQ-QTP-2011-036
西藏：林芝 罗建，汪书丽，任德智 LiuJQ-09XZ-298
西藏：芒康 张大才，罗康，梁群等 ZhangDC-07ZX-1307
西藏：南木林 李晖，文雪梅，次旺加布等 Lihui-Q-0113
西藏：左贡 张大才，罗康，梁群等 ZhangDC-07ZX-1371
云南：德钦 张大才，李双智，唐路等 ZhangDC-07ZX-1887
云南：德钦 陈文允，于文涛，黄永江等 CYHL142

Saussurea leptolepis Handel-Mazzetti 薄苞风毛菊 *
四川：理塘 李晓东，张景博，徐凌翔等 LiJ312

Saussurea leucoma Diels 羽裂雪兔子 *
西藏：左贡 张挺，李爱花，刘成等 08CS692

Saussurea licentiana Handel-Mazzetti 川陕风毛菊 *
湖南：桑植 陈功锡，廖博儒，查学州等 167

Saussurea limprichtii Diels 巴塘风毛菊 *
四川：白玉 张大才，尹五元，李双智等 ZhangDC-07ZX-2277

Saussurea longifolia Franchet 长叶雪莲 *
四川：红原 张昌兵，邓秀华 ZhangCB0237
云南：香格里拉 郭永杰，张桥蓉，李春晓等 11CS3478

Saussurea loriformis W. W. Smith 带叶风毛菊 *
四川：理塘 张永洪，李国栋，王晓雄 SunH-07ZX-2222

Saussurea luae Raab-Straube 宝璐雪莲 *
四川：稻城 孙航，张建文，邓涛等 SunH-07ZX-3357

Saussurea macrota Franchet 大耳叶风毛菊 *
甘肃：卓尼 刘坤 LiuJQ-GN-2011-418
甘肃：卓尼 齐威 LJQ-2008-GN-173
云南：香格里拉 杨亲二，孔航辉 Yangqe3012
云南：镇沅 何忠云 ALSZY349

Saussurea maximowiczii Herder 羽叶风毛菊
吉林：磐石 安海成 AnHC0420

Saussurea medusa Maximowicz 水母雪兔子
青海：祁连 陈世龙，高庆波，张发起等 Chensl1440
青海：曲麻莱 陈世龙，高庆波，张发起 Chensl0820

Saussurea mongolica (Franchet) Franchet 蒙古风毛菊
甘肃：夏河 刘坤 LiuJQ-GN-2011-414
河北：武安 牛玉璐，高彦飞，赵二涛 NiuYL492
内蒙古：武川 蒲拴莲，刘润宽，刘毅等 M178
山东：历下区 张少华，张颖颖，程丹丹等 lilan510
山东：泰山区 杜超，王慧燕，张璐璐等 Zhaozt0204

Saussurea mucronulata Lipschitz 小尖风毛菊 *
新疆：和静 杨赵平，焦培培，白冠章等 LiZJ0653

Saussurea nematolepis Y. Ling 钻状风毛菊 *
四川：红原 张昌兵，邓秀发 ZhangCB0379
四川：石渠 陈世龙，高庆波，张发起 Chensl0635
西藏：昌都 许炳强，周伟，郑朝汉 Xianh0353

Saussurea neofranchetii Lipschitz 耳叶风毛菊 *
四川：得荣 孙航，李新辉，陈林杨 SunH-07ZX-2926
四川：得荣 张大才，李双智，杨川 ZhangDC-07ZX-1930
四川：理塘 李晓东，张景博，徐凌翔等 LiJ306
四川：壤塘 何兴金，刘爽，易欣 SCU-10-347

Saussurea neoserrata Nakai 齿叶风毛菊
甘肃：合作 刘坤 LiuJQ-GN-2011-419

甘肃：玛曲 刘坤 LiuJQ-GN-2011-420
甘肃：玛曲 齐威 LJQ-2008-GN-090
青海：互助 薛春迎 Xuechy0169
四川：红原 蔡杰，张挺，刘成 10CS2540
四川：理塘 何兴金，赵丽华，梁乾隆等 SCU-11-144

Saussurea nigrescens Maximowicz 钝苞雪莲 *
甘肃：合作 刘坤 LiuJQ-GN-2011-419
甘肃：玛曲 刘坤 LiuJQ-GN-2011-420
甘肃：玛曲 齐威 LJQ-2008-GN-090
青海：互助 薛春迎 Xuechy0169
四川：红原 蔡杰，张挺，刘成 10CS2540
四川：理塘 何兴金，赵丽华，梁乾隆等 SCU-11-144

Saussurea nimborum W. W. Smith 倒披针叶风毛菊
西藏：八宿 张大才，罗康，梁群等 ZhangDC-07ZX-1334
西藏：墨竹工卡 李晖，边巴，徐爱国 lihui-Q-09-61
西藏：墨竹工卡 罗建，汪书丽，任德智 LiuJQ-09XZ-ML027

Saussurea nivea Turczaninow 银背风毛菊
河北：兴隆 牛玉璐，高彦飞，赵二涛 NiuYL480

Saussurea nyalamensis Y. L. Chen & S. Yun Liang 聂拉木风毛菊 *
西藏：芒康 张大才，罗康，梁群等 ZhangDC-07ZX-1316

Saussurea obvallata (Candolle) Schultz Bipontinus 苞叶雪莲
西藏：波密 张大才，李双智，唐路等 ZhangDC-07ZX-1753
西藏：错那 聂泽龙，牛洋，周卓等 SunH-07ZX-2314
西藏：林芝 罗建，汪书丽 LiuJQ-08XZ-152
西藏：林芝 聂泽龙，牛洋，周卓等 SunH-07ZX-2325
西藏：林芝 孙航，张建文，陈建国等 SunH-07ZX-2727
西藏：林芝 张大才，李双智，唐路等 ZhangDC-07ZX-1824
西藏：芒康 张永洪，李国栋，王晓雄 SunH-07ZX-2209

Saussurea odontolepis Schultz Bipontinus ex Maximowicz 齿苞风毛菊
黑龙江：嫩江 王臣，张欣欣，史传奇 WangCh242
吉林：磐石 安海成 AnHC0431
辽宁：庄河 于立敏 CaoW761

Saussurea oligantha Franchet 少花风毛菊 *
甘肃：迭部 刘坤 LiuJQ-GN-2011-408
湖南：保靖 陈功锡，张代贵，邓涛等 SCSB-HC-2007435

Saussurea oligocephala (Y. Ling) Y. Ling 少头风毛菊 *
陕西：眉县 田先华，白根录 TianXH098

Saussurea ovatifolia Y. L. Chen & S. Yun Liang 青藏风毛菊 *
黑龙江：五常 王臣，张欣欣，崔皓钧等 WangCh380
西藏：错那 罗建，汪书丽 LiuJQ11XZ012

Saussurea pachyneura Franchet 东俄洛风毛菊
四川：阿坝 蔡杰，张挺，刘成 10CS2563
四川：巴塘 陈文允，于文涛，黄永江 CYH062
四川：稻城 张大才，尹五元，李双智等 ZhangDC-07ZX-2134
四川：黑水 顾垒，李忠荣 GaoXF-09ZX-1729
四川：九龙 张大才，尹五元，李双智等 ZhangDC-07ZX-2414
四川：乡城 张大才，尹五元，李双智等 ZhangDC-07ZX-2112
西藏：察隅 张挺，蔡杰，袁明 09CS1563
西藏：林芝 张大才，李双智，唐路等 ZhangDC-07ZX-1812
西藏：左贡 张大才，罗康，梁群等 SunH-07ZX-1356
云南：东川区 张挺，刘成，郭明明等 11CS3645
云南：香格里拉 杨青松，星耀武，苏涛 ZhouZK-07ZX-0394

Saussurea paleacea Y. L. Chen & S. Yun Liang 糠秕风毛菊 *
青海：河南 岳伟，苏旭，王玉金 LiuJQ-2011-WYJ-325

Saussurea parviflora (Poiret) Candolle 小花风毛菊
甘肃：合作 刘坤 LiuJQ-GN-2011-416
甘肃：卓尼 齐威 LJQ-2008-GN-091
甘肃：卓尼 齐威 LJQ-2008-GN-092
河北：兴隆 牛玉璐，高彦飞，赵二涛 NiuYL481
青海：班玛 汪书丽，朱洪涛 Liujq-QLS-TXM-164
青海：互助 薛春迎 Xuechy0116
青海：门源 陈世龙，高庆波，张发起等 Chensl1693
青海：同德 田斌，姬明飞 Liujq-2010-QH-033
四川：阿坝 岳伟，苏旭，王玉金 LiuJQ-2011-WYJ-284
四川：壤塘 何兴金，胡灏禹，黄德青 SCU-10-131

Saussurea pectinata Bunge ex Candolle 篦苞风毛菊 *
河北：灵寿 牛玉璐，高彦飞，黄士良 NiuYL173
山东：芝罘区 卞福花 BianFH-0266

Saussurea phaeantha Maximowicz 褐花雪莲 *
青海：祁连 陈世龙，高庆波，张发起等 Chensl1450
四川：理塘 张永洪，李国栋，王晓雄 SunH-07ZX-2219
四川：小金 高云东，李忠荣，鞠文彬 GaoXF-12-115

Saussurea pinetorum Handel-Mazzetti 松林风毛菊 *
四川：白玉 李晓东，张景博，徐凌翔等 LiJ428

Saussurea pinnatidentata Lipschitz 羽裂风毛菊 *
甘肃：碌曲 岳伟，苏旭，王玉金 LiuJQ-2011-WYJ-317
内蒙古：和林格尔 蒲拴莲，刘润宽，刘毅等 M310
青海：湟源 岳伟，苏旭，王玉金 LiuJQ-2011-WYJ-001
西藏：八宿 张大才，李双智，罗康等 ZhangDC-07ZX-0792

Saussurea polycephala Handel-Mazzetti 多头风毛菊 *
湖北：保康 李盛兰 GanQL798
湖北：神农架林区 李巨平 LiJuPing0032
湖北：宜昌 陈功锡，张代贵 SCSB-HC-2008111
湖南：石门 陈功锡，张代贵 SCSB-HC-2008155
青海：互助 薛春迎 Xuechy0229
四川：甘孜 陈家辉，王赟，刘德团 YangYP-Q-3040
四川：松潘 何兴金，刘爽，赵财 SCU-10-412

Saussurea polycolea Handel-Mazzetti 多鞘雪莲 *
四川：甘孜 陈文允，于文涛，黄永江 CYH151

Saussurea poochlamys Handel-Mazzetti 革叶风毛菊 *
四川：乡城 周浙昆，苏涛，杨莹等 Zhou09-167

Saussurea populifolia Hemsley 杨叶风毛菊 *
湖北：五峰 陈功锡，张代贵 SCSB-HC-2008392
湖北：宜昌 陈功锡，张代贵 SCSB-HC-2008115
四川：松潘 齐威 LJQ-2008-GN-087

Saussurea porphyroleuca Handel-Mazzetti 紫白风毛菊 *
四川：巴塘 陈文允，于文涛，黄永江 CYH057

Saussurea przewalskii Maximowicz 弯齿风毛菊
甘肃：卓尼 刘坤 LiuJQ-GN-2011-424
青海：玉树 许炳强，周伟，郑朝汉 Xianh0385
四川：稻城 张大才，尹五元，李双智等 ZhangDC-07ZX-2157
四川：德格 孙航，张建文，董金龙等 SunH-07ZX-3688
四川：德格 陈家辉，王赟，刘德团 YangYP-Q-3070
四川：甘孜 张大才，尹五元，李双智等 ZhangDC-07ZX-2320
四川：甘孜 陈家辉，王赟，刘德团 YangYP-Q-3033
四川：九龙 张大才，尹五元，李双智等 ZhangDC-07ZX-2395
四川：康定 高云东，李忠荣，鞠文彬 GaoXF-12-181
四川：康定 许炳强，童毅华，吴兴等 XiaNH-07ZX-1025
四川：康定 陈文允，于文涛，黄永江 CYH222
四川：理塘 孙航，张建文，邓涛等 SunH-07ZX-3361
四川：理塘 何兴金，赵丽华，梁乾隆等 SCU-11-175
西藏：八宿 张大才，李双智，罗康等 ZhangDC-07ZX-1222
西藏：波密 孙航，张建文，陈建国等 SunH-07ZX-2683
西藏：波密 张大才，李双智，唐路等 ZhangDC-07ZX-1754

西藏：昌都 岳伟，苏旭，王玉金 LiuJQ-2011-WYJ-131
西藏：错那 聂泽龙，牛洋，周卓等 SunH-07ZX-2316
西藏：类乌齐 陈家辉，王赟，刘德团 YangYP-Q-3167
西藏：林芝 孙航，张建文，陈建国等 SunH-07ZX-2768
西藏：左贡 张大才，李双智，罗康等 ZhangDC-07ZX-0136
西藏：左贡 徐波，陈光富，陈林杨等 SunH-07ZX-0389
云南：巧家 李文虎，吴天抗，张天壁等 QJYS0102

Saussurea pseudobullockii Lipschitz 洮河风毛菊 *
云南：巧家 杨光明 SCSB-W-1272
云南：巧家 杨光明 SCSB-W-1284

Saussurea pubifolia S. W. Liu 毛背雪莲 *
西藏：加查 许炳强，童毅华 XiaNh-07zx-699

Saussurea pulchella (Fischer) Fischer 美花风毛菊 *
河北：围场 牛玉璐，王晓亮 NiuYL570
河南：栾川 邓志军，付婷婷，水庆艳 Huangzy0071
河南：南召 何明高，付婷婷，水庆艳 Huangzy0214
河南：嵩县 何明高，付婷婷，水庆艳 Huangzy0149
吉林：磐石 安海成 AnHC0416
辽宁：凤城 李忠宇 CaoW237

Saussurea pulchra Lipschitz 美丽风毛菊
甘肃：合作 郭淑青，杜品 LiuJQ-2012-GN-111
甘肃：合作 刘坤 LiuJQ-GN-2011-430
甘肃：玛曲 刘坤 LiuJQ-GN-2011-429
青海：囊谦 许炳强，周伟，郑朝汉 Xianh0058
青海：玉树 许炳强，周伟，郑朝汉 Xianh0290
青海：玉树 许炳强，周伟，郑朝汉 Xianh0403

Saussurea pulvinata Maximowicz 甘青风毛菊 *
青海：德令哈 汪书丽，朱洪涛 Liujq-QLS-TXM-053

Saussurea pulviniformis C. Winkler 垫状风毛菊 *
新疆：乌恰 杨赵平，周禧琳，贺冰 LiZJ1273

Saussurea quercifolia W. W. Smith 槲叶雪兔子 *
云南：香格里拉 郭永杰，张桥蓉，李春晓等 11CS3516

Saussurea recurvata (Maximowicz) Lipschitz 折苞风毛菊
黑龙江：嫩江 王臣，张欣欣，史传奇 WangCh254
内蒙古：和林格尔 蒲拴莲，刘润宽，刘毅等 M302

Saussurea retroserrata Y. L. Chen & S. Yun Liang 倒齿风毛菊 *
西藏：察隅 张挺，蔡杰，袁明 09CS1549
西藏：芒康 张永洪，李国栋，王晓雄 SunH-07ZX-2208

Saussurea romuleifolia Franchet 鸢尾叶风毛菊 *
四川：甘孜 陈文允，于文涛，黄永江 CYH138
四川：甘孜 陈文允，于文涛，黄永江 CYH194
云南：香格里拉 杨青松，星耀武，苏涛 ZhouZK-07ZX-0376

Saussurea runcinata Candolle 倒羽叶风毛菊
吉林：大安 杨帆，马红媛，安丰华 SNA0040
吉林：洮北区 杨帆，马红媛，安丰华 SNA0311
内蒙古：东河区 刘博，蒲拴莲，刘润宽等 M340
宁夏：盐池 左忠，刘华 ZuoZh029

Saussurea salicifolia (Linnaeus) Candolle 柳叶风毛菊
内蒙古：额尔古纳 张红香 ZhangHX027
青海：互助 薛春迎 Xuechy0206
青海：门源 陈世龙，高庆波，张发起等 Chensl1633
四川：甘孜 张大才，尹五元，李双智等 ZhangDC-07ZX-2319

Saussurea salsa (Pallas) Sprengel 盐地风毛菊
青海：格尔木 冯虎元 LiuJQ-08KLS-012
新疆：富蕴 许炳强，胡伟明 XiaNH-07ZX-801
新疆：青河 段士民，王喜勇，刘会良等 156
新疆：塔什库尔干 黄文娟，段黄金，王英鑫等 LiZJ0325
新疆：塔什库尔干 黄文娟，段黄金，王英鑫等 LiZJ0342
新疆：乌鲁木齐 王喜勇，马文宝，施翔 zdy333
新疆：乌恰 塔里木大学植物资源调查组 TD-00697

Saussurea salwinensis J. Anthony 怒江风毛菊 *
西藏：墨脱 孙航，张建文，陈建国等 SunH-07ZX-2659

Saussurea scabrida Franchet 糙毛风毛菊 *
四川：稻城 孙航，张建文，董金龙等 SunH-07ZX-3569
西藏：左贡 徐波，陈光富，陈林杨等 SunH-07ZX-2078

Saussurea schlagintweitii Klatt 腺毛风毛菊
西藏：噶尔 李晖，文雪梅，次旺加布等 Lihui-Q-0066
西藏：日土 李晖，卜海涛，边巴等 lihui-Q-09-40

Saussurea semifasciata Handel-Mazzetti 锯叶风毛菊 *
青海：囊谦 许炳强，周伟，郑朝汉 Xianh0125

Saussurea semilyrata Bureau & Franchet 半琴叶风毛菊 *
四川：得荣 张大才，李双智，杨川 ZhangDC-07ZX-1932
四川：甘孜 陈家辉，王赟，刘德团 YangYP-Q-3060
四川：康定 许炳强，童毅华，吴兴等 XiaNH-07ZX-1088
四川：康定 许炳强，童毅华，吴兴等 XiaNH-07ZX-1112
四川：理塘 张大才，尹五元，李双智等 ZhangDC-07ZX-2192
云南：香格里拉 郭永杰，张桥蓉，李春晓等 11CS3506

Saussurea sobarocephala Diels 昂头风毛菊 *
四川：马尔康 何兴金，冯图，廖晨阳等 SCU-080329

Saussurea spatulifolia Franchet 维西风毛菊 *
四川：巴塘 陈文允，于文涛，黄永江 CYH055

Saussurea stella Maximowicz 星状雪兔子
四川：道孚 岳伟，苏旭，王玉金 LiuJQ-2011-WYJ-246
四川：稻城 何兴金，李琴琴，马祥光等 SCU-09-136
四川：甘孜 陈文允，于文涛，黄永江 CYH132
四川：黑水 顾垒，李忠荣 GaoXF-09ZX-1700
四川：红原 岳伟，苏旭，王玉金 LiuJQ-2011-WYJ-277
四川：红原 张昌兵，邓秀华 ZhangCB0252
四川：康定 许炳强，童毅华，吴兴等 XiaNH-07ZX-1048
四川：马尔康 顾垒，张羽 GAOXF-10ZX-1922
西藏：江达 陈家辉，王赟，刘德团 YangYP-Q-3077
西藏：林芝 罗建，王国严，汪书丽 LiuJQ-08XZ-237
西藏：林芝 罗建，汪书丽，王国严 LiuJQ-09XZ-381
西藏：芒康 徐波，陈光富，陈林杨等 SunH-07ZX-1568
西藏：墨竹工卡 李晖，边巴，徐爱国 lihui-Q-09-60
西藏：墨竹工卡 罗建，汪书丽，任德智 LiuJQ-09XZ-ML017
西藏：那曲 岳伟，苏旭，王玉金 LiuJQ-2011-WYJ-181
西藏：聂荣 陈家辉，庄会富，边巴扎西 Yangyp-Q-2087
西藏：左贡 徐波，陈光富，陈林杨等 SunH-07ZX-1476
西藏：左贡 张永洪，李国栋，王晓雄 SunH-07ZX-1782

Saussurea stricta Franchet 喜林风毛菊 *
西藏：左贡 张大才，罗康，梁群等 ZhangDC-07ZX-1345

Saussurea subulata C. B. Clarke 钻叶风毛菊
青海：格尔木 冯虎元 LiuJQ-08KLS-119
青海：格尔木 冯虎元 LiuJQ-08KLS-140
青海：格尔木 冯虎元 LiuJQ-08KLS-142
西藏：阿里 陈家辉，庄会富，边巴扎西 Yangyp-Q-2044
西藏：左贡 徐波，陈光富，陈林杨等 SunH-07ZX-2058

Saussurea subulisquama Handel-Mazzetti 钻苞风毛菊 *
甘肃：玛曲 刘坤 LiuJQ-GN-2011-425
甘肃：卓尼 齐威 LJQ-2008-GN-168
四川：红原 张昌兵，邓秀华 ZhangCB0254
西藏：芒康 张大才，李双智，罗康等 ZhangDC-07ZX-0022
西藏：芒康 张大才，李双智，罗康等 ZhangDC-07ZX-0117
西藏：芒康 张永洪，王晓雄，周卓等 ZhangDC-07ZX-0480
西藏：左贡 张大才，李双智，罗康等 ZhangDC-07ZX-0179

Saussurea superba J. Anthony 横断山风毛菊 *
青海：达日 陈世龙，高庆波，张发起 Chensl1118
青海：天峻 汪书丽，朱洪涛 Liujq-QLS-TXM-043
青海：兴海 岳伟，苏旭，王玉金 LiuJQ-2011-WYJ-021
青海：泽库 田斌，姬明飞 Liujq-2010-QH-041
西藏：昌都 毛康珊，任广朋，邹嘉宾 LiuJQ-QTP-2011-232
西藏：芒康 徐波，陈光富，陈林杨等 SunH-07ZX-1535
Saussurea sylvatica Maximowicz 林生风毛菊 *
甘肃：玛曲 刘坤 LiuJQ-GN-2011-421
甘肃：玛曲 刘坤 LiuJQ-GN-2011-422
甘肃：玛曲 齐威 LJQ-2008-GN-086
西藏：昌都 苏涛，黄永江，杨青松等 ZhouZK11287
Saussurea tangutica Maximowicz 唐古特雪莲 *
青海：玉树 许炳强，周伟，郑朝汉 Xianh0224
Saussurea tatsienensis Franchet 打箭风毛菊 *
青海：玉树 许炳强，周伟，郑朝汉 Xianh0235
四川：巴塘 孙航，张建文，董金龙等 SunH-07ZX-3637
四川：白玉 孙航，张建文，董金龙等 SunH-07ZX-3678
四川：白玉 孙航，张建文，邓涛等 SunH-07ZX-3717
四川：稻城 张大才，尹五元，李双智等 ZhangDC-07ZX-2126
四川：甘孜 孙航，张建文，董金龙等 SunH-07ZX-3962
四川：红原 高云东，李忠荣，鞠文彬 GaoXF-12-035
四川：康定 许炳强，童毅华，吴兴等 XiaNH-07ZX-1089
四川：壤塘 许炳强，童毅华，吴兴等 XiaNH-07ZX-0945
四川：雅江 苏涛，黄永江，杨青松等 ZhouZK11107
西藏：芒康 孙航，张建文，邓涛等 SunH-07ZX-3367
云南：巧家 李文虎，吴天抗，张天壁等 QJYS0104
云南：巧家 杨光明 SCSB-W-1310
Saussurea thomsonii C. B. Clarke 肉叶雪兔子
西藏：那曲 陈家辉，庄会富，刘德团 Yangyp-Q-0198
Saussurea tibetica C. Winkler 西藏风毛菊 *
青海：玉树 许炳强，周伟，郑朝汉 Xianh0414
Saussurea tomentosa Komarov 高岭风毛菊
吉林：安图 周海城 ZhouHC071
Saussurea uniflora (Candolle) Wallich ex Schultz Bipontinus 单花雪莲
西藏：林芝 张大才，李双智，唐路等 ZhangDC-07ZX-1820
西藏：林芝 陈家辉，韩希，王东超等 YangYP-Q-4033
Saussurea ussuriensis Maximowicz 乌苏里风毛菊
山东：牟平区 卞福花，陈朋 BianFH-0340
Saussurea variiloba Y. Ling 变裂风毛菊 *
甘肃：夏河 刘坤 LiuJQ-GN-2011-413
Saussurea veitchiana J. R. Drummond & Hutchinson 华中雪莲 *
湖北：神农架林区 李巨平 LiJuPing0216
Saussurea velutina W. W. Smith 毡毛雪莲 *
四川：小金 高云东，李忠荣，鞠文彬 GaoXF-12-114
Saussurea vestita Franchet 绒背风毛菊 *
云南：隆阳区 段在贤，密得生，杨海等 BSGLGS1y1041
Saussurea wellbyi Hemsley 羌塘雪兔子 *
青海：隆阳区 冯虎元 LiuJQ-08KLS-113
Saussurea wernerioides Schultz Bipontinus ex J. D. Hooker 锥叶风毛菊
西藏：隆阳区 罗建，汪书丽 LiuJQ11XZ014
Saussurea wettsteiniana Handel-Mazzetti 垂头雪莲 *
西藏：林芝 孙航，张建文，陈建国等 SunH-07ZX-2763
Saussurea yunnanensis Franchet 云南风毛菊 *
云南：香格里拉 孔航辉，李磊 Yangqe3020
Saussurea zhuxiensis Y. S. Chen & Q. L. Gan 竹溪风毛菊 *
湖北：竹溪 李盛兰 GanQL368
Scorzonera albicaulis Bunge 华北鸦葱 *
河北：赞皇 牛玉璐，郑博颖，黄士良等 NiuYL032
黑龙江：肇东 刘玫，王臣，史传奇等 Liuetal616
湖北：竹溪 李盛兰 GanQL287
吉林：磐石 安海成 AnHC0325
江苏：句容 吴宝成，王兆银 HANGYY8141
山东：崂山区 罗艳，邓建平 LuoY097
山东：牟平区 卞福花 BianFH-0180
山东：长清区 王萍，高德民，张诏等 lilan346
Scorzonera austriaca Willdenow 鸦葱
吉林：磐石 安海成 AnHC0293
山东：长清区 高德民，张颖颖，程丹丹等 lilan565
山东：芝罘区 卞福花，宋言贺 BianFH-441
山东：芝罘区 卞福花，杨蕾蕾，谷胤征 BianFH-0085
Scorzonera luntaiensis C. Shih 轮台鸦葱 *
新疆：乌鲁木齐 王喜勇，马文宝，施翔 zdy336
Scorzonera manshurica Nakai 东北鸦葱
黑龙江：嫩江　王臣，张欣欣，刘跃印等 WangCh325
Scorzonera mongolica Maximowicz 蒙古鸦葱
甘肃：夏河 刘坤 LiuJQ-GN-2011-471
甘肃：夏河 齐威 LJQ-2008-GN-130
Scorzonera pseudodivaricata Lipschitz 帚状鸦葱
内蒙古：海勃湾区 刘博，蒲拴莲，刘润宽等 M327
新疆：伊吾 段士民，王喜勇，刘会良 Zhangdy196
Scorzonera pusilla Pallas 细叶鸦葱
新疆：石河子 阎平，马真 SCSB-2006005
Scorzonera sinensis (Lipschitz & Krascheninnikov) Nakai 桃叶鸦葱
吉林：磐石 安海成 AnHC0283
内蒙古：赛罕区 蒲拴莲，李茂文 M054
山东：莱山区 卞福花 BianFH-0179
山东：牟平区 卞福花，宋言贺 BianFH-432
Senecio ambraceus Turczaninow ex Candolle 琥珀千里光
山东：海阳 辛晓伟 Lilan875
Senecio analogus Candolle 菊状千里光
四川：木里 孔航辉，罗江平，左雷等 YangQE3413
四川：盐源 苏涛，黄永江，杨青松等 ZhouZK11401
西藏：林芝 张挺，蔡杰，刘恩德等 SCSB-B-000498
云南：南涧 阿国仁，何贵才 NJWLS580
云南：宁蒗 任宗昕，艾洪莲，张舒 SCSB-W-1442
云南：宁蒗 任宗昕，寸龙琼，任尚国 SCSB-W-1377
云南：香格里拉 杨亲二，孔航辉，李磊 Yangqe3029
云南：香格里拉 杨亲二，袁琼 Yangqe1938
云南：寻甸 彭华，向春雷，王泽欢 PengH8006
云南：永德 李永亮 YDDXS0391
Senecio argunensis Turczaninow 额河千里光
甘肃：夏河 刘坤 LiuJQ-GN-2011-474
甘肃：夏河 齐威 LJQ-2008-GN-166
甘肃：卓尼 齐威 LJQ-2008-GN-119
吉林：磐石 安海成 AnHC0238
内蒙古：和林格尔 蒲拴莲，刘润宽，刘毅等 M304
内蒙古：新城区 李茂文，李昌亮 M145
青海：互助 薛春迎 Xuechy0125
四川：米易 刘静，袁明 MY-193
四川：若尔盖 蔡杰，张挺，刘成 10CS2526
四川：松潘 何兴金，刘爽，赵财 SCU-10-406

Senecio asperifolius Franchet **糙叶千里光** *
西藏：曲水 卢洋，刘帆等 LiJ935
Senecio atrofuscus Grierson **黑褐千里光** *
西藏：墨竹工卡 毛康珊，任广朋，邹嘉宾 LiuJQ-QTP-2011-148
Senecio cannabifolius Lessing **麻叶千里光**
黑龙江：嫩江 王臣，张欣欣，史传奇 WangCh246
黑龙江：尚志 郑宝江，丁晓炎，李月等 ZhengBJ203
黑龙江：五大连池 孙阎，张兰兰 SunY377
吉林：磐石 安海成 AnHC0224
Senecio cannabifolius var. **integrifolius** (Koidzumi) Kitamura **全叶千里光**
吉林：磐石 安海成 AnHC0188
Senecio cinarifolius H. Léveillé **瓜叶千里光** *
云南：南涧 彭华，向春雷，陈丽 P.H.5904
Senecio densiserratus C. C. Chang **密齿千里光** *
甘肃：迭部 齐威 LJQ-2008-GN-121
甘肃：舟曲 齐威 LJQ-2008-GN-120
四川：若尔盖 刘坤 LiuJQ-GN-2011-469
Senecio drukensis C. Marquand & Airy Shaw **垂头千里光** *
西藏：工布江达 罗建，汪书丽，任德智 LiuJQ-09XZ-ML037
Senecio dubitabilis C. Jeffrey & Y. L. Chen **北千里光**
甘肃：合作 刘坤 LiuJQ-GN-2011-481
甘肃：玛曲 刘坤 LiuJQ-GN-2011-480
甘肃：卓尼 齐威 LJQ-2008-GN-118
宁夏：西夏区 左忠，刘华 ZuoZh272
青海：都兰 潘建斌，杜维波，牛炳韬 Liujq-2011CDM-245
青海：天峻 潘建斌，杜维波，牛炳韬 Liujq-2011CDM-343
西藏：城关区 许炳强，童毅华 XiaNh-07zx-613
西藏：工布江达 卢洋，刘帆等 LiJ829
西藏：日土 李晖，卜海涛，边巴等 lihui-Q-09-45
新疆：博乐 刘鸯 SHI-A2007109
新疆：温泉 徐文斌，许晓敏 SHI-2008236
云南：腾冲 周应再 Zhyz-456
Senecio faberi Hemsley **峨眉千里光** *
四川：峨眉山 李小杰 LiXJ103
Senecio filifer Franchet **匐枝千里光** *
云南：巧家 张书东，张荣，王银环等 QJYS0230
云南：永德 李永亮，马文军，陈海超 YDDXSB102
云南：永德 李永亮 YDDXS1227
Senecio graciliflorus Candolle **纤花千里光**
四川：峨眉山 李小杰 LiXJ183
Senecio jacobaea Linnaeus **新疆千里光**
新疆：阿勒泰 段士民，王喜勇，刘会良等 186
新疆：博尔 徐文斌，黄雪姣 SHI-2008362
Senecio krascheninnikovii Schischkin **细梗千里光**
新疆：阿合奇 杨赵平，周禧琳，贺冰 LiZJ1905
Senecio megalanthus Y. L. Chen **大花千里光** *
黑龙江：肇源 杨帆，马红媛，安丰华 SNA0577
吉林：前郭尔罗斯 杨帆，马红媛，安丰华 SNA0375
四川：九龙 孙航，张建文，董金龙等 SunH-07ZX-4007
Senecio muliensis C. Jeffrey & Y. L. Chen **木里千里光** *
四川：稻城 孔航辉，罗江平，左雷等 YangQE3532
四川：稻城 张大才，尹五元，李双智等 ZhangDC-07ZX-2144
四川：九龙 孔航辉，罗江平，左雷等 YangQE3466
四川：九龙 孙航，张建文，董金龙等 SunH-07ZX-4015
Senecio multilobus C. C. Chang **多裂千里光** *
云南：文山 何德明，韦荣彪 WSLJS571
Senecio nemorensis Linnaeus **林荫千里光**
河北：平山 牛玉璐，高彦飞，黄士良 NiuYL162
黑龙江：五常 孙阎，吕军 SunY425
湖北：英山 朱鑫鑫，甄爱国，孙增朋等 ZhuXX135
湖南：怀化 李胜华，伍贤进，曾汉元等 HHXY269
湖南：石门 陈功锡，张代贵 SCSB-HC-2008147
江西：武宁 谭策铭，张吉华 TanCM440
山东：历下区 张少华，王萍，张诏等 Lilan204
山东：牟平区 卞福花，宋言贺 BianFH-548
山西：翼城 张贵平，廉凯敏，吴琼等 Zhangf0015
新疆：玛纳斯 徐文斌 SHI2006289
新疆：玛纳斯 亚吉东，张桥蓉，秦少发等 16CS13220
新疆：尼勒克 贺晓欢，徐文斌，刘鸯等 SHI-A2007385
新疆：尼勒克 刘鸯，马真，贺晓欢等 SHI-A2007472
Senecio nigrocinctus Franchet **黑苞千里光** *
云南：澜沧 张绍云，胡启和，仇亚等 YNS1117
云南：巧家 杨光明 SCSB-W-1187
云南：巧家 郁文彬，任宗昕，艾洪莲等 SCSB-W-1095
Senecio nodiflorus C. C. Chang **节花千里光** *
西藏：察隅 孙航，张建文，陈建国等 SunH-07ZX-2507
Senecio pseudomairei H. Léveillé **西南千里光** *
四川：米易 袁明 MY314
云南：富民 蔡杰，郭永杰，郁文彬等 13CS7173
云南：巧家 郁文彬，张舒，艾洪莲等 SCSB-W-1003
云南：巧家 杨光明 SCSB-W-1104
Senecio pteridophyllus Franchet **蕨叶千里光** *
云南：维西 杨亲二，袁琼 Yangqe2056
Senecio raphanifolius Wallich ex Candolle **莱菔千里光**
西藏：波密 陈家辉，韩希，王东超等 YangYP-Q-4020
西藏：波密 陈家辉，韩希，王东超等 YangYP-Q-4055
西藏：林芝 罗建，汪书丽，任德智 LiuJQ-09XZ-291
西藏：林芝 孙航，张建文，陈建国等 SunH-07ZX-2806
西藏：林芝 张大才，李双智，唐路等 ZhangDC-07ZX-1844
Senecio scandens Buchanan-Hamilton ex D. Don **千里光**
安徽：屯溪区 方建新 Tangxs0172
甘肃：迭部 齐威 LJQ-2008-GN-117
贵州：南明区 邹方伦 ZouFL0076
湖北：神农架林区 李巨平 LiJuPing0121
湖北：五峰 陈功锡，张代贵 SCSB-HC-2008297
湖北：竹溪 李盛兰 GanQL208
湖南：鹤城区 伍贤进，李胖华，曾汉元等 HHXY144
湖南：怀化 李胜华，伍贤进，曾汉元等 HHXY304
湖南：双牌 姜孝成，王丽萍，李育华 Jiangxc0773
江苏：句容 王兆银，吴宝成 SCSB-JS0277
江西：黎川 童和平，王玉珍 TanCM1935
江西：武宁 张吉华，刘运群 TanCM1347
江西：修水 缪以清，李立新 TanCM1267
陕西：宁陕 田陌，田先华，王梅荣 TianXH286
四川：峨眉山 李小杰 LiXJ307
四川：峨眉山 刘芳，张腾，刘丹 LiuC002
四川：理县 何兴金，高云东，余岩等 SCU-09-559
四川：米易 刘静，袁明 MY-124
四川：米易 袁明 MY330
四川：射洪 袁明 YUANM2015L110
西藏：林芝 罗建 LiuJQ-08XZ-007
新疆：乌鲁木齐 王喜勇，马文宝，施翔 zdy248
云南：P.H.5639
云南：大理 张德全，陈琪，吴小波 ZDQ172
云南：德钦 于文涛，李国锋 WTYu-393

云南：富民 郁文彬，董莉娜，张舒等 SCSB-W-954
云南：勐海 彭华，向春雷，陈丽等 P.H.5741
云南：勐腊 刀志灵，崔景云 DZL-131
云南：南涧 阿国仁 NJWLS1169
云南：盘龙区 彭华，向春雷，王泽欢 PengH8415
云南：巧家 李文虎，高顺勇，吴天抗等 QJYS0097
云南：巧家 郁文彬，任宗昕，艾洪莲等 SCSB-W-1068
云南：腾冲 周应再 Zhyz-185
云南：文山 彭华，刘恩德，陈丽 P.H.6026
云南：永德 李永亮 YDDXS0033
云南：永德 李永亮 YDDXS0989
云南：永德 李永亮 YDDXS1037
云南：沾益 彭华，陈丽 P.H.5991

Senecio spathiphyllus Franchet **匙叶千里光 ***
云南：宁蒗 任宗昕，寸龙琼，任尚国 SCSB-W-1376

Senecio subdentatus Ledebour **近全缘千里光**
新疆：阜康 谭敦炎，邱娟 TanDY0024
新疆：吉木萨尔 谭敦炎，邱娟 TanDY0052
新疆：克拉玛依 谭敦炎，邱娟 TanDY0101
新疆：克拉玛依 张振春，刘建华 TanDY0324
新疆：石河子 谭敦炎，邱娟 TanDY0074

Senecio thianschanicus Regel & Schmalhausen **天山千里光**
甘肃：玛曲 齐威 LJQ-2008-GN-122
青海：门源 陈世龙，高庆波，张发起等 Chensl1608
青海：祁连 陈世龙，高庆波，张发起等 Chensl1508
青海：乌兰 潘建斌，杜维波，牛炳韬 Liujq-2011CDM-290

Senecio vulgaris Linnaeus **欧洲千里光**
四川：红原 张昌兵，邓秀华 ZhangCB0306
西藏：工布江达 罗建，汪书丽，任德智 LiuJQ-09XZ-ML043
云南：丽江 张书东，林娜娜，陆露等 SCSB-W-149
云南：盘龙区 彭华，向春雷，王泽欢 PengH8455
云南：香格里拉 杨亲二，孔航辉，李磊 Yangqe3264
云南：永德 李永亮 LiYL1527

Senecio wightii (Candolle) Bentham ex C. B. Clarke **岩生千里光**
云南：南涧 阿国仁 NJWLS1153
云南：腾冲 周应再 Zhyz-402
云南：腾冲 余新林，赵玮 BSGLGStc294
云南：文山 何德明 WSLJS852
云南：盈江 王立彦，黄建刚 TBG-007
云南：永德 李永亮 YDDXS0911

Seriphidium kaschgaricum (Krascheninnikov) Poljakov **新疆绢蒿**
新疆：乌鲁木齐 段士民，王喜勇，刘会良等 Zhangdy446
新疆：乌鲁木齐 段士民，王喜勇，刘会良等 Zhangdy456
新疆：伊吾 王喜勇，马文宝，施翔 zdy456

Serratula coronata Linnaeus **伪泥胡菜**
黑龙江：五大连池 郑宝江，丁晓炎，王美娟 ZhengBJ265
黑龙江：肇东 刘玫，王臣，史传奇等 Liuetal582
内蒙古：克什克腾旗 刘润宽，李茂文，李昌亮 M101
新疆：伊宁 徐文斌 SHI-A2007186

Sheareria nana S. Moore **虾须草 ***
湖南：古丈 陈功锡，张代贵，邓涛等 SCSB-HC-2007390

Sigesbeckia glabrescens (Makino) Makino **毛梗豨莶**
安徽：舒城 陈延松，欧祖兰，高秋晨等 Xuzd411
湖北：利川 许玥，祝文志，刘志祥等 ShenZH7887
湖北：五峰 陈功锡，张代贵 SCSB-HC-2008328
吉林：九台 张永刚 Yanglm0234
江西：武宁 张吉华，刘运群 TanCM1141
云南：景东 罗忠华，谢有能，罗文涛等 JDNR145
云南：新平 何罡安 XPALSB042
云南：永德 欧阳红才，普跃东，鲁金国等 YDDXSC033

Sigesbeckia orientalis Linnaeus **豨莶**
安徽：金寨 陈延松，欧祖兰，刘旭升 Xuzd201
安徽：舒城 陈延松，欧祖兰，高秋晨等 Xuzd399
安徽：休宁 张慧冲，夏日红，胡长玉等 TangXS0251
甘肃：夏河 刘坤 LiuJQ-GN-2011-484
河南：栾川 黄振英，于顺利，杨学军 Huangzy0019
河南：南召 黄振英，于顺利，杨学军 Huangzy0182
河南：嵩县 黄振英，于顺利，杨学军 Huangzy0112
黑龙江：尚志 郑宝江，丁晓炎，李月等 ZhengBJ205
湖南：鹤城区 李胜华，伍贤进，曾汉元等 Wuxj845
湖南：会同 李胜华，伍贤进，曾汉元等 Wuxj996
湖南：江永 姜孝成，唐贵华，潘孝武 SCSB-HNJ-0039
湖南：江永 刘克明，田淑珍，陈薇等 SCSB-HN-0079
湖南：南岳区 刘克明，相银龙，周磊 SCSB-HN-1750
江苏：句容 王兆银，吴宝成 SCSB-JS0285
江西：庐山区 谭策铭，董安淼 TCM09087
江西：修水 缪以清，陈三友 TanCM2119
四川：米易 刘静，袁明 MY-014
四川：射洪 袁明 YUANM2015L050
四川：小金 高云东，李忠荣，鞠文彬 GaoXF-12-127
西藏：工布江达 罗建，汪书丽，任德智 LiuJQ-09XZ-ML087
西藏：林芝 罗建，汪书丽，任德智 LiuJQ-09XZ-286
云南：沧源 赵金超 CYNGH038
云南：景东 鲁艳 07-165
云南：景东 张绍云，胡启和，仇亚等 YNS1170
云南：景东 罗忠华，刘长铭，鲁成荣等 JDNR09047
云南：景谷 胡启和，周英，张绍云 YNS0515
云南：丽江 苏涛，黄永江，杨青松等 ZhouZK11463
云南：蒙自 田学军，邱成书，高波 TianXJ0146
云南：南涧 张世雄，时国彩 NJWLS2008053
云南：宁洱 胡启和，仇亚，张绍云 YNS0560
云南：普洱 叶金科 YNS0354
云南：石林 税玉民，陈文红 65486
云南：腾冲 周应再 Zhyz-057
云南：维西 陈文允，于文涛，黄永江等 CYHL050
云南：香格里拉 孙振华，郑志兴，沈蕊等 OuXK-YS-264
云南：祥云 孙振华，王文礼，宋晓卿等 OuxK-XY-0007
云南：新平 白绍斌 XPALSC156
云南：新平 谢雄 XPALSC483
云南：云龙 字建泽，杨六斤，李国宏等 TC1073
云南：云龙 赵玉贵，李占兵，张吉平等 TC2036

Sigesbeckia pubescens (Makino) Makino **腺梗豨莶**
安徽：金寨 陈延松，欧祖兰，白雅洁 Xuzd199
重庆：南川区 易思荣 YISR070
甘肃：舟曲 齐威 LJQ-2008-GN-128
贵州：望谟 邹方伦 ZouFL0041
湖北：神农架林区 李巨平 LiJuPing0038
湖北：宣恩 祝文志，刘志祥，曹远俊 ShenZH0059
湖北：竹溪 甘霖 GanQL615
湖南：永顺 陈功锡，张代贵 SCSB-HC-2008379
吉林：临江 林红梅 Yanglm0305
江苏：句容 吴宝成，王兆银 HANGYY8615
江苏：南京 顾子霞 SCSB-JS0428
江苏：海州区 汤兴利 HANGYY8435

江西：武宁 张吉华，刘运群 TanCM754
山东：崂山区 赵遵田，郑国伟，杜超等 Zhaozt0122
山东：牟平区 卞福花，杜丽君，孟凡涛 BianFH-0154
山东：平邑 李卫东 SCSB-014
云南：德钦 孙航，李新辉，陈林杨 SunH-07ZX-2973
云南：贡山 刘成，何华杰，黄莉等 14CS8530
云南：贡山 许炳强，吴兴，李婧等 XiaNh-07zx-120
云南：蒙自 税玉民，陈文红 72424
云南：南涧 袁玉明，罗新洪，王崇智等 NJWLS590
云南：盘龙区 伊廷双，孟静，杨杨 MJ-921
云南：新平 张云德，鲁兴文 XPALSC119
云南：永德 李永亮，杨建文 YDDXSB018
云南：镇沅 何忠云，王立东 ALSZY148

Sinacalia davidii (Franchet) H. Koyama 双花华蟹甲 *

四川：峨眉山 李小杰 LiXJ555
四川：汉源 许炳强，童毅华，吴兴等 XiaNH-07ZX-1122
四川：康定 彭玉兰，涂卫国 Gaoxf-1096
四川：壤塘 何兴金，胡灏禹，黄德青 SCU-10-124
四川：天全 袁明 YM20090002
云南：巧家 李文虎，高顺勇，吴天抗等 QJYS0044

Sinacalia tangutica (Maximowicz) B. Nordenstam 华蟹甲 *

甘肃：卓尼 齐威 LJQ-2008-GN-109
湖北：宣恩 沈泽昊 HXE163
湖南：吉首 陈功锡，张代贵，邓涛等 SCSB-HC-2007460
湖南：石门 陈功锡，张代贵 SCSB-HC-2008150
青海：互助 薛春迎 Xuechy0189
青海：互助 薛春迎 Xuechy0239
陕西：宁陕 田先华，吴礼慧 TianXH509
四川：丹巴 高云东，李忠荣，鞠文彬 GaoXF-12-158
四川：黑水 顾垒，李忠荣 GaoXF-09ZX-1599
四川：康定 高云东，李忠荣，鞠文彬 GaoXF-12-172
四川：马尔康 高云东，李忠荣，鞠文彬 GaoXF-12-067

Sinosenecio globiger var. **adenophyllus** C. Jeffrey & Y. L. Chen 腺苞蒲儿根 *

湖北：竹溪 李盛兰 GanQL416

Sinosenecio latouchei (Jeffrey) B. Nordenstam 白背蒲儿根 *

江西：黎川 童和平，王玉珍 TanCM2356

Sinosenecio oldhamianus (Maximowicz) B. Nordenstam 蒲儿根

安徽：屯溪区 方建新 TangXS0233
湖北：仙桃 张代贵 Zdg1042
湖北：竹溪 李盛兰 GanQL307
江西：黎川 童和平，王玉珍 TanCM2318
江西：武宁 张吉华，张东红 TanCM2925
四川：峨眉山 李小杰 LiXJ376
云南：永德 李永亮 YDDXS0009

Smallanthus uvedalia (Linnaeus) Mackenzie 包果菊

江苏：玄武区 顾子霞 HANGYY8676

Solidago canadensis Linnaeus 加拿大一枝黄花

江苏：句容 吴宝成，王兆银 HANGYY8374
云南：景谷 张绍云，叶金科，胡启和 YNS1326

Solidago decurrens Loureiro 一枝黄花

安徽：舒城 陈延松，欧祖兰，高秋晨等 Xuzd447
安徽：歙县 方建新 TangXS0967
湖北：五峰 陈功锡，张代贵 SCSB-HC-2008404
湖北：竹溪 李盛兰 GanQL563
江苏：句容 王兆银，吴宝成 SCSB-JS0362
江西：庐山区 董安淼，吴从梅 TanCM1409
江西：武宁 张吉华，刘运群 TanCM1195
江西：修水 缪以清，李立新 TanCM1266
新疆：温泉 徐文斌，黄雪姣 SHI-2008285
云南：麻栗坡 肖波 LuJL239
云南：文山 何德明，丰艳飞 WSLJS812

Sonchus asper (Linnaeus) Hill 花叶滇苦菜

安徽：屯溪区 方建新 TangXS0187
重庆：城口 易思荣 YISR182
湖北：神农架林区 李巨平 LiJuPing0160
湖北：竹溪 李盛兰 GanQL070
湖南：永定区 廖博儒 7165
江苏：南京 顾子霞 SCSB-JS0425
江苏：启东 高兴 HANGYY8630
江西：黎川 童和平，王玉珍 TanCM2364
江西：黎川 童和平，王玉珍，常迪江等 TanCM2017
江西：星子 董安淼，吴从梅 TanCM1536
山东：莱山区 卞福花，杨蕾蕾，谷胤征 BianFH-0119
山东：崂山区 罗艳 LuoY057
山东：天桥区 李兰，王萍，张少华等 Lilan244
四川：射洪 袁明 YUANM2015L127
新疆：裕民 徐文斌，杨清理 SHI-2009363
云南：沧源 赵金超，徐向东 CYNGH290
云南：腾冲 周应再 Zhyz-198
云南：永德 李永亮 LiYL1537

Sonchus brachyotus Candolle 长裂苦苣菜

黑龙江：尚志 郑宝江，丁晓炎，李月等 ZhengBJ187
吉林：磐石 安海成 AnHC0357
吉林：长岭 杨帆，马红媛，安丰华 SNA0342
吉林：镇赉 杨帆，马红媛，安丰华 SNA0106
山东：城阳区 罗艳，李中华 LuoY133
山东：垦利 曹子谊，曹宇，韩国营等 Zhaozt0103
山东：天桥区 王萍，高德民，张诏等 lilan258
山东：天桥区 赵遵田，郑国伟，王海英等 Zhaozt0071

Sonchus oleraceus Linnaeus 苦苣菜

安徽：屯溪区 方建新 TangXS0188
甘肃：合作 郭淑青，杜品 LiuJQ-2012-GN-102
甘肃：合作 刘坤 LiuJQ-GN-2011-487
河北：桃城 牛玉璐，高彦飞，赵二涛 NiuYL397
湖北：五峰 李平 AHL092
吉林：南关区 韩忠明 Yanglm0101
江苏：赣榆 吴宝成 HANGYY8556
江苏：江宁区 王兆银，吴宝成 SCSB-JS0398
江苏：句容 王兆银，吴宝成 SCSB-JS0070
内蒙古：阿拉善左旗 郝丽珍，黄振英，朱雅娟 Beijing-ordos2-000012
宁夏：盐池 李出山，牛钦瑞 ZuoZh187
宁夏：中宁 何志斌，杜军，陈龙飞等 HHZA0174
青海：城北区 薛春迎 Xuechy0263
山东：滨州 刘奥，王广阳 WBG001858
山东：惠民 刘奥，王广阳 WBG001846
四川：射洪 袁明 YUANM2015L012
四川：射洪 袁明 YUANM2015L117
四川：射洪 袁明 YUANM2016L150
四川：射洪 袁明 YUANM2016L174
四川：小金 何兴金，王月，胡灏禹等 SCU-08125
西藏：扎囊 王东超，杨大松，张春林等 YangYP-Q-5088
新疆：和静 张玲，杨赵平 TD-01386
新疆：沙雅 塔里木大学植物资源调查组 TD-00986
新疆：石河子 塔里木大学植物资源调查组 TD-01012

新疆：吐鲁番 段士民 zdy085
新疆：吐鲁番 段士民 zdy086
新疆：吐鲁番 段士民 zdy087
新疆：托里 徐文斌，郭一敏 SHI-2009055
新疆：温宿 白宝伟，段黄金 TD-01823
新疆：乌什 塔里木大学植物资源调查组 TD-00496
新疆：乌苏 马真，贺晓欢，徐文斌等 SHI-A2007344
新疆：新和 白宝伟，段黄金 TD-02045
新疆：新和 塔里木大学植物资源调查组 TD-00518
新疆：新和 塔里木大学植物资源调查组 TD-00988
新疆：新源 段士民，王喜勇，刘会良等 89
新疆：叶城 郭永杰，黄文娟，段黄金 LiZJ0169
新疆：伊犁 刘鸯，徐文斌，马真等 SHI-A2007237
云南：德钦 杨亲二，孔航辉，李磊 Yangqe3244
云南：景东 杨国平 07-13
云南：景东 鲁艳 07-45
云南：南涧 徐家武，李世东，袁玉明 NJWLS598
云南：思茅区 胡启和，仇亚，张绍云 YNS0831
云南：思茅区 胡启和，周兵，仇亚 YNS0884
云南：腾冲 周应再 Zhyz-151
云南：维西 陈文允，于文涛，黄永江等 CYHL014
云南：永德 李永亮 LiYL1536
云南：镇沅 周兵，胡启元，张绍云 YNS0873

Sonchus palustris Linnaeus 沼生苦苣菜

新疆：巩留 亚吉东，张桥蓉，秦少发等 16CS13469
新疆：玛纳斯 亚吉东，张桥蓉，秦少发等 16CS13206
新疆：塔什库尔干 黄文娟，段黄金，王英鑫等 LiZJ0336

Sonchus wightianus Candolle 苣荬菜

安徽：屯溪区 方建新 TangXS0202
重庆：南川区 易思荣，谭秋平，张挺 YISR131
甘肃：夏河 齐威 LJQ-2008-GN-160
吉林：南关区 韩忠明 Yanglm0043
江西：武宁 张吉华，刘运群 TanCM1344
青海：都兰 潘建斌，杜维波，牛炳韬 Liujq-2011CDM-240
青海：共和 许炳强，周伟，郑朝汉 Xianh0449
山东：东营区 曹子谊，韩国营，张洛艳等 Zhaozt0105
西藏：城关区 李晖，边巴，徐爱国 lihui-Q-09-83
新疆：博湖 杨赵平，焦培培，白冠章等 LiZJ0620
新疆：富蕴 段士民，王喜勇，刘会良等 162
新疆：巩留 刘鸯，徐文斌，马真等 SHI-A2007238
新疆：精河 谭敦炎，吉乃提，艾沙江 TanDY0231
新疆：库尔勒 张挺，杨赵平，焦培培等 LiZJ0427
新疆：库尔勒 杨赵平，焦培培，白冠章等 LiZJ0645
新疆：墨玉 郭永杰，黄文娟，段黄金 LiZJ0256
新疆：尼勒克 刘鸯，马真，贺晓欢等 SHI-A2007502
新疆：石河子 张挺，杨赵平，焦培培等 LiZJ0403
新疆：托里 徐文斌，郭一敏 SHI-2009328
新疆：温泉 徐文斌，王莹 SHI-2008086
新疆：温泉 徐文斌，黄雪姣 SHI-2008211
新疆：乌什 杨赵平，周禧琳，贺冰 LiZJ1358
新疆：裕民 徐文斌，黄刚 SHI-2009443
云南：昌宁 赵玮 BSGLGSly106
云南：龙陵 孙兴旭 SunXX131
云南：思茅区 胡启和，仇亚，张绍云 YNS0823
云南：腾冲 周应再 Zhyz-446
云南：永德 李永亮 YDDXS1161
云南：元江 胡启元，周兵，张绍云 YNS0846

Soroseris erysimoides (Handel-Mazzetti) C. Shih 空桶参

四川：甘孜 张大才，尹五元，李双智等 ZhangDC-07ZX-2358

Soroseris glomerata (Decaisne) Stebbins 绢毛菊

西藏：那曲 陈家辉，庄会富，刘德团 Yangyp-Q-0197

Soroseris hookeriana Stebbins 皱叶绢毛菊

四川：稻城 孙航，张建文，邓涛等 SunH-07ZX-3346
四川：稻城 何兴金，李琴琴，马祥光等 SCU-09-137
四川：稻城 何兴金，李琴琴，马祥光等 SCU-09-168
四川：九龙 孙航，张建文，董金龙等 SunH-07ZX-4006
四川：康定 陈文允，于文涛，黄永江 CYH225
四川：理塘 孙航，张建文，邓涛等 SunH-07ZX-3365
西藏：八宿 张大才，李双智，罗康等 ZhangDC-07ZX-1219
西藏：错那 罗建，汪书丽 LiuJQ11XZ025
西藏：芒康 张大才，李双智，罗康等 ZhangDC-07ZX-0115
西藏：芒康 徐波，陈光富，陈林杨等 SunH-07ZX-1562
西藏：左贡 张永洪，王晓雄，周卓等 SunH-07ZX-0589
云南：巧家 杨光明 SCSB-W-1263
云南：巧家 郁文彬，任宗昕，艾洪莲等 SCSB-W-1036

Soroseris umbrella (Franchet) Stebbins 肉菊

四川：稻城 何兴金，李琴琴，马祥光等 SCU-09-169
云南：香格里拉 郭永杰，张桥蓉，李春晓等 11CS3523
云南：香格里拉 张大才，李双智，唐路等 ZhangDC-07ZX-1662
云南：香格里拉 张永洪，李国栋，王晓雄 SunH-07ZX-2236

Sphaeranthus senegalensis Candolle 非洲戴星草

云南：永德 李永亮 YDDXS0084

Symphyotrichum subulatum (Michaux) G. L. Nesom 钻叶紫菀

安徽：肥西 陈延松，朱合军，姜九龙 Xuzd124
湖北：五峰 陈功锡，张代贵 SCSB-HC-2008290
湖南：石门 陈功锡，张代贵，邓涛等 SCSB-HC-2007525
湖南：永顺 陈功锡，张代贵 SCSB-HC-2008237
江苏：宜兴 李宏庆，田怀珍，葛斌杰等 Lihq0248
山东：天桥区 赵遵田，郑国伟，王海英等 Zhaozt0067
山东：长清区 王萍，高德民，张诏等 lilan337
四川：乐至 邓兴敏，邓秀发，张昌兵 ZCB0461
云南：蒙自 田学军，邱成书，高波 TianXJ0158
云南：南涧 邹国娟，李加生，时国彩 NJWLS419
云南：普洱 胡启和，张绍云 YNS0600
云南：巧家 郁文彬，任宗昕，艾洪莲等 SCSB-W-1086
云南：西山区 税玉民，陈文红 65371
云南：永德 李永亮 YDDXS1263
云南：永德 李永亮 YDDXS0974
云南：云龙 郭永杰，王杨飞，李施文等 TC4026
云南：镇沅 罗成瑜 ALSZY460

Syncalathium disciforme (Mattfeld) Y. Ling 盘状合头菊 *

四川：白玉 孙航，张建文，邓涛等 SunH-07ZX-3752

Syncalathium kawaguchii (Kitamura) Y. Ling 合头菊 *

西藏：隆子 罗建，汪书丽 LiuJQ11XZ249

Synedrella nodiflora (Linnaeus) Gaertner 金腰箭

云南：江城 叶金科 YNS0447
云南：景东 罗忠华，刘长铭，鲁成荣等 JD100
云南：景东 罗忠华，刘长铭，鲁成荣等 JDNR09054
云南：盈江 王立彦，徐桂华 SCSB-TBG-063
云南：永德 李永亮 YDDXS0973
云南：镇沅 何忠云 ALSZY285

Syneilesis aconitifolia (Bunge) Maximowicz 兔儿伞

安徽：休宁 方建新 TangXS0070
黑龙江：让胡路区 刘玫，王臣，张欣欣等 Liuetal794
黑龙江：五大连池 孙阎，赵立波 SunY110

吉林：磐石 安海成 AnHC0175
江苏：句容 王兆银，吴宝成 SCSB-JS0177
山东：崂山区 罗艳，李中华 LuoY406
陕西：长安区 田陌，田先华，王梅荣 TianXH368

Synotis alata (Wallich ex Candolle) C. Jeffrey & Y. L. Chen 翅柄合耳菊
云南：文山 何德明，高发能 WSLJS795
云南：永德 李永亮 LiYL1480

Synotis cappa (Buchanan-Hamilton ex D. Don) C. Jeffrey & Y. L. Chen 密花合耳菊
云南：景东 杨国平 07-06
云南：绿春 黄连山保护区科研所 HLS0106
云南：宁洱 彭志仙，叶金科 YNS0070
云南：巧家 李文虎，颜再奎，张天壁等 QJYS0048
云南：腾冲 周应再 Zhyz-451
云南：新平 何罡安 XPALSB120
云南：永德 李永亮 LiYL1497
云南：永德 李永亮 YDDXS1026

Synotis erythropappa (Bureau & Franchet) C. Jeffrey & Y. L. Chen 红缨合耳菊 *
四川：丹巴 高云东，李忠荣，鞠文彬 GaoXF-12-149
四川：乡城 王文礼，冯欣，刘飞鹏 OUXK11121
西藏：林芝 卢洋，刘帆等 LiJ787
西藏：林芝 卢洋，刘帆等 LiJ825
云南：澜沧 张绍云，胡启和，叶金科等 YNS1188
云南：巧家 杨光明，颜再奎，张天壁等 QJYS0052

Synotis glomerata C. Jeffrey & Y. L. Chen 聚花合耳菊
云南：永德 李永亮 LiYL1433

Synotis nagensium (C. B. Clarke) C. Jeffrey & Y. L. Chen 锯叶合耳菊
湖南：吉首 张代贵 Zdg1320
湖南：永顺 陈功锡，张代贵 SCSB-HC-2008383

Synotis saluenensis (Diels) C. Jeffrey & Y. L. Chen 腺毛合耳菊
云南：景东 张绍云，叶金科，周兵 YNS1387
云南：麻栗坡 肖波 LuJL264
云南：南涧 阿国仁 NJWLS1165
云南：永德 YDDXSB007

Synotis solidaginea (Handel-Mazzetti) C. Jeffrey & Y. L. Chen 川西合耳菊 *
西藏：八宿 张永洪，李国栋，王晓雄 SunH-07ZX-1764
西藏：波密 陈家辉，韩希，王东超等 YangYP-Q-4008
西藏：林芝 陈家辉，韩希，王东超等 YangYP-Q-4042
西藏：曲松 陈家辉，王赟，刘德团 YangYP-Q-3263
西藏：桑日 陈家辉，韩希，王广艳等 YangYP-Q-4217
西藏：扎囊 王东超，杨大松，张春林等 YangYP-Q-5077

Synotis triligulata (Buchanan-Hamilton ex D. Don) C. Jeffrey & Y. L. Chen 三舌合耳菊
云南：永德 李永亮 LiYL1488
云南：永德 李永亮 YDDXS1032
云南：云龙 郭永杰，王杨飞，李施文等 TC4021

Synotis wallichii (Candolle) C. Jeffrey & Y. L. Chen 合耳菊
云南：文山 税玉民，陈文红 16257

Synotis xantholeuca (Handel-Mazzetti) C. Jeffrey & Y. L. Chen 黄白合耳菊 *
云南：贡山 刘成，何华杰，黄莉等 14CS9988
云南：贡山 郭永杰，吴之坤，吴兴等 14CS9816

Synurus deltoides (Aiton) Nakai 山牛蒡
安徽：石台 洪欣，王欧文 ZSB383
重庆：南川区 易思荣 YISR056
重庆：南川区 易思荣，谭秋平 YISR428
黑龙江：北安 郑宝江，潘磊 ZhengBJ020
黑龙江：虎林市 王庆贵 CaoW561
黑龙江：嫩江 王臣，张欣欣，史传奇 WangCh243
黑龙江：尚志 郑宝江，丁晓炎，李月等 ZhengBJ204
湖北：五峰 李平 AHL080
湖北：五峰 陈功锡，张代贵 SCSB-HC-2008338
吉林：和龙 刘翠晶 Yanglm0211
吉林：磐石 安海成 AnHC0419
江西：武宁 谭策铭，张吉华 TanCM429
四川：白玉 李晓东，张景博，徐凌翔等 LiJ483
云南：香格里拉 李晓东，张紫刚，操榆 LiJ637

Tagetes erecta Linnaeus 万寿菊
湖北：宣恩 祝文志，刘志祥，曹远俊 ShenZH0074
湖南：望城 姜孝成，卢叶平，杨强 Jiangxc0764
云南：麻栗坡 肖波 LuJL288
云南：麻栗坡 肖波 LuJL384
云南：巧家 李文虎，高顺勇，张天壁 QJYS0123
云南：新平 王家和 XPALSC211
云南：永德 李永亮 YDDXS1098
云南：云龙 李施文，张志云，段耀飞 TC3042

Tanacetum tatsienense (Bureau & Franchet) K. Bremer & Humphries 川西小黄菊
甘肃：玛曲 李晓东，刘帆，张景博等 LiJ0025
甘肃：玛曲 刘坤 LiuJQ-GN-2011-472
甘肃：玛曲 齐威 LJQ-2008-GN-165
青海：玉树 许炳强，周伟，郑朝汉 Xianh0233
四川：白玉 孙航，张建文，邓涛等 SunH-07ZX-3746
四川：丹巴 余岩，周春景，秦汉涛 SCU-11-045
四川：康定 苏涛，黄永江，杨青松等 ZhouZK11084
四川：康定 陈文允，于文涛，黄永江 CYH227
西藏：林芝 罗建，汪书丽 LiuJQ-08XZ-142
西藏：林芝 张大才，李双智，唐路等 ZhangDC-07ZX-1818
西藏：林芝 杨永平，王东超，杨大松等 YangYP-Q-4113
西藏：墨竹工卡 罗建，汪书丽，任德智 LiuJQ-09XZ-ML032

Tanacetum vulgare Linnaeus 菊蒿
新疆：裕民 徐文斌，杨清理 SHI-2009417

Taraxacum bicorne Dahlstedt 双角蒲公英
青海：玉树 许炳强，周伟，郑朝汉 Xianh0226
新疆：乌鲁木齐 段士民，王喜勇，刘会良 Zhangdy030

Taraxacum chionophilum Dahlstedt 川西蒲公英 *
四川：稻城 张大才，尹五元，李双智等 ZhangDC-07ZX-2133

Taraxacum coreanum Nakai 朝鲜蒲公英
吉林：磐石 安海成 AnHC035

Taraxacum dasypodum Soest 丽江蒲公英 *
云南：德钦 杨青松，杨莹，黄永江等 ZhouZK-07ZX-0093
云南：香格里拉 杨青松，詹克平，于文涛等 ZhouZK-07ZX-0009

Taraxacum dealbatum Handel-Mazzetti 粉绿蒲公英
新疆：塔什库尔干 杨赵平，周禧林，贺冰 LiZJ1251
新疆：乌恰 杨赵平，周禧琳，贺冰 LiZJ1322

Taraxacum eriopodum (D. Don) Candolle 毛柄蒲公英
西藏：安多 陈家辉，庄会富，边巴扎西 Yangyp-Q-2068

Taraxacum erythropodium Kitagawa 淡红座蒲公英 *
河北：蔚县 牛玉璐，高彦飞，赵二涛 NiuYL425
吉林：镇赉 杨帆，马红媛，安丰华 SNA0191

Taraxacum grypodon Dahlstedt 反苞蒲公英 *

西藏：拉萨 刘帆，卢洋等 LiJ726
西藏：林芝 卢洋，刘帆等 LiJ771

Taraxacum lanigerum Soest 多毛蒲公英 *

四川：康定 何兴金，廖晨阳，任海燕等 SCU-09-403

Taraxacum lugubre Dahlstedt 川甘蒲公英 *

四川：红原 何兴金，高云东，刘海艳等 SCU-20080498
四川：康定 何兴金，胡灏禹，陈德友等 SCU-09-305
四川：若尔盖 高云东，李忠荣，鞠文彬 GaoXF-12-011
四川：若尔盖 何兴金，李琴琴，王长宝等 SCU-08076
四川：小金 何兴金，李琴琴，王长宝等 SCU-08055

Taraxacum maurocarpum Dahlstedt 灰果蒲公英 *

甘肃：合作 郭淑青，杜品 LiuJQ-2012-GN-105
甘肃：卓尼 齐威 LJQ-2008-GN-103
青海：门源 吴玉虎，刘建全 LJQ-QLS-2008-0029
西藏：达孜 卢洋，刘帆等 LiJ913

Taraxacum mongolicum Handel-Mazzetti 蒙古蒲公英 *

安徽：滁州 吴宝成 HANGYY8006
安徽：肥西 陈延松 Xuzd035
安徽：贵池区 吴婕，狄皓 ZhouSB0147
安徽：石台 洪欣 ZhouSB0156
安徽：屯溪区 方建新 TangXS0823
北京：东城区 朱雅娟，王雷，黄振英 Beijing-huang-xs-0021
甘肃：合作 郭淑青，杜品 LiuJQ-2012-GN-125
甘肃：玛曲 李晓东，刘帆，张景博等 LiJ0038
甘肃：玛曲 李晓东，刘帆，张景博等 LiJ0047
甘肃：玛曲 刘坤 LiuJQ-GN-2011-482
甘肃：卓尼 齐威 LJQ-2008-GN-104
贵州：南明区 邹方伦 ZouFL0079
吉林：南关区 王云贺 Yanglm0045
吉林：洮北区 杨帆，马红媛，安丰华 SNA0314
江西：庐山区 董安淼，吴丛梅 TanCM2504
宁夏：贺兰 何志斌，杜军，陈龙飞等 HHZA0127
青海：格尔木 冯虎元 LiuJQ-08KLS-020
青海：久治 汪书丽，朱洪涛 Liujq-QLS-TXM-184
青海：玉树 许炳强，周伟，郑朝汉 Xianh0144
山东：博兴 刘奥，王广阳 WBG001863
山东：高唐 刘奥，王广阳 WBG001939
山东：莱山区 陈朋 BianFH-394
山东：商河 刘奥，王广阳 WBG001877
四川：射洪 袁明 YUANM2015L061
四川：汶川 袁明，高刚，杨勇 YM2014035
新疆：博乐 亚吉东，张桥蓉，秦少发等 16CS13818
新疆：昭苏 亚吉东，张桥蓉，秦少发等 16CS13520
云南：德钦 于文涛，李国锋 WTYu-386
云南：洱源 张书东，林娜娜，陆露等 SCSB-W-165
云南：隆阳区 赵文李 BSGLGSly3052
云南：麻栗坡 肖波 LuJL221
云南：巧家 杨光明 SCSB-W-1101
云南：石林 税玉民，陈文红 64663
云南：思茅区 胡启和，周兵，仇亚 YNS0905
云南：香格里拉 杨亲二，孔航辉，李磊 Yangqe3256
云南：寻甸 彭华，向春雷，王泽欢 PengH8032
云南：玉龙 亚吉东，张德全，唐治喜等 15PX507

Taraxacum parvulum Candolle 小花蒲公英

云南：德钦 陈文允，于文涛，黄永江等 CYHL178
云南：兰坪 杨青松，杨莹，黄永江等 ZhouZK-07ZX-0243
云南：香格里拉 杨青松，杨莹，黄永江等 ZhouZK-07ZX-0129

Taraxacum pingue Schischkin 尖角蒲公英

新疆：塔什库尔干 邱娟，冯建菊 LiuJQ0184

Taraxacum platypecidum Diels 白缘蒲公英 *

河北：涿鹿 牛玉璐，高彦飞，赵二涛 NiuYL395
宁夏：盐池 牛钦瑞，朱奋霞 ZuoZh164
四川：马尔康 何兴金，王月，胡灏禹 SCU-08155

Taraxacum sikkimense Handel-Mazzetti 锡金蒲公英

西藏：林周 杨永平，段元文，边巴扎西 Yangyp-Q-1039
西藏：芒康 张永洪，王晓雄，周卓等 SunH-07ZX-0425
西藏：左贡 张永洪，王晓雄，周卓等 SunH-07ZX-1129
云南：香格里拉 周浙昆，苏涛，杨莹等 Zhou09-032
云南：永德 李永亮 YDDXS0757

Taraxacum sinicum Kitagawa 华蒲公英

河北：蔚县 牛玉璐，高彦飞，赵二涛 NiuYL306
黑龙江：肇东 王臣，张欣欣，史传奇 WangCh1
宁夏：中宁 何志斌，杜军，陈龙飞等 HHZA0193
四川：米易 袁明 MY340
云南：维西 孔航辉，任琛 Yangqe2820
云南：香格里拉 郭永杰，张桥蓉，李春晓等 11CS3400

Taraxacum sinomongolicum Kitagawa 凸尖蒲公英 *

黑龙江：阿城 孙阎，吕军，张健男 SunY387

Taraxacum tibetanum Handel-Mazzetti 藏蒲公英

西藏：安多 陈家辉，庄会富，边巴扎西 Yangyp-Q-2067
西藏：当雄 杨永平，段元文，边巴扎西 Yangyp-Q-1015
西藏：噶尔 李晖，文雪梅，次旺加布等 Lihui-Q-0033
西藏：那曲 陈家辉，庄会富，刘德团 Yangyp-Q-0189
西藏：那曲 陈家辉，庄会富，刘德团 Yangyp-Q-0223
西藏：仲巴 陈家辉，庄会富，边巴扎西 YangYP-Q-2004

Tephroseris kirilowii (Turczaninow ex Candolle) Holub 狗舌草

湖北：竹溪 李盛兰 GanQL259
吉林：磐石 安海成 AnHC0288
江苏：句容 王兆银，吴宝成 SCSB-JS0072
山东：海阳 高德民，张颖颖，程丹丹等 lilan566

Tephroseris pierotii (Miquel) Holub 浙江狗舌草

黑龙江：宁安 王臣，张欣欣，史传奇 WangCh66

Tephroseris rufa var. **chaetocarpa** C. Jeffrey & Y. L. Chen 毛果橙舌狗舌草 *

四川：若尔盖 张昌兵，邓秀华 ZhangCB0216

Thespis divaricata Candolle 歧伞菊

云南：澜沧 胡启和，周兵，仇亚 YNS0917
云南：绿春 黄连山保护区科研所 HLS0276
云南：宁洱 胡启元，周兵，张绍云 YNS0856
云南：新平 白绍斌 XPALSC064

Tithonia diversifolia (Hemsley) A. Gray 肿柄菊

云南：南涧 李加生，官有才 NJWLS843
云南：普洱 胡启和，仇亚，张绍云 YNS0670
云南：永德 李永亮 YDDXS0164

Tragopogon altaicus S. A. Nikitin & Schischkin 阿勒泰婆罗门参

山东：芝罘区 卞福花，杨蕾蕾，谷胤征 BianFH-0087
新疆：巴里 段士民，王喜勇，刘会良 Zhangdy148
新疆：阜康 谭敦炎，邱娟 TanDY0144
新疆：哈密 段士民，王喜勇，刘会良 Zhangdy140

Tragopogon capitatus S. A. Nikitin 头状婆罗门参

新疆：霍城 亚吉东，张桥蓉，胡枭剑 16CS13126
新疆：乌鲁木齐 段士民，王喜勇，刘会良 Zhangdy026

Tragopogon dubius Scopoli 霜毛婆罗门参

山东：城阳区 罗艳，李中华 LuoY069

Tragopogon kasachstanicus S. A. Nikitin 中亚婆罗门参
新疆：阜康 亚吉东，张桥蓉，胡枭剑 16CS12763
Tragopogon porrifolius Linnaeus 蒜叶婆罗门参
新疆：阜康 王宏飞，王磊，黄振英 Beijing-huang-xjsm-0013
新疆：托里 徐文斌，杨清理 SHI-2009033
新疆：乌鲁木齐 王雷，王宏飞，黄振英 Beijing-huang-xjys-0013
Tridax procumbens Linnaeus 羽芒菊
四川：米易 袁明 MY509
云南：东川区 闫海忠，孙振华，王文礼等 OuxK-DC-0010
云南：峨山 马兴达，乔娣 WangHCH061
云南：景东 鲁艳 07-125
云南：南涧 熊绍荣 NJWLS2008316
云南：南涧 常学科，邹国娟，陈举良等 NJWLS409
云南：南涧 张世雄，时国彩 NJWLS2008062
云南：宁洱 周兵，胡启元，张绍云 YNS0842
云南：新平 谢雄 XPALSC053
云南：新平 谢雄 XPALSC378
云南：新平 自正尧 XPALSB234
云南：永德 李永亮 YDDXS0018
云南：元谋 闫海忠，孙振华，王文礼等 Ouxk-YM-0024
云南：元阳 田学军，杨建，邱成书等 Tianxj0005
云南：镇沅 张绍云，胡启和 YNS1016
云南：镇沅 罗成瑜 ALSZY430
Tripleurospermum inodorum (Linnaeus) Schultz Bipontinus 新疆三肋果
新疆：尼勒克 亚吉东，张桥蓉，秦少发等 16CS13431
新疆：昭苏 亚吉东，张桥蓉，秦少发等 16CS13519
Tripleurospermum limosum (Maximowicz) Pobedimova 三肋果
黑龙江：宁安 刘玫，王臣，张欣欣等 Liuetal647
Tripleurospermum tetragonospermum (F. Schmidt) Pobedimova 东北三肋果
吉林：抚松 张宝田 Yanglm0442
Tripolium pannonicum (Jacquin) Dobroczajeva 碱菀
河北：桃城 牛玉璐，高彦飞，赵二涛 NiuYL336
黑龙江：让胡路区 孙阎，赵立波 SunY090
黑龙江：让胡路区 刘玫，王臣，张欣欣等 Liuetal801
江苏：赣榆 吴宝成 HANGYY8558
山东：垦利 曹子谊，韩国营，吕蕾等 Zhaozt0106
山东：莱山区 卞福花，宋言贺 BianFH-541
山东：岚山区 吴宝成 HANGYY8596
山东：天桥区 王萍，高德民，张诏等 lilan281
新疆：哈密 王喜勇，马文宝，施翔 zdy452
新疆：沙湾 石大标 SHI-2006481
新疆：石河子 高木木，郭静谊 SHI2006382
新疆：乌鲁木齐 段士民，王喜勇，刘会良等 Zhangdy442
新疆：乌鲁木齐 段士民，王喜勇，刘会良等 Zhangdy452
Turczaninovia fastigiata (Fischer) Candolle 女菀
安徽：肥东 陈延松，朱合军，姜九龙 Xuzd093
黑龙江：让胡路区 刘玫，王臣，张欣欣等 Liuetal797
吉林：长岭 张宝田 Yanglm0369
江苏：句容 吴宝成，王兆银 HANGYY8372
江西：庐山区 董安淼，吴从梅 TanCM2212
山东：莱山区 卞福花 BianFH-0274
山东：崂山区 罗艳，李中华 LuoY329
山东：平邑 张少华，张诏，程丹丹等 Lilan640
Tussilago farfara Linnaeus 款冬
湖北：竹溪 李盛兰 GanQL247
Vernonia aspera Buchanan-Hamilton 糙叶斑鸠菊
云南：南涧 李加生，马德跃，官有才 NJWLS832
云南：永德 李永亮 YDDXS1009
Vernonia blanda Candolle 喜斑鸠菊
西藏：芒康 张大才，李双智，罗康等 ZhangDC-07ZX-0125
西藏：左贡 张大才，李双智，罗康等 ZhangDC-07ZX-0633
Vernonia bockiana Diels 南川斑鸠菊 *
重庆：南川区 易思荣 YISR123
湖南：保靖 张代贵 SCSB-HC-2007376
云南：巧家 郁文彬，任宗昕，艾洪莲等 SCSB-W-1084
云南：永德 李永亮 YDDXS0011
Vernonia cinerea (Linnaeus) Lessing 夜香牛
广西：田林 彭华，许瑾，陈丽 P.H.5097
广西：昭平 吴望辉，黄俞淞，蒋日红 Liuyan0332
湖南：江永 刘克明，肖乐希，蔡秀珍 SCSB-HN-0068
江西：黎川 童和平，王玉珍，常迪江等 TanCM2025
江西：武宁 张吉华，刘运群 TanCM1342
江西：星子 谭策铭，董安淼 TanCM521
西藏：八宿 张大才，李双智，罗康等 SunH-07ZX-0740
西藏：波密 孙航，张建文，陈建国等 SunH-07ZX-2558
云南：景东 鲁艳 07-44
云南：勐海 彭华，向春雷，陈丽等 P.H.5748
云南：孟连 彭华，向春雷，陈丽 P.H.5829
云南：双柏 彭华，向春雷，陈丽等 P.H.5562
云南：思茅区 胡启和，周兵，仇亚 YNS0898
云南：永德 李永亮 YDDXS1286
云南：镇沅 胡启和，周英，仇亚 YNS0634
Vernonia clivorum Hance 岗斑鸠菊
云南：镇沅 罗成瑜 ALSZY217
Vernonia divergens (Candolle) Edgeworth 叉枝斑鸠菊
云南：镇沅 胡启和，张绍云 YNS0813
Vernonia esculenta Hemsley 斑鸠菊 *
云南：安宁 伊廷双，孟静，杨杨 MJ-852
云南：古城区 孙振华，郑志兴，沈蕊等 OuXK-YS-220
云南：红河 彭华，向春雷，陈丽 PengH8229
云南：景东 彭华，陈丽 P.H.5392
云南：禄丰 刀志灵，陈渝 DZL510
云南：禄劝 柳小康 OuXK-0091
云南：禄劝 郁文彬，董莉娜，张舒等 SCSB-W-965
云南：禄劝 郁文彬，董莉娜，张舒等 SCSB-W-974
云南：绿春 黄连山保护区科研所 HLS0013
云南：绿春 刀志灵，张洪喜 DZL528
云南：南涧 马德跃，官有才，熊绍荣 NJWLS828
云南：南涧 彭华，向春雷，陈丽 P.H.5911
云南：宁洱 彭志仙，叶金科 YNS0068
云南：瑞丽 彭华，陈丽，向春雷等 P.H.5409
云南：腾冲 周应再 Zhyz-435
云南：文山 彭华，刘恩德，陈丽 P.H.6020
云南：香格里拉 孙振华，郑志兴，沈蕊等 OuXK-YS-238
云南：新平 彭华，向春雷，陈丽 PengH8293
云南：永德 李永亮 YDDXS6378
云南：元江 刀志灵，陈渝 DZL-191
Vernonia extensa Candolle 展枝斑鸠菊
云南：沧源 赵金超，杨云贞 CYNGH062
云南：南涧 阿国仁 NJWLS1524
Vernonia nantcianensis (Pampanini) Handel-Mazzetti 南漳斑鸠菊 *
四川：盐源 苏涛，黄永江，杨青松等 ZhouZK11403

Vernonia parishii J. D. Hooker 滇缅斑鸠菊
云南：景东 罗忠华，谢有能，刘长铭等 JDNR034
云南：腾冲 余新林，赵玮 BSGLGStc144
云南：新平 何罡安 XPALSB141
云南：新平 何罡安 XPALSB175
云南：新平 张明忠，刘家良 XPALSD283

Vernonia patula (Aiton) Merrill 咸虾花
广西：龙州 黄俞淞，梁永延，叶晓霞 Liuyan0007
云南：元阳 田学军，杨建，邱成书等 Tianxj0011

Vernonia saligna Candolle 柳叶斑鸠菊
四川：新龙 陈文允，于文涛，黄永江 CYH081
云南：东川区 张挺，蔡杰，刘成等 11CS3591
云南：宁洱 张绍云 YNS0123
云南：新平 张学林，李云贵 XPALSD094
云南：永德 李永亮 YDDXS0861
云南：镇沅 罗成瑜 ALSZY401

Vernonia spirei Gandoger 折苞斑鸠菊
云南：景东 罗忠华，谢有能，罗文涛等 JDNR118
云南：普洱 胡启和 YNS0511

Vernonia volkameriifolia Candolle 大叶斑鸠菊
云南：沧源 赵金超 CYNGH063
云南：江城 张绍云，张永，仇亚 YNS1319
云南：景东 鲁艳 200857
云南：景洪 张挺，李洪超，李文化等 SCSB-B-000400
云南：墨江 胡启元，周兵，张绍云 YNS0853
云南：南涧 高国政，李成清，杨永金等 NJWLS2008269
云南：宁洱 张绍云 YNS0119
云南：永德 李永亮 YDDXS0205

Wollastonia montana (Blume) Candolle 山蟛蜞菊
湖南：江永 姜孝成，唐贵华，潘孝武 SCSB-HNJ-0071
云南：景东 鲁艳 2008120

Xanthium strumarium Linnaeus 苍耳
安徽：肥西 陈延松，朱合军 Xuzd139
安徽：舒城 陈延松，欧祖兰，高秋晨等 Xuzd395
甘肃：迭部 郭淑青，杜品 LiuJQ-2012-GN-103
河北：桃城 牛玉璐，高彦飞，赵二涛 NiuYL484
黑龙江：北安 郑宝江，潘磊 ZhengBJ029
黑龙江：虎林市 王庆贵 CaoW565
黑龙江：虎林市 王庆贵 CaoW582
黑龙江：饶河 王庆贵 CaoW632
湖北：神农架林区 李巨平 LiJuPing0017
湖北：宣恩 祝文志，刘志祥，曹远俊 ShenZH0042
湖南：怀化 李胜华，伍贤进，曾汉元等 HHXY356
湖南：永定区 陈启超，吴福川 224A
湖南：中方 伍贤进，李胜华，曾汉元等 HHXY133
吉林：南关区 王云贺 Yanglm0075
江苏：句容 王兆银，吴宝成 SCSB-JS0387
江苏：宜兴 吴林园 HANGYY8706
山东：茌平 刘奥，王广阳 WBG001951
山东：茌平 刘奥，王广阳 WBG001952
山东：东阿 刘奥，王广阳 WBG001983
山东：冠县 刘奥，王广阳 WBG001960
山东：惠民 刘奥，王广阳 WBG001849
山东：济阳 刘奥，王广阳 WBG001887
山东：岚山区 吴宝成 HANGYY8586
山东：历城区 李兰，王萍，张少华 Lilan058
山东：临清 刘奥，王广阳 WBG001219
山东：宁津 刘奥，王广阳 WBG000325
山东：天桥区 王萍，高德民，张诏等 lilan295
山东：阳信 刘奥，王广阳 WBG001839
山东：禹城 刘奥，王广阳 WBG001898
山西：小店区 吴琼，赵璐璐 Zhangf0066
四川：米易 袁明 MY627
四川：冕宁 孙航，张建文，邓涛等 SunH-07ZX-3779
四川：西昌 苏涛，黄永江，杨青松等 ZhouZK11378
四川：小金 高云东，李忠荣，鞠文彬 GaoXF-12-103
新疆：莎车 黄文娟，段黄金，王英鑫等 LiZJ0829
新疆：疏勒 黄文娟，段黄金，王英鑫等 LiZJ0806
新疆：乌鲁木齐 马文宝，刘会良，施翔 zdy191
新疆：乌鲁木齐 王喜勇，马文宝，施翔 zdy401
新疆：乌鲁木齐 段士民，王喜勇，刘会良 Zhangdy221
新疆：乌鲁木齐 段士民，王喜勇，刘会良 Zhangdy272
新疆：新源 段士民，王喜勇，刘会良 Zhangdy401
新疆：叶城 黄文娟，段黄金，王英鑫等 LiZJ0853
新疆：叶城 黄文娟，段黄金，王英鑫等 LiZJ0900
云南：江城 张绍云，胡启和 YNS1241
云南：景东 鲁艳 2008135
云南：景东 谢有能，刘长铭，张明勇等 JDNR035
云南：麻栗坡 肖波 LuJL380
云南：蒙自 税玉民，陈文红 72246
云南：蒙自 税玉民，陈文红 72423
云南：南涧 熊绍荣 njwls2007039
云南：宁洱 胡启和，张绍云 YNS0943
云南：腾冲 周应再 Zhyz-282
云南：易门 刘恩德，方伟，杜燕等 SCSB-B-000005
云南：永德 李永亮 YDDXS0150
云南：云龙 张挺，徐远杰，陈冲等 SCSB-B-000205

Xanthopappus subacaulis C. Winkler 黄缨菊 *
甘肃：卓尼 齐威 LJQ-2008-GN-171
青海：格尔木 冯虎元 LiuJQ-08KLS-073
青海：互助 薛春迎 Xuechy0191

Youngia atripappa (Babcock) N. Kilian 纤细黄鹌菜
西藏：林芝 卢洋，刘帆等 LiJ786

Youngia cineripappa (Babcock) Babcock & Stebbins 鼠冠黄鹌菜
四川：米易 刘静 MY-225

Youngia erythrocarpa (Vaniot) Babcock & Stebbins 红果黄鹌菜 *
安徽：屯溪区 方建新 TangXS0215
江苏：海州区 汤兴利 HANGYY8415
云南：隆阳区 赵玮 BSGLGSly166
云南：西山区 彭华，陈丽 P.H.5321

Youngia henryi (Diels) Babcock & Stebbins 长裂黄鹌菜 *
湖北：竹溪 李盛兰 GanQL405

Youngia heterophylla (Hemsley) Babcock & Stebbins 异叶黄鹌菜 *
湖北：神农架林区 李巨平 LiJuPing0161
湖北：仙桃 张代贵 Zdg3682
湖南：吉首 张代贵 Zdg1214

Youngia japonica (Linnaeus) Candolle 黄鹌菜
安徽：三山区 狄皓，吴婕 ZhouSB0139
安徽：屯溪区 方建新 TangXS0196
重庆：南川区 易思荣 YISR166
河北：元氏 牛玉璐，郑博颖，黄士良等 NiuYL033
湖北：竹溪 李盛兰 GanQL253
江苏：云龙区 吴宝成 HANGYY8061

江西：庐山区 董安淼，吴从梅 TanCM2225
江西：修水 谭策铭，缪以清，李立新 TanCM227
山东：莱山区 卞福花 BianFH-0168
山东：市南区 罗艳，母华伟，范兆飞 LuoY004
山东：长清区 王萍，高德民，张诏等 lilan267
四川：峨眉山 李小杰 LiXJ345
四川：米易 刘静 MY-096
四川：射洪 袁明 YUANM2015L120
云南：景东 鲁艳 200884
云南：普洱 胡启和，仇亚 YNS0627
云南：巧家 郁文彬，张舒，艾洪莲等 SCSB-W-1000
云南：腾冲 周应再 Zhyz-199
云南：新平 王家和 XPALSC295
云南：寻甸 彭华，向春雷，王泽欢 PengH8033
云南：永德 李永亮 LiYL1473
云南：永德 李永亮 LiYL1485

Youngia japonica subsp. **elstonii** (Hochreutiner) Babcock & Stebbins 卵裂黄鹌菜 *
云南：新平 何罡安 XPALSB133
云南：永德 李永亮 YDDXS1052
云南：镇沅 罗成瑜 ALSZY105

Youngia longipes (Hemsley) Babcock & Stebbins 戟叶黄鹌菜 *
湖南：古丈 张代贵 Zdg1205

Youngia paleacea (Diels) Babcock & Stebbins 羽裂黄鹌菜 *
云南：丽江 张书东，林娜娜，陆露等 SCSB-W-099
云南：维西 杨亲二，孔航辉，李磊 Yangqe3224
云南：香格里拉 张挺，亚吉东，李明勤等 11CS3333

Youngia pilifera C. Shih 糙毛黄鹌菜 *
四川：米易 刘静，袁明 MY-194

Youngia prattii (Babcock) Babcock & Stebbins 川西黄鹌菜 *
四川：得荣 孙航，李新辉，陈林杨 SunH-07ZX-3037
云南：香格里拉 杨亲二，孔航辉 Yangqe3002

Youngia racemifera (J. D. Hooker) Babcock & Stebbins 总序黄鹌菜
四川：黑水 顾垒，李忠荣 GaoXF-09ZX-1497

Youngia terminalis Babcock & Stebbins 大头黄鹌菜 *
四川：峨眉山 李小杰 LiXJ377

Zinnia peruviana Linnaeus 多花百日菊
山东：薛城区 步瑞兰，辛晓伟，王林等 Lilan720

Balanophoraceae 蛇菰科

蛇菰科	世界	中国	种质库
属 / 种（种下等级）/ 份数	16/42	2/13	1/1/3

Balanophora harlandii J. D. Hooker 葛菌
湖北：竹溪 李盛兰，甘霖 GanQL609
江西：庐山区 董安淼，吴从梅 TanCM3343
云南：安宁 蔡杰，张挺，刘成等 11CS3727

Balsaminaceae 凤仙花科

凤仙花科	世界	中国	种质库
属 / 种（种下等级）/ 份数	2/～1001	2/271	1/49(50)/128

Impatiens alpicola Y. L. Chen & Y. Q. Lu 太子凤仙花 *
四川：峨眉山 李小杰 LiXJ101

Impatiens amplexicaulis Edgeworth 抱茎凤仙花
云南：香格里拉 陈家辉，刘亚辉，周妍等 YangYP-Q-2192
云南：香格里拉 杨青松，星耀武，苏涛 ZhouZK-07ZX-0316
云南：香格里拉 蔡杰，张挺，刘成等 11CS3296

Impatiens apsotis J. D. Hooker 川西凤仙花 *
四川：壤塘 张挺，李爱花，刘成等 08CS847

Impatiens aquatilis J. D. Hooker 水凤仙花 *
云南：景东 罗忠华，谢有能，罗文涛等 JDNR146
云南：墨江 张绍云，胡启和 YNS1005
云南：文山 韦荣彪，何德明 WSLJS644
云南：永德 李永亮 YDDXS0683

Impatiens arguta J. D. Hooker & Thomson 锐齿凤仙花
云南：腾冲 周应再 Zhyz-324

Impatiens balsamina Linnaeus 凤仙花
贵州：江口 彭华，王英，陈丽 P.H.5160
湖北：竹溪 李盛兰 GanQL688
湖南：江华 刘克明，蔡秀珍，田淑珍 SCSB-HN-0815
湖南：江永 刘克明，肖乐希，田淑珍 SCSB-HN-0043
湖南：江永 姜孝成，唐贵华，潘孝武 SCSB-HNJ-0023
湖南：宁乡 熊凯辉，刘克明 SCSB-HN-1956
湖南：石门 姜孝成，唐妹，陈显胜等 Jiangxc0487
湖南：新宁 姜孝成，唐贵华，张亦雅 SCSB-HNJ-0369
湖南：沅陵 刘克明，周磊，彭新星等 SCSB-HN-1343
湖南：中方 伍贤进，李胜华，曾汉元等 HHXY134
湖南：资兴 肖乐希，蔡秀珍 SCSB-HN-0288
吉林：临江 李长田 Yanglm0027
吉林：南关区 王云贺 Yanglm0081
江苏：句容 吴宝成，王兆银 HANGYY8352
云南：景东 鲁艳 2008114
云南：勐腊 谭运洪 A143
云南：腾冲 周应再 Zhyz-056
云南：文山 何德明 WSLJS853
云南：香格里拉 杨青松，星耀武，苏涛 ZhouZK-07ZX-0450
云南：盈江 王立彦，左常盛，何维海 SCSB-TBG-012

Impatiens blepharosepala E. Pritzel 睫毛萼凤仙花 *
湖南：保靖 陈功锡，张代贵，邓涛等 SCSB-HC-2007439

Impatiens brachycentra Karelin & Kirilov 短距凤仙花
新疆：吉木萨尔 谭敦炎，吉乃提 TanDY0579
新疆：尼勒克 徐文斌，刘鸯，马真等 SHI-A2007402
新疆：奇台 谭敦炎，吉乃提 TanDY0574
新疆：乌鲁木齐 谭敦炎，地里努尔 TanDY0598

Impatiens chimiliensis H. F. Comber 高黎贡山凤仙花
云南：泸水 许炳强，吴兴，李婧等 XiaNh-07zx-013

Impatiens chinensis Linnaeus 华凤仙
云南：普洱 胡启和，张绍云 YNS0598
云南：腾冲 周应再 Zhyz522

Impatiens clavicuspis J. D. Hooker ex W. W. Smith 棒尾凤仙花
云南：永德 杨金荣，黄德武，李增柱等 YDDXSA075

Impatiens compta J. D. Hooker 顶喙凤仙花 *
湖北：竹溪 甘霖 GanQL629

Impatiens cyanantha J. D. Hooker 蓝花凤仙花 *
云南：云龙 字建泽，李国宏，李施文等 TC1004

Impatiens cyathiflora J. D. Hooker 金凤花 *
云南：龙陵 孙兴旭 SunXX011
云南：西山区 张荣桢，乔娣 WangHCH021
云南：新平 刘家良 XPALSD127

云南：永德 李永亮 YDDXS6256
云南：镇沅 罗成瑜，乔永华 ALSZY296

Impatiens cymbifera J. D. Hooker 舟状凤仙花
西藏：日喀则 张晓纬，汪书丽，罗建 LiuJQ-09XZ-LZT-103

Impatiens davidii Franchet 牯岭凤仙花 *
湖北：竹溪 李盛兰 GanQL1055
江西：庐山区 董安淼，吴从梅 TanCM2204

Impatiens delavayi Franchet 耳叶凤仙花 *
云南：香格里拉 李爱花，周开洪，黄之镨等 SCSB-A-000269
云南：香格里拉 李晓东，张紫刚，操榆 LiJ621
云南：香格里拉 张挺，蔡杰，郭永杰等 11CS3186
云南：香格里拉 张挺，亚吉东，李明勤等 11CS3319

Impatiens drepanophora J. D. Hooker 镰萼凤仙花
云南：腾冲 周应再 Zhyz533

Impatiens faberi J. D. Hooker 华丽凤仙花 *
四川：峨眉山 李小杰 LiXJ172

Impatiens fenghwaiana Y. L. Chen 封怀凤仙花 *
江西：武宁 张吉华，刘运群 TanCM1198

Impatiens fissicornis Maximowicz 裂距凤仙花 *
湖北：竹溪 李盛兰 GanQL557

Impatiens fragicolor C. Marquand & Airy Shaw 草莓凤仙花 *
西藏：工布江达 罗建，汪书丽，任德智 LiuJQ-09XZ-ML071
西藏：林芝 罗建，汪书丽 LiuJQ-08XZ-169
西藏：林芝 陈家辉，韩希，王广艳等 YangYP-Q-4090
西藏：聂拉木 陈家辉，韩希，王广艳等 YangYP-Q-4321

Impatiens furcillata Hemsley 东北凤仙花
吉林：抚松 林红梅 Yanglm0459

Impatiens gongshanensis Y. L. Chen 贡山凤仙花 *
云南：贡山 刘成，何华杰，黄莉等 14CS8561

Impatiens imbecilla J. D. Hooker 纤袅凤仙花 *
四川：峨眉山 李小杰 LiXJ137

Impatiens lateristachys Y. L. Chen & Y. Q. Lu 侧穗凤仙花 *
四川：峨眉山 李小杰 LiXJ127
四川：米易 刘静，袁明 MY-276

Impatiens leptocaulon J. D. Hooker 细柄凤仙花 *
云南：南涧 熊绍荣 NJWLS437

Impatiens longialata E. Pritzel 长翼凤仙花 *
湖北：仙桃 张代贵 Zdg2796
湖北：竹溪 李盛兰 GanQL759

Impatiens loulanensis J. D. Hooker 路南凤仙花 *
云南：石林 税玉民，陈文红 64189
云南：腾冲 余新林，赵玮 BSGLGStc223

Impatiens noli-tangere Linnaeus 水金凤
湖北：竹溪 李盛兰 GanQL572
吉林：抚松 杨莉 Yanglm0458
吉林：磐石 安海成 AnHC0342
山东：崂山区 步瑞兰，辛晓伟，高丽丽 Lilan819
山东：牟平区 卞福花，陈朋 BianFH-0297
陕西：宁陕 王梅荣，胡小平，田先华 TianXH020

Impatiens nubigena W. W. Smith 高山凤仙花 *
云南：香格里拉 蔡杰，张挺，刘成等 11CS3254

Impatiens oxyanthera J. D. Hooker 红雉凤仙花 *
四川：峨眉山 李小杰 LiXJ783

Impatiens parviflora Candolle 小花凤仙花
新疆：巩留 阎平，黄建锋 SHI-A2007289
新疆：特克斯 段士民，王喜勇，刘会良等 76

Impatiens platyceras Maximowicz 宽距凤仙花 *
湖北：保康 甘啟良 GanQL121

Impatiens platychlaena J. D. Hooker 紫萼凤仙花 *
四川：峨眉山 李小杰 LiXJ126

Impatiens principis J. D. Hooker 澜沧凤仙花 *
云南：景东 罗庆光，袁小龙，杨华金 JDNR11080

Impatiens pterosepala J. D. Hooker 翼萼凤仙花 *
湖北：竹溪 李盛兰 GanQL721
陕西：长安区 王梅荣，田陌，田先华 TianXH042

Impatiens purpurea Handel-Mazzetti 紫花凤仙花 *
云南：腾冲 余新林，赵玮 BSGLGStc047
云南：腾冲 余新林，赵玮 BSGLGStc228
云南：云龙 李爱花，李洪超，李文化等 SCSB-A-000179
云南：云龙 字建泽，杨六斤，李国庆等 TC1046

Impatiens racemosa Candolle 总状凤仙花
西藏：察隅 张挺，蔡杰，袁明 09CS1579
西藏：吉隆 张晓纬，汪书丽，罗建 LiuJQ-09XZ-LZT-076
云南：麻栗坡 肖波 LuJL374

Impatiens radiata J. D. Hooker 辐射凤仙花
云南：腾冲 周应再 Zhyz516
云南：文山 张挺，蔡杰，刘越强等 SCSB-B-000441
云南：香格里拉 张挺，蔡杰，郭永杰等 11CS3127

Impatiens rhombifolia Y. Q. Lu & Y. L. Chen 菱叶凤仙花 *
四川：峨眉山 李小杰 LiXJ175

Impatiens serrata Bentham ex J. D. Hooker & Thomson 藏南凤仙花
西藏：日喀则 张晓纬，汪书丽，罗建 LiuJQ-09XZ-LZT-106

Impatiens siculifer J. D. Hooker 黄金凤 *
重庆：南川区 易思荣 YISR189
湖南：古丈 张代贵 Zdg1223
江西：武宁 张吉华，刘运群 TanCM727
江西：武宁 张吉华，刘运群 TanCM1140
江西：修水 缪以清，梁荣文 TanCM657
云南：河口 张贵良，张贵生，陶英美等 ZhangGL068
云南：绿春 李正明，白然思 HLS0315
云南：绿春 HLS0157
云南：麻栗坡 肖波 LuJL220
云南：麻栗坡 税玉民，陈文红 72073
云南：腾冲 周应再 Zhyz515
云南：文山 何德明，王成 WSLJS1046
云南：永德 杨金荣，黄德武，李增柱等 YDDXSA072
云南：镇沅 王立东，何忠云，罗成瑜 ALSZY193

Impatiens siculifer var. **porphyrea** J. D. Hooker 紫花黄金凤 *
湖南：新化 姜孝成，唐妹，戴小军等 Jiangxc0538
云南：文山 何德明，丰艳飞，韦荣彪等 WSLJS747
云南：新平 何罡安 XPALSB466

Impatiens stenosepala E. Pritzel 窄萼凤仙花 *
湖北：竹溪 李盛兰 GanQL719
湖南：保靖 陈功锡，张代贵，邓涛等 SCSB-HC-2007391
山西：夏县 赵璐璐 Zhangf0150

Impatiens textorii Miquel 野凤仙花
吉林：磐石 安海成 AnHC0356
辽宁：庄河 于立敏 CaoW918
山东：平邑 辛晓伟，张世尧，邵魏等 Lilan844

Impatiens tortisepala J. D. Hooker 扭萼凤仙花 *
四川：洪雅 李小杰 LiXJ764

Impatiens uliginosa Franchet 滇水金凤 *
云南：沧源 赵金超，杨红强 CYNGH323
云南：景东 罗忠华，谢有能，刘长铭等 JDNR072
云南：文山 何德明，丰艳飞，韦荣彪等 WSLJS726

Impatiens undulata Y. L. Chen & Y. Q. Lu 波缘凤仙花 *
四川：洪雅 李小杰 LiXJ765
Impatiens xanthina H. F. Comber 金黄凤仙花
云南：贡山 刘成，何华杰，黄莉等 14CS8544
云南：腾冲 赵玮 BSGLGSly119

Basellaceae 落葵科

落葵科	世界	中国	种质库
属 / 种（种下等级）/ 份数	4/19	2/3	2/2/2

Anredera cordifolia (Tenore) Steenis 落葵薯
云南：普洱 叶金科 YNS0160
Basella alba Linnaeus 落葵
江苏：句容 吴宝成，王兆银 HANGYY8660

Begoniaceae 秋海棠科

秋海棠科	世界	中国	种质库
属 / 种（种下等级）/ 份数	2-3/～1400	1/～180	1/52(58)/161

Begonia acetosella Craib 无翅秋海棠
云南：江城 白海德，张绍云，叶金科等 YNS1229
Begonia asperifolia Irmscher 糙叶秋海棠 *
云南：福贡 李恒，李嵘，刀志灵 1127
Begonia augustinei Hemsley 歪叶秋海棠 *
云南：景洪 彭华，向春雷，王泽欢 PengH8540
云南：宁洱 张绍云，胡启和 YNS1067
Begonia austroguangxiensis Y. M. Shui & W. H. Chen 桂南秋海棠 *
广西：龙州 税玉民，陈文红等 B2006-004
Begonia baviensis Gagnepain 金平秋海棠
云南：金平 税玉民，陈文红 80465
云南：金平 DNA barcoding B组 GBOWS1324
云南：绿春 税玉民，陈文红 72700
Begonia biflora T. C. Ku 双花秋海棠 *
云南：麻栗坡 何德明 WSLJS969
云南：麻栗坡 税玉民，陈文红等 B2006-002
Begonia cathayana Hemsley 花叶秋海棠
云南：宁洱 叶金科 YNS0090
Begonia cirrosa L. B. Smith & Wasshausen 卷毛秋海棠 *
云南：富宁 税玉民，陈文红等 B2006-013
Begonia clavicaulis Irmscher 腾冲秋海棠 *
云南：云龙 字建泽，杨六斤，李国宏等 TC1048
Begonia coptidimontana C. Y. Wu 黄连山秋海棠 *
云南：文山 何德明 WSLJS864
云南：文山 何德明，王成 WSLJS1045
云南：文山 何德明，王成，丰艳飞等 WSLJS922
Begonia daxinensis T. C. Ku 大新秋海棠 *
广西：大新 税玉民，陈文红等 B2006-009
Begonia digyna Irmscher 槭叶秋海棠 *
云南：屏边 钱良超，陆海兴，康远勇等 Pbdws183
Begonia edulis H. Léveillé 食用秋海棠
广西：德保 税玉民，陈文红等 B2006-011
广西：永福 许为斌，黄俞淞，朱章明 Liuyan0470
云南：麻栗坡 税玉民，陈文红 81267
云南：麻栗坡 税玉民，陈文红 81368
云南：西畴 税玉民，陈文红 80791
Begonia fimbristipula Hance 紫背天葵 *
广西：灵川 吴望辉，黄俞淞，蒋日红 Liuyan0421
云南：景东 杨国平，李达文，鲁志云 ygp-041
云南：文山 何德明 WSLJS877
云南：西畴 税玉民，陈文红 80929
云南：新平 王家和 XPALSC218
Begonia forrestii Irmscher 陇川秋海棠 *
云南：云龙 李爱花，李洪超，黄天才等 SCSB-A-000231
Begonia grandis Dryander 秋海棠 *
北京：东城区 王雷，朱雅娟，黄振英 Beijing-huang-bhs-0012
北京：东城区 王雷，朱雅娟，黄振英 Beijing-huang-dls-0049
北京：海淀区 林坚 SCSB-D-0025
北京：门头沟区 李燕军 SCSB-E-0023
河北：兴隆 李燕军 SCSB-A-0007
江西：庐山区 谭策铭，董安淼 TanCM496
云南：江城 张绍云，胡启和 YNS1233
云南：马关 税玉民，陈文红 16130
云南：腾冲 李爱花，黄之镨，黄押稳等 SCSB-A-000312
Begonia grandis subsp. **sinensis** (A. Candolle) Irmscher 中华秋海棠 *
安徽：舒城 陈延松，欧祖兰，高秋晨等 Xuzd278
安徽：屯溪区 唐鑫生 TangXS0613
江西：湾里区 杜小浪，慕泽泾 DXL211
陕西：宁陕 田先华，吴礼慧，高玉兵 TianXH238
四川：峨眉山 李小杰 LiXJ170
云南：墨江 张绍云，叶金科，仇亚 YNS1279
云南：普洱 谭运洪 B79
云南：巧家 郁文彬，任宗昕，艾洪莲等 SCSB-W-1082
云南：石林 税玉民，陈文红 65848
Begonia guishanensis S. H. Huang & Y. M. Shui 圭山秋海棠 *
云南：石林 税玉民，陈文红 64979
云南：石林 税玉民，陈文红 65847
云南：石林 税玉民，陈文红 66572
云南：石林 税玉民，陈文红 66606
云南：石林 税玉民，陈文红 66705
Begonia hekouensis S. H. Huang 河口秋海棠 *
云南：绿春 张挺，马国强，刘娜等 SCSB-B-000570
云南：马关 税玉民，陈文红 46107
Begonia hemsleyana J. D. Hooker 掌叶秋海棠
云南：江城 张绍云，叶金科，胡启和 YNS1228
云南：绿春 何疆海，何来收，白然思等 HLS0342
云南：绿春 黄连山保护区科研所 HLS0372
云南：绿春 税玉民，陈文红 82809
云南：绿春 税玉民，陈文红 82824
云南：勐海 谭运洪，余涛 B348
云南：元阳 税玉民，陈文红 46101
云南：元阳 税玉民，陈文红 81389
云南：元阳 税玉民，陈文红 82746
Begonia henryi Hemsley 独牛 *
四川：米易 刘静，袁明 MY-203
云南：盘龙区 张挺，蔡杰，郭永杰等 08CS892
云南：腾冲 余新林，赵玮 BSGLGStc132
Begonia huangii Y. M. Shui & W. H. Chen 黄氏秋海棠 *
云南：江城 叶金科 YNS0457
Begonia jingxiensis D. Fang & Y. G. Wei 靖西秋海棠 *
广西：环江 许为斌，梁永延，黄俞淞等 Liuyan0158
Begonia labordei H. Léveillé 心叶秋海棠 *

云南：沧源 赵金超 CYNGH407
云南：普洱 叶金科 YNS0158
云南：思茅区 张绍云，叶金科，胡启和 YNS1213
云南：腾冲 周应再 Zhyz-379
云南：腾冲 余新林，赵玮 BSGLGStc090
云南：永德 李永亮 YDDXS0838

Begonia lacerata Irmscher 撕裂秋海棠 *
云南：麻栗坡 肖波 LuJL400

Begonia lanternaria Irmscher 灯果秋海棠
云南：河口 税玉民，陈文红 46106

Begonia limprichtii Irmscher 蕺叶秋海棠 *
四川：峨眉山 李小杰 LiXJ134

Begonia longanensis C. Y. Wu 隆安秋海棠 *
广西：隆安 莫水松，胡仁传，林春蕊 Liuyan1125

Begonia longifolia Blume 粗喙秋海棠
福建：福清 李宏庆，陈纪云，王双 Lihq0300
云南：江城 叶金科 YNS0458

Begonia luochengensis S. M. Ku et al. 罗城秋海棠 *
广西：罗城 税玉民，陈文红等 B2006-016

Begonia luzhaiensis T. C. Ku 鹿寨秋海棠 *
广西：鹿寨 许为斌，梁永延，黄俞淞等 Liuyan0154

Begonia manhaoensis S. H. Huang & Y. M. Shui 蛮耗秋海棠 *
云南：个旧 税玉民，陈文红 46105
云南：个旧 税玉民，陈文红 71667

Begonia megalophyllaria C. Y. Wu 大叶秋海棠 *
云南：河口 张贵良 ZhangGL114

Begonia miranda Irmscher 截裂秋海棠 *
云南：金平 税玉民，陈文红 80013
云南：绿春 税玉民，陈文红 73081

Begonia modestiflora Kurz 云南秋海棠
云南：澜沧 张绍云，胡启和，仇亚等 YNS1120
云南：澜沧 张绍云，胡启和 YNS1088
云南：绿春 黄连山保护区科研所 HLS0149
云南：绿春 黄连山保护区科研所 HLS0216
云南：绿春 黄连山保护区科研所 HLS0235
云南：绿春 黄连山保护区科研所 HLS0294
云南：文山 何德明，丛义艳，高发能 WSLJS794

Begonia obliquifolia S. H. Huang & Y. M. Shui 斜叶秋海棠 *
广西：靖西 税玉民，陈文红等 B2006-012

Begonia palmata D. Don 裂叶秋海棠
广西：隆安 莫水松 Liuyan1104
江西：龙南 梁跃龙，欧考昌 LiangYL007
西藏：墨脱 刘成，亚吉东，何华杰等 16CS11941
云南：隆阳区 许炳强，吴兴，李婧等 XiaNh-07zx-231
云南：绿春 税玉民，陈文红 46103
云南：绿春 黄连山保护区科研所 HLS0016
云南：绿春 黄连山保护区科研所 HLS0097
云南：绿春 李嵘，张洪喜 DZL-267
云南：绿春 税玉民，陈文红 81489
云南：绿春 税玉民，陈文红 81672
云南：绿春 税玉民，陈文红 82753
云南：绿春 税玉民，陈文红 82796
云南：绿春 税玉民，陈文红 82855
云南：马关 税玉民，陈文红 82589
云南：马关 税玉民，陈文红 82649
云南：宁洱 胡启和，仇亚，张绍云 YNS0584
云南：宁洱 胡启和，仇亚，张绍云 YNS0585
云南：腾冲 余新林，赵玮 BSGLGStc133
云南：永德 李永亮 YDDXS1041
云南：镇沅 何忠云 ALSZY398

Begonia palmata var. **bowringiana** (Champion ex Bentham) Golding & Karegeannes 红孩儿 *
云南：沧源 赵金超，杨红强 CYNGH054
云南：景东 鲁艳 07-174
云南：景东 鲁艳 2008171
云南：景东 杨华金，刘国庆，陶正坤 JDNR11083
云南：景洪 胡启和，仇亚，周英等 YNS0681
云南：澜沧 张绍云，胡启和，叶金科等 YNS1199
云南：隆阳区 赵玮 BSGLGSly151
云南：绿春 黄连山保护区科研所 HLS0223
云南：绿春 税玉民，陈文红 72797
云南：绿春 税玉民，陈文红 73116
云南：墨江 张绍云，叶金科，胡启和 YNS1339
云南：文山 何德明 WSLJS855
云南：永德 李永亮 LiYL1559
云南：永德 李永亮 LiYL1609
云南：永德 李永亮 YDDXS0020
云南：元阳 浦仕梅，刘成，杨娅娟等 YYGYS026
云南：镇沅 朱恒，罗成瑜 ALSZY207

Begonia palmata var. **crassisetulosa** (Irmscher) Golding & Karegeannes 刺毛红孩儿 *
云南：元阳 亚吉东，黄莉，何华杰 15CS11294

Begonia parvula H. Léveillé & Vaniot 小叶秋海棠 *
云南：个旧 税玉民，陈文红 81879
云南：个旧 税玉民，陈文红 81905
云南：个旧 税玉民，陈文红 81935

Begonia pedatifida H. Léveillé 掌裂秋海棠 *
江西：修水 缪以清 TanCM2432
四川：峨眉山 李小杰 LiXJ049

Begonia peltatifolia H. L. Li 盾叶秋海棠 *
贵州：施秉 张代贵 Zdg1258

Begonia polytricha C. Y. Wu 多毛秋海棠 *
云南：绿春 税玉民，陈文红 70091
云南：绿春 黄连山保护区科研所 HLS0066

Begonia pseudodryadis C. Y. Wu 假厚叶秋海棠 *
云南：马关 税玉民，陈文红 46110

Begonia psilophylla Irmscher 光滑秋海棠 *
云南：马关 税玉民，陈文红 46111

Begonia reflexisquamosa C. Y. Wu 倒鳞秋海棠 *
云南：绿春 税玉民，陈文红 46102
云南：绿春 税玉民，陈文红 82784

Begonia rex Putzeys 大王秋海棠
云南：金平 税玉民，陈文红 80105
云南：绿春 何疆海，何来收，白然思等 HLS0353
云南：绿春 税玉民，陈文红 72790
云南：绿春 税玉民，陈文红 72840
云南：绿春 税玉民，陈文红 81518
云南：绿春 税玉民，陈文红 81607

Begonia setifolia Irmscher 刚毛秋海棠 *
云南：金平 税玉民，陈文红 71605
云南：澜沧 张绍云，胡启和 YNS1079

Begonia taliensis Gagnepain 大理秋海棠 *
云南：永德 李永亮 YDDXS1133

Begonia tetralobata Y. M. Shui 四裂秋海棠 *
云南：马关 税玉民，陈文红 82541
云南：马关 税玉民，陈文红 82646

Begonia truncatiloba Irmscher **截叶秋海棠 ***
云南：河口 张贵良，白松民，蒋忠华 ZhangGL223
Begonia variifolia Y. M. Shui & W. H. Chen **变异秋海棠 ***
广西：巴马 税玉民，陈文红等 B2006-017
Begonia versicolor Irmscher **变色秋海棠 ***
云南：永德 李永亮 YDDXS0900
Begonia wangii T. T. Yu **少瓣秋海棠 ***
云南：富宁 税玉民，陈文红等 B2006-014
Begonia wilsonii Gagnepain **一点血 ***
四川：峨眉山 李小杰 LiXJ782

Berberidaceae 小檗科

小檗科	世界	中国	种质库
属 / 种（种下等级）/ 份数	15/～650	11/～303	9/103(107)/340

Berberis aemulans C. K. Schneider **峨眉小檗 ***
四川：峨眉山 李小杰 LiXJ511
Berberis aggregata C. K. Schneider **堆花小檗 ***
四川：理县 许炳强，童毅华，吴兴等 XiaNH-07ZX-0906
四川：雅江 何兴金，郜鹏，彭禄等 SCU-11-379
云南：隆阳区 赵文李 BSGLGSly3041
云南：易门 彭华，向春雷，王泽欢 PengH8383
Berberis agricola Ahrendt **暗红小檗 ***
西藏：江达 张挺，李爱花，刘成等 08CS771
Berberis amabilis C. K. Schneider **可爱小檗**
西藏：亚东 陈丽，董朝辉 PengH8048
云南：贡山 刀志灵 DZL865
云南：永德 杨金荣，李增柱，李任斌等 YDDXSA034
Berberis amoena Dunn **美丽小檗 ***
云南：玉龙 孔航辉，任琛 Yangqe2783
Berberis amurensis Ruprecht **黄芦木**
北京：房山区 宋松泉 BJ035
河北：宽城 牛玉璐，高彦飞，赵二涛 NiuYL469
河南：鲁山 宋松泉 HN058
河南：鲁山 宋松泉 HN109
河南：鲁山 宋松泉 HN157
黑龙江：阿城 孙阎，李鑫鑫 SunY348
黑龙江：乌伊岭区 郑宝江，丁晓炎，王美娟 ZhengBJ246
吉林：桦甸 安海成 AnHC0383
吉林：汪清 陈武璋，王炳辉 CaoW0173
辽宁：瓦房店 宫本胜 CaoW322
内蒙古：赛罕区 蒲拴莲，刘润宽，刘毅等 M159
山东：崂山区 步瑞兰，辛晓伟，高丽丽 Lilan698
Berberis approximata Sprague **近似小檗 ***
西藏：昌都 张挺，李爱花，刘成等 08CS764
西藏：芒康 张大才，罗康，梁群等 ZhangDC-07ZX-1319
西藏：左贡 张大才，李双智，罗康等 ZhangDC-07ZX-0641
Berberis atrocarpa C. K. Schneider **黑果小檗 ***
西藏：林芝 罗建，汪书丽，任德智 LiuJQ-09XZ-288
新疆：阿勒泰 刘成，张挺，李昌洪等 16CS12205
新疆：霍城 段士民，王喜勇，刘会良等 39
Berberis atroviridiana T. S. Ying **那觉小檗 ***
西藏：察隅 张挺，蔡杰，袁明 09CS1493
Berberis brachypoda Maximowicz **短柄小檗 ***
甘肃：夏河 尹鑫，吴航，葛文静 LiuJQ-GN-2011-286
西藏：八宿 张大才，李双智，罗康等 ZhangDC-07ZX-0786
Berberis cavaleriei H. Léveillé **贵州小檗 ***
云南：大理 张德全，王应龙，文青华等 ZDQ097
Berberis chingii S. S. Cheng **华东小檗 ***
云南：东川区 张挺，刘成，郭明明等 11CS3663
云南：丽江 孙航，李新辉，陈林杨 SunH-07ZX-3129
云南：石林 彭华，许瑾，陈丽 P.H.5069
Berberis circumserrata (C. K. Schneider) C. K. Schneider **秦岭小檗 ***
青海：同德 陈世龙，高庆波，张发起 Chensl1038
Berberis concinna J. D. Hooker **雅洁小檗**
西藏：左贡 张大才，李双智，罗康等 ZhangDC-07ZX-0680
Berberis dasystachya Maximowicz **直穗小檗 ***
青海：班玛 陈世龙，高庆波，张发起 Chensl1124
青海：互助 薛春迎 Xuechy0058
青海：同仁 陈世龙，高庆波，张发起 Chensl0896
山西：交城 焦磊，刘明光，廉凯敏 Zhangf0200
四川：壤塘 陈世龙，高庆波，张发起 Chensl1143
Berberis davidii Ahrendt **密叶小檗 ***
云南：德钦 孙航，李新辉，陈林杨 SunH-07ZX-2992
云南：德钦 孙航，李新辉，陈林杨 SunH-07ZX-3094
云南：鹤庆 孙航，李新辉，陈林杨 SunH-07ZX-3145
云南：鹤庆 孙航，李新辉，陈林杨 SunH-07ZX-3183
Berberis dawoensis K. Meyer **道孚小檗 ***
四川：稻城 何兴金，李琴琴，马祥光等 SCU-09-152
Berberis deinacantha C. K. Schneider **壮刺小檗 ***
云南：南涧 沈文明 NJWLS1400
Berberis delavayi C. K. Schneider **显脉小檗 ***
云南：云龙 郭永杰，吴义军，马蓉 12CS5153
Berberis diaphana Maximowicz **鲜黄小檗 ***
甘肃：合作 尹鑫，吴航，葛文静 LiuJQ-GN-2011-289
青海：班玛 汪书丽，朱洪涛 Liujq-QLS-TXM-175
青海：互助 薛春迎 Xuechy0165
青海：门源 陈世龙，高庆波，张发起等 Chensl1628
青海：平安 陈世龙，高庆波，张发起等 Chensl1739
四川：红原 张昌兵 ZhangCB0030
Berberis dictyoneura C. K. Schneider **松潘小檗 ***
四川：黑水 顾垒，李忠荣 GaoXF-09ZX-1430
四川：木里 孔航辉，罗江平，左雷等 YangQE3408
四川：松潘 何兴金，张云香，王志新 SCU-10-515
Berberis dictyophylla Franchet **刺红珠 ***
四川：稻城 何兴金，王长宝，刘爽等 SCU-09-032
四川：雅江 何兴金，郜鹏，彭禄等 SCU-11-345
云南：玉龙 亚吉东，张德全，唐治喜等 15PX508
Berberis dictyophylla var. **epruinosa** C. K. Schneider **无粉刺红珠 ***
四川：理塘 何兴金，赵丽华，梁乾隆等 SCU-11-136
四川：理塘 何兴金，马祥光，张云香等 SCU-11-234
四川：理塘 何兴金，马祥光，张云香等 SCU-11-269
西藏：工布江达 罗建，汪书丽，任德智 LiuJQ-09XZ-ML051
云南：德钦 张大才，李双智，杨川 ZhangDC-07ZX-1984
Berberis dongchuanensis T. S. Ying **东川小檗 ***
云南：东川区 张挺，刘成，郭明明等 11CS3667
Berberis dubia C. K. Schneider **置疑小檗 ***
青海：都兰 潘建斌，杜维波，牛炳韬 Liujq-2011CDM-164
青海：都兰 潘建斌，杜维波，牛炳韬 Liujq-2011CDM-218
青海：互助 薛春迎 Xuechy0168
青海：互助 薛春迎 Xuechy0228
青海：囊谦 陈世龙，高庆波，张发起 Chensl0671

青海：平安 薛春迎 Xuechy0041
青海：同仁 汪书丽，朱洪涛 Liujq-QLS-TXM-197
青海：玉树 陈世龙，高庆波，张发起 Chensl0653

Berberis dumicola C. K. Schneider **丛林小檗 ***
云南：玉龙 孔航辉，任琛 Yangqe2795

Berberis fallax C. K. Schneider **假小檗 ***
云南：贡山 蔡杰，郭云刚，张凤琼等 14CS9786
云南：贡山 郭永杰，吴之坤，吴兴等 14CS9822
云南：贡山 刘成，何华杰，黄莉等 14CS9992
云南：贡山 张挺，杨湘云，周明芬等 14CS9659

Berberis farreri Ahrendt **陇西小檗 ***
青海：贵德 陈世龙，高庆波，张发起等 Chensl1205

Berberis feddeana C. K. Schneider **异长穗小檗 ***
四川：若尔盖 张昌兵 ZhangCB0013

Berberis ferdinandi-coburgii C. K. Schneider **大叶小檗 ***
黑龙江：尚志 刘玫，王臣，张欣欣等 Liuetal714
云南：古城区 刀志灵，张洪喜 DZL480
云南：盘龙区 张挺，杜燕，李爱花等 SCSB-A-000051
云南：永胜 刀志灵，张洪喜 DZL484

Berberis franchetiana C. K. Schneider **滇西北小檗 ***
西藏：林芝 罗建，汪书丽，任德智 LiuJQ-09XZ-290
云南：香格里拉 张大才，李双智，唐路等 ZhangDC-07ZX-1660

Berberis francisci-ferdinandi C. K. Schneider **大黄檗 ***
四川：九寨沟 张挺，李爱花，刘成等 08CS884

Berberis griffithiana C. K. Schneider **错那小檗**
西藏：察隅 孙航，张建文，陈建国等 SunH-07ZX-2462
西藏：错那 张晓纬，汪书丽，罗建 LiuJQ-09XZ-LZT-050

Berberis grodtmanniana C. K. Schneider **安宁小檗 ***
四川：甘孜 孙航，张建文，董金龙等 SunH-07ZX-3948

Berberis grodtmanniana var. **flavoramea** C. K. Schneider **黄茎小檗 ***
云南：宁蒗 任宗昕，寸龙琼，任尚国 SCSB-W-1397

Berberis gyalaica Ahrendt **波密小檗 ***
西藏：察隅 孙航，张建文，陈建国等 SunH-07ZX-2521
西藏：察隅 扎西次仁，西落 ZhongY709
西藏：左贡 张永洪，王晓雄，周卓等 SunH-07ZX-1083

Berberis haoi T. S. Ying **洮河小檗 ***
青海：大通 陈世龙，高庆波，张发起等 Chensl1669
青海：门源 陈世龙，高庆波，张发起等 Chensl1640

Berberis hemsleyana Ahrendt **拉萨小檗 ***
四川：德格 张大才，尹五元，李双智等 ZhangDC-07ZX-2298

Berberis henryana C. K. Schneider **川鄂小檗 ***
四川：黑水 顾垒，李忠荣 GaoXF-09ZX-1753
四川：康定 彭玉兰，涂卫国 Gaoxf-1055

Berberis heteropoda Schrenk **异果小檗**
新疆：阿勒泰 谭敦炎，邱娟 TanDY0425
新疆：博乐 马真，徐文斌 SHI2006328
新疆：察布查尔 段士民，王喜勇，刘会良等 52
新疆：吉木萨尔 谭敦炎，吉乃提 TanDY0589
新疆：玛纳斯 刘鸯，郭静谊 SHI2006293
新疆：塔城 谭敦炎，吉乃提 TanDY0635
新疆：托里 谭敦炎，吉乃提 TanDY0756
新疆：温宿 杨赵平，焦培培，白冠章等 LiZJ0779
新疆：温宿 杨赵平，焦培培，白冠章等 LiZJ0782
新疆：温宿 杨赵平，焦培培，白冠章等 LiZJ0941
新疆：乌鲁木齐 谭敦炎，吉乃提 TanDY0524
新疆：乌鲁木齐 王喜勇，马文宝，施翔 zdy267
新疆：乌鲁木齐 王喜勇，马文宝，施翔 zdy389
新疆：裕民 谭敦炎，吉乃提 TanDY0717

Berberis ignorata C. K. Schneider **烦果小檗**
西藏：察隅 孙航，张建文，陈建国等 SunH-07ZX-2437
云南：香格里拉 张建文，董金龙，刘常周等 SunH-07ZX-2385

Berberis insignis subsp. **incrassata** (Ahrendt) D. F. Chamberlain & C. M. Hu **球果小檗 ***
云南：宁蒗 任宗昕，艾洪莲，张舒 SCSB-W-1438

Berberis jamesiana Forrest & W. W. Smith **川滇小檗 ***
青海：平安 陈世龙，高庆波，张发起等 Chensl1778
四川：阿坝 陈世龙，高庆波，张发起 Chensl1176
四川：稻城 王文礼，冯欣，刘飞鹏 OUXK11140
四川：理塘 李晓东，张景博，徐凌翔等 LiJ347
西藏：左贡 张大才，李双智，罗康等 ZhangDC-07ZX-0606
云南：德钦 刀志灵 DZL446
云南：德钦 王文礼，冯欣，刘飞鹏 OUXK11196
云南：德钦 王文礼，冯欣，刘飞鹏 OUXK11207
云南：香格里拉 孔航辉，任琛 Yangqe2867
云南：云龙 郭永杰，吴义军，马蓉 12CS5152

Berberis julianae C. K. Schneider **豪猪刺 ***
广西：兴安 刘演，黄俞淞，吴望辉等 Liuyan0100
贵州：南明区 邹方伦 ZouFL0188
湖北：竹溪 李盛兰 GanQL818
江西：修水 缪以清，胡建华 TanCM1749
云南：剑川 何彪 OuXK-0036
云南：维西 王文礼，冯欣，刘飞鹏 OUXK11071
云南：元谋 冯欣 OuXK-0087

Berberis kansuensis C. K. Schneider **甘肃小檗 ***
青海：乐都 陈世龙，高庆波，张发起等 Chensl1806
青海：平安 陈世龙，高庆波，张发起等 Chensl1797
西藏：昌都 易思荣，谭秋平 YISR232

Berberis kaschgarica Ruprecht **喀什小檗 ***
新疆：阿合奇 塔里木大学植物资源调查组 TD-00596
新疆：阿克苏 塔里木大学植物资源调查组 TD-00901
新疆：阿克陶 张玲，杨赵平 TD-01568
新疆：塔什库尔干 黄文娟，段黄金，王英鑫等 LiZJ0382
新疆：温宿 塔里木大学植物资源调查组 TD-00920
新疆：温宿 杨赵平，黄文娟，段黄金等 LiZJ0110
新疆：乌恰 杨赵平，周禧林，贺冰 LiZJ1261
新疆：乌恰 塔里木大学植物资源调查组 TD-00743
新疆：于田 冯建菊 Liujq-fjj-0002

Berberis lecomtei C. K. Schneider **光叶小檗 ***
云南：兰坪 张挺，徐远杰，黄押稳等 SCSB-B-000184
云南：腾冲 周应再 Zhyz-246
云南：香格里拉 李爱花，周开洪，黄之镨等 SCSB-A-000250

Berberis levis Franchet **平滑小檗 ***
云南：玉龙 张挺，郭起荣，黄兰兰等 15PX206
云南：镇沅 张绍云，叶金科，胡启和 YNS1327

Berberis liophylla C. K. Schneider **滑叶小檗 ***
云南：麻栗坡 肖波 LuJL173

Berberis luhuoensis T. S. Ying **炉霍小檗 ***
四川：泸定 高云东，李忠荣，鞠文彬 GaoXF-12-198

Berberis metapolyantha Ahrendt **万源小檗 ***
四川：壤塘 何兴金，赵丽华，梁乾隆 SCU-10-044
西藏：波密 张大才，李双智，唐路等 ZhangDC-07ZX-1720
西藏：察隅 张大才，李双智，唐路等 ZhangDC-07ZX-1699

Berberis minutiflora C. K. Schneider **小花小檗 ***
四川：巴塘 孙航，张建文，董金龙等 SunH-07ZX-3646
西藏：八宿 徐波，陈光富，陈林杨等 SunH-07ZX-2027

云南：鹤庆 张大才，李双智，杨川 ZhangDC-07ZX-2079
云南：丽江 张书东，林娜娜，陆露等 SCSB-W-097

Berberis mouillacana C. K. Schneider **变刺小檗** *
青海：互助 薛春迎 Xuechy0166
四川：甘孜 孙航，张建文，董金龙等 SunH-07ZX-3974

Berberis muliensis Ahrendt **木里小檗** *
四川：得荣 张大才，李双智，杨川 ZhangDC-07ZX-1931
云南：香格里拉 郭永杰，张桥蓉，李春晓等 11CS3416

Berberis nutanticarpa C. Y. Wu ex S. Y. Bao **垂果小檗** *
云南：香格里拉 郭永杰，张桥蓉，李春晓等 11CS3470

Berberis obovatifolia T. S. Ying **裂瓣小檗** *
西藏：左贡 张大才，罗康，梁群等 ZhangDC-07ZX-1366

Berberis pallens Franchet **淡色小檗** *
云南：香格里拉 周浙昆，苏涛，杨莹等 Zhou09-074

Berberis papillifera (Franchet) Koehne **乳突小檗** *
云南：香格里拉 杨亲二，袁琼 Yangqe2728

Berberis platyphylla (Ahrendt) Ahrendt **阔叶小檗** *
西藏：隆子 扎西次仁，西落 ZhongY617
西藏：洛扎 扎西次仁 ZhongY211
云南：巧家 李文虎，吴天抗，高顺勇等 QJYS0127

Berberis poiretii C. K. Schneider **细叶小檗**
河北：蔚县 牛玉璐，高彦飞，黄士良 NiuYL212
黑龙江：五大连池 孙阎 SunY312
辽宁：凌源 郑宝江，王美娟，曹鹏等 ZhengBJ421
内蒙古：赛罕区 蒲拴莲，刘润宽，刘毅等 M160
宁夏：金凤区 左忠，刘华 ZuoZh224
山西：夏县 廉凯敏 Zhangf0170
新疆：塔什库尔干 黄文娟，段黄金，王英鑫等 LiZJ0381

Berberis pruinosa Franchet **粉叶小檗** *
云南：安宁 张书东，林娜娜，陆露等 SCSB-W-064
云南：安宁 伊廷双，孟静，杨杨 MJ-869
云南：东川区 张挺，刘成，郭明明等 11CS3666
云南：洱源 张德全，王应龙，陈琪等 ZDQ025
云南：香格里拉 刀志灵 DZL462

Berberis pruinosa var. **barresiana** Ahrendt **易门小檗** *
云南：昆明 陈文红，税玉民 65407

Berberis pseudotibetica C. Y. Wu ex S. Y. Bao **假藏小檗** *
云南：香格里拉 张挺，亚吉东，李明勤等 11CS3323

Berberis purdomii C. K. Schneider **延安小檗** *
青海：囊谦 许炳强，周伟，郑朝汉 Xianh0080

Berberis racemulosa T. S. Ying **短序小檗** *
西藏：林芝 罗建，汪书丽，任德智 LiuJQ-09XZ-ML003
西藏：隆子 扎西次仁 ZhongY382

Berberis replicata W. W. Smith **卷叶小檗** *
西藏：林芝 罗建，汪书丽 LiuJQ-09XZ-131

Berberis reticulinervis T. S. Ying **芒康小檗** *
四川：乡城 何兴金，高云东，王志新等 SCU-09-238

Berberis sabulicola T. S. Ying **砂生小檗** *
青海：祁连 陈世龙，高庆波，张发起等 Chensl1516
西藏：堆龙德庆 扎西次仁 ZhongY145

Berberis sherriffii Ahrendt **短苞小檗** *
西藏：朗县 罗建，汪书丽，任德智 L119

Berberis sichuanica T. S. Ying **四川小檗** *
四川：道孚 何兴金，马祥光，郜鹏 SCU-10-201

Berberis sikkimensis (C. K. Schneider) Ahrendt **锡金小檗**
西藏：吉隆 张晓纬，汪书丽，罗建 LiuJQ-09XZ-LZT-084
云南：永德 李永亮 YDDXS0640

Berberis silva-taroucana C. K. Schneider **华西小檗** *
甘肃：玛曲 尹鑫，吴航，葛文静 LiuJQ-GN-2011-290
四川：理塘 余岩，周春景，秦汉涛 SCU-11-076
四川：理县 何兴金，李琴琴，赵丽华等 SCU-09-579
四川：若尔盖 何兴金，李琴琴，王长宝等 SCU-08065
四川：汶川 何兴金，李琴琴，赵丽华等 SCU-09-504

Berberis subacuminata C. K. Schneider **亚尖小檗** *
云南：文山 何德明，胡艳花，王益武 WSLJS561
云南：元阳 李文锋，刘成，杨娅娟等 YYGYS033

Berberis sublevis W. W. Smith **近光滑小檗**
云南：景东 张明芬，杨国春，王春华 JDNR11086
云南：腾冲 余新林，赵玮 BSGLGStc091
云南：腾冲 周应再 Zhyz-045

Berberis taliensis C. K. Schneider **大理小檗** *
云南：东川区 蔡杰，郭永杰，吴之坤等 11CS2985

Berberis thunbergii Candolle **日本小檗**
贵州：黄平 邹方伦 ZouFL0245
宁夏：盐池 牛有栋，朱奋霞 ZuoZh204

Berberis tianshuiensis T. S. Ying **天水小檗** *
青海：乐都 陈世龙，高庆波，张发起等 Chensl1822

Berberis trichiata T. S. Ying **毛序小檗** *
西藏：八宿 张永洪，王晓雄，周卓等 SunH-07ZX-1664

Berberis tsarongensis Stapf **察瓦龙小檗** *
云南：德钦 刀志灵 DZL456
云南：香格里拉 张挺，亚吉东，李明勤等 11CS3354

Berberis vernae C. K. Schneider **匙叶小檗** *
甘肃：夏河 尹鑫，吴航，葛文静 LiuJQ-GN-2011-287
甘肃：夏河 尹鑫，吴航，葛文静 LiuJQ-GN-2011-288
宁夏：银川 牛有栋，李出山 ZuoZh105
青海：互助 陈世龙，高庆波，张发起等 Chensl1697
四川：若尔盖 陈世龙，高庆波，张发起 Chensl1186

Berberis vernalis (C. K. Schneider) D. F. Chamberlain & C. M. Hu **春小檗** *
云南：新平 白绍斌 XPALSC166

Berberis virgetorum C. K. Schneider **庐山小檗** *
云南：安宁 杜燕，周开洪，王建军等 SCSB-A-000369

Berberis weiningensis T. S. Ying **威宁小檗** *
贵州：毕节 赵厚涛，韩国营 YBG069

Berberis wilsoniae Hemsley **金花小檗** *
湖北：五峰 李正辉，艾洪莲 AHL2077
四川：汉源 汤加勇，赖建军 Y07125
四川：康定 许炳强，童毅华，吴兴等 XiaNH-07ZX-1071
四川：理塘 何兴金，高云东，王志新等 SCU-09-232
四川：泸定 袁明 YM20090006
四川：米易 刘静，袁明 MY-185
四川：冕宁 张大才，尹五元，李双智等 ZhangDC-07ZX-2447
四川：松潘 何兴金，刘爽，赵财 SCU-10-422
云南：丽江 张书东，林娜娜，陆露等 SCSB-W-093
云南：丽江 张书东，林娜娜，陆露等 SCSB-W-132
云南：盘龙区 张挺，杜燕，李爱花等 SCSB-A-000053
云南：盘龙区 胡光万 HGW-00354
云南：巧家 杨光明 SCSB-W-1318
云南：巧家 杨光明 SCSB-W-1320
云南：石林 张挺，张书东，杨茜等 SCSB-A-000029
云南：石林 税玉民，陈文红 65872

Berberis wilsoniae var. **guhtzunica** (Ahrendt) Ahrendt **古宗金花小檗** *
贵州：南明区 邹方伦 ZouFL0023
四川：黑水 顾垒，李忠荣 GaoXF-09ZX-1754

云南：官渡区 彭华，陈丽，王英 P.H.5347
云南：丽江 张书东，林娜娜，陆露等 SCSB-W-098
云南：盘龙区 张挺，杜燕，李爱花等 SCSB-A-000052

Berberis wuliangshanensis C. Y. Wu ex S. Y. Bao **无量山小檗＊**
云南：景东 杨国平 2008163
云南：云龙 字建泽，杨六斤，李国宏等 TC1009

Berberis yui T. S. Ying **德浚小檗＊**
四川：理塘 何兴金，马祥光，张云香等 SCU-11-258

Berberis yunnanensis Franchet **云南小檗＊**
四川：理县 何兴金，李琴琴，赵丽华等 SCU-09-580
云南：香格里拉 张挺，李明勤，王关友等 11CS3624
云南：香格里拉 张大才，李双智，唐路等 ZhangDC-07ZX-1650
云南：香格里拉 蔡杰，张挺，刘成 09CS1052

Caulophyllum robustum Maximowicz **红毛七**
安徽：石台 洪欣 ZhouSB0213
黑龙江：尚志 王臣，张欣欣，刘跃印等 WangCh408
吉林：安图 周海城 ZhouHC064
吉林：敦化 杨保国，张明鹏 CaoW0001
吉林：磐石 安海成 AnHC025
陕西：眉县 董栓录 TianXH227

Diphylleia sinensis H. L. Li **南方山荷叶＊**
云南：香格里拉 杨亲二，袁琼 Yangqe2117

Epimedium acuminatum Franchet **粗毛淫羊藿＊**
四川：峨眉山 李小杰 LiXJ355

Epimedium ilicifolium Stearn **镇坪淫羊藿＊**
湖北：竹溪 李盛兰 GanQL396

Epimedium koreanum Nakai **朝鲜淫羊藿**
吉林：磐石 安海成 AnHC0315

Epimedium sagittatum (Siebold & Zuccarini) Maximowicz **三枝九叶草＊**
湖南：桑植 廖博儒，查学州 7039

Gymnospermium altaicum (Pallas) Spach **阿尔泰牡丹草**
新疆：阿勒泰 刘成，张挺，李昌洪等 16CS12249

Leontice incerta Pallas **囊果草**
新疆：石河子 杨宗宗，亚吉东 17CS16200

Mahonia bealei (Fortune) Carrière **阔叶十大功劳＊**
安徽：歙县 方建新 TangXS0857
广西：兴安 吴望辉，吴磊，农冬新 Liuyan0504
贵州：南明区 赵厚涛，韩国营 YBG086
湖北：竹溪 李盛兰 GanQL878
江西：庐山区 董安淼，吴丛梅 TanCM3308
江西：修水 缪以清 TanCM609

Mahonia conferta Takeda **密叶十大功劳＊**
云南：嵩明 刀志灵 DZL-187
云南：腾冲 余新林，赵玮 BSGLGStc318

Mahonia duclouxiana Gagnepain **长柱十大功劳**
云南：景东 杨国平 200863
云南：麻栗坡 肖波 LuJL444
云南：新平 李应富，谢天华，郎定富 XPALSA107
云南：新平 张明忠，刘家良 XPALSD294
云南：镇沅 何忠云 ALSZY347

Mahonia eurybracteata Fedde **宽苞十大功劳＊**
四川：峨眉山 李小杰 LiXJ562
四川：峨眉山 李小杰 LiXJ811

Mahonia fortunei (Lindley) Fedde **十大功劳＊**
贵州：江口 周云 XiangZ113
贵州：南明区 邹方伦 ZouFL0083
湖北：五峰 陈功锡，张代贵 SCSB-HC-2008388
湖南：怀化 李胜华，伍贤进，曾汉元等 HHXY020
江西：修水 缪以清，余于明 TanCM1281
四川：峨眉山 李小杰 LiXJ296
云南：石林 税玉民，陈文红 65644

Mahonia hancockiana Takeda **滇南十大功劳＊**
云南：文山 蔡杰，曹世超，陈永菊等 WSLJS423

Mahonia longibracteata Takeda **长苞十大功劳＊**
云南：巧家 张天壁 SCSB-W-214

Mahonia polyodonta Fedde **峨眉十大功劳**
湖北：竹溪 甘霖 GanQL593

Mahonia taronensis Handel-Mazzetti **独龙十大功劳＊**
云南：贡山 刀志灵 DZL472

Nandina domestica Thunberg **南天竹**
安徽：黄山区 唐鑫生，方建新 TangXS0361
重庆：南川区 易思荣 YISR118
贵州：江口 周云 XiangZ114
贵州：开阳 邹方伦 ZouFL0183
湖北：仙桃 李巨平 Lijuping0326
湖北：竹溪 李盛兰 GanQL921
江西：庐山区 谭策铭，董安淼 TCM09089
江西：湾里区 杜小浪，慕泽泾，曹岚 DXL100
江西：修水 谭策铭，缪以清 TCM09162
四川：峨眉山 李小杰 LiXJ287
云南：沾益 彭华，陈丽 P.H.5983

Sinopodophyllum hexandrum (Royle) T. S. Ying **桃儿七**
甘肃：合作 郭淑青，杜品 LiuJQ-2012-GN-230
青海：班玛 陈世龙，张得钧，高庆波等 Chensl0361
青海：班玛 陈世龙，高庆波，张发起 Chensl1132
青海：互助 薛春迎 Xuechy0187
青海：囊谦 许炳强，周伟，郑朝汉 Xianh0122
四川：道孚 何兴金，刘爽，易欣 SCU-10-311
四川：道孚 余岩，周春景，秦汉涛 SCU-11-025
四川：稻城 孙航，张建文，董金龙等 SunH-07ZX-3613
四川：黑水 顾垒，李忠荣 GaoXF-09ZX-1387
四川：红原 高云东，李忠荣，鞠文彬 GaoXF-12-046
四川：九龙 孙航，张建文，董金龙等 SunH-07ZX-4024
四川：九龙 张大才，尹五元，李双智等 ZhangDC-07ZX-2392
四川：九龙 孙航，张建文，邓涛等 SunH-07ZX-3769
四川：康定 何兴金，王月，胡灏禹等 SCU-08143
四川：康定 彭玉兰，涂卫国，余春丽 Gaoxf-0716
四川：康定 何兴金，郜鹏，彭禄等 SCU-11-310
四川：马尔康 何兴金，赵丽华，李琴琴等 SCU-08016
四川：壤塘 何兴金，赵丽华，梁乾隆 SCU-10-056
四川：壤塘 何兴金，马祥光，郜鹏 SCU-10-241
四川：壤塘 陈世龙，高庆波，张发起 Chensl1163
四川：雅江 吕元林 N003A
西藏：八宿 张永洪，王晓雄，周卓等 SunH-07ZX-1685
西藏：察隅 张挺，蔡杰，袁明 09CS1534
西藏：昌都 张挺，李爱花，刘成等 08CS751
西藏：丁青 李国栋，董金龙 SunH-07ZX-3285
西藏：林芝 罗建，汪书丽 LiuJQ-09XZ-247
西藏：林芝 张挺，蔡杰，刘恩德等 SCSB-B-000501
西藏：林芝 孙航，张建文，陈建国等 SunH-07ZX-2849
西藏：芒康 徐波，陈光富，陈林杨等 SunH-07ZX-0236
西藏：芒康 张大才，李双智，罗康等 ZhangDC-07ZX-0055
西藏：米林 扎西次仁 ZhongY339
云南：迪庆 张书东，林娜娜，郁文彬等 SCSB-W-039

云南：香格里拉 张建文，董金龙，刘常周等 SunH-07ZX-2386
云南：香格里拉 张大才，李双智，唐路等 ZhangDC-07ZX-1658
云南：香格里拉 杨莹，黄永江，翟艳红 ZhouZK-07ZX-0157
云南：香格里拉 李晓东，张紫刚，操榆 LiJ613
云南：香格里拉 张挺，郭永杰，张桥蓉 11CS3141
云南：香格里拉 张挺，蔡杰，郭永杰等 11CS3198
云南：香格里拉 杨亲二，袁琼 Yangqe1812
云南：香格里拉 杨亲二，袁琼 Yangqe2727

Betulaceae 桦木科

桦木科	世界	中国	种质库
属 / 种（种下等级）/ 份数	6/150-200	6/89	5/39(40)/203

Alnus cremastogyne Burkill 桤木 *
江西：武宁 张吉华，刘运群 TanCM1351
江西：修水 缪以清，李立新 TanCM1290
四川：峨眉山 李小杰 LiXJ311
四川：峨眉山 李洪雷，董晓宇，向小果等 LDXR299
四川：峨眉山 李洪雷，董晓宇，向小果等 LDXR300
四川：峨眉山 李洪雷，董晓宇，向小果等 LDXR301
四川：射洪 袁明 YUANM2015L131

Alnus hirsuta Turczaninow ex Ruprecht 辽东桤木
黑龙江：北安 郑宝江，潘磊 ZhengBJ016
黑龙江：带岭区 刘玫，王臣，张欣欣等 Liuetal779
黑龙江：虎林市 王庆贵 CaoW569
黑龙江：饶河 王庆贵 CaoW624
黑龙江：饶河 王庆贵 CaoW661
黑龙江：饶河 王庆贵 CaoW724
辽宁：瓦房店 宫本胜 CaoW359
内蒙古：额尔古纳 郑宝江，姜洪哲 ZhengBJ159
山东：崂山区 罗艳，邓建平 LuoY206
山东：牟平区 卞福花，卢学新，纪伟等 BianFH00021

Alnus japonica (Thunberg) Steudel 日本桤木
辽宁：瓦房店 宫本胜 CaoW364
山东：平邑 高德民，张诏，王萍等 lilan531
山东：平邑 高德民，程丹丹，张世尧 Lilan706

Alnus mandshurica (Callier ex C. K. Schneider) Handel-Mazzetti 东北桤木
黑龙江：大兴安岭 孙阎，赵立波，张欣欣 SunY023
黑龙江：五大连池 刘玫，王臣，张欣欣等 Liuetal767
内蒙古：额尔古纳 郑宝江，姜洪哲 ZhengBJ243

Alnus nepalensis D. Don 尼泊尔桤木
贵州：册亨 邹方伦 ZouFL0029
四川：米易 刘静，袁明 MY-217
西藏：波密 扎西次仁，西落 ZhongY682
云南：沧源 赵金超，茶恒英，杨云贞 CYNGH061
云南：洱源 杨青松，杨莹，黄永江等 ZhouZK-07ZX-0052
云南：贡山 郭永杰，吴之坤，吴兴等 14CS9953
云南：贡山 许炳强，吴兴，李婧等 XiaNh-07zx-064
云南：河口 张贵良，张贵生，陶英美等 ZhangGL121
云南：金平 喻智勇，官兴永，张云飞等 JinPing83
云南：景东 罗忠华，刘长铭，李绍昆等 JDNR09094
云南：景东 鲁艳 200830
云南：隆阳区 赵文李 BSGLGSly3063
云南：绿春 黄连山保护区科研所 HLS0029
云南：南涧 徐家武，袁立川，罗增阳等 NJWLS2008153
云南：屏边 钱良超，康远勇，陆海兴 Pbdws149
云南：巧家 李文虎，吴天抗，张天壁等 QJYS0184
云南：腾冲 刀志灵 DZL-185
云南：腾冲 周应再 Zhyz-027
云南：腾冲 周应再 Zhyz-359
云南：维西 孔航辉，任琛 Yangqe2838
云南：新平 白绍斌 XPALSC046
云南：盈江 王立彦，黄建刚 TBG-012
云南：永德 奎文康，欧阳红才，杨金柱 YDDXSC071
云南：永德 李永亮 YDDXS0676
云南：元江 刀志灵，陈渝 DZL-209
云南：元阳 田学军，杨建，邱成书等 Tianxj0050
云南：沾益 彭华，陈丽 P.H.5973
云南：镇沅 朱恒，何忠云 ALSZY031
云南：镇沅 胡启元，周兵，张绍云 YNS0864

Alnus trabeculosa Handel-Mazzetti 江南桤木
贵州：黎平 刘克明，王成 SCSB-HN-1085
湖北：咸丰 丛义艳，陈丰林 SCSB-HN-1162
湖南：鹤城区 李胜华，伍贤进，曾汉元等 HHXY200
湖南：洪江 李胜华，伍贤进，刘光华等 Wuxj1047
湖南：会同 刘克明，王成 SCSB-HN-1122
湖南：江华 肖乐希，王成 SCSB-HN-0890
湖南：新宁 姜孝成，唐贵华，袁双艳等 SCSB-HNJ-0277
江西：武宁 谭策铭，张吉华 TanCM421

Betula albosinensis Burkill 红桦 *
河北：蔚县 牛玉璐，高彦飞，黄士良 NiuYL176
四川：康定 何兴金，高云东，刘海艳等 SCU-20080427
四川：康定 彭玉兰，涂卫国 Gaoxf-0914
四川：康定 何兴金，王月，胡灏禹等 SCU-08129
四川：理塘 何兴金，赵丽华，梁乾隆等 SCU-11-123
四川：雅江 何兴金，李琴琴，马祥光等 SCU-09-110
云南：德钦 刀志灵 DZL449
云南：麻栗坡 肖波 LuJL511

Betula alnoides Buchanan-Hamilton ex D. Don 西桦
云南：沧源 赵金超，杨红强 CYNGH426
云南：麻栗坡 肖波 LuJL437
云南：勐腊 刀志灵，崔景云 DZL-122
云南：勐腊 谭运洪 A505
云南：普洱 谭运洪，余涛 B512
云南：腾冲 余新林，赵玮 BSGLGStc140
云南：腾冲 余新林，赵玮 BSGLGStc204
云南：腾冲 周应再 Zhyz-183
云南：腾冲 刀志灵 DZL-184
云南：永德 李永亮 YDDXS0127
云南：永德 李永亮 YDDXS0200
云南：永德 李永亮 YDDXS0215
云南：元江 刀志灵，陈渝 DZL-211

Betula austrosinensis Chun ex P. C. Li 华南桦 *
云南：巧家 李文虎，高顺勇，吴天抗等 QJYS0026

Betula chinensis Maximowicz 坚桦
河南：栾川 邓志军，付婷婷，水庆艳 Huangzy0076
河南：南召 何明高，付婷婷，水庆艳 Huangzy0218
河南：嵩县 何明高，付婷婷，水庆艳 Huangzy0153
湖南：永定区 吴福川，廖博儒 7106
吉林：磐石 安海成 AnHC0429
山东：海阳 辛晓伟 Lilan783

Betula costata Trautvetter 硕桦
河北：宽城 牛玉璐，高彦飞，赵二涛 NiuYL473

Betula dahurica Pallas 黑桦

北京：东城区 王雷，朱雅娟，黄振英 Beijing-huang-bhs-0005
北京：东城区 王雷，朱雅娟，黄振英 Beijing-huang-bws-0007
北京：东城区 王雷，朱雅娟，黄振英 Beijing-huang-dls-0016
北京：西城区 王雷，朱雅娟，黄振英 Beijing-huang-ss-0005
北京：西城区 王雷，朱雅娟，黄振英 Beijing-huang-yms-0007
黑龙江：北安 郑宝江，潘磊 ZhengBJ008
黑龙江：宁安 刘玫，王臣，张欣欣等 Liuetal757
黑龙江：饶河 王庆贵 CaoW625
黑龙江：五大连池 孙阎，赵立波 SunY014
吉林：安图 周海城 ZhouHC004
吉林：磐石 安海成 AnHC058

Betula delavayi Franchet 高山桦 *

西藏：八宿 张大才，李双智，罗康等 ZhangDC-07ZX-1205
云南：腾冲 周应再 Zhyz-186

Betula ermanii Chamisso 岳桦

吉林：安图 周海城 ZhouHC010

Betula fruticosa Pallas 柴桦

黑龙江：大兴安岭 孙阎，赵立波，张欣欣 SunY026
黑龙江：宁安 刘玫，王臣，张欣欣等 Liuetal765
内蒙古：额尔古纳 郑宝江，姜洪哲 ZhengBJ240

Betula humilis Schrank 甸生桦

黑龙江：嫩江 王臣，张欣欣，史传奇 WangCh100

Betula insignis Franchet 香桦 *

江西：武宁 张吉华，刘运群 TanCM1106
云南：巧家 杨光明 SCSB-W-1183

Betula luminifera H. Winkler 亮叶桦 *

重庆：南川区 易思荣 YISR156
湖北：仙桃 张代贵 Zdg1212
湖北：竹溪 李盛兰 GanQL892
湖南：南岳区 刘克明，丛义艳 SCSB-HN-1420
湖南：新化 刘克明，彭珊，李珊等 SCSB-HN-1650
湖南：永定区 廖博儒，吴福川，查学州等 7021
四川：峨眉山 李小杰 LiXJ359
四川：雨城区 刘静 Y07315
云南：南涧 阿国仁 NJWLS1510

Betula microphylla Bunge 小叶桦

新疆：托里 许炳强，胡伟明 XiaNH-07ZX-845

Betula middendorfii Trautvetter & C. A. Meyer 扇叶桦

黑龙江：大兴安岭 孙阎，赵立波，张欣欣 SunY022

Betula ovalifolia Ruprecht 油桦

吉林：辉南 姜明，刘波 LiuB0006

Betula pendula Roth 垂枝桦

新疆：巩留 段士民，王喜勇，刘会良 Zhangdy374
新疆：哈巴河 段士民，王喜勇，刘会良等 207

Betula platyphylla Sukaczev 白桦

北京：东城区 王雷，朱雅娟，黄振英 Beijing-huang-bhs-0026
北京：东城区 王雷，朱雅娟，黄振英 Beijing-huang-bws-0057
北京：东城区 王雷，朱雅娟，黄振英 Beijing-huang-dls-0083
北京：海淀区 阚静 SCSB-D-0035
北京：海淀区 李燕军 SCSB-B-0022
北京：门头沟区 林坚 SCSB-E-0044
北京：西城区 王雷，朱雅娟，黄振英 Beijing-huang-ss-0030
北京：西城区 王雷，朱雅娟，黄振英 Beijing-huang-yms-0039
甘肃：合作 郭淑青，杜品 LiuJQ-2012-GN-091
黑龙江：虎林市 王庆贵 CaoW574
黑龙江：尚志 刘玫，张欣欣，程薪宇等 Liuetal299
黑龙江：尚志 郑宝江，丁晓炎，李月等 ZhengBJ197
黑龙江：五大连池 孙阎，赵立波 SunY015
吉林：抚松 刘翠晶 Yanglm0460
内蒙古：克什克腾旗 刘润宽，李茂文，李昌亮 M118
内蒙古：土默特右旗 刘博，蒲拴莲，刘润宽等 M344
山西：霍州 高瑞如，李农业，张爱红 Huangzy0252
四川：道孚 何兴金，赵丽华，梁乾隆 SCU-10-001
四川：得荣 张大才，李双智，杨川 ZhangDC-07ZX-1927
四川：康定 何兴金，高云东，王志新等 SCU-09-208
四川：理塘 何兴金，马祥光，张云香等 SCU-11-213
四川：理县 何兴金，高云东，余岩等 SCU-09-570
四川：马尔康 何兴金，高云东，刘海艳等 SCU-20080476
四川：松潘 何兴金，张云香，王志新 SCU-10-509
西藏：波密 扎西次仁，西落 ZhongY700
西藏：昌都 许炳强，周伟，郑朝汉 Xianh0150
西藏：昌都 易思荣，谭秋平 YISR242
西藏：工布江达 陈家辉，韩希，王东超等 YangYP-Q-4134
西藏：林芝 罗建，汪书丽 LiuJQ-08XZ-215

Betula potaninii Batalin 矮桦 *

青海：囊谦 许炳强，周伟，郑朝汉 Xianh0097
四川：康定 彭玉兰，涂卫国 Gaoxf-1018

Betula schmidtii Regel 赛黑桦

吉林：磐石 安海成 AnHC076

Betula utilis D. Don 糙皮桦

湖北：仙桃 张代贵 Zdg2944
四川：巴塘 张大才，尹五元，李双智等 ZhangDC-07ZX-2214
四川：马尔康 顾垒，张羽 GAOXF-10ZX-1928
西藏：八宿 张永洪，王晓雄，周卓等 SunH-07ZX-1667
西藏：察隅 张挺，蔡杰，袁明 09CS1574
西藏：林芝 罗建，汪书丽 LiuJQ-08XZ-166
西藏：林芝 张大才，李双智，唐路等 ZhangDC-07ZX-1843

Carpinus cordata Blume 千金榆

河北：涉县 牛玉璐，高彦飞 NiuYL625
吉林：敦化 陈武璋，王炳辉 CaoW0162
吉林：磐石 安海成 AnHC056
江西：庐山区 谭策铭，董安淼 TanCM491
辽宁：瓦房店 宫本胜 CaoW334
辽宁：庄河 于立敏 CaoW803
山东：牟平区 卞福花，卢学新，纪伟等 BianFH00045

Carpinus cordata var. **chinensis** Franchet 华千金榆 *

江西：星子 董安淼，吴从梅 TanCM2209

Carpinus fangiana Hu 川黔千金榆 *

云南：文山 何德明，张挺，刘成等 WSLJS507

Carpinus fargesiana H. Winkler 川陕鹅耳枥 *

湖北：竹溪 甘霖 GanQL621
四川：丹巴 高云东，李忠荣，鞠文彬 GaoXF-12-143

Carpinus londoniana H. Winkler 短尾鹅耳枥

江西：修水 缪以清，陈三友 TanCM2114
云南：景洪 叶金科 YNS0231

Carpinus monbeigiana Handel-Mazzetti 云南鹅耳枥 *

湖北：神农架林区 李巨平 LiJuPing0248
西藏：波密 刘成，亚吉东，何华杰等 16CS11815
云南：石林 税玉民，陈文红 64821
云南：石林 税玉民，陈文红 65201
云南：石林 张桥蓉，亚吉东，李昌洪 15CS11578

Carpinus polyneura Franchet 多脉鹅耳枥 *

安徽：徽州区 方建新 TangXS0762
湖南：石门 陈功锡，张代贵，龚双骄等 382A
江西：庐山区 董安淼，吴丛梅 TanCM3342

Carpinus pubescens Burkill 云贵鹅耳枥 *

云南：文山 何德明，韦荣彪，黄太文 WSLJS760

Carpinus tschonoskii Maximowicz 昌化鹅耳枥 *

安徽：徽州区 方建新 TangXS0764

Carpinus turczaninowii Hance 鹅耳枥 *

甘肃：迭部 刘坤 LiuJQ-GN-2011-621

湖南：桑植 陈功锡，廖博儒，查学州等 198

辽宁：长海 郑宝江，丁晓炎，焦宏斌等 ZhengBJ359

山东：岱岳区 步瑞兰，辛晓伟，高丽丽 Lilan704

山东：历城区 樊守金，邵娜，王慧燕等 Zhaozt0054

山西：洪洞 高瑞如，李农业，张爱红 Huangzy0250

Carpinus viminea Lindley 雷公鹅耳枥

安徽：绩溪 唐鑫生，方建新 TangXS0751

广西：龙胜 黄俞淞，叶晓霞，邹容 Liuyan0084

湖南：南岳区 刘克明，相银龙，周磊等 SCSB-HN-1402

湖南：炎陵 蔡秀珍，孙秋妍，王燕归等 SCSB-HN-1281

西藏：林芝 孙航，张建文，陈建国等 SunH-07ZX-2725

云南：石林 税玉民，陈文红 64626

浙江：鄞州区 李宏庆，葛斌杰 Lihq0024

Corylus mandshurica Maximowicz 毛榛

黑龙江：呼玛 郑宝江 ZhengBJ041

Corylus yunnanensis (Franchet) A. Camus 滇榛 *

云南：石林 税玉民，陈文红 64724

Ostryopsis davidiana Decaisne 虎榛子 *

河北：蔚县 牛玉璐，高彦飞，赵二涛 NiuYL353

河北：蔚县 牛玉璐，高彦飞，赵二涛 NiuYL507

内蒙古：新城区 蒲拴莲，李茂文 M017

Biebersteiniaceae 熏倒牛科

熏倒牛科	世界	中国	种质库
属 / 种（种下等级）/ 份数	1/4	1/2	1/1/7

Biebersteinia heterostemon Maximowicz 熏倒牛 *

甘肃：合作 郭淑青，杜品 LiuJQ-2012-GN-244

青海：城西区 薛春迎 Xuechy0006

青海：贵南 陈世龙，高庆波，张发起 Chens10977

青海：互助 薛春迎 Xuechy0163

青海：湟源 蔡杰，郭永杰 14CS9476

青海：玛沁 陈世龙，高庆波，张发起 Chens11069

青海：同德 陈世龙，高庆波，张发起 Chens11015

Bignoniaceae 紫葳科

紫葳科	世界	中国	种质库
属 / 种（种下等级）/ 份数	110/800	12/35	9/25(31)/193

Campsis grandiflora (Thunberg) Schumann 凌霄

江苏：句容 吴宝成，王兆银 HANGYY8384

四川：康定 许炳强，童毅华，吴兴等 XiaNH-07ZX-1098

Catalpa bungei C. A. Meyer 楸 *

河北：涉县 牛玉璐，王晓亮 NiuYL582

云南：腾冲 周应再 Zhyz-095

Catalpa fargesii Bureau 灰楸 *

湖北：十堰 张代贵 Zdg3594

云南：峨山 孙振华，宋晓卿，文晖等 OuXK-ES-003

云南：古城区 孙振华，郑志兴，沈蕊等 OuXK-YS-219

云南：鹤庆 孙振华，王文礼，宋晓卿等 OuxK-HQ-0013

云南：龙陵 孙兴旭 SunXX048

云南：麻栗坡 肖波 LuJL065

云南：施甸 孙振华，郑志兴，沈蕊等 OuXK-LC-004

云南：腾冲 余新林，赵玮 BSGLGStc068

云南：香格里拉 孙振华，郑志兴，沈蕊等 OuXK-YS-229

云南：香格里拉 孙振华，郑志兴，沈蕊等 OuXK-YS-269

云南：新平 刘恩德，方伟，杜燕等 SCSB-B-000023

云南：新平 张学林，王平 XPALSD100

Catalpa ovata G. Don 梓

安徽：歙县 胡长玉，方建新，徐林飞 TangXS0668

贵州：江口 彭华，王英，陈丽 P.H.5108

贵州：南明区 邹方伦 ZouFL0004

河北：武安 牛玉璐，高彦飞，赵二涛 NiuYL443

河南：栾川 黄振英，于顺利，杨学军 Huangzy0054

河南：南召 何明高，付婷婷，水庆艳 Huangzy0203

河南：嵩县 邓志军，付婷婷，水庆艳 Huangzy0137

湖北：神农架林区 李巨平 LiJuPing0211

湖北：五峰 李平 AHL063

湖北：五峰 陈功锡，张代贵 SCSB-HC-2008345

湖南：衡山 刘克明，陈薇，田淑珍 SCSB-HN-0224

湖南：衡山 旷仁平 SCSB-HN-1153

湖南：浏阳 刘克明，朱晓文，田淑珍 SCSB-HN-0441

湖南：南岳区 刘克明，相银龙，周磊等 SCSB-HN-1404

湖南：桑植 田连成 SCSB-HN-1205

湖南：望城 肖乐希，陈薇 SCSB-HN-0344

湖南：新化 刘克明，彭珊，李珊等 SCSB-HN-1704

湖南：炎陵 孙秋妍，陈珮珮 SCSB-HN-1532

湖南：炎陵 蔡秀珍，孙秋妍，王燕归等 SCSB-HN-1267

湖南：永定区 廖博儒，余祥洪，陈启超 7128

湖南：雨花区 蔡秀珍，陈薇 SCSB-HN-0335

湖南：沅陵 刘克明，周磊，彭新星等 SCSB-HN-1360

湖南：岳麓区 蔡秀珍 SCSB-HN-1227

湖南：长沙 陈薇，田淑珍 SCSB-HN-0219

吉林：抚松 张宝田 Yanglm0436

江西：黎川 童和平，王玉珍，常迪江等 TanCM2047

江西：庐山区 董安淼，吴丛梅 TanCM3072

四川：射洪 袁明 YUANM2015L031

四川：射洪 袁明 YUANM2015L096

云南：腾冲 余新林，赵玮 BSGLGStc354

云南：玉龙 孙航，李新辉，陈林杨 SunH-07ZX-3214

Incarvillea altissima Forrest 高波罗花 *

西藏：芒康 孙航，张建文，邓涛等 SunH-07ZX-3370

Incarvillea arguta (Royle) Royle 两头毛

四川：丹巴 何兴金，胡灏禹，沈呈娟等 SCU-11-402

四川：得荣 杨青松，杨莹，黄永江等 ZhouZK-07ZX-0123

四川：康定 孔航辉，罗江平，左雷等 YangQE3472

四川：康定 彭玉兰，涂卫国，余春丽 Gaoxf-0740

四川：理县 张昌兵，邓秀发 ZhangCB0392

四川：泸定 何兴金，赵丽华，梁乾隆等 SCU-11-104

四川：米易 刘静，袁明 MY-215

四川：木里 苏涛，黄永江，杨青松等 ZhouZK11343

四川：乡城 杨青松，杨莹，黄永江等 ZhouZK-07ZX-0189

四川：小金 高云东，李忠荣，鞠文彬 GaoXF-12-104

四川：盐源 任宗昕，艾洪莲，张舒 SCSB-W-1428

西藏：八宿 张大才，李双智，罗康等 SunH-07ZX-0745

西藏：八宿 扎西次仁，西落 ZhongY735

西藏：八宿 扎西次仁，西落 ZhongY754

西藏：八宿 张永洪，李国栋，王晓雄 SunH-07ZX-1778

西藏：芒康 张永洪，王晓雄，周卓等 SunH-07ZX-0557
西藏：芒康 马永鹏 ZhangCQ-0006
云南：德钦 刀志灵 DZL436
云南：德钦 刀志灵 DZL458
云南：德钦 王文礼，冯欣，刘飞鹏 OUXK11169
云南：德钦 杨青松，杨莹，黄永江等 ZhouZK-07ZX-0179
云南：东川区 闫海忠，孙振华，王文礼等 OuxK-DC-0005
云南：洱源 杨青松，杨莹，黄永江等 ZhouZK-07ZX-0247
云南：古城区 孙振华，郑志兴，沈蕊等 OuXK-YS-221
云南：兰坪 孔航辉，任琛 Yangqe2903
云南：禄丰 王焕冲，马兴达 WangHCH001
云南：禄丰 孙振华，郑志兴，沈蕊等 OuXK-LF-010
云南：宁蒗 孔航辉，罗江平，左雷等 YangQE3338
云南：宁蒗 苏涛，黄永江，杨青松等 ZhouZK11417
云南：宁蒗 任宗昕，艾洪莲，张舒 SCSB-W-1460
云南：巧家 张天壁 SCSB-W-836
云南：巧家 郁文彬，任宗昕，艾洪莲等 SCSB-W-1069
云南：巧家 郁文彬，任宗昕，艾洪莲等 SCSB-W-1085
云南：武定 张挺，张书东，李爱花等 SCSB-A-000068
云南：香格里拉 张书东，林娜娜，郁文彬等 SCSB-W-015
云南：香格里拉 闫海忠，孙振华，罗圆等 ouxk-dq-0002
云南：永胜 苏涛，黄永江，杨青松等 ZhouZK11452
云南：永胜 孙振华，王文礼，宋晓卿等 OuxK-YS-0002
云南：云龙 字建泽，杨六斤，李国庆等 TC1037

Incarvillea berezovskii Batalin 四川波罗花 *
青海：玛沁 陈世龙，高庆波，张发起 Chensl1062
青海：玛沁 陈世龙，高庆波，张发起 Chensl1081
青海：祁连 陈世龙，高庆波，张发起等 Chensl1499
青海：祁连 陈世龙，高庆波，张发起等 Chensl1595
青海：玉树 汪书丽，朱洪涛 Liujq-QLS-TXM-115
青海：泽库 陈世龙，高庆波，张发起 Chensl0935
四川：石渠 陈世龙，高庆波，张发起 Chensl0640
西藏：加查 许炳强，童毅华 XiaNh-07zx-700
西藏：芒康 徐波，陈光富，陈林杨等 SunH-07ZX-0226
西藏：芒康 张永洪，王晓雄，周卓等 SunH-07ZX-0436

Incarvillea compacta Maximowicz 密生波罗花 *
青海：达日 陈世龙，高庆波，张发起等 Chensl1313
青海：玛多 陈世龙，高庆波，张发起等 Chensl1386
青海：玛多 陈世龙，高庆波，张发起等 Chensl1391
青海：玛多 陈世龙，张得钧，高庆波等 Chensl0100
四川：稻城 孙航，张建文，董金龙等 SunH-07ZX-3610
四川：稻城 何兴金，廖晨阳，任海燕等 SCU-09-433
西藏：昌都 许炳强，周伟，郑朝汉 Xianh0179
西藏：芒康 张挺，李爱花，刘成等 08CS669

Incarvillea delavayi Bureau & Franchet 红波罗花 *
云南：香格里拉 亚吉东，张桥蓉，张继等 11CS3552

Incarvillea forrestii Fletcher 单叶波罗花 *
四川：巴塘 陈文允，于文涛，黄永江 CYH052
四川：得荣 张挺，蔡杰，刘恩德等 SCSB-B-000451
四川：乡城 杨青松，杨莹，黄永江等 ZhouZK-07ZX-0107
云南：香格里拉 郭永杰，张桥蓉，李春晓等 11CS3469
云南：香格里拉 蔡杰，刘成，李昌洪 11CS3222

Incarvillea lutea Bureau & Franchet 黄波罗花 *
四川：木里 苏涛，黄永江，杨青松等 ZhouZK11355
西藏：浪卡子 扎西次仁 ZhongY194
西藏：浪卡子 扎西次仁 ZhongY237

Incarvillea mairei (H. Léveillé) Grierson 鸡肉参
四川：乡城 杨青松，杨莹，黄永江等 ZhouZK-07ZX-0083
西藏：芒康 张永洪，王晓雄，周卓等 SunH-07ZX-0478

Incarvillea mairei var. **grandiflora** (Wehrhahn) Grierson 大花鸡肉参
青海：玛多 汪书丽，朱洪涛 Liujq-QLS-TXM-129
四川：稻城 孙航，张建文，邓涛等 SunH-07ZX-3354
四川：稻城 张大才，尹五元，李双智等 ZhangDC-07ZX-2132
四川：九龙 孙航，张建文，邓涛等 SunH-07ZX-3766
四川：理塘 何兴金，赵丽华，梁乾隆等 SCU-11-194
西藏：昌都 苏涛，黄永江，杨青松等 ZhouZK11290

Incarvillea mairei var. **multifoliolata** (C. Y. Wu & W. C. Yin) C. Y. Wu & W. C. Yin 多小叶鸡肉参 *
四川：理塘 苏涛，黄永江，杨青松等 ZhouZK11153
西藏：左贡 马永鹏 ZhangCQ-0013

Incarvillea potaninii Batalin 聚叶角蒿
青海：达日 陈世龙，高庆波，张发起等 Chensl1326

Incarvillea sinensis Lamarck 角蒿 *
河北：桃城 牛玉璐，高彦飞，赵二涛 NiuYL282
黑龙江：肇东 刘玫，张欣欣，程薪宇等 Liuetal476
吉林：前郭尔罗斯 杨帆，马红媛，安丰华 SNA0456
吉林：长岭 张宝田 Yanglm0336
内蒙古：赛罕区 蒲拴莲，李茂文 M058
内蒙古：伊金霍洛旗 杨学军 Huangzy0232
宁夏：盐池 左忠，刘华 ZuoZh024
山西：阳曲 陈浩 Zhangf0139
陕西：榆阳区 姜林，田先华 TianXH279
四川：白玉 李晓东，张景博，徐凌翔等 LiJ454
四川：丹巴 何兴金 SCU-080323
四川：稻城 何兴金，李琴琴，马祥光等 SCU-09-153
四川：得荣 杨青松，杨莹，黄永江等 ZhouZK-07ZX-0191
四川：汶川 何兴金，李琴琴，赵丽华等 SCU-09-505
四川：小金 高云东，李忠荣，鞠文彬 GaoXF-12-092
西藏：左贡 苏涛，黄永江，杨青松等 ZhouZK11316
云南：德钦 孙航，张建文，陈建国等 SunH-07ZX-2396
云南：香格里拉 张书东，林娜娜，郁文彬等 SCSB-W-028

Incarvillea sinensis var. **przewalskii** (Batalin) C. Y. Wu & W. C. Yin 黄花角蒿 *
四川：道孚 何兴金，赵丽华，梁乾隆 SCU-10-017

Incarvillea younghusbandii Sprague 藏波罗花 *
青海：玛沁 陈世龙，高庆波，张发起等 Chensl1370
四川：得荣 张大才，李双智，杨川 ZhangDC-07ZX-1926
四川：九龙 张大才，尹五元，李双智等 ZhangDC-07ZX-2410
西藏：定日 扎西次仁 ZhongY097
西藏：堆龙德庆 扎西次仁 ZhongY149
西藏：芒康 张大才，罗康，梁群等 ZhangDC-07ZX-1309
西藏：那曲 陈家辉，庄会富，边巴扎西 Yangyp-Q-2127
西藏：左贡 张大才，李双智，罗康等 ZhangDC-07ZX-0668

Markhamia stipulata (Wallich) Seemann ex K. Schumann 西南猫尾木
云南：勐腊 张挺，李洪超，李文化等 SCSB-B-000383
云南：普洱 张绍云 YNS0100

Markhamia stipulata var. **kerrii** Sprague 毛叶猫尾木
云南：景洪 彭华，刘恩德，向春雷等 P. H. 5012
云南：绿春 李嵘，张洪喜 DZL-262

Mayodendron igneum (Kurz) Kurz 火烧花
云南：景洪 谭运洪，余涛 B209

Millingtonia hortensis Linnaeus f. 老鸦烟筒花
湖北：神农架林区 李巨平 lijuping0048
云南：景东 赵贤坤 JDNR11043

Oroxylum indicum (Linnaeus) Bentham ex Kurz 木蝴蝶
四川：米易 刘静，袁明 MY-230
云南：沧源 赵金超，邓志明，田世华 CYNGH059
云南：景东 罗忠华，谢有能，刘长铭等 JDNR092
云南：景东 罗忠华，谢有能，罗文涛等 JDNR120
云南：澜沧 张绍云，叶金科 YNS1394
云南：绿春 税玉民，陈文红 81551
云南：勐腊 张挺，李洪超，李文化等 SCSB-B-000393
云南：南涧 李名生 NJWLS2008215
云南：南涧 彭华，向春雷，陈丽 P.H.5932
云南：屏边 钱良超，陆海兴，康远勇等 Pbdws130
云南：瑞丽 赵见明，王婷，徐小伟等 ZeSZ14013
云南：新平 张忠明，刘家良 XPALSD308
云南：新平 白绍斌 XPALSC335
云南：永德 李永亮 YDDXS0232
云南：沾益 彭华，陈丽 P.H.5982

Radermachera microcalyx C. Y. Wu & W. C. Yin 小萼菜豆树 *
云南：河口 王东，张贵生，白松民等 ZhangGL009
云南：澜沧 叶金科 YNS0167

Radermachera pentandra Hemsley 豇豆树 *
云南：麻栗坡 肖波 LuJL330
云南：西畴 税玉民，陈文红 80965

Radermachera sinica (Hance) Hemsley 菜豆树
云南：景东 张挺，方伟，王建军等 SCSB-B-000200
云南：南涧 高国政，李成清 NJWLS509
云南：文山 何德明 WSLJS870

Radermachera yunnanensis C. Y. Wu & W. C. Yin 滇菜豆树 *
云南：沧源 赵金超，杨红强 CYNGH403
云南：隆阳区 赵文李 BSGLGSly3065
云南：麻栗坡 肖波 LuJL137
云南：腾冲 余新林，赵玮 BSGLGStc376
云南：镇沅 张绍云，叶金科，胡启和 YNS1346

Stereospermum colais (Buchanan-Hamilton ex Dillwyn) Mabberley 羽叶楸
云南：勐海 刀志灵 DZL-169
云南：勐腊 谭运洪，余涛 B190
云南：勐腊 谭运洪，余涛 B215
云南：腾冲 谭运洪 B158
云南：永德 李永亮 YDDXS1264
云南：镇康 张挺，蔡杰，刘成等 13CS5887

Stereospermum neuranthum Kurz 毛叶羽叶楸
云南：永德 李永亮 YDDXS0687

Bixaceae 红木科

红木科	世界	中国	种质库
属 / 种（种下等级）/ 份数	4/21	1/1	1/1/4

Bixa orellana Linnaeus 红木
云南：景洪 彭华，刘恩德，向春雷等 P.H.5014
云南：勐腊 赵相兴 A033
云南：勐腊 赵相兴 A047
云南：玉龙 彭华，陈丽，向春雷等 P.H.5448

Boraginaceae 紫草科

紫草科	世界	中国	种质库
属 / 种（种下等级）/ 份数	～143/2785	44/～300	30/91 (94) /320

Antiotrema dunnianum (Diels) Handel Mazzetti 长蕊斑种草 *
云南：丽江 张书东，林娜娜，陆露等 SCSB-W-069

Arnebia decumbens (Ventenat) Cosson & Kralik 硬萼软紫草
新疆：阜康 张道远，马文宝 zdy056
新疆：阜康 谭敦炎，邱娟 TanDY0020
新疆：克拉玛依 谭敦炎，邱娟 TanDY0102
新疆：玛纳斯 亚吉东，张桥蓉，胡枭剑 16CS13175
新疆：石河子 阎平，许文斌 SCSB-2006052

Arnebia euchroma (Royle) I. M. Johnston 软紫草
新疆：博乐 徐文斌，王莹 SHI-2008021

Arnebia guttata Bunge 黄花软紫草
西藏：日土 陈家辉，庄会富，刘德团等 Yangyp-Q-0082
新疆：塔什库尔干 邱娟，冯建菊 LiuJQ0072
新疆：塔什库尔干 邱娟，冯建菊 LiuJQ0144

Asperugo procumbens Linnaeus 糙草
甘肃：合作 尹鑫，吴航，葛文静 LiuJQ-GN-2011-249
甘肃：玛曲 尹鑫，吴航，葛文静 LiuJQ-GN-2011-251
四川：红原 张昌兵，邓秀华 ZhangCB0310
新疆：昌吉 王喜勇，段士民 460
新疆：天山区 段士民，王喜勇，刘会良 Zhangdy007
新疆：乌鲁木齐 王喜勇，段士民 434

Bothriospermum chinense Bunge 斑种草 *
四川：峨眉山 李小杰 LiXJ398
四川：射洪 袁明 YUANM2016L173

Bothriospermum secundum Maximowicz 多苞斑种草 *
河北：赞皇 牛玉璐，郑博颖，黄士良等 NiuYL026
江苏：江宁区 吴宝成，王兆银 HANGYY8143
江苏：句容 吴宝成，王兆银 HANGYY8123
江苏：海州区 汤兴利 HANGYY8426
江苏：宜兴 吴宝成 HANGYY8025
江苏：云龙区 吴宝成 HANGYY8060
山东：莱山区 卞福花 BianFH-0186
山东：莱山区 卞福花，宋言贺 BianFH-456
山东：历下区 张少华，王萍，张诏等 Lilan224

Bothriospermum zeylanicum (J. Jacquin) Druce 柔弱斑种草
安徽：屯溪区 方建新 TangXS0133
湖北：竹溪 李盛兰 GanQL880
江苏：句容 吴宝成，王兆银 HANGYY8157
山东：莱山区 卞福花，宋言贺 BianFH-430
山东：牟平区 卞福花，陈朋 BianFH-0299
上海：闵行区 李宏庆，葛斌杰，刘国丽 Lihq0162

Brachybotrys paridiformis Maximowicz ex Oliver 山茄子
黑龙江：虎林市 王庆贵 CaoW564
黑龙江：饶河 王庆贵 CaoW622
黑龙江：尚志 王臣，张欣欣，谢博勋等 WangCh345
吉林：磐石 安海成 AnHC0320

Chionocharis hookeri (C. B. Clarke) I. M. Johnston 垫紫草
云南：孟连 彭华，向春雷，陈丽 P.H.5834

Cordia dichotoma G. Forster 破布木
云南：景洪 叶金科 YNS0232
云南：永德 李永亮 YDDXS0776

云南：永德 李永亮 YDDXS0323
云南：镇沅 胡启和，张绍云 YNS0953
Cynoglossum amabile Stapf & J. R. Drummond **倒提壶**
甘肃：合作 郭淑青，杜品 LiuJQ-2012-GN-252
甘肃：合作 尹鑫，吴航，葛文静 LiuJQ-GN-2011-7xx
四川：丹巴 高云东，李忠荣，鞠文彬 GaoXF-12-144
四川：道孚 何兴金，胡灏禹，沈呈娟等 SCU-11-469
四川：稻城 于文涛，李国锋 WTYu-458
四川：稻城 何兴金，李琴琴，马祥光等 SCU-09-160
四川：峨眉山 李小杰 LiXJ448
四川：康定 何兴金，王月，胡灏禹等 SCU-08126
四川：康定 张昌兵，向丽 ZhangCB0163
四川：康定 彭玉兰，涂卫国，余春丽 Gaoxf-0617
四川：康定 何兴金，冯图，廖晨阳等 SCU-080347
四川：理塘 何兴金，赵丽华，梁乾隆等 SCU-11-148
四川：马尔康 何兴金，王月，胡灏禹等 SCU-08110
四川：米易 刘静，袁明 MY-117
四川：西昌 苏涛，黄永江，杨青松等 ZhouZK11383
四川：乡城 何兴金，高云东，王志新等 SCU-09-245
四川：雅江 何兴金，郜鹏，彭禄等 SCU-11-337
西藏：波密 陈家辉，韩希，王东超等 YangYP-Q-4002
西藏：波密 陈家辉，韩希，王东超等 YangYP-Q-4066
西藏：城关区 李晖，边巴，徐爱国 lihui-Q-09-77
西藏：达孜 卢洋，刘帆等 LiJ923
西藏：工布江达 卢洋，刘帆等 LiJ838
西藏：加查 张晓纬，汪书丽，罗建 LiuJQ-09XZ-LZT-010
西藏：拉萨 卢洋，刘帆等 LiJ705
西藏：拉萨 钟扬 ZhongY1042
西藏：拉萨 陈家辉，韩希，王广艳等 YangYP-Q-4198
西藏：拉萨 杨永平，王东超，杨大松等 YangYP-Q-5021
西藏：林芝 罗建，汪书丽 LiuJQ-08XZ-203
西藏：亚东 陈家辉，韩希，王东超等 YangYP-Q-4289
云南：洱源 张书东，林娜娜，陆露等 SCSB-W-166
云南：河口 税玉民，陈文红 71723
云南：景东 鲁艳 07-95
云南：昆明 税玉民，陈文红 65772
云南：隆阳区 段在贤，杨采龙，杨安友 BSGLGS1y1006
云南：泸水 许炳强，吴兴，李婧等 XiaNh-07zx-040
云南：蒙自 税玉民，陈文红 72226
云南：蒙自 税玉民，陈文红 72263
云南：宁蒗 任宗昕，寸龙琼，任尚国 SCSB-W-1356
云南：宁蒗 任宗昕，周伟，何俊等 SCSB-W-940
云南：宁蒗 任宗昕，周伟，何俊等 SCSB-W-942
云南：巧家 郁文彬，任宗昕，艾洪莲等 SCSB-W-1088
云南：巧家 张天壁 SCSB-W-222
云南：腾冲 余新林，赵玮 BSGLGStc005
云南：维西 陈文允，于文涛，黄永江等 CYHL018
云南：文山 税玉民，陈文红 71806
云南：文山 税玉民，陈文红 72144
云南：香格里拉 陈文允，于文涛，黄永江等 CYHL205
云南：香格里拉 杨亲二，袁琼 Yangqe2260
云南：漾濞 杨青松，杨莹，黄永江等 ZhouZK-07ZX-0039
云南：玉龙 于文涛，李国锋 WTYu-368
Cynoglossum divaricatum Stephan ex Lehmann **大果琉璃草**
吉林：长岭 张宝田 Yanglm0358
吉林：长岭 张红香 ZhangHX188
Cynoglossum furcatum Wallich **琉璃草**
湖北：五峰 李平 AHL055
湖南：永定区 吴福川，查学州，廖博儒 7078
云南：沧源 赵金超 CYNGH277
Cynoglossum lanceolatum Forsskål **小花琉璃草**
湖北：仙桃 李巨平 Lijuping0322
湖北：宣恩 沈泽昊 HXE168
湖北：宜昌 陈功锡，张代贵 SCSB-HC-2008072
湖北：竹溪 李盛兰 GanQL581
湖南：吉首 陈功锡，张代贵，邓涛等 SCSB-HC-2007317
湖南：永顺 陈功锡，张代贵 SCSB-HC-2008029
四川：稻城 何兴金，胡灏禹，陈德友等 SCU-09-350
四川：米易 刘静，袁明 MY-178
云南：麻栗坡 肖波 LuJL174A
云南：麻栗坡 税玉民，陈文红 72039
云南：南涧 时国彩 njwls2007025
云南：普洱 叶金科 YNS0226
云南：石林 税玉民，陈文红 64536
云南：西山区 税玉民，陈文红 65827
云南：新平 郎定富，谢天华，杨如伟 XPALSA005
云南：新平 刘家良 XPALSD007
云南：永德 李永亮 YDDXS1127
云南：镇沅 朱恒，何忠云 ALSZY024
Cynoglossum triste Diels **心叶琉璃草 ***
云南：香格里拉 张挺，蔡杰，郭永杰等 11CS3046
Cynoglossum viridiflorum Pallas ex Lehmann **绿花琉璃草**
新疆：阿勒泰 谭敦炎，邱娟 TanDY0427
Cynoglossum wallichii G. Don **西南琉璃草**
西藏：工布江达 罗建，汪书丽，任德智 LiuJQ-09XZ-ML080
西藏：林芝 罗建，汪书丽 LiuJQ-08XZ-107
Echium vulgare Linnaeus **蓝蓟**
新疆：巩留 亚吉东，张桥蓉，秦少发等 16CS13474
新疆：乌鲁木齐 王喜勇，马文宝，施翔 zdy404
Ehretia acuminata R. Brown **厚壳树**
江西：修水 谭策铭，缪以清，李立新 TanCM332
Ehretia confinis I. M. Johnston **云南粗糠树 ***
云南：永德 李永亮 YDDXS1225
Ehretia corylifolia C. H. Wright **西南粗糠树 ***
云南：兰坪 王四海，唐春云，李苏雨 Wangsh-07ZX-014
云南：巧家 李文虎，罗蕊，何明超 QJYS0004
云南：双江 刘成，郭永杰，王亚林 09CS1471
云南：新平 刘家良 XPALSD005
云南：新平 李应宝，谢天华 XPALSA134
云南：新平 谢雄 XPALSC380
云南：新平 王家和 XPALSC394
云南：永德 李永亮 YDDXS0293
Ehretia dicksonii Hance **粗糠树**
湖南：花垣 刘克明，蔡秀珍，肖乐希等 SCSB-HN-0194
湖南：永定区 吴福川，查学州，余祥洪等 92
江西：庐山区 董安淼，吴从梅 TanCM879
四川：峨眉山 李小杰 LiXJ696
云南：盘龙区 胡光万，唐贵华，赵富伟 400221-001
云南：文山 何德明，张挺，刘成等 WSLJS502
云南：文山 何德明，丰艳飞，曹世超 WSLJS586
Ehretia longiflora Champion ex Bentham **长花厚壳树**
湖南：江华 肖乐希，刘欣欣 SCSB-HN-1193
Eritrichium canum (Bentham) Kitamura **灰毛齿缘草**
新疆：塔什库尔干 邱娟，冯建菊 LiuJQ0134
Eritrichium hemisphaericum W. T. Wang **半球齿缘草 ***
西藏：芒康 张永洪，王晓雄，周卓等 SunH-07ZX-0498

Eritrichium tangkulaense W. T. Wang 唐古拉齿缘草 *
西藏：聂荣 陈家辉，庄会富，边巴扎西 Yangyp-Q-2109
Eritrichium villosum (Ledebour) Bunge 长毛齿缘草
新疆：昭苏 亚吉东，张桥蓉，秦少发等 16CS13801
Gastrocotyle hispida (Forsskål) Bunge 腹脐草
新疆：塔什库尔干 黄文娟，段黄金，王英鑫等 LiZJ0346
Hackelia brachytuba (Diels) I. M. Johnston 宽叶假鹤虱
西藏：波密 孙航，张建文，陈建国等 SunH-07ZX-2668
西藏：察隅 张挺，蔡杰，袁明 09CS1575
西藏：林芝 陈家辉，韩希，王东超等 YangYP-Q-4040
西藏：林芝 陈家辉，韩希，王广艳等 YangYP-Q-4098
Hackelia difformis (Y. S. Lian & J. Q. Wang) Riedl 异型假鹤虱 *
西藏：林芝 罗建，汪书丽 LiuJQ-08XZ-090
西藏：林芝 罗建，汪书丽 LiuJQ-08XZ-185
西藏：林芝 罗建，汪书丽 LiuJQ-09XZ-211
Hackelia uncinatum (Bentham) C. E. C. Fischer 卵萼假鹤虱
西藏：波密 张大才，李双智，唐路等 ZhangDC-07ZX-1756
Heliotropium acutiflorum Karelin & Kirilov 尖花天芥菜
新疆：阜康 段士民，王喜勇，刘会良 Zhangdy062
Heliotropium arguzioides Karelin & Kirilov 新疆天芥菜
新疆：霍城 亚吉东，张桥蓉，秦少发等 16CS13806
Heliotropium lasiocarpum Fischer & C. A. Meyer 毛果天芥菜
新疆：额敏 谭敦炎，吉乃提 TanDY0616
新疆：裕民 谭敦炎，吉乃提 TanDY0704
Heterocaryum rigidum A. de Candolle 异果鹤虱
新疆：察布查尔 亚吉东，张桥蓉，胡枭剑 16CS13100
Lappula balchaschensis Popov ex Pavlov 密枝鹤虱
新疆：乌鲁木齐 王喜勇，马文宝，施翔 zdy328
Lappula consanguinea (Fischer & C. A. Meyer) Gurke 蓝刺鹤虱
青海：都兰 潘建斌，杜维波，牛炳韬 Liujq-2011CDM-171
青海：都兰 潘建斌，杜维波，牛炳韬 Liujq-2011CDM-242
Lappula duplicicarpa Pavlov 两形果鹤虱
新疆：吉木萨尔 谭敦炎，吉乃提 TanDY0578
Lappula intermedia (Ledebour) Popov 蒙古鹤虱
内蒙古：回民区 蒲拴莲，李茂文 M004
Lappula myosotis Moench 鹤虱
黑龙江：宁安 王臣，张欣欣，史传奇 WangCh69
吉林：临江 李长田 Yanglm0006
内蒙古：新巴尔虎右旗 黄学文 NMDB20170808068
内蒙古：新巴尔虎右旗 黄学文 NMDB20170809121
内蒙古：新巴尔虎右旗 黄学文 NMDB20170809164
内蒙古：伊金霍洛旗 杨学军 Huangzy0234
山东：莱山区 卞福花，宋言贺 BianFH-458
山东：历城区 高德民，张颖颖，程丹丹等 lilan540
山西：小店区 廉凯敏 Zhangf0100
新疆：阜康 张道远，段士民，马文宝 zdy075
新疆：阜康 王喜勇，段士民 383
新疆：乌鲁木齐 马文宝，刘会良 zdy043
Lappula patula (Lehmann) Ascherson ex Gurke 卵果鹤虱
甘肃：夏河 尹鑫，吴航，葛文静 LiuJQ-GN-2011-252
河北：平山 牛玉璐，郑博颖，黄士良等 NiuYL047
新疆：阿合奇 塔里木大学植物资源调查组 TD-00226
Lappula ramulosa C. J. Wang & X. D. Wang 多枝鹤虱 *
新疆：温宿 杨赵平，周禧琳，贺冰 LiZJ1958
Lappula semiglabra (Ledebour) Gürke 狭果鹤虱
新疆：阜康 谭敦炎，邱娟 TanDY0405
新疆：石河子 许文斌，马真 SCSB-2006009
新疆：特克斯 亚吉东，张桥蓉，秦少发等 16CS13463
Lappula sinaica (de Candolle) Ascherson & Schweinfurth 短萼鹤虱
新疆：博乐 亚吉东，张桥蓉，秦少发等 16CS13841
Lappula spinocarpos (Forsskål) Ascherson ex Kuntze 石果鹤虱
新疆：乌鲁木齐 谭敦炎，艾沙江 TanDY0543
新疆：乌鲁木齐 王喜勇，马文宝，施翔 zdy326
Lasiocaryum densiflorum (Duthie) I. M. Johnston 毛果草
西藏：当雄 李晖，文雪梅，次旺加布等 Lihui-Q-0085
西藏：定日 陈家辉，韩希，王东超等 YangYP-Q-4309
西藏：定日 陈家辉，韩希，王广艳等 YangYP-Q-4352
西藏：拉萨 陈家辉，韩希，王广艳等 YangYP-Q-4207
西藏：浪卡子 杨永平，王东超，杨大松等 YangYP-Q-5034
西藏：林周 陈家辉，韩希，王广艳等 YangYP-Q-4160
Lindelofia stylosa (Karelin & Kirilov) Brand 长柱琉璃草
新疆：巴里 段士民，王喜勇，刘会良 Zhangdy146
新疆：巴里 段士民，王喜勇，刘会良 Zhangdy147
新疆：和静 杨赵平，焦培培，白冠章等 LiZJ0676
新疆：和静 杨赵平，焦培培，白冠章等 LiZJ0691
新疆：和静 张玲，杨赵平 TD-01308
新疆：塔什库尔干 邱娟，冯建菊 LiuJQ0082
Lithospermum arvense Linnaeus 田紫草
安徽：肥西 陈延松，陈翠兵，沈云 Xuzd042
河北：桃城 牛玉璐，郑博颖，黄士良等 NiuYL016
江苏：句容 吴宝成，王兆银 HANGYY8128
山东：莱山区 卞福花，宋言贺 BianFH-429
山东：崂山区 邓建平 LuoY257
山东：历下区 张少华，王萍，张诏等 Lilan223
山东：芝罘区 卞福花 BianFH-0175
陕西：长安区 田先华，王梅荣 TianXH149
Lithospermum erythrorhizon Siebold & Zuccarini 紫草
河北：蔚县 牛玉璐，高彦飞，赵二涛 NiuYL291
吉林：磐石 安海成 AnHC093
Lithospermum officinale Linnaeus 小花紫草
新疆：奇台 谭敦炎，吉乃提 TanDY0573
新疆：昭苏 亚吉东，张桥蓉，秦少发等 16CS13527
Lithospermum zollingeri A. de Candolle 梓木草
湖南：永定区 吴福川，廖博儒，余祥洪等 115
Microula blepharolepis (Maximowicz) I. M. Johnston 尖叶微孔草 *
云南：香格里拉 蔡杰，张挺，刘成等 11CS3258
Microula ciliaris (Bureau & Franchet) I. M. Johnston 巴塘微孔草 *
四川：得荣 孙航，李新辉，陈林杨 SunH-07ZX-3029
Microula diffusa (Maximowicz) I. M. Johnston 疏散微孔草 *
青海：祁连 陈世龙，高庆波，张发起等 Chensl1587
Microula floribunda W. T. Wang 多花微孔草 *
西藏：芒康 张永洪，李国栋，王晓雄 SunH-07ZX-1743
Microula forrestii (Diels) I. M. Johnston 丽江微孔草 *
云南：玉龙 于文涛，李国锋 WTYu-350
Microula myosotidea (Franchet) I. M. Johnston 鹤庆微孔草 *
云南：香格里拉 张挺，亚吉东，李明勤等 11CS3360
Microula pseudotrichocarpa W. T. Wang 甘青微孔草 *
甘肃：合作 尹鑫，吴航，葛文静 LiuJQ-GN-2011-300
青海：大通 陈世龙，高庆波，张发起等 Chensl1666
Microula sikkimensis (C. B. Clarke) Hemsley 微孔草

四川：红原 张昌兵，邓秀华 ZhangCB0305
西藏：林芝 罗建，汪书丽 LiuJQ-08XZ-196
云南：香格里拉 蔡杰，张挺，刘成等 11CS3256
云南：香格里拉 张挺，亚吉东，李明勤等 11CS3338

Microula tibetica Bentham 西藏微孔草
青海：格尔木 冯虎元 LiuJQ-08KLS-068
青海：格尔木 冯虎元 LiuJQ-08KLS-088
西藏：仲巴 李晖，文雪梅，熊继贵 Lihui-Q-2010-30

Myosotis alpestris F. W. Schmidt 勿忘草
新疆：和静 杨赵平，焦培培，白冠章等 LiZJ0532

Myosotis caespitosa C. F. Schultz 湿地勿忘草
河北：平山 牛玉璐，郑博颖，黄士良等 NiuYL044
新疆：温泉 徐文斌，许晓敏 SHI-2008206

Omphalotrigonotis cupulifera (I. M. Johnston) W. T. Wang 皿果草 *
安徽：屯溪区 方建新 TangXS0132

Onosma adenopus I. M. Johnston 腺花滇紫草 *
西藏：城关区 许炳强，童毅华 XiaNh-07zx-519

Onosma album W. W. Smith & Jeffrey 白花滇紫草 *
云南：玉龙 刘成，蔡杰，张挺等 13CS6789

Onosma cingulatum W. W. Smith & Jeffrey 昭通滇紫草 *
云南：官渡区 张挺，唐勇，陈伟等 SCSB-B-000094
云南：盘龙区 王焕冲，马兴达 WangHCH025

Onosma decastichum Y. L. Liu 易门滇紫草 *
云南：易门 王焕冲，马兴达 WangHCH036

Onosma exsertum Hemsley 露蕊滇紫草 *
四川：得荣 孙航，李新辉，陈林杨 SunH-07ZX-3057
云南：洱源 杨青松，星耀武，苏涛 ZhouZK-07ZX-0307

Onosma hookeri var. **longiflorum** (Duthie) Duthie ex Stapf 长花滇紫草
西藏：扎囊 王东超，杨大松，张春林等 YangYP-Q-5078

Onosma multiramosum Handel-Mazzetti 多枝滇紫草 *
西藏：左贡 张永洪，王晓雄，周卓等 SunH-07ZX-1123

Onosma paniculatum Bureau & Franchet 滇紫草
云南：大理 张德全，王应龙，文青华等 ZDQ105
云南：剑川 陈文允，于文涛，黄永江等 CYHL003
云南：丽江 张书东，林娜娜，陆露等 SCSB-W-077
云南：西山区 税玉民，陈文红 65337
云南：西山区 伊廷双，孟静，杨杨 MJ-886
云南：香格里拉 杨亲二，孔航辉，李磊 Yangqe3270
云南：新平 彭华，向春雷，陈丽 PengH8308
云南：玉龙 张大才，李双智，杨川 ZhangDC-07ZX-2013

Onosma sinicum Diels 小叶滇紫草 *
四川：乡城 李晓东，张景博，徐凌翔等 LiJ366
西藏：达孜 卢洋，刘帆等 LiJ910

Onosma waddellii Duthie 丛茎滇紫草 *
西藏：朗县 罗建，汪书丽，任德智 L025
西藏：林芝 卢洋，刘帆等 LiJ797
西藏：林周 许炳强，童毅华 XiaNh-07zx-599
西藏：左贡 张永洪，王晓雄，周卓等 SunH-07ZX-1056

Onosma waltonii Duthie 西藏滇紫草 *
西藏：拉孜 毛康珊，任广朋，邹嘉宾 LiuJQ-QTP-2011-032

Rochelia bungei Trautvetter 孪果鹤虱
新疆：巩留 亚吉东，迟建才，张桥蓉等 16CS13501
新疆：尼勒克 亚吉东，张桥蓉，胡枭剑 16CS12090
新疆：乌鲁木齐 谭敦炎，艾沙江 TanDY0542
新疆：乌鲁木齐 地里努尔，阿玛努拉 TanDY0805

Rochelia cardiosepala Bunge 心萼孪果鹤虱
新疆：霍城 亚吉东，张桥蓉，胡枭剑 16CS13137

Sinojohnstonia moupinensis (Franchet) W. T. Wang 短蕊车前紫草 *
重庆：南川区 易思荣，谭秋平 YISR390
湖北：竹溪 李盛兰 GanQL678

Solenanthus circinnatus Ledebour 长蕊琉璃草
新疆：新源 亚吉东，张桥蓉，秦少发等 16CS13386

Thyrocarpus glochidiatus Maximowicz 弯齿盾果草 *
湖北：竹溪 李盛兰 GanQL254
山东：长清区 韩文凯，吴燕秋 Lilan887
陕西：长安区 王梅荣，杨秀梅 TianXH150

Thyrocarpus sampsonii Hance 盾果草
安徽：屯溪区 方建新 TangXS0205
重庆：南川区 易思荣 YISR144
重庆：南川区 易思荣，谭秋平 YISR370
重庆：南川区 易思荣，谭秋平 YISR381
湖北：竹溪 李盛兰 GanQL292
江苏：宜兴 吴宝成 HANGYY8027
江西：庐山区 董安淼，吴从梅 TanCM1511
四川：米易 袁明 MY377
云南：隆阳区 赵玮 BSGLGS1y087
云南：永德 李永亮 YDDXS0243

Tournefortia montana Loureiro 紫丹
云南：永德 李永亮 YDDXS0163

Tournefortia sibirica Linnaeus 砂引草
吉林：长岭 张红香 ZhangHX009
山东：莱山区 卞福花，宋言贺 BianFH-464
山东：莱山区 卞福花，杨蕾蕾，谷胤征 BianFH-0100
山东：崂山区 罗艳，李中华 LuoY342
陕西：神木 田先华 TianXH1095

Tournefortia sibirica var. **angustior** (A. de Candolle) G. L. Chu & M. G. Gilbert 细叶砂引草
河北：桃城 牛玉璐，高彦飞，赵二涛 NiuYL414

Trichodesma calycosum Collett & Hemsley 毛束草
云南：屏边 蔡杰，刘东升，杨德进 12CS5380
云南：普洱 张绍云 YNS0054

Trigonotis cavaleriei (H. Léveillé) Handel-Mazzetti 西南附地菜 *
四川：峨眉山 李小杰 LiXJ433

Trigonotis delicatula Handel-Mazzetti 扭梗附地菜 *
云南：永德 李永亮 YDDXS0997

Trigonotis floribunda I. M. Johnston 多花附地菜 *
四川：峨眉山 李小杰 LiXJ422

Trigonotis microcarpa (de Candolle) Bentham ex C. B. Clarke 毛脉附地菜
云南：文山 何德明，丰艳飞，韦荣彪等 WSLJS724
云南：新平 刘家良 XPALSD255

Trigonotis mollis Hemsley 湖北附地菜 *
湖北：竹溪 李盛兰 GanQL391

Trigonotis omeiensis Matsuda 峨眉附地菜 *
四川：峨眉山 李小杰 LiXJ013

Trigonotis peduncularis (Triranus) Bentham ex Baker & S. Moore 附地菜
河北：围场 牛玉璐，王晓亮 NiuYL565
黑龙江：哈尔滨 刘玫，王臣，史传奇等 Liuetal609
黑龙江：香坊区 郑宝江，潘磊 ZhengBJ061
湖北：竹溪 李盛兰 GanQL279
湖南：鹤城区 李胜华，伍贤进，曾汉元等 HHXY013

湖南：南岳区 李伟，刘克明 SCSB-HN-1770
湖南：宜章 李伟，刘克明 SCSB-HN-1595
湖南：沅陵 周丰杰，刘克明 SCSB-HN-1590
湖南：长沙 田淑珍，刘克明 SCSB-HN-1455
江苏：宜兴 吴宝成 HANGYY8020
江西：黎川 童和平，王玉珍，常迪江等 TanCM1958
江西：庐山区 董安淼，吴从梅 TanCM1521
山东：莱山区 卞福花，杨蕾蕾，谷胤征 BianFH-0090
山东：历城区 张少华，王萍，张诏等 Lilan152
上海：普陀区 李宏庆，葛斌杰，刘国丽 Lihq0168
云南：绿春 彭华，向春雷，陈丽等 P.H.5609
云南：南涧 罗新洪，阿国仁，何贵才 NJWLS765
云南：南涧 官有才 NJWLS1633
云南：思茅区 胡启和，周兵，仇亚 YNS0894
云南：西山区 彭华，陈丽 P.H.5312
云南：永德 李永亮 LiYL1330
云南：永德 李永亮 LiYL1578
云南：永德 李永亮 YDDXS0334

Trigonotis peduncularis var. **amblyosepala** (Nakai & Kitagawa) W. T. Wang **钝萼附地菜** *

河北：蔚县 牛玉璐，高彦飞，赵二涛 NiuYL426
湖北：竹溪 李盛兰 GanQL267
内蒙古：新城区 蒲拴莲，李茂文 M019

Trigonotis peduncularis var. **macrantha** W. T. Wang **大花附地菜** *

安徽：屯溪区 方建新 TangXS0189
山东：市南区 罗艳，母华伟，范兆飞 LuoY003
陕西：长安区 王梅荣，杨秀梅 TianXH151
四川：米易 袁明 MY021
云南：景东 罗尧，李先耀，鲍文强 JDNR11062

Borthwickiaceae 节蒴木科

节蒴木科	世界	中国	种质库
属 / 种（种下等级）/ 份数	1/1	1/1	1/1/1

Borthwickia trifoliata W. W. Smith **节蒴木**

云南：屏边 钱良超，陆海兴，张照跃等 Pbdws109

Brassicaceae 十字花科

十字花科	世界	中国	种质库
属 / 种（种下等级）/ 份数	321/3660	84/～400	61/164(167)/1515

Alyssum dasycarpum Stephan ex Willdenow **粗果庭荠**

新疆：独山子区 谭敦炎，邱娟 TanDY0111
新疆：阜康 谭敦炎，邱娟 TanDY0017
新疆：克拉玛依 谭敦炎，邱娟 TanDY0099
新疆：托里 徐文斌，黄刚 SHI-2009104
新疆：乌鲁木齐 谭敦炎，艾沙江 TanDY0188
新疆：乌鲁木齐 谭敦炎，邱娟 TanDY0199

Alyssum desertorum Stapf **庭荠**

新疆：巴里 段士民，王喜勇，刘会良 Zhangdy142
新疆：布尔津 谭敦炎，邱娟 TanDY0454
新疆：米东区 段士民，王喜勇，刘会良 Zhangdy011
新疆：独山子区 谭敦炎，邱娟 TanDY0122
新疆：独山子区 谭敦炎，邱娟 TanDY0126
新疆：额敏 谭敦炎，吉乃提 TanDY0614
新疆：阜康 谭敦炎，邱娟 TanDY0013
新疆：阜康 王喜勇，段士民 376
新疆：阜康 王喜勇，段士民 413
新疆：阜康 谭敦炎，艾沙江 TanDY0352
新疆：富蕴 谭敦炎，邱娟 TanDY0415
新疆：呼图壁 王喜勇，段士民 475
新疆：克拉玛依 张振春，刘建华 TanDY0338
新疆：奎屯 谭敦炎，邱娟 TanDY0115
新疆：玛纳斯 王喜勇，段士民 492
新疆：玛纳斯 谭敦炎，邱娟 TanDY0142
新疆：石河子 阎平，翟伟 SCSB-2006003
新疆：塔城 谭敦炎，吉乃提 TanDY0628
新疆：塔城 谭敦炎，吉乃提 TanDY0657
新疆：托里 谭敦炎，吉乃提 TanDY0734
新疆：托里 谭敦炎，吉乃提 TanDY0752
新疆：托里 谭敦炎，吉乃提 TanDY0766
新疆：托里 徐文斌，黄刚 SHI-2009101
新疆：乌鲁木齐 谭敦炎，艾沙江 TanDY0533
新疆：乌鲁木齐 王喜勇，段士民 435
新疆：乌鲁木齐 王喜勇，段士民 438
新疆：乌鲁木齐 王喜勇，段士民 442
新疆：乌鲁木齐 谭敦炎，邱娟 TanDY0152
新疆：裕民 谭敦炎，吉乃提 TanDY0700
新疆：裕民 谭敦炎，吉乃提 TanDY0725
新疆：裕民 徐文斌，黄刚 SHI-2009083
新疆：裕民 徐文斌，郭一敏 SHI-2009088

Alyssum linifolium Stephan ex Willdenow **条叶庭荠**

新疆：独山子区 谭敦炎，邱娟 TanDY0110
新疆：阜康 张道远，马文宝 zdy046
新疆：阜康 谭敦炎，邱娟 TanDY0019
新疆：阜康 谭敦炎，邱娟 TanDY0038
新疆：阜康 王喜勇，段士民 377
新疆：阜康 王喜勇，段士民 391
新疆：阜康 王喜勇，段士民 414
新疆：阜康 谭敦炎，艾沙江 TanDY0353
新疆：呼图壁 王喜勇，段士民 477
新疆：吉木萨尔 谭敦炎，邱娟 TanDY0048
新疆：克拉玛依 谭敦炎，邱娟 TanDY0100
新疆：克拉玛依 张振春，刘建华 TanDY0319
新疆：玛纳斯 谭敦炎，吉乃提 TanDY0777
新疆：玛纳斯 谭敦炎，邱娟 TanDY0141
新疆：石河子 谭敦炎，艾沙江 TanDY0388
新疆：乌鲁木齐 王喜勇，段士民 428
新疆：乌鲁木齐 王喜勇，段士民 439
新疆：乌鲁木齐 谭敦炎，邱娟 TanDY0159
新疆：乌鲁木齐 谭敦炎，艾沙江 TanDY0172
新疆：乌鲁木齐 谭敦炎，邱娟 TanDY0202

Alyssum simplex Rudolphi **新疆庭荠**

新疆：塔城 谭敦炎，吉乃提 TanDY0627

Aphragmus oxycarpus (J. D. Hooker & Thomson) Jafri **尖果寒原荠**

新疆：叶城 黄文娟，段黄金，王英鑫等 LiZJ0896

Arabidopsis thaliana (Linnaeus) Heynhold **鼠耳芥**

安徽：屯溪区 方建新 TangXS0183
湖北：竹溪 李盛兰 GanQL245
江苏：连云港 吴宝成 HANGYY8082
江苏：玄武区 吴宝成 HANGYY8042

江苏：玄武区 吴宝成 HANGYY8041
山东：牟平区 卞福花 BianFH-0165
西藏：朗县 罗建，汪书丽，任德智 L022
Arabis flagellosa Miquel 匍匐南芥
安徽：黟县 陈延松，唐成丰 Zhousb0131
江西：庐山区 董安淼，吴从梅 TanCM810
Arabis hirsuta (Linnaeus) Scopoli 硬毛南芥
甘肃：玛曲 尹鑫，吴航，葛文静 LiuJQ-GN-2011-701
甘肃：卓尼 齐威 LJQ-2008-GN-003
甘肃：卓尼 齐威 LJQ-2008-GN-004
黑龙江：大兴安岭 郑宝江，丁晓炎，王美娟等 ZhengBJ390
黑龙江：宁安 王臣，张欣欣，史传奇 WangCh77
黑龙江：五大连池 孙阎，赵立波 SunY196
湖北：神农架林区 李巨平 LiJuPing0148
吉林：磐石 安海成 AnHC031
内蒙古：克什克腾旗 刘润宽，李茂文，李昌亮 M105
陕西：宁陕 田陌，张峰 TianXH180
四川：九龙 孔航辉，罗江平，左雷等 YangQE3449
西藏：浪卡子 扎西次仁 ZhongY020
新疆：吉木萨尔 谭敦炎，吉乃提 TanDY0580
新疆：乌鲁木齐 谭敦炎，吉乃提，艾沙江 TanDY0312
Arabis paniculata Franchet 圆锥南芥
湖北：竹溪 甘啟良 GanQL013
四川：道孚 何兴金，胡灏禹，沈呈娟等 SCU-11-484
云南：巧家 杨光明 SCSB-W-1165
云南：香格里拉 杨青松，杨莹，黄永江等 ZhouZK-07ZX-0230
云南：永德 李永亮 YDDXS0768
Arabis pendula Linnaeus 垂果南芥
北京：东城区 王雷，朱雅娟，黄振英 Beijing-huang-bhs-0030
北京：东城区 王雷，朱雅娟，黄振英 Beijing-huang-bws-0061
北京：东城区 王雷，朱雅娟，黄振英 Beijing-huang-dls-0087
北京：海淀区 邓志军 SCSB-D-0045
北京：海淀区 林坚 SCSB-B-0025
北京：门头沟区 李燕军 SCSB-E-0049
北京：西城区 王雷，朱雅娟，黄振英 Beijing-huang-ss-0034
北京：西城区 王雷，朱雅娟，黄振英 Beijing-huang-yms-0043
河北：平山 牛玉璐，郑博颖，黄士良等 NiuYL093
黑龙江：尚志 刘玫，张欣欣，程薪宇等 Liuetal400
黑龙江：五大连池 孙阎，赵立波 SunY013
黑龙江：香坊区 姜洪哲 ZhengBJ103
吉林：安图 杨保国，张明鹏 CaoW0025
吉林：敦化 杨保国，张明鹏 CaoW0005
吉林：和龙 杨保国，张明鹏 CaoW0040
吉林：珲春 杨保国，张明鹏 CaoW0068
吉林：南关区 韩忠明 Yanglm0116
辽宁：庄河 于立敏 CaoW946
内蒙古：锡林浩特 张红香 ZhangHX142
青海：玉树 许炳强，周伟，郑朝汉 Xianh0284
山东：泰山区 张璐璐，王慧燕，杜超等 Zhaozt0208
山西：交城 焦磊，张海博，廉凯敏 Zhangf0193
山西：小店区 陈浩 Zhangf0097
陕西：宁陕 田先华，吴礼慧 TianXH231
四川：巴塘 张大才，尹五元，李双智等 ZhangDC-07ZX-2220
四川：道孚 余岩，周春景，秦汉涛 SCU-11-010
四川：峨眉山 李小杰 LiXJ485
四川：理塘 苏涛，黄永江，杨青松等 ZhouZK11144
四川：壤塘 何兴金，刘爽，易欣 SCU-10-350
四川：壤塘 张挺，李爱花，刘成等 08CS845
西藏：芒康 王文礼，冯欣，刘飞鹏 OUXK11155
新疆：巩留 段士民，王喜勇，刘会良 Zhangdy376
新疆：巩留 亚吉东，张桥蓉，秦少发等 16CS13478
新疆：和静 杨赵平，焦培培，白冠章等 LiZJ0747
新疆：乌鲁木齐 谭敦炎，艾沙江 TanDY0549
云南：香格里拉 周浙昆，苏涛，杨莹等 Zhou09-081
Barbarea orthoceras Ledebour 山芥
黑龙江：尚志 刘玫，王臣，张欣欣等 Liuetal712
黑龙江：五常 孙阎，吕军，张健男 SunY423
青海：玉树 许炳强，周伟，郑朝汉 Xianh0281
四川：康定 何兴金，高云东，刘海艳等 SCU-20080432
新疆：和静 邱爱军，张玲，马帅 LiZJ1783
Barbarea vulgaris R. Brown 欧洲山芥
新疆：玛纳斯 翟伟，徐海燕 SCSB-2006064
新疆：乌鲁木齐 段士民，王喜勇，刘会良 Zhangdy046
新疆：新源 亚吉东，张桥蓉，秦少发等 16CS13384
新疆：裕民 亚吉东，张桥蓉，秦少发等 16CS13867
Berteroa incana (Linnaeus) de Candolle 团扇荠
新疆：阿勒泰 谭敦炎，邱娟 TanDY0429
新疆：博乐 马真 SHI2006322
新疆：尼勒克 刘鸯，马真，贺晓欢等 SHI-A2007491
新疆：塔城 谭敦炎，吉乃提 TanDY0629
新疆：托里 徐文斌，郭一敏 SHI-2009034
新疆：裕民 谭敦炎，吉乃提 TanDY0675
新疆：裕民 徐文斌，郭一敏 SHI-2009070
新疆：裕民 徐文斌，郭一敏 SHI-2009370
Brassica juncea (Linnaeus) Czernajew 芥菜
湖北：竹溪 李盛兰 GanQL684
西藏：左贡 张大才，李双智，罗康等 ZhangDC-07ZX-0611
新疆：乌鲁木齐 王喜勇，马文宝，施翔 zdy263
云南：南涧 官有才 NJWLS1624
云南：腾冲 余新林，赵玮 BSGLGStc241
Brassica oleracea var. gongylodes Linnaeus 擘蓝
云南：云龙 宇建泽，李国友，李施文等 TC1008
Brassica rapa Linnaeus 蔓菁
河北：井陉 牛玉璐，高彦飞 NiuYL592
Brassica rapa var. chinensis (Linnaeus) Kitamura 青菜
湖南：鹤城区 伍贤进，李胜华，曾汉元等 HHXY001
湖南：鹤城区 李胜华，伍贤进，曾汉元等 HHXY012
云南：景东 鲁艳 200815
云南：新平 白绍斌 XPALSC317
Brassica rapa var. oleifera de Candolle 芸苔
西藏：隆子 扎西次仁，西落 ZhongY609
云南：隆阳区 赵文李 BSGLGSly3062
Camelina microcarpa de Candolle 小果亚麻荠
山东：城阳区 罗艳，李中华 LuoY070
新疆：察布查尔 段士民，王喜勇，刘会良等 60
新疆：察布查尔 徐文斌 SHI-A2007079
新疆：玛纳斯 谭敦炎，邱娟 TanDY0143
新疆：尼勒克 刘鸯，马真，贺晓欢等 SHI-A2007489
新疆：奇台 谭敦炎，吉乃提 TanDY0562
新疆：特克斯 阎平，徐文斌 SHI-A2007300
新疆：托里 谭敦炎，吉乃提 TanDY0770
新疆：托里 徐文斌，黄刚 SHI-2009035
新疆：托里 徐文斌，杨清理 SHI-2009102
新疆：乌鲁木齐 谭敦炎，艾沙江 TanDY0551
新疆：乌鲁木齐 谭敦炎，吉乃提，艾沙江 TanDY0204
新疆：乌鲁木齐 谭敦炎，吉乃提，艾沙江 TanDY0292

新疆：乌鲁木齐 谭敦炎，吉乃提，艾沙江 TanDY0309
新疆：裕民 谭敦炎，吉乃提 TanDY0688
新疆：裕民 徐文斌，杨清理 SHI-2009078
新疆：裕民 徐文斌，郭一敏 SHI-2009358
新疆：裕民 徐文斌，郭一敏 SHI-2009394
新疆：昭苏 贺晓欢，徐文斌，刘鸯等 SHI-A2007083

Camelina sativa (Linnaeus) Crantz **亚麻荠**

新疆：布尔津 谭敦炎，邱娟 TanDY0470
新疆：布尔津 谭敦炎，邱娟 TanDY0476
新疆：哈巴河 段士民，王喜勇，刘会良等 200
新疆：玛纳斯 谭敦炎，吉乃提 TanDY0785
新疆：米东 王喜勇，段士民 444
新疆：乌鲁木齐 段士民，王喜勇，刘会良 Zhangdy252

Capsella bursa-pastoris (Linnaeus) Medikus **荠**

安徽：祁门 洪欣，李中林 ZSB272
安徽：屯溪区 方建新 TangXS0186
北京：东城区 朱雅娟，王雷，黄振英 Beijing-huang-xs-0002
北京：西城区 王雷，朱雅娟，黄振英 Beijing-huang-ss1-0002
甘肃：碌曲 李晓东，刘帆，张景博等 LiJ0092
甘肃：碌曲 李晓东，刘帆，张景博等 LiJ0154
甘肃：玛曲 尹鑫，吴航，葛文静 LiuJQ-GN-2011-121
贵州：南明区 邹方伦 ZouFL0080
河北：阜平 牛玉璐，王晓亮 NiuYL546
黑龙江：呼兰 刘玫，张欣欣，程薪宇等 Liuetal371
湖南：永定区 吴福川，廖博儒 7050
吉林：南关区 韩忠明 Yanglm0103
江苏：句容 王兆银，吴宝成 SCSB-JS0076
江苏：射阳 吴宝成 HANGYY8262
江苏：玄武区 吴宝成，杭悦宇 SCSB-JS0035
江西：黎川 童和平，王玉珍，常迪江等 TanCM2007
江西：庐山区 董安淼，吴丛梅 TanCM2501
青海：贵南 陈世龙，高庆波，张发起等 Chens11223
青海：门源 吴玉虎 LJQ-QLS-2008-0095
青海：祁连 陈世龙，高庆波，张发起等 Chens11563
山东：历城区 李兰，王萍，张少华 Lilan091
山西：小店区 张贵平 Zhangf0096
上海：李宏庆 Lihq0326
四川：丹巴 何兴金，胡灏禹，沈呈娟等 SCU-11-427
四川：道孚 余岩，周春景，秦汉涛 SCU-11-035
四川：道孚 何兴金，胡灏禹，沈呈娟等 SCU-11-445
四川：稻城 何兴金，廖晨阳，任海燕等 SCU-09-436
四川：峨眉山 李小杰 LiXJ632
四川：红原 张昌兵，邓秀华 ZhangCB0286
四川：理塘 何兴金，赵丽华，梁乾隆等 SCU-11-138
四川：理塘 何兴金，马祥光，张云香等 SCU-11-227
四川：马尔康 何兴金，王月，胡灏禹等 SCU-08117
四川：马尔康 何兴金，李琴琴，王长宝等 SCU-08046
四川：米易 刘静，袁明 MY-073
四川：射洪 袁明 YUANM2015L126
四川：雅江 何兴金，郜鹏，彭禄等 SCU-11-356
四川：雅江 何兴金，胡灏禹，陈德友等 SCU-09-319
西藏：昌都 许炳强，周伟，郑朝汉 Xianh0162
西藏：工布江达 卢洋，刘帆等 LiJ839
西藏：林芝 陈家辉，韩希，王广艳等 YangYP-Q-4093
西藏：芒康 徐波，陈光富，陈林杨等 SunH-07ZX-1542
西藏：曲水 陈家辉，韩希，王广艳等 YangYP-Q-4189
新疆：阜康 谭敦炎，艾沙江 TanDY0348
新疆：和静 邱爱军，张玲，马帅 LiZJ1762
新疆：和静 杨赵平，焦培培，白冠章等 LiZJ0759
新疆：和静 张玲 TD-01663
新疆：克拉玛依 张振春，刘建华 TanDY0329
新疆：温宿 杨赵平，焦培培，白冠章等 LiZJ0798
新疆：乌鲁木齐 谭敦炎，艾沙江 TanDY0191
新疆：乌鲁木齐 邱娟，艾沙江 TanDY0226
云南：景东 罗忠华，刘长铭，李绍昆等 JDNR09102
云南：景东 鲁艳 200818
云南：隆阳区 赵玮 BSGLGSly165
云南：麻栗坡 肖波 LuJL490
云南：南涧 熊绍荣 NJWLS2008304
云南：南涧 饶富玺，阿国仁，何贵才 NJWLS808
云南：南涧 徐家武，袁玉川 NJWLS634
云南：盘龙区 伊廷双，孟静，杨杨 MJ-917
云南：巧家 杨光明 SCSB-W-1113
云南：腾冲 周应再 Zhyz-187
云南：新平 何罡安 XPALSB139
云南：新平 刘家良 XPALSD261
云南：新平 白绍斌 XPALSC248

Cardamine anhuiensis D. C. Zhang & J. Z. Shao **安徽碎米荠** *

湖北：竹溪 李盛兰 GanQL898

Cardamine circaeoides J. D. Hooker & Thomson **露珠碎米荠**

湖南：永顺 陈功锡，张代贵 SCSB-HC-2008005
江苏：玄武区 吴宝成 HANGYY8040
云南：永德 李永亮 LiYL1312

Cardamine flexuosa Withering **弯曲碎米荠**

安徽：屯溪区 方建新 TangXS0179
安徽：屯溪区 方建新 TangXS0180
贵州：南明区 邹方伦 ZouFL0081
湖北：竹溪 李盛兰 GanQL948
湖南：鹤城区 伍贤进，李胜华，曾汉元等 HHXY002
湖南：鹤城区 伍贤进，李胜华，曾汉元等 HHXY008
江苏：句容 吴宝成，王兆银 HANGYY8046
江苏：句容 吴宝成，王兆银 HANGYY8050
江苏：句容 吴宝成，王兆银 HANGYY8051
江苏：连云港 吴宝成 HANGYY8080
江苏：连云港 吴宝成 HANGYY8081
江苏：玄武区 吴宝成 HANGYY8036
江苏：宜兴 吴宝成 HANGYY8052
江苏：宜兴 吴宝成 HANGYY8053
江西：黎川 童和平，王玉珍，常迪江等 TanCM2010
江西：庐山区 董安淼，吴丛梅 TanCM2502
云南：东川区 张挺，刘成，郭明明等 11CS3661
云南：景东 鲁艳 200819
云南：景东 罗忠华，刘长铭，李绍昆等 JDNR09103
云南：南涧 徐家武，罗增阳，李世东 NJWLS610
云南：双柏 彭华，向春雷，陈丽等 P.H.5566
云南：文山 何德明，丰艳飞，王成 WSLJS929
云南：新平 何罡安 XPALSB135
云南：永德 李永亮 YDDXS0890
云南：镇沅 罗成瑜，乔永华 ALSZY306
云南：镇沅 罗成瑜 ALSZY441

Cardamine griffithii J. D. Hooker & Thomson **山芥碎米荠**

云南：江城 叶金科 YNS0446

Cardamine hirsuta Linnaeus **碎米荠**

安徽：贵池区 李中林，王欧文 ZhouSB0141
安徽：屯溪区 方建新 TangXS0181
湖北：五峰 陈功锡，张代贵 SCSB-HC-2008304

湖南：江华 刘克明，王成，欧阳书珍 SCSB-HN-0868
湖南：宜章 陈薇，田淑珍 SCSB-HN-0790
湖南：永顺 陈功锡，张代贵 SCSB-HC-2008006
湖南：长沙 陈薇，田淑珍 SCSB-HN-0732
江苏：句容 吴宝成，王兆银 HANGYY8048
江苏：句容 吴宝成，王兆银 HANGYY8049
江苏：玄武区 吴宝成 HANGYY8037
江苏：玄武区 吴宝成 HANGYY8038
江苏：玄武区 吴宝成 HANGYY8039
江苏：宜兴 吴宝成 HANGYY8055
江西：庐山区 董安淼，吴丛梅 TanCM2505
山东：岚山区 吴宝成 HANGYY8605
山东：历下区 张少华，王萍，张诏等 Lilan132
上海：李宏庆 Lihq0329
四川：米易 袁明 MY028
四川：射洪 袁明 YUANM2016L153
西藏：八宿 张挺，蔡杰，刘恩德等 SCSB-B-000472
云南：德钦 陈文允，于文涛，黄永江等 CYHL179
云南：隆阳区 赵玮 BSGLGSly167
云南：绿春 彭华，向春雷，陈丽等 P.H.5613
云南：麻栗坡 肖波 LuJL500
云南：勐海 彭华，向春雷，陈丽等 P.H.5726
云南：南涧 熊绍荣 NJWLS2008318
云南：南涧 熊绍荣，张雄 NJWLS1221
云南：南涧 阿国仁，罗新洪 NJWLS1113
云南：腾冲 余新林，赵玮 BSGLGStc201
云南：新平 谢雄 XPALSC255

Cardamine hygrophila T. Y. Cheo & R. C. Fang 湿生碎米荠 *
重庆：南川区 易思荣 YISR157
湖北：竹溪 李盛兰 GanQL385
四川：峨眉山 李小杰 LiXJ015

Cardamine impatiens Linnaeus 弹裂碎米荠
安徽：祁门 洪欣，李中林 ZSB271
安徽：屯溪区 方建新 TangXS0853
重庆：南川区 易思荣 YISR152
湖北：神农架林区 李巨平 LiJuPing0106
湖北：竹溪 李盛兰 GanQL280
湖南：永定区 吴福川，廖博儒，查学州等 7007
江苏：句容 吴宝成，王兆银 HANGYY8047
江苏：句容 吴宝成 HANGYY8075
江西：黎川 童和平，王玉珍 TanCM2325
江西：庐山区 董安淼，吴丛梅 TanCM808
青海：玉树 许炳强，周伟，郑朝汉 Xianh0282
山东：崂山区 罗艳 LuoY058
山东：牟平区 卞福花，陈朋 BianFH-0304
陕西：柞水 田陌，王梅荣 TianXH172
四川：峨眉山 李小杰 LiXJ018
四川：峨眉山 李小杰 LiXJ394
四川：甘孜 陈文允，于文涛，黄永江 CYH114
四川：马尔康 何兴金，冯图，廖晨阳等 SCU-080363
四川：汶川 何兴金，高云东，刘海艳等 SCU-20080457
新疆：裕民 亚吉东，张桥蓉，秦少发等 16CS13869
云南：巧家 杨光明 SCSB-W-1126

Cardamine leucantha (Tausch) O. E. Schulz 白花碎米荠
河北：邢台 牛玉璐，高彦飞，赵二涛 NiuYL321
黑龙江：岭东区 刘玫，张欣欣，程薪宇等 Liuetal377
黑龙江：庆安 孙阎，吕军 SunY336
湖北：竹溪 李盛兰 GanQL413
吉林：磐石 安海成 AnHC015
陕西：宁陕 田先华 TianXH013
四川：马尔康 何兴金，王月，胡灏禹 SCU-08169

Cardamine lyrata Bunge 水田碎米荠
黑龙江：宁安 刘玫，王臣，史传奇等 Liuetal572
湖北：神农架林区 李巨平 LiJuPing0103

Cardamine macrophylla Willdenow 大叶碎米荠
湖北：神农架林区 李巨平 LiJuPing0163
湖北：竹溪 李盛兰 GanQL393
四川：普格 苏涛，黄永江，杨青松等 ZhouZK11008
四川：壤塘 张挺，李爱花，刘成等 08CS846
西藏：八宿 张永洪，王晓雄，周卓等 SunH-07ZX-1169
西藏：林芝 罗建，汪书丽 LiuJQ-08XZ-121
云南：香格里拉 蔡杰，张挺，刘成等 11CS3240

Cardamine microzyga O. E. Schulz 小叶碎米荠 *
四川：康定 何兴金，廖晨阳，任海燕等 SCU-09-410

Cardamine parviflora Linnaeus 小花碎米荠
江苏：射阳 吴宝成 HANGYY8088
江苏：宜兴 吴宝成 HANGYY8056

Cardamine rockii O. E. Schulz 鞭枝碎米荠 *
云南：香格里拉 周浙昆，苏涛，杨莹等 Zhou09-104

Cardamine scutata Thunberg 圆齿碎米荠
江苏：铜山 吴宝成 HANGYY8078
四川：峨眉山 李小杰 LiXJ280

Cardamine tangutorum O. E. Schulz 唐古碎米荠 *
甘肃：玛曲 李晓东，刘帆，张景博等 LiJ0061
青海：门源 吴玉虎 LJQ-QLS-2008-0143
四川：红原 张昌兵，邓秀发 ZhangCB0363
四川：康定 冯图，何兴金，廖晨阳等 SCU-080340
四川：康定 何兴金，廖晨阳，任海燕等 SCU-09-405
四川：汶川 何兴金，高云东，刘海艳等 SCU-20080452
四川：小金 何兴金，冯图，廖晨阳等 SCU-080364
四川：雅江 何兴金，部鹏，彭禄等 SCU-11-360

Cardamine trifida (Lamarck ex Poiret) B. M. G. Jones 细叶碎米荠
黑龙江：嫩江 王臣，张欣欣，史传奇 WangCh28

Cardamine trifoliolata J. D. Hooker & Thomson 三小叶碎米荠
云南：新平 自正尧 XPALSB275

Cardamine yunnanensis Franchet 云南碎米荠
云南：景东 杨国平 07-29
云南：腾冲 周应再 Zhyz-189

Cardaria draba (Linnaeus) Desvaux 群心菜
新疆：阜康 谭敦炎，邱娟 TanDY0005
新疆：阜康 谭敦炎，艾沙江 TanDY0356
新疆：呼图壁 王喜勇，段士民 484
新疆：吉木萨尔 谭敦炎，吉乃提 TanDY0586
新疆：奇台 谭敦炎，吉乃提 TanDY0570
新疆：石河子 谭敦炎，艾沙江 TanDY0385
新疆：塔城 谭敦炎，吉乃提 TanDY0656
新疆：托里 谭敦炎，吉乃提 TanDY0758
新疆：乌鲁木齐 谭敦炎，艾沙江 TanDY0540
新疆：乌鲁木齐 谭敦炎，邱娟 TanDY0166
新疆：乌鲁木齐 谭敦炎，邱娟 TanDY0197
新疆：乌鲁木齐 段士民，王喜勇，刘会良 Zhangdy246
新疆：乌鲁木齐 段士民，王喜勇，刘会良等 Zhangdy440
新疆：裕民 谭敦炎，吉乃提 TanDY0682

Cardaria draba subsp. **chalepensis** (Linnaeus) O. E. Schulz 球果群心菜 *

青海：都兰 冯虎元 LiuJQ-08KLS-150
青海：格尔木 冯虎元 LiuJQ-08KLS-145
新疆：昌吉 谭敦炎，吉乃提，艾沙江 TanDY0290
新疆：昌吉 谭敦炎，艾沙江 TanDY0368
新疆：阜康 谭敦炎，马文宝，吉乃提 TanDY0282
新疆：吉木萨尔 谭敦炎，吉乃提 TanDY0585
新疆：精河 谭敦炎，吉乃提，艾沙江 TanDY0235
新疆：克拉玛依 张振春，刘建华 TanDY0130
新疆：克拉玛依 张振春，刘建华 TanDY0340
新疆：库车 塔里木大学植物资源调查组 TD-00960
新疆：玛纳斯 谭敦炎，邱娟 TanDY0061
新疆：石河子 马真 SCSB-2006039
新疆：石河子 杨赵平，焦培培，白冠章等 LiZJ0622
新疆：塔城 谭敦炎，吉乃提，艾沙江 TanDY0275
新疆：托里 谭敦炎，吉乃提 TanDY0772
新疆：乌鲁木齐 王喜勇，马文宝，施翔 zdy290
新疆：乌鲁木齐 谭敦炎，邱娟 TanDY0151
新疆：乌鲁木齐 谭敦炎，艾沙江 TanDY0173
新疆：乌鲁木齐 谭敦炎，吉乃提，艾沙江 TanDY0296

Cardaria pubescens (C. A. Meyer) Jarmolenko 毛果群心菜
新疆：青河 段士民，王喜勇，刘会良等 153
新疆：托里 徐文斌，杨清理 SHI-2009099
新疆：乌鲁木齐 王喜勇，马文宝，施翔 zdy363
新疆：乌鲁木齐 王喜勇，马文宝，施翔 zdy364
新疆：伊吾 段士民，王喜勇，刘会良 Zhangdy177
新疆：伊吾 段士民，王喜勇，刘会良 Zhangdy183
新疆：伊吾 段士民，王喜勇，刘会良 Zhangdy185
新疆：伊吾 段士民，王喜勇，刘会良 Zhangdy186
新疆：伊吾 段士民，王喜勇，刘会良 Zhangdy187
新疆：裕民 谭敦炎，吉乃提 TanDY0707

Chorispora greigii Regel 具葶离子芥
新疆：昭苏 亚吉东，张桥蓉，秦少发等 16CS13546

Chorispora sibirica (Linnaeus) de Candolle 西伯利亚离子芥
山东：天桥区 高德民，谭洁，李明栓等 lilan975
新疆：博乐 谭敦炎，吉乃提，艾沙江 TanDY0237
新疆：博乐 谭敦炎，吉乃提，艾沙江 TanDY0251
新疆：昌吉 王喜勇，段士民 461
新疆：富蕴 谭敦炎，邱娟 TanDY0419
新疆：托里 谭敦炎，吉乃提 TanDY0747
新疆：乌鲁木齐 谭敦炎，邱娟 TanDY0158
新疆：乌鲁木齐 谭敦炎，艾沙江 TanDY0187
新疆：裕民 谭敦炎，吉乃提 TanDY0722

Chorispora tenella (Pallas) de Candolle 离子芥
山东：历城区 张少华，王萍，张诏等 Lilan184
山东：芝罘区 卞福花 BianFH-0174
陕西：长安区 王梅荣，杨秀梅 TianXH146
新疆：布尔津 谭敦炎，邱娟 TanDY0465
新疆：富蕴 谭敦炎，邱娟 TanDY0420
新疆：奎屯 谭敦炎，邱娟 TanDY0118
新疆：乌鲁木齐 段士民，王喜勇，刘会良 Zhangdy006

Christolea crassifolia Cambessedès 高原芥
西藏：噶尔 李晖，文雪梅，次旺加布等 Lihui-Q-0015
西藏：噶尔 陈家辉，庄会富，刘德团等 Yangyp-Q-0062
西藏：噶尔 扎西次仁 ZhongY116
西藏：吉隆 张晓纬，汪书丽，罗建 LiuJQ-09XZ-LZT-096
西藏：日土 陈家辉，庄会富，刘德团等 Yangyp-Q-0076
新疆：塔什库尔干 邱娟，冯建菊 LiuJQ0026
新疆：塔什库尔干 邱娟，冯建菊 LiuJQ0161
新疆：叶城 黄文娟，段黄金，王英鑫等 LiZJ0883

Cithareloma vernum Bunge 对枝菜
新疆：阜康 谭敦炎，邱娟 TanDY0030

Clausia trichosepala (Turczaninow) Dvorák 毛萼香芥
山东：海阳 张少华，张诏，程丹丹等 Lilan674

Coelonema draboides Maximowicz 穴丝荠 *
青海：门源 吴玉虎 LJQ-QLS-2008-0211

Conringia planisiliqua Fischer & C. A. Meyer 线果芥
新疆：布尔津 谭敦炎，邱娟 TanDY0456
新疆：布尔津 谭敦炎，邱娟 TanDY0472
新疆：托里 谭敦炎，吉乃提 TanDY0742
新疆：新源 亚吉东，张桥蓉，秦少发等 16CS13422

Coronopus didymus (Linnaeus) Smith 臭荠
重庆：南川区 易思荣，谭秋平 YISR379
江苏：句容 吴宝成，王兆银 HANGYY8178
江苏：如东 吴宝成 SCSB-JS0044
江苏：太仓 吴宝成 HANGYY8197
上海：李宏庆 Lihq0334

Crambe kotschyana Boissier 两节荠
新疆：新源 亚吉东，张桥蓉，胡枭剑 16CS12979

Crucihimalaya himalaica (Edgeworth) Al-Shehbaz et al. 须弥芥
西藏：错那 张晓纬，汪书丽，罗建 LiuJQ-09XZ-LZT-031
西藏：吉隆 马永鹏 ZhangCQ-0025

Crucihimalaya lasiocarpa (J. D. Hooker & Thomson) Al-Shehbaz et al. 毛果须弥芥
西藏：林芝 罗建 LiuJQ-08XZ-004

Descurainia sophia (Linnaeus) Webb ex Prantl 播娘蒿
重庆：南川区 易思荣，谭秋平，张挺 YISR126
甘肃：碌曲 李晓东，刘帆，张景博等 LiJ0155
甘肃：玛曲 尹鑫，吴航，葛文静 LiuJQ-GN-2011-127
甘肃：夏河 齐威 LJQ-2008-GN-001
河北：内丘 顾子霞 HANGYY8059
河北：桃城 牛玉璐，高彦飞，赵二涛 NiuYL333
黑龙江：五常 孙阎，吕军，张健男 SunY413
江苏：大丰 吴宝成 HANGYY8084
江苏：赣榆 吴宝成 HANGYY8299
江苏：连云港 吴宝成 HANGYY8083
江苏：射阳 吴宝成 HANGYY8085
江苏：射阳 吴宝成 HANGYY8087
江苏：海州区 汤兴利 HANGYY8406
江苏：云龙区 吴宝成 HANGYY8073
内蒙古：锡林浩特 张红香 ZhangHX072
青海：都兰 潘建斌，杜维波，牛炳韬 Liujq-2011CDM-232
青海：门源 吴玉虎 LJQ-QLS-2008-0051
山东：济南 张少华，王萍，张诏等 Lilan154
四川：白玉 李晓东，张景博，徐凌翔等 LiJ442
四川：道孚 余岩，周春景，秦汉涛 SCU-11-037
四川：道孚 何兴金，胡灏禹，沈呈娟等 SCU-11-444
四川：道孚 何兴金，胡灏禹，沈呈娟等 SCU-11-463
四川：红原 张昌兵，邓秀华 ZhangCB0304
四川：康定 张昌兵，向丽 ZhangCB0161
四川：马尔康 何兴金，王月，胡灏禹等 SCU-08115
四川：壤塘 何兴金，胡灏禹，黄德青 SCU-10-128
西藏：昌都 许炳强，周伟，郑朝汉 Xianh0154
西藏：昌都 易思荣，谭秋平 YISR263
西藏：错那 聂泽龙，牛洋，周卓等 SunH-07ZX-2352

西藏：左贡 徐波，陈光富，陈林杨等 SunH-07ZX-2053
新疆：博乐 贺晓欢 SHI-A2007019
新疆：博乐 谭敦炎，吉乃提，艾沙江 TanDY0252
新疆：博乐 谭敦炎，吉乃提，艾沙江 TanDY0260
新疆：博乐 徐文斌，黄雪姣 SHI-2008011
新疆：昌吉 谭敦炎，吉乃提，艾沙江 TanDY0289
新疆：昌吉 谭敦炎，艾沙江 TanDY0371
新疆：阜康 谭敦炎，邱娟 TanDY0004
新疆：阜康 王喜勇，段士民 386
新疆：阜康 王喜勇，段士民 408
新疆：阜康 谭敦炎，马文宝，吉乃提 TanDY0281
新疆：阜康 谭敦炎，艾沙江 TanDY0355
新疆：阜康 王宏飞，王磊，黄振英 Beijing-huang-xjsm-0006
新疆：和静 邱爱军，张玲，马帅 LiZJ1745
新疆：和静 邱爱军，张玲，马帅 LiZJ1771
新疆：和静 邱爱军，张玲 LiZJ1821
新疆：和静 杨赵平，焦培培，白冠章等 LiZJ0548
新疆：和静 张玲 TD-01658
新疆：克拉玛依 谭敦炎，邱娟 TanDY0085
新疆：克拉玛依 张振春，刘建华 TanDY0326
新疆：奎屯 谭敦炎，邱娟 TanDY0114
新疆：玛纳斯 谭敦炎，邱娟 TanDY0315
新疆：尼勒克 贺晓欢，徐文斌，刘鸯等 SHI-A2007360
新疆：石河子 翟伟，王仲科 SCSB-2006026
新疆：石河子 翟伟，马真 SCSB-2006033
新疆：石河子 谭敦炎，邱娟 TanDY0064
新疆：石河子 谭敦炎，艾沙江 TanDY0392
新疆：塔城 谭敦炎，吉乃提 TanDY0669
新疆：塔城 谭敦炎，吉乃提，艾沙江 TanDY0279
新疆：吐鲁番 段士民 zdy089
新疆：托里 徐文斌，杨清理 SHI-2009030
新疆：托里 徐文斌，郭一敏 SHI-2009049
新疆：温泉 徐文斌，许晓敏 SHI-2008169
新疆：温泉 徐文斌，黄雪姣 SHI-2008223
新疆：乌鲁木齐 王喜勇，段士民 426
新疆：乌鲁木齐 王喜勇，段士民 447
新疆：乌鲁木齐 王喜勇，段士民 450
新疆：乌鲁木齐 谭敦炎，邱娟 TanDY0170
新疆：乌鲁木齐 谭敦炎，吉乃提，艾沙江 TanDY0297
新疆：乌鲁木齐 段士民，王喜勇，刘会良 Zhangdy003
新疆：乌鲁木齐 王雷，王宏飞，黄振英 Beijing-huang-xjys-0006
新疆：裕民 徐文斌，黄刚 SHI-2009353
新疆：裕民 徐文斌，黄刚 SHI-2009395
新疆：裕民 徐文斌，黄刚 SHI-2009455
新疆：裕民 徐文斌，郭一敏 SHI-2009475
新疆：昭苏 徐文斌，张庆 SHI-A2007327

Dilophia ebracteata Maximowicz **无苞双脊荠** *
西藏：左贡 张大才，李双智，罗康等 ZhangDC-07ZX-0700

Dilophia salsa Thomson **盐泽双脊荠**
新疆：叶城 郭永杰，黄文娟，段黄金 LiZJ0232

Diptychocarpus strictus (Fischer ex Marschall von Bieberstein) Trautvetter **异果芥**
新疆：乌鲁木齐 段士民，王喜勇，刘会良 Zhangdy020

Dontostemon dentatus (Bunge) Ledebour **花旗杆**
黑龙江：宁安 刘玫，王臣，张欣欣等 Liuetal648
吉林：和龙 刘翠晶 Yanglm0215
吉林：磐石 安海成 AnHC0119

Dontostemon elegans Maximowicz **扭果花旗杆**
新疆：哈密 段士民，王喜勇，刘会良 Zhangdy208
新疆：哈密 段士民，王喜勇，刘会良 Zhangdy209
新疆：哈密 段士民，王喜勇，刘会良 Zhangdy210
新疆：哈密 段士民，王喜勇，刘会良 Zhangdy211
新疆：哈密 段士民，王喜勇，刘会良 Zhangdy212
新疆：哈密 段士民，王喜勇，刘会良 Zhangdy213
新疆：哈密 段士民，王喜勇，刘会良 Zhangdy214
新疆：伊吾 段士民，王喜勇，刘会良 Zhangdy170
新疆：伊吾 段士民，王喜勇，刘会良 Zhangdy194

Dontostemon glandulosus (Karelin & Kirilov) O. E. Schulz **腺花旗杆**
甘肃：玛曲 齐威 LJQ-2008-GN-008
西藏：安多 陈家辉，庄会富，边巴扎西 Yangyp-Q-2080
西藏：革吉 李晖，文雪梅，次旺加布等 Lihui-Q-0036
西藏：浪卡子 杨永平，王东超，杨大松等 YangYP-Q-5029
西藏：林周 陈家辉，韩希，王广艳等 YangYP-Q-4151
西藏：那曲 陈家辉，庄会富，边巴扎西 Yangyp-Q-2055
西藏：那曲 陈家辉，庄会富，刘德团 Yangyp-Q-0212
西藏：聂荣 陈家辉，庄会富，边巴扎西 Yangyp-Q-2105
西藏：仲巴 李晖，文雪梅，熊继贵 Lihui-Q-2010-52

Dontostemon integrifolius (Linnaeus) C. A. Meyer **线叶花旗杆**
青海：兴海 陈世龙，张得钧，高庆波等 Chensl0031

Dontostemon perennis C. A. Meyer **多年生花旗杆**
西藏：安多 汪书丽，王志强，邹嘉宾 Liujq-Txm10-115

Dontostemon pinnatifidus (Willdenow) Al-Shehbaz & H. Ohba **羽裂花旗杆**
西藏：安多 陈家辉，庄会富，边巴扎西 Yangyp-Q-2141
西藏：吉隆 陈家辉，韩希，王广艳等 YangYP-Q-4333
西藏：吉隆 陈家辉，韩希，王广艳等 YangYP-Q-4348

Dontostemon tibeticus (Maximowicz) Al-Shehbaz **西藏花旗杆** *
青海：玛沁 陈世龙，高庆波，张发起等 Chensl1281

Draba altaica (C. A. Meyer) Bunge **阿尔泰葶苈**
青海：海西 汪书丽，王志强，邹嘉宾 Liujq-Txm10-081
西藏：安多 陈家辉，庄会富，边巴扎西 Yangyp-Q-2081
西藏：安多 陈家辉，庄会富，边巴扎西 Yangyp-Q-2150
西藏：林芝 陈家辉，韩希，王广艳等 YangYP-Q-4086
西藏：那曲 陈家辉，庄会富，边巴扎西 Yangyp-Q-2053
西藏：那曲 陈家辉，庄会富，边巴扎西 Yangyp-Q-2132
西藏：聂荣 陈家辉，庄会富，边巴扎西 Yangyp-Q-2103
西藏：左贡 徐波，陈光富，陈林杨等 SunH-07ZX-0335
新疆：昭苏 亚吉东，张桥蓉，秦少发等 16CS13599

Draba amplexicaulis Franchet **抱茎葶苈** *
四川：峨眉山 李小杰 LiXJ281
四川：马尔康 何兴金，高云东，刘海艳等 SCU-20080470

Draba ellipsoidea J. D. Hooker & Thomson **椭圆果葶苈**
四川：松潘 何兴金，刘爽，赵财 SCU-10-430

Draba eriopoda Turczaninow **毛葶苈**
甘肃：玛曲 李晓东，刘帆，张景博等 LiJ0034
甘肃：玛曲 尹鑫，吴航，葛文静 LiuJQ-GN-2011-130
甘肃：卓尼 尹鑫，吴航，葛文静 LiuJQ-GN-2011-132
四川：甘孜 陈文允，于文涛，黄永江 CYH122

Draba handelii O. E. Schulz **矮葶苈** *
西藏：聂荣 陈家辉，庄会富，边巴扎西 Yangyp-Q-2104

Draba ladyginii Pohle **苞序葶苈** *
青海：门源 吴玉虎 LJQ-QLS-2008-0066
青海：门源 吴玉虎 LJQ-QLS-2008-0105

四川：稻城 何兴金，胡灏禹，陈德友等 SCU-09-330
新疆：托里 徐文斌，黄刚 SHI-2009041

Draba lanceolata Royle **锥果葶苈**
青海：门源 吴玉虎 LJQ-QLS-2008-0204
青海：同德 何兴金，冯图，成英等 SCU-QH08072502
四川：稻城 何兴金，王长宝，刘爽等 SCU-09-030
四川：红原 何兴金，冯图，廖晨阳等 SCU-080338
四川：理塘 何兴金，高云东，王志新等 SCU-09-233
四川：马尔康 何兴金，冯图，廖晨阳等 SCU-080358
四川：雅江 何兴金，王长宝，刘爽等 SCU-09-024

Draba lichiangensis W. W. Smith **丽江葶苈**
云南：香格里拉 蔡杰，张挺，刘成等 11CS3281

Draba melanopus Komarov **天山葶苈**
新疆：乌恰 杨赵平，周禧琳，贺冰 LiZJ1350

Draba mongolica Turczaninow **蒙古葶苈**
甘肃：玛曲 李晓东，刘帆，张景博等 LiJ0012
四川：红原 何兴金，高云东，刘海艳等 SCU-20080533
四川：康定 何兴金，高云东，刘海艳等 SCU-20080438

Draba nemorosa Linnaeus **葶苈**
河北：赞皇 牛玉璐，郑博颖，黄士良等 NiuYL131
黑龙江：呼兰 刘玫，张欣欣，程薪宇等 Liuetal372
黑龙江：尚志 郑宝江，潘磊 ZhengBJ073
湖北：竹溪 李盛兰 GanQL244
江苏：玄武区 吴宝成 HANGYY8043
山东：崂山区 罗艳，李中华，邓建平 LuoY230
山东：牟平区 卞福花 BianFH-0164
山东：长清区 高德民，张颖颖，程丹丹等 lilan548
新疆：独山子区 谭敦炎，邱娟 TanDY0127
新疆：和静 邱爱军，张玲 LiZJ1798
新疆：和静 张玲 TD-01659
新疆：乌鲁木齐 邱娟，艾沙江 TanDY0229
新疆：乌鲁木齐 谭敦炎，吉乃提，艾沙江 TanDY0308

Draba oreades Schrenk **喜山葶苈**
西藏：仲巴 李晖，文雪梅，熊继贵 Lihui-Q-2010-03

Draba oreodoxa W. W. Smith **山景葶苈** *
云南：香格里拉 蔡杰，张挺，刘成等 11CS3280

Draba parviflora (Regel) O. E. Schulz **小花葶苈**
新疆：博乐 谭敦炎，吉乃提，艾沙江 TanDY0268

Draba sikkimensis (J. D. Hooker & Thomson) Pohle **锡金葶苈**
西藏：八宿 张大才，李双智，罗康等 SunH-07ZX-1209

Draba surculosa Franchet **山菜葶苈** *
云南：香格里拉 李晓东，张紫刚，操榆 LiJ690
云南：香格里拉 蔡杰，张挺，刘成等 11CS3282

Draba tibetica J. D. Hooker & Thomson **西藏葶苈**
西藏：普兰 李晖，文雪梅，熊继贵 Lihui-Q-2010-50

Draba winterbottomii (J. D. Hooker & Thomson) Pohle **棉毛葶苈**
青海：格尔木 冯虎元 LiuJQ-08KLS-069
四川：德格 张挺，李爱花，刘成等 08CS807
西藏：革吉 陈家辉，庄会富，边巴扎西 Yangyp-Q-2027

Draba yunnanensis Franchet **云南葶苈** *
云南：香格里拉 张挺，蔡杰，郭永杰等 11CS3060

Eruca vesicaria (Linnaeus) Cavanilles subsp. **sativa** (Miller) Thellung **芝麻菜**
甘肃：夏河 齐威 LJQ-2008-GN-002
四川：若尔盖 尹鑫，吴航，葛文静 LiuJQ-GN-2011-123
新疆：吐鲁番 段士民 zdy100
新疆：温泉 徐文斌，许晓敏 SHI-2008090
新疆：温泉 徐文斌，许晓敏 SHI-2008200
新疆：温泉 徐文斌，许晓敏 SHI-2008212

Erysimum amurense Kitagawa **糖芥**
江苏：云龙区 吴宝成 HANGYY8076
新疆：乌鲁木齐 段士民，王喜勇，刘会良 Zhangdy264

Erysimum benthamii Monnet **四川糖芥**
四川：道孚 高云东，李忠荣，鞠文彬 GaoXF-12-168
西藏：拉萨 卢洋，刘帆等 LiJ735

Erysimum canescens Roth **灰毛糖芥**
新疆：玛纳斯 亚吉东，张桥蓉，秦少发等 16CS13230
新疆：尼勒克 亚吉东，张桥蓉，秦少发等 16CS13447

Erysimum cheiranthoides Linnaeus **小花糖芥**
河北：赞皇 牛玉璐，郑博颖，黄士良等 NiuYL007
黑龙江：尚志 刘玫，王臣，史传奇等 Liuetal597
湖北：竹溪 李盛兰 GanQL258
江苏：云龙区 吴宝成 HANGYY8072
山东：崂山区 罗艳，李中华 LuoY250
山东：历城区 李兰，王萍，张少华 Lilan092
山东：天桥区 李兰，王萍，张少华等 Lilan242
陕西：长安区 田先华，王梅荣 TianXH148
新疆：玛纳斯 翟伟，徐海燕 SCSB-2006065
新疆：昭苏 亚吉东，张桥蓉，秦少发等 16CS13544

Erysimum funiculosum J. D. Hooker & Thomson **紫花糖芥**
青海：玛多 李国栋，董金龙 SunH-07ZX-3263
西藏：安多 陈家辉，庄会富，边巴扎西 Yangyp-Q-2151

Erysimum hieraciifolium Linnaeus **山柳菊叶糖芥**
西藏：波密 孙航，张建文，陈建国等 SunH-07ZX-2561
西藏：堆龙德庆 杨永平，王东超，杨大松等 YangYP-Q-5063
西藏：吉隆 张晓纬，汪书丽，罗建 LiuJQ-09XZ-LZT-064
西藏：拉萨 陈家辉，韩希，王广艳等 YangYP-Q-4194
西藏：拉萨 杨永平，段元文，边巴扎西 Yangyp-Q-1036
西藏：朗县 罗建，汪书丽，任德智 L046
西藏：日喀则 陈家辉，韩希，王东超等 YangYP-Q-4357
新疆：察布查尔 段士民，王喜勇，刘会良等 72
新疆：哈巴河 段士民，王喜勇，刘会良等 204
新疆：新源 亚吉东，张桥蓉，秦少发等 16CS13382
新疆：新源 亚吉东，张桥蓉，秦少发等 16CS13427
新疆：裕民 亚吉东，张桥蓉，秦少发等 16CS13866

Erysimum macilentum Bunge **波齿糖芥** *
河北：桃城 牛玉璐，郑博颖，黄士良等 NiuYL010

Erysimum siliculosum (Marschall von Bieberstein) de Candolle **棱果糖芥**
新疆：布尔津 谭敦炎，邱娟 TanDY0451
新疆：阜康 谭敦炎，邱娟 TanDY0014
新疆：阜康 谭敦炎，邱娟 TanDY0037
新疆：阜康 段士民，王喜勇，刘会良 Zhangdy068
新疆：阜康 段士民，王喜勇，刘会良 Zhangdy069
新疆：阜康 段士民，王喜勇，刘会良 Zhangdy070
新疆：阜康 亚吉东，张桥蓉，胡枭剑等 16CS13178
新疆：吉木萨尔 谭敦炎，邱娟 TanDY0049
新疆：克拉玛依 谭敦炎，邱娟 TanDY0094
新疆：克拉玛依 张振春，刘建华 TanDY0325
新疆：石河子 谭敦炎，邱娟 TanDY0070

Erysimum wardii Polatschek **具苞糖芥** *
西藏：城关区 许炳强，童毅华 XiaNh-07zx-503
西藏：拉萨 扎西次仁 ZhongY139
西藏：南木林 李晖，文雪梅，次旺加布等 Lihui-Q-0094

Euclidium syriacum (Linnaeus) R. Brown **乌头荠**
新疆：察布查尔 亚吉东，张桥蓉，胡枭剑 16CS13099
新疆：额敏 谭敦炎，吉乃提 TanDY0617
新疆：阜康 谭敦炎，邱娟 TanDY0027
新疆：阜康 谭敦炎，艾沙江 TanDY0349
新疆：阜康 段士民，王喜勇，刘会良 Zhangdy084
新疆：克拉玛依 张振春，刘建华 TanDY0333
新疆：玛纳斯 谭敦炎，吉乃提 TanDY0781
新疆：玛纳斯 谭敦炎，邱娟 TanDY0137
新疆：塔城 谭敦炎，吉乃提 TanDY0659
新疆：乌鲁木齐 谭敦炎，艾沙江 TanDY0537
新疆：乌鲁木齐 王喜勇，段士民 443
新疆：乌鲁木齐 王喜勇，段士民 449
新疆：乌鲁木齐 王喜勇，段士民 451
新疆：乌鲁木齐 谭敦炎，邱娟 TanDY0168
新疆：乌鲁木齐 谭敦炎，邱娟 TanDY0201
新疆：裕民 谭敦炎，吉乃提 TanDY0712
新疆：裕民 徐文斌，黄刚 SHI-2009376

Eutrema integrifolium (de Candolle) Bunge **全缘叶山萮菜**
新疆：巩留 亚吉东，张桥蓉，秦少发等 16CS13485
新疆：新源 亚吉东，张桥蓉，秦少发等 16CS13397

Eutrema yunnanense Franchet **南山萮菜** *
湖北：仙桃 张代贵 Zdg1259
云南：香格里拉 杨青松，杨莹，黄永江等 ZhouZK-07ZX-0074

Goldbachia laevigata (Marschall von Bieberstein) de Candolle **四棱荠**
新疆：塔什库尔干 邱娟，冯建菊 LiuJQ0051
新疆：昭苏 亚吉东，张桥蓉，胡枭剑 16CS13088

Goldbachia pendula Botschantzev **垂果四棱荠**
新疆：乌苏 亚吉东，张桥蓉，胡枭剑 16CS13156
新疆：昭苏 亚吉东，张桥蓉，胡枭剑 16CS13089

Hedinia tibetica (Thomson) Ostenfeld **藏荠**
青海：格尔木 冯虎元 LiuJQ-08KLS-062
青海：格尔木 冯虎元 LiuJQ-08KLS-083
青海：格尔木 冯虎元 LiuJQ-08KLS-139
青海：门源 吴玉虎 LJQ-QLS-2008-0115
四川：稻城 何兴金，王长宝，刘爽等 SCU-09-056
西藏：当雄 毛康珊，任广朋，邹嘉宾 LiuJQ-QTP-2011-006
西藏：聂荣 陈家辉，庄会富，边巴扎西 Yangyp-Q-2106
西藏：仲巴 李晖，文雪梅，熊继贵 Lihui-Q-2010-32
新疆：塔什库尔干 邱娟，冯建菊 LiuJQ0171

Hesperis sibirica Linnaeus **北香花芥**
河北：兴隆 牛玉璐，高彦飞，赵二涛 NiuYL478
新疆：巩留 亚吉东，张桥蓉，秦少发等 16CS13483
新疆：新源 亚吉东，张桥蓉，秦少发等 16CS13390
新疆：新源 亚吉东，张桥蓉，秦少发等 16CS13421
新疆：新源 亚吉东，张桥蓉，秦少发等 16CS13423

Isatis costata C. A. Meyer **三肋菘蓝**
新疆：博乐 谭敦炎，吉乃提，艾沙江 TanDY0241
新疆：布尔津 谭敦炎，邱娟 TanDY0478
新疆：乌鲁木齐 段士民，王喜勇，刘会良 Zhangdy033
新疆：乌鲁木齐 段士民，王喜勇，刘会良 Zhangdy034
新疆：乌鲁木齐 段士民，王喜勇，刘会良 Zhangdy037
新疆：乌鲁木齐 段士民，王喜勇，刘会良 Zhangdy042
新疆：乌鲁木齐 段士民，王喜勇，刘会良 Zhangdy043

Isatis minima Bunge **小果菘蓝**
新疆：阜康 谭敦炎，邱娟 TanDY0043
新疆：克拉玛依 谭敦炎，邱娟 TanDY0092

Isatis tinctoria Linnaeus **菘蓝**
重庆：南川区 易思荣 YISR050
新疆：吐鲁番 段士民 zdy091
新疆：吐鲁番 王喜勇 382
新疆：吐鲁番 段士民，王喜勇，刘会良 Zhangdy016
云南：昆明 张嵘梅 张嵘梅 01

Isatis violascens Bunge **宽翅菘蓝**
新疆：阜康 谭敦炎，邱娟 TanDY0012
新疆：阜康 谭敦炎，邱娟 TanDY0042
新疆：阜康 王喜勇，段士民 396
新疆：克拉玛依 谭敦炎，邱娟 TanDY0107

Lachnoloma lehmannii Bunge **绵果荠**
新疆：阜康 亚吉东，张桥蓉，胡枭剑等 16CS13177

Lepidium apetalum Willdenow **独行菜**
安徽：蜀山区 陈延松，沈云，陈翠兵 Xuzd036
北京：东城区 朱雅娟，王雷，黄振英 Beijing-huang-xs-0017
重庆：南川区 易思荣，谭秋平 YISR386
甘肃：合作 郭淑青，杜品 LiuJQ-2012-GN-217
甘肃：合作 尹鑫，吴航，葛文静 LiuJQ-GN-2011-702
甘肃：夏河 齐威 LJQ-2008-GN-009
河北：深州 牛玉璐，高彦飞 NiuYL590
黑龙江：呼兰 孙阎 SunY170
黑龙江：呼兰 刘玫，张欣欣，程薪宇等 Liuetal373
湖北：神农架林区 李巨平 LiJuPing0156
湖南：新宁 姜孝成，唐贵华，袁双艳等 SCSB-HNJ-0228
内蒙古：陈巴尔虎旗 黄学文 NMDB20170811280
内蒙古：陈巴尔虎旗 黄学文 NMDB20170811290
内蒙古：新巴尔虎右旗 黄学文 NMDB20170809191
内蒙古：新巴尔虎左旗 黄学文 NMDB20170807027
内蒙古：新巴尔虎左旗 黄学文 NMDB20170811258
内蒙古：新城区 蒲拴莲，李茂文 M014
宁夏：盐池 左忠，刘华 ZuoZh011
宁夏：中宁 何志斌，杜军，陈龙飞等 HHZA0190
青海：德令哈 汪书丽，朱洪涛 Liujq-QLS-TXM-052
青海：都兰 冯虎元 LiuJQ-08KLS-155
青海：格尔木 冯虎元 LiuJQ-08KLS-007
青海：格尔木 冯虎元 LiuJQ-08KLS-051
青海：格尔木 冯虎元 LiuJQ-08KLS-093
青海：门源 吴玉虎 LJQ-QLS-2008-0096
青海：平安 陈世龙，高庆波，张发起等 Chensl1783
青海：祁连 陈世龙，高庆波，张发起等 Chensl1576
青海：同仁 陈世龙，高庆波，张发起 Chensl0918
山东：历城区 李兰，王萍，张少华 Lilan094
山西：小店区 张贵平 Zhangf0095
陕西：神木 田先华，田陌 TianXH479
四川：巴塘 陈文允，于文涛，黄永江 CYH231
四川：稻城 何兴金，高云东，王志新等 SCU-09-246
四川：红原 何兴金，冯图，廖晨阳等 SCU-080330
四川：红原 何兴金，冯图，廖晨阳等 SCU-080371
四川：红原 张昌兵，邓秀华 ZhangCB0232
四川：康定 何兴金，高云东，刘海艳等 SCU-20080404
四川：若尔盖 何兴金，高云东，刘海艳等 SCU-20080511
四川：若尔盖 何兴金，王月，胡灏禹 SCU-08153
四川：雅江 何兴金，廖晨阳，任海燕等 SCU-09-417
西藏：安多 陈家辉，庄会富，边巴扎西 Yangyp-Q-2079
西藏：昌都 陈家辉，王赟，刘德团 YangYP-Q-3142
西藏：定日 王东超，杨大松，张春林等 YangYP-Q-5114
西藏：噶尔 陈家辉，庄会富，刘德团等 Yangyp-Q-0074

西藏：噶尔 陈家辉，庄会富，边巴扎西 Yangyp-Q-2012
西藏：改则 李晖，卜海涛，边巴等 lihui-Q-09-28
西藏：工布江达 卢洋，刘帆等 LiJ835
西藏：江孜 陈家辉，韩希，王东超等 YangYP-Q-4263
西藏：拉萨 卢洋，刘帆等 LiJ731
西藏：浪卡子 杨永平，王东超，杨大松等 YangYP-Q-5031
西藏：那曲 陈家辉，庄会富，边巴扎西 Yangyp-Q-2116
西藏：普兰 陈家辉，庄会富，刘德团等 Yangyp-Q-0001
西藏：普兰 李晖，文雪梅，次旺加布等 Lihui-Q-0005
西藏：普兰 陈家辉，庄会富，刘德团等 Yangyp-Q-0024
西藏：日土 李晖，文雪梅，次旺加布等 Lihui-Q-0062
西藏：日土 陈家辉，庄会富，刘德团等 Yangyp-Q-0095
西藏：扎囊 王东超，杨大松，张春林等 YangYP-Q-5070
西藏：左贡 苏涛，黄永江，杨青松等 ZhouZK11319
新疆：阿合奇 杨赵平，周禧琳，贺冰 LiZJ1378
新疆：博乐 徐文斌 SHI-A2007012
新疆：策勒 冯建菊 Liujq-fjj-0057
新疆：策勒 冯建菊 Liujq-fjj-0066
新疆：和田 冯建菊 Liujq-fjj-0106
新疆：疏附 杨赵平，周禧林，贺冰 LiZJ1142
新疆：塔什库尔干 杨赵平，周禧林，贺冰 LiZJ1250
新疆：温宿 杨赵平，周禧琳，贺冰 LiZJ1932
新疆：温宿 杨赵平，周禧琳，贺冰 LiZJ1956
新疆：乌鲁木齐 马文宝，刘会良，施翔 zdy188
新疆：乌鲁木齐 马文宝，刘会良，施翔 zdy208
新疆：乌鲁木齐 王喜勇，马文宝，施翔 zdy246
新疆：乌恰 杨赵平，周禧林，贺冰 LiZJ1265
新疆：乌恰 黄文娟，白宝伟 TD-01509
新疆：乌什 杨赵平，周禧林，贺冰 LiZJ0957
新疆：裕民 谭敦炎，吉乃提 TanDY0719
新疆：昭苏 阎平，黄建锋 SHI-A2007311
云南：西山区 彭华，陈丽 P.H.5314
云南：香格里拉 杨青松，杨莹，黄永江等 ZhouZK-07ZX-0256

Lepidium campestre (Linnaeus) R. Brown 绿独行菜
山东：市南区 范兆飞，汪林松 LuoY005

Lepidium capitatum J. D. Hooker & Thomson 头花独行菜
甘肃：碌曲 李晓东，刘帆，张景博等 LiJ0157
青海：海西 汪书丽，王志强，邹嘉宾 Liujq-Txm10-098
四川：道孚 何兴金，胡灏禹，沈呈娟等 SCU-11-443
四川：道孚 何兴金，胡灏禹，沈呈娟等 SCU-11-482
四川：稻城 何兴金，胡灏禹，陈德友等 SCU-09-358
四川：理塘 李晓东，张景博，徐凌翔等 LiJ341
四川：理塘 何兴金，赵丽华，梁乾隆等 SCU-11-145
四川：雅江 何兴金，郜鹏，彭禄等 SCU-11-324
四川：雅江 何兴金，郜鹏，彭禄等 SCU-11-354
四川：雅江 何兴金，胡灏禹，陈德友等 SCU-09-318
西藏：八宿 张挺，李爱花，刘成等 08CS696
西藏：八宿 张挺，李爱花，刘成等 08CS697
西藏：昌都 苏涛，黄永江，杨青松等 ZhouZK11289
西藏：堆龙德庆 杨永平，王东超，杨大松等 YangYP-Q-5064
西藏：改则 陈家辉，庄会富，边巴扎西 Yangyp-Q-2033
西藏：革吉 李晖，卜海涛，边巴等 lihui-Q-09-31
西藏：吉隆 陈家辉，韩希，王广艳等 YangYP-Q-4331
西藏：吉隆 陈家辉，韩希，王广艳等 YangYP-Q-4343
西藏：浪卡子 陈家辉，韩希，王广艳等 YangYP-Q-4168
西藏：那曲 钟扬 ZhongY1002
西藏：桑日 陈家辉，韩希，王广艳等 YangYP-Q-4220

Lepidium cartilagineum (J. Mayer) Thellung 碱独行菜
新疆：库车 塔里木大学植物资源调查组 TD-00963
新疆：乌鲁木齐 王喜勇，马文宝，施翔 zdy299
新疆：乌鲁木齐 王喜勇，段士民 441

Lepidium cordatum Willdenow ex Steven 心叶独行菜
甘肃：夏河 齐威 LJQ-2008-GN-006
新疆：阜康 王喜勇，段士民 402

Lepidium cuneiforme C. Y. Wu 楔叶独行菜 *
四川：松潘 何兴金，张云香，王志新 SCU-10-523
云南：巧家 杨光明 SCSB-W-1282
云南：盈江 王立彦，桂魏 SCSB-TBG-097
云南：永德 李永亮 YDDXS1059

Lepidium densiflorum Schrader 密花独行菜
贵州：花溪区 邹方伦 ZouFL0109
黑龙江：五大连池 刘长华 SunY433
吉林：洮北区 杨帆，马红媛，安丰华 SNA0304
吉林：镇赉 杨帆，马红媛，安丰华 SNA0123
吉林：镇赉 杨帆，马红媛，安丰华 SNA0144
吉林：镇赉 杨帆，马红媛，安丰华 SNA0188

Lepidium ferganense Korshinsky 全缘独行菜
新疆：乌鲁木齐 王喜勇，段士民 432
新疆：乌鲁木齐 王喜勇，段士民 459

Lepidium latifolium Linnaeus 宽叶独行菜
河北：蔚县 牛玉璐，高彦飞，赵二涛 NiuYL349
青海：乌兰 潘建斌，杜维波，牛炳韬 Liujq-2011CDM-253
西藏：桑日 陈家辉，韩希，王广艳等 YangYP-Q-4234
新疆：阿合奇 黄文娟，杨赵平，王英鑫 TD-01943
新疆：阿克苏 白宝伟，段黄金 TD-01836
新疆：阿勒泰 谭敦炎，邱娟 TanDY0489
新疆：阿图什 杨赵平，黄文娟 TD-01787
新疆：博乐 亚吉东，张桥蓉，秦少发等 16CS13833
新疆：沙雅 白宝伟，段黄金 TD-02036
新疆：塔城 许炳强，胡伟明 XiaNH-07ZX-840
新疆：塔什库尔干 黄文娟，段黄金，王英鑫等 LiZJ0286
新疆：托里 徐文斌，杨清理 SHI-2009321
新疆：托里 徐文斌，黄刚 SHI-2009323
新疆：温宿 塔里木大学植物资源调查组 TD-00910
新疆：乌鲁木齐 王雷，王宏飞，黄振英 Beijing-huang-xjys-0023
新疆：乌鲁木齐 马文宝，刘会良，施翔 zdy193
新疆：乌鲁木齐 王喜勇，马文宝，施翔 zdy306
新疆：乌恰 杨赵平，黄文娟 TD-01808
新疆：乌什 白宝伟，段黄金 TD-01856
新疆：叶城 黄文娟，段黄金，王英鑫等 LiZJ0884
新疆：伊吾 王喜勇，马文宝，施翔 zdy490

Lepidium obtusum Basiner 钝叶独行菜
青海：都兰 潘建斌，杜维波，牛炳韬 Liujq-2011CDM-072
青海：都兰 潘建斌，杜维波，牛炳韬 Liujq-2011CDM-106
青海：都兰 潘建斌，杜维波，牛炳韬 Liujq-2011CDM-129
青海：格尔木 潘建斌，杜维波，牛炳韬 Liujq-2011CDM-013
青海：格尔木 潘建斌，杜维波，牛炳韬 Liujq-2011CDM-023
青海：格尔木 潘建斌，杜维波，牛炳韬 Liujq-2011CDM-042
青海：格尔木 潘建斌，杜维波，牛炳韬 Liujq-2011CDM-060
新疆：阿合奇 塔里木大学植物资源调查组 TD-00591
新疆：阿克陶 杨赵平，黄文娟 TD-01731
新疆：阿图什 塔里木大学植物资源调查组 TD-00604
新疆：博乐 徐文斌，王莹 SHI-2008128
新疆：博乐 徐文斌，黄雪姣 SHI-2008312
新疆：博乐 徐文斌，杨清理 SHI-2008390
新疆：博乐 徐文斌，杨清理 SHI-2008414

新疆：和布克赛尔 徐文斌，黄刚 SHI-2009126
新疆：和静 杨赵平，焦培培，白冠章等 LiZJ0721
新疆：和硕 杨赵平，焦培培，白冠章等 LiZJ0614
新疆：精河 石大标 SCSB-SHI-2006238
新疆：库车 塔里木大学植物资源调查组 TD-00952
新疆：库尔勒 邱爱军，张玲 LiZJ1860
新疆：沙湾 许炳强，胡伟明 XiaNH-07ZX-868
新疆：鄯善 王仲科，徐海燕，郭静谊 SHI2006274
新疆：石河子 董凤新 SCSB-Y-2006131
新疆：石河子 塔里木大学植物资源调查组 TD-00190
新疆：石河子 塔里木大学植物资源调查组 TD-00406
新疆：石河子 塔里木大学植物资源调查组 TD-01022
新疆：石河子 石大标 SCSB-Y-2006112
新疆：石河子 石大标 SCSB-Y-2006156
新疆：石河子 石大标 SCSB-Y-2006168
新疆：石河子 陶冶，雷凤品 SHI2006260
新疆：塔什库尔干 黄文娟，段黄金，王英鑫等 LiZJ0311
新疆：塔什库尔干 黄文娟，段黄金，王英鑫等 LiZJ0379
新疆：托里 郭静谊，高木木 SHI2006363
新疆：托里 徐文斌，郭一敏 SHI-2009169
新疆：托里 徐文斌，郭一敏 SHI-2009208
新疆：托里 徐文斌，郭一敏 SHI-2009217
新疆：温泉 石大标 SCSB-SHI-2006222
新疆：温泉 徐文斌，王莹 SHI-2008056
新疆：温泉 徐文斌，黄雪姣 SHI-2008171
新疆：温泉 徐文斌，黄雪姣 SHI-2008232
新疆：乌恰 塔里木大学植物资源调查组 TD-00709
新疆：乌什 塔里木大学植物资源调查组 TD-00515
新疆：乌什 塔里木大学植物资源调查组 TD-00876
新疆：叶城 黄文娟，段黄金，王英鑫等 LiZJ0851
新疆：叶城 黄文娟，段黄金，王英鑫等 LiZJ0865
新疆：叶城 郭永杰，黄文娟，段黄金 LiZJ0189

Lepidium perfoliatum Linnaeus 抱茎独行菜

新疆：昌吉 谭敦炎，吉乃提，艾沙江 TanDY0286
新疆：独山子区 谭敦炎，邱娟 TanDY0123
新疆：阜康 谭敦炎，邱娟 TanDY0002
新疆：阜康 王喜勇，段士民 385
新疆：阜康 王喜勇，段士民 401
新疆：阜康 王喜勇，段士民 416
新疆：阜康 谭敦炎，艾沙江 TanDY0360
新疆：阜康 段士民，王喜勇，刘会良 Zhangdy057
新疆：克拉玛依 张振春，刘建华 TanDY0128
新疆：克拉玛依 张振春，刘建华 TanDY0339
新疆：玛纳斯 谭敦炎，邱娟 TanDY0316
新疆：石河子 马真 SCSB-2006014
新疆：石河子 谭敦炎，艾沙江 TanDY0382
新疆：石河子 谭敦炎，艾沙江 TanDY0393
新疆：塔城 谭敦炎，吉乃提 TanDY0661
新疆：乌鲁木齐 谭敦炎，艾沙江 TanDY0531
新疆：乌鲁木齐 王喜勇，段士民 425
新疆：乌鲁木齐 谭敦炎，邱娟 TanDY0160
新疆：乌鲁木齐 谭敦炎，邱娟 TanDY0169
新疆：乌鲁木齐 谭敦炎，吉乃提，艾沙江 TanDY0203
新疆：乌鲁木齐 谭敦炎，吉乃提，艾沙江 TanDY0300
新疆：乌鲁木齐 段士民，王喜勇，刘会良 Zhangdy053
新疆：裕民 谭敦炎，吉乃提 TanDY0713

Lepidium ruderale Linnaeus 柱毛独行菜

新疆：巴里 段士民，王喜勇，刘会良 Zhangdy141
新疆：巴里 段士民，王喜勇，刘会良 Zhangdy154
新疆：博乐 谭敦炎，吉乃提，艾沙江 TanDY0240
新疆：博乐 谭敦炎，吉乃提，艾沙江 TanDY0264
新疆：博乐 徐文斌，黄雪姣 SHI-2008005
新疆：博乐 徐文斌，许晓敏 SHI-2008136
新疆：策勒 冯建菊 Liujq-fjj-0040
新疆：阜康 谭敦炎，邱娟 TanDY0149
新疆：阜康 谭敦炎，马文宝，吉乃提 TanDY0283
新疆：阜康 谭敦炎，艾沙江 TanDY0346
新疆：和静 邱爱军，张玲 LiZJ1804
新疆：和静 杨赵平，焦培培，白冠章等 LiZJ0674
新疆：和静 张玲 TD-01660
新疆：和硕 邱爱军，张玲，马帅 LiZJ1685
新疆：克拉玛依 谭敦炎，邱娟 TanDY0104
新疆：克拉玛依 张振春，刘建华 TanDY0330
新疆：库尔勒 杨赵平，焦培培，白冠章等 LiZJ0632
新疆：玛纳斯 谭敦炎，吉乃提 TanDY0787
新疆：玛纳斯 谭敦炎，邱娟 TanDY0139
新疆：石河子 翟伟，马真 SCSB-2006034
新疆：塔城 谭敦炎，吉乃提，艾沙江 TanDY0277
新疆：塔什库尔干 邱娟，冯建菊 LiuJQ0149
新疆：塔什库尔干 冯建菊 LiuJQ0229
新疆：塔什库尔干 李志军，蔡杰，张玲等 TD-01127
新疆：塔什库尔干 张玲，杨赵平 TD-01602
新疆：塔什库尔干 杨赵平，黄文娟 TD-01737
新疆：塔什库尔干 黄文娟，段黄金，王英鑫等 LiZJ0279
新疆：天山区 段士民，王喜勇，刘会良 Zhangdy001
新疆：托里 徐文斌，黄刚 SHI-2009023
新疆：托里 徐文斌，郭一敏 SHI-2009028
新疆：托里 徐文斌，杨清理 SHI-2009031
新疆：托里 徐文斌，黄刚 SHI-2009203
新疆：托里 徐文斌，杨清理 SHI-2009216
新疆：温泉 徐文斌，许晓敏 SHI-2008030
新疆：温泉 徐文斌，王莹 SHI-2008038
新疆：温泉 徐文斌，许晓敏 SHI-2008075
新疆：温宿 杨赵平，周禧琳，贺冰 LiZJ1922
新疆：乌鲁木齐 马文宝，刘会良，施翔 zdy177
新疆：乌鲁木齐 谭敦炎，邱娟 TanDY0163
新疆：乌鲁木齐 谭敦炎，艾沙江 TanDY0174
新疆：乌鲁木齐 段士民，王喜勇，刘会良 Zhangdy017
新疆：乌鲁木齐 段士民，王喜勇，刘会良 Zhangdy023
新疆：乌鲁木齐 段士民，王喜勇，刘会良 Zhangdy027
新疆：乌恰 杨赵平，周禧琳，贺冰 LiZJ1294
新疆：叶城 郭永杰，黄文娟，段黄金 LiZJ0188
新疆：伊吾 段士民，王喜勇，刘会良 Zhangdy166
新疆：伊吾 段士民，王喜勇，刘会良 Zhangdy199
新疆：于田 冯建菊 Liujq-fjj-0011
新疆：于田 冯建菊 Liujq-fjj-0031

Lepidium sativum Linnaeus 家独行菜

山东：历城区 张少华，王萍，张诏等 Lilan189

Lepidium virginicum Linnaeus 北美独行菜

福建：惠安 旷仁平 SCSB-HN-2292
福建：惠安 刘克明，旷仁平，丛义艳 SCSB-HN-0718
福建：惠安 刘克明，旷仁平 SCSB-HN-1598
福建：惠安 旷仁平 SCSB-HN-2235
湖南：鹤城区 伍贤进，李胜华，曾汉元等 HHXY141
湖南：怀化 李胜华，伍贤进，曾汉元等 HHXY060
湖南：澧县 田淑珍 SCSB-HN-2290

湖南：南县 田淑珍，蔡秀珍 SCSB-HN-1830
湖南：南岳区 李伟，刘克明 SCSB-HN-1771
湖南：湘乡 朱香清，肖乐希 SCSB-HN-2227
湖南：沅陵 周丰杰，刘克明 SCSB-HN-1589
湖南：长沙 朱香清，田淑珍，刘克明 SCSB-HN-1471
湖南：长沙 蔡秀珍，田淑珍 SCSB-HN-0691
湖南：资兴 蔡秀珍，孙秋妍 SCSB-HN-1270
江苏：赣榆 吴宝成 HANGYY8285
江苏：江宁区 王兆银，吴宝成 SCSB-JS0110
江苏：句容 吴宝成，王兆银 HANGYY8183
江苏：溧阳 吴宝成 HANGYY8233
江苏：连云港 吴宝成 HANGYY8184
江苏：射阳 吴宝成 HANGYY8275
江苏：海州区 汤兴利 HANGYY8401
江苏：玄武区 吴宝成 HANGYY8133
江西：湾里区 杜小浪，慕泽泾，曹岚 DXL002
青海：门源 陈世龙，高庆波，张发起等 Chensl1644
山东：岚山区 吴宝成 HANGYY8587
山东：平邑 赵遵田 Zhaozt0270
山东：泰山区 张璐璐，杜超，王慧燕等 Zhaozt0212

Leptaleum filifolium (Willdenow) de Candolle 丝叶芥
新疆：阜康 王喜勇，段士民 415
新疆：阜康 谭敦炎，艾沙江 TanDY0347
新疆：阜康 谭敦炎，邱娟 TanDY0365
新疆：霍城 亚吉东，张桥蓉，胡枭剑 16CS13130
新疆：克拉玛依 张振春，刘建华 TanDY0327
新疆：石河子 马真，翟伟 SCSB-2006007

Malcolmia africana (Linnaeus) R. Brown 涩芥
甘肃：合作 郭淑青，杜品 LiuJQ-2012-GN-218
甘肃：合作 尹鑫，吴航，葛文静 LiuJQ-GN-2011-133
青海：都兰 潘建斌，杜维波，牛炳韬 Liujq-2011CDM-238
青海：玉树 汪书丽，朱洪涛 Liujq-QLS-TXM-122
新疆：阿勒泰 谭敦炎，邱娟 TanDY0430
新疆：博乐 谭敦炎，吉乃提，艾沙江 TanDY0256
新疆：策勒 冯建菊 Liujq-fjj-0061
新疆：昌吉 谭敦炎，吉乃提，艾沙江 TanDY0291
新疆：昌吉 谭敦炎，艾沙江 TanDY0370
新疆：额敏 谭敦炎，吉乃提 TanDY0624
新疆：阜康 谭敦炎，邱娟 TanDY0006
新疆：阜康 谭敦炎，邱娟 TanDY0032
新疆：阜康 王喜勇，段士民 407
新疆：阜康 王喜勇，段士民 412
新疆：阜康 谭敦炎，马文宝，吉乃提 TanDY0285
新疆：阜康 谭敦炎，艾沙江 TanDY0359
新疆：和田 冯建菊 Liujq-fjj-0095
新疆：克拉玛依 谭敦炎，邱娟 TanDY0105
新疆：克拉玛依 张振春，刘建华 TanDY0342
新疆：玛纳斯 谭敦炎，邱娟 TanDY0062
新疆：米东 王喜勇，段士民 445
新疆：石河子 马真 SCSB-2006024
新疆：石河子 翟伟，王仲科 SCSB-2006028
新疆：石河子 翟伟，马真 SCSB-2006036
新疆：石河子 谭敦炎，邱娟 TanDY0067
新疆：塔城 谭敦炎，吉乃提 TanDY0665
新疆：塔城 谭敦炎，吉乃提，艾沙江 TanDY0278
新疆：塔什库尔干 邱娟，冯建菊 LiuJQ0157
新疆：塔什库尔干 黄文娟，段黄金，王英鑫等 LiZJ0347
新疆：托里 谭敦炎，吉乃提 TanDY0738
新疆：托里 谭敦炎，吉乃提 TanDY0765
新疆：托里 徐文斌，杨清理 SHI-2009108
新疆：乌鲁木齐 谭敦炎，吉乃提 TanDY0505
新疆：乌鲁木齐 谭敦炎，吉乃提 TanDY0507
新疆：乌鲁木齐 谭敦炎，艾沙江 TanDY0534
新疆：乌鲁木齐 王喜勇，段士民 452
新疆：乌鲁木齐 谭敦炎，邱娟 TanDY0155
新疆：乌鲁木齐 谭敦炎，艾沙江 TanDY0177
新疆：乌鲁木齐 段士民，王喜勇，刘会良 Zhangdy048
新疆：叶城 黄文娟，段黄金，王英鑫等 LiZJ0893
新疆：裕民 谭敦炎，吉乃提 TanDY0706

Malcolmia hispida Litvinov 刚毛涩芥
新疆：策勒 冯建菊 Liujq-fjj-0065
新疆：吉木萨尔 谭敦炎，吉乃提 TanDY0584
新疆：疏附 杨赵平，周禧林，贺冰 LiZJ1134
新疆：塔什库尔干 杨赵平，周禧林，贺冰 LiZJ1150
新疆：温宿 邱爱军，张玲 LiZJ1897
新疆：乌恰 杨赵平，周禧琳，贺冰 LiZJ1307
新疆：于田 冯建菊 Liujq-fjj-0013
新疆：于田 冯建菊 Liujq-fjj-0020

Malcolmia scorpioides (Bunge) Boissier 卷果涩芥
新疆：昌吉 谭敦炎，吉乃提，艾沙江 TanDY0287
新疆：昌吉 谭敦炎，艾沙江 TanDY0373
新疆：阜康 谭敦炎，邱娟 TanDY0033
新疆：阜康 谭敦炎，艾沙江 TanDY0358
新疆：阜康 谭敦炎，艾沙江 TanDY0362
新疆：阜康 谭敦炎，邱娟 TanDY0402
新疆：阜康 谭敦炎，邱娟 TanDY0404
新疆：克拉玛依 谭敦炎，邱娟 TanDY0082
新疆：克拉玛依 张振春，刘建华 TanDY0317
新疆：奎屯 谭敦炎，邱娟 TanDY0120
新疆：玛纳斯 谭敦炎，邱娟 TanDY0136
新疆：石河子 谭敦炎，邱娟 TanDY0068
新疆：石河子 谭敦炎，艾沙江 TanDY0386
新疆：塔城 谭敦炎，吉乃提 TanDY0664
新疆：塔城 谭敦炎，吉乃提，艾沙江 TanDY0276
新疆：乌鲁木齐 谭敦炎，邱娟 TanDY0157
新疆：乌鲁木齐 谭敦炎，艾沙江 TanDY0175
新疆：乌鲁木齐 谭敦炎，吉乃提，艾沙江 TanDY0302

Megacarpaea delavayi Franchet 高河菜
四川：理塘 何兴金，赵丽华，梁乾隆等 SCU-11-161
云南：香格里拉 张挺，亚吉东，李明勤等 11CS3373

Megacarpaea polyandra Bentham 多蕊高河菜
四川：理塘 张永洪，李国栋，王晓雄 SunH-07ZX-2220

Nasturtium officinale R. Brown 豆瓣菜
河北：桃城 牛玉璐，郑博颖，黄士良等 NiuYL017
山东：历下区 高德民，张颖颖，程丹丹等 lilan550
四川：康定 何兴金，高云东，刘海艳等 SCU-20080440
西藏：察雅 张挺，李爱花，刘成等 08CS734
西藏：达孜 卢洋，刘帆等 LiJ922
西藏：工布江达 卢洋，刘帆等 LiJ830
云南：禄劝 蔡杰，亚吉东，苏勇等 14CS9123
云南：绿春 黄连山保护区科研所 HLS0139
云南：麻栗坡 肖波 LuJL442
云南：永德 李永亮 YDDXS0259

Neotorularia korolkowii (Regel & Schmalhausen) Hedge & J. Léonard 甘新念珠芥
新疆：阿合奇 杨赵平，周禧琳，贺冰 LiZJ1399

新疆：阿合奇 塔里木大学植物资源调查组 TD-00640
新疆：博乐 谭敦炎，吉乃提，艾沙江 TanDY0238
新疆：博乐 谭敦炎，吉乃提，艾沙江 TanDY0255
新疆：博乐 刘鸯 SHI-A2007017
新疆：博乐 徐文斌，王莹 SHI-2008137
新疆：阜康 王喜勇，段士民 378
新疆：阜康 王喜勇，段士民 392
新疆：阜康 王喜勇，段士民 411
新疆：阜康 谭敦炎，马文宝，吉乃提 TanDY0284
新疆：克拉玛依 张振春，刘建华 TanDY0133
新疆：玛纳斯 谭敦炎，吉乃提 TanDY0778
新疆：玛纳斯 谭敦炎，邱娟 TanDY0140
新疆：玛纳斯 吉乃提，王爱波 TanDY0376
新疆：塔什库尔干 邱娟，冯建菊 LiuJQ0172
新疆：托里 谭敦炎，吉乃提 TanDY0750
新疆：托里 谭敦炎，吉乃提 TanDY0769
新疆：温泉 徐文斌，王莹 SHI-2008188
新疆：温宿 杨赵平，周禧琳，贺冰 LiZJ1959
新疆：乌鲁木齐 谭敦炎，吉乃提 TanDY0506
新疆：乌鲁木齐 马文宝，刘会良，施翔 zdy206
新疆：乌鲁木齐 王喜勇，段士民 453
新疆：乌鲁木齐 谭敦炎，邱娟 TanDY0153
新疆：乌鲁木齐 谭敦炎，邱娟 TanDY0167
新疆：乌鲁木齐 谭敦炎，吉乃提，艾沙江 TanDY0293
新疆：乌鲁木齐 谭敦炎，吉乃提，艾沙江 TanDY0310
新疆：乌鲁木齐 段士民，王喜勇，刘会良 Zhangdy044
新疆：乌鲁木齐 段士民，王喜勇，刘会良 Zhangdy055
新疆：乌恰 杨赵平，周禧琳，贺冰 LiZJ1337
新疆：裕民 谭敦炎，吉乃提 TanDY0686
新疆：裕民 谭敦炎，吉乃提 TanDY0727

Neslia paniculata (Linnaeus) Desvaux 球果荠
新疆：昭苏 亚吉东，张桥蓉，秦少发等 16CS13586

Olimarabidopsis pumila (Stephan) Al-Shehbaz et al. 无苞芥
西藏：工布江达 卢洋，刘帆等 LiJ841
新疆：阜康 谭敦炎，邱娟 TanDY0148
新疆：克拉玛依 谭敦炎，邱娟 TanDY0084
新疆：玛纳斯 谭敦炎，邱娟 TanDY0059
新疆：石河子 阎平，马真 SCSB-2006001

Oreoloma violaceum Botschantzev 爪花芥
新疆：额敏 谭敦炎，吉乃提 TanDY0697
新疆：富蕴 谭敦炎，邱娟 TanDY0409

Orychophragmus violaceus (Linnaeus) O. E. Schulz 诸葛菜
北京：东城区 朱雅娟，王雷，黄振英 Beijing-huang-xs-0010
北京：西城区 王雷，朱雅娟，黄振英 Beijing-huang-ss1-0010
河北：赞皇 牛玉璐，郑博颖，黄士良等 NiuYL028
黑龙江：宁安 刘玫，王臣，张欣欣等 Liuetal639
湖北：竹溪 李盛兰 GanQL390
湖南：石门 陈功锡，张代贵 SCSB-HC-2008008
江苏：句容 吴宝成，王兆银 HANGYY8179
江苏：玄武区 吴宝成 HANGYY8185
江西：庐山区 董安淼，吴从梅 TanCM1544
山东：历下区 张少华，王萍，张诏等 Lilan193
陕西：眉县 田陌，王梅荣，田先华 TianXH163
上海：普陀区 李宏庆，葛斌杰，刘国丽 Lihq0164

Pachypterygium multicaule (Karelin & Kirilov) Bunge 厚壁荠
新疆：阜康 谭敦炎，邱娟 TanDY0001
新疆：阜康 谭敦炎，邱娟 TanDY0039
新疆：阜康 亚吉东，张桥蓉，胡枭剑 16CS12760

新疆：克拉玛依 谭敦炎，邱娟 TanDY0098
新疆：玛纳斯 谭敦炎，邱娟 TanDY0060
新疆：玛纳斯 王喜勇，段士民 495

Parrya beketovii Krassnov 天山条果芥
新疆：尼勒克 亚吉东，张桥蓉，秦少发等 16CS13446

Parrya pinnatifida Karelin & Kirilov 羽裂条果芥
新疆：巩留 亚吉东，张桥蓉，秦少发等 16CS13514

Phaeonychium parryoides (Kurz ex J. D. Hooker & T. Anderson) O. E. Schulz 藏芥
甘肃：玛曲 李晓东，刘帆，张景博等 LiJ0017
青海：海西 汪书丽，王志强，邹嘉宾 Liujq-Txm10-074
青海：海西 汪书丽，王志强，邹嘉宾 Liujq-Txm10-097
西藏：安多 汪书丽，王志强，邹嘉宾 Liujq-Txm10-112

Pugionium cornutum (Linnaeus) Gaertner 沙芥 *
内蒙古：鄂托克旗 郝丽珍，黄振英，朱雅娟 Beijing-ordos2-000009

Pugionium dolabratum Maximowicz 斧翅沙芥
内蒙古：阿拉善左旗 郝丽珍，黄振英，朱雅娟 Beijing-ordos2-000010

Pycnoplinthus uniflora (J. D. Hooker & Thomson) O. E. Schulz 簇芥
青海：格尔木 冯虎元 LiuJQ-08KLS-141

Rorippa cantoniensis (Loureiro) Ohwi 广州蔊菜
安徽：太和 彭斌 HANGYY8690
安徽：屯溪区 方建新 TangXS0190
湖北：竹溪 李盛兰 GanQL047
江苏：赣榆 吴宝成 HANGYY8295
江苏：句容 吴宝成，王兆银 HANGYY8045
江苏：铜山 吴宝成 HANGYY8077
江苏：吴中区 杭悦宇 HANGYY8057
江苏：玄武区 吴宝成 HANGYY8135
江苏：宜兴 吴宝成 HANGYY8054
江西：庐山区 董安淼，吴从梅 TanCM1508
江西：星子 董安淼，吴从梅 TanCM1430
山东：莱山区 卞福花，宋言贺 BianFH-442
山东：崂山区 罗艳，李中华 LuoY240
山东：天桥区 李兰，王萍，张少华等 Lilan240
上海：闵行区 葛斌杰，刘国丽 Lihq0187
云南：东川区 彭华，向春雷，王泽欢 PengH8030
云南：南涧 熊绍荣 NJWLS1227
云南：南涧 熊绍荣 NJWLS2008313

Rorippa dubia (Persoon) H. Hara 无瓣蔊菜
安徽：滁州 吴宝成 HANGYY8181
安徽：屯溪区 方建新 TangXS0087
重庆：南川区 易思荣 YISR192
湖北：竹溪 李盛兰 GanQL264
湖南：浏阳 刘克明，蔡秀珍，刘洪新 SCSB-HN-1031
湖南：南县 田淑珍，刘克明 SCSB-HN-1766
湖南：宜章 陈薇，田淑珍 SCSB-HN-0789
湖南：沅陵 周丰杰，刘克明 SCSB-HN-1781
湖南：长沙 刘克明，蔡秀珍，田淑珍 SCSB-HN-0681
江苏：赣榆 吴宝成 HANGYY8287
江苏：句容 吴宝成，王兆银 HANGYY8180
江苏：玄武区 吴宝成 HANGYY8182
江西：庐山区 董安淼，吴从梅 TanCM1074
江西：修水 谭策铭，缪以清，李立新 TanCM238
四川：稻城 何兴金，高云东，王志新等 SCU-09-251
四川：稻城 何兴金，廖晨阳，任海燕等 SCU-09-453
云南：金平 喻智勇 JinPing68
云南：景东 鲁艳 07-117

云南：景东 罗忠华，刘长铭，李绍昆等 JDNR09078
云南：普洱 胡启和，仇亚，周英等 YNS0684
云南：新平 自成仲，刘家良 XPALSD036
云南：新平 白绍斌 XPALSC244

Rorippa elata (J. D. Hooker & Thomson) Handel-Mazzetti 高蔊菜

甘肃：玛曲 尹鑫，吴航，葛文静 LiuJQ-GN-2011-122
四川：白玉 孙航，张建文，董金龙等 SunH-07ZX-3667
四川：白玉 孙航，张建文，邓涛等 SunH-07ZX-3711
四川：丹巴 余岩，周春景，秦汉涛 SCU-11-069
四川：道孚 何兴金，胡灏禹，沈呈娟等 SCU-11-436
四川：道孚 何兴金，胡灏禹，沈呈娟等 SCU-11-449
四川：稻城 李晓东，张景博，徐凌翔等 LiJ410
四川：稻城 孙航，董金龙，朱鑫鑫等 SunH-07ZX-4078
四川：稻城 何兴金，王长宝，刘爽等 SCU-09-054
四川：德格 苏涛，黄永江，杨青松等 ZhouZK11220
四川：红原 高云东，李忠荣，鞠文彬 GaoXF-12-043
四川：红原 张昌兵，邓秀华 ZhangCB0297
四川：康定 何兴金，王长宝，刘爽等 SCU-09-005
四川：壤塘 何兴金，赵丽华，梁乾隆 SCU-10-058
四川：壤塘 何兴金，胡灏禹，黄德青 SCU-10-149
四川：壤塘 何兴金，马祥光，郜鹏 SCU-10-233
西藏：昌都 苏涛，黄永江，杨青松等 ZhouZK11268
西藏：昌都 陈家辉，王赟，刘德团 YangYP-Q-3113
西藏：昌都 易思荣，谭秋平 YISR238
西藏：林芝 罗建，汪书丽 LiuJQ-08XZ-212
西藏：林芝 孙航，张建文，陈建国等 SunH-07ZX-2830
云南：香格里拉 郭永杰，张桥蓉，李春晓等 11CS3448
云南：香格里拉 孙航，张建文，邓涛等 SunH-07ZX-3304
云南：香格里拉 张挺，蔡杰，郭永杰等 11CS3107

Rorippa globosa (Turczaninow ex Fischer & C. A. Meyer) Hayek 风花菜

安徽：屯溪区 方建新 TangXS0086
湖南：澧县 田淑珍 SCSB-HN-1587
湖南：南县 田淑珍，刘克明 SCSB-HN-1761
湖南：长沙 朱香清，丛义艳 SCSB-HN-1477
湖南：长沙 朱香清，丛义艳 SCSB-HN-1488
江苏：赣榆 吴宝成 HANGYY8294
江苏：赣榆 吴宝成 HANGYY8307
江苏：句容 吴宝成，王兆银 HANGYY8228
江苏：泉山区 吴宝成 HANGYY8079
江苏：射阳 吴宝成 HANGYY8086
江苏：无锡 李宏庆，熊申展，陈纪云 Lihq0336
江苏：玄武区 吴宝成 HANGYY8136
江西：黎川 童和平，王玉珍 TanCM2323
江西：武宁 张吉华，张东红 TanCM2642
江西：星子 董安淼，吴从梅 TanCM1540
山东：岚山区 吴宝成 HANGYY8593
山东：章丘 李兰，王萍，张少华等 Lilan-082
云南：官渡区 彭华，陈丽，王英 P.H.5349

Rorippa indica (Linnaeus) Hiern 蔊菜

安徽：石台 洪欣 ZhouSB0163
安徽：屯溪区 方建新 TangXS0227
安徽：芜湖 李中林 ZhouSB0178
河北：灵寿 牛玉璐，高彦飞，赵二涛 NiuYL376
湖北：神农架林区 李巨平 LiJuPing0157
湖南：衡阳 刘克明，旷仁平，丛义艳 SCSB-HN-0699
湖南：津市 田淑珍 SCSB-HN-1573
湖南：开福区 姜孝成，唐妹，尹恒等 Jiangxc0402
湖南：浏阳 朱香清，丛义艳 SCSB-HN-1774
湖南：浏阳 丛义艳，田淑珍 SCSB-HN-1491
湖南：浏阳 蔡秀珍，田淑珍 SCSB-HN-1037
湖南：南县 田淑珍，刘克明 SCSB-HN-1765
湖南：湘乡 朱香清，田淑珍 SCSB-HN-1431
湖南：永定区 吴福川，廖博儒，查学州等 7008
湖南：沅陵 李胜华，伍贤进，刘光华等 Wuxj937
湖南：长沙 朱香清，丛义艳 SCSB-HN-1478
湖南：长沙 朱香清，田淑珍 SCSB-HN-1474
湖南：长沙 刘克明，蔡秀珍，田淑珍 SCSB-HN-0682
江苏：句容 王兆银，吴宝成 SCSB-JS0106
江苏：连云港 吴宝成 HANGYY8255
江苏：苏州 吴宝成 HANGYY8194
江苏：海州区 汤兴利 HANGYY8427
江苏：玄武区 吴宝成 HANGYY8253
江苏：玄武区 吴宝成，杭悦宇 SCSB-JS0038
江苏：宜兴 吴宝成 HANGYY8254
江苏：云龙区 吴宝成 HANGYY8074
江西：黎川 童和平，王玉珍 TanCM2341
山东：岚山区 吴宝成 HANGYY8594
山东：历下区 张少华，王萍，张诏等 Lilan133
陕西：长安区 田先华，田陌 TianXH1087
上海：黄浦区 吴宝成 HANGYY8199
上海：闵行区 李宏庆，葛斌杰，刘国丽 Lihq0151
四川：稻城 于文涛，李国锋 WTYu-459
四川：稻城 陈文允，于文涛，黄永江 CYH011
四川：稻城 何兴金，胡灏禹，陈德友等 SCU-09-342
四川：峨眉山 李小杰 LiXJ628
四川：乐至 邓兴敏，邓秀发，张昌兵 ZCB0397
四川：理塘 李晓东，张景博，徐凌翔等 LiJ340
四川：米易 刘静，袁明 MY-020
四川：木里 孔航辉，罗江平，左雷等 YangQE3399
四川：壤塘 何兴金，刘爽，易欣 SCU-10-332
四川：射洪 袁明 YUANM2016L158
四川：雅江 苏涛，黄永江，杨青松等 ZhouZK11115
四川：雨城区 刘静 Y07344
云南：丽江 张书东，林娜娜，陆露等 SCSB-W-126
云南：临沧 吴宝成 HANGYY8320
云南：麻栗坡 肖波 LuJL299
云南：宁蒗 苏涛，黄永江，杨青松等 ZhouZK11435
云南：腾冲 周应再 Zhyz-230
云南：腾冲 周应再 Zhyz-238
云南：维西 孔航辉，任琛 Yangqe2834
云南：西山区 彭华，陈丽 P.H.5320
云南：永德 李永亮 YDDXS0292
云南：永德 吴宝成 HANGYY8318
浙江：临安 吴林园，彭斌，顾子霞 HANGYY9007
浙江：庆元 吴林园，郭建林，白明明 HANGYY9080

Rorippa palustris (Linnaeus) Besser 沼生蔊菜

甘肃：碌曲 李晓东，刘帆，张景博等 LiJ0105
山东：城阳区 罗艳，李中华 LuoY239
山东：莱山区 卞福花，宋言贺 BianFH-433
山东：莱山区 卞福花，杨蕾蕾，谷胤征 BianFH-0091
山东：章丘 李兰，王萍，张少华等 Lilan-084
山西：朔城区 张贵平 Zhangf0176
四川：道孚 何兴金，胡灏禹，沈呈娟等 SCU-11-477
四川：红原 张昌兵，邓秀华 ZhangCB0303

四川：康定 张昌兵，向丽 ZhangCB0185
四川：理塘 何兴金，赵丽华，梁乾隆等 SCU-11-147
西藏：城关区 李晖，边巴，徐爱国 lihui-Q-09-88
西藏：拉萨 卢洋，刘帆等 LiJ718
西藏：林芝 何兴金，邓贤兰，廖晨阳等 SCU-080394
西藏：亚东 陈家辉，韩希，王东超等 YangYP-Q-4278
西藏：亚东 陈家辉，韩希，王东超等 YangYP-Q-4296
新疆：和静 张玲 TD-01673
新疆：伊犁 段士民，王喜勇，刘会良 Zhangdy334
云南：香格里拉 李爱花，周开洪，黄之镨等 SCSB-A-000272
云南：香格里拉 李晓东，张紫刚，操榆 LiJ627

Rorippa sylvestris (Linnaeus) Besser **欧亚焯菜**

四川：稻城 何兴金，廖晨阳，任海燕等 SCU-09-425
四川：稻城 何兴金，廖晨阳，任海燕等 SCU-09-438
四川：稻城 何兴金，廖晨阳，任海燕等 SCU-09-451

Sisymbriopsis mollipila (Maximowicz) Botschantzev **绒毛假蒜芥**

新疆：塔什库尔干 邱娟，冯建菊 LiuJQ0131

Sisymbrium altissimum Linnaeus **大蒜芥**

内蒙古：锡林浩特 张红香 ZhangHX103
新疆：阜康 王宏飞，王磊，黄振英 Beijing-huang-xjsm-0005
新疆：托里 谭敦炎，吉乃提 TanDY0729
新疆：托里 徐文斌，杨清理 SHI-2009285
新疆：托里 徐文斌，黄刚 SHI-2009296
新疆：乌鲁木齐 马文宝，刘会良 zdy010
新疆：乌鲁木齐 马文宝，刘会良 zdy012
新疆：乌鲁木齐 马文宝，刘会良，施翔 zdy210
新疆：乌鲁木齐 王喜勇，马文宝，施翔 zdy247
新疆：乌鲁木齐 王雷，王宏飞，黄振英 Beijing-huang-xjys-0005
新疆：裕民 谭敦炎，吉乃提 TanDY0711
新疆：裕民 徐文斌，杨清理 SHI-2009090
新疆：裕民 徐文斌，杨清理 SHI-2009354

Sisymbrium brassiciforme C. A. Meyer **无毛大蒜芥**

西藏：聂拉木 陈家辉，韩希，王广艳等 YangYP-Q-4324
新疆：乌苏 亚吉东，张桥蓉，胡枭剑 16CS13152

Sisymbrium heteromallum C. A. Meyer **垂果大蒜芥**

甘肃：迭部 齐威 LJQ-2008-GN-010
甘肃：玛曲 尹鑫，吴航，葛文静 LiuJQ-GN-2011-131
四川：壤塘 何兴金，胡灏禹，黄德青 SCU-10-122
西藏：八宿 张挺，蔡杰，刘恩德等 SCSB-B-000471
西藏：昌都 陈家辉，王赟，刘德团 YangYP-Q-3110
西藏：昌都 陈家辉，王赟，刘德团 YangYP-Q-3151
西藏：昌都 易思荣，谭秋平 YISR230
西藏：拉萨 扎西次仁 ZhongY245
西藏：浪卡子 陈家辉，韩希，王东超等 YangYP-Q-4261
西藏：林芝 杨永平，王东超，杨大松等 YangYP-Q-4111
西藏：普兰 李晖，文雪梅，次旺加布等 Lihui-Q-0009
西藏：曲水 陈家辉，韩希，王广艳等 YangYP-Q-4188

Sisymbrium loeselii Linnaeus **新疆大蒜芥**

新疆：博乐 徐文斌，许晓敏 SHI-2008114
新疆：巩留 贺晓欢，徐文斌，马真等 SHI-A2007218
新疆：巩留 刘鸯，徐文斌，马真等 SHI-A2007244
新疆：巩留 亚吉东，张桥蓉，秦少发等 16CS13492
新疆：哈巴河 段士民，王喜勇，刘会良等 208
新疆：霍城 徐文斌，刘鸯，马真等 SHI-A2007148
新疆：尼勒克 刘鸯，马真，贺晓欢等 SHI-A2007521
新疆：石河子 翟伟 SCSB-2006054
新疆：托里 徐文斌，郭一敏 SHI-2009025
新疆：托里 徐文斌，郭一敏 SHI-2009103
新疆：托里 徐文斌，杨清理 SHI-2009036
新疆：托里 徐文斌，杨清理 SHI-2009159
新疆：托里 徐文斌，黄刚 SHI-2009215
新疆：托里 徐文斌，黄刚 SHI-2009266
新疆：托里 徐文斌，黄刚 SHI-2009272
新疆：托里 徐文斌，郭一敏 SHI-2009310
新疆：温泉 徐文斌，许晓敏 SHI-2008072
新疆：温泉 徐文斌，黄雪姣 SHI-2008073
新疆：温泉 徐文斌，王莹 SHI-2008201
新疆：温泉 徐文斌，王莹 SHI-2008222
新疆：乌鲁木齐 谭敦炎，艾沙江 TanDY0176
新疆：乌鲁木齐 谭敦炎，吉乃提，艾沙江 TanDY0299
新疆：伊宁 贺晓欢 SHI-A2007189
新疆：裕民 徐文斌，黄刚 SHI-2009074
新疆：裕民 徐文斌，杨清理 SHI-2009414
新疆：裕民 徐文斌，郭一敏 SHI-2009439
新疆：裕民 徐文斌，黄刚 SHI-2009473

Sisymbrium luteum (Maximowicz) O. E. Schulz **全叶大蒜芥**

山东：崂山区 罗艳，李中华，邓建平 LuoY127
山西：霍州 高瑞如，李农业，张爱红 Huangzy0251
四川：壤塘 何兴金，赵丽华，梁乾隆 SCU-10-059

Sisymbrium officinale (Linnaeus) Scopoli **钻果大蒜芥**

黑龙江：尚志 刘玫，张欣欣，程薪宇等 Liuetal413

Sisymbrium polymorphum (Murray) Roth **多型大蒜芥**

新疆：博乐 谭敦炎，吉乃提，艾沙江 TanDY0262
新疆：青河 段士民，王喜勇，刘会良等 161

Sisymbrium yunnanense W. W. Smith **云南大蒜芥 ***

四川：乡城 杨青松，杨莹，黄永江等 ZhouZK-07ZX-0075

Solms-laubachia eurycarpa (Maximowicz) Botschantzev **宽果丛菔 ***

青海：格尔木 冯虎元 LiuJQ-08KLS-035

Spirorhynchus sabulosus Karelin & Kirilov **螺果荠**

新疆：阜康 谭敦炎，邱娟 TanDY0040
新疆：吉木萨尔 谭敦炎，邱娟 TanDY0045
新疆：克拉玛依 张振春，刘建华 TanDY0131
新疆：克拉玛依 张振春，刘建华 TanDY0320
新疆：石河子 谭敦炎，邱娟 TanDY0071

Taphrospermum altaicum C. A. Meyer **沟子荠**

新疆：昭苏 亚吉东，张桥蓉，秦少发等 16CS13800

Taphrospermum fontanum (Maximowicz) Al-Shehbaz & G. Yang **泉沟子荠 ***

西藏：安多 汪书丽，王志强，邹嘉宾 Liujq-Txm10-111

Tauscheria lasiocarpa Fischer ex de Candolle **舟果荠**

新疆：尼勒克 亚吉东，张桥蓉，胡枭剑 16CS12091
新疆：天山区 段士民，王喜勇，刘会良 Zhangdy019
新疆：乌鲁木齐 段士民，王喜勇，刘会良 Zhangdy050

Tetracme quadricornis (Stephan) Bunge **四齿芥**

新疆：独山子区 谭敦炎，邱娟 TanDY0121
新疆：阜康 马文宝，张道远 zdy048
新疆：阜康 谭敦炎，邱娟 TanDY0018
新疆：阜康 谭敦炎，邱娟 TanDY0029
新疆：阜康 谭敦炎，邱娟 TanDY0058
新疆：阜康 王喜勇，段士民 421
新疆：阜康 谭敦炎，艾沙江 TanDY0351
新疆：富蕴 谭敦炎，邱娟 TanDY0413
新疆：克拉玛依 谭敦炎，邱娟 TanDY0088
新疆：克拉玛依 张振春，刘建华 TanDY0344

新疆：玛纳斯 谭敦炎，邱娟 TanDY0135
新疆：玛纳斯 吉乃提，王爱波 TanDY0374
新疆：石河子 马真，翟伟 SCSB-2006008
新疆：石河子 马真，翟伟 SCSB-2006023
新疆：石河子 谭敦炎，艾沙江 TanDY0384
新疆：石河子 谭敦炎，艾沙江 TanDY0389
新疆：塔城 谭敦炎，吉乃提 TanDY0655
新疆：乌鲁木齐 谭敦炎，艾沙江 TanDY0194
新疆：乌苏 亚吉东，张桥蓉，胡枭剑 16CS13148
新疆：裕民 谭敦炎，吉乃提 TanDY0709

Tetracme recurvata Bunge **弯角四齿芥**

新疆：阜康 谭敦炎，邱娟 TanDY0016
新疆：阜康 谭敦炎，邱娟 TanDY0044
新疆：阜康 谭敦炎，邱娟 TanDY0056
新疆：克拉玛依 谭敦炎，邱娟 TanDY0097
新疆：克拉玛依 张振春，刘建华 TanDY0318
新疆：石河子 谭敦炎，邱娟 TanDY0073
新疆：石河子 谭敦炎，邱娟 TanDY0077
新疆：石河子 谭敦炎，艾沙江 TanDY0381

Thellungiella salsuginea (Pallas) O. E. Schulz **盐芥**

河北：桃城 牛玉璐，郑博颖，黄士良等 NiuYL009
山东：历城区 高德民，张颖颖，程丹丹等 lilan549
山东：天桥区 高德民，谭洁，李明栓等 lilan976

Thlaspi arvense Linnaeus **菥蓂**

甘肃：合作 郭淑青，杜品 LiuJQ-2012-GN-220
甘肃：合作 尹鑫，吴航，葛文静 LiuJQ-GN-2011-126
甘肃：玛曲 李晓东，刘帆，张景博等 LiJ0079
甘肃：玛曲 尹鑫，吴航，葛文静 LiuJQ-GN-2011-125
甘肃：卓尼 齐威 LJQ-2008-GN-007
黑龙江：南岗区 郑宝江，丁晓炎 ZhengBJ244
湖北：神农架林区 李巨平 LiJuPing0171
吉林：南关区 韩忠明 Yanglm0109
吉林：长岭 杨莉 Yanglm0419
江苏：句容 王兆银，吴宝成 SCSB-JS0075
江苏：玄武区 吴宝成 HANGYY8035
青海：达日 陈世龙，高庆波，张发起等 Chensl1319
青海：大通 何兴金，冯图，成英等 SCU-QH08071601
青海：大通 陈世龙，高庆波，张发起等 Chensl1661
青海：门源 吴玉虎，刘建全 LJQ-QLS-2008-0050
青海：囊谦 许炳强，周伟，郑朝汉 Xianh0030
青海：平安 薛春迎 Xuechy0014
青海：平安 陈世龙，高庆波，张发起等 Chensl1738
青海：玉树 汪书丽，朱洪涛 Liujq-QLS-TXM-088
四川：白玉 李晓东，张景博，徐凌翔等 LiJ461
四川：白玉 孙航，张建文，邓涛等 SunH-07ZX-3725
四川：道孚 何兴金，胡灏禹，沈呈娟等 SCU-11-435
四川：道孚 何兴金，胡灏禹，沈呈娟等 SCU-11-451
四川：红原 何兴金，冯图，廖晨阳等 SCU-080342
四川：红原 张昌兵 ZhangCB0077
四川：康定 张昌兵，向丽 ZhangCB0164
四川：康定 何兴金，高云东，刘海艳等 SCU-20080436
四川：理塘 何兴金，马祥光，张云香等 SCU-11-226
四川：理塘 何兴金，马祥光，张云香等 SCU-11-249
四川：马尔康 何兴金，李琴琴，王长宝等 SCU-08045
四川：马尔康 何兴金，李琴琴，王长宝等 SCU-08059
四川：马尔康 何兴金，王月，胡灏禹 SCU-08168
四川：壤塘 何兴金，赵丽华，梁乾隆 SCU-10-049
四川：壤塘 何兴金，马祥光，郜鹏 SCU-10-243
四川：若尔盖 何兴金，王月，胡灏禹等 SCU-08148
四川：松潘 何兴金，刘爽，赵财 SCU-10-400
四川：小金 何兴金，王月，胡灏禹 SCU-08162
四川：雅江 苏涛，黄永江，杨青松等 ZhouZK11064
四川：雅江 范邓妹 SunH-07ZX-2257
四川：雅江 何兴金，郜鹏，彭禄等 SCU-11-343
四川：雅江 何兴金，王长宝，刘爽等 SCU-09-018
四川：雅江 何兴金，王长宝，刘爽等 SCU-09-022
四川：雅江 何兴金，胡灏禹，陈德友等 SCU-09-321
四川：雅江 何兴金，廖晨阳，任海燕等 SCU-09-416
四川：雅江 何兴金，廖晨阳，任海燕等 SCU-09-418
西藏：昌都 苏涛，黄永江，杨青松等 ZhouZK11265
西藏：昌都 陈家辉，王赟，刘德团 YangYP-Q-3141
西藏：错那 聂泽龙，牛洋，周卓等 SunH-07ZX-2312
西藏：工布江达 卢洋，刘帆等 LiJ884
西藏：左贡 张大才，罗康，梁群等 ZhangDC-07ZX-1359
新疆：阿合奇 杨赵平，周禧琳，贺冰 LiZJ1387
新疆：博乐 刘鸯，马真，贺晓欢等 SHI-A2007025
新疆：布尔津 谭敦炎，邱娟 TanDY0457
新疆：察布查尔 贺晓欢 SHI-A2007078
新疆：昌吉 王喜勇，段士民 462
新疆：昌吉 谭敦炎，吉乃提，艾沙江 TanDY0288
新疆：昌吉 谭敦炎，艾沙江 TanDY0372
新疆：米东区 段士民，王喜勇，刘会良 Zhangdy010
新疆：阜康 王雷，朱雅娟，黄振英 Beijing-junggar-000020
新疆：阜康 谭敦炎，邱娟 TanDY0026
新疆：阜康 谭敦炎，马文宝，吉乃提 TanDY0280
新疆：阜康 谭敦炎，艾沙江 TanDY0357
新疆：阜康 段士民，王喜勇，刘会良 Zhangdy083
新疆：和静 邱爱军，张玲，马帅 LiZJ1768
新疆：和静 杨赵平，焦培培，白冠章等 LiZJ0552
新疆：和静 张玲 TD-01906
新疆：克拉玛依 谭敦炎，邱娟 TanDY0086
新疆：克拉玛依 张振春，刘建华 TanDY0343
新疆：玛纳斯 王喜勇，段士民 487
新疆：玛纳斯 谭敦炎，邱娟 TanDY0138
新疆：尼勒克 贺晓欢，徐文斌，刘鸯等 SHI-A2007359
新疆：尼勒克 徐文斌，刘鸯，马真等 SHI-A2007413
新疆：石河子 翟伟，王仲科 SCSB-2006027
新疆：石河子 翟伟 SCSB-2006032
新疆：石河子 谭敦炎，邱娟 TanDY0065
新疆：石河子 谭敦炎，艾沙江 TanDY0390
新疆：塔城 谭敦炎，吉乃提 TanDY0662
新疆：塔城 谭敦炎，吉乃提，艾沙江 TanDY0274
新疆：温泉 徐文斌，黄雪姣 SHI-2008031
新疆：乌鲁木齐 王雷，王宏飞，黄振英 Beijing-huang-xjys-0031
新疆：乌鲁木齐 王喜勇，马文宝，施翔 zdy221
新疆：乌鲁木齐 王喜勇，段士民 423
新疆：乌鲁木齐 谭敦炎，邱娟 TanDY0171
新疆：乌鲁木齐 谭敦炎，吉乃提，艾沙江 TanDY0295
新疆：乌鲁木齐 段士民，王喜勇，刘会良 Zhangdy054
新疆：乌恰 杨赵平，周禧琳，贺冰 LiZJ1293
新疆：裕民 谭敦炎，吉乃提 TanDY0684
新疆：裕民 谭敦炎，吉乃提 TanDY0705
新疆：裕民 徐文斌，黄刚 SHI-2009071
新疆：裕民 徐文斌，郭一敏 SHI-2009373
新疆：裕民 徐文斌，郭一敏 SHI-2009457
新疆：昭苏 贺晓欢，徐文斌，刘鸯等 SHI-A2007095

云南：巧家 杨光明 SCSB-W-1271
云南：香格里拉 李晓东，张紫刚，操榆 LiJ626
云南：香格里拉 杨亲二，袁琼 Yangqe1899

Turritis glabra Linnaeus 旗杆芥
新疆：塔什库尔干 邱娟，冯建菊 LiuJQ0052
新疆：乌鲁木齐 谭敦炎，吉乃提，艾沙江 TanDY0305
新疆：新源 亚吉东，张桥蓉，秦少发等 16CS13414

Yinshania acutangula (O. E. Schulz) Y. H. Zhang 锐棱阴山荠 *
新疆：玛纳斯 谭敦炎，邱娟 TanDY0134

Yinshania henryi (Oliver) Y. H. Zhang 柔毛阴山荠 *
湖北：仙桃 张代贵 Zdg1262

Burmanniaceae 水玉簪科

水玉簪科	世界	中国	种质库
属 / 种（种下等级）/ 份数	15/147	3/15	1/1/2

Burmannia disticha Linnaeus 水玉簪
云南：麻栗坡 肖波 LuJL294
云南：马关 税玉民，陈文红 82583

Burseraceae 橄榄科

橄榄科	世界	中国	种质库
属 / 种（种下等级）/ 份数	19/ ～ 700	3/13	3/5/12

Canarium album (Loureiro) Raeuschel 橄榄
海南：昌江 康勇，林灯，陈庆 LWXS043

Canarium strictum Roxburgh 滇榄
云南：勐腊 赵相兴 A034

Garuga floribunda var. **gamblei** (King ex Smith) Kalkman 多花白头树
云南：永德 李永亮 LiYL1561

Garuga forrestii W. W. Smith 白头树 *
云南：个旧 税玉民，陈文红 71493
云南：鹤庆 张红良，木栅，李玉瑛等 15PX406
云南：南涧 熊绍荣 NJWLS459
云南：双柏 彭华，刘恩德，陈丽等 P.H.5501
云南：新平 刘恩德，方伟，杜燕等 SCSB-B-000018
云南：新平 XPALSC041
云南：新平 白绍斌 XPALSC321
云南：元阳 田学军，杨建，邱成书等 Tianxj0019

Protium yunnanense (Hu) Kalkman 滇马蹄果 *
云南：永德 李永亮 LiYL1560

Butomaceae 花蔺科

花蔺科	世界	中国	种质库
属 / 种（种下等级）/ 份数	1/1	1/1	1/1/3

Butomus umbellatus Linnaeus 花蔺
黑龙江：五大连池 孙阎，赵立波 SunY061
黑龙江：五大连池 刘玫，王臣，张欣欣等 Liuetal776
吉林：镇赉 姜明，刘波 LiuB0016

Buxaceae 黄杨科

黄杨科	世界	中国	种质库
属 / 种（种下等级）/ 份数	5/ ～ 100	3/ ～ 28	3/6(9)/32

Buxus bodinieri H. Léveillé 雀舌黄杨 *
内蒙古：回民区 蒲拴莲，李茂文 M070
云南：石林 税玉民，陈文红 65076

Buxus sinica (Rehder & E. H. Wilson) M. Cheng 黄杨 *
江西：庐山区 董安淼，吴从梅 TanCM1017

Buxus sinica var. **parvifolia** M. Cheng 小叶黄杨 *
内蒙古：土默特左旗 刘玫，王臣，张欣欣等 Liuetal678

Pachysandra axillaris Franchet 板凳果 *
吉林：安图 周海城 ZhouHC021

Pachysandra axillaris var. **stylosa** (Dunn) M. Cheng 多毛板凳果 *
云南：石林 税玉民，陈文红 64115
云南：文山 张挺，丰艳飞 WSLJS448

Sarcococca hookeriana Baillon 羽脉野扇花
云南：贡山 郭永杰，吴之坤，吴兴等 14CS9825
云南：巧家 张书东，张荣，王银环等 QJYS0227
云南：香格里拉 杨青松，星耀武，苏涛 ZhouZK-07ZX-0319
云南：云龙 李爱花，李洪超，李文化等 SCSB-A-000183

Sarcococca hookeriana var. **digyna** Franchet 双蕊野扇花 *
四川：峨眉山 李小杰 LiXJ244
四川：木里 孔航辉，罗江平，左雷等 YangQE3390
云南：巧家 任宗昕，董莉娜，黄盼辉 SCSB-W-281
云南：维西 张挺，徐远杰，黄押稳等 SCSB-B-000157
云南：维西 张挺，徐远杰，陈冲等 SCSB-B-000225
云南：永德 普跃东，杨金柱，奎文康 YDDXSC007

Sarcococca ruscifolia Stapf 野扇花 *
湖北：保康 祝文志，刘志祥，曹远俊 ShenZH2465
湖北：竹溪 李盛兰 GanQL554
云南：南涧 熊绍荣，阿国仁，时国彩等 njwls2007123
云南：南涧 常学科，熊绍荣，时国彩等 njwls2007160
云南：南涧 阿国仁，熊绍荣，邹国娟等 NJWLS2008016
云南：南涧 沈文明，邹国娟，常学科 njwls2007064
云南：石林 张挺，张书东，杨茜等 SCSB-A-000018
云南：永德 杨金荣，王学军，黄德武等 YDDXSA054
云南：云龙 字建泽，杨六斤，李施文等 TC1071
云南：云龙 字建泽，杨六斤，李国宏等 TC1087
云南：云龙 赵玉贵，李占兵，张吉平等 TC2023

Sarcococca wallichii Stapf 云南野扇花
云南：隆阳区 赵玮，蔺汝肃 BSGLGSly207
云南：腾冲 周应再 Zhyz-145
云南：云龙 李爱花，李洪超，李文化等 SCSB-A-000171
云南：云龙 李施文，张志云 TC1000

Cactaceae 仙人掌科

仙人掌科	世界	中国	种质库
属 / 种（种下等级）/ 份数	～124/ ～ 1500	栽培～ 60/ ～ 600	1/1/1

Opuntia ficus-indica (Linnaeus) Miller 梨果仙人掌
云南：玉龙 李云龙，鲁仪增，和荣华等 15PX106

Calophyllaceae 胡桐科

胡桐科	世界	中国	种质库
属 / 种（种下等级）/ 份数	5/100-150	3/～50	1/1/1

Mesua ferrea Linnaeus 铁力木
云南：勐腊 李梦 A039

Calycanthaceae 蜡梅科

蜡梅科	世界	中国	种质库
属 / 种（种下等级）/ 份数	3/10	2/7	2/5/20

Calycanthus chinensis (W. C. Cheng & S. Y. Chang) W. C. Cheng & S. Y. Chang ex P. T. Li 夏蜡梅 *
安徽：绩溪 唐鑫生，方建新 TangXS0466
浙江：临安 李宏庆，田怀珍 Lihq0219

Calycanthus floridus Linnaeus 美国蜡梅
四川：德格 张大才，尹五元，李双智等 ZhangDC-07ZX-2314
四川：雅江 苏涛，黄永江，杨青松等 ZhouZK11109
新疆：布尔津 谭敦炎，邱娟 TanDY0459
新疆：和静 邱爱军，张玲，马帅 LiZJ1766
新疆：温宿 杨赵平，周禧琳，贺冰 LiZJ1949
云南：隆阳区 段在贤，杨安友，陈波等 BSGLGSly1237
云南：隆阳区 段在贤，杨安友，茶有锋等 BSGLGSly1247
云南：南涧 阿国仁，何贵才 NJWLS1129
云南：新平 王家和 XPALSC518

Chimonanthus nitens Oliver 山蜡梅 *
湖北：竹溪 李盛兰 GanQL421

Chimonanthus praecox (Linnaeus) Link 蜡梅 *
安徽：屯溪区 方建新 TangXS0866
重庆：南川区 易思荣 YISR004
贵州：江口 周云，王勇 XiangZ007
贵州：南明区 赵厚涛，韩国营 YBG112
湖南：吉首 陈功锡，张代贵，邓涛等 227B
湖南：岳麓区 刘克明，蔡秀珍，肖乐希 SCSB-HN-0315
江苏：连云港 李宏庆，熊申展，胡超 Lihq0354

Chimonanthus salicifolius S. Y. Hu 柳叶蜡梅 *
安徽：黟县 方建新 TangXS0249

Campanulaceae 桔梗科

桔梗科	世界	中国	种质库
属 / 种（种下等级）/ 份数	84/2380	14/159	14/93(109)/719

Adenophora capillaris Hemsley 丝裂沙参 *
北京：房山区 宋松泉 BJ023
河南：鲁山 宋松泉 HN041
河南：鲁山 宋松泉 HN093
河南：鲁山 宋松泉 HN142
湖北：保康 甘啟良 GanQL124
湖北：保康 李盛兰 GanQL800
湖北：神农架林区 李巨平 LiJuPing0199
四川：甘孜 苏涛，黄永江，杨青松等 ZhouZK11172
四川：黑水 顾垒，李忠荣 GaoXF-09ZX-1577
四川：马尔康 顾垒，张羽 GAOXF-10ZX-1912
四川：米易 袁明 MY335
四川：米易 袁明 MY349
云南：香格里拉 杨亲二，袁琼 Yangqe2001

Adenophora capillaris subsp. **leptosepala** (Diels) D. Y. Hong 细萼沙参 *
云南：巧家 任宗昕，董莉娜，黄盼辉 SCSB-W-282
云南：巧家 杨光明 SCSB-W-1216
云南：腾冲 赵玮 BSGLGSly174
云南：香格里拉 杨亲二，袁琼 Yangqe1997

Adenophora capillaris subsp. **paniculata** (Nannfeldt) D. Y. Hong & S. Ge 细叶沙参 *
湖北：神农架林区 李巨平 LiJuPing0231
山东：平邑 辛晓伟，张世尧 Lilan843

Adenophora coelestis Diels 天蓝沙参 *
黑龙江：肇东 刘玫，王臣，史传奇等 Liuetal614
云南：香格里拉 孔航辉，任琛 Yangqe2844

Adenophora divaricata Franchet & Savatier 展枝沙参
河北：平山 牛玉璐，郑博颖，黄士良等 NiuYL074
黑龙江：嫩江 王臣，张欣欣，史传奇 WangCh178
黑龙江：尚志 郑宝江，丁晓炎，李月等 ZhengBJ167
吉林：和龙 刘翠晶 Yanglm0213
吉林：磐石 安海成 AnHC0174
山东：牟平区 卞福花，陈朋 BianFH-0369

Adenophora elata Nannfeldt 狭长花沙参 *
云南：香格里拉 李晓东，张紫刚，操榆 LiJ683

Adenophora gmelinii (Biehler) Fischer 狭叶沙参
吉林：前郭尔罗斯 杨帆，马红媛，安丰华 SNA0402
辽宁：长海 郑宝江，丁晓炎，焦宏斌等 ZhengBJ341
山东：平邑 张世尧，邵尉，徐永娟 Lilan850

Adenophora himalayana Feer 喜马拉雅沙参
甘肃：玛曲 刘坤 LiuJQ-GN-2011-663
青海：平安 陈世龙，高庆波，张发起等 Chensl1796
青海：玉树 许炳强，周伟，郑朝汉 Xianh0326
四川：白玉 孙航，张建文，董金龙等 SunH-07ZX-3682
四川：德格 张挺，李爱花，刘成等 08CS799
四川：红原 张昌兵，邓秀华 ZhangCB0248
西藏：亚东 陈家辉，韩希，王东超等 YangYP-Q-4301

Adenophora hubeiensis D. Y. Hong 鄂西沙参 *
湖北：竹溪 李盛兰 GanQL858

Adenophora jasionifolia Franchet 甘孜沙参 *
四川：米易 刘静，袁明 MY-065
云南：昌宁 赵玮 BSGLGSly136

Adenophora khasiana (J. D. Hooker & Thomson) Oliver ex Collett & Hemsley 云南沙参
云南：南涧 饶富玺，阿国仁，何贵才 NJWLS801
云南：南涧 阿国仁 NJWLS1138
云南：文山 何德明 WSLJS849
云南：香格里拉 李晓东，张紫刚，操榆 LiJ622

Adenophora liliifolioides Pax & K. Hoffmann 川藏沙参 *
甘肃：夏河 齐威 LJQ-2008-GN-346
甘肃：卓尼 刘坤 LiuJQ-GN-2011-660
四川：道孚 许炳强，童毅华，吴兴等 XiaNH-07ZX-0969
四川：甘孜 孙航，张建文，董金龙等 SunH-07ZX-3952
四川：甘孜 张挺，李爱花，刘成等 08CS825
四川：甘孜 陈家辉，王赟，刘德团 YangYP-Q-3024
四川：甘孜 陈家辉，王赟，刘德团 YangYP-Q-3047
四川：凉山 聂泽龙，孟盈，邓涛 SunH-07ZX-2862

西藏：昌都 陈家辉，王赟，刘德团 YangYP-Q-3115
西藏：昌都 易思荣，谭秋平 YISR246
西藏：丁青 陈家辉，王赟，刘德团 YangYP-Q-3207
西藏：工布江达 卢洋，刘帆等 LiJ863
西藏：江达 张挺，李爱花，刘成等 08CS775
西藏：朗县 罗建，汪书丽，任德智 L105
西藏：芒康 徐波，陈光富，陈林杨等 SunH-07ZX-0268
西藏：桑日 陈家辉，韩希，王广艳等 YangYP-Q-4224

Adenophora lobophylla D. Y. Hong 裂叶沙参＊
云南：腾冲 周应再 Zhyz-212

Adenophora pereskiifolia (Fischer ex Schultes) Fischer ex G. Don 长白沙参
黑龙江：嫩江 王臣，张欣欣，史传奇 WangCh116
吉林：南关区 张永刚 Yanglm0090

Adenophora petiolata subsp. **hunanensis** (Nannfeldt) D. Y. Hong & S. Ge 杏叶沙参＊
河北：邢台 牛玉璐，高彦飞，赵二涛 NiuYL303
湖南：吉首 陈功锡，张代贵，邓涛等 SCSB-HC-2007440
江西：修水 缪以清，李立新 TanCM1264
山东：莱山区 卞福花，宋言贺 BianFH-520
山东：芝罘区 卞福花，杨蕾蕾，谷胤征 BianFH-0122

Adenophora polyantha Nakai 石沙参
安徽：肥东 陈延松，徐忠东 Xuzd028
安徽：金寨 陈延松，欧祖兰，姜九龙 Xuzd242
河北：蔚县 牛玉璐，高彦飞，黄士良 NiuYL242
辽宁：庄河 于立敏 CaoW780
山东：海阳 王萍，高德民，张诏等 lilan308
山东：莱山区 卞福花，宋言贺 BianFH-563
山东：崂山区 邓建平 LuoY427
山东：牟平区 卞福花，卢学新，纪伟等 BianFH00017
山东：芝罘区 卞福花，卢学新，纪伟 BianFH00016
陕西：宁陕 田先华，李明辉 TianXH1049

Adenophora polyantha subsp. **scabricalyx** (Kitagawa) J. Z. Qiu & D. Y. Hong 毛萼石沙参＊
内蒙古：武川 蒲拴莲，刘润宽，刘毅等 M221

Adenophora potaninii Korshinsky 泡沙参＊
甘肃：合作 刘坤 LiuJQ-GN-2011-650
甘肃：卓尼 刘坤 LiuJQ-GN-2011-659
四川：黑水 顾垒，李忠荣 GaoXF-09ZX-1747

Adenophora potaninii subsp. **wawreana** (Zahlbruckner) S. Ge & D. Y. Hong 多歧沙参＊
河北：元氏 牛玉璐，郑博颖，黄士良等 NiuYL139
内蒙古：和林格尔 蒲拴莲，刘润宽，刘毅等 M293

Adenophora remotiflora (Siebold & Zuccarini) Miquel 薄叶荠苨
黑龙江：尚志 刘玫，张欣欣，程薪宇等 Liuetal451
黑龙江：五大连池 孙阎，杜景红 SunY077

Adenophora stenanthina (Ledebour) Kitagawa 长柱沙参
甘肃：合作 郭淑青，杜品 LiuJQ-2012-GN-099
甘肃：合作 刘坤 LiuJQ-GN-2011-661
甘肃：合作 刘坤 LiuJQ-GN-2011-664
甘肃：临潭 齐威 LJQ-2008-GN-345
青海：都兰 潘建斌，杜维波，牛炳韬 Liujq-2011CDM-214

Adenophora stenophylla Hemsley 扫帚沙参
黑龙江：五大连池 孙阎，赵立波 SunY058

Adenophora stricta Miquel 沙参
安徽：屯溪区 方建新 TangXS0681
广西：金秀 彭华，向春雷，陈丽 PengH8104
贵州：南明区 赵厚涛，韩国营 YBG115
湖北：竹溪 甘霖 GanQL636
湖南：永定区 廖博儒，查学州，曹赫 250A
吉林：临江 李长田 Yanglm0014
江西：庐山区 董安淼，吴从梅 TanCM926

Adenophora stricta subsp. **aurita** (Franchet) D. Y. Hong & S. Ge 川西沙参＊
四川：道孚 何兴金，马祥光，郜鹏 SCU-10-203

Adenophora stricta subsp. **sessilifolia** D. Y. Hong 无柄沙参＊
重庆：南川区 易思荣 YISR064

Adenophora tetraphylla (Thunberg) Fischer 轮叶沙参
河北：宽城 牛玉璐，高彦飞，赵二涛 NiuYL470
黑龙江：北安 郑宝江，丁晓炎，王美娟 ZhengBJ275
黑龙江：肇东 刘玫，王臣，史传奇等 Liuetal615
吉林：和龙 刘翠晶 Yanglm0212
吉林：磐石 安海成 AnHC0409
江苏：句容 王兆银，吴宝成 SCSB-JS0369
江苏：海州区 汤兴利 HANGYY8512
山东：崂山区 邓建平 LuoY148
山东：牟平区 卞福花，陈朋 BianFH-0366

Adenophora trachelioides Maximowicz 荠苨＊
吉林：磐石 安海成 AnHC0425
江苏：句容 王兆银，吴宝成 SCSB-JS0302
江苏：句容 王兆银，吴宝成 SCSB-JS0308
辽宁：长海 郑宝江，丁晓炎，焦宏斌等 ZhengBJ347
辽宁：庄河 于立敏 CaoW804
山东：崂山区 罗艳，李中华 LuoY386

Adenophora tricuspidata (Fischer ex Schultes) A. Can-dolle 锯齿沙参
黑龙江：嫩江 王臣，张欣欣，史传奇 WangCh130

Adenophora wilsonii Nannfeldt 聚叶沙参＊
湖北：竹溪 李盛兰 GanQL374
江西：修水 缪以清，陈玉秀 TanCM1288

Asyneuma chinense D. Y. Hong 球果牧根草＊
云南：金平 张挺，马国强，刘娜等 SCSB-B-000591
云南：兰坪 孔航辉，任琛 Yangqe2893
云南：文山 税玉民，陈文红 16268
云南：石林 税玉民，陈文红 65444
云南：文山 税玉民，陈文红 81046
云南：文山 税玉民，陈文红 81112
云南：文山 税玉民，陈文红 81142

Asyneuma japonicum (Miquel) Briquet 牧根草
黑龙江：尚志 刘玫，张欣欣，程薪宇等 Liuetal467
黑龙江：五大连池 孙阎，赵立波 SunY060
吉林：磐石 安海成 AnHC0213
辽宁：桓仁 祝业平 CaoW974
辽宁：庄河 于立敏 CaoW934

Campanula aristata Wallich 钻裂风铃草
甘肃：合作 刘坤 LiuJQ-GN-2011-736
甘肃：玛曲 齐威 LJQ-2008-GN-343
西藏：林芝 罗建，王国严，汪书丽 LiuJQ-08XZ-048
西藏：聂荣 陈家辉，庄会富，边巴扎西 Yangyp-Q-2107

Campanula cana Wallich 灰毛风铃草
四川：得荣 孙航，李新辉，陈林杨 SunH-07ZX-3059
西藏：芒康 张挺，李爱花，刘成等 08CS678
云南：德钦 孙航，李新辉，陈林杨 SunH-07ZX-2969
云南：永德 李永亮 YDDXS1166
云南：永德 李永亮，马文军 YDDXSB139

云南：永德 李永亮 YDDXS0672

Campanula chinensis D. Y. Hong 长柱风铃草 *

四川：理塘 苏涛，黄永江，杨青松等 ZhouZK11136

四川：普格 苏涛，黄永江，杨青松等 ZhouZK11048

Campanula crenulata Franchet 流石风铃草 *

四川：米易 袁明 MY578

Campanula dimorphantha Schweinfurth 一年生风铃草

四川：射洪 袁明 YUANM2016L185

云南：麻栗坡 肖波 LuJL451

云南：南涧 阿国仁 NJWLS781

云南：腾冲 周应再 Zhyz-290

云南：永德 李永亮 YDDXS1267

Campanula glomerata Linnaeus 北疆风铃草

黑龙江：宁安 刘玫，张欣欣，程薪宇等 Liuetal528

吉林：磐石 安海成 AnHC0201

新疆：博乐 徐文斌 SHI-A2007112

新疆：博乐 徐文斌，王莹 SHI-2008012

新疆：和静 张挺，杨赵平，焦培培等 LiZJ0506

新疆：尼勒克 贺晓欢，徐文斌，刘鸯等 SHI-A2007377

新疆：尼勒克 刘鸯，马真，贺晓欢等 SHI-A2007466

Campanula nakaoi Kitamura 藏南风铃草

云南：洱源 杨青松，星耀武，苏涛 ZhouZK-07ZX-0268

Campanula pallida Wallich 西南风铃草

四川：米易 刘静，袁明 MY-031

四川：木里 苏涛，黄永江，杨青松等 ZhouZK11359

四川：盐边 苏涛，黄永江，杨青松等 ZhouZK11333

西藏：昌都 张挺，李爱花，刘成等 08CS759

西藏：城关区 许炳强，童毅华 XiaNh-07zx-527

西藏：工布江达 罗建，汪书丽，任德智 LiuJQ-09XZ-ML077

西藏：拉萨 杨永平，王东超，杨大松等 YangYP-Q-5013

西藏：朗县 罗建，汪书丽，任德智 L100

西藏：林芝 罗建，汪书丽 LiuJQ-08XZ-224

西藏：米林 陈家辉，王赟，刘德团 YangYP-Q-3277

云南：P. H. 5665

云南：大理 张德全，文青华，段金成等 ZDQ083

云南：东川区 蔡杰，郭永杰，吴之坤等 11CS3003

云南：东川区 彭华，陈丽 P. H. 5963

云南：富民 彭华，向春雷，许瑾等 P. H. 5470

云南：贡山 郭永杰，吴之坤，吴兴等 14CS9916

云南：昆明 彭华，陈丽，王英 P. H. 5352

云南：南涧 彭华，向春雷，陈丽 P. H. 5912

云南：南涧 阿国仁，何贵才 NJWLS1121

云南：宁蒗 苏涛，黄永江，杨青松等 ZhouZK11428

云南：盘龙区 彭华，向春雷，王泽欢 PengH8452

云南：巧家 李文虎，吴天抗，张天壁等 QJYS0174

云南：巧家 张天壁 SCSB-W-800

云南：巧家 杨光明 SCSB-W-1480

云南：石林 税玉民，陈文红 65434

云南：文山 彭华，刘恩德，陈丽 P. H. 5525

云南：文山 何德明 WSLJS983

云南：文山 何德明，丰艳飞，陈斌 WSLJS843

云南：西盟 胡启和，赵强，周英等 YNS0747

云南：香格里拉 陈文允，于文涛，黄永江等 CYHL217

云南：香格里拉 周浙昆，苏涛，杨莹等 Zhou09-103

云南：新平 刘家良 XPALSD337

云南：寻甸 彭华，向春雷，王泽欢 PengH8035

云南：镇沅 罗成瑜 ALSZY366

Campanula punctata Lamarck 紫斑风铃草

河北：赤城 牛玉璐，高彦飞 NiuYL633

黑龙江：尚志 刘玫，张欣欣，程薪宇等 Liuetal456

湖北：神农架林区 李巨平 LiJuPing0185

湖北：仙桃 张代贵 Zdg2339

湖北：竹溪 李盛兰 GanQL524

Campanumoea inflata (J. D. Hooker & Thomson) C. B. Clarke 藏南金钱豹

西藏：墨脱 刘成，亚吉东，何华杰等 16CS11911

Campanumoea javanica Blume 金钱豹

安徽：休宁 唐鑫生，方建新 TangXS0469

广西：八步区 黄俞淞，吴望辉，农冬新 Liuyan0302

广西：金秀 彭华，向春雷，陈丽 PengH8106

广西：灵川 吴望辉，黄俞淞，农冬新 Liuyan0404

广西：龙胜 黄俞淞，叶晓霞，邹容 Liuyan0093

广西：永福 刘静，胡仁传 Liuyan1076

广西：永福 许为斌，梁永延，黄俞淞等 Liuyan0152

贵州：道真 赵厚涛，韩国营 YBG036

贵州：花溪区 邹方伦 ZouFL0164

贵州：江口 周云，王勇 XiangZ081

贵州：黎平 刘克明 SCSB-HN-1093

湖北：来凤 丛义艳，陈丰林 SCSB-HN-1179

湖北：宣恩 沈泽昊 HXE133

湖南：鹤城区 李胜华，伍贤进，曾汉元等 HHXY153

湖南：鹤城区 李胜华，伍贤进，刘光华等 Wuxj853

湖南：洪江 李胜华，伍贤进，刘光华等 Wuxj1084

湖南：怀化 李胜华，伍贤进，曾汉元等 HHXY225

湖南：怀化 李胜华，伍贤进，曾汉元等 HHXY372

湖南：桑植 田连成 SCSB-HN-1211

湖南：石门 陈功锡，张代贵 SCSB-HC-2008391

湖南：石门 陈功锡，张代贵，邓涛等 SCSB-HC-2007546

四川：雨城区 刘静，洪志刚 Y07347

云南：安宁 杜燕，周开洪，王建军等 SCSB-A-000360

云南：峨山 马兴达，乔娣 WangHCH066

云南：金平 喻智勇，官兴永，张云飞等 JinPing49

云南：金平 张挺，马国强，刘娜等 SCSB-B-000589

云南：景东 刘长铭，罗庆光，袁小龙等 JDNR11027

云南：景东 鲁艳 07-159

云南：景东 罗忠华，刘长铭，李绍昆等 JDNR09110

云南：景洪 张挺，谭运洪，王建军等 SCSB-B-000261

云南：隆阳区 段在贤，刀开国 BSGLGSly1206

云南：隆阳区 段在贤，密得生，刀开国等 BSGLGSly1048

云南：绿春 李天华，李正明 HLS0333

云南：绿春 税玉民，陈文红 73129

云南：麻栗坡 肖波 LuJL240

云南：马关 税玉民，陈文红 16175

云南：蒙自 税玉民，陈文红 72476

云南：南涧 高国政 NJWLS1414

云南：南涧 官有才，马德跃，熊绍荣等 NJWLS683

云南：南涧 李名生 NJWLS2008217

云南：南涧 熊绍荣，杨建平，落新洪等 njwls2007080

云南：南涧 徐家武，袁玉川，罗增阳 NJWLS623

云南：普洱 叶金科 YNS0358

云南：腾冲 李爱花，黄之镨，黄押稳等 SCSB-A-000303

云南：腾冲 周应再 Zhyz-141

云南：腾冲 周应再 Zhyz-491

云南：文山 何德明，张挺，黎谷香 WSLJS541

云南：西畴 彭华，刘恩德，陈丽 P. H. 5539

云南：新平 刘家良 XPALSD076

云南：新平 王家和 XPALSC212
云南：易门 彭华，向春雷，王泽欢 PengH8367
云南：永德 李永亮 YDDXS0538
云南：永德 李永亮，马文军 YDDXSB159
云南：元阳 浦仕梅，刘成，杨娅娟等 YYGYS005
云南：元阳 亚吉东，黄莉，何华杰 15CS11258
云南：云龙 李爱花，李洪超，李文化等 SCSB-A-000172
云南：云龙 李施文，张志云 TC3041
云南：镇沅 何忠云，王立东 ALSZY162
云南：镇沅 罗成瑜 ALSZY241

Campanumoea javanica subsp. **japonica** (Makino) D. Y. Hong 小花金钱豹
湖南：宜章 肖伯仲 SCSB-HN-0804
江西：黎川 童和平，王玉珍 TanCM1887
江西：修水 缪以清 TanCM690
四川：峨眉山 李小杰 LiXJ543
四川：雨城区 刘静 Y07337

Codonopsis affinis J. D. Hooker & Thomson 大叶党参
四川：得荣 徐波，陈光富，陈林杨等 SunH-07ZX-1491

Codonopsis alpina Nannfeldt 高山党参 *
西藏：察隅 张挺，蔡杰，袁明 09CS1541

Codonopsis benthamii J. D. Hooker & Thomson 大萼党参
四川：理塘 苏涛，黄永江，杨青松等 ZhouZK11149
云南：香格里拉 郭永杰，张桥蓉，李春晓等 11CS3481

Codonopsis bulleyana Forrest ex Diels 管钟党参 *
四川：甘孜 苏涛，黄永江，杨青松等 ZhouZK11190
四川：甘孜 陈文允，于文涛，黄永江 CYH159
云南：东川区 蔡杰，郭永杰，吴之坤等 11CS2968
云南：巧家 杨光明 SCSB-W-1254
云南：香格里拉 郭永杰，张桥蓉，李春晓等 11CS3426

Codonopsis canescens Nannfeldt 灰毛党参 *
甘肃：碌曲 李晓东，刘帆，张景博等 LiJ0148
甘肃：卓尼 齐威 LJQ-2008-GN-344

Codonopsis clematidea (Schrenk) C. B. Clarke 新疆党参
新疆：察布查尔 段士民，王喜勇，刘会良等 69
新疆：和静 邱爱军，张玲 LiZJ1819
新疆：和静 杨赵平，焦培培，白冠章等 LiZJ0537
新疆：和硕 邱爱军，张玲，马帅 LiZJ1681
新疆：尼勒克 贺晓欢，徐文斌，刘鸯等 SHI-A2007380
新疆：尼勒克 徐文斌，刘鸯，马真等 SHI-A2007435
新疆：尼勒克 刘鸯，马真，贺晓欢等 SHI-A2007465
新疆：尼勒克 刘鸯，马真，贺晓欢等 SHI-A2007479
新疆：尼勒克 段士民，王喜勇，刘会良 Zhangdy416
新疆：温宿 杨赵平，黄文娟，段黄金等 LiZJ0134
新疆：乌鲁木齐 谭敦炎，地里努尔 TanDY0605
新疆：乌鲁木齐 王喜勇，马文宝，施翔 zdy416
新疆：乌鲁木齐 段士民，王喜勇，刘会良 Zhangdy243
新疆：昭苏 亚吉东，张桥蓉，秦少发等 16CS13593

Codonopsis convolvulacea Kurz 鸡蛋参
云南：隆阳区 李恒，李嵘，刀志灵 1280
云南：蒙自 田学军，邱成书，高波 TianXJ0218
云南：宁蒗 苏涛，黄永江，杨青松等 ZhouZK11449
云南：永德 李永亮 YDDXS1251

Codonopsis convolvulacea subsp. **forrestii** (Diels) D. Y. Hong & L. M. Ma 珠子参
云南：隆阳区 赵玮，莫连贤，段在贤 BSGLGS1y031
云南：南涧 李成清，高国政，徐如标 NJWLS487
云南：巧家 杨光明 SCSB-W-1209

Codonopsis convolvulacea subsp. **vinciflora** (Komarov) D. Y. Hong 薄叶鸡蛋参 *
西藏：林芝 罗建，汪书丽 LiuJQ-08XZ-225
西藏：林芝 罗建，汪书丽，任德智 LiuJQ-09XZ-ML009
西藏：桑日 陈家辉，韩希，王广艳等 YangYP-Q-4231

Codonopsis cordifolioidea P. C. Tsoong 心叶党参 *
云南：南涧 熊绍荣 NJWLS1204

Codonopsis deltoidea Chipp 三角叶党参 *
云南：香格里拉 杨亲二，袁琼 Yangqe2240

Codonopsis foetens J. D. Hooker & Thomson 臭党参
四川：稻城 何兴金，廖晨阳，任海燕等 SCU-09-430
西藏：林芝 罗建，汪书丽 LiuJQ-08XZ-144
西藏：林芝 孙航，张建文，陈建国等 SunH-07ZX-2745
西藏：林芝 张大才，李双智，唐路等 ZhangDC-07ZX-1808
西藏：林芝 陈家辉，韩希，王广艳等 YangYP-Q-4087
西藏：林芝 杨永平，王东超，杨大松等 YangYP-Q-4115

Codonopsis foetens subsp. **nervosa** (Chipp) D. Y. Hong 脉花党参 *
甘肃：合作 郭淑青，杜品 LiuJQ-2012-GN-098
甘肃：卓尼 刘坤 LiuJQ-GN-2011-658
四川：白玉 张大才，尹五元，李双智等 ZhangDC-07ZX-2285
四川：白玉 孙航，张建文，董金龙等 SunH-07ZX-3681
四川：白玉 孙航，张建文，邓涛等 SunH-07ZX-3716
四川：稻城 张大才，尹五元，李双智等 ZhangDC-07ZX-2166
四川：稻城 孙航，张建文，邓涛等 SunH-07ZX-3353
四川：德格 张大才，尹五元，李双智等 ZhangDC-07ZX-2306
四川：甘孜 张大才，尹五元，李双智等 ZhangDC-07ZX-2347
四川：黑水 顾垒，李忠荣 GaoXF-09ZX-1715
四川：理塘 李晓东，张景博，徐凌翔等 LiJ301
四川：理塘 孙航，张建文，邓涛等 SunH-07ZX-3360
四川：小金 顾垒，张羽 GAOXF-10ZX-1931
西藏：昌都 张挺，李爱花，刘成等 08CS756
西藏：芒康 徐波，陈光富，陈林杨等 SunH-07ZX-0269
西藏：左贡 张大才，罗康，梁群等 ZhangDC-07ZX-1347

Codonopsis gombalana C. Y. Wu 贡山党参 *
云南：贡山 刀志灵 DZL311

Codonopsis henryi Oliver 川鄂党参 *
四川：乡城 孔航辉，罗江平，左雷等 YangQE3545

Codonopsis lanceolata (Siebold & Zuccarini) Trautvetter 羊乳
安徽：祁门 唐鑫生，方建新 TangXS0478
贵州：正安 韩国营 HanGY010
黑龙江：阿城 孙阎，杜景红 SunY264
黑龙江：宁安 刘玫，张欣欣，程薪宇等 Liuetal531
湖北：广水 朱鑫鑫，王君，石琳琳等 ZhuXX295
吉林：南关区 韩忠明 Yanglm0122
吉林：磐石 安海成 AnHC0408
江西：靖安 李立新，缪以清 TanCM1247
江西：靖安 张吉华，刘运群 TanCM769
江西：黎川 童和平，王玉珍 TanCM1906
辽宁：庄河 于立敏 CaoW938
山东：牟平区 卞福花，陈朋 BianFH-0361
四川：黑水 顾垒，李忠荣 GaoXF-09ZX-1309

Codonopsis levicalyx L. T. Shen 光萼党参 *
西藏：林芝 罗建，汪书丽，王国严 LiuJQ-09XZ-369

Codonopsis micrantha Chipp 小花党参 *
四川：米易 刘静，袁明 MY-199
云南：昌宁 赵玮 BSGLGS1y133
云南：南涧 阿国仁，熊绍荣，邹国娟等 NJWLS2008043

云南：西山区 彭华，陈丽 P.H.5331

Codonopsis pilosula (Franchet) Nannfeldt 党参

甘肃：夏河 刘坤 LiuJQ-GN-2011-657
甘肃：夏河 齐威 LJQ-2008-GN-347
广西：金秀 彭华，向春雷，陈丽 PengH8124
广西：金秀 彭华，向春雷，陈丽 PengH8154
河北：蔚县 牛玉璐，高彦飞，赵二涛 NiuYL345
湖北：竹溪 李盛兰 GanQL326
吉林：临江 李长田 Yanglm0019
辽宁：清原 张永刚 Yanglm0160
陕西：宁陕 吴礼慧，吴功钦 TianXH049
四川：宝兴 袁明 Y07088
新疆：乌鲁木齐 王喜勇，马文宝，施翔 zdy252
云南：东川区 张挺，蔡杰，刘成等 11CS3595
云南：剑川 陈文允，于文涛，黄永江等 CYHL234
云南：盘龙区 彭华，向春雷，王泽欢 PengH8434
云南：盘龙区 张挺，蔡杰，郭永杰等 08CS894
云南：维西 陈文允，于文涛，黄永江等 CYHL075
云南：香格里拉 杨青松，星耀武，苏涛 ZhouZK-07ZX-0332

Codonopsis pilosula subsp. **tangshen** (Oliver) D. Y. Hong 川党参 *

重庆：南川区 谭秋平 YISR293
湖北：神农架林区 李巨平 LiJuPing0221
云南：普洱 谭运洪 B72

Codonopsis purpurea Wallich 紫花党参

四川：宝兴 袁明 Y07090
云南：景洪 胡启和，仇亚，周英等 YNS0680

Codonopsis subglobosa W. W. Smith 球花党参 *

四川：德格 苏涛，黄永江，杨青松等 ZhouZK11195

Codonopsis subscaposa Komarov 抽葶党参 *

四川：康定 高云东，李忠荣，鞠文彬 GaoXF-12-185

Codonopsis viridiflora Maximowicz 绿花党参 *

西藏：工布江达 陈家辉，韩希，王东超等 YangYP-Q-4138
西藏：江达 陈家辉，王赟，刘德团 YangYP-Q-3088
西藏：类乌齐 陈家辉，王赟，刘德团 YangYP-Q-3183

Cyananthus delavayi Franchet 细叶蓝钟花 *

四川：木里 聂泽龙，孟盈，邓涛 SunH-07ZX-2359
云南：香格里拉 杨亲二，袁琼 Yangqe2229

Cyananthus flavus C. Marquand 黄钟花 *

四川：巴塘 陈文允，于文涛，黄永江 CYH058
西藏：昌都 苏涛，黄永江，杨青松等 ZhouZK11292

Cyananthus flavus subsp. **montanus** (C. Y. Wu) D. Y. Hong & L. M. Ma 白钟花 *

云南：富民 蔡杰，郭永杰，郁文彬等 13CS7169

Cyananthus formosus Diels 美丽蓝钟花 *

四川：乡城 张大才，尹五元，李双智等 ZhangDC-07ZX-2121
云南：香格里拉 周浙昆，苏涛，杨莹等 Zhou09-013

Cyananthus hookeri C. B. Clarke 蓝钟花

甘肃：卓尼 刘坤 LiuJQ-GN-2011-656
甘肃：卓尼 齐威 LJQ-2008-GN-342
四川：白玉 孙航，张建文，邓涛等 SunH-07ZX-3715
四川：白玉 孙航，张建文，邓涛等 SunH-07ZX-3740
四川：道孚 陈文允，于文涛，黄永江 CYH213
四川：稻城 孙航，张建文，董金龙等 SunH-07ZX-3603
四川：得荣 孙航，李新辉，陈林杨 SunH-07ZX-2924
四川：得荣 孙航，李新辉，陈林杨 SunH-07ZX-3009
四川：得荣 孙航，李新辉，陈林杨 SunH-07ZX-3027
四川：德格 孙航，张建文，董金龙等 SunH-07ZX-3901
四川：德格 苏涛，黄永江，杨青松等 ZhouZK11223
四川：甘孜 孙航，张建文，董金龙等 SunH-07ZX-3953
四川：甘孜 聂泽龙，孟盈，邓涛 SunH-07ZX-2865
四川：甘孜 聂泽龙，孟盈，邓涛 SunH-07ZX-2868
四川：甘孜 陈文允，于文涛，黄永江 CYH186
四川：九龙 张大才，尹五元，李双智等 ZhangDC-07ZX-2405
四川：九龙 孙航，张建文，董金龙等 SunH-07ZX-4045
四川：康定 孙航，张建文，董金龙等 SunH-07ZX-4030
四川：康定 高云东，李忠荣，鞠文彬 GaoXF-12-170
四川：康定 张昌兵，向丽 ZhangCB0184
四川：壤塘 何兴金，马祥光，郜鹏 SCU-10-242
四川：乡城 周浙昆，苏涛，杨莹等 Zhou09-165
四川：乡城 周浙昆，苏涛，杨莹等 Zhou09-178
西藏：察隅 孙航，张建文，陈建国等 SunH-07ZX-2517
西藏：工布江达 罗建，汪书丽，任德智 LiuJQ-09XZ-ML076
西藏：林芝 罗建，汪书丽，任德智 LiuJQ-09XZ-284
西藏：林周 陈家辉，韩希，王广艳等 YangYP-Q-4148
西藏：芒康 孙航，张建文，邓涛等 SunH-07ZX-3386
西藏：芒康 徐波，陈光富，陈林杨等 SunH-07ZX-1508
西藏：芒康 张永洪，李国栋，王晓雄 SunH-07ZX-1723
西藏：左贡 张永洪，李国栋，王晓雄 SunH-07ZX-1784
西藏：左贡 徐波，陈光富，陈林杨等 SunH-07ZX-2073
云南：德钦 杨青松，星耀武，苏涛 ZhouZK-07ZX-0405
云南：东川区 蔡杰，郭永杰，吴之坤等 11CS2991
云南：会泽 杜燕，黄天才，董勇等 SCSB-A-000341
云南：禄劝 胡光万 HGW-00330
云南：巧家 杨光明 SCSB-W-1249
云南：香格里拉 孔航辉，罗江平，左雷等 YangQE3565

Cyananthus incanus J. D. Hooker & Thomson 灰毛蓝钟花

四川：巴塘 张大才，尹五元，李双智等 ZhangDC-07ZX-2237
四川：稻城 孙航，张建文，邓涛等 SunH-07ZX-3331
四川：得荣 孙航，李新辉，陈林杨 SunH-07ZX-3012
四川：九龙 张大才，尹五元，李双智等 ZhangDC-07ZX-2404
四川：康定 张昌兵，向丽 ZhangCB0197
四川：马尔康 顾垒，张羽 GAOXF-10ZX-1908
西藏：八宿 徐波，陈光富，陈林杨等 SunH-07ZX-0981
西藏：芒康 徐波，陈光富，陈林杨等 SunH-07ZX-0246
西藏：芒康 徐波，陈光富，陈林杨等 SunH-07ZX-1531
西藏：芒康 张永洪，李国栋，王晓雄 SunH-07ZX-1736
西藏：左贡 徐波，陈光富，陈林杨等 SunH-07ZX-0864
西藏：左贡 徐波，陈光富，陈林杨等 SunH-07ZX-1579
云南：香格里拉 孙航，张建文，董金龙等 SunH-07ZX-3515
云南：香格里拉 周浙昆，苏涛，杨莹等 Zhou09-016
云南：永德 李永亮 YDDXS0606

Cyananthus inflatus J. D. Hooker & Thomson 胀萼蓝钟花

贵州：威宁 邹方伦 ZouFL0307
四川：红原 张昌兵，邓秀发，郝国歉 ZhangCB0334
四川：康定 孙航，张建文，邓涛等 SunH-07ZX-3759
四川：木里 聂泽龙，孟盈，邓涛 SunH-07ZX-2329
西藏：察雅 张挺，李爱花，刘成等 08CS743
西藏：察隅 张挺，蔡杰，袁明 09CS1552
西藏：林芝 孙航，张建文，陈建国等 SunH-07ZX-2857
西藏：林芝 罗建，汪书丽，王国严 LiuJQ-09XZ-380
西藏：林芝 张大才，李双智，唐路等 ZhangDC-07ZX-1839
云南：德钦 陈文允，于文涛，黄永江等 CYHL138
云南：迪庆 聂泽龙，孟盈，邓涛 SunH-07ZX-2344
云南：会泽 杜燕，黄天才，董勇等 SCSB-A-000331
云南：景东 杨国平，李达文，鲁志云 ygp-042

云南：景东 刘长铭，赵天晓，鲁成荣等 JDNR110125
云南：南涧 阿国仁，熊绍荣，邹国娟等 NJWLS2008047
云南：巧家 杨光明，颜再奎，张天壁等 QJYS0066
云南：巧家 李文虎，吴天抗，张天壁等 QJYS0177
云南：文山 何德明，丰艳飞，陈斌 WSLJS886
云南：香格里拉 郭永杰，张桥蓉，李春晓等 11CS3407
云南：香格里拉 郭永杰，张桥蓉，李春晓等 11CS3468
云南：香格里拉 周浙昆，苏涛，杨莹等 Zhou09-066
云南：香格里拉 周浙昆，苏涛，杨莹等 Zhou09-084
云南：香格里拉 孔航辉，任琛 Yangqe2851
云南：永德 李永亮 YDDXS0551
云南：云龙 李施文，张志云 TCLMS5008

Cyananthus lichiangensis W. W. Smith 丽江蓝钟花 *
云南：德钦 陈文允，于文涛，黄永江等 CYHL125
云南：香格里拉 郭永杰，张桥蓉，李春晓等 11CS3415

Cyananthus lobatus Wallich ex Bentham 裂叶蓝钟花
西藏：错那 罗建，汪书丽 LiuJQ11XZ060
西藏：林芝 罗建，汪书丽 LiuJQ-08XZ-141
西藏：林芝 陈家辉，韩希，王东超等 YangYP-Q-4029

Cyananthus longiflorus Franchet 长花蓝钟花 *
云南：迪庆 张志强 SunH-07ZX-2357

Cyananthus macrocalyx Franchet 大萼蓝钟花
四川：道孚 陈文允，于文涛，黄永江 CYH217
四川：康定 陈文允，于文涛，黄永江 CYH228
西藏：察隅 张挺，蔡杰，袁明 09CS1553
西藏：江达 陈家辉，王赟，刘德团 YangYP-Q-3079
西藏：林芝 罗建，汪书丽 LiuJQ-08XZ-146
云南：德钦 杨青松，星耀武，苏涛 ZhouZK-07ZX-0406
云南：洱源 杨青松，星耀武，苏涛 ZhouZK-07ZX-0269
云南：巧家 杨光明 SCSB-W-1247

Cyananthus microphyllus Edgeworth 小叶蓝钟花
四川：乡城 张大才，尹五元，李双智等 ZhangDC-07ZX-2124

Cyananthus pedunculatus C. B. Clarke 有梗蓝钟花
西藏：亚东 马永鹏 ZhangCQ-0046

Cyclocodon celebicus (Blume) D. Y. Hong 小叶轮钟草
西藏：墨脱 刘成，亚吉东，何华杰等 16CS11845
云南：贡山 蔡杰，郭云刚，张凤琼等 14CS9702
云南：贡山 刘成，何华杰，黄莉等 14CS8506
云南：贡山 刀志灵，陈哲 DZL-042
云南：绿春 黄连山保护区科研所 HLS0232
云南：绿春 彭华，向春雷，陈丽等 P.H.5600
云南：绿春 税玉民，陈文红 82832
云南：蒙自 税玉民，陈文红 72416
云南：南涧 熊绍荣 NJWLS2008097
云南：普洱 叶金科 YNS0305

Cyclocodon lancifolius (Roxburgh) Kurz 轮钟花
广西：临桂 吴望辉，许为斌，农冬新 Liuyan0523
广西：永福 许为斌，梁永延，黄俞淞等 Liuyan0187
贵州：惠水 邹方伦 ZouFL0130
贵州：台江 邹方伦 ZouFL0274
湖北：利川 祝文志，刘志祥，曹远俊 ShenZH3480
湖南：石门 陈功锡，张代贵 SCSB-HC-2008153
湖南：永顺 陈功锡，张代贵 SCSB-HC-2008375
江西：修水 缪以清，陈玉秀 TanCM1287
四川：峨眉山 李小杰 LiXJ222
云南：贡山 刀志灵 DZL831
云南：江城 叶金科 YNS0448
云南：景谷 叶金科 YNS0406
云南：景洪 谭运洪，余涛 B393
云南：景洪 胡启和，仇亚，周英等 YNS0679
云南：绿春 黄连山保护区科研所 HLS0286
云南：绿春 张挺，马国强，刘娜等 SCSB-B-000565
云南：绿春 张挺，马国强，刘娜等 SCSB-B-000566
云南：绿春 黄连山保护区科研所 HLS0068
云南：绿春 黄连山保护区科研所 HLS0387
云南：麻栗坡 张挺，修莹莹，李胜 SCSB-B-000612
云南：麻栗坡 肖波 LuJL050
云南：麻栗坡 肖波 LuJL126
云南：麻栗坡 肖波 LuJL196
云南：马关 张挺，修莹莹，李胜 SCSB-B-000618
云南：马关 张挺，修莹莹，李胜 SCSB-B-000619
云南：马关 DNA barcoding B 组 GBOWS0672
云南：蒙自 税玉民，陈文红 72503

Cyclocodon parviflorus (Wallich ex A. Candolle) J. D. Hooker & Thomson 小花轮钟草
云南：沧源 张挺，刘成，郭永杰 08CS987
云南：贡山 张挺，杨湘云，李涟漪等 14CS9613
云南：江城 叶金科 YNS0449
云南：绿春 黄连山保护区科研所 HLS0390
云南：盈江 王立彦，左常盛，桂魏 SCSB-TBG-057

Homocodon brevipes (Hemsley) D. Y. Hong 同钟花
云南：墨江 彭华，向春雷，陈丽等 P.H.5672
云南：文山 何德明，黄太文 WSLJS979
云南：永德 李永亮 LiYL1550

Leptocodon gracilis (J. D. Hooker & Thomson) Lemaire 细钟花
四川：盐源 苏涛，黄永江，杨青松等 ZhouZK11404

Lobelia alsinoides Lamarck 短柄半边莲
云南：宁洱 胡启和，仇亚，张绍云 YNS0589
云南：永德 李永亮 YDDXS0858

Lobelia chinensis Loureiro 半边莲
湖南：双牌 姜孝成，王丽萍，李育华 Jiangxc0775
云南：勐海 彭华，向春雷，陈丽等 P.H.5734
云南：新平 白绍斌 XPALSC530

Lobelia clavata F. E. Wimmer 密毛山梗菜
云南：华宁 彭华，陈丽 P.H.5383
云南：景东 罗忠华，张明勇，段玉伟等 JD131
云南：南涧 彭华，向春雷，陈丽 P.H.5927
云南：瑞丽 彭华，陈丽，向春雷等 P.H.5410
云南：易门 彭华，向春雷，王泽欢 PengH8357
云南：易门 彭华，向春雷，王泽欢 PengH8375
云南：永德 李永亮 YDDXS1035
云南：元阳 彭华，向春雷，陈丽 PengH8204

Lobelia colorata Wallich 狭叶山梗菜
云南：麻栗坡 肖波 LuJL188
云南：马关 刀志灵，张洪喜 DZL597

Lobelia davidii Franchet 江南山梗菜
重庆：南川区 易思荣 YISR069
广西：临桂 吴望辉，黄俞淞，农冬新 Liuyan0387
湖南：洞口 肖乐希，唐光波，尹成园等 SCSB-HN-1561
湖南：浏阳 丛义艳，田淑珍 SCSB-HN-1495
湖南：新化 姜孝成，唐妹，戴小军等 Jiangxc0540
湖南：新化 刘克明，彭珊，李珊等 SCSB-HN-1662
湖南：新化 刘克明，彭珊，李珊等 SCSB-HN-1713
湖南：沅陵 周丰杰，刘克明 SCSB-HN-1329
江西：黎川 童和平，王玉珍 TanCM1901

江西：庐山区 谭策铭，董安淼 TCM09030
江西：铅山 谭策铭，易桂花 TCM09201
江西：湾里区 杜小浪，慕泽泾，曹岚 DXL050
江西：修水 谭策铭，易桂花，缪以清等 TanCM2133
四川：峨眉山 李小杰 LiXJ563
云南：绿春 HLS0165
云南：马关 税玉民，陈文红 82579
云南：南涧 阿国仁，熊绍荣，邹国娟等 NJWLS2008012
云南：南涧 罗增阳，袁立川，徐家武等 NJWLS2008184
云南：文山 税玉民，陈文红 16348
云南：新平 彭华，陈丽 P.H.5370
云南：新平 何罡安 XPALSB112

Lobelia doniana Skottsberg **微齿山梗菜**

云南：迪庆 聂泽龙，孟盈，邓涛 SunH-07ZX-2345
云南：景东 杨国平 ygp-054
云南：南涧 熊绍荣，阿国仁 njwls2007120

Lobelia heyneana Schultes **翅茎半边莲**

云南：景东 鲁艳 2008186
云南：绿春 黄连山保护区科研所 HLS0252
云南：新平 刘家良 XPALSD323
云南：镇沅 罗成瑜 ALSZY404

Lobelia iteophylla C. Y. Wu **柳叶山梗菜** *

云南：永德 李永亮，王学军，陈海涛 YDDXSB098
云南：云龙 李爱花，李洪超，黄天才等 SCSB-A-000199

Lobelia melliana F. E. Wimmer **线萼山梗菜** *

江西：黎川 童和平，王玉珍 TanCM2780
江西：龙南 梁跃龙，廖海红 LiangYL105
江西：铅山 谭策铭，易桂花 TCM09200

Lobelia montana Reinwardt ex Blume **山紫锤草**

西藏：墨脱 刘成，亚吉东，何华杰等 16CS11944
云南：金平 税玉民，陈文红 80476
云南：龙陵 孙兴旭 SunXX045
云南：绿春 税玉民，陈文红 73029
云南：绿春 税玉民，陈文红 73126
云南：绿春 税玉民，陈文红 73127
云南：屏边 税玉民，陈文红 82503
云南：元阳 李文锋，刘成，杨娅娟等 YYGYS038

Lobelia nummularia Lamarck **铜锤玉带草**

广西：金秀 彭华，向春雷，陈丽 PengH8094
广西：金秀 许为斌，黄俞淞，叶晓霞等 Liuyan0119
广西：龙胜 许为斌，黄俞淞，朱章明 Liuyan0442
广西：兴安 刘演，黄俞淞，吴望辉等 Liuyan0107
四川：峨眉山 彭华，刘振稳，向春雷等 P.H.5034
四川：米易 袁明 MY577
四川：冕宁 张大才，尹五元，李双智等 ZhangDC-07ZX-2444
四川：雨城区 刘静 Y07336
云南：沧源 赵金超，肖美芳，汪顺莉 CYNGH213
云南：洱源 张书东，林娜娜，陆露等 SCSB-W-163
云南：贡山 张挺，杨湘云，李涟漪等 14CS8976
云南：贡山 刀志灵 DZL313
云南：贡山 刀志灵，陈哲 DZL-052
云南：贡山 李恒，李嵘 814
云南：金平 税玉民，陈文红 71529
云南：金平 税玉民，陈文红 71553
云南：金平 税玉民，陈文红 71657
云南：金平 喻智勇，官兴永，张云飞等 JinPing73
云南：景东 彭华，陈丽 P.H.5389
云南：景东 杨国平 07-90
云南：景东 罗忠华，刘长铭，鲁成荣 JD036
云南：景洪 张挺，谭运洪，王建军等 SCSB-B-000260
云南：景洪 彭华，向春雷，王泽欢 PengH8549
云南：临沧 彭华，向春雷，陈丽 PengH8054
云南：龙陵 孙兴旭 SunXX041
云南：隆阳区 段在贤，杨采龙 BSGLGS1y1001
云南：隆阳区 赵玮，莫连贤，段在贤 BSGLGS1y012
云南：绿春 黄连山保护区科研所 HLS0213
云南：绿春 彭华，向春雷，陈丽等 P.H.5607
云南：绿春 彭华，向春雷，陈丽等 P.H.5624
云南：麻栗坡 税玉民，陈文红 72034
云南：麻栗坡 税玉民，陈文红 72094
云南：麻栗坡 税玉民，陈文红 72111
云南：麻栗坡 税玉民，陈文红 82415
云南：麻栗坡 肖波，陆章强 LuJL001
云南：蒙自 税玉民，陈文红 72359
云南：勐腊 胡光万 HGW-00343
云南：孟连 彭华，向春雷，陈丽 P.H.5839
云南：南涧 高国政，李成清，杨永金等 NJWLS2008268
云南：宁蒗 任宗昕，寸龙琼，任尚国 SCSB-W-1353
云南：屏边 税玉民，陈文红 82510
云南：普洱 叶金科 YNS0170
云南：嵩明 张挺，唐勇，陈伟 SCSB-B-000089
云南：腾冲 周应再 Zhyz-139
云南：文山 何德明，丰艳飞，曾祥 WSLJS897
云南：文山 税玉民，陈文红 71757
云南：文山 税玉民，陈文红 71800
云南：文山 税玉民，陈文红 81186
云南：西山区 张挺，亚吉东，王东良等 SCSB-B-000426
云南：新平 刘家良 XPALSD023
云南：新平 刘家良 XPALSD052
云南：新平 彭华，向春雷，陈丽 PengH8307
云南：新平 王家和 XPALSC299
云南：盈江 王立彦，桂魏 SCSB-TBG-198
云南：永德 李永亮 YDDXS0995
云南：镇沅 朱恒 ALSZY056

Lobelia pleotricha Diels **毛萼山梗菜**

云南：贡山 刀志灵，陈哲 DZL-009
云南：文山 何德明，丰艳飞，韦荣彪等 WSLJS718
云南：永德 李永亮 YDDXS1088

Lobelia pyramidalis Wallich **塔花山梗菜**

云南：景东 杨国平 07-28
云南：新平 李应富，郎定富，谢天华 XPALSA079

Lobelia seguinii H. Léveillé & Vaniot **西南山梗菜**

重庆：武隆 易思荣，谭秋平 YISR374
贵州：乌当区 赵厚涛，韩国营 YBG088
四川：米易 刘静，袁明 MY-198
云南：安宁 张挺，张书东，李爱花 SCSB-A-000064
云南：安宁 杜燕，黄天才，董勇等 SCSB-A-000355
云南：隆阳区 赵文李 BSGLGS1y3047
云南：禄丰 刀志灵，陈渝 DZL507
云南：绿春 黄连山保护区科研所 HLS0042
云南：绿春 李嵘，张洪喜 DZL-269
云南：麻栗坡 肖波 LuJL491
云南：南涧 马德跃，官有才，罗开宏 NJWLS950
云南：宁洱 彭志仙，叶金科 YNS0069
云南：宁洱 张绍云 YNS0046
云南：宁洱 张绍云 YNS0106

云南：巧家 杨光明 SCSB-W-1242
云南：腾冲 余新林，赵玮 BSGLGStc109
云南：新平 自成仲，自正荣 XPALSD136
云南：盈江 王立彦，桂魏 SCSB-TBG-171
云南：永德 李永亮 YDDXSB044
云南：云龙 李施文，张志云 TC3056
云南：镇沅 何忠云，王立东 ALSZY158

Lobelia sessilifolia Lambert 山梗菜
安徽：绩溪 宋曰钦，方建新，张恒 TangXS0591
黑龙江：嫩江 王臣，张欣欣，史传奇 WangCh96
黑龙江：乌伊岭区 郑宝江，丁晓炎，王美娟 ZhengBJ248
吉林：安图 周海城 ZhouHC037
吉林：磐石 安海成 AnHC0227
山东：海阳 辛晓伟 Lilan838
山东：莱山区 卞福花，宋言贺 BianFH-492
云南：双柏 彭华，向春雷，陈丽等 P.H.5555
云南：彝良 张挺，雷立公，王建军等 SCSB-B-000104
云南：云龙 字建泽，杨六斤，李国庆等 TC1041
云南：云龙 字建泽，杨六斤，李国宏等 TC1047

Lobelia taliensis Diels 大理山梗菜 *
云南：腾冲 周应再 Zhyz-349
云南：腾冲 周应再 Zhyz-383
云南：云龙 李施文，张志云 TC3058

Peracarpa carnosa (Wallich) J. D. Hooker & Thomson 袋果草
云南：宁洱 张绍云，胡启和 YNS1070
云南：思茅区 张绍云，胡启和 YNS1097

Platycodon grandiflorus (Jacquin) A. Candolle 桔梗
安徽：舒城 陈延松，欧祖兰，高秋晨等 Xuzd384
安徽：屯溪区 方建新 TangXS0937
北京：房山区 林坚 SCSB-C-0081
北京：海淀区 韩鹏程 SCSB-D-0056
北京：海淀区 林坚 SCSB-B-0040
北京：门头沟区 林坚 SCSB-E-0066
贵州：正安 韩国营 HanGY009
河北：蔚县 牛玉璐，高彦飞，赵二涛 NiuYL295
河北：兴隆 宋松泉 SCSB-A-0041
黑龙江：宁安 刘玫，张欣欣，程薪宇等 Liuetal326
黑龙江：五大连池 孙阎，赵立波 SunY073
吉林：临江 李长田 Yanglm0021
吉林：南关区 韩忠明 Yanglm0042
吉林：磐石 安海成 AnHC0151
吉林：洮北区 杨帆，马红媛，安丰华 SNA0326
吉林：洮北区 杨帆，马红媛，安丰华 SNA0327
江苏：句容 王兆银，吴宝成 SCSB-JS0317
辽宁：清原 张永刚 Yanglm0161
辽宁：长海 郑宝江，丁晓炎，焦宏斌等 ZhengBJ331
内蒙古：和林格尔 李茂文，李昌亮 M132
山东：崂山区 罗艳，李中华 LuoY385
山东：牟平区 卞福花，陈朋 BianFH-0360
陕西：渭城区 谭策铭，易桂花 TanCM349

Triodanis perfoliata subsp. **biflora** (Ruiz & Pavon) Lammers 异檐花
安徽：屯溪区 方建新 TangXS0238

Wahlenbergia marginata (Thunberg) A. Candolle 蓝花参
安徽：屯溪区 方建新 TangXS0244
重庆：南川区 谭秋平 YISR290
福建：蕉城区 李宏庆，熊申展，陈纪云 Lihq0338
湖北：竹溪 李盛兰 GanQL038
江西：黎川 童和平，王玉珍 TanCM2324
江西：庐山区 谭策铭，董安淼 TanCM319
四川：米易 袁明 MY479
四川：盐源 苏涛，黄永江，杨青松等 ZhouZK11402
云南：东川区 彭华，向春雷，王泽欢 PengH8018
云南：富民 彭华，向春雷，许瑾等 P.H.5469
云南：禄劝 彭华，向春雷，王泽欢 PengH8002
云南：绿春 黄连山保护区科研所 HLS0209
云南：勐海 张挺，李洪超，李文化等 SCSB-B-000405
云南：南涧 徐家武，罗增阳 NJWLS616
云南：南涧 阿国仁 NJWLS1523
云南：盘龙区 彭华，向春雷，王泽欢 PengH8443
云南：盘龙区 彭华，向春雷，王泽欢 PengH8457
云南：石林 税玉民，陈文红 66086
云南：石林 税玉民，陈文红 66154
云南：石林 税玉民，陈文红 65858
云南：嵩明 张挺，李爱花，杜燕 SCSB-B-000065
云南：文山 税玉民，陈文红 71781
云南：文山 何德明，韦荣彪 WSLJS776
云南：新平 谢天华，郎定富 XPALSA098
云南：新平 刘家良 XPALSD340
云南：永德 李永亮 YDDXS0508

Cannabaceae 大麻科

大麻科	世界	中国	种质库
属 / 种（种下等级）/ 份数	～10/180	7/25	7/23(24)/246

Aphananthe aspera (Thunberg) Planchon 糙叶树
安徽：祁门 唐鑫生，方建新 TangXS0461
江西：黎川 童和平，王玉珍 TanCM1815
江西：庐山区 董安淼，吴从梅 TanCM1077
云南：河口 田学军，杨建，高波等 TianXJ252
云南：永德 李永亮 YDDXS0786

Aphananthe cuspidata (Blume) Planchon 滇糙叶树
海南：昌江 康勇，林灯，陈庆 LWXS039

Cannabis sativa Linnaeus 大麻
甘肃：碌曲 李晓东，刘帆，张景博等 LiJ0133
贵州：花溪区 刘飞虎 Liufh0262
河北：赤城 牛玉璐，王晓亮 NiuYL574
黑龙江：阿城 孙阎，杜景红 SunY265
黑龙江：尚志 刘玫，张欣欣，程薪宇等 Liuetal485
吉林：南关区 王云贺 Yanglm0079
吉林：长岭 张红香 ZhangHX178
山东：历城区 赵遵田，任昭杰，杜远达等 Zhaozt0231
山东：历下区 李兰，王萍，张少华 Lilan-015
四川：松潘 何兴金，刘爽，赵财 SCU-10-425
新疆：尼勒克 段士民，王喜勇，刘会良 Zhangdy362
新疆：尼勒克 段士民，王喜勇，刘会良 Zhangdy420
新疆：乌鲁木齐 王喜勇，马文宝，施翔 zdy365
新疆：新源 段士民，王喜勇，刘会良 Zhangdy405
云南：保山 刘飞虎 Liufh0057
云南：昌宁 刘飞虎 Liufh0062
云南：大理 刘飞虎 Liufh0053
云南：富民 刘飞虎 Liufh0021
云南：个旧 刘飞虎 Liufh0329
云南：个旧 刘飞虎 Liufh0330
云南：昆明 刘飞虎 Liufh0401

云南：昆明 刘飞虎 Liufh0402
云南：昆明 刘飞虎 Liufh0403
云南：盘龙区 刘飞虎 Liufh0269
云南：石林 刘飞虎 Liufh0337
云南：石林 刘飞虎 Liufh0338
云南：石林 刘飞虎 Liufh0339
云南：石林 刘飞虎 Liufh0340
云南：石林 刘飞虎 Liufh0341
云南：石林 刘飞虎 Liufh0342
云南：石林 刘飞虎 Liufh0343
云南：石林 刘飞虎 Liufh0344
云南：石林 刘飞虎 Liufh0345
云南：嵩明 刘飞虎 Liufh0024
云南：嵩明 刘飞虎 Liufh0025
云南：腾冲 周应再 Zhyz-395
云南：腾冲 余新林，赵玮 BSGLGStc054
云南：文山 刘飞虎 Liufh0304
云南：五华区 刘飞虎 Liufh0004
云南：西山区 刘飞虎 Liufh0013
云南：香格里拉 李晓东，张紫刚，操榆 LiJ688
云南：新平 罗光进 XPALSB197
云南：新平 张学林，王平 XPALSD101
云南：沾益 刘飞虎 Liufh0072

Celtis biondii Pampanini **紫弹树**

安徽：休宁 唐鑫生，许竟成，方建新 TangXS0603
安徽：休宁 唐鑫生，方建新 TangXS0306
贵州：江口 周云，王勇 XiangZ012
湖北：广水 朱鑫鑫，王君，石琳琳等 ZhuXX319
湖北：兴山 张代贵 Zdg2837
湖北：宣恩 沈泽昊 HXE028
湖北：长阳 祝文志，刘志祥，曹远俊 ShenZH5481
湖北：竹溪 李盛兰 GanQL343
湖北：竹溪 李盛兰 GanQL1086
湖南：长沙 朱香清，田淑珍 SCSB-HN-1454
江西：修水 谭策铭，缪以清 TCM09174
云南：文山 何德明 WSLJS613

Celtis bungeana Blume **黑弹树**

北京：东城区 王雷，朱雅娟，黄振英 Beijing-huang-dls-0010
湖南：永定区 廖博儒，查学州 236B
江西：星子 董安淼，吴从梅 TanCM2587
辽宁：朝阳 卜军，金实，阴黎明 CaoW458
辽宁：义县 卜军，金实，阴黎明 CaoW403
辽宁：义县 卜军，金实，阴黎明 CaoW421
山东：莱山区 卞福花，陈朋 BianFH-0313
山东：历城区 郑国伟，王慧燕，田琮等 Zhaozt0050
云南：大关 张挺，雷立公，王建军等 SCSB-B-000130
云南：贡山 郭永杰，吴之坤，吴兴等 14CS9838
云南：麻栗坡 肖波 LuJL286
云南：新平 孙振华，郑志兴，沈蕊等 OuXK-XP-157
云南：元阳 田学军，杨建，邱成书等 Tianxj0038
云南：云龙 郭永杰，王杨飞，李施文等 TC4030
浙江：龙泉 吴林园，郭建林，白明明 HANGYY9022

Celtis cerasifera C. K. Schneider **小果朴** *

湖北：竹溪 李盛兰 GanQL568
湖南：永定区 吴福川，廖博儒 7103
江西：庐山区 董安淼，吴从梅 TanCM3339

Celtis julianae C. K. Schneider **珊瑚朴** *

安徽：休宁 唐鑫生，方建新 TangXS0414
陕西：平利 李盛兰 GanQL580

Celtis koraiensis Nakai **大叶朴**

辽宁：盖州 郑宝江，丁晓炎，焦宏斌等 ZhengBJ372
辽宁：庄河 于立敏 CaoW822
内蒙古：赛罕区 蒲拴莲，刘润宽，刘毅等 M170
山东：崂山区 高德民，邵尉，吴燕秋 Lilan907
山东：牟平区 卞福花，陈朋 BianFH-0379
山东：牟平区 高德民，王萍，张颖颖等 Lilan610

Celtis philippensis Blanco **大果油朴**

云南：宁洱 胡启和，周英，张绍云 YNS0528

Celtis sinensis Persoon **朴树**

广西：贺州 姜孝成，王丽萍，鲁长青 Jiangxc0676
贵州：南明区 赵厚涛，韩国营 YBG009
湖南：衡阳 刘克明，旷仁平 SCSB-HN-0702
湖南：洪江 李胜华，伍贤进，刘光华等 Wuxj1051
湖南：望城 朱香清，田淑珍 SCSB-HN-1498
湖南：永定区 吴福川，查学州，余祥洪等 100
湖南：沅陵 李胜华，伍贤进，刘光华等 Wuxj880
湖南：沅陵 李胜华，伍贤进，刘光华等 Wuxj905
湖南：长沙 朱香清，田淑珍，刘克明 SCSB-HN-1449
湖南：长沙 丛义艳，田淑珍 SCSB-HN-0739
江苏：江宁区 王兆银，吴宝成 SCSB-JS0149
江苏：句容 王兆银，吴宝成 SCSB-JS0157
江苏：连云港 李宏庆，熊申展，胡超 Lihq0349
江苏：南京 吴宝成 SCSB-JS0501
江苏：海州区 汤兴利 HANGYY8510
江西：黎川 童和平，王玉珍 TanCM1825
江西：庐山区 谭策铭，董安淼 TCM09018
山东：芝罘区 卞福花，陈朋 BianFH-0319
四川：峨眉山 李小杰 LiXJ720
云南：玉溪 彭华，陈丽，许瑾 P.H.5278

Celtis tetrandra Roxburgh **四蕊朴**

安徽：舒城 陈延松，欧祖兰，高秋晨等 Xuzd428
云南：昌宁 赵玮 BSGLGSly131
云南：河口 田学军，杨建，高波等 TianXJ246
云南：河口 田学军，杨建，高波等 TianXJ253
云南：景东 李坚强 JDNR11035
云南：龙陵 孙兴旭 SunXX076
云南：隆阳区 尹学建，赵菊兰 BSGLGSly2007
云南：麻栗坡 肖波 LuJL315
云南：南涧 马德跃，官有才 NJWLS821
云南：南涧 官有才，罗新洪 NJWLS1618
云南：腾冲 周应再 Zhyz-090
云南：文山 何德明 WSLJS617
云南：永德 李永亮 LiYL1349
云南：永胜 孙振华，王文礼，宋晓卿等 OuxK-YS-0014

Celtis vandervoetiana C. K. Schneider **西川朴** *

湖北：宣恩 祝文志，刘志祥，曹远俊 ShenZH0103
云南：景东 罗忠华，刘长铭，鲁成荣等 JDNR015

Gironniera subaequalis Planchon **白颜树**

海南：乐东 杨怀，康勇，林灯 LWXS015
云南：绿春 黄连山保护区科研所 HLS0206

Humulus lupulus Linnaeus **啤酒花**

甘肃：夏河 刘坤 LiuJQ-GN-2011-633
陕西：太白 田先华，董栓录 TianXH1171

Humulus scandens (Loureiro) Merrill **葎草**

安徽：屯溪区 方建新 TangXS0145
北京：彭华，王立松，董洪进等 P.H.5523

北京：东城区 王雷，朱雅娟，黄振英 Beijing-huang-dls-0034
河北：桃城 牛玉璐，郑博颖，黄士良等 NiuYL129
黑龙江：尚志 刘玫，张欣欣，程薪宇等 Liuetal466
黑龙江：五大连池 孙阎，赵立波 SunY072
湖北：竹溪 李盛兰，甘霖 GanQL596
湖北：竹溪 李盛兰 GanQL148
湖南：江永 蔡秀珍，肖乐希，田淑珍 SCSB-HN-0609
吉林：长岭 韩忠明 Yanglm0322
江苏：句容 王兆银，吴宝成 SCSB-JS0417
江苏：武进区 吴林园 HANGYY8704
江西：黎川 童和平，王玉珍 TanCM1881
内蒙古：东河区 刘博，蒲拴莲，刘润宽等 M342
山东：莱山区 卞福花，杨蕾蕾，谷胤征 BianFH-0118
山东：历城区 李兰，王萍，张少华等 Lilan-039
四川：乐至 邓兴敏，邓秀发，张昌兵 ZCB0477

Humulus yunnanensis Hu 滇葎草 *

云南：盘龙区 彭华，王英，陈丽 P.H.5272

Pteroceltis tatarinowii Maximowicz 青檀 *

安徽：祁门 唐鑫生，方建新 TangXS0460
北京：东城区 王雷，朱雅娟，黄振英 Beijing-huang-bws-0025
北京：东城区 王雷，朱雅娟，黄振英 Beijing-huang-dls-0043
北京：门头沟区 李燕军 SCSB-E-0047
河北：涿鹿 牛玉璐，高彦飞，赵二涛 NiuYL298
湖北：广水 朱鑫鑫，王君，石琳琳等 ZhuXX314
湖北：竹溪 李盛兰 GanQL527
湖南：沅陵 刘克明，周磊，彭新星等 SCSB-HN-1342
江西：庐山区 董安淼，吴从梅 TanCM816
山东：长清区 王萍，高德民，张诏等 lilan360

Trema angustifolia (Planchon) Blume 狭叶山黄麻

广西：八步区 黄俞淞，吴望辉，农冬新 Liuyan0286
广西：金秀 彭华，向春雷，陈丽 PengH8147
云南：沧源 赵金超 CYNGH043
云南：沧源 李春华，肖美芳，李华明等 CYNGH127
云南：大理 王文礼，冯欣，刘飞鹏 OUXK11011
云南：峨山 马兴达，乔娣 WangHCH058
云南：红河 何彪 OuXK-0100
云南：景东 罗忠华，刘长铭，鲁成荣 JD028
云南：兰坪 孙振华，郑志兴，沈蕊等 OuXK-LC-043
云南：隆阳区 赵玮 BSGLGSly199
云南：南涧 孙振华，王文礼，宋晓卿等 OuxK-NJ-0001
云南：双柏 孙振华，郑志兴，沈蕊等 OuXK-SB-101
云南：文山 何德明，张挺，黎谷香 WSLJS539
云南：永胜 孙振华，郑志兴，沈蕊等 OuXK-YS-205
云南：永胜 孙振华，王文礼，宋晓卿等 OuxK-YS-0010
云南：元江 何彪 OuXK-0098
云南：元江 孙振华，郑志兴，沈蕊等 OuXK-YJ-102
云南：元江 孙振华，王文礼，宋晓卿等 Ouxk-YJ-0005

Trema cannabina Loureiro 光叶山黄麻

广西：兴安 赵亚美 SCSB-JS0472
湖南：道县 刘克明，陈薇 SCSB-HN-1009
湖南：古丈 刘克明，朱晓文 SCSB-HN-0549
湖南：桂东 蔡秀珍，孙秋妍，王燕归等 SCSB-HN-1256
湖南：江华 肖乐希 SCSB-HN-0867
湖南：江永 蔡秀珍，田淑珍，肖乐希 SCSB-HN-0624
湖南：湘乡 陈薇，朱香清，马仲辉 SCSB-HN-0477
湖南：炎陵 蔡秀珍，孙秋妍，王燕归等 SCSB-HN-1285
湖南：沅陵 刘克明，周磊，彭新星等 SCSB-HN-1359
湖南：沅陵 周丰杰 SCSB-HN-1374
湖南：岳麓区 陈薇，朱晓文 SCSB-HN-0417
江西：龙南 梁跃龙，廖海红 LiangYL021
浙江：鄞州区 葛斌杰 Lihq0038

Trema cannabina var. **dielsiana** (Handel-Mazzetti) C. J. Chen 山油麻 *

安徽：宁国 洪欣，陶旭 ZSB286
安徽：祁门 唐鑫生，方建新 TangXS0464
广西：贺州 姜孝成，王丽萍，鲁长青 Jiangxc0677
贵州：台江 邹方伦 ZouFL0261
湖北：仙桃 张代贵 Zdg3215
湖北：宣恩 沈泽昊 HXE091
湖南：洞口 肖乐希，唐光波 SCSB-HN-1557
湖南：古丈 陈功锡，张代贵，龚双骄等 247B
湖南：江永 姜孝成，唐贵华，潘孝武 SCSB-HNJ-0020
湖南：宁乡 熊凯辉，刘克明 SCSB-HN-2004
湖南：宁乡 熊凯辉，刘克明 SCSB-HN-2009
湖南：平江 刘克明，旷强，刘洪新 SCSB-HN-0961
湖南：双峰 姜孝成，唐妹，陈峰林等 Jiangxc0612
湖南：双牌 姜孝成，王丽萍，李育华 Jiangxc0854
湖南：望城 姜孝成，杨强，刘昌 Jiangxc0746
湖南：新化 李伟，刘克明 SCSB-HN-1666
湖南：新化 黄先辉，杨亚平，卜剑超 SCSB-HNJ-0355
湖南：新宁 姜孝成，唐贵华，袁双艳等 SCSB-HNJ-0284
湖南：永定区 吴福川，查学州，余祥洪等 91
江西：井冈山 兰国华 LiuRL023
江西：黎川 童和平，王玉珍，常迪江等 TanCM1978
江西：庐山区 董安淼，吴从梅 TanCM1587
江西：湾里区 杜小浪，慕泽泾，曹岚 DXL090
江西：修水 缪以清，余于明 TanCM644

Trema levigata Handel-Mazzetti 羽脉山黄麻 *

湖北：竹溪 张代贵 Zdg3641
云南：建水 彭华，向春雷，陈丽 P.H.6009
云南：景东 鲁艳 2008125
云南：兰坪 刀志灵 DZL413
云南：南涧 李名生，苏世忠 NJWLS2008219
云南：南涧 马德跃，官有才，罗开宏等 NJWLS967
云南：巧家 张书东，张荣，王银环等 QJYS0216
云南：维西 刀志灵 DZL416
云南：永德 李永亮 YDDXS0524
云南：元江 张挺，王建军，廖琼 SCSB-B-000241
云南：元阳 田学军，杨建，邱成书等 Tianxj0020
云南：云龙 刀志灵 DZL405

Trema nitida C. J. Chen 银毛叶山黄麻 *

四川：峨眉山 李小杰 LiXJ532
云南：勐海 谭运洪，余涛 B350
云南：文山 何德明 WSLJS591

Trema orientalis (Linnaeus) Blume 异色山黄麻

湖南：沅陵 李胜华，伍贤进，刘光华等 Wuxj863
湖南：沅陵 李胜华，伍贤进，刘光华等 Wuxj900
云南：红河 彭华，向春雷，陈丽 PengH8255
云南：江城 叶金科 YNS0463
云南：景东 罗忠华，刘长铭，罗文寿等 JDNR014
云南：南涧 何家润，邹国娟，饶富玺等 NJWLS416
云南：屏边 钱良超，陆海兴，张照跃等 Pbdws091
云南：普洱 谭运洪，余涛 B450
云南：普洱 叶金科 YNS0296
云南：新平 张学林，王平 XPALSD095
云南：盈江 王立彦，徐桂华 SCSB-TBG-071

云南：永德 李永亮 YDDXS0129
云南：元江 孙振华，王文礼，宋晓卿等 Ouxk-YJ-0052
Trema tomentosa (Roxburgh) H. Hara 山黄麻
广西：龙胜 黄俞淞，叶晓霞，邹容 Liuyan0096
广西：昭平 莫水松 Liuyan1060
贵州：晴隆 赵厚涛，韩国营 YBG006
四川：丹巴 何兴金，李琴琴，王长宝等 SCU-08009
云南：河口 王东，张贵生，晋玲等 ZhangGL016
云南：新平 彭华，向春雷，陈丽 PengH8298

Cannaceae 美人蕉科

美人蕉科	世界	中国	种质库
属/种（种下等级）/份数	1/10-20	1/1	1/1/5

Canna indica Linnaeus 美人蕉
贵州：南明区 邹方伦 ZouFL0202
云南：盘龙区 张挺，蔡杰，郭永杰等 08CS891
云南：新平 白绍斌 XPALSC557
云南：新平 罗光进 XPALSB158
云南：永德 李永亮 LiYL1313

Capparaceae 山柑科

山柑科	世界	中国	种质库
属/种（种下等级）/份数	～28/650	2/42	1/6/19

Capparis bodinieri H. Léveillé 野香橼花
云南：景东 鲁艳 2008101
云南：新平 李伟 XPALSB239
云南：新平 刘家良 XPALSD310
云南：永德 李永亮 LiYL1348
云南：永德 李永亮 YDDXS0136
Capparis himalayensis Jafri 爪钾山柑
新疆：尼勒克 亚吉东，张桥蓉，秦少发等 16CS13440
新疆：乌鲁木齐 魏岩，黄振英，朱雅娟 Beijing-Junggar-000030
Capparis spinosa Linnaeus 山柑
新疆：白碱滩区 徐文斌 SCSB-SHI-2006183
新疆：哈密 段士民，王喜勇，刘会良 Zhangdy136
新疆：和静 塔里木大学植物资源调查组 TD-00135
新疆：石河子 董凤新 SCSB-Y-2006137
新疆：塔什库尔干 冯建菊 LiuJQ0274
新疆：塔什库尔干 黄文娟，段黄金，王英鑫等 LiZJ0277
新疆：吐鲁番 段士民，王喜勇，刘会良 Zhangdy575
新疆：温宿 杨赵平，周禧琳，贺冰 LiZJ1917
新疆：伊宁 刘鸯 SHI-A2007171
Capparis tenera Dalzell 薄叶山柑
云南：镇沅 朱恒 ALSZY139
Capparis urophylla F. Chun 小绿刺
云南：沧源 赵金超，田洪强 CYNGH010
Capparis yunnanensis Craib & W. W. Smith 苦子马槟榔
云南：永德 李永亮 LiYL1486

Caprifoliaceae 忍冬科

忍冬科	世界	中国	种质库
属/种（种下等级）/份数	36/810	20/～144	18/80(87)/679

Abelia chinensis R. Brown 糯米条
江西：武宁 谭策铭，张吉华 TanCM445
云南：腾冲 周应再 Zhyz-437
Acanthocalyx alba (Handel-Mazzetti) M. J. Cannon 白花刺续断
青海：囊谦 许炳强，周伟，郑朝汉 Xianh0461
青海：杂多 陈世龙，高庆波，张发起 Chens10761
四川：新龙 李晓东，张景博，徐凌翔等 LiJ494
云南：香格里拉 杨青松，杨莹，黄永江等 ZhouZK-07ZX-0175
Acanthocalyx nepalensis (D. Don) M. J. Cannon 刺续断
云南：香格里拉 周浙昆，苏涛，杨莹等 Zhou09-054
Dipelta floribunda Maximowicz 双盾木 *
湖北：神农架林区 祝文志，刘志祥，曹远俊 ShenZH5721
四川：木里 孔航辉，罗江平，左雷等 YangQE3377
Dipelta yunnanensis Franchet 云南双盾木 *
云南：德钦 杨青松，杨莹，黄永江等 ZhouZK-07ZX-0147
云南：宁蒗 孔航辉，罗江平，左雷等 YangQE3352
云南：香格里拉 张挺，蔡杰，郭永杰等 11CS3135
Dipsacus asper Wallich ex C. B. Clarke 川续断
北京：房山区 宋松泉 BJ008
北京：海淀区 邓志军 SCSB-D-0017
北京：门头沟区 李燕军 SCSB-E-0024
贵州：南明区 邹方伦 ZouFL0048
河南：鲁山 宋松泉 HN011
河南：鲁山 宋松泉 HN074
河南：鲁山 宋松泉 HN124
湖北：五峰 李平 AHL073
湖北：仙桃 李巨平 Lijuping0305
湖北：仙桃 李巨平 Lijuping0305A
湖北：宣恩 沈泽昊 HXE038
湖南：吉首 陈功锡，张代贵，邓涛等 SCSB-HC-2007466
湖南：双牌 姜孝成，王丽萍，李育华 Jiangxc0798
湖南：新化 姜孝成，唐妹，戴小军等 Jiangxc0591
湖南：沅陵 李胜华，伍贤进，刘光华等 Wuxj895
山西：洪洞 高瑞如，李农业，张爱红 Huangzy0258
陕西：长安区 田先华，田陌 TianXH1105
四川：白玉 孙航，张建文，邓涛等 SunH-07ZX-3709
四川：白玉 张大才，尹五元，李双智等 ZhangDC-07ZX-2250
四川：丹巴 高云东，李忠荣，鞠文彬 GaoXF-12-155
四川：丹巴 何兴金，胡灏禹，沈呈娟等 SCU-11-424
四川：甘孜 陈文允，于文涛，黄永江 CYH165
四川：黑水 顾垒，李忠荣 GaoXF-09ZX-1553
四川：九龙 孔航辉，罗江平，左雷等 YangQE3448
四川：康定 孙航，张建文，董金龙等 SunH-07ZX-4002
四川：康定 孙航，张建文，董金龙等 SunH-07ZX-4037
四川：康定 袁明 YuanM1025
四川：康定 张昌兵，向丽 ZhangCB0200
四川：理县 许炳强，童毅华，吴兴等 XiaNH-07ZX-0905
四川：理县 何兴金，李琴琴，赵丽华等 SCU-09-524
四川：马尔康 高云东，李忠荣，鞠文彬 GaoXF-12-069
四川：米易 刘静，袁明 MY-153

四川：天全 汤加勇，陈刚 Y07151
西藏：错那 罗建，汪书丽 LiuJQ11XZ183
西藏：林芝 罗建，汪书丽，任德智 LiuJQ-09XZ-320
云南：贡山 郭永杰，吴之坤，吴兴等 14CS9801
云南：贡山 许炳强，吴兴，李婧等 XiaNh-07zx-151
云南：官渡区 彭华，陈丽，王英 P.H.5340
云南：景东 杨国平，李达文，鲁志云 ygp-045
云南：景东 罗忠华，谢有能，刘长铭等 JDNR068
云南：隆阳区 段在贤，刘绍纯，杨志顺等 BSGLGSly1077
云南：隆阳区 李恒，李嵘，刀志灵 1255
云南：麻栗坡 肖波 LuJL218
云南：南涧 高国政，徐汝彪，杨永金等 NJWLS2008266
云南：南涧 马德跃，官有才，罗开宏 NJWLS942
云南：宁蒗 任宗昕，寸龙琼，任尚国 SCSB-W-1347
云南：屏边 楚永兴，陶国权 Pbdws053
云南：巧家 李文虎，高顺勇，吴天抗等 QJYS0041
云南：巧家 张天壁 SCSB-W-750
云南：巧家 杨光明 SCSB-W-1311
云南：石林 税玉民，陈文红 65495
云南：腾冲 周应再 Zhyz-330
云南：西山区 张挺，方伟，李爱花等 SCSB-A-000041
云南：香格里拉 陈文允，于文涛，黄永江等 CYHL191
云南：香格里拉 王文礼，冯欣，刘飞鹏 OUXK11093
云南：香格里拉 王文礼，冯欣，刘飞鹏 OUXK11111
云南：香格里拉 王文礼，冯欣，刘飞鹏 OUXK11218
云南：香格里拉 张大才，李双智，杨川 ZhangDC-07ZX-1990
云南：新平 何罡安 XPALSB097
云南：永德 杨金荣，黄德武，李增柱等 YDDXSA076

Dipsacus atratus J. D. Hooker & Thomson ex C. B. Clarke **紫花续断**

四川：白玉 李晓东，张景博，徐凌翔等 LiJ429

Dipsacus atropurpureus C. Y. Cheng & Z. T. Yin **深紫续断** *

重庆：南川区 易思荣 YISR272
重庆：南川区 易思荣，谭秋平 YISR437

Dipsacus chinensis Batalin **大头续断** *

四川：黑水 顾垒，李忠荣 GaoXF-09ZX-1617
四川：康定 张大才，尹五元，李双智等 ZhangDC-07ZX-2376
四川：新龙 陈文允，于文涛，黄永江 CYH066
云南：维西 孔航辉，任琛 Yangqe2836
云南：香格里拉 杨亲二，袁琼 Yangqe1882

Dipsacus inermis Wallich **藏续断**

云南：香格里拉 李国栋，陈建国，陈林杨等 SunH-07ZX-2294

Dipsacus japonicus Miquel **日本续断**

安徽：绩溪 唐鑫生，方建新 TangXS0701
安徽：金寨 刘淼 SCSB-JSC45
安徽：舒城 陈延松，欧祖兰，高秋晨等 Xuzd438
北京：东城区 王雷，朱雅娟，黄振英 Beijing-huang-bhs-0020
北京：东城区 王雷，朱雅娟，黄振英 Beijing-huang-bws-0047
北京：东城区 王雷，朱雅娟，黄振英 Beijing-huang-dls-0071
北京：西城区 王雷，朱雅娟，黄振英 Beijing-huang-yms-0032
北京：西城区 王雷，朱雅娟，黄振英 Beijing-huang-ss-0022
重庆：南川区 易思荣，谭秋平 YISR268
河北：蔚县 牛玉璐，高彦飞，黄士良 NiuYL227
河南：栾川 黄振英，于顺利，杨学军 Huangzy0057
河南：南召 何明高，付婷婷，水庆艳 Huangzy0205
河南：嵩县 邓志军，付婷婷，水庆艳 Huangzy0139
湖北：仙桃 张代贵 Zdg1321
湖北：仙桃 张代贵 Zdg2942
湖北：竹溪 李盛兰 GanQL790
湖南：古丈 刘克明，朱晓文 SCSB-HN-0527
湖南：吉首 陈功锡，张代贵，邓涛等 SCSB-HC-2007458
湖南：雨花区 蔡秀珍，陈薇，朱晓文 SCSB-HN-0650
江西：庐山区 谭策铭，董安淼 TCM09069
山西：夏县 赵璐璐 Zhangf0151
四川：木里 苏涛，黄永江，杨青松等 ZhouZK11356
四川：松潘 何兴金，刘爽，赵财 SCU-10-403
云南：香格里拉 李晓东，张紫刚，操榆 LiJ618

Kolkwitzia amabilis Graebner **蝟实** *

北京：房山区 宋松泉 BJ042
河北：邢台 牛玉璐，高彦飞，赵二涛 NiuYL327
河南：鲁山 宋松泉 HN065
河南：鲁山 宋松泉 HN116
河南：鲁山 宋松泉 HN164
内蒙古：赛罕区 蒲拴莲，李茂文 M056
山东：历下区 王萍，高德民，张诏等 lilan316
山西：永济 陈姣，张海博，廉凯敏 Zhangf0188

Leycesteria formosa Wallich **鬼吹箫**

四川：峨眉山 李小杰 LiXJ166
西藏：波密 孙航，张建文，陈建国等 SunH-07ZX-2589
西藏：波密 张大才，李双智，唐路等 ZhangDC-07ZX-1743
西藏：波密 扎西次仁，西落 ZhongY666
西藏：波密 刘成，亚吉东，何华杰等 16CS11825
西藏：林芝 罗建，汪书丽 LiuJQ-08XZ-115
西藏：林芝 张大才，李双智，唐路等 ZhangDC-07ZX-1784
西藏：聂拉木 扎西次仁 ZhongY059
西藏：亚东 陈丽，董朝辉 PengH8050
云南：大理 李爱花，雷立公，马国强等 SCSB-A-000159
云南：大理 张德全，杨思秦，陈金虎等 ZDQ169
云南：德钦 王文礼，冯欣，刘飞鹏 OUXK11212
云南：东川区 彭华，向春雷，王泽欢 PengH8025
云南：洱源 杨青松，星耀武，苏涛 ZhouZK-07ZX-0288
云南：福贡 刀志灵，陈哲 DZL-056
云南：鹤庆 孙航，李新辉，陈林杨 SunH-07ZX-3176
云南：景东 杨华军，刘国庆 JDNR11004
云南：兰坪 杨青松，杨莹，黄永江等 ZhouZK-07ZX-0202
云南：兰坪 孔航辉，任琛 Yangqe2882
云南：丽江 苏涛，黄永江，杨青松等 ZhouZK11476
云南：隆阳区 尹学建 BSGLGSly1008
云南：泸水 许炳强，吴兴，李婧等 XiaNh-07zx-019
云南：绿春 黄连山保护区科研所 HLS0089
云南：麻栗坡 肖波，陆章强 LuJL027
云南：麻栗坡 税玉民，陈文红 72104
云南：蒙自 田学军，邱成书，高波 TianXJ0171
云南：宁蒗 孔航辉，罗江平，左雷等 YangQE3330
云南：盘龙区 彭华，向春雷，王泽欢 PengH8451
云南：巧家 王红 SCSB-W-203
云南：腾冲 余新林，赵玮 BSGLGStc008
云南：腾冲 周应再 Zhyz-243
云南：维西 孙振华，郑志兴，沈蕊等 OuXK-YS-255
云南：维西 陈文允，于文涛，黄永江等 CYHL091
云南：维西 王文礼，冯欣，刘飞鹏 OUXK11061
云南：维西 刀志灵 DZL420
云南：文山 何德明，邵会昌，沈素娟 WSLJS441
云南：文山 何德明，邵会昌，沈素娟 WSLJS446
云南：文山 税玉民，陈文红 71872
云南：香格里拉 孔航辉，任琛 Yangqe2810

云南：新平 刘家良 XPALSD014
云南：新平 刘家良 XPALSD290
云南：寻甸 彭华，向春雷，王泽欢 PengH8003
云南：永德 李永亮 YDDXS1223
云南：云龙 孙振华，郑志兴，沈蕊等 OuXK-LC-069

Leycesteria gracilis (Kurz) Airy Shaw **纤细鬼吹箫**
云南：腾冲 张挺，王建军，杨茜等 SCSB-B-000417
云南：腾冲 彭华，陈丽，向春雷等 P.H.5404

Lonicera acuminata Wallich **淡红忍冬**
广西：兴安 刘演，黄俞淞，吴望辉等 Liuyan0101
贵州：江口 周云 XiangZ109
湖北：神农架林区 李巨平 LiJuPing0098
湖北：神农架林区 祝文志，刘志祥，曹远俊 ShenZH5689
湖北：竹溪 李盛兰 GanQL813
湖南：石门 陈功锡，张代贵，邓涛等 SCSB-HC-2007537
四川：宝兴 袁明 Y07083
四川：黑水 顾垒，李忠荣 GaoXF-09ZX-1773
西藏：波密 刘成，亚吉东，何华杰等 16CS11816
西藏：波密 刘成，亚吉东，何华杰等 16CS11819
西藏：隆子 扎西次仁，西落 ZhongY598
云南：贡山 蔡杰，郭云刚，张凤琼等 14CS9728
云南：贡山 蔡杰，郭云刚，张凤琼等 14CS9788
云南：贡山 刘成，何华杰，黄莉等 14CS9994
云南：贡山 郭永杰，吴之坤，吴兴等 14CS9913
云南：鹤庆 杨亲二，孔航辉，李磊 Yangqe3211
云南：兰坪 孔航辉，任琛 Yangqe2921
云南：维西 张挺，徐远杰，黄押稳等 SCSB-B-000149
云南：永胜 蔡杰，秦少发 15CS11330
云南：云龙 郭永杰，吴义军，马蓉 12CS5154

Lonicera angustifolia var. **myrtillus** (J. D. Hooker & Thomson) Q. E. Yang Landrein **越桔叶忍冬**
四川：理塘 张大才，尹五元，李双智等 ZhangDC-07ZX-2191
云南：香格里拉 张挺，亚吉东，李明勤等 11CS3602

Lonicera angustifolia Wallich ex Candolle **狭叶忍冬**
西藏：察隅 张挺，蔡杰，袁明 09CS1613

Lonicera caerulea Linnaeus **蓝果忍冬**
黑龙江：爱辉区 刘玫，王臣，张欣欣等 Liuetal637
吉林：和龙 林红梅 Yanglm0208
陕西：眉县 田先华，白根录 TianXH084
西藏：错那 罗建，汪书丽 LiuJQ11XZ094
新疆：新源 亚吉东，张桥蓉，秦少发等 16CS13373
云南：香格里拉 杨亲二，孔航辉，李磊 Yangqe3258
云南：香格里拉 杨亲二，袁琼 Yangqe2720

Lonicera calcarata Hemsley **长距忍冬** *
云南：麻栗坡 肖波 LuJL448

Lonicera chrysantha Turczaninow ex Ledebour **金花忍冬**
甘肃：夏河 尹鑫，吴航，葛文静 LiuJQ-GN-2011-294
甘肃：榆中 王召峰，彭艳玲，朱兴福 LiuJQ-09XZ-LZT-205
河北：灵寿 牛玉璐，高彦飞，赵二涛 NiuYL377
湖北：竹溪 李盛兰 GanQL039
吉林：磐石 安海成 AnHC018
内蒙古：卓资 蒲拴莲，李茂文 M086
陕西：白河 田先华，张雅娟 TianXH1033
陕西：眉县 田先华，张挺，蔡杰 TianXH077

Lonicera chrysantha var. **koehneana** (Rehder) Q. E. Yang **须蕊忍冬** *
四川：马尔康 何兴金，王月，胡灏禹等 SCU-08103
四川：壤塘 何兴金，马祥光，郜鹏 SCU-10-232
云南：洱源 张挺，李爱花，郭云刚等 SCSB-B-000072

Lonicera crassifolia Batalin **匍匐忍冬** *
云南：麻栗坡 肖波 LuJL355

Lonicera cyanocarpa Franchet **微毛忍冬**
云南：香格里拉 张大才，李双智，唐路等 ZhangDC-07ZX-1665

Lonicera elisae Franchet **北京忍冬** *
河北：蔚县 牛玉璐，高彦飞，黄士良 NiuYL223

Lonicera fargesii Franchet **粘毛忍冬** *
陕西：眉县 董栓录，李智军 TianXH512

Lonicera ferdinandi Franchet **葱皮忍冬**
甘肃：夏河 尹鑫，吴航，葛文静 LiuJQ-GN-2011-291
河北：平山 牛玉璐，高彦飞，黄士良 NiuYL150
吉林：安图 刘玫，王臣，张欣欣等 Liuetal814
辽宁：旅顺口区 刘长华 SunY475

Lonicera ferruginea Rehder **锈毛忍冬**
贵州：黄平 邹方伦 ZouFL0235
云南：贡山 张挺，杨湘云，李涟漪等 14CS9624
云南：腾冲 余新林，赵玮 BSGLGStc385

Lonicera fragrantissima Lindley & Paxton **郁香忍冬** *
湖北：茅箭区 李盛兰 GanQL966
湖北：竹溪 李盛兰 GanQL243
青海：班玛 陈世龙，高庆波，张发起 Chensl1125
陕西：长安区 田先华，王梅荣，杨秀梅 TianXH144
四川：阿坝 陈世龙，高庆波，张发起 Chensl1165
四川：壤塘 陈世龙，高庆波，张发起 Chensl1144
四川：若尔盖 陈世龙，高庆波，张发起 Chensl1195

Lonicera gynochlamydea Hemsley **蕊被忍冬** *
湖北：竹溪 李盛兰 GanQL699

Lonicera hispida Pallas ex Schultes **刚毛忍冬**
青海：班玛 陈世龙，张得钧，高庆波等 Chensl0326
青海：祁连 陈世龙，高庆波，张发起等 Chensl1521
陕西：眉县 董栓录，田先华 TianXH222
四川：阿坝 陈世龙，张得钧，高庆波等 Chensl0447
四川：理塘 何兴金，马祥光，张云香等 SCU-11-238
四川：乡城 杨青松，杨莹，黄永江等 ZhouZK-07ZX-0091
西藏：八宿 张永洪，王晓雄，周卓等 SunH-07ZX-1632
新疆：和静 邱爱军，张玲，马帅 LiZJ1735
新疆：和静 张挺，杨赵平，焦培培等 LiZJ0501
新疆：和静 张玲 TD-01692
新疆：新源 亚吉东，张桥蓉，秦少发等 16CS13399

Lonicera humilis Karelin & Kirilov **矮小忍冬**
新疆：温泉 徐文斌，许晓敏 SHI-2008033

Lonicera hypoglauca Miquel **菰腺忍冬**
安徽：休宁 唐鑫生，方建新 TangXS0382
江西：黎川 童和平，王玉珍 TanCM1904
江西：庐山区 谭策铭，董安淼 TCM09102
江西：修水 缪以清，胡建华 TanCM1774
四川：峨眉山 李小杰 LiXJ329

Lonicera japonica Thunberg **忍冬**
安徽：屯溪区 方建新 TangXS0042
贵州：江口 彭华，王英，陈丽 P.H.5161
湖南：鹤城区 李胜华，伍贤进，刘光华等 Wuxj851
湖南：吉首 陈功锡，张代贵，邓涛等 SCSB-HC-2007370
湖南：吉首 陈功锡，张代贵，邓涛等 SCSB-HC-2007486
湖南：桑植 廖博儒，吴福川 254B
湖南：石门 陈功锡，张代贵，龚双骄等 254A
湖南：永顺 陈功锡，张代贵 SCSB-HC-2008239
湖南：资兴 刘克明，盛波，王得刚 SCSB-HN-1847

江苏：句容 王兆银，吴宝成 SCSB-JS0361
江苏：句容 吴宝成，王兆银 HANGYY8659
江苏：无锡 李宏庆，熊申展，桂萍 Lihq0385
山东：牟平区 卞福花，卢学新，纪伟 BianFH00068
山东：牟平区 陈朋 BianFH-412
山东：平邑 李卫东 SCSB-001
山东：平邑 李卫东 SCSB-002
山西：沁水 吴琼，连俊强 Zhangf0068
陕西：平利 田先华，张雅娟 TianXH1040
新疆：乌鲁木齐 王喜勇，马文宝，施翔 zdy234
云南：福贡 刀志灵，陈哲 DZL-054
云南：河口 张贵良，杨鑫峰，陶美英等 ZhangGL200
云南：泸水 刀志灵 DZL886
云南：嵩明 刘恩德，张挺，方伟等 SCSB-A-000056
云南：云龙 李爱花，李洪超，黄天才等 SCSB-A-000191

Lonicera ligustrina var. pileata (Oliver) Franchet 蕊帽忍冬 *

四川：峨眉山 李小杰 LiXJ674
四川：乡城 何兴金，高云东，王志新等 SCU-09-235

Lonicera ligustrina var. yunnanensis Franchet 亮叶忍冬 *

四川：峨眉山 李小杰 LiXJ129
云南：石林 税玉民，陈文红 64229
云南：西山区 张挺，亚吉东，王东良等 SCSB-B-000427

Lonicera ligustrina Wallich 女贞叶忍冬

四川：峨眉山 李小杰 LiXJ713

Lonicera litangensis Batalin 理塘忍冬

四川：稻城 张大才，尹五元，李双智等 ZhangDC-07ZX-2164

Lonicera maackii (Ruprecht) Maximowicz 金银忍冬

贵州：南明区 邹方伦 ZouFL0108
黑龙江：阿城 孙阎，吕军，张兰兰 SunY369
黑龙江：宁安 刘玫，王臣，张欣欣等 Liuetal740
黑龙江：尚志 李兵，路科 CaoW0084
黑龙江：尚志 李兵，路科 CaoW0115
黑龙江：尚志 郑宝江，潘磊 ZhengBJ094
黑龙江：尚志 刘玫，程薪宇，史传奇 Liuetal443
黑龙江：五常 李兵，路科 CaoW0139
黑龙江：延寿 李兵，路科 CaoW0130
湖北：保康 祝文志，刘志祥，曹远俊 ShenZH5513
湖北：五峰 李平 AHL021
湖北：竹溪 李盛兰 GanQL451
湖南：永顺 陈功锡，张代贵 SCSB-HC-2008191
吉林：敦化 杨保国，张明鹏 CaoW0006
吉林：珲春 杨保国，张明鹏 CaoW0049
吉林：南关区 韩忠明 Yanglm0105
江苏：句容 王兆银，吴宝成 SCSB-JS0251
江苏：南京 顾子霞 SCSB-JS0439
辽宁：凤城 李忠宇 CaoW228
辽宁：凤城 董清 CaoW239
辽宁：凤城 朱春龙 CaoW258
辽宁：凤城 张春华 CaoW273
辽宁：桓仁 祝业平 CaoW1036
辽宁：瓦房店 宫本胜 CaoW327
宁夏：盐池 牛钦瑞，朱奋霞 ZuoZh163
山东：历城区 张少华，王萍，张诏等 Lilan169
山西：洪洞 高瑞如，李农业，张爱红 Huangzy0253
四川：德格 孙航，张建文，董金龙等 SunH-07ZX-3906
四川：雅江 吕元林 N002A
西藏：昌都 易思荣，谭秋平 YISR241

Lonicera macrantha (D. Don) Sprengel 大花忍冬

湖北：仙桃 张代贵 Zdg1322
山东：长清区 张少华，王萍，张诏等 Lilan213
云南：云龙 赵玉贵，李占兵，张吉平等 TC2029

Lonicera microphylla Willdenow ex Schultes 小叶忍冬

青海：互助 陈世龙，高庆波，张发起等 Chensl1709
新疆：和静 张挺，杨赵平，焦培培等 LiZJ0503
新疆：和静 张挺，杨赵平，焦培培等 LiZJ0518
新疆：塔什库尔干 杨赵平，周禧林，贺冰 LiZJ1203
新疆：乌鲁木齐 谭敦炎，吉乃提 TanDY0521
新疆：乌恰 塔里木大学植物资源调查组 TD-00732

Lonicera nervosa Maximowicz 红脉忍冬 *

湖北：仙桃 张代贵 Zdg2074
青海：互助 薛春迎 Xuechy0138
青海：门源 陈世龙，高庆波，张发起等 Chensl1685

Lonicera nigra Linnaeus 黑果忍冬

四川：道孚 何兴金，赵丽华，梁乾隆 SCU-10-011
四川：黑水 顾垒，李忠荣 GaoXF-09ZX-1479
四川：康定 孔航辉，罗江平，左雷等 YangQE3481
四川：康定 彭玉兰，涂卫国 Gaoxf-1067
四川：康定 何兴金，王长宝，刘爽等 SCU-09-008
四川：木里 孔航辉，罗江平，左雷等 YangQE3409
四川：壤塘 何兴金，赵丽华，梁乾隆 SCU-10-033
西藏：林芝 罗建，汪书丽 LiuJQ-08XZ-214
云南：兰坪 张挺，郭永杰，刘成等 10CS2182
云南：香格里拉 郭永杰，张桥蓉，李春晓等 11CS3457
云南：香格里拉 杨亲二，孔航辉 Yangqe3133

Lonicera praeflorens Batalin 早花忍冬

吉林：磐石 安海成 AnHC0278

Lonicera retusa Franchet 凹叶忍冬 *

四川：雅江 何兴金，李琴琴，马祥光等 SCU-09-111

Lonicera rupicola J. D. Hooker & Thomson 岩生忍冬

甘肃：玛曲 李晓东，刘帆，张景博等 LiJ0020
甘肃：玛曲 尹鑫，吴航，葛文静 LiuJQ-GN-2011-292
青海：班玛 汪书丽，朱洪涛 Liujq-QLS-TXM-180
青海：班玛 陈世龙，张得钧，高庆波等 Chensl0355
青海：门源 陈世龙，高庆波，张发起等 Chensl1619
青海：祁连 陈世龙，高庆波，张发起等 Chensl1523
青海：玉树 许炳强，周伟，郑朝汉 Xianh0222
四川：阿坝 陈世龙，张得钧，高庆波等 Chensl0446
四川：阿坝 蔡杰，张挺，刘成 10CS2571
四川：道孚 高云东，李忠荣，鞠文彬 GaoXF-12-167
四川：道孚 何兴金，胡灏禹，沈呈娟等 SCU-11-486
四川：甘孜 孙航，张建文，董金龙等 SunH-07ZX-3955
四川：甘孜 张挺，李爱花，刘成等 08CS826
四川：红原 高云东，李忠荣，鞠文彬 GaoXF-12-032
四川：红原 张昌兵 ZhangCB0017
四川：康定 孔航辉，罗江平，左雷等 YangQE3480
四川：康定 彭玉兰，涂卫国 Gaoxf-0969
四川：理塘 何兴金，赵丽华，梁乾隆等 SCU-11-199
四川：马尔康 何兴金，李琴琴，王长宝等 SCU-08042
四川：壤塘 何兴金，马祥光，郜鹏 SCU-10-237
四川：新龙 李晓东，张景博，徐凌翔等 LiJ495
四川：雅江 何兴金，郜鹏，彭禄等 SCU-11-362
四川：雅江 何兴金，李琴琴，马祥光等 SCU-09-117
西藏：昌都 易思荣，谭秋平 YISR229
西藏：昌都 张挺，李爱花，刘成等 08CS765
西藏：昌都 许炳强，周伟，郑朝汉 Xianh0368

西藏：左贡 张大才，罗康，梁群等 ZhangDC-07ZX-1344

Lonicera rupicola var. **syringantha** (Maximowicz) Zabel 红花岩生忍冬

甘肃：合作 尹鑫，吴航，葛文静 LiuJQ-GN-2011-296
青海：互助 薛春迎 Xuechy0219
云南：香格里拉 李晓东，张紫刚，操榆 LiJ645

Lonicera ruprechtiana Regel 长白忍冬

黑龙江：海林 郑宝江，丁晓炎，王美娟等 ZhengBJ320
黑龙江：宁安 刘玫，张欣欣，程薪宇等 Liuetal489
吉林：敦化 陈武璋，王炳辉 CaoW0163
吉林：蛟河 王炳辉，陈武璋 CaoW0150
宁夏：金凤区 左忠，刘华 ZuoZh245

Lonicera similis Hemsley 细毡毛忍冬

湖南：沅陵 李胜华，伍贤进，刘光华等 Wuxj891
四川：峨眉山 李小杰 LiXJ712

Lonicera spinosa (Decaisne) Jacquemont ex Walpers 棘枝忍冬

西藏：八宿 张大才，李双智，罗康等 SunH-07ZX-0744
西藏：察隅 孙航，张建文，陈建国等 SunH-07ZX-2431
西藏：洛扎 扎西次仁 ZhongY207

Lonicera tangutica Maximowicz 唐古特忍冬

甘肃：碌曲 李晓东，刘帆，张景博等 LiJ0149
湖北：仙桃 张代贵 Zdg3352
青海：囊谦 许炳强，周伟，郑朝汉 Xianh0095
四川：白玉 张大才，尹五元，李双智等 ZhangDC-07ZX-2265
四川：稻城 何兴金，李琴琴，马祥光等 SCU-09-141
四川：峨眉山 李小杰 LiXJ430
四川：红原 张昌兵，邓秀发 ZhangCB0362
四川：康定 何兴金，王长宝，刘爽等 SCU-09-007
四川：壤塘 何兴金，刘爽，易欣 SCU-10-336
四川：乡城 李晓东，张景博，徐凌翔等 LiJ375
西藏：察隅 孙航，张建文，陈建国等 SunH-07ZX-2438
西藏：察隅 孙航，张建文，陈建国等 SunH-07ZX-2478
西藏：昌都 张挺，蔡杰，刘恩德等 SCSB-B-000486
西藏：林芝 罗建，汪书丽 LiuJQ-09XZ-147
云南：兰坪 Zhang T.，Guo Y. J.，Liu C. et al. 10CS2144
云南：禄劝 张挺，郭永杰，刘成等 08CS600
云南：维西 张挺，徐远杰，陈冲等 SCSB-B-000230
云南：香格里拉 张书东，林娜娜，郁文彬等 SCSB-W-026
云南：香格里拉 郭永杰，张桥蓉，李春晓等 11CS3433
云南：香格里拉 张挺，蔡杰，郭永杰等 11CS3090
云南：香格里拉 张挺，蔡杰，郭永杰等 11CS3199
云南：易门 彭华，向春雷，王泽欢 PengH8380

Lonicera tatarica Linnaeus 新疆忍冬

内蒙古：新城区 蒲拴莲，李茂文 M024
新疆：哈巴河 段士民，王喜勇，刘会良等 220

Lonicera tatarinowii Maximowicz 华北忍冬 *

河北：隆化 牛玉璐，王晓亮 NiuYL555
吉林：安图 周海城 ZhouHC073
山东：崂山区 步瑞兰，辛晓伟，高丽丽等 Lilan701

Lonicera trichosantha Bureau & Franchet 毛花忍冬 *

甘肃：卓尼 尹鑫，吴航，葛文静 LiuJQ-GN-2011-299
青海：囊谦 陈世龙，高庆波，张发起 Chensl0670
青海：囊谦 陈世龙，高庆波，张发起 Chensl0712
青海：囊谦 汪书丽，朱洪涛 Liujq-QLS-TXM-093
青海：囊谦 许炳强，周伟，郑朝汉 Xianh0074
青海：同仁 陈世龙，高庆波，张发起 Chensl0894
四川：丹巴 何兴金，胡灏禹，沈呈娟等 SCU-11-409
四川：红原 张昌兵 ZhangCB0038
四川：康定 彭玉兰，涂卫国，余春丽 Gaoxf-0728
四川：康定 何兴金，郜鹏，彭禄等 SCU-11-308
四川：理塘 何兴金，赵丽华，梁乾隆等 SCU-11-128
四川：理塘 何兴金，马祥光，张云香等 SCU-11-209
四川：泸定 田先华，李力 TianXHZS006
四川：壤塘 何兴金，胡灏禹，黄德青 SCU-10-145
四川：乡城 王文礼，冯欣，刘飞鹏 OUXK11132
四川：雅江 何兴金，郜鹏，彭禄等 SCU-11-366
西藏：八宿 张大才，罗康，梁群等 ZhangDC-07ZX-1329
西藏：八宿 张大才，李双智，唐路等 ZhangDC-07ZX-1870
西藏：八宿 张永洪，王晓雄，周卓等 SunH-07ZX-1650
西藏：八宿 徐波，陈光富，陈林杨等 SunH-07ZX-2019
西藏：波密 扎西次仁，西落 ZhongY698
西藏：波密 扎西次仁，西落 ZhongY724
西藏：隆子 罗建，汪书丽 LiuJQ11XZ256
西藏：芒康 张永洪，李国栋，王晓雄 SunH-07ZX-1728
西藏：芒康 张大才，李双智，罗康等 ZhangDC-07ZX-0043
西藏：左贡 张永洪，李国栋，王晓雄 SunH-07ZX-1786
云南：德钦 杨亲二，孔航辉，李磊 Yangqe3252
云南：德钦 杨亲二，袁琼 Yangqe2480
云南：香格里拉 孔航辉，李磊 Yangqe3117
云南：香格里拉 张大才，李双智，唐路等 ZhangDC-07ZX-1659
云南：香格里拉 王文礼，冯欣，刘飞鹏 OUXK11117
云南：香格里拉 杨亲二，袁琼 Yangqe2227

Lonicera trichosantha var. **deflexicalyx** (Batalin) P. S. Hsu & H. J. Wang 长叶毛花忍冬 *

甘肃：合作 郭淑青，杜品 LiuJQ-2012-GN-204
青海：门源 陈世龙，高庆波，张发起等 Chensl1678
四川：稻城 孙航，张建文，董金龙等 SunH-07ZX-3607
四川：九龙 张大才，尹五元，李双智等 ZhangDC-07ZX-2391
四川：康定 高云东，李忠荣，鞠文彬 GaoXF-12-178
四川：康定 何兴金，高云东，王志新等 SCU-09-204
四川：理塘 张大才，尹五元，李双智等 ZhangDC-07ZX-2200
四川：理县 许炳强，童毅华，吴兴等 XiaNH-07ZX-0908
四川：马尔康 高云东，李忠荣，鞠文彬 GaoXF-12-051
四川：木里 孔航辉，罗江平，左雷等 YangQE3420
四川：小金 高云东，李忠荣，鞠文彬 GaoXF-12-110
西藏：类乌齐 李国栋，董金龙 SunH-07ZX-3282
云南：香格里拉 郭永杰，张桥蓉，李春晓等 11CS3458
云南：香格里拉 孙航，张建文，邓涛等 SunH-07ZX-3302
云南：香格里拉 杨亲二，孔航辉 Yangqe3126

Lonicera webbiana Wallich ex Candolle 华西忍冬

甘肃：碌曲 郭淑青，杜品 LiuJQ-2012-GN-202
青海：互助 陈世龙，高庆波，张发起等 Chensl1710
陕西：平利 田先华，陆东舜 TianXH015
四川：康定 彭玉兰，涂卫国，余春丽 Gaoxf-0659
四川：康定 彭玉兰，涂卫国 Gaoxf-1041
四川：雅江 何兴金，李琴琴，马祥光等 SCU-09-115
西藏：八宿 张永洪，王晓雄，周卓等 SunH-07ZX-1605
西藏：波密 孙航，张建文，陈建国等 SunH-07ZX-2539
西藏：波密 孙航，张建文，陈建国等 SunH-07ZX-2647
西藏：波密 扎西次仁，西落 ZhongY729
西藏：察隅 孙航，张建文，陈建国等 SunH-07ZX-2416
西藏：林芝 张挺，蔡杰，刘恩德等 SCSB-B-000492
西藏：左贡 张永洪，王晓雄，周卓等 SunH-07ZX-1159
新疆：和静 邱爱军，张玲，马帅 LiZJ1736
新疆：和静 张挺，杨赵平，焦培培等 LiZJ0502
云南：鹤庆 杨亲二，孔航辉，李磊 Yangqe3204

云南：维西 杨亲二，袁琼 Yangqe2042
云南：香格里拉 李爱花，周开洪，黄之镨等 SCSB-A-000254

Morina chinensis Y. Y. Pai **刺参** *
甘肃：碌曲 李晓东，刘帆，张景博等 LiJ0121
甘肃：玛曲 刘坤 LiuJQ-GN-2011-639
青海：门源 吴玉虎 LJQ-QLS-2008-0001
青海：囊谦 许炳强，周伟，郑朝汉 Xianh0046
四川：若尔盖 何兴金，赵丽华，李琴琴等 SCU-08071

Morina chlorantha Diels **绿花刺参** *
西藏：错那 罗建，汪书丽 LiuJQ11XZ238

Morina kokonorica K. S. Hao **青海刺参** *
甘肃：合作 郭淑青，杜品 LiuJQ-2012-GN-016
甘肃：合作 刘坤 LiuJQ-GN-2011-641
甘肃：卓尼 刘坤 LiuJQ-GN-2011-640
四川：白玉 张大才，尹五元，李双智等 ZhangDC-07ZX-2267
西藏：错那 张晓纬，汪书丽，罗建 LiuJQ-09XZ-LZT-021
西藏：吉隆 张晓纬，汪书丽，罗建 LiuJQ-09XZ-LZT-060
西藏：那曲 许炳强，童毅华 XiaNh-07zx-592
西藏：左贡 张大才，李双智，罗康等 ZhangDC-07ZX-0679
西藏：左贡 徐波，陈光富，陈林杨等 SunH-07ZX-0842
西藏：左贡 徐波，陈光富，陈林杨等 SunH-07ZX-0900
西藏：左贡 张永洪，王晓雄，周卓等 SunH-07ZX-1121

Nardostachys jatamansi (D. Don) Candolle **甘松**
甘肃：碌曲 李晓东，刘帆，张景博等 LiJ0084
甘肃：玛曲 刘坤 LiuJQ-GN-2011-598
黑龙江：宁安 刘玫，王臣，史传奇等 Liuetal566
四川：红原 张昌兵，邓秀华 ZhangCB0238

Patrinia heterophylla Bunge **墓回头** *
广西：富川 莫水松 Liuyan1097
河北：平山 牛玉璐，郑博颖，黄士良等 NiuYL051
湖北：恩施 李正辉，艾洪莲 AHL2038
湖北：神农架林区 李巨平 LiJuPing0147
湖北：宣恩 沈泽昊 HXE137
湖北：竹溪 李盛兰 GanQL661
湖南：江永 蔡秀珍，肖乐希，田淑珍 SCSB-HN-0608
湖南：湘潭 朱晓文，马仲辉 SCSB-HN-0377
江西：武宁 张吉华，刘运群 TanCM1159
江西：星子 谭策铭，董安淼 TCM09054
山东：历城区 步瑞兰，辛晓伟，徐永娟等 Lilan835
陕西：长安区 田陌，田先华 TianXH247
云南：贡山 许炳强，吴兴，李婧等 XiaNh-07zx-123
云南：文山 何德明 WSLJS628

Patrinia intermedia (Hornemann) Roemer & Schultes **中败酱**
新疆：博乐 谭敦炎，吉乃提，艾沙江 TanDY0258
新疆：博乐 谭敦炎，吉乃提，艾沙江 TanDY0267
新疆：博乐 徐文斌，黄雪姣 SHI-2008008

Patrinia monandra C. B. Clarke **少蕊败酱**
湖北：五峰 陈功锡，张代贵 SCSB-HC-2008318
湖南：永顺 陈功锡，张代贵 SCSB-HC-2008175
湖南：永顺 陈功锡，张代贵 SCSB-HC-2008258
山东：崂山区 罗艳，李中华 LuoY186
山东：历城区 李兰，王萍，张少华 Lilan068
山东：历城区 高德民，王萍，张颖颖等 Lilan615
山东：牟平区 卞福花，杜丽君，孟凡涛 BianFH-0139
四川：丹巴 高云东，李忠荣，鞠文彬 GaoXF-12-131
四川：峨眉山 李小杰 LiXJ288
四川：乐至 邓兴敏，邓秀发，张昌兵 ZCB0426
四川：射洪 袁明 YUANM2015L083
云南：景东 罗庆光 JDNR11097
云南：麻栗坡 肖波，陆章强 LuJL035
云南：南涧 罗新洪，阿国仁，何贵才 NJWLS764
云南：盘龙区 张挺，蔡杰，郭永杰等 08CS895
云南：香格里拉 张大才，李双智，杨川 ZhangDC-07ZX-2000
云南：云龙 李施文，张志云，段耀飞 TC3067

Patrinia rupestris (Pallas) Dufresne **岩败酱**
河北：蔚县 牛玉璐，高彦飞，黄士良 NiuYL216
黑龙江：宁安 刘玫，张欣欣，程薪宇等 Liuetal423
黑龙江：五大连池 孙阎，赵立波 SunY065
吉林：磐石 安海成 AnHC0152
内蒙古：锡林浩特 张红香 ZhangHX109

Patrinia scabiosifolia Link **败酱**
重庆：南川区 易思荣 YISR075
河北：平山 牛玉璐，郑博颖，黄士良等 NiuYL073
黑龙江：嫩江 王臣，张欣欣，史传奇 WangCh134
黑龙江：五大连池 孙阎，杜景红 SunY080
湖北：宣恩 祝文志，刘志祥，曹远俊 ShenZH0090
湖南：吉首 陈功锡，邓涛 SCSB-HC-2007378
湖南：石门 陈功锡，张代贵，邓涛等 SCSB-HC-2007445
吉林：辉南 姜明，刘波 LiuB0003
吉林：南关区 张永刚 Yanglm0086
吉林：磐石 安海成 AnHC0178
江苏：句容 王兆银，吴宝成 SCSB-JS0316
江苏：句容 吴宝成，王兆银 HANGYY8642
江苏：海州区 汤兴利 HANGYY8507
辽宁：长海 郑宝江，丁晓炎，焦宏斌等 ZhengBJ353
辽宁：庄河 于立敏 CaoW799
山东：海阳 王萍，高德民，张诏等 lilan251
山东：莱山区 卞福花，宋言贺 BianFH-573
山东：崂山区 罗艳，李中华 LuoY219
山东：牟平区 卞福花，卢学新，纪伟等 BianFH00049
云南：文山 何德明 WSLJS850

Patrinia scabra Bunge **糙叶败酱** *
内蒙古：和林格尔 李茂文，李昌亮 M148
内蒙古：新城区 李茂文，李昌亮 M142

Patrinia villosa (Thunberg) Dufresne **攀倒甑**
安徽：金寨 陈延松，欧祖兰，白雅洁 Xuzd217
安徽：宁国 洪欣，李中林 ZhouSB0227
安徽：屯溪区 方建新 TangXS0135
安徽：宣城 刘淼 HANGYY8094
贵州：铜仁 彭华，王英，陈丽 P.H.5190
湖北：广水 朱鑫鑫，王君，石琳琳等 ZhuXX285
湖北：竹溪 李盛兰 GanQL569
湖南：怀化 李胜华，伍贤进，曾汉元等 HHXY306
湖南：怀化 李胜华，伍贤进，曾汉元等 HHXY365
江苏：海州区 汤兴利 HANGYY8497
江西：黎川 童和平，王玉珍 TanCM1933
江西：庐山区 谭策铭，董安淼 TCM09073
辽宁：凤城 李忠诚 CaoW214
山东：长清区 高德民，邵尉 Lilan963

Pterocephalus bretschneideri (Batalin) Pritzel ex Diels **裂叶翼首花** *
四川：木里 任宗昕，蒋伟，黄盼辉 SCSB-W-353
西藏：林芝 罗建，汪书丽，王国严 LiuJQ-09XZ-377
西藏：芒康 徐波，陈光富，陈林杨等 SunH-07ZX-0329
云南：巧家 郁文彬，任宗昕，艾洪莲等 SCSB-W-1075
云南：香格里拉 杨青松，星耀武，苏涛 ZhouZK-07ZX-0371

Pterocephalus hookeri (C. B. Clarke) E. Pritzel **匙叶翼首花**
甘肃：玛曲 刘坤 LiuJQ-GN-2011-616
青海：玉树 许炳强，周伟，郑朝汉 Xianh0382
四川：阿坝 蔡杰，张挺，刘成 10CS2583
四川：道孚 余岩，周春景，秦汉涛 SCU-11-006
四川：稻城 孙航，张建文，董金龙等 SunH-07ZX-3598
四川：稻城 何兴金，高云东，王志新等 SCU-09-260
四川：稻城 何兴金，高云东，王志新等 SCU-09-261
四川：得荣 张大才，李双智，杨川 ZhangDC-07ZX-1923
四川：甘孜 陈文允，于文涛，黄永江 CYH134
四川：甘孜 陈文允，于文涛，黄永江 CYH178
四川：甘孜 陈文允，于文涛，黄永江 CYH183
四川：九龙 张大才，尹五元，李双智等 ZhangDC-07ZX-2423
四川：壤塘 何兴金，马祥光，郜鹏 SCU-10-254
西藏：昌都 易思荣，谭秋平 YISR247
西藏：达孜 卢洋，刘帆等 LiJ915
西藏：工布江达 罗建，汪书丽，任德智 LiuJQ-09XZ-ML052
西藏：工布江达 卢洋，刘帆等 LiJ855
西藏：左贡 张大才，李双智，罗康等 ZhangDC-07ZX-0660
西藏：左贡 徐波，陈光富，陈林杨等 SunH-07ZX-0854
西藏：左贡 徐波，陈光富，陈林杨等 SunH-07ZX-0880
云南：香格里拉 杨青松，星耀武，苏涛 ZhouZK-07ZX-0378

Scabiosa alpestris Karelin & Kirilov **高山蓝盆花**
新疆：昭苏 亚吉东，张桥蓉，秦少发等 16CS13572

Scabiosa comosa Fischer ex Roemer & Schultes **蓝盆花**
北京：东城区 王雷，朱雅娟，黄振英 Beijing-huang-bws-0013
北京：东城区 王雷，朱雅娟，黄振英 Beijing-huang-dls-0003
北京：西城区 王雷，朱雅娟，黄振英 Beijing-huang-yms-0044
河北：蔚县 牛玉璐，高彦飞，黄士良 NiuYL224
黑龙江：宁安 刘玫，王臣，张欣欣等 Liuetal662
内蒙古：武川 蒲拴莲，刘润宽，刘毅等 M204
内蒙古：锡林浩特 张红香 ZhangHX049

Scabiosa ochroleuca Linnaeus **黄盆花**
新疆：昭苏 亚吉东，张桥蓉，秦少发等 16CS13523

Symphoricarpos sinensis Rehder **毛核木** *
云南：易门 王焕冲，马兴达 WangHCH040

Triosteum himalayanum Wallich **穿心莛子藨**
四川：道孚 何兴金，赵丽华，梁乾隆 SCU-10-014
四川：道孚 余岩，周春景，秦汉涛 SCU-11-020
四川：黑水 顾垒，李忠荣 GaoXF-09ZX-1380
四川：九龙 孙航，张建文，董金龙等 SunH-07ZX-4023
四川：九龙 张大才，尹五元，李双智等 ZhangDC-07ZX-2438
四川：九龙 孙航，张建文，邓涛等 SunH-07ZX-3764
四川：康定 何兴金，王月，胡灏禹等 SCU-08130
四川：康定 彭玉兰，涂卫国 Gaoxf-0842
四川：康定 何兴金，郜鹏，彭禄等 SCU-11-312
四川：理塘 何兴金，赵丽华，梁乾隆等 SCU-11-124
西藏：林芝 罗建，汪书丽 LiuJQ-09XZ-230
云南：鹤庆 张红良，木栅，李玉瑛等 15PX403
云南：香格里拉 杨亲二，孔航辉 Yangqe3013
云南：香格里拉 杨青松，杨莹，黄永江等 ZhouZK-07ZX-0121
云南：香格里拉 张书东，林娜娜，郁文彬等 SCSB-W-041
云南：香格里拉 张书东，林娜娜，郁文彬等 SCSB-W-046
云南：香格里拉 李嵘 DZL-008
云南：香格里拉 李晓东，张紫刚，操榆 LiJ617
云南：香格里拉 张挺，蔡杰，郭永杰等 11CS3047
云南：香格里拉 蔡杰，张挺，刘成等 11CS3271
云南：香格里拉 杨亲二，袁琼 Yangqe1808

Triosteum pinnatifidum Maximowicz **莛子藨**
甘肃：合作 郭淑青，杜品 LiuJQ-2012-GN-231
甘肃：合作 尹鑫，吴航，葛文静 LiuJQ-GN-2011-297
青海：互助 薛春迎 Xuechy0147
青海：互助 陈世龙，高庆波，张发起等 Chensl1725
青海：乐都 陈世龙，高庆波，张发起等 Chensl1820
青海：平安 陈世龙，高庆波，张发起等 Chensl1759
四川：阿坝 陈世龙，高庆波，张发起 Chensl1178
四川：壤塘 何兴金，赵丽华，梁乾隆 SCU-10-057
四川：壤塘 陈世龙，高庆波，张发起 Chensl1162

Triplostegia glandulifera Wallich ex Candolle **双参**
四川：米易 袁明 MY440
四川：南江 张挺，刘成，郭永杰 10CS2470
西藏：察隅 张挺，蔡杰，袁明 09CS1514
西藏：林芝 罗建，汪书丽 LiuJQ-08XZ-163
云南：巧家 杨光明 SCSB-W-1464

Triplostegia grandiflora Gagnepain **大花双参**
云南：宁洱 胡启和，仇亚，张绍云 YNS0588

Valeriana amurensis P. Smirnov ex Komarov **黑水缬草**
黑龙江：嫩江 王臣，张欣欣，谢博勋等 WangCh322

Valeriana daphniflora Handel-Mazzetti **瑞香缬草** *
四川：米易 袁明 MY448

Valeriana flaccidissima Maximowicz **柔垂缬草**
重庆：南川区 易思荣 YISR155
湖北：竹溪 李盛兰 GanQL381
云南：思茅区 张绍云，胡启和，仇亚 YNS1020
云南：永德 李永亮 YDDXS0393

Valeriana hardwickii Wallich **长序缬草**
四川：峨眉山 李小杰 LiXJ370
四川：米易 刘静，袁明 MY-150
西藏：波密 陈家辉，韩希，王东超等 YangYP-Q-4012
云南：腾冲 周应再 Zhyz-376
云南：文山 何德明，邵会昌，沈素娟 WSLJS524
云南：西山区 王焕冲，马兴达 WangHCH031
云南：永德 李永亮 YDDXS6393

Valeriana jatamansi W. Jones **蜘蛛香**
四川：峨眉山 李小杰 LiXJ417
西藏：林芝 杨永平，王东超，杨大松等 YangYP-Q-4114
云南：永德 李永亮 YDDXS1111

Valeriana officinalis Linnaeus **缬草**
甘肃：合作 刘坤 LiuJQ-GN-2011-635
甘肃：卓尼 刘坤 LiuJQ-GN-2011-636
湖北：仙桃 张代贵 Zdg1874
湖北：仙桃 李巨平 Lijuping0286
湖北：竹溪 李盛兰 GanQL904
吉林：磐石 安海成 AnHC0332
山东：牟平区 卞福花，陈朋 BianFH-0289
四川：峨眉山 李小杰 LiXJ081
四川：红原 张昌兵，邓秀发 ZhangCB0367
云南：大理 张德全，陈琪，杨金历等 ZDQ060
云南：盘龙区 彭华，向春雷，王泽欢 PengH8470
云南：文山 彭华，刘恩德，陈丽 P.H.5529

Weigela florida (Bunge) Candolle **锦带花**
河北：蔚县 牛玉璐，高彦飞，黄士良 NiuYL177
黑龙江：阿城 王臣，张欣欣，史传奇 WangCh214
湖南：东安 姜孝成，唐贵华，潘孝武 SCSB-HNJ-0105
辽宁：桓仁 祝业平 CaoW992
辽宁：瓦房店 宫本胜 CaoW329

山东：崂山区 罗艳，邓建平 LuoY017
山东：牟平区 卞福花，卢学新，纪伟等 BianFH00070
山东：牟平区 卞福花，宋言贺 BianFH-547

Weigela japonica Thunberg 半边月
安徽：黄山区 唐鑫生，方建新 TangXS0322
安徽：金寨 陈延松，欧祖兰，白雅洁 Xuzd232
安徽：石台 洪欣，王欧文 ZSB378
广西：兴安 吴望辉，吴磊，农冬新 Liuyan0492
贵州：江口 熊建兵 XiangZ147
贵州：松桃 周云，张勇 XiangZ099
湖北：英山 朱鑫鑫，甄爱国，孙增朋等 ZhuXX141
湖南：东安 刘克明，田淑珍，肖乐希 SCSB-HN-0175
湖南：鹤城区 李胜华，伍贤进，刘光华等 Wuxj833
湖南：浏阳 蔡秀珍，田淑珍 SCSB-HN-1036
湖南：平江 姜孝成，戴小军 Jiangxc0599
湖南：新化 姜孝成，唐妹，戴小军等 Jiangxc0561
湖南：新化 黄先辉，杨亚平，卜剑超 SCSB-HNJ-0345
湖南：宜章 刘克明，王成，刘欣欣 SCSB-HN-0792
湖南：永顺 陈功锡，张代贵 SCSB-HC-2008021
江西：庐山区 谭策铭，董安淼 TCM09031
浙江：开化 李宏庆，熊申展，桂萍 Lihq0400

Zabelia biflora (Turczaninow) Makino 六道木
河北：武安 牛玉璐，高彦飞，赵二涛 NiuYL489
山西：洪洞 高瑞如，李农业，张爱红 Huangzy0260

Zabelia dielsii (Graebner) Makino 南方六道木 *
西藏：察隅 孙航，张建文，陈建国等 SunH-07ZX-2473

Caricaceae 番木瓜科

番木瓜科	世界	中国	种质库
属 / 种（种下等级）/ 份数	6/34	1/1	1/1/1

Carica papaya Linnaeus 番木瓜
云南：新平 白绍斌 XPALSC300

Carlemanniaceae 香茜科

香茜科	世界	中国	种质库
属 / 种（种下等级）/ 份数	2/5	3/3	2/3/8

Carlemannia tetragona J. D. Hooker 香茜
西藏：墨脱 刘成，亚吉东，何华杰等 16CS11851
云南：金平 DNA barcoding B 组 GBOWS1349
云南：绿春 黄连山保护区科研所 HLS0236
云南：元阳 刘成，杨娅娟，杨忠兰 15CS10350

Silvianthus bracteatus J. D. Hooker 蜘蛛花
云南：金平 税玉民，陈文红 80206

Silvianthus tonkinensis (Gagnepain) Ridsdale 线萼蜘蛛花
云南：元阳 浦仕梅，刘成，杨娅娟等 YYGYS021
云南：元阳 车鑫，亚吉东，秦少发等 YYGYS065
云南：元阳 车鑫，亚吉东，秦少发等 YYGYS072

Caryophyllaceae 石竹科

石竹科	世界	中国	种质库
属 / 种（种下等级）/ 份数	97/～2200	33/396	25/164(174)/934

Acanthophyllum pungens (Ledebour) Boissier 刺叶
新疆：特克斯 亚吉东，张桥蓉，秦少发等 16CS13455

Agrostemma githago Linnaeus 麦仙翁
湖北：竹溪 李盛兰 GanQL727

Arenaria baxoiensis L. H. Zhou 八宿雪灵芝 *
西藏：芒康 徐波，陈光富，陈林杨等 SunH-07ZX-0282

Arenaria bryophylla Fernald 藓状雪灵芝
西藏：阿里 陈家辉，庄会富，边巴扎西 Yangyp-Q-2046
西藏：浪卡子 杨永平，王东超，杨大松等 YangYP-Q-5028

Arenaria capillaris Poiret 毛叶老牛筋
河北：涿鹿 牛玉璐，高彦飞，赵二涛 NiuYL330
内蒙古：武川 蒲拴莲，刘润宽，刘毅等 M232
西藏：当雄 陈家辉，韩希，王东超等 YangYP-Q-4239
西藏：拉萨 杨永平，王东超，杨大松等 YangYP-Q-5015
西藏：朗县 罗建，汪书丽 L139
西藏：林周 陈家辉，韩希，王广艳等 YangYP-Q-4165
西藏：南木林 李晖，文雪梅，次旺加布等 Lihui-Q-0099

Arenaria debilis J. D. Hooker 柔软无心菜
云南：东川区 蔡杰，郭永杰，吴之坤等 11CS2962

Arenaria densissima Wallich ex Edgeworth & J. D. Hooker 密生福禄草
四川：理塘 李晓东，张景博，徐凌翔等 LiJ314

Arenaria edgeworthiana Majumdar 山居雪灵芝
西藏：安多 陈家辉，庄会富，边巴扎西 Yangyp-Q-2073
西藏：那曲 陈家辉，庄会富，边巴扎西 Yangyp-Q-2126
西藏：聂荣 陈家辉，庄会富，边巴扎西 Yangyp-Q-2108
西藏：萨嘎 陈家辉，庄会富，刘德团等 Yangyp-Q-0135

Arenaria forrestii Diels 西南无心菜
云南：德钦 杨青松，星耀武，苏涛 ZhouZK-07ZX-0426

Arenaria fridericae Handel-Mazzetti 玉龙山无心菜 *
云南：东川区 蔡杰，郭永杰，吴之坤等 11CS2956

Arenaria inornata W. W. Smith 无饰无心菜 *
云南：东川区 蔡杰，郭永杰，吴之坤等 11CS2958

Arenaria juncea M. Bieberstein 老牛筋
河北：赞皇 牛玉璐，郑博颖，黄士良等 NiuYL132
黑龙江：五常 孙阎，吕军，张健男 SunY439
内蒙古：赛罕区 蒲拴莲，刘润宽，刘毅等 M273
内蒙古：武川 蒲拴莲，刘润宽，刘毅等 M231

Arenaria kansuensis Maximowicz 甘肃雪灵芝 *
四川：乡城 陈家辉，刘亚辉，周妍等 YangYP-Q-2252

Arenaria napuligera Franchet 滇藏无心菜 *
云南：香格里拉 蔡杰，张挺，刘成等 11CS3238

Arenaria omeiensis C. Y. Wu ex L. H. Zhou 峨眉无心菜 *
四川：峨眉山 李小杰 LiXJ771

Arenaria oreophila J. D. Hooker 山生福禄草
云南：香格里拉 张挺，亚吉东，李明勤等 11CS3392

Arenaria polytrichoides Edgeworth 团状福禄草 *
西藏：那曲 陈家辉，庄会富，刘德团 Yangyp-Q-0203
云南：德钦 张书东，林娜娜，郁文彬等 SCSB-W-005
云南：德钦 杨青松，星耀武，苏涛 ZhouZK-07ZX-0436
云南：香格里拉 张挺，亚吉东，李明勤等 11CS3393

云南：香格里拉 张挺，亚吉东，李明勤等 11CS3601

Arenaria przewalskii Maximowicz **福禄草** *

甘肃：卓尼 尹鑫，吴航，葛文静 LiuJQ-GN-2011-038

青海：格尔木 冯虎元 LiuJQ-08KLS-090

Arenaria pulvinata Edgeworth **垫状雪灵芝**

西藏：隆子 罗建，汪书丽 LiuJQ11XZ154

Arenaria saginoides Maximowicz **漆姑无心菜** *

西藏：安多 陈家辉，庄会富，边巴扎西 YangYP-Q-2181

Arenaria serpyllifolia Linnaeus **无心菜**

安徽：贵池区 李中林，王欧文 ZhouSB0143

安徽：祁门 洪欣，李中林 ZSB270

安徽：石台 洪欣 ZhouSB0150

安徽：铜陵 陈延松，唐成丰 Zhousb0121

安徽：屯溪区 方建新 TangXS0118

贵州：望谟 邹方伦 ZouFL0095

湖北：神农架林区 李巨平 LiJuPing0107

湖北：竹溪 李盛兰 GanQL241

湖南：永定区 吴福川 7004

湖南：沅陵 周丰杰，刘克明 SCSB-HN-1783

湖南：长沙 朱香清，丛义艳 SCSB-HN-1772

江苏：句容 吴宝成 HANGYY8010

江苏：海州区 汤兴利 HANGYY8413

江西：庐山区 董安淼，吴从梅 TanCM1514

四川：得荣 孙航，李新辉，陈林杨 SunH-07ZX-3045

四川：峨眉山 李小杰 LiXJ751

四川：理塘 何兴金，李琴琴，马祥光等 SCU-09-125

四川：射洪 袁明 YUANM2015L143

新疆：察布查尔 徐文斌 SHI-A2007100

新疆：和静 邱爱军，张玲，马帅 LiZJ1732

新疆：和静 杨赵平，焦培培，白冠章等 LiZJ0754

新疆：霍城 马真，贺晓欢，徐文斌等 SHI-A2007056

新疆：奎屯 亚吉东，张桥蓉，秦少发等 16CS13261

新疆：尼勒克 贺晓欢，徐文斌，刘鸯等 SHI-A2007367

新疆：尼勒克 徐文斌，刘鸯，马真等 SHI-A2007399

新疆：温泉 徐文斌，王莹 SHI-2008290

新疆：乌苏 马真，贺晓欢，徐文斌等 SHI-A2007353

新疆：新源 徐文斌，刘丽霞 SHI-A2007277

新疆：昭苏 阎平，陈志丹 SHI-A2007309

云南：德钦 杨青松，杨莹，黄永江等 ZhouZK-07ZX-0182

云南：西山区 彭华，陈丽 P.H.5315

云南：香格里拉 杨青松，星耀武，苏涛 ZhouZK-07ZX-0383

云南：香格里拉 张挺，蔡杰，郭永杰等 11CS3185

浙江：鄞州区 李宏庆，田怀珍，葛斌杰等 Lihq0197

Arenaria shannanensis L. H. Zhou **粉花雪灵芝** *

西藏：班戈 陈家辉，韩希，王东超等 YangYP-Q-4249

西藏：定日 王东超，杨大松，张春林等 YangYP-Q-5127

西藏：定日 王东超，杨大松，张春林等 YangYP-Q-5129

Arenaria smithiana Mattfeld **大花福禄草** *

西藏：江达 苏涛，黄永江，杨青松等 ZhouZK11249

Arenaria spathulifolia C. Y. Wu ex L. H. Zhou **匙叶无心菜** *

云南：香格里拉 杨亲二，袁琼 Yangqe2366

Arenaria yunnanensis Franchet **云南无心菜** *

四川：米易 刘静，袁明 MY-187

四川：雅江 何兴金，王长宝，刘爽等 SCU-09-023

Brachystemma calycinum D. Don **短瓣花**

云南：富民 彭华，刘恩德，向春雷 P.H.6041

Cerastium arvense subsp. **strictum** Gaudin **卷耳**

河北：赞皇 牛玉璐，郑博颖，黄士良等 NiuYL024

湖南：怀化 伍贤进，李胜华，曾汉元等 HHXY023

西藏：芒康 张挺，蔡杰，刘恩德等 SCSB-B-000463

新疆：博乐 亚吉东，张桥蓉，秦少发等 16CS13830

Cerastium cerastoides (Linnaeus) Britton **六齿卷耳**

四川：红原 张昌兵，邓秀华 ZhangCB0288

Cerastium davuricum Fischer ex Sprengel **达乌里卷耳**

新疆：博乐 谭敦炎，吉乃提，艾沙江 TanDY0263

Cerastium fontanum Baumgarten **喜泉卷耳**

甘肃：玛曲 李晓东，刘帆，张景博等 LiJ0028

四川：理塘 孔航辉，罗江平，左雷等 YangQE3516

四川：理塘 陈文允，于文涛，黄永江 CYH033

Cerastium fontanum subsp. **grandiflorum** H. Hara **大花泉卷耳**

西藏：错那 罗建，林玲 LiuJQ11XZ103

Cerastium fontanum subsp. **vulgare** (Hartman) Greuter & Burdet **簇生泉卷耳**

安徽：贵池区 吴婕，狄皓 ZhouSB0145

安徽：黟县 陈延松，唐成丰 Zhousb0134

甘肃：合作 尹鑫，吴航，葛文静 LiuJQ-GN-2011-114

甘肃：合作 齐威 LJQ-2008-GN-176

甘肃：玛曲 尹鑫，吴航，葛文静 LiuJQ-GN-2011-116

湖北：神农架林区 李巨平 LiJuPing0149

湖北：竹溪 李盛兰 GanQL303

江苏：句容 王兆银，吴宝成 SCSB-JS0093

江苏：如东 吴宝成 SCSB-JS0054

江西：庐山区 董安淼，吴从梅 TanCM1510

四川：红原 张昌兵，邓秀华 ZhangCB0257

四川：理塘 李晓东，张景博，徐凌翔等 LiJ311

四川：米易 袁明 MY551

云南：文山 何德明，丰艳飞，曹世超 WSLJS699

云南：永德 李永亮 YDDXS1297

Cerastium furcatum Chamisso & Schlechtendal **缘毛卷耳**

重庆：南川区 易思荣 YISR146

四川：峨眉山 李小杰 LiXJ639

四川：马尔康 何兴金，赵丽华，李琴琴等 SCU-08089

西藏：工布江达 卢洋，刘帆等 LiJ851

云南：德钦 杨青松，星耀武，苏涛 ZhouZK-07ZX-0419

云南：景东 杨国平 07-05

云南：宁洱 胡启和，仇亚，周兵 YNS0787

Cerastium glomeratum Thuillier **球序卷耳**

安徽：贵池区 吴婕，狄皓 ZhouSB0148

安徽：屯溪区 方建新 TangXS0177

贵州：南明区 邹方伦 ZouFL0082

江西：黎川 童和平，王玉珍，常迪江等 TanCM2008

江西：庐山区 董安淼，吴从梅 TanCM1023

山东：莱山区 卞福花 BianFH-0161

山东：莱山区 卞福花，宋言贺 BianFH-437

山东：市南区 罗艳，母华伟，范兆飞 LuoY001

山东：长清区 王萍，高德民，张诏等 lilan300

上海：李宏庆 Lihq0327

四川：峨眉山 李小杰 LiXJ313

Cerastium pauciflorum var. **oxalidiflorum** (Makino) Ohwi **毛蕊卷耳**

黑龙江：阿城 刘长华 SunY391

吉林：磐石 安海成 AnHC0305

Cerastium pusillum Seringe **山卷耳**

四川：白玉 孙航，张建文，邓涛等 SunH-07ZX-3720

四川：甘孜 孙航，张建文，董金龙等 SunH-07ZX-3978

云南：香格里拉 杨青松，杨莹，黄永江等 ZhouZK-07ZX-0226

Cerastium tianschanicum Schischkin **天山卷耳**
新疆：博乐 刘鸯，马真，贺晓欢等 SHI-A2007023
新疆：博乐 刘鸯，马真，贺晓欢等 SHI-A2007037
Cerastium wilsonii Takeda **卵叶卷耳** *
湖北：竹溪 甘啟良 GanQL020
Dianthus barbatus var. **asiaticus** Nakai **头石竹**
云南：新平 谢雄 XPALSC426
Dianthus chinensis Linnaeus **石竹**
河北：平山 牛玉璐，郑博颖，黄士良等 NiuYL064
黑龙江：北安 郑宝江，丁晓炎，王美娟 ZhengBJ276
黑龙江：宁安 刘玫，张欣欣，程薪宇等 Liuetal419
吉林：南关区 王云贺 Yanglm0047
吉林：前郭尔罗斯 张红香 ZhangHX147
江苏：句容 王兆银，吴宝成 SCSB-JS0122
江苏：溧阳 吴宝成 HANGYY8337
辽宁：清原 张永刚 Yanglm0156
辽宁：长海 郑宝江，丁晓炎，焦宏斌等 ZhengBJ335
内蒙古：克什克腾旗 刘润宽，李茂文，李昌亮 M106
内蒙古：赛罕区 蒲拴莲，李茂文 M071
宁夏：西夏区 左忠，刘华 ZuoZh258
山东：莱山区 卞福花，宋言贺 BianFH-566
山东：莱山区 卞福花 BianFH-0203
山东：崂山区 罗艳，李中华 LuoY128
山东：长清区 张少华，王萍，张诏等 Lilan175
陕西：长安区 王梅荣，田先华，田陌 TianXH036
Dianthus elatus Ledebour **高石竹**
新疆：巩留 亚吉东，迟建才，张桥蓉等 16CS13502
Dianthus kuschakewiczii Regel & Schmalhausen **长萼石竹**
新疆：特克斯 亚吉东，张桥蓉，秦少发等 16CS13461
新疆：乌鲁木齐 王雷，王宏飞，黄振英 Beijing-huang-xjys-0025
Dianthus longicalyx Miquel **长萼瞿麦**
山东：牟平区 卞福花，卢学新，纪伟 BianFH00054
Dianthus repens Willdenow **簇茎石竹**
黑龙江：尚志 刘玫，王臣，张欣欣等 Liuetal650
Dianthus soongoricus Schischkin **准噶尔石竹**
新疆：玛纳斯 亚吉东，张桥蓉，秦少发等 16CS13214
Dianthus superbus Linnaeus **瞿麦**
安徽：绩溪 唐鑫生，宋曰钦，方建新 TangXS0567
安徽：舒城 陈延松，欧祖兰，高秋晨等 Xuzd298
甘肃：合作 郭淑青，杜品 LiuJQ-2012-GN-223
甘肃：碌曲 李晓东，刘帆，张景博等 LiJ0141
甘肃：玛曲 尹鑫，吴航，葛文静 LiuJQ-GN-2011-689
贵州：正安 韩国营 HanGY003
河北：平山 牛玉璐，高彦飞，黄士良 NiuYL157
江西：星子 谭策铭，董安淼 TanCM305
江西：星子 谭策铭，易桂花，蔡如意等 TanCM1000
山东：崂山区 罗艳，李中华 LuoY184
山东：崂山区 赵遵田，郑国伟，王海英等 Zhaozt0168
山东：牟平区 卞福花，陈朋 BianFH-0327
山东：平邑 辛晓伟，张世尧 Lilan862
四川：甘孜 陈文允，于文涛，黄永江 CYH092
四川：甘孜 陈文允，于文涛，黄永江 CYH196
四川：红原 张昌兵，邓秀发，郝国歉 ZCB0646
四川：红原 张昌兵，邓秀华 ZhangCB0260
四川：康定 张昌兵，向丽 ZhangCB0193
Drymaria cordata (Linnaeus) Willdenow ex Schultes **荷莲豆草**
四川：米易 袁明 MY061
云南：沧源 赵金超，杨红强，肖美芳 CYNGH284
云南：沧源 赵金超，肖美芳 CYNGH251
云南：江城 叶金科 YNS0465
云南：景东 鲁艳 07-162
云南：景东 罗忠华，刘长铭，李绍昆等 JDNR09080
云南：澜沧 胡启和，赵强，周英等 YNS0738
云南：澜沧 张绍云，胡启和，仇亚等 YNS1130
云南：绿春 黄连山保护区科研所 HLS0300
云南：麻栗坡 肖波 LuJL235
云南：蒙自 税玉民，陈文红 72583
云南：勐海 彭华，向春雷，陈丽等 P.H.5747
云南：孟连 彭华，向春雷，陈丽 P.H.5885
云南：南涧 阿国仁 NJWLS809
云南：南涧 熊绍荣 NJWLS2008083
云南：南涧 阿国仁，罗新洪 NJWLS1114
云南：普洱 胡启和，张绍云 YNS0596
云南：巧家 杨光明 SCSB-W-1123
云南：思茅区 胡启和，周兵 YNS0800
云南：腾冲 周应再 Zhyz-264
云南：腾冲 周应再 Zhyz-363
云南：盈江 王立彦，黄建刚 TBG-011
云南：永德 李永亮 LiYL1329
云南：永德 李永亮 LiYL1394
云南：永德 李永亮 YDDXS1270
云南：永德 李永亮 YDDXS1298
云南：永德 李永亮 YDDXSB023
云南：元阳 车鑫，亚吉东，秦少发等 YYGYS069
云南：元阳 田学军，杨建，邱成书等 Tianxj0048
云南：云龙 郭永杰，王杨飞，李施文等 TC4011
云南：镇沅 罗成瑜 ALSZY336
云南：镇沅 罗成瑜 ALSZY418
Gypsophila altissima Linnaeus **高石头花**
新疆：巩留 亚吉东，张桥蓉，秦少发等 16CS13470
新疆：新源 亚吉东，张桥蓉，秦少发等 16CS13406
新疆：昭苏 亚吉东，张桥蓉，秦少发等 16CS13573
Gypsophila davurica Turczaninow ex Fenzl **草原石头花**
河北：桃城 牛玉璐，高彦飞，黄士良 NiuYL265
黑龙江：让胡路区 王臣，张欣欣，史传奇 WangCh209
Gypsophila davurica var. **angustifolia** Fenzl **狭叶石头花**
宁夏：盐池 左忠，刘华 ZuoZh089
Gypsophila huashanensis Y. W. Tsui & D. Q. Lu **华山石头花** *
陕西：长安区 王梅荣，田先华，田陌 TianXH033
Gypsophila oldhamiana Miquel **长蕊石头花**
河北：平山 牛玉璐，高彦飞，黄士良 NiuYL158
河南：栾川 何明高，付婷婷，水庆艳 Huangzy0094
辽宁：凌源 郑宝江，王美娟，曹鹏等 ZhengBJ419
辽宁：沈阳 刘玫，王臣，张欣欣等 Liuetal817
辽宁：长海 郑宝江，丁晓炎，焦宏斌等 ZhengBJ348
辽宁：庄河 于立敏 CaoW781
山东：莱山区 卞福花，宋言贺 BianFH-494
山东：崂山区 罗艳，李中华 LuoY143
山东：崂山区 赵遵田，郑国伟，杜超等 Zhaozt0142
山东：历城区 李兰，王萍，张少华等 Lilan-069
山东：牟平区 卞福花，卢学新，纪伟 BianFH00067
山东：泰山区 杜超，张璐璐，邱振鲁等 Zhaozt0214
山东：芝罘区 卞福花，卢学新，纪伟 BianFH00006
陕西：长安区 田先华，王梅荣 TianXH285
Gypsophila pacifica Komarov **大叶石头花**

吉林：和龙 林红梅 Yanglm0204
吉林：磐石 安海成 AnHC0180
Gypsophila paniculata Linnaeus 圆锥石头花
新疆：阿勒泰 段士民，王喜勇，刘会良等 193
新疆：哈巴河 段士民，王喜勇，刘会良等 222
新疆：哈巴河 段士民，王喜勇，刘会良等 226
新疆：青河 段士民，王喜勇，刘会良等 151
新疆：托里 徐文斌，黄刚 SHI-2009284
新疆：托里 徐文斌，杨清理 SHI-2009297
Gypsophila patrinii Seringe 紫萼石头花
新疆：吉木乃 段士民，王喜勇，刘会良等 232
新疆：乌鲁木齐 王喜勇，马文宝，施翔 zdy296
Gypsophila perfoliata Linnaeus 钝叶石头花
新疆：霍城 刘鸯，马真，贺晓欢等 SHI-A2007156
新疆：霍城 刘鸯，马真，贺晓欢等 SHI-A2007168
新疆：奎屯 徐文斌，郭一敏 SHI-2009145
新疆：尼勒克 段士民，王喜勇，刘会良 Zhangdy351
新疆：石河子 亚吉东，张桥蓉，秦少发等 16CS13195
新疆：裕民 徐文斌，杨清理 SHI-2009399
Herniaria glabra Linnaeus 治疝草
新疆：塔城 刘成，张挺，李昌洪等 16CS12452
Lepyrodiclis holosteoides (C. A. Meyer) Fenzl ex Fisher & C. A. Meyer 薄蒴草
甘肃：合作 尹鑫，吴航，葛文静 LiuJQ-GN-2011-118
甘肃：合作 齐威 LJQ-2008-GN-177
西藏：工布江达 卢洋，刘帆等 LiJ868
新疆：塔什库尔干 邱娟，冯建菊 LiuJQ0047
新疆：于田 冯建菊 Liujq-fjj-0018
新疆：于田 冯建菊 Liujq-fjj-0019
Lepyrodiclis stellarioides Schrenk ex Fischer & C. A. Meyer 繁缕薄蒴草
新疆：博乐 亚吉东，张桥蓉，秦少发等 16CS13838
Lychnis cognata Maximowicz 浅裂剪秋罗
黑龙江：尚志 刘玫，张欣欣，程薪宇等 Liuetal385
吉林：磐石 安海成 AnHC0146
辽宁：庄河 于立敏 CaoW948
Lychnis fulgens Fischer ex Sprengel 剪秋罗
甘肃：合作 郭淑青，杜品 LiuJQ-2012-GN-225
黑龙江：爱辉区 刘玫，王臣，张欣欣等 Liuetal699
吉林：临江 李长田 Yanglm0038
辽宁：桓仁 祝业平 CaoW976
Lychnis senno Siebold & Zuccarini 剪红纱花
湖北：神农架林区 李巨平 LiJuPing0246
湖北：竹溪 张代贵 Zdg3611
Lychnis wilfordii (Regel) Maximowicz 丝瓣剪秋罗
吉林：磐石 安海成 AnHC0210
Minuartia biflora (Linnaeus) Schinz & Thellung 二花米努草
新疆：昭苏 亚吉东，张桥蓉，秦少发等 16CS13597
Minuartia regeliana (Trautvetter) Mattfeld 米努草
新疆：阜康 段士民，王喜勇，刘会良等 245
新疆：巩留 马真，徐文斌，贺晓欢等 SHI-A2007211
新疆：吉木萨尔 段士民，王喜勇，刘会良等 254
Minuartia verna (Linnaeus) Hiern 春米努草
新疆：昭苏 亚吉东，张桥蓉，秦少发等 16CS13598
Myosoton aquaticum (Linnaeus) Moench 鹅肠菜
安徽：舒城 陈延松，欧祖兰，高秋晨等 Xuzd400
安徽：太和 彭斌 HANGYY8694
安徽：铜陵 陈延松，唐成丰 Zhousb0122
安徽：屯溪区 方建新 TangXS0119
北京：东城区 朱雅娟，王雷，黄振英 Beijing-huang-xs-0015
重庆：南川区 易思荣，谭秋平 YISR389
河北：井陉 牛玉璐，高彦飞，黄士良 NiuYL262
河北：赞皇 牛玉璐，郑博颖，黄士良等 NiuYL003
黑龙江：嫩江 王臣，张欣欣，刘跃印等 WangCh330
湖北：仙桃 张代贵 Zdg1267
湖北：竹溪 李盛兰 GanQL164
湖南：鹤城区 李胜华，伍贤进，曾汉元等 Wuxj846
湖南：永定区 吴福川 7032
湖南：沅陵 李胜华，伍贤进，刘光华等 Wuxj913
湖南：沅陵 李胜华，伍贤进，刘光华等 Wuxj928
吉林：九台 张永刚 Yanglm0236
江苏：句容 吴宝成，王兆银 HANGYY8161
江苏：玄武区 顾子霞 HANGYY8671
江苏：宜兴 吴宝成 HANGYY8019
江西：湾里区 杜小浪，慕泽泾，曹岚 DXL097
江西：武宁 张吉华，刘运群 TanCM1178
江西：修水 谭策铭，缪以清，李立新 TanCM242
宁夏：盐池 牛有栋，朱奋霞 ZuoZh202
山东：崂山区 罗艳 LuoY062
山东：崂山区 赵遵田，郑国伟，杜超等 Zhaozt0149
山东：历城区 李兰，王萍，张少华等 Lilan-050
山东：牟平区 卞福花，杨蕾蕾，谷胤征 BianFH-0079
四川：白玉 李晓东，张景博，徐凌翔等 LiJ477
四川：射洪 袁明 YUANM2015L134
西藏：拉萨 陈家辉，韩希，王广艳等 YangYP-Q-4201
云南：东川区 彭华，向春雷，王泽欢 PengH8029
云南：景洪 彭华，向春雷，王泽欢 PengH8512
云南：绿春 黄连山保护区科研所 HLS0299
云南：马关 刀志灵，张洪喜 DZL596
云南：蒙自 田学军，刘成兴 TianXJ0128
云南：蒙自 田学军，邱成书，高波 TianXJ0164
云南：南涧 熊绍荣 NJWLS2008311
云南：思茅区 胡启和，周兵，仇亚 YNS0886
云南：新平 刘家良 XPALSD265
云南：新平 白绍斌 XPALSC337
云南：永德 李永亮 YDDXS1284
云南：沾益 彭华，陈丽 P.H.5978
云南：镇沅 罗成瑜，乔永华 ALSZY298
浙江：临安 吴林园，彭斌，顾子霞 HANGYY9044
Petrorhagia alpina (Hablitz) P. W. Ball & Heywood 直立膜萼花
新疆：裕民 亚吉东，张桥蓉，秦少发等 16CS13863
Polycarpaea corymbosa (Linnaeus) Lamarck 白鼓钉
云南：新平 何罡安 XPALSB172
Polycarpon prostratum (Forsskål) Ascherson & Schweinfurth 多荚草
云南：思茅区 胡启和，周兵，仇亚 YNS0888
Psammosilene tunicoides W. C. Wu & C. Y. Wu 金铁锁 *
四川：米易 袁明 MY446
云南：官渡区 张挺，唐勇，陈伟等 SCSB-B-000093
云南：盘龙区 张挺，郭永杰，刘成等 08CS580
云南：易门 王焕冲，马兴达 WangHCH042
Pseudostellaria davidii (Franchet) Pax 蔓孩儿参
吉林：磐石 安海成 AnHC0297
Pseudostellaria heterantha (Maximowicz) Pax 异花孩儿参
安徽：舒城 陈延松，欧祖兰，高秋晨等 Xuzd320

安徽：黟县 陈延松，唐成丰 Zhousb0128

Pseudostellaria heterophylla (Miquel) Pax 孩儿参

江苏：句容 吴宝成，王兆银 HANGYY8031
江西：庐山区 董安淼，吴丛梅 TanCM3302
山东：海阳 步瑞兰，辛晓伟，王林等 Lilan722
山东：崂山区 罗艳，母华伟，范兆飞 LuoY033
山东：牟平区 卞福花，宋言贺 BianFH-460
山东：牟平区 卞福花，杨蕾蕾，谷胤征 BianFH-0075

Sagina japonica (Swartz) Ohwi 漆姑草

安徽：金寨 陈延松，欧祖兰，徐柳华 Xuzd159
安徽：屯溪区 方建新 TangXS0117
安徽：黟县 陈延松，唐成丰 Zhousb0127
重庆：武隆 易思荣，谭秋平 YISR368
贵州：乌当区 赵厚涛，韩国营 YBG127
河北：平山 牛玉璐，高彦飞，黄士良 NiuYL264
湖北：仙桃 张代贵 Zdg1280
湖北：仙桃 李巨平 Lijuping0281
湖北：竹溪 李盛兰 GanQL255
湖南：永定区 吴福川 7001
江苏：玄武区 顾子霞 HANGYY8672
江西：黎川 童和平，王玉珍 TanCM2361
江西：庐山区 董安淼，吴丛梅 TanCM1517
江西：湾里区 杜小浪，慕泽泾，曹岚 DXL094
山东：莱山区 卞福花，杨蕾蕾，谷胤征 BianFH-0095
山东：市南区 罗艳，母华伟 LuoY052
山东：泰山区 张少华，王萍，张诏等 Lilan179
上海：普陀区 李宏庆，葛斌杰，刘国丽 Lihq0167
四川：峨眉山 李小杰 LiXJ019
四川：普格 苏涛，黄永江，杨青松等 ZhouZK11021
四川：射洪 袁明 YUANM2016L196
新疆：巩留 亚吉东，张桥蓉，胡枭剑 16CS12155
新疆：乌鲁木齐 艾沙江，成小军 TanDY0210
云南：东川区 张挺，蔡杰，刘成等 11CS3598
云南：景东 刘长铭，刘东 JDNR11061
云南：勐海 张挺，李洪超，李文化等 SCSB-B-000404
云南：南涧 熊绍荣 NJWLS1200
云南：南涧 徐家武 NJWLS633
云南：嵩明 张挺，李爱花，杜燕 SCSB-B-000066
云南：文山 何德明，丰艳飞，曹世超 WSLJS695
云南：寻甸 彭华，向春雷，王泽欢 PengH8038
云南：元阳 彭华，向春雷，陈丽 PengH8196
云南：镇沅 胡启和，张绍云 YNS0808

Sagina maxima A. Gray 根叶漆姑草

江西：庐山区 董安淼，吴丛梅 TanCM3021

Sagina saginoides (Linnaeus) H. Karsten 无毛漆姑草

西藏：林芝 罗建，汪书丽 LiuJQ-09XZ-216
云南：贡山 李恒，李嵘，刀志灵 1036

Saponaria officinalis Linnaeus 肥皂草

河北：桃城 牛玉璐，高彦飞，赵二涛 NiuYL299
黑龙江：宁安 刘玫，王臣，张欣欣等 Liuetal751

Silene alexandrae B. Keller 斋桑蝇子草

新疆：博乐 亚吉东，张桥蓉，秦少发等 16CS13844
新疆：巩留 亚吉东，张桥蓉，秦少发等 16CS13509
新疆：托里 亚吉东，张桥蓉，秦少发等 16CS13882

Silene altaica Persoon 阿尔泰蝇子草

四川：泸定 何兴金，赵丽华，梁乾隆等 SCU-11-108

Silene aprica Turczaninow ex Fischer & C. A. Meyer 女娄菜

安徽：金寨 陈延松，欧祖兰，姜九龙 Xuzd209
安徽：舒城 陈延松，欧祖兰，高秋晨等 Xuzd348
安徽：屯溪区 方建新 TangXS0905
北京：东城区 王雷，朱雅娟，黄振英 Beijing-huang-bhs-0001
北京：东城区 王雷，朱雅娟，黄振英 Beijing-huang-bws-0001
北京：东城区 王雷，朱雅娟，黄振英 Beijing-huang-dls-0012
北京：房山区 宋松泉 BJ009
北京：海淀区 刘树君 SCSB-D-0016
北京：海淀区 林坚 SCSB-B-0009
北京：海淀区 林坚 SCSB-B-0016
北京：门头沟区 林坚 SCSB-E-0025
北京：西城区 王雷，朱雅娟，黄振英 Beijing-huang-yms-0001
北京：西城区 王雷，朱雅娟，黄振英 Beijing-huang-ss-0001
甘肃：碌曲 李晓东，刘帆，张景博等 LiJ0090
甘肃：玛曲 李晓东，刘帆，张景博等 LiJ0031
甘肃：夏河 尹鑫，吴航，葛文静 LiuJQ-GN-2011-115
河北：阜平 牛玉璐，王晓亮 NiuYL511
河北：兴隆 李燕军 SCSB-A-0009
河南：鲁山 宋松泉 HN012
河南：鲁山 宋松泉 HN075
河南：鲁山 宋松泉 HN125
河南：栾川 黄振英，于顺利，杨学军 Huangzy0045
河南：嵩县 邓志军，付婷婷，水庆艳 Huangzy0130
黑龙江：尚志 郑宝江，丁晓炎，李月等 ZhengBJ183
黑龙江：肇源 杨帆，马红媛，安丰华 SNA0574
湖南：洞口 肖乐希，唐光波，谢江等 SCSB-HN-1730
吉林：和龙 韩忠明 Yanglm0222
吉林：临江 李长田 Yanglm0030
江苏：句容 王兆银，吴宝成 SCSB-JS0141
江西：都昌 谭策铭，易桂花 TanCM225
辽宁：凤城 李忠诚 CaoW220
内蒙古：和林格尔 蒲拴莲，刘润宽，刘毅等 M306
内蒙古：新城区 蒲拴莲，李茂文 M026
内蒙古：伊金霍洛旗 杨学军 Huangzy0230
青海：班玛 汪书丽，朱洪涛 Liujq-QLS-TXM-138
青海：都兰 潘建斌，杜维波，牛炳韬 Liujq-2011CDM-230
青海：贵南 陈世龙，高庆波，张发起等 Chens11213
青海：海晏 陈世龙，高庆波，张发起等 Chens11434
青海：囊谦 汪书丽，朱洪涛 Liujq-QLS-TXM-105
青海：囊谦 许炳强，周伟，郑朝汉 Xianh0022
青海：祁连 陈世龙，高庆波，张发起等 Chens11500
青海：乌兰 潘建斌，杜维波，牛炳韬 Liujq-2011CDM-299
山东：历城区 李兰，王萍，张少华 Lilan118
山东：平邑 赵遵田 Zhaozt0260
陕西：神木 田先华 TianXH1100
四川：白玉 李晓东，张景博，徐凌翔等 LiJ472
四川：稻城 李晓东，张景博，徐凌翔等 LiJ413
四川：红原 张昌兵，邓秀华 ZhangCB0287
四川：理塘 陈家辉，刘亚辉，周妍等 YangYP-Q-2304
四川：马尔康 何兴金，王月，胡灏禹等 SCU-08120
四川：若尔盖 何兴金，高云东，刘海艳等 SCU-20080537
四川：汶川 何兴金，高云东，刘海艳等 SCU-20080459
四川：乡城 陈家辉，刘亚辉，周妍等 YangYP-Q-2244
四川：小金 何兴金，王月，胡灏禹等 SCU-08136
西藏：当雄 杨永平，段元文，边巴扎西 Yangyp-Q-1022
西藏：吉隆 张晓纬，汪书丽，罗建 LiuJQ-09XZ-LZT-082
西藏：林芝 陈家辉，韩希，王东超等 YangYP-Q-4026
西藏：那曲 陈家辉，庄会富，刘德团 Yangyp-Q-0199
新疆：巩留 亚吉东，张桥蓉，秦少发等 16CS13477

新疆：和田 冯建菊 Liujq-fjj-0100
新疆：托里 徐文斌，杨清理 SHI-2009042
新疆：乌鲁木齐 邱娟，艾沙江 TanDY0225
云南：东川区 彭华，向春雷，王泽欢 PengH8028
云南：兰坪 孔航辉，任琛 Yangqe2883
云南：南华 王焕冲，马兴达 WangHCH008
云南：维西 孔航辉，任琛 Yangqe2833
云南：香格里拉 杨青松，杨莹，黄永江等 ZhouZK-07ZX-0088

Silene asclepiadea Franchet 掌脉蝇子草 *

云南：东川区 张挺，刘成，郭明明等 11CS3670
云南：洱源 李爱花，雷立公，徐远杰等 SCSB-A-000132
云南：洱源 杨青松，杨莹，黄永江等 ZhouZK-07ZX-0246
云南：巧家 张书东，张荣，王银环等 QJYS0232
云南：巧家 李文虎，吴天抗，张天壁等 QJYS0183
云南：嵩明 张挺，唐勇，陈伟 SCSB-B-000088
云南：香格里拉 亚吉东，张桥蓉，张继等 11CS3535
云南：香格里拉 杨青松，星耀武，苏涛 ZhouZK-07ZX-0451
云南：玉龙 亚吉东，张德全，唐治喜等 15PX503
云南：玉龙 孙航，李新辉，陈林杨 SunH-07ZX-3230

Silene atrocastanea Diels 栗色蝇子草 *

云南：大理 李爱花，雷立公，马国强等 SCSB-A-000167

Silene baccifera (Linnaeus) Roth 狗筋蔓

安徽：金寨 陈延松，欧祖兰，徐柳华 Xuzd174
安徽：黟县 刘淼 SCSB-JSB40
贵州：开阳 肖恩婷 Yuanm010
贵州：罗甸 邹方伦 ZouFL0049
贵州：乌当区 邹方伦 ZouFL0327
湖北：神农架林区 李巨平 LiJuPing0259
湖南：桑植 陈功锡，廖博儒，查学州等 177
吉林：临江 李长田 Yanglm0025
陕西：宁陕 田先华，杜青高 TianXH141
四川：宝兴 袁明 Y07116
四川：汉源 汤加勇，赖建军 Y07133
四川：理县 张昌兵，邓秀发 ZhangCB0396
四川：理县 何兴金，高云东，余岩等 SCU-09-564
西藏：察隅 张挺，蔡杰，袁明 09CS1516
西藏：错那 罗建，汪书丽 LiuJQ11XZ203
西藏：错那 马永鹏 ZhangCQ-0059
西藏：林芝 张挺，蔡杰，刘恩德等 SCSB-B-000495
云南：安宁 杜燕，周开洪，王建军等 SCSB-A-000359
云南：富民 彭华，向春雷，许瑾等 P.H.5465
云南：贡山 郭永杰，吴之坤，吴兴等 14CS9853
云南：贡山 聂泽龙，孟盈，邓涛 SunH-07ZX-2877
云南：贡山 许炳强，吴兴，李婧等 XiaNh-07zx-163
云南：贡山 刀志灵 DZL339
云南：河口 张贵良，杨鑫峰，陶美英等 ZhangGL096
云南：景东 张绍云，叶金科，周兵 YNS1385
云南：景东 鲁艳 200817
云南：景东 罗忠华，谢有能，鲁成荣等 JDNR09055
云南：景东 鲁成荣，谢有能，王强 JD041
云南：丽江 孙航，李新辉，陈林杨 SunH-07ZX-3111
云南：丽江 杨亲二，袁琼 Yangqe2551
云南：麻栗坡 税玉民，陈文红 72076
云南：麻栗坡 肖波，陆章强 LuJL031
云南：南涧 李成清，高国政，徐如标 NJWLS474
云南：南涧 阿国仁，熊绍荣，邹国娟等 NJWLS2008015
云南：南涧 徐家武，袁玉川，罗增阳 NJWLS626
云南：宁蒗 任宗昕，寸龙琼，任尚国 SCSB-W-1383
云南：盘龙区 伊廷双，孟静，杨杨 MJ-931
云南：普洱 彭志仙，叶金科 YNS0324
云南：巧家 李文虎，高顺勇，吴天抗等 QJYS0014
云南：巧家 张天壁 SCSB-W-789
云南：巧家 张天壁 SCSB-W-832
云南：巧家 杨光明 SCSB-W-1202
云南：石林 税玉民，陈文红 65867
云南：腾冲 余新林，赵玮 BSGLGStc222
云南：维西 陈文允，于文涛，黄永江等 CYHL013
云南：文山 何德明，丰艳飞，曹世超 WSLJS669
云南：武定 张挺，张书东，李爱花等 SCSB-A-000078
云南：西山区 蔡杰 SCSB-A-000014
云南：新平 何罡安 XPALSB047
云南：彝良 张挺，雷立公，王建军等 SCSB-B-000107
云南：永德 李永亮 YDDXS0582
云南：永德 欧阳红才，普跃东，鲁金国 YDDXSC044
云南：元阳 李文锋，刘成，杨娅娟等 YYGYS053
云南：云龙 李爱花，李洪超，黄天才等 SCSB-A-000188
云南：镇沅 朱恒，罗成瑜 ALSZY206

Silene bilingua W. W. Smith 双舌蝇子草 *

青海：门源 陈世龙，高庆波，张发起等 Chensl1654
云南：迪庆 张书东，林娜娜，郁文彬等 SCSB-W-037
云南：香格里拉 张挺，蔡杰，郭永杰等 11CS3037

Silene caespitella F. N. Williams 丛生蝇子草

四川：巴塘 张大才，尹五元，李双智等 ZhangDC-07ZX-2210
四川：巴塘 孙航，张建文，邓涛等 SunH-07ZX-3388
四川：白玉 孙航，张建文，邓涛等 SunH-07ZX-3718
四川：稻城 孙航，张建文，邓涛等 SunH-07ZX-3343
四川：稻城 孙航，张建文，董金龙等 SunH-07ZX-3597
四川：雅江 苏涛，黄永江，杨青松等 ZhouZK11069
西藏：八宿 徐波，陈光富，陈林杨等 SunH-07ZX-1422
西藏：八宿 徐波，陈光富，陈林杨等 SunH-07ZX-1423
西藏：林周 陈家辉，韩希，王广艳等 YangYP-Q-4166
西藏：亚东 聂泽龙，牛洋，周卓等 SunH-07ZX-2318
新疆：阜康 谭敦炎，邱娟 TanDY0009
新疆：吉木萨尔 谭敦炎，邱娟 TanDY0046
新疆：克拉玛依 谭敦炎，邱娟 TanDY0089
云南：香格里拉 张挺，亚吉东，李明勤等 11CS3369

Silene cardiopetala Franchet 心瓣蝇子草 *

四川：冕宁 孔航辉，罗江平，左雷等 YangQE3435
云南：巧家 杨光明 SCSB-W-1206
云南：玉龙 张大才，李双智，杨川 ZhangDC-07ZX-2020

Silene chodatii Bocquet 球萼蝇子草 *

四川：稻城 何兴金，廖晨阳，任海燕等 SCU-09-466
云南：德钦 杨青松，星耀武，苏涛 ZhouZK-07ZX-0433
云南：丽江 张书东，林娜娜，陆露等 SCSB-W-116
云南：丽江 张书东，林娜娜，陆露等 SCSB-W-117
云南：巧家 郁文彬，任宗昕，艾洪莲等 SCSB-W-1033
云南：香格里拉 张挺，蔡杰，郭永杰等 11CS3058
云南：香格里拉 蔡杰，张挺，刘成等 11CS3290

Silene chungtienensis W. W. Smith 中甸蝇子草 *

云南：香格里拉 张大才，李双智，唐路等 ZhangDC-07ZX-1657

Silene conoidea Linnaeus 麦瓶草

河北：桃城 牛玉璐，高彦飞，黄士良 NiuYL144
湖南：宁乡 熊凯辉，刘克明 SCSB-HN-1959
湖南：平江 刘克明，蔡秀珍，陈丰林 SCSB-HN-0922
湖南：平江 刘克明，刘洪新 SCSB-HN-0955
江苏：句容 吴宝成，王兆银 HANGYY8245

江苏：海州区 汤兴利 HANGYY8433
内蒙古：伊金霍洛旗 杨学军 Huangzy0237
青海：贵南 陈世龙，高庆波，张发起 Chensl0967
青海：互助 薛春迎 Xuechy0067
青海：同德 陈世龙，高庆波，张发起 Chensl0999
山东：历城区 张少华，王萍，张诏等 Lilan180
陕西：神木 何志斌，杜军，陈龙飞等 HHZA0299
西藏：拉萨 钟扬 ZhongY1048
西藏：米林 陈家辉，王赟，刘德团 YangYP-Q-3283
新疆：策勒 冯建菊 Liujq-fjj-0054
新疆：策勒 冯建菊 Liujq-fjj-0074
新疆：塔什库尔干 邱娟，冯建菊 LiuJQ0050
新疆：塔什库尔干 黄文娟，段黄金，王英鑫等 LiZJ0335
新疆：于田 冯建菊 Liujq-fjj-0021
新疆：于田 冯建菊 Liujq-fjj-0033

Silene davidii (Franchet) Oxelman & Lideeen 垫状蝇子草 *
青海：格尔木 冯虎元 LiuJQ-08KLS-114
青海：门源 陈世龙，高庆波，张发起等 Chensl1625
青海：祁连 陈世龙，高庆波，张发起等 Chensl1501
四川：康定 何兴金，高云东，刘海艳等 SCU-20080425
西藏：左贡 张挺，蔡杰，刘恩德等 SCSB-B-000468

Silene dawoensis Limpricht 道孚蝇子草 *
四川：马尔康 何兴金，冯图，廖晨阳等 SCU-080362
四川：若尔盖 何兴金，冯图，廖晨阳等 SCU-080316
四川：小金 何兴金，冯图，廖晨阳等 SCU-080318

Silene delavayi Franchet 西南蝇子草 *
四川：雅江 何兴金，高云东，王志新等 SCU-09-218
西藏：当雄 李晖，文雪梅，熊继贵 Lihui-Q-2010-59

Silene dumetosa C. L. Tang 灌丛蝇子草 *
云南：香格里拉 亚吉东，张桥蓉，张继等 11CS3536
云南：香格里拉 杨青松，星耀武，苏涛 ZhouZK-07ZX-0333

Silene esquamata W. W. Smith 无鳞蝇子草 *
云南：德钦 孙航，李新辉，陈林杨 SunH-07ZX-2967

Silene firma Siebold & Zuccarini 疏毛女娄菜
安徽：绩溪 唐鑫生，宋曰钦，方建新 TangXS0565
安徽：舒城 陈延松，欧祖兰，高秋晨等 Xuzd372
河北：平山 牛玉璐，高彦飞，黄士良 NiuYL244
黑龙江：阿城 王臣，张欣欣，史传奇 WangCh219
湖南：双牌 姜孝成，王丽萍，李育华 Jiangxc0823
吉林：磐石 安海成 AnHC0249
江苏：海州区 汤兴利 HANGYY8460
辽宁：凌源 郑宝江，王美娟，曹鹏等 ZhengBJ394
青海：达日 陈世龙，高庆波，张发起等 Chensl1340
青海：祁连 陈世龙，高庆波，张发起等 Chensl1584
山东：济南 张少华，王萍，张诏等 Lilan206
山东：崂山区 罗艳，李中华 LuoY173
山东：牟平区 卞福花，卢学新，纪伟等 BianFH00018
山东：牟平区 卞福花，宋言贺 BianFH-502
陕西：宁陕 田先华 TianXH043
四川：稻城 李晓东，张景博，徐凌翔等 LiJ414
西藏：吉隆 何华杰，张书东 81059
西藏：林芝 罗建，汪书丽，任德智 LiuJQ-09XZ-339

Silene foliosa Maximowicz 石缝蝇子草
河北：平山 牛玉璐，郑博颖，黄士良等 NiuYL067
黑龙江：宁安 刘玫，张欣欣，程薪宇等 Liuetal539
辽宁：庄河 于立敏 CaoW807

Silene fortunei Visiani 鹤草 *
安徽：金寨 陈延松，欧祖兰，白雅洁 Xuzd259
安徽：舒城 陈延松，欧祖兰，高秋晨等 Xuzd470
安徽：休宁 唐鑫生，方建新 TangXS0308
甘肃：临潭 齐威 LJQ-2008-GN-178
河北：武安 牛玉璐，高彦飞，赵二涛 NiuYL497
河南：栾川 黄振英，于顺利，杨学军 Huangzy0018
河南：南召 黄振英，于顺利，杨学军 Huangzy0181
河南：嵩县 黄振英，于顺利，杨学军 Huangzy0111
湖北：仙桃 张代贵 Zdg2514
湖北：英山 朱鑫鑫，王君 ZhuXX016
湖北：竹溪 李盛兰 GanQL989
江苏：句容 王兆银，吴宝成 SCSB-JS0200
江西：武宁 张吉华，刘运群 TanCM1114
江西：星子 谭策铭，董安淼 TanCM538
山东：崂山区 罗艳，李中华 LuoY193
山东：崂山区 赵遵田，郑国伟，杜超等 Zhaozt0148
山东：历城区 李兰，王萍，张少华 Lilan-078
山西：霍州 高瑞如，李农业，张爱红 Huangzy0257
陕西：长安区 王梅荣，田先华，田陌 TianXH034
四川：理塘 孔航辉，罗江平，左雷等 YangQE3512

Silene gonosperma (Ruprecht) Bocquet 隐瓣蝇子草
甘肃：合作 郭淑青，杜品 LiuJQ-2012-GN-222
甘肃：玛曲 齐威 LJQ-2008-GN-180
青海：祁连 陈世龙，高庆波，张发起等 Chensl1446
西藏：左贡 徐波，陈光富，陈林杨等 SunH-07ZX-0372
新疆：和静 杨赵平，焦培培，白冠章等 LiZJ0586
云南：会泽 杜燕，黄天才，董勇等 SCSB-A-000338
云南：会泽 杜燕，黄天才，董勇等 SCSB-A-000350

Silene gracilicaulis C. L. Tang 细蝇子草 *
甘肃：碌曲 李晓东，刘帆，张景博等 LiJ0001
甘肃：卓尼 齐威 LJQ-2008-GN-182
青海：玉树 许炳强，周伟，郑朝汉 Xianh0234
四川：白玉 孙航，张建文，邓涛等 SunH-07ZX-3726
四川：丹巴 余岩，周春景，秦汉涛 SCU-11-052
四川：道孚 何兴金，胡灏禹，沈呈娟等 SCU-11-465
四川：稻城 孙航，张建文，董金龙等 SunH-07ZX-3566
四川：稻城 孙航，张建文，董金龙等 SunH-07ZX-3606
四川：得荣 孙航，李新辉，陈林杨 SunH-07ZX-2912
四川：甘孜 孙航，张建文，董金龙等 SunH-07ZX-3973
四川：康定 何兴金，郜鹏，彭禄等 SCU-11-316
四川：康定 何兴金，高云东，王志新等 SCU-09-209
四川：康定 何兴金，胡灏禹，陈德友等 SCU-09-304
四川：理塘 张大才，尹五元，李双智等 ZhangDC-07ZX-2183
四川：理塘 孙航，张建文，邓涛等 SunH-07ZX-3362
四川：理塘 孙航，张建文，董金龙等 SunH-07ZX-3642
四川：理塘 苏涛，黄永江，杨青松等 ZhouZK11154
四川：理塘 何兴金，赵丽华，梁乾隆等 SCU-11-142
四川：理塘 何兴金，马祥光，张云香等 SCU-11-220
四川：理塘 何兴金，马祥光，张云香等 SCU-11-229
四川：木里 苏涛，黄永江，杨青松等 ZhouZK11347
四川：乡城 陈家辉，刘亚辉，周妍等 YangYP-Q-2243
四川：小金 何兴金，赵丽华，李琴琴等 SCU-08030
四川：雅江 苏涛，黄永江，杨青松等 ZhouZK11104
西藏：八宿 徐波，陈光富，陈林杨等 SunH-07ZX-1421
西藏：八宿 徐波，陈光富，陈林杨等 SunH-07ZX-2023
西藏：昌都 苏涛，黄永江，杨青松等 ZhouZK11262
西藏：昌都 张挺，李爱花，刘成等 08CS761
西藏：芒康 徐波，陈光富，陈林杨等 SunH-07ZX-1545
西藏：芒康 徐波，陈光富，陈林杨等 SunH-07ZX-1565

西藏：左贡 徐波，陈光富，陈林杨等 SunH-07ZX-0848
西藏：左贡 张永洪，王晓雄，周卓等 SunH-07ZX-1113
西藏：左贡 苏涛，黄永江，杨青松等 ZhouZK11312
云南：德钦 杨青松，杨莹，黄永江等 ZhouZK-07ZX-0126
云南：东川区 蔡杰，郭永杰，吴之坤等 11CS2993
云南：鹤庆 陈文允，于文涛，黄永江等 CYHL247
云南：香格里拉 陈家辉，刘亚辉，周妍等 YangYP-Q-2190

Silene graminifolia Otth 禾叶蝇子草
青海：达日 陈世龙，张得钧，高庆波等 Chens10244
青海：门源 吴玉虎 LJQ-QLS-2008-0104
青海：同德 陈世龙，高庆波，张发起等 Chens11272
西藏：察隅 张挺，蔡杰，袁明 09CS1585
新疆：独山子区 亚吉东，张桥蓉，秦少发等 16CS13274

Silene herbilegorum (Bocquet) Lideeen & Oxelman 多裂腺毛蝇子草 *
四川：巴塘 孙航，张建文，邓涛等 SunH-07ZX-3395
西藏：芒康 孙航，张建文，邓涛等 SunH-07ZX-3380

Silene himalayensis (Rohrbach) Majumdar 须弥蝇子草
甘肃：合作 尹鑫，吴航，葛文静 LiuJQ-GN-2011-120
甘肃：玛曲 尹鑫，吴航，葛文静 LiuJQ-GN-2011-117
河北：平山 牛玉璐，高彦飞，黄士良 NiuYL245
四川：稻城 何兴金，廖晨阳，任海燕等 SCU-09-452
四川：德格 张挺，李爱花，刘成等 08CS813
四川：若尔盖 高云东，李忠荣，鞠文彬 GaoXF-12-012

Silene huguettiae Bocquet 狭果蝇子草 *
西藏：波密 孙航，张建文，陈建国等 SunH-07ZX-2542
西藏：察隅 孙航，张建文，陈建国等 SunH-07ZX-2488
云南：宁蒗 任宗昕，寸龙琼，任尚国 SCSB-W-1371

Silene hupehensis C. L. Tang 湖北蝇子草 *
四川：康定 何兴金，高云东，刘海艳等 SCU-20080435

Silene incisa C. L. Tang 齿瓣蝇子草 *
湖北：竹溪 李盛兰 GanQL500

Silene indica Roxburgh ex Otth 印度蝇子草
西藏：察隅 马永鹏 ZhangCQ-0095

Silene jenisseensis Willdenow 山蚂蚱草
河北：赞皇 牛玉璐，郑博颖，黄士良等 NiuYL029
内蒙古：锡林浩特 张红香 ZhangHX101
内蒙古：新城区 蒲拴莲，李茂文 M077
青海：兴海 陈世龙，张得钧，高庆波等 Chens10032
山东：历城区 张少华，张诏，程丹丹等 Lilan675
新疆：尼勒克 贺晓欢，徐文斌，刘鸯等 SHI-A2007389

Silene karaczukuri B. Fedtschenko 喀拉蝇子草
新疆：塔什库尔干 杨赵平，周禧林，贺冰 LiZJ1181

Silene khasiana Rohrbach 卡西亚蝇子草
云南：香格里拉 李国栋，陈建国，陈林杨等 SunH-07ZX-2296

Silene lamarum C. Y. Wu 喇嘛蝇子草 *
四川：康定 何兴金，廖晨阳，任海燕等 SCU-09-407
云南：香格里拉 杨青松，星耀武，苏涛 ZhouZK-07ZX-0345

Silene latifolia subsp. **alba** Poiret 白花蝇子草
山东：崂山区 罗艳 LuoY088

Silene lhassana (F. N. Williams) Majumdar 拉萨蝇子草 *
西藏：城关区 许炳强，童毅华 XiaNh-07zx-526
西藏：加查 许炳强，童毅华 XiaNh-07zx-636

Silene longicornuta C. Y. Wu & C. L. Tang 长角蝇子草 *
云南：永德 李永亮 YDDXS1244
云南：永德 杨金荣，李任斌，毕金荣等 YDDXSA107

Silene macrostyla Maximowicz 长柱蝇子草
黑龙江：尚志 刘玫，张欣欣，程薪宇等 Liuetal452
吉林：磐石 安海成 AnHC0184

Silene melanantha Franchet 黑花蝇子草 *
云南：香格里拉 周浙昆，苏涛，杨莹等 Zhou09-050

Silene monbeigii W. W. Smith 沧江蝇子草 *
西藏：察隅 孙航，张建文，陈建国等 SunH-07ZX-2565
西藏：朗县 罗建，汪书丽，任德智 L086
西藏：朗县 罗建，汪书丽，任德智 L107
西藏：林芝 罗建，汪书丽，任德智 LiuJQ-09XZ-ML102
云南：鹤庆 陈文允，于文涛，黄永江等 CYHL242
云南：隆阳区 赵文李 BSGLGS1y3008
云南：香格里拉 张挺，亚吉东，李明勤等 11CS3308

Silene moorcroftiana Wallich ex Bentham 冈底斯山蝇子草
西藏：噶尔 李晖，文雪梅，次旺加布等 Lihui-Q-0076
西藏：吉隆 马永鹏 ZhangCQ-0022

Silene namlaensis (Marquand) Bocquet 墨脱蝇子草 *
西藏：类乌齐 李国栋，董金龙 SunH-07ZX-3283

Silene nana Karelin & Kirilov 矮蝇子草
新疆：克拉玛依 谭敦炎，邱娟 TanDY0108

Silene napuligera Franchet 纺锤蝇子草 *
西藏：南木林 李晖，文雪梅，次旺加布等 Lihui-Q-0122
云南：南涧 阿国仁，熊绍荣，邹国娟等 NJWLS2008001
云南：香格里拉 周浙昆，苏涛，杨莹等 Zhou09-030

Silene nepalensis Majumdar 尼泊尔蝇子草
青海：门源 吴玉虎 LJQ-QLS-2008-0239
青海：门源 陈世龙，高庆波，张发起等 Chens11605
四川：巴塘 陈文允，于文涛，黄永江 CYH038
四川：道孚 陈文允，于文涛，黄永江 CYH209
四川：稻城 何兴金，王长宝，刘爽等 SCU-09-027
四川：德格 苏涛，黄永江，杨青松等 ZhouZK11218
四川：德格 孙航，张建文，董金龙等 SunH-07ZX-3699
四川：红原 何兴金，冯图，廖晨阳等 SCU-080339
四川：九龙 孙航，张建文，董金龙等 SunH-07ZX-4042
四川：马尔康 何兴金，冯图，廖晨阳等 SCU-080373
西藏：八宿 张永洪，王晓雄，周卓等 SunH-07ZX-1603
西藏：昌都 陈家辉，王赟，刘德团 YangYP-Q-3114
西藏：昌都 张挺，李爱花，刘成等 08CS747
西藏：芒康 孙航，张建文，邓涛等 SunH-07ZX-3369
西藏：芒康 徐波，陈光富，陈林杨等 SunH-07ZX-1566
西藏：索县 汪书丽，王志强，邹嘉宾 Liujq-Txm10-121
西藏：左贡 徐波，陈光富，陈林杨等 SunH-07ZX-0849
西藏：左贡 徐波，陈光富，陈林杨等 SunH-07ZX-2043
西藏：左贡 张永洪，李国栋，王晓雄 SunH-07ZX-1799
云南：剑川 陈文允，于文涛，黄永江等 CYHL229
云南：巧家 杨光明 SCSB-W-1292
云南：香格里拉 张书东，林娜娜，郁文彬等 SCSB-W-050
云南：香格里拉 蔡杰，张挺，刘成等 11CS3226

Silene nigrescens (Edgeworth) Majumdar 变黑蝇子草
湖北：仙桃 张代贵 Zdg1889
西藏：错那 罗建，汪书丽 LiuJQ11XZ019
西藏：林芝 罗建，王国严，汪书丽 LiuJQ-08XZ-026
云南：玉龙 孔航辉，任琛 Yangqe2753

Silene noctiflora Linnaeus 夜花蝇子草
新疆：新源 亚吉东，张桥蓉，秦少发等 16CS13385

Silene odoratissima Bunge 香蝇子草
四川：道孚 何兴金，赵丽华，梁乾隆 SCU-10-010
新疆：阜康 亚吉东，张桥蓉，胡枭剑等 16CS13179
新疆：和静 张挺，杨赵平，焦培培等 LiZJ0517

Silene orientalimongolica Kozhevnikov 内蒙古女娄菜

新疆：和静 杨赵平，焦培培，白冠章等 LiZJ0654

Silene platyphylla Franchet **宽叶蝇子草 ***

云南：香格里拉 杨青松，杨莹，黄永江等 ZhouZK-07ZX-0096

Silene principis Oxelman & Lidén **宽瓣蝇子草 ***

青海：门源 陈世龙，高庆波，张发起等 Chensl1653

四川：理塘 孔航辉，罗江平，左雷等 YangQE3520

Silene pseudotenuis Schischkin **昭苏蝇子草**

青海：玛多 陈世龙，张得钧，高庆波等 Chensl0099

四川：理塘 李晓东，张景博，徐凌翔等 LiJ313

四川：新龙 陈家辉，王赟，刘德团 YangYP-Q-3018

西藏：江达 陈家辉，王赟，刘德团 YangYP-Q-3103

西藏：索县 汪书丽，王志强，邹嘉宾 Liujq-Txm10-127

Silene pubicalycina C. Y. Wu **毛萼蝇子草 ***

四川：白玉 李晓东，张景博，徐凌翔等 LiJ488

西藏：芒康 张永洪，王晓雄，周卓等 SunH-07ZX-0533

西藏：左贡 张永洪，王晓雄，周卓等 SunH-07ZX-1052

西藏：左贡 徐波，陈光富，陈林杨等 SunH-07ZX-2086

Silene puranensis (L. H. Zhou) C. Y. Wu & H. Chuang **普兰蝇子草 ***

西藏：普兰 李晖，文雪梅，熊继贵 Lihui-Q-2010-51

Silene repens Patrin **蔓茎蝇子草**

甘肃：卓尼 齐威 LJQ-2008-GN-179

河北：平山 牛玉璐，高彦飞，黄士良 NiuYL259

黑龙江：宁安 刘玫，王臣，史传奇等 Liuetal565

内蒙古：锡林浩特 张红香 ZhangHX137

内蒙古：伊金霍洛旗 朱雅娟，黄振英，叶学华 Beijing-Ordos-000017

青海：门源 吴玉虎 LJQ-QLS-2008-0201

新疆：巴里 段士民，王喜勇，刘会良 Zhangdy143

新疆：尼勒克 徐文斌，刘鸯，马真等 SHI-A2007433

Silene rosiflora Kingdon-Ward ex W. W. Smith **粉花蝇子草 ***

云南：澜沧 张绍云，仇亚，胡启和 YNS1251

Silene salicifolia C. L. Tang **柳叶蝇子草 ***

四川：理塘 孔航辉，罗江平，左雷等 YangQE3518

Silene stewartiana Diels **大子蝇子草 ***

云南：东川区 蔡杰，郭永杰，吴之坤等 11CS2986

云南：新平 王家和 XPALSC399

Silene subcretacea F. N. Williams **藏蝇子草 ***

西藏：安多 陈家辉，庄会富，边巴扎西 Yangyp-Q-2075

西藏：定日 王东超，杨大松，张春林等 YangYP-Q-5126

西藏：定日 王东超，杨大松，张春林等 YangYP-Q-5130

Silene tatarinowii Regel **石生蝇子草 ***

河北：平山 牛玉璐，郑博颖，黄士良等 NiuYL101

湖北：竹溪 李盛兰 GanQL325

Silene trachyphylla Franchet **糙叶蝇子草 ***

四川：九龙 孔航辉，罗江平，左雷等 YangQE3460

Silene viscidula Franchet **粘萼蝇子草 ***

云南：昌宁 赵玮 BSGLGSly134

云南：会泽 杜燕，黄天才，董勇等 SCSB-A-000326

云南：澜沧 张绍云，胡启和，仇亚等 YNS1112

云南：隆阳区 赵文李 BSGLGSly3011

云南：文山 何德明，丰艳飞，韦荣彪 WSLJS975

云南：新平 刘家良 XPALSD061

云南：新平 何罡安 XPALSB439

云南：永德 李永亮，王学军，杨建文等 YDDXSB062

云南：永德 李永亮 YDDXS0671

云南：永德 李永亮 LiYL1555

Silene vulgaris (Moench) Garcke **白玉草**

新疆：和静 张玲 TD-01697

新疆：霍城 马真，贺晓欢，徐文斌等 SHI-A2007061

新疆：尼勒克 贺晓欢，徐文斌，刘鸯等 SHI-A2007388

新疆：乌鲁木齐 邱娟，艾沙江 TanDY0221

Silene yetii Bocquet **腺毛蝇子草 ***

甘肃：卓尼 齐威 LJQ-2008-GN-181

青海：玛沁 陈世龙，高庆波，张发起等 Chensl1279

四川：稻城 何兴金，王长宝，刘爽等 SCU-09-055

四川：理塘 何兴金，李琴琴，马祥光等 SCU-09-129

西藏：波密 陈家辉，韩希，王东超等 YangYP-Q-4013

西藏：浪卡子 陈家辉，韩希，王东超等 YangYP-Q-4262

Silene yunnanensis Franchet **云南蝇子草 ***

广西：金秀 彭华，向春雷，陈丽 PengH8093

四川：稻城 何兴金，王长宝，刘爽等 SCU-09-053

西藏：察隅 何华杰，张书东 81556

云南：香格里拉 李晓东，张紫刚，操榆 LiJ642

云南：永德 阳红才，杨金柱，鲁金国 YDDXSC057

云南：玉龙 董沿雯，和娇霞，孙兴旭等 15PX317

Spergula arvensis Linnaeus **大爪草**

四川：道孚 何兴金，胡灏禹，沈呈娟等 SCU-11-441

四川：稻城 何兴金，胡灏禹，陈德友等 SCU-09-340

四川：红原 张昌兵，邓秀华 ZhangCB0311

四川：康定 何兴金，高云东，刘海艳等 SCU-20080417

四川：康定 张昌兵，向丽 ZhangCB0166

云南：会泽 杜燕，黄天才，董勇等 SCSB-A-000348

云南：巧家 张书东，杨光明，金建昌 QJYS0197

云南：巧家 张天壁 SCSB-W-225

云南：永德 李永亮 YDDXS0390

云南：永德 李永亮 YDDXS1085

Spergularia marina (Linnaeus) Grisebach **拟漆姑**

江苏：射阳 吴宝成 HANGYY8070

山东：岚山区 吴宝成 HANGYY8583

云南：绿春 黄连山保护区科研所 HLS0275

Stellaria alsine Grimm **雀舌草**

安徽：太和 彭斌 HANGYY8687

安徽：屯溪区 方建新 TangXS0230

湖南：岳麓区 姜孝成，旷仁平 SCSB-HNJ-0001

江苏：赣榆 吴宝成 HANGYY8562

江苏：句容 吴宝成，王兆银 HANGYY8175

江苏：溧阳 吴宝成 HANGYY8230

江苏：宜兴 吴宝成 HANGYY8024

江西：黎川 童和平，王玉珍，常迪江等 TanCM2009

江西：庐山区 董安淼，吴从梅 TanCM1518

四川：稻城 何兴金，王长宝，刘爽等 SCU-09-063

四川：米易 袁明 MY280

Stellaria arenarioides Shi L. Chen et al. **沙生繁缕 ***

西藏：亚东 陈家辉，韩希，王东超等 YangYP-Q-4282

西藏：亚东 陈家辉，韩希，王东超等 YangYP-Q-4298

Stellaria brachypetala Bunge **短瓣繁缕**

新疆：和静 杨赵平，焦培培，白冠章等 LiZJ0577

Stellaria chinensis Regel **中国繁缕 ***

重庆：南川区 易思荣 YISR187

湖南：永定区 廖博儒，查学州 7031

江苏：赣榆 吴宝成 HANGYY8308

江西：庐山区 董安淼，吴从梅 TanCM1016

四川：峨眉山 李小杰 LiXJ047

四川：峨眉山 李小杰 LiXJ467

Stellaria decumbens Edgeworth **偃卧繁缕**

西藏：林芝 罗建，王国严，汪书丽 LiuJQ-08XZ-045

西藏：林芝 杨永平，王东超，杨大松等 YangYP-Q-4117
西藏：芒康 张大才，李双智，罗康等 ZhangDC-07ZX-0099
云南：普洱 胡启和，仇亚，周英等 YNS0726

Stellaria delavayi Franchet 大叶繁缕 *
云南：安宁 张挺，张书东，杨茜等 SCSB-A-000037
云南：新平 何罡安 XPALSB176

Stellaria dianthifolia F. N. Williams 石竹叶繁缕 *
四川：巴塘 张大才，尹五元，李双智等 ZhangDC-07ZX-2206

Stellaria dichotoma Linnaeus 叉歧繁缕
新疆：伊宁 亚吉东，张桥蓉，秦少发等 16CS13450

Stellaria dichotoma var. **lanceolata** Bunge 银柴胡
吉林：南关区 韩忠明 Yanglm0138
内蒙古：海勃湾区 刘博，蒲拴莲，刘润宽等 M337
宁夏：盐池 左忠，刘华 ZuoZh080

Stellaria filicaulis Makino 细叶繁缕
黑龙江：带岭区 孙阎，赵立波 SunY144
黑龙江：尚志 王臣，张欣欣，崔皓钧等 WangCh348

Stellaria graminea Linnaeus 禾叶繁缕
湖北：竹溪 李盛兰 GanQL246
山东：岱岳区 步瑞兰，辛晓伟，郭雷等 Lilan723

Stellaria infracta Maximowicz 内弯繁缕 *
四川：峨眉山 李小杰 LiXJ016
四川：乡城 孙航，张建文，邓涛等 SunH-07ZX-3318

Stellaria lanata J. D. Hooker 绵毛繁缕
西藏：林芝 罗建，汪书丽 LiuJQ-09XZ-141
西藏：林芝 罗建，汪书丽，王国严 LiuJQ-09XZ-360

Stellaria media (Linnaeus) Villars 繁缕
安徽：合肥 陈延松 Xuzd034
安徽：泾县 王欧文，吴婕 ZhouSB0198
安徽：石台 洪欣 ZhouSB0149
安徽：舒城 陈延松，欧祖兰，高秋晨等 Xuzd274
安徽：屯溪区 方建新 TangXS0176
安徽：黟县 陈延松，唐成丰 Zhousb0135
甘肃：合作 郭淑青，杜品 LiuJQ-2012-GN-226
甘肃：玛曲 尹鑫，吴航，葛文静 LiuJQ-GN-2011-112
甘肃：夏河 齐威 LJQ-2008-GN-185
黑龙江：尚志 郑宝江，丁晓炎，王美娟 ZhengBJ263
湖南：鹤城区 曾汉元，伍贤进，李胜华等 HHXY095
湖南：鹤城区 伍贤进，李胜华，曾汉元等 HHXY139
湖南：鹤城区 李胜华，伍贤进，曾汉元等 HHXY191
湖南：洪江 李胜华，伍贤进，曾汉元等 Wuxj1027
湖南：怀化 李胜华，伍贤进，曾汉元等 HHXY388
湖南：平江 刘克明，田淑珍，陈丰林 SCSB-HN-0931
湖南：岳麓区 刘克明，蔡秀珍 SCSB-HN-0003
江苏：句容 王兆银，吴宝成 SCSB-JS0082
江苏：南京 顾子霞 SCSB-JS0436
江苏：海州区 汤兴利 HANGYY8445
江苏：宜兴 吴宝成 HANGYY8026
江西：黎川 童和平，王玉珍，常迪江等 TanCM1953
陕西：商州区 田先华，李胜斌 TianXH1196
四川：米易 刘静，袁明 MY-106
四川：射洪 袁明 YUANM2015L144
西藏：林芝 陈家辉，韩希，王东超等 YangYP-Q-4047
西藏：林芝 杨永平，王东超，杨大松等 YangYP-Q-4122
新疆：尼勒克 贺晓欢，徐文斌，刘鸯等 SHI-A2007361
新疆：尼勒克 徐文斌，刘鸯，马真等 SHI-A2007409
新疆：温宿 杨赵平，焦培培，白冠章等 LiZJ0784
云南：东川区 彭华，向春雷，王泽欢 PengH8022
云南：麻栗坡 肖波 LuJL440
云南：南涧 熊绍荣，张雄 NJWLS1220
云南：屏边 税玉民，陈文红 82495
云南：石林 税玉民，陈文红 65863
云南：文山 彭华，刘恩德，陈丽 P.H.6027
云南：香格里拉 杨青松，詹克平，于文涛等 ZhouZK-07ZX-0010
云南：永德 李永亮 YDDXS1016
云南：永德 李永亮 YDDXS1300

Stellaria neglecta Weihe 鸡肠繁缕
湖北：仙桃 张代贵 Zdg1277
江西：庐山区 董安淼，吴丛梅 TanCM3007
云南：景东 杨国平 07-04
云南：南涧 官有才 NJWLS1629
云南：腾冲 周应再 Zhyz-195
云南：腾冲 余新林，赵玮 BSGLGStc242
云南：新平 自正尧，李伟 XPALSB213

Stellaria omeiensis C. Y. Wu & Y. W. Tsui ex P. Ke 峨眉繁缕 *
湖北：竹溪 李盛兰 GanQL399
四川：稻城 何兴金，廖晨阳，任海燕等 SCU-09-454
四川：九龙 孙航，张建文，董金龙等 SunH-07ZX-4059

Stellaria pallida (Dumortier) Crépin 无瓣繁缕
安徽：屯溪区 方建新 TangXS0175
湖北：竹溪 李盛兰 GanQL668
山东：长清区 王萍，高德民，张诏等 lilan317

Stellaria pilosoides Shi L. Chen et al. 长毛箐姑草 *
云南：泸水 许炳强，吴兴，李婧等 XiaNh-07zx-001
云南：巧家 杨光明 SCSB-W-1109

Stellaria radians Linnaeus 縫瓣繁缕
黑龙江：宁安 刘玫，张欣欣，程薪宇等 Liuetal521
黑龙江：五大连池 郑宝江，丁晓炎，王美娟 ZhengBJ266
吉林：磐石 安海成 AnHC062

Stellaria uda F. N. Williams 湿地繁缕 *
甘肃：玛曲 尹鑫，吴航，葛文静 LiuJQ-GN-2011-119
甘肃：卓尼 齐威 LJQ-2008-GN-184

Stellaria umbellata Turczaninow ex Karelin & Kirilov 伞花繁缕
新疆：昭苏 亚吉东，张桥蓉，胡枭剑 16CS13073

Stellaria vestita Kurz 箐姑草
重庆：南川区 易思荣 YISR174
湖北：仙桃 张代贵 Zdg3676
湖北：竹溪 李盛兰 GanQL049
湖北：竹溪 李盛兰 GanQL520
陕西：宁陕 田先华，田陌 TianXH1109
四川：普格 苏涛，黄永江，杨青松等 ZhouZK11001
四川：天全 汤加勇，陈刚 Y07163
四川：乡城 陈家辉，刘亚辉，周妍等 YangYP-Q-2247
云南：洱源 李爱花，雷立公，徐远杰等 SCSB-A-000129
云南：孟连 彭华，向春雷，陈丽 P.H.5823
云南：嵩明 蔡杰，廖琼，徐远杰等 SCSB-B-000087
云南：腾冲 赵玮 BSGLGSly123
云南：腾冲 周应再 Zhyz-227
云南：腾冲 周应再 Zhyz-482
云南：元阳 彭华，向春雷，陈丽 PengH8209

Stellaria vestita var. **amplexicaulis** (Handel-Mazzetti) C. Y. Wu 抱茎箐姑草 *
云南：沧源 赵金超，杨红强 CYNGH278
云南：孟连 彭华，向春雷，陈丽 P.H.5828
云南：维西 刀志灵 DZL418

Stellaria yunnanensis Franchet 千针万线草 *
四川：米易 袁明 MY405
云南：富民 彭华，向春雷，许瑾等 P.H.5471
云南：官渡区 张挺，蔡杰，杜燕等 SCSB-A-000112
云南：香格里拉 杨青松，杨莹，黄永江等 ZhouZK-07ZX-0085
云南：香格里拉 杨青松，星耀武，苏涛 ZhouZK-07ZX-0336
云南：永德 李永亮 YDDXS0345
云南：沾益 彭华，陈丽 P.H.5981

Vaccaria hispanica (Miller) Rauschert 麦蓝菜
河北：元氏 牛玉璐，郑博颖，黄士良等 NiuYL043
山东：历城区 张少华，王萍，张诏等 Lilan194
西藏：林周 扎西次仁 ZhongY415
新疆：策勒 冯建菊 Liujq-fjj-0060
新疆：奇台 谭敦炎，吉乃提 TanDY0577
新疆：吐鲁番 段士民 zdy118
新疆：托里 徐文斌，杨清理 SHI-2009105
新疆：托里 徐文斌，黄刚 SHI-2009290
新疆：于田 冯建菊 Liujq-fjj-0029
新疆：于田 冯建菊 Liujq-fjj-0034
新疆：裕民 谭敦炎，吉乃提 TanDY0699

Casuarinaceae 木麻黄科

木麻黄科	世界	中国	种质库
属 / 种（种下等级）/ 份数	4/96	1/3	1/1/3

Casuarina equisetifolia Linnaeus 木麻黄
广西：东兴 叶晓霞，吴望辉，农冬新 Liuyan0374
广西：防城港 许为斌，黄俞淞，梁永延等 Liuyan0242
云南：新平 彭华，向春雷，陈丽 PengH8269

Celastraceae 卫矛科

卫矛科	世界	中国	种质库
属 / 种（种下等级）/ 份数	94/1400	15/257	9/86(89)/431

Celastrus aculeatus Merrill 过山枫 *
广西：临桂 许为斌，黄俞淞，朱章明 Liuyan0439
广西：灵川 吴望辉，黄俞淞，农冬新 Liuyan0409
湖北：竹溪 李盛兰 GanQL1101
江西：黎川 童和平，王玉珍，常迪江等 TanCM2087
江西：庐山区 董安淼，吴从梅 TanCM950
江西：修水 缪以清，余于民 TanCM2451
云南：景东 刘亚勇 JDNR09114
浙江：鄞州区 葛斌杰，熊申展，胡超 Lihq0448

Celastrus angulatus Maximowicz 苦皮藤 *
安徽：金寨 刘淼 SCSB-JSC51
安徽：琅琊区 洪欣 ZSB299
重庆：南川区 易思荣 YISR073
贵州：花溪区 邹方伦 ZouFL0167
湖北：神农架林区 祝文志，刘志祥，曹远俊 ShenZH5727
湖北：仙桃 李巨平 Lijuping0289
湖北：宣恩 沈泽昊 HXE124
湖北：竹溪 甘霖 GanQL622
湖南：永顺 陈功锡，张代贵 SCSB-HC-2008202
江苏：句容 王兆银，吴宝成 SCSB-JS0172
江西：靖安 张吉华，刘运群 TanCM1125
陕西：长安区 田先华，王梅荣，田陌 TianXH080
四川：汶川 何兴金，高云东，余岩等 SCU-09-544
云南：景谷 刘成，李桂花，王冠等 12CS4687
云南：隆阳区 赵玮 BSGLGSly186
云南：绿春 HLS0179
云南：麻栗坡 肖波 LuJL404
云南：勐腊 张顺成 A028
云南：南涧 彭华，向春雷，陈丽 P.H.5944
云南：宁洱 张挺，方伟，王建军等 SCSB-B-000186

Celastrus cuneatus (Rehder & E. H. Wilson) C. Y. Cheng & T. C. Kao 小南蛇藤 *
湖北：远安 祝文志，刘志祥，曹远俊 ShenZH2444

Celastrus flagellaris Ruprecht 刺苞南蛇藤
河北：灵寿 牛玉璐，高彦飞，黄士良 NiuYL159
吉林：磐石 安海成 AnHC0109
山东：崂山区 高德民，邵尉，吴燕秋 Lilan914
山东：历下区 张少华，张颖颖，程丹丹等 lilan525

Celastrus gemmatus Loesener 大芽南蛇藤 *
安徽：徽州区 方建新 TangXS0780
安徽：舒城 陈延松，欧祖兰，高秋晨等 Xuzd382
湖北：神农架林区 祝文志，刘志祥，曹远俊 ShenZH5735
湖北：仙桃 李巨平 Lijuping0316
湖南：鹤城区 李胜华，伍贤进，曾汉元等 Wuxj847
湖南：新化 姜孝成，唐妹，戴小军等 Jiangxc0554
江苏：宜兴 李宏庆，田怀珍，葛斌杰等 Lihq0266
江西：黎川 杨文斌，饶云芳 TanCM1331
江西：庐山区 董安淼，吴从梅 TanCM948
江西：武宁 张吉华，刘运群 TanCM717
江西：永新 杜小浪，慕泽泾，曹岚 DXL068
云南：沧源 赵金超 CYNGH056
云南：贡山 刀志灵 DZL322
云南：金平 喻智勇，官兴永，张云飞等 JinPing77
云南：景东 鲁成荣，谢有能，王强等 JD045
云南：隆阳区 段在贤，杨宝柱，蔡之洪等 BSGLGSly1013
云南：麻栗坡 肖波，陆章强 LuJL059
云南：盘龙区 伊廷双，孟静，杨杨 MJ-954
云南：屏边 钱良超，陆海兴，徐浩 Pbdws161
云南：石林 张桥蓉，亚吉东，李昌洪 15CS11571
云南：嵩明 刘恩德，张挺，方伟等 SCSB-A-000054
云南：腾冲 周应再 Zhyz-433
云南：腾冲 余新林，赵玮 BSGLGStc113
云南：腾冲 周应再 Zhyz546
云南：新平 谢雄，罗田发 XPALSC188
云南：盈江 王立彦，桂魏，刀江飞 SCSB-TBG-125
云南：永德 杨金柱，欧阳红才，奎文康 YDDXSC097
云南：永德 李永亮 YDDXS0597
云南：镇沅 何忠云，周立刚 ALSZY314

Celastrus glaucophyllus Rehder & E. H. Wilson 灰叶南蛇藤 *
湖北：仙桃 张代贵 Zdg1356
江西：武宁 张吉华，刘运群 TanCM725
陕西：城固 田先华，王梅荣，吴明华 TianXH530
西藏：错那 张晓纬，汪书丽，罗建 LiuJQ-09XZ-LZT-048
云南：南涧 阿国仁，熊绍荣 NJWLS2008041
云南：维西 刀志灵 DZL429

Celastrus hindsii Bentham 青江藤
贵州：江口 彭华，王英，陈丽 P.H.5132
湖南：麻阳 彭华，王英，陈丽 P.H.5236

Celastrus hirsutus H. F. Comber 硬毛南蛇藤 *

云南：河口 杨鑫峰 ZhangGL029
云南：景东 罗忠华，张明勇，段玉伟等 JD136
云南：龙陵 孙兴旭 SunXX016
云南：腾冲 李爱花，黄之镨，黄押稳等 SCSB-A-000297

Celastrus homaliifolius P. S. Hsu 小果南蛇藤 *
云南：孟连 彭华，向春雷，陈丽 P.H.5841

Celastrus hookeri Prain 滇边南蛇藤
云南：镇沅 张绍云，叶金科，仇亚 YNS1371

Celastrus hypoleucoides P. L. Chiu 薄叶南蛇藤 *
江西：庐山区 董安淼，吴从梅 TanCM895
江西：湾里区 杜小浪，慕泽泾，曹岚 DXL084

Celastrus hypoleucus (Oliver) Warburg ex Loesener 粉背南蛇藤 *
甘肃：迭部 尹鑫，吴航，葛文静 LiuJQ-GN-2011-078
湖北：神农架林区 祝文志，刘志祥，曹远俊 ShenZH5737
江西：庐山区 董安淼，吴从梅 TanCM1099
陕西：宁陕 田先华，吴礼慧 TianXH229
云南：巧家 杨光明 SCSB-W-1212

Celastrus monospermus Roxburgh 独子藤
云南：景洪 张挺，徐远杰，谭文杰 SCSB-B-000354
云南：绿春 李建华，白艳萍 HLS0318
云南：墨江 彭志仙，叶金科 YNS0060
云南：屏边 楚永兴 Pbdws084
云南：普洱 张绍云 YNS0025
云南：镇沅 罗成瑜 ALSZY372

Celastrus oblanceifolius Chen H. Wang & P. C. Tsoong 窄叶南蛇藤 *
安徽：休宁 唐鑫生，方建新 TangXS0303

Celastrus orbiculatus Thunberg 南蛇藤
安徽：黄山区 方建新 TangXS0351
安徽：石台 洪欣，王欧文 ZSB350
安徽：蜀山区 陈延松，徐忠东，耿明 Xuzd017
安徽：屯溪区 方建新 TangXS0296
贵州：绥阳 赵厚涛，韩国营 YBG050
贵州：务川 赵厚涛，韩国营 YBG044
湖北：五峰 李平 AHL026
湖北：宣恩 沈泽昊 HXE101
湖南：古丈 刘克明，朱晓文 SCSB-HN-0543
湖南：平江 吴惊香 SCSB-HN-0990
湖南：平江 吴惊香 SCSB-HN-0962
湖南：湘乡 陈薇，朱香清，马仲辉 SCSB-HN-0470
湖南：永定区 吴福川，廖博儒 7113
湖南：长沙 蔡秀珍 SCSB-HN-0742
吉林：南关区 张永刚 Yanglm0087
江苏：句容 王兆银，吴宝成 SCSB-JS0378
辽宁：凤城 李忠宇 CaoW229
辽宁：凤城 董清 CaoW242
辽宁：凤城 朱春龙 CaoW264
辽宁：建昌 卜军，金实，阴黎明 CaoW419
辽宁：连山区 卜军，金实，阴黎明 CaoW446
辽宁：凌源 卜军，金实，阴黎明 CaoW433
辽宁：绥中 卜军，金实，阴黎明 CaoW402
辽宁：绥中 卜军，金实，阴黎明 CaoW406
辽宁：瓦房店 宫本胜 CaoW351
辽宁：义县 卜军，金实，阴黎明 CaoW378
山东：历城区 李兰，王萍，张少华等 Lilan-087
山东：历城区 郑国伟，任昭杰，邵娜等 Zhaozt0048
山东：牟平区 卞福花，卢学新，纪伟等 BianFH00031
山西：夏县 张贵平，连俊强，吴琼 Zhangf0040
陕西：宁陕 田先华，吴礼慧 TianXH230
四川：木里 孔航辉，罗江平，左雷等 YangQE3386
云南：金平 税玉民，陈文红 80655
云南：澜沧 刀志灵 DZL541
云南：泸水 孙振华，郑志兴，沈蕊等 OuXK-LC-025
云南：蒙自 税玉民，陈文红 72271
云南：勐腊 谭运洪 A307
云南：孟连 刀志灵 DZL553
云南：巧家 杨光明，颜再奎，张天壁等 QJYS0075
云南：西盟 张绍云，叶金科，仇亚 YNS1287

Celastrus paniculatus Willdenow 灯油藤
北京：房山区 宋松泉 BJ002
河南：鲁山 宋松泉 HN002
河南：鲁山 宋松泉 HN118
河南：鲁山 宋松泉 HN067
湖北：五峰 陈功锡，张代贵 SCSB-HC-2008064
湖北：宜昌 陈功锡，张代贵 SCSB-HC-2008070
云南：景东 张挺，方伟，王建军等 SCSB-B-000188
云南：景谷 刘成，李桂花，王冠等 12CS4710
云南：龙陵 李爱花，黄之镨，黄押稳等 SCSB-A-000278
云南：绿春 黄连山保护区科研所 HLS0295
云南：勐海 刀志灵 DZL557
云南：勐腊 谭运洪 A329
云南：南涧 官有才，马德跃 NJWLS676
云南：宁洱 张绍云 YNS0020
云南：宁洱 刀志灵，陈渝 DZL570
云南：普洱 胡启和，周英，赵强 YNS0545
云南：普洱 刀志灵 DZL584
云南：思茅区 张绍云，胡启和 YNS1276
云南：思茅区 蔡杰，张挺 13CS7218
云南：永德 杨金荣，李永良，王学军等 YDDXSA004
云南：元江 孙振华，王文礼，宋晓卿等 Ouxk-YJ-0003
云南：镇沅 罗成瑜 ALSZY104

Celastrus punctatus Thunberg 东南南蛇藤
江西：武宁 张吉华，张东红 TanCM2632

Celastrus rosthornianus Loesener 短梗南蛇藤 *
贵州：江口 彭华，王英，陈丽 P.H.5122
贵州：铜仁 彭华，王英，陈丽 P.H.5139
河南：栾川 黄振英，于顺利，杨学军 Huangzy0037
湖北：竹溪 李盛兰 GanQL1099
江西：庐山区 董安淼，吴从梅 TanCM1656
陕西：宁陕 田先华，胡仲连 TianXH109
四川：射洪 袁明 YUANM2015L102
云南：景东 袁小龙，李光耀 JDNR110113
云南：澜沧 张绍云，胡启和，仇亚等 YNS1135
云南：澜沧 彭华，向春雷，陈丽等 P.H.5756
云南：麻栗坡 肖波 LuJL343
云南：文山 何德明 WSLJS998
云南：香格里拉 李爱花，周开洪，黄之镨等 SCSB-A-000241

Celastrus rugosus Rehder & E. H. Wilson 皱叶南蛇藤 *
西藏：错那 罗建，汪书丽 LiuJQ11XZ223

Celastrus stylosus Wallich 显柱南蛇藤
湖南：双牌 姜孝成，王丽萍，李育华 Jiangxc0780
湖南：新化 姜孝成，唐贵华，田春娥 SCSB-HNJ-0181
湖南：岳麓区 刘克明，肖乐希，丛义艳 SCSB-HN-0660
江西：庐山区 谭策铭，奚亚，徐玉荣 TanCM3407
西藏：波密 刘成，亚吉东，何华杰等 16CS11808

西藏：波密 张大才，李双智，唐路等 ZhangDC-07ZX-1750
西藏：林芝 孙航，张建文，陈建国等 SunH-07ZX-2715
云南：贡山 郭永杰，吴之坤，吴兴等 14CS9902
云南：贡山 许炳强，吴兴，李婧等 XiaNh-07zx-069
云南：龙陵 孙兴旭 SunXX140
云南：隆阳区 刀志灵，陈哲 DZL-089
云南：绿春 黄连山保护区科研所 HLS0440
云南：南涧 阿国仁，熊绍荣，邹国娟等 NJWLS2008040
云南：南涧 徐家武，袁立川，罗增阳等 NJWLS2008159
云南：南涧 时国彩，何贵才，杨建平等 njwls2007030
云南：文山 高发能，何德明 WSLJS1035
云南：元阳 亚吉东，黄莉，何华杰 15CS11265
云南：元阳 刘成，杨娅娟，杨忠兰 15CS10357
云南：镇沅 张绍云，胡启和，仇亚等 YNS1178

Celastrus vaniotii (H. Léveillé) Rehder 长序南蛇藤 *

云南：澜沧 胡启和，仇亚，周英等 YNS0697
云南：南涧 官有才，熊绍荣，张雄 NJWLS650
云南：文山 何德明，胡艳花，王益武 WSLJS562

Euonymus acanthocarpus Franchet 刺果卫矛

湖北：宣恩 沈泽昊 HXE068
云南：贡山 刘成，何华杰，黄莉等 14CS9980
云南：石林 税玉民，陈文红 65437

Euonymus alatus (Thunberg) Siebold 卫矛

安徽：绩溪 唐鑫生，宋曰钦，方建新 TangXS0576
安徽：金寨 刘淼 SCSB-JSC20
甘肃：夏河 尹鑫，吴航，葛文静 LiuJQ-GN-2011-080
贵州：江口 周云，王勇 XiangZ076
贵州：江口 熊建兵 XiangZ122
贵州：正安 韩国营 HanGY015
河北：灵寿 牛玉璐，高彦飞，赵二涛 NiuYL378
河南：平桥区 慕泽泾 DXL229
黑龙江：宁安 刘玫，王臣，张欣欣等 Liuetal759
黑龙江：饶河 王庆贵 CaoW737
黑龙江：尚志 李兵，路科 CaoW0085
黑龙江：尚志 刘玫，张欣欣，程薪宇等 Liuetal297
黑龙江：绥芬河 陈武璋，王炳辉 CaoW0205
黑龙江：五营区 孙阎，晁雄雄，刘博奇 SunY036
湖北：仙桃 张代贵 Zdg1358
湖北：宣恩 沈泽昊 DS2254
湖北：竹溪 李盛兰 GanQL1054
湖南：永顺 陈功锡，张代贵，邓涛等 SCSB-HC-2007565
吉林：安图 杨保国，张明鹏 CaoW0030
吉林：敦化 杨保国，张明鹏 CaoW0010
吉林：丰满区 李兵，路科 CaoW0075
吉林：抚松 张永刚 Yanglm0435
吉林：珲春 杨保国，张明鹏 CaoW0063
吉林：临江 李长田 Yanglm0008
江苏：江宁区 王兆银，吴宝成 SCSB-JS0272
江西：修水 缪以清 TanCM987
辽宁：清原 张永刚 Yanglm0162
辽宁：瓦房店 宫本胜 CaoW337
辽宁：庄河 于立敏 CaoW815
山东：崂山区 罗艳，李中华 LuoY018
山东：崂山区 赵遵田，郑国伟，王海英等 Zhaozt0173
山东：牟平区 卞福花，卢学新，纪伟等 BianFH00052
陕西：长安区 田先华，王梅荣 TianXH217
四川：万源 张桥蓉，余华，王义 15CS11509

Euonymus bockii Loesener 南川卫矛

云南：文山 何德明 WSLJS875

Euonymus carnosus Hemsley 肉花卫矛

安徽：黄山区 方建新 TangXS0347
安徽：休宁 洪欣 ZSB292
江西：黎川 童和平，王玉珍 TanCM2736
江西：修水 缪以清 TanCM663
云南：香格里拉 孔航辉，任琛 Yangqe2813

Euonymus centidens H. Léveillé 百齿卫矛 *

江西：星子 董安淼，吴从梅 TanCM2872
四川：峨眉山 李小杰 LiXJ556
四川：峨眉山 李小杰 LiXJ587
四川：康定 何兴金，胡灏禹，王月 SCU-08183

Euonymus clivicola W. W. Smith 岩波卫矛

云南：香格里拉 李晓东，张紫刚，操榆 LiJ611

Euonymus cornutus Hemsley 角翅卫矛

云南：云龙 字建泽，杨六斤，李国宏等 TC1094

Euonymus dielsianus Loesener ex Diels 裂果卫矛 *

湖南：石门 陈功锡，张代贵，邓涛等 SCSB-HC-2007518

Euonymus fortunei (Turczaninow) Handel-Mazzetti 扶芳藤

安徽：绩溪 唐鑫生，方建新 TangXS0399
安徽：金寨 陈延松，欧祖兰，姜九龙 Xuzd257
河南：浉河区 朱鑫鑫，王君，石琳琳等 ZhuXX311
湖北：宣恩 沈泽昊 HXE099
湖北：竹溪 李盛兰 GanQL808
湖南：新化 黄先辉，杨亚平，卜剑超 SCSB-HNJ-0327
江苏：句容 王兆银，吴宝成 SCSB-JS0372
江西：黎川 童和平，王玉珍 TanCM2766
江西：黎川 杨文斌，饶云芳 TanCM1302
江西：庐山区 董安淼，吴从梅 TanCM971
云南：贡山 张挺，杨湘云，周明芬等 14CS9666
云南：嵩明 张挺，唐勇，陈伟 SCSB-B-000092
云南：文山 何德明 WSLJS531

Euonymus frigidus Wallich 冷地卫矛

四川：德格 孙航，张建文，董金龙等 SunH-07ZX-3917
西藏：错那 罗建，汪书丽 LiuJQ11XZ182
云南：云龙 李施文 TCLMS5009

Euonymus giraldii Loesener 纤齿卫矛 *

西藏：昌都 张挺，蔡杰，刘恩德等 SCSB-B-000487
云南：香格里拉 张挺，李明勤，王关友等 11CS3625

Euonymus grandiflorus Wallich 大花卫矛

湖南：桑植 陈功锡，廖博儒，查学州等 161
江西：庐山区 董安淼，吴从梅 TanCM3347
云南：腾冲 余新林，赵玮 BSGLGStc217
云南：香格里拉 李爱花，周开洪，黄之镨等 SCSB-A-000236

Euonymus hamiltonianus Wallich 西南卫矛

安徽：绩溪 宋曰钦，方建新，张恒 TangXS0587
安徽：舒城 陈延松，欧祖兰，高秋晨等 Xuzd388
重庆：南川区 易思荣 YISR275
湖北：竹溪 李盛兰 GanQL739
四川：德格 张大才，尹五元，李双智等 ZhangDC-07ZX-2288
四川：汶川 何兴金，李琴琴，赵丽华等 SCU-09-503
西藏：察雅 张挺，李爱花，刘成等 08CS727
云南：文山 何德明，张挺，黎谷香 WSLJS549

Euonymus hupehensis (Loesener) Loesener 湖北卫矛 *

湖北：宣恩 沈泽昊 HXE100

Euonymus japonicus Thunberg 冬青卫矛

辽宁：千山区 刘玫，王臣，张欣欣等 Liuetal820
宁夏：西夏区 左忠，刘华 ZuoZh290

Euonymus laxiflorus Champion ex Bentham 疏花卫矛
云南：贡山 郭永杰，吴之坤，吴兴等 14CS9933
云南：麻栗坡 肖波 LuJL014
Euonymus lichiangensis W. W. Smith 丽江卫矛 *
云南：香格里拉 张挺，亚吉东，张桥蓉等 11CS3571
Euonymus maackii Ruprecht 白杜
安徽：屯溪区 方建新 TangXS0165
安徽：芜湖 陈延松，吴国伟，洪欣 Zhousb0024
河北：平山 牛玉璐，郑博颖，黄士良等 NiuYL057
黑龙江：尚志 刘玫，张欣欣，程薪宇等 Liuetal544
黑龙江：五营区 孙阎，晁雄雄，刘博奇 SunY035
黑龙江：香坊区 郑宝江，潘磊 ZhengBJ105
湖北：竹溪 甘霖 GanQL634
湖南：开福区 陈薇，丛义艳，肖乐希 SCSB-HN-0639
湖南：新化 姜孝成，唐妹，戴小军等 Jiangxc0557
吉林：磐石 安海成 AnHC0101
江苏：句容 王兆银，吴宝成 SCSB-JS0376
江西：庐山区 谭策铭，董安淼 TanCM533
江西：湾里区 杜小浪，慕泽泾，曹岚 DXL082
宁夏：盐池 左忠，刘华 ZuoZh055
山东：莱山区 卞福花，陈朋 BianFH-0355
山东：历城区 郑国伟，孙中帅，王慧燕等 Zhaozt0049
新疆：乌鲁木齐 段士民，王喜勇，刘会良等 Zhangdy441
云南：绿春 彭华，向春雷，陈丽等 P.H.5618
云南：文山 何德明，张挺，刘成等 WSLJS508
云南：西畴 彭华，刘恩德，陈丽 P.H.5546
云南：沾益 彭华，陈丽 P.H.5971
Euonymus macropterus Ruprecht 黄心卫矛
黑龙江：虎林市 王庆贵 CaoW610
黑龙江：尚志 郑宝江，丁晓炎，李月等 ZhengBJ189
吉林：磐石 安海成 AnHC054
Euonymus microcarpus (Oliver ex Loesener) Sprague 小果卫矛 *
湖北：竹溪 李盛兰 GanQL767
陕西：眉县 田先华，董栓录 TianXH1184
Euonymus myrianthus Hemsley 大果卫矛 *
湖北：利川 许玥，祝文志，刘志祥等 ShenZH7914
湖北：竹溪 李盛兰 GanQL1135
江西：武宁 张吉华，刘运群 TanCM793
江西：修水 谭策铭，缪以清 TCM09172
Euonymus nanoides Loesener & Rehder 小卫矛 *
甘肃：卓尼 尹鑫，吴航，葛文静 LiuJQ-GN-2011-079
云南：香格里拉 李爱花，周开洪，黄之镨等 SCSB-A-000257
云南：香格里拉 李国栋，陈建国，陈林杨等 SunH-07ZX-2293
Euonymus nitidus Bentham 中华卫矛
湖南：新化 黄先辉，杨亚平，卜剑超 SCSB-HNJ-0316
江西：庐山区 董安淼，吴从梅 TanCM1067
云南：文山 何德明 WSLJS913
Euonymus oxyphyllus Miquel 垂丝卫矛
安徽：舒城 陈延松，欧祖兰，高秋晨等 Xuzd364
山东：崂山区 罗艳，李中华，母华伟 LuoY035
山东：崂山区 赵遵田，郑国伟，王海英等 Zhaozt0185
山东：牟平区 卞福花，陈朋 BianFH-0352
山东：平邑 高德民，王萍，张颖颖等 Lilan608
Euonymus phellomanus Loesener 栓翅卫矛 *
湖北：神农架林区 李巨平 LiJuPing0011
山东：历下区 高德民，张诏，王萍等 lilan528
陕西：眉县 张挺，田先华，刘成等 TianXH067
陕西：宁陕 田先华，陈振宁，曾阳 TianXH046
Euonymus potingensis Chun & F. C. How ex J. S. Ma 保亭卫矛 *
云南：隆阳区 段在贤，密得生，杨海等 BSGLGS1y1042
云南：香格里拉 张大才，李双智，杨川 ZhangDC-07ZX-2007
Euonymus sanguineus Loesener 石枣子 *
湖北：竹溪 甘啟良 GanQL099
湖南：怀化 李胜华，伍贤进，曾汉元等 HHXY207
西藏：朗县 罗建，汪书丽，任德智 L122
西藏：米林 扎西次仁 ZhongY351
云南：香格里拉 亚吉东，张桥蓉，张继等 11CS3539
云南：香格里拉 杨亲二，袁琼 Yangqe2672
Euonymus schensianus Maximowicz 陕西卫矛 *
湖北：竹溪 李盛兰 GanQL742
四川：壤塘 何兴金，胡灏禹，黄德青 SCU-10-135
Euonymus semenovii Regel & Herder 中亚卫矛
四川：丹巴 高云东，李忠荣，鞠文彬 GaoXF-12-162
新疆：巩留 亚吉东，张桥蓉，秦少发等 16CS13467
新疆：巩留 亚吉东，张桥蓉，秦少发等 16CS13476
云南：贡山 刀志灵 DZL355
Euonymus spraguei Hayata 疏刺卫矛 *
湖南：桑植 陈功锡，廖博儒，查学州等 182
Euonymus theifolius Wallich ex M. A. Lawson 茶叶卫矛
云南：腾冲 余新林，赵玮 BSGLGStc197
云南：元阳 李文锋，刘成，杨娅娟等 YYGYS052
Euonymus tingens Wallich 染用卫矛
云南：贡山 蔡杰，郭云刚，张凤琼等 14CS9727
Euonymus viburnoides Prain 荚谜卫矛
四川：九龙 孔航辉，罗江平，左雷等 YangQE3444
云南：麻栗坡 肖波 LuJL473
Gymnosporia esquirolii H. Léveillé 贵州裸实 *
云南：南涧 熊绍荣 NJWLS2008090
Gymnosporia orbiculata (C. Y. Wu ex S. J. Pei & Y. H. Li) Q. R. Liu & Funston 圆叶裸实 *
云南：新平 谢天华，李应富，郎定富 XPALSA039
Gymnosporia variabilis (Hemsley) Loesener 刺茶裸实 *
湖北：兴山 张代贵 Zdg3612
Loeseneriella merrilliana A. C. Smith 翅子藤 *
云南：龙陵 孙兴旭 SunXX118
云南：弥勒 税玉民，陈文红 71003
Loeseneriella yunnanensis (Hu) A. C. Smith 云南翅子藤 *
云南：普洱 叶金科 YNS0052
云南：石屏 刘成，亚吉东，张桥蓉等 16CS14175
Maytenus hookeri Loesener 美登木
云南：云龙 字建泽，杨六斤，李国宏等 TC1082
Microtropis discolor (Wallich) Arnott 异色假卫矛
云南：勐腊 赵相兴 A006
Microtropis tetragona Merrill & F. L. Freeman 方枝假卫矛 *
云南：勐腊 谭运洪 A341
Monimopetalum chinense Rehder 永瓣藤 *
安徽：祁门 唐鑫生，方建新 TangXS0445
江西：武宁 谭策铭，张吉华 TanCM448
Parnassia amoena Diels 南川梅花草 *
西藏：林芝 孙航，张建文，陈建国等 SunH-07ZX-2818
Parnassia bifolia Nekrassova 双叶梅花草
新疆：和静 邱爱军，张玲 LiZJ1820
新疆：和静 杨赵平，焦培培，白冠章等 LiZJ0536
Parnassia brevistyla (Brieger) Handel-Mazzetti 短柱梅花草 *

甘肃：卓尼 齐威 LJQ-2008-GN-392
四川：稻城 孙航，张建文，董金龙等 SunH-07ZX-3570
四川：理塘 何兴金，赵丽华，梁乾隆等 SCU-11-121
四川：马尔康 何兴金，高云东，刘海艳等 SCU-20080494
四川：雅江 何兴金，李琴琴，马祥光等 SCU-09-121

Parnassia chinensis Franchet **中国梅花草**
四川：理塘 何兴金，马祥光，张云香等 SCU-11-221
四川：凉山 聂泽龙，孟盈，邓涛 SunH-07ZX-2861

Parnassia crassifolia Franchet **鸡心梅花草 ***
云南：嵩明 雷立公，涂铁要，夏珂等 SCSB-A-000005
云南：文山 何德明 WSLJS846
云南：彝良 张挺，雷立公，王建军等 SCSB-B-000106
云南：云龙 宇建泽，李国友，李施文等 TC1007

Parnassia degeensis T. C. Ku **德格梅花草 ***
四川：德格 张挺，李爱花，刘成等 08CS818

Parnassia delavayi Franchet **突隔梅花草**
四川：雅江 苏涛，黄永江，杨青松等 ZhouZK11101
云南：大理 李爱花，雷立公，马国强等 SCSB-A-000157

Parnassia epunctulata J. T. Pan **无斑梅花草 ***
云南：巧家 郁文彬，任宗昕，艾洪莲等 SCSB-W-1062

Parnassia faberi Oliver **娥眉梅花草 ***
四川：峨眉山 李小杰 LiXJ766

Parnassia foliosa J. D. Hooker & Thomson **白耳菜**
江西：武宁 谭策铭，张吉华 TanCM395

Parnassia laxmannii Pallas ex Schultes **新疆梅花草**
新疆：温宿 杨赵平，黄文娟，段黄金等 LiZJ0044
新疆：叶城 郭永杰，黄文娟，段黄金 LiZJ0228

Parnassia mysorensis F. Heyne ex Wight & Arnott **凹瓣梅花草**
云南：双柏 马兴达，乔娣 WangHCH053

Parnassia nubicola var. **nana** T. C. Ku **矮云梅花草 ***
西藏：朗县 罗建，汪书丽，任德智 L075

Parnassia nubicola Wallich ex Royle **云梅花草**
西藏：八宿 张永洪，王晓雄，周卓等 SunH-07ZX-1683
西藏：察隅 张挺，蔡杰，袁明 09CS1586

Parnassia oreophila Hance **细叉梅花草 ***
甘肃：合作 刘坤 LiuJQ-GN-2011-670
甘肃：卓尼 齐威 LJQ-2008-GN-393
四川：红原 何兴金，高云东，刘海艳等 SCU-20080538
新疆：新源 徐文斌，董雪洁 SHI-A2007278

Parnassia palustris Linnaeus **梅花草**
黑龙江：嫩江 王臣，张欣欣，史传奇 WangCh180
黑龙江：五常 孙阎，吕军，张健男 SunY411
内蒙古：额尔古纳 郑宝江，姜洪哲 ZhengBJ163
内蒙古：锡林浩特 张红香 ZhangHX097
新疆：温泉 徐文斌，王莹 SHI-2008261

Parnassia palustris var. **multiseta** Ledebour **多枝梅花草**
甘肃：舟曲 齐威 LJQ-2008-GN-395

Parnassia pusilla Wallich ex Arnott **类三脉梅花草**
西藏：加查 许炳强，童毅华 XiaNh-07zx-755
云南：香格里拉 张挺，亚吉东，张桥蓉等 11CS3566

Parnassia submysorensis J. T. Pan **近凹瓣梅花草 ***
云南：香格里拉 郭永杰，张桥蓉，李春晓等 11CS3486

Parnassia tenella J. D. Hooker & Thomson **青铜钱**
云南：香格里拉 张挺，亚吉东，张桥蓉等 11CS3555

Parnassia trinervis Drude **三脉梅花草 ***
甘肃：合作 齐威 LJQ-2008-GN-394
甘肃：玛曲 刘坤 LiuJQ-GN-2011-667
青海：门源 陈世龙，高庆波，张发起等 Chensl1694
青海：天峻 汪书丽，朱洪涛 Liujq-QLS-TXM-042
四川：甘孜 孙航，张建文，董金龙等 SunH-07ZX-3960
四川：甘孜 陈文允，于文涛，黄永江 CYH161
四川：甘孜 陈家辉，王赟，刘德团 YangYP-Q-3051
四川：若尔盖 蔡杰，张挺，刘成 10CS2525
西藏：波密 陈家辉，韩希，王东超等 YangYP-Q-4069
西藏：林芝 罗建，汪书丽 LiuJQ-08XZ-147
西藏：林芝 张大才，李双智，唐路等 ZhangDC-07ZX-1806
西藏：那曲 陈家辉，庄会富，刘德团 Yangyp-Q-0193

Parnassia venusta Z. P. Jien **娇媚梅花草 ***
云南：香格里拉 蔡杰，张挺，刘成等 11CS3289

Parnassia viridiflora Batalin **绿花梅花草 ***
四川：九寨沟 张挺，李爱花，刘成等 08CS859
新疆：和静 邱爱军，张玲 LiZJ1796
新疆：和静 邱爱军，张玲 LiZJ1841

Parnassia wightiana Wallich ex Wight & Arnott **鸡肫草**
湖南：桑植 陈功锡，廖博儒，查学州等 193
云南：洱源 杨青松，星耀武，苏涛 ZhouZK-07ZX-0280
云南：巧家 郁文彬，任宗昕，艾洪莲等 SCSB-W-1044
云南：云龙 刀志灵 DZL388

Tripterygium wilfordii J. D. Hooker **雷公藤**
安徽：屯溪区 方建新 TangXS0685
湖南：宁乡 熊凯辉，刘克明 SCSB-HN-2010
吉林：安图 周海城 ZhouHC020
四川：冕宁 孔航辉，罗江平，左雷等 YangQE3424
云南：景东 张挺，方伟，王建军等 SCSB-B-000196
云南：景东 罗忠华，刘长铭，鲁成荣等 JDNR09041
云南：景东 张挺，蔡杰，刘成等 08CS898
云南：龙陵 孙兴旭 SunXX086
云南：龙陵 郭永杰，吴义军，马蓉等 12CS5105
云南：麻栗坡 肖波，陆章强 LuJL015
云南：墨江 张绍云，叶金科，胡启和 YNS1335
云南：南涧 张挺，常学科，熊绍荣等 njwls2007138
云南：普洱 叶金科 YNS0330
云南：双柏 王焕冲，马兴达 WangHCH047
云南：腾冲 余新林，赵玮 BSGLGStc163
云南：腾冲 周应再 Zhyz-318
云南：文山 何德明，邵会昌，张代明等 WSLJS514
云南：永德 李永亮，王学军，马文军 YDDXSB081
云南：镇沅 王立东，何忠云，罗成瑜 ALSZY182

Cercidiphyllaceae 连香树科

连香树科	世界	中国	种质库
属 / 种（种下等级）/ 份数	1/2	1/1	1/1/5

Cercidiphyllum japonicum Siebold & Zuccarini **连香树**
湖北：神农架林区 许玥，祝文志，刘志祥等 ShenZH6351
湖北：神农架林区 甘啟良 GanQL863
陕西：宁陕 田先华，田陌，王梅荣 TianXH1191
四川：峨眉山 李小杰 LiXJ161
四川：峨眉山 李小杰 LiXJ527

Chloranthaceae 金粟兰科

金粟兰科	世界	中国	种质库
属 / 种（种下等级）/ 份数	4/～75	3/16	2/5(6)/26

Chloranthus erectus (Buchanan-Hamilton) Verdcourt **鱼子兰**
西藏：墨脱 刘成，亚吉东，何华杰等 16CS11964
云南：绿春 黄连山保护区科研所 HLS0420
Chloranthus henryi Hemsley **宽叶金粟兰 ***
安徽：石台 洪欣 ZhouSB0209
江西：武宁 张吉华，张东红 TanCM2946
江西：修水 缪以清 TanCM1705
四川：峨眉山 李小杰 LiXJ643
Chloranthus japonicus Siebold **银线草**
吉林：磐石 安海成 AnHC0328
Chloranthus sessilifolius K. F. Wu **四川金粟兰 ***
四川：峨眉山 李小杰 LiXJ608
Sarcandra glabra (Thunberg) Nakai **草珊瑚**
广西：金秀 许为斌，黄俞淞，叶晓霞等 Liuyan0124
贵州：江口 周云，王勇 XiangZ048
江西：黎川 童和平，王玉珍 TanCM1899
江西：星子 董安淼，吴从梅 TanCM1419
江西：修水 谭策铭，缪以清 TCM09171
云南：沧源 赵金超，肖美芳，汪顺莉 CYNGH245
云南：麻栗坡 张挺，修莹莹，李胜 SCSB-B-000607
云南：麻栗坡 肖波 LuJL326
云南：麻栗坡 肖波 LuJL341
云南：屏边 钱良超，陆海兴，张照跃等 Pbdws121
云南：普洱 谭运洪 B53
云南：腾冲 周应再 Zhyz-108
云南：西畴 张挺，李洪超，左定科 SCSB-B-000310
Sarcandra glabra subsp. **brachystachys** (Blume) Verdcourt **海南草珊瑚**
云南：沧源 张挺，刘成，郭永杰 08CS943
云南：沧源 赵金超，肖尼道 CYNGH405
云南：河口 张挺，胡益敏 SCSB-B-000548
云南：澜沧 刀志灵 DZL551
云南：普洱 叶金科 YNS0388

Circaeasteraceae 星叶草科

星叶草科	世界	中国	种质库
属 / 种（种下等级）/ 份数	2/2	2/2	1/1/15

Circaeaster agrestis Maximowicz **星叶草**
四川：巴塘 孙航，张建文，邓涛等 SunH-07ZX-3471
四川：九龙 孙航，张建文，董金龙等 SunH-07ZX-4021
西藏：察隅 张书东 YNYS0977
西藏：定日 陈家辉，韩希，王东超等 YangYP-Q-4307
西藏：吉隆 何华杰，张书东 81129
西藏：浪卡子 杨永平，王东超，杨大松等 YangYP-Q-5037
西藏：林芝 罗建，汪书丽，王国严 LiuJQ-09XZ-357
西藏：芒康 徐波，陈光富，陈林杨等 SunH-07ZX-0307
西藏：芒康 张永洪，王晓雄，周卓等 SunH-07ZX-0507
西藏：芒康 张挺，蔡杰，袁明 09CS1486
西藏：米林 张书东 YNYS0869
云南：香格里拉 蔡杰，刘东升，杨德进 12CS5590
云南：香格里拉 张挺，蔡杰，郭永杰等 11CS3120
云南：香格里拉 蔡杰，张挺，刘成等 11CS3257
云南：香格里拉 蔡杰，张挺，刘成等 11CS3295

Cistaceae 半日花科

半日花科	世界	中国	种质库
属 / 种（种下等级）/ 份数	8/170	1/1	1/1/1

Helianthemum songaricum Schrenk **半日花**
新疆：特克斯 亚吉东，张桥蓉，秦少发等 16CS13454

Cleomaceae 白花菜科

白花菜科	世界	中国	种质库
属 / 种（种下等级）/ 份数	～17/150	5/5	3/3(4)/21

Arivela viscosa (Linnaeus) Rafinesque **黄花草**
广西：八步区 吴望辉，黄俞淞，蒋日红 Liuyan0313
广西：龙州 黄俞淞，梁永延，叶晓霞 Liuyan0002
广西：田林 彭华，许瑾，陈丽 P.H. 5084
广西：田林 彭华，许瑾，陈丽 P.H. 5094
广西：钟山 黄俞淞，吴望辉，农冬新 Liuyan0259
海南：临高 亚吉东，杨娟，胡枭剑 15CS11235
海南：三沙 郭永杰，涂铁要，李晓娟等 15CS10477
海南：三沙 郭永杰，涂铁要，李晓娟等 15CS10490
江西：黎川 童和平，王玉珍，常迪江等 TanCM1979
江西：星子 谭策铭，董安淼 TanCM500
云南：个旧 税玉民，陈文红 71511
云南：个旧 税玉民，陈文红 71512
云南：新平 白绍斌 XPALSC489
云南：元阳 田学军，杨建，邱成书等 Tianxj0065
Gynandropsis gynandra (Linnaeus) Briquet **羊角菜**
广西：龙州 赵亚美 SCSB-JS0469
云南：新平 自正尧 XPALSB270
Tarenaya hassleriana (Chodat) Iltis **醉蝶花**
贵州：绥阳 赵厚涛，韩国营 YBG053
湖南：麻阳 彭华，王英，陈丽 P.H. 5234
湖南：望城 姜孝成，卢叶平，杨强 Jiangxc0766
云南：宁洱 胡启和，张绍云 YNS0941
云南：元江 孙振华，郑志兴，沈蕊等 OuXK-YJ-201

Clethraceae 桤叶树科

桤叶树科	世界	中国	种质库
属 / 种（种下等级）/ 份数	2/75	1/7	1/4/12

Clethra barbinervis Siebold & Zuccarini **髭脉桤叶树**
安徽：绩溪 胡长玉，方建新，徐林飞 TangXS0643
Clethra delavayi Franchet **云南桤叶树**
江西：武宁 谭策铭，张吉华 TanCM415
云南：兰坪 孔航辉，任琛 Yangqe2891
云南：维西 张挺，徐远杰，陈冲等 SCSB-B-000232
云南：文山 何德明，丰艳飞，杨云等 WSLJS887
云南：永德 李永亮 YDDXS1274

云南：永德 杨金柱，鲁金国，普跃东 YDDXSC096
云南：永德 李永亮 YDDXS0647
云南：镇沅 王立东，何忠云，罗成瑜 ALSZY183

Clethra fabri Hance 华南桤叶树
云南：河口 张贵良，李东良 ZhangGL216
云南：绿春 何疆海，何来收，白然思等 HLS0366

Clethra fargesii Franchet 城口桤叶树 *
湖北：宣恩 沈泽昊 HXE152

Colchicaceae 秋水仙科

秋水仙科	世界	中国	种质库
属 / 种（种下等级）/ 份数	15/246	3/17	2/8/28

Disporum bodinieri (H. Léveillé & Vaniot) F. T. Wang & T. Tang 短蕊万寿竹 *
湖北：宣恩 沈泽昊 HXE104
四川：峨眉山 李小杰 LiXJ208
四川：峨眉山 李小杰 LiXJ211

Disporum cantoniense (Loureiro) Merrill 万寿竹
贵州：赵厚涛，韩国营 YBG071
贵州：江口 周云，王勇 XiangZ054
湖北：五峰 李平 AHL078
湖南：吉首 陈功锡，张代贵，邓涛等 SCSB-HC-2007337
江西：修水 谭策铭，缪以清，李立新 TanCM372
云南：河口 张贵良，张贵生，陶英美等 ZhangGL080
云南：南涧 官有才，马德跃，熊绍荣 NJWLS686
云南：南涧 阿国仁，罗新洪，李敏等 NJWLS2008140
云南：腾冲 周应再 Zhyz-495
云南：香格里拉 亚吉东，张桥蓉，张继等 11CS3548
云南：新平 王家和 XPALSC548
云南：永德 李永亮 YDDXS0258
云南：元阳 亚吉东，黄莉，何华杰 15CS11266

Disporum longistylum (H. Léveillé & Vaniot) H. Hara 长蕊万寿竹 *
重庆：南川区 易思荣 YISR099
四川：峨眉山 刘芳，张腾，刘丹 LiuC001
云南：贡山 郭永杰，吴之坤，吴兴等 14CS9837

Disporum smilacinum A. Gray 山东万寿竹
山东：牟平区 卞福花，陈朋 BianFH-0312
山东：牟平区 卞福花，宋言贺 BianFH-499
山东：牟平区 高德民，王萍，张颖颖等 Lilan612

Disporum trabeculatum Gagnepain 横脉万寿竹
云南：思茅区 张挺，徐远杰，谭文杰 SCSB-B-000340
云南：新平 谢天华，郎定富，杨如伟 XPALSA055

Disporum uniflorum Baker ex S. Moore 少花万寿竹
山东：海阳 辛晓伟，高丽丽 Lilan842
山东：牟平区 卞福花，陈朋 BianFH-0342

Disporum viridescens (Maximowicz) Nakai 宝珠草
辽宁：桓仁 祝业平 CaoW1037

Iphigenia indica Kunth 山慈菇
云南：玉龙 亚吉东，刘成 15CS11189

Combretaceae 使君子科

使君子科	世界	中国	种质库
属 / 种（种下等级）/ 份数	14-20/～500	4/23	2/7(11)/23

Combretum griffithii Van Heurck & Müller Argoviensis 西南风车子
云南：江川 刘成，蔡杰，胡枭剑 12CS4792

Combretum griffithii var. **yunnanense** (Exell) Turland & C. Chen 云南风车子
云南：南涧 彭华，向春雷，陈丽 P.H.5943

Combretum punctatum var. **squamosum** (Roxburgh ex G. Don) M. G. Gangopadhyay & Chakrabarty 水密花
云南：盈江 王立彦，徐健 WLYTBG-041

Combretum wallichii Candolle 石风车子
云南：新平 彭华，刘恩德，陈丽等 P.H.5507

Terminalia catappa Linnaeus 榄仁树
海南：三沙 郭永杰，涂铁要，李晓娟等 15CS10488

Terminalia chebula Retzius 诃子
云南：隆阳区 陆树刚 Ouxk-BS-0007
云南：永德 李永亮，马文军 YDDXSB115

Terminalia franchetii Gagnepain 滇榄仁
云南：建水 彭华，王英，陈丽 P.H.5058

Terminalia franchetii var. **intricata** (Handel-Mazzetti) Turland & C. Chen 错枝榄仁 *
四川：得荣 陈绍田，星耀武，黄永江等 ZhouZK-07ZX-0181
云南：香格里拉 孔航辉，任琛 Yangqe2875
云南：永德 李永亮 YDDXS0329

Terminalia myriocarpa Van Heurck & Müller Argoviensis 千果榄仁
云南：沧源 赵金超，汪顺莉 CYNGH269
云南：金平 喻智勇，官兴永，张云飞等 JinPing18
云南：景东 罗忠华，刘长铭，段玉伟等 JD111
云南：景谷 胡启和，周英，仇亚 YNS0629
云南：绿春 彭华，向春雷，陈丽等 P.H.5591
云南：麻栗坡 肖波 LuJL428
云南：勐腊 谭运洪 A486
云南：勐腊 谭运洪 A488
云南：勐腊 张挺，李洪超，李文化等 SCSB-B-000391
云南：新平 刘家良，李伟 XPALSD369
云南：盈江 王立彦，桂魏，刀江飞 SCSB-TBG-214

Terminalia myriocarpa var. **hirsuta** Craib 硬毛千果榄仁
云南：绿春 黄连山保护区科研所 HLS0117

Commelinaceae 鸭跖草科

鸭跖草科	世界	中国	种质库
属 / 种（种下等级）/ 份数	40/650	15/59	10/26/165

Amischotolype hispida (A. Richard) D. Y. Hong 穿鞘花
云南：江城 叶金科 YNS0427
云南：思茅区 张绍云，胡启和 YNS1041
云南：新平 何罡安 XPALSB460
云南：永德 李永亮 YDDXS0789
云南：镇沅 罗成瑜 ALSZY380

Commelina benghalensis Linnaeus 饭包草

安徽：舒城 陈延松，欧祖兰，高秋晨等 Xuzd328
安徽：屯溪区 方建新 TangXS0134
湖北：竹溪 李盛兰 GanQL983
湖南：石门 陈功锡，张代贵，邓涛等 SCSB-HC-2007522
江苏：句容 王兆银，吴宝成 SCSB-JS0182
江苏：南京 高兴 SCSB-JS0452
江苏：无锡 李宏庆，熊申展，桂萍 Lihq0384
江西：星子 董安淼，吴从梅 TanCM1044
山东：历下区 李兰，王萍，张少华等 Lilan-027
山东：牟平区 卞福花 BianFH-0256
山东：市南区 罗艳，李中华 LuoY294
山东：泰山区 张璐璐，王慧燕，杜超等 Zhaozt0200
四川：峨眉山 李小杰 LiXJ823
云南：南涧 阿国仁，熊绍荣，邹国娟等 NJWLS2008039

Commelina communis Linnaeus 鸭跖草
安徽：舒城 陈延松，欧祖兰，高秋晨等 Xuzd414
安徽：屯溪区 方建新 TangXS0295
福建：武夷山 于文涛，陈旭东 YUWT011
黑龙江：宁安 刘玫，张欣欣，程薪宇等 Liuetal436
黑龙江：五大连池 孙阎，赵立波 SunY067
湖北：神农架林区 李巨平 LiJuPing0255
湖北：英山 朱鑫鑫，王君 ZhuXX006
湖北：竹溪 李盛兰 GanQL186
湖南：吉首 陈功锡，张代贵，邓涛等 SCSB-HC-2007473
吉林：九台 张永刚 Yanglm0233
江苏：海州区 汤兴利 HANGYY8437
江西：黎川 童和平，王玉珍 TanCM1929
江西：修水 缪以清，李立新，邹仁刚 TanCM671
辽宁：庄河 于立敏 CaoW817
山东：莱山区 卢学新，纪伟 BianFH00065
山东：崂山区 樊守金 Zhaozt0235
山东：历下区 李兰，王萍，张少华等 Lilan-024
山东：牟平区 卞福花，杜丽君，孟凡涛 BianFH-0157
山东：市南区 邓建平 LuoY191
四川：峨眉山 李小杰 LiXJ699
四川：乐至 邓兴敏，邓秀发，张昌兵 ZCB0455
云南：新平 白绍斌 XPALSC164

Commelina diffusa N. L. Burman 节节草
云南：勐腊 兰芹英 B37

Commelina maculata Edgeworth 地地藕
西藏：错那 罗建，汪书丽 LiuJQ11XZ160
云南：永德 李永亮 YDDXS0487

Commelina paludosa Blume 大苞鸭跖草
江西：龙南 梁跃龙，廖海红 LiangYL110
云南：贡山 刘成，何华杰，黄莉等 14CS8502
云南：贡山 郭永杰，吴之坤，吴兴等 14CS9875
云南：景东 鲁艳 2008173
云南：隆阳区 段在贤，钟华勇，李永元 BSGLGSly069
云南：普洱 叶金科 YNS0361
云南：腾冲 周应再 Zhyz-346
云南：腾冲 余新林，赵玮 BSGLGStc286
云南：永德 李永亮 YDDXS0578
云南：镇沅 何忠云，周立刚 ALSZY269

Cyanotis arachnoidea C. B. Clarke 蛛丝毛蓝耳草
云南：景东 罗忠华，谢有能，刘长铭等 JDNR058
云南：思茅区 张绍云，胡启和，仇亚 YNS1021
云南：永德 李永亮 YDDXS0435
云南：镇沅 朱恒，何忠云 ALSZY032

Cyanotis cristata (Linnaeus) D. Don 四孔草
云南：河口 税玉民，陈文红 82707
云南：景谷 叶金科 YNS0281
云南：麻栗坡 肖波 LuJL290
云南：文山 何德明 WSLJS594
云南：新平 张学林 XPALSD176

Cyanotis vaga (Loureiro) Schultes & J. H. Schultes 蓝耳草
云南：龙陵 孙兴旭 SunXX072
云南：绿春 HLS0166
云南：南涧 李毕祥，袁玉明 NJWLS607
云南：南涧 阿国仁，熊绍荣，邹国娟等 NJWLS2008045
云南：腾冲 周应再 Zhyz-345
云南：西山区 蔡杰，张挺，刘成等 11CS3690
云南：永德 李永亮 YDDXS0465

Dictyospermum conspicuum (Blume) Hasskarl 网籽草
云南：腾冲 周应再 Zhyz-360

Floscopa scandens Loureiro 聚花草
福建：武夷山 于文涛，陈旭东 YUWT024
广西：上思 许为斌，黄俞淞，梁永延等 Liuyan0218
广西：上思 叶晓霞，吴望辉，农冬新 Liuyan0347
广西：昭平 莫水松 Liuyan1065
江西：黎川 童和平，王玉珍 TanCM1913
云南：沧源 赵金超 CYNGH214
云南：贡山 刘成，何华杰，黄莉等 14CS8557
云南：河口 刀志灵，张洪喜 DZL606
云南：景洪 谭运洪，余涛 B468
云南：梁河 郭永杰，李涟漪，聂细转 12CS5213
云南：绿春 黄连山保护区科研所 HLS0423
云南：绿春 税玉民，陈文红 72701
云南：麻栗坡 肖波 LuJL461
云南：双柏 彭华，刘恩德，陈丽等 P.H.5491
云南：盈江 王立彦，徐桂华 SCSB-TBG-062
云南：永德 李永亮 LiYL1601

Murdannia divergens (C. B. Clarke) Brückner 紫背水竹叶
云南：安宁 蔡杰，张挺，郭永杰等 11CS3723
云南：南涧 高国政，李成清 NJWLS510
云南：南涧 阿国仁，何贵才 NJWLS545
云南：南涧 官有才，罗新洪 NJWLS1616
云南：永德 李永亮 YDDXS0361

Murdannia japonica (Thunberg) Faden 宽叶水竹叶
云南：镇沅 罗成瑜 ALSZY362

Murdannia nudiflora (Linnaeus) Brenan 裸花水竹叶
安徽：金寨 陈延松，欧祖兰，刘旭升 Xuzd157
安徽：黟县 刘淼 SCSB-JSB12
江苏：海州区 汤兴利 HANGYY8452
江西：星子 董安淼，吴从梅 TanCM830
四川：峨眉山 李小杰 LiXJ507
云南：绿春 黄连山保护区科研所 HLS0274
云南：永德 李永亮 YDDXS0816
浙江：龙泉 吴林园，郭建林，白明明 HANGYY9071

Murdannia simplex (Vahl) Brenan 细竹篙草
四川：米易 袁明 MY298
云南：永德 李永亮 YDDXS0371

Murdannia triquetra (Wallich ex C. B. Clarke) Brückner 水竹叶
安徽：休宁 唐鑫生，方建新 TangXS0315
山东：海阳 高德民，张诏，王萍等 lilan493
云南：永德 李永亮 LiYL1388

Murdannia vaginata (Linnaeus) Bruckner 细柄水竹叶
江苏：宜兴 李宏庆，田怀珍，葛斌杰等 Lihq0246
山东：海阳 张少华，张诏，程丹丹等 Lilan683
Pollia hasskarlii R. S. Rao 大杜若
海南：昌江 康勇，林灯，陈庆 LWXS025
西藏：墨脱 刘成，亚吉东，何华杰等 16CS11958
云南：澜沧 张绍云，胡启和 YNS1089
云南：勐腊 谭运洪 A300
云南：南涧 李成清，高国政，徐如标 NJWLS468
云南：宁洱 张绍云，胡启和 YNS1066
云南：屏边 楚永兴，陶国权，张照跃 Pbdws014
Pollia japonica Thunberg 杜若
安徽：石台 陈延松，吴国伟，洪欣 Zhousb0042
贵州：江口 周云，王勇 XiangZ086
湖北：竹溪 李盛兰 GanQL725
湖南：道县 刘克明，陈薇 SCSB-HN-1005
湖南：东安 姜孝成，唐贵华，潘孝武 SCSB-HNJ-0072
湖南：桂东 蔡秀珍，孙秋妍，王燕归 SCSB-HN-1296
湖南：衡山 刘克明，陈薇，田淑珍 SCSB-HN-0225
湖南：花垣 刘克明，蔡秀珍，肖乐希 SCSB-HN-0198
湖南：会同 刘克明，王成，张恒 SCSB-HN-1131
湖南：江华 肖乐希 SCSB-HN-0858
湖南：江永 刘克明，蔡秀珍，肖乐希等 SCSB-HN-0037
湖南：浏阳 朱晓文 SCSB-HN-1051
湖南：浏阳 刘克明，吕杰 SCSB-HN-2237
湖南：南岳区 刘克明，相银龙，周磊 SCSB-HN-1757
湖南：南岳区 刘克明，相银龙，周磊等 SCSB-HN-1408
湖南：平江 刘克明，旷强，刘洪新 SCSB-HN-0959
湖南：桑植 田连成 SCSB-HN-1208
湖南：炎陵 刘应迪，孙秋妍，陈珮珮 SCSB-HN-1507
湖南：炎陵 刘克明，周磊 SCSB-HN-2228
湖南：炎陵 刘克明，周磊 SCSB-HN-2233
湖南：雨花区 蔡秀珍，陈薇 SCSB-HN-0331
湖南：沅陵 周丰杰，李伟 SCSB-HN-2291
湖南：沅陵 周丰杰，刘克明 SCSB-HN-1361
湖南：沅陵 周丰杰，李伟 SCSB-HN-2168
湖南：岳麓区 刘克明，肖乐希 SCSB-HN-0400
湖南：资兴 肖乐希，蔡秀珍 SCSB-HN-0276
江苏：南京 高兴 SCSB-JS0453
江西：分宜 杜小浪，慕泽泾，曹岚 DXL109
江西：黎川 童和平，王玉珍 TanCM2382
江西：庐山区 董安淼，吴丛梅 TanCM2543
云南：盘龙区 张挺，蔡杰，郭永杰等 08CS896
浙江：鄞州区 李宏庆，葛斌杰 Lihq0021
Pollia miranda (H. Léveillé) H. Hara 小杜若
四川：峨眉山 李小杰 LiXJ322
云南：景洪 张挺，王建军，廖琼 SCSB-B-000250
云南：文山 何德明 WSLJS863
云南：永德 李永亮 YDDXS0835
Pollia secundiflora (Blume) R. C. Bakhuizen van den Brink 长花枝杜若
湖南：南岳区 刘克明，相银龙，周磊 SCSB-HN-1755
湖南：武陵源区 吴福川，廖博儒，余祥洪等 37
云南：景谷 胡启和，周英，张绍云 YNS0520
云南：南涧 官有才，熊绍荣，张雄等 NJWLS660
Pollia siamensis (Craib) Faden ex D. Y. Hong 长柄杜若
海南：昌江 康勇，林灯，陈庆 LWXS045
云南：河口 张贵良，果忠 ZhangGL211

Pollia subumbellata C. B. Clarke 伞花杜若
广西：大新 黄俞淞，梁永延，叶晓霞 Liuyan0020
Porandra ramosa D. Y. Hong 孔药花 *
云南：麻栗坡 肖波 LuJL164
Rhopalephora scaberrima (Blume) Faden 钩毛子草
西藏：墨脱 刘成，亚吉东，何华杰等 16CS11948
Streptolirion volubile Edgeworth 竹叶子
河南：栾川 黄振英，于顺利，杨学军 Huangzy0049
湖北：竹溪 李盛兰 GanQL174
山东：长清区 步瑞兰，辛晓伟，郭雷等 lilan777
云南：永德 李永亮 YDDXS0539
云南：玉溪 刘成，蔡杰，胡枭剑 12CS4759

Connaraceae 牛栓藤科

牛栓藤科	世界	中国	种质库
属 / 种（种下等级）/ 份数	12/180	6/9	1/1/1

Rourea caudata Planchon 长尾红叶藤
云南：江城 张绍云，周兵，张永 YNS1322

Convolvulaceae 旋花科

旋花科	世界	中国	种质库
属 / 种（种下等级）/ 份数	58/1650	20/128	14/45(49)/266

Argyreia capitiformis (Poiret) van Ooststroom 头花银背藤
云南：元江 孙振华，王文礼，宋晓卿等 Ouxk-YJ-0047
Argyreia osyrensis (Roth) Choisy 聚花白鹤藤
云南：普洱 张绍云 YNS0043
Argyreia pierreana Bois 东京银背藤
广西：那坡 张挺，蔡杰，方伟 12CS3782
Argyreia splendens (Hornemann) Sweet 亮叶银背藤
云南：盈江 王立彦，桂魏，刀江飞等 SCSB-TBG-216
Argyreia wallichii Choisy 大叶银背藤
云南：永德 李永亮 YDDXS0055
Calystegia hederacea Wallich 打碗花
河北：桃城 牛玉璐，郑博颖，黄士良等 NiuYL018
湖北：竹溪 李盛兰 GanQL941
湖南：怀化 李胜华，伍贤进，曾汉元等 HHXY067
湖南：中方 伍贤进，李胜华，曾汉元等 HHXY122
江苏：句容 王兆银，吴宝成 SCSB-JS0098
江苏：溧阳 吴宝成 HANGYY8353
江苏：南京 顾子霞 SCSB-JS0426
江西：庐山区 董安淼，吴丛梅 TanCM1546
山东：崂山区 罗艳，李中华，邓建平 LuoY089
山东：历下区 张少华，王萍，张诏等 Lilan174
山东：牟平区 卞福花，陈朋 BianFH-0293
陕西：长安区 田先华，王梅荣 TianXH462
Calystegia pellita (Ledebour) G. Don 藤长苗
山东：牟平区 卞福花，陈朋 BianFH-0316
山东：山亭区 高丽丽 Lilan815
Calystegia sepium subsp. **spectabilis** Brummitt 欧旋花
重庆：南川区 易思荣，谭秋平 YISR409
湖北：竹溪 李盛兰 GanQL214
江西：庐山区 董安淼，吴丛梅 TanCM1568
山东：长清区 王萍，高德民，张诏等 lilan342

四川：峨眉山 李小杰 LiXJ493
四川：乐至 邓兴敏，邓秀发，张昌兵 ZCB0411
云南：永德 李永亮，马文军 YDDXSB163

Calystegia soldanella (Linnaeus) R. Brown **肾叶打碗花**

山东：莱山区 卞福花 BianFH-0201
山东：莱山区 卞福花，宋言贺 BianFH-465
山东：崂山区 罗艳，刘梅 LuoY085

Convolvulus arvensis Linnaeus **田旋花**

安徽：祁门 唐鑫生，方建新 TangXS0459
吉林：通榆 张宝田 Yanglm0406
吉林：长岭 张宝田 Yanglm0359
内蒙古：赛罕区 蒲拴莲，刘润宽，刘毅等 M172
宁夏：盐池 左忠，刘华 ZuoZh017
新疆：阿图什 塔里木大学植物资源调查组 TD-00666
新疆：富蕴 段士民，王喜勇，刘会良等 164
新疆：和硕 邱爱军，张玲，徐盼 LiZJ1426
新疆：柯坪 塔里木大学植物资源调查组 TD-00838
新疆：库车 塔里木大学植物资源调查组 TD-00964
新疆：麦盖提 郭永杰，黄文娟，段黄金 LiZJ0164
新疆：沙雅 塔里木大学植物资源调查组 TD-00976
新疆：石河子 塔里木大学植物资源调查组 TD-01016
新疆：石河子 陶冶，雷凤品，黄刚等 SCSB-Y-2006109
新疆：石河子 董凤新 SCSB-Y-2006132
新疆：石河子 白宝伟，段黄金 TD-02070
新疆：温宿 杨赵平，周禧琳，贺冰 LiZJ1916
新疆：温宿 杨赵平，焦培培，白冠章等 LiZJ0930
新疆：乌鲁木齐 马文宝，刘会良 zdy008
新疆：乌鲁木齐 王喜勇，马文宝，施翔 zdy362
新疆：乌什 塔里木大学植物资源调查组 TD-00552
新疆：新和 塔里木大学植物资源调查组 TD-00528
新疆：英吉沙 黄文娟，段黄金，王英鑫等 LiZJ0817

Convolvulus fruticosus Pallas **灌木旋花**

新疆：乌恰 杨赵平，黄文娟，何刚 LiZJ1121

Convolvulus gortschakovii Schrenk **鹰爪柴**

新疆：哈密 王喜勇，马文宝，施翔 zdy445

Convolvulus lineatus Linnaeus **线叶旋花**

新疆：昭苏 亚吉东，张桥蓉，秦少发等 16CS13534

Convolvulus tragacanthoides Turczaninow **刺旋花**

新疆：富蕴 谭敦炎，邱娟 TanDY0410
新疆：和静 塔里木大学植物资源调查组 TD-00099
新疆：石河子 张挺，杨赵平，焦培培等 LiZJ0406
新疆：乌鲁木齐 马文宝，刘会良 zdy007
新疆：乌恰 塔里木大学植物资源调查组 TD-00685

Cuscuta approximata Babington **杯花菟丝子**

西藏：普兰 陈家辉，庄会富，刘德团等 Yangyp-Q-0020
新疆：塔城 亚吉东，张桥蓉，秦少发等 16CS13856

Cuscuta australis R. Brown **南方菟丝子**

重庆：南川区 易思荣 YISR038
湖南：望城 姜孝成，卢叶平，杨强 Jiangxc0763
江西：庐山区 董安淼，吴丛梅 TanCM3331
山东：莒县 高德民，张少华，步瑞兰等 lilan774
山东：崂山区 罗艳，李中华 LuoY325
山东：历城区 李兰，王萍，张少华 Lilan-038
新疆：呼图壁 段士民，王喜勇，刘会良 Zhangdy296
新疆：呼图壁 段士民，王喜勇，刘会良 Zhangdy301
新疆：库尔勒 杨赵平，焦培培，白冠章等 LiZJ0638
新疆：青河 段士民，王喜勇，刘会良等 157
新疆：乌鲁木齐 王喜勇，马文宝，施翔 zdy301
新疆：乌鲁木齐 段士民，王喜勇，刘会良等 Zhangdy436
云南：永德 李永亮 YDDXS1259

Cuscuta chinensis Lamarck **菟丝子**

安徽：宁国 洪欣，李中林 ZhouSB0220
安徽：宁国 洪欣，李中林 ZhouSB0226
安徽：歙县 方建新 TangXS0641
北京：东城区 王雷，朱雅娟，黄振英 Beijing-huang-dls-0032
湖北：竹溪 李盛兰 GanQL052
江苏：句容 王兆银，吴宝成 SCSB-JS0144
江西：庐山区 董安淼，吴从梅 TanCM875
辽宁：连山区 卜军，金实，阴黎明 CaoW427
辽宁：连山区 卜军，金实，阴黎明 CaoW489
内蒙古：赛罕区 蒲拴莲，刘润宽，刘毅等 M267
宁夏：盐池 左忠，刘华 ZuoZh007
山东：莱山区 卞福花 BianFH-0219
山东：青岛 罗艳，李中华 LuoY283
山东：长清区 王萍，高德民，张诏等 lilan314
四川：巴塘 孙航，张建文，邓涛等 SunH-07ZX-3701
四川：汶川 何兴金，高云东，余岩等 SCU-09-547
西藏：桑日 陈家辉，韩希，王广艳等 YangYP-Q-4232
新疆：麦盖提 郭永杰，黄文娟，段黄金 LiZJ0165
新疆：乌什 白宝伟，段黄金 TD-01855
云南：南涧 马德跃，官有才，罗开宏等 NJWLS965
云南：腾冲 周应再 Zhyz-414
云南：香格里拉 李晓东，张紫刚，操榆 LiJ686

Cuscuta europaea Linnaeus **欧洲菟丝子**

甘肃：夏河 刘坤 LiuJQ-GN-2011-631
甘肃：卓尼 刘坤 LiuJQ-GN-2011-632
江苏：宜兴 李宏庆，田怀珍，葛斌杰等 Lihq0247
西藏：昌都 许炳强，周伟，郑朝汉 Xianh0161
西藏：工布江达 卢洋，刘帆等 LiJ865
西藏：朗县 罗建，汪书丽，任德智 L079
云南：德钦 孙航，李新辉，陈林杨 SunH-07ZX-2961
云南：香格里拉 孙航，李新辉，陈林杨 SunH-07ZX-3211

Cuscuta japonica Choisy **金灯藤**

北京：彭华，王立松，董洪进等 P.H.5511
甘肃：夏河 刘坤 LiuJQ-GN-2011-630
河南：栾川 邓志军，付婷婷，水庆艳 Huangzy0064
黑龙江：宁安 刘玫，张欣欣，程薪宇等 Liuetal533
黑龙江：通河 郑宝江，丁晓炎，李月等 ZhengBJ210
黑龙江：五大连池 孙阎，杜景红 SunY101
湖北：神农架林区 李巨平 LiJuPing0014
湖北：五峰 陈功锡，张代贵 SCSB-HC-2008351
湖北：宣恩 祝文志，刘志祥，曹远俊 ShenZH0078
湖北：竹溪 李盛兰 GanQL564
吉林：磐石 安海成 AnHC0230
江西：黎川 童和平，王玉珍 TanCM1934
江西：庐山区 董安淼，吴从梅 TanCM917
内蒙古：开鲁 张永刚 Yanglm0244
山东：历下区 高德民，张诏，王萍等 lilan492
山东：牟平区 卞福花，卢学新，纪伟等 BianFH00034
山东：牟平区 卞福花，宋言贺 BianFH-546
陕西：眉县 董栓录，田先华 TianXH521
新疆：阿合奇 黄文娟，杨赵平，王英鑫 TD-01953
云南：福贡 许炳强，吴兴，李婧等 XiaNh-07zx-174

Cuscuta reflexa Roxburgh **大花菟丝子**

云南：腾冲 余新林，赵玮 BSGLGStc405
云南：香格里拉 杨青松，星耀武，苏涛 ZhouZK-07ZX-0393

云南：永德 李永亮 YDDXS0898

Dichondra micrantha Urban 马蹄金

重庆：南川区 易思荣 YISR017

云南：沧源 李春华，熊友明，李华亮等 CYNGH154

Dinetus decorus (W. W. Smith) Staples 白藤

云南：腾冲 余新林，赵玮 BSGLGStc084

Dinetus duclouxii (Gagnepain & Courchet) Staples 三列飞蛾藤 *

云南：华宁 刘成，蔡杰，胡枭剑 12CS4768

云南：镇沅 罗成瑜 ALSZY256

Dinetus racemosus (Wallich) Sweet 飞蛾藤

安徽：黄山区 唐鑫生，方建新 TangXS0508

安徽：石台 洪欣，王欧文 ZSB360

湖北：宣恩 沈泽昊 HXE158

湖北：竹溪 李盛兰 GanQL227

江西：修水 缪以清，余于明，梁荣文 TanCM983

陕西：平利 田先华，张雅娟 TianXH1043

四川：峨眉山 李小杰 LiXJ569

四川：米易 汤加勇 MY-262

云南：安宁 杜燕，黄天才，董勇等 SCSB-A-000352

云南：澜沧 彭华，向春雷，陈丽 P.H.5773

云南：隆阳区 段在贤，封占昕，代如山等 BSGLGSly1262

云南：隆阳区 赵玮 BSGLGSly112

云南：绿春 黄连山保护区科研所 HLS0147

云南：绿春 何疆海，何来收，白然思等 HLS0368

云南：勐腊 刀志灵，崔景云 DZL-125

云南：孟连 彭华，向春雷，陈丽 P.H.5850

云南：南涧 马德跃，官有才，熊绍荣 NJWLS824

云南：屏边 钱良超，陆海兴，康远勇等 Pbdws168

云南：普洱 谭运洪，余涛 B432

云南：腾冲 周应再 Zhyz-164

云南：文山 蔡杰，张挺 12CS5654

Dinetus truncatus (Kurz) Staples 毛果飞蛾藤

云南：永德 李永亮，马文军，陈海超 YDDXSB107

Evolvulus alsinoides (Linnaeus) Linnaeus 土丁桂

江西：黎川 童和平，王玉珍 TanCM3102

江西：星子 谭策铭，董安淼 TanCM298

云南：元江 刘成，亚吉东，张桥蓉等 16CS14189

Hewittia malabarica (Linnaeus) Suresh 猪菜藤

云南：金平 喻智勇，官兴永，张云飞等 JinPing88

云南：绿春 黄连山保护区科研所 HLS0466

云南：盈江 王立彦 SCSB-TBG-083

云南：镇沅 何忠云 ALSZY275

Ipomoea aquatica Forsskål 蕹菜

广东：天河区 童毅华 TYH10

Ipomoea biflora (Linnaeus) Persoon 毛牵牛

福建：福清 李宏庆，陈纪云，王双 Lihq0309

江苏：句容 王兆银，吴宝成 SCSB-JS0309

云南：元江 孙振华，王文礼，宋晓卿等 Ouxk-YJ-0009

云南：镇沅 何忠云 ALSZY283

云南：镇沅 罗成瑜 ALSZY449

Ipomoea eriocarpa R. Brown 毛果薯

云南：南涧 熊绍荣 NJWLS1213

云南：永德 李永亮 YDDXS0878

Ipomoea hederifolia Linnaeus 心叶茑萝 *

浙江：余杭区 葛斌杰 Lihq0133

Ipomoea nil (Linnaeus) Roth 牵牛

安徽：蜀山区 陈延松，徐忠东，耿明 Xuzd006

安徽：屯溪区 方建新 TangXS0792

安徽：芜湖 陈延松，吴国伟，洪欣 Zhousb0101

安徽：黟县 刘淼 SCSB-JSB8

北京：海淀区 林坚 SCSB-B-0031

福建：武夷山 于文涛，陈旭东 YUWT003

广西：融水 许为斌，梁永延，黄俞淞等 Liuyan0185

广西：雁山区 莫水松 Liuyan1052

湖南：江永 蔡秀珍，田淑珍，肖乐希 SCSB-HN-0606

湖南：湘乡 陈薇，朱香清，马仲辉 SCSB-HN-0465

湖南：中方 伍贤进，李胜华，曾汉元等 HHXY117

江苏：海州区 汤兴利 HANGYY8493

江苏：句容 SCSB-JS0293

江苏：启东 高兴 HANGYY8638

江西：黎川 童和平，王玉珍 TanCM1834

江西：修水 缪以清 TanCM691

山东：莱山区 卞福花，杜丽君，孟凡涛 BianFH-0151

山东：历城区 李兰，王萍，张少华等 Lilan-030

四川：乐至 邓兴敏，邓秀发，张昌兵 ZCB0428

云南：沧源 赵金超 CYNGH041

云南：景东 鲁艳 2008191

云南：景东 罗忠华，谢有能，刘长铭等 JDNR108

云南：南涧 熊绍荣 NJWLS457

云南：南涧 马德跃，官有才，罗开宏 NJWLS946

云南：普洱 叶金科 YNS0316

云南：腾冲 周应再 Zhyz-394

云南：盈江 王立彦 SCSB-TBG-181

云南：玉溪 伊廷双，孟静，杨杨等 MJ-906

云南：沾益 彭华，向春雷，陈丽 P.H.5967

Ipomoea pileata Roxburgh 帽苞薯藤

云南：盈江 王立彦 TBG-023

云南：永德 李永亮，马文军 YDDXSB218

Ipomoea purpurea (Linnaeus) Roth 圆叶牵牛

安徽：金寨 刘淼 SCSB-JSC9

安徽：歙县 方建新 TangXS1016

北京：海淀区 阙静 SCSB-D-0063

福建：武夷山 于文涛，陈旭东 YUWT001

湖北：神农架林区 李巨平 LiJuPing0252

吉林：南关区 韩忠明 Yanglm0128

江西：九江 董安淼，吴从梅 TanCM864

山东：岚山区 吴宝成 HANGYY8580

山东：历城区 赵遵田，张璐璐，杜超等 Zhaozt0230

四川：乐至 邓兴敏，邓秀发，张昌兵 ZCB0424

四川：米易 刘静，袁明 MY-170

云南：安宁 伊廷双，孟静，杨杨等 MJ-870

云南：隆阳区 尹学建，马学娟 BSGLGSly2050

云南：隆阳区 段在贤，代如亮 BSGLGSly1234

云南：禄丰 刀志灵，陈渝 DZL500

云南：麻栗坡 肖波 LuJL289

云南：南涧 熊绍荣 NJWLS447

云南：南涧 熊绍荣 NJWLS456

云南：南涧 袁玉川，李毕祥 NJWLS618

云南：南涧 饶富玺，阿国仁，何贵才 NJWLS802

云南：新平 谢雄 XPALSC163

云南：新平 白绍斌 XPALSC141

云南：永德 李永亮 LiYL1477

云南：永胜 刀志灵，张洪喜 DZL483

Ipomoea triloba Linnaeus 三裂叶薯

湖南：浏阳 姜孝成，陈晓莲，周亮 Jiangxc0879

江西：黎川 童和平，王玉珍 TanCM1849
山东：崂山区 罗艳，李中华 LuoY409
山东：长清区 高德民，张诏，王萍等 lilan491
Ipomoea turbinata Lagasca 丁香茄
云南：镇沅 罗成瑜，乔永华 ALSZY291
云南：镇沅 罗成瑜 ALSZY448
Jacquemontia paniculata (N. L. Burman) H. Hallier 小牵牛
江苏：海州区 汤兴利 HANGYY8464
云南：屏边 钱良超，陆海兴，康远勇等 Pbdws132
云南：新平 谢雄 XPALSC192
Merremia boisiana var. **fulvopilosa** (Gagnepain) van Ooststroom 黄毛金钟藤
云南：麻栗坡 肖波 LuJL253
Merremia hederacea (N. L. Burman) H. Hallier 篱栏网
广东：肇庆 赵亚美 SCSB-JS0473
湖南：岳麓区 王得刚，熊凯辉 SCSB-HN-2271
湖南：岳麓区 王得刚，熊凯辉 SCSB-HN-2277
湖南：岳麓区 熊凯辉，刘克明 SCSB-HN-2169
湖南：岳麓区 熊凯辉，刘克明 SCSB-HN-2193
湖南：岳麓区 熊凯辉，刘克明 SCSB-HN-2196
江西：庐山区 董安淼，吴丛梅 TanCM3360
云南：隆阳区 段在贤，杨宝柱，李国艳 BSGLGSly1066
云南：绿春 黄连山保护区科研所 HLS0412
云南：永德 李永亮 LiYL1614
Merremia hungaiensis (Lingelsheim & Borza) R. C. Fang 山土瓜 *
贵州：威宁 邹方伦 ZouFL0314
Merremia sibirica (Linnaeus) H. Hallier 北鱼黄草
安徽：屯溪区 方建新 TangXS0028
河北：平山 牛玉璐，高彦飞，黄士良 NiuYL192
湖南：凤凰 陈功锡，张代贵，邓涛等 SCSB-HC-2007404
湖南：古丈 刘克明，朱晓文 SCSB-HN-0533
湖南：永顺 陈功锡，张代贵 SCSB-HC-2008207
湖南：沅江 熊凯辉，刘克明 SCSB-HN-2265
湖南：岳麓区 刘克明，肖乐希 SCSB-HN-0409
湖南：岳麓区 熊凯辉，刘克明 SCSB-HN-2199
湖南：岳麓区 熊凯辉，刘克明 SCSB-HN-2278
湖南：长沙 熊凯辉，刘克明 SCSB-HN-2153
吉林：磐石 安海成 AnHC0233
江西：庐山区 董安淼，吴丛梅 TanCM1645
上海：李宏庆 Lihq0328
Merremia sibirica var. **macrosperma** C. C. Huang 大籽鱼黄草 *
云南：隆阳区 段在贤，代如亮 BSGLGSly1233
Merremia vitifolia (N. L. Burman) H. Hallier 掌叶鱼黄草
西藏：曲水 卢洋，刘帆等 LiJ937
云南：勐腊 张挺，李洪超，李文化等 SCSB-B-000376
Neuropeltis racemosa Wallich 盾苞藤
云南：马关 张挺，修莹莹，李胜 SCSB-B-000623
Poranopsis discifera (C. K. Schneider) Staples 搭棚藤
云南：永德 李永亮 YDDXS0089
Tridynamia sinensis (Hemsley) Staples 大果三翅藤 *
云南：墨江 张绍云，叶金科，胡启和 YNS1338

Coriariaceae 马桑科

马桑科	世界	中国	种质库
属 / 种（种下等级）/ 份数	1/ ～ 15	1/3	1/2/40

Coriaria nepalensis Wallich 马桑
湖北：神农架林区 李巨平 LiJuPing0245
湖北：宣恩 许玥，祝文志，刘志祥等 ShenZH4865
四川：米易 袁明 MY326
四川：木里 王红，张书东，任宗昕 SCSB-W-328
四川：射洪 袁明 YUANM2016L165
四川：天全 袁明 YuanM1017
四川：天全 何兴金，赵丽华，梁乾隆等 SCU-11-100
四川：天全 何兴金，胡灏禹，陈德友等 SCU-09-302
云南：德钦 孙航，李新辉，陈林杨 SunH-07ZX-2990
云南：福贡 许炳强，吴兴，李婧等 XiaNh-07zx-183
云南：景东 杨国平 07-42
云南：丽江 孙航，李新辉，陈林杨 SunH-07ZX-3117
云南：丽江 孙航，李新辉，陈林杨 SunH-07ZX-3133
云南：龙陵 孙兴旭 SunXX129
云南：隆阳区 许炳强，吴兴，李婧等 XiaNh-07zx-235
云南：隆阳区 赵玮 BSGLGSly183
云南：麻栗坡 肖波 LuJL154
云南：南涧 官有才 NJWLS1648
云南：巧家 张天壁 SCSB-W-220
云南：石林 税玉民，陈文红 65574
云南：双柏 谢天华，郎定富 XPALSA116
云南：腾冲 周应再 Zhyz-218
云南：维西 杨青松，杨莹，黄永江等 ZhouZK-07ZX-0034
云南：文山 何德明，丰艳飞 WSLJS961
云南：文山 税玉民，陈文红 71968
云南：香格里拉 杨青松，詹克平，于文涛等 ZhouZK-07ZX-0005
云南：新平 张明忠，刘家良 XPALSD282
云南：新平 白绍斌 XPALSC251
云南：玉龙 刀志灵，李嵘，唐安军 DZL-004
云南：元江 胡启元，周兵，张绍云 YNS0852
Coriaria terminalis Hemsley 草马桑
西藏：隆子 扎西次仁，西落 ZhongY612
西藏：亚东 钟扬，扎西次仁 ZhongY787
西藏：亚东 陈家辉，韩希，王东超等 YangYP-Q-4283
西藏：亚东 陈丽，董朝辉 PengH8049
云南：贡山 刀志灵 DZL357
云南：贡山 刀志灵 DZL360
云南：贡山 李恒，李嵘 766
云南：贡山 张挺，杨湘云，周明芬等 14CS9663
云南：盘龙区 张挺，李爱花，郭云刚 SCSB-A-000096
云南：永德 李永亮 YDDXS0763

Cornaceae 山茱萸科

山茱萸科	世界	中国	种质库
属 / 种（种下等级）/ 份数	～ 7/115	7/47	5/25(34)/294

Alangium chinense (Loureiro) Harms 八角枫
安徽：绩溪 唐鑫生，方建新 TangXS0750
安徽：石台 陈延松，吴国伟，洪欣 Zhousb0029

贵州：荔波 刘克明，盛波，王得刚 SCSB-HN-1852
贵州：荔波 刘克明，盛波，王得刚 SCSB-HN-1868
湖北：神农架林区 李巨平 LiJuPing0256
湖北：五峰 李平 AHL023
湖北：长阳 祝文志，刘志祥，曹远俊 ShenZH5484
湖北：竹溪 李盛兰 GanQL986
湖南：东安 姜孝成，唐贵华，潘孝武 SCSB-HNJ-0088
湖南：鹤城区 伍贤进，李胜华，刘光华 Wuxj802
湖南：怀化 李胜华，伍贤进，曾汉元等 HHXY221
湖南：怀化 李胜华，伍贤进，曾汉元等 HHXY235
湖南：开福区 姜孝成，唐妹，陈显胜等 SCSB-HNJ-0420
湖南：桑植 林永惠，吴福川，魏清润等 28
湖南：新宁 姜孝成，唐贵华，袁双艳等 SCSB-HNJ-0244
湖南：资兴 蔡秀珍，孙秋妍，王燕归等 SCSB-HN-1288
江西：黎川 童和平，王玉珍 TanCM2384
江西：庐山区 董安淼，吴丛梅 TanCM2547
江西：庐山区 董安淼，吴丛梅 TanCM3049
四川：射洪 袁明 YUANM2015L024
四川：汶川 袁明，高刚，杨勇 YM2014014
云南：沧源 李春华，肖美芳，李华明等 CYNGH101
云南：沧源 赵金超，李春华，肖美芳 CYNGH296
云南：大关 张挺，雷立公，王建军等 SCSB-B-000133
云南：景谷 叶金科 YNS0265
云南：麻栗坡 税玉民，陈文红 72024
云南：麻栗坡 税玉民，陈文红 72133
云南：新平 刘家良 XPALSD329
云南：新平 刘家良 XPALSD332
浙江：临安 彭华，陈丽，向春雷等 P.H.5428
浙江：临安 吴林园，彭斌，顾子霞 HANGYY9009

Alangium chinense subsp. **pauciflorum** W. P. Fang **稀花八角枫 ***
湖北：仙桃 张代贵 Zdg1635
湖北：竹溪 李盛兰 GanQL089
陕西：宁陕 田先华，熊开行 TianXH184

Alangium chinense subsp. **strigosum** W. P. Fang **伏毛八角枫 ***
云南：沧源 赵金超，田立新，田洪强 CYNGH013
云南：沧源 赵金超，刘城，高歌 CYNGH282
云南：贡山 郭永杰，吴之坤，吴兴等 14CS9842

Alangium chinense subsp. **triangulare** (Wangerin) W. P. Fang **深裂八角枫 ***
湖北：竹溪 李盛兰 GanQL097
湖南：保靖 刘克明，蔡秀珍，肖乐希等 SCSB-HN-0210
江苏：句容 王兆银，吴宝成 SCSB-JS0168
云南：景东 刘长铭，袁小龙，杨华金等 JDNR11028
云南：景东 袁德财，曾寿康，陈上发 JDNR11051

Alangium faberi Oliver **小花八角枫 ***
湖南：吉首 陈功锡，张代贵，邓涛等 SCSB-HC-2007418

Alangium kurzii Craib **毛八角枫**
江西：庐山区 谭策铭，董安淼 TanCM294
云南：沧源 赵金超，田洪强 CYNGH008
云南：麻栗坡 肖波 LuJL184

Alangium kurzii var. **handelii** (Schnarf) W. P. Fang **云山八角枫**
江西：修水 缪以清 TanCM619

Camptotheca acuminata Decaisne **喜树 ***
安徽：屯溪区 方建新 Tangxs0171
广西：灵川 吴望辉，黄俞淞，农冬新 Liuyan0415
贵州：黎平 刘克明 SCSB-HN-1092
湖北：咸丰 丛义艳，陈丰林 SCSB-HN-1175
湖北：竹溪 李盛兰 GanQL1063
湖南：古丈 刘克明，朱晓文 SCSB-HN-0530
湖南：怀化 李胜华，伍贤进，曾汉元等 HHXY018
湖南：怀化 李胜华，伍贤进，曾汉元等 HHXY073
湖南：会同 丛义艳 SCSB-HN-1128
湖南：江华 肖乐希 SCSB-HN-1634
湖南：江华 刘宗林 SCSB-HN-1195
湖南：宁乡 熊凯辉，王得刚 SCSB-HN-1972
湖南：平江 吴惊香 SCSB-HN-0968A
湖南：平江 吴惊香 SCSB-HN-0968B
湖南：望城 朱香清，田淑珍 SCSB-HN-1717
湖南：望城 姜孝成，杨强，刘昌 Jiangxc0742
湖南：望城 熊凯辉，刘克明 SCSB-HN-2142
湖南：望城 熊凯辉，刘克明 SCSB-HN-2146
湖南：雨花区 田淑珍，刘克明 SCSB-HN-1443
湖南：岳麓区 刘克明，肖乐希 SCSB-HN-0404
湖南：岳麓区 姜孝成，旷仁平 SCSB-HNJ-0197
湖南：岳麓区 熊凯辉，刘克明 SCSB-HN-2165
湖南：长沙 田淑珍，刘克明 SCSB-HN-1447
湖南：长沙 刘克明，蔡秀珍，田淑珍 SCSB-HN-0726
湖南：长沙 熊凯辉，刘克明 SCSB-HN-2174
湖南：长沙 熊凯辉，刘克明 SCSB-HN-2185
湖南：资兴 蔡秀珍 SCSB-HN-1261
江苏：句容 白明明，张晓峰，王兆银 HANGYY9108
四川：射洪 袁明 YUANM2015L119
云南：沧源 赵金超，杨红强 CYNGH076
云南：泸水 孙振华，郑志兴，沈蕊等 OuXK-LC-017
云南：麻栗坡 肖波 LuJL230
云南：牟定 张燕妮 OuXK-0055
云南：南涧 阿国仁，何贵才 NJWLS567
云南：屏边 钱良超，陆海兴，康远勇等 Pbdws197
云南：普洱 叶金科 YNS0327
云南：施甸 孙振华，郑志兴，沈蕊等 OuXK-LC-002
云南：腾冲 周应再 Zhyz-047
云南：文山 刘恩德，方伟，杜燕等 SCSB-B-000052
云南：香格里拉 孔航辉，任琛 Yangqe2874
云南：新平 谢天华，郎定富，李应富 XPALSA077
云南：新平 白绍斌，罗田发 XPALSC541
云南：盈江 王立彦，桂魏，刀江飞 SCSB-TBG-199
云南：永平 孙振华 OuXK-0050
云南：元江 孙振华，王文礼，宋晓卿等 Ouxk-YJ-0042
云南：元阳 彭华，向春雷，陈丽 PengH8195
云南：镇沅 罗成瑜 ALSZY477

Cornus alba Linnaeus **红瑞木**
河北：涿鹿 牛玉璐，高彦飞，赵二涛 NiuYL335
黑龙江：巴彦 孙阎，赵立波 SunY044
黑龙江：尚志 刘玫，张欣欣，程薪宇等 Liuetal313
吉林：抚松 张永刚 Yanglm0434
内蒙古：新城区 蒲拴莲，李茂文 M025

Cornus bretschneideri L. Henry **沙梾 ***
甘肃：夏河 刘坤 LiuJQ-GN-2011-638
山西：翼城 焦磊 Zhangf0123
陕西：宁陕 田先华，朱志红 TianXH480

Cornus capitata Wallich **头状四照花**
广西：灵川 吴望辉，黄俞淞，蒋日红 Liuyan0423
湖北：神农架林区 李巨平 LiJuPing0267
湖南：怀化 李胜华，伍贤进，曾汉元等 HHXY238

湖南：桑植 陈功锡，廖博儒，查学州等 160
四川：峨眉山 李小杰 LiXJ160
西藏：察隅 孙航，张建文，陈建国等 SunH-07ZX-2454
西藏：察隅 张大才，李双智，唐路等 ZhangDC-07ZX-1694
云南：德钦 孙振华，郑志兴，沈蕊等 OuXK-YS-250
云南：德钦 孙航，李新辉，陈林杨 SunH-07ZX-3090
云南：德钦 张大才，李双智，杨川 ZhangDC-07ZX-1979
云南：洱源 张德全，王应龙，陈琪等 ZDQ026
云南：贡山 郭永杰，吴之坤，吴兴等 14CS9817
云南：贡山 李恒，李嵘 914
云南：贡山 李恒，李嵘 915
云南：兰坪 孔航辉，任琛 Yangqe2896
云南：麻栗坡 肖波 LuJL055
云南：南涧 袁玉明，罗新洪，王崇智等 NJWLS591
云南：宁蒗 孔航辉，罗江平，左雷等 YangQE3334
云南：屏边 楚永兴，肖文权 Pbdws020
云南：石林 张挺，张书东，杨茜等 SCSB-A-000032
云南：石林 张桥蓉，亚吉东，李昌洪 15CS11568
云南：石林 税玉民，陈文红 65838
云南：石林 税玉民，陈文红 66608
云南：腾冲 周应再 Zhyz-052
云南：维西 张挺，徐远杰，黄押稳等 SCSB-B-000164
云南：维西 刀志灵 DZL430
云南：维西 孔航辉，任琛 Yangqe2823
云南：文山 何德明，曹世超 WSLJS563
云南：香格里拉 孙航，李新辉，陈林杨 SunH-07ZX-3203
云南：香格里拉 张大才，李双智，杨川 ZhangDC-07ZX-2004
云南：漾濞 孙振华，郑志兴，沈蕊等 OuXK-LC-071
云南：彝良 张挺，雷立公，王建军等 SCSB-B-000121
云南：永平 刀志灵 DZL473
云南：云龙 刀志灵 DZL395

Cornus chinensis Wangerin 川鄂山茱萸
四川：峨眉山 李小杰 LiXJ631
云南：巧家 杨光明 SCSB-W-1220

Cornus controversa Hemsley 灯台树
安徽：徽州区 方建新 TangXS0767
湖北：神农架林区 李巨平 LiJuPing0269
湖北：五峰 陈功锡，张代贵 SCSB-HC-2008137
湖北：五峰 李平 AHL013
湖北：宣恩 祝文志，刘志祥，曹远俊 ShenZH0020
湖北：宜昌 陈功锡，张代贵 SCSB-HC-2008068
湖北：竹溪 李盛兰 GanQL067
湖南：保靖 陈功锡，张代贵，龚双骄等 263A
湖南：东安 刘克明，蔡秀珍，肖乐希等 SCSB-HN-0164
湖南：怀化 李胜华，伍贤进，曾汉元等 HHXY290
湖南：会同 李胜华，伍贤进，曾汉元等 Wuxj989
湖南：武陵源区 吴福川，廖博儒，林永惠等 108
江西：修水 缪以清 TanCM618
辽宁：瓦房店 宫本胜 CaoW341
辽宁：庄河 于立敏 CaoW813
四川：汶川 袁明，高刚，杨勇 YM2014032
云南：贡山 刀志灵 DZL358
云南：河口 杨鑫峰 ZhangGL023
云南：麻栗坡 肖波 LuJL296
云南：麻栗坡 肖波 LuJL077
云南：巧家 杨光明 SCSB-W-1233
云南：腾冲 余新林，赵玮 BSGLGStc337
云南：腾冲 周应再 Zhyz-348
云南：维西 杨亲二，袁琼 Yangqe2684
云南：文山 何德明，黄太文 WSLJS980
云南：香格里拉 杨青松，星耀武，苏涛 ZhouZK-07ZX-0314
云南：新平 自正荣，自成仲，刘家良 XPALSD030
云南：新平 王家和 XPALSC395
云南：元阳 亚吉东，黄莉，何华杰 15CS11264
云南：云龙 李施文，张志云，段耀飞 TC3039

Cornus elliptica (Pojarkova) Q. Y. Xiang & Boufford 尖叶四照花 *
贵州：江口 周云，王勇 XiangZ025
湖北：宣恩 沈泽昊 HXE006
湖南：古丈 刘克明，朱晓文 SCSB-HN-0501
湖南：古丈 刘克明，朱晓文 SCSB-HN-0514
湖南：双牌 姜孝成，王丽萍，李育华 Jiangxc0784
湖南：武陵源区 吴福川，查学州，廖博儒等 130
湖南：永定区 吴福川，廖博儒 7111
江西：龙南 梁跃龙，廖海红，徐清娣 LiangYL080
江西：遂川 谭策铭，易桂花 TanCM561

Cornus hemsleyi C. K. Schneider & Wangerin 红椋子 *
湖北：竹溪 李盛兰 GanQL585
陕西：眉县 白根录，田先华 TianXH469
西藏：波密 孙航，张建文，陈建国等 SunH-07ZX-2552
西藏：察隅 张挺，蔡杰，袁明 09CS1500
西藏：林芝 孙航，张建文，陈建国等 SunH-07ZX-2850
云南：大关 张挺，王培，肖良俊 SCSB-B-000528
云南：巧家 杨光明，颜再奎，张天壁等 QJYS0076
云南：巧家 李文虎，吴天抗，高顺勇等 QJYS0132
云南：巧家 张天壁 SCSB-W-217
云南：巧家 张书东，何俊，蒋伟等 SCSB-W-318
云南：香格里拉 李爱花，周开洪，黄之镨等 SCSB-A-000245
云南：香格里拉 张挺，蔡杰，郭永杰等 11CS3124

Cornus hongkongensis Hemsley 香港四照花
湖南：沅陵 李胜华，伍贤进，刘光华等 Wuxj901
江西：井冈山 兰国华 LiuRL049

Cornus hongkongensis subsp. **tonkinensis** (W. P. Fang) Q. Y. Xiang 东京四照花
云南：河口 张贵良，张贵生，陶英美等 ZhangGL070
云南：金平 张挺，马国强，刘娜等 SCSB-B-000586
云南：麻栗坡 肖波 LuJL474
云南：文山 韦荣彪，何德明，丰艳飞 WSLJS663
云南：元阳 亚吉东，黄莉，何华杰 15CS11245

Cornus kousa subsp. **chinensis** (Osborn) Q. Y. Xiang 四照花 *
安徽：黄山区 方建新 TangXS0326
广西：贺州 姜孝成，王丽萍，鲁长青 Jiangxc0663
贵州：丹寨 赵厚涛，韩国营 YBG017
湖北：仙桃 张代贵 Zdg3638
湖北：竹溪 李盛兰 GanQL350
湖南：南岳区 刘克明，相银龙，周磊等 SCSB-HN-1400
湖南：新化 黄先辉，杨亚平，卜剑超 SCSB-HNJ-0322
江西：修水 缪以清，余于明 TanCM645
陕西：宁陕 田先华，李明辉 TianXH307
云南：贡山 许炳强，吴兴，李婧等 XiaNh-07zx-060
云南：永平 彭华，向春雷，陈丽 PengH8328

Cornus macrophylla Wallich 梾木
贵州：云岩区 邹方伦 ZouFL0100
湖北：长阳 祝文志，刘志祥，曹远俊 ShenZH5489
陕西：宁陕 田先华，陈振宁，曾阳 TianXH095
四川：峨眉山 李小杰 LiXJ113

西藏：波密 张大才，李双智，唐路等 ZhangDC-07ZX-1726
西藏：错那 罗建，汪书丽 LiuJQ11XZ171
西藏：林芝 罗建，汪书丽，任德智 LiuJQ-09XZ-287
西藏：米林 罗建，汪书丽 LiuJQ-08XZ-126
云南：贡山 刀志灵 DZL804
云南：贡山 郭永杰，吴之坤，吴兴等 14CS9943
云南：贡山 李恒，李嵘，刀志灵 949
云南：隆阳区 段在贤，杨宝柱，蔡之洪等 BSGLGS1y1017
云南：香格里拉 杨亲二，孔航辉，李磊 Yangqe3279
云南：香格里拉 杨青松，星耀武，苏涛 ZhouZK-07ZX-0322
云南：永德 李永亮 YDDXS0787
云南：云龙 赵玉贵，李占兵，张吉平等 TC2016
浙江：鄞州区 李宏庆，葛斌杰 Lihq0033

Cornus multinervosa (Pojarkova) Q. Y. Xiang 多脉四照花 *
四川：峨眉山 李小杰 LiXJ694

Cornus oblonga Wallich 长圆叶梾木
湖北：竹溪 李盛兰 GanQL336
西藏：波密 刘成，亚吉东，何华杰等 16CS11805
云南：安宁 所内采集组培训 SCSB-A-000120
云南：安宁 伊廷双，孟静，杨杨 MJ-853
云南：鹤庆 孙航，李新辉，陈林杨 SunH-07ZX-3170
云南：禄劝 张挺，蔡杰，李爱花等 SCSB-B-000058
云南：巧家 杨光明 SCSB-W-1161
云南：石林 税玉民，陈文红 65594
云南：香格里拉 张大才，李双智，杨川 ZhangDC-07ZX-2009
云南：玉龙 张大才，李双智，杨川 ZhangDC-07ZX-2049

Cornus officinalis Siebold & Zuccarini 山茱萸
安徽：黄山区 方建新 TangXS0346
河南：栾川 黄振英，于顺利，杨学军 Huangzy0041
湖北：竹溪 李盛兰 GanQL1140
江西：庐山区 董安淼，吴从梅 TanCM2214
江西：武宁 张吉华，刘运群 TanCM1345
山东：泰山区 张璐璐，王慧燕，杜超等 Zhaozt0199
山东：长清区 王萍，高德民，张诏等 lilan356

Cornus parviflora S. S. Chien 小花梾木 *
贵州：黄平 邹方伦 ZouFL0242
贵州：凯里 陈功锡，张代贵 SCSB-HC-2008073

Cornus quinquenervis Franchet 小梾木 *
贵州：花溪区 邹方伦 ZouFL0200
贵州：江口 邹方伦 ZouFL0122
湖北：宣恩 许玥，祝文志，刘志祥等 ShenZH7780
湖南：石门 姜孝成，唐妹，卜剑超等 Jiangxc0437
湖南：永定区 吴福川，廖博儒，秦亚丽等 7164
四川：峨眉山 李小杰 LiXJ517

Cornus schindleri subsp. **poliophylla** (C. K. Schneider & Wangerin) Q. Y. Xiang 灰叶梾木 *
湖北：仙桃 张代贵 Zdg2344

Cornus schindleri Wangerin 康定梾木 *
四川：康定 彭玉兰，涂卫国，余春丽 Gaoxf-0677

Cornus walteri Wangerin 毛梾 *
河北：武安 牛玉璐，高彦飞，赵二涛 NiuYL439
湖北：神农架林区 祝文志，刘志祥，曹远俊 ShenZH5726
湖北：仙桃 张代贵 Zdg3082
湖南：沅陵 李胜华，伍贤进，刘光华等 Wuxj904
山东：崂山区 罗艳，李中华 LuoY335
山东：历下区 李兰，王萍，张少华 Lilan-020
山东：历下区 赵遵田，樊守金，郑国伟等 Zhaozt0028
山东：牟平区 卞福花，宋言贺 BianFH-461

云南：维西 张挺，徐远杰，黄押稳等 SCSB-B-000174
云南：香格里拉 杨亲二，袁琼 Yangqe1896

Cornus wilsoniana Wangerin 光皮梾木 *
湖南：吉首 陈功锡，张代贵，邓涛等 SCSB-HC-2007471
湖南：江华 肖乐希，王成 SCSB-HN-0892
江西：星子 谭策铭，董安淼 TCM09082
江西：星子 董安淼，吴从梅 TanCM2242

Davidia involucrata Baillon 珙桐 *
湖北：宣恩 李正辉，艾洪莲 AHL2017
湖南：武陵源区 吴福川 251A
四川：峨眉山 李小杰 LiXJ286
云南：贡山 蔡杰，郭云刚，张凤琼等 14CS9669
云南：巧家 杨光明 SCSB-W-1524

Davidia involucrata var. **vilmoriniana** (Dode) Wangerin 光叶珙桐 *
湖北：神农架林区 甘啟良 GanQL862
四川：荥经 袁明 Y07059
云南：贡山 郭永杰，吴之坤，吴兴等 14CS9929
云南：贡山 刀志灵 DZL372
云南：维西 张挺，徐远杰，陈冲等 SCSB-B-000221

Nyssa javanica (Blume) Wangerin 华南蓝果树
云南：沧源 赵金超，杨红强 CYNGH320
云南：景东 罗庆光，刘长铭，杨华金等 JDNR11095
云南：龙陵 孙兴旭 SunXX089
云南：屏边 张挺，胡益敏 SCSB-B-000557
云南：屏边 楚永兴，普华柱 Pbdws028
云南：文山 何德明，曾祥 WSLJS1014
云南：新平 张忠明，刘家良 XPALSD307

Nyssa sinensis Oliver 蓝果树
安徽：黄山 宋曰钦，方建新 TangXS0985
湖南：武陵源区 吴福川，廖博儒，林永惠等 110
江苏：宜兴 李宏庆，田怀珍，葛斌杰等 Lihq0263
江西：龙南 梁跃龙，欧考昌，付房添 LiangYL011
江西：庐山区 谭策铭，董安淼 TanCM459
江西：修水 缪以清 TanCM639
四川：峨眉山 李小杰 LiXJ119
云南：河口 杨鑫峰 ZhangGL006
云南：屏边 张长芹，高则睿，马永鹏 Rho-C-200717
云南：文山 何德明，丰艳飞，王成 WSLJS833
云南：新平 李应富，郎定富，谢天华 XPALSA078

Costaceae 闭鞘姜科

闭鞘姜科	世界	中国	种质库
属 / 种（种下等级）/ 份数	7/120	1/5	1/3/18

Costus lacerus Gagnepain 莴笋花
云南：南涧 李成清，高国政，徐如标 NJWLS471
云南：南涧 官有才，熊绍荣，张雄等 NJWLS665

Costus speciosus (J. König) Smith 闭鞘姜
云南：沧源 赵金超，肖美芳，汪顺莉 CYNGH235
云南：河口 税玉民，陈文红 82110
云南：景东 鲁艳 2008149
云南：隆阳区 段在贤，杨宝柱，李国艳 BSGLGS1y1064
云南：绿春 黄连山保护区科研所 HLS0244
云南：马关 刀志灵，张洪喜 DZL595
云南：勐海 张挺，谭运洪，王建军等 SCSB-B-000272
云南：弥勒 刘恩德，方伟，杜燕等 SCSB-B-000037

云南：宁洱 张挺，王建军，廖琼 SCSB-B-000247
云南：普洱 叶金科 YNS0326
云南：新平 刘家良 XPALSD253
云南：盈江 王立彦，徐桂华 SCSB-TBG-079
云南：盈江 郭永杰，唐培洵，金永明等 13CS7731
云南：永德 李永亮，马文军 YDDXSB151
云南：镇沅 罗成瑜 ALSZY098

Costus tonkinensis Gagnepain **光叶闭鞘姜**
云南：龙陵 孙兴旭 SunXX070

Crassulaceae 景天科

景天科	世界	中国	种质库
属 / 种（种下等级）/ 份数	35/1500	12/ ～ 232	10/65(68)/200

Bryophyllum pinnatum (Linnaeus f.) Oken **落地生根**
四川：理塘 何兴金，王长宝，刘爽等 SCU-09-035
云南：永德 李永亮 YDDXS1038

Hylotelephium angustum (Maximowicz) H. Ohba **狭穗八宝** *
四川：壤塘 张挺，李爱花，刘成等 08CS842

Hylotelephium erythrostictum (Miquel) H. Ohba **八宝**
河北：涿鹿 牛玉璐，高彦飞，赵二涛 NiuYL346
黑龙江：宾县 郑宝江，丁晓炎 ZhengBJ293
黑龙江：宁安 刘玫，王臣，张欣欣等 Liuetal738
江苏：句容 吴宝成，王兆银 HANGYY8363

Hylotelephium mingjinianum (S. H. Fu) H. Ohba **紫花八宝** *
安徽：绩溪 胡长玉，方建新，徐林飞 TangXS0665
安徽：宁国 洪欣，李中林 ZhouSB0222
湖北：五峰 陈功锡，张代贵 SCSB-HC-2008324

Hylotelephium pallescens (Freyn) H. Ohba **白八宝**
吉林：磐石 安海成 AnHC0251

Hylotelephium pseudospectabile (Praeger) S. H. Fu **心叶八宝**
山东：海阳 高德民，张诏，王萍等 lilan501

Hylotelephium spectabile (Boreau) H. Ohba **长药八宝**
吉林：磐石 安海成 AnHC0203
山东：牟平区 卞福花，宋言贺 BianFH-555
山东：牟平区 卞福花，杜丽君，孟凡涛 BianFH-0132

Hylotelephium tatarinowii (Maximowicz) H. Ohba **华北八宝**
山西：夏县 连俊强，廉凯敏 Zhangf0084

Hylotelephium triphyllum (Haworth) Holub **紫八宝**
黑龙江：嫩江 王臣，张欣欣，史传奇 WangCh235

Hylotelephium verticillatum (Linnaeus) H. Ohba **轮叶八宝**
安徽：黄山 唐鑫生，方建新 TangXS1001
湖北：广水 朱鑫鑫，王君，石琳琳等 ZhuXX315
湖北：广水 朱鑫鑫，王君，石琳琳等 ZhuXX317
吉林：吉林 安海成 AnHC0417
江西：武宁 谭策铭，张吉华 TanCM441
江西：修水 缪以清，陈三友，胡建华 TanCM2109
山东：崂山区 罗艳，李中华 LuoY358
山东：平邑 辛晓伟，张世尧 Lilan853
四川：理县 何兴金，高云东，余岩等 SCU-09-557

Kalanchoe integra (Medikus) Kuntze **匙叶伽蓝菜**
西藏：朗县 罗建，汪书丽，任德智 L059

Orostachys cartilaginea Borissova **狼爪瓦松**
山东：莒县 步瑞兰，辛晓伟，郭雷等 lilan760
山东：崂山区 罗艳，李中华 LuoY418

Orostachys chanetii (H. Léveillé) A. Berger **塔花瓦松** *
山东：历城区 步瑞兰，辛晓伟，徐永娟等 Lilan851

Orostachys fimbriata (Turczaninow) A. Berger **瓦松**
内蒙古：土默特右旗 刘博，蒲拴莲，刘润宽等 M359
山东：海阳 王萍，高德民，张诏等 lilan315
山东：莱山区 卞福花，宋言贺 BianFH-514
山东：泰山区 张璐璐，杜超，王慧燕等 Zhaozt0210
山东：芝罘区 卞福花 BianFH-0267

Orostachys malacophylla (Pallas) Fischer **钝叶瓦松**
黑龙江：五大连池 孙阎 SunY489
吉林：桦甸 安海成 AnHC0421

Orostachys spinosa (Linnaeus) Sweet **黄花瓦松**
湖北：竹溪 李盛兰 GanQL654
西藏：左贡 张永洪，李国栋，王晓雄 SunH-07ZX-2202

Orostachys thyrsiflora Fischer **小苞瓦松**
新疆：博乐 亚吉东，张桥蓉，秦少发等 16CS13848
新疆：温泉 许炳强，胡伟明 XiaNH-07ZX-859

Phedimus aizoon (Linnaeus) 't Hart **费菜**
安徽：舒城 陈延松，欧祖兰，高秋晨等 Xuzd301
安徽：歙县 唐鑫生 TangXS0277
河北：灵寿 牛玉璐，高彦飞，黄士良 NiuYL190
黑龙江：宁安 刘玫，张欣欣，程薪宇等 Liuetal492
湖北：神农架林区 李巨平 LiJuPing0021
湖北：神农架林区 李巨平 LiJuPing0022
湖北：神农架林区 李巨平 LiJuPing0203
湖北：宜昌 陈功锡，张代贵 SCSB-HC-2008128
湖北：英山 朱鑫鑫，甄爱国，孙增朋等 ZhuXX136
吉林：南关区 韩忠明 Yanglm0137
江苏：句容 王兆银，吴宝成 SCSB-JS0183
内蒙古：武川 蒲拴莲，刘润宽，刘毅等 M208
青海：互助 薛春迎 Xuechy0080
山东：海阳 王萍，高德民，张诏等 lilan271
山东：崂山区 罗艳，李中华 LuoY354
山东：牟平区 卞福花 BianFH-0250
山东：牟平区 张少华，张诏，程丹丹等 Lilan634
陕西：长安区 田先华，田陌 TianXH1111
四川：若尔盖 张昌兵 ZhangCB0015
四川：小金 高云东，李忠荣，鞠文彬 GaoXF-12-105
四川：雅江 何兴金，郜鹏，彭禄等 SCU-11-385

Phedimus aizoon var. **scabrus** (Maximowicz) H. Ohba et al. **乳毛费菜** *
甘肃：合作 郭淑青，杜品 LiuJQ-2012-GN-096
甘肃：卓尼 刘坤 LiuJQ-GN-2011-718

Phedimus hybridus (Linnaeus) 't Hart **杂交费菜**
新疆：尼勒克 刘鸯，马真，贺晓欢等 SHI-A2007515
新疆：温泉 徐文斌，王莹 SHI-2008295

Phedimus kamtschaticus (Fischer) 't Hart **堪察加费菜**
山东：崂山区 赵遵田，郑国伟，王海英等 Zhaozt0163

Pseudosedum affine (Schrenk) A. Berger **白花合景天**
新疆：霍城 亚吉东，张桥蓉，秦少发等 16CS13811

Pseudosedum lievenii (Ledebour) A. Berger **合景天**
新疆：石河子 马真 SCSB-2006043

Rhodiola alsia (Fröderström) S. H. Fu **西川红景天** *
四川：康定 许炳强，童毅华，吴兴等 XiaNH-07ZX-1046

Rhodiola atuntsuensis (Praeger) S. H. Fu **德钦红景天**
新疆：塔什库尔干 邱娟，冯建菊 LiuJQ0111

Rhodiola bupleuroides (Wallich ex J. D. Hooker & Thomson) S. H. Fu **紫胡红景天**
西藏：林芝 罗建，王国严，汪书丽 LiuJQ-08XZ-062

Rhodiola coccinea (Royle) Borissova **圆丛红景天**

青海：格尔木 冯虎元 LiuJQ-08KLS-112

Rhodiola crenulata (J. D. Hooker & Thomson) H. Ohba **大花红景天**

西藏：八宿 徐波，陈光富，陈林杨等 SunH-07ZX-1599

西藏：林芝 张大才，李双智，唐路等 ZhangDC-07ZX-1827

西藏：南木林 李晖，文雪梅，次旺加布等 Lihui-Q-0106

西藏：左贡 徐波，陈光富，陈林杨等 SunH-07ZX-0380

云南：香格里拉 张挺，亚吉东，李明勤等 11CS3384

Rhodiola dumulosa (Franchet) S. H. Fu **小丛红景天**

甘肃：碌曲 李晓东，刘帆，张景博等 LiJ0194

青海：囊谦 许炳强，周伟，郑朝汉 Xianh0070

四川：康定 陈文允，于文涛，黄永江 CYH229

四川：理塘 李晓东，张景博，徐凌翔等 LiJ309

四川：乡城 何兴金，高云东，王志新等 SCU-09-236

Rhodiola fastigiata (J. D. Hooker & Thomson) S. H. Fu **长鞭红景天**

四川：稻城 孙航，张建文，邓涛等 SunH-07ZX-3348

四川：稻城 孙航，张建文，董金龙等 SunH-07ZX-3582

四川：稻城 张大才，尹五元，李双智等 ZhangDC-07ZX-2163

四川：德格 张大才，尹五元，李双智等 ZhangDC-07ZX-2300

四川：黑水 顾垒，李忠荣 GaoXF-09ZX-1369

四川：红原 张昌兵，邓秀发 ZhangCB0370

四川：康定 张大才，尹五元，李双智等 ZhangDC-07ZX-2363

四川：乡城 张大才，尹五元，李双智等 ZhangDC-07ZX-2111

四川：乡城 孙航，张建文，邓涛等 SunH-07ZX-3317

四川：乡城 陈家辉，刘亚辉，周妍等 YangYP-Q-2250

四川：乡城 周浙昆，苏涛，杨莹等 Zhou09-126

西藏：八宿 徐波，陈光富，陈林杨等 SunH-07ZX-1406

西藏：错那 罗建，汪书丽 LiuJQ11XZ098

西藏：江达 苏涛，黄永江，杨青松等 ZhouZK11250

西藏：林芝 罗建，王国严，汪书丽 LiuJQ-08XZ-032

西藏：林芝 孙航，张建文，陈建国等 SunH-07ZX-2769

西藏：林芝 张大才，李双智，唐路等 ZhangDC-07ZX-1814

西藏：墨脱 孙航，张建文，陈建国等 SunH-07ZX-2692

西藏：左贡 徐波，陈光富，陈林杨等 SunH-07ZX-0379

云南：巧家 杨光明 SCSB-W-1244

云南：香格里拉 张挺，亚吉东，李明勤等 11CS3385

云南：香格里拉 张大才，李双智，唐路等 ZhangDC-07ZX-1666

Rhodiola forrestii (Raymond-Hamet) S. H. Fu **长圆红景天 ***

四川：九龙 张大才，尹五元，李双智等 ZhangDC-07ZX-2436

Rhodiola himalensis (D. Don) S. H. Fu **喜马红景天**

四川：稻城 陈家辉，刘亚辉，周妍等 YangYP-Q-2269

西藏：错那 张晓纬，汪书丽，罗建 LiuJQ-09XZ-LZT-019

Rhodiola kirilowii (Regel) Maximowicz **狭叶红景天**

甘肃：合作 郭淑青，杜品 LiuJQ-2012-GN-097

甘肃：卓尼 刘坤 LiuJQ-GN-2011-719

四川：阿坝 蔡杰，张挺，刘成 10CS2556

四川：白玉 孙航，张建文，邓涛等 SunH-07ZX-3750

四川：德格 张大才，尹五元，李双智等 ZhangDC-07ZX-2302

四川：德格 孙航，张建文，董金龙等 SunH-07ZX-3693

西藏：波密 张大才，李双智，唐路等 ZhangDC-07ZX-1764

西藏：察隅 张挺，蔡杰，袁明 09CS1543

西藏：左贡 张大才，李双智，罗康等 ZhangDC-07ZX-0686

新疆：和静 张玲 TD-01634

新疆：新源 亚吉东，张桥蓉，秦少发等 16CS13371

新疆：昭苏 亚吉东，张桥蓉，秦少发等 16CS13560

Rhodiola macrocarpa (Praeger) S. H. Fu **大果红景天**

甘肃：卓尼 刘坤 LiuJQ-GN-2011-717

四川：黑水 顾垒，李忠荣 GaoXF-09ZX-1359

四川：九龙 孙航，张建文，董金龙等 SunH-07ZX-4050

四川：雅江 苏涛，黄永江，杨青松等 ZhouZK11066

西藏：加查 许炳强，童毅华 XiaNh-07zx-646

西藏：隆子 扎西次仁，西落 ZhongY621

云南：香格里拉 陈家辉，刘亚辉，周妍等 YangYP-Q-2205

Rhodiola ovatisepala var. **chingii** S. H. Fu **线萼红景天 ***

西藏：林芝 罗建，汪书丽 LiuJQ-09XZ-202

Rhodiola purpureoviridis (Praeger) S. H. Fu **紫绿红景天 ***

四川：稻城 孙航，张建文，邓涛等 SunH-07ZX-3351

四川：甘孜 陈文允，于文涛，黄永江 CYH115

四川：理塘 何兴金，胡灏禹，陈德友等 SCU-09-325

四川：雅江 苏涛，黄永江，杨青松等 ZhouZK11099

西藏：昌都 苏涛，黄永江，杨青松等 ZhouZK11293

云南：香格里拉 张挺，亚吉东，李明勤等 11CS3378

Rhodiola quadrifida (Pallas) Schrenk **四裂红景天**

四川：理塘 何兴金，赵丽华，梁乾隆等 SCU-11-701

西藏：察雅 张大才，罗康，梁群等 SunH-07ZX-1340

西藏：丁青 陈家辉，王赟，刘德团 YangYP-Q-3217

西藏：林芝 陈家辉，韩希，王东超等 YangYP-Q-4032

西藏：普兰 李晖，文雪梅，熊继贵 Lihui-Q-2010-43

Rhodiola smithii (Raymond-Hamet) S. H. Fu **异鳞红景天**

西藏：定日 王东超，杨大松，张春林等 YangYP-Q-5119

Rhodiola tangutica (Maximowicz) S. H. Fu **唐古红景天 ***

青海：称多 陈世龙，高庆波，张发起 Chensl0561

青海：玛沁 陈世龙，高庆波，张发起 Chensl1098

Rhodiola wallichiana (Hooker) S. H. Fu **粗茎红景天**

青海：玛沁 陈世龙，高庆波，张发起 Chensl1074

四川：雅江 苏涛，黄永江，杨青松等 ZhouZK11111

云南：贡山 李恒，李嵘，刀志灵 1039

Rhodiola yunnanensis (Franchet) S. H. Fu **云南红景天 ***

湖北：神农架林区 李巨平 LiJuPing0146

湖北：仙桃 张代贵 Zdg1309

四川：康定 许炳强，童毅华，吴兴等 XiaNH-07ZX-1065

云南：景洪 彭华，向春雷，王泽欢 PengH8487

云南：巧家 杨光明 SCSB-W-1258

云南：香格里拉 郭永杰，张桥蓉，李春晓等 11CS3489

云南：香格里拉 杨青松，杨莹，黄永江等 ZhouZK-07ZX-0038

云南：香格里拉 杨青松，星耀武，苏涛 ZhouZK-07ZX-0386

云南：香格里拉 张挺，亚吉东，李明勤等 11CS3307

云南：永德 李永亮 YDDXS0646

Rosularia alpestris (Karelin & Kirilov) Borissova **长叶瓦莲**

新疆：巩留 亚吉东，张桥蓉，秦少发等 16CS13510

Rosularia platyphylla (Schrenk) A. Berger **卵叶瓦莲**

新疆：察布查尔 刘鸯 SHI-A2007076

Rosularia turkestanica (Regel & Winkler) A. Berger **小花瓦莲**

新疆：昭苏 亚吉东，张桥蓉，秦少发等 16CS13583

Sedum celatum Fröderström **隐匿景天 ***

甘肃：玛曲 刘坤 LiuJQ-GN-2011-722

甘肃：卓尼 刘坤 LiuJQ-GN-2011-721

Sedum daigremontianum var. **macrosepalum** Fröderström **大萼啮瓣景天 ***

四川：峨眉山 李小杰 LiXJ770

Sedum drymarioides Hance **大叶火焰草**

安徽：石台 洪欣 ZhouSB0164

江西：庐山区 谭策铭，董安淼 TanCM296

Sedum elatinoides Franchet **细叶景天**

湖北：竹溪 李盛兰 GanQL304

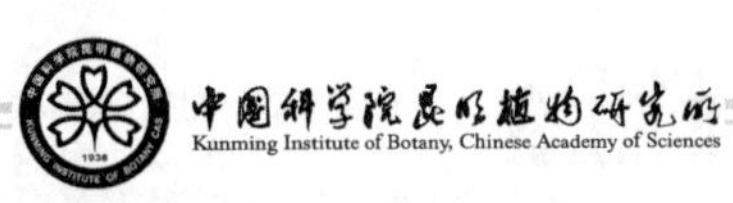

陕西：长安区 田先华，田陌 TianXH1086

Sedum filipes Hemsley 小山飘风
湖北：竹溪 李盛兰 GanQL835

Sedum fischeri Raymond-Hamet 小景天
西藏：班戈 陈家辉，韩希，王东超等 YangYP-Q-4247
西藏：定日 王东超，杨大松，张春林等 YangYP-Q-5104
西藏：浪卡子 杨永平，王东超，杨大松等 YangYP-Q-5030
西藏：林周 陈家辉，韩希，王广艳等 YangYP-Q-4152

Sedum gagei Raymond-Hamet 锡金景天
西藏：丁青 陈家辉，王赟，刘德团 YangYP-Q-3216

Sedum leblancae Raymond-Hamet 钝萼景天 *
云南：西山区 张挺，方伟，李爱花等 SCSB-A-000045

Sedum lineare Thunberg 佛甲草
湖北：竹溪 李盛兰 GanQL876

Sedum majus (Hemsley) Migo 山飘风
四川：峨眉山 李小杰 LiXJ560
西藏：林周 许炳强，童毅华 XiaNh-07zx-597

Sedum makinoi Maximowicz 圆叶景天
江西：修水 缪以清，余于明 TanCM2471

Sedum multicaule Wallich ex Lindley 多茎景天
西藏：朗县 罗建，汪书丽，任德智 L063
西藏：左贡 张大才，罗康，梁群等 ZhangDC-07ZX-1346
云南：澜沧 张绍云，胡启和 YNS1081
云南：南涧 阿国仁，何贵才 NJWLS2008234

Sedum oligospermum Maire 大苞景天
河南：栾川 黄振英，于顺利，杨学军 Huangzy0263
湖北：仙桃 李巨平 Lijuping0287
湖北：宣恩 沈泽昊 HXE072
云南：景东 杨华军，刘国庆，陶正坤 JDNR110105

Sedum oreades (Decaisne) Raymond-Hamet 山景天
云南：德钦 张大才，李双智，唐路等 ZhangDC-07ZX-1884
云南：永德 李永亮 YDDXS0892

Sedum polytrichoides Hemsley 藓状景天
山东：崂山区 步瑞兰，辛晓伟，高丽丽 Lilan714
云南：香格里拉 孙航，李新辉，陈林杨 SunH-07ZX-3201

Sedum rosei Raymond-Hamet 川西景天 *
四川：康定 许炳强，童毅华，吴兴等 XiaNH-07ZX-1069

Sedum sarmentosum Bunge 垂盆草
山东：岱岳区 步瑞兰，辛晓伟，郭雷等 Lilan730

Sedum stellariifolium Franchet 火焰草 *
湖北：竹溪 李盛兰 GanQL311
陕西：宁陕 田先华，张建强 TianXH1151

Sedum tetractinum Fröderström 四芒景天 *
江西：武宁 张吉华，刘运群 TanCM728

Sedum tsiangii var. **torquatum** (Fröderström) K. T. Fu 珠节景天 *
云南：文山 何德明 WSLJS729

Sinocrassula densirosulata (Praeger) A. Berger 密叶石莲 *
四川：米易 袁明 MY570
云南：会泽 杜燕，黄天才，董勇等 SCSB-A-000323

Sinocrassula indica (Decaisne) A. Berger 石莲
湖北：竹溪 甘霖 GanQL638
西藏：察隅 孙航，张建文，陈建国等 SunH-07ZX-2489

Sinocrassula indica var. **viridiflora** K. T. Fu 绿花石莲 *
湖北：竹溪 李盛兰 GanQL228
湖北：竹溪 李盛兰 GanQL1050

Crypteroniaceae 隐翼科

隐翼科	世界	中国	种质库
属 / 种（种下等级）/ 份数	3/10	1/1	1/1/2

Crypteronia paniculata Blume 隐翼木
云南：绿春 黄连山保护区科研所 HLS0202
云南：绿春 税玉民，陈文红 81454

Cucurbitaceae 葫芦科

葫芦科	世界	中国	种质库
属 / 种（种下等级）/ 份数	95/960	30/147	21/64(71)/370

Actinostemma tenerum Griffith 盒子草
安徽：屯溪区 方建新 TangXS0048
安徽：屯溪区 方建新 TangXS0790
黑龙江：宁安 刘玫，张欣欣，程薪宇等 Liuetal437
吉林：磐石 安海成 AnHC0218
江西：黎川 童和平，王玉珍 TanCM1850
江西：星子 董安淼，吴从梅 TanCM1639
辽宁：桓仁 祝业平 CaoW1010
山东：海阳 王萍，高德民，张诏等 lilan361
云南：思茅区 张绍云等 YNS1243

Biswarea tonglensis (C. B. Clarke) Cogniaux 三裂瓜
云南：永德 杨金荣，王学军，李永良等 YDDXSA011

Bolbostemma biglandulosum (Hemsley) Franquet 刺儿瓜 *
云南：西盟 张绍云，叶金科，仇亚 YNS1286

Coccinia grandis (Linnaeus) Voigt 红瓜
云南：沧源 李春华，肖美芳，李华明等 CYNGH106
云南：景洪 张挺，谭运洪，王建军等 SCSB-B-000292
云南：勐腊 谭运洪 A336
云南：勐腊 谭运洪 A356
云南：西盟 张绍云，叶金科，仇亚 YNS1296

Cucumis hystrix Chakravarty 野黄瓜
云南：沧源 张挺，刘成，郭永杰 08CS986
云南：南涧 马德跃，官有才 NJWLS816
云南：新平 张云德，李俊友 XPALSC131
云南：永德 李永亮 YDDXS1149

Cucumis melo Linnaeus 甜瓜
山东：长清区 王萍，高德民，张诏等 lilan328

Cucumis sativus Linnaeus 黄瓜
西藏：墨脱 刘成，亚吉东，何华杰等 16CS11930
云南：盈江 王立彦，左常盛，何维海 SCSB-TBG-011

Cucumis sativus var. **hardwickii** (Royle) Gabaev 西南野黄瓜
云南：金平 DNA barcoding B组 GBOWS1310
云南：西畴 彭华，刘恩德，陈丽 P.H.5541
云南：镇康 张挺，蔡杰，刘成等 13CS5811

Gymnopetalum chinense (Loureiro) Merrill 金瓜
云南：耿马 刘成，字海荣，高歌 13CS6670
云南：河口 田学军，杨建，高波等 TianXJ255
云南：镇沅 张绍云，叶金科，胡启和 YNS1328

Gynostemma burmanicum King ex Chakravarty 缅甸绞股蓝
云南：龙陵 孙兴旭 SunXX063
云南：南涧 李名生，苏世忠 NJWLS2008205

Gynostemma laxum (Wallich) Cogniaux 光叶绞股蓝

安徽：黄山 唐鑫生，方建新 TangXS1003
云南：福贡 李恒，李嵘，刀志灵 1124
云南：景谷 叶金科 YNS0271
Gynostemma longipes C. Y. Wu 长梗绞股蓝 *
云南：华宁 彭华，陈丽 P.H.5381
云南：景洪 彭华，向春雷，王泽欢 PengH8486
云南：新平 何罡安 XPALSB468
云南：元阳 李文锋，刘成，杨娅娟等 YYGYS048
云南：沾益 彭华，陈丽 P.H.5979
Gynostemma pentaphyllum (Thunberg) Makino 绞股蓝
安徽：祁门 唐鑫生，方建新 TangXS0447
安徽：石台 洪欣，王欧文 ZSB369
贵州：正安 韩国营 HanGY014
湖北：竹溪 李盛兰 GanQL1112
湖北：竹溪 李盛兰 GanQL1125
湖南：武陵源区 廖博儒，吴福川，查学州等 129
湖南：新化 黄先辉，杨亚平，卜剑超 SCSB-HNJ-0335
江苏：南京 顾子霞 SCSB-JS0420
江西：黎川 杨文斌，饶云芳 TanCM1310
江西：武宁 张吉华，刘运群 TanCM1182
江西：修水 缪以清，胡建华 TanCM1772
陕西：洋县 田先华，王梅荣，杨建军 TianXH1179
四川：米易 刘静，袁明 MY-227
云南：金平 DNA barcoding B 组 GBOWS1305
云南：景东 罗忠华，刘长铭，鲁成荣等 JDNR110
云南：景洪 叶金科 YNS0228
云南：隆阳区 段在贤，刘绍纯，杨志顺等 BSGLGS1y1068
云南：隆阳区 李恒，李嵘，刀志灵 1361
云南：隆阳区 尹学建，马雪 BSGLGS1y2030
云南：绿春 黄连山保护区科研所 HLS0138
云南：绿春 黄连山保护区科研所 HLS0141
云南：麻栗坡 肖波 LuJL107
云南：麻栗坡 肖波 LuJL269
云南：麻栗坡 肖波 LuJL312
云南：马关 张挺，修莹莹，李胜 SCSB-B-000620
云南：孟连 彭华，向春雷，陈丽 P.H.5886
云南：弥勒 刘恩德，方伟，杜燕等 SCSB-B-000044
云南：南涧 高国政，李成清，杨永金等 NJWLS2008270
云南：南涧 高国政，徐汝彪，李成清等 NJWLS2008279
云南：南涧 官有才，熊绍荣，张雄等 NJWLS668
云南：南涧 李加生，官有才 NJWLS846
云南：普洱 叶金科 YNS0349
云南：腾冲 余新林，赵玮 BSGLGStc097
云南：腾冲 周应再 Zhyz539
云南：文山 何德明，丰艳飞，曹世超 WSLJS667
云南：永德 李永亮，马文军 YDDXSB137
云南：永德 李永亮，马文军 YDDXSB161
云南：云龙 李爱花，李洪超，李文化等 SCSB-A-000182
浙江：金华 许玥，祝文志，刘志祥等 ShenZH8436
浙江：鄞州区 李宏庆，葛斌杰，刘国丽等 Lihq0054
Hemsleya amabilis Diels 曲莲 *
云南：南涧 阿国仁，何贵才 NJWLS2008230
Hemsleya graciliflora (Harms) Cogniaux 马铜铃
安徽：石台 洪欣，王欧文 ZSB377
湖北：宣恩 沈泽昊 HXE132
湖北：长阳 祝文志，刘志祥，曹远俊 ShenZH2443
江西：黎川 杨文斌，饶云芳 TanCM1306
江西：芦溪 杜小浪，慕泽泾，曹岚 DXL042
江西：武宁 张吉华，张东红 TanCM3246
江西：武宁 张吉华，刘运群 TanCM1184
云南：峨山 蔡杰，刘成，郑国伟 12CS5761
Herpetospermum pedunculosum (Seringe) C. B. Clarke 波棱瓜
西藏：错那 扎西次仁 ZhongY404
云南：香格里拉 杨亲二，袁琼 Yangqe2228
Lagenaria siceraria (Molina) Standley 葫芦
河北：涉县 牛玉璐，高彦飞 NiuYL624
宁夏：青铜峡 牛钦瑞，朱奋霞 ZuoZh155
Luffa acutangula (Linnaeus) Roxburgh 广东丝瓜
云南：麻栗坡 张挺，郭永杰，刘成 09CS1482
Luffa aegyptiaca Miller 丝瓜
新疆：吐鲁番 段士民 zdy109
云南：南涧 官有才，罗新洪 NJWLS1615
云南：永德 李永亮 YDDXS0454
Momordica cochinchinensis (Loureiro) Sprengel 木鳖子
安徽：金寨 陈延松，欧祖兰，白雅洁 Xuzd181
安徽：舒城 陈延松，欧祖兰，高秋晨等 Xuzd346
重庆：南川区 易思荣 YISR067
湖北：五峰 李平 AHL081
湖南：永定区 吴福川，廖博儒，余祥洪 7124
湖南：永顺 陈功锡，张代贵，邓涛等 SCSB-HC-2007426
Momordica subangulata subsp. **renigera** (Wallich ex G. Don) W. J. de Wilde 云南木鳖
西藏：墨脱 刘成，亚吉东，何华杰等 16CS11853
云南：福贡 李恒，李嵘，刀志灵 1136
云南：隆阳区 李恒，李嵘，刀志灵 1231
Mukia javanica (Miquel) C. Jeffrey 爪哇帽儿瓜
云南：江城 叶金科 YNS0313
云南：景东 鲁艳 2008105
云南：景东 鲁艳 2008151
云南：景东 罗忠华，谢有能，刘长铭等 JDNR003
云南：新平 张学林 XPALSD161
云南：新平 白绍斌 XPALSC159
云南：元阳 田学军，杨建，邱成书等 Tianxj0027
Mukia maderaspatana (Linnaeus) M. Roemer 帽儿瓜
云南：江城 叶金科 YNS0312
云南：龙陵 孙兴旭 SunXX068
云南：隆阳区 段在贤，刘占李 BSGLGS1y078
云南：麻栗坡 张挺，郭永杰，刘成 09CS1483
云南：南涧 李成清，高国政，徐如标 NJWLS470
云南：南涧 熊绍荣，李成清，邹国娟等 NJWLS2008100
云南：宁洱 张绍云，胡启和 YNS1054
云南：普洱 叶金科 YNS0337
云南：思茅区 张绍云，仇亚，胡启和 YNS1244
云南：文山 何德明，丰艳飞，韦荣彪等 WSLJS779
云南：新平 刘家良 XPALSD114
云南：永德 李永亮，马文军 YDDXSB160
云南：镇沅 朱恒 ALSZY134
云南：镇沅 罗成瑜 ALSZY337
Neoalsomitra clavigera (Wallich) Hutchinson 棒锤瓜
西藏：墨脱 刘成，亚吉东，何华杰等 16CS11988
云南：普洱 叶金科 YNS0366
Schizopepon bomiensis A. M. Lu & Zhi Y. Zhang 喙裂瓜 *
西藏：墨脱 刘成，亚吉东，何华杰等 16CS11919
Schizopepon bryoniifolius Maximowicz 裂瓜
黑龙江：尚志 郑宝江，丁晓炎，王美娟 ZhengBJ261
辽宁：桓仁 祝业平 CaoW998

Scopellaria marginata (Blume) W. J. de Wilde & Duyfjes 云南马㼎儿
西藏：墨脱 刘成，亚吉东，何华杰等 16CS11949
Siraitia grosvenorii (Swingle) C. Jeffrey ex A. M. Lu & Zhi Y. Zhang 罗汉果 *
江西：武宁 张吉华，张东红 TanCM3247
Solena heterophylla Loureiro 茅瓜
西藏：波密 扎西次仁，西落 ZhongY647
Thladiantha capitata Cogniaux 头花赤瓟 *
四川：峨眉山 李小杰 LiXJ743
Thladiantha cordifolia (Blume) Cogniaux 大苞赤瓟
四川：峨眉山 李小杰 LiXJ173
西藏：墨脱 刘成，亚吉东，何华杰等 16CS11854
云南：文山 何德明，丰艳飞，曹世超 WSLJS673
云南：元阳 亚吉东，黄莉，何华杰 15CS11411
Thladiantha davidii Franchet 川赤瓟 *
四川：宝兴 袁明 Y07039
四川：理县 张昌兵，邓秀发 ZhangCB0400
Thladiantha dentata Cogniaux 齿叶赤瓟 *
云南：绿春 刀志灵，张洪喜 DZL526
云南：彝良 张挺，雷立公，王建军等 SCSB-B-000122
Thladiantha dubia Bunge 赤瓟
黑龙江：宁安 刘玫，张欣欣，程薪宇等 Liuetal495
黑龙江：五大连池 孙阎，杜景红 SunY097
湖南：桑植 陈功锡，张代贵 45
吉林：南关区 韩忠明 Yanglm0115
吉林：磐石 安海成 AnHC0200
陕西：眉县 田先华，刘成 TianXH086
陕西：长安区 田先华 TianXH103
Thladiantha grandisepala A. M. Lu & Zhi Y. Zhang 大萼赤瓟 *
云南：麻栗坡 肖波 LuJL311
云南：南涧 官有才，马德跃 NJWLS396
云南：腾冲 余新林，赵玮 BSGLGStc373
云南：永德 李永亮 YDDXS0276
云南：永德 李永亮 LiYL1415
云南：云龙 李施文，张志云，段耀飞等 TC3008
Thladiantha henryi Hemsley 皱果赤瓟 *
湖北：神农架林区 李巨平 LiJuPing0002
Thladiantha longisepala C. Y. Wu, A. M. Lu & Zhi Y. Zhang 长萼赤瓟 *
云南：南涧 李成清，高国政，徐如标 NJWLS473
Thladiantha maculata Cogniaux 斑赤瓟 *
湖北：竹溪 李盛兰 GanQL363
Thladiantha montana Cogniaux 山地赤瓟 *
云南：贡山 刘成，何华杰，黄莉等 14CS9997
云南：南涧 李成清，高国政，徐如标 NJWLS475
云南：南涧 熊绍荣 NJWLS710
Thladiantha nudiflora Hemsley 南赤瓟
安徽：池州 陈延松，吴国伟，洪欣 Zhousb0015
安徽：绩溪 唐鑫生，宋曰钦，方建新 TangXS0568
安徽：金寨 陈延松，欧祖兰，姜九龙 Xuzd179
重庆：南川区 易思荣 YISR283
贵州：花溪区 邹方伦 ZouFL0168
河南：浉河区 朱鑫鑫，闫明慧，王君等 ZhuXX241
湖北：神农架林区 李巨平 LiJuPing0117
湖北：仙桃 张代贵 Zdg3518
湖北：宣恩 沈泽昊 HXE046
湖北：宜昌 陈功锡，张代贵 SCSB-HC-2008055
湖北：长阳 祝文志，刘志祥，曹远俊 ShenZH5782
湖南：武陵源区 吴福川，廖博儒，秦亚丽等 7154
湖南：沅陵 李胜华，伍贤进，刘光华等 Wuxj859
湖南：沅陵 李胜华，伍贤进，刘光华等 Wuxj867
江苏：句容 吴宝成，王兆银 HANGYY8667
江西：黎川 杨文斌，饶云芳 TanCM1336
陕西：宁陕 王梅荣，田陌，田先华 TianXH108
四川：峨眉山 李小杰 LiXJ168
四川：天全 田先华，李金钢 TianXHZS004
西藏：隆子 扎西次仁，西落 ZhongY606
Thladiantha oliveri Cogniaux ex Mottet 鄂赤瓟 *
湖北：五峰 李平 AHL033
湖北：五峰 李平 AHL108
湖北：仙桃 张代贵 Zdg3184
湖南：怀化 李胜华，伍贤进，曾汉元等 HHXY289
江西：靖安 张吉华，刘运群 TanCM770
Thladiantha pustulata (H. Léveillé) C. Jeffrey ex A. M. Lu & Zhi Y. Zhang 云南赤瓟 *
云南：沧源 赵金超 CYNGH310
云南：新平 谢雄 XPALSC479
Thladiantha setispina A. M. Lu & Zhi Y. Zhang 刚毛赤瓟 *
西藏：林芝 罗建，汪书丽，任德智 LiuJQ-09XZ-327
Thladiantha villosula Cogniaux 长毛赤瓟 *
陕西：白河 田先华，王孝安 TianXH1056
云南：贡山 刀志灵 DZL374
云南：香格里拉 亚吉东，张桥蓉，张继等 11CS3553
Trichosanthes anguina Linnaeus 蛇瓜
云南：腾冲 周应再 Zhyz-153
Trichosanthes baviensis Gagnepain 短序栝楼 *
广西：那坡 许为斌，吴望辉，黄俞淞 Liuyan0381
云南：屏边 楚永兴，陶国权，张照跃等 Pbdws013
Trichosanthes cucumerina Linnaeus 瓜叶栝楼
云南：永德 李永亮 YDDXS1135
Trichosanthes cucumeroides (Seringe) Maximowicz 王瓜
贵州：安龙 赵厚涛，韩国营 YBG003
湖北：五峰 李平 AHL079
湖北：竹溪 李盛兰 GanQL354
湖南：新化 黄先辉，杨亚平，卜剑超 SCSB-HNJ-0333
湖南：永顺 陈功锡，张代贵，邓涛等 SCSB-HC-2007553
江西：芦溪 杜小浪，慕泽泾，曹岚 DXL108
陕西：白河 田先华，王孝安 TianXH1055
陕西：洋县 田先华，王梅荣，杨建军 TianXH1185
云南：景东 罗忠华，刘长铭，鲁成荣等 JD095
云南：景东 罗庆光，刘光锡，表小龙等 JDNR110112
云南：景洪 彭华，刘恩德，向春雷等 P.H.5015
云南：景洪 谭运洪，余涛 B395
云南：隆阳区 段在贤 BSGLGSly072
云南：麻栗坡 肖波 LuJL266
云南：屏边 钱良超，陆海兴，张照跃等 Pbdws100
云南：新平 张学林，罗正权 XPALSD083
云南：新平 白绍斌 XPALSC245
Trichosanthes cucumeroides var. **dicaelosperma** (C. B. Clarke) S. K. Chen 波叶栝楼
西藏：墨脱 刘成，亚吉东，何华杰等 16CS11855
西藏：墨脱 刘成，亚吉东，何华杰等 16CS11959
Trichosanthes dunniana H. Léveillé 糙点栝楼
云南：昌宁 赵玮 BSGLGSly158
云南：耿马 张挺，蔡杰，刘成等 13CS5908

云南：隆阳区 李恒，李嵘，刀志灵 1296
云南：隆阳区 刀志灵，陈哲 DZL-075
云南：孟连 亚吉东，李昌洪，杨东等 14CS9384
云南：南涧 彭华，向春雷，陈丽 P.H.5923
云南：宁洱 张绍云，叶金科，胡启和 YNS1334
云南：腾冲 周应再 Zhyz-125
云南：腾冲 周应再 Zhyz-408
云南：永德 李永亮 YDDXS1141
云南：云龙 李施文，张志云 TC3051

Trichosanthes homophylla Hayata 芋叶栝楼

广西：龙州 黄俞淞，梁永延，叶晓霞 Liuyan0012

Trichosanthes kirilowii Maximowicz 栝楼

安徽：歙县 方建新 TangXS0990
重庆：南川区 易思荣 YISR096
广西：金秀 彭华，向春雷，陈丽 PengH8162
贵州：道真 赵厚涛，韩国营 YBG034
贵州：南明区 侯小琪 YBG145
湖北：五峰 李平 AHL044
湖南：吉首 陈功锡，张代贵，邓涛等 SCSB-HC-2007484
湖南：永定区 吴福川，廖博儒，王文娟 210
江苏：句容 吴宝成，王兆银 HANGYY8394
江西：九江 谭策铭，黎光华 TCM09207
江西：庐山区 谭策铭，董安淼 TanCM540
江西：武宁 张吉华，张东红 TanCM3250
江西：修水 缪以清，胡建华 TanCM1769
山东：崂山区 罗艳，李中华 LuoY416
陕西：洋县 田先华，王梅荣，杨建军 TianXH1186
四川：峨眉山 李小杰 LiXJ588
云南：澜沧 彭华，向春雷，陈丽 P.H.5772
云南：隆阳区 段在贤 BSGLGSly1227
云南：绿春 税玉民，陈文红 72939
云南：麻栗坡 肖波，陆章强 LuJL054
云南：勐海 张挺，谭运洪，王建军等 SCSB-B-000283
云南：南涧 彭华，向春雷，陈丽 P.H.5940
云南：新平 刘恩德，方伟，杜燕等 SCSB-B-000022

Trichosanthes laceribractea Hayata 长萼栝楼 *

安徽：歙县 方建新 TangXS0794
湖北：竹溪 李盛兰 GanQL850
江西：庐山区 董安淼，吴从梅 TanCM1675

Trichosanthes lepiniana (Naudin) Cogniaux 马干铃栝楼

云南：沧源 刘成，字海荣，高歌 13CS6664
云南：贡山 刘成，何华杰，黄莉等 14CS8500
云南：贡山 刘成，何华杰，黄莉等 14CS8581
云南：龙陵 孙兴旭 SunXX036
云南：盈江 王立彦，左常盛，何维海 SCSB-TBG-024
云南：元阳 车鑫，亚吉东，秦少发等 YYGYS090
云南：镇沅 张绍云，胡启和，仇亚等 YNS1173

Trichosanthes pedata Merrill & Chun 趾叶栝楼

云南：思茅区 张绍云，胡启和 YNS1044

Trichosanthes pilosa Loureiro 全缘栝楼

云南：安宁 张挺，张书东，李爱花 SCSB-A-000063
云南：景东 张绍云，胡启和，仇亚等 YNS1171
云南：景东 刘东，袁德财，曾寿康等 JDNR110109
云南：景东 杨玉学，赵贤坤 JDNR11033
云南：澜沧 胡启和，仇亚，周英等 YNS0699
云南：隆阳区 尹学建，蒙玉永 BSGLGSly2032
云南：弥勒 刘恩德，方伟，杜燕等 SCSB-B-000039
云南：南涧 李名生，苏世忠 NJWLS2008220
云南：宁洱 刀志灵，陈渝 DZL565
云南：屏边 刘成，亚吉东，张桥蓉等 16CS14130
云南：普洱 叶金科 YNS0384
云南：文山 何德明，丰艳飞，曹世超 WSLJS683
云南：盈江 王立彦，桂魏 SCSB-TBG-190

Trichosanthes quinquangulata A. Gray, U.S. Expl. Exped. 五角栝楼

云南：沧源 赵金超，田立新 CYNGH033
云南：沧源 李春华，肖美芳，李华明等 CYNGH102
云南：沧源 赵金超，李春华 CYNGH305
云南：耿马 张挺，蔡杰，刘成等 13CS5929
云南：江城 叶金科 YNS0450
云南：宁洱 张挺，王建军，廖琼 SCSB-B-000244
云南：普洱 叶金科 YNS0293

Trichosanthes quinquefolia C. Y. Wu ex C. Y. Cheng & C. H. Yueh 木基栝楼

云南：景洪 彭志仙 YNS0255

Trichosanthes rosthornii Harms 中华栝楼 *

安徽：祁门 方建新 TangXS0987
重庆：南川区 易思荣 YISR089
广西：兴安 吴望辉，吴磊，农冬新 Liuyan0508
湖北：竹溪 李盛兰 GanQL237
湖南：吉首 陈功锡，张代贵，邓涛等 SCSB-HC-2007465
江西：龙南 梁跃龙，徐宝田 LiangYL082
陕西：眉县 董栓录，田先华 TianXH508

Trichosanthes rubriflos Thorel ex Cayla 红花栝楼

广西：那坡 蔡杰，张挺，谷志佳 12CS5708
西藏：墨脱 刘成，亚吉东，何华杰等 16CS11910
云南：沧源 赵金超，肖美芳 CYNGH404
云南：河口 税玉民，陈文红 16066
云南：景东 刘长铭，罗庆光，袁小龙等 JDNR11017
云南：景洪 张挺，谭运洪，王建军等 SCSB-B-000269
云南：芒市 孙兴旭 SunXX106
云南：南涧 李成清，沈文明，徐如标 NJWLS480
云南：普洱 张绍云 YNS0055
云南：思茅区 张挺，方伟，王建军等 SCSB-B-000187
云南：思茅区 张挺，徐远杰，谭文杰 SCSB-B-000339
云南：永德 李永亮 LiYL1625
云南：元阳 车鑫，亚吉东，秦少发等 YYGYS093
云南：镇沅 张绍云，胡启和，仇亚等 YNS1172
云南：镇沅 罗成瑜 ALSZY097

Trichosanthes rugatisemina C. Y. Cheng & C. H. Yueh 皱籽栝楼 *

云南：沧源 李春华，肖美芳，钟明 CYNGH147
云南：南涧 官有才，熊绍荣，张雄 NJWLS643

Trichosanthes trichocarpa C. Y. Wu ex C. Y. Cheng & C. H. Yueh 杏籽栝楼 *

云南：新平 刘家良 XPALSD063
云南：元阳 浦仕梅，刘成，杨娅娟等 YYGYS007

Trichosanthes villosa Blume 密毛栝楼

云南：屏边 蔡杰，毛钧，杨浩 12CS5623
云南：文山 何德明，丰艳飞，韦荣彪等 WSLJS783

Trichosanthes wallichiana (Seringe) Wight 薄叶栝楼

云南：贡山 张挺，杨湘云，李涟漪等 14CS9621
云南：贡山 郭永杰，吴之坤，吴兴等 14CS9876
云南：新平 谢雄 XPALSC261
云南：元阳 浦仕梅，刘成，杨娅娟等 YYGYS012

Zehneria bodinieri (H. Léveillé) W. J. de Wilde & Duyfjes 钮

子瓜
广西：融水 许为斌，梁永延，黄俞淞等 Liuyan0175
贵州：花溪区 邹方伦 ZouFL0223
江苏：徐州 李宏庆，熊申展，胡超 Lihq0356
江西：靖安 张吉华，刘运群 TanCM1167
江西：龙南 梁跃龙，廖海红 LiangYL107
四川：米易 袁明 MY212
四川：射洪 袁明 YUANM2015L009
四川：射洪 袁明 YUANM2015L072
四川：雨城区 刘静，古玉 Y07340
云南：安宁 杜燕，黄天才，董勇等 SCSB-A-000354
云南：景东 鲁艳 07-124
云南：景东 罗忠华，刘长铭，鲁成荣 JD022
云南：龙陵 孙兴旭 SunXX028
云南：隆阳区 段在贤，李成伟，封占昕 BSGLGS1y046
云南：隆阳区 赵玮 BSGLGS1y113
云南：隆阳区 李恒，李嵘，刀志灵 1298
云南：隆阳区 段在贤，杨安友 BSGLGS1y1250
云南：禄丰 刀志灵，陈渝 DZL506
云南：麻栗坡 肖波 LuJL248
云南：南涧 阿国仁，何贵才 NJWLS568
云南：南涧 高国政，李成清，杨永金等 NJWLS2008267
云南：普洱 张绍云，叶金科 YNS0013
云南：腾冲 余新林，赵玮 BSGLGStc083
云南：腾冲 周应再 Zhyz-085
云南：文山 何德明，丰艳飞，王成 WSLJS903
云南：西山区 彭华，陈丽 P.H.5304
云南：西山区 税玉民，陈文红 65397
云南：新平 刘家良 XPALSD067
云南：新平 白绍斌 XPALSC158
云南：盈江 王立彦，左常盛，桂魏 SCSB-TBG-036
云南：永德 李永亮，马文军 YDDXSB162
云南：永胜 孙振华，郑志兴，沈蕊等 OuXK-YS-213
云南：云龙 李施文，张志云 TC3055

Zehneria japonica (Thunberg) H. Y. Liu **马瓟儿**
安徽：石台 洪欣，王欧文 ZSB370
安徽：休宁 唐鑫生，方建新 TangXS0342
广西：金秀 许为斌，黄俞淞，叶晓霞等 Liuyan0144
广西：龙胜 胡仁传，莫水松 Liuyan1071
广西：那坡 蔡杰，张挺，谷志佳 12CS5676
广西：全州 刘静，黄歆怡，胡仁传 Liuyan1031
贵州：乌当区 邹方伦 ZouFL0329
湖北：仙桃 张代贵 Zdg3116
湖北：竹溪 甘啟良 GanQL663
湖南：双牌 姜孝成，王丽萍，李育华 Jiangxc0852
湖南：沅陵 李胜华，伍贤进，刘光华等 Wuxj888
江苏：海州区 汤兴利 HANGYY8487
江西：黎川 童和平，王玉珍，常迪江等 TanCM2049
江西：庐山区 董安淼，吴从梅 TanCM856
陕西：城固 田先华，王梅荣，吴明华 TianXH523
四川：峨眉山 李小杰 LiXJ155
四川：峨眉山 李小杰 LiXJ575
四川：乐至 邓兴敏，邓秀发，张昌兵 ZCB0505
云南：河口 税玉民，陈文红 71704
云南：绿春 黄连山保护区科研所 HLS0452
云南：麻栗坡 张挺，郭永杰，刘成 09CS1481
云南：南涧 马德跃，官有才，罗开宏等 NJWLS930

Cupressaceae 柏科

柏科	世界	中国	种质库
属 / 种（种下等级）/ 份数	29/130	17/49	12/32(35)/143

Calocedrus macrolepis Kurz **翠柏**
云南：易门 彭华，刘恩德，向春雷等 P.H.5016
云南：易门 王焕冲，马兴达 WangHCH014

Chamaecyparis obtusa (Siebold & Zuccarini) Endlicher **日本扁柏**
江西：庐山区 董安淼，吴从梅 TanCM3326

Chamaecyparis pisifera (Siebold & Zuccarini) Endlicher **日本花柏**
山东：崂山区 高德民，邵尉，吴燕秋 Lilan905
山东：崂山区 步瑞兰，辛晓伟，高丽丽等 Lilan707

Cryptomeria japonica (Thunberg ex Linnaeus f.) D. Don **日本柳杉**
湖北：宣恩 沈泽昊 HXE114
湖南：吉首 陈功锡，张代贵，邓涛等 SCSB-HC-2007430
湖南：石门 陈功锡，张代贵，邓涛等 SCSB-HC-2007528
江西：井冈山 兰国华 LiuRL090
四川：冕宁 孔航辉，罗江平，左雷等 YangQE3423

Cryptomeria japonica var. **sinensis** Miquel **柳杉** *
湖南：古丈 刘克明，朱晓文 SCSB-HN-0523
湖南：衡山 刘克明，陈薇 SCSB-HN-0367
湖南：衡山 旷仁平 SCSB-HN-1144
湖南：怀化 李胜华，伍贤进，曾汉元等 HHXY078
湖南：石门 姜孝成，唐妹，陈显胜等 Jiangxc0489
湖南：双牌 姜孝成，王丽萍，李育华 Jiangxc0867
湖南：新化 姜孝成，唐妹，戴小军等 Jiangxc0549
湖南：新化 姜孝成，唐妹，戴小军等 Jiangxc0595
湖南：岳麓区 刘克明，丛义艳，肖乐希 SCSB-HN-0668
云南：腾冲 周应再 Zhyz-154

Cunninghamia lanceolata (Lambert) Hooker **杉木**
安徽：绩溪 唐鑫生，方建新 TangXS0387
贵州：黎平 刘克明，王成，张恒 SCSB-HN-0937
湖北：仙桃 李巨平 Lijuping0318
湖南：吉首 陈功锡，张代贵，邓涛等 SCSB-HC-2007477
湖南：浏阳 姜孝成，陈晓莲，周亮 Jiangxc0876
湖南：宁乡 姜孝成，唐妹，成海兰等 Jiangxc0525
湖南：平江 姜孝成，戴小军 Jiangxc0600
湖南：新化 姜孝成，唐妹，戴小军等 Jiangxc0590
湖南：新化 刘克明，彭珊，李珊等 SCSB-HN-1649
湖南：新宁 姜孝成，唐贵华，袁双艳等 SCSB-HNJ-0257
江西：修水 缪以清 TanCM694
山东：牟平区 程丹丹，辛晓伟，侯伟先 Lilan708
陕西：平利 李盛兰 GanQL566
云南：麻栗坡 肖波 LuJL390
云南：腾冲 周应再 Zhyz-392

Cupressus duclouxiana Hickel **干香柏** *
贵州：花溪区 邹方伦 ZouFL0207
云南：麻栗坡 肖波 LuJL391

Cupressus funebris Endlicher **柏木** *
安徽：休宁 唐鑫生，方建新 TangXS0534
重庆：南川区 易思荣 YISR093
贵州：江口 彭华，王英，陈丽 P.H.5167

江西：九江 董安淼，吴从梅 TanCM1545
四川：射洪 袁明 YUANM2015L147
云南：玉溪 伊廷双，孟静，杨杨 MJ-896

Cupressus gigantea W. C. Cheng & L. K. Fu 巨柏 *
西藏：朗县 陈家辉，王赟，刘德团 YangYP-Q-3274
西藏：朗县 扎西次仁 ZhongY360
西藏：朗县 汪书丽，王志强，邹嘉宾 Liujq-Txm10-185
西藏：朗县 罗建，汪书丽，任德智 L113
西藏：米林 林玲 LiuJQ-08XZ-229
西藏：米林 扎西次仁 ZhongY358

Cupressus lusitanica Miller 墨西哥柏木
云南：南涧 徐家武，袁玉川，罗增阳 NJWLS632

Cupressus torulosa D. Don 西藏柏木
西藏：波密 毛康珊，任广朋，邹嘉宾 LiuJQ-QTP-2011-205
西藏：波密 扎西次仁，西落 ZhongY664
西藏：波密 汪书丽，王志强，邹嘉宾 Liujq-Txm10-199

Glyptostrobus pensilis (Staunton ex D. Don) K. Koch 水松
安徽：屯溪区 方建新，张慧冲，程周旺等 TangXS0164

Juniperus chinensis Linnaeus 圆柏
湖北：竹溪 李盛兰 GanQL239
湖南：开福区 姜孝成，唐妹，陈显胜等 Jiangxc0426

Juniperus convallium var. **microsperma** (W. C. Cheng & L. K. Fu) Silba 小子圆柏 *
四川：若尔盖 何兴金，冯图，廖晨阳等 SCU-080389

Juniperus davurica Pallas 兴安苍柏
黑龙江：北安 郑宝江，丁晓炎，王美娟 ZhengBJ284

Juniperus formosana Hayata 刺柏 *
西藏：左贡 徐波，陈光富，陈林杨等 SunH-07ZX-0815

Juniperus indica Bertoloni 滇藏方枝柏
四川：康定 孔航辉，罗江平，左雷等 YangQE3473
四川：理塘 张大才，尹五元，李双智等 ZhangDC-07ZX-2197
西藏：八宿 徐波，陈光富，陈林杨等 SunH-07ZX-2007
西藏：芒康 张永洪，王晓雄，周卓等 SunH-07ZX-0453
西藏：芒康 徐波，陈光富，陈林杨等 SunH-07ZX-1528
云南：香格里拉 郭永杰，张桥蓉，李春晓等 11CS3492

Juniperus pingii var. **wilsonii** (Rehder) Silba 香柏 *
四川：稻城 何兴金，李琴琴，马祥光等 SCU-09-163
四川：理塘 何兴金，赵丽华，梁乾隆等 SCU-11-137
西藏：工布江达 罗建，汪书丽，任德智 LiuJQ-09XZ-ML050
西藏：芒康 张挺，蔡杰，刘恩德等 SCSB-B-000460

Juniperus pingii W. C. Cheng ex Ferre 垂枝香柏 *
西藏：察隅 孙航，张建文，陈建国等 SunH-07ZX-2411
西藏：当雄 杨永平，段元文，边巴扎西 yangyp-Q-1025

Juniperus przewalskii Komarov 祁连圆柏 *
青海：互助 薛春迎 Xuechy0220
青海：玛沁 陈世龙，高庆波，张发起 Chensl1050
青海：同德 陈世龙，高庆波，张发起 Chensl1027

Juniperus pseudosabina Fischer & C. A. Meyer 新疆方枝柏
新疆：乌恰 塔里木大学植物资源调查组 TD-00719
新疆：叶城 冯建菊，蒋学玮 Liujq-fjj-0143

Juniperus recurva var. **coxii** (A. B. Jackson) Melville 小果垂枝柏
云南：腾冲 周应再 Zhyz-377

Juniperus rigida Siebold & Zuccarini 杜松
宁夏：西夏区 左忠，刘华 ZuoZh232

Juniperus sabina Linnaeus 叉子圆柏
新疆：阿勒泰 谭敦炎，邱娟 TanDY0439
新疆：塔城 谭敦炎，吉乃提 TanDY0641

Juniperus saltuaria Rehder & E. H. Wilson 方枝柏 *
甘肃：卓尼 刘坤 LiuJQ-GN-2011-740
四川：稻城 张大才，尹五元，李双智等 ZhangDC-07ZX-2149
西藏：八宿 张大才，罗康，梁群等 ZhangDC-07ZX-1326
西藏：左贡 张大才，李双智，罗康等 ZhangDC-07ZX-0671
西藏：左贡 张大才，罗康，梁群等 ZhangDC-07ZX-1360
西藏：左贡 徐波，陈光富，陈林杨等 SunH-07ZX-0843
新疆：昭苏 亚吉东，张桥蓉，秦少发等 16CS13588

Juniperus sibirica Burgsdorff 西伯利亚刺柏
新疆：博乐 亚吉东，张桥蓉，秦少发等 16CS13817

Juniperus squamata Buchanan-Hamilton ex D. Don 高山柏
四川：白玉 李晓东，张景博，徐凌翔等 LiJ466
四川：稻城 张大才，尹五元，李双智等 ZhangDC-07ZX-2165
四川：康定 何兴金，冯图，廖晨阳等 SCU-080381
四川：雅江 何兴金，郜鹏，彭禄等 SCU-11-347
西藏：八宿 徐波，陈光富，陈林杨等 SunH-07ZX-2006
西藏：吉隆 毛康珊，任广朋，邹嘉宾 LiuJQ-QTP-2011-087
西藏：隆子 扎西次仁，西落 ZhongY619
西藏：芒康 张大才，罗康，梁群等 ZhangDC-07ZX-1310
云南：巧家 李文虎，杨光明，张天壁 QJYS0101
云南：巧家 杨光明 SCSB-W-1203

Juniperus tibetica Komarov 大果圆柏 *
青海：囊谦 陈世龙，高庆波，张发起 Chensl0667
青海：杂多 陈世龙，高庆波，张发起 Chensl0760
四川：稻城 何兴金，胡灏禹，陈德友等 SCU-09-335
四川：理塘 何兴金，赵丽华，梁乾隆等 SCU-11-150
四川：理塘 何兴金，赵丽华，梁乾隆等 SCU-11-154
四川：马尔康 何兴金，赵丽华，李琴琴等 SCU-08039
西藏：八宿 张永洪，李国栋，王晓雄 SunH-07ZX-1756
西藏：左贡 张永洪，李国栋，王晓雄 SunH-07ZX-1789
西藏：左贡 徐波，陈光富，陈林杨等 SunH-07ZX-2047

Juniperus virginiana Linnaeus 北美圆柏
湖南：新化 姜孝成，唐妹，戴小军等 Jiangxc0655

Metasequoia glyptostroboides Hu & W. C. Cheng 水杉 *
湖南：怀化 李胜华，伍贤进，曾汉元等 HHXY355

Platycladus orientalis (Linnaeus) Franco 侧柏 *
安徽：屯溪区 方建新 TangXS0312
北京：东城区 王雷，朱雅娟，黄振英 Beijing-huang-dls-0065
北京：海淀区 林坚 SCSB-D-0014
贵州：南明区 邹方伦 ZouFL0231
河北：武安 牛玉璐，王晓亮 NiuYL584
湖北：神农架林区 李巨平 LiJuPing0247
湖南：浏阳 刘克明，朱晓文，田淑珍 SCSB-HN-0439
湖南：湘西 陈功锡，张代贵 SCSB-HC-2008098
湖南：岳麓区 刘克明，肖乐希 SCSB-HN-0316
湖南：岳麓区 姜孝成，陈丰林 SCSB-HNJ-0307
湖南：岳麓区 姜孝成，唐贵华，马仲辉等 SCSB-HNJ-0186
湖南：资兴 蔡秀珍，肖乐希 SCSB-HN-0289
江西：九江 谭策铭，易桂花 TCM09191
江西：庐山区 董安淼，吴从梅 TanCM1058
江西：庐山区 谭策铭，董安淼 TCM09047
辽宁：凌源 卜军，金实，阴黎明 CaoW393
辽宁：凌源 卜军，金实，阴黎明 CaoW512
辽宁：凌源 卜军，金实，阴黎明 CaoW513
辽宁：凌源 卜军，金实，阴黎明 CaoW514
内蒙古：和林格尔 李茂文，李昌亮 M133
宁夏：盐池 左忠，刘华 ZuoZh049
山东：历城区 张少华，王萍，张诏等 Lilan226

山西：阳城 张贵平 Zhangf0131
云南：麻栗坡 肖波 LuJL200
云南：麻栗坡 肖波 LuJL212
云南：麻栗坡 肖波 LuJL227
云南：新平 自正尧 XPALSB242
云南：永胜 刀志灵，张洪喜 DZL486

Taiwania cryptomerioides Hayata **台湾杉**
云南：腾冲 余新林，赵玮 BSGLGStc095
云南：腾冲 周应再 Zhyz544

Taxodium distichum var. **imbricatum** (Nuttall) Croom **池杉**
湖南：望城 姜孝成，卢叶平，杨强 Jiangxc0769
江苏：宿城区 李宏庆，熊申展，桂萍 Lihq0431

Thuja sutchuenensis Franchet **崖柏** *
四川：稻城 何兴金，李琴琴，马祥光等 SCU-09-140
四川：乡城 何兴金，高云东，王志新等 SCU-09-237

Cyperaceae 莎草科

莎草科	世界	中国	种质库
属 / 种（种下等级）/ 份数	106/5400	33/865	25/343(374)/1771

Blysmus compressus (Linnaeus) Panzer ex Link **扁穗草**
新疆：和静 杨赵平，焦培培，白冠章等 LiZJ0657

Blysmus sinocompressus Tang & F. T. Wang **华扁穗草**
甘肃：合作 郭淑青，杜品 LiuJQ-2012-GN-215
甘肃：玛曲 李晓东，刘帆，张景博等 LiJ0054
甘肃：玛曲 尹鑫，吴航，葛文静 LiuJQ-GN-2011-149
甘肃：夏河 尹鑫，吴航，葛文静 LiuJQ-GN-2011-707
青海：格尔木 冯虎元 LiuJQ-08KLS-028
青海：格尔木 冯虎元 LiuJQ-08KLS-077
四川：红原 张昌兵，邓秀华 ZhangCB0270
四川：红原 张昌兵，邓秀华 ZhangCB0318
四川：新龙 李晓东，张景博，徐凌翔等 LiJ492
西藏：林芝 卢洋，刘帆等 LiJ753
西藏：仲巴 李晖，文雪梅，熊继贵 Lihui-Q-2010-10
新疆：阿合奇 杨赵平，黄文娟，何刚 LiZJ1058
新疆：阿合奇 杨赵平，周禧琳，贺冰 LiZJ1901
新疆：巩留 刘鸯，徐文斌，马真等 SHI-A2007250
新疆：和静 邱爱军，张玲 LiZJ1788
新疆：塔什库尔干 黄文娟，段黄金，王英鑫等 LiZJ0370
新疆：塔什库尔干 黄文娟，段黄金，王英鑫等 LiZJ0388
新疆：乌恰 杨赵平，周禧琳，贺冰 LiZJ1312
新疆：叶城 黄文娟，段黄金，王英鑫等 LiZJ0868
新疆：叶城 黄文娟，段黄金，王英鑫等 LiZJ0895
新疆：叶城 郭永杰，黄文娟，段黄金 LiZJ0197

Bolboschoenus affinis (Roth) Drobow **球穗三棱草**
新疆：阿勒泰 许炳强，胡伟明 XiaNH-07ZX-812
新疆：呼图壁 段士民，王喜勇，刘会良 Zhangdy303
新疆：精河 段士民，王喜勇，刘会良等 8
新疆：石河子 杨赵平，黄文娟，段黄金等 LiZJ0002
新疆：疏勒 黄文娟，段黄金，王英鑫等 LiZJ0804
新疆：伊犁 段士民，王喜勇，刘会良 Zhangdy339

Bolboschoenus maritimus (Linnaeus) Palla **海滨三棱草**
新疆：阿合奇 黄文娟，杨赵平，王英鑫 TD-01970
新疆：乌尔禾区 徐文斌，郭一敏 SHI-2009121
新疆：乌什 白宝伟，段黄金 TD-01858

Bolboschoenus planiculmis (F. Schmidt) T. V. Egorova **扁秆荆三棱**
江苏：射阳 吴宝成 HANGYY8273
青海：都兰 潘建斌，杜维波，牛炳韬 Liujq-2011CDM-114
青海：格尔木 潘建斌，杜维波，牛炳韬 Liujq-2011CDM-037
山东：垦利 曹子谊，韩国营，吕蕾等 Zhaozt0081
山东：章丘 李兰，王萍，张少华 Lilan124
山东：芝罘区 卞福花 BianFH-0173
山西：夏县 张丽，廉凯敏，吴琼 Zhangf0032
上海：闵行区 李宏庆 Lihq0190
新疆：阿克陶 杨赵平，黄文娟 TD-01722
新疆：博乐 徐文斌，许晓敏 SHI-2008397
新疆：和静 杨赵平，焦培培，白冠章等 LiZJ0735
新疆：库尔勒 张挺，杨赵平，焦培培等 LiZJ0420
新疆：托里 徐文斌，杨清理 SHI-2009303
新疆：乌什 塔里木大学植物资源调查组 TD-00512
云南：镇沅 罗成瑜，乔永华 ALSZY300

Bolboschoenus yagara (Ohwi) Y. C. Yang & M. Zhan **荆三棱**
河北：桃城 牛玉璐，高彦飞，赵二涛 NiuYL384
江苏：句容 吴宝成，王兆银 HANGYY8250
江苏：句容 吴宝成，王兆银 HANGYY8252

Bulbostylis barbata (Rottbøll) C. B. Clarke **球柱草**
安徽：金寨 陈延松，欧祖兰，姜九龙 Xuzd175
安徽：休宁 方建新 TangXS0131
安徽：黟县 刘淼 SCSB-JSB53
湖南：会同 李胜华，伍贤进，曾汉元等 Wuxj980
江西：修水 谭策铭，缪以清，李立新 TanCM358
山东：济南 张少华，王萍，张诏等 Lilan168

Bulbostylis densa (Wallich) Handel-Mazzetti **丝叶球柱草**
江苏：句容 吴宝成，王兆银 HANGYY8334
山东：崂山区 罗艳，李中华 LuoY291
山东：蓬莱 卞福花 BianFH-0217
山东：平邑 张少华，张诏，程丹丹等 Lilan673
四川：米易 汤加勇 MY-070
西藏：林芝 卢洋，刘帆等 LiJ762
云南：景东 罗忠华，谢有能，鲁成荣等 JDNR09060
云南：景东 刘长铭，刘东，罗尧等 JDNR11069
云南：绿春 黄连山保护区科研所 HLS0239
云南：蒙自 田学军，邱成书，高波 TianXJ0173
云南：思茅区 胡启和，周兵，仇亚 YNS0930
云南：文山 何德明 WSLJS623
云南：永德 李永亮 YDDXS0379
云南：元阳 田学军，杨建，邱成书等 Tianxj0030

Carex aequialta Kükenthal **等高薹草**
云南：永德 李永亮 YDDXS0358
云南：永德 李永亮 YDDXS1153

Carex agglomerata C. B. Clarke **团穗薹草** *
甘肃：合作 尹鑫，吴航，葛文静 LiuJQ-GN-2011-155
陕西：宁陕 田先华，田陌 TianXH1091
四川：红原 张昌兵，邓秀发 ZhangCB0377
四川：壤塘 何兴金，胡灏禹，黄德青 SCU-10-127

Carex alajica Litvinov **葱岭薹草**
新疆：塔什库尔干 冯建菊 LiuJQ0270

Carex alba Scopoli **白鳞薹草**
云南：香格里拉 李晓东，张紫刚，操榆 LiJ674

Carex alopecuroides D. Don ex Tilloch & Taylor **禾状薹草**
安徽：歙县 胡长玉，方建新，徐林飞 TangXS0667
湖北：竹溪 李盛兰 GanQL905

Carex appendiculata (Trautvetter) Kükenthal **灰脉薹草**

黑龙江：富锦 孙阎 SunY399
吉林：磐石 安海成 AnHC0303

Carex argyi H. Léveillé & Vaniot **阿齐薹草 ***
安徽：屯溪区 方建新 TangXS0728
江苏：句容 吴宝成，王兆银 HANGYY8142

Carex aridula V. I. Kreczetowicz **干生薹草 ***
甘肃：玛曲 尹鑫，吴航，葛文静 LiuJQ-GN-2011-162
青海：班玛 汪书丽，朱洪涛 Liujq-QLS-TXM-178
四川：红原 张昌兵，邓秀发 ZhangCB0378

Carex asperifructus Kükenthal **粗糙囊薹草 ***
甘肃：夏河 齐威 LJQ-2008-GN-431

Carex atrata Linnaeus **黑穗薹草**
甘肃：玛曲 齐威 LJQ-2008-GN-429
云南：香格里拉 李晓东，张紫刚，操榆 LiJ671
云南：香格里拉 杨亲二，袁琼 Yangqe2149
云南：玉龙 孔航辉，任琛 Yangqe2760

Carex atrata subsp. **pullata** (Boott) Kükenthal **尖鳞薹草**
四川：峨眉山 李小杰 LiXJ459
四川：理塘 李晓东，张景博，徐凌翔等 LiJ421

Carex atrofusca Schkuhr subsp. **minor** (Boott) T. Koyama **黑褐穗薹草**
甘肃：甘南 李晓东，刘帆，张景博等 LiJ0110
青海：海西 汪书丽，王志强，邹嘉宾 Liujq-Txm10-058
陕西：眉县 田先华，白根录 TianXH075
四川：稻城 张大才，尹五元，李双智等 ZhangDC-07ZX-2168
四川：甘孜 陈家辉，王赟，刘德团 YangYP-Q-3026
四川：理塘 张大才，尹五元，李双智等 ZhangDC-07ZX-2194
四川：理塘 苏涛，黄永江，杨青松等 ZhouZK11128
新疆：塔什库尔干 冯建菊 LiuJQ0268

Carex atrofuscoides K. T. Fu **类黑褐穗薹草 ***
西藏：左贡 张挺，蔡杰，刘恩德等 SCSB-B-000469

Carex augustinowiczii Meinshausen ex Korshinsky **短鳞薹草**
吉林：磐石 安海成 AnHC0287

Carex baccans Nees **浆果薹草**
重庆：南川区 易思荣 YISR100
广西：金秀 彭华，向春雷，陈丽 PengH8137
广西：金秀 彭华，向春雷，陈丽 PengH8139
广西：临桂 吴望辉，黄俞淞，农冬新 Liuyan0385
广西：全州 林春蕊 Liuyan1038
广西：兴安 许为斌，黄俞淞，朱章明 Liuyan0449
贵州：望谟 邹方伦 ZouFL0037
四川：米易 刘静，袁明 MY-013
四川：雨城区 贾学静 YuanM2012025
云南：谭运洪 B62
云南：安宁 张挺，张书东，李爱花 SCSB-A-000061
云南：安宁 彭华，向春雷，陈丽 P.H. 5654
云南：沧源 赵金超 CYNGH049
云南：楚雄 王文礼，何彪，冯欣等 OUXK11277
云南：大理 张德全，段丽珍，王应龙等 ZDQ136
云南：福贡 朱枫，张仲富，成梅 Wangsh-07ZX-031
云南：福贡 刀志灵，陈哲 DZL-064
云南：贡山 刘成，何华杰，黄莉等 14CS8577
云南：贡山 张挺，杨湘云，李涟漪等 14CS9631
云南：贡山 朱枫，张仲富，成梅 Wangsh-07ZX-044
云南：贡山 许炳强，吴兴，李婧等 XiaNh-07zx-102
云南：江城 叶金科 YNS0462
云南：金平 喻智勇，官兴永，张云飞等 JinPing22
云南：景东 彭华，陈丽 P.H. 5386
云南：景东 鲁艳 07-169
云南：景东 谢有能，张明勇，段玉伟 JD139
云南：景谷 刀志灵，陈渝 DZL577
云南：景谷 张绍云，叶金科 YNS0003
云南：隆阳区 赵文李 BSGLGS1y3034
云南：隆阳区 段在贤，代如亮，赵玮 BSGLGS1y050
云南：隆阳区 赵玮 BSGLGS1y006
云南：泸水 孙振华，郑志兴，沈蕊等 OuXK-LC-023
云南：禄丰 刀志灵，陈渝 DZL501
云南：禄劝 柳小康 OuXK-0094
云南：绿春 黄连山保护区科研所 HLS0304
云南：绿春 刀志灵，张洪喜 DZL532
云南：绿春 刀志灵，陈渝 DZL632
云南：绿春 税玉民，陈文红 73153
云南：绿春 税玉民，陈文红 82776
云南：麻栗坡 肖波，陆章强 LuJL022
云南：蒙自 田学军，邱成书，高波 TianXJ0149
云南：勐海 张挺，谭运洪，王建军等 SCSB-B-000286
云南：勐海 谭运洪，余涛 B347
云南：孟连 彭华，向春雷，陈丽 P.H. 5837
云南：弥勒 刘恩德，方伟，杜燕等 SCSB-B-000040
云南：南涧 徐家武，袁立川，罗增阳等 NJWLS2008169
云南：南涧 时国彩，何贵才，杨建平等 njwls2007026
云南：南涧 李成清，李春明，邹国娟等 njwls2007054
云南：盘龙区 伊廷双，孟静，杨杨 MJ-930
云南：盘龙区 彭华，向春雷，王泽欢 PengH8408
云南：屏边 楚永兴 Pbdws073
云南：腾冲 余新林，赵玮 BSGLGStc043
云南：腾冲 周应再 Zhyz527
云南：腾冲 周应再 Zhyz-101
云南：文山 税玉民，陈文红 16347
云南：新平 刘家良 XPALSD045
云南：新平 刘家良 XPALSD110
云南：新平 彭华，向春雷，陈丽 PengH8282
云南：新平 白绍斌 XPALSC043
云南：易门 彭华，向春雷，王泽欢 PengH8362
云南：永德 李永亮，马文军 YDDXSB121
云南：永德 杨金荣，黄德武，李增柱等 YDDXSA084
云南：永德 欧阳红才，杨金柱 YDDXSC016
云南：玉溪 彭华，陈丽，许瑾 P.H. 5281
云南：元阳 李文锋，刘成，杨娅娟等 YYGYS031
云南：元阳 彭华，向春雷，陈丽 PengH8198
云南：云龙 李施文，张志云，段耀飞 TC3033
云南：沾益 彭华，陈丽 P.H. 5980
云南：镇沅 朱恒 ALSZY130
云南：镇沅 罗成瑜 ALSZY433

Carex baohuashanica Tang & F. T. Wang ex L. K. Dai **宝华山薹草 ***
江苏：句容 吴宝成，王兆银 HANGYY8668

Carex bilateralis Hayata **台湾薹草 ***
江西：庐山区 董安淼，吴从梅 TanCM1087

Carex bodinieri Franchet **滨海薹草**
贵州：铜仁 彭华，王英，陈丽 P.H. 5208
江西：九江 谭策铭，张丽萍，奚亚 TanCM3411
江西：庐山区 谭策铭，董安淼 TanCM510
浙江：鄞州区 李宏庆，葛斌杰，刘国丽 Lihq0092

Carex bohemica Schreber **莎薹草**
吉林：磐石 安海成 AnHC0134

Carex bostrychostigma Maximowicz **卷柱头薹草**
吉林：磐石 安海成 AnHC042
Carex breviculmis R. Brown **青绿薹草**
安徽：屯溪区 方建新 TangXS0717
湖北：竹溪 李盛兰 GanQL378
吉林：磐石 安海成 AnHC041
江西：庐山区 谭策铭，董安淼 TanCM280
山东：莱山区 卞福花 BianFH-0171
山东：莱山区 卞福花，宋言贺 BianFH-423
山东：历下区 高德民，张颖颖，程丹丹等 lilan554
四川：甘孜 陈家辉，王赟，刘德团 YangYP-Q-3032
西藏：林芝 孙航，张建文，陈建国等 SunH-07ZX-2816
浙江：鄞州区 李宏庆，田怀珍，葛斌杰等 Lihq0193
Carex brevicuspis C. B. Clarke **短尖薹草** *
江西：庐山区 董安淼，吴从梅 TanCM3024
Carex brownii Tuckerman **亚澳薹草**
安徽：屯溪区 方建新 TangXS0849
江西：庐山区 董安淼，吴从梅 TanCM1022
江西：庐山区 董安淼，吴从梅 TanCM1520
Carex brunnea Thunberg **褐果薹草**
安徽：祁门 唐鑫生，方建新 TangXS0448
安徽：黟县 刘淼 SCSB-JSB32
湖北：宣恩 祝文志，刘志祥，曹远俊 ShenZH0046
湖北：竹溪 李盛兰 GanQL610
江苏：句容 吴宝成，王兆银 HANGYY8248
陕西：白河 田先华，张雅娟 TianXH1030
四川：射洪 袁明 YUANM2015L087
云南：蒙自 税玉民，陈文红 72507
云南：南涧 阿国仁，何贵才 NJWLS565
云南：文山 何德明，丰艳飞，韦荣彪等 WSLJS773
Carex caespititia Nees **丛生薹草**
四川：红原 张昌兵，邓秀华 ZhangCB0319
新疆：塔什库尔干 杨赵平，黄文娟 TD-01758
云南：景东 杨国平 07-55
Carex caespitosa Linnaeus **丛薹草** *
新疆：阿克陶 杨赵平，黄文娟 TD-01768
Carex callitrichos V. I. Kreczetowicz **羊须草**
黑龙江：嫩江 王臣，张欣欣，史传奇 WangCh34
Carex capillacea Boott **发秆薹草**
黑龙江：松北 孙阎，张健男 SunY394
山东：长清区 张少华，王萍，张诏等 Lilan192
Carex capricornis Meinshausen ex Maximowicz **弓喙薹草**
河北：双桥区 高德民，步瑞兰，辛晓伟 Lilan796
吉林：磐石 安海成 AnHC091
Carex caudispicata F. T. Wang & Tang ex P. C. Li **尾穗薹草** *
云南：永德 李永亮 LiYL1351
Carex chinensis Retzius **中华薹草** *
湖北：竹溪 李盛兰 GanQL432
江西：庐山区 董安淼，吴从梅 TanCM1524
四川：射洪 袁明 YUANM2016L195
云南：新平 何罡安 XPALSB010
Carex chlorocephalula F. T. Wang & Tang ex P. C. Li **绿头薹草** *
云南：永德 李永亮 YDDXS0354
Carex chlorostachys Steven **绿穗薹草**
甘肃：合作 齐威 LJQ-2008-GN-425
甘肃：合作 尹鑫，吴航，葛文静 LiuJQ-GN-2011-153
甘肃：玛曲 齐威 LJQ-2008-GN-424
Carex chungii Z. P. Wang **仲氏薹草** *
山东：海阳 高德民，辛晓伟，郭雷 Lilan741
Carex cinerascens Kükenthal **灰化薹草**
江苏：江宁区 王兆银，吴宝成 SCSB-JS0267
Carex composita Boott **复序薹草**
云南：贡山 郭永杰，吴之坤，吴兴等 14CS9846
云南：贡山 刀志灵，陈哲 DZL-030
云南：贡山 李恒，李嵘，刀志灵 980
云南：贡山 刀志灵 DZL324
云南：隆阳区 郭永杰，李涟漪，聂细转 12CS5091
云南：绿春 黄连山保护区科研所 HLS0167
云南：南涧 李成清，高国政 NJWLS504
云南：南涧 时国彩 njwls2007022
云南：腾冲 余新林，赵玮 BSGLGStc033
云南：文山 何德明，丰艳飞 WSLJS807
云南：盈江 王立彦 WLYTBG-039
云南：盈江 王立彦，桂魏 SCSB-TBG-089
云南：盈江 王立彦，左常盛，何维海 SCSB-TBG-023
云南：永德 李永亮，杨金柱 YDDXSB010
云南：永德 欧阳红才，普跃东，赵学盛等 YDDXSC046
Carex continua C. B. Clarke **连续薹草**
云南：绿春 黄连山保护区科研所 HLS0022
Carex crebra V. I. Kreczetowicz **密生薹草** *
甘肃：合作 尹鑫，吴航，葛文静 LiuJQ-GN-2011-151
青海：门源 吴玉虎 LJQ-QLS-2008-0162
Carex cruciata Wahlenberg **十字薹草**
湖南：洞口 肖乐希，唐光波，谢江等 SCSB-HN-1732
湖南：吉首 陈功锡，张代贵，邓涛等 SCSB-HC-2007333
湖南：永顺 陈功锡，张代贵 SCSB-HC-2008371
四川：天全 汤加勇，赖建军 Y07076
四川：雨城区 刘静，古玉 Y07310
云南：沧源 赵金超，田立新 CYNGH024
云南：河口 张贵良，张贵生，陶英美等 ZhangGL061
云南：金平 税玉民，陈文红 80585
云南：龙陵 孙兴旭 SunXX099
云南：隆阳区 段在贤，代如山，黄国兵等 BSGLGSly1263
云南：泸水 李爱花，李洪超，黄天才等 SCSB-A-000216
云南：绿春 黄连山保护区科研所 HLS0303
云南：绿春 税玉民，陈文红 72710
云南：绿春 税玉民，陈文红 73144
云南：绿春 税玉民，陈文红 73145
云南：勐海 胡光万 HGW-00350
云南：普洱 张绍云 YNS0086
云南：腾冲 周应再 Zhyz-059
云南：西山区 蔡杰，张挺，刘成等 11CS3691
云南：新平 何罡安 XPALSB411
云南：镇沅 朱恒，何忠云 ALSZY035
云南：镇沅 罗成瑜 ALSZY101
Carex cylindrostachys Franchet **柱穗薹草** *
四川：乡城 李晓东，张景博，徐凌翔等 LiJ372
Carex dahurica Kükenthal **针薹草**
吉林：磐石 安海成 AnHC0290
Carex davidii Franchet **无喙囊薹草** *
江西：庐山区 董安淼，吴从梅 TanCM1553
Carex dichroa Freyn **小穗薹草**
新疆：塔什库尔干 邱娟，冯建菊 LiuJQ0007
新疆：塔什库尔干 邱娟，冯建菊 LiuJQ0060
Carex dimorpholepis Steudel **二形鳞薹草**
安徽：屯溪区 方建新 TangXS0226

湖北：竹溪 李盛兰 GanQL277
江苏：句容 吴宝成，王兆银 HANGYY8150
江西：庐山区 谭策铭，董安淼 TanCM251
山东：海阳 张少华，张诏，王萍等 lilan573
陕西：长安区 田陌，田先华 TianXH009
云南：景东 杨国平 07-51

Carex dispalata Boott ex A. Gray **皱果薹草**
湖北：宣恩 沈泽昊 HXE125
吉林：磐石 安海成 AnHC032
云南：景东 杨国平 07-61

Carex doniana Sprengel **签草**
江苏：句容 吴宝成，王兆银 HANGYY8243
江西：庐山区 董安淼，吴从梅 TanCM910
四川：红原 张昌兵，邓秀华 ZhangCB0278
云南：腾冲 余新林，赵玮 BSGLGStc342

Carex duriuscula C. A. Meyer **寸草**
黑龙江：宁安 刘玫，王臣，张欣欣等 Liuetal652
吉林：磐石 安海成 AnHC0313
吉林：长岭 张红香 ZhangHX005
内蒙古：回民区 蒲拴莲，李茂文 M001

Carex duriuscula subsp. **rigescens** (Franchet) S. Yun Liang and Y. C. Tang **白颖薹草**
河北：桃城 牛玉璐，郑博颖，黄士良等 NiuYL040
河北：涿鹿 牛玉璐，高彦飞，赵二涛 NiuYL393
青海：贵德 汪书丽，朱洪涛 Liujq-QLS-TXM-209
山东：历下区 张少华，王萍，张诏等 Lilan222

Carex duriuscula subsp. **stenophylloides** (V. I. Kreczetowicz) S. Yun Liang & Y. C. Tang **细叶薹草**
内蒙古：回民区 蒲拴莲，李茂文 M002
陕西：神木 王梅荣，田陌 TianXH1084
新疆：和静 杨赵平，焦培培，白冠章等 LiZJ0696
新疆：塔什库尔干 黄文娟，段黄金，王英鑫等 LiZJ0305
新疆：塔什库尔干 黄文娟，段黄金，王英鑫等 LiZJ0321
新疆：乌恰 杨赵平，周禧林，贺冰 LiZJ1111

Carex eleusinoides Turczaninow ex Kunth **蟋蟀薹草**
吉林：安图 周海城 ZhouHC054

Carex eminens Nees **显异薹草**
西藏：波密 孙航，张建文，陈建国等 SunH-07ZX-2688

Carex enervis C. A. Meyer **无脉薹草**
甘肃：合作 郭淑青，杜品 LiuJQ-2012-GN-214
甘肃：玛曲 尹鑫，吴航，葛文静 LiuJQ-GN-2011-156
甘肃：夏河 齐威 LJQ-2008-GN-430
甘肃：夏河 齐威 LJQ-2008-GN-432
四川：若尔盖 张昌兵，邓秀华 ZhangCB0219

Carex fargesii Franchet **川东薹草 ***
重庆：南川区 易思荣 YISR193
江西：庐山区 谭策铭，董安淼 TanCM279

Carex filicina Nees **蕨状薹草**
贵州：赵厚涛，韩国营 YBG070
湖北：宣恩 沈泽昊 HXE062
江西：黎川 童和平，王玉珍 TanCM1888
江西：龙南 梁跃龙，廖海红 LiangYL095
江西：武宁 谭策铭，张吉华 TanCM419
江西：修水 缪以清，陈三友 TanCM2183
江西：修水 缪以清，余于明 TanCM1272
四川：峨眉山 李小杰 LiXJ305
云南：金平 税玉民，陈文红 80578
云南：景东 杨国平，李达文，鲁志云 ygp-013
云南：景东 鲁艳 07-136
云南：蒙自 税玉民，陈文红 72323
云南：蒙自 田学军，邱成书，高波 TianXJ0144
云南：宁蒗 任宗昕，寸龙琼，任尚国 SCSB-W-1374
云南：腾冲 余新林，赵玮 BSGLGStc065
云南：香格里拉 蔡杰，张挺，刘成等 11CS3236
云南：新平 谢天华，李应富，郎定富 XPALSA015
云南：新平 白绍斌 XPALSC045
云南：永德 李永亮 YDDXS0513
云南：永德 李永亮 YDDXS0542
云南：永德 欧阳红才，普跃东，鲁金国等 YDDXSC011

Carex finitima Boott **亮绿薹草**
四川：乐至 邓兴敏，邓秀发，张昌兵 ZCB0399
云南：景东 杨国平 07-62
云南：巧家 杨光明 SCSB-W-1120
云南：永德 李永亮 YDDXS0553

Carex fluviatilis Boott **溪生薹草**
湖北：竹溪 李盛兰 GanQL276
云南：景东 张挺，李爱花，戚志洲等 SCSB-A-000106
云南：景东 杨国平 07-80
云南：文山 何德明，丰艳飞，韦荣彪 WSLJS703
云南：永德 李永亮 YDDXS0436
云南：镇沅 何忠云 ALSZY396

Carex foraminata C. B. Clarke **穿孔薹草 ***
江西：龙南 梁跃龙，廖海红 LiangYL106
江西：庐山区 董安淼，吴从梅 TanCM3005

Carex forficula Franchet & Savatier **溪水薹草**
吉林：磐石 安海成 AnHC0301
山东：海阳 高德民，辛晓伟，郭雷 Lilan735
山东：莱山区 卞福花，宋言贺 BianFH-445
山东：崂山区 罗艳 LuoY053
山东：牟平区 卞福花，陈朋 BianFH-0291

Carex gentilis Franchet **亲族薹草 ***
甘肃：文县 齐威 LJQ-2008-GN-437
湖北：竹溪 李盛兰 GanQL137
江西：庐山区 董安淼，吴从梅 TanCM943
云南：南涧 彭华，向春雷，陈丽 P.H.5956
云南：巧家 杨光明 SCSB-W-1214
云南：香格里拉 蔡杰，张挺，刘成等 11CS3227

Carex gentilis var. **intermedia** Tang & F. T. Wang ex Y. C. Yang **宽叶亲族薹草 ***
湖北：竹溪 李盛兰 GanQL138
湖北：竹溪 李盛兰 GanQL806

Carex gentilis var. **macrocarpa** Tang & F. T. Wang ex L. K. Dai **大果亲族薹草 ***
湖北：竹溪 李盛兰 GanQL692

Carex gibba Wahlenberg **穹隆薹草**
安徽：屯溪区 方建新 TangXS0235
湖北：竹溪 李盛兰 GanQL902
江西：庐山区 董安淼，吴从梅 TanCM813
四川：若尔盖 何兴金，王月，胡灏禹等 SCU-08150

Carex glossostigma Handel-Mazzetti **长梗薹草 ***
江西：庐山区 董安淼，吴从梅 TanCM3001

Carex gongshanensis Tang & F. T. Wang ex Y. C. Yang **贡山薹草 ***
云南：永德 李永亮 YDDXS1256
云南：永德 李永亮 YDDXS1268

Carex gotoi Ohwi **叉齿薹草**

山东：海阳 辛晓伟，高丽丽 Lilan823

Carex grandiligulata Kükenthal 大舌薹草 *

湖北：竹溪 李盛兰 GanQL073

江西：庐山区 董安淼，吴从梅 TanCM1064

Carex haematostoma Nees 红嘴薹草

西藏：类乌齐 陈家辉，王赟，刘德团 YangYP-Q-3179

西藏：林芝 张大才，李双智，唐路等 ZhangDC-07ZX-1829

西藏：日土 李晖，卜海涛，边巴等 lihui-Q-09-46

Carex harlandii Boott 长囊薹草

江西：武宁 张吉华，张东红 TanCM2914

Carex hebecarpa C. A. Meyer 疏果薹草

湖北：竹溪 李盛兰 GanQL286

Carex henryi (C. B. Clarke) L. K. Dai 亨氏薹草 *

湖北：竹溪 李盛兰 GanQL356

四川：峨眉山 李小杰 LiXJ299

云南：文山 何德明 WSLJS848

Carex heterolepis Bunge 异鳞薹草

山东：岱岳区 步瑞兰，辛晓伟，高丽丽等 Lilan731

陕西：宁陕 田先华，田陌 TianXH088

Carex heterostachya Bunge 异穗薹草

山东：崂山区 邓建平 LuoY255

山东：历下区 张少华，王萍，张诏等 Lilan195

山东：芝罘区 卞福花 BianFH-0172

Carex heudesii H. Léveillé & Vaniot 长安薹草 *

湖北：竹溪 李盛兰 GanQL887

陕西：长安区 田陌，田先华，王梅荣 TianXH378

陕西：长安区 田先华 TianXHZS012

Carex hirtelloides (Kükenthal) F. T. Wang & Tang ex P. C. Li 流石薹草 *

四川：稻城 陈家辉，刘亚辉，周妍等 YangYP-Q-2293

Carex hirtiutriculata L. K. Dai 糙毛薹草 *

云南：景东 杨国平 200869

Carex humilis Leysser 低矮薹草

山东：海阳 高德民，辛晓伟，郭雷 Lilan717

Carex huolushanensis P. C. Li 火炉山薹草 *

四川：理塘 孔航辉，罗江平，左雷等 YangQE3521

Carex hypochlora Freyn 绿囊薹草

山东：海阳 辛晓伟 Lilan801

Carex inanis Kunth 毛囊薹草

云南：贡山 刘成，何华杰，黄莉等 14CS8550

云南：会泽 蔡杰，刘洋，李秋野 10CS1950

云南：镇沅 何忠云 ALSZY265

Carex indica Linnaeus 印度薹草

贵州：施秉 邹方伦 ZouFL0257

Carex indiciformis F. T. Wang & Tang ex P. C. Li 印度型薹草 *

贵州：平塘 邹方伦 ZouFL0137

云南：金平 喻智勇，官兴永，张云飞等 JinPing29

云南：麻栗坡 肖波 LuJL074

云南：麻栗坡 肖波，陆章强 LuJL049

云南：普洱 叶金科 YNS0297

云南：腾冲 周应再 Zhyz-308

云南：新平 白绍斌 XPALSC161

云南：永德 李永亮 YDDXS0832

云南：元阳 田学军，杨建，邱成书等 Tianxj0060

云南：元阳 田学军，杨建，邱成书等 Tianxj0079

Carex insignis Boott 秆叶薹草

云南：永德 李永亮，王四，杨建文 YDDXSB061

Carex ischnostachya Steudel 狭穗薹草

安徽：屯溪区 方建新 TangXS0214

江西：庐山区 董安淼，吴从梅 TanCM1009

Carex ivanoviae T. V. Egorova 无穗柄薹草 *

西藏：噶尔 李晖，文雪梅，次旺加布等 Lihui-Q-0027

西藏：噶尔 李晖，文雪梅，次旺加布等 Lihui-Q-0069

Carex japonica Thunberg 日本薹草

安徽：屯溪区 方建新 TangXS0818

湖北：竹溪 李盛兰 GanQL430

江苏：句容 吴宝成，王兆银 HANGYY8138

江西：黎川 童和平，王玉珍，常迪江等 TanCM2016

江西：星子 董安淼，吴从梅 TanCM1537

山东：岱岳区 步瑞兰，辛晓伟，郭雷等 Lilan729

山东：崂山区 罗艳，李中华 LuoY380

Carex kansuensis Nelmes 甘肃薹草 *

甘肃：玛曲 齐威 LJQ-2008-GN-421

甘肃：卓尼 尹鑫，吴航，葛文静 LiuJQ-GN-2011-145

青海：门源 吴玉虎 LJQ-QLS-2008-0146

四川：白玉 张大才，尹五元，李双智等 ZhangDC-07ZX-2271

四川：德格 孙航，张建文，董金龙等 SunH-07ZX-3687

西藏：错那 罗建，汪书丽 LiuJQ11XZ032

云南：香格里拉 蔡杰，张挺，刘成等 11CS3239

Carex kobomugi Ohwi 筛草

河北：桃城 牛玉璐，高彦飞，赵二涛 NiuYL399

山东：海阳 王萍，高德民，张诏等 lilan306

山东：环翠区 高德民，邵尉 Lilan890

山东：莱山区 卞福花，宋言贺 BianFH-449

山东：崂山区 罗艳，刘梅 LuoY081

Carex kwangsiensis F. T. Wang & Tang ex P. C. Li 广西薹草 *

广西：龙胜 黄俞淞，梁永延，叶晓霞等 Liuyan0052

Carex laeta Boott 明亮薹草

四川：理塘 李晓东，张景博，徐凌翔等 LiJ316

Carex laevissima Nakai 假尖嘴薹草

湖北：竹溪 李盛兰 GanQL318

吉林：磐石 安海成 AnHC043

Carex lanceolata Boott 大披针薹草

吉林：磐石 安海成 AnHC0285

云南：石林 税玉民，陈文红 65843

Carex lanceolata var. **subpediformis** Kükenthal 亚柄薹草

湖北：竹溪 李盛兰 GanQL891

山东：历城区 高德民，张颖颖，程丹丹等 lilan552

山东：牟平区 卞福花 BianFH-0167

山东：市南区 罗艳 LuoY233

Carex lancisquamata L. K. Dai 披针鳞薹草 *

云南：景东 杨国平 JD092

云南：永德 李永亮，马文军 YDDXSB022

Carex lasiocarpa Ehrhart 毛薹草

黑龙江：富锦 孙阎 SunY397

吉林：磐石 安海成 AnHC0304

Carex lehmannii Drejer 膨囊薹草

四川：阿坝 蔡杰，张挺，刘成 10CS2546

四川：九寨沟 齐威 LJQ-2008-GN-422

四川：九寨沟 张昌兵 ZhangCB0001

Carex leiorhyncha C. A. Meyer 尖嘴薹草

安徽：舒城 陈延松，欧祖兰，高秋晨等 Xuzd432

安徽：屯溪区 方建新 TangXS0225

黑龙江：带岭区 孙阎，赵立波 SunY148

黑龙江：嫩江 王臣，张欣欣，刘跃印等 WangCh308

吉林：磐石 安海成 AnHC044
山东：海阳 高德民，张颖颖，程丹丹等 lilan555

Carex longerostrata C. A. Meyer **长嘴薹草**
新疆：和静 邱爱军，张玲 LiZJ1790

Carex longipes D. Don ex Tilloch & Taylor **长穗柄薹草**
云南：南涧 阿国仁，何贵才 NJWLS1120
云南：永德 李永亮 YDDXS0346

Carex longipes var. **sessilis** Tang & F. T. Wang ex L. K. Dai **短穗柄薹草** *
云南：景东 杨国平 200862

Carex luctuosa Franchet **城口薹草** *
陕西：宁陕 田先华，田陌 TianXH1093

Carex maackii Maximowicz **卵果薹草**
安徽：铜陵 陈延松，唐成丰 Zhousb0126
安徽：屯溪区 方建新 TangXS0944
吉林：磐石 安海成 AnHC088
江西：庐山区 董安淼，吴从梅 TanCM1522

Carex maculata Boott **斑点果薹草**
安徽：屯溪区 方建新 TangXS0722
江苏：宜兴 吴宝成 HANGYY8014
江西：庐山区 董安淼，吴从梅 TanCM1526
江西：庐山区 董安淼，吴丛梅 TanCM3025

Carex magnoutriculata Tang & F. T. Wang ex L. K. Dai **大果囊薹草** *
云南：巧家 杨光明 SCSB-W-1124

Carex maubertiana Boott **套鞘薹草**
安徽：休宁 张慧冲，夏日红，胡长玉等 TangXS0252
云南：永德 李永亮 YDDXS1276
浙江：临安 葛斌杰 Lihq0454

Carex maximowiczii Miquel **乳突薹草**
安徽：屯溪区 方建新 TangXS0721
山东：莱山区 卞福花，宋言贺 BianFH-469
山东：崂山区 罗艳 LuoY054

Carex melanantha C. A. Meyer **黑花薹草**
新疆：和静 邱爱军，张玲，徐盼 LiZJ1573
新疆：塔什库尔干 冯建菊 LiuJQ0258
新疆：塔什库尔干 黄文娟，段黄金，王英鑫等 LiZJ0299

Carex melinacra Franchet **扭喙薹草** *
云南：香格里拉 郭永杰，张桥蓉，李春晓等 11CS3423
云南：永德 李永亮 YDDXS0652

Carex metallica H. Léveillé **锈果薹草**
安徽：屯溪区 方建新 TangXS0228

Carex microglochin Wahlenberg **尖苞薹草**
甘肃：碌曲 李晓东，刘帆，张景博等 LiJ0115
新疆：塔什库尔干 杨赵平，周禧林，贺冰 LiZJ1228

Carex minxianensis S. Yun Liang **陇南薹草** *
甘肃：碌曲 李晓东，刘帆，张景博等 LiJ0103

Carex mitrata var. **aristata** Ohwi **具芒灰帽薹草**
安徽：屯溪区 方建新 TangXS0833

Carex montis-everestii Kükenthal **窄叶薹草**
西藏：昂仁 李晖，卜海涛，边巴等 lihui-Q-09-04
西藏：申扎 李晖，文雪梅，次旺加布等 Lihui-Q-0107

Carex moorcroftii Falconer ex Boott **青藏薹草**
甘肃：玛曲 尹鑫，吴航，葛文静 LiuJQ-GN-2011-152
青海：都兰 潘建斌，杜维波，牛炳韬 Liujq-2011CDM-142
青海：都兰 潘建斌，杜维波，牛炳韬 Liujq-2011CDM-215
青海：门源 吴玉虎 LJQ-QLS-2008-0067
青海：乌兰 潘建斌，杜维波，牛炳韬 Liujq-2011CDM-282
四川：甘孜 陈家辉，王赟，刘德团 YangYP-Q-3046
西藏：阿里 陈家辉，庄会富，边巴扎西 Yangyp-Q-2041
西藏：安多 陈家辉，庄会富，边巴扎西 Yangyp-Q-2144
西藏：班戈 杨永平，陈家辉，段元文等 Yangyp-Q-0144
西藏：当雄 杨永平，段元文，边巴扎西 Yangyp-Q-1013
西藏：当雄 陈家辉，王赟，刘德团 YangYP-Q-3254
西藏：噶尔 陈家辉，庄会富，边巴扎西 Yangyp-Q-2018
西藏：林周 陈家辉，韩希，王广艳等 YangYP-Q-4164
西藏：那曲 陈家辉，庄会富，边巴扎西 Yangyp-Q-2121
西藏：那曲 陈家辉，庄会富，边巴扎西 Yangyp-Q-2139
西藏：聂荣 陈家辉，庄会富，边巴扎西 Yangyp-Q-2101
西藏：仲巴 李晖，文雪梅，熊继贵 Lihui-Q-2010-07

Carex moupinensis Franchet **宝兴薹草** *
云南：宁洱 胡启元，周兵，张绍云 YNS0877

Carex muliensis Handel-Mazzetti **木里薹草** *
青海：门源 陈世龙，高庆波，张发起等 Chensl1692

Carex nemostachys Steudel **条穗薹草**
安徽：祁门 唐鑫生，方建新 TangXS0517
安徽：黟县 刘淼 SCSB-JSB50
广西：上思 许为斌，黄俞淞，梁永延等 Liuyan0230
湖北：竹溪 李盛兰 GanQL908
江苏：宜兴 吴宝成 HANGYY8013
江西：黎川 童和平，王玉珍，常迪江等 TanCM2063
江西：武宁 谭策铭，张吉华 TanCM443
江西：修水 缪以清，陈三友 TanCM2180
云南：巧家 杨光明 SCSB-W-1115

Carex neurocarpa Maximowicz **翼果薹草**
安徽：屯溪区 方建新 TangXS0821
黑龙江：阿城 孙阎，张兰兰 SunY300
黑龙江：宁安 王臣，张欣欣，史传奇 WangCh88
湖北：丹江口 甘啟良 GanQL590
吉林：磐石 安海成 AnHC045
江苏：海州区 汤兴利 HANGYY8422
山东：莱山区 卞福花，宋言贺 BianFH-466
山东：崂山区 罗艳，李中华 LuoY251
山东：历城区 李兰，王萍，张少华 Lilan054
山东：栖霞 卞福花 BianFH-0190
陕西：长安区 田先华，田陌 TianXH008

Carex nitidiutriculata L. K. Dai **亮果薹草** *
云南：麻栗坡 肖波 LuJL425
云南：南涧 阿国仁，何贵才 NJWLS2008237

Carex nubigena D. Don ex Tilloch & Taylor **云雾薹草**
甘肃：卓尼 尹鑫，吴航，葛文静 LiuJQ-GN-2011-150
四川：稻城 何兴金，胡灏禹，陈德友等 SCU-09-356
西藏：林芝 卢洋，刘帆等 LiJ737
西藏：林芝 卢洋，刘帆等 LiJ766
西藏：亚东 陈家辉，韩希，王东超等 YangYP-Q-4295
云南：景东 罗忠华，刘长铭，鲁成荣等 JD073
云南：丽江 孙航，李新辉，陈林杨 SunH-07ZX-3114
云南：宁蒗 任宗昕，周伟，何俊等 SCSB-W-941
云南：巧家 杨光明，张书东，张荣等 QJYS0258
云南：思茅区 胡启和，仇亚，张绍云 YNS0902
云南：腾冲 周应再 Zhyz-228
云南：香格里拉 张书东，林娜娜，郁文彬等 SCSB-W-025
云南：香格里拉 杨青松，杨莹，黄永江等 ZhouZK-07ZX-0115
云南：香格里拉 张挺，亚吉东，李明勤等 11CS3348

Carex obscura var. **brachycarpa** C. B. Clarke **刺囊薹草**
云南：德钦 张书东，林娜娜，郁文彬等 SCSB-W-009

云南：香格里拉 蔡杰，张挺，刘成等 11CS3234
云南：玉龙 张书东，林娜娜，陆露等 SCSB-W-110
Carex obscuriceps Kükenthal **褐紫鳞薹草**
云南：巧家 杨光明 SCSB-W-1149
Carex obtusata Liljeblad **北薹草**
新疆：阿合奇 杨赵平，黄文娟 TD-01898
新疆：塔什库尔干 李志军，蔡杰，张玲等 TD-01092
新疆：塔什库尔干 杨赵平，黄文娟 TD-01735
新疆：乌恰 黄文娟，白宝伟 TD-01424
Carex oedorrhampha Nelmes **肿喙薹草**
湖北：竹溪 李盛兰 GanQL308
Carex omeiensis Tang **峨眉薹草** *
湖北：竹溪 李盛兰 GanQL490
Carex orbicularis Boott **圆囊薹草**
青海：格尔木 冯虎元 LiuJQ-08KLS-124
青海：门源 吴玉虎 LJQ-QLS-2008-0192
西藏：日土 李晖，文雪梅，次旺加布等 Lihui-Q-0050
新疆：塔什库尔干 邱娟，冯建菊 LiuJQ0135
新疆：叶城 黄文娟，段黄金，王英鑫等 LiZJ0874
Carex orthostachys C. A. Meyer **直穗薹草**
黑龙江：松北 孙阎，张健男 SunY396
Carex ovatispiculata F. T. Wang & Y. L. Chang ex S. Yun Liang **卵穗薹草** *
云南：新平 白绍斌 XPALSC247
Carex oxyphylla Franchet **尖叶薹草** *
西藏：萨嘎 陈家辉，庄会富，刘德团等 yangyp-Q-0133
Carex pamirensis C. B. Clarke **帕米尔薹草**
甘肃：碌曲 李晓东，刘帆，张景博等 LiJ0101
青海：门源 吴玉虎 LJQ-QLS-2008-0191
Carex paxii Kükenthal **紫疣薹草**
安徽：屯溪区 方建新 TangXS0427
Carex pediformis C. A. Meyer **柄状薹草**
江西：庐山区 董安淼，吴从梅 TanCM1535
Carex perakensis C. B. Clarke **霹雳薹草**
四川：峨眉山 李小杰 LiXJ703
Carex pergracilis Nelmes **纤细薹草** *
云南：巧家 杨光明 SCSB-W-1114
Carex phacota Sprengel **镜子薹草**
安徽：黄山区 唐鑫生，宋曰钦，方建新 TangXS0547
江西：庐山区 董安淼，吴从梅 TanCM1573
江西：庐山区 董安淼，吴丛梅 TanCM2506
云南：蒙自 税玉民，陈文红 72506
云南：墨江 胡启元，周兵，张绍云 YNS0851
Carex physodes M. Bieberstein **囊果薹草**
新疆：阜康 张道远，马文宝 zdy045
Carex pilosa Scopoli **毛缘薹草**
吉林：磐石 安海成 AnHC0319
Carex planiculmis Komarov **扁秆薹草**
黑龙江：五常 孙阎，吕军，张健男 SunY445
Carex poculisquama Kükenthal **杯鳞薹草** *
江西：庐山区 董安淼，吴丛梅 TanCM3003
Carex polyschoenoides K. T. Fu **类白穗薹草** *
湖北：竹溪 李盛兰 GanQL773
Carex praeclara Nelmes **沙生薹草**
四川：稻城 陈家辉，刘亚辉，周妍等 YangYP-Q-2263
四川：若尔盖 张昌兵，邓秀华 ZhangCB0215
西藏：安多 陈家辉，庄会富，边巴扎西 Yangyp-Q-2072
西藏：左贡 徐波，陈光富，陈林杨等 SunH-07ZX-2066
Carex pruinosa Boott **粉被薹草**
安徽：屯溪区 方建新 TangXS0727
江西：庐山区 董安淼，吴从梅 TanCM1533
Carex przewalskii T. V. Egorova **红棕薹草** *
四川：理塘 张大才，尹五元，李双智等 ZhangDC-07ZX-2195
Carex pseudodispalata K. T. Fu **似皱果薹草** *
陕西：长安区 田先华 TianXH1082
Carex pseudofoetida Kükenthal **无味薹草**
西藏：措勤 李晖，卜海涛，边巴等 lihui-Q-09-15
Carex pumila Thunberg **矮生薹草**
山东：莱山区 卞福花，宋言贺 BianFH-452
Carex pycnostachya Karelin & Kirilov **密穗薹草**
新疆：尼勒克 徐文斌，刘鸯，马真等 SHI-A2007410
Carex qiyunensis S. W. Su & S. M. Xu **齐云薹草** *
安徽：祁门 唐鑫生，方建新 TangXS0828
Carex raddei Kükenthal **锥囊薹草**
山东：海阳 辛晓伟 Lilan799
山东：牟平区 卞福花 BianFH-0242
山东：栖霞 卞福花 BianFH-0189
Carex rara Boott **松叶薹草**
贵州：平塘 邹方伦 ZouFL0144
云南：嵩明 蔡杰，廖琼，徐远杰等 SCSB-B-000086
Carex remotiuscula Wahlenberg **丝引薹草**
黑龙江：阿城 孙阎，张兰兰 SunY301
云南：新平 何罡安 XPALSB405
云南：永德 李永亮 YDDXS0402
Carex retrofracta Kükenthal **反折果薹草** *
江西：星子 董安淼，吴从梅 TanCM815
Carex rhynchophysa C. A. Meyer **大穗薹草**
黑龙江：五常 孙阎，吕军，张健男 SunY447
Carex rochebrunii Franchet & Savatier **书带薹草**
安徽：屯溪区 方建新 TangXS0222
江苏：句容 吴宝成，王兆银 HANGYY8147
江西：庐山区 董安淼，吴从梅 TanCM1061
江西：星子 董安淼，吴从梅 TanCM1562
云南：贡山 聂泽龙，孟盈，邓涛 SunH-07ZX-2876
Carex rubrobrunnea C. B. Clarke **点囊薹草**
安徽：屯溪区 方建新 TangXS0130
湖北：竹溪 李盛兰 GanQL429
江西：庐山区 董安淼，吴从梅 TanCM913
云南：景东 杨国平 200868
云南：蒙自 田学军 TianXJ0184
Carex rubrobrunnea var. **taliensis** (Franchet) Kükenthal **大理薹草** *
甘肃：文县 齐威 LJQ-2008-GN-438
江西：龙南 廖海红，梁锡庆 LiangYL096
陕西：长安区 田先华 TianXH1083
云南：新平 何罡安 XPALSB179
Carex scabrifolia Steudel **糙叶薹草**
河北：北戴河区 牛玉璐，高彦飞 NiuYL595
山东：莱山区 卞福花，杨蕾蕾，谷胤征 BianFH-0102
山东：崂山区 罗艳，刘梅 LuoY082
Carex scabrirostris Kükenthal **糙喙薹草** *
甘肃：合作 郭淑青，杜品 LiuJQ-2012-GN-213
甘肃：玛曲 尹鑫，吴航，葛文静 LiuJQ-GN-2011-154
四川：稻城 何兴金，高云东，王志新等 SCU-09-276
Carex scaposa C. B. Clarke **花葶薹草**
江西：修水 缪以清，陈三友 TanCM2122

云南：文山 何德明 WSLJS707

Carex schmidtii Meinshausen **瘤囊薹草**

吉林：磐石 安海成 AnHC0300

Carex schneideri Nelmes **川滇薹草** *

四川：阿坝 蔡杰，张挺，刘成 10CS2559

四川：理塘 何兴金，赵丽华，梁乾隆等 SCU-11-159

云南：镇沅 何忠云 ALSZY351

Carex sclerocarpa Franchet **硬果薹草** *

安徽：屯溪区 方建新 TangXS0730

湖北：竹溪 李盛兰 GanQL306

湖北：竹溪 李盛兰 GanQL394

江西：庐山区 董安淼，吴从梅 TanCM1531

浙江：临安 李宏庆，田怀珍 Lihq0211

Carex sendaica Franchet **仙台薹草**

安徽：宣城 刘淼 HANGYY8108

河南：浉河区 朱鑫鑫，石琳琳，徐坤等 ZhuXX208

江苏：南京 顾子霞 SCSB-JS0427

江西：黎川 童和平，王玉珍 TanCM1894

江西：武宁 张吉华，刘运群 TanCM758

Carex setigera D. Don **长茎薹草**

云南：永德 李永亮 LiYL1302

Carex setosa Boott **刺毛薹草**

云南：新平 谢雄 XPALSC090

Carex siderosticta Hance **宽叶薹草**

吉林：磐石 安海成 AnHC0295

Carex simulans C. B. Clarke **相仿薹草** *

江西：武宁 张吉华，张东红 TanCM2884

Carex sinodissitiflora Tang & F. T. Wang ex L. K. Dai **华疏花薹草** *

云南：新平 李应宝，谢天华，李忠学 XPALSA140

Carex songorica Karelin & Kirilov **准噶尔薹草**

新疆：托里 徐文斌，杨清理 SHI-2009246

新疆：裕民 徐文斌，黄刚 SHI-2009065

Carex speciosa Kunth **翠丽薹草**

云南：永德 李永亮 LiYL1352

Carex stenocarpa Turczaninow ex V. I. Kreczetowicz **细果薹草**

新疆：和静 杨赵平，焦培培，白冠章等 LiZJ0591

Carex stipata Muhlenberg ex Willdenow **海绵基薹草**

吉林：磐石 安海成 AnHC0331

Carex stipitinux C. B. Clarke ex Franchet **柄果薹草** *

安徽：黄山区 方建新，张恒，张强 TangXS0612

湖南：永定区 吴福川，廖博儒，余祥洪 7122

江苏：句容 吴宝成，王兆银 HANGYY8377

江西：庐山区 谭策铭，董安淼 TanCM482

云南：文山 何德明 WSLJS731

Carex subfilicinoides Kükenthal **近蕨薹草** *

广西：金秀 彭华，向春雷，陈丽 PengH8131

湖北：宣恩 沈泽昊 HXE159

湖南：麻阳 彭华，王英，陈丽 P.H.5237

湖南：麻阳 彭华，王英，陈丽 P.H.5254

四川：乐至 邓兴敏，邓秀发，张昌兵 ZCB0511

云南：贡山 刘成，何华杰，黄莉等 14CS8505

云南：贡山 张挺，杨湘云，李涟漪等 14CS9642

云南：临沧 彭华，向春雷，王泽欢 PengH8077

云南：龙陵 孙兴旭 SunXX087

云南：绿春 彭华，向春雷，陈丽等 P.H.5606

云南：南涧 罗新洪，阿国仁 NJWLS550

云南：南涧 彭华，向春雷，陈丽 P.H.5954

云南：巧家 李文虎，吴天抗，高顺勇等 QJYS0142

云南：文山 韦荣彪，何德明 WSLJS639

云南：新平 彭华，向春雷，陈丽 PengH8318

云南：易门 彭华，向春雷，王泽欢 PengH8368

云南：元阳 彭华，向春雷，陈丽 PengH8201

云南：云龙 李施文，张志云，段耀飞等 TC3071

云南：镇沅 罗成瑜 ALSZY458

Carex teinogyna Boott **长柱头薹草**

湖南：怀化 李胜华，伍贤进，曾汉元等 HHXY293

云南：安宁 伊廷双，孟静，杨杨 MJ-883

云南：景东 罗忠华，谢有能，鲁成荣等 JDNR09059

云南：巧家 杨光明 SCSB-W-1144

云南：永德 李永亮 YDDXS0485

Carex tenuipaniculata P. C. Li **细序薹草** *

云南：新平 何罡安 XPALSB006

Carex thibetica Franchet **藏薹草** *

湖北：竹溪 李盛兰 GanQL383

江西：武宁 张吉华，张东红 TanCM2929

云南：巧家 杨光明 SCSB-W-1190

Carex thomsonii Boott **高节薹草**

云南：思茅区 胡启和，仇亚，张绍云 YNS0903

云南：腾冲 余新林，赵玮 BSGLGStc152

Carex thunbergii Steudel **陌上菅**

黑龙江：宁安 王臣，张欣欣，史传奇 WangCh82

Carex transversa Boott **横果薹草**

安徽：屯溪区 方建新 TangXS0223

云南：景东 杨国平，李达文，鲁志云 ygp-021

Carex tristachya Thunberg **三穗薹草**

安徽：屯溪区 方建新 TangXS0213

江西：九江 董安淼，吴从梅 TanCM1516

Carex tristachya var. **pocilliformis** (Boott) Kükenthal **合鳞薹草**

安徽：屯溪区 方建新 TangXS0829

Carex truncatigluma C. B. Clarke **截鳞薹草**

安徽：休宁 方建新 TangXS0838

Carex uda Maximowicz **大针薹草**

吉林：磐石 安海成 AnHC0291

Carex unisexualis C. B. Clarke **单性薹草**

安徽：屯溪区 方建新 TangXS0855

湖北：仙桃 李巨平 Lijuping0297

江西：星子 董安淼，吴从梅 TanCM1557

Carex ussuriensis Komarov **乌苏里薹草**

吉林：磐石 安海成 AnHC0299

Carex vesicaria Linnaeus **胀囊薹草**

黑龙江：宁安 王臣，张欣欣，史传奇 WangCh81

Carex vulpina Linnaeus **狐狸薹草**

甘肃：玛曲 尹鑫，吴航，葛文静 LiuJQ-GN-2011-146

Carex yamatsutana Ohwi **山林薹草**

吉林：磐石 安海成 AnHC0309

Carex yuexiensis S. W. Su & S. M. Xu **岳西薹草** *

湖北：竹溪 李盛兰 GanQL412

Carex yulungshanensis P. C. Li **玉龙薹草** *

云南：香格里拉 蔡杰，张挺，刘成等 11CS3228

Carex yunnanensis Franchet **云南薹草** *

云南：大理 张挺，李爱花，郭云刚等 SCSB-B-000080

Carex zekogensis Y. C. Yang **泽库薹草** *

甘肃：玛曲 尹鑫，吴航，葛文静 LiuJQ-GN-2011-161

Carex zhenkangensis F. T. Wang & Tang ex S. Yun Liang **镇康薹草 ***
云南：永德 李永亮 YDDXS0600
云南：永德 李永亮 YDDXS0601

Carex zhonghaiensis S. Yun Liang **中海薹草 ***
甘肃：碌曲 李晓东，刘帆，张景博等 LiJ0109

Cladium jamaicence Crantz subsp. **chinense** (Nees) T. Koyama **克拉莎**
湖南：江永 刘克明，蔡秀珍，肖乐希等 SCSB-HN-0075

Courtoisina cyperoides (Roxburgh) Soják **翅鳞莎**
云南：景东 罗忠华，谢有能，刘长铭等 JDNR024
云南：腾冲 周应再 Zhyz-311

Cyperus alternifolius Linnaeus **野生风车草**
河南：栾川 黄振英，于顺利，杨学军 Huangzy0050
河南：南召 邓志军，付婷婷，水庆艳 Huangzy0199
河南：嵩县 邓志军，付婷婷，水庆艳 Huangzy0133
湖南：鹤城区 李胜华，伍贤进，刘光华等 Wuxj814
湖南：怀化 曾汉元，伍贤进，李胜华等 HHXY085
湖南：会同 李胜华，伍贤进，曾汉元等 Wuxj994
云南：新平 白绍斌 XPALSC491
云南：永德 李永亮 YDDXS1097

Cyperus amuricus Maximowicz **阿穆尔莎草**
安徽：舒城 陈延松，欧祖兰，高秋晨等 Xuzd357
安徽：屯溪区 方建新 TangXS0258
山东：莱山区 卞福花，宋言贺 BianFH-489
山东：崂山区 罗艳，李中华，邓建平 LuoY300
山东：历城区 李兰，王萍，张少华 Lilan095
山东：牟平区 陈朋 BianFH-418
四川：雨城区 贾学静 YuanM2012004
云南：永德 李永亮 YDDXS0426
云南：镇沅 罗成瑜 ALSZY387

Cyperus compactus Retzius **密穗砖子苗**
湖南：鹤城区 李胜华，伍贤进，刘光华等 Wuxj820
云南：金平 税玉民，陈文红 80054
云南：永德 李永亮 YDDXS0846

Cyperus compressus Linnaeus **扁穗莎草**
安徽：肥西 陈延松，朱合军，姜九龙 Xuzd129
安徽：舒城 陈延松，欧祖兰，高秋晨等 Xuzd356
安徽：屯溪区 方建新 TangXS0255
贵州：南明区 邹方伦 ZouFL0210
贵州：紫云 张文超 Yuanm057
湖南：鹤城区 李胜华，伍贤进，刘光华等 Wuxj818
湖南：沅陵 李胜华，伍贤进，刘光华等 Wuxj896
江苏：海州区 汤兴利 HANGYY8457
江西：庐山区 董安淼，吴丛梅 TanCM3045
山东：莱山区 卞福花，宋言贺 BianFH-490
山东：长清区 王萍，高德民，张诏等 lilan252
陕西：长安区 田先华，田陌 TianXH089
四川：射洪 袁明 YUANM2016L235
云南：河口 税玉民，陈文红 71697
云南：永平 孙振华 OuXK-0049

Cyperus cuspidatus Kunth **长尖莎草**
山东：莱山区 卞福花 BianFH-0218
山东：平邑 张少华，张诏，程丹丹等 Lilan672
四川：米易 刘静 MY-075
四川：射洪 袁明 YUANM2015L114
四川：乡城 李晓东，张景博，徐凌翔等 LiJ371
西藏：林芝 卢洋，刘帆等 LiJ809
云南：景东 杨国平 07-75
云南：景谷 胡启和，周英，仇亚 YNS0632
云南：南涧 徐家武，袁玉川 NJWLS622
云南：南涧 熊绍荣 NJWLS2008192
云南：普洱 胡启和，张绍云 YNS0602
云南：腾冲 余新林，赵玮 BSGLGStc353
云南：新平 何罡安 XPALSB057
云南：玉龙 孙航，李新辉，陈林杨 SunH-07ZX-3195
云南：镇沅 何忠云 ALSZY278

Cyperus cyperoides (Linnaeus) Kuntze **砖子苗**
安徽：休宁 方建新 TangXS0127
湖南：永定区 廖博儒，吴福川，查学州等 7017
江苏：句容 吴宝成，王兆银 HANGYY8246
四川：峨眉山 李小杰 LiXJ427
四川：米易 刘静 MY-039
四川：盐源 孔航辉，罗江平，左雷等 YangQE3356
四川：雨城区 刘静，古玉 Y07311
西藏：波密 扎西次仁，西落 ZhongY650
云南：昌宁 赵玮 BSGLGSly108
云南：洱源 杨青松，星耀武，苏涛 ZhouZK-07ZX-0262
云南：官渡区 张挺，蔡杰，杜燕等 SCSB-A-000111
云南：鹤庆 孙航，李新辉，陈林杨 SunH-07ZX-3143
云南：景东 JDNR09111
云南：昆明 张书东，林娜娜，陆露等 SCSB-W-059
云南：丽江 孙航，李新辉，陈林杨 SunH-07ZX-3116
云南：隆阳区 尹学建，马学娟，马雪 BSGLGSly2017
云南：禄劝 彭华，向春雷，王泽欢 PengH8009
云南：蒙自 田学军，邱成书，高波 TianXJ0166
云南：南涧 阿国仁，何贵才 NJWLS2008127
云南：南涧 彭华，向春雷，陈丽 P.H.5914
云南：宁洱 胡启和，张绍云，周兵 YNS0964
云南：宁蒗 任宗昕，寸龙琼，任尚国 SCSB-W-1354
云南：普洱 叶金科 YNS0189
云南：腾冲 周应再 Zhyz-268
云南：文山 税玉民，陈文红 71841
云南：香格里拉 孙振华，郑志兴，沈蕊等 OuXK-YS-266
云南：新平 白绍斌 XPALSC145
云南：新平 何罡安 XPALSB059
云南：永德 李永亮，马文军，陈海超 YDDXSB104
云南：玉龙 彭华，王英，陈丽 P.H.5264
云南：镇沅 罗成瑜，王永发 ALSZY002

Cyperus difformis Linnaeus **异型莎草**
安徽：肥西 陈延松，姜九龙 Xuzd110
安徽：太和 彭斌 HANGYY8689
安徽：屯溪区 方建新 TangXS0128
广西：灵川 吴望辉，黄俞淞，蒋日红 Liuyan0425
广西：灵川 许为斌，黄俞淞，朱章明 Liuyan0459
黑龙江：阿城 孙阎，杜景红 SunY266
黑龙江：尚志 郑宝江，丁晓炎，王美娟等 ZhengBJ255
黑龙江：通河 郑宝江，丁晓炎，李月等 ZhengBJ234
湖北：竹溪 李盛兰 GanQL1002
湖南：鹤城区 李胜华，伍贤进，刘光华等 Wuxj817
湖南：洪江 李胜华，伍贤进，曾汉元等 Wuxj1021
湖南：会同 李胜华，伍贤进，曾汉元等 Wuxj979
湖南：江华 刘克明，王成，欧阳书珍 SCSB-HN-0850
湖南：湘乡 陈薇，朱香清，马仲辉 SCSB-HN-0476
湖南：沅陵 李胜华，伍贤进，刘光华等 Wuxj923
湖南：长沙 陈薇，田淑珍 SCSB-HN-0731

江苏：句容 吴宝成，王兆银 HANGYY8333
江苏：句容 吴宝成，王兆银 HANGYY8618
江苏：海州区 汤兴利 HANGYY8481
江西：黎川 童和平，王玉珍，常迪江等 TanCM2037
江西：庐山区 董安淼，吴从梅 TanCM822
上海：李宏庆，田怀珍 Lihq0002
上海：李宏庆，田怀珍，黄姝博 Lihq0010
四川：冕宁 张大才，尹五元，李双智等 ZhangDC-07ZX-2440
云南：建水 彭华，向春雷，陈丽 P.H.6005
云南：江城 叶金科 YNS0460
云南：江城 叶金科 YNS0470
云南：景东 罗忠华，谢有能，刘长铭等 JDNR020
云南：景东 鲁艳 200804
云南：景东 谢有能，刘长铭，段玉伟等 JDNR046
云南：景东 罗忠华，谢有能，刘长铭等 JDNR059
云南：勐海 彭华，向春雷，陈丽等 P.H.5689
云南：孟连 胡启和，赵强，周英等 YNS0782
云南：南涧 熊绍荣 NJWLS446
云南：南涧 熊绍荣 NJWLS2008092
云南：南涧 彭华，向春雷，陈丽 P.H.5945
云南：宁洱 叶金科 YNS0288
云南：普洱 胡启和，张绍云 YNS0599
云南：新平 谢雄 XPALSC410
云南：新平 谢雄 XPALSC552
云南：新平 白绍斌 XPALSC147
云南：永德 李永亮 YDDXS0580
云南：永德 李永亮 YDDXS1143
云南：元阳 田学军，杨建，邱成书等 Tianxj0029
云南：镇沅 罗成瑜，乔永华 ALSZY305

Cyperus diffusus Vahl **多脉莎草**

云南：金平 税玉民，陈文红 80242
云南：绿春 税玉民，陈文红 72633
云南：绿春 税玉民，陈文红 72841
云南：永德 李永亮 YDDXS0558

Cyperus digitatus Roxburgh **长小穗莎草**

云南：景洪 彭华，向春雷，陈丽等 P.H.5695

Cyperus distans Linnaeus f. **疏穗莎草**

云南：沧源 赵金超，肖美芳 CYNGH207
云南：景东 鲁艳 07-99
云南：景东 罗忠华，刘长铭，鲁成荣等 JDNR09045
云南：麻栗坡 肖波 LuJL499
云南：腾冲 周应再 Zhyz-267
云南：永德 李永亮 YDDXS0313
云南：永德 李永亮 YDDXS0929
云南：永德 李永亮 LiYL1465

Cyperus duclouxii E. G. Camus **云南莎草** *

贵州：开阳 肖恩婷 Yuanm011
四川：沐川 伊廷双，杨杨，孟静 MJ-640
云南：景东 罗忠华，谢有能，刘长铭等 JDNR019
云南：麻栗坡 肖波 LuJL093
云南：蒙自 税玉民，陈文红 72216
云南：蒙自 田学军，邱成书，高波 TianXJ0209
云南：维西 陈文允，于文涛，黄永江等 CYHL072
云南：新平 何罡安 XPALSB030
云南：永德 李永亮，马文军 YDDXSB190
云南：永德 李永亮 YDDXS0928

Cyperus eleusinoides Kunth **移穗莎草**

云南：绿春 HLS0168
云南：南涧 邹国娟，李加生，时国彩 NJWLS376
云南：巧家 张书东，张荣，王银环等 QJYS0223
云南：永德 李永亮 YDDXS0310
云南：永德 李永亮 YDDXS0312
云南：镇沅 罗成瑜，王永发 ALSZY004

Cyperus exaltatus Retzius **高秆莎草**

安徽：舒城 陈延松，欧祖兰，高秋晨等 Xuzd327
黑龙江：哈尔滨 刘玫，王臣，张欣欣等 Liuetal789
黑龙江：五大连池 孙阎，张兰兰 SunY376
江苏：句容 吴宝成，王兆银 HANGYY8609

Cyperus exaltatus var. **megalanthus** Kükenthal **长穗高秆莎草** *

江苏：南京 高兴 SCSB-JS0450
江苏：启东 高兴 HANGYY8636
江西：九江 谭策铭，易桂花 TanCM329
江西：九江 谭策铭，易桂花 TCM09189

Cyperus fuscus Linnaeus **褐穗莎草**

安徽：屯溪区 方建新 TangXS0952
河北：平山 牛玉璐，高彦飞，黄士良 NiuYL266
黑龙江：阿城 孙阎，张健男 SunY404
吉林：磐石 安海成 AnHC0354
内蒙古：赛罕区 李茂文，李昌亮 M137
山东：东营区 曹子谊，韩国营，吕蕾等 Zhaozt0082
山东：牟平区 陈朋 BianFH-410
山东：章丘 李兰，王萍，张少华 Lilan083
陕西：宁陕 田先华，吴礼慧 TianXH499
新疆：泽普 黄文娟，段黄金，王英鑫等 LiZJ0844

Cyperus glomeratus Linnaeus **头状穗莎草**

河北：桃城 牛玉璐，郑博颖，黄士良等 NiuYL127
黑龙江：北安 王臣，张欣欣，史传奇 WangCh195
吉林：磐石 安海成 AnHC0226
江西：庐山区 董安淼，吴从梅 TanCM2563
辽宁：桓仁 祝业平 CaoW1041
山东：莱山区 卞福花，宋言贺 BianFH-498
山东：莱山区 陈朋 BianFH-407
山东：崂山区 罗艳，李中华 LuoY182
山东：历城区 李兰，王萍，张少华 Lilan040
陕西：宁陕 田先华，吴礼慧 TianXH504
云南：武定 王文礼，何彪，冯欣等 OUXK11259

Cyperus haspan Linnaeus **畦畔莎草**

安徽：屯溪区 方建新 TangXS0129
福建：长泰 李宏庆，陈纪云，王双 Lihq0294
海南：三亚 彭华，向春雷，陈丽 PengH8173
江西：新建 谭策铭 TanCM354
四川：乐至 邓兴敏，邓秀发，张昌兵 ZCB0447
云南：景洪 彭华，向春雷，陈丽等 P.H.5694
云南：景洪 彭华，向春雷，陈丽等 P.H.5698
云南：澜沧 胡启和，张绍云 YNS0945
云南：绿春 税玉民，陈文红 72895
云南：绿春 黄连山保护区科研所 HLS0245
云南：麻栗坡 肖波 LuJL495
云南：勐海 彭华，向春雷，陈丽等 P.H.5675
云南：思茅区 胡启和，周兵，仇亚 YNS0900
云南：腾冲 余新林，赵玮 BSGLGStc362
云南：永德 李永亮 LiYL1589
云南：永德 李永亮 YDDXS0314

Cyperus hilgendorfianus Boeckeler **山东白鳞莎草**

山东：莒县 高德民，张少华，步瑞兰等 Lilan874

Cyperus involucratus Rottbøll 风车草
安徽：石台 陈延松，吴国伟，洪欣 Zhousb0071
云南：澜沧 胡启和，张绍云 YNS0946
云南：思茅区 胡启和，仇亚，张绍云 YNS0825
云南：新平 谢雄 XPALSC430

Cyperus iria Linnaeus 碎米莎草
安徽：肥西 陈延松，陈翠兵，沈云 Xuzd061
安徽：舒城 陈延松，欧祖兰，高秋晨等 Xuzd313
安徽：屯溪区 方建新 TangXS0619
安徽：黟县 刘淼 SCSB-JSB14
贵州：罗甸 邹方伦 ZouFL0071
贵州：台江 邹方伦 ZouFL0270
湖北：竹溪 李盛兰 GanQL1000
湖南：安化 旷仁平，盛波 SCSB-HN-1825
湖南：道县 刘克明，朱晓文 SCSB-HN-1002
湖南：洞口 肖乐希，谢江，唐光波等 SCSB-HN-1609
湖南：衡山 刘克明，田淑珍 SCSB-HN-0363
湖南：江华 刘克明，旷强，吴惊香 SCSB-HN-0826
湖南：澧县 田淑珍 SCSB-HN-1070
湖南：浏阳 刘克明，朱晓文，田淑珍 SCSB-HN-0448
湖南：浏阳 朱香清，田淑珍，刘克明 SCSB-HN-1775
湖南：浏阳 朱晓文 SCSB-HN-1053
湖南：宁乡 刘克明，熊凯辉 SCSB-HN-1841
湖南：宁乡 熊凯辉，刘克明 SCSB-HN-1960
湖南：平江 刘克明，旷强，刘洪新 SCSB-HN-0977
湖南：沅陵 刘克明，周磊，彭新星等 SCSB-HN-1356
湖南：岳麓区 刘克明，丛义艳 SCSB-HN-0013
湖南：长沙 朱香清，丛义艳 SCSB-HN-1778
湖南：资兴 刘克明，盛波，王得刚 SCSB-HN-1875
江苏：武进区 吴林园 HANGYY8702
江苏：海州区 汤兴利 HANGYY8404A
江西：黎川 童和平，王玉珍，常迪江等 TanCM2038
江西：庐山区 董安淼，吴丛梅 TanCM2546
山东：惠民 刘奥，王广阳 WBG001847
山东：岚山区 吴宝成 HANGYY8589
山东：临邑 刘奥，王广阳 WBG001895
山东：阳信 刘奥，王广阳 WBG001838
山东：章丘 李兰，王萍，张少华 Lilan-045
陕西：紫阳 田先华 TianXH1122
上海：李宏庆，田怀珍，黄姝博 Lihq0006
上海：李宏庆，吴冬，葛斌杰 Lihq0012
四川：峨眉山 李小杰 LiXJ121
四川：米易 刘静，袁明 MY-040
四川：冕宁 张大才，尹五元，李双智等 ZhangDC-07ZX-2442
四川：射洪 袁明 YUANM2016L237
四川：西昌 苏涛，黄永江，杨青松等 ZhouZK11388
四川：雨城区 贾学静 YuanM2012002
西藏：墨脱 刘成，亚吉东，何华杰等 16CS11857
云南：洱源 杨青松，杨莹，黄永江等 ZhouZK-07ZX-0127
云南：景东 鲁艳 07-108
云南：景东 罗忠华，刘长铭，鲁成荣等 JDNR09046
云南：蒙自 田学军 TianXJ0108
云南：南涧 熊绍荣，罗新洪，李敏等 NJWLS2008119
云南：思茅区 胡启和，周兵，仇亚 YNS0901
云南：腾冲 余新林，赵玮 BSGLGStc352
云南：新平 白绍斌 XPALSC089
云南：新平 白绍斌 XPALSC506
云南：新平 谢雄 XPALSC017
云南：新平 谢雄 XPALSC409
云南：永德 李永亮 YDDXS0311
云南：永德 李永亮 YDDXS0523
云南：元阳 田学军，杨建，邱成书等 Tianxj0041
云南：镇沅 罗成瑜 ALSZY100
浙江：临安 李宏庆，田怀珍，刘国丽 Lihq0078
浙江：临安 吴林园，彭斌，顾子霞 HANGYY9040
浙江：鄞州区 李宏庆，葛斌杰 Lihq0027

Cyperus linearispiculatus L. K. Dai 线状穗莎草 *
云南：普洱 叶金科，彭志仙 YNS0203
云南：玉龙 陈文允，于文涛，黄永江等 CYHL034

Cyperus michelianus (Linnaeus) Link 旋鳞莎草
安徽：屯溪区 方建新 TangXS0290
河北：平山 牛玉璐，高彦飞，黄士良 NiuYL267
江西：星子 董安淼，吴从梅 TanCM1613
山东：莱山区 卞福花，宋言贺 BianFH-484
山西：夏县 张贵平，吴琼，张丽 Zhangf0030

Cyperus microiria Steudel 具芒碎米莎草
安徽：肥西 陈延松，朱合军 Xuzd117
安徽：金寨 刘淼 SCSB-JSC24
安徽：屯溪区 方建新 TangXS0256
广西：八步区 黄俞淞，吴望辉，农冬新 Liuyan0284
河北：平山 牛玉璐，高彦飞，黄士良 NiuYL260
湖北：宣恩 祝文志，刘志祥，曹远俊 ShenZH0056
湖北：英山 朱鑫鑫，王君 ZhuXX172
湖北：竹溪 李盛兰 GanQL478
江苏：句容 王兆银，吴宝成 SCSB-JS0325
山东：垦利 曹子谊，韩国营，吕蕾等 Zhaozt0089
山东：莱山区 卞福花 BianFH-0206
山东：青岛 罗艳，李中华 LuoY282
山东：长清区 王萍，高德民，张诏等 lilan285
陕西：长安区 田先华 TianXH1110
四川：沐川 伊廷双，杨杨，孟静 MJ-636
云南：河口 税玉民，陈文红 71698
云南：江城 叶金科 YNS0473
云南：新平 白绍斌 XPALSC442
云南：永德 李永亮 YDDXS0494
浙江：临安 李宏庆，田怀珍，刘国丽 Lihq0082
浙江：临安 吴林园，彭斌，顾子霞 HANGYY9013

Cyperus nipponicus Franchet & Savatier 白鳞莎草
安徽：屯溪区 方建新 TangXS0263
河北：桃城 牛玉璐，郑博颖，黄士良等 NiuYL126
吉林：磐石 安海成 AnHC0240
江苏：海州区 汤兴利 HANGYY8485
江苏：句容 王兆银，吴宝成 SCSB-JS0326
江西：星子 董安淼，吴从梅 TanCM1615

Cyperus niveus Retzius 南莎草
云南：绿春 黄连山保护区科研所 HLS0121
云南：麻栗坡 肖波 LuJL090
云南：普洱 叶金科，彭志仙 YNS0298
云南：思茅区 胡启和，张绍云 YNS0988
云南：腾冲 周应再 Zhyz-279

Cyperus nutans Vahl 垂穗莎草
云南：景东 罗忠华，谢有能，刘长铭等 JDNR030
云南：蒙自 税玉民，陈文红 72215
云南：宁洱 胡启和，张绍云，周兵 YNS0966
云南：新平 自正尧 XPALSB249
云南：镇沅 罗成瑜 ALSZY326

Cyperus odoratus Linnaeus 断节莎
广东：天河区 童毅华 TYH12
Cyperus orthostachyus Franchet & Savatier 三轮草
安徽：休宁 方建新 TangXS0045
贵州：铜仁 彭华，王英，陈丽 P.H.5188
黑龙江：五常 孙阎，吕军 SunY430
黑龙江：五大连池 孙阎，杜景红，李鑫鑫 SunY216
湖北：黄梅 刘淼 SCSB-JSA24
湖北：竹溪 李盛兰 GanQL349
湖南：洞口 肖乐希，唐光波，谢江等 SCSB-HN-1731
湖南：江华 肖乐希 SCSB-HN-1620
湖南：沅陵 刘克明，周磊，彭新星等 SCSB-HN-1324
湖南：资兴 蔡秀珍，孙秋妍，王燕归等 SCSB-HN-1307
吉林：磐石 安海成 AnHC0368
江西：黎川 童和平，王玉珍，常迪江等 TanCM1996
江西：星子 董安淼，吴从梅 TanCM1060
山东：岚山区 吴宝成 HANGYY8590
山东：天桥区 王萍，高德民，张诏等 lilan305
Cyperus pannonicus Jacquin 花穗水莎草
新疆：温宿 杨赵平，焦培培，白冠章等 LiZJ0789
Cyperus pilosus Vahl 毛轴莎草
安徽：休宁 方建新 TangXS0067
广西：钟山 黄俞淞，吴望辉，农冬新 Liuyan0269
贵州：平塘 邹方伦 ZouFL0135
江苏：句容 吴宝成，王兆银 HANGYY8332
云南：景洪 彭华，向春雷，王泽欢 PengH8596
云南：景洪 彭华，向春雷，王泽欢 PengH8598
云南：景洪 彭华，向春雷，王泽欢 PengH8602
云南：龙陵 孙兴旭 SunXX069
云南：绿春 黄连山保护区科研所 HLS0241
云南：南涧 彭华，向春雷，陈丽 P.H.5946
云南：腾冲 余新林，赵玮 BSGLGStc250
云南：维西 王文礼，冯欣，刘飞鹏 OUXK11047
云南：新平 谢天华，李应富，郎定富 XPALSA017
云南：盈江 王立彦，左常盛，桂魏 SCSB-TBG-046
云南：盈江 王立彦，桂魏 SCSB-TBG-101
云南：永德 李永亮 YDDXS0315
云南：玉龙 陈文允，于文涛，黄永江等 CYHL030
Cyperus pygmaeus Rottbøll 矮莎草
安徽：屯溪区 方建新 TangXS0024
Cyperus radians Nees & Meyen ex Kunth 辐射穗砖子苗
山东：莱山区 卞福花 BianFH-0227
山东：崂山区 罗艳，李中华 LuoY322
Cyperus rotundus Linnaeus 香附子
安徽：屯溪区 方建新 TangXS0126
河北：桃城 牛玉璐，郑博颖，黄士良等 NiuYL122
湖北：仙桃 张代贵 Zdg1353
湖北：竹溪 李盛兰 GanQL106
湖南：武陵源区 廖博儒，余祥洪，陈启超 7126
江苏：赣榆 吴宝成 HANGYY8288
江苏：射阳 吴宝成 HANGYY8284
江西：庐山区 谭策铭，董安淼 TanCM507
江西：庐山区 董安淼，吴从梅 TanCM3058
山东：莱山区 卞福花 BianFH-0207
山东：青岛 罗艳，李中华 LuoY284
山西：永济 焦磊，张海博，廉凯敏 Zhangf0195
四川：峨眉山 李小杰 LiXJ439
四川：乐至 邓兴敏，邓秀发，张昌兵 ZCB0391
四川：射洪 袁明 YUANM2015L058
四川：射洪 袁明 YUANM2016L008
四川：西昌 苏涛，黄永江，杨青松等 ZhouZK11389
四川：盐源 孔航辉，罗江平，左雷等 YangQE3368
云南：剑川 王文礼，冯欣，刘飞鹏 OUXK11240
云南：禄劝 王文礼，何彪，冯欣等 OUXK11256
云南：宁洱 胡启和，张绍云，周兵 YNS0968
云南：石林 税玉民，陈文红 66616
云南：腾冲 周应再 Zhyz-315
云南：腾冲 周应再 Zhyz-481
云南：新平 自正尧 XPALSB245
云南：新平 何罡安 XPALSB189
云南：永德 李永亮 YDDXS0499
Cyperus serotinus Rottbøll 水莎草
安徽：屯溪区 方建新 TangXS0020
湖南：会同 李胜华，伍贤进，曾汉元等 Wuxj1003
湖南：浏阳 刘克明，朱晓文，田淑珍 SCSB-HN-0450
江西：星子 董安淼，吴从梅 TanCM1035
四川：峨眉山 李小杰 LiXJ719
四川：米易 刘静，汤加勇 MY-100
新疆：博乐 徐文斌，黄雪姣 SHI-2008443
新疆：博乐 徐文斌，黄雪姣 SHI-2008446
新疆：霍城 刘鸯，马真，贺晓欢等 SHI-A2007149
新疆：霍城 徐文斌，刘鸯，马真等 SHI-A2007128
新疆：尼勒克 段士民，王喜勇，刘会良 Zhangdy422
新疆：伊犁 段士民，王喜勇，刘会良 Zhangdy315
新疆：伊宁 徐文斌 SHI-A2007261
新疆：泽普 黄文娟，段黄金，王英鑫等 LiZJ0847
云南：沧源 赵金超，肖美芳 CYNGH206
云南：景东 鲁艳 07-123
云南：隆阳区 段在贤，密得生，刀开国等 BSGLGSly1057
云南：普洱 叶金科 YNS0204
云南：思茅区 胡启和，张绍云，周兵 YNS0991
云南：文山 何德明 WSLJS415
云南：新平 自正尧 XPALSB237
Cyperus simaoensis Y. Y. Qian 思茅莎草 *
云南：文山 何德明 WSLJS872
Cyperus squarrosus Linnaeus 具芒鳞砖子苗
云南：永德 李永亮 YDDXS0934
Cyperus surinamensis Rottbøll 苏里南莎草
广东：天河区 童毅华 TYH04
Cyperus tenuiculmis Boeckeler 四棱穗莎草
云南：镇沅 叶金科 YNS0275
Cyperus tenuispica Steudel 窄穗莎草
安徽：屯溪区 方建新 TangXS0913
江苏：句容 吴宝成，王兆银 HANGYY8125
Eleocharis atropurpurea (Retzius) J. Presl & C. Presl 紫果蔺
四川：红原 张昌兵 ZhangCB0075
云南：宁洱 周兵，胡启元，张绍云 YNS0882
Eleocharis attenuata (Franchet & Savatier) Palla 渐尖穗荸荠
安徽：屯溪区 方建新 TangXS0435
湖北：竹溪 李盛兰 GanQL408
江西：庐山区 董安淼，吴从梅 TanCM1032
Eleocharis congesta D. Don 密花荸荠
安徽：屯溪区 方建新 TangXS0724
云南：永德 李永亮 YDDXS0535
Eleocharis dulcis (N. L. Burman) Trinius ex Henschel 荸荠
云南：临沧 彭华，向春雷，王泽欢 PengH8084

云南：永德 李永亮 YDDXS0006

Eleocharis migoana Ohwi & T. Koyama **江南荸荠 ***

江西：庐山区 董安淼，吴从梅 TanCM1548

Eleocharis mitracarpa Steudel **槽秆荸荠**

新疆：乌恰 黄文娟，白宝伟 TD-01423

Eleocharis ovata (Roth) Roemer & Schultes **卵穗荸荠**

河北：灵寿 牛玉璐，高彦飞，黄士良 NiuYL195

Eleocharis pellucida J. Presl & C. Presl **透明鳞荸荠**

云南：马关 何德明 WSLJS932

Eleocharis pellucida var. **japonica** (Miquel) Tang & F. T. Wang **稻田荸荠**

江西：星子 董安淼，吴从梅 TanCM834

云南：永德 李永亮 YDDXS1212

云南：永德 李永亮 YDDXS1213

Eleocharis quinqueflora (Hartmann) O. Schwarz **少花荸荠**

西藏：城关区 李晖，边巴，徐爱国 lihui-Q-09-72

新疆：塔什库尔干 黄文娟，段黄金，王英鑫等 LiZJ0387

新疆：温宿 邱爱军，张玲 LiZJ1877

Eleocharis tetraquetra Nees **龙师草**

江苏：句容 吴宝成，王兆银 HANGYY8350

江西：庐山区 董安淼，吴从梅 TanCM1659

江西：武宁 张吉华，张东红 TanCM2609

山东：海阳 高德民，张颖颖，程丹丹等 lilan551

云南：普洱 胡启和，张绍云 YNS0618

浙江：开化 李宏庆，熊申展，桂萍 Lihq0399

Eleocharis uniglumis (Link) Schultes **单鳞苞荸荠**

新疆：温宿 杨赵平，焦培培，白冠章等 LiZJ0793

Eleocharis valleculosa Ohwi var. **setosa** Ohwi **具刚毛荸荠**

甘肃：碌曲 李晓东，刘帆，张景博等 LiJ0094

山东：海阳 高德民，张颖颖，程丹丹等 lilan553

山东：崂山区 罗艳，李中华 LuoY286

四川：红原 张昌兵，邓秀华 ZhangCB0276

西藏：墨竹工卡 卢洋，刘帆等 LiJ901

新疆：石河子 杨赵平，黄文娟，段黄金等 LiZJ0005

云南：永德 李永亮 YDDXS0512

Eleocharis wichurae Boeckeler **羽毛荸荠**

黑龙江：宁安 王臣，张欣欣，史传奇 WangCh63

山东：长清区 张少华，张颖颖，程丹丹等 lilan507

Eleocharis yokoscensis (Franchet & Savatier) Tang & F. T. Wang **牛毛毡**

甘肃：碌曲 李晓东，刘帆，张景博等 LiJ0183

江苏：句容 吴宝成，王兆银 HANGYY8155

山东：崂山区 罗艳，李中华，邓建平 LuoY236

四川：稻城 李晓东，张景博，徐凌翔等 LiJ417

四川：稻城 何兴金，王长宝，刘爽等 SCU-09-042

四川：红原 张昌兵 ZhangCB0023

云南：永德 李永亮 YDDXS1241

Eleocharis yunnanensis Svenson **云南荸荠 ***

云南：永德 李永亮 YDDXS1250

Eriophorum comosum (Wallich) Nees **丛毛羊胡子草**

重庆：巫溪 李盛兰 GanQL810

四川：丹巴 何兴金，胡灏禹，沈呈娟等 SCU-11-404

四川：米易 刘静，袁明 MY-196

四川：射洪 袁明 YUANM2015L039

云南：福贡 刀志灵，陈哲 DZL-055

云南：华宁 刘恩德，方伟，杜燕等 SCSB-B-000029

云南：景东 张绍云，胡启和，仇亚等 YNS1145

云南：隆阳区 赵文李 BSGLGS1y3045

云南：麻栗坡 肖波 LuJL192

云南：南涧 张世雄，时国彩 NJWLS2008350

云南：南涧 罗新洪，阿国仁 NJWLS556

云南：巧家 李文虎，吴天抗，张天壁等 QJYS0191

云南：文山 何德明，丰艳飞，王成 WSLJS906

云南：西山区 彭华，陈丽 P.H.5292

云南：元江 孙振华，王文礼，宋晓卿等 Ouxk-YJ-0015

云南：元谋 张燕妮 OuXK-0064

云南：元谋 何彪 OuXK-0070

云南：元谋 王文礼，何彪，冯欣等 OUXK11266

云南：云龙 郭永杰，王杨飞，李施文等 TC4024

Eriophorum vaginatum Linnaeus **白毛羊胡子草**

黑龙江：嫩江 王臣，张欣欣，史传奇 WangCh10

Fimbristylis aestivalis (Retzius) Vahl **夏飘拂草**

安徽：屯溪区 方建新 TangXS0942

江西：龙南 梁跃龙，廖海红，徐清娣 LiangYL068

四川：米易 刘静，袁明 MY-306

云南：腾冲 余新林，赵玮 BSGLGStc356

Fimbristylis aphylla Steudel **无叶飘拂草**

山东：崂山区 步瑞兰，辛晓伟，高丽丽等 Lilan712

Fimbristylis autumnalis (Linnaeus) Roemer & Schultes **秋飘拂草**

江苏：海州区 汤兴利 HANGYY8486

江苏：句容 吴宝成，王兆银 HANGYY8326

山东：海阳 王萍，高德民，张诏等 lilan298

Fimbristylis bisumbellata (Forsskål) Bubani **复序飘拂草**

安徽：肥西 陈延松，朱合军，姜九龙 Xuzd122

安徽：屯溪区 方建新 TangXS0680

安徽：屯溪区 方建新 TangXS0271

江西：庐山区 董安淼，吴从梅 TanCM3051

江西：星子 谭策铭，董安淼 TanCM472

山东：长清区 张少华，张颖颖，程丹丹等 lilan506

山东：长清区 高德民，辛晓伟，高丽丽 Lilan750

山东：长清区 张少华，王萍，张诏等 Lilan160

四川：万源 张桥蓉，余华 15CS11536

云南：沧源 赵金超，龙源凤 CYNGH015

云南：景东 鲁艳 07-113

云南：景东 罗忠华，刘长铭，鲁成荣等 JDNR09034

云南：绿春 黄连山保护区科研所 HLS0120

云南：宁洱 叶金科 YNS0292

云南：普洱 胡启和，周英，张绍云等 YNS0553

云南：普洱 胡启和，周英，张绍云等 YNS0554

云南：新平 白绍斌 XPALSC500

云南：新平 谢雄 XPALSC412

云南：新平 谢天华，郎定富，杨如伟 XPALSA030

云南：永德 李永亮 YDDXS0883

云南：永德 李永亮 YDDXS1157

云南：永德 李永亮 YDDXS1265

云南：镇沅 朱恒 ALSZY046

云南：镇沅 罗成瑜 ALSZY330

Fimbristylis complanata (Retzius) Link **扁鞘飘拂草**

安徽：肥西 陈延松，陶瑞松，朱合军 Xuzd103

贵州：开阳 肖恩婷 Yuanm029

江苏：句容 王兆银，吴宝成 SCSB-JS0194

江苏：海州区 汤兴利 HANGYY8441

四川：射洪 袁明 YUANM2015L067

云南：洱源 杨青松，星耀武，苏涛 ZhouZK-07ZX-0299

云南：龙陵 孙兴旭 SunXX064

云南：腾冲 余新林，赵玮 BSGLGStc357
云南：文山 何德明，丰艳飞，韦荣彪等 WSLJS714
云南：永德 李永亮 YDDXS0510
云南：永德 李永亮 YDDXS1215
云南：云龙 李爱花，李洪超，李文化等 SCSB-A-000178

Fimbristylis complanata var. **exaltata** (T. Koyama) Y. C. Tang ex S. R. Zhang & T. Koyama **矮扁鞘飘拂草**

安徽：休宁 唐鑫生，方建新 TangXS0283

Fimbristylis dichotoma (Linnaeus) Vahl **两歧飘拂草**

安徽：肥西 陈延松，姜九龙，陈翠兵等 Xuzd109
安徽：肥西 陈延松，朱合军 Xuzd111
安徽：屯溪区 方建新 TangXS0022
贵州：江口 彭华，王英，陈丽 P.H. 5120
贵州：威宁 邹方伦 ZouFL0291
江苏：宜兴 李宏庆，田怀珍，葛斌杰等 Lihq0245
江西：黎川 童和平，王玉珍，常迪江等 TanCM2042
江西：新建 谭策铭 TanCM353
山东：莱山区 卞福花 BianFH-0221
山东：崂山区 罗艳，李中华 LuoY290
四川：峨眉山 李小杰 LiXJ545
云南：河口 税玉民，陈文红 71699
云南：金平 税玉民，陈文红 80743
云南：景东 杨国平 07-89
云南：景东 罗忠华，谢有能，刘长铭等 JDNR023
云南：绿春 税玉民，陈文红 73139
云南：南涧 阿国仁，罗新洪，李敏等 NJWLS2008124
云南：宁洱 胡启和，张绍云，周兵 YNS0965
云南：普洱 胡启和，张绍云 YNS0612
云南：普洱 胡启和，张绍云 YNS0613
云南：普洱 胡启和，张绍云 YNS0614
云南：普洱 叶金科 YNS0238
云南：腾冲 余新林，赵玮 BSGLGStc361
云南：腾冲 周应再 Zhyz-312
云南：文山 何德明 WSLJS592
云南：新平 白绍斌 XPALSC308
云南：新平 何罡安 XPALSB101
云南：永德 李永亮 LiYL1350
云南：永德 李永亮 YDDXS0319
云南：永德 李永亮 YDDXS1156
云南：玉龙 张大才，李双智，杨川 ZhangDC-07ZX-2017
云南：镇沅 罗成瑜 ALSZY459

Fimbristylis diphylloides Makino **拟二叶飘拂草**

安徽：黟县 刘淼 SCSB-JSB57
湖南：安化 旷仁平，盛波 SCSB-HN-1981
湖南：江华 刘克明，王成，欧阳书珍 SCSB-HN-0848
湖南：宁乡 刘克明，熊凯辉 SCSB-HN-1824
湖南：平江 刘克明，吴惊香 SCSB-HN-0985
湖南：长沙 陈薇，田淑珍 SCSB-HN-0786
湖南：资兴 刘克明，盛波，王得刚 SCSB-HN-1874
江苏：海州区 汤兴利 HANGYY8454
江苏：宿城区 李宏庆，熊申展，胡超 Lihq0369
江西：九江 董安淼，吴从梅 TanCM861
江西：黎川 童和平，王玉珍，常迪江等 TanCM2055

Fimbristylis dipsacea (Rottbøll) Bentham **起绒飘拂草**

江西：星子 董安淼，吴从梅 TanCM1640

Fimbristylis fimbristyloides (F. Mueller) Druce **矮飘拂草**

安徽：屯溪区 方建新 TangXS0939
云南：永平 孙振华 OuXK-0048

Fimbristylis fusca (Nees) C. B. clarke **暗褐飘拂草**

湖北：黄梅 刘淼 SCSB-JSA25
云南：沧源 赵金超，龙源凤 CYNGH016
云南：南涧 阿国仁 NJWLS784
云南：镇沅 朱恒，罗成永 ALSZY042

Fimbristylis henryi C. B. Clarke **宜昌飘拂草 ***

安徽：舒城 陈延松，欧祖兰，高秋晨等 Xuzd383
安徽：屯溪区 方建新 TangXS0878
湖北：仙桃 张代贵 Zdg2958
湖南：永顺 陈功锡，张代贵 SCSB-HC-2008245
江西：庐山区 董安淼，吴丛梅 TanCM2575
云南：新平 谢雄 XPALSC481

Fimbristylis hookeriana Boeckeler **金色飘拂草**

江苏：海州区 汤兴利 HANGYY8492
山东：文登 高德民，谭洁，李明栓等 lilan993

Fimbristylis littoralis Gaudichaud **水虱草**

安徽：肥西 陈延松，陶瑞松，姜九龙 Xuzd102
安徽：石台 洪欣，王欧文 ZSB372
安徽：屯溪区 方建新 TangXS0023
广西：灵川 许为斌，黄俞淞，朱章明 Liuyan0460
贵州：惠水 邹方伦 ZouFL0159
湖南：会同 李胜华，伍贤进，曾汉元等 Wuxj982
江苏：句容 王兆银，吴宝成 SCSB-JS0324
江苏：句容 吴宝成，王兆银 HANGYY8339
江苏：海州区 汤兴利 HANGYY8503
江西：九江 谭策铭，易桂花 TanCM449
上海：李宏庆，田怀珍，黄姝博 Lihq0007
四川：乐至 邓兴敏，邓秀发，张昌兵 ZCB0432
四川：雨城区 贾学静 YuanM2012003
云南：景东 鲁艳 2008128
云南：景东 罗忠华，谢有能，刘长铭等 JDNR022
云南：景东 罗忠华，谢有能，刘长铭等 JDNR027
云南：龙陵 孙兴旭 SunXX065
云南：勐海 蔡杰，张挺 13CS7219
云南：宁洱 叶金科 YNS0291
云南：思茅区 胡启和，张绍云，周兵 YNS0976
云南：思茅区 胡启和，张绍云，周兵 YNS0992
云南：腾冲 周应再 Zhyz-284
云南：新平 自正尧 XPALSB281
云南：新平 谢雄 XPALSC462
云南：盈江 王立彦，桂魏，刀江飞 SCSB-TBG-107
云南：永德 李永亮 YDDXS0801
云南：永德 李永亮 YDDXS1255
云南：永德 李永亮，马文军，陈海超 YDDXSB105
云南：永德 李永亮 YDDXS0318
云南：镇沅 何忠云 ALSZY279
云南：镇沅 罗成瑜，乔永华 ALSZY293
云南：镇沅 朱恒 ALSZY055
浙江：鄞州区 李宏庆，葛斌杰 Lihq0028

Fimbristylis longispica Steudel **长穗飘拂草**

江西：黎川 童和平，王玉珍，常迪江等 TanCM2026
江西：庐山区 董安淼，吴从梅 TanCM844

Fimbristylis nigrobrunnea Thwaites **褐鳞飘拂草**

云南：昌宁 赵玮 BSGLGSly104
云南：文山 何德明 WSLJS851

Fimbristylis ovata (N. L. Burman) J. Kern **独穗飘拂草**

湖南：沅陵 李胜华，伍贤进，刘光华等 Wuxj930
四川：理塘 李晓东，张景博，徐凌翔等 LiJ422

西藏：拉萨 卢洋，刘帆等 LiJ722
云南：宁洱 胡启和，仇亚，张绍云 YNS0569
云南：永德 李永亮 YDDXS6502

Fimbristylis pierotii Miquel **东南飘拂草**
安徽：舒城 陈延松，欧祖兰，高秋晨等 Xuzd307
安徽：屯溪区 方建新 TangXS0943

Fimbristylis quinquangularis (Vahl) Kunth **五棱秆飘拂草**
安徽：屯溪区 方建新 TangXS0690
安徽：屯溪区 方建新 TangXS0912
贵州：施秉 邹方伦 ZouFL0250
江西：武宁 张吉华，刘运群 TanCM1118
云南：绿春 税玉民，陈文红 72897
云南：绿春 黄连山保护区科研所 HLS0272
云南：普洱 胡启和，周英，张绍云等 YNS0552
云南：永德 李永亮 YDDXS0427
云南：玉龙 张大才，李双智，杨川 ZhangDC-07ZX-2021
云南：镇沅 朱恒 ALSZY065

Fimbristylis rigidula Nees **结壮飘拂草**
安徽：金寨 刘淼 SCSB-JSC19
安徽：舒城 陈延松，欧祖兰，高秋晨等 Xuzd323
安徽：屯溪区 方建新 TangXS0289
江苏：句容 吴宝成，王兆银 HANGYY8152
四川：乐至 邓兴敏，邓秀发，张昌兵 ZCB0407

Fimbristylis squarrosa Vahl **畦畔飘拂草**
吉林：磐石 安海成 AnHC0386
江苏：连云港 李宏庆，熊申展，胡超 Lihq0352
山东：莱山区 卞福花，宋言贺 BianFH-477
云南：景洪 彭华，向春雷，王泽欢 PengH8555
云南：思茅区 胡启和，张绍云，周兵 YNS0982
云南：新平 自正尧，李伟 XPALSB214
云南：易门 彭华，向春雷，王泽欢 PengH8381
云南：永德 李永亮 YDDXS0065

Fimbristylis squarrosa var. **esquarrosa** Makino **短尖飘拂草**
山东：长清区 高德民，张诏，王萍等 lilan494

Fimbristylis stauntonii Debeaux & Franchet **烟台飘拂草**
安徽：金寨 陈延松，欧祖兰，姜九龙 Xuzd160
安徽：屯溪区 方建新 TangXS0297
山东：长清区 张少华，王萍，张诏等 Lilan236

Fimbristylis subbispicata Nees & Meyen **双穗飘拂草**
重庆：南川区 易思荣 YISR147
江苏：句容 吴宝成，王兆银 HANGYY8327
江苏：句容 吴宝成，王兆银 HANGYY8349
山东：平邑 高德民，张诏，王萍等 lilan495

Fimbristylis umbellaris (Lamarck) Vahl **伞形飘拂草**
云南：景洪 彭华，向春雷，陈丽等 P.H.5699
云南：普洱 胡启和，周英，张绍云等 YNS0551

Fuirena ciliaris (Linnaeus) Roxburgh **毛芙兰草**
山东：长清区 张少华，张诏，程丹丹等 Lilan671

Fuirena umbellata Rottboll **芙兰草**
福建：长泰 李宏庆，陈纪云，王双 Lihq0291

Gahnia javanica Zollinger & Moritzi **爪哇黑莎草**
广西：金秀 彭华，向春雷，陈丽 PengH8150
广西：上思 何海文，杨锦超 YANGXF0477

Gahnia tristis Nees **黑莎草**
广西：上思 何海文，杨锦超 YANGXF0476
江西：黎川 童和平，王玉珍 TanCM1845
江西：龙南 梁跃龙，张挺，欧考胜 LiangYL003
云南：元阳 彭华，向春雷，陈丽 PengH8211

Hypolytrum nemorum (Vahl) Sprengel **割鸡芒**
广西：昭平 吴望辉，黄俞淞，蒋日红 Liuyan0326
云南：盘龙区 伊廷双，孟静，杨杨 MJ-959
云南：新平 张云德，李俊友 XPALSC123

Isolepis setacea (Linnaeus) R. Brown **细莞**
甘肃：临潭 齐威 LJQ-2008-GN-423
甘肃：玛曲 李晓东，刘帆，张景博等 LiJ0014
甘肃：玛曲 尹鑫，吴航，葛文静 LiuJQ-GN-2011-147
甘肃：夏河 齐威 LJQ-2008-GN-426
四川：稻城 李晓东，张景博，徐凌翔等 LiJ416
西藏：林芝 卢洋，刘帆等 LiJ808
云南：香格里拉 张挺，亚吉东，李明勤等 11CS3345

Kobresia capillifolia (Decaisne) C. B. Clarke **线叶嵩草**
甘肃：玛曲 齐威 LJQ-2008-GN-435
甘肃：玛曲 尹鑫，吴航，葛文静 LiuJQ-GN-2011-159
青海：互助 薛春迎 Xuechy0089
青海：门源 吴玉虎 LJQ-QLS-2008-0147
西藏：当雄 陈家辉，庄会富，刘德团 Yangyp-Q-0175
西藏：噶尔 陈家辉，庄会富，刘德团等 Yangyp-Q-0053
西藏：噶尔 陈家辉，庄会富，刘德团等 Yangyp-Q-0072
新疆：和田 冯建菊 Liujq-fjj-0096
新疆：奇台 谭敦炎，吉乃提 TanDY0801

Kobresia cuneata Kükenthal **截形嵩草** *
四川：红原 张昌兵，邓秀华 ZhangCB0268
云南：香格里拉 张挺，亚吉东，李明勤等 11CS3344
云南：玉龙 孔航辉，任琛 Yangqe2763

Kobresia esenbeckii (Kunth) Noltie **三脉嵩草**
云南：新平 何罡安 XPALSB459

Kobresia filifolia (Turczaninow) C. B. Clarke **丝叶嵩草**
青海：格尔木 冯虎元 LiuJQ-08KLS-023

Kobresia graminifolia C. B. Clarke **禾叶嵩草**
甘肃：玛曲 尹鑫，吴航，葛文静 LiuJQ-GN-2011-157
云南：香格里拉 张挺，亚吉东，李明勤等 11CS3388

Kobresia hohxilensis R. F. Huang **匍茎嵩草** *
青海：格尔木 潘建斌，杜维波，牛炳韬 Liujq-2011CDM-038
青海：格尔木 潘建斌，杜维波，牛炳韬 Liujq-2011CDM-046

Kobresia humilis (C. A. Meyer ex Trautvetter) Sergievskaja **矮生嵩草**
甘肃：玛曲 李晓东，刘帆，张景博等 LiJ0041
青海：都兰 潘建斌，杜维波，牛炳韬 Liujq-2011CDM-188
青海：乌兰 潘建斌，杜维波，牛炳韬 Liujq-2011CDM-293
四川：新龙 李晓东，张景博，徐凌翔等 LiJ493
西藏：阿里 陈家辉，庄会富，边巴扎西 Yangyp-Q-2039
西藏：班戈 杨永平，陈家辉，段元文等 Yangyp-Q-0154
西藏：那曲 陈家辉，庄会富，边巴扎西 Yangyp-Q-2120
西藏：聂荣 陈家辉，庄会富，边巴扎西 Yangyp-Q-2085
西藏：左贡 张永洪，王晓雄，周卓等 SunH-07ZX-1166

Kobresia kansuensis Kükenthal **甘肃嵩草**
甘肃：玛曲 齐威 LJQ-2008-GN-418
甘肃：玛曲 尹鑫，吴航，葛文静 LiuJQ-GN-2011-143
四川：稻城 张大才，尹五元，李双智等 ZhangDC-07ZX-2151
云南：巧家 杨光明 SCSB-W-1291
云南：巧家 杨光明 SCSB-W-1293

Kobresia littledalei C. B. Clarke **康藏嵩草** *
西藏：措勤 李晖，卜海涛，边巴等 lihui-Q-09-17
西藏：定日 王东超，杨大松，张春林等 YangYP-Q-5113

Kobresia macrantha Boeckeler **大花嵩草**
甘肃：夏河 尹鑫，吴航，葛文静 LiuJQ-GN-2011-164

青海：都兰 潘建斌，杜维波，牛炳韬 Liujq-2011CDM-160
青海：都兰 潘建斌，杜维波，牛炳韬 Liujq-2011CDM-189
四川：德格 张挺，李爱花，刘成等 08CS803
四川：德格 张挺，李爱花，刘成等 08CS806
西藏：阿里 陈家辉，庄会富，边巴扎西 Yangyp-Q-2042
西藏：昂仁 李晖，卜海涛，边巴等 lihui-Q-09-02
西藏：当雄 陈家辉，庄会富，刘德团 Yangyp-Q-0166
西藏：噶尔 李晖，文雪梅，次旺加布等 Lihui-Q-0017
西藏：噶尔 陈家辉，庄会富，边巴扎西 Yangyp-Q-2014
西藏：噶尔 陈家辉，庄会富，边巴扎西 Yangyp-Q-2021
西藏：改则 李晖，卜海涛，边巴等 lihui-Q-09-21
西藏：林芝 卢洋，刘帆等 LiJ805
西藏：芒康 张挺，蔡杰，刘恩德等 SCSB-B-000459
西藏：那曲 陈家辉，庄会富，刘德团 Yangyp-Q-0184
西藏：仲巴 陈家辉，庄会富，边巴扎西 YangYP-Q-2002

Kobresia myosuroides (Villars) Fiori **嵩草**

甘肃：玛曲 齐威 LJQ-2008-GN-433
甘肃：玛曲 齐威 LJQ-2008-GN-434
甘肃：玛曲 尹鑫，吴航，葛文静 LiuJQ-GN-2011-158
四川：若尔盖 张昌兵 ZhangCB0053
西藏：昌都 张挺，李爱花，刘成等 08CS757
西藏：芒康 张永洪，李国栋，王晓雄 SunH-07ZX-1747
西藏：那曲 陈家辉，庄会富，刘德团 Yangyp-Q-0186

Kobresia nepalensis (Nees) Kükenthal **尼泊尔嵩草**

云南：香格里拉 张挺，蔡杰，郭永杰等 11CS3087

Kobresia pusilla N. A. Ivanova **高原嵩草 ***

青海：格尔木 冯虎元 LiuJQ-08KLS-024
青海：格尔木 冯虎元 LiuJQ-08KLS-054
青海：格尔木 冯虎元 LiuJQ-08KLS-089

Kobresia pygmaea (C. B. Clarke) C. B. Clarke **高山嵩草**

甘肃：玛曲 齐威 LJQ-2008-GN-436
甘肃：玛曲 李晓东，刘帆，张景博等 LiJ0055
西藏：安多 陈家辉，庄会富，边巴扎西 Yangyp-Q-2066
西藏：班戈 杨永平，陈家辉，段元文等 Yangyp-Q-0151
西藏：噶尔 陈家辉，庄会富，边巴扎西 Yangyp-Q-2022
西藏：工布江达 卢洋，刘帆等 LiJ848
西藏：那曲 陈家辉，庄会富，边巴扎西 Yangyp-Q-2119
西藏：那曲 陈家辉，庄会富，刘德团 yangyp-Q-0185
西藏：聂荣 陈家辉，庄会富，边巴扎西 Yangyp-Q-2086
云南：香格里拉 李晓东，张紫刚，操榆 LiJ668

Kobresia robusta Maximowicz **粗壮嵩草**

甘肃：玛曲 齐威 LJQ-2008-GN-420
青海：格尔木 冯虎元 LiuJQ-08KLS-017
青海：格尔木 冯虎元 LiuJQ-08KLS-049
青海：格尔木 冯虎元 LiuJQ-08KLS-085
青海：格尔木 冯虎元 LiuJQ-08KLS-101
青海：海西 汪书丽，王志强，邹嘉宾 Liujq-Txm10-053
四川：红原 张昌兵 ZhangCB0070
四川：若尔盖 张昌兵，邓秀华 ZhangCB0220
西藏：昂仁 李晖，卜海涛，边巴等 lihui-Q-09-05
西藏：噶尔 陈家辉，庄会富，刘德团等 Yangyp-Q-0052
西藏：那曲 陈家辉，庄会富，边巴扎西 Yangyp-Q-2056
西藏：日土 陈家辉，庄会富，刘德团等 Yangyp-Q-0103

Kobresia royleana (Nees) Boeckeler **喜马拉雅嵩草**

甘肃：碌曲 李晓东，刘帆，张景博等 LiJ0114
西藏：城关区 李晖，边巴，徐爱国 lihui-Q-09-76
西藏：当雄 杨永平，段元文，边巴扎西 Yangyp-Q-1012
西藏：革吉 李晖，卜海涛，边巴等 lihui-Q-09-35
西藏：日土 陈家辉，庄会富，刘德团等 Yangyp-Q-0090
西藏：日土 陈家辉，庄会富，刘德团等 Yangyp-Q-0105
西藏：仲巴 陈家辉，庄会富，边巴扎西 YangYP-Q-2003
新疆：和静 邱爱军，张玲，徐盼 LiZJ1533
新疆：塔什库尔干 冯建菊 LiuJQ0271
新疆：塔什库尔干 邱娟，冯建菊 LiuJQ0059
新疆：塔什库尔干 邱娟，冯建菊 LiuJQ0102
新疆：塔什库尔干 杨赵平，周禧林，贺冰 LiZJ1218

Kobresia royleana subsp. **minshanica** (F. T. Wang & Tang ex Y. C. Yang) S. R. Zhang **岷山嵩草 ***

西藏：日土 陈家辉，庄会富，刘德团等 Yangyp-Q-0089
西藏：日土 陈家辉，庄会富，刘德团等 Yangyp-Q-0104

Kobresia schoenoides (C. A. Meyer) Steudel **赤箭嵩草**

四川：稻城 何兴金，胡灏禹，陈德友等 SCU-09-354
西藏：噶尔 李晖，文雪梅，次旺加布等 Lihui-Q-0021
西藏：拉萨 卢洋，刘帆等 LiJ721

Kobresia setschwanensis Handel-Mazzetti **四川嵩草 ***

甘肃：玛曲 李晓东，刘帆，张景博等 LiJ0057
四川：稻城 李晓东，张景博，徐凌翔等 LiJ411
四川：红原 张昌兵 ZhangCB0072
四川：康定 张昌兵，向丽 ZhangCB0167
四川：若尔盖 何兴金，赵丽华，李琴琴等 SCU-08033
云南：香格里拉 李晓东，张紫刚，操榆 LiJ661

Kobresia tibetica Maximowicz **西藏嵩草 ***

四川：红原 张昌兵，邓秀华 ZhangCB0317
西藏：八宿 张大才，李双智，罗康等 ZhangDC-07ZX-1233
西藏：当雄 杨永平，段元文，边巴扎西 Yangyp-Q-1001
西藏：噶尔 陈家辉，庄会富，边巴扎西 Yangyp-Q-2013
西藏：那曲 陈家辉，庄会富，边巴扎西 Yangyp-Q-2137
西藏：聂荣 陈家辉，庄会富，边巴扎西 Yangyp-Q-2099
西藏：仲巴 陈家辉，庄会富，边巴扎西 YangYP-Q-2001

Kobresia vidua (Boott ex C. B. Clarke) Kükenthal **短轴嵩草**

甘肃：玛曲 李晓东，刘帆，张景博等 LiJ0058

Kyllinga brevifolia Rottboll **短叶水蜈蚣**

安徽：金寨 刘淼 SCSB-JSC18
安徽：舒城 陈延松，欧祖兰，高秋晨等 Xuzd431
安徽：屯溪区 方建新 TangXS0261
湖南：洪江 李胜华，伍贤进，曾汉元等 Wuxj1025
湖南：怀化 李胜华，伍贤进，曾汉元等 HHXY061
江苏：句容 王兆银，吴宝成 SCSB-JS0405
江西：庐山区 谭策铭，董安淼 TCM09074
山东：市南区 罗艳 LuoY203
四川：峨眉山 李小杰 LiXJ284
四川：乐至 邓兴敏，邓秀发，张昌兵 ZCB0415
四川：米易 刘静 MY-058
云南：贡山 郭永杰，吴之坤，吴兴等 14CS9896
云南：金平 税玉民，陈文红 80542
云南：景东 鲁艳 07-96
云南：景东 罗忠华，谢有能，刘长铭等 JDNR021
云南：景东 罗忠华，谢有能，刘长铭等 JDNR057
云南：丽江 孙航，李新辉，陈林杨 SunH-07ZX-3140
云南：绿春 黄连山保护区科研所 HLS0119
云南：麻栗坡 肖波 LuJL134
云南：南涧 熊绍荣 NJWLS2008308
云南：南涧 阿国仁，罗新洪，李敏等 NJWLS2008121
云南：宁洱 叶金科 YNS0290
云南：思茅区 胡启和，周兵，仇亚 YNS0892
云南：腾冲 周应再 Zhyz-271

云南：维西 陈文允，于文涛，黄永江等 CYHL015
云南：新平 罗田发，谢雄 XPALSC178
云南：新平 白绍斌 XPALSC143
云南：盈江 王立彦，桂魏 SCSB-TBG-143
云南：永德 李永亮 YDDXS1155
云南：永德 李永亮 YDDXS6481
云南：玉龙 孙航，李新辉，陈林杨 SunH-07ZX-3194
云南：镇沅 何忠云，周立刚 ALSZY263
云南：镇沅 罗成瑜，乔永华 ALSZY018

Kyllinga brevifolia var. **leiolepis** (Franchet & Savatier) H. Hara **无刺鳞水蜈蚣**

安徽：屯溪区 方建新 TangXS0439
湖北：竹溪 李盛兰 GanQL583
江苏：海州区 汤兴利 HANGYY8421
山东：海阳 王萍，高德民，张诏等 lilan351
山东：莱山区 卞福花 BianFH-0195
上海：李宏庆，田怀珍 Lihq0001
云南：新平 何罡安 XPALSB052

Kyllinga cylindrica Nees **圆筒穗水蜈蚣**

云南：洱源 杨青松，星耀武，苏涛 ZhouZK-07ZX-0298
云南：景东 鲁艳 200881
云南：普洱 叶金科 YNS0350
云南：永德 李永亮 YDDXS0380

Kyllinga nemoralis (J. R. Forster & G. Forster) Dandy ex Hutchinson & Dalziel **单穗水蜈蚣**

云南：绿春 黄连山保护区科研所 HLS0297
云南：文山 何德明 WSLJS829
云南：永德 李永亮 YDDXS0481

Kyllinga polyphylla Kunth **水蜈蚣**

四川：射洪 袁明 YUANM2015L079

Kyllinga squamulata Vahl **冠鳞水蜈蚣**

云南：永德 李永亮，马文军 YDDXSB208

Lepidosperma chinense Nees & Meyen ex Kunth **鳞籽莎**

福建：长泰 李宏庆，陈纪云，王双 Lihq0296

Lipocarpha chinensis (Osbeck) J. Kern **华湖瓜草**

安徽：休宁 唐鑫生，方建新 TangXS0314
山东：崂山区 罗艳，李中华 LuoY353
云南：思茅区 胡启和，张绍云，周兵 YNS0981

Lipocarpha microcephala (R. Brown) Kunth **湖瓜草**

安徽：金寨 陈延松，欧祖兰，王冬 Xuzd161
安徽：舒城 陈延松，欧祖兰，高秋晨等 Xuzd322
江西：庐山区 董安淼，吴从梅 TanCM1616
山东：牟平区 陈朋 BianFH-409
云南：绿春 黄连山保护区科研所 HLS0237

Mapania sumatrana subsp. **pandanophylla** (F. Mueller) D. A. Simpson **露兜树叶野长蒲**

云南：永德 李永亮 YDDXS1201

Pycreus delavayi C. B. Clarke **黑鳞扁莎** *

云南：新平 何罡安 XPALSB031

Pycreus flavidus (Retzius) T. Koyama **球穗扁莎**

安徽：肥西 陈延松，陶瑞松，姜九龙 Xuzd104
安徽：屯溪区 方建新 TangXS0064
甘肃：舟曲 齐威 LJQ-2008-GN-427
贵州：江口 彭华，王英，陈丽 P.H.5118
贵州：南明区 邹方伦 ZouFL0058
贵州：平塘 邹方伦 ZouFL0136
江西：黎川 童和平，王玉珍 TanCM3103
江西：庐山区 董安淼，吴从梅 TanCM1046
江西：武宁 张吉华，刘运群 TanCM1119
江西：星子 董安淼，吴从梅 TanCM1618
山西：夏县 张丽，廉凯敏，吴琼 Zhangf0033
陕西：城固 田先华，王梅荣，吴明华 TianXH529
四川：乐至 邓兴敏，邓秀发，张昌兵 ZCB0427
四川：乐至 邓兴敏，邓秀发，张昌兵 ZCB0473
云南：河口 税玉民，陈文红 71746
云南：江城 叶金科 YNS0430
云南：金平 喻智勇，张云飞，谷翠莲等 JinPing92
云南：景东 罗忠华，谢有能，刘长铭等 JDNR018
云南：景东 鲁艳 07-114
云南：景东 鲁艳 200806
云南：景东 鲁艳 200899
云南：景东 谢有能，刘长铭，段玉伟等 JDNR047
云南：龙陵 孙兴旭 SunXX029
云南：南涧 李成清，高国政 NJWLS493
云南：南涧 李成清 NJWLS499
云南：南涧 熊绍荣 NJWLS2008081
云南：宁洱 胡启和，张绍云，周兵 YNS0967
云南：腾冲 李爱花，黄之镨，黄押稳等 SCSB-A-000302
云南：腾冲 余新林，赵玮 BSGLGStc149
云南：香格里拉 孙航，李新辉，陈林杨 SunH-07ZX-3104
云南：新平 白绍斌 XPALSC501
云南：新平 自正尧 XPALSB233
云南：永德 李永亮 YDDXS0317
云南：玉龙 孙航，李新辉，陈林杨 SunH-07ZX-3199
云南：云龙 李爱花，李洪超，黄天才等 SCSB-A-000202
云南：镇沅 朱恒 ALSZY064

Pycreus flavidus var. **nilagiricus** (Hochstetter ex Steudel) C. Y. Wu ex Karthikeyan **小球穗扁莎**

四川：峨眉山 李小杰 LiXJ718
云南：蒙自 税玉民，陈文红 72220
云南：新平 白绍斌 XPALSC507

Pycreus polystachyos (Rottboll) P. Beauvois **多枝扁莎**

江西：庐山区 董安淼，吴从梅 TanCM1049
山东：崂山区 赵遵田，李振华，郑国伟等 Zhaozt0112
云南：景东 鲁艳 07-112

Pycreus pumilus (Linnaeus) Nees **矮扁莎**

江西：庐山区 董安淼，吴从梅 TanCM833
西藏：城关区 李晖，边巴，徐爱国 lihui-Q-09-70

Pycreus sanguinolentus (Vahl) Nees ex C. B. Clarke **红鳞扁莎**

安徽：歙县 方建新 TangXS0632
福建：惠安 刘克明，旷仁平，丛义艳 SCSB-HN-0720
福建：惠安 刘克明，旷仁平，丛义艳 SCSB-HN-0729
黑龙江：宁安 刘玫，张欣欣，程薪宇等 Liuetal438
湖南：江华 刘克明，王成，欧阳书珍 SCSB-HN-0860
江苏：海州区 汤兴利 HANGYY8495
辽宁：桓仁 祝业平 CaoW1055
山东：莱山区 陈朋 BianFH-405
陕西：平利 李盛兰 GanQL1007
四川：峨眉山 李小杰 LiXJ122
四川：峨眉山 李小杰 LiXJ546
四川：米易 刘静，袁明 MY-059
四川：冕宁 张大才，尹五元，李双智等 ZhangDC-07ZX-2441
四川：射洪 袁明 YUANM2015L113
西藏：林芝 卢洋，刘帆等 LiJ755
新疆：阿勒泰 段士民，王喜勇，刘会良等 183
新疆：昌吉 段士民，王喜勇，刘会良等 Zhangdy535

新疆：和静 杨赵平，焦培培，白冠章等 LiZJ0706
新疆：和静 杨赵平，焦培培，白冠章等 LiZJ0737
新疆：石河子 杨赵平，焦培培，白冠章等 LiZJ0950
新疆：伊犁 段士民，王喜勇，刘会良 Zhangdy336
新疆：泽普 黄文娟，段黄金，王英鑫等 LiZJ0843
新疆：泽普 黄文娟，段黄金，王英鑫等 LiZJ0845
云南：德钦 孙航，李新辉，陈林杨 SunH-07ZX-3089
云南：福贡 朱枫，张仲富，成梅 Wangsh-07ZX-035
云南：河口 税玉民，陈文红 71700
云南：景谷 叶金科 YNS0283
云南：丽江 孙航，李新辉，陈林杨 SunH-07ZX-3119
云南：绿春 税玉民，陈文红 73140
云南：绿春 黄连山保护区科研所 HLS0007
云南：绿春 黄连山保护区科研所 HLS0243
云南：宁洱 胡启和，仇亚，张绍云 YNS0570
云南：宁蒗 苏涛，黄永江，杨青松等 ZhouZK11441
云南：新平 谢天华，郎定富，杨如伟 XPALSA028
云南：云龙 郭永杰，王杨飞，李施文等 TC4008

Pycreus unioloides (R. Brown) Urban 禾状扁莎

云南：永德 李永亮 YDDXS0522

Rhynchospora chinensis Nees & Meyen ex Nees 华刺子莞

安徽：舒城 陈延松，欧祖兰，高秋晨等 Xuzd306
江西：庐山区 谭策铭，董安淼 TanCM299

Rhynchospora corymbosa (Linnaeus) Britton 伞房刺子莞

云南：澜沧 胡启和，仇亚，周英等 YNS0693
云南：绿春 黄连山保护区科研所 HLS0263
云南：南涧 熊绍荣，罗新洪，李敏等 NJWLS2008116

Rhynchospora faberi C. B. Clarke 细叶刺子莞

山东：崂山区 步瑞兰，辛晓伟，高丽丽等 Lilan818

Rhynchospora rubra (Loureiro) Makino 刺子莞

广东：乳源 蔡杰，涂铁要 12CS5490
江苏：句容 吴宝成，王兆银 HANGYY8398
江西：黎川 童和平，王玉珍 TanCM2391
江西：庐山区 董安淼，吴丛梅 TanCM3376
江西：武宁 张吉华，张东红 TanCM2611
云南：普洱 叶金科 YNS0365

Rhynchospora rugosa subsp. **brownii** (Roemer & Schultes) T. Koyama 白喙刺子莞

江苏：海州区 汤兴利 HANGYY8439

Schoenoplectus juncoides (Roxburgh) Palla 萤蔺

安徽：金寨 陈延松，欧祖兰，刘旭升 Xuzd162
安徽：屯溪区 方建新 TangXS0025
广西：灵川 许为斌，黄俞淞，朱章明 Liuyan0461
贵州：开阳 肖恩婷 Yuanm034
湖北：竹溪 李盛兰 GanQL529
湖南：鹤城区 李胜华，伍贤进，刘光华等 Wuxj816
湖南：沅陵 李胜华，伍贤进，刘光华等 Wuxj883
江苏：句容 王兆银，吴宝成 SCSB-JS0138
江西：黎川 童和平，王玉珍，常迪江等 TanCM2080
江西：庐山区 谭策铭，董安淼 TCM09048
山东：崂山区 罗艳 LuoY130
四川：乐至 邓兴敏，邓秀发，张昌兵 ZCB0452
四川：万源 张桥蓉，余华 15CS11534
新疆：石河子 杨赵平，焦培培，白冠章等 LiZJ0951
云南：景东 鲁艳 200807
云南：蒙自 田学军，邱成书，高波 TianXJ0211
云南：普洱 胡启和，仇亚，周英等 YNS0725
云南：普洱 叶金科 YNS0202
云南：普洱 叶金科 YNS0200
云南：文山 何德明，丰艳飞，韦荣彪等 WSLJS717
云南：新平 谢天华，郎定富，杨如伟 XPALSA027
云南：永德 李永亮 YDDXS0478

Schoenoplectus litoralis (Schrader) Palla 羽状刚毛水葱

新疆：石河子 杨赵平，焦培培，白冠章等 LiZJ0952
新疆：乌什 塔里木大学植物资源调查组 TD-00890

Schoenoplectus mucronatus subsp. **robustus** (Miquel) T. Koyama 水毛花

安徽：屯溪区 方建新 TangXS0442
安徽：黟县 刘淼 SCSB-JSB65
黑龙江：宁安 刘玫，王臣，张欣欣等 Liuetal659
湖北：竹溪 李盛兰 GanQL236
江苏：句容 王兆银，吴宝成 SCSB-JS0190
江西：庐山区 谭策铭，董安淼 TCM09105
江西：武宁 张吉华，刘运群 TanCM762
山东：海阳 张少华，张颖颖，程丹丹等 lilan504
云南：沧源 赵金超，李永强 CYNGH314
云南：江城 叶金科 YNS0469
云南：景东 罗忠华，谢有能，刘长铭等 JDNR026
云南：思茅区 胡启和，张绍云 YNS0989
云南：盈江 王立彦，黄建刚 TBG-017

Schoenoplectus supinus (Linnaeus) Palla 仰卧秆水葱

新疆：温宿 邱爱军，张玲 LiZJ1878

Schoenoplectus tabernaemontani (C. C. Gmelin) Palla 水葱

安徽：屯溪区 方建新 TangXS0876
甘肃：迭部 齐威 LJQ-2008-GN-419
贵州：威宁 邹方伦 ZouFL0293
河北：桃城 牛玉璐，高彦飞，赵二涛 NiuYL382
黑龙江：尚志 郑宝江，丁晓炎，王美娟等 ZhengBJ253
吉林：镇赉 姜明，刘波 LiuB0014
江苏：句容 王兆银，吴宝成 SCSB-JS0158
陕西：神木 田先华，李明辉 TianXH477
四川：盐源 孔航辉，罗江平，左雷等 YangQE3355
新疆：阿勒泰 段士民，王喜勇，刘会良等 182
新疆：博乐 徐文斌，黄雪姣 SHI-2008383
新疆：博乐 徐文斌，杨清理 SHI-2008396
新疆：博乐 徐文斌，许晓敏 SHI-2008406
新疆：布尔津 许炳强，胡伟明 XiaNH-07ZX-817
新疆：库尔勒 张挺，杨赵平，焦培培等 LiZJ0418
新疆：托里 徐文斌，黄刚 SHI-2009170
新疆：温泉 徐文斌，黄雪姣 SHI-2008262
新疆：乌什 白宝伟，段黄金 TD-01851
新疆：伊犁 段士民，王喜勇，刘会良 Zhangdy335
新疆：泽普 黄文娟，段黄金，王英鑫等 LiZJ0842
云南：大理 李爱花，雷立公，马国强等 SCSB-A-000156
云南：宁洱 胡启和，张绍云 YNS0962
云南：香格里拉 孔航辉，任琛 Yangqe2804

Schoenoplectus triqueter (Linnaeus) Palla 三棱水葱

安徽：屯溪区 方建新 TangXS0041
甘肃：迭部 尹鑫，吴航，葛文静 LiuJQ-GN-2011-160
广西：永福 许为斌，黄俞淞，朱章明 Liuyan0476
贵州：开阳 肖恩婷 Yuanm032
河南：修武 高德民，辛晓伟，程丹丹 Lilan737
山东：垦利 曹子谊，韩国营，吕蕾等 Zhaozt0090
山东：章丘 李兰，王萍，张少华等 Lilan-034
陕西：商州区 田先华，张雅娟 TianXH1032
四川：普格 苏涛，黄永江，杨青松等 ZhouZK11011

新疆：拜城 塔里木大学植物资源调查组 TD-00934
新疆：和静 杨赵平，焦培培，白冠章等 LiZJ0734
新疆：石河子 塔里木大学植物资源调查组 TD-00076
新疆：温泉 石大标 SCSB-SHI-2006216
云南：河口 税玉民，陈文红 82720

Schoenoplectus wallichii (Nees) T. Koyama **猪毛草**
安徽：休宁 唐鑫生，方建新 TangXS0286
江西：黎川 童和平，王玉珍，常迪江等 TanCM1989
云南：景谷 叶金科 YNS0284

Scirpus karuisawensis Makino **华东藨草**
安徽：黄山区 方建新 TangXS0054
安徽：金寨 陈延松，欧祖兰，姜九龙 Xuzd224
安徽：舒城 陈延松，欧祖兰，高秋晨等 Xuzd355
安徽：黟县 刘淼 SCSB-JSB66
江苏：宿城区 李宏庆，熊申展，胡超 Lihq0370
山东：海阳 张少华，张颖颖，程丹丹等 lilan505
陕西：南郑 田先华，王梅荣，杨建军 TianXH1190

Scirpus lushanensis Ohwi **庐山藨草**
安徽：金寨 陈延松，欧祖兰，姜九龙 Xuzd248
湖北：利川 许玥，祝文志，刘志祥等 ShenZH7888
湖北：茅箭区 甘啟良 GanQL118
湖北：宣恩 李正辉，艾洪莲 AHL2025
湖南：桂东 盛波，黄存坤 SCSB-HN-2242
湖南：资兴 刘克明，盛波，王得刚 SCSB-HN-1933
湖南：资兴 熊凯辉，王得刚，盛波 SCSB-HN-2070
湖南：资兴 熊凯辉，王得刚，盛波 SCSB-HN-2103
江西：修水 谭策铭，缪以清，李立新 TanCM338
江西：修水 谭策铭，易桂花，缪以清等 TanCM2138
山东：崂山区 罗艳，李中华 LuoY407
四川：雨城区 刘静，潭淋 Y07331
云南：景东 杨国平，李达文，鲁志云 ygp-011
云南：龙陵 孙兴旭 SunXX024
云南：彝良 伊廷双，杨杨，孟静 MJ-797
云南：元谋 何彪 OuXK-0074
云南：镇沅 张绍云，叶金科，仇亚 YNS1375

Scirpus orientalis Ohwi **东方藨草**
黑龙江：阿城 孙阎，张兰兰 SunY350

Scirpus radicans Schkuhr **单穗藨草**
辽宁：桓仁 祝业平 CaoW991

Scirpus rosthornii Diels **百球藨草**
安徽：屯溪区 方建新 TangXS0689
四川：米易 袁明 MY558
四川：射洪 袁明 YUANM2016L221
西藏：林芝 陈家辉，韩希，王东超等 YangYP-Q-4044
云南：景东 罗忠华，谢有能，鲁成荣等 JDNR033
云南：南涧 熊绍荣 NJWLS450
云南：南涧 熊绍荣，罗新洪，李敏等 NJWLS2008118
云南：思茅区 张绍云，胡启和 YNS1043
云南：腾冲 余新林，赵玮 BSGLGStc066
云南：腾冲 周应再 Zhyz-136
云南：腾冲 周应再 Zhyz-229
云南：维西 陈文允，于文涛，黄永江等 CYHL073
云南：新平 胡启元，周兵，张绍云 YNS0860
云南：新平 何罡安 XPALSB409
云南：盈江 王立彦，左常盛，何维海 SCSB-TBG-015
云南：云龙 李爱花，李洪超，李文化等 SCSB-A-000186

Scirpus ternatanus Reinwardt ex Miquel **百穗藨草**
安徽：潜山 唐鑫生，宋曰钦，方建新 TangXS0893

Scirpus wichurae Boeckeler **球穗藨草**
安徽：绩溪 唐鑫生，宋曰钦，方建新 TangXS0562
贵州：江口 彭华，王英，陈丽 P.H.5117
四川：峨眉山 李小杰 LiXJ438
四川：普格 苏涛，黄永江，杨青松等 ZhouZK11026
云南：沧源 赵金超，肖美芳 CYNGH285
云南：景东 罗忠华，刘长铭，鲁成荣等 JD090
云南：文山 何德明，胡艳花 WSLJS484

Scleria harlandii Hance **圆秆珍珠茅**
广西：贺州 姜孝成，王丽萍，鲁长青 Jiangxc0664
云南：屏边 钱良超，康远勇 Pbdws136
云南：盈江 王立彦，刀江飞，尹可欢 SCSB-TBG-149

Scleria hookeriana Boeckeler **黑鳞珍珠茅**
广西：八步区 黄俞淞，吴望辉，农冬新 Liuyan0282

Scleria levis Retzius **毛果珍珠茅**
安徽：屯溪区 方建新 TangXS0922
湖南：江永 姜孝成，唐贵华，潘孝武 SCSB-HNJ-0041
湖南：双牌 姜孝成，王丽萍，李育华 Jiangxc0858
云南：永德 李永亮 LiYL1370

Scleria parvula Steudel **小型珍珠茅**
湖北：神农架林区 李巨平 LiJuPing0184
山东：海阳 辛晓伟 Lilan879

Scleria radula Hance **光果珍珠茅** *
广西：金秀 彭华，向春雷，陈丽 PengH8138

Scleria terrestris (Linnaeus) Fassett **高秆珍珠茅**
贵州：独山 张文超 Yuanm044
湖南：洪江 李胜华，伍贤进，刘光华等 Wuxj1052
四川：峨眉山 李小杰 LiXJ318
云南：镇沅 罗成瑜 ALSZY383

Trichophorum distigmaticum (Kükenthal) T. V. Egorova **双柱头针蔺**
甘肃：合作 尹鑫，吴航，葛文静 LiuJQ-GN-2011-148
甘肃：玛曲 齐威 LJQ-2008-GN-428
甘肃：玛曲 尹鑫，吴航，葛文静 LiuJQ-GN-2011-144

Trichophorum pumilum (Vahl) Schinz & Thellung **矮针蔺**
新疆：叶城 郭永杰，黄文娟，段黄金 LiZJ0204

Trichophorum subcapitatum (Thwaites & Hooker) D. A. Simpson **玉山针蔺**
江西：黎川 童和平，王玉珍，常迪江等 TanCM2015

Daphniphyllaceae 交让木科

交让木科	世界	中国	种质库
属 / 种（种下等级）/ 份数	1/10	1/10	1/6/41

Daphniphyllum calycinum Bentham **牛耳枫**
福建：同安区 李宏庆，陈纪云，王双 Lihq0278
广西：临桂 许为斌，黄俞淞，朱章明 Liuyan0435
广西：龙胜 黄俞淞，朱章明，农冬新 Liuyan0253
广西：融水 许为斌，梁永延，黄俞淞等 Liuyan0186
湖南：衡山 刘克明，陈薇 SCSB-HN-0371
湖南：江永 蔡秀珍，田淑珍，肖乐希 SCSB-HN-0093
江西：龙南 梁跃龙，徐宝田，赖曰旺 LiangYL039

Daphniphyllum chartaceum K. Rosenthal **纸叶虎皮楠**
云南：贡山 郭永杰，吴之坤，吴兴等 14CS9900
云南：金平 喻智勇，官兴永，张云飞等 JinPing79
云南：龙陵 孙兴旭 SunXX100
云南：麻栗坡 肖波 LuJL395

Daphniphyllum himalense (Bentham) Müller Argoviensis 西藏虎皮楠
云南：腾冲 余新林，赵玮 BSGLGStc096
云南：腾冲 周应再 Zhyz-025
Daphniphyllum macropodum Miquel 交让木
安徽：石台 陈延松，吴国伟，洪欣 Zhousb0055
广西：龙胜 黄俞淞，叶晓霞，邹容 Liuyan0064
广西：兴安 刘演，黄俞淞，吴望辉等 Liuyan0108
湖北：通山 甘啟良 GanQL158
湖北：咸丰 丛义艳，陈丰林 SCSB-HN-1178
湖北：宣恩 沈泽昊 HXE044
湖南：南岳区 刘克明，相银龙，周磊 SCSB-HN-1383
湖南：双牌 姜孝成，王丽萍，李育华 Jiangxc0838
湖南：武陵源区 吴福川，廖博儒，秦亚丽等 7095
湖南：沅陵 李胜华，伍贤进，刘光华等 Wuxj860
江西：井冈山 兰国华 LiuRL065
江西：芦溪 杜小浪，慕泽泾，曹岚 DXL036
江西：武宁 谭策铭，张吉华 TanCM414
四川：峨眉山 李小杰 LiXJ670
云南：永平 彭华，向春雷，陈丽 PengH8331
浙江：鄞州区 李宏庆，葛斌杰，刘国丽等 Lihq0047
Daphniphyllum oldhamii (Hemsley) K. Rosenthal 虎皮楠
湖北：利川 许玥，祝文志，刘志祥等 ShenZH7928
湖北：宣恩 沈泽昊 HXE167
湖南：洪江 李胜华，伍贤进，刘光华等 Wuxj1064
湖南：怀化 李胜华，伍贤进，曾汉元等 HHXY357
湖南：怀化 李胜华，伍贤进，曾汉元等 HHXY376
湖南：武陵源区 吴福川，廖博儒，秦亚丽等 7093
江西：井冈山 兰国华 LiuRL114
江西：黎川 童和平，王玉珍 TanCM2758
江西：龙南 梁跃龙，徐宝田，赖曰旺 LiangYL036
江西：修水 缪以清 TanCM662
Daphniphyllum paxianum K. Rosenthal 显脉虎皮楠 *
云南：麻栗坡 肖波 LuJL396
云南：腾冲 余新林，赵玮 BSGLGStc191

Diapensiaceae 岩梅科

岩梅科	世界	中国	种质库
属 / 种（种下等级）/ 份数	6/18	3/6	2/2/4

Berneuxia thibetica Decaisne 岩匙 *
云南：巧家 杨光明 SCSB-W-1112
Diapensia purpurea Diels 红花岩梅
四川：普格 任宗昕，艾洪莲，张舒 SCSB-W-1415
云南：贡山 刀志灵 DZL811
云南：永德 李永亮 YDDXS0645

Dilleniaceae 五桠果科

五桠果科	世界	中国	种质库
属 / 种（种下等级）/ 份数	10/～500	2/5	2/2/2

Dillenia indica Linnaeus 五桠果
云南：沧源 赵金超，田立新 CYNGH271
Tetracera sarmentosa (Linnaeus) Vahl 锡叶藤
广东：天河区 童毅华 TYH03

Dioscoreaceae 薯蓣科

薯蓣科	世界	中国	种质库
属 / 种（种下等级）/ 份数	4/～870	2/58	3/26(29)/108

Dioscorea althaeoides R. Knuth 蜀葵叶薯蓣
重庆：巫山 蔡杰，毛钧，杨浩 12CS5586
Dioscorea aspersa Prain & Burkill 丽叶薯蓣 *
云南：文山 高发能，何德明 WSLJS1038
云南：玉溪 刘成，蔡杰，胡枭剑 12CS4762
Dioscorea banzhuana C. P'ei & C. T. Ting 板砖薯蓣 *
云南：澜沧 张绍云，叶金科，仇亚 YNS1303
Dioscorea bulbifera Linnaeus 黄独
江西：黎川 童和平，王玉珍 TanCM2776
四川：盐边 聂泽龙，孟盈，邓涛 SunH-07ZX-2358
云南：景东 罗忠华，刘长铭，李绍昆等 JDNR09062
云南：隆阳区 段在贤 BSGLGSly1205
云南：蒙自 税玉民，陈文红 72393
云南：南涧 彭华，向春雷，陈丽 P.H.5933
云南：文山 税玉民，陈文红 16326
云南：玉溪 彭华，陈丽，许瑾 P.H.5289
Dioscorea cirrhosa Loureiro 薯莨
湖南：石门 陈功锡，张代贵 SCSB-HC-2008178
Dioscorea collettii J. D. Hooker 叉蕊薯蓣
贵州：江口 周云，王勇 XiangZ037
贵州：望谟 邹方伦 ZouFL0075
四川：峨眉山 李小杰 LiXJ112
云南：巧家 李文虎，高顺勇，吴天抗等 QJYS0008
Dioscorea collettii var. **hypoglauca** (Palibin) C. T. Ting et al. 粉背薯蓣 *
江西：修水 缪以清，李立新 TanCM1217
Dioscorea decipiens J. D. Hooker 多毛叶薯蓣
云南：南涧 官有才，熊绍荣，张雄 NJWLS657
云南：镇沅 罗成瑜 ALSZY419
Dioscorea deltoidea Wallich ex Grisebach 三角叶薯蓣
四川：米易 刘静，袁明 MY-238
西藏：吉隆 马永鹏 ZhangCQ-0026
Dioscorea glabra Roxburgh 光叶薯蓣
安徽：金寨 陈延松，欧祖兰，刘旭升 Xuzd216
云南：勐海 刀志灵 DZL-168
云南：勐腊 刀志灵，崔景云 DZL-118
云南：勐腊 郭永杰，聂细转，黄秋月等 12CS4904
Dioscorea hemsleyi Prain & Burkill 粘山药
云南：安宁 伊廷双，孟静，杨杨 MJ-859
云南：隆阳区 赵文李 BSGLGSly3013
云南：香格里拉 张大才，李双智，杨川 ZhangDC-07ZX-1998
云南：永德 李永亮 YDDXS0003
Dioscorea japonica Thunberg 日本薯蓣
安徽：绩溪 唐鑫生，宋曰钦，方建新 TangXS0577
安徽：石台 洪欣，王欧文 ZSB364
安徽：歙县 方建新 TangXS0992
贵州：黎平 刘克明，王成，张恒 SCSB-HN-1071
贵州：铜仁 彭华，王英，陈丽 P.H.5177
湖南：石门 陈功锡，张代贵，邓涛等 SCSB-HC-2007434
湖南：永顺 陈功锡，张代贵，邓涛等 SCSB-HC-2007342
江西：井冈山 兰国华 LiuRL082

江西：靖安 李立新，缪以清 TanCM1242
江西：黎川 童和平，王玉珍，常迪江等 TanCM2050
江西：黎川 杨文斌，饶云芳 TanCM1309
江西：庐山区 董安淼，吴从梅 TanCM1688
江西：湾里区 杜小浪，慕泽泾，曹岚 DXL133
江西：武宁 张吉华，刘运群 TanCM733
四川：万源 张桥蓉，余华，王义 15CS11507
浙江：开化 李宏庆，熊申展，桂萍 Lihq0416

Dioscorea kamoonensis Kunth 毛芋头薯蓣
云南：剑川 何彪 OuXK-0042
云南：隆阳区 赵文李 BSGLGS1y3015
云南：玉溪 伊廷双，孟静，杨杨等 MJ-905

Dioscorea martini Prain & Burkill 柔毛薯蓣 *
云南：墨江 张绍云，叶金科，仇亚 YNS1283

Dioscorea nipponica Makino 穿龙薯蓣
北京：门头沟区 李燕军 SCSB-E-0068
湖北：竹溪 李盛兰 GanQL1121
吉林：南关区 韩忠明 Yanglm0067
吉林：磐石 安海成 AnHC082
辽宁：连山区 卜军，金实，阴黎明 CaoW411
山东：历下区 王萍，高德民，张诏等 lilan261
山西：永济 焦磊，陈姣，廉凯敏 Zhangf0204
陕西：宁陕 田先华，王梅荣，田陌 TianXH114

Dioscorea nipponica subsp. **rosthornii** (Prain & Burkill) C. T. Ting 柴黄姜 *
云南：巧家 杨光明 SCSB-W-1463

Dioscorea nitens Prain & Burkill 光亮薯蓣 *
云南：普洱 胡启和，张绍云 YNS0617
云南：巧家 李文虎，吴天抗，张天壁等 QJYS0145
云南：新平 刘家良 XPALSD126

Dioscorea panthaica Prain & Burkill 黄山药
四川：峨眉山 李小杰 LiXJ524
云南：镇沅 朱恒，罗成瑜 ALSZY210

Dioscorea persimilis Prain & Burkill 褐苞薯蓣
湖南：江永 蔡秀珍，肖乐希，田淑珍 SCSB-HN-0604
云南：文山 何德明，韦荣彪，黄太文 WSLJS789

Dioscorea polystachya Turczaninow 薯蓣
安徽：舒城 陈延松，欧祖兰，高秋晨等 Xuzd358
安徽：休宁 唐鑫生，方建新 TangXS0501
重庆：武隆 易思荣，谭秋平 YISR373
河南：栾川 黄振英，于顺利，杨学军 Huangzy0028
湖北：广水 朱鑫鑫，王君，石琳琳等 ZhuXX316
湖南：古丈 刘克明，朱晓文 SCSB-HN-0494
湖南：怀化 李胜华，伍贤进，曾汉元等 HHXY247
湖南：怀化 李胜华，伍贤进，曾汉元等 HHXY260
湖南：望城 姜孝成，杨强，刘昌 Jiangxc0751
湖南：新化 姜孝成，唐贵华，田春娥 SCSB-HNJ-0190
湖南：永定区 廖博儒，余祥洪，陈启超 7132
江苏：江宁区 王兆银，吴宝成 SCSB-JS0264
江苏：海州区 汤兴利 HANGYY8411
江西：修水 李立新，缪以清 TanCM1212
山东：崂山区 罗艳，李中华 LuoY355
山东：历城区 张少华，王萍，张诏等 Lilan209
山东：芝罘区 卞福花，陈朋 BianFH-0321

Dioscorea subcalva Prain & Burkill 毛胶薯蓣 *
贵州：黎平 刘克明，王成，张恒 SCSB-HN-1075
四川：米易 袁明 MY410
云南：昌宁 赵玮 BSGLGS1y137
云南：景东 鲁艳 2008152
云南：绿春 李建华，白黎虹 HLS0314
云南：南涧 沈文明 NJWLS1323
云南：文山 何德明，韦荣彪，黄太文 WSLJS791
云南：永德 李永亮，马文军 YDDXSB181
云南：永德 李永亮 YDDXS0416
云南：永德 欧阳红才，普跃东，鲁金国等 YDDXSC040

Dioscorea tentaculigera Prain & Burkill 卷须状薯蓣
云南：沧源 赵金超，肖美芳，汪顺莉 CYNGH232
云南：墨江 张绍云，叶金科，仇亚 YNS1281

Dioscorea tenuipes Franchet & Savatier 细柄薯蓣
江西：武宁 张吉华，刘运群 TanCM759

Dioscorea tokoro Makino 山萆薢
贵州：印江 周云，王勇 XiangZ053

Dioscorea yunnanensis Prain & Burkill 云南薯蓣 *
云南：云龙 李施文，张志云，段耀飞等 TC3077

Dioscorea zingiberensis C. H. Wright 盾叶薯蓣 *
安徽：屯溪区 方建新 TangXS0917
安徽：屯溪区 方建新 TangXS0918
重庆：南川区 易思荣 YISR074
湖北：十堰 吴宝成 SCSB-JS0498
湖北：竹溪 李盛兰 GanQL917
陕西：宁陕 田先华，王梅荣，田陌 TianXH113

Schizocapsa plantaginea Hance 裂果薯
云南：江城 张绍云，胡启和，白海洋 YNS1266

Tacca chantrieri André 箭根薯
云南：江城 叶金科 YNS0311
云南：江城 叶金科 YNS0451
云南：景洪 谭运洪，余涛 B249

Dipentodontaceae 十齿花科

十齿花科	世界	中国	种质库
属 / 种（种下等级）/ 份数	2/16	2/3	2/2/9

Dipentodon sinicus Dunn 十齿花
河北：兴隆 林坚 SCSB-A-0019
云南：麻栗坡 肖波 LuJL515
云南：文山 何德明，张挺，刘成等 WSLJS506
云南：玉龙 彭华，王英，陈丽 P.H.5271
云南：云龙 李爱花，李洪超，黄天才等 SCSB-A-000190

Perrottetia racemosa (Oliver) Loesener 核子木 *
湖北：仙桃 张代贵 Zdg3492
湖南：永顺 陈功锡，张代贵，邓涛等 SCSB-HC-2007408
四川：峨眉山 李小杰 LiXJ111
四川：米易 袁明 MY236

Droseraceae 茅膏菜科

茅膏菜科	世界	中国	种质库
属 / 种（种下等级）/ 份数	3/115	2/7	1/2/20

Drosera peltata Smith ex Willdenow 茅膏菜
四川：稻城 于文涛，李国锋 WTYu-466
四川：稻城 何兴金，高云东，王志新等 SCU-09-268
四川：康定 张昌兵，向丽 ZhangCB0171
四川：乡城 周浙昆，苏涛，杨莹等 Zhou09-172

四川：盐边 苏涛，黄永江，杨青松等 ZhouZK11335
西藏：林芝 卢洋，刘帆等 LiJ820
云南：洱源 李爱花，雷立公，徐远杰等 SCSB-A-000131
云南：洱源 杨青松，星耀武，苏涛 ZhouZK-07ZX-0302
云南：景东 张挺，李爱花，戚志洲等 SCSB-A-000098
云南：禄劝 彭华，向春雷，王泽欢 PengH8007
云南：盘龙区 王焕冲，马兴达 WangHCH027
云南：巧家 张天壁 SCSB-W-783
云南：香格里拉 张挺，亚吉东，张桥蓉等 11CS3561
云南：香格里拉 张书东，林娜娜，郁文彬等 SCSB-W-044
云南：香格里拉 杨青松，星耀武，苏涛 ZhouZK-07ZX-0346
云南：新平 刘家良 XPALSD328
云南：新平 何罡安 XPALSB420
云南：永德 李永亮 YDDXS0331

Drosera rotundifolia Linnaeus 圆叶茅膏菜
湖北：仙桃 张代贵 Zdg3002
吉林：安图 周海城 ZhouHC005

Ebenaceae 柿树科

柿树科	世界	中国	种质库
属 / 种（种下等级）/ 份数	4/548	1/60	1/15(17)/92

Diospyros anisocalyx C. Y. Wu 异萼柿 *
广西：那坡 张挺，蔡杰，方伟 12CS3770

Diospyros balfouriana Diels 大理柿 *
云南：香格里拉 孔航辉，任琛 Yangqe2873
云南：永德 李永亮 LiYL1311

Diospyros cathayensis Steward 乌柿 *
贵州：铜仁 彭华，王英，陈丽 P.H.5220
湖南：吉首 张代贵 Zdg1357
四川：峨眉山 李小杰 LiXJ277

Diospyros dumetorum W. W. Smith 岩柿
贵州：罗甸 邹方伦 ZouFL0070
云南：楚雄 孙振华，郑志兴，沈蕊等 OuXK-YS-277
云南：屏边 陆海兴，钱良超，康远勇 Pbdws193
云南：文山 韦荣彪，何德明，丰艳飞 WSLJS654

Diospyros eriantha Champion ex Bentham 乌材
广西：上思 许为斌，黄俞淞，梁永延等 Liuyan0215

Diospyros forrestii J. Anthony 腾冲柿 *
云南：腾冲 周应再 Zhyz-120

Diospyros japonica Siebold & Zuccarini 山柿
安徽：绩溪 唐鑫生，方建新 TangXS0396
湖北：五峰 陈功锡，张代贵 SCSB-HC-2008355
湖北：宜昌 陈功锡，张代贵 SCSB-HC-2008053
湖南：武陵源区 吴福川，廖博儒 7098
江苏：宜兴 李宏庆，田怀珍，葛斌杰等 Lihq0264
江西：井冈山 兰国华 LiuRL071
江西：龙南 梁跃龙，廖海红，欧考昌 LiangYL052
江西：庐山区 谭策铭，董安淼 TanCM487
江西：修水 谭策铭，缪以清 TCM09156

Diospyros kaki Thunberg 柿
湖南：新化 姜孝成，唐贵华，田春娥 SCSB-HNJ-0193
江苏：句容 王兆银，吴宝成 SCSB-JS0289
云南：麻栗坡 肖波 LuJL362
云南：勐腊 赵相兴 A050
云南：腾冲 周应再 Zhyz-089
云南：新平 刘家良 XPALSD066

Diospyros kaki var. **silvestris** Makino 野柿 *
安徽：舒城 陈延松，欧祖兰，高秋晨等 Xuzd338
安徽：休宁 唐鑫生，方建新 TangXS0395
广西：灵川 吴望辉，黄俞淞，农冬新 Liuyan0418
湖北：房县 祝文志，刘志祥，曹远俊 ShenZH5753
湖北：仙桃 张代贵 Zdg2654
湖北：竹溪 甘霖 GanQL614
江西：黎川 童和平，王玉珍 TanCM1874
江西：庐山区 董安淼，吴从梅 TanCM963
四川：米易 袁明 MY417
云南：宾川 张德全，黄瑜，王应龙等 ZDQ142
云南：沧源 李春华，肖美芳，李华亮等 CYNGH141
云南：大理 张德全，王应龙，杨思秦等 ZDQ149
云南：景东 谢有能，刘长铭，张明勇等 JDNR042
云南：隆阳区 刀志灵，陈哲 DZL-079
云南：南涧 熊绍荣，潘继云，邹国娟等 NJWLS2008109
云南：南涧 官有才 NJWLS1614
云南：普洱 胡启和，周英，张绍云等 YNS0531
云南：普洱 叶金科 YNS0259
云南：新平 自成仲，自正荣 XPALSD130
云南：易门 王焕冲，马兴达 WangHCH041
云南：永德 李永亮 YDDXS0504
云南：永德 李任斌，黄德武，杨金荣 YDDXSA022
云南：镇沅 王立东，何忠云，罗成瑜 ALSZY167

Diospyros lotus Linnaeus 君迁子
北京：东城区 王雷，朱雅娟，黄振英 Beijing-huang-dls-0046
北京：海淀区 宋松泉，林坚 SCSB-D-0001
重庆：南川区 易思荣 YISR066
贵州：江口 周云，王勇 XiangZ047
河北：赞皇 牛玉璐，高彦飞，赵二涛 NiuYL408
河南：栾川 黄振英，于顺利，杨学军 Huangzy0044
湖北：神农架林区 李巨平 LiJuPing0067
湖北：神农架林区 祝文志，刘志祥，曹远俊 ShenZH5731
湖北：五峰 李平 AHL110
湖北：宣恩 沈泽昊 HXE050
湖北：竹溪 李盛兰 GanQL1134
湖南：永定区 吴福川，廖博儒 7157
山东：牟平区 卞福花，卢学新，纪伟等 BianFH00053
山西：夏县 张贵平，连俊强，吴琼 Zhangf0041
四川：九龙 孔航辉，罗江平，左雷等 YangQE3443
云南：鹤庆 孙振华，王文礼，宋晓卿等 OuxK-HQ-0014
云南：兰坪 孔航辉，任琛 Yangqe2910
云南：隆阳区 刀志灵，陈哲 DZL-087
云南：石林 税玉民，陈文红 66533
云南：香格里拉 孙振华，郑志兴，沈蕊等 OuXK-YS-231
云南：香格里拉 孙振华，郑志兴，沈蕊等 OuXK-YS-261
云南：永德 李永亮 YDDXS0715
云南：永平 陆树刚 Ouxk-YP-0001
云南：永平 刀志灵 DZL382
云南：云龙 孙振华，郑志兴，沈蕊等 OuXK-LC-068

Diospyros morrisiana Hance 罗浮柿
江西：井冈山 兰国华 LiuRL076
江西：龙南 梁跃龙，廖海红，欧考昌 LiangYL051

Diospyros oleifera Cheng 油柿 *
安徽：休宁 唐鑫生，方建新 TangXS0404
湖南：古丈 张代贵 Zdg1318
江西：黎川 童和平，王玉珍 TanCM1883
江西：龙南 梁跃龙，廖海红，徐清娣 LiangYL077

Diospyros reticulinervis var. **glabrescens** C. Y. Wu 无毛网脉柿 *
云南：沧源 赵金超，杨红强 CYNGH448
云南：景东 刘长铭，罗庆光，袁小龙等 JDNR11021
云南：腾冲 余新林，赵玮 BSGLGStc255
Diospyros rhombifolia Hemsley 老鸦柿 *
湖南：湘乡 陈薇，朱香清，马仲辉 SCSB-HN-0478
江苏：句容 王兆银，吴宝成 SCSB-JS0273
Diospyros tsangii Merrill 延平柿 *
江西：修水 缪以清，余于明 TanCM651
Diospyros yunnanensis Rehder & E. H. Wilson 云南柿 *
云南：建水 彭华，王英，陈丽 P.H.5062
云南：禄劝 张挺，杜燕，Maynard B. 等 SCSB-B-000510
云南：南涧 熊绍荣 NJWLS2008085
云南：南涧 张世雄，时国彩 NJWLS2008068
云南：永德 李永亮 YDDXS0912

Elaeagnaceae 胡颓子科

胡颓子科	世界	中国	种质库
属 / 种（种下等级）/ 份数	3/90	2/74	2/23(28)/249

Elaeagnus angustifolia Linnaeus 沙枣
内蒙古：回民区 蒲拴莲，李茂文 M083
宁夏：盐池 左忠，刘华 ZuoZh058
新疆：阿克陶 塔里木大学植物资源调查组 TD-00756
新疆：阿克陶 黄文娟，段黄金，王英鑫等 LiZJ0271
新疆：阿图什 杨赵平，黄文娟 TD-01752
新疆：拜城 张玲 TD-01992
新疆：库车 塔里木大学植物资源调查组 TD-00950
新疆：沙雅 塔里木大学植物资源调查组 TD-00977
新疆：沙雅 白宝伟，段黄金 TD-02025
新疆：疏附 杨赵平，黄文娟 TD-01721
新疆：温宿 白宝伟，段黄金 TD-01832
新疆：乌什 杨赵平，周禧琳，贺冰 LiZJ1357
新疆：乌什 塔里木大学植物资源调查组 TD-00545
新疆：新和 白宝伟，段黄金 TD-02042
Elaeagnus angustifolia var. **orientalis** (Linnaeus) Kuntze 东方沙枣
宁夏：西夏区 左忠，刘华 ZuoZh225
新疆：阿克陶 塔里木大学植物资源调查组 TD-00749
新疆：柯坪 塔里木大学植物资源调查组 TD-00845
新疆：柯坪 塔里木大学植物资源调查组 TD-00848
新疆：库车 塔里木大学植物资源调查组 TD-00957
新疆：乌什 塔里木大学植物资源调查组 TD-00541
新疆：乌什 塔里木大学植物资源调查组 TD-00544
新疆：乌什 塔里木大学植物资源调查组 TD-00862
新疆：乌什 塔里木大学植物资源调查组 TD-00863
Elaeagnus bockii Diels 长叶胡颓子 *
四川：宝兴 袁明，胡超 Y07010
四川：峨眉山 李小杰 LiXJ348
云南：云龙 赵玉贵，李占兵，张吉平等 TC2001
Elaeagnus conferta Roxburgh 密花胡颓子
云南：宁洱 彭志仙 YNS0084
云南：瑞丽 赵见明，王婷，徐小伟等 ZeSZ14007
云南：永德 李永亮 YDDXS0082
Elaeagnus conferta var. **menghaiensis** W. K. Hu & H. F. Chow ex C. Y. Chang 勐海胡颓子 *
云南：勐海 蔡杰，张挺，李昌洪 13CS7198
Elaeagnus delavayi Lecomte 长柄胡颓子 *
云南：宁蒗 任宗昕，寸龙琼，任尚国 SCSB-W-1384
云南：腾冲 周应再 Zhyz-222
云南：腾冲 周应再 Zhyz-258
云南：玉龙 刀志灵，李嵘，唐安军 DZL-002
Elaeagnus difficilis Servettaz 巴东胡颓子 *
重庆：南川区 张挺，蔡杰，刘恩德等 12CS4056
江西：修水 缪以清 TanCM601
四川：峨眉山 李小杰 LiXJ334
Elaeagnus glabra Thunberg 蔓胡颓子
安徽：祁门 唐鑫生，方建新 TangXS0826
江西：龙南 梁跃龙，赖曰旺，付房添 LiangYL120
Elaeagnus guizhouensis C. Y. Chang 贵州羊奶子 *
贵州：江口 张挺，蔡杰 12CS4073
Elaeagnus lanceolata Warburg ex Diels 披针叶胡颓子 *
云南：维西 孔航辉，任琛 Yangqe2837
Elaeagnus loureiroi Champion ex Bentham 鸡柏紫藤 *
云南：景东 杨国平 07-15
云南：景东 罗忠华，谢有能，刘长铭等 JDNR09003
云南：宁洱 张绍云，叶金科 YNS0138
云南：普洱 郭永杰，聂细转，黄秋月等 12CS5024
云南：西盟 叶金科 YNS0129
Elaeagnus magna (Servettaz) Rehder 银果牛奶子 *
北京：房山区 宋松泉 BJ036
河南：鲁山 宋松泉 HN059
河南：鲁山 宋松泉 HN158
湖北：仙桃 张代贵 Zdg1080
湖北：仙桃 张代贵 Zdg2786
四川：丹巴 高云东，李忠荣，鞠文彬 GaoXF-12-133
四川：丹巴 高云东，李忠荣，鞠文彬 GaoXF-12-150
四川：峨眉山 李小杰 LiXJ489
Elaeagnus mollis Diels 翅果油树 *
河北：涿鹿 牛玉璐，高彦飞，赵二涛 NiuYL364
山西：乡宁 高瑞如，李农业，张爱红 Huangzy0261
山西：翼城 廉凯敏，陈姣，刘明光 Zhangf0176B
Elaeagnus multiflora Thunberg 木半夏
湖北：竹溪 李盛兰 GanQL024
Elaeagnus oxycarpa Schlechtendal 尖果沙枣
新疆：库尔勒 杨赵平，焦培培，白冠章等 LiZJ0635
新疆：石河子 段士民，王喜勇，刘会良等 291
新疆：疏勒 黄文娟，段黄金，王英鑫等 LiZJ0394
新疆：乌鲁木齐 王喜勇，马文宝，施翔 zdy400
新疆：乌什 杨赵平，周禧琳，贺冰 LiZJ1360
新疆：叶城 黄文娟，段黄金，王英鑫等 LiZJ0903
Elaeagnus pungens Thunberg 胡颓子
江苏：宜兴 吴宝成 HANGYY8012
四川：峨眉山 李小杰 LiXJ742A
Elaeagnus stellipila Rehder 星毛羊奶子 *
云南：景东 杨国平 07-46
Elaeagnus tonkinensis Servettaz 越南胡颓子
云南：腾冲 余新林，赵玮 BSGLGStc208
云南：维西 陈文允，于文涛，黄永江等 CYHL084
Elaeagnus umbellata Thunberg 牛奶子
重庆：巫溪 李盛兰 GanQL811
河北：赞皇 牛玉璐，高彦飞，赵二涛 NiuYL455
河南：鲁山 宋松泉 HN110

湖北：五峰 李平 AHL004
山东：崂山区 高德民，邵尉，吴燕秋 Lilan917
山东：牟平区 卞福花，陈朋 BianFH-0334
陕西：洛南 田先华，张红艳 TianXH252
陕西：长安区 田陌，王梅荣，李娜 TianXH253
四川：汉源 汤加勇，赖建军 Y07138
西藏：错那 罗建，汪书丽 LiuJQ11XZ174
西藏：错那 扎西次仁 ZhongY393
西藏：林芝 罗建，林玲 LiuJQ-09XZ-004
西藏：林芝 张大才，李双智，唐路等 ZhangDC-07ZX-1785
云南：巧家 王红 SCSB-W-208
云南：巧家 王红，周伟，任宗昕等 SCSB-W-273
云南：巧家 张天壁 SCSB-W-738
云南：腾冲 余新林，赵玮 BSGLGStc002
云南：寻甸 彭华，向春雷，王泽欢 PengH8014

Elaeagnus viridis Servettaz 绿叶胡颓子 *

云南：云龙 李爱花，李洪超，李文化等 SCSB-A-000180

Hippophae gyantsensis (Rousi) Y. S. Lian 江孜沙棘 *

四川：马尔康 彭华，刘振稳，向春雷等 P.H.5038
西藏：隆子 张晓纬，汪书丽，罗建 LiuJQ-09XZ-LZT-017
西藏：南木林 李晖，文雪梅，次旺加布等 Lihui-Q-0123

Hippophae neurocarpa S. W. Liu & T. N. He 肋果沙棘 *

青海：称多 岳伟，苏旭，王玉金 LiuJQ-2011-WYJ-086
青海：格尔木 汪书丽，朱洪涛 Liujq-QLS-TXM-066
青海：河南 岳伟，苏旭，王玉金 LiuJQ-2011-WYJ-326
青海：门源 陈世龙，高庆波，张发起等 Chensl1602
青海：门源 陈世龙，高庆波，张发起等 Chensl1649
青海：囊谦 岳伟，苏旭，王玉金 LiuJQ-2011-WYJ-073
青海：曲麻莱 岳伟，苏旭，王玉金 LiuJQ-2011-WYJ-038
四川：红原 张昌兵，邓秀发 ZhangCB0333
四川：红原 汪书丽，田斌，姬明飞 Liujq-QLS-TXM-233
四川：红原 岳伟，苏旭，王玉金 LiuJQ-2011-WYJ-278
四川：理塘 岳伟，苏旭，王玉金 LiuJQ-2011-WYJ-220
四川：理塘 何兴金，赵丽华，梁乾隆等 SCU-11-155
四川：石渠 岳伟，苏旭，王玉金 LiuJQ-2011-WYJ-098
西藏：昌都 岳伟，苏旭，王玉金 LiuJQ-2011-WYJ-139
西藏：丁青 岳伟，苏旭，王玉金 LiuJQ-2011-WYJ-155
西藏：江达 岳伟，苏旭，王玉金 LiuJQ-2011-WYJ-120
西藏：类乌齐 岳伟，苏旭，王玉金 LiuJQ-2011-WYJ-142
西藏：芒康 张大才，李双智，罗康等 ZhangDC-07ZX-0046
西藏：索县 岳伟，苏旭，王玉金 LiuJQ-2011-WYJ-170
西藏：左贡 岳伟，苏旭，王玉金 LiuJQ-2011-WYJ-216

Hippophae rhamnoides Linnaeus 沙棘

北京：东城区 王雷，朱雅娟，黄振英 Beijing-huang-dls-0002
甘肃：迭部 汪书丽，田斌，姬明飞 Liujq-QLS-TXM-232
甘肃：碌曲 岳伟，苏旭，王玉金 LiuJQ-2011-WYJ-318
甘肃：榆中 王召峰，彭艳玲，朱兴福 LiuJQ-09XZ-LZT-202
河北：蔚县 牛玉璐，高彦飞，黄士良 NiuYL218
内蒙古：回民区 蒲拴莲，李茂文 M069
内蒙古：准格尔旗 朱雅娟，黄振英，叶学华 Beijing-Ordos-000005
宁夏：隆德 牛有栋，李出山 ZuoZh109
青海：称多 岳伟，苏旭，王玉金 LiuJQ-2011-WYJ-089
青海：共和 汪书丽，朱洪涛 Liujq-QLS-TXM-229
青海：互助 薛春迎 Xuechy0107
青海：祁连 陈世龙，高庆波，张发起等 Chensl1555
四川：阿坝 岳伟，苏旭，王玉金 LiuJQ-2011-WYJ-283
四川：道孚 岳伟，苏旭，王玉金 LiuJQ-2011-WYJ-255
四川：黑水 顾垒，李忠荣 GaoXF-09ZX-1513
四川：红原 岳伟，苏旭，王玉金 LiuJQ-2011-WYJ-290
四川：康定 张昌兵，向丽 ZhangCB0202
四川：康定 张昌兵，向丽 ZhangCB0212
四川：理塘 何兴金，赵丽华，梁乾隆等 SCU-11-157
四川：理县 许炳强，童毅华，吴兴等 XiaNH-07ZX-0903
四川：马尔康 何兴金，王月，胡灏禹 SCU-08093
四川：马尔康 何兴金，冯图，廖晨阳等 SCU-080341
四川：冕宁 孔航辉，罗江平，左雷等 YangQE3431
四川：若尔盖 岳伟，苏旭，王玉金 LiuJQ-2011-WYJ-312
四川：石渠 岳伟，苏旭，王玉金 LiuJQ-2011-WYJ-110
四川：松潘 何兴金，刘爽，赵财 SCU-10-413
四川：松潘 何兴金，张云香，王志新 SCU-10-526
西藏：八宿 岳伟，苏旭，王玉金 LiuJQ-2011-WYJ-206
西藏：察隅 张大才，李双智，唐路等 ZhangDC-07ZX-1682
西藏：工布江达 罗建，汪书丽，任德智 LiuJQ-09XZ-ML066
西藏：工布江达 罗建，汪书丽，任德智 LiuJQ-09XZ-ML067
西藏：朗县 岳伟，苏旭，王玉金 LiuJQ-2011-WYJ-204
西藏：林芝 罗建，汪书丽，任德智 LiuJQ-09XZ-ML006
西藏：隆子 罗建，汪书丽 LiuJQ11XZ260
新疆：布尔津 谭敦炎，邱娟 TanDY0445
新疆：尼勒克 段士民，王喜勇，刘会良 Zhangdy352
新疆：塔什库尔干 邱娟，冯建菊 LiuJQ0123
新疆：塔什库尔干 张玲，杨赵平 TD-01592
新疆：塔什库尔干 张玲，杨赵平 TD-01594
新疆：塔什库尔干 杨赵平，黄文娟 TD-01763
新疆：特克斯 阎平，邓丽娟 SHI-A2007296
新疆：温泉 徐文斌，王莹 SHI-2008164
新疆：乌鲁木齐 马文宝，刘会良，施翔 zdy174
新疆：乌鲁木齐 王喜勇，马文宝，施翔 zdy352
新疆：乌鲁木齐 王喜勇，马文宝，施翔 zdy422
新疆：乌恰 黄文娟，白宝伟 TD-01484
新疆：伊犁 段士民，王喜勇，刘会良 Zhangdy329
新疆：伊犁 段士民，王喜勇，刘会良 Zhangdy330
新疆：裕民 谭敦炎，吉乃提 TanDY0670
云南：香格里拉 杨亲二，孔航辉，李磊 Yangqe3277
云南：香格里拉 杨青松，星耀武，苏涛 ZhouZK-07ZX-0327

Hippophae rhamnoides subsp. sinensis Rousi 中国沙棘 *

甘肃：合作 刘坤 LiuJQ-GN-2011-634
甘肃：碌曲 李晓东，刘帆，张景博等 LiJ0150
甘肃：庄浪 田先华，李鹏 TianXH1134
青海：班玛 陈世龙，张得钧，高庆波等 Chensl0330
青海：班玛 陈世龙，高庆波，张发起 Chensl1123
青海：大通 陈世龙，高庆波，张发起等 Chensl1655
青海：格尔木 潘建斌，杜维波，牛炳韬 Liujq-2011CDM-016
青海：互助 陈世龙，高庆波，张发起等 Chensl1695
青海：乐都 陈世龙，高庆波，张发起等 Chensl1836
青海：玛沁 陈世龙，高庆波，张发起 Chensl1053
青海：玛沁 陈世龙，高庆波，张发起 Chensl1076
青海：门源 陈世龙，高庆波，张发起等 Chensl1617
青海：平安 陈世龙，高庆波，张发起等 Chensl1760
青海：平安 陈世龙，高庆波，张发起等 Chensl1771
青海：祁连 陈世龙，高庆波，张发起等 Chensl1531
青海：同德 陈世龙，高庆波，张发起 Chensl1033
陕西：神木 田陌，王梅荣 TianXH1141
四川：阿坝 陈世龙，高庆波，张发起 Chensl1171
四川：阿坝 陈世龙，高庆波，张发起 Chensl1185
四川：九龙 孔航辉，罗江平，左雷等 YangQE3464
四川：九龙 孙航，张建文，董金龙等 SunH-07ZX-4014

四川：理塘 李晓东，张景博，徐凌翔等 LiJ342
四川：理县 何兴金，李琴琴，赵丽华等 SCU-09-521
四川：马尔康 高云东，李忠荣，鞠文彬 GaoXF-12-057
四川：木里 孔航辉，罗江平，左雷等 YangQE3414
四川：壤塘 陈世龙，高庆波，张发起 Chens11154
四川：若尔盖 陈世龙，高庆波，张发起 Chens11191
四川：小金 何兴金，高云东，刘海艳等 SCU-20080472

Hippophae rhamnoides subsp. **turkestanica** Rousi **中亚沙棘**

西藏：普兰 毛康珊，任广朋，邹嘉宾 LiuJQ-QTP-2011-075
西藏：札达 毛康珊，任广朋，邹嘉宾 LiuJQ-QTP-2011-062
西藏：札达 毛康珊，任广朋，邹嘉宾 LiuJQ-QTP-2011-068
新疆：阿合奇 塔里木大学植物资源调查组 TD-00589
新疆：阿克陶 塔里木大学植物资源调查组 TD-00754
新疆：拜城 塔里木大学植物资源调查组 TD-00928
新疆：拜城 张玲 TD-01997
新疆：和静 邱爱军，张玲，马帅 LiZJ1749
新疆：和静 杨赵平，焦培培，白冠章等 LiZJ0730
新疆：麦盖提 郭永杰，黄文娟，段黄金 LiZJ0155
新疆：麦盖提 郭永杰，黄文娟，段黄金 LiZJ0156
新疆：石河子 塔里木大学植物资源调查组 TD-00182
新疆：疏附 杨赵平，黄文娟 TD-01718
新疆：塔什库尔干 杨赵平，周禧林，贺冰 LiZJ1248
新疆：塔什库尔干 塔里木大学植物资源调查组 TD-00764
新疆：温宿 塔里木大学植物资源调查组 TD-00923
新疆：温宿 邱爱军，张玲 LiZJ1885
新疆：乌恰 塔里木大学植物资源调查组 TD-00712
新疆：乌恰 塔里木大学植物资源调查组 TD-00742
新疆：乌什 塔里木大学植物资源调查组 TD-00478
新疆：乌什 塔里木大学植物资源调查组 TD-00480
新疆：乌什 塔里木大学植物资源调查组 TD-00482
新疆：乌什 塔里木大学植物资源调查组 TD-00484
新疆：乌什 塔里木大学植物资源调查组 TD-00563
新疆：乌什 塔里木大学植物资源调查组 TD-00881
新疆：乌什 白宝伟，段黄金 TD-01861

Hippophae rhamnoides subsp. **yunnanensis** Rousi **云南沙棘** *

四川：甘孜 张大才，尹五元，李双智等 ZhangDC-07ZX-2348
四川：红原 张挺，李爱花，刘成等 08CS850
四川：九龙 吕元林 N011A
西藏：波密 扎西次仁，西落 ZhongY723
西藏：察隅 张挺，蔡杰，袁明 09CS1617
西藏：城关区 许炳强，童毅华 XiaNh-07zx-614
西藏：错那 罗建，汪书丽 LiuJQ11XZ230
西藏：工布江达 扎西次仁 ZhongY308
西藏：江达 张挺，李爱花，刘成等 08CS789
西藏：林芝 罗建，汪书丽，任德智 LiuJQ-09XZ-310
西藏：隆子 罗建，汪书丽 LiuJQ11XZ248
西藏：隆子 扎西次仁 ZhongY381
西藏：墨竹工卡 扎西次仁 ZhongY261
云南：德钦 刀志灵 DZL438
云南：香格里拉 李爱花，周开洪，黄之镨等 SCSB-A-000238
云南：香格里拉 王文礼，冯欣，刘飞鹏 OUXK11101
云南：香格里拉 李晓东，张紫刚，操榆 LiJ632
云南：香格里拉 杨亲二，袁琼 Yangqe2677

Hippophae salicifolia D. Don **柳叶沙棘**

西藏：波密 孙航，张建文，陈建国等 SunH-07ZX-2538
西藏：波密 孙航，张建文，陈建国等 SunH-07ZX-2627
西藏：错那 张晓纬，汪书丽，罗建 LiuJQ-09XZ-LZT-040
西藏：吉隆 张晓纬，汪书丽，罗建 LiuJQ-09XZ-LZT-077
西藏：林芝 卢洋，刘帆等 LiJ799

Hippophae tibetana Schlechtendal **西藏沙棘**

甘肃：碌曲 李晓东，刘帆，张景博等 LiJ0200
青海：门源 吴玉虎 LJQ-QLS-2008-0080
四川：红原 高云东，李忠荣，鞠文彬 GaoXF-12-038
四川：红原 张昌兵 ZhangCB0029
四川：理塘 何兴金，马祥光，张云香等 SCU-11-264
四川：若尔盖 何兴金，李琴琴，王长宝等 SCU-08077
西藏：定日 陈家辉，韩希，王东超等 YangYP-Q-4304
西藏：吉隆 张晓纬，汪书丽，罗建 LiuJQ-09XZ-LZT-061
西藏：墨竹工卡 扎西次仁 ZhongY277
西藏：普兰 李晖，文雪梅，次旺加布等 Lihui-Q-0007

Elaeocarpaceae 杜英科

杜英科	世界	中国	种质库
属 / 种（种下等级）/ 份数	12/605	2/52	2/18(19)/59

Elaeocarpus austroyunnanensis Hu **滇南杜英** *

云南：屏边 楚永兴，普华柱 Pbdws033

Elaeocarpus braceanus Watt ex C. B. Clarke **滇藏杜英**

云南：龙陵 孙兴旭 SunXX053
云南：腾冲 张挺，王建军，杨茜等 SCSB-B-000416
云南：腾冲 周应再 Zhyz-070
云南：腾冲 周应再 Zhyz-388
云南：腾冲 余新林，赵玮 BSGLGStc110
云南：盈江 王立彦，桂魏，刀江飞 SCSB-TBG-114

Elaeocarpus chinensis (Gardner & Champion) J. D. Hooker ex Bentham **华杜英**

江西：黎川 童和平，王玉珍 TanCM3134
江西：修水 缪以清，梁荣文 TanCM655
浙江：开化 李宏庆，熊申展，桂萍 Lihq0391

Elaeocarpus decipiens Hemsley **杜英**

湖南：怀化 李胜华，伍贤进，曾汉元等 HHXY291
湖南：岳麓区 姜孝成 SCSB-HNJ-0357

Elaeocarpus glabripetalus Merrill **秃瓣杜英** *

安徽：屯溪区 方建新，张翔 TangXS0002
湖南：炎陵 蔡秀珍，孙秋妍 SCSB-HN-1545
湖南：宜章 田淑珍 SCSB-HN-0714
湖南：雨花区 蔡秀珍，陈薇，朱晓文 SCSB-HN-0645
湖南：雨花区 田淑珍，相银龙 SCSB-HN-1481
湖南：长沙 蔡秀珍 SCSB-HN-0753
江西：九江 谭策铭，易桂花 TCM09186
江西：龙南 廖海红，徐清娣，赖曰旺 LiangYL050
四川：雨城区 袁明 YuanM1028
云南：屏边 钱良超，陆海兴，康远勇等 Pbdws202

Elaeocarpus glabripetalus var. **alatus** (Kunth) Hung T. Chang **棱枝杜英** *

云南：沧源 赵金超，肖美芳，赵永梅 CYNGH234
云南：麻栗坡 肖波 LuJL153
云南：屏边 楚永兴 Pbdws059

Elaeocarpus hainanensis Oliver **水石榕**

云南：麻栗坡 肖波 LuJL153

Elaeocarpus japonicus Siebold & Zuccarini **薯豆**

湖北：仙桃 张代贵 Zdg1328A
湖南：永顺 陈功锡，张代贵 SCSB-HC-2008034
湖南：雨花区 蔡秀珍，陈薇，朱晓文 SCSB-HN-0646

江西：武宁 张吉华，张东红 TanCM3239
云南：贡山 刀志灵 DZL327

Elaeocarpus lanceifolius Roxburgh 披针叶杜英
云南：南涧 阿国仁 NJWLS1500
云南：腾冲 余新林，赵玮 BSGLGStc214
云南：文山 何德明，丰艳飞，王成 WSLJS930

Elaeocarpus petiolatus (Jack) Wallich ex Steudel 长柄杜英
云南：勐腊 谭运洪 B233

Elaeocarpus prunifolioides Hu 假樱叶杜英 *
云南：沧源 赵金超，肖美芳 CYNGH212
云南：景东 刘长铭，罗庆光，袁小龙等 JDNR11025
云南：永德 李永亮 LiYL1558

Elaeocarpus rugosus Roxburgh 毛果杜英
广东：天河区 童毅华 TYH16

Elaeocarpus sikkimensis Masters 大果杜英
江西：黎川 童和平，王玉珍 TanCM2398
云南：永德 李永亮，陈海兴 YDDXSB258

Elaeocarpus sphaerocarpus Hung T. Chang 阔叶圆果杜英 *
云南：沧源 赵金超，杨红强 CYNGH319

Elaeocarpus sylvestris (Loureiro) Poiret 山杜英
广西：上思 何海文，杨锦超 YANGXF0383
湖南：怀化 李胜华，伍贤进，曾汉元等 HHXY373
江西：安远 梁跃龙，廖海红 LiangYL024
江西：黎川 童和平，王玉珍 TanCM2770
江西：武宁 张吉华，刘运群 TanCM783
四川：峨眉山 李小杰 LiXJ274
云南：河口 张贵良，饶春，陶英美等 ZhangGL044
云南：元阳 彭华，向春雷，陈丽 PengH8194

Sloanea hemsleyana (T. Itô) Rehder & E. H. Wilson 仿栗 *
湖北：利川 许玥，祝文志，刘志祥等 ShenZH5803
湖南：桑植 陈功锡，廖博儒，查学州等 205
四川：峨眉山 李小杰 LiXJ835

Sloanea leptocarpa Diels 薄果猴欢喜 *
湖南：保靖 陈功锡，张代贵，邓涛等 SCSB-HC-2007482

Sloanea sinensis (Hance) Hemsley 猴欢喜
安徽：休宁 唐鑫生，方建新 TangXS0694
江西：井冈山 兰国华 LiuRL048
江西：黎川 童和平，王玉珍 TanCM2761
江西：芦溪 杜小浪，慕泽泾，曹岚 DXL028
江西：修水 谭策铭，缪以清 TCM09158

Sloanea sterculiacea (Bentham) Rehder & E. H. Wilson 贡山猴欢喜
云南：景东 刘长铭，罗庆光，杨华金等 JDNR11029

Elatinaceae 沟繁缕科

沟繁缕科	世界	中国	种质库
属 / 种（种下等级）/ 份数	2/34-40	2/～6	1/2/10

Elatine ambigua Wight 长梗沟繁缕
云南：新平 彭华，向春雷，陈丽 PengH8266
云南：永德 李永亮 YDDXS0303

Elatine triandra Schkuhr 三蕊沟繁缕
甘肃：碌曲 李晓东，刘帆，张景博等 LiJ0192
云南：景东 罗忠华，谢有能，罗文涛等 JDNR114
云南：景东 李绍昆 JDNR11098
云南：绿春 黄连山保护区科研所 HLS0271
云南：普洱 胡启和，张绍云 YNS0611
云南：永德 李永亮 YDDXS0063
云南：镇沅 罗成瑜 ALSZY244
云南：镇沅 罗成瑜 ALSZY431

Ephedraceae 麻黄科

麻黄科	世界	中国	种质库
属 / 种（种下等级）/ 份数	1/55	1/16	1/9/52

Ephedra equisetina Bunge 木贼麻黄
新疆：富蕴 谭敦炎，邱娟 TanDY0422
新疆：吐鲁番 段士民 zdy108
新疆：吐鲁番 段士民，王喜勇，刘会良 Zhangdy552

Ephedra gerardiana Wallich ex C. A. Meyer 山岭麻黄
四川：丹巴 何兴金，胡灏禹，沈呈娟等 SCU-11-429
四川：得荣 张挺，蔡杰，刘恩德等 SCSB-B-000452

Ephedra intermedia Schrenk ex C. A. Meyer 中麻黄
内蒙古：和林格尔 蒲拴莲，李茂文 M092
西藏：八宿 张永洪，王晓雄，周卓等 SunH-07ZX-1688
西藏：加查 扎西次仁 ZhongY368
新疆：阿克陶 张玲，杨赵平 TD-01391
新疆：塔什库尔干 杨赵平，周禧林，贺冰 LiZJ1243
新疆：塔什库尔干 邱娟，冯建菊 LiuJQ0024
新疆：吐鲁番 段士民 zdy101
新疆：温宿 塔里木大学植物资源调查组 TD-00091
新疆：温宿 杨赵平，周禧琳，贺冰 LiZJ1951
新疆：温宿 杨赵平，周禧琳，贺冰 LiZJ1953
新疆：温宿 杨赵平，黄文娟，段黄金等 LiZJ0119
新疆：乌恰 黄文娟，白宝伟 TD-01540
新疆：叶城 黄文娟，段黄金，王英鑫等 LiZJ0877
新疆：伊吾 段士民，王喜勇，刘会良 Zhangdy168

Ephedra likiangensis Florin 丽江麻黄 *
云南：香格里拉 张挺，蔡杰，郭永杰等 11CS3044

Ephedra minuta Florin 矮麻黄 *
四川：红原 张昌兵 ZhangCB0042
四川：康定 张昌兵，向丽 ZhangCB0181

Ephedra monosperma Gmelin ex C. A. Meyer 单子麻黄
甘肃：碌曲 李晓东，刘帆，张景博等 LiJ0193
青海：门源 吴玉虎 LJQ-QLS-2008-0190
青海：门源 陈世龙，高庆波，张发起等 Chensl1614
青海：兴海 陈世龙，高庆波，张发起 Chensl0514
西藏：察隅 孙航，张建文，陈建国等 SunH-07ZX-2418

Ephedra przewalskii Stapf 膜果麻黄
青海：格尔木 潘建斌，杜维波，牛炳韬 Liujq-2011CDM-030
新疆：阜康 段士民，王喜勇，刘会良等 248
新疆：阜康 亚吉东，张桥蓉，秦少发等 16CS13188
新疆：哈密 段士民，王喜勇，刘会良 Zhangdy085
新疆：哈密 段士民，王喜勇，刘会良 Zhangdy086
新疆：哈密 段士民，王喜勇，刘会良 Zhangdy087
新疆：哈密 段士民，王喜勇，刘会良 Zhangdy088
新疆：哈密 段士民，王喜勇，刘会良 Zhangdy089
新疆：哈密 段士民，王喜勇，刘会良 Zhangdy090
新疆：哈密 段士民，王喜勇，刘会良 Zhangdy091
新疆：哈密 段士民，王喜勇，刘会良 Zhangdy092
新疆：哈密 段士民，王喜勇，刘会良 Zhangdy093
新疆：哈密 段士民，王喜勇，刘会良 Zhangdy094
新疆：和静 段士民，王喜勇，刘会良等 110
新疆：和硕 段士民，王喜勇，刘会良等 116

新疆：鄯善 王仲科，徐海燕，郭静谊 SHI2006270
新疆：伊吾 王喜勇，马文宝，施翔 zdy473

Ephedra regeliana Florin 细子麻黄
新疆：阿克陶 张玲，杨赵平 TD-01606
新疆：和静 杨赵平，焦培培，白冠章等 LiZJ0600
新疆：塔什库尔干 邱娟，冯建菊 LiuJQ0077
新疆：乌恰 杨赵平，周禧琳，贺冰 LiZJ1272

Ephedra sinica Stapf 草麻黄 *
内蒙古：鄂托克旗 李出山，牛钦瑞 ZuoZh136
内蒙古：锡林浩特 张红香 ZhangHX078
内蒙古：伊金霍洛旗 朱雅娟，黄振英，曲荣明 Beijing-Ordos-000021
新疆：吐鲁番 段士民 zdy096

Ericaceae 杜鹃花科

杜鹃花科	世界	中国	种质库
属 / 种（种下等级）/ 份数	~124/4100	23/837	19/238(270)/884

Agapetes lacei Craib 灯笼花
云南：南涧 阿国仁，罗新洪，李敏等 NJWLS2008137

Agapetes mannii Hemsley 白花树萝卜
云南：绿春 黄连山保护区科研所 HLS0451

Andromeda polifolia Linnaeus 仙女越橘
吉林：安图 周海城 ZhouHC036

Cassiope fastigiata (Wallich) D. Don 扫帚锦绦花
西藏：林芝 刘成，亚吉东，何华杰等 16CS11802

Cassiope selaginoides J. D. Hooker & Thomson 锦绦花
西藏：波密 刘成，亚吉东，何华杰等 16CS11831
西藏：察隅 孙航，张建文，陈建国等 SunH-07ZX-2441
云南：贡山 刀志灵 DZL367
云南：香格里拉 张挺，蔡杰，郭永杰等 11CS3088

Cassiope wardii C. Marquand 长毛锦绦花 *
西藏：波密 刘成，亚吉东，何华杰等 16CS11833

Chimaphila japonica Miquel 喜冬草
湖北：竹溪 李盛兰 GanQL683
吉林：磐石 安海成 AnHC0127
云南：贡山 刀志灵 DZL847
云南：盘龙区 彭华，向春雷，王泽欢 PengH8427
云南：盘龙区 彭华，向春雷，王泽欢 PengH8458

Craibiodendron henryi W. W. Smith 柳叶假木荷
云南：永德 李永亮 YDDXS1168

Craibiodendron stellatum (Pierre) W. W. Smith 假木荷
云南：腾冲 周应再 Zhyz-500

Craibiodendron yunnanense W. W. Smith 云南假木荷
云南：南涧 阿国仁，何贵才 NJWLS800

Diplarche multiflora J. D. Hooker & Thomson 多花杉叶杜鹃
西藏：波密 张大才，李双智，唐路等 ZhangDC-07ZX-1783
云南：贡山 刀志灵 DZL342

Diplarche pauciflora J. D. Hooker & Thomson 少花杉叶杜鹃
云南：洱源 杨青松，星耀武，苏涛 ZhouZK-07ZX-0277

Empetrum nigrum var. **japonicum** K. Koch 东北岩高兰
吉林：安图 周海城 ZhouHC043

Enkianthus chinensis Franchet 灯笼吊钟花 *
安徽：黄山 唐鑫生，方建新 TangXS1021
重庆：南川区 易思荣 YISR274
湖南：新化 刘克明，彭珊，李珊等 SCSB-HN-1674
江西：武宁 谭策铭，张吉华 TanCM393
江西：修水 缪以清，陈三友，胡建华 TanCM2107
四川：峨眉山 李小杰 LiXJ191
云南：大理 张德全，王应龙，文青华等 ZDQ091
云南：贡山 张挺，杨湘云，李涟漪 14CS9610
云南：兰坪 张挺，徐远杰，陈冲等 SCSB-B-000212
云南：隆阳区 段在贤，李晓东，封占昕 BSGLGS1y039
云南：巧家 杨光明，颜再奎，张天壁等 QJYS0084
云南：巧家 杨光明 SCSB-W-1474

Enkianthus deflexus (Griffith) C. K. Schneider 毛叶吊钟花
四川：峨眉山 李小杰 LiXJ215
四川：汉源 许炳强，童毅华，吴兴等 XiaNH-07ZX-1119
西藏：亚东 马永鹏 ZhangCQ-0042
云南：贡山 刀志灵 DZL366
云南：贡山 刀志灵 DZL805
云南：贡山 刀志灵 DZL880
云南：泸水 刀志灵 DZL882
云南：泸水 刀志灵 DZL887

Enkianthus quinqueflorus Loureiro 吊钟花
贵州：松桃 周云，张勇 XiangZ101

Enkianthus serrulatus (E. H. Wilson) C. K. Schneider 齿缘吊钟花 *
湖北：五峰 陈功锡，张代贵 SCSB-HC-2008286
湖北：宣恩 祝文志，刘志祥，曹远俊 ShenZH0018
江西：井冈山 兰国华 LiuRL103
江西：修水 缪以清，李立新，邹仁刚 TanCM680

Gaultheria codonantha Airy Shaw 钟花白珠
西藏：墨脱 刘成，张挺，张书东 13CS6506

Gaultheria cuneata (Rehder & E. H. Wilson) Bean 四川白珠 *
云南：香格里拉 孙航，李新辉，陈林杨 SunH-07ZX-3101

Gaultheria dolichopoda Airy Shaw 长梗白珠
云南：贡山 蔡杰，郭云刚，张凤琼等 14CS9759
云南：贡山 刀志灵，陈哲 DZL-026

Gaultheria dumicola W. W. Smith 丛林白珠
云南：隆阳区 赵玮 BSGLGS1y205
云南：腾冲 余新林，赵玮 BSGLGStc120

Gaultheria fragrantissima Wallich 芳香白珠
西藏：墨脱 刘成，亚吉东，何华杰等 16CS14015
西藏：墨脱 刘成，亚吉东，何华杰等 16CS14019
云南：大理 张挺，李爱花，郭云刚等 SCSB-B-000073
云南：洱源 杨青松，星耀武，苏涛 ZhouZK-07ZX-0284
云南：凤庆 谭运洪 B97
云南：贡山 郭永杰，吴之坤，吴兴等 14CS9805
云南：鹤庆 张书东，林娜娜，陆露等 SCSB-W-158
云南：鹤庆 孙航，李新辉，陈林杨 SunH-07ZX-3188
云南：红河 彭华，向春雷，陈丽 PengH8234
云南：建水 彭华，向春雷，陈丽 P.H.5997
云南：金平 喻智勇，官兴永，张云飞等 JinPing48
云南：景东 谭运洪，余涛 B279
云南：景东 杨国平 2008195
云南：景东 鲁成荣，谢有能，张明勇 JD055
云南：景东 刘长铭，李应付 JDNR110121
云南：丽江 张书东，林娜娜，陆露等 SCSB-W-157
云南：泸水 孙振华，郑志兴，沈蕊等 OuXK-LC-030
云南：绿春 刀志灵，周鲁门 DZL-183
云南：绿春 刀志灵，陈渝 DZL631
云南：绿春 刀志灵，陈渝 DZL633
云南：麻栗坡 肖波，陆章强 LuJL028
云南：麻栗坡 税玉民，陈文红 72113
云南：麻栗坡 肖波 LuJL131

云南：南涧 邹国娟，常学科，徐家武等 njwls2007011
云南：宁蒗 孔航辉，罗江平，左雷等 YangQE3341
云南：腾冲 周应再 Zhyz-248
云南：腾冲 余新林，赵玮 BSGLGStc164
云南：腾冲 余新林，赵玮 BSGLGStc178
云南：文山 何德明，李卫林，邵会昌 WSLJS449
云南：文山 张挺，蔡杰，刘越强等 SCSB-B-000440
云南：香格里拉 孙航，李新辉，陈林杨 SunH-07ZX-2998
云南：新平 王家和，谢雄 XPALSC004
云南：新平 罗有明 XPALSB079
云南：永德 奎文康，欧阳红才，鲁金国 YDDXSC079
云南：永德 李永亮 YDDXS0692
云南：永平 彭华，向春雷，陈丽 PengH8327
云南：玉龙 张大才，李双智，杨川 ZhangDC-07ZX-2066
云南：玉龙 孔航辉，任琛 Yangqe2784
云南：元阳 亚吉东，黄莉，何华杰 15CS11427
云南：云龙 字建泽，杨六斤，李国庆等 TC1016
云南：镇沅 朱恒 ALSZY061
云南：镇沅 何忠云，周立刚 ALSZY315
云南：镇沅 胡启元，周兵，张绍云 YNS0862
云南：镇沅 叶金科 YNS0193

Gaultheria griffithiana Wight **尾叶白珠**

四川：冕宁 孙航，张建文，董金龙等 SunH-07ZX-4068
云南：贡山 蔡杰，郭云刚，张凤琼等 14CS9742
云南：贡山 刀志灵 DZL832
云南：贡山 张挺，杨湘云，李涟漪等 14CS9644
云南：贡山 郭永杰，吴之坤，吴兴等 14CS9949
云南：景东 谭运洪，余涛 B281
云南：龙陵 孙兴旭 SunXX061
云南：隆阳区 段在贤，密得生，杨海等 BSGLGSly1044
云南：泸水 许炳强，吴兴，李婧等 XiaNh-07zx-039
云南：绿春 张挺，马国强，刘娜等 SCSB-B-000562
云南：绿春 黄连山保护区科研所 HLS0073
云南：南涧 熊绍荣 NJWLS1209
云南：屏边 张挺，胡益敏 SCSB-B-000552
云南：维西 张燕妮 OuXK-0054
云南：维西 易思荣 YISR294
云南：文山 税玉民，陈文红 81175

Gaultheria hookeri C. B. Clarke **红粉白珠**

云南：福贡 刀志灵 DZL-073
云南：贡山 刀志灵 DZL801
云南：贡山 刀志灵 DZL829
云南：贡山 刀志灵 DZL855
云南：贡山 刀志灵，陈哲 DZL-017
云南：贡山 任宗昕，董莉娜，杨鹏伟 SCSB-W-648
云南：贡山 刀志灵，陈哲 DZL-039
云南：贡山 李恒，李嵘 769
云南：贡山 李恒，李嵘 771
云南：贡山 李恒，李嵘，刀志灵 1013
云南：景东 罗忠华，刘长铭，鲁成荣 JD001
云南：泸水 刀志灵 DZL-098
云南：泸水 刀志灵 DZL885
云南：泸水 许炳强，吴兴，李婧等 XiaNh-07zx-041
云南：绿春 刀志灵，张洪喜 DZL612
云南：巧家 张书东，何俊，蒋伟等 SCSB-W-312
云南：新平 王家和 XPALSC206
云南：新平 刘家良 XPALSD120
云南：云龙 李爱花，李洪超，黄天才等 SCSB-A-000219

Gaultheria hookeri var. **angustifolia** C. B. Clarke **狭叶红粉白珠**

云南：贡山 刘成，何华杰，黄莉等 14CS8575
云南：泸水 许炳强，吴兴，李婧等 XiaNh-07zx-015
云西：文山 何德明，丰艳飞，曹世超 WSLJS685

Gaultheria leucocarpa Blume **白果白珠**

湖北：宣恩 李正辉，艾洪莲 AHL2029
云南：河口 张贵良，杨鑫峰，陶美英等 ZhangGL099
云南：宁洱 胡启和，仇亚，张绍云 YNS0580

Gaultheria leucocarpa var. **crenulata** (Kurz) T. Z. Hsu **毛滇白珠** *

广西：龙胜 黄俞淞，叶晓霞，邹容 Liuyan0068
贵州：黎平 刘克明，王成，张恒 SCSB-HN-1094
贵州：平塘 邹方伦 ZouFL0139
湖南：道县 陈薇 SCSB-HN-1001
湖南：怀化 李胜华，伍贤进，曾汉元等 HHXY328
湖南：江华 肖乐希 SCSB-HN-1197
湖南：石门 陈功锡，张代贵，邓涛等 SCSB-HC-2007362
湖南：宜章 田淑珍 SCSB-HN-0805
云南：大理 张挺，李爱花，郭云刚等 SCSB-B-000077
云南：大理 张德全，段丽珍，王应龙等 ZDQ135
云南：大理 张德全，杨思秦，陈金虎等 ZDQ170
云南：隆阳区 尹学建 BSGLGSly2026
云南：绿春 黄连山保护区科研所 HLS0009
云南：绿春 李嵘，张洪喜 DZL-258
云南：麻栗坡 肖波，陆章强 LuJL017
云南：蒙自 田学军，邱成书，高波 TianXJ0174
云南：南涧 邹国娟，时国彩 njwls2007005
云南：屏边 税玉民，陈文红 82497
云南：腾冲 周应再 Zhyz521
云南：文山 何德明，张挺，刘成等 WSLJS503
云南：武定 张挺，张书东，李爱花等 SCSB-A-000081
云南：永德 李永亮，王学军，陈海涛 YDDXSB082

Gaultheria leucocarpa var. **yunnanensis** (Franchet) T. Z. Hsu & R. C. Fang **滇白珠**

贵州：江口 周云 XiangZ115
江西：井冈山 兰国华 LiuRL094
云南：南涧 阿国仁，何贵才 NJWLS2008148
云南：屏边 刘成，亚吉东，张桥蓉 16CS14106
云南：普洱 叶金科 YNS0435
云南：新平 彭华，向春雷，陈丽等 P.H.5586
云南：元阳 田学军，杨建，邱成书等 Tianxj0051

Gaultheria longibracteolata R. C. Fang **长苞白珠**

云南：绿春 税玉民，陈文红 72998
云南：绿春 税玉民，陈文红 73023
云南：绿春 税玉民，陈文红 82749
云南：绿春 税玉民，陈文红 82812
云南：文山 税玉民，陈文红 16319
云南：元阳 亚吉东，黄莉，何华杰 15CS11247
云南：元阳 亚吉东，黄莉，何华杰 15CS11418

Gaultheria nummularioides D. Don **铜钱叶白珠**

四川：峨眉山 李小杰 LiXJ776
西藏：墨脱 刘成，亚吉东，何华杰等 16CS11837
云南：贡山 蔡杰，郭云刚，张凤琼等 14CS9705
云南：贡山 蔡杰，郭云刚，张凤琼等 14CS9718
云南：贡山 刀志灵 DZL833
云南：贡山 张挺，杨湘云，李涟漪等 14CS9655
云南：贡山 刀志灵，陈哲 DZL-033

Gaultheria prostrata W. W. Smith **平卧白珠** *
云南：大理 张永洪，李国栋，王晓雄 SunH-07ZX-1702
Gaultheria pseudonotabilis H. Li ex R. C. Fang **假短穗白珠** *
云南：贡山 蔡杰，郭云刚，张凤琼等 14CS9773
Gaultheria semi-infera (C. B. Clarke) Airy Shaw **五雄白珠**
云南：贡山 蔡杰，郭云刚，张凤琼等 14CS9709
云南：贡山 张挺，杨湘云，李涟漪等 14CS9653
云南：贡山 郭永杰，吴之坤，吴兴等 14CS9946
云南：贡山 刀志灵 DZL471
云南：景东 杨国平 ygp-057
云南：龙陵 孙兴旭 SunXX050
云南：隆阳区 赵玮 BSGLGS1y184
云南：泸水 孙振华，郑志兴，沈蕊等 OuXK-LC-031
云南：蒙自 田学军 TianXJ0189
云南：普洱 叶金科 YNS0183
云南：腾冲 余新林，赵玮 BSGLGStc290
Gaultheria sinensis J. Anthony **华白珠**
云南：大理 张书东，林娜娜，陆露等 SCSB-W-174
Gaultheria sinensis var. **nivea** J. Anthony **白果华白珠** *
四川：九龙 张大才，尹五元，李双智等 ZhangDC-07ZX-2403
Gaultheria suborbicularis W. W. Smith **伏地白珠** *
云南：贡山 刀志灵 DZL343
云南：贡山 刀志灵 DZL842
云南：贡山 刀志灵，陈哲 DZL-025
Gaultheria taiwaniana S. S. Ying **台湾白珠** *
台湾：南投 张挺，许再文，张玉霄 12CS4275
Gaultheria tetramera W. W. Smith **四裂白珠** *
云南：绿春 黄连山保护区科研所 HLS0012
Gaultheria trichophylla Royle **刺毛白珠**
西藏：波密 孙航，张建文，陈建国等 SunH-07ZX-2617
西藏：林芝 罗建，汪书丽，任德智 LiuJQ-09XZ-321
西藏：墨脱 张大才，李双智，唐路等 ZhangDC-07ZX-1763
Gaultheria wardii C. Marquand & Airy Shaw **西藏白珠**
西藏：林芝 罗建，汪书丽 LiuJQ-09XZ-084
西藏：隆子 扎西次仁，西落 ZhongY600
西藏：墨脱 刘成，亚吉东，何华杰等 16CS14020
Ledum palustre Linnaeus **杜香**
吉林：安图 周海城 ZhouHC041
吉林：安图 杨保国，张明鹏 CaoW0031
内蒙古：额尔古纳 郑宝江，姜洪哲 ZhengBJ153
Ledum palustre var. **dilatatum** Wahlenberg **宽叶杜香**
吉林：安图 周海城 ZhouHC040
Leucothoë griffithiana C. B. Clarke **尖基木藜芦**
西藏：隆子 扎西次仁，西落 ZhongY583
新疆：博乐 段士民，王喜勇，刘会良等 13
云南：迪庆 聂泽龙，孟盈，邓涛 SunH-07ZX-2356
云南：贡山 蔡杰，郭云刚，张凤琼等 14CS9744
云南：贡山 刀志灵，陈哲 DZL-013
Lyonia compta (W. W. Smith & Jeffrey) Handel-Mazzetti **秀丽珍珠花** *
云南：景东 张挺，李爱花，戚志洲等 SCSB-A-000097
Lyonia doyonensis (Handel-Mazzetti) Handel-Mazzetti **圆叶珍珠花** *
云南：贡山 许炳强，吴兴，李婧等 XiaNh-07zx-073
云南：南涧 官有才，熊绍荣，张雄等 NJWLS669
Lyonia macrocalyx (J. Anthony) Airy Shaw **大萼珍珠花**
云南：巧家 李文虎，杨光明，张天壁 QJYS0100
云南：镇沅 朱恒 ALSZY135
Lyonia ovalifolia (Wallich) Drude **珍珠花**
安徽：休宁 唐鑫生，方建新 TangXS0745
广西：兴安 吴望辉，吴磊，农冬新 Liuyan0491
湖北：五峰 陈功锡，张代贵 SCSB-HC-2008327
湖南：洞口 肖乐希，唐光波，谢江等 SCSB-HN-1740
湖南：洞口 肖乐希，尹成园，谢江等 SCSB-HN-1601
湖南：会同 刘克明，王成，张恒 SCSB-HN-1115
湖南：会同 刘克明，王成，张恒 SCSB-HN-1127
湖南：沅陵 刘克明，周磊，彭新星等 SCSB-HN-1320
云南：沧源 赵金超，肖美芳，汪顺莉 CYNGH247
云南：贡山 刘成，何华杰，黄莉等 14CS8584
云南：贡山 李恒，李嵘，刀志灵 1044
云南：河口 张贵良，杨鑫峰，陶美英等 ZhangGL088
云南：鹤庆 柳小康 OuXK-0021
云南：景东 罗忠华，刘长铭，鲁成荣等 JD112
云南：景东 刘长铭，王春华，李培学 JDNR110116
云南：龙陵 孙兴旭 SunXX025
云南：隆阳区 赵玮，赵一帆 BSGLGS1y210
云南：隆阳区 赵文李 BSGLGS1y3067
云南：禄劝 柳小康 OuXK-0092
云南：绿春 黄连山保护区科研所 HLS0056
云南：绿春 黄连山保护区科研所 HLS0144
云南：绿春 何疆海，何来收，白然思等 HLS0365
云南：麻栗坡 肖波 LuJL083
云南：南涧 熊绍荣 NJWLS1226
云南：南涧 徐家武，袁玉川，李旭东 NJWLS911
云南：宁蒗 任宗昕，寸龙琼，任尚国 SCSB-W-1355
云南：屏边 钱良超，康远勇，陆海兴 Pbdws140
云南：屏边 楚永兴 pbdws075
云南：巧家 杨光明，颜再奎，张天壁等 QJYS0081
云南：巧家 杨光明 SCSB-W-1471
云南：嵩明 张挺，杜燕，Maynard B. 等 SCSB-B-000507
云南：文山 税玉民，陈文红 71885
云南：文山 税玉民，陈文红 71932
云南：西山区 税玉民，陈文红 65383
云南：新平 XPALSD181
云南：新平 何罡安 XPALSB015
云南：盈江 王立彦，左常盛，桂魏 SCSB-TBG-044
云南：镇沅 罗成瑜 ALSZY371
云南：镇沅 何忠云，周立刚 ALSZY270
Lyonia ovalifolia var. **elliptica** (Siebold & Zuccarini) Handel-Mazzetti **小果珍珠花**
安徽：石台 陈延松，吴国伟，洪欣 Zhousb0085
湖北：宣恩 祝文志，刘志祥，曹远俊 ShenZH0013
湖南：桑植 陈功锡，廖博儒，查学州等 176
湖南：湘乡 陈徽，朱香清，马仲辉 SCSB-HN-0484
湖南：新化 刘克明，彭珊，李珊等 SCSB-HN-1673
云南：永德 李永亮，杨建文 YDDXSB047
Lyonia ovalifolia var. **hebecarpa** (Franchet ex Forbes & Hemsley) Chun **毛果珍珠花** *
江西：武宁 谭策铭，张吉华 TanCM412
云南：玉龙 张大才，李双智，杨川 ZhangDC-07ZX-2016
Lyonia ovalifolia var. **lanceolata** (Wallich) Handel-Mazzetti **狭叶珍珠花**
贵州：册亨 邹方伦 ZouFL0063
贵州：大方 邹方伦 ZouFL0335
江西：修水 谭策铭，缪以清，李立新 TanCM327
四川：峨眉山 李小杰 LiXJ203

四川：米易 赖建军 MY-081
云南：贡山 许炳强，吴兴，李婧等 XiaNh-07zx-119
云南：新平 张学林，王平 XPALSD096
Lyonia ovalifolia var. **rubrovenia** (Merrill) Judd **红脉珍珠花**
云南：思茅区 张绍云，胡启和 YNS1277
Lyonia villosa (Wallich ex C. B. Clarke) Handel-Mazzetti **毛叶珍珠花**
四川：宝兴 袁明 Y07025
四川：峨眉山 李小杰 LiXJ710
四川：康定 许炳强，童毅华，吴兴等 XiaNH-07ZX-1074
四川：米易 袁明 MY373
云南：贡山 刀志灵 DZL845
云南：巧家 张天壁 SCSB-W-899
云南：巧家 杨光明 SCSB-W-1211
云南：西山区 张挺，郭云刚，杨静 SCSB-B-000299
云南：元阳 亚吉东，黄莉，何华杰 15CS11423
Moneses uniflora (Linnaeus) A. Gray **独丽花**
云南：香格里拉 杨青松，星耀武，苏涛 ZhouZK-07ZX-0366
Monotropa hypopitys Linnaeus **松下兰**
四川：理县 何兴金，高云东，余岩等 SCU-09-574
新疆：昭苏 亚吉东，张桥蓉，秦少发等 16CS13539
云南：石林 张桥蓉，亚吉东 15CS11561
云南：西山区 申敏 Rho-E-200702
Monotropa uniflora Linnaeus **水晶兰**
安徽：岳西 赵鑫磊，辛晓伟 Lilan856
云南：盘龙区 彭华，向春雷，王泽欢 PengH8424
云南：盘龙区 彭华，向春雷，王泽欢 PengH8444
云南：盘龙区 彭华，向春雷，王泽欢 PengH8456
云南：石林 税玉民，陈文红 66509
云南：西山区 申敏，吴之坤 Rho-E-200701
Orthilia obtusata (Turczaninow) H. Hara **钝叶单侧花**
新疆：和静 杨赵平，焦培培，白冠章等 LiZJ0534
Orthilia secunda (Linnaeus) House **单侧花**
新疆：昭苏 亚吉东，张桥蓉，秦少发等 16CS13555
Pieris formosa (Wallich) D. Don **美丽马醉木**
广西：兴安 吴望辉，吴磊，农冬新 Liuyan0500
湖南：洞口 肖乐希，谢江，唐光波等 SCSB-HN-1738
江西：井冈山 兰国华 LiuRL058
江西：武宁 张吉华，刘运群 TanCM1190
西藏：隆子 扎西次仁，西落 ZhongY601
西藏：亚东 钟扬，扎西次仁 ZhongY788
云南：大理 张德全，王应龙，文青华等 ZDQ089
云南：富民 彭华，刘恩德，向春雷 P.H.6035
云南：鹤庆 张大才，李双智，杨川 ZhangDC-07ZX-2088
云南：景东 刘长铭，王春华，李培学 JDNR110117
云南：景东 张挺，李爱花，戚志洲等 SCSB-A-000099
云南：临沧 彭华，向春雷，王泽欢 PengH8082
云南：隆阳区 段在贤，封占昕，代如山等 BSGLGS1y1269
云南：盘龙区 彭华，向春雷，王泽欢 PengH8411
云南：文山 何德明，韦荣彪 WSLJS705
云南：新平 何罡安 XPALSB038
云南：玉龙 张大才，李双智，杨川 ZhangDC-07ZX-2037
云南：云龙 字建泽，杨六斤，李国宏等 TC1015
云南：云龙 李苏雨 Wangsh-07ZX-022
Pieris japonica (Thunberg) D. Don ex G. Don **马醉木**
安徽：休宁 唐鑫生，方建新 TangXS0287
江西：黎川 童和平，王玉珍 TanCM3121
江西：武宁 张吉华，刘运群 TanCM1107
云南：香格里拉 孔航辉，任琛 Yangqe2839
Pyrola atropurpurea Franchet **紫背鹿蹄草** *
西藏：林芝 陈家辉，韩希，王广艳等 YangYP-Q-4105
Pyrola calliantha Andres **鹿蹄草** *
山东：牟平区 张少华，张诏，程丹丹等 Lilan655
西藏：八宿 张大才，李双智，罗康等 ZhangDC-07ZX-0798
西藏：林芝 罗建，汪书丽 LiuJQ-08XZ-191
Pyrola decorata Andres **普通鹿蹄草**
湖北：宜昌 陈功锡，张代贵 SCSB-HC-2008121
四川：九寨沟 张挺，李爱花，刘成等 08CS875
云南：巧家 李文虎，杨光明 QJYS0115
云南：石林 税玉民，陈文红 66559
Pyrola rugosa Andres **皱叶鹿蹄草** *
云南：香格里拉 杨青松，星耀武，苏涛 ZhouZK-07ZX-0365
Pyrola xinjiangensis Y. L. Chou & R. C. Zhou **新疆鹿蹄草** *
新疆：昭苏 亚吉东，张桥蓉，秦少发等 16CS13556
Rhododendron aganniphum I. B. Balfour & Kingdon Ward **雪山杜鹃** *
四川：小金 顾垒，张羽 GAOXF-10ZX-1936
西藏：工布江达 马永鹏 ZhangCQ-0086
西藏：林芝 张大才，李双智，唐路等 ZhangDC-07ZX-1819
云南：德钦 张大才，李双智，唐路等 ZhangDC-07ZX-1892
Rhododendron aganniphum var. **schizopeplum** (I. B. Balfour & Forrest) T. L. Ming **裂毛雪山杜鹃** *
四川：普格 任宗昕，艾洪莲，张舒 SCSB-W-1405
Rhododendron agastum I. B. Balfour & W. W. Smith **迷人杜鹃**
云南：永德 奎文康，欧阳红才，鲁金国 YDDXSC074
Rhododendron agastum var. **pennivenium** (I. B. Balfour & Forrest) T. L. Ming **光柱迷人杜鹃**
云南：贡山 蔡杰，郭云刚，张凤琼等 14CS9734
云南：永德 李永亮 YDDXS0117
Rhododendron alutaceum I. B. Balfour & W. W. Smith **棕背杜鹃** *
四川：黑水 顾垒，李忠荣 GaoXF-09ZX-1421
云南：玉龙 孔航辉，任琛 Yangqe2767
云南：玉龙 孔航辉，任琛 Yangqe2771
Rhododendron ambiguum Hemsley **问客杜鹃** *
四川：峨眉山 李小杰 LiXJ180
Rhododendron annae Franchet **桃叶杜鹃** *
云南：新平 蔡杰，王立松 09CS1018
Rhododendron anthosphaerum Diels **团花杜鹃**
四川：乡城 周浙昆，苏涛，杨莹等 Zhou09-120
云南：贡山 蔡杰，郭云刚，张凤琼等 14CS9739
云南：贡山 刀志灵 DZL881
Rhododendron arboreum Smith **树形杜鹃**
西藏：错那 扎西次仁，西落 ZhongY572
西藏：错那 扎西次仁，西落 ZhongY575
Rhododendron argyrophyllum Franchet **银叶杜鹃** *
四川：白玉 李晓东，张景博，徐凌翔等 LiJ464
四川：峨眉山 李小杰 LiXJ214
云南：巧家 杨光明，颜再奎，张天壁等 QJYS0070
云南：巧家 李文虎，吴天抗，张天壁等 QJYS0165
云南：巧家 杨光明 SCSB-W-1493
Rhododendron argyrophyllum subsp. **omeiense** (Rehder & E. H. Wilson) D. F. Chamberlain **峨眉银叶杜鹃** *
四川：峨眉山 李小杰 LiXJ192
Rhododendron arizelum I. B. Balfour & Forrest **夺目杜鹃**
云南：贡山 刀志灵 DZL853

云南：贡山 刀志灵 DZL863

Rhododendron aureum Georgi 牛皮杜鹃

黑龙江：五常 王臣，张欣欣，刘跃印等 WangCh372

吉林：安图 周海城 ZhouHC006

吉林：安图 周海城，周海东 ZhouHC024

吉林：安图 孙阎 SunY053

Rhododendron auriculatum Hemsley 耳叶杜鹃 *

湖北：宣恩 沈泽昊 HXE160

Rhododendron bachii H. Léveillé 腺萼马银花 *

安徽：徽州区 方建新 TangXS0781

广西：兴安 刘演，黄俞淞，将日红等 Liuyan0098

Rhododendron basilicum I. B. Balfour & W. W. Smith 粗枝杜鹃

云南：贡山 刀志灵 DZL877

Rhododendron beesianum Diels 宽钟杜鹃

云南：贡山 蔡杰，郭云刚，张凤琼等 14CS9736

Rhododendron bureavii Franchet 锈红杜鹃 *

云南：鹤庆 张大才，李双智，杨川 ZhangDC-07ZX-2083

云南：巧家 杨光明 SCSB-W-1483

Rhododendron callimorphum I. B. Balfour & W. W. Smith 卵叶杜鹃

云南：贡山 蔡杰，郭云刚，张凤琼等 14CS9735

云南：贡山 刀志灵 DZL815

云南：贡山 刀志灵 DZL867

Rhododendron calophytum Franchet 美容杜鹃 *

四川：峨眉山 李小杰 LiXJ184

Rhododendron calophytum var. **openshawianum** (Rehder & E. H. Wilson) D. F. Chamberlain 尖叶美容杜鹃 *

四川：峨眉山 李小杰 LiXJ186

Rhododendron campylocarpum J. D. Hooker 弯果杜鹃

西藏：波密 孙航，张建文，陈建国等 SunH-07ZX-2629

西藏：错那 扎西次仁 ZhongY407

Rhododendron campylogynum Franchet 弯柱杜鹃

云南：永德 李永亮 YDDXS0636

Rhododendron chamaethomsonii (Tagg) Cowan & Davidian 云雾杜鹃 *

西藏：隆子 扎西次仁，西落 ZhongY614

Rhododendron changii (W. P. Fang) W. P. Fang 树枫杜鹃 *

重庆：马永鹏 MYP201118

Rhododendron ciliicalyx Franchet 睫毛萼杜鹃

云南：元阳 亚吉东，黄莉，何华杰 15CS11428

Rhododendron cinnabarinum J. D. Hooker 朱砂杜鹃

西藏：隆子 扎西次仁，西落 ZhongY602

Rhododendron citriniflorum var. **horaeum** (I. B. Balfour & Forrest) D. F. Chamberlain 美艳橙黄杜鹃 *

云南：贡山 蔡杰，郭云刚，张凤琼等 14CS9723

Rhododendron clementinae subsp. **aureodorsale** W. P. Fang ex J. Q. Fu 金背杜鹃 *

陕西：眉县 马永鹏 MYP201102

Rhododendron complexum I. B. Balfour & W. W. Smith 环绕杜鹃 *

四川：康定 许炳强，童毅华，吴兴等 XiaNH-07ZX-1005

四川：乡城 周浙昆，苏涛，杨莹等 Zhou09-188

Rhododendron concinnum Hemsley 秀雅杜鹃 *

河南：三门峡 马永鹏 MYP201101

Rhododendron coriaceum Franchet 革叶杜鹃 *

云南：贡山 蔡杰，郭云刚，张凤琼等 14CS9743

云南：泸水 刀志灵 DZL884

Rhododendron coryanum Tagg & Forrest 光蕊杜鹃 *

西藏：察隅 拉穷，西落 ZhongY504

西藏：类乌齐 拉穷，西落 ZhongY468

西藏：墨脱 刘成，亚吉东，何华杰等 16CS11939

西藏：亚东 钟扬，扎西次仁 ZhongY767

Rhododendron cyanocarpum (Franchet) Franchet ex W. W. Smith 蓝果杜鹃 *

云南：大理 马永鹏 MYP201109

Rhododendron dalhousieae J. D. Hooker 长药杜鹃

西藏：错那 扎西次仁，西落 ZhongY573

Rhododendron dauricum Linnaeus 兴安杜鹃

黑龙江：阿城 孙阎，吕军，张兰兰 SunY360

黑龙江：尚志 刘玫，张欣欣，程薪宇等 Liuetal337

吉林：安图 周海城 ZhouHC013

吉林：磐石 安海成 AnHC006

吉林：磐石 安海成 AnHC0428

Rhododendron decorum Franchet 大白杜鹃

四川：得荣 孙航，李新辉，陈林杨 SunH-07ZX-2909

四川：壤塘 张挺，李爱花，刘成等 08CS849

四川：盐源 苏涛，黄永江，杨青松等 ZhouZK11393

云南：大理 田伟，张长芹 Rho-A-200707

云南：德钦 张大才，李双智，杨川 ZhangDC-07ZX-1980

云南：洱源 杨青松，杨莹，黄永江等 ZhouZK-07ZX-0119

云南：贡山 刀志灵 DZL817

云南：鹤庆 张大才，李双智，杨川 ZhangDC-07ZX-2095

云南：景东 刘长铭，王春华，李培学 JDNR110130

云南：丽江 苏涛，黄永江，杨青松等 ZhouZK11478

云南：隆阳区 赵文李 BSGLGSly3020

云南：绿春 何疆海，何来收，白然思等 HLS0356

云南：宁蒗 任宗昕，艾洪莲，张舒 SCSB-W-1447

云南：巧家 李文虎，杨光明 QJYS0094

云南：巧家 李文虎，高顺勇，吴天抗等 QJYS0095

云南：巧家 李文虎 QJYS0116

云南：巧家 李文虎，杨光明 QJYS0117

云南：巧家 杨光明 SCSB-W-1494

云南：巧家 杨光明 SCSB-W-1495

云南：石林 税玉民，陈文红 65454

云南：维西 张挺，徐远杰，陈冲等 SCSB-B-000231

云南：维西 杨青松，杨莹，黄永江等 ZhouZK-07ZX-0198

云南：文山 税玉民，陈文红 16265

云南：香格里拉 周浙昆，苏涛，杨莹等 Zhou09-068

云南：新平 罗田发，李丛生 XPALSC234

云南：新平 王家和，李丛生 XPALSC289

云南：玉龙 田伟，张长芹 Rho-A-200701

云南：玉龙 张大才，李双智，杨川 ZhangDC-07ZX-2055

Rhododendron delavayi Franchet 马缨杜鹃

西藏：错那 马永鹏 ZhangCQ-0063

云南：河口 张贵良，张贵生，杨鑫峰等 ZhangGL219

云南：景东 杨国平 07-02

云南：景东 谢有能，鲁成荣，刘长铭 JDNR150

云南：麻栗坡 肖波 LuJL392

云南：南涧 邹国娟，徐如标，李成清等 NJWLS2008283

云南：巧家 杨光明，颜再奎，张天壁等 QJYS0069

云南：腾冲 余新林，赵玮 BSGLGStc126

云南：腾冲 周应再 Zhyz-034

云南：永德 奎文康，杨金柱，鲁金国等 YDDXSC076

云南：永德 李永亮 YDDXS0116

云南：玉龙 张大才，李双智，杨川 ZhangDC-07ZX-2057

Rhododendron densifolium K. M. Feng 密叶杜鹃
云南：麻栗坡 肖波 LuJL372
Rhododendron discolor Franchet 喇叭杜鹃 *
广西：龙胜 黄俞淞，梁永延，叶晓霞 Liuyan0040
四川：峨眉山 李小杰 LiXJ207
Rhododendron edgeworthii J. D. Hooker 泡泡叶杜鹃
云南：贡山 刀志灵 DZL861
云南：南涧 阿国仁 NJWLS1507
云南：腾冲 余新林，赵玮 BSGLGStc399
云南：永德 李永亮 YDDXS0037
云南：永德 李永亮 YDDXS0121
云南：永德 李永亮 YDDXS1231
Rhododendron excellens Hemsley & E. H. Wilson 大喇叭杜鹃
四川：乡城 周浙昆，苏涛，杨莹等 Zhou09-138
四川：乡城 周浙昆，苏涛，杨莹等 Zhou09-218
云南：河口 张贵良，张贵生，陶英美等 ZhangGL117
云南：金平 喻智勇，官兴永，张云飞等 JinPing46
云南：麻栗坡 马永鹏 MYP201105
云南：屏边 钱良超，陆海兴，徐浩 Pbdws167
云南：元阳 亚吉东，黄莉，何华杰 15CS11420
Rhododendron faberi Hemsley 金顶杜鹃 *
四川：峨眉山 李小杰 LiXJ198
Rhododendron facetum I. B. Balfour & Kingdon Ward 绵毛房杜鹃
云南：大理 马永鹏 MYP201110
云南：巧家 李文虎，杨光明 QJYS0107
云南：巧家 李文虎，吴天抗，张天壁等 QJYS0108
云南：巧家 李文虎 QJYS0109
Rhododendron fastigiatum Franchet 密枝杜鹃 *
四川：乡城 周浙昆，苏涛，杨莹等 Zhou09-124
四川：乡城 周浙昆，苏涛，杨莹等 Zhou09-207
云南：德钦 陈文允，于文涛，黄永江等 CYHL155
云南：德钦 杨青松，星耀武，苏涛 ZhouZK-07ZX-0415
云南：贡山 刀志灵 DZL814
云南：巧家 李文虎，高顺勇，吴天抗等 QJYS0092
云南：巧家 杨光明 SCSB-W-1275
云南：巧家 杨光明 SCSB-W-1492
Rhododendron forrestii I. B. Balfour ex Diels 紫背杜鹃
西藏：波密 张大才，李双智，唐路等 ZhangDC-07ZX-1758
云南：贡山 刀志灵 DZL869
Rhododendron fortunei Lindley 云锦杜鹃 *
江西：庐山区 董安淼，吴从梅 TanCM1634
江西：武宁 谭策铭，张吉华 TanCM398
江西：武宁 张吉华，张东红 TanCM3235
Rhododendron fulgens J. D. Hooker 猩红杜鹃
西藏：错那 扎西次仁，西落 ZhongY570
Rhododendron fulvum I. B. Balfour & W. W. Smith 镰果杜鹃
西藏：隆子 扎西次仁，西落 ZhongY616
Rhododendron glanduliferum Franchet 大果杜鹃 *
云南：腾冲 余新林，赵玮 BSGLGStc232
Rhododendron glischrum I. B. Balfour & W. W. Smith 粘毛杜鹃
云南：贡山 蔡杰，郭云刚，张凤琼等 14CS9789
云南：香格里拉 周浙昆，苏涛，杨莹等 Zhou09-062
Rhododendron haematodes Franchet 似血杜鹃
云南：贡山 刀志灵 DZL839
Rhododendron hanceanum Hemsley 疏叶杜鹃 *
四川：峨眉山 李小杰 LiXJ221
Rhododendron hancockii Hemsley 滇南杜鹃 *
云南：文山 何德明 WSLJS688
Rhododendron haofui Chun & W. P. Fang 光枝杜鹃 *
江西：井冈山 兰国华 LiuRL057
Rhododendron heliolepis Franchet 亮鳞杜鹃
云南：香格里拉 李爱花，周开洪，黄之镨等 SCSB-A-000268
Rhododendron heliolepis var. **fumidum** (I. B. Balfour & W. W. Smith) R. C. Fang 灰褐亮鳞杜鹃 *
四川：普格 任宗昕，艾洪莲，张舒 SCSB-W-1408
云南：巧家 杨光明 SCSB-W-1468
云南：巧家 杨光明 SCSB-W-1485
Rhododendron hemsleyanum E. H. Wilson 波叶杜鹃 *
四川：峨眉山 李小杰 LiXJ271
Rhododendron hemsleyanum var. **chengianum** (W. P. Fang) W. P. Fang ex W. K. Hu 无腺杜鹃 *
四川：峨眉山 李小杰 LiXJ273
Rhododendron Hippophaeoides I. B. Balfour & W. W. Smith 灰背杜鹃 *
云南：香格里拉 陈家辉，刘亚辉，周妍等 YangYP-Q-2196
云南：香格里拉 杨青松，星耀武，苏涛 ZhouZK-07ZX-0347
云南：香格里拉 周浙昆，苏涛，杨莹等 Zhou09-004
Rhododendron Hippophaeoides var. **occidentale** M. N. Philipson & Philipson 长柱灰背杜鹃 *
四川：盐源 任宗昕，艾洪莲，张舒 SCSB-W-1429
Rhododendron hypoblematosum P. C. Tam 背绒杜鹃 *
江西：井冈山 兰国华 LiuRL064
Rhododendron impeditum I. B. Balfour & W. W. Smith 粉紫杜鹃 *
四川：稻城 何兴金，李琴琴，马祥光等 SCU-09-144
四川：理塘 何兴金，李琴琴，马祥光等 SCU-09-130
云南：巧家 李文虎，张天壁，杨光明 QJYS0114
Rhododendron intricatum Franchet 隐蕊杜鹃 *
四川：稻城 陈家辉，刘亚辉，周妍等 YangYP-Q-2266
Rhododendron irroratum Franchet 露珠杜鹃
云南：景东 谢有能，鲁成荣，刘长铭 JDNR149
云南：麻栗坡 马永鹏 MYP201106
云南：南涧 阿国仁 NJWLS1511
云南：文山 何德明，丰艳飞，杨云等 WSLJS889
云南：永德 李永亮 YDDXS0120
云南：永德 蔡杰，王立松 09CS1046
Rhododendron keleticum I. B. Balfour & Forrest 独龙杜鹃
云南：贡山 蔡杰，郭云刚，张凤琼等 14CS9724
云南：贡山 刀志灵 DZL841
云南：文山 何德明 WSLJS911
Rhododendron kongboense L. Rothschild 工布杜鹃
西藏：加查 扎西次仁，西落 ZhongY625
Rhododendron lanatum J. D. Hooker 黄钟杜鹃
西藏：朗县 罗建，汪书丽 L133
Rhododendron lapponicum (Linnaeus) Wahlenberg 高山杜鹃
吉林：安图 周海城 ZhouHC012
Rhododendron latoucheae Franchet 西施花
安徽：休宁 唐鑫生，方建新 TangXS0756
江西：井冈山 兰国华 LiuRL104
江西：修水 缪以清 TanCM661
Rhododendron leptothrium I. B. Balfour & Forrest 薄叶马银花
云南：景东 刘长铭，王春华，罗启顺 JDNR110129

云南：隆阳区 许炳强，吴兴，李婧等 XiaNh-07zx-238
云南：新平 何罡安 XPALSB092
Rhododendron liliiflorum H. Léveillé 百合花杜鹃 *
贵州：威宁 邹方伦 ZouFL0301
Rhododendron lindleyi T. Moore 大花杜鹃
西藏：八宿 张永洪，王晓雄，周卓等 SunH-07ZX-1684
西藏：错那 扎西次仁，西落 ZhongY569
西藏：芒康 张永洪，李国栋，王晓雄 SunH-07ZX-2210
Rhododendron lukiangense Franchet 蜡叶杜鹃 *
云南：维西 杨亲二，袁琼 Yangqe2707
云南：香格里拉 陈家辉，刘亚辉，周妍等 YangYP-Q-2216
Rhododendron lutescens Franchet 黄花杜鹃 *
四川：峨眉山 李小杰 LiXJ223
云南：巧家 杨光明 SCSB-W-1506
Rhododendron maculiferum Franchet 麻花杜鹃 *
四川：洪雅 李小杰 LiXJ768
Rhododendron maddenii J. D. Hooker 隐脉杜鹃
西藏：错那 何华杰，张书东 81333
西藏：错那 马永鹏 ZhangCQ-0062
西藏：错那 扎西次仁 ZhongY397
云南：大理 马永鹏 MYP201114
云南：贡山 许炳强，吴兴，李婧等 XiaNh-07zx-063
云南：贡山 许炳强，吴兴，李婧等 XiaNh-07zx-065
云南：景东 刘长铭，王春华，李培学 JDNR110131
Rhododendron maddenii subsp. **crassum** (Franchet) Cullen 滇隐脉杜鹃
云南：河口 张贵良，张贵生，陶英美等 ZhangGL116
云南：腾冲 余新林，赵玮 BSGLGStc397
云南：永德 奎文康，欧阳红才，鲁金国 YDDXSC075
云南：永德 李永亮 YDDXS0638
云南：永德 李永亮 YDDXS0655
云南：永德 李永亮 YDDXS0674
Rhododendron maoerense W. P. Fang & G. Z. Li 猫儿山杜鹃 *
广西：兴安 吴望辉，吴磊，农冬新 Liuyan0499
Rhododendron mariesii Hemsley & E. H. Wilson 满山红 *
安徽：屯溪区 方建新 TangXS0904
湖北：神农架林区 蔡杰，毛钧，杨浩 12CS5576
湖南：平江 刘克明，蔡秀珍，陈丰林 SCSB-HN-0929
江西：庐山区 董安淼，吴从梅 TanCM929
浙江：开化 李宏庆，熊申展，桂萍 Lihq0405
Rhododendron megacalyx I. B. Balfour & Kingdon Ward 大萼杜鹃
云南：贡山 刀志灵，陈哲 DZL-050
云南：腾冲 余新林，赵玮 BSGLGStc402
Rhododendron mengtszense I. B. Balfour & W. W. Smith 蒙自杜鹃 *
云南：西畴 张挺，李洪超，左定科 SCSB-B-000302
Rhododendron meridionale P. C. Tam 南边杜鹃 *
广西：上思 许为斌，黄俞淞，梁永延等 Liuyan0219
Rhododendron micranthum Turczaninow 照山白
辽宁：朝阳 卜军，金实，阴黎明 CaoW436
辽宁：朝阳 卜军，金实，阴黎明 CaoW506
辽宁：建昌 卜军，金实，阴黎明 CaoW396
辽宁：建昌 卜军，金实，阴黎明 CaoW444
辽宁：建昌 卜军，金实，阴黎明 CaoW482
辽宁：瓦房店 宫本胜 CaoW353
山东：历城区 高德民，王萍，张颖颖等 Lilan588
Rhododendron microgynum I. B. Balfour & Forrest 短蕊杜鹃 *
西藏：林芝 孙航，张建文，陈建国等 SunH-07ZX-2766
Rhododendron microphyton Franchet 亮毛杜鹃
四川：米易 刘静，袁明 MY-234
云南：景东 刘长铭，赵天晓，鲁成荣 JDNR110122
云南：隆阳区 赵玮 BSGLGSly168
云南：麻栗坡 肖波 LuJL378
云南：腾冲 余新林，赵玮 BSGLGStc105
云南：腾冲 周应再 Zhyz541
云南：文山 何德明，丰艳飞，陈斌 WSLJS885
云南：新平 王家和，李丛生 XPALSC290
云南：云龙 字建泽，杨六斤，李国宏等 TC1010
Rhododendron molle (Blume) G. Don 羊踯躅 *
江西：修水 缪以清 TanCM686
Rhododendron moulmainense J. D. Hooker 毛棉杜鹃
云南：贡山 刀志灵 DZL864
云南：河口 张贵良，杨鑫峰，陶美英等 ZhangGL109
云南：腾冲 余新林，赵玮 BSGLGStc194
云南：腾冲 余新林，赵玮 BSGLGStc229
云南：腾冲 周应再 Zhyz-498
云南：永德 李永亮 YDDXS1172
云南：永德 李永亮 LiYL1460
Rhododendron mucronatum (Blume) G. Don 白花杜鹃
安徽：屯溪区 方建新 TangXS0903
云南：大理 张德全，王应龙，文青华等 ZDQ090
Rhododendron mucronulatum Turczaninow 迎红杜鹃
河北：宽城 牛玉璐，高彦飞，赵二涛 NiuYL461
辽宁：凌源 郑宝江，王美娟，曹鹏等 ZhengBJ405
山东：海阳 王萍，高德民，张诏等 lilan332
山东：崂山区 罗艳，李中华，邓建平 LuoY153
山东：崂山区 赵遵田，郑国伟，王海英等 Zhaozt0172
山东：牟平区 卞福花，陈朋 BianFH-0305
山东：牟平区 卞福花，宋言贺 BianFH-550
Rhododendron nitidulum Rehder & E. H. Wilson 光亮杜鹃 *
青海：囊谦 许炳强，周伟，郑朝汉 Xianh0075
Rhododendron nitidulum var. **omeiense** M. N. Philipson & Philipson 峨眉光亮杜鹃 *
四川：峨眉山 李小杰 LiXJ731
Rhododendron nivale J. D. Hooker 雪层杜鹃
四川：康定 张昌兵，向丽 ZhangCB0211
四川：乡城 周浙昆，苏涛，杨莹等 Zhou09-181
西藏：加查 许炳强，童毅华 XiaNh-07zx-711
西藏：亚东 钟扬，扎西次仁 ZhongY770
Rhododendron obtusum (Lindley) Planchon 钝叶杜鹃
湖南：武陵源区 吴福川，廖博儒，秦亚丽等 7094
Rhododendron oreodoxa Franchet 山光杜鹃 *
四川：峨眉山 李小杰 LiXJ181
四川：康定 许炳强，童毅华，吴兴等 XiaNH-07ZX-1068
Rhododendron oreodoxa var. **fargesii** (Franchet) D. F. Chamberlain 粉红杜鹃 *
四川：峨眉山 李小杰 LiXJ729
Rhododendron oreotrephes W. W. Smith 山育杜鹃
四川：盐源 任宗昕，艾洪莲，张舒 SCSB-W-1432
云南：巧家 李文虎，高顺勇，吴天抗等 QJYS0093
云南：巧家 杨光明 SCSB-W-1505
云南：香格里拉 周浙昆，苏涛，杨莹等 Zhou09-105
云南：玉龙 田伟，张长芹 Rho-A-200702
Rhododendron ovatum (Lindley) Planchon ex Maximowicz 马银花 *

安徽：休宁 唐鑫生，方建新 TangXS0757
江西：黎川 童和平，王玉珍 TanCM2719
江西：修水 谭策铭，缪以清，李立新 TanCM335
浙江：鄞州区 葛斌杰，熊申展，胡超 Lihq0452

Rhododendron pachyphyllum W. P. Fang 厚叶杜鹃 *
云南：河口 张贵良，张贵生，陶英美等 ZhangGL118
云南：文山 何德明，韦荣彪 WSLJS572

Rhododendron pachypodum I. B. Balfour & W. W. Smith 云上杜鹃
云南：沧源 赵金超，鲍春华 CYNGH430
云南：大理 马永鹏 MYP201115
云南：麻栗坡 马永鹏 MYP201107
云南：麻栗坡 肖波 LuJL129
云南：文山 何德明，丰艳飞，陈斌 WSLJS884
云南：新平 罗有明 XPALSB088
云南：永德 李永亮 YDDXS0036
云南：永德 李永亮 YDDXS0637
云南：永德 李永亮 YDDXS0691

Rhododendron pachytrichum Franchet 绒毛杜鹃 *
四川：峨眉山 李小杰 LiXJ188
云南：巧家 杨光明 SCSB-W-1280
云南：巧家 杨光明 SCSB-W-1307
云南：巧家 杨光明 SCSB-W-1317
云南：巧家 杨光明 SCSB-W-1486
云南：巧家 杨光明 SCSB-W-1487
云南：巧家 杨光明 SCSB-W-1504
云南：巧家 杨光明 SCSB-W-1529
云南：巧家 杨光明 SCSB-W-1530
云南：巧家 杨光明 SCSB-W-1532
云南：巧家 杨光明 SCSB-W-1534
云南：巧家 杨光明 SCSB-W-1538

Rhododendron phaeochrysum I. B. Balfour & W. W. Smith 栎叶杜鹃 *
四川：普格 任宗昕，艾洪莲，张舒 SCSB-W-1409
云南：香格里拉 李爱花，周开洪，黄之镨等 SCSB-A-000277
云南：香格里拉 周浙昆，苏涛，杨莹等 Zhou09-057
云南：玉龙 田伟，张长芹 Rho-A-200704

Rhododendron phaeochrysum var. **agglutinatum** (I. B. Balfour & Forrest) D. F. Chamberlain 凝毛杜鹃 *
四川：得荣 孙航，李新辉，陈林杨 SunH-07ZX-2910
云南：香格里拉 李爱花，周开洪，黄之镨等 SCSB-A-000267

Rhododendron phaeochrysum var. **levistratum** (I. B. Balfour & Forrest) D. F. Chamberlain 毡毛栎叶杜鹃 *
四川：康定 许炳强，童毅华，吴兴等 XiaNH-07ZX-1053

Rhododendron pingianum W. P. Fang 海绵杜鹃 *
四川：峨眉山 李小杰 LiXJ187
西藏：昌都 陈家辉，王赟，刘德团 YangYP-Q-3154
西藏：类乌齐 陈家辉，王赟，刘德团 YangYP-Q-3173

Rhododendron polylepis Franchet 多鳞杜鹃 *
四川：峨眉山 李小杰 LiXJ778
四川：木里 苏涛，黄永江，杨青松等 ZhouZK11364
四川：木里 苏涛，黄永江，杨青松等 ZhouZK11367

Rhododendron praestans I. B. Balfour & W. W. Smith 优秀杜鹃 *
云南：贡山 蔡杰，郭云刚，张凤琼等 14CS9733

Rhododendron preptum I. B. Balfour & Forrest 复毛杜鹃
云南：贡山 刀志灵 DZL878

Rhododendron primuliflorum Bureau & Franchet 樱草杜鹃 *
西藏：工布江达 马永鹏 ZhangCQ-0085
西藏：芒康 徐波，陈光富，陈林杨等 SunH-07ZX-0274
西藏：芒康 徐波，陈光富，陈林杨等 SunH-07ZX-1515
西藏：左贡 徐波，陈光富，陈林杨等 SunH-07ZX-2089

Rhododendron principis Bureau & Franchet 藏南杜鹃 *
西藏：加查 许炳强，童毅华 XiaNh-07zx-621

Rhododendron protistum I. B. Balfour & Forrest 翘首杜鹃
云南：贡山 刀志灵 DZL819

Rhododendron protistum var. **giganteum** (Forrest) D. F. Chamberlain 大树杜鹃 *
云南：腾冲 马永鹏 MYP201117

Rhododendron pumilum J. D. Hooker 矮小杜鹃
西藏：波密 张大才，李双智，唐路等 ZhangDC-07ZX-1760

Rhododendron purdomii Rehder & E. H. Wilson 太白杜鹃 *
陕西：眉县 马永鹏 MYP201103

Rhododendron racemosum Franchet 腋花杜鹃 *
四川：木里 苏涛，黄永江，杨青松等 ZhouZK11366
云南：大理 马永鹏 MYP201113
云南：大理 田伟，张长芹 Rho-A-200706
云南：贡山 许炳强，吴兴，李婧等 XiaNh-07zx-068
云南：鹤庆 张大才，李双智，杨川 ZhangDC-07ZX-2089
云南：剑川 彭华，陈丽，许瑾 P.H.5276
云南：宁蒗 苏涛，黄永江，杨青松等 ZhouZK11421
云南：香格里拉 周浙昆，苏涛，杨莹等 Zhou09-022
云南：玉龙 张大才，李双智，杨川 ZhangDC-07ZX-2014

Rhododendron redowskianum Maximowicz 叶状苞杜鹃
吉林：安图 周海城 ZhouHC003

Rhododendron rex H. Léveillé 大王杜鹃
云南：巧家 李文虎，杨光明 QJYS0112
云南：巧家 杨光明 SCSB-W-1469
云南：巧家 杨光明 SCSB-W-1470
云南：巧家 杨光明 SCSB-W-1484
云南：巧家 杨光明 SCSB-W-1496

Rhododendron rhombifolium R. C. Fang 菱形叶杜鹃 *
云南：景东 刘成，王苏化，朱迪恩等 12CS4356

Rhododendron ririei Hemsley & E. H. Wilson 大钟杜鹃 *
四川：峨眉山 李小杰 LiXJ216

Rhododendron roseatum Hutchinson 红晕杜鹃
云南：永德 李永亮，王学军，陈海涛 YDDXSB097

Rhododendron roxieanum Forrest ex W. W. Smith 卷叶杜鹃 *
四川：普格 任宗昕，艾洪莲，张舒 SCSB-W-1420
四川：普格 任宗昕，艾洪莲，张舒 SCSB-W-1406
云南：巧家 李文虎，吴天抗，张天壁等 QJYS0103

Rhododendron rubiginosum Franchet 红棕杜鹃
四川：乡城 周浙昆，苏涛，杨莹等 Zhou09-150
云南：大理 田伟，张长芹 Rho-A-200708
云南：大理 马永鹏 MYP201111
云南：洱源 李爱花，雷立公，马国强等 SCSB-A-000138
云南：贡山 蔡杰，郭云刚，张凤琼等 14CS9737
云南：鹤庆 张大才，李双智，杨川 ZhangDC-07ZX-2084
云南：永德 李永亮 YDDXS0119
云南：玉龙 田伟，张长芹 Rho-A-200703
云南：玉龙 孔航辉，任琛 Yangqe2803

Rhododendron rupicola W. W. Smith 多色杜鹃
云南：香格里拉 杨青松，星耀武，苏涛 ZhouZK-07ZX-0370

Rhododendron russatum I. B. Balfour & Forrest 紫兰杜鹃
云南：香格里拉 周浙昆，苏涛，杨莹等 Zhou09-073

Rhododendron sargentianum Rehder & E. H. Wilson 水仙

杜鹃 *
四川：乡城 周浙昆，苏涛，杨莹等 Zhou09-209
Rhododendron scabrifolium Franchet 糙叶杜鹃 *
云南：腾冲 周应再 Zhyz-177
Rhododendron schlippenbachii Maximowicz 大字杜鹃
辽宁：瓦房店 宫本胜 CaoW352
Rhododendron selense Franchet 多变杜鹃 *
云南：贡山 刀志灵 DZL818
Rhododendron serotinum Hutchinson 晚波杜鹃
云南：文山 何德明，丰艳飞，杨云等 WSLJS888
Rhododendron siderophyllum Franchet 锈叶杜鹃 *
云南：鹤庆 孙航，李新辉，陈林杨 SunH-07ZX-3189
云南：南涧 徐家武 NJWLS913
Rhododendron sikangense var. **exquisitum** T. L. Ming 优美杜鹃 *
四川：米易 袁明 MY460
Rhododendron simiarum Hance 猴头杜鹃 *
江西：井冈山 兰国华 LiuRL063
江西：修水 缪以清，陈三友 TanCM2153
Rhododendron simsii Planchon 杜鹃
安徽：绩溪 唐鑫生，宋曰钦，方建新 TangXS0560
广西：临桂 吴望辉，许为斌，农冬新 Liuyan0522
广西：兴安 许为斌，黄俞淞，朱章明 Liuyan0450
湖南：道县 刘克明，陈薇，朱晓文 SCSB-HN-0998
湖南：平江 刘克明，蔡秀珍，陈丰林 SCSB-HN-0928
湖南：沅陵 李胜华，伍贤进，刘光华等 Wuxj950
江西：井冈山 兰国华 LiuRL098
江西：黎川 童和平，王玉珍 TanCM2708
江西：庐山区 谭策铭，董安淼 TCM09106
四川：米易 汤加勇 MY-271
云南：麻栗坡 马永鹏 MYP201108
云南：腾冲 周应再 Zhyz-486
Rhododendron sinogrande I. B. Balfour & W. W. Smith 凸尖杜鹃
云南：贡山 蔡杰，郭云刚，张凤琼等 14CS9732
云南：腾冲 余新林，赵玮 BSGLGStc306
Rhododendron spanotrichum I. B. Balfour & W. W. Smith 红花杜鹃 *
云南：麻栗坡 肖波 LuJL407
Rhododendron sphaeroblastum I. B. Balfour & Forrest 宽叶杜鹃 *
四川：普格 任宗昕，艾洪莲，张舒 SCSB-W-1407
云南：巧家 李文虎，吴天抗，张天壁等 QJYS0105
云南：巧家 李文虎，吴天抗，张天壁等 QJYS0152
云南：巧家 杨光明 SCSB-W-1533
云南：巧家 杨光明 SCSB-W-1535
云南：巧家 杨光明 SCSB-W-1536
云南：巧家 杨光明 SCSB-W-1537
Rhododendron spiciferum Franchet 碎米花 *
云南：盘龙区 伊廷双，孟静，杨杨 MJ-943
云南：西山区 蔡杰，张挺，刘成等 11CS3699
Rhododendron spinuliferum Franchet 爆杖花 *
云南：禄劝 蔡杰，亚吉东，苏勇等 14CS9529
云南：五华区 蔡杰，刘成 12CS3754
Rhododendron stamineum Franchet 长蕊杜鹃 *
广西：兴安 吴望辉，吴磊，农冬新 Liuyan0496
湖北：宣恩 许玥，祝文志，刘志祥等 ShenZH4872
四川：峨眉山 李小杰 LiXJ272
Rhododendron strigillosum Franchet 芒刺杜鹃 *
四川：峨眉山 李小杰 LiXJ189
Rhododendron sulfureum Franchet 硫磺杜鹃
云南：大理 马永鹏 MYP201116
Rhododendron taggianum Hutchinson 白喇叭杜鹃
云南：腾冲 周应再 Zhyz-431
云南：永德 蔡杰，王立松 09CS1048
Rhododendron taibaiense Ching & H. P. Yang 陕西杜鹃 *
陕西：眉县 马永鹏 MYP201104
Rhododendron tatsienense Franchet 硬叶杜鹃 *
四川：米易 刘静 MY-283
云南：宁蒗 任宗昕，寸龙琼，任尚国 SCSB-W-1380
Rhododendron telmateium I. B. Balfour & W. W. Smith 草原杜鹃 *
四川：稻城 陈家辉，刘亚辉，周妍等 YangYP-Q-2267
四川：乡城 陈家辉，刘亚辉，周妍等 YangYP-Q-2248
西藏：江达 陈家辉，王赟，刘德团 YangYP-Q-3083
西藏：类乌齐 陈家辉，王赟，刘德团 YangYP-Q-3174
Rhododendron tephropeplum I. B. Balfour & Farrer 灰被杜鹃
云南：贡山 蔡杰，郭云刚，张凤琼等 14CS9755
Rhododendron thymifolium Maximowicz 千里香杜鹃 *
甘肃：碌曲 李晓东，刘帆，张景博等 LiJ0005
甘肃：卓尼 刘坤 LiuJQ-GN-2011-615
Rhododendron tianmenshanense C. L. Peng & L. H. Yan 天门山杜鹃 *
湖南：永定区 吴福川，廖博儒 7105
Rhododendron traillianum Forrest & W. W. Smith 川滇杜鹃 *
云南：香格里拉 周浙昆，苏涛，杨莹等 Zhou09-069
Rhododendron trichocladum Franchet 糙毛杜鹃
云南：贡山 刀志灵 DZL820
云南：隆阳区 段在贤，密得生，刀开国等 BSGLGSly1059
云南：南涧 阿国仁，何贵才 NJWLS2008146
云南：西山区 蔡杰，张挺，刘成等 11CS3703
云南：永德 李永亮 YDDXS0639
Rhododendron triflorum J. D. Hooker 三花杜鹃
西藏：错那 扎西次仁，西落 ZhongY568
西藏：错那 马永鹏 ZhangCQ-0072
西藏：林芝 罗建，林玲 LiuJQ-09XZ-015
西藏：林芝 张大才，李双智，唐路等 ZhangDC-07ZX-1858
Rhododendron uniflorum Hutchinson & Kingdon Ward 单花杜鹃
西藏：波密 刘成，亚吉东，何华杰等 16CS11832
Rhododendron uvariifolium Diels 紫玉盘杜鹃 *
四川：得荣 张大才，李双智，杨川 ZhangDC-07ZX-1938
Rhododendron vaccinioides J. D. Hooker 越桔杜鹃
西藏：聂拉木 马永鹏 ZhangCQ-0035
Rhododendron valentinianum Forrest ex Hutchinson 毛柄杜鹃
云南：金平 喻智勇，官兴永，张云飞等 JinPing47
云南：文山 何德明，丰艳飞，杨云 WSLJS891
云南：永德 李永亮 YDDXS0690
Rhododendron vernicosum Franchet 亮叶杜鹃 *
云南：香格里拉 苏涛，黄永江，杨青松等 ZhouZK11482
Rhododendron vialii Delavay & Franchet 红马银花
云南：南涧 熊绍荣，阿国仁 njwls2007107
云南：新平 彭华，陈丽 P.H.5364
Rhododendron virgatum J. D. Hooker 柳条杜鹃
云南：贡山 蔡杰，郭云刚，张凤琼等 14CS9745
云南：贡山 刀志灵 DZL858

Rhododendron wardii W. W. Smith **黄杯杜鹃** *
四川：普格 任宗昕，艾洪莲，张舒 SCSB-W-1421
西藏：林芝 孙航，张建文，陈建国等 SunH-07ZX-2779
西藏：林芝 刘成，亚吉东，何华杰等 16CS11800
云南：香格里拉 周浙昆，苏涛，杨莹等 Zhou09-029
云南：香格里拉 孔航辉，任琛 Yangqe2859

Rhododendron wightii J. D. Hooker **宏钟杜鹃**
西藏：错那 何华杰，张书东 81334

Rhododendron williamsianum Rehder & E. H. Wilson **圆叶杜鹃** *
云南：巧家 杨光明 SCSB-W-1269
云南：巧家 杨光明 SCSB-W-1488

Rhododendron wiltonii Hemsley & E. H. Wilson **皱皮杜鹃** *
四川：峨眉山 李小杰 LiXJ193

Rhododendron xanthostephanum Merrill **鲜黄杜鹃**
云南：南涧 阿国仁 NJWLS1509
云南：元阳 亚吉东，黄莉，何华杰 15CS11424

Rhododendron yungningense I. B. Balfour ex Hutchinson **永宁杜鹃** *
云南：玉龙 孔航辉，任琛 Yangqe2772

Rhododendron yunnanense Franchet **云南杜鹃**
四川：木里 苏涛，黄永江，杨青松等 ZhouZK11365
云南：大理 马永鹏 MYP201112
云南：巧家 杨光明，颜再奎，张天壁等 QJYS0061
云南：香格里拉 李爱花，周开洪，黄之镨等 SCSB-A-000262
云南：玉龙 张大才，李双智，杨川 ZhangDC-07ZX-2068

Rhododendron zaleucum I. B. Balfour & W. W. Smith **白面杜鹃**
云南：巧家 杨光明 SCSB-W-1531

Vaccinium brachyandrum C. Y. Wu & R. C. Fang **短蕊越桔** *
云南：腾冲 赵玮 BSGLGSly176

Vaccinium brachybotrys (Franchet) Handel-Mazzetti **短序越桔** *
西藏：亚东 陈丽，董朝辉 PengH8051
云南：文山 何德明 WSLJS861

Vaccinium bracteatum Thunberg **南烛**
广西：上思 叶晓霞，吴望辉，农冬新 Liuyan0362
广西：兴安 刘演，黄俞淞，吴望辉等 Liuyan0112
湖北：宣恩 沈泽昊 HXE117
湖南：东安 刘克明，田淑珍，肖乐希等 SCSB-HN-0149
湖南：怀化 李胜华，伍贤进，曾汉元等 HHXY253
湖南：平江 刘克明，吴惊香 SCSB-HN-0984
湖南：湘乡 朱香清 SCSB-HN-0653
湖南：新宁 姜孝成，唐贵华，袁双艳等 SCSB-HNJ-0286
湖南：新宁 姜孝成，唐贵华，袁双艳等 SCSB-HNJ-0291
湖南：新宁 姜孝成，唐贵华，袁双艳等 SCSB-HNJ-0301
江西：井冈山 兰国华 LiuRL102
江西：庐山区 谭策铭，董安淼 TanCM525
云南：江城 张绍云，胡启和，白海洋 YNS1265
云南：景东 罗忠华，刘长铭，谢有能 JD011
云南：马关 税玉民，陈文红 82584
云南：永德 普跃东，杨金柱，奎文康 YDDXSC008
云南：沾益 彭华，陈丽 P.H. 5990
浙江：鄞州区 葛斌杰，熊申展，胡超 Lihq0449

Vaccinium bracteatum var. **chinense** (Loddiges) Chun ex Sleumer **小叶南烛** *
贵州：大方 邹方伦 ZouFL0337

Vaccinium carlesii Dunn **短尾越桔** *
安徽：屯溪区 方建新 TangXS0799
江西：黎川 童和平，王玉珍 TanCM1876
江西：湾里区 杜小浪，慕泽泾，曹岚 DXL086
浙江：开化 李宏庆，熊申展，桂萍 Lihq0403

Vaccinium chamaebuxus C. Y. Wu **矮越桔** *
云南：云龙 李爱花，李洪超，黄天才等 SCSB-A-000220

Vaccinium chunii Merrill ex Sleumer **蓝果越桔**
云南：元阳 彭华，向春雷，陈丽 PengH8190

Vaccinium delavayi Franchet **苍山越桔**
四川：冕宁 孙航，张建文，董金龙等 SunH-07ZX-4067
云南：麻栗坡 肖波 LuJL003
云南：南涧 熊绍荣，阿国仁，时国彩等 njwls2007134
云南：南涧 阿国仁，何贵才 NJWLS2008147
云南：永德 欧阳红才，鲁金国，杨金柱 YDDXSC021
云南：云龙 李施文，张志云 TCLMS5014

Vaccinium duclouxii (H. Léveillé) Handel-Mazzetti **云南越桔** *
西藏：亚东 陈丽，董朝辉 PengH8047
云南：大理 张德全，段丽珍，段金成等 ZDQ005
云南：景东 罗忠华，谢有能，刘长铭等 JDNR077
云南：隆阳区 段在贤，李晓东，封占昕 BSGLGSly038
云南：腾冲 周应再 Zhyz538
云南：维西 张挺，徐远杰，陈冲等 SCSB-B-000239
云南：永德 李永亮 YDDXS0360
云南：元谋 蔡杰，黄莉，张凤琼 15CS11388

Vaccinium duclouxii var. **pubipes** C. Y. Wu **柔毛云南越桔** *
云南：楚雄 刀志灵，陈渝 DZL517

Vaccinium dunalianum var. **megaphyllum** Sleumer **大樟叶越桔** *
云南：绿春 黄连山保护区科研所 HLS0038
云南：屏边 刘成，亚吉东，张桥蓉 16CS14109
云南：永德 李永亮 YDDXS0693
云南：元阳 亚吉东，黄莉，何华杰 15CS11263
云南：元阳 亚吉东，黄莉，何华杰 15CS11406
云南：镇沅 王立东，何忠云，罗成瑜 ALSZY187

Vaccinium dunalianum var. **urophyllum** Rehder & E. H. Wilson **尾叶越桔**
贵州：花溪区 邹方伦 ZouFL0008
贵州：威宁 邹方伦 ZouFL0315
湖南：沅陵 李胜华，伍贤进，刘光华等 Wuxj903
云南：贡山 许炳强，吴兴，李婧等 XiaNh-07zx-149
云南：绿春 税玉民，陈文红 82750
云南：屏边 钱良超，陆海兴，徐浩 Pbdws164
云南：新平 何罡安 XPALSB408

Vaccinium dunalianum Wight **樟叶越桔**
云南：贡山 郭永杰，吴之坤，吴兴等 14CS9836
云南：贡山 许炳强，吴兴，李婧等 XiaNh-07zx-072
云南：河口 张贵良，张贵生，陶英美等 ZhangGL049
云南：河口 张贵良，杨鑫峰，陶美英等 ZhangGL193
云南：金平 张挺，马国强，刘娜等 SCSB-B-000590
云南：绿春 税玉民，陈文红 73137
云南：马关 税玉民，陈文红 82597
云南：南涧 熊绍荣，阿国仁 njwls2007100
云南：屏边 刘成，亚吉东，张桥蓉 16CS14127
云南：文山 何德明，张挺，蔡杰 WSLJS575
云南：文山 何德明，张挺，蔡杰 WSLJS576
云南：新平 王家和 XPALSC217
云南：新平 刘家良 XPALSD325
云南：永德 李永亮 YDDXS0961

云南：元阳 李文锋，刘成，杨娅娟等 YYGYS032
云南：元阳 李文锋，刘成，杨娅娟等 YYGYS045
Vaccinium dunnianum Sleumer 长穗越桔 *
云南：文山 何德明，高发能 WSLJS825
Vaccinium exaristatum Kurz 隐距越桔
云南：屏边 楚永兴 pbdws074
Vaccinium fragile Franchet 乌鸦果 *
云南：东川区 张挺，蔡杰，刘成等 11CS3597
云南：鹤庆 柳小康 OuXK-0020
云南：丽江 张书东，林娜娜，陆露等 SCSB-W-140
云南：云龙 李施文，张志云，段耀飞等 TC3013
Vaccinium gaultheriifolium (Griffith) J. D. Hooker ex C. B. Clarke 软骨边越桔
云南：贡山 郭永杰，吴之坤，吴兴等 14CS9804
Vaccinium harmandianum Dop 长冠越桔
云南：麻栗坡 张挺，李洪超，左定科 SCSB-B-000326
云南：文山 税玉民，陈文红 16353
云南：云龙 张志云，李施文，蔡继民 TC3004
Vaccinium henryi Hemsley 无梗越桔 *
湖北：兴山 蔡杰，毛钧，杨浩 12CS5538
江西：井冈山 兰国华 LiuRL061
Vaccinium iteophyllum Hance 黄背越桔 *
安徽：石台 洪欣 ZhouSB0207
Vaccinium japonicum var. **sinicum** (Nakai) Rehder 扁枝越桔 *
湖北：竹溪 李盛兰 GanQL1078
江西：修水 缪以清，余于民 TanCM2434
Vaccinium leucobotrys (Nuttall) G. Nicholson 白果越桔
云南：元阳 彭华，向春雷，陈丽 PengH8197
Vaccinium longicaudatum Chun ex W. P. Fang & Z. H. Pan 长尾乌饭 *
广西：上思 许为斌，黄俞淞，梁永延等 Liuyan0229
Vaccinium mandarinorum Diels 江南越桔 *
安徽：绩溪 唐鑫生，方建新 TangXS0677
湖南：吉首 陈功锡，张代贵，邓涛等 SCSB-HC-2007361
江苏：宜兴 李宏庆，田怀珍，葛斌杰等 Lihq0258
江西：黎川 童和平，王玉珍 TanCM2703
江西：庐山区 董安淼，吴从梅 TanCM3039
江西：庐山区 董安淼，吴从梅 TanCM3323
江西：武宁 张吉华，张东红 TanCM3229
四川：峨眉山 李小杰 LiXJ558
Vaccinium modestum W. W. Smith 大苞越桔
云南：贡山 刀志灵 DZL470
Vaccinium moupinense Franchet 宝兴越桔 *
云南：贡山 刀志灵 DZL353
Vaccinium oldhamii Miquel 腺齿越桔
山东：崂山区 罗艳，李中华，母华伟 LuoY100
山东：崂山区 赵遵田，郑国伟，张璐璐等 Zhaozt0220
山东：牟平区 卞福花，陈朋 BianFH-0349
Vaccinium petelotii Merrill 大叶越桔
云南：金平 税玉民，陈文红 80673
云南：元阳 车鑫，亚吉东，秦少发等 YYGYS073
Vaccinium pseudorobustum Sleumer 椭圆叶越桔 *
广西：金秀 许为斌，黄俞淞，叶晓霞等 Liuyan0121
Vaccinium pseudotonkinense Sleumer 腺萼越桔
云南：元阳 彭华，向春雷，陈丽 PengH8207
云南：云龙 李爱花，李洪超，黄天才等 SCSB-A-000230
Vaccinium pubicalyx Franchet 毛萼越桔
云南：牟定 刀志灵，陈渝 DZL521
Vaccinium sikkimense C. B. Clarke 荚蒾叶越桔 *
西藏：亚东 陈丽，董朝辉 PengH8046
Vaccinium uliginosum Linnaeus 笃斯越桔
黑龙江：爱辉区 刘玫，王臣，张欣欣等 Liuetal638
黑龙江：大兴安岭 孙阎，赵立波 SunY107
内蒙古：额尔古纳 郑宝江，姜洪哲 ZhengBJ157
Vaccinium vitis-idaea Linnaeus 越桔
黑龙江：爱辉区 刘玫，王臣，张欣欣等 Liuetal710
内蒙古：额尔古纳 郑宝江，姜洪哲 ZhengBJ156

Eriocaulaceae 谷精草科

谷精草科	世界	中国	种质库
属 / 种（种下等级）/ 份数	11/ ~ 1400	1/ ~ 35	1/12(13)/32

Eriocaulon alpestre J. D. Hooker & Thomson ex Kornicke 高山谷精草
云南：永德 李永亮 LiYL1572
云南：永德 李永亮 YDDXS0533
Eriocaulon brownianum Martius 云南谷精草
云南：江城 叶金科 YNS0439
云南：麻栗坡 肖波 LuJL393
云南：镇沅 罗成瑜，乔永华 ALSZY297
Eriocaulon buergerianum Körnicke 谷精草
安徽：金寨 陈延松，欧祖兰，姜九龙 Xuzd254
安徽：金寨 刘淼 SCSB-JSC40
广西：全州 黄俞淞，胡仁传 Liuyan1061
广西：上思 许为斌，黄俞淞，梁永延等 Liuyan0211
江西：武宁 谭策铭，张吉华 TanCM424
江西：修水 缪以清，李立新 TanCM1256
四川：米易 袁明 MY572
云南：永德 李永亮 LiYL1573
云南：永德 李永亮 YDDXS0511
Eriocaulon cinereum R. Brown 白药谷精草
广西：八步区 黄俞淞，吴望辉，农冬新 Liuyan0280
江西：庐山区 董安淼，吴从梅 TanCM1632
Eriocaulon decemflorum Maximowicz 长苞谷精草
山东：海阳 辛晓伟 Lilan849
Eriocaulon faberi Ruhland 江南谷精草 *
江西：庐山区 董安淼，吴从梅 TanCM2861
浙江：开化 李宏庆，熊申展，桂萍 Lihq0398
Eriocaulon henryanum Ruhland 蒙自谷精草
云南：玉龙 李云龙，鲁仪增，和荣华等 15PX110
Eriocaulon nantoense Hayata 南投谷精草 *
福建：同安区 李宏庆，陈纪云，王双 Lihq0286
Eriocaulon nepalense Prescott ex Bongard 尼泊尔谷精草
西藏：墨脱 刘成，亚吉东，何华杰等 16CS14022
云南：景东 鲁艳 2008203
云南：景东 罗忠华，刘长铭，李绍昆等 JDNR09076
云南：南涧 熊绍荣，罗新洪，李敏等 NJWLS2008120
云南：文山 何德明，丰艳飞，曹世超 WSLJS671
浙江：开化 李宏庆，熊申展，桂萍 Lihq0397
Eriocaulon schochianum Handel-Mazzetti 云贵谷精草 *
云南：盈江 王立彦，徐桂华 SCSB-TBG-067
云南：镇沅 周兵，胡启元，张绍云 YNS0875
Eriocaulon sexangulare Linnaeus 华南谷精草
福建：同安区 李宏庆，陈纪云，王双 Lihq0274

江西：庐山区 董安淼，吴从梅 TanCM2589

Eriocaulon taishanense F. Z. Li 泰山谷精草 *

山东：海阳 高德民，王萍，张颖颖等 Lilan623

Erythroxylaceae 古柯科

古柯科	世界	中国	种质库
属 / 种（种下等级）/ 份数	4/250	1/2	1/1/2

Erythroxylum sinense Y. C. Wu 东方古柯

湖南：宜章 刘克明，王成，刘欣欣 SCSB-HN-0762

湖南：宜章 刘克明，王成，刘欣欣 SCSB-HN-0768

Eucommiaceae 杜仲科

杜仲科	世界	中国	种质库
属 / 种（种下等级）/ 份数	1/1	1/1	1/1/35

Eucommia ulmoides Oliver 杜仲 *

安徽：黄山区 唐鑫生 TangXS0403

贵州：南明区 邹方伦 ZouFL0009

河北：涿鹿 牛玉璐，高彦飞，赵二涛 NiuYL302

湖北：来凤 丛义艳，陈丰林 SCSB-HN-1176

湖北：神农架林区 李巨平 LiJuPing0115

湖北：神农架林区 李巨平 LiJuPing0115A

湖北：咸丰 丛义艳，陈丰林 SCSB-HN-1160

湖北：竹溪 李盛兰 GanQL1035

湖南：安化 旷仁平，盛波 SCSB-HN-1991

湖南：道县 朱香清 SCSB-HN-1015

湖南：古丈 朱香清 SCSB-HN-1216

湖南：江华 肖乐希 SCSB-HN-1613

湖南：宁乡 熊凯辉，刘克明 SCSB-HN-1952

湖南：宁乡 熊凯辉，刘克明 SCSB-HN-2002

湖南：宁乡 熊凯辉，刘克明 SCSB-HN-2027

湖南：桑植 田连成 SCSB-HN-1210

湖南：新化 姜孝成，唐妹，戴小军等 Jiangxc0580

湖南：新化 刘克明，彭珊，李珊等 SCSB-HN-1553

湖南：炎陵 刘应迪，孙秋妍，陈珮珮 SCSB-HN-1543

湖南：炎陵 蔡秀珍，孙秋妍，王燕归等 SCSB-HN-1287

湖南：永定区 吴福川，廖博儒 244A

湖南：沅陵 周丰杰，刘克明 SCSB-HN-1377

湖南：沅陵 李胜华，伍贤进，曾汉元等 Wuxj966

湖南：长沙 朱香清，田淑珍 SCSB-HN-1729

湖南：资兴 熊凯辉，王得刚，盛波 SCSB-HN-2059

湖南：资兴 王得刚，熊凯辉 SCSB-HN-2130

江西：黎川 童和平，王玉珍，常迪江等 TanCM2064

江西：庐山区 董安淼，吴从梅 TanCM2548

云南：麻栗坡 肖波 LuJL229

云南：南涧 高国政 NJWLS1326

云南：盘龙区 彭华，向春雷，王泽欢 PengH8466

云南：巧家 张天壁 SCSB-W-830

云南：腾冲 周应再 Zhyz-369

云南：玉龙 张挺，徐远杰，黄押稳等 SCSB-B-000141

浙江：开化 李宏庆，熊申展，桂萍 Lihq0415

Euphorbiaceae 大戟科

大戟科	世界	中国	种质库
属 / 种（种下等级）/ 份数	217/6745	56/253	25/80(86)/448

Acalypha australis Linnaeus 铁苋菜

安徽：屯溪区 方建新 TangXS0073

贵州：铜仁 彭华，王英，陈丽 P. H. 5206

贵州：铜仁 彭华，王英，陈丽 P. H. 5216

海南：文昌 张挺，刘成 14CS8637

湖北：竹溪 李盛兰 GanQL802

湖南：吉首 陈功锡，张代贵，邓涛等 SCSB-HC-2007373

湖南：吉首 陈功锡，张代贵，邓涛等 SCSB-HC-2007388

湖南：桑植 陈功锡，廖博儒，查学州等 203

湖南：沅陵 李胜华，伍贤进，刘光华等 Wuxj936

江苏：海州区 汤兴利 HANGYY8458

江苏：句容 王兆银，吴宝成 SCSB-JS0256

江苏：武进区 吴林园 HANGYY8699

江苏：玄武区 顾子霞 HANGYY8679

江西：庐山区 董安淼，吴从梅 TanCM2224

辽宁：桓仁 祝业平 CaoW1003

山东：莱山区 卞福花，杜丽君，孟凡涛 BianFH-0149

山东：崂山区 赵遵田，李振华，郑国伟等 Zhaozt0117

山东：历城区 李兰，王萍，张少华等 Lilan-028

四川：米易 袁明 MY022

云南：新平 何罡安 XPALSB185

云南：新平 自成仲 XPALSD343

浙江：余杭区 葛斌杰 Lihq0242

Acalypha supera Forsskål 裂苞铁苋菜

安徽：屯溪区 方建新 TangXS0787

贵州：开阳 肖恩婷 Yuanm017

湖北：竹溪 李盛兰 GanQL195

江西：修水 谭策铭，缪以清，李立新 TanCM380

云南：南涧 阿国仁，罗新洪 NJWLS1109

云南：南涧 官有才，罗新洪 NJWLS1606

云南：新平 何罡安 XPALSB470

Alchornea davidii Franchet 山麻杆 *

湖北：竹溪 李盛兰 GanQL437

云南：建水 彭华，王英，陈丽 P. H. 5063

Alchornea hunanensis H. S. Kiu 湖南山麻杆 *

湖南：永顺 张代贵 Zdg1076

Balakata baccata (Roxburgh) Esser 浆果乌桕

云南：勐腊 谭运洪 A283

Baliospermum calycinum Müller Argoviensis 云南斑籽木

云南：沧源 赵金超 CYNGH268

Baliospermum solanifolium (Burman) Suresh 斑籽木

云南：永德 李永亮 YDDXS0081

Blachia pentzii (Müller Argoviensis) Bentham 留萼木

云南：景洪 彭华，向春雷，王泽欢 PengH8556

Chrozophora sabulosa Karelin & Kirilov 沙戟

新疆：阜康 亚吉东，张桥蓉，秦少发等 16CS13182

Claoxylon indicum (Reinwardt ex Blume) Hasskarl 白桐树

云南：普洱 胡启和，周英，张绍云等 YNS0534

Claoxylon khasianum J. D. Hooker 膜叶白桐树

云南：南涧 官有才，马德跃 NJWLS675

Croton lachnocarpus Bentham 巴豆

重庆：南川区 易思荣 YISR083

Croton tiglium Linnaeus 巴豆

广西：柳州 刘克明，旷仁平，盛波 SCSB-HN-1917
贵州：荔波 刘克明，旷仁平，盛波 SCSB-HN-1816
贵州：荔波 刘克明，旷仁平，盛波 SCSB-HN-1866
湖南：会同 李胜华，伍贤进，曾汉元等 Wuxj986
云南：腾冲 周应再 Zhyz-332

Deutzianthus tonkinensis Gagnepain 东京桐

云南：河口 张贵良，白松明 ZhangGL030

Discocleidion rufescens (Franchet) Pax & K. Hoffmann 毛丹麻杆 *

重庆：武隆 易思荣，谭秋平 YISR366
湖北：仙桃 张代贵 Zdg1319
湖北：竹溪 李盛兰 GanQL305
湖南：保靖 陈功锡，张代贵，邓涛等 SCSB-HC-2007468
湖南：麻阳 彭华，王英，陈丽 P.H.5235
湖南：永顺 陈功锡，张代贵 SCSB-HC-2008205
湖南：沅陵 李胜华，伍贤进，刘光华等 Wuxj868
陕西：眉县 董栓录，田陌 TianXH220

Euphorbia altotibetica Paulsen 青藏大戟 *

青海：贵南 陈世龙，高庆波，张发起等 Chensl1210
青海：玛多 陈世龙，高庆波，张发起等 Chensl1371
青海：曲麻莱 陈世龙，高庆波，张发起等 Chensl1414

Euphorbia atoto G. Forster 海滨大戟

海南：三沙 郭永杰，涂铁要，李晓娟等 15CS10482

Euphorbia bifida Hooker & Arnott 细齿大戟

云南：永德 李永亮 YDDXS0414

Euphorbia cyathophora Murray 猩猩草

江西：修水 缪以清，胡建华 TanCM1738
山东：薛城区 高德民，高丽丽 Lilan746
云南：新平 谢雄 XPALSC368
云南：新平 何罡安 XPALSB155
云南：元江 胡启元，周兵，张绍云 YNS0845

Euphorbia dentata Michaux 齿裂大戟

云南：巧家 张书东，张荣，王银环等 QJYS0219

Euphorbia esula Linnaeus 乳浆大戟

河北：桃城 牛玉璐，高彦飞，赵二涛 NiuYL304
吉林：通榆 杨莉 Yanglm0405
吉林：长岭 张红香 ZhangHX008
江苏：句容 吴宝成，王兆银 HANGYY8028
江苏：句容 王兆银，吴宝成 SCSB-JS0081
江西：庐山区 董安淼，吴从梅 TanCM958
江西：武宁 张吉华，张东红 TanCM2908
山东：芝罘区 卞福花，杨蕾蕾，谷胤征 BianFH-0083
四川：康定 彭玉兰，涂卫国 Gaoxf-0974

Euphorbia fischeriana Steudel 狼毒

甘肃：碌曲 李晓东，刘帆，张景博等 LiJ0125
黑龙江：宁安 刘玫，王臣，张欣欣等 Liuetal646
青海：囊谦 许炳强，周伟，郑朝汉 Xianh0014
四川：德格 张挺，李爱花，刘成等 08CS792
云南：迪庆 张书东，林娜娜，郁文彬等 SCSB-W-030

Euphorbia griffithii J. D. Hooker 圆苞大戟

云南：香格里拉 杨青松，杨莹，黄永江等 ZhouZK-07ZX-0057
云南：香格里拉 杨青松，詹克平，于文涛等 ZhouZK-07ZX-0012

Euphorbia helioscopia Linnaeus 泽漆

重庆：南川区 易思荣 YISR141
重庆：南川区 易思荣，谭秋平 YISR383
甘肃：合作 刘坤 LiuJQ-GN-2011-652
甘肃：碌曲 李晓东，刘帆，张景博等 LiJ0163
湖北：竹溪 李盛兰 GanQL321
江苏：句容 王兆银，吴宝成 SCSB-JS0087
江西：庐山区 董安淼，吴从梅 TanCM2509
青海：班玛 陈世龙，张得钧，高庆波等 Chensl0357
陕西：定边 何志斌，杜军，康建军等 HHZA0038
上海：闵行区 李宏庆，殷鸽，杨灵霞 Lihq0176
四川：米易 袁明 MY353
四川：射洪 袁明 YUANM2016L162

Euphorbia hirta Linnaeus 飞扬草

福建：福清 李宏庆，陈纪云，王双 Lihq0308
江西：武宁 张吉华，张东红 TanCM2824
四川：米易 袁明 MY507
云南：景东 鲁艳 200886
云南：景东 罗忠华，刘长铭，李绍昆等 JDNR09081
云南：澜沧 张绍云，胡启和，叶金科等 YNS1196
云南：绿春 黄连山保护区科研所 HLS0268
云南：南涧 阿国仁，何贵才 NJWLS1141
云南：南涧 熊绍荣 NJWLS2008197
云南：文山 何德明，丰艳飞，韦荣彪等 WSLJS781
云南：新平 李伟 XPALSB240
云南：永德 李永亮 YDDXS0330

Euphorbia humifusa Willdenow 地锦

安徽：蜀山区 陈延松，徐忠东，耿明 Xuzd022
安徽：太和 彭斌 HANGYY8685
河北：桃城 牛玉璐，高彦飞，赵二涛 NiuYL332
黑龙江：五常 孙阎，吕军 SunY427
湖南：永定区 吴福川，查学州，廖博儒等 58
吉林：大安 杨帆，马红媛，安丰华 SNA0030
吉林：通榆 刘翠晶 Yanglm0401
江苏：句容 王兆银，吴宝成 SCSB-JS0327
江苏：启东 高兴 HANGYY8629
江苏：射阳 吴宝成 HANGYY8258
江西：庐山区 董安淼，吴从梅 TanCM2573
江西：星子 谭策铭，董安淼 TanCM541
辽宁：凌源 郑宝江，王美娟，曹鹏等 ZhengBJ410
内蒙古：卓资 蒲拴莲，刘润宽，刘毅等 M260
宁夏：盐池 左忠，刘华 ZuoZh035
山东：莱山区 卞福花，杨蕾蕾，谷胤征 BianFH-0106
山东：岚山区 吴宝成 HANGYY8604
山东：历下区 李兰，王萍，张少华等 Lilan113
四川：峨眉山 李小杰 LiXJ444
新疆：巩留 马真，徐文斌，贺晓欢等 SHI-A2007208
云南：永德 李永亮 YDDXS0941

Euphorbia hylonoma Handel-Mazzetti 湖北大戟

湖北：仙桃 张代贵 Zdg1993

Euphorbia hypericifolia Linnaeus 通奶草

安徽：肥西 陈延松，陶瑞松，朱合军 Xuzd101
江苏：句容 王兆银，吴宝成 SCSB-JS0156
江苏：徐州 李宏庆，熊申展，胡超 Lihq0358
江西：武宁 张吉华，张东红 TanCM2953
江西：星子 谭策铭，董安淼 TanCM501
辽宁：凌源 郑宝江，王美娟，曹鹏等 ZhengBJ414
山东：崂山区 罗艳，李中华 LuoY297
山东：历下区 李兰，王萍，张少华 Lilan-047

Euphorbia inderiensis Lessing ex Karelin & Kirilov 英德尔大戟

新疆：昌吉 王喜勇，段士民 470

新疆：呼图壁 王喜勇，段士民 479

Euphorbia jolkinii Boissier 大狼毒

云南：香格里拉 张书东，林娜娜，郁文彬等 SCSB-W-049

云南：香格里拉 杨亲二，袁琼 Yangqe1804

Euphorbia kansuensis Prokhanov 甘肃大戟 *

江苏：句容 吴宝成，王兆银 HANGYY8030

Euphorbia lathyris Linnaeus 续随子

辽宁：清原 张永刚 Yanglm0149

西藏：米林 张晓纬，汪书丽，罗建 LiuJQ-09XZ-LZT-003

Euphorbia maculata Linnaeus 斑地锦

江苏：海州区 汤兴利 HANGYY8410

山东：莱山区 卞福花，宋言贺 BianFH-507

山东：莱山区 卞福花，杨蕾蕾，谷胤征 BianFH-0107

四川：射洪 袁明 YUANM2015L028

浙江：余杭区 葛斌杰 Lihq0230

Euphorbia marginata Pursh 银边翠

宁夏：银川 牛有栋，李出山 ZuoZh171

四川：米易 袁明 MY472

Euphorbia micractina Boissier 甘青大戟

青海：囊谦 许炳强，周伟，郑朝汉 Xianh0042

青海：兴海 陈世龙，张得钧，高庆波等 Chensl0040

Euphorbia pekinensis Ruprecht 大戟

黑龙江：松北 孙阎，张健男 SunY392

湖北：竹溪 李盛兰 GanQL295

湖南：江永 姜孝成，唐贵华，潘孝武 SCSB-HNJ-0046

江西：庐山区 董安淼，吴丛梅 TanCM3324

山东：山亭区 高丽丽 Lilan807

Euphorbia peplus Linnaeus 南欧大戟

云南：永德 李永亮 YDDXS0403

Euphorbia prolifera Buchanan-Hamilton ex D. Don 土瓜狼毒

四川：米易 袁明 MY362

Euphorbia pulcherrima Willdenow ex Klotzsch 一品红

云南：东川区 张挺，刘成，郭明明等 11CS3647

云南：景东 鲁艳 200883

云南：蒙自 田学军，刘成兴 TianXJ0127

Euphorbia sieboldiana C. Morren & Decaisne 钩腺大戟

江西：庐山区 董安淼，吴丛梅 TanCM3303

Euphorbia sikkimensis Boissier 黄苞大戟

云南：永德 李永亮 YDDXS0528

Euphorbia stracheyi Boissier 高山大戟

云南：德钦 杨青松，星耀武，苏涛 ZhouZK-07ZX-0410

Euphorbia thymifolia Linnaeus 千根草

贵州：江口 彭华，王英，陈丽 P.H.5173

湖北：竹溪 李盛兰 GanQL766

湖北：竹溪 李盛兰 GanQL919

湖南：会同 李胜华，伍贤进，曾汉元等 Wuxj1002

Euphorbia tibetica Boissier 西藏大戟

西藏：当雄 杨永平，段元文，边巴扎西 Yangyp-Q-1033

Euphorbia wallichii J. D. Hooker 大果大戟

青海：格尔木 冯虎元 LiuJQ-08KLS-048

西藏：工布江达 卢洋，刘帆等 LiJ831

西藏：吉隆 张晓纬，汪书丽，罗建 LiuJQ-09XZ-LZT-087

西藏：林芝 杨永平，王东超，杨大松等 YangYP-Q-4121

Excoecaria acerifolia Didrichsen 云南土沉香

四川：乐至 邓兴敏，邓秀发，张昌兵 ZCB0500

西藏：波密 扎西次仁，西落 ZhongY670

云南：德钦 张大才，李双智，杨川 ZhangDC-07ZX-1969

云南：隆阳区 赵文李 BSGLGSly3057

云南：香格里拉 孙振华，王文礼，宋晓卿等 ouxk-dq-0001

云南：香格里拉 孔航辉，任琛 Yangqe2811

云南：永胜 孙振华，郑志兴，沈蕊等 OuXK-YS-204

云南：永胜 孙振华，王文礼，宋晓卿等 OuxK-YS-0018

Excoecaria acerifolia var. **cuspidata** (Müller Argoviensis) Müller Argoviensis 狭叶海漆

四川：金川 何兴金，马祥光，郜鹏 SCU-10-208

Homonoia riparia Loureiro 水柳

云南：景谷 胡启和，张绍云 YNS0957

云南：勐腊 谭运洪，余涛 A546

云南：勐腊 谭运洪，余涛 B247

云南：屏边 楚永兴，陶国权，张照跃等 Pbdws009

云南：永德 李永亮 LiYL1337

Jatropha curcas Linnaeus 麻风树

海南：昌江 康勇，林灯，陈庆 LWXS038

云南：耿马 彭华，陈丽，许瑾等 P.H.5394

云南：禄劝 彭华，陈丽 P.H.5393

云南：勐腊 张顺成 A102

云南：勐腊 杨成源 A410

云南：勐腊 杨成源 A438

云南：南涧 段建伟，邹国娟，常学科 NJWLS404

云南：镇沅 朱恒，何忠云 ALSZY030

Macaranga denticulata (Blume) Müller Argoviensis 中平树

广西：上思 何海文，杨锦超 YANGXF0333

海南：乐东 龙文兴，康勇，林灯 LWXS008

云南：沧源 李春华，肖美芳，李华明等 CYNGH118

云南：景洪 张挺，谭运洪，王建军等 SCSB-B-000266

云南：屏边 楚永兴，陶国权，张照跃等 Pbdws008

云南：屏边 楚永兴 Pbdws081

云南：新平 刘家良 XPALSD330

云南：镇沅 刘长铭，刘东，罗尧等 JDNR11071

Macaranga henryi (Pax & K. Hoffmann) Rehder 草鞋木

云南：屏边 楚永兴，普华柱 Pbdws029

云南：西畴 张挺，蔡杰，刘越强等 SCSB-B-000446

Macaranga indica Wight 印度血桐

云南：隆阳区 段在贤，尹布贵，刀开国等 BSGLGSly1220

云南：屏边 田学军，杨建，高波 Tianxj0103

云南：普洱 胡启和，仇亚，周英等 YNS0716

云南：普洱 谭运洪 B67

云南：腾冲 周应再 Zhyz-102

云南：腾冲 余新林，赵玮 BSGLGStc270

云南：盈江 王立彦，徐桂华 SCSB-TBG-075

Macaranga pustulata King ex J. D. Hooker 泡腺血桐

云南：弥勒 刘恩德，方伟，杜燕等 SCSB-B-000042

云南：新平 谢雄 XPALSC401

云南：永德 李永亮 YDDXS1209

云南：永德 杨金荣，王学军，黄德武等 YDDXSA060

Mallotus apelta (Loureiro) Müller Argoviensis 白背叶

安徽：金寨 刘淼 SCSB-JSC21

安徽：蜀山区 陈延松，徐忠东，朱合军 Xuzd003

安徽：休宁 唐鑫生，方建新 TangXS0373

安徽：休宁 唐鑫生，方建新 TangXS0760

安徽：宣城 刘淼 HANGYY8107

安徽：黟县 刘淼 SCSB-JSB18

广西：贺州 姜孝成，王丽萍，鲁长青 Jiangxc0720

广西：龙胜 黄俞淞，梁永延，叶晓霞 Liuyan0090

广西：龙胜 许为斌，黄俞淞，朱章明 Liuyan0440

广西：兴安 赵亚美 SCSB-JS0471

广西：昭平 莫水松 Liuyan1062
贵州：台江 邹方伦 ZouFL0266
湖北：五峰 李平 AHL007
湖北：宣恩 祝文志，刘志祥，曹远俊 ShenZH0015
湖北：竹溪 李盛兰 GanQL1049
湖南：安化 刘克明，彭珊，李珊等 SCSB-HN-1690
湖南：保靖 刘克明，蔡秀珍，肖乐希等 SCSB-HN-0188
湖南：保靖 陈功锡，张代贵，龚双骄等 248B
湖南：洞口 肖乐希，谢江，唐光波等 SCSB-HN-1555
湖南：鹤城区 李胜华，伍贤进，刘光华等 Wuxj829
湖南：怀化 李胜华，伍贤进，曾汉元等 HHXY062
湖南：怀化 李胜华，伍贤进，曾汉元等 HHXY271
湖南：会同 李胜华，伍贤进，曾汉元等 Wuxj998
湖南：宁乡 姜孝成，唐妹，成海兰等 Jiangxc0526
湖南：宁乡 熊凯辉 SCSB-HN-2030
湖南：平江 刘克明，旷强，刘洪新 SCSB-HN-0947
湖南：新化 刘克明，彭珊，李珊等 SCSB-HN-1709
湖南：炎陵 蔡秀珍，孙秋妍，王燕归等 SCSB-HN-1279
湖南：宜章 田淑珍 SCSB-HN-1597
湖南：宜章 刘克明，王成，刘欣欣 SCSB-HN-0769
湖南：永顺 陈功锡，张代贵 SCSB-HC-2008209
湖南：沅陵 刘克明，周磊，彭新星等 SCSB-HN-1350
湖南：资兴 蔡秀珍，孙秋妍，王燕归等 SCSB-HN-1300
江苏：句容 王兆银，吴宝成 SCSB-JS0176
江苏：南京 高兴 SCSB-JS0446
江苏：宜兴 吴宝成 HANGYY8208
江西：黎川 童和平，王玉珍 TanCM1862
陕西：紫阳 董栓录，刘鹏 TianXH1004
云南：普洱 胡启和，仇亚，周英等 YNS0688
云南：新平 谢雄，王家和，白少兵 XPALSC113
浙江：鄞州区 李宏庆，葛斌杰，刘国丽 Lihq0091
浙江：余杭区 葛斌杰 Lihq0140

Mallotus apelta var. kwangsiensis F. P. Metcalf 广西白背叶 *
湖南：江华 肖乐希 SCSB-HN-1626

Mallotus barbatus Müller Argoviensis 毛桐
重庆：涪陵区 许玥，祝文志，刘志祥等 ShenZH6625
广西：上思 何海文，杨锦超 YANGXF0335
湖南：保靖 刘克明，蔡秀珍，肖乐希等 SCSB-HN-0185
湖南：怀化 李胜华，伍贤进，曾汉元等 HHXY041
湖南：会同 刘克明，王成，张恒 SCSB-HN-1114
湖南：沅陵 李胜华，伍贤进，刘光华等 Wuxj949
云南：河口 田学军，杨建，高波等 TianXJ239
云南：河口 张挺，胡益敏 SCSB-B-000538
云南：江城 叶金科 YNS0314
云南：麻栗坡 肖波 LuJL249
云南：勐腊 谭运洪 A286
云南：勐腊 张顺成 A106
云南：宁洱 胡启和，张绍云，周兵 YNS0993
云南：屏边 楚永兴，陶国权，张照跃等 Pbdws011
云南：腾冲 周应再 Zhyz-366
云南：文山 何德明，丰艳飞 WSLJS840
云南：新平 王家和 XPALSC469
云南：新平 谢天华，李应富，郎定富 XPALSA012
云南：新平 张学林，李云贵 XPALSD085

Mallotus decipiens Müller Argoviensis 短柄野桐
云南：永德 李永亮 YDDXS0328

Mallotus dunnii F. P. Metcalf 南平野桐 *
广西：贺州 姜孝成，王丽萍，鲁长青 Jiangxc0738

Mallotus esquirolii H. Léveillé 长叶野桐
云南：思茅区 张绍云，胡启和 YNS1031

Mallotus japonicus (Linnaeus f.) Müller Argoviensis 野梧桐
湖北：竹溪 李盛兰 GanQL033
湖南：保靖 刘克明，蔡秀珍，肖乐希等 SCSB-HN-0207
湖南：古丈 张代贵 Zdg2355
湖南：鹤城区 李胜华，伍贤进，曾汉元等 HHXY182
湖南：怀化 李胜华，伍贤进，曾汉元等 HHXY232
湖南：江永 刘克明，蔡秀珍，马仲辉等 SCSB-HN-0054
湖南：宁乡 姜孝成，唐妹，卜剑超等 Jiangxc0648
湖南：平江 刘克明，吴惊香 SCSB-HN-0986
湖南：石门 陈功锡，张代贵 SCSB-HC-2008177
湖南：湘乡 陈薇，朱香清，马仲辉 SCSB-HN-0467
湖南：宜章 刘克明，王成，刘欣欣 SCSB-HN-0793
四川：峨眉山 李小杰 LiXJ451
云南：河口 杨鑫峰 ZhangGL024
云南：蒙自 田学军，邱成书，高波 TianXJ0177

Mallotus lianus Croizat 东南野桐 *
湖南：洞口 肖乐希，唐光波，谢江等 SCSB-HN-1549
湖南：资兴 蔡秀珍，孙秋妍 SCSB-HN-1302

Mallotus microcarpus Pax & K. Hoffmann 小果野桐
湖南：吉首 陈功锡，张代贵，邓涛等 SCSB-HC-2007312
湖南：江华 刘克明，王成，欧阳书珍 SCSB-HN-0844

Mallotus millietii H. Léveillé 贵州野桐 *
贵州：铜仁 彭华，王英，陈丽 P.H.5221
云南：普洱 彭志仙 YNS0213
云南：文山 何德明 WSLJS610

Mallotus nepalensis Müller Argoviensis 尼泊尔野桐
安徽：徽州区 方建新 TangXS0777
湖南：岳麓区 刘克明，陈薇 SCSB-HN-0416
云南：沧源 赵金超，田立新 CYNGH009
云南：沧源 李春华，肖美芳，李华亮等 CYNGH142
云南：景洪 胡启和，周英，张绍云 YNS0673
云南：文山 何德明，胡艳花 WSLJS487
云南：镇沅 何忠云，王立东 ALSZY084
云南：镇沅 刘成，李桂花，王冠等 12CS4722

Mallotus paniculatus (Lamarck) Müller Argoviensis 白楸
广西：上思 许为斌，黄俞淞，梁永延等 Liuyan0223
云南：沧源 赵金超，邓志明，田世华 CYNGH067
云南：江城 叶金科 YNS0428
云南：绿春 黄连山保护区科研所 HLS0380
云南：麻栗坡 张挺，修莹莹，李胜 SCSB-B-000599
云南：麻栗坡 肖波 LuJL337
云南：勐海 刀志灵 DZL559
云南：孟连 刀志灵 DZL554
云南：屏边 钱良超，陆海兴，康远勇等 Pbdws180
云南：屏边 田学军，杨建，高波 Tianxj0102
云南：屏边 楚永兴 Pbdws062
云南：普洱 叶金科 YNS0338
云南：思茅区 胡启和，叶金科，张绍云 YNS1349

Mallotus philippensis (Lamarck) Müller Argoviensis 粗糠柴
安徽：石台 洪欣 ZhouSB0205
广西：贺州 姜孝成，王丽萍，鲁长青 Jiangxc0662
湖北：五峰 陈功锡，张代贵 SCSB-HC-2008056
湖南：慈利 吴福川，谷伏安，查学州等 79
湖南：江永 姜孝成，唐贵华，潘孝武 SCSB-HNJ-0060
湖南：江永 刘克明，蔡秀珍，肖乐希等 SCSB-HN-0100
湖南：宁乡 熊凯辉，刘克明 SCSB-HN-2005

湖南：新宁 姜孝成，唐贵华，袁双艳等 SCSB-HNJ-0295
湖南：永顺 陈功锡，张代贵 SCSB-HC-2008043
江西：修水 缪以清 TanCM635
云南：金平 喻智勇 Jinping115
云南：景东 罗忠华，张明勇，段玉伟等 JD130
云南：龙陵 孙兴旭 SunXX122
云南：绿春 黄连山保护区科研所 HLS0203
云南：绿春 黄连山保护区科研所 HLS0211
云南：绿春 郭永杰，聂细转，黄秋月等 12CS4880
云南：麻栗坡 肖波 LuJL386
云南：勐腊 刀志灵，崔景云 DZL-116
云南：孟连 彭华，向春雷，陈丽 P.H.5801
云南：牟定 王文礼，何彪，冯欣等 OUXK11275
云南：新平 谢雄 XPALSC360
云南：永德 李永亮 YDDXS0106

Mallotus repandus (Willdenow) Müller Argoviensis **石岩枫**
重庆：南川区 易思荣，谭秋平 YISR408
湖南：永定区 林永惠，吴福川，晏丽等 19
四川：峨眉山 李小杰 LiXJ688
云南：新平 白绍斌 XPALSC310
云南：新平 谢天华，李应富，郎定富 XPALSA010

Mallotus repandus var. **chrysocarpus** (Pampanini) S. M. Hwang **杠香藤** *
安徽：休宁 唐鑫生，方建新 TangXS0280
湖北：仙桃 张代贵 Zdg2207
湖北：竹溪 李盛兰 GanQL493
江西：修水 缪以清 TanCM615

Mallotus tenuifolius Pax **野桐** *
湖南：冷水江 姜孝成，唐贵华，田春娥 SCSB-HNJ-0149
湖南：望城 姜孝成，旷仁平 SCSB-HNJ-0361
湖南：永定区 廖博儒，吴福川，查学州等 137

Mallotus tetracoccus (Roxburgh) Kurz **四果野桐**
云南：景洪 叶金科 YNS0224
云南：绿春 黄连山保护区科研所 HLS0403
云南：屏边 钱良超，陆海兴，张照跃等 Pbdws092
云南：新平 彭华，陈丽 P.H.5359
云南：新平 罗有明 XPALSB064

Mercurialis leiocarpa Siebold & Zuccarini **山靛**
湖北：竹溪 李盛兰 GanQL387

Neoshirakia japonica (Siebold & Zuccarini) Esser **白木乌桕**
湖南：衡山 刘克明，陈薇，田淑珍 SCSB-HN-0245
江西：庐山区 谭策铭，易桂花，李秀枝等 TanCM583
江西：庐山区 董安淼，吴从梅 TanCM1629
山东：崂山区 步瑞兰，辛晓伟，高丽丽 Lilan788

Ostodes katharinae Pax **云南叶轮木**
云南：景东 张挺，方伟，王建军等 SCSB-B-000193
云南：南涧 张挺，常学科，熊绍荣等 njwls2007143
云南：新平 罗光进 XPALSB198
云南：盈江 王立彦，左常盛，何维海 SCSB-TBG-025

Ostodes paniculata Blume **叶轮木**
云南：永德 李永亮，马文军 YDDXSB252

Ricinus communis Linnaeus **蓖麻**
湖南：江永 姜孝成，唐贵华，潘孝武 SCSB-HNJ-0077
湖南：江永 刘克明，田淑珍，肖乐希等 SCSB-HN-0105
江苏：句容 王兆银，吴宝成 SCSB-JS0306
山东：夏津 刘奥，王广阳 WBG001927
云南：个旧 田学军，杨建，邱成书等 Tianxj0100
云南：蒙自 田学军，刘成兴，赵丽花 TianXJ0125
云南：南涧 张世雄，时国彩 NJWLS2008052
云南：腾冲 周应再 Zhyz-406

Speranskia tuberculata (Bunge) Baillon **地构叶** *
山东：牟平区 卞福花，陈朋 BianFH-0296
山东：长清区 高德民，邵尉，吴燕秋 Lilan883

Trevia nudiflora Linnaeus **滑桃树**
云南：丽江 王文礼 OuXK-0009

Triadica cochinchinensis Loureiro **山乌桕**
福建：长泰 李宏庆，陈纪云，王双 Lihq0289
广西：金秀 许为斌，黄俞淞，叶晓霞等 Liuyan0146
广西：田林 彭华，向春雷，陈丽 PengH8087
江西：黎川 杨文斌，饶云芳 TanCM1317
江西：武宁 张吉华，刘运群 TanCM1158
江西：修水 缪以清，李立新 TanCM1252
云南：沧源 李春华，肖美芳，李华明等 CYNGH108
云南：沧源 赵金超，李春华 CYNGH300
云南：河口 张贵良，张贵生，陶英美等 ZhangGL073
云南：河口 税玉民，陈文红 72616
云南：麻栗坡 肖波 LuJL319
云南：勐海 张挺，谭运洪，王建军等 SCSB-B-000277
云南：屏边 钱良超，陆海兴，张照跃等 Pbdws103
云南：普洱 叶金科 YNS0220

Triadica rotundifolia (Hemsley) Esser **圆叶乌桕**
云南：麻栗坡 肖波 LuJL481
云南：文山 韦荣彪，何德明，丰艳飞 WSLJS659

Triadica sebifera (Linnaeus) Small **乌桕**
安徽：金寨 刘淼 SCSB-JSC16
安徽：舒城 陈延松，欧祖兰，高秋晨等 Xuzd406
安徽：蜀山区 陈延松，沈云，陈翠兵等 Xuzd073
安徽：屯溪区 方建新 TangXS0146
福建：福清 李宏庆，陈纪云，王双 Lihq0316
广西：贺州 姜孝成，王丽萍，鲁长青 Jiangxc0687
贵州：册亨 邹方伦 ZouFL0020
贵州：江口 彭华，王英，陈丽 P.H.5175
贵州：铜仁 彭华，王英，陈丽 P.H.5179
湖北：恩施 祝文志，刘志祥，曹远俊 ShenZH5785
湖北：五峰 李平 AHL113
湖北：宣恩 沈泽昊 HXE126
湖南：鹤城区 李胜华，伍贤进，曾汉元等 HHXY197
湖南：会同 李胜华，伍贤进，曾汉元等 Wuxj1004
湖南：浏阳 刘克明，朱晓文，田淑珍 SCSB-HN-0459
湖南：浏阳 姜孝成，陈晓莲，周亮 Jiangxc0884
湖南：麻阳 彭华，王英，陈丽 P.H.5242
湖南：宁乡 姜孝成，唐妹，陈显胜等 Jiangxc0518
湖南：桑植 吴福川，廖博儒，查学州等 34
湖南：石门 姜孝成，唐妹，陈显胜等 Jiangxc0435
湖南：双峰 姜孝成，唐妹，陈峰林等 Jiangxc0626
湖南：双峰 姜孝成，唐妹，陈峰林等 Jiangxc0630
湖南：新化 姜孝成，唐贵华，田春娥 SCSB-HNJ-0143
湖南：永顺 陈功锡，张代贵 SCSB-HC-2008195
湖南：沅陵 周丰杰，刘克明 SCSB-HN-1351
江苏：句容 王兆银，吴宝成 SCSB-JS0333
江西：井冈山 兰国华 LiuRL096
江西：庐山区 董安淼，吴从梅 TanCM2219
陕西：白河 牛俊峰，田陌 TianXH953
四川：米易 袁明 MY610
四川：雨城区 贾学静 YuanM2012026
云南：鹤庆 孙振华，王文礼，宋晓卿等 OuxK-HQ-0005

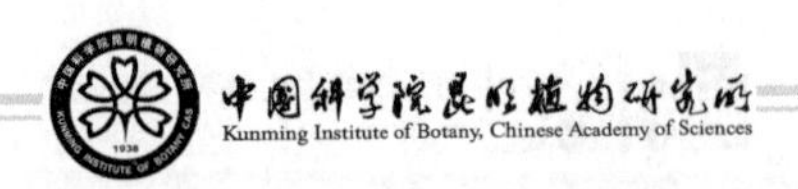

云南：隆阳区 陆树刚 Ouxk-BS-0006
云南：泸水 孙振华，郑志兴，沈蕊等 OuXK-LC-014
云南：勐腊 谭运洪 A289
云南：南涧 罗新洪，阿国仁 NJWLS558
云南：南涧 马德跃，官有才，罗开宏等 NJWLS934
云南：普洱 叶金科 YNS0225
云南：文山 肖波 LuJL403
云南：新平 自正尧 XPALSB253
云南：新平 自正尧 XPALSB287
云南：易门 刘恩德，方伟，杜燕等 SCSB-B-000003
云南：盈江 王立彦，桂魏 SCSB-TBG-137
云南：元阳 车鑫，刘成，杨娅娟等 YYGYS004
云南：云龙 郭永杰，王杨飞，李施文等 TC4022

Tsaiodendron dioicum Y. H. Tan, Z. Zhou & B. J. Gu 希陶木
云南：石屏 刘成，亚吉东，张桥蓉等 16CS14179

Vernicia fordii (Hemsley) Airy Shaw 油桐
广西：金秀 彭华，向春雷，陈丽 PengH8113
云南：巧家 杨光明 SCSB-W-1526

Vernicia montana Loureiro 木油桐
广东：天河区 童毅华 TYH14

Eupteleaceae 领春木科

领春木科	世界	中国	种质库
属 / 种（种下等级）/ 份数	1/2	1/1	1/1/29

Euptelea pleiosperma J. D. Hooker & Thomson 领春木
安徽：绩溪 唐鑫生，方建新 TangXS0397
河北：武安 牛玉璐，高彦飞，赵二涛 NiuYL442
河南：栾川 邓志军，付婷婷，水庆艳 Huangzy0063
河南：南召 何明高，付婷婷，水庆艳 Huangzy0210
河南：嵩县 何明高，付婷婷，水庆艳 Huangzy0144
湖北：神农架林区 李巨平 LiJuPing0111
湖北：五峰 陈功锡，张代贵 SCSB-HC-2008393
湖北：竹溪 李盛兰 GanQL1113
吉林：安图 周海城，刘忠伟 ZhouHC022
陕西：宁陕 田先华，张峰，田陌 TianXH023
四川：宝兴 袁明 Y07107
四川：汶川 袁明，高刚，杨勇 YM2014020
云南：贡山 蔡杰，郭云刚，张凤琼等 14CS9746
云南：贡山 刀志灵 DZL354
云南：贡山 刘成，何华杰，黄莉等 14CS8599
云南：贡山 郭永杰，吴之坤，吴兴等 14CS9912
云南：贡山 许炳强，吴兴，李婧等 XiaNh-07zx-117
云南：贡山 刀志灵 DZL373
云南：鹤庆 孙航，李新辉，陈林杨 SunH-07ZX-3171
云南：麻栗坡 肖波，陆章强 LuJL019
云南：蒙自 税玉民，陈文红 72488
云南：巧家 李文虎，高顺勇，吴天抗等 QJYS0040
云南：巧家 张天壁 SCSB-W-228
云南：巧家 杨光明 SCSB-W-1181
云南：维西 张挺，徐远杰，陈冲等 SCSB-B-000224
云南：维西 杨亲二，袁琼 Yangqe2697
云南：文山 何德明，丰艳飞，韦荣彪等 WSLJS719
云南：永善 蔡杰，刘成，秦少发等 08CS380
云南：云龙 李爱花，李洪超，黄天才等 SCSB-A-000222

Fabaceae 豆科

豆科	世界	中国	种质库
属 / 种（种下等级）/ 份数	~751/19500	167/1673	112/568(601)/3514

Abrus precatorius Linnaeus 相思子
云南：石屏 蔡杰，刘成，郑国伟 12CS5794
云南：双柏 彭华，刘恩德，陈丽等 P.H.5485
云南：新平 谢雄 XPALSC260
云南：元江 胡启元，周兵，张绍云 YNS0844

Acacia concinna (Willdenow) Candolle 藤金合欢
广西：八步区 莫水松 Liuyan1057
广西：雁山区 莫水松 Liuyan1070
云南：元谋 何彪 OuXK-0066

Acacia confusa Merrill 台湾相思
广西：贺州 姜孝成，王丽萍，鲁长青 Jiangxc0689
广西：贺州 姜孝成，王丽萍，鲁长青 Jiangxc0701
云南：麻栗坡 肖波 LuJL159
云南：南涧 何家润，邹国娟，时国彩等 NJWLS417
云南：永德 李永亮 YDDXS1217

Acacia dealbata Link 银荆
云南：腾冲 周应再 Zhyz-471
云南：新平 白绍斌 XPALSC306

Acacia decurrens Willdenow 线叶金合欢
云南：牟定 张燕妮 OuXK-0060

Acacia delavayi Franchet 光叶金合欢 *
云南：景东 罗忠华，谢有能，罗文涛等 JDNR133
云南：南涧 李加生，官有才 NJWLS845

Acacia delavayi var. **kunmingensis** C. Chen & H. Sun 昆明金合欢 *
云南：隆阳区 赵文李 BSGLGS1y3049

Acacia farnesiana (Linnaeus) Willdenow 金合欢
贵州：册亨 邹方伦 ZouFL0033
云南：隆阳区 赵玮 BSGLGS1y209
云南：勐腊 谭运洪 A281
云南：新平 白绍斌 XPALSC488
云南：永德 李永亮，马文军 YDDXSB198
云南：永德 李永亮 YDDXS0256
云南：永德 李永亮 YDDXS0936
云南：镇沅 罗成瑜 ALSZY385

Acacia mearnsii De Wildeman 黑荆
云南：新平 谢雄 XPALSC425

Acacia megaladena Desvaux 钝叶金合欢
云南：隆阳区 段在贤，杨采龙，刘占李 BSGLGS1y1032
云南：绿春 黄连山保护区科研所 HLS0291
云南：腾冲 周应再 Zhyz-323
云南：腾冲 周应再 Zhyz-382
云南：盈江 王立彦，桂魏 SCSB-TBG-156

Acacia megaladena var. **garrettii** I. C. Nielsen 盘腺金合欢
云南：景东 罗忠华，刘长铭，李绍昆等 JDNR09099
云南：麻栗坡 肖波 LuJL480
云南：腾冲 余新林，赵玮 BSGLGStc195
云南：永德 李永亮 YDDXS0053
云南：永德 李永亮 YDDXS0062

Acacia pennata (Linnaeus) Willdenow 羽叶金合欢
福建：同安区 李宏庆，陈纪云，王双 Lihq0279

云南：金平 喻智勇，官兴永，张云飞等 JinPing60
云南：隆阳区 段在贤，刘占李，蔡生洪 BSGLGSly077
云南：勐海 张挺，谭运洪，王建军等 SCSB-B-000284
云南：瑞丽 彭华，陈丽，向春雷等 P.H.5407
云南：思茅区 张绍云，叶金科，胡启和 YNS1218
云南：永德 李永亮，马文军 YDDXSB200

Acacia teniana Harms 无刺金合欢 *

云南：兰坪 孔航辉，任琛 Yangqe2900

Acacia yunnanensis Franchet 云南相思树 *

云南：巧家 闫海忠，孙振华，王文礼等 OuxK-QJ-0002
云南：元谋 孙振华，罗圆，宋晓卿等 OUXK-YM-0007

Acrocarpus fraxinifolius Arnott 顶果木

云南：勐腊 张挺，李洪超，李文化等 SCSB-B-000394
云南：南涧 官有才 NJWLS1658

Adenanthera microsperma Teijsmann & Binnendijk 海红豆

广西：龙州 张挺，蔡杰，方伟 12CS3848
云南：永德 李永亮 YDDXS0167

Aeschynomene indica Linnaeus 合萌

安徽：屯溪区 方建新 TangXS0085
湖北：黄梅 刘淼 SCSB-JSA36
湖南：安化 旷仁平，盛波 SCSB-HN-1982
湖南：衡山 刘克明，陈薇 SCSB-HN-0370
湖南：江华 刘克明，王成，欧阳书珍 SCSB-HN-0849
湖南：开福区 陈薇，丛义艳，肖乐希 SCSB-HN-0642
湖南：宁乡 刘克明，熊凯辉 SCSB-HN-1929
湖南：平江 刘克明，陈丰林 SCSB-HN-0907
湖南：石门 姜孝成，唐妹，吕杰等 Jiangxc0492
湖南：湘乡 朱香清 SCSB-HN-0657
江苏：句容 王兆银，吴宝成 SCSB-JS0178
江苏：句容 王兆银，吴宝成 SCSB-JS0253
江苏：武进区 吴林园 HANGYY8703
江西：黎川 童和平，王玉珍 TanCM3112
江西：庐山区 谭策铭，董安淼 TCM09011
山东：东营区 樊守金 Zhaozt0254
山东：莱山区 卞福花，宋言贺 BianFH-519
四川：茂县 彭华，刘振稳，向春雷等 P.H.5033
云南：景东 罗忠华，谢有能，刘长铭等 JDNR032
云南：普洱 胡启和，周英，张绍云等 YNS0550
云南：永德 李永亮，马文军 YDDXSB191
云南：永德 李永亮，马文军 YDDXSB195
云南：永德 李永亮 YDDXS0526
浙江：临安 彭华，陈丽，向春雷等 P.H.5418
浙江：鄞州区 李宏庆，葛斌杰 Lihq0029

Afzelia xylocarpa (Kurz) Craib 缅茄

云南：勐腊 赵相兴 A023

Albizia chinensis (Osbeck) Merrill 楹树

云南：沧源 赵金超，杨红强 CYNGH420
云南：江城 张绍云，胡启和 YNS1272
云南：龙陵 孙兴旭 SunXX084
云南：勐海 刀志灵 DZL-175
云南：南涧 NJWLS386
云南：南涧 时国彩 NJWLS2008078
云南：思茅区 胡启和，叶金科，张绍云 YNS1359
云南：思茅区 张绍云，叶金科，胡启和 YNS1330
云南：新平 刘家良 XPALSD365
云南：盈江 王立彦，桂魏，刀江飞 SCSB-TBG-104
云南：永德 杨金荣，李永良，宋老五等 YDDXSA003

Albizia crassiramea Lace 白花合欢

云南：西盟 张绍云，叶金科，仇亚 YNS1302
云南：永德 李永亮 YDDXS0194

Albizia garrettii I. C. Nielsen 黄毛合欢

云南：沧源 赵金超，杨红强 CYNGH414
云南：景东 罗忠华，李绍昆，鲁成荣 JDNR09084
云南：隆阳区 赵文李 BSGLGSly3029
云南：隆阳区 尹学建，郭明亮 BSGLGSly2010
云南：镇沅 朱恒，罗成瑜 ALSZY212

Albizia julibrissin Durazzini 合欢

安徽：黄山区 唐鑫生 TangXS0513
河北：武安 牛玉璐，高彦飞，赵二涛 NiuYL436
湖北：神农架林区 李巨平 LiJuPing0260
湖北：仙桃 张代贵 Zdg1333
湖北：宣恩 祝文志，刘志祥，曹远俊 ShenZH0014
湖北：竹溪 李盛兰 GanQL665
湖南：新宁 姜孝成，唐贵华，袁双艳等 SCSB-HNJ-0248
江西：修水 缪以清，余于明 TanCM641
宁夏：西夏区 左忠，刘华 ZuoZh256
山东：济南 张少华，王萍，张诏等 Lilan167
陕西：宁陕 田先华，田陌，王梅荣 TianXH1021
四川：峨边 李小杰 LiXJ832
四川：冕宁 孙航，李新辉，陈林杨 SunH-07ZX-3288
云南：个旧 税玉民，陈文红 71510
云南：河口 税玉民，陈文红 71744
云南：金平 喻智勇，张云飞，谷翠莲等 JinPing96
云南：勐海 刀志灵，张洪喜 DZL-172
云南：勐腊 刀志灵，崔景云 DZL-128
云南：思茅区 胡启和，张绍云，周兵 YNS0980
云南：元江 刀志灵，陈渝，张洪喜 DZL-188
云南：元阳 田学军，杨建，邱成书等 Tianxj0009

Albizia kalkora (Roxburgh) Prain 山槐

安徽：绩溪 唐鑫生，宋曰钦，方建新等 TangXS0600
黑龙江：尚志 郑宝江，余快，丁岩岩 ZhengBJ106
湖北：宣恩 沈泽昊 HXE008
江苏：句容 王兆银，吴宝成 SCSB-JS0203
江西：修水 缪以清，余于明 TanCM650
山东：崂山区 罗艳，李中华 LuoY321
山东：长清区 高德民，王萍，张颖颖等 Lilan587
四川：峨眉山 李小杰 LiXJ807
云南：芒市 彭华，陈丽，向春雷等 P.H.5405
云南：南涧 熊绍荣 NJWLS429
云南：南涧 马德跃，官有才，罗开宏 NJWLS924
云南：永德 李永亮 YDDXS0434

Albizia lebbeck (Linnaeus) Bentham 阔荚合欢

云南：绿春 郭永杰，聂细转，黄秋月等 12CS4870

Albizia lucidior (Steudel) I. C. Nielsen ex H. Hara 光叶合欢

云南：德钦 孙振华，郑志兴，沈蕊等 OuXK-YS-245
云南：峨山 蔡杰，刘成，郑国伟 12CS5748
云南：隆阳区 赵文李 BSGLGSly3036
云南：隆阳区 段在贤，尹布贵，刀开国等 BSGLGSly1221
云南：南涧 官有才，马德跃 NJWLS393
云南：腾冲 余新林，赵玮 BSGLGStc260
云南：盈江 王立彦，桂魏，肖祥胜 SCSB-TBG-219
云南：永德 李永亮 LiYL1310
云南：镇沅 罗成瑜 ALSZY331

Albizia mollis (Wallich) Boivin 毛叶合欢

云南：安宁 张挺，张书东，李爱花 SCSB-A-000060
云南：隆阳区 段在贤，代如山，黄国兵等 BSGLGSly1264

云南：南涧 高国政 NJWLS1332
云南：腾冲 周应再 Zhyz-165
云南：新平 自正尧，李伟 XPALSB210
云南：永德 李永亮 YDDXS0433
云南：云龙 李施文，张志云，段耀飞等 TC3015

Albizia odoratissima (Linnaeus f.) Bentham **香合欢**

云南：景东 鲁艳 2008111
云南：景东 罗忠华，刘长铭，鲁成荣 JD006
云南：景东 鲁成荣，谢有能，张明勇等 JD058
云南：南涧 熊绍荣 NJWLS1205
云南：新平 刘家良 XPALSD263
云南：永德 李永亮 YDDXS0001
云南：永德 李永亮 YDDXS0049
云南：永德 李永亮 YDDXS0192
云南：永德 李永亮 YDDXS1280

Albizia procera (Roxburgh) Bentham **黄豆树**

西藏：墨脱 刘成，亚吉东，何华杰等 16CS11969
云南：金平 喻智勇，染完利，张云飞 JinPing102

Albizia sherriffii E. G. Baker **藏合欢**

西藏：墨脱 刘成，亚吉东，何华杰等 16CS11995

Alhagi sparsifolia Shaparenko ex Keller & Shaparenko **骆驼刺**

新疆：阿克陶 塔里木大学植物资源调查组 TD-00747
新疆：阿克陶 塔里木大学植物资源调查组 TD-00817
新疆：阿图什 塔里木大学植物资源调查组 TD-00649
新疆：阿图什 杨赵平，黄文娟 TD-01788
新疆：巴楚 塔里木大学植物资源调查组 TD-00829
新疆：白碱滩区 翟伟 SCSB-SHI-2006182
新疆：白碱滩区 翟伟 SCSB-SHI-2006184
新疆：拜城 塔里木大学植物资源调查组 TD-00403
新疆：博乐 徐文斌，黄雪姣 SHI-2008306
新疆：博乐 徐文斌，黄雪姣 SHI-2008318
新疆：博乐 徐文斌，黄雪姣 SHI-2008465
新疆：博乐 徐文斌，许晓敏 SHI-2008329
新疆：博乐 徐文斌，杨清理 SHI-2008304
新疆：阜康 王雷，朱雅娟，黄振英 Beijing-junggar-000017
新疆：阜康 王喜勇，马文宝，施翔 zdy351
新疆：和布克赛尔 贺小欢 SCSB-SHI-2006190
新疆：和布克赛尔 高木木 SCSB-SHI-2006205
新疆：和静 塔里木大学植物资源调查组 TD-00351
新疆：和硕 杨赵平，焦培培，白冠章等 LiZJ0612
新疆：和硕 塔里木大学植物资源调查组 TD-00365
新疆：精河 石大标 SCSB-SHI-2006239
新疆：精河 石大标 SCSB-SHI-2006241
新疆：柯坪 塔里木大学植物资源调查组 TD-00851
新疆：克拉玛依 谭敦炎，邱娟 TanDY0498
新疆：库尔勒 张挺，杨赵平，焦培培等 LiZJ0415
新疆：奎屯 石大标 SCSB-Y-2006083
新疆：奎屯 马真，翟伟 SHI2006341
新疆：奎屯 徐文斌 SHI2006364
新疆：墨玉 郭永杰，黄文娟，段黄金 LiZJ0254
新疆：沙湾 许炳强，胡伟明 XiaNH-07ZX-867
新疆：沙雅 塔里木大学植物资源调查组 TD-00978
新疆：莎车 郭永杰，黄文娟，段黄金 LiZJ0167
新疆：石河子 陶冶，雷凤品，黄刚等 SCSB-Y-2006120
新疆：石河子 塔里木大学植物资源调查组 TD-00178
新疆：石河子 董凤新 SCSB-Y-2006134
新疆：石河子 石大标 SCSB-Y-2006116
新疆：石河子 石大标 SCSB-Y-2006153
新疆：石河子 石大标 SCSB-Y-2006164
新疆：石河子 高木木 SCSB-SHI-2006208
新疆：石河子 段士民，王喜勇，刘会良等 292
新疆：石河子 段士民，王喜勇，刘会良等 294
新疆：温宿 塔里木大学植物资源调查组 TD-00464
新疆：温宿 白宝伟，段黄金 TD-01820
新疆：乌鲁木齐 马文宝，刘会良，施翔 zdy172
新疆：乌恰 塔里木大学植物资源调查组 TD-00397
新疆：乌什 塔里木大学植物资源调查组 TD-00540
新疆：乌什 塔里木大学植物资源调查组 TD-00558
新疆：五家渠 段士民，王喜勇，刘会良等 326
新疆：新和 塔里木大学植物资源调查组 TD-00531
新疆：新和 白宝伟，段黄金 TD-02056
新疆：英吉沙 黄文娟，段黄金，王英鑫等 LiZJ0810

Alysicarpus vaginalis (Linnaeus) Candolle **链荚豆**

云南：澜沧 张绍云，仇亚，胡启和 YNS1246
云南：绿春 彭华，向春雷，陈丽等 P.H.5602
云南：新平 白绍斌 XPALSC152
云南：永德 李永亮 YDDXS1071
云南：元江 孙振华，王文礼，宋晓卿等 Ouxk-YJ-0014
云南：镇沅 罗成瑜 ALSZY112

Ammodendron bifolium (Pallas) Yakovlev **银砂槐**

新疆：霍城 亚吉东，张桥蓉，胡枭剑 16CS13117
新疆：霍城 亚吉东，张桥蓉，秦少发等 16CS13807

Ammopiptanthus mongolicus (Maximowicz ex Komarov) S. H. Cheng **沙冬青**

内蒙古：阿拉善左旗 蔡杰，张书东，郭云刚等 14CS9277
内蒙古：阿拉善左旗 张军 M051
内蒙古：鄂托克旗 朱雅娟，黄振英，叶学华 Beijing-ordos2-000004
内蒙古：和林格尔 张军 M031
内蒙古：和林格尔 张军 M040
内蒙古：和林格尔 张军 M047
内蒙古：和林格尔 张军 M048
内蒙古：和林格尔 张军 M049
内蒙古：和林格尔 张军 M050
内蒙古：和林格尔 张军 M053
宁夏：灵武 左忠，刘华 ZuoZh088
新疆：哈巴河 段士民，王喜勇，刘会良等 206
新疆：乌恰 塔里木大学植物资源调查组 TD-00278

Amorpha fruticosa Linnaeus **紫穗槐**

河北：武安 牛玉璐，王晓亮 NiuYL585
河南：栾川 黄振英，于顺利，杨学军 Huangzy0026
河南：南召 黄振英，于顺利，杨学军 Huangzy0189
河南：嵩县 黄振英，于顺利，杨学军 Huangzy0119
湖南：吉首 陈功锡，张代贵，龚双骄等 237A
湖南：新宁 姜孝成，唐贵华，袁双艳等 SCSB-HNJ-0282
吉林：安图 杨保国，张明鹏 CaoW0018
吉林：敦化 杨保国，张明鹏 CaoW0016
吉林：珲春 杨保国，张明鹏 CaoW0054
吉林：临江 李长田 Yanglm0028
吉林：南关区 韩忠明 Yanglm0120
江苏：句容 王兆银，吴宝成 SCSB-JS0162
江苏：海州区 汤兴利 HANGYY8467
江西：黎川 童和平，王玉珍 TanCM3109
江西：武宁 张吉华，张东红 TanCM2631
辽宁：凤城 董清 CaoW244
辽宁：开原 刘少硕，谢峰 CaoW313
辽宁：铁岭 刘少硕，谢峰 CaoW285

辽宁：长海 郑宝江，丁晓炎，焦宏斌等 ZhengBJ355
辽宁：庄河 宫本胜 CaoW370
内蒙古：赛罕区 李茂文，李昌亮 M140
宁夏：盐池 左忠，刘华 ZuoZh047
山东：泰安 李兰，王萍，张少华 Lilan116
陕西：神木 何志斌，杜军，陈龙飞等 HHZA0298
新疆：昌吉 段士民，王喜勇，刘会良 Zhangdy291
新疆：精河 段士民，王喜勇，刘会良 Zhangdy314
新疆：乌鲁木齐 王喜勇，马文宝，施翔 zdy331
新疆：乌鲁木齐 段士民，王喜勇，刘会良等 Zhangdy437
新疆：伊宁 段士民，王喜勇，刘会良 Zhangdy344

Amphicarpaea edgeworthii Bentham 两型豆
安徽：绩溪 胡长玉，方建新，徐林飞 TangXS0646
安徽：舒城 陈延松，欧祖兰，高秋晨等 Xuzd463
贵州：江口 周云，王勇 XiangZ006
河北：平山 牛玉璐，高彦飞，黄士良 NiuYL163
黑龙江：宁安 刘玫，张欣欣，程薪宇等 Liuetal541
黑龙江：尚志 郑宝江，丁晓炎，李月等 ZhengBJ168
湖北：竹溪 李盛兰 GanQL664
湖南：吉首 陈功锡，张代贵，邓涛等 SCSB-HC-2007476
湖南：永顺 陈功锡，张代贵 SCSB-HC-2008233
吉林：临江 林红梅，刘翠晶 Yanglm0302
江西：靖安 张吉华，刘运群 TanCM1169
江西：庐山区 董安淼，吴从梅 TanCM1083
江西：修水 缪以清，余于民 TanCM3402
山东：崂山区 罗艳，李中华 LuoY149
山东：崂山区 赵遵田，郑国伟，杜超等 Zhaozt0130
山东：历下区 张少华，王萍，张诏等 Lilan218
山东：牟平区 陈朋 BianFH-415
陕西：宁陕 王梅荣，田先华，田陌 TianXH055
陕西：长安区 王梅荣，田陌，田先华 TianXH115
云南：贡山 郭永杰，吴之坤，吴兴等 14CS9828
云南：贡山 张挺，杨湘云，李涟漪等 14CS8999
云南：麻栗坡 肖波 LuJL357
云南：腾冲 周应再 Zhyz-368

Amphicarpaea ferruginea Bentham 锈毛两型豆 *
云南：江城 叶金科 YNS0482
云南：腾冲 周应再 Zhyz-373

Apios carnea (Wallich) Bentham ex Baker 肉色土圞儿
湖南：双牌 姜孝成，王丽萍，李育华 Jiangxc0804
西藏：波密 扎西次仁，西落 ZhongY673
云南：贡山 郭永杰，吴之坤，吴兴等 14CS9803
云南：玉龙 张大才，李双智，杨川 ZhangDC-07ZX-2062

Apios delavayi Franchet 云南土圞儿 *
西藏：察隅 张挺，蔡杰，袁明 09CS1504
云南：贡山 郭永杰，吴之坤，吴兴等 14CS9924

Apios macrantha Oliver 大花土圞儿 *
云南：维西 张挺，徐远杰，黄押稳等 SCSB-B-000170

Archidendron clypearia (Jack) I. C. Nielsen 猴耳环
云南：景东 鲁艳 200873
云南：景东 杨国平 07-72
云南：绿春 黄连山保护区科研所 HLS0200
云南：新平 谢天华 XPALSA007
云南：新平 谢天华，郎定富，杨如伟 XPALSA006

Archidendron kerrii (Gagnepain) I. C. Nielsen 碟腺棋子豆
云南：临沧 赵金超 CYNGH429

Astragalus acaulis Baker 无茎黄耆 *
云南：德钦 董相，韩冰洋，姜北等 JiangB003

Astragalus alopecias Pallas 长果黄耆
新疆：裕民 徐文斌，黄刚 SHI-2009407

Astragalus arbuscula Pallas 木黄耆
新疆：石河子 马真 SCSB-2006038

Astragalus arnoldii Hemsley & H. Pearson 团垫黄耆
青海：泽库 陈世龙，高庆波，张发起 Chensl0927

Astragalus arpilobus Karelin & Kirilov 廉荚黄耆
新疆：阜康 谭敦炎，邱娟 TanDY0035
新疆：克拉玛依 谭敦炎，邱娟 TanDY0087
新疆：克拉玛依 张振春，刘建华 TanDY0322
新疆：石河子 谭敦炎，艾沙江 TanDY0380

Astragalus basiflorus E. Peter 地花黄耆 *
青海：同德 陈世龙，张得钧，高庆波等 Chensl0035
四川：马尔康 何兴金，冯图，廖晨阳等 SCU-080327

Astragalus bhotanensis Baker 地八角 *
重庆：南川区 易思荣 YISR195
甘肃：迭部 尹鑫，吴航，葛文静 LiuJQ-GN-2011-045
甘肃：卓尼 尹鑫，吴航，葛文静 LiuJQ-GN-2011-065
四川：壤塘 何兴金，马祥光，郜鹏 SCU-10-223

Astragalus capillipes Bunge 草珠黄耆 *
河北：蔚县 牛玉璐，高彦飞，黄士良 NiuYL149

Astragalus changmuicus C. C. Ni & P. C. Li 樟木黄耆 *
西藏：亚东 陈家辉，韩希，王东超等 YangYP-Q-4299

Astragalus chilienshanensis Y. C. Ho 祁连山黄耆 *
甘肃：合作 郭淑青，杜品 LiuJQ-2012-GN-043

Astragalus chomutowii B. Fedtschenko 中天山黄耆
新疆：塔什库尔干 邱娟，冯建菊 LiuJQ0040
新疆：塔什库尔干 邱娟，冯建菊 LiuJQ0121

Astragalus dahuricus (Pallas) Candolle 达乌里黄耆 *
北京：门头沟区 宋松泉 SCSB-E-0069
河北：灵寿 牛玉璐，高彦飞，黄士良 NiuYL179
河北：平山 牛玉璐，郑博颖，黄士良等 NiuYL105
黑龙江：哈尔滨 刘玫，王臣，史传奇等 Liuetal608
黑龙江：松北 孙阎，李鑫鑫 SunY458
黑龙江：五大连池 孙阎，晁雄雄 SunY130
辽宁：桓仁 祝业平 CaoW1043
内蒙古：额尔古纳 郑宝江，姜洪哲 ZhengBJ154
山西：阳曲 张贵平 Zhangf0136

Astragalus danicus Retzius 丹麦黄耆
青海：贵德 陈世龙，高庆波，张发起等 Chensl1201

Astragalus degensis Ulbrich 窄翼黄耆 *
云南：香格里拉 郭永杰，张桥蓉，李春晓等 11CS3436
云南：香格里拉 李晓东，张紫刚，操榆 LiJ652

Astragalus discolor Bunge 灰叶黄耆 *
内蒙古：赛罕区 蒲拴莲，刘润宽，刘毅等 M287
内蒙古：武川 蒲拴莲，刘润宽，刘毅等 M183
内蒙古：新城区 李茂文，李昌亮 M144

Astragalus dumetorum Handel-Mazzetti 灌丛黄耆 *
四川：稻城 何兴金，廖晨阳，任海燕等 SCU-09-462

Astragalus ernestii Comber 梭果黄耆 *
四川：白玉 张大才，尹五元，李双智等 ZhangDC-07ZX-2280
四川：理塘 张大才，尹五元，李双智等 ZhangDC-07ZX-2180
西藏：芒康 张大才，罗康，梁群等 ZhangDC-07ZX-1301

Astragalus floridulus Podlech 多花黄耆
甘肃：玛曲 尹鑫，吴航，葛文静 LiuJQ-GN-2011-696
甘肃：天祝 陈世龙，张得钧，高庆波等 Chensl0469
甘肃：卓尼 尹鑫，吴航，葛文静 LiuJQ-GN-2011-077
青海：门源 吴玉虎 LJQ-QLS-2008-0063

西藏：昌都 陈家辉，王赟，刘德团 YangYP-Q-3116
西藏：芒康 徐波，陈光富，陈林杨等 SunH-07ZX-0271
西藏：左贡 张大才，罗康，梁群等 ZhangDC-07ZX-1365

Astragalus gebleri Bongard 准噶尔黄耆
青海：格尔木 冯虎元 LiuJQ-08KLS-026

Astragalus golmunensis Y. C. Ho 格尔木黄耆 *
青海：格尔木 冯虎元 LiuJQ-08KLS-044

Astragalus graveolens Buchanan-Hamilton ex Bentham 烈香黄耆
云南：大理 张德全，段丽珍，王应龙等 ZDQ133

Astragalus havianus E. Peter 华山黄耆 *
湖北：竹溪 李盛兰 GanQL951

Astragalus heterodontus Borissova 异齿黄耆
新疆：塔什库尔干 邱娟，冯建菊 LiuJQ0169

Astragalus khasianus Bunge 长果颈黄耆
云南：腾冲 余新林，赵玮 BSGLGStc031
云南：新平 何罡安 XPALSB035
云南：永德 李永亮 YDDXS0849

Astragalus laxmannii Jacquin 斜茎黄耆
甘肃：合作 尹鑫，吴航，葛文静 LiuJQ-GN-2011-070
河北：平山 牛玉璐，郑博颖，黄士良等 NiuYL090
吉林：长岭 韩忠明 Yanglm0326
内蒙古：和林格尔 李茂文，李昌亮 M141
青海：共和 陈世龙，高庆波，张发起 Chensl0502
青海：湟源 汪书丽，朱洪涛 Liujq-QLS-TXM-011
山东：海阳 高德民，王萍，张颖颖等 Lilan621
山西：朔城区 张贵平 Zhangf0058
四川：康定 彭玉兰，涂卫国 Gaoxf-1106
四川：若尔盖 何兴金，赵丽华，李琴琴等 SCU-08024
四川：乡城 周浙昆，苏涛，杨莹等 Zhou09-149
西藏：波密 陈家辉，韩希，王东超等 YangYP-Q-4003

Astragalus lehmannianus Bunge 茧荚黄耆
新疆：阜康 亚吉东，张桥蓉，秦少发等 16CS13181

Astragalus licentianus Handel-Mazzetti 甘肃黄耆 *
青海：祁连 陈世龙，高庆波，张发起等 Chensl1445
青海：泽库 陈世龙，高庆波，张发起 Chensl0939

Astragalus lithophilus Karelin & Kirilov 岩生黄耆
甘肃：碌曲 李晓东，刘帆，张景博等 LiJ0126
新疆：昭苏 亚吉东，张桥蓉，秦少发等 16CS13596

Astragalus lucidus H. T. Tsai & T. T. Yu 光亮黄耆 *
西藏：朗县 罗建，汪书丽，任德智 L098
西藏：芒康 张大才，罗康，梁群等 ZhangDC-07ZX-1320

Astragalus macropterus Candolle 大翼黄耆
新疆：塔什库尔干 邱娟，冯建菊 LiuJQ0002

Astragalus mahoschanicus Handel-Mazzetti 马衔山黄耆 *
甘肃：合作 尹鑫，吴航，葛文静 LiuJQ-GN-2011-060
青海：门源 吴玉虎，刘建全 LJQ-QLS-2008-0040
青海：门源 陈世龙，高庆波，张发起等 Chensl1648
青海：祁连 陈世龙，高庆波，张发起等 Chensl1583

Astragalus melilotoides Pallas 草木樨状黄耆
甘肃：合作 尹鑫，吴航，葛文静 LiuJQ-GN-2011-071
黑龙江：大同区 杨帆，马红媛，安丰华 SNA0652
吉林：前郭尔罗斯 杨帆，马红媛，安丰华 SNA0379
内蒙古：伊金霍洛旗 朱雅娟，黄振英，曲荣明 Beijing-Ordos-000012
内蒙古：伊金霍洛旗 杨学军 Huangzy0236
宁夏：盐池 何志斌，杜军，陈龙飞等 HHZA0269
宁夏：盐池 左忠，刘华 ZuoZh037
青海：共和 许炳强，周伟，郑朝汉 Xianh0448
青海：互助 薛春迎 Xuechy0077
山东：莒县 步瑞兰，辛晓伟，郭雷等 lilan752
陕西：榆阳区 姬文帅，田先华 TianXH283

Astragalus moellendorffii Bunge 边向花黄耆 *
河北：涿鹿 牛玉璐，高彦飞，赵二涛 NiuYL354

Astragalus monadelphus Bunge 单蕊黄耆 *
青海：玉树 许炳强，周伟，郑朝汉 Xianh0280
四川：黑水 顾垒，李忠荣 GaoXF-09ZX-1702
四川：红原 张昌兵，邓秀发 ZhangCB0381

Astragalus monbeigii N. D. Simpson 异长齿黄耆 *
西藏：波密 孙航，张建文，陈建国等 SunH-07ZX-2523
云南：剑川 杨青松，杨莹，黄永江等 ZhouZK-07ZX-0229

Astragalus mongholicus Bunge 蒙古黄耆
甘肃：合作 尹鑫，吴航，葛文静 LiuJQ-GN-2011-075
黑龙江：宁安 刘玫，王臣，张欣欣等 Liuetal744
吉林：南关区 韩忠明 Yanglm0068
青海：班玛 陈世龙，张得钧，高庆波等 Chensl0350
四川：稻城 何兴金，王长宝，刘爽等 SCU-09-051
四川：康定 何兴金，王长宝，刘爽等 SCU-09-017
四川：马尔康 何兴金，冯图，廖晨阳等 SCU-080324
新疆：乌恰 塔里木大学植物资源调查组 TD-00708

Astragalus muliensis Handel-Mazzetti 木里黄耆 *
四川：稻城 孙航，张建文，董金龙等 SunH-07ZX-3608

Astragalus nangxianensis P. C. Li & C. C. Ni 朗县黄耆 *
西藏：朗县 罗建，汪书丽，任德智 L053

Astragalus nanjiangianus K. T. Fu 南疆黄耆 *
新疆：于田 冯建菊 Liujq-fjj-0009

Astragalus nivalis Karelin & Kirilov 雪地黄耆
青海：格尔木 冯虎元 LiuJQ-08KLS-047
青海：格尔木 冯虎元 LiuJQ-08KLS-086
青海：囊谦 许炳强，周伟，郑朝汉 Xianh0013
青海：祁连 陈世龙，高庆波，张发起等 Chensl1497

Astragalus oxyglottis Steven ex M. Bieberstein 尖舌黄耆
新疆：石河子 马真 SCSB-2006019

Astragalus pamirensis Franchet 帕米尔黄耆
新疆：塔什库尔干 邱娟，冯建菊 LiuJQ0141

Astragalus peterae H. T. Tsai & T. T. Yu 川青黄耆
青海：达日 陈世龙，张得钧，高庆波等 Chensl0283

Astragalus polycladus Bureau & Franchet 多枝黄耆 *
甘肃：合作 尹鑫，吴航，葛文静 LiuJQ-GN-2011-043
甘肃：玛曲 尹鑫，吴航，葛文静 LiuJQ-GN-2011-054
云南：巧家 杨光明 SCSB-W-1191

Astragalus przewalskii Bunge 黑紫花黄耆 *
甘肃：玛曲 尹鑫，吴航，葛文静 LiuJQ-GN-2011-076

Astragalus purpurinus (Y. C. Ho) Podlech & L. R. Xu 淡紫花黄耆 *
甘肃：合作 郭淑青，杜品 LiuJQ-2012-GN-041

Astragalus scaberrimus Bunge 糙叶黄耆
河北：桃城 牛玉璐，郑博颖，黄士良等 NiuYL012

Astragalus sinicus Linnaeus 紫云英
安徽：歙县 方建新 TangXS0718
安徽：黟县 陈延松，唐成丰 Zhousb0130
湖北：五峰 李平 AHL003
湖南：洞口 肖乐希，谢江，尹成园等 SCSB-HN-1558
湖南：衡阳 刘克明，旷仁平，丛义艳 SCSB-HN-0698
湖南：澧县 田淑珍 SCSB-HN-1570
湖南：浏阳 刘克明，蔡秀珍，刘洪新 SCSB-HN-1032
湖南：桑植 廖博儒，查学州 7038

湖南：湘乡 朱香清，田淑珍 SCSB-HN-1430
湖南：沅陵 刘克明，周丰杰 SCSB-HN-1380
湖南：长沙 丛义艳，田淑珍 SCSB-HN-1490
湖南：长沙 蔡秀珍，丛义艳，田淑珍 SCSB-HN-0690
江苏：句容 吴宝成，王兆银 HANGYY8220
江西：庐山区 董安淼，吴丛梅 TanCM3010
陕西：宁陕 田先华，韦梦成 TianXH1108
四川：射洪 袁明 YUANM2016L193
云南：麻栗坡 肖波 LuJL431
云南：南涧 阿国仁 NJWLS1520
云南：巧家 李文虎，吴天抗，高顺勇等 QJYS0141
云南：巧家 杨光明 SCSB-W-1196
云南：腾冲 周应再 Zhyz-478
云南：永德 李永亮 YDDXS1173
云南：云龙 宇建泽，李国友，李施文等 TC1011

Astragalus skythropos Bunge **肾形子黄耆 ***
甘肃：合作 郭淑青，杜品 LiuJQ-2012-GN-037
青海：海西 汪书丽，王志强，邹嘉宾 Liujq-Txm10-052
青海：河南 汪书丽，朱洪涛 Liujq-QLS-TXM-189

Astragalus strictus Graham ex Bentham **笔直黄耆**
西藏：八宿 张大才，李双智，罗康等 ZhangDC-07ZX-1214
西藏：当雄 李晖，文雪梅，次旺加布等 Lihui-Q-0087
西藏：当雄 许炳强，童毅华 XiaNh-07zx-570
西藏：定日 陈家辉，韩希，王东超等 YangYP-Q-4308
西藏：定日 王东超，杨大松，张春林等 YangYP-Q-5091
西藏：定日 王东超，杨大松，张春林等 YangYP-Q-5133
西藏：吉隆 张晓纬，汪书丽，罗建 LiuJQ-09XZ-LZT-062
西藏：江孜 陈家辉，韩希，王东超等 YangYP-Q-4268
西藏：拉萨 陈家辉，韩希，王广艳等 YangYP-Q-4196
西藏：拉萨 陈家辉，韩希，王广艳等 YangYP-Q-4210
西藏：拉萨 杨永平，王东超，杨大松等 YangYP-Q-5002
西藏：拉孜 毛康珊，任广朋，邹嘉宾 LiuJQ-QTP-2011-027
西藏：浪卡子 陈家辉，韩希，王广艳等 YangYP-Q-4175
西藏：浪卡子 杨永平，王东超，杨大松等 YangYP-Q-5042
西藏：类乌齐 陈家辉，王赟，刘德团 YangYP-Q-3191
西藏：林周 陈家辉，韩希，王广艳等 YangYP-Q-4147
西藏：墨竹工卡 陈家辉，韩希，王东超等 YangYP-Q-4144
西藏：南木林 李晖，文雪梅，次旺加布等 Lihui-Q-0092
西藏：桑日 陈家辉，韩希，王广艳等 YangYP-Q-4213
西藏：扎囊 王东超，杨大松，张春林等 YangYP-Q-5069
西藏：左贡 张大才，罗康，梁群等 ZhangDC-07ZX-1351
西藏：左贡 张大才，李双智，唐路等 ZhangDC-07ZX-1878
西藏：左贡 张永洪，王晓雄，周卓等 SunH-07ZX-0599
西藏：左贡 张永洪，王晓雄，周卓等 SunH-07ZX-1101
西藏：左贡 张大才，李双智，罗康等 ZhangDC-07ZX-0669

Astragalus sungpanensis E. Peter **松潘黄耆 ***
四川：康定 彭玉兰，涂卫国 Gaoxf-0882

Astragalus tibetanus Bunge **藏新黄耆**
新疆：和静 杨赵平，焦培培，白冠章等 LiZJ0670
新疆：和静 杨赵平，焦培培，白冠章等 LiZJ0723
新疆：库车 塔里木大学植物资源调查组 TD-00962
新疆：塔什库尔干 塔里木大学植物资源调查组 TD-00767
新疆：塔什库尔干 塔里木大学植物资源调查组 TD-01121
新疆：塔什库尔干 张玲，杨赵平 TD-01046
新疆：塔什库尔干 黄文娟，段黄金，王英鑫等 LiZJ0285
新疆：托里 徐文斌，郭一敏 SHI-2009331
新疆：温泉 徐文斌，许晓敏 SHI-2008215
新疆：温宿 杨赵平，黄文娟，段黄金等 LiZJ0142
新疆：乌鲁木齐 谭敦炎，吉乃提 TanDY0528
新疆：乌鲁木齐 谭敦炎，艾沙江 TanDY0553
新疆：乌鲁木齐 王喜勇，马文宝，施翔 zdy250

Astragalus tongolensis Ulbrich **东俄洛黄耆 ***
甘肃：碌曲 李晓东，刘帆，张景博等 LiJ0147
甘肃：玛曲 李晓东，刘帆，张景博等 LiJ0062
青海：囊谦 许炳强，周伟，郑朝汉 Xianh0084
四川：甘孜 张大才，尹五元，李双智等 ZhangDC-07ZX-2334
四川：九龙 张大才，尹五元，李双智等 ZhangDC-07ZX-2401
云南：香格里拉 张挺，亚吉东，李明勤等 11CS3604

Astragalus tumbatsicus C. Marquand & Airy Shaw **东坝子黄耆**
西藏：朗县 罗建，汪书丽，任德智 L097
西藏：林芝 卢洋，刘帆 LiJ819

Astragalus uliginosus Linnaeus **湿地黄耆**
黑龙江：嫩江 王臣，张欣欣，史传奇 WangCh167

Astragalus variabilis Bunge **变异黄耆**
新疆：奇台 谭敦炎，吉乃提 TanDY0572

Astragalus vulpinus Willdenow **序尾黄耆**
新疆：裕民 亚吉东，张桥蓉，秦少发等 16CS13850

Astragalus yunnanensis Franchet **云南黄耆**
甘肃：卓尼 尹鑫，吴航，葛文静 LiuJQ-GN-2011-074
青海：海晏 陈世龙，高庆波，张发起等 Chensl1429
青海：玉树 许炳强，周伟，郑朝汉 Xianh0263
西藏：昌都 易思荣，谭秋平 YISR251
西藏：昌都 易思荣，谭秋平 YISR257
西藏：江达 张挺，李爱花，刘成等 08CS769

Astragalus yunnanensis subsp. **incanus** (E. Peter) Podlech & L. R. Xu **灰毛云南黄耆 ***
四川：德格 张大才，尹五元，李双智等 ZhangDC-07ZX-2316
四川：甘孜 陈文允，于文涛，黄永江 CYH094

Bauhinia acuminata Linnaeus **白花羊蹄甲**
云南：南涧 官有才 NJWLS1659
云南：永德 李永亮 YDDXS0428

Bauhinia brachycarpa Wallich ex Bentham **鞍叶羊蹄甲**
贵州：望谟 邹方伦 ZouFL0077
四川：丹巴 范邓妹 SunH-07ZX-2253
四川：道孚 何兴金，刘爽，易欣 SCU-10-317
四川：得荣 张大才，李双智，杨川 ZhangDC-07ZX-1947
四川：金川 何兴金，胡灏禹，黄德青 SCU-10-111
四川：理县 张昌兵，邓秀发 ZhangCB0388
四川：米易 袁明 MY547
四川：小金 高云东，李忠荣，鞠文彬 GaoXF-12-094
西藏：芒康 张挺，蔡杰，刘恩德等 SCSB-B-000461
西藏：芒康 张永洪，王晓雄，周卓等 SunH-07ZX-0540
云南：安宁 伊廷双，孟静，杨杨 MJ-850
云南：德钦 孙航，张建文，陈建国等 SunH-07ZX-2301
云南：德钦 张大才，李双智，唐路等 ZhangDC-07ZX-1673
云南：德钦 孙振华，郑志兴，沈蕊等 OuXK-YS-241
云南：德钦 王文礼，冯欣，刘飞鹏 OUXK11179
云南：德钦 张大才，李双智，杨川 ZhangDC-07ZX-1965
云南：蒙自 田学军，邱成书，高波 TianXJ0142
云南：文山 刘恩德，方伟，杜燕等 SCSB-B-000053
云南：文山 何德明，高发能 WSLJS1029
云南：元江 孙振华，王文礼，宋晓卿等 Ouxk-YJ-0019
云南：云龙 李施文，张志云，段耀飞等 TC3073

Bauhinia chalcophylla L. Chen **多花羊蹄甲 ***
云南：盘龙区 刘成，何华杰，亚吉东 13CS6564

Bauhinia championii (Bentham) Bentham 龙须藤
广西：大新 张挺，蔡杰，方伟 12CS3837
云南：文山 刘恩德，方伟，杜燕等 SCSB-B-000054
Bauhinia delavayi Franchet 薄荚羊蹄甲 *
云南：永德 李永亮 LiYL1453
Bauhinia glauca (Wallich ex Bentham) Bentham 粉叶羊蹄甲
广西：全州 莫水松，胡仁传，刘静 Liuyan1025
云南：新平 王家和 XPALSC468
Bauhinia glauca subsp. **tenuiflora** (Watt ex C. B. Clarke) K. Larsen & S. S. Larsen 薄叶羊蹄甲
湖北：神农架林区 蔡杰，毛钧，杨浩 12CS5578
湖北：仙桃 张代贵 Zdg1343
云南：景谷 叶金科 YNS0286
云南：禄劝 闫海忠，孙振华，王文礼等 Ouxk-LQ-0005
云南：麻栗坡 肖波 LuJL363
云南：勐腊 谭运洪，余涛 B199
云南：勐腊 谭运洪 A391
Bauhinia purpurea Linnaeus 羊蹄甲
贵州：丹寨 赵厚涛，韩国营 YBG056
云南：宁洱 周兵，胡启元，张绍云 YNS0841
Bauhinia racemosa Lamarck 总状花羊蹄甲
云南：元江 刘成，亚吉东，张桥蓉等 16CS14187
Bauhinia touranensis Gagnepain 囊托羊蹄甲
云南：河口 白松民，晋玲，李莲慧等 ZhangGL015
云南：麻栗坡 肖波 LuJL398
云南：普洱 张绍云 YNS0042
云南：永德 李永亮 YDDXS0171
云南：永德 李永亮 YDDXS0255
Bauhinia variegata Linnaeus 洋紫荆
云南：景洪 彭华，向春雷，陈丽等 P.H.5713
云南：孟连 彭华，向春雷，陈丽 P.H.5791
Bauhinia variegata var. **candida** (Aiton) Voigt 白花洋紫荆 *
云南：沧源 赵金超，杨红强 CYNGH458
Bauhinia yunnanensis Franchet 云南羊蹄甲
云南：文山 何德明 WSLJS1042
云南：元阳 田学军，杨建，邱成书等 Tianxj0024
Caesalpinia crista Linnaeus 华南云实
四川：峨眉山 李小杰 LiXJ820
Caesalpinia decapetala (Roth) Alston 云实
安徽：石台 唐鑫生，方建新 TangXS0533
贵州：江口 彭华，王英，陈丽 P.H.5147
贵州：南明区 邹方伦 ZouFL0201
湖北：兴山 张代贵 Zdg1303
湖北：宣恩 许玥，祝文志，刘志祥等 ShenZH4152
湖北：竹溪 李盛兰 GanQL037
湖南：保靖 张代贵 Zdg2594
湖南：永定区 陈功锡，吴福川，林永惠等 4
江苏：句容 王兆银，吴宝成 SCSB-JS0207
江苏：玄武区 吴宝成 HANGYY8366
江西：修水 缪以清，余于明 TanCM3202
四川：万源 张桥蓉，余华，王义 15CS11503
云南：蒙自 亚吉东，李涟漪 15CS11476
云南：双柏 王焕冲，马兴达 WangHCH005
云南：永德 李永亮 YDDXS0132
Caesalpinia enneaphylla Roxburgh 九羽见血飞
云南：新平 自正尧 XPALSB262
Caesalpinia mimosoides Lamarck 含羞云实
云南：普洱 叶金科 YNS0390
Caesalpinia minax Hance 喙荚云实
云南：隆阳区 陆树刚 Ouxk-BS-0005
云南：勐腊 谭运洪 A314
云南：宁洱 张绍云，胡启和 YNS1001
云南：元阳 车鑫，亚吉东，秦少发等 YYGYS083
Caesalpinia pulcherrima (Linnaeus) Swartz 金凤花
云南：永德 李永亮 LiYL1472
Caesalpinia sappan Linnaeus 苏木
云南：龙陵 孙兴旭 SunXX124
云南：勐腊 张挺，李洪超，李文化等 SCSB-B-000385
Cajanus cajan (Linnaeus) Huth 木豆
云南：金平 喻智勇 Jinping112
云南：隆阳区 赵玮 BSGLGSly200
云南：勐腊 刀志灵，崔景云 DZL-137
云南：勐腊 刀志灵，崔景云 DZL-151
云南：普洱 张绍云，叶金科 YNS0044
云南：新平 谢雄 XPALSC428
云南：永德 李永亮 YDDXS0165
云南：云龙 李施文，段耀飞 TC3023
Cajanus goensis Dalzell 硬毛虫豆
云南：景洪 郭永杰，聂细转，黄秋月等 12CS4983
云南：勐腊 张挺，李洪超，李文化等 SCSB-B-000380
Cajanus grandiflorus (Bentham ex Baker) Maesen 大花虫豆
云南：弥勒 刘成，蔡杰，胡枭剑 12CS4773
云南：南涧 马德跃，官有才 NJWLS699
云南：南涧 熊绍荣 NJWLS431
云南：南涧 熊绍荣 NJWLS2008087
云南：文山 肖波 LuJL528
Cajanus mollis (Bentham) Maesen 长叶虫豆
云南：永德 李永亮 YDDXS0239
Cajanus scarabaeoides (Linnaeus) Thouars 蔓草虫豆
贵州：罗甸 邹方伦 ZouFL0067
吉林：安图 周海城 ZhouHC023
四川：宁南 蔡杰，郭永杰，李昌洪 09CS1119
云南：峨山 马兴达，乔娣 WangHCH062
云南：景东 鲁艳 07-126
云南：绿春 黄连山保护区科研所 HLS0463
云南：南涧 熊绍荣 NJWLS2008088
云南：新平 白绍斌 XPALSC151
云南：永德 李永亮 YDDXS0938
云南：元江 张挺，王建军，廖琼 SCSB-B-000243
云南：元江 孙振华，王文礼，宋晓卿等 Ouxk-YJ-0013
云南：元阳 田学军，杨建，邱成书等 Tianxj0017
云南：镇沅 罗成瑜 ALSZY113
云南：镇沅 罗成瑜 ALSZY240
Cajanus volubilis (Blanco) Blanco 虫豆
云南：景东 JDNR013
云南：景东 谢有能，刘长铭，张明勇等 JDNR036
云南：南涧 官有才 NJWLS1641
云南：文山 彭华，刘恩德，陈丽 P.H.5533
云南：新平 白绍斌 XPALSC230
云南：永德 李永亮，马文军 YDDXSB173
Callerya bonatiana (Pampanini) P. K. Loc 滇桂鸡血藤
云南：沧源 赵金超，李春华 CYNGH295
Callerya dielsiana (Harms) P. K. Loc ex Z. Wei & Pedley 香花鸡血藤 *
湖南：石门 姜孝成，唐妹，卜剑超等 Jiangxc0453
江西：武宁 张吉华，刘运群 TanCM1353

云南：南涧 袁玉川，李毕祥 NJWLS611
云南：南涧 阿国仁，熊绍荣，邹国娟等 NJWLS2008005
云南：石林 彭华，许瑾，陈丽 P.H.5068
Callerya kiangsiensis (Z. Wei) Z. Wei & Pedley 江西鸡血藤 *
安徽：歙县 方建新 TangXS1017
Callerya reticulata (Bentham) Schot 网络鸡血藤
安徽：休宁 唐鑫生，方建新 TangXS0498
江西：庐山区 董安淼，吴从梅 TanCM936
江西：武宁 张吉华，刘运群 TanCM1135
江西：修水 谭策铭，缪以清 TCM09151
云南：绿春 黄连山保护区科研所 HLS0389
Callerya speciosa (Champion ex Bentham) Schot 美丽鸡血藤
湖南：永定区 廖博儒，吴福川，查学州等 138
Campylotropis argentea Schindler 银叶杭子梢 *
云南：隆阳区 赵玮 BSGLGS1y143
Campylotropis capillipes (Franchet) Schindler 细花梗杭子梢
云南：绿春 黄连山保护区科研所 HLS0397
Campylotropis delavayi (Franchet) Schindler 西南杭子梢 *
四川：盐边 苏涛，黄永江，杨青松等 ZhouZK11322
云南：腾冲 周应再 Zhyz-054
云南：永德 李永亮 YDDXS0814
Campylotropis harmsii Schindler 思茅杭子梢
云南：景洪 叶金科 YNS0096
云南：思茅区 胡启和，仇亚，周兵 YNS0798
Campylotropis hirtella (Franchet) Schindler 毛杭子梢
四川：米易 袁明 MY146
云南：南涧 马德跃，官有才，罗开宏 NJWLS935
Campylotropis latifolia (Dunn) Schindler 阔叶杭子梢 *
云南：景东 杨国平 07-19
Campylotropis macrocarpa (Bunge) Rehder 杭子梢
安徽：金寨 陈延松，欧祖兰，白雅洁 Xuzd238
安徽：休宁 方建新，胡长玉，程东华 TangXS0082
北京：房山区 李燕军 SCSB-C-0083
北京：海淀区 宋松泉，程红焱 SCSB-D-0006
河北：平山 牛玉璐，郑博颖，黄士良等 NiuYL069
湖北：保康 李盛兰 GanQL799
江苏：句容 王兆银，吴宝成 SCSB-JS0347
江西：星子 董安淼，吴从梅 TanCM924
江西：永修 董安淼，吴从梅 TanCM1681
山东：历城区 步瑞兰 Lilan834
山东：历下区 樊守金 Zhaozt0219
山西：阳曲 陈浩 Zhangf0142
Campylotropis macrocarpa var. **hupehensis** (Pampanini) Iokawa & H. Ohashi 太白山杭子梢 *
陕西：长安区 田先华，王梅荣 TianXH541
Campylotropis pinetorum subsp. **velutina** (Dunn) H. Ohashi 绒毛叶杭子梢 *
云南：永德 李永亮 YDDXS1036
Campylotropis polyantha (Franchet) Schindler 小雀花 *
云南：澜沧 胡启和，仇亚，周英等 YNS0691
云南：勐海 谭运洪，余涛 B384
云南：普洱 张绍云 YNS0029
云南：永德 李永亮 YDDXS0061
云南：元江 孙振华，王文礼，宋晓卿等 Ouxk-YJ-0043
Campylotropis sulcata Schindler 槽茎杭子梢
云南：永德 李永亮 YDDXS1010
Campylotropis trigonoclada (Franchet) Schindler 三棱枝杭子梢 *
云南：景东 彭华，陈丽 P.H.5388
云南：南涧 阿国仁，熊绍荣，邹国娟等 NJWLS2008010
云南：永德 李永亮 YDDXS0664
云南：云龙 李施文，张志云，段耀飞等 TC3070
Campylotropis trigonoclada var. **bonatiana** (Pampanini) Iokawa & H. Ohashi 马尿藤 *
云南：新平 何罡安 XPALSB476
Campylotropis yunnanensis (Franchet) Schindler 滇杭子梢 *
云南：南涧 张世雄 NJWLS387
云南：南涧 李加生，官有才 NJWLS844
云南：永德 李永亮 LiYL1449
Canavalia cathartica Thouars 小刀豆
海南：文昌 蔡杰，杨俊波 15CS10887
Canavalia gladiata (Jacquin) Candolle 刀豆
云南：江城 张绍云 YNS0085
云南：景洪 张挺，李洪超，李文化等 SCSB-B-000402
云南：南涧 马德跃，官有才，熊绍荣 NJWLS826
云南：双江 张挺，刘成，郭永杰 08CS1015
云南：思茅区 张挺，徐远杰，谭文杰 SCSB-B-000345
云南：元阳 刀志灵，陈渝 DZL639
Caragana arborescens Lamarck 树锦鸡儿
黑龙江：尚志 刘玫，张欣欣，程薪宇等 Liuetal392
黑龙江：五大连池 孙阎 SunY313
湖北：竹溪 李盛兰 GanQL705
青海：共和 汪书丽，朱洪涛 Liujq-QLS-TXM-221
新疆：巩留 刘鸯，徐文斌，马真等 SHI-A2007248
Caragana aurantiaca Koehne 镰叶锦鸡儿
新疆：昭苏 亚吉东，张桥蓉，秦少发等 16CS13529
Caragana bicolor Komarov 二色锦鸡儿 *
四川：壤塘 何兴金，胡灏禹，黄德青 SCU-10-123
西藏：堆龙德庆 杨永平，王东超，杨大松等 YangYP-Q-5060
西藏：林芝 卢洋，刘帆等 LiJ750
西藏：林芝 卢洋，刘帆等 LiJ823
云南：香格里拉 张建文，董金龙，刘常周等 SunH-07ZX-2387
Caragana changduensis Y. X. Liou 昌都锦鸡儿 *
青海：门源 陈世龙，高庆波，张发起等 Chens11603
Caragana chinghaiensis Y. X. Liou 青海锦鸡儿 *
青海：贵南 陈世龙，高庆波，张发起 Chens10979
青海：玛沁 陈世龙，张得钧，高庆波等 Chens10189
青海：玛沁 陈世龙，高庆波，张发起 Chens11055
Caragana crassispina C. Marquand 粗刺锦鸡儿
西藏：堆龙德庆 杨永平，王东超，杨大松等 YangYP-Q-5055
Caragana dasyphylla Pojarkova 粗毛锦鸡儿 *
新疆：温宿 郭永杰，黄文娟，段黄金 LiZJ0112
Caragana densa Komarov 密叶锦鸡儿 *
甘肃：碌曲 李晓东，刘帆，张景博等 LiJ0178
甘肃：夏河 尹鑫，吴航，葛文静 LiuJQ-GN-2011-063
四川：乡城 李晓东，张景博，徐凌翔等 LiJ352
Caragana erinacea Komarov 川西锦鸡儿 *
甘肃：合作 尹鑫，吴航，葛文静 LiuJQ-GN-2011-066
甘肃：玛曲 尹鑫，吴航，葛文静 LiuJQ-GN-2011-069
青海：兴海 陈世龙，张得钧，高庆波等 Chens10033
四川：理塘 何兴金，马祥光，张云香等 SCU-11-267
四川：若尔盖 陈世龙，高庆波，张发起 Chens11189
四川：雅江 何兴金，郜鹏，彭禄等 SCU-11-387
西藏：当雄 许炳强，童毅华 XiaNh-07zx-560
西藏：堆龙德庆 扎西次仁 ZhongY148
云南：香格里拉 李晓东，张紫刚，操榆 LiJ643

Caragana franchetiana Komarov 云南锦鸡儿 *
四川：稻城 何兴金，胡灏禹，陈德友等 SCU-09-344
四川：稻城 何兴金，王长宝，刘爽等 SCU-09-059
四川：得荣 孙航，李新辉，陈林杨 SunH-07ZX-3039
四川：理塘 李晓东，张景博，徐凌翔等 LiJ345
四川：理塘 陈家辉，刘亚辉，周妍等 YangYP-Q-2299
四川：理塘 何兴金，赵丽华，梁乾隆等 SCU-11-179
云南：香格里拉 李国栋，陈建国，陈林杨等 SunH-07ZX-2290
Caragana gerardiana Bentham 印度锦鸡儿
青海：达日 陈世龙，高庆波，张发起 Chens11102
青海：贵德 陈世龙，高庆波，张发起 Chens10945
青海：泽库 陈世龙，高庆波，张发起 Chens10920
西藏：普兰 陈家辉，庄会富，刘德团等 Yangyp-Q-0029
Caragana jubata (Pallas) Poiret 鬼箭锦鸡儿
青海：格尔木 冯虎元 LiuJQ-08KLS-072
青海：门源 吴玉虎 LJQ-QLS-2008-0185
青海：囊谦 陈世龙，高庆波，张发起 Chens10686
青海：曲麻莱 陈世龙，高庆波，张发起等 Chens11400
青海：玉树 陈世龙，高庆波，张发起 Chens10615
青海：杂多 陈世龙，高庆波，张发起 Chens10723
青海：杂多 陈世龙，高庆波，张发起 Chens10735
四川：稻城 李晓东，张景博，徐凌翔等 LiJ391
四川：稻城 何兴金，李琴琴，马祥光等 SCU-09-177
四川：红原 张昌兵，邓秀华 ZhangCB0229
新疆：和静 张玲，杨赵平 TD-01176
新疆：乌恰 塔里木大学植物资源调查组 TD-00736
Caragana junatovii Gorbunova 通天河锦鸡儿 *
青海：祁连 陈世龙，高庆波，张发起等 Chens11556
Caragana korshinskii Komarov 柠条锦鸡儿
内蒙古：鄂托克旗 朱雅娟，黄振英，曲荣明 Beijing-Ordos-000001
内蒙古：伊金霍洛旗 朱雅娟，黄振英，叶学华 Beijing-Ordos-000018
新疆：吐鲁番 段士民，王喜勇，刘会良 Zhangdy567
Caragana kozlowii Komarov 沧江锦鸡儿 *
青海：班玛 陈世龙，张得钧，高庆波等 Chens10363
Caragana leucophloea Pojarkova 白皮锦鸡儿
新疆：博乐 亚吉东，张桥蓉，秦少发等 16CS13847
Caragana microphylla Lamarck 小叶锦鸡儿
黑龙江：阿城 杜景红 SunY322
内蒙古：新城区 蒲拴莲，李茂文 M027
宁夏：盐池 左忠，刘华 ZuoZh005
青海：同德 陈世龙，张得钧，高庆波等 Chens10039
Caragana opulens Komarov 甘蒙锦鸡儿 *
西藏：波密 李国栋，董金龙 SunH-07ZX-3280
Caragana pleiophylla (Regel) Pojarkova 多叶锦鸡儿
青海：祁连 陈世龙，高庆波，张发起等 Chens11548
新疆：阿合奇 塔里木大学植物资源调查组 TD-00594
Caragana polourensis Franchet 昆仑锦鸡儿 *
新疆：策勒 冯建菊 Liujq-fjj-0052
Caragana pygmaea (Linnaeus) Candolle 矮锦鸡儿
西藏：昌都 许炳强，周伟，郑朝汉 Xianh0206
Caragana roborovskyi Komarov 荒漠锦鸡儿 *
青海：同仁 何兴金，冯图，成英等 SCU-QH08072202
新疆：阜康 王宏飞，王磊，黄振英 Beijing-huang-xjsm-0021
Caragana sinica (Buc'hoz) Rehder 锦鸡儿
西藏：左贡 张大才，李双智，罗康等 ZhangDC-07ZX-0682
新疆：昌吉 王喜勇，段士民 469
Caragana stenophylla Pojarkova 狭叶锦鸡儿
四川：壤塘 何兴金，赵丽华，梁乾隆 SCU-10-045
Caragana tangutica Maximowicz 青甘锦鸡儿 *
青海：囊谦 许炳强，周伟，郑朝汉 Xianh0101
Caragana tragacanthoides (Pallas) Poiret 中亚锦鸡儿
新疆：阿合奇 塔里木大学植物资源调查组 TD-00611
Caragana versicolor Bentham 变色锦鸡儿
西藏：当雄 毛康珊，任广朋，邹嘉宾 LiuJQ-QTP-2011-007
西藏：噶尔 李晖，文雪梅，次旺加布等 Lihui-Q-0024
西藏：噶尔 陈家辉，庄会富，刘德团等 yangyp-Q-0057
西藏：仲巴 毛康珊，任广朋，邹嘉宾 LiuJQ-QTP-2011-047
Cassia fistula Linnaeus 腊肠树
云南：景东 鲁艳 07-97
云南：景东 杨国平 07-27
云南：景洪 彭华，刘恩德，向春雷等 P.H.5019
云南：景洪 彭华，向春雷，王泽欢 PengH8591
云南：墨江 胡启元，周兵，张绍云 YNS0854
云南：墨江 刀志灵，陈渝 DZL-213
Cassia javanica Linnaeus 爪洼决明
云南：勐腊 赵相兴 A069
Cassia javanica subsp. **agnes** (de Wit) K. Larsen 神黄豆
云南：新平 白绍斌 XPALSC165
Cercis chinensis Bunge 紫荆 *
安徽：屯溪区 方建新 TangXS0755
河北：武安 牛玉璐，王晓亮 NiuYL536
湖北：竹溪 李盛兰 GanQL775
湖南：怀化 李胜华，伍贤进，曾汉元等 HHXY056
湖南：浏阳 刘克明，朱晓文 SCSB-HN-0424
湖南：湘乡 朱香清，田淑珍 SCSB-HN-1440
湖南：永定区 吴福川，查学州，余祥洪等 98
湖南：永定区 廖博儒，吴福川，查学州 225A
湖南：雨花区 蔡秀珍，陈薇 SCSB-HN-0336
湖南：沅陵 周丰杰，刘克明 SCSB-HN-1594
湖南：岳麓区 刘克明，蔡秀珍，肖乐希 SCSB-HN-0305
湖南：岳麓区 姜孝成，唐贵华，朱香清 SCSB-HNJ-0131
湖南：长沙 朱香清，田淑珍，刘克明 SCSB-HN-1463
湖南：长沙 朱香清，相银龙 SCSB-HN-1948
湖南：资兴 蔡秀珍，肖乐希 SCSB-HN-0297
Cercis chingii Chun 黄山紫荆 *
江西：修水 缪以清，余于民 TanCM2417
Cercis glabra Pampanini 湖北紫荆 *
湖北：巴东 祝文志，刘志祥，曹远俊 ShenZH2424
湖北：仙桃 张代贵 Zdg2350
湖北：竹溪 李盛兰 GanQL1105
湖南：武陵源区 吴福川，廖博儒，秦亚丽等 7087
Chamaecrista leschenaultiana (Candolle) O. Degener 大叶山扁豆
安徽：绩溪 唐鑫生，宋曰钦，方建新 TangXS0566
江苏：句容 吴宝成，王兆银 HANGYY8347
江西：星子 董安淼，吴从梅 TanCM1402
云南：沧源 赵金超，杨红强 CYNGH442
云南：西山区 彭华，陈丽 P.H.5309
云南：镇沅 罗成瑜 ALSZY361
Chamaecrista mimosoides (Linnaeus) Greene 山扁豆
广西：钟山 黄俞淞，吴望辉，农冬新 Liuyan0270
贵州：惠水 邹方伦 ZouFL0131
湖南：鹤城区 伍贤进，李胜华，刘光华 Wuxj804
四川：米易 刘静 MY-066
云南：安宁 张挺，张书东，杨茜等 SCSB-A-000036
云南：昌宁 赵玮 BSGLGSly148

云南：南涧 熊绍荣 NJWLS444
云南：南涧 阿国仁，熊绍荣，邹国娟等 NJWLS2008011
云南：南涧 官有才，罗开宏 NJWLS1622
云南：石林 张挺，张书东，杨茜等 SCSB-A-000026
云南：石林 税玉民，陈文红 66614
云南：腾冲 余新林，赵玮 BSGLGStc058
云南：西山区 税玉民，陈文红 65380
云南：新平 彭华，向春雷，陈丽 PengH8290
云南：新平 何罡安 XPALSB090
云南：盈江 王立彦，桂魏 SCSB-TBG-050
云南：永德 杨金荣，黄德武，李任斌等 YDDXSA096
云南：镇沅 朱恒 ALSZY118

Chesneya nubigena (D. Don) Ali 云雾雀儿豆
云南：香格里拉 蔡杰，张挺，刘成等 11CS3294

Chesneya polystichoides (Handel-Mazzetti) Ali 川滇雀儿豆 *
四川：康定 苏涛，黄永江，杨青松等 ZhouZK11091
四川：乡城 张大才，尹五元，李双智等 ZhangDC-07ZX-2116
云南：香格里拉 孙航，张建文，董金龙等 SunH-07ZX-3521

Cicer arietinum Linnaeus 鹰嘴豆
新疆：木垒 亚吉东，张桥蓉，秦少发等 16CS13889

Cladrastis delavayi (Franchet) Prain 小花香槐 *
云南：弥勒 刘恩德，方伟，杜燕等 SCSB-B-000049

Cladrastis platycarpa (Maximowicz) Makino 翅荚香槐
贵州：荔波 旷仁平，盛波 SCSB-HN-1884
贵州：荔波 旷仁平，盛波 SCSB-HN-1909
贵州：荔波 刘克明，旷仁平，盛波 SCSB-HN-1807
贵州：荔波 刘克明，旷仁平，盛波 SCSB-HN-1833
贵州：荔波 刘克明，旷仁平，盛波 SCSB-HN-1893
云南：文山 何德明 WSLJS607

Clitoria mariana Linnaeus 三叶蝶豆
云南：腾冲 李爱花，黄之镨，黄押稳等 SCSB-A-000306
云南：元阳 田学军，杨建，邱成书等 Tianxj0067

Codoriocalyx gyroides (Roxburgh ex Link) Hasskarl 圆叶舞草
云南：景东 鲁艳 07-148
云南：景东 罗忠华，谢有能，刘长铭等 JDNR099
云南：绿春 黄连山保护区科研所 HLS0264
云南：屏边 钱良超，陆海兴，康远勇等 Pbdws187
云南：盈江 王立彦，桂魏，刀江飞 SCSB-TBG-102
云南：永德 李永亮 YDDXS0877
云南：永德 李永亮 LiYL1423
云南：永德 杨金荣，王学军，黄德武等 YDDXSA044
云南：镇沅 罗成瑜 ALSZY260
云南：镇沅 罗成瑜 ALSZY384

Codoriocalyx motorius (Houttuyn) H. Ohashi 舞草
云南：永德 李永亮 LiYL1375
云南：永德 李永亮 LiYL1451

Colutea delavayi Franchet 膀胱豆 *
四川：冕宁 孙航，李新辉，陈林杨 SunH-07ZX-3287
云南：孟连 彭华，向春雷，陈丽 P.H. 5897
云南：南涧 熊绍荣，阿国仁，时国彩等 njwls2007121
云南：南涧 高国政 NJWLS1410
云南：腾冲 周应再 Zhyz-326
云南：武定 张挺，张书东，李爱花等 SCSB-A-000070

Corethrodendron krassnowii (B. Fedtschenko) B. H. Choi & H. Ohashi 帕米尔山竹子
新疆：塔什库尔干 邱娟，冯建菊 LiuJQ0003

Corethrodendron lignosum var. **laeve** (Maximowicz) L. R. Xu & B. H. Choi 塔落山竹子 *
内蒙古：伊金霍洛旗 朱雅娟，黄振英，曲荣明 Beijing-Ordos-000020
内蒙古：伊金霍洛旗 杨学军 Huangzy0231

Corethrodendron multijugum (Maximowicz) B. H. Choi & H. Ohashi 红花山竹子 *
甘肃：夏河 尹鑫，吴航，葛文静 LiuJQ-GN-2011-072
青海：德令哈 陈世龙，张得钧，高庆波等 Chensl0475
青海：都兰 潘建斌，杜维波，牛炳韬 Liujq-2011CDM-248
青海：格尔木 冯虎元 LiuJQ-08KLS-010
青海：格尔木 潘建斌，杜维波，牛炳韬 Liujq-2011CDM-031
青海：化隆 陈世龙，高庆波，张发起 Chensl0880
青海：门源 吴玉虎 LJQ-QLS-2008-0234
青海：门源 何兴金，冯图，成英等 SCU-QH08072207
青海：门源 陈世龙，高庆波，张发起等 Chensl1679
青海：祁连 陈世龙，高庆波，张发起等 Chensl1529
青海：天峻 陈世龙，张得钧，高庆波等 Chensl0482
青海：同德 陈世龙，张得钧，高庆波等 Chensl0036
青海：同德 陈世龙，高庆波，张发起 Chensl1014
青海：同仁 陈世龙，高庆波，张发起 Chensl0917
青海：乌兰 潘建斌，杜维波，牛炳韬 Liujq-2011CDM-280
新疆：乌恰 杨赵平，周禧林，贺冰 LiZJ1073

Corethrodendron scoparium (Fischer & C. A. Meyer) Fischer & Basiner 细枝山竹子
内蒙古：伊金霍洛旗 朱雅娟，黄振英，曲荣明 Beijing-Ordos-000019

Craspedolobium unijugum (Gagnepain) Z. Wei & Pedley 巴豆藤
云南：安宁 彭华，陈丽 P.H. 5374
云南：绿春 张挺，马国强，刘娜等 SCSB-B-000575
云南：勐腊 郭永杰，聂细转，黄秋月等 12CS4910
云南：牟定 张燕妮 OuXK-0061
云南：普洱 叶金科 YNS0095
云南：云龙 赵玉贵，李占兵，张吉平等 TC2033

Crotalaria acicularis Buchanan-Hamilton ex Bentham 针状猪屎豆
云南：景东 罗忠华，刘长铭，李绍昆等 JDNR09104
云南：景谷 叶金科 YNS0418
云南：永德 李永亮 YDDXS1003

Crotalaria albida Heyne ex Roth 响铃豆
湖南：洞口 肖乐希，唐光波，谢江等 SCSB-HN-1734
湖南：沅陵 周丰杰，刘克明 SCSB-HN-1323
江西：武宁 张吉华，刘运群 TanCM737
云南：沧源 赵金超，肖美芳，汪顺莉 CYNGH254
云南：红河 彭华，向春雷，陈丽 PengH8257
云南：金平 喻智勇 JinPing63
云南：景谷 叶金科 YNS0420
云南：腾冲 周应再 Zhyz-286
云南：盈江 王立彦，桂魏 SCSB-TBG-187
云南：永德 李永亮，马文军 YDDXSB175
云南：永德 李永亮 YDDXS0076

Crotalaria assamica Bentham 大猪屎豆
江西：庐山区 谭策铭，董安淼 TanCM479
云南：景东 罗忠华，谢有能，鲁成荣等 JDNR040
云南：景洪 叶金科 YNS0073
云南：绿春 黄连山保护区科研所 HLS0143
云南：麻栗坡 肖波 LuJL242
云南：勐腊 谭运洪，余涛 A515
云南：南涧 阿国仁 NJWLS1506
云南：屏边 钱良超，陆海兴，康远勇等 Pbdws190
云南：腾冲 周应再 Zhyz-078

云南：腾冲 余新林，赵玮 BSGLGStc119
云南：新平 王家和 XPALSC214
云南：盈江 王立彦，桂魏，刀江飞 SCSB-TBG-193
云南：永德 杨金荣，黄德武，李任斌等 YDDXSA101

Crotalaria bracteata Roxburgh ex Candolle **毛果猪屎豆**
云南：澜沧 张绍云，仇亚，胡启和 YNS1249
云南：勐腊 刀志灵，崔景云 DZL-145
云南：勐腊 刀志灵，崔景云 DZL-155

Crotalaria calycina Schrank **长萼猪屎豆**
云南：景东 罗忠华，谢有能，刘长铭等 JDNR094
云南：永德 李永亮 YDDXS1013

Crotalaria dubia Graham ex Bentham **卵苞猪屎豆**
云南：景谷 张绍云，叶金科 YNS0006
云南：永德 李永亮 YDDXS1012

Crotalaria ferruginea Graham ex Bentham **假地蓝**
安徽：屯溪区 方建新 TangXS0272
湖南：江华 肖乐希 SCSB-HN-1617
四川：米易 刘静，袁明 MY-156
云南：昌宁 赵玮 BSGLGSly101
云南：景东 鲁艳 2008190
云南：麻栗坡 肖波 LuJL246
云南：宁洱 刀志灵 DZL589
云南：普洱 张绍云，叶金科 YNS0018
云南：西山区 张挺，唐勇，陈伟等 SCSB-B-000101
云南：永德 李永亮 YDDXS0965

Crotalaria incana Linnaeus **圆叶猪屎豆**
云南：宾川 孙振华，王文礼，宋晓卿等 OuxK-BC-0006

Crotalaria juncea Linnaeus **菽麻**
安徽：安庆 方建新 TangXS1015

Crotalaria lanceolata E. Meyer **长果猪屎豆**
云南：景东 罗忠华，谢有能，刘长铭等 JDNR09004
云南：隆阳区 赵玮 BSGLGSly142
云南：腾冲 周应再 Zhyz-338
云南：永德 李永亮 YDDXS0305

Crotalaria linifolia Linnaeus f. **线叶猪屎豆**
云南：金平 喻智勇 JinPing62
云南：禄劝 张挺，张书东，李爱花 SCSB-A-000089
云南：南涧 阿国仁，何贵才 NJWLS563
云南：普洱 胡启和，仇亚，张绍云 YNS0667

Crotalaria mairei H. Léveillé **头花猪屎豆**
云南：绿春 黄连山保护区科研所 HLS0386
云南：南涧 饶富玺，阿国仁，何贵才 NJWLS804
云南：元阳 田学军，杨建，邱成书等 Tianxj0036

Crotalaria medicaginea Lamarck **假苜蓿**
云南：景东 鲁艳 07-152
云南：麻栗坡 肖波 LuJL496
云南：南涧 熊绍荣 NJWLS2008315
云南：南涧 何家润，邹国娟，番继宏等 NJWLS373
云南：永德 李永亮 YDDXS0306
云南：镇沅 罗成瑜 ALSZY109

Crotalaria micans Link **三尖叶猪屎豆**
云南：南涧 熊绍荣 NJWLS448
云南：永德 李永亮 LiYL1421
云南：镇沅 朱恒 ALSZY070

Crotalaria pallida Aiton **猪屎豆**
广西：龙州 黄俞淞，梁永延，叶晓霞 Liuyan0016
广西：隆安 莫水松，胡仁传，林春蕊 Liuyan1118
贵州：江口 周云，王勇 XiangZ073
四川：米易 袁明 MY614
云南：宾川 张德全，黄瑜，王应龙等 ZDQ141
云南：金平 喻智勇，官兴永，张云飞等 JinPing05
云南：金平 喻智勇，官兴永，张云飞等 JinPing06
云南：景东 鲁艳 07-109
云南：景东 鲁艳 200877
云南：景东 罗忠华，刘长铭 JD084
云南：景洪 谭运洪，余涛 B201
云南：景洪 叶金科 YNS0074
云南：澜沧 张绍云，仇亚，胡启和 YNS1247
云南：龙陵 孙兴旭 SunXX110
云南：隆阳区 段在贤，杨采龙，刘占李 BSGLGSly1030
云南：麻栗坡 肖波 LuJL271
云南：勐腊 张顺成 A008
云南：勐腊 李梦 A038
云南：勐腊 赵相兴 A092
云南：勐腊 兰芹英 B33
云南：墨江 刀志灵，陈渝 DZL625
云南：南涧 张世雄，时国彩 NJWLS2008058
云南：普洱 叶金科 YNS0050
云南：腾冲 周应再 Zhyz-404
云南：新平 刘家良 XPALSD057
云南：新平 谢雄 XPALSC480
云南：永德 李永亮 YDDXS0999
云南：元江 刀志灵，陈渝 DZL620
云南：元江 孙振华，王文礼，宋晓卿等 Ouxk-YJ-0050
云南：元谋 孙振华，罗圆，宋晓卿等 OUXK-YM-0010
云南：元阳 刀志灵，陈渝 DZL638
云南：云龙 李施文，张志云 TC3022
云南：云龙 王文礼，冯欣，刘飞鹏 OUXK11012
云南：镇沅 罗成瑜 ALSZY009
云南：镇沅 朱恒，何忠云 ALSZY029
云南：镇沅 罗成瑜 ALSZY461

Crotalaria psoraleoides D. Don **黄雀儿**
云南：景洪 彭华，向春雷，王泽欢 PengH8568
云南：南涧 李加生，官有才 NJWLS836
云南：南涧 李加生，官有才 NJWLS837
云南：宁洱 刀志灵 DZL591
云南：普洱 张绍云，叶金科 YNS0015
云南：双柏 彭华，向春雷，陈丽等 P.H.5579
云南：腾冲 周应再 Zhyz-077
云南：新平 谢雄 XPALSC194
云南：新平 谢雄 XPALSC367
云南：新平 自正尧，李伟 XPALSB216
云南：盈江 王立彦，桂魏 SCSB-TBG-191
云南：永德 李永亮 YDDXS0175
云南：元阳 田学军，杨建，邱成书等 Tianxj0021
云南：镇沅 罗成瑜 ALSZY440

Crotalaria sessiliflora Linnaeus **野百合**
安徽：金寨 陈延松，欧祖兰，刘旭升 Xuzd225
安徽：屯溪区 方建新 TangXS0911
福建：武夷山 于文涛，陈旭东 YUWT023
江西：黎川 童和平，王玉珍 TanCM1902
江西：庐山区 董安淼，吴从梅 TanCM1633
江西：修水 缪以清 TanCM659
辽宁：庄河 于立敏 CaoW758
山东：海阳 王萍，高德民，张诏等 lilan339
云南：隆阳区 赵玮 BSGLGSly164

云南：勐海 彭华，向春雷，陈丽等 P.H.5731
云南：孟连 彭华，向春雷，陈丽 P.H.5831
云南：普洱 胡启和，仇亚，张绍云 YNS0666
云南：普洱 胡启和，仇亚，张绍云 YNS0668
云南：腾冲 周应再 Zhyz-506
云南：永德 李永亮 YDDXS0860

Crotalaria spectabilis Roth **大托叶猪屎豆**

江西：湾里区 杜小浪，慕泽泾，曹岚 DXL016

Crotalaria tetragona Roxburgh ex Andrews **四棱猪屎豆**

四川：米易 袁明 MY604
云南：永德 李永亮 YDDXS1008

Crotalaria trichotoma Bojer **光萼猪屎豆**

云南：景洪 彭华，向春雷，王泽欢 PengH8480
云南：景洪 彭华，向春雷，王泽欢 PengH8494
云南：澜沧 张绍云，胡启和 YNS1248
云南：孟连 刀志灵 DZL547

Crotalaria yunnanensis Franchet **云南猪屎豆** *

云南：南涧 阿国仁 NJWLS1136
云南：镇沅 罗成瑜 ALSZY413

Cullen corylifolium (Linnaeus) Medikus **补骨脂**

贵州：安龙 彭华，许瑾，陈丽 P.H.5077
四川：峨眉山 李小杰 LiXJ456
云南：鹤庆 孙振华，王文礼，宋晓卿等 OuxK-HQ-0004
云南：景洪 彭华，向春雷，陈丽等 P.H.5707
云南：景洪 彭华，向春雷，王泽欢 PengH8535
云南：麻栗坡 肖波 LuJL494
云南：蒙自 田学军，邱成书，高波 TianXJ0196
云南：南涧 邹国娟，李加生，时国彩 NJWLS377
云南：南涧 孙振华，王文礼，宋晓卿等 OuxK-NJ-0006
云南：南涧 熊绍荣 NJWLS2008199
云南：永德 李永亮 LiYL1506
云南：镇沅 胡启和，张绍云 YNS0801
云南：镇沅 罗成瑜 ALSZY358

Dalbergia assamica Bentham **秧青**

云南：景东 鲁艳 2008150
云南：景东 罗忠华，刘长铭，鲁成荣等 JDNR112
云南：南涧 官有才，熊绍荣，张雄 NJWLS653
云南：普洱 叶金科 YNS0053
云南：腾冲 余新林，赵玮 BSGLGStc171
云南：永德 李永亮 LiYL1345
云南：永德 李永亮 LiYL1585
云南：永德 李永亮 YDDXS0102

Dalbergia burmanica Prain **缅甸黄檀**

云南：澜沧 彭华，向春雷，陈丽 P.H.5769
云南：麻栗坡 肖波 LuJL277
云南：普洱 叶金科 YNS0146

Dalbergia cultrata Graham ex Bentham **黑黄檀**

云南：景洪 谭运洪，余涛 B463
云南：墨江 张绍云，仇亚，胡启和 YNS1307

Dalbergia dyeriana Prain **大金刚藤** *

湖北：宣恩 沈泽昊 HXE023
湖北：竹溪 李盛兰 GanQL1116
江西：武宁 张吉华，刘运群 TanCM1110
陕西：紫阳 田先华，王孝安 TianXH1065
云南：龙陵 孙兴旭 SunXX103
云南：永德 李永亮 LiYL1633

Dalbergia hancei Bentham **藤黄檀** *

湖北：竹溪 李盛兰 GanQL226
湖南：怀化 李胜华，伍贤进，曾汉元等 HHXY305
湖南：怀化 李胜华，伍贤进，曾汉元等 HHXY370
湖南：吉首 陈功锡，张代贵，邓涛等 SCSB-HC-2007346
湖南：沅陵 李胜华，伍贤进，曾汉元等 Wuxj956
江西：修水 缪以清，李立新 TanCM1222

Dalbergia hupeana Hance **黄檀** *

安徽：屯溪区 方建新 TangXS0084
广西：上思 许为斌，黄俞淞，梁永延等 Liuyan0227
贵州：丹寨 赵厚涛，韩国营 YBG057
湖北：竹溪 李盛兰 GanQL912
湖南：宁乡 熊凯辉，刘克明 SCSB-HN-2014
湖南：永定区 查学州，余祥洪 214
江苏：句容 王兆银，吴宝成 SCSB-JS0373
江西：星子 谭策铭，黎光华 TCM09203
江西：修水 缪以清，胡建华 TanCM1723
云南：永德 李永亮 YDDXS0222

Dalbergia mimosoides Franchet **象鼻藤** *

湖北：神农架林区 李巨平 LiJuPing0264
江西：武宁 张吉华，刘运群 TanCM1128
西藏：察隅 孙航，张建文，陈建国等 SunH-07ZX-2458
云南：麻栗坡 肖波，陆章强 LuJL033
云南：盘龙区 彭华，陈丽，向春雷 P.H.5439
云南：维西 陈文允，于文涛，黄永江等 CYHL054
云南：文山 高发能，何德明 WSLJS1040
云南：永德 李永亮 YDDXS0568
云南：永德 李永亮，王学军，陈海涛 YDDXSB084
云南：镇沅 张绍云，叶金科，胡启和 YNS1347

Dalbergia obtusifolia (Baker) Prain **钝叶黄檀** *

云南：澜沧 彭华，向春雷，陈丽等 P.H.5758

Dalbergia odorifera T. C. Chen **降香黄檀** *

广东：天河区 童毅华 TYH23

Dalbergia pinnata (Loureiro) Prain **斜叶黄檀**

云南：景东 鲁艳 200864
云南：普洱 叶金科 YNS0151

Dalbergia rimosa Roxburgh **多裂黄檀**

云南：绿春 张挺，马国强，刘娜等 SCSB-B-000574
云南：绿春 黄连山保护区科研所 HLS0205

Dalbergia stipulacea Roxburgh **托叶黄檀**

云南：绿春 黄连山保护区科研所 HLS0207
云南：腾冲 周应再 Zhyz-503
云南：易门 刘恩德，方伟，杜燕等 SCSB-B-000001
云南：盈江 王立彦，桂魏 SCSB-TBG-192
云南：永德 李永亮 YDDXS0246
云南：永德 李永亮 YDDXS6102

Dalbergia yunnanensis Franchet **滇黔黄檀**

云南：沧源 赵金超，肖美芳，汪顺莉 CYNGH246
云南：峨山 蔡杰，刘成，郑国伟 12CS5747
云南：隆阳区 赵文李 BSGLGS1y3028
云南：牟定 张燕妮 OuXK-0057
云南：南涧 张世雄 NJWLS388
云南：新平 张学林，罗正权 XPALSD090
云南：盈江 王立彦，赵永全，赵科宗 WLYTBG-028
云南：永德 李永亮，马文军 YDDXSB184

Delonix regia (Bojer) Rafinesque **凤凰木**

云南：元江 刘恩德，方伟，杜燕等 SCSB-B-000017

Dendrolobium triangulare (Retzius) Schindler **假木豆**

贵州：罗甸 邹方伦 ZouFL0046
云南：金平 喻智勇，官兴永，张云飞等 JinPing58

云南：景东 鲁艳 2008198
云南：景东 罗忠华，谢有能，罗文涛等 JDNR113
云南：景东 罗忠华，刘长铭，李绍昆等 JDNR09101
云南：隆阳区 段在贤，代如亮 BSGLGS1y1230
云南：隆阳区 尹学建，蒙玉永 BSGLGS1y2031
云南：绿春 何疆海，何来收，白然思等 HLS0350
云南：绿春 黄连山保护区科研所 HLS0388
云南：麻栗坡 肖波 LuJL204
云南：南涧 李加生，马德跃，官有才 NJWLS834
云南：屏边 钱良超，陆海兴，康远勇等 Pbdws191
云南：屏边 楚永兴 Pbdws072
云南：思茅区 张挺，徐远杰，谭文杰 SCSB-B-000336
云南：新平 谢雄 XPALSC035
云南：永德 YDDXSB114
云南：永德 李永亮 YDDXS0074
云南：镇沅 罗成瑜，乔永华 ALSZY292

Derris fordii Oliver 中南鱼藤 *

湖南：石门 陈功锡，张代贵，邓涛等 SCSB-HC-2007527

Derris robusta (Roxburgh ex Candolle) Bentham 大鱼藤树

云南：墨江 张绍云，仇亚，胡启和 YNS1317
云南：盈江 王立彦，桂魏 SCSB-TBG-170
云南：永德 李永亮 YDDXS0490

Derris yunnanensis Chun & F. C. How 云南鱼藤 *

云南：麻栗坡 肖波 LuJL298

Desmodium callianthum Franchet 美花山蚂蝗 *

西藏：加查 许炳强，童毅华 XiaNh-07zx-643
西藏：林芝 罗建，汪书丽 LiuJQ-09XZ-080
西藏：林芝 罗建，汪书丽 LiuJQ-08XZ-222
云南：云龙 李施文，张志云 TC5005

Desmodium concinnum Candolle 凹叶山蚂蝗

云南：景东 鲁艳 07-181
云南：南涧 熊绍荣，时国彩，李春明等 njwls2007093
云南：腾冲 周应再 Zhyz-343
云南：新平 何罡安 XPALSB046

Desmodium dichotomum (Willdenow) Candolle 二歧山蚂蝗

云南：永德 李永亮 LiYL1613
云南：永德 李永亮 YDDXS6666

Desmodium elegans Candolle 圆锥山蚂蝗

陕西：宁陕 田先华，杜青高 TianXH056
四川：米易 刘静，袁明 MY-035
西藏：波密 孙航，张建文，陈建国等 SunH-07ZX-2609
西藏：工布江达 扎西次仁 ZhongY317
西藏：林芝 卢洋，刘帆等 LiJ796
西藏：芒康 张大才，李双智，唐路等 ZhangDC-07ZX-1674
云南：沧源 赵金超，肖美芳，汪顺莉 CYNGH253
云南：古城区 张挺，郭起荣，黄兰兰等 15PX218
云南：兰坪 孙振华，郑志兴，沈蕊等 OuXK-LC-051
云南：兰坪 孔航辉，任琛 Yangqe2879
云南：绿春 HLS0182
云南：南涧 阿国仁 NJWLS1137
云南：南涧 官有才 NJWLS1632
云南：巧家 李文虎，高顺勇，吴天抗等 QJYS0011
云南：巧家 张书东，张荣，王银环等 QJYS0228
云南：腾冲 余新林，赵玮 BSGLGStc053
云南：腾冲 周应再 Zhyz-129
云南：香格里拉 李爱花，周开洪，黄之镨等 SCSB-A-000248
云南：永德 李永亮 YDDXS0935
云南：永胜 苏涛，黄永江，杨青松等 ZhouZK11453
云南：玉龙 张大才，李双智，杨川 ZhangDC-07ZX-2038

Desmodium elegans var. **wolohoense** (Schindler) H. Ohashi 川南山蚂蝗 *

云南：永德 李永亮 LiYL1457

Desmodium gangeticum (Linnaeus) Candolle 大叶山蚂蝗

云南：澜沧 张绍云，叶金科，周兵 YNS1361
云南：麻栗坡 肖波 LuJL318
云南：孟连 彭华，向春雷，陈丽 P.H.5793
云南：孟连 彭华，向春雷，陈丽 P.H.5802

Desmodium griffithianum Bentham 疏果山蚂蝗

云南：麻栗坡 肖波 LuJL247
云南：南涧 徐家武，袁玉明 NJWLS606
云南：宁洱 胡启和，仇亚，张绍云 YNS0572
云南：腾冲 余新林，赵玮 BSGLGStc372
云南：文山 韦荣彪，何德明，丰艳飞 WSLJS650
云南：西山区 蔡杰 SCSB-A-000013
云南：新平 何罡安 XPALSB464
云南：永德 李永亮 YDDXS0881
云南：永德 李永亮 YDDXS6515
云南：镇沅 朱恒 ALSZY119

Desmodium heterocarpon (Linnaeus) Candolle 假地豆

安徽：屯溪区 方建新，张勇，张恒 TangXS0626
广西：上思 许为斌，黄俞淞，梁永延等 Liuyan0202
广西：昭平 莫水松 Liuyan1051
江西：黎川 童和平，王玉珍，常迪江等 TanCM1992
江西：星子 董安淼，吴从梅 TanCM1666
云南：景东 鲁艳 200803
云南：景东 罗忠华，谢有能，罗文涛等 JDNR116
云南：景谷 张绍云 YNS0109
云南：澜沧 张绍云，胡启和 YNS1087
云南：隆阳区 段在贤，密得生，刀开国等 BSGLGS1y1053
云南：勐腊 张挺，李洪超，李文化等 SCSB-B-000381
云南：永德 李永亮，马文军 YDDXSB213
云南：永德 李永亮 YDDXS1091
云南：镇沅 胡启和，张绍云 YNS0810

Desmodium hispidum Franchet 粗硬毛山蚂蝗

云南：永德 李永亮 YDDXS0620

Desmodium laxiflorum Candolle 大叶拿身草

四川：雨城区 刘静，洪志刚 Y07345

Desmodium megaphyllum Zollinger & Moritzi 滇南山蚂蝗

云南：勐腊 郭永杰，聂细转，黄秋月等 12CS4948
云南：永德 李永亮 YDDXS1027
云南：元谋 冯欣 OuXK-0080

Desmodium microphyllum (Thunberg) Candolle 小叶三点金

江苏：句容 吴宝成，王兆银 HANGYY8391
江西：武宁 张吉华，张东红 TanCM3233
四川：峨眉山 李小杰 LiXJ410
云南：西山区 张挺，唐勇，陈伟等 SCSB-B-000098
云南：永德 李永亮 YDDXSB043

Desmodium multiflorum Candolle 饿蚂蝗

湖南：炎陵 谭策铭，易桂花 TanCM560
江西：武宁 张吉华，张东红 TanCM2965
四川：峨眉山 李小杰 LiXJ804
四川：峨眉山 李小杰 LiXJ721
四川：米易 刘静 MY-011
云南：昌宁 赵玮 BSGLGS1y147
云南：河口 税玉民，陈文红 16070
云南：景东 鲁艳 07-147

云南：景东 罗忠华，谢有能，刘长铭等 JDNR103
云南：墨江 张绍云，仇亚，胡启和 YNS1312
云南：南涧 阿国仁 NJWLS778
云南：南涧 徐家武，袁立川，罗增阳等 NJWLS2008155
云南：巧家 杨光明 SCSB-W-1131
云南：腾冲 余新林，赵玮 BSGLGStc371
云南：腾冲 周应再 Zhyz-334
云南：腾冲 周应再 Zhyz-341
云南：腾冲 周应再 Zhyz-367
云南：西山区 张挺，方伟，李爱花等 SCSB-A-000048
云南：永德 李永亮 YDDXS0666
云南：永德 李永亮 YDDXS1090
云南：永德 李永亮 LiYL1452
云南：玉龙 张大才，李双智，杨川 ZhangDC-07ZX-2018
云南：镇沅 罗成瑜 ALSZY341

Desmodium oblongum Wallich ex Bentham **长圆叶山蚂蝗**

云南：新平 刘家良 XPALSD124
云南：永德 李永亮 LiYL1446

Desmodium renifolium (Linnaeus) Schindler **肾叶山蚂蝗**

云南：景洪 彭华，向春雷，陈丽等 P.H.5704
云南：勐海 彭华，向春雷，陈丽等 P.H.5738

Desmodium reticulatum Champion ex Bentham **显脉山绿豆**

广西：昭平 莫水松 Liuyan1073
云南：景谷 叶金科 YNS0285
云南：景洪 谭运洪，余涛 B486

Desmodium sequax Wallich **长波叶山蚂蝗**

广西：灵川 莫水松，林春蕊，郭伦发 Liuyan1096
贵州：江口 周云，王勇 XiangZ065
贵州：黎平 刘克明，王成，张恒 SCSB-HN-1073
贵州：黎平 刘克明，王成，张恒 SCSB-HN-1090
贵州：罗甸 邹方伦 ZouFL0045
湖北：宣恩 李正辉，艾洪莲 AHL2012
湖北：宣恩 沈泽昊 HXE119
湖南：洪江 李胜华，伍贤进，刘光华等 Wuxj1082
湖南：怀化 李胜华，伍贤进，曾汉元等 HHXY337
湖南：怀化 李胜华，伍贤进，曾汉元等 HHXY361
湖南：会同 刘克明，王成，张恒 SCSB-HN-1113
湖南：会同 刘克明，王成，张恒 SCSB-HN-1120
湖南：麻阳 彭华，王英，陈丽 P.H.5233
湖南：永顺 陈功锡，张代贵 SCSB-HC-2008366
四川：峨眉山 李小杰 LiXJ306
四川：乡城 孔航辉，罗江平，左雷等 YangQE3554
西藏：林芝 张大才，李双智，唐路等 ZhangDC-07ZX-1799
云南：宾川 孙振华，宋晓卿，文晖等 OuXK-BC-206
云南：沧源 赵金超，肖美芳，汪顺莉 CYNGH219
云南：大理 张德全，段丽珍，王应龙等 ZDQ134
云南：福贡 许炳强，吴兴，李婧等 XiaNh-07zx-176
云南：贡山 郭永杰，吴之坤，吴兴等 14CS9839
云南：贡山 朱枫，张仲富，成梅 Wangsh-07ZX-039
云南：贡山 许炳强，吴兴，李婧等 XiaNh-07zx-150
云南：河口 杨鑫峰 ZhangGL036
云南：鹤庆 孙振华，王文礼，宋晓卿等 OuxK-HQ-0008
云南：金平 喻智勇，张云飞，谷翠莲等 JinPing69
云南：景东 鲁艳 07-149
云南：景东 罗忠华，刘长铭，谢有能 JD020
云南：景东 罗忠华，谢有能，刘长铭等 JDNR093
云南：景谷 张绍云，叶金科 YNS0008
云南：景谷 刀志灵，陈渝 DZL575
云南：梁河 郭永杰，李涟漪，聂细转 12CS5216
云南：隆阳区 段在贤，密得生，刀开国等 BSGLGS1y1050
云南：隆阳区 尹学建，蒙玉永，郭辅景 BSGLGS1y2036
云南：泸水 孙振华，郑志兴，沈蕊等 OuXK-LC-018
云南：禄劝 张挺，张书东，李爱花 SCSB-A-000085
云南：麻栗坡 肖波 LuJL213
云南：南涧 孙振华，王文礼，宋晓卿等 OuxK-NJ-0002
云南：南涧 熊绍荣，时国彩，李春明等 njwls2007092
云南：屏边 钱良超，陆海兴，康远勇等 Pbdws129
云南：屏边 楚永兴 Pbdws069
云南：普洱 张绍云 YNS0041
云南：施甸 孙振华，郑志兴，沈蕊等 OuXK-LC-006
云南：石林 彭华，许瑾，陈丽 P.H.5067
云南：腾冲 余新林，赵玮 BSGLGStc052
云南：香格里拉 孙振华，郑志兴，沈蕊等 OuXK-YS-262
云南：祥云 孙振华，王文礼，宋晓卿等 OuxK-XY-0008
云南：新平 李德才，张云德 XPALSC075
云南：永德 李永亮，马文军 YDDXSB223
云南：永胜 苏涛，黄永江，杨青松等 ZhouZK11456
云南：永胜 孙振华，王文礼，宋晓卿等 OuxK-YS-0007
云南：玉龙 陈文允，于文涛，黄永江等 CYHL035
云南：云龙 孙振华，郑志兴，沈蕊等 OuXK-LC-067
云南：云龙 王文礼，冯欣，刘飞鹏 OUXK11018
云南：镇沅 朱恒，罗成永 ALSZY045
云南：镇沅 胡启和，张绍云 YNS0812
云南：镇沅 罗成瑜 ALSZY464

Desmodium styracifolium (Osbeck) Merrill **广东金钱草**

四川：米易 刘静，袁明 MY-147
云南：德钦 张大才，李双智，杨川 ZhangDC-07ZX-1962

Desmodium tortuosum (Swartz) Candolle **南美山蚂蝗**

云南：镇沅 罗成瑜 ALSZY405

Desmodium triflorum (Linnaeus) Candolle **三点金**

云南：景谷 叶金科 YNS0426
云南：永德 李永亮 YDDXS0876

Desmodium velutinum (Willdenow) Candolle **绒毛山蚂蝗**

云南：景谷 胡启和，周英，仇亚 YNS0651
云南：澜沧 张绍云，叶金科，周兵 YNS1362
云南：永德 李永亮 LiYL1630
云南：永德 李永亮 YDDXS0991

Desmodium velutinum subsp. **longibracteatum** (Schindler) H. Ohashi **长苞绒毛山蚂蝗**

云南：永德 李永亮 YDDXS0230

Desmodium yunnanense Franchet **云南山蚂蝗** *

云南：香格里拉 陈文允，于文涛，黄永江等 CYHL214

Desmodium zonatum Miquel **单叶拿身草**

云南：盈江 王立彦，桂魏 SCSB-TBG-131

Dumasia cordifolia Bentham ex Baker **心叶山黑豆**

四川：米易 刘静，袁明 MY-134

Dumasia hirsuta Craib **硬毛山黑豆** *

湖南：沅江 熊凯辉，刘克明 SCSB-HN-1888
湖南：沅江 熊凯辉，刘克明 SCSB-HN-1932
湖南：沅江 熊凯辉，刘克明 SCSB-HN-1940
湖南：沅江 熊凯辉，刘克明 SCSB-HN-1944
湖南：沅江 熊凯辉，刘克明 SCSB-HN-1950
湖南：沅江 熊凯辉，刘克明 SCSB-HN-2260
云南：盈江 王立彦，桂魏 SCSB-TBG-173

Dumasia villosa Candolle **柔毛山黑豆**

云南：安宁 郭永杰，张桥蓉 15CS10677

云南：勐腊 郭永杰，聂细转，黄秋月等 12CS4903

Dunbaria circinalis (Bentham) Baker **卷圈野扁豆**

云南：宁洱 张绍云 YNS0108

云南：新平 刘家良 XPALSD256

云南：云龙 赵玉贵，李占兵，张吉平等 TC2026

云南：镇沅 罗成瑜，乔永华 ALSZY310

Dunbaria fusca (Wallich) Kurz **黄毛野扁豆**

云南：金平 喻智勇，官兴永，张云飞等 JinPing32

云南：景东 鲁艳 2008165

云南：澜沧 张绍云，胡启和，仇亚等 YNS1125

云南：普洱 叶金科 YNS0393

云南：永德 李永亮 LiYL1398

Dunbaria podocarpa Kurz **长柄野扁豆**

云南：景东 鲁艳 200895

Dunbaria villosa (Thunberg) Makino **野扁豆**

安徽：屯溪区 方建新 TangXS0034

安徽：屯溪区 方建新 TangXS0786

湖南：永定区 廖博儒，吴福川，查学州等 60

江西：庐山区 董安淼，吴从梅 TanCM1076

Enterolobium cyclocarpum (Jacquin) Grisebach **象耳豆**

云南：勐腊 谭运洪，余涛 A525

Eremosparton songoricum (Litvinov) Vassilczenko **准噶尔无叶豆**

新疆：阜康 王雷，朱雅娟，黄振英 Beijing-junggar-000018

新疆：阜康 刘成，李昌洪，熊晓强 16CS13359

新疆：阜康 亚吉东，张桥蓉，秦少发等 16CS13185

Eriosema chinense Vogel **鸡头薯**

云南：景东 罗忠华，刘长铭，鲁成荣 JD017

云南：宁洱 叶金科 YNS0214

云南：镇沅 罗成瑜，乔永华 ALSZY015

Erythrina arborescens Roxburgh **鹦哥花**

西藏：错那 扎西次仁，西落 ZhongY571

云南：南涧 马德跃，官有才 NJWLS815

云南：南涧 徐如标，李成清 NJWLS2008260

云南：永德 李永亮，马文军 YDDXSB248

Erythrina variegata Linnaeus **刺桐**

云南：孟连 彭华，向春雷，陈丽 P.H.5900

云南：南涧 张挺，常学科，熊绍荣等 NJWLS2007144

Euchresta japonica J. D. Hooker ex Regel **山豆根**

江苏：江宁区 吴宝成，王兆银 HANGYY8389

Flemingia fluminalis C. B. Clarke ex Prain **河边千斤拔**

云南：景东 罗忠华，罗志强，刘长铭等 JD119

Flemingia grahamiana Wight & Arnott **绒毛千斤拔**

云南：宁洱 张绍云，胡启和 YNS1053

Flemingia latifolia Bentham **宽叶千斤拔**

云南：龙陵 赵玮 BSGLGS1y187

云南：泸水 孙振华，郑志兴，沈蕊等 OuXK-LC-013

云南：南涧 熊绍荣，李旭生，邹国娟等 NJWLS2008111

云南：永德 李永亮，马文军 YDDXSB182

云南：永胜 孙振华，郑志兴，沈蕊等 OuXK-YS-212

云南：元江 孙振华，王文礼，宋晓卿等 Ouxk-YJ-0055

Flemingia lineata (Linnaeus) Roxburgh ex W. T. Aiton **细叶千斤拔**

云南：麻栗坡 肖波 LuJL210

云南：墨江 张绍云 YNS0064

云南：元阳 亚吉东，黄莉，何华杰 15CS11286

Flemingia macrophylla (Willdenow) Prain **大叶千斤拔**

广西：昭平 莫水松 Liuyan1094

贵州：安龙 彭华，许瑾，陈丽 P.H.5078

贵州：罗甸 邹方伦 ZouFL0032

云南：金平 喻智勇，官兴永，张云飞等 JinPing31

云南：景东 杨国平 07-18

云南：绿春 黄连山保护区科研所 HLS0253

云南：蒙自 税玉民，陈文红 72377

云南：勐腊 赵相兴 A016

云南：勐腊 刀志灵，崔景云 DZL-162

云南：南涧 邹国娟，李加生，时国彩 NJWLS375

云南：南涧 官有才，熊绍荣，张雄 NJWLS644

云南：屏边 楚永兴，陶国权 Pbdws046

云南：双柏 彭华，向春雷，陈丽等 P.H.5548

云南：腾冲 周应再 Zhyz-066

云南：腾冲 余新林，赵玮 BSGLGStc253

云南：文山 何德明，丰艳飞，韦荣彪等 WSLJS784

云南：新平 王家和 XPALSC050

云南：新平 何罡安 XPALSB147

云南：盈江 王立彦，徐桂华 SCSB-TBG-064

云南：永德 李永亮 YDDXS1278

云南：永德 李永亮，马文军 YDDXSB118

云南：元阳 车鑫，亚吉东，秦少发等 YYGYS075

云南：元阳 田学军，杨建，邱成书等 Tianxj0034

云南：镇沅 罗成瑜 ALSZY224

云南：镇沅 罗成瑜，朱恒 ALSZY072

Flemingia stricta Roxburgh ex W. T. Aiton **长叶千斤拔**

云南：河口 张贵良，果忠，白松民 ZhangGL210

Flemingia strobilifera (Linnaeus) R. Brown **球穗千斤拔**

云南：腾冲 周应再 Zhyz-327

Galactia tenuiflora (Klein ex Willdenow) Wight & Arnott **乳豆**

云南：南涧 熊绍荣 NJWLS2008310

云南：元阳 田学军，杨建，邱成书等 Tianxj0001

Gleditsia fera (Loureiro) Merrill **华南皂荚** *

广西：柳州 刘克明，旷仁平，盛波 SCSB-HN-1911

Gleditsia japonica Miquel **山皂荚**

黑龙江：南岗区 丁晓炎 ZhengBJ291

吉林：磐石 安海成 AnHC0411

江西：武宁 张吉华，刘运群 TanCM1183

辽宁：凤城 董清 CaoW240

辽宁：凤城 朱春龙 CaoW255

辽宁：千山区 刘玫，张欣欣，程薪宇等 Liuetal294

辽宁：千山区 孙阎 SunY210

辽宁：清河区 刘少硕，谢峰 CaoW302

山东：崂山区 罗艳，李中华 LuoY346

云南：西山区 彭华，陈丽 P.H.5310

Gleditsia japonica var. **delavayi** (Franchet) L. C. Li **滇皂荚** *

云南：南涧 马德跃，官有才 NJWLS693

Gleditsia japonica var. **velutina** L. C. Li **绒毛皂荚** *

湖南：南岳区 刘克明，丛义艳，田淑珍等 SCSB-HN-1756

湖南：南岳区 刘克明，丛义艳 SCSB-HN-1751

湖南：岳麓区 刘克明，肖乐希，田淑珍 SCSB-HN-1452

湖南：长沙 肖乐希 SCSB-HN-1720

湖南：长沙 熊凯辉，刘克明 SCSB-HN-2184

湖南：长沙 熊凯辉，刘克明 SCSB-HN-2188

Gleditsia microphylla D. A. Gordon ex Y. T. Lee **野皂荚** *

山东：历城区 樊守金，郑国伟，李铭等 Zhaozt0055

山东：历下区 辛晓伟，邵尉，高丽丽等 Lilan781

Gleditsia sinensis Lamarck **皂荚** *

贵州：南明区 赵厚涛，韩国营 YBG090

湖北：远安 祝文志，刘志祥，曹远俊 ShenZH2448
湖北：竹溪 李盛兰 GanQL188
吉林：南关区 韩忠明 Yanglm0140
江西：庐山区 谭策铭，董安淼 TCM09130
山东：历下区 高德民，张颖颖，程丹丹等 lilan539

Glycine soja Siebold & Zuccarini **野大豆**
安徽：肥东 陈延松，朱合军，姜九龙 Xuzd097
安徽：金寨 刘淼 SCSB-JSC2
安徽：舒城 王云生 wys006
安徽：舒城 陈延松，欧祖兰，高秋晨等 Xuzd417
安徽：屯溪区 方建新 TangXS0083
安徽：黟县 刘淼 SCSB-JSB7
重庆：城口 王云生 wys005
广西：雁山区 彭日成 Liuyan1037
河北：阜平 牛玉璐，王晓亮 NiuYL545
黑龙江：北安 郑宝江，宋国光 ZhengBJ290
湖北：恩施 祝文志，刘志祥，曹远俊 ShenZH5783
湖北：神农架林区 李巨平 LiJuPing0126
湖北：武昌区 王云生 wys004
湖南：安化 熊凯辉，王得刚 SCSB-HN-1985
湖南：衡阳 王云生 wys002
湖南：南岳区 相银龙，熊凯辉 SCSB-HN-1871
湖南：南岳区 相银龙，熊凯辉 SCSB-HN-1919
湖南：宁乡 熊凯辉，刘克明 SCSB-HN-1953
湖南：宁乡 熊凯辉，刘克明 SCSB-HN-2018
湖南：宁乡 熊凯辉，刘克明 SCSB-HN-2034
湖南：永定区 吴福川，廖博儒，王文娟 220A
湖南：永顺 陈功锡，张代贵 SCSB-HC-2008199
湖南：沅陵 李胜华，伍贤进，刘光华等 Wuxj931
湖南：中方 伍贤进，李胜华，曾汉元等 HHXY125
吉林：南关区 张永刚 Yanglm0085
江苏：江宁区 王兆银，吴宝成 SCSB-JS0261
江苏：江宁区 韦阳连 SCSB-JS0493
江苏：启东 高兴 HANGYY8627
江苏：玄武区 王云生 wys001
江西：黎川 童和平，王玉珍 TanCM1872
江西：庐山区 董安淼，吴丛梅 TanCM2586
江西：修水 王云生 wys003
辽宁：桓仁 祝业平 CaoW1045
辽宁：庄河 于立敏 CaoW756
山东：东营区 曹子谊，韩国营，吕蕾等 Zhaozt0086
山东：东营区 樊守金 Zhaozt0252
山东：莱山区 卢学新，纪伟 BianFH00066
山东：历城区 李兰，王萍，张少华等 Lilan-041
山东：牟平区 卞福花，卢学新，纪伟等 BianFH00061
山东：天桥区 赵遵田，郑国伟，王海英等 Zhaozt0070
山西：广灵 张贵平 Zhangf0048
陕西：宁陕 田先华，王梅荣，田陌 TianXH054
四川：峨眉山 李小杰 LiXJ722
四川：万源 张桥蓉，余华，王义 15CS11518
浙江：鄞州区 李宏庆，葛斌杰 Lihq0121

Glycyrrhiza aspera Pallas **粗毛甘草**
新疆：和硕 邱爱军，张玲，徐盼 LiZJ1435
新疆：裕民 徐文斌，郭一敏 SHI-2009079

Glycyrrhiza glabra Linnaeus **洋甘草**
新疆：阿图什 塔里木大学植物资源调查组 TD-00645
新疆：阿图什 杨赵平，黄文娟 TD-01786
新疆：巴楚 塔里木大学植物资源调查组 TD-00408
新疆：巴楚 塔里木大学植物资源调查组 TD-00409
新疆：巴楚 塔里木大学植物资源调查组 TD-00431
新疆：巴楚 塔里木大学植物资源调查组 TD-00821
新疆：博乐 徐文斌，杨清理 SHI-2008408
新疆：博乐 徐文斌，许晓敏 SHI-2008427
新疆：库尔勒 塔里木大学植物资源调查组 TD-00375
新疆：沙雅 塔里木大学植物资源调查组 TD-00421
新疆：沙雅 塔里木大学植物资源调查组 TD-00426
新疆：沙雅 塔里木大学植物资源调查组 TD-00973
新疆：莎车 塔里木大学植物资源调查组 TD-00411
新疆：石河子 塔里木大学植物资源调查组 TD-00283
新疆：石河子 白宝伟，段黄金 TD-02073
新疆：石河子 白宝伟，段黄金 TD-02074
新疆：温宿 白宝伟，段黄金 TD-01833

Glycyrrhiza inflata Batalin **胀果甘草**
新疆：阿瓦提 塔里木大学植物资源调查组 TD-00314
新疆：巴楚 塔里木大学植物资源调查组 TD-00833
新疆：拜城 塔里木大学植物资源调查组 TD-00423
新疆：拜城 塔里木大学植物资源调查组 TD-00425
新疆：库车 塔里木大学植物资源调查组 TD-00394
新疆：库尔勒 塔里木大学植物资源调查组 TD-00374
新疆：轮台 塔里木大学植物资源调查组 TD-00383
新疆：轮台 塔里木大学植物资源调查组 TD-00414
新疆：轮台 塔里木大学植物资源调查组 TD-00420
新疆：轮台 段士民，王喜勇，刘会良等 114
新疆：皮山 塔里木大学植物资源调查组 TD-00413
新疆：莎车 塔里木大学植物资源调查组 TD-00432
新疆：石河子 塔里木大学植物资源调查组 TD-00174
新疆：石河子 塔里木大学植物资源调查组 TD-00284
新疆：石河子 塔里木大学植物资源调查组 TD-00407
新疆：石河子 塔里木大学植物资源调查组 TD-01015
新疆：石河子 黄文娟，杨赵平，王英鑫 TD-02093
新疆：尉犁 魏岩，黄振英，朱雅娟 Beijing-Junggar-000031
新疆：乌什 塔里木大学植物资源调查组 TD-00550
新疆：乌什 塔里木大学植物资源调查组 TD-00861
新疆：乌什 塔里木大学植物资源调查组 TD-00870
新疆：乌什 塔里木大学植物资源调查组 TD-00871
新疆：新和 塔里木大学植物资源调查组 TD-00530
新疆：新和 塔里木大学植物资源调查组 TD-01005
新疆：叶城 塔里木大学植物资源调查组 TD-00412
新疆：伊吾 王喜勇，马文宝，施翔 zdy480

Glycyrrhiza pallidiflora Maximowicz **刺果甘草**
黑龙江：绥化 刘玫，张欣欣，程薪宇等 Liuetal332
黑龙江：五大连池 孙阎，赵立波 SunY021
吉林：白城 王云贺 Yanglm0082
吉林：磐石 安海成 AnHC0140
山东：莱山区 卞福花 BianFH-0213
山东：莱山区 卞福花，宋言贺 BianFH-578
新疆：吐鲁番 段士民 zdy097
云南：丽江 王文礼，冯欣，刘飞鹏 OUXK11236
云南：宁蒗 亚吉东，刘成 15CS11222

Glycyrrhiza uralensis Fischer ex Candolle **甘草**
河北：蔚县 牛玉璐，高彦飞，黄士良 NiuYL238
湖南：新化 黄先辉，杨亚平，卜剑超 SCSB-HNJ-0337
吉林：前郭尔罗斯 杨帆，马红媛，安丰华 SNA0371
吉林：洮北区 杨帆，马红媛，安丰华 SNA0295
吉林：长岭 张红香 ZhangHX163
内蒙古：和林格尔 蒲拴莲，李茂文 M090

内蒙古：锡林浩特 张红香 ZhangHX061
内蒙古：新巴尔虎右旗 黄学文 NMDB20170808064
宁夏：隆德 左忠，刘华 ZuoZh264
宁夏：平罗 何志斌，杜军，陈龙飞等 HHZA0015
新疆：阿合奇 塔里木大学植物资源调查组 TD-00543
新疆：阿合奇 塔里木大学植物资源调查组 TD-00566
新疆：阿合奇 塔里木大学植物资源调查组 TD-00627
新疆：阿合奇 黄文娟，杨赵平，王英鑫 TD-01955
新疆：阿克陶 塔里木大学植物资源调查组 TD-00814
新疆：阿图什 塔里木大学植物资源调查组 TD-00602
新疆：阿图什 杨赵平，黄文娟 TD-01784
新疆：拜城 塔里木大学植物资源调查组 TD-00424
新疆：拜城 塔里木大学植物资源调查组 TD-00930
新疆：拜城 塔里木大学植物资源调查组 TD-00946
新疆：博乐 徐文斌，黄雪姣 SHI-2008422
新疆：博乐 徐文斌，杨清理 SHI-2008471
新疆：和静 塔里木大学植物资源调查组 TD-00329
新疆：库车 塔里木大学植物资源调查组 TD-00969
新疆：库尔勒 杨赵平，焦培培，白冠章等 LiZJ0634
新疆：库尔勒 塔里木大学植物资源调查组 TD-00429
新疆：轮台 塔里木大学植物资源调查组 TD-00416
新疆：吐鲁番 段士民 zdy098
新疆：托里 徐文斌，黄刚 SHI-2009179
新疆：托里 徐文斌，杨清理 SHI-2009498
新疆：温泉 徐文斌，黄雪姣 SHI-2008156
新疆：温泉 徐文斌，许晓敏 SHI-2008209
新疆：乌尔禾区 徐文斌，郭一敏 SHI-2009112
新疆：乌恰 塔里木大学植物资源调查组 TD-00684
新疆：乌恰 塔里木大学植物资源调查组 TD-00713
新疆：乌恰 杨赵平，黄文娟 TD-01890
新疆：乌什 塔里木大学植物资源调查组 TD-00546
新疆：乌什 塔里木大学植物资源调查组 TD-00559
新疆：乌什 塔里木大学植物资源调查组 TD-00884
新疆：乌什 塔里木大学植物资源调查组 TD-00888
新疆：乌苏 许炳强，胡伟明 XiaNH-07ZX-872

Glycyrrhiza yunnanensis S. H. Cheng & L. K. Dai ex P. C. Li 云南甘草 *

四川：木里 彭华，刘振稳，向春雷 P.H.5043
云南：洱源 杨青松，杨莹，黄永江等 ZhouZK-07ZX-0195
云南：丽江 杨亲二，袁琼 Yangqe2669
云南：宁蒗 孔航辉，罗江平，左雷等 YangQE3344
云南：宁蒗 苏涛，黄永江，杨青松等 ZhouZK11415
云南：香格里拉 李爱花，周开洪，黄之镨等 SCSB-A-000235
云南：香格里拉 杨亲二，孔航辉，李磊 Yangqe3280
云南：香格里拉 张挺，蔡杰，郭永杰等 11CS3172
云南：玉龙 杨莹，黄永江，翟艳红 ZhouZK-07ZX-0153
云南：玉龙 王四海，李苏雨，吴超 Wangsh-07ZX-025
云南：玉龙 孔航辉，任琛 Yangqe2750

Gueldenstaedtia verna (Georgi) Borissova 少花米口袋

山东：莱山区 卞福花，宋言贺 BianFH-425
山东：莱山区 卞福花，宋言贺 BianFH-428
山东：莱山区 卞福花，杨蕾蕾，谷胤征 BianFH-0103
山东：莱山区 卞福花，杨蕾蕾，谷胤征 BianFH-0109
山东：崂山区 邓建平 LuoY245
山东：历城区 张少华，王萍，张诏等 Lilan197
陕西：长安区 王梅荣，杨秀梅 TianXH154
云南：香格里拉 李晓东，张紫刚，操榆 LiJ641

Halimodendron halodendron (Pallas) Druce 铃铛刺

内蒙古：赛罕区 蒲拴莲，刘润宽，刘毅等 M169
新疆：阿勒泰 谭敦炎，邱娟 TanDY0423
新疆：巴楚 塔里木大学植物资源调查组 TD-00831
新疆：拜城 塔里木大学植物资源调查组 TD-00404
新疆：博乐 徐文斌，黄雪姣 SHI-2008109
新疆：阜康 王喜勇，马文宝，施翔 zdy317
新疆：和布克赛尔 贺小欢 SCSB-SHI-2006201
新疆：柯坪 塔里木大学植物资源调查组 TD-00847
新疆：库车 塔里木大学植物资源调查组 TD-00958
新疆：沙湾 阎平，许文斌 SCSB-2006059
新疆：沙雅 白宝伟，段黄金 TD-02029
新疆：石河子 塔里木大学植物资源调查组 TD-00195
新疆：石河子 陶冶，雷凤品，黄刚等 SCSB-Y-2006124
新疆：石河子 董凤新 SCSB-Y-2006133
新疆：吐鲁番 段士民 zdy103
新疆：托里 徐文斌，郭一敏 SHI-2009109
新疆：温宿 塔里木大学植物资源调查组 TD-00924
新疆：乌尔禾区 徐文斌，黄刚 SHI-2009113
新疆：乌什 塔里木大学植物资源调查组 TD-00549
新疆：乌什 塔里木大学植物资源调查组 TD-00859
新疆：乌苏 石大标 SCSB-SHI-2006243

Hedysarum alpinum Linnaeus 山岩黄耆

黑龙江：嫩江 王臣，张欣欣，史传奇 WangCh168
黑龙江：五大连池 孙阎，杜景红，李鑫鑫 SunY212

Hedysarum brachypterum Bunge 短翼岩黄耆 *

宁夏：同心 何志斌，杜军，陈龙飞等 HHZA0225

Hedysarum citrinum E. G. Baker 黄花岩黄耆 *

西藏：左贡 张大才，李双智，罗康等 ZhangDC-07ZX-0624
西藏：左贡 张永洪，王晓雄，周卓等 SunH-07ZX-1072

Hedysarum fistulosum Handel-Mazzetti 空茎岩黄耆 *

云南：腾冲 周应再 Zhyz-304

Hedysarum kirghisorum B. Fedtschenko 吉尔吉斯岩黄耆

新疆：博乐 马真 SHI-A2007014

Hedysarum limitaneum Handel-Mazzetti 滇岩黄耆 *

青海：格尔木 陈世龙，高庆波，张发起 Chensl0868
青海：玉树 许炳强，周伟，郑朝汉 Xianh0388

Hedysarum nagarzense C. C. Ni 浪卡子岩黄耆 *

西藏：浪卡子 扎西次仁 ZhongY177

Hedysarum polybotrys Handel-Mazzetti 多序岩黄耆 *

甘肃：卓尼 尹鑫，吴航，葛文静 LiuJQ-GN-2011-061
四川：若尔盖 张昌兵 ZhangCB0014

Hedysarum semenovii Regel & Herder 天山岩黄耆

新疆：和静 杨赵平，焦培培，白冠章等 LiZJ0741
新疆：玛纳斯 亚吉东，张桥蓉，秦少发等 16CS13221
新疆：尼勒克 刘鸯，马真，贺晓欢等 SHI-A2007467
新疆：温泉 徐文斌，王莹 SHI-2008284

Hedysarum sikkimense Bentham ex Baker 锡金岩黄耆

青海：久治 陈世龙，张得钧，高庆波等 Chensl0399
青海：玉树 许炳强，周伟，郑朝汉 Xianh0264
四川：甘孜 张大才，尹五元，李双智等 ZhangDC-07ZX-2354
四川：黑水 顾垒，李忠荣 GaoXF-09ZX-1665

Hedysarum tanguticum B. Fedtschenko 唐古特岩黄耆

甘肃：玛曲 尹鑫，吴航，葛文静 LiuJQ-GN-2011-059
四川：红原 张昌兵，邓秀华 ZhangCB0246
四川：九龙 张大才，尹五元，李双智等 ZhangDC-07ZX-2402

Hedysarum tibeticum (Bentham) B. H. Choi & H. Ohashi 藏豆

西藏：革吉 李晖，文雪梅，次旺加布等 Lihui-Q-0038
西藏：日土 陈家辉，庄会富，刘德团等 Yangyp-Q-0115

西藏：仲巴 李晖，文雪梅，熊继贵 Lihui-Q-2010-19
西藏：左贡 徐波，陈光富，陈林杨等 SunH-07ZX-2093

Hedysarum ussuriense Schischkin & Komarov **拟蚕豆岩黄耆**
西藏：左贡 苏涛，黄永江，杨青松等 ZhouZK11304

Hylodesmum laxum (Candolle) H. Ohashi & R. R. Mill **疏花长柄山蚂蝗**
西藏：林芝 孙航，张建文，陈建国等 SunH-07ZX-2714

Hylodesmum oldhamii (Oliver) H. Ohashi & R. R. Mill **羽叶长柄山蚂蝗**
江西：靖安 张吉华，刘运群 TanCM1123

Hylodesmum podocarpum (Candolle) H. Ohashi & R. R. Mill **长柄山蚂蝗**
安徽：祁门 唐鑫生，方建新 TangXS0481
安徽：舒城 陈延松，欧祖兰，高秋晨等 Xuzd416
贵州：江口 周云，王勇 XiangZ074
湖南：怀化 李胜华，伍贤进，曾汉元等 HHXY354
湖南：怀化 李胜华，伍贤进，曾汉元等 HHXY364
湖南：沅陵 李胜华，伍贤进，刘光华等 Wuxj862
江苏：江宁区 王兆银，吴宝成 SCSB-JS0265
江西：庐山区 董安淼，吴从梅 TanCM869
江西：武宁 谭策铭，张吉华 TanCM413
陕西：长安区 田先华，王梅荣 TianXH057
浙江：临安 李宏庆，董全英，桂萍 Lihq0433

Hylodesmum podocarpum subsp. **fallax** (Schindler) H. Ohashi & R. R. Mill **宽卵叶长柄山蚂蝗**
江西：修水 缪以清，胡建华 TanCM1765

Hylodesmum podocarpum subsp. **oxyphyllum** (Candolle) H. Ohashi & R. R. Mill **尖叶长柄山蚂蝗**
安徽：金寨 陈延松，欧祖兰，白雅洁 Xuzd250
安徽：石台 陈延松，吴国伟，洪欣 Zhousb0074
湖北：宣恩 沈泽昊 HXE036
湖南：桑植 廖博儒，吴福川 260
江西：武宁 张吉华，刘运群 TanCM1139
四川：峨眉山 李小杰 LiXJ219
四川：天全 汤加勇，陈刚 Y07146

Hylodesmum podocarpum subsp. **szechuenense** (Craib) H. Ohashi & R. R. Mill **四川长柄山蚂蝗** *
湖北：竹溪 李盛兰 GanQL335

Indigofera amblyantha Craib **多花木蓝** *
湖北：神农架林区 李巨平 LiJuPing0004
湖北：仙桃 张代贵 Zdg2882
湖北：竹溪 李盛兰 GanQL179
陕西：紫阳 田先华，王梅荣 TianXH291
四川：汉源 汤加勇，赖建军 Y07124
四川：泸定 何兴金，赵丽华，梁乾隆等 SCU-11-111
云南：永平 彭华，向春雷，陈丽 PengH8332

Indigofera atropurpurea Buchanan-Hamilton ex Horne-mann **深紫木蓝**
贵州：平塘 邹方伦 ZouFL0141
江西：武宁 张吉华，刘运群 TanCM789
云南：金平 喻智勇，官兴永，张云飞等 JinPing16
云南：景东 鲁艳 200809
云南：景东 罗忠华，张明勇，段玉伟等 JD129
云南：澜沧 彭华，向春雷，陈丽 P.H.5774
云南：麻栗坡 肖波 LuJL097
云南：南涧 张挺，常学科，熊绍荣等 njwls2007142
云南：宁洱 刀志灵，陈渝 DZL568
云南：屏边 钱良超，陆海兴，康远勇等 Pbdws128
云南：普洱 张绍云 YNS0038
云南：腾冲 周应再 Zhyz-099
云南：文山 何德明 WSLJS564
云南：永德 李永亮，马文军 YDDXSB233
云南：永德 李永亮 YDDXS0706
云南：永德 李永亮 LiYL1466
云南：镇沅 罗成瑜 ALSZY247

Indigofera balfouriana Craib **丽江木蓝** *
西藏：芒康 张大才，李双智，罗康等 ZhangDC-07ZX-1271

Indigofera bungeana Walpers **河北木蓝**
安徽：宁国 洪欣，李中林 ZhouSB0223
安徽：屯溪区 方建新 TangXS0075
重庆：南川区 易思荣 YISR098
贵州：望谟 邹方伦 ZouFL0054
河北：灵寿 牛玉璐，高彦飞，黄士良 NiuYL183
湖北：五峰 陈功锡，张代贵 SCSB-HC-2008341
湖北：宣恩 沈泽昊 HXE122
湖北：竹溪 李盛兰 GanQL613
湖南：保靖 陈功锡，张代贵，龚双骄等 233A
湖南：永定区 吴福川，廖博儒 233B
湖南：沅陵 李胜华，伍贤进，刘光华等 Wuxj866
江苏：句容 王兆银，吴宝成 SCSB-JS0403
江西：庐山区 董安淼，吴从梅 TanCM923
山东：历下区 李兰，王萍，张少华等 Lilan-021
陕西：户县 田陌，王梅荣，田先华 TianXH542
陕西：长安区 王梅荣，田陌，李娜 TianXH246
四川：峨眉山 李小杰 LiXJ132
四川：米易 袁明 MY642
四川：米易 汤加勇 MY-135
云南：宾川 孙振华，宋晓卿，文晖等 OuXK-BC-203
云南：德钦 王文礼，冯欣，刘飞鹏 OUXK11186
云南：隆阳区 赵玮 BSGLGSly189
云南：南涧 熊绍荣，张雄 NJWLS1202B
云南：文山 彭华，刘恩德，陈丽 P.H.6016
云南：易门 彭华，向春雷，王泽欢 PengH8372
云南：永德 李永亮 YDDXS1238
浙江：临安 许玥，祝文志，刘志祥等 ShenZH7899

Indigofera calcicola Craib **灰岩木蓝** *
四川：得荣 张大才，李双智，杨川 ZhangDC-07ZX-1953

Indigofera carlesii Craib **苏木蓝** *
安徽：金寨 陈延松，欧祖兰，姜九龙 Xuzd233
江西：武宁 张吉华，张东红 TanCM3243

Indigofera cassioides Rottler ex Candolle **椭圆叶木蓝**
云南：镇沅 朱恒，罗成瑜 ALSZY202
云南：镇沅 张绍云，叶金科，胡启和 YNS1344

Indigofera caudata Dunn **尾叶木蓝**
云南：景洪 叶金科，彭志仙 YNS0072
云南：麻栗坡 亚吉东，李涟漪 15CS11593
云南：普洱 张绍云，叶金科 YNS0021

Indigofera decora Lindley **庭藤**
广西：防城港 许为斌，黄俞淞，梁永延等 Liuyan0236
江西：武宁 张吉华，刘运群 TanCM1145

Indigofera decora var. **ichangensis** (Craib) Y. Y. Fang & C. Z. Zheng **宜昌木蓝** *
湖北：仙桃 张代贵 Zdg3495
湖南：吉首 陈功锡，张代贵，邓涛等 SCSB-HC-2007437

Indigofera delavayi Franchet **滇木蓝** *
云南：龙陵 孙兴旭 SunXX109

云南：腾冲 余新林，赵玮 BSGLGStc118
云南：腾冲 余新林，赵玮 BSGLGStc276
云南：文山 彭华，刘恩德，陈丽 P.H.5524
云南：香格里拉 李爱花，周开洪，黄之镨等 SCSB-A-000240
云南：香格里拉 亚吉东，张桥蓉，张继等 11CS3551
云南：香格里拉 杨青松，星耀武，苏涛 ZhouZK-07ZX-0446

Indigofera dolichochaete Craib 长齿木蓝 *

云南：云龙 赵玉贵，李占兵，张吉平等 TC2018

Indigofera franchetii X. F. Gao & Schrire 灰色木蓝 *

云南：泸水 孙振华，郑志兴，沈蕊等 OuXK-LC-021
云南：香格里拉 陈文允，于文涛，黄永江等 CYHL220

Indigofera galegoides Candolle 假大青蓝

四川：九龙 孔航辉，罗江平，左雷等 YangQE3447

Indigofera hancockii Craib 苍山木蓝 *

四川：米易 刘静，袁明 MY-152

Indigofera hendecaphylla Jacquin 穗序木蓝

云南：景东 罗忠华，刘长铭，李绍昆等 JDNR09069
云南：景洪 谭运洪，余涛 B487
云南：景洪 彭华，向春雷，王泽欢 PengH8498
云南：景洪 彭华，向春雷，王泽欢 PengH8533
云南：隆阳区 尹学建 BSGLGSly2054
云南：绿春 黄连山保护区科研所 HLS0464
云南：蒙自 田学军 TianXJ0123
云南：勐腊 谭运洪 A261
云南：孟连 彭华，向春雷，陈丽 P.H.5809
云南：普洱 张绍云，叶金科 YNS0040
云南：思茅区 张挺，徐远杰，谭文杰 SCSB-B-000338
云南：新平 白绍斌 XPALSC336
云南：永德 李永亮 YDDXS0067

Indigofera henryi Craib 亨利木蓝 *

西藏：波密 张大才，李双智，唐路等 ZhangDC-07ZX-1736
西藏：工布江达 陈家辉，韩希，王东超等 YangYP-Q-4139
云南：兰坪 孔航辉，任琛 Yangqe2885
云南：石林 税玉民，陈文红 65475
云南：新平 何罡安 XPALSB474

Indigofera hirsuta Linnaeus 硬毛木蓝

福建：同安区 李宏庆，陈纪云，王双 Lihq0284

Indigofera howellii Craib & W. W. Smith 长序木蓝 *

云南：易门 刘恩德，方伟，杜燕等 SCSB-B-000002

Indigofera kirilowii Maximowicz ex Palibin 花木蓝

黑龙江：尚志 刘玫，王臣，张欣欣等 Liuetal721
江西：龙南 梁跃龙，廖海红 LiangYL083
辽宁：盖州 郑宝江，丁晓炎，焦宏斌等 ZhengBJ369
辽宁：桓仁 祝业平 CaoW996
辽宁：建平 卜军，金实，阴黎明 CaoW461
辽宁：建平 卜军，金实，阴黎明 CaoW470
辽宁：凌源 卜军，金实，阴黎明 CaoW434
辽宁：瓦房店 宫本胜 CaoW362
辽宁：义县 卜军，金实，阴黎明 CaoW401
山东：莱山区 卞福花，宋言贺 BianFH-577
山东：崂山区 罗艳，李中华 LuoY345
山东：历城区 张少华，王萍，张诏等 Lilan210
山东：牟平区 卞福花，陈朋 BianFH-0347

Indigofera lacei Craib 思茅木蓝

云南：镇沅 叶金科 YNS0035

Indigofera lenticellata Craib 岷谷木蓝 *

四川：巴塘 张大才，尹五元，李双智等 ZhangDC-07ZX-2213
西藏：芒康 张永洪，王晓雄，周卓等 SunH-07ZX-0543
云南：德钦 张大才，李双智，杨川 ZhangDC-07ZX-1968

Indigofera linifolia (Linnaeus f.) Retzius 单叶木蓝

云南：峨山 马兴达，乔娣 WangHCH056
云南：元谋 何彪 OuXK-0067
云南：元谋 蔡杰，秦少发 15CS11365
云南：元谋 闫海忠，孙振华，王文礼等 Ouxk-YM-0025

Indigofera linnaei Ali 九叶木蓝

云南：元江 何彪 OuXK-0097

Indigofera mairei Pampanini 西南木蓝 *

西藏：察隅 孙航，张建文，陈建国等 SunH-07ZX-2467
西藏：察隅 张大才，李双智，唐路等 ZhangDC-07ZX-1687
云南：德钦 张大才，李双智，杨川 ZhangDC-07ZX-1976
云南：勐海 彭华，向春雷，陈丽等 P.H.5681
云南：南涧 彭华，向春雷，陈丽 P.H.5902

Indigofera nigrescens Kurz ex King & Prain 黑叶木蓝

湖北：宣恩 沈泽昊 HXE123
湖南：洞口 肖乐希，唐光波，尹成园等 SCSB-HN-1741
湖南：湘乡 陈薇，朱香清，马仲辉 SCSB-HN-0652
云南：隆阳区 段在贤，李成伟，封占昕 BSGLGSly047
云南：隆阳区 尹学建，高兴荣 BSGLGSly2015
云南：腾冲 周应再 Zhyz-182
云南：新平 白绍斌 XPALSC227
云南：盈江 王立彦 SCSB-TBG-084

Indigofera pampaniniana Craib 昆明木蓝 *

云南：隆阳区 段在贤 BSGLGSly1211

Indigofera pendula Franchet 垂序木蓝 *

云南：P.H.5646
云南：香格里拉 张大才，李双智，唐路等 ZhangDC-07ZX-1647
云南：香格里拉 杨青松，星耀武，苏涛 ZhouZK-07ZX-0326
云南：玉龙 张大才，李双智，杨川 ZhangDC-07ZX-2029

Indigofera reticulata Franchet 网叶木蓝

云南：玉龙 张大才，李双智，杨川 ZhangDC-07ZX-2022
云南：玉龙 张大才，李双智，杨川 ZhangDC-07ZX-2067

Indigofera rigioclada Craib 硬叶木蓝 *

西藏：林芝 罗建，林玲 LiuJQ-09XZ-001
西藏：林芝 罗建，汪书丽 LiuJQ-09XZ-115

Indigofera scabrida Dunn 腺毛木蓝

云南：南涧 阿国仁，熊绍荣，邹国娟等 NJWLS2008028
云南：南涧 熊绍荣，时国彩，李春明等 njwls2007096
云南：玉溪 伊廷双，孟静，杨杨 MJ-902

Indigofera silvestrii Pampanini 刺序木蓝 *

四川：道孚 何兴金，赵丽华，梁乾隆 SCU-10-020

Indigofera stachyodes Lindley 茸毛木蓝

云南：景东 鲁艳 2008201
云南：景东 罗忠华，谢有能，刘长铭等 JDNR104
云南：绿春 何疆海，何来收，白然思等 HLS0361
云南：南涧 阿国仁，熊绍荣，邹国娟等 NJWLS2008007
云南：南涧 徐家武，袁玉川 NJWLS637
云南：腾冲 李爱花，黄之镨，黄押稳等 SCSB-A-000304
云南：维西 孔航辉，任琛 Yangqe2916
云南：文山 彭华，刘恩德，陈丽 P.H.6019
云南：新平 谢天华，郎定富，李应富 XPALSA075
云南：永德 李永亮 LiYL1450

Indigofera trifoliata Linnaeus 三叶木蓝

云南：永德 李永亮 YDDXS0874

Indigofera wightii Graham ex Wight & Arnott 海南木蓝

海南：三亚 谭策铭，易桂花 TCM09196

Kummerowia stipulacea (Maximowicz) Makino 长萼鸡眼草

安徽：舒城 陈延松，欧祖兰，高秋晨等 Xuzd419
安徽：黟县 胡长玉，方建新，张勇等 TangXS0673
福建：福清 李宏庆，陈纪云，王双 Lihq0312
贵州：江口 彭华，王英，陈丽 P.H.5211
黑龙江：北安 郑宝江，潘磊 ZhengBJ033
黑龙江：尚志 刘玫，张欣欣，程薪宇等 Liuetal453
湖北：宣恩 祝文志，刘志祥，曹远俊 ShenZH0044
山东：崂山区 罗艳，李中华 LuoY415
山东：崂山区 赵遵田，郑国伟，杜超等 Zhaozt0132
山东：长清区 张少华，王萍，张诏等 Lilan211
山东：芝罘区 卞福花，陈朋 BianFH-0356
陕西：城固 田先华，王梅荣，吴明华 TianXH524
四川：乐至 邓兴敏，邓秀发，张昌兵 ZCB0398
云南：洱源 杨青松，星耀武，苏涛 ZhouZK-07ZX-0303

Kummerowia striata (Thunberg) Schindler **鸡眼草**

安徽：金寨 刘淼 SCSB-JSC25
安徽：屯溪区 方建新 TangXS0053
福建：福清 李宏庆，陈纪云，王双 Lihq0305
广西：都安 赵亚美 SCSB-JS0465
黑龙江：宁安 王臣，张欣欣，谢博勋等 WangCh428
黑龙江：肇源 杨帆，马红媛，安丰华 SNA0572
湖北：竹溪 李盛兰 GanQL1110
湖南：永顺 陈功锡，张代贵 SCSB-HC-2008220
吉林：长岭 张宝田 Yanglm0361
江苏：句容 吴宝成，王兆银 HANGYY8400
江苏：句容 王兆银，吴宝成 SCSB-JS0349
江苏：句容 王兆银，吴宝成 SCSB-JS0402
山东：莱山区 卞福花，杜丽君，孟凡涛 BianFH-0150
山西：永济 焦磊，张海博，廉凯敏 Zhangf0191
陕西：城固 田先华，王梅荣，吴明华 TianXH525
陕西：宁陕 田先华，吴礼慧 TianXH495
四川：天全 汤加勇，陈刚 Y07143
四川：乡城 王文礼，冯欣，刘飞鹏 OUXK11130
云南：南涧 阿国仁，何贵才 NJWLS566
云南：永德 李永亮 LiYL1596
云南：永胜 孙振华，王文礼，宋晓卿等 OuxK-YS-0003
云南：元阳 田学军，杨建，邱成书等 Tianxj0018

Lathyrus davidii Hance **大山黧豆**

山东：历城区 高德民，邵尉 Lilan945
山东：历下区 张少华，张颖颖，程丹丹等 lilan523

Lathyrus gmelinii (Fischer ex Candolle) Fritsch **新疆山黧豆**

新疆：巩留 亚吉东，张桥蓉，秦少发等 16CS13490

Lathyrus japonicus Willdenow **海滨山黧豆**

山东：海阳 步瑞兰，辛晓伟，王林等 Lilan725
山东：崂山区 罗艳，邓建平 LuoY091

Lathyrus komarovii Ohwi **三脉山黧豆**

黑龙江：嫩江 王臣，张欣欣，刘跃印等 WangCh303

Lathyrus odoratus Linnaeus **香豌豆**

北京：东城区 王雷，朱雅娟，黄振英 Beijing-huang-dls-0045

Lathyrus pratensis Linnaeus **牧地山黧豆**

甘肃：合作 尹鑫，吴航，葛文静 LiuJQ-GN-2011-062
甘肃：合作 郭淑青，杜品 LiuJQ-2012-GN-047

Lathyrus quinquenervius (Miquel) Litvinov **山黧豆**

吉林：洮北区 杨帆，马红媛，安丰华 SNA0268

Lathyrus tuberosus Linnaeus **玫红山黧豆**

新疆：巩留 刘鸯，徐文斌，马真等 SHI-A2007243
新疆：昭苏 亚吉东，张桥蓉，秦少发等 16CS13525

Lespedeza bicolor Turczaninow **胡枝子**

安徽：屯溪区 方建新 TangXS0676
北京：东城区 王雷，朱雅娟，黄振英 Beijing-huang-dls-0054
北京：海淀区 邓志军 SCSB-D-0026
河北：灵寿 牛玉璐，高彦飞，黄士良 NiuYL194
黑龙江：北安 郑宝江，潘磊 ZhengBJ009
黑龙江：虎林市 王庆贵 CaoW543
黑龙江：宁安 陈武璋，王炳辉 CaoW0184
黑龙江：宁安 刘玫，张欣欣，程薪宇等 Liuetal496
黑龙江：尚志 李兵，路科 CaoW0090
黑龙江：尚志 李兵，路科 CaoW0108
黑龙江：绥芬河 陈武璋，王炳辉 CaoW0204
黑龙江：五大连池 孙阎，杜景红 SunY103
黑龙江：延寿 李兵，路科 CaoW0128
黑龙江：阳明区 陈武璋，王炳辉 CaoW0197
湖南：鹤城区 李胜华，伍贤进，曾汉元等 HHXY186
湖南：宁乡 熊凯辉，刘克明 SCSB-HN-1975
湖南：宁乡 熊凯辉，刘克明 SCSB-HN-1998
湖南：双牌 姜孝成，王丽萍，李育华 Jiangxc0816
湖南：望城 姜孝成，旷仁平 SCSB-HNJ-0359
湖南：宜章 肖伯仲 SCSB-HN-0788
湖南：长沙 蔡秀珍 SCSB-HN-0693
湖南：长沙 熊凯辉，刘克明 SCSB-HN-2182
湖南：资兴 熊凯辉，王得刚，盛波 SCSB-HN-2046
湖南：资兴 王得刚，熊凯辉 SCSB-HN-2053
湖南：资兴 王得刚，熊凯辉 SCSB-HN-2121
吉林：安图 杨保国，张明鹏 CaoW0021
吉林：大安 杨帆，马红媛，安丰华 SNA0026
吉林：敦化 杨保国，张明鹏 CaoW0017
吉林：丰满区 李兵，路科 CaoW0069
吉林：和龙 杨保国，张明鹏 CaoW0037
吉林：珲春 杨保国，张明鹏 CaoW0055
吉林：延吉 杨保国，张明鹏 CaoW0041
吉林：长岭 韩忠明 Yanglm0323
江西：井冈山 兰国华 LiuRL111
江西：龙南 梁跃龙，廖海红，徐清娣 LiangYL053
江西：星子 董安淼，吴从梅 TanCM2241
辽宁：凤城 李昊 CaoW221
辽宁：铁岭 刘少硕，谢峰 CaoW282
辽宁：瓦房店 宫本胜 CaoW319
内蒙古：土默特右旗 刘博，蒲拴莲，刘润宽等 M346
内蒙古：武川 蒲拴莲，刘润宽，刘毅等 M220
宁夏：盐池 何志斌，杜军，陈龙飞等 HHZA0157
宁夏：银川 牛有栋，朱奋霞 ZuoZh195
山东：崂山区 罗艳，李中华 LuoY348
山东：崂山区 赵遵田，郑国伟，杜超等 Zhaozt0137
山东：历城区 张少华，王萍，张诏等 Lilan150
山东：牟平区 卞福花，卢学新，纪伟等 BianFH00073
陕西：神木 何志斌，杜军，陈龙飞等 HHZA0297
云南：香格里拉 张书东，林娜娜，郁文彬等 SCSB-W-020

Lespedeza buergeri Miquel **绿叶胡枝子**

江西：武宁 张吉华，刘运群 TanCM1127
浙江：余杭区 葛斌杰 Lihq0147

Lespedeza caraganae Bunge **长叶胡枝子 ***

山东：莱山区 卞福花，宋言贺 BianFH-530
山东：威海 高德民，吴燕秋 Lilan962

Lespedeza chinensis G. Don **中华胡枝子 ***

安徽：徽州区 方建新 TangXS0778
安徽：宁国 刘淼 SCSB-JSD3

安徽：舒城 陈延松，欧祖兰，高秋晨等 Xuzd478
安徽：歙县 方建新 TangXS0631
湖北：竹溪 李盛兰 GanQL659
江西：黎川 童和平，王玉珍 TanCM1915
江西：庐山区 谭策铭，董安淼 TCM09099
江西：星子 谭策铭，董安淼 TanCM544
四川：乐至 邓兴敏，邓秀发，张昌兵 ZCB0390
四川：乐至 邓兴敏，邓秀发，张昌兵 ZCB0419

Lespedeza cuneata (Dumont de Courset) G. Don 截叶铁扫帚

安徽：舒城 陈延松，欧祖兰，高秋晨等 Xuzd448
安徽：屯溪区 方建新 TangXS0060
重庆：南川区 易思荣 YISR095
广西：八步区 吴望辉，黄俞淞，蒋日红 Liuyan0314
广西：环江 莫水松，许为斌，胡仁传 Liuyan1100
贵州：龙里 赵厚涛，韩国营 YBG103
贵州：威宁 邹方伦 ZouFL0311
湖北：神农架林区 李巨平 LiJuPing0019
湖北：宣恩 沈泽昊 HXE030
湖南：鹤城区 李胜华，伍贤进，曾汉元等 Wuxj841
江西：黎川 童和平，王玉珍，常迪江等 TanCM2033
江西：庐山区 董安淼，吴从梅 TanCM1648
山东：历下区 李兰，王萍，张少华 Lilan023
山西：阳曲 张贵平 Zhangf0138
陕西：长安区 田陌，田先华 TianXH540
四川：乐至 邓兴敏，邓秀发，张昌兵 ZCB0451
四川：米易 刘静，袁明 MY-068
四川：射洪 袁明 YUANM2015L097
四川：天全 汤加勇，陈刚 Y07148
云南：宾川 孙振华，宋晓卿，文晖等 OuXK-BC-205
云南：贡山 郭永杰，吴之坤，吴兴等 14CS9845
云南：鹤庆 孙振华，王文礼，宋晓卿等 OuxK-HQ-0009
云南：金平 喻智勇，张云飞，谷翠莲等 JinPing70
云南：景东 鲁艳 2008138
云南：景东 罗忠华，刘长铭，鲁成荣等 JDNR109
云南：景东 谢有能，刘长铭，张明勇等 JDNR037
云南：绿春 白黎虹，白才福 HLS0312
云南：麻栗坡 肖波 LuJL238
云南：南涧 袁玉川 NJWLS609
云南：南涧 熊绍荣，时国彩，李春明等 njwls2007094
云南：普洱 叶金科 YNS0353
云南：双柏 彭华，刘恩德，陈丽等 P.H.5480
云南：腾冲 余新林，赵玮 BSGLGStc056
云南：腾冲 周应再 Zhyz-339
云南：腾冲 周应再 Zhyz-329
云南：文山 何德明，丰艳飞，韦荣彪等 WSLJS767
云南：祥云 孙振华，王文礼，宋晓卿等 OuxK-XY-0009
云南：新平 谢天华，郎定富，杨如伟 XPALSA058
云南：盈江 王立彦，桂魏 SCSB-TBG-129
云南：永德 李永亮 YDDXS0624
云南：永德 李永亮 YDDXS0702
云南：永德 李永亮 YDDXSB034
云南：玉龙 彭华，王英，陈丽 P.H.5262
云南：元江 孙振华，王文礼，宋晓卿等 Ouxk-YJ-0012
云南：元谋 冯欣 OuXK-0079
云南：镇沅 罗成瑜 ALSZY243

Lespedeza cyrtobotrya Miquel 短梗胡枝子

安徽：金寨 刘淼 SCSB-JSC47
辽宁：凤城 李忠诚 CaoW210
山东：莱山区 卞福花，宋言贺 BianFH-531
山东：历城区 高德民，王萍，张颖颖等 Lilan586
陕西：宁陕 田先华，吴礼慧 TianXH267

Lespedeza davidii Franchet 大叶胡枝子

贵州：江口 周云 XiangZ112
湖南：怀化 李胜华，伍贤进，曾汉元等 HHXY283
湖南：湘乡 朱香清 SCSB-HN-0655
湖南：永定区 廖博儒，余祥洪，陈启超 7131
江西：庐山区 谭策铭，董安淼 TCM09078
江西：星子 董安淼，吴从梅 TanCM2220

Lespedeza davurica (Laxmann) Schindler 兴安胡枝子

北京：东城区 王雷，朱雅娟，黄振英 Beijing-huang-dls-0023
黑龙江：五大连池 孙阎，杜景红，李鑫鑫 SunY221
黑龙江：肇东 刘玫，张欣欣，程薪宇等 Liuetal480
黑龙江：肇源 杨帆，马红媛，安丰华 SNA0579
吉林：磐石 安海成 AnHC0220
吉林：前郭尔罗斯 杨帆，马红媛，安丰华 SNA0363
吉林：洮北区 杨帆，马红媛，安丰华 SNA0262
吉林：长岭 张永刚 Yanglm0312
吉林：长岭 胡良军，王伟娜 DBB201509200102P
辽宁：凌源 郑宝江，王美娟，曹鹏等 ZhengBJ411
辽宁：长海 郑宝江，丁晓炎，焦宏斌等 ZhengBJ357
辽宁：庄河 于立敏 CaoW788
内蒙古：赛罕区 蒲拴莲，刘润宽，刘毅等 M164
内蒙古：伊金霍洛旗 朱雅娟，黄振英，叶学华 Beijing-Ordos-000002
宁夏：惠农 何志斌，杜军，陈龙飞等 HHZA0093
山东：莱山区 卞福花，宋言贺 BianFH-528
山东：莱芜 张少华，王萍，张诏等 Lilan144
山东：崂山区 罗艳，李中华 LuoY189
山东：历城区 高德民，邵尉 Lilan946
山东：历下区 郑国伟，吕蕾，张秀娟等 Zhaozt0025
山东：牟平区 卞福花，卢学新，纪伟等 BianFH00044
山东：芝罘区 卞福花，卢学新，纪伟 BianFH00004
陕西：长安区 王梅荣，田先华，田陌 TianXH128
云南：南涧 官有才，熊绍荣，张雄等 NJWLS664

Lespedeza dunnii Schindler 春花胡枝子 *

安徽：舒城 陈延松，欧祖兰，高秋晨等 Xuzd464
江西：修水 缪以清，梁荣文，余于明 TanCM697

Lespedeza floribunda Bunge 多花胡枝子

安徽：肥东 徐忠东，陈延松 Xuzd029
甘肃：夏河 尹鑫，吴航，葛文静 LiuJQ-GN-2011-073
湖北：竹溪 李盛兰 GanQL809
江西：星子 谭策铭，董安淼 TCM09083
辽宁：凌源 卜军，金实，阴黎明 CaoW450
山东：莒县 高德民，步瑞兰，辛晓伟等 lilan754
山东：牟平区 卞福花，卢学新，纪伟等 BianFH00040
山东：芝罘区 卞福花，杜丽君，孟凡涛 BianFH-0146
山西：阳曲 陈浩 Zhangf0146
陕西：长安区 田先华，田陌 TianXH552

Lespedeza fordii Schindler 广东胡枝子 *

湖北：广水 朱鑫鑫，王君，石琳琳等 ZhuXX297
江西：庐山区 谭策铭，董安淼 TCM09076

Lespedeza inschanica (Maximowicz) Schindler 阴山胡枝子

北京：东城区 王雷，朱雅娟，黄振英 Beijing-huang-dls-0082
辽宁：庄河 于立敏 CaoW796
山东：崂山区 罗艳，李中华 LuoY356
山东：平邑 高德民，辛晓伟，张世尧等 Lilan830
山东：泰山区 张璐璐，王慧燕，杜超等 Zhaozt0198

山东：芝罘区 卞福花，杜丽君，孟凡涛 BianFH-0147

Lespedeza juncea (Linnaeus f.) Persoon 尖叶铁扫帚

黑龙江：肇东 刘玫，张欣欣，程薪宇等 Liuetal474

吉林：磐石 安海成 AnHC0171

吉林：长岭 韩忠明 Yanglm0324

辽宁：凤城 李忠诚 CaoW218

山东：海阳 辛晓伟 Lilan833

山东：崂山区 赵遵田，郑国伟，杜超等 Zhaozt0136

Lespedeza maximowiczii C. K. Schneider 宽叶胡枝子

安徽：绩溪 胡长玉，方建新，徐林飞 TangXS0644

湖北：崇阳 谭策铭，易桂花，缪以清等 TanCM2144

Lespedeza pilosa (Thunberg) Siebold & Zuccarini 铁马鞭

安徽：宁国 刘淼 SCSB-JSD4

安徽：休宁 唐鑫生，方建新 TangXS0410

湖北：神农架林区 李巨平 LiJuPing0027

湖北：竹溪 李盛兰 GanQL1154

江西：庐山区 谭策铭，董安淼 TCM09121

江西：星子 董安淼，吴从梅 TanCM1098

江西：修水 缪以清，李立新 TanCM1260

江西：修水 缪以清 TanCM2460

四川：木里 苏涛，黄永江，杨青松等 ZhouZK11350

四川：西昌 苏涛，黄永江，杨青松等 ZhouZK11392

云南：永胜 苏涛，黄永江，杨青松等 ZhouZK11454

Lespedeza potaninii V. N. Vassiljev 牛枝子 *

甘肃：夏河 尹鑫，吴航，葛文静 LiuJQ-GN-2011-053

内蒙古：和林格尔 蒲拴莲，刘润宽，刘毅等 M294

内蒙古：武川 蒲拴莲，刘润宽，刘毅等 M209

山东：历下区 张少华，张颖颖，程丹丹等 lilan522

西藏：察隅 张挺，蔡杰，袁明 09CS1497

Lespedeza thunbergii subsp. **formosa** (Vogel) H. Ohashi 美丽胡枝子 *

安徽：屯溪区 方建新 TangXS0491

甘肃：夏河 尹鑫，吴航，葛文静 LiuJQ-GN-2011-067

湖北：神农架林区 李巨平 LiJuPing0051

湖南：鹤城区 李胜华，伍贤进，曾汉元等 Wuxj840

江苏：句容 王兆银，吴宝成 SCSB-JS0348

江苏：海州区 汤兴利 HANGYY8518

江西：黎川 童和平，王玉珍，常迪江等 TanCM2073

江西：龙南 梁跃龙，廖海红 LiangYL091

江西：庐山区 谭策铭，董安淼 TCM09111

江西：修水 谭策铭，易桂花，缪以清等 TanCM2131

Lespedeza tomentosa (Thunberg) Siebold ex Maximowicz 绒毛胡枝子

湖北：竹溪 李盛兰 GanQL147

吉林：磐石 安海成 AnHC0385

江苏：句容 王兆银，吴宝成 SCSB-JS0319

江苏：南京 吴宝成 SCSB-JS0504

江西：庐山区 董安淼，吴从梅 TanCM1646

辽宁：长海 郑宝江，丁晓炎，焦宏斌等 ZhengBJ363

辽宁：庄河 于立敏 CaoW775

山东：莒县 高德民，步瑞兰，辛晓伟等 lilan753

山东：莱山区 卞福花，宋言贺 BianFH-529

山东：崂山区 罗艳，李中华 LuoY339

Lespedeza virgata (Thunberg) Candolle 细梗胡枝子

湖南：鹤城区 李胜华，伍贤进，曾汉元等 HHXY154

湖南：怀化 李胜华，伍贤进，曾汉元等 HHXY212

山东：崂山区 罗艳，李中华 LuoY336

山东：泰山区 杜超，王慧燕，张璐璐等 Zhaozt0201

山东：长清区 李兰，王萍，张少华 Lilan065

山东：芝罘区 卞福花，陈朋 BianFH-0357

山东：芝罘区 卞福花，宋言贺 BianFH-522

Lespedeza virgata var. **macrovirgata** (Kitagawa) Kitagawa 大细梗胡枝子 *

江西：星子 董安淼，吴从梅 TanCM1097

Leucaena leucocephala (Lamarck) de Wit 银合欢

福建：惠安 刘克明，旷仁平，丛义艳 SCSB-HN-0719

广西：龙州 黄俞淞，梁永延，叶晓霞 Liuyan0017

海南：昌江 康勇，林灯，陈庆 LWXS041

湖北：竹溪 张代贵 Zdg3603

四川：米易 袁明 MY502

云南：昆明 闫海忠，孙振华，王文礼等 OuxK-DC-0002

云南：丽江 孔航辉，罗江平，左雷等 YangQE3327

云南：隆阳区 赵玮 BSGLGSly203

云南：勐腊 张顺成 A010

云南：勐腊 李梦 A120

云南：勐腊 谭运洪 A211

云南：南涧 熊绍荣 njwls2007075

云南：屏边 钱良超，陆海兴，康远勇等 Pbdws134

云南：屏边 刀志灵，张洪喜 DZL534

云南：普洱 刀志灵 DZL538

云南：腾冲 余新林，赵玮 BSGLGStc274

云南：新平 彭华，向春雷，陈丽 PengH8287

云南：新平 刘家良 XPALSD277

云南：元江 刀志灵，陈渝 DZL622

云南：元谋 孙振华，罗圆，宋晓卿等 OUXK-YM-0001

云南：元谋 刀志灵，陈渝 DZL523

云南：镇沅 罗成瑜 ALSZY011

Lotus corniculatus Linnaeus 百脉根

山东：莱山区 卞福花，宋言贺 BianFH-535

四川：康定 苏涛，黄永江，杨青松等 ZhouZK11088

四川：康定 何兴金，李琴琴，王长宝等 SCU-08008

四川：康定 彭玉兰，涂卫国 Gaoxf-0881

云南：东川区 张挺，刘成，郭明明等 11CS3641

云南：巧家 张书东，张荣，王银环等 QJYS0236

云南：文山 何德明 WSLJS581

云南：西山区 张挺，唐勇，陈伟等 SCSB-B-000099

云南：香格里拉 杨青松，星耀武，苏涛 ZhouZK-07ZX-0351

Lotus krylovii Schischkin & Sergievskaya 中亚百脉根

新疆：吉木乃 段士民，王喜勇，刘会良等 234

Lotus tenuis Waldstein & Kitaibel ex Willdenow 细叶百脉根

新疆：阿合奇 杨赵平，周禧琳，贺冰 LiZJ1368

新疆：霍城 刘鸯 SHI-A2007068

Lysidice rhodostegia Hance 仪花

云南：勐腊 谭运洪 A340

Maackia amurensis Ruprecht 朝鲜槐

河北：隆化 牛玉璐，高彦飞 NiuYL605

黑龙江：尚志 李兵，路科 CaoW0095

黑龙江：尚志 李兵，路科 CaoW0102

黑龙江：尚志 刘玫，张欣欣，程薪宇等 Liuetal462

黑龙江：五常 李兵，路科 CaoW0135

吉林：敦化 陈武璋，王炳辉 CaoW0165

吉林：临江 刘翠晶 Yanglm0301

吉林：汪清 陈武璋，王炳辉 CaoW0168

辽宁：清河区 刘少硕，谢峰 CaoW303

辽宁：瓦房店 宫本胜 CaoW355

Maackia hupehensis Takeda 马鞍树 *

江西：武宁 张吉华，刘运群 TanCM1115

Macroptilium lathyroides (Linnaeus) Urban **大翼豆**

湖南：双牌 姜孝成，王丽萍，李育华 Jiangxc0800

云南：腾冲 周应再 Zhyz-340

Mecopus nidulans Bennett **长柄荚**

云南：墨江 张绍云，仇亚，胡启和 YNS1316

Medicago × varia Martyn **杂交苜蓿**

甘肃：夏河 尹鑫，吴航，葛文静 LiuJQ-GN-2011-692

新疆：和硕 杨赵平，焦培培，白冠章等 LiZJ0613

新疆：库尔勒 杨赵平，焦培培，白冠章等 LiZJ0629

Medicago archiducis-nicolaii Širjaev **青海苜蓿 ***

甘肃：合作 尹鑫，吴航，葛文静 LiuJQ-GN-2011-049

Medicago edgeworthii Širjaev **毛荚苜蓿**

四川：道孚 何兴金，胡灏禹，沈呈娟等 SCU-11-439

西藏：城关区 李晖，边巴，徐爱国 lihui-Q-09-78

西藏：工布江达 卢洋，刘帆等 LiJ834

西藏：林芝 林玲 LiuJQ-08XZ-231

西藏：林芝 卢洋，刘帆等 LiJ775

西藏：墨竹工卡 钟扬 ZhongY1052

Medicago falcata Linnaeus **野苜蓿**

河北：蔚县 牛玉璐，高彦飞，黄士良 NiuYL207

吉林：大安 杨帆，马红媛，安丰华 SNA0053

吉林：前郭尔罗斯 杨帆，马红媛，安丰华 SNA0468

内蒙古：海拉尔区 黄学文 NMDB20160814117

内蒙古：新巴尔虎左旗 黄学文 NMDB20160815203

内蒙古：新巴尔虎左旗 黄学文 NMDB20160816261

新疆：吉木乃 许炳强，胡伟明 XiaNH-07ZX-826

新疆：吉木乃 许炳强，胡伟明 XiaNH-07ZX-824

新疆：温宿 杨赵平，焦培培，白冠章等 LiZJ0944

Medicago falcata subsp. **romanica** (Prodan) O. Schwartz & Klinkowski **草原苜蓿**

新疆：塔什库尔干 邱娟，冯建菊 LiuJQ0075

新疆：裕民 徐文斌，黄刚 SHI-2009086

Medicago lupulina Linnaeus **天蓝苜蓿**

安徽：铜陵 陈延松，唐成丰 Zhousb0123

安徽：屯溪区 方建新 TangXS0737

重庆：南川区 易思荣，谭秋平 YISR380

甘肃：合作 尹鑫，吴航，葛文静 LiuJQ-GN-2011-050

甘肃：合作 郭淑青，杜品 LiuJQ-2012-GN-033

甘肃：碌曲 李晓东，刘帆，张景博等 LiJ0145

贵州：开阳 肖恩婷 Yuanm004

河北：桃城 牛玉璐，高彦飞，赵二涛 NiuYL404

湖北：仙桃 张代贵 Zdg2416

湖北：竹溪 李盛兰 GanQL934

湖南：永定区 吴福川，廖博儒 7052

吉林：通榆 杨帆，马红媛，安丰华 SNA0208

江苏：射阳 吴宝成 HANGYY8260

江苏：宜兴 吴宝成 HANGYY8212

宁夏：银川 牛有栋，朱奋霞 ZuoZh190

青海：互助 薛春迎 Xuechy0057

山东：历城区 张少华，张诏，王萍等 lilan579

上海：闵行区 李宏庆，葛斌杰，刘国丽 Lihq0152

四川：阿坝 蔡杰，张挺，刘成 10CS2589

四川：道孚 余岩，周春景，秦汉涛 SCU-11-015

四川：红原 张昌兵 ZhangCB0050

四川：九寨沟 张昌兵 ZhangCB0008

四川：马尔康 何兴金，王月，胡灏禹 SCU-08160

四川：普格 苏涛，黄永江，杨青松等 ZhouZK11022

四川：射洪 袁明 YUANM2016L164

西藏：城关区 李晖，边巴，徐爱国 lihui-Q-09-85

西藏：拉萨 卢洋，刘帆等 LiJ712

西藏：拉萨 钟扬 ZhongY1019

西藏：拉萨 陈家辉，韩希，王广艳等 YangYP-Q-4197

西藏：林芝 林玲 LiuJQ-08XZ-230

西藏：林周 杨永平，段元文，边巴扎西 Yangyp-Q-1045

西藏：日喀则 陈家辉，韩希，王东超等 YangYP-Q-4361

西藏：扎囊 王东超，杨大松，张春林等 YangYP-Q-5090

新疆：阿合奇 黄文娟，杨赵平，王英鑫 TD-01948

新疆：拜城 黄文娟，杨赵平，王英鑫 TD-02079

新疆：策勒 冯建菊 Liujq-fjj-0071

新疆：策勒 冯建菊 Liujq-fjj-0079

新疆：和静 张玲 TD-01915

新疆：和静 张玲 TD-01928

新疆：库车 塔里木大学植物资源调查组 TD-00970

新疆：塔什库尔干 杨赵平，周禧林，贺冰 LiZJ1235

新疆：塔什库尔干 邱娟，冯建菊 LiuJQ0120

新疆：特克斯 阎平，董雪洁 SHI-A2007299

新疆：乌恰 杨赵平，黄文娟 TD-01813

新疆：于田 冯建菊 Liujq-fjj-0010

新疆：昭苏 徐文斌，董雪洁 SHI-A2007330

云南：隆阳区 赵玮 BSGLGSly084

云南：隆阳区 赵玮 BSGLGSly191

云南：禄丰 郭永杰，亚吉东，李小杰等 14CS8208

云南：南涧 罗新洪，阿国仁，何贵才 NJWLS769

云南：南涧 马德跃，官有才，罗开宏等 NJWLS978

云南：南涧 熊绍荣，张雄 NJWLS1215

云南：南涧 熊绍荣 NJWLS421

云南：南涧 熊绍荣 NJWLS2008317

云南：石林 税玉民，陈文红 64539

云南：西山区 彭华，陈丽 P.H. 5317

云南：永德 李永亮 YDDXS0202

云南：元江 胡启元，周兵，张绍云 YNS0849

Medicago minima (Linnaeus) Bartalini **小苜蓿**

湖北：竹溪 李盛兰 GanQL436

山东：曹县 辛晓伟，张世尧 Lilan798

陕西：长安区 王梅荣，杨秀梅 TianXH003

四川：盐源 苏涛，黄永江，杨青松等 ZhouZK11369

云南：新平 谢雄 XPALSC416

Medicago monantha (C. A. Meyer) Trautvetter **单花胡卢巴**

新疆：乌鲁木齐 谭敦炎，邱娟 TanDY0162

Medicago orthoceras (Karelin & Kirilov) Trautvetter **直果胡卢巴**

新疆：温泉 徐文斌，黄雪姣 SHI-2008097

新疆：乌鲁木齐 谭敦炎，吉乃提 TanDY0518

新疆：乌鲁木齐 谭敦炎，邱娟 TanDY0195

Medicago polymorpha Linnaeus **南苜蓿**

安徽：石台 洪欣 ZhouSB0173

安徽：屯溪区 方建新 TangXS0978

湖北：竹溪 李盛兰 GanQL048

江苏：玄武区 顾子霞 HANGYY8670

江苏：云龙区 吴宝成 HANGYY8063

上海：闵行区 李宏庆，殷鸽，杨灵霞 Lihq0177

云南：景东 罗忠华，刘长铭，鲁成荣等 JDNR09018

云南：禄丰 郭永杰，亚吉东，李小杰等 14CS8207

云南：麻栗坡 肖波 LuJL435

Medicago ruthenica (Linnaeus) Trautvetter **花苜蓿**

甘肃：夏河 尹鑫，吴航，葛文静 LiuJQ-GN-2011-048
吉林：长岭 张宝田 Yanglm0348
内蒙古：土默特右旗 刘博，蒲拴莲，刘润宽等 M345
山东：历城区 步瑞兰，辛晓伟，徐永娟等 Lilan870

Medicago sativa Linnaeus **紫苜蓿**

吉林：镇赉 杨帆，马红媛，安丰华 SNA0125
江苏：句容 吴宝成，王兆银 HANGYY8226
江苏：太仓 吴宝成 HANGYY8196
内蒙古：武川 蒲拴莲，刘润宽，刘毅等 M180
四川：茂县 高云东，李忠荣，鞠文彬 GaoXF-12-006
新疆：阿合奇 塔里木大学植物资源调查组 TD-00568
新疆：阿合奇 黄文娟，杨赵平，王英鑫 TD-01963
新疆：阿图什 塔里木大学植物资源调查组 TD-00664
新疆：巴楚 塔里木大学植物资源调查组 TD-00789
新疆：哈密 段士民，王喜勇，刘会良 Zhangdy119
新疆：和硕 邱爱军，张玲，马帅 LiZJ1686
新疆：乌恰 塔里木大学植物资源调查组 TD-00717
新疆：乌恰 杨赵平，黄文娟 TD-01805
新疆：乌什 塔里木大学植物资源调查组 TD-00879
新疆：新和 塔里木大学植物资源调查组 TD-00524
新疆：伊吾 王喜勇，马文宝，施翔 zdy471
云南：金平 喻智勇，梁宗利，张云飞等 JinPing108
云南：腾冲 周应再 Zhyz-342

Melilotus albus Medikus **白花草木犀**

河北：涿鹿 牛玉璐，高彦飞，赵二涛 NiuYL334
吉林：大安 杨帆，马红媛，安丰华 SNA0050
吉林：南关区 韩忠明 Yanglm0144
内蒙古：海拉尔区 黄学文 NMDB20160814122
内蒙古：武川 蒲拴莲，刘润宽，刘毅等 M191
内蒙古：新巴尔虎左旗 黄学文 NMDB20160815154
内蒙古：伊金霍洛旗 杨学军 Huangzy0233
山东：历城区 李兰，王萍，张少华 Lilan033
四川：茂县 高云东，李忠荣，鞠文彬 GaoXF-12-001
西藏：拉萨 钟扬 ZhongY1021
西藏：林芝 罗建 LiuJQ-08XZ-006
西藏：曲水 卢洋，刘帆等 LiJ936
新疆：阿合奇 黄文娟，杨赵平，王英鑫 TD-01968
新疆：阿克苏 塔里木大学植物资源调查组 TD-00899
新疆：阿图什 塔里木大学植物资源调查组 TD-00614
新疆：拜城 塔里木大学植物资源调查组 TD-00542
新疆：博乐 贺晓欢 SHI-A2007111
新疆：策勒 冯建菊 Liujq-fjj-0056
新疆：巩留 刘鸯，徐文斌，马真等 SHI-A2007234
新疆：库尔勒 杨赵平，焦培培，白冠章等 LiZJ0637
新疆：尼勒克 刘鸯，马真，贺晓欢等 SHI-A2007462
新疆：石河子 塔里木大学植物资源调查组 TD-01023
新疆：托里 徐文斌，郭一敏 SHI-2009289
新疆：温泉 徐文斌，黄雪姣 SHI-2008094
新疆：温宿 杨赵平，周禧琳，贺冰 LiZJ1921
新疆：乌鲁木齐 马文宝，刘会良 zdy037
新疆：乌什 塔里木大学植物资源调查组 TD-00501
新疆：新和 塔里木大学植物资源调查组 TD-00991
新疆：新和 白宝伟，段黄金 TD-02060
新疆：叶城 黄文娟，段黄金，王英鑫等 LiZJ0859
新疆：叶城 黄文娟，段黄金，王英鑫等 LiZJ0863
新疆：叶城 郭永杰，黄文娟，段黄金 LiZJ0181
新疆：裕民 徐文斌，郭一敏 SHI-2009388
新疆：裕民 徐文斌，郭一敏 SHI-2009481
新疆：昭苏 徐文斌，黄建锋 SHI-A2007328
云南：文山 肖波 LuJL512

Melilotus dentatus (Waldstein & Kitaibel) Persoon **细齿草木犀**

河北：围场 牛玉璐，王晓亮 NiuYL522
山东：天桥区 高德民，邵尉 Lilan943
山东：天桥区 王萍，高德民，张诏等 lilan321

Melilotus indicus (Linnaeus) Allioni **印度草木犀**

江苏：句容 吴宝成，王兆银 HANGYY8214
山东：历下区 赵遵田，郑国伟，任昭杰等 Zhaozt0019
四川：汶川 何兴金，高云东，余岩等 SCU-09-540
西藏：拉萨 卢洋，刘帆等 LiJ714
西藏：拉萨 杨永平，王东超，杨大松等 YangYP-Q-5019
西藏：曲水 卢洋，刘帆等 LiJ930
西藏：日喀则 陈家辉，韩希，王东超等 YangYP-Q-4362
西藏：桑日 陈家辉，韩希，王广艳等 YangYP-Q-4225
西藏：扎囊 王东超，杨大松，张春林等 YangYP-Q-5086

Melilotus officinalis (Linnaeus) Lamarck **草木犀**

安徽：屯溪区 方建新 TangXS0050
安徽：屯溪区 方建新 TangXS0873
北京：东城区 王雷，朱雅娟，黄振英 Beijing-huang-bws-0052
北京：东城区 王雷，朱雅娟，黄振英 Beijing-huang-dls-0077
北京：门头沟区 李燕军 SCSB-E-0040
甘肃：合作 尹鑫，吴航，葛文静 LiuJQ-GN-2011-055
甘肃：合作 郭淑青，杜品 LiuJQ-2012-GN-038
黑龙江：肇源 杨帆，马红媛，安丰华 SNA0583
湖北：神农架林区 李巨平 LiJuPing0261
湖南：永定区 吴福川，查学州，余祥洪 63
吉林：南关区 韩忠明 Yanglm0113
吉林：洮北区 杨帆，马红媛，安丰华 SNA0331
吉林：长岭 张红香 ZhangHX161
吉林：长岭 胡良军，王伟娜 DBB201509190104P
江苏：句容 王兆银，吴宝成 SCSB-JS0121
江苏：连云港 汤兴利 HANGYY8449
江苏：启东 高兴 HANGYY8620
江西：庐山区 董安淼，吴从梅 TanCM2201
辽宁：庄河 于立敏 CaoW921
内蒙古：额尔古纳 郑宝江，姜洪哲 ZhengBJ158
内蒙古：回民区 蒲拴莲，李茂文 M006
内蒙古：武川 蒲拴莲，刘润宽，刘毅等 M190
青海：湟源 汪书丽，朱洪涛 Liujq-QLS-TXM-008
山东：济南 张少华，王萍，张诏等 Lilan156
山西：阳曲 廉凯敏 Zhangf0148
四川：甘孜 陈文允，于文涛，黄永江 CYH098
四川：九寨沟 张昌兵 ZhangCB0006
四川：康定 彭玉兰，涂卫国 Gaoxf-1113
四川：若尔盖 何兴金，冯图，廖晨阳等 SCU-080320
四川：若尔盖 何兴金，高云东，刘海艳等 SCU-20080525
四川：射洪 袁明 YUANM2016L217
四川：松潘 何兴金，刘爽，赵财 SCU-10-416
四川：松潘 何兴金，张云香，王志新 SCU-10-522
四川：松潘 何兴金，张云香，王志新 SCU-10-530
四川：小金 高云东，李忠荣，鞠文彬 GaoXF-12-082
四川：小金 何兴金，冯图，廖晨阳等 SCU-080357
四川：新龙 陈家辉，王赟，刘德团 YangYP-Q-3014
西藏：拉萨 钟扬 ZhongY1016
西藏：拉萨 钟扬 ZhongY1061
西藏：林芝 林玲 LiuJQ-08XZ-226

西藏：芒康 王文礼，冯欣，刘飞鹏 OUXK11151
西藏：桑日 扎西次仁 ZhongY378
新疆：阿合奇 塔里木大学植物资源调查组 TD-00624
新疆：阿图什 塔里木大学植物资源调查组 TD-00618
新疆：博乐 马真 SHI-A2007110
新疆：和田 冯建菊 Liujq-fjj-0081
新疆：吉木乃 段士民，王喜勇，刘会良等 236
新疆：吉木萨尔 谭敦炎，吉乃提 TanDY0588
新疆：奎屯 徐文斌，黄刚 SHI-2009143
新疆：尼勒克 徐文斌，刘鸯，马真等 SHI-A2007432
新疆：尼勒克 亚吉东，张桥蓉，秦少发等 16CS13443
新疆：奇台 谭敦炎，吉乃提 TanDY0564
新疆：石河子 白宝伟，段黄金 TD-02065
新疆：塔什库尔干 张玲，杨赵平 TD-01043
新疆：塔什库尔干 张玲，杨赵平 TD-01600
新疆：塔什库尔干 黄文娟，段黄金，王英鑫等 LiZJ0337
新疆：托里 徐文斌，郭一敏 SHI-2009241
新疆：托里 徐文斌，郭一敏 SHI-2009337
新疆：温泉 徐文斌，王莹 SHI-2008152
新疆：温泉 徐文斌，黄雪姣 SHI-2008214
新疆：乌鲁木齐 马文宝，刘会良 zdy040
新疆：乌恰 塔里木大学植物资源调查组 TD-00680
新疆：乌恰 塔里木大学植物资源调查组 TD-00711
新疆：乌恰 杨赵平，黄文娟 TD-01807
新疆：乌什 塔里木大学植物资源调查组 TD-00866
新疆：乌什 塔里木大学植物资源调查组 TD-00878
新疆：新和 塔里木大学植物资源调查组 TD-00989
新疆：叶城 黄文娟，段黄金，王英鑫等 LiZJ0875
新疆：裕民 徐文斌，黄刚 SHI-2009359
新疆：裕民 徐文斌，杨清理 SHI-2009438
新疆：裕民 徐文斌，郭一敏 SHI-2009472
浙江：余杭区 葛斌杰 Lihq0232

Millettia entadoides Z. Wei 榼藤子崖豆藤 *
云南：勐海 张挺，谭运洪，王建军等 SCSB-B-000273

Millettia pachycarpa Bentham 厚果崖豆藤
贵州：南明区 赵厚涛，韩国营 YBG117
云南：弥勒 刘恩德，方伟，杜燕等 SCSB-B-000035

Millettia pulchra (Bentham) Kurz 印度崖豆
云南：云龙 赵玉贵，李占兵，张吉平等 TC2025

Mimosa bimucronata (Candolle) O. Kuntze 光荚含羞草
云南：麻栗坡 肖波 LuJL203
云南：蒙自 田学军，张冲，马明波 TianXJ259
云南：屏边 钱良超，陆海兴，张照跃等 Pbdws158
云南：普洱 刀志灵 DZL540
云南：普洱 刀志灵 DZL585
云南：西盟 刀志灵 DZL545
云南：永德 李永亮 YDDXS0979

Mimosa diplotricha var. **inermis** (Adelbert) Veldkamp 无刺巴西含羞草
云南：金平 喻智勇，官兴永，张云飞等 JinPing01
云南：勐腊 李梦 A129
云南：永德 李永亮，马文军 YDDXSB196
云南：永德 李永亮 YDDXS0237
云南：永德 李永亮 YDDXS1011

Mimosa pudica Linnaeus 含羞草
广西：龙州 赵亚美 SCSB-JS0468
海南：三亚 谭策铭，易桂花 TCM09197
云南：河口 刘成，亚吉东，张桥蓉等 16CS14154
云南：金平 喻智勇，官兴永，张云飞等 JinPing02
云南：景谷 胡启和，周英，仇亚 YNS0660
云南：勐腊 张顺成 A029
云南：勐腊 李梦 A072
云南：勐腊 李梦 A124
云南：勐腊 谭运洪 A334
云南：普洱 叶金科 YNS0128
云南：盈江 王立彦 SCSB-TBG-099
云南：永德 李永亮 YDDXS0236
云南：元阳 田学军，杨建，邱成书等 Tianxj0064

Mucuna calophylla W. W. Smith 美叶油麻藤 *
云南：易门 王焕冲，马兴达 WangHCH011

Mucuna interrupta Gagnepain 间序油麻藤
云南：镇康 张挺，蔡杰，刘成等 13CS5878

Mucuna macrobotrys Hance 大球油麻藤 *
云南：河口 刘成，亚吉东，张桥蓉等 16CS14163

Mucuna macrocarpa Wallich 大果油麻藤
云南：景东 罗忠华，刘长铭，鲁成荣等 JD108

Mucuna pruriens (Linnaeus) Candolle 刺毛黧豆
云南：景洪 彭华，向春雷，陈丽等 P.H.5716
云南：澜沧 彭华，向春雷，陈丽 P.H.5784
云南：弥勒 刘恩德，方伟，杜燕等 SCSB-B-000048

Mucuna sempervirens Hemsley 常春油麻藤
安徽：祁门 方建新 TangXS0969
湖北：竹溪 李盛兰 GanQL1041
江西：庐山区 董安淼，吴从梅 TanCM1690
江西：庐山区 谭策铭，奚亚，徐玉荣 TanCM3408
云南：绿春 黄连山保护区科研所 HLS0456
云南：南涧 熊绍荣，阿国仁 njwls2007109

Ohwia caudata (Thunberg) H. Ohashi 小槐花
安徽：祁门 唐鑫生，方建新 TangXS0480
湖南：怀化 李胜华，伍贤进，曾汉元等 HHXY202
湖南：新化 姜孝成，唐妹，戴小军等 Jiangxc0578
江西：庐山区 谭策铭，董安淼 TCM09124
云南：绿春 黄连山保护区科研所 HLS0465
云南：镇沅 罗成瑜 ALSZY406

Onobrychis tanaitica Sprengel 顿河红豆草
新疆：乌鲁木齐 王喜勇，马文宝，施翔 zdy376

Ormosia henryi Prain 花榈木 *
安徽：徽州区 方建新 TangXS0994
江西：黎川 童和平，王玉珍，常迪江等 TanCM2046
江西：黎川 童和平，王玉珍 TanCM1838
江西：庐山区 董安淼，吴从梅 TanCM1030

Ormosia hosiei Hemsley & E. H. Wilson 红豆树 *
湖北：竹溪 李盛兰 GanQL909

Ormosia howii Merrill & Chun 缘毛红豆 *
广西：金秀 许玥，祝文志，刘志祥等 ShenZH8119

Ormosia pingbianensis Cheng & R. H. Chang 屏边红豆 *
云南：屏边 钱良超，陆海兴，康远勇等 Pbdws188

Ormosia semicastrata Hance 软荚红豆 *
广西：金秀 许玥，祝文志，刘志祥等 ShenZH8106

Ormosia yunnanensis Prain 云南红豆 *
云南：沧源 李春华，肖美芳，李华明等 CYNGH125
云南：江城 张绍云，胡启和 YNS1271

Oxytropis aciphylla Ledebour 猫头刺
新疆：伊吾 段士民，王喜勇，刘会良 Zhangdy169

Oxytropis anertii Nakai 长白棘豆
吉林：安图 周海城 ZhouHC007

Oxytropis assiensis Vassilczenko 阿西棘豆
青海：祁连 陈世龙，高庆波，张发起等 Chensl1509
Oxytropis avisoides P. C. Li 鸟状棘豆 *
新疆：温宿 杨赵平，周禧琳，贺冰 LiZJ1948
Oxytropis bicolor Bunge 地角儿苗
河北：赤城 牛玉璐，高彦飞 NiuYL632
山东：历城区 张少华，王萍，张诏等 Lilan200
Oxytropis chionobia Bunge 雪地棘豆
新疆：塔什库尔干 冯建菊 LiuJQ0181
Oxytropis deflexa (Pallas) Candolle 急弯棘豆
青海：门源 吴玉虎 LJQ-QLS-2008-0007
Oxytropis densa Bentham ex Bunge 密丛棘豆
青海：玛多 陈世龙，高庆波，张发起 Chensl0532
Oxytropis falcata Bunge 镰荚棘豆 *
青海：海西 SCSB-B-000356
青海：海西 汪书丽，王志强，邹嘉宾 Liujq-Txm10-060
青海：玛多 陈世龙，张得钧，高庆波等 Chensl0080
青海：门源 吴玉虎 LJQ-QLS-2008-0247
四川：若尔盖 张昌兵，邓秀华 ZhangCB0218
西藏：昂仁 李晖，卜海涛，边巴等 lihui-Q-09-03
西藏：日土 李晖，卜海涛，边巴等 lihui-Q-09-41
新疆：叶城 郭永杰，黄文娟，段黄金 LiZJ0221
Oxytropis filiformis Candolle 线棘豆
北京：东城区 王雷，朱雅娟，黄振英 Beijing-huang-dls-0068
河北：平山 牛玉璐，郑博颖，黄士良等 NiuYL097
Oxytropis giraldii Ulbrich 华西棘豆 *
青海：同德 陈世龙，高庆波，张发起 Chensl1005
Oxytropis glabra Candolle 小花棘豆
宁夏：银川 牛有栋，李出山 ZuoZh110
青海：都兰 潘建斌，杜维波，牛炳韬 Liujq-2011CDM-210
青海：乌兰 潘建斌，杜维波，牛炳韬 Liujq-2011CDM-351
新疆：阿合奇 塔里木大学植物资源调查组 TD-00572
新疆：阿合奇 塔里木大学植物资源调查组 TD-00621
新疆：和静 杨赵平，焦培培，白冠章等 LiZJ0687
新疆：和静 杨赵平，焦培培，白冠章等 LiZJ0764
新疆：库车 塔里木大学植物资源调查组 TD-00385
新疆：塔什库尔干 黄文娟，段黄金，王英鑫等 LiZJ0281
新疆：托里 徐文斌，黄刚 SHI-2009176
新疆：托里 徐文斌，黄刚 SHI-2009251
新疆：温宿 塔里木大学植物资源调查组 TD-00907
新疆：温宿 杨赵平，黄文娟，段黄金等 LiZJ0125
新疆：乌鲁木齐 王喜勇，马文宝，施翔 zdy340
新疆：乌什 塔里木大学植物资源调查组 TD-00495
新疆：叶城 黄文娟，段黄金，王英鑫等 LiZJ0890
Oxytropis hirta Bunge 硬毛棘豆
河北：蔚县 牛玉璐，高彦飞，黄士良 NiuYL210
Oxytropis humifusa Karelin & Kirilov 铺地棘豆
青海：称多 陈世龙，高庆波，张发起 Chensl0585
西藏：阿里 陈家辉，庄会富，边巴扎西 Yangyp-Q-2047
西藏：班戈 杨永平，陈家辉，段元文等 Yangyp-Q-0150
西藏：当雄 杨永平，段元文，边巴扎西 Yangyp-Q-1011
西藏：那曲 陈家辉，庄会富，刘德团 Yangyp-Q-0190
西藏：聂荣 陈家辉，庄会富，边巴扎西 Yangyp-Q-2090
Oxytropis imbricata Komarov 密花棘豆 *
青海：门源 吴玉虎 LJQ-QLS-2008-0164
Oxytropis immersa (Baker ex Aitchison) Bunge ex B. Fedtschenko 和硕棘豆
新疆：和静 邱爱军，张玲 LiZJ1848
Oxytropis kansuensis Bunge 甘肃棘豆
甘肃：玛曲 尹鑫，吴航，葛文静 LiuJQ-GN-2011-052
甘肃：天祝 陈世龙，张得钧，高庆波等 Chensl0470
青海：都兰 冯虎元 LiuJQ-08KLS-175
青海：格尔木 冯虎元 LiuJQ-08KLS-041
青海：格尔木 冯虎元 LiuJQ-08KLS-045
青海：格尔木 冯虎元 LiuJQ-08KLS-080
青海：玛沁 陈世龙，张得钧，高庆波等 Chensl0124
青海：曲麻莱 陈世龙，高庆波，张发起 Chensl0835
青海：玉树 许炳强，周伟，郑朝汉 Xianh0303
四川：德格 张挺，李爱花，刘成等 08CS817
四川：若尔盖 张昌兵，邓秀华 ZhangCB0217
Oxytropis latibracteata Jurtzev 宽苞棘豆 *
青海：格尔木 冯虎元 LiuJQ-08KLS-046
青海：格尔木 冯虎元 LiuJQ-08KLS-055
青海：格尔木 冯虎元 LiuJQ-08KLS-058
青海：格尔木 冯虎元 LiuJQ-08KLS-081
青海：格尔木 冯虎元 LiuJQ-08KLS-136
Oxytropis meinshausenii Schrenk 萨拉套棘豆
青海：门源 陈世龙，高庆波，张发起等 Chensl1618
Oxytropis melanocalyx Bunge 黑萼棘豆 *
青海：囊谦 陈世龙，高庆波，张发起 Chensl0688
青海：祁连 陈世龙，高庆波，张发起等 Chensl1503
西藏：达孜 卢洋，刘帆等 LiJ905
西藏：工布江达 卢洋，刘帆等 LiJ854
西藏：工布江达 卢洋，刘帆等 LiJ882
Oxytropis merkensis Bunge 米尔克棘豆
新疆：阿合奇 杨赵平，周禧琳，贺冰 LiZJ1398
新疆：塔什库尔干 张玲，杨赵平 TD-01045
新疆：塔什库尔干 张玲，杨赵平 TD-01095
Oxytropis microphylla (Pallas) Candolle 小叶棘豆
西藏：班戈 杨永平，陈家辉，段元文等 Yangyp-Q-0158
西藏：定日 王东超，杨大松，张春林等 YangYP-Q-5116
西藏：定日 王东超，杨大松，张春林等 YangYP-Q-5134
西藏：噶尔 李晖，文雪梅，次旺加布等 Lihui-Q-0023
西藏：噶尔 李晖，文雪梅，次旺加布等 Lihui-Q-0030
西藏：噶尔 陈家辉，庄会富，边巴扎西 Yangyp-Q-2009
西藏：革吉 陈家辉，庄会富，边巴扎西 Yangyp-Q-2028
西藏：吉隆 陈家辉，韩希，王广艳等 YangYP-Q-4344
西藏：那曲 陈家辉，庄会富，刘德团 Yangyp-Q-0182
西藏：那曲 陈家辉，庄会富，边巴扎西 Yangyp-Q-2124
西藏：聂荣 陈家辉，庄会富，边巴扎西 Yangyp-Q-2089
西藏：萨嘎 陈家辉，庄会富，刘德团等 Yangyp-Q-0137
新疆：托里 徐文斌，郭一敏 SHI-2009040
Oxytropis myriophylla (Pallas) Candolle 多叶棘豆
吉林：长岭 张红香 ZhangHX011
Oxytropis ochrantha Turczaninow 黄毛棘豆
甘肃：合作 尹鑫，吴航，葛文静 LiuJQ-GN-2011-695
甘肃：碌曲 李晓东，刘帆，张景博等 LiJ0127
甘肃：玛曲 李晓东，刘帆，张景博等 LiJ0060
青海：称多 陈世龙，高庆波，张发起 Chensl0599
四川：石渠 陈世龙，高庆波，张发起 Chensl0633
Oxytropis ochrocephala Bunge 黄花棘豆 *
甘肃：合作 尹鑫，吴航，葛文静 LiuJQ-GN-2011-044
甘肃：碌曲 李晓东，刘帆，张景博等 LiJ0136
甘肃：夏河 尹鑫，吴航，葛文静 LiuJQ-GN-2011-693
青海：达日 陈世龙，张得钧，高庆波等 Chensl0315
青海：达日 陈世龙，高庆波，张发起 Chensl1106

青海：共和 陈世龙，高庆波，张发起 Chensl0496
青海：海晏 陈世龙，高庆波，张发起等 Chensl1428
青海：互助 陈世龙，高庆波，张发起等 Chensl1698
青海：互助 陈世龙，高庆波，张发起等 Chensl1736
青海：互助 薛春迎 Xuechy0064
青海：乐都 陈世龙，高庆波，张发起等 Chensl1828
青海：玛沁 陈世龙，高庆波，张发起 Chensl1058
青海：玛沁 陈世龙，高庆波，张发起 Chensl1089
青海：门源 吴玉虎 LJQ-QLS-2008-0003
青海：门源 陈世龙，高庆波，张发起等 Chensl1604
青海：囊谦 陈世龙，高庆波，张发起 Chensl0668
青海：囊谦 陈世龙，高庆波，张发起 Chensl0695
青海：囊谦 许炳强，周伟，郑朝汉 Xianh0025
青海：平安 陈世龙，高庆波，张发起等 Chensl1753
青海：祁连 陈世龙，高庆波，张发起等 Chensl1524
青海：祁连 陈世龙，高庆波，张发起等 Chensl1577
青海：曲麻莱 陈世龙，高庆波，张发起 Chensl0803
青海：曲麻莱 陈世龙，高庆波，张发起 Chensl0812
青海：曲麻莱 陈世龙，高庆波，张发起 Chensl0841
青海：天峻 汪书丽，朱洪涛 Liujq-QLS-TXM-040
青海：同德 陈世龙，高庆波，张发起 Chensl1012
青海：同德 陈世龙，高庆波，张发起 Chensl1037
青海：玉树 陈世龙，高庆波，张发起 Chensl0619
青海：玉树 陈世龙，高庆波，张发起 Chensl0621
青海：玉树 陈世龙，高庆波，张发起 Chensl0655
青海：杂多 陈世龙，高庆波，张发起 Chensl0718
青海：泽库 陈世龙，高庆波，张发起 Chensl0925
青海：泽库 陈世龙，高庆波，张发起 Chensl0936
青海：泽库 陈世龙，高庆波，张发起 Chensl0991
青海：泽库 陈世龙，高庆波，张发起 Chensl1017
四川：石渠 陈世龙，高庆波，张发起 Chensl0632
西藏：当雄 杨永平，段元文，边巴扎西 Yangyp-Q-1006
西藏：工布江达 卢洋，刘帆等 LiJ879
西藏：工布江达 扎西次仁 ZhongY282
西藏：林芝 卢洋，刘帆等 LiJ767
西藏：聂荣 陈家辉，庄会富，边巴扎西 Yangyp-Q-2102
西藏：左贡 张永洪，王晓雄，周卓等 SunH-07ZX-1131
西藏：左贡 徐波，陈光富，陈林杨等 SunH-07ZX-2037
西藏：左贡 徐波，陈光富，陈林杨等 SunH-07ZX-2044

Oxytropis ochrolongibracteata X. Y. Zhu & H. Ohashi **长苞黄花棘豆 ***

西藏：江达 张挺，李爱花，刘成等 08CS788

Oxytropis parasericeopetala P. C. Li **长萼棘豆 ***

西藏：拉萨 杨永平，王东超，杨大松等 YangYP-Q-5003
西藏：朗县 罗建，汪书丽，任德智 L050
西藏：扎囊 王东超，杨大松，张春林等 YangYP-Q-5073

Oxytropis pauciflora Bunge **少花棘豆**

西藏：定日 王东超，杨大松，张春林等 YangYP-Q-5105
西藏：定日 王东超，杨大松，张春林等 YangYP-Q-5123
西藏：拉萨 杨永平，王东超，杨大松等 YangYP-Q-5014

Oxytropis proboscidea Bunge **冰川棘豆 ***

青海：海西 汪书丽，王志强，邹嘉宾 Liujq-Txm10-049
西藏：昂仁 李晖，卜海涛，边巴等 lihui-Q-09-01
西藏：当雄 陈家辉，庄会富，刘德团 Yangyp-Q-0164
西藏：改则 李晖，卜海涛，边巴等 lihui-Q-09-24
西藏：革吉 陈家辉，庄会富，边巴扎西 Yangyp-Q-2031
西藏：日土 李晖，卜海涛，边巴等 lihui-Q-09-42

Oxytropis qilianshanica C. W. Chang & C. L. Zhang ex X. Y. Zhu & H. Ohashi **祁连山棘豆 ***

青海：祁连 陈世龙，高庆波，张发起等 Chensl1464

Oxytropis qinghaiensis Y. H. Wu **青海棘豆 ***

青海：门源 吴玉虎 LJQ-QLS-2008-0004
青海：曲麻莱 陈世龙，高庆波，张发起 Chensl0794
青海：曲麻莱 陈世龙，高庆波，张发起 Chensl0807
青海：玉树 陈世龙，高庆波，张发起 Chensl0657

Oxytropis rupifraga Bunge **悬岩棘豆**

新疆：塔什库尔干 杨赵平，黄文娟 TD-01732

Oxytropis sericopetala Prain ex C. E. C. Fischer **毛瓣棘豆 ***

西藏：达孜 卢洋，刘帆等 LiJ904
西藏：拉萨 钟扬 ZhongY1049

Oxytropis stracheyana Bunge **胀果棘豆**

青海：海西 汪书丽，王志强，邹嘉宾 Liujq-Txm10-095
西藏：当雄 杨永平，段元文，边巴扎西 Yangyp-Q-1020
西藏：噶尔 李晖，文雪梅，次旺加布等 Lihui-Q-0074
西藏：那曲 陈家辉，庄会富，边巴扎西 Yangyp-Q-2054
西藏：普兰 陈家辉，庄会富，刘德团等 yangyp-Q-0037

Oxytropis tragacanthoides Fischer ex Candolle **胶黄耆状棘豆**

青海：祁连 陈世龙，高庆波，张发起等 Chensl1480

Pachyrhizus erosus (Linnaeus) Urban **豆薯**

广东：天河区 童毅华 TYH06

Parkia leiophylla Kurz **大叶球花豆**

云南：景东 鲁艳 200878

Parochetus communis Buchanan-Hamilton ex D. Don **紫雀花**

西藏：错那 罗建，汪书丽 LiuJQ11XZ193
西藏：亚东 陈家辉，韩希，王东超等 YangYP-Q-4287
云南：永德 李永亮 YDDXS1087

Peltophorum pterocarpum (Candolle) Backer ex K. Heyne **盾柱木**

云南：勐腊 谭运洪 A492

Phaseolus lunatus Linnaeus **棉豆**

江苏：句容 王兆银，吴宝成 SCSB-JS0254

Phaseolus vulgaris Linnaeus **菜豆**

云南：澜沧 张绍云，胡启和，叶金科等 YNS1197

Phylacium majus Collett & Hemsley **苞护豆**

云南：勐腊 郭永杰，聂细转，黄秋月等 12CS4930

Phyllodium kurzianum (Kuntze) H. Ohashi **长柱排钱树**

云南：新平 何罡安 XPALSB151

Phyllodium longipes (Craib) Schindler **长叶排钱树**

云南：绿春 彭华，向春雷，陈丽等 P.H.5593
云南：勐腊 谭运洪，余涛 A518
云南：永德 李永亮，马文军，陈海涛 YDDXSB111

Phyllodium pulchellum (Linnaeus) Desvaux **排钱树**

广西：八步区 莫水松 Liuyan1098
广西：龙州 黄俞淞，叶晓霞，梁永延等 Liuyan0010
广西：武鸣 何海文，杨锦超 YANGXF0130
海南：三亚 彭华，向春雷，陈丽 PengH8182
云南：景东 鲁艳 2008213
云南：景东 罗忠华，刘长铭，李绍昆等 JDNR09109
云南：普洱 张绍云，叶金科 YNS0019
云南：永德 李永亮 YDDXS0884
云南：元阳 彭华，向春雷，陈丽 PengH8221

Phyllolobium balfourianum (N. D. Simpson) M. L. Zhang & Podlech **长小苞膨果豆 ***

云南：鹤庆 陈文允，于文涛，黄永江等 CYHL249

Phyllolobium chinense Fischer **背扁膨果豆 ***

河北：蔚县 牛玉璐，高彦飞，黄士良 NiuYL233

吉林：长岭 张宝田 Yanglm0315
内蒙古：乌审旗 朱雅娟，黄振英，房世波 Beijing-Ordos-000013
青海：同德 陈世龙，高庆波，张发起 Chensl1009
山西：交城 廉凯敏 Zhangf0112

Phyllolobium eutrichus (Handel-Mazzetti) M. L. Zhang & Podlech **真毛膨果豆** *
云南：沧源 赵金超 CYNGH264

Phyllolobium milingense (C. C. Ni & P. C. Li) M. L. Zhang & Podlech **米林膨果豆** *
西藏：昌都 陈家辉，王赟，刘德团 YangYP-Q-3121

Phyllolobium pastorium (H. T. Tsai & T. T. Yu) M. L. Zhang & Podlech **牧场膨果豆** *
甘肃：玛曲 尹鑫，吴航，葛文静 LiuJQ-GN-2011-046

Phyllolobium tribulifolium (Bentham ex Bunge) M. L. Zhang & Podlech **蒺藜叶膨果豆**
青海：门源 吴玉虎 LJQ-QLS-2008-0159
西藏：噶尔 陈家辉，庄会富，刘德团等 Yangyp-Q-0048
西藏：拉萨 陈家辉，韩希，王广艳等 YangYP-Q-4208
西藏：普兰 扎西次仁 ZhongY112
西藏：日土 陈家辉，庄会富，刘德团等 Yangyp-Q-0114

Piptanthus nepalensis (Hooker) Sweet **黄花木**
四川：丹巴 高云东，李忠荣，鞠文彬 GaoXF-12-160
四川：康定 孔航辉，罗江平，左雷等 YangQE3475
四川：康定 张大才，尹五元，李双智等 ZhangDC-07ZX-2368
四川：康定 彭玉兰，涂卫国，余春丽 Gaoxf-0658
四川：康定 何兴金，郜鹏，彭禄等 SCU-11-307
四川：康定 何兴金，王长宝，刘爽等 SCU-09-004
四川：理塘 何兴金，马祥光，张云香等 SCU-11-214
四川：马尔康 何兴金，王月，胡灏禹等 SCU-08124
四川：乡城 孔航辉，罗江平，左雷等 YangQE3555
四川：乡城 周浙昆，苏涛，杨莹等 Zhou09-146
四川：雅江 何兴金，廖晨阳，任海燕等 SCU-09-414
西藏：波密 孙航，张建文，陈建国等 SunH-07ZX-2526
西藏：波密 孙航，张建文，陈建国等 SunH-07ZX-2557
西藏：波密 孙航，张建文，陈建国等 SunH-07ZX-2584
西藏：波密 陈家辉，韩希，王东超等 YangYP-Q-4007
西藏：波密 陈家辉，韩希，王东超等 YangYP-Q-4010
西藏：错那 张晓纬，汪书丽，罗建 LiuJQ-09XZ-LZT-038
西藏：错那 扎西次仁，西落 ZhongY578
西藏：工布江达 扎西次仁 ZhongY303
西藏：工布江达 扎西次仁 ZhongY311
西藏：吉隆 聂泽龙，牛洋，周卓等 SunH-07ZX-2321
西藏：朗县 李国栋，董金龙 SunH-07ZX-3278
西藏：林芝 罗建，汪书丽 LiuJQ-08XZ-114
西藏：林芝 罗建，汪书丽 LiuJQ-09XZ-119
西藏：林芝 毛康珊，任广朋，邹嘉宾 LiuJQ-QTP-2011-177
西藏：林芝 罗建，汪书丽，任德智 LiuJQ-09XZ-ML004
西藏：林芝 张大才，李双智，唐路等 ZhangDC-07ZX-1788
西藏：林芝 卢洋，刘帆等 LiJ763
西藏：林芝 张大才，李双智，唐路等 ZhangDC-07ZX-1877
西藏：林芝 陈家辉，韩希，王东超等 YangYP-Q-4124
西藏：聂拉木 扎西次仁 ZhongY034
西藏：亚东 聂泽龙，牛洋，周卓等 SunH-07ZX-2320
西藏：亚东 钟扬，扎西次仁 ZhongY775
西藏：亚东 陈家辉，韩希，王东超等 YangYP-Q-4285
西藏：亚东 李国栋，董金龙 SunH-07ZX-3271
西藏：左贡 张大才，李双智，罗康等 ZhangDC-07ZX-0625
云南：大理 李爱花，雷立公，马国强等 SCSB-A-000149
云南：大理 张书东，林娜娜，陆露等 SCSB-W-171
云南：兰坪 孔航辉，任琛 Yangqe2892
云南：巧家 张天壁 SCSB-W-687
云南：维西 杨亲二，袁琼 Yangqe2026
云南：香格里拉 王文礼，冯欣，刘飞鹏 OUXK11102
云南：香格里拉 张挺，亚吉东，李明勤等 11CS3337
云南：新平 罗有明 XPALSB081
云南：永德 杨金荣，王学军，黄德武等 YDDXSA039

Piptanthus tomentosus Franchet **绒叶黄花木** *
西藏：察隅 张挺，蔡杰，袁明 09CS1603

Pterocarpus indicus Willdenow **紫檀**
云南：河口 王东，饶春 ZhangGL028

Pterolobium macropterum Kurz **大翅老虎刺**
云南：新平 彭华，向春雷，陈丽 PengH8284

Pterolobium punctatum Hemsley **老虎刺**
贵州：江口 彭华，王英，陈丽 P.H.5114
湖南：吉首 陈功锡，张代贵，邓涛等 SCSB-HC-2007339
江西：武宁 张吉华，刘运群 TanCM710
云南：麻栗坡 肖波 LuJL304
云南：蒙自 田学军，邱成书，高波 TianXJ0198
云南：弥勒 税玉民，陈文红 71485
云南：石林 彭华，许瑾，陈丽 P.H.5066
云南：腾冲 李爱花，黄之镨，黄押稳等 SCSB-A-000316
云南：文山 彭华，刘恩德，陈丽 P.H.6030
云南：新平 彭华，向春雷，陈丽 PengH8281

Pueraria edulis Pampanini **食用葛**
北京：海淀区 王端霞 SCSB-D-0061

Pueraria montana (Loureiro) Merrill **葛**
四川：峨眉山 李小杰 LiXJ549
云南：永德 李永亮，马文军 YDDXSB157
云南：永德 李永亮 YDDXS0083

Pueraria montana var. **lobata** (Willdenow) Maesen & S. M. Almeida ex Sanjappa & Predeep **葛麻姆**
安徽：屯溪区 方建新 TangXS0812
湖北：宣恩 祝文志，刘志祥，曹远俊 ShenZH0067
江西：庐山区 谭策铭，董安淼 TanCM545
山东：崂山区 罗艳，李中华 LuoY344
山东：平邑 辛晓伟，张世尧 Lilan837
云南：沧源 赵金超，肖美芳，汪顺莉 CYNGH242
云南：景谷 叶金科 YNS0423
云南：泸水 孙振华，郑志兴，沈蕊等 OuXK-LC-034
云南：麻栗坡 肖波 LuJL250
云南：腾冲 周应再 Zhyz-413
云南：腾冲 余新林，赵玮 BSGLGStc305

Pueraria peduncularis (Graham ex Bentham) Bentham **苦葛**
西藏：错那 罗建，汪书丽 LiuJQ11XZ211
西藏：墨脱 刘成，亚吉东，何华杰等 16CS11999
云南：大理 张德全，王应龙，杨思秦等 ZDQ148
云南：峨山 蔡杰，刘成，郑国伟 12CS5746
云南：绿春 黄连山保护区科研所 HLS0006
云南：绿春 刀志灵，张洪喜 DZL607
云南：孟连 彭华，向春雷，陈丽 P.H.5812
云南：南涧 熊绍荣 NJWLS1206
云南：南涧 阿国仁，熊绍荣，邹国娟等 NJWLS2008031
云南：巧家 杨光明 SCSB-W-1507
云南：永德 李永亮，马文军 YDDXSB232
云南：永德 李永亮，马文军 YDDXSB245
云南：镇沅 王立东，何忠云，罗成瑜 ALSZY188

Pueraria phaseoloides (Roxburgh) Bentham **三裂叶野葛**
广东：天河区 童毅华 TYH07
Pueraria stricta Kurz **小花野葛**
云南：隆阳区 赵文李 BSGLGSly3024
云南：隆阳区 赵玮 BSGLGSly153
云南：泸水 孙振华，郑志兴，沈蕊等 OuXK-LC-040
云南：绿春 何疆海，何来收，白然思等 HLS0370
云南：腾冲 余新林，赵玮 BSGLGStc309
云南：永德 李永亮 YDDXS0958
云南：永德 李永亮 YDDXS0982
Pueraria wallichii Candolle **须弥葛**
云南：景东 张明芬，魏启军 JDNR11093
云南：永德 李永亮 YDDXS0034
Pycnospora lutescens (Poiret) Schindler **密子豆**
云南：景东 罗忠华，刘长铭，鲁成荣等 JDNR09035
云南：普洱 胡启和，周英，张绍云等 YNS0541
云南：永德 李永亮 YDDXS0885
Rhynchosia acuminatifolia Makino **渐尖叶鹿藿**
江苏：海州区 汤兴利 HANGYY8412
山东：崂山区 邓建平 LuoY190
Rhynchosia dielsii Harms **菱叶鹿藿** *
湖北：竹山 李盛兰 GanQL205
湖南：中方 伍贤进，李胜华，曾汉元等 HHXY130
四川：峨眉山 李小杰 LiXJ745
云南：南涧 熊绍荣 NJWLS434
云南：南涧 阿国仁，何贵才 NJWLS1119
云南：永德 李永亮 YDDXS1021
云南：永仁 聂泽龙，孟盈，邓涛 SunH-07ZX-2328
Rhynchosia himalensis Bentham ex Baker **喜马拉雅鹿藿**
云南：腾冲 周应再 Zhyz-389
Rhynchosia himalensis var. **craibiana** (Rehder) E. Peter **紫脉花鹿藿** *
四川：得荣 张大才，李双智，杨川 ZhangDC-07ZX-1945
云南：贡山 许炳强，吴兴，李婧等 XiaNh-07zx-155
Rhynchosia kunmingensis Y. T. Wei & S. K. Lee **昆明鹿藿** *
云南：易门 王焕冲，马兴达 WangHCH015
Rhynchosia minima (Linnaeus) Candolle **小鹿藿**
云南：南涧 熊绍荣 NJWLS449
云南：维西 孙振华，郑志兴，沈蕊等 OuXK-YS-257
Rhynchosia rufescens (Willdenow) Candolle **淡红鹿藿**
云南：思茅区 张绍云，叶金科，周兵 YNS1377
云南：西山区 张挺，唐勇，陈伟等 SCSB-B-000100
Rhynchosia volubilis Loureiro **鹿藿**
安徽：琅琊区 洪欣，王欧文 ZSB385
安徽：屯溪区 方建新 TangXS0011
贵州：黎平 刘克明，王成，张恒 SCSB-HN-1074
贵州：荔波 刘克明，旷仁平，盛波 SCSB-HN-1854
贵州：罗甸 邹方伦 ZouFL0069
湖南：洪江 李胜华，伍贤进，刘光华等 Wuxj1056
湖南：桑植 廖博儒，吴福川 257
湖南：双峰 姜孝成，唐妹，陈峰林等 Jiangxc0622
湖南：新化 姜孝成，唐贵华，田春娥 SCSB-HNJ-0188
湖南：新宁 姜孝成，唐贵华，袁双艳等 SCSB-HNJ-0294
江苏：句容 王兆银，吴宝成 SCSB-JS0292
江苏：句容 王兆银，吴宝成 SCSB-JS0318
江西：庐山区 谭策铭，董安淼 TanCM526
江西：湾里区 杜小浪，慕泽泾，曹岚 DXL085
四川：乐至 邓兴敏，邓秀发，张昌兵 ZCB0378
四川：米易 袁明 MY621
Robinia pseudoacacia Linnaeus **刺槐**
安徽：蜀山区 陈延松，朱合军，姜九龙 Xuzd040
河北：桃城 牛玉璐，高彦飞，黄士良 NiuYL148
湖北：长阳 祝文志，刘志祥，曹远俊 ShenZH5486
湖南：永定区 陈功锡，吴福川，林永惠等 2
湖南：沅陵 刘克明，周丰杰 SCSB-HN-1364
湖南：长沙 朱香清，田淑珍，刘克明 SCSB-HN-1458
江苏：句容 王兆银，吴宝成 SCSB-JS0193
辽宁：开原 刘少硕，谢峰 CaoW312
辽宁：清河区 刘少硕，谢峰 CaoW297
辽宁：铁岭 刘少硕，谢峰 CaoW286
辽宁：瓦房店 宫本胜 CaoW363
辽宁：庄河 宫本胜 CaoW376
宁夏：盐池 左忠，刘华 ZuoZh059
山东：济南 张少华，王萍，张诏等 Lilan165
四川：丹巴 何兴金，王月，胡灏禹等 SCU-08105
四川：峨眉山 李小杰 LiXJ520
四川：小金 高云东，李忠荣，鞠文彬 GaoXF-12-093
四川：小金 何兴金，冯图，廖晨阳等 SCU-080368
新疆：库车 塔里木大学植物资源调查组 TD-00395
云南：东川区 闫海忠，孙振华，王文礼等 OuxK-DC-0003
云南：沾益 彭华，陈丽 P.H.5972
Salweenia bouffordiana H. Sun, Z. M. Li & J. P. Yue **雅砻江冬麻豆** *
四川：新龙 孙航 SunH-07ZX-2882
Salweenia wardii E. G. Baker **冬麻豆** *
西藏：八宿 张大才，李双智，罗康等 SunH-07ZX-0731
西藏：八宿 陈家辉，王赟，刘德团 YangYP-Q-3290
西藏：八宿 高信芬，朱章明，赵雪利等 GAOXF-10ZX-1957
西藏：昌都 扎西次仁，西落，耿宇鹏 ZhongY753
西藏：昌都 陈家辉，王赟，刘德团 YangYP-Q-3131
Senna alata (Linnaeus) Roxburgh **翅荚决明**
贵州：花溪区 邹方伦 ZouFL0172
云南：勐腊 谭运洪 A394
Senna bicapsularis (Linnaeus) Roxburgh **双荚决明**
四川：乐至 邓兴敏，邓秀发，张昌兵 ZCB0512
四川：泸定 何兴金，赵丽华，梁乾隆等 SCU-11-140
Senna didymobotrya (Fresenius) H. S. Irwin & Barneby **长穗决明**
云南：麻栗坡 肖波 LuJL468
Senna hirsuta (Linnaeus) H. S. Irwin & Barneby **毛荚决明**
云南：永德 李永亮 YDDXS0064
Senna nomame (Makino) T. C. Chen **豆茶决明**
安徽：肥东 陈延松，方晓磊，陈翠兵等 Xuzd092
安徽：徽州区 方建新 TangXS0775
湖北：宣恩 沈泽昊 HXE150
湖北：竹溪 李盛兰 GanQL344
吉林：南关区 韩忠明 Yanglm0131
吉林：南关区 张永刚 Yanglm0240
山东：济南 张少华，王萍，张诏等 Lilan157
山东：莱山区 卞福花，宋言贺 BianFH-525
山东：莱山区 卞福花，杨蕾蕾，谷胤征 BianFH-0115
山东：崂山区 罗艳，李中华 LuoY296
山东：崂山区 赵遵田，郑国伟，王海英等 Zhaozt0179
山东：崂山区 樊守金 Zhaozt0233
云南：南涧 李成清 NJWLS481
Senna occidentalis (Linnaeus) Link **望江南**

重庆：南川区 易思荣 YISR051
四川：会理 彭华，刘振稳，向春雷等 P.H.5036
四川：米易 袁明 MY622
云南：沧源 李春华，熊友明 CYNGH152
云南：鹤庆 孙振华，王文礼，宋晓卿等 OuxK-HQ-0003
云南：景东 鲁艳 07-110
云南：澜沧 张绍云，胡启和，叶金科等 YNS1201
云南：隆阳区 段在贤，杨采龙，刘占李 BSGLGS1y1028
云南：隆阳区 尹学建，马雪 BSGLGS1y2051
云南：禄丰 孙振华，郑志兴，沈蕊等 OuXK-LF-009
云南：麻栗坡 肖波 LuJL168
云南：勐腊 刀志灵，崔景云 DZL-147
云南：勐腊 谭运洪 A508
云南：弥勒 税玉民，陈文红等 71486
云南：南涧 熊绍荣 NJWLS2008089
云南：南涧 李加生，苏世忠 NJWLS2008321
云南：屏边 钱良超，陆海兴，张照跃等 Pbdws093
云南：思茅区 张绍云，叶金科，胡启和 YNS1217
云南：腾冲 周应再 Zhyz-357
云南：武定 张挺，张书东，李爱花等 SCSB-A-000077
云南：新平 白绍斌 XPALSC314
云南：新平 谢雄 XPALSC555
云南：新平 孙振华，郑志兴，沈蕊等 OuXK-XP-153
云南：永胜 孙振华，郑志兴，沈蕊等 OuXK-YS-214
云南：元阳 田学军，杨建，邱成书等 Tianxj0013
云南：元阳 田学军，杨建，邱成书等 Tianxj0093

Senna siamea (Lamarck) H. S. Irwin & Barneby **铁刀木**
云南：澜沧 彭华，向春雷，陈丽 P.H.5788

Senna sophera (Linnaeus) Roxburgh **槐叶决明**
云南：红河 彭华，向春雷，陈丽 PengH8258
云南：芒市 彭华，陈丽，向春雷等 P.H.5400
云南：芒市 彭华，陈丽，向春雷等 P.H.5401
云南：南涧 马德跃，官有才，罗开宏等 NJWLS968
云南：南涧 马德跃，官有才，罗开宏等 NJWLS977
云南：宁洱 刀志灵，陈渝 DZL571
云南：腾冲 余新林，赵玮 BSGLGStc019
云南：永德 李永亮 YDDXS0447

Senna surattensis (N. L. Burman) H. S. Irwin & Barneby **黄槐决明**
云南：腾冲 周应再 Zhyz-058
云南：新平 谢雄 XPALSC476

Senna tora (Linnaeus) Roxburgh **决明**
安徽：屯溪区 方建新 TangXS0026
重庆：南川区 易思荣 YISR041
广西：贺州 姜孝成，王丽萍，鲁长青 Jiangxc0675
广西：龙州 黄俞淞，梁永延，叶晓霞 Liuyan0008
广西：全州 莫水松，杨金财，蒋日红 Liuyan1059
广西：雁山区 莫水松 Liuyan1054
贵州：册亨 邹方伦 ZouFL0036
湖南：鹤城区 李胜华，伍贤进，曾汉元等 HHXY180
湖南：江永 蔡秀珍，田淑珍，肖乐希 SCSB-HN-0615
湖南：湘乡 陈薇，朱香清，马仲辉 SCSB-HN-0462
湖南：永定区 廖博儒，余祥洪，陈启超 7129
江苏：句容 王兆银，吴宝成 SCSB-JS0412
四川：米易 袁明 MY474
四川：米易 袁明 MY624
云南：金平 喻智勇，官兴永，张云飞等 JinPing08
云南：金平 喻智勇，张云飞，谷翠莲等 JinPing71
云南：隆阳区 段在贤，杨采龙，刘占李 BSGLGS1y1029
云南：隆阳区 赵玮 BSGLGS1y145
云南：麻栗坡 肖波 LuJL383
云南：勐腊 张顺成 A009
云南：勐腊 赵相兴 A057
云南：勐腊 刀志灵，崔景云 DZL-139
云南：新平 白绍斌 XPALSC155
云南：盈江 王立彦，左常盛，桂魏 SCSB-TBG-054
云南：盈江 王立彦，徐桂华 SCSB-TBG-061
云南：永德 李永亮 YDDXS0501
云南：永胜 孙振华，王文礼，宋晓卿等 OuxK-YS-0001

Sesbania bispinosa (Jacquin) W. Wight **刺田菁**
陕西：长安区 田先华，田陌 TianXH136
云南：景东 罗忠华，刘长铭，鲁成荣等 JD098
云南：景东 鲁艳 07-153
云南：景东 鲁艳 2008121
云南：景洪 谭运洪，余涛 B485
云南：隆阳区 赵玮 BSGLGS1y144
云南：蒙自 田学军 TianXJ0136
云南：勐腊 谭运洪 A495
云南：思茅区 张绍云，胡启和 YNS1032
云南：新平 白绍斌 XPALSC142
云南：盈江 王立彦，桂魏 SCSB-TBG-132
云南：永德 李永亮 LiYL1598
云南：永德 李永亮 YDDXS0831

Sesbania cannabina (Retzius) Poiret **田菁**
安徽：屯溪区 方建新 TangXS0997
江苏：启东 高兴 HANGYY8626
江西：庐山区 董安淼，吴丛梅 TanCM3076
江西：湾里区 杜小浪，慕泽泾，曹岚 DXL072
四川：米易 袁明 MY603
新疆：吐鲁番 段士民，王喜勇，刘会良等 209
新疆：乌鲁木齐 段士民，王喜勇，刘会良 Zhangdy005
云南：河口 税玉民，陈文红 16071
云南：鹤庆 孙振华，王文礼，宋晓卿等 OuxK-HQ-0006
云南：景洪 张挺，谭运洪，王建军等 SCSB-B-000267
云南：隆阳区 尹学建 BSGLGS1y2052
云南：南涧 张世雄，时国彩 NJWLS2008050
云南：普洱 叶金科 YNS0374
云南：永德 李永亮，马文军 YDDXSB197
云南：元阳 田学军，杨建，邱成书等 Tianxj0035

Sesbania sesban var. bicolor (Wight & Arnott) F. W. Andrews **元江田菁**
云南：金平 喻智勇，官兴永，张云飞等 JinPing09

Shuteria ferruginea (Bentham) Baker **硬毛宿苞豆**
云南：新平 李应富，谢天华，郎定富 XPALSA108

Shuteria involucrata (Wallich) Wight & Arnott **宿苞豆**
云南：景东 鲁艳 200841
云南：景洪 叶金科，彭志仙 YNS0091
云南：南涧 邹国娟，徐汝彪，李成清等 NJWLS2008290
云南：南涧 官有才 NJWLS1627
云南：宁洱 张绍云 YNS0071
云南：普洱 张绍云，叶金科 YNS0022
云南：永德 李永亮 YDDXS0843
云南：永德 李永亮 LiYL1393

Shuteria vestita Wight & Arnott **西南宿苞豆**
云南：沧源 赵金超，杨红强 CYNGH274
云南：新平 谢雄 XPALSC359

云南：永德 李永亮 YDDXS0028

Smithia ciliata Royle 缘毛合叶豆

云南：富民 杜燕，周开洪，王建军等 SCSB-A-000358
云南：绿春 黄连山保护区科研所 HLS0002
云南：绿春 黄连山保护区科研所 HLS0270
云南：南涧 张挺，常学科，熊绍荣等 njwls2007139
云南：宁洱 胡启和，周英，张绍云 YNS0529
云南：石林 张挺，张书东，杨茜等 SCSB-A-000031
云南：腾冲 余新林，赵玮 BSGLGStc057
云南：新平 张云德，李俊友 XPALSC127
云南：盈江 王立彦，左常盛，桂魏 SCSB-TBG-037
云南：永德 李永亮 YDDXS0560
云南：镇沅 罗成瑜 ALSZY230

Smithia conferta Smith 密节坡油甘

云南：景东 鲁艳 07-158

Smithia sensitiva Aiton 坡油甘

四川：米易 刘静，袁明 MY-067
云南：沧源 张挺，刘成，郭永杰 08CS957
云南：景东 罗忠华，刘长铭，鲁成荣等 JD097
云南：孟连 彭华，向春雷，陈丽 P.H.5870
云南：孟连 彭华，向春雷，陈丽 P.H.5875
云南：普洱 叶金科 YNS0343
云南：双柏 彭华，向春雷，陈丽等 P.H.5567
云南：腾冲 周应再 Zhyz-344
云南：新平 何罡安 XPALSB098

Sophora alopecuroides Linnaeus 苦豆子

宁夏：惠农 何志斌，杜军，陈龙飞等 HHZA0098
宁夏：利通区 何志斌，杜军，陈龙飞等 HHZA0004
宁夏：盐池 何志斌，杜军，陈龙飞等 HHZA0167
宁夏：盐池 左忠，刘华 ZuoZh036
陕西：定边 何志斌，杜军，陈龙飞等 HHZA0023
陕西：定边 田先华，张楠，李刚 TianXH188
陕西：定边 何志斌，杜军，陈龙飞等 HHZA0270
新疆：阿合奇 塔里木大学植物资源调查组 TD-00584
新疆：阿克陶 塔里木大学植物资源调查组 TD-00748
新疆：阿克陶 塔里木大学植物资源调查组 TD-00816
新疆：阿勒泰 谭敦炎，邱娟 TanDY0424
新疆：阿勒泰 谭敦炎，邱娟 TanDY0490
新疆：阿瓦提 塔里木大学植物资源调查组 TD-00315
新疆：巴楚 塔里木大学植物资源调查组 TD-00823
新疆：白碱滩区 马真 SCSB-SHI-2006185
新疆：拜城 塔里木大学植物资源调查组 TD-00401
新疆：拜城 塔里木大学植物资源调查组 TD-00931
新疆：博乐 刘鸯，郭静谊 SHI2006304
新疆：博乐 翟伟，刘鸯 SHI2006313
新疆：博乐 徐文斌，翟伟 SHI2006336
新疆：博乐 徐文斌，许晓敏 SHI-2008105
新疆：博乐 徐文斌，许晓敏 SHI-2008302
新疆：博乐 徐文斌，杨清理 SHI-2008310
新疆：博乐 徐文斌，黄雪姣 SHI-2008327
新疆：博乐 徐文斌，杨清理 SHI-2008378
新疆：博乐 徐文斌，黄雪姣 SHI-2008404
新疆：博乐 徐文斌，杨清理 SHI-2008444
新疆：博乐 徐文斌，黄雪姣 SHI-2008458
新疆：博乐 徐文斌，许晓敏 SHI-2008475
新疆：布尔津 谭敦炎，邱娟 TanDY0448
新疆：福海 许炳强，胡伟明 XiaNH-07ZX-809
新疆：阜康 王宏飞，王磊，黄振英 Beijing-huang-xjsm-0029
新疆：巩留 贺晓欢，徐文斌，马真等 SHI-A2007219
新疆：和布克赛尔 翟伟 SCSB-SHI-2006196
新疆：和布克赛尔 贺小欢 SCSB-SHI-2006204
新疆：和静 塔里木大学植物资源调查组 TD-00358
新疆：和静 张玲，杨赵平 TD-01141
新疆：和硕 塔里木大学植物资源调查组 TD-00364
新疆：和硕 塔里木大学植物资源调查组 TD-00373
新疆：和田 郭永杰，黄文娟，段黄金 LiZJ0257
新疆：霍城 刘鸯，马真，贺晓欢等 SHI-A2007162
新疆：霍城 徐文斌，刘鸯，马真等 SHI-A2007120
新疆：霍城 徐文斌，刘鸯，马真等 SHI-A2007147
新疆：精河 石大标 SCSB-SHI-2006240
新疆：精河 谭敦炎，吉乃提，艾沙江 TanDY0233
新疆：柯坪 塔里木大学植物资源调查组 TD-00835
新疆：库车 塔里木大学植物资源调查组 TD-00953
新疆：库尔勒 张挺，杨赵平，焦培培等 LiZJ0417
新疆：奎屯 郭静谊，高木木 SHI2006339
新疆：奎屯 郭静谊，高木木 SHI2006348
新疆：奎屯 徐文斌，杨清理 SHI-2009141
新疆：轮台 塔里木大学植物资源调查组 TD-00382
新疆：沙湾 石大标 SCSB-Y-2006084
新疆：沙湾 石大标 SCSB-Y-2006091
新疆：沙湾 谭敦炎，邱娟 TanDY0500
新疆：沙雅 塔里木大学植物资源调查组 TD-00975
新疆：沙雅 白宝伟，段黄金 TD-02026
新疆：鄯善 王仲科，徐海燕，郭静谊 SHI2006267
新疆：石河子 塔里木大学植物资源调查组 TD-00196
新疆：石河子 塔里木大学植物资源调查组 TD-01018
新疆：石河子 石大标 SCSB-Y-2006070
新疆：石河子 陶冶，雷凤品，黄刚等 SCSB-Y-2006094
新疆：石河子 石大标 SCSB-Y-2006115
新疆：石河子 石大标 SCSB-Y-2006146
新疆：石河子 石大标 SCSB-Y-2006170
新疆：石河子 马真 SCSB-SHI-2006206
新疆：石河子 贺小欢 SCSB-SHI-2006207
新疆：石河子 石大标 SHI-2006407
新疆：石河子 杨赵平，王英鑫 TD-01492
新疆：疏勒 黄文娟，段黄金，王英鑫等 LiZJ0807
新疆：塔城 谭敦炎，吉乃提，艾沙江 TanDY0271
新疆：吐鲁番 段士民 zdy102
新疆：托里 马真，翟伟 SHI2006356
新疆：托里 徐文斌，杨清理 SHI-2009057
新疆：托里 徐文斌，黄刚 SHI-2009278
新疆：托里 徐文斌，郭一敏 SHI-2009307
新疆：温泉 石大标 SCSB-SHI-2006227
新疆：温泉 石大标 SCSB-SHI-2006234
新疆：温泉 徐文斌，许晓敏 SHI-2008078
新疆：温泉 徐文斌，许晓敏 SHI-2008157
新疆：温泉 徐文斌，许晓敏 SHI-2008263
新疆：温宿 白宝伟，段黄金 TD-01825
新疆：温宿 塔里木大学植物资源调查组 TD-00453
新疆：温宿 塔里木大学植物资源调查组 TD-00908
新疆：乌尔禾区 徐文斌，杨清理 SHI-2009111
新疆：乌鲁木齐 马文宝，刘会良，施翔 zdy179
新疆：乌鲁木齐 王喜勇，马文宝，施翔 zdy357
新疆：乌恰 塔里木大学植物资源调查组 TD-00398
新疆：乌恰 塔里木大学植物资源调查组 TD-00686
新疆：乌什 塔里木大学植物资源调查组 TD-00481

新疆：乌什 塔里木大学植物资源调查组 TD-00547
新疆：乌什 塔里木大学植物资源调查组 TD-00860
新疆：乌什 白宝伟，段黄金 TD-01867
新疆：乌苏 石大标 SCSB-SHI-2006242
新疆：新和 白宝伟，段黄金 TD-02041
新疆：新和 塔里木大学植物资源调查组 TD-00523
新疆：新和 塔里木大学植物资源调查组 TD-00987
新疆：叶城 黄文娟，段黄金，王英鑫等 LiZJ0899
新疆：叶城 郭永杰，黄文娟，段黄金 LiZJ0177
新疆：伊宁 刘鸯 SHI-A2007183
新疆：英吉沙 黄文娟，段黄金，王英鑫等 LiZJ0823
新疆：裕民 徐文斌，郭一敏 SHI-2009352
新疆：裕民 徐文斌，郭一敏 SHI-2009397
新疆：泽普 黄文娟，段黄金，王英鑫等 LiZJ0840
云南：香格里拉 孔航辉，任琛 Yangqe2812

Sophora brachygyna C. Y. Ma **短蕊槐 ***

江西：黎川 童和平，王玉珍，常迪江等 TanCM2023

Sophora davidii (Franchet) Skeels **白刺槐 ***

北京：房山区 宋松泉 BJ041
河北：武安 牛玉璐，高彦飞，赵二涛 NiuYL437
河南：鲁山 宋松泉 HN064
河南：鲁山 宋松泉 HN115
河南：鲁山 宋松泉 HN163
湖北：神农架林区 张代贵 Zdg3644
山东：历下区 张少华，王萍，张诏等 Lilan147
山西：夏县 廉凯敏，焦磊 Zhangf0127
陕西：洋县 田陌，王梅荣，田先华 TianXH533
四川：巴塘 张永洪，王晓雄，周卓等 SunH-07ZX-0413
四川：丹巴 范邓妹 SunH-07ZX-2250
四川：道孚 何兴金，赵丽华，梁乾隆 SCU-10-016
四川：稻城 何兴金，李琴琴，马祥光等 SCU-09-150
四川：得荣 孙航，李新辉，陈林杨 SunH-07ZX-3043
四川：得荣 张大才，李双智，杨川 ZhangDC-07ZX-1951
四川：德格 张大才，尹五元，李双智等 ZhangDC-07ZX-2290
四川：康定 何兴金，高云东，刘海艳等 SCU-20080446
四川：理塘 何兴金，马祥光，张云香等 SCU-11-200
四川：汶川 何兴金，李琴琴，赵丽华等 SCU-09-512
四川：乡城 孔航辉，罗江平，左雷等 YangQE3551
四川：乡城 孙航，李新辉，陈林杨 SunH-07ZX-2943
四川：乡城 杨青松，杨莹，黄永江等 ZhouZK-07ZX-0136
西藏：八宿 陈家辉，王赟，刘德团 YangYP-Q-3292
西藏：八宿 张永洪，李国栋，王晓雄 SunH-07ZX-1766
西藏：昌都 陈家辉，王赟，刘德团 YangYP-Q-3126
西藏：昌都 李国栋，董金龙 SunH-07ZX-3281
西藏：朗县 李国栋，董金龙 SunH-07ZX-3277
西藏：日喀则 毛康珊，任广朋，邹嘉宾 LiuJQ-QTP-2011-023
云南：德钦 王文礼，冯欣，刘飞鹏 OUXK11178
云南：德钦 王文礼，冯欣，刘飞鹏 OUXK11216
云南：德钦 杨青松，杨莹，黄永江等 ZhouZK-07ZX-0151
云南：开远 税玉民，陈文红 71971
云南：蒙自 田学军，邱成书，高波 TianXJ0141
云南：南涧 孙振华，王文礼，宋晓卿等 OuxK-NJ-0009
云南：南涧 熊绍荣，何贵才，杨建平 njwls2007034
云南：石林 彭华，许瑾，陈丽 P.H.5070
云南：维西 陈文允，于文涛，黄永江等 CYHL103
云南：文山 税玉民，陈文红 71967
云南：文山 税玉民，陈文红 72146
云南：文山 张挺，蔡杰，刘越强等 SCSB-B-000443
云南：香格里拉 孙航，李新辉，陈林杨 SunH-07ZX-3210
云南：香格里拉 张永洪，李国栋，王晓雄 SunH-07ZX-1703
云南：永德 李永亮 LiYL1304
云南：元谋 孙振华，罗圆，宋晓卿等 OUXK-YM-0006

Sophora davidii var. **chuansiensis** (C. Y. Ma) C. Y. Ma ex B. J. Bao & Vincent **川西白刺槐 ***

四川：得荣 杨青松，杨莹，黄永江等 ZhouZK-07ZX-0178
西藏：达孜 卢洋，刘帆等 LiJ909
云南：德钦 刀志灵 DZL453

Sophora davidii var. **liangshanensis** (C. Y. Ma) C. Y. Ma ex B. J. Bao & Vincent **凉山白刺槐 ***

云南：新平 谢雄 XPALSC422

Sophora dunnii Prain **柳叶槐**

云南：景东 鲁艳 2008189
云南：腾冲 周应再 Zhyz-302

Sophora flavescens Aiton **苦参**

安徽：琅琊区 洪欣 ZSB303
重庆：南川区 易思荣 YISR191
重庆：南川区 易思荣，谭秋平 YISR412
贵州：花溪区 邹方伦 ZouFL0226
贵州：江口 周云 XiangZ094
贵州：正安 韩国营 HanGY017
河北：蔚县 牛玉璐，高彦飞，赵二涛 NiuYL278
黑龙江：五大连池 孙阎，赵立波 SunY112
黑龙江：肇东 刘玫，张欣欣，程薪宇等 Liuetal477
湖北：竹溪 李盛兰 GanQL543
湖南：石门 陈功锡，张代贵，邓涛等 SCSB-HC-2007320
湖南：石门 姜孝成，唐妹，陈显胜等 Jiangxc0436
湖南：永定区 廖博儒，吴福川，查学州等 143
湖南：永顺 陈功锡，张代贵 SCSB-HC-2008204
湖南：永顺 陈功锡，张代贵，邓涛等 SCSB-HC-2007467
吉林：珲春 杨保国，张明鹏 CaoW0053
吉林：南关区 王云贺 Yanglm0083
江苏：句容 王兆银，吴宝成 SCSB-JS0166
江西：黎川 童和平，王玉珍 TanCM2394
江西：武宁 张吉华，刘运群 TanCM1104
江西：修水 李立新，缪以清 TanCM1211
辽宁：桓仁 祝业平 CaoW1044
辽宁：建平 卜军，金实，阴黎明 CaoW467
辽宁：建平 卜军，金实，阴黎明 CaoW468
山东：海阳 王萍，高德民，张诏等 lilan357
山东：莱山区 卞福花 BianFH-0216
山东：崂山区 罗艳 LuoY086
山西：夏县 张丽，吴琼，连俊强 Zhangf0046
陕西：长安区 王梅荣，田先华，田陌 TianXH058
云南：红河 彭华，向春雷，陈丽 PengH8238
云南：景东 罗忠华，刘长铭，鲁成荣等 JDNR09032

Sophora japonica Linnaeus **槐**

安徽：黄山区 唐鑫生 TangXS0523
河北：武安 牛玉璐，王晓亮 NiuYL530
湖北：仙桃 张代贵 Zdg1330
湖南：新宁 姜孝成，唐贵华，袁双艳等 SCSB-HNJ-0245
江苏：句容 王兆银，吴宝成 SCSB-JS0408
江西：星子 董安淼，吴从梅 TanCM1678
辽宁：千山区 刘玫，王臣，张欣欣等 Liuetal691
宁夏：西夏区 左忠，刘华 ZuoZh261
宁夏：盐池 左忠，刘华 ZuoZh250
陕西：平利 李盛兰 GanQL824

四川：天全 何兴金，赵丽华，梁乾隆等 SCU-11-101
四川：盐源 孔航辉，罗江平，左雷等 YangQE3366

Sophora moorcroftiana (Bentham) Bentham ex Baker **砂生槐**
西藏：贡嘎 扎西次仁 ZhongY165
西藏：拉萨 卢洋，刘帆等 LiJ732
西藏：拉萨 杨永平，段元文，边巴扎西 Yangyp-Q-1035
西藏：拉萨 陈家辉，韩希，王广艳等 YangYP-Q-4205
西藏：拉萨 杨永平，王东超，杨大松等 YangYP-Q-5001
西藏：拉萨 扎西次仁 ZhongY140
西藏：林芝 卢洋，刘帆等 LiJ824
西藏：隆子 罗建，汪书丽 LiuJQ11XZ261
西藏：米林 扎西次仁 ZhongY357
西藏：乃东 汪书丽，王志强，邹嘉宾 Liujq-Txm10-169
西藏：曲水 陈家辉，韩希，王广艳等 YangYP-Q-4191
西藏：曲水 陈家辉，韩希，王东超等 YangYP-Q-4368
西藏：日喀则 毛康珊，任广朋，邹嘉宾 LiuJQ-QTP-2011-022
西藏：日喀则 陈家辉，韩希，王东超等 YangYP-Q-4355
西藏：扎囊 王东超，杨大松，张春林等 YangYP-Q-5072
西藏：扎囊 扎西次仁 ZhongY375
西藏：扎囊 扎西次仁 ZhongY376

Sophora tonkinensis Gagnepain **越南槐**
云南：麻栗坡 肖波 LuJL292

Sophora velutina Lindley **短绒槐**
四川：巴塘 陈家辉，刘亚辉，周妍等 YangYP-Q-2315
云南：永德 李永亮 LiYL1445

Spatholobus pulcher Dunn **美丽密花豆** *
云南：绿春 黄连山保护区科研所 HLS0377

Spatholobus suberectus Dunn **密花豆** *
云南：沧源 赵金超，杨红强 CYNGH079
云南：景东 罗忠华，谢有能，刘长铭等 JDNR067
云南：镇沅 张绍云，叶金科，胡启和 YNS1345

Sphaerophysa salsula (Pallas) Candolle **苦马豆**
甘肃：敦煌 YangXY0001
内蒙古：鄂托克旗 刘博，蒲拴莲，刘润宽等 M321
内蒙古：和林格尔 蒲拴莲，李茂文 M038
宁夏：平罗 何志斌，杜军，陈龙飞等 HHZA0121
青海：城北区 薛春迎 Xuechy0255
青海：都兰 冯虎元 LiuJQ-08KLS-153
青海：格尔木 潘建斌，杜维波，牛炳韬 Liujq-2011CDM-017
青海：格尔木 潘建斌，杜维波，牛炳韬 Liujq-2011CDM-054
青海：贵德 陈世龙，高庆波，张发起等 Chens11199
青海：祁连 陈世龙，高庆波，张发起等 Chens11487
新疆：阿合奇 塔里木大学植物资源调查组 TD-00588
新疆：阿图什 塔里木大学植物资源调查组 TD-00637
新疆：巴楚 塔里木大学植物资源调查组 TD-00832
新疆：博乐 徐文斌，黄雪姣 SHI-2008106
新疆：博乐 徐文斌，许晓敏 SHI-2008448
新疆：和布克赛尔 马真 SCSB-SHI-2006203
新疆：克拉玛依 徐文斌，郭一敏 SHI-2009193
新疆：库车 塔里木大学植物资源调查组 TD-00386
新疆：库尔勒 杨赵平，焦培培，白冠章等 LiZJ0630
新疆：奎屯 谭敦炎，吉乃提 TanDY0612
新疆：沙雅 白宝伟，段黄金 TD-02027
新疆：石河子 塔里木大学植物资源调查组 TD-00311
新疆：石河子 陶冶，雷凤品，黄刚等 SCSB-Y-2006100
新疆：石河子 杨赵平，王英鑫 TD-01440
新疆：塔城 谭敦炎，吉乃提，艾沙江 TanDY0272
新疆：温宿 杨赵平，黄文娟，段黄金等 LiZJ0040
新疆：乌鲁木齐 马文宝，刘会良，施翔 zdy192
新疆：乌恰 塔里木大学植物资源调查组 TD-00687
新疆：乌恰 杨赵平，黄文娟 TD-01888
新疆：乌什 塔里木大学植物资源调查组 TD-00887
新疆：新和 塔里木大学植物资源调查组 TD-01002
新疆：叶城 黄文娟，段黄金，王英鑫等 LiZJ0857
新疆：叶城 郭永杰，黄文娟，段黄金 LiZJ0182
新疆：伊吾 王喜勇，马文宝，施翔 zdy408
新疆：岳普湖 黄文娟，段黄金，王英鑫等 LiZJ0397

Tadehagi pseudotriquetrum (Candolle) H. Ohashi **蔓茎葫芦茶**
福建：同安区 李宏庆，陈纪云，王双 Lihq0283
广西：昭平 莫水松 Liuyan1089
云南：景东 鲁艳 2008179
云南：景谷 张绍云，叶金科 YNS0009
云南：永德 李永亮 YDDXS0880

Tadehagi triquetrum (Linnaeus) H. Ohashi **葫芦茶**
云南：景东 罗忠华，谢有能，罗文涛等 JDNR132
云南：勐腊 谭运洪，余涛 A519
云南：普洱 胡启和，仇亚，张绍云 YNS0665
云南：盈江 王立彦，桂魏 SCSB-TBG-130
云南：镇沅 罗成瑜 ALSZY107

Tamarindus indica Linnaeus **酸豆**
云南：永德 李永亮 YDDXS0012

Tephrosia candida Candolle **白灰毛豆**
四川：米易 袁明 MY536
云南：墨江 刀志灵，陈渝 DZL626
云南：盈江 王立彦，桂魏 SCSB-TBG-165
云南：永德 李永亮 YDDXS1018
云南：永德 李永亮 LiYL1478
云南：元江 何彪 OuXK-0095
云南：元阳 何彪 OuXK-0101
云南：元阳 刀志灵，陈渝 DZL637

Tephrosia kerrii J. R. Drummond & Craib **银灰毛豆**
云南：勐腊 刀志灵，崔景云 DZL-163
云南：新平 谢雄 XPALSC366

Tephrosia purpurea (Linnaeus) Persoon **灰毛豆**
云南：元江 孙振华，王文礼，宋晓卿等 Ouxk-YJ-0016
云南：元阳 田学军，杨建，邱成书等 Tianxj0066

Thermopsis alpina (Pallas) Ledebour **高山野决明**
河北：蔚县 牛玉璐，高彦飞，赵二涛 NiuYL431
四川：稻城 何兴金，李琴琴，马祥光等 SCU-09-135

Thermopsis barbata Bentham **紫花野决明**
西藏：左贡 张永洪，王晓雄，周卓等 SunH-07ZX-1149

Thermopsis inflata Cambessèdes **轮生叶野决明**
青海：玛多 汪书丽，朱洪涛 Liujq-QLS-TXM-127
青海：玛多 陈世龙，张得钧，高庆波等 Chens10088

Thermopsis lanceolata R. Brown **披针叶野决明**
甘肃：合作 尹鑫，吴航，葛文静 LiuJQ-GN-2011-057
吉林：长岭 张红香 ZhangHX012
内蒙古：伊金霍洛旗 朱雅娟，黄振英，曲荣明 Beijing-Ordos-000008
宁夏：盐池 左忠，刘华 ZuoZh006
青海：班玛 陈世龙，张得钧，高庆波等 Chens10345
青海：都兰 冯虎元 LiuJQ-08KLS-162
青海：格尔木 陈世龙，高庆波，张发起 Chens10870
青海：共和 陈世龙，高庆波，张发起 Chens10497
青海：贵德 陈世龙，高庆波，张发起等 Chens11204
青海：贵南 陈世龙，高庆波，张发起 Chens10969
青海：互助 陈世龙，高庆波，张发起等 Chens11729

青海：互助 薛春迎 Xuechy0071
青海：湟源 汪书丽，朱洪涛 Liujq-QLS-TXM-001
青海：玛沁 陈世龙，高庆波，张发起 Chensl1064
青海：囊谦 陈世龙，高庆波，张发起 Chensl0687
青海：平安 陈世龙，高庆波，张发起等 Chensl1764
青海：祁连 陈世龙，高庆波，张发起等 Chensl1485
青海：祁连 陈世龙，高庆波，张发起等 Chensl1551
青海：同德 陈世龙，张得钧，高庆波等 Chensl0034
青海：同德 陈世龙，高庆波，张发起 Chensl1031
青海：乌兰 陈世龙，张得钧，高庆波等 Chensl0478
青海：玉树 许炳强，周伟，郑朝汉 Xianh0327
山西：朔城区 张贵平 Zhangf0105
陕西：榆阳区 田先华，万佳，张楠 TianXH177
四川：康定 张昌兵，向丽 ZhangCB0213
西藏：改则 李晖，卜海涛，边巴等 lihui-Q-09-26
西藏：浪卡子 李晖，边巴，李发平 lihui-Q-09-91
西藏：浪卡子 扎西次仁 ZhongY192
西藏：尼玛 陈家辉，庄会富，边巴扎西 Yangyp-Q-2034
西藏：萨嘎 毛康珊，任广朋，邹嘉宾 LiuJQ-QTP-2011-080
新疆：阿勒泰 谭敦炎，邱娟 TanDY0487
新疆：阿勒泰 谭敦炎，邱娟 TanDY0492

Thermopsis turkestanica Gandoger **新疆野决明**

新疆：阿合奇 塔里木大学植物资源调查组 TD-00211
新疆：阿合奇 塔里木大学植物资源调查组 TD-00241
新疆：阿合奇 塔里木大学植物资源调查组 TD-00567
新疆：阿合奇 塔里木大学植物资源调查组 TD-00571
新疆：阿合奇 塔里木大学植物资源调查组 TD-00646
新疆：阿合奇 黄文娟，杨赵平，王英鑫 TD-01941
新疆：乌恰 塔里木大学植物资源调查组 TD-00277
新疆：乌恰 黄文娟，白宝伟 TD-01531
新疆：乌什 塔里木大学植物资源调查组 TD-00885

Tibetia himalaica (Baker) H. P. Tsui **高山豆**

甘肃：玛曲 尹鑫，吴航，葛文静 LiuJQ-GN-2011-047
四川：巴塘 张大才，尹五元，李双智等 ZhangDC-07ZX-2255
四川：红原 蔡杰，张挺，刘成 10CS2541
四川：红原 张昌兵，邓秀华 ZhangCB0223
四川：红原 张昌兵，邓秀华 ZhangCB0245
四川：康定 彭玉兰，涂卫国 Gaoxf-0886
西藏：察隅 张挺，蔡杰，袁明 09CS1618
西藏：昌都 易思荣，谭秋平 YISR248
西藏：昌都 许炳强，周伟，郑朝汉 Xianh0175
西藏：堆龙德庆 杨永平，王东超，杨大松等 YangYP-Q-5053
西藏：工布江达 卢洋，刘帆等 LiJ889
西藏：林芝 罗建，汪书丽 LiuJQ-08XZ-216
西藏：林芝 罗建，汪书丽，王国严 LiuJQ-09XZ-385
西藏：林周 陈家辉，韩希，王广艳等 YangYP-Q-4149
西藏：芒康 张永洪，王晓雄，周卓等 SunH-07ZX-0422
西藏：芒康 张大才，罗康，梁群等 ZhangDC-07ZX-1308
西藏：芒康 张永洪，王晓雄，周卓等 SunH-07ZX-0459
西藏：米林 罗建，汪书丽 LiuJQ-08XZ-132
西藏：墨竹工卡 陈家辉，韩希，王东超等 YangYP-Q-4142
云南：东川区 张挺，刘成，郭明明等 11CS3639
云南：香格里拉 张建文，陈建国，陈林杨等 SunH-07ZX-2270

Tibetia tongolensis (Ulbrich) H. P. Tsui **黄花高山豆** *

四川：甘孜 陈文允，于文涛，黄永江 CYH164
四川：乡城 周浙昆，苏涛，杨莹等 Zhou09-177
云南：香格里拉 郭永杰，张桥蓉，李春晓等 11CS3410

Tibetia yadongensis H. P. Tsui **亚东高山豆** *

西藏：林芝 罗建，汪书丽 LiuJQ-09XZ-226

Tibetia yunnanensis (Franchet) H. P. Tsui **云南高山豆** *

四川：得荣 孙航，李新辉，陈林杨 SunH-07ZX-3022
云南：会泽 杜燕，黄天才，董勇等 SCSB-A-000342
云南：丽江 聂泽龙，孟盈，邓涛 SunH-07ZX-2871
云南：盘龙区 王焕冲，马兴达 WangHCH024
云南：香格里拉 李爱花，周开洪，黄之镨等 SCSB-A-000265
云南：香格里拉 杨青松，星耀武，苏涛 ZhouZK-07ZX-0395
云南：香格里拉 孔航辉，任琛 Yangqe2865

Trifolium fragiferum Linnaeus **草莓车轴草**

四川：泸定 何兴金，赵丽华，梁乾隆等 SCU-11-110
新疆：和静 邱爱军，张玲，马帅 LiZJ1712
新疆：霍城 马真 SHI-A2007069
新疆：尼勒克 刘鸯，马真，贺晓欢等 SHI-A2007444
新疆：特克斯 阎平，张庆 SHI-A2007295
新疆：托里 徐文斌，杨清理 SHI-2009300
新疆：温泉 徐文斌，王莹 SHI-2008047
新疆：温泉 徐文斌，许晓敏 SHI-2008248
新疆：乌鲁木齐 王喜勇，马文宝，施翔 zdy378
新疆：裕民 徐文斌，郭一敏 SHI-2009412
新疆：裕民 徐文斌，郭一敏 SHI-2009433
新疆：昭苏 徐文斌，张庆 SHI-A2007303

Trifolium hybridum Linnaeus **杂种车轴草**

四川：道孚 余岩，周春景，秦汉涛 SCU-11-014

Trifolium lupinaster Linnaeus **野火球**

黑龙江：嫩江 王臣，张欣欣，史传奇 WangCh253
吉林：磐石 安海成 AnHC0182
内蒙古：锡林浩特 张红香 ZhangHX108
新疆：哈巴河 段士民，王喜勇，刘会良等 199

Trifolium pratense Linnaeus **红车轴草**

安徽：屯溪区 方建新 TangXS0864
湖北：竹溪 李盛兰 GanQL728
吉林：桦甸 安海成 AnHC0423
江苏：句容 王兆银，吴宝成 SCSB-JS0116
新疆：霍城 徐文斌，刘鸯，马真等 SHI-A2007143
新疆：尼勒克 刘鸯，马真，贺晓欢等 SHI-A2007447
新疆：尼勒克 刘鸯，马真，贺晓欢等 SHI-A2007475
新疆：温泉 徐文斌，王莹 SHI-2008158
新疆：新源 段士民，王喜勇，刘会良等 88
云南：永德 李永亮 YDDXS1224

Trifolium repens Linnaeus **白车轴草**

安徽：屯溪区 方建新 TangXS0815
重庆：南川区 易思荣，谭秋平 YISR403
贵州：独山 张文超 Yuanm036
贵州：开阳 肖恩婷 Yuanm009
湖南：岳麓区 姜孝成，唐妹，尹恒等 SCSB-HNJ-0410
江苏：句容 王兆银，吴宝成 SCSB-JS0117
江西：庐山区 董安淼，吴从梅 TanCM1018
山东：长清区 王萍，高德民，张诏等 lilan344
四川：康定 苏涛，黄永江，杨青松等 ZhouZK11055
四川：康定 张昌兵，向丽 ZhangCB0209
云南：南涧 阿国仁，何贵才 NJWLS1124
云南：宁蒗 苏涛，黄永江，杨青松等 ZhouZK11442
云南：新平 谢雄 XPALSC370
云南：永德 李永亮 YDDXS1186

Trigonella arcuata C. A. Meyer **弯果胡卢巴**

新疆：昌吉 王喜勇，段士民 463
新疆：独山子区 谭敦炎，邱娟 TanDY0125

新疆：阜康 谭敦炎，邱娟 TanDY0022
新疆：阜康 谭敦炎，邱娟 TanDY0034
新疆：阜康 谭敦炎，艾沙江 TanDY0345
新疆：阜康 王宏飞，王磊，黄振英 Beijing-huang-xjsm-0009
新疆：富蕴 谭敦炎，邱娟 TanDY0414
新疆：克拉玛依 张振春，刘建华 TanDY0331
新疆：乌鲁木齐 王雷，王宏飞，黄振英 Beijing-huang-xjys-0009
新疆：乌鲁木齐 谭敦炎，成小军 TanDY0165
新疆：乌鲁木齐 谭敦炎，艾沙江 TanDY0190
新疆：乌鲁木齐 谭敦炎，艾沙江 TanDY0532
新疆：乌鲁木齐 段士民，王喜勇，刘会良 Zhangdy015

Trigonella cachemiriana Cambessèdes **克什米尔胡卢巴**
新疆：塔什库尔干 杨赵平，周禧林，贺冰 LiZJ1202
新疆：塔什库尔干 张玲，杨赵平 TD-01130
新疆：塔什库尔干 张玲，杨赵平 TD-01589

Trigonella cancellata Desfontaines **网脉胡卢巴**
新疆：阜康 王喜勇，段士民 418
新疆：富蕴 谭敦炎，邱娟 TanDY0412
新疆：乌鲁木齐 谭敦炎，吉乃提 TanDY0510
新疆：乌鲁木齐 谭敦炎，艾沙江 TanDY0530
新疆：乌鲁木齐 段士民，王喜勇，刘会良 Zhangdy013

Trigonella foenum-graecum Linnaeus **胡卢巴**
湖南：永定区 廖博儒，吴福川，查学州等 54
西藏：普兰 陈家辉，庄会富，刘德团等 Yangyp-Q-0032

Uraria crinita (Linnaeus) Desvaux ex Candolle **猫尾草**
云南：江城 叶金科 YNS0454
云南：南涧 马德跃，官有才，罗开宏等 NJWLS966
云南：腾冲 周应再 Zhyz-381

Uraria lacei Craib **滇南狸尾豆**
云南：景东 鲁艳 2008192
云南：南涧 官有才，马德跃 NJWLS397

Uraria lagopodioides (Linnaeus) Candolle **狸尾豆**
广西：隆安 莫水松，杨金财，彭日成 Liuyan1111
云南：景东 杨国平 2008134
云南：景东 罗忠华，谢有能，鲁成荣等 JDNR025
云南：麻栗坡 肖波 LuJL190
云南：文山 何德明，丰艳飞，王成 WSLJS907
云南：盈江 王立彦，桂魏 SCSB-TBG-127
云南：永德 李永亮，马文军 YDDXSB207
云南：永德 李永亮 YDDXS0449
云南：镇沅 罗成瑜 ALSZY226

Uraria picta (Jacquin) Desvaux ex Candolle **美花狸尾豆**
四川：米易 袁明 MY609
云南：新平 何罡安 XPALSB423
云南：元谋 孙振华，罗圆，宋晓卿等 OUXK-YM-0012

Uraria rufescens (Candolle) Schindler **钩柄狸尾豆**
云南：永德 李永亮 YDDXS1022
云南：镇沅 张绍云，胡启和，仇亚等 YNS1180

Uraria sinensis (Hemsley) Franchet **中华狸尾豆**
云南：麻栗坡 肖波 LuJL205
云南：南涧 李成清，高国政 NJWLS503

Vicia amoena Fischer ex Seringe **山野豌豆**
贵州：开阳 肖恩婷 Yuanm001
河北：蔚县 牛玉璐，高彦飞，黄士良 NiuYL215
黑龙江：肇东 刘玫，王臣，史传奇等 Liuetal619
黑龙江：肇源 杨帆，马红媛，安丰华 SNA0599
吉林：磐石 安海成 AnHC0221
吉林：洮北区 杨帆，马红媛，安丰华 SNA0275
青海：互助 薛春迎 Xuechy0087
陕西：长安区 王梅荣，田先华，田陌 TianXH131

Vicia amurensis Oettingen **黑龙江野豌豆**
黑龙江：宁安 刘玫，张欣欣，程薪宇等 Liuetal512

Vicia bungei Ohwi **大花野豌豆**
青海：班玛 陈世龙，张得钧，高庆波等 Chens10329
山东：莱山区 卞福花 BianFH-0192
山东：历城区 张少华，王萍，张诏等 Lilan173
四川：康定 彭玉兰，涂卫国 Gaoxf-1083
云南：新平 刘家良 XPALSD264
云南：新平 白绍斌 XPALSC343
云南：新平 李应富，郎定富，谢天华 XPALSA084

Vicia costata Ledebour **新疆野豌豆**
新疆：和静 张玲 TD-01676

Vicia cracca Linnaeus **广布野豌豆**
甘肃：合作 尹鑫，吴航，葛文静 LiuJQ-GN-2011-051
甘肃：碌曲 李晓东，刘帆，张景博等 LiJ0132
河北：平山 牛玉璐，郑博颖，黄士良等 NiuYL106
黑龙江：北安 郑宝江，宋国光 ZhengBJ208
黑龙江：哈尔滨 刘玫，王臣，史传奇等 Liuetal610
湖北：仙桃 张代贵 Zdg1409
湖北：竹溪 李盛兰 GanQL080
吉林：磐石 安海成 AnHC0219
江苏：江宁区 王兆银，吴宝成 SCSB-JS0080
江苏：句容 王兆银，吴宝成 SCSB-JS0091
四川：峨眉山 李小杰 LiXJ648
四川：九寨沟 张昌兵 ZhangCB0009
四川：米易 袁明 MY090
四川：小金 高云东，李忠荣，鞠文彬 GaoXF-12-081
西藏：贡嘎 扎西次仁 ZhongY175
西藏：林芝 罗建，汪书丽 LiuJQ-09XZ-136
西藏：林周 扎西次仁 ZhongY413
新疆：富蕴 段士民，王喜勇，刘会良等 163
新疆：奇台 谭敦炎，吉乃提 TanDY0576
云南：永德 李永亮 YDDXS1290

Vicia dichroantha Diels **二色野豌豆** *
云南：巧家 张书东，金建昌 QJYS0206

Vicia hirsuta (Linnaeus) Gray **小巢菜**
安徽：石台 洪欣，马阳洋 ZhouSB0152
安徽：屯溪区 方建新 TangXS0080
重庆：南川区 易思荣，谭秋平 YISR388
湖北：兴山 张代贵 Zdg1308A
湖北：竹溪 甘啟良 GanQL018
湖南：永定区 廖博儒，吴福川，查学州 7034
江苏：句容 吴宝成，王兆银 HANGYY8120
江西：黎川 童和平，王玉珍 TanCM2304
江西：湾里区 杜小浪，慕泽泾，曹岚 DXL093
江西：修水 谭策铭，缪以清，李立新 TanCM236
陕西：长安区 田先华，王梅荣 TianXH162
四川：射洪 袁明 YUANM2016L182
云南：景东 鲁艳 200851
云南：腾冲 余新林，赵玮 BSGLGStc326
云南：腾冲 周应再 Zhyz-204

Vicia japonica A. Gray **东方野豌豆**
甘肃：合作 尹鑫，吴航，葛文静 LiuJQ-GN-2011-068
青海：同德 陈世龙，高庆波，张发起 Chens11004

Vicia kioshanica L. H. Bailey **确山野豌豆** *
山东：岱岳区 步瑞兰，辛晓伟，郭雷等 Lilan724

山东：历城区 高德民，邵尉 Lilan949

Vicia nummularia Handel-Mazzetti 西南野豌豆 *

四川：阿坝 陈世龙，高庆波，张发起 Chensl1179

四川：米易 袁明 MY321

Vicia pseudo-orobus Fischer & C. A. Meyer 大叶野豌豆

黑龙江：嫩江 王臣，张欣欣，史传奇 WangCh142

吉林：九台 韩忠明 Yanglm0228

Vicia sativa Linnaeus 救荒野豌豆

安徽：石台 洪欣 ZhouSB0158

安徽：屯溪区 方建新 TangXS0733

重庆：南川区 易思荣 YISR142

湖北：竹溪 李盛兰 GanQL262

湖南：吉首 张代贵 Zdg1075

湖南：永顺 陈功锡，张代贵 SCSB-HC-2008003

湖南：沅陵 李胜华，伍贤进，曾汉元等 Wuxj958

江西：黎川 童和平，王玉珍 TanCM2306

江西：庐山区 谭策铭，董安淼 TanCM264

江西：庐山区 谭策铭，董安淼 TanCM275

江西：湾里区 杜小浪，慕泽泾，曹岚 DXL113

山东：莱山区 卞福花，宋言贺 BianFH-439

陕西：长安区 田先华，王梅荣 TianXH161

上海：闵行区 李宏庆，葛斌杰，刘国丽 Lihq0156

四川：米易 袁明 MY312

四川：米易 袁明 MY320

四川：射洪 袁明 YUANM2016L170

云南：景东 杨国平 07-25

云南：南涧 熊绍荣 NJWLS420

云南：南涧 官有才 NJWLS1631

云南：腾冲 周应再 Zhyz-464

云南：永德 李永亮 YDDXS0209

Vicia sativa subsp. **nigra** Ehrhart 窄叶野豌豆

安徽：屯溪区 方建新 TangXS0081

甘肃：合作 尹鑫，吴航，葛文静 LiuJQ-GN-2011-056

甘肃：合作 郭淑青，杜品 LiuJQ-2012-GN-040

青海：班玛 陈世龙，张得钧，高庆波等 Chensl0328

山东：莱山区 卞福花，宋言贺 BianFH-435

山东：莱山区 卞福花，杨蕾蕾，谷胤征 BianFH-0104

山东：崂山区 刘梅，邓建平 LuoY064

西藏：拉萨 卢洋，刘帆等 LiJ715

云南：腾冲 周应再 Zhyz-193

Vicia sepium Linnaeus 野豌豆

北京：东城区 王雷，朱雅娟，黄振英 Beijing-huang-dls-0038

重庆：南川区 易思荣，谭秋平 YISR369

湖北：竹溪 李盛兰 GanQL400

内蒙古：锡林浩特 张红香 ZhangHX070

西藏：扎囊 王东超，杨大松，张春林等 YangYP-Q-5084

新疆：策勒 冯建菊 Liujq-fjj-0051

新疆：策勒 冯建菊 Liujq-fjj-0070

新疆：和田 冯建菊 Liujq-fjj-0093

新疆：乌鲁木齐 谭敦炎，吉乃提 TanDY0529

新疆：于田 冯建菊 Liujq-fjj-0017

新疆：于田 冯建菊 Liujq-fjj-0030

Vicia tenuifolia Roth 细叶野豌豆

新疆：布尔津 谭敦炎，邱娟 TanDY0464

Vicia tetrasperma (Linnaeus) Schreber 四籽野豌豆

安徽：屯溪区 方建新 TangXS0224

安徽：芜湖 李中林 ZhouSB0180

重庆：南川区 易思荣 YISR140

重庆：南川区 易思荣，谭秋平 YISR387

湖北：竹溪 李盛兰 GanQL263

湖北：竹溪 李盛兰 GanQL449

湖南：永定区 廖博儒，查学州 7056

湖南：永顺 陈功锡，张代贵 SCSB-HC-2008015

江西：黎川 童和平，王玉珍 TanCM2305

江西：湾里区 杜小浪，慕泽泾，曹岚 DXL096

山东：莱山区 卞福花，宋言贺 BianFH-434

陕西：长安区 田陌，王梅荣，田先华 TianXH174

四川：射洪 袁明 YUANM2016L209

云南：南涧 阿国仁 NJWLS1531

云南：腾冲 余新林，赵玮 BSGLGStc327

云南：腾冲 周应再 Zhyz-194

云南：永德 李永亮 YDDXS1191

Vicia tibetica Prain ex C. E. C. Fischer 西藏野豌豆

西藏：堆龙德庆 杨永平，王东超，杨大松等 YangYP-Q-5067

西藏：林周 陈家辉，韩希，王广艳等 YangYP-Q-4162

Vicia unijuga A. Braun 歪头菜

甘肃：合作 尹鑫，吴航，葛文静 LiuJQ-GN-2011-064

甘肃：碌曲 李晓东，刘帆，张景博等 LiJ0134

河北：平山 牛玉璐，郑博颖，黄士良等 NiuYL071

黑龙江：宁安 刘玫，王臣，张欣欣等 Liuetal656

辽宁：庄河 于立敏 CaoW827

内蒙古：克什克腾旗 刘润宽，李茂文，李昌亮 M108

青海：班玛 陈世龙，张得钧，高庆波等 Chensl0334

山东：历下区 张少华，张颖颖，程丹丹等 lilan524

山东：牟平区 卞福花，陈朋 BianFH-0370

四川：阿坝 陈世龙，高庆波，张发起 Chensl1166

四川：道孚 何兴金，赵丽华，梁乾隆 SCU-10-032

四川：甘孜 陈文允，于文涛，黄永江 CYH185

四川：康定 许炳强，童毅华，吴兴等 XiaNH-07ZX-1081

四川：若尔盖 何兴金，李琴琴，王长宝等 SCU-08005

西藏：昌都 易思荣，谭秋平 YISR225

西藏：江达 张挺，李爱花，刘成等 08CS767

Vicia villosa Roth 长柔毛野豌豆

陕西：长安区 田先华，王梅荣 TianXH004

云南：巧家 张天壁 SCSB-W-233

Vigna angularis (Willdenow) Ohwi & H. Ohashi 赤豆

江苏：宿城区 李宏庆，熊申展，胡超 Lihq0366

江西：龙南 梁跃龙，欧考胜，潘国元 LiangYL084

Vigna minima (Roxburgh) Ohwi & H. Ohashi 贼小豆

安徽：舒城 陈延松，欧祖兰，高秋晨等 Xuzd420

安徽：屯溪区 方建新 TangXS0065

湖北：英山 朱鑫鑫，王君 ZhuXX011

湖北：竹溪 甘霖 GanQL599

湖南：石门 陈功锡，张代贵，邓涛等 SCSB-HC-2007519

湖南：永顺 陈功锡，张代贵 SCSB-HC-2008226

湖南：沅江 熊凯辉，刘克明 SCSB-HN-1895

湖南：沅江 熊凯辉，刘克明 SCSB-HN-1934

湖南：沅江 熊凯辉，刘克明 SCSB-HN-1943

湖南：沅江 熊凯辉，刘克明 SCSB-HN-2263

江西：武宁 张吉华，刘运群 TanCM1172

山东：莱山区 卞福花，宋言贺 BianFH-508

山东：莱山区 卞福花，杨蕾蕾，谷胤征 BianFH-0114

山东：莱芜 张少华，王萍，张诏等 Lilan139

山东：崂山区 樊守金 Zhaozt0236

山东：市南区 罗艳 LuoY118

山东：威海 高德民，吴燕秋 Lilan961

四川：米易 袁明 MY094

Vigna radiata (Linnaeus) R. Wilczek 绿豆

江苏：海州区 汤兴利 HANGYY8465

江苏：宿城区 李宏庆，熊申展，胡超 Lihq0367

云南：玉溪 刘成，蔡杰，胡枭剑 12CS4764

Vigna umbellata (Thunberg) Ohwi & H. Ohashi 赤小豆

江西：庐山区 谭策铭，董安淼 TCM09034

云南：沧源 赵金超，肖美芳 CYNGH406

云南：麻栗坡 肖波 LuJL478

Vigna unguiculata subsp. **cylindrica** (Linnaeus) Verdcourt 眉豆

安徽：屯溪区 方建新 TangXS0932

江苏：句容 王兆银，吴宝成 SCSB-JS0307

Vigna vexillata (Linnaeus) A. Richard 野豇豆

安徽：绩溪 唐鑫生，宋曰钦，方建新 TangXS0563

安徽：绩溪 唐鑫生，方建新 TangXS0372

湖北：来凤 许玥，祝文志，刘志祥等 ShenZH7939

湖北：竹溪 李盛兰 GanQL1163

湖南：古丈 刘克明，朱晓文 SCSB-HN-0506

湖南：吉首 陈功锡，张代贵，邓涛等 SCSB-HC-2007474

湖南：永定区 廖博儒，吴福川，查学州等 136

湖南：永定区 廖博儒，查学州 218

江苏：江宁区 王兆银，吴宝成 SCSB-JS0263

江苏：句容 王兆银，吴宝成 SCSB-JS0331

江苏：句容 吴宝成，王兆银 HANGYY8610

江西：黎川 童和平，王玉珍 TanCM2756

江西：武宁 张吉华，刘运群 TanCM719

江西：修水 缪以清，陈三友 TanCM2148

四川：峨眉山 李小杰 LiXJ723

四川：峨眉山 李小杰 LiXJ725

云南：德钦 张大才，李双智，杨川 ZhangDC-07ZX-1971

云南：贡山 郭永杰，吴之坤，吴兴等 14CS9813

云南：景东 罗忠华，张明勇，刘长铭等 JD082

云南：景东 鲁艳 07-184

云南：南涧 李毕祥，袁玉明，罗增阳 NJWLS602

云南：宁蒗 任宗昕，寸龙琼，任尚国 SCSB-W-1401

云南：西山区 杨永平，韩希，杨雪飞 SCSB-B-000140

云南：永德 李永亮 YDDXS1025

云南：永德 李永亮 LiYL1400

Wisteria sinensis (Sims) Sweet 紫藤

安徽：休宁 方建新，张翔 TangXS0079

湖北：竹山 李盛兰 GanQL203

湖北：竹溪 李盛兰 GanQL149

江西：庐山区 董安淼，吴从梅 TanCM944

Zenia insignis Chun 任豆

江西：永修 董安淼，吴从梅 TanCM3056

云南：金平 喻智勇，张云飞，谷翠莲等 JinPing97

Zornia gibbosa Spanoghe 丁癸草

云南：景东 鲁艳 2008175

云南：禄劝 张挺，张书东，李爱花 SCSB-A-000087

云南：元谋 蔡杰，秦少发 15CS11364

Fagaceae 壳斗科

壳斗科	世界	中国	种质库
属 / 种（种下等级）/ 份数	7/ ～ 900	7/ ～ 295	2/2/3

Fagus longipetiolata Seemen 水青冈

湖北：宣恩 沈泽昊 HXE012

Formanodendron doichangensis (A. Camus) Nixon & Crepet 三棱栎

云南：沧源 赵金超 CYNGH257

云南：沧源 赵金超 CYNGH263

Frankeniaceae 瓣鳞花科

瓣鳞花科	世界	中国	种质库
属 / 种（种下等级）/ 份数	1/ ～ 70	1/1	1/1/1

Frankenia pulverulenta Linnaeus 瓣鳞花

新疆：博乐 亚吉东，张桥蓉，秦少发等 16CS13821

Garryaceae 绞木科

绞木科	世界	中国	种质库
属 / 种（种下等级）/ 份数	2/17	1/10	1/3(4)/6

Aucuba chinensis Bentham 桃叶珊瑚

云南：沧源 赵金超 CYNGH260

云南：南涧 高国政，徐汝彪，李成清等 NJWLS2008261

云南：巧家 杨光明 SCSB-W-1525

Aucuba chlorascens F. T. Wang 细齿桃叶珊瑚 *

云南：新平 罗田发，李丛生 XPALSC236

Aucuba himalaica J. D. Hooker & Thomson 喜马拉雅珊瑚

四川：峨眉山 李小杰 LiXJ350

云南：南涧 熊绍荣，阿国仁 njwls2007103

Gelsemiaceae 胡蔓藤科

胡蔓藤科	世界	中国	种质库
属 / 种（种下等级）/ 份数	2/11	1/1	1/1/3

Gelsemium elegans (Gardner & Champion) Bentham 钩吻

云南：普洱 张绍云 YNS0127

云南：文山 何德明 WSLJS465

云南：文山 何德明 WSLJS578

Gentianaceae 龙胆科

龙胆科	世界	中国	种质库
属 / 种（种下等级）/ 份数	80/ ～ 700	22/420	16/173(182)/1117

Canscora andrographioides Griffith ex C. B. Clarke 罗星草

云南：红河 彭华，向春雷，陈丽 PengH8225

云南：景谷 胡启和，周英，仇亚 YNS0654

云南：澜沧 彭华，向春雷，陈丽 P.H.5777

云南：绿春 彭华，向春雷，陈丽等 P.H.5617

云南：永德 李永亮 LiYL1502

云南：永德 李永亮 YDDXS0986

Centaurium pulchellum (Swartz) Druce 美丽百金花

青海：祁连 陈世龙，高庆波，张发起等 Chensl1543

新疆：阿合奇 杨赵平，周禧琳，贺冰 LiZJ1366

新疆：喀什 杨赵平，周禧琳，贺冰 LiZJ1286

新疆：温宿 杨赵平，焦培培，白冠章等 LiZJ0787

新疆：于田 冯建菊 Liujq-fjj-0025

Comastoma cyananthiflorum var. **acutifolium** Ma & H. W. Li 尖叶蓝钟喉毛花 *
云南：东川区 蔡杰，郭永杰，吴之坤等 11CS3000
Comastoma falcatum (Turczaninow ex Karelin & Kirilov) Toyokuni 镰萼喉毛花
四川：得荣 孙航，李新辉，陈林杨 SunH-07ZX-2905
西藏：察隅 张大才，李双智，唐路等 ZhangDC-07ZX-1675
西藏：噶尔 陈家辉，庄会富，刘德团等 Yangyp-Q-0125
新疆：乌恰 杨赵平，周禧琳，贺冰 LiZJ1321
Comastoma pedunculatum (Royle ex D. Don) Holub 长梗喉毛花
甘肃：迭部 尹鑫，吴航，葛文静 LiuJQ-GN-2011-031
四川：道孚 何兴金，胡灏禹，沈呈娟等 SCU-11-471
Comastoma pulmonarium (Turczaninow) Toyokuni 喉毛花
甘肃：合作 尹鑫，吴航，葛文静 LiuJQ-GN-2011-020
甘肃：合作 郭淑青，杜品 LiuJQ-2012-GN-159
甘肃：玛曲 尹鑫，吴航，葛文静 LiuJQ-GN-2011-009
青海：班玛 汪书丽，朱洪涛 Liujq-QLS-TXM-144
青海：班玛 陈世龙，高庆波，张发起 Chensl1129
青海：贵德 陈世龙，高庆波，张发起 Chensl0965
青海：互助 陈世龙，高庆波，张发起等 Chensl1732
青海：互助 薛春迎 Xuechy0243
青海：乐都 陈世龙，高庆波，张发起等 Chensl1835
青海：门源 陈世龙，高庆波，张发起等 Chensl1645
青海：囊谦 许炳强，周伟，郑朝汉 Xianh0018
青海：泽库 陈世龙，高庆波，张发起 Chensl1018
四川：德格 孙航，张建文，董金龙等 SunH-07ZX-3902
四川：甘孜 苏涛，黄永江，杨青松等 ZhouZK11182
四川：甘孜 陈家辉，王赟，刘德团 YangYP-Q-3039
四川：甘孜 陈家辉，王赟，刘德团 YangYP-Q-3056
四川：黑水 顾垒，李忠荣 GaoXF-09ZX-1437
四川：九龙 张大才，尹五元，李双智等 ZhangDC-07ZX-2428
四川：马尔康 顾垒，张羽 GAOXF-10ZX-1915
四川：若尔盖 张昌兵 ZhangCB0057
四川：乡城 李晓东，张景博，徐凌翔等 LiJ379
西藏：八宿 徐波，陈光富，陈林杨等 SunH-07ZX-0977
西藏：昌都 苏涛，黄永江，杨青松等 ZhouZK11294
西藏：昌都 易思荣，谭秋平 YISR252
西藏：当雄 陈家辉，庄会富，刘德团 Yangyp-Q-0172
西藏：丁青 陈家辉，王赟，刘德团 YangYP-Q-3230
西藏：江达 陈家辉，王赟，刘德团 YangYP-Q-3084
西藏：类乌齐 陈家辉，王赟，刘德团 YangYP-Q-3178
西藏：那曲 陈家辉，庄会富，刘德团 Yangyp-Q-0208
西藏：聂拉木 陈家辉，韩希，王广艳等 YangYP-Q-4318
西藏：左贡 张大才，罗康，梁群等 ZhangDC-07ZX-1342
西藏：左贡 汪书丽，王志强，邹嘉宾 Liujq-Txm10-219
云南：会泽 杜燕，黄天才，董勇等 SCSB-A-000336
云南：香格里拉 郭永杰，张桥蓉，李春晓等 11CS3472
云南：香格里拉 孙航，张建文，邓涛等 SunH-07ZX-3313
Comastoma tenellum (Rottboll) Toyokuni 柔弱喉毛花
西藏：八宿 张大才，李双智，罗康等 ZhangDC-07ZX-1224
西藏：芒康 徐波，陈光富，陈林杨等 SunH-07ZX-1550
Comastoma traillianum (Forrest) Holub 高杯喉毛花 *
四川：稻城 陈文允，于文涛，黄永江 CYH012
四川：乡城 陈家辉，刘亚辉，周妍等 YangYP-Q-2226
四川：雅江 苏涛，黄永江，杨青松等 ZhouZK11097
云南：德钦 陈文允，于文涛，黄永江等 CYHL165
云南：香格里拉 孔航辉，任琛 Yangqe2861

Crawfurdia campanulacea Wallich & Griffith ex C. B. Clarke 云南蔓龙胆 *
云南：腾冲 余新林，赵玮 BSGLGStc312
Crawfurdia crawfurdioides (C. Marquand) Harry Smith 裂萼蔓龙胆 *
西藏：波密 孙航，张建文，陈建国等 SunH-07ZX-2631
Crawfurdia delavayi Franchet 披针叶蔓龙胆 *
云南：贡山 蔡杰，郭云刚，张凤琼等 14CS9761
云南：文山 何德明，丰艳飞，杨云 WSLJS893
Crawfurdia dimidiata (C. Marquand) Harry Smith 半侧蔓龙胆
云南：文山 税玉民，陈文红 16250
云南：文山 税玉民，陈文红 16267
Crawfurdia maculaticaulis C. J. Wu 斑茎蔓龙胆 *
云南：西畴 张挺，李洪超，左定科 SCSB-B-000305
Crawfurdia pricei (C. Marquand) Harry Smith 福建蔓龙胆 *
广西：兴安 刘演，黄俞淞，将日红等 Liuyan0103
Exacum teres Wallich 云南藻百年
云南：盈江 王立彦，桂魏，刀江飞 SCSB-TBG-210
Exacum tetragonum Roxburgh 藻百年
云南：普洱 谭运洪，余涛 B453
Fagraea ceilanica Thunberg 灰莉
云南：麻栗坡 张挺，修莹莹，李胜 SCSB-B-000603
云南：麻栗坡 肖波 LuJL109
云南：勐腊 赵相兴 A024
Gentiana abaensis T. N. Ho 阿坝龙胆 *
甘肃：合作 尹鑫，吴航，葛文静 LiuJQ-GN-2011-021
甘肃：合作 齐威 LJQ-2008-GN-025
甘肃：玛曲 李晓东，刘帆，张景博等 LiJ0081
Gentiana albomarginata C. Marquand 膜边龙胆 *
云南：巧家 张书东 QJYS0195
云南：巧家 杨光明 SCSB-W-1103
Gentiana algida Pallas 高山龙胆
黑龙江：宁安 刘玫，王臣，张欣欣等 Liuetal654
吉林：安图 孙阎 SunY050
四川：巴塘 孙航，张建文，董金龙等 SunH-07ZX-3651
四川：巴塘 陈文允，于文涛，黄永江 CYH065
西藏：芒康 岳伟，苏旭，王玉金 LiuJQ-2011-WYJ-217
新疆：和静 张玲 TD-01632
Gentiana alsinoides Franchet 繁缕状龙胆 *
四川：稻城 陈家辉，刘亚辉，周妍等 YangYP-Q-2264
四川：红原 张昌兵 ZhangCB0021
四川：康定 张昌兵，向丽 ZhangCB0206
四川：若尔盖 张昌兵 ZhangCB0056
四川：乡城 陈家辉，刘亚辉，周妍等 YangYP-Q-2256
Gentiana arethusae Burkill 川东龙胆 *
云南：香格里拉 周浙昆，苏涛，杨莹等 Zhou09-077
Gentiana arethusae var. **delicatula** C. Marquand 七叶龙胆 *
云南：香格里拉 周浙昆，苏涛，杨莹等 Zhou09-021
Gentiana aristata Maximowicz 刺芒龙胆 *
青海：互助 陈世龙，高庆波，张发起等 Chensl1735
青海：门源 陈世龙，高庆波，张发起等 Chensl1616
青海：祁连 陈世龙，高庆波，张发起等 Chensl1567
四川：红原 何兴金，高云东，刘海艳等 SCU-20080502
Gentiana atuntsiensis W. W. Smith 阿墩子龙胆 *
四川：甘孜 张大才，尹五元，李双智等 ZhangDC-07ZX-2349
四川：甘孜 张大才，尹五元，李双智等 ZhangDC-07ZX-2350
四川：九龙 孙航，张建文，董金龙等 SunH-07ZX-4005
四川：九龙 张大才，尹五元，李双智等 ZhangDC-07ZX-2412

四川：康定 陈文允，于文涛，黄永江 CYH224
四川：理塘 孔航辉，罗江平，左雷等 YangQE3522
四川：理塘 陈文允，于文涛，黄永江 CYH019
四川：理塘 陈文允，于文涛，黄永江 CYH029
四川：乡城 张大才，尹五元，李双智等 ZhangDC-07ZX-2108
西藏：察隅 张挺，蔡杰，袁明 09CS1550
云南：德钦 杨青松，杨莹，黄永江等 ZhouZK-07ZX-0216
云南：香格里拉 杨青松，星耀武，苏涛 ZhouZK-07ZX-0368
云南：香格里拉 张大才，李双智，唐路等 ZhangDC-07ZX-1668
云南：香格里拉 孙航，张建文，董金龙等 SunH-07ZX-3522
云南：香格里拉 周浙昆，苏涛，杨莹等 Zhou09-025
云南：香格里拉 杨亲二，袁琼 Yangqe2142
云南：香格里拉 孔航辉，任琛 Yangqe2855

Gentiana burkillii Harry Smith **白条纹龙胆**

青海：兴海 陈世龙，张得钧，高庆波等 Chensl0042
西藏：噶尔 陈家辉，庄会富，刘德团等 Yangyp-Q-0129

Gentiana cephalantha Franchet **头花龙胆**

四川：巴塘 张大才，尹五元，李双智等 ZhangDC-07ZX-2260
云南：会泽 杜燕，黄天才，董勇等 SCSB-A-000334
云南：景东 刘长铭，赵天晓，鲁成荣等 JDNR110124
云南：腾冲 余新林，赵玮 BSGLGStc128
云南：新平 蔡杰，王立松 09CS1021

Gentiana choanantha C. Marquand **反折花龙胆 ***

甘肃：碌曲 李晓东，刘帆，张景博等 LiJ0116
甘肃：玛曲 李晓东，刘帆，张景博等 LiJ0021
甘肃：玛曲 尹鑫，吴航，葛文静 LiuJQ-GN-2011-033

Gentiana chungtienensis C. Marquand **中甸龙胆 ***

云南：香格里拉 蔡杰，张挺，刘成等 11CS3246
云南：香格里拉 郭永杰，张桥蓉，李春晓等 11CS3463

Gentiana clarkei Kusnezow **西域龙胆 ***

西藏：安多 陈家辉，庄会富，边巴扎西 Yangyp-Q-2071
西藏：那曲 陈家辉，庄会富，边巴扎西 Yangyp-Q-2052
新疆：和静 杨赵平，焦培培，白冠章等 LiZJ0703

Gentiana crassicaulis Duthie ex Burkill **粗茎秦艽 ***

四川：丹巴 余岩，周春景，秦汉涛 SCU-11-066
四川：稻城 岳伟，苏旭，王玉金 LiuJQ-2011-WYJ-229
四川：稻城 张大才，尹五元，李双智等 ZhangDC-07ZX-2138
四川：稻城 何兴金，胡灏禹，陈德友等 SCU-09-360
四川：甘孜 陈文允，于文涛，黄永江 CYH128
四川：红原 岳伟，苏旭，王玉金 LiuJQ-2011-WYJ-279
四川：红原 张昌兵 ZhangCB0034
四川：康定 易思荣 YISR295
四川：理塘 陈文允，于文涛，黄永江 CYH023
四川：理塘 余岩，周春景，秦汉涛 SCU-11-074
四川：马尔康 高云东，李忠荣，鞠文彬 GaoXF-12-056
西藏：察雅 张挺，李爱花，刘成等 08CS720
西藏：察隅 张挺，蔡杰，袁明 09CS1494
西藏：昌都 易思荣，谭秋平 YISR235
西藏：芒康 张永洪，李国栋，王晓雄 SunH-07ZX-1731
西藏：左贡 汪书丽，王志强，邹嘉宾 Liujq-Txm10-222
云南：德钦 孙航，李新辉，陈林杨 SunH-07ZX-2983
云南：迪庆 张书东，林娜娜，郁文彬等 SCSB-W-031
云南：贡山 许炳强，吴兴，李婧等 XiaNh-07zx-066
云南：香格里拉 李爱花，周开洪，黄之镨等 SCSB-A-000255
云南：香格里拉 张大才，李双智，唐路等 ZhangDC-07ZX-1648
云南：香格里拉 陈文允，于文涛，黄永江等 CYHL199
云南：香格里拉 周浙昆，苏涛，杨莹等 Zhou09-007
云南：香格里拉 周浙昆，苏涛，杨莹等 Zhou09-055
云南：香格里拉 孙航，李新辉，陈林杨 SunH-07ZX-3106
云南：香格里拉 王文礼，冯欣，刘飞鹏 OUXK11229
云南：香格里拉 张大才，李双智，杨川 ZhangDC-07ZX-2001
云南：香格里拉 杨亲二，袁琼 Yangqe1891

Gentiana crassuloides Bureau & Franchet **肾叶龙胆**

四川：巴塘 孙航，张建文，董金龙等 SunH-07ZX-3655
西藏：林芝 陈家辉，韩希，王广艳等 YangYP-Q-4108
云南：香格里拉 郭永杰，张桥蓉，李春晓等 11CS3408

Gentiana crenulatotruncata (C. Marquand) T. N. Ho **圆齿褶龙胆 ***

西藏：班戈 陈家辉，庄会富，边巴扎西 Yangyp-Q-2057
西藏：当雄 杨永平，段元文，边巴扎西 yangyp-Q-1010

Gentiana dahurica Fischer **达乌里秦艽**

甘肃：合作 尹鑫，吴航，葛文静 LiuJQ-GN-2011-024
甘肃：卓尼 齐威 LJQ-2008-GN-029
青海：湟源 汪书丽，朱洪涛 Liujq-QLS-TXM-014
青海：天峻 陈世龙，张得钧，高庆波等 Chensl0485

Gentiana davidii Franchet **五岭龙胆 ***

广西：八步区 吴望辉，黄俞淞，蒋日红 Liuyan0303

Gentiana delavayi Franchet **微籽龙胆 ***

四川：乡城 周浙昆，苏涛，杨莹等 Zhou09-183

Gentiana dendrologi C. Marquand **川西秦艽 ***

四川：巴塘 张大才，尹五元，李双智等 ZhangDC-07ZX-2203
四川：康定 许炳强，童毅华，吴兴等 XiaNH-07ZX-1108

Gentiana duclouxii Franchet **昆明龙胆 ***

云南：文山 何德明 WSLJS580

Gentiana erectosepala T. N. Ho **直萼龙胆 ***

西藏：八宿 张大才，罗康，梁群等 ZhangDC-07ZX-1336
西藏：林芝 毛康珊，任广朋，邹嘉宾 LiuJQ-QTP-2011-185
西藏：林芝 孙航，张建文，陈建国等 SunH-07ZX-2726
西藏：林芝 罗建，汪书丽，王国严 LiuJQ-09XZ-397
西藏：林芝 张大才，李双智，唐路等 ZhangDC-07ZX-1804
西藏：左贡 徐波，陈光富，陈林杨等 SunH-07ZX-2064

Gentiana forrestii C. Marquand **苍白龙胆 ***

云南：南涧 阿国仁，何贵才 NJWLS799

Gentiana futtereri Diels & Gilg **青藏龙胆 ***

甘肃：玛曲 尹鑫，吴航，葛文静 LiuJQ-GN-2011-014
西藏：昌都 马永鹏 ZhangCQ-0099

Gentiana gilvostriata C. Marquand **黄条纹龙胆**

甘肃：合作 尹鑫，吴航，葛文静 LiuJQ-GN-2011-026
甘肃：卓尼 尹鑫，吴航，葛文静 LiuJQ-GN-2011-001
甘肃：卓尼 齐威 LJQ-2008-GN-023
青海：门源 陈世龙，高庆波，张发起等 Chensl1607
青海：祁连 陈世龙，高庆波，张发起等 Chensl1566
青海：祁连 陈世龙，高庆波，张发起等 Chensl1573
四川：甘孜 张大才，尹五元，李双智等 ZhangDC-07ZX-2318
四川：红原 岳伟，苏旭，王玉金 LiuJQ-2011-WYJ-274
四川：炉霍 毛康珊，任广朋，邹嘉宾 LiuJQ-QTP-2011-267

Gentiana handeliana Harry Smith **斑点龙胆**

云南：东川区 蔡杰，郭永杰，吴之坤等 11CS2979

Gentiana haynaldii Kanitz **钻叶龙胆 ***

四川：理塘 岳伟，苏旭，王玉金 LiuJQ-2011-WYJ-235
西藏：八宿 张挺，蔡杰，刘恩德等 SCSB-B-000478

Gentiana helophila I. B. Balfour & Forrest **喜湿龙胆 ***

四川：乡城 周浙昆，苏涛，杨莹等 Zhou09-192

Gentiana hexaphylla Maximowicz ex Kusnezow **六叶龙胆 ***

四川：阿坝 蔡杰，张挺，刘成 10CS2564
四川：黑水 顾垒，李忠荣 GaoXF-09ZX-1625

四川：小金 汪书丽，王志强，邹嘉宾 Liujq-Txm10-251

Gentiana infelix C. B. Clarke 小耳褶龙胆

云南：香格里拉 张挺，亚吉东，李明勤等 11CS3372

云南：香格里拉 郭永杰，张桥蓉，李春晓等 11CS3425

Gentiana lawrencei var. **farreri** (I. B. Balfour) T. N. Ho 线叶龙胆 *

甘肃：合作 尹鑫，吴航，葛文静 LiuJQ-GN-2011-016

Gentiana leucomelaena Maximowicz ex Kusnezow 蓝白龙胆

甘肃：玛曲 齐威 LJQ-2008-GN-039

四川：马尔康 顾垒，张羽 GAOXF-10ZX-1907

西藏：八宿 张挺，蔡杰，刘恩德等 SCSB-B-000479

西藏：日土 陈家辉，庄会富，刘德团等 yangyp-q-0116

新疆：叶城 郭永杰，黄文娟，段黄金 LiZJ0231

云南：德钦 陈文允，于文涛，黄永江等 CYHL135

Gentiana lhassica Burkill 全萼秦艽 *

西藏：墨竹工卡 罗建，汪书丽，任德智 LiuJQ-09XZ-ML026

Gentiana lineolata Franchet 四数龙胆 *

云南：嵩明 张挺，蔡杰，刘成等 08CS394

Gentiana linoides Franchet 亚麻状龙胆 *

云南：嵩明 张挺，蔡杰，李爱花等 SCSB-B-000061

Gentiana loureiroi (G. Don) Grisebach 华南龙胆

云南：腾冲 周应再 Zhyz-457

云南：新平 何罡安 XPALSB169

云南：盈江 张挺，王建军，杨茜 SCSB-B-000410

Gentiana macrauchena C. Marquand 大颈龙胆 *

湖北：竹溪 甘啟良 GanQL867

Gentiana macrophylla Pallas 秦艽

北京：东城区 王雷，朱雅娟，黄振英 Beijing-huang-bhs-0015

北京：东城区 王雷，朱雅娟，黄振英 Beijing-huang-bws-0040

北京：东城区 王雷，朱雅娟，黄振英 Beijing-huang-dls-0062

北京：海淀区 宋松泉，李燕军 SCSB-D-0011

北京：海淀区 李燕军 SCSB-B-0013

北京：门头沟区 李燕军 SCSB-E-0029

北京：西城区 王雷，朱雅娟，黄振英 Beijing-huang-yms-0025

北京：西城区 王雷，朱雅娟，黄振英 Beijing-huang-ss-0016

甘肃：合作 郭淑青，杜品 LiuJQ-2012-GN-160

河北：蔚县 牛玉璐，高彦飞，黄士良 NiuYL220

黑龙江：爱辉区 刘玫，王臣，张欣欣等 Liuetal700

黑龙江：巴彦 孙阎 SunY207

黑龙江：北安 郑宝江，丁晓炎，王美娟 ZhengBJ288

内蒙古：额尔古纳 郑宝江，姜洪哲 ZhengBJ160

内蒙古：克什克腾旗 刘润宽，李茂文，李昌亮 M129

内蒙古：武川 蒲拴莲，刘润宽，刘毅等 M242

四川：理塘 李晓东，张景博，徐凌翔等 LiJ329

新疆：温泉 徐文斌，许晓敏 SHI-2008178

Gentiana maeulchanensis Franchet 马耳山龙胆

云南：巧家 张书东，廖太谷，金建昌 QJYS0199

Gentiana manshurica Kitagawa 条叶龙胆 *

黑龙江：让胡路区 孙阎，赵立波 SunY083

黑龙江：让胡路区 王臣，张欣欣，史传奇 WangCh210

江西：庐山区 谭策铭，董安淼 TCM09127

山东：海阳 张少华，张诏，程丹丹等 Lilan653

Gentiana melandriifolia Franchet 女娄菜叶龙胆 *

云南：香格里拉 周浙昆，苏涛，杨莹等 Zhou09-060

Gentiana micans C. B. Clarke 亮叶龙胆

西藏：左贡 徐波，陈光富，陈林杨等 SunH-07ZX-2070

Gentiana microdonta Franchet 小齿龙胆 *

四川：甘孜 陈文允，于文涛，黄永江 CYH171

云南：香格里拉 周浙昆，苏涛，杨莹等 Zhou09-087

Gentiana nanobella C. Marquand 钟花龙胆 *

云南：德钦 陈文允，于文涛，黄永江等 CYHL158

Gentiana nubigena Edgeworth 云雾龙胆

甘肃：玛曲 尹鑫，吴航，葛文静 LiuJQ-GN-2011-028

甘肃：玛曲 齐威 LJQ-2008-GN-036

甘肃：卓尼 尹鑫，吴航，葛文静 LiuJQ-GN-2011-006

甘肃：卓尼 齐威 LJQ-2008-GN-013

四川：稻城 孙航，张建文，董金龙等 SunH-07ZX-3581

四川：德格 陈家辉，王赟，刘德团 YangYP-Q-3071

四川：甘孜 陈家辉，王赟，刘德团 YangYP-Q-3025

Gentiana obconica T. N. Ho 倒锥花龙胆

西藏：林芝 张大才，李双智，唐路等 ZhangDC-07ZX-1807

Gentiana officinalis Harry Smith 黄管秦艽 *

甘肃：玛曲 尹鑫，吴航，葛文静 LiuJQ-GN-2011-030

甘肃：夏河 齐威 LJQ-2008-GN-028

青海：玛沁 陈世龙，高庆波，张发起 Chensl1065

青海：同德 陈世龙，高庆波，张发起 Chensl1044

Gentiana olgae Regel & Schmalhausen 北疆秦艽 *

新疆：温宿 杨赵平，焦培培，白冠章等 LiZJ0938

Gentiana oligophylla Harry Smith 少叶龙胆 *

湖北：神农架林区 李巨平 LiJuPing0144

Gentiana olivieri Grisebach 楔湾缺秦艽

新疆：尼勒克 贺晓欢，徐文斌，刘鸯等 SHI-A2007374

新疆：尼勒克 刘鸯，马真，贺晓欢等 SHI-A2007468

Gentiana otophora Franchet 耳褶龙胆

四川：稻城 陈家辉，刘亚辉，周妍等 YangYP-Q-2270

四川：稻城 陈家辉，刘亚辉，周妍等 YangYP-Q-2292

四川：乡城 陈家辉，刘亚辉，周妍等 YangYP-Q-2249

Gentiana panthaica Prain & Burkill 流苏龙胆 *

四川：稻城 何兴金，廖晨阳，任海燕等 SCU-09-449

四川：红原 何兴金，冯图，廖晨阳等 SCU-080313

四川：雅江 何兴金，廖晨阳，任海燕等 SCU-09-419

云南：巧家 杨光明 SCSB-W-1116

云南：巧家 李文虎，吴天抗，高顺勇等 QJYS0126

云南：巧家 杨光明 SCSB-W-1154

云南：永德 李永亮 YDDXS0753

云南：永德 李永亮 LiYL1549

Gentiana parvula Harry Smith 小龙胆 *

西藏：定日 王东超，杨大松，张春林等 YangYP-Q-5131

西藏：噶尔 陈家辉，庄会富，刘德团等 Yangyp-Q-0126

Gentiana pedata Harry Smith 鸟足龙胆 *

云南：景东 杨国平 07-16

Gentiana pedicellata (Wallich ex D. Don) Grisebach 糙毛龙胆

西藏：定日 王东超，杨大松，张春林等 YangYP-Q-5099

Gentiana picta Franchet 着色龙胆 *

云南：香格里拉 郭永杰，张桥蓉，李春晓等 11CS3514

Gentiana pluviarum subsp. **subtilis** (Harry Smith) T. N. Ho 纤细龙胆 *

云南：洱源 杨青松，星耀武，苏涛 ZhouZK-07ZX-0267

Gentiana praticola Franchet 草甸龙胆 *

云南：景东 杨国平 07-08

云南：景东 杨国平 07-11

云南：宁洱 胡启和，张绍云 YNS0820

云南：文山 何德明，韦荣彪 WSLJS706

云南：香格里拉 周浙昆，苏涛，杨莹等 Zhou09-026

云南：新平 谢天华，郎定富 XPALSA092

Gentiana prolata I. B. Balfour 观赏龙胆

西藏：察隅 孙航，张建文，陈建国等 SunH-07ZX-2425

Gentiana prostrata var. **karelinii** (Grisebach) Kusnezow **新疆龙胆**

新疆：塔什库尔干 邱娟，冯建菊 LiuJQ0100

新疆：塔什库尔干 邱娟，冯建菊 LiuJQ0109

新疆：乌恰 杨赵平，周禧琳，贺冰 LiZJ1324

Gentiana pseudoaquatica Kusnezow **假水生龙胆**

甘肃：碌曲 李晓东，刘帆，张景博等 LiJ0087

四川：德格 毛康珊，任广朋，邹嘉宾 LiuJQ-QTP-2011-256

新疆：阿合奇 杨赵平，周禧琳，贺冰 LiZJ1902

新疆：和静 邱爱军，张玲 LiZJ1802

新疆：和静 张玲，杨赵平 TD-01377

新疆：塔什库尔干 邱娟，冯建菊 LiuJQ0031

Gentiana pseudosquarrosa Harry Smith **假鳞叶龙胆** *

甘肃：合作 尹鑫，吴航，葛文静 LiuJQ-GN-2011-005

甘肃：卓尼 尹鑫，吴航，葛文静 LiuJQ-GN-2011-032

四川：红原 张昌兵，邓秀华 ZhangCB0283

云南：德钦 陈文允，于文涛，黄永江等 CYHL139

Gentiana rhodantha Franchet **红花龙胆** *

四川：稻城 张大才，尹五元，李双智等 ZhangDC-07ZX-2174

四川：康定 张大才，尹五元，李双智等 ZhangDC-07ZX-2383

云南：巧家 杨光明 SCSB-W-1477

云南：巧家 李文虎，吴天抗，张天壁等 QJYS0175

云南：文山 何德明，丰艳飞，王成 WSLJS925

云南：永德 李永亮 YDDXS0042

Gentiana rigescens Franchet **滇龙胆草**

云南：景东 杨国平，李达文 ygp-053

云南：绿春 何疆海，何来收，白然思等 HLS0358

云南：麻栗坡 肖波 LuJL501

云南：文山 何德明，丰艳飞，杨云等 WSLJS890

云南：永德 李永亮，杨建文 YDDXSB036

云南：永德 李永亮 YDDXS0005

Gentiana riparia Karelin & Kirilov **河边龙胆**

新疆：塔什库尔干 邱娟，冯建菊 LiuJQ0009

新疆：塔什库尔干 邱娟，冯建菊 LiuJQ0032

新疆：塔什库尔干 邱娟，冯建菊 LiuJQ0099

Gentiana robusta King ex J. D. Hooker **粗壮秦艽** *

西藏：察隅 孙航，张建文，陈建国等 SunH-07ZX-2506

西藏：吉隆 张晓纬，汪书丽，罗建 LiuJQ-09XZ-LZT-095

西藏：江孜 汪书丽，王志强，邹嘉宾 Liujq-Txm10-158

西藏：浪卡子 李晖，边巴，李发平 lihui-Q-09-92

西藏：浪卡子 扎西次仁 ZhongY181

西藏：浪卡子 汪书丽，王志强，邹嘉宾 Liujq-Txm10-153

西藏：隆子 扎西次仁，西落 ZhongY620

西藏：聂拉木 毛康珊，任广朋，邹嘉宾 LiuJQ-QTP-2011-112

西藏：亚东 李国栋，董金龙 SunH-07ZX-3267

云南：香格里拉 李晓东，张紫刚，操榆 LiJ646

Gentiana rubicunda Franchet **深红龙胆** *

湖北：神农架林区 李巨平 LiJuPing0143

四川：峨眉山 李小杰 LiXJ028

Gentiana scabra Bunge **龙胆**

黑龙江：宁安 刘玫，王臣，张欣欣等 Liuetal734

黑龙江：五大连池 孙阎，赵立波 SunY075

吉林：磐石 安海成 AnHC0272

江苏：句容 吴宝成，王兆银 HANGYY8611

青海：刚察 毛康珊，任广朋，邹嘉宾 LiuJQ-QTP-2011-002

新疆：乌鲁木齐 王喜勇，马文宝，施翔 zdy240

云南：德钦 杨青松，星耀武，苏涛 ZhouZK-07ZX-0403

Gentiana scabrifilamenta T. N. Ho **毛蕊龙胆** *

西藏：左贡 张永洪，王晓雄，周卓等 SunH-07ZX-1148

Gentiana simulatrix C. Marquand **厚边龙胆**

西藏：工布江达 卢洋，刘帆等 LiJ891

Gentiana sinoornata I. B. Balfour **类华丽龙胆**

四川：红原 张昌兵，邓秀华 ZhangCB0316

Gentiana siphonantha Maximowicz ex Kusnezow **管花秦艽** *

青海：泽库 岳伟，苏旭，王玉金 LiuJQ-2011-WYJ-331

青海：泽库 田斌，姬明飞 Liujq-2010-QH-037

Gentiana squarrosa Ledebour **鳞叶龙胆**

黑龙江：阿城 孙阎，张健男 SunY401

黑龙江：宁安 王臣，张欣欣，谢博勋等 WangCh358

吉林：磐石 安海成 AnHC049

云南：永德 李永亮 LiYL1518

Gentiana stellata Turrill **珠峰龙胆**

西藏：林芝 罗建，汪书丽 LiuJQ-08XZ-068

Gentiana stipitata Edgeworth **短柄龙胆**

甘肃：玛曲 尹鑫，吴航，葛文静 LiuJQ-GN-2011-015

Gentiana stipitata subsp. **tizuensis** (Franchet) T. N. Ho **提宗龙胆** *

四川：炉霍 毛康珊，任广朋，邹嘉宾 LiuJQ-QTP-2011-264

Gentiana straminea Maximowicz **麻花艽**

甘肃：合作 尹鑫，吴航，葛文静 LiuJQ-GN-2011-025

甘肃：合作 郭淑青，杜品 LiuJQ-2012-GN-238

甘肃：碌曲 岳伟，苏旭，王玉金 LiuJQ-2011-WYJ-313

甘肃：玛曲 尹鑫，吴航，葛文静 LiuJQ-GN-2011-004

青海：达日 陈世龙，高庆波，张发起 Chensl1113

青海：刚察 毛康珊，任广朋，邹嘉宾 LiuJQ-QTP-2011-003

青海：共和 汪书丽，朱洪涛 Liujq-QLS-TXM-226

青海：海晏 岳伟，苏旭，王玉金 LiuJQ-2011-WYJ-010

青海：河南 岳伟，苏旭，王玉金 LiuJQ-2011-WYJ-322

青海：乐都 陈世龙，高庆波，张发起等 Chensl1818

青海：玛多 岳伟，苏旭，王玉金 LiuJQ-2011-WYJ-029

青海：玛沁 陈世龙，高庆波，张发起 Chensl1060

青海：玛沁 陈世龙，高庆波，张发起 Chensl1078

青海：玛沁 陈世龙，高庆波，张发起 Chensl1090

青海：门源 吴玉虎 LJQ-QLS-2008-0006

青海：门源 陈世龙，高庆波，张发起等 Chensl1634

青海：囊谦 陈世龙，高庆波，张发起 Chensl0663

青海：囊谦 陈世龙，高庆波，张发起 Chensl0696

青海：囊谦 岳伟，苏旭，王玉金 LiuJQ-2011-WYJ-078

青海：囊谦 毛康珊，任广朋，邹嘉宾 LiuJQ-QTP-2011-236

青海：祁连 陈世龙，高庆波，张发起等 Chensl1493

青海：祁连 陈世龙，高庆波，张发起等 Chensl1527

青海：曲麻莱 陈世龙，高庆波，张发起 Chensl0805

青海：天峻 汪书丽，朱洪涛 Liujq-QLS-TXM-045

青海：同德 陈世龙，高庆波，张发起 Chensl1006

青海：同德 陈世龙，高庆波，张发起 Chensl1049

青海：乌兰 汪书丽，王志强，邹嘉宾 Liujq-Txm10-043

青海：兴海 汪书丽，朱洪涛 Liujq-QLS-TXM-220

青海：玉树 陈世龙，高庆波，张发起 Chensl0608

青海：玉树 陈世龙，高庆波，张发起 Chensl0656

青海：玉树 汪书丽，朱洪涛 Liujq-QLS-TXM-082

青海：玉树 岳伟，苏旭，王玉金 LiuJQ-2011-WYJ-072

青海：玉树 许炳强，周伟，郑朝汉 Xianh0285

青海：杂多 陈世龙，高庆波，张发起 Chensl0720

青海：杂多 陈世龙，高庆波，张发起 Chensl0775

青海：泽库 岳伟，苏旭，王玉金 LiuJQ-2011-WYJ-332

青海：泽库 陈世龙，高庆波，张发起 Chensl0926
青海：泽库 陈世龙，高庆波，张发起 Chensl0942
青海：泽库 陈世龙，高庆波，张发起 Chensl0986
青海：治多 岳伟，苏旭，王玉金 LiuJQ-2011-WYJ-064
四川：阿坝 岳伟，苏旭，王玉金 LiuJQ-2011-WYJ-286
四川：阿坝 蔡杰，张挺，刘成 10CS2588
四川：稻城 李晓东，张景博，徐凌翔等 LiJ380
四川：稻城 何兴金，李琴琴，马祥光等 SCU-09-173
四川：红原 岳伟，苏旭，王玉金 LiuJQ-2011-WYJ-275
四川：炉霍 岳伟，苏旭，王玉金 LiuJQ-2011-WYJ-257
四川：马尔康 汪书丽，王志强，邹嘉宾 Liujq-Txm10-263
四川：壤塘 何兴金，赵丽华，梁乾隆 SCU-10-050
四川：若尔盖 岳伟，苏旭，王玉金 LiuJQ-2011-WYJ-296
四川：若尔盖 岳伟，苏旭，王玉金 LiuJQ-2011-WYJ-311
四川：石渠 陈世龙，高庆波，张发起 Chensl0628
四川：石渠 岳伟，苏旭，王玉金 LiuJQ-2011-WYJ-100
西藏：比如 岳伟，苏旭，王玉金 LiuJQ-2011-WYJ-173
西藏：波密 毛康珊，任广朋，邹嘉宾 LiuJQ-QTP-2011-209
西藏：昌都 岳伟，苏旭，王玉金 LiuJQ-2011-WYJ-140
西藏：丁青 岳伟，苏旭，王玉金 LiuJQ-2011-WYJ-150
西藏：丁青 岳伟，苏旭，王玉金 LiuJQ-2011-WYJ-153
西藏：丁青 岳伟，苏旭，王玉金 LiuJQ-2011-WYJ-157
西藏：类乌齐 陈家辉，王赟，刘德团 YangYP-Q-3190
西藏：索县 岳伟，苏旭，王玉金 LiuJQ-2011-WYJ-169
西藏：左贡 岳伟，苏旭，王玉金 LiuJQ-2011-WYJ-210

Gentiana striata Maximowicz **条纹龙胆** *
四川：马尔康 何兴金，王月，胡灏禹等 SCU-08147

Gentiana striolata T. N. Ho **多花龙胆** *
四川：雅江 岳伟，苏旭，王玉金 LiuJQ-2011-WYJ-239

Gentiana suborbisepala C. Marquand **圆萼龙胆** *
云南：会泽 杜燕，黄天才，董勇等 SCSB-A-000335

Gentiana szechenyii Kanitz **大花龙胆** *
四川：理县 何兴金，李琴琴，赵丽华等 SCU-09-522
云南：腾冲 周应再 Zhyz548

Gentiana tenuicaulis Ling **纤茎秦艽** *
四川：理塘 苏涛，黄永江，杨青松等 ZhouZK11139

Gentiana tianschanica Ruprecht **天山秦艽**
西藏：左贡 张大才，罗康，梁群等 ZhangDC-07ZX-1372
新疆：阿合奇 杨赵平，黄文娟 TD-01897
新疆：塔什库尔干 黄文娟，段黄金，王英鑫等 LiZJ0303

Gentiana tibetica King ex J. D. Hooker **西藏秦艽** *
西藏：工布江达 罗建，汪书丽，任德智 LiuJQ-09XZ-ML068
西藏：加查 许炳强，童毅华 XiaNh-07zx-677
西藏：康马 毛康珊，任广朋，邹嘉宾 LiuJQ-QTP-2011-133
西藏：朗县 罗建，汪书丽 L137
西藏：林芝 罗建，汪书丽，王国严 LiuJQ-09XZ-393
西藏：芒康 徐波，陈光富，陈林杨等 SunH-07ZX-1561
西藏：乃东 岳伟，苏旭，王玉金 LiuJQ-2011-WYJ-197
西藏：左贡 徐波，陈光富，陈林杨等 SunH-07ZX-2094
云南：兰坪 杨莹，黄永江，翟艳红 ZhouZK-07ZX-0118
云南：香格里拉 杨青松，星耀武，苏涛 ZhouZK-07ZX-0328

Gentiana tongolensis Franchet **东俄洛龙胆** *
云南：香格里拉 李爱花，周开洪，黄之镨等 SCSB-A-000274

Gentiana trichotoma Kusnezow **三歧龙胆** *
四川：德格 张大才，尹五元，李双智等 ZhangDC-07ZX-2307
四川：康定 许炳强，童毅华，吴兴等 XiaNH-07ZX-1014
四川：康定 许炳强，童毅华，吴兴等 XiaNH-07ZX-1041

Gentiana triflora Pallas **三花龙胆**
黑龙江：宁安 刘玫，张欣欣，程薪宇等 Liuetal511
黑龙江：铁力 郑宝江，丁晓炎，李月等 ZhengBJ217
黑龙江：五大连池 孙阎，杜景红 SunY078

Gentiana uchiyamae Nakai **朝鲜龙胆**
吉林：磐石 安海成 AnHC0267

Gentiana veitchiorum Hemsley **蓝玉簪龙胆**
四川：甘孜 陈家辉，王赟，刘德团 YangYP-Q-3038
西藏：八宿 徐波，陈光富，陈林杨等 SunH-07ZX-1594
西藏：林芝 罗建，汪书丽，王国严 LiuJQ-09XZ-378
西藏：左贡 徐波，陈光富，陈林杨等 SunH-07ZX-2082

Gentiana waltonii Burkill **长梗秦艽** *
西藏：林芝 罗建，汪书丽，任德智 LiuJQ-09XZ-ML105
西藏：米林 林玲 LiuJQ-08XZ-227

Gentiana wilsonii C. Marquand **川西龙胆** *
四川：乡城 周浙昆，苏涛，杨莹等 Zhou09-129
云南：丽江 张挺，蔡杰，刘成 09CS1428

Gentiana yokusai Burkill **灰绿龙胆**
安徽：屯溪区 方建新 TangXS0854
湖北：竹溪 李盛兰 GanQL875

Gentiana yunnanensis Franchet **云南龙胆** *
云南：巧家 杨光明 SCSB-W-1478
云南：香格里拉 李爱花，周开洪，黄之镨等 SCSB-A-000276

Gentiana zollingeri Fawcett **笔龙胆**
吉林：磐石 安海成 AnHC0294

Gentianella acuta (Michaux) Hulten **尖叶假龙胆**
内蒙古：额尔古纳 郑宝江，姜洪哲 ZhengBJ162

Gentianella azurea (Bunge) Holub **黑边假龙胆**
西藏：昌都 陈家辉，王赟，刘德团 YangYP-Q-3122

Gentianella turkestanorum (Gandoger) Holub **新疆假龙胆**
新疆：博乐 徐文斌，许晓敏 SHI-2008016
新疆：策勒 冯建菊 Liujq-fjj-0055
新疆：和静 邱爱军，张玲 LiZJ1822
新疆：和静 杨赵平，焦培培，白冠章等 LiZJ0682
新疆：和静 杨赵平，焦培培，白冠章等 LiZJ0739
新疆：和静 张玲 TD-01641
新疆：和静 张玲 TD-01656
新疆：玛纳斯 刘鸯 SHI2006288
新疆：尼勒克 马真，贺晓欢，徐文斌等 SHI-A2007357
新疆：尼勒克 贺晓欢，徐文斌，刘鸯等 SHI-A2007373
新疆：尼勒克 徐文斌，刘鸯，马真等 SHI-A2007403
新疆：尼勒克 刘鸯，马真，贺晓欢等 SHI-A2007443
新疆：尼勒克 刘鸯，马真，贺晓欢等 SHI-A2007483
新疆：塔什库尔干 邱娟，冯建菊 LiuJQ0028
新疆：塔什库尔干 邱娟，冯建菊 LiuJQ0071
新疆：塔什库尔干 黄文娟，段黄金，王英鑫等 LiZJ0360
新疆：温宿 杨赵平，周禧琳，贺冰 LiZJ1925
新疆：昭苏 阎平，董雪洁 SHI-A2007313

Gentianopsis barbata (Froelich) Ma **扁蕾**
甘肃：玛曲 李晓东，刘帆，张景博等 LiJ0073
湖北：神农架林区 李巨平 LiJuPing0089
吉林：安图 周海城 ZhouHC011
内蒙古：额尔古纳 郑宝江，姜洪哲 ZhengBJ161
青海：贵南 陈世龙，高庆波，张发起 Chensl0983
青海：互助 薛春迎 Xuechy0063
青海：互助 薛春迎 Xuechy0119
青海：湟中 薛春迎 Xuechy0269
青海：乐都 陈世龙，高庆波，张发起等 Chensl1834
青海：平安 薛春迎 Xuechy0044

青海：同德 陈世龙，高庆波，张发起 Chensl1045
青海：同仁 陈世龙，高庆波，张发起 Chensl0902
青海：泽库 陈世龙，高庆波，张发起 Chensl0938
四川：红原 何兴金，高云东，刘海艳等 SCU-20080507
四川：理塘 苏涛，黄永江，杨青松等 ZhouZK11159
四川：理县 何兴金，李琴琴，赵丽华等 SCU-09-523
四川：米易 刘静 MY-286
西藏：八宿 扎西次仁，西落 ZhongY742
西藏：八宿 张大才，李双智，罗康等 ZhangDC-07ZX-0779
西藏：定日 王东超，杨大松，张春林等 YangYP-Q-5098
西藏：工布江达 陈家辉，韩希，王东超等 YangYP-Q-4129
西藏：林芝 陈家辉，韩希，王广艳等 YangYP-Q-4092
西藏：芒康 张挺，李爱花，刘成等 08CS666
西藏：芒康 张永洪，李国栋，王晓雄 SunH-07ZX-1712
新疆：阿合奇 塔里木大学植物资源调查组 TD-00648
新疆：阿合奇 黄文娟，杨赵平，王英鑫 TD-01947
新疆：阿合奇 黄文娟，杨赵平，王英鑫 TD-01966
新疆：和静 杨赵平，焦培培，白冠章等 LiZJ0742
新疆：尼勒克 贺晓欢，徐文斌，刘鸯等 SHI-A2007381
新疆：塔什库尔干 塔里木大学植物资源调查组 TD-00805
新疆：塔什库尔干 张玲，杨赵平 TD-01397
新疆：温泉 徐文斌，黄雪姣 SHI-2008177
新疆：昭苏 阎平，黄建锋 SHI-A2007316
云南：迪庆 聂泽龙，孟盈，邓涛 SunH-07ZX-2338
云南：腾冲 李爱花，黄之镨，黄押稳等 SCSB-A-000287
云南：沾益 彭华，陈丽 P.H.5988

Gentianopsis barbata var. **albiflavida** T. N. Ho **黄白扁蕾** *
四川：康定 何兴金，王长宝，刘爽等 SCU-09-011

Gentianopsis barbata var. **stenocalyx** H. W. Li **细萼扁蕾** *
青海：囊谦 陈世龙，高庆波，张发起 Chensl0691
四川：九寨沟 张挺，李爱花，刘成等 08CS860

Gentianopsis contorta (Royle) Ma **回旋扁蕾**
甘肃：合作 尹鑫，吴航，葛文静 LiuJQ-GN-2011-002
甘肃：合作 齐威 LJQ-2008-GN-031
甘肃：玛曲 李晓东，刘帆，张景博等 LiJ0069
甘肃：玛曲 齐威 LJQ-2008-GN-022
甘肃：卓尼 齐威 LJQ-2008-GN-032
青海：湟源 汪书丽，朱洪涛 Liujq-QLS-TXM-012
青海：囊谦 汪书丽，朱洪涛 Liujq-QLS-TXM-103
四川：九龙 孔航辉，罗江平，左雷等 YangQE3469
四川：康定 许炳强，童毅华，吴兴等 XiaNH-07ZX-1086
四川：马尔康 何兴金，李琴琴，王长宝等 SCU-08085
云南：香格里拉 杨亲二，袁琼 Yangqe2368

Gentianopsis grandis (Harry Smith) Ma **大花扁蕾** *
四川：甘孜 陈文允，于文涛，黄永江 CYH109
四川：马尔康 何兴金，冯图，廖晨阳等 SCU-080355
四川：马尔康 何兴金，高云东，刘海艳等 SCU-20080491
四川：雅江 苏涛，黄永江，杨青松等 ZhouZK11102
西藏：昌都 苏涛，黄永江，杨青松等 ZhouZK11295
云南：大理 杨亲二，袁琼 Yangqe2594
云南：德钦 王文礼，冯欣，刘飞鹏 OUXK11201
云南：兰坪 张挺，徐远杰，黄押稳等 SCSB-B-000180
云南：香格里拉 周浙昆，苏涛，杨莹等 Zhou09-080
云南：香格里拉 王文礼，冯欣，刘飞鹏 OUXK11107

Gentianopsis lutea (Burkill) Ma **黄花扁蕾** *
四川：乡城 周浙昆，苏涛，杨莹等 Zhou09-154

Gentianopsis paludosa (Munro ex J. D. Hooker) Ma **湿生扁蕾**
甘肃：合作 郭淑青，杜品 LiuJQ-2012-GN-161
甘肃：玛曲 李晓东，刘帆，张景博等 LiJ0023
甘肃：玛曲 李晓东，刘帆，张景博等 LiJ0030
甘肃：玛曲 尹鑫，吴航，葛文静 LiuJQ-GN-2011-029
甘肃：玛曲 齐威 LJQ-2008-GN-021
甘肃：天祝 陈世龙，张得钧，高庆波等 Chensl0471
甘肃：卓尼 尹鑫，吴航，葛文静 LiuJQ-GN-2011-007
湖北：仙桃 张代贵 Zdg3310
青海：班玛 陈世龙，张得钧，高庆波等 Chensl0321
青海：班玛 陈世龙，高庆波，张发起 Chensl1139
青海：达日 陈世龙，高庆波，张发起 Chensl1103
青海：都兰 潘建斌，杜维波，牛炳韬 Liujq-2011CDM-183
青海：都兰 潘建斌，杜维波，牛炳韬 Liujq-2011CDM-223
青海：贵南 陈世龙，高庆波，张发起等 Chensl1220
青海：互助 陈世龙，高庆波，张发起等 Chensl1713
青海：乐都 何兴金，冯图，成英等 SCU-QH08071901
青海：玛多 汪书丽，朱洪涛 Liujq-QLS-TXM-130
青海：玛沁 陈世龙，高庆波，张发起 Chensl1059
青海：玛沁 陈世龙，高庆波，张发起 Chensl1086
青海：玛沁 陈世龙，高庆波，张发起 Chensl1088
青海：门源 吴玉虎 LJQ-QLS-2008-0002
青海：门源 陈世龙，高庆波，张发起等 Chensl1629
青海：门源 陈世龙，高庆波，张发起等 Chensl1642
青海：平安 陈世龙，高庆波，张发起等 Chensl1794
青海：祁连 陈世龙，高庆波，张发起等 Chensl1540
青海：天峻 汪书丽，朱洪涛 Liujq-QLS-TXM-041
青海：同德 陈世龙，高庆波，张发起 Chensl1001
青海：同德 陈世龙，高庆波，张发起等 Chensl1253
青海：同仁 汪书丽，朱洪涛 Liujq-QLS-TXM-192
青海：乌兰 潘建斌，杜维波，牛炳韬 Liujq-2011CDM-257
青海：乌兰 潘建斌，杜维波，牛炳韬 Liujq-2011CDM-295
青海：玉树 汪书丽，朱洪涛 Liujq-QLS-TXM-116
青海：玉树 许炳强，周伟，郑朝汉 Xianh0315
青海：杂多 陈世龙，高庆波，张发起 Chensl0762
青海：泽库 何兴金，冯图，成英等 SCU-QH08072301
青海：泽库 陈世龙，高庆波，张发起 Chensl0987
青海：泽库 陈世龙，高庆波，张发起 Chensl1016
青海：治多 汪书丽，朱洪涛 Liujq-QLS-TXM-072
青海：治多 汪书丽，朱洪涛 Liujq-QLS-TXM-073
陕西：宁陕 田先华，吴礼慧 TianXH235
四川：阿坝 陈世龙，张得钧，高庆波等 Chensl0448
四川：巴塘 孙航，张建文，董金龙等 SunH-07ZX-3631
四川：白玉 李晓东，张景博，徐凌翔等 LiJ489
四川：白玉 孙航，张建文，董金龙等 SunH-07ZX-3662
四川：白玉 孙航，张建文，邓涛等 SunH-07ZX-3738
四川：道孚 何兴金，刘爽，易欣 SCU-10-306
四川：稻城 张大才，尹五元，李双智等 ZhangDC-07ZX-2136
四川：稻城 何兴金，王长宝，刘爽等 SCU-09-038
四川：稻城 何兴金，廖晨阳，任海燕等 SCU-09-424
四川：稻城 何兴金，廖晨阳，任海燕等 SCU-09-440
四川：稻城 何兴金，廖晨阳，任海燕等 SCU-09-446
四川：稻城 何兴金，廖晨阳，任海燕等 SCU-09-463
四川：得荣 孙航，李新辉，陈林杨 SunH-07ZX-2923
四川：德格 孙航，张建文，董金龙等 SunH-07ZX-3691
四川：德格 苏涛，黄永江，杨青松等 ZhouZK11197
四川：峨眉山 李小杰 LiXJ083
四川：甘孜 孙航，张建文，董金龙等 SunH-07ZX-3977
四川：甘孜 苏涛，黄永江，杨青松等 ZhouZK11188
四川：甘孜 张大才，尹五元，李双智等 ZhangDC-07ZX-2339

四川：甘孜 陈家辉，王赟，刘德团 YangYP-Q-3049
四川：甘孜 陈家辉，王赟，刘德团 YangYP-Q-3063
四川：黑水 顾垒，李忠荣 GaoXF-09ZX-1731
四川：红原 何兴金，冯图，廖晨阳等 SCU-080333
四川：红原 张昌兵，邓秀华 ZhangCB0255
四川：红原 张昌兵，邓秀华 ZhangCB0264
四川：九龙 张大才，尹五元，李双智等 ZhangDC-07ZX-2429
四川：康定 何兴金，冯图，廖晨阳等 SCU-080337
四川：康定 何兴金，高云东，刘海艳等 SCU-20080409
四川：康定 何兴金，郜鹏，彭禄等 SCU-11-317
四川：康定 何兴金，王长宝，刘爽等 SCU-09-010
四川：康定 何兴金，高云东，王志新等 SCU-09-216
四川：理塘 陈家辉，刘亚辉，周妍等 YangYP-Q-2311
四川：理塘 余岩，周春景，秦汉涛 SCU-11-075
四川：理塘 何兴金，赵丽华，梁乾隆等 SCU-11-162
四川：理塘 何兴金，马祥光，张云香等 SCU-11-260
四川：理塘 何兴金，赵丽华，梁乾隆等 SCU-11-700
四川：炉霍 许炳强，童毅华，吴兴等 XiaNH-07ZX-0974
四川：马尔康 何兴金，赵丽华，李琴琴等 SCU-08021
四川：马尔康 何兴金，李琴琴，王长宝等 SCU-08041
四川：马尔康 何兴金，冯图，廖晨阳等 SCU-080317
四川：马尔康 何兴金，冯图，廖晨阳等 SCU-080321
四川：木里 孔航辉，罗江平，左雷等 YangQE3402
四川：壤塘 何兴金，刘爽，易欣 SCU-10-339
四川：若尔盖 高云东，李忠荣，鞠文彬 GaoXF-12-018
四川：若尔盖 何兴金，赵丽华，李琴琴等 SCU-08012
四川：若尔盖 陈世龙，高庆波，张发起 Chensl1188
四川：乡城 陈家辉，刘亚辉，周妍等 YangYP-Q-2236
四川：小金 何兴金，王月，胡灏禹等 SCU-08119
四川：小金 汪书丽，王志强，邹嘉宾 Liujq-Txm10-254
四川：雅江 何兴金，高云东，王志新等 SCU-09-222
西藏：八宿 徐波，陈光富，陈林杨等 SunH-07ZX-0978
西藏：八宿 徐波，陈光富，陈林杨等 SunH-07ZX-1474
西藏：八宿 徐波，陈光富，陈林杨等 SunH-07ZX-2021
西藏：八宿 张大才，李双智，罗康等 ZhangDC-07ZX-1217
西藏：八宿 张永洪，王晓雄，周卓等 SunH-07ZX-1172
西藏：班戈 杨永平，陈家辉，段元文等 Yangyp-Q-0153
西藏：波密 刘成，亚吉东，何华杰等 16CS11836
西藏：察雅 张挺，李爱花，刘成等 08CS716
西藏：察隅 张大才，李双智，唐路等 ZhangDC-07ZX-1683
西藏：昌都 陈家辉，王赟，刘德团 YangYP-Q-3105
西藏：昌都 陈家辉，王赟，刘德团 YangYP-Q-3159
西藏：错那 何华杰，张书东 81401
西藏：错那 罗建，汪书丽 LiuJQ11XZ073
西藏：丁青 陈家辉，王赟，刘德团 YangYP-Q-3227
西藏：噶尔 陈家辉，庄会富，刘德团等 Yangyp-Q-0123
西藏：工布江达 卢洋，刘帆等 LiJ881
西藏：工布江达 马永鹏 ZhangCQ-0081
西藏：江达 陈家辉，王赟，刘德团 YangYP-Q-3092
西藏：类乌齐 陈家辉，王赟，刘德团 YangYP-Q-3193
西藏：林芝 罗建，汪书丽 LiuJQ-08XZ-105
西藏：林芝 罗建，汪书丽 LiuJQ-08XZ-182
西藏：林芝 孙航，张建文，陈建国等 SunH-07ZX-2798
西藏：林芝 孙航，张建文，陈建国等 SunH-07ZX-2837
西藏：林芝 张大才，李双智，唐路等 ZhangDC-07ZX-1856
西藏：芒康 张挺，蔡杰，刘恩德等 SCSB-B-000465
西藏：墨竹工卡 罗建，汪书丽，任德智 LiuJQ-09XZ-ML024
西藏：索县 汪书丽，王志强，邹嘉宾 Liujq-Txm10-141
西藏：左贡 徐波，陈光富，陈林杨等 SunH-07ZX-0830
西藏：左贡 徐波，陈光富，陈林杨等 SunH-07ZX-0891
西藏：左贡 张永洪，王晓雄，周卓等 SunH-07ZX-1042
西藏：左贡 张永洪，王晓雄，周卓等 SunH-07ZX-1109
西藏：左贡 张大才，罗康，梁群等 ZhangDC-07ZX-1367
云南：丽江 苏涛，黄永江，杨青松等 ZhouZK11462
云南：香格里拉 郭永杰，张桥蓉，李春晓等 11CS3471
云南：香格里拉 张建文，陈建国，陈林杨等 SunH-07ZX-2282
云南：香格里拉 陈家辉，刘亚辉，周妍等 YangYP-Q-2187
云南：香格里拉 陈家辉，刘亚辉，周妍等 YangYP-Q-2206
云南：香格里拉 张挺，亚吉东，李明勤等 11CS3340
云南：香格里拉 孔航辉，任琛 Yangqe2860

Gentianopsis paludosa var. alpina T. N. Ho **高原扁蕾 ***

青海：天峻 陈世龙，张得钧，高庆波等 Chensl0486

Gentianopsis paludosa var. ovatodeltoidea (Burkill) Ma **卵叶扁蕾 ***

甘肃：迭部 齐威 LJQ-2008-GN-020
甘肃：卓尼 齐威 LJQ-2008-GN-035
湖北：五峰 陈功锡，张代贵 SCSB-HC-2008309
青海：达日 陈世龙，张得钧，高庆波等 Chensl0280
四川：道孚 余岩，周春景，秦汉涛 SCU-11-023
四川：康定 何兴金，李琴琴，王长宝等 SCU-08086
四川：小金 何兴金，王月，胡灏禹 SCU-08164
云南：德钦 刀志灵 DZL444

Gentianopsis vvedenskyi (Grossh.) Pissjauk. **新疆扁蕾**

新疆：阿合奇 杨赵平，周禧琳，贺冰 LiZJ1379
新疆：和静 邱爱军，张玲 LiZJ1809
新疆：塔什库尔干 邱娟，冯建菊 LiuJQ0015
新疆：塔什库尔干 邱娟，冯建菊 LiuJQ0019
新疆：塔什库尔干 邱娟，冯建菊 LiuJQ0033
新疆：塔什库尔干 邱娟，冯建菊 LiuJQ0107
新疆：塔什库尔干 黄文娟，段黄金，王英鑫等 LiZJ0290
新疆：塔什库尔干 黄文娟，段黄金，王英鑫等 LiZJ0308
新疆：塔什库尔干 黄文娟，段黄金，王英鑫等 LiZJ0358
新疆：乌恰 杨赵平，周禧琳，贺冰 LiZJ1311
新疆：乌恰 杨赵平，黄文娟 TD-01878

Halenia corniculata (Linnaeus) Cornaz **花锚**

甘肃：碌曲 李晓东，刘帆，张景博等 LiJ0091
贵州：道真 赵厚涛，韩国营 YBG035
河北：平山 牛玉璐，郑博颖，黄士良等 NiuYL113
黑龙江：大兴安岭 孙阎，赵立波 SunY028
黑龙江：嫩江 王臣，张欣欣，史传奇 WangCh234
青海：互助 薛春迎 Xuechy0111
青海：湟中 薛春迎 Xuechy0268
青海：门源 陈世龙，高庆波，张发起等 Chensl1650
青海：平安 薛春迎 Xuechy0013
山西：翼城 张贵平，陈浩 Zhangf0118
四川：壤塘 何兴金，刘爽，易欣 SCU-10-338
西藏：工布江达 陈家辉，韩希，王东超等 YangYP-Q-4136
西藏：拉萨 钟扬 ZhongY1057
云南：德钦 王文礼，冯欣，刘飞鹏 OUXK11200
云南：维西 王文礼，冯欣，刘飞鹏 OUXK11032
云南：维西 王文礼，冯欣，刘飞鹏 OUXK11051
云南：香格里拉 王文礼，冯欣，刘飞鹏 OUXK11097
云南：香格里拉 王文礼，冯欣，刘飞鹏 OUXK11105
云南：香格里拉 王文礼，冯欣，刘飞鹏 OUXK11222
云南：香格里拉 杨亲二，袁琼 Yangqe2247

Halenia elliptica D. Don **椭圆叶花锚**

甘肃：合作 尹鑫，吴航，葛文静 LiuJQ-GN-2011-017
甘肃：玛曲 李晓东，刘帆，张景博等 LiJ0068
甘肃：玛曲 尹鑫，吴航，葛文静 LiuJQ-GN-2011-003
湖北：神农架林区 李巨平 LiJuPing0220
青海：班玛 陈世龙，高庆波，张发起 Chensl1128
青海：班玛 汪书丽，朱洪涛 Liujq-QLS-TXM-137
青海：互助 陈世龙，高庆波，张发起等 Chensl1715
青海：互助 陈世龙，高庆波，张发起等 Chensl1734
青海：湟中 汪书丽，朱洪涛 Liujq-QLS-TXM-206
青海：玛沁 陈世龙，高庆波，张发起 Chensl1063
青海：囊谦 陈世龙，高庆波，张发起 Chensl0708
青海：囊谦 陈世龙，高庆波，张发起 Chensl0713
青海：囊谦 汪书丽，朱洪涛 Liujq-QLS-TXM-102
青海：平安 陈世龙，高庆波，张发起等 Chensl1775
青海：同德 陈世龙，高庆波，张发起 Chensl1047
青海：玉树 许炳强，周伟，郑朝汉 Xianh0341
陕西：宁陕 田先华，田陌，王梅荣 TianXH1022
四川：阿坝 陈世龙，高庆波，张发起 Chensl1169
四川：阿坝 陈世龙，高庆波，张发起 Chensl1184
四川：巴塘 孙航，张建文，董金龙等 SunH-07ZX-3632
四川：巴塘 孙航，张建文，董金龙等 SunH-07ZX-3652
四川：巴塘 张大才，尹五元，李双智等 ZhangDC-07ZX-2212
四川：巴塘 张大才，尹五元，李双智等 ZhangDC-07ZX-2254
四川：白玉 李晓东，张景博，徐凌翔等 LiJ479
四川：白玉 孙航，张建文，邓涛等 SunH-07ZX-3737
四川：白玉 孙航，张建文，董金龙等 SunH-07ZX-3680
四川：道孚 何兴金，赵丽华，梁乾隆 SCU-10-005
四川：稻城 何兴金，王长宝，刘爽等 SCU-09-072
四川：稻城 何兴金，胡灏禹，陈德友等 SCU-09-366
四川：稻城 何兴金，廖晨阳，任海燕等 SCU-09-427
四川：稻城 孙航，张建文，邓涛等 SunH-07ZX-3342
四川：稻城 孙航，张建文，董金龙等 SunH-07ZX-3611
四川：得荣 孙航，李新辉，陈林杨 SunH-07ZX-2925
四川：得荣 孙航，李新辉，陈林杨 SunH-07ZX-3023
四川：得荣 张大才，李双智，杨川 ZhangDC-07ZX-1902
四川：德格 苏涛，黄永江，杨青松等 ZhouZK11219
四川：德格 孙航，张建文，董金龙等 SunH-07ZX-3903
四川：峨眉山 李小杰 LiXJ145
四川：甘孜 陈文允，于文涛，黄永江 CYH113
四川：甘孜 陈文允，于文涛，黄永江 CYH160
四川：甘孜 陈文允，于文涛，黄永江 CYH189
四川：甘孜 苏涛，黄永江，杨青松等 ZhouZK11194
四川：甘孜 孙航，张建文，董金龙等 SunH-07ZX-3926
四川：甘孜 孙航，张建文，董金龙等 SunH-07ZX-3976
四川：甘孜 张大才，尹五元，李双智等 ZhangDC-07ZX-2345
四川：红原 张昌兵，邓秀发，郝国歉 ZCB0647
四川：红原 张昌兵，邓秀华 ZhangCB0274
四川：洪雅 李小杰 LiXJ762
四川：九龙 孙航，张建文，邓涛等 SunH-07ZX-3767
四川：九龙 孙航，张建文，董金龙等 SunH-07ZX-4017
四川：九龙 孙航，张建文，董金龙等 SunH-07ZX-4043
四川：九龙 张大才，尹五元，李双智等 ZhangDC-07ZX-2378
四川：康定 孙航，张建文，董金龙等 SunH-07ZX-4031
四川：康定 许炳强，童毅华，吴兴等 XiaNH-07ZX-1082
四川：康定 张昌兵，向丽 ZhangCB0172
四川：理塘 陈家辉，刘亚辉，周妍等 YangYP-Q-2303
四川：理塘 何兴金，马祥光，张云香等 SCU-11-261
四川：理塘 何兴金，赵丽华，梁乾隆等 SCU-11-188
四川：理塘 孔航辉，罗江平，左雷等 YangQE3509
四川：理塘 苏涛，黄永江，杨青松等 ZhouZK11140
四川：理塘 苏涛，黄永江，杨青松等 ZhouZK11155
四川：理塘 张大才，尹五元，李双智等 ZhangDC-07ZX-2182
四川：炉霍 许炳强，童毅华，吴兴等 XiaNH-07ZX-0976
四川：泸定 高云东，李忠荣，鞠文彬 GaoXF-12-189
四川：马尔康 高云东，李忠荣，鞠文彬 GaoXF-12-068
四川：马尔康 何兴金，王月，胡灏禹等 SCU-08100
四川：木里 苏涛，黄永江，杨青松等 ZhouZK11340
四川：壤塘 陈世龙，高庆波，张发起 Chensl1147
四川：壤塘 何兴金，胡灏禹，黄德青 SCU-10-142
四川：壤塘 何兴金，马祥光，郜鹏 SCU-10-240
四川：壤塘 何兴金，赵丽华，梁乾隆 SCU-10-037
四川：若尔盖 陈世龙，高庆波，张发起 Chensl1187
四川：若尔盖 高云东，李忠荣，鞠文彬 GaoXF-12-019
四川：若尔盖 张昌兵 ZhangCB0060
四川：松潘 何兴金，刘爽，赵财 SCU-10-405
四川：松潘 何兴金，张云香，王志新 SCU-10-516
四川：乡城 陈家辉，刘亚辉，周妍等 YangYP-Q-2232
四川：乡城 周浙昆，苏涛，杨莹等 Zhou09-180
四川：乡城 周浙昆，苏涛，杨莹等 Zhou09-201
四川：新龙 陈家辉，王赟，刘德团 YangYP-Q-3008
四川：新龙 陈文允，于文涛，黄永江 CYH070
四川：雅江 苏涛，黄永江，杨青松等 ZhouZK11100
四川：盐源 任宗昕，艾洪莲，张舒 SCSB-W-1434
四川：盐源 苏涛，黄永江，杨青松等 ZhouZK11397
西藏：八宿 徐波，陈光富，陈林杨等 SunH-07ZX-2020
西藏：八宿 张永洪，李国栋，王晓雄 SunH-07ZX-1753
西藏：波密 张大才，李双智，唐路等 ZhangDC-07ZX-1724
西藏：察隅 孙航，张建文，陈建国等 SunH-07ZX-2480
西藏：昌都 陈家辉，王赟，刘德团 YangYP-Q-3108
西藏：昌都 苏涛，黄永江，杨青松等 ZhouZK11283
西藏：昌都 易思荣，谭秋平 YISR267
西藏：丁青 陈家辉，王赟，刘德团 YangYP-Q-3196
西藏：工布江达 毛康珊，任广朋，邹嘉宾 LiuJQ-QTP-2011-154
西藏：吉隆 毛康珊，任广朋，邹嘉宾 LiuJQ-QTP-2011-089
西藏：朗县 罗建，汪书丽，任德智 L066
西藏：朗县 扎西次仁，西落 ZhongY632
西藏：林芝 罗建，汪书丽 LiuJQ-08XZ-117
西藏：林芝 罗建，汪书丽 LiuJQ-08XZ-167
西藏：林芝 罗建，汪书丽，任德智 LiuJQ-09XZ-329
西藏：林芝 孙航，张建文，陈建国等 SunH-07ZX-2771
西藏：林芝 张大才，李双智，唐路等 ZhangDC-07ZX-1855
西藏：芒康 孙航，张建文，邓涛等 SunH-07ZX-3385
西藏：芒康 徐波，陈光富，陈林杨等 SunH-07ZX-1512
西藏：芒康 徐波，陈光富，陈林杨等 SunH-07ZX-1530
西藏：芒康 张永洪，李国栋，王晓雄 SunH-07ZX-1715
西藏：墨竹工卡 罗建，汪书丽，任德智 LiuJQ-09XZ-ML018
西藏：聂拉木 陈家辉，韩希，王广艳等 YangYP-Q-4313
西藏：亚东 陈家辉，韩希，王东超等 YangYP-Q-4293
西藏：左贡 徐波，陈光富，陈林杨等 SunH-07ZX-2041
西藏：左贡 徐波，陈光富，陈林杨等 SunH-07ZX-2079
西藏：左贡 张大才，罗康，梁群等 ZhangDC-07ZX-1361
西藏：左贡 张永洪，李国栋，王晓雄 SunH-07ZX-1788
西藏：左贡 张永洪，王晓雄，周卓等 SunH-07ZX-1084
西藏：左贡 张永洪，王晓雄，周卓等 SunH-07ZX-1107
新疆：尼勒克 刘鸯，马真，贺晓欢等 SHI-A2007492
新疆：尼勒克 刘鸯，马真，贺晓欢等 SHI-A2007507

新疆：昭苏 徐文斌，董雪洁 SHI-A2007324
新疆：昭苏 阎平，董雪洁 SHI-A2007332
云南： 聂泽龙，孟盈，邓涛 SunH-07ZX-2880
云南：德钦 孙航，李新辉，陈林杨 SunH-07ZX-2974
云南：凤庆 谭运洪 B99
云南：丽江 孙航，李新辉，陈林杨 SunH-07ZX-3138
云南：龙陵 郭永杰，吴义军，马蓉等 12CS5127
云南：泸水 许炳强，吴兴，李婧等 XiaNh-07zx-043
云南：宁蒗 任宗昕，艾洪莲，张舒 SCSB-W-1439
云南：宁蒗 苏涛，黄永江，杨青松等 ZhouZK11447
云南：盘龙区 胡光万 HGW-00355
云南：巧家 杨光明 SCSB-W-1248
云南：巧家 杨光明 SCSB-W-1509
云南：巧家 杨光明，颜再奎，张天壁等 QJYS0053
云南：巧家 郁文彬，任宗昕，艾洪莲等 SCSB-W-1059
云南：巧家 张天壁 SCSB-W-850
云南：石林 张挺，张书东，杨茜等 SCSB-A-000027
云南：维西 刀志灵 DZL419
云南：西山区 张挺，方伟，李爱花等 SCSB-A-000043
云南：香格里拉 陈家辉，刘亚辉，周妍等 YangYP-Q-2184
云南：香格里拉 陈家辉，刘亚辉，周妍等 YangYP-Q-2208
云南：香格里拉 郭永杰，张桥蓉，李春晓等 11CS3450
云南：香格里拉 李爱花，周开洪，黄之镨等 SCSB-A-000266
云南：香格里拉 苏涛，黄永江，杨青松等 ZhouZK11480
云南：香格里拉 杨青松，星耀武，苏涛 ZhouZK-07ZX-0399
云南：香格里拉 周浙昆，苏涛，杨莹等 Zhou09-034
云南：香格里拉 周浙昆，苏涛，杨莹等 Zhou09-047
云南：香格里拉 周浙昆，苏涛，杨莹等 Zhou09-079
云南：永德 李永亮 LiYL1591
云南：永平 彭华，向春雷，王泽欢 PengH8335
云南：玉龙 孔航辉，任琛 Yangqe2787

Lomatogonium bellum (Hemsley) Harry Smith **美丽肋柱花** *
青海：囊谦 岳伟，苏旭，王玉金 LiuJQ-2011-WYJ-077

Lomatogonium carinthiacum (Wulfen) Reichenbach **肋柱花**
甘肃：合作 尹鑫，吴航，葛文静 LiuJQ-GN-2011-035
甘肃：玛曲 尹鑫，吴航，葛文静 LiuJQ-GN-2011-013
甘肃：卓尼 齐威 LJQ-2008-GN-011
青海：都兰 潘建斌，杜维波，牛炳韬 Liujq-2011CDM-190
青海：河南 岳伟，苏旭，王玉金 LiuJQ-2011-WYJ-321
四川：甘孜 陈文允，于文涛，黄永江 CYH168
四川：若尔盖 岳伟，苏旭，王玉金 LiuJQ-2011-WYJ-294
云南：东川区 蔡杰，郭永杰，吴之坤等 11CS2966

Lomatogonium gamosepalum (Burkill) Harry Smith **合萼肋柱花**
甘肃：合作 尹鑫，吴航，葛文静 LiuJQ-GN-2011-018
甘肃：玛曲 尹鑫，吴航，葛文静 LiuJQ-GN-2011-027
四川：德格 陈家辉，王赟，刘德团 YangYP-Q-3073
西藏：八宿 徐波，陈光富，陈林杨等 SunH-07ZX-2032
西藏：左贡 徐波，陈光富，陈林杨等 SunH-07ZX-2080

Lomatogonium macranthum (Diels & Gilg) Fernald **大花肋柱花**
甘肃：合作 齐威 LJQ-2008-GN-018
甘肃：玛曲 尹鑫，吴航，葛文静 LiuJQ-GN-2011-023
甘肃：卓尼 齐威 LJQ-2008-GN-019
西藏：察雅 张挺，李爱花，刘成等 08CS717
西藏：朗县 扎西次仁，西落 ZhongY631
西藏：林芝 罗建，汪书丽，王国严 LiuJQ-09XZ-386

Lomatogonium rotatum (Linnaeus) Fries ex Nyman **辐状肋柱花**
内蒙古：锡林浩特 张红香 ZhangHX095
西藏：萨嘎 毛康珊，任广朋，邹嘉宾 LiuJQ-QTP-2011-042
西藏：萨嘎 毛康珊，任广朋，邹嘉宾 LiuJQ-QTP-2011-081
新疆：和静 邱爱军，张玲 LiZJ1823

Megacodon stylophorus (C. B. Clarke) Harry Smith **大钟花**
西藏：错那 何华杰，张书东，刘杰等 81434
西藏：错那 马永鹏 ZhangCQ-0078
西藏：林芝 罗建，汪书丽 LiuJQ-08XZ-190
西藏：林芝 孙航，张建文，陈建国等 SunH-07ZX-2826
云南：香格里拉 郭永杰，张桥蓉，李春晓等 11CS3419
云南：香格里拉 杨亲二，袁琼 Yangqe2155

Pterygocalyx volubilis Maximowicz **翼萼蔓**
甘肃：卓尼 齐威 LJQ-2008-GN-026
湖北：仙桃 李巨平 Lijuping0284
陕西：平利 田先华，张雅娟 TianXH1034
云南：德钦 陈文允，于文涛，黄永江等 CYHL141

Swertia angustifolia Buchanan-Hamilton ex D. Don **狭叶獐牙菜**
湖北：竹溪 李盛兰 GanQL783
云南：官渡区 彭华，陈丽，王英 P.H. 5346
云南：金平 喻智勇，官兴永，张云飞等 JinPing51
云南：新平 刘家良 XPALSD122

Swertia asarifolia Franchet **细辛叶獐牙菜** *
四川：巴塘 张大才，尹五元，李双智等 ZhangDC-07ZX-2261

Swertia bifolia Batalin **二叶獐牙菜** *
甘肃：迭部 齐威 LJQ-2008-GN-037
四川：德格 孙航，张建文，董金龙等 SunH-07ZX-3692
四川：九寨沟 张挺，李爱花，刘成等 08CS874

Swertia bimaculata (Siebold & Zuccarini) J. D. Hooker & Thomson ex C. B. Clarke **獐牙菜**
安徽：绩溪 胡长玉，方建新，徐林飞 TangXS0664
安徽：舒城 陈延松，欧祖兰，高秋晨等 Xuzd434
重庆：南川区 易思荣 YISR085
重庆：南川区 易思荣 YISR286
甘肃：迭部 齐威 LJQ-2008-GN-014
甘肃：迭部 齐威 LJQ-2008-GN-017
广西：龙胜 黄俞淞，叶晓霞，邹容 Liuyan0078
湖北：五峰 陈功锡，张代贵 SCSB-HC-2008312
湖南：永顺 陈功锡，张代贵，邓涛等 SCSB-HC-2007463
江西：修水 缪以清，余于明 TanCM1278
陕西：平利 田先华，张雅娟 TianXH1036
四川：天全 汤加勇，陈刚 Y07144
云南：沧源 赵金超，杨红强 CYNGH286
云南：福贡 许炳强，吴兴，李婧等 XiaNh-07zx-192
云南：河口 张贵良，杨鑫峰，陶美英等 ZhangGL092
云南：会泽 杜燕，黄天才，董勇等 SCSB-A-000349
云南：金平 张挺，马国强，刘娜等 SCSB-B-000592
云南：景东 杨国平 2008160
云南：景东 张挺，蔡杰，刘成等 08CS905
云南：昆明 朱卫东，陈林杨，周卓 SunH-07ZX-2347
云南：龙陵 孙兴旭 SunXX022
云南：隆阳区 刀志灵，陈哲 DZL-084
云南：隆阳区 李恒，李嵘，刀志灵 1247
云南：泸水 孙振华，郑志兴，沈蕊等 OuXK-LC-028
云南：绿春 HLS0161
云南：孟连 彭华，向春雷，陈丽 P.H. 5868
云南：南涧 常学科，熊绍荣，时国彩等 njwls2007153

云南：南涧 徐家武，袁立川，罗增阳等 NJWLS2008171
云南：南涧 高国政，徐汝彪，李成清等 NJWLS2008265
云南：南涧 彭华，向春雷，陈丽 P.H.5928
云南：屏边 税玉民，陈文红 82523
云南：巧家 杨光明 SCSB-W-1466
云南：巧家 郁文彬，张舒，艾洪莲等 SCSB-W-1001
云南：巧家 郁文彬，张舒，艾洪莲等 SCSB-W-1015
云南：石林 税玉民，陈文红 65491
云南：石林 税玉民，陈文红 65433
云南：石林 张桥蓉，亚吉东，李昌洪 15CS11575
云南：腾冲 余新林，赵玮 BSGLGStc287
云南：腾冲 周应再 Zhyz-112
云南：文山 税玉民，陈文红 16243
云南：文山 何德明，丰艳飞，韦荣彪等 WSLJS715
云南：新平 自成仲，自正荣 XPALSD134
云南：永德 李永亮 YDDXS0852
云南：永德 杨金荣，王学军，黄德武等 YDDXSA056
云南：元谋 王文礼，何彪，冯欣等 OUXK11268
云南：镇沅 罗成瑜 ALSZY325

Swertia cincta Burkill 西南獐牙菜 *

重庆：南川区 易思荣，谭秋平 YISR429
贵州：威宁 邹方伦 ZouFL0281
四川：汉源 汤加勇，赖建军 Y07131
四川：康定 张大才，尹五元，李双智等 ZhangDC-07ZX-2369
云南：景东 杨国平，李达文，鲁志云 ygp-010
云南：景东 鲁艳 2008194
云南：景东 罗忠华，谢有能，罗文涛等 JDNR121
云南：丽江 孙航，李新辉，陈林杨 SunH-07ZX-3141
云南：丽江 杨亲二，袁琼 Yangqe2554
云南：隆阳区 段在贤，刘绍纯，杨志顺等 BSGLGSly1067
云南：隆阳区 尹学建 BSGLGSly2028
云南：隆阳区 尹学建，蒙玉永 BSGLGSly2035
云南：泸水 朱枫，张仲富，成梅 Wangsh-07ZX-050
云南：麻栗坡 肖波 LuJL004
云南：麻栗坡 肖波 LuJL080
云南：宁蒗 苏涛，黄永江，杨青松等 ZhouZK11436
云南：宁蒗 任宗昕，艾洪莲，张舒 SCSB-W-1440
云南：巧家 李文虎，颜再奎，张天壁等 QJYS0050
云南：巧家 李文虎，吴天抗，张天壁等 QJYS0180
云南：嵩明 张挺，蔡杰，刘成 09CS1124
云南：文山 何德明，韦荣彪 WSLJS629
云南：武定 张挺，张书东，李爱花等 SCSB-A-000074
云南：新平 张云德，李俊友 XPALSC134
云南：新平 谢雄，刘蜀南，罗田发 XPALSC180
云南：永德 李永亮 LiYL1615
云南：玉龙 张大才，李双智，杨川 ZhangDC-07ZX-2041
云南：元阳 亚吉东，黄莉，何华杰 15CS11299
云南：镇沅 罗成瑜 ALSZY428

Swertia cordata (Wallich ex G. Don) C. B. Clarke 心叶獐牙菜

云南：宁蒗 苏涛，黄永江，杨青松等 ZhouZK11431
云南：普洱 叶金科 YNS0389
云南：腾冲 周应再 Zhyz-131
云南：腾冲 周应再 Zhyz-374
云南：镇沅 罗成瑜 ALSZY165

Swertia davidii Franchet 川东獐牙菜 *

云南：澜沧 张绍云，胡启和 YNS1028
云南：云龙 字建泽，杨六斤，李国宏等 TC1060

Swertia delavayi Franchet 丽江獐牙菜 *

四川：米易 袁明 MY182
四川：木里 苏涛，黄永江，杨青松等 ZhouZK11337

Swertia dichotoma Linnaeus 歧伞獐牙菜

新疆：昭苏 亚吉东，张桥蓉，秦少发等 16CS13567

Swertia diluta (Turczaninow) Bentham & J. D. Hooker 北方獐牙菜

甘肃：夏河 齐威 LJQ-2008-GN-015
甘肃：夏河 齐威 LJQ-2008-GN-038
山东：历城区 张少华，张诏，程丹丹等 Lilan654
四川：天全 汤加勇，陈刚 Y07147

Swertia divaricata Harry Smith 叉序獐牙菜 *

四川：巴塘 张大才，尹五元，李双智等 ZhangDC-07ZX-2228
云南：东川区 张挺，蔡杰，刘成等 11CS3592
云南：腾冲 李爱花，黄之镨，黄押稳等 SCSB-A-000285

Swertia elata Harry Smith 高獐牙菜 *

四川：白玉 孙航，张建文，邓涛等 SunH-07ZX-3744
四川：稻城 张大才，尹五元，李双智等 ZhangDC-07ZX-2141
四川：稻城 张大才，尹五元，李双智等 ZhangDC-07ZX-2173
四川：康定 许炳强，童毅华，吴兴等 XiaNH-07ZX-1042

Swertia erythrosticta Maximowicz 红直獐牙菜

重庆：南川区 易思荣 YISR084
甘肃：夏河 齐威 LJQ-2008-GN-024
甘肃：卓尼 尹鑫，吴航，葛文静 LiuJQ-GN-2011-012
四川：黑水 顾垒，李忠荣 GaoXF-09ZX-1825

Swertia franchetiana Harry Smith 抱茎獐牙菜 *

青海：城北区 薛春迎 Xuechy0253
四川：松潘 齐威 LJQ-2008-GN-016
西藏：工布江达 罗建，汪书丽，任德智 LiuJQ-09XZ-ML079
西藏：江达 张挺，李爱花，刘成等 08CS773
西藏：朗县 罗建，汪书丽，任德智 L011
西藏：林芝 罗建，汪书丽，王国严 LiuJQ-09XZ-356
云南：迪庆 聂泽龙，孟盈，邓涛 SunH-07ZX-2341

Swertia hispidicalyx Burkill 毛萼獐牙菜

西藏：定日 陈家辉，韩希，王广艳等 YangYP-Q-4349
西藏：定日 王东超，杨大松，张春林等 YangYP-Q-5118
西藏：江孜 陈家辉，韩希，王东超等 YangYP-Q-4269

Swertia kingii J. D. Hooker 黄花獐牙菜

四川：甘孜 张大才，尹五元，李双智等 ZhangDC-07ZX-2352

Swertia kouitchensis Franchet 贵州獐牙菜 *

湖北：竹溪 李盛兰 GanQL816

Swertia macrosperma (C. B. Clarke) C. B. Clarke 大籽獐牙菜

重庆：南川区 易思荣，谭秋平 YISR427
贵州：威宁 邹方伦 ZouFL0298
湖北：五峰 陈功锡，张代贵 SCSB-HC-2008315
云南：贡山 张挺，杨湘云，李涟漪等 14CS8985
云南：景东 杨国平，李达文，鲁志云 ygp-009
云南：龙陵 孙兴旭 SunXX047
云南：禄劝 胡光万 HGW-00334
云南：马关 税玉民，陈文红 82580
云南：南涧 彭华，向春雷，陈丽 P.H.5922
云南：巧家 李文虎，高顺勇，吴天抗等 QJYS0032
云南：腾冲 余新林，赵玮 BSGLGStc061
云南：维西 杨亲二，袁琼 Yangqe2540
云南：永德 李永亮 LiYL1574
云南：永德 李永亮 LiYL1590
云南：玉龙 孔航辉，任琛 Yangqe2781
云南：元阳 亚吉东，黄莉，何华杰 15CS11298
云南：元阳 亚吉东，黄莉，何华杰 15CS11421

Swertia marginata Schrenk **膜边獐牙菜**
新疆：塔什库尔干 邱娟，冯建菊 LiuJQ0035
Swertia membranifolia Franchet **膜叶獐牙菜 ***
云南：玉龙 刘成，蔡杰，张挺等 13CS6784
Swertia multicaulis var. **umbellifera** T. N. Ho & S. W. Liu **伞花獐牙菜 ***
黑龙江：嫩江 王臣，张欣欣，崔皓钧等 WangCh326
Swertia mussotii Franchet **川西獐牙菜 ***
四川：甘孜 聂泽龙，孟盈，邓涛 SunH-07ZX-2864
四川：米易 刘静，袁明 MY-183
四川：石渠 陈世龙，高庆波，张发起 Chensl0625
四川：乡城 孙航，李新辉，陈林杨 SunH-07ZX-2951
西藏：波密 孙航，张建文，陈建国等 SunH-07ZX-2541
西藏：丁青 岳伟，苏旭，王玉金 LiuJQ-2011-WYJ-151
西藏：芒康 张永洪，李国栋，王晓雄 SunH-07ZX-1748
云南：维西 陈文允，于文涛，黄永江等 CYHL061
云南：新平 何罡安 XPALSB117
云南：新平 鲁兴文，张云德 XPALSC182
Swertia nervosa (Wallich ex G. Don) C. B. Clarke **显脉獐牙菜**
四川：康定 孔航辉，罗江平，左雷等 YangQE3474
四川：米易 刘静，袁明 MY-179
云南：贡山 郭永杰，吴之坤，吴兴等 14CS9889
云南：景东 罗忠华，刘长铭，鲁成荣等 JD087
云南：澜沧 张绍云，胡启和 YNS1075
云南：绿春 黄连山保护区科研所 HLS0123
云南：永德 奎文康，杨金柱，鲁金国 YDDXSC086
云南：永德 欧阳红才，穆勤学 YDDXSC101
Swertia paniculata Wallich **宽丝獐牙菜**
西藏：吉隆 张晓纬，汪书丽，罗建 LiuJQ-09XZ-LZT-079
西藏：朗县 罗建，汪书丽，任德智 L009
西藏：林芝 罗建，汪书丽，任德智 LiuJQ-09XZ-293
Swertia patens Burkill **斜茎獐牙菜 ***
云南：巧家 蔡杰，郭永杰，李昌洪 09CS1123
云南：巧家 郁文彬，任宗昕，艾洪莲等 SCSB-W-1089
Swertia patula Harry Smith **开展獐牙菜 ***
云南：玉龙 刘成，蔡杰 13CS6765
Swertia pseudochinensis H. Hara **瘤毛獐牙菜**
吉林：磐石 安海成 AnHC0268
辽宁：凌源 郑宝江，王美娟，曹鹏等 ZhengBJ398
辽宁：庄河 于立敏 CaoW843
内蒙古：额尔古纳 郑宝江，姜洪哲 ZhengBJ155
Swertia punicea Hemsley **紫红獐牙菜 ***
湖北：神农架林区 李巨平 LiJuPing0015
湖北：五峰 陈功锡，张代贵 SCSB-HC-2008313
云南：官渡区 彭华，陈丽，王英 P.H. 5343
云南：景东 罗忠华，刘长铭，鲁成荣等 JD086
云南：宁蒗 任宗昕，艾洪莲，张舒 SCSB-W-1441
云南：巧家 杨光明 SCSB-W-1476
云南：石林 税玉民，陈文红 65501
云南：文山 何德明，王成 WSLJS900
云南：永德 欧阳红才，普跃东，赵学盛等 YDDXSC050
云南：玉龙 彭华，王英，陈丽 P.H. 5266
Swertia racemosa (Wallich ex Grisebach) C. B. Clarke **藏獐牙菜**
云南：新平 谢天华 XPALSA065
Swertia rosularis T. N. Ho & S. W. Liu **莲座獐牙菜 ***
四川：峨眉山 李小杰 LiXJ226
Swertia rotundiglandula T. N. Ho & S. W. Liu **圆腺獐牙菜 ***
西藏：芒康 何华杰 81568
Swertia tetraptera Maximowicz **四数獐牙菜 ***
甘肃：合作 尹鑫，吴航，葛文静 LiuJQ-GN-2011-022
甘肃：合作 郭淑青，杜品 LiuJQ-2012-GN-163
甘肃：合作 齐威 LJQ-2008-GN-040
甘肃：玛曲 尹鑫，吴航，葛文静 LiuJQ-GN-2011-011
甘肃：天祝 陈世龙，张得钧，高庆波等 Chensl0466
甘肃：卓尼 郭淑青，杜品 LiuJQ-2012-GN-162
青海：班玛 陈世龙，张得钧，高庆波等 Chensl0327
青海：班玛 陈世龙，高庆波，张发起 Chensl1127
青海：达日 陈世龙，张得钧，高庆波等 Chensl0271
青海：达日 陈世龙，高庆波，张发起 Chensl1112
青海：大通 陈世龙，高庆波，张发起等 Chensl1659
青海：贵德 陈世龙，高庆波，张发起 Chensl0964
青海：贵南 陈世龙，高庆波，张发起 Chensl0982
青海：互助 陈世龙，高庆波，张发起等 Chensl1704
青海：互助 陈世龙，高庆波，张发起等 Chensl1733
青海：互助 薛春迎 Xuechy0161
青海：乐都 陈世龙，高庆波，张发起等 Chensl1833
青海：玛沁 陈世龙，高庆波，张发起 Chensl1067
青海：玛沁 陈世龙，高庆波，张发起 Chensl1087
青海：门源 吴玉虎 LJQ-QLS-2008-0059
青海：门源 陈世龙，高庆波，张发起等 Chensl1623
青海：门源 薛春迎 Xuechy0022
青海：囊谦 陈世龙，高庆波，张发起 Chensl0677
青海：祁连 陈世龙，高庆波，张发起等 Chensl1542
青海：同德 陈世龙，高庆波，张发起 Chensl1000
青海：同德 陈世龙，高庆波，张发起 Chensl1041
青海：同仁 陈世龙，高庆波，张发起 Chensl0901
青海：玉树 陈世龙，高庆波，张发起 Chensl0658
青海：杂多 陈世龙，高庆波，张发起 Chensl0770
青海：泽库 陈世龙，高庆波，张发起 Chensl1019
四川：阿坝 陈世龙，张得钧，高庆波等 Chensl0450
四川：红原 何兴金，高云东，刘海艳等 SCU-20080503
四川：马尔康 何兴金，高云东，刘海艳等 SCU-20080493
四川：若尔盖 何兴金，高云东，刘海艳等 SCU-20080510
四川：若尔盖 陈世龙，张得钧，高庆波等 Chensl0459
Swertia tibetica Batalin **大药獐牙菜 ***
四川：小金 高云东，李忠荣，鞠文彬 GaoXF-12-120
云南：东川区 蔡杰，郭永杰，吴之坤等 11CS2961
Swertia veratroides Maximowicz ex Komarov **藜芦獐牙菜**
黑龙江：嫩江 王臣，张欣欣，史传奇 WangCh106
Swertia wardii C. Marquand **苇叶獐牙菜**
四川：九龙 张大才，尹五元，李双智等 ZhangDC-07ZX-2432
西藏：错那 罗建，汪书丽 LiuJQ11XZ086
Swertia wolfgangiana Gruning **华北獐牙菜 ***
甘肃：玛曲 尹鑫，吴航，葛文静 LiuJQ-GN-2011-008
Swertia yunnanensis Burkill **云南獐牙菜 ***
云南：南涧 熊绍荣，杨建平，何贵才等 njwls2007038
Tripterospermum chinense (Migo) Harry Smith **双蝴蝶 ***
湖南：洪江 李胜华，伍贤进，曾汉元等 Wuxj1028
江西：黎川 童和平，王玉珍 TanCM1942
江西：修水 缪以清，李江海 TanCM2465
江西：修水 缪以清，李立新 TanCM1289
云南：普洱 谭运洪，余涛 B436
Tripterospermum cordatum (C. Marquand) Harry Smith **峨眉双蝴蝶 ***

四川：峨眉山 李小杰 LiXJ267
云南：河口 张贵良，杨鑫峰，陶美英等 ZhangGL201
云南：绿春 刀志灵，张洪喜 DZL608
云南：麻栗坡 肖波 LuJL102

Tripterospermum cordifolioides J. Murata 心叶双蝴蝶 *
四川：汉源 汤加勇，赖建军 Y07140
云南：镇沅 张绍云，胡启和，仇亚等 YNS1174

Tripterospermum discoideum (C. Marquand) Harry Smith 湖北双蝴蝶 *
湖南：永顺 陈功锡，张代贵，邓涛等 SCSB-HC-2007564

Tripterospermum filicaule (Hemsley) Harry Smith 细茎双蝴蝶 *
安徽：黄山区 方建新 TangXS0971
安徽：金寨 陈延松，欧祖兰，姜九龙 Xuzd245
云南：元阳 亚吉东，黄莉，何华杰 15CS11430

Tripterospermum lanceolatum (Hayata) H. Hara ex Satake 玉山双蝴蝶 *
台湾：南投 张挺，许再文，刘杰等 12CS4251

Tripterospermum membranaceum (C. Marquand) Harry Smith 膜叶双蝴蝶
云南：贡山 郭永杰，吴之坤，吴兴等 14CS9944

Tripterospermum volubile (D. Don) H. Hara 尼泊尔双蝴蝶
西藏：墨脱 刘成，亚吉东，何华杰等 16CS11938
云南：贡山 蔡杰，郭云刚，张凤琼等 14CS9760
云南：澜沧 张绍云，叶金科 YNS1393
云南：腾冲 余新林，赵玮 BSGLGStc408
云南：永德 杨金荣，黄德武，李任斌等 YDDXSA099

Veratrilla baillonii Franchet 黄秦艽
四川：九龙 孙航，张建文，董金龙等 SunH-07ZX-4004
西藏：错那 何华杰 81421
云南：维西 陈文允，于文涛，黄永江等 CYHL016
云南：香格里拉 周浙昆，苏涛，杨莹等 Zhou09-100

Geraniaceae 牻牛儿苗科

牻牛儿苗科	世界	中国	种质库
属 / 种（种下等级）/ 份数	6/780	2/59	2/28/102

Erodium cicutarium (Linnaeus) L'Héritier ex Aiton 芹叶牻牛儿苗
西藏：工布江达 卢洋，刘帆等 LiJ832

Erodium oxyrhinchum M. Bieberstein 尖喙牻牛儿苗
新疆：阜康 王喜勇，段士民 389
新疆：阜康 亚吉东，张桥蓉，胡枭剑 16CS12764

Erodium stephanianum Willdenow 牻牛儿苗
甘肃：合作 刘坤 LiuJQ-GN-2011-606
河北：桃城 牛玉璐，郑博颖，黄士良等 NiuYL118
河北：蔚县 牛玉璐，高彦飞，黄士良 NiuYL226
黑龙江：五常 孙阎，吕军，张健男 SunY420
内蒙古：和林格尔 蒲拴莲，李茂文 M042
宁夏：盐池 左忠，刘华 ZuoZh084
宁夏：盐池 左忠，刘华 ZuoZh287
山东：牟平区 卞福花，陈朋 BianFH-0380
山东：长清区 李兰，王萍，张少华 Lilan107
山东：长清区 高德民，辛晓伟，高丽丽 Lilan715
西藏：波密 孙航，张建文，陈建国等 SunH-07ZX-2537
西藏：波密 陈家辉，韩希，王东超等 YangYP-Q-4085
西藏：拉萨 钟扬 ZhongY1022
西藏：拉萨 杨永平，王东超，杨大松等 YangYP-Q-5018
西藏：桑日 陈家辉，韩希，王广艳等 YangYP-Q-4235
西藏：扎囊 王东超，杨大松，张春林等 YangYP-Q-5089

Erodium tibetanum Edgeworth 藏牻牛儿苗
西藏：吉隆 陈家辉，韩希，王广艳等 YangYP-Q-4330
西藏：日喀则 陈家辉，韩希，王东超等 YangYP-Q-4356

Geranium carolinianum Linnaeus 野老鹳草
安徽：芜湖 李中林 ZhouSB0177
湖南：怀化 李胜华，伍贤进，曾汉元等 HHXY363
湖南：永定区 吴福川 7002
湖南：永顺 陈功锡，张代贵 SCSB-HC-2008007
湖南：岳麓区 姜孝成 SCSB-HNJ-0012
湖南：长沙 刘克明，蔡秀珍，田淑珍 SCSB-HN-0684
江苏：句容 王兆银，吴宝成 SCSB-JS0084
江苏：玄武区 王筱璐，吴宝成 SCSB-JS0095
山东：莱山区 卞福花，杨蕾蕾，谷胤征 BianFH-0093
上海：闵行区 李宏庆，葛斌杰，刘国丽 Lihq0157
云南：新平 刘家良 XPALSD339

Geranium christensenianum Handel-Mazzetti 大姚老鹳草 *
云南：元谋 蔡杰，秦少发 15CS11374

Geranium collinum Stephan ex Willdenow 丘陵老鹳草
新疆：塔什库尔干 邱娟，冯建菊 LiuJQ0066

Geranium dahuricum Candolle 粗根老鹳草
青海：乐都 陈世龙，高庆波，张发起等 Chensl1803
青海：门源 陈世龙，高庆波，张发起等 Chensl1620

Geranium delavayi Franchet 五叶老鹳草 *
云南：南涧 阿国仁 NJWLS1525
云南：香格里拉 张挺，亚吉东，李明勤等 11CS3332
云南：永德 李永亮 YDDXS0272

Geranium erianthum Candolle 东北老鹳草
青海：囊谦 许炳强，周伟，郑朝汉 Xianh0091

Geranium koreanum Komarov 朝鲜老鹳草
山东：崂山区 罗艳，李中华 LuoY332
山东：牟平区 卞福花，陈朋 BianFH-0338

Geranium krameri Franchet & Savatier 突节老鹳草
吉林：磐石 安海成 AnHC0376

Geranium nepalense Sweet 尼泊尔老鹳草
湖南：望城 田淑珍，相银龙 SCSB-HN-1777
湖南：炎陵 孙秋妍，陈珮珮 SCSB-HN-1508
湖南：沅陵 周丰杰，刘克明 SCSB-HN-1780
湖南：长沙 田淑珍，刘克明 SCSB-HN-1456
四川：峨眉山 李小杰 LiXJ009
云南：景东 鲁艳 200848
云南：南涧 徐家武，李毕祥，袁玉明 NJWLS597
云南：盘龙区 伊廷双，孟静，杨杨 MJ-919
云南：腾冲 余新林，赵玮 BSGLGStc034
云南：腾冲 赵玮 BSGLGSly118
云南：新平 张云德，李俊友 XPALSC126
云南：新平 何罡安 XPALSB144

Geranium platyanthum Duthie 毛蕊老鹳草
黑龙江：五大连池 孙阎，赵立波 SunY187
吉林：磐石 安海成 AnHC052

Geranium pratense Linnaeus 草地老鹳草
青海：班玛 陈世龙，张得钧，高庆波等 Chensl0319
青海：互助 陈世龙，高庆波，张发起等 Chensl1717
青海：同仁 陈世龙，高庆波，张发起 Chensl0904
青海：杂多 陈世龙，高庆波，张发起 Chensl0768

Geranium pseudosibiricum J. Mayer 蓝花老鹳草
甘肃：合作 刘坤 LiuJQ-GN-2011-611
甘肃：玛曲 刘坤 LiuJQ-GN-2011-651
湖南：古丈 张代贵 Zdg1209
山东：崂山区 罗艳，李中华，邓建平 LuoY303
四川：稻城 何兴金，王长宝，刘爽等 SCU-09-071
新疆：温宿 塔里木大学植物资源调查组 TD-00921
Geranium refractum Edgeworth & J. D. Hooker 反瓣老鹳草
青海：祁连 陈世龙，高庆波，张发起等 Chensl1526
西藏：林芝 罗建，汪书丽 LiuJQ-08XZ-156
Geranium robertianum Linnaeus 汉荭鱼腥草
重庆：南川区 易思荣 YISR151
西藏：朗县 罗建，汪书丽，任德智 L032
云南：巧家 杨光明 SCSB-W-1167
Geranium rosthornii R. Knuth 湖北老鹳草 *
湖北：神农架林区 李巨平 Lijuping0327
Geranium rotundifolium Linnaeus 圆叶老鹳草
新疆：伊宁 亚吉东，张桥蓉，秦少发等 16CS13449
Geranium sibiricum Linnaeus 鼠掌老鹳草
河北：平山 牛玉璐，郑博颖，黄士良等 NiuYL049
黑龙江：宁安 刘玫，张欣欣，程薪宇等 Liuetal420
黑龙江：五大连池 孙阎，赵立波 SunY190
吉林：大安 杨帆，马红媛，安丰华 SNA0535
吉林：磐石 安海成 AnHC0379
辽宁：桓仁 祝业平 CaoW964
辽宁：庄河 于立敏 CaoW923
内蒙古：赛罕区 蒲拴莲，刘润宽，刘毅等 M154
四川：康定 彭玉兰，涂卫国 Gaoxf-1110
Geranium sinense R. Knuth 中华老鹳草 *
云南：香格里拉 郭永杰，张桥蓉，李春晓等 11CS3437
Geranium soboliferum Komarov 线裂老鹳草
吉林：辉南 姜明，刘波 LiuB0007
Geranium strictipes R. Knuth 紫地榆 *
四川：康定 何兴金，廖晨阳，任海燕等 SCU-09-413
Geranium thunbergii Siebold ex Lindley & Paxton 中日老鹳草
湖北：神农架林区 李巨平 LiJuPing0204
江西：庐山区 董安淼，吴从梅 TanCM871
Geranium umbelliforme Franchet 伞花老鹳草 *
云南：巧家 郁文彬，任宗昕，艾洪莲等 SCSB-W-1041
Geranium wilfordii Maximowicz 老鹳草
安徽：金寨 陈延松，欧祖兰，姜九龙 Xuzd227
安徽：舒城 陈延松，欧祖兰，高秋晨等 Xuzd427
河南：栾川 黄振英，于顺利，杨学军 Huangzy0010
湖北：仙桃 李巨平 Lijuping0314
吉林：临江 刘翠晶 Yanglm0310
江苏：江宁区 王兆银，吴宝成 SCSB-JS0268
江西：庐山区 董安淼，吴从梅 TanCM1057
山东：崂山区 刘梅 LuoY063
山东：历下区 王萍，高德民，张诏等 lilan358
四川：射洪 袁明 YUANM2016L200
四川：雅江 何兴金，郜鹏，彭禄等 SCU-11-320
云南：香格里拉 王文礼，冯欣，刘飞鹏 OUXK11088
Geranium wlassovianum Fischer ex Link 灰背老鹳草
黑龙江：嫩江 王臣，张欣欣，史传奇 WangCh143

Gesneriaceae 苦苣苔科

苦苣苔科	世界	中国	种质库
属 / 种（种下等级）/ 份数	～140/2000	60/421	31/118(120)/376

Aeschynanthus austroyunnanensis var. **guangxiensis** (W. Y. Chun ex W. T. Wang & K. Y. Pan) W. T. Wang 广西芒毛苣苔 *
广西：靖西 洪欣，吴昊天，葛玉珍 HX043
Aeschynanthus austroyunnanensis W. T. Wang 滇南芒毛苣苔 *
云南：景谷 叶金科 YNS0415
Aeschynanthus bracteatus Wallich ex A. P. de Candolle 显苞芒毛苣苔
云南：麻栗坡 肖波 LuJL336
云南：腾冲 余新林，赵玮 BSGLGStc137
云南：元阳 亚吉东，黄莉，何华杰 15CS11296
Aeschynanthus buxifolius Hemsley 黄杨叶芒毛苣苔
云南：河口 张贵良，杨鑫峰，陶美英等 ZhangGL196
云南：景东 杨国平 2008162
云南：绿春 HLS0170
云南：绿春 税玉民，陈文红 82770
云南：马关 税玉民，陈文红 82618
云南：屏边 刘成，亚吉东，张桥蓉 16CS14108
云南：文山 何德明，古少国 WSLJS1019
云南：元阳 亚吉东，黄莉，何华杰 15CS11259
Aeschynanthus denticuliger W. T. Wang 小齿芒毛苣苔
云南：元阳 刘成，亚吉东，付超男等 15CS10020
Aeschynanthus hookeri C. B. Clarke 束花芒毛苣苔
云南：文山 何德明，丰艳飞，曹世超 WSLJS666
Aeschynanthus lineatus Craib 线条芒毛苣苔
云南：腾冲 余新林，赵玮 BSGLGStc196
Aeschynanthus mimetes B. L. Burtt 大花芒毛苣苔
西藏：墨脱 刘成，亚吉东，何华杰等 16CS11992
云南：金平 税玉民，陈文红 80525
云南：景东 赵贤坤，鲍文华 JDNR11041
云南：澜沧 胡启和，赵强，周英等 YNS0739
云南：西盟 胡启和，赵强，周英等 YNS0762
云南：永德 李永亮 YDDXS1170
Aeschynanthus stenosepalus J. Anthony 尾叶芒毛苣苔
云南：贡山 张挺，杨湘云，李涟漪等 14CS8983
Aeschynanthus superbus C. B. Clarke 华丽芒毛苣苔
云南：贡山 刘成，何华杰，黄莉等 14CS8562
Aeschynanthus tengchungensis W. T. Wang 腾冲芒毛苣苔 *
云南：贡山 郭永杰，吴之坤，吴兴等 14CS9952
Ancylostemon aureus (Franchet) B. L. Burtt 凹瓣苣苔 *
云南：永德 李永亮 LiYL1546
Anna mollifolia (W. T. Wang) W. T. Wang & K. Y. Pan 软叶大苞苣苔 *
云南：金平 喻智勇 JinPing120
云南：麻栗坡 肖波 LuJL331
云南：西畴 税玉民，陈文红 80790
云南：西畴 税玉民，陈文红 80916
Anna ophiorrhizoides (Hemsley) B. L. Burtt & R. Davidson 白花大苞苣苔 *
四川：峨眉山 李小杰 LiXJ571
Anna submontana Pellegrin 大苞苣苔
云南：河口 张贵良，张贵生，饶青 ZhangGL176

云南：麻栗坡 肖波 LuJL405
云南：文山 何德明 WSLJS880
Boea clarkeana Hemsley **大花旋蒴苣苔 ***
安徽：贵池区 洪欣，李中林 ZhouSB0247
安徽：宁国 洪欣，李中林 ZhouSB0219
安徽：铜陵 张丹丹，毕德 ZSB334
安徽：休宁 洪欣，李中林 ZSB296
湖北：神农架林区 毕德，李中林 ZSB336
湖北：神农架林区 毕德，李中林 ZSB338
湖北：秭归 毕德，李中林 ZSB339
江西：武宁 张吉华，张东红 TanCM3231
陕西：略阳 张丹丹，毕德 ZSB340
四川：南江 秦卫华，毕德 ZSB343
浙江：临安 毕德 ZSB341
浙江：临安 洪欣，吴昊天，郭蕊 HX003
浙江：新昌 洪欣 ZhouSB0246
Boea hygrometrica (Bunge) R. Brown **旋蒴苣苔 ***
安徽：休宁 洪欣，郭蕊，马文 HX033
湖北：竹溪 李盛兰 GanQL965
山东：历城区 张少华，张诏，程丹丹等 Lilan649
山东：长清区 张少华，王萍，张诏等 Lilan228
云南：峨山 王焕冲，马兴达 WangHCH018
浙江：丽水 洪欣，吴昊天，郭蕊 HX016
浙江：嵊州 洪欣，吴昊天，郭蕊 HX007
Boea philippensis C. B. Clarke **地胆旋蒴苣苔**
云南：元江 刘成，亚吉东，张桥蓉等 16CS14194
Briggsia chienii W. Y. Chun **浙皖粗筒苣苔 ***
安徽：贵池区 洪欣，李中林 ZhouSB0245
安徽：宁国 洪欣，李中林 ZhouSB0233
安徽：石台 洪欣，王欧文 ZSB361
安徽：石台 洪欣 ZhouSB0203
安徽：休宁 洪欣，李中林 ZSB295
江西：黎川 童和平，王玉珍，常迪江等 TanCM1968
江西：武宁 张吉华，张东红 TanCM3242
浙江：开化 李宏庆，熊申展，桂萍 Lihq0419
浙江：衢江区 洪欣，吴昊天，郭蕊 HX021
Briggsia forrestii Craib **云南粗筒苣苔 ***
云南：隆阳区 赵玮 BSGLGSly171
云南：永德 李永亮 YDDXS0836
Briggsia latisepala W. Y. Chun ex K. Y. Pan **宽萼粗筒苣苔 ***
浙江：丽水 洪欣，吴昊天，郭蕊 HX020
Briggsia longifolia Craib **长叶粗筒苣苔**
云南：文山 何德明，韦荣彪 WSLJS574
Briggsia longipes (Hemsley ex Oliver) Craib **盾叶粗筒苣苔 ***
云南：麻栗坡 肖波 LuJL349
Briggsia mihieri (Franchet) Craib **革叶粗筒苣苔 ***
贵州：威宁 邹方伦 ZouFL0321
Briggsia muscicola (Diels) Craib **藓丛粗筒苣苔**
云南：景东 杨国平，李达文，鲁志云 ygp-038
Briggsia rosthornii var. **wenshanensis** K. Y. Pan **文山粗筒苣苔 ***
云南：文山 何德明，张挺，黎谷香 WSLJS558
Calcareoboea coccinea C. Y. Wu ex H. W. Li **朱红苣苔**
云南：麻栗坡 税玉民，陈文红 82398
Chirita anachoreta Hance **光萼唇柱苣苔**
广东：龙门 Weiyg08277
云南：景谷 叶金科 YNS0422
云南：麻栗坡 肖波 LuJL369

云南：文山 何德明，丰艳飞，杨云 WSLJS986
云南：文山 何德明，王成 WSLJS1044
Chirita dielsii (Borza) B. L. Burtt **圆叶唇柱苣苔 ***
云南：景谷 叶金科 YNS0425
云南：永德 李永亮 LiYL1458
Chirita eburnea Hance **牛耳朵 ***
湖南：武陵源区 吴福川，廖博儒，查学州 7053
浙江：常山 洪欣，吴昊天，郭蕊 HX026
Chirita fimbrisepala Handel-Mazzetti **蚂蝗七 ***
广西：环江 莫水松，胡仁传，彭日成 Liuyan1017
浙江：永嘉 洪欣，吴昊天，郭蕊 HX014
Chirita fordii (Hemsley) D. Wood **桂粤唇柱苣苔 ***
湖南：麻阳 洪欣 ZSB317
Chirita hamosa R. Brown **钩序唇柱苣苔**
云南：河口 刘成，亚吉东，张桥蓉等 16CS14131
云南：金平 税玉民，陈文红 80047
云南：思茅区 张绍云，胡启和 YNS1096
云南：文山 何德明，曹世超 WSLJS674
云南：永德 李永亮 YDDXS0826
Chirita lutea Yan Liu & Y. G. Wei **黄花牛耳朵 ***
广西：八步区 莫水松 Liuyan1095
广西：贺州 Weiyg08290
Chirita macrophylla Wallich **大叶唇柱苣苔**
云南：景东 杨国平，李达文，鲁志云 ygp-026
云南：屏边 税玉民，陈文红 82516
云南：腾冲 周应再 Zhyz530
云南：文山 何德明，丰艳飞，陈斌 WSLJS801
云南：新平 白绍斌 XPALSC516
Chirita medica D. Fang ex W. T. Wang **药用唇柱苣苔 ***
广西：平乐 洪欣，吴昊天 HX036
广西：平乐 洪欣，吴昊天 HX037
Chirita oblongifolia (Roxburgh) Sinclair **长圆叶唇柱苣苔**
西藏：墨脱 刘成，亚吉东，何华杰等 16CS11956
Chirita pinnatifida (Handel-Mazzetti) B. L. Burtt **羽裂唇柱苣苔 ***
浙江：开化 李宏庆，熊申展，桂萍 Lihq0423
Chirita pumila D. Don **斑叶唇柱苣苔**
西藏：墨脱 刘成，亚吉东，何华杰等 16CS11954
云南：文山 韦荣彪，何德明 WSLJS634
云南：永德 李永亮 YDDXS0842
Chirita roseoalba W. T. Wang **粉花唇柱苣苔 ***
湖南：永定区 毕德，秦卫华 ZSB321
Chirita speciosa Kurz **美丽唇柱苣苔**
云南：永德 李永亮 YDDXS1100
云南：永德 李永亮 LiYL1387
云南：永德 李永亮 YDDXS0917
Chirita tenuituba (W. T. Wang) W. T. Wang **神农架唇柱苣苔 ***
湖南：麻阳 洪欣 ZSB318
Chirita urticifolia Buchanan-Hamilton ex D. Don **麻叶唇柱苣苔**
云南：绿春 黄连山保护区科研所 HLS0293
Chiritopsis glandulosa D. Fang, L. Zeng, & D. H. Qin **紫腺小花苣苔 ***
广西：平乐 洪欣，吴昊天 HX038
Chiritopsis hezhouensis W. H. Wu & W. B. Xu **贺州小花苣苔 ***
广西：八步区 莫水松 Liuyan1084
Chiritopsis repanda W. T. Wang **小花苣苔 ***
广西：巴马 洪欣 ZSB309

Chiritopsis xiuningensis X. L. Liu & X. H. Guo 休宁小花苣苔 *
安徽：休宁 洪欣，郭蕊，马文 HX028
安徽：休宁 吴昊天，何金琰 HX031
安徽：休宁 洪欣，郭蕊，马文 HX032
安徽：休宁 洪欣，郭蕊，马文 HX034
安徽：休宁 洪欣，郭蕊，马文 HX035
安徽：休宁 洪欣 ZhouSB0257
浙江：江山 洪欣，吴昊天，郭蕊 HX023

Conandron ramondioides Siebold & Zuccarini 苦苣苔
云南：洱源 张书东，林娜娜，陆露等 SCSB-W-169

Corallodiscus conchifolius Batalin 小石花 *
西藏：芒康 张永洪，王晓雄，周卓等 SunH-07ZX-0546

Corallodiscus kingianus (Craib) B. L. Burtt 卷丝苣苔
四川：得荣 孙航，李新辉，陈林杨 SunH-07ZX-2919
四川：得荣 孙航，李新辉，陈林杨 SunH-07ZX-3048
西藏：昌都 易思荣，谭秋平 YISR249
西藏：城关区 许炳强，童毅华 XiaNh-07zx-517
西藏：当雄 毛康珊，任广朋，邹嘉宾 LiuJQ-QTP-2011-009
西藏：贡嘎 李晖，边巴，徐爱国 lihui-Q-09-55
西藏：拉萨 杨永平，段元文，边巴扎西 Yangyp-Q-1038
西藏：拉萨 杨永平，王东超，杨大松等 YangYP-Q-5010
西藏：拉萨 扎西次仁 ZhongY258
西藏：浪卡子 毛康珊，任广朋，邹嘉宾 LiuJQ-QTP-2011-141
西藏：南木林 李晖，文雪梅，次旺加布等 Lihui-Q-0119
西藏：曲水 毛康珊，任广朋，邹嘉宾 LiuJQ-QTP-2011-012
西藏：仁布 毛康珊，任广朋，邹嘉宾 LiuJQ-QTP-2011-016
西藏：桑日 陈家辉，韩希，王广艳等 YangYP-Q-4233
云南：宁蒗 任宗昕，艾洪莲，张舒 SCSB-W-1443
云南：宁蒗 任宗昕，艾洪莲，张舒 SCSB-W-1451

Corallodiscus lanuginosus (Wallich ex R. Brown) B. L. Burtt 西藏珊瑚苣苔
陕西：宁陕 田先华，熊开行 TianXH181
四川：米易 汤加勇 MY-245
四川：小金 何兴金，冯图，廖晨阳等 SCU-080305
四川：盐源 苏涛，黄永江，杨青松等 ZhouZK11376
西藏：八宿 陈家辉，王赟，刘德团 YangYP-Q-3294
西藏：左贡 张大才，李双智，罗康等 ZhangDC-07ZX-0632
云南：安宁 张挺，张书东，杨茜等 SCSB-A-000034
云南：洱源 杨青松，星耀武，苏涛 ZhouZK-07ZX-0261
云南：丽江 苏涛，黄永江，杨青松等 ZhouZK11471
云南：隆阳区 赵文李 BSGLGSly3016
云南：禄劝 张挺，郭永杰，刘成等 08CS634
云南：宁洱 张绍云，胡启和 YNS1065
云南：巧家 李文虎，高顺勇，吴天抗等 QJYS0017
云南：文山 何德明 WSLJS598
云南：香格里拉 张挺，亚吉东，张桥蓉等 11CS3556
云南：永德 李永亮 YDDXS0394

Deinocheilos jiangxiense W. T. Wang 江西全唇苣苔 *
浙江：桐庐 洪欣，吴昊天，郭蕊 HX002

Didissandra begoniifolia H. Léveillé 大苞漏斗苣苔 *
云南：绿春 HLS0159

Didissandra sesquifolia C. B. Clarke 大叶锣 *
四川：峨眉山 李小杰 LiXJ817

Didymocarpus cortusifolius (Hance) W. T. Wang 温州长蒴苣苔 *
浙江：乐清 洪欣，吴昊天，郭蕊 HX013

Didymocarpus glandulosus (W. W. Smith) W. T. Wang 腺毛长蒴苣苔 *
云南：文山 何德明，王成，丰艳飞 WSLJS916

Didymocarpus heucherifolius Handel-Mazzetti 闽赣长蒴苣苔 *
安徽：休宁 洪欣，李中林 ZSB294
安徽：休宁 吴昊天，何金琰 HX030
安徽：休宁 洪欣 ZhouSB0255
浙江：临安 洪欣，吴昊天，郭蕊 HX005
浙江：新昌 洪欣 ZhouSB0259

Didymocarpus nanophyton C. Y. Wu ex H. W. Li 矮生长蒴苣苔 *
云南：绿春 税玉民，陈文红 82816

Didymocarpus niveolanosus D. Fang & W. T. Wang 绵毛长蒴苣苔 *
广西：靖西 洪欣 ZSB316

Didymocarpus purpureobracteatus W. W. Smith 紫苞长蒴苣苔 *
云南：文山 何德明，丰艳飞，陈斌 WSLJS802
云南：文山 何德明，丰艳飞，刘顺祥等 WSLJS923

Didymocarpus salviiflorus W. Y. Chun 迭裂长蒴苣苔 *
浙江：丽水 洪欣，吴昊天，郭蕊 HX017
浙江：龙泉 洪欣，吴昊天，郭蕊 HX019

Didymocarpus silvarum W. W. Smith 林生长蒴苣苔 *
云南：绿春 税玉民，陈文红 82803
云南：文山 何德明 WSLJS878

Didymocarpus stenanthos C. B. Clarke 狭冠长蒴苣苔 *
四川：峨眉山 李小杰 LiXJ539

Didymocarpus yunnanensis (Franchet) W. W. Smith 云南长蒴苣苔
云南：沧源 张挺，刘成，郭永杰 08CS961
云南：腾冲 李爱花，黄之镨，黄押稳等 SCSB-A-000313
云南：腾冲 余新林，赵玮 BSGLGStc064
云南：镇沅 何忠云 ALSZY397

Didymocarpus zhenkangensis W. T. Wang 镇康长蒴苣苔 *
云南：永德 李永亮 YDDXS1083
云南：永德 李永亮 LiYL1567
云南：永德 李永亮 YDDXS1228

Epithema carnosum Bentham 盾座苣苔
云南：个旧 税玉民，陈文红 81789
云南：个旧 税玉民，陈文红 81968
云南：马关 税玉民，陈文红 82194
云南：思茅区 蔡杰，张挺 13CS7097
云南：文山 何德明 WSLJS609
云南：盈江 郭永杰，唐培洵，金永明等 13CS7734

Gyrocheilos retrotrichus var. **oligolobus** W. T. Wang 稀裂圆唇苣苔 *
广东：封开 Weiyg08255

Hemiboea follicularis C. B. Clarke 华南半蒴苣苔 *
广西：八步区 莫水松 Liuyan1078
广西：环江 许为斌，梁永延，黄俞凇等 Liuyan0162

Hemiboea glandulosa Z. Y. Li 腺萼半蒴苣苔 *
云南：文山 何德明，王成 WSLJS1049

Hemiboea gracilis Franchet 纤细半蒴苣苔 *
四川：峨眉山 李小杰 LiXJ706

Hemiboea magnibracteata Y. G. Wei & H. Q. Wen 大苞半蒴苣苔 *
广西：环江 许为斌，梁永延，黄俞凇等 Liuyan0157

Hemiboea omeiensis W. T. Wang 峨眉半蒴苣苔 *

四川：峨眉山 李小杰 LiXJ248

Hemiboea pingbianensis Z. Y. Li 屏边半蒴苣苔 *

云南：文山 何德明，丰艳飞 WSLJS924

Hemiboea subcapitata C. B. Clarke 降龙草 *

安徽：贵池区 洪欣，李中林 ZhouSB0248
安徽：宁国 洪欣，李中林 ZhouSB0218
安徽：铜陵 张丹丹，毕德 ZSB335
安徽：休宁 洪欣 ZSB289
重庆：南川区 易思荣，谭秋平 YISR436
广西：八步区 莫水松 Liuyan1090
广西：龙胜 黄俞淞，叶晓霞，邹容 Liuyan0077
湖北：神农架林区 毕德，李中林 ZSB337
湖南：古丈 刘克明，朱晓文 SCSB-HN-0500
湖南：衡山 刘克明，陈薇 SCSB-HN-0369
湖南：双牌 姜孝成，王丽萍，李育华 Jiangxc0843
湖南：永顺 陈功锡，张代贵 SCSB-HC-2008174
江西：昌江区 毕德 ZSB342
江西：黎川 童和平，王玉珍 TanCM2774
江西：修水 谭策铭，缪以清，李立新 TanCM384
云南：麻栗坡 税玉民，陈文红 81315
云南：马关 税玉民，陈文红 82636
云南：文山 何德明，张挺，黎谷香 WSLJS555
云南：西畴 税玉民，陈文红 80809
云南：西畴 税玉民，陈文红 80838
浙江：常山 洪欣，吴昊天，郭蕊 HX027
浙江：临安 洪欣，吴昊天，郭蕊 HX006

Hemiboeopsis longisepala (H. W. Li) W. T. Wang 密序苣苔

云南：河口 饶春，李有福，何华然等 ZhangGL019

Leptoboea multiflora (C. B. Clarke) C. B. Clarke 细蒴苣苔

云南：河口 刘成，亚吉东，张桥蓉等 16CS13896

Loxostigma griffithii (Wight) C. B. Clarke 紫花苣苔

云南：河口 张贵良，杨鑫峰，陶美英等 ZhangGL091
云南：马关 税玉民，陈文红 82610
云南：永德 李永亮 LiYL1516
云南：元阳 李文锋，刘成，杨娅娟等 YYGYS047

Lysionotus aeschynanthoides W. T. Wang 桂黔吊石苣苔 *

云南：麻栗坡 肖波 LuJL313

Lysionotus atropurpureus Hara 深紫吊石苣苔

西藏：墨脱 刘成，亚吉东，何华杰等 16CS11957
西藏：墨脱 刘成，亚吉东，何华杰等 16CS14012

Lysionotus gracilis W. W. Smith 纤细吊石苣苔

云南：景东 杨华军，刘国庆，陶正坤 JDNR110107
云南：隆阳区 赵玮 BSGLGSly172

Lysionotus longipedunculatus (W. T. Wang) W. T. Wang 长梗吊石苣苔 *

云南：贡山 郭永杰，吴之坤，吴兴等 14CS9860

Lysionotus metuoensis W. T. Wang 墨脱吊石苣苔 *

西藏：墨脱 刘成，亚吉东，何华杰等 16CS11867

Lysionotus oblongifolius W. T. Wang 长圆吊石苣苔 *

云南：马关 税玉民，陈文红 82666

Lysionotus pauciflorus Maximowicz 吊石苣苔

安徽：南陵 王鸥文 ZhouSB0258
安徽：宁国 洪欣，李中林 ZhouSB0225
安徽：休宁 洪欣 ZhouSB0256
重庆：南川区 易思荣 YISR206
广西：金秀 许为斌，黄俞淞，叶晓霞等 Liuyan0126
湖南：永定区 毕德，秦卫华 ZSB320
江西：黎川 童和平，王玉珍 TanCM3126
江西：武宁 谭策铭，张吉华 TanCM401
四川：峨眉山 李小杰 LiXJ270
云南：麻栗坡 肖波 LuJL108
云南：孟连 彭华，向春雷，陈丽 P.H.5865
云南：西畴 税玉民，陈文红 80789
云南：西畴 税玉民，陈文红 80994
浙江：丽水 洪欣，吴昊天，郭蕊 HX018
浙江：衢江区 洪欣，吴昊天，郭蕊 HX022
浙江：仙居 洪欣，吴昊天，郭蕊 HX011
浙江：新昌 洪欣 ZhouSB0254

Lysionotus petelotii Pellegrin 细萼吊石苣苔

云南：马关 税玉民，陈文红 82595

Lysionotus pubescens C. B. Clarke 毛枝吊石苣苔

云南：元阳 浦仕梅，刘成，杨娅娟等 YYGYS016

Lysionotus serratus D. Don 齿叶吊石苣苔

贵州：花溪区 邹方伦 ZouFL0171
西藏：墨脱 刘成，亚吉东，何华杰等 16CS11866
西藏：墨脱 刘成，亚吉东，何华杰等 16CS11972
云南：金平 税玉民，陈文红 80135
云南：麻栗坡 肖波 LuJL183
云南：马关 税玉民，陈文红 16162
云南：腾冲 周应再 Zhyz-424
云南：文山 何德明 WSLJS567
云南：文山 何德明，丰艳飞，曾祥 WSLJS896
云南：西畴 张挺，李洪超，左定科 SCSB-B-000300
云南：西畴 张挺，李洪超，左定科 SCSB-B-000301
云南：永德 李永亮 YDDXS1219
云南：永德 李永亮 YDDXS0550
云南：元阳 亚吉东，黄莉，何华杰 15CS11414

Lysionotus sessilifolius Handel-Mazzetti 短柄吊石苣苔 *

云南：贡山 刘成，何华杰，黄莉等 14CS8529
云南：永德 李永亮 LiYL1513

Metabriggsia ovalifolia W. T. Wang 单座苣苔 *

广西：那坡 张挺，蔡杰，方伟 12CS3809

Oreocharis amabilis Dunn 马铃苣苔 *

广西：大新 洪欣 ZSB311
湖北：竹溪 李盛兰 GanQL832
江西：龙南 梁跃龙，欧考昌 LiangYL006

Oreocharis argyreia W. Y. Chun 紫花马铃苣苔 *

广西：金秀 许为斌，黄俞淞，叶晓霞等 Liuyan0127
广西：灵川 吴望辉，黄俞淞，蒋日红 Liuyan0422

Oreocharis aurea Dunn 黄马铃苣苔

云南：麻栗坡 肖波 LuJL397
云南：元阳 亚吉东，黄莉，何华杰 15CS11401
云南：元阳 浦仕梅，刘成，杨娅娟等 YYGYS008
云南：元阳 李文锋，刘成，杨娅娟等 YYGYS037

Oreocharis auricula (S. Moore) C. B. Clarke 长瓣马铃苣苔 *

安徽：潜山 洪欣 ZhouSB0253
安徽：舒城 陈延松，欧祖兰，高秋晨等 Xuzd377
广西：龙胜 黄俞淞，叶晓霞，邹容 Liuyan0073
湖南：安化 刘克明，彭珊，李珊等 SCSB-HN-1699
湖南：浏阳 刘克明，朱晓文，田淑珍 SCSB-HN-0456
湖南：沅陵 周丰杰，刘克明 SCSB-HN-1331
江西：武宁 张吉华，刘运群 TanCM1191
浙江：仙居 洪欣，吴昊天，郭蕊 HX012

Oreocharis delavayi Franchet 椭圆马铃苣苔 *

四川：稻城 何兴金，高云东，王志新等 SCU-09-254

Oreocharis magnidens W. Y. Chun ex K. Y. Pan 大齿马铃

苣苔 *
广西：金秀 许为斌，黄俞淞，叶晓霞等 Liuyan0122
Oreocharis maximowiczii C. B. Clarke **大花石上莲** *
安徽：休宁 洪欣，李中林 ZSB297
Oreocharis obliqua C. Y. Wu ex H. W. Li **斜叶马铃苣苔** *
云南：文山 何德明，张挺，黎谷香 WSLJS547
Ornithoboea arachnoidea (Diels) Craib **蛛毛喜鹊苣苔**
云南：澜沧 张绍云，胡启和，仇亚等 YNS1122
云南：澜沧 张绍云，胡启和 YNS1078
Ornithoboea henryi Craib **喜鹊苣苔** *
云南：永德 李永亮 YDDXS0825
Ornithoboea wildeana Craib **滇桂喜鹊苣苔**
云南：麻栗坡 肖波 LuJL399
Paraboea hainanensis (W. Y. Chun) B. L. Burtt **海南蛛毛苣苔** *
海南：昌江 秦卫华 ZSB322
海南：昌江 洪欣 ZhouSB0249
Paraboea rufescens (Franchet) B. L. Burtt **锈色蛛毛苣苔**
广西：巴马 洪欣 ZSB307
贵州：册亨 蔡杰，张挺 12CS5738
云南：文山 何德明 WSLJS605
云南：永德 李永亮 LiYL1396
云南：元江 刘成，亚吉东，张桥蓉等 16CS14196
Paraboea sinensis (Oliver) B. L. Burtt **蛛毛苣苔**
云南：河口 税玉民，陈文红 82047
云南：澜沧 张绍云，胡启和，仇亚等 YNS1138
云南：马关 税玉民，陈文红 16118
云南：文山 韦荣彪，何德明 WSLJS646
云南：永德 李永亮 YDDXS0841
Paraboea swinhoei (Hance) B. L. Burtt **锥序蛛毛苣苔**
广西：巴马 洪欣 ZSB308
广西：靖西 洪欣，吴昊天，葛玉珍 HX045
Paraboea velutina (W. T. Wang & C. Z. Gao) B. L. Burtt **密叶蛛毛苣苔** *
广西：凤山 王欧文 ZSB312
Paraisometrum mileense W. T. Wang **弥勒苣苔** *
云南：石林 税玉民，陈文红 66534
云南：石林 税玉民，陈文红 66661
云南：石林 税玉民，陈文红，魏志丹等 65901A
Petrocosmea duclouxii Craib **石蝴蝶** *
云南：孟连 彭华，向春雷，陈丽 P.H.5889
Petrocosmea grandifolia W. T. Wang **大叶石蝴蝶** *
云南：永德 李永亮 YDDXS1006
Petrocosmea menglianensis H. W. Li **孟连石蝴蝶** *
云南：澜沧 张绍云，胡启和，仇亚等 YNS1121
Petrocosmea minor Hemsley **小石蝴蝶** *
云南：石林 税玉民，陈文红 66573
云南：石林 税玉民，陈文红 66591
Petrocosmea sericea C. Y. Wu ex H. W. Li **丝毛石蝴蝶** *
云南：麻栗坡 税玉民，陈文红 81239
Rhabdothamnopsis sinensis Hemsley **长冠苣苔** *
云南：麻栗坡 肖波 LuJL282
云南：石林 税玉民，陈文红 65255
云南：石林 税玉民，陈文红 66659
云南：文山 何德明 WSLJS879
云南：永德 李永亮 YDDXS0839
Rhynchoglossum obliquum Blume **尖舌苣苔**
西藏：墨脱 刘成，亚吉东，何华杰等 16CS11962
云南：峨山 马兴达，乔娣 WangHCH064
云南：金平 税玉民，陈文红 80137
云南：景谷 叶金科 YNS0266
云南：绿春 黄连山保护区科研所 HLS0227
云南：麻栗坡 税玉民，陈文红 82380
云南：麻栗坡 肖波 LuJL301
云南：蒙自 税玉民，陈文红 72584
云南：南涧 彭华，向春雷，陈丽 P.H.5955
云南：屏边 蔡杰，毛钧，杨浩 12CS5621
云南：屏边 张贵良，饶青，杨鑫峰 ZhangGL182
云南：文山 何德明，曹世超 WSLJS675
云南：永德 李永亮 YDDXS0626
云南：永德 李永亮 YDDXS1082
云南：永德 李永亮，王学军，杨建文等 YDDXSB079
Rhynchoglossum omeiense W. T. Wang **峨眉尖舌苣苔** *
四川：峨眉山 李小杰 LiXJ837
Rhynchotechum ellipticum (Wallich ex D. Dietrich) A. de Candolle **椭圆线柱苣苔**
广西：永福 许为斌，黄俞淞，朱章明 Liuyan0469
西藏：墨脱 刘成，亚吉东，何华杰等 16CS11978
云南：沧源 张挺，刘成，郭永杰 08CS922
云南：沧源 赵金超，肖美芳 CYNGH402
云南：耿马 张挺，蔡杰，刘成等 13CS5917
云南：江城 叶金科 YNS0474
云南：金平 税玉民，陈文红 80296
云南：景洪 谭运洪，余涛 B475
云南：绿春 税玉民，陈文红 72758
云南：绿春 税玉民，陈文红 72789
云南：绿春 黄连山保护区科研所 HLS0221
云南：绿春 张挺，马国强，刘娜等 SCSB-B-000584
云南：绿春 税玉民，陈文红 72850
云南：普洱 叶金科 YNS0325
云南：思茅区 蔡杰，张挺 13CS7208
云南：西盟 胡启和，赵强，周英等 YNS0766
云南：永德 李永亮 LiYL1355
云南：元阳 张挺，刘成，蔡磊 14CS9560
云南：元阳 税玉民，陈文红 82745
Rhynchotechum formosanum Hatusima **冠萼线柱苣苔**
云南：河口 税玉民，陈文红 82711
云南：河口 税玉民，陈文红 82739
云南：马关 税玉民，陈文红 82568
Rhynchotechum vestitum Wallich ex C. B. Clarke **毛线柱苣苔**
西藏：墨脱 刘成，亚吉东，何华杰等 16CS11846
云南：福贡 李恒，李嵘，刀志灵 1129
云南：贡山 刘成，何华杰，黄莉等 14CS8504
云南：贡山 刘成，何华杰，黄莉等 14CS8553
云南：贡山 张挺，杨湘云，李涟漪等 14CS9622
云南：景东 鲁艳 2008172
云南：景东 罗忠华，刘长铭，李绍昆等 JDNR09075
云南：绿春 税玉民，陈文红 82748
云南：绿春 税玉民，陈文红 82785
云南：麻栗坡 DNA barcoding B 组 GBOWS0477
云南：腾冲 周应再 Zhyz-378
云南：腾冲 余新林，赵玮 BSGLGStc190
云南：元阳 亚吉东，黄莉，何华杰 15CS11283
云南：元阳 浦仕梅，刘成，杨娅娟等 YYGYS028
云南：元阳 税玉民，陈文红 81383
Stauranthera umbrosa (Griffith) C. B. Clarke **十字苣苔**
湖南：麻阳 洪欣 ZSB319

Trisepalum birmanicum (Craib) B. L. Burtt **唇萼苣苔**
云南：宁洱 张绍云，胡启和 YNS1049
云南：宁洱 张绍云，胡启和 YNS1059

Ginkgoaceae 银杏科

银杏科	世界	中国	种质库
属 / 种（种下等级）/ 份数	1/1	1/1	1/1/4

Ginkgo biloba Linnaeus **银杏 ***
安徽：黄山区 唐鑫生，方建新 TangXS0323
湖南：长沙 李辉良，刘克明 SCSB-HN-0761
湖南：宁乡 熊凯辉，刘克明 SCSB-HN-2026
云南：新平 白绍斌 XPALSC526

Gnetaceae 买麻藤科

买麻藤科	世界	中国	种质库
属 / 种（种下等级）/ 份数	1/35	1/9	1/1/10

Gnetum montanum Markgraf **买麻藤**
海南：昌江 康勇，林灯，陈庆 LWXS024
云南：沧源 张挺，刘成，郭永杰 08CS927
云南：沧源 李春华，肖美芳，钟明 CYNGH143
云南：沧源 赵金超，李春华 CYNGH325
云南：景谷 彭志仙 YNS0092
云南：景洪 张绍云 YNS0080
云南：勐腊 张顺成 A105
云南：南涧 马德跃，官有才，罗开宏等 NJWLS974
云南：普洱 张绍云，叶金科 YNS0027
云南：永德 李永亮，马文军 YDDXSB144

Grossulariaceae 茶藨子科

茶藨子科	世界	中国	种质库
属 / 种（种下等级）/ 份数	1/150	1/59	1/28(35)/112

Ribes alpestre var. **giganteum** Janczewski **大刺茶藨子 ***
甘肃：迭部 刘坤 LiuJQ-GN-2011-677
甘肃：卓尼 刘坤 LiuJQ-GN-2011-678

Ribes alpestre Wallich ex Decaisne **长刺茶藨子**
青海：玉树 汪书丽，朱洪涛 Liujq-QLS-TXM-085
青海：玉树 许炳强，周伟，郑朝汉 Xianh0110
四川：小金 高云东，李忠荣，鞠文彬 GaoXF-12-074
四川：雅江 何兴金，郜鹏，彭禄等 SCU-11-378
西藏：八宿 张大才，罗康，梁群等 ZhangDC-07ZX-1328
西藏：波密 孙航，张建文，陈建国等 SunH-07ZX-2529
西藏：察雅 张挺，李爱花，刘成等 08CS737
西藏：察隅 孙航，张建文，陈建国等 SunH-07ZX-2415
西藏：察隅 张大才，李双智，唐路等 ZhangDC-07ZX-1681
西藏：察隅 扎西次仁，西落 ZhongY712
西藏：昌都 易思荣，谭秋平 YISR240
西藏：林芝 张挺，蔡杰，刘恩德等 SCSB-B-000493
西藏：林芝 孙航，张建文，陈建国等 SunH-07ZX-2800
西藏：林芝 罗建，汪书丽，王国严 LiuJQ-09XZ-370
西藏：芒康 孙航，张建文，邓涛等 SunH-07ZX-3377
西藏：左贡 张大才，李双智，罗康等 ZhangDC-07ZX-0613
西藏：左贡 张大才，李双智，罗康等 ZhangDC-07ZX-0721
云南：红河 彭华，向春雷，陈丽 PengH8236

Ribes ambiguum Maximowicz **四川蔓茶藨子**
四川：雅江 何兴金，郜鹏，彭禄等 SCU-11-321

Ribes burejense Fr. Schmidt **刺果茶藨子**
河北：蔚县 牛玉璐，高彦飞，赵二涛 NiuYL423
山西：交城 廉凯敏 Zhangf0111

Ribes diacanthum Pallas **双刺茶藨子**
黑龙江：大兴安岭 郑宝江 ZhengBJ388
吉林：长岭 张红香 ZhangHX159

Ribes fargesii Franchet **花茶藨子 ***
四川：稻城 何兴金，李琴琴，马祥光等 SCU-09-170

Ribes fasciculatum Siebold & Zuccarini **簇花茶藨子**
辽宁：瓦房店 宫本胜 CaoW331

Ribes fasciculatum var. **chinense** Maximowicz **华蔓茶藨子**
湖北：竹溪 甘啟良 GanQL630
山东：牟平区 高德民，王萍，张颖颖等 Lilan590

Ribes glaciale Wallich **冰川茶藨子**
湖北：仙桃 张代贵 Zdg3678
四川：峨眉山 李小杰 LiXJ074
四川：黑水 顾垒，李忠荣 GaoXF-09ZX-1379
四川：壤塘 陈世龙，高庆波，张发起 Chensl1155
西藏：林芝 罗建，汪书丽 LiuJQ-08XZ-100
西藏：林芝 张挺，蔡杰，刘恩德等 SCSB-B-000497
西藏：左贡 张大才，李双智，罗康等 ZhangDC-07ZX-0672
云南：香格里拉 杨青松，星耀武，苏涛 ZhouZK-07ZX-0362
云南：香格里拉 张挺，郭永杰，张桥蓉 11CS3150
云南：香格里拉 张挺，蔡杰，郭永杰等 11CS3174
云南：香格里拉 蔡杰，刘成，李昌洪 11CS3216
云南：香格里拉 杨亲二，袁琼 Yangqe2105

Ribes griffithii J. D. Hooker & Thomson **曲萼茶藨子**
四川：甘孜 孙航，张建文，董金龙等 SunH-07ZX-3951
云南：香格里拉 张建文，陈建国，陈林杨等 SunH-07ZX-2277

Ribes griffithii var. **gongshanense** (T. C. Ku) L. T. Lu **贡山茶藨子 ***
云南：贡山 刀志灵 DZL344

Ribes himalense Royle ex Decaisne **糖茶藨子**
青海：班玛 汪书丽，朱洪涛 Liujq-QLS-TXM-169
青海：囊谦 许炳强，周伟，郑朝汉 Xianh0032
山西：交城 廉凯敏 Zhangf0114
陕西：眉县 蔡杰，张挺，田先华 TianXH059
四川：红原 高云东，李忠荣，鞠文彬 GaoXF-12-048
西藏：八宿 张永洪，王晓雄，周卓等 SunH-07ZX-1673
西藏：昌都 易思荣，谭秋平 YISR231
西藏：林芝 罗建，汪书丽，王国严 LiuJQ-09XZ-367
西藏：林芝 张大才，李双智，唐路等 ZhangDC-07ZX-1832
云南：东川区 张挺，刘成，郭明明等 11CS3668
云南：香格里拉 蔡杰，刘成，李昌洪 11CS3218
云南：香格里拉 郭永杰，张桥蓉，李春晓等 11CS3432
云南：香格里拉 郭永杰，张桥蓉，李春晓等 11CS3455
云南：香格里拉 张挺，郭永杰，张桥蓉 11CS3151
云南：香格里拉 杨亲二，袁琼 Yangqe2723
云南：香格里拉 孔航辉，任琛 Yangqe2856

Ribes himalense var. **verruculosum** (Rehder) L. T. Lu **瘤糖茶藨子 ***
甘肃：玛曲 齐威 LJQ-2008-GN-388
青海：平安 陈世龙，高庆波，张发起等 Chensl1791

Ribes humile Janczewski 矮醋栗 *
四川：康定 彭玉兰，涂卫国 Gaoxf-1054
Ribes kialanum Janczewski 康边茶藨子 *
四川：木里 孔航辉，罗江平，左雷等 YangQE3410
Ribes komarovii Pojarkova 长白茶藨子
黑龙江：阿城 孙阎，吕军，张兰兰 SunY372
黑龙江：尚志 刘玫，张欣欣，程薪宇等 Liuetal322
吉林：安图 周海城 ZhouHC009
吉林：磐石 安海成 AnHC098
Ribes laciniatum J. D. Hooker & Thomson 裂叶茶藨子
西藏：察隅 孙航，张建文，陈建国等 SunH-07ZX-2520
Ribes latifolium Janczewski 阔叶茶藨子
黑龙江：海林 郑宝江，丁晓炎，王美娟等 ZhengBJ321
Ribes laurifolium Janczewski 桂叶茶藨子 *
四川：峨眉山 李小杰 LiXJ748
Ribes laurifolium var. **yunnanense** L. T. Lu 光果茶藨子 *
云南：贡山 蔡杰，郭云刚，张凤琼等 14CS9731
Ribes longeracemosum Franchet 长序茶藨子 *
湖北：仙桃 张代贵 Zdg2042
湖北：竹溪 李盛兰 GanQL332
四川：峨眉山 李小杰 LiXJ633
四川：乡城 李晓东，张景博，徐凌翔等 LiJ378
Ribes luridum J. D. Hooker & Thomson 紫花茶藨子
四川：壤塘 陈世龙，高庆波，张发起 Chensl1158
云南：香格里拉 郭永杰，张桥蓉，李春晓等 11CS3456
Ribes mandshuricum (Maximowicz) Komarov 东北茶藨子
吉林：磐石 安海成 AnHC004
辽宁：桓仁 祝业平 CaoW1000
辽宁：清原 张永刚 Yanglm0153
内蒙古：赛罕区 蒲拴莲，刘润宽，刘毅等 M157
Ribes maximowiczianum Komarov 尖叶茶藨子
吉林：安图 周海城 ZhouHC066
Ribes meyeri Maximowicz 天山茶藨子
甘肃：玛曲 刘坤 LiuJQ-GN-2011-675
新疆：和静 邱爱军，张玲，马帅 LiZJ1764
新疆：和静 张挺，杨赵平，焦培培等 LiZJ0524
新疆：新源 亚吉东，张桥蓉，秦少发等 16CS13370
Ribes moupinense Franchet 宝兴茶藨子 *
甘肃：玛曲 李晓东，刘帆，张景博等 LiJ0065
四川：峨眉山 李小杰 LiXJ757
云南：鹤庆 张红良，木栅，李玉瑛等 15PX405
Ribes nigrum Linnaeus 黑茶藨子
黑龙江：大兴安岭 郑宝江，丁晓炎，王美娟等 ZhengBJ391
黑龙江：尚志 刘玫，王臣，张欣欣等 Liuetal711
新疆：新源 亚吉东，张桥蓉，秦少发等 16CS13375
Ribes orientale Desfontaines 东方茶藨子
青海：祁连 陈世龙，高庆波，张发起等 Chensl1518
青海：玉树 许炳强，周伟，郑朝汉 Xianh0158
西藏：昌都 张挺，李爱花，刘成等 08CS753
西藏：浪卡子 扎西次仁 ZhongY195
西藏：芒康 张挺，李爱花，刘成等 08CS682
西藏：南木林 李晖，文雪梅，次旺加布等 Lihui-Q-0115
西藏：普兰 陈家辉，庄会富，刘德团等 Yangyp-Q-0039
西藏：左贡 张大才，李双智，罗康等 SunH-07ZX-0605
云南：玉龙 孔航辉，任琛 Yangqe2761
Ribes pulchellum Turczaninow 美丽茶藨子
青海：互助 薛春迎 Xuechy0084
Ribes stenocarpum Maximowicz 长果茶藨子 *
甘肃：碌曲 李晓东，刘帆，张景博等 LiJ0130
青海：互助 薛春迎 Xuechy0132
青海：互助 陈世龙，高庆波，张发起等 Chensl1712
Ribes takare D. Don 渐尖茶藨子
四川：峨眉山 李小杰 LiXJ758
Ribes tenue Janczewski 细枝茶藨子
甘肃：夏河 刘坤 LiuJQ-GN-2011-674
四川：黑水 顾垒，李忠荣 GaoXF-09ZX-1376
云南：香格里拉 张挺，杨新相，王东良 SCSB-B-000423
Ribes vilmorinii Janczewski 小果茶藨子 *
甘肃：玛曲 刘坤 LiuJQ-GN-2011-676
四川：康定 何兴金，李琴琴，王长宝等 SCU-08084

Haloragaceae 小二仙草科

小二仙草科	世界	中国	种质库
属 / 种（种下等级）/ 份数	8-10/120	2/13	2/3/8

Gonocarpus micranthus Thunberg 小二仙草
湖北：宣恩 许玥，祝文志，刘志祥等 ShenZH7821
云南：文山 何德明，丰艳飞，王成 WSLJS834
云南：新平 何罡安 XPALSB404
浙江：鄞州区 李宏庆，葛斌杰 Lihq0107
Myriophyllum spicatum Linnaeus 穗状狐尾藻
山东：槐荫区 高德民，邵尉 Lilan955
山东：长清区 张少华，张诏，程丹丹等 Lilan678
Myriophyllum verticillatum Linnaeus 狐尾藻
甘肃：碌曲 李晓东，刘帆，张景博等 LiJ0100
山东：长清区 步瑞兰，辛晓伟，程丹丹 Lilan748

Hamamelidaceae 金缕梅科

金缕梅科	世界	中国	种质库
属 / 种（种下等级）/ 份数	27/106	15/61	13/24(25)/90

Corylopsis glandulifera Hemsley 腺蜡瓣花 *
江西：修水 缪以清 TanCM1717
Corylopsis glaucescens Handel-Mazzetti 怒江蜡瓣花 *
云南：贡山 蔡杰，郭云刚，张凤琼等 14CS9766
云南：贡山 刀志灵，陈哲 DZL-041
云南：贡山 李恒，李嵘 823
Corylopsis multiflora Hance 瑞木 *
贵州：江口 周云，王勇 XiangZ020
湖南：东安 刘克明，田淑珍，肖乐希等 SCSB-HN-0157
湖南：洪江 李胜华，伍贤进，刘光华等 Wuxj1060
湖南：双牌 姜孝成，王丽萍，李育华 Jiangxc0803
湖南：沅陵 周丰杰，刘克明 SCSB-HN-1593
云南：云龙 李施文，张志云，段耀飞 TC3040
Corylopsis sinensis Hemsley 蜡瓣花 *
安徽：黄山区 唐鑫生，宋曰钦，方建新 TangXS0550
安徽：石台 洪欣 ZhouSB0208
湖北：仙桃 张代贵 Zdg2682
湖南：东安 刘克明，蔡秀珍，田淑珍等 SCSB-HN-0161
湖南：东安 姜孝成，唐贵华，潘孝武 SCSB-HNJ-0090
湖南：衡山 刘克明，陈薇 SCSB-HN-0241
湖南：怀化 李胜华，伍贤进，曾汉元等 HHXY262
湖南：怀化 李胜华，伍贤进，曾汉元等 HHXY330

湖南：新宁 姜孝成，唐贵华，袁双艳等 SCSB-HNJ-0270
湖南：雨花区 田淑珍，陈薇 SCSB-HN-0341
湖南：资兴 肖乐希，蔡秀珍 SCSB-HN-0280
云南：巧家 杨光明 SCSB-W-1142
云南：巧家 杨光明 SCSB-W-1516

Corylopsis sinensis var. **calvescens** Rehder & E. H. Wilson **秃蜡瓣花 ***
江西：庐山区 董安淼，吴从梅 TanCM1029

Corylopsis trabeculosa He & Cheng **俅江蜡瓣花 ***
云南：贡山 刘成，何华杰，黄莉等 14CS8523
云南：贡山 郭永杰，吴之坤，吴兴等 14CS9906
云南：贡山 刀志灵 DZL328
云南：贡山 刀志灵 DZL379

Corylopsis willmottiae Rehder & E. H. Wilson **四川蜡瓣花 ***
四川：峨眉山 李小杰 LiXJ089

Disanthus cercidifolius Maximowicz subsp. **longipes** (H. T. Chang) K. Y. Pan **长柄双花木 ***
江西：井冈山 兰国华 LiuRL007
浙江：开化 李宏庆，熊申展，桂萍 Lihq0428

Distyliopsis dunnii (Hemsley) P. K. Endress **尖叶假蚊母树**
云南：文山 何德明 WSLJS984

Distyliopsis laurifolia (Hemsley) P. K. Endress **樟叶假蚊母树 ***
云南：文山 何德明，黄太文 WSLJS981

Distylium buxifolium (Hance) Merrill **小叶蚊母树 ***
湖南：江华 肖乐希 SCSB-HN-1639

Distylium chinense (Franchet ex Hemsley) Diels **中华蚊母树 ***
重庆：南川区 易思荣 YISR028

Distylium dunnianum H. Léveillé **窄叶蚊母树 ***
贵州：花溪区 邹方伦 ZouFL0208

Distylium myricoides Hemsley **杨梅蚊母树 ***
安徽：石台 唐鑫生，方建新 TangXS1008
湖南：江华 肖乐希，刘克明 SCSB-HN-1616
湖南：长沙 朱香清，田淑珍，刘克明 SCSB-HN-1462
江西：黎川 童和平，王玉珍 TanCM3123
江西：修水 缪以清，陈三友 TanCM2101

Distylium racemosum Siebold & Zuccarini **蚊母树**
贵州：荔波 赵厚涛，韩国营 YBG118
湖南：沅陵 李胜华，伍贤进，刘光华等 Wuxj884
江西：庐山区 董安淼，吴从梅 TanCM1053

Exbucklandia populnea (R. Brown ex Griffith) R. W. Brown **马蹄荷**
云南：河口 张贵良，杨鑫峰，陶美英等 ZhangGL098
云南：隆阳区 段在贤，陈学良，密祖廷等 BSGLGSly1257
云南：绿春 黄连山保护区科研所 HLS0099
云南：屏边 钱良超，陆海兴，徐浩 Pbdws160
云南：腾冲 周应再 Zhyz-010
云南：腾冲 余新林，赵玮 BSGLGStc094
云南：文山 何德明，王成，丰艳飞 WSLJS919

Exbucklandia tonkinensis (Lecomte) H. T. Chang **大果马蹄荷**
江西：井冈山 兰国华 LiuRL116

Fortunearia sinensis Rehder & E. H. Wilson **牛鼻栓 ***
安徽：黄山 唐鑫生，方建新 TangXS0999
安徽：绩溪 唐鑫生，方建新 TangXS0699
安徽：舒城 陈延松，欧祖兰，高秋晨等 Xuzd378
江苏：句容 王兆银，吴宝成 SCSB-JS0245
江西：庐山区 董安淼，吴从梅 TanCM3053
江西：庐山区 谭策铭，董安淼 TCM09128
江西：湾里区 杜小浪，慕泽泾，曹岚 DXL124

Hamamelis mollis Oliver **金缕梅 ***
江西：庐山区 董安淼，吴从梅 TanCM831

Loropetalum chinense (R. Brown) Oliver **檵木**
安徽：屯溪区 方建新 TangXS0948
安徽：休宁 李晓滨，彭鹏 AHXN005
贵州：江口 彭华，王英，陈丽 P.H.5134
贵州：荔波 刘克明，旷仁平，盛波 SCSB-HN-1876
贵州：台江 邹方伦 ZouFL0271
湖北：来凤 丛义艳，陈丰林 SCSB-HN-1237
湖北：竹溪 李盛兰 GanQL747
湖南：鹤城区 李胜华，伍贤进，曾汉元等 HHXY173
湖南：会同 刘克明，王成，张恒 SCSB-HN-1072
湖南：江华 刘克明，王成，欧阳书珍 SCSB-HN-0833
湖南：江永 姜孝成，唐贵华，潘孝武 SCSB-HNJ-0035
湖南：望城 姜孝成，杨强，刘昌 Jiangxc0744
湖南：湘乡 陈薇，朱香清，马仲辉 SCSB-HN-0482
湖南：新宁 姜孝成，唐贵华，袁双艳等 SCSB-HNJ-0236
湖南：炎陵 蔡秀珍，孙秋妍，王燕归等 SCSB-HN-1280
江苏：宜兴 李宏庆，田怀珍，葛斌杰等 Lihq0252
江西：井冈山 兰国华 LiuRL037
江西：黎川 童和平，王玉珍 TanCM3105
江西：庐山区 谭策铭，董安淼 TCM09005
江西：遂川 彭华，陈丽，向春雷等 P.H.5432
江西：永新 旷仁平 SCSB-HN-2211
云南：腾冲 周应再 Zhyz-310

Mytilaria laosensis Lecomte **壳菜果**
广西：贺州 姜孝成，王丽萍，鲁长青 Jiangxc0710

Rhodoleia henryi Tong **小脉红花荷 ***
云南：河口 张贵良，张贵生，陶英美等 ZhangGL066

Rhodoleia parvipetala Tong **小花红花荷**
云南：屏边 钱良超，康远勇，陆海兴 Pbdws143

Sinowilsonia henryi Hemsley **山白树 ***
河南：栾川 黄振英，于顺利，杨学军 Huangzy0265
陕西：宁陕 吴礼慧，田先华 TianXH219

Sycopsis sinensis Oliver **水丝梨 ***
湖南：衡山 刘克明，旷仁平，陈薇 SCSB-HN-0253
湖南：雨花区 蔡秀珍，陈薇 SCSB-HN-0333
陕西：平利 李盛兰 GanQL1022

Helwingiaceae 青荚叶科

青荚叶科	世界	中国	种质库
属 / 种（种下等级）/ 份数	1/4	1/4	1/3(5)/22

Helwingia chinensis Batalin **中华青荚叶**
云南：云龙 字建泽，杨六斤，李国庆等 TC1026

Helwingia himalaica J. D. Hooker & Thomson ex C. B. Clarke **西域青荚叶**
重庆：南川区 易思荣 YISR190
湖北：竹溪 李盛兰 GanQL715
四川：峨眉山 李小杰 LiXJ080
四川：峨眉山 李小杰 LiXJ649
云南：安宁 张挺，张书东，杨茜等 SCSB-A-000038
云南：蒙自 田学军，邱成书，高波 TianXJ0155
云南：南涧 官有才 NJWLS1609
云南：文山 何德明 WSLJS989
云南：新平 谢天华，李应富，郎定富 XPALSA043

Helwingia japonica (Thunberg) F. Dietrich 青荚叶
湖北：神农架林区 李巨平 LiJuPing0099
湖北：竹溪 李盛兰 GanQL686
湖南：怀化 李胜华，伍贤进，曾汉元等 HHXY287
湖南：桑植 吴福川，廖博儒，查学州等 30
江西：庐山区 董安淼，吴从梅 TanCM1575
陕西：宁陕 田先华，吴礼慧 TianXH1147
陕西：平利 田先华，陆东舜，温学军 TianXH016
四川：峨眉山 李小杰 LiXJ655
云南：安宁 所内采集组培训 SCSB-A-000116
云南：新平 刘家良 XPALSD334

Helwingia japonica var. hypoleuca Hemsley ex Rehder 白粉青荚叶 *
湖北：仙桃 张代贵 Zdg1310
湖北：竹溪 李盛兰 GanQL090

Hernandiaceae 莲叶桐科

莲叶桐科	世界	中国	种质库
属 / 种（种下等级）/ 份数	～5/62	2/～16	1/5/9

Illigera cordata Dunn 心叶青藤 *
云南：华宁 彭华，陈丽 P.H.5380
云南：巧家 李文虎，高顺勇，吴天抗等 QJYS0007
云南：文山 何德明，韦荣彪，黄太文 WSLJS759
云南：新平 王焕冲，马兴达 WangHCH026

Illigera glabra Y. R. Li 无毛青藤 *
云南：沧源 张挺，刘成，郭永杰 08CS971

Illigera grandiflora W. W. Smith & Jeffrey 大花青藤
云南：腾冲 余新林，赵玮 BSGLGStc390
云南：镇沅 罗成瑜 ALSZY480

Illigera luzonensis (C. Presl) Merrill 台湾青藤
云南：西盟 张绍云，叶金科，仇亚 YNS1289

Illigera parviflora Dunn 小花青藤
贵州：江口 周云，王勇 XiangZ051

Hydrangeaceae 绣球花科

绣球花科	世界	中国	种质库
属 / 种（种下等级）/ 份数	17/190	11/125	8/58(66)/364

Cardiandra moellendorffii (Hance) Migo 草绣球
江西：武宁 谭策铭，张吉华 TanCM410
江西：修水 缪以清，余于民 TanCM2437
浙江：临安 李宏庆，董全英，桂萍 Lihq0439

Decumaria sinensis Oliver 赤壁木 *
湖北：竹溪 李盛兰 GanQL918

Deutzia aspera Rehder 马桑溲疏 *
云南：新平 何罡安 XPALSB451
云南：新平 罗光进 XPALSB194
云南：镇沅 王立东，何忠云，罗成瑜 ALSZY180

Deutzia baroniana Diels 钩齿溲疏 *
辽宁：瓦房店 宫本胜 CaoW336
辽宁：义县 卜军，金实，阴黎明 CaoW381
山东：海阳 王萍，高德民，张诏等 lilan355
山东：崂山区 罗艳，李中华 LuoY378
山东：历城区 樊守金，郑国伟，邵娜等 Zhaozt0058

Deutzia compacta Craib 密序溲疏 *
西藏：波密 扎西次仁，西落 ZhongY633
西藏：林芝 孙航，张建文，陈建国等 SunH-07ZX-2853
云南：贡山 许炳强，吴兴，李婧等 XiaNh-07zx-051
云南：南涧 阿国仁，何贵才 NJWLS2008224

Deutzia crassifolia Rehder 厚叶溲疏 *
云南：蒙自 税玉民，陈文红 72512

Deutzia crenata Siebold & Zuccarini 齿叶溲疏
河南：浉河区 朱鑫鑫，闫明慧，王君等 ZhuXX246
江西：庐山区 董安淼，吴从梅 TanCM1669

Deutzia discolor Hemsley 异色溲疏 *
云南：景东 张绍云，胡启和，仇亚等 YNS1150

Deutzia glabrata Komarov 光萼溲疏
黑龙江：通河 郑宝江，丁晓炎，李月等 ZhengBJ214
吉林：磐石 安海成 AnHC0427
辽宁：凤城 李忠宇 CaoW230
山东：崂山区 罗艳，李中华 LuoY377
山东：牟平区 卞福花，陈朋 BianFH-0341
山东：平邑 辛晓伟，张世尧 Lilan829

Deutzia glauca Cheng 黄山溲疏 *
安徽：绩溪 胡长玉，方建新，徐林飞 TangXS0648
江西：庐山区 董安淼，吴从梅 TanCM905

Deutzia glaucophylla S. M. Hwang 灰绿溲疏 *
云南：维西 张挺，徐远杰，黄押稳等 SCSB-B-000165

Deutzia glomeruliflora Franchet 球花溲疏 *
四川：康定 许炳强，童毅华，吴兴等 XiaNH-07ZX-1075
云南：南涧 阿国仁，何贵才 NJWLS2008231
云南：永德 李永亮 YDDXS0325

Deutzia grandiflora Bunge 大花溲疏 *
河北：平山 牛玉璐，郑博颖，黄士良等 NiuYL110
山东：莱山区 卞福花，宋言贺 BianFH-575
山东：牟平区 卞福花，卢学新，纪伟等 BianFH00028
陕西：户县 田先华，王梅荣，田陌 TianXH549

Deutzia hookeriana (C. K. Schneider) Airy Shaw 西藏溲疏
西藏：波密 张大才，李双智，唐路等 ZhangDC-07ZX-1741
西藏：林芝 罗建，汪书丽 LiuJQ-08XZ-116
西藏：林芝 张大才，李双智，唐路等 ZhangDC-07ZX-1834
云南：贡山 张挺，杨湘云，李涟漪等 14CS9651
云南：贡山 郭永杰，吴之坤，吴兴等 14CS9901
云南：永德 李永亮 YDDXS0944

Deutzia longifolia Franchet 长叶溲疏 *
云南：富民 彭华，向春雷，许瑾等 P.H.5464
云南：巧家 杨光明 SCSB-W-1225
云南：腾冲 余新林，赵玮 BSGLGStc296

Deutzia ningpoensis Rehder 宁波溲疏 *
安徽：石台 洪欣，王欧文 ZSB367
安徽：舒城 陈延松，欧祖兰，高秋晨等 Xuzd446
安徽：休宁 唐鑫生，方建新 TangXS0377
湖北：神农架林区 李巨平 LiJuPing0238
江西：星子 谭策铭，董安淼 TCM09086

Deutzia parviflora Bunge 小花溲疏
北京：东城区 王雷，朱雅娟，黄振英 Beijing-huang-bhs-0009
北京：东城区 王雷，朱雅娟，黄振英 Beijing-huang-bws-0017
北京：东城区 王雷，朱雅娟，黄振英 Beijing-huang-dls-0029
北京：房山区 李燕军 SCSB-C-0078
北京：房山区 宋松泉 BJ007
北京：海淀区 宋松泉 SCSB-D-0007
北京：门头沟区 李燕军 SCSB-E-0031

北京：西城区 王雷，朱雅娟，黄振英 Beijing-huang-yms-0012
北京：西城区 王雷，朱雅娟，黄振英 Beijing-huang-ss-0009
河北：平山 牛玉璐，郑博颖，黄士良等 NiuYL115
河北：兴隆 宋松泉 SCSB-A-0016
河南：鲁山 宋松泉 HN008
河南：鲁山 宋松泉 HN073
河南：鲁山 宋松泉 HN123
河南：栾川 何明高，付婷婷，水庆艳 Huangzy0096
河南：嵩县 何明高，付婷婷，水庆艳 Huangzy0167
湖南：怀化 李胜华，伍贤进，曾汉元等 HHXY274
山西：永济 焦磊，张海博，陈姣 Zhangf0197

Deutzia parviflora var. **amurensis** Regel **东北溲疏 ***

吉林：和龙 杨保国，张明鹏 CaoW0039
吉林：蛟河 王炳辉，陈武璋 CaoW0156

Deutzia pilosa Rehder **褐毛溲疏 ***

四川：峨眉山 李小杰 LiXJ079
四川：峨眉山 李小杰 LiXJ641
四川：峨眉山 李小杰 LiXJ660

Deutzia purpurascens (Franchet ex L. Henry) Rehder **紫花溲疏**

云南：泸水 许炳强，吴兴，李婧等 XiaNh-07zx-018
云南：巧家 杨光明，颜再奎，张天壁等 QJYS0063

Deutzia rubens Rehder **粉红溲疏 ***

湖南：石门 姜孝成，唐妹，陈显胜等 Jiangxc0467
四川：峨眉山 李小杰 LiXJ197
云南：德钦 王文礼，冯欣，刘飞鹏 OUXK11206

Deutzia schneideriana Rehder **长江溲疏 ***

安徽：绩溪 胡长玉，方建新，徐林飞 TangXS0650
江西：庐山区 谭策铭，董安淼 TCM09108

Deutzia setchuenensis var. **corymbiflora** (Lemoine ex André) Rehder **多花溲疏 ***

四川：射洪 袁明 YUANM2016L202
西藏：林芝 罗建，汪书丽 LiuJQ-09XZ-078

Deutzia staminea R. Brown ex Wallich **长柱溲疏**

云南：贡山 李恒，李嵘，刀志灵 982

Dichroa febrifuga Loureiro **常山**

重庆：南川区 易思荣 YISR111
广东：乳源 彭华，陈丽，许瑾等 P.H.5395
广西：临桂 吴望辉，黄俞淞，农冬新 Liuyan0391
广西：龙胜 黄俞淞，朱章明，农冬新 Liuyan0252
广西：田林 叶晓霞，农冬新，吴磊 Liuyan0477
贵州：江口 周云，王勇 XiangZ072
贵州：绥阳 赵厚涛，韩国营 YBG046
湖北：利川 祝文志，刘志祥，曹远俊 ShenZH3453
湖北：宣恩 沈泽昊 HXE118
湖北：竹溪 李盛兰 GanQL1124
湖南：衡山 旷仁平 SCSB-HN-1140
湖南：洪江 李胜华，伍贤进，刘光华等 Wuxj1046
湖南：洪江 李胜华，伍贤进，刘光华等 Wuxj1078
湖南：怀化 李胜华，伍贤进，曾汉元等 HHXY282
湖南：怀化 李胜华，伍贤进，曾汉元等 HHXY318
湖南：会同 李胜华，伍贤进，曾汉元等 Wuxj1007
湖南：会同 刘克明，王成，张恒 SCSB-HN-1133
湖南：石门 陈功锡，张代贵，邓涛等 SCSB-HC-2007545
湖南：桃源 陈功锡，张代贵 SCSB-HC-2008384
湖南：武陵源区 吴福川，余祥洪，曹赫等 2007A012
湖南：新化 刘克明，彭珊，李珊等 SCSB-HN-1653
湖南：新化 刘克明，彭珊，李珊等 SCSB-HN-1682
湖南：炎陵 蔡秀珍，孙秋妍 SCSB-HN-1499
湖南：沅陵 周丰杰，刘克明 SCSB-HN-1317
湖南：沅陵 李胜华，伍贤进，刘光华等 Wuxj861
湖南：沅陵 李胜华，伍贤进，曾汉元等 Wuxj964
湖南：中方 伍贤进，李胜华，曾汉元等 HHXY119
江西：井冈山 兰国华 LiuRL077
江西：黎川 杨文斌，饶云芳 TanCM1312
江西：湾里区 杜小浪，慕泽泾，曹岚 DXL083
陕西：白河 田先华，王孝安 TianXH1059
云南：河口 张挺，胡益敏 SCSB-B-000545
云南：河口 张贵良，张贵生，陶英美等 ZhangGL056
云南：江城 叶金科 YNS0432
云南：金平 喻智勇，官兴永，张云飞等 JinPing20
云南：景东 杨国平 2008181
云南：景东 张绍云，胡启和，仇亚等 YNS1152
云南：景东 鲁成荣，谢有能，王强等 JD044
云南：景东 彭华，陈丽 P.H.5451
云南：龙陵 孙兴旭 SunXX038
云南：龙陵 郭永杰，吴义军，马蓉等 12CS5129
云南：隆阳区 段在贤，代如亮，赵玮 BSGLGSly065
云南：隆阳区 段在贤，密得生，刀开国等 BSGLGSly1052
云南：隆阳区 段在贤，封占昕，胡诚忠 BSGLGSly1267
云南：隆阳区 许炳强，吴兴，李婧等 XiaNh-07zx-229
云南：绿春 黄连山保护区科研所 HLS0033
云南：绿春 黄连山保护区科研所 HLS0004
云南：绿春 税玉民，陈文红 82791
云南：麻栗坡 张挺，修莹莹，李胜 SCSB-B-000610
云南：麻栗坡 肖波 LuJL104
云南：南涧 罗增阳，袁立川，徐家武等 NJWLS2008181
云南：南涧 彭华，向春雷，陈丽 P.H.5924
云南：南涧 阿国仁，何贵才 NJWLS1131
云南：屏边 刘成，亚吉东，张桥蓉 16CS14105
云南：屏边 刘成，亚吉东，张桥蓉 16CS14111
云南：屏边 刘成，亚吉东，张桥蓉 16CS14112
云南：屏边 张挺，胡益敏 SCSB-B-000550
云南：屏边 张挺，胡益敏 SCSB-B-000554
云南：屏边 钱良超，陆海兴，徐浩 Pbdws165
云南：屏边 钱良超，陆海兴，康远勇等 Pbdws181
云南：屏边 钱良超，陆海兴，康远勇等 Pbdws199
云南：屏边 税玉民，陈文红 82501
云南：思茅区 张绍云，胡启和 YNS1101
云南：腾冲 李爱花，黄之镨，黄押稳等 SCSB-A-000293
云南：腾冲 周应再 Zhyz-116
云南：腾冲 余新林，赵玮 BSGLGStc271
云南：文山 税玉民，陈文红 81026
云南：文山 税玉民，陈文红 81086
云南：文山 何德明，丰艳飞 WSLJS808
云南：西畴 张挺，李洪超，左定科 SCSB-B-000311
云南：新平 刘家良 XPALSD118
云南：新平 罗田发，李德才 XPALSC117
云南：盈江 王立彦，左常盛，何维海 SCSB-TBG-021
云南：永德 李永亮 LiYL1586
云南：永德 奎文康，杨红才，鲁金国等 YDDXSC091
云南：永德 杨金荣，黄德武，李增柱等 YDDXSA066
云南：元阳 亚吉东，黄莉，何华杰 15CS11249
云南：元阳 浦仕梅，刘成，杨娅娟等 YYGYS006
云南：元阳 浦仕梅，刘成，杨娅娟等 YYGYS009
云南：元阳 李文锋，刘成，杨娅娟等 YYGYS046
云南：镇沅 何忠云，王立东 ALSZY075

云南：镇沅 罗成瑜 ALSZY343

Dichroa hirsuta Gagnepain 硬毛常山

云南：河口 张贵良，果忠，白松民 ZhangGL206

Dichroa yunnanensis S. M. Hwang 云南常山 *

云南：贡山 刘成，何华杰，黄莉等 14CS8546

云南：新平 彭华，向春雷，陈丽 PengH8296

Hydrangea anomala D. Don 冠盖绣球

江西：武宁 张吉华，刘运群 TanCM729

云南：金平 喻智勇，官兴永，张云飞等 JinPing40

云南：南涧 高国政 NJWLS1415

Hydrangea aspera D. Don 马桑绣球

广西：环江 许为斌，梁永延，黄俞淞等 Liuyan0169

湖北：五峰 陈功锡，张代贵 SCSB-HC-2008329

湖北：宣恩 沈泽昊 HXE115

湖南：永顺 陈功锡，张代贵 SCSB-HC-2008270

云南：福贡 许炳强，吴兴，李婧等 XiaNh-07zx-173

云南：贡山 许炳强，吴兴，李婧等 XiaNh-07zx-105

云南：屏边 钱良超，陆海兴，康远勇等 Pbdws173

云南：巧家 杨光明 SCSB-W-1499

云南：腾冲 余新林，赵玮 BSGLGStc404

云南：文山 何德明，丰艳飞，韦荣彪等 WSLJS771

云南：元阳 刀志灵，陈渝 DZL642

Hydrangea bretschneideri Dippel 东陵绣球 *

甘肃：迭部 齐威 LJQ-2008-GN-389

甘肃：夏河 郭淑青，杜品 LiuJQ-2012-GN-232

甘肃：夏河 刘坤 LiuJQ-GN-2011-673

河北：蔚县 牛玉璐，高彦飞，黄士良 NiuYL231

内蒙古：卓资 蒲拴莲，李茂文 M088

青海：互助 薛春迎 Xuechy0131

山西：永济 陈姣，张海博，焦磊 Zhangf0201

陕西：白河 田先华，王孝安 TianXH1063

Hydrangea chinensis Maximowicz 中国绣球

安徽：绩溪 唐鑫生，宋曰钦，方建新 TangXS0570

湖北：竹溪 李盛兰 GanQL847

江西：庐山区 董安淼，吴从梅 TanCM920

江西：庐山区 谭策铭，董安淼 TCM09119

江西：湾里区 杜小浪，慕泽泾，曹岚 DXL116

江西：修水 缪以清，余于明 TanCM1275

四川：宝兴 袁明 Y07098

云南：隆阳区 许炳强，吴兴，李婧等 XiaNh-07zx-239

云南：隆阳区 赵玮 BSGLGSly156

云南：永德 李永亮 YDDXS1126

Hydrangea davidii Franchet 西南绣球 *

贵州：江口 周云，王勇 XiangZ010

贵州：威宁 邹方伦 ZouFL0317

湖南：会同 李胜华，伍贤进，曾汉元等 Wuxj991

湖南：江永 姜孝成，唐贵华，潘孝武 SCSB-HNJ-0030

湖南：沅陵 李胜华，伍贤进，刘光华等 Wuxj898

四川：峨眉山 李小杰 LiXJ300

四川：射洪 袁明 YUANM2015L075

云南：福贡 李恒，李嵘，刀志灵 1115

云南：龙陵 孙兴旭 SunXX004

云南：马关 税玉民，陈文红 82607

云南：屏边 税玉民，陈文红 82500

云南：巧家 杨光明，颜再奎，张天壁等 QJYS0071

云南：巧家 杨光明 SCSB-W-1462

云南：巧家 杨光明 SCSB-W-1522

云南：腾冲 周应再 Zhyz-035

云南：维西 陈文允，于文涛，黄永江等 CYHL044

云南：文山 税玉民，陈文红 16271

云南：文山 何德明，古少国 WSLJS1025

云南：文山 税玉民，陈文红 71298

Hydrangea dumicola W. W. Smith 银针绣球 *

云南：隆阳区 段在贤，代如亮，赵玮 BSGLGSly064

Hydrangea heteromalla D. Don 微绒绣球

四川：黑水 顾垒，李忠荣 GaoXF-09ZX-1776

西藏：错那 张晓纬，汪书丽，罗建 LiuJQ-09XZ-LZT-036

西藏：林芝 罗建，汪书丽 LiuJQ-08XZ-092

西藏：林芝 罗建，汪书丽 LiuJQ-09XZ-146

云南：贡山 张挺，杨湘云，李涟漪等 14CS9649

云南：贡山 许炳强，吴兴，李婧等 XiaNh-07zx-057

云南：贡山 刀志灵 DZL321

Hydrangea kwangsiensis Hu 粤西绣球 *

湖南：怀化 李胜华，伍贤进，曾汉元等 HHXY263

Hydrangea longipes Franchet 莼兰绣球 *

湖北：英山 朱鑫鑫，甄爱国，孙增朋等 ZhuXX077

陕西：宁陕 吴礼慧 TianXH239

四川：宝兴 袁明 Y07026

云南：新平 何罡安 XPALSB124

Hydrangea macrocarpa Handel-Mazzetti 大果绣球 *

云南：泸水 许炳强，吴兴，李婧等 XiaNh-07zx-003

Hydrangea paniculata Siebold 圆锥绣球

安徽：休宁 唐鑫生，方建新 TangXS0376

湖南：桂东 熊凯辉，王得刚 SCSB-HN-2081

湖南：资兴 熊凯辉，王得刚，盛波 SCSB-HN-2050

湖南：资兴 熊凯辉，王得刚，盛波 SCSB-HN-2087

湖南：资兴 熊凯辉，王得刚 SCSB-HN-2107

湖南：资兴 刘克明，盛波，王得刚 SCSB-HN-2127

江西：井冈山 兰国华 LiuRL079

江西：井冈山 许玥，祝文志，刘志祥等 ShenZH8308

江西：庐山区 董安淼，吴从梅 TanCM884

江西：湾里区 杜小浪，慕泽泾，曹岚 DXL142

浙江：开化 李宏庆，熊申展，桂萍 Lihq0417

Hydrangea robusta J. D. Hooker & Thomson 粗枝绣球

湖北：竹溪 李盛兰 GanQL230

四川：峨眉山 李小杰 LiXJ200

云南：澜沧 张绍云，胡启和，叶金科等 YNS1193

云南：隆阳区 段在贤，刘绍纯，杨志顺等 BSGLGSly1070

云南：绿春 黄连山保护区科研所 HLS0039

云南：麻栗坡 肖波 LuJL261

云南：屏边 楚永兴 Pbdws071

云南：腾冲 周应再 Zhyz-213

云南：镇沅 张绍云，叶金科，仇亚 YNS1390

Hydrangea strigosa Rehder 蜡莲绣球 *

安徽：黄山区 唐鑫生，方建新 TangXS0509

安徽：宣城 刘淼 HANGYY8091

北京：房山区 宋松泉 BJ026

河南：鲁山 宋松泉 HN045

河南：鲁山 宋松泉 HN097

河南：栾川 邓志军，付婷婷，水庆艳 Huangzy0074

湖北：神农架林区 李巨平 LiJuPing0031

湖北：宣恩 沈泽昊 HXE002

湖南：永定区 吴福川，廖博儒，查学州 2007A001

江西：井冈山 兰国华 LiuRL080

江西：黎川 杨文斌，饶云芳 TanCM1315

江西：武宁 谭策铭，张吉华 TanCM418

陕西：紫阳 田先华，吴自强 TianXH1131
四川：峨眉山 李小杰 LiXJ309
四川：汉源 许炳强，童毅华，吴兴等 XiaNH-07ZX-1118
四川：汶川 袁明，高刚，杨勇 YM2014007

Hydrangea stylosa J. D. Hooker & Thomson **长柱绣球**
云南：景东 刘长铭，罗庆光，袁小龙等 JDNR11014
云南：隆阳区 段在贤，刘绍纯，杨志顺等 BSGLGSly1074

Hydrangea sungpanensis Handel-Mazzetti **松潘绣球** *
云南：永德 李永亮 YDDXS0035

Hydrangea xanthoneura Diels **挂苦绣球** *
四川：峨眉山 李小杰 LiXJ201
四川：黑水 顾垒，李忠荣 GaoXF-09ZX-1317
四川：泸定 高云东，李忠荣，鞠文彬 GaoXF-12-194
四川：米易 刘静，袁明 MY-132
云南：绿春 黄连山保护区科研所 HLS0053
云南：麻栗坡 肖波 LuJL037

Philadelphus brachybotrys (Koehne) Koehne **短序山梅花** *
安徽：宣城 刘淼 HANGYY8100

Philadelphus calvescens (Rehder) S. M. Hwang **丽江山梅花** *
云南：大理 张德全，陈琪，杨金历等 ZDQ066
云南：德钦 刀志灵 DZL440
云南：鹤庆 张大才，李双智，杨川 ZhangDC-07ZX-2093
云南：维西 陈文允，于文涛，黄永江等 CYHL109

Philadelphus delavayi L. Henry **云南山梅花**
西藏：波密 孙航，张建文，陈建国等 SunH-07ZX-2574
西藏：波密 张大才，李双智，唐路等 ZhangDC-07ZX-1744
西藏：错那 张晓纬，汪书丽，罗建 LiuJQ-09XZ-LZT-051
西藏：林芝 罗建，林玲 LiuJQ-09XZ-005
云南：贡山 郭永杰，吴之坤，吴兴等 14CS9818
云南：贡山 刀志灵 DZL308
云南：贡山 许炳强，吴兴，李婧等 XiaNh-07zx-103
云南：剑川 杨青松，杨莹，黄永江等 ZhouZK-07ZX-0065
云南：香格里拉 周浙昆，苏涛，杨莹等 Zhou09-083
云南：香格里拉 孔航辉，任琛 Yangqe2805
云南：云龙 李爱花，李洪超，黄天才等 SCSB-A-000223

Philadelphus henryi Koehne **滇南山梅花** *
云南：蒙自 税玉民，陈文红 72539
云南：蒙自 田学军，邱成书，高波 TianXJ0165
云南：元阳 亚吉东，黄莉，何华杰 15CS11422
云南：云龙 字建泽，杨六斤，李国宏等 TC1032

Philadelphus incanus Koehne **山梅花** *
安徽：祁门 方建新 TangXS0975
甘肃：夏河 郭淑青，杜品 LiuJQ-2012-GN-090
河南：浉河区 朱鑫鑫，闫明慧，王君等 ZhuXX220
湖北：竹溪 李盛兰 GanQL182
吉林：磐石 安海成 AnHC061
四川：宝兴 刘静 Y07117
云南：德钦 杨莹，黄永江，翟艳红 ZhouZK-07ZX-0112
云南：石林 税玉民，陈文红 65457

Philadelphus kansuensis (Rehder) S. Y. Hu **甘肃山梅花** *
甘肃：卓尼 刘坤 LiuJQ-GN-2011-671

Philadelphus laxiflorus Rehder **疏花山梅花** *
安徽：绩溪 宋曰钦，方建新，张恒 TangXS0581
安徽：舒城 陈延松，欧祖兰，高秋晨等 Xuzd462

Philadelphus pekinensis Ruprecht **太平花**
北京：东城区 王雷，朱雅娟，黄振英 Beijing-huang-bws-0037
北京：东城区 王雷，朱雅娟，黄振英 Beijing-huang-dls-0058
北京：海淀区 刘树君 SCSB-D-0031
北京：海淀区 李燕军 SCSB-B-0017
北京：门头沟区 李燕军 SCSB-E-0034
北京：西城区 王雷，朱雅娟，黄振英 Beijing-huang-ss-0014
河北：平山 牛玉璐，郑博颖，黄士良等 NiuYL109
河北：兴隆 李燕军 SCSB-A-0018
吉林：抚松 杨莉 Yanglm0421
浙江：临安 李宏庆，田怀珍，刘国丽 Lihq0061

Philadelphus purpurascens (Koehne) Rehder **紫萼山梅花** *
云南：玉龙 亚吉东，张德全，唐治喜等 15PX504

Philadelphus purpurascens var. **szechuanensis** (W. P. Fang) S. M. Hwang **四川山梅花** *
四川：壤塘 何兴金，马祥光，郜鹏 SCU-10-215

Philadelphus schrenkii Ruprecht **东北山梅花**
黑龙江：穆棱 王臣，张欣欣，史传奇 WangCh259
黑龙江：尚志 李兵，路科 CaoW0091
黑龙江：尚志 李兵，路科 CaoW0104
黑龙江：尚志 李兵，路科 CaoW0111
黑龙江：铁力 郑宝江，丁晓炎，李月等 ZhengBJ215
黑龙江：五常 李兵，路科 CaoW0142
黑龙江：五大连池 孙阎，晁雄雄 SunY126
黑龙江：延寿 李兵，路科 CaoW0132
吉林：安图 杨保国，张明鹏 CaoW0026
吉林：安图 周海城 ZhouHC028
吉林：敦化 杨保国，张明鹏 CaoW0004
吉林：敦化 陈武璋，王炳辉 CaoW0158
吉林：丰满区 李兵，路科 CaoW0081
吉林：和龙 杨保国，张明鹏 CaoW0035
吉林：珲春 杨保国，张明鹏 CaoW0062
吉林：蛟河 王炳辉，陈武璋 CaoW0157
吉林：汪清 陈武璋，王炳辉 CaoW0172

Philadelphus schrenkii var. **jackii** Koehne **河北山梅花**
河北：灵寿 牛玉璐，高彦飞，黄士良 NiuYL205

Philadelphus sericanthus Koehne **绢毛山梅花** *
安徽：祁门 唐鑫生，方建新 TangXS0462
湖北：五峰 陈功锡，张代贵 SCSB-HC-2008281
湖北：宜昌 陈功锡，张代贵 SCSB-HC-2008080
湖南：洪江 李胜华，伍贤进，刘光华等 Wuxj1055
湖南：永定区 吴福川，廖博儒 7151
江西：武宁 张吉华，刘运群 TanCM722
云南：香格里拉 李爱花，周开洪，黄之镨等 SCSB-A-000249

Philadelphus sericanthus var. **kulingensis** (Koehne) Handel-Mazzetti **牯岭山梅花** *
江西：庐山区 董安淼，吴从梅 TanCM826

Philadelphus subcanus Koehne **毛柱山梅花** *
四川：峨眉山 李小杰 LiXJ195
四川：峨眉山 刘芳，伏秦超，李志明 LiuC005
云南：洱源 杨青松，星耀武，苏涛 ZhouZK-07ZX-0295
云南：南涧 李成清，沈文明，徐如标 NJWLS479
云南：南涧 时国彩，何贵才，杨建平等 njwls2007027

Philadelphus tenuifolius Ruprecht ex Maximowicz **薄叶山梅花**
内蒙古：和林格尔 蒲拴莲，李茂文 M045

Philadelphus tomentosus Wallich ex G. Don **绒毛山梅花**
西藏：察隅 孙航，张建文，陈建国等 SunH-07ZX-2477
西藏：亚东 陈家辉，韩希，王东超等 YangYP-Q-4281
云南：贡山 许炳强，吴兴，李婧等 XiaNh-07zx-110

Pileostegia viburnoides J. D. Hooker & Thomson **冠盖藤**
江西：庐山区 董安淼，吴从梅 TanCM1641
江西：星子 谭策铭，董安淼 TCM09081

Schizophragma integrifolium Oliver 钻地风 *
安徽：黄山 唐鑫生，方建新 TangXS1007
湖北：仙桃 张代贵 Zdg2909
湖北：宣恩 沈泽昊 HXE131
湖南：沅陵 李胜华，伍贤进，刘光华等 Wuxj934
江西：修水 谭策铭，缪以清，李立新 TanCM383
四川：峨眉山 李小杰 LiXJ533

Hydrocharitaceae 水鳖科

水鳖科	世界	中国	种质库
属 / 种（种下等级）/ 份数	18/140	11/34	4/5/6

Hydrilla verticillata (Linnaeus f.) Royle 黑藻
西藏：墨竹工卡 刘帆，卢洋 LiJ902
Najas marina Linnaeus 大茨藻
山东：槐荫区 高德民，邵尉 Lilan956
山东：长清区 高德民，王萍，张颖颖等 Lilan619
Najas minor Allioni 小茨藻
山东：长清区 步瑞兰，辛晓伟，程丹丹 Lilan745
Ottelia alismoides (Linnaeus) Persoon 龙舌草
江西：修水 缪以清，余于民 TanCM2418
Vallisneria natans (Loureiro) H. Hara 苦草
山东：海阳 辛晓伟 Lilan822

Hydroleaceae 田基麻科

田基麻科	世界	中国	种质库
属 / 种（种下等级）/ 份数	1/12	1/1	1/1/2

Hydrolea zeylanica (Linnaeus) Vahl 田基麻
云南：景东 张绍云，叶金科，周兵 YNS1381
云南：澜沧 胡启和，赵强，周英等 YNS0784

Hypericaceae 金丝桃科

金丝桃科	世界	中国	种质库
属 / 种（种下等级）/ 份数	9/540	4/69	3/43(49)/377

Cratoxylum cochinchinense (Loureiro) Blume 黄牛木
广西：贺州 姜孝成，王丽萍，鲁长青 Jiangxc0732
广西：上思 黄俞淞，吴望辉，农冬新 Liuyan0343
广西：昭平 吴望辉，黄俞淞，蒋日红 Liuyan0331
云南：金平 税玉民，陈文红 80175
云南：绿春 黄连山保护区科研所 HLS0410
云南：勐腊 谭运洪，余涛 B491
云南：永德 李永亮 YDDXS0853
Cratoxylum formosum subsp. **pruniflorum** (Kurz) Gogelein 红芽木
云南：绿春 黄连山保护区科研所 HLS0251
云南：绿春 何疆海，何来收，白然思等 HLS0364
Hypericum acmosepalum N. Robson 尖萼金丝桃 *
贵州：威宁 邹方伦 ZouFL0287
四川：冕宁 孔航辉，罗江平，左雷等 YangQE3430
云南：鹤庆 柳小康 OuXK-0018
云南：景东 罗忠华，刘长铭，鲁成荣 JD004
云南：绿春 黄连山保护区科研所 HLS0001
云南：绿春 刀志灵，周鲁门 DZL-179
云南：绿春 黄连山保护区科研所 HLS0114
云南：文山 何德明，丰艳飞 WSLJS827
云南：西山区 税玉民，陈文红 65412
云南：新平 李应富，李材国，郎定富 XPALSA156
云南：镇沅 胡启元，周兵，张绍云 YNS0863
Hypericum addingtonii N. Robson 碟花金丝桃 *
云南：贡山 郭永杰，吴之坤，吴兴等 14CS9872
Hypericum ascyron Linnaeus 黄海棠
安徽：绩溪 唐鑫生，方建新 TangXS0543
安徽：金寨 陈延松，欧祖兰，刘旭升 Xuzd249
安徽：舒城 陈延松，欧祖兰，高秋晨等 Xuzd361
甘肃：碌曲 李晓东，刘帆，张景博等 LiJ0174
甘肃：夏河 刘坤 LiuJQ-GN-2011-649
贵州：南明区 邹方伦 ZouFL0011
河北：平山 牛玉璐，郑博颖，黄士良等 NiuYL094
河南：栾川 黄振英，于顺利，杨学军 Huangzy0011
河南：南召 黄振英，于顺利，杨学军 Huangzy0176
河南：嵩县 黄振英，于顺利，杨学军 Huangzy0106
黑龙江：尚志 刘玫，张欣欣，程薪宇等 Liuetal461
湖北：利川 李正辉，艾洪莲 AHL2074
湖北：神农架林区 李巨平 LiJuPing0006
湖北：神农架林区 李巨平 LiJuPing0006A
湖北：神农架林区 李巨平 LiJuPing0236
湖北：五峰 陈功锡，张代贵 SCSB-HC-2008314
湖北：竹溪 李盛兰 GanQL1064
湖南：吉首 陈功锡，张代贵，邓涛等 SCSB-HC-2007301
湖南：石门 陈功锡，张代贵，邓涛等 SCSB-HC-2007541
吉林：九台 张永刚 Yanglm0237
江西：修水 谭策铭，易桂花，缪以清等 TanCM2130
辽宁：桓仁 祝业平 CaoW1012
辽宁：庄河 于立敏 CaoW762
山东：海阳 张少华，张颖颖，程丹丹等 lilan508
山西：洪洞 高瑞如，李农业，张爱红 Huangzy0248
山西：翼城 连俊强，张丽，尉伯瀚等 Zhangf0014
陕西：宁陕 田先华，王梅荣，田陌 TianXH041
四川：康定 张大才，尹五元，李双智等 ZhangDC-07ZX-2371
四川：松潘 何兴金，刘爽，赵财 SCU-10-407
四川：松潘 何兴金，张云香，王志新 SCU-10-519
Hypericum ascyron subsp. **gebleri** (Ledebour) N. Robson 短柱黄海棠
黑龙江：北安 郑宝江，丁晓炎，王美娟 ZhengBJ280
吉林：和龙 林红梅 Yanglm0205
Hypericum attenuatum C. E. C. Fischer ex Choisy 赶山鞭
安徽：黄山区 方建新 TangXS0514
安徽：舒城 陈延松，欧祖兰，高秋晨等 Xuzd366
河北：涿鹿 牛玉璐，高彦飞，赵二涛 NiuYL358
黑龙江：宁安 刘玫，张欣欣，程薪宇等 Liuetal421
湖北：五峰 李平 AHL032
湖南：吉首 陈功锡，张代贵，邓涛等 SCSB-HC-2007452
湖南：永顺 陈功锡，张代贵，邓涛等 SCSB-HC-2007313
吉林：磐石 安海成 AnHC0115
江苏：句容 王兆银，吴宝成 SCSB-JS0130
江苏：盱眙 李宏庆，熊申展，胡超 Lihq0381
辽宁：庄河 于立敏 CaoW766
内蒙古：克什克腾旗 刘润宽，李茂文，李昌亮 M122
山东：沂源 高德民，邵尉 Lilan921

Hypericum augustinii N. Robson **无柄金丝桃 ***
云南：麻栗坡 税玉民，陈文红 72100
Hypericum beanii N. Robson **栽秧花 ***
贵州：威宁 邹方伦 ZouFL0303
云南：丽江 彭华，王英，陈丽 P.H.5269
云南：宁蒗 任宗昕，寸龙琼，任尚国 SCSB-W-1357
云南：巧家 杨光明 SCSB-W-1270
云南：石林 张挺，张书东，杨茜等 SCSB-A-000021
云南：新平 彭华，陈丽 P.H.5365
云南：新平 谢天华，郎定富，李应富 XPALSA147
云南：元阳 彭华，向春雷，陈丽 PengH8212
Hypericum bellum H. L. Li **美丽金丝桃**
四川：盐边 苏涛，黄永江，杨青松等 ZhouZK11327
西藏：林芝 孙航，张建文，陈建国等 SunH-07ZX-2786
云南：德钦 孙航，李新辉，陈林杨 SunH-07ZX-2981
云南：德钦 孙航，李新辉，陈林杨 SunH-07ZX-3084
云南：德钦 张大才，李双智，杨川 ZhangDC-07ZX-1977
云南：鹤庆 张大才，李双智，杨川 ZhangDC-07ZX-2091
云南：维西 聂泽龙，孟盈，邓涛 SunH-07ZX-2869
Hypericum choisyanum Wallich ex N. Robson **多蕊金丝桃**
西藏：波密 陈家辉，韩希，王东超等 YangYP-Q-4001
西藏：波密 陈家辉，韩希，王东超等 YangYP-Q-4017
西藏：林芝 罗建 LiuJQ-08XZ-003
西藏：林芝 罗建，汪书丽 LiuJQ-09XZ-083
西藏：林芝 罗建，汪书丽，任德智 LiuJQ-09XZ-ML109
西藏：林芝 陈家辉，韩希，王东超等 YangYP-Q-4050
西藏：米林 罗建，王国严，汪书丽 LiuJQ-08XZ-235
云南：贡山 蔡杰，郭云刚，张凤琼等 14CS9765
云南：景东 鲁成荣，谢有能，张明勇等 JD061
Hypericum elodeoides Choisy **挺茎遍地金**
湖南：洪江 李胜华，伍贤进，刘光华等 Wuxj1049
云南：景东 杨国平 07-71
云南：普洱 胡启和，张绍云 YNS0597
云南：巧家 杨光明 SCSB-W-1197
云南：巧家 郁文彬，任宗昕，艾洪莲等 SCSB-W-1094
云南：巧家 杨光明 SCSB-W-1294
云南：石林 税玉民，陈文红 66085
云南：腾冲 余新林，赵玮 BSGLGStc037
云南：腾冲 赵玮 BSGLGSly115
云南：新平 罗田发，谢雄 XPALSC176
云南：玉龙 胡光万 HGW-00006
Hypericum elongatum Ledebour ex Reichenbach **延伸金丝桃**
新疆：塔城 谭敦炎，吉乃提 TanDY0639
新疆：托里 谭敦炎，吉乃提 TanDY0762
Hypericum erectum Thunberg **小连翘**
安徽：金寨 陈延松，欧祖兰，白雅洁 Xuzd214
湖北：罗田 朱鑫鑫，甄爱国，孙增朋等 ZhuXX153
湖北：宣恩 祝文志，刘志祥，曹远俊 ShenZH0051
湖南：平江 刘克明，田淑珍，陈丰林 SCSB-HN-0930
湖南：平江 刘克明，刘洪新 SCSB-HN-0956
江西：黎川 童和平，王玉珍，常迪江等 TanCM1972
江西：庐山区 谭策铭，董安淼 TCM09027
云南：永德 李永亮，杨金柱 YDDXSB005
Hypericum faberi R. Keller **扬子小连翘 ***
湖北：神农架林区 李巨平 LiJuPing0191
湖北：仙桃 张代贵 Zdg2701
湖北：竹溪 李盛兰 GanQL735
湖南：双牌 姜孝成，王丽萍，李育华 Jiangxc0841
江西：庐山区 董安淼，吴从梅 TanCM1043
Hypericum forrestii (Chittenden) N. Robson **川滇金丝桃**
四川：峨眉山 李小杰 LiXJ117
云南：贡山 蔡杰，郭云刚，张凤琼等 14CS9764
云南：剑川 陈文允，于文涛，黄永江等 CYHL230
云南：兰坪 孔航辉，任琛 Yangqe2884
云南：泸水 许炳强，吴兴，李婧等 XiaNh-07zx-031
云南：新平 彭华，向春雷，陈丽 PengH8315
云南：寻甸 彭华，向春雷，王泽欢 PengH8042
云南：永平 彭华，向春雷，陈丽 PengH8329
云南：永平 彭华，向春雷，王泽欢 PengH8336
Hypericum gramineum G. Forster **细叶金丝桃**
云南：南涧 熊绍荣 NJWLS443
云南：新平 谢天华，郎定富，杨如伟 XPALSA031
云南：镇沅 何忠云，王立东 ALSZY161
Hypericum henryi H. Léveillé & Vaniot **西南金丝桃**
贵州：花溪区 邹方伦 ZouFL0166
四川：木里 苏涛，黄永江，杨青松等 ZhouZK11351
四川：普格 苏涛，黄永江，杨青松等 ZhouZK11020
四川：盐边 苏涛，黄永江，杨青松等 ZhouZK11331
云南：贡山 许炳强，吴兴，李婧等 XiaNh-07zx-075
云南：金平 喻智勇，官兴永，张云飞等 JinPing76
云南：丽江 孙航，李新辉，陈林杨 SunH-07ZX-3118
云南：隆阳区 段在贤 BSGLGSly1270
云南：隆阳区 许炳强，吴兴，李婧等 XiaNh-07zx-233
云南：隆阳区 赵文李 BSGLGSly3069
云南：麻栗坡 肖波，陆章强 LuJL007
云南：蒙自 田学军 TianXJ0137
云南：屏边 楚永兴，肖文权 Pbdws022
云南：腾冲 周应再 Zhyz-018
云南：香格里拉 孙航，李新辉，陈林杨 SunH-07ZX-3107
云南：香格里拉 孙航，李新辉，陈林杨 SunH-07ZX-3208
云南：永德 杨金荣，李任斌，毕金荣等 YDDXSA109
云南：玉龙 孙航，李新辉，陈林杨 SunH-07ZX-3225
云南：镇沅 朱恒 ALSZY133
云南：镇沅 叶金科，张绍云，彭志仙 YNS0030
Hypericum henryi subsp. **hancockii** N. Robson **蒙自金丝桃**
云南：河口 张贵良，张贵生，陶英美等 ZhangGL057
Hypericum henryi subsp. **uraloides** (Rehder) N. Robson **岷江金丝桃**
云南：龙陵 孙兴旭 SunXX073
云南：绿春 刀志灵，张洪喜 DZL615
云南：蒙自 税玉民，陈文红 72495
云南：南涧 徐家武，袁玉川，李旭东 NJWLS912
云南：屏边 楚永兴，陶国权 Pbdws050
云南：永德 李永亮 YDDXS0041
Hypericum himalaicum N. Robson **西藏金丝桃**
西藏：林芝 罗建，汪书丽 LiuJQ-08XZ-207
西藏：林芝 罗建，汪书丽，任德智 LiuJQ-09XZ-338
Hypericum hirsutum Linnaeus **毛金丝桃**
新疆：尼勒克 刘鸯，马真，贺晓欢等 SHI-A2007470
新疆：温泉 徐文斌，许晓敏 SHI-2008099
云南：文山 税玉民，陈文红 81204
Hypericum hookerianum Wight & Arnott **短柱金丝桃**
黑龙江：铁力 孙阎，赵立波 SunY164
黑龙江：通河 郑宝江，丁晓炎，李月等 ZhengBJ211
湖北：宣恩 沈泽昊 HXE153
湖北：竹溪 张代贵 Zdg3619

四川：丹巴 高云东，李忠荣，鞠文彬 GaoXF-12-146
四川：峨眉山 李小杰 LiXJ097
西藏：波密 张大才，李双智，唐路等 ZhangDC-07ZX-1742
西藏：林芝 张大才，李双智，唐路等 ZhangDC-07ZX-1873
云南：富民 彭华，向春雷，许瑾等 P.H.5474
云南：宁蒗 任宗昕，艾洪莲，张舒 SCSB-W-1456
云南：腾冲 余新林，赵玮 BSGLGStc023
云南：文山 何德明，胡艳花 WSLJS481

Hypericum japonicum Thunberg **地耳草**

安徽：肥东 陈延松，陈翠兵，沈云 Xuzd069
湖北：宣恩 祝文志，刘志祥，曹远俊 ShenZH0085
湖南：道县 刘克明，陈薇 SCSB-HN-1006
湖南：桂东 蔡秀珍，孙秋妍，王燕归等 SCSB-HN-1309
湖南：鹤城区 李胜华，伍贤进，曾汉元等 HHXY164
湖南：怀化 李胜华，伍贤进，曾汉元等 HHXY234
湖南：怀化 李胜华，伍贤进，曾汉元等 HHXY340
湖南：怀化 李胜华，伍贤进，曾汉元等 HHXY368
湖南：平江 刘克明，旷强，刘洪新 SCSB-HN-0978
湖南：炎陵 蔡秀珍，孙秋妍，王燕归等 SCSB-HN-1269
湖南：永定区 吴福川，查学州，余祥洪等 102
湖南：沅陵 周丰杰，刘克明 SCSB-HN-1313
湖南：沅陵 李胜华，伍贤进，刘光华等 Wuxj926
吉林：临江 李长田 Yanglm0033
江苏：句容 王兆银，吴宝成 SCSB-JS0113
江苏：海州区 杨兴利 HANGYY8417
江西：黎川 童和平，王玉珍，常迪江等 TanCM2021A
江西：修水 谭策铭，缪以清，李立新 TanCM325
江西：修水 缪以清 TanCM622
山东：海阳 张少华，张诏，程丹丹等 Lilan676
四川：普格 苏涛，黄永江，杨青松等 ZhouZK11017
云南：沧源 赵金超，肖美芳 CYNGH280
云南：景东 张挺，李爱花，戚志洲等 SCSB-A-000105
云南：景东 鲁艳 2008100
云南：景东 罗忠华，刘长铭，鲁成荣等 JDNR010
云南：绿春 黄连山保护区科研所 HLS0307
云南：麻栗坡 肖波 LuJL352
云南：南涧 彭华，向春雷，陈丽 P.H.5953
云南：普洱 胡启和，张绍云 YNS0603
云南：普洱 胡启和，张绍云 YNS0604
云南：普洱 叶金科 YNS0367
云南：巧家 张书东，张荣，王银环等 QJYS0244
云南：思茅区 胡启和，周兵，仇亚 YNS0885
云南：嵩明 蔡杰，廖琼，徐远杰等 SCSB-B-000082
云南：腾冲 周应再 Zhyz-274
云南：文山 何德明，丰艳飞，王成 WSLJS836
云南：文山 丰艳飞，韦荣彪，黄太文 WSLJS738
云南：新平 自正尧 XPALSB232
云南：寻甸 彭华，向春雷，王泽欢 PengH8043
云南：永德 李永亮 YDDXS0356
云南：永德 李永亮 YDDXS1214
云南：玉溪 孙振华，郑志兴，沈蕊等 OuXK-YX-002
云南：云龙 赵玉贵，李占兵，张吉平等 TC2007
云南：镇沅 罗成瑜 ALSZY367
浙江：余杭区 葛斌杰 Lihq0127

Hypericum kingdonii N. Robson **察隅遍地金**

云南：南涧 阿国仁，何贵才 NJWLS814
云南：石林 税玉民，陈文红 64604
云南：香格里拉 张挺，蔡杰，郭永杰等 11CS3042

Hypericum lagarocladum N. Robson **纤枝金丝桃** *

四川：康定 苏涛，黄永江，杨青松等 ZhouZK11082
云南：沧源 赵金超，杨红强 CYNGH446
云南：云龙 刀志灵 DZL386

Hypericum lancasteri N. Robson **展萼金丝桃** *

云南：永德 李永亮 YDDXS0653
云南：镇沅 罗成瑜 ALSZY164

Hypericum longistylum Oliver **长柱金丝桃** *

黑龙江：北安 郑宝江 ZhengBJ055
黑龙江：五大连池 孙阎，赵立波 SunY008
湖北：仙桃 张代贵 Zdg2568
吉林：抚松 张永刚 Yanglm0433

Hypericum monanthemum J. D. Hooker & Thomson ex Dyer **单花遍地金**

四川：峨眉山 李小杰 LiXJ495
西藏：林芝 罗建，汪书丽 LiuJQ-08XZ-157
西藏：墨脱 刘成，亚吉东，何华杰等 16CS14021

Hypericum monogynum Linnaeus **金丝桃**

安徽：金寨 陈延松，欧祖兰，姜九龙 Xuzd215
安徽：石台 洪欣 ZhouSB0210
贵州：乌当区 赵厚涛，韩国营 YBG097
贵州：乌当区 赵厚涛，韩国营 YBG106
湖北：来凤 丛义艳，陈丰林 SCSB-HN-1158
湖北：宣恩 许玥，祝文志，刘志祥等 ShenZH7759
湖南：衡山 旷仁平 SCSB-HN-1150
湖南：桑植 田连成 SCSB-HN-1209
湖南：石门 姜孝成，唐妹，卜剑超等 Jiangxc0429
云南：洱源 杨青松，星耀武，苏涛 ZhouZK-07ZX-0274
云南：富民 郁文彬，董莉娜，张舒等 SCSB-W-953
云南：贡山 李恒，李嵘，刀志灵 1027
云南：剑川 王文礼，冯欣，刘飞鹏 OUXK11243
云南：丽江 张书东，林娜娜，陆露等 SCSB-W-138
云南：麻栗坡 税玉民，陈文红 72096
云南：麻栗坡 税玉民，陈文红 72108
云南：麻栗坡 税玉民，陈文红 72115
云南：麻栗坡 税玉民，陈文红 72135
云南：宁蒗 孔航辉，罗江平，左雷等 YangQE3343
云南：石林 税玉民，陈文红 65435
云南：石林 税玉民，陈文红 65468
云南：石林 税玉民，陈文红 65873
云南：维西 杨亲二，袁琼 Yangqe2071
云南：武定 王文礼，何彪，冯欣等 OUXK11262
云南：云龙 孙振华，郑志兴，沈蕊等 OuXK-LC-066

Hypericum patulum Thunberg **金丝梅**

安徽：祁门 方建新 TangXS0974
重庆：南川区 易思荣 YISR209
四川：泸定 袁明 YM20090003
四川：泸定 何兴金，赵丽华，梁乾隆等 SCU-11-107
四川：米易 刘静，袁明 MY-091
四川：天全 汤加勇，赖建军 Y07063
云南：景东 杨国平，李达文，鲁志云 ygp-047
云南：马关 税玉民，陈文红 82586
云南：宁蒗 田先华，于晓平 TianXHZS010

Hypericum perforatum Linnaeus **贯叶连翘**

重庆：南川区 易思荣 YISR010
湖北：神农架林区 李巨平 LiJuPing0153
湖北：竹溪 李盛兰 GanQL330
陕西：宁陕 田先华，田陌 TianXH085

四川：汶川 何兴金，高云东，余岩等 SCU-09-548
新疆：玛纳斯 郭静谊，刘鸯 SHI2006286
新疆：尼勒克 刘鸯，马真，贺晓欢等 SHI-A2007481
新疆：尼勒克 刘鸯，马真，贺晓欢等 SHI-A2007508
新疆：尼勒克 徐文斌，刘鸯，马真等 SHI-A2007527
新疆：裕民 谭敦炎，吉乃提 TanDY0672
新疆：裕民 徐文斌，杨清理 SHI-2009441

Hypericum petiolulatum J. D. Hooker & Thomson ex Dyer 短柄小连翘

云南：永德 李永亮 YDDXS1204

Hypericum petiolulatum subsp. **yunnanense** (Franchet) N. Robson 云南小连翘

四川：天全 汤加勇，陈刚 Y07156
西藏：错那 罗建，汪书丽 LiuJQ11XZ177
云南：贡山 刀志灵，陈哲 DZL-023
云南：南涧 阿国仁，何贵才 NJWLS2008240
云南：南涧 罗新洪，阿国仁 NJWLS552

Hypericum prattii Hemsley 大叶金丝桃 *

云南：蒙自 税玉民，陈文红 72496

Hypericum przewalskii Maximowicz 突脉金丝桃 *

甘肃：合作 刘坤 LiuJQ-GN-2011-601
甘肃：天祝 陈世龙，张得钧，高庆波等 Chens10467
青海：班玛 陈世龙，张得钧，高庆波等 Chens10325
青海：互助 薛春迎 Xuechy0066
青海：乐都 陈世龙，高庆波，张发起等 Chens11812
青海：门源 陈世龙，高庆波，张发起等 Chens11688
青海：平安 陈世龙，高庆波，张发起等 Chens11752
四川：红原 张昌兵，邓秀发 ZhangCB0380
四川：康定 彭玉兰，涂卫国，余春丽 Gaoxf-0726
四川：壤塘 何兴金，赵丽华，梁乾隆 SCU-10-048
四川：壤塘 陈世龙，高庆波，张发起 Chens11148

Hypericum pseudohenryi N. Robson 北栽秧花 *

云南：古城区 刀志灵，张洪喜 DZL479
云南：鹤庆 张大才，李双智，杨川 ZhangDC-07ZX-2073
云南：兰坪 刀志灵 DZL410
云南：巧家 李文虎，吴天抗，张天壁等 QJYS0156
云南：文山 何德明，丰艳飞，杨云 WSLJS892
云南：香格里拉 张大才，李双智，杨川 ZhangDC-07ZX-1992
云南：玉龙 李云龙，鲁仪增，和荣华等 15PX108
云南：玉龙 张大才，李双智，杨川 ZhangDC-07ZX-2015
云南：玉龙 张大才，李双智，杨川 ZhangDC-07ZX-2026
云南：玉龙 陈哲，刀志灵 DZL-299

Hypericum reptans J. D. Hooker & Thomson ex Dyer 匍枝金丝桃

云南：P. H. 5642
云南：德钦 孙航，李新辉，陈林杨 SunH-07ZX-3077
云南：贡山 刀志灵 DZL468
云南：贡山 刀志灵，陈哲 DZL-024
云南：景洪 彭华，向春雷，王泽欢 PengH8548
云南：香格里拉 周浙昆，苏涛，杨莹等 Zhou09-014
云南：新平 彭华，向春雷，陈丽等 P. H. 5583

Hypericum sampsonii Hance 元宝草

安徽：舒城 陈延松，欧祖兰，高秋晨等 Xuzd267
广西：环江 刘静，彭日成 Liuyan1018
湖北：五峰 陈功锡，张代贵 SCSB-HC-2008110
湖北：五峰 李平 AHL008
湖北：竹溪 李盛兰 GanQL317
湖南：衡阳 刘克明，旷仁平 SCSB-HN-0701
湖南：江华 刘克明，王成，欧阳书珍 SCSB-HN-0842
湖南：江永 姜孝成，唐贵华，潘孝武 SCSB-HNJ-0037
湖南：江永 蔡秀珍，马仲辉，胡彦如 SCSB-HN-0053
湖南：江永 刘克明，田淑珍，肖乐希等 SCSB-HN-0095
湖南：平江 刘克明，旷强，刘洪新 SCSB-HN-0905
湖南：平江 刘克明，蔡秀珍，陈丰林 SCSB-HN-0938
湖南：桑植 田连成 SCSB-HN-1214
湖南：石门 姜孝成，唐妹，卜剑超等 Jiangxc0446
湖南：新宁 姜孝成，唐贵华，袁双艳等 SCSB-HNJ-0231
湖南：炎陵 蔡秀珍，孙秋妍，王燕归等 SCSB-HN-1273
湖南：宜章 刘克明，王成，刘欣欣 SCSB-HN-0806
湖南：永顺 陈功锡，张代贵 SCSB-HC-2008049
江西：黎川 童和平，王玉珍 TanCM2383
江西：庐山区 董安淼，吴从梅 TanCM1591

Hypericum scabrum Linnaeus 糙枝金丝桃

新疆：霍城 徐文斌，刘鸯，马真等 SHI-A2007144
新疆：尼勒克 徐文斌，刘鸯，马真等 SHI-A2007430
新疆：温泉 徐文斌，王莹 SHI-2008098
新疆：裕民 亚吉东，张桥蓉，秦少发等 16CS13853
新疆：裕民 徐文斌，杨清理 SHI-2009084

Hypericum seniawinii Maximowicz 密腺小连翘

安徽：舒城 陈延松，欧祖兰，高秋晨等 Xuzd386
湖南：沅陵 李胜华，伍贤进，刘光华等 Wuxj902
江西：靖安 李立新，缪以清 TanCM1239
江西：武宁 谭策铭，张吉华 TanCM394
浙江：开化 李宏庆，熊申展，桂萍 Lihq0407

Hypericum stellatum N. Robson 星萼金丝桃 *

西藏：昌都 易思荣，谭秋平 YISR269

Hypericum subsessile N. Robson 近无柄金丝桃 *

云南：洱源 杨青松，星耀武，苏涛 ZhouZK-07ZX-0285
云南：洱源 杨青松，杨莹，黄永江等 ZhouZK-07ZX-0236
云南：文山 税玉民，陈文红 16264

Hypericum uralum Buchanan-Hamilton ex D. Don 匙萼金丝桃

西藏：波密 扎西次仁，西落 ZhongY688
云南：贡山 郭永杰，吴之坤，吴兴等 14CS9866
云南：南涧 常学科，熊绍荣，时国彩等 njwls2007147
云南：巧家 李文虎，高顺勇，吴天抗等 QJYS0033
云南：香格里拉 孔航辉，罗江平，左雷等 YangQE3307

Hypericum wightianum Wallich ex Wight & Arnott 遍地金

四川：米易 袁明 MY553
四川：普格 苏涛，黄永江，杨青松等 ZhouZK11035
四川：盐源 苏涛，黄永江，杨青松等 ZhouZK11399
西藏：错那 罗建，汪书丽 LiuJQ11XZ220
云南：贡山 郭永杰，吴之坤，吴兴等 14CS9955
云南：贡山 李恒，李嵘，刀志灵 1016
云南：景东 张挺，李爱花，戚志洲等 SCSB-A-000104
云南：绿春 黄连山保护区科研所 HLS0308
云南：南涧 阿国仁，何贵财 NJWLS544
云南：南涧 徐家武，罗增阳，李世东 NJWLS613
云南：南涧 官有才 NJWLS1650
云南：巧家 郁文彬，张舒，艾洪莲等 SCSB-W-1009
云南：巧家 郁文彬，任宗昕，艾洪莲等 SCSB-W-1093
云南：巧家 张书东，张荣，王银环等 QJYS0243
云南：石林 税玉民，陈文红 66756
云南：嵩明 蔡杰，廖琼，徐远杰等 SCSB-B-000084
云南：腾冲 周应再 Zhyz-225
云南：文山 何德明，丰艳飞，王成 WSLJS835

云南：新平 张云德，李俊友 XPALSC125
云南：新平 自正尧 XPALSB228
云南：永德 李永亮 YDDXS0336
云南：云龙 李爱花，李洪超，李文化等 SCSB-A-000185
云南：镇沅 何忠云 ALSZY393

Triadenum breviflorum (Wallich ex Dyer) Y. Kimura 三腺金丝桃
江西：武宁 张吉华，刘运群 TanCM704

Triadenum japonicum (Blume) Makino 红花金丝桃
吉林：磐石 安海成 AnHC0154

Hypoxidaceae 仙茅科

仙茅科	世界	中国	种质库
属 / 种（种下等级）/ 份数	7-9/100-200	2/8	2/6/17

Curculigo capitulata (Loureiro) Kuntze 大叶仙茅
云南：景洪 张挺，王建军，廖琼 SCSB-B-000257
云南：景洪 谭运洪，余涛 B259
云南：绿春 白艳萍，白黎虹 HLS0328
云南：绿春 税玉民，陈文红 72938
云南：麻栗坡 肖波 LuJL359
云南：勐腊 谭运洪 A308
云南：普洱 叶金科 YNS0339
云南：腾冲 余新林，赵玮 BSGLGStc324

Curculigo crassifolia (Baker) J. D. Hooker 绒叶仙茅
云南：文山 何德明，张挺，丰艳飞等 WSLJS411
云南：文山 税玉民，陈文红 71884
云南：新平 谢雄 XPALSC362
云南：永德 李永亮 YDDXS0285

Curculigo gracilis (Kurz) J. D. Hooker 疏花仙茅
四川：峨眉山 李小杰 LiXJ092
四川：米易 袁明 MY424

Curculigo orchioides Gaertner 仙茅
云南：南涧 徐家武，袁立川，罗增阳等 NJWLS2008156

Curculigo sinensis S. C. Chen 中华仙茅 *
云南：景东 鲁艳 2008141

Hypoxis aurea Loureiro 小金梅草
四川：乡城 周浙昆，苏涛，杨莹等 Zhou09-175

Icacinaceae 茶茱萸科

茶茱萸科	世界	中国	种质库
属 / 种（种下等级）/ 份数	24-25/149-150	10/19	3/6/9

Apodytes dimidiata E. Meyer ex Arnott 柴龙树
云南：麻栗坡 税玉民，陈文红 81280
云南：普洱 叶金科 YNS0306

Iodes balansae Gagnepain 大果微花藤
云南：耿马 张挺，孙之星，杨秋林 SCSB-B-000434

Iodes seguinii (H. Léveillé) Rehder 瘤枝微花藤 *
云南：西盟 张绍云，叶金科，仇亚 YNS1290

Iodes vitiginea (Hance) Hemsley 小果微花藤
云南：河口 饶春，张贵良，张贵生等 ZhangGL021

Nothapodytes pittosporoides (Oliver) Sleumer 马比木 *
湖北：竹溪 李盛兰 GanQL701
四川：峨眉山 李小杰 LiXJ051
四川：峨眉山 李小杰 LiXJ425

Nothapodytes tomentosa C. Y. Wu 毛假柴龙树 *
云南：双柏 王焕冲，马兴达 WangHCH009

Iridaceae 鸢尾科

鸢尾科	世界	中国	种质库
属 / 种（种下等级）/ 份数	66/2035-2085	2/61	2/28(29)/220

Belamcanda chinensis (Linnaeus) Redouté 射干
安徽：石台 陈延松，吴国伟，洪欣 Zhousb0072
重庆：南川区 易思荣 YISR047
贵州：南明区 邹方伦 ZouFL0102
河北：邢台 牛玉璐，高彦飞，赵二涛 NiuYL324
黑龙江：巴彦 孙阎，赵立波 SunY040
黑龙江：尚志 刘玫，张欣欣，程薪宇等 Liuetal455
黑龙江：香坊区 郑宝江，王美娟，赵千里 ZhengBJ417
湖北：神农架林区 李巨平 LiJuPing0049
湖北：神农架林区 李巨平 LiJuPing0049A
湖北：竹溪 李盛兰 GanQL196
湖南：古丈 刘克明，朱晓文 SCSB-HN-0513
湖南：吉首 陈功锡，张代贵，邓涛等 SCSB-HC-2007358
湖南：新宁 姜孝成，唐贵华，袁双艳等 SCSB-HNJ-0240
吉林：南关区 韩忠明 Yanglm0130
江苏：句容 王兆银，吴宝成 SCSB-JS0330
江苏：句容 吴林园，白明明，王兆银 HANGYY9111
江苏：海州区 汤兴利 HANGYY8515
江苏：玄武区 吴宝成 HANGYY8376
江西：黎川 童和平，王玉珍 TanCM1864
江西：修水 谭策铭，缪以清，李立新 TanCM365
辽宁：盖州 郑宝江，丁晓炎，焦宏斌等 ZhengBJ368
内蒙古：新城区 蒲拴莲，李茂文 M074
宁夏：银川 李磊，朱奋霞 ZuoZh114
陕西：宁陕 王梅荣，田陌，田先华 TianXH100
云南：文山 何德明，曾祥 WSLJS1007
云南：新平 谢天华，郎定富，杨如伟 XPALSA034
云南：新平 王家和 XPALSC392
云南：新平 李应宝，谢天华 XPALSA136

Iris bulleyana Dykes 西南鸢尾
四川：九龙 张大才，尹五元，李双智等 ZhangDC-07ZX-2433
四川：康定 苏涛，黄永江，杨青松等 ZhouZK11089
四川：康定 彭玉兰，涂卫国 Gaoxf-0854
四川：冕宁 张大才，尹五元，李双智等 ZhangDC-07ZX-2465
西藏：波密 陈家辉，韩希，王东超等 YangYP-Q-4056
西藏：林芝 罗建，汪书丽 LiuJQ-08XZ-084
西藏：林芝 罗建，汪书丽 LiuJQ-09XZ-120
云南：大理 张德全，王应龙，文青华等 ZDQ095
云南：德钦 刀志灵 DZL443
云南：德钦 陈文允，于文涛，黄永江等 CYHL185
云南：德钦 王文礼，冯欣，刘飞鹏 OUXK11204
云南：维西 杨亲二，袁琼 Yangqe2055
云南：香格里拉 李爱花，周开洪，黄之镨等 SCSB-A-000263
云南：香格里拉 杨青松，星耀武，苏涛 ZhouZK-07ZX-0340
云南：香格里拉 苏涛，黄永江，杨青松等 ZhouZK11481
云南：香格里拉 陈家辉，刘亚辉，周妍等 YangYP-Q-2183
云南：香格里拉 陈家辉，刘亚辉，周妍等 YangYP-Q-2213
云南：香格里拉 杨青松，杨莹，黄永江等 ZhouZK-07ZX-0154
云南：香格里拉 李苏雨 Wangsh-07ZX-024

云南：香格里拉 周浙昆，苏涛，杨莹等 Zhou09-011
云南：香格里拉 周浙昆，苏涛，杨莹等 Zhou09-072
云南：香格里拉 王文礼，冯欣，刘飞鹏 OUXK11085
云南：香格里拉 王文礼，冯欣，刘飞鹏 OUXK11106
云南：香格里拉 李晓东，张紫刚，操榆 LiJ607
云南：香格里拉 李晓东，张紫刚，操榆 LiJ658
云南：香格里拉 杨亲二，袁琼 Yangqe1809
云南：香格里拉 杨亲二，袁琼 Yangqe2716
云南：香格里拉 孔航辉，任琛 Yangqe2858

Iris chrysographes Dykes **金脉鸢尾**

四川：康定 许炳强，童毅华，吴兴等 XiaNH-07ZX-1106
西藏：林芝 张大才，李双智，唐路等 ZhangDC-07ZX-1847
西藏：隆子 扎西次仁，西落 ZhongY618
西藏：亚东 钟扬，扎西次仁 ZhongY772

Iris clarkei Baker **西藏鸢尾**

西藏：林芝 孙航，张建文，陈建国等 SunH-07ZX-2719
云南：香格里拉 李国栋，陈建国，陈林杨等 SunH-07ZX-2285
云南：香格里拉 张建文，陈建国，陈林杨等 SunH-07ZX-2262

Iris confusa Sealy **扁竹兰 ***

重庆：南川区 易思荣，谭秋平 YISR395
四川：峨眉山 李小杰 LiXJ054
云南：景东 鲁成荣，刘长铭，李先耀等 JDNR11055
云南：永德 李永亮 YDDXS1053
云南：镇沅 张绍云，胡启和 YNS1015

Iris decora Wallich **泥泊尔鸢尾**

西藏：错那 张晓纬，汪书丽，罗建 LiuJQ-09XZ-LZT-044
云南：新平 何罡安 XPALSB033

Iris delavayi Micheli **长葶鸢尾 ***

四川：康定 高云东，李忠荣，鞠文彬 GaoXF-12-176
西藏：工布江达 马永鹏 ZhangCQ-0082
云南：永德 李永亮 LiYL1541

Iris dichotoma Pallas **野鸢尾**

黑龙江：宁安 刘玫，王臣，张欣欣等 Liuetal752
山东：崂山区 罗艳，李中华 LuoY352
山东：历下区 李兰，王萍，张少华 Lilan-022
山东：历下区 樊守金，曹子谊，郑国伟 Zhaozt0007
山东：芝罘区 卞福花，卢学新，纪伟 BianFH00010
山东：芝罘区 卞福花，宋言贺 BianFH-517
陕西：长安区 田先华，王梅荣 TianXH245

Iris ensata Thunberg **玉蝉花**

黑龙江：嫩江 王臣，张欣欣，史传奇 WangCh172
吉林：南关区 韩忠明 Yanglm0139
吉林：磐石 安海成 AnHC0118
辽宁：桓仁 祝业平 CaoW1016
山东：历城区 李兰，王萍，张少华等 Lilan-057
山东：文登 高德民，谭洁，李明栓等 lilan992
西藏：拉萨 钟扬 ZhongY1058
新疆：乌鲁木齐 王喜勇，马文宝，施翔 zdy355

Iris forrestii Dykes **云南鸢尾**

西藏：林芝 张挺，蔡杰，刘恩德等 SCSB-B-000499

Iris goniocarpa Baker **锐果鸢尾**

青海：门源 吴玉虎 LJQ-QLS-2008-0102
四川：理塘 何兴金，赵丽华，梁乾隆等 SCU-11-184
西藏：八宿 张挺，李爱花，刘成等 08CS709
云南：香格里拉 孔航辉，罗江平，左雷等 YangQE3556

Iris halophila Pallas **喜盐鸢尾**

新疆：博乐 徐文斌，黄雪姣 SHI-2008121
新疆：吉木萨尔 谭敦炎，吉乃提 TanDY0595
新疆：尼勒克 徐文斌，刘鸯，马真等 SHI-A2007421
新疆：尼勒克 刘鸯，马真，贺晓欢等 SHI-A2007442
新疆：尼勒克 段士民，王喜勇，刘会良 Zhangdy357
新疆：尼勒克 段士民，王喜勇，刘会良 Zhangdy412
新疆：塔城 谭敦炎，吉乃提 TanDY0625
新疆：特克斯 阎平，陈志丹 SHI-A2007302
新疆：吐鲁番 段士民，王喜勇，刘会良 Zhangdy566
新疆：温宿 杨赵平，焦培培，白冠章等 LiZJ0945
新疆：裕民 谭敦炎，吉乃提 TanDY0671

Iris halophila var. **sogdiana** (Bunge) Grubov **蓝花喜盐鸢尾**

新疆：拜城 塔里木大学植物资源调查组 TD-00927
新疆：拜城 张玲 TD-01984
新疆：拜城 张玲 TD-02005
新疆：乌什 白宝伟，段黄金 TD-01865
新疆：昭苏 阎平，陈志丹 SHI-A2007305

Iris japonica Thunberg **蝴蝶花**

重庆：南川区 易思荣 YISR205
重庆：南川区 易思荣，谭秋平 YISR400
湖北：竹溪 李盛兰 GanQL294
江苏：海州区 汤兴利 HANGYY8514
江西：修水 缪以清 TanCM607
四川：峨眉山 李小杰 LiXJ061

Iris kobayashii Kitagawa **矮鸢尾 ***

山东：章丘 步瑞兰，辛晓伟 Lilan795

Iris lactea Pallas **白花马蔺**

河北：蔚县 牛玉璐，高彦飞，黄士良 NiuYL276
湖南：开福区 陈薇，丛义艳，肖乐希 SCSB-HN-0635
江苏：句容 吴宝成，王兆银 HANGYY8219
辽宁：清原 张永刚 Yanglm0150
内蒙古：伊金霍洛旗 朱雅娟，黄振英，房世波 Beijing-Ordos-000014
宁夏：盐池 左忠，刘华 ZuoZh057
青海：大通 何兴金，冯图，成英等 SCU-QH08071604
青海：都兰 潘建斌，杜维波，牛炳韬 Liujq-2011CDM-201
青海：互助 陈世龙，高庆波，张发起等 Chens11701
青海：化隆 陈世龙，高庆波，张发起 Chens10884
青海：湟源 汪书丽，朱洪涛 Liujq-QLS-TXM-017
青海：乐都 陈世龙，高庆波，张发起等 Chens11814
青海：门源 陈世龙，高庆波，张发起等 Chens11639
青海：祁连 陈世龙，高庆波，张发起等 Chens11530
青海：祁连 陈世龙，高庆波，张发起等 Chens11535
山东：东营区 樊守金 Zhaozt0255
山东：海阳 高德民，张颖颖，程丹丹等 lilan541
山东：牟平区 卞福花 BianFH-0182
山西：交城 焦磊，廉凯敏，陈姣 Zhangf0177
陕西：眉县 白根录，田先华 TianXH471
陕西：神木 田先华，李金钢 TianXH472
四川：康定 何兴金，高云东，刘海艳等 SCU-20080437
四川：康定 何兴金，冯图，廖晨阳等 SCU-080349
西藏：林周 杨永平，段元文，边巴扎西 Yangyp-Q-1044
新疆：阿合奇 塔里木大学植物资源调查组 TD-00575
新疆：阿合奇 塔里木大学植物资源调查组 TD-00582
新疆：阿克陶 塔里木大学植物资源调查组 TD-00752
新疆：阿克陶 塔里木大学植物资源调查组 TD-00813
新疆：阿克陶 黄文娟，段黄金，王英鑫等 LiZJ0275
新疆：阿图什 塔里木大学植物资源调查组 TD-00647
新疆：阿图什 塔里木大学植物资源调查组 TD-00668
新疆：拜城 塔里木大学植物资源调查组 TD-00939
新疆：策勒 冯建菊 Liujq-fjj-0069

新疆：阜康 王宏飞，王磊，黄振英 Beijing-huang-xjsm-0026
新疆：巩留 马真，徐文斌，贺晓欢等 SHI-A2007209
新疆：巩留 刘鸯，徐文斌，马真等 SHI-A2007252
新疆：和布克赛尔 许炳强，胡伟明 XiaNH-07ZX-831
新疆：和田 冯建菊 Liujq-fjj-0088
新疆：吉木萨尔 谭敦炎，吉乃提 TanDY0591
新疆：柯坪 塔里木大学植物资源调查组 TD-00840
新疆：库车 塔里木大学植物资源调查组 TD-00956
新疆：尼勒克 刘鸯，马真，贺晓欢等 SHI-A2007441
新疆：尼勒克 刘鸯，马真，贺晓欢等 SHI-A2007504
新疆：尼勒克 刘鸯，马真，贺晓欢等 SHI-A2007520
新疆：尼勒克 段士民，王喜勇，刘会良 Zhangdy356
新疆：尼勒克 段士民，王喜勇，刘会良 Zhangdy358
新疆：疏勒 黄文娟，段黄金，王英鑫等 LiZJ0803
新疆：疏勒 黄文娟，段黄金，王英鑫等 LiZJ0805
新疆：塔什库尔干 黄文娟，段黄金，王英鑫等 LiZJ0377
新疆：特克斯 段士民，王喜勇，刘会良 Zhangdy428
新疆：特克斯 段士民，王喜勇，刘会良 Zhangdy429
新疆：特克斯 段士民，王喜勇，刘会良 Zhangdy431
新疆：温宿 邱爱军，张玲 LiZJ1888
新疆：温宿 杨赵平，焦培培，白冠章等 LiZJ0936
新疆：乌鲁木齐 谭敦炎，吉乃提 TanDY0513
新疆：乌鲁木齐 王喜勇，马文宝，施翔 zdy347
新疆：乌鲁木齐 王喜勇，马文宝，施翔 zdy402
新疆：乌鲁木齐 段士民，王喜勇，刘会良 Zhangdy227
新疆：乌恰 塔里木大学植物资源调查组 TD-00690
新疆：乌什 塔里木大学植物资源调查组 TD-00874
新疆：乌什 塔里木大学植物资源调查组 TD-00554
新疆：乌什 白宝伟，段黄金 TD-01839
新疆：新源 段士民，王喜勇，刘会良 Zhangdy402
新疆：伊宁 段士民，王喜勇，刘会良 Zhangdy343
新疆：伊宁 段士民，王喜勇，刘会良 Zhangdy347
新疆：伊吾 王喜勇，马文宝，施翔 zdy428
新疆：伊吾 段士民，王喜勇，刘会良 Zhangdy200
新疆：泽普 黄文娟，段黄金，王英鑫等 LiZJ0841
新疆：泽普 郭永杰，黄文娟，段黄金 LiZJ0183
新疆：昭苏 徐文斌，邓丽霞 SHI-A2007306

Iris laevigata Fischer 燕子花
黑龙江：密山市 姜明，刘波 LiuB0008
黑龙江：同江 刘玫，张欣欣，程薪宇等 Liuetal411
黑龙江：乌伊岭区 郑宝江，丁晓炎，王美娟 ZhengBJ247

Iris proantha Diels 小鸢尾 *
青海：达日 陈世龙，高庆波，张发起等 Chensl1334

Iris ruthenica Ker Gawler 紫苞鸢尾
河北：蔚县 牛玉璐，高彦飞，赵二涛 NiuYL339
黑龙江：让胡路区 刘玫，王臣，张欣欣等 Liuetal803
云南：香格里拉 杨青松，星耀武，苏涛 ZhouZK-07ZX-0384
云南：香格里拉 李晓东，张紫刚，操榆 LiJ676

Iris sanguinea Donn ex Hornemann 溪荪
黑龙江：五大连池 孙阎，赵立波 SunY003
吉林：桦甸 安海成 AnHC0350

Iris songarica Schrenk ex Fischer & C. A. Meyer 准噶尔鸢尾
青海：达日 陈世龙，高庆波，张发起 Chensl1104
四川：红原 张昌兵，邓秀华 ZhangCB0249

Iris speculatrix Hance 小花鸢尾 *
安徽：石台 洪欣 ZhouSB0206
江西：黎川 童和平，王玉珍 TanCM2373
四川：康定 张昌兵，邓秀发，游明鸿 ZhangCB0410

Iris subdichotoma Y. T. Zhao 中甸鸢尾 *
云南：兰坪 张挺，徐远杰，黄押稳等 SCSB-B-000181
云南：香格里拉 李爱花，周开洪，黄之镨等 SCSB-A-000233
云南：云龙 字建泽，李国宏，李施文等 TC1005
云南：镇沅 何忠云 ALSZY356

Iris tectorum Maximowicz 鸢尾
安徽：屯溪区 方建新 TangXS0868
重庆：南川区 易思荣，谭秋平 YISR397
湖北：神农架林区 李巨平 LiJuPing0230
湖北：仙桃 张代贵 Zdg1312
湖南：吉首 陈功锡，张代贵，邓涛等 SCSB-HC-2007438
江苏：句容 吴宝成，王兆银 HANGYY8317
青海：互助 薛春迎 Xuechy0056
陕西：宁陕 张峰，田先华 TianXH037

Iris tenuifolia Pallas 细叶鸢尾
新疆：霍城 高木木，徐文斌 SHI-A2007008
新疆：昭苏 亚吉东，张桥蓉，秦少发等 16CS13554

Iris tigridia var. **fortis** Y. T. Zhao 大粗根鸢尾 *
吉林：磐石 安海成 AnHC038

Iris uniflora Pallas ex Link 单花鸢尾
吉林：磐石 安海成 AnHC0312

Iris ventricosa Pallas 囊花鸢尾
黑龙江：嫩江 王臣，张欣欣，崔皓钧等 WangCh301

Iris wilsonii C. H. Wright 黄花鸢尾 *
湖北：神农架林区 李巨平 LiJuPing0005
陕西：宁陕 田先华，田陌 TianXH1117

Iteaceae 鼠刺科

鼠刺科	世界	中国	种质库
属 / 种（种下等级）/ 份数	1/27	1/15	1/10/29

Itea amoena Chun 秀丽鼠刺 *
广西：上思 许为斌，黄俞淞，梁永延等 Liuyan0208

Itea chinensis Hooker & Arnott 鼠刺
云南：麻栗坡 肖波 LuJL151
云南：麻栗坡 肖波 LuJL084
云南：屏边 钱良超，康远勇，陆海兴 Pbdws147
云南：腾冲 周应再 Zhyz-170
云南：腾冲 余新林，赵玮 BSGLGStc267
云南：文山 何德明 WSLJS687
云南：盈江 王立彦，桂魏 SCSB-TBG-174

Itea glutinosa Handel-Mazzetti 腺鼠刺 *
广西：龙胜 黄俞淞，朱章明，农冬新 Liuyan0250
广西：永福 许为斌，梁永延，黄俞淞等 Liuyan0151
湖南：洞口 肖乐希，尹成园，谢江等 SCSB-HN-1565
湖南：鹤城区 李胜华，伍贤进，刘光华等 Wuxj812

Itea ilicifolia Oliver 冬青叶鼠刺 *
湖北：竹溪 李盛兰 GanQL1119
陕西：紫阳 田先华，吴自强 TianXH1129

Itea indochinensis Merrill 毛鼠刺
广西：融水 许为斌，梁永延，黄俞淞等 Liuyan0173

Itea kiukiangensis C. C. Huang & S. C. Huang 俅江鼠刺 *
云南：贡山 郭永杰，吴之坤，吴兴等 14CS9854

Itea macrophylla Wallich 大叶鼠刺
云南：贡山 张挺，杨湘云，李涟漪等 14CS9615
云南：永德 李永亮 YDDXS1040

Itea omeiensis C. K. Schneider **峨眉鼠刺** *
广西：龙胜 黄俞淞，叶晓霞，邹容 Liuyan0081
湖南：永顺 陈功锡，张代贵 SCSB-HC-2008169
江西：井冈山 兰国华 LiuRL040
江西：武宁 张吉华，刘运群 TanCM1187
四川：峨眉山 李小杰 LiXJ516
浙江：开化 李宏庆，熊申展，桂萍 Lihq0421
Itea parviflora Hemsley **小花鼠刺** *
湖南：洪江 李胜华，伍贤进，刘光华等 Wuxj1076
湖南：会同 李胜华，伍贤进，曾汉元等 Wuxj1015
Itea yunnanensis Franchet **滇鼠刺** *
云南：麻栗坡 肖波 LuJL373
云南：南涧 马德跃，官有才 NJWLS820
云南：云龙 赵玉贵，李占兵，张吉平等 TC2003

Ixioliriaceae 鸢尾蒜科

鸢尾蒜科	世界	中国	种质库
属 / 种（种下等级）/ 份数	1/2-4	1/2	1/1/6

Ixiolirion tataricum (Pallas) Herbert **鸢尾蒜**
新疆：霍城 亚吉东，张桥蓉，胡枭剑 16CS13135
新疆：奎屯 谭敦炎，邱娟 TanDY0117
新疆：石河子 马真 SCSB-2006013
新疆：乌鲁木齐 谭敦炎，艾沙江 TanDY0539
新疆：乌鲁木齐 谭敦炎，艾沙江 TanDY0179
新疆：裕民 徐文斌，黄刚 SHI-2009080

Juglandaceae 胡桃科

胡桃科	世界	中国	种质库
属 / 种（种下等级）/ 份数	9/～71	8/27	7/13(18)/125

Carya cathayensis Sargent **山核桃** *
黑龙江：穆棱 王臣，张欣欣，史传奇 WangCh261
Carya tonkinensis Lecomte **越南山核桃**
云南：永德 李永亮 YDDXS0918
Cyclocarya paliurus (Batalin) Iljinskaya **青钱柳** *
安徽：黄山区 唐鑫生，方建新 TangXS0505A
湖北：竹溪 李盛兰 GanQL1103
湖南：武陵源区 吴福川，余祥洪，曹赫等 2007A006
江西：黎川 杨文斌，饶云芳 TanCM1328
江西：修水 缪以清，李立新 TanCM1232
江西：修水 谭策铭，缪以清 TCM09155
Engelhardia roxburghiana Wallich **黄杞**
贵州：江口 周云，王勇 XiangZ019
海南：乐东 杨怀，康勇，林灯 LWXS019
四川：峨眉山 李小杰 LiXJ169
云南：文山 韦荣彪，何德明 WSLJS638
Engelhardia serrata var. **cambodica** W. E. Manning **齿叶黄杞**
四川：米易 袁明 MY415
云南：景东 罗忠华，刘长铭，鲁成荣等 JDNR09038
云南：麻栗坡 肖波 LuJL436
云南：勐腊 刀志灵，崔景云 DZL-129
云南：普洱 叶金科 YNS0197
云南：腾冲 余新林，赵玮 BSGLGStc136
云南：新平 何罡安 XPALSB444
云南：新平 刘家良 XPALSD298
Engelhardia spicata Leschenault ex Blume **云南黄杞**
西藏：墨脱 刘成，亚吉东，何华杰等 16CS11968
云南：沧源 赵金超，冯潮忠 CYNGH461
Engelhardia spicata var. **aceriflora** (Reinwardt) Koorders & Valeton **爪哇黄杞**
云南：永德 李永亮 YDDXS0286
云南：永德 李永亮 YDDXS6286
Engelhardia spicata var. **colebrookeana** (Lindley) Koorders & Valeton **毛叶黄杞**
云南：景东 鲁艳 07-48
云南：永德 李永亮 YDDXS0216
Juglans mandshurica Maximowicz **胡桃楸**
黑龙江：巴彦 孙阎，闫永森 SunY136
黑龙江：虎林市 王庆贵 CaoW536
黑龙江：虎林市 王庆贵 CaoW547
黑龙江：虎林市 王庆贵 CaoW550
黑龙江：虎林市 王庆贵 CaoW579
黑龙江：虎林市 王庆贵 CaoW590
黑龙江：虎林市 王庆贵 CaoW595
黑龙江：虎林市 王庆贵 CaoW687
黑龙江：虎林市 王庆贵 CaoW688
黑龙江：饶河 王庆贵 CaoW623
黑龙江：饶河 王庆贵 CaoW645
黑龙江：饶河 王庆贵 CaoW653
黑龙江：饶河 王庆贵 CaoW712
黑龙江：五常 郑宝江，潘磊 ZhengBJ042
湖北：仙桃 张代贵 Zdg1710
湖北：竹溪 李盛兰 GanQL550
四川：石棉 彭华，刘振稳，向春雷 P.H.5041
Platycarya strobilacea Siebold & Zuccarini **化香树**
安徽：金寨 刘淼 SCSB-JSC17
安徽：屯溪区 方建新 TangXS0898
广西：环江 许为斌，梁永延，黄俞淞等 Liuyan0166
贵州：黄平 邹方伦 ZouFL0237
贵州：黄平 邹方伦 ZouFL0247
河南：栾川 邓志军，付婷婷，水庆艳 Huangzy0080
湖北：黄梅 刘淼 SCSB-JSA30
湖北：神农架林区 李巨平 LiJuPing0234
湖北：五峰 李平 AHL025
湖南：鹤城区 曾汉元，伍贤进，李胜华等 HHXY101
湖南：衡山 旷仁平，陈薇 SCSB-HN-0263
湖南：衡阳 刘克明，旷仁平，丛义艳 SCSB-HN-0696
湖南：洪江 李胜华，伍贤进，刘光华等 Wuxj1086
湖南：江永 刘克明，田淑珍，肖乐希等 SCSB-HN-0114
湖南：南岳区 相银龙，熊凯辉 SCSB-HN-2222
湖南：宁乡 熊凯辉，刘克明 SCSB-HN-1969
湖南：宁乡 熊凯辉，刘克明 SCSB-HN-1973
湖南：宁乡 熊凯辉，刘克明 SCSB-HN-2022
湖南：平江 刘克明，蔡秀珍，陈丰林 SCSB-HN-0903
湖南：平江 刘克明，蔡秀珍，陈丰林 SCSB-HN-0935
湖南：双峰 姜孝成，唐妹，陈峰林等 Jiangxc0623
湖南：望城 肖乐希，陈薇 SCSB-HN-0346
湖南：新宁 姜孝成，唐贵华，袁双艳等 SCSB-HNJ-0249
湖南：永定区 吴福川，查学州，余祥洪 66
湖南：永顺 陈功锡，张代贵，龚双骄等 249B
湖南：雨花区 田淑珍，陈薇 SCSB-HN-0339
湖南：长沙 陈薇，田淑珍 SCSB-HN-0218

湖南：资兴 肖乐希，蔡秀珍 SCSB-HN-0281
江苏：句容 王兆银，吴宝成 SCSB-JS0146
江西：黎川 童和平，王玉珍 TanCM3115
云南：禄劝 张挺，蔡杰，杜燕等 SCSB-A-000113
云南：盘龙区 王焕冲，马兴达 WangHCH023
云南：文山 何德明 WSLJS615
云南：西畴 税玉民，陈文红 80968
浙江：临安 李宏庆，田怀珍，刘国丽 Lihq0069
浙江：鄞州区 李宏庆，葛斌杰 Lihq0032

Pterocarya hupehensis Skan **湖北枫杨 ***
湖北：五峰 李平 AHL049
湖北：竹溪 李盛兰 GanQL1108
湖南：石门 陈功锡，张代贵，邓涛等 SCSB-HC-2007507

Pterocarya macroptera Batalin **甘肃枫杨 ***
云南：巧家 杨光明 SCSB-W-1182

Pterocarya macroptera var. **delavayi** (Franchet) W. E. Manning **云南枫杨 ***
云南：昌宁 赵玮 BSGLGSly159
云南：贡山 李恒，李嵘 807
云南：维西 杨亲二，袁琼 Yangqe2706
云南：云龙 李施文，张志云，段耀飞等 TC3007

Pterocarya macroptera var. **insignis** (Rehder & E. H. Wilson) W. E. Manning **华西枫杨 ***
贵州：道真 赵厚涛，韩国营 YBG041

Pterocarya stenoptera C. de Candolle **枫杨**
安徽：滁州 陈延松，吴国伟，洪欣 Zhousb0011
安徽：蜀山区 陈延松 Xuzd099
安徽：屯溪区 方建新 TangXS0693
贵州：镇宁 赵厚涛，韩国营 YBG007
湖北：神农架林区 李巨平 LiJuPing0113
湖北：五峰 李平 AHL050
湖北：竹溪 李盛兰 GanQL1072
湖南：道县 刘克明，陈薇 SCSB-HN-1012
湖南：衡山 刘克明，陈薇 SCSB-HN-0350
湖南：洪江 李胜华，伍贤进，刘光华等 Wuxj1035
湖南：江永 刘克明，田淑珍 SCSB-HN-0134
湖南：江永 姜孝成，唐贵华，潘孝武 SCSB-HNJ-0076
湖南：开福区 姜孝成，唐妹，尹恒等 SCSB-HNJ-0407
湖南：浏阳 刘克明，朱晓文 SCSB-HN-0421
湖南：平江 刘克明，旷强，刘洪新 SCSB-HN-0950
湖南：平江 刘克明，旷强，刘洪新 SCSB-HN-0965
湖南：桑植 吴福川，廖博儒，查学州等 43
湖南：石门 姜孝成，唐妹，宋灿等 Jiangxc0459
湖南：沅江 刘克明，肖乐希 SCSB-HN-0380
湖南：长沙 蔡秀珍，陈薇 SCSB-HN-0216
湖南：长沙 姜孝成，陈丰林 SCSB-HNJ-0373
湖南：资兴 肖乐希，蔡秀珍 SCSB-HN-0272
江苏：句容 王兆银，吴宝成 SCSB-JS0159
江西：修水 缪以清 TanCM632
辽宁：瓦房店 宫本胜 CaoW345
山东：崂山区 赵遵田，郑国伟，杜超等 Zhaozt0156
山东：牟平区 卞福花，卢学新，纪伟等 BianFH00062
四川：射洪 袁明 YUANM2016L178
云南：剑川 何彪 OuXK-0035
云南：文山 何德明 WSLJS618
云南：云龙 王文礼，冯欣，刘飞鹏 OUXK11020

Pterocarya tonkinensis (Franchet) Dode **越南枫杨**
四川：九龙 孔航辉，罗江平，左雷等 YangQE3437

Rhoiptelea chiliantha Diels & Handel-Mazzetti **马尾树**
贵州：丹寨 赵厚涛，韩国营 YBG002
云南：麻栗坡 肖波，陆章强 LuJL010
云南：屏边 楚永兴，杨正康，普华柱 Pbdws004
云南：文山 何德明，丰艳飞 WSLJS841
云南：西畴 张挺，李洪超，左定科 SCSB-B-000315

Juncaceae 灯心草科

灯心草科	世界	中国	种质库
属 / 种（种下等级）/ 份数	7/ ～ 450	2/92	2/47(48)/312

Juncus alatus Franchet & Savatier **翅茎灯心草**
安徽：屯溪区 方建新 TangXS0239
江西：庐山区 董安淼，吴从梅 TanCM1005
山东：海阳 张少华，张诏，王萍等 lilan580
山东：莱山区 卞福花，宋言贺 BianFH-475
山东：崂山区 罗艳，邓建平 LuoY260
四川：普格 苏涛，黄永江，杨青松等 ZhouZK11034
浙江：鄞州区 李宏庆，田怀珍，葛斌杰等 Lihq0209

Juncus allioides Franchet **葱状灯心草**
甘肃：卓尼 尹鑫，吴航，葛文静 LiuJQ-GN-2011-168
甘肃：卓尼 尹鑫，吴航，葛文静 LiuJQ-GN-2011-170
贵州：惠水 邹方伦 ZouFL0153
四川：道孚 何兴金，胡灏禹，黄德青 SCU-10-109
四川：得荣 孙航，李新辉，陈林杨 SunH-07ZX-3018
四川：峨眉山 李小杰 LiXJ500
四川：甘孜 孙航，张建文，董金龙等 SunH-07ZX-3930
四川：红原 张昌兵，邓秀华 ZhangCB0275
四川：九龙 孙航，张建文，董金龙等 SunH-07ZX-4025
四川：九寨沟 张挺，李爱花，刘成等 08CS857
四川：康定 苏涛，黄永江，杨青松等 ZhouZK11090
四川：康定 何兴金，冯图，廖晨阳等 SCU-080376
四川：康定 何兴金，高云东，王志新等 SCU-09-214
四川：理塘 张大才，尹五元，李双智等 ZhangDC-07ZX-2181
四川：理塘 陈家辉，刘亚辉，周妍等 YangYP-Q-2310
四川：理塘 苏涛，黄永江，杨青松等 ZhouZK11147
四川：理塘 陈文允，于文涛，黄永江 CYH032
四川：理塘 何兴金，胡灏禹，陈德友等 SCU-09-326
四川：乡城 陈家辉，刘亚辉，周妍等 YangYP-Q-2235
云南：贡山 刀志灵，陈哲 DZL-027
云南：巧家 杨光明 SCSB-W-1168
云南：巧家 郁文彬，任宗昕，艾洪莲等 SCSB-W-1034
云南：巧家 杨光明 SCSB-W-1261
云南：香格里拉 张书东，林娜娜，郁文彬等 SCSB-W-047
云南：香格里拉 陈家辉，刘亚辉，周妍等 YangYP-Q-2200
云南：香格里拉 周浙昆，苏涛，杨莹等 Zhou09-024
云南：永德 李永亮，杨金柱 YDDXSB004
云南：永德 李永亮 LiYL1542

Juncus amplifolius A. Camus **走茎灯心草**
甘肃：迭部 尹鑫，吴航，葛文静 LiuJQ-GN-2011-165
甘肃：玛曲 尹鑫，吴航，葛文静 LiuJQ-GN-2011-173
四川：稻城 陈家辉，刘亚辉，周妍等 YangYP-Q-2277
四川：小金 高云东，李忠荣，鞠文彬 GaoXF-12-116
云南：贡山 张挺，杨湘云，李涟漪等 14CS9647

Juncus articulatus Linnaeus **小花灯心草**
安徽：屯溪区 方建新 TangXS0860
新疆：阿克陶 杨赵平，黄文娟 TD-01724

新疆：阿图什 塔里木大学植物资源调查组 TD-00669
新疆：和静 杨赵平，焦培培，白冠章等 LiZJ0733
新疆：库尔勒 张挺，杨赵平，焦培培等 LiZJ0421
新疆：尼勒克 徐文斌，刘夤，马真等 SHI-A2007423
新疆：石河子 杨赵平，黄文娟，段黄金等 LiZJ0006
新疆：塔城 亚吉东，张桥蓉，秦少发等 16CS13857
新疆：温泉 徐文斌，黄雪姣 SHI-2008049
新疆：温泉 徐文斌，王莹 SHI-2008249
新疆：温宿 杨赵平，焦培培，白冠章等 LiZJ0790

Juncus atratus Krocker 黑头灯心草
新疆：和静 杨赵平，焦培培，白冠章等 LiZJ0708
新疆：托里 徐文斌，郭一敏 SHI-2009304
新疆：泽普 黄文娟，段黄金，王英鑫等 LiZJ0848

Juncus benghalensis Kunth 孟加拉灯心草
云南：香格里拉 郭永杰，张桥蓉，李春晓等 11CS3406

Juncus bufonius Linnaeus 小灯心草
重庆：南川区 易思荣，谭秋平 YISR405
甘肃：碌曲 李晓东，刘帆，张景博等 LiJ0184
甘肃：卓尼 尹鑫，吴航，葛文静 LiuJQ-GN-2011-169
河南：栾川 黄振英，于顺利，杨学军 Huangzy0009
河南：南召 黄振英，于顺利，杨学军 Huangzy0175
河南：嵩县 黄振英，于顺利，杨学军 Huangzy0105
黑龙江：嫩江 王臣，张欣欣，史传奇 WangCh289
吉林：镇赉 杨帆，马红媛，安丰华 SNA0136
江西：庐山区 董安淼，吴丛梅 TanCM3313
山东：海阳 张少华，张诏，王萍等 lilan581
陕西：神木 田先华 TianXH1133
四川：红原 张昌兵 ZhangCB0024
四川：射洪 袁明 YUANM2016L198
西藏：工布江达 卢洋，刘帆等 LiJ849
西藏：林芝 卢洋，刘帆等 LiJ821
西藏：墨脱 刘成，亚吉东，何华杰等 16CS11924
新疆：阿合奇 杨赵平，周禧琳，贺冰 LiZJ1903
新疆：和静 杨赵平，焦培培，白冠章等 LiZJ0716
新疆：塔什库尔干 黄文娟，段黄金，王英鑫等 LiZJ0368
新疆：托里 徐文斌，杨清理 SHI-2009219
新疆：乌恰 杨赵平，周禧琳，贺冰 LiZJ1316
云南：新平 胡启元，周兵，张绍云 YNS0858

Juncus castaneus Smith 栗花灯心草
吉林：磐石 安海成 AnHC092
四川：德格 张挺，李爱花，刘成等 08CS800
四川：九寨沟 张挺，李爱花，刘成等 08CS864
四川：理塘 苏涛，黄永江，杨青松等 ZhouZK11120
云南：宁蒗 任宗昕，周伟，何俊等 SCSB-W-933
云南：宁蒗 任宗昕，周伟，何俊等 SCSB-W-937

Juncus concinnus D. Don 雅灯心草
四川：德格 张挺，李爱花，刘成等 08CS822
四川：峨眉山 李小杰 LiXJ479
四川：康定 苏涛，黄永江，杨青松等 ZhouZK11085
四川：雅江 何兴金，王长宝，刘爽等 SCU-09-021
西藏：林芝 罗建，汪书丽 LiuJQ-09XZ-217
云南：大理 张书东，林娜娜，陆露等 SCSB-W-172
云南：丽江 张书东，林娜娜，陆露等 SCSB-W-072
云南：永德 李永亮，杨金柱 YDDXSB002

Juncus diastrophanthus Buchenau 星花灯心草
安徽：金寨 陈延松，欧祖兰，周虎 Xuzd163
安徽：屯溪区 方建新 TangXS0103
湖北：黄梅 刘淼 SCSB-JSA9
江西：黎川 童和平，王玉珍，常迪江等 TanCM2056
江西：庐山区 谭策铭，李秀枝 TanCM220
山东：崂山区 罗艳 LuoY111
上海：闵行区 李宏庆，殷鸽，杨灵霞 Lihq0174
四川：乐至 邓兴敏，邓秀发，张昌兵 ZCB0418
云南：景东 鲁艳 200849
云南：澜沧 胡启和，张绍云 YNS0947
云南：绿春 黄连山保护区科研所 HLS0240
云南：南涧 阿国仁，何贵才 NJWLS1102
云南：腾冲 周应再 Zhyz-465
云南：新平 何罡安 XPALSB190
云南：新平 自正尧 XPALSB229
云南：新平 谢天华，郎定富 XPALSA127
云南：彝良 伊廷双，杨杨，孟静 MJ-810
云南：永德 李永亮 YDDXS0363

Juncus effusus Linnaeus 灯心草
安徽：肥西 陈延松，陈翠兵，沈云 Xuzd060
安徽：石台 洪欣 ZhouSB0167
安徽：屯溪区 方建新 TangXS0241
安徽：芜湖 陈延松，唐成丰 Zhousb0137
贵州：独山 张文超 Yuanm042
黑龙江：海林 郑宝江，丁晓炎，王美娟等 ZhengBJ313
黑龙江：密山市 姜明，刘波 LiuB0009
湖北：五峰 李平 AHL018
湖北：宣恩 许玥，祝文志，刘志祥等 ShenZH7818
湖南：鹤城区 李胜华，伍贤进，曾汉元等 HHXY195
湖南：怀化 李胜华，伍贤进，曾汉元等 HHXY346
湖南：吉首 陈功锡，张代贵，邓涛等 SCSB-HC-2007332
湖南：永定区 吴福川，查学州 7075
江苏：句容 王兆银，吴宝成 SCSB-JS0103
江西：黎川 童和平，王玉珍 TanCM2375
山东：莱山区 卞福花，杨蕾蕾，谷胤征 BianFH-0120
山东：平邑 赵遵田 Zhaozt0258
陕西：镇坪 田先华，段晓珊，陆东舜 TianXH028
四川：峨眉山 李小杰 LiXJ100
四川：康定 何兴金，高云东，刘海艳等 SCU-20080421
四川：普格 苏涛，黄永江，杨青松等 ZhouZK11024
四川：石棉 彭华，向春雷，刘振稳等 P.H.5030
西藏：林芝 孙航，张建文，陈建国等 SunH-07ZX-2780
西藏：林芝 卢洋，刘帆等 LiJ773
西藏：林芝 陈家辉，韩希，王广艳等 YangYP-Q-4094
云南：大关 张挺，王培，肖良俊 SCSB-B-000526
云南：德钦 杨青松，星耀武，苏涛 ZhouZK-07ZX-0435
云南：洱源 杨青松，星耀武，苏涛 ZhouZK-07ZX-0300
云南：剑川 王文礼，冯欣，刘飞鹏 OUXK11242
云南：景东 鲁艳 07-101
云南：景东 罗忠华，刘长铭，鲁成荣 JD002
云南：景东 罗忠华，刘长铭，鲁成荣 JD003
云南：兰坪 杨青松，杨莹，黄永江等 ZhouZK-07ZX-0040
云南：澜沧 张绍云等 YNS1242
云南：龙陵 孙兴旭 SunXX130
云南：绿春 HLS0169
云南：南涧 罗新洪，阿国仁 NJWLS555
云南：宁洱 胡启和，仇亚，张绍云 YNS0904
云南：维西 王文礼，冯欣，刘飞鹏 OUXK11033
云南：文山 税玉民，陈文红 81164
云南：文山 税玉民，陈文红 81122
云南：西山区 税玉民，陈文红 65416

云南：西山区 税玉民，陈文红 65788
云南：西山区 税玉民，陈文红 65811
云南：香格里拉 杨青松，星耀武，苏涛 ZhouZK-07ZX-0353
云南：香格里拉 王文礼，冯欣，刘飞鹏 OUXK11224
云南：新平 谢雄，白少兵，罗田发 XPALSC106
云南：彝良 伊廷双，杨杨，孟静 MJ-798
云南：永德 李永亮 YDDXSB033
云南：永德 李永亮 YDDXS0372
云南：永德 李永亮 YDDXS0514
云南：元谋 冯欣 OuXK-0090
云南：沾益 彭华，陈丽 P.H.5966
云南：镇沅 何忠云 ALSZY392
浙江：鄞州区 李宏庆，田怀珍，葛斌杰等 Lihq0203

Juncus giganteus Samuelsson 巨灯心草 *
四川：甘孜 陈家辉，王赟，刘德团 YangYP-Q-3044

Juncus gracilicaulis A. Camus 细茎灯心草
云南：大理 张挺，李爱花，郭云刚等 SCSB-B-000079

Juncus gracillimus (Buchenau) V. I. Kreczetowicz & Gontscharow 扁茎灯心草
河北：桃城 牛玉璐，高彦飞，赵二涛 NiuYL383
黑龙江：带岭区 孙阎，吕军 SunY340
黑龙江：嫩江 王臣，张欣欣，史传奇 WangCh120
山东：莱山区 卞福花 BianFH-0185
山东：莱山区 卞福花，宋言贺 BianFH-457
山西：永济 张海博，刘明光，陈姣 Zhangf0208
陕西：神木 田先华 TianXH1103
新疆：托里 徐文斌，杨清理 SHI-2009165
新疆：托里 徐文斌，黄刚 SHI-2009299

Juncus grisebachii Buchenau 节叶灯心草
四川：康定 彭玉兰，涂卫国 Gaoxf-0861
云南：丽江 孙航，李新辉，陈林杨 SunH-07ZX-3139

Juncus heptopotamicus V. I. Kreczetowicz & Gontscharow 七河灯心草
新疆：阜康 王宏飞，王磊，黄振英 Beijing-huang-xjsm-0007
新疆：巩留 刘鸯，徐文斌，马真等 SHI-A2007251
新疆：巩留 马真，徐文斌，贺晓欢等 SHI-A2007213
新疆：塔什库尔干 杨赵平，黄文娟 TD-01759
新疆：托里 徐文斌，黄刚 SHI-2009026
新疆：托里 徐文斌，杨清理 SHI-2009237
新疆：温泉 徐文斌，许晓敏 SHI-2008054
新疆：乌鲁木齐 王喜勇，马文宝，施翔 zdy335
新疆：乌鲁木齐 王喜勇，马文宝，施翔 zdy380
新疆：乌鲁木齐 段士民，王喜勇，刘会良等 Zhangdy460
新疆：乌鲁木齐 王雷，王宏飞，黄振英 Beijing-huang-xjys-0007

Juncus himalensis Klotzsch 喜马灯心草
四川：九龙 孙航，张建文，董金龙等 SunH-07ZX-4018
四川：普格 苏涛，黄永江，杨青松等 ZhouZK11013
西藏：拉萨 卢洋，刘帆等 LiJ720
西藏：林芝 张挺，蔡杰，刘恩德等 SCSB-B-000488
西藏：林芝 毛康珊，任广朋，邹嘉宾 LiuJQ-QTP-2011-179
西藏：林芝 张大才，李双智，唐路等 ZhangDC-07ZX-1842

Juncus inflexus Linnaeus 片髓灯心草
西藏：林芝 张大才，李双智，唐路等 ZhangDC-07ZX-1857
新疆：塔城 亚吉东，张桥蓉，秦少发等 16CS13858
云南：景东 鲁艳 07-105
云南：文山 何德明，邵会昌，沈素娟 WSLJS444
云南：永德 李永亮 YDDXS0602

Juncus jinpingensis S. Y. Bao 金平灯心草 *
云南：永德 李永亮 YDDXS0373

Juncus kingii Rendle 金灯心草
四川：乡城 周浙昆，苏涛，杨莹等 Zhou09-118

Juncus leptospermus Buchenau 细子灯心草
云南：云龙 字建泽，杨六斤，李国宏等 TC1021

Juncus leucanthus Royle ex D. Don 甘川灯心草
四川：阿坝 蔡杰，张挺，刘成 10CS2548
云南：香格里拉 张挺，亚吉东，李明勤等 11CS3347

Juncus leucomelas Royle ex D. Don 长苞灯心草
新疆：和静 邱爱军，张玲，马帅 LiZJ1759
新疆：塔什库尔干 黄文娟，段黄金，王英鑫等 LiZJ0327
云南：东川区 蔡杰，郭永杰，吴之坤等 11CS2957
云南：香格里拉 王文礼，冯欣，刘飞鹏 OUXK11225

Juncus luzuliformis Franchet 分枝灯心草
四川：米易 袁明 MY333
云南：玉龙 孔航辉，任琛 Yangqe2758

Juncus megalophyllus S. Y. Bao 大叶灯心草 *
云南：香格里拉 周浙昆，苏涛，杨莹等 Zhou09-017

Juncus milashanensis A. M. Lu & Z. Y. Zhang 米拉山灯心草 *
西藏：墨竹工卡 李晖，边巴，徐爱国 lihui-Q-09-62

Juncus minimus Buchenau 矮灯心草
西藏：江达 陈家辉，王赟，刘德团 YangYP-Q-3085

Juncus ochraceus Buchenau 羽序灯心草
云南：贡山 张挺，杨湘云，李涟漪等 14CS9643

Juncus papillosus Franchet & Savatier 乳头灯心草
吉林：磐石 安海成 AnHC0369
山东：莱山区 卞福花，宋言贺 BianFH-493
山东：崂山区 罗艳 LuoY161

Juncus potaninii Buchenau 单枝灯心草 *
甘肃：玛曲 尹鑫，吴航，葛文静 LiuJQ-GN-2011-167

Juncus prismatocarpus R. Brown 笄石菖
山东：奎文区 辛晓伟，王林 Lilan797
四川：射洪 袁明 YUANM2016L188
西藏：波密 陈家辉，韩希，王东超等 YangYP-Q-4061
云南：景洪 彭华，向春雷，王泽欢 PengH8547
云南：澜沧 张绍云，仇亚，胡启和 YNS1252
云南：南涧 阿国仁，罗新洪，李敏等 NJWLS2008122
云南：普洱 仇亚，胡启和，周英 YNS0508
云南：普洱 胡启和，张绍云 YNS0601
云南：巧家 郁文彬，任宗昕，艾洪莲等 SCSB-W-1032
云南：腾冲 余新林，赵玮 BSGLGStc358

Juncus setchuensis Buchenau ex Diels 野灯心草
安徽：舒城 陈延松，欧祖兰，高秋晨等 Xuzd303
安徽：屯溪区 方建新 TangXS0104
贵州：威宁 邹方伦 ZouFL0292
湖北：黄梅 刘淼 SCSB-JSA15
湖北：兴山 张代贵 Zdg2737
湖北：竹溪 李盛兰 GanQL969
湖南：江华 刘克明，王成，欧阳书珍 SCSB-HN-0864
湖南：平江 刘克明，刘洪新 SCSB-HN-0957
湖南：宜章 刘克明，田淑珍，王成 SCSB-HN-0767
江苏：句容 吴宝成，王兆银 HANGYY8146
上海：李宏庆，田怀珍 Lihq0004
四川：宝兴 刘静 Y07122
四川：射洪 袁明 YUANM2016L206
云南：贡山 朱枫，张仲富，成梅 Wangsh-07ZX-042
云南：景东 张挺，李爱花，戚志洲等 SCSB-A-000108
云南：昆明 税玉民，陈文红 65769

云南：南涧 阿国仁 NJWLS1168
云南：宁蒗 苏涛，黄永江，杨青松等 ZhouZK11432
云南：巧家 李文虎，吴天抗，高顺勇等 QJYS0131
云南：巧家 杨光明 SCSB-W-1141
云南：腾冲 周应再 Zhyz-249
云南：文山 税玉民，陈文红 71843
云南：文山 税玉民，陈文红 71877
云南：新平 谢天华，郎定富 XPALSA125
云南：彝良 张挺，雷立公，王建军等 SCSB-B-000112

Juncus setchuensis var. **effusoides** Buchenau **假灯心草**
湖北：竹溪 李盛兰 GanQL444

Juncus sikkimensis J. D. Hooker **锡金灯心草**
四川：甘孜 张挺，李爱花，刘成等 08CS832

Juncus sphacelatus Decaisne **枯灯心草**
四川：德格 孙航，张建文，董金龙等 SunH-07ZX-3686
四川：普格 任宗昕，艾洪莲，张舒 SCSB-W-1416
西藏：波密 张大才，李双智，唐路等 ZhangDC-07ZX-1779
西藏：昌都 张挺，李爱花，刘成等 08CS758

Juncus tenuis Willdenow **坚被灯心草**
江西：庐山区 董安淼，吴从梅 TanCM1006
山东：崂山区 罗艳，母华伟，范兆飞 LuoY094
山东：长清区 步瑞兰，辛晓伟，程丹丹 Lilan736

Juncus thomsonii Buchenau **展苞灯心草**
甘肃：碌曲 李晓东，刘帆，张景博等 LiJ0113
甘肃：玛曲 尹鑫，吴航，葛文静 LiuJQ-GN-2011-171
甘肃：卓尼 尹鑫，吴航，葛文静 LiuJQ-GN-2011-172
青海：门源 吴玉虎 LJQ-QLS-2008-0182
青海：乌兰 潘建斌，杜维波，牛炳韬 Liujq-2011CDM-287
四川：稻城 李晓东，张景博，徐凌翔等 LiJ415
四川：德格 孙航，张建文，董金龙等 SunH-07ZX-3694
四川：甘孜 陈家辉，王赟，刘德团 YangYP-Q-3050
四川：康定 何兴金，高云东，刘海艳等 SCU-20080420
四川：理塘 李晓东，张景博，徐凌翔等 LiJ349
四川：马尔康 何兴金，冯图，廖晨阳等 SCU-080325
四川：小金 高云东，李忠荣，鞠文彬 GaoXF-12-079
西藏：林芝 陈家辉，韩希，王东超等 YangYP-Q-4031
西藏：日土 陈家辉，庄会富，刘德团等 Yangyp-Q-0117
新疆：塔什库尔干 黄文娟，段黄金，王英鑫等 LiZJ0341
新疆：乌恰 杨赵平，黄文娟，何刚 LiZJ1122
新疆：叶城 郭永杰，黄文娟，段黄金 LiZJ0233
云南：绿春 黄连山保护区科研所 HLS0078

Juncus triglumis Linnaeus **贴苞灯心草**
河北：涿鹿 牛玉璐，高彦飞，赵二涛 NiuYL357
四川：雅江 何兴金，郜鹏，彭禄等 SCU-11-377
云南：玉龙 孔航辉，任琛 Yangqe2757

Juncus wallichianus J. Gay ex Laharpe **针灯心草**
山东：牟平区 高德民，王萍，张颖颖等 Lilan620
四川：甘孜 陈文允，于文涛，黄永江 CYH131

Juncus yui S. Y. Bao **俞氏灯心草** *
云南：香格里拉 张挺，亚吉东，李明勤等 11CS3346
云南：香格里拉 张挺，亚吉东，李明勤等 11CS3349

Luzula campestris (Linnaeus) de Candolle **地杨梅**
云南：香格里拉 杨青松，星耀武，苏涛 ZhouZK-07ZX-0354
云南：永德 李永亮 LiYL1557

Luzula effusa Buchenau **散序地杨梅**
重庆：南川区 易思荣 YISR176
湖北：神农架林区 李巨平 LiJuPing0166
四川：峨眉山 李小杰 LiXJ077
云南：巧家 杨光明 SCSB-W-1143

Luzula jilongensis K. F. Wu **西藏地杨梅** *
云南：香格里拉 蔡杰，张挺，刘成等 11CS3249
云南：香格里拉 郭永杰，张桥蓉，李春晓等 11CS3476

Luzula multiflora (Ehrhart) Lejeune **多花地杨梅**
湖北：神农架林区 李巨平 LiJuPing0165
云南：景东 杨国平 07-56
云南：南涧 阿国仁 NJWLS1174
云南：南涧 阿国仁 NJWLS1533
云南：巧家 杨光明，李文虎，张书东 QJYS0249
云南：巧家 杨光明 SCSB-W-1134
云南：嵩明 蔡杰，廖琼，徐远杰等 SCSB-B-000085

Luzula oligantha Samuelsson **华北地杨梅**
河北：涉县 牛玉璐，王晓亮 NiuYL549
西藏：林芝 罗建，汪书丽 LiuJQ-09XZ-165
西藏：林芝 罗建，汪书丽 LiuJQ-09XZ-218

Luzula pallescens Swartz **淡花地杨梅**
吉林：磐石 安海成 AnHC055

Luzula plumosa E. Meyer **羽毛地杨梅**
湖北：仙桃 张代贵 Zdg3370
湖北：竹溪 李盛兰 GanQL382
江西：武宁 张吉华，张东红 TanCM2893
四川：理县 张昌兵，邓秀发 ZhangCB0398
云南：洱源 杨青松，杨莹，黄永江等 ZhouZK-07ZX-0026

Luzula rufescens Fischer **火红地杨梅**
黑龙江：嫩江 王臣，张欣欣，史传奇 WangCh13

Juncaginaceae 水麦冬科

水麦冬科	世界	中国	种质库
属 / 种（种下等级）/ 份数	3/25-35	1/2	1/2/60

Triglochin maritima Linnaeus **海韭菜**
甘肃：合作 郭淑青，杜品 LiuJQ-2012-GN-227
甘肃：碌曲 李晓东，刘帆，张景博等 LiJ0117
甘肃：卓尼 刘坤 LiuJQ-GN-2011-605
青海：德令哈 潘建斌，杜维波，牛炳韬 Liujq-2011CDM-308
青海：都兰 潘建斌，杜维波，牛炳韬 Liujq-2011CDM-158
青海：格尔木 冯虎元 LiuJQ-08KLS-120
青海：格尔木 潘建斌，杜维波，牛炳韬 Liujq-2011CDM-044
青海：门源 吴玉虎 LJQ-QLS-2008-0197
青海：囊谦 许炳强，周伟，郑朝汉 Xianh0044
四川：道孚 何兴金，胡灏禹，沈呈娟等 SCU-11-447
西藏：八宿 张永洪，王晓雄，周卓等 SunH-07ZX-1181
西藏：错那 罗建，林玲 LiuJQ11XZ107
西藏：朗县 罗建，汪书丽，任德智 L067
西藏：林芝 罗建，汪书丽，王国严 LiuJQ-09XZ-399
西藏：芒康 徐波，陈光富，陈林杨等 SunH-07ZX-1541
西藏：墨竹工卡 卢洋，刘帆等 LiJ894
西藏：日土 李晖，文雪梅，次旺加布等 Lihui-Q-0056
西藏：日土 陈家辉，庄会富，刘德团等 Yangyp-Q-0106
西藏：左贡 徐波，陈光富，陈林杨等 SunH-07ZX-0869
新疆：吉木乃 段士民，王喜勇，刘会良等 235
新疆：塔什库尔干 邱娟，冯建菊 LiuJQ0058
新疆：塔什库尔干 邱娟，冯建菊 LiuJQ0154
新疆：塔什库尔干 杨赵平，黄文娟 TD-01762
新疆：托里 徐文斌，郭一敏 SHI-2009166
新疆：托里 徐文斌，郭一敏 SHI-2009244

新疆：乌鲁木齐 王喜勇，马文宝，施翔 zdy314
新疆：乌鲁木齐 段士民，王喜勇，刘会良等 Zhangdy461
云南：香格里拉 杨亲二，袁琼 Yangqe1829

Triglochin palustris Linnaeus 水麦冬
甘肃：碌曲 李晓东，刘帆，张景博等 LiJ0185
甘肃：卓尼 刘坤 LiuJQ-GN-2011-604
青海：德令哈 潘建斌，杜维波，牛炳韬 Liujq-2011CDM-309
青海：都兰 潘建斌，杜维波，牛炳韬 Liujq-2011CDM-111
青海：格尔木 冯虎元 LiuJQ-08KLS-021
四川：道孚 何兴金，胡灏禹，沈呈娟等 SCU-11-473
四川：稻城 李晓东，张景博，徐凌翔等 LiJ412
四川：红原 张昌兵，邓秀华 ZhangCB0273
四川：若尔盖 刘坤 LiuJQ-GN-2011-603
西藏：措勤 李晖，卜海涛，边巴等 lihui-Q-09-16
西藏：林芝 罗建，汪书丽 LiuJQ-09XZ-277
西藏：日喀则 陈家辉，韩希，王东超等 YangYP-Q-4360
西藏：日土 李晖，文雪梅，次旺加布等 Lihui-Q-0054
西藏：日土 陈家辉，庄会富，刘德团等 Yangyp-Q-0093
西藏：日土 陈家辉，庄会富，刘德团等 Yangyp-Q-0107
新疆：阿勒泰 段士民，王喜勇，刘会良等 172
新疆：巩留 马真，徐文斌，贺晓欢等 SHI-A2007212
新疆：和静 邱爱军，张玲 LiZJ1855
新疆：和静 杨赵平，焦培培，白冠章等 LiZJ0712
新疆：和静 杨赵平，焦培培，白冠章等 LiZJ0718
新疆：和静 张玲 TD-01672
新疆：和田 冯建菊 Liujq-fjj-0109
新疆：呼图壁 段士民，王喜勇，刘会良 Zhangdy306
新疆：库尔勒 杨赵平，焦培培，白冠章等 LiZJ0648
新疆：尼勒克 段士民，王喜勇，刘会良 Zhangdy353
新疆：尼勒克 段士民，王喜勇，刘会良 Zhangdy370
新疆：塔什库尔干 邱娟，冯建菊 LiuJQ0037
新疆：塔什库尔干 黄文娟，段黄金，王英鑫等 LiZJ0348
新疆：温宿 杨赵平，焦培培，白冠章等 LiZJ0796
新疆：温宿 邱爱军，张玲 LiZJ1889
新疆：乌恰 杨赵平，周禧琳，贺冰 LiZJ1280
新疆：乌恰 杨赵平，黄文娟 TD-01875

Lamiaceae 唇形科

唇形科	世界	中国	种质库
属 / 种（种下等级）/ 份数	236/7173	96/970	82/390(434)/2636

Achyrospermum wallichianum (Bentham) Bentham ex J. D. Hooker 西藏鳞果草
西藏：墨脱 刘成，亚吉东，何华杰等 16CS11840

Acrocephalus indicus (N. Burman) Kuntze 尖头花
云南：澜沧 彭华，向春雷，陈丽 P.H.5779
云南：永德 李永亮 YDDXS0924

Agastache rugosa (Fischer & C. Meyer) Kuntze 藿香
北京：房山区 宋松泉 SCSB-C-0079
北京：海淀区 程立宝 SCSB-D-0057
北京：海淀区 宋松泉 SCSB-B-0038
北京：门头沟区 宋松泉 SCSB-E-0065
贵州：凯里 陈功锡，张代贵 SCSB-HC-2008089
河北：兴隆 宋松泉 SCSB-A-0035
黑龙江：虎林市 王庆贵 CaoW611
黑龙江：虎林市 王庆贵 CaoW635
黑龙江：尚志 郑宝江，丁晓炎，李月等 ZhengBJ180
湖北：五峰 李平 AHL088
湖南：江华 肖乐希，刘欣欣 SCSB-HN-0823A
湖南：江华 肖乐希，欧阳书珍 SCSB-HN-1183
湖南：宁乡 熊凯辉，刘克明 SCSB-HN-1951
湖南：宁乡 刘克明，熊凯辉 SCSB-HN-2207
湖南：湘乡 陈薇，朱香清，马仲辉 SCSB-HN-0485
吉林：临江 李长田 Yanglm0004
吉林：南关区 韩忠明 Yanglm0072
江西：铅山 谭策铭，易桂花 TCM09194
辽宁：庄河 于立敏 CaoW812
山东：牟平区 卞福花，卢学新，纪伟等 BianFH00039
四川：乐至 邓兴敏，邓秀发，张昌兵 ZCB0506
四川：米易 袁明 MY463
云南：景东 鲁艳 2008119
云南：南涧 徐家武，袁玉川，罗增阳 NJWLS627
云南：南涧 彭华，向春雷，陈丽 P.H.5918
云南：宁洱 胡启和，张绍云，周兵 YNS0963
云南：腾冲 余新林，赵玮 BSGLGStc020
云南：新平 彭华，向春雷，陈丽等 P.H.5580
云南：新平 自正尧 XPALSB257
云南：永胜 孙振华，王文礼，宋晓卿等 OuxK-YS-0019

Ajuga ciliata Bunge 筋骨草 *
重庆：南川区 易思荣 YISR150
山东：长清区 高德民，邵尉 Lilan947
四川：米易 袁明 MY264
四川：米易 袁明 MY308

Ajuga ciliata var. **glabrescens** Hemsley 微毛筋骨草 *
湖北：竹溪 李盛兰 GanQL384

Ajuga decumbens Thunberg 金疮小草
安徽：屯溪区 方建新 TangXS0204
江苏：句容 王兆银，吴宝成 SCSB-JS0077
江西：黎川 童和平，王玉珍 TanCM2337
江西：庐山区 董安淼，吴从梅 TanCM1532
四川：峨眉山 李小杰 LiXJ366

Ajuga forrestii Diels 痢止蒿 *
云南：永德 李永亮 YDDXS0263

Ajuga linearifolia Pampanini 线叶筋骨草 *
山东：牟平区 卞福花 BianFH-0178
山东：牟平区 卞福花，宋言贺 BianFH-450

Ajuga lupulina Maximowicz 白苞筋骨草 *
甘肃：合作 尹鑫，吴航，葛文静 LiuJQ-GN-2011-226
青海：门源 吴玉虎 LJQ-QLS-2008-0008
西藏：安多 陈家辉，庄会富，边巴扎西 Yangyp-Q-2064
西藏：八宿 张永洪，李国栋，王晓雄 SunH-07ZX-1755
西藏：芒康 徐波，陈光富，陈林杨等 SunH-07ZX-0217
西藏：那曲 陈家辉，庄会富，边巴扎西 Yangyp-Q-2115

Ajuga multiflora Bunge 多花筋骨草
山东：牟平区 卞福花，陈朋 BianFH-0284

Ajuga nipponensis Makino 紫背金盘
云南：景东 鲁艳 200846
云南：隆阳区 赵文李 BSGLGSly3059
云南：永德 李永亮 YDDXS1034
云南：永德 李永亮 YDDXS1081

Amethystea caerulea Linnaeus 水棘针
北京：门头沟区 李燕军 SCSB-E-0064
甘肃：夏河 尹鑫，吴航，葛文静 LiuJQ-GN-2011-230
甘肃：夏河 齐威 LJQ-2008-GN-292
河北：灵寿 牛玉璐，高彦飞，黄士良 NiuYL191

河北：赞皇 牛玉璐，郑博颖，黄士良等 NiuYL133
黑龙江：木兰 刘玫，张欣欣，程薪宇等 Liuetal320
黑龙江：尚志 郑宝江，丁晓炎，李月等 ZhengBJ171
黑龙江：五大连池 孙阎，杜景红，李鑫鑫 SunY220
湖北：英山 朱鑫鑫，王君 ZhuXX203
湖北：竹溪 李盛兰 GanQL561
吉林：磐石 安海成 AnHC0254
吉林：长岭 韩忠明 Yanglm0422
内蒙古：锡林浩特 张红香 ZhangHX107
山东：济南 张少华，王萍，张诏等 Lilan217
山东：牟平区 卞福花 BianFH-0246
四川：得荣 孙航，李新辉，陈林杨 SunH-07ZX-3056
四川：理县 张昌兵，邓秀发 ZhangCB0391
新疆：托里 亚吉东，张桥蓉，秦少发等 16CS13873
云南：德钦 孙航，李新辉，陈林杨 SunH-07ZX-3078
云南：香格里拉 孙航，李新辉，陈林杨 SunH-07ZX-3209
云南：香格里拉 杨亲二，袁琼 Yangqe2691

Anisochilus pallidus Wallich ex Bentham **异唇花**

云南：景谷 胡启和，周英，仇亚 YNS0652
云南：绿春 黄连山保护区科研所 HLS0058
云南：孟连 彭华，向春雷，陈丽 P.H.5857

Anisomeles indica (Linnaeus) Kuntze **广防风**

福建：福清 李宏庆，陈纪云，王双 Lihq0315
广西：都安 赵亚美 SCSB-JS0466
广西：龙胜 黄俞淞，朱章明，农冬新 Liuyan0256
广西：隆安 莫水松，杨金财，彭日成 Liuyan1108
广西：融水 许为斌，梁永延，黄俞淞等 Liuyan0183
广西：田林 彭华，许瑾，陈丽 P.H.5091
广西：钟山 黄俞淞，吴望辉，农冬新 Liuyan0262
海南：三亚 彭华，向春雷，陈丽 PengH8183
湖南：古丈 刘克明，朱晓文 SCSB-HN-0539
湖南：江永 蔡秀珍，田淑珍，肖乐希 SCSB-HN-0612
四川：米易 刘静，袁明 MY-213
西藏：墨脱 刘成，亚吉东，何华杰等 16CS11861
云南：安宁 所内采集组培训 SCSB-A-000127
云南：景东 鲁艳 2008110
云南：景东 罗忠华，刘长铭，鲁成荣等 JD037
云南：景东 彭华，陈丽 P.H.5456
云南：景谷 胡启和，周英，仇亚 YNS0650
云南：景谷 叶金科 YNS0278
云南：景洪 彭华，向春雷，王泽欢 PengH8477
云南：景洪 彭华，向春雷，王泽欢 PengH8510
云南：龙陵 孙兴旭 SunXX071
云南：隆阳区 段在贤，代如亮，赵玮 BSGLGSly051
云南：隆阳区 段在贤，杨采龙 BSGLGSly1025
云南：隆阳区 赵文李 BSGLGSly3030
云南：麻栗坡 肖波 LuJL195
云南：马关 税玉民，陈文红 16121
云南：蒙自 田学军，蔡龙华 TianXJ0190
云南：南涧 熊绍荣，李成清，邹国娟等 NJWLS2008102
云南：南涧 熊绍荣 NJWLS2008196
云南：腾冲 周应再 Zhyz-426
云南：文山 何德明，丰艳飞，韦荣彪等 WSLJS780
云南：新平 刘恩德，方伟，杜燕等 SCSB-B-000020
云南：新平 刘家良 XPALSD074
云南：新平 谢雄 XPALSC195
云南：新平 彭华，向春雷，陈丽 PengH8260
云南：新平 彭华，向春雷，陈丽 PengH8268
云南：新平 谢雄 XPALSC015
云南：新平 白绍斌 XPALSC334
云南：盈江 王立彦 SCSB-TBG-086
云南：永德 李永亮 LiYL1524
云南：永德 李永亮，马文军 YDDXSB170
云南：永德 李永亮 YDDXS0497
云南：元江 张挺，王建军，廖琼 SCSB-B-000242
云南：元江 刀志灵，陈渝，张洪喜 DZL-200
云南：云龙 李爱花，李洪超，黄天才等 SCSB-A-000205
云南：镇沅 罗成瑜 ALSZY115
云南：镇沅 朱恒 ALSZY138

Bostrychanthera deflexa Bentham **毛药花** *

安徽：黄山区 方建新 TangXS0697

Calamintha debilis (Bunge) Bentham **新风轮**

新疆：尼勒克 贺晓欢，徐文斌，刘鸯等 SHI-A2007366

Callicarpa arborea Roxburgh **木紫珠**

云南：沧源 李春华，熊友明，李华亮 CYNGH153
云南：沧源 赵金超，李春华，肖美芳 CYNGH292
云南：河口 田学军，杨建，高波等 TianXJ247
云南：河口 亚吉东，李涟漪 15CS11586
云南：景东 罗忠华，张明勇，段玉伟等 JD134
云南：隆阳区 段在贤，代如亮，赵玮 BSGLGSly053
云南：麻栗坡 肖波 LuJL376
云南：蒙自 税玉民，陈文红 72366
云南：宁洱 刀志灵 DZL587
云南：宁洱 胡启和，周英，张绍云 YNS0514
云南：宁洱 胡启和，仇亚 YNS0555
云南：屏边 钱良超，陆海兴，张照跃等 Pbdws096
云南：普洱 张绍云，仇亚，周英 YNS0504
云南：新平 彭华，向春雷，陈丽 PengH8267
云南：盈江 王立彦，徐桂华 SCSB-TBG-072
云南：永德 李永亮 YDDXS0713
云南：永德 李永亮 LiYL1408
云南：元阳 车鑫，亚吉东，秦少发等 YYGYS079

Callicarpa bodinieri H. Léveillé **紫珠**

安徽：绩溪 唐鑫生，方建新 TangXS0365
福建：武夷山 于文涛，陈旭东 YUWT026
广西：环江 胡仁传，廖云标等 Liuyan1068
广西：上思 叶晓霞，吴望辉，农冬新 Liuyan0353
贵州：铜仁 彭华，王英，陈丽 P.H.5219
贵州：望谟 邹方伦 ZouFL0060
湖北：五峰 李平 AHL093
湖北：宣恩 沈泽昊 HXE004
湖南：保靖 陈功锡，张代贵，邓涛等 SCSB-HC-2007372
湖南：洪江 李胜华，伍贤进，刘光华等 Wuxj1071
湖南：怀化 李胜华，伍贤进，曾汉元等 HHXY070
湖南：怀化 李胜华，伍贤进，曾汉元等 HHXY204
湖南：江华 肖乐希 SCSB-HN-0854
湖南：石门 陈功锡，张代贵，邓涛等 SCSB-HC-2007475
湖南：石门 陈功锡，张代贵，邓涛等 SCSB-HC-2007516
湖南：新化 姜孝成，唐贵华，田春娥 SCSB-HNJ-0183
湖南：新化 姜孝成，黄先辉，杨亚平等 SCSB-HNJ-0315
湖南：新化 黄先辉，杨亚平，卜剑超 SCSB-HNJ-0356
湖南：永顺 陈功锡，张代贵 SCSB-HC-2008201
湖南：永顺 陈功锡，张代贵 SCSB-HC-2008381
江苏：句容 吴宝成，王兆银 HANGYY8664
江西：庐山区 谭策铭，董安淼 TCM09114
江西：铅山 谭策铭，易桂花 TCM09202

江西：湾里区 杜小浪，慕泽泾，曹岚 DXL143
江西：修水 缪以清 TanCM1756
云南：金平 税玉民，陈文红 80538
云南：勐腊 赵相兴 A079
云南：孟连 彭华，向春雷，陈丽 P.H.5803
云南：双柏 彭华，向春雷，陈丽等 P.H.5551
云南：盈江 王立彦，左常盛，桂魏 SCSB-TBG-043

Callicarpa bodinieri var. rosthornii (Diels) Rehder 南川紫珠 *

广西：钟山 黄俞淞，吴望辉，农冬新 Liuyan0278

Callicarpa cathayana Chang 华紫珠 *

安徽：绩溪 唐鑫生，宋曰钦，方建新 TangXS0569
安徽：舒城 陈延松，欧祖兰，高秋晨等 Xuzd350
安徽：黟县 刘淼 SCSB-JSB67
广西：龙胜 黄俞淞，梁永延，叶晓霞 Liuyan0043
河南：浉河区 朱鑫鑫，王君，石琳琳等 ZhuXX310
湖北：竹溪 甘霖 GanQL641
江苏：句容 王兆银，吴宝成 SCSB-JS0249
江西：黎川 童和平，王玉珍 TanCM1932
江西：黎川 童和平，王玉珍 TanCM1898
江西：庐山区 谭策铭，董安淼 TanCM517
江西：庐山区 谭策铭，奚亚，徐玉荣 TanCM3409
云南：双柏 彭华，刘恩德，陈丽等 P.H.5481
浙江：鄞州区 李宏庆，葛斌杰，刘国丽等 Lihq0053

Callicarpa dichotoma (Loureiro) K. Koch 白棠子树

安徽：金寨 陈延松，欧祖兰，白雅洁 Xuzd178
安徽：休宁 方建新 TangXS0056
广西：全州 莫水松，刘静，胡仁传等 Liuyan1030
湖南：怀化 李胜华，伍贤进，曾汉元等 HHXY286
湖南：怀化 李胜华，伍贤进，曾汉元等 HHXY359
湖南：会同 李胜华，伍贤进，曾汉元等 Wuxj983
湖南：江华 肖乐希，刘欣欣 SCSB-HN-1188
湖南：江华 肖乐希 SCSB-HN-0874
湖南：平江 刘克明，田淑珍，陈丰林 SCSB-HN-0958
湖南：平江 刘克明，旷强，刘洪新 SCSB-HN-0982
湖南：桃源 陈功锡，张代贵 SCSB-HC-2008165
湖南：宜章 田淑珍 SCSB-HN-0807
湖南：沅陵 李胜华，伍贤进，刘光华等 Wuxj954
江西：武宁 张吉华，刘运群 TanCM739
山东：崂山区 罗艳，李中华 LuoY320
山东：崂山区 赵遵田，郑国伟，王海英等 Zhaozt0187
山东：牟平区 卞福花 BianFH-0260
山东：平邑 王萍，高德民，张诏等 lilan250
浙江：开化 李宏庆，熊申展，桂萍 Lihq0414

Callicarpa formosana Rolfe 杜虹花

广西：八步区 莫水松 Liuyan1044
云南：隆阳区 李恒，李嵘，刀志灵 1304
云南：绿春 刀志灵，张洪喜 DZL619

Callicarpa giraldii Hesse ex Rehder 老鸦糊 *

安徽：黄山区 方建新 TangXS0350
安徽：金寨 陈延松，欧祖兰，刘旭升 Xuzd177
安徽：宁国 洪欣，李中林 ZhouSB0241
贵州：威宁 邹方伦 ZouFL0319
湖南：平江 姜孝成 Jiangxc0602
江苏：南京 高兴 SCSB-JS0447
江西：庐山区 董安淼，吴从梅 TanCM959
陕西：长安区 王梅荣，田陌，田先华 TianXH124
云南：安宁 杜燕，黄天才，董勇等 SCSB-A-000353
云南：腾冲 李爱花，黄之镨，黄押稳等 SCSB-A-000307
云南：西盟 胡启和，赵强，周英等 YNS0774
云南：永德 李永亮 YDDXS6412

Callicarpa giraldii var. subcanescens Rehder 毛叶老鸦糊 *

云南：南涧 官有才，熊绍荣，张雄 NJWLS646
云南：永德 李永亮 YDDXS0412

Callicarpa integerrima Champion 全缘叶紫珠 *

江西：武宁 张吉华，张东红 TanCM3241

Callicarpa integerrima var. chinensis (P'ei) S. L. Chen 藤紫珠 *

广西：阳朔 吴望辉，许为斌，黄俞淞 Liuyan0429

Callicarpa japonica Thunberg 日本紫珠

安徽：黄山区 方建新 TangXS0349
安徽：石台 洪欣，王欧文 ZSB348
贵州：江口 彭华，王英，陈丽 P.H.5141
湖北：竹溪 李盛兰 GanQL807
湖南：桑植 陈功锡，廖博儒，查学州等 166
辽宁：庄河 于立敏 CaoW787
山东：崂山区 罗艳，李中华 LuoY408
山东：平邑 高德民，辛晓伟，张世尧等 Lilan831
上海：松江区 谭策铭，易桂花 TanCM557

Callicarpa kochiana Makino 枇杷叶紫珠

江西：星子 谭策铭，董安淼 TCM09056

Callicarpa kwangtungensis Chun 广东紫珠 *

江西：井冈山 兰国华 LiuRL088
江西：武宁 张吉华，刘运群 TanCM753

Callicarpa lingii Merrill 光叶紫珠 *

江西：井冈山 兰国华 LiuRL044
江西：修水 缪以清，胡建华 TanCM1763

Callicarpa loboapiculata Metcalf 尖萼紫珠 *

广西：兴安 吴望辉，吴磊，农冬新 Liuyan0503
湖南：浏阳 姜孝成，陈晓莲，周亮 Jiangxc0883

Callicarpa longifolia Lamarck 长叶紫珠

云南：景洪 谭运洪 B40
云南：勐腊 谭运洪 A302
云南：勐腊 谭运洪 A395
云南：镇沅 何忠云，王立东 ALSZY156

Callicarpa longipes Dunn 长柄紫珠 *

安徽：绩溪 唐鑫生，方建新 TangXS0385
广西：灵川 许为斌，黄俞淞，朱章明 Liuyan0454
广西：龙胜 黄俞淞，梁永延，叶晓霞等 Liuyan0055
贵州：安龙 彭华，许瑾，陈丽 P.H.5079

Callicarpa macrophylla Vahl 大叶紫珠

广西：隆安 莫水松，胡仁传，林春蕊 Liuyan1124
贵州：道真 赵厚涛，韩国营 YBG039
贵州：罗甸 邹方伦 ZouFL0034
云南：新平 白绍斌 XPALSC246
云南：永德 李永亮，马文军 YDDXSB150
云南：永德 李永亮 YDDXS0086
云南：元江 孙振华，王文礼，宋晓卿等 Ouxk-YJ-0023
云南：元阳 田学军，杨建，邱成书等 Tianxj0004
云南：镇沅 罗成瑜，乔永华 ALSZY307
云南：镇沅 张绍云，胡启和，仇亚等 YNS1182
云南：镇沅 朱恒 ALSZY140
云南：镇沅 张绍云，叶金科，仇亚 YNS1373

Callicarpa membranacea Chang 窄叶紫珠 *

安徽：休宁 唐鑫生，方建新 TangXS0388
湖北：保康 祝文志，刘志祥，曹远俊 ShenZH5756
陕西：宁陕 吴礼慧，汪力，田先华 TianXH546

Callicarpa nudiflora Vahl 裸花紫珠

广西：扶绥 许为斌，黄俞淞，梁永延等 Liuyan0195

Callicarpa poilanei Dop 白背紫珠

云南：河口 张贵良，白松民，蒋忠华 ZhangGL214

Callicarpa pseudorubella Chang 拟红紫珠 *

广西：防城港 许为斌，黄俞淞，梁永延等 Liuyan0232

广西：灵川 吴望辉，黄俞淞，农冬新 Liuyan0408

广西：上思 何海文，杨锦超 YANGXF0360

江西：井冈山 兰国华 LiuRL033

江西：黎川 杨文斌，饶云芳 TanCM1308

云南：贡山 聂泽龙，孟盈，邓涛 SunH-07ZX-2875

云南：隆阳区 段在贤，杨采龙 BSGLGS1y1024

云南：隆阳区 段在贤，蔡芝洪 BSGLGS1y1209

云南：绿春 税玉民，陈文红 72934

云南：南涧 高国政，徐汝彪，李成清等 NJWLS2008275

云南：文山 韦荣彪，何德明 WSLJS633

云南：新平 张云德，李俊友 XPALSC130

云南：永德 李永亮 YDDXS0856

云南：镇沅 罗成瑜 ALSZY412

Callicarpa rubella Lindley 红紫珠

广西：来宾 许玥，祝文志，刘志祥等 ShenZH8114

湖北：利川 许玥，祝文志，刘志祥等 ShenZH7880

湖南：江永 蔡秀珍，田淑珍，肖乐希 SCSB-HN-0607

湖南：新化 姜孝成，唐妹，戴小军等 Jiangxc0562

四川：米易 袁明 MY167

云南：沧源 李春华，肖美芳，钟明 CYNGH144

云南：沧源 赵金超 CYNGH022

云南：沧源 赵金超，李春华 CYNGH327

云南：沧源 赵金超，杨红强，田立新 CYNGH025

云南：贡山 刘成，何华杰，黄莉等 14CS8539

云南：河口 张贵良，杨鑫峰，陶美英等 ZhangGL085

云南：金平 喻智勇，官兴永，张云飞等 JinPing82

云南：景东 鲁艳 07-121

云南：景东 罗忠华，刘长铭，鲁成荣等 JD094

云南：景东 谢有能，刘长铭，段玉伟等 JDNR048

云南：景洪 彭志仙 YNS0257

云南：龙陵 孙兴旭 SunXX034

云南：隆阳区 赵玮，莫连贤，段在贤 BSGLGS1y029

云南：绿春 HLS0153

云南：绿春 刀志灵，张洪喜 DZL609

云南：麻栗坡 肖波 LuJL068

云南：蒙自 税玉民，陈文红 72398

云南：勐海 谭运洪，余涛 B328

云南：屏边 楚永兴，普华柱 Pbdws031

云南：屏边 钱良超，康远勇 Pbdws135

云南：屏边 钱良超，陆海兴，康远勇等 Pbdws185

云南：谭运洪 B45

云南：腾冲 周应再 Zhyz-082

云南：新平 张学林，罗正权 XPALSD082

云南：永德 杨金荣，李任斌，王学军等 YDDXSA005

云南：元阳 浦仕梅，刘成，杨娅娟等 YYGYS017

云南：元阳 田学军，杨建，邱成书等 Tianxj0057

云南：镇沅 朱恒 ALSZY058

Callicarpa rubella var. **subglabra** (P'ei) Chang 秃红紫珠 *

湖南：双牌 姜孝成，王丽萍，李育华 Jiangxc0855

江西：庐山区 董安淼，吴丛梅 TanCM3361

浙江：鄞州区 李宏庆，葛斌杰，刘国丽 Lihq0103

Callicarpa yunnanensis W. Z. Fang 云南紫珠

云南：南涧 官有才，熊绍荣，张雄 NJWLS642

Caryopteris bicolor (Roxburgh ex Hardwicke) Mabberley 香莸

云南：禄劝 蔡杰，张挺 14CS9036

Caryopteris divaricata Maximowicz 莸

江西：修水 缪以清，胡建华 TanCM1751

云南：江城 张绍云，胡启和 YNS1240

云南：易门 彭华，向春雷，王泽欢 PengH8386

Caryopteris forrestii Diels 灰毛莸 *

西藏：八宿 陈家辉，王赟，刘德团 YangYP-Q-3291

西藏：察雅 张挺，李爱花，刘成等 08CS722

西藏：芒康 张永洪，王晓雄，周卓等 SunH-07ZX-0550

云南：大理 张德全，王应龙，文青华等 ZDQ102

云南：德钦 王文礼，冯欣，刘飞鹏 OUXK11177

云南：德钦 杨亲二，袁琼 Yangqe2530

云南：会泽 杜燕，黄天才，董勇等 SCSB-A-000322

云南：巧家 李文虎，高顺勇，吴天抗等 QJYS0016

Caryopteris forrestii var. **minor** P'ei & S. L. Chen ex C. Y. Wu et al. 小叶灰毛莸 *

四川：得荣 孙航，李新辉，陈林杨 SunH-07ZX-3062

Caryopteris incana (Thunberg ex Houttuyn) Miquel 兰香草

湖北：竹溪 李盛兰 GanQL141

江西：黎川 童和平，王玉珍，常迪江等 TanCM2096

江西：庐山区 谭策铭，董安淼 TanCM546

江西：武宁 张吉华，张东红 TanCM2962

Caryopteris mongholica Bunge 蒙古莸

内蒙古：海勃湾区 刘博，蒲拴莲，刘润宽等 M325

内蒙古：赛罕区 蒲拴莲，刘润宽，刘毅等 M276

宁夏：银川 牛有栋，李出山 ZuoZh098

Caryopteris paniculata C. B. Clarke 锥花莸

云南：腾冲 余新林，赵玮 BSGLGStc207

Caryopteris tangutica Maximowicz 光果莸 *

甘肃：夏河 刘坤 LiuJQ-GN-2011-613

河北：邢台 牛玉璐，高彦飞，赵二涛 NiuYL277

陕西：长安区 田阳，田先华 TianXH535

四川：康定 范邓妹 SunH-07ZX-2259

四川：小金 高云东，李忠荣，鞠文彬 GaoXF-12-098

Caryopteris terniflora Maximowicz 三花莸 *

湖北：竹溪 李盛兰 GanQL924

四川：射洪 袁明 YUANM2015L070

Caryopteris trichosphaera W. W. Smith 毛球莸 *

西藏：昌都 许炳强，周伟，郑朝汉 Xianh0350

西藏：昌都 陈家辉，王赟，刘德团 YangYP-Q-3129

Chaiturus marrubiastrum (Linnaeus) Spenner 鬃尾草

新疆：石河子 亚吉东，张桥蓉，秦少发等 16CS13201

Chamaesphacos ilicifolius Schrenk ex Fischer & C. A. Meyer 矮刺苏

新疆：霍城 亚吉东，张桥蓉，胡枭剑 16CS13122

新疆：石河子 谭敦炎，邱娟 TanDY0076

Chelonopsis albiflora Pax & K. Hoffmann ex Limpricht 白花铃子香 *

西藏：加查 许炳强，童毅华 XiaNh-07zx-730

Chelonopsis chekiangensis C. Y. Wu 浙江铃子香 *

江西：武宁 张吉华，刘运群 TanCM797

Chelonopsis souliei (Bonati) Merrill 轮叶铃子香 *

西藏：芒康 张大才，李双智，罗康等 SunH-07ZX-1289

Clerodendranthus spicatus (Thunberg) C. Y. Wu ex H. W. Li 肾茶

云南：梁河 郭永杰，李涟漪，聂细转 12CS5217

Clerodendrum bracteatum Wallich ex Walpers 苞花大青

云南：贡山 刀志灵 DZL332

Clerodendrum bungei Steudel **臭牡丹**

湖南：怀化 李胜华，伍贤进，曾汉元等 HHXY223
湖南：江华 肖乐希 SCSB-HN-0875
湖南：江永 姜孝成，唐贵华，潘孝武 SCSB-HNJ-0026
湖南：平江 刘克明，吴惊香 SCSB-HN-0992
湖南：石门 姜孝成，唐妹，陈显胜等 Jiangxc0454
湖南：新宁 姜孝成，唐贵华，袁双艳等 SCSB-HNJ-0260
湖南：永定区 陈功锡，吴福川，林永惠等 1
四川：乐至 邓兴敏，邓秀发，张昌兵 ZCB0481
云南：河口 田学军，杨建，高波等 TianXJ250
云南：金平 喻智勇，官兴永，张云飞等 JinPing27
云南：景东 罗忠华，刘长铭，鲁成荣等 JD107
云南：景洪 张挺，谭运洪，王建军等 SCSB-B-000263
云南：景洪 彭华，向春雷，王泽欢 PengH8539
云南：丽江 张书东，林娜娜，陆露等 SCSB-W-144
云南：腾冲 周应再 Zhyz-107
云南：新平 谢雄，王家和，白少兵 XPALSC112
云南：新平 刘家良 XPALSD272
云南：盈江 王立彦，左常盛，桂魏 SCSB-TBG-041
云南：永德 李永亮 LiYL1070
云南：永德 李永亮 YDDXS0107
云南：镇沅 朱恒 ALSZY128
云南：镇沅 罗成瑜 ALSZY469

Clerodendrum chinense (Osbeck) Mabberley **重瓣臭茉莉**

云南：勐腊 张顺成 A101

Clerodendrum chinense var. **simplex** (Moldenke) S. L. Chen **臭茉莉** *

云南：屏边 钱良超，陆海兴，张照跃等 Pbdws153
云南：永德 李永亮，马文军 YDDXSB236

Clerodendrum colebrookianum Walpers **腺茉莉**

云南：福贡 李恒，李嵘，刀志灵 1123
云南：景东 鲁艳 07-180
云南：龙陵 孙兴旭 SunXX083
云南：绿春 黄连山保护区科研所 HLS0424
云南：南涧 官有才，熊绍荣，张雄 NJWLS651
云南：南涧 熊绍荣，潘继云，邹国娟等 NJWLS2008106
云南：普洱 叶金科 YNS0303
云南：新平 谢天华，李应富，郎定富 XPALSA036

Clerodendrum cyrtophyllum Turczaninow **大青**

安徽：黄山区 唐鑫生，方建新 TangXS0419
安徽：舒城 陈延松，欧祖兰，高秋晨等 Xuzd287
广西：贺州 姜孝成，王丽萍，鲁长青 Jiangxc0668
广西：龙胜 黄俞淞，梁永延，叶晓霞 Liuyan0056
湖南：东安 姜孝成，唐贵华，潘孝武 SCSB-HNJ-0089
湖南：鹤城区 伍贤进，李胜华，曾汉元等 HHXY140
湖南：衡山 刘克明，田淑珍，陈薇 SCSB-HN-0234
湖南：怀化 李胜华，伍贤进，曾汉元等 HHXY219
湖南：怀化 李胜华，伍贤进，曾汉元等 HHXY379
湖南：南岳区 刘克明，相银龙，周磊 SCSB-HN-1399
湖南：双牌 姜孝成，王丽萍，李育华 Jiangxc0830
湖南：新宁 姜孝成，唐贵华，袁双艳等 SCSB-HNJ-0223
湖南：资兴 熊凯辉，王得刚，盛波 SCSB-HN-2105
江苏：宜兴 李宏庆，田怀珍，葛斌杰等 Lihq0262
江西：黎川 童和平，王玉珍 TanCM3117
江西：庐山区 谭策铭，董安淼 TanCM460
云南：麻栗坡 肖波 LuJL182

Clerodendrum japonicum (Thunberg) Sweet **赪桐**

湖南：新宁 姜孝成，唐贵华，袁双艳等 SCSB-HNJ-0283
云南：勐腊 谭运洪 A141

Clerodendrum kaichianum Hsu **浙江大青** *

安徽：歙县 宋曰钦，方建新，张恒 TangXS0702

Clerodendrum longilimbum P'ei **长叶大青**

云南：大关 张挺，雷立公，王建军等 SCSB-B-000131

Clerodendrum mandarinorum Diels **海通**

湖北：宣恩 沈泽昊 HXE102
湖南：洞口 肖乐希，唐光波，谢江等 SCSB-HN-1548
湖南：洪江 李胜华，伍贤进，刘光华等 Wuxj1044
湖南：双牌 姜孝成，王丽萍，李育华 Jiangxc0862
湖南：新化 刘克明，彭珊，李珊等 SCSB-HN-1659
湖南：炎陵 刘应迪，孙秋妍，陈珮珮 SCSB-HN-1527
江西：修水 缪以清，梁荣文 TanCM656
云南：屏边 楚永兴，陶国权 Pbdws018
云南：文山 何德明，潘海仙 WSLJS519
云南：文山 何德明 WSLJS590

Clerodendrum peii Moldenke **长梗大青** *

云南：绿春 黄连山保护区科研所 HLS0458
云南：元阳 亚吉东，黄莉，何华杰 15CS11255
云南：镇沅 何忠云，王立东 ALSZY091

Clerodendrum trichotomum Thunberg **海州常山**

贵州：丹寨 赵厚涛，韩国营 YBG015
湖北：保康 祝文志，刘志祥，曹远俊 ShenZH5757
湖北：五峰 李平 AHL030
湖北：竹溪 李盛兰 GanQL770
湖南：新宁 姜孝成，唐贵华，袁双艳等 SCSB-HNJ-0292
江苏：海州区 汤兴利 HANGYY8455
江苏：玄武区 顾子霞 HANGYY8674
辽宁：庄河 于立敏 CaoW821
山西：夏县 廉凯敏，张丽，赵璐璐 Zhangf0039
陕西：略阳 田先华，王梅荣，刘全军 TianXH1177
云南：河口 张贵良，张贵生，陶英美等 ZhangGL074
云南：腾冲 周应再 Zhyz-287
云南：新平 刘家良 XPALSD051
云南：新平 谢天华，郎定富，李应富 XPALSA151
云南：沾益 彭华，陈丽 P.H. 5968

Clerodendrum yunnanense Hu ex Handel-Mazzetti **滇常山** *

云南：河口 张贵良，杨鑫峰，陶美英 ZhangGL189
云南：河口 张贵良，杨鑫峰，陶美英等 ZhangGL108

Clerodendrum yunnanense var. **linearilobum** S. L. Chen & G. Y. Sheng **线齿滇常山** *

云南：红河 彭华，向春雷，陈丽 PengH8243

Clinopodium chinense (Bentham) Kuntze **风轮菜**

安徽：屯溪区 方建新 TangXS0040
福建：武夷山 于文涛，陈旭东 YUWT034
贵州：花溪区 邹方伦 ZouFL0017
河北：蔚县 牛玉璐，高彦飞，黄士良 NiuYL209
湖北：五峰 李平 AHL048
湖北：竹溪 李盛兰 GanQL323
湖南： 陈功锡，张代贵 SCSB-HC-2008157
湖南：石门 陈功锡，张代贵，邓涛等 SCSB-HC-2007542
湖南：永定区 吴福川 7029
湖南：永顺 陈功锡，张代贵 SCSB-HC-2008047
吉林：临江 李长田 Yanglm0009
山东：牟平区 卞福花，陈朋 BianFH-0381
山西：沁水 连俊强，赵璐璐，廉凯敏 Zhangf0011
四川：丹巴 高云东，李忠荣，鞠文彬 GaoXF-12-148

四川：稻城 何兴金，高云东，王志新等 SCU-09-252
四川：米易 刘静，袁明 MY-071
四川：射洪 袁明 YUANM2016L151
四川：射洪 袁明 YUANM2016L210
四川：盐源 任宗昕，艾洪莲，张舒 SCSB-W-1435
四川：盐源 苏涛，黄永江，杨青松等 ZhouZK11398
云南：东川区 彭华，向春雷，王泽欢 PengH8024
云南：洱源 杨青松，杨莹，黄永江等 ZhouZK-07ZX-0248
云南：贡山 许炳强，吴兴，李婧等 XiaNh-07zx-052
云南：兰坪 杨青松，杨莹，黄永江等 ZhouZK-07ZX-0018
云南：麻栗坡 税玉民，陈文红 72040
云南：盘龙区 彭华，向春雷，王泽欢 PengH8412
云南：巧家 郁文彬，张舒，艾洪莲等 SCSB-W-1010
云南：巧家 郁文彬，任宗昕，艾洪莲等 SCSB-W-1042
云南：巧家 郁文彬，任宗昕，艾洪莲等 SCSB-W-1092
云南：思茅区 胡启和，周兵，仇亚 YNS0896
云南：香格里拉 周浙昆，苏涛，杨莹等 Zhou09-035
浙江：余杭区 葛斌杰 Lihq0236

Clinopodium confine (Hance) Kuntze 邻近风轮菜
安徽：屯溪区 方建新 TangXS0859
江西：庐山区 董安淼，吴丛梅 TanCM2571
四川：峨眉山 李小杰 LiXJ235
四川：天全 何兴金，李琴琴，马祥光等 SCU-09-103

Clinopodium discolor (Diels) C. Y. Wu & Hsuan ex H. W. Li 异色风轮菜 *
西藏：芒康 张永洪，李国栋，王晓雄 SunH-07ZX-1741
西藏：左贡 徐波，陈光富，陈林杨等 SunH-07ZX-2055

Clinopodium gracile (Bentham) Matsumura 细风轮菜
安徽：屯溪区 方建新 TangXS0240
重庆：南川区 易思荣，谭秋平 YISR392
湖北：神农架林区 李巨平 LiJuPing0083
湖北：竹溪 李盛兰 GanQL322
湖南：吉首 张代贵 Zdg1264
湖南：新宁 姜孝成，唐贵华，袁双艳等 SCSB-HNJ-0203
江西：黎川 童和平，王玉珍 TanCM2345
江西：庐山区 董安淼，吴从梅 TanCM1015
上海：松江区 葛斌杰，刘国丽 Lihq0186
四川：峨眉山 李小杰 LiXJ154
四川：峨眉山 李小杰 LiXJ361
四川：射洪 袁明 YUANM2015L142
四川：汶川 何兴金，李琴琴，赵丽华等 SCU-09-508
云南：富民 彭华，刘恩德，向春雷 P.H.6037
云南：景洪 胡启和，仇亚，周英等 YNS0683
云南：绿春 黄连山保护区科研所 HLS0092
云南：麻栗坡 肖波 LuJL236
云南：勐海 彭华，向春雷，陈丽等 P.H.5740
云南：南涧 罗新洪，阿国仁 NJWLS546
云南：南涧 阿国仁 NJWLS1134
云南：思茅区 胡启和，仇亚，张绍云 YNS0822
云南：文山 何德明，丰艳飞，余金辉 WSLJS942
云南：镇沅 王立东，何忠云，罗成瑜 ALSZY177

Clinopodium longipes C. Y. Wu & Hsuan ex H. W. Li 长梗风轮菜 *
四川：峨眉山 李小杰 LiXJ176

Clinopodium megalanthum (Diels) C. Y. Wu & Hsuan ex H. W. Li 寸金草 *
四川：道孚 高云东，李忠荣，鞠文彬 GaoXF-12-166
四川：峨眉山 李小杰 LiXJ006
四川：泸定 高云东，李忠荣，鞠文彬 GaoXF-12-193
四川：马尔康 高云东，李忠荣，鞠文彬 GaoXF-12-054
云南：隆阳区 赵玮 BSGLGSly163
云南：弥渡 张德全，杨思秦，陈金虎等 ZDQ163
云南：香格里拉 陈文允，于文涛，黄永江等 CYHL212
云南：新平 刘家良 XPALSD270

Clinopodium polycephalum (Vaniot) C. Y. Wu & Hsuan ex P. S. Hsu 灯笼草 *
安徽：金寨 陈延松，欧祖兰，刘旭升 Xuzd142
安徽：祁门 唐鑫生，方建新 TangXS0449
贵州：江口 彭华，王英，陈丽 P.H.5137
湖北：仙桃 张代贵 Zdg2916
湖北：宣恩 祝文志，刘志祥，曹远俊 ShenZH0079
湖南：沅陵 李胜华，伍贤进，刘光华等 Wuxj894
江西：黎川 童和平，王玉珍 TanCM1940
陕西：长安区 田先华，田陌 TianXH1162
四川：峨眉山 李小杰 LiXJ141
四川：理塘 李晓东，张景博，徐凌翔等 LiJ334
四川：射洪 袁明 YUANM2015L111
西藏：林芝 罗建，汪书丽 LiuJQ-09XZ-163
云南：澄江 伊廷双，孟静，杨杨 MJ-912A
云南：鹤庆 张书东，林娜娜，陆露等 SCSB-W-160
云南：景东 鲁艳 200826
云南：景东 鲁成荣，谢有能，张明勇 JD046
云南：景东 鲁成荣，谢有能，张明勇 JD049
云南：南涧 阿国仁，熊绍荣，邹国娟等 NJWLS2008038
云南：屏边 税玉民，陈文红 82525
云南：腾冲 周应再 Zhyz-158
云南：腾冲 周应再 Zhyz-461
云南：维西 陈文允，于文涛，黄永江等 CYHL012
云南：文山 何德明，张挺，蔡杰 WSLJS577
云南：新平 罗田发，王家和 XPALSC062
云南：新平 谢天华，郎定富 XPALSA118
云南：永德 李永亮 YDDXS0199

Clinopodium repens (Buchanan-Hamilton ex D. Don) Bentham 匍匐风轮菜
湖北：英山 朱鑫鑫，王君 ZhuXX044
湖北：竹溪 李盛兰 GanQL425
湖南：江华 肖乐希，王成 SCSB-HN-1186
湖南：平江 吴惊香 SCSB-HN-0943
江西：庐山区 董安淼，吴从梅 TanCM1091
四川：峨眉山 李小杰 LiXJ104
四川：冕宁 孙航，张建文，董金龙等 SunH-07ZX-4061
四川：射洪 袁明 YUANM2016L111
西藏：八宿 张永洪，王晓雄，周卓等 SunH-07ZX-1699
西藏：错那 罗建，林玲 LiuJQ11XZ122
西藏：工布江达 罗建，汪书丽，任德智 LiuJQ-09XZ-ML075
西藏：林芝 罗建，汪书丽 LiuJQ-08XZ-087
云南：德钦 王文礼，冯欣，刘飞鹏 OUXK11189
云南：东川区 蔡杰，郭永杰，吴之坤等 11CS2990
云南：洱源 杨青松，星耀武，苏涛 ZhouZK-07ZX-0309
云南：贡山 郭永杰，吴之坤，吴兴等 14CS9895
云南：南涧 徐家武，袁立川，罗增阳等 NJWLS2008168
云南：巧家 杨光明，颜再奎，张天壁等 QJYS0064
云南：巧家 李文虎，吴天抗，张天壁等 QJYS0159
云南：嵩明 张挺，周静，方伟 SCSB-A-000003
云南：云龙 赵玉贵，李占兵，张吉平等 TC2037

Clinopodium urticifolium (Hance) C. Y. Wu & Hsuan ex H. W.

Li 麻叶风轮菜
安徽：屯溪区 方建新 TangXS0788
甘肃：夏河 齐威 LJQ-2008-GN-302
吉林：磐石 安海成 AnHC0145
江西：庐山区 董安淼，吴从梅 TanCM1056
江西：庐山区 董安淼，吴丛梅 TanCM2554
四川：道孚 余岩，周春景，秦汉涛 SCU-11-013

Colebrookea oppositifolia Smith 羽萼木
云南：景东 鲁艳 200856
云南：绿春 黄连山保护区科研所 HLS0379
云南：永德 李永亮 YDDXS1001
云南：元江 刀志灵，陈渝 DZL-192

Coleus bracteatus Dunn 光萼鞘蕊花 *
云南：永德 李永亮 LiYL1381

Coleus esquirolii (H. Léveillé) Dunn 毛萼鞘蕊花 *
云南：南涧 熊绍荣 NJWLS438
云南：文山 何德明 WSLJS536
云南：文山 蔡杰，张挺 12CS5625
云南：文山 彭华，刘恩德，陈丽 P.H.6029

Coleus scutellarioides (Linnaeus) Bentham 五彩苏
云南：澜沧 张绍云，胡启和，仇亚等 YNS1118

Coleus scutellarioides var. **crispipilus** (Merrill) H. Keng 小五彩苏
云南：金平 喻智勇，张云飞，谷翠莲等 JinPing94
云南：永德 李永亮 YDDXS0875

Colquhounia coccinea var. **mollis** (Schlechtendal) Prain 火把花
云南：永德 李永亮 YDDXS0032
云南：永德 李永亮 YDDXS0039

Colquhounia elegans Wallich ex Bentham 秀丽火把花
云南：永德 李永亮 YDDXS0060

Comanthosphace ningpoensis (Hemsley) Handel-Mazzetti 绵穗苏 *
湖北：英山 朱鑫鑫，甄爱国，孙增朋等 ZhuXX121

Congea tomentosa Roxburgh 绒苞藤
云南：永德 李永亮 YDDXS0155

Craniotome furcata (Link) Kuntze 簇序草
四川：米易 刘静，袁明 MY-202
西藏：墨脱 刘成，亚吉东，何华杰等 16CS11942
云南：沧源 赵金超，杨红强 CYNGH425
云南：贡山 郭永杰，吴之坤，吴兴等 14CS9843
云南：贡山 张挺，杨湘云，李涟漪等 14CS8998
云南：景东 张绍云，胡启和，仇亚等 YNS1165
云南：景东 刘长铭，荣理德，刘乐 JDNR127
云南：龙陵 孙兴旭 SunXX152
云南：隆阳区 段在贤，刘绍纯，钟华勇 BSGLGSly066
云南：绿春 李正明，杨玉开 HLS0320
云南：麻栗坡 肖波 LuJL237
云南：南涧 阿国仁，熊绍荣，邹国娟等 NJWLS2008030
云南：南涧 徐家武，袁玉川，罗增阳 NJWLS625
云南：南涧 彭华，向春雷，陈丽 P.H.5908
云南：腾冲 周应再 Zhyz-510
云南：腾冲 余新林，赵玮 BSGLGStc076
云南：腾冲 周应再 Zhyz-172
云南：文山 何德明，韦荣彪，黄太文 WSLJS786
云南：西畴 彭华，刘恩德，陈丽 P.H.5537
云南：新平 刘家良 XPALSD295
云南：新平 何罡安 XPALSB110
云南：盈江 王立彦，刀江飞，尹可欢 SCSB-TBG-150
云南：永德 李永亮，马文军 YDDXSB250
云南：云龙 郭永杰，王杨飞，李施文等 TC4017

Dracocephalum bipinnatum Ruprecht 羽叶枝子花
新疆：尼勒克 贺晓欢，徐文斌，刘鸯等 SHI-A2007397
新疆：特克斯 亚吉东，张桥蓉，秦少发等 16CS13456
新疆：温泉 徐文斌，许晓敏 SHI-2008187

Dracocephalum bullatum Forrest ex Diels 皱叶毛建草 *
西藏：类乌齐 陈家辉，王赟，刘德团 YangYP-Q-3182

Dracocephalum calophyllum Handel-Mazzetti 美叶青兰 *
云南：香格里拉 李晓东，张紫刚，操榆 LiJ647

Dracocephalum heterophyllum Bentham 白花枝子花
甘肃：合作 尹鑫，吴航，葛文静 LiuJQ-GN-2011-221
甘肃：玛曲 李晓东，刘帆，张景博等 LiJ0010
甘肃：玛曲 李晓东，刘帆，张景博等 LiJ0045
甘肃：玛曲 齐威 LJQ-2008-GN-293
青海：都兰 冯虎元 LiuJQ-08KLS-182
青海：都兰 潘建斌，杜维波，牛炳韬 Liujq-2011CDM-141
青海：格尔木 冯虎元 LiuJQ-08KLS-060
青海：格尔木 冯虎元 LiuJQ-08KLS-076
青海：祁连 陈世龙，高庆波，张发起等 Chensl1490
四川：新龙 李晓东，张景博，徐凌翔等 LiJ497
西藏：班戈 杨永平，陈家辉，段元文等 Yangyp-Q-0149
西藏：当雄 杨永平，段元文，边巴扎西 Yangyp-Q-1029
西藏：噶尔 李晖，文雪梅，次旺加布等 Lihui-Q-0029
西藏：普兰 陈家辉，庄会富，刘德团等 yangyp-Q-0004
西藏：日土 李晖，卜海涛，边巴等 lihui-Q-09-37
西藏：左贡 张永洪，王晓雄，周卓等 SunH-07ZX-1128
新疆：阿合奇 杨赵平，周禧琳，贺冰 LiZJ1396
新疆：塔什库尔干 邱娟，冯建菊 LiuJQ0091

Dracocephalum integrifolium Bunge 全缘叶青兰
新疆：察布查尔 徐文斌 SHI-A2007075
新疆：霍城 马真，贺晓欢，徐文斌等 SHI-A2007047
新疆：昭苏 贺晓欢，徐文斌，刘鸯等 SHI-A2007084

Dracocephalum moldavica Linnaeus 香青兰
河北：平山 牛玉璐，郑博颖，黄士良等 NiuYL103
吉林：长岭 韩忠明 Yanglm0329
内蒙古：赛罕区 蒲拴莲，刘润宽，刘毅等 M155
内蒙古：锡林浩特 张红香 ZhangHX102
陕西：神木 田先华 TianXH1098

Dracocephalum nutans Linnaeus 垂花青兰
新疆：博乐 谭敦炎，吉乃提，艾沙江 TanDY0261
新疆：博乐 谭敦炎，吉乃提，艾沙江 TanDY0269
新疆：霍城 马真，贺晓欢，徐文斌等 SHI-A2007063
新疆：乌鲁木齐 谭敦炎，地里努尔 TanDY0601

Dracocephalum peregrinum Linnaeus 刺齿枝子花
宁夏：盐池 牛钦瑞，朱奋霞 ZuoZh162
新疆：托里 谭敦炎，吉乃提 TanDY0744
新疆：托里 徐文斌，郭一敏 SHI-2009346

Dracocephalum propinquum W. W. Smith 多枝青兰 *
西藏：芒康 张挺，李爱花，刘成等 08CS667

Dracocephalum purdomii W. W. Smith 岷山毛建草 *
甘肃：合作 郭淑青，杜品 LiuJQ-2012-GN-023
甘肃：卓尼 尹鑫，吴航，葛文静 LiuJQ-GN-2011-225

Dracocephalum rupestre Hance 毛建草 *
河北：蔚县 牛玉璐，高彦飞，赵二涛 NiuYL429
河北：涿鹿 牛玉璐，高彦飞，赵二涛 NiuYL280
四川：若尔盖 张昌兵，邓秀华 ZhangCB0221

Dracocephalum ruyschiana Linnaeus 青兰
黑龙江：宁安 刘玫，王臣，史传奇等 Liuetal576
Dracocephalum stamineum Karelin & Kirilow 长蕊青兰
新疆：独山子区 亚吉东，张桥蓉，秦少发等 16CS13285
新疆：和静 杨赵平，焦培培，白冠章等 LiZJ0669
新疆：和静 杨赵平，焦培培，白冠章等 LiZJ0697
Dracocephalum tanguticum Maximowicz 甘青青兰 *
甘肃：合作 尹鑫，吴航，葛文静 LiuJQ-GN-2011-227
甘肃：玛曲 尹鑫，吴航，葛文静 LiuJQ-GN-2011-229
甘肃：卓尼 齐威 LJQ-2008-GN-297
青海：互助 薛春迎 Xuechy0199
青海：祁连 陈世龙，高庆波，张发起等 Chensl1545
青海：同仁 汪书丽，朱洪涛 Liujq-QLS-TXM-195
四川：阿坝 蔡杰，张挺，刘成 10CS2578
四川：壤塘 何兴金，胡灏禹，黄德青 SCU-10-130
四川：新龙 陈家辉，王赟，刘德团 YangYP-Q-3017
西藏：八宿 徐波，陈光富，陈林杨等 SunH-07ZX-2034
西藏：当雄 杨永平，段元文，边巴扎西 Yangyp-Q-1026
西藏：朗县 罗建，汪书丽，任德智 L103
西藏：芒康 张永洪，王晓雄，周卓等 SunH-07ZX-0443
西藏：芒康 张永洪，李国栋，王晓雄 SunH-07ZX-1730
西藏：聂拉木 陈家辉，韩希，王广艳等 YangYP-Q-4316
西藏：左贡 张大才，李双智，罗康等 ZhangDC-07ZX-0607
西藏：左贡 张大才，李双智，罗康等 ZhangDC-07ZX-0677
西藏：左贡 徐波，陈光富，陈林杨等 SunH-07ZX-0855
西藏：左贡 张永洪，王晓雄，周卓等 SunH-07ZX-1086
西藏：左贡 徐波，陈光富，陈林杨等 SunH-07ZX-2051
云南：香格里拉 杨亲二，袁琼 Yangqe1975
Dracocephalum tanguticum var. **nanum** C. Y. Wu & W. T. Wang 矮生甘青青兰 *
西藏：当雄 杨永平，段元文，边巴扎西 Yangyp-Q-1023
Dracocephalum velutinum C. Y. Wu & W. T. Wang 绒叶毛建草 *
云南：东川区 蔡杰，郭永杰，吴之坤等 11CS2972
Dracocephalum wallichii Sealy 美花毛建草 *
西藏：类乌齐 陈家辉，王赟，刘德团 YangYP-Q-3187
Dysophylla stellata (Loureiro) Bentham 水虎尾
云南：景东 鲁艳 2008185
云南：孟连 彭华，向春雷，陈丽 P.H.5876
云南：南涧 阿国仁，何贵才 NJWLS1144
云南：双柏 彭华，向春雷，陈丽等 P.H.5574
云南：腾冲 彭华，陈丽，向春雷等 P.H.5403
Elsholtzia argyi H. Léveillé 紫花香薷
安徽：绩溪 唐鑫生，方建新 TangXS0707
湖北：神农架林区 李巨平 LiJuPing0125
湖北：宣恩 沈泽昊 HXE047
湖北：竹溪 李盛兰 GanQL575
湖南：双牌 姜孝成，王丽萍，李育华 Jiangxc0811
江西：黎川 童和平，王玉珍 TanCM1900
江西：修水 缪以清，陈三友 TanCM2182
Elsholtzia blanda (Bentham) Bentham 四方蒿
云南：沧源 赵金超，杨红强 CYNGH418
云南：河口 张贵良，张贵生，陶英美等 ZhangGL119
云南：红河 彭华，向春雷，陈丽 PengH8245
云南：金平 喻智勇，官兴永，张云飞等 JinPing19
云南：景洪 彭华，向春雷，陈丽等 P.H.5702
云南：景洪 彭华，向春雷，王泽欢 PengH8562
云南：龙陵 孙兴旭 SunXX167
云南：隆阳区 赵文李 BSGLGSly3031
云南：绿春 黄连山保护区科研所 HLS0093
云南：南涧 彭华，向春雷，陈丽 P.H.5915
云南：南涧 阿国仁 NJWLS1166
云南：屏边 钱良超，陆海兴，康远勇等 Pbdws169
云南：普洱 叶金科 YNS0372
云南：普洱 胡启和，周英，仇亚 YNS0625
云南：普洱 胡启和，周英，仇亚 YNS0626
云南：双柏 彭华，向春雷，陈丽等 P.H.5563
云南：腾冲 周应再 Zhyz-168
云南：西盟 胡启和，赵强，周英等 YNS0745
云南：新平 白绍斌 XPALSC170
云南：新平 彭华，向春雷，陈丽 PengH8274
云南：新平 刘家良 XPALSD123
云南：新平 何罡安 XPALSB106
云南：盈江 王立彦，桂魏，刀江飞 SCSB-TBG-202
云南：永德 李永亮 YDDXS0710
云南：元阳 彭华，向春雷，陈丽 PengH8200
云南：云龙 郭永杰，王杨飞，李施文等 TC4002
Elsholtzia bodinieri Vaniot 东紫苏 *
云南：维西 陈文允，于文涛，黄永江等 CYHL019
云南：镇沅 罗成瑜 ALSZY447
Elsholtzia capituligera C. Y. Wu 头花香薷 *
云南：德钦 王文礼，冯欣，刘飞鹏 OUXK11165
云南：德钦 王文礼，冯欣，刘飞鹏 OUXK11174
Elsholtzia ciliata (Thunberg) Hylander 香薷
甘肃：舟曲 齐威 LJQ-2008-GN-305
甘肃：卓尼 齐威 LJQ-2008-GN-300
广西：龙胜 黄俞淞，朱章明，农冬新 Liuyan0255
河北：围场 牛玉璐，高彦飞 NiuYL614
黑龙江：尚志 郑宝江，丁晓炎，李月等 ZhengBJ182
黑龙江：塔河 潘磊 ZhengBJ037
湖北：神农架林区 李巨平 LiJuPing0223
湖北：五峰 陈功锡，张代贵 SCSB-HC-2008279
湖北：竹溪 李盛兰 GanQL1118
湖南：鹤城区 李胜华，伍贤进，曾汉元等 HHXY193
湖南：望城 姜孝成，段志贵 SCSB-HNJ-0137
湖南：新化 姜孝成，唐贵华，田春娥 SCSB-HNJ-0184
吉林：南关区 张永刚 Yanglm0092
江苏：句容 吴宝成，王兆银 HANGYY8661
江西：庐山区 董安淼，吴从梅 TanCM2245
江西：湾里区 杜小浪，慕泽泾，曹岚 DXL141
辽宁：庄河 于立敏 CaoW833
山东：历城区 李兰，王萍，张少华等 Lilan-032
山东：泰山区 杜超，张璐璐，王慧燕等 Zhaozt0197
山西：永济 刘明光，焦磊，张海博 Zhangf0185
四川：康定 张昌兵，向丽 ZhangCB0198
四川：乐至 邓兴敏，邓秀发，张昌兵 ZCB0458
四川：马尔康 高云东，李忠荣，鞠文彬 GaoXF-12-062
四川：米易 刘静，袁明 MY-110
四川：米易 袁明 MY496
四川：松潘 何兴金，张云香，王志新 SCU-10-525
四川：天全 汤加勇，喻晓 Y07164
新疆：和静 杨赵平，焦培培，白冠章等 LiZJ0530
新疆：塔什库尔干 黄文娟，段黄金，王英鑫等 LiZJ0344
新疆：塔什库尔干 黄文娟，段黄金，王英鑫等 LiZJ0376
云南：金平 喻智勇，官兴永，张云飞等 JinPing41
云南：景东 鲁艳 2008215

云南：景东 刘长铭，王春华，罗启顺 JDNR110119
云南：麻栗坡 肖波 LuJL413
云南：弥渡 张德全，杨思秦，陈金虎等 ZDQ159
云南：墨江 张绍云，仇亚，胡启和 YNS1313
云南：南涧 常学科，熊绍荣，时国彩等 njwls2007169
云南：腾冲 余新林，赵玮 BSGLGStc234
云南：腾冲 周应再 Zhyz-149
云南：文山 税玉民，陈文红 81088
云南：文山 税玉民，陈文红 81207
云南：香格里拉 杨青松，杨莹，黄永江等 ZhouZK-07ZX-0253
云南：新平 白绍斌 XPALSC167
云南：新平 刘家良 XPALSD254
云南：镇沅 胡启和，周英，仇亚 YNS0638

Elsholtzia communis (Collett & Hemsley) Diels **吉龙草**

云南：大理 刀志灵，张洪喜 DZL477
云南：绿春 李嵘，张洪喜 DZL-253
云南：文山 税玉民，陈文红 16275

Elsholtzia cyprianii (Pavolini) S. Chow ex P. S. Hsu **野香草＊**

安徽：舒城 陈延松，欧祖兰，高秋晨等 Xuzd473
湖北：竹溪 李盛兰 GanQL154
湖南：保靖 陈功锡，张代贵，邓涛等 SCSB-HC-2007421
江西：修水 谭策铭，易桂花，缪以清等 TanCM2125
四川：峨眉山 李小杰 LiXJ252
四川：乡城 王文礼，冯欣，刘飞鹏 OUXK11125
西藏：城关区 李晖，边巴，徐爱国 lihui-Q-09-68
云南：富民 彭华，刘恩德，向春雷 P.H.6034
云南：景东 鲁艳 200808
云南：景东 鲁艳 2008212
云南：景谷 胡启和，周英，仇亚 YNS0655
云南：绿春 黄连山保护区科研所 HLS0309
云南：盘龙区 伊廷双，孟静，杨杨 MJ-913
云南：腾冲 周应再 Zhyz-430
云南：腾冲 余新林，赵玮 BSGLGStc307
云南：香格里拉 李晓东，张紫刚，操榆 LiJ633
云南：新平 何罡安 XPALSB121
云南：永德 李永亮 YDDXS0159
云南：元谋 张燕妮 OuXK-0065

Elsholtzia cyprianii var. **longipilosa** (Handel-Mazzetti) C. Y. Wu & S. C. Huang **长毛野草香＊**

云南：澜沧 张绍云，胡启和，叶金科等 YNS1187
云南：南涧 阿国仁，熊绍荣，邹国娟等 NJWLS2008037
云南：南涧 熊绍荣 NJWLS2008086

Elsholtzia densa Bentham **密花香薷**

北京：门头沟区 林坚 SCSB-E-0063
甘肃：合作 郭淑青，杜品 LiuJQ-2012-GN-025
甘肃：合作 尹鑫，吴航，葛文静 LiuJQ-GN-2011-237
甘肃：合作 尹鑫，吴航，葛文静 LiuJQ-GN-2011-242
甘肃：碌曲 李晓东，刘帆，张景博等 LiJ0195
甘肃：玛曲 尹鑫，吴航，葛文静 LiuJQ-GN-2011-240
黑龙江：五大连池 刘玫，王臣，张欣欣等 Liuetal771
江西：武宁 张吉华，张东红 TanCM3245
内蒙古：武川 蒲拴莲，刘润宽，刘毅等 M192
青海：都兰 潘建斌，杜维波，牛炳韬 Liujq-2011CDM-231
青海：门源 吴玉虎，刘建全 LJQ-QLS-2008-0047
青海：门源 吴玉虎 LJQ-QLS-2008-0222
青海：囊谦 许炳强，周伟，郑朝汉 Xianh0093
青海：同仁 汪书丽，朱洪涛 Liujq-QLS-TXM-196
青海：乌兰 潘建斌，杜维波，牛炳韬 Liujq-2011CDM-284
青海：泽库 陈世龙，高庆波，张发起 Chens10937
陕西：太白 田先华，董栓录 TianXH1174
四川：巴塘 陈文允，于文涛，黄永江 CYH046
四川：丹巴 余岩，周春景，秦汉涛 SCU-11-040
四川：道孚 余岩，周春景，秦汉涛 SCU-11-004
四川：道孚 何兴金，胡灏禹，沈呈娟等 SCU-11-458
四川：稻城 孙航，张建文，邓涛等 SunH-07ZX-3341
四川：稻城 孙航，张建文，董金龙等 SunH-07ZX-3560
四川：稻城 陈文允，于文涛，黄永江 CYH004
四川：稻城 何兴金，高云东，王志新等 SCU-09-243
四川：甘孜 陈文允，于文涛，黄永江 CYH135
四川：甘孜 陈文允，于文涛，黄永江 CYH187
四川：红原 张昌兵，邓秀华 ZhangCB0291
四川：康定 张昌兵，向丽 ZhangCB0187
四川：理塘 李晓东，张景博，徐凌翔等 LiJ324
四川：理塘 陈文允，于文涛，黄永江 CYH022
四川：马尔康 何兴金，王月，胡灏禹等 SCU-08099
四川：米易 袁明 MY125
四川：壤塘 何兴金，马祥光，郜鹏 SCU-10-212
四川：乡城 周浙昆，苏涛，杨莹等 Zhou09-148
四川：小金 高云东，李忠荣，鞠文彬 GaoXF-12-125
四川：新龙 陈家辉，王赟，刘德团 YangYP-Q-3022
四川：雅江 何兴金，郜鹏，彭禄等 SCU-11-344
四川：雅江 何兴金，胡灏禹，陈德友等 SCU-09-320
西藏：八宿 张永洪，王晓雄，周卓等 SunH-07ZX-1177
西藏：八宿 张永洪，李国栋，王晓雄 SunH-07ZX-1763
西藏：昌都 苏涛，黄永江，杨青松等 ZhouZK11260
西藏：江达 陈家辉，王赟，刘德团 YangYP-Q-3096
西藏：类乌齐 陈家辉，王赟，刘德团 YangYP-Q-3186
西藏：林芝 罗建，汪书丽，王国严 LiuJQ-09XZ-384
西藏：芒康 张永洪，李国栋，王晓雄 SunH-07ZX-1742
西藏：芒康 张挺，蔡杰，袁明 09CS1620
西藏：左贡 张永洪，王晓雄，周卓等 SunH-07ZX-1103
新疆：巩留 段士民，王喜勇，刘会良等 82
新疆：巩留 段士民，王喜勇，刘会良 Zhangdy372
新疆：巩留 段士民，王喜勇，刘会良 Zhangdy384
新疆：和静 杨赵平，焦培培，白冠章等 LiZJ0752
新疆：奇台 谭敦炎，吉乃提 TanDY0566
新疆：塔城 潘泊荣，严成，王喜勇 Zhangdy555
新疆：温泉 徐文斌，黄雪姣 SHI-2008294
新疆：乌鲁木齐 王喜勇，马文宝，施翔 zdy384
新疆：乌鲁木齐 王喜勇，马文宝，施翔 zdy390
新疆：乌鲁木齐 段士民，王喜勇，刘会良 Zhangdy263
云南：P.H.5664
云南：东川区 彭华，向春雷，陈丽 P.H.5958
云南：东川区 彭华，陈丽 P.H.5960
云南：富民 彭华，向春雷，许瑾等 P.H.5477
云南：建水 彭华，向春雷，陈丽 P.H.5994
云南：孟连 彭华，向春雷，陈丽 P.H.5872
云南：盘龙区 彭华，向春雷，王泽欢 PengH8464
云南：盘龙区 彭华，向春雷，王泽欢 PengH8465
云南：维西 陈文允，于文涛，黄永江等 CYHL067
云南：文山 彭华，刘恩德，陈丽 P.H.6025
云南：香格里拉 杨青松，星耀武，苏涛 ZhouZK-07ZX-0355
云南：香格里拉 陈文允，于文涛，黄永江等 CYHL200
云南：香格里拉 周浙昆，苏涛，杨莹等 Zhou09-008
云南：香格里拉 张挺，郭永杰，张桥蓉等 11CS3301
云南：新平 彭华，向春雷，陈丽 PengH8278

Elsholtzia eriocalyx C. Y. Wu & S. C. Huang **毛萼香薷** *
云南：景谷 叶金科 YNS0165
Elsholtzia eriostachya (Bentham) Bentham **毛穗香薷** *
四川：稻城 孙航，张建文，邓涛等 SunH-07ZX-3344
四川：稻城 孙航，张建文，董金龙等 SunH-07ZX-3561
四川：稻城 陈文允，于文涛，黄永江 CYH001
四川：新龙 陈文允，于文涛，黄永江 CYH067
西藏：八宿 张永洪，李国栋，王晓雄 SunH-07ZX-1752
西藏：八宿 张大才，李双智，罗康等 ZhangDC-07ZX-0748
西藏：工布江达 罗建，汪书丽，任德智 LiuJQ-09XZ-ML033
西藏：隆子 罗建，汪书丽 LiuJQ11XZ137
云南：景东 刘长铭，赵天晓 JDNR110127
Elsholtzia feddei H. Léveillé **高原香薷** *
甘肃：合作 郭淑青，杜品 LiuJQ-2012-GN-026
甘肃：合作 尹鑫，吴航，葛文静 LiuJQ-GN-2011-235
西藏：加查 许炳强，童毅华 XiaNh-07zx-641
Elsholtzia flava (Bentham) Bentham **黄花香薷**
四川：米易 刘静，袁明 MY-218
云南：沧源 赵金超，杨红强 CYNGH077
云南：德钦 孙航，李新辉，陈林杨 SunH-07ZX-3088
云南：河口 张贵良，杨鑫峰，陶美英等 ZhangGL112
云南：景东 杨国平 2008158
云南：景东 罗忠华，谢有能，刘长铭等 JDNR107
云南：澜沧 胡启和，赵强，周英等 YNS0736
云南：澜沧 张绍云，胡启和，仇亚等 YNS1132
云南：丽江 孙航，李新辉，陈林杨 SunH-07ZX-3123
云南：隆阳区 许炳强，吴兴，李婧等 XiaNh-07zx-243
云南：隆阳区 尹学建 BSGLGS1y2023
云南：麻栗坡 肖波 LuJL117
云南：马关 刀志灵，张洪喜 DZL601
云南：南涧 徐家武，袁立川，罗增阳等 NJWLS2008161
云南：盘龙区 伊廷双，孟静，杨杨 MJ-947
云南：巧家 杨光明，颜再奎，张天壁等 QJYS0077
云南：巧家 杨光明 SCSB-W-1508
云南：巧家 钟乾娟，吴天抗，张天壁等 QJYS0147
云南：石林 张挺，张书东，杨茜等 SCSB-A-000017
云南：腾冲 周应再 Zhyz-169
云南：文山 何德明，丰艳飞，曹世超 WSLJS681
云南：新平 自成仲，自正荣 XPALSD135
云南：盈江 王立彦 TBG-013
云南：永德 李永亮 YDDXS0576
云南：永德 李永亮，王学军，陈海涛 YDDXSB085
云南：永德 欧阳红才，杨金柱，赵学盛 YDDXSC052
云南：玉龙 孙航，李新辉，陈林杨 SunH-07ZX-3226
云南：元阳 车鑫，亚吉东，秦少发等 YYGYS085
云南：镇沅 王立东，何忠云，罗成瑜 ALSZY196
Elsholtzia fruticosa (D. Don) Rehder **鸡骨柴**
甘肃：迭部 齐威 LJQ-2008-GN-294
湖北：仙桃 李巨平 Lijuping0298
湖北：竹溪 李盛兰 GanQL1141
陕西：宁陕 田先华，田陌 TianXH137
四川：丹巴 高云东，李忠荣，鞠文彬 GaoXF-12-147
四川：稻城 何兴金，高云东，王志新等 SCU-09-270
四川：黑水 顾垒，李忠荣 GaoXF-09ZX-1799
四川：理塘 孔航辉，罗江平，左雷等 YangQE3505
四川：理县 许炳强，童毅华，吴兴等 XiaNH-07ZX-0909
四川：盐源 苏涛，黄永江，杨青松等 ZhouZK11408
西藏：昌都 许炳强，周伟，郑朝汉 Xianh0359
西藏：丁青 扎西次仁，西落，耿宇鹏 ZhongY745
西藏：加查 许炳强，童毅华 XiaNh-07zx-640
西藏：左贡 张大才，李双智，罗康等 ZhangDC-07ZX-0604
云南：澄江 伊廷双，孟静，杨杨 MJ-911
云南：景东 李坚强，罗尧 JDNR11096
云南：景东 赵资坤，鲍文强，李坚民 JDNR110111
云南：孟连 彭华，向春雷，陈丽 P.H.5804
云南：牟定 刀志灵，陈渝 DZL520
云南：南涧 阿国仁，何贵才 NJWLS2008229
云南：南涧 罗增阳，袁立川，徐家武等 NJWLS2008178
云南：巧家 李文虎，高顺勇，吴天抗等 QJYS0096
云南：巧家 李文虎，吴天抗，张天壁等 QJYS0153
云南：腾冲 周应再 Zhyz-178
云南：维西 陈文允，于文涛，黄永江等 CYHL020
云南：香格里拉 陈文允，于文涛，黄永江等 CYHL193
云南：香格里拉 周浙昆，苏涛，杨莹等 Zhou09-001
云南：香格里拉 周浙昆，苏涛，杨莹等 Zhou09-099
云南：新平 何罡安 XPALSB094
云南：易门 彭华，向春雷，王泽欢 PengH8369
云南：永德 李永亮，马文军 YDDXSB221
云南：永德 李永亮 YDDXS0577
Elsholtzia glabra C. Y. Wu & S. C. Huang **光香薷** *
云南：马关 税玉民，陈文红 16145
云南：镇沅 罗成瑜 ALSZY457
Elsholtzia heterophylla Diels **异叶香薷**
云南：永德 李永亮 YDDXS1261
Elsholtzia kachinensis Prain **水香薷**
云南：孟连 彭华，向春雷，陈丽 P.H.5873
云南：腾冲 周应再 Zhyz-393
云南：腾冲 余新林，赵玮 BSGLGStc288
云南：永德 李永亮，马文军 YDDXSB028
Elsholtzia luteola Diels **淡黄香薷** *
四川：米易 袁明 MY574
Elsholtzia myosurus Dunn **鼠尾香薷** *
四川：米易 刘静，袁明 MY-291
云南：巧家 杨光明 SCSB-W-1514
云南：永德 李永亮，马文军 YDDXSB140
Elsholtzia ochroleuca Dunn **黄白香薷** *
云南：绿春 刀志灵，陈渝 DZL629
云南：新平 谢雄 XPALSC375
云南：永德 李永亮 YDDXS0945
Elsholtzia penduliflora W. W. Smith **大黄药** *
云南：河口 张贵良，杨鑫峰，陶美英等 ZhangGL090
云南：金平 喻智勇，官兴永，张云飞等 JinPing25
云南：景东 刘长铭，刘东 JDNR11058
云南：景东 刘长铭，刘东 JDNR11060
云南：临沧 彭华，向春雷，陈丽 PengH8059
云南：绿春 刀志灵，张洪喜 DZL618
云南：麻栗坡 肖波 LuJL219
云南：普洱 叶金科 YNS0400
云南：新平 刘家良，刘祝兰，张云德 XPALSD361
云南：永德 李永亮 YDDXS0619
云南：镇沅 罗成瑜 ALSZY253
云南：镇沅 王立东，何忠云，罗成瑜 ALSZY197
Elsholtzia pilosa (Bentham) Bentham **长毛香薷**
云南：麻栗坡 肖波 LuJL414
云南：腾冲 周应再 Zhyz-159
云南：新平 何罡安 XPALSB040

Elsholtzia rugulosa Hemsley 野拔子 *
四川：米易 刘静，袁明 MY-006
云南：P. H. 5629
云南：富民 彭华，刘恩德，向春雷 P. H. 6032
云南：景东 杨国平 07-01
云南：景东 刘长铭，王春华，罗启顺 JDNR110120
云南：隆阳区 赵文李 BSGLGSly3070
云南：南涧 常学科，熊绍荣，时国彩等 njwls2007163
云南：南涧 熊绍荣，杨建平，落新洪等 njwls2007082
云南：腾冲 余新林，赵玮 BSGLGStc236
云南：腾冲 周应再 Zhyz-134
云南：文山 彭华，刘恩德，陈丽 P. H. 6023
云南：永德 李永亮 YDDXS1273
云南：云龙 赵玉贵，李占兵，张吉平等 TC2002
云南：镇沅 胡启和，周英，仇亚 YNS0636
云南：镇沅 王立东，何忠云，罗成瑜 ALSZY195

Elsholtzia saxatilis (V. Komarov) Nakai ex Kitagawa 岩生香薷
吉林：磐石 安海成 AnHC0397

Elsholtzia souliei H. Léveillé 川滇香薷 *
四川：康定 张昌兵，向丽 ZhangCB0188
四川：米易 汤加勇 MY-246
西藏：芒康 张挺，蔡杰，袁明 09CS1622
云南：香格里拉 周浙昆，苏涛，杨莹等 Zhou09-056
云南：香格里拉 周浙昆，苏涛，杨莹等 Zhou09-091
云南：香格里拉 王文礼，冯欣，刘飞鹏 OUXK11115
云南：镇沅 罗成瑜 ALSZY444

Elsholtzia splendens Nakai ex F. Maekawa 海州香薷
安徽：休宁 唐鑫生，方建新 TangXS0496
江苏：句容 王兆银，吴宝成 SCSB-JS0360
江西：庐山区 董安淼，吴从梅 TanCM2251
江西：武宁 张吉华，刘运群 TanCM595
山东：莱山区 卞福花 BianFH-0280
山东：莱山区 卞福花，宋言贺 BianFH-567
山东：崂山区 罗艳，李中华 LuoY413
山东：历城区 张少华，王萍，张诏等 Lilan232

Elsholtzia stachyodes (Link) C. Y. Wu 穗状香薷
湖北：神农架林区 李巨平 LiJuPing0041
四川：峨眉山 李小杰 LiXJ253
四川：米易 刘静，袁明 MY-098
云南：孟连 彭华，向春雷，陈丽 P. H. 5861
云南：南涧 彭华，向春雷，陈丽 P. H. 5901
云南：南涧 彭华，向春雷，陈丽 P. H. 5920

Elsholtzia stauntonii Bentham 木香薷 *
河北：灵寿 牛玉璐，高彦飞，黄士良 NiuYL193
陕西：宁陕 田陌，田先华，王梅荣 TianXH284

Elsholtzia strobilifera Bentham 球穗香薷
贵州：开阳 肖恩婷 Yuanm026
云南：富民 彭华，刘恩德，向春雷 P. H. 6033
云南：景东 刘长铭，赵天晓，鲁成荣等 JDNR110126
云南：巧家 李文虎，吴天抗，张天壁等 QJYS0160
云南：腾冲 周应再 Zhyz-132
云南：香格里拉 周浙昆，苏涛，杨莹等 Zhou09-076

Elsholtzia winitiana Craib 白香薷 *
云南：永德 李永亮 YDDXS1039
云南：镇沅 胡启和，张绍云 YNS0806

Eremostachys moluccelloides Bunge 沙穗
新疆：裕民 徐文斌，黄刚 SHI-2009092

Eriophyton wallichii Bentham 绵参
四川：乡城 张大才，尹五元，李双智等 ZhangDC-07ZX-2122
西藏：八宿 徐波，陈光富，陈林杨等 SunH-07ZX-1410
云南：德钦 杨青松，星耀武，苏涛 ZhouZK-07ZX-0428
云南：香格里拉 张挺，亚吉东，李明勤等 11CS3389
云南：香格里拉 张建文，董金龙，刘常周等 SunH-07ZX-2360

Galeobdolon szechuanense C. Y. Wu 四川小野芝麻 *
四川：红原 何兴金，赵丽华，李琴琴等 SCU-08032

Galeopsis bifida Boenninghausen 鼬瓣花
安徽：金寨 陈延松，欧祖兰，周虎 Xuzd153
甘肃：合作 郭淑青，杜品 LiuJQ-2012-GN-020
甘肃：合作 齐威 LJQ-2008-GN-299
甘肃：玛曲 尹鑫，吴航，葛文静 LiuJQ-GN-2011-246
黑龙江：海林 郑宝江，丁晓炎，王美娟等 ZhengBJ307
黑龙江：五大连池 孙阎，杜景红 SunY102
湖北：仙桃 张代贵 Zdg2972
青海：门源 吴玉虎 LJQ-QLS-2008-0088
四川：巴塘 陈文允，于文涛，黄永江 CYH042
四川：丹巴 余岩，周春景，秦汉涛 SCU-11-061
四川：道孚 余岩，周春景，秦汉涛 SCU-11-038
四川：稻城 孙航，张建文，邓涛等 SunH-07ZX-3339
四川：稻城 孙航，张建文，董金龙等 SunH-07ZX-3562
四川：稻城 陈文允，于文涛，黄永江 CYH013
四川：九龙 孙航，张建文，董金龙等 SunH-07ZX-4052
四川：康定 张昌兵，向丽 ZhangCB0180
四川：康定 彭玉兰，涂卫国 Gaoxf-0923
四川：理塘 何兴金，马祥光，张云香等 SCU-11-231
四川：理塘 何兴金，马祥光，张云香等 SCU-11-241
四川：马尔康 何兴金，李琴琴，王长宝等 SCU-08087
四川：新龙 陈文允，于文涛，黄永江 CYH071
四川：雅江 何兴金，郜鹏，彭禄等 SCU-11-338
西藏：工布江达 罗建，汪书丽，任德智 LiuJQ-09XZ-ML046
西藏：米林 罗建，汪书丽 LiuJQ-08XZ-138
新疆：新源 亚吉东，张桥蓉，秦少发等 16CS13293
云南：香格里拉 张挺，蔡杰，郭永杰等 11CS3205

Geniosporum coloratum (D. Don) Kuntze 网萼木
云南：兰坪 孙振华，郑志兴，沈蕊等 OuXK-LC-054

Glechoma biondiana (Diels) C. Y. Wu & C. Chen 白透骨消 *
湖北：仙桃 张代贵 Zdg1265

Glechoma longituba (Nakai) Kuprianova 活血丹
吉林：磐石 安海成 AnHC022
江西：庐山区 董安淼，吴从梅 TanCM1523
山东：海阳 张少华，张诏，王萍等 lilan583

Gmelina arborea Roxburgh 云南石梓
云南：谭运洪 A511

Gomphostemma arbusculum C. Y. Wu 木锥花 *
云南：永德 李永亮，马文军 YDDXSB231

Gomphostemma deltodon C. Y. Wu 三角齿锥花 *
云南：南涧 官有才，熊绍荣，张雄等 NJWLS662

Gomphostemma pedunculatum Bentham ex J. D. Hooker 抽葶锥花
云南：景东 鲁艳 2008148

Hanceola exserta Sun 出蕊四轮香 *
贵州：江口 彭华，王英，陈丽 P. H. 5138

Hanceola sinensis (Hemsley) Kudô 四轮香 *
云南：元阳 彭华，向春雷，陈丽 PengH8202

Hyptis suaveolens (Linnaeus) Poiteau 山香
云南：盈江 王立彦，桂魏 SCSB-TBG-188

Hyssopus latilabiatus C. Y. Wu & H. W. Li 宽唇神香草 *
新疆：博乐 亚吉东，张桥蓉，秦少发等 16CS13845
新疆：托里 亚吉东，张桥蓉，秦少发等 16CS13872
Isodon adenanthus (Diels) Kudô 腺花香茶菜 *
四川：米易 袁明 MY130
Isodon amethystoides (Bentham) H. Hara 香茶菜 *
安徽：黟县 胡长玉，方建新，张勇等 TangXS0672
北京：门头沟区 林坚 SCSB-E-0017
福建：武夷山 于文涛，陈旭东 YUWT020
江西：庐山区 董安淼，吴从梅 TanCM1071
四川：壤塘 张挺，李爱花，刘成等 08CS844
云南：丽江 张书东，林娜娜，陆露等 SCSB-W-094
云南：丽江 王文礼 OuXK-0013
云南：盘龙区 彭华，王英，陈丽 P.H.5274
云南：巧家 张天壁 SCSB-W-893
Isodon angustifolius (Dunn) Kudo 狭叶香茶菜 *
云南：P.H.5637
云南：P.H.5636
云南：新平 彭华，向春雷，陈丽 PengH8291
Isodon bulleyanus (Diels) Kudô 苍山香茶菜 *
云南：宁蒗 任宗昕，寸龙琼，任尚国 SCSB-W-1379
Isodon calcicolus (Handel-Mazzetti) H. Hara 灰岩香茶菜 *
四川：米易 刘静，袁明 MY-189
云南：腾冲 余新林，赵玮 BSGLGStc116
Isodon coetsa (Buchanan-Hamilton ex D. Don) Kudô 细锥香茶菜
云南：贡山 郭永杰，吴之坤，吴兴等 14CS9810
云南：金平 喻智勇，官兴永，张云飞等 JinPing81
云南：景东 刘长铭，荣理德，刘乐 JDNR128
云南：澜沧 张绍云，胡启和，仇亚等 YNS1131
云南：澜沧 张绍云，叶金科，仇亚 YNS1368
云南：龙陵 孙兴旭 SunXX150
云南：绿春 黄连山保护区科研所 HLS0134
云南：普洱 叶金科 YNS0344
云南：腾冲 余新林，赵玮 BSGLGStc099
云南：腾冲 周应再 Zhyz-156
云南：文山 何德明，丰艳飞，陈斌等 WSLJS796
云南：文山 韦荣彪，何德明，丰艳飞 WSLJS664
云南：西山区 蔡杰，张挺，刘成等 11CS3701
云南：香格里拉 郭永杰，张桥蓉，李春晓等 11CS3454
云南：盈江 王立彦，桂魏 SCSB-TBG-189
云南：永德 李永亮 YDDXS1154
云南：永德 李永亮 YDDXS0613
云南：永德 李永亮 YDDXS0976
云南：镇沅 何忠云，王立东 ALSZY147
Isodon coetsa var. **cavaleriei** (H. Léveillé) H. W. Li 多毛细锥香茶菜
云南：永德 李永亮 LiYL1620
Isodon dawoensis (Handel-Mazzetti) H. Hara 道孚香茶菜 *
湖北：竹溪 李盛兰 GanQL1045
Isodon enanderianus (Handel-Mazzetti) H. W. Li 紫毛香茶菜 *
云南：东川区 彭华，陈丽 P.H.5962
云南：易门 彭华，向春雷，王泽欢 PengH8379
Isodon eriocalyx (Dunn) Kudo 毛萼香茶菜 *
四川：米易 刘静，袁明 MY-131
云南：P.H.5630
云南：东川区 彭华，陈丽 P.H.5959
云南：景东 鲁艳 2008200
云南：澜沧 胡启和，赵强，周英等 YNS0733
云南：澜沧 张绍云，胡启和，叶金科等 YNS1198
云南：澜沧 张绍云，胡启和 YNS1092
云南：隆阳区 赵文李 BSGLGSly3046
云南：绿春 彭华，向春雷，陈丽等 P.H.5627
云南：孟连 彭华，向春雷，陈丽 P.H.5814
云南：文山 彭华，刘恩德，陈丽 P.H.6018
云南：文山 彭华，刘恩德，陈丽 P.H.6024
云南：西盟 胡启和，赵强，周英等 YNS0748
云南：西山区 彭华，陈丽 P.H.5290
云南：西山区 彭华，陈丽 P.H.5307
云南：新平 彭华，向春雷，陈丽 PengH8276
云南：易门 彭华，向春雷，王泽欢 PengH8353
云南：易门 彭华，向春雷，王泽欢 PengH8358
云南：永德 李永亮，马文军，陈海超 YDDXSB106
Isodon excisoides (Sun ex C. H. Hu) H. Hara 拟缺香茶菜 *
湖北：宣恩 沈泽昊 HXE083
湖北：竹溪 李盛兰，甘霖 GanQL606
四川：峨眉山 李小杰 LiXJ138
云南：大关 张挺，王培，肖良俊 SCSB-B-000524
Isodon excisus (Maximowicz) Kudô 尾叶香茶菜
黑龙江：阿城 王臣，张欣欣，史传奇 WangCh221
黑龙江：虎林市 王庆贵 CaoW726
黑龙江：尚志 郑宝江，丁晓炎，李月等 ZhengBJ181
吉林：九台 韩忠明 Yanglm0229
Isodon flabelliformis (C. Y. Wu) H. Hara 扇脉香茶菜 *
云南：南涧 常学科，熊绍荣，时国彩等 njwls2007159
Isodon flavidus (Handel-Mazzetti) H. Hara 淡黄香茶菜 *
江苏：句容 王兆银，吴宝成 SCSB-JS0356
江西：庐山区 谭策铭，董安淼 TanCM549
江西：武宁 张吉华，刘运群 TanCM1165
江西：修水 缪以清，李立新 TanCM1257
山东：崂山区 罗艳，李中华 LuoY180
山东：历城区 高德民，王萍，张颖颖等 Lilan618
山东：牟平区 卞福花 BianFH-0244
云南：孟连 彭华，向春雷，陈丽 P.H.5860
云南：南涧 徐家武，袁立川，罗增阳等 NJWLS2008172
Isodon grandifolius (Handel-Mazzetti) H. Hara 大叶香茶菜 *
云南：石林 税玉民，陈文红 65514
Isodon grosseserratus (Dunn) Kudo 粗齿香茶菜 *
安徽：石台 洪欣，王欧文 ZSB358
安徽：舒城 陈延松，欧祖兰，高秋晨等 Xuzd440
Isodon henryi (Hemsley) Kudô 鄂西香茶菜 *
甘肃：迭部 尹鑫，吴航，葛文静 LiuJQ-GN-2011-233
河北：灵寿 牛玉璐，高彦飞，黄士良 NiuYL175
Isodon hispidus (Bentham) Murata 刚毛香茶菜
西藏：墨脱 刘成，亚吉东，何华杰等 16CS11920
云南：隆阳区 许炳强，吴兴，李婧等 XiaNh-07zx-232
云南：腾冲 周应再 Zhyz-096
云南：永德 李永亮，马文军 YDDXSB049
Isodon inflexus (Thunberg) Kudô 内折香茶菜
黑龙江：宁安 刘玫，张欣欣，程薪宇等 Liuetal490
山东：莱山区 卞福花，宋言贺 BianFH-576
Isodon japonicus (N. Burman) H. Hara 毛叶香茶菜
甘肃：舟曲 齐威 LJQ-2008-GN-287
河南：鲁山 宋松泉 HN120
吉林：南关区 韩忠明 Yanglm0133
山东：莱山区 卞福花，宋言贺 BianFH-560

山东：崂山区 罗艳，李中华 LuoY194
山东：牟平区 卞福花，杜丽君，孟凡涛 BianFH-0140
四川：米易 刘静，袁明 MY-119

Isodon japonicus var. **glaucocalyx** (Maximowicz) H. W. Li **蓝萼毛叶香茶菜**

北京：东城区 王雷，朱雅娟，黄振英 Beijing-huang-dls-0073
北京：房山区 宋松泉 BJ004
河北：平山 牛玉璐，郑博颖，黄士良等 NiuYL104
河南：鲁山 宋松泉 HN004
河南：鲁山 宋松泉 HN069
河南：栾川 黄振英，于顺利，杨学军 Huangzy0015
山东：崂山区 赵遵田，郑国伟，杜超等 Zhaozt0143
山西：沁水 吴琼，连俊强 Zhangf0071
四川：天全 汤加勇，陈刚 Y07153

Isodon longitubus (Miquel) Kudô **长管香茶菜**

江西：庐山区 董安淼，吴从梅 TanCM2211

Isodon lophanthoides (Buchanan-Hamilton ex D. Don) H. Hara **线纹香茶菜**

广西：金秀 彭华，向春雷，陈丽 PengH8136
四川：峨眉山 李小杰 LiXJ279
四川：木里 苏涛，黄永江，杨青松等 ZhouZK11360
西藏：工布江达 卢洋，刘帆等 LiJ871
云南：沧源 赵金超，肖美芳 CYNGH250
云南：贡山 郭永杰，吴之坤，吴兴等 14CS9814
云南：澜沧 胡启和，仇亚，周英等 YNS0696
云南：澜沧 张绍云，胡启和，仇亚等 YNS1114
云南：绿春 黄连山保护区科研所 HLS0164
云南：勐海 张挺，谭运洪，王建军等 SCSB-B-000287
云南：孟连 彭华，向春雷，陈丽 P.H.5859
云南：弥勒 税玉民，陈文红 71484
云南：南涧 徐家武，袁立川，罗增阳等 NJWLS2008158
云南：南涧 阿国仁 NJWLS1159
云南：盘龙区 彭华，向春雷，王泽欢 PengH8433
云南：腾冲 余新林，赵玮 BSGLGStc074
云南：新平 彭华，向春雷，陈丽 PengH8314
云南：盈江 王立彦，桂魏 SCSB-TBG-151
云南：盈江 王立彦，桂魏 SCSB-TBG-153
云南：永德 李永亮 YDDXS0681
云南：元阳 彭华，向春雷，陈丽 PengH8205
云南：镇沅 罗成瑜 ALSZY443
云南：镇沅 刘长铭，刘东，罗尧等 JDNR11059

Isodon lophanthoides var. **gerardianus** (Bentham) H. Hara **狭基线纹香茶菜**

云南：江城 叶金科 YNS0476
云南：景东 鲁艳 2008209
云南：景东 罗忠华，谢有能，刘长铭等 JDNR106
云南：澜沧 张绍云，胡启和，仇亚等 YNS1129
云南：南涧 常学科，熊绍荣，时国彩等 njwls2007146
云南：南涧 阿国仁 NJWLS777
云南：盘龙区 伊廷双，孟静，杨杨 MJ-957
云南：屏边 张挺，胡益敏 SCSB-B-000560
云南：腾冲 周应再 Zhyz-160
云南：新平 谢雄，刘蜀南 XPALSC179
云南：永德 李永亮 YDDXS0682
云南：永德 李永亮，马文军 YDDXSB048
云南：镇沅 王立东，何忠云，罗成瑜 ALSZY185

Isodon lophanthoides var. **graciliflorus** (Bentham) H. Hara **细花线纹香茶菜**

云南：沧源 赵金超，杨红强 CYNGH417
云南：文山 何德明，王成，丰艳飞 WSLJS917

Isodon lophanthoides var. **micranthus** (C. Y. Wu) H. W. Li **小花线纹香茶菜** *

云南：宁洱 胡启和，仇亚，张绍云 YNS0592
云南：文山 韦荣彪，何德明，丰艳飞 WSLJS662

Isodon macrocalyx (Dunn) Kudo **大萼香茶菜** *

江西：武宁 张吉华，张东红 TanCM2675

Isodon megathyrsus (Diels) H. W. Li **大锥香茶菜** *

云南：南涧 彭华，向春雷，陈丽 P.H.5910

Isodon muliensis (W. Smith) Kudô **木里香茶菜** *

河南：栾川 黄振英，于顺利，杨学军 Huangzy0059
河南：南召 何明高，付婷婷，水庆艳 Huangzy0207
河南：嵩县 何明高，付婷婷，水庆艳 Huangzy0141

Isodon nervosus (Hemsley) Kudô **显脉香茶菜** *

安徽：舒城 陈延松，欧祖兰，高秋晨等 Xuzd403
安徽：休宁 唐鑫生，方建新 TangXS0497
江西：星子 谭策铭，董安淼 TanCM522
江西：修水 缪以清，陈三友 TanCM2161
四川：米易 袁明 MY505

Isodon oresbius (W. Smith) Kudô **山地香茶菜** *

四川：壤塘 何兴金，赵丽华，梁乾隆 SCU-10-041

Isodon parvifolius (Batalin) H. Hara **小叶香茶菜** *

甘肃：迭部 齐威 LJQ-2008-GN-296
西藏：加查 许炳强，童毅华 XiaNh-07zx-638

Isodon pharicus (Prain) Murata **川藏香茶菜** *

四川：新龙 陈文允，于文涛，黄永江 CYH087
西藏：昌都 许炳强，周伟，郑朝汉 Xianh0367

Isodon phyllostachys (Diels) Kudô **叶穗香茶菜** *

云南：P.H.5645

Isodon pleiophyllus (Diels) Kudô **多叶香茶菜** *

云南：玉龙 张挺，郭起荣，黄兰兰等 15PX208

Isodon rosthornii (Diels) Kudô **瘿花香茶菜** *

四川：峨眉山 李小杰 LiXJ245
四川：峨眉山 李小杰 LiXJ716

Isodon rubescens (Hemsley) H. Hara **碎米桠** *

河北：灵寿 牛玉璐，高彦飞，黄士良 NiuYL172
陕西：长安区 王梅荣，田先华，田陌 TianXH135

Isodon sculponeatus (Vaniot) Kudô **黄花香茶菜**

贵州：乌当区 赵厚涛，韩国营 YBG130
四川：盐源 苏涛，黄永江，杨青松等 ZhouZK11406
云南：P.H.5631
云南：富民 杜燕，周开洪，王建军等 SCSB-A-000357
云南：官渡区 彭华，陈丽，王英 P.H.5345
云南：澜沧 张绍云，胡启和，仇亚等 YNS1128
云南：盘龙区 伊廷双，孟静，杨杨 MJ-951
云南：盘龙区 彭华，向春雷，王泽欢 PengH8429
云南：文山 彭华，刘恩德，陈丽 P.H.5532
云南：文山 何德明，丰艳飞 WSLJS806
云南：五华区 蔡杰，张挺，郭永杰 11CS3683
云南：香格里拉 张大才，李双智，杨川 ZhangDC-07ZX-1995
云南：新平 白绍斌 XPALSC338
云南：永德 李永亮 YDDXS0625
云南：玉溪 伊廷双，孟静，杨杨 MJ-900
云南：云龙 李施文，张志云 TC3010
云南：镇沅 罗成瑜 ALSZY475
云南：镇沅 罗成瑜 ALSZY476

Isodon secundiflorus (C. Y. Wu) H. Hara **侧花香茶菜** *

云南：景东 鲁艳 07-183

Isodon serra (Maximowicz) Kudô 溪黄草

陕西：长安区 田先华，田陌 TianXH1116

Isodon setschwanensis (Handel-Mazzetti) H. Hara 四川香茶菜 *

云南：德钦 张大才，李双智，杨川 ZhangDC-07ZX-1981

Isodon tenuifolius (W. Smith) Kudô 细叶香茶菜 *

云南：勐海 彭华，向春雷，陈丽等 P.H.5733

Isodon ternifolius (D. Don) Kudô 牛尾草

湖南：怀化 李胜华，伍贤进，曾汉元等 HHXY313

云南：永德 李永亮 YDDXS1000

云南：镇沅 胡启和，张绍云 YNS0815

Isodon weisiensis (C. Y. Wu) H. Hara 维西香茶菜 *

甘肃：迭部 齐威 LJQ-2008-GN-286

Isodon yuennanensis (Handel-Mazzetti) H. Hara 不育红 *

云南：沧源 赵金超，杨红强 CYNGH416

Keiskea elsholtzioides Merrill 香薷状香简草 *

湖南：新化 姜孝成，唐妹，戴小军等 Jiangxc0568

Kinostemon ornatum (Hemsley) Kudô 动蕊花 *

贵州：开阳 邹方伦 ZouFL0184

湖北：竹溪 李盛兰 GanQL722

湖南：永顺 陈功锡，张代贵 SCSB-HC-2008254

四川：万源 张桥蓉，余华 15CS11527

Lagochilus bungei Bentham 阿尔泰兔唇花

新疆：博乐 亚吉东，张桥蓉，秦少发等 16CS13837

Lagochilus ilicifolius Bunge ex Bentham 冬青叶兔唇花

宁夏：西夏区 朱强 ZhuQ004

Lagochilus lanatonodus C. Y. Wu & Hsuan 毛节兔唇花 *

新疆：和静 塔里木大学植物资源调查组 TD-00100

新疆：奎屯 亚吉东，张桥蓉，秦少发等 16CS13259

Lagopsis flava Karelin & Kirilow 黄花夏至草

新疆：博乐 亚吉东，张桥蓉，秦少发等 16CS13842

新疆：和静 邱爱军，张玲，马帅 LiZJ1694

Lagopsis supina (Stephan ex Willdenow) Ikonnikov Galitzky ex Knorring 夏至草

北京：西城区 王雷，朱雅娟，黄振英 Beijing-huang-ssl-0014

甘肃：夏河 尹鑫，吴航，葛文静 LiuJQ-GN-2011-222

河北：元氏 牛玉璐，郑博颖，黄士良等 NiuYL023

黑龙江：哈尔滨 刘玫，王臣，史传奇等 Liuetal555

黑龙江：香坊区 郑宝江，潘磊 ZhengBJ060

湖北：竹溪 李盛兰 GanQL265

吉林：南关区 韩忠明 Yanglm0108

山东：历城区 张少华，王萍，张诏等 Lilan158

山东：牟平区 卞福花，陈朋 BianFH-0286

山西：小店区 张贵平 Zhangf0094

陕西：长安区 田先华，王梅荣 TianXH152

云南：景东 鲁艳 200835

云南：兰坪 杨青松，杨莹，黄永江等 ZhouZK-07ZX-0021

云南：南涧 官有才 NJWLS1636

Lallemantia royleana (Wallich ex Bentham) Bentham 扁柄草

新疆：霍城 亚吉东，张桥蓉，胡枭剑 16CS13129

新疆：玛纳斯 亚吉东，张桥蓉，胡枭剑 16CS13176

Lamiophlomis rotata (Bentham ex J. D. Hooker) Kudô 独一味

青海：玉树 许炳强，周伟，郑朝汉 Xianh0136

四川：稻城 李晓东，张景博，徐凌翔等 LiJ386

四川：稻城 何兴金，李琴琴，马祥光等 SCU-09-167

四川：乡城 张大才，尹五元，李双智等 ZhangDC-07ZX-2109

西藏：察雅 张挺，李爱花，刘成等 08CS738

西藏：当雄 杨永平，段元文，边巴扎西 Yangyp-Q-1014

西藏：当雄 陈家辉，庄会富，刘德团 Yangyp-Q-0159

西藏：当雄 杨永平，段元文，边巴扎西 yangyp-Q-1032

西藏：堆龙德庆 杨永平，王东超，杨大松等 YangYP-Q-5054

西藏：隆子 罗建，汪书丽 LiuJQ11XZ139

西藏：芒康 徐波，陈光富，陈林杨等 SunH-07ZX-1553

西藏：墨竹工卡 李晖，边巴，徐爱国 lihui-Q-09-63

西藏：聂荣 陈家辉，庄会富，边巴扎西 Yangyp-Q-2088

西藏：日喀则 马永鹏 ZhangCQ-0019

西藏：仲巴 李晖，文雪梅，熊继贵 Lihui-Q-2010-21

西藏：左贡 徐波，陈光富，陈林杨等 SunH-07ZX-0808

西藏：左贡 徐波，陈光富，陈林杨等 SunH-07ZX-1481

西藏：左贡 张大才，李双智，罗康等 ZhangDC-07ZX-0688

西藏：左贡 张大才，李双智，罗康等 ZhangDC-07ZX-0144

Lamium album Linnaeus 短柄野芝麻

四川：稻城 何兴金，廖晨阳，任海燕等 SCU-09-434

四川：稻城 何兴金，廖晨阳，任海燕等 SCU-09-439

四川：稻城 何兴金，廖晨阳，任海燕等 SCU-09-444

Lamium amplexicaule Linnaeus 宝盖草

甘肃：合作 郭淑青，杜品 LiuJQ-2012-GN-017

甘肃：合作 尹鑫，吴航，葛文静 LiuJQ-GN-2011-733

甘肃：碌曲 李晓东，刘帆，张景博等 LiJ0143

甘肃：玛曲 尹鑫，吴航，葛文静 LiuJQ-GN-2011-234

江苏：句容 吴宝成 HANGYY8009

江苏：溧阳 吴宝成 HANGYY8166

江西：黎川 童和平，王玉珍，常迪江等 TanCM1954

江西：庐山区 董安淼，吴从梅 TanCM1501

山东：莱山区 卞福花 BianFH-0163

山东：市南区 罗艳 LuoY235

上海：宝山区 李宏庆 Lihq0183

四川：红原 张昌兵，邓秀华 ZhangCB0309

云南：富民 彭华，刘恩德，向春雷 P.H.6038

云南：景东 鲁艳 200816

云南：新平 何罡安 XPALSB191

云南：永德 李永亮 LiYL1526

Lamium barbatum Siebold & Zuccarini 野芝麻

安徽：屯溪区 方建新 TangXS0217

重庆：南川区 易思荣 YISR158

湖北：仙桃 张代贵 Zdg1269

湖北：竹溪 李盛兰 GanQL392

吉林：磐石 安海成 AnHC046

江西：黎川 童和平，王玉珍 TanCM2316

江西：庐山区 董安淼，吴从梅 TanCM1529

四川：道孚 何兴金，胡灏禹，沈呈娟等 SCU-11-461

四川：稻城 何兴金，王长宝，刘爽等 SCU-09-052

四川：稻城 何兴金，王长宝，刘爽等 SCU-09-058

四川：稻城 何兴金，李琴琴，马祥光等 SCU-09-180

四川：稻城 何兴金，胡灏禹，陈德友等 SCU-09-341

四川：理塘 何兴金，赵丽华，梁乾隆等 SCU-11-146

四川：理塘 何兴金，李琴琴，马祥光等 SCU-09-132

四川：理县 何兴金，高云东，余岩等 SCU-09-571

四川：马尔康 何兴金，王月，胡灏禹 SCU-08158

Leonurus chaituroides C. Y. Wu & H. W. Li 假鬃尾草 *

安徽：祁门 唐鑫生，方建新 TangXS0446

湖北：英山 朱鑫鑫，王君 ZhuXX036

Leonurus japonicus Houttuyn 益母草

安徽：金寨 刘淼 SCSB-JSC30

安徽：舒城 陈延松，欧祖兰，高秋晨等 Xuzd469

安徽：休宁 唐鑫生，方建新 TangXS0279
安徽：休宁 唐鑫生，方建新 TangXS0281
甘肃：迭部 郭淑青，杜品 LiuJQ-2012-GN-028
贵州：开阳 邹方伦 ZouFL0179
河南：栾川 黄振英，于顺利，杨学军 Huangzy0003
河南：南召 黄振英，于顺利，杨学军 Huangzy0171
河南：嵩县 黄振英，于顺利，杨学军 Huangzy0101
黑龙江：北安 郑宝江，潘磊 ZhengBJ032
湖北：神农架林区 李巨平 LiJuPing0061
湖北：竹溪 李盛兰 GanQL1059
湖南：澧县 田淑珍 SCSB-HN-1569
湖南：浏阳 蔡秀珍，田淑珍 SCSB-HN-1035
湖南：南县 田淑珍，刘克明 SCSB-HN-1764
湖南：炎陵 孙秋妍，陈珮珮 SCSB-HN-1531
湖南：炎陵 刘应迪，孙秋妍，陈珮珮 SCSB-HN-1541
湖南：岳麓区 姜孝成 SCSB-HNJ-0016
湖南：岳麓区 刘克明，陈薇，蔡秀珍 SCSB-HN-0025
湖南：岳麓区 姜孝成，唐妹，陈显胜等 SCSB-HNJ-0412
湖南：长沙 朱香清，田淑珍 SCSB-HN-1470
湖南：长沙 刘克明，蔡秀珍，田淑珍 SCSB-HN-0686
湖南：长沙 陈薇，田淑珍 SCSB-HN-0787
吉林：南关区 韩忠明 Yanglm0061
江苏：赣榆 吴宝成 HANGYY8303
江苏：句容 王兆银，吴宝成 SCSB-JS0131
江苏：海州区 汤兴利 HANGYY8473
江苏：玄武区 顾子霞 HANGYY8681
江苏：宜兴 吴宝成 HANGYY8201
江西：九江 谭策铭，易桂花 TanCM247
辽宁：桓仁 祝业平 CaoW994
辽宁：连山区 卜军，金实，阴黎明 CaoW388
辽宁：连山区 卜军，金实，阴黎明 CaoW504
辽宁：连山区 卜军，金实，阴黎明 CaoW505
辽宁：清原 张永刚 Yanglm0155
辽宁：庄河 于立敏 CaoW792
内蒙古：伊金霍洛旗 杨学军 Huangzy0238
青海：城北区 薛春迎 Xuechy0264
青海：互助 薛春迎 Xuechy0194
青海：同德 汪书丽，朱洪涛 Liujq-QLS-TXM-218
山东：黄岛区 郑国伟 Zhaozt0237
山东：岚山区 吴宝成 HANGYY8602
山东：历城区 樊守金，郑国伟，邵娜等 Zhaozt0041
山东：历下区 李兰，王萍，张少华等 Lilan-003
山东：牟平区 卞福花，卢学新，纪伟等 BianFH00025
山东：芝罘区 卞福花，卢学新，纪伟 BianFH00011
山西：霍州 高瑞如，李农业，张爱红 Huangzy0256
山西：沁水 连俊强，赵璐璐，廉凯敏 Zhangf0005
四川：白玉 李晓东，张景博，徐凌翔等 LiJ469
四川：丹巴 何兴金，冯图，廖晨阳等 SCU-080350
四川：理县 何兴金，高云东，余岩等 SCU-09-567
四川：马尔康 高云东，李忠荣，鞠文彬 GaoXF-12-061
四川：米易 刘静，袁明 MY-210
四川：乡城 孙航，李新辉，陈林杨 SunH-07ZX-2947
四川：小金 高云东，李忠荣，鞠文彬 GaoXF-12-126
新疆：尼勒克 刘鸯，马真，贺晓欢等 SHI-A2007518
云南：官渡区 彭华，陈丽，王英 P.H.5341
云南：景东 鲁艳 07-179
云南：昆明 税玉民，陈文红 65896
云南：麻栗坡 肖波 LuJL454
云南：勐腊 谭运洪，余涛 B186
云南：南涧 阿国仁 NJWLS1161
云南：南涧 阿国仁 NJWLS1163
云南：南涧 邹国娟，袁玉川，时国彩 njwls2007008
云南：巧家 张书东，金建昌 QJYS0203
云南：石林 税玉民，陈文红 65857
云南：腾冲 周应再 Zhyz-256
云南：维西 张挺，徐远杰，黄押稳等 SCSB-B-000166
云南：西山区 税玉民，陈文红 65824
云南：新平 自正尧 XPALSB297
云南：新平 白绍斌 XPALSC273
云南：新平 白绍斌 XPALSC340
云南：新平 谢天华，郎定富 XPALSA130
云南：新平 何罡安 XPALSB111
云南：永德 李永亮 YDDXS0752
云南：永德 欧阳红才，鲁金国，赵学盛 YDDXSC055
云南：永胜 苏涛，黄永江，杨青松等 ZhouZK11460
云南：玉龙 孙航，李新辉，陈林杨 SunH-07ZX-3236
云南：云龙 李施文，张志云，段耀飞等 TC3065
云南：镇沅 罗成瑜，乔永华 ALSZY289
云南：镇沅 胡启和，张绍云 YNS0807
浙江：临安 吴林园，彭斌，顾子霞 HANGYY9020
浙江：余杭区 葛斌杰 Lihq0235

Leonurus macranthus Maximowicz **大花益母草**

吉林：磐石 安海成 AnHC0214

Leonurus pseudomacranthus Kitagawa **錾菜 ***

江苏：江宁区 吴宝成 SCSB-JS0339
山东：莱山区 卞福花，宋言贺 BianFH-515
山东：崂山区 罗艳，李中华 LuoY188
山东：泰山区 张璐璐，王慧燕，杜超等 Zhaozt0206
山东：芝罘区 卞福花，杨蕾蕾，谷胤征 BianFH-0127
陕西：长安区 田先华，田陌 TianXH1160

Leonurus pseudopanzerioides Krestovskaya **绵毛益母草**

新疆：哈巴河 段士民，王喜勇，刘会良等 195

Leonurus sibiricus Linnaeus **细叶益母草**

北京：东城区 王雷，朱雅娟，黄振英 Beijing-huang-bhs-0006
北京：东城区 王雷，朱雅娟，黄振英 Beijing-huang-bws-0008
北京：东城区 王雷，朱雅娟，黄振英 Beijing-huang-dls-0017
北京：海淀区 程红焱 SCSB-D-0030
北京：门头沟区 李燕军 SCSB-E-0037
北京：西城区 王雷，朱雅娟，黄振英 Beijing-huang-yms-0008
北京：西城区 王雷，朱雅娟，黄振英 Beijing-huang-ss-0006
河北：兴隆 李燕军 SCSB-A-0020
河北：赞皇 牛玉璐，高彦飞，赵二涛 NiuYL456
吉林：大安 杨帆，马红媛，安丰华 SNA0080
内蒙古：赛罕区 蒲拴莲，刘润宽，刘毅等 M163
陕西：神木 田先华 TianXH1101
四川：道孚 何兴金，赵丽华，梁乾隆 SCU-10-015
四川：理县 何兴金，李琴琴，赵丽华等 SCU-09-520
四川：理县 何兴金，李琴琴，赵丽华等 SCU-09-583
云南：盘龙区 彭华，向春雷，王泽欢 PengH8454

Leonurus turkestanicus V. Kreczetovicz & Kuprianova **突厥益母草**

新疆：托里 徐文斌，杨清理 SHI-2009267
新疆：温泉 徐文斌，许晓敏 SHI-2008283
新疆：乌鲁木齐 王喜勇，马文宝，施翔 zdy232
新疆：乌鲁木齐 段士民，王喜勇，刘会良 Zhangdy248
新疆：裕民 徐文斌，黄刚 SHI-2009068

Leucas ciliata Bentham **绣球防风**
云南：沧源 赵金超，龙源凤 CYNGH014
云南：富民 彭华，向春雷，许瑾等 P.H.5462
云南：官渡区 彭华，陈丽，王英 P.H.5335
云南：河口 张贵良，张贵生，陶英美等 ZhangGL062
云南：红河 彭华，向春雷，陈丽 PengH8242
云南：景东 鲁艳 2008107
云南：隆阳区 赵文李 BSGLGSly3004
云南：绿春 黄连山保护区科研所 HLS0171
云南：南涧 李毕祥，袁玉明 NJWLS605
云南：南涧 沈文明 NJWLS1316
云南：南涧 熊绍荣 njwls2007073
云南：普洱 叶金科 YNS0345
云南：石林 张挺，张书东，杨茜等 SCSB-A-000024
云南：石林 税玉民，陈文红 65480
云南：石林 张桥蓉，亚吉东，李昌洪 15CS11569
云南：腾冲 余新林，赵玮 BSGLGStc175
云南：腾冲 周应再 Zhyz-291
云南：香格里拉 张挺，亚吉东，李明勤等 11CS3366
云南：新平 刘家良 XPALSD078
云南：盈江 王立彦，左常盛，何维海 SCSB-TBG-013
云南：永德 李永亮 YDDXS0562
云南：永德 欧阳红才，普跃东，鲁金国等 YDDXSC025
云南：元阳 彭华，向春雷，陈丽 PengH8208
云南：云龙 李施文，张志云 TC3047
云南：镇沅 罗成瑜 ALSZY426

Leucas lavandulifolia Smith **线叶白绒草**
云南：永德 李永亮 YDDXS0457
云南：永德 李永亮 YDDXS6457

Leucas martinicensis (Jacquin) R. Brown **卵叶白绒草**
云南：永德 李永亮 YDDXS0952

Leucas mollissima Wallich ex Bentham **白绒草**
四川：乐至 邓兴敏，邓秀发，张昌兵 ZCB0420
云南：澜沧 胡启和，赵强，周英等 YNS0735
云南：澜沧 张绍云，叶金科，胡启和 YNS1204
云南：隆阳区 赵文李 BSGLGSly3023
云南：南涧 饶富玺，阿国仁，何贵才 NJWLS807
云南：南涧 彭华，向春雷，陈丽 P.H.5929
云南：文山 何德明，韦荣彪，黄太文 WSLJS758
云南：文山 彭华，刘恩德，陈丽 P.H.6021
云南：永德 李永亮 YDDXS0623
云南：永德 李永亮，王学军，杨建文等 YDDXSB054

Leucas zeylanica (Linnaeus) R. Brown **绉面草**
云南：勐海 彭华，向春雷，陈丽等 P.H.5682
云南：勐海 彭华，向春雷，陈丽等 P.H.5687

Leucosceptrum canum Smith **米团花**
云南：景东 杨国平 07-35
云南：腾冲 余新林，赵玮 BSGLGStc145
云南：永德 李永亮 YDDXS0058

Loxocalyx urticifolius Hemsley **斜萼草** *
重庆：南川区 易思荣，谭秋平 YISR430
湖北：竹溪 李盛兰 GanQL763
云南：南涧 彭华，向春雷，陈丽 P.H.5909

Lycopus cavaleriei H. Léveillé **小叶地笋**
重庆：南川区 易思荣 YISR032

Lycopus europaeus Linnaeus **欧地笋**
新疆：博乐 徐文斌，许晓敏 SHI-2008317
新疆：博乐 徐文斌，黄雪姣 SHI-2008347
新疆：博乐 徐文斌，许晓敏 SHI-2008394
新疆：博乐 徐文斌，杨清理 SHI-2008441
新疆：巩留 段士民，王喜勇，刘会良 Zhangdy381
新疆：巩留 段士民，王喜勇，刘会良 Zhangdy391

Lycopus europaeus var. **exaltatus** (Linnaeus f.) J. D. Hooker **深裂欧地笋**
新疆：察布查尔 段士民，王喜勇，刘会良 Zhangdy342

Lycopus lucidus Turczaninow ex Bentham **地笋**
黑龙江：尚志 郑宝江，丁晓炎，王美娟 ZhengBJ262
江苏：海州区 汤兴利 HANGYY8430
云南：南涧 熊绍荣 NJWLS451

Lycopus lucidus var. **hirtus** Regel **硬毛地笋**
湖南：永顺 陈功锡，张代贵，邓涛等 SCSB-HC-2007315
吉林：磐石 安海成 AnHC0359
陕西：宁陕 田先华，吴礼慧 TianXH493

Lycopus parviflorus Maximowicz **小花地笋** *
吉林：和龙 刘翠晶 Yanglm0218
吉林：磐石 安海成 AnHC0148

Marmoritis complanatum (Dunn) A. L. Budantzev **扭连钱** *
西藏：察隅 张大才，李双智，唐路等 ZhangDC-07ZX-1678
西藏：江达 苏涛，黄永江，杨青松等 ZhouZK11241
云南：德钦 陈文允，于文涛，黄永江等 CYHL150

Marrubium vulgare Linnaeus **欧夏至草**
新疆：博乐 徐文斌，许晓敏 SHI-2008120
新疆：博乐 徐文斌，许晓敏 SHI-2008373
新疆：巩留 贺晓欢，徐文斌，马真等 SHI-A2007225
新疆：呼图壁 段士民，王喜勇，刘会良 Zhangdy293
新疆：霍城 刘鸯，马真，贺晓欢等 SHI-A2007150
新疆：霍城 刘鸯，马真，贺晓欢等 SHI-A2007166
新疆：霍城 徐文斌，刘鸯，马真等 SHI-A2007121
新疆：托里 徐文斌，黄刚 SHI-2009044
新疆：乌鲁木齐 马文宝，刘会良 zdy013
新疆：乌鲁木齐 王喜勇，马文宝，施翔 zdy293
新疆：乌鲁木齐 王喜勇，马文宝，施翔 zdy438
新疆：乌鲁木齐 段士民，王喜勇，刘会良等 Zhangdy438
新疆：伊犁 段士民，王喜勇，刘会良 Zhangdy321
新疆：伊宁 刘鸯 SHI-A2007187
新疆：伊宁 阎平，陈志丹 SHI-A2007335

Meehania urticifolia (Miquel) Makino **荨麻叶龙头草**
吉林：磐石 安海成 AnHC0296

Melissa axillaris (Bentham) Bakhuizen f. **蜜蜂花**
湖北：仙桃 张代贵 Zdg3196
四川：峨眉山 李小杰 LiXJ106
云南：贡山 许炳强，吴兴，李婧等 XiaNh-07zx-101
云南：金平 喻智勇，官兴永，张云飞等 JinPing43
云南：景东 杨国平，李达文，鲁志云 ygp-017
云南：澜沧 张绍云，胡启和，仇亚等 YNS1116
云南：龙陵 孙兴旭 SunXX151
云南：隆阳区 赵文李 BSGLGSly3009
云南：绿春 黄连山保护区科研所 HLS0250
云南：麻栗坡 肖波 LuJL215
云南：南涧 罗新洪，阿国仁 NJWLS547
云南：南涧 徐家武，袁立川，罗增阳等 NJWLS2008164
云南：南涧 徐家武，袁玉川，罗增阳 NJWLS624
云南：盘龙区 伊廷双，孟静，杨杨 MJ-948
云南：盘龙区 彭华，向春雷，王泽欢 PengH8406
云南：盘龙区 彭华，向春雷，王泽欢 PengH8423
云南：巧家 李文虎，吴天抗，张天壁等 QJYS0188

云南：腾冲 周应再 Zhyz-309
云南：腾冲 余新林，赵玮 BSGLGStc029
云南：腾冲 赵玮 BSGLGSly116
云南：维西 陈文允，于文涛，黄永江等 CYHL093
云南：文山 何德明，丰艳飞，韦荣彪等 WSLJS748
云南：西山区 蔡杰，张挺，郭永杰等 11CS3711
云南：新平 彭华，陈丽 P.H.5366
云南：新平 何罡安 XPALSB008
云南：新平 刘家良 XPALSD335
云南：新平 张学林 XPALSD173
云南：永德 李永亮 YDDXS0895
云南：云龙 郭永杰，王杨飞，李施文等 TC4020
云南：云龙 李爱花，李洪超，李文化等 SCSB-A-000174
云南：云龙 聂泽龙，孟盈，邓涛 SunH-07ZX-2340
云南：镇沅 何忠云，王立东 ALSZY160

Melissa officinalis Linnaeus **香蜂花**

云南：贡山 郭永杰，吴之坤，吴兴等 14CS9864

Mentha × piperita Linnaeus **辣薄荷**

新疆：乌什 杨赵平，周禧琳，贺冰 LiZJ1359

Mentha asiatica Borissova Bekrjasheva **假薄荷**

西藏：朗县 罗建，汪书丽，任德智 L116
新疆：博乐 徐文斌，杨清理 SHI-2008342
新疆：博乐 徐文斌，许晓敏 SHI-2008385
新疆：巩留 徐文斌，马真，贺晓欢等 SHI-A2007202
新疆：巩留 阎平，刘丽霞 SHI-A2007291
新疆：巩留 贺晓欢，徐文斌，马真等 SHI-A2007221
新疆：霍城 徐文斌，刘鸯，马真等 SHI-A2007124
新疆：吉木萨尔 谭敦炎，吉乃提 TanDY0593
新疆：尼勒克 刘鸯，马真，贺晓欢等 SHI-A2007457
新疆：尼勒克 刘鸯，马真，贺晓欢等 SHI-A2007505
新疆：托里 徐文斌，郭一敏 SHI-2009187
新疆：托里 徐文斌，郭一敏 SHI-2009292
新疆：托里 徐文斌，郭一敏 SHI-2009322
新疆：温泉 石大标 SCSB-SHI-2006221
新疆：温泉 徐文斌，黄雪姣 SHI-2008247
新疆：温泉 徐文斌，黄雪姣 SHI-2008268
新疆：温宿 塔里木大学植物资源调查组 TD-00912
新疆：温宿 杨赵平，周禧琳，贺冰 LiZJ1919
新疆：乌什 塔里木大学植物资源调查组 TD-00865
新疆：乌什 塔里木大学植物资源调查组 TD-00506
新疆：乌什 塔里木大学植物资源调查组 TD-00557
新疆：伊宁 贺晓欢 SHI-A2007260
新疆：裕民 徐文斌，郭一敏 SHI-2009364
新疆：裕民 徐文斌，黄刚 SHI-2009425
新疆：裕民 徐文斌，郭一敏 SHI-2009463

Mentha canadensis Linnaeus **薄荷**

甘肃：卓尼 尹鑫，吴航，葛文静 LiuJQ-GN-2011-241
甘肃：卓尼 齐威 LJQ-2008-GN-290
贵州：开阳 邹方伦 ZouFL0177
江西：黎川 童和平，王玉珍，常迪江等 TanCM2077
江西：星子 董安淼，吴从梅 TanCM1676
内蒙古：赛罕区 蒲拴莲，刘润宽，刘毅等 M270
山东：莱山区 陈朋 BianFH-404
山东：历城区 赵遵田，杜远达，杜超等 Zhaozt0035
山东：平邑 李卫东 SCSB-008
四川：米易 袁明 MY-002
新疆：博乐 徐文斌，王莹 SHI-2008125
新疆：博乐 徐文斌，杨清理 SHI-2008316
新疆：博乐 徐文斌，许晓敏 SHI-2008346
新疆：博乐 徐文斌，杨清理 SHI-2008399
新疆：博乐 徐文斌，黄雪姣 SHI-2008353
新疆：博乐 徐文斌，杨清理 SHI-2008384
新疆：巩留 段士民，王喜勇，刘会良 Zhangdy382
新疆：和静 杨赵平，焦培培，白冠章等 LiZJ0707
新疆：尼勒克 徐文斌，刘鸯，马真等 SHI-A2007411
新疆：温泉 徐文斌，许晓敏 SHI-2008218
新疆：温泉 徐文斌，黄雪姣 SHI-2008046
新疆：温泉 徐文斌，许晓敏 SHI-2008278
新疆：乌鲁木齐 段士民，王喜勇，刘会良 Zhangdy257
新疆：乌鲁木齐 段士民，王喜勇，刘会良 Zhangdy275
云南：南涧 阿国仁 NJWLS1155
云南：永德 李永亮 YDDXS6404

Mentha sachalinensis (Briquet ex Miyabe & Miyake) Kudô **东北薄荷**

吉林：临江 林红梅 Yanglm0304

Mentha spicata Linnaeus **留兰香**

江苏：海州区 汤兴利 HANGYY8491
四川：射洪 袁明 YUANM2015L148
新疆：乌什 白宝伟，段黄金 TD-01852

Mentha vagans Borissova Bekrjasheva **灰薄荷**

新疆：巩留 亚吉东，迟建才，张桥蓉等 16CS13498

Micromeria biflora (Buchanan-Hamilton ex D. Don) Bentham **姜味草**

云南：官渡区 蔡杰，廖琼，徐远杰等 SCSB-B-000081
云南：普洱 胡启和，张绍云 YNS0607
云南：石林 税玉民，陈文红 66178

Micromeria wardii Marquand & Airy Shaw **西藏姜味草** *

西藏：林芝 罗建，汪书丽，任德智 LiuJQ-09XZ-304

Microtoena delavayi Prain **云南冠唇花** *

云南：香格里拉 张挺，亚吉东，李明勤等 11CS3309
云南：新平 何罡安 XPALSB050
云南：盈江 张挺，张昌兵，邓秀发 12CS3911
云南：盈江 王立彦，刀江飞，尹可欢 SCSB-TBG-147
云南：永德 奎文康，欧阳红才，鲁金国等 YDDXSC087
云南：永德 李永亮 LiYL1392
云南：镇沅 王立东，何忠云，罗成瑜 ALSZY176

Microtoena prainiana Diels **南川冠唇花** *

重庆：南川区 易思荣，谭秋平 YISR432
湖北：仙桃 张代贵 Zdg3556

Microtoena subspicata var. **intermedia** C. Y. Wu & Hsuan **中间近穗状冠唇花** *

云南：富宁 蔡杰，张挺 12CS5726

Mosla cavaleriei H. Léveillé **小花荠苧**

安徽：绩溪 胡长玉，方建新，徐林飞 TangXS0661
安徽：金寨 刘淼 SCSB-JSC35
贵州：开阳 肖恩婷 Yuanm014
湖北：英山 朱鑫鑫，王君 ZhuXX024
江西：黎川 童和平，王玉珍 TanCM1885
江西：庐山区 董安淼，吴从梅 TanCM1654
江西：武宁 谭策铭，张吉华 TanCM442
四川：万源 张桥蓉，余华，王义 15CS11514
西藏：墨脱 刘成，亚吉东，何华杰等 16CS11921
云南：贡山 聂泽龙，孟盈，邓涛 SunH-07ZX-2873
云南：绿春 彭华，向春雷，陈丽等 P.H.5626
云南：勐海 彭华，向春雷，陈丽等 P.H.5674
云南：宁洱 胡启和，仇亚，张绍云 YNS0573

云南：屏边 税玉民，陈文红 16027
云南：双柏 彭华，向春雷，陈丽等 P.H.5547
云南：永德 李永亮 LiYL1399
云南：元阳 车鑫，亚吉东，秦少发等 YYGYS061

Mosla chinensis Maximowicz **石香薷**

安徽：屯溪区 方建新 TangXS0935
湖北：竹溪 李盛兰 GanQL1062
江苏：海州区 汤兴利 HANGYY8490
江西：靖安 张吉华，刘运群 TanCM711
江西：黎川 童和平，王玉珍，常迪江等 TanCM1980
江西：庐山区 董安淼，吴从梅 TanCM1622

Mosla dianthera (Buchanan-Hamilton ex Roxburgh) Maximowicz **小鱼荠苎**

安徽：石台 陈延松，吴国伟，洪欣 Zhousb0066
安徽：舒城 陈延松，欧祖兰，高秋晨等 Xuzd402
安徽：屯溪区 方建新 TangXS0684
安徽：芜湖 陈延松，吴国伟，洪欣 Zhousb0096
广西：金秀 彭华，向春雷，陈丽 PengH8114
广西：金秀 彭华，向春雷，陈丽 PengH8146
贵州：花溪区 邹方伦 ZouFL0165
贵州：雷山 陈丽，董朝辉 P.H.5460
湖北：仙桃 张代贵 Zdg1352
湖北：宣恩 沈泽昊 HXE139
湖北：竹溪 李盛兰 GanQL1158
湖南：鹤城区 李胜华，伍贤进，刘光华等 Wuxj826
湖南：洪江 李胜华，伍贤进，刘光华等 Wuxj1075
湖南：怀化 李胜华，伍贤进，曾汉元等 HHXY045
湖南：怀化 李胜华，伍贤进，曾汉元等 HHXY055
湖南：怀化 李胜华，伍贤进，曾汉元等 HHXY308
湖南：怀化 李胜华，伍贤进，曾汉元等 HHXY319
湖南：怀化 李胜华，伍贤进，曾汉元等 HHXY352
湖南：会同 李胜华，伍贤进，曾汉元等 Wuxj997
湖南：吉首 陈功锡，张代贵，邓涛等 SCSB-HC-2007509
湖南：麻阳 彭华，王英，陈丽 P.H.5253
湖南：平江 姜孝成 Jiangxc0604
湖南：石门 陈功锡，张代贵，邓涛等 SCSB-HC-2007387
江西：黎川 童和平，王玉珍 TanCM1886
辽宁：庄河 于立敏 CaoW757
山东：崂山区 赵遵田，郑国伟，杜超等 Zhaozt0154
四川：峨眉山 李小杰 LiXJ242
四川：米易 刘静，袁明 MY-142
四川：米易 袁明 MY347
西藏：墨脱 刘成，亚吉东，何华杰等 16CS14023
云南：景东 鲁艳 07-167
云南：景洪 彭华，向春雷，王泽欢 PengH8481
云南：镇沅 罗成瑜，乔永华 ALSZY290

Mosla longibracteata (C. Y. Wu & Hsuan) C. Y. Wu & H. W. Li **长苞荠苎** *

安徽：歙县 方建新 TangXS0638
江西：武宁 张吉华，刘运群 TanCM1146

Mosla scabra (Thunberg) C. Y. Wu & H. W. Li **石荠苎**

安徽：肥西 陈延松，朱合军 Xuzd137
安徽：金寨 陈延松，欧祖兰，白雅洁 Xuzd190
安徽：金寨 陈延松，欧祖兰，刘旭升 Xuzd207
安徽：金寨 刘淼 SCSB-JSC36
安徽：屯溪区 方建新 TangXS0016
湖北：神农架林区 李巨平 LiJuPing0028
湖南：江华 肖乐希，王成 SCSB-HN-1187
湖南：双牌 姜孝成，王丽萍，李育华 Jiangxc0814
湖南：湘乡 陈薇，朱香清，马仲辉 SCSB-HN-0472
湖南：新化 姜孝成，唐妹，戴小军等 Jiangxc0550
湖南：沅江 刘克明，肖乐希 SCSB-HN-0398
江苏：句容 王兆银，吴宝成 SCSB-JS0295
江苏：句容 吴宝成，王兆银 HANGYY8388
江苏：南京 顾子霞 SCSB-JS0430
山东：莱山区 陈朋 BianFH-406
山东：崂山区 罗艳，李中华 LuoY162
山东：崂山区 赵遵田，李振华，郑国伟等 Zhaozt0109
陕西：平利 李盛兰 GanQL1044
四川：峨眉山 李小杰 LiXJ213
四川：乐至 邓兴敏，邓秀发，张昌兵 ZCB0393
四川：雨城区 贾学静 YuanM2012022
云南：江城 叶金科 YNS0483
云南：金平 税玉民，陈文红 80504
云南：腾冲 周应再 Zhyz-403
云南：盈江 王立彦，左常盛，桂魏 SCSB-TBG-047
云南：镇沅 罗成瑜，乔永华 ALSZY309

Mosla soochowensis Matsuda **苏州荠苎** *

江西：庐山区 董安淼，吴从梅 TanCM2572

Nepeta annua Pallas **小裂叶荆芥**

新疆：托里 亚吉东，张桥蓉，秦少发等 16CS13886

Nepeta cataria Linnaeus **荆芥**

山东：牟平区 卞福花，宋言贺 BianFH-462
山东：牟平区 卞福花，杨蕾蕾，谷胤征 BianFH-0113
山东：平邑 高德民，王萍，张颖颖等 Lilan617
四川：甘孜 陈文允，于文涛，黄永江 CYH167
四川：天全 汤加勇，陈刚 Y07154
四川：新龙 陈家辉，王赟，刘德团 YangYP-Q-3016
新疆：尼勒克 亚吉东，张桥蓉，秦少发等 16CS13439
新疆：塔城 谭敦炎，吉乃提 TanDY0648

Nepeta coerulescens Maximowicz **蓝花荆芥** *

青海：互助 薛春迎 Xuechy0146
青海：互助 薛春迎 Xuechy0244
西藏：那曲 许炳强，童毅华 XiaNh-07zx-591

Nepeta dentata C. Y. Wu & Hsuan **齿叶荆芥** *

西藏：工布江达 罗建，汪书丽，任德智 LiuJQ-09XZ-ML072
西藏：米林 罗建，汪书丽 LiuJQ-08XZ-136

Nepeta discolor Royle ex Bentham **异色荆芥**

西藏：波密 陈家辉，韩希，王东超等 YangYP-Q-4084
西藏：浪卡子 陈家辉，韩希，王广艳等 YangYP-Q-4179
西藏：浪卡子 陈家辉，韩希，王东超等 YangYP-Q-4260
西藏：林周 陈家辉，韩希，王广艳等 YangYP-Q-4156
西藏：左贡 徐波，陈光富，陈林杨等 SunH-07ZX-2045

Nepeta fordii Hemsley **心叶荆芥** *

重庆：南川区 易思荣 YISR197

Nepeta hemsleyana Oliver ex Prain **藏荆芥** *

西藏：洛扎 扎西次仁 ZhongY215

Nepeta laevigata (D. Don) Handel-Mazzetti **穗花荆芥**

山东：历城区 赵遵田，杜超，杜远达等 Zhaozt0228
四川：巴塘 陈文允，于文涛，黄永江 CYH040
四川：九龙 孙航，张建文，董金龙等 SunH-07ZX-4053
四川：理塘 苏涛，黄永江，杨青松等 ZhouZK11143
四川：壤塘 许炳强，童毅华，吴兴等 XiaNH-07ZX-0938
西藏：察隅 张挺，蔡杰，袁明 09CS1540
西藏：城关区 李晖，边巴，徐爱国 lihui-Q-09-75
西藏：工布江达 卢洋，刘帆等 LiJ858

西藏：林芝 罗建，汪书丽 LiuJQ-08XZ-194
西藏：芒康 张挺，李爱花，刘成等 08CS681
西藏：米林 罗建，汪书丽 LiuJQ-08XZ-134
云南：香格里拉 李国栋，陈建国，陈林杨等 SunH-07ZX-2291
云南：香格里拉 杨青松，星耀武，苏涛 ZhouZK-07ZX-0337
云南：香格里拉 周浙昆，苏涛，杨莹等 Zhou09-101
云南：香格里拉 王文礼，冯欣，刘飞鹏 OUXK11094
云南：香格里拉 张挺，亚吉东，李明勤等 11CS3329

Nepeta membranifolia C. Y. Wu **膜叶荆芥 ***
云南：玉龙 孙航，李新辉，陈林杨 SunH-07ZX-3235

Nepeta micrantha Bunge **小花荆芥**
新疆：阜康 谭敦炎，邱娟 TanDY0015
新疆：吉木萨尔 谭敦炎，邱娟 TanDY0051
新疆：克拉玛依 谭敦炎，邱娟 TanDY0079
新疆：克拉玛依 谭敦炎，邱娟 TanDY0096
新疆：克拉玛依 张振春，刘建华 TanDY0337
新疆：塔城 谭敦炎，吉乃提 TanDY0626
新疆：乌鲁木齐 谭敦炎，艾沙江 TanDY0544
新疆：乌鲁木齐 谭敦炎，成小军 TanDY0164
新疆：裕民 谭敦炎，吉乃提 TanDY0692

Nepeta multifida Linnaeus **多裂叶荆芥**
内蒙古：克什克腾旗 刘润宽，李茂文，李昌亮 M126
内蒙古：武川 蒲拴莲，刘润宽，刘毅等 M195

Nepeta nuda Linnaeus **直齿荆芥**
新疆：尼勒克 贺晓欢，徐文斌，刘鸯等 SHI-A2007395

Nepeta prattii H. Léveillé **康藏荆芥 ***
甘肃：合作 郭淑青，杜品 LiuJQ-2012-GN-022
甘肃：合作 尹鑫，吴航，葛文静 LiuJQ-GN-2011-224
甘肃：玛曲 尹鑫，吴航，葛文静 LiuJQ-GN-2011-238
甘肃：卓尼 齐威 LJQ-2008-GN-289
河北：兴隆 牛玉璐，高彦飞，赵二涛 NiuYL479
青海：互助 陈世龙，高庆波，张发起等 Chensl1702
四川：黑水 顾垒，李忠荣 GaoXF-09ZX-1399
四川：红原 张昌兵，邓秀华 ZhangCB0259
四川：理塘 何兴金，赵丽华，梁乾隆等 SCU-11-192
四川：马尔康 何兴金，高云东，刘海艳等 SCU-20080480
四川：壤塘 何兴金，赵丽华，梁乾隆 SCU-10-060
四川：小金 高云东，李忠荣，鞠文彬 GaoXF-12-084
四川：小金 高云东，李忠荣，鞠文彬 GaoXF-12-112

Nepeta sibirica Linnaeus **大花荆芥**
四川：得荣 孙航，李新辉，陈林杨 SunH-07ZX-3035

Nepeta souliei H. Léveillé **狭叶荆芥 ***
四川：白玉 张大才，尹五元，李双智等 ZhangDC-07ZX-2240
西藏：林芝 罗建，汪书丽 LiuJQ-08XZ-093
西藏：林芝 罗建，汪书丽 LiuJQ-08XZ-195
西藏：林芝 罗建，汪书丽，王国严 LiuJQ-09XZ-382

Nepeta stewartiana Diels **多花荆芥 ***
西藏：芒康 张永洪，李国栋，王晓雄 SunH-07ZX-1716
云南：东川区 张挺，刘成，郭明明等 11CS3643
云南：香格里拉 张大才，李双智，唐路等 ZhangDC-07ZX-1636
云南：香格里拉 陈文允，于文涛，黄永江等 CYHL219
云南：香格里拉 杨青松，星耀武，苏涛 ZhouZK-07ZX-0452
云南：香格里拉 王文礼，冯欣，刘飞鹏 OUXK11090
云南：香格里拉 张挺，亚吉东，李明勤等 11CS3326
云南：香格里拉 杨亲二，袁琼 Yangqe1946

Nepeta tenuiflora Diels **细花荆芥 ***
四川：阿坝 蔡杰，张挺，刘成 10CS2579
西藏：芒康 孙航，张建文，邓涛等 SunH-07ZX-3374

Nepeta ucranica Linnaeus **尖齿荆芥**
新疆：察布查尔 马真 SHI-A2007081
新疆：霍城 徐文斌，刘鸯，马真等 SHI-A2007146
新疆：霍城 马真，贺晓欢，徐文斌等 SHI-A2007045
新疆：尼勒克 刘鸯，马真，贺晓欢等 SHI-A2007474
新疆：伊犁 段士民，王喜勇，刘会良等 37
新疆：昭苏 阎平，陈志丹 SHI-A2007308

Nepeta yanthina Franchet **淡紫荆芥 ***
西藏：波密 陈家辉，韩希，王东超等 YangYP-Q-4004
西藏：日土 陈家辉，庄会富，刘德团等 Yangyp-Q-0081
西藏：日土 陈家辉，庄会富，刘德团等 Yangyp-Q-0112

Notochaete hamosa Bentham **钩萼草**
云南：隆阳区 许炳强，吴兴，李婧等 XiaNh-07zx-245
云南：南涧 常学科，熊绍荣，时国彩等 njwls2007145
云南：南涧 阿国仁，何贵才 NJWLS1132
云南：腾冲 余新林，赵玮 BSGLGStc183
云南：永德 李永亮 YDDXS0614

Notochaete longiaristata C. Y. Wu & H. W. Li **长刺钩萼草 ***
云南：贡山 刘成，何华杰，黄莉等 14CS9987

Ocimum basilicum Linnaeus **罗勒**
吉林：抚松 韩忠明 Yanglm0423
云南：勐海 彭华，向春雷，陈丽等 P.H. 5678
云南：墨江 彭华，向春雷，陈丽等 P.H. 5668
云南：腾冲 周应再 Zhyz-400
云南：永德 李永亮 LiYL1484

Ocimum basilicum var. **pilosum** (Willdenow) Bentham **疏柔毛罗勒**
云南：勐海 刀志灵 DZL-176

Ocimum gratissimum var. **suave** (Willdenow) J. D. Hooker **无毛丁香罗勒**
广西：那坡 张挺，蔡杰，方伟 12CS3791
云南：景洪 彭华，向春雷，王泽欢 PengH8534
云南：隆阳区 赵玮 BSGLGSly141
云南：永德 李永亮，马文军 YDDXSB202

Origanum vulgare Linnaeus **牛至**
安徽：肥西 陈延松，陶瑞松，姜九龙 Xuzd107
贵州：威宁 邹方伦 ZouFL0309
湖北：仙桃 李巨平 Lijuping0283
湖北：竹溪 李盛兰 GanQL1012
湖南：麻阳 彭华，王英，陈丽 P.H. 5227
湖南：永顺 陈功锡，张代贵，邓涛 SCSB-HC-2007356
江苏：江宁区 吴宝成 SCSB-JS0338
江苏：句容 王兆银，吴宝成 SCSB-JS0393A
江西：武宁 张吉华，刘运群 TanCM1160
江西：修水 缪以清，李立新 TanCM1265
陕西：长安区 田先华，田陌 TianXH1157
四川：丹巴 高云东，李忠荣，鞠文彬 GaoXF-12-145
四川：黑水 顾垒，李忠荣 GaoXF-09ZX-1766
四川：金川 何兴金，马祥光，郜鹏 SCU-10-231
四川：九寨沟 齐威 LJQ-2008-GN-301
四川：康定 张昌兵，向丽 ZhangCB0199
四川：理县 何兴金，李琴琴，赵丽华等 SCU-09-513
四川：马尔康 高云东，李忠荣，鞠文彬 GaoXF-12-071
四川：马尔康 何兴金，胡灏禹，黄德青 SCU-10-115
四川：米易 刘静，袁明 MY-118
四川：木里 苏涛，黄永江，杨青松等 ZhouZK11348
四川：盐源 孔航辉，罗江平，左雷等 YangQE3370
四川：盐源 任宗昕，艾洪莲，张舒 SCSB-W-1430

四川：盐源 苏涛，黄永江，杨青松等 ZhouZK11394
新疆：尼勒克 徐文斌，刘鸯，马真等 SHI-A2007417
新疆：尼勒克 刘鸯，马真，贺晓欢等 SHI-A2007478
新疆：尼勒克 刘鸯，马真，贺晓欢等 SHI-A2007511
新疆：尼勒克 段士民，王喜勇，刘会良 Zhangdy369
新疆：裕民 徐文斌，郭一敏 SHI-2009445
云南：大理 张德全，文青华，段金成等 ZDQ088
云南：洱源 杨青松，星耀武，苏涛 ZhouZK-07ZX-0283
云南：富民 郁文彬，董莉娜，张舒等 SCSB-W-957
云南：富民 彭华，向春雷，许瑾等 P.H.5468
云南：富民 郁文彬，董莉娜，张舒等 SCSB-W-960
云南：官渡区 彭华，陈丽，王英 P.H.5344
云南：鹤庆 孙航，李新辉，陈林杨 SunH-07ZX-3147
云南：丽江 苏涛，黄永江，杨青松等 ZhouZK11461
云南：宁蒗 苏涛，黄永江，杨青松等 ZhouZK11416
云南：盘龙区 彭华，向春雷，王泽欢 PengH8439
云南：盘龙区 彭华，向春雷，王泽欢 PengH8471
云南：巧家 李文虎，高顺勇，吴天抗等 QJYS0013
云南：巧家 郁文彬，任宗昕，艾洪莲等 SCSB-W-1071
云南：巧家 郁文彬，张舒，艾洪莲等 SCSB-W-1020
云南：文山 彭华，刘恩德，陈丽 P.H.5528
云南：西山区 张挺，方伟，李爱花等 SCSB-A-000042
云南：西山区 税玉民，陈文红 65352
云南：香格里拉 陈文允，于文涛，黄永江等 CYHL196
云南：香格里拉 孙航，李新辉，陈林杨 SunH-07ZX-3204
云南：香格里拉 杨亲二，袁琼 Yangqe1870
云南：易门 彭华，向春雷，王泽欢 PengH8351
云南：易门 彭华，向春雷，王泽欢 PengH8360
云南：易门 彭华，向春雷，王泽欢 PengH8378

Panzerina lanata (Linnaeus) Sojak **绒毛脓疮草**

内蒙古：海勃湾区 刘博，蒲拴莲，刘润宽等 M330
内蒙古：海南区 刘博，蒲拴莲，刘润宽等 M339

Panzerina lanata var. **alaschanica** (Kuprianova) H. W. Li **脓疮草** *

陕西：神木 田先华 TianXH1096

Paraphlomis albida var. **brevidens** Handel-Mazzetti **短齿白毛假糙苏** *

江西：黎川 童和平，王玉珍 TanCM2386

Paraphlomis gracilis (Hemsley) Kudô **纤细假糙苏** *

湖北：竹溪 李盛兰 GanQL885
湖南：江永 姜孝成，唐贵华，潘孝武 SCSB-HNJ-0029

Paraphlomis gracilis var. **lutienensis** (Sun) C. Y. Wu **罗甸纤细假糙苏** *

重庆：南川区 易思荣 YISR198

Paraphlomis javanica (Blume) Prain **假糙苏**

云南：南涧 李成清，高国政，徐如标 NJWLS467
云南：元阳 浦仕梅，刘成，杨娅娟等 YYGYS022

Paraphlomis lanceolata Handel-Mazzetti **长叶假糙苏** *

湖南：江永 刘克明，肖乐希，田淑珍 SCSB-HN-0047

Perilla frutescens (Linnaeus) Britton **紫苏**

安徽：宁国 刘淼 SCSB-JSD17
安徽：舒城 陈延松，欧祖兰，高秋晨等 Xuzd401
安徽：太和 彭斌 HANGYY8693
安徽：屯溪区 方建新 TangXS0616
安徽：芜湖 陈延松，吴国伟，洪欣 Zhousb0023
福建：武夷山 于文涛，陈旭东 YUWT033
河南：栾川 黄振英，于顺利，杨学军 Huangzy0025
河南：南召 黄振英，于顺利，杨学军 Huangzy0188
黑龙江：虎林市 王庆贵 CaoW560
湖南：保靖 陈功锡，张代贵，邓涛等 SCSB-HC-2007432
湖南：保靖 陈功锡，张代贵，邓涛等 SCSB-HC-2007449
湖南：古丈 刘克明，朱晓文 SCSB-HN-0529
湖南：怀化 李胜华，伍贤进，曾汉元等 HHXY284
湖南：石门 陈功锡，张代贵，邓涛等 SCSB-HC-2007508
湖南：双牌 姜孝成，王丽萍，李育华 Jiangxc0807
湖南：望城 姜孝成 SCSB-HNJ-0136
湖南：望城 熊凯辉，刘克明 SCSB-HN-2148
湖南：湘潭 刘克明，肖乐希 SCSB-HN-0397
湖南：资兴 熊凯辉，王得刚，盛波 SCSB-HN-2057
吉林：南关区 王云贺 Yanglm0077
江苏：句容 白明明，王兆银，张晓峰 HANGYY9045
江苏：南京 高兴 SCSB-JS0444
江苏：武进区 吴林园 HANGYY8700
江西：庐山区 谭策铭，董安淼 TanCM553
宁夏：中宁 牛有栋，李出山 ZuoZh106
山东：历下区 李兰，王萍，张少华等 Lilan-075
山东：历下区 赵遵田，曹子谊，吕蕾等 Zhaozt0004
四川：峨眉山 李小杰 LiXJ547
四川：米易 袁明 MY464
四川：射洪 袁明 YUANM2015L062
四川：射洪 袁明 YUANM2015L063
云南：德钦 孙振华，郑志兴，沈蕊等 OuXK-YS-249
云南：贡山 王四海，唐春云，余奇 WangSH-07ZX-007
云南：景东 罗忠华，谢有能，罗文涛等 JDNR140
云南：景东 杨国平 2008133
云南：马关 税玉民，陈文红 16126
云南：勐海 谭运洪，余涛 B351
云南：南涧 罗新洪，阿国仁，何贵才 NJWLS768
云南：南涧 时国彩，何贵才，杨建平等 njwls2007044
云南：屏边 钱良超，陆海兴，张照跃等 Pbdws156
云南：腾冲 余新林，赵玮 BSGLGStc040
云南：腾冲 余新林，赵玮 BSGLGStc073
云南：腾冲 周应再 Zhyz-492
云南：维西 陈文允，于文涛，黄永江等 CYHL092
云南：新平 张学林 XPALSD170
云南：永德 李永亮 YDDXS0482
云南：永德 李永亮 YDDXS0561
云南：永德 李永亮 YDDXSB014
云南：云龙 刀志灵 DZL394

Perilla frutescens var. **crispa** (Bentham) Deane ex Bailey **回回苏**

安徽：休宁 唐鑫生，方建新 TangXS0391
江西：武宁 张吉华，刘运群 TanCM1355

Perilla frutescens var. **purpurascens** (Hayata) H. W. Li **野生紫苏**

安徽：金寨 陈延松，欧祖兰，白雅洁 Xuzd205
安徽：屯溪区 方建新 TangXS0033
重庆：南川区 易思荣 YISR097
湖北：宣恩 祝文志，刘志祥，曹远俊 ShenZH0002
湖北：宣恩 沈泽昊 HXE095
湖南：古丈 刘克明，朱晓文 SCSB-HN-0547
湖南：湘乡 陈薇，朱香清，马仲辉 SCSB-HN-0475
江苏：南京 高兴 SCSB-JS0454
江西：黎川 童和平，王玉珍 TanCM1891
陕西：平利 田先华，张雅娟 TianXH1045
四川：小金 高云东，李忠荣，鞠文彬 GaoXF-12-123

云南：P. H. 5634
云南：安宁 彭华，向春雷，陈丽 P. H. 5652
云南：隆阳区 段在贤，代如亮，赵玮 BSGLGS1y052
云南：隆阳区 尹学建，高兴荣 BSGLGS1y2014
云南：孟连 彭华，向春雷，陈丽 P. H. 5867
云南：云龙 赵玉贵，李占兵，张吉平等 TC2027

Phlomis agraria Bunge 耕地糙苏
四川：冕宁 张大才，尹五元，李双智等 ZhangDC-07ZX-2459
新疆：霍城 徐文斌，刘鸯，马真等 SHI-A2007140
新疆：尼勒克 刘鸯，马真，贺晓欢等 SHI-A2007485
新疆：塔城 许炳强，胡伟明 XiaNH-07ZX-839
新疆：昭苏 阎平，徐文斌 SHI-A2007325

Phlomis alpina Pallas 高山糙苏
新疆：和静 杨赵平，焦培培，白冠章等 LiZJ0539
新疆：温宿 杨赵平，黄文娟，段黄金等 LiZJ0136

Phlomis atropurpurea Dunn 深紫糙苏 *
云南：香格里拉 李晓东，张紫刚，操榆 LiJ659
云南：香格里拉 杨亲二，袁琼 Yangqe1862

Phlomis betonicoides Diels 假秦艽 *
西藏：波密 孙航，张建文，陈建国等 SunH-07ZX-2614

Phlomis chinghoensis C. Y. Wu 清河糙苏 *
新疆：乌鲁木齐 段士民，王喜勇，刘会良 Zhangdy247

Phlomis congesta C. Y. Wu 乾精菜 *
西藏：察隅 张挺，蔡杰，袁明 09CS1518

Phlomis dentosa Franchet 尖齿糙苏 *
内蒙古：武川 蒲拴莲，刘润宽，刘毅等 M224
内蒙古：卓资 蒲拴莲，刘润宽，刘毅等 M261
青海：玉树 许炳强，周伟，郑朝汉 Xianh0337

Phlomis maximowiczii Regel 大叶糙苏 *
河北：灵寿 牛玉璐，高彦飞，黄士良 NiuYL174

Phlomis medicinalis Diels 萝卜秦艽 *
西藏：昌都 易思荣，谭秋平 YISR228

Phlomis melanantha Diels 黑花糙苏 *
云南：香格里拉 张挺，亚吉东，李明勤等 11CS3359

Phlomis mongolica Turczaninow 串铃草 *
河北：青龙 牛玉璐，王晓亮 NiuYL524
内蒙古：和林格尔 蒲拴莲，李茂文 M035

Phlomis oreophila Karelin & Kirilow 山地糙苏
新疆：乌恰 塔里木大学植物资源调查组 TD-00723

Phlomis pedunculata Sun ex C. H. Hu 具梗糙苏 *
四川：凉山 孙航，张建文，邓涛等 SunH-07ZX-3785

Phlomis pratensis Karelin & Kirilow 草原糙苏
新疆：博乐 刘鸯 SHI-A2007113
新疆：察布查尔 段士民，王喜勇，刘会良等 62
新疆：玛纳斯 贺小欢，刘鸯 SHI2006280
新疆：尼勒克 贺晓欢，徐文斌，刘鸯等 SHI-A2007386
新疆：尼勒克 贺晓欢，徐文斌，刘鸯等 SHI-A2007396
新疆：尼勒克 刘鸯，马真，贺晓欢等 SHI-A2007445
新疆：尼勒克 刘鸯，马真，贺晓欢等 SHI-A2007510
新疆：奇台 谭敦炎，吉乃提 TanDY0563
新疆：托里 谭敦炎，吉乃提 TanDY0760
新疆：温宿 杨赵平，周禧琳，贺冰 LiZJ1937
新疆：乌鲁木齐 谭敦炎，艾沙江 TanDY0555
新疆：乌鲁木齐 谭敦炎，地里努尔 TanDY0599
新疆：乌鲁木齐 王喜勇，马文宝，施翔 zdy288

Phlomis setifera Bureau & Franchet 刺毛糙苏 *
西藏：芒康 张大才，李双智，罗康等 ZhangDC-07ZX-0064

Phlomis strigosa C. Y. Wu 糙毛糙苏 *
云南：景东 张绍云，胡启和，仇亚等 YNS1149
云南：香格里拉 杨青松，星耀武，苏涛 ZhouZK-07ZX-0377

Phlomis tatsienensis Bureau & Franchet 康定糙苏 *
四川：巴塘 孙航，张建文，邓涛等 SunH-07ZX-3464

Phlomis tibetica Marquand & Airy Shaw 西藏糙苏 *
西藏：林芝 罗建，王国严，汪书丽 LiuJQ-08XZ-011
西藏：左贡 徐波，陈光富，陈林杨等 SunH-07ZX-0860
西藏：左贡 张永洪，王晓雄，周卓等 SunH-07ZX-1044
西藏：左贡 徐波，陈光富，陈林杨等 SunH-07ZX-2054

Phlomis tuberosa Linnaeus 块根糙苏
黑龙江：让胡路区 孙阎，吕军，张兰兰 SunY332
黑龙江：绥化 刘玫，张欣欣，程薪宇等 Liuetal350
黑龙江：肇东 刘玫，王臣，史传奇等 Liuetal617

Phlomis umbrosa Turczaninow 糙苏 *
北京：东城区 王雷，朱雅娟，黄振英 Beijing-huang-dls-0056
甘肃：夏河 尹鑫，吴航，葛文静 LiuJQ-GN-2011-223
甘肃：夏河 齐威 LJQ-2008-GN-304
贵州：江口 周云，王勇 XiangZ085
河北：平山 牛玉璐，郑博颖，黄士良等 NiuYL070
河南：栾川 黄振英，于顺利，杨学军 Huangzy0017
湖南：石门 陈功锡，张代贵 SCSB-HC-2008180
辽宁：庄河 于立敏 CaoW779
山东：崂山区 罗艳，李中华 LuoY374
山东：章丘 步瑞兰，辛晓伟，徐永娟等 Lilan861
陕西：长安区 田先华，田陌 TianXH1158
新疆：乌鲁木齐 王喜勇，马文宝，施翔 zdy230
云南：富民 蔡杰，刘成，李昌洪 13CS7259
云南：镇沅 何忠云，王立东 ALSZY159

Phlomis umbrosa var. **australis** Hemsley 南方糙苏 *
重庆：南川区 易思荣，谭秋平 YISR426

Phlomis younghusbandii Mukerjee 螃蟹甲 *
西藏：措勤 李晖，卜海涛，边巴等 lihui-Q-09-13
西藏：当雄 杨永平，段元文，边巴扎西 Yangyp-Q-1027
西藏：拉萨 杨永平，王东超，杨大松等 YangYP-Q-5012
西藏：仲巴 李晖，文雪梅，熊继贵 Lihui-Q-2010-01
西藏：左贡 张大才，李双智，罗康等 ZhangDC-07ZX-0724

Pogostemon auricularius (Linnaeus) Hasskarl 水珍珠菜
湖北：咸丰 丛义艳，陈丰林 SCSB-HN-1233
湖南：怀化 李胜华，伍贤进，曾汉元等 HHXY367
湖南：江华 刘克明，王成，欧阳书珍 SCSB-HN-0841
湖南：平江 刘克明，蔡秀珍，陈丰林 SCSB-HN-0896
湖南：石门 陈利群 SCSB-HN-1221
四川：峨眉山 李小杰 LiXJ749
云南：麻栗坡 税玉民，陈文红 72035
云南：文山 税玉民，陈文红 71810
云南：永德 李永亮 LiYL1425

Pogostemon brevicorollus Sun ex C. H. Hu 短冠刺蕊草 *
云南：龙陵 孙兴旭 SunXX148
云南：腾冲 余新林，赵玮 BSGLGStc104
云南：腾冲 周应再 Zhyz-166
云南：文山 何德明，丰艳飞，曹世超 WSLJS682
云南：新平 何罡安 XPALSB114
云南：云龙 郭永杰，王杨飞，李施文等 TC4019

Pogostemon chinensis C. Y. Wu & Y. C. Huang 长苞刺蕊草 *
云南：瑞丽 郭永杰，李涟漪，聂细转 12CS5297
云南：腾冲 周应再 Zhyz-184
云南：镇沅 王立东，何忠云，罗成瑜 ALSZY178

Pogostemon glaber Bentham 刺蕊草

广西：金秀 彭华，向春雷，陈丽 PengH8151
云南：景东 鲁艳 200832
云南：澜沧 胡启和，赵强，周英等 YNS0737
云南：隆阳区 段在贤，杨海 BSGLGS1y067
云南：勐海 彭华，向春雷，陈丽等 P.H.5685
云南：屏边 楚永兴，普华柱，刘永建 Pbdws037
云南：腾冲 周应再 Zhyz-436
云南：永德 李永亮 YDDXS0029
云南：镇沅 胡启元，周兵，张绍云 YNS0867

Pogostemon menthoides Blume 小刺蕊草
云南：镇沅 王立东，何忠云，罗成瑜 ALSZY191

Pogostemon nigrescens Dunn 黑刺蕊草 *
云南：沧源 赵金超，杨红强 CYNGH411
云南：河口 张贵良，张贵生，陶英美等 ZhangGL120
云南：金平 喻智勇，官兴永，张云飞等 JinPing26
云南：景东 刘长铭，荣理德，刘乐 JDNR126
云南：景东 罗忠华，刘长铭，李绍昆等 JDNR09093
云南：景东 鲁艳 200801
云南：龙陵 孙兴旭 SunXX154
云南：绿春 黄连山保护区科研所 HLS0113
云南：绿春 何疆海，何来收，白然思等 HLS0369
云南：普洱 叶金科 YNS0356
云南：思茅区 张绍云，胡启和 YNS1105
云南：腾冲 周应再 Zhyz-097
云南：新平 刘家良 XPALSD257
云南：新平 白绍斌 XPALSC353
云南：永德 李永亮 LiYL1621
云南：镇沅 朱恒 ALSZY125
云南：镇沅 何忠云，王立东 ALSZY157

Premna flavescens Buchanan-Hamilton ex C. B. Clarke 淡黄豆腐柴
云南：屏边 钱良超，陆海兴，张照跃等 Pbdws108

Premna fulva Craib 黄毛豆腐柴
云南：普洱 叶金科 YNS0397

Premna herbacea Roxburgh 千解草
西藏：工布江达 刘帆，卢洋等 LiJ853

Premna latifolia Roxburgh 大叶豆腐柴
云南：绿春 黄连山保护区科研所 HLS0418

Premna microphylla Turczaninow 豆腐柴
广西：昭平 吴望辉，黄俞淞，蒋日红 Liuyan0321
湖南：桑植 吴福川，廖博儒，查学州等 29
湖南：新宁 姜孝成，唐贵华，袁双艳等 SCSB-HNJ-0211
江苏：句容 王兆银，吴宝成 SCSB-JS0388
江西：修水 缪以清 TanCM612

Premna puberula Pampanini 狐臭柴 *
四川：峨眉山 李小杰 LiXJ065

Premna szemaoensis P'ei 思茅豆腐柴 *
云南：景谷 叶金科 YNS0192
云南：勐腊 刀志灵，崔景云 DZL-115

Premna tapintzeana Dop 大坪子豆腐柴 *
云南：永德 李永亮 YDDXS0326

Prunella asiatica Nakai 山菠菜
湖北：竹溪 李盛兰 GanQL953

Prunella hispida Bentham 硬毛夏枯草
重庆：南川区 易思荣 YISR165
四川：康定 苏涛，黄永江，杨青松等 ZhouZK11077
西藏：察隅 张挺，蔡杰，袁明 09CS1495
西藏：林芝 卢洋，刘帆等 LiJ758
云南：德钦 陈文允，于文涛，黄永江等 CYHL182
云南：宁蒗 苏涛，黄永江，杨青松等 ZhouZK11443
云南：香格里拉 周浙昆，苏涛，杨莹等 Zhou09-003

Prunella vulgaris Linnaeus 夏枯草
安徽：肥西 陈延松，朱合军，姜九龙 Xuzd041
甘肃：舟曲 齐威 LJQ-2008-GN-291
河北：邢台 牛玉璐，高彦飞，赵二涛 NiuYL300
湖北：神农架林区 李巨平 LiJuPing0193
湖南：保靖 陈功锡，张代贵，邓涛等 SCSB-HC-2007326
湖南：永定区 吴福川 7014
吉林：临江 李长田 Yanglm0032
江苏：句容 王兆银，吴宝成 SCSB-JS0111
江苏：南京 韦阳连 SCSB-JS0495
江西：黎川 童和平，王玉珍 TanCM2303
江西：庐山区 董安淼，吴丛梅 TanCM3032
四川：稻城 何兴金，胡灏禹，陈德友等 SCU-09-349
四川：康定 何兴金，高云东，刘海艳等 SCU-20080426
四川：普格 苏涛，黄永江，杨青松等 ZhouZK11029
四川：射洪 袁明 YUANM2016L184
四川：天全 何兴金，李琴琴，马祥光等 SCU-09-101
西藏：波密 陈家辉，韩希，王东超等 YangYP-Q-4016
西藏：波密 陈家辉，韩希，王东超等 YangYP-Q-4062
西藏：错那 罗建，汪书丽 LiuJQ11XZ158
西藏：吉隆 马永鹏 ZhangCQ-0027
西藏：林芝 罗建，汪书丽 LiuJQ-08XZ-081
西藏：林芝 罗建，汪书丽 LiuJQ-08XZ-106
西藏：林芝 罗建，汪书丽，王国严 LiuJQ-09XZ-352
新疆：和静 张玲 TD-01927
云南：大理 李爱花，雷立公，马国强等 SCSB-A-000153
云南：大理 张书东，林娜娜，陆露等 SCSB-W-188
云南：德钦 杨青松，杨莹，黄永江等 ZhouZK-07ZX-0174
云南：洱源 杨青松，杨莹，黄永江等 ZhouZK-07ZX-0242
云南：洱源 杨青松，星耀武，苏涛 ZhouZK-07ZX-0273
云南：会泽 杜燕，黄天才，董勇等 SCSB-A-000328
云南：剑川 杨青松，杨莹，黄永江等 ZhouZK-07ZX-0250
云南：金平 喻智勇，染完利，张云飞 JinPing107
云南：景东 杨国平 07-74
云南：兰坪 张挺，徐远杰，陈冲等 SCSB-B-000211
云南：丽江 张书东，林娜娜，陆露等 SCSB-W-135
云南：龙陵 孙兴旭 SunXX012
云南：麻栗坡 肖波 LuJL441
云南：麻栗坡 税玉民，陈文红 72043
云南：南涧 阿国仁，熊绍荣，邹国娟等 NJWLS2008046
云南：南涧 阿国仁 NJWLS1526
云南：巧家 杨光明 SCSB-W-1176
云南：巧家 郁文彬，任宗昕，艾洪莲等 SCSB-W-1072
云南：巧家 李文虎，吴天抗，高顺勇等 QJYS0125
云南：腾冲 周应再 Zhyz-488
云南：腾冲 余新林，赵玮 BSGLGStc026
云南：文山 何德明，丰艳飞，余金辉 WSLJS943
云南：香格里拉 王文礼，冯欣，刘飞鹏 OUXK11220
云南：香格里拉 李晓东，张紫刚，操榆 LiJ665
云南：新平 罗田发，王家和 XPALSC063
云南：新平 刘家良 XPALSD317
云南：新平 李应富，谢天华，郎定富 XPALSA110
云南：盈江 王立彦，桂魏，刀江飞 SCSB-TBG-095
云南：永德 李永亮 YDDXS0244
云南：云龙 李爱花，李洪超，李文化等 SCSB-A-000184

云南：云龙 赵玉贵，李占兵，张吉平等 TC2006
云南：云龙 郭永杰，吴义军，马蓉 12CS5151

Prunella vulgaris var. lanceolata (Barton) Fernald 狭叶夏枯草 *
云南：贡山 郭永杰，吴之坤，吴兴等 14CS9861

Rostrinucula sinensis (Hemsley) C. Y. Wu 长叶钩子木 *
湖北：竹溪 李盛兰 GanQL225

Rubiteucris palmata (Bentham ex J. D. Hooker) Kudô 掌叶石蚕
云南：巧家 杨光明，张书东，张荣等 QJYS0257
云南：巧家 杨光明 SCSB-W-1238

Salvia atrorubra C. Y. Wu 暗红鼠尾草 *
云南：香格里拉 亚吉东，张桥蓉，张继等 11CS3534

Salvia bowleyana Dunn 南丹参 *
江西：黎川 童和平，王玉珍，常迪江等 TanCM1961
江西：庐山区 董安淼，吴从梅 TanCM1040

Salvia bulleyana Diels 戟叶鼠尾草 *
云南：巧家 郁文彬，任宗昕，艾洪莲等 SCSB-W-1040

Salvia castanea Diels 栗色鼠尾草
西藏：波密 张大才，李双智，唐路等 ZhangDC-07ZX-1735
西藏：工布江达 卢洋，刘帆等 LiJ826
西藏：林芝 卢洋，刘帆等 LiJ746
西藏：林芝 卢洋，刘帆等 LiJ795
西藏：林芝 张大才，李双智，唐路等 ZhangDC-07ZX-1874
西藏：芒康 徐波，陈光富，陈林杨等 SunH-07ZX-1552
西藏：左贡 张永洪，王晓雄，周卓等 SunH-07ZX-0593

Salvia cavaleriei H. Léveillé 贵州鼠尾草 *
江西：修水 缪以清 TanCM1701

Salvia chinensis Bentham 华鼠尾草 *
湖北：竹溪 李盛兰 GanQL426
江苏：句容 王兆银，吴宝成 SCSB-JS0186
江西：庐山区 董安淼，吴从梅 TanCM1068
四川：米易 刘静，袁明 MY-120

Salvia cynica Dunn 犬形鼠尾草 *
四川：天全 袁明 YuanM1011

Salvia deserta Schangin 新疆鼠尾草
新疆：阿勒泰 谭敦炎，邱娟 TanDY0433
新疆：博乐 徐文斌，许晓敏 SHI-2008126
新疆：博乐 徐文斌，许晓敏 SHI-2008349
新疆：额敏 谭敦炎，吉乃提 TanDY0618
新疆：巩留 马真，徐文斌，贺晓欢等 SHI-A2007214
新疆：巩留 贺晓欢，徐文斌，马真等 SHI-A2007226
新疆：巩留 刘鸯，徐文斌，马真等 SHI-A2007246
新疆：巩留 刘鸯 SHI-A2007258
新疆：霍城 马真，贺晓欢，徐文斌等 SHI-A2007064
新疆：玛纳斯 石大标 SCSB-Y-2006076
新疆：玛纳斯 谭敦炎，吉乃提 TanDY0780
新疆：玛纳斯 亚吉东，张桥蓉，胡枭剑 16CS13174
新疆：尼勒克 刘鸯，马真，贺晓欢等 SHI-A2007440
新疆：尼勒克 刘鸯，马真，贺晓欢等 SHI-A2007500
新疆：沙湾 石大标 SCSB-Y-2006079
新疆：塔城 许炳强，胡伟明 XiaNH-07ZX-838
新疆：塔城 谭敦炎，吉乃提 TanDY0631
新疆：特克斯 阎平，董雪洁 SHI-A2007298
新疆：托里 马真，翟伟 SHI2006362
新疆：托里 许炳强，胡伟明 XiaNH-07ZX-843
新疆：托里 徐文斌，黄刚 SHI-2009098
新疆：托里 徐文斌，郭一敏 SHI-2009274
新疆：托里 徐文斌，黄刚 SHI-2009314
新疆：托里 徐文斌，黄刚 SHI-2009332
新疆：温泉 石大标 SCSB-SHI-2006233
新疆：温泉 段士民，王喜勇，刘会良等 18
新疆：温泉 刘鸯，徐文斌，马等 SHI-A2007263
新疆：温泉 徐文斌，黄雪姣 SHI-2008064
新疆：温泉 徐文斌，许晓敏 SHI-2008084
新疆：温泉 徐文斌，许晓敏 SHI-2008145
新疆：乌鲁木齐 王雷，王宏飞，黄振英 Beijing-huang-xjys-0017
新疆：乌鲁木齐 谭敦炎，吉乃提 TanDY0527
新疆：乌鲁木齐 王喜勇，马文宝，施翔 zdy228
新疆：伊犁 段士民，王喜勇，刘会良 Zhangdy317
新疆：伊宁 马真 SHI-A2007180
新疆：裕民 谭敦炎，吉乃提 TanDY0698
新疆：裕民 徐文斌，郭一敏 SHI-2009064
新疆：裕民 徐文斌，杨清理 SHI-2009075
新疆：裕民 徐文斌，郭一敏 SHI-2009076
新疆：裕民 徐文斌，郭一敏 SHI-2009406
新疆：裕民 徐文斌，杨清理 SHI-2009447
新疆：裕民 徐文斌，黄刚 SHI-2009464
新疆：昭苏 徐文斌，黄建锋 SHI-A2007326

Salvia digitaloides var. glabrescens E. Peter 无毛毛地黄鼠尾草 *
四川：稻城 陈文允，于文涛，黄永江 CYH007
四川：红原 张昌兵，邓秀华 ZhangCB0235
云南：德钦 王文礼，冯欣，刘飞鹏 OUXK11198
云南：香格里拉 王文礼，冯欣，刘飞鹏 OUXK11230

Salvia evansiana Handel-Mazzetti 雪山鼠尾草 *
云南：禄劝 彭华，向春雷，王泽欢等 PengH8001

Salvia flava Forrest ex Diels 黄花鼠尾草 *
四川：白玉 李晓东，张景博，徐凌翔等 LiJ436
云南：香格里拉 郭永杰，张桥蓉，李春晓等 11CS3465
云南：香格里拉 杨青松，星耀武，苏涛 ZhouZK-07ZX-0342
云南：香格里拉 李晓东，张紫刚，操榆 LiJ638

Salvia japonica Thunberg 鼠尾草 *
江苏：句容 吴宝成，王兆银 HANGYY8324
江西：黎川 童和平，王玉珍 TanCM2714
江西：庐山区 董安淼，吴从梅 TanCM1072
四川：壤塘 何兴金，赵丽华，梁乾隆 SCU-10-042
四川：松潘 何兴金，刘爽，赵财 SCU-10-417
新疆：乌鲁木齐 马文宝，刘会良，施翔 zdy182
新疆：乌鲁木齐 马文宝，刘会良，施翔 zdy202
云南：昆明 税玉民，陈文红 65885

Salvia liguliloba Sun 舌瓣鼠尾草 *
江西：黎川 童和平，王玉珍 TanCM2344
浙江：临安 李宏庆，田怀珍 Lihq0212

Salvia maximowicziana Hemsley 鄂西鼠尾草 *
湖北：神农架林区 李巨平 LiJuPing0200

Salvia miltiorrhiza Bunge 丹参
安徽：舒城 陈延松，欧祖兰，高秋晨等 Xuzd261
河北：邢台 牛玉璐，高彦飞，赵二涛 NiuYL294
湖北：竹溪 李盛兰 GanQL939
江苏：句容 吴宝成，王兆银 HANGYY8137
山东：历下区 王萍，高德民，张诏等 lilan347
山东：青岛 邓建平 LuoY278

Salvia nanchuanensis Sun 南川鼠尾草 *
湖北：竹溪 李盛兰 GanQL422

Salvia nanchuanensis var. pteridifolia Sun 蕨叶南川鼠尾草 *
湖北：竹溪 李盛兰 GanQL470

Salvia plebeia R. Brown 荔枝草

安徽：肥东 陈延松，陈翠兵，沈云 Xuzd071
安徽：泾县 王欧文，吴婕 ZhouSB0199
安徽：石台 洪欣 ZhouSB0171
安徽：屯溪区 方建新 TangXS0142
北京：东城区 朱雅娟，王雷，黄振英 Beijing-huang-xs-0003
北京：西城区 王雷，朱雅娟，黄振英 Beijing-huang-ss1-0003
河北：桃城 牛玉璐，高彦飞，赵二涛 NiuYL398
黑龙江：宁安 刘玫，王臣，张欣欣等 Liuetal763
湖北：黄梅 刘淼 SCSB-JSA16
湖北：竹溪 李盛兰 GanQL945
湖南：开福区 姜孝成，唐妹，尹恒等 SCSB-HNJ-0403
湖南：澧县 田淑珍 SCSB-HN-1588
湖南：浏阳 蔡秀珍，田淑珍 SCSB-HN-1033
湖南：南县 田淑珍，刘克明 SCSB-HN-1763
湖南：南岳区 刘克明，相银龙，周磊等 SCSB-HN-1415
湖南：永定区 吴福川 7028
湖南：沅陵 刘克明，周磊，彭新星等 SCSB-HN-1373
湖南：岳麓区 姜孝成，旷仁平 SCSB-HNJ-0010
湖南：长沙 朱香清，田淑珍 SCSB-HN-1473
湖南：长沙 蔡秀珍，肖乐希 SCSB-HN-0692
江苏：句容 王兆银，吴宝成 SCSB-JS0083
江苏：海州区 汤兴利 HANGYY8402
江西：黎川 童和平，王玉珍 TanCM2346
山东：莱芜 李兰，王萍，张少华 Lilan042
山东：崂山区 赵遵田 Zhaozt0265
山东：牟平区 卞福花，卢学新，纪伟等 BianFH00020
陕西：汉滨区 田陌，王梅荣，田先华 TianXH159
上海：闵行区 李宏庆 Lihq0188
四川：峨眉山 李小杰 LiXJ123
四川：峨眉山 李小杰 LiXJ403
四川：乐至 邓兴敏，邓秀发，张昌兵 ZCB0403
云南：景洪 胡启和，仇亚，周英等 YNS0674
云南：景洪 彭华，向春雷，王泽欢 PengH8490
云南：澜沧 胡启和，周兵，仇亚 YNS0909
云南：孟连 胡启和，赵强，周英等 YNS0777
云南：孟连 彭华，向春雷，陈丽 P.H.5805
云南：南涧 熊绍荣 NJWLS2008195
云南：宁洱 胡启和，周英，张绍云 YNS0517
云南：思茅区 胡启和，周兵，仇亚 YNS0893
云南：腾冲 周应再 Zhyz-466
云南：新平 自正尧 XPALSB289
云南：新平 自正尧，李伟 XPALSB207
云南：新平 白绍斌 XPALSC351
云南：新平 刘家良 XPALSD268
云南：新平 李应富，谢天华，郎定富 XPALSA109
云南：永德 李永亮 YDDXS1184
云南：元阳 田学军，杨建，邱成书等 Tianxj0072
云南：镇沅 胡启和，张绍云 YNS0804

Salvia plectranthoides Griffith **长冠鼠尾草**

云南：文山 何德明，丰艳飞，韦荣彪等 WSLJS774

Salvia potaninii Krylov **洪桥鼠尾草 ***

四川：马尔康 顾垒，张羽 GAOXF-10ZX-1902

Salvia prattii Hemsley **康定鼠尾草 ***

青海：囊谦 陈世龙，高庆波，张发起 Chensl0706
青海：囊谦 许炳强，周伟，郑朝汉 Xianh0041
青海：玉树 陈世龙，高庆波，张发起 Chensl0614
青海：杂多 陈世龙，高庆波，张发起 Chensl0759
四川：德格 孙航，张建文，董金龙等 SunH-07ZX-3689
四川：雅江 何兴金，郜鹏，彭禄等 SCU-11-326

Salvia prionitis Hance **红根草 ***

安徽：屯溪区 方建新 TangXS0691

Salvia przewalskii Maximowicz **甘西鼠尾草 ***

甘肃：合作 郭淑青，杜品 LiuJQ-2012-GN-021
甘肃：碌曲 李晓东，刘帆，张景博等 LiJ0175
四川：巴塘 张大才，尹五元，李双智等 ZhangDC-07ZX-2222
四川：白玉 李晓东，张景博，徐凌翔等 LiJ482
四川：丹巴 高云东，李忠荣，鞠文彬 GaoXF-12-152
四川：道孚 何兴金，马祥光，郜鹏 SCU-10-200
四川：得荣 孙航，李新辉，陈林杨 SunH-07ZX-3021
四川：甘孜 苏涛，黄永江，杨青松等 ZhouZK11173
四川：康定 许炳强，童毅华，吴兴等 XiaNH-07ZX-1073
四川：康定 孙航，张建文，董金龙等 SunH-07ZX-4003
四川：理县 何兴金，李琴琴，赵丽华等 SCU-09-526
四川：若尔盖 尹鑫，吴航，葛文静 LiuJQ-GN-2011-239
四川：松潘 何兴金，张云香，王志新 SCU-10-518
西藏：波密 孙航，张建文，陈建国等 SunH-07ZX-2559
西藏：昌都 苏涛，黄永江，杨青松等 ZhouZK11288
西藏：昌都 陈家辉，王赟，刘德团 YangYP-Q-3148
西藏：工布江达 卢洋，刘帆等 LiJ857
西藏：芒康 徐波，陈光富，陈林杨等 SunH-07ZX-0222
西藏：芒康 张永洪，王晓雄，周卓等 SunH-07ZX-0438
西藏：芒康 徐波，陈光富，陈林杨等 SunH-07ZX-0214
西藏：左贡 徐波，陈光富，陈林杨等 SunH-07ZX-2074
云南：东川区 蔡杰，郭永杰，吴之坤等 11CS3590
云南：香格里拉 陈文允，于文涛，黄永江等 CYHL201
云南：香格里拉 王文礼，冯欣，刘飞鹏 OUXK11219
云南：香格里拉 李晓东，张紫刚，操榆 LiJ680
云南：香格里拉 张挺，郭永杰，张桥蓉等 11CS3304
云南：易门 彭华，向春雷，王泽欢 PengH8361

Salvia przewalskii var. **glabrescens** E. Peter **少毛甘西鼠尾草 ***

西藏：八宿 扎西次仁，西落 ZhongY743

Salvia przewalskii var. **mandarinorum** (Diels) E. Peter **褐毛甘西鼠尾草 ***

四川：道孚 何兴金，胡灏禹，沈呈娟等 SCU-11-466

Salvia roborowskii Maximowicz **粘毛鼠尾草 ***

甘肃：合作 齐威 LJQ-2008-GN-306
甘肃：玛曲 李晓东，刘帆，张景博等 LiJ0078
甘肃：玛曲 尹鑫，吴航，葛文静 LiuJQ-GN-2011-732
青海：大通 陈世龙，高庆波，张发起等 Chensl1658
青海：互助 薛春迎 Xuechy0105
青海：门源 吴玉虎 LJQ-QLS-2008-0126
青海：门源 吴玉虎 LJQ-QLS-2008-0231
四川：道孚 何兴金，胡灏禹，沈呈娟等 SCU-11-481
四川：稻城 孙航，张建文，邓涛等 SunH-07ZX-3340
四川：稻城 陈文允，于文涛，黄永江 CYH006
四川：德格 苏涛，黄永江，杨青松等 ZhouZK11201
四川：红原 张昌兵，邓秀华 ZhangCB0292
四川：红原 张昌兵，邓秀华 ZhangCB0308
四川：九龙 孔航辉，罗江平，左雷等 YangQE3457
四川：康定 孙航，张建文，董金龙等 SunH-07ZX-4036
四川：康定 张大才，尹五元，李双智等 ZhangDC-07ZX-2388
四川：理塘 李晓东，张景博，徐凌翔等 LiJ325
四川：理塘 何兴金，赵丽华，梁乾隆等 SCU-11-143
四川：理塘 何兴金，赵丽华，梁乾隆等 SCU-11-195
四川：理塘 何兴金，马祥光，张云香等 SCU-11-243
四川：理县 何兴金，高云东，余岩等 SCU-09-568

四川：马尔康 何兴金，高云东，刘海艳等 SCU-20080475
四川：壤塘 何兴金，马祥光，郜鹏 SCU-10-224
四川：若尔盖 高云东，李忠荣，鞠文彬 GaoXF-12-025
四川：新龙 陈文允，于文涛，黄永江 CYH076
四川：雅江 何兴金，郜鹏，彭禄等 SCU-11-331
西藏：八宿 张挺，蔡杰，刘恩德等 SCSB-B-000474
西藏：八宿 徐波，陈光富，陈林杨等 SunH-07ZX-1699a
西藏：昌都 许炳强，周伟，郑朝汉 Xianh0374
西藏：工布江达 罗建，汪书丽，任德智 LiuJQ-09XZ-ML044
西藏：林芝 卢洋，刘帆等 LiJ783
西藏：芒康 孙航，张建文，邓涛等 SunH-07ZX-3376
西藏：芒康 徐波，陈光富，陈林杨等 SunH-07ZX-1525
西藏：左贡 张永洪，王晓雄，周卓等 SunH-07ZX-1104
西藏：左贡 张大才，李双智，罗康等 ZhangDC-07ZX-0719

Salvia scapiformis Hance **地梗鼠尾草**
四川：峨眉山 李小杰 LiXJ007

Salvia sinica Migo **拟丹参** *
江西：武宁 张吉华，张东红 TanCM2923

Salvia smithii E. Peter **橙香鼠尾草** *
四川：小金 顾垒，张羽 GAOXF-10ZX-1937

Salvia splendens Ker Gawler **一串红**
云南：新平 自正尧 XPALSB236

Salvia subpalmatinervis E. Peter **近掌麦鼠尾草** *
云南：香格里拉 杨亲二，袁琼 Yangqe1866

Salvia substolonifera E. Peter **佛光草** *
江西：庐山区 董安淼，吴从梅 TanCM2592

Salvia tricuspis Franchet **黄鼠狼花** *
甘肃：夏河 尹鑫，吴航，葛文静 LiuJQ-GN-2011-244
甘肃：舟曲 齐威 LJQ-2008-GN-288
四川：甘孜 陈文允，于文涛，黄永江 CYH124

Salvia trijuga Diels **三叶鼠尾草** *
西藏：察隅 张大才，李双智，唐路等 ZhangDC-07ZX-1700
云南：宁蒗 孔航辉，罗江平，左雷等 YangQE3339

Salvia wardii E. Peter **西藏鼠尾草** *
西藏：左贡 张大才，李双智，罗康等 ZhangDC-07ZX-0664

Salvia yunnanensis C. H. Wright **云南鼠尾草** *
云南：德钦 张大才，李双智，杨川 ZhangDC-07ZX-1982

Scutellaria amoena C. H. Wright **滇黄芩** *
云南：孟连 彭华，向春雷，陈丽 P.H. 5862
云南：文山 彭华，刘恩德，陈丽 P.H. 5527

Scutellaria baicalensis Georgi **黄芩**
甘肃：玛曲 齐威 LJQ-2008-GN-303
河北：蔚县 牛玉璐，高彦飞，赵二涛 NiuYL281
吉林：大安 杨帆，马红媛，安丰华 SNA0081
吉林：南关区 韩忠明 Yanglm0071
吉林：磐石 安海成 AnHC0111
山东：莱山区 卞福花，宋言贺 BianFH-569
山东：崂山区 罗艳，邓建平 LuoY135
山东：长清区 王萍，高德民，张诏等 lilan277
山东：芝罘区 卞福花，杜丽君，孟凡涛 BianFH-0148

Scutellaria barbata D. Don **半枝莲**
安徽：屯溪区 方建新 TangXS0734
河北：平山 牛玉璐，郑博颖，黄士良等 NiuYL053
湖北：竹溪 李盛兰 GanQL402
江苏：句容 吴宝成，王兆银 HANGYY8177
江西：庐山区 董安淼，吴从梅 TanCM1001
山东：海阳 张少华，张诏，王萍等 lilan582

Scutellaria caryopteroides Handel-Mazzetti **莸状黄芩** *
江西：武宁 张吉华，张东红 TanCM2918
陕西：长安区 田先华，田陌 TianXH1089

Scutellaria chungtienensis C. Y. Wu **中甸黄芩** *
云南：香格里拉 杨亲二，袁琼 Yangqe1846

Scutellaria dependens Maximowicz **纤弱黄芩**
吉林：磐石 安海成 AnHC0336

Scutellaria discolor Wallich ex Bentham **异色黄芩**
云南：南涧 官有才，罗开宏 NJWLS1620

Scutellaria hypericifolia H. Léveillé **连翘叶黄芩** *
四川：红原 张昌兵，邓秀华 ZhangCB0247
四川：若尔盖 何兴金，王月，胡灏禹 SCU-08177

Scutellaria indica Linnaeus **韩信草**
安徽：屯溪区 方建新 TangXS0848
重庆：南川区 易思荣 YISR143
湖南：岳麓区 刘克明，蔡秀珍 SCSB-HN-0002
江苏：句容 吴宝成，王兆银 HANGYY8114
江西：黎川 童和平，王玉珍 TanCM2308
江西：庐山区 董安淼，吴从梅 TanCM1601
山东：历下区 张少华，张颖颖，程丹丹等 lilan520
山东：市南区 邓建平 LuoY265
四川：峨眉山 李小杰 LiXJ744
云南：巧家 张书东，张荣，王银环等 QJYS0242
云南：永德 李永亮 YDDXS0415
云南：镇沅 罗成瑜 ALSZY388

Scutellaria meehanioides C. Y. Wu **龙头黄芩** *
湖北：竹溪 李盛兰 GanQL901

Scutellaria mollifolia C. Y. Wu & H. W. Li **毛叶黄芩** *
四川：峨眉山 李小杰 LiXJ005
四川：峨眉山 李小杰 LiXJ418

Scutellaria pekinensis Maximowicz **京黄芩**
黑龙江：宁安 刘玫，王臣，史传奇等 Liuetal563
吉林：磐石 安海成 AnHC074

Scutellaria przewalskii Juzepczuk **深裂黄芩**
新疆：富蕴 谭敦炎，邱娟 TanDY0411
新疆：特克斯 亚吉东，张桥蓉，秦少发等 16CS13458
新疆：温宿 杨赵平，周禧琳，贺冰 LiZJ1939
新疆：乌鲁木齐 马文宝，刘会良 zdy011

Scutellaria pseudotenax C. Y. Wu **假韧黄芩** *
云南：永德 李永亮 LiYL1454

Scutellaria rehderiana Diels **甘肃黄芩** *
甘肃：玛曲 李晓东，刘帆，张景博等 LiJ0071
甘肃：玛曲 尹鑫，吴航，葛文静 LiuJQ-GN-2011-228

Scutellaria strigillosa Hemsley **沙滩黄芩**
江苏：赣榆 吴宝成 HANGYY8561
辽宁：长海 郑宝江，丁晓炎，焦宏斌等 ZhengBJ329
山东：莱山区 卞福花 BianFH-0200
山东：崂山区 罗艳，李中华，邓建平 LuoY271

Scutellaria tuminensis Nakai **图们黄芩**
黑龙江：宁安 刘玫，张欣欣，程薪宇等 Liuetal439

Scutellaria violacea var. sikkimensis J. D. Hooker **紫苏叶黄芩**
云南：勐海 彭华，向春雷，陈丽等 P.H. 5732
云南：南涧 熊绍荣 NJWLS440

Scutellaria yunnanensis H. Léveillé **红茎黄芩** *
四川：峨眉山 李小杰 LiXJ025

Sideritis montana Linnaeus **毒马草**
新疆：巩留 亚吉东，张桥蓉，秦少发等 16CS13473
新疆：尼勒克 亚吉东，张桥蓉，秦少发等 16CS13444

Siphocranion macranthum (J. D. Hooker) C. Y. Wu **筒冠花**

云南：文山 何德明，丰艳飞 WSLJS809

Stachyopsis oblongata (Schrenk ex Fischer & C. A. Meyer) Popov & Vvedensky 假水苏

新疆：察布查尔 徐文斌 SHI-A2007104

新疆：和静 杨赵平，焦培培，白冠章等 LiZJ0529

新疆：木垒 段士民，王喜勇，刘会良等 137

新疆：尼勒克 贺晓欢，徐文斌，刘鸯等 SHI-A2007362

新疆：尼勒克 徐文斌，刘鸯，马真等 SHI-A2007425

新疆：新源 亚吉东，张桥蓉，秦少发等 16CS13374

Stachys baicalensis Fischer ex Bentham 毛水苏

湖北：竹溪 李盛兰 GanQL947

Stachys chinensis Bunge ex Bentham 华水苏

黑龙江：让胡路区 孙阎，赵立波 SunY178

吉林：磐石 安海成 AnHC0125

Stachys japonica Miquel 水苏

河北：隆化 牛玉璐，王晓亮 NiuYL557

吉林：长岭 张宝田 Yanglm0363

江西：修水 谭策铭，缪以清，李立新 TanCM243

Stachys kouyangensis (Vaniot) Dunn 西南水苏 *

贵州：花溪区 邹方伦 ZouFL0213

云南：腾冲 余新林，赵玮 BSGLGStc009

云南：腾冲 周应再 Zhyz518

云南：易门 彭华，向春雷，王泽欢 PengH8363

云南：永德 李永亮 YDDXS0897

Stachys oblongifolia Wallich ex Bentham 针筒菜

湖北：仙桃 张代贵 Zdg1355

湖北：竹溪 李盛兰 GanQL310

Stachys sieboldii Miquel 甘露子

江西：庐山区 董安淼，吴丛梅 TanCM2523

江西：武宁 张吉华，张东红 TanCM2920

四川：红原 张昌兵，邓秀发，郝国歉 ZhangCB0355

Stachys sylvatica Linnaeus 林地水苏

新疆：巩留 段士民，王喜勇，刘会良 Zhangdy377

新疆：和静 张玲 TD-01905

新疆：乌鲁木齐 王喜勇，马文宝，施翔 zdy377

Tectona grandis Linnaeus f. 柚木

广东：天河区 童毅华 TYH18

Teucrium bidentatum Hemsley 二齿香科科 *

贵州：江口 彭华，王英，陈丽 P.H.5142

Teucrium japonicum Willdenow 穗花香科科

重庆：南川区 易思荣 YISR199

河北：邢台 牛玉璐，高彦飞，赵二涛 NiuYL290

江西：星子 谭策铭，董安淼 TanCM524

Teucrium labiosum C. Y. Wu & S. Chow 大唇香科科 *

云南：西山区 蔡杰，张挺，郭永杰等 11CS3715

Teucrium omeiense Sun ex S. Chow 峨眉香科科 *

四川：峨眉山 李小杰 LiXJ672

Teucrium pernyi Franchet 庐山香科科 *

安徽：绩溪 唐鑫生，方建新 TangXS0411

江苏：江宁区 王兆银，吴宝成 SCSB-JS0212

江西：庐山区 谭策铭，董安淼 TanCM532

Teucrium quadrifarium Buchanan-Hamilton ex D. Don 铁轴草

云南：澜沧 张绍云，胡启和 YNS1086

云南：宁洱 胡启和，仇亚，张绍云 YNS0587

云南：腾冲 周应再 Zhyz-175

云南：文山 丰艳飞，韦荣彪，黄太文 WSLJS741

云南：文山 韦荣彪，何德明，丰艳飞 WSLJS649

云南：永德 李永亮，马文军，陈海超 YDDXSB108

云南：永德 李永亮 YDDXS0043

云南：永德 李永亮 YDDXS0969

Teucrium scordioides Schreber 沼泽香科科

新疆：石河子 亚吉东，张桥蓉，秦少发等 16CS13197

Teucrium simplex Vaniot 香科科 *

四川：马尔康 何兴金，高云东，刘海艳等 SCU-20080539

Teucrium tsinlingense var. **porphyreum** C. Y. Wu & S. Chow 紫萼秦岭香科科 *

安徽：休宁 唐鑫生，方建新 TangXS0761

Teucrium viscidum Blume 血见愁

重庆：南川区 易思荣，谭秋平 YISR396

广西：贺州 姜孝成，王丽萍，鲁长青 Jiangxc0709

湖北：竹溪 李盛兰 GanQL841

湖南：江永 刘克明，肖乐希，田淑珍 SCSB-HN-0045

湖南：江永 姜孝成，唐贵华，潘孝武 SCSB-HNJ-0065

江西：黎川 童和平，王玉珍，常迪江等 TanCM2069

江西：庐山区 谭策铭，董安淼 TanCM548

江西：庐山区 董安淼，吴丛梅 TanCM3216

四川：峨边 李小杰 LiXJ825

四川：峨眉山 李小杰 LiXJ275

云南：河口 税玉民，陈文红 71711

云南：河口 税玉民，陈文红等 71724

云南：景东 刘长铭，李绍昆，鲁成荣 JDNR09112

云南：澜沧 胡启和，赵强，周英等 YNS0734

云南：文山 何德明，丰艳飞，韦荣彪等 WSLJS751

云南：新平 自正尧 XPALSB269

云南：新平 谢雄 XPALSC461

云南：永德 李永亮 LiYL1554

浙江：鄞州区 李宏庆，葛斌杰，刘国丽 Lihq0096

Teucrium viscidum var. **macrostephanum** C. Y. Wu & S. Chow 大唇血见愁 *

云南：麻栗坡 肖波 LuJL197

Teucrium viscidum var. **nepetoides** (H. Léveillé) C. Y. Wu & S. Chow 微毛血见愁 *

江西：武宁 谭策铭，张吉华 TanCM444

Thymus marschallianus Willdenow 异株百里香

新疆：巩留 亚吉东，张桥蓉，秦少发等 16CS13475

新疆：霍城 马真，贺晓欢，徐文斌等 SHI-A2007046

新疆：裕民 徐文斌，杨清理 SHI-2009063

Thymus mongolicus (Ronniger) Ronniger 百里香 *

甘肃：夏河 齐威 LJQ-2008-GN-295

Thymus quinquecostatus Celakovsky 地椒

山东：莒县 高德民，辛晓伟，高丽丽 Lilan726

山东：莱山区 卞福花，宋言贺 BianFH-568

山东：芝罘区 卞福花，杨蕾蕾，谷胤征 BianFH-0125

Thymus quinquecostatus var. **asiaticus** (Kitagawa) C. Y. Wu & Y. C. Huang 亚洲地椒 *

新疆：和静 杨赵平，焦培培，白冠章等 LiZJ0522

Vitex burmensis Moldenke 长叶荆

云南：沧源 赵金超，李春华，肖美芳 CYNGH293

云南：永德 李永亮 YDDXS1064

Vitex canescens Kurz 灰毛牡荆

广西：兴安 许为斌，黄俞淞，朱章明 Liuyan0452

云南：江城 张绍云，胡启和，白海洋 YNS1269

Vitex negundo Linnaeus 黄荆

安徽：金寨 刘淼 SCSB-JSC4

安徽：屯溪区 方建新 TangXS0047

安徽：黟县 刘淼 SCSB-JSB27

福建：福清 李宏庆，陈纪云，王双 Lihq0303
福建：武夷山 于文涛，陈旭东 YUWT010
广西：都安 赵亚美 SCSB-JS0467
广西：钟山 黄俞淞，吴望辉，农冬新 Liuyan0258
贵州：册亨 邹方伦 ZouFL0025
贵州：铜仁 彭华，王英，陈丽 P.H.5213
贵州：铜仁 彭华，王英，陈丽 P.H.5223
湖北：广水 朱鑫鑫，王君，石琳琳等 ZhuXX318
湖南：怀化 李胜华，伍贤进，曾汉元等 HHXY063
湖南：吉首 陈功锡，张代贵，邓涛 239A
湖南：双峰 姜孝成，唐妹，陈峰林等 Jiangxc0611
湖南：双峰 姜孝成，唐妹，陈峰林等 Jiangxc0632
湖南：新化 姜孝成，唐贵华，田春娥 SCSB-HNJ-0177
湖南：永定区 陈功锡，吴福川，林永惠等 6
湖南：岳麓区 姜孝成，唐妹，卜剑超等 Jiangxc0512
江苏：江宁区 韦阳连 SCSB-JS0478
江苏：句容 王兆银，吴宝成 SCSB-JS0143
江苏：海州区 汤兴利 HANGYY8479
江西：九江 谭策铭，易桂花 TCM09187
江西：庐山区 谭策铭，董安淼 TCM09006
江西：铅山 谭策铭，易桂花 TCM09195
山东：莱山区 陈朋 BianFH-389
山东：历下区 赵遵田，樊守金，郑国伟等 Zhaozt0001
山西：尖草坪区 张贵平，张丽，焦磊等 Zhangf0050
陕西：长安区 田阳，田先华 TianXH545
四川：米易 汤加勇 MY-257
云南：禄丰 孙振华，郑志兴，沈蕊等 OuXK-LF-008
云南：禄劝 闫海忠，孙振华，王文礼等 Ouxk-LQ-0004
云南：禄劝 张挺，杜燕，Maynard B 等 SCSB-B-000509
云南：勐腊 谭运洪 A298
云南：巧家 闫海忠，孙振华，王文礼等 OuxK-QJ-0004
云南：双柏 孙振华，郑志兴，沈蕊等 OuXK-SB-108
云南：新平 彭华，陈丽 P.H.5358
云南：永胜 孙振华，王文礼，宋晓卿等 OuxK-YS-0013
云南：永胜 孙振华，郑志兴，沈蕊等 OuXK-YS-202
云南：永胜 王文礼 OuXK-0008
云南：元江 何彪 OuXK-0096
云南：元谋 闫海忠，孙振华，王文礼等 Ouxk-YM-0019
云南：元阳 田学军，杨建，邱成书等 Tianxj0016
云南：元阳 刀志灵，陈渝 DZL636

Vitex negundo var. **cannabifolia** (Siebold & Zuccarini) Handel-Mazzetti 牡荆

安徽：蜀山区 陈延松，方晓磊，沈云等 Xuzd078
贵州：台江 邹方伦 ZouFL0273
湖北：五峰 陈功锡，张代贵 SCSB-HC-2008356
湖南：安化 熊凯辉，王得刚 SCSB-HN-1986
湖南：衡山 旷仁平，陈薇 SCSB-HN-0260
湖南：洪江 李胜华，伍贤进，曾汉元等 Wuxj1020
湖南：江华 肖乐希 SCSB-HN-1200
湖南：江永 刘克明，田淑珍，陈薇等 SCSB-HN-0076
湖南：澧县 蔡秀珍，田淑珍 SCSB-HN-1060
湖南：浏阳 刘克明，朱晓文 SCSB-HN-0426
湖南：浏阳 朱晓文 SCSB-HN-1050
湖南：宁乡 熊凯辉，刘克明 SCSB-HN-2021
湖南：平江 刘克明，旷强，刘洪新 SCSB-HN-0972
湖南：平江 刘克明，吴惊香 SCSB-HN-0993
湖南：新化 刘克明，彭珊，李珊等 SCSB-HN-1710
湖南：新宁 姜孝成，唐贵华，袁双艳等 SCSB-HNJ-0298
湖南：永顺 陈功锡，张代贵 SCSB-HC-2008219
湖南：雨花区 田淑珍，陈薇 SCSB-HN-0343
湖南：沅江 刘克明，肖乐希 SCSB-HN-0381
湖南：沅陵 李胜华，伍贤进，刘光华等 Wuxj945
湖南：长沙 丛义艳，田淑珍 SCSB-HN-0737
湖南：资兴 肖乐希，蔡秀珍 SCSB-HN-0271
江苏：句容 王兆银，吴宝成 SCSB-JS0142
江西：黎川 童和平，王玉珍 TanCM1847
江西：庐山区 董安淼，吴从梅 TanCM2598
四川：射洪 袁明 YUANM2016L016

Vitex negundo var. **heterophylla** (Franchet) Rehder 荆条

北京：东城区 王雷，朱雅娟，黄振英 Beijing-huang-bws-0042
北京：东城区 王雷，朱雅娟，黄振英 Beijing-huang-bhs-0017
北京：东城区 王雷，朱雅娟，黄振英 Beijing-huang-dls-0064
北京：海淀区 宋松泉 SCSB-D-0020
北京：门头沟区 李燕军 SCSB-E-0020
北京：西城区 王雷，朱雅娟，黄振英 Beijing-huang-yms-0027
北京：西城区 王雷，朱雅娟，黄振英 Beijing-huang-ss-0018
河北：阜平 牛玉璐，王晓亮 NiuYL539
辽宁：朝阳 卜军，金实，阴黎明 CaoW423
辽宁：盖州 郑宝江，丁晓炎，焦宏斌等 ZhengBJ371
辽宁：建昌 卜军，金实，阴黎明 CaoW394
辽宁：建昌 卜军，金实，阴黎明 CaoW524
辽宁：建昌 卜军，金实，阴黎明 CaoW525
辽宁：建平 卜军，金实，阴黎明 CaoW457
辽宁：建平 卜军，金实，阴黎明 CaoW466
辽宁：建平 卜军，金实，阴黎明 CaoW474
辽宁：建平 卜军，金实，阴黎明 CaoW529
辽宁：连山区 卜军，金实，阴黎明 CaoW413
辽宁：连山区 卜军，金实，阴黎明 CaoW414
辽宁：连山区 卜军，金实，阴黎明 CaoW533
辽宁：凌源 郑宝江，王美娟，曹鹏等 ZhengBJ420
辽宁：凌源 卜军，金实，阴黎明 CaoW422
辽宁：凌源 卜军，金实，阴黎明 CaoW424
辽宁：凌源 卜军，金实，阴黎明 CaoW435
辽宁：凌源 卜军，金实，阴黎明 CaoW440
辽宁：凌源 卜军，金实，阴黎明 CaoW526
辽宁：凌源 卜军，金实，阴黎明 CaoW527
辽宁：绥中 卜军，金实，阴黎明 CaoW420
辽宁：义县 卜军，金实，阴黎明 CaoW380
辽宁：义县 卜军，金实，阴黎明 CaoW429
辽宁：义县 卜军，金实，阴黎明 CaoW528
内蒙古：敖汉旗 卜军，金实，阴黎明 CaoW532
山东：历下区 李兰，王萍，张少华等 Lilan-012
山东：芝罘区 卞福花，杨蕾蕾，谷胤征 BianFH-0112
四川：康定 何兴金，高云东，刘海艳等 SCU-20080445
新疆：吐鲁番 段士民 zdy088
新疆：乌鲁木齐 王雷，王宏飞，黄振英 Beijing-huang-xjys-0033

Vitex negundo var. **microphylla** Handel-Mazzetti 小叶荆 *

云南：德钦 王文礼，冯欣，刘飞鹏 OUXK11166

Vitex peduncularis Wallich ex Schauer 长序荆

云南：思茅区 张绍云，仇亚，胡启和 YNS1254
云南：思茅区 张绍云，胡启和 YNS1274

Vitex quinata (Loureiro) Williams 山牡荆

云南：南涧 马德跃，官有才，罗开宏等 NJWLS970
云南：盈江 王立彦，徐桂华 SCSB-TBG-080

Vitex quinata var. **puberula** (H. J. Lam) Moldenke 微毛布惊

云南：沧源 赵金超，陈海兵，田立新 CYNGH030

云南：沧源 赵金超，肖美芳，汪顺莉 CYNGH215
云南：勐海 谭运洪，余涛 B326
云南：普洱 胡启和，周英，张绍云等 YNS0543
云南：西盟 胡启和，赵强，周英等 YNS0776
云南：永德 李永亮 YDDXS1139

Vitex rotundifolia Linnaeus f. **单叶蔓荆**
江西：星子 谭策铭，董安淼 TanCM312
辽宁：长海 郑宝江，丁晓炎，焦宏斌等 ZhengBJ346
山东：莱山区 卞福花，宋言贺 BianFH-486
山东：崂山区 罗艳，李中华 LuoY315
山东：牟平区 卞福花 BianFH-0231

Vitex trifolia Linnaeus **蔓荆**
云南：盈江 王立彦，桂魏 SCSB-TBG-139

Vitex vestita Wallich ex Schauer **黄毛牡荆**
云南：麻栗坡 肖波 LuJL387
云南：新平 白绍斌 XPALSC304

Vitex yunnanensis W. W. Smith **滇牡荆** *
云南：腾冲 余新林，赵玮 BSGLGStc139
云南：镇沅 赵贤坤，鲍文华，鲍文强 JDNR11057

Ziziphora tenuior Linnaeus **小新塔花**
新疆：察布查尔 亚吉东，张桥蓉，胡枭剑 16CS13097
新疆：富蕴 谭敦炎，邱娟 TanDY0418
新疆：玛纳斯 王喜勇，段士民 485
新疆：玛纳斯 王喜勇，段士民 494

Lardizabalaceae 木通科

木通科	世界	中国	种质库
属 / 种（种下等级）/ 份数	7/ ～ 40	5/ ～ 34	6/15(19)/128

Akebia quinata (Houttuyn) Decaisne **木通**
安徽：黄山区 唐鑫生，宋曰钦，方建新 TangXS0548
安徽：宁国 洪欣，陶旭 ZSB278
湖南：双牌 姜孝成，王丽萍，李育华 Jiangxc0786
江苏：句容 王兆银，吴宝成 SCSB-JS0234
江苏：句容 吴宝成，王兆银 HANGYY8378
江苏：盱眙 李宏庆，熊申展，胡超 Lihq0377
山东：崂山区 罗艳，李中华 LuoY357
山东：牟平区 卞福花，陈朋 BianFH-0348
山东：平邑 高德民，王萍，张颖颖等 Lilan592

Akebia trifoliata (Thunberg) Koidzumi **三叶木通**
安徽：休宁 唐鑫生，方建新 TangXS0317
贵州：花溪区 邹方伦 ZouFL0228
贵州：江口 彭华，王英，陈丽 P.H.5146
湖北：保康 祝文志，刘志祥，曹远俊 ShenZH5547
湖北：茅箭区 甘啟良 GanQL116
湖北：神农架林区 李巨平 LiJuPing0270
湖北：五峰 李平 AHL024
湖北：宜昌 陈功锡，张代贵 SCSB-HC-2008069
湖南：永定区 廖博儒 230A
湖南：永顺 陈功锡，张代贵 SCSB-HC-2008228
江西：修水 谭策铭，缪以清 TCM09138
陕西：宁陕 吴礼慧，田先华 TianXH224
四川：宝兴 袁明 Y07094
四川：峨眉山 李小杰 LiXJ124
四川：汶川 袁明，高刚，杨勇 YM2014021

Akebia trifoliata subsp. **australis** (Diels) T. Shimizu **白木通** *
湖北：仙桃 张代贵 Zdg1327
湖南：桂东 盛波，黄存坤 SCSB-HN-2082
湖南：资兴 刘克明，盛波，王得刚 SCSB-HN-1947
湖南：资兴 熊凯辉，王得刚，盛波 SCSB-HN-2069
湖南：资兴 熊凯辉，王得刚，盛波 SCSB-HN-2090
湖南：资兴 熊凯辉，王得刚，盛波 SCSB-HN-2100
湖南：资兴 刘克明，盛波，王得刚 SCSB-HN-2113
湖南：资兴 刘克明，盛波，王得刚 SCSB-HN-2124
江西：龙南 梁跃龙，徐宝田，廖海红 LiangYL017
江西：永新 杜小浪，慕泽泾，曹岚 DXL025
四川：米易 袁明 MY443
云南：新平 白绍斌，鲁兴文 XPALSC174

Decaisnea insignis (Griffith) J. D. Hooker & Thomson **猫儿屎**
贵州：乌当区 邹方伦 ZouFL0233
湖北：神农架林区 李巨平 LiJuPing0271
湖北：神农架林区 祝文志，刘志祥，曹远俊 ShenZH5623
湖北：五峰 李平 AHL065
湖北：五峰 陈功锡，张代贵 SCSB-HC-2008402
湖北：仙桃 张代贵 Zdg1331
湖北：宜昌 陈功锡，张代贵 SCSB-HC-2008132
湖北：竹溪 李盛兰 GanQL351
陕西：宁陕 田先华，陈振宁，曾阳 TianXH040
四川：宝兴 袁明 Y07031
四川：峨眉山 李小杰 LiXJ162
四川：汶川 袁明，高刚，杨勇 YM2014010
西藏：林芝 孙航，张建文，陈建国等 SunH-07ZX-2716
云南：大关 张挺，王培，肖良俊 SCSB-B-000516
云南：贡山 张挺，杨湘云，周明芬等 14CS9662
云南：鹤庆 孙航，李新辉，陈林杨 SunH-07ZX-3169
云南：景东 刘长铭，罗庆光，袁小龙等 JDNR11019
云南：南涧 李成清，高国政，徐如标等 NJWLS465
云南：南涧 熊绍荣 njwls2007078
云南：石林 税玉民，陈文红 65503
云南：腾冲 余新林，赵玮 BSGLGStc162
云南：腾冲 周应再 Zhyz-050
云南：永德 欧阳红才，普跃东，杨金柱等 YDDXSC003
云南：云龙 赵玉贵，李占兵，张吉平等 TC2024

Holboellia angustifolia subsp. **linearifolia** T. Chen & H. N. Qin **线叶八月瓜** *
湖北：神农架林区 祝文志，刘志祥，曹远俊 ShenZH5720
云南：云龙 李施文，张志云，段耀飞等 TC3027

Holboellia angustifolia Wallich **五月瓜藤**
安徽：石台 陈延松，吴国伟，洪欣 Zhousb0046
湖北：竹溪 李盛兰 GanQL371
湖南：洪江 李胜华，伍贤进，刘光华等 Wuxj1036
湖南：沅陵 李胜华，伍贤进，刘光华等 Wuxj881
江西：修水 缪以清，李立新 TanCM1236
西藏：错那 罗建，汪书丽 LiuJQ11XZ215
云南：福贡 刀志灵，陈哲 DZL-058
云南：贡山 刀志灵 DZL813
云南：景东 杨国平，李达文 ygp-006
云南：元阳 亚吉东，黄莉，何华杰 15CS11429
云南：云龙 李爱花，李洪超，黄天才等 SCSB-A-000196

Holboellia coriacea Diels **鹰爪枫** *
安徽：黄山区 方建新 TangXS0352
湖北：竹溪 李盛兰 GanQL345
江西：武宁 张吉华，刘运群 TanCM721
四川：万源 张桥蓉，余华，王义 15CS11520
四川：万源 张桥蓉，余华，王义 15CS11521

Holboellia grandiflora Réaubourg 牛姆瓜
安徽：宁国 洪欣，李中林 ZhouSB0230
安徽：休宁 唐鑫生 TangXS0559
湖北：通山 甘啟良 GanQL159
四川：峨眉山 李小杰 LiXJ086
云南：大理 张德全，段丽珍，段金成等 ZDQ015

Holboellia latifolia Wallich 八月瓜
湖南：吉首 陈功锡，张代贵，邓涛等 SCSB-HC-2007492
西藏：波密 刘成，亚吉东，何华杰等 16CS11803
西藏：波密 扎西次仁，西落 ZhongY649
西藏：错那 张晓纬，汪书丽，罗建 LiuJQ-09XZ-LZT-057
西藏：林芝 罗建，汪书丽 LiuJQ-09XZ-121
西藏：林芝 张大才，李双智，唐路等 ZhangDC-07ZX-1789
西藏：墨脱 刘成，亚吉东，何华杰等 16CS11887
西藏：墨脱 刘成，亚吉东，何华杰等 16CS11937
云南：沧源 赵金超，杨红强 CYNGH435
云南：贡山 郭永杰，吴之坤，吴兴等 14CS9829
云南：贡山 刀志灵 DZL370
云南：鹤庆 孙航，李新辉，陈林杨 SunH-07ZX-3173
云南：景东 罗忠华，谢有能，刘长铭等 JDNR073
云南：龙陵 孙兴旭 SunXX060
云南：麻栗坡 肖波，陆章强 LuJL062
云南：南涧 阿国仁，熊绍荣，邹国娟等 NJWLS2008042
云南：石林 张挺，张书东，杨茜等 SCSB-A-000028
云南：石林 税玉民，陈文红 65450
云南：腾冲 余新林，赵玮 BSGLGStc369
云南：文山 何德明，张挺，刘成等 WSLJS500
云南：彝良 张挺，雷立公，王建军等 SCSB-B-000113
云南：永平 刀志灵 DZL383
云南：镇沅 罗成瑜 ALSZY465

Holboellia parviflora (Hemsley) Gagnepain 小花鹰爪枫 *
云南：元阳 亚吉东，黄莉，何华杰 15CS11408

Sargentodoxa cuneata (Oliver) Rehder & E. H. Wilson 大血藤
安徽：歙县 宋曰钦，方建新，张恒 TangXS0539
湖北：宣恩 许玥，祝文志，刘志祥等 ShenZH7846
湖北：竹溪 李盛兰 GanQL743
湖南：怀化 李胜华，伍贤进，曾汉元等 HHXY246
湖南：平江 刘克明，蔡秀珍，陈丰林 SCSB-HN-0906
江西：黎川 童和平，王玉珍，常迪江等 TanCM1975
江西：庐山区 谭策铭，董安淼 TanCM288

Sinofranchetia chinensis (Franchet) Hemsley 串果藤 *
湖北：神农架林区 祝文志，刘志祥，曹远俊 ShenZH5690
陕西：宁陕 田先华，吴礼慧 TianXH268

Stauntonia brachyanthera Handel-Mazzetti 黄蜡果 *
安徽：休宁 唐鑫生，方建新 TangXS0333
江西：武宁 张吉华，刘运群 TanCM749

Stauntonia brunoniana Wallich ex Hemsley 三叶野木瓜
云南：盈江 王立彦，左常盛，何维海 SCSB-TBG-017

Stauntonia chinensis de Candolle 野木瓜 *
湖南：双牌 姜孝成，王丽萍，李育华 Jiangxc0844
江西：龙南 廖海红，徐清娣，赖曰旺 LiangYL041

Stauntonia obovata Hemsley 倒卵叶野木瓜 *
安徽：徽州区 方建新 TangXS0776
江西：武宁 张吉华，刘运群 TanCM1186

Stauntonia obovatifoliola Hayata 石月 *
江西：黎川 童和平，王玉珍 TanCM1896

Stauntonia obovatifoliola subsp. **urophylla** (Handel-Mazzetti) H. N. Qin 尾叶那藤 *
湖北：宣恩 沈泽昊 HXE103
湖南：保靖 张代贵 Zdg1335
江西：武宁 张吉华，刘运群 TanCM1157
江西：修水 谭策铭，缪以清 TCM09154

Lauraceae 樟科

樟科	世界	中国	种质库
属 / 种（种下等级）/ 份数	～45/2000-2500	25/445	4/4/34

Cassytha filiformis Linnaeus 无根藤
云南：新平 白绍斌 XPALSC228

Lindera communis Hemsley 香叶树
广西：龙胜 许为斌，黄俞淞，朱章明 Liuyan0443
贵州：江口 彭华，王英，陈丽 P.H. 5136
贵州：江口 周云，王勇 XiangZ001
湖南：武陵源区 廖博儒，吴福川，查学州等 131
云南：蒙自 田学军，邱成书，高波 TianXJ0178
云南：蒙自 田学军，邱成书，高波 TianXJ0199
云南：蒙自 田学军，邱成书，高波 TianXJ0200
云南：蒙自 胡光万 HGW-00203
云南：墨江 张绍云，仇亚，胡启和 YNS1310
云南：屏边 钱良超，陆海兴，康远勇等 Pbdws171
云南：普洱 胡启和，周英，张绍云等 YNS0538
云南：腾冲 李爱花，黄之镨，黄押稳等 SCSB-A-000291
云南：新平 自成仲，自正荣 XPALSD132
云南：新平 自成仲，刘家良 XPALSD041
云南：盈江 王立彦，左常盛，桂魏 SCSB-TBG-031
云南：元江 孙振华，王文礼，宋晓卿等 Ouxk-YJ-0040
云南：镇沅 叶金科 YNS0276

Litsea cubeba (Loureiro) Persoon 山鸡椒
广西：贺州 姜孝成，王丽萍，鲁长青 Jiangxc0704
广西：上思 何海文，杨锦超 YANGXF0346
贵州：江口 周云，张勇 XiangZ104
湖南：东安 刘克明，蔡秀珍，马仲辉 SCSB-HN-0177
湖南：东安 姜孝成，唐贵华，潘孝武 SCSB-HNJ-0112
湖南：鹤城区 李胜华，伍贤进，曾汉元等 HHXY183
湖南：衡山 刘克明，陈薇 SCSB-HN-0266
湖南：怀化 李胜华，伍贤进，曾汉元等 HHXY299
湖南：开福区 姜孝成，唐妹，陈显胜等 Jiangxc0421
湖南：宁乡 姜孝成，唐妹，成海兰等 Jiangxc0519
湖南：长沙 蔡秀珍，陈薇，肖乐希 SCSB-HN-0217
江西：井冈山 兰国华 LiuRL025
江西：庐山区 谭策铭，董安淼 TanCM300
西藏：波密 张大才，李双智，唐路等 ZhangDC-07ZX-1745
云南：云龙 李施文，张志云，段耀飞等 TC3012

Machilus yunnanensis Lecomte 滇润楠 *
云南：新平 何罡安 XPALSB130

Lentibulariaceae 狸藻科

狸藻科	世界	中国	种质库
属 / 种（种下等级）/ 份数	3/～290	2/27	1/4/4

Utricularia bifida Linnaeus 挖耳草
山东：海阳 辛晓伟 Lilan881

Utricularia salwinensis Handel-Mazzetti 怒江挖耳草 *
云南：永德 李永亮 YDDXS1258
Utricularia striatula Smith 圆叶挖耳草
云南：文山 何德明 WSLJS603
Utricularia vulgaris Linnaeus 狸藻
山东：槐荫区 高德民，邵尉 Lilan957

Liliaceae 百合科

百合科	世界	中国	种质库
属 / 种（种下等级）/ 份数	16/635	13/148	11/45(51)/160

Cardiocrinum cathayanum (E. H. Wilson) Stearn 荞麦叶大百合 *
安徽：绩溪 胡长玉，方建新，徐林飞 TangXS0657
安徽：石台 唐成丰 Zhousb0022
安徽：舒城 陈延松，欧祖兰，高秋晨等 Xuzd393
河南：浉河区 朱鑫鑫，闫明慧，王君等 ZhuXX225
湖北：英山 朱鑫鑫，甄爱国，孙增朋等 ZhuXX112
湖南：桑植 陈功锡，张代贵 SCSB-HC-2008130
江西：黎川 童和平，王玉珍 TanCM3138
江西：庐山区 谭策铭，董安淼 TCM09071
江西：修水 缪以清，胡建华 TanCM1766
云南：腾冲 余新林，赵玮 BSGLGStc322
Cardiocrinum giganteum (Wallich) Makino 大百合
重庆：南川区 易思荣 YISR027
广西：田林 叶晓霞，农冬新，吴磊 Liuyan0479
湖北：神农架林区 李巨平 LiJuPing0226
湖北：竹溪 李盛兰 GanQL190
湖南：新化 刘克明，彭珊，李珊等 SCSB-HN-1668
湖南：沅陵 周丰杰，刘克明 SCSB-HN-1326
陕西：眉县 董栓录，田先华 TianXH273
四川：峨眉山 李小杰 LiXJ331
四川：冕宁 张大才，尹五元，李双智等 ZhangDC-07ZX-2449
西藏：察隅 张挺，蔡杰，袁明 09CS1592
西藏：墨脱 刘成，亚吉东，何华杰等 16CS11883
云南：耿马 张挺，蔡杰，刘成等 13CS5980
云南：贡山 蔡杰，郭云刚，张凤琼等 14CS9729
云南：贡山 刘成，何华杰，黄莉等 14CS8593
云南：贡山 郭永杰，吴之坤，吴兴等 14CS9808
云南：贡山 许炳强，吴兴，李婧等 XiaNh-07zx-118
云南：贡山 王四海，唐春云，余奇 WangSH-07ZX-003
云南：绿春 彭华，向春雷，陈丽等 P.H. 5625
云南：南涧 高国政，徐如标，李成清 NJWLS2008254
云南：巧家 张天壁 SCSB-W-790
云南：腾冲 赵玮 BSGLGSly178
云南：文山 何德明，张挺，黎谷香 WSLJS542
云南：文山 税玉民，陈文红 81044
云南：文山 税玉民，陈文红 81081
云南：新平 王家和 XPALSC205
云南：云龙 李爱花，李洪超，黄天才等 SCSB-A-000201
云南：云龙 字建泽，杨六斤，李国庆等 TC1054
Cardiocrinum giganteum var. **yunnanense** (Leichtlin ex Elwes) Stearn 云南大百合
贵州：黎平 刘克明，王成，张恒 SCSB-HN-1088
湖北：宜昌 陈功锡，张代贵 SCSB-HC-2008054
湖南：衡山 刘克明，旷仁平，丛义艳 SCSB-HN-1146
湖南：会同 刘克明，王成，张恒 SCSB-HN-1126
云南：隆阳区 段在贤，刘绍纯，杨志顺等 BSGLGSly1075
云南：永德 普跃东，欧阳红才，鲁金国 YDDXSC095
Clintonia udensis Trautvetter & C. A. Meyer 七筋菇
黑龙江：五常 王臣，张欣欣，谢博勋等 WangCh371
陕西：眉县 刘成，郭永杰，骆阳 TianXH050
云南：香格里拉 蔡杰，张挺，刘成等 11CS3231
Fritillaria cirrhosa D. Don 川贝母
云南：香格里拉 郭永杰，张桥蓉，李春晓等 11CS3473
云南：香格里拉 张挺，亚吉东，李明勤等 11CS3608
Fritillaria delavayi Franchet 梭砂贝母
云南：香格里拉 张挺，蔡杰，郭永杰等 11CS3078
Fritillaria maximowiczii Freyn 轮叶贝母
黑龙江：嫩江 王臣，张欣欣，史传奇 WangCh122
Fritillaria przewalskii Maximowicz 甘肃贝母 *
青海：班玛 陈世龙，张得钧，高庆波等 Chens10349
Fritillaria ussuriensis Maximowicz 平贝母
吉林：磐石 安海成 AnHC0317
Fritillaria walujewii Regel 新疆贝母
新疆：玛纳斯 亚吉东，张桥蓉，秦少发等 16CS13243
Gagea bulbifera (Pallas) Salisbury 腋球顶冰花
新疆：石河子 阎平，翟伟，马真 SCSB-2006004
Gagea tenera Pascher 细弱顶冰花
新疆：乌鲁木齐 王雷，王宏飞，黄振英 Beijing-huang-xjys-0018
Lilium bakerianum Collett & Hemsley 滇百合
云南：麻栗坡 肖波 LuJL078
云南：永德 李永亮 YDDXS6417
Lilium bakerianum var. **aureum** Grove & Cotton 金黄花滇百合 *
云南：绿春 HLS0175
Lilium bakerianum var. **delavayi** (Franchet) E. H. Wilson 黄绿花滇百合
云南：文山 何德明，王成，丰艳飞 WSLJS918
Lilium brownii F. E. Brown ex Miellez 野百合 *
安徽：歙县 方建新 TangXS0822
广西：田林 叶晓霞，农冬新，吴磊 Liuyan0481
贵州：开阳 邹方伦 ZouFL0178
湖北：神农架林区 李巨平 LiJuPing0046
湖北：五峰 李平 AHL077
江苏：句容 吴宝成，王兆银 HANGYY8348
陕西：眉县 董栓录 TianXH1205
浙江：临安 李宏庆，田怀珍，刘国丽 Lihq0081
Lilium brownii var. **viridulum** Baker 百合 *
安徽：绩溪 唐鑫生，宋曰钦，方建新 TangXS0572
安徽：石台 陈延松，吴国伟，洪欣 Zhousb0081
湖南：古丈 刘克明，朱晓文 SCSB-HN-0512
湖南：吉首 陈功锡，张代贵，邓涛等 SCSB-HC-2007406
湖南：永顺 陈功锡，张代贵 SCSB-HC-2008225
江西：武宁 张吉华，刘运群 TanCM1116
Lilium callosum Siebold & Zuccarini 条叶百合
安徽：屯溪区 方建新 TangXS0957
Lilium concolor Salisbury 渥丹
湖北：神农架林区 李巨平 LiJuPing0045
山东：崂山区 邓建平 LuoY419
Lilium concolor var. **pulchellum** (Fischer) Regel 有斑百合
吉林：磐石 安海成 AnHC0117
山东：莱山区 卞福花，宋言贺 BianFH-561
山东：牟平区 卞福花，陈朋 BianFH-0374
Lilium dauricum Ker Gawler 毛百合

黑龙江：虎林市 王庆贵 CaoW656
黑龙江：嫩江 王臣，张欣欣，史传奇 WangCh112
黑龙江：饶河 王庆贵 CaoW654
黑龙江：尚志 郑宝江，丁晓炎，李月等 ZhengBJ196
黑龙江：五大连池 孙阎 SunY315
吉林：磐石 安海成 AnHC097

Lilium davidii Duchartre ex Elwes 川百合 *
四川：康定 许炳强，童毅华，吴兴等 XiaNH-07ZX-1044

Lilium distichum Nakai ex Kamibayashi 东北百合
黑龙江：阿城 王臣，张欣欣，史传奇 WangCh220
黑龙江：阿城 郑宝江，丁晓炎，王美娟 ZhengBJ250
黑龙江：尚志 刘玫，王臣，张欣欣等 Liuetal719
吉林：抚松 张宝田 Yanglm0450
吉林：磐石 安海成 AnHC0406

Lilium duchartrei Franchet 宝兴百合 *
西藏：墨脱 孙航，张建文，陈建国等 SunH-07ZX-2671
云南：香格里拉 杨亲二，袁琼 Yangqe1880

Lilium henryi Baker 湖北百合 *
贵州：江口 周云，王勇 XiangZ079

Lilium leucanthum (Baker) Baker 宜昌百合 *
重庆：南川区 易思荣 YISR077
湖北：神农架林区 李巨平 LiJuPing0227

Lilium lophophorum (Bureau & Franchet) Franchet 尖被百合 *
四川：白玉 张大才，尹五元，李双智等 ZhangDC-07ZX-2284
四川：道孚 何兴金，赵丽华，梁乾隆 SCU-10-018
四川：九龙 张大才，尹五元，李双智等 ZhangDC-07ZX-2415
四川：理塘 何兴金，赵丽华，梁乾隆等 SCU-11-183
四川：理塘 孙航，张建文，董金龙等 SunH-07ZX-3640
四川：理塘 张大才，尹五元，李双智等 ZhangDC-07ZX-2199
西藏：波密 张大才，李双智，唐路等 ZhangDC-07ZX-1775
云南：贡山 刀志灵 DZL469

Lilium nanum Klotzsch 小百合
西藏：察隅 张挺，蔡杰，袁明 09CS1547
西藏：错那 罗建，汪书丽 LiuJQ11XZ036
西藏：林芝 张大才，李双智，唐路等 ZhangDC-07ZX-1809
西藏：墨脱 孙航，张建文，陈建国等 SunH-07ZX-2711

Lilium nepalense D. Don 紫斑百合
云南：腾冲 余新林，赵玮 BSGLGStc393

Lilium primulinum var. **ochraceum** (Franchet) Stearn 川滇百合 *
云南：永德 欧阳红才，普跃东，赵学盛等 YDDXSC049

Lilium pumilum Redouté 山丹
黑龙江：宁安 刘玫，张欣欣，程薪宇等 Liuetal536
黑龙江：香坊区 郑宝江，王美娟，赵千里 ZhengBJ418
吉林：磐石 安海成 AnHC040
青海：互助 薛春迎 Xuechy0074

Lilium rosthornii Diels 南川百合 *
贵州：花溪区 邹方伦 ZouFL0162
湖北：宣恩 沈泽昊 DS2296
湖南：吉首 陈功锡，邓涛 SCSB-HC-2007380

Lilium sargentiae E. H. Wilson 泸定百合 *
重庆：南川区 易思荣 YISR080
四川：峨眉山 李小杰 LiXJ230

Lilium speciosum var. **gloriosoides** Baker 药百合 *
江西：武宁 张吉华，张东红 TanCM3240

Lilium stewartianum I. B. Balfour & W. W. Smith 单花百合 *
西藏：察隅 何华杰 81555

Lilium sulphureum Baker ex J. D. Hooker 淡黄花百合
云南：南涧 官有才，熊绍荣，张雄等 NJWLS661

Lilium taliense Franchet 大理百合 *
云南：香格里拉 张大才，李双智，唐路等 ZhangDC-07ZX-1656

Lilium tsingtauense Gilg 青岛百合
山东：崂山区 罗艳，李中华 LuoY361

Lilium wardii Stapf ex F. C. Stern 卓巴百合 *
西藏：波密 张大才，李双智，唐路等 ZhangDC-07ZX-1738

Lloydia oxycarpa Franchet 尖果洼瓣花 *
甘肃：迭部 齐威 LJQ-2008-GN-188
云南：香格里拉 张挺，亚吉东，李明勤等 11CS3383

Nomocharis farreri (W. E. Evans) Harrow 滇西豹子花
云南：福贡 李恒，李嵘，刀志灵 1055

Nomocharis pardanthina Franchet 豹子花 *
云南：红河 彭华，向春雷，陈丽 PengH8253

Notholirion bulbuliferum (Lingelsheim ex H. Limpricht) Stearn 假百合
四川：巴塘 张大才，尹五元，李双智等 ZhangDC-07ZX-2241
四川：九龙 孙航，张建文，董金龙等 SunH-07ZX-4046
西藏：林芝 罗建，汪书丽 LiuJQ-08XZ-188
西藏：林芝 孙航，张建文，陈建国等 SunH-07ZX-2823
云南：香格里拉 郭永杰，张桥蓉，李春晓等 11CS3479
云南：云龙 彭华，陈丽 P.H. 5396

Streptopus obtusatus Fassett 扭柄花 *
四川：峨眉山 李小杰 LiXJ088

Streptopus simplex D. Don 腋花扭柄花
西藏：林芝 张挺，蔡杰，刘恩德等 SCSB-B-000489
云南：贡山 刀志灵 DZL347

Tricyrtis macropoda Miquel 油点草
安徽：徽州区 方建新 TangXS0779
安徽：金寨 陈延松，欧祖兰，刘旭升 Xuzd234
河南：栾川 何明高，付婷婷，水庆艳 Huangzy0084
河南：嵩县 何明高，付婷婷，水庆艳 Huangzy0160
湖北：仙桃 张代贵 Zdg2320
湖北：宣恩 祝文志，刘志祥，曹远俊 ShenZH0036
江西：黎川 童和平，王玉珍，常迪江等 TanCM2034
江西：修水 谭策铭，缪以清，李立新 TanCM389

Tricyrtis pilosa Wallich 黄花油点草
重庆：南川区 易思荣 YISR057
湖北：神农架林区 李巨平 LiJuPing0175
湖北：神农架林区 李巨平 LiJuPing0175A
湖北：神农架林区 祝文志，刘志祥，曹远俊 ShenZH5732
陕西：宁陕 田先华，吴礼慧 TianXH278
四川：南江 张挺，刘成，郭永杰 10CS2465

Tulipa biflora Pallas 柔毛郁金香
新疆：布尔津 谭敦炎，邱娟 TanDY0471
新疆：巩留 亚吉东，张桥蓉，秦少发等 16CS13517

Tulipa edulis (Miquel) Baker 老鸦瓣
山东：新泰 步瑞兰，辛晓伟，高丽丽等 Lilan800

Tulipa iliensis Regel 伊犁郁金香
新疆：奎屯 谭敦炎，邱娟 TanDY0200
新疆：托里 谭敦炎，吉乃提 TanDY0740
新疆：乌鲁木齐 谭敦炎，艾沙江 TanDY0541
新疆：乌鲁木齐 谭敦炎，艾沙江 TanDY0180
新疆：乌鲁木齐 王喜勇，段士民 431

Linaceae 亚麻科

亚麻科	世界	中国	种质库
属 / 种（种下等级）/ 份数	13/ ～ 255	4/14	4/10/148

Anisadenia pubescens Griffith 异腺草
云南：贡山 张挺，杨湘云，李涟漪等 14CS8992
云南：南涧 阿国仁，罗新洪，李敏等 NJWLS2008129
云南：永德 李永亮 LiYL1372
Linum corymbulosum Reichenbach 长萼亚麻
新疆：霍城 亚吉东，张桥蓉，秦少发等 16CS13812
Linum heterosepalum Regel 异萼亚麻
新疆：昭苏 贺晓欢，徐文斌，刘鸯等 SHI-A2007086
Linum nutans Maximowicz 垂果亚麻
陕西：太白 田先华，董栓录 TianXH1202
四川：阿坝 蔡杰，张挺，刘成 10CS2584
Linum pallescens Bunge 短柱亚麻
西藏：丁青 陈家辉，王赟，刘德团 YangYP-Q-3212
西藏：康马 陈家辉，韩希，王东超等 YangYP-Q-4276
新疆：博乐 贺晓欢 SHI-A2007015
新疆：博乐 谭敦炎，吉乃提，艾沙江 TanDY0254
Linum perenne Linnaeus 宿根亚麻
甘肃：合作 刘坤 LiuJQ-GN-2011-647
甘肃：夏河 刘坤 LiuJQ-GN-2011-648
河北：元氏 牛玉璐，郑博颖，黄士良等 NiuYL021
内蒙古：和林格尔 蒲拴莲，李茂文 M060
宁夏：盐池 牛钦瑞，朱奋霞 ZuoZh168
青海：都兰 潘建斌，杜维波，牛炳韬 Liujq-2011CDM-181
青海：都兰 潘建斌，杜维波，牛炳韬 Liujq-2011CDM-211
青海：湟源 汪书丽，朱洪涛 Liujq-QLS-TXM-003
青海：玉树 许炳强，周伟，郑朝汉 Xianh0323
Linum stelleroides Planchon 野亚麻
黑龙江：让胡路区 孙阎，赵立波 SunY093
黑龙江：让胡路区 王臣，张欣欣，史传奇 WangCh207
湖北：竹溪 李盛兰 GanQL795
吉林：大安 杨帆，马红媛，安丰华 SNA0079
吉林：磐石 安海成 AnHC0222
吉林：长岭 杨莉 Yanglm0420
辽宁：凌源 郑宝江，王美娟，曹鹏等 ZhengBJ413
内蒙古：武川 蒲拴莲，刘润宽，刘毅等 M194
内蒙古：武川 蒲拴莲，刘润宽，刘毅等 M227
内蒙古：锡林浩特 张红香 ZhangHX129
山东：泰安 李兰，王萍，张少华 Lilan-066
Linum usitatissimum Linnaeus 亚麻
甘肃：碌曲 李晓东，刘帆，张景博等 LiJ0137
吉林：南关区 韩忠明 Yanglm0143
内蒙古：克什克腾旗 刘润宽，李茂文，李昌亮 M099
新疆：阿合奇 塔里木大学植物资源调查组 TD-00580
新疆：阿合奇 黄文娟，杨赵平，王英鑫 TD-01969
新疆：和静 邱爱军，张玲，马帅 LiZJ1747
新疆：乌什 塔里木大学植物资源调查组 TD-00867
新疆：乌什 塔里木大学植物资源调查组 TD-00519
新疆：新源 段士民，王喜勇，刘会良等 94
云南：昆明 刘飞虎 Liufh0130
云南：昆明 刘飞虎 Liufh0131
云南：昆明 刘飞虎 Liufh0132
云南：昆明 刘飞虎 Liufh0133
云南：昆明 刘飞虎 Liufh0134
云南：昆明 刘飞虎 Liufh0135
云南：昆明 刘飞虎 Liufh0136
云南：昆明 刘飞虎 Liufh0137
云南：昆明 刘飞虎 Liufh0138
云南：昆明 刘飞虎 Liufh0139
云南：昆明 刘飞虎 Liufh0140
云南：昆明 刘飞虎 Liufh0141
云南：昆明 刘飞虎 Liufh0142
云南：昆明 刘飞虎 Liufh0143
云南：昆明 刘飞虎 Liufh0144
云南：昆明 刘飞虎 Liufh0145
云南：昆明 刘飞虎 Liufh0146
云南：昆明 刘飞虎 Liufh0147
云南：昆明 刘飞虎 Liufh0148
云南：昆明 刘飞虎 Liufh0149
云南：昆明 刘飞虎 Liufh0150
云南：昆明 刘飞虎 Liufh0151
云南：昆明 刘飞虎 Liufh0152
云南：昆明 刘飞虎 Liufh0153
云南：昆明 刘飞虎 Liufh0154
云南：昆明 刘飞虎 Liufh0155
云南：昆明 刘飞虎 Liufh0156
云南：昆明 刘飞虎 Liufh0157
云南：昆明 刘飞虎 Liufh0158
云南：昆明 刘飞虎 Liufh0159
云南：昆明 刘飞虎 Liufh0160
云南：昆明 刘飞虎 Liufh0161
云南：昆明 刘飞虎 Liufh0162
云南：昆明 刘飞虎 Liufh0163
云南：昆明 刘飞虎 Liufh0164
云南：昆明 刘飞虎 Liufh0165
云南：昆明 刘飞虎 Liufh0166
云南：昆明 刘飞虎 Liufh0167
云南：昆明 刘飞虎 Liufh0168
云南：昆明 刘飞虎 Liufh0169
云南：昆明 刘飞虎 Liufh0170
云南：昆明 刘飞虎 Liufh0171
云南：昆明 刘飞虎 Liufh0172
云南：昆明 刘飞虎 Liufh0173
云南：昆明 刘飞虎 Liufh0174
云南：昆明 刘飞虎 Liufh0175
云南：昆明 刘飞虎 Liufh0176
云南：昆明 刘飞虎 Liufh0177
云南：昆明 刘飞虎 Liufh0178
云南：昆明 刘飞虎 Liufh0179
云南：昆明 刘飞虎 Liufh0180
云南：昆明 刘飞虎 Liufh0181
云南：昆明 刘飞虎 Liufh0182
云南：昆明 刘飞虎 Liufh0183
云南：昆明 刘飞虎 Liufh0184
云南：昆明 刘飞虎 Liufh0185
云南：昆明 刘飞虎 Liufh0186
云南：昆明 刘飞虎 Liufh0187
云南：昆明 刘飞虎 Liufh0188
云南：昆明 刘飞虎 Liufh0189
云南：昆明 刘飞虎 Liufh0190

云南：昆明 刘飞虎 Liufh0191
云南：昆明 刘飞虎 Liufh0192
云南：昆明 刘飞虎 Liufh0193
云南：昆明 刘飞虎 Liufh0194
云南：昆明 刘飞虎 Liufh0195
云南：昆明 刘飞虎 Liufh0196
云南：昆明 刘飞虎 Liufh0197
云南：昆明 刘飞虎 Liufh0198
云南：昆明 刘飞虎 Liufh0199
云南：昆明 刘飞虎 Liufh0200
云南：昆明 刘飞虎 Liufh0201
云南：昆明 刘飞虎 Liufh0202
云南：昆明 刘飞虎 Liufh0203
云南：昆明 刘飞虎 Liufh0204
云南：昆明 刘飞虎 Liufh0205
云南：昆明 刘飞虎 Liufh0206
云南：昆明 刘飞虎 Liufh0207
云南：昆明 刘飞虎 Liufh0208
云南：昆明 刘飞虎 Liufh0209
云南：昆明 刘飞虎 Liufh0210
云南：昆明 刘飞虎 Liufh0211
云南：昆明 刘飞虎 Liufh0212
云南：昆明 刘飞虎 Liufh0213
云南：昆明 刘飞虎 Liufh0214
云南：昆明 刘飞虎 Liufh0215
云南：昆明 刘飞虎 Liufh0216
云南：昆明 刘飞虎 Liufh0217
云南：昆明 刘飞虎 Liufh0218
云南：昆明 刘飞虎 Liufh0219
云南：昆明 刘飞虎 Liufh0220
云南：昆明 刘飞虎 Liufh0221
云南：昆明 刘飞虎 Liufh0222
云南：昆明 刘飞虎 Liufh0223
云南：昆明 刘飞虎 Liufh0224
云南：昆明 刘飞虎 Liufh0225
云南：昆明 刘飞虎 Liufh0226
云南：昆明 刘飞虎 Liufh0227
云南：昆明 刘飞虎 Liufh0228
云南：昆明 刘飞虎 Liufh0229
云南：巧家 张书东，张荣，王银环等 QJYS0209
云南：巧家 张书东，张荣，王银环等 QJYS0217

Reinwardtia indica Dumortier **石海椒**
四川：峨眉山 李小杰 LiXJ382
云南：麻栗坡 肖波 LuJL125

Tirpitzia sinensis (Hemsley) H. Hallier **青篱柴**
云南：蒙自 税玉民，陈文红 72261
云南：文山 刘恩德，方伟，杜燕等 SCSB-B-000055
云南：文山 何德明，丰艳飞，韦荣彪等 WSLJS770
云南：新平 自正尧 XPALSB247

Linderniaceae 母草科

母草科	世界	中国	种质库
属 / 种（种下等级）/ 份数	～17/253	4/19	3/17/134

Lindernia anagallis (N. L. Burman) Pennell **长蒴母草**
安徽：休宁 唐鑫生，方建新 TangXS0381
海南：三亚 彭华，向春雷，陈丽 PengH8168
湖南：沅陵 李胜华，伍贤进，刘光华等 Wuxj864
江西：黎川 童和平，王玉珍，常迪江等 TanCM1993
江西：庐山区 董安淼，吴从梅 TanCM1679
江西：武宁 张吉华，张东红 TanCM2658
云南：绿春 黄连山保护区科研所 HLS0238
云南：麻栗坡 肖波 LuJL263
云南：普洱 胡启和，张绍云 YNS0605
云南：新平 自正尧 XPALSB295
云南：永德 李永亮 YDDXS0477
云南：永德 李永亮 YDDXS0867
浙江：鄞州区 李宏庆，葛斌杰 Lihq0114

Lindernia antipoda (Linnaeus) Alston **泥花母草**
安徽：舒城 陈延松，欧祖兰，高秋晨等 Xuzd475
安徽：歙县 方建新 TangXS0634
江西：黎川 童和平，王玉珍，常迪江等 TanCM2022A
江西：庐山区 董安淼，吴从梅 TanCM851
四川：米易 袁明 MY571
云南：景东 鲁艳 2008184
云南：南涧 马德跃，官有才，罗开宏等 NJWLS959
云南：永德 李永亮 YDDXS0864

Lindernia ciliata (Colsmann) Pennell **刺齿泥花草**
西藏：墨脱 刘成，亚吉东，何华杰等 16CS11859

Lindernia crustacea (Linnaeus) F. Mueller **母草**
安徽：石台 陈延松，吴国伟，洪欣 Zhousb0039
安徽：屯溪区 方建新 TangXS0037
广西：金秀 彭华，向春雷，陈丽 PengH8117
江苏：句容 王兆银，吴宝成 SCSB-JS0322
江苏：海州区 汤兴利 HANGYY8500
江西：黎川 童和平，王玉珍，常迪江等 TanCM2029
江西：湾里区 杜小浪，慕泽泾，曹岚 DXL022
江西：武宁 张吉华，张东红 TanCM3228
江西：修水 谭策铭，缪以清，李立新 TanCM371
山东：海阳 王萍，高德民，张诏等 lilan296
山东：岚山区 吴宝成 HANGYY8582
山东：崂山区 罗艳，李中华 LuoY371
四川：峨眉山 李小杰 LiXJ508
四川：峨眉山 李小杰 LiXJ810
云南：景洪 彭华，向春雷，陈丽等 P.H. 5714
云南：南涧 马德跃，官有才，罗开宏 NJWLS947
云南：普洱 叶金科 YNS0357
云南：永德 李永亮 LiYL1607
云南：镇沅 罗成瑜，乔永华 ALSZY304
云南：镇沅 罗成瑜 ALSZY327
浙江：鄞州区 李宏庆，葛斌杰 Lihq0110

Lindernia hyssopoides (Linnaeus) Haines **尖果母草**
云南：江城 叶金科 YNS0468

Lindernia micrantha D. Don **狭叶母草**
江西：庐山区 董安淼，吴从梅 TanCM904

Lindernia mollis (Bentham) Wettstein **红骨母草**
广西：灵川 许为斌，黄俞淞，朱章明 Liuyan0462

Lindernia nummulariifolia (D. Don) Wettstein **宽叶母草**
广西：金秀 彭华，向春雷，陈丽 PengH8135
海南：三亚 彭华，向春雷，陈丽 PengH8167
湖北：宣恩 祝文志，刘志祥，曹远俊 ShenZH0087
湖北：竹溪 李盛兰 GanQL152
陕西：紫阳 田先华 TianXH1123
四川：峨眉山 李小杰 LiXJ096
四川：万源 张桥蓉，余华 15CS11541

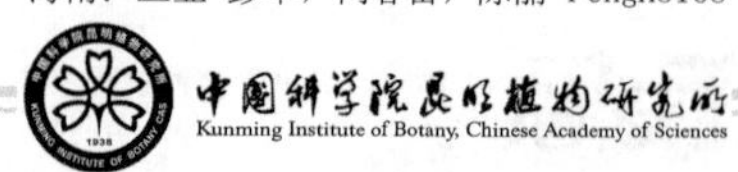

云南：景东 鲁艳 2008210
云南：景东 刘长铭，刘东，罗尧等 JDNR11064
云南：景洪 彭华，向春雷，王泽欢 PengH8478
云南：普洱 叶金科 YNS0351
云南：双柏 彭华，向春雷，陈丽等 P.H.5556
云南：双柏 彭华，向春雷，陈丽等 P.H.5578
云南：文山 何德明，张挺，刘成等 WSLJS505
云南：新平 刘家良 XPALSD064
云南：新平 何罡安 XPALSB438
云南：新平 白绍斌 XPALSC438
云南：永德 李永亮 YDDXS0424

Lindernia procumbens (Krocker) Borbas 陌上菜
安徽：屯溪区 方建新 TangXS0436
安徽：屯溪区 方建新 TangXS0043
黑龙江：尚志 刘玫，张欣欣，程薪宇等 Liuetal399
湖北：竹溪 李盛兰 GanQL954
吉林：磐石 安海成 AnHC0352
江西：庐山区 董安淼，吴从梅 TanCM1055
江西：庐山区 董安淼，吴从梅 TanCM838
山东：历下区 高德民，张诏，王萍等 lilan489
陕西：神木 田先华 TianXH1132
云南：麻栗坡 肖波 LuJL463
云南：孟连 胡启和，赵强，周英等 YNS0781
浙江：余杭区 葛斌杰 Lihq0241

Lindernia ruellioides (Colsmann) Pennell 旱田草
山东：崂山区 罗艳，李中华 LuoY372
四川：峨眉山 李小杰 LiXJ263
云南：绿春 黄连山保护区科研所 HLS0260
云南：普洱 叶金科 YNS0310
云南：文山 何德明，丰艳飞 WSLJS982
云南：永德 李永亮 LiYL1618
云南：永德 李永亮 YDDXS1164
云南：镇沅 罗成瑜 ALSZY228

Lindernia setulosa (Maximowicz) Tuyama ex H. Hara 刺毛母草
安徽：歙县 方建新 TangXS0928

Picria felterrae Loureiro 苦玄参
云南：绿春 黄连山保护区科研所 HLS0287

Torenia asiatica Linnaeus 长叶蝴蝶草
安徽：金寨 陈延松，欧祖兰，姜九龙 Xuzd203
湖北：仙桃 张代贵 Zdg1325
江西：黎川 童和平，王玉珍，常迪江等 TanCM2028
江西：修水 缪以清，陈三友 TanCM2163
四川：峨眉山 李小杰 LiXJ110
四川：乐至 邓兴敏，邓秀发，张昌兵 ZCB0510
四川：米易 刘静，袁明 MY-030
西藏：墨脱 刘成，亚吉东，何华杰等 16CS11848
云南：思茅区 叶金科 YNS0391
云南：腾冲 周应再 Zhyz-477
云南：文山 何德明，丰艳飞，韦荣彪等 WSLJS745
云南：镇沅 罗成瑜 ALSZY363

Torenia cordifolia Roxburgh 西南蝴蝶草
广西：金秀 彭华，向春雷，陈丽 PengH8123
云南：澜沧 彭华，向春雷，陈丽 P.H.5781
云南：普洱 叶金科 YNS0320

Torenia flava Buchanan-Hamilton ex Bentham 黄花蝴蝶草
云南：麻栗坡 肖波 LuJL245

Torenia fournieri Linden ex Fournier 兰猪耳
云南：南涧 彭华，向春雷，陈丽 P.H.5931

Torenia violacea (Azaola ex Blanco) Pennell 紫萼蝴蝶草
安徽：黄山区 方建新 TangXS0348
安徽：宁国 洪欣，李中林 ZhouSB0236
安徽：宁国 洪欣，李中林 ZhouSB0240
安徽：石台 洪欣，王欧文 ZSB371
安徽：石台 陈延松，吴国伟，洪欣 Zhousb0035
安徽：舒城 陈延松，欧祖兰，高秋晨等 Xuzd347
安徽：黟县 刘淼 SCSB-JSB52
湖北：宣恩 祝文志，刘志祥，曹远俊 ShenZH0088
湖南：桑植 陈功锡，廖博儒，查学州等 195
湖南：石门 姜孝成，唐妹，陈显胜等 Jiangxc0474
湖南：新化 姜孝成，唐妹，戴小军等 Jiangxc0574
湖南：中方 伍贤进，李胜华，曾汉元等 HHXY113
江西：庐山区 谭策铭，董安淼 TanCM504
江西：武宁 张吉华，张东红 TanCM2821
四川：峨眉山 李小杰 LiXJ094
四川：万源 张桥蓉，余华 15CS11540
云南：沧源 赵金超，田立新 CYNGH042
云南：贡山 李恒，李嵘 794
云南：景谷 胡启和，周英，张绍云 YNS0526
云南：绿春 黄连山保护区科研所 HLS0249
云南：勐腊 胡光万 HGW-00342
云南：南涧 马德跃，官有才，罗开宏 NJWLS945
云南：宁洱 张绍云，胡启和 YNS1008
云南：宁洱 张绍云，胡启和 YNS1069
云南：屏边 蔡杰，毛钧，杨浩 12CS5620
云南：思茅区 张绍云，胡启和 YNS1102
云南：新平 自正尧 XPALSB294
云南：新平 刘家良 XPALSD316
云南：永德 李永亮 YDDXS0919
云南：永德 李永亮 YDDXS0227
浙江：临安 李宏庆，田怀珍，刘国丽 Lihq0076

Loganiaceae 马钱科

马钱科	世界	中国	种质库
属 / 种（种下等级）/ 份数	～15/400	5/28	4/6/10

Gardneria angustifolia Wallich 狭叶蓬莱葛
云南：南涧 阿国仁，罗新洪，李敏等 NJWLS2008134

Gardneria multiflora Makino 蓬莱葛
湖北：竹溪 李盛兰 GanQL1092
江西：武宁 张吉华，张东红 TanCM2847
云南：麻栗坡 张挺，李洪超，左定科 SCSB-B-000320

Mitrasacme indica Wight 尖帽花
江西：湾里区 杜小浪，慕泽泾，曹岚 DXL137
山东：海阳 张少华，张诏，程丹丹等 Lilan658

Mitrasacme pygmaea R. Brown 水田白
山东：海阳 张少华，张诏，程丹丹等 Lilan657

Mitreola petiolata (J. F. Gmelin) Torrey & A. Gray 度量草
云南：永德 李永亮 LiYL1430

Strychnos wallichiana Steudel ex A. de Candolle 长籽马钱
云南：景洪 张顺成 A062
云南：勐腊 赵相兴 A088

Lythraceae 千屈菜科

千屈菜科	世界	中国	种质库
属 / 种（种下等级）/ 份数	32/～602	11/45	7/17/96

Ammannia auriculata Willdenow 耳基水苋
江苏：徐州 李宏庆，熊申展，胡超 Lihq0362
山东：胶州 樊守金，郑国伟 Zhaozt0244
四川：乐至 邓兴敏，邓秀发，张昌兵 ZCB0446
云南：澜沧 张绍云，叶金科 YNS1398
云南：石屏 蔡杰，刘成，郑国伟 12CS5790
云南：永德 曾言柱，马文军，陈海涛 YDDXSB167
Ammannia baccifera Linnaeus 水苋菜
安徽：肥西 陈延松，沈云，陈翠兵等 Xuzd130
安徽：太和 彭斌 HANGYY8691
安徽：屯溪区 方建新 TangXS0055
江西：庐山区 谭策铭，董安淼 TanCM508
云南：景东 鲁艳 200805
云南：景洪 彭华，向春雷，王泽欢 PengH8479
云南：勐腊 刀志灵，崔景云 DZL-146
云南：南涧 熊绍荣 NJWLS1211
云南：南涧 熊绍荣 NJWLS2008314
云南：南涧 熊绍荣，刘云 NJWLS385
云南：南涧 阿国仁 NJWLS1150
云南：普洱 张绍云 YNS0048
云南：双柏 彭华，刘恩德，陈丽等 P.H.5503
云南：新平 自正尧 XPALSB298
云南：永德 李永亮 YDDXS1162
云南：永德 李永亮 YDDXS1163
Ammannia multiflora Roxburgh 多花水苋菜
广西：八步区 莫水松 Liuyan1077
山东：海阳 王萍，高德民，张诏等 lilan268
云南：景东 张绍云，叶金科，周兵 YNS1380
云南：双柏 彭华，向春雷，陈丽等 P.H.5558
云南：永德 李永亮 YDDXS1194
Duabanga grandiflora (Roxburgh ex Candolle) Walpers 八宝树
云南：江城 谭运洪，余涛 B216
云南：勐腊 谭运洪，余涛 B194
云南：新平 白绍斌 XPALSC315
云南：新平 罗田发，李丛生 XPALSC288
云南：盈江 张挺，王建军，杨茜 SCSB-B-000411
云南：永德 李永亮 YDDXS0249
Lagerstroemia caudata Chun & F. C. How ex S. K. Lee & L. F. Lau 尾叶紫薇 *
江西：庐山区 董安淼，吴丛梅 TanCM3328
Lagerstroemia indica Linnaeus 紫薇
安徽：黄山区 唐鑫生，方建新 TangXS0486
贵州：南明区 侯小琪 YBG155
湖南：古丈 刘克明，朱晓文 SCSB-HN-0544
湖南：衡山 刘克明，陈薇 SCSB-HN-0366
湖南：衡山 旷仁平 SCSB-HN-1141
湖南：江华 肖乐希 SCSB-HN-0883
湖南：澧县 田淑珍 SCSB-HN-1065
湖南：南岳区 刘克明，丛义艳 SCSB-HN-1422
湖南：永顺 陈功锡，张代贵 SCSB-HC-2008198
湖南：岳麓区 姜孝成，陈丰林 SCSB-HNJ-0309
湖南：长沙 朱香清，田淑珍 SCSB-HN-1484B
湖南：长沙 李辉良 SCSB-HN-0755
江西：修水 缪以清，胡建华 TanCM1757
云南：勐腊 谭运洪 A339
Lagerstroemia intermedia Koehne 云南紫薇
云南：沧源 赵金超 CYNGH447
云南：盈江 王立彦，赵永全，沙麻糯 WLYTBG-034
Lagerstroemia subcostata Koehne 南紫薇
江西：星子 董安淼，吴丛梅 TanCM1663
Lagerstroemia tomentosa C. Presl 绒毛紫薇
云南：勐腊 刀志灵，崔景云 DZL-160
Lythrum salicaria Linnaeus 千屈菜
安徽：肥西 陈延松，朱合军，姜九龙 Xuzd126
河北：桃城 牛玉璐，高彦飞，黄士良 NiuYL168
黑龙江：尚志 刘玫，张欣欣，程薪宇等 Liuetal450
黑龙江：五大连池 孙阎，赵立波 SunY018
吉林：辉南 姜明，刘波 LiuB0004
吉林：磐石 安海成 AnHC0133
江苏：句容 吴宝成，王兆银 HANGYY8612
江苏：句容 王兆银，吴宝成 SCSB-JS0191
江西：庐山区 谭策铭，董安淼 TCM09017
辽宁：桓仁 祝业平 CaoW980
辽宁：凌源 郑宝江，王美娟，曹鹏等 ZhengBJ397
内蒙古：赛罕区 李茂文，李昌亮 M135
宁夏：盐池 牛有栋，朱奋霞 ZuoZh210
山东：长清区 张少华，王萍，张诏等 Lilan188
山西：夏县 张贵平，连俊强 Zhangf0085
新疆：巩留 段士民，王喜勇，刘会良 Zhangdy390
Lythrum virgatum Linnaeus 帚枝千屈菜
新疆：阿勒泰 段士民，王喜勇，刘会良等 179
Punica granatum Linnaeus 石榴
河北：围场 牛玉璐，高彦飞 NiuYL611
江西：庐山区 董安淼，吴丛梅 TanCM863
Rotala indica (Willdenow) Koehne 节节菜
安徽：歙县 方建新 TangXS0633
湖北：竹溪 李盛兰 GanQL571
江苏：句容 王兆银，吴宝成 SCSB-JS0404
江西：星子 董安淼，吴丛梅 TanCM1401
山东：海阳 张少华，张诏，程丹丹等 Lilan661
云南：景东 张绍云，叶金科，周兵 YNS1382
云南：景谷 叶金科 YNS0421
Rotala mexicana Chamisso & Schlechtendal 轮叶节节菜
山东：海阳 张少华，张诏，程丹丹等 Lilan662
Rotala rosea (Poiret) C. D. K. Cook ex H. Hara 五蕊节节菜
云南：永德 李永亮 LiYL1606
Rotala rotundifolia (Buchanan-Hamilton ex Roxburgh) Koehne 圆叶节节菜
云南：景东 鲁艳 200852
云南：澜沧 胡启和，仇亚，周英等 YNS0689
云南：腾冲 周应再 Zhyz-479
云南：文山 何德明，余金辉 WSLJS957
云南：永德 李永亮 YDDXS1104
云南：云龙 字建泽，李国宏，李施文等 TC1012
Woodfordia fruticosa (Linnaeus) Kurz 虾子花
云南：景东 罗忠华，刘长铭，鲁成荣等 JDNR09019
云南：景谷 叶金科 YNS0163
云南：景洪 谭运洪，余涛 B474

云南：开远 税玉民，陈文红 71973
云南：弥勒 税玉民，陈文红 71997
云南：南涧 官有才 NJWLS1655
云南：新平 王家和 XPALSC231
云南：永德 李永亮 YDDXS0017
云南：元江 孙振华，王文礼，宋晓卿等 Ouxk-YJ-0027
云南：镇沅 朱恒，何忠云 ALSZY026

Magnoliaceae 木兰科

木兰科	世界	中国	种质库
属 / 种（种下等级）/ 份数	17/ ～ 300	13/112	9/34/77

Alcimandra cathcartii (J. D. Hooker & Thomson) Dandy 长蕊木兰
云南：隆阳区 赵玮，莫连贤，段在贤 BSGLGSly013
云南：麻栗坡 肖波 LuJL075
云南：腾冲 周应再 Zhyz-143
Lirianthe delavayi (Franchet) N. H. Xia & C. Y. Wu 山玉兰 *
云南：隆阳区 刀志灵，陈哲 DZL-090
Lirianthe odoratissima (Y. W. Law & R. Z. Zhou) N. H. Xia & C. Y. Wu 馨香木兰 *
云南：腾冲 余新林，赵玮 BSGLGStc181
Liriodendron chinense (Hemsley) Sargent 鹅掌楸
安徽：屯溪区 唐鑫生，方建新 TangXS0413
江西：修水 谭策铭，缪以清 TCM09153
Manglietia aromatica Dandy 香木莲
云南：麻栗坡 肖波 LuJL088
Manglietia conifera Dandy 桂南木莲
广西：全州 胡仁传，刘静 Liuyan1024
Manglietia insignis (Wallich) Blume 红花木莲
云南：景东 张挺，方伟，王建军等 SCSB-B-000198
云南：景东 杨国平，李达文，鲁志云 ygp-007
云南：景东 刘长铭，袁小龙，杨华金等 JDNR11030
云南：隆阳区 段在贤，杨安友 BSGLGSly1251
云南：隆阳区 赵玮 BSGLGSly155
云南：麻栗坡 肖波 LuJL284
云南：南涧 时国彩，何贵才，杨建平等 njwls2007040
云南：腾冲 周应再 Zhyz-051
云南：腾冲 周应再 Zhyz-039
云南：新平 施文安，白绍斌，李伟 XPALSC525
云南：盈江 王立彦，左常盛，何维海 SCSB-TBG-006
Michelia × alba Candolle 白兰
云南：腾冲 余新林，赵玮 BSGLGStc182
Michelia baillonii (Pierre) Finet & Gagnepain 合果木
云南：沧源 李春华，肖美芳，李华明等 CYNGH112
云南：沧源 赵金超，李春华，肖美芳 CYNGH291
云南：景东 罗忠华，刘长铭，鲁成荣等 JDNR09037
云南：永德 李任斌，王学军，黄德武等 YDDXSA010
Michelia cavaleriei var. **platypetala** (Handel-Mazzetti) N. H. Xia 阔瓣含笑 *
湖南：长沙 田淑珍 SCSB-HN-0751
Michelia champaca Linnaeus 黄兰
云南：腾冲 周应再 Zhyz-356
云南：新平 王家和 XPALSC474
云南：镇沅 朱恒 ALSZY067
Michelia chapensis Dandy 乐昌含笑
云南：屏边 钱良超，陆海兴，康远勇等 Pbdws203
Michelia doltsopa Buchanan-Hamilton ex Candolle 南亚含笑
云南：隆阳区 赵玮，莫连贤，段在贤 BSGLGSly019
Michelia floribunda Finet & Gagnepain 多花含笑
云南：永德 杨金荣，宋老五，黄德武 YDDXSA006
云南：永德 杨金荣，黄德武，李增柱等 YDDXSA064
云南：永德 欧阳红才，杨金柱 YDDXSC060
Michelia fulva Hung T. Chang & B. L. Chen 棕毛含笑 *
云南：腾冲 周应再 Zhyz-038
Michelia macclurei Dandy 醉香含笑
湖南：南岳区 旷仁平 SCSB-HN-0709
湖南：长沙 蔡秀珍 SCSB-HN-0750
Michelia martini (H. Léveillé) Finet & Gagnepain ex H. Léveillé 黄心含笑
云南：新平 罗有明 XPALSB065
Michelia maudiae Dunn 深山含笑 *
安徽：屯溪区 方建新 TangXS0362
贵州：丹寨 赵厚涛，韩国营 YBG016
湖南：石门 姜孝成，唐妹，卜剑超等 Jiangxc0496
湖南：双牌 姜孝成，王丽萍，李育华 Jiangxc0787
湖南：双牌 姜孝成，王丽萍，李育华 Jiangxc0834
江西：井冈山 兰国华 LiuRL047
Michelia odora (Chun) Nooteboom & B. L. Chen 观光木
江西：井冈山 兰国华 LiuRL056
Michelia skinneriana Dunn 野含笑 *
安徽：休宁 方建新，张慧冲，程周旺等 TangXS0005
江西：井冈山 兰国华 LiuRL030
江西：修水 缪以清，余于明，梁荣文 TanCM667
Michelia sphaerantha C. Y. Wu ex Z. S. Yue 球花含笑 *
云南：新平 刘家良，刘祝兰，张宏雨 XPALSD348
Michelia yunnanensis Franchet ex Finet & Gagnepain 云南含笑 *
云南：安宁 张书东，林娜娜，陆露等 SCSB-W-065
云南：石林 税玉民，陈文红，张美德 64093
云南：西山区 胡光万，王跃虎，唐贵华 400221-017
云南：新平 刘家良 XPALSD326
Oyama globosa (J. D. Hooker & Thomson) N. H. Xia & C. Y. Wu 毛叶天女花
云南：贡山 刀志灵 DZL810
Oyama sieboldii (K. Koch) N. H. Xia & C. Y. Wu 天女花
辽宁：瓦房店 宫本胜 CaoW340
Oyama wilsonii (Finet & Gagnepain) N. H. Xia & C. Y. Wu 西康天女花 *
云南：贡山 刀志灵，陈哲 DZL-011
云南：剑川 杨青松，杨莹，黄永江等 ZhouZK-07ZX-0122
云南：巧家 李文虎，吴天抗，高顺勇等 QJYS0134
云南：巧家 王红，周伟，任宗昕等 SCSB-W-263
云南：巧家 杨光明 SCSB-W-1217
Parakmeria lotungensis (Chun & C. H. Tsoong) Y. W. Law 乐东拟单性木兰 *
贵州：黎平 刘克明，王成，张恒 SCSB-HN-1082
Parakmeria yunnanensis Hu 云南拟单性木兰
云南：麻栗坡 肖波 LuJL089
云南：屏边 钱良超，陆海兴，康远勇等 Pbdws204
Woonyoungia septentrionalis (Dandy) Y. W. Law 焕镛木 *
贵州：荔波 旷仁平，盛波 SCSB-HN-1818
贵州：荔波 旷仁平，盛波 SCSB-HN-1906
云南：麻栗坡 肖波，陆章强 LuJL063
Yulania amoena (W. C. Cheng) D. L. Fu 天目玉兰 *

湖南：永定区 吴福川，廖博儒，查学州等 85
江西：庐山区 董安淼，吴从梅 TanCM1583

Yulania campbellii (J. D. Hooker & Thomson) D. L. Fu 滇藏玉兰
云南：腾冲 余新林，赵玮 BSGLGStc158

Yulania denudata (Desrousseaux) D. L. Fu 玉兰 *
湖南：吉首 陈功锡，张代贵，邓涛等 SCSB-HC-2007464
湖南：永定区 吴福川，廖博儒，查学州等 83
湖南：岳麓区 蔡秀珍，陈薇，肖乐希 SCSB-HN-0312

Yulania sargentiana (Rehder & E. H. Wilson) D. L. Fu 凹叶玉兰 *
湖南：武陵源区 吴福川，廖博儒，林永惠等 109
云南：巧家 李文虎，吴天抗，高顺勇等 QJYS0133
云南：巧家 张天壁 SCSB-W-216B

Yulania sprengeri (Pampanini) D. L. Fu 武当玉兰 *
湖北：宣恩 许玥，祝文志，刘志祥等 ShenZH7757

Yulania zenii (W. C. Cheng) D. L. Fu 宝华玉兰 *
江苏：句容 吴宝成，王兆银 HANGYY8344

Malpighiaceae 金虎尾科

金虎尾科	世界	中国	种质库
属 / 种（种下等级）/ 份数	68/1250	4/21	2/8(9)/15

Aspidopterys floribunda Hutchinson 多花盾翅藤 *
云南：沧源 赵金超，杨红强 CYNGH423

Aspidopterys glabriuscula A. Jussieu 盾翅藤
云南：贡山 刀志灵 DZL307
云南：文山 税玉民，陈文红 16302
云南：文山 何德明 WSLJS566

Aspidopterys henryi Hutchinson 蒙自盾翅藤 *
云南：麻栗坡 肖波 LuJL310

Aspidopterys microcarpa H. W. Li ex S. K. Chen 小果盾翅藤
广西：那坡 黄俞松，莫水松，韩孟奇 Liuyan1002

Aspidopterys nutans (Roxburgh ex Candolle) A. Jussieu 毛叶盾翅藤
云南：盈江 王立彦，徐桂华 SCSB-TBG-070
云南：盈江 王立彦，桂魏 SCSB-TBG-168
云南：永德 李永亮，马文军 YDDXSB155

Aspidopterys obcordata Hemsley 倒心盾翅藤 *
云南：勐腊 张挺，李洪超，李文化等 SCSB-B-000372

Hiptage benghalensis (Linnaeus) Kurz 风筝果
云南：孟连 彭华，向春雷，陈丽 P.H.5845
云南：西盟 叶金科 YNS0148
云南：永德 李永亮 YDDXS0135

Hiptage candicans J. D. Hooker 白花风筝果
云南：永德 李永亮 YDDXS0197

Hiptage candicans var. **harmandiana** (Pierre) Dop 越南白花风筝果
云南：永德 李永亮 YDDXS0133

Malvaceae 锦葵科

锦葵科	世界	中国	种质库
属 / 种（种下等级）/ 份数	～243/4300	51/246	40/102(118)/837

Abelmoschus crinitus Wallich 长毛黄葵
云南：河口 刘飞虎 Liufh0317
云南：河口 刘飞虎 Liufh0320
云南：禄劝 张挺，张书东，李爱花 SCSB-A-000088
云南：勐海 张挺，谭运洪，王建军等 SCSB-B-000274
云南：勐腊 刘飞虎 Liufh0382
云南：腾冲 周应再 Zhyz-412
云南：五华区 刘飞虎 Liufh0003
云南：永德 李永亮 LiYL1114
云南：元江 刀志灵，陈渝 DZL621
云南：镇沅 张绍云，叶金科 YNS0001

Abelmoschus esculentus (Linnaeus) Moench 咖啡黄葵
广西：龙州 黄俞淞，梁永延，叶晓霞 Liuyan0001
河北：宽城 牛玉璐，高彦飞，赵二涛 NiuYL466
云南：武定 刘飞虎 Liufh0070

Abelmoschus manihot (Linnaeus) Medikus 黄蜀葵
贵州：务川 赵厚涛，韩国营 YBG043
湖南：洞口 肖乐希，唐光波，谢江等 SCSB-HN-1551
湖南：桑植 许玥，祝文志，刘志祥等 ShenZH4862
湖南：湘乡 陈薇，朱香清，马仲辉 SCSB-HN-0486
湖南：永定区 吴福川，廖博儒，查学州等 82
湖南：岳麓区 朱晓文，田淑珍 SCSB-HN-0664
湖南：资兴 蔡秀珍，孙秋妍 SCSB-HN-1304
江西：黎川 童和平，王玉珍 TanCM2747
四川：峨眉山 李小杰 LiXJ534
四川：米易 袁明 MY566
云南：景东 鲁艳 2008123
云南：景东 罗忠华，张明勇，段玉伟等 JD135
云南：景东 彭华，陈丽 P.H.5384
云南：隆阳区 赵玮 BSGLGSly127
云南：麻栗坡 肖波 LuJL087
云南：蒙自 田学军，邱成书，高波 TianXJ0216
云南：勐腊 李梦 A074
云南：勐腊 张顺成 A031
云南：勐腊 赵相兴 A058
云南：勐腊 赵相兴 A096
云南：南涧 李名生，官有才 NJWLS2008211
云南：盈江 王立彦，左常盛，桂魏 SCSB-TBG-052
云南：永德 李永亮 LiYL1418

Abelmoschus manihot var. **pungens** (Roxburgh) Hochreutiner 刚毛黄蜀葵
贵州：册亨 邹方伦 ZouFL0084
云南：龙陵 孙兴旭 SunXX162
云南：文山 何德明，丰艳飞，王成 WSLJS901
云南：新平 刘家良 XPALSD077
云南：永德 李永亮，马文军 YDDXSB235
云南：永德 李永亮 YDDXS0906
云南：永德 李永亮 YDDXS1220
云南：玉溪 刘成，蔡杰，胡枭剑 12CS4763
云南：云龙 郭永杰，王杨飞，李施文等 TC4005
云南：镇沅 罗成瑜 ALSZY116

Abelmoschus moschatus Medikus 黄葵
广西：都安 赵亚美 SCSB-JS0464
广西：防城区 吴望辉，黄俞淞 Liuyan0383
广西：昭平 莫水松 Liuyan1093
湖南：吉首 陈功锡，张代贵，邓涛等 SCSB-HC-2007336
云南：新平 谢雄 XPALSC096

Abelmoschus sagittifolius (Kurz) Merrill 剑叶秋葵
云南：勐腊 兰芹英 B34

云南：镇沅 罗成瑜 ALSZY255
云南：镇沅 何忠云 ALSZY276
云南：镇沅 张绍云，胡启和，仇亚等 YNS1179

Abutilon guineense var. forrestii (S. Y. Hu) Y. Tang 小花磨盘草 *

云南：南涧 邹国娟，李加生，时国彩 NJWLS379

Abutilon indicum (Linnaeus) Sweet 磨盘草

云南：峨山 孙振华，宋晓卿，文晖等 OuXK-ES-001
云南：金平 喻智勇，官兴永，张云飞等 JinPing07
云南：隆阳区 段在贤，代如亮 BSGLGSly1232
云南：南涧 袁玉川，李树芝 NJWLS620
云南：永德 李永亮 LiYL1483
云南：永德 李永亮 YDDXS1249
云南：元阳 田学军，杨建，邱成书等 Tianxj0061
云南：元阳 田学军，杨建，邱成书等 Tianxj0092

Abutilon paniculatum Handel-Mazzetti 圆锥苘麻 *

四川：木里 苏涛，黄永江，杨青松等 ZhouZK11357
云南：新平 白绍斌 XPALSC535

Abutilon theophrasti Medikus 苘麻

安徽：蜀山区 陈延松，徐忠东，耿明 Xuzd024
安徽：黟县 方建新 TangXS0805
贵州：荔波 刘克明，旷仁平，盛波 SCSB-HN-2139
贵州：南明区 赵厚涛，韩国营 YBG121
河北：桃城 牛玉璐，高彦飞，赵二涛 NiuYL415
河南：栾川 邓志军，付婷婷，水庆艳 Huangzy0061
河南：嵩县 何明高，付婷婷，水庆艳 Huangzy0143
黑龙江：北安 郑宝江，潘磊 ZhengBJ014
湖北：神农架林区 李巨平 LiJuPing0012
湖北：竹溪 李盛兰 GanQL957
湖南：花垣 刘克明，蔡秀珍，肖乐希等 SCSB-HN-0211
湖南：津市 田淑珍 SCSB-HN-1585
湖南：沅江 熊凯辉 SCSB-HN-2255
湖南：沅江 熊凯辉，刘克明 SCSB-HN-1805
湖南：沅江 熊凯辉，刘克明 SCSB-HN-1931
湖南：沅江 熊凯辉，刘克明 SCSB-HN-1938
湖南：沅江 熊凯辉，刘克明 SCSB-HN-1942
湖南：沅江 熊凯辉，刘克明 SCSB-HN-2267
湖南：长沙 刘克明 SCSB-HN-0032
吉林：南关区 王云贺 Yanglm0053
江苏：句容 王兆银，吴宝成 SCSB-JS0161
江苏：溧阳 吴宝成 HANGYY8309
江苏：南京 韦阳连 SCSB-JS0476
江苏：启东 高兴 HANGYY8622
江西：黎川 童和平，王玉珍，常迪江等 TanCM1977
江西：庐山区 董安淼，吴从梅 TanCM1589
辽宁：桓仁 祝业平 CaoW958
辽宁：庄河 宫本胜 CaoW375
辽宁：庄河 于立敏 CaoW926
山东：东阿 刘奥，王广阳 WBG001564
山东：莱山区 陈朋 BianFH-398
山东：乐陵 刘奥，王广阳 WBG000256
山东：乐陵 刘奥，王广阳 WBG001828
山东：聊城 刘奥，王广阳 WBG001480
山东：武城 刘奥，王广阳 WBG001908
山东：阳谷 刘奥，王广阳 WBG001995
山东：阳信 刘奥，王广阳 WBG001845
山东：长清区 李兰，王萍，张少华等 Lilan-001
山西：祁县 何志斌，杜军，陈龙飞等 HHZA0320
山西：小店区 吴琼，赵璐璐 Zhangf0064
上海：金山区 李宏庆，田怀珍，黄姝博 Lihq0005
上海：青浦区 李宏庆，吴冬，葛斌杰 Lihq0015
四川：乐至 邓兴敏，邓秀发，张昌兵 ZCB0472
四川：射洪 袁明 YUANM2016L219
新疆：阿克苏 塔里木大学植物资源调查组 TD-00893
新疆：阿克苏 白宝伟，段黄金 TD-02095
新疆：阿图什 杨赵平，黄文娟 TD-01792
新疆：巴楚 塔里木大学植物资源调查组 TD-00820
新疆：白碱滩区 贺小欢 SCSB-SHI-2006179
新疆：拜城 张玲 TD-02019
新疆：博乐 马真 SHI2006316
新疆：博乐 郭静谊，马真，刘鸯 SHI2006337
新疆：博乐 徐文斌，黄雪姣 SHI-2008303
新疆：博乐 徐文斌，许晓敏 SHI-2008337
新疆：博乐 徐文斌，许晓敏 SHI-2008379
新疆：博乐 徐文斌，黄雪姣 SHI-2008470
新疆：博乐 徐文斌，黄雪姣 SHI-2008479
新疆：昌吉 段士民，王喜勇，刘会良 Zhangdy290
新疆：昌吉 段士民，王喜勇，刘会良等 Zhangdy544
新疆：昌吉 段士民，王喜勇，刘会良等 Zhangdy541
新疆：喀什 塔里木大学植物资源调查组 TD-00818
新疆：麦盖提 郭永杰，黄文娟，段黄金 LiZJ0163
新疆：沙雅 塔里木大学植物资源调查组 TD-00981
新疆：莎车 黄文娟，段黄金，王英鑫等 LiZJ0825
新疆：石河子 李邦 SCSB-Y-2006092
新疆：石河子 董凤新 SCSB-Y-2006136
新疆：石河子 陶冶，雷凤品 SHI2006250
新疆：疏勒 黄文娟，段黄金，王英鑫等 LiZJ0390
新疆：温泉 许炳强，胡伟明 XiaNH-07ZX-853
新疆：温宿 白宝伟，段黄金 TD-01822
新疆：乌鲁木齐 王喜勇，马文宝，施翔 zdy304
新疆：乌什 白宝伟，段黄金 TD-01842
新疆：乌什 白宝伟，段黄金 TD-01844
新疆：新和 塔里木大学植物资源调查组 TD-00999
新疆：新和 塔里木大学植物资源调查组 TD-00533
新疆：新和 白宝伟，段黄金 TD-02043
新疆：英吉沙 黄文娟，段黄金，王英鑫等 LiZJ0814
云南：隆阳区 段在贤，尹布贵，刀开国等 BSGLGSly1225
云南：宁洱 胡启和，张绍云 YNS0939
云南：新平 谢雄 XPALSC055

Alcea nudiflora (Lindley) Boissier 裸花蜀葵

新疆：巩留 段士民，王喜勇，刘会良等 83
新疆：霍城 马真，贺晓欢，徐文斌等 SHI-A2007066
新疆：伊犁 段士民，王喜勇，刘会良 Zhangdy320

Alcea rosea Linnaeus 蜀葵

贵州：南明区 邹方伦 ZouFL0097
河北：平山 牛玉璐，郑博颖，黄士良等 NiuYL085
黑龙江：尚志 刘玫，王臣，张欣欣等 Liuetal715
湖北：竹溪 李盛兰 GanQL513
湖南：湘乡 朱香清，田淑珍 SCSB-HN-1433
湖南：岳麓区 朱香清，田淑珍 SCSB-HN-1457A
江苏：句容 吴宝成，王兆银 HANGYY8221
山东：长清区 李兰，王萍，张少华 Lilan093
四川：茂县 彭华，向春雷，刘振稳等 P.H.5029
四川：松潘 何兴金，刘爽，赵财 SCU-10-427
新疆：新源 段士民，王喜勇，刘会良等 93
云南：禄丰 刀志灵，陈渝 DZL508

云南：新平 自正尧 XPALSB244

Althaea officinalis Linnaeus 药葵

河北：邢台 牛玉璐，高彦飞，赵二涛 NiuYL366

新疆：博乐 徐文斌，杨清理 SHI-2008393

新疆：博乐 徐文斌，许晓敏 SHI-2008445

新疆：博乐 徐文斌，许晓敏 SHI-2008472

新疆：布尔津 许炳强，胡伟明 XiaNH-07ZX-819

新疆：巩留 段士民，王喜勇，刘会良 Zhangdy389

新疆：伊宁 段士民，王喜勇，刘会良 Zhangdy345

Ambroma augustum (Linnaeus) Linnaeus f. 昂天莲

广西：龙州 黄俞淞，梁永延，叶晓霞 Liuyan0015

贵州：册亨 邹方伦 ZouFL0092

西藏：墨脱 刘成，亚吉东，何华杰等 16CS11965

云南：个旧 亚吉东，李涟漪 15CS11497

云南：河口 饶春，李有福，何华然等 ZhangGL017

云南：金平 税玉民，陈文红 80331

云南：景洪 彭华，向春雷，王泽欢 PengH8609

云南：绿春 黄连山保护区科研所 HLS0426

云南：麻栗坡 肖波 LuJL086

云南：勐腊 谭运洪，余涛 A544

云南：勐腊 谭运洪 A318

云南：屏边 钱良超，陆海兴，张照跃等 Pbdws094

云南：屏边 楚永兴，陶国权，张照跃等 Pbdws007

云南：盈江 王立彦，左常盛，桂魏 SCSB-TBG-055

云南：永德 李永亮 YDDXS0761

Bombax ceiba Linnaeus 木棉

云南：景谷 叶金科 YNS0162

云南：南涧 官有才 NJWLS1652

Burretiodendron kydiifolium Y. C. Hsu & R. Zhuge 元江柄翅果 *

云南：石屏 刘成，杨娅娟，杨忠兰 15CS10387

Byttneria integrifolia Lace 全缘刺果藤

云南：永德 李永亮 LiYL1500

云南：永德 李永亮 YDDXS0077

Byttneria pilosa Roxburgh 粗毛刺果藤

云南：永德 李永亮 LiYL1501

Cenocentrum tonkinense Gagnepain 大萼葵

云南：澜沧 张绍云，胡启和，仇亚等 YNS1142

云南：屏边 钱良超，陆海兴，张照跃等 Pbdws119

云南：镇沅 罗成瑜 ALSZY261

Colona floribunda (Wallich ex Kurz) Craib 一担柴

云南：沧源 李春华，肖美芳，李华明等 CYNGH120

云南：景谷 叶金科 YNS0417

云南：绿春 何疆海，何来收，白然思等 HLS0352

云南：勐腊 刀志灵，崔景云 DZL-166

云南：南涧 官有才，熊绍荣，张雄 NJWLS641

云南：南涧 李名生，苏世忠 NJWLS2008207

云南：双柏 彭华，向春雷，陈丽等 P.H.5549

云南：元阳 田学军，杨建，邱成书等 Tianxj0022

Commersonia bartramia (Linnaeus) Merrill 山麻树

广东：天河区 童毅华 TYH01

Corchoropsis crenata Siebold & Zuccarini 田麻

安徽：金寨 刘淼 SCSB-JSC38

安徽：宁国 洪欣，李中林 ZhouSB0234

安徽：舒城 陈延松，欧祖兰，高秋晨等 Xuzd404

安徽：屯溪区 方建新，胡长玉，张慧冲等 TangXS0009

安徽：芜湖 陈延松，吴国伟，洪欣 Zhousb0010

重庆：南川区 易思荣 YISR113

广西：龙州 赵亚美 SCSB-JS0470

贵州：江口 彭华，王英，陈丽 P.H.5176

河南：栾川 黄振英，于顺利，杨学军 Huangzy0051

河南：南召 邓志军，付婷婷，水庆艳 Huangzy0200

河南：浉河区 朱鑫鑫，闫明慧，王君等 ZhuXX260

河南：嵩县 邓志军，付婷婷，水庆艳 Huangzy0134

湖北：五峰 陈功锡，张代贵 SCSB-HC-2008311

湖北：五峰 李平 AHL094

湖北：宣恩 祝文志，刘志祥，曹远俊 ShenZH0050

湖北：竹溪 李盛兰 GanQL150

湖南：鹤城区 李胜华，伍贤进，刘光华等 Wuxj834

湖南：会同 李胜华，伍贤进，曾汉元等 Wuxj977

湖南：吉首 陈功锡，张代贵，邓涛等 SCSB-HC-2007416

湖南：双峰 姜孝成，唐妹，陈峰林等 Jiangxc0621

湖南：双牌 姜孝成，王丽萍，李育华 Jiangxc0824

湖南：沅陵 李胜华，伍贤进，刘光华等 Wuxj878

江苏：南京 高兴 SCSB-JS0451

江西：黎川 童和平，王玉珍，常迪江等 TanCM2033A

江西：庐山区 谭策铭，董安淼 TCM09077

山东：崂山区 罗艳，李中华 LuoY390

山东：牟平区 卞福花，杜丽君，孟凡涛 BianFH-0136

陕西：白河 吕鼎豪，田陌 TianXH968

Corchoropsis crenata var. **hupehensis** Pampanini 光果田麻

安徽：肥东 陈延松，朱合军，姜九龙 Xuzd095

江苏：句容 王兆银，吴宝成 SCSB-JS0274

山东：崂山区 罗艳，李中华 LuoY145

山东：历城区 樊守金，邵娜，王慧燕等 Zhaozt0043

山东：历下区 李兰，王萍，张少华等 Lilan-019

Corchorus aestuans Linnaeus 甜麻

安徽：肥西 陈延松，沈云，陈翠兵等 Xuzd132

安徽：祁门 唐鑫生，方建新 TangXS0451

安徽：石台 陈延松，吴国伟，洪欣 Zhousb0036

安徽：黟县 刘淼 SCSB-JSB5

广西：龙州 黄俞淞，梁永延，叶晓霞 Liuyan0006

湖南：保靖 陈功锡，张代贵，邓涛等 SCSB-HC-2007453

湖南：江华 肖乐希 SCSB-HN-1627

湖南：江华 肖乐希 SCSB-HN-1637

江苏：盱眙 李宏庆，熊申展，胡超 Lihq0373

江西：分宜 杜小浪，慕泽泾，曹岚 DXL092

江西：黎川 童和平，王玉珍，常迪江等 TanCM2024

江西：龙南 廖海红，梁锡庆 LiangYL090

江西：庐山区 谭策铭，董安淼 TanCM466

江西：武宁 张吉华，张东红 TanCM2635

云南：峨山 马兴达，乔娣 WangHCH059

云南：富宁 蔡杰，张挺 12CS5722

云南：河口 田学军，杨建，高波等 TianXJ248

云南：金平 喻智勇，官兴永，张云飞等 JinPing10

云南：宁洱 胡启和，仇亚，张绍云 YNS0586

云南：腾冲 周应再 Zhyz-504

云南：新平 刘家良 XPALSD116

云南：永德 李永亮 YDDXS0888

云南：元江 孙振华，郑志兴，沈蕊等 OuXK-YJ-202

云南：镇沅 罗成瑜 ALSZY242

云南：镇沅 何忠云 ALSZY282

Corchorus capsularis Linnaeus 黄麻

云南：新平 刘家良 XPALSD115

云南：永德 李永亮 LiYL1413

Corchorus olitorius Linnaeus 长蒴黄麻

广西：田林 彭华，许瑾，陈丽 P.H.5083
广西：田林 彭华，许瑾，陈丽 P.H.5095
广西：田林 彭华，许瑾，陈丽 P.H.5096
云南：南涧 熊绍荣 NJWLS2008309
云南：永德 李永亮 LiYL1563

Craigia yunnanensis W. W. Smith & W. E. Evans **滇桐**

云南：麻栗坡 高则睿 Rho-D-200703
云南：马关 张挺，修莹莹，李胜 SCSB-B-000617
云南：马关 高则睿 Rho-D-200704
云南：文山 何德明，王成，丰艳飞等 WSLJS920
云南：西畴 高则睿 Rho-D-200702
云南：西畴 高则睿 Rho-D-200701
云南：新平 白绍斌 XPALSC560
云南：盈江 王立彦，桂魏，刀江飞 SCSB-TBG-212

Eriolaena kwangsiensis Handel-Mazzetti **桂火绳 ***

云南：景东 罗忠华，谢有能，刘长铭等 JDNR095

Eriolaena spectabilis (Candolle) Planchon ex Masters **火绳树**

云南：华宁 刘成，蔡杰，胡枭剑 12CS4770

Firmiana simplex (Linnaeus) W. Wight **梧桐**

安徽：休宁 唐鑫生，方建新 TangXS0392
湖北：神农架林区 李巨平 LiJuPing0273
湖北：竹溪 李盛兰 GanQL559
湖南：浏阳 刘克明，朱晓文 SCSB-HN-0422
湖南：永定区 廖博儒，查学州，曹赫 235A
湖南：岳麓区 陈薇，蔡秀珍，肖乐希 SCSB-HN-0313
湖南：岳麓区 熊凯辉，王得刚 SCSB-HN-2035
湖南：长沙 朱香清，田淑珍 SCSB-HN-1464
湖南：资兴 熊凯辉，王得刚，盛波 SCSB-HN-2054
江苏：句容 王兆银，吴宝成 SCSB-JS0181
江苏：宿城区 李宏庆，熊申展，胡超 Lihq0382
江西：黎川 童和平，王玉珍，常迪江等 TanCM1970
江西：修水 谭策铭，缪以清 TCM09140
云南：禄丰 孙振华，郑志兴，沈蕊等 OuXK-LF-004
云南：新平 刘家良 XPALSD291

Gossypium arboreum Linnaeus **树棉**

云南：永德 李永亮 YDDXS0070

Gossypium barbadense Linnaeus **海岛棉**

云南：新平 白绍斌 XPALSC270

Gossypium hirsutum Linnaeus **陆地棉**

云南：个旧 刘飞虎 Liufh0323
云南：永德 李永亮 YDDXS0217
云南：镇沅 罗成瑜 ALSZY359

Grewia abutilifolia W. Vent ex Jussieu **苘麻叶扁担杆**

云南：新平 孙振华，郑志兴，沈蕊等 OuXK-XP-152
云南：元江 孙振华，王文礼，宋晓卿等 Ouxk-YJ-0046
云南：镇沅 张绍云，胡启和，仇亚等 YNS1181

Grewia biloba G. Don **扁担杆**

安徽：休宁 唐鑫生，方建新 TangXS0305
北京：海淀区 彭华，王立松，董洪进等 P.H.5513
广西：柳州 刘克明，旷仁平，盛波 SCSB-HN-1913
贵州：铜仁 彭华，王英，陈丽 P.H.5185
河南：栾川 黄振英，于顺利，杨学军 Huangzy0264
湖北：神农架林区 李巨平 LiJuPing0064A
湖北：竹溪 李盛兰 GanQL1005
湖南：鹤城区 李胜华，伍贤进，曾汉元等 HHXY151
湖南：鹤城区 李胜华，伍贤进，曾汉元等 HHXY170
湖南：澧县 田淑珍 SCSB-HN-1580
湖南：南岳区 刘克明，相银龙，周磊 SCSB-HN-1386
湖南：南岳区 旷仁平 SCSB-HN-0706
湖南：宁乡 姜孝成，唐妹，成海兰等 Jiangxc0530
湖南：宁乡 姜孝成，唐妹，卜剑超等 Jiangxc0647
湖南：湘乡 朱香清，田淑珍 SCSB-HN-1438
湖南：新宁 姜孝成，唐贵华，袁双艳等 SCSB-HNJ-0297
湖南：炎陵 蔡秀珍，孙秋妍 SCSB-HN-1505
湖南：沅陵 周丰杰，刘克明 SCSB-HN-1357
湖南：沅陵 李胜华，伍贤进，刘光华等 Wuxj897
湖南：岳麓区 姜孝成，唐妹，陈显胜等 Jiangxc0497
江苏：句容 吴宝成，王兆银 HANGYY8362
江苏：句容 王兆银，吴宝成 SCSB-JS0175
江西：庐山区 董安淼，吴从梅 TanCM2227
山东：历下区 张少华，王萍，张诏等 Lilan146
山东：历下区 张少华，王萍，张诏等 Lilan172
山西：夏县 张丽，吴琼，连俊强 Zhangf0045
四川：射洪 袁明 YUANM2016L223
云南：大理 张德全，王应龙，杨思秦等 ZDQ150
云南：盈江 王立彦，徐桂华 SCSB-TBG-073
浙江：临安 李宏庆，田怀珍，刘国丽 Lihq0071

Grewia biloba var. **parviflora** (Bunge) Handel-Mazzetti **小花扁担杆 ***

安徽：蜀山区 陈延松，方晓磊，沈云等 Xuzd080
安徽：蜀山区 陈延松，徐忠东，朱合军 Xuzd002
北京：东城区 王雷，朱雅娟，黄振英 Beijing-huang-bws-0038
北京：东城区 王雷，朱雅娟，黄振英 Beijing-huang-dls-0059
北京：海淀区 邓志军 SCSB-D-0032
北京：门头沟区 林坚 SCSB-E-0033
北京：西城区 王雷，朱雅娟，黄振英 Beijing-huang-yms-0023
重庆：南川区 易思荣 YISR076
河北：赞皇 牛玉璐，高彦飞，赵二涛 NiuYL454
湖南：冷水江 姜孝成，唐贵华，田春娥 SCSB-HNJ-0151
江苏：海州区 汤兴利 HANGYY8472
江西：庐山区 董安淼，吴从梅 TanCM3353
辽宁：瓦房店 宫本胜 CaoW333
山东：牟平区 卞福花，卢学新，纪伟等 BianFH00051
山东：芝罘区 卞福花，卢学新，纪伟 BianFH00002
陕西：长安区 田先华，田陌 TianXH488
四川：米易 袁明 MY607
云南：兰坪 刀志灵 DZL411

Grewia celtidifolia Jussieu **朴叶扁担杆**

云南：镇沅 罗成瑜 ALSZY249

Grewia eriocarpa Jussieu **毛果扁担杆**

湖南：沅陵 李胜华，伍贤进，刘光华等 Wuxj918
云南：新平 刘家良 XPALSD020

Grewia macropetala Burret **长瓣扁担杆 ***

云南：麻栗坡 肖波 LuJL527
云南：永德 李永亮 YDDXS0862

Grewia tiliifolia Vahl **椴叶扁担杆**

云南：新平 白绍斌 XPALSC339

Helicteres angustifolia Linnaeus **山芝麻**

广西：防城港 许为斌，黄俞淞，梁永延等 Liuyan0237
云南：勐腊 李梦 A040
云南：勐腊 谭运洪 A301

Helicteres elongata Wallich ex Masters **长序山芝麻**

云南：澜沧 张绍云，叶金科，胡启和 YNS1210

Helicteres isora Linnaeus **火索麻**

云南：勐腊 谭运洪，余涛 A530
云南：勐腊 谭运洪 A264

云南：勐腊 谭运洪 A271

Helicteres lanceolata Candolle 剑叶山芝麻

广西：龙州 黄俞淞，叶晓霞，梁永延等 Liuyan0009

Helicteres viscida Blume 粘毛山芝麻

云南：勐腊 谭运洪，余涛 A517

Herissantia crispa (Linnaeus) Brizicky 泡果苘

海南：琼海 蔡杰，杨俊波 15CS10882

Hibiscus aridicola J. Anthony 旱地木槿 *

四川：宁南 蔡杰，郭永杰，李昌洪 09CS1118

Hibiscus indicus (N. L. Burman) Hochreutiner 美丽芙蓉 *

云南：景东 谢有能，刘长铭，王强等 JDNR041

云南：景东 罗忠华，谢有能，刘长铭等 JDNR102

云南：麻栗坡 肖波 LuJL145

云南：新平 谢天华，郎定富，李应富 XPALSA074

云南：新平 自正尧 XPALSB260

云南：永德 李永亮 LiYL1336

云南：永德 李永亮 LiYL1420

Hibiscus moscheutos Linnaeus 芙蓉葵

河北：赞皇 牛玉璐，郑博颖，黄士良等 NiuYL117

Hibiscus mutabilis Linnaeus 木芙蓉

安徽：歙县 唐鑫生，方建新 TangXS0704

广西：临桂 许玥，祝文志，刘志祥等 ShenZH8113

广西：龙州 黄俞淞，梁永延，叶晓霞 Liuyan0018

广西：昭平 吴望辉，黄俞淞，蒋日红 Liuyan0319

贵州：望谟 邹方伦 ZouFL0074

湖北：竹溪 李盛兰 GanQL1155

湖南：洞口 肖乐希，尹成园，谢江等 SCSB-HN-1743

湖南：江华 肖乐希，刘克明 SCSB-HN-1622

湖南：南岳区 刘克明，相银龙，周磊等 SCSB-HN-1412

湖南：双牌 姜孝成，王丽萍，李育华 Jiangxc0809

湖南：望城 朱香清，田淑珍 SCSB-HN-1716

湖南：炎陵 刘应迪，孙秋妍，陈珮珮 SCSB-HN-1538

湖南：永定区 吴福川 232A

湖南：永顺 陈功锡，张代贵 SCSB-HC-2008206

湖南：岳麓区 姜孝成，唐妹，卜剑超等 Jiangxc0651

湖南：长沙 肖乐希，刘克明 SCSB-HN-2273

湖南：长沙 王得刚，熊凯辉 SCSB-HN-2276

湖南：长沙 相银龙，熊凯辉 SCSB-HN-2284

湖南：长沙 朱香清，田淑珍 SCSB-HN-1465

湖南：长沙 刘克明，蔡秀珍 SCSB-HN-0689

江苏：句容 吴宝成，王兆银 HANGYY8383

江西：星子 董安淼，吴从梅 TanCM1682

四川：米易 刘静，袁明 MY-221

云南：勐腊 赵相兴 A013

云南：勐腊 赵相兴 A130

云南：勐腊 谭运洪 A189

云南：南涧 官有才，马德跃 NJWLS395

云南：南涧 孙振华，王文礼，宋晓卿等 OuxK-NJ-0007

云南：腾冲 周应再 Zhyz-419

云南：新平 谢雄 XPALSC034

浙江：余杭区 葛斌杰 Lihq0139

Hibiscus paramutabilis L. H. Bailey 庐山芙蓉 *

江西：庐山区 董安淼，吴从梅 TanCM1625

Hibiscus sinosyriacus L. H. Bailey 华木槿 *

重庆：南川区 易思荣 YISR121

湖北：仙桃 李巨平 Lijuping0320

湖北：宣恩 祝文志，刘志祥，曹远俊 ShenZH0029

湖南：永顺 陈功锡，张代贵，邓涛等 SCSB-HC-2007563

山东：长清区 张少华，王萍，张诏等 Lilan216

Hibiscus surattensis Linnaeus 刺芙蓉

云南：南涧 罗新洪，阿国仁，何贵才 NJWLS524

Hibiscus syriacus Linnaeus 木槿

河北：阜平 牛玉璐，王晓亮 NiuYL541

江苏：句容 王兆银，吴宝成 SCSB-JS0377

江西：星子 董安淼，吴从梅 TanCM2246

云南：盘龙区 蔡杰，刘成 08CS890

Hibiscus tiliaceus Linnaeus 黄槿

广东：香洲区 童毅华 TYH27

Hibiscus trionum Linnaeus 野西瓜苗

北京：东城区 王雷，朱雅娟，黄振英 Beijing-huang-dls-0020

北京：东城区 王雷，朱雅娟，黄振英 Beijing-huang-bws-0011

北京：门头沟区 李燕军 SCSB-E-0014

河南：栾川 黄振英，于顺利，杨学军 Huangzy0047

吉林：大安 杨帆，马红媛，安丰华 SNA0010

吉林：大安 杨帆，马红媛，安丰华 SNA0077

吉林：通榆 张宝田 Yanglm0413

吉林：长岭 张红香 ZhangHX170

吉林：长岭 胡良军，王伟娜，张祖毓 DBB201509220104P

吉林：镇赉 杨帆，马红媛，安丰华 SNA0527

江苏：徐州 李宏庆，熊申展，胡超 Lihq0355

辽宁：长海 郑宝江，丁晓炎，焦宏斌等 ZhengBJ328

宁夏：青铜峡 何志斌，杜军，陈龙飞等 HHZA0138

宁夏：盐池 左忠，刘华 ZuoZh014

山东：平原 刘奥，王广阳 WBG001900

山西：广灵 张贵平 Zhangf0051

山西：榆次区 何志斌，杜军，陈龙飞等 HHZA0313

陕西：长安区 田先华，田陌 TianXH483

新疆：拜城 塔里木大学植物资源调查组 TD-00943

新疆：拜城 张玲 TD-02018

新疆：昌吉 段士民，王喜勇，刘会良 Zhangdy289

新疆：昌吉 段士民，王喜勇，刘会良等 Zhangdy542

新疆：石河子 石大标 SCSB-Y-2006160

新疆：石河子 陶冶，雷凤品 SHI2006251

新疆：石河子 石大标 SHI2006396

新疆：乌鲁木齐 王喜勇，马文宝，施翔 zdy271

新疆：乌鲁木齐 王喜勇，马文宝，施翔 zdy281

新疆：乌鲁木齐 王喜勇，马文宝，施翔 zdy289

新疆：乌鲁木齐 段士民，王喜勇，刘会良等 Zhangdy531

新疆：新和 塔里木大学植物资源调查组 TD-00997

新疆：泽普 黄文娟，段黄金，王英鑫等 LiZJ0837

云南：丽江 苏涛，黄永江，杨青松等 ZhouZK11472

云南：南涧 熊绍荣 NJWLS445

云南：宁蒗 苏涛，黄永江，杨青松等 ZhouZK11418

云南：玉龙 陈文允，于文涛，黄永江等 CYHL037

Hibiscus yunnanensis S. Y. Hu 云南芙蓉 *

云南：元江 刘成，亚吉东，张桥蓉等 16CS14199

Kleinhovia hospita Linnaeus 鹧鸪麻

海南：昌江 康勇，林灯，陈庆 LWXS026

Kydia calycina Roxburgh 翅果麻

云南：澜沧 刀志灵 DZL548

云南：龙陵 孙兴旭 SunXX115

云南：隆阳区 段在贤，代如亮 BSGLGS1y1231

云南：勐腊 张挺，李洪超，李文化等 SCSB-B-000373

云南：南涧 马德跃，官有才 NJWLS694

云南：南涧 马德跃，官有才，罗开宏 NJWLS941

云南：宁洱 刀志灵 DZL590

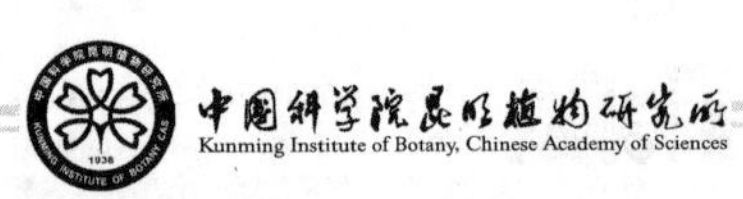

云南：思茅区 张挺，徐远杰，谭文杰 SCSB-B-000337
云南：思茅区 胡启和，叶金科，张绍云 YNS1356
云南：盈江 王立彦，赵永全，沙麻糯 WLYTBG-036
云南：永德 李永亮 LiYL1489
云南：永德 李永亮，马文军 YDDXSB187
云南：永德 李永亮 YDDXS0087

Kydia glabrescens Masters **光叶翅果麻**

云南：沧源 赵金超，杨红强 CYNGH421
云南：沧源 李春华，肖美芳，李华明等 CYNGH168
云南：盈江 王立彦，桂魏 SCSB-TBG-169

Lavatera cachemiriana Cambessèdes **新疆花葵**

新疆：新源 段士民，王喜勇，刘会良等 85

Malva cathayensis M. G. Gilbert, Y. Tang & Dorr **锦葵**

山东：市南区 罗艳 LuoY276

Malva pusilla Smith **圆叶锦葵**

山东：莱山区 卞福花，宋言贺 BianFH-455
山东：芝罘区 卞福花，杨蕾蕾，谷胤征 BianFH-0086
陕西：长安区 田先华，王梅荣 TianXH002
西藏：拉萨 陈家辉，韩希，王广艳等 YangYP-Q-4200
西藏：浪卡子 陈家辉，韩希，王广艳等 YangYP-Q-4173

Malva verticillata Linnaeus **野葵**

北京：东城区 王雷，朱雅娟，黄振英 Beijing-huang-bws-0010
北京：东城区 王雷，朱雅娟，黄振英 Beijing-huang-dls-0019
北京：西城区 王雷，朱雅娟，黄振英 Beijing-huang-yms-0010
甘肃：合作 刘坤 LiuJQ-GN-2011-607
贵州：乌当区 邹方伦 ZouFL0331
河北：蔚县 牛玉璐，高彦飞，黄士良 NiuYL211
黑龙江：北安 郑宝江，潘磊 ZhengBJ006
黑龙江：宁安 刘玫，张欣欣，程薪宇等 Liuetal519
湖北：竹溪 李盛兰 GanQL309
内蒙古：和林格尔 蒲拴莲，刘润宽，刘毅等 M291
宁夏：盐池 牛钦瑞，李磊 ZuoZh189
山西：岢岚 何志斌，杜军，陈龙飞等 HHZA0308
四川：道孚 何兴金，胡灏禹，沈呈娟等 SCU-11-455
四川：康定 何兴金，郜鹏，彭禄等 SCU-11-315
四川：米易 刘静，袁明 MY-084
四川：射洪 袁明 YUANM2016L212
四川：松潘 何兴金，刘爽，赵财 SCU-10-423
西藏：拉萨 卢洋，刘帆等 LiJ723
西藏：朗县 罗建，汪书丽，任德智 L058
西藏：林芝 卢洋，刘帆等 LiJ781
新疆：尼勒克 刘鸯，马真，贺晓欢等 SHI-A2007495
新疆：温泉 徐文斌，许晓敏 SHI-2008230
新疆：叶城 黄文娟，段黄金，王英鑫等 LiZJ0907
新疆：叶城 冯建菊，蒋学玮 Liujq-fjj-0131
云南：景东 鲁艳 200858
云南：兰坪 杨青松，杨莹，黄永江等 ZhouZK-07ZX-0024
云南：隆阳区 赵玮 BSGLGSly081
云南：麻栗坡 肖波 LuJL438
云南：蒙自 田学军，邱成书，高波 TianXJ0192
云南：南涧 熊绍荣 NJWLS422
云南：南涧 袁玉川，徐家武 NJWLS585
云南：宁洱 叶金科 YNS0207
云南：宁洱 胡启和，张绍云 YNS0818
云南：宁蒗 任宗昕，寸龙琼，任尚国 SCSB-W-1398
云南：巧家 张天壁 SCSB-W-239
云南：文山 肖波 LuJL513
云南：香格里拉 李晓东，张紫刚，操榆 LiJ687
云南：新平 谢雄 XPALSC417
云南：新平 白绍斌 XPALSC345
云南：永德 李永亮 YDDXS0367
云南：云龙 赵玉贵，李占兵，张吉平等 TC2009

Malva verticillata var. **crispa** Linnaeus **冬葵**

重庆：南川区 易思荣 YISR078
江苏：句容 白明明，张晓峰，王兆银 HANGYY9035
内蒙古：开鲁 张永刚 Yanglm0248
四川：理塘 李晓东，张景博，徐凌翔等 LiJ328
四川：泸定 何兴金，赵丽华，梁乾隆等 SCU-11-119
云南：南涧 阿国仁，罗新洪 NJWLS1108
云南：西山区 彭华，陈丽 P.H. 5297
云南：新平 刘家良 XPALSD259
浙江：庆元 吴林园，郭建林，白明明 HANGYY9074

Malva verticillata var. **rafiqii** Abedin **中华野葵**

北京：门头沟区 宋松泉 SCSB-E-0006
西藏：当雄 许炳强，童毅华 XiaNh-07zx-547
西藏：拉萨 钟扬 ZhongY1033

Malvastrum coromandelianum (Linnaeus) Garcke **赛葵**

福建：平潭 于文涛，陈旭东 YUWT043
广西：八步区 吴望辉，黄俞淞，蒋日红 Liuyan0317
广西：昭平 莫水松 Liuyan1045
云南：金平 税玉民，陈文红 80048
云南：景东 杨国平 07-77
云南：景洪 叶金科 YNS0075
云南：麻栗坡 肖波 LuJL100
云南：勐腊 刀志灵，崔景云 DZL-158
云南：南涧 常学科，熊绍荣，时国彩等 njwls2007155
云南：南涧 官有才，熊绍荣，张雄 NJWLS647
云南：南涧 饶富玺，阿国仁，何贵才 NJWLS805
云南：屏边 钱良超，陆海兴，康远勇等 Pbdws133
云南：巧家 张书东，张荣，王银环等 QJYS0211
云南：新平 刘家良 XPALSD125
云南：新平 谢雄 XPALSC466
云南：永德 李永亮 LiYL1627
云南：镇沅 胡启和，周英，仇亚 YNS0639

Melhania hamiltoniana Wallich **梅蓝**

云南：元江 刘成，亚吉东，张桥蓉等 16CS14192

Melochia corchorifolia Linnaeus **马松子**

安徽：宁国 洪欣，陶旭 ZSB279
安徽：石台 陈延松，吴国伟，洪欣 Zhousb0032
安徽：屯溪区 方建新 TangXS0027
安徽：黟县 刘淼 SCSB-JSB20
贵州：正安 韩国营 HanGY006
湖北：黄梅 刘淼 SCSB-JSA37
湖南：道县 刘克明，陈薇 SCSB-HN-1008
湖南：古丈 刘克明，朱晓文 SCSB-HN-0550
湖南：宁乡 姜孝成，唐妹，成海兰等 Jiangxc0528
湖南：平江 刘克明，旷强，刘洪新 SCSB-HN-0975
湖南：石门 姜孝成，唐妹，吕杰等 Jiangxc0469
湖南：湘潭 刘克明，陈薇 SCSB-HN-0373
湖南：湘乡 陈薇，朱香清，马仲辉 SCSB-HN-0481
湖南：岳麓区 刘克明，丛义艳，肖乐希 SCSB-HN-0667
江苏：句容 王兆银，吴宝成 SCSB-JS0163
江西：黎川 童和平，王玉珍，常迪江等 TanCM1985
江西：庐山区 谭策铭，董安淼 TCM09007
四川：峨眉山 李小杰 LiXJ727
云南：景东 罗忠华，刘长铭，鲁成荣等 JDNR09043

云南：景东 罗忠华，刘长铭，鲁成荣等 JD038
云南：永德 李永亮 LiYL1365

Microcos chungii (Merrill) Chun **海南破布叶**
海南：昌江 康勇，林灯，陈庆 LWXS037

Microcos paniculata Linnaeus **破布叶**
海南：昌江 康勇，林灯，陈庆 LWXS049
云南：勐腊 赵相兴 A032
云南：勐腊 兰芹英 B35

Nayariophyton zizyphifolium (Griffith) D. G. Long & A. G. Miller **枣叶槿**
云南：绿春 黄连山保护区科研所 HLS0455
云南：西盟 张绍云，叶金科，仇亚 YNS1285

Pentapetes phoenicea Linnaeus **午时花**
云南：永德 李永亮，马文军 YDDXSB176

Pterospermum heterophyllum Hance **翻白叶树** *
广东：天河区 童毅华 TYH02

Pterospermum proteus Burkill **变叶翅子树** *
云南：弥勒 刘恩德，方伟，杜燕等 SCSB-B-000030
云南：石屏 刘成，蔡杰，胡枭剑 12CS4737

Pterospermum truncatolobatum Gagnepain **截裂翅子树**
云南：勐腊 谭运洪 A393

Reevesia pubescens Masters **梭罗树**
贵州：凯里 陈功锡，张代贵 SCSB-HC-2008133
云南：河口 张贵良，张贵生，杨鑫峰等 ZhangGL221
云南：屏边 刘成，亚吉东，张桥蓉 16CS14110
云南：腾冲 余新林，赵玮 BSGLGStc283
云南：永德 李永亮 YDDXS1254

Sida acuta N. L. Burman **黄花稔**
江西：武宁 张吉华，张东红 TanCM2622
山东：黄岛区 樊守金 Zhaozt0249
山东：崂山区 罗艳，李中华 LuoY144
山东：天桥区 张少华，王萍，张诏等 Lilan238
云南：永德 李永亮 LiYL1595
云南：永德 李永亮 YDDXS0847
云南：永德 杨金荣，黄德武，李增柱等 YDDXSA087
云南：元江 孙振华，王文礼，宋晓卿等 Ouxk-YJ-0002
云南：元谋 孙振华，罗圆，宋晓卿等 OUXK-YM-0002
云南：镇沅 罗成瑜，王永发 ALSZY001

Sida alnifolia Linnaeus **桤叶黄花稔**
江苏：徐州 李宏庆，熊申展，胡超 Lihq0357
山东：岚山区 吴宝成 HANGYY8578

Sida alnifolia var. microphylla (Cavanilles) S. Y. Hu **小叶黄花稔**
广西：贺州 姜孝成，王丽萍，鲁长青 Jiangxc0699
云南：新平 谢雄 XPALSC009

Sida chinensis Retzius **中华黄花稔** *
云南：新平 自成仲，刘家良 XPALSD039
云南：新平 自正尧 XPALSB286

Sida cordifolia Linnaeus **心叶黄花稔**
广西：八步区 黄俞淞，吴望辉，农冬新 Liuyan0281
海南：三亚 彭华，向春雷，陈丽 PengH8175
江苏：句容 吴宝成，王兆银 HANGYY8351
江苏：海州区 汤兴利 HANGYY8440
江苏：玄武区 顾子霞 HANGYY8682
江西：庐山区 董安淼，吴丛梅 TanCM3346
云南：隆阳区 段在贤，密得生，刀开国等 BSGLGSly1049
云南：南涧 时国彩 NJWLS2008079
云南：屏边 钱良超，陆海兴，张照跃等 Pbdws101
云南：巧家 闫海忠，孙振华，王文礼等 OuxK-QJ-0003
云南：新平 谢雄 XPALSC099

Sida cordifolioides K. M. Feng **湖南黄花稔** *
安徽：屯溪区 方建新 TangXS0785
湖南：沅陵 李胜华，伍贤进，刘光华等 Wuxj929

Sida mysorensis Wight & Arnott **粘毛黄花稔**
四川：西昌 苏涛，黄永江，杨青松等 ZhouZK11381
云南：昌宁 赵玮 BSGLGSly102
云南：永德 李永亮 LiYL1410
云南：镇沅 罗成瑜 ALSZY095

Sida quinquevalvacea J. L. Liu **五爿黄花稔** *
山东：莱山区 卞福花，宋言贺 BianFH-491

Sida rhombifolia Linnaeus **白背黄花稔**
福建：福清 李宏庆，陈纪云，王双 Lihq0297
福建：武夷山 于文涛，陈旭东 YUWT005
广西：田林 彭华，许瑾，陈丽 P.H.5089
江苏：句容 王兆银，吴宝成 SCSB-JS0184
江西：黎川 童和平，王玉珍 TanCM1890
江西：庐山区 谭策铭，董安淼 TCM09051
江西：湾里区 杜小浪，慕泽泾，曹岚 DXL010
四川：米易 刘静 MY-019
云南：绿春 黄连山保护区科研所 HLS0261
云南：新平 谢雄 XPALSC429
云南：盈江 王立彦，桂魏，刀江飞 SCSB-TBG-103

Sida szechuensis Matsuda **拔毒散** *
江苏：南京 韦阳连 SCSB-JS0479
四川：峨眉山 李小杰 LiXJ303
云南：安宁 伊廷双，孟静，杨杨 MJ-863
云南：昌宁 赵玮 BSGLGSly103
云南：贡山 刘成，何华杰，黄莉等 14CS8537
云南：河口 张贵良，杨鑫峰，陶美英等 ZhangGL093
云南：景东 鲁艳 07-106
云南：景东 罗文涛，鲁成荣，李绍昆 JDNR086
云南：景东 罗忠华，谢有能，刘长铭等 JDNR091
云南：隆阳区 尹学建，马雪 BSGLGSly2003
云南：隆阳区 尹学建 BSGLGSly2016
云南：隆阳区 刀志灵，陈哲 DZL-081
云南：南涧 邹国娟，袁玉川，时国彩 njwls2007009
云南：宁洱 胡启和，仇亚，张绍云 YNS0571
云南：盘龙区 伊廷双，孟静，杨杨 MJ-927
云南：屏边 楚永兴，陶国权 Pbdws051
云南：普洱 叶金科 YNS0152
云南：腾冲 周应再 Zhyz-100
云南：腾冲 余新林，赵玮 BSGLGStc239
云南：新平 白绍斌 XPALSC225
云南：新平 何罡安 XPALSB012
云南：新平 谢雄 XPALSC013
云南：新平 谢天华，郎定富，杨如伟 XPALSA061
云南：永德 欧阳红才，普跃东，鲁金国等 YDDXSC035
云南：永胜 孙振华，王文礼，宋晓卿等 OuxK-YS-0006
云南：玉溪 伊廷双，孟静，杨杨等 MJ-907
云南：元谋 何彪 OuXK-0072
云南：镇沅 朱恒 ALSZY039
云南：镇沅 王立东，何忠云，罗成瑜 ALSZY192
云南：镇沅 罗成瑜 ALSZY328

Sida yunnanensis S. Y. Hu **云南黄花稔** *
云南：龙陵 孙兴旭 SunXX027
云南：禄丰 刀志灵，陈渝 DZL502

云南：南涧 熊绍荣 NJWLS2008306
云南：南涧 熊绍荣 NJWLS713
云南：新平 自正尧 XPALSB246
云南：新平 白绍斌 XPALSC348
云南：永德 李永亮 LiYL1594
云南：云龙 李施文，张志云 TC3052

Sterculia lanceolata Cavanilles **假苹婆**
广西：上思 何海文，杨锦超 YANGXF0252

Sterculia pexa Pierre **家麻树**
云南：耿马 张挺，蔡杰，刘成等 13CS5907
云南：永德 李永亮 YDDXS0280

Sterculia villosa Roxburgh **绒毛苹婆**
云南：麻栗坡 肖波 LuJL482
云南：永德 李永亮 YDDXS0226

Thespesia lampas (Cavanilles) Dalzell & A. Gibson **白脚桐棉**
云南：龙陵 孙兴旭 SunXX116
云南：永德 李永亮 LiYL1439

Tilia amurensis Ruprecht **紫椴**
河北：青龙 牛玉璐，王晓亮 NiuYL577
黑龙江：海林 郑宝江，丁晓炎，王美娟等 ZhengBJ303
黑龙江：尚志 李兵，路科 CaoW0093
黑龙江：尚志 李兵，路科 CaoW0099
黑龙江：尚志 王臣，张欣欣，崔皓钧等 WangCh410
吉林：蛟河 陈武璋，王炳辉 CaoW0149
吉林：磐石 安海成 AnHC0144
辽宁：清河区 刘少硕，谢峰 CaoW300
山东：历城区 步瑞兰，辛晓伟，牟东晓等 Lilan803

Tilia chinensis Maximowicz **华椴** *
陕西：眉县 董栓录，田先华 TianXH255
云南：大关 张挺，王培，肖良俊 SCSB-B-000531
云南：巧家 张天壁 SCSB-W-666

Tilia chinensis var. **intonsa** (E. H. Wilson) Y. C. Hsu & R. Zhuge **多毛椴** *
云南：香格里拉 张大才，李双智，唐路等 ZhangDC-07ZX-1640

Tilia chinensis var. **investita** (V. Engler) Rehder **秃华椴** *
云南：镇沅 罗成瑜，乔永华 ALSZY357

Tilia endochrysea Handel-Mazzetti **白毛椴** *
江西：武宁 谭策铭，张吉华 TanCM420
江西：修水 缪以清，李立新 TanCM1230

Tilia mandshurica Ruprecht & Maximowicz **糠椴**
黑龙江：虎林市 王庆贵 CaoW602
黑龙江：饶河 王庆贵 CaoW730
黑龙江：尚志 李兵，路科 CaoW0098
黑龙江：五常 李兵，路科 CaoW0147
吉林：安图 周海城 ZhouHC017
吉林：磐石 安海成 AnHC0129
辽宁：凤城 张春华 CaoW276
辽宁：清河区 刘少硕，谢峰 CaoW292

Tilia miqueliana Maximowicz **南京椴**
江苏：南京 吴宝成 SCSB-JS0506
江西：修水 缪以清，胡建华 TanCM1734

Tilia mongolica Maximowicz **蒙椴** *
河北：蔚县 牛玉璐，高彦飞，赵二涛 NiuYL297
内蒙古：和林格尔 蒲拴莲，刘润宽，刘毅等 M295

Tilia oliveri Szyszyłowicz **鄂椴** *
湖北：竹溪 李盛兰 GanQL794
陕西：宁陕 田先华，李明辉 TianXH198

Tilia paucicostata Maximowicz **少脉椴** *
湖北：神农架林区 祝文志，刘志祥，曹远俊 ShenZH5730

Tilia tuan Szyszyłowicz **椴树** *
云南：勐腊 谭运洪 A487
云南：文山 何德明，张挺，黎谷香 WSLJS552

Triumfetta annua Linnaeus **单毛刺蒴麻**
安徽：祁门 唐鑫生，方建新 TangXS0476
安徽：宣城 刘淼 HANGYY8105
安徽：黟县 刘淼 SCSB-JSB51
湖北：宣恩 沈泽昊 HXE109
江西：黎川 童和平，王玉珍，常迪江等 TanCM2043
江西：龙南 廖海红，梁锡庆 LiangYL093
江西：武宁 张吉华，刘运群 TanCM1150
江西：修水 缪以清，陈三友 TanCM2172
四川：米易 袁明 MY615
云南：贡山 郭永杰，吴之坤，吴兴等 14CS9893
云南：龙陵 孙兴旭 SunXX079
云南：腾冲 周应再 Zhyz-124
云南：新平 何罡安 XPALSB116
云南：永德 李永亮 LiYL1626
云南：云龙 郭永杰，王杨飞，李施文等 TC4009
云南：云龙 郭永杰，王杨飞，李施文等 TC4012

Triumfetta cana Blume **毛刺蒴麻**
四川：米易 刘静 MY-113
云南：景东 罗忠华，谢有能，刘长铭等 JDNR089
云南：南涧 袁玉川，李毕祥 NJWLS615
云南：南涧 熊绍荣，李成清，邹国娟等 NJWLS2008103
云南：宁洱 叶金科 YNS0045
云南：盈江 王立彦，桂魏 SCSB-TBG-145
云南：元阳 田学军，杨建，邱成书等 Tianxj0047

Triumfetta pilosa Roth **长勾刺蒴麻**
广西：临桂 吴望辉，黄俞淞，农冬新 Liuyan0397
广西：融水 许为斌，梁永延，黄俞淞等 Liuyan0181
贵州：册亨 邹方伦 ZouFL0062
云南：昌宁 赵玮 BSGLGSly204
云南：金平 喻智勇，官兴永，张云飞等 JinPing33
云南：景东 罗忠华，谢有能，刘长铭等 JDNR100
云南：隆阳区 段在贤，密得生，刀开国等 BSGLGSly1047
云南：隆阳区 段在贤，封占昕，代如山等 BSGLGSly1261
云南：隆阳区 尹学建 BSGLGSly2055
云南：绿春 黄连山保护区科研所 HLS0145
云南：绿春 刀志灵，张洪喜 DZL531
云南：绿春 黄连山保护区科研所 HLS0394
云南：勐腊 刀志灵，崔景云 DZL-136
云南：南涧 阿国仁，何贵才 NJWLS2008141
云南：南涧 熊绍荣 njwls2007157
云南：南涧 张世雄，时国彩 NJWLS2008055
云南：宁洱 胡启和，仇亚，张绍云 YNS0583
云南：屏边 钱良超，陆海兴，康远勇等 Pbdws178
云南：屏边 楚永兴 Pbdws067
云南：普洱 刘飞虎 Liufh0033
云南：腾冲 周应再 Zhyz-179
云南：腾冲 余新林，赵玮 BSGLGStc101
云南：新平 谢雄 XPALSC197
云南：永德 李永亮，马文军 YDDXSB247
云南：镇沅 罗成瑜 ALSZY360
云南：镇沅 朱恒，罗成瑜 ALSZY204

Triumfetta rhomboidea Jacquin **刺蒴麻**
安徽：蜀山区 陈延松，徐忠东，耿明 Xuzd021

福建：同安区 李宏庆，陈纪云，王双 Lihq0282
广西：金秀 彭华，向春雷，陈丽 PengH8090
湖南：鹤城区 李胜华，伍贤进，刘光华等 Wuxj835
云南：河口 税玉民，陈文红 82697
云南：金平 喻智勇，官兴永，张云飞等 JinPing03
云南：景东 鲁艳 07-49
云南：景东 罗忠华，谢有能，刘长铭等 JDNR090
云南：景洪 彭华，向春雷，王泽欢 PengH8488
云南：澜沧 彭华，向春雷，陈丽 P.H.5771
云南：隆阳区 段在贤，密得生，刀开国等 BSGLGSly1046
云南：勐海 彭华，向春雷，陈丽等 P.H.5729
云南：勐腊 刀志灵，崔景云 DZL-135
云南：南涧 张世雄，时国彩 NJWLS2008063
云南：屏边 钱良超，陆海兴，康远勇等 Pbdws131
云南：双柏 彭华，向春雷，陈丽等 P.H.5552
云南：腾冲 余新林，赵玮 BSGLGStc085
云南：新平 谢雄 XPALSC098
云南：盈江 王立彦，桂魏 SCSB-TBG-133
云南：永德 李永亮 LiYL1409
云南：云龙 李施文，张志云 TC3054
云南：镇沅 罗成瑜 ALSZY215

Urena lobata Linnaeus **地桃花**

安徽：石台 洪欣，王欧文 ZSB354
安徽：屯溪区 方建新 TangXS0148
福建：同安区 李宏庆，陈纪云，王双 Lihq0281
广西：昭平 莫水松 Liuyan1101
贵州：铜仁 彭华，王英，陈丽 P.H.5224
贵州：望谟 邹方伦 ZouFL0021
湖南：鹤城区 伍贤进，李胜华，曾汉元等 HHXY088
湖南：吉首 陈功锡，张代贵，邓涛等 SCSB-HC-2007353
湖南：江永 姜孝成，唐贵华，潘孝武 SCSB-HNJ-0083
湖南：江永 蔡秀珍，田淑珍，肖乐希 SCSB-HN-0611
湖南：湘乡 陈薇，朱香清，马仲辉 SCSB-HN-0469
湖南：新化 姜孝成，唐贵华，田春娥 SCSB-HNJ-0144
湖南：永顺 陈功锡，张代贵，邓涛等 SCSB-HC-2007554
江西：黎川 童和平，王玉珍 TanCM1835
江西：武宁 张吉华，张东红 TanCM2804
四川：九龙 孔航辉，罗江平，左雷等 YangQE3438
四川：米易 袁明 MY600
四川：米易 刘静 MY-025
四川：射洪 袁明 YUANM2015L045
四川：雨城区 袁明，刘静 Y07301
云南：景东 鲁艳 07-168
云南：景谷 刀志灵，陈渝 DZL576
云南：龙陵 孙兴旭 SunXX026
云南：隆阳区 赵玮 BSGLGSly196
云南：麻栗坡 肖波 LuJL098
云南：蒙自 税玉民，陈文红 72487
云南：勐腊 刀志灵，崔景云 DZL-152
云南：南涧 熊绍荣，时国彩，李春明等 njwls2007089
云南：普洱 胡启和，周英，张绍云等 YNS0549
云南：腾冲 周应再 Zhyz-106
云南：腾冲 余新林，赵玮 BSGLGStc238
云南：新平 自正尧 XPALSB223
云南：新平 刘家良 XPALSD068
云南：永德 奎文康，欧阳红才，普跃东 YDDXSC063
云南：元江 孙振华，王文礼，宋晓卿等 Ouxk-YJ-0010
云南：云龙 李爱花，李洪超，黄天才等 SCSB-A-000204

Urena lobata var. **chinensis** (Osbeck) S. Y. Hu **中华地桃花** *

江西：湾里区 杜小浪，慕泽泾，曹岚 DXL012
四川：峨眉山 李小杰 LiXJ261
四川：米易 袁明 MY631
云南：普洱 叶金科 YNS0057
云南：永德 杨金荣，王学军，黄德武等 YDDXSA047

Urena lobata var. **glauca** (Blume) Borssum Waalkes **粗叶地桃花**

安徽：黟县 刘淼 SCSB-JSB16
云南：新平 谢天华，李应富，郎定富 XPALSA013
云南：盈江 王立彦，桂魏 SCSB-TBG-051
云南：永德 李永亮，马文军 YDDXSB120

Urena lobata var. **yunnanensis** S. Y. Hu **云南地桃花** *

四川：乐至 邓兴敏，邓秀发，张昌兵 ZCB0429
云南：景东 杨国平 07-81
云南：绿春 黄连山保护区科研所 HLS0127
云南：蒙自 田学军 TianXJ0107
云南：普洱 刘飞虎 Liufh0034
云南：永胜 孙振华，王文礼，宋晓卿等 OuxK-YS-0008
云南：元谋 闫海忠，孙振华，王文礼等 Ouxk-YM-0023
云南：元阳 田学军，杨建，邱成书等 Tianxj0012
云南：云龙 李施文，张志云 TC3049

Urena procumbens Linnaeus **梵天花** *

江西：黎川 童和平，王玉珍 TanCM1907
云南：镇沅 朱恒 ALSZY127

Waltheria indica Linnaeus **蛇婆子**

云南：隆阳区 段在贤，杨采龙 BSGLGSly1027
云南：元江 刀志灵，陈渝，张洪喜 DZL-197
云南：元江 刘成，亚吉东，张桥蓉等 16CS14188

Marantaceae 竹芋科

竹芋科	世界	中国	种质库
属 / 种（种下等级）/ 份数	31/525	4/8	2/2/4

Maranta arundinacea Linnaeus **竹芋**

云南：麻栗坡 肖波 LuJL385
云南：勐腊 谭运洪 A335

Phrynium placentarium (Loureiro) Merrill **尖苞柊叶**

西藏：墨脱 刘成，亚吉东，何华杰等 16CS11896
云南：河口 税玉民，陈文红 82084

Mazaceae 通泉草科

通泉草科	世界	中国	种质库
属 / 种（种下等级）/ 份数	3/33	3/28	3/17(20)/115

Dodartia orientalis Linnaeus **野胡麻**

新疆：阿图什 杨赵平，黄文娟 TD-01796
新疆：博乐 徐文斌，杨清理 SHI-2008334
新疆：博乐 徐文斌，许晓敏 SHI-2008388
新疆：博乐 徐文斌，许晓敏 SHI-2008409
新疆：博乐 徐文斌，杨清理 SHI-2008420
新疆：博乐 徐文斌，杨清理 SHI-2008429
新疆：博乐 徐文斌，杨清理 SHI-2008480
新疆：额敏 谭敦炎，吉乃提 TanDY0619
新疆：阜康 王宏飞，王磊，黄振英 Beijing-huang-xjsm-0002

新疆：和布克赛尔 高木木 SCSB-SHI-2006199
新疆：和静 张玲，杨赵平 TD-01389
新疆：和硕 邱爱军，张玲，徐盼 LiZJ1418
新疆：和硕 杨赵平，焦培培，白冠章等 LiZJ0605
新疆：呼图壁 段士民，王喜勇，刘会良 Zhangdy309
新疆：库车 塔里木大学植物资源调查组 TD-00965
新疆：库尔勒 杨赵平，焦培培，白冠章等 LiZJ0644
新疆：玛纳斯 亚吉东，张桥蓉，秦少发等 16CS13203
新疆：青河 段士民，王喜勇，刘会良等 158
新疆：塔城 谭敦炎，吉乃提，艾沙江 TanDY0273
新疆：托里 谭敦炎，吉乃提 TanDY0739
新疆：托里 谭敦炎，吉乃提 TanDY0776
新疆：托里 徐文斌，杨清理 SHI-2009495
新疆：温泉 徐文斌，黄雪姣 SHI-2008058
新疆：温泉 徐文斌，黄雪姣 SHI-2008159
新疆：温宿 塔里木大学植物资源调查组 TD-00913
新疆：乌鲁木齐 王喜勇，马文宝，施翔 zdy372
新疆：乌鲁木齐 王雷，王宏飞，黄振英 Beijing-huang-xjys-0002
新疆：乌什 塔里木大学植物资源调查组 TD-00873
新疆：乌什 白宝伟，段黄金 TD-01838
新疆：乌什 白宝伟，段黄金 TD-01853
新疆：新和 塔里木大学植物资源调查组 TD-00527
新疆：裕民 谭敦炎，吉乃提 TanDY0702
新疆：裕民 徐文斌，郭一敏 SHI-2009361
新疆：裕民 徐文斌，杨清理 SHI-2009390
新疆：岳普湖 黄文娟，段黄金，王英鑫等 LiZJ0398

Lancea hirsuta Bonati 粗毛肉果草 *
西藏：八宿 张挺，蔡杰，刘恩德等 SCSB-B-000482

Lancea tibetica J. D. Hooker & Thomson 肉果草
甘肃：合作 刘坤 LiuJQ-GN-2011-534
甘肃：玛曲 刘坤 LiuJQ-GN-2011-533
青海：互助 薛春迎 Xuechy0171
青海：互助 薛春迎 Xuechy0151
青海：祁连 陈世龙，高庆波，张发起等 Chensl1482
青海：祁连 陈世龙，高庆波，张发起等 Chensl1593
西藏：八宿 张大才，李双智，罗康等 ZhangDC-07ZX-0754
西藏：八宿 徐波，陈光富，陈林杨等 SunH-07ZX-2031
西藏：察隅 何华杰 81567
西藏：昌都 苏涛，黄永江，杨青松等 ZhouZK11264
西藏：定日 王东超，杨大松，张春林等 YangYP-Q-5103
西藏：吉隆 张晓纬，汪书丽，罗建 LiuJQ-09XZ-LZT-097
西藏：江孜 陈家辉，韩希，王东超等 YangYP-Q-4267
西藏：康马 陈家辉，韩希，王东超等 YangYP-Q-4275
西藏：浪卡子 杨永平，王东超，杨大松等 YangYP-Q-5033
西藏：隆子 罗建，汪书丽 LiuJQ11XZ132
西藏：芒康 徐波，陈光富，陈林杨等 SunH-07ZX-1572
西藏：芒康 张大才，李双智，罗康等 ZhangDC-07ZX-0020
西藏：芒康 张大才，罗康，梁群等 ZhangDC-07ZX-1314
西藏：那曲 陈家辉，庄会富，边巴扎西 Yangyp-Q-2133
西藏：那曲 许炳强，童毅华 XiaNh-07zx-578
西藏：南木林 李晖，文雪梅，次旺加布等 Lihui-Q-0096
西藏：普兰 陈家辉，庄会富，刘德团等 Yangyp-Q-0031
西藏：日喀则 陈家辉，韩希，王东超等 YangYP-Q-4363
西藏：左贡 张永洪，王晓雄，周卓等 SunH-07ZX-1106
云南：香格里拉 杨青松，星耀武，苏涛 ZhouZK-07ZX-0382

Mazus caducifer Hance 早落通泉草 *
安徽：屯溪区 方建新 TangXS0725
江西：修水 缪以清，余于民 TanCM2410

Mazus celsioides Handel-Mazzetti 琴叶通泉草 *
西藏：朗县 罗建，汪书丽，任德智 L030
西藏：林芝 罗建，汪书丽，任德智 LiuJQ-09XZ-285
西藏：林芝 卢洋，刘帆等 LiJ738

Mazus gracilis Hemsley 纤细通泉草 *
安徽：屯溪区 方建新 TangXS0841

Mazus henryi P. C. Tsoong 长柄通泉草
云南：思茅区 胡启和，仇亚，张绍云 YNS0826
云南：永德 李永亮 LiYL1528

Mazus humilis Handel-Mazzetti 低矮通泉草 *
云南：镇沅 罗成瑜 ALSZY429

Mazus lecomtei Bonati 莲座叶通泉草 *
云南：永德 李永亮 YDDXS0228

Mazus longipes Bonati 长蔓通泉草 *
云南：绿春 彭华，向春雷，陈丽等 P.H.5612

Mazus miquelii Makino 匍茎通泉草
安徽：屯溪区 方建新 TangXS0726
湖北：竹溪 李盛兰 GanQL207
江苏：宜兴 吴宝成 HANGYY8018
四川：万源 张桥蓉，余华 15CS11533
云南：贡山 张挺，杨湘云，李涟漪等 14CS8982

Mazus omeiensis H. L. Li 岩白翠 *
四川：峨眉山 李小杰 LiXJ026

Mazus pulchellus Hemsley 美丽通泉草 *
云南：景洪 彭华，向春雷，王泽欢 PengH8508
云南：景洪 彭华，向春雷，王泽欢 PengH8518
云南：双柏 彭华，向春雷，陈丽等 P.H.5568

Mazus pumilus (N. L. Burman) Steenis 通泉草
安徽：舒城 陈延松，欧祖兰，高秋晨等 Xuzd275
安徽：屯溪区 方建新 TangXS0206
河北：元氏 牛玉璐，郑博颖，黄士良等 NiuYL034
黑龙江：宁安 刘玫，王臣，张欣欣等 Liuetal743
湖南：永定区 吴福川，廖博儒 7045
江西：黎川 童和平，王玉珍，常迪江等 TanCM2011
江西：庐山区 董安淼，吴从梅 TanCM1051
山东：莱山区 卞福花 BianFH-0263
山东：市南区 罗艳，母华伟，范兆飞 LuoY002
陕西：紫阳 田先华 TianXH1124
四川：峨眉山 李小杰 LiXJ034
四川：米易 袁明 MY029
四川：米易 刘静 MY-294
云南：南涧 官有才 NJWLS1644
云南：文山 何德明，余金辉 WSLJS926

Mazus pumilus var. **delavayi** (Bonati) T. L. Chin ex D. Y. Hong 通泉草多枝变种
上海：闵行区 李宏庆，葛斌杰，刘国丽 Lihq0155
云南：隆阳区 赵玮 BSGLGSly181
云南：绿春 黄连山保护区科研所 HLS0306
云南：南涧 阿国仁 NJWLS1528
云南：腾冲 周应再 Zhyz-244
云南：易门 彭华，向春雷，王泽欢 PengH8384
云南：永德 李永亮 YDDXS1123
云南：永德 李永亮 YDDXS6351

Mazus pumilus var. **wangii** (H. L. Li) T. L. Chin ex D. Y. Hong 通泉草匐茎变种 *
云南：普洱 胡启和，仇亚，周英等 YNS0707

Mazus spicatus Vaniot 毛果通泉草 *
云南：贡山 郭永杰，吴之坤，吴兴等 14CS9921

Mazus stachydifolius (Turczaninow) Maximowicz 弹刀子菜
安徽：屯溪区 方建新 TangXS0211
河北：桃城 牛玉璐，高彦飞，赵二涛 NiuYL341
湖北：竹溪 李盛兰 GanQL900
湖北：竹溪 李盛兰 GanQL428
江苏：句容 吴宝成，王兆银 HANGYY8130
山东：莱山区 卞福花，宋言贺 BianFH-444
山东：牟平区 卞福花，陈朋 BianFH-0283

Mazus surculosus D. Don 西藏通泉草
西藏：林芝 罗建，林玲 LiuJQ-09XZ-017

Melanthiaceae 黑药花科

黑药花科	世界	中国	种质库
属 / 种（种下等级）/ 份数	11-16/154-201	7/49	3/13/28

Paris mairei H. Léveillé 毛重楼 *
云南：贡山 刀志灵，陈哲 DZL-022

Paris polyphylla Smith 七叶一枝花
四川：峨眉山 李小杰 LiXJ658
云南：贡山 刀志灵，陈哲 DZL-040

Paris thibetica Franchet 黑籽重楼
西藏：林芝 刘帆，卢洋等 LiJ802

Paris verticillata Marschall von Bieberstein 北重楼
黑龙江：嫩江 王臣，张欣欣，史传奇 WangCh101
吉林：磐石 安海成 AnHC068

Veratrum grandiflorum (Maximowicz ex Baker) Loesener 毛叶藜芦 *
云南：贡山 刀志灵，陈哲 DZL-015
云南：巧家 杨光明 SCSB-W-1257
云南：巧家 杨光明 SCSB-W-1236

Veratrum lobelianum Bernhardi 阿尔泰藜芦
新疆：布尔津 谭敦炎，邱娟 TanDY0458

Veratrum maackii Regel 毛穗藜芦
黑龙江：嫩江 王臣，张欣欣，史传奇 WangCh98
吉林：抚松 张宝田 Yanglm0452
吉林：磐石 安海成 AnHC0165
辽宁：桓仁 祝业平 CaoW1014
山东：崂山区 罗艳，李中华 LuoY401

Veratrum mengtzeanum Loesener 蒙自藜芦 *
云南：文山 何德明 WSLJS845

Veratrum nigrum Linnaeus 藜芦
河北：涿鹿 牛玉璐，高彦飞，赵二涛 NiuYL340
黑龙江：尚志 刘玫，王臣，张欣欣等 Liuetal722
黑龙江：五大连池 孙阎，赵立波 SunY055
内蒙古：锡林浩特 张红香 ZhangHX115
山东：海阳 辛晓伟 Lilan847

Veratrum oxysepalum Turczaninow 尖被藜芦
黑龙江：嫩江 郑宝江，潘磊 ZhengBJ044
黑龙江：五常 王臣，张欣欣，史传奇 WangCh138

Veratrum schindleri Loesener 牯岭藜芦 *
湖北：罗田 朱鑫鑫，甄爱国，孙增朋等 ZhuXX151
江西：庐山区 董安淼，吴从梅 TanCM927
江西：修水 缪以清，陈三友 TanCM2105

Veratrum stenophyllum Diels 狭叶藜芦 *
云南：永德 李永亮 LiYL1592

Ypsilandra thibetica Franchet 丫蕊花 *
四川：洪雅 李小杰 LiXJ790

Melastomataceae 野牡丹科

野牡丹科	世界	中国	种质库
属 / 种（种下等级）/ 份数	188/5055	21/114	17/45(46)/294

Allomorphia baviensis Guillaumin 刺毛异形木
云南：绿春 黄连山保护区科研所 HLS0017
云南：绿春 黄连山保护区科研所 HLS0070
云南：绿春 黄连山保护区科研所 HLS0136
云南：绿春 李嵘，张洪喜 DZL-270
云南：绿春 税玉民，陈文红 82822
云南：勐腊 郭永杰，聂细转，黄秋月等 12CS4938

Allomorphia curtisii (King) Ridley 翅茎异形木
云南：绿春 黄连山保护区科研所 HLS0079

Allomorphia urophylla Diels 尾叶异形木 *
云南：麻栗坡 肖波 LuJL101
云南：文山 韦荣彪，何德明 WSLJS637

Barthea barthei (Hance ex Bentham) Krasser 棱果花 *
广西：上思 许为斌，黄俞淞，梁永延等 Liuyan0213

Blastus borneensis Cogniaux ex Boerlage 南亚柏拉木
湖南：沅陵 李胜华，伍贤进，曾汉元等 Wuxj967

Blastus cochinchinensis Loureiro 柏拉木
福建：福清 李宏庆，陈纪云，王双 Lihq0299
广西：阳朔 吴望辉，许为斌，农冬新 Liuyan0510
广西：昭平 吴望辉，黄俞淞，蒋日红 Liuyan0323
湖南：东安 姜孝成，唐贵华，潘孝武 SCSB-HNJ-0113
湖南：东安 刘克明，蔡秀珍，肖乐希等 SCSB-HN-0160

Blastus pauciflorus (Bentham) Guillaumin 少花柏拉木 *
广西：八步区 黄俞淞，吴望辉，农冬新 Liuyan0299
广西：贺州 姜孝成，王丽萍，鲁长青 Jiangxc0686
广西：昭平 吴望辉，黄俞淞，蒋日红 Liuyan0333
江西：井冈山 兰国华 LiuRL022
云南：麻栗坡 肖波 LuJL415

Bredia fordii (Hance) Diels 叶底红 *
四川：峨眉山 李小杰 LiXJ178

Bredia quadrangularis Cogniaux 过路惊 *
广西：八步区 吴望辉，黄俞淞，蒋日红 Liuyan0309

Bredia sinensis (Diels) H. L. Li 鸭脚茶 *
江西：黎川 童和平，王玉珍 TanCM2711

Cyphotheca montana Diels 药囊花 *
云南：沧源 赵金超，杨红强 CYNGH279
云南：新平 罗田发，白绍斌 XPALSC030

Fordiophyton faberi Stapf 异药花 *
广西：龙胜 黄俞淞，梁永延，叶晓霞 Liuyan0048
湖南：会同 李胜华，伍贤进，曾汉元等 Wuxj1006
湖南：沅陵 李胜华，伍贤进，曾汉元等 Wuxj965
江西：黎川 童和平，王玉珍，常迪江等 TanCM2083
江西：修水 李立新，缪以清 TanCM1261
四川：峨眉山 李小杰 LiXJ179
云南：金平 税玉民，陈文红 80576

Fordiophyton strictum Diels 劲枝异药花
广西：贺州 姜孝成，王丽萍，鲁长青 Jiangxc0671
广西：兴安 吴望辉，吴磊，农冬新 Liuyan0501
云南：绿春 黄连山保护区科研所 HLS0427
云南：屏边 税玉民，陈文红 82499

Medinilla assamica (C. B. Clarke) C. Chen 顶花酸角杆

云南：河口 税玉民，陈文红 72593

Medinilla fengii (S. Y. Hu) C. Y. Wu & C. Chen 西畴酸角杆 *

云南：新平 白绍斌 XPALSC558

Medinilla lanceata (M. P. Nayar) C. Chen 酸脚杆 *

云南：金平 税玉民，陈文红 80356

云南：绿春 黄连山保护区科研所 HLS0074

云南：绿春 税玉民，陈文红 72623

Medinilla petelotii Merrill 沙巴酸脚杆

云南：麻栗坡 肖波 LuJL201

Medinilla rubicunda (Jack) Blume 红花酸脚杆

云南：江城 叶金科 YNS0440

Medinilla septentrionalis (W. W. Smith) H. L. Li 北酸角杆

云南：沧源 赵金超，鲍春华 CYNGH424

云南：景洪 张挺，王建军，廖琼 SCSB-B-000258

云南：绿春 黄连山保护区科研所 HLS0233

云南：绿春 黄连山保护区科研所 HLS0413

云南：普洱 叶金科 YNS0240

Melastoma dodecandrum Loureiro 地菍

安徽：屯溪区 方建新 TangXS0300

广西：八步区 吴望辉，黄俞淞，蒋日红 Liuyan0304

广西：贺州 姜孝成，王丽萍，鲁长青 Jiangxc0666

广西：金秀 彭华，向春雷，陈丽 PengH8105

广西：融水 许为斌，梁永延，黄俞淞等 Liuyan0179

广西：上思 何海文，杨锦超 YANGXF0296

湖南：道县 刘克明，陈薇，朱晓文 SCSB-HN-0997

湖南：桂东 盛波，黄存坤 SCSB-HN-2079

湖南：鹤城区 李胜华，伍贤进，曾汉元等 HHXY158

湖南：洪江 李胜华，伍贤进，刘光华等 Wuxj1073

湖南：怀化 李胜华，伍贤进，曾汉元等 HHXY215

湖南：怀化 李胜华，伍贤进，曾汉元等 HHXY329

湖南：江华 刘克明，旷强，吴惊香 SCSB-HN-0832

湖南：江永 姜孝成，唐贵华，潘孝武 SCSB-HNJ-0027

湖南：江永 刘克明，肖乐希，田淑珍 SCSB-HN-0044

湖南：平江 刘克明，旷强，刘洪新 SCSB-HN-0951

湖南：平江 刘克明，吴惊香 SCSB-HN-0983

湖南：新宁 姜孝成，唐贵华，袁双艳等 SCSB-HNJ-0258

湖南：资兴 熊凯辉，王得刚，盛波 SCSB-HN-2066

湖南：资兴 熊凯辉，王得刚，盛波 SCSB-HN-2101

湖南：资兴 刘克明，盛波，王得刚 SCSB-HN-2118

江西：黎川 童和平，王玉珍，常迪江等 TanCM1974

江西：武宁 张吉华，张东红 TanCM2617

Melastoma imbricatum Wallich ex Triana 大野牡丹

云南：金平 税玉民，陈文红 71532

云南：金平 税玉民，陈文红 71559

云南：镇沅 王立东，何忠云，罗成瑜 ALSZY189

Melastoma intermedium Dunn 细叶野牡丹 *

广西：贺州 姜孝成，王丽萍，鲁长青 Jiangxc0692

广西：贺州 姜孝成，王丽萍，鲁长青 Jiangxc0727

Melastoma malabathricum Linnaeus 野牡丹

福建：同安区 李宏庆，陈纪云，王双 Lihq0273

福建：武夷山 于文涛，陈旭东 YUWT022

广西：八步区 莫水松 Liuyan1083

广西：金秀 彭华，向春雷，陈丽 PengH8156

广西：金秀 彭华，向春雷，陈丽 PengH8163

广西：靖西 黄俞淞，梁永延，叶晓霞 Liuyan0030

广西：临桂 吴望辉，黄俞淞，农冬新 Liuyan0384

广西：龙胜 廖云标 Liuyan1088

广西：上思 何海文，杨锦超 YANGXF0526

广西：上思 黄俞淞，吴望辉，农冬新 Liuyan0341

广西：兴安 赵亚美 SCSB-JS0505

广西：昭平 吴望辉，黄俞淞，蒋日红 Liuyan0324

贵州：惠水 邹方伦 ZouFL0134

海南：陵水 康勇，林灯 LWXS021

四川：峨眉山 李小杰 LiXJ452

云南：沧源 赵金超，田立新，张化龙等 CYNGH001

云南：江城 叶金科 YNS0434

云南：金平 税玉民，陈文红 71558

云南：景东 杨国平 07-87

云南：景东 罗忠华，刘长铭，鲁成荣 JD009

云南：景东 罗忠华，刘长铭，鲁成荣等 JDNR008

云南：景谷 胡启和，张绍云 YNS0956

云南：景洪 张挺，谭运洪，王建军等 SCSB-B-000294

云南：麻栗坡 肖波 LuJL178

云南：麻栗坡 税玉民，陈文红 72037

云南：勐腊 赵相兴 A049

云南：勐腊 谭运洪，余涛 B212

云南：勐腊 刀志灵，崔景云 DZL-165

云南：勐腊 谭运洪 A337

云南：南涧 熊绍荣 NJWLS706

云南：屏边 楚永兴，陶国权，张照跃等 Pbdws006

云南：普洱 叶金科 YNS0181

云南：普洱 叶金科 YNS0171

云南：腾冲 余新林，赵玮 BSGLGStc213

云南：腾冲 周应再 Zhyz-020

云南：文山 何德明，张挺，丰艳飞等 WSLJS414

云南：文山 税玉民，陈文红 71753

云南：文山 税玉民，陈文红 71754

云南：文山 税玉民，陈文红 71780

云南：文山 税玉民，陈文红 71782

云南：文山 税玉民，陈文红 71879

云南：文山 税玉民，陈文红 71880

云南：新平 刘家良 XPALSD002

云南：新平 何罡安 XPALSB128

云南：新平 王家和，谢雄 XPALSC024

云南：盈江 王立彦，左常盛，桂魏 SCSB-TBG-035

云南：永德 李永亮 YDDXS1208

云南：镇沅 罗成瑜 ALSZY365

云南：镇沅 罗成瑜 ALSZY378

云南：镇沅 何忠云，王立东 ALSZY092

Melastoma sanguineum Sims 毛菍

广西：上思 许为斌，黄俞淞，梁永延等 Liuyan0198

广西：上思 何海文，杨锦超 YANGXF0443

广西：上思 叶晓霞，吴望辉，农冬新 Liuyan0346

海南：陵水 康勇，林灯 LWXS013

海南：陵水 康勇，林灯 LWXS022

云南：勐腊 谭运洪，余涛 A541

Memecylon ligustrifolium Champion ex Bentham 谷木 *

云南：绿春 税玉民，陈文红 72716

Osbeckia capitata Bentham ex Walpers 头序金锦香

云南：大理 李爱花，雷立公，马国强等 SCSB-A-000158

Osbeckia chinensis Linnaeus 金锦香

安徽：休宁 唐鑫生，方建新 TangXS0380

福建：福清 李宏庆，陈纪云，王双 Lihq0317

贵州：正安 韩国营 HanGY018

湖南：南岳区 刘克明，相银龙，周磊等 SCSB-HN-1390

江苏：句容 王兆银，吴宝成 SCSB-JS0370

江西：黎川 童和平，王玉珍 TanCM1841
江西：庐山区 董安淼，吴从梅 TanCM1661
江西：湾里区 杜小浪，慕泽泾，曹岚 DXL053
江西：修水 谭策铭，缪以清，李立新 TanCM366
云南：绿春 彭华，向春雷，陈丽等 P.H.5616
云南：镇沅 罗成瑜 ALSZY410

Osbeckia chinensis var. **angustifolia** (D. Don) C. Y. Wu & C. Chen 宽叶金锦香

云南：景洪 彭华，向春雷，王泽欢 PengH8572
云南：腾冲 余新林，赵玮 BSGLGStc050

Osbeckia nepalensis J. D. Hooker 蚂蚁花

云南：沧源 赵金超 CYNGH048
云南：金平 喻智勇，官兴永，张云飞等 JinPing75
云南：景东 鲁艳 2008202
云南：景东 罗忠华，谢有能，罗文涛等 JDNR134
云南：景东 鲁艳 200813
云南：绿春 白艳萍，李正明 HLS0324
云南：麻栗坡 肖波，陆章强 LuJL006
云南：屏边 楚永兴，陶国权 Pbdws049
云南：普洱 胡启和，张绍云 YNS0620
云南：普洱 张绍云 YNS0028
云南：腾冲 余新林，赵玮 BSGLGStc377
云南：腾冲 周应再 Zhyz-103
云南：新平 白绍斌 XPALSC341
云南：永德 普跃东，杨金柱，奎文康 YDDXSC005

Osbeckia stellata Buchanan-Hamilton ex Kew Gawler 星毛金锦香

重庆：南川区 谭秋平 YISR292
广西：防城港 许为斌，黄俞淞，梁永延等 Liuyan0233
广西：临桂 吴望辉，黄俞淞，农冬新 Liuyan0389
广西：龙胜 黄俞淞，叶晓霞，邹容 Liuyan0087
贵州：惠水 邹方伦 ZouFL0133
湖北：宣恩 沈泽昊 HXE019
江西：黎川 童和平，王玉珍 TanCM1842
云南：耿马 张挺，孙之星，杨秋林 SCSB-B-000433
云南：贡山 张挺，杨湘云，李涟漪等 14CS8997
云南：红河 彭华，向春雷，陈丽 PengH8241
云南：金平 税玉民，陈文红 80539
云南：景东 杨国平 ygp-052
云南：景东 杨国平 JD093
云南：景谷 张绍云，彭志仙 YNS0023
云南：龙陵 孙兴旭 SunXX058
云南：绿春 黄连山保护区科研所 HLS0094
云南：绿春 黄连山保护区科研所 HLS0020
云南：绿春 税玉民，陈文红 72931
云南：绿春 税玉民，陈文红 73135
云南：麻栗坡 肖波 LuJL189
云南：麻栗坡 税玉民，陈文红 72109
云南：马关 刀志灵，张洪喜 DZL600
云南：马关 税玉民，陈文红 82582
云南：蒙自 税玉民，陈文红 72501
云南：勐海 谭运洪，余涛 B346
云南：孟连 彭华，向春雷，陈丽 P.H.5819
云南：屏边 税玉民，陈文红 82524
云南：腾冲 余新林，赵玮 BSGLGStc051
云南：腾冲 周应再 Zhyz537
云南：腾冲 周应再 Zhyz-155
云南：新平 彭华，陈丽 P.H.5368
云南：新平 刘家良 XPALSD058
云南：新平 彭华，向春雷，陈丽等 P.H.5582
云南：盈江 王立彦，桂魏 SCSB-TBG-172
云南：元阳 彭华，向春雷，陈丽 PengH8203
云南：元阳 田学军，杨建，邱成书等 Tianxj0078
云南：镇沅 何忠云，王立东 ALSZY086
云南：镇沅 朱恒，罗成瑜 ALSZY211
云南：镇沅 罗成瑜 ALSZY479

Oxyspora cernua (Roxburgh) J. D. Hooker & Thomson ex Triana 墨脱尖子木

西藏：墨脱 刘成，亚吉东，何华杰等 16CS11982

Oxyspora paniculata (D. Don) Candolle 尖子木

广西：八步区 莫水松 Liuyan1079
广西：那坡 黄俞淞，莫水松，韩孟奇 Liuyan1001
云南：沧源 赵金超 CYNGH047
云南：河口 张挺，胡益敏 SCSB-B-000541
云南：建水 彭华，向春雷，陈丽 P.H.5999
云南：建水 彭华，向春雷，陈丽 P.H.6008
云南：金平 喻智勇，官兴永，张云飞等 JinPing28
云南：景东 鲁艳 200829
云南：龙陵 孙兴旭 SunXX165
云南：绿春 黄连山保护区科研所 HLS0087
云南：绿春 黄连山保护区科研所 HLS0063
云南：绿春 彭华，向春雷，陈丽等 P.H.5610
云南：绿春 李嵘，张洪喜 DZL-254
云南：绿春 李嵘，张洪喜 DZL-268
云南：绿春 税玉民，陈文红 81475
云南：绿春 税玉民，陈文红 81680
云南：绿春 黄连山保护区科研所 HLS0044
云南：麻栗坡 肖波 LuJL053
云南：麻栗坡 税玉民，陈文红 81352
云南：麻栗坡 税玉民，陈文红 81264
云南：马关 税玉民，陈文红 16167
云南：马关 税玉民，陈文红 82585
云南：南涧 常学科，阿国仁，熊绍荣等 njwls2007152
云南：南涧 彭华，向春雷，陈丽 P.H.5919
云南：屏边 钱良超，陆海兴，张照跃等 Pbdws125
云南：屏边 楚永兴 Pbdws085
云南：普洱 谭运洪，余涛 B410
云南：普洱 叶金科，彭志仙 YNS0031
云南：双柏 彭华，向春雷，陈丽等 P.H.5571
云南：腾冲 周应再 Zhyz-064
云南：西畴 税玉民，陈文红 80886
云南：西畴 税玉民，陈文红 80800
云南：新平 罗有明 XPALSB084
云南：盈江 王立彦，桂魏，刀江飞 SCSB-TBG-201
云南：永德 李永亮，马文军 YDDXSB224
云南：元阳 车鑫，亚吉东，秦少发等 YYGYS063
云南：镇沅 胡启和，张绍云 YNS0811

Oxyspora teretipetiolata (C. Y. Wu & C. Chen) W. H. Chen & Y. M. Shui 翅茎尖子木 *

云南：绿春 黄连山保护区科研所 HLS0215
云南：绿春 李嵘，张洪喜 DZL-264

Oxyspora vagans (Roxburgh) Wallich 刚毛尖子木

云南：镇沅 何忠云，周立刚 ALSZY318

Oxyspora yunnanensis H. L. Li 滇尖子木 *

云南：贡山 刘成，何华杰，黄莉等 14CS8527

Phyllagathis cavaleriei (H. Léveillé & Vaniot) Guillaumin 锦

香草 *
湖南：江永 刘克明，肖乐希，陈薇 SCSB-HN-0058

Phyllagathis oligotricha Merrill 毛柄锦香草 *
广西：八步区 黄俞淞，吴望辉，农冬新 Liuyan0295

Phyllagathis velutina (Diels) C. Chen 腺毛锦香草 *
湖南：新化 姜孝成，唐妹，戴小军等 Jiangxc0572
云南：河口 张贵良，张贵生，陶英美等 ZhangGL076

Plagiopetalum esquirolii (H. Léveillé) Rehder 偏瓣花
云南：隆阳区 许炳强，吴兴，李婧等 XiaNh-07zx-242
云南：马关 税玉民，陈文红 82630
云南：南涧 常学科，熊绍荣，时国彩等 njwls2007168
云南：屏边 税玉民，陈文红 82498
云南：腾冲 赵玮 BSGLGSly175
云南：腾冲 余新林，赵玮 BSGLGStc389
云南：腾冲 余新林，赵玮 BSGLGStc077
云南：文山 税玉民，陈文红 81218
云南：文山 何德明，丰艳飞，曹世超 WSLJS680
云南：元阳 亚吉东，黄莉，何华杰 15CS11437

Sarcopyramis bodinieri H. Léveillé & Vaniot 肉穗草 *
江西：庐山区 董安淼，吴从梅 TanCM899
云南：麻栗坡 肖波 LuJL450

Sarcopyramis napalensis Wallich 楮头红
江西：武宁 张吉华，刘运群 TanCM1144
四川：峨眉山 李小杰 LiXJ268
西藏：墨脱 刘成，亚吉东，何华杰等 16CS11926
云南：大关 张挺，王培，肖良俊 SCSB-B-000523
云南：贡山 刘成，何华杰，黄莉等 14CS8514
云南：景东 杨国平，李达文 ygp-049
云南：景东 刘长铭，刘东 JDNR11067
云南：龙陵 郭永杰，吴义军，马蓉等 12CS5115
云南：绿春 黄连山保护区科研所 HLS0431
云南：腾冲 李爱花，黄之镨，黄押稳等 SCSB-A-000314
云南：腾冲 周应再 Zhyz-494
云南：腾冲 余新林，赵玮 BSGLGStc131
云南：文山 何德明，张挺，黎谷香 WSLJS556

Sonerila cantonensis Stapf 蜂斗草
云南：麻栗坡 肖波 LuJL103
云南：麻栗坡 肖波 LuJL141
云南：马关 税玉民，陈文红 82594
云南：马关 税玉民，陈文红 82667
云南：普洱 叶金科 YNS0359

Sonerila erecta Jack 直立蜂斗草
云南：金平 税玉民，陈文红 80241
云南：隆阳区 段在贤，代如亮，赵玮 BSGLGSly056
云南：绿春 黄连山保护区科研所 HLS0135
云南：南涧 阿国仁，何贵才 NJWLS2008221
云南：宁洱 胡启和，仇亚，张绍云 YNS0578
云南：腾冲 周应再 Zhyz535
云南：新平 何罡安 XPALSB455

Sonerila plagiocardia Diels 海棠叶蜂斗草
云南：沧源 赵金超，杨红强 CYNGH053
云南：耿马 张挺，蔡杰，刘成等 13CS5955
云南：龙陵 孙兴旭 SunXX051
云南：绿春 黄连山保护区科研所 HLS0045
云南：绿春 税玉民，陈文红 73149
云南：绿春 税玉民，陈文红 72965
云南：南涧 高国政，徐汝彪，李成清等 NJWLS2008277
云南：永德 李永亮 YDDXS0796

Sporoxeia sciadophila W. W. Smith 八蕊花
云南：麻栗坡 肖波 LuJL133

Styrophyton caudatum (Diels) S. Y. Hu 长穗花 *
云南：河口 张贵良，李东良 ZhangGL215

Meliaceae 楝科

楝科	世界	中国	种质库
属 / 种（种下等级）/ 份数	50/～575	17/40	4/6/130

Aphanamixis polystachya (Wallich) R. Parker 山楝
云南：新平 刘家良 XPALSD071
云南：新平 张学林，李云贵 XPALSD091

Cipadessa baccifera (Roth) Miquel 浆果楝
贵州：望谟 邹方伦 ZouFL0038
湖南：新宁 姜孝成，唐贵华，袁双艳等 SCSB-HNJ-0266
云南：沧源 李春华，肖美芳，钟明 CYNGH146
云南：沧源 赵金超，李春华 CYNGH303
云南：沧源 赵金超，肖美芳 CYNGH209
云南：沧源 赵金超，杨红强 CYNGH443
云南：昌宁 赵玮 BSGLGSly129
云南：河口 刀志灵，张洪喜 DZL536
云南：金平 税玉民，陈文红 80717
云南：景东 鲁艳 07-145
云南：景东 罗忠华，刘长铭，鲁成荣等 JD078
云南：景谷 叶金科 YNS0277
云南：景洪 谭运洪，余涛 B483
云南：澜沧 张绍云，胡启和，仇亚等 YNS1126
云南：龙陵 孙兴旭 SunXX111
云南：隆阳区 段在贤，刘占李，蔡生洪 BSGLGSly074
云南：隆阳区 尹学建，蒙玉永 BSGLGSly2047
云南：隆阳区 段在贤，封占昕，代如山等 BSGLGSly1260
云南：隆阳区 陆树刚 Ouxk-BS-0003
云南：隆阳区 段在贤，杨采龙 BSGLGSly1026
云南：隆阳区 赵玮 BSGLGSly003
云南：泸水 孙振华，郑志兴，沈蕊等 OuXK-LC-012
云南：绿春 黄连山保护区科研所 HLS0288
云南：绿春 黄连山保护区科研所 HLS0409
云南：麻栗坡 肖波 LuJL067
云南：蒙自 税玉民，陈文红 72238
云南：勐腊 赵相兴 A080
云南：勐腊 张顺成 A103
云南：勐腊 谭运洪 A205
云南：孟连 彭华，向春雷，陈丽 P.H.5818
云南：墨江 张绍云 YNS0017
云南：南涧 熊绍荣 NJWLS1223
云南：南涧 高国政 NJWLS1329
云南：宁洱 张绍云，叶金科 YNS0062
云南：屏边 楚永兴，陶国权 Pbdws045
云南：普洱 刀志灵，陈渝 DZL579
云南：普洱 张绍云，叶金科 YNS0012
云南：普洱 刀志灵 DZL539
云南：普洱 谭运洪 B85
云南：瑞丽 谭运洪 B131
云南：施甸 孙振华，郑志兴，沈蕊等 OuXK-LC-010
云南：思茅区 张挺，徐远杰，谭文杰 SCSB-B-000343
云南：文山 何德明 WSLJS537
云南：西盟 胡启和，赵强，周英等 YNS0775

云南：新平 刘恩德，方伟，杜燕等 SCSB-B-000021
云南：新平 谢雄 XPALSC100
云南：新平 彭华，向春雷，陈丽 PengH8273
云南：新平 谢雄 XPALSC020
云南：永德 李永亮，马文军，王学军 YDDXSB109
云南：永德 李永亮 LiYL1461
云南：玉溪 孙振华，郑志兴，沈蕊等 OuXK-YM-001
云南：元江 刀志灵，陈渝 DZL-190
云南：元江 刀志灵，陈渝 DZL645
云南：元江 刀志灵，陈渝 DZL-210
云南：元江 孙振华，王文礼，宋晓卿等 Ouxk-YJ-0004
云南：元阳 车鑫，亚吉东，秦少发等 YYGYS078
云南：元阳 田学军，杨建，邱成书等 Tianxj0003
云南：元阳 刀志灵，陈渝 DZL640
云南：云龙 李施文，张志云 TC1063
云南：云龙 刀志灵 DZL400
云南：云龙 陆树刚 Ouxk-YL-0001
云南：云龙 王文礼，冯欣，刘飞鹏 OUXK11013
云南：云龙 孙振华 OuXK-0045
云南：镇沅 刀志灵，陈渝 DZL573
云南：镇沅 朱恒 ALSZY063
云南：镇沅 罗成瑜 ALSZY117

Melia azedarach Linnaeus 楝
安徽：肥西 陈延松，姜九龙 Xuzd138
安徽：舒城 陈延松，欧祖兰，高秋晨等 Xuzd430
安徽：屯溪区 方建新 TangXS0809
湖北：宣恩 祝文志，刘志祥，曹远俊 ShenZH0082
湖北：竹溪 李盛兰 GanQL1073
湖南：新化 姜孝成，唐贵华，田春娥 SCSB-HNJ-0169
湖南：永定区 吴福川 239B
湖南：永顺 陈功锡，张代贵 SCSB-HC-2008189
湖南：岳麓区 刘克明，肖乐希 SCSB-HN-0405
江苏：句容 王兆银，吴宝成 SCSB-JS0418
江苏：南京 吴宝成 SCSB-JS0503
四川：米易 刘静 MY-299
云南：沧源 赵金超，陈海兵，田立新 CYNGH028
云南：鹤庆 孙振华，王文礼，宋晓卿等 OuxK-HQ-0002
云南：景东 鲁艳 07-173
云南：兰坪 孙振华，郑志兴，沈蕊等 OuXK-LC-044
云南：勐腊 赵相兴 A051
云南：南涧 官有才，马德跃，熊绍荣 NJWLS684
云南：施甸 孙振华，郑志兴，沈蕊等 OuXK-LC-009
云南：思茅区 张绍云，叶金科，胡启和 YNS1333
云南：新平 王家和 XPALSC291
云南：永德 李永亮，马文军 YDDXSB201
云南：永平 王文礼，冯欣，刘飞鹏 OUXK11007
云南：永胜 孙振华，郑志兴，沈蕊等 OuXK-YS-209

Toona ciliata M. Roemer 红椿
湖南：新化 刘克明 SCSB-HN-1633
湖南：新化 刘克明，彭珊，李珊等 SCSB-HN-1685
江西：庐山区 董安淼，吴丛梅 TanCM3077
江西：修水 缪以清，余于明，梁荣文 TanCM669
江西：修水 缪以清，李江海 TanCM2463
云南：沧源 赵金超，杨红强 CYNGH072
云南：沧源 赵金超 CYNGH439
云南：江城 张绍云，胡启和 YNS1234
云南：江城 张绍云，胡启和 YNS1235
云南：景东 鲁艳 200875
云南：绿春 黄连山保护区科研所 HLS0118
云南：勐腊 余涛 B189
云南：腾冲 余新林，赵玮 BSGLGStc189
云南：新平 刘家良 XPALSD046
云南：盈江 王立彦，桂魏 SCSB-TBG-166
云南：永德 李永亮 YDDXS0090
云南：永德 李永亮 YDDXS0289
云南：永德 李永亮 YDDXS0010

Toona sinensis (A. Jussieu) M. Roemer 香椿
安徽：歙县 方建新，张慧冲，程周旺等 TangXS0152
河北：赞皇 牛玉璐，郑博颖，黄士良等 NiuYL137
湖北：仙桃 李巨平 Lijuping0275
湖北：宣恩 祝文志，刘志祥，曹远俊 ShenZH0101
湖北：竹溪 李盛兰 GanQL200
湖南：洪江 李胜华，伍贤进，刘光华等 Wuxj1067
湖南：怀化 李胜华，伍贤进，曾汉元等 HHXY273
湖南：江永 蔡秀珍，肖乐希，田淑珍 SCSB-HN-0620
湖南：湘乡 陈薇，朱香清，马仲辉 SCSB-HN-0474
湖南：永定区 廖博儒，吴福川，查学州等 52
湖南：沅陵 李胜华，伍贤进，曾汉元等 Wuxj962
江西：龙南 梁跃龙，廖海红 LiangYL111
江西：修水 谭策铭，缪以清，李立新 TanCM387
四川：射洪 袁明 YUANM2015L118
云南：安宁 彭华，向春雷，陈丽 P.H.5643
云南：沧源 赵金超，汪顺莉 CYNGH255
云南：贡山 王四海，唐春云，余奇 WangSH-07ZX-004
云南：麻栗坡 肖波 LuJL445
云南：巧家 杨光明，颜再奎，张天壁等 QJYS0074

Toona sureni (Blume) Merrill 紫椿
云南：龙陵 孙兴旭 SunXX081

Menispermaceae 防已科

防已科	世界	中国	种质库
属 / 种（种下等级）/ 份数	70/442	19/77	10/24(27)/93

Aspidocarya uvifera J. D. Hooker & Thomson 球果藤
西藏：墨脱 刘成，蔡杰，张挺等 13CS6415

Cocculus orbiculatus (Linnaeus) Candolle 木防已
安徽：休宁 方建新，张慧冲，程周旺等 TangXS0157
重庆：南川区 易思荣，谭秋平 YISR435
湖北：利川 祝文志，刘志祥，曹远俊 ShenZH3486
湖南：古丈 刘克明，朱晓文 SCSB-HN-0521
湖南：桑植 吴福川，廖博儒，查学州等 41
湖南：新宁 姜孝成，唐贵华，袁双艳等 SCSB-HNJ-0221
湖南：永定区 吴福川，查学州，余祥洪 122
江苏：句容 王兆银，吴宝成 SCSB-JS0124
江苏：海州区 汤兴利 HANGYY8470
江西：湾里区 杜小浪，慕泽泾，曹岚 DXL131
江西：湾里区 杜小浪，慕泽泾 DXL223
江西：星子 董安淼，吴从梅 TanCM1586
山东：崂山区 罗艳 LuoY164
山东：牟平区 卞福花，卢学新，纪伟等 BianFH00058
山东：芝罘区 卞福花，卢学新，纪伟 BianFH00015
陕西：眉县 田先华，董栓录 TianXH1167
陕西：长安区 田先华，田陌 TianXH277
陕西：紫阳 田先华，吴自强 TianXH1127
四川：万源 张桥蓉，余华 15CS11528

云南：永德 李永亮 YDDXS0290
浙江：鄞州区 李宏庆，葛斌杰，刘国丽等 Lihq0055
Cocculus orbiculatus var. **mollis** (Wallich ex J. D. Hooker & Thomson) H. Hara **毛木防己**
云南：沧源 赵金超，田立新 CYNGH012
云南：普洱 叶金科 YNS0233
云南：新平 刘家良，张明忠 XPALSD315
云南：镇沅 叶金科 YNS0190
Cyclea debiliflora Miers **纤花轮环藤**
湖南：资兴 蔡秀珍，孙秋妍，王燕归等 SCSB-HN-1294
Cyclea hypoglauca (Schauer) Diels **粉叶轮环藤**
江西：永新 杜小浪，慕泽泾，曹岚 DXL031
Cyclea polypetala Dunn **铁藤**
云南：西盟 叶金科 YNS0133
Cyclea racemosa Oliver **轮环藤** *
湖南：江华 肖乐希，王成 SCSB-HN-1182
Cyclea wattii Diels **西南轮环藤**
云南：新平 刘家良 XPALSD003
Diploclisia affinis (Oliver) Diels **秤钩风** *
安徽：休宁 唐鑫生，方建新 TangXS0268
江西：武宁 张吉华，张东红 TanCM2944
Diploclisia glaucescens (Blume) Diels **苍白秤钩风**
云南：景洪 叶金科 YNS0227
云南：麻栗坡 肖波 LuJL455
Hypserpa nitida Miers **夜花藤**
云南：麻栗坡 张挺，修莹莹，李胜 SCSB-B-000602
云南：普洱 彭志仙 YNS0216
Menispermum dauricum Candolle **蝙蝠葛**
黑龙江：宁安 刘玫，张欣欣，程薪宇等 Liuetal494
黑龙江：尚志 郑宝江，潘磊 ZhengBJ090
吉林：临江 李长田 Yanglm0017
吉林：磐石 安海成 AnHC037
江苏：江宁区 王兆银，吴宝成 SCSB-JS0269
江苏：盱眙 李宏庆，熊申展，胡超 Lihq0375
山东：崂山区 赵遵田，郑国伟，杜超等 Zhaozt0161
山东：历城区 张少华，王萍，张诏等 Lilan201
Parabaena sagittata Miers **连蕊藤**
云南：沧源 赵金超，李春华，肖美芳 CYNGH304
云南：景谷 叶金科 YNS0269
Pericampylus glaucus (Lamarck) Merrill **细圆藤**
江西：黎川 童和平，王玉珍 TanCM2718
江西：永新 杜小浪，慕泽泾，曹岚 DXL110
云南：沧源 赵金超，李春华，肖美芳 CYNGH297
云南：思茅区 张绍云，胡启和 YNS1011
Sinomenium acutum (Thunberg) Rehder & E. H. Wilson **风龙**
安徽：黄山区 方建新 TangXS0353
安徽：舒城 陈延松，欧祖兰，高秋晨等 Xuzd365
湖北：五峰 李平 AHL035
湖北：宣恩 沈泽昊 HXE097
湖北：宜昌 陈功锡，张代贵 SCSB-HC-2008077
湖北：竹溪 李盛兰 GanQL362
江西：修水 谭策铭，缪以清，李立新 TanCM378
四川：峨眉山 李小杰 LiXJ177
Stephania brachyandra Diels **白线薯**
云南：南涧 李成清，高国政，徐如标 NJWLS491
Stephania cephalantha Hayata **金钱吊乌龟** *
湖南：怀化 李胜华，伍贤进，曾汉元等 HHXY331
陕西：长安区 王梅荣，田先华，田陌 TianXH090
云南：思茅区 张绍云，胡启和 YNS1278
Stephania dicentrinifera H. S. Lo & M. Yang **荷包地不容** *
云南：沧源 李春华，李华明，李华亮 CYNGH105
Stephania dolichopoda Diels **大叶地不容**
云南：沧源 赵金超，李春华，肖美芳 CYNGH299
云南：普洱 叶金科 YNS0250
Stephania epigaea H. S. Lo **地不容** *
云南：永德 李永亮 YDDXS0967
Stephania japonica (Thunberg) Miers **千斤藤**
安徽：黟县 胡长玉，方建新 TangXS0981
广西：贺州 姜孝成，王丽萍，鲁长青 Jiangxc0683
贵州：正安 韩国营 HanGY002
湖南：澧县 田淑珍 SCSB-HN-1576
湖南：宁乡 姜孝成，唐妹，陈显胜等 Jiangxc0532
湖南：平江 刘克明，旷强，刘洪新 SCSB-HN-0954
湖南：桑植 吴福川，廖博儒，查学州等 31
江苏：句容 王兆银，吴宝成 SCSB-JS0167
江西：星子 谭策铭，董安淼 TanCM297
Stephania japonica var. **discolor** (Blume) Forman **桐叶千斤藤**
云南：沧源 赵金超，田立新 CYNGH036
云南：景谷 胡启和，周英，张绍云 YNS0522
云南：隆阳区 刀志灵，陈哲 DZL-076
云南：宁洱 胡启和，张绍云，周兵 YNS0994
云南：盈江 郭永杰，唐培洵，金永明等 13CS7745
Stephania longa Loureiro **粪箕笃**
云南：麻栗坡 肖波 LuJL273
Stephania subpeltata H. S. Lo **西南千金藤** *
云南：景东 杨国平 07-84
Stephania tetrandra S. Moore **粉防己** *
安徽：金寨 陈延松，欧祖兰，徐柳华 Xuzd144
安徽：休宁 唐鑫生，方建新 TangXS0747
安徽：黟县 胡长玉，方建新 TangXS0983
湖南：石门 陈功锡，张代贵，龚双骄等 251B
湖南：资兴 蔡秀珍，肖乐希 SCSB-HN-0294
江西：德安 董安淼，吴从梅 TanCM1657
江西：黎川 童和平，王玉珍 TanCM1801
江西：星子 谭策铭，董安淼 TanCM454
四川：峨眉山 李小杰 LiXJ816
Stephania viridiflavens H. S. Lo & M. Yang **黄叶地不容** *
云南：文山 高发能，何德明 WSLJS1036

Menyanthaceae 睡菜科

睡菜科	世界	中国	种质库
属 / 种（种下等级）/ 份数	5/～58	2/7	2/3/10

Menyanthes trifoliata Linnaeus **睡菜**
黑龙江：同江 刘玫，张欣欣，程薪宇等 Liuetal376
吉林：磐石 周海城 ZhouHC1256
吉林：长白 安海成 AnHC0323
Nymphoides indica (Linnaeus) Kuntze **金银莲花**
黑龙江：哈尔滨 刘玫，王臣，张欣欣等 Liuetal802
黑龙江：桦川 孙阎，张欣欣 SunY117
山东：海阳 张少华，张颖颖，程丹丹等 lilan518
Nymphoides peltata (S. G. Gmelin) Kuntze **荇菜**
黑龙江：宁安 刘玫，张欣欣，程薪宇等 Liuetal488
黑龙江：五常 孙阎，吕军 SunY487
山东：长清区 步瑞兰，辛晓伟 Lilan872

云南：云龙 字建泽，杨六斤，李国庆等 TC1040

Molluginaceae 粟米草科

粟米草科	世界	中国	种质库
属 / 种（种下等级）/ 份数	13/120	2/6	2/5/42

Glinus oppositifolius (Linnaeus) Aug. Candolle **长梗星粟草**
海南：陵水 蔡杰，杨俊波 15CS10861
Mollugo cerviana (Linnaeus) Seringe **线叶粟米草**
新疆：阜康 亚吉东，张桥蓉，秦少发等 16CS13190
Mollugo nudicaulis Lamarck **无茎粟米草**
海南：昌江 张挺，刘成，亚吉东 14CS8890
Mollugo stricta Linnaeus **粟米草**
安徽：泾县 王欧文，吴婕 ZhouSB0197
安徽：舒城 陈延松，欧祖兰，高秋晨等 Xuzd321
安徽：蜀山区 陈延松，徐忠东，耿明 Xuzd020
安徽：屯溪区 方建新 TangXS0292
安徽：黟县 刘淼 SCSB-JSB15
广西：田林 彭华，许瑾，陈丽 P.H.5093
贵州：江口 彭华，王英，陈丽 P.H.5106
贵州：黎平 刘克明，王成，张恒 SCSB-HN-1066
海南：三亚 彭华，向春雷，陈丽 PengH8170
海南：三亚 彭华，向春雷，陈丽 PengH8179
湖南：洞口 肖乐希，谢江，唐光波等 SCSB-HN-1608
湖南：古丈 刘克明，朱晓文 SCSB-HN-0493
湖南：桂东 蔡秀珍，孙秋妍，王燕归等 SCSB-HN-1298
湖南：会同 刘克明，王成，张恒 SCSB-HN-1023
湖南：会同 刘克明，王成，张恒 SCSB-HN-1124
湖南：江华 肖乐希 SCSB-HN-1185
湖南：江永 蔡秀珍，田淑珍，肖乐希 SCSB-HN-0626
湖南：湘潭 朱晓文，马仲辉 SCSB-HN-0375
湖南：炎陵 刘应迪，孙秋妍，陈珮珮 SCSB-HN-1537
湖南：沅陵 李胜华，伍贤进，刘光华等 Wuxj944
湖南：沅陵 刘克明，周磊，彭新星等 SCSB-HN-1355
湖南：资兴 蔡秀珍，孙秋妍，王燕归等 SCSB-HN-1265
江苏：句容 王兆银，吴宝成 SCSB-JS0323
江西：黎川 童和平，王玉珍，常迪江等 TanCM2039
江西：湾里区 杜小浪，慕泽泾，曹岚 DXL018
江西：修水 缪以清 TanCM626
陕西：紫阳 田先华，王孝安 TianXH994
云南：景洪 彭华，向春雷，陈丽等 P.H.5701
云南：绿春 黄连山保护区科研所 HLS0460
云南：盘龙区 彭华，王英，陈丽 P.H.5275
云南：永德 李永亮 YDDXS1140
云南：永德 李永亮 YDDXS0405
浙江：临安 李宏庆，田怀珍，刘国丽 Lihq0085
浙江：临安 吴林园，彭斌，顾子霞 HANGYY9018
浙江：龙泉 吴林园，郭建林，白明明 HANGYY9066
浙江：鄞州区 李宏庆，葛斌杰 Lihq0120
Mollugo verticillata Linnaeus **种棱粟米草**
山东：胶州 樊守金 Zhaozt0251
山东：市南区 罗艳 LuoY121
山东：长清区 高德民，王萍，张颖颖等 Lilan622

Moraceae 桑科

桑科	世界	中国	种质库
属 / 种（种下等级）/ 份数	39/1125	9/144	5/51(56)/277

Broussonetia kaempferi var. **australis** Suzuki **藤构** *
安徽：休宁 方建新 TangXS0739
湖北：竹溪 李盛兰 GanQL288
湖南：怀化 李胜华，伍贤进，曾汉元等 HHXY014
江西：龙南 梁跃龙，欧考昌，欧考胜 LiangYL126
Broussonetia kazinoki Siebold **楮**
安徽：屯溪区 方建新 TangXS0247
湖北：黄梅 刘淼 SCSB-JSA18
湖北：仙桃 张代贵 Zdg1274
湖南：鹤城区 李胜华，伍贤进，曾汉元等 HHXY046
湖南：怀化 李胜华，伍贤进，曾汉元等 HHXY025
湖南：永定区 吴福川，查学州，余祥洪 123
湖南：永定区 吴福川，查学州，余祥洪 7009
江西：黎川 童和平，王玉珍 TanCM2355
江西：庐山区 谭策铭，董安淼 TanCM270
江西：湾里区 杜小浪，慕泽泾，曹岚 DXL098
四川：峨眉山 李小杰 LiXJ421
云南：南涧 官有才 NJWLS1653
云南：永德 李永亮 YDDXS1159
浙江：临安 李宏庆，田怀珍 Lihq0214
Broussonetia papyrifera (Linnaeus) L'Heritier ex Ventenat **构树**
安徽：蜀山区 陈延松，朱合军，姜九龙 Xuzd037
安徽：屯溪区 方建新 TangXS0260
北京：东城区 王雷，朱雅娟，黄振英 Beijing-huang-bhs-0018
北京：东城区 王雷，朱雅娟，黄振英 Beijing-huang-bws-0045
北京：东城区 王雷，朱雅娟，黄振英 Beijing-huang-dls-0069
北京：房山区 宋松泉 BJ029
北京：海淀区 宋松泉，刘树君 SCSB-D-0009
北京：门头沟区 李燕军 SCSB-E-0030
北京：西城区 王雷，朱雅娟，黄振英 Beijing-huang-yms-0030
北京：西城区 王雷，朱雅娟，黄振英 Beijing-huang-ss-0020
广西：柳州 刘克明，旷仁平，盛波 SCSB-HN-1914
广西：柳州 刘克明，王得刚 SCSB-HN-1922
贵州：荔波 刘克明，盛波，王得刚 SCSB-HN-1857
贵州：荔波 刘克明，盛波，王得刚 SCSB-HN-1902
贵州：荔波 旷仁平，盛波 SCSB-HN-1908
河北：涞水 牛玉璐，高彦飞 NiuYL601
河北：兴隆 林坚 SCSB-A-0015
河南：鲁山 宋松泉 HN050
河南：鲁山 宋松泉 HN102
河南：鲁山 宋松泉 HN151
湖北：神农架林区 李巨平 LiJuPing0235
湖北：五峰 李平 AHL010
湖北：宣恩 沈泽昊 HXE154
湖南：东安 姜孝成，唐贵华，潘孝武 SCSB-HNJ-0087
湖南：洞口 肖乐希 SCSB-HN-1604
湖南：衡山 刘克明，陈薇 SCSB-HN-0359
湖南：衡山 旷仁平 SCSB-HN-1151
湖南：洪江 李胜华，伍贤进，刘光华等 Wuxj1054
湖南：怀化 李胜华，伍贤进，曾汉元等 HHXY004
湖南：怀化 李胜华，伍贤进，曾汉元等 HHXY208

湖南：江华 肖乐希 SCSB-HN-1635
湖南：江华 肖乐希 SCSB-HN-1198
湖南：开福区 姜孝成，唐妹，尹恒等 SCSB-HNJ-0405
湖南：澧县 田淑珍 SCSB-HN-1586
湖南：澧县 蔡秀珍，田淑珍 SCSB-HN-1055
湖南：浏阳 刘克明，朱晓文 SCSB-HN-0425
湖南：浏阳 李辉良 SCSB-HN-1049
湖南：宁乡 姜孝成，唐妹，卜剑超等 Jiangxc0649
湖南：石门 姜孝成，唐妹，吕杰等 Jiangxc0465
湖南：望城 朱香清，田淑珍，刘克明 SCSB-HN-1444
湖南：望城 熊凯辉，刘克明 SCSB-HN-2147
湖南：永定区 吴福川，廖博儒，余祥洪等 118
湖南：沅江 刘克明，肖乐希 SCSB-HN-0393
湖南：沅江 刘克明，蔡秀珍 SCSB-HN-1018
湖南：岳麓区 姜孝成，唐妹，卜剑超等 Jiangxc0502
湖南：岳麓区 刘克明，陈薇，蔡秀珍 SCSB-HN-0023
湖南：岳阳 熊凯辉，刘克明 SCSB-HN-2298
湖南：长沙 刘克明，蔡秀珍，田淑珍 SCSB-HN-0723
湖南：长沙 熊凯辉，刘克明 SCSB-HN-2154
湖南：资兴 蔡秀珍，孙秋妍，王燕归等 SCSB-HN-1268
江苏：句容 王兆银，吴宝成 SCSB-JS0250
江苏：句容 王兆银，吴宝成 SCSB-JS0137
江西：庐山区 董安淼，吴丛梅 TanCM2538
山东：莱山区 陈朋 BianFH-399
山东：历下区 张少华，王萍，张诏等 Lilan161
上海：普陀区 李宏庆，陈纪云，王双 Lihq0319
四川：宝兴 袁明 Y07111
四川：射洪 袁明 YUANM2015L033
四川：荥经 袁明 Y07049
云南：沧源 赵金超 CYNGH203
云南：个旧 税玉民，陈文红 71487
云南：贡山 郭永杰，吴之坤，吴兴等 14CS9941
云南：隆阳区 赵玮，赵一帆 BSGLGSly212
云南：思茅区 胡启和，周兵，仇亚 YNS0932
云南：西山区 胡光万，王跃虎，唐贵华 400221-021
云南：新平 谢雄 XPALSC383
云南：新平 白绍斌 XPALSC084
云南：永德 李永亮 YDDXS0359

Fatoua villosa (Thunberg) Nakai 水蛇麻
安徽：休宁 唐鑫生，方建新 TangXS0468
湖北：竹溪 李盛兰 GanQL185
江苏：南京 高兴 SCSB-JS0457
江苏：玄武区 顾子霞 HANGYY8683
江西：庐山区 董安淼，吴丛梅 TanCM853
山东：长清区 张少华，张诏，程丹丹等 Lilan670
浙江：鄞州区 李宏庆，葛斌杰 Lihq0113

Ficus auriculata Loureiro 大果榕
云南：河口 王东，梁忠，平珊瑚等 ZhangGL018
云南：景谷 胡启和，张绍云 YNS0961
云南：勐腊 李梦 A123
云南：勐腊 谭运洪，余涛 A535
云南：勐腊 谭运洪 A503
云南：南涧 李加生，张雄，官有才等 NJWLS830
云南：腾冲 余新林，赵玮 BSGLGStc219
云南：腾冲 周应再 Zhyz-167

Ficus benjamina Linnaeus 垂叶榕
云南：龙陵 孙兴旭 SunXX120
云南：勐腊 赵相兴 A084
云南：勐腊 李梦 A122
云南：普洱 胡启和，周英，张绍云等 YNS0536
云南：普洱 叶金科 YNS0336
云南：思茅区 胡启和，周兵，赵强 YNS0833

Ficus benjamina var. **nuda** (Miquel) Barrett 垂叶榕
云南：西盟 胡启和，赵强，周英等 YNS0772

Ficus chapaensis Gagnepain 沙坝榕
云南：贡山 刀志灵 DZL320
云南：河口 杨鑫峰 ZhangGL037
云南：隆阳区 赵玮 BSGLGSly192
云南：元阳 田学军，杨建，邱成书等 Tianxj0084

Ficus concinna (Miquel) Miquel 雅榕
云南：墨江 张绍云，仇亚，胡启和 YNS1315
云南：普洱 叶金科 YNS0335

Ficus cyrtophylla (Wallich ex Miquel) Miquel 歪叶榕
云南：勐腊 谭运洪 B234

Ficus erecta Thunberg 矮小天仙果
福建：同安区 李宏庆，陈纪云，王双 Lihq0275
湖南：江永 蔡秀珍，肖乐希，田淑珍 SCSB-HN-0622

Ficus esquiroliana H. Léveillé 黄毛榕
云南：景洪 叶金科 YNS0235
云南：腾冲 余新林，赵玮 BSGLGStc184

Ficus fistulosa Reinwardt ex Blume 水同木
福建：同安区 李宏庆，陈纪云，王双 Lihq0276
云南：景谷 胡启和，周英，仇亚 YNS0657

Ficus fulva Reinwardt ex Blume 金毛榕
云南：江城 叶金科 YNS0459
云南：屏边 楚永兴，肖文权 Pbdws019

Ficus gasparriniana var. **laceratifolia** (H. Léveillé & Vaniot) Corner 菱叶冠毛榕
四川：峨眉山 李小杰 LiXJ108

Ficus glaberrima Blume 大叶水榕
云南：普洱 叶金科 YNS0381
云南：元江 胡启元，周兵，张绍云 YNS0847

Ficus hederacea Roxburgh 藤榕
云南：南涧 官有才，马德跃 NJWLS673

Ficus henryi Warburg ex Diels 尖叶榕
贵州：江口 周云，王勇 XiangZ030
湖北：五峰 李平 AHL111
湖南：古丈 刘克明，朱晓文 SCSB-HN-0499
四川：峨眉山 李小杰 LiXJ523
云南：南涧 李成清，高国政，徐如标 NJWLS469
云南：思茅区 张绍云，胡启和，仇亚 YNS1018

Ficus heteromorpha Hemsley 异叶榕
湖北：仙桃 张代贵 Zdg2228
湖北：宣恩 许玥，祝文志，刘志祥等 ShenZH7817
湖北：竹溪 李盛兰 GanQL102
湖北：竹溪 李盛兰 GanQL507
湖南：鹤城区 李胜华，伍贤进，曾汉元等 HHXY198
湖南：永顺 陈功锡，张代贵 SCSB-HC-2008013
江西：修水 李立新，缪以清 TanCM1227
四川：峨眉山 李小杰 LiXJ573

Ficus hirta Vahl 粗叶榕
云南：江城 张绍云，胡启和 YNS1238

Ficus hispida Linnaeus f. 对叶榕
云南：河口 田学军，杨建，高波等 TianXJ235
云南：河口 田学军，杨建，高波等 TianXJ240
云南：江城 叶金科 YNS0437

云南：蒙自 税玉民，陈文红 72447
云南：勐腊 谭运洪 A507

Ficus langkokensis Drake 青藤公
湖南：江永 蔡秀珍，肖乐希，田淑珍 SCSB-HN-0621
四川：米易 袁明 MY444

Ficus maclellandii King 瘤枝榕
云南：澜沧 胡启和，赵强，周英等 YNS0729

Ficus neriifolia Smith 森林榕
云南：景谷 张绍云 YNS0114
云南：龙陵 孙兴旭 SunXX125
云南：南涧 阿国仁 NJWLS1501
云南：普洱 叶金科 YNS0186

Ficus nervosa Heyne ex Roth 九丁榕
福建：福清 李宏庆，陈纪云，王双 Lihq0306
云南：思茅区 胡启和，周兵，仇亚 YNS0931

Ficus oligodon Miquel 苹果榕
云南：富宁 李宏庆，熊申展，陈纪云 Lihq0343
云南：个旧 税玉民，陈文红 81768
云南：河口 杨鑫峰 ZhangGL038
云南：勐腊 谭运洪，余涛 A537

Ficus ovatifolia S. S. Chang 卵叶榕 *
云南：屏边 楚永兴，普华柱，刘永建 Pbdws042

Ficus pandurata Hance 琴叶榕
湖南：永顺 陈功锡，张代贵，邓涛等 SCSB-HC-2007375
江西：井冈山 兰国华 LiuRL034
江西：黎川 童和平，王玉珍 TanCM1820

Ficus pisocarpa Blume 豆果榕
云西：贺州 姜孝成，王丽萍，鲁长青 Jiangxc0724
广西：贺州 姜孝成，王丽萍，鲁长青 Jiangxc0726
云南：弥勒 税玉民，陈文红 71463

Ficus pubigera (Wallich ex Miquel) Kurz 褐叶榕
云南：景谷 胡启和，张绍云 YNS0958

Ficus pumila Linnaeus 薜荔
安徽：屯溪区 方建新 TangXS0364
福建：福州 李宏庆，陈纪云，王双 Lihq0318
江西：黎川 童和平，王玉珍 TanCM3104
江西：庐山区 谭策铭，董安淼 TanCM552

Ficus religiosa Linnaeus 菩提树
云南：龙陵 孙兴旭 SunXX121

Ficus sarmentosa var. **duclouxii** (H. Léveillé & Vaniot) Corner 大果藤爬榕 *
广西：金秀 李宏庆 Lihq0322
湖南：永顺 陈功锡，张代贵，邓涛等 SCSB-HC-2007562
四川：峨眉山 李小杰 LiXJ133

Ficus sarmentosa var. **henryi** (King ex Oliver) Corner 珍珠莲 *
安徽：休宁 唐鑫生，方建新 TangXS0304
湖北：广水 朱鑫鑫，王君，石琳琳等 ZhuXX289
湖北：仙桃 张代贵 Zdg3255
江西：修水 谭策铭，缪以清，李立新 TanCM333
云南：蒙自 田学军 TianXJ0105

Ficus sarmentosa var. **impressa** (Champion ex Bentham) Corner 爬藤榕 *
安徽：休宁 方建新 TangXS0740
贵州：江口 周云，王勇 XiangZ062
四川：峨眉山 李小杰 LiXJ836

Ficus semicordata Buchanan-Hamilton ex Smith 鸡嗉子榕
云南：沧源 赵金超，肖美芳 CYNGH205
云南：龙陵 孙兴旭 SunXX136

云南：勐腊 谭运洪，余涛 A536
云南：南涧 何家润，邹国娟，饶富玺等 NJWLS414
云南：普洱 叶金科 YNS0182
云南：腾冲 余新林，赵玮 BSGLGStc014
云南：腾冲 周应再 Zhyz-068

Ficus stenophylla Hemsley 竹叶榕
湖南：吉首 陈功锡，张代贵，邓涛等 SCSB-HC-2007436

Ficus subulata Blume 假斜叶榕
云南：永德 欧阳红才，普跃东，鲁金国等 YDDXSC043

Ficus tikoua Bureau 地果
四川：宝兴 袁明 Y07030
四川：射洪 袁明 YUANM2016L224
云南：洱源 杨青松，星耀武，苏涛 ZhouZK-07ZX-0264

Ficus tinctoria subsp. **gibbosa** (Blume) Corner 斜叶榕
云南：勐腊 谭运洪 A278
云南：墨江 张绍云，叶金科，胡启和 YNS1226
云南：南涧 熊绍荣，阿国仁，时国彩等 njwls2007125
云南：普洱 叶金科 YNS0195
云南：思茅区 胡启和，仇亚，张绍云 YNS0830
云南：新平 张学林，李云贵 XPALSD086

Ficus tsiangii Merrill ex Corner 岩木瓜 *
湖北：咸丰 丛义艳，陈利群 SCSB-HN-1164
湖南：道县 陈薇 SCSB-HN-1014
湖南：会同 刘克明，王成 SCSB-HN-1123
湖南：江华 肖乐希，王成 SCSB-HN-0813
湖南：永定区 吴福川，查学州 7166

Ficus tuphapensis Drake 平塘榕
云南：文山 何德明，高发能 WSLJS824

Ficus variolosa Lindley ex Bentham 变叶榕
广西：贺州 姜孝成，王丽萍，鲁长青 Jiangxc0670
广西：上思 何海文，杨锦超 YANGXF0415
云南：腾冲 周应再 Zhyz-247

Ficus virens Aiton 黄葛树
四川：峨眉山 李小杰 LiXJ379
云南：南涧 何家润，常学科，李加生等 NJWLS411
云南：南涧 高国政，徐汝彪，李成清等 NJWLS2008262
云南：普洱 胡启和，周英，张绍云等 YNS0546
云南：思茅区 张绍云，胡启和 YNS1094
云南：镇沅 胡启元，周兵，张绍云 YNS0866

Maclura amboinensis Blume 景东柘
云南：景洪 胡启和，仇亚，周英等 YNS0678

Maclura cochinchinensis (Loureiro) Corner 构棘
安徽：休宁 唐鑫生，方建新 TangXS0467
江西：武宁 张吉华，刘运群 TanCM1180
江西：修水 谭策铭，缪以清 TCM09169
云南：思茅区 叶金科 YNS0315
云南：腾冲 周应再 Zhyz-123

Maclura fruticosa (Roxburgh) Corner 柘藤
云南：沧源 赵金超，李永强 CYNGH064
云南：西盟 叶金科 YNS0137
云南：新平 谢雄 XPALSC365
云南：永德 李永亮 YDDXS0785

Maclura pubescens (Trecul) Z. K. Zhou & M. G. Gilbert 毛柘藤
湖南：江永 蔡秀珍，肖乐希，田淑珍 SCSB-HN-0600

Maclura tricuspidata Carrière 柘
安徽：肥东 陈延松，朱合军，姜九龙 Xuzd086
安徽：宁国 洪欣，陶旭 ZSB277

安徽：舒城 陈延松，欧祖兰，高秋晨等 Xuzd342
河北：武安 牛玉璐，高彦飞，赵二涛 NiuYL438
湖北：仙桃 张代贵 Zdg3105
湖南：冷水江 姜孝成，唐贵华，田春娥 SCSB-HNJ-0160
湖南：永定区 吴福川，查学州，余祥洪等 90
江苏：句容 王兆银，吴宝成 SCSB-JS0165
江西：庐山区 董安淼，吴从梅 TanCM893
山东：崂山区 罗艳，李中华，邓建平 LuoY363
山东：历城区 高德民，辛晓伟 Lilan689
山东：芝罘区 卞福花，陈朋 BianFH-0359
陕西：长安区 王梅荣，田先华，田陌 TianXH044
云南：普洱 叶金科 YNS0341
浙江：临安 葛斌杰 Lihq0455

Morus alba Linnaeus 桑
安徽：歙县 方建新 TangXS0219
重庆：南川区 易思荣 YISR001
河北：井陉 牛玉璐，高彦飞 NiuYL593
黑龙江：阿城 孙阎，张健男 SunY402
湖北：竹溪 李盛兰 GanQL260
湖南：古丈 张代贵 Zdg1233
江苏：句容 王兆银，吴宝成 SCSB-JS0094
江西：庐山区 董安淼，吴从梅 TanCM1034
江西：修水 缪以清，李立新 TanCM1203
四川：峨眉山 李小杰 LiXJ354
云南：南涧 官有才 NJWLS1646

Morus alba var. **multicaulis** (Perrottet) Loudon 鲁桑 *
云南：巧家 李文虎，高顺勇，吴天抗等 QJYS0035

Morus australis Poiret 鸡桑
湖北：仙桃 李巨平 Lijuping0293
湖北：竹溪 李盛兰 GanQL027
江苏：句容 吴宝成，王兆银 HANGYY8145
江西：庐山区 董安淼，吴丛梅 TanCM3018
山东：历下区 高德民，步瑞兰，辛晓伟等 Lilan690
陕西：眉县 田先华，董栓录 TianXH167
四川：峨眉山 李小杰 LiXJ653
四川：米易 袁明 MY348
云南：腾冲 周应再 Zhyz-220
云南：腾冲 余新林，赵玮 BSGLGStc247
云南：永德 李永亮 YDDXS1206
浙江：临安 李宏庆，田怀珍 Lihq0220

Morus cathayana Hemsley 华桑
云南：南涧 官有才 NJWLS1647
云南：腾冲 余新林，赵玮 BSGLGStc248

Morus macroura Miquel 奶桑
云南：保山 余新林，赵玮 BSGLGStc248
云南：大理 官有才 NJWLS1647

Morus mongolica (Bureau) C. K. Schneider 蒙桑
重庆：南川区 易思荣 YISR149
吉京：东城区 朱雅娟，王雷，黄振英 Beijing-huang-xs-0023
吉林：磐石 安海成 AnHC0114
山东：历下区 步瑞兰，辛晓伟，高丽丽等 Lilan692
云南：永德 李永亮 YDDXS0254

Musaceae 芭蕉科

芭蕉科	世界	中国	种质库
属 / 种（种下等级）/ 份数	3/ ～ 40	3/14	2/6/10

Ensete wilsonii (Tutcher) Cheesman 象头蕉 *
云南：景洪 张挺，徐远杰，谭文杰 SCSB-B-000351
云南：永德 杨金荣，王学军，黄德武等 YDDXSA051

Musa basjoo Siebold & Zuccarini 芭蕉
江西：黎川 童和平，王玉珍 TanCM1889
云南：南涧 马德跃，官有才，罗开宏 NJWLS927
云南：新平 谢天华，郎定富，杨如伟 XPALSA033

Musa coccinea Andrews 红蕉
云南：河口 亚吉东，李涟漪 15CS11585

Musa itinerans Cheesman 阿宽蕉
云南：景东 罗忠华，李绍昆，鲁成荣 JDNR09089
云南：绿春 税玉民，陈文红 72626

Musa rubra Wallich ex Kurz 阿西蕉
云南：贡山 王四海，唐春云，余奇 WangSH-07ZX-005

Musa sanguinea J. D. Hooker 血红蕉
西藏：墨脱 刘成，亚吉东，何华杰等 16CS11897

Myricaceae 杨梅科

杨梅科	世界	中国	种质库
属 / 种（种下等级）/ 份数	3/50	1/4	1/3/20

Myrica esculenta Buchanan-Hamilton ex D. Don 毛杨梅
云南：河口 杨鑫峰 ZhangGL001
云南：景东 鲁艳 07-47
云南：景东 罗忠华，谢有能，刘长铭等 JDNR09007
云南：南涧 袁玉川，徐家武 NJWLS581
云南：宁洱 张绍云 YNS0124
云南：腾冲 余新林，赵玮 BSGLGStc331
云南：腾冲 余新林，赵玮 BSGLGStc332
云南：腾冲 余新林，赵玮 BSGLGStc333
云南：腾冲 周应再 Zhyz-234
云南：腾冲 周应再 Zhyz-231
云南：新平 谢天华，郎定富 XPALSA101
云南：盈江 王立彦 WLYTBG-042
云南：永德 李永亮 YDDXS0266

Myrica nana A. Chevalier 云南杨梅 *
云南：嵩明 张挺，李爱花，杜燕 SCSB-B-000067
云南：文山 何德明，韦荣彪 WSLJS702

Myrica rubra Siebold & Zuccarini 杨梅
安徽：休宁 唐鑫生，方建新 TangXS0706
湖南：古丈 张代贵 Zdg1316
江西：武宁 张吉华，张东红 TanCM2938
四川：米易 袁明 MY516
云南：腾冲 周应再 Zhyz-231A

Myrtaceae 桃金娘科

桃金娘科	世界	中国	种质库
属 / 种（种下等级）/ 份数	131/4620	10/121	5/5/34

Baeckea frutescens Linnaeus 岗松
江西：龙南 梁跃龙，廖海红 LiangYL004
Decaspermum parviflorum (Lamarck) A. J. Scott 五瓣子楝树
云南：沧源 赵金超，田立新，龙源凤 CYNGH018
云南：景东 鲁艳 07-166
云南：景东 罗忠华，刘长铭，鲁成荣 JD012
云南：景东 罗忠华，刘长铭，鲁成荣 JD034
云南：墨江 何疆海，何来收，白然思等 HLS0338
云南：普洱 叶金科 YNS0201
云南：永德 李永亮 YDDXS0439
云南：永德 杨金荣，王学军，李永良 YDDXSA008
云南：永德 李永亮 YDDXS0128
云南：镇沅 何忠云，王立东 ALSZY076
云南：镇沅 罗成瑜，乔永华 ALSZY344
Eucalyptus camaldulensis Dehnhardt 赤桉
广西：贺州 姜孝成，王丽萍，鲁长青 Jiangxc0719
Psidium guajava Linnaeus 番石榴
云南：沧源 赵金超，田立新 CYNGH039
云南：景东 罗忠华，张明勇，刘长铭等 JD083
云南：麻栗坡 肖波 LuJL046
云南：勐腊 谭运洪 A320
云南：南涧 马德跃，官有才，罗开宏 NJWLS926
云南：巧家 闫海忠，孙振华，王文礼等 OuxK-QJ-0005
云南：腾冲 周应再 Zhyz-146
云南：新平 刘家良 XPALSD049
云南：永德 李亮 YDDXS0567
云南：永德 李永亮 YDDXS6567
云南：元阳 田学军，杨建，邱成书等 Tianxj0043
云南：镇沅 罗成瑜 ALSZY223
云南：镇沅 朱恒 ALSZY069
Rhodomyrtus tomentosa (Aiton) Hasskarl 桃金娘
福建：同安区 李宏庆，陈纪云，王双 Lihq0277
广西：八步区 莫水松 Liuyan1049
广西：贺州 姜孝成，王丽萍，鲁长青 Jiangxc0696
广西：贺州 姜孝成，王丽萍，鲁长青 Jiangxc0703
广西：贺州 姜孝成，王丽萍，鲁长青 Jiangxc0708
广西：上思 许为斌，黄俞淞，梁永延等 Liuyan0200
广西：上思 何海文，杨锦超 YANGXF0290
江西：龙南 梁跃龙，廖海红，赖曰旺 LiangYL005

Nartheciaceae 纳茜菜科

纳茜菜科	世界	中国	种质库
属 / 种（种下等级）/ 份数	5/41	1/16	1/9(10)/57

Aletris glabra Bureau & Franchet 无毛粉条儿菜
陕西：眉县 刘成，张挺，蔡杰等 TianXH052
四川：甘孜 陈文允，于文涛，黄永江 CYH127
四川：汉源 许炳强，童毅华，吴兴等 XiaNH-07ZX-1125
西藏：波密 刘成，亚吉东，何华杰等 16CS11834
西藏：亚东 何华杰，张书东 81253
云南：巧家 郁文彬，任宗昕，艾洪莲等 SCSB-W-1060
云南：巧家 郁文彬，任宗昕，艾洪莲等 SCSB-W-1043
云南：香格里拉 杨青松，星耀武，苏涛 ZhouZK-07ZX-0363
Aletris glandulifera Bureau & Franchet 腺毛粉条儿菜 *
四川：康定 彭玉兰，涂卫国 Gaoxf-1016
四川：泸定 田先华，李力 TianXHZS007
Aletris gracilis Rendle 星花粉条儿菜
西藏：波密 孙航，张建文，陈建国等 SunH-07ZX-2633
西藏：波密 陈家辉，韩希，王东超等 YangYP-Q-4057
西藏：错那 何华杰，张书东 81371
西藏：林芝 罗建，汪书丽 LiuJQ-08XZ-104
西藏：林芝 孙航，张建文，陈建国等 SunH-07ZX-2789
西藏：林芝 罗建，汪书丽，任德智 LiuJQ-09XZ-342
西藏：墨脱 刘成，亚吉东，何华杰等 16CS11997
云南：贡山 刀志灵 DZL365
云南：临沧 彭华，向春雷，陈丽 PengH8065
云南：巧家 张天壁 SCSB-W-244
Aletris laxiflora Bureau & Franchet 疏花粉条儿菜 *
西藏：昌都 张挺，李爱花，刘成等 08CS755
西藏：林芝 罗建，汪书丽 LiuJQ-08XZ-073
Aletris megalantha F. T. Wang & Tang 大花粉条儿菜 *
云南：永德 杨金荣，王学军，黄德武等 YDDXSA036
Aletris pauciflora (Klotzsch) Handel-Mazzetti 少花粉条儿菜
西藏：林芝 陈家辉，韩希，王东超等 YangYP-Q-4028
西藏：林芝 杨永平，王东超，杨大松等 YangYP-Q-4116
云南：贡山 任宗昕，董莉娜，杨鹏伟 SCSB-W-647
Aletris pauciflora var. **khasiana** (J. D. Hooker) F. T. Wang & Tang 穗花粉条儿菜
四川：康定 何兴金，郜鹏，彭禄等 SCU-11-318
Aletris scopulorum Dunn 短柄粉条儿菜
安徽：屯溪区 方建新 TangXS0840
江西：黎川 童和平，王玉珍，常迪江等 TanCM1967
Aletris spicata (Thunberg) Franchet 粉条儿菜
安徽：舒城 陈延松，欧祖兰，高秋晨等 Xuzd272
重庆：南川区 易思荣 YISR164
湖北：神农架林区 李巨平 LiJuPing0084
湖北：仙桃 张代贵 Zdg1208
湖北：竹溪 李盛兰 GanQL315
湖北：竹溪 李盛兰 GanQL479
江苏：句容 王兆银，吴宝成 SCSB-JS0114
江西：庐山区 董安淼，吴从梅 TanCM1007
江西：武宁 张吉华，刘运群 TanCM1102
陕西：宁陕 田先华，田陌，张峰 TianXH226
四川：峨眉山 李小杰 LiXJ449
云南：大理 张书东，林娜娜，陆露等 SCSB-W-181
云南：洱源 杨青松，星耀武，苏涛 ZhouZK-07ZX-0287
云南：丽江 张书东，林娜娜，陆露等 SCSB-W-150
云南：丽江 张书东，林娜娜，陆露等 SCSB-W-151
云南：巧家 王红 SCSB-W-210
云南：香格里拉 张挺，亚吉东，张桥蓉等 11CS3560
云南：永德 李永亮 YDDXS0296
云南：永德 李永亮 YDDXS0297
浙江：临安 李宏庆，田怀珍 Lihq0218
Aletris stenoloba Franchet 狭瓣粉条儿菜 *
四川：甘孜 陈文允，于文涛，黄永江 CYH154
四川：黑水 顾垒，李忠荣 GaoXF-09ZX-1792
四川：康定 苏涛，黄永江，杨青松等 ZhouZK11092
云南：大理 张挺，李爱花，郭云刚等 SCSB-B-000078

云南：贡山 张挺，杨湘云，李涟漪等 14CS9654
云南：南涧 阿国仁，何贵才 NJWLS2008149
云南：文山 何德明 WSLJS583
云南：永德 李永亮 YDDXS1301

Nelumbonaceae 莲科

莲科	世界	中国	种质库
属 / 种（种下等级）/ 份数	1/2	1/1	1/1/15

Nelumbo nucifera Gaertner **莲**
广西：贺州 姜孝成，王丽萍，鲁长青 Jiangxc0682
黑龙江：方正 孙阎，杜景红 SunY255
黑龙江：哈尔滨 刘玫，王臣，张欣欣等 Liuetal810
湖南：衡阳 姜孝成，陈丰林 SCSB-HNJ-0364
湖南：澧县 蔡秀珍，田淑珍 SCSB-HN-1054
湖南：湘潭 朱晓文，马仲辉 SCSB-HN-0372
湖南：沅江 刘克明，肖乐希 SCSB-HN-0382
湖南：沅江 刘克明，蔡秀珍，刘红新 SCSB-HN-1017
湖南：沅江 熊凯辉，刘克明 SCSB-HN-1887
湖南：沅江 熊凯辉，刘克明 SCSB-HN-1935
湖南：沅江 熊凯辉，刘克明 SCSB-HN-1949
湖南：岳阳 相银龙，刘克明 SCSB-HN-2294
湖南：岳阳 相银龙，刘克明 SCSB-HN-2295
湖南：长沙 陈薇，肖乐希 SCSB-HN-0301
湖南：资兴 肖乐希，蔡秀珍 SCSB-HN-0270

Nepenthaceae 猪笼草科

猪笼草科	世界	中国	种质库
属 / 种（种下等级）/ 份数	1/～93	1/1	1/1/1

Nepenthes mirabilis (Loureiro) Druce **猪笼草**
海南：文昌 张挺，刘成，亚吉东 14CS8876

Nitrariaceae 白刺科

白刺科	世界	中国	种质库
属 / 种（种下等级）/ 份数	3/16	2/8	2/8/225

Nitraria pamirica L. I. Vassiljeva **帕米尔白刺**
新疆：和田 郭永杰，黄文娟，段黄金 LiZJ0268
新疆：塔什库尔干 杨赵平，周禧林，贺冰 LiZJ1237
新疆：塔什库尔干 杨赵平，黄文娟 TD-01765
新疆：塔什库尔干 黄文娟，段黄金，王英鑫等 LiZJ0350
新疆：叶城 郭永杰，黄文娟，段黄金 LiZJ0190

Nitraria roborowskii Komarov **大白刺**
青海：都兰 冯虎元 LiuJQ-08KLS-148
青海：格尔木 冯虎元 LiuJQ-08KLS-144
新疆：阿克苏 塔里木大学植物资源调查组 TD-00206
新疆：和田 郭永杰，黄文娟，段黄金 LiZJ0264
新疆：克拉玛依 谭敦炎，邱娟 TanDY0494
新疆：克拉玛依 谭敦炎，邱娟 TanDY0497
新疆：石河子 张挺，杨赵平，焦培培等 LiZJ0401
新疆：塔什库尔干 邱娟，冯建菊 LiuJQ0147
新疆：塔什库尔干 杨赵平，黄文娟 TD-01754
新疆：塔什库尔干 黄文娟，段黄金，王英鑫等 LiZJ0312
新疆：吐鲁番 段士民，王喜勇，刘会良 Zhangdy568
新疆：吐鲁番 段士民 zdy111
新疆：托里 谭敦炎，吉乃提 TanDY0613
新疆：乌恰 塔里木大学植物资源调查组 TD-00689
新疆：叶城 郭永杰，黄文娟，段黄金 LiZJ0193

Nitraria sibirica Pallas **小果白刺**
吉林：大安 杨帆，马红媛，安丰华 SNA0032
青海：德令哈 汪书丽，朱洪涛 Liujq-QLS-TXM-051
青海：德令哈 陈世龙，张得钧，高庆波等 Chensl0474
青海：格尔木 冯虎元 LiuJQ-08KLS-019
青海：共和 陈世龙，高庆波，张发起 Chensl0503
青海：贵德 陈世龙，高庆波，张发起等 Chensl1207
青海：平安 陈世龙，高庆波，张发起等 Chensl1766
新疆：阿合奇 塔里木大学植物资源调查组 TD-00001
新疆：阿合奇 塔里木大学植物资源调查组 TD-00212
新疆：阿合奇 塔里木大学植物资源调查组 TD-00213
新疆：阿合奇 塔里木大学植物资源调查组 TD-00245
新疆：阿合奇 黄文娟，杨赵平，王英鑫 TD-01937
新疆：巴里 王喜勇，马文宝，施翔 zdy495
新疆：博乐 段士民，王喜勇，刘会良等 10
新疆：博乐 徐文斌，王莹 SHI-2008110
新疆：博乐 徐文斌，杨清理 SHI-2008325
新疆：额敏 许炳强，胡伟明 XiaNH-07ZX-834
新疆：阜康 王宏飞，王磊，黄振英 Beijing-huang-xjsm-0020
新疆：和静 邱爱军，张玲，马帅 LiZJ1687
新疆：和静 张挺，杨赵平，焦培培等 LiZJ0444
新疆：和静 杨赵平，焦培培，白冠章等 LiZJ0726
新疆：和静 塔里木大学植物资源调查组 TD-00321
新疆：和硕 塔里木大学植物资源调查组 TD-00362
新疆：克拉玛依 谭敦炎，邱娟 TanDY0495
新疆：克拉玛依 徐文斌，杨清理 SHI-2009021
新疆：奎屯 谭敦炎，吉乃提 TanDY0611
新疆：奎屯 徐文斌，黄刚 SHI-2009008
新疆：奎屯 徐文斌，黄刚 SHI-2009014
新疆：青河 段士民，王喜勇，刘会良等 155
新疆：塔什库尔干 黄文娟，段黄金，王英鑫等 LiZJ0371
新疆：温泉 徐文斌，王莹 SHI-2008035
新疆：乌恰 塔里木大学植物资源调查组 TD-00691
新疆：焉耆 杨赵平，焦培培，白冠章等 LiZJ0619
新疆：叶城 黄文娟，段黄金，王英鑫等 LiZJ0897
新疆：叶城 冯建菊，蒋学玮 Liujq-fjj-0144

Nitraria sphaerocarpa Maximowicz **泡泡刺**
青海：共和 陈世龙，张得钧，高庆波等 Chensl0019
新疆：巴里 王喜勇，马文宝，施翔 zdy496
新疆：哈密 段士民，王喜勇，刘会良 Zhangdy102
新疆：哈密 段士民，王喜勇，刘会良 Zhangdy106
新疆：哈密 段士民，王喜勇，刘会良 Zhangdy107
新疆：哈密 段士民，王喜勇，刘会良 Zhangdy110
新疆：哈密 段士民，王喜勇，刘会良 Zhangdy111
新疆：哈密 段士民，王喜勇，刘会良 Zhangdy113
新疆：哈密 段士民，王喜勇，刘会良 Zhangdy114
新疆：哈密 段士民，王喜勇，刘会良 Zhangdy115
新疆：哈密 段士民，王喜勇，刘会良 Zhangdy116
新疆：哈密 段士民，王喜勇，刘会良 Zhangdy117
新疆：和硕 邱爱军，张玲，徐盼 LiZJ1429
新疆：和硕 塔里木大学植物资源调查组 TD-00093
新疆：柯坪 杨赵平，周禧林，贺冰 LiZJ1124
新疆：叶城 郭永杰，黄文娟，段黄金 LiZJ0186

新疆：叶城 郭永杰，黄文娟，段黄金 LiZJ0191

Nitraria tangutorum Bobrov 白刺 *

青海：德令哈 潘建斌，杜维波，牛炳韬 Liujq-2011CDM-306
青海：德令哈 潘建斌，杜维波，牛炳韬 Liujq-2011CDM-368
青海：都兰 潘建斌，杜维波，牛炳韬 Liujq-2011CDM-065
青海：都兰 潘建斌，杜维波，牛炳韬 Liujq-2011CDM-068
青海：都兰 潘建斌，杜维波，牛炳韬 Liujq-2011CDM-098
青海：都兰 潘建斌，杜维波，牛炳韬 Liujq-2011CDM-118
青海：都兰 潘建斌，杜维波，牛炳韬 Liujq-2011CDM-161
青海：都兰 潘建斌，杜维波，牛炳韬 Liujq-2011CDM-184
青海：都兰 潘建斌，杜维波，牛炳韬 Liujq-2011CDM-209
青海：格尔木 冯虎元 LiuJQ-08KLS-001
青海：格尔木 陈世龙，高庆波，张发起 Chensl0860
青海：格尔木 潘建斌，杜维波，牛炳韬 Liujq-2011CDM-035
青海：格尔木 潘建斌，杜维波，牛炳韬 Liujq-2011CDM-041
青海：格尔木 潘建斌，杜维波，牛炳韬 Liujq-2011CDM-056
青海：乌兰 潘建斌，杜维波，牛炳韬 Liujq-2011CDM-252
青海：乌兰 潘建斌，杜维波，牛炳韬 Liujq-2011CDM-303
青海：乌兰 潘建斌，杜维波，牛炳韬 Liujq-2011CDM-331
青海：乌兰 陈世龙，张得钧，高庆波等 Chensl0479
陕西：定边 田先华，张楠，李刚 TianXH175
新疆：阜康 王雷，朱雅娟，黄振英 Beijing-junggar-000019
新疆：阜康 王宏飞，王磊，黄振英 Beijing-huang-xjsm-0023
新疆：和硕 塔里木大学植物资源调查组 TD-00145
新疆：精河 徐文斌，黄雪姣 SHI-2008300
新疆：库尔勒 张挺，杨赵平，焦培培等 LiZJ0410
新疆：奎屯 徐文斌，郭一敏 SHI-2009010
新疆：石河子 徐文斌，杨清理 SHI-2009138
新疆：塔什库尔干 杨赵平，黄文娟 TD-01764
新疆：吐鲁番 段士民，王喜勇，刘会良 Zhangdy554
新疆：乌尔禾区 徐文斌，杨清理 SHI-2009114
新疆：五家渠 马健，刘雪灿，任雯 MAJ010
新疆：新和 塔里木大学植物资源调查组 TD-00092
新疆：叶城 冯建菊，蒋学玮 Liujq-fjj-0132
新疆：叶城 郭永杰，黄文娟，段黄金 LiZJ0192

Peganum harmala Linnaeus 骆驼蓬

宁夏：利通区 何志斌，杜军，陈龙飞等 HHZA0002
宁夏：盐池 左忠，刘华 ZuoZh003
青海：贵德 陈世龙，高庆波，张发起等 Chensl1203
陕西：定边 田先华，张楠，李刚 TianXH176
陕西：定边 何志斌，杜军，陈龙飞等 HHZA0276
西藏：扎囊 王东超，杨大松，张春林等 YangYP-Q-5071
新疆：阿合奇 塔里木大学植物资源调查组 TD-00562
新疆：阿合奇 塔里木大学植物资源调查组 TD-00578
新疆：阿合奇 黄文娟，杨赵平，王英鑫 TD-01942
新疆：阿克苏 塔里木大学植物资源调查组 TD-00204
新疆：阿克苏 塔里木大学植物资源调查组 TD-00208
新疆：阿克苏 塔里木大学植物资源调查组 TD-00270
新疆：阿克陶 塔里木大学植物资源调查组 TD-00757
新疆：阿克陶 塔里木大学植物资源调查组 TD-00812
新疆：阿克陶 杨赵平，黄文娟 TD-01726
新疆：阿图什 塔里木大学植物资源调查组 TD-00606
新疆：拜城 塔里木大学植物资源调查组 TD-00925
新疆：拜城 塔里木大学植物资源调查组 TD-00948
新疆：拜城 塔里木大学植物资源调查组 TD-00402
新疆：博乐 徐文斌，马真 SHI2006312
新疆：博乐 郭静谊，刘鸯，翟伟 SHI2006326
新疆：博乐 徐文斌，王莹 SHI-2008107
新疆：博乐 徐文斌，黄雪姣 SHI-2008333
新疆：博乐 徐文斌，杨清理 SHI-2008360
新疆：博乐 徐文斌，黄雪姣 SHI-2008389
新疆：博乐 徐文斌，许晓敏 SHI-2008415
新疆：博乐 徐文斌，杨清理 SHI-2008477
新疆：博乐 徐文斌，杨清理 SHI-2008483
新疆：布尔津 谭敦炎，邱娟 TanDY0446
新疆：阜康 谭敦炎，邱娟 TanDY0401
新疆：巩留 刘鸯，徐文斌，马真等 SHI-A2007236
新疆：巩留 贺晓欢 SHI-A2007256
新疆：哈密 王喜勇，马文宝，施翔 zdy444
新疆：和布克赛尔 徐文斌 SCSB-SHI-2006195
新疆：和布克赛尔 高木木 SCSB-SHI-2006202
新疆：和静 塔里木大学植物资源调查组 TD-00316
新疆：和硕 塔里木大学植物资源调查组 TD-00360
新疆：霍城 刘鸯，马真，贺晓欢等 SHI-A2007164
新疆：柯坪 塔里木大学植物资源调查组 TD-00843
新疆：克拉玛依 徐文斌，郭一敏 SHI-2009022
新疆：克拉玛依 徐文斌，郭一敏 SHI-2009157
新疆：库车 塔里木大学植物资源调查组 TD-00954
新疆：库车 塔里木大学植物资源调查组 TD-00387
新疆：奎屯 翟伟，马真 SHI2006365
新疆：奎屯 石大标 SCSB-Y-2006082
新疆：奎屯 徐文斌，杨清理 SHI-2009150
新疆：奎屯 徐文斌，郭一敏 SHI-2009151
新疆：玛纳斯 徐文斌 SHI2006296
新疆：木垒 马健，任雯 MAJ008
新疆：沙湾 石大标 SCSB-Y-2006086
新疆：沙湾 石大标 SCSB-Y-2006090
新疆：沙湾 陶冶，雷凤品，黄刚 SHI2006257
新疆：石河子 阎平，雷凤品，陶冶 SCSB-2006067
新疆：石河子 董凤新 SCSB-Y-2006135
新疆：石河子 石大标 SCSB-Y-2006147
新疆：石河子 石大标 SCSB-Y-2006152
新疆：石河子 石大标 SCSB-Y-2006163
新疆：石河子 石大标 SHI-2006416
新疆：石河子 陶冶，雷凤品 SHI2006259
新疆：塔城 谭敦炎，吉乃提 TanDY0658
新疆：塔什库尔干 黄文娟，段黄金，王英鑫等 LiZJ0317
新疆：托里 谭敦炎，吉乃提 TanDY0733
新疆：托里 郭静谊，高木木 SHI2006354
新疆：托里 徐文斌 SHI2006355
新疆：托里 谭敦炎，吉乃提 TanDY0773
新疆：托里 徐文斌，郭一敏 SHI-2009058
新疆：托里 徐文斌，郭一敏 SHI-2009181
新疆：托里 徐文斌，郭一敏 SHI-2009184
新疆：托里 徐文斌，郭一敏 SHI-2009202
新疆：托里 徐文斌，杨清理 SHI-2009207
新疆：温泉 石大标 SCSB-SHI-2006209
新疆：温泉 石大标 SCSB-SHI-2006225
新疆：温泉 石大标 SCSB-SHI-2006231
新疆：温泉 徐文斌，黄雪姣 SHI-2008067
新疆：温泉 徐文斌，王莹 SHI-2008080
新疆：温泉 徐文斌，黄雪姣 SHI-2008193
新疆：温泉 徐文斌，黄雪姣 SHI-2008208
新疆：温泉 徐文斌，黄雪姣 SHI-2008271
新疆：温宿 杨赵平，焦培培，白冠章等 LiZJ0933

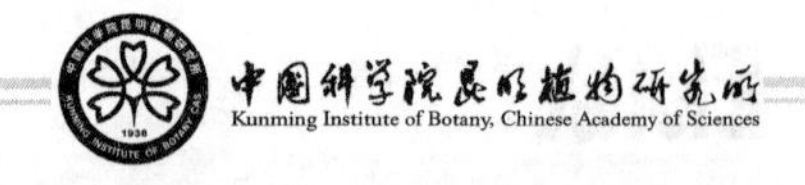

新疆：温宿 白宝伟，段黄金 TD-01821
新疆：乌鲁木齐 谭敦炎，吉乃提 TanDY0508
新疆：乌鲁木齐 马文宝，刘会良，施翔 zdy171
新疆：乌鲁木齐 马文宝，刘会良，施翔 zdy185
新疆：乌恰 塔里木大学植物资源调查组 TD-00678
新疆：乌恰 塔里木大学植物资源调查组 TD-00707
新疆：乌恰 杨赵平，黄文娟 TD-01799
新疆：乌恰 杨赵平，黄文娟 TD-01886
新疆：乌什 杨赵平，周禧琳，贺冰 LiZJ1361
新疆：乌什 塔里木大学植物资源调查组 TD-00864
新疆：乌什 塔里木大学植物资源调查组 TD-00502
新疆：乌什 塔里木大学植物资源调查组 TD-00539
新疆：乌什 白宝伟，段黄金 TD-01860
新疆：乌苏 石大标 SCSB-SHI-2006244
新疆：乌苏 马真，贺晓欢，徐文斌等 SHI-A2007349
新疆：新和 塔里木大学植物资源调查组 TD-00521
新疆：新和 白宝伟，段黄金 TD-02061
新疆：焉耆 杨赵平，焦培培，白冠章等 LiZJ0641
新疆：叶城 郭永杰，黄文娟，段黄金 LiZJ0196
新疆：裕民 谭敦炎，吉乃提 TanDY0696
新疆：裕民 徐文斌，杨清理 SHI-2009387
新疆：裕民 徐文斌，杨清理 SHI-2009408
新疆：裕民 徐文斌，杨清理 SHI-2009480

Peganum multisectum (Maximowicz) Bobrov 多裂骆驼蓬 *
青海：城西区 薛春迎 Xuechy0010
青海：共和 陈世龙，张得钧，高庆波等 Chensl0018
青海：共和 陈世龙，高庆波，张发起 Chensl0499
青海：贵南 陈世龙，高庆波，张发起 Chensl0971
青海：尖扎 陈世龙，高庆波，张发起 Chensl0892
青海：平安 陈世龙，高庆波，张发起等 Chensl1765
新疆：阿合奇 杨赵平，黄文娟 TD-01899
新疆：和静 杨赵平，焦培培，白冠章等 LiZJ0679
新疆：和静 杨赵平，焦培培，白冠章等 LiZJ0725
新疆：和硕 杨赵平，焦培培，白冠章等 LiZJ0611
新疆：吉木乃 许炳强，胡伟明 XiaNH-07ZX-822
新疆：塔什库尔干 黄文娟，段黄金，王英鑫等 LiZJ0284
新疆：温宿 杨赵平，焦培培，白冠章等 LiZJ0783
新疆：叶城 郭永杰，黄文娟，段黄金 LiZJ0184
新疆：英吉沙 黄文娟，段黄金，王英鑫等 LiZJ0824

Peganum nigellastrum Bunge 骆驼蒿
宁夏：盐池 左忠，刘华 ZuoZh028
陕西：定边 田陌，王梅荣 TianXH1146

Nyctaginaceae 紫茉莉科

紫茉莉科	世界	中国	种质库
属 / 种（种下等级）/ 份数	30/300	6/13	3/3/19

Commicarpus chinensis (Linnaeus) Heimerl 中华粘腺果
云南：永德 李永亮 YDDXS1221

Mirabilis jalapa Linnaeus 紫茉莉
湖南：江永 刘克明，肖乐希，田淑珍 SCSB-HN-0046
湖南：湘乡 陈薇，朱香清，马仲辉 SCSB-HN-0460
湖南：新宁 姜孝成，唐贵华，张亦雅 SCSB-HNJ-0370
湖南：长沙 姜孝成，唐妹，尹恒 SCSB-HNJ-0408
四川：乐至 邓兴敏，邓秀发，张昌兵 ZCB0423
云南：景东 罗忠华，刘长铭，鲁成荣等 JDNR09022
云南：蒙自 田学军，张冲，马明波 TianXJ256
云南：勐腊 赵相兴 A054
云南：南涧 饶富玺，阿国仁，何贵才 NJWLS803
云南：南涧 张世雄，时国彩 NJWLS2008057
云南：腾冲 周应再 Zhyz-094
云南：新平 刘家良 XPALSD112
云南：永德 李永亮 YDDXS0870
云南：镇沅 罗成瑜 ALSZY222

Oxybaphus himalaicus var. **chinensis** (Heimerl) D. Q. Lu 中华山紫茉莉 *
四川：巴塘 陈家辉，刘亚辉，周妍等 YangYP-Q-2316
四川：小金 高云东，李忠荣，鞠文彬 GaoXF-12-102
西藏：左贡 张挺，蔡杰，袁明 09CS1487
云南：德钦 孙航，李新辉，陈林杨 SunH-07ZX-2968

Nymphaeaceae 睡莲科

睡莲科	世界	中国	种质库
属 / 种（种下等级）/ 份数	8/70	3/8	2/2/6

Euryale ferox Salisbury 芡实
黑龙江：松北 孙阎，张健男 SunY490
江西：庐山区 易桂花，李秀枝 TanCM3412
江西：庐山区 易桂花，李秀枝，韦飞 TanCM581

Nuphar pumila (Timm) de Candolle 萍蓬草
黑龙江：宝清 王臣，张欣欣，崔皓钧等 WangCh367
黑龙江：宁安 孙阎 SunY476
吉林：磐石 安海成 AnHC0391

Olacaceae 铁青树科

铁青树科	世界	中国	种质库
属 / 种（种下等级）/ 份数	27/179	4/6	1/1/2

Erythropalum scandens Blume 赤苍藤
云南：沧源 张挺，刘成，郭永杰 08CS958
云南：麻栗坡 张挺，刘成，刘发山 09CS1319

Oleaceae 木犀科

木犀科	世界	中国	种质库
属 / 种（种下等级）/ 份数	24/615	10/160	9/63(76)/421

Chionanthus ramiflorus Roxburgh 枝花流苏树
云南：南涧 官有才，马德跃，熊绍荣 NJWLS687
云南：南涧 李加生，官有才 NJWLS849
云南：普洱 张绍云，叶金科 YNS0056

Chionanthus retusus Lindley & Paxton 流苏树
河北：灵寿 牛玉璐，王晓亮 NiuYL572
云南：石林 税玉民，陈文红 65522

Fontanesia philliraeoides subsp. **fortunei** (Carrière) Yaltirik 雪柳 *
河南：浉河区 朱鑫鑫，闫明慧，王君等 ZhuXX210
山东：天桥区 王萍，高德民，张诏等 lilan329

Forsythia giraldiana Lingelsheim 秦连翘 *
甘肃：迭部 刘坤 LiuJQ-GN-2011-610

陕西：太白 田先华，董栓录 TianXH1199

Forsythia suspensa (Thunberg) Vahl **连翘 ***

河北：武安 牛玉璐，高彦飞，赵二涛 NiuYL488
湖北：仙桃 张代贵 Zdg2300
宁夏：盐池 左忠，刘华 ZuoZh050
山东：历城区 张少华，王萍，张诏等 Lilan225
山东：历下区 赵遵田，曹子谊，任昭杰等 Zhaozt0016
山西：沁水 张贵平，张丽，吴琼 Zhangf0006

Fraxinus bungeana A. de Candolle **小叶梣 ***

安徽：金寨 陈延松，欧祖兰，刘旭升 Xuzd237
北京：东城区 王雷，朱雅娟，黄振英 Beijing-huang-bws-0024
北京：海淀区 宋松泉，邓志军 SCSB-D-0002
北京：门头沟区 林坚 SCSB-E-0003
北京：西城区 王雷，朱雅娟，黄振英 Beijing-huang-yms-0014
辽宁：朝阳 卜军，金实，阴黎明 CaoW386
辽宁：朝阳 卜军，金实，阴黎明 CaoW484
辽宁：建昌 卜军，金实，阴黎明 CaoW507
辽宁：连山区 卜军，金实，阴黎明 CaoW493
辽宁：凌源 郑宝江，王美娟，曹鹏等 ZhengBJ406
辽宁：长海 郑宝江，潘磊 ZhengBJ151

Fraxinus chinensis Roxburgh **白蜡树**

河北：蔚县 牛玉璐，高彦飞，黄士良 NiuYL141
河南：鲁山 宋松泉 HN019
河南：鲁山 宋松泉 HN079
河南：鲁山 宋松泉 HN129
湖南：双牌 姜孝成，王丽萍，李育华 Jiangxc0845
宁夏：盐池 李出山，牛钦瑞 ZuoZh135
山东：历城区 张少华，王萍，张诏等 Lilan191
陕西：太白 董栓录，李智军 TianXH464
四川：马尔康 许炳强，童毅华，吴兴等 XiaNH-07ZX-0944
云南：沧源 赵金超，肖美芳，李永强 CYNGH401

Fraxinus chinensis subsp. **rhynchophylla** (Hance) E. Murray **花曲柳**

河北：兴隆 牛玉璐，高彦飞，赵二涛 NiuYL482
吉林：抚松 周海城 ZhouHC035
辽宁：朝阳 卜军，金实，阴黎明 CaoW460
辽宁：朝阳 卜军，金实，阴黎明 CaoW491
辽宁：朝阳 卜军，金实，阴黎明 CaoW520
辽宁：凤城 李昊 CaoW222
辽宁：凤城 董清 CaoW247
辽宁：凤城 朱春龙 CaoW260
辽宁：凤城 张春华 CaoW277
辽宁：建昌 卜军，金实，阴黎明 CaoW407
辽宁：建昌 卜军，金实，阴黎明 CaoW417
辽宁：建昌 卜军，金实，阴黎明 CaoW451
辽宁：建昌 卜军，金实，阴黎明 CaoW481
辽宁：建平 卜军，金实，阴黎明 CaoW523
辽宁：建平 卜军，金实，阴黎明 CaoW530
辽宁：喀喇沁左翼 卜军，金实，阴黎明 CaoW454
辽宁：连山区 卜军，金实，阴黎明 CaoW412
辽宁：连山区 卜军，金实，阴黎明 CaoW415
辽宁：连山区 卜军，金实，阴黎明 CaoW453
辽宁：连山区 卜军，金实，阴黎明 CaoW455
辽宁：连山区 卜军，金实，阴黎明 CaoW510
辽宁：连山区 卜军，金实，阴黎明 CaoW511
辽宁：连山区 卜军，金实，阴黎明 CaoW522
辽宁：凌源 卜军，金实，阴黎明 CaoW496
辽宁：凌源 卜军，金实，阴黎明 CaoW497
辽宁：凌源 卜军，金实，阴黎明 CaoW521
辽宁：清河区 刘少硕，谢峰 CaoW304
辽宁：绥中 卜军，金实，阴黎明 CaoW391
辽宁：瓦房店 宫本胜 CaoW339
辽宁：义县 卜军，金实，阴黎明 CaoW416
辽宁：义县 卜军，金实，阴黎明 CaoW478
内蒙古：敖汉旗 卜军，金实，阴黎明 CaoW531
山东：牟平区 高德民，王萍，张颖颖等 Lilan593

Fraxinus floribunda Wallich **多花梣**

云南：南涧 官有才，马德跃 NJWLS392
云南：普洱 仇亚，胡启和，周英等 YNS0507

Fraxinus griffithii C. B. Clarke **光蜡树**

湖北：仙桃 张代贵 Zdg1610
云南：禄劝 张挺，张书东，李爱花等 SCSB-A-000084
云南：禄劝 蔡杰，亚吉东，苏勇等 14CS9697

Fraxinus insularis Hemsley **苦枥木**

安徽：黄山区 唐鑫生，方建新 TangXS0511
湖南：怀化 李胜华，伍贤进，曾汉元等 HHXY239
江西：庐山区 谭策铭，董安淼 TanCM492
江西：修水 缪以清，余于明，梁荣文 TanCM687
云南：景东 罗忠华，刘长铭，李绍昆等 JDNR09077
云南：思茅区 张绍云，叶金科，胡启和 YNS1331

Fraxinus malacophylla Hemsley **白枪杆**

云南：峨山 蔡杰，刘成，郑国伟 12CS5766
云南：麻栗坡 肖波 LuJL291
云南：弥勒 刘恩德，方伟，杜燕等 SCSB-B-000031
云南：文山 何德明，高发能 WSLJS1028

Fraxinus mandshurica Ruprecht **水曲柳**

黑龙江：巴彦 孙阎，赵立波 SunY005
黑龙江：虎林市 王庆贵 CaoW571
黑龙江：虎林市 王庆贵 CaoW600
黑龙江：饶河 王庆贵 CaoW638
黑龙江：饶河 王庆贵 CaoW684
黑龙江：尚志 郑宝江，丁晓炎，李月等 ZhengBJ173
黑龙江：尚志 刘玫，王臣，史传奇等 Liuetal596
吉林：安图 周海城 ZhouHC038
吉林：白山 王云贺 Yanglm0145
吉林：磐石 安海成 AnHC079
辽宁：瓦房店 宫本胜 CaoW350
宁夏：盐池 牛有栋，李出山 ZuoZh095
陕西：太白 董栓录，李智军 TianXH463
新疆：吐鲁番 段士民，王喜勇，刘会良 Zhangdy577

Fraxinus paxiana Lingelsheim **秦岭梣 ***

陕西：眉县 田先华，董栓录 TianXH1197

Fraxinus platypoda Oliver **象蜡树**

陕西：太白 田先华，董栓录 TianXH1198

Fraxinus sieboldiana Blume **庐山梣**

江西：庐山区 谭策铭，董安淼 TanCM480

Fraxinus sikkimensis (Lingelsheim) Handel-Mazzetti **锡金梣**

云南：维西 杨亲二，袁琼 Yangqe2698
云南：香格里拉 张挺，李明勤，王关友等 11CS3630
云南：永德 李永亮 YDDXS0596

Fraxinus sogdiana Bunge **天山梣**

新疆：尼勒克 亚吉东，张桥蓉，秦少发等 16CS13434

Jasminum duclouxii (H. Léveillé) Rehder **丛林素馨 ***

云南：河口 杨鑫峰 ZhangGL004
云南：南涧 时国彩，何贵才，杨建平等 njwls2007032
云南：思茅区 胡启和，张绍云 YNS0944

云南：腾冲 余新林，赵玮 BSGLGStc336
云南：西盟 叶金科 YNS0136

Jasminum floridum Bunge 探春花 *
陕西：长安区 田先华，田陌 TianXH485

Jasminum humile Linnaeus 矮探春
西藏：波密 张大才，李双智，唐路等 ZhangDC-07ZX-1728
西藏：波密 扎西次仁，西落 ZhongY679
西藏：察隅 张挺，蔡杰，袁明 09CS1616
西藏：林芝 罗建，汪书丽 LiuJQ-09XZ-110
云南：贡山 郭永杰，吴之坤，吴兴等 14CS9914
云南：永德 李永亮 YDDXS0662
云南：玉龙 张大才，李双智，杨川 ZhangDC-07ZX-2025

Jasminum humile var. **microphyllum** (L. C. Chia) P. S. Green 狭叶矮探春 *
云南：嵩明 刘恩德，张挺，方伟等 SCSB-A-000057

Jasminum lanceolaria Roxburgh 清香藤
贵州：江口 周云，王勇 XiangZ058
湖北：五峰 李平 AHL087
湖北：宣恩 沈泽昊 HXE110
湖南：鹤城区 李胜华，伍贤进，曾汉元等 HHXY147
湖南：石门 陈功锡，张代贵，邓涛等 SCSB-HC-2007551
湖南：永定区 吴福川，查学州，曹赫 7100
江西：武宁 张吉华，刘运群 TanCM747
陕西：紫阳 田先华，王孝安 TianXH1054
云南：南涧 马德跃，官有才 NJWLS819
云南：永德 李永亮，王四，杨建文 YDDXSB063

Jasminum nudiflorum Lindley 迎春花 *
西藏：八宿 张永洪，李国栋，王晓雄 SunH-07ZX-1777

Jasminum officinale Linnaeus 素方花
四川：白玉 李晓东，张景博，徐凌翔等 LiJ457
西藏：波密 刘成，亚吉东，何华杰等 16CS11820
西藏：波密 孙航，张建文，陈建国等 SunH-07ZX-2556
西藏：波密 张大才，李双智，唐路等 ZhangDC-07ZX-1718
西藏：城关区 许炳强，童毅华 XiaNh-07zx-516
西藏：林芝 罗建，汪书丽 LiuJQ-08XZ-221
西藏：林芝 罗建，汪书丽 LiuJQ-09XZ-081
西藏：林芝 罗建，汪书丽，任德智 LiuJQ-09XZ-ML008
云南：鹤庆 孙航，李新辉，陈林杨 SunH-07ZX-3175
云南：丽江 孙航，李新辉，陈林杨 SunH-07ZX-3125
云南：香格里拉 李爱花，周开洪，黄之镨等 SCSB-A-000237
云南：永德 李永亮 YDDXS1089
云南：玉龙 孙航，李新辉，陈林杨 SunH-07ZX-3233

Jasminum polyanthum Franchet 多花素馨 *
云南：文山 何德明 WSLJS858

Jasminum seguinii H. Léveillé 亮叶素馨
云南：隆阳区 赵文李 BSGLGSly3043
云南：新平 谢雄 XPALSC266
云南：新平 谢雄 XPALSC355
云南：新平 刘家良 XPALSD286

Jasminum stephanense Lemoine 淡红素馨 *
四川：稻城 何兴金，李琴琴，马祥光等 SCU-09-151

Jasminum subhumile W. W. Smith 滇素馨
湖北：神农架林区 李巨平 LiJuPing0239
云南：剑川 陈文允，于文涛，黄永江等 CYHL231
云南：南涧 李名生，苏世忠 NJWLS2008204
云南：云龙 李施文，张志云，段耀飞等 TC3026

Jasminum urophyllum Hemsley 川素馨 *
四川：峨眉山 李小杰 LiXJ715

Ligustrum compactum (Wallich ex G. Don) J. D. Hooker & Thomson ex Brandis 长叶女贞
四川：得荣 张大才，李双智，杨川 ZhangDC-07ZX-1950
西藏：波密 刘成，亚吉东，何华杰等 16CS11821
云南：澄江 伊廷双，孟静，杨杨 MJ-909
云南：德钦 孙航，李新辉，陈林杨 SunH-07ZX-2989
云南：德钦 张大才，李双智，杨川 ZhangDC-07ZX-1961
云南：富民 蔡杰，亚吉东，苏勇等 14CS9532
云南：剑川 柳小康 OuXK-0029
云南：剑川 何彪 OuXK-0039
云南：石林 张挺，张书东，杨茜等 SCSB-A-000015
云南：石林 张挺，张书东，杨茜等 SCSB-A-000022
云南：石林 税玉民，陈文红 65841
云南：思茅区 张绍云，胡启和，叶金科等 YNS1202
云南：西山区 伊廷双，孟静，杨杨 MJ-890
云南：香格里拉 孙航，李新辉，陈林杨 SunH-07ZX-3098
云南：沾益 彭华，陈丽 P.H.5969

Ligustrum confusum Decaisne 散生女贞
云南：沧源 赵金超 CYNGH057
云南：景东 鲁艳 2008207
云南：景东 罗忠华，孔明勇，刘长铭等 JD116
云南：隆阳区 段在贤，尹布贵 BSGLGSly1252
云南：腾冲 周应再 Zhyz-128
云南：文山 何德明，丛义艳，高发能 WSLJS793
云南：永德 李永亮，马文军 YDDXSB127
云南：永德 李永亮 YDDXS0615
云南：永平 彭华，向春雷，王泽欢 PengH8343

Ligustrum delavayanum Hariot 紫药女贞 *
云南：昌宁 赵玮 BSGLGSly160
云南：贡山 刀志灵 DZL310
云南：景东 杨国平，李达文，鲁志云 ygp-029
云南：麻栗坡 肖波 LuJL504
云南：墨江 张绍云，叶金科，胡启和 YNS1337
云南：南涧 阿国仁，罗新洪，李敏等 NJWLS2008136
云南：盘龙区 彭华，向春雷，王泽欢 PengH8421
云南：巧家 李文虎，颜再奎，张天壁等 QJYS0047
云南：巧家 杨光明 SCSB-W-1472
云南：巧家 李文虎，吴天抗，张天壁等 QJYS0166
云南：石林 张挺，张书东，杨茜等 SCSB-A-000016
云南：维西 刀志灵 DZL422
云南：新平 彭华，向春雷，陈丽 PengH8299
云南：新平 彭华，向春雷，陈丽 PengH8303
云南：玉龙 张大才，李双智，杨川 ZhangDC-07ZX-2034

Ligustrum expansum Rehder 扩展女贞 *
湖北：竹溪 李盛兰 GanQL234

Ligustrum leucanthum (S. Moore) P. S. Green 蜡子树 *
河南：栾川 何明高，付婷婷，水庆艳 Huangzy0093
湖北：仙桃 张代贵 Zdg3001
江西：庐山区 谭策铭，董安淼 TanCM530

Ligustrum longitubum (P. S. Hsu) P. S. Hsu 长筒女贞 *
安徽：徽州区 方建新 TangXS0783

Ligustrum lucidum W. T. Aiton 女贞 *
安徽：屯溪区 方建新 TangXS0036
河北：武安 牛玉璐，王晓亮 NiuYL531
湖北：神农架林区 祝文志，刘志祥，曹远俊 ShenZH5733
湖北：五峰 李平 AHL103
湖南：安化 刘克明，李伟 SCSB-HN-1696
湖南：怀化 李胜华，伍贤进，曾汉元等 HHXY382

湖南：江华 肖乐希 SCSB-HN-0882
湖南：澧县 田淑珍 SCSB-HN-1064
湖南：浏阳 陈薇 SCSB-HN-1042
湖南：望城 王得刚，熊凯辉 SCSB-HN-2288
湖南：望城 熊凯辉，刘克明 SCSB-HN-2143
湖南：新化 李伟，刘克明 SCSB-HN-1680A
湖南：沅江 李伟 SCSB-HN-1022
湖南：沅陵 周丰杰 SCSB-HN-1367
湖南：岳麓区 刘克明，肖乐希，丛义艳 SCSB-HN-0670
湖南：长沙 朱香清，田淑珍 SCSB-HN-1468
湖南：长沙 李辉良 SCSB-HN-0754
湖南：长沙 熊凯辉，刘克明 SCSB-HN-2172
湖南：资兴 王得刚，熊凯辉 SCSB-HN-2138
江苏：句容 吴林园，王兆银，白明明 HANGYY9005
江西：井冈山 兰国华 LiuRL108
江西：井冈山 兰国华 LiuRL115
江西：修水 缪以清，胡建华 TanCM1771
四川：乐至 邓兴敏，邓秀发，张昌兵 ZCB0501
四川：米易 袁明 MY315
四川：雨城区 袁明，高刚，杨勇 YM2014039
西藏：芒康 王文礼，冯欣，刘飞鹏 OUXK11153
云南：德钦 刀志灵 DZL452
云南：贡山 朱枫，张仲富，成梅 Wangsh-07ZX-046
云南：鹤庆 孙振华，王文礼，宋晓卿等 OuxK-HQ-0012
云南：金平 喻智勇，官兴永，张云飞等 JinPing38
云南：景东 鲁艳 2008188
云南：澜沧 刀志灵 DZL544
云南：隆阳区 段在贤 BSGLGS1y071
云南：隆阳区 尹学建 BSGLGS1y2021
云南：隆阳区 赵玮 BSGLGS1y188
云南：隆阳区 段在贤，尹布贵，刀开国等 BSGLGS1y1216
云南：绿春 何疆海，何来收，白然思等 HLS0340
云南：麻栗坡 肖波 LuJL144
云南：墨江 张绍云，仇亚，胡启和 YNS1311
云南：南涧 罗新洪，阿国仁 NJWLS554
云南：南涧 高国政 NJWLS1409
云南：南涧 李加生，马德跃，官有才 NJWLS833
云南：盘龙区 伊廷双，孟静，杨杨 MJ-928
云南：普洱 谭运洪 B73
云南：石林 税玉民，陈文红 65441
云南：石林 税玉民，陈文红 65531
云南：嵩明 刘恩德，张挺，方伟等 SCSB-A-000055
云南：腾冲 周应再 Zhyz-171
云南：文山 彭华，刘恩德，陈丽 P.H.6015
云南：香格里拉 孙振华，郑志兴，沈蕊等 OuXK-YS-259
云南：盈江 王立彦，桂魏 SCSB-TBG-087
云南：永德 李永亮，马文军 YDDXSB204
云南：永德 李永亮 YDDXS0992
云南：元阳 彭华，向春雷，陈丽 PengH8224
云南：云龙 孙振华，郑志兴，沈蕊等 OuXK-LC-062
云南：沾益 彭华，陈丽 P.H.5977
云南：镇沅 何忠云，周立刚 ALSZY273
云南：镇沅 胡启和，周英，仇亚 YNS0641

Ligustrum obtusifolium Siebold & Zuccarini **水蜡树**
黑龙江：爱辉区 刘玫，王臣，张欣欣等 Liuetal696
黑龙江：虎林市 王庆贵 CaoW690

Ligustrum obtusifolium subsp. **suave** (Kitagawa) Kitagawa **辽东水蜡树＊**
黑龙江：五大连池 孙阎，晁雄雄 SunY089
江西：武宁 张吉华，刘运群 TanCM795
山东：崂山区 罗艳，李中华 LuoY393
山东：牟平区 卞福花，陈朋 BianFH-0353

Ligustrum pedunculare Rehder **总梗女贞＊**
重庆：南川区 易思荣 YISR114

Ligustrum pricei Hayata **阿里山女贞＊**
广西：环江 许为斌，梁永延，黄俞淞等 Liuyan0168
江西：武宁 张吉华，刘运群 TanCM1189
四川：峨眉山 李小杰 LiXJ733
四川：峨眉山 李小杰 LiXJ553

Ligustrum quihoui Carrière **小叶女贞＊**
广西：临桂 吴望辉，许为斌，农冬新 Liuyan0524
广西：龙胜 黄俞淞，叶晓霞，邹容 Liuyan0065
广西：上思 许为斌，黄俞淞，梁永延等 Liuyan0214
湖北：神农架林区 李巨平 LiJuPing0010
湖北：神农架林区 祝文志，刘志祥，曹远俊 ShenZH2451
湖南：鹤城区 李胜华，伍贤进，曾汉元等 HHXY148
湖南：怀化 李胜华，伍贤进，曾汉元等 HHXY022
湖南：岳麓区 刘克明，肖乐希，丛义艳 SCSB-HN-0669
江苏：句容 王兆银，吴宝成 SCSB-JS0355
江苏：海州区 汤兴利 HANGYY8484
江西：星子 谭策铭，董安淼 TCM09094
宁夏：盐池 牛有栋，朱奋霞 ZuoZh194
陕西：长安区 田陌，田先华 TianXH386
四川：木里 孔航辉，罗江平，左雷等 YangQE3389
云南：P.H.5648
云南：安宁 杜燕，周开洪，王建军等 SCSB-A-000362
云南：安宁 伊廷双，孟静，杨杨 MJ-865
云南：富民 蔡杰，亚吉东，苏勇等 14CS9534
云南：贡山 郭永杰，吴之坤，吴兴等 14CS9821
云南：红河 彭华，向春雷，陈丽 PengH8251
云南：禄丰 刀志灵，张洪喜，陈渝 DZL489
云南：禄劝 柳小康 OuXK-0093
云南：牟定 刀志灵，陈渝 DZL522
云南：盘龙区 彭华，向春雷，王泽欢 PengH8447
云南：石林 税玉民，陈文红 65518
云南：维西 张挺，徐远杰，黄押稳等 SCSB-B-000147
云南：维西 王文礼，冯欣，刘飞鹏 OUXK11044
云南：维西 孔航辉，任琛 Yangqe2832
云南：文山 税玉民，陈文红 81146
云南：云龙 字建泽，杨六斤，李国宏等 TC1075

Ligustrum robustum subsp. **chinense** P. S. Green **粗壮女贞＊**
贵州：江口 彭华，王英，陈丽 P.H.5153
云南：墨江 张绍云，仇亚，胡启和 YNS1305
云南：南涧 李成清，沈文明，徐如标 NJWLS483
云南：思茅区 胡启和，叶金科，张绍云 YNS1354
云南：腾冲 余新林，赵玮 BSGLGStc072
云南：文山 韦荣彪，何德明，丰艳飞 WSLJS655

Ligustrum sempervirens (Franchet) Lingelsheim **裂果女贞＊**
四川：盐源 苏涛，黄永江，杨青松等 ZhouZK11370
云南：鹤庆 柳小康 OuXK-0022
云南：牟定 王文礼，何彪，冯欣等 OUXK11274
云南：武定 王文礼，何彪，冯欣等 OUXK11257
云南：武定 王文礼，何彪，冯欣等 OUXK11263
云南：元谋 闫海忠，孙振华，王文礼等 Ouxk-YM-0028
云南：元谋 冯欣 OuXK-0081

Ligustrum sinense Loureiro **小蜡**

湖南：怀化 李胜华，伍贤进，曾汉元等 HHXY295
湖南：澧县 田淑珍 SCSB-HN-1567
湖南：平江 刘克明，吴惊香 SCSB-HN-0989
湖南：桑植 陈功锡，廖博儒，查学州等 175
湖南：湘乡 朱香清，田淑珍 SCSB-HN-1429
湖南：炎陵 刘应迪，孙秋妍，陈珮珮 SCSB-HN-1540
湖南：沅江 刘克明，蔡秀珍 SCSB-HN-1020
湖南：沅陵 刘克明，周磊，彭新星等 SCSB-HN-1370
湖南：长沙 丛义艳，田淑珍 SCSB-HN-0741
湖南：长沙 朱香清，田淑珍 SCSB-HN-1469
湖南：长沙 熊凯辉，刘克明 SCSB-HN-2178
湖南：长沙 熊凯辉，刘克明 SCSB-HN-2183
江西：庐山区 董安淼，吴从梅 TanCM2867
江西：星子 谭策铭，黎光华 TCM09205
江西：修水 谭策铭，缪以清，李立新 TanCM568
四川：峨眉山 李小杰 LiXJ738
云南：绿春 黄连山保护区科研所 HLS0184
云南：南涧 罗增阳，袁立川，徐家武等 NJWLS2008189

Ligustrum sinense var. **concavum** M. C. Chang 滇桂小蜡 *
安徽：屯溪区 方建新 Tangxs0168
贵州：江口 彭华，王英，陈丽 P.H.5133
湖南：怀化 李胜华，伍贤进，曾汉元等 HHXY230
湖南：永顺 陈功锡，张代贵，邓涛等 SCSB-HC-2007560
湖南：岳麓区 熊凯辉，刘克明 SCSB-HN-2192
四川：乐至 邓兴敏，邓秀发，张昌兵 ZCB0515
四川：米易 袁明 MY639
云南：鹤庆 孙航，李新辉，陈林杨 SunH-07ZX-3168
云南：蒙自 田学军，邱成书，高波 TianXJ0202
云南：思茅区 胡启和，叶金科，张绍云 YNS1350

Ligustrum sinense var. **coryanum** (W. W. Smith) Handel-Mazzetti 多毛小蜡 *
云南：新平 王家和 XPALSC210

Ligustrum sinense var. **myrianthum** (Diels) Hoefker 光萼小蜡 *
湖北：竹溪 李盛兰 GanQL1150
湖南：永顺 陈功锡，张代贵 SCSB-HC-2008213
江西：黎川 杨文斌，饶云芳 TanCM1327
江西：武宁 张吉华，张东红 TanCM2843
江西：修水 缪以清，胡建华 TanCM1773
四川：峨眉山 李小杰 LiXJ737
云南：金平 喻智勇，张云飞，谷翠莲等 JinPing95
云南：文山 何德明 WSLJS910

Ligustrum sinense var. **rugosulum** (W. W. Smith) M. C. Chang 皱叶小蜡
云南：绿春 黄连山保护区科研所 HLS0371
云南：麻栗坡 亚吉东，李涟漪 15CS11594
云南：麻栗坡 肖波 LuJL142
云南：盈江 王立彦，桂魏 SCSB-TBG-088

Ligustrum strongylophyllum Hemsley 宜昌女贞 *
重庆：南川区 易思荣 YISR107

Olea caudatilimba L. C. Chia 尾叶木犀榄 *
云南：文山 韦荣彪，何德明，丰艳飞 WSLJS656

Olea europaea subsp. **cuspidata** (Wallich ex G. Don) Ciferri 锈鳞木犀榄
云南：建水 彭华，王英，陈丽 P.H.5060

Olea paniculata R. Brown 腺叶木犀榄
云南：香格里拉 孙振华，郑志兴，沈蕊等 OuXK-YS-240

Olea rosea Craib 红花木犀榄
云南：思茅区 张挺，徐远杰，谭文杰 SCSB-B-000335

Olea salicifolia Wallich ex G. Don 喜马木犀榄
云南：景东 罗忠华，刘长铭，鲁成荣 JDNR09017

Olea tsoongii (Merrill) P. S. Green 云南木犀榄 *
云南：安宁 郭永杰，张桥蓉 15CS10676
云南：景东 赵贤坤，鲍文强 JDNR11056

Osmanthus delavayi Franchet 山桂花 *
四川：木里 孔航辉，罗江平，左雷等 YangQE3403
云南：洱源 李爱花，雷立公，马国强等 SCSB-A-000146
云南：巧家 任宗昕，董莉娜，黄盼辉 SCSB-W-276

Osmanthus fragrans Loureiro 木犀 *
重庆：南川区 易思荣 YISR002
湖南：吉首 张代贵 Zdg1301
江西：龙南 梁跃龙，欧考昌，梁跃武 LiangYL119
云南：西盟 张绍云，叶金科，仇亚 YNS1288

Osmanthus reticulatus P. S. Green 网脉木犀 *
湖南：怀化 李胜华，伍贤进，曾汉元等 HHXY374

Osmanthus suavis King ex C. B. Clarke 香花木犀
云南：永德 杨金荣，黄德武，李增柱等 YDDXSA071

Syringa komarowii C. K. Schneider 西蜀丁香 *
甘肃：永登 王召峰，彭艳玲，朱兴福 LiuJQ-09XZ-LZT-204
四川：峨眉山 李小杰 LiXJ185

Syringa oblata Lindley 紫丁香
甘肃：合作 郭淑青，杜品 LiuJQ-2012-GN-177
黑龙江：虎林市 王庆贵 CaoW671
黑龙江：虎林市 王庆贵 CaoW672
黑龙江：虎林市 王庆贵 CaoW744
黑龙江：饶河 王庆贵 CaoW646
吉林：抚松 韩忠明 Yanglm0427
辽宁：桓仁 祝业平 CaoW963
内蒙古：赛罕区 蒲拴莲，李茂文 M080
宁夏：盐池 左忠，刘华 ZuoZh054
山东：长清区 张少华，王萍，张诏等 Lilan231

Syringa pinnatifolia Hemsley 羽叶丁香 *
内蒙古：赛罕区 蒲拴莲，刘润宽，刘毅等 M153
宁夏：盐池 李磊，朱奋霞 ZuoZh125

Syringa pubescens subsp. **microphylla** (Diels) M. C. Chang & X. L. Chen 小叶巧玲花 *
西藏：堆龙德庆 杨永平，王东超，杨大松等 YangYP-Q-5065

Syringa pubescens Turczaninow 巧玲花 *
河北：蔚县 牛玉璐，高彦飞，黄士良 NiuYL222
山东：章丘 步瑞兰，辛晓伟，徐永娟等 Lilan832
山东：长清区 高德民，邵尉 Lilan889

Syringa reticulata subsp. **amurensis** (Ruprecht) P. S. Green & M. C. Chang 暴马丁香
河北：武安 牛玉璐，高彦飞，赵二涛 NiuYL496
黑龙江：虎林市 王庆贵 CaoW553
黑龙江：虎林市 王庆贵 CaoW563
黑龙江：虎林市 王庆贵 CaoW593
黑龙江：虎林市 王庆贵 CaoW702
黑龙江：虎林市 王庆贵 CaoW715
黑龙江：饶河 王庆贵 CaoW597
黑龙江：饶河 王庆贵 CaoW617
黑龙江：饶河 王庆贵 CaoW709
黑龙江：尚志 刘玫，张欣欣，程薪宇等 Liuetal295
黑龙江：铁力 郑宝江，丁晓炎，李月等 ZhengBJ233
黑龙江：五大连池 孙阎，赵立波 SunY016
辽宁：凤城 朱春龙 CaoW265
辽宁：建平 卜军，金实，阴黎明 CaoW456

辽宁：建平 卜军，金实，阴黎明 CaoW500
辽宁：建平 卜军，金实，阴黎明 CaoW501
辽宁：瓦房店 宫本胜 CaoW338
辽宁：义县 卜军，金实，阴黎明 CaoW515
辽宁：义县 卜军，金实，阴黎明 CaoW516
内蒙古：敖汉旗 卜军，金实，阴黎明 CaoW395
宁夏：盐池 左忠，刘华 ZuoZh065

Syringa reticulata subsp. **pekinensis** (Ruprecht) P. S. Green & M. C. Chang **北京丁香** *
河北：平山 牛玉璐，郑博颖，黄士良等 NiuYL060
河南：鲁山 宋松泉 HN112

Syringa sweginzowii Koehne & Lingelsheim **四川丁香** *
宁夏：银川 牛钦瑞，朱奋霞 ZuoZh153

Syringa tomentella Bureau & Franchet **毛丁香** *
四川：黑水 顾垒，李忠荣 GaoXF-09ZX-1764

Syringa villosa Vahl **红丁香** *
河北：围场 牛玉璐，高彦飞 NiuYL612
黑龙江：宁安 刘玫，王臣，张欣欣等 Liuetal750
内蒙古：赛罕区 蒲拴莲，刘润宽，刘毅等 M151

Syringa wolfii C. K. Schneider **辽东丁香** *
黑龙江：海林 郑宝江，丁晓炎，王美娟等 ZhengBJ314
吉林：抚松 韩忠明 Yanglm0429
吉林：桦甸 安海成 AnHC0394

Syringa yunnanensis Franchet **云南丁香** *
四川：得荣 张大才，李双智，杨川 ZhangDC-07ZX-1934
云南：香格里拉 李晓东，张紫刚，操榆 LiJ612
云南：香格里拉 杨亲二，袁琼 Yangqe2104

Onagraceae 柳叶菜科

柳叶菜科	世界	中国	种质库
属 / 种（种下等级）/ 份数	15/～650	6/64	6/48(54)/459

Chamerion angustifolium (Linnaeus) Holub **柳兰**
北京：东城区 王雷，朱雅娟，黄振英 Beijing-huang-bws-0049
北京：东城区 王雷，朱雅娟，黄振英 Beijing-huang-dls-0074
北京：门头沟区 李燕军 SCSB-E-0035
甘肃：迭部 郭淑青，杜品 LiuJQ-2012-GN-155
甘肃：碌曲 李晓东，刘帆，张景博等 LiJ0159
甘肃：卓尼 刘坤 LiuJQ-GN-2011-614
河北：兴隆 牛玉璐，高彦飞，赵二涛 NiuYL477
黑龙江：尚志 郑宝江，丁晓炎，王美娟 ZhengBJ260
湖北：神农架林区 李巨平 LiJuPing0219
吉林：和龙 刘翠晶 Yanglm0214
青海：平安 陈世龙，高庆波，张发起等 Chensl1769
青海：玉树 许炳强，周伟，郑朝汉 Xianh0152
四川：丹巴 何兴金，胡灏禹，沈呈娟等 SCU-11-407
四川：道孚 何兴金，赵丽华，梁乾隆 SCU-10-009
四川：道孚 许炳强，童毅华，吴兴等 XiaNH-07ZX-0981
四川：道孚 陈文允，于文涛，黄永江 CYH208
四川：道孚 余岩，周春景，秦汉涛 SCU-11-022
四川：稻城 何兴金，王长宝，刘爽等 SCU-09-047
四川：稻城 何兴金，廖晨阳，任海燕等 SCU-09-455
四川：稻城 何兴金，廖晨阳，任海燕等 SCU-09-465
四川：得荣 孙航，李新辉，陈林杨 SunH-07ZX-3031
四川：德格 孙航，张建文，董金龙等 SunH-07ZX-3912
四川：甘孜 聂泽龙，孟盈，邓涛 SunH-07ZX-2866
四川：甘孜 陈家辉，王赟，刘德团 YangYP-Q-3037
四川：黑水 顾垒，李忠荣 GaoXF-09ZX-1354
四川：康定 孔航辉，罗江平，左雷等 YangQE3484
四川：理塘 李晓东，张景博，徐凌翔等 LiJ348
四川：理塘 何兴金，赵丽华，梁乾隆等 SCU-11-126
四川：理塘 何兴金，赵丽华，梁乾隆等 SCU-11-177
四川：理塘 何兴金，马祥光，张云香等 SCU-11-219
四川：理塘 何兴金，高云东，王志新等 SCU-09-231
四川：木里 苏涛，黄永江，杨青松等 ZhouZK11349
四川：壤塘 何兴金，马祥光，郜鹏 SCU-10-247
四川：壤塘 何兴金，刘爽，易欣 SCU-10-351
四川：乡城 陈家辉，刘亚辉，周妍等 YangYP-Q-2239
四川：雅江 何兴金，李琴琴，马祥光等 SCU-09-112
西藏：八宿 徐波，陈光富，陈林杨等 SunH-07ZX-1458
西藏：察隅 孙航，张建文，陈建国等 SunH-07ZX-2511
西藏：工布江达 陈家辉，韩希，王东超等 YangYP-Q-4127
西藏：林芝 罗建，汪书丽，王国严 LiuJQ-09XZ-361
西藏：芒康 张挺，李爱花，刘成等 08CS680
西藏：芒康 张永洪，李国栋，王晓雄 SunH-07ZX-2212
新疆：博乐 亚吉东，张桥蓉，秦少发等 16CS13846
新疆：哈巴河 段士民，王喜勇，刘会良等 212
新疆：和静 杨赵平，焦培培，白冠章等 LiZJ0559
新疆：尼勒克 徐文斌，刘鸯，马真等 SHI-A2007528
新疆：温泉 徐文斌，黄雪姣 SHI-2008288
新疆：乌鲁木齐 谭敦炎，地里努尔 TanDY0608
新疆：乌苏 徐文斌，刘鸯，马真等 SHI-A2007529
云南：德钦 于文涛，李国锋 WTYu-416
云南：香格里拉 陈家辉，刘亚辉，周妍等 YangYP-Q-2211
云南：香格里拉 孔航辉，任琛 Yangqe2864
云南：香格里拉 杨青松，杨莹，黄永江等 ZhouZK-07ZX-0080
云南：香格里拉 周浙昆，苏涛，杨莹等 Zhou09-059

Chamerion angustifolium subsp. **circumvagum** (Mosquin) Hoch **毛脉柳兰**
四川：红原 高云东，李忠荣，鞠文彬 GaoXF-12-049

Chamerion conspersum (Haussknecht) Holub **网脉柳兰**
四川：理塘 何兴金，胡灏禹，陈德友等 SCU-09-324
四川：泸定 何兴金，高云东，王志新等 SCU-09-201
四川：壤塘 何兴金，胡灏禹，黄德青 SCU-10-129
西藏：林芝 罗建，汪书丽 LiuJQ-08XZ-120
西藏：林芝 罗建，汪书丽 LiuJQ-08XZ-202
西藏：林芝 罗建，汪书丽，王国严 LiuJQ-09XZ-349

Chamerion latifolium (Linnaeus) Holub **宽叶柳兰**
新疆：独山子区 亚吉东，张桥蓉，秦少发等 16CS13284

Circaea alpina Linnaeus **高山露珠草**
黑龙江：五常 王臣，张欣欣，崔皓钧等 WangCh377
黑龙江：五常 孙阎，吕军，张健男 SunY417

Circaea alpina subsp. **angustifolia** (Handel-Mazzetti) Boufford **狭叶露珠草** *
云南：新平 何罡安 XPALSB479

Circaea alpina subsp. **imaicola** (Ascherson & Magnus) Kitamura **高原露珠草**
四川：米易 刘静，袁明 MY-032
云南：洱源 李爱花，雷立公，徐远杰等 SCSB-A-000136

Circaea canadensis (Linnaeus) Hill subsp. **quadrisulcata** (Maximowicz) Boufford **水珠草**
黑龙江：阿城 王臣，张欣欣，史传奇 WangCh227
吉林：临江 林红梅，刘翠晶 Yanglm0303
江西：修水 缪以清，余于明 TanCM653

Circaea cordata Royle **露珠草**

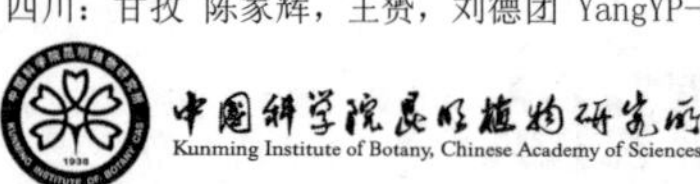

重庆：南川区 易思荣 YISR012
贵州：道真 赵厚涛，韩国营 YBG037
黑龙江：阿城 王臣，张欣欣，史传奇 WangCh223
黑龙江：宾县 郑宝江，丁晓炎 ZhengBJ295
湖南：沅陵 李胜华，伍贤进，刘光华等 Wuxj869
吉林：抚松 韩忠明 Yanglm0424
吉林：磐石 安海成 AnHC0158
辽宁：凌源 郑宝江，王美娟，曹鹏等 ZhengBJ407
辽宁：庄河 于立敏 CaoW917
陕西：眉县 董栓录，田先华 TianXH271
四川：宝兴 袁明 Y07109
四川：万源 张桥蓉，余华，王义 15CS11516
云南：盘龙区 彭华，向春雷，王泽欢 PengH8405
云南：腾冲 余新林，赵玮 BSGLGStc059
浙江：临安 李宏庆，董全英，桂萍 Lihq0440

Circaea erubescens Franchet & Savatier **谷蓼**

江西：庐山区 谭策铭，董安淼 TCM09026
云南：南涧 阿国仁，熊绍荣，邹国娟等 NJWLS2008033
云南：香格里拉 郭永杰，张桥蓉，李春晓等 11CS3482

Circaea mollis Siebold & Zuccarini **南方露珠草**

河南：栾川 黄振英，于顺利，杨学军 Huangzy0262
湖北：宣恩 沈泽昊 HXE140
江西：庐山区 董安淼，吴从梅 TanCM1041
山东：岱岳区 高德民，程丹丹，辛晓伟等 Lilan711
山东：崂山区 罗艳，李中华，邓建平 LuoY309
山东：牟平区 卞福花，杜丽君，孟凡涛 BianFH-0138
四川：峨边 李小杰 LiXJ824
四川：峨眉山 李小杰 LiXJ231
云南：麻栗坡 肖波 LuJL241
云南：南涧 罗新洪，阿国仁，何贵才 NJWLS521
云南：盘龙区 彭华，向春雷，王泽欢 PengH8414
云南：屏边 蔡杰，张挺 12CS5644
云南：腾冲 周应再 Zhyz-133
云南：腾冲 余新林，赵玮 BSGLGStc285
云南：文山 韦荣彪，何德明，丰艳飞 WSLJS660
云南：永德 李永亮 YDDXS0537

Epilobium amurense Haussknecht **毛脉柳叶菜**

贵州：松桃 周云，张勇 XiangZ102
青海：互助 陈世龙，高庆波，张发起等 Chensl1700
四川：米易 袁明 MY485
四川：普格 任宗昕，艾洪莲，张舒 SCSB-W-1412
西藏：芒康 孙航，张建文，邓涛等 SunH-07ZX-3379
云南：腾冲 余新林，赵玮 BSGLGStc035
云南：新平 何罡安 XPALSB020

Epilobium amurense subsp. **cephalostigma** (Haussknecht) C. J. Chen et al. **光滑柳叶菜**

安徽：黄山区 方建新 TangXS0329
湖北：神农架林区 李巨平 LiJuPing0085
湖北：宣恩 沈泽昊 HXE165
吉林：抚松 张宝田 Yanglm0425
江西：庐山区 董安淼，吴从梅 TanCM3215
陕西：宁陕 田先华，田陌，王梅荣 TianXH1028

Epilobium blinii H. Léveillé **长柱柳叶菜 ***

云南：隆阳区 赵玮 BSGLGSly126

Epilobium brevifolium D. Don **短叶柳叶菜**

重庆：南川区 易思荣，谭秋平 YISR411
西藏：察隅 孙航，张建文，陈建国等 SunH-07ZX-2508
云南：维西 孔航辉，任琛 Yangqe2835
云南：西山区 税玉民，陈文红 65797

Epilobium brevifolium subsp. **trichoneurum** (Haussknecht) P. H. Raven **腺茎柳叶菜**

四川：德格 苏涛，黄永江，杨青松等 ZhouZK11221
四川：甘孜 苏涛，黄永江，杨青松等 ZhouZK11179
四川：理塘 苏涛，黄永江，杨青松等 ZhouZK11152
云南：景东 张绍云，胡启和，仇亚等 YNS1146
云南：麻栗坡 肖波 LuJL005
云南：南涧 李毕祥，袁玉明 NJWLS603
云南：南涧 李成清 NJWLS496
云南：永德 李永亮 YDDXS0605

Epilobium ciliatum Rafinesque **东北柳叶菜**

黑龙江：铁力 孙阎，赵立波 SunY162

Epilobium cylindricum D. Don **圆柱柳叶菜**

湖北：竹溪 李盛兰 GanQL723
四川：峨眉山 李小杰 LiXJ482
西藏：芒康 徐波，陈光富，陈林杨等 SunH-07ZX-1537
新疆：温泉 徐文斌，黄雪姣 SHI-2008205
云南：贡山 李恒，李嵘 768
云南：贡山 李恒，李嵘，刀志灵 978
云南：会泽 杜燕，黄天才，董勇等 SCSB-A-000327
云南：腾冲 周应再 Zhyz-289
云南：香格里拉 郭永杰，张桥蓉，李春晓等 11CS3453
云南：新平 罗田发，谢雄 XPALSC177

Epilobium fangii C. J. Chen et al. **川西柳叶菜 ***

四川：峨眉山 李小杰 LiXJ585
四川：峨眉山 李小杰 LiXJ614

Epilobium fastigiatoramosum Nakai **多枝柳叶菜**

黑龙江：让胡路区 孙阎，赵立波 SunY179
黑龙江：让胡路区 王臣，张欣欣，史传奇 WangCh206

Epilobium hirsutum Linnaeus **柳叶菜**

安徽：屯溪区 方建新 TangXS0688
北京：海淀区 林坚 SCSB-D-0065
重庆：南川区 易思荣 YISR196
甘肃：碌曲 李晓东，刘帆，张景博等 LiJ0164
贵州：南明区 侯小琪 YBG151
湖北：神农架林区 李巨平 LiJuPing0134
湖北：五峰 陈功锡，张代贵 SCSB-HC-2008303
湖南：保靖 陈功锡，张代贵，龚双骄等 234B
湖南：永定区 吴福川，查学州 7072
江苏：句容 吴宝成，王兆银 HANGYY8379
江西：庐山区 董安淼，吴从梅 TanCM2236
山东：莱山区 陈朋 BianFH-402
山东：崂山区 罗艳，李中华，邓建平 LuoY299
山东：沂源 高德民，邵尉，吴燕秋 Lilan948
陕西：石泉 田先华 TianXH1209
四川：稻城 李晓东，张景博，徐凌翔等 LiJ351
四川：稻城 陈家辉，刘亚辉，周妍等 YangYP-Q-2282
四川：甘孜 陈文允，于文涛，黄永江 CYH111
四川：康定 何兴金，冯图，廖晨阳等 SCU-080385
四川：米易 汤加勇 MY-279
四川：壤塘 何兴金，赵丽华，梁乾隆 SCU-10-052
四川：射洪 袁明 YUANM2016L203
四川：射洪 袁明 YUANM2016L230
四川：松潘 何兴金，张云香，王志新 SCU-10-524
四川：万源 张桥蓉，余华 15CS11525
四川：盐源 苏涛，黄永江，杨青松等 ZhouZK11410
西藏：浪卡子 杨永平，王东超，杨大松等 YangYP-Q-5044

新疆：博乐 徐文斌，杨清理 SHI-2008438
新疆：巩留 阎平，刘丽霞 SHI-A2007290
新疆：巩留 段士民，王喜勇，刘会良 Zhangdy383
新疆：巩留 徐文斌，马真，贺晓欢等 SHI-A2007201
新疆：巩留 贺晓欢，徐文斌，马真等 SHI-A2007222
新疆：尼勒克 徐文斌，刘鸯，马真等 SHI-A2007424
新疆：尼勒克 刘鸯，马真，贺晓欢等 SHI-A2007494
新疆：尼勒克 段士民，王喜勇，刘会良 Zhangdy363
新疆：温泉 石大标 SCSB-SHI-2006223
新疆：温泉 徐文斌，许晓敏 SHI-2008257
新疆：温泉 徐文斌，王莹 SHI-2008293
新疆：乌鲁木齐 王喜勇，马文宝，施翔 zdy256
新疆：乌鲁木齐 王喜勇，马文宝，施翔 zdy383
新疆：乌鲁木齐 王喜勇，马文宝，施翔 zdy406
新疆：新源 段士民，王喜勇，刘会良 Zhangdy406
新疆：伊宁 马真 SHI-A2007259
云南：德钦 孙航，李新辉，陈林杨 SunH-07ZX-3091
云南：景东 鲁艳 2008204
云南：景东 罗忠华，刘长铭，鲁成荣等 JDNR09028
云南：景东 鲁成荣，谢有能，张明勇 JD048
云南：丽江 孔航辉，罗江平，左雷等 YangQE3316
云南：蒙自 田学军 TianXJ0122
云南：南涧 熊绍荣 NJWLS712
云南：南涧 彭华，向春雷，陈丽 P.H.5935
云南：巧家 李文虎，吴天抗，张天壁等 QJYS0173
云南：巧家 郁文彬，任宗昕，艾洪莲等 SCSB-W-1087
云南：巧家 郁文彬，任宗昕，艾洪莲等 SCSB-W-1096
云南：维西 刀志灵 DZL426
云南：香格里拉 陈家辉，刘亚辉，周妍等 YangYP-Q-2188
云南：香格里拉 陈家辉，刘亚辉，周妍等 YangYP-Q-2204
云南：新平 刘家良 XPALSD062
云南：永德 李永亮 YDDXS0431
云南：镇沅 张绍云，叶金科，仇亚 YNS1372

Epilobium kermodei P. H. Raven **锐齿柳叶菜**

云南：南涧 熊绍荣，阿国仁 njwls2007112

Epilobium kingdonii P. H. Raven **矮生柳叶菜 ***

云南：香格里拉 孔航辉，任琛 Yangqe2852

Epilobium laxum Royle **大花柳叶菜**

新疆：乌鲁木齐 王喜勇，马文宝，施翔 zdy272

Epilobium minutiflorum Haussknecht **细籽柳叶菜**

内蒙古：赛罕区 蒲拴莲，刘润宽，刘毅等 M268
新疆：和静 杨赵平，焦培培，白冠章等 LiZJ0572
新疆：和静 张玲 TD-01909
新疆：库车 张玲 TD-01617
新疆：尼勒克 徐文斌，刘鸯，马真等 SHI-A2007405
新疆：尼勒克 刘鸯，马真，贺晓欢等 SHI-A2007459
新疆：温泉 徐文斌，许晓敏 SHI-2008045
新疆：温泉 徐文斌，许晓敏 SHI-2008260
新疆：温宿 塔里木大学植物资源调查组 TD-00434
新疆：裕民 徐文斌，黄刚 SHI-2009428

Epilobium palustre Linnaeus **沼生柳叶菜**

甘肃：合作 郭淑青，杜品 LiuJQ-2012-GN-156
甘肃：合作 刘坤 LiuJQ-GN-2011-727
甘肃：碌曲 李晓东，刘帆，张景博等 LiJ0102
甘肃：玛曲 刘坤 LiuJQ-GN-2011-728
河北：蔚县 牛玉璐，高彦飞，黄士良 NiuYL232
黑龙江：北安 郑宝江，潘磊 ZhengBJ036
黑龙江：宁安 刘玫，张欣欣，程薪宇等 Liuetal434
黑龙江：五大连池 孙阎，赵立波 SunY063
湖北：竹溪 李盛兰 GanQL334
江西：武宁 张吉华，张东红 TanCM2607
青海：门源 吴玉虎 LJQ-QLS-2008-0103
青海：门源 吴玉虎 LJQ-QLS-2008-0235
山西：夏县 张贵平 Zhangf0133
四川：道孚 何兴金，胡灏禹，沈呈娟等 SCU-11-478
四川：乡城 王文礼，冯欣，刘飞鹏 OUXK11126
西藏：波密 陈家辉，韩希，王东超等 YangYP-Q-4071
西藏：昌都 陈家辉，王赟，刘德团 YangYP-Q-3109
西藏：昌都 陈家辉，王赟，刘德团 YangYP-Q-3153
西藏：当雄 陈家辉，庄会富，刘德团 Yangyp-Q-0168
西藏：丁青 陈家辉，王赟，刘德团 YangYP-Q-3204
西藏：工布江达 陈家辉，韩希，王东超等 YangYP-Q-4126
西藏：林芝 毛康珊，任广朋，邹嘉宾 LiuJQ-QTP-2011-181
西藏：林芝 罗建，汪书丽，王国严 LiuJQ-09XZ-392
西藏：林芝 陈家辉，韩希，王东超等 YangYP-Q-4053
西藏：林芝 陈家辉，韩希，王广艳等 YangYP-Q-4096
西藏：索县 汪书丽，王志强，邹嘉宾 Liujq-Txm10-135
西藏：亚东 钟扬，扎西次仁 ZhongY758
西藏：亚东 陈家辉，韩希，王东超等 YangYP-Q-4294
新疆：温泉 徐文斌，王莹 SHI-2008173
新疆：昭苏 亚吉东，张桥蓉，秦少发等 16CS13533
云南：凤庆 谭运洪 B100
云南：香格里拉 李爱花，周开洪，黄之镨等 SCSB-A-000273
云南：香格里拉 王文礼，冯欣，刘飞鹏 OUXK11091
云南：香格里拉 王文礼，冯欣，刘飞鹏 OUXK11110

Epilobium pannosum Haussknecht **硬毛柳叶菜**

云南：宁洱 张绍云，胡启和 YNS1047
云南：普洱 胡启和，张绍云 YNS0595

Epilobium parviflorum Schreber **小花柳叶菜**

河南：栾川 黄振英，于顺利，杨学军 Huangzy0006
河南：南召 黄振英，于顺利，杨学军 Huangzy0174
河南：嵩县 黄振英，于顺利，杨学军 Huangzy0104
湖北：五峰 陈功锡，张代贵 SCSB-HC-2008302
湖北：宜昌 陈功锡，张代贵 SCSB-HC-2008113
湖北：竹溪 李盛兰 GanQL708
湖北：竹溪 李盛兰 GanQL165
湖南：保靖 刘克明，蔡秀珍，肖乐希等 SCSB-HN-0203
山东：岱岳区 步瑞兰，辛晓伟，高丽丽 Lilan740

Epilobium platystigmatosum C. B. Robinson **阔柱柳叶菜**

湖北：竹溪 李盛兰 GanQL718
四川：得荣 孙航，李新辉，陈林杨 SunH-07ZX-3016
四川：峨眉山 李小杰 LiXJ474
四川：汉源 汤加勇，赖建军 Y07130
云南：德钦 孙航，李新辉，陈林杨 SunH-07ZX-3082
云南：贡山 郭永杰，吴之坤，吴兴等 14CS9891

Epilobium pyrricholophum Franchet & Savatier **长籽柳叶菜**

安徽：金寨 陈延松，欧祖兰，刘旭升 Xuzd213
安徽：舒城 陈延松，欧祖兰，高秋晨等 Xuzd435
湖北：宣恩 祝文志，刘志祥，曹远俊 ShenZH0081
湖北：英山 朱鑫鑫，王君 ZhuXX038
湖北：竹溪 李盛兰 GanQL730
湖南：桃源 陈功锡，张代贵 SCSB-HC-2008168
湖南：资兴 熊凯辉，王得刚，盛波 SCSB-HN-2060
江西：庐山区 谭策铭，董安淼 TCM09032
山东：崂山区 步瑞兰，辛晓伟，高丽丽 Lilan739
云南：贡山 朱枫，张仲富，成梅 Wangsh-07ZX-036

Epilobium royleanum Haussknecht 短梗柳叶菜
甘肃：玛曲 刘坤 LiuJQ-GN-2011-729
青海：玉树 许炳强，周伟，郑朝汉 Xianh0283
四川：丹巴 何兴金，胡灏禹，沈呈娟等 SCU-11-418
四川：峨眉山 李小杰 LiXJ689
西藏：错那 张晓纬，汪书丽，罗建 LiuJQ-09XZ-LZT-056
西藏：吉隆 张晓纬，汪书丽，罗建 LiuJQ-09XZ-LZT-089
西藏：林芝 孙航，张建文，陈建国等 SunH-07ZX-2772
西藏：墨竹工卡 卢洋，刘帆等 LiJ896
云南：巧家 杨光明，颜再奎，张天壁等 QJYS0054
Epilobium sikkimense Haussknecht 鳞片柳叶菜
西藏：城关区 李晖，边巴，徐爱国 lihui-Q-09-79
西藏：错那 张晓纬，汪书丽，罗建 LiuJQ-09XZ-LZT-030
西藏：工布江达 卢洋，刘帆等 LiJ846
西藏：工布江达 马永鹏 ZhangCQ-0083
西藏：加查 许炳强，童毅华 XiaNh-07zx-650
西藏：林芝 罗建，王国严，汪书丽 LiuJQ-08XZ-027
西藏：林芝 卢洋，刘帆等 LiJ742
西藏：左贡 苏涛，黄永江，杨青松等 ZhouZK11308
云南：福贡 李恒，李嵘，刀志灵 1050
云南：福贡 刀志灵，陈哲 DZL-061
云南：贡山 李恒，李嵘，刀志灵 1026
云南：巧家 郁文彬，任宗昕，艾洪莲等 SCSB-W-1030
Epilobium sinense H. Léveillé 中华柳叶菜 *
湖北：竹溪 李盛兰 GanQL752
Epilobium tianschanicum Pavlov 天山柳叶菜
新疆：博乐 亚吉东，张桥蓉，秦少发等 16CS13827
新疆：新源 亚吉东，张桥蓉，秦少发等 16CS13381
Epilobium tibetanum Haussknecht 光籽柳叶菜
四川：峨眉山 李小杰 LiXJ099
四川：理塘 何兴金，马祥光，张云香等 SCU-11-211
四川：理塘 何兴金，马祥光，张云香等 SCU-11-242
四川：壤塘 何兴金，胡灏禹，黄德青 SCU-10-140
四川：壤塘 何兴金，马祥光，郜鹏 SCU-10-248
四川：雅江 何兴金，郜鹏，彭禄等 SCU-11-373
西藏：八宿 张永洪，王晓雄，周卓等 SunH-07ZX-1698
云南：香格里拉 杨亲二，袁琼 Yangqe1995
Epilobium wallichianum Haussknecht 滇藏柳叶菜
四川：德格 孙航，张建文，董金龙等 SunH-07ZX-3904
四川：九龙 孙航，张建文，董金龙等 SunH-07ZX-4051
四川：盐源 任宗昕，艾洪莲，张舒 SCSB-W-1427
西藏：昌都 苏涛，黄永江，杨青松等 ZhouZK11269
云南：景东 杨国平，李达文，鲁志云 ygp-012
云南：云龙 字建泽，杨六斤，李国宏等 TC1081
Epilobium williamsii P. H. Raven 埋鳞柳叶菜
四川：新龙 陈文允，于文涛，黄永江 CYH086
云南：德钦 陈文允，于文涛，黄永江等 CYHL148
云南：贡山 刀志灵，陈哲 DZL-029
云南：鹤庆 陈文允，于文涛，黄永江等 CYHL243
云南：香格里拉 周浙昆，苏涛，杨莹等 Zhou09-070
Gaura parviflora Douglas ex Lehmann 小花山桃草
北京：东城区 朱雅娟，王雷，黄振英 Beijing-huang-xs-0018
河北：桃城 牛玉璐，高彦飞，黄士良 NiuYL170
山东：长清区 李兰，王萍，张少华等 Lilan-008
Ludwigia adscendens (Linnaeus) H. Hara 水龙
湖南：吉首 陈功锡，张代贵，邓涛等 SCSB-HC-2007407
湖南：中方 伍贤进，李胜华，曾汉元等 HHXY131
云南：河口 税玉民，陈文红 82701
云南：永德 李永亮 YDDXS0308
Ludwigia epilobioides Maximowicz 假柳叶菜
福建：蕉城区 李宏庆，熊申展，陈纪云 Lihq0351
湖北：竹溪 李盛兰，甘霖 GanQL595
江苏：句容 王兆银，吴宝成 SCSB-JS0328
江西：黎川 童和平，王玉珍，常迪江等 TanCM1971
江西：庐山区 谭策铭，董安淼 TCM09004
辽宁：桓仁 祝业平 CaoW1048
四川：万源 张桥蓉，余华 15CS11535
云南：景东 罗忠华，刘长铭，李绍昆等 JDNR09072
浙江：鄞州区 李宏庆，葛斌杰 Lihq0124
Ludwigia hyssopifolia (G. Don) Exell 草龙
广西：八步区 莫水松 Liuyan1092
Ludwigia octovalvis (Jacquin) P. H. Raven 毛草龙
福建：福清 李宏庆，陈纪云，王双 Lihq0302
广西：八步区 莫水松 Liuyan1085
广西：防城港 许为斌，黄俞淞，梁永延等 Liuyan0247
广西：金秀 彭华，向春雷，陈丽 PengH8166
广西：田林 彭华，许瑾，陈丽 P.H.5085
广西：钟山 黄俞淞，吴望辉，农冬新 Liuyan0260
云南：景东 鲁艳 2008122
云南：景东 罗忠华，谢有能，罗文涛等 JDNR129
云南：景洪 谭运洪，余涛 B473
云南：龙陵 孙兴旭 SunXX066
云南：隆阳区 尹学建，马雪 BSGLGSly2018
云南：绿春 杨玉开，李建华 HLS0326
云南：勐腊 刀志灵，崔景云 DZL-154
云南：勐腊 谭运洪，余涛 B400
云南：普洱 叶金科，张绍云 YNS0049
云南：新平 白绍斌 XPALSC085
云南：新平 刘家良 XPALSD073
云南：新平 自正尧 XPALSB225
云南：盈江 王立彦 SCSB-TBG-184
云南：永德 李永亮 LiYL1447
云南：镇沅 罗成瑜，乔永华 ALSZY295
Ludwigia ovalis Miquel 卵叶丁香蓼
安徽：屯溪区 方建新 TangXS0678
江西：庐山区 董安淼，吴从梅 TanCM1027
Ludwigia perennis Linnaeus 细花丁香蓼
福建：福清 李宏庆，陈纪云，王双 Lihq0311
云南：景东 罗忠华，刘长铭，鲁成荣等 JD104
Ludwigia prostrata Roxburgh 丁香蓼
安徽：肥西 陈延松，沈云，陈翠兵等 Xuzd128
安徽：金寨 刘淼 SCSB-JSC7
安徽：石台 陈延松，吴国伟，洪欣 Zhousb0038
安徽：舒城 陈延松，欧祖兰，高秋晨等 Xuzd375
安徽：屯溪区 方建新 TangXS0021
福建：武夷山 于文涛，陈旭东 YUWT040
贵州：铜仁 彭华，王英，陈丽 P.H.5217
湖北：竹溪 李盛兰 GanQL146
湖南：安化 旷仁平，盛波 SCSB-HN-1983
湖南：江永 姜孝成，唐贵华，潘孝武 SCSB-HNJ-0084
湖南：浏阳 刘克明，朱晓文，田淑珍 SCSB-HN-0449
湖南：宁乡 姜孝成，唐妹，陈显胜等 Jiangxc0533
湖南：宁乡 熊凯辉，刘克明 SCSB-HN-1963
湖南：沅江 刘克明，肖乐希 SCSB-HN-0396
山东：海阳 王萍，高德民，张诏等 lilan265
山东：崂山区 罗艳，李中华 LuoY318

四川：峨眉山 李小杰 LiXJ518
四川：射洪 袁明 YUANM2015L112
四川：射洪 袁明 YUANM2016L112
云南：景洪 彭华，向春雷，陈丽等 P.H.5703
云南：景洪 彭华，向春雷，王泽欢 PengH8476
云南：景洪 彭华，向春雷，王泽欢 PengH8483
云南：景洪 彭华，向春雷，王泽欢 PengH8493
云南：景洪 彭华，向春雷，王泽欢 PengH8501
云南：景洪 彭华，向春雷，王泽欢 PengH8505
云南：景洪 彭华，向春雷，王泽欢 PengH8506
云南：景洪 彭华，向春雷，王泽欢 PengH8521
云南：景洪 彭华，向春雷，王泽欢 PengH8524
云南：景洪 彭华，向春雷，王泽欢 PengH8553
云南：绿春 彭华，向春雷，陈丽等 P.H.5590
云南：孟连 彭华，向春雷，陈丽 P.H.5817
云南：孟连 彭华，向春雷，陈丽 P.H.5833
云南：永德 李永亮 LiYL1362

Oenothera biennis Linnaeus 月见草

黑龙江：虎林市 王庆贵 CaoW556
黑龙江：虎林市 王庆贵 CaoW659
黑龙江：虎林市 王庆贵 CaoW696
黑龙江：梨树区 陈武璋，王炳辉 CaoW0188
黑龙江：穆棱 陈武璋，王炳辉 CaoW0198
黑龙江：宁安 陈武璋，王炳辉 CaoW0187
黑龙江：尚志 李兵，路科 CaoW0089
黑龙江：尚志 李兵，路科 CaoW0103
黑龙江：尚志 李兵，路科 CaoW0109
黑龙江：五大连池 孙阎，赵立波 SunY074
黑龙江：延寿 李兵，路科 CaoW0129
黑龙江：阳明区 陈武璋，王炳辉 CaoW0194
湖北：五峰 李平 AHL114
湖北：竹溪 李盛兰 GanQL111
吉林：安图 杨保国，张明鹏 CaoW0020
吉林：敦化 杨保国，张明鹏 CaoW0008
吉林：敦化 陈武璋，王炳辉 CaoW0164
吉林：丰满区 李兵，路科 CaoW0073
吉林：和龙 杨保国，张明鹏 CaoW0038
吉林：珲春 杨保国，张明鹏 CaoW0056
吉林：珲春 杨保国，张明鹏 CaoW0057
吉林：南关区 韩忠明 Yanglm0056
吉林：汪清 陈武璋，王炳辉 CaoW0177
吉林：汪清 陈武璋，王炳辉 CaoW0182
吉林：延吉 杨保国，张明鹏 CaoW0047
江苏：赣榆 吴宝成 HANGYY8302
江苏：句容 吴宝成，王兆银 HANGYY8371
江苏：海州区 汤兴利 HANGYY8448
江西：武宁 张吉华，张东红 TanCM2811
辽宁：凤城 李忠诚 CaoW216
辽宁：桓仁 祝业平 CaoW953
辽宁：清原 张永刚 Yanglm0165
山东：莱山区 卞福花，宋言贺 BianFH-513
山东：莱芜 张少华，王萍，张诏等 Lilan131
山东：崂山区 吴宝成 HANGYY8595
山东：崂山区 罗艳，李中华 LuoY287
山东：崂山区 赵遵田，郑国伟，杜超等 Zhaozt0146
新疆：吐鲁番 段士民，王喜勇，刘会良等 274
云南：丽江 张书东，林娜娜，陆露等 SCSB-W-156

Oenothera drummondii Hooker 海滨月见草

福建：惠安 刘克明，旷仁平 SCSB-HN-1610
福建：惠安 刘克明 SCSB-HN-1599
江西：星子 董安淼，吴丛梅 TanCM2520

Oenothera glazioviana Micheli 黄花月见草

黑龙江：尚志 刘玫，张欣欣，程薪宇等 Liuetal330
四川：峨眉山 李小杰 LiXJ469
四川：泸定 聂泽龙，孟盈，邓涛 SunH-07ZX-2334

Oenothera laciniata Hill 裂叶月见草

江苏：句容 吴宝成，王兆银 HANGYY8139
山东：崂山区 罗艳，李中华 LuoY253

Oenothera parviflora Linnaeus 小花月见草

贵州：花溪区 邹方伦 ZouFL0224

Oenothera rosea L'Héritier ex Aiton 粉花月见草

江西：庐山区 董安淼，吴丛梅 TanCM3311
四川：峨眉山 李小杰 LiXJ795
云南：墨江 胡启元，周兵，张绍云 YNS0855
云南：南涧 饶富玺，阿国仁，何贵才 NJWLS806
云南：腾冲 余新林，赵玮 BSGLGStc338
云南：腾冲 周应再 Zhyz-219
云南：西山区 税玉民，陈文红 65418
云南：新平 刘家良，张明忠 XPALSD314
云南：新平 白绍斌 XPALSC240
云南：新平 谢雄 XPALSC420

Oenothera stricta Ledebour ex Link 待宵草

安徽：金寨 陈延松，欧祖兰，刘旭升 Xuzd219
重庆：南川区 易思荣 YISR014
河北：桃城 牛玉璐，高彦飞，黄士良 NiuYL155

Oenothera tetraptera Cavanilles 四翅月见草

云南：洱源 张德全，王应龙，陈琪等 ZDQ022

Opiliaceae 山柚子科

山柚子科	世界	中国	种质库
属 / 种（种下等级）/ 份数	10/32-36	5/5	2/2/3

Champereia manillana var. **longistaminea** (W. Z. Li) H. S. Kiu 茎花山柚 *

广西：上思 何海文，杨锦超 YANGXF0395

Lepionurus sylvestris Blume 鳞尾木

云南：贡山 刀志灵 DZL326
云南：镇沅 朱恒，罗成永 ALSZY044

Orchidaceae 兰科

兰科	世界	中国	种质库
属 / 种（种下等级）/ 份数	750/28500	171/～1350	101/316(318)/821

Acampe ochracea (Lindley) Hochreutiner 窄果脆兰

云南：金平 金效华 X.H.Jin-S-387

Acampe rigida (Buchanan-Hamilton ex Smith) P. F. Hunt 多花脆兰

广西：环江 刘静，胡仁传 Liuyan1106
广西：环江 莫水松，蒋日红，杨金财 Liuyan1007
广西：隆安 莫水松，杨金财，彭日成 Liuyan1107
广西：隆安 许为斌，刘静，黄歆怡 Liuyan1121
海南：乐东 金效华 X.H.Jin-S-161
海南：昌江 金效华 X.H.Jin-S-181

Aerides flabellata Rolfe ex Downie 扇唇指甲兰
云南：景谷 胡启和，周英，仇亚 YNS0646
云南：西盟 胡启和，赵强，周英等 YNS0765
Aerides rosea Loddiges ex Lindley & Paxton 多花指甲兰
云南：勐海 金效华 Jin-S-546
Agrostophyllum callosum H. G. Reichenbach 禾叶兰
云南：贡山 郭永杰，吴之坤，吴兴等 14CS9869
云南：腾冲 金效华 X.H.Jin-S-337
Amitostigma gracile (Blume) Schlechter 无柱兰
安徽：舒城 陈延松，欧祖兰，高秋晨等 Xuzd385
湖北：竹溪 李盛兰 GanQL997
Anoectochilus roxburghii (Wallich) Lindley 金线兰
云南：勐腊 金效华 JIN-S-809
Anthogonium gracile Lindley 筒瓣兰
云南：福贡 金效华 Jin-S-515
云南：香格里拉 杨青松，星耀武，苏涛 ZhouZK-07ZX-0324
Appendicula annamensis Guillaumin 小花牛齿兰
海南：保亭 金效华 X.H.Jin-S-208
海南：昌江 金效华 X.H.Jin-S-171
海南：昌江 金效华 X.H.Jin-S-179A
海南：乐东 金效华 X.H.Jin-S-152
海南：乐东 金效华 X.H.Jin-S-160
云南：勐腊 金效华 X.H.Jin-S-372
Arachnis labrosa (Lindley & Paxton) H. G. Reichenbach 窄唇蜘蛛兰
广西：上思 吴望辉，许为斌，农冬新 Liuyan0525
云南：景洪 金效华 Jin-S-545
Arundina graminifolia (D. Don) Hochreutiner 竹叶兰
海南：保亭 金效华 X.H.Jin-S-201
海南：保亭 金效华 X.H.Jin-S-219
云南：沧源 赵金超，李永强 CYNGH449
云南：景洪 彭华，向春雷，王泽欢 PengH8590
云南：景洪 彭华，向春雷，王泽欢 PengH8595
云南：景洪 彭华，向春雷，王泽欢 PengH8599
云南：景洪 彭华，向春雷，王泽欢 PengH8607
云南：绿春 黄连山保护区科研所 HLS0224
云南：元阳 彭华，向春雷，陈丽 PengH8218
Ascocentrum ampullaceum (Roxburgh) Schlechter 鸟舌兰
云南：景谷 胡启和，周英，仇亚 YNS0642
云南：景谷 胡启和，周英，仇亚 YNS0662
云南：景洪 金效华 JIN-S-825
Ascocentrum himalaicum (Deb Sengupta & Malick) Christenson 圆柱叶鸟舌兰
云南：沧源 赵金超 CYNGH450
云南：贡山 金效华 X.H.Jin-S-421
云南：贡山 金效华 X.H.Jin-S-455
Bletilla formosana (Hayata) Schlechter 小白及
云南：江城 张绍云，胡启和，白海洋 YNS1264
Bletilla ochracea Schlechter 黄花白及
湖北：竹溪 李盛兰 GanQL741
Bletilla striata (Thunberg) H. G. Reichenbach 白及
湖北：宜昌 陈功锡，张代贵 SCSB-HC-2008085
湖南：吉首 陈功锡，张代贵，邓涛等 SCSB-HC-2007396
湖南：桑植 陈功锡，廖博儒，查学州等 190
江苏：句容 吴宝成，王兆银 HANGYY8314
江西：武宁 谭策铭，张吉华 TanCM446
云南：沧源 张挺，刘成，郭永杰 08CS983
Bulbophyllum affine Lindley 赤唇石豆兰
云南：景洪 金效华 Jin-S-544
云南：永德 李永亮 LiYL1438
Bulbophyllum ambrosia (Hance) Schlechter 芳香石豆兰
云南：沧源 金效华 X.H.Jin-S-317
Bulbophyllum andersonii (J. D. Hooker) J. J. Smith 梳帽卷瓣兰
云南：勐海 金效华 X.H.Jin-s-274
云南：勐腊 金效华 X.H.Jin-S-376
云南：孟连 金效华 Jin-S-522
云南：孟连 金效华 Jin-S-527
Bulbophyllum cauliflorum J. D. Hooker 茎花石豆兰
云南：贡山 金效华 X.H.Jin-S-440
云南：绿春 金效华 Jin-S-505
Bulbophyllum corallinum Tixier & Guillaumin 环唇石豆兰
云南：景东 金效华 Jin-S-894
云南：景东 金效华 Jin-S-898
云南：孟连 金效华 Jin-S-524
Bulbophyllum cylindraceum Lindley 大苞石豆兰
云南：泸水 金效华 X.H.Jin-S-220
Bulbophyllum depressum King & Pantling 戟唇石豆兰 *
海南：乐东 金效华 X.H.Jin-S-151
Bulbophyllum eublepharum H. G. Reichenbach 墨脱石豆兰
云南：贡山 金效华 Jin-S-510
云南：贡山 金效华 X.H.Jin-S-261
Bulbophyllum kwangtungense Schlechter 广东石豆兰 *
云南：贡山 金效华 X.H.Jin-S-426
Bulbophyllum menglunense Z. H. Tsi & Y. Z. Ma 勐仑石豆兰 *
云南：勐腊 金效华 JIN-S-793
Bulbophyllum nigrescens Rolfe 钩梗石豆兰
云南：勐海 金效华 X.H.Jin-s-282
Bulbophyllum odoratissimum (Smith) Lindley 密花石豆兰
云南：金平 税玉民，陈文红 80649
云南：绿春 税玉民，陈文红 73157
云南：马关 税玉民，陈文红 82665
云南：勐海 金效华 X.H.Jin-s-277
云南：勐腊 金效华 X.H.Jin-S-381
Bulbophyllum orientale Seidenfaden 麦穗石豆兰
云南：镇康 金效华 X.H.Jin-S-328
Bulbophyllum pectinatum Finet 长足石豆兰
云南：景谷 胡启和，周英，仇亚 YNS0649
Bulbophyllum psittacoglossum H. G. Reichenbach 滇南石豆兰
云南：澜沧 张绍云，叶金科，胡启和 YNS1208
Bulbophyllum repens Griffith 球花石豆兰
海南：昌江 金效华 X.H.Jin-S-179
Bulbophyllum reptans (Lindley) Lindley 伏生石豆兰
云南：福贡 金效华 X.H.Jin-S-260
云南：贡山 金效华 Jin-S-854
云南：贡山 金效华 X.H.Jin-S-436
云南：贡山 金效华 X.H.Jin-S-454
云南：腾冲 金效华 JIN-S-775
Bulbophyllum retusiusculum H. G. Reichenbach 藓叶卷瓣兰
海南：昌江 金效华 X.H.Jin-S-176
云南：贡山 金效华 X.H.Jin-S-258
云南：贡山 金效华 X.H.Jin-S-453
云南：金平 金效华 X.H.Jin-S-386
云南：泸水 金效华 X.H.Jin-S-263

云南：盈江 金效华 X.H.Jin-S-234

Bulbophyllum shweliense W. W. Smith 伞花石豆兰

云南：贡山 金效华 X.H.Jin-S-425

云南：腾冲 金效华 X.H.Jin-S-350A

Bulbophyllum sutepense (Rolfe ex Downie) Seidenfaden & Smitinand 聚株石豆兰

云南：景洪 金效华 Jin-S-539

云南：禄劝 金效华 Jin-S-709

云南：勐海 金效华 Jin-S-538

Bulbophyllum tigridum Hance 虎斑卷瓣兰 *

海南：保亭 金效华 X.H.Jin-S-216

Bulbophyllum umbellatum Lindley 伞花卷瓣兰

云南：绿春 金效华 Jin-S-879

Bulleyia yunnanensis Schlechter 蜂腰兰

云南：贡山 郭永杰，吴之坤，吴兴等 14CS9812

云南：金平 金效华 X.H.Jin-S-365

云南：泸水 金效华 Jin-S-722

云南：马关 税玉民，陈文红 82664

云南：腾冲 金效华 X.H.Jin-S-344

Calanthe alismatifolia Lindley 泽泻虾脊兰

湖南：吉首 陈功锡，张代贵，邓涛等 SCSB-HC-2007386

云南：澜沧 张绍云，胡启和，叶金科等 YNS1203

云南：绿春 黄连山保护区科研所 HLS0254

云南：绿春 金效华 Jin-S-501

云南：马关 税玉民，陈文红 82233

云南：马关 税玉民，陈文红 82531

云南：镇沅 何忠云，周立刚 ALSZY316

Calanthe alleizettei Gagnepain 长柄虾脊兰

云南：麻栗坡 金效华 X.H.Jin-S-120

Calanthe alpina J. D. Hooker ex Lindley 流苏虾脊兰

云南：泸水 许炳强，吴兴，李婧等 XiaNh-07zx-020

云南：巧家 杨光明 SCSB-W-1235

Calanthe davidii Franchet 剑叶虾脊兰

湖北：宜昌 陈功锡，张代贵 SCSB-HC-2008093

云南：隆阳区 赵玮 BSGLGS1y173

云南：绿春 何疆海，何来收，白然思等 HLS0335

Calanthe densiflora Lindley 密花虾脊兰

云南：贡山 金效华 X.H.Jin-S-259

Calanthe discolor Lindley 虾脊兰

安徽：宁国 洪欣，李中林 ZhouSB0231

安徽：祁门 洪欣 ZSB345

Calanthe graciliflora Hayata 钩距虾脊兰 *

湖南：永顺 陈功锡，张代贵 SCSB-HC-2008243

Calanthe hancockii Rolfe 叉唇虾脊兰 *

云南：贡山 刘成，何华杰，黄莉等 14CS9991

Calanthe henryi Rolfe 疏花虾脊兰 *

云南：贡山 金效华 Jin-S-759

Calanthe mannii J. D. Hooker 细花虾脊兰

西藏：察隅 金效华 Jin-S-891

云南：贡山 刘成，何华杰，黄莉等 14CS9990

云南：贡山 刘成，何华杰，黄莉等 14CS9999

云南：腾冲 金效华 X.H.Jin-S-352

Calanthe puberula Lindley 镰萼虾脊兰

西藏：波密 何华杰 81487

云南：腾冲 金效华 X.H.Jin-S-338

Calanthe tricarinata Lindley 三棱虾脊兰

云南：巧家 李文虎，颜再奎，张天壁等 QJYS0049

云南：巧家 杨光明，颜再奎，张天壁等 QJYS0073

云南：腾冲 赵玮 BSGLGS1y177

云南：腾冲 余新林，赵玮 BSGLGStc125

Calanthe triplicata (Willemet) Ames 三褶虾脊兰

海南：昌江 金效华 X.H.Jin-S-169

云南：沧源 赵金超 CYNGH451

云南：景洪 彭华，向春雷，王泽欢 PengH8514

Callostylis bambusifolia (Lindley) S. C. Chen & J. J. Wood 竹叶美柱兰

云南：腾冲 金效华 X.H.Jin-S-247

Campanulorchis thao (Gagnepain) S. C. Chen & J. J. Wood 钟兰

海南：昌江 金效华 X.H.Jin-S-178

Cephalanthera damasonium (Miller) Druce 大花头蕊兰

云南：西山区 蔡杰，张挺，郭永杰等 11CS3717

Cephalanthera erecta (Thunberg) Blume 银兰

四川：理县 何兴金，李琴琴，赵丽华等 SCU-09-581

Cephalanthera longifolia (Linnaeus) Fritsch 头蕊兰

云南：巧家 杨光明 SCSB-W-1210

云南：香格里拉 何华杰 WH001

Ceratostylis hainanensis Z. H. Tsi 牛角兰 *

海南：保亭 金效华 X.H.Jin-S-203

Ceratostylis himalaica J. D. Hooker 叉枝牛角兰

云南：勐海 金效华 X.H.Jin-s-273

云南：勐腊 金效华 X.H.Jin-S-397

Ceratostylis subulata Blume 管叶牛角兰

海南：保亭 金效华 X.H.Jin-S-214

Chamaegastrodia inverta (W. W. Smith) Seidenfaden 川滇叠鞘兰 *

云南：石林 税玉民，陈文红 66571

云南：腾冲 金效华 X.H.Jin-S-345

Chamaegastrodia shikokiana Makino & F. Maekawa 叠鞘兰

安徽：祁门 洪欣 ZSB346

Cheirostylis chinensis Rolfe 中华叉柱兰

广西：龙州 金效华 X.H.Jin-S-249

海南：昌江 金效华 X.H.Jin-S-184

云南：盈江 金效华 X.H.Jin-S-235

Cheirostylis yunnanensis Rolfe 云南叉柱兰

海南：昌江 金效华 X.H.Jin-S-188

Chiloschista yunnanensis Schlechter 异型兰 *

云南：景洪 金效华 Jin-S-548

Chrysoglossum ornatum Blume 金唇兰

云南：勐腊 金效华 Jin-S-531

Cleisostoma filiforme (Lindley) Garay 金塔隔距兰

云南：绿春 金效华 JIN-S-795

Cleisostoma fuerstenbergianum Kraenzlin 长叶隔距兰

云南：勐腊 金效华 X.H.Jin-S-401

Cleisostoma linearilobatum (Seidenfaden & Smitinand) Garay 隔距兰

云南：景洪 金效华 Jin-S-543

云南：绿春 黄连山保护区科研所 HLS0399

Cleisostoma paniculatum (Ker Gawler) Garay 大序隔距兰

云南：福贡 金效华 X.H.Jin-S-412

云南：澜沧 胡启和，仇亚，周英等 YNS0703

云南：禄劝 金效华 Jin-S-705

云南：禄劝 金效华 Jin-S-800

云南：绿春 金效华 Jin-S-502

云南：勐腊 金效华 Jin-S-753

云南：思茅区 金效华 JIN-S-803

Cleisostoma parishii (J. D. Hooker) Garay 短茎隔距兰
海南：昌江 金效华 X.H.Jin-S-195A
云南：景洪 金效华 X.H.Jin-s-283

Cleisostoma racemiferum (Lindley) Garay 大叶隔距兰
云南：福贡 金效华 Jin-S-556
云南：普洱 金效华 X.H.Jin-s-290

Cleisostoma williamsonii (H. G. Reichenbach) Garay 红花隔距兰
海南：昌江 金效华 X.H.Jin-S-185
云南：普洱 金效华 X.H.Jin-s-292
云南：普洱 金效华 X.H.Jin-S-304

Coelogyne barbata Lindley ex Griffith 髯毛贝母兰
云南：贡山 金效华 X.H.Jin-S-446

Coelogyne corymbosa Lindley 眼斑贝母兰
云南：福贡 金效华 Jin-S-742
云南：金平 金效华 X.H.Jin-S-355
云南：腾冲 金效华 X.H.Jin-S-353

Coelogyne fimbriata Lindley 流苏贝母兰
海南：乐东 金效华 X.H.Jin-S-154
海南：乐东 金效华 X.H.Jin-S-156
海南：乐东 金效华 X.H.Jin-S-158
云南：贡山 金效华 Jin-S-516
云南：贡山 金效华 X.H.Jin-S-423
云南：勐腊 金效华 Jin-S-897
云南：普洱 胡启和，仇亚，周英等 YNS0712

Coelogyne flaccida Lindley 栗鳞贝母兰
云南：普洱 金效华 X.H.Jin-s-288

Coelogyne leucantha W. W. Smith 白花贝母兰
云南：金平 喻智勇 JinPing117

Coelogyne longipes Lindley 长柄贝母兰
云南：腾冲 金效华 X.H.Jin-S-343

Coelogyne prolifera Lindley 黄绿贝母兰
云南：景谷 叶金科 YNS0402
云南：普洱 金效华 X.H.Jin-s-287

Coelogyne punctulata Lindley 狭瓣贝母兰
云南：贡山 刘成，何华杰，黄莉等 14CS8564
云南：贡山 金效华 X.H.Jin-S-457
云南：腾冲 余新林，赵玮 BSGLGStc130
云南：盈江 金效华 X.H.Jin-S-227

Coelogyne raizadae S. K. Jain & S. Das 三褶贝母兰
西藏：墨脱 刘成，亚吉东，何华杰等 16CS11882

Coelogyne rigida E. C. Parish & H. G. Reichenbach 挺茎贝母兰
云南：普洱 金效华 X.H.Jin-s-295

Coelogyne sanderae O'Brien 撕裂贝母兰
云南：金平 金效华 X.H.Jin-S-361
云南：金平 金效华 X.H.Jin-S-364
云南：腾冲 金效华 X.H.Jin-S-237

Coelogyne schultesii S. K. Jain & S. Das 疣鞘贝母兰
云南：沧源 金效华 X.H.Jin-S-318
云南：贡山 金效华 X.H.Jin-S-427

Coelogyne stricta (D. Don) Schlechter 双褶贝母兰
云南：腾冲 金效华 X.H.Jin-S-339

Coelogyne suaveolens (Lindley) J. D. Hooker 疏茎贝母兰
云南：勐腊 金效华 Jin-S-737
云南：勐腊 金效华 Jin-S-743

Coelogyne viscosa H. G. Reichenbach 禾叶贝母兰
云南：勐海 金效华 X.H.Jin-s-280
云南：勐腊 金效华 X.H.Jin-S-366
云南：普洱 金效华 X.H.Jin-s-286

Collabium chinense (Rolfe) Tang & F. T. Wang 吻兰
云南：福贡 金效华 Jin-S-713

Conchidium muscicola (Lindley) Rauschert 网鞘蛤兰
云南：澜沧 胡启和，赵强，周英等 YNS0743
云南：孟连 金效华 Jin-S-518

Conchidium pusillum Griffith 蛤兰
海南：保亭 金效华 X.H.Jin-S-206
海南：保亭 金效华 X.H.Jin-S-207
海南：乐东 金效华 X.H.Jin-S-150
云南：沧源 金效华 X.H.Jin-S-314
云南：腾冲 金效华 X.H.Jin-S-346

Corybas taliensis Tang & F. T. Wang 大理铠兰 *
云南：龙陵 金效华 X.H.Jin-S-331
云南：腾冲 金效华 JIN-S-774
云南：腾冲 金效华 X.H.Jin-S-348
云南：腾冲 金效华 X.H.Jin-S-350

Cremastra appendiculata (D. Don) Makino 杜鹃兰
湖北：宜昌 陈功锡，张代贵 SCSB-HC-2008075
湖南：桑植 陈功锡，张代贵 SCSB-HC-2008124
江西：庐山区 谭策铭，董安淼 TanCM555
浙江：临安 金效华 Jin-S-773

Crepidium calophyllum (H. G. Reichenbach) Szlachetko 美叶沼兰
云南：沧源 金效华 X.H.Jin-S-320

Crepidium orbiculare (W. W. Smith & Jeffrey) Seidenfaden 齿唇沼兰 *
云南：隆阳区 赵文李 BSGLGSly3039

Cylindrolobus marginatus (Rolfe) S. C. Chen & J. J. Wood 柱兰
云南：沧源 金效华 X.H.Jin-S-316

Cylindrolobus tenuicaulis (S. C. Chen & Z. H. Tsi) S. C. Chen & J. J. Wood 细茎柱兰 *
云南：贡山 金效华 X.H.Jin-S-450

Cymbidium cochleare Lindley 垂花兰
云南：绿春 金效华 X.H.Jin-S-393

Cymbidium cyperifolium Wallich ex Lindley 莎叶兰
广西：那坡 金效华 X.H.Jin-S-252
云南：隆阳区 赵文李 BSGLGSly3068
云南：腾冲 余新林，赵玮 BSGLGStc264

Cymbidium dayanum H. G. Reichenbach 冬凤兰
海南：昌江 金效华 X.H.Jin-S-193
云南：沧源 金效华 X.H.Jin-S-324

Cymbidium elegans Lindley 莎草兰
云南：金平 金效华 X.H.Jin-S-360

Cymbidium faberi Rolfe 蕙兰
海南：昌江 金效华 X.H.Jin-S-162

Cymbidium goeringii (H. G. Reichenbach) H. G. Reichenbach 春兰
云南：腾冲 余新林，赵玮 BSGLGStc279
云南：腾冲 余新林，赵玮 BSGLGStc280
云南：腾冲 余新林，赵玮 BSGLGStc281

Cymbidium hookerianum H. G. Reichenbach 虎头兰
云南：南涧 时国彩，罗新浩，何贵才等 njwls2007046
云南：宁洱 张绍云，叶金科，胡启和 YNS1224
云南：宁洱 张绍云，叶金科，胡启和 YNS1225
云南：腾冲 赵玮 BSGLGSly120

Cymbidium lancifolium Hooker 兔耳兰
广西：罗城 刘静，胡仁传，莫水松 Liuyan1075
海南：昌江 金效华 X.H.Jin-S-164
西藏：墨脱 金效华 JIN-S-820
云南：福贡 金效华 X.H.Jin-S-411
云南：隆阳区 赵文李 BSGLGSly3064
云南：绿春 税玉民，陈文红 82836
Cymbidium macrorhizon Lindley 大根兰
云南：盘龙区 蔡杰 14CS9330
Cymbidium mannii H. G. Reichenbach 硬叶兰
广西：隆安 莫水松，杨金财，彭日成 Liuyan1109
广西：隆安 许为斌，刘静，黄歆怡 Liuyan1122
云南：景洪 金效华 Jin-S-767
云南：绿春 黄连山保护区科研所 HLS0385
云南：勐海 金效华 X.H.Jin-s-268
云南：勐腊 金效华 JIN-S-830
Cymbidium sinense (Jackson ex Andrews) Willdenow 墨兰
云南：金平 喻智勇 JinPing98
云南：景洪 彭华，向春雷，王泽欢 PengH8515
Cymbidium tracyanum L. Castle 西藏虎头兰
云南：福贡 金效华 Jin-S-768
云南：贡山 金效华 X.H.Jin-S-256
云南：贡山 刘成，何华杰，黄莉等 14CS10001
云南：腾冲 余新林，赵玮 BSGLGStc388
Cypripedium bardolphianum W. W. Smith & Farrer 无苞杓兰 *
西藏：察隅 金效华 Jin-S-858
Cypripedium fasciolatum Franchet 大叶杓兰 *
云南：巧家 杨光明，颜再奎，张天壁等 QJYS0083
Cypripedium flavum P. F. Hunt & Summerhayes 黄花杓兰 *
云南：香格里拉 杨青松，星耀武，苏涛 ZhouZK-07ZX-0400
Cypripedium guttatum Swartz 紫点杓兰
黑龙江：嫩江 王臣，张欣欣，刘跃印等 WangCh302
四川：康定 许炳强，童毅华，吴兴等 XiaNH-07ZX-1012
西藏：亚东 金效华 JIN-S-783
Cypripedium henryi Rolfe 绿花杓兰 *
湖北：竹溪 李盛兰 GanQL834
湖南：永定区 吴福川，廖博儒 7119
Cypripedium himalaicum Rolfe 高山杓兰
西藏：察隅 金效华 Jin-S-852
西藏：察隅 金效华 Jin-S-856
西藏：察隅 金效华 Jin-S-865
Cypripedium macranthos Swartz 大花杓兰
甘肃：合作 郭淑青，杜品 LiuJQ-2012-GN-142
黑龙江：嫩江 王臣，张欣欣，史传奇 WangCh135
四川：巴塘 徐波，陈光富，陈林杨等 SunH-07ZX-1506
西藏：林芝 何华杰，张书东 81447
Cypripedium margaritaceum Franchet 斑叶杓兰 *
云南：巧家 李文虎，高顺勇，吴天抗等 QJYS0018
云南：巧家 李文虎，吴天抗，张天壁等 QJYS0168
Cypripedium subtropicum S. C. Chen & K. Y. Lang 暖地杓兰 *
云南：贡山 金效华 Jin-S-738
Cypripedium tibeticum King ex Rolfe 西藏杓兰
四川：道孚 许炳强，童毅华，吴兴等 XiaNH-07ZX-0986
西藏：察隅 金效华 JIN-S-788
西藏：察隅 金效华 Jin-S-859
西藏：亚东 金效华 JIN-S-839
Cypripedium wardii Rolfe 宽口杓兰 *
西藏：察隅 金效华 Jin-S-876
Dactylorhiza umbrosa (Karelin & Kirilov) Nevski 阴生掌裂兰
新疆：塔什库尔干 冯建菊 LiuJQ0196
新疆：温宿 杨赵平，周禧琳，贺冰 LiZJ1918
Dendrobium aduncum Wallich ex Lindley 钩状石斛
海南：保亭 金效华 X.H.Jin-S-204
海南：昌江 金效华 X.H.Jin-S-189
云南：河口 金效华 X.H.Jin-S-255
Dendrobium bellatulum Rolfe 矮石斛
云南：景洪 金效华 Jin-S-540
云南：勐海 金效华 Jin-S-789
Dendrobium brymerianum H. G. Reichenbach 长苏石斛
云南：镇康 金效华 X.H.Jin-S-332
Dendrobium capillipes H. G. Reichenbach 短棒石斛
云南：江城 叶金科 YNS0491
Dendrobium cariniferum H. G. Reichenbach 翅萼石斛
云南：镇康 金效华 X.H.Jin-S-330
Dendrobium catenatum Lindley 黄石斛
广西：凌云 蒋强，罗世华 WuTG0001
广西：凌云 蒋强，罗世华 WuTG0002
广西：凌云 杨大志，吴长兴 WuTG0003
Dendrobium chrysanthum Wallich ex Lindley 束花石斛
云南：江城 叶金科 YNS0492
Dendrobium chrysotoxum Lindley 鼓槌石斛
云南：景洪 金效华 Jin-S-555
云南：思茅区 胡启和，叶金科，张绍云 YNS1358
Dendrobium compactum Rolfe ex W. Hackett 草石斛
云南：金平 金效华 X.H.Jin-S-362
Dendrobium crepidatum Lindley & Paxton 玫瑰石斛
云南：景洪 金效华 Jin-S-745
Dendrobium cucullatum R. Brown 兜唇石斛
云南：金平 金效华 X.H.Jin-S-389
云南：绿春 金效华 Jin-S-730
云南：勐海 金效华 Jin-S-551
云南：普洱 金效华 X.H.Jin-s-293
Dendrobium densiflorum Wallich 密花石斛
海南：昌江 金效华 X.H.Jin-S-174
云南：勐腊 金效华 JIN-S-805
Dendrobium devonianum Paxton 齿瓣石斛
云南：腾冲 金效华 X.H.Jin-S-225
Dendrobium gibsonii Lindley 曲轴石斛
云南：思茅区 胡启和，仇亚，周兵 YNS0797
Dendrobium henryi Schlechter 疏花石斛
云南：思茅区 金效华 JIN-S-814
Dendrobium hookerianum Lindley 金耳石斛
云南：贡山 刘成，何华杰，黄莉等 14CS8582
云南：贡山 金效华 X.H.Jin-S-429
云南：贡山 金效华 X.H.Jin-S-435
Dendrobium longicornu Lindley 长距石斛
云南：绿春 金效华 Jin-S-503
云南：绿春 金效华 Jin-S-780
云南：绿春 金效华 Jin-S-882
云南：腾冲 金效华 X.H.Jin-S-340
云南：盈江 金效华 X.H.Jin-S-228
Dendrobium moniliforme (Linnaeus) Swartz 细茎石斛
江西：武宁 张吉华，刘运群 TanCM1109
云南：江城 叶金科 YNS0490
云南：金平 金效华 X.H.Jin-S-358
云南：腾冲 金效华 Jin-S-529

Dendrobium nobile Lindley 石斛
云南：江城 叶金科 YNS0489
云南：普洱 金效华 X.H.Jin-S-303
Dendrobium pendulum Roxburgh 肿节石斛
云南：勐海 金效华 X.H.Jin-s-271
云南：镇康 金效华 X.H.Jin-S-326
Dendrobium sinense Tang & F. T. Wang 华石斛 *
海南：昌江 金效华 X.H.Jin-S-165
Dendrobium sinominutiflorum S. C. Chen 勐海石斛 *
云南：思茅区 金效华 Jin-S-794
Dendrobium sulcatum Lindley 具槽石斛
云南：勐腊 金效华 JIN-S-796
Dendrobium terminale E. C. Parish & H. G. Reichenbach 刀叶石斛
云南：镇沅 叶金科 YNS0405
Dendrobium thyrsiflorum H. G. Reichenbach ex André 球花石斛
海南：昌江 金效华 X.H.Jin-S-194
云南：勐海 金效华 X.H.Jin-s-269
Dendrobium wangliangii G. W. Hu, C. L. Long & X. H. Jin 王氏石斛 *
云南：禄劝 金效华 Jin-S-712
Dendrobium wattii (J. D. Hooker) H. G. Reichenbach 高山石斛
云南：孟连 金效华 Jin-S-520
Dendrobium williamsonii J. Day & H. G. Reichenbach 黑毛石斛
云南：绿春 税玉民，陈文红 82853
Dendrolirium tomentosum (J. Koenig) S. C. Chen & J. J. Wood 绒兰
海南：昌江 金效华 X.H.Jin-S-182
海南：保亭 金效华 X.H.Jin-S-210
云南：澜沧 金效华 X.H.Jin-S-298
Dienia ophrydis (J. Koenig) Ormerod & Seidenfaden 无耳沼兰
广西：上思 吴望辉，许为斌，农冬新 Liuyan0527
云南：河口 税玉民，陈文红 82070
云南：河口 金效华 X.H.Jin-S-403
云南：景谷 周伟，郁文彬 SCSB-W-1540
云南：马关 税玉民，陈文红 82530
Diploprora championii (Lindley ex Bentham) J. D. Hooker 蛇舌兰
广西：上思 叶晓霞，吴望辉，农冬新 Liuyan0366
海南：保亭 金效华 X.H.Jin-S-213
云南：景洪 金效华 X.H.Jin-s-284
云南：绿春 金效华 Jin-S-707
云南：思茅区 金效华 JIN-S-815
Epigeneium amplum (Lindley) Summerhayes 宽叶厚唇兰
云南：贡山 金效华 X.H.Jin-S-264
云南：勐海 金效华 X.H.Jin-s-272
Epigeneium fuscescens (Griffith) Summerhayes 景东厚唇兰
云南：贡山 金效华 Jin-S-514
云南：绿春 金效华 Jin-S-885
云南：勐海 金效华 Jin-S-819
Epipactis helleborine (Linnaeus) Crantz 火烧兰
黑龙江：尚志 王臣，张欣欣，刘跃印等 WangCh311
四川：巴塘 孙航，张建文，邓涛等 SunH-07ZX-3390
四川：黑水 顾垒，李忠荣 GaoXF-09ZX-1790
四川：九寨沟 张挺，李爱花，刘成等 08CS885
四川：康定 许炳强，童毅华，吴兴等 XiaNH-07ZX-1096
四川：康定 何兴金，李琴琴，王长宝等 SCU-08178
四川：木里 苏涛，黄永江，杨青松等 ZhouZK11363
四川：壤塘 张挺，李爱花，刘成等 08CS835
西藏：波密 马永鹏 ZhangCQ-0088
西藏：波密 马永鹏 ZhangCQ-0090
西藏：察隅 何华杰 81559
西藏：察隅 金效华 Jin-S-861
西藏：察隅 张挺，蔡杰，袁明 09CS1523
西藏：察隅 马永鹏 ZhangCQ-0096
西藏：察隅 何华杰 81558
西藏：吉隆 何华杰，张书东 81030
西藏：吉隆 何华杰，张书东 81081
西藏：吉隆 马永鹏 ZhangCQ-0033
西藏：朗县 罗建，汪书丽，任德智 L080
西藏：林芝 孙航，张建文，陈建国等 SunH-07ZX-2802
西藏：林芝 张大才，李双智，唐路等 ZhangDC-07ZX-1848
西藏：林芝 何华杰，张书东 81479
西藏：芒康 张永洪，李国栋，王晓雄 SunH-07ZX-1725
新疆：巩留 亚吉东，张桥蓉，秦少发等 16CS13491
新疆：温泉 徐文斌，王莹 SHI-2008255
新疆：昭苏 亚吉东，张桥蓉，秦少发等 16CS13537
云南：洱源 杨青松，星耀武，苏涛 ZhouZK-07ZX-0279
云南：宁蒗 任宗昕，艾洪莲，张舒 SCSB-W-1453
云南：盘龙区 金效华 Jin-S-747
云南：巧家 杨光明 SCSB-W-1230
云南：巧家 李文虎，吴天抗，张天壁等 QJYS0169
云南：巧家 郁文彬，张舒，艾洪莲等 SCSB-W-1014
云南：石林 税玉民，陈文红 66531
云南：石林 税玉民，陈文红 66562
云南：香格里拉 张大才，李双智，唐路等 ZhangDC-07ZX-1643
云南：香格里拉 何华杰 WH002
云南：香格里拉 杨青松，星耀武，苏涛 ZhouZK-07ZX-0379
Epipactis humilior (Tang & F. T. Wang) S. C. Chen & G. H. Zhu 短茎火烧兰 *
西藏：波密 何华杰，张书东 81525
Epipactis mairei Schlechter 大叶火烧兰
湖北：宜昌 陈功锡，张代贵 SCSB-HC-2008079
四川：黑水 顾垒，李忠荣 GaoXF-09ZX-1593
西藏：朗县 罗建，汪书丽，任德智 L117
云南：巧家 李文虎，高顺勇，吴天抗等 QJYS0020
云南：永德 杨金荣，黄德武，李增柱等 YDDXSA078
Epipactis veratrifolia Boissier & Hohenacker 疏花火烧兰
四川：道孚 何兴金，赵丽华，梁乾隆 SCU-10-019
云南：福贡 金效华 Jin-S-710
云南：福贡 金效华 Jin-S-726
云南：福贡 金效华 Jin-S-732
云南：福贡 金效华 Jin-S-736
云南：福贡 金效华 Jin-S-764
云南：贡山 金效华 Jin-S-725
云南：贡山 金效华 Jin-S-727
Eria clausa King & Pantling 匍茎毛兰
广西：那坡 金效华 X.H.Jin-S-251
Eria corneri H. G. Reichenbach 半柱毛兰
广西：环江 莫水松，刘静 Liuyan1087
广西：隆安 莫水松，杨金财，彭日成 Liuyan1105
广西：上思 许为斌，高乞，林春蕊 Liuyan0526
广西：永福 许为斌，黄俞淞，朱章明 Liuyan0474
海南：乐东 金效华 X.H.Jin-S-155

Eria coronaria (Lindley) H. G. Reichenbach 足茎毛兰
海南：昌江 金效华 X.H.Jin-S-177
云南：绿春 朱正明，李天华 HLS0329
Eria gagnepainii A. D. Hawkes & A. H. Heller 香港毛兰
云南：贡山 金效华 X.H.Jin-S-257
Eria vittata Lindley 条纹毛兰
云南：盈江 金效华 X.H.Jin-S-236
Erythrodes blumei (Lindley) Schlechter 钳唇兰
广西：龙州 金效华 X.H.Jin-S-248
Esmeralda bella H. G. Reichenbach 口盖花蜘蛛兰
云南：绿春 税玉民，陈文红 73133
Esmeralda clarkei H. G. Reichenbach 花蜘蛛兰
海南：昌江 金效华 X.H.Jin-S-163
Flickingeria bicolor Z. H. Tsi & S. C. Chen 二色金石斛 *
云南：勐腊 金效华 X.H.Jin-S-398
Galearis roborowskyi (Maximowicz) S. C. Chen, P. J. Cribb & S. W. Gale 北方盔花兰
四川：九寨沟 张挺，李爱花，刘成等 08CS877
西藏：昌都 陈家辉，王赟，刘德团 YangYP-Q-3155
新疆：塔什库尔干 黄文娟，段黄金，王英鑫等 LiZJ0330
Galearis spathulata (Lindley) P. F. Hunt 二叶盔花兰
四川：黑水 顾垒，李忠荣 GaoXF-09ZX-1349
西藏：错那 何华杰，张书东 81391
西藏：亚东 何华杰 81260
Galeola faberi Rolfe 山珊瑚 *
云南：贡山 蔡杰，郭云刚，张凤琼等 14CS9708
云南：贡山 蔡杰，郭云刚，张凤琼等 14CS9716
云南：贡山 蔡杰，郭云刚，张凤琼等 14CS9780
云南：绿春 张挺，马国强，刘娜等 SCSB-B-000571
云南：腾冲 金效华 JIN-S-778
Galeola lindleyana (J. D. Hooker & Thomson) H. G. Reichenbach 毛萼山珊瑚
湖北：宣恩 祝文志，刘志祥，曹远俊 ShenZH0004
云南：贡山 刘成，何华杰，黄莉等 14CS8536
云南：景东 刘长铭，袁小龙，罗庆光等 JDNR11032
云南：南涧 高国政，徐如标，李成清 NJWLS2008253
云南：腾冲 金效华 Jin-S-779
云南：文山 张挺，刘成，李梅娟等 12CS4679
Gastrochilus calceolaris (Buchanan-Hamilton ex Smith) D. Don 盆距兰
海南：保亭 金效华 X.H.Jin-S-211
云南：贡山 金效华 X.H.Jin-S-447
云南：景谷 胡启和，周英，仇亚 YNS0645
云南：绿春 金效华 Jin-S-715
云南：勐海 金效华 JIN-S-824
云南：腾冲 金效华 X.H.Jin-S-221
云南：腾冲 余新林，赵玮 BSGLGStc319
云南：盈江 金效华 X.H.Jin-S-231
云南：永德 李永亮 LiYL1520
Gastrochilus hainanensis Z. H. Tsi 海南盆距兰
海南：昌江 金效华 X.H.Jin-S-197
Gastrochilus obliquus (Lindley) Kuntze 无茎盆距兰
云南：勐腊 金效华 Jin-S-804
Gastrochilus yunnanensis Schlechter 云南盆距兰
云南：绿春 黄连山保护区科研所 HLS0449
Gastrodia menghaiensis Z. H. Tsi & S. C. Chen 勐海天麻 *
云南：元阳 亚吉东，黄莉，何华杰 15CS11270
Geodorum densiflorum (Lamarck) Schlechter 地宝兰
广西：隆安 莫水松，胡仁传，林春蕊 Liuyan1114
云南：河口 金效华 X.H.Jin-S-405
Goodyera biflora (Lindley) J. D. Hooker 大花斑叶兰
湖北：竹溪 李盛兰 GanQL1091
Goodyera bomiensis K. Y. Lang 波密斑叶兰 *
西藏：波密 金效华 JIN-S-838
云南：贡山 金效华 Jin-S-842
Goodyera foliosa (Lindley) Bentham ex C. B. Clarke 多叶斑叶兰
云南：贡山 金效华 X.H.Jin-S-444
Goodyera fumata Thwaites 烟色斑叶兰
云南：勐腊 金效华 Jin-S-822
Goodyera procera (Ker Gawler) Hooker 高斑叶兰
云南：勐腊 金效华 JIN-S-811
Goodyera repens (Linnaeus) R. Brown 小斑叶兰
新疆：昭苏 阎平，徐文斌 SHI-A2007312
新疆：昭苏 亚吉东，张桥蓉，秦少发等 16CS13540
Goodyera schlechtendaliana H. G. Reichenbach 斑叶兰
湖南：永定区 廖博儒 247A
江西：庐山区 董安淼，吴从梅 TanCM873
云南：贡山 金效华 X.H.Jin-S-420
云南：绿春 金效华 X.H.Jin-S-395
云南：马关 税玉民，陈文红 82677
云南：腾冲 金效华 X.H.Jin-S-351A
Goodyera velutina Maximowicz ex Regel 绒叶斑叶兰
云南：贡山 金效华 X.H.Jin-S-422
云南：河口 张贵良，蒋忠华 ZhangGL204
Goodyera viridiflora (Blume) Lindley ex D. Dietrich 绿花斑叶兰
云南：勐腊 金效华 Jin-S-751
Goodyera yangmeishanensis T. P. Lin 小小斑叶兰 *
云南：贡山 金效华 JIN-S-782
Gymnadenia conopsea (Linnaeus) R. Brown 手参
四川：巴塘 孙航，张建文，邓涛等 SunH-07ZX-3392
西藏：江达 陈家辉，王赟，刘德团 YangYP-Q-3093
Gymnadenia orchidis Lindley 西南手参
四川：巴塘 张大才，尹五元，李双智等 ZhangDC-07ZX-2264
四川：白玉 孙航，张建文，邓涛等 SunH-07ZX-3710
四川：白玉 张大才，尹五元，李双智等 ZhangDC-07ZX-2283
四川：甘孜 孙航，张建文，董金龙等 SunH-07ZX-3928
四川：甘孜 陈文允，于文涛，黄永江 CYH141
四川：九龙 孙航，张建文，邓涛等 SunH-07ZX-3763
四川：康定 许炳强，童毅华，吴兴等 XiaNH-07ZX-1036
四川：理塘 孙航，张建文，董金龙等 SunH-07ZX-3641
西藏：察雅 张挺，李爱花，刘成等 08CS736
西藏：察隅 金效华 Jin-S-840
西藏：察隅 金效华 Jin-S-866
西藏：错那 何华杰，张书东 81394
西藏：林芝 何华杰 81463
Habenaria aitchisonii H. G. Reichenbach 落地金钱
四川：甘孜 陈文允，于文涛，黄永江 CYH177
西藏：吉隆 何华杰，张书东 81068
西藏：江达 张挺，李爱花，刘成等 08CS785
云南：丽江 苏涛，黄永江，杨青松等 ZhouZK11469
云南：宁蒗 苏涛，黄永江，杨青松等 ZhouZK11437
云南：石林 税玉民，陈文红 66643
云南：石林 税玉民，陈文红 66678
云南：石林 税玉民，陈文红 66706

Habenaria ciliolaris Kraenzlin 毛葶玉凤花
湖南：永定区 吴福川，廖博儒 7158
Habenaria davidii Franchet 长距玉凤花 *
西藏：波密 何华杰，张书东 81503
Habenaria fulva Tang & F. T. Wang 褐黄玉凤花
云南：泸水 许炳强，吴兴，李婧等 XiaNh-07zx-032
Habenaria mairei Schlechter 棒距玉凤花 *
云南：宁蒗 苏涛，黄永江，杨青松等 ZhouZK11451
云南：香格里拉 杨青松，星耀武，苏涛 ZhouZK-07ZX-0402
Habenaria malintana (Blanco) Merrill 南方玉凤花
云南：麻栗坡 金效华 X.H.Jin-S-112
Habenaria stenopetala Lindley 狭瓣玉凤花
西藏：错那 罗建，汪书丽 LiuJQ11XZ224
西藏：错那 何华杰，张书东 81303
Habenaria wolongensis K. Y. Lang 卧龙玉凤花 *
西藏：察隅 金效华 Jin-S-864
西藏：察隅 金效华 Jin-S-868
Hemipilia cordifolia Lindley 心叶舌喙兰
湖北：五峰 陈功锡，张代贵 SCSB-HC-2008287
云南：洱源 杨青松，星耀武，苏涛 ZhouZK-07ZX-0310
云南：石林 税玉民，陈文红 66490
Herminium alaschanicum Maximowicz 裂瓣角盘兰
四川：红原 张昌兵，邓秀华 ZhangCB0267
西藏：波密 陈家辉，韩希，王东超等 YangYP-Q-4022
西藏：林周 陈家辉，韩希，王广艳等 YangYP-Q-4167
Herminium josephii H. G. Reichenbach 宽卵角盘兰
西藏：林芝 罗建，汪书丽 LiuJQ-09XZ-256
Herminium lanceum (Thunberg ex Swartz) Vuijk 叉唇角盘兰
四川：马尔康 何兴金，胡灏禹，黄德青 SCU-10-117
西藏：昌都 陈家辉，王赟，刘德团 YangYP-Q-3119
西藏：错那 何华杰 81312
西藏：亚东 何华杰，张书东 81258
云南：盘龙区 金效华 Jin-S-881
云南：盘龙区 金效华 Jin-S-899
云南：巧家 杨光明 SCSB-W-1231
云南：巧家 郁文彬，张舒，艾洪莲等 SCSB-W-1008
云南：石林 税玉民，陈文红 65447
Herminium monorchis (Linnaeus) R. Brown 角盘兰
甘肃：合作 郭淑青，杜品 LiuJQ-2012-GN-140
甘肃：合作 刘坤 LiuJQ-GN-2011-609
四川：甘孜 陈文允，于文涛，黄永江 CYH139
四川：普格 任宗昕，艾洪莲，张舒 SCSB-W-1419
四川：普格 任宗昕，艾洪莲，张舒 SCSB-W-1424
西藏：八宿 张永洪，李国栋，王晓雄 SunH-07ZX-1762
西藏：吉隆 何华杰，张书东 81070
西藏：芒康 徐波，陈光富，陈林杨等 SunH-07ZX-1524
云南：马关 税玉民，陈文红 82673
Holcoglossum amesianum (H. G. Reichenbach) Christenson 大根槽舌兰
云南：江城 金效华 Jin-S-883
云南：绿春 金效华 Jin-S-797
云南：绿春 金效华 Jin-S-890
云南：勐海 金效华 X.H.Jin-s-267
云南：普洱 金效华 X.H.Jin-s-291
云南：镇康 金效华 X.H.Jin-S-327
Holcoglossum flavescens (Schlechter) Z. H. Tsi 短距槽舌兰 *
云南：宾川 金效华 Jin-S-530
云南：宾川 金效华 Jin-S-703
云南：禄劝 金效华 Jin-S-702
云南：禄劝 金效华 Jin-S-706
Holcoglossum kimballianum (H. G. Reichenbach) Garay 管叶槽舌兰
云南：勐海 金效华 X.H.Jin-s-266
云南：勐腊 金效华 JIN-S-808
云南：勐腊 金效华 X.H.Jin-S-382
云南：西盟 胡启和，赵强，周英等 YNS0746
Holcoglossum rupestre (Handel-Mazzetti) Garay 滇西槽舌兰 *
云南：香格里拉 金效华 Jin-S-880
Holcoglossum sinicum Christenson 中华槽舌兰 *
云南：宾川 金效华 Jin-S-704
云南：宾川 金效华 Jin-S-746
云南：禄劝 金效华 Jin-S-701
Holcoglossum wangii Christenson 筒距槽舌兰
广西：那坡 金效华 X.H.Jin-S-254
Hygrochilus parishii (H. G. Reichenbach) Pfitzer 湿唇兰
云南：澜沧 胡启和，仇亚，周英等 YNS0698
Liparis assamica King & Pantling 扁茎羊耳蒜
云南：盈江 金效华 X.H.Jin-S-230
Liparis viridiflora (Blume) Lindley 长茎羊耳蒜
海南：昌江 金效华 X.H.Jin-S-168
云南：绿春 黄连山保护区科研所 HLS0067
云南：勐腊 金效华 JIN-S-810
Luisia hancockii Rolfe 纤叶钗子股 *
云南：景洪 金效华 Jin-S-750
Luisia longispica Z. H. Tsi & S. C. Chen 长穗钗子股 *
云南：沧源 张挺，刘成，郭永杰 08CS953
云南：镇沅 叶金科 YNS0414
Luisia magniflora Z. H. Tsi & S. C. Chen 大花钗子股 *
云南：澜沧 金效华 X.H.Jin-S-299
Luisia morsei Rolfe 钗子股
广西：东兴 叶晓霞，吴望辉，农冬新 Liuyan0380
海南：昌江 金效华 X.H.Jin-S-186
海南：昌江 金效华 X.H.Jin-S-198
云南：景谷 胡启和，周英，仇亚 YNS0661
云南：泸水 金效华 Jin-S-748
云南：勐腊 金效华 JIN-S-806
云南：永德 李永亮 LiYL1493
Malaxis monophyllos (Linnaeus) Swartz 原沼兰
云南：腾冲 金效华 JIN-S-785
云南：镇沅 罗成瑜 ALSZY451
Malleola dentifera J. J. Smith 槌柱兰
云南：沧源 金效华 X.H.Jin-S-319
云南：勐腊 金效华 JIN-S-802
Neogyna gardneriana (Lindley) H. G. Reichenbach 新型兰
云南：盈江 金效华 X.H.Jin S 244
Neottia listeroides Lindley 高山鸟巢兰
云南：西山区 蔡杰，张挺，郭永杰等 11CS3718
Neottia papilligera Schlechter 凹唇鸟巢兰
黑龙江：海林 郑宝江，丁晓炎，王美娟等 ZhengBJ319
Neottia tianschanica (Grubov) Szlachetko 天山对叶兰 *
新疆：温宿 杨赵平，焦培培，白冠章等 LiZJ0786
Oberonia acaulis Griffith 显脉鸢尾兰
云南：绿春 金效华 Jin-S-801
Oberonia acaulis var. **luchunensis** S. C. Chen 绿春鸢尾兰 *
云南：绿春 金效华 Jin-S-708
Oberonia pyrulifera Lindley 裂唇鸢尾兰

云南：景谷 胡启和，周英，仇亚 YNS0648

Oreorchis nana Schlechter 硬叶山兰 *

西藏：察隅 金效华 Jin-S-889

Oreorchis parvula Schlechter 矮山兰 *

西藏：察隅 金效华 JIN-S-784

Ornithochilus difformis (Wallich ex Lindley) Schlechter 羽唇兰

云南：金平 税玉民，陈文红 80140

云南：景洪 金效华 Jin-S-542

云南：勐腊 金效华 Jin-S-755

云南：勐腊 金效华 JIN-S-817

Ornithochilus yingjiangensis Z. H. Tsi 盈江羽唇兰 *

云南：腾冲 金效华 X.H.Jin-S-241

Otochilus albus Lindley 白花耳唇兰

云南：绿春 郭永杰，聂细转，黄秋月等 12CS4810

云南：孟连 金效华 Jin-S-519

云南：腾冲 金效华 X.H.Jin-S-222

云南：腾冲 金效华 X.H.Jin-S-336

Otochilus fuscus Lindley 狭叶耳唇兰

云南：贡山 金效华 X.H.Jin-S-443

云南：绿春 税玉民，陈文红 82835

云南：西盟 胡启和，赵强，周英等 YNS0749

云南：西盟 胡启和，赵强，周英等 YNS0751

云南：西盟 胡启和，赵强，周英等 YNS0752

云南：盈江 金效华 X.H.Jin-S-224

云南：盈江 金效华 X.H.Jin-S-233

Otochilus lancilabius Seidenfaden 宽叶耳唇兰

云南：贡山 金效华 X.H.Jin-S-452

云南：绿春 金效华 X.H.Jin-S-391

Otochilus porrectus Lindley 耳唇兰

云南：贡山 金效华 X.H.Jin-S-417

云南：金平 金效华 X.H.Jin-S-363

云南：泸水 金效华 Jin-S-729

云南：绿春 税玉民，陈文红 73151

云南：绿春 税玉民，陈文红 82839

云南：腾冲 周应再 Zhyz542

云南：盈江 金效华 X.H.Jin-S-243

Panisea uniflora (Lindley) Lindley 单花曲唇兰

云南：勐腊 金效华 X.H.Jin-S-378

云南：勐腊 金效华 Jin-S-749

Panisea yunnanensis S. C. Chen & Z. H. Tsi 云南曲唇兰

云南：麻栗坡 金效华 X.H.Jin-S-122

Paphiopedilum barbigerum Tang & F. T. Wang 小叶兜兰

广西：环江 黄俞淞，叶晓霞，许为斌等 Liuyan0114

Paphiopedilum dianthum Tang & F. T. Wang 长瓣兜兰

广西：北海 彭华，向春雷，陈丽 PengH8320

云南：景洪 彭华，向春雷，王泽欢 PengH8601

云南：景洪 彭华，向春雷，王泽欢 PengH8603

云南：景洪 彭华，向春雷，王泽欢 PengH8608

云南：易门 彭华，向春雷，王泽欢 PengH8348

Paphiopedilum hirsutissimum (Lindley ex Hooker) Stein 带叶兜兰

广西：环江 许为斌，梁永延，黄俞淞等 Liuyan0160

Parapteroceras elobe (Seidenfaden) Averyanov 虾尾兰

云南：勐腊 金效华 Jin-S-754

云南：勐腊 金效华 Jin-S-823

Pelatantheria rivesii (Guillaumin) Tang & F. T. Wang 钻柱兰

云南：金平 金效华 X.H.Jin-S-385

云南：勐腊 金效华 X.H.Jin-S-383

云南：镇沅 胡启和，周英，仇亚 YNS0640

Peristylus bulleyi (Rolfe) K. Y. Lang 条叶阔蕊兰 *

云南：丽江 苏涛，黄永江，杨青松等 ZhouZK11468

Peristylus coeloceras Finet 凸孔阔蕊兰

四川：乡城 周浙昆，苏涛，杨莹等 Zhou09-200

Peristylus elisabethae (Duthie) R. K. Gupta 西藏阔蕊兰

西藏：丁青 陈家辉，王赟，刘德团 YangYP-Q-3205

Peristylus goodyeroides (D. Don) Lindley 阔蕊兰

云南：孟连 金效华 Jin-S-525

Peristylus lacertifer (Lindley) J. J. Smith 撕唇阔蕊兰

云南：镇康 金效华 X.H.Jin-S-329

Peristylus mannii (H. G. Reichenbach) Mukerjee 纤茎阔蕊兰

云南：绿春 金效华 Jin-S-781

云南：勐腊 金效华 Jin-S-536

云南：腾冲 金效华 Jin-S-776

云南：腾冲 金效华 Jin-S-786

Phaius columnaris C. Z. Tang & S. J. Cheng 仙笔鹤顶兰 *

广西：环江 许为斌，胡仁传 Liuyan1004

Phaius delavayi (Finet) P. J. Cribb & Perner 少花鹤顶兰 *

云南：古城区 何华杰，何华俊，何俊杰等 HeHJ0002

Phaius flavus (Blume) Lindley 黄花鹤顶兰

广西：环江 许为斌，胡仁传 Liuyan1003

云南：马关 税玉民，陈文红 82265

Phaius hainanensis C. Z. Tang & S. J. Cheng 海南鹤顶兰 *

海南：保亭 金效华 X.H.Jin-S-215

Phaius tancarvilleae (L'Heritier) Blume 鹤顶兰

广西：环江 许为斌 Liuyan1012

云南：景洪 彭华，向春雷，王泽欢 PengH8519

Phalaenopsis braceana (J. D. Hooker) Christenson 尖囊蝴蝶兰

云南：景东 金效华 Jin-S-765

Phalaenopsis mannii H. G. Reichenbach 版纳蝴蝶兰

云南：普洱 彭志仙，叶金科 YNS0373

云南：思茅区 胡启和，仇亚，周兵 YNS0795

Phalaenopsis taenialis (Lindley) Christenson & Pradhan 小尖囊蝴蝶兰

海南：乐东 金效华 X.H.Jin-S-159

Pholidota imbricata Hooker 宿苞石仙桃

云南：贡山 刘成，何华杰，黄莉等 14CS8583

云南：贡山 金效华 X.H.Jin-S-428

云南：贡山 金效华 X.H.Jin-S-430

云南：贡山 金效华 X.H.Jin-S-438

云南：勐海 金效华 X.H.Jin-s-275

云南：勐腊 金效华 X.H.Jin-S-379

云南：西盟 胡启和，赵强，周英等 YNS0744

云南：西盟 胡启和，赵强，周英等 YNS0750

云南：西盟 胡启和，赵强，周英等 YNS0754

云南：盈江 金效华 X.H.Jin-S-232

云南：永德 李永亮 YDDXS0998

Pholidota leveilleana Schlechter 单叶石仙桃

广西：环江 许为斌，梁永延，黄俞淞等 Liuyan0156

广西：环江 莫水松，刘静 Liuyan1086

广西：隆安 莫水松，胡仁传，林春蕊 Liuyan1119

广西：罗城 刘静，胡仁传 Liuyan1110

Pholidota longipes S. C. Chen & Z. H. Tsi 长足石仙桃 *

广西：环江 许为斌 Liuyan1013

广西：罗城 刘静，胡仁传 Liuyan1103

广西：罗城 刘静，胡仁传 Liuyan1123

Pholidota missionariorum Gagnepain 尖叶石仙桃

云南：贡山 金效华 Jin-S-512

Pholidota yunnanensis Rolfe 云南石仙桃

广西：那坡 金效华 X.H.Jin-S-253

Pinalia bipunctata (Lindley) Kuntze 双点苹兰

云南：绿春 税玉民，陈文红 82780

Pinalia obvia (W. W. Smith) S. C. Chen & J. J. Wood 长苞苹兰 *

云南：麻栗坡 税玉民，陈文红 82410

云南：腾冲 余新林，赵玮 BSGLGStc107

Pinalia spicata (D. Don) S. C. Chen & J. J. Wood 密花苹兰

云南：沧源 金效华 X.H.Jin-S-311

云南：绿春 金效华 Jin-S-504

云南：勐腊 金效华 Jin-S-532

云南：勐腊 金效华 Jin-S-534

云南：腾冲 金效华 X.H.Jin-S-333

Pinalia stricta (Lindley) Kuntze 鹅白苹兰

云南：腾冲 金效华 X.H.Jin-S-223

Pinalia yunnanensis (S. C. Chen & Z. H. Tsi) S. C. Chen & J. J. Wood 滇南苹兰 *

云南：勐腊 金效华 Jin-S-535

Platanthera clavigera Lindley 藏南舌唇兰

西藏：错那 何华杰，张书东 81313

西藏：定结 何华杰，张书东 81203

西藏：亚东 马永鹏 ZhangCQ-0053

Platanthera exelliana Soo 高原舌唇兰

四川：甘孜 陈文允，于文涛，黄永江 CYH172

Platanthera japonica (Thunberg) Lindley 舌唇兰

四川：道孚 陈文允，于文涛，黄永江 CYH200

Platanthera leptocaulon (J. D. Hooker) Soó 条叶舌唇兰

云南：贡山 金效华 X.H.Jin-S-408

Platanthera minor (Miquel) H. G. Reichenbach 小舌唇兰

云南：腾冲 金效华 JIN-S-777

Platanthera minutiflora Schlechter 小花舌唇兰

新疆：昭苏 亚吉东，张桥蓉，秦少发等 16CS13553

云南：龙陵 郭永杰，吴义军，马蓉等 12CS5116

Platanthera sinica Tang & F. T. Wang 滇西舌唇兰 *

云南：德钦 于文涛，李国锋 WTYu-424

Platanthera stenantha (J. D. Hooker) Soó 条瓣舌唇兰

云南：巧家 郁文彬，任宗昕，艾洪莲等 SCSB-W-1064

云南：香格里拉 周浙昆，苏涛，杨莹等 Zhou09-044

云南：香格里拉 周浙昆，苏涛，杨莹等 Zhou09-049

Pleione bulbocodioides (Franchet) Rolfe 独蒜兰 *

湖北：竹溪 李盛兰 GanQL1095

湖南：桑植 陈功锡，廖博儒，查学州等 162

Pleione hookeriana (Lindley) Rollisson 毛唇独蒜兰

西藏：聂拉木 何华杰，刘杰 81165

Pleione maculata (Lindley) Lindley & Paxton 秋花独蒜兰

云南：贡山 刀志灵 DZL364

Pleione scopulorum W. W. Smith 二叶独蒜兰

云南：贡山 金效华 X.H.Jin-S-407

Pleione yunnanensis (Rolfe) Rolfe 云南独蒜兰

云南：宁蒗 任宗昕，寸龙琼，任尚国 SCSB-W-1382

Polystachya concreta (Jacquin) Garay & H. R. Sweet 多穗兰

云南：景谷 胡启和，周英，仇亚 YNS0644

云南：绿春 金效华 Jin-S-716

云南：绿春 金效华 Jin-S-720

云南：勐腊 金效华 JIN-S-799

云南：勐腊 金效华 X.H.Jin-S-368

云南：镇沅 叶金科 YNS0413

Ponerorchis chusua (D. Don) Soó 广布小红门兰

四川：黑水 顾垒，李忠荣 GaoXF-09ZX-1827

四川：康定 苏涛，黄永江，杨青松等 ZhouZK11079

四川：康定 苏涛，黄永江，杨青松等 ZhouZK11093

Porpax ustulata (E. C. Parish & H. G. Reichenbach) Rolfe 盾柄兰

云南：勐海 金效华 X.H.Jin-s-276

云南：勐腊 金效华 X.H.Jin-S-375

Rhomboda moulmeinensis (E. C. Parish & H. G. Reichenbach) Ormerod 艳丽菱兰

广西：那坡 张挺，蔡杰，方伟 12CS3825

Rhynchostylis retusa (Linnaeus) Blume 钻喙兰

云南：勐海 金效华 X.H.Jin-s-270

云南：勐海 金效华 X.H.Jin-s-281

云南：勐腊 金效华 X.H.Jin-S-373

云南：思茅区 张绍云，胡启和 YNS1071

云南：思茅区 张绍云，胡启和 YNS1072

Robiquetia succisa (Lindley) Seidenfaden & Garay 寄树兰

海南：昌江 金效华 X.H.Jin-S-170

Sarcoglyphis smithiana (Kerr) Seidenfaden 大喙兰

云南：勐腊 金效华 Jin-S-886

Satyrium nepalense D. Don 鸟足兰

四川：德格 苏涛，黄永江，杨青松等 ZhouZK11225

西藏：吉隆 何华杰，张书东 81069

西藏：日喀则 张晓纬，汪书丽，罗建 LiuJQ-09XZ-LZT-104

云南：石林 税玉民，陈文红 65448

云南：永胜 苏涛，黄永江，杨青松等 ZhouZK11459

Satyrium nepalense var. **ciliatum** (Lindley) J. D. Hooker 缘毛鸟足兰

四川：甘孜 苏涛，黄永江，杨青松等 ZhouZK11168

四川：理塘 苏涛，黄永江，杨青松等 ZhouZK11158

四川：雅江 苏涛，黄永江，杨青松等 ZhouZK11068

四川：雅江 苏涛，黄永江，杨青松等 ZhouZK11095

西藏：察隅 张挺，蔡杰，袁明 09CS1567

西藏：错那 何华杰 81370

西藏：错那 马永鹏 ZhangCQ-0060

西藏：林芝 罗建，汪书丽，任德智 LiuJQ-09XZ-347

西藏：林芝 张大才，李双智，唐路等 ZhangDC-07ZX-1867

西藏：亚东 何华杰 81252

西藏：亚东 马永鹏 ZhangCQ-0052

西藏：亚东 马永鹏 ZhangCQ-0054

云南：大理 李爱花，雷立公，马国强等 SCSB-A-000154

云南：德钦 陈文允，于文涛，黄永江等 CYHL124

云南：贡山 刘成，何华杰，黄莉等 14CS9993

云南：贡山 郭永杰，吴之坤，吴兴等 14CS9919

云南：宁蒗 任宗昕，寸龙琼，任尚国 SCSB-W-1343

云南：宁蒗 苏涛，黄永江，杨青松等 ZhouZK11433

云南：宁蒗 苏涛，黄永江，杨青松等 ZhouZK11439

云南：巧家 李文虎，吴天抗，张天壁等 QJYS0122

云南：巧家 张天壁 SCSB-W-853

云南：巧家 郁文彬，张舒，艾洪莲等 SCSB-W-1006

云南：巧家 郁文彬，任宗昕，艾洪莲等 SCSB-W-1070

云南：巧家 郁文彬，张舒，艾洪莲等 SCSB-W-1024

云南：巧家 郁文彬，任宗昕，艾洪莲等 SCSB-W-1065

云南：香格里拉 杨青松，星耀武，苏涛 ZhouZK-07ZX-0401

Satyrium yunnanense Rolfe 云南鸟足兰 *

四川：木里 苏涛，黄永江，杨青松等 ZhouZK11358

西藏：林芝 孙航，张建文，陈建国等 SunH-07ZX-2813

Schoenorchis gemmata (Lindley) J. J. Smith 匙唇兰

海南：昌江 金效华 X.H.Jin-S-191

云南：贡山 金效华 Jin-S-878

Schoenorchis tixieri (Guillaumin) Seidenfaden 圆叶匙唇兰

云南：勐腊 金效华 X.H.Jin-S-370

Spiranthes sinensis (Persoon) Ames 绶草

江苏：句容 吴宝成，王兆银 HANGYY8149

四川：巴塘 孙航，张建文，邓涛等 SunH-07ZX-3393

四川：甘孜 陈文允，于文涛，黄永江 CYH174

四川：康定 苏涛，黄永江，杨青松等 ZhouZK11059

四川：康定 张昌兵，向丽 ZhangCB0170

四川：普格 苏涛，黄永江，杨青松等 ZhouZK11054

四川：乡城 周浙昆，苏涛，杨莹等 Zhou09-173

四川：盐源 苏涛，黄永江，杨青松等 ZhouZK11373

西藏：察隅 金效华 Jin-S-734

西藏：昌都 许炳强，周伟，郑朝汉 Xianh0360

西藏：错那 马永鹏 ZhangCQ-0061

西藏：吉隆 何华杰，张书东 81067

云南：东川区 张挺，蔡杰，刘成等 11CS3594

云南：福贡 金效华 Jin-S-721

云南：福贡 金效华 Jin-S-735

云南：贡山 金效华 Jin-S-731

云南：贡山 金效华 Jin-S-733

云南：贡山 金效华 Jin-S-744

云南：贡山 金效华 Jin-S-869

云南：河口 税玉民，陈文红 82715

云南：景东 罗忠华，谢有能，鲁成荣等 JDNR09061

云南：宁蒗 任宗昕，寸龙琼，任尚国 SCSB-W-1342

云南：巧家 郁文彬，任宗昕，艾洪莲等 SCSB-W-1063

云南：巧家 杨光明 SCSB-W-1266

云南：巧家 郁文彬，张舒，艾洪莲等 SCSB-W-1007

云南：巧家 郁文彬，张舒，艾洪莲等 SCSB-W-1012

云南：香格里拉 杨青松，星耀武，苏涛 ZhouZK-07ZX-0381

云南：永德 李永亮 YDDXS0851

云南：云龙 字建泽，杨六斤，李国庆等 TC1018

Staurochilus loratus (Rolfe ex Downie) Seidenfaden 小掌唇兰

云南：勐海 金效华 Jin-S-549

云南：普洱 金效华 X.H.Jin-S-307

Stigmatodactylus sikokianus Maximowicz ex Makino 指柱兰

云南：景东 金效华 Jin-S-553

云南：孟连 金效华 Jin-S-523

Sunipia annamensis (Ridley) P. F. Hunt 绿花大苞兰

云南：绿春 税玉民，陈文红 82850

云南：腾冲 金效华 Jin-S-887

云南：腾冲 金效华 Jin-S-893

Sunipia bicolor Lindley 二色大苞兰

西藏：墨脱 刘成，亚吉东，何华杰等 16CS11925

云南：福贡 金效华 Jin-S-728

云南：贡山 金效华 X.H.Jin-S-451

云南：腾冲 金效华 X.H.Jin-S-335

Sunipia candida (Lindley) P. F. Hunt 白花大苞兰

云南：金平 喻智勇 JinPing116

云南：腾冲 金效华 X.H.Jin-S-226

云南：盈江 金效华 X.H.Jin-S-240

Sunipia cirrhata (Lindley) P. F. Hunt 云南大苞兰

云南：泸水 金效华 Jin-S-723

Sunipia intermedia (King & Pantling) P. F. Hunt 少花大苞兰

云南：勐腊 金效华 X.H.Jin-S-367

Sunipia scariosa Lindley 大苞兰

云南：勐腊 金效华 X.H.Jin-S-377

云南：勐腊 金效华 Jin-S-739

Taeniophyllum pusillum (Willdenow) Seidenfaden & Ormerod 兜唇带叶兰

云南：绿春 金效华 Jin-S-741

云南：盈江 金效华 X.H.Jin-S-242

Tainia latifolia (Lindley) H. G. Reichenbach 阔叶带唇兰

云南：麻栗坡 金效华 X.H.Jin-S-124

Thelasis pygmaea (Griffith) Blume 矮柱兰

云南：澜沧 胡启和，仇亚，周英等 YNS0704

Thrixspermum centipeda Loureiro 白点兰

广西：龙州 金效华 X.H.Jin-S-250

海南：昌江 金效华 X.H.Jin-S-183

云南：勐海 金效华 Jin-S-552

云南：普洱 金效华 X.H.Jin-S-306

云南：思茅区 金效华 JIN-S-813

云南：思茅区 金效华 Jin-S-541

Thunia alba (Lindley) H. G. Reichenbach 笋兰

云南：澜沧 金效华 X.H.Jin-S-296

云南：澜沧 张绍云，叶金科，胡启和 YNS1209

云南：绿春 李正明，李建华 HLS0330

云南：绿春 金效华 Jin-S-757

云南：西盟 胡启和，赵强，周英等 YNS0753

Trichotosia dasyphylla (E. C. Parish & H. G. Reichenbach) Kraenzlin 瓜子毛鞘兰

云南：沧源 金效华 X.H.Jin-S-309

云南：勐腊 金效华 X.H.Jin-S-400

Trichotosia pulvinata (Lindley) Kraenzlin 高茎毛鞘兰

海南：保亭 金效华 X.H.Jin-S-218

Tropidia angulosa (Lindley) Blume 阔叶竹茎兰

云南：西盟 胡启和，赵强，周英等 YNS0768

Tropidia curculigoides Lindley 短穗竹茎兰

云南：个旧 税玉民，陈文红 81958

Uncifera acuminata Lindley 叉喙兰

云南：绿春 金效华 X.H.Jin-S-390

云南：绿春 金效华 Jin-S-771

云南：马关 税玉民，陈文红 82676

云南：腾冲 金效华 X.H.Jin-S-334

Vanda alpina (Lindley) Lindley 垂头万代兰

云南：镇沅 叶金科 YNS0408

Vanda brunnea H. G. Reichenbach 白柱万代兰

云南：绿春 金效华 JIN-S-791

云南：绿春 金效华 Jin-S-877

Vanda coerulescens Griffith 小蓝万代兰

云南：澜沧 金效华 X.H.Jin-S-297

云南：宁洱 胡启和，张绍云 YNS0819

Vanda cristata Lindley 叉唇万代兰

海南：昌江 金效华 X.H.Jin-S-195

Vanda pumila J. D. Hooker 矮万代兰

云南：镇沅 叶金科 YNS0407

Vanda subconcolor Tang & F. T. Wang 纯色万代兰 *

海南：昌江 金效华 X.H.Jin-S-199

Vandopsis gigantea (Lindley) Pfitzer 拟万代兰

广西：那坡 黄俞淞，莫水松，韩孟奇 Liuyan1014

云南：勐腊 金效华 Jin-S-827

云南：西盟 胡启和，赵强，周英等 YNS0764

Vanilla annamica Gagnepain 南方香荚兰
广西：龙州 黄俞淞，吴望辉，农冬新 Liuyan0336
Zeuxine goodyeroides Lindley 白肋线柱兰
云南：福贡 金效华 X.H.Jin-S-410
云南：福贡 金效华 X.H.Jin-S-413
云南：腾冲 金效华 X.H.Jin-S-341
Zeuxine nervosa (Wallich ex Lindley) Trimen 芳香线柱兰
云南：勐腊 金效华 JIN-S-821
Zeuxine strateumatica (Linnaeus) Schlechter 线柱兰
云南：永德 李永亮 YDDXS0066

Orobanchaceae 列当科

列当科	世界	中国	种质库
属 / 种（种下等级）/ 份数	99/2060	35/～471	22/170(191)/869

Aeginetia indica Linnaeus 野菰
安徽：祁门 唐鑫生，方建新 TangXS0456
安徽：舒城 陈延松，欧祖兰，高秋晨等 Xuzd424
广西：上思 许为斌，吴望辉，农冬新 Liuyan0483
湖南：洪江 李胜华，伍贤进，刘光华等 Wuxj1053
湖南：沅陵 李胜华，伍贤进，刘光华等 Wuxj933
江西：湾里区 杜小浪，慕泽泾，曹岚 DXL051
江西：武宁 张吉华，刘运群 TanCM779
云南：绿春 税玉民，陈文红 81546
云南：麻栗坡 肖波 LuJL420
Alectra avensis (Bentham) Merrill 黑蒴
云南：安宁 张挺，张书东，李爱花 SCSB-A-000062
云南：昌宁 赵玮 BSGLGSly139
云南：勐海 彭华，向春雷，陈丽等 P.H.5743
云南：南涧 阿国仁，何贵才 NJWLS2008243
云南：南涧 彭华，向春雷，陈丽 P.H.5948
云南：盘龙区 亚吉东 16CS13894
云南：腾冲 周应再 Zhyz-385
云南：腾冲 余新林，赵玮 BSGLGStc055
云南：文山 肖波 LuJL530
云南：文山 何德明，丰艳飞 WSLJS1043
云南：永德 李永亮 YDDXS0545
云南：永德 李永亮，王学军，陈海涛 YDDXSB094
云南：永德 李永亮 YDDXS0990
云南：镇沅 罗成瑜 ALSZY333
Boschniakia himalaica J. D. Hooker & Thomson 丁座草
四川：阿坝 张昌兵，邓秀发 ZhangCB0332
四川：稻城 何兴金，李琴琴，马祥光等 SCU-09-174
四川：得荣 张大才，李双智，杨川 ZhangDC-07ZX-1928
四川：九龙 孙航，张建文，邓涛等 SunH-07ZX-3762
四川：康定 许炳强，童毅华，吴兴等 XiaNH-07ZX-1085
四川：木里 苏涛，黄永江，杨青松等 ZhouZK11344
四川：乡城 孙航，张建文，邓涛等 SunH-07ZX-3316
四川：乡城 杨青松，杨莹，黄永江等 ZhouZK-07ZX-0102
四川：乡城 周浙昆，苏涛，杨莹等 Zhou09-109
西藏：八宿 张挺，李爱花，刘成等 08CS705
西藏：波密 张大才，李双智，唐路等 ZhangDC-07ZX-1772
西藏：林芝 张大才，李双智，唐路等 ZhangDC-07ZX-1830
西藏：林芝 何华杰 81473
西藏：芒康 张永洪，王晓雄，周卓等 SunH-07ZX-0483
西藏：芒康 徐波，陈光富，陈林杨等 SunH-07ZX-1533
西藏：墨脱 孙航，张建文，陈建国等 SunH-07ZX-2669
云南：东川区 彭华，向春雷，王泽欢 PengH8020
云南：丽江 张书东，林娜娜，陆露等 SCSB-W-073
云南：巧家 张天壁 SCSB-W-793
云南：巧家 张天壁 SCSB-W-794
云南：香格里拉 郭永杰，张桥蓉，李春晓等 11CS3428
云南：香格里拉 孙航，张建文，董金龙等 SunH-07ZX-3513
云南：香格里拉 张挺，蔡杰，郭永杰等 11CS3053
云南：玉龙 孔航辉，任琛 Yangqe2752
Boschniakia rossica (Chamisso & Schlechtendal) B. Fedtschenko 草苁蓉
黑龙江：大兴安岭 孙阎，张健男 SunY478
Brandisia hancei J. D. Hooker 来江藤 *
云南：文山 何德明，曹世超 WSLJS937
云南：文山 何德明，王成 WSLJS990
Brandisia kwangsiensis H. L. Li 广西来江藤 *
云南：文山 肖波 LuJL523
Brandisia racemosa Hemsley 总花来江藤 *
云南：峨山 蔡杰，张桥蓉，蔡祥海等 15CS11549
云南：文山 何德明，马世天 WSLJS1011
Brandisia rosea W. W. Smith 红花来江藤
云南：南涧 阿国仁 NJWLS1503
Centranthera cochinchinensis (Loureiro) Merrill 胡麻草
贵州：花溪区 邹方伦 ZouFL0215
Centranthera grandiflora Bentham 大花胡麻草
云南：景谷 叶金科 YNS0404
Cistanche deserticola Ma 肉苁蓉
新疆：玛纳斯 亚吉东，张桥蓉，秦少发等 16CS13213
Cistanche salsa (C. A. Meyer) Beck 盐生肉苁蓉
新疆：乌恰 杨赵平，周禧琳，贺冰 LiZJ1288
Euphrasia hirtella Jordan ex Reuter 长腺小米草
新疆：尼勒克 贺晓欢，徐文斌，刘鸯等 SHI-A2007372
新疆：尼勒克 刘鸯，马真，贺晓欢等 SHI-A2007448
Euphrasia pectinata Tenore 小米草
青海：班玛 汪书丽，朱洪涛 Liujq-QLS-TXM-133
青海：互助 薛春迎 Xuechy0118
四川：德格 张挺，李爱花，刘成等 08CS791
四川：红原 高云东，李忠荣，鞠文彬 GaoXF-12-039
四川：马尔康 何兴金，王月，胡灏禹等 SCU-08118
西藏：左贡 徐波，陈光富，陈林杨等 SunH-07ZX-2035
新疆：哈巴河 段士民，王喜勇，刘会良等 198
新疆：和静 张玲 TD-01653
新疆：塔什库尔干 张玲，杨赵平 TD-01603
新疆：温宿 杨赵平，焦培培，白冠章等 LiZJ0939
新疆：温宿 杨赵平，黄文娟，段黄金等 LiZJ0133
Euphrasia regelii subsp. **kangtienensis** D. Y. Hong 川藏短腺小米草 *
四川：甘孜 陈家辉，王赟，刘德团 YangYP-Q-3064
四川：新龙 陈家辉，王赟，刘德团 YangYP-Q-3021
西藏：波密 陈家辉，韩希，王东超等 YangYP-Q-4070
西藏：昌都 陈家辉，王赟，刘德团 YangYP-Q-3118
西藏：江达 陈家辉，王赟，刘德团 YangYP-Q-3082
西藏：江达 陈家辉，王赟，刘德团 YangYP-Q-3099
西藏：朗县 罗建，汪书丽，任德智 L074
西藏：林芝 罗建，汪书丽 LiuJQ-08XZ-108
西藏：林芝 罗建，汪书丽 LiuJQ-09XZ-235
西藏：米林 罗建，王国严，汪书丽 LiuJQ-08XZ-234
西藏：聂拉木 陈家辉，韩希，王广艳等 YangYP-Q-4319
Euphrasia regelii Wettstein 短腺小米草

甘肃：合作 刘坤 LiuJQ-GN-2011-530
甘肃：碌曲 李晓东，刘帆，张景博等 LiJ0153
甘肃：玛曲 刘坤 LiuJQ-GN-2011-531
甘肃：卓尼 齐威 LJQ-2008-GN-411
内蒙古：赛罕区 蒲拴莲，刘润宽，刘毅等 M277
内蒙古：武川 蒲拴莲，刘润宽，刘毅等 M185
青海：乌兰 潘建斌，杜维波，牛炳韬 Liujq-2011CDM-298
四川：巴塘 孙航，张建文，董金龙等 SunH-07ZX-3656
四川：白玉 李晓东，张景博，徐凌翔等 LiJ431
四川：白玉 孙航，张建文，董金龙等 SunH-07ZX-3679
四川：甘孜 孙航，张建文，董金龙等 SunH-07ZX-3932
四川：甘孜 孙航，张建文，董金龙等 SunH-07ZX-3959
四川：红原 张昌兵，邓秀华 ZhangCB0233
西藏：八宿 张永洪，王晓雄，周卓等 SunH-07ZX-1681
西藏：昌都 苏涛，黄永江，杨青松等 ZhouZK11276
西藏：昌都 许炳强，周伟，郑朝汉 Xianh0363
西藏：工布江达 卢洋，刘帆等 LiJ877
新疆：和静 邱爱军，张玲，马帅 LiZJ1711
新疆：和静 杨赵平，焦培培，白冠章等 LiZJ0547
新疆：尼勒克 徐文斌，刘鸯，马真等 SHI-A2007418
新疆：塔什库尔干 邱娟，冯建菊 LiuJQ0065
新疆：叶城 郭永杰，黄文娟，段黄金 LiZJ0230

Leptorhabdos parviflora (Bentham) Bentham **方茎草**
新疆：巩留 段士民，王喜勇，刘会良 Zhangdy395
新疆：巩留 贺晓欢，徐文斌，马真等 SHI-A2007220
新疆：呼图壁 段士民，王喜勇，刘会良 Zhangdy308
新疆：霍城 刘鸯，马真，贺晓欢等 SHI-A2007161
新疆：玛纳斯 亚吉东，张桥蓉，秦少发等 16CS13202
新疆：塔城 谭敦炎，吉乃提 TanDY0651
新疆：乌鲁木齐 段士民，王喜勇，刘会良 Zhangdy262
新疆：新源 段士民，王喜勇，刘会良 Zhangdy398
新疆：伊犁 段士民，王喜勇，刘会良 Zhangdy328
新疆：伊犁 段士民，王喜勇，刘会良 Zhangdy348
新疆：伊犁 段士民，王喜勇，刘会良 Zhangdy349
新疆：伊宁 段士民，王喜勇，刘会良 Zhangdy346

Lindenbergia grandiflora (Buchanan-Hamilton ex D. Don) Bentham **大花钟萼草**
云南：澜沧 彭华，向春雷，陈丽 P.H.5770

Lindenbergia muraria (Roxburgh ex D. Don) Bruhl **野地钟萼草**
云南：香格里拉 张挺，亚吉东，张桥蓉等 11CS3577
云南：永德 李永亮 LiYL1428
云南：玉龙 张挺，蔡杰，刘成等 13CS7922

Lindenbergia philippensis (Chamisso & Schlechtendal) Bentham **钟萼草**
云南：建水 彭华，向春雷，陈丽 P.H.5993
云南：隆阳区 赵文李 BSGLGS1y3051
云南：麻栗坡 肖波 LuJL293
云南：永德 李永亮 YDDXS0013
云南：镇沅 胡启和，张绍云 YNS0805
云南：镇沅 周兵，胡启元，张绍云 YNS0874

Mannagettaea hummelii Harry Smith **矮生豆列当**
西藏：八宿 徐波，陈光富，陈林杨等 SunH-07ZX-2004

Melampyrum klebelsbergianum Soó **滇川山罗花** *
湖北：神农架林区 李巨平 LiJuPing0242
云南：文山 何德明，丰艳飞 WSLJS838
云南：云龙 李施文，张志云 TC5001

Melampyrum roseum Maximowicz **山罗花**
黑龙江：嫩江 王臣，张欣欣，史传奇 WangCh240
吉林：磐石 安海成 AnHC0216
山东：牟平区 卞福花，宋言贺 BianFH-505
山东：牟平区 陈朋 BianFH-417
山东：牟平区 张少华，张诏，程丹丹等 Lilan681

Monochasma savatieri Franchet ex Maximowicz **白毛鹿茸草**
江苏：射阳 吴宝成 HANGYY8069

Monochasma sheareri (S. Moore) Maximowicz ex Franchet & Savatier **鹿茸草**
江西：九江 董安淼，吴丛梅 TanCM1534
江西：庐山区 董安淼，吴丛梅 TanCM2515

Odontites vulgaris Moench **疗齿草**
黑龙江：嫩江 王臣，张欣欣，史传奇 WangCh236
山西：交城 焦磊，张海博，陈姣 Zhangf0210
陕西：神木 田先华 TianXH1097
新疆：和布克赛尔 许炳强，胡伟明 XiaNH-07ZX-833
新疆：和静 杨赵平，焦培培，白冠章等 LiZJ0684
新疆：托里 徐文斌，郭一敏 SHI-2009301
新疆：温泉 徐文斌，王莹 SHI-2008050
新疆：温泉 徐文斌，许晓敏 SHI-2008254
新疆：温宿 杨赵平，焦培培，白冠章等 LiZJ0791
新疆：温宿 邱爱军，张玲 LiZJ1887
新疆：乌什 塔里木大学植物资源调查组 TD-00508
新疆：乌什 白宝伟，段黄金 TD-01859

Orobanche amoena C. A. Meyer **美丽列当**
新疆：石河子 马真 SCSB-2006041
新疆：乌鲁木齐 马文宝，刘会良 zdy018

Orobanche caryophyllacea Smith **丝毛列当**
新疆：尼勒克 亚吉东，张桥蓉，秦少发等 16CS13445

Orobanche cernua Loefling **弯管列当**
西藏：八宿 张大才，李双智，罗康等 ZhangDC-07ZX-0777
新疆：阿合奇 杨赵平，周禧琳，贺冰 LiZJ1373
新疆：疏附 杨赵平，周禧林，贺冰 LiZJ1133
新疆：温宿 杨赵平，周禧琳，贺冰 LiZJ1965

Orobanche coelestis (Reuter) Boissier & Reuter ex Beck **长齿列当**
新疆：阿图什 杨赵平，黄文娟 TD-01783

Orobanche coerulescens Stephan **列当**
吉林：磐石 安海成 AnHC0327
青海：都兰 冯虎元 LiuJQ-08KLS-159
山东：莒县 步瑞兰，辛晓伟，邵尉等 Lilan810
四川：壤塘 张挺，李爱花，刘成等 08CS841
西藏：八宿 张永洪，王晓雄，周卓等 SunH-07ZX-1618
西藏：错那 聂泽龙，牛洋，周卓等 SunH-07ZX-2308
云南：洱源 杨青松，杨莹，黄永江等 ZhouZK-07ZX-0028
云南：香格里拉 张建文，董金龙，刘常周等 SunH-07ZX-2390

Orobanche lanuginosa (C. A. Meyer) Beck ex Krylov **毛列当**
新疆：巩留 亚吉东，张桥蓉，秦少发等 16CS13516

Orobanche yunnanensis (Beck) Handel-Mazzetti **滇列当** *
云南：禄劝 郁文彬，董莉娜，张舒等 SCSB-W-975
云南：巧家 张天壁 SCSB-W-252

Pedicularis abrotanifolia M. Bieberstein ex Steven **蒿叶马先蒿**
新疆：昭苏 亚吉东，张桥蓉，秦少发等 16CS13542

Pedicularis achilleifolia Stephan ex Willdenow **蓍草叶马先蒿**
新疆：昭苏 贺晓欢，徐文斌，刘鸯等 SHI-A2007094

Pedicularis alaschanica Maximowicz **阿拉善马先蒿** *
甘肃：合作 刘坤 LiuJQ-GN-2011-548
甘肃：玛曲 刘坤 LiuJQ-GN-2011-572
甘肃：夏河 齐威 LJQ-2008-GN-408

青海：都兰 冯虎元 LiuJQ-08KLS-177
青海：都兰 潘建斌，杜维波，牛炳韬 Liujq-2011CDM-137
青海：都兰 潘建斌，杜维波，牛炳韬 Liujq-2011CDM-220
青海：格尔木 冯虎元 LiuJQ-08KLS-032
青海：贵南 陈世龙，高庆波，张发起等 Chensl1218
青海：贵南 陈世龙，高庆波，张发起 Chensl0975
青海：湟源 汪书丽，朱洪涛 Liujq-QLS-TXM-002
青海：玛沁 陈世龙，高庆波，张发起 Chensl1071
青海：祁连 陈世龙，高庆波，张发起等 Chensl1510
青海：天峻 陈世龙，张得钧，高庆波等 Chensl0481
青海：同德 陈世龙，高庆波，张发起 Chensl1003
青海：同德 陈世龙，高庆波，张发起 Chensl1008
青海：同德 陈世龙，高庆波，张发起 Chensl1043
青海：泽库 陈世龙，高庆波，张发起 Chensl0988
西藏：班戈 杨永平，陈家辉，段元文等 Yangyp-Q-0155
西藏：当雄 杨永平，段元文，边巴扎西 Yangyp-Q-1019
西藏：萨嘎 陈家辉，庄会富，刘德团等 Yangyp-Q-0142
西藏：左贡 徐波，陈光富，陈林杨等 SunH-07ZX-0844

Pedicularis alopecuros Franchet ex Maximowicz 狐尾马先蒿 *
云南：香格里拉 亚吉东，张桥蓉，张继等 11CS3533
云南：香格里拉 张挺，李明勤，王关友等 11CS3620

Pedicularis anas Maximowicz 鸭首马先蒿 *
甘肃：迭部 齐威 LJQ-2008-GN-416

Pedicularis anthemifolia Fischer ex Colla 春黄菊叶马先蒿
新疆：乌鲁木齐 王喜勇，马文宝，施翔 zdy265

Pedicularis armata Maximowicz 刺齿马先蒿 *
甘肃：卓尼 刘坤 LiuJQ-GN-2011-571
青海：大通 陈世龙，高庆波，张发起等 Chensl1676
四川：红原 张昌兵，邓秀华 ZhangCB0244

Pedicularis artselaeri Maximowicz 埃氏马先蒿 *
山东：沂源 邵尉，韩文凯 Lilan891

Pedicularis atuntsiensis Bonati 阿墩子马先蒿 *
云南：香格里拉 张挺，亚吉东，李明勤等 11CS3609

Pedicularis brevilabris Franchet 短唇马先蒿 *
甘肃：合作 刘坤 LiuJQ-GN-2011-549
甘肃：卓尼 齐威 LJQ-2008-GN-398
青海：大通 陈世龙，高庆波，张发起等 Chensl1677
四川：马尔康 何兴金，王月，胡灏禹等 SCU-08113

Pedicularis cephalantha Franchet ex Maximowicz 头花马先蒿 *
云南：香格里拉 杨青松，杨莹，黄永江等 ZhouZK-07ZX-0199

Pedicularis cephalantha var. **szetchuanica** Bonati 四川头花马先蒿 *
云南：香格里拉 李晓东，张紫刚，操榆 LiJ610

Pedicularis cheilanthifolia Schrenk 碎米蕨叶马先蒿
甘肃：玛曲 齐威 LJQ-2008-GN-402
甘肃：玛曲 李晓东，刘帆，张景博等 LiJ0015
甘肃：玛曲 刘坤 LiuJQ-GN-2011-558
甘肃：卓尼 刘坤 LiuJQ-GN-2011-557
青海：达日 陈世龙，高庆波，张发起 Chensl1114
青海：贵德 陈世龙，高庆波，张发起 Chensl0962
青海：海晏 陈世龙，高庆波，张发起等 Chensl1432
青海：门源 吴玉虎，刘建全 LJQ-QLS-2008-0031
西藏：班戈 陈家辉，庄会富，边巴扎西 Yangyp-Q-2061
西藏：措勤 李晖，卜海涛，边巴等 lihui-Q-09-11
西藏：工布江达 卢洋，刘帆等 LiJ859
西藏：那曲 陈家辉，庄会富，边巴扎西 Yangyp-Q-2128
西藏：日土 李晖，文雪梅，次旺加布等 Lihui-Q-0059
新疆：阿合奇 杨赵平，周禧琳，贺冰 LiZJ1383
新疆：阿合奇 杨赵平，黄文娟 TD-01713
新疆：塔什库尔干 张玲，杨赵平 TD-01604
新疆：乌恰 黄文娟，杨赵平 TD-01500

Pedicularis chinensis Maximowicz 中国马先蒿 *
甘肃：玛曲 齐威 LJQ-2008-GN-407
甘肃：玛曲 刘坤 LiuJQ-GN-2011-570
甘肃：卓尼 齐威 LJQ-2008-GN-396
河北：蔚县 牛玉璐，高彦飞，黄士良 NiuYL225
青海：乐都 陈世龙，高庆波，张发起等 Chensl1821
青海：玛沁 陈世龙，高庆波，张发起 Chensl1073
青海：平安 陈世龙，高庆波，张发起等 Chensl1743

Pedicularis chingii Bonati 秦氏马先蒿 *
青海：囊谦 许炳强，周伟，郑朝汉 Xianh0024

Pedicularis clarkei J. D. Hooker 克氏马先蒿
西藏：错那 何华杰 81390

Pedicularis confertiflora Prain 聚花马先蒿
西藏：林芝 罗建，汪书丽，任德智 LiuJQ-09XZ-325
云南：会泽 杜燕，黄天才，董勇等 SCSB-A-000324
云南：巧家 郁文彬，任宗昕，艾洪莲等 SCSB-W-1038
云南：巧家 杨光明 SCSB-W-1265
云南：香格里拉 陈家辉，刘亚辉，周妍等 YangYP-Q-2198

Pedicularis cranolopha Maximowicz 凸额马先蒿 *
青海：乐都 陈世龙，高庆波，张发起等 Chensl1823
青海：同德 陈世龙，高庆波，张发起 Chensl1039
四川：乡城 杨青松，杨莹，黄永江等 ZhouZK-07ZX-0200
西藏：芒康 张永洪，王晓雄，周卓等 SunH-07ZX-0463

Pedicularis craspedotricha Maximowicz 缘毛马先蒿 *
青海：玉树 许炳强，周伟，郑朝汉 Xianh0348

Pedicularis crenata Maximowicz 波齿马先蒿 *
云南：洱源 杨青松，杨莹，黄永江等 ZhouZK-07ZX-0045
云南：洱源 杨青松，星耀武，苏涛 ZhouZK-07ZX-0306
云南：玉龙 刘成，蔡杰 13CS6777

Pedicularis crenata subsp. **crenatiformis** (Bonati) P. C. Tsoong 全裂波齿马先蒿 *
云南：丽江 张书东，林娜娜，陆露等 SCSB-W-128

Pedicularis cristatella Pennell & H. L. Li 具冠马先蒿 *
甘肃：卓尼 刘坤 LiuJQ-GN-2011-553
青海：班玛 陈世龙，张得钧，高庆波等 Chensl0358
四川：阿坝 蔡杰，张挺，刘成 10CS2575

Pedicularis croizatiana H. L. Li 克洛氏马先蒿 *
西藏：昌都 许炳强，周伟，郑朝汉 Xianh0220
西藏：林周 陈家辉，韩希，王广艳等 YangYP-Q-4161

Pedicularis cyathophylla Franchet 斗叶马先蒿 *
四川：康定 许炳强，童毅华，吴兴等 XiaNH-07ZX-1043
西藏：昌都 许炳强，周伟，郑朝汉 Xianh0201

Pedicularis cyathophylloides H. Limpricht 拟斗叶马先蒿 *
四川：小金 高云东，李忠荣，鞠文彬 GaoXF-12-122
西藏：昌都 易思荣，谭秋平 YISR236
云南：香格里拉 张挺，亚吉东，李明勤等 11CS3607

Pedicularis cymbalaria Bonati 舟形马先蒿 *
四川：白玉 张大才，尹五元，李双智等 ZhangDC-07ZX-2279
云南：东川区 蔡杰，郭永杰，吴之坤等 11CS2983

Pedicularis davidii Franchet 大卫氏马先蒿 *
四川：道孚 何兴金，胡灏禹，沈呈娟等 SCU-11-492
四川：稻城 何兴金，李琴琴，马祥光等 SCU-09-143
四川：稻城 何兴金，李琴琴，马祥光等 SCU-09-172
四川：峨眉山 李小杰 LiXJ503
四川：黑水 顾垒，李忠荣 GaoXF-09ZX-1382

四川：小金 何兴金，冯图，廖晨阳等 SCU-080348

Pedicularis debilis subsp. **debilior** P. C. Tsoong 极弱弱小马先蒿 *

云南：香格里拉 张挺，蔡杰，郭永杰等 11CS3179

Pedicularis decora Franchet 美观马先蒿 *

湖北：仙桃 张代贵 Zdg3312

湖北：仙桃 李巨平 Lijuping0332

陕西：眉县 蔡杰，郭永杰，张昌兵 10CS2332

Pedicularis deltoidea Franchet ex Maximowicz 三角叶马先蒿 *

云南：富民 蔡杰，郭永杰，郁文彬等 13CS7167

云南：巧家 杨光明 SCSB-W-1175

云南：巧家 杨光明 SCSB-W-1207

Pedicularis densispica Franchet ex Maximowicz 密穗马先蒿 *

四川：稻城 何兴金，胡灏禹，陈德友等 SCU-09-355

四川：稻城 何兴金，廖晨阳，任海燕等 SCU-09-458

四川：得荣 孙航，李新辉，陈林杨 SunH-07ZX-2922

四川：得荣 孙航，李新辉，陈林杨 SunH-07ZX-3032

四川：九龙 孙航，张建文，董金龙等 SunH-07ZX-4048

四川：理塘 余岩，周春景，秦汉涛 SCU-11-073

四川：普格 苏涛，黄永江，杨青松等 ZhouZK11045

西藏：工布江达 罗建，汪书丽，任德智 LiuJQ-09XZ-ML063

西藏：浪卡子 陈家辉，韩希，王东超等 YangYP-Q-4258

西藏：芒康 何华杰 8872

云南：丽江 张书东，林娜娜，陆露等 SCSB-W-127

云南：巧家 张书东，张荣，王银环等 QJYS0240

云南：巧家 张书东，张荣，王银环等 QJYS0241

云南：香格里拉 郭永杰，张桥蓉，李春晓等 11CS3496

云南：香格里拉 亚吉东，张桥蓉，张继等 11CS3538

云南：香格里拉 杨青松，杨莹，黄永江等 ZhouZK-07ZX-0017

云南：香格里拉 杨青松，杨莹，黄永江等 ZhouZK-07ZX-0214

云南：香格里拉 李晓东，张紫刚，操榆 LiJ601

云南：香格里拉 杨青松，星耀武，苏涛 ZhouZK-07ZX-0338

云南：香格里拉 张挺，蔡杰，郭永杰等 11CS3173

云南：香格里拉 张挺，亚吉东，李明勤等 11CS3306

云南：香格里拉 杨亲二，袁琼 Yangqe1801

Pedicularis dichotoma Bonati 二歧马先蒿 *

四川：甘孜 陈文允，于文涛，黄永江 CYH152

四川：乡城 孔航辉，罗江平，左雷等 YangQE3574

云南：香格里拉 杨青松，星耀武，苏涛 ZhouZK-07ZX-0445

云南：香格里拉 李晓东，张紫刚，操榆 LiJ604

云南：香格里拉 杨亲二，袁琼 Yangqe1902

Pedicularis diffusa Prain 铺散马先蒿

西藏：左贡 张永洪，王晓雄，周卓等 SunH-07ZX-0582

Pedicularis dolichocymba Handel-Mazzetti 长舟马先蒿 *

云南：玉龙 孔航辉，任琛 Yangqe2759

Pedicularis dolichoglossa H. L. Li 长舌马先蒿 *

云南：香格里拉 郭永杰，张桥蓉，李春晓等 11CS3412

Pedicularis dolichorrhiza Schrenk 长根马先蒿

新疆：独山子区 亚吉东，张桥蓉，秦少发等 16CS13280

新疆：塔什库尔干 杨赵平，黄文娟 TD-01745

新疆：托里 徐文斌，杨清理 SHI-2009039

新疆：新源 亚吉东，张桥蓉，秦少发等 16CS13391

Pedicularis duclouxii Bonati 杜氏马先蒿 *

西藏：江达 苏涛，黄永江，杨青松等 ZhouZK11229

云南：香格里拉 张挺，亚吉东，李明勤等 11CS3358

Pedicularis dunniana Bonati 邓氏马先蒿 *

四川：巴塘 陈家辉，刘亚辉，周妍等 YangYP-Q-2317

云南：香格里拉 杨青松，星耀武，苏涛 ZhouZK-07ZX-0397

云南：香格里拉 李晓东，张紫刚，操榆 LiJ606

云南：香格里拉 杨亲二，袁琼 Yangqe1901

Pedicularis elata Willdenow 高升马先蒿

新疆：乌鲁木齐 谭敦炎，吉乃提，艾沙江 TanDY0307

Pedicularis elwesii J. D. Hooker 哀氏马先蒿

西藏：林芝 罗建，王国严，汪书丽 LiuJQ-08XZ-046

Pedicularis fengii H. L. Li 国楣马先蒿 *

云南：香格里拉 蔡杰，张挺，刘成等 11CS3248

Pedicularis flava Pallas 黄花马先蒿

黑龙江：让胡路区 孙阎，吕军，张兰兰 SunY303

Pedicularis fletcheri P. C. Tsoong 阜莱氏马先蒿

西藏：林芝 罗建，汪书丽 LiuJQ-08XZ-080

西藏：林芝 罗建，汪书丽 LiuJQ-08XZ-154

Pedicularis glabrescens H. L. Li 退毛马先蒿 *

云南：德钦 杨青松，杨莹，黄永江等 ZhouZK-07ZX-0257

云南：香格里拉 蔡杰，张挺，刘成等 11CS3263

Pedicularis globifera J. D. Hooker 球花马先蒿

西藏：当雄 陈家辉，韩希，王东超等 YangYP-Q-4241

Pedicularis gracilis subsp. **sinensis** (H. L. Li) P. C. Tsoong 中国纤细马先蒿 *

青海：平安 陈世龙，高庆波，张发起等 Chensl1768

青海：祁连 陈世龙，高庆波，张发起等 Chensl1549

西藏：芒康 马永鹏 ZhangCQ-0009

云南：鹤庆 孙航，李新辉，陈林杨 SunH-07ZX-3144

云南：鹤庆 张大才，李双智，杨川 ZhangDC-07ZX-2077

云南：巧家 杨光明 SCSB-W-1157

云南：巧家 杨光明 SCSB-W-1164

云南：巧家 杨光明 SCSB-W-1204

云南：巧家 张书东，张荣，王银环等 QJYS0237

云南：永德 李永亮 LiYL1575

云南：永德 李永亮 YDDXS1218

Pedicularis gracilis Wallich ex Bentham 纤细马先蒿

四川：普格 苏涛，黄永江，杨青松等 ZhouZK11044

西藏：波密 张大才，李双智，唐路等 ZhangDC-07ZX-1734

西藏：林芝 罗建，汪书丽 LiuJQ-08XZ-210

西藏：亚东 马永鹏 ZhangCQ-0047

云南：德钦 陈文允，于文涛，黄永江等 CYHL149

云南：德钦 孙航，李新辉，陈林杨 SunH-07ZX-2971

云南：鹤庆 孙航，李新辉，陈林杨 SunH-07ZX-3190

云南：兰坪 孔航辉，任琛 Yangqe2880

云南：巧家 李文虎，高顺勇，吴天抗等 QJYS0021

云南：石林 税玉民，陈文红 65509

云南：文山 何德明，胡艳花 WSLJS488

云南：香格里拉 张大才，李双智，唐路等 ZhangDC-07ZX-1642

云南：香格里拉 杨青松，星耀武，苏涛 ZhouZK-07ZX-0320

云南：香格里拉 王文礼，冯欣，刘飞鹏 OUXK11227

云南：新平 何罡安 XPALSB432

Pedicularis grandiflora Fischer 野苏子马先蒿

黑龙江：嫩江 王臣，张欣欣，史传奇 WangCh136

Pedicularis gruina Franchet ex Maximowicz 鹤首马先蒿 *

云南：腾冲 余新林，赵玮 BSGLGStc185

Pedicularis gyrorhyncha Franchet ex Maximowicz 旋喙马先蒿 *

云南：鹤庆 孙航，李新辉，陈林杨 SunH-07ZX-3191

云南：香格里拉 郭永杰，张桥蓉，李春晓等 11CS3451

云南：香格里拉 郭永杰，张桥蓉，李春晓等 11CS3485

云南：香格里拉 杨亲二，袁琼 Yangqe1961

Pedicularis henryi Maximowicz 亨氏马先蒿

江西：庐山区 董安淼，吴从梅 TanCM1647
云南：石林 税玉民，陈文红 65017
云南：文山 何德明，邵校 WSLJS963

Pedicularis ingens Maximowicz 硕大马先蒿 *

甘肃：卓尼 齐威 LJQ-2008-GN-404
甘肃：卓尼 刘坤 LiuJQ-GN-2011-563
青海：达日 陈世龙，张得钧，高庆波等 Chensl0292
青海：互助 薛春迎 Xuechy0139
四川：丹巴 余岩，周春景，秦汉涛 SCU-11-071
四川：道孚 何兴金，胡灏禹，沈呈娟等 SCU-11-490
四川：红原 张昌兵，邓秀华 ZhangCB0261

Pedicularis integrifolia J. D. Hooker 全叶马先蒿

青海：玉树 许炳强，周伟，郑朝汉 Xianh0244
四川：道孚 何兴金，胡灏禹，沈呈娟等 SCU-11-470
云南：香格里拉 杨青松，星耀武，苏涛 ZhouZK-07ZX-0396

Pedicularis kansuensis Maximowicz 甘肃马先蒿 *

甘肃：合作 郭淑青，杜品 LiuJQ-2012-GN-239
甘肃：临潭 齐威 LJQ-2008-GN-414
甘肃：玛曲 李晓东，刘帆，张景博等 LiJ0046
甘肃：玛曲 李晓东，刘帆，张景博等 LiJ0070
甘肃：玛曲 刘坤 LiuJQ-GN-2011-562
甘肃：夏河 齐威 LJQ-2008-GN-415
青海：班玛 陈世龙，高庆波，张发起 Chensl1136
青海：大通 陈世龙，高庆波，张发起等 Chensl1657
青海：都兰 冯虎元 LiuJQ-08KLS-174
青海：都兰 潘建斌，杜维波，牛炳韬 Liujq-2011CDM-103
青海：都兰 潘建斌，杜维波，牛炳韬 Liujq-2011CDM-228
青海：格尔木 陈世龙，高庆波，张发起 Chensl0877
青海：海西 汪书丽，王志强，邹嘉宾 Liujq-Txm10-091
青海：互助 薛春迎 Xuechy0212
青海：互助 陈世龙，高庆波，张发起等 Chensl1730
青海：互助 薛春迎 Xuechy0211
青海：化隆 陈世龙，高庆波，张发起 Chensl0887
青海：乐都 陈世龙，高庆波，张发起等 Chensl1829
青海：玛多 陈世龙，张得钧，高庆波等 Chensl0091
青海：玛沁 陈世龙，高庆波，张发起 Chensl1084
青海：玛沁 陈世龙，高庆波，张发起 Chensl1092
青海：门源 吴玉虎，刘建全 LJQ-QLS-2008-0026
青海：门源 陈世龙，高庆波，张发起等 Chensl1632
青海：平安 陈世龙，高庆波，张发起等 Chensl1774
青海：祁连 陈世龙，高庆波，张发起等 Chensl1462
青海：祁连 陈世龙，高庆波，张发起等 Chensl1533
青海：同德 陈世龙，高庆波，张发起 Chensl0995
青海：同德 陈世龙，高庆波，张发起 Chensl0998
青海：同仁 陈世龙，高庆波，张发起 Chensl0907
四川：道孚 何兴金，胡灏禹，沈呈娟等 SCU-11-437
四川：稻城 何兴金，高云东，王志新等 SCU-09-256
四川：甘孜 陈文允，于文涛，黄永江 CYH118
四川：甘孜 陈家辉，王赟，刘德团 YangYP-Q-3055
四川：康定 何兴金，冯图，廖晨阳等 SCU-080336
四川：康定 何兴金，高云东，刘海艳等 SCU-20080415
四川：理塘 陈文允，于文涛，黄永江 CYH027
四川：若尔盖 陈世龙，张得钧，高庆波等 Chensl0462
西藏：安多 陈家辉，庄会富，边巴扎西 Yangyp-Q-2077
西藏：八宿 张挺，李爱花，刘成等 08CS707
西藏：察雅 张挺，李爱花，刘成等 08CS739
西藏：昌都 陈家辉，王赟，刘德团 YangYP-Q-3146
西藏：昌都 易思荣，谭秋平 YISR260
西藏：错那 张晓纬，汪书丽，罗建 LiuJQ-09XZ-LZT-020
西藏：当雄 陈家辉，庄会富，刘德团 Yangyp-Q-0170
西藏：工布江达 卢洋，刘帆等 LiJ861
西藏：类乌齐 陈家辉，王赟，刘德团 YangYP-Q-3189
西藏：芒康 何华杰，张书东 8880
西藏：芒康 张挺，李爱花，刘成等 08CS662
西藏：左贡 张永洪，王晓雄，周卓等 SunH-07ZX-1105

Pedicularis kansuensis subsp. **yargongensis** (Bonati) P. C. Tsoong 雅江甘肃马先蒿 *

四川：稻城 何兴金，胡灏禹，陈德友等 SCU-09-332
四川：稻城 何兴金，胡灏禹，陈德友等 SCU-09-364

Pedicularis kongboensis P. C. Tsoong 宫布马先蒿 *

西藏：八宿 张挺，李爱花，刘成等 08CS702

Pedicularis labordei Vaniot ex Bonati 拉氏马先蒿 *

四川：马尔康 何兴金，李琴琴，王长宝等 SCU-08054
云南：巧家 张书东，张荣，王银环等 QJYS0238
云南：永德 欧阳红才，普跃东，鲁金国等 YDDXSC028

Pedicularis lachnoglossa J. D. Hooker 绒舌马先蒿

甘肃：玛曲 齐威 LJQ-2008-GN-406
甘肃：玛曲 李晓东，刘帆，张景博等 LiJ0026
甘肃：玛曲 李晓东，刘帆，张景博等 LiJ0056
甘肃：玛曲 刘坤 LiuJQ-GN-2011-543
青海：囊谦 陈世龙，高庆波，张发起 Chensl0704
青海：杂多 陈世龙，高庆波，张发起 Chensl0767
四川：阿坝 陈世龙，张得钧，高庆波等 Chensl0435
四川：巴塘 孙航，张建文，董金龙等 SunH-07ZX-3649
四川：丹巴 余岩，周春景，秦汉涛 SCU-11-060
四川：稻城 李晓东，张景博，徐凌翔等 LiJ392
四川：稻城 孙航，张建文，董金龙等 SunH-07ZX-3599
四川：稻城 何兴金，胡灏禹，陈德友等 SCU-09-334
四川：甘孜 孙航，张建文，董金龙等 SunH-07ZX-3969
四川：甘孜 陈文允，于文涛，黄永江 CYH137
四川：康定 苏涛，黄永江，杨青松等 ZhouZK11081
四川：康定 许炳强，童毅华，吴兴等 XiaNH-07ZX-1008
四川：理塘 张大才，尹五元，李双智等 ZhangDC-07ZX-2188
四川：理塘 孙航，张建文，董金龙等 SunH-07ZX-3644
四川：理塘 何兴金，马祥光，张云香等 SCU-11-246
四川：新龙 陈文允，于文涛，黄永江 CYH082
西藏：察雅 张挺，李爱花，刘成等 08CS746
西藏：芒康 徐波，陈光富，陈林杨等 SunH-07ZX-0252
西藏：芒康 徐波，陈光富，陈林杨等 SunH-07ZX-1523
西藏：芒康 张永洪，王晓雄，周卓等 SunH-07ZX-0431
西藏：左贡 张永洪，王晓雄，周卓等 SunH-07ZX-0567
西藏：左贡 徐波，陈光富，陈林杨等 SunH-07ZX-0861
西藏：左贡 徐波，陈光富，陈林杨等 SunH-07ZX-0948
云南：香格里拉 蔡杰，刘成，李昌洪 11CS3220

Pedicularis lasiophrys Maximowicz 毛颏马先蒿 *

甘肃：卓尼 齐威 LJQ-2008-GN-403
甘肃：卓尼 刘坤 LiuJQ-GN-2011-552
青海：玛沁 陈世龙，高庆波，张发起 Chensl1083
四川：黑水 顾垒，李忠荣 GaoXF-09ZX-1632

Pedicularis likiangensis Franchet ex Maximowicz 丽江马先蒿 *

云南：香格里拉 周浙昆，苏涛，杨莹等 Zhou09-051

Pedicularis longicaulis Franchet ex Maximowicz 长茎马先蒿 *

云南：安宁 伊廷双，孟静，杨杨 MJ-867
云南：景东 罗忠华，谢有能，刘长铭等 JDNR070
云南：石林 税玉民，陈文红 65860
云南：西山区 蔡杰，张挺，郭永杰等 11CS3710

Pedicularis longiflora Rudolph 长花马先蒿
甘肃：合作 齐威 LJQ-2008-GN-413
甘肃：碌曲 李晓东，刘帆，张景博等 LiJ0140
河北：涿鹿 牛玉璐，高彦飞，赵二涛 NiuYL370
青海：贵德 陈世龙，高庆波，张发起 Chensl0946
青海：贵德 陈世龙，高庆波，张发起 Chensl0956
青海：玛沁 陈世龙，高庆波，张发起 Chensl1061
青海：泽库 陈世龙，高庆波，张发起 Chensl0923
青海：泽库 陈世龙，高庆波，张发起 Chensl0924
四川：稻城 李晓东，张景博，徐凌翔等 LiJ388
西藏：八宿 张永洪，王晓雄，周卓等 SunH-07ZX-1180
西藏：噶尔 陈家辉，庄会富，刘德团等 Yangyp-Q-0128
西藏：林周 杨永平，段元文，边巴扎西 Yangyp-Q-1043
西藏：芒康 徐波，陈光富，陈林杨等 SunH-07ZX-1539
西藏：芒康 张永洪，李国栋，王晓雄 SunH-07ZX-1734
西藏：那曲 陈家辉，庄会富，刘德团 Yangyp-Q-0217
西藏：南木林 李晖，文雪梅，次旺加布等 Lihui-Q-0103
西藏：日土 陈家辉，庄会富，刘德团等 Yangyp-Q-0102

Pedicularis longiflora var. **tubiformis** (Klotzsch) P. C. Tsoong 管状长花马先蒿
甘肃：玛曲 刘坤 LiuJQ-GN-2011-568
甘肃：卓尼 刘坤 LiuJQ-GN-2011-567
青海：同德 陈世龙，高庆波，张发起 Chensl1035
四川：稻城 张大才，尹五元，李双智等 ZhangDC-07ZX-2131
四川：红原 张昌兵，邓秀华 ZhangCB0243
四川：新龙 陈家辉，王赟，刘德团 YangYP-Q-3023
西藏：定日 王东超，杨大松，张春林等 YangYP-Q-5110
西藏：定日 王东超，杨大松，张春林等 YangYP-Q-5122
西藏：堆龙德庆 杨永平，王东超，杨大松等 YangYP-Q-5068
西藏：工布江达 罗建，汪书丽，任德智 LiuJQ-09XZ-ML048
西藏：工布江达 卢洋，刘帆等 LiJ870
西藏：林芝 罗建，汪书丽 LiuJQ-08XZ-159
西藏：林芝 罗建，汪书丽 LiuJQ-09XZ-228
西藏：林芝 卢洋，刘帆等 LiJ751
西藏：墨竹工卡 卢洋，刘帆等 LiJ893
西藏：墨竹工卡 钟扬 ZhongY1051

Pedicularis lophotricha H. L. Li 盔须马先蒿 *
四川：理塘 何兴金，马祥光，张云香等 SCU-11-236

Pedicularis ludwigii Regel 小根马先蒿
新疆：塔什库尔干 邱娟，冯建菊 LiuJQ0116

Pedicularis macrorhyncha H. L. Li 长喙马先蒿 *
四川：理塘 陈家辉，刘亚辉，周妍等 YangYP-Q-2307
西藏：察隅 张挺，蔡杰，袁明 09CS1513

Pedicularis mairei Bonati 梅氏马先蒿 *
四川：米易 袁明 MY576

Pedicularis megalantha D. Don 硕花马先蒿
西藏：吉隆 马永鹏 ZhangCQ-0034
西藏：亚东 李国栋，董金龙 SunH-07ZX-3270
西藏：亚东 何华杰，张书东，马永鹏 81254

Pedicularis megalochila H. L. Li 大唇马先蒿
甘肃：碌曲 李晓东，刘帆，张景博等 LiJ0180
甘肃：玛曲 李晓东，刘帆，张景博等 LiJ0059

Pedicularis merrilliana H. L. Li 迈氏马先蒿
四川：若尔盖 何兴金，高云东，刘海艳等 SCU-20080520

Pedicularis metaszetschuanica P. C. Tsoong 后生四川马先蒿 *
甘肃：合作 郭淑青，杜品 LiuJQ-2012-GN-241
青海：门源 陈世龙，高庆波，张发起等 Chensl1610
四川：理塘 陈文允，于文涛，黄永江 CYH031

Pedicularis mollis Wallich ex Bentham 柔毛马先蒿
西藏：八宿 徐波，陈光富，陈林杨等 SunH-07ZX-2022
西藏：左贡 徐波，陈光富，陈林杨等 SunH-07ZX-0870

Pedicularis monbeigiana Bonati 蒙氏马先蒿 *
云南：香格里拉 李晓东，张紫刚，操榆 LiJ655
云南：香格里拉 杨亲二，袁琼 Yangqe1824

Pedicularis myriophylla Pallas 万叶马先蒿
新疆：和静 张玲 TD-01642
新疆：尼勒克 贺晓欢，徐文斌，刘鸯等 SHI-A2007391

Pedicularis oederi subsp. **multipinna** (H. L. Li) P. C. Tsoong 多羽片欧氏马先蒿 *
四川：甘孜 陈文允，于文涛，黄永江 CYH149
四川：甘孜 陈文允，于文涛，黄永江 CYH192

Pedicularis oederi Vahl 欧氏马先蒿
青海：玛多 陈世龙，高庆波，张发起 Chensl0534
青海：门源 吴玉虎，刘建全 LJQ-QLS-2008-0044
青海：囊谦 许炳强，周伟，郑朝汉 Xianh0043
四川：马尔康 顾垒，张羽 GAOXF-10ZX-1924
新疆：塔什库尔干 邱娟，冯建菊 LiuJQ0160
云南：东川区 彭华，向春雷，王泽欢 PengH8026

Pedicularis oligantha Franchet ex Maximowicz 少花马先蒿 *
青海：班玛 陈世龙，张得钧，高庆波等 Chensl0320

Pedicularis oliveriana Prain 奥氏马先蒿 *
西藏：城关区 许炳强，童毅华 XiaNh-07zx-521
西藏：工布江达 罗建，汪书丽，任德智 LiuJQ-09XZ-ML064
西藏：工布江达 卢洋，刘帆等 LiJ862
西藏：朗县 罗建，汪书丽，任德智 L016
西藏：左贡 徐波，陈光富，陈林杨等 SunH-07ZX-0841

Pedicularis oxycarpa Franchet ex Maximowicz 尖果马先蒿 *
新疆：昭苏 亚吉东，张桥蓉，秦少发等 16CS13536
云南：巧家 张书东，张荣，王银环等 QJYS0246
云南：巧家 杨光明，李文虎，张书东 QJYS0253
云南：巧家 郁文彬，张舒，艾洪莲等 SCSB-W-1005
云南：石林 税玉民，陈文红 65465
云南：香格里拉 郭永杰，张桥蓉，李春晓等 11CS3488
云南：香格里拉 张挺，李明勤，王关友等 11CS3622
云南：香格里拉 杨青松，杨莹，黄永江等 ZhouZK-07ZX-0187
云南：香格里拉 蔡杰，刘成，李昌洪 11CS3213
云南：香格里拉 蔡杰，张挺，刘成等 11CS3245

Pedicularis pantlingii Prain 潘氏马先蒿
四川：甘孜 孙航，张建文，董金龙等 SunH-07ZX-3922
西藏：工布江达 卢洋，刘帆等 LiJ869
云南：香格里拉 蔡杰，刘成，李昌洪 11CS3221

Pedicularis physocalyx Bunge 臌萼马先蒿
新疆：博乐 徐文斌，王莹 SHI-2008018
新疆：塔什库尔干 杨赵平，黄文娟 TD-01744

Pedicularis plicata Maximowicz 皱褶马先蒿 *
四川：红原 张昌兵，邓秀华 ZhangCB0295
四川：若尔盖 高云东，李忠荣，鞠文彬 GaoXF-12-021
西藏：定日 王东超，杨大松，张春林等 YangYP-Q-5096
西藏：拉萨 杨永平，王东超，杨大松等 YangYP-Q-5027
云南：香格里拉 陈家辉，刘亚辉，周妍等 YangYP-Q-2201

Pedicularis polyodonta H. L. Li 多齿马先蒿 *
甘肃：合作 刘坤 LiuJQ-GN-2011-544

Pedicularis princeps Bureau & Franchet 高超马先蒿 *
四川：德格 苏涛，黄永江，杨青松等 ZhouZK11214

Pedicularis proboscidea Steven 鼻喙马先蒿
新疆：和静 邱爱军，张玲，马帅 LiZJ1781

Pedicularis pseudocephalantha Bonati 假头花马先蒿 *
云南：香格里拉 李晓东，张紫刚，操榆 LiJ605
Pedicularis pseudocurvituba P. C. Tsoong 假弯管马先蒿 *
新疆：阿合奇 杨赵平，周禧林，贺冰 LiZJ1041
新疆：和静 邱爱军，张玲，马帅 LiZJ1780
新疆：塔什库尔干 杨赵平，周禧林，贺冰 LiZJ1162
新疆：乌恰 杨赵平，周禧琳，贺冰 LiZJ1302
新疆：乌恰 塔里木大学植物资源调查组 TD-00700
Pedicularis pseudomelampyriflora Bonati 假山萝花马先蒿 *
青海：贵南 陈世龙，高庆波，张发起等 Chensl1222
青海：玉树 许炳强，周伟，郑朝汉 Xianh0331
四川：乡城 孙航，李新辉，陈林杨 SunH-07ZX-2952
西藏：芒康 张永洪，王晓雄，周卓等 SunH-07ZX-0524
西藏：左贡 张永洪，王晓雄，周卓等 SunH-07ZX-1076
云南：香格里拉 张挺，李明勤，王关友等 11CS3619
Pedicularis pseudoversicolor Handel-Mazzetti 假多色马先蒿
云南：香格里拉 周浙昆，苏涛，杨莹等 Zhou09-040
Pedicularis remotiloba Handel-Mazzetti 疏裂马先蒿 *
云南：香格里拉 张挺，亚吉东，李明勤等 11CS3610
Pedicularis resupinata Linnaeus 返顾马先蒿
北京：东城区 王雷，朱雅娟，黄振英 Beijing-huang-bhs-0014
北京：东城区 王雷，朱雅娟，黄振英 Beijing-huang-bws-0039
北京：东城区 王雷，朱雅娟，黄振英 Beijing-huang-dls-0061
北京：西城区 王雷，朱雅娟，黄振英 Beijing-huang-ss-0015
北京：西城区 王雷，朱雅娟，黄振英 Beijing-huang-yms-0024
河北：平山 牛玉璐，郑博颖，黄士良等 NiuYL068
黑龙江：嫩江 王臣，张欣欣，史传奇 WangCh107
辽宁：庄河 于立敏 CaoW829
山东：历城区 辛晓伟，范晓凡 Lilan869
山东：牟平区 卞福花，陈朋 BianFH-0337
山东：牟平区 卞福花，宋言贺 BianFH-549
Pedicularis rex C. B. Clarke ex Maximowicz 大王马先蒿
四川：巴塘 孙航，张建文，邓涛等 SunH-07ZX-3394
四川：巴塘 徐波，陈光富，陈林杨等 SunH-07ZX-1507
四川：稻城 孙航，张建文，董金龙等 SunH-07ZX-3605
四川：得荣 孙航，李新辉，陈林杨 SunH-07ZX-3028
四川：甘孜 陈文允，于文涛，黄永江 CYH197
四川：黑水 顾垒，李忠荣 GaoXF-09ZX-1499
四川：理塘 苏涛，黄永江，杨青松等 ZhouZK11151
四川：理塘 何兴金，马祥光，张云香等 SCU-11-251
四川：马尔康 何兴金，高云东，刘海艳等 SCU-20080486
四川：木里 孔航辉，罗江平，左雷等 YangQE3416
四川：木里 聂泽龙，孟盈，邓涛 SunH-07ZX-2331
四川：雅江 何兴金，郜鹏，彭禄等 SCU-11-365
西藏：察隅 何华杰，马永鹏 81550
西藏：察隅 张挺，蔡杰，袁明 09CS1568
西藏：察隅 马永鹏 ZhangCQ-0097
西藏：定日 王东超，杨大松，张春林等 YangYP-Q-5125
云南：大理 张挺，李爱花，郭云刚等 SCSB-B-000075
云南：大理 张书东，林娜娜，陆露等 SCSB-W-186
云南：洱源 杨青松，星耀武，苏涛 ZhouZK-07ZX-0278
云南：富民 郁文彬，董莉娜，张舒等 SCSB-W-947
云南：鹤庆 孙航，李新辉，陈林杨 SunH-07ZX-3186
云南：鹤庆 张大才，李双智，杨川 ZhangDC-07ZX-2085
云南：兰坪 杨青松，杨莹，黄永江等 ZhouZK-07ZX-0023
云南：丽江 张书东，林娜娜，陆露等 SCSB-W-071
云南：隆阳区 赵文李 BSGLGSly3060
云南：禄劝 张挺，郭永杰，刘成等 08CS618
云南：巧家 杨光明 SCSB-W-1200
云南：巧家 张天壁 SCSB-W-235
云南：巧家 杨光明 SCSB-W-1146
云南：武定 张挺，张书东，李爱花等 SCSB-A-000072
云南：香格里拉 郭永杰，张桥蓉，李春晓等 11CS3445
云南：香格里拉 孙航，张建文，董金龙等 SunH-07ZX-3508
云南：香格里拉 李国栋，陈建国，陈林杨等 SunH-07ZX-2289
云南：香格里拉 孙航，张建文，邓涛等 SunH-07ZX-3308
云南：香格里拉 杨青松，星耀武，苏涛 ZhouZK-07ZX-0318
云南：香格里拉 李晓东，张紫刚，操榆 LiJ603
云南：香格里拉 杨亲二，袁琼 Yangqe1842
云南：香格里拉 杨亲二，袁琼 Yangqe2729
云南：永德 李永亮 YDDXS0384
云南：玉龙 亚吉东，张德全，唐治喜等 15PX505
Pedicularis rhinanthoides Schrenk ex Fischer & C. A. Meyer 拟鼻花马先蒿
甘肃：碌曲 李晓东，刘帆，张景博等 LiJ0089
甘肃：玛曲 刘坤 LiuJQ-GN-2011-546
四川：康定 何兴金，高云东，刘海艳等 SCU-20080416
西藏：芒康 徐波，陈光富，陈林杨等 SunH-07ZX-1543
新疆：塔什库尔干 杨赵平，周禧林，贺冰 LiZJ1223
云南：德钦 陈文允，于文涛，黄永江等 CYHL159
云南：香格里拉 蔡杰，张挺，刘成等 11CS3291
云南：香格里拉 杨亲二，袁琼 Yangqe1863
Pedicularis rhinanthoides subsp. **labellata** (Jacquemont) Pennell 大唇拟鼻花马先蒿
甘肃：玛曲 李晓东，刘帆，张景博等 LiJ0029
青海：祁连 陈世龙，高庆波，张发起等 Chensl1451
西藏：林芝 罗建，汪书丽 LiuJQ-08XZ-158
Pedicularis rhinanthoides subsp. **tibetica** (Bonati) P. C. Tsoong 西藏拟鼻花马先蒿 *
云南：香格里拉 蔡杰，刘成，李昌洪 11CS3219
Pedicularis rhodotricha Maximowicz 红毛马先蒿 *
西藏：林芝 孙航，张建文，陈建国等 SunH-07ZX-2755
西藏：芒康 徐波，陈光富，陈林杨等 SunH-07ZX-0270
Pedicularis roborowskii Maximowicz 劳氏马先蒿 *
四川：马尔康 何兴金，王月，胡灏禹等 SCU-08111
Pedicularis roylei Maximowicz 罗氏马先蒿
青海：祁连 陈世龙，高庆波，张发起等 Chensl1565
青海：玉树 许炳强，周伟，郑朝汉 Xianh0265
四川：康定 何兴金，高云东，刘海艳等 SCU-20080413
西藏：安多 陈家辉，庄会富，边巴扎西 Yangyp-Q-2153
西藏：那曲 陈家辉，庄会富，边巴扎西 Yangyp-Q-2129
Pedicularis roylei subsp. **megalantha** P. C. Tsoong 大花罗氏马先蒿 *
西藏：吉隆 马永鹏，何华杰 81122
Pedicularis rudis Maximowicz 粗野马先蒿 *
青海：大通 陈世龙，高庆波，张发起等 Chensl1668
青海：门源 吴玉虎 LJQ-QLS-2008-0207
青海：门源 陈世龙，高庆波，张发起等 Chensl1686
Pedicularis rupicola Franchet ex Maximowicz 岩居马先蒿 *
四川：稻城 孙航，张建文，邓涛等 SunH-07ZX-3347
四川：甘孜 张大才，尹五元，李双智等 ZhangDC-07ZX-2361
四川：甘孜 陈文允，于文涛，黄永江 CYH140
四川：九龙 张大才，尹五元，李双智等 ZhangDC-07ZX-2411
西藏：芒康 徐波，陈光富，陈林杨等 SunH-07ZX-1563
云南：德钦 杨青松，星耀武，苏涛 ZhouZK-07ZX-0431
云南：香格里拉 郭永杰，张桥蓉，李春晓等 11CS3522

云南：香格里拉 张建文，董金龙，刘常周等 SunH-07ZX-2381

Pedicularis salviiflora Franchet 丹参花马先蒿 *

云南：巧家 郁文彬，任宗昕，艾洪莲等 SCSB-W-1055

Pedicularis sceptrum-carolinum Linnaeus 旌节马先蒿

四川：红原 张昌兵 ZhangCB0031

四川：乡城 周浙昆，苏涛，杨莹等 Zhou09-153

云南：德钦 于文涛，李国锋 WTYu-429

云南：香格里拉 周浙昆，苏涛，杨莹等 Zhou09-061

云南：香格里拉 周浙昆，苏涛，杨莹等 Zhou09-089

Pedicularis scolopax Maximowicz 鹬形马先蒿 *

青海：祁连 陈世龙，高庆波，张发起等 Chensl1580

西藏：左贡 张永洪，王晓雄，周卓等 SunH-07ZX-1069

Pedicularis semenowii Regel 赛氏马先蒿

新疆：叶城 黄文娟，段黄金，王英鑫等 LiZJ0870

Pedicularis semitorta Maximowicz 半扭卷马先蒿 *

甘肃：合作 齐威 LJQ-2008-GN-397

甘肃：合作 刘坤 LiuJQ-GN-2011-559

甘肃：玛曲 齐威 LJQ-2008-GN-400

甘肃：玛曲 李晓东，刘帆，张景博等 LiJ0050

甘肃：夏河 齐威 LJQ-2008-GN-401

甘肃：夏河 刘坤 LiuJQ-GN-2011-556

甘肃：卓尼 刘坤 LiuJQ-GN-2011-555

湖北：仙桃 张代贵 Zdg3040

四川：黑水 顾垒，李忠荣 GaoXF-09ZX-1698

四川：九寨沟 齐威 LJQ-2008-GN-399

四川：九寨沟 张挺，李爱花，刘成等 08CS858

四川：小金 何兴金，赵丽华，李琴琴等 SCU-08034

Pedicularis siphonantha D. Don 管花马先蒿

四川：稻城 孙航，张建文，邓涛等 SunH-07ZX-3358

西藏：察雅 张挺，李爱花，刘成等 08CS732

西藏：加查 许炳强，童毅华 XiaNh-07zx-687

西藏：林芝 孙航，张建文，陈建国等 SunH-07ZX-2753

云南：德钦 杨青松，星耀武，苏涛 ZhouZK-07ZX-0412

云南：香格里拉 郭永杰，张桥蓉，李春晓等 11CS3413

云南：香格里拉 张书东，林娜娜，郁文彬等 SCSB-W-051

云南：香格里拉 李晓东，张紫刚，操榆 LiJ657

Pedicularis siphonantha var. **delavayi** (Franchet ex Maximowicz) P. C. Tsoong 台氏管花马先蒿 *

云南：香格里拉 蔡杰，刘成，李昌洪 11CS3212

云南：香格里拉 蔡杰，张挺，刘成等 11CS3266

Pedicularis sphaerantha P. C. Tsoong 团花马先蒿 *

西藏：林芝 罗建，王国严，汪书丽 LiuJQ-08XZ-051

Pedicularis spicata Pallas 穗花马先蒿

甘肃：夏河 刘坤 LiuJQ-GN-2011-536

河北：平山 牛玉璐，郑博颖，黄士良等 NiuYL095

黑龙江：嫩江 王臣，张欣欣，史传奇 WangCh181

湖北：仙桃 李巨平 Lijuping0331

内蒙古：锡林浩特 张红香 ZhangHX111

西藏：昌都 易思荣，谭秋平 YISR172

Pedicularis steiningeri Bonati 司氏马先蒿 *

四川：得荣 孙航，李新辉，陈林杨 SunH-07ZX-2901

Pedicularis streptorhyncha P. C. Tsoong 扭喙马先蒿 *

四川：黑水 顾垒，李忠荣 GaoXF-09ZX-1350

Pedicularis striata Pallas 红纹马先蒿

河北：平山 牛玉璐，郑博颖，黄士良等 NiuYL089

内蒙古：武川 蒲拴莲，李茂文 M065

Pedicularis striata subsp. **arachnoidea** (Franchet) P. C. Tsoong 蛛丝红纹马先蒿 *

甘肃：夏河 齐威 LJQ-2008-GN-409

甘肃：夏河 刘坤 LiuJQ-GN-2011-545

Pedicularis strobilacea Franchet 球状马先蒿

云南：香格里拉 蔡杰，张挺，刘成等 11CS3261

Pedicularis superba Franchet ex Maximowicz 华丽马先蒿 *

四川：稻城 何兴金，廖晨阳，任海燕等 SCU-09-472

四川：康定 何兴金，冯图，廖晨阳等 SCU-080372

四川：康定 苏涛，黄永江，杨青松等 ZhouZK11075

四川：理塘 何兴金，赵丽华，梁乾隆等 SCU-11-132

四川：乡城 李晓东，张景博，徐凌翔等 LiJ368

云南：香格里拉 陈家辉，刘亚辉，周妍等 YangYP-Q-2195

Pedicularis szetschuanica Maximowicz 四川马先蒿 *

甘肃：玛曲 齐威 LJQ-2008-GN-405

甘肃：玛曲 李晓东，刘帆，张景博等 LiJ0036

甘肃：玛曲 刘坤 LiuJQ-GN-2011-554

青海：达日 陈世龙，张得钧，高庆波等 Chensl0290

Pedicularis szetschuanica subsp. **anastomosans** P. C. Tsoong 网脉四川马先蒿 *

四川：道孚 何兴金，胡灏禹，沈呈娟等 SCU-11-448

Pedicularis tahaiensis Bonati 大海马先蒿 *

云南：会泽 杜燕，黄天才，董勇等 SCSB-A-000343

Pedicularis takpoensis P. C. Tsoong 塔布马先蒿 *

西藏：达孜 刘帆，卢洋等 LiJ908

Pedicularis tatarinowii Maximowicz 塔氏马先蒿 *

内蒙古：武川 蒲拴莲，刘润宽，刘毅等 M184

Pedicularis tenera H. L. Li 细茎马先蒿 *

青海：祁连 陈世龙，高庆波，张发起等 Chensl1588

Pedicularis tenuisecta Franchet ex Maximowicz 纤裂马先蒿

云南：安宁 郭永杰，张桥蓉 15CS10668

Pedicularis ternata Maximowicz 三叶马先蒿 *

四川：康定 何兴金，廖晨阳，任海燕等 SCU-09-404

Pedicularis thamnophila (Handel-Mazzetti) H. L. Li 灌丛马先蒿 *

四川：新龙 陈文允，于文涛，黄永江 CYH073

四川：雅江 何兴金，胡灏禹，陈德友等 SCU-09-312

Pedicularis tomentosa H. L. Li 绒毛马先蒿 *

四川：乡城 杨青松，杨莹，黄永江等 ZhouZK-07ZX-0067

Pedicularis tongolensis Franchet 东俄洛马先蒿 *

四川：巴塘 徐波，陈光富，陈林杨等 SunH-07ZX-1500

四川：白玉 孙航，张建文，董金龙等 SunH-07ZX-3665

四川：道孚 许炳强，童毅华，吴兴等 XiaNH-07ZX-0971

四川：甘孜 孙航，张建文，董金龙等 SunH-07ZX-3968

西藏：昌都 苏涛，黄永江，杨青松等 ZhouZK11280

Pedicularis torta Maximowicz 扭旋马先蒿 *

甘肃：甘南 李晓东，刘帆，张景博等 LiJ0142

Pedicularis trichoglossa J. D. Hooker 毛盔马先蒿

四川：德格 孙航，张建文，董金龙等 SunH-07ZX-3685

西藏：错那 罗建，汪书丽 LiuJQ11XZ038

西藏：林芝 罗建，汪书丽 LiuJQ-08XZ-143

西藏：林芝 张大才，李双智，唐路等 ZhangDC-07ZX-1802

Pedicularis tricolor Handel-Mazzetti 三色马先蒿 *

西藏：林芝 卢洋，刘帆等 LiJ816

西藏：左贡 张永洪，王晓雄，周卓等 SunH-07ZX-1067

云南：香格里拉 李晓东，张紫刚，操榆 LiJ602

云南：香格里拉 杨亲二，袁琼 Yangqe1874

Pedicularis tristis Linnaeus 阴郁马先蒿

甘肃：迭部 齐威 LJQ-2008-GN-417

甘肃：玛曲 刘坤 LiuJQ-GN-2011-564

四川：得荣 张大才，李双智，杨川 ZhangDC-07ZX-1924

Pedicularis venusta Schangin ex Bunge 秀丽马先蒿

黑龙江：嫩江 王臣，张欣欣，史传奇 WangCh160

新疆：和静 杨赵平，焦培培，白冠章等 LiZJ0542

Pedicularis verticillata Linnaeus 轮叶马先蒿

青海：格尔木 冯虎元 LiuJQ-08KLS-050

青海：祁连 陈世龙，高庆波，张发起等 Chensl1469

青海：祁连 陈世龙，高庆波，张发起等 Chensl1481

青海：祁连 陈世龙，高庆波，张发起等 Chensl1484

四川：道孚 何兴金，赵丽华，梁乾隆 SCU-10-012

四川：稻城 何兴金，李琴琴，马祥光等 SCU-09-175

四川：稻城 何兴金，胡灏禹，陈德友等 SCU-09-348

四川：红原 张昌兵，邓秀华 ZhangCB0242

四川：康定 何兴金，王长宝，刘爽等 SCU-09-012

四川：康定 何兴金，胡灏禹，陈德友等 SCU-09-309

四川：康定 何兴金，廖晨阳，任海燕等 SCU-09-406

四川：壤塘 何兴金，赵丽华，梁乾隆 SCU-10-043

四川：若尔盖 何兴金，高云东，刘海艳等 SCU-20080519

西藏：聂拉木 陈家辉，韩希，王广艳等 YangYP-Q-4310

西藏：桑日 陈家辉，韩希，王广艳等 YangYP-Q-4218

西藏：亚东 陈家辉，韩希，王东超等 YangYP-Q-4286

西藏：亚东 陈家辉，韩希，王东超等 YangYP-Q-4300

西藏：左贡 张大才，李双智，罗康等 ZhangDC-07ZX-0717

新疆：昭苏 贺晓欢，徐文斌，刘鸯等 SHI-A2007090

Pedicularis vialii Franchet 维氏马先蒿

四川：巴塘 陈文允，于文涛，黄永江 CYH056

云南：香格里拉 郭永杰，张桥蓉，李春晓等 11CS3452

云南：香格里拉 蔡杰，张挺，刘成等 11CS3229

Pedicularis wallichii Bunge 瓦氏马先蒿

西藏：昌都 易思荣，谭秋平 YISR254

Pedicularis yunnanensis Franchet ex Maximowicz 云南马先蒿 *

四川：米易 袁明 MY579

Pedicularis zayuensis H. P. Yang 察隅马先蒿 *

西藏：察隅 何华杰 81557

Phtheirospermum japonicum (Thunberg) Kanitz 松蒿

安徽：舒城 陈延松，欧祖兰，高秋晨等 Xuzd444

北京：税玉民，陈文红 65546

甘肃：迭部 齐威 LJQ-2008-GN-410

甘肃：夏河 刘坤 LiuJQ-GN-2011-541

河北：灵寿 牛玉璐，高彦飞，黄士良 NiuYL181

黑龙江：尚志 刘玫，张欣欣，程薪宇等 Liuetal463

湖北：宣恩 祝文志，刘志祥，曹远俊 ShenZH0064

吉林：磐石 安海成 AnHC0244

江苏：句容 吴宝成，王兆银 HANGYY8390

江西：武宁 张吉华，刘运群 TanCM1348

山东：崂山区 罗艳，李中华 LuoY201

山东：崂山区 赵遵田，郑国伟，杜超等 Zhaozt0126

山东：历城区 王萍，高德民，张诏等 lilan311

山东：牟平区 卞福花，陈朋 BianFH-0364

陕西：宁陕 田先华，田陌，王梅荣 TianXH1027

四川：米易 刘静，袁明 MY-047

四川：盐边 苏涛，黄永江，杨青松等 ZhouZK11325

云南：安宁 张挺，张书东，杨茜等 SCSB-A-000035

云南：文山 何德明，曾祥 WSLJS1009

云南：西山区 蔡杰，张挺，刘成等 11CS3689

Phtheirospermum tenuisectum Bureau & Franchet 细裂叶松蒿

四川：得荣 孙航，李新辉，陈林杨 SunH-07ZX-3052

四川：木里 任宗昕，蒋伟，黄盼辉 SCSB-W-350

四川：普格 苏涛，黄永江，杨青松等 ZhouZK11053

西藏：察隅 孙航，张建文，陈建国等 SunH-07ZX-2497

西藏：朗县 罗建，汪书丽，任德智 L055

云南：安宁 郭永杰，张桥蓉 15CS10669

云南：德钦 杨亲二，袁琼 Yangqe2446

云南：南涧 阿国仁，罗新洪，李敏等 NJWLS2008130

云南：南涧 熊绍荣 NJWLS2008098

云南：宁蒗 任宗昕，寸龙琼，任尚国 SCSB-W-1378

云南：宁蒗 任宗昕，艾洪莲，张舒 SCSB-W-1452

云南：普洱 胡启和，张绍云 YNS0608

云南：巧家 郁文彬，张舒，艾洪莲等 SCSB-W-1023

云南：巧家 张天壁 SCSB-W-711

云南：嵩明 张挺，唐勇，陈伟等 SCSB-B-000096

云南：寻甸 彭华，向春雷，王泽欢 PengH8044

云南：玉龙 李云龙，鲁仪增，和荣华等 15PX102

云南：玉龙 彭华，陈丽，向春雷等 P.H.5447

Pterygiella duclouxii Franchet 杜氏翅茎草 *

四川：米易 刘静，袁明 MY-052

四川：盐源 苏涛，黄永江，杨青松等 ZhouZK11372

云南：南涧 罗新洪，阿国仁 NJWLS557

云南：南涧 阿国仁 NJWLS1135

云南：新平 刘家良 XPALSD352

云南：永德 李永亮 YDDXS0882

Pterygiella nigrescens Oliver 翅茎草 *

云南：P.H.5663

云南：宁洱 张绍云，胡启和 YNS1062

云南：文山 彭华，刘恩德，陈丽 P.H.5526

Rehmannia chingii H. L. Li 天目地黄 *

安徽：歙县 方建新 TangXS0856

江西：武宁 张吉华，张东红 TanCM2906

Rehmannia glutinosa (Gaertner) Liboschitz ex Fischer & C. A. Meyer 地黄 *

安徽：石台 洪欣 ZhouSB0160

北京：东城区 朱雅娟，王雷，黄振英 Beijing-huang-xs-0006

北京：东城区 朱雅娟，王雷，黄振英 Beijing-huang-xs-0014

北京：西城区 王雷，朱雅娟，黄振英 Beijing-huang-ssl-0006

河北：桃城 牛玉璐，郑博颖，黄士良等 NiuYL014

江苏：云龙区 吴宝成 HANGYY8058

山东：莱山区 卞福花，宋言贺 BianFH-479

山东：崂山区 邓建平 LuoY256

山东：历城区 张少华，王萍，张诏等 Lilan151

山东：牟平区 卞福花，陈朋 BianFH-0288

陕西：长安区 田先华，王梅荣 TianXH153

Rehmannia piasezkii Maximowicz 裂叶地黄 *

湖北：竹溪 李盛兰 GanQL316

Rhinanthus glaber Lamarck 鼻花

河北：平山 牛玉璐，郑博颖，黄士良等 NiuYL045

新疆：阿勒泰 谭敦炎，邱娟 TanDY0428

新疆：布尔津 谭敦炎，邱娟 TanDY0502

新疆：察布查尔 马真 SHI-A2007102

新疆：和静 邱爱军，张玲，马帅 LiZJ1727

新疆：和静 邱爱军，张玲，马帅 LiZJ1779

新疆：和静 杨赵平，焦培培，白冠章等 LiZJ0531

新疆：尼勒克 贺晓欢，徐文斌，刘鸯等 SHI-A2007371

新疆：尼勒克 徐文斌，刘鸯，马真等 SHI-A2007416

新疆：尼勒克 刘鸯，马真，贺晓欢等 SHI-A2007452

新疆：托里 徐文斌，杨清理 SHI-2009255

新疆：新源 徐文斌，董雪洁 SHI-A2007280
新疆：昭苏 贺晓欢，徐文斌，刘鸯等 SHI-A2007087

Siphonostegia chinensis Bentham 阴行草
北京：东城区 王雷，朱雅娟，黄振英 Beijing-huang-bhs-0027
北京：东城区 王雷，朱雅娟，黄振英 Beijing-huang-bws-0058
北京：东城区 王雷，朱雅娟，黄振英 Beijing-huang-dls-0084
北京：海淀区 宋松泉 SCSB-D-0013
北京：海淀区 林坚 SCSB-B-0010
北京：门头沟区 李燕军 SCSB-E-0027
北京：西城区 王雷，朱雅娟，黄振英 Beijing-huang-ss-0031
北京：西城区 王雷，朱雅娟，黄振英 Beijing-huang-yms-0040
湖南：怀化 李胜华，伍贤进，曾汉元等 HHXY332
江西：黎川 童和平，王玉珍 TanCM2716
江西：庐山区 董安淼，吴从梅 TanCM1635
辽宁：凌源 郑宝江，王美娟，曹鹏等 ZhengBJ401
山东：崂山区 罗艳，李中华 LuoY218
山西：夏县 陈浩 Zhangf0110
云南：德钦 孙航，李新辉，陈林杨 SunH-07ZX-2984
云南：剑川 彭华，许瑾，陈丽 P.H.5057
云南：南涧 时国彩，熊绍荣 njwls2007095
云南：宁蒗 任宗昕，寸龙琼，任尚国 SCSB-W-1369
云南：石林 税玉民，陈文红 64552
云南：石林 税玉民，陈文红 65859
云南：石林 税玉民，陈文红 66566
云南：西山区 税玉民，陈文红 65327
云南：香格里拉 刀志灵 DZL460
云南：香格里拉 孙航，李新辉，陈林杨 SunH-07ZX-3207
云南：易门 王焕冲，马兴达 WangHCH010
云南：永德 李永亮 YDDXS0859
云南：永德 李永亮，王学军，陈海涛 YDDXSB166
云南：永胜 苏涛，黄永江，杨青松等 ZhouZK11458
云南：玉龙 刘成，蔡杰，张挺等 13CS6779
云南：玉龙 孙航，李新辉，陈林杨 SunH-07ZX-3217

Siphonostegia laeta S. Moore 腺毛阴行草 *
安徽：金寨 陈延松，欧祖兰，姜九龙 Xuzd221
安徽：舒城 陈延松，欧祖兰，高秋晨等 Xuzd349
安徽：屯溪区 方建新 TangXS0945
安徽：休宁 唐鑫生，方建新 TangXS0390
湖南：新化 姜孝成，唐妹，戴小军等 Jiangxc0566
湖南：永顺 陈功锡，张代贵 SCSB-HC-2008236
江西：庐山区 董安淼，吴从梅 TanCM922

Sopubia trifida Buchanan-Hamilton ex D. Don 短冠草
云南：腾冲 周应再 Zhyz-386
云南：永德 李永亮 YDDXS1167

Striga masuria (Buchanan-Hamilton ex Bentham) Bentham 大独脚金
云南：巧家 张书东，张荣，王银环等 QJYS0218
云南：永德 李永亮 YDDXS0802

Oxalidaceae 酢浆草科

酢浆草科	世界	中国	种质库
属 / 种（种下等级）/ 份数	5/780	3/～13	2/5/33

Biophytum fruticosum Blume 分枝感应草
云南：永德 李永亮 YDDXS0291

Oxalis corniculata Linnaeus 酢浆草
安徽：屯溪区 方建新 TangXS0712
甘肃：合作 郭淑青，杜品 LiuJQ-2012-GN-251
河北：元氏 牛玉璐，郑博颖，黄士良等 NiuYL036
黑龙江：带岭区 刘玫，王臣，张欣欣等 Liuetal642
湖北：竹溪 李盛兰 GanQL043
江苏：射阳 吴宝成 HANGYY8257
江西：修水 谭策铭，缪以清，李立新 TanCM246
山东：莱山区 卞福花，杨蕾蕾，谷胤征 BianFH-0101
山东：崂山区 罗艳 LuoY261
四川：峨眉山 李小杰 LiXJ035
四川：米易 刘静，袁明 MY-226
四川：射洪 袁明 YUANM2016L055
西藏：林芝 罗建，汪书丽 LiuJQ-09XZ-102
云南：景东 鲁艳 07-40
云南：麻栗坡 肖波 LuJL439
云南：南涧 阿国仁，何贵才 NJWLS812
云南：南涧 熊绍荣 NJWLS2008093
云南：南涧 官有才 NJWLS1651
云南：宁洱 胡启和，仇亚，周兵 YNS0791
云南：腾冲 余新林，赵玮 BSGLGStc320
云南：腾冲 周应再 Zhyz-460
云南：西山区 彭华，陈丽 P.H.5322
云南：新平 彭华，向春雷，陈丽 PengH8259
云南：新平 何罡安 XPALSB138
云南：永德 李永亮 YDDXS0268
浙江：鄞州区 李宏庆，田怀珍，葛斌杰等 Lihq0198

Oxalis corymbosa Candolle 红花酢浆草
安徽：芜湖 陈延松，吴国伟，洪欣 Zhousb0025

Oxalis griffithii Edgeworth & J. D. Hooker 山酢浆草
四川：峨眉山 李小杰 LiXJ039
云南：永德 李永亮 YDDXS0548

Oxalis pes-caprae Linnaeus 黄花酢浆草
湖南：永定区 吴福川，廖博儒 7048
江苏：句容 吴宝成，王兆银 HANGYY8117
江苏：海州区 汤兴利 HANGYY8407

Paeoniaceae 芍药科

芍药科	世界	中国	种质库
属 / 种（种下等级）/ 份数	1/30	1/15	1/7(9)/25

Paeonia anomala Linnaeus 新疆芍药
新疆：布尔津 谭敦炎，邱娟 TanDY0475

Paeonia anomala subsp. **veitchii** (Lynch) D. Y. Hong & K. Y. Pan 川赤芍 *
甘肃：卓尼 尹鑫，吴航，葛文静 LiuJQ-GN-2011-212
青海：班玛 陈世龙，张得钧，高庆波等 Chensl0331
青海：班玛 陈世龙，张得钧，高庆波等 Chensl0352
四川：道孚 何兴金，赵丽华，梁乾隆 SCU-10-007
四川：康定 彭玉兰，涂卫国，余春丽 Gaoxf-0679

Paeonia delavayi Franchet 滇牡丹 *
西藏：察隅 张大才，李双智，唐路等 ZhangDC-07ZX-1708
西藏：米林 扎西次仁 ZhongY343
云南：古城区 张挺，郭起荣，黄兰兰等 15PX216
云南：古城区 郁文彬 SCSB-W-605
云南：西山区 张挺，亚吉东，王东良等 SCSB-B-000428
云南：香格里拉 亚吉东，张桥蓉，张继等 11CS3550
云南：香格里拉 原晓龙 李苏雨 Wangsh-07ZX-020

云南：香格里拉 杨亲二，袁琼 Yangqe2730
Paeonia lactiflora Pallas 芍药
吉林：磐石 安海成 AnHC023
内蒙古：锡林浩特 张红香 ZhangHX130
Paeonia ludlowii (Stern & Taylor) D. Y. Hong 大花黄牡丹 *
西藏：林芝 罗建 LiuJQ-08XZ-002
西藏：米林 罗建，汪书丽 LiuJQ-08XZ-122
Paeonia mairei H. Léveillé 美丽芍药 *
陕西：宁陕 田先华，高超，孙立 TianXH185
云南：巧家 杨光明，张书东，李文虎 QJYS0256
云南：巧家 张天壁 SCSB-W-218
Paeonia obovata Maximowicz 草芍药
湖南：桑植 陈功锡，廖博儒，查学州等 165
吉林：磐石 安海成 AnHC072
Paeonia suffruticosa Andrews 牡丹
湖北：竹溪 李盛兰 GanQL1003
湖南：吉首 陈功锡，张代贵，邓涛等 SCSB-HC-2007498

Papaveraceae 罂粟科

罂粟科	世界	中国	种质库
属 / 种（种下等级）/ 份数	～38/～700	19/443	16/96(100)/556

Argemone mexicana Linnaeus 蓟罂粟
云南：峨山 王焕冲，马兴达 WangHCH016
云南：南涧 袁玉川 NJWLS640
云南：思茅区 张绍云，叶金科，胡启和 YNS1211
云南：永德 李永亮 LiYL1482
Chelidonium majus Linnaeus 白屈菜
甘肃：临潭 齐威 LJQ-2008-GN-337
河北：赞皇 牛玉璐，郑博颖，黄士良等 NiuYL004
河南：栾川 黄振英，于顺利，杨学军 Huangzy0056
黑龙江：带岭区 孙阎，赵立波 SunY143
黑龙江：宁安 刘玫，张欣欣，程薪宇等 Liuetal425
黑龙江：香坊区 郑宝江，潘磊 ZhengBJ058
湖北：竹溪 甘啟良 GanQL001
吉林：南关区 王云贺 Yanglm0055
吉林：磐石 安海成 AnHC029
山东：栖霞 卞福花 BianFH-0188
陕西：宁陕 田先华，张峰 TianXH006
陕西：长安区 田陌，田先华 TianXH006A
新疆：霍城 马真，贺晓欢，徐文斌等 SHI-A2007062
新疆：吉木萨尔 谭敦炎，吉乃提 TanDY0582
新疆：尼勒克 刘鸯，马真，贺晓欢等 SHI-A2007512
新疆：塔城 谭敦炎，吉乃提 TanDY0645
Corydalis acuminata Franchet 川东紫堇 *
重庆：南川区 易思荣，谭秋平，张挺 YISR133
重庆：南川区 易思荣，谭秋平 YISR391
Corydalis adunca Maximowicz 灰绿黄堇 *
甘肃：夏河 刘坤 LiuJQ-GN-2011-594
宁夏：西夏区 左忠，刘华 ZuoZh241
青海：门源 吴玉虎 LJQ-QLS-2008-0087
西藏：昌都 易思荣，谭秋平 YISR170
西藏：朗县 罗建，汪书丽，任德智 L087
Corydalis balansae Prain 北越紫堇
安徽：休宁 方建新 TangXS0836
重庆：南川区 易思荣，谭秋平 YISR394
江西：修水 谭策铭，缪以清，李立新 TanCM241
Corydalis bungeana Turczaninow 地丁草
河北：青龙 牛玉璐，王晓亮 NiuYL526
湖北：仙桃 张代贵 Zdg1272
山东：历城区 高德民，张少华，邵尉 Lilan893
山东：历下区 张少华，王萍，张诏等 Lilan196
Corydalis capnoides (Linnaeus) Persoon 方茎黄堇
新疆：和静 邱爱军，张玲，徐盼 LiZJ1606
Corydalis casimiriana subsp. **brachycarpa** Laden 铺散黄堇
西藏：错那 罗建，汪书丽 LiuJQ11XZ232
Corydalis cheilanthifolia Hemsley 地柏枝 *
湖北：竹溪 李盛兰 GanQL446
Corydalis conspersa Maximowicz 斑花黄堇
四川：红原 张昌兵，邓秀发 ZhangCB0364
Corydalis dasyptera Maximowicz 迭裂黄堇 *
青海：门源 吴玉虎 LJQ-QLS-2008-0093
Corydalis davidii Franchet 南黄堇
湖北：竹溪 李盛兰 GanQL689
云南：文山 杨云，何德明，丰艳飞 WSLJS954
Corydalis decumbens (Thunberg) Persoon 夏天无
安徽：屯溪区 方建新 TangXS0185
重庆：南川区 易思荣，谭秋平 YISR376
江西：黎川 童和平，王玉珍 TanCM2320
江西：庐山区 董安淼，吴从梅 TanCM802
Corydalis edulis Maximowicz 紫堇
安徽：屯溪区 方建新 TangXS0192
重庆：南川区 易思荣 YISR360
湖北：竹溪 甘啟良 GanQL006
吉林：临江 李长田 Yanglm0040
山东：新泰 步瑞兰，辛晓伟，高丽丽 Lilan825
山东：长清区 高德民，谭洁，李明栓等 lilan977
山西：永济 刘明光，焦磊 Zhangf0206
陕西：商州区 田陌，田先华，王梅荣 TianXH296
四川：壤塘 张挺，李爱花，刘成等 08CS840
Corydalis flaccida J. D. Hooker & Thomson 裂冠紫堇
云南：香格里拉 张挺，蔡杰，郭永杰等 11CS3195
Corydalis flexuosa Franchet 穆坪紫堇 *
四川：理塘 何兴金，赵丽华，梁乾隆等 SCU-11-160
Corydalis flexuosa subsp. **pseudoheterocentra** (Fedde) Lidén ex C. Y. Wu, H. Chuang & Z. Y. Su 低冠穆坪紫堇 *
陕西：眉县 田先华，董栓录 TianXH171
Corydalis fumariifolia Maximowicz 堇叶延胡索
吉林：磐石 安海成 AnHC0273
Corydalis gracillima C. Y. Wu ex Govaerts 纤细黄堇
云南：巧家 张书东，张荣，王银环等 QJYS0245
云南：香格里拉 张挺，蔡杰，郭永杰等 11CS3052
Corydalis hamata Franchet 钩距黄堇 *
云南：香格里拉 蔡杰，张挺，刘成等 11CS3285
Corydalis hemsleyana Franchet ex Prain 巴东紫堇 *
湖北：竹溪 李盛兰 GanQL668B
Corydalis hookeri Prain 拟锥花黄堇
四川：稻城 何兴金，王长宝，刘爽等 SCU-09-046
西藏：浪卡子 陈家辉，韩希，王广艳等 YangYP-Q-4185
Corydalis impatiens (Pallas) Fischer 赛北紫堇 *
青海：平安 陈世龙，高庆波，张发起等 Chensl1744
Corydalis incisa (Thunberg) Persoon 刻叶紫堇
安徽：滁州 吴宝成 HANGYY8003
安徽：贵池区 李中林，王欧文 ZhouSB0144
安徽：祁门 洪欣，李中林 ZSB274

安徽：祁门 唐鑫生，方建新 TangXS0827
湖南：永顺 陈功锡，张代贵 SCSB-HC-2008001
江苏：句容 吴宝成 HANGYY8007
江西：庐山区 董安淼，吴从梅 TanCM803
浙江：临安 李宏庆，葛斌杰，刘国丽等 Lihq0148

Corydalis kashgarica Ruprecht **喀什黄堇** *
新疆：哈密 段士民，王喜勇，刘会良 Zhangdy134

Corydalis kiautschouensis Poellnitz **胶州延胡索** *
山东：崂山区 邓建平 LuoY231
山东：牟平区 卞福花，陈朋 BianFH-0281

Corydalis kokiana Handel-Mazzetti **狭距紫堇** *
云南：香格里拉 张挺，蔡杰，郭永杰等 11CS3070

Corydalis laucheana Fedde **紫苞黄堇** *
四川：普格 苏涛，黄永江，杨青松等 ZhouZK11014
四川：壤塘 何兴金，胡灏禹，黄德青 SCU-10-126

Corydalis leucanthema C. Y. Wu **粉叶紫堇** *
四川：峨眉山 李小杰 LiXJ423

Corydalis livida Maximowicz **红花紫堇** *
青海：玉树 许炳强，周伟，郑朝汉 Xianh0279

Corydalis mucronifera Maximowicz **尖突黄堇** *
吉林：南关区 韩忠明 Yanglm0106

Corydalis nobilis (Linnaeus) Persoon **阿山黄堇**
新疆：阿勒泰 刘成，张挺，李昌洪等 16CS12226

Corydalis ochotensis Turczaninow **黄紫堇**
吉林：临江 林红梅 Yanglm0306
辽宁：桓仁 祝业平 CaoW1009

Corydalis ophiocarpa J. D. Hooker & Thomson **蛇果黄堇**
湖北：神农架林区 李巨平 LiJuPing0101
湖北：仙桃 张代贵 Zdg1252
湖北：竹溪 李盛兰 GanQL685
西藏：察隅 张挺，蔡杰，袁明 09CS1612
云南：香格里拉 张挺，蔡杰，郭永杰等 11CS3193

Corydalis pallida (Thunberg) Persoon **黄堇**
安徽：屯溪区 方建新 TangXS0195
重庆：南川区 易思荣 YISR145
黑龙江：阿城 孙阎，张兰兰 SunY299
黑龙江：尚志 王臣，张欣欣，刘跃印等 WangCh413
黑龙江：尚志 刘玫，王臣，张欣欣等 Liuetal633
湖南：怀化 李胜华，伍贤进，曾汉元等 HHXY315
湖南：石门 陈功锡，张代贵 SCSB-HC-2008002
湖南：永定区 廖博儒，吴福川 7010
湖南：岳麓区 刘克明，蔡秀珍 SCSB-HN-0001
吉林：磐石 安海成 AnHC003
江西：黎川 童和平，王玉珍，常迪江等 TanCM2013A
江西：庐山区 董安淼，吴从梅 TanCM809
江西：湾里区 杜小浪，慕泽泾 DXL202
山东：黄岛区 樊守金 Zhaozt0241
山东：崂山区 罗艳，母华伟，范兆飞 LuoY028
山东：牟平区 卞福花，杨蕾蕾，谷胤征 BianFH-0077
陕西：长安区 田陌，王梅荣，田先华 TianXH157
四川：稻城 何兴金，高云东，王志新等 SCU-09-259
四川：峨眉山 李小杰 LiXJ812

Corydalis porphyrantha C. Y. Wu **紫花紫堇** *
四川：小金 何兴金，王月，胡灏禹等 SCU-08137

Corydalis pseudoadoxa (C. Y. Wu & H. Chuang) C. Y. Wu & H. Chuang **波密紫堇** *
云南：马永鹏 ZhangCQ-0100

Corydalis pseudoimpatiens Fedde **假赛北紫堇** *
甘肃：卓尼 刘坤 LiuJQ-GN-2011-595

Corydalis pseudotongolensis Lidén **假全冠黄堇** *
云南：香格里拉 张挺，蔡杰，郭永杰等 11CS3194

Corydalis pterygopetala Handel-Mazzetti **翅瓣黄堇**
西藏：察隅 张挺，蔡杰，袁明 09CS1524
云南：永德 李永亮 YDDXS0208
云南：永德 李永亮 YDDXS0281

Corydalis racemosa (Thunberg) Persoon **小花黄堇**
安徽：铜陵 陈延松，唐成丰 Zhousb0120
安徽：屯溪区 方建新 TangXS0200
重庆：南川区 易思荣，谭秋平 YISR135
重庆：南川区 易思荣，谭秋平 YISR375
河北：平山 牛玉璐，高彦飞，黄士良 NiuYL160
湖北：竹溪 甘啟良 GanQL021
湖北：竹溪 李盛兰 GanQL250
湖北：竹溪 李盛兰 GanQL257
江西：黎川 童和平，王玉珍，常迪江等 TanCM2014
江西：庐山区 董安淼，吴从梅 TanCM805
江西：湾里区 杜小浪，慕泽泾 DXL204
四川：稻城 李晓东，张景博，徐凌翔等 LiJ402
四川：射洪 袁明 YUANM2016L168
云南：文山 何德明，丰艳飞，韦荣彪 WSLJS1059
云南：香格里拉 蔡杰，张挺，刘成等 11CS3237
浙江：平阳 李宏庆，熊申展，陈纪云 Lihq0341

Corydalis raddeana Regel **黄花地丁** *
河北：赞皇 牛玉璐，郑博颖，黄士良等 NiuYL006
吉林：磐石 安海成 AnHC0205
辽宁：庄河 于立敏 CaoW930
山东：崂山区 罗艳，李中华 LuoY174
山东：历下区 王萍，高德民，张诏等 lilan327
山东：牟平区 卞福花，卢学新，纪伟等 BianFH00041

Corydalis repens Mandl & Muehldorf **全叶延胡索**
河北：灵寿 牛玉璐，高彦飞，赵二涛 NiuYL371
山东：历城区 高德民，张颖颖，程丹丹等 lilan542
山东：市南区 邓建平 LuoY232
山东：沂源 高德民，谭洁，李明栓等 lilan972

Corydalis sheareri S. Moore **地锦苗**
安徽：屯溪区 方建新 TangXS0193
重庆：南川区 易思荣，谭秋平，张挺 YISR125
湖北：竹溪 李盛兰 GanQL379
江西：庐山区 董安淼，吴从梅 TanCM806
四川：峨眉山 李小杰 LiXJ351
四川：射洪 袁明 YUANM2016L149

Corydalis speciosa Maximowicz **珠果黄堇**
湖北：竹溪 李盛兰 GanQL269

Corydalis straminea Maximowicz **草黄堇** *
四川：稻城 何兴金，廖晨阳，任海燕等 SCU-09-450

Corydalis stricta Stephan ex Fischer **直茎黄堇**
西藏：吉隆 扎西次仁 ZhongY100
新疆：和静 段士民，王喜勇，刘会良等 100

Corydalis taliensis Franchet **金钩如意草** *
云南：新平 谢天华，郎定富 XPALSA114

Corydalis temulifolia Franchet **大叶紫堇**
云南：文山 税玉民，陈文红 71429

Corydalis temulifolia subsp. **aegopodioides** (H. Léveillé & Vaniot) C. Y. Wu **鸡雪七**
湖北：竹溪 李盛兰 GanQL679
云南：麻栗坡 肖波 LuJL446

Corydalis ternatifolia C. Y. Wu 神农架紫堇 *
湖北：竹溪 李盛兰 GanQL256
Corydalis triternatifolia C. Y. Wu 重三出黄堇
四川：南江 张挺，刘成，郭永杰 10CS2462
云南：腾冲 余新林，赵玮 BSGLGStc243
Corydalis turtschaninovii Besser 齿瓣延胡索
吉林：磐石 安海成 AnHC0445
山东：海阳 高德民，辛晓伟，郭雷 Lilan732
Corydalis watanabei Kitagawa 角瓣延胡索
吉林：磐石 安海成 AnHC0444
Corydalis wilsonii N. E. Brown 川鄂黄堇 *
湖北：竹溪 李盛兰 GanQL894
Corydalis yanhusuo (Y. H. Chou & C. C. Hsu) W. T. Wang ex Z. Y. Su & C. Y. Wu 延胡索 *
山东：沂源 高德民，谭洁，李明栓等 lilan973
Dactylicapnos lichiangensis (Fedde) Handel-Mazzetti 丽江紫金龙
云南：富民 蔡杰，郭永杰，郁文彬等 13CS7177
云南：会泽 蔡杰，李昌洪，黄莉等 13CS7183
云南：香格里拉 张挺，蔡杰，郭永杰等 11CS3110
云南：玉龙 孙航，李新辉，陈林杨 SunH-07ZX-3224
云南：玉龙 孙航，李新辉，陈林杨 SunH-07ZX-3234
Dactylicapnos roylei (J. D. Hooker & Thomson) Hutchinson 宽果紫金龙
云南：云龙 李爱花，李洪超，李文化等 SCSB-A-000175
Dactylicapnos scandens (D. Don) Hutchinson 紫金龙
西藏：墨脱 刘成，蔡杰，张书东 13CS6463
云南：安宁 所内采集组培训 SCSB-A-000124
云南：沧源 赵金超，杨红强 CYNGH408
云南：贡山 刘成，何华杰，黄莉等 14CS8548
云南：贡山 李恒，李嵘，刀志灵 1003
云南：剑川 柳小康 OuXK-0023
云南：景东 杨华军，刘国庆，陶正坤 JDNR110103
云南：龙陵 孙兴旭 SunXX113
云南：麻栗坡 肖波 LuJL118
云南：南涧 高国政 NJWLS1416
云南：南涧 马德跃，官有才，罗开宏等 NJWLS962
云南：南涧 阿国仁 NJWLS1173
云南：南涧 沈文明，邹国娟，常学科 njwls2007065
云南：屏边 刘成，亚吉东，张桥蓉 16CS14126
云南：腾冲 余新林，赵玮 BSGLGStc235
云南：腾冲 周应再 Zhyz526
云南：文山 何德明，张挺，黎谷香 WSLJS551
云南：文山 税玉民，陈文红 81229
云南：新平 谢雄，王家和，罗田发 XPALSC118
云南：盈江 王立彦，桂魏，刀江飞 SCSB-TBG-123
云南：永德 杨金柱，欧阳红才，鲁金国 YDDXSC094
云南：元谋 冯欣 OuXK-0083
云南：元阳 刘成，杨娅娟，杨忠兰 15CS10379
云南：镇沅 何忠云，王立东 ALSZY163
Dactylicapnos torulosa (J. D. Hooker & Thomson) Hutchinson 扭果紫金龙
四川：盐源 孔航辉，罗江平，左雷等 YangQE3365
云南：峨山 蔡杰，张挺，亚吉东等 13CS7283
云南：洱源 张德全，王应龙，文青华等 ZDQ125
云南：贡山 许炳强，吴兴，李婧等 XiaNh-07zx-106
云南：会泽 杜燕，黄天才，董勇等 SCSB-A-000319
云南：昆明 伊廷双 MJ-941
云南：丽江 孙航，李新辉，陈林杨 SunH-07ZX-3110
云南：丽江 杨亲二，袁琼 Yangqe2550
云南：临沧 彭华，向春雷，王泽欢 PengH8085
云南：南涧 李成清，高国政，徐如标 NJWLS477
云南：南涧 阿国仁，何贵才 NJWLS1125
云南：宁蒗 任宗昕，寸龙琼，任尚国 SCSB-W-1391
云南：盘龙区 彭华，陈丽，向春雷等 P.H.5442
云南：嵩明 刘恩德，张挺，方伟等 SCSB-A-000059
云南：腾冲 余新林，赵玮 BSGLGStc216
云南：武定 张挺，张书东，李爱花等 SCSB-A-000066
云南：武定 王曦，刘怡涛，王岩 SCSB-L-0012
云南：永德 李永亮 LiYL1416
云南：永德 李永亮 YDDXS0588
云南：玉龙 孙航，李新辉，陈林杨 SunH-07ZX-3200
云南：玉溪 彭华，陈丽，许瑾 P.H.5287
云南：云龙 赵玉贵，李占兵，张吉平等 TC2005
Dicranostigma lactucoides J. D. Hooker & Thomson 苣叶秃疮花
甘肃：卓尼 刘坤 LiuJQ-GN-2011-596
甘肃：卓尼 齐威 LJQ-2008-GN-341
四川：若尔盖 何兴金，冯图，廖晨阳等 SCU-080319
西藏：吉隆 张晓纬，汪书丽，罗建 LiuJQ-09XZ-LZT-066
西藏：吉隆 陈家辉，韩希，王广艳等 YangYP-Q-4336
西藏：吉隆 何华杰，张书东 81138
西藏：吉隆 马永鹏 ZhangCQ-0032
西藏：曲水 扎西次仁 ZhongY004
云南：文山 税玉民，陈文红 81138
Dicranostigma leptopodum (Maximowicz) Fedde 秃疮花 *
甘肃：迭部 齐威 LJQ-2008-GN-340
河北：赞皇 牛玉璐，郑博颖，黄士良等 NiuYL005
青海：班玛 陈世龙，张得钧，高庆波等 Chens10337
青海：班玛 陈世龙，张得钧，高庆波等 Chens10359
陕西：长安区 田先华，王梅荣 TianXH001A
陕西：长安区 田先华，王梅荣 TianXH001
四川：小金 高云东，李忠荣，鞠文彬 GaoXF-12-095
Dicranostigma platycarpum C. Y. Wu & H. Chuang 宽果秃疮花 *
四川：泸定 孙航，李新辉，陈林杨 SunH-07ZX-3289
Eomecon chionantha Hance 血水草 *
贵州：江口 熊建兵 XiangZ146
贵州：松桃 周云，张勇 XiangZ100
湖南：古丈 张代贵 Zdg1307
江西：黎川 童和平，王玉珍 TanCM2367
Fumaria vaillantii Loiseleur-Deslongchamps 短梗烟堇
新疆：和静 张挺，杨赵平，焦培培等 LiZJ0512
Glaucium elegans Fischer & C. A. Meyer 天山海罂粟
新疆：玛纳斯 王喜勇，段士民 493
新疆：乌鲁木齐 王雷，王宏飞，黄振英 Beijing-huang-xjys-0026
新疆：乌鲁木齐 王喜勇，马文宝，施翔 zdy295
Glaucium fimbrilligerum Boissier 海罂粟
新疆：尼勒克 徐文斌，刘鸯，马真等 SHI-A2007524
新疆：尼勒克 亚吉东，张桥蓉，胡枭剑 16CS12057
Glaucium squamigerum Karelin & Kirilov 新疆海罂粟
新疆：阿合奇 塔里木大学植物资源调查组 TD-00256
新疆：博乐 翟伟，马真 SHI-A2007001
新疆：博乐 谭敦炎，吉乃提，艾沙江 TanDY0239
新疆：博乐 徐文斌，王莹 SHI-2008006
新疆：巩留 徐文斌，黄建锋 SHI-A2007288

新疆：巩留 马真，徐文斌，贺晓欢等 SHI-A2007207
新疆：巩留 刘鸯，徐文斌，马真等 SHI-A2007247
新疆：和静 张挺，杨赵平，焦培培等 LiZJ0454
新疆：和静 杨赵平，焦培培，白冠章等 LiZJ0709
新疆：和静 塔里木大学植物资源调查组 TD-00098
新疆：和静 塔里木大学植物资源调查组 TD-00326
新疆：玛纳斯 王喜勇，段士民 491
新疆：尼勒克 贺晓欢，徐文斌，刘鸯等 SHI-A2007393
新疆：尼勒克 徐文斌，刘鸯，马真等 SHI-A2007523
新疆：托里 许炳强，胡伟明 XiaNH-07ZX-852
新疆：托里 徐文斌，郭一敏 SHI-2009043
新疆：托里 徐文斌，郭一敏 SHI-2009052
新疆：温泉 徐文斌，黄雪姣 SHI-2008186
新疆：温宿 杨赵平，焦培培，白冠章等 LiZJ0776
新疆：温宿 杨赵平，周禧琳，贺冰 LiZJ1964
新疆：乌鲁木齐 马文宝，刘会良 zdy014
新疆：乌鲁木齐 马文宝，刘会良 zdy020
新疆：乌鲁木齐 马文宝，刘会良 zdy021
新疆：乌鲁木齐 段士民，王喜勇，刘会良 Zhangdy002
新疆：乌鲁木齐 段士民，王喜勇，刘会良 Zhangdy024
新疆：乌恰 杨赵平，周禧琳，贺冰 LiZJ1305
新疆：乌苏 马真，贺晓欢，徐文斌等 SHI-A2007352
新疆：乌苏 亚吉东，张桥蓉，胡枭剑 16CS13149

Hylomecon japonica (Thunberg) Prantl 荷青花
黑龙江：阿城 王臣，张欣欣，史传奇 WangCh281
黑龙江：阿城 孙阎，张兰兰 SunY276
黑龙江：尚志 郑宝江，潘磊 ZhengBJ067
吉林：磐石 安海成 AnHC005
陕西：眉县 董栓录，田先华，王梅荣 TianXH465

Hypecoum erectum Linnaeus 角茴香
河北：赞皇 牛玉璐，郑博颖，黄士良等 NiuYL025
内蒙古：回民区 蒲拴莲，李茂文 M011
山东：长清区 邵尉，韩文凯 Lilan894
山西：岚县 何志斌，杜军，陈龙飞等 HHZA0311
陕西：神木 田先华，田陌，王梅荣 TianXH1138
新疆：阜康 王喜勇，段士民 393

Hypecoum leptocarpum J. D. Hooker & Thomson 细果角茴香
青海：格尔木 冯虎元 LiuJQ-08KLS-065
青海：格尔木 冯虎元 LiuJQ-08KLS-087
青海：门源 吴玉虎，刘建全 LJQ-QLS-2008-0014
西藏：噶尔 陈家辉，庄会富，刘德团等 Yangyp-Q-0047
西藏：浪卡子 陈家辉，韩希，王广艳等 YangYP-Q-4172

Ichtyoselmis macrantha (Oliver) Lidén 黄药
四川：峨眉山 李小杰 LiXJ440

Macleaya cordata (Willdenow) R. Brown 博落回
安徽：金寨 刘淼 SCSB-JSC46
安徽：宁国 洪欣，李中林 ZhouSB0239
安徽：石台 陈延松，吴国伟，洪欣 Zhousb0020
安徽：舒城 陈延松，欧祖兰，高秋晨等 Xuzd339
安徽：休宁 方建新 TangXS0137
安徽：黟县 刘淼 SCSB-JSB22
北京：房山区 宋松泉 BJ005
广西：龙胜 黄俞淞，叶晓霞，邹容 Liuyan0088
广西：钟山 黄俞淞，吴望辉，农冬新 Liuyan0264
贵州：江口 周云，王勇 XiangZ004
贵州：台江 彭华，王英，陈丽 P.H.5102
河南：鲁山 宋松泉 HN006
河南：鲁山 宋松泉 HN071
河南：鲁山 宋松泉 HN121
湖北：五峰 李平 AHL056
湖北：宣恩 沈泽昊 DS2270
湖南：道县 刘克明，陈薇 SCSB-HN-1007
湖南：东安 姜孝成，唐贵华，潘孝武 SCSB-HNJ-0115
湖南：桂东 蔡秀珍，孙秋妍，王燕归等 SCSB-HN-1252
湖南：鹤城区 李胜华，伍贤进，曾汉元等 HHXY163
湖南：衡山 刘克明，陈薇 SCSB-HN-0252
湖南：怀化 李胜华，伍贤进，曾汉元等 HHXY064
湖南：怀化 李胜华，伍贤进，曾汉元等 HHXY292
湖南：吉首 陈功锡，张代贵，邓涛等 220B
湖南：江永 刘克明，蔡秀珍，肖乐希等 SCSB-HN-0035
湖南：江永 刘克明，肖乐希，陈薇 SCSB-HN-0106
湖南：浏阳 刘克明，朱晓文 SCSB-HN-0431
湖南：麻阳 彭华，王英，陈丽 P.H.5255
湖南：南岳区 刘克明，相银龙，周磊等 SCSB-HN-1407
湖南：宁乡 姜孝成，唐妹，成海兰等 Jiangxc0527
湖南：宁乡 熊凯辉，刘克明 SCSB-HN-1964
湖南：宁乡 熊凯辉，刘克明 SCSB-HN-1997
湖南：宁乡 熊凯辉，刘克明 SCSB-HN-2008
湖南：平江 刘克明，蔡秀珍，陈丰林 SCSB-HN-0895
湖南：平江 刘克明，吴惊香，刘洪新 SCSB-HN-0980
湖南：湘西 陈功锡，张代贵 SCSB-HC-2008100
湖南：新化 姜孝成，唐妹，戴小军等 Jiangxc0567
湖南：新宁 姜孝成，唐贵华，袁双艳等 SCSB-HNJ-0237
湖南：炎陵 刘应迪，孙秋妍，陈珮珮 SCSB-HN-1513
湖南：炎陵 蔡秀珍，孙秋妍，王燕归等 SCSB-HN-1286
湖南：永定区 吴福川，廖博儒，查学州 46
湖南：沅江 刘克明，肖乐希 SCSB-HN-0391
湖南：沅陵 刘克明，周磊，彭新星等 SCSB-HN-1339
湖南：资兴 蔡秀珍，肖乐希 SCSB-HN-0296
湖南：资兴 蔡秀珍，孙秋妍，王燕归等 SCSB-HN-1293
湖南：资兴 熊凯辉，王得刚，盛波 SCSB-HN-2071
湖南：资兴 熊凯辉，王得刚，盛波 SCSB-HN-2078
湖南：资兴 刘克明，盛波，王得刚 SCSB-HN-2133
江苏：句容 王兆银，吴宝成 SCSB-JS0288
江西：井冈山 兰国华 LiuRL084
江西：黎川 童和平，王玉珍 TanCM1819
江西：湾里区 杜小浪，慕泽泾，曹岚 DXL045
陕西：紫阳 张九东，张雅娟 TianXH1018
浙江：临安 彭华，陈丽，向春雷等 P.H.5419
浙江：临安 彭华，陈丽，向春雷等 P.H.5429
浙江：临安 吴林园，彭斌，顾子霞 HANGYY9027
浙江：庆元 吴林园，郭建林，白明明 HANGYY9076

Macleaya microcarpa (Maximowicz) Fedde 小果博落回 *
重庆：南川区 易思荣 YISR063
甘肃：迭部 郭淑青，杜品 LiuJQ-2012-GN-246
甘肃：迭部 刘坤 LiuJQ-GN-2011-623
甘肃：迭部 齐威 LJQ-2008-GN-339
河南：栾川 黄振英，于顺利，杨学军 Huangzy0029
河南：南召 黄振英，于顺利，杨学军 Huangzy0190
河南：嵩县 邓志军，付婷婷，水庆艳 Huangzy0121
湖北：神农架林区 李巨平 LiJuPing0063
湖北：神农架林区 祝文志，刘志祥，曹远俊 ShenZH5728
湖北：竹溪 李盛兰 GanQL224
山西：夏县 张贵平 Zhangf0134
陕西：长安区 田先华，田陌 TianXH482

Meconopsis aculeata Royle 皮刺绿绒蒿

四川：德格 张大才，尹五元，李双智等 ZhangDC-07ZX-2309
四川：甘孜 张大才，尹五元，李双智等 ZhangDC-07ZX-2321
西藏：八宿 张大才，李双智，罗康等 ZhangDC-07ZX-1240

Meconopsis betonicifolia Franchet **藿香叶绿绒蒿**

西藏：错那 张晓纬，汪书丽，罗建 LiuJQ-09XZ-LZT-029
西藏：林芝 罗建，汪书丽 LiuJQ-08XZ-184
西藏：林芝 罗建，林玲 LiuJQ-09XZ-065
西藏：林芝 孙航，张建文，陈建国等 SunH-07ZX-2824
西藏：林芝 张大才，李双智，唐路等 ZhangDC-07ZX-1851
西藏：亚东 李国栋，董金龙 SunH-07ZX-3268

Meconopsis chelidoniifolia Bureau & Franchet **椭果绿绒蒿** *

四川：峨眉山 李小杰 LiXJ105
云南：巧家 张天壁 SCSB-W-259A
云南：巧家 杨光明 SCSB-W-1185

Meconopsis georgei G. Taylor **黄花绿绒蒿** *

西藏：江达 苏涛，黄永江，杨青松等 ZhouZK11254

Meconopsis horridula J. D. Hooker & Thomson **多刺绿绒蒿**

甘肃：合作 郭淑青，杜品 LiuJQ-2012-GN-247
甘肃：卓尼 刘坤 LiuJQ-GN-2011-593
青海：班玛 汪书丽，朱洪涛 Liujq-QLS-TXM-141
青海：称多 陈世龙，高庆波，张发起 Chens10547
青海：达日 陈世龙，张得钧，高庆波等 Chens10299
青海：格尔木 冯虎元 LiuJQ-08KLS-121
青海：海西 汪书丽，王志强，邹嘉宾 Liujq-Txm10-064
青海：玛沁 陈世龙，高庆波，张发起 Chens11097
青海：玉树 陈世龙，高庆波，张发起 Chens10778
青海：玉树 汪书丽，朱洪涛 Liujq-QLS-TXM-117
青海：杂多 陈世龙，高庆波，张发起 Chens10745
青海：治多 汪书丽，朱洪涛 Liujq-QLS-TXM-076
四川：阿坝 张昌兵，邓秀发 ZhangCB0324
四川：稻城 孙航，张建文，董金龙等 SunH-07ZX-3571
四川：稻城 何兴金，李琴琴，马祥光等 SCU-09-179
四川：德格 陈家辉，王赟，刘德团 YangYP-Q-3069
四川：石渠 孙航，张建文，邓涛等 SunH-07ZX-3731
西藏：安多 陈家辉，庄会富，边巴扎西 Yangyp-Q-2140
西藏：八宿 徐波，陈光富，陈林杨等 SunH-07ZX-0968
西藏：措勤 李晖，卜海涛，边巴等 lihui-Q-09-07
西藏：错那 罗建，汪书丽 LiuJQ11XZ055
西藏：堆龙德庆 杨永平，王东超，杨大松等 YangYP-Q-5052
西藏：加查 许炳强，童毅华 XiaNh-07zx-751
西藏：类乌齐 陈家辉，王赟，刘德团 YangYP-Q-3168
西藏：林芝 陈家辉，韩希，王广艳等 YangYP-Q-4088
西藏：芒康 徐波，陈光富，陈林杨等 SunH-07ZX-0221
西藏：芒康 徐波，陈光富，陈林杨等 SunH-07ZX-0260
西藏：芒康 张永洪，王晓雄，周卓等 SunH-07ZX-0444
西藏：芒康 张永洪，王晓雄，周卓等 SunH-07ZX-0450
西藏：那曲 陈家辉，庄会富，边巴扎西 Yangyp-Q-2138
西藏：南木林 李晖，文雪梅，次旺加布等 Lihui-Q-0110
西藏：左贡 徐波，陈光富，陈林杨等 SunH-07ZX-0351
西藏：左贡 张永洪，王晓雄，周卓等 SunH-07ZX-0572
西藏：左贡 徐波，陈光富，陈林杨等 SunH-07ZX-2077
西藏：左贡 张大才，李双智，罗康等 ZhangDC-07ZX-0133
云南：德钦 杨青松，星耀武，苏涛 ZhouZK-07ZX-0425
云南：德钦 陈文允，于文涛，黄永江等 CYHL152
云南：香格里拉 蔡杰，张挺，刘成等 11CS3275
云南：香格里拉 杨亲二，袁琼 Yangqe1878

Meconopsis impedita Prain **滇西绿绒蒿**

四川：甘孜 张大才，尹五元，李双智等 ZhangDC-07ZX-2360

Meconopsis integrifolia (Maximowicz) Franchet **全缘叶绿绒蒿**

甘肃：合作 郭淑青，杜品 LiuJQ-2012-GN-250
甘肃：碌曲 李晓东，刘帆，张景博等 LiJ0187
甘肃：玛曲 李晓东，刘帆，张景博等 LiJ0066
青海：班玛 陈世龙，张得钧，高庆波等 Chens10367
青海：班玛 汪书丽，朱洪涛 Liujq-QLS-TXM-142
青海：称多 许炳强，周伟，郑朝汉 Xianh0413
青海：达日 陈世龙，高庆波，张发起 Chens11107
青海：达日 陈世龙，高庆波，张发起等 Chens11310
青海：达日 陈世龙，高庆波，张发起等 Chens11359
青海：达日 陈世龙，张得钧，高庆波等 Chens10245
青海：达日 陈世龙，张得钧，高庆波等 Chens10297
青海：甘德 陈世龙，高庆波，张发起等 Chens11292
青海：甘德 陈世龙，张得钧，高庆波等 Chens10191
青海：玛多 陈世龙，高庆波，张发起等 Chens11393
青海：玛多 汪书丽，朱洪涛 Liujq-QLS-TXM-124
青海：玛沁 陈世龙，高庆波，张发起等 Chens11278
青海：玛沁 陈世龙，高庆波，张发起等 Chens11368
青海：玛沁 陈世龙，张得钧，高庆波等 Chens10148
青海：同德 陈世龙，高庆波，张发起等 Chens11229
青海：同德 陈世龙，高庆波，张发起等 Chens11244
青海：同德 陈世龙，高庆波，张发起等 Chens11261
四川：阿坝 张昌兵，邓秀发 ZCB0566
四川：巴塘 陈文允，于文涛，黄永江 CYH064
四川：白玉 孙航，张建文，邓涛等 SunH-07ZX-3741
四川：道孚 何兴金，胡灏禹，沈呈娟等 SCU-11-433
四川：稻城 何兴金，李琴琴，马祥光等 SCU-09-147
四川：稻城 聂泽龙，孟盈，邓涛 SunH-07ZX-2337
四川：稻城 孙航，张建文，董金龙等 SunH-07ZX-3557
四川：稻城 张大才，尹五元，李双智等 ZhangDC-07ZX-2167
四川：德格 张大才，尹五元，李双智等 ZhangDC-07ZX-2315
四川：甘孜 张大才，尹五元，李双智等 ZhangDC-07ZX-2322
四川：红原 张昌兵，邓秀发，郝国歉 ZhangCB0357
四川：康定 陈文允，于文涛，黄永江 CYH221
四川：康定 何兴金，冯图，廖晨阳等 SCU-080345
四川：康定 何兴金，胡灏禹，陈德友等 SCU-09-307
四川：康定 何兴金，王月，胡灏禹等 SCU-08127
四川：康定 何兴金，王月，胡灏禹等 SCU-08141
四川：理塘 陈文允，于文涛，黄永江 CYH018
四川：理塘 何兴金，李琴琴，马祥光等 SCU-09-128
四川：理塘 何兴金，马祥光，张云香等 SCU-11-224
四川：理塘 何兴金，赵丽华，梁乾隆等 SCU-11-151
四川：理塘 李晓东，张景博，徐凌翔等 LiJ424
四川：理塘 苏涛，黄永江，杨青松等 ZhouZK11129
四川：乡城 何兴金，高云东，王志新等 SCU-09-239
四川：乡城 吕元林 N017
四川：乡城 孙航，张建文，邓涛等 SunH-07ZX-3321
四川：乡城 周浙昆，苏涛，杨莹等 Zhou09-110
四川：小金 何兴金，冯图，廖晨阳等 SCU-080359
四川：雅江 何兴金，郜鹏，彭禄等 SCU-11-355
西藏：林芝 陈家辉，韩希，王东超等 YangYP-Q-4038
西藏：林芝 陈家辉，韩希，王广艳等 YangYP-Q-4109
西藏：林芝 罗建，王国严，汪书丽 LiuJQ-08XZ-033
西藏：林芝 张大才，李双智，唐路等 ZhangDC-07ZX-1828
西藏：芒康 张挺，李爱花，刘成等 08CS661
西藏：左贡 徐波，陈光富，陈林杨等 SunH-07ZX-2062
西藏：左贡 张大才，李双智，罗康等 ZhangDC-07ZX-0132
西藏：左贡 张挺，蔡杰，刘恩德等 SCSB-B-000467

云南：东川区 蔡杰，郭永杰，吴之坤等 11CS2978
云南：巧家 杨光明 SCSB-W-1277
云南：巧家 郁文彬，任宗昕，艾洪莲等 SCSB-W-1028
云南：香格里拉 郭永杰，张桥蓉，李春晓等 11CS3515
云南：香格里拉 孙航，张建文，董金龙等 SunH-07ZX-3512
云南：香格里拉 张挺，亚吉东，李明勤等 11CS3396

Meconopsis lancifolia (Franchet) Franchet ex Prain **长叶绿绒蒿**
四川：白玉 孙航，张建文，邓涛等 SunH-07ZX-3713
四川：康定 陈文允，于文涛，黄永江 CYH218
四川：理塘 苏涛，黄永江，杨青松等 ZhouZK11132
云南：香格里拉 蔡杰，张挺，刘成等 11CS3286

Meconopsis lyrata (H. A. Cummins & Prain) Fedde ex Prain **琴叶绿绒蒿**
云南：香格里拉 郭永杰，张桥蓉，李春晓等 11CS3420

Meconopsis oliveriana Franchet & Prain **柱果绿绒蒿** *
湖北：神农架林区 李巨平 LiJuPing0090
湖北：仙桃 张代贵 Zdg2451
陕西：宁陕 田先华 TianXH014

Meconopsis paniculata (D. Don) Prain **锥花绿绒蒿**
西藏：错那 何华杰，张书东 81402
云南：巧家 杨光明 SCSB-W-1153
云南：巧家 杨光明 SCSB-W-1278
云南：巧家 张天壁 SCSB-W-255

Meconopsis pseudovenusta G. Taylor **拟秀丽绿绒蒿** *
四川：康定 陈文允，于文涛，黄永江 CYH223
云南：香格里拉 张挺，蔡杰，郭永杰等 11CS3079

Meconopsis punicea Maximowicz **红花绿绒蒿** *
甘肃：合作 郭淑青，杜品 LiuJQ-2012-GN-248
甘肃：卓尼 刘坤 LiuJQ-GN-2011-592
青海：班玛 陈世龙，张得钧，高庆波等 Chens10365
青海：达日 陈世龙，高庆波，张发起等 Chens11337
青海：达日 陈世龙，张得钧，高庆波等 Chens10306
青海：久治 陈世龙，张得钧，高庆波等 Chens10394
青海：玛沁 陈世龙，高庆波，张发起 Chens11099
青海：泽库 陈世龙，高庆波，张发起 Chens11026
四川：阿坝 张昌兵，邓秀发 ZCB0557
四川：阿坝 张昌兵，邓秀发 ZCB0574
四川：红原 何兴金，高云东，刘海艳等 SCU-20080506
四川：红原 张昌兵，邓秀发 ZhangCB0360
四川：九寨沟 张挺，李爱花，刘成等 08CS876
四川：马尔康 顾垒，张羽 GAOXF-10ZX-1909
四川：汶川 何兴金，高云东，刘海艳等 SCU-20080462
四川：小金 何兴金，李琴琴，王长宝等 SCU-08010

Meconopsis quintuplinervia Regel **五脉绿绒蒿** *
陕西：眉县 白根录，田先华，刘成 TianXH070
四川：甘孜 陈家辉，王赟，刘德团 YangYP-Q-3052

Meconopsis racemosa Maximowicz **总状绿绒蒿** *
甘肃：迭部 齐威 LJQ-2008-GN-338
青海：囊谦 许炳强，周伟，郑朝汉 Xianh0015
四川：白玉 孙航，张建文，邓涛等 SunH-07ZX-3742
四川：稻城 何兴金，李琴琴，马祥光等 SCU-09-145
四川：稻城 何兴金，李琴琴，马祥光等 SCU-09-178
四川：稻城 何兴金，廖晨阳，任海燕等 SCU-09-470
四川：德格 张挺，李爱花，刘成等 08CS812
四川：德格 孙航，张建文，董金龙等 SunH-07ZX-3698
四川：红原 张昌兵，邓秀发，郝国歉 ZhangCB0359
四川：康定 何兴金，廖晨阳，任海燕等 SCU-09-408
四川：乡城 杨青松，杨莹，黄永江等 ZhouZK-07ZX-0090
四川：乡城 孙航，张建文，邓涛等 SunH-07ZX-3327
四川：小金 顾垒，张羽 GAOXF-10ZX-1939
西藏：波密 陈家辉，韩希，王东超等 YangYP-Q-4083
西藏：昌都 苏涛，黄永江，杨青松等 ZhouZK11257
西藏：昌都 张挺，李爱花，刘成等 08CS760
西藏：江达 苏涛，黄永江，杨青松等 ZhouZK11246
云南：东川区 蔡杰，郭永杰，吴之坤等 11CS2973
云南：丽江 张书东，林娜娜，陆露等 SCSB-W-111
云南：丽江 张书东，林娜娜，陆露等 SCSB-W-112
云南：香格里拉 郭永杰，张桥蓉，李春晓等 11CS3512
云南：香格里拉 张建文，董金龙，刘常周等 SunH-07ZX-2372
云南：香格里拉 张大才，李双智，唐路等 ZhangDC-07ZX-1670
云南：香格里拉 孙航，张建文，董金龙等 SunH-07ZX-3552
云南：香格里拉 张挺，蔡杰，郭永杰等 11CS3085

Meconopsis speciosa Prain **美丽绿绒蒿** *
西藏：林芝 孙航，张建文，陈建国等 SunH-07ZX-2814
西藏：墨脱 孙航，张建文，陈建国等 SunH-07ZX-2672
西藏：左贡 徐波，陈光富，陈林杨等 SunH-07ZX-0807
西藏：左贡 张大才，李双智，罗康等 ZhangDC-07ZX-0696

Meconopsis wilsonii Grey-Wilson **尼泊尔绿绒蒿**
云南：东川区 蔡杰，郭永杰，吴之坤等 11CS2998
云南：云龙 李施文，张志云 TCLMS5010

Papaver canescens Tolmatchew **灰毛罂粟**
新疆：布尔津 谭敦炎，邱娟 TanDY0467
新疆：布尔津 谭敦炎，邱娟 TanDY0479

Papaver nudicaule Linnaeus **野罂粟**
河北：平山 牛玉璐，郑博颖，黄士良等 NiuYL046
内蒙古：克什克腾旗 刘润宽，李茂文，李昌亮 M130
内蒙古：锡林浩特 张红香 ZhangHX085
山西：交城 廉凯敏 Zhangf0113
陕西：眉县 蔡杰，张挺，刘成 10CS2498
新疆：博乐 亚吉东，张桥蓉，秦少发等 16CS13826
新疆：和静 张玲 TD-01629
新疆：尼勒克 刘鸯，马真，贺晓欢等 SHI-A2007464
新疆：托里 谭敦炎，吉乃提 TanDY0741
新疆：新源 亚吉东，张桥蓉，秦少发等 16CS13394

Papaver pavoninum C. A. Meyer **黑环罂粟**
新疆：察布查尔 亚吉东，张桥蓉，胡枭剑 16CS13108
新疆：霍城 亚吉东，张桥蓉，胡枭剑 16CS13123

Papaver radicatum var. **pseudoradicatum** (Kitagawa) Kitagawa **长白山罂粟**
吉林：安图 周海城 ZhouHC002

Papaver rhoeas Linnaeus **虞美人**
新疆：温泉 段士民，王喜勇，刘会良等 26

Roemeria refracta Candolle **红花疆罂粟**
新疆：巩留 亚吉东，迟建才 16CS13180

Stylophorum lasiocarpum (Oliver) Fedde **金罂粟** *
湖北：仙桃 张代贵 Zdg2624
湖北：竹溪 李盛兰 GanQL028
四川：小金 何兴金，冯图，廖晨阳等 SCU-080310

Passifloraceae 西番莲科

西番莲科	世界	中国	种质库
属 / 种（种下等级）/ 份数	27/975	2/23	2/6/18

Adenia cardiophylla (Masters) Engler **三开瓢**

云南：龙陵 孙兴旭 SunXX096
云南：隆阳区 张雪梅，刘媛，万珠珠 SCSB-L-0008
Passiflora caerulea Linnaeus 西番莲
云南：景洪 张挺，王建军，廖琼 SCSB-B-000256
Passiflora edulis Sims 鸡蛋果
江苏：句容 王兆银，吴宝成 SCSB-JS0235
云南：沧源 赵金超，杨红强 CYNGH275
云南：腾冲 余新林，赵玮 BSGLGStc025
云南：腾冲 周应再 Zhyz-307
云南：新平 罗田发，李丛生 XPALSC285
云南：永德 李永亮 YDDXS0872
Passiflora foetida Linnaeus 龙珠果
云南：个旧 税玉民，陈文红 71686
云南：河口 田学军，杨建，高波等 TianXJ249
云南：景洪 张挺，谭运洪，王建军等 SCSB-B-000293
云南：新平 白绍斌 XPALSC169
云南：新平 刘家良 XPALSD048
云南：元阳 田学军，杨建，邱成书等 Tianxj0094
Passiflora henryi Hemsley 圆叶西番莲 *
云南：永德 李永亮 YDDXS0807
Passiflora jugorum W. W. Smith 山峰西番莲
云南：河口 张挺 ZhangGL022
云南：隆阳区 赵玮，莫连贤，段在贤 BSGLGSly018

Paulowniaceae 泡桐科

泡桐科	世界	中国	种质库
属 / 种（种下等级）/ 份数	2/9	2/8	1/5/41

Paulownia fargesii Franchet 川泡桐
湖北：竹溪 李盛兰 GanQL854
Paulownia fortunei (Seemann) Hemsley 白花泡桐
安徽：黄山区 方建新，张恒，张强 TangXS0610
广西：富川 许玥，祝文志，刘志祥等 ShenZH8033
广西：灵川 吴望辉，黄俞淞，农冬新 Liuyan0405
贵州：南明区 赵厚涛，韩国营 YBG063
湖北：竹溪 李盛兰 GanQL181
湖北：竹溪 李盛兰 GanQL864
湖南：衡山 刘克明，陈薇 SCSB-HN-0351
湖南：浏阳 刘克明，朱晓文 SCSB-HN-0430
湖南：新宁 姜孝成，唐贵华，袁双艳等 SCSB-HNJ-0274
湖南：沅江 刘克明，肖乐希 SCSB-HN-0387
湖南：岳麓区 刘克明，蔡秀珍，肖乐希 SCSB-HN-0304
湖南：资兴 蔡秀珍，肖乐希 SCSB-HN-0292
江西：黎川 童和平，王玉珍 TanCM1860
江西：星子 董安淼，吴从梅 TanCM2240
云南：腾冲 余新林，赵玮 BSGLGStc278
Paulownia kawakamii T. Ito 台湾泡桐 *
安徽：黄山区 方建新，张恒，张强 TangXS0611
广西：贺州 姜孝成，王丽萍，鲁长青 Jiangxc0693
广西：龙胜 黄俞淞，叶晓霞，邹容 Liuyan0061
贵州：黎平 刘克明，王成，张恒 SCSB-HN-1089
湖南：洞口 肖乐希，谢江，唐光波等 SCSB-HN-1547
湖南：衡山 刘克明，陈薇 SCSB-HN-0353
湖南：会同 刘克明，王成，张恒 SCSB-HN-1157
湖南：浏阳 刘克明，朱晓文，田淑珍 SCSB-HN-0436
湖南：南岳区 旷仁平 SCSB-HN-0694
湖南：平江 吴惊香 SCSB-HN-0683
湖南：平江 吴惊香 SCSB-HN-0976
湖南：沅江 刘克明，肖乐希 SCSB-HN-0390
湖南：沅陵 周丰杰，刘克明 SCSB-HN-1349A
湖南：岳麓区 刘克明，肖乐希 SCSB-HN-0327
湖南：岳麓区 姜孝成，旷仁平，唐贵华 SCSB-HNJ-0130
湖南：资兴 蔡秀珍，肖乐希 SCSB-HN-0295
湖南：资兴 蔡秀珍，孙秋妍，王燕归等 SCSB-HN-1301
江苏：宜兴 李宏庆，田怀珍，葛斌杰等 Lihq0253
江西：黎川 童和平，王玉珍，常迪江等 TanCM1973
浙江：江山 许玥，祝文志，刘志祥等 ShenZH7890
Paulownia taiwaniana T. W. Hu & H. J. Chang 南方泡桐 *
江西：井冈山 兰国华 LiuRL097
Paulownia tomentosa (Thunberg) Steudel 毛泡桐
安徽：肥西 陈延松，朱合军，姜九龙 Xuzd118
河北：桃城 牛玉璐，高彦飞，赵二涛 NiuYL317
江西：修水 谭策铭，易桂花，缪以清等 TanCM2123
浙江：临安 李宏庆，田怀珍 Lihq0221

Pedaliaceae 胡麻科

胡麻科	世界	中国	种质库
属 / 种（种下等级）/ 份数	15/70	1/1	1/1/3

Sesamum indicum Linnaeus 芝麻
湖南：凤凰 陈功锡，张代贵，邓涛等 SCSB-HC-2007461
云南：绿春 黄连山保护区科研所 HLS0462
云南：永德 李永亮 LiYL1363

Pentaphragmataceae 五膜草科

五膜草科	世界	中国	种质库
属 / 种（种下等级）/ 份数	1/25-30	1/2	1/1/1

Pentaphragma spicatum Merrill 直序五膜草 *
广西：上思 叶晓霞，吴望辉，农冬新 Liuyan0368

Pentaphylacaceae 五列木科

五列木科	世界	中国	种质库
属 / 种（种下等级）/ 份数	12/～350	7/130	4/35(38)/178

Anneslea fragrans Wallich 茶梨
云南：贡山 刀志灵 DZL828
云南：绿春 黄连山保护区科研所 HLS0204
云南：南涧 官有才 NJWLS1660
云南：屏边 楚永兴，普华柱 Pbdws030
云南：普洱 叶金科 YNS0176
云南：新平 谢雄 XPALSC382
云南：永德 李永亮 YDDXS1207
Cleyera japonica Thunberg 红淡比
安徽：屯溪区 张翔 TangXS0008
广西：上思 何海文，杨锦超 YANGXF0505
江西：庐山区 董安淼，吴从梅 TanCM1078
Cleyera japonica var. **wallichiana** (Candolle) Sealy 大花红淡比
西藏：墨脱 刘成，亚吉东，何华杰等 16CS11881

Eurya acuminatissima Merrill & Chun **尖叶毛柃 ***
四川：峨眉山 李小杰 LiXJ754

Eurya acutisepala Hu & L. K. Ling **尖萼毛柃 ***
贵州：江口 周云，王勇 XiangZ018
湖南：东安 姜孝成，唐贵华，潘孝武 SCSB-HNJ-0099
湖南：东安 姜孝成，唐贵华，潘孝武 SCSB-HNJ-0101
湖南：东安 刘克明，田淑珍 SCSB-HN-0172

Eurya alata Kobuski **翅柃 ***
湖北：宣恩 沈泽昊 HXE144
湖北：竹溪 李盛兰 GanQL541
湖南：永定区 吴福川，查学州，廖博儒 88
江西：芦溪 杜小浪，慕泽泾，曹岚 DXL058
江西：武宁 张吉华，刘运群 TanCM744

Eurya brevistyla Kobuski **短柱柃 ***
安徽：黄山区 方建新，张恒，张强 TangXS0609
安徽：金寨 陈延松，欧祖兰，姜九龙 Xuzd145
广西：贺州 姜孝成，王丽萍，鲁长青 Jiangxc0673
湖北：竹溪 甘啟良 GanQL098
湖南：东安 姜孝成，唐贵华，潘孝武 SCSB-HNJ-0091
湖南：江永 刘克明，田淑珍，肖乐希等 SCSB-HN-0123
湖南：双牌 姜孝成，王丽萍，李育华 Jiangxc0849
湖南：望城 姜孝成，杨强，刘昌 Jiangxc0743
湖南：新化 黄先辉，杨亚平，卜剑超 SCSB-HNJ-0349
湖南：新宁 姜孝成，唐贵华，袁双艳等 SCSB-HNJ-0214
湖南：岳麓区 姜孝成，唐妹，陈显胜等 Jiangxc0505
江西：井冈山 兰国华 LiuRL011
四川：天全 汤加勇，赖建军 Y07077

Eurya chinensis R. Brown **米碎花 ***
湖南：新化 姜孝成，唐贵华，田春娥 SCSB-HNJ-0172
江西：龙南 梁跃龙，廖海红 LiangYL076

Eurya distichophylla Hemsley **二列叶柃**
湖南：江华 刘克明，蔡秀珍，田淑珍 SCSB-HN-0820
湖南：平江 刘克明，陈丰林 SCSB-HN-0908

Eurya groffii Merrill **岗柃**
重庆：南川区 易思荣 YISR188
云南：沧源 赵金超，肖美芳 CYNGH202
云南：大理 张挺，李爱花，郭云刚等 SCSB-B-000074
云南：景东 杨国平 07-24
云南：景东 罗忠华，谢有能，刘长铭等 JDNR09002
云南：景东 罗忠华，刘长铭，鲁成荣 JDNR09009
云南：景东 罗忠华，谢有能，刘长铭等 JDNR066
云南：绿春 黄连山保护区科研所 HLS0040
云南：绿春 黄连山保护区科研所 HLS0109
云南：绿春 刀志灵，张洪喜 DZL529
云南：绿春 李嵘，张洪喜 DZL-259
云南：绿春 黄连山保护区科研所 HLS0110
云南：南涧 高国政 NJWLS1420
云南：宁洱 胡启和，张绍云 YNS0821
云南：宁洱 叶金科，彭志仙 YNS0026
云南：屏边 楚永兴，普华柱 Pbdws044
云南：腾冲 周应再 Zhyz-073
云南：新平 王家和，李丛生 XPALSC391
云南：新平 谢天华，郎定富 XPALSA097
云南：新平 罗光进 XPALSB195
云南：新平 刘家良 XPALSD273
云南：新平 王家和 XPALSC393
云南：新平 王家和，刘蜀南 XPALSC185
云南：盈江 王立彦 WLYTBG-045
云南：云龙 李爱花，李洪超，黄天才等 SCSB-A-000221
云南：镇沅 何忠云，周立刚 ALSZY320

Eurya handel-mazzettii Hung T. Chang **丽江柃**
云南：文山 何德明 WSLJS859

Eurya hebeclados Y. Ling **微毛柃 ***
安徽：屯溪区 方建新 TangXS0907
江苏：宜兴 李宏庆，田怀珍，葛斌杰等 Lihq0265
江西：庐山区 董安淼，吴从梅 TanCM827
江西：湾里区 杜小浪，慕泽泾，曹岚 DXL121
四川：沙湾区 李小杰 LiXJ756

Eurya henryi Hemsley **披针叶毛柃**
云南：金平 税玉民，陈文红 71604
云南：绿春 黄连山保护区科研所 HLS0057
云南：绿春 黄连山保护区科研所 HLS0061

Eurya jintungensis Hu & L. K. Ling **景东柃 ***
云南：景东 罗忠华，谢有能，刘长铭等 JDNR053
云南：隆阳区 刀志灵，张雪梅 DZL-105
云南：隆阳区 赵玮 BSGLGSly008
云南：盈江 王立彦，桂魏，刀江飞 SCSB-TBG-117

Eurya loquaiana Dunn **细枝柃 ***
湖北：宣恩 沈泽昊 HXE111
湖南：洪江 李胜华，伍贤进，刘光华等 Wuxj1063
湖南：永顺 陈功锡，张代贵，邓涛等 SCSB-HC-2007557
江西：湾里区 杜小浪，慕泽泾，曹岚 DXL122
江西：修水 谭策铭，缪以清 TCM09161
云南：元阳 亚吉东，黄莉，何华杰 15CS11251
云南：元阳 浦仕梅，刘成，杨娅娟等 YYGYS011
云南：镇沅 朱恒 ALSZY057
浙江：鄞州区 李宏庆，葛斌杰，刘国丽 Lihq0101

Eurya loquaiana var. **aureopunctata** Hung T. Chang **金叶细枝柃 ***
江西：武宁 张吉华，刘运群 TanCM1148

Eurya muricata Dunn **格药柃 ***
安徽：舒城 陈延松，欧祖兰，高秋晨等 Xuzd294
安徽：休宁 唐鑫生，方建新 TangXS0302
湖南：鹤城区 曾汉元，伍贤进，李胜华等 HHXY102
湖南：鹤城区 李胜华，伍贤进，曾汉元等 HHXY177
湖南：衡山 刘克明，陈薇，田淑珍 SCSB-HN-0242
湖南：怀化 李胜华，伍贤进，曾汉元等 HHXY205
湖南：江华 刘克明，蔡秀珍，田淑珍 SCSB-HN-0822
湖南：南岳区 刘克明，相银龙，周磊等 SCSB-HN-1401
湖南：平江 刘克明，蔡秀珍，陈丰林 SCSB-HN-0926
湖南：双峰 姜孝成，唐妹，陈峰林等 Jiangxc0610
湖南：望城 王得刚，熊凯辉 SCSB-HN-2268
湖南：望城 王得刚，熊凯辉 SCSB-HN-2301
湖南：新化 姜孝成，唐妹，戴小军等 Jiangxc0584
湖南：新化 刘克明，彭珊，李珊等 SCSB-HN-1671
湖南：新宁 姜孝成，唐贵华，袁双艳等 SCSB-HNJ-0209
湖南：炎陵 刘应迪，孙秋妍，陈珮珮 SCSB-HN-1530
湖南：宜章 刘克明，王成，刘欣欣 SCSB-HN-0778
湖南：沅陵 周丰杰，刘克明 SCSB-HN-1316
湖南：岳麓区 姜孝成，唐贵华，旷仁平等 SCSB-HNJ-0128
湖南：岳麓区 王得刚，熊凯辉 SCSB-HN-2157
湖南：岳麓区 王得刚，熊凯辉 SCSB-HN-2162
湖南：岳麓区 熊凯辉，刘克明 SCSB-HN-2167
湖南：长沙 陈薇，田淑珍 SCSB-HN-0302
湖南：长沙 朱香清，田淑珍，刘克明 SCSB-HN-1451
湖南：资兴 刘克明，盛波，王得刚 SCSB-HN-2123

江西：黎川 童和平，王玉珍 TanCM1807
江西：湾里区 杜小浪，慕泽泾，曹岚 DXL118
江西：修水 谭策铭，缪以清 TCM09146
浙江：临安 李宏庆，田怀珍，刘国丽 Lihq0067
Eurya nitida Korthals **细齿叶柃**
贵州：云岩区 邹方伦 ZouFL0218
湖南：永顺 陈功锡，张代贵 SCSB-HC-2008171
四川：峨眉山 李小杰 LiXJ260
四川：峨眉山 李小杰 LiXJ666
云南：西山区 税玉民，陈文红 65417
云南：永德 欧阳红才，奎文康，赵学盛 YDDXSC017
Eurya obliquifolia Hemsley **斜基叶柃** *
云南：南涧 邹国娟，徐汝彪，李成清等 NJWLS2008289
云南：新平 自正荣，自成仲，刘家良 XPALSD031
云南：永德 李永亮 YDDXSB261
云南：元阳 李文锋，刘成，杨娅娟等 YYGYS036
Eurya oblonga Y. C. Yang **矩圆叶柃** *
四川：峨眉山 李小杰 LiXJ671
Eurya obtusifolia var. **aurea** (H. Léveillé) T. L. Ming **金叶柃** *
云南：南涧 熊绍荣，阿国仁，时国彩等 njwls2007126
Eurya persicifolia Gagnepain **坚桃叶柃**
云南：麻栗坡 肖波 LuJL452
Eurya pseudocerasifera Kobuski **肖樱叶柃**
云南：绿春 黄连山保护区科研所 HLS0311
云南：普洱 胡启和，仇亚，张芝 YNS0501
云南：腾冲 余新林，赵玮 BSGLGStc179
云南：腾冲 周应再 Zhyz-081
云南：永德 李永亮 YDDXS0848
云南：镇沅 胡启元，周兵，张绍云 YNS0865
Eurya pyracanthifolia P. S. Hsu **火棘叶柃** *
云南：腾冲 余新林，赵玮 BSGLGStc210
Eurya quinquelocularis Kobuski **大叶五室柃**
云南：勐腊 张挺，李洪超，李文化等 SCSB-B-000387
Eurya rubiginosa var. **attenuata** Hung T. Chang **窄基红褐柃** *
安徽：绩溪 唐鑫生，方建新 TangXS0545
Eurya semiserrulata Hung T. Chang **半持柃** *
云南：新平 谢雄 XPALSC519
云南：元阳 亚吉东，黄莉，何华杰 15CS11431
Eurya stenophylla Merrill **窄叶柃**
广西：八步区 黄俞淞，吴望辉，农冬新 Liuyan0290
云南：绿春 刀志灵，周鲁门 DZL-177
云南：绿春 刀志灵，周鲁门 DZL-178
Eurya tetragonoclada Merrill & Chun **四角柃** *
湖南：桂东 盛波，黄存坤 SCSB-HN-2084
云南：麻栗坡 肖波 LuJL058
云南：文山 何德明，丰艳飞，韦荣彪等 WSLJS727
Eurya trichocarpa Korthals **毛果柃**
云南：贡山 张挺，杨湘云，李涟漪等 14CS9632
Eurya tsingpienensis Hu **屏边柃**
云南：文山 韦荣彪，何德明，丰艳飞 WSLJS665
云南：文山 何德明，丰艳飞，曹世超 WSLJS678
Eurya weissiae Chun **单耳柃** *
云南：景东 杨国平，李达文 ygp-003
Eurya yunnanensis P. S. Hsu **云南柃** *
云南：腾冲 周应再 Zhyz-245
Ternstroemia gymnanthera (Wight & Arnott) Beddome **厚皮香**
湖南：洪江 李胜华，伍贤进，刘光华等 Wuxj1059
湖南：会同 李胜华，伍贤进，曾汉元等 Wuxj1011
湖南：江华 肖乐希，王成 SCSB-HN-0885
湖南：武陵源区 廖博儒，吴福川，查学州等 132
江西：修水 缪以清，陈三友 TanCM2113
云南：大理 张德全，段丽珍，段金成等 ZDQ002
云南：凤庆 谭运洪 B94
云南：河口 张贵良，杨鑫峰，陶美英等 ZhangGL191
云南：剑川 何彪 OuXK-0038
云南：景东 杨国平，李达文，鲁志云 ygp-005
云南：景东 彭华，陈丽 P.H.5450
云南：景东 罗忠华，谢有能，刘长铭等 JDNR054
云南：南涧 邹国娟，李毕祥，袁玉明 NJWLS588
云南：南涧 沈文明 NJWLS1312
云南：南涧 邹国娟，常学科，时国彩 njwls2007016
云南：普洱 谭运洪，余涛 B220
云南：文山 何德明，韦荣彪，丰艳飞 WSLJS604
云南：西山区 胡光万，王跃虎，唐贵华 400221-016
云南：新平 刘家良 XPALSD111
云南：永德 欧阳红才，普跃东，杨金柱 YDDXSC092
云南：永胜 蔡杰，秦少发 15CS11333
云南：玉龙 张大才，李双智，杨川 ZhangDC-07ZX-2048
云南：云龙 李施文，张志云，段耀飞 TC3036
云南：镇沅 朱恒 ALSZY052
Ternstroemia luteoflora L. K. Ling **尖萼厚皮香** *
江西：井冈山 兰国华 LiuRL073
Ternstroemia microphylla Merrill **小叶厚皮香** *
广西：东兴 叶晓霞，吴望辉，农冬新 Liuyan0379
Ternstroemia yunnanensis L. K. Ling **云南厚皮香** *
云南：腾冲 余新林，赵玮 BSGLGStc170

Penthoraceae 扯根菜科

扯根菜科	世界	中国	种质库
属 / 种（种下等级）/ 份数	1/2	1/1	1/1/29

Penthorum chinense Pursh **扯根菜**
安徽：肥西 陈延松，朱合军，姜九龙 Xuzd131
安徽：屯溪区 方建新 TangXS0019
贵州：江口 周云，王勇 XiangZ055
贵州：江口 周云，张勇 XiangZ106
黑龙江：北安 王臣，张欣欣，史传奇 WangCh199
黑龙江：尚志 郑宝江，丁晓炎，王美娟等 ZhengBJ292
黑龙江：尚志 郑宝江，丁晓炎，李月等 ZhengBJ188
湖北：竹溪 甘啟良 GanQL163
湖南：永定区 吴福川，廖博儒 241A
吉林：南关区 韩忠明 Yanglm0114
吉林：磐石 安海成 AnHC0202
江苏：赣榆 吴宝成 HANGYY8554
江苏：句容 王兆银，吴宝成 SCSB-JS0379
江苏：句容 吴宝成，王兆银 HANGYY8381
江苏：宿城区 李宏庆，熊申展，胡超 Lihq0368
江西：庐山区 谭策铭，董安淼 TCM09039
江西：修水 缪以清，李立新 TanCM1234
辽宁：桓仁 祝业平 CaoW970
山东：海阳 王萍，高德民，张诏等 lilan260
山东：莱山区 卞福花，宋言贺 BianFH-539
山东：崂山区 罗艳，李中华 LuoY183
山西：夏县 赵璐璐 Zhangf0161
陕西：宁陕 田先华，吴礼慧 TianXH491

四川：乐至 邓兴敏，邓秀发，张昌兵 ZCB0436
四川：万源 张桥蓉，余华 15CS11530
云南：景东 罗忠华，刘长铭，李绍昆等 JDNR09098
云南：南涧 熊绍荣 NJWLS433
云南：永德 李永亮 LiYL1385
云南：镇沅 罗成瑜 ALSZY390

Philydraceae 田葱科

田葱科	世界	中国	种质库
属 / 种（种下等级）/ 份数	3/6	1/1	1/1/1

Philydrum lanuginosum Gaertner 田葱
海南：文昌 张挺，刘成，亚吉东 14CS8761

Phrymaceae 透骨草科

透骨草科	世界	中国	种质库
属 / 种（种下等级）/ 份数	13/188	3/11	2/4(7)/31

Mimulus bracteosus P. C. Tsoong 小苞沟酸浆 *
四川：峨眉山 李小杰 LiXJ466
Mimulus szechuanensis Pai 四川沟酸浆 *
贵州：道真 易思荣，谭秋平 YISR421
Mimulus tenellus Bunge 沟酸浆
湖北：竹溪 李盛兰 GanQL724
吉林：磐石 安海成 AnHC0344
山东：历城区 张少华，张诏，程丹丹等 Lilan679
四川：峨眉山 李小杰 LiXJ017
Mimulus tenellus var. **nepalensis** (Bentham) P. C. Tsoong ex H. P. Yang 尼泊尔沟酸浆
安徽：舒城 陈延松，欧祖兰，高秋晨等 Xuzd319
云南：永德 李永亮 YDDXS0349
Mimulus tenellus var. **platyphyllus** (Franchet) P. C. Tsoong ex H. P. Yang 南红藤 *
云南：永德 李永亮 YDDXS0506
Mimulus tenellus var. **procerus** (Grant) Handel-Mazzetti 高大沟酸浆
云南：南涧 饶富玺，阿国仁，何贵才 NJWLS795
Phryma leptostachya Linnaeus subsp. **asiatica** (H. Hara) Kitamura 透骨草
北京：东城区 王雷，朱雅娟，黄振英 Beijing-huang-bws-0026
北京：东城区 王雷，朱雅娟，黄振英 Beijing-huang-dls-0044
河北：灵寿 牛玉璐，高彦飞，黄士良 NiuYL188
河南：栾川 何明高，付婷婷，水庆艳 Huangzy0091
河南：嵩县 何明高，付婷婷，水庆艳 Huangzy0165
黑龙江：阿城 王臣，张欣欣，史传奇 WangCh222
黑龙江：尚志 郑宝江，丁晓炎，李月等 ZhengBJ237
湖北：竹溪 李盛兰 GanQL744
湖南：石门 陈功锡，张代贵，邓涛等 SCSB-HC-2007304
吉林：临江 李长田 Yanglm0023
吉林：磐石 安海成 AnHC0153
江西：武宁 谭策铭，张吉华 TanCM391
江西：修水 缪以清，胡军民 TanCM1722
辽宁：长海 郑宝江，丁晓炎，焦宏斌等 ZhengBJ358
辽宁：庄河 于立敏 CaoW771
山东：历下区 王萍，高德民，张诏等 lilan313
山东：牟平区 卞福花，杜丽君，孟凡涛 BianFH-0135
四川：峨眉山 李小杰 LiXJ150
云南：P. H. 5640
云南：文山 何德明，丰艳飞，韦荣彪等 WSLJS750
云南：永德 李永亮 LiYL1631

Phyllanthaceae 叶下珠科

叶下珠科	世界	中国	种质库
属 / 种（种下等级）/ 份数	59/ ~ 1700	15/128	11/50(52)/306

Antidesma acidum Retzius 西南五月茶
云南：金平 税玉民，陈文红 80201
云南：景东 罗忠华，谢有能，刘长铭等 JDNR088
云南：景洪 张挺，谭运洪，王建军等 SCSB-B-000264
云南：澜沧 张绍云，叶金科，仇亚 YNS1365
云南：盈江 王立彦，徐桂华 SCSB-TBG-081
云南：永德 李永亮 YDDXS0887
云南：永德 李永亮，马文军，王学军 YDDXSB110
云南：镇沅 罗成瑜，田正辉 ALSZY221
Antidesma bunius (Linnaeus) Sprengel 五月茶
云南：麻栗坡 肖波 LuJL335
云南：勐腊 张顺成 A104
云南：思茅区 张绍云，胡启和 YNS1260
云南：思茅区 叶金科 YNS0254
云南：腾冲 周应再 Zhyz-062
云南：新平 谢雄 XPALSC223
云南：永德 李永亮 YDDXS1257
Antidesma bunius var. **pubescens** Petra Hoffmann 毛叶五月茶
云南：隆阳区 段在贤，尹布贵，刀开国等 BSGLGSly1224
Antidesma fordii Hemsley 黄毛五月茶
云南：屏边 钱良超，陆海兴，康远勇等 Pbdws186
Antidesma japonicum Siebold & Zuccarini 酸味子
江西：龙南 梁跃龙，廖海红 LiangYL018
江西：武宁 张吉华，刘运群 TanCM1156
江西：星子 董安淼，吴从梅 TanCM1075
江西：修水 缪以清，余于明，梁荣文 TanCM981
四川：峨眉山 李小杰 LiXJ264
云南：屏边 钱良超，陆海兴，张照跃等 Pbdws115
云南：屏边 楚永兴，普华柱 Pbdws032
云南：镇沅 朱恒 ALSZY142
Antidesma montanum Blume 山地五月茶
云南：河口 饶春，张贵良，童天等 ZhangGL020
云南：河口 税玉民，陈文红 71739
云南：勐腊 谭运洪 A291
云南：勐腊 谭运洪 A316
云南：屏边 田学军，杨建，高波等 TianXJ233
云南：屏边 钱良超，陆海兴，张照跃等 Pbdws107
云南：腾冲 余新林，赵玮 BSGLGStc258
云南：新平 王家和，刘蜀南，李俊友 XPALSC184
云南：永平 陆树刚 Ouxk-YP-0003
Antidesma montanum var. **microphyllum** (Hemsley) Petra Hoffmann 小叶五月茶
福建：建阳 童毅华 TYH25
云南：江城 叶金科 YNS0480
Aporosa dioica (Roxburgh) Müller Argoviensis 银柴
云南：勐腊 谭运洪 A285
云南：永德 李永亮 YDDXS0130

Aporosa planchoniana Baillon ex Müller Argoviensis **全缘叶银柴**
云南：沧源 赵金超，田世华，李忠明 CYNGH051

Aporosa yunnanensis (Pax & K. Hoffmann) F. P. Metcalf **云南银柴**
云南：普洱 胡启和，张绍云 YNS0616

Baccaurea ramiflora Loureiro **木奶果**
云南：勐腊 谭运洪 A326
云南：普洱 彭志仙 YNS0215

Bischofia javanica Blume **秋枫**
安徽：黟县 刘淼 SCSB-JSB24
广西：上思 许为斌，黄俞淞，梁永延等 Liuyan0226
广西：上思 何海文，杨锦超 YANGXF0454
湖南：会同 刘克明，王成，张恒 SCSB-HN-1112
湖南：开福区 陈薇，丛义艳，肖乐希 SCSB-HN-0640
湖南：南岳区 朱香清 SCSB-HN-0707
湖南：炎陵 蔡秀珍，孙秋妍，王燕归等 SCSB-HN-1500
湖南：岳麓区 姜孝成，陈丰林 SCSB-HNJ-0365
湖南：岳麓区 熊凯辉，刘克明 SCSB-HN-2197
湖南：长沙 蔡秀珍，田淑珍 SCSB-HN-0747
湖南：长沙 熊凯辉，刘克明 SCSB-HN-2173
江西：井冈山 兰国华 LiuRL105
云南：景东 罗忠华，段玉伟，刘长铭等 JD126
云南：景洪 彭华，向春雷，陈丽等 P.H.5712
云南：龙陵 孙兴旭 SunXX078
云南：隆阳区 段在贤，刘占李，蔡生洪 BSGLGS1y076
云南：绿春 黄连山保护区科研所 HLS0265
云南：麻栗坡 肖波 LuJL300
云南：勐海 谭运洪，余涛 B344
云南：勐海 刀志灵 DZL560
云南：墨江 彭华，向春雷，陈丽等 P.H.5667
云南：南涧 彭华，向春雷，陈丽 P.H.5938
云南：宁洱 张绍云，叶金科 YNS0061
云南：宁洱 刀志灵，陈渝 DZL569
云南：普洱 刀志灵 DZL581
云南：盈江 王立彦，徐桂华 SCSB-TBG-078
云南：永德 杨金荣，黄德武，李任斌等 YDDXSA097
云南：永德 李永亮 YDDXS0410
云南：永平 彭华，向春雷，陈丽 PengH8322
云南：元阳 车鑫，亚吉东，秦少发等 YYGYS084
云南：元阳 李嵘，张洪喜 DZL250
云南：镇沅 罗成瑜 ALSZY474

Bischofia polycarpa (H. Léveillé) Airy Shaw **重阳木** *
安徽：屯溪区 方建新 TangXS0813
湖北：五峰 李平 AHL104
湖北：兴山 祝文志，刘志祥，曹远俊 ShenZH5789
湖南：南岳区 刘克明，相银龙，周磊等 SCSB-HN-1760
湖南：望城 朱香清，田淑珍 SCSB-HN-1728
湖南：长沙 刘克明，肖乐希 SCSB-HN-1719
湖南：长沙 田淑珍，刘克明 SCSB-HN-1453
江苏：连云港 李宏庆，熊申展，胡超 Lihq0345
江西：黎川 童和平，王玉珍 TanCM3125
江西：修水 李立新，缪以清 TanCM1223
云南：景洪 张挺，王建军，廖琼 SCSB-B-000248

Breynia fruticosa (Linnaeus) Müller Argoviensis **黑面神**
云南：景东 杨国平 07-86
云南：绿春 黄连山保护区科研所 HLS0405

Breynia retusa (Dennstedt) Alston **钝叶黑面神**
云南：南涧 官有才，罗新洪 NJWLS1601
云南：永德 李永亮，马文军 YDDXSB243
云南：镇沅 罗成瑜，乔永华 ALSZY014

Bridelia affinis Craib **硬叶土蜜树**
云南：镇沅 罗成瑜 ALSZY381

Bridelia balansae Tutcher **禾串树**
云南：景东 罗庆光 JDNR110106
云南：景谷 叶金科 YNS0411
云南：麻栗坡 肖波 LuJL328
云南：永德 李永亮 YDDXS1260

Bridelia glauca Blume **膜叶土蜜树**
云南：隆阳区 尹学建，郭明亮 BSGLGS1y2011
云南：绿春 何疆海，何来收，白然思等 HLS0360
云南：南涧 马德跃，官有才，罗开宏等 NJWLS928
云南：盈江 王立彦，桂魏，刀江飞 SCSB-TBG-211

Bridelia retusa (Linnaeus) A. Jussieu **大叶土蜜树**
贵州：惠水 邹方伦 ZouFL0150
云南：景谷 胡启和，周英，仇亚 YNS0647
云南：南涧 李名生 NJWLS2008214
云南：南涧 官有才，熊绍荣，张雄 NJWLS648
云南：永德 李永亮 YDDXS0993

Bridelia stipularis (Linnaeus) Blume **土蜜藤**
云南：澜沧 胡启和，赵强，周英等 YNS0731
云南：勐腊 刀志灵，崔景云 DZL-121
云南：勐腊 刀志灵，崔景云 DZL-127
云南：弥勒 刘恩德，方伟，杜燕等 SCSB-B-000041
云南：墨江 叶金科 YNS0065
云南：普洱 叶金科 YNS0047
云南：新平 白绍斌 XPALSC149
云南：新平 胡启元，周兵，张绍云 YNS0857
云南：新平 白绍斌 XPALSC239

Bridelia tomentosa Blume **土蜜树**
广西：上思 许为斌，黄俞淞，梁永延等 Liuyan0204
贵州：荔波 赵厚涛，韩国营 YBG085
云南：新平 白绍斌 XPALSC150
云南：元江 孙振华，王文礼，宋晓卿等 Ouxk-YJ-0001

Flueggea leucopyrus Willdenow **聚花白饭树**
云南：禄丰 王焕冲，马兴达 WangHCH002

Flueggea suffruticosa (Pallas) Baillon **一叶萩**
安徽：舒城 陈延松，欧祖兰，高秋晨等 Xuzd405
北京：海淀区 李燕军 SCSB-B-0006
北京：海淀区 李燕军 SCSB-D-0018
北京：门头沟区 李燕军 SCSB-E-0022
河北：兴隆 林坚 SCSB-A-0006
湖南：永定区 吴福川，查学州，廖博儒 7076
吉林：丰满区 李兵，路科 CaoW0080
吉林：延吉 杨保国，张明鹏 CaoW0042
吉林：长岭 张宝田 Yanglm0356
吉林：长岭 张红香 ZhangHX160
江苏：宜兴 李宏庆，田怀珍，葛斌杰等 Lihq0261
辽宁：凤城 李忠诚 CaoW211
辽宁：建昌 卜军，金实，阴黎明 CaoW428
辽宁：建昌 卜军，金实，阴黎明 CaoW452
辽宁：凌源 卜军，金实，阴黎明 CaoW441
辽宁：瓦房店 宫本胜 CaoW361
辽宁：义县 卜军，金实，阴黎明 CaoW382
辽宁：义县 卜军，金实，阴黎明 CaoW400
山东：历下区 赵遵田，曹子谊，吕蕾等 Zhaozt0010

山东：牟平区 卞福花，杜丽君，孟凡涛 BianFH-0159
陕西：长安区 田先华，田陌 TianXH1115
四川：小金 何兴金，高云东，刘海艳等 SCU-20080450
云南：官渡区 彭华，陈丽，王英 P.H.5350
云南：禄劝 张挺，杜燕，Maynard B. 等 SCSB-B-000508
云南：宁洱 张绍云，胡启和 YNS1007
云南：普洱 叶金科 YNS0156
云南：普洱 叶金科 YNS0340
云南：西盟 叶金科 YNS0144
云南：永德 杨金荣，李增柱，李任斌等 YDDXSA114
云南：永德 李永亮 LiYL1342

Flueggea virosa (Roxburgh ex Willdenow) Voigt **白饭树**
广西：都安 赵亚美 SCSB-JS0463
云南：河口 税玉民，陈文红 71708
云南：河口 税玉民，陈文红 71719
云南：普洱 叶金科 YNS0223
云南：盈江 王立彦，桂魏 SCSB-TBG-159
云南：元阳 田学军，杨建，邱成书等 Tianxj0096
云南：镇沅 叶金科 YNS0191

Glochidion arborescens Blume **白毛算盘子**
云南：永德 李永亮 LiYL1459

Glochidion coccineum (Buchanan-Hamilton) Müller Argoviensis **红算盘子**
云南：镇沅 何忠云，王立东 ALSZY144

Glochidion ellipticum Wight **四裂算盘子**
云南：宁洱 胡启和，周英，张绍云 YNS0513

Glochidion eriocarpum Champion ex Bentham **毛果算盘子**
湖北：竹溪 李盛兰 GanQL539
云南：景东 鲁艳 200896
云南：隆阳区 李恒，李嵘，刀志灵 1292
云南：思茅区 彭志仙 YNS0246
云南：文山 税玉民，陈文红 16311

Glochidion heyneanum (Wight & Arnott) Wight **绒毛算盘子**
云南：景东 赵贤坤，鲍文华，鲍文强等 JDNR11046
云南：景东 罗忠华，谢有能，罗文涛等 JDNR142

Glochidion lanceolarium (Roxburgh) Voigt **艾胶算盘子**
云南：南涧 李成清 NJWLS476

Glochidion lanceolatum Hayata **披针叶算盘子** *
云南：宁洱 胡启和，仇亚 YNS0566

Glochidion philippicum (Cavanilles) C. B. Robinson **甜叶算盘子**
广西：龙胜 黄俞淞，梁永延，叶晓霞 Liuyan0033

Glochidion puberum (Linnaeus) Hutchinson **算盘子**
安徽：屯溪区 方建新 TangXS0915
贵州：正安 韩国营 HanGY004
湖北：五峰 李平 AHL006
湖南：衡山 刘克明，陈薇 SCSB-HN-0267
湖南：怀化 李胜华，伍贤进，曾汉元等 HHXY217
湖南：怀化 李胜华，伍贤进，曾汉元等 HHXY369
湖南：江永 刘克明，肖乐希 SCSB-HN-0122
湖南：平江 刘克明，蔡秀珍，陈丰林 SCSB-HN-0923
湖南：石门 陈功锡，张代贵，邓涛等 SCSB-HC-2007398
湖南：新化 姜孝成，唐贵华，田春娥 SCSB-HNJ-0199
湖南：新宁 姜孝成，唐贵华，袁双艳等 SCSB-HNJ-0256
湖南：永定区 林永惠，吴福川，晏丽等 8
湖南：沅陵 李胜华，伍贤进，刘光华等 Wuxj951
江苏：句容 王兆银，吴宝成 SCSB-JS0128
江西：黎川 童和平，王玉珍 TanCM2752
江西：星子 董安淼，吴从梅 TanCM1596
江西：星子 董安淼，吴从梅 TanCM1693
江西：永新 旷仁平 SCSB-HN-2217
四川：射洪 袁明 YUANM2015L018
云南：大关 张挺，雷立公，王建军等 SCSB-B-000136
云南：隆阳区 刀志灵，陈哲 DZL-088
云南：新平 谢天华，郎定富，杨如伟 XPALSA048
云南：新平 王家和，罗田发 XPALSC080
云南：新平 张学林，李云贵 XPALSD107

Glochidion sphaerogynum (Müller Argoviensis) Kurz **圆果算盘子**
云南：盈江 王立彦，桂魏 SCSB-TBG-100
云南：永德 李永亮 LiYL1366
云南：元江 孙振华，王文礼，宋晓卿等 Ouxk-YJ-0038

Glochidion suishaense Hayata **水社算盘子** *
湖南：吉首 陈功锡，张代贵，邓涛 SCSB-HC-2007371

Glochidion triandrum (Blanco) C. B. Robinson **里白算盘子**
云南：龙陵 孙兴旭 SunXX020
云南：思茅区 张绍云，仇亚，胡启和 YNS1255
云南：腾冲 余新林，赵玮 BSGLGStc193

Glochidion wilsonii Hutchinson **湖北算盘子** *
安徽：金寨 陈延松，欧祖兰，周虎 Xuzd148
安徽：石台 洪欣，王欧文 ZSB382
安徽：舒城 陈延松，欧祖兰，高秋晨等 Xuzd289
湖北：宣恩 沈泽昊 HXE063
江西：修水 李立新，缪以清 TanCM1210

Glochidion wrightii Bentham **白背算盘子** *
云南：新平 白绍斌 XPALSC242

Leptopus chinensis (Bunge) Pojarkova **雀儿舌头**
四川：峨眉山 李小杰 LiXJ044
云南：思茅区 胡启和，周兵，仇亚 YNS0897
云南：新平 刘家良 XPALSD018
云南：新平 李应宝，谢天华 XPALSA137
云南：云龙 李施文，张志云，段耀飞 TC3029

Phyllanthus amarus Schumacher & Thonning **苦味叶下珠**
云南：新平 何罡安 XPALSB100

Phyllanthus cochinchinensis (Loureiro) Sprengel **越南叶下珠**
四川：米易 刘静，袁明 MY-186
云南：安宁 伊廷双，孟静，杨杨 MJ-860
云南：景谷 叶金科 YNS0419
云南：西山区 张挺，方伟，李爱花等 SCSB-A-000047
云南：香格里拉 张书东，林娜娜，郁文彬等 SCSB-W-018
云南：永德 李永亮 YDDXS0450
云南：永德 李永亮 YDDXS1239

Phyllanthus emblica Linnaeus **余甘子**
云南：沧源 赵金超，肖美芳 CYNGH311
云南：峨山 孙振华，宋晓卿，文晖等 OuXK-ES-002
云南：鹤庆 孙振华，王文礼，宋晓卿等 OuxK-HQ-0007
云南：景东 鲁艳 07-36
云南：景东 罗忠华，谢有能，罗文涛等 JDNR148
云南：龙陵 孙兴旭 SunXX112
云南：隆阳区 赵文李 BSGLGSly3071
云南：泸水 陆树刚 Ouxk-LK-0002
云南：泸水 孙振华，郑志兴，沈蕊等 OuXK-LC-035
云南：禄丰 孙振华，郑志兴，沈蕊等 OuXK-LF-001
云南：禄丰 孙振华，郑志兴，沈蕊等 OuXK-LF-011
云南：南涧 孙振华，王文礼，宋晓卿等 OuxK-NJ-0010
云南：宁洱 张绍云 YNS0120

云南：巧家 闫海忠，孙振华，王文礼等 OuxK-QJ-0006
云南：祥云 孙振华，王文礼，宋晓卿等 OuxK-XY-0011
云南：新平 刘恩德，方伟，杜燕等 SCSB-B-000015
云南：新平 刘家良 XPALSD258
云南：盈江 王立彦 TBG-022
云南：永德 李永亮 LiYL1538
云南：元江 孙振华，宋晓卿，鲁正宏等 Ouxk-YJ-0028
云南：元江 孙振华，王文礼，宋晓卿等 Ouxk-YJ-0044
云南：云龙 郭永杰，王杨飞，李施文等 TC4007

Phyllanthus flexuosus (Siebold & Zuccarini) Müller Argoviensis **落萼叶下珠**
江西：九江 谭策铭，易桂花，李秀枝等 TanCM584
江西：黎川 童和平，王玉珍 TanCM2348
江西：龙南 梁跃龙，欧考昌，欧考胜 LiangYL128

Phyllanthus glaucus Wallich ex Müller Argoviensis **青灰叶下珠**
安徽：黄山区 方建新 TangXS0257
安徽：金寨 刘淼 SCSB-JSC33
安徽：蜀山区 陈延松，陈翠兵，沈云 Xuzd039
江苏：盱眙 李宏庆，熊申展，胡超 Lihq0379
江苏：宜兴 吴宝成 HANGYY8205
江西：庐山区 谭策铭，董安淼 TanCM261
江西：湾里区 杜小浪，慕泽泾，曹岚 DXL001

Phyllanthus reticulatus Poiret **小果叶下珠**
云南：景洪 张挺，李洪超，李文化等 SCSB-B-000397
云南：永德 李永亮 YDDXS0277

Phyllanthus rheophyticus M. G. Gilbert & P. T. Li **水油甘** *
云南：鹤庆 柳小康 OuXK-0019

Phyllanthus taxodiifolius Beille **落羽杉叶下珠**
云南：屏边 钱良超，陆海兴，张照跃等 Pbdws154

Phyllanthus tsarongensis W. W. Smith **西南叶下珠** *
云南：新平 白绍斌 XPALSC333

Phyllanthus urinaria Linnaeus **叶下珠**
安徽：石台 陈延松，吴国伟，洪欣 Zhousb0076
安徽：舒城 陈延松，欧祖兰，高秋晨等 Xuzd345
安徽：屯溪区 方建新 TangXS0072
重庆：南川区 易思荣 YISR022
福建：福清 李宏庆，陈纪云，王双 Lihq0304
贵州：铜仁 彭华，王英，陈丽 P.H.5199
湖南：吉首 陈功锡，张代贵，邓涛等 SCSB-HC-2007415
湖南：江永 刘克明，田淑珍 SCSB-HN-0108
湖南：江永 刘克明，田淑珍 SCSB-HN-0129
湖南：江永 姜孝成，唐贵华，潘孝武 SCSB-HNJ-0082
湖南：浏阳 刘克明，朱晓文，田淑珍 SCSB-HN-0451
湖南：石门 姜孝成，唐妹，陈显胜等 Jiangxc0482
湖南：望城 姜孝成，段志贵 SCSB-HNJ-0139
江苏：江宁区 吴宝成 SCSB-JS0341
江苏：句容 王兆银，吴宝成 SCSB-JS0170
江西：黎川 童和平，王玉珍 TanCM1922
宁夏：银川 牛有栋，李出山 ZuoZh100
山东：长清区 张少华，张颖颖，程丹丹等 lilan521
四川：乐至 邓兴敏，邓秀发，张昌兵 ZCB0394
四川：射洪 袁明 YUANM2015L056
云南：河口 税玉民，陈文红 82740
云南：河口 张挺，郭永杰，张云川 08CS578
云南：河口 张挺，郭永杰，张云川 08CS579
云南：景东 鲁艳 2008129
云南：景东 罗忠华，刘长铭，李绍昆等 JDNR09073
云南：龙陵 孙兴旭 SunXX067
云南：麻栗坡 肖波 LuJL222
云南：蒙自 税玉民，陈文红 72266
云南：南涧 阿国仁，何贵才 NJWLS574
云南：普洱 叶金科 YNS0260
云南：石林 税玉民，陈文红 65875
云南：新平 白绍斌 XPALSC068
云南：永德 李永亮 LiYL1412
云南：永德 李永亮 YDDXS0823
云南：镇沅 罗成瑜 ALSZY239
浙江：鄞州区 李宏庆，葛斌杰 Lihq0112

Phyllanthus ussuriensis Ruprecht & Maximowicz **蜜柑草**
安徽：石台 陈延松，吴国伟，洪欣 Zhousb0075
安徽：舒城 陈延松，欧祖兰，高秋晨等 Xuzd352
安徽：屯溪区 方建新 TangXS0147
重庆：南川区 易思荣 YISR030
广西：田林 彭华，许瑾，陈丽 P.H.5087
江苏：句容 王兆银，吴宝成 SCSB-JS0329
江苏：句容 吴宝成，王兆银 HANGYY8370
江西：黎川 童和平，王玉珍，常迪江等 TanCM2002
江西：庐山区 董安淼，吴从梅 TanCM1065
辽宁：桓仁 祝业平 CaoW1004
山东：莱山区 陈朋 BianFH-401

Phyllanthus virgatus G. Forster **黄珠子草**
湖北：竹溪 李盛兰 GanQL1058
云南：峨山 马兴达，乔娣 WangHCH070
云南：巧家 张书东，张荣，王银环等 QJYS0220

Sauropus garrettii Craib **苍叶守宫木**
湖南：吉首 陈功锡，张代贵，邓涛等 SCSB-HC-2007352

Phytolaccaceae 商陆科

商陆科	世界	中国	种质库
属／种（种下等级）／份数	5/32	2/5	1/4/97

Phytolacca acinosa Roxburgh **商陆**
安徽：太和 赵伊悦 ZhouSB0252
湖北：神农架林区 李巨平 LiJuPing0086
湖北：五峰 李平 AHL014
湖北：竹溪 李盛兰 GanQL940
湖南：保靖 刘克明，蔡秀珍，肖乐希等 SCSB-HN-0213
湖南：东安 姜孝成，唐贵华，潘孝武 SCSB-HNJ-0116
湖南：桂东 蔡秀珍，孙秋妍，王燕归等 SCSB-HN-1254
湖南：衡山 刘克明，陈薇 SCSB-HN-0352
湖南：怀化 李胜华，伍贤进，曾汉元等 HHXY068
湖南：会同 刘克明，王成，张恒 SCSB-HN-1132
湖南：开福区 姜孝成，唐妹，尹恒等 SCSB-HNJ-0409
湖南：澧县 蔡秀珍，田淑珍 SCSB-HN-1056
湖南：浏阳 刘克明，朱晓文，田淑珍 SCSB-HN-0437
湖南：浏阳 朱晓文 SCSB-HN-1052
湖南：南岳区 刘克明，相银龙，周磊等 SCSB-HN-1397
湖南：宁乡 姜孝成，唐妹，成海兰等 Jiangxc0515
湖南：宁乡 熊凯辉，刘克明 SCSB-HN-1976
湖南：宁乡 熊凯辉，刘克明 SCSB-HN-2007
湖南：平江 刘克明，田淑珍，陈丰林 SCSB-HN-0933
湖南：望城 姜孝成，旷仁平 SCSB-HNJ-0371
湖南：望城 姜孝成，杨强，刘昌 Jiangxc0749
湖南：望城 熊凯辉，刘克明 SCSB-HN-2149

湖南：湘乡 朱香清，田淑珍 SCSB-HN-1425
湖南：炎陵 刘应迪，孙秋妍，陈珮珮 SCSB-HN-1529
湖南：永定区 陈功锡，吴福川，林永惠等 7
湖南：永顺 陈功锡，张代贵 SCSB-HC-2008020
湖南：沅江 刘克明，肖乐希 SCSB-HN-0388
湖南：沅陵 周丰杰，刘克明 SCSB-HN-1362
湖南：岳麓区 田淑珍，陈薇，肖乐希 SCSB-HN-0311
湖南：岳麓区 刘克明，陈薇，丛义艳 SCSB-HN-0017
湖南：岳麓区 王得刚，熊凯辉 SCSB-HN-2270
湖南：长沙 王得刚，熊凯辉 SCSB-HN-2274
湖南：长沙 王得刚，熊凯辉 SCSB-HN-2280
湖南：长沙 刘克明，蔡秀珍，田淑珍 SCSB-HN-0722
湖南：资兴 蔡秀珍，肖乐希 SCSB-HN-0293
湖南：资兴 蔡秀珍，孙秋妍，王燕归等 SCSB-HN-1292
湖南：资兴 熊凯辉，王得刚，盛波 SCSB-HN-2042
山东：莱城区 李兰，王萍，张少华等 Lilan-090
山东：牟平区 卞福花，卢学新，纪伟等 BianFH00036
山东：平邑 李卫东 SCSB-012
山东：沂源 高德民，邵尉 Lilan884
陕西：宁陕 田先华 TianXH1136
四川：康定 彭玉兰，涂卫国，余春丽 Gaoxf-0755
四川：射洪 袁明 YUANM2015L010
西藏：林芝 卢洋，刘帆等 LiJ749
云南：德钦 王文礼，冯欣，刘飞鹏 OUXK11181
云南：河口 张贵良，杨鑫峰，陶美英等 ZhangGL086
云南：景东 谭运洪，余涛 B291
云南：景东 鲁艳 200892
云南：景东 罗忠华，刘长铭，鲁成荣 JD015
云南：隆阳区 赵玮，莫连贤，段在贤 BSGLGSly033
云南：普洱 叶金科 YNS0317
云南：巧家 杨光明 SCSB-W-1479
云南：巧家 张天壁 SCSB-W-664
云南：巧家 张天壁 SCSB-W-904
云南：思茅区 张绍云，胡启和 YNS1042
云南：维西 陈文允，于文涛，黄永江等 CYHL113
云南：文山 何德明，丰艳飞 WSLJS971
云南：新平 王家和 XPALSC048
云南：新平 刘家良 XPALSD311
云南：新平 白绍斌 XPALSC307
云南：新平 孙振华，郑志兴，沈蕊等 OuXK-XP-101
云南：新平 谢天华，郎定富，杨如伟 XPALSA009
云南：漾濞 杨青松，杨莹，黄永江等 ZhouZK-07ZX-0049
云南：永德 李永亮 YDDXS0339
云南：永德 杨金荣，王学军，黄德武等 YDDXSA040
云南：云龙 字建泽，杨六斤，李国庆等 TC1031
云南：镇沅 朱恒 ALSZY051
云南：镇沅 罗成瑜 ALSZY467

Phytolacca americana Linnaeus 垂序商陆
安徽：舒城 陈延松，欧祖兰，高秋晨等 Xuzd291
安徽：蜀山区 陈延松，徐忠东，耿明 Xuzd016
湖北：恩施 祝文志，刘志祥，曹远俊 ShenZH2405
湖北：五峰 李平 AHL027
湖北：宣恩 沈泽昊 HXE108
湖南：洪江 李胜华，伍贤进，刘光华等 Wuxj1081
湖南：吉首 陈功锡，张代贵，龚双骄等 230B
湖南：永顺 陈功锡，张代贵 SCSB-HC-2008028
江苏：句容 王兆银，吴宝成 SCSB-JS0125
江苏：溧阳 吴宝成 HANGYY8229
江苏：苏州 田怀珍，陈纪云 Lihq0325
江苏：吴中区 吴宝成 HANGYY8190
江苏：玄武区 吴宝成 SCSB-JS0231
江苏：宜兴 吴宝成 HANGYY8207
江西：黎川 童和平，王玉珍 TanCM1811
山东：崂山区 吴宝成 HANGYY8581
陕西：长安区 田先华，田陌 TianXH1106
云南：蒙自 田学军，邱成书，高波 TianXJ0193
云南：盘龙区 胡光万，王跃虎，龙波 400221-022
云南：腾冲 周应再 Zhyz-030
云南：新平 谢雄 XPALSC421
云南：新平 自成仲，自正荣，刘家良 XPALSD034
浙江：临安 吴林园，彭斌，顾子霞 HANGYY9017

Phytolacca japonica Makino 日本商陆
重庆：南川区 易思荣 YISR046
云南：沧源 赵金超，杨红强 CYNGH273

Phytolacca polyandra Batalin 多药商陆 *
湖北：竹溪 李盛兰 GanQL448
云南：腾冲 李爱花，黄之镨，黄押稳等 SCSB-A-000317
云南：新平 王家和 XPALSC022

Pinaceae 松科

松科	世界	中国	种质库
属 / 种（种下等级）/ 份数	11/225	10/102	7/37(44)/138

Abies chensiensis Tieghem 秦岭冷杉 *
湖北：神农架林区 甘啟良 GanQL602

Abies delavayi Franchet 苍山冷杉
云南：永德 李永亮 YDDXS0657

Abies fanjingshanensis W. L. Huang et al. 梵净山冷杉 *
贵州：江口 周云 XiangZ103
贵州：江口 熊建兵 XiangZ121

Abies fargesii Franchet 巴山冷杉 *
陕西：眉县 白根录，田先华，刘成 TianXH068

Abies firma Siebold & Zuccarini 日本冷杉
湖北：宜昌 陈功锡，张代贵 SCSB-HC-2008062

Abies forrestii Coltman Rogers 川滇冷杉 *
云南：巧家 李文虎，杨光明 QJYS0111

Abies georgei var. **smithii** (Viguie & Gaussen) W. C. Cheng & L. K. Fu 急尖长苞冷杉 *
西藏：林芝 罗建，汪书丽 LiuJQ-08XZ-187

Abies squamata Masters 鳞皮冷杉 *
四川：得荣 孙航，李新辉，陈林杨 SunH-07ZX-2915

Keteleeria evelyniana Masters 云南油杉
四川：米易 袁明 MY544
云南：南涧 马德跃，官有才，罗开宏等 NJWLS976
云南：文山 何德明 WSLJS535
云南：云龙 李施文，张志云，段耀飞等 TC3075

Larix gmelinii (Ruprecht) Kuzeneva 落叶松
黑龙江：尚志 刘玫，张欣欣，程薪宇等 Liuetal319

Larix griffithii J. D. Hooker 藏红杉
西藏：林芝 罗建，汪书丽，任德智 LiuJQ-09XZ-294
西藏：亚东 钟扬，扎西次仁 ZhongY783

Larix kaempferi (Lambert) Carrière 日本落叶松
山东：崂山区 高德民，邵尉，吴燕秋 Lilan911

Larix potaninii Batalin 红杉 *
四川：黑水 顾垒，李忠荣 GaoXF-09ZX-1486

四川：康定 彭玉兰，涂卫国，余春丽 Gaoxf-0718

Larix potaninii var. **australis** A. Henry ex Handel-Mazzetti 大果红杉 *

四川：稻城 何兴金，王长宝，刘爽等 SCU-09-057

Larix potaninii var. **chinensis** L. K. Fu & Nan Li 秦岭红杉 *

陕西：眉县 田先华，董栓录，王梅荣 TianXH428

Picea asperata Masters 云杉 *

甘肃：卓尼 汪书丽，李忠虎，邹嘉宾 LiuJQ-09XZ-LZT-122

四川：九寨沟 汪书丽，李忠虎，邹嘉宾 LiuJQ-09XZ-LZT-190

四川：木里 孔航辉，罗江平，左雷等 YangQE3398

四川：若尔盖 汪书丽，李忠虎，邹嘉宾 LiuJQ-09XZ-LZT-141

四川：松潘 汪书丽，李忠虎，邹嘉宾 LiuJQ-09XZ-LZT-182

Picea crassifolia Komarov 青海云杉 *

甘肃：迭部 汪书丽，李忠虎，邹嘉宾 LiuJQ-09XZ-LZT-125

甘肃：永登 王召峰，彭艳玲，朱兴福 LiuJQ-09XZ-LZT-213

宁夏：西夏区 左忠，刘华 ZuoZh277

青海：互助 王召峰，朱兴福 LiuJQ-09XZ-LZT-208

青海：乌兰 王召峰，朱兴福 LiuJQ-09XZ-LZT-207

Picea jezoensis var. **microsperma** (Lindley) W. C. Cheng & L. K. Fu 鱼鳞云杉

云南：墨江 张绍云，叶金科，仇亚 YNS1280

Picea koraiensis Nakai 红皮云杉

黑龙江：虎林市 王庆贵 CaoW596

黑龙江：虎林市 王庆贵 CaoW673

黑龙江：虎林市 王庆贵 CaoW693

黑龙江：嫩江 王臣，张欣欣，史传奇 WangCh233

吉林：安图 周海城 ZhouHC029

吉林：磐石 安海成 AnHC0402

Picea likiangensis (Franchet) E. Pritzel 丽江云杉

青海：果洛 汪书丽，李忠虎，邹嘉宾 LiuJQ-09XZ-LZT-152

四川：阿坝 汪书丽，李忠虎，邹嘉宾 LiuJQ-09XZ-LZT-151

四川：九寨沟 汪书丽，李忠虎，邹嘉宾 LiuJQ-09XZ-LZT-193

四川：理县 汪书丽，李忠虎，邹嘉宾 LiuJQ-09XZ-LZT-176

四川：理县 汪书丽，李忠虎，邹嘉宾 LiuJQ-09XZ-LZT-177

四川：炉霍 汪书丽，李忠虎，邹嘉宾 LiuJQ-09XZ-LZT-162

四川：壤塘 汪书丽，李忠虎，邹嘉宾 LiuJQ-09XZ-LZT-158

西藏：芒康 汪书丽，王志强，邹嘉宾 Liujq-Txm10-231

西藏：左贡 汪书丽，王志强，邹嘉宾 Liujq-Txm10-217

西藏：左贡 汪书丽，王志强，邹嘉宾 Liujq-Txm10-224

云南：香格里拉 刘成，郭永杰，亚吉东等 16CS14028

Picea likiangensis var. **linzhiensis** W. C. Cheng & L. K. Fu 林芝云杉 *

西藏：波密 扎西次仁，西落 ZhongY699

西藏：朗县 罗建，汪书丽 L127

Picea likiangensis var. **rubescens** Rehder & E. H. Wilson 川西云杉 *

青海：玉树 王召峰，朱兴福 LiuJQ-09XZ-LZT-206

Picea meyeri Rehder & E. H. Wilson 白扦 *

山西：交城 廉凯敏 Zhangf0115

Picea purpurea Masters 紫果云杉 *

甘肃：卓尼 汪书丽，李忠虎，邹嘉宾 LiuJQ-09XZ-LZT-131

青海：同仁 王召峰，朱兴福 LiuJQ-09XZ-LZT-211

四川：阿坝 汪书丽，李忠虎，邹嘉宾 LiuJQ-09XZ-LZT-143

四川：九寨沟 汪书丽，李忠虎，邹嘉宾 LiuJQ-09XZ-LZT-192

四川：理县 汪书丽，李忠虎，邹嘉宾 LiuJQ-09XZ-LZT-174

四川：若尔盖 汪书丽，李忠虎，邹嘉宾 LiuJQ-09XZ-LZT-137

四川：若尔盖 汪书丽，李忠虎，邹嘉宾 LiuJQ-09XZ-LZT-138

四川：松潘 汪书丽，李忠虎，邹嘉宾 LiuJQ-09XZ-LZT-183

四川：松潘 汪书丽，李忠虎，邹嘉宾 LiuJQ-09XZ-LZT-189

Picea wilsonii Masters 青扦 *

甘肃：迭部 汪书丽，李忠虎，邹嘉宾 LiuJQ-09XZ-LZT-127

甘肃：迭部 汪书丽，李忠虎，邹嘉宾 LiuJQ-09XZ-LZT-134

甘肃：永登 王召峰，彭艳玲，朱兴福 LiuJQ-09XZ-LZT-212

甘肃：榆中 王召峰，彭艳玲，朱兴福 LiuJQ-09XZ-LZT-209

河北：隆化 牛玉璐，高彦飞 NiuYL608

青海：互助 王召峰，彭艳玲，朱兴福 LiuJQ-09XZ-LZT-210

山西：交城 张海博，刘明光，陈姣 Zhangf0183

Pinus armandii Franchet 华山松

湖北：竹溪 李盛兰 GanQL745

宁夏：金凤区 左忠，刘华 ZuoZh271

山西：阳城 张贵平，张丽，吴琼 Zhangf0028

山西：垣曲 廉凯敏，陈姣，刘明光 Zhangf0213

陕西：宁陕 田先华，吴礼慧 TianXH506

西藏：波密 扎西次仁，西落 ZhongY725

云南：景东 杨国平 ygp-050

云南：隆阳区 赵文李 BSGLGSly3050

云南：石林 税玉民，陈文红 66630

Pinus armandii var. **mastersiana** (Hayata) Hayata 台湾果松 *

云南：云龙 赵玉贵，李占兵，张吉平等 TC2010

Pinus bhutanica Grierson et al. 不丹松

西藏：墨脱 刘成，亚吉东，何华杰等 16CS11885

西藏：墨脱 刘成，亚吉东，何华杰等 16CS14024

Pinus densata Masters 高山松 *

西藏：朗县 扎西次仁，西落 ZhongY626

西藏：林芝 卢洋，刘帆等 LiJ754

云南：香格里拉 孔航辉，任琛 Yangqe2737

Pinus densiflora Siebold & Zuccarini 赤松

山东：牟平区 陈朋 BianFH-411

Pinus fenzeliana var. **dabeshanensis** (W. C. Cheng & Y. W. Law) L. K. Fu & Nan Li 大别五针松 *

安徽：岳西 岳西县林业局 TangXS0820

Pinus kesiya Royle ex Gordon 思茅松

云南：景东 罗忠华，刘长铭，李绍昆等 JDNR09107

云南：勐海 刀志灵 DZL-172A

云南：普洱 叶金科 YNS0032

Pinus koraiensis Siebold & Zuccarini 红松

黑龙江：北安 郑宝江，丁晓炎，王美娟 ZhengBJ286

黑龙江：北安 郑宝江，潘磊 ZhengBJ017

黑龙江：呼兰 刘玫，张欣欣，程薪宇等 Liuetal548

黑龙江：虎林市 王庆贵 CaoW599

黑龙江：虎林市 王庆贵 CaoW641

黑龙江：饶河 王庆贵 CaoW605

黑龙江：饶河 王庆贵 CaoW652

黑龙江：饶河 王庆贵 CaoW729

黑龙江：尚志 郑宝江，丁晓炎，李月等 ZhengBJ164

黑龙江：尚志 郑宝江，丁晓炎，李月等 ZhengBJ194

黑龙江：五营区 孙阎，晁雄雄，刘博奇 SunY034

吉林：安图 杨保国，张明鹏 CaoW0029

吉林：安图 周海城 ZhouHC027

吉林：白山 王云贺 Yanglm0148

吉林：珲春 杨保国，张明鹏 CaoW0067

吉林：集安 周繇 ZhengBJ047

辽宁：开原 刘少硕，谢峰 CaoW307

Pinus massoniana Lambert 马尾松 *

安徽：绩溪 唐鑫生，宋曰钦，方建新等 TangXS0602

江西：庐山区 董安淼，吴从梅 TanCM1410

江西：修水 缪以清，余于明 TanCM1274

Pinus pumila (Pallas) Regel 偃松

黑龙江：爱辉区 刘玫，王臣，张欣欣等 Liuetal694

黑龙江：大兴安岭 郑宝江 ZhengBJ038

黑龙江：大兴安岭 孙阎，赵立波 SunY029

Pinus sylvestris var. **mongolica** Litvinov 樟子松

吉林：磐石 安海成 AnHC0441

宁夏：盐池 李出山，牛钦瑞 ZuoZh148

Pinus tabuliformis Carrière 油松

甘肃：迭部 刘坤 LiuJQ-GN-2011-742

甘肃：永登 王召峰，彭艳玲，朱兴福 LiuJQ-09XZ-LZT-215

甘肃：榆中 王召峰，彭艳玲，朱兴福 LiuJQ-09XZ-LZT-216

河北：隆化 牛玉璐，王晓亮 NiuYL559

吉林：磐石 安海成 AnHC0401

宁夏：盐池 李出山，牛钦瑞 ZuoZh149

山东：莒县 张少华，高德民，步瑞兰等 lilan770

Pinus taiwanensis Hayata 黄山松 *

湖南：怀化 李胜华，伍贤进，曾汉元等 HHXY349

湖南：平江 姜孝成，戴小军 Jiangxc0597

Pinus thunbergii Parlatore 黑松

湖南：石门 陈功锡，邓涛 SCSB-HC-2007382

山东：东港区 高德民，邵尉，韩文凯等 Lilan898

山东：海阳 高德民，王萍，张颖颖等 Lilan607

Pinus yunnanensis Franchet 云南松 *

四川：米易 袁明 MY259

西藏：察隅 孙航，张建文，陈建国等 SunH-07ZX-2452

云南：南涧 徐家武，袁玉川，罗增阳等 NJWLS631

云南：腾冲 周应再 Zhyz-335

云南：云龙 赵玉贵，李占兵，张吉平等 TC2015

Pinus yunnanensis var. **pygmaea** (Hsueh) Hsüeh 地盘松 *

云南：东川区 张挺，刘成，郭明明等 11CS3631

Pseudolarix amabilis (J. Nelson) Rehder 金钱松 *

安徽：黄山区 唐鑫生，方建新 TangXS0504

湖南：双峰 姜孝成，唐妹，陈峰林等 Jiangxc0633

湖南：新化 姜孝成，唐妹，戴小军等 Jiangxc0581

江西：庐山区 董安淼，吴丛梅 TanCM3071

Tsuga dumosa (D. Don) Eichler 云南铁杉

云南：腾冲 余新林，赵玮 BSGLGStc316

云南：新平 彭华，陈丽 P.H. 5357

Piperaceae 胡椒科

胡椒科	世界	中国	种质库
属 / 种（种下等级）/ 份数	5/ ~ 3600	3/68	2/18(20)/52

Peperomia blanda (Jacquin) Kunth 石蝉草

云南：蒙自 税玉民，陈文红 72274

云南：宁洱 张绍云，胡启和 YNS1003

云南：宁洱 张绍云，胡启和 YNS1063

云南：文山 丰艳飞，韦荣彪，黄太文 WSLJS740

云南：永德 李永亮 YDDXS0460

Peperomia cavaleriei C. de Candolle 硬毛草胡椒 *

云南：文山 何德明 WSLJS593

Peperomia heyneana Miquel 蒙自草胡椒

云南：思茅区 张挺，徐远杰，谭文杰 SCSB-B-000346

云南：永德 李永亮 YDDXS0406

Peperomia pellucida (Linnaeus) Kunth 草胡椒

安徽：屯溪区 方建新 TangXS0955

上海：普陀区 李宏庆，陈纪云，王双 Lihq0320

云南：盈江 王立彦，桂魏 SCSB-TBG-141

Peperomia tetraphylla (G. Forster) Hooker & Arnott 豆瓣绿

四川：米易 袁明 MY583

云南：贡山 许炳强，吴兴，李婧等 XiaNh-07zx-156

云南：宁洱 张绍云，胡启和 YNS1060

云南：思茅区 张挺，徐远杰，谭文杰 SCSB-B-000334

云南：思茅区 张挺，徐远杰，谭文杰 SCSB-B-000344

云南：腾冲 周应再 Zhyz-425

云南：文山 何德明 WSLJS728

云南：永德 李永亮 YDDXS0045

云南：元阳 亚吉东，黄莉，何华杰 15CS11281

Piper betle Linnaeus 蒌叶

云南：贡山 李恒，李嵘 861

云南：南涧 马德跃，官有才，刘云 NJWLS682

云南：盈江 王立彦，桂魏，刀江飞 SCSB-TBG-215

Piper boehmeriifolium (Miquel) C. de Candolle 苎叶蒟

云南：新平 罗有明 XPALSB068

Piper boehmeriifolium var. **glabricaule** (C. de Candolle) M. G. Gilbert & N. H. Xia 光茎胡椒 *

云南：绿春 黄连山保护区科研所 HLS0435

云南：麻栗坡 肖波 LuJL323

Piper hancei Maximowicz 山蒟 *

安徽：休宁 唐鑫生，许竟成，方建新 TangXS0607

江西：黎川 童和平，王玉珍 TanCM2790

江西：修水 缪以清，梁荣文 TanCM654

Piper mullesua Buchanan-Hamilton ex D. Don 短蒟

云南：隆阳区 段在贤，封占昕，胡诚忠 BSGLGSly1266

云南：隆阳区 刀志灵，陈哲 DZL-078

云南：马关 税玉民，陈文红 82621

云南：南涧 官有才，马德跃 NJWLS677

云南：腾冲 余新林，赵玮 BSGLGStc103

云南：腾冲 周应再 Zhyz-061

云南：永德 李永亮 LiYL1339

云南：元阳 浦仕梅，刘成，杨娅娟等 YYGYS019

Piper nigrum Linnaeus 胡椒

云南：沧源 李春华，肖美芳，李华明等 CYNGH158

云南：凤庆 谭运洪 B106

Piper nudibaccatum Y. C. Tseng 裸果胡椒 *

云南：绿春 黄连山保护区科研所 HLS0459

Piper pedicellatum C. de Candolle 角果胡椒

云南：南涧 官有才，熊绍荣，张雄等 NJWLS663

Piper ponesheense C. de Candolle 肉轴胡椒

云南：隆阳区 尹学建，郭明亮 BSGLGSly2012

Piper sarmentosum Roxburgh 假蒟

广东：天河区 童毅华 TYH19

Piper semiimmersum C. de Candolle 缘毛胡椒

云南：麻栗坡 肖波 LuJL358

Piper thomsonii (C. de Candolle) J. D. Hooker 球穗胡椒

西藏：墨脱 刘成，亚吉东，何华杰等 16CS11841

西藏：墨脱 刘成，亚吉东，何华杰等 16CS11895

云南：隆阳区 李恒，李嵘，刀志灵 1360

云南：镇沅 何忠云，周立刚 ALSZY319

Piper wallichii (Miquel) Handel-Mazzetti 石南藤

云南：贡山 蔡杰，郭云刚，张凤琼等 14CS9782

云南：景东 刘长铭，罗庆光，袁小龙等 JDNR11024

云南：景东 罗尧，李坚强，董志明 JDNR11087

Piper yunnanense Y. C. Tseng 蒟子 *
云南：贡山 刘成，何华杰，黄莉等 14CS8549

Pittosporaceae 海桐花科

海桐花科	世界	中国	种质库
属 / 种（种下等级）/ 份数	6-9/200	1/44	1/23(26)/118

Pittosporum balansae Aug. de Candolle 聚花海桐
广西：上思 何海文，杨锦超 YANGXF0289
云南：新平 王家和，刘蜀南，李俊友 XPALSC186
Pittosporum brevicalyx (Oliver) Gagnepain 短萼海桐 *
湖南：江永 姜孝成，唐贵华，潘孝武 SCSB-HNJ-0049
江西：永新 旷仁平 SCSB-HN-2214
陕西：白河 田先华，王孝安 TianXH1060
四川：米易 袁明 MY584
云南：景东 鲁艳 2008144
云南：隆阳区 赵文李 BSGLGS1y3044
云南：麻栗坡 张挺，李洪超，左定科 SCSB-B-000324
云南：麻栗坡 肖波 LuJL422
云南：墨江 彭华，向春雷，陈丽等 P.H.5670
云南：墨江 何疆海，何来收，白然思等 HLS0336
云南：南涧 高国政 NJWLS1334
云南：维西 王文礼，冯欣，刘飞鹏 OUXK11067
云南：文山 何德明，韦荣彪，黄太文 WSLJS765
云南：西山区 张挺，郭云刚，杨静 SCSB-B-000296
云南：西山区 彭华，陈丽 P.H.5311
云南：易门 伊廷双 81638
云南：元江 孙振华，王文礼，宋晓卿等 Ouxk-YJ-0048
云南：云龙 郭永杰，王杨飞，李施文等 TC4013
云南：镇沅 朱恒 ALSZY141
Pittosporum crispulum Gagnepain 皱叶海桐 *
湖北：竹溪 李盛兰 GanQL218
四川：丹巴 高云东，李忠荣，鞠文彬 GaoXF-12-134
四川：峨眉山 李小杰 LiXJ135
云南：勐腊 谭运洪 A380
Pittosporum daphniphylloides var. **adaphniphylloides** (Hu & F. T. Wang) W. T. Wang 大叶海桐 *
湖北：宣恩 沈泽昊 HXE149
湖南：桑植 陈功锡，廖博儒，查学州等 49
Pittosporum glabratum Lindley 光叶海桐
贵州：南明区 邹方伦 ZouFL0187
湖南：永定区 吴福川，廖博儒，查学州 48
云南：文山 何德明，张挺，刘成等 WSLJS497
Pittosporum heterophyllum Franchet 异叶海桐 *
西藏：错那 罗建，汪书丽 LiuJQ11XZ164
云南：宁蒗 任宗昕，寸龙琼，任尚国 SCSB-W-1364
云南：香格里拉 刀志灵 DZL461
Pittosporum illicioides Makino 海金子
安徽：绩溪 许玥，祝文志，刘志祥等 ShenZH8428
安徽：祁门 洪欣 ZSB305
安徽：休宁 唐鑫生，方建新 TangXS0374
安徽：宣城 刘淼 HANGYY8103
贵州：江口 彭华，王英，陈丽 P.H.5151
湖北：五峰 李平 AHL102
湖南：古丈 刘克明，朱晓文 SCSB-HN-0510
湖南：江华 肖乐希 SCSB-HN-1196
湖南：石门 姜孝成，唐妹，陈显胜等 Jiangxc0439
湖南：新化 黄先辉，杨亚平，卜剑超 SCSB-HNJ-0344
湖南：新宁 姜孝成，唐贵华，袁双艳等 SCSB-HNJ-0288
湖南：永顺 陈功锡，张代贵 SCSB-HC-2008368
江苏：江宁区 吴宝成，王兆银 HANGYY8656
江苏：宜兴 李宏庆，田怀珍，葛斌杰等 Lihq0259
江苏：宜兴 吴宝成 HANGYY8203
江西：井冈山 兰国华 LiuRL068
江西：黎川 童和平，王玉珍 TanCM2762
江西：芦溪 杜小浪，慕泽泾，曹岚 DXL069
江西：庐山区 董安淼，吴从梅 TanCM949
四川：峨眉山 李小杰 LiXJ136
Pittosporum johnstonianum Gowda 滇西海桐
云南：贡山 刘成，何华杰，黄莉等 14CS8519
云南：贡山 刀志灵 DZL325
Pittosporum kerrii Craib 羊脆木
云南：峨山 刘恩德，方伟，杜燕等 SCSB-B-000007
云南：建水 刘成，蔡杰，胡枭剑 12CS4754
云南：景东 罗忠华，谢有能，刘长铭等 JDNR031
云南：景谷 彭志仙 YNS0010
云南：景洪 张绍云 YNS0083
云南：澜沧 刀志灵 DZL552
云南：勐海 刀志灵 DZL556
云南：弥勒 刘恩德，方伟，杜燕等 SCSB-B-000050
云南：墨江 刀志灵，陈渝 DZL566
云南：南涧 张世雄 NJWLS390
云南：南涧 熊绍荣，李成清，邹国娟等 NJWLS2008101
云南：南涧 李名生，官有才 NJWLS2008210
云南：普洱 刀志灵 DZL582
云南：新平 白绍斌 XPALSC540
Pittosporum napaulense (de Candolle) Rehder & E. H. Wilson 滇藏海桐
西藏：察隅 张大才，李双智，唐路等 ZhangDC-07ZX-1696
云南：沧源 赵金超，杨红强 CYNGH445
云南：腾冲 周应再 Zhyz-428
云南：腾冲 余新林，赵玮 BSGLGStc282
云南：永德 李永亮 YDDXS0046
云南：永善 张挺，王培，肖良俊 SCSB-B-000533
云南：云龙 李施文，张志云 TC1027
Pittosporum paniculiferum H. T. Chang & S. Z. Yan 圆锥海桐 *
云南：永德 李永亮，马文军，陈海涛 YDDXSB113
Pittosporum parvicapsulare H. T. Chang & S. Z. Yan 小果海桐 *
贵州：施秉 邹方伦 ZouFL0249
Pittosporum pauciflorum Hooker & Arnott 少花海桐
江西：庐山区 董安淼，吴从梅 TanCM2876
Pittosporum pauciflorum var. **oblongum** H. T. Chang & S. Z. Yan 长果海桐 *
广西：八步区 莫水松 Liuyan1099
广西：贺州 姜孝成，王丽萍，鲁长青 Jiangxc0672
Pittosporum pentandrum (Blanco) Merrill var. **formosanum** (Hayata) Z. Y. Zhang & Turland 台琼海桐
云南：勐腊 赵相兴 A056
Pittosporum perryanum Gowda 缝线海桐 *
云南：元阳 亚吉东，黄莉，何华杰 15CS11433
Pittosporum podocarpum Gagnepain 柄果海桐
云南：河口 张贵良，张贵生，杨鑫峰等 ZhangGL220
云南：屏边 刘成，亚吉东，张桥蓉 16CS14114
云南：石林 张桥蓉，亚吉东，李昌洪 15CS11581
Pittosporum podocarpum var. **angustatum** Gowda 线叶柄果

海桐
云南：孟连 彭华，向春雷，陈丽 P.H.5835
Pittosporum pulchrum Gagnepain 秀丽海桐
广西：凭祥 黄俞淞，梁永延，叶晓霞 Liuyan0003
Pittosporum rehderianum Gowda 厚圆果海桐 *
陕西：白河 田先华，王孝安 TianXH1061
四川：乐至 邓兴敏，邓秀发，张昌兵 ZCB0467
四川：万源 张桥蓉，余华，王义 15CS11512
Pittosporum tobira (Thunberg) W. T Aiton 海桐
安徽：屯溪区 方建新 TangXS0144
湖北：竹溪 李盛兰 GanQL922
湖南：鹤城区 李胜华，伍贤进，曾汉元等 HHXY162
湖南：岳麓区 姜孝成，唐妹，陈显胜等 Jiangxc0507
湖南：岳麓区 刘克明，蔡秀珍 SCSB-HN-0662
湖南：岳麓区 姜孝成，陈丰林 SCSB-HNJ-0308
湖南：中方 伍贤进，李胜华，曾汉元等 HHXY118
江苏：句容 王兆银，吴宝成 SCSB-JS0414
云南：澜沧 彭华，向春雷，陈丽等 P.H.5755
云南：南涧 沈文明 NJWLS1322
云南：西畴 税玉民，陈文红 80964
Pittosporum tonkinense Gagnepain 四子海桐
云南：昌宁 赵玮 BSGLGSly202
云南：麻栗坡 肖波 LuJL476
云南：马关 张挺，修莹莹，李胜 SCSB-B-000622
云南：盈江 王立彦，徐桂华 SCSB-TBG-076
云南：永德 欧阳红才，穆勤学，奎文康 YDDXSC004
云南：永德 欧阳红才，普跃东，鲁金国等 YDDXSC032
云南：镇沅 罗成瑜 ALSZY382
Pittosporum trigonocarpum H. Léveillé 棱果海桐 *
贵州：江口 周云，王勇 XiangZ071
四川：射洪 袁明 YUANM2015L098
Pittosporum truncatum Pritzel 崖花子 *
湖北：神农架林区 李巨平 LiJuPing0044
湖北：神农架林区 李巨平 LiJuPing0257
湖北：兴山 祝文志，刘志祥，曹远俊 ShenZH5765
湖北：竹溪 李盛兰 GanQL555
江西：庐山区 董安淼，吴从梅 TanCM3098
四川：金川 何兴金，马祥光，郜鹏 SCU-10-209
Pittosporum xylocarpum Hu & F. T. Wang 木果海桐 *
云南：双柏 彭华，刘恩德，陈丽等 P.H.5505

Plantaginaceae 车前科

车前科	世界	中国	种质库
属 / 种（种下等级）/ 份数	～90/1900	21/165	17/81(92)/822

Adenosma glutinosum (Linnaeus) Druce 毛麝香
云南：景东 鲁艳 200860
Adenosma indianum (Loureiro) Merrill 球花毛麝香
云南：麻栗坡 肖波 LuJL209
云南：麻栗坡 肖波 LuJL492
Bacopa monnieri (Linnaeus) Pennell 假马齿苋
云南：永德 李永亮 LiYL1448
Callitriche fehmedianii Majeed Kak & Javeid 西南水马齿
云南：文山 何德明，丰艳飞，曹世超 WSLJS670
Ellisiophyllum pinnatum (Wallich ex Bentham) Makino 幌菊
云南：文山 熊保国，何德明 WSLJS967

Gratiola japonica Miquel 水八角
黑龙江：方正 孙阎，杜景红 SunY256
云南：景洪 彭华，向春雷，陈丽等 P.H.5709
Hemiphragma heterophyllum var. **pedicellatum** Handel-Mazzetti 有梗鞭打绣球 *
云南：贡山 张挺，杨湘云，李涟漪等 14CS9648
Hemiphragma heterophyllum Wallich 鞭打绣球
四川：巴塘 张大才，尹五元，李双智等 ZhangDC-07ZX-2257
四川：巴塘 孙航，张建文，邓涛等 SunH-07ZX-3702
四川：巴塘 陈文允，于文涛，黄永江 CYH048
四川：道孚 李晓东，张景博，徐凌翔等 LiJ499
四川：稻城 何兴金，胡灏禹，陈德友等 SCU-09-368
四川：得荣 孙航，李新辉，陈林杨 SunH-07ZX-3017
四川：得荣 张大才，李双智，杨川 ZhangDC-07ZX-1935
四川：汉源 汤加勇，赖建军 Y07134
四川：黑水 顾垒，李忠荣 GaoXF-09ZX-1367
四川：红原 张昌兵，邓秀发，郝国歉 ZhangCB0345
四川：九龙 孔航辉，罗江平，左雷等 YangQE3455
四川：九龙 孙航，张建文，董金龙等 SunH-07ZX-4019
四川：九龙 孙航，张建文，董金龙等 SunH-07ZX-4041
四川：康定 许炳强，童毅华，吴兴等 XiaNH-07ZX-1084
四川：康定 孙航，张建文，邓涛等 SunH-07ZX-3760
四川：康定 何兴金，王月，胡灏禹 SCU-08179
四川：康定 何兴金，王长宝，刘爽等 SCU-09-006
四川：凉山 孙航，张建文，邓涛等 SunH-07ZX-3787
四川：米易 刘静 MY-282
四川：米易 袁明 MY282
四川：冕宁 孙航，张建文，董金龙等 SunH-07ZX-4064
四川：木里 苏涛，黄永江，杨青松等 ZhouZK11346
四川：木里 王红，张书东，任宗昕 SCSB-W-333
四川：普格 苏涛，黄永江，杨青松等 ZhouZK11007
四川：乡城 吕元林 N014A
四川：乡城 杨青松，杨莹，黄永江等 ZhouZK-07ZX-0106
四川：雅江 何兴金，李琴琴，马祥光等 SCU-09-122
四川：盐边 苏涛，黄永江，杨青松等 ZhouZK11329
西藏：波密 陈家辉，韩希，王东超等 YangYP-Q-4021
西藏：波密 陈家辉，韩希，王东超等 YangYP-Q-4075
西藏：察隅 张挺，蔡杰，袁明 09CS1542
西藏：错那 马永鹏 ZhangCQ-0058
西藏：林芝 罗建，王国严，汪书丽 LiuJQ-08XZ-060
西藏：林芝 罗建，林玲 LiuJQ-09XZ-016
西藏：林芝 孙航，张建文，陈建国等 SunH-07ZX-2807
西藏：林芝 陈家辉，韩希，王东超等 YangYP-Q-4048
西藏：亚东 何华杰，张书东 81236
云南：安宁 杜燕，周开洪，王建军等 SCSB-A-000366
云南：沧源 赵金超，杨红强 CYNGH266
云南：大理 张德全，王应龙，文青华等 ZDQ096
云南：德钦 陈文允，于文涛，黄永江等 CYHL126
云南：东川区 彭华，向春雷，王泽欢 PengH8021
云南：洱源 杨青松，星耀武，苏涛 ZhouZK-07ZX-0270
云南：洱源 杨青松，杨莹，黄永江等 ZhouZK-07ZX-0237
云南：福贡 许炳强，吴兴，李婧等 XiaNh-07zx-193
云南：贡山 蔡杰，郭云刚，张凤琼等 14CS9721
云南：河口 张贵良，杨鑫峰，陶美英等 ZhangGL197
云南：红河 彭华，向春雷，陈丽 PengH8247
云南：会泽 杜燕，黄天才，董勇等 SCSB-A-000330
云南：金平 喻智勇，官兴永，张云飞等 JinPing24
云南：景东 杨国平，李达文，鲁志云 ygp-044

云南：景东 鲁成荣，谢有能，张明勇 JD050
云南：景东 彭华，陈丽 P.H.5453
云南：临沧 彭华，向春雷，陈丽 PengH8067
云南：龙陵 孙兴旭 SunXX037
云南：隆阳区 尹学建，胡玉龙 BSGLGS1y2039
云南：隆阳区 赵玮，莫连贤，段在贤 BSGLGS1y015
云南：禄劝 胡光万 HGW-00329
云南：绿春 黄连山保护区科研所 HLS0010
云南：绿春 黄连山保护区科研所 HLS0102
云南：绿春 何疆海，何来收，白然思等 HLS0367
云南：绿春 税玉民，陈文红 73063
云南：麻栗坡 肖波 LuJL135
云南：马关 税玉民，陈文红 82577
云南：孟连 彭华，向春雷，陈丽 P.H.5871
云南：南涧 邹国娟，徐如标，李成清等 NJWLS2008285
云南：南涧 阿国仁 NJWLS1154
云南：南涧 邹国娟，常学科，时国彩 njwls2007014
云南：宁蒗 任宗昕，艾洪莲，张舒 SCSB-W-1448
云南：宁蒗 任宗昕，寸龙琼，任尚国 SCSB-W-1352
云南：盘龙区 彭华，向春雷，王泽欢 PengH8449
云南：屏边 税玉民，陈文红 82521
云南：普洱 叶金科 YNS0139
云南：巧家 李文虎，吴天抗，张天壁等 QJYS0176
云南：巧家 张书东，何俊，蒋伟等 SCSB-W-311
云南：巧家 郁文彬，张舒，艾洪莲等 SCSB-W-1019
云南：石林 税玉民，陈文红 65445
云南：石林 税玉民，陈文红 66093
云南：嵩明 Paul Smith，Kate Gold SCSB-A-000004
云南：腾冲 周应再 Zhyz-148
云南：维西 张燕妮 OuXK-0053
云南：文山 何德明，张挺，刘成等 WSLJS498
云南：文山 税玉民，陈文红 16262
云南：文山 税玉民，陈文红 71381
云南：文山 税玉民，陈文红 81043
云南：文山 税玉民，陈文红 81118
云南：武定 张挺，张书东，李爱花等 SCSB-A-000080
云南：香格里拉 郭永杰，张桥蓉，李春晓等 11CS3461
云南：香格里拉 李爱花，周开洪，黄之镨等 SCSB-A-000264
云南：香格里拉 孙航，张建文，邓涛等 SunH-07ZX-3305
云南：香格里拉 孙航，张建文，董金龙等 SunH-07ZX-3501
云南：香格里拉 杨青松，杨莹，黄永江等 ZhouZK-07ZX-0109
云南：香格里拉 杨青松，杨莹，黄永江等 ZhouZK-07ZX-0223
云南：香格里拉 周浙昆，苏涛，杨莹等 Zhou09-063
云南：新平 彭华，陈丽 P.H.5367
云南：新平 白绍斌 XPALSC059
云南：新平 彭华，向春雷，陈丽等 P.H.5584
云南：盈江 王立彦，桂魏，刀江飞 SCSB-TBG-122
云南：永德 欧阳红才，普跃东，赵学盛等 YDDXSC051
云南：永德 李永亮 YDDXS0654
云南：元阳 田学军，杨建，邱成书等 Tianxj0082
云南：云龙 李施文，张志云，段耀飞等 TC3021
云南：镇沅 朱恒 ALSZY060
云南：镇沅 王立东，何忠云，罗成瑜 ALSZY199

Hippuris vulgaris Linnaeus **杉叶藻**

新疆：博乐 亚吉东，张桥蓉，秦少发等 16CS13819
新疆：乌恰 塔里木大学植物资源调查组 TD-01496

Lagotis brachystachya Maximowicz **短穗兔耳草 ***

青海：格尔木 冯虎元 LiuJQ-08KLS-063
青海：海西 汪书丽，王志强，邹嘉宾 Liujq-Txm10-088
青海：玛多 陈世龙，高庆波，张发起等 Chensl1382
青海：玛多 陈世龙，张得钧，高庆波等 Chensl0074
青海：玛多 陈世龙，张得钧，高庆波等 Chensl0092
青海：曲麻莱 陈世龙，高庆波，张发起等 Chensl1425
西藏：阿里 陈家辉，庄会富，边巴扎西 Yangyp-Q-2038

Lagotis brevituba Maximowicz **短筒兔耳草 ***

青海：祁连 陈世龙，高庆波，张发起等 Chensl1439

Lagotis clarkei J. D. Hooker **大萼兔耳草**

西藏：八宿 徐波，陈光富，陈林杨等 SunH-07ZX-0995
西藏：丁青 陈家辉，王赟，刘德团 YangYP-Q-3220

Limnophila aromatica (Lamarck) Merrill **紫苏草**

安徽：霍山 吴林园，张晓峰 HANGYY9081
云南：绿春 彭华，向春雷，陈丽等 P.H.5608

Limnophila chinensis (Osbeck) Merrill **中华石龙尾**

云南：景东 鲁艳 2008174
云南：绿春 彭华，向春雷，陈丽等 P.H.5622
云南：盈江 王立彦，黄建刚 TBG-016
云南：永德 李永亮 LiYL1632
云南：元江 刀志灵，陈渝，张洪喜 DZL-202

Limnophila connata (Buchanan-Hamilton ex D. Don) Handel-Mazzetti **抱茎石龙尾**

云南：文山 何德明 WSLJS860
云南：盈江 王立彦，黄建刚 TBG-018

Limnophila sessiliflora (Vahl) Blume **石龙尾**

安徽：屯溪区 方建新 TangXS0679
江西：庐山区 董安淼，吴丛梅 TanCM3332
江西：星子 董安淼，吴从梅 TanCM1429
山东：海阳 张少华，张诏，程丹丹等 Lilan680

Linaria bungei Kuprianova **紫花柳穿鱼**

新疆：霍城 段士民，王喜勇，刘会良 Zhangdy327
新疆：温泉 许炳强，胡伟明 XiaNH-07ZX-858
新疆：乌鲁木齐 王喜勇，马文宝，施翔 zdy327

Linaria buriatica Turczaninow ex Bentham **多枝柳穿鱼**

黑龙江：肇源 杨帆，马红媛，安丰华 SNA0564
内蒙古：土默特右旗 刘博，蒲拴莲，刘润宽等 M347

Linaria kulabensis B. Fedtschenko **帕米尔柳穿鱼**

新疆：巩留 亚吉东，张桥蓉，秦少发等 16CS13512
新疆：新源 亚吉东，张桥蓉，胡枭剑 16CS12961

Linaria longicalcarata D. Y. Hong **长距柳穿鱼 ***

新疆：哈巴河 段士民，王喜勇，刘会良等 197
新疆：昭苏 亚吉东，张桥蓉，秦少发等 16CS13571

Linaria thibetica Franchet **宽叶柳穿鱼 ***

四川：阿坝 蔡杰，张挺，刘成 10CS2576
四川：稻城 孙航，董金龙，朱鑫鑫等 SunH-07ZX-4079
四川：红原 张昌兵 ZhangCB0036
四川：乡城 孙航，李新辉，陈林杨 SunH-07ZX-2946
西藏：工布江达 罗建，汪书丽，任德智 LiuJQ-09XZ-ML057
西藏：工布江达 卢洋，刘帆等 LiJ827
西藏：左贡 张永洪，李国栋，王晓雄 SunH-07ZX-1796
西藏：左贡 张永洪，李国栋，王晓雄 SunH-07ZX-1800
西藏：左贡 徐波，陈光富，陈林杨等 SunH-07ZX-2092
云南：香格里拉 杨青松，星耀武，苏涛 ZhouZK-07ZX-0361

Linaria vulgaris Miller **柳穿鱼**

江西：星子 谭策铭，董安淼 TanCM265
内蒙古：武川 刘博，蒲拴莲，刘润宽等 M364
山东：海阳 辛晓伟 Lilan867
新疆：塔什库尔干 邱娟，冯建菊 LiuJQ0088

Linaria vulgaris subsp. **acutiloba** (Fischer ex Reichenbach) D. Y. Hong **新疆柳穿鱼**
新疆：托里 谭敦炎，吉乃提 TanDY0743
Plantago arachnoidea Schrenk **蛛毛车前**
湖南：怀化 李胜华，伍贤进，曾汉元等 HHXY302
新疆：阿合奇 杨赵平，周禧琳，贺冰 LiZJ1389
新疆：塔什库尔干 杨赵平，周禧林，贺冰 LiZJ1220
Plantago aristata Michaux **芒苞车前**
山东：莒县 高德民，步瑞兰，辛晓伟等 Lilan809
山东：崂山区 罗艳，李中华 LuoY076
Plantago asiatica Linnaeus **车前**
安徽：肥西 陈延松，陈翠兵，沈云 Xuzd046
安徽：黄山区 方建新 TangXS0516
安徽：石台 洪欣 ZhouSB0161
安徽：舒城 陈延松，欧祖兰，高秋晨等 Xuzd269
甘肃：合作 刘坤 LiuJQ-GN-2011-644
贵州：独山 张文超 Yuanm041
河北：武安 牛玉璐，王晓亮 NiuYL586
黑龙江：北安 郑宝江，潘磊 ZhengBJ012
黑龙江：虎林市 王庆贵 CaoW718
湖北：黄梅 刘淼 SCSB-JSA7
湖北：神农架林区 李巨平 LiJuPing0173
湖北：宣恩 沈泽昊 HXE048
湖北：竹溪 李盛兰 GanQL977
湖南：澧县 田淑珍 SCSB-HN-1572
湖南：南县 田淑珍，刘克明 SCSB-HN-1762
湖南：石门 陈功锡，张代贵，邓涛等 SCSB-HC-2007524
湖南：双牌 姜孝成，王丽萍，李育华 Jiangxc0808
湖南：湘乡 朱香清，田淑珍 SCSB-HN-1441
湖南：新宁 姜孝成，唐贵华，袁双艳等 SCSB-HNJ-0233
湖南：宜章 刘克明，田淑珍，王成 SCSB-HN-0766
湖南：永定区 林永惠，吴福川，晏丽等 14
湖南：永顺 陈功锡，张代贵 SCSB-HC-2008125
湖南：沅陵 刘克明，周磊，彭新星等 SCSB-HN-1369
湖南：岳麓区 刘克明，陈薇，丛义艳 SCSB-HN-0016
湖南：长沙 陈薇，田淑珍 SCSB-HN-0733
湖南：长沙 朱香清，田淑珍 SCSB-HN-1476
吉林：大安 杨帆，马红媛，安丰华 SNA0078
吉林：敦化 杨保国，张明鹏 CaoW0007
吉林：和龙 杨保国，张明鹏 CaoW0033
吉林：珲春 杨保国，张明鹏 CaoW0058
吉林：延吉 杨保国，张明鹏 CaoW0048
江苏：赣榆 吴宝成 HANGYY8305
江苏：江宁区 顾子霞 SCSB-JS0435
江苏：句容 王兆银，吴宝成 SCSB-JS0104
江苏：射阳 吴宝成 HANGYY8256
江西：黎川 童和平，王玉珍，常迪江等 TanCM2075
江西：庐山区 董安淼，吴从梅 TanCM2253
宁夏：贺兰 何志斌，杜军，陈龙飞等 HHZA0124
宁夏：彭阳 李磊，朱奋霞 ZuoZh116
青海：黄南 何兴金，冯图，成英等 SCU-QH08072211
青海：乐都 何兴金，冯图，成英等 SCU-QH08071902
山东：垦利 曹子谊，韩国营，曹宇等 Zhaozt0098
山东：牟平区 卞福花，卢学新，纪伟等 BianFH00024
上海：宝山区 李宏庆 Lihq0178
四川：稻城 于文涛，李国锋 WTYu-457
四川：稻城 何兴金，王长宝，刘爽等 SCU-09-037
四川：稻城 何兴金，王长宝，刘爽等 SCU-09-049
四川：得荣 孙航，李新辉，陈林杨 SunH-07ZX-2920
四川：得荣 孙航，李新辉，陈林杨 SunH-07ZX-3025
四川：九龙 孙航，张建文，董金龙等 SunH-07ZX-4055
四川：理塘 苏涛，黄永江，杨青松等 ZhouZK11141
四川：马尔康 何兴金，李琴琴，王长宝等 SCU-08088
四川：米易 刘静，袁明 MY-056
四川：普格 苏涛，黄永江，杨青松等 ZhouZK11003
四川：壤塘 何兴金，刘爽，易欣 SCU-10-348
四川：射洪 袁明 YUANM2015L043
四川：天全 汤加勇，陈刚 Y07152
四川：汶川 袁明，高刚，杨勇 YM2014027
西藏：八宿 张永洪，王晓雄，周卓等 SunH-07ZX-1174
西藏：八宿 徐波，陈光富，陈林杨等 SunH-07ZX-1475
西藏：芒康 马永鹏 ZhangCQ-0004
新疆：博乐 徐文斌，黄雪姣 SHI-2008344
新疆：博乐 徐文斌，许晓敏 SHI-2008400
新疆：和静 邱爱军，张玲，马帅 LiZJ1761
新疆：和静 张玲 TD-01701
新疆：和田 冯建菊 Liujq-fjj-0091
新疆：呼图壁 段士民，王喜勇，刘会良 Zhangdy299
新疆：呼图壁 段士民，王喜勇，刘会良 Zhangdy307
新疆：托里 徐文斌，杨清理 SHI-2009279
新疆：乌鲁木齐 马文宝，刘会良，施翔 zdy196
新疆：乌鲁木齐 王喜勇，马文宝，施翔 zdy260
新疆：乌鲁木齐 邱娟，艾沙江 TanDY0220
云南：德钦 杨青松，杨莹，黄永江等 ZhouZK-07ZX-0087
云南：金平 税玉民，陈文红 80546
云南：昆明 张书东，林娜娜，陆露等 SCSB-W-060
云南：丽江 张书东，林娜娜，陆露等 SCSB-W-134
云南：隆阳区 赵玮 BSGLGSly088
云南：泸水 许炳强，吴兴，李婧等 XiaNh-07zx-034
云南：麻栗坡 肖波 LuJL160
云南：麻栗坡 税玉民，陈文红 72036
云南：蒙自 田学军 TianXJ0131
云南：普洱 胡启和，仇亚，周英等 YNS0724
云南：巧家 杨光明，颜再奎，张天壁等 QJYS0085
云南：石林 税玉民，陈文红 65850
云南：石林 税玉民，陈文红 66028
云南：文山 税玉民，陈文红 71802
云南：西山区 税玉民，陈文红 65781
云南：西山区 税玉民，陈文红 65903
云南：香格里拉 杨亲二，袁琼 Yangqe1952
浙江：临安 吴林园，彭斌，顾子霞 HANGYY9004
Plantago asiatica subsp. **erosa** (Wallich) Z. Yu Li **疏花车前**
湖北：仙桃 张代贵 Zdg3348
四川：红原 张昌兵，邓秀华 ZhangCB0300
四川：乐至 邓兴敏，邓秀发，张昌兵 ZCB0450
四川：雅江 何兴金，郜鹏，彭禄等 SCU-11-371
云南：德钦 孙航，李新辉，陈林杨 SunH-07ZX-2972
云南：洱源 杨青松，杨莹，黄永江等 ZhouZK-07ZX-0041
云南：金平 税玉民，陈文红 80060
云南：金平 喻智勇，染完利，张云飞 JinPing104
云南：景东 杨国平 07-23
云南：景东 罗忠华，谢有能，刘长铭等 JDNR006
云南：兰坪 张挺，徐远杰，陈冲等 SCSB-B-000210
云南：巧家 张书东，张荣，王银环等 QJYS0233
云南：石林 税玉民，陈文红 66084
云南：腾冲 周应再 Zhyz-191

云南：新平 谢雄 XPALSC092
云南：新平 何罡安 XPALSB007
云南：新平 自正尧，李伟 XPALSB205
云南：镇沅 何忠云 ALSZY274

Plantago cavaleriei H. Léveillé 尖萼车前 *

西藏：当雄 陈家辉，庄会富，刘德团 yangyp-Q-0162
西藏：左贡 苏涛，黄永江，杨青松等 ZhouZK11299
云南：大理 张书东，林娜娜，陆露等 SCSB-W-187
云南：香格里拉 李爱花，周开洪，黄之镨等 SCSB-A-000271
云南：新平 罗有明 XPALSB083

Plantago depressa Willdenow 平车前

北京：东城区 朱雅娟，王雷，黄振英 Beijing-huang-xs-0001
北京：西城区 王雷，朱雅娟，黄振英 Beijing-huang-ss1-0001
甘肃：合作 郭淑青，杜品 LiuJQ-2012-GN-009
甘肃：合作 郭淑青，杜品 LiuJQ-2012-GN-011
甘肃：碌曲 李晓东，刘帆，张景博等 LiJ0119
甘肃：玛曲 刘坤 LiuJQ-GN-2011-643
河北：青龙 牛玉璐，王晓亮 NiuYL529
黑龙江：大同区 杨帆，马红媛，安丰华 SNA0642
黑龙江：饶河 王庆贵 CaoW591
吉林：南关区 王云贺 Yanglm0057
吉林：镇赉 杨帆，马红媛，安丰华 SNA0114
吉林：镇赉 杨帆，马红媛，安丰华 SNA0141
吉林：镇赉 杨帆，马红媛，安丰华 SNA0169
江苏：句容 王兆银，吴宝成 SCSB-JS0101
内蒙古：和林格尔 蒲拴莲，李茂文 M046
内蒙古：伊金霍洛旗 杨学军 Huangzy0239
青海：都兰 冯虎元 LiuJQ-08KLS-171
青海：都兰 潘建斌，杜维波，牛炳韬 Liujq-2011CDM-166
青海：都兰 潘建斌，杜维波，牛炳韬 Liujq-2011CDM-237
青海：门源 吴玉虎 LJQ-QLS-2008-0054
青海：囊谦 许炳强，周伟，郑朝汉 Xianh0103
青海：乌兰 潘建斌，杜维波，牛炳韬 Liujq-2011CDM-294
山东：历城区 樊守金，郑国伟，李铭等 Zhaozt0047
山东：历下区 李兰，王萍，张少华等 Lilan-013
四川：丹巴 余岩，周春景，秦汉涛 SCU-11-068
四川：丹巴 何兴金，胡灏禹，沈呈娟等 SCU-11-417
四川：道孚 何兴金，胡灏禹，沈呈娟等 SCU-11-442
四川：稻城 何兴金，高云东，王志新等 SCU-09-249
四川：稻城 何兴金，胡灏禹，陈德友等 SCU-09-352
四川：稻城 何兴金，胡灏禹，陈德友等 SCU-09-359
四川：稻城 何兴金，李琴琴，马祥光等 SCU-09-164
四川：德格 苏涛，黄永江，杨青松等 ZhouZK11224
四川：甘孜 苏涛，黄永江，杨青松等 ZhouZK11189
四川：甘孜 陈文允，于文涛，黄永江 CYH097
四川：甘孜 陈文允，于文涛，黄永江 CYH123
四川：甘孜 陈家辉，王赟，刘德团 YangYP-Q-3059
四川：红原 何兴金，高云东，刘海艳等 SCU-20080516
四川：红原 张昌兵，邓秀华 ZhangCB0299
四川：康定 何兴金，高云东，王志新等 SCU-09-211
四川：理塘 李晓东，张景博，徐凌翔等 LiJ331
四川：理塘 何兴金，胡灏禹，陈德友等 SCU-09-323
四川：泸定 何兴金，赵丽华，梁乾隆等 SCU-11-118
四川：茂县 彭华，刘振稳，向春雷等 P.H.5040
四川：若尔盖 高云东，李忠荣，鞠文彬 GaoXF-12-017
四川：松潘 何兴金，张云香，王志新 SCU-10-527
四川：新龙 陈家辉，王赟，刘德团 YangYP-Q-3011
西藏：安多 陈家辉，庄会富，边巴扎西 Yangyp-Q-2078
西藏：八宿 张挺，李爱花，刘成等 08CS694
西藏：波密 孙航，张建文，陈建国等 SunH-07ZX-2528
西藏：昌都 苏涛，黄永江，杨青松等 ZhouZK11263
西藏：昌都 陈家辉，王赟，刘德团 YangYP-Q-3106
西藏：昌都 陈家辉，王赟，刘德团 YangYP-Q-3135
西藏：达孜 卢洋，刘帆等 LiJ916
西藏：当雄 陈家辉，王赟，刘德团 YangYP-Q-3251
西藏：当雄 许炳强，童毅华 XiaNh-07zx-551
西藏：定日 王东超，杨大松，张春林等 YangYP-Q-5115
西藏：工布江达 卢洋，刘帆等 LiJ836
西藏：工布江达 陈家辉，韩希，王东超等 YangYP-Q-4130
西藏：贡嘎 李晖，边巴，徐爱国 lihui-Q-09-51
西藏：江孜 陈家辉，韩希，王东超等 YangYP-Q-4272
西藏：拉萨 卢洋，刘帆等 LiJ711
西藏：拉萨 陈家辉，韩希，王广艳等 YangYP-Q-4195
西藏：朗县 罗建，汪书丽，任德智 L024
西藏：浪卡子 陈家辉，韩希，王广艳等 YangYP-Q-4171
西藏：浪卡子 杨永平，王东超，杨大松等 YangYP-Q-5035
西藏：林芝 卢洋，刘帆等 LiJ739
西藏：林芝 陈家辉，韩希，王广艳等 YangYP-Q-4099
西藏：林周 陈家辉，韩希，王广艳等 YangYP-Q-4150
西藏：墨竹工卡 卢洋，刘帆等 LiJ898
西藏：那曲 陈家辉，庄会富，刘德团 Yangyp-Q-0187
西藏：那曲 陈家辉，庄会富，刘德团 Yangyp-Q-0209
西藏：那曲 陈家辉，庄会富，刘德团 Yangyp-Q-0221
西藏：那曲 钟扬 ZhongY1001
西藏：聂拉木 陈家辉，韩希，王广艳等 YangYP-Q-4312
西藏：普兰 李晖，文雪梅，次旺加布等 Lihui-Q-0014
西藏：普兰 陈家辉，庄会富，刘德团等 Yangyp-Q-0006
西藏：曲水 陈家辉，韩希，王东超等 YangYP-Q-4366
西藏：仁布 李晖，文雪梅，次旺加布等 Lihui-Q-0089
西藏：日喀则 马永鹏 ZhangCQ-0017
西藏：日土 李晖，文雪梅，次旺加布等 Lihui-Q-0057
西藏：桑日 陈家辉，韩希，王广艳等 YangYP-Q-4212
西藏：索县 汪书丽，王志强，邹嘉宾 Liujq-Txm10-125
西藏：亚东 陈家辉，韩希，王东超等 YangYP-Q-4291
西藏：扎囊 王东超，杨大松，张春林等 YangYP-Q-5080
新疆：策勒 冯建菊 Liujq-fjj-0047
新疆：巩留 刘鸯，徐文斌，马真等 SHI-A2007227
新疆：和静 邱爱军，张玲，马帅 LiZJ1710
新疆：和静 邱爱军，张玲 LiZJ1816
新疆：和静 张玲，杨赵平 TD-01378
新疆：玛纳斯 亚吉东，张桥蓉，秦少发等 16CS13231
新疆：塔什库尔干 杨赵平，周禧林，贺冰 LiZJ1233
新疆：塔什库尔干 邱娟，冯建菊 LiuJQ0029
新疆：塔什库尔干 邱娟，冯建菊 LiuJQ0146
新疆：塔什库尔干 李志军，蔡杰，张玲等 TD-01118
新疆：塔什库尔干 张玲，杨赵平 TD-01591
新疆：塔什库尔干 黄文娟，段黄金，王英鑫等 LiZJ0320
新疆：温泉 徐文斌，黄雪姣 SHI-2008217
新疆：温宿 邱爱军，张玲 LiZJ1868
新疆：乌恰 杨赵平，周禧琳，贺冰 LiZJ1278
新疆：乌恰 杨赵平，周禧琳，贺冰 LiZJ1309
新疆：乌恰 塔里木大学植物资源调查组 TD-00735
新疆：乌恰 杨赵平，黄文娟 TD-01812
新疆：叶城 黄文娟，段黄金，王英鑫等 LiZJ0861
新疆：叶城 冯建菊，蒋学玮 Liujq-fjj-0117
新疆：叶城 冯建菊，蒋学玮 Liujq-fjj-0121

新疆：于田 冯建菊 Liujq-fjj-0008
新疆：于田 冯建菊 Liujq-fjj-0024
云南：景洪 彭华，向春雷，王泽欢 PengH8552
云南：丽江 彭华，王英，陈丽 P.H.5263
云南：绿春 黄连山保护区科研所 HLS0008
云南：南涧 官有才 NJWLS1630
云南：巧家 任宗昕，董莉娜，黄盼辉 SCSB-W-287
云南：腾冲 余新林，赵玮 BSGLGStc251
云南：香格里拉 周浙昆，苏涛，杨莹等 Zhou09-033
云南：香格里拉 李晓东，张紫刚，操榆 LiJ667
云南：盈江 王立彦，李荣佳 SCSB-TBG-220
云南：镇沅 罗成瑜 ALSZY220

Plantago gentianoides Sibthorp & Smith subsp. **Griffithii** (Decaisne) K. H. Rechinger **革叶车前**

四川：稻城 陈文允，于文涛，黄永江 CYH010

Plantago lanceolata Linnaeus **长叶车前**

重庆：南川区 易思荣，谭秋平 YISR404
吉林：南关区 韩忠明 Yanglm0134
山东：莱山区 卞福花，宋言贺 BianFH-422
山东：莱山区 卞福花，杨蕾蕾，谷胤征 BianFH-0092
山东：崂山区 罗艳，李中华 LuoY075
山东：长清区 高德民，王萍，张颖颖等 Lilan616
新疆：霍城 马真，贺晓欢，徐文斌等 SHI-A2007065
新疆：霍城 徐文斌，刘鸯，马真等 SHI-A2007137
新疆：霍城 亚吉东，张桥蓉，秦少发等 16CS13816
新疆：塔城 谭敦炎，吉乃提 TanDY0653
新疆：伊犁 段士民，王喜勇，刘会良 Zhangdy323

Plantago major Linnaeus **大车前**

甘肃：夏河 郭淑青，杜品 LiuJQ-2012-GN-010
贵州：开阳 肖恩婷 Yuanm008
贵州：南明区 邹方伦 ZouFL0043
贵州：南明区 侯小琪 YBG157
河南：栾川 黄振英，于顺利，杨学军 Huangzy0021
河南：南召 黄振英，于顺利，杨学军 Huangzy0184
河南：嵩县 黄振英，于顺利，杨学军 Huangzy0114
黑龙江：安达 胡良军，王伟娜，胡应超 HuLJ341
黑龙江：海林 郑宝江，丁晓炎，王美娟等 ZhengBJ310
湖北：仙桃 张代贵 Zdg2658
湖北：宜昌 陈功锡，张代贵 SCSB-HC-2008120
湖北：竹溪 李盛兰 GanQL942
湖南：怀化 伍贤进，李胜华，曾汉元等 HHXY024
吉林：安图 杨保国，张明鹏 CaoW0019
吉林：珲春 杨保国，张明鹏 CaoW0052
吉林：南关区 王云贺 Yanglm0084
青海：格尔木 潘建斌，杜维波，牛炳韬 Liujq-2011CDM-029
山东：历下区 李兰，王萍，张少华等 Lilan-014
山西：沁水 张贵平，张丽，吴琼 Zhangf0010
四川：乐至 邓兴敏，邓秀发，张昌兵 ZCB0377
四川：若尔盖 刘坤 LiuJQ-GN-2011-645
四川：汶川 何兴金，高云东，余岩等 SCU-09-542
四川：乡城 王文礼，冯欣，刘飞鹏 OUXK11127
西藏：拉萨 钟扬 ZhongY1012
西藏：芒康 王文礼，冯欣，刘飞鹏 OUXK11157
西藏：芒康 王文礼，冯欣，刘飞鹏 OUXK11161
西藏：日喀则 陈家辉，韩希，王东超等 YangYP-Q-4359
西藏：桑日 陈家辉，韩希，王广艳等 YangYP-Q-4219
新疆：阿合奇 黄文娟，杨赵平，王英鑫 TD-01956
新疆：阿克陶 杨赵平，黄文娟 TD-01723
新疆：阿克陶 黄文娟，段黄金，王英鑫等 LiZJ0274
新疆：阿图什 杨赵平，黄文娟 TD-01779
新疆：博乐 徐文斌，许晓敏 SHI-2008314
新疆：博乐 徐文斌，许晓敏 SHI-2008418
新疆：博乐 徐文斌，黄雪姣 SHI-2008440
新疆：阜康 王宏飞，王磊，黄振英 Beijing-huang-xjsm-0003
新疆：巩留 刘鸯，徐文斌，马真等 SHI-A2007245
新疆：巩留 徐文斌，马真，贺晓欢等 SHI-A2007198
新疆：哈巴河 段士民，王喜勇，刘会良等 228
新疆：和静 杨赵平，焦培培，白冠章等 LiZJ0561
新疆：和静 杨赵平，焦培培，白冠章等 LiZJ0722
新疆：和静 塔里木大学植物资源调查组 TD-00325
新疆：和静 邱爱军，张玲 LiZJ1858
新疆：霍城 徐文斌 SHI-A2007067
新疆：霍城 徐文斌，刘鸯，马真等 SHI-A2007126
新疆：霍城 徐文斌，刘鸯，马真等 SHI-A2007132
新疆：库尔勒 杨赵平，焦培培，白冠章等 LiZJ0631
新疆：尼勒克 贺晓欢，徐文斌，刘鸯等 SHI-A2007364
新疆：尼勒克 徐文斌，刘鸯，马真等 SHI-A2007404
新疆：尼勒克 刘鸯，马真，贺晓欢等 SHI-A2007484
新疆：沙湾 陶冶，雷凤品 SHI2006262
新疆：莎车 黄文娟，段黄金，王英鑫等 LiZJ0831
新疆：疏勒 黄文娟，段黄金，王英鑫等 LiZJ0393
新疆：塔什库尔干 黄文娟，段黄金，王英鑫等 LiZJ0324
新疆：塔什库尔干 黄文娟，段黄金，王英鑫等 LiZJ0334
新疆：托里 徐文斌，杨清理 SHI-2009177
新疆：托里 徐文斌，黄刚 SHI-2009239
新疆：托里 徐文斌，杨清理 SHI-2009243
新疆：温泉 徐文斌，许晓敏 SHI-2008221
新疆：温宿 塔里木大学植物资源调查组 TD-00436
新疆：乌鲁木齐 马文宝，刘会良，施翔 zdy199
新疆：乌鲁木齐 段士民，王喜勇，刘会良 Zhangdy259
新疆：乌鲁木齐 段士民，王喜勇，刘会良 Zhangdy268
新疆：乌鲁木齐 王雷，王宏飞，黄振英 Beijing-huang-xjys-0003
新疆：乌恰 杨赵平，黄文娟 TD-01874
新疆：乌什 白宝伟，段黄金 TD-01843
新疆：新和 塔里木大学植物资源调查组 TD-00526
新疆：叶城 黄文娟，段黄金，王英鑫等 LiZJ0864
新疆：叶城 黄文娟，段黄金，王英鑫等 LiZJ0906
新疆：叶城 郭永杰，黄文娟，段黄金 LiZJ0170
新疆：伊宁 马真 SHI-A2007196
新疆：英吉沙 黄文娟，段黄金，王英鑫等 LiZJ0818
新疆：裕民 徐文斌，杨清理 SHI-2009366
新疆：裕民 徐文斌，杨清理 SHI-2009432
新疆：岳普湖 黄文娟，段黄金，王英鑫等 LiZJ0399
新疆：昭苏 阎平，邓丽婷 SHI-A2007304
新疆：昭苏 阎平，邓丽娟 SHI-A2007331
云南：德钦 王文礼，冯欣，刘飞鹏 OUXK11191
云南：洱源 杨青松，星耀武，苏涛 ZhouZK-07ZX-0272
云南：景谷 张绍云，叶金科 YNS0005
云南：兰坪 杨青松，杨莹，黄永江等 ZhouZK-07ZX-0025
云南：麻栗坡 税玉民，陈文红 72082
云南：南涧 熊绍荣 NJWLS424
云南：南涧 阿国仁，何贵才 NJWLS559
云南：普洱 谭运洪，余涛 B412
云南：普洱 叶金科 YNS0161
云南：香格里拉 杨青松，詹克平，于文涛等 ZhouZK-07ZX-0003

Plantago maritima Linnaeus subsp. **Ciliata** Printz **盐生车前**

新疆：阿勒泰 许炳强，胡伟明 XiaNH-07ZX-810
新疆：哈巴河 段士民，王喜勇，刘会良等 218
新疆：青河 段士民，王喜勇，刘会良等 146
新疆：塔什库尔干 杨赵平，周禧林，贺冰 LiZJ1149
新疆：塔什库尔干 邱娟，冯建菊 LiuJQ0016
新疆：托里 徐文斌，黄刚 SHI-2009302
新疆：乌鲁木齐 王喜勇，马文宝，施翔 zdy311
新疆：乌恰 杨赵平，周禧琳，贺冰 LiZJ1344
新疆：裕民 亚吉东，张桥蓉，秦少发等 16CS13861

Plantago maxima Jussieu ex Jacquin **巨车前**

新疆：巩留 马真，徐文斌，贺晓欢等 SHI-A2007216
新疆：尼勒克 刘鸯，马真，贺晓欢等 SHI-A2007516

Plantago media Linnaeus **北车前**

新疆：昭苏 亚吉东，张桥蓉，秦少发等 16CS13522
新疆：昭苏 亚吉东，张桥蓉，秦少发等 16CS13582

Plantago minuta Pallas **小车前**

宁夏：盐池 左忠，刘华 ZuoZh285
青海：都兰 冯虎元 LiuJQ-08KLS-169
陕西：榆阳区 何志斌，杜军，蔺鹏飞等 HHZA0291
新疆：阿合奇 杨赵平，周禧林，贺冰 LiZJ1060
新疆：阿合奇 杨赵平，周禧琳，贺冰 LiZJ1391
新疆：巴里 段士民，王喜勇，刘会良 Zhangdy152
新疆：策勒 冯建菊 Liujq-fjj-0039
新疆：昌吉 王喜勇，段士民 464
新疆：独山子区 谭敦炎，邱娟 TanDY0124
新疆：额敏 谭敦炎，吉乃提 TanDY0621
新疆：阜康 王喜勇，段士民 397
新疆：阜康 王喜勇，段士民 422
新疆：阜康 谭敦炎，邱娟 TanDY0147
新疆：阜康 谭敦炎，艾沙江 TanDY0354
新疆：呼图壁 王喜勇，段士民 480
新疆：克拉玛依 张振春，刘建华 TanDY0129
新疆：克拉玛依 张振春，刘建华 TanDY0334
新疆：奎屯 谭敦炎，邱娟 TanDY0119
新疆：石河子 马真 SCSB-2006012
新疆：石河子 谭敦炎，艾沙江 TanDY0387
新疆：塔城 谭敦炎，吉乃提 TanDY0666
新疆：塔城 刘成，张挺，李昌洪等 16CS12474
新疆：塔什库尔干 杨赵平，周禧林，贺冰 LiZJ1217
新疆：塔什库尔干 邱娟，冯建菊 LiuJQ0086
新疆：塔什库尔干 邱娟，冯建菊 LiuJQ0092
新疆：塔什库尔干 黄文娟，段黄金，王英鑫等 LiZJ0373
新疆：托里 谭敦炎，吉乃提 TanDY0732
新疆：托里 谭敦炎，吉乃提 TanDY0767
新疆：乌鲁木齐 谭敦炎，艾沙江 TanDY0538
新疆：乌鲁木齐 王喜勇，马文宝，施翔 zdy291
新疆：乌鲁木齐 王喜勇，段士民 433
新疆：乌鲁木齐 王喜勇，段士民 457
新疆：乌鲁木齐 谭敦炎，邱娟 TanDY0156
新疆：乌鲁木齐 谭敦炎，艾沙江 TanDY0178
新疆：乌鲁木齐 段士民，王喜勇，刘会良 Zhangdy008
新疆：乌鲁木齐 段士民，王喜勇，刘会良 Zhangdy029
新疆：乌鲁木齐 段士民，王喜勇，刘会良 Zhangdy051
新疆：于田 冯建菊 Liujq-fjj-0003
新疆：裕民 谭敦炎，吉乃提 TanDY0708
新疆：昭苏 阎平，刘丽霞 SHI-A2007329

Plantago virginica Linnaeus **北美车前**

江苏：无锡 李宏庆，熊申展，陈纪云 Lihq0335
四川：壤塘 何兴金，赵丽华，梁乾隆 SCU-10-047

Pseudolysimachion alatavicum (Popov) Holub **阿拉套穗花**

新疆：尼勒克 贺晓欢，徐文斌，刘鸯等 SHI-A2007387

Pseudolysimachion linariifolium (Pallas ex Link) Holub **细叶穗花**

江苏：句容 吴宝成，王兆银 HANGYY8365
山东：崂山区 罗艳，李中华 LuoY423
山东：牟平区 卞福花，陈朋 BianFH-0328

Pseudolysimachion linariifolium subsp. **dilatatum** (Nakai & Kitagawa) D. Y. Hong **水蔓菁** *

湖北：英山 朱鑫鑫，王君 ZhuXX019
云南：五华区 蔡杰，张挺，郭永杰 11CS3679

Pseudolysimachion pinnatum (Linnaeus) Holub **羽叶穗花**

新疆：托里 亚吉东，张桥蓉，秦少发等 16CS13884
新疆：新源 亚吉东，张桥蓉，秦少发等 16CS13417

Pseudolysimachion rotundum (Nakai) T. Yamazaki **无柄穗花**

安徽：金寨 陈延松，欧祖兰，白雅洁 Xuzd226

Pseudolysimachion rotundum subsp. **coreanum** (Nakai) D. Y. Hong **朝鲜穗花**

安徽：绩溪 宋曰钦，方建新，张恒 TangXS0588

Pseudolysimachion rotundum subsp. **subintegrum** (Nakai) D. Y. Hong **东北穗花**

黑龙江：尚志 郑宝江，丁晓炎，李月等 ZhengBJ178

Pseudolysimachion spicatum (Linnaeus) Opiz **穗花**

新疆：玛纳斯 亚吉东，张桥蓉，秦少发等 16CS13244
新疆：昭苏 亚吉东，张桥蓉，秦少发等 16CS13530
新疆：昭苏 亚吉东，张桥蓉，秦少发等 16CS13575

Pseudolysimachion spurium (Linnaeus) Rauschert **轮叶穗花**

黑龙江：五大连池 孙阎，赵立波 SunY010
吉林：南关区 韩忠明 Yanglm0135

Scoparia dulcis Linnaeus **野甘草**

云南：隆阳区 尹学建，马学娟 BSGLGS1y2040
云南：绿春 黄连山保护区科研所 HLS0246
云南：普洱 胡启和，张绍云 YNS0594
云南：普洱 彭志仙 YNS0210
云南：新平 白绍斌 XPALSC087
云南：新平 自正尧 XPALSB274
云南：永德 李永亮 YDDXS0085
云南：元江 刘成，亚吉东，张桥蓉等 16CS14198

Scrofella chinensis Maximowicz **细穗玄参** *

甘肃：玛曲 刘坤 LiuJQ-GN-2011-550
甘肃：卓尼 刘坤 LiuJQ-GN-2011-551
四川：阿坝 蔡杰，张挺，刘成 10CS2592

Trapella sinensis Oliver **茶菱**

吉林：磐石 安海成 AnHC0403
山东：长清区 步瑞兰，辛晓伟，程丹丹等 lilan757

Veronica alpina subsp. **pumila** (Allioni) Dostál **短花柱婆婆纳**

西藏：安多 陈家辉，庄会富，边巴扎西 Yangyp-Q-2076
西藏：噶尔 陈家辉，庄会富，刘德团等 Yangyp-Q-0130

Veronica anagallis-aquatica Linnaeus **北水苦荬**

甘肃：碌曲 李晓东，刘帆，张景博等 LiJ0082
甘肃：夏河 刘坤 LiuJQ-GN-2011-535
河北：平山 牛玉璐，郑博颖，黄士良等 NiuYL096
江苏：句容 吴宝成，王兆银 HANGYY8131
江苏：宜兴 吴宝成 HANGYY8021
山东：崂山区 罗艳，李中华 LuoY181
山东：历下区 高德民，张颖颖，程丹丹等 lilan545
四川：白玉 李晓东，张景博，徐凌翔等 LiJ476

西藏：工布江达 卢洋，刘帆等 LiJ850
西藏：林芝 罗建，汪书丽 LiuJQ-09XZ-231
西藏：林周 陈家辉，韩希，王广艳等 YangYP-Q-4145
新疆：呼图壁 段士民，王喜勇，刘会良 Zhangdy302
新疆：尼勒克 徐文斌，刘鸯，马真等 SHI-A2007408
新疆：尼勒克 刘鸯，马真，贺晓欢等 SHI-A2007460
云南：景东 张绍云，叶金科，周兵 YNS1379
云南：景东 鲁艳 200872
云南：南涧 阿国仁 NJWLS1218
云南：南涧 阿国仁，何贵才 NJWLS1142
云南：思茅区 胡启和，周兵，仇亚 YNS0920
云南：腾冲 周应再 Zhyz-470

Veronica arvensis Linnaeus **直立婆婆纳**
安徽：屯溪区 方建新 TangXS0212
重庆：南川区 易思荣 YISR137
湖北：竹溪 李盛兰 GanQL431
江苏：句容 吴宝成，王兆银 HANGYY8124
江西：九江 董安淼，吴从梅 TanCM1515
山东：莱山区 卞福花 BianFH-0162
山东：莱山区 卞福花，宋言贺 BianFH-424
上海：李宏庆 Lihq0331
四川：峨眉山 李小杰 LiXJ794
新疆：博乐 刘鸯，马真，贺晓欢等 SHI-A2007034
云南：香格里拉 李晓东，张紫刚，操榆 LiJ663

Veronica beccabunga subsp. **muscosa** (Korshinsky) Elenevsky **有柄水苦荬**
河南：修武 高德民，辛晓伟，程丹丹 Lilan727
西藏：左贡 苏涛，黄永江，杨青松等 ZhouZK11317
新疆：温泉 徐文斌，王莹 SHI-2008207
云南：香格里拉 蔡杰，张挺，刘成等 11CS3244

Veronica biloba Linnaeus **两裂婆婆纳**
甘肃：合作 刘坤 LiuJQ-GN-2011-540
四川：红原 张昌兵，邓秀发 ZhangCB0366
西藏：八宿 张永洪，王晓雄，周卓等 SunH-07ZX-1175
新疆：霍城 马真，翟伟 SHI-A2007005
新疆：石河子 翟伟，马真 SCSB-2006035
新疆：乌鲁木齐 谭敦炎，邱娟 TanDY0161
新疆：裕民 谭敦炎，吉乃提 TanDY0694

Veronica campylopoda Boissier **弯果婆婆纳**
西藏：波密 陈家辉，韩希，王东超等 YangYP-Q-4011

Veronica cana Wallich ex Bentham **灰毛婆婆纳**
云南：新平 何罡安 XPALSB177

Veronica cardiocarpa (Karelin & Kirilov) Walpers **心果婆婆纳**
新疆：博乐 刘鸯，马真，贺晓欢等 SHI-A2007036

Veronica chinoalpina T. Yamazaki **河北婆婆纳** *
河北：赤城 牛玉璐，高彦飞 NiuYL628

Veronica ciliata Fischer **长果婆婆纳**
甘肃：卓尼 刘坤 LiuJQ-GN-2011-539
青海：门源 吴玉虎 LJQ-QLS-2008-0011
四川：雅江 苏涛，黄永江，杨青松等 ZhouZK11112
西藏：八宿 张挺，蔡杰，刘恩德等 SCSB-B-000484
西藏：察隅 张挺，蔡杰，袁明 09CS1537
西藏：昌都 易思荣，谭秋平 YISR253
西藏：工布江达 陈家辉，韩希，王东超等 YangYP-Q-4135
西藏：那曲 陈家辉，庄会富，刘德团 Yangyp-Q-0194
西藏：那曲 陈家辉，庄会富，刘德团 Yangyp-Q-0210
西藏：那曲 陈家辉，庄会富，边巴扎西 Yangyp-Q-2130
西藏：聂荣 陈家辉，庄会富，边巴扎西 Yangyp-Q-2095
西藏：索县 汪书丽，王志强，邹嘉宾 Liujq-Txm10-124
新疆：塔什库尔干 邱娟，冯建菊 LiuJQ0142

Veronica ciliata subsp. **zhongdianensis** D. Y. Hong **中甸长果婆婆纳** *
四川：德格 苏涛，黄永江，杨青松等 ZhouZK11216
四川：德格 张挺，李爱花，刘成等 08CS796
西藏：八宿 张挺，李爱花，刘成等 08CS710
西藏：芒康 张挺，李爱花，刘成等 08CS672
云南：东川区 张挺，刘成，郭明明等 11CS3662
云南：会泽 杜燕，黄天才，董勇等 SCSB-A-000344

Veronica deltigera Wallich ex Bentham **半抱茎婆婆纳**
四川：壤塘 何兴金，赵丽华，梁乾隆 SCU-10-061

Veronica eriogyne H. Winkler **毛果婆婆纳** *
甘肃：合作 刘坤 LiuJQ-GN-2011-542
甘肃：碌曲 李晓东，刘帆，张景博等 LiJ0139
甘肃：玛曲 刘坤 LiuJQ-GN-2011-538
四川：白玉 李晓东，张景博，徐凌翔等 LiJ430
四川：稻城 孙航，张建文，董金龙等 SunH-07ZX-3553
四川：甘孜 陈文允，于文涛，黄永江 CYH179
四川：甘孜 陈家辉，王赟，刘德团 YangYP-Q-3067
四川：黑水 顾垒，李忠荣 GaoXF-09ZX-1461
四川：红原 何兴金，高云东，刘海艳等 SCU-20080536
四川：九寨沟 张挺，李爱花，刘成等 08CS863
四川：理塘 孙航，张建文，董金龙等 SunH-07ZX-3639
四川：理塘 苏涛，黄永江，杨青松等 ZhouZK11135
四川：理塘 何兴金，赵丽华，梁乾隆等 SCU-11-125
四川：理塘 何兴金，赵丽华，梁乾隆等 SCU-11-156
四川：马尔康 何兴金，高云东，刘海艳等 SCU-20080485
四川：壤塘 何兴金，马祥光，郜鹏 SCU-10-249
四川：若尔盖 高云东，李忠荣，鞠文彬 GaoXF-12-007
西藏：昌都 陈家辉，王赟，刘德团 YangYP-Q-3111
西藏：昌都 陈家辉，王赟，刘德团 YangYP-Q-3158
西藏：昌都 张挺，李爱花，刘成等 08CS763
西藏：工布江达 罗建，汪书丽，任德智 LiuJQ-09XZ-ML055
西藏：林芝 罗建，汪书丽 LiuJQ-08XZ-119
西藏：芒康 张挺，李爱花，刘成等 08CS664
西藏：左贡 苏涛，黄永江，杨青松等 ZhouZK11311
云南：德钦 陈文允，于文涛，黄永江等 CYHL151
云南：香格里拉 孙航，张建文，董金龙等 SunH-07ZX-3519

Veronica forrestii Diels **大理婆婆纳** *
四川：普格 苏涛，黄永江，杨青松等 ZhouZK11019

Veronica henryi T. Yamazaki **华中婆婆纳** *
重庆：南川区 易思荣 YISR162
江西：武宁 张吉华，张东红 TanCM2915
四川：峨眉山 李小杰 LiXJ037
云南：文山 何德明，罗家旺 WSLJS950

Veronica himalensis D. Don **大花婆婆纳**
湖南：永定区 吴福川 7003

Veronica javanica Blume **多枝婆婆纳**
江西：黎川 童和平，王玉珍 TanCM2328
四川：峨眉山 李小杰 LiXJ363
四川：甘孜 苏涛，黄永江，杨青松等 ZhouZK11176
云南：思茅区 胡启和，仇亚，张绍云 YNS0828
云南：腾冲 余新林，赵玮 BSGLGStc202
云南：腾冲 周应再 Zhyz-255
云南：永德 李永亮 YDDXS1042

Veronica laxa Bentham **疏花婆婆纳**
重庆：南川区 易思荣 YISR160

贵州：开阳 肖恩婷 Yuanm060
湖北：仙桃 张代贵 Zdg1980
湖北：仙桃 李巨平 Lijuping0333
湖北：竹溪 李盛兰 GanQL034
陕西：宁陕 田先华，吴礼慧 TianXH819
四川：峨眉山 李小杰 LiXJ650
云南：东川区 张挺，刘成，郭明明等 11CS3644
云南：富民 郁文彬，董莉娜，张舒等 SCSB-W-950
云南：隆阳区 赵文李 BSGLGS1y3061
云南：巧家 杨光明 SCSB-W-1166
云南：思茅区 胡启和，仇亚，张绍云 YNS0827
云南：永德 李永亮 YDDXS0590
云南：永德 李永亮 YDDXS6590

Veronica oxycarpa Boissier 尖果水苦荬
新疆：博乐 徐文斌，王莹 SHI-2008122
新疆：温泉 徐文斌，王莹 SHI-2008029
新疆：温泉 徐文斌，王莹 SHI-2008185
新疆：伊宁 徐文斌 SHI-A2007194

Veronica peregrina Linnaeus 蚊母草
安徽：屯溪区 方建新 TangXS0136
重庆：南川区 易思荣，谭秋平 YISR382
湖北：竹溪 李盛兰 GanQL903
江苏：句容 吴宝成，王兆银 HANGYY8619
江西：黎川 童和平，王玉珍，常迪江等 TanCM2013
江西：庐山区 董安淼，吴从梅 TanCM1512
山东：莱山区 卞福花，宋言贺 BianFH-470
山东：市南区 罗艳，母华伟，范兆飞 LuoY008
山东：长清区 高德民，张颖颖，程丹丹等 lilan544
上海：闵行区 李宏庆，葛斌杰，刘国丽 Lihq0159
云南：腾冲 周应再 Zhyz-459

Veronica persica Poiret 阿拉伯婆婆纳
安徽：石台 洪欣，马阳洋 ZhouSB0151
重庆：南川区 易思荣 YISR138
重庆：南川区 易思荣，谭秋平 YISR378
江苏：射阳 吴宝成 HANGYY8259
山东：莱山区 卞福花，杨蕾蕾，谷胤征 BianFH-0089
山东：长清区 王萍，高德民，张诏等 lilan338
上海：闵行区 李宏庆，葛斌杰，刘国丽 Lihq0161
四川：射洪 袁明 YUANM2016L156
云南：德钦 张书东，林娜娜，郁文彬等 SCSB-W-006

Veronica piroliformis Franchet 鹿蹄草婆婆纳 *
西藏：察隅 张挺，蔡杰，袁明 09CS1515
云南：丽江 张书东，林娜娜，陆露等 SCSB-W-070

Veronica polita Fries 婆婆纳
山东：莱山区 卞福花，杨蕾蕾，谷胤征 BianFH-0088
上海：李宏庆 Lihq0330
四川：射洪 袁明 YUANM2015L137

Veronica rockii H. L. Li 光果婆婆纳 *
甘肃：临潭 齐威 LJQ-2008-GN-412
湖北：仙桃 李巨平 Lijuping0334
青海：互助 薛春迎 Xuechy0061
四川：白玉 孙航，张建文，董金龙等 SunH-07ZX-3663
四川：德格 孙航，张建文，董金龙等 SunH-07ZX-3913
四川：甘孜 孙航，张建文，董金龙等 SunH-07ZX-3925
四川：甘孜 孙航，张建文，董金龙等 SunH-07ZX-3972
四川：甘孜 陈文允，于文涛，黄永江 CYH147
四川：甘孜 陈文允，于文涛，黄永江 CYH193
四川：红原 张昌兵，邓秀华 ZhangCB0302
四川：康定 张昌兵，向丽 ZhangCB0190
四川：若尔盖 张昌兵 ZhangCB0059

Veronica rockii subsp. **stenocarpa** (H. L. Li) D. Y. Hong 尖果婆婆纳 *
云南：香格里拉 郭永杰，张桥蓉，李春晓等 11CS3480

Veronica rubrifolia Boissier 红叶婆婆纳
新疆：阜康 王喜勇，段士民 419
新疆：米东 王喜勇，段士民 446
新疆：乌鲁木齐 王喜勇，段士民 458

Veronica serpyllifolia Linnaeus 小婆婆纳
甘肃：碌曲 李晓东，刘帆，张景博等 LiJ0182
湖南：永定区 吴福川 7043
四川：峨眉山 李小杰 LiXJ432
四川：峨眉山 李小杰 LiXJ750
西藏：波密 孙航，张建文，陈建国等 SunH-07ZX-2597
云南：绿春 黄连山保护区科研所 HLS0305
云南：巧家 杨光明 SCSB-W-1102
云南：文山 何德明，丰艳飞，曹世超 WSLJS698
云南：香格里拉 李爱花，周开洪，黄之镨等 SCSB-A-000275
云南：香格里拉 陈家辉，刘亚辉，周妍等 YangYP-Q-2197
云南：永德 李永亮 YDDXS1106
云南：镇沅 罗成瑜 ALSZY376

Veronica sutchuenensis Franchet 川西婆婆纳 *
四川：峨眉山 李小杰 LiXJ638

Veronica szechuanica Batalin 四川婆婆纳
湖北：仙桃 李巨平 Lijuping0335
陕西：宁陕 田陌，张峰 TianXH178
四川：巴塘 孙航，张建文，董金龙等 SunH-07ZX-3638
四川：峨眉山 李小杰 LiXJ084
四川：九寨沟 张挺，李爱花，刘成等 08CS881
四川：康定 苏涛，黄永江，杨青松等 ZhouZK11056
四川：雅江 何兴金，郜鹏，彭禄等 SCU-11-361
云南：香格里拉 孙航，张建文，董金龙等 SunH-07ZX-3518
云南：香格里拉 张挺，亚吉东，李明勤等 11CS3363

Veronica szechuanica subsp. **sikkimensis** (J. D. Hooker) D. Y. Hong 多毛四川婆婆纳
四川：稻城 张大才，尹五元，李双智等 ZhangDC-07ZX-2135
四川：红原 张昌兵，邓秀华 ZhangCB0256
四川：雅江 何兴金，李琴琴，马祥光等 SCU-09-123
西藏：察隅 张挺，蔡杰，袁明 09CS1517
西藏：林芝 罗建，王国严，汪书丽 LiuJQ-08XZ-061
西藏：林芝 罗建，汪书丽 LiuJQ-08XZ-172
云南：香格里拉 张挺，蔡杰，郭永杰等 11CS3039

Veronica undulata Wallich ex Jack 水苦荬
安徽：屯溪区 方建新 TangXS0236
湖北：竹溪 甘啟良 GanQL007
江西：黎川 童和平，王玉珍 TanCM2342
江西：庐山区 董安淼，吴从梅 TanCM1004
陕西：神木 田陌，王梅荣 TianXH1142
上海：普陀区 李宏庆，葛斌杰，刘国丽 Lihq0166
四川：峨眉山 李小杰 LiXJ793
四川：米易 袁明 MY482
西藏：昌都 易思荣，谭秋平 YISR239
云南：景东 鲁艳 200839
云南：宁洱 胡启和，仇亚，周兵 YNS0788
云南：新平 自正尧 XPALSB230
云南：永德 李永亮 YDDXS0206

Veronica vandellioides Maximowicz 唐古拉婆婆纳 *

四川：红原 张昌兵，邓秀华 ZhangCB0258
西藏：浪卡子 杨永平，王东超，杨大松等 YangYP-Q-5041
西藏：类乌齐 陈家辉，王赟，刘德团 YangYP-Q-3194
西藏：那曲 陈家辉，庄会富，刘德团 Yangyp-Q-0230

Veronica verna Linnaeus 裂叶婆婆纳
新疆：裕民 谭敦炎，吉乃提 TanDY0726

Veronicastrum axillare (Siebold & Zuccarini) T. Yamazaki 爬岩红
湖北：广水 朱鑫鑫，王君，石琳琳等 ZhuXX292
江西：黎川 童和平，王玉珍，常迪江等 TanCM2099
江西：修水 谭策铭，缪以清，李立新 TanCM379
浙江：鄞州区 李宏庆，葛斌杰，刘国丽 Lihq0097

Veronicastrum brunonianum (Bentham) D. Y. Hong 美穗草
湖北：五峰 陈功锡，张代贵 SCSB-HC-2008280
四川：洪雅 李小杰 LiXJ763
云南：巧家 杨光明，颜再奎，张天壁等 QJYS0055
云南：巧家 杨光明 SCSB-W-1223
云南：永德 李永亮 YDDXS1062

Veronicastrum caulopterum (Hance) T. Yamazaki 四方麻 *
湖南：吉首 陈功锡，张代贵，邓涛等 SCSB-HC-2007314
云南：蒙自 税玉民，陈文红 72550
云南：文山 肖波 LuJL531
云南：文山 何德明，丰艳飞，韦荣彪等 WSLJS777

Veronicastrum latifolium (Hemsley) T. Yamazaki 宽叶腹水草 *
四川：峨眉山 李小杰 LiXJ740

Veronicastrum robustum subsp. **grandifolium** T. L. Chin & D. Y. Hong 大叶腹水草 *
湖南：石门 陈功锡，张代贵，邓涛等 SCSB-HC-2007544

Veronicastrum sibiricum (Linnaeus) Pennell 草本威灵仙
河北：宽城 牛玉璐，高彦飞，赵二涛 NiuYL468
黑龙江：宁安 刘玫，张欣欣，程薪宇等 Liuetal429
黑龙江：铁力 郑宝江，丁晓炎，李月等 ZhengBJ220
辽宁：桓仁 祝业平 CaoW954
山东：牟平区 卞福花，陈朋 BianFH-0324
陕西：宁陕 田先华，田陌，王梅荣 TianXH1024

Veronicastrum stenostachyum (Hemsley) T. Yamazaki 细穗腹水草 *
湖北：五峰 陈功锡，张代贵 SCSB-HC-2008307
湖南：永定区 吴福川，查学州，余祥洪 127
江西：武宁 张吉华，张东红 TanCM2694
陕西：白河 吕鼎豪，田陌 TianXH969
四川：峨眉山 李小杰 LiXJ735

Veronicastrum yunnanense (W. W. Smith) T. Yamazaki 云南腹水草 *
湖南：会同 李胜华，伍贤进，曾汉元等 Wuxj976
云南：武定 张挺，张书东，李爱花等 SCSB-A-000079

Platanaceae 悬铃木科

悬铃木科	世界	中国	种质库
属 / 种（种下等级）/ 份数	1/11	1/3	1/1/8

Platanus acerifolia (Aiton) Willdenow 二球悬铃木
湖南：衡山 刘克明，陈薇 SCSB-HN-0357
湖南：浏阳 刘克明，朱晓文，田淑珍 SCSB-HN-0444
湖南：南岳区 旷仁平 SCSB-HN-0700A
湖南：平江 吴惊香 SCSB-HN-0948
湖南：望城 旷仁平，朱香清 SCSB-HN-1240
湖南：岳麓区 刘克明，肖乐希 SCSB-HN-0324
湖南：岳麓区 旷仁平，朱香清 SCSB-HN-1226
四川：射洪 袁明 YUANM2015L121

Plumbaginaceae 白花丹科

白花丹科	世界	中国	种质库
属 / 种（种下等级）/ 份数	27/836	7/46	7/19(20)/56

Acantholimon diapensioides Boissier 小叶彩花
新疆：塔什库尔干 邱娟，冯建菊 LiuJQ0090

Ceratostigma griffithii C. B. Clarke 毛蓝雪花
西藏：城关区 许炳强，童毅华 XiaNh-07zx-523
西藏：达孜 卢洋，刘帆等 LiJ907

Ceratostigma minus Stapf ex Prain 小蓝雪花 *
西藏：朗县 罗建，汪书丽，任德智 L040

Ceratostigma ulicinum Prain 刺鳞蓝雪花
西藏：拉孜 李晖，央金卓嘎，次旺加布等 Lihui-Q-0125

Goniolimon eximium (Schrenk) Boissier 团花驼舌草
新疆：新源 亚吉东，张桥蓉，秦少发等 16CS13405
新疆：昭苏 亚吉东，张桥蓉，秦少发等 16CS13547

Goniolimon speciosum (Linnaeus) Boissier 驼舌草
新疆：博尔 亚吉东，张桥蓉，秦少发等 16CS13834
新疆：博乐 徐文斌，许晓敏 SHI-2008139

Ikonnikovia kaufmanniana (Regel) Linczevski 伊犁花
新疆：新源 亚吉东，张桥蓉，秦少发等 16CS13418

Limonium aureum (Linnaeus) Hill 黄花补血草
内蒙古：海勃湾区 刘博，蒲拴莲，刘润宽等 M329
青海：德令哈 潘建斌，杜维波，牛炳韬 Liujq-2011CDM-328
青海：都兰 冯虎元 LiuJQ-08KLS-160
青海：都兰 潘建斌，杜维波，牛炳韬 Liujq-2011CDM-099
青海：都兰 潘建斌，杜维波，牛炳韬 Liujq-2011CDM-150
青海：都兰 潘建斌，杜维波，牛炳韬 Liujq-2011CDM-191
青海：格尔木 冯虎元 LiuJQ-08KLS-013
青海：天峻 潘建斌，杜维波，牛炳韬 Liujq-2011CDM-338
青海：乌兰 潘建斌，杜维波，牛炳韬 Liujq-2011CDM-271
陕西：定边 何志斌，杜军，陈龙飞等 HHZA0073

Limonium bicolor (Bunge) Kuntze 二色补血草
河北：桃城 牛玉璐，高彦飞，赵二涛 NiuYL307
吉林：大安 杨帆，马红媛，安丰华 SNA0545
吉林：长岭 杨莉 Yanglm0316
内蒙古：克什克腾旗 刘润宽，李茂文，李昌亮 M109
内蒙古：锡林浩特 张红香 ZhangHX084
宁夏：盐池 左忠，刘华 ZuoZh002
山东：莱山区 卞福花 BianFH-0197
山东：天桥区 张少华，王萍，张诏等 Lilan207

Limonium coralloides (Tausch) Linczevski 珊瑚补血草
新疆：青河 段士民，王喜勇，刘会良等 147
新疆：托里 徐文斌，郭一敏 SHI-2009163

Limonium franchetii (Debeaux) Kuntze 烟台补血草 *
山东：莱山区 卞福花 BianFH-0196
山东：莱山区 卞福花，宋言贺 BianFH-483

Limonium gmelinii (Willdenow) Kuntze 大叶补血草
宁夏：银川 牛有栋，李出山 ZuoZh101
新疆：富蕴 段士民，王喜勇，刘会良等 170
新疆：哈巴河 段士民，王喜勇，刘会良等 217
新疆：裕民 许炳强，胡伟明 XiaNH-07ZX-842

Limonium leptolobum (Regel) Kuntze **精河补血草**
新疆：精河 亚吉东，张桥蓉，秦少发等 16CS13888
Limonium myrianthum (Schrenk) Kuntze **繁枝补血草**
新疆：察布查尔 亚吉东，张桥蓉，秦少发等 16CS13803
Limonium otolepis (Schrenk) Kuntze **耳叶补血草**
新疆：昌吉 段士民，王喜勇，刘会良等 Zhangdy545
新疆：奎屯 徐文斌，黄刚 SHI-2009005
新疆：奎屯 徐文斌，郭一敏 SHI-2009007
新疆：奎屯 徐文斌，黄刚 SHI-2009011
Limonium sinense (Girard) Kuntze **补血草**
山东：东营区 曹子谊，韩国营，吕蕾等 Zhaozt0078
山东：莱山区 卞福花，宋言贺 BianFH-482
Limonium suffruticosum (Linnaeus) Kuntze **木本补血草**
新疆：吉木萨尔 段士民，王喜勇，刘会良等 252
Plumbagella micrantha (Ledebour) Spach **鸡娃草**
甘肃：合作 郭淑青，杜品 LiuJQ-2012-GN-143
甘肃：合作 刘坤 LiuJQ-GN-2011-655
甘肃：碌曲 李晓东，刘帆，张景博等 LiJ0162
甘肃：玛曲 刘坤 LiuJQ-GN-2011-628
青海：互助 薛春迎 Xuechy0122
四川：巴塘 张大才，尹五元，李双智等 ZhangDC-07ZX-2208
新疆：奇台 谭敦炎，吉乃提 TanDY0565
新疆：昭苏 亚吉东，张桥蓉，秦少发等 16CS13541
Plumbago zeylanica Linnaeus **白花丹**
云南：思茅区 张绍云，叶金科，仇亚 YNS1364
云南：永德 李永亮 YDDXS0103
云南：镇沅 罗成瑜 ALSZY442

Poaceae 禾本科

禾本科	世界	中国	种质库
属 / 种（种下等级）/ 份数	700/11000	227/1797	143/535(606)/4266

× Agropogon lutosus (Poiret) P. Fournier **糙颖剪股颖**
甘肃：玛曲 刘坤 LiuJQ-GN-2011-384
Achnatherum chinense (Hitchcock) Tzvelev **中华芨芨草** *
四川：天全 何兴金，胡灏禹，陈德友等 SCU-09-301
Achnatherum coreanum (Honda) Ohwi **大叶直芒草**
江西：庐山区 董安淼，吴从梅 TanCM832
陕西：眉县 蔡杰，张挺，刘成 10CS2353
Achnatherum henryi (Rendle) S. M. Phillips & Z. L. Wu **湖北芨芨草** *
湖北：竹溪 李盛兰 GanQL420
江西：庐山区 董安淼，吴从梅 TanCM1012
Achnatherum inaequiglume Keng **异颖芨芨草** *
青海：海晏 岳伟，苏旭，王玉金 LiuJQ-2011-WYJ-006
Achnatherum inebrians (Hance) Keng ex Tzvelev **醉马草**
甘肃：合作 郭淑青，杜品 LiuJQ-2012-GN-084
甘肃：夏河 刘坤 LiuJQ-GN-2011-323
甘肃：夏河 刘坤 LiuJQ-GN-2011-347
甘肃：夏河 齐威 LJQ-2008-GN-216
内蒙古：和林格尔 蒲拴莲，刘润宽，刘毅等 M307
青海：共和 岳伟，苏旭，王玉金 LiuJQ-2011-WYJ-013
青海：同德 汪书丽，朱洪涛 Liujq-QLS-TXM-212
西藏：八宿 张永洪，王晓雄，周卓等 SunH-07ZX-1186
西藏：八宿 张大才，罗康，梁群等 ZhangDC-07ZX-1330
西藏：左贡 张永洪，王晓雄，周卓等 SunH-07ZX-1122
西藏：左贡 徐波，陈光富，陈林杨等 SunH-07ZX-2072
新疆：巴里 段士民，王喜勇，刘会良 Zhangdy156
新疆：巴里 段士民，王喜勇，刘会良 Zhangdy157
新疆：昌吉 段士民，王喜勇，刘会良 Zhangdy231
新疆：昌吉 段士民，王喜勇，刘会良 Zhangdy232
新疆：昌吉 段士民，王喜勇，刘会良 Zhangdy233
新疆：乌鲁木齐 王喜勇，马文宝，施翔 zdy358
新疆：乌鲁木齐 王喜勇，马文宝，施翔 zdy405
新疆：乌鲁木齐 段士民，王喜勇，刘会良 Zhangdy229
新疆：乌鲁木齐 段士民，王喜勇，刘会良 Zhangdy234
新疆：乌鲁木齐 段士民，王喜勇，刘会良 Zhangdy236
新疆：乌鲁木齐 段士民，王喜勇，刘会良 Zhangdy255
Achnatherum jacquemontii (Jaubert & Spach) P. C. Kuo & S. L. Lu **干生芨芨草**
新疆：塔什库尔干 黄文娟，段黄金，王英鑫等 LiZJ0302
新疆：塔什库尔干 黄文娟，段黄金，王英鑫等 LiZJ0357
Achnatherum pekinense (Hance) Ohwi **京芒草**
北京：东城区 王雷，朱雅娟，黄振英 Beijing-huang-bws-0034
北京：东城区 王雷，朱雅娟，黄振英 Beijing-huang-dls-0055
北京：海淀区 宋松泉 SCSB-D-0051
北京：门头沟区 李燕军 SCSB-E-0042
北京：西城区 王雷，朱雅娟，黄振英 Beijing-huang-yms-0021
甘肃：夏河 刘坤 LiuJQ-GN-2011-349
甘肃：夏河 齐威 LJQ-2008-GN-218
河北：蔚县 牛玉璐，高彦飞，黄士良 NiuYL248
黑龙江：五大连池 孙阎，吕军，张健男 SunY473
湖北：竹溪 李盛兰 GanQL079
湖北：竹溪 李盛兰 GanQL145
江苏：句容 王兆银，吴宝成 SCSB-JS0297
山东：海阳 王萍，高德民，张诏等 lilan284
山东：崂山区 罗艳，李中华 LuoY177
山东：历城区 李兰，王萍，张少华 Lilan072
山东：历下区 赵遵田，樊守金，郎娜等 Zhaozt0006
山东：牟平区 卞福花 BianFH-0234
山东：牟平区 卞福花 BianFH-0259
陕西：长安区 王梅荣，田陌，田先华 TianXH120
西藏：察隅 张挺，蔡杰，袁明 09CS1498
Achnatherum sibiricum (Linnaeus) Keng ex Tzvelev **羽茅**
甘肃：夏河 刘坤 LiuJQ-GN-2011-321
甘肃：夏河 齐威 LJQ-2008-GN-219
吉林：长岭 张宝田 Yanglm0372
内蒙古：锡林浩特 张红香 ZhangHX185
内蒙古：伊金霍洛旗 朱雅娟，黄振英，叶学华 Beijing-Ordos-000016
西藏：八宿 张永洪，李国栋，王晓雄 SunH-07ZX-1779
Achnatherum splendens (Trinius) Nevski **芨芨草**
甘肃：合作 郭淑青，杜品 LiuJQ-2012-GN-082
甘肃：夏河 齐威 LJQ-2008-GN-241
甘肃：卓尼 齐威 LJQ-2008-GN-217
吉林：前郭尔罗斯 张红香 ZhangHX156
内蒙古：和林格尔 蒲拴莲，刘润宽，刘毅等 M298
内蒙古：新巴尔虎右旗 黄学文 NMDB20170808081
内蒙古：新巴尔虎右旗 黄学文 NMDB20170809104
内蒙古：新巴尔虎右旗 黄学文 NMDB20170809115
内蒙古：新巴尔虎右旗 黄学文 NMDB20170809161
青海：德令哈 潘建斌，杜维波，牛炳韬 Liujq-2011CDM-362
青海：德令哈 潘建斌，杜维波，牛炳韬 Liujq-2011CDM-371
青海：都兰 潘建斌，杜维波，牛炳韬 Liujq-2011CDM-090
青海：都兰 潘建斌，杜维波，牛炳韬 Liujq-2011CDM-102
青海：都兰 潘建斌，杜维波，牛炳韬 Liujq-2011CDM-121

青海：都兰 潘建斌，杜维波，牛炳韬 Liujq-2011CDM-133
青海：都兰 潘建斌，杜维波，牛炳韬 Liujq-2011CDM-162
青海：都兰 潘建斌，杜维波，牛炳韬 Liujq-2011CDM-179
青海：都兰 潘建斌，杜维波，牛炳韬 Liujq-2011CDM-208
青海：乌兰 潘建斌，杜维波，牛炳韬 Liujq-2011CDM-276
青海：乌兰 潘建斌，杜维波，牛炳韬 Liujq-2011CDM-302
青海：乌兰 潘建斌，杜维波，牛炳韬 Liujq-2011CDM-377
新疆：策勒 冯建菊 Liujq-fjj-0050
新疆：尼勒克 刘鸯，马真，贺晓欢等 SHI-A2007455
新疆：石河子 陶冶，雷凤品，黄刚等 SCSB-Y-2006125
新疆：塔什库尔干 邱娟，冯建菊 LiuJQ0139
新疆：塔什库尔干 黄文娟，段黄金，王英鑫等 LiZJ0366
新疆：托里 徐文斌，黄刚 SHI-2009110
新疆：托里 徐文斌，黄刚 SHI-2009236
新疆：温泉 徐文斌，黄雪姣 SHI-2008088
新疆：温泉 徐文斌，黄雪姣 SHI-2008241
新疆：温宿 杨赵平，周禧琳，贺冰 LiZJ1943
新疆：乌尔禾区 徐文斌，黄刚 SHI-2009116
新疆：乌鲁木齐 马文宝，刘会良，施翔 zdy197
新疆：乌苏 马真，贺晓欢，徐文斌等 SHI-A2007343
新疆：英吉沙 黄文娟，段黄金，王英鑫等 LiZJ0808
新疆：于田 冯建菊 Liujq-fjj-0001
新疆：裕民 徐文斌，郭一敏 SHI-2009400

Aegilops tauschii Cosson 山羊草
陕西：长安区 田先华，王梅荣，杨秀梅 TianXH145

Aeluropus micrantherus Tzvelev 微药獐毛
新疆：库尔勒 张挺，杨赵平，焦培培等 LiZJ0407

Aeluropus pungens (M. Bieberstein) K. Koch 小獐毛
新疆：阿勒泰 段士民，王喜勇，刘会良等 174
新疆：精河 段士民，王喜勇，刘会良等 7
新疆：克拉玛依 徐文斌，黄刚 SHI-2009020
新疆：克拉玛依 徐文斌，杨清理 SHI-2009195
新疆：库尔勒 邱爱军，张玲 LiZJ1861
新疆：奎屯 徐文斌，杨清理 SHI-2009015
新疆：伊吾 王喜勇，马文宝，施翔 zdy489

Aeluropus sinensis (Debeaux) Tzvelev 獐毛 *
河北：桃城 牛玉璐，高彦飞，赵二涛 NiuYL406
吉林：长岭 张红香 ZhangHX016
山东：东营区 曹子谊，曹宇，韩国营等 Zhaozt0072

Agropyron cristatum (Linnaeus) Gaertner 冰草
河北：赞皇 牛玉璐，郑博颖，黄士良等 NiuYL134
吉林：长岭 张红香 ZhangHX017
内蒙古：陈巴尔虎旗 黄学文 NMDB20170811265
内蒙古：陈巴尔虎旗 黄学文 NMDB20170811276
内蒙古：额尔古纳 张红香 ZhangHX026
内蒙古：克什克腾旗 刘润宽，李茂文，李昌亮 M102
内蒙古：武川 蒲拴莲，刘润宽，刘毅等 M243
内蒙古：新巴尔虎右旗 黄学文 NMDB20170808080
内蒙古：新巴尔虎右旗 黄学文 NMDB20170808087
内蒙古：新巴尔虎右旗 黄学文 NMDB20170809165
内蒙古：新巴尔虎左旗 黄学文 NMDB20160815155
内蒙古：新巴尔虎左旗 黄学文 NMDB20160815181
内蒙古：新巴尔虎左旗 黄学文 NMDB20160815201
青海：刚察 汪书丽，朱洪涛 Liujq-QLS-TXM-037
青海：格尔木 冯虎元 LiuJQ-08KLS-029
青海：格尔木 冯虎元 LiuJQ-08KLS-070
青海：格尔木 冯虎元 LiuJQ-08KLS-074
青海：格尔木 冯虎元 LiuJQ-08KLS-102
新疆：博乐 谭敦炎，吉乃提，艾沙江 TanDY0250
新疆：博乐 刘鸯，徐文斌，马真等 SHI-A2007267
新疆：托里 徐文斌，杨清理 SHI-2009264

Agropyron cristatum var. **pectinatum** (M. Bieberstein) Roshevitz ex B. Fedtschenko 光穗冰草
青海：德令哈 潘建斌，杜维波，牛炳韬 Liujq-2011CDM-372
青海：都兰 潘建斌，杜维波，牛炳韬 Liujq-2011CDM-172
青海：都兰 潘建斌，杜维波，牛炳韬 Liujq-2011CDM-241
青海：天峻 潘建斌，杜维波，牛炳韬 Liujq-2011CDM-335
青海：乌兰 潘建斌，杜维波，牛炳韬 Liujq-2011CDM-304

Agropyron desertorum (Fischer ex Link) Schultes 沙生冰草
宁夏：盐池 牛有栋，李出山 ZuoZh104
新疆：和静 杨赵平，焦培培，白冠章等 LiZJ0649

Agropyron desertorum var. **pilosiusculum** (Melderis) H. L. Yang 毛沙生冰草
青海：格尔木 汪书丽，朱洪涛 Liujq-QLS-TXM-058

Agropyron michnoi Roshevitz 根茎冰草
内蒙古：伊金霍洛旗 朱雅娟，黄振英，叶学华 Beijing-ordos2-000006

Agropyron mongolicum Keng 沙芦草 *
宁夏：盐池 左忠，刘华 ZuoZh026

Agrostis brachiata Munro ex J. D. Hooker 大锥剪股颖
四川：稻城 何兴金，胡灏禹，陈德友等 SCU-09-337
四川：稻城 何兴金，胡灏禹，陈德友等 SCU-09-362

Agrostis canina Linnaeus 普通剪股颖
四川：峨眉山 李小杰 LiXJ362

Agrostis capillaris Linnaeus 细弱剪股颖
新疆：阿克陶 黄文娟，段黄金，王英鑫等 LiZJ0273
新疆：和静 杨赵平，焦培培，白冠章等 LiZJ0761
新疆：塔什库尔干 黄文娟，段黄金，王英鑫等 LiZJ0329
新疆：塔什库尔干 黄文娟，段黄金，王英鑫等 LiZJ0367
新疆：托里 徐文斌，郭一敏 SHI-2009247

Agrostis clavata Trinius 华北剪股颖
安徽：屯溪区 方建新 TangXS0426
河北：平山 牛玉璐，高彦飞，黄士良 NiuYL258
黑龙江：嫩江 王臣，张欣欣，谢博勋等 WangCh331
黑龙江：五大连池 孙阎，杜景红，李鑫鑫 SunY228
湖北：黄梅 刘淼 SCSB-JSA20
湖北：神农架林区 李巨平 LiJuPing0177
湖北：竹溪 李盛兰 GanQL411
江西：九江 谭策铭，易桂花 TanCM214
四川：红原 张昌兵，邓秀发，郝国歉 ZhangCB0347
云南：金平 税玉民，陈文红 80212
云南：景东 罗忠华，谢有能，鲁成荣等 JDNR09058
云南：景东 杨国平 07-54
云南：麻栗坡 税玉民，陈文红 72106
云南：南涧 罗新洪，阿国仁，何贵才 NJWLS531
云南：南涧 阿国仁 NJWLS1116
云南：巧家 杨光明 SCSB-W-1137
云南：石林 税玉民，陈文红 65483

Agrostis divaricatissima Mez 歧序剪股颖
黑龙江：尚志 孙阎，张兰兰 SunY285

Agrostis gigantea Roth 巨序剪股颖
安徽：金寨 陈延松，欧祖兰，姜九龙 Xuzd182
安徽：金寨 陈延松，欧祖兰，白雅洁 Xuzd223
安徽：屯溪区 方建新 TangXS0243
甘肃：夏河 郭淑青，杜品 LiuJQ-2012-GN-055
甘肃：夏河 齐威 LJQ-2008-GN-242
甘肃：夏河 齐威 LJQ-2008-GN-245

甘肃：卓尼 齐威 LJQ-2008-GN-244
湖北：神农架林区 李巨平 LiJuPing0137
江西：庐山区 董安淼，吴从梅 TanCM1598
陕西：宁陕 田先华，田陌 TianXH1118
四川：康定 彭玉兰，涂卫国，余春丽 Gaoxf-0689
四川：康定 彭玉兰，涂卫国，余春丽 Gaoxf-0690
西藏：拉萨 钟扬 ZhongY1041
新疆：和静 杨赵平，焦培培，白冠章等 LiZJ0665
新疆：玛纳斯 亚吉东，张桥蓉，秦少发等 16CS13237
新疆：温泉 徐文斌，许晓敏 SHI-2008093
新疆：温泉 徐文斌，许晓敏 SHI-2008184
新疆：温泉 徐文斌，黄雪姣 SHI-2008244
新疆：乌鲁木齐 段士民，王喜勇，刘会良 Zhangdy251
新疆：裕民 徐文斌，郭一敏 SHI-2009418
云南：德钦 王文礼，冯欣，刘飞鹏 OUXK11167
云南：景东 张挺，李爱花，戚志洲等 SCSB-A-000107

Agrostis hookeriana C. B. Clarke ex J. D. Hooker **疏花剪股颖**
甘肃：玛曲 刘坤 LiuJQ-GN-2011-352
甘肃：卓尼 齐威 LJQ-2008-GN-261
云南：巧家 郁文彬，张舒，艾洪莲等 SCSB-W-1016
云南：香格里拉 张挺，亚吉东，李明勤等 11CS3399

Agrostis hugoniana Rendle **甘青剪股颖 ***
甘肃：合作 刘坤 LiuJQ-GN-2011-330
甘肃：玛曲 刘坤 LiuJQ-GN-2011-310
甘肃：玛曲 齐威 LJQ-2008-GN-262
甘肃：卓尼 齐威 LJQ-2008-GN-243
四川：九寨沟 张挺，李爱花，刘成等 08CS865

Agrostis infirma Buse **玉山剪股颖**
山东：海阳 张少华，张诏，王萍等 lilan574
四川：康定 张昌兵，向丽 ZhangCB0178
云南：永德 李永亮 YDDXS0503
云南：永德 李永亮 YDDXS0604
云南：永德 李永亮 YDDXS0670

Agrostis kunmingensis B. S. Sun & Y. Cai Wang **昆明剪股颖 ***
湖北：竹溪 李盛兰 GanQL427
四川：红原 张昌兵，邓秀发，郝国歉 ZhangCB0339
四川：红原 张昌兵 ZhangCB0073
四川：红原 张昌兵，邓秀华 ZhangCB0266

Agrostis micrantha Steudel **多花剪股颖**
甘肃：夏河 齐威 LJQ-2008-GN-227
甘肃：卓尼 刘坤 LiuJQ-GN-2011-389
湖北：仙桃 李巨平 Lijuping0299
湖北：竹溪 李盛兰 GanQL077
湖南：慈利 吴福川，查学州，余祥洪等 72
四川：阿坝 张昌兵，邓秀发 ZhangCB0331
四川：九寨沟 张挺，李爱花，刘成等 08CS868
四川：米易 袁明 MY342
四川：米易 袁明 MY369
云南：洱源 杨青松，杨莹，黄永江等 ZhouZK-07ZX-0044
云南：金平 喻智勇，张云飞，谷翠莲等 JinPing89
云南：景东 杨国平 07-59
云南：景东 鲁成荣，谢有能，张明勇 JD054
云南：巧家 杨光明，张书东，李文虎 QJYS0250
云南：巧家 杨光明 SCSB-W-1136
云南：巧家 杨光明 SCSB-W-1313
云南：腾冲 周应再 Zhyz-263
云南：腾冲 周应再 Zhyz-294
云南：文山 何德明，曹世超，丰艳飞 WSLJS589
云南：新平 何罡安 XPALSB173
云南：永德 李永亮，马文军 YDDXSB189
云南：永德 李永亮 YDDXS0419
云南：永德 李永亮 YDDXS0584
云南：永德 李永亮 YDDXS0630

Agrostis nervosa Nees ex Trinius **泸水剪股颖**
四川：道孚 何兴金，胡灏禹，沈呈娟等 SCU-11-467
四川：稻城 孙航，张建文，邓涛等 SunH-07ZX-3334
四川：康定 张昌兵，向丽 ZhangCB0175
云南：景东 杨国平 07-60
云南：南涧 阿国仁 NJWLS1101

Agrostis pilosula Trinius **柔毛剪股颖**
甘肃：玛曲 刘坤 LiuJQ-GN-2011-386
四川：红原 张昌兵，邓秀发 ZhangCB0372

Agrostis sinorupestris L. Liu ex S. M. Phillips & S. L. Lu **岩生剪股颖 ***
云南：巧家 杨光明 SCSB-W-1301

Agrostis sozanensis Hayata **台湾剪股颖 ***
四川：红原 张昌兵，邓秀华 ZhangCB0262
四川：红原 张昌兵，邓秀华 ZhangCB0282

Agrostis stolonifera Linnaeus **西伯利亚剪股颖**
山东：崂山区 步瑞兰，辛晓伟，高丽丽 Lilan817
云南：新平 李应宝，谢天华 XPALSA142
云南：新平 罗有明 XPALSB080

Agrostis vinealis Schreber **芒剪股颖**
河北：平山 牛玉璐，高彦飞，黄士良 NiuYL263

Alloteropsis semialata (R. Brown) Hitchcock **毛颖草**
云南：永德 李永亮，马文军，陈海超 YDDXSB103

Alopecurus aequalis Sobolewski **看麦娘**
安徽：石台 洪欣 ZhouSB0174
安徽：屯溪区 方建新 TangXS0191
湖北：竹溪 李盛兰 GanQL252
吉林：磐石 安海成 AnHC026
山东：天桥区 李兰，王萍，张少华等 Lilan241
山东：长清区 张少华，张诏，王萍等 lilan578
四川：峨眉山 李小杰 LiXJ020
四川：峨眉山 李小杰 LiXJ352
四川：红原 张昌兵，邓秀发，郝国歉 ZhangCB0354
四川：米易 袁明 MY325
新疆：裕民 谭敦炎，吉乃提 TanDY0680
云南：景东 杨国平 07-52
云南：南涧 罗增阳，袁玉川 NJWLS903
云南：新平 李应富，郎定富，谢天华 XPALSA083
云南：永德 李永亮 YDDXS1169

Alopecurus arundinaceus Poiret **苇状看麦娘**
新疆：托里 徐文斌，黄刚 SHI-2009245
新疆：乌鲁木齐 段士民，王喜勇，刘会良 Zhangdy225
新疆：伊吾 段士民，王喜勇，刘会良 Zhangdy201

Alopecurus himalaicus J. D. Hooker **喜马拉雅看麦娘**
新疆：塔什库尔干 邱娟，冯建菊 LiuJQ0062

Alopecurus japonicus Steudel **日本看麦娘**
安徽：屯溪区 方建新 TangXS0197
湖北：竹溪 李盛兰 GanQL709
江西：庐山区 董安淼，吴从梅 TanCM1519
山东：历城区 张少华，张诏，王萍等 lilan577

Alopecurus pratensis Linnaeus **大看麦娘**
新疆：博乐 刘鸯，马真，贺晓欢等 SHI-A2007020

Andropogon chinensis (Nees) Merrill **华须芒草**

云南：永德 李永亮，马文军 YDDXSB152
云南：永德 李永亮 YDDXS0700

Aniselytron treutleri (Kuntze) Soják 沟稃草
陕西：眉县 蔡杰，张挺，刘成 10CS2349

Anthoxanthum hookeri (Grisebach) Rendle 藏黄花茅
云南：南涧 阿国仁 NJWLS779
云南：维西 王文礼，冯欣，刘飞鹏 OUXK11055
云南：新平 何罡安 XPALSB472

Anthoxanthum nitens (Weber) Y. Schouten & Veldkamp 茅香
河北：平山 牛玉璐，郑博颖，黄士良等 NiuYL107

Apluda mutica Linnaeus 水蔗草
贵州：安龙 彭华，许瑾，陈丽 P.H.5080
云南：南涧 张世雄，时国彩 NJWLS2008067
云南：永德 李永亮 YDDXS0954
云南：玉溪 彭华，陈丽，许瑾 P.H.5280

Aristida adscensionis Linnaeus 三芒草
宁夏：盐池 左忠，刘华 ZuoZh086
山东：平阴 辛晓伟 Lilan793
新疆：张道远，马文宝 zdy050
新疆：博乐 徐文斌，许晓敏 SHI-2008129
新疆：博乐 徐文斌，黄雪姣 SHI-2008368
新疆：博乐 徐文斌，杨清理 SHI-2008435
新疆：霍城 刘鸯，马真，贺晓欢等 SHI-A2007158
新疆：吉木萨尔 段士民，王喜勇，刘会良等 125
新疆：克拉玛依 徐文斌，黄刚 SHI-2009197
新疆：疏附 杨赵平，周禧林，贺冰 LiZJ1138
新疆：吐鲁番 段士民 zdy113
新疆：托里 徐文斌，黄刚 SHI-2009200
新疆：温泉 徐文斌，黄雪姣 SHI-2008070
云南：双柏 彭华，刘恩德，陈丽等 P.H.5483

Aristida triseta Keng 三刺草 *
甘肃：合作 郭淑青，杜品 LiuJQ-2012-GN-063
甘肃：合作 刘坤 LiuJQ-GN-2011-344
甘肃：卓尼 刘坤 LiuJQ-GN-2011-491
四川：九寨沟 齐威 LJQ-2008-GN-259

Arthraxon epectinatus B. S. Sun & H. Peng 光脊荩草
四川：乐至 邓兴敏，邓秀发，张昌兵 ZCB0494

Arthraxon hispidus (Thunberg) Makino 荩草
安徽：蜀山区 陈延松，徐忠东 Xuzd019
安徽：屯溪区 方建新 TangXS0394
安徽：歙县 方建新 TangXS0629
北京：海淀区 黄芸 SCSB-D-0062
贵州：绥阳 赵厚涛，韩国营 YBG052
河北：灵寿 牛玉璐，高彦飞，黄士良 NiuYL184
河南：栾川 何明高，付婷婷，水庆艳 Huangzy0088
黑龙江：庆安 孙阎，吕军 SunY334
湖北：竹溪 李盛兰 GanQL151
湖北：竹溪 李盛兰 GanQL656
湖北：竹溪 李盛兰 GanQL658
江西：黎川 童和平，王玉珍，常迪江等 TanCM2053
江西：庐山区 董安淼，吴丛梅 TanCM3350
江西：庐山区 谭策铭，董安淼 TanCM498
山东：海阳 高德民，张诏，王萍等 lilan496
山东：崂山区 罗艳，李中华 LuoY326
山东：牟平区 卞福花 BianFH-0251
山东：平邑 李卫东 SCSB-015
陕西：长安区 王梅荣，田陌，田先华 TianXH118
四川：普格 苏涛，黄永江，杨青松等 ZhouZK11031
四川：射洪 袁明 YUANM2015L115
云南：贡山 许炳强，吴兴，李婧等 XiaNh-07zx-074
云南：景东 鲁艳 07-157
云南：景洪 胡光万 HGW-00345
云南：麻栗坡 张挺，修莹莹，李胜 SCSB-B-000595
云南：南涧 阿国仁，何贵财 NJWLS541
云南：石林 税玉民，陈文红 66615
云南：西山区 税玉民，陈文红 65387
云南：新平 何罡安 XPALSB058

Arthraxon junnarensis S. K. Jain & Hemadri 微穗荩草
云南：景东 罗忠华，刘长铭，鲁成荣等 JDNR09036
云南：镇沅 朱恒 ALSZY050

Arthraxon lancifolius (Trinius) Hochstetter 小叶荩草
云南：永德 李永亮 YDDXS0704
云南：镇沅 罗成瑜 ALSZY445

Arthraxon microphyllus (Trinius) Hochstetter 小荩草
云南：南涧 阿国仁 NJWLS780

Arthraxon prionodes (Steudel) Dandy 茅叶荩草
安徽：金寨 陈延松，欧祖兰，白雅洁 Xuzd244
安徽：舒城 陈延松，欧祖兰，高秋晨等 Xuzd418
安徽：蜀山区 陈延松，徐忠东，耿明 Xuzd015
安徽：屯溪区 方建新 TangXS0675
安徽：芜湖 陈延松，吴国伟，洪欣 Zhousb0102
湖北：竹溪 李盛兰 GanQL662
江西：庐山区 谭策铭，董安淼 TanCM518
山东：崂山区 罗艳，李中华 LuoY316
山东：历下区 赵遵田，樊守金，郑国伟等 Zhaozt0018
山东：牟平区 卞福花 BianFH-0241
山东：长清区 王萍，高德民，张诏等 lilan294
四川：米易 袁明 MY504
四川：米易 刘静 MY-037
云南：德钦 孙航，李新辉，陈林杨 SunH-07ZX-2964
云南：永德 李永亮 YDDXS0565
云南：镇沅 罗成瑜 ALSZY364

Arthraxon typicus (Buse) Koorders 洱源荩草
四川：峨眉山 李小杰 LiXJ254

Arundinella bengalensis (Sprengel) Druce 孟加拉野古草
云南：双柏 彭华，向春雷，陈丽等 P.H.5559
云南：腾冲 余新林，赵玮 BSGLGStc044
云南：腾冲 周应再 Zhyz524
云南：新平 谢天华，郎定富，杨如伟 XPALSA020
云南：永德 李永亮，马文军 YDDXSB222

Arundinella decempedalis (Kuntze) Janowski 丈野古草
云南：景东 罗忠华，刘长铭，鲁成荣等 JDNR09053
云南：南涧 阿国仁，何贵才 NJWLS561
云南：镇沅 罗成瑜 ALSZY099

Arundinella fluviatilis Handel-Mazzetti 溪边野古草 *
江西：星子 谭策铭，董安淼 TanCM499

Arundinella grandiflora Hackel 大花野古草 *
云南：永德 李永亮 YDDXS1131

Arundinella hirta (Thunberg) Tanaka 毛秆野古草
安徽：绩溪 宋曰钦，方建新，张恒 TangXS0589
安徽：金寨 刘淼 SCSB-JSC44
安徽：屯溪区 方建新 TangXS0958
安徽：黟县 陈延松，唐成丰 Zhousb0132
河北：蔚县 牛玉璐，高彦飞，黄士良 NiuYL247
湖北：竹溪 李盛兰 GanQL222
湖北：竹溪 李盛兰 GanQL1111

湖南：吉首 陈功锡，张代贵，邓涛等 SCSB-HC-2007429
吉林：长岭 张宝田 Yanglm0364
江苏：句容 吴宝成，王兆银 HANGYY8325
江西：庐山区 董安淼，吴从梅 TanCM1063
江西：武宁 张吉华，刘运群 TanCM1194
辽宁：庄河 于立敏 CaoW816
山东：海阳 王萍，高德民，张诏等 lilan331
山东：莱山区 卞福花，宋言贺 BianFH-543
山东：莱山区 卞福花 BianFH-0222
山东：崂山区 罗艳，李中华 LuoY338
山东：泰山区 杜超，张璐璐，王慧燕等 Zhaozt0196
陕西：城固 田先华，王梅荣，吴明华 TianXH528
四川：九寨沟 张昌兵 ZhangCB0004
四川：乐至 邓兴敏，邓秀发，张昌兵 ZCB0437
云南：景东 鲁艳 07-141

Arundinella hookeri Munro ex Keng 西南野古草

四川：康定 苏涛，黄永江，杨青松等 ZhouZK11060
四川：康定 张昌兵，向丽 ZhangCB0191
四川：康定 彭玉兰，涂卫国，余春丽 Gaoxf-0641
四川：米易 刘静，袁明 MY-143
云南：巧家 郁文彬，任宗昕，艾洪莲等 SCSB-W-1074
云南：香格里拉 杨青松，杨莹，黄永江等 ZhouZK-07ZX-0255
云南：新平 彭华，陈丽 P.H.5363

Arundinella nepalensis Trinius 石芒草

云南：盘龙区 彭华，刘恩德，向春雷等 P.H.5020
云南：文山 高发能，何德明 WSLJS1039
云南：永德 李永亮 YDDXS0651

Arundinella pubescens Merrill & Hackel 毛野古草

云南：景东 鲁艳 07-182

Arundinella setosa Trinius 刺芒野古草

湖南：麻阳 彭华，王英，陈丽 P.H.5246
江西：庐山区 董安淼，吴从梅 TanCM1088
江西：庐山区 董安淼，吴从梅 TanCM1670
四川：米易 袁明 MY162
云南：南涧 时国彩 NJWLS2008074

Arundinella setosa var. esetosa Bor ex S. M. Phillips & S. L. Chen 无刺野古草

云南：盘龙区 伊廷双，孟静，杨杨 MJ-934

Arundo donax Linnaeus 芦竹

云南：隆阳区 赵玮 BSGLGSly194
云南：永德 李永亮，马文军 YDDXSB193

Avena chinensis (Fischer ex Roemer & Schultes) Metzger 莜麦

西藏：昌都 陈家辉，王赟，刘德团 YangYP-Q-3123

Avena fatua Linnaeus 野燕麦

安徽：肥东 陈延松，朱合军，姜九龙 Xuzd066
安徽：屯溪区 方建新 TangXS0242
甘肃：碌曲 李晓东，刘帆，张景博等 LiJ0003
湖北：神农架林区 李巨平 LiJuPing0154
湖南：石门 姜孝成，唐妹，吕杰等 Jiangxc0462
湖南：永定区 吴福川 7025
上海：宝山区 李宏庆 Lihq0180
四川：康定 彭玉兰，涂卫国，余春丽 Gaoxf-0684
四川：理塘 李晓东，张景博，徐凌翔等 LiJ339
四川：米易 袁明 MY318
西藏：城关区 钟扬，扎西次仁 ZhongY422
西藏：拉萨 钟扬 ZhongY1026
西藏：林芝 卢洋，刘帆等 LiJ811
西藏：墨竹工卡 钟扬 ZhongY1008
西藏：墨竹工卡 钟扬 ZhongY1011
西藏：普兰 李晖，文雪梅，次旺加布等 Lihui-Q-0010
新疆：巩留 刘鸯，徐文斌，马真等 SHI-A2007242
新疆：木垒 段士民，王喜勇，刘会良等 134
新疆：塔什库尔干 黄文娟，段黄金，王英鑫等 LiZJ0345
新疆：塔什库尔干 黄文娟，段黄金，王英鑫等 LiZJ0375
新疆：吐鲁番 段士民，王喜勇，刘会良 Zhangdy572
新疆：托里 徐文斌，黄刚 SHI-2009287
新疆：托里 徐文斌，杨清理 SHI-2009327
新疆：温泉 段士民，王喜勇，刘会良等 33
新疆：温泉 徐文斌，黄雪姣 SHI-2008162
新疆：温泉 徐文斌，王莹 SHI-2008213
新疆：新源 段士民，王喜勇，刘会良等 92
云南：巧家 杨光明 SCSB-W-1304
云南：腾冲 周应再 Zhyz-467
云南：西山区 税玉民，陈文红 65408
云南：西山区 税玉民，陈文红 65800
云南：新平 谢天华，郎定富 XPALSA100
云南：永德 李永亮 YDDXS1151

Avena fatua var. glabrata Petermann 光稃野燕麦 *

四川：白玉 李晓东，张景博，徐凌翔等 LiJ437
四川：稻城 何兴金，胡灏禹，陈德友等 SCU-09-338
四川：雅江 何兴金，部鹏，彭禄等 SCU-11-381
新疆：策勒 冯建菊 Liujq-fjj-0048
新疆：策勒 冯建菊 Liujq-fjj-0077
新疆：和田 冯建菊 Liujq-fjj-0092
新疆：和田 冯建菊 Liujq-fjj-0102
新疆：尼勒克 徐文斌，刘鸯，马真等 SHI-A2007436
新疆：塔什库尔干 邱娟，冯建菊 LiuJQ0148
新疆：于田 冯建菊 Liujq-fjj-0012
新疆：于田 冯建菊 Liujq-fjj-0028

Avena nuda Linnaeus 裸燕麦

云南：盘龙区 伊廷双，孟静，杨杨 MJ-923
云南：巧家 杨光明 SCSB-W-1303

Avena sativa Linnaeus 燕麦

四川：盐源 孔航辉，罗江平，左雷等 YangQE3371
新疆：富蕴 谭敦炎，邱娟 TanDY0417
云南：景东 鲁艳 200831
云南：兰坪 王文礼，冯欣，刘飞鹏 OUXK11027

Beckmannia syzigachne (Steudel) Fernald 菵草

安徽：石台 洪欣 ZhouSB0170
安徽：屯溪区 方建新 TangXS0092
甘肃：碌曲 李晓东，刘帆，张景博等 LiJ0104
甘肃：夏河 刘坤 LiuJQ-GN-2011-488
甘肃：卓尼 齐威 LJQ-2008-GN-268
黑龙江：尚志 刘玫，张欣欣，程薪宇等 Liuetal303
黑龙江：五大连池 孙阎，杜景红，李鑫鑫 SunY226
湖北：竹溪 甘啟良 GanQL012
湖南：岳麓区 姜孝成 SCSB-HNJ-0008
吉林：南关区 姜明，刘波 LiuB0013
江西：九江 谭策铭，易桂花 TanCM211
青海：都兰 潘建斌，杜维波，牛炳韬 Liujq-2011CDM-110
山东：莱山区 卞福花 BianFH-0191
上海：闵行区 李宏庆，殷鸽，杨灵霞 Lihq0175
四川：道孚 何兴金，胡灏禹，沈呈娟等 SCU-11-454
四川：稻城 李晓东，张景博，徐凌翔等 LiJ409
四川：红原 张昌兵，邓秀华 ZhangCB0298
四川：若尔盖 岳伟，苏旭，王玉金 LiuJQ-2011-WYJ-295

四川：若尔盖 何兴金，胡灏禹，王月 SCU-08182
四川：雅江 何兴金，郜鹏，彭禄等 SCU-11-369
西藏：城关区 李晖，边巴，徐爱国 lihui-Q-09-86
西藏：达孜 卢洋，刘帆等 LiJ925
西藏：拉萨 卢洋，刘帆等 LiJ717
西藏：拉萨 钟扬 ZhongY1060
西藏：扎囊 王东超，杨大松，张春林等 YangYP-Q-5085
云南：官渡区 彭华，陈丽，王英 P.H.5351
云南：香格里拉 李晓东，张紫刚，操榆 LiJ675

Bothriochloa bladhii (Retzius) S. T. Blake 臭根子草
四川：峨眉山 李小杰 LiXJ257
四川：射洪 袁明 YUANM2015L107

Bothriochloa bladhii var. **punctata** (Roxburgh) R. R. Stewart 孔颖臭根子草
云南：镇沅 罗成瑜 ALSZY472

Bothriochloa ischaemum (Linnaeus) Keng 白羊草
江西：星子 董安淼，吴从梅 TanCM848
内蒙古：海勃湾区 刘博，蒲拴莲，刘润宽等 M334
山东：莱山区 卞福花 BianFH-0209
山东：崂山区 罗艳，李中华 LuoY373
四川：乐至 邓兴敏，邓秀发，张昌兵 ZCB0462
四川：射洪 袁明 YUANM2015L091
新疆：察布查尔 段士民，王喜勇，刘会良等 58
新疆：巩留 段士民，王喜勇，刘会良 Zhangdy424
新疆：霍城 段士民，王喜勇，刘会良 Zhangdy318
新疆：乌鲁木齐 王喜勇，马文宝，施翔 zdy424
新疆：新源 段士民，王喜勇，刘会良 Zhangdy403
云南：玉龙 孙航，李新辉，陈林杨 SunH-07ZX-3216

Bothriochloa pertusa (Linnaeus) A. Camus 孔颖草
云南：景东 鲁艳 2008176
云南：丽江 王文礼 OuXK-0012
云南：南涧 时国彩 NJWLS2008080
云南：永德 李永亮 YDDXS0563
云南：永德 李永亮 YDDXS0564

Brachiaria eruciformis (Smith) Grisebach 臂形草
贵州：安龙 彭华，许瑾，陈丽 P.H.5081
云南：永德 李永亮 YDDXS0461
云南：永德 李永亮 YDDXS6461

Brachiaria subquadripara (Trinius) Hitchcock 四生臂形草
广西：武鸣 童毅华 TYH20

Brachiaria villosa (Lamarck) A. Camus 毛臂形草
安徽：舒城 陈延松，欧祖兰，高秋晨等 Xuzd351
江西：庐山区 董安淼，吴从梅 TanCM2210
四川：米易 袁明 MY423
四川：米易 袁明 MY476
云南：昌宁 赵玮 BSGLGSly105
云南：河口 田学军，杨建，高波等 TianXJ244
云南：景东 鲁艳 2008127
云南：南涧 阿国仁，何贵才 NJWLS533
云南：新平 自正尧 XPALSB278
云南：新平 何罡安 XPALSB415
云南：永德 李永亮 YDDXS0381
云南：永德 李永亮 YDDXS0463

Brachiaria villosa var. **glabrata** S. L. Chen & Y. X. Jin 无毛臂形草 *
广西：田林 彭华，许瑾，陈丽 P.H.5090
贵州：黔西 彭华，许瑾，陈丽 P.H.5076
云南：永德 李永亮 YDDXS0866

Brachypodium pinnatum (Linnaeus) P. Beauvois 羽状短柄草
云南：巧家 杨光明 SCSB-W-1201

Brachypodium pratense Keng ex P. C. Keng 草地短柄草 *
湖北：竹溪 李盛兰 GanQL552
云南：文山 何德明，邵校 WSLJS965
云南：文山 何德明，丰艳飞，韦荣彪 WSLJS976
云南：香格里拉 张挺，亚吉东，李明勤等 11CS3339
云南：永德 欧阳红才，杨金柱，普跃东 YDDXSC056

Brachypodium sylvaticum (Hudson) P. Beauvois 短柄草
甘肃：玛曲 刘坤 LiuJQ-GN-2011-356
湖北：竹溪 李盛兰 GanQL782
江西：庐山区 董安淼，吴从梅 TanCM2532
四川：阿坝 张昌兵，邓秀发 ZCB0593
四川：阿坝 蔡杰，张挺，刘成 10CS2574
四川：峨眉山 李小杰 LiXJ397
四川：红原 张昌兵，邓秀发，郝国歉 ZCB0616
四川：红原 张昌兵 ZhangCB0046
四川：红原 张昌兵 ZhangCB0067
四川：红原 张昌兵，邓秀华 ZhangCB0263
四川：理县 张昌兵，邓秀发 ZhangCB0393
四川：理县 张昌兵，邓秀发 ZhangCB0395
四川：理县 张昌兵，邓秀发 ZhangCB0401
四川：理县 张昌兵，邓秀发 ZhangCB0403
西藏：波密 孙航，张建文，陈建国等 SunH-07ZX-2605
西藏：曲水 卢洋，刘帆等 LiJ931
云南：富民 彭华，向春雷，许瑾等 P.H.5478
云南：景东 鲁艳 07-120
云南：景谷 叶金科 YNS0268
云南：昆明 彭华，王英，陈丽 P.H.5045
云南：隆阳区 赵玮 BSGLGSly085
云南：南涧 阿国仁，何贵才 NJWLS536
云南：腾冲 余新林，赵玮 BSGLGStc349
云南：腾冲 周应再 Zhyz-475
云南：腾冲 周应再 Zhyz-480
云南：五华区 蔡杰，张挺，郭永杰 11CS3676
云南：西山区 彭华，陈丽 P.H.5329
云南：西山区 税玉民，陈文红 65331
云南：香格里拉 张挺，亚吉东，李明勤等 11CS3310
云南：新平 何罡安 XPALSB477
云南：新平 王家和，李丛生 XPALSC296
云南：永德 李永亮 YDDXS0348
云南：永德 李永亮 YDDXS0599
云南：永德 李永亮 YDDXS0766

Briza minor Linnaeus 银鳞茅
江西：九江 谭策铭，易桂花 TanCM221

Bromus catharticus Vahl 扁穗雀麦
山东：崂山区 步瑞兰，辛晓伟，高丽丽等 Lilan828
云南：腾冲 周应再 Zhyz-476
云南：永德 李永亮 LiYL1525

Bromus epilis Keng ex P. C. Keng 光稃雀麦 *
云南：巧家 李文虎，杨光明 QJYS0110

Bromus himalaicus Stapf 喜马拉雅雀麦
四川：阿坝 张昌兵，邓秀发 ZhangCB0327
四川：红原 张昌兵，邓秀发，郝国歉 ZCB0612
四川：红原 张昌兵，邓秀发，郝国歉 ZCB0650
四川：红原 张昌兵，邓秀发，郝国歉 ZCB0669
四川：红原 张昌兵 ZhangCB0037
四川：红原 张昌兵 ZhangCB0063

四川：红原 张昌兵 ZhangCB0066
四川：红原 张昌兵，邓秀华 ZhangCB0313

Bromus inermis Leysser **无芒雀麦**

内蒙古：额尔古纳 张红香 ZhangHX023
新疆：尼勒克 徐文斌，刘鸯，马真等 SHI-A2007412
新疆：托里 徐文斌，郭一敏 SHI-2009100
新疆：托里 徐文斌，郭一敏 SHI-2009232
新疆：温泉 徐文斌，黄雪姣 SHI-2008150
新疆：温泉 徐文斌，许晓敏 SHI-2008239
新疆：乌鲁木齐 马文宝，刘会良，施翔 zdy205
新疆：乌鲁木齐 段士民，王喜勇，刘会良 Zhangdy254
新疆：乌鲁木齐 段士民，王喜勇，刘会良 Zhangdy256
新疆：昭苏 徐文斌，张庆 SHI-A2007322

Bromus japonicus Thunberg **雀麦**

安徽：屯溪区 方建新 TangXS0097
安徽：黟县 陈延松，唐成丰 Zhousb0133
河北：阜平 牛玉璐，王晓亮 NiuYL548
湖北：宜昌 陈功锡，张代贵 SCSB-HC-2008139
湖南：永定区 吴福川，查学州，余祥洪 7065
湖南：岳麓区 姜孝成 SCSB-HNJ-0011
江苏：句容 王兆银，吴宝成 SCSB-JS0105
江西：庐山区 董安淼，吴从梅 TanCM3307
山东：东营区 樊守金 Zhaozt0247
陕西：陇县 田陌，王梅荣 TianXH1149
四川：理县 彭华，刘振稳，向春雷等 P.H.5037
西藏：城关区 钟扬，扎西次仁 ZhongY420
新疆：阜康 王宏飞，王磊，黄振英 Beijing-huang-xjsm-0011
新疆：尼勒克 徐文斌，刘鸯，马真等 SHI-A2007426
新疆：石河子 翟伟 SCSB-2006055
新疆：托里 徐文斌，黄刚 SHI-2009047
新疆：托里 徐文斌，黄刚 SHI-2009317
新疆：温泉 徐文斌，王莹 SHI-2008092
新疆：乌鲁木齐 王雷，王宏飞，黄振英 Beijing-huang-xjys-0011
新疆：伊宁 徐文斌 SHI-A2007178
新疆：裕民 徐文斌，杨清理 SHI-2009069

Bromus magnus Keng **大雀麦** *

甘肃：合作 郭淑青，杜品 LiuJQ-2012-GN-054
甘肃：玛曲 刘坤 LiuJQ-GN-2011-354
甘肃：卓尼 刘坤 LiuJQ-GN-2011-328
甘肃：卓尼 齐威 LJQ-2008-GN-232

Bromus mairei Hackel ex Handel-Mazzetti **梅氏雀麦** *

云南：永德 李永亮 YDDXS0632
云南：永德 李永亮 YDDXS0850

Bromus oxyodon Schrenk **尖齿雀麦**

新疆：托里 徐文斌，杨清理 SHI-2009288
新疆：裕民 徐文斌，黄刚 SHI-2009059
新疆：裕民 徐文斌，杨清理 SHI-2009072
新疆：裕民 徐文斌，黄刚 SHI-2009077
新疆：昭苏 亚吉东，张桥蓉，秦少发等 16CS13580

Bromus plurinodis Keng **多节雀麦** *

甘肃：合作 郭淑青，杜品 LiuJQ-2012-GN-079
四川：阿坝 张昌兵，邓秀发 ZCB0607
四川：红原 张昌兵，邓秀发，郝国歉 ZCB0613
四川：红原 张昌兵，邓秀发，郝国歉 ZCB0654
四川：红原 张昌兵 ZhangCB0048
四川：红原 张昌兵 ZhangCB0062
四川：红原 张昌兵 ZhangCB0069
四川：九寨沟 张昌兵 ZhangCB0003
四川：九寨沟 张昌兵 ZhangCB0010
西藏：林芝 孙航，张建文，陈建国等 SunH-07ZX-2770
云南：香格里拉 张挺，蔡杰，郭永杰等 11CS3187

Bromus porphyranthos Cope **大药雀麦**

西藏：芒康 徐波，陈光富，陈林杨等 SunH-07ZX-1544

Bromus remotiflorus (Steudel) Ohwi **疏花雀麦**

安徽：舒城 陈延松，欧祖兰，高秋晨等 Xuzd273
安徽：舒城 陈延松，欧祖兰，高秋晨等 Xuzd422
安徽：屯溪区 方建新 TangXS0250
甘肃：合作 刘坤 LiuJQ-GN-2011-361
湖北：竹溪 李盛兰 GanQL030
江西：庐山区 谭策铭，董安淼 TanCM272
陕西：眉县 田陌，董栓录，田先华 TianXH166
四川：阿坝 张昌兵，邓秀发 ZCB0588
四川：稻城 何兴金，李琴琴，马祥光等 SCU-09-156
四川：红原 张昌兵，邓秀发，郝国歉 ZCB0670
云南：富民 彭华，向春雷，许瑾等 P.H.5467
云南：玉龙 彭华，王英，陈丽 P.H.5267

Bromus sewerzowii Regel **密穗雀麦**

新疆：霍城 马真，贺晓欢，徐文斌等 SHI-A2007039
新疆：昭苏 亚吉东，张桥蓉，秦少发等 16CS13581

Bromus sinensis Keng ex P. C. Keng **华雀麦** *

甘肃：玛曲 刘坤 LiuJQ-GN-2011-358
甘肃：卓尼 刘坤 LiuJQ-GN-2011-355
四川：齐威 LJQ-2008-GN-233
四川：齐威 LJQ-2008-GN-234
四川：白玉 张大才，尹五元，李双智等 ZhangDC-07ZX-2269
四川：壤塘 何兴金，胡灏禹，黄德青 SCU-10-133
西藏：拉萨 钟扬 ZhongY1017
西藏：拉萨 钟扬 ZhongY1027

Bromus squarrosus Linnaeus **偏穗雀麦**

新疆：霍城 马真，贺晓欢，徐文斌等 SHI-A2007049
新疆：尼勒克 段士民，王喜勇，刘会良 Zhangdy365
新疆：乌鲁木齐 马文宝，刘会良 zdy022

Bromus staintonii Melderis **大序雀麦**

甘肃：合作 郭淑青，杜品 LiuJQ-2012-GN-075
甘肃：合作 刘坤 LiuJQ-GN-2011-362
四川：红原 张昌兵 ZhangCB0047

Bromus tectorum Linnaeus **旱雀麦**

甘肃：合作 郭淑青，杜品 LiuJQ-2012-GN-057
甘肃：合作 刘坤 LiuJQ-GN-2011-306
青海：都兰 潘建斌，杜维波，牛炳韬 Liujq-2011CDM-247
青海：门源 吴玉虎 LJQ-QLS-2008-0122
四川：阿坝 张昌兵，邓秀发 ZCB0581
四川：道孚 何兴金，胡灏禹，沈呈娟等 SCU-11-450
四川：红原 张昌兵 ZhangCB0051
四川：红原 张昌兵 ZhangCB0061
四川：康定 张昌兵，向丽 ZhangCB0183
四川：理县 张昌兵，邓秀发 ZhangCB0385
四川：若尔盖 蔡杰，张挺，刘成 10CS2532
西藏：日土 李晖，文雪梅，次旺加布等 Lihui-Q-0049
西藏：索县 岳伟，苏旭，王玉金 LiuJQ-2011-WYJ-164
新疆：阜康 王喜勇，段士民 381
新疆：和静 杨赵平，焦培培，白冠章等 LiZJ0766
新疆：呼图壁 王喜勇，段士民 481
新疆：玛纳斯 王喜勇，段士民 488
新疆：石河子 翟伟 SCSB-2006029
新疆：塔什库尔干 黄文娟，段黄金，王英鑫等 LiZJ0292

新疆：叶城 黄文娟，段黄金，王英鑫等 LiZJ0888

Calamagrostis emodensis Grisebach 单蕊拂子茅
四川：汉源 汤加勇，赖建军 Y07135
西藏：波密 孙航，张建文，陈建国等 SunH-07ZX-2525
西藏：波密 孙航，张建文，陈建国等 SunH-07ZX-2548
西藏：拉萨 卢洋，刘帆等 LiJ710
西藏：林芝 孙航，张建文，陈建国等 SunH-07ZX-2723
西藏：芒康 王文礼，冯欣，刘飞鹏 OUXK11159
西藏：曲水 卢洋，刘帆等 LiJ940
云南：德钦 王文礼，冯欣，刘飞鹏 OUXK11210
云南：贡山 蔡杰，郭云刚，张凤琼等 14CS9722

Calamagrostis epigeios (Linnaeus) Roth 拂子茅
安徽：屯溪区 方建新 TangXS0246
北京：东城区 王雷，朱雅娟，黄振英 Beijing-huang-bhs-0021
北京：东城区 王雷，朱雅娟，黄振英 Beijing-huang-bws-0048
北京：东城区 王雷，朱雅娟，黄振英 Beijing-huang-dls-0072
北京：海淀区 李燕军 SCSB-B-0027
北京：海淀区 林坚 SCSB-D-0043
北京：门头沟区 李燕军 SCSB-E-0051
北京：西城区 王雷，朱雅娟，黄振英 Beijing-huang-ss-0023
北京：西城区 王雷，朱雅娟，黄振英 Beijing-huang-yms-0033
河北：兴隆 李燕军 SCSB-A-0029
河北：兴隆 牛玉璐，高彦飞，赵二涛 NiuYL418
黑龙江：虎林市 王庆贵 CaoW701
黑龙江：让胡路区 孙阎，吕军，张兰兰 SunY308
湖南：洪江 李胜华，伍贤进，曾汉元等 Wuxj1026
江西：庐山区 谭策铭，董安淼 TCM09029
新疆：乌鲁木齐 马文宝，刘会良，施翔 zdy194
云南：巧家 郁文彬，任宗昕，艾洪莲等 SCSB-W-1037
云南：腾冲 周应再 Zhyz525

Calamagrostis hedinii Pilger 短芒拂子茅
西藏：林芝 孙航，张建文，陈建国等 SunH-07ZX-2835

Calamagrostis pseudophragmites (A. Haller) Koeler 假苇拂子茅
甘肃：卓尼 刘坤 LiuJQ-GN-2011-398
内蒙古：伊金霍洛旗 杨学军 Huangzy0242
山东：天桥区 赵遵田，郑国伟，王海英等 Zhaozt0065
四川：康定 彭玉兰，涂卫国 Gaoxf-0825
西藏：八宿 张永洪，李国栋，王晓雄 SunH-07ZX-1760
西藏：丁青 陈家辉，王赟，刘德团 YangYP-Q-3199
西藏：扎囊 岳伟，苏旭，王玉金 LiuJQ-2011-WYJ-194
新疆：霍城 徐文斌，刘鸯，马真等 SHI-A2007134
新疆：奎屯 段士民，王喜勇，刘会良等 1
云南：绿春 黄连山保护区科研所 HLS0289
云南：巧家 杨光明 SCSB-W-1312
云南：永德 李永亮 YDDXS0750
云南：元谋 何彪 OuXK-0075

Capillipedium assimile (Steudel) A. Camus 硬秆子草
江西：庐山区 董安淼，吴从梅 TanCM2597
四川：峨眉山 李小杰 LiXJ577
云南：景东 罗忠华，刘长铭，李绍昆等 JDNR09079
云南：绿春 张挺，马国强，刘娜等 SCSB-B-000577
云南：香格里拉 孔航辉，任琛 Yangqe2842
云南：新平 谢雄 XPALSC414
云南：永德 李永亮 YDDXS0505
云南：永德 李永亮 YDDXS1203
云南：元阳 车鑫，亚吉东，秦少发等 YYGYS076

Capillipedium kuoi L. B. Cai 郭氏细柄草 *
四川：乐至 邓兴敏，邓秀发，张昌兵 ZCB0404

Capillipedium parviflorum (R. Brown) Stapf 细柄草
安徽：肥西 陈延松，姜九龙 Xuzd134
安徽：金寨 陈延松，欧祖兰，刘旭升 Xuzd183
安徽：屯溪区 方建新 TangXS0938
湖北：宣恩 祝文志，刘志祥，曹远俊 ShenZH0045
江西：庐山区 董安淼，吴从梅 TanCM1100
山东：海阳 王萍，高德民，张诏等 lilan352
山东：莱山区 卞福花 BianFH-0273
山东：崂山区 罗艳，李中华 LuoY298
四川：九寨沟 齐威 LJQ-2008-GN-257
四川：米易 刘静，袁明 MY-163
四川：乡城 孙航，李新辉，陈林杨 SunH-07ZX-2953
云南：景东 张挺，李爱花，戚志洲等 SCSB-A-000109
云南：景东 鲁艳 07-138
云南：景东 鲁艳 2008166
云南：昆明 税玉民，陈文红 65882
云南：绿春 黄连山保护区科研所 HLS0023
云南：麻栗坡 税玉民，陈文红 72049
云南：南涧 阿国仁，何贵才 NJWLS570
云南：南涧 阿国仁，何贵才 NJWLS573
云南：南涧 张世雄，时国彩 NJWLS2008066
云南：盘龙区 伊廷双，孟静，杨杨 MJ-924
云南：普洱 胡启和，张绍云 YNS0610
云南：石林 税玉民，陈文红 65484
云南：香格里拉 王文礼，冯欣，刘飞鹏 OUXK11114
云南：新平 何罡安 XPALSB463
云南：盈江 王立彦，桂魏 SCSB-TBG-157
云南：镇沅 罗成瑜 ALSZY103

Catabrosa aquatica (Linnaeus) P. Beauvois 沿沟草
湖北：竹溪 甘啟良 GanQL022
四川：红原 张昌兵，邓秀华 ZhangCB0269

Catabrosa aquatica var. **angusta** Stapf 窄沿沟草 *
四川：稻城 陈家辉，刘亚辉，周妍等 YangYP-Q-2295

Cenchrus echinatus Linnaeus 蒺藜草
吉林：长岭 张宝田 Yanglm0357

Centotheca lappacea (Linnaeus) Desvaux 假淡竹叶
广西：金秀 彭华，向春雷，陈丽 PengH8148
云南：金平 税玉民，陈文红 80248
云南：绿春 彭华，向春雷，陈丽等 P.H. 5597
云南：永德 李永亮，马文军 YDDXSB147
云南：永德 李永亮 LiYL1427

Cephalostachyum chinense (Rendle) D. Z. Li & H. Q. Yang 中华空竹 *
云南：屏边 钱良超，陆海兴，康远勇等 Pbdws196

Chimonobambusa microfloscula McClure 小花方竹
云南：金平 DNA barcoding B 组 GBOWS1296

Chloris barbata Swartz 孟仁草
广东：香洲区 童毅华 TYH28

Chloris pycnothrix Trinius 异序虎尾草
云南：个旧 税玉民，陈文红 71513
云南：建水 彭华，王英，陈丽 P.H. 5059
云南：景东 鲁艳 07-78
云南：蒙自 税玉民，陈文红 72255
云南：勐海 彭华，向春雷，陈丽等 P.H. 5736
云南：永德 李永亮 YDDXS0472

Chloris virgata Swartz 虎尾草
甘肃：迭部 刘坤 LiuJQ-GN-2011-376

甘肃：迭部 齐威 LJQ-2008-GN-240
海南：三沙 郭永杰，涂铁要，李晓娟等 15CS10478
河北：涉县 牛玉璐，高彦飞 NiuYL620
黑龙江：大同区 杨帆，马红媛，安丰华 SNA0615
黑龙江：五常 孙阎，吕军，张健男 SunY421
黑龙江：肇源 杨帆，马红媛，安丰华 SNA0591
吉林：大安 杨帆，马红媛，安丰华 SNA0038
吉林：大安 杨帆，马红媛，安丰华 SNA0061
吉林：大安 杨帆，马红媛，安丰华 SNA0065
吉林：大安 杨帆，马红媛，安丰华 SNA0069
吉林：前郭尔罗斯 张红香 ZhangHX151
吉林：前郭尔罗斯 杨帆，马红媛，安丰华 SNA0383
吉林：前郭尔罗斯 张永刚 Yanglm0242
吉林：前郭尔罗斯 杨帆，马红媛，安丰华 SNA0466
吉林：长岭 胡良军，王伟娜，胡应超 HuLJ028
吉林：长岭 胡良军，王伟娜 DBB201509200105P
吉林：长岭 杨帆，马红媛，安丰华 SNA0337
吉林：镇赉 杨帆，马红媛，安丰华 SNA0119
吉林：镇赉 杨帆，马红媛，安丰华 SNA0142
吉林：镇赉 杨帆，马红媛，安丰华 SNA0185
吉林：镇赉 杨帆，马红媛，安丰华 SNA0498
江苏：赣榆 吴宝成 HANGYY8560
江苏：徐州 李宏庆，熊申展，胡超 Lihq0360
辽宁：桓仁 祝业平 CaoW961
内蒙古：赛罕区 李茂文，李昌亮 M136
内蒙古：伊金霍洛旗 杨学军 Huangzy0246
宁夏：惠农 何志斌，杜军，陈龙飞等 HHZA0094
宁夏：盐池 何志斌，杜军，陈龙飞等 HHZA0166
宁夏：盐池 左忠，刘华 ZuoZh022
青海：尖扎 汪书丽，朱洪涛 Liujq-QLS-TXM-198
山东：滨州 刘奥，王广阳 WBG001630
山东：滨州 刘奥，王广阳 WBG001856
山东：博兴 刘奥，王广阳 WBG001681
山东：博兴 刘奥，王广阳 WBG001693
山东：茌平 刘奥，王广阳 WBG001772
山东：茌平 刘奥，王广阳 WBG001947
山东：德州 刘奥，王广阳 WBG001805
山东：东阿 刘奥，王广阳 WBG001546
山东：东阿 刘奥，王广阳 WBG001982
山东：高青 刘奥，王广阳 WBG001711
山东：高唐 刘奥，王广阳 WBG001938
山东：高唐 刘奥，王广阳 WBG001942
山东：冠县 刘奥，王广阳 WBG001963
山东：冠县 刘奥，王广阳 WBG001965
山东：惠民 刘奥，王广阳 WBG000091
山东：惠民 刘奥，王广阳 WBG001848
山东：济阳 刘奥，王广阳 WBG001878
山东：济阳 刘奥，王广阳 WBG001882
山东：莱山区 陈朋 BianFH-387
山东：岚山区 吴宝成 HANGYY8601
山东：崂山区 罗艳 LuoY165
山东：乐陵 刘奥，王广阳 WBG001825
山东：乐陵 刘奥，王广阳 WBG001830
山东：历下区 李兰，王萍，张少华 Lilan005
山东：历下区 赵遵田，张璐璐，杜超等 Zhaozt0003
山东：聊城 刘奥，王广阳 WBG001958
山东：临清 刘奥，王广阳 WBG001936
山东：临邑 刘奥，王广阳 WBG001890
山东：临邑 刘奥，王广阳 WBG001894
山东：陵城区 刘奥，王广阳 WBG001812
山东：宁津 刘奥，王广阳 WBG001821
山东：宁津 刘奥，王广阳 WBG001822
山东：平原 刘奥，王广阳 WBG000832
山东：平原 刘奥，王广阳 WBG001904
山东：齐河 刘奥，王广阳 WBG001987
山东：齐河 刘奥，王广阳 WBG001997
山东：庆云 刘奥，王广阳 WBG001831
山东：庆云 刘奥，王广阳 WBG001834
山东：商河 刘奥，王广阳 WBG001870
山东：商河 刘奥，王广阳 WBG001874
山东：莘县 刘奥，王广阳 WBG001967
山东：莘县 刘奥，王广阳 WBG001971
山东：武城 刘奥，王广阳 WBG001906
山东：武城 刘奥，王广阳 WBG001911
山东：武城 刘奥，王广阳 WBG001920
山东：夏津 刘奥，王广阳 WBG001926
山东：阳谷 刘奥，王广阳 WBG001974
山东：阳谷 刘奥，王广阳 WBG001976
山东：阳信 刘奥，王广阳 WBG001840
山东：阳信 刘奥，王广阳 WBG001842
山东：禹城 刘奥，王广阳 WBG001899
山西：襄汾 何志斌，杜军，蔺鹏飞等 HHZA0328
山西：小店区 廉凯敏，焦磊 Zhangf0062
陕西：定边 何志斌，杜军，陈龙飞等 HHZA0279
陕西：神木 田先华，李明辉 TianXH474
四川：得荣 孙航，李新辉，陈林杨 SunH-07ZX-3064
四川：米易 刘静，袁明 MY-169
四川：西昌 苏涛，黄永江，杨青松等 ZhouZK11391
四川：乡城 孙航，李新辉，陈林杨 SunH-07ZX-2957
西藏：城关区 李晖，边巴，徐爱国 lihui-Q-09-82
西藏：达孜 卢洋，刘帆等 LiJ919
西藏：拉萨 卢洋，刘帆等 LiJ725
西藏：拉萨 钟扬 ZhongY1034
新疆：张道远，马文宝 zdy049
新疆：阿合奇 塔里木大学植物资源调查组 TD-00576
新疆：博乐 段士民，王喜勇，刘会良等 14
新疆：博乐 谭敦炎，吉乃提，艾沙江 TanDY0236
新疆：阜康 段士民，王喜勇，刘会良等 240
新疆：和布克赛尔 徐文斌，杨清理 SHI-2009123
新疆：和硕 邱爱军，张玲，徐盼 LiZJ1425
新疆：和硕 邱爱军，张玲，马帅 LiZJ1661
新疆：和硕 杨赵平，焦培培，白冠章等 LiZJ0603
新疆：吉木萨尔 段士民，王喜勇，刘会良等 124
新疆：柯坪 塔里木大学植物资源调查组 TD-00849
新疆：克拉玛依 谭敦炎，邱娟 TanDY0078
新疆：克拉玛依 徐文斌，杨清理 SHI-2009156
新疆：克拉玛依 徐文斌，杨清理 SHI-2009198
新疆：库尔勒 杨赵平，焦培培，白冠章等 LiZJ0626
新疆：奎屯 徐文斌，黄刚 SHI-2009152
新疆：沙雅 塔里木大学植物资源调查组 TD-00985
新疆：石河子 陶冶，雷凤品，黄刚等 SCSB-Y-2006127
新疆：石河子 石大标 SCSB-Y-2006144
新疆：石河子 石大标 SCSB-Y-2006154
新疆：石河子 徐文斌，郭一敏 SHI-2009133
新疆：吐鲁番 段士民 zdy090
新疆：托里 徐文斌，黄刚 SHI-2009188

新疆：托里 徐文斌，郭一敏 SHI-2009199
新疆：托里 徐文斌，郭一敏 SHI-2009205
新疆：温宿 塔里木大学植物资源调查组 TD-00448
新疆：温宿 白宝伟，段黄金 TD-01817
新疆：乌鲁木齐 王喜勇，马文宝，施翔 zdy318
新疆：乌什 塔里木大学植物资源调查组 TD-00561
新疆：新和 塔里木大学植物资源调查组 TD-01001
新疆：新和 白宝伟，段黄金 TD-02053
新疆：叶城 郭永杰，黄文娟，段黄金 LiZJ0179
新疆：伊吾 段士民，王喜勇，刘会良 Zhangdy182
新疆：英吉沙 黄文娟，段黄金，王英鑫等 LiZJ0820
云南：宾川 孙振华 OuXK-0002
云南：洱源 王文礼，冯欣，刘飞鹏 OUXK11246
云南：河口 税玉民，陈文红 82705
云南：景东 鲁艳 2008115
云南：开远 税玉民，陈文红 71977
云南：丽江 王文礼，冯欣，刘飞鹏 OUXK11234
云南：麻栗坡 税玉民，陈文红 72139
云南：南涧 邹国娟 NJWLS402
云南：南涧 熊绍荣 NJWLS701
云南：南涧 阿国仁，何贵才 NJWLS569
云南：巧家 张书东，张荣，王银环等 QJYS0214
云南：丘北 税玉民，陈文红 71986
云南：丘北 税玉民，陈文红 71988
云南：文山 税玉民，陈文红 72141
云南：文山 税玉民，陈文红 72143
云南：新平 刘家良 XPALSD354
云南：新平 何罡安，罗光进，罗凤良 XPALSB001
云南：易门 王焕冲，马兴达 WangHCH044
云南：永德 李永亮 YDDXS0469
云南：永德 李永亮 YDDXS6500
云南：玉龙 李云龙，鲁仪增，和荣华等 15PX105
云南：元谋 何彪 OuXK-0069
云南：镇沅 罗成瑜 ALSZY375

Chrysopogon aciculatus (Retzius) Trinius 竹节草
云南：河口 税玉民，陈文红 71709
云南：景东 鲁艳 200889
云南：新平 谢雄 XPALSC056
云南：永德 李永亮，马文军 YDDXSB214
云南：镇沅 罗成瑜，伊忠云，刘永等 ALSZY007

Cinna latifolia (Treviranus ex Göppert) Grisebach 单蕊草
河北：涿鹿 牛玉璐，高彦飞，赵二涛 NiuYL319
黑龙江：尚志 孙阎，张兰兰 SunY286

Cleistogenes caespitosa Keng 丛生隐子草 *
山东：历城区 李兰，王萍，张少华 Lilan077
山东：芝罘区 卞福花，宋言贺 BianFH-521

Cleistogenes hackelii (Honda) Honda 朝阳隐子草
江西：庐山区 董安淼，吴从梅 TanCM1045
山东：沂源 高德民，邵尉 Lilan952

Cleistogenes hancei Keng 北京隐子草
山东：历下区 王萍，高德民，张诏等 lilan340
山东：牟平区 卞福花 BianFH-0233
山东：沂源 高德民，邵尉 Lilan951

Cleistogenes polyphylla Keng ex P. C. Keng & L. Liu 多叶隐子草 *
吉林：磐石 安海成 AnHC0387

Cleistogenes squarrosa (Trinius) Keng 糙隐子草
吉林：前郭尔罗斯 杨帆，马红媛，安丰华 SNA0358
内蒙古：锡林浩特 张红香 ZhangHX065

Coelachne simpliciuscula (Wight & Arnott ex Steudel) Munro ex Bentham 小丽草
云南：龙陵 孙兴旭 SunXX144
云南：南涧 阿国仁，何贵财 NJWLS535
云南：永德 李永亮 LiYL1440

Coix aquatica Roxburgh 水生薏苡
贵州：花溪区 邹方伦 ZouFL0214

Coix lacryma-jobi Linnaeus 薏苡
安徽：屯溪区 方建新 TangXS0797
北京：门头沟区 宋松泉 SCSB-E-0060
贵州：江口 彭华，王英，陈丽 P.H.5218
贵州：南明区 邹方伦 ZouFL0066
贵州：铜仁 彭华，王英，陈丽 P.H.5186
海南：昌江 康勇，林灯，陈庆 LWXS032
湖北：竹溪 李盛兰 GanQL1068
湖南：安化 旷仁平，盛波 SCSB-HN-1990
湖南：慈利 吴福川，查学州，余祥洪等 70
湖南：古丈 刘克明，朱晓文 SCSB-HN-0525
湖南：怀化 李胜华，伍贤进，曾汉元等 HHXY261
湖南：江华 肖乐希，王成 SCSB-HN-1190
湖南：湘乡 陈薇，朱香清，马仲辉 SCSB-HN-0471
湖南：永顺 陈功锡，张代贵 SCSB-HC-2008216
湖南：资兴 熊凯辉，王得刚，盛波 SCSB-HN-2049
江苏：赣榆 吴宝成 HANGYY8568
江苏：句容 吴宝成，王兆银 HANGYY8616
四川：米易 袁明 MY628
云南：沧源 赵金超，肖美芳，汪顺莉 CYNGH211
云南：河口 税玉民，陈文红 82708
云南：景东 鲁艳 2008206
云南：景东 罗忠华，谢有能，刘长铭等 JDNR087
云南：景谷 张绍云，叶金科 YNS0002
云南：景洪 彭华，向春雷，王泽欢 PengH8482
云南：龙陵 孙兴旭 SunXX108
云南：隆阳区 尹学建 BSGLGS1y2049
云南：绿春 朱正明，阮守宇 HLS0323
云南：勐腊 谭运洪 A504
云南：南涧 李成清，高国政，徐如标 NJWLS463
云南：南涧 李名生，苏世忠 NJWLS2008203
云南：腾冲 周应再 Zhyz-114
云南：文山 肖波 LuJL517
云南：新平 张云德，李俊友 XPALSC140
云南：新平 刘家良 XPALSD072
云南：永德 李永亮 YDDXS0144
云南：元江 孙振华，王文礼，宋晓卿等 Ouxk-YJ-0053
云南：镇沅 罗成瑜，乔永华 ALSZY287
云南：镇沅 朱恒 ALSZY137

Coix lacryma-jobi var. **puellarum** (Balansa) A. Camus 小珠薏苡
云南：盈江 王立彦，左常盛，桂魏 SCSB-TBG-056

Crypsis aculeata (Linnaeus) Aiton 隐花草
新疆：白碱滩区 马真 SCSB-SHI-2006189
新疆：伊宁 贺晓欢 SHI-A2007193

Crypsis schoenoides (Linnaeus) Lamarck 蔺状隐花草
新疆：白碱滩区 高木木 SCSB-SHI-2006188
新疆：昌吉 段士民，王喜勇，刘会良等 Zhangdy534
新疆：昌吉 段士民，王喜勇，刘会良等 Zhangdy546
新疆：昌吉 段士民，王喜勇，刘会良等 Zhangdy548

新疆：石河子 石大标 SCSB-Y-2006150
新疆：乌鲁木齐 王喜勇，马文宝，施翔 zdy312

Cymbopogon citratus (Candolle) Stapf 香茅
云南：勐海 彭华，向春雷，陈丽等 P.H.5677

Cymbopogon distans (Nees ex Steudel) Will. Watson 芸香草
重庆：武隆 易思荣，谭秋平 YISR367
云南：德钦 王文礼，冯欣，刘飞鹏 OUXK11173
云南：德钦 张大才，李双智，杨川 ZhangDC-07ZX-1964
云南：维西 王文礼，冯欣，刘飞鹏 OUXK11028
云南：永德 李永亮 LiYL1587
云南：永德 李永亮，马文军 YDDXSB183

Cymbopogon flexuosus (Nees ex Steudel) Will. Watson 曲序香茅
云南：南涧 常学科，熊绍荣，时国彩等 njwls2007156

Cymbopogon goeringii (Steudel) A. Camus 橘草
安徽：屯溪区 方建新 TangXS0949
贵州：望谟 邹方伦 ZouFL0059
江苏：句容 吴宝成，王兆银 HANGYY8658
江西：武宁 谭策铭，张吉华 TanCM433
山东：莱山区 卞福花 BianFH-0264
山东：历城区 李兰，王萍，张少华 Lilan123
山东：市南区 罗艳，李中华 LuoY350
四川：乐至 邓兴敏，邓秀发，张昌兵 ZCB0383
四川：米易 刘静，袁明 MY-164
云南：德钦 孙航，李新辉，陈林杨 SunH-07ZX-2963
云南：金平 喻智勇，官兴永，张云飞等 JinPing34
云南：景东 鲁艳 200820
云南：永德 李永亮，王四，杨建文 YDDXSB064
云南：永德 李永亮 LiYL1456
云南：玉溪 伊廷双，孟静，杨杨 MJ-903

Cymbopogon jwarancusa (Jones) Schultes 辣薄荷草
西藏：波密 孙航，张建文，陈建国等 SunH-07ZX-2604

Cymbopogon tortilis (J. Presl) A. Camus 扭鞘香茅
江西：庐山区 董安淼，吴从梅 TanCM3211
云南：文山 何德明，高发能 WSLJS1030

Cynodon dactylon (Linnaeus) Persoon 狗牙根
安徽：蜀山区 陈延松，徐忠东，耿明 Xuzd012
安徽：屯溪区 方建新 TangXS0434
湖北：竹溪 李盛兰 GanQL060
江苏：句容 吴宝成，王兆银 HANGYY8244
江苏：射阳 吴宝成 HANGYY8279
江西：庐山区 董安淼，吴从梅 TanCM1543
山东：长清区 步瑞兰，辛晓伟，张世尧等 lilan756
新疆：阿克苏 邱爱军，张玲 LiZJ1862
新疆：察布查尔 段士民，王喜勇，刘会良 Zhangdy435
新疆：昌吉 王喜勇，马文宝，施翔 zdy435
新疆：霍城 段士民，王喜勇，刘会良 Zhangdy341
新疆：莎车 黄文娟，段黄金，王英鑫等 LiZJ0832
新疆：疏附 杨赵平，周禧林，贺冰 LiZJ1144
新疆：伊宁 刘鸯 SHI-A2007175

Cyrtococcum oxyphyllum (Hochstetter ex Steudel) Stapf 尖叶弓果黍
云南：江城 叶金科 YNS0481
云南：绿春 黄连山保护区科研所 HLS0085

Cyrtococcum patens (Linnaeus) A. Camus 弓果黍
福建：同安区 李宏庆，陈纪云，王双 Lihq0272
海南：三亚 彭华，向春雷，陈丽 PengH8171
海南：三亚 彭华，向春雷，陈丽 PengH8180
云南：沧源 赵金超，肖美芳，汪顺莉 CYNGH231
云南：河口 税玉民，陈文红 72613
云南：江城 叶金科 YNS0441
云南：金平 税玉民，陈文红 80058
云南：金平 税玉民，陈文红 80249
云南：金平 税玉民，陈文红 80466
云南：金平 喻智勇，官兴永，张云飞等 JinPing21
云南：景东 鲁成荣，谢有能，张明勇 JD053
云南：景东 鲁艳 07-135
云南：景东 鲁艳 2008167
云南：景东 杨国平 2008164
云南：景洪 彭华，向春雷，陈丽等 P.H.5710
云南：绿春 黄连山保护区科研所 HLS0096
云南：绿春 黄连山保护区科研所 HLS0225
云南：绿春 税玉民，陈文红 72983
云南：马关 税玉民，陈文红 82593
云南：蒙自 田学军 TianXJ0186
云南：孟连 彭华，向春雷，陈丽 P.H.5832
云南：盘龙区 伊廷双，孟静，杨杨 MJ-958
云南：屏边 税玉民，陈文红 82520
云南：屏边 税玉民，陈文红 82522
云南：双柏 彭华，向春雷，陈丽等 P.H.5573
云南：腾冲 周应再 Zhyz-104
云南：新平 谢雄，白少兵 XPALSC105
云南：盈江 王立彦，左常盛，桂魏 SCSB-TBG-049
云南：永德 奎文康，杨金柱，欧阳红才 YDDXSC081
云南：永德 李永亮 YDDXS0507
云南：永德 李永亮 YDDXS0554
云南：永德 李永亮 YDDXS0557
云南：永德 李永亮 YDDXS0586
云南：永德 李永亮 YDDXS0793
云南：永德 李永亮 YDDXS0865
云南：永德 李永亮，马文军，杨建文 YDDXSB050
云南：永德 鲁金国，普跃东 YDDXSC059
云南：元阳 田学军，杨建，邱成书等 Tianxj0046
云南：镇沅 何忠云 ALSZY262

Cyrtococcum patens var. latifolium (Honda) Ohwi 散穗弓果黍
云南：金平 税玉民，陈文红 80496

Dactylis glomerata Linnaeus 鸭茅
贵州：独山 张文超 Yuanm068
贵州：江口 周云，王勇 XiangZ038
湖北：竹溪 李盛兰 GanQL072
江西：庐山区 董安淼，吴从梅 TanCM3030
陕西：眉县 张挺，田先华，刘成等 TianXH039
陕西：宁陕 田陌，田先华，张峰 TianXH024
四川：红原 张昌兵，邓秀华 ZhangCB0294
新疆：察布查尔 段士民，王喜勇，刘会良等 71
新疆：霍城 马真，贺晓欢，徐文斌等 SHI-A2007053
新疆：乌鲁木齐 段士民，王喜勇，刘会良 Zhangdy242
新疆：裕民 徐文斌，郭一敏 SHI-2009067
云南：东川区 张挺，刘成，郭明明等 11CS3637
云南：昆明 彭华，王英，陈丽 P.H.5044
云南：巧家 杨光明 SCSB-W-1180
云南：香格里拉 郭永杰，张桥蓉，李春晓等 11CS3504

Dactyloctenium aegyptium (Linnaeus) Willdenow 龙爪茅
广西：田林 彭华，许瑾，陈丽 P.H.5088
海南：三沙 郭永杰，涂铁要，李晓娟等 15CS10481
江西：星子 谭策铭，董安淼 TanCM304

云南：沧源 赵金超，肖美芳，汪顺莉 CYNGH221
云南：峨山 马兴达，乔娣 WangHCH060
云南：金平 喻智勇，官兴永，张云飞等 JinPing86
云南：景洪 彭华，向春雷，陈丽等 P.H.5705
云南：澜沧 张绍云，仇亚，胡启和 YNS1245
云南：双柏 彭华，刘恩德，陈丽等 P.H.5482
云南：思茅区 胡启和，张绍云 YNS0986
云南：新平 孙振华，郑志兴，沈蕊等 OuXK-XP-151
云南：新平 谢雄 XPALSC484
云南：永德 李永亮 YDDXS0521
云南：元谋 何彪 OuXK-0071
云南：元谋 王文礼，何彪，冯欣等 OUXK11264
云南：镇沅 罗成瑜，李彩斌，张守泉等 ALSZY463

Danthonia cumminsii J. D. Hooker **扁芒草**
云南：泸水 李爱花，李洪超，黄天才等 SCSB-A-000214
云南：巧家 杨光明 SCSB-W-1315

Deschampsia cespitosa (Linnaeus) P. Beauvois **发草**
重庆：南川区 易思荣 YISR169
甘肃：玛曲 李晓东，刘帆，张景博等 LiJ0040
甘肃：玛曲 刘坤 LiuJQ-GN-2011-329
青海：门源 吴玉虎 LJQ-QLS-2008-0071
四川：白玉 孙航，张建文，邓涛等 SunH-07ZX-3739
四川：道孚 何兴金，胡灏禹，沈呈娟等 SCU-11-457
四川：红原 张昌兵，邓秀华 ZhangCB0296
四川：九寨沟 张挺，李爱花，刘成等 08CS869
四川：康定 张昌兵，向丽 ZhangCB0179
四川：若尔盖 刘坤 LiuJQ-GN-2011-366
四川：雅江 何兴金，郜鹏，彭禄等 SCU-11-36
西藏：左贡 徐波，陈光富，陈林杨等 SunH-07ZX-2084

Deschampsia cespitosa subsp. **ivanovae** (Tzvelev) S. M. Phillips & Z. L. Wu **短枝发草** *
甘肃：夏河 齐威 LJQ-2008-GN-264
西藏：八宿 张永洪，王晓雄，周卓等 SunH-07ZX-1178
西藏：左贡 徐波，陈光富，陈林杨等 SunH-07ZX-2039

Deschampsia cespitosa subsp. **orientalis** Hulten **小穗发草**
西藏：林芝 刘帆，卢洋等 LiJ772

Deschampsia cespitosa subsp. **pamirica** (Roshevitz) Tzvelev **帕米尔发草**
新疆：和静 邱爱军，张玲 LiZJ1845

Deschampsia koelerioides Regel **穗发草**
新疆：塔什库尔干 邱娟，冯建菊 LiuJQ0057

Deyeuxia conferta Keng **密穗野青茅** *
甘肃：玛曲 刘坤 LiuJQ-GN-2011-342

Deyeuxia diffusa Keng **散穗野青茅** *
四川：峨眉山 李小杰 LiXJ021
四川：红原 张昌兵，邓秀发，郝国歉 ZhangCB0337
四川：雅江 何兴金，胡灏禹，陈德友等 SCU-09-313
云南：维西 陈文允，于文涛，黄永江等 CYHL062
云南：永德 李永亮 YDDXS0631

Deyeuxia effusiflora Rendle **疏穗野青茅** *
江西：庐山区 谭策铭，董安淼 TCM09070

Deyeuxia flaccida (P. C. Keng) Keng ex S. L. Lu **柔弱野青茅** *
四川：峨眉山 李小杰 LiXJ255
四川：红原 张昌兵，邓秀发 ZhangCB0375

Deyeuxia flavens Keng **黄花野青茅** *
甘肃：卓尼 刘坤 LiuJQ-GN-2011-388
山东：平邑 李卫东 SCSB-003
西藏：昌都 陈家辉，王赟，刘德团 YangYP-Q-3134

Deyeuxia nepalensis Bor **顶芒野青茅**
四川：红原 张昌兵，邓秀发 ZhangCB0373

Deyeuxia nyingchiensis P. C. Kuo & S. L. Lu **林芝野青茅** *
西藏：林芝 孙航，张建文，陈建国等 SunH-07ZX-2759
西藏：林芝 孙航，张建文，陈建国等 SunH-07ZX-2822

Deyeuxia petelotii (Hitchcock) S. M. Phillips & Wen L. Chen **异颖草**
云南：禄劝 彭华，向春雷，王泽欢 PengH8008
云南：文山 税玉民，陈文红 71888
云南：文山 税玉民，陈文红 71905
云南：新平 谢天华，郎定富 XPALSA119

Deyeuxia pulchella J. D. Hooker **小丽茅**
四川：白玉 李晓东，张景博，徐凌翔等 LiJ453
四川：理县 张昌兵，邓秀发 ZhangCB0404
云南：香格里拉 杨青松，星耀武，苏涛 ZhouZK-07ZX-0398

Deyeuxia purpurea (Trinius) Kunth **大叶章**
河北：蔚县 牛玉璐，高彦飞，黄士良 NiuYL256
内蒙古：武川 蒲拴莲，刘润宽，刘毅等 M234

Deyeuxia pyramidalis (Host) Veldkamp **野青茅**
安徽：屯溪区 方建新 TangXS0687
甘肃：夏河 刘坤 LiuJQ-GN-2011-341
黑龙江：五大连池 刘玫，王臣，张欣欣等 Liuetal777
江西：庐山区 董安淼，吴从梅 TanCM847
山东：崂山区 赵遵田，郑国伟，王海英等 Zhaozt0169
四川：乐至 邓兴敏，邓秀发，张昌兵 ZCB0382

Deyeuxia scabrescens (Grisebach) Munro ex Duthie **糙野青茅**
甘肃：玛曲 齐威 LJQ-2008-GN-225
甘肃：卓尼 刘坤 LiuJQ-GN-2011-315
甘肃：卓尼 刘坤 LiuJQ-GN-2011-322
湖北：神农架林区 李巨平 LiJuPing0136
四川：巴塘 孙航，张建文，邓涛等 SunH-07ZX-3398
四川：丹巴 何兴金，胡灏禹，沈呈娟等 SCU-11-406
四川：甘孜 孙航，张建文，董金龙等 SunH-07ZX-3957
四川：康定 彭玉兰，涂卫国 Gaoxf-0956
四川：理塘 何兴金，胡灏禹，陈德友等 SCU-09-322
四川：乡城 王文礼，冯欣，刘飞鹏 OUXK11128
西藏：工布江达 卢洋，刘帆等 LiJ837
西藏：拉萨 卢洋，刘帆等 LiJ728
西藏：林芝 张大才，李双智，唐路等 ZhangDC-07ZX-1841
云南：巧家 杨光明 SCSB-W-1152
云南：巧家 杨光明 SCSB-W-1169
云南：永德 李永亮 YDDXS0634
云南：永德 李永亮 YDDXS0650

Deyeuxia tibetica var. **przevalskyi** (Tzvelev) P. C. Kuo & S. L. Lu **矮野青茅** *
西藏：噶尔 李晖，文雪梅，次旺加布等 Lihui-Q-0032

Diarrhena fauriei (Hackel) Ohwi **法利龙常草**
黑龙江：五常 王臣，张欣欣，谢博勋等 WangCh379
山东：崂山区 高德民，邵尉，吴燕秋 Lilan942

Diarrhena japonica Franchet & Savatier **日本龙常草**
山东：崂山区 罗艳，李中华 LuoY382

Diarrhena mandshurica Maximowicz **龙常草**
黑龙江：嫩江 王臣，张欣欣，史传奇 WangCh91
山东：崂山区 高德民，邵尉，吴燕秋 Lilan940
山东：牟平区 卞福花 BianFH-0258
山东：牟平区 卞福花，宋言贺 BianFH-503

Dichanthium annulatum (Forsskål) Stapf **双花草**
云南：景东 罗忠华，刘长铭，鲁成荣等 JDNR09042

云南：永德 李永亮 YDDXS0500

Digitaria abludens (Roemer & Schultes) Veldkamp 粒状马唐

云南：南涧 罗新洪，阿国仁 NJWLS532

云南：永德 李永亮 YDDXS0804

Digitaria bicornis (Lamarck) Roemer & Schultes 异马唐

湖南：麻阳 彭华，王英，陈丽 P.H.5230

Digitaria ciliaris (Retzius) Koeler 纤毛马唐

安徽：肥西 陈延松，陈翠兵 Xuzd116

安徽：屯溪区 方建新 TangXS0062

广西：金秀 彭华，向春雷，陈丽 PengH8133

河北：桃城 牛玉璐，高彦飞，黄士良 NiuYL152

湖南：江永 姜孝成，唐贵华，潘孝武 SCSB-HNJ-0053

湖南：岳麓区 刘克明，蔡秀珍，陈薇 SCSB-HN-0214

吉林：长岭 张宝田 Yanglm0362

江西：星子 董安淼，吴从梅 TanCM819

山东：海阳 高德民，王萍，张颖颖等 Lilan625

山东：垦利 曹子谊，韩国营，吕蕾等 Zhaozt0091

山东：崂山区 罗艳，李中华 LuoY289

山东：历下区 曹子谊，郑国伟，吕蕾等 Zhaozt0020

四川：乐至 邓兴敏，邓秀发，张昌兵 ZCB0380

四川：射洪 袁明 YUANM2015L002

新疆：博乐 徐文斌，杨清理 SHI-2008450

云南：河口 税玉民，陈文红 71690

云南：麻栗坡 税玉民，陈文红 72001

云南：石林 税玉民，陈文红 65852

云南：西山区 彭华，陈丽 P.H.5294

云南：新平 谢天华，李应富，郎定富 XPALSA045

云南：新平 谢雄 XPALSC408

云南：新平 自正尧 XPALSB227

云南：永德 李永亮 YDDXS0806

浙江：临安 李宏庆，田怀珍，刘国丽 Lihq0074

Digitaria ciliaris var. **chrysoblephara** (Figari & De Notaris) R. R. Stewart 毛马唐

安徽：肥西 陈延松，沈云，陈翠兵等 Xuzd121

安徽：屯溪区 方建新 TangXS0078

湖北：宣恩 祝文志，刘志祥，曹远俊 ShenZH0057

湖北：竹溪 李盛兰 GanQL133

山东：莱山区 卞福花，宋言贺 BianFH-534

山东：莱山区 卞福花 BianFH-0208

山东：崂山区 罗艳，李中华 LuoY292

山东：长清区 李兰，王萍，张少华等 Lilan-009

Digitaria cruciata (Nees ex Steudel) A. Camus 十字马唐

云南：金平 税玉民，陈文红 80583

云南：南涧 邹国娟，时国彩 njwls2007004

云南：盘龙区 伊廷双，孟静，杨杨 MJ-929

云南：维西 陈文允，于文涛，黄永江等 CYHL070

Digitaria fibrosa (Hackel) Stapf 纤维马唐

云南：永德 李永亮 YDDXS0810

Digitaria henryi Rendle 亨利马唐

广西：武鸣 童毅华 TYH22

Digitaria ischaemum (Schreber) Muhlenberg 止血马唐

安徽：肥西 陈延松，沈云，陈翠兵等 Xuzd127

安徽：金寨 刘淼 SCSB-JSC28

安徽：舒城 陈延松，欧祖兰，高秋晨等 Xuzd445

安徽：屯溪区 方建新 TangXS0940

黑龙江：哈尔滨 刘玫，王臣，张欣欣等 Liuetal784

黑龙江：松北 孙阎 SunY323

湖北：竹溪 李盛兰 GanQL1011

江西：星子 董安淼，吴从梅 TanCM2555

辽宁：桓仁 祝业平 CaoW962

山东：平邑 李卫东 SCSB-013

山西：榆次区 何志斌，杜军，陈龙飞等 HHZA0315

四川：峨眉山 李小杰 LiXJ282

西藏：林芝 卢洋，刘帆等 LiJ812

新疆：英吉沙 黄文娟，段黄金，王英鑫等 LiZJ0819

新疆：泽普 黄文娟，段黄金，王英鑫等 LiZJ0839

Digitaria longiflora (Retzius) Persoon 长花马唐

海南：三亚 彭华，向春雷，陈丽 PengH8172

Digitaria radicosa (J. Presl) Miquel 红尾翎

安徽：肥西 陈延松，姜九龙 Xuzd133

安徽：石台 陈延松，吴国伟，洪欣 Zhousb0080

安徽：舒城 陈延松，欧祖兰，高秋晨等 Xuzd308

安徽：屯溪区 方建新 TangXS0614

安徽：黟县 刘淼 SCSB-JSB48

江西：星子 谭策铭，董安淼 TanCM502

云南：盈江 王立彦，桂魏，刀江飞 SCSB-TBG-093

云南：永德 李永亮 YDDXS0805

Digitaria sanguinalis (Linnaeus) Scopoli 马唐

安徽：舒城 陈延松，欧祖兰，高秋晨等 Xuzd285

安徽：舒城 陈延松，欧祖兰，高秋晨等 Xuzd309

安徽：屯溪区 方建新 TangXS0622

甘肃：夏河 郭淑青，杜品 LiuJQ-2012-GN-081

甘肃：夏河 刘坤 LiuJQ-GN-2011-357

甘肃：舟曲 齐威 LJQ-2008-GN-239

河北：桃城 牛玉璐，郑博颖，黄士良等 NiuYL119

黑龙江：大同区 杨帆，马红媛，安丰华 SNA0636

湖南：石门 陈功锡，张代贵 SCSB-HC-2008184

吉林：长岭 张永刚 Yanglm0334

吉林：长岭 胡良军，王伟娜，胡应超 HuLJ033

吉林：长岭 张红香 ZhangHX164

吉林：长岭 胡良军，王伟娜，张祖毓 DBB201509220105P

江西：庐山区 董安淼，吴丛梅 TanCM3325

江西：星子 董安淼，吴从梅 TanCM2593

宁夏：盐池 左忠，刘华 ZuoZh069

山东：滨州 刘奥，王广阳 WBG001860

山东：博兴 刘奥，王广阳 WBG001678

山东：德州 刘奥，王广阳 WBG001802

山东：高青 刘奥，王广阳 WBG001868

山东：济阳 刘奥，王广阳 WBG001880

山东：济阳 刘奥，王广阳 WBG001884

山东：乐陵 刘奥，王广阳 WBG001827

山东：历下区 张璐璐，田琼，孟凡格等 Zhaozt0216

山东：聊城 刘奥，王广阳 WBG001955

山东：聊城 刘奥，王广阳 WBG001956

山东：临清 刘奥，王广阳 WBG001937

山东：临邑 刘奥，王广阳 WBG001888

山东：临邑 刘奥，王广阳 WBG001892

山东：陵城区 刘奥，王广阳 WBG001814

山东：商河 刘奥，王广阳 WBG001872

山东：商河 刘奥，王广阳 WBG001875

山东：莘县 刘奥，王广阳 WBG001970

山东：武城 刘奥，王广阳 WBG001910

山东：武城 刘奥，王广阳 WBG001914

山东：武城 刘奥，王广阳 WBG001918

山东：夏津 刘奥，王广阳 WBG001924

山东：阳谷 刘奥，王广阳 WBG001973

山东：阳谷 刘奥，王广阳 WBG001979
山西：晋源区 张丽，廉凯敏 Zhangf0081
陕西：长安区 田陌，田先华 TianXH547
四川：峨眉山 李小杰 LiXJ251
新疆：石河子 塔里木大学植物资源调查组 TD-01024
云南：昆明 税玉民，陈文红 65775
云南：蒙自 税玉民，陈文红 72252
云南：石林 税玉民，陈文红 65479
云南：维西 王文礼，冯欣，刘飞鹏 OUXK11056
云南：维西 王文礼，冯欣，刘飞鹏 OUXK11075

Digitaria setigera Roth ex Roemer & Schultes **海南马唐**

贵州：册亨 张文超 Yuanm058
云南：景东 鲁艳 07-104

Digitaria stewartiana Bor **昆仑马唐**

新疆：乌鲁木齐 王喜勇，马文宝，施翔 zdy273
新疆：乌鲁木齐 段士民，王喜勇，刘会良 Zhangdy273

Digitaria ternata (Hochstetter ex A. Richard) Stapf **三数马唐**

云南：新平 自正尧 XPALSB292

Digitaria violascens Link **紫马唐**

安徽：金寨 刘淼 SCSB-JSC26
安徽：屯溪区 方建新 TangXS0294
安徽：黟县 刘淼 SCSB-JSB47
湖北：五峰 陈功锡，张代贵 SCSB-HC-2008360
湖北：竹溪 甘霖 GanQL592
江苏：句容 吴宝成，王兆银 HANGYY8396
江西：星子 董安淼，吴从梅 TanCM2596
山东：崂山区 罗艳，李中华 LuoY328
山东：平邑 高德民，王萍，张颖颖等 Lilan624
四川：米易 袁明 MY043
四川：乡城 李晓东，张景博，徐凌翔等 LiJ374
新疆：库车 塔里木大学植物资源调查组 TD-00971
新疆：沙雅 塔里木大学植物资源调查组 TD-00983
新疆：于田 冯建菊 Liujq-fjj-0038

Dimeria ornithopoda Trinius **觿茅**

江西：庐山区 董安淼，吴从梅 TanCM2590
山东：海阳 辛晓伟 Lilan882

Duthiea brachypodium (P. Candargy) Keng & P. C. Keng **毛蕊草**

甘肃：玛曲 刘坤 LiuJQ-GN-2011-325
甘肃：卓尼 刘坤 LiuJQ-GN-2011-314
四川：红原 张昌兵 ZhangCB0026
四川：若尔盖 何兴金，李琴琴，王长宝等 SCU-08081

Echinochloa caudata Roshevitz **长芒稗**

安徽：肥西 陈延松，沈云，陈翠兵等 Xuzd125
安徽：屯溪区 方建新 TangXS0311
河北：桃城 牛玉璐，郑博颖，黄士良等 NiuYL123
黑龙江：哈尔滨 刘玫，王臣，张欣欣等 Liuetal787
江西：庐山区 董安淼，吴从梅 TanCM823
山东：历城区 张少华，王萍，张诏等 Lilan186
新疆：昌吉 段士民，王喜勇，刘会良 Zhangdy281
新疆：昌吉 段士民，王喜勇，刘会良 Zhangdy292
新疆：霍城 段士民，王喜勇，刘会良等 42
新疆：叶城 郭永杰，黄文娟，段黄金 LiZJ0174
浙江：余杭区 葛斌杰 Lihq0239

Echinochloa colona (Linnaeus) Link **光头稗**

安徽：滁州 陈延松，吴国伟，洪欣 Zhousb0006
安徽：泾县 洪欣 ZhouSB0182
安徽：屯溪区 方建新 TangXS0293
安徽：宣城 刘淼 HANGYY8110
贵州：铜仁 彭华，王英，陈丽 P.H.5196
湖北：神农架林区 李巨平 LiJuPing0074
湖北：宣恩 许玥，祝文志，刘志祥等 ShenZH7801
湖北：竹溪 李盛兰 GanQL1013
江苏：赣榆 吴宝成 HANGYY8301
江苏：句容 王兆银，吴宝成 SCSB-JS0154
江苏：武进区 吴林园 HANGYY8701
江苏：玄武区 吴宝成 SCSB-JS0232
四川：乐山 伊廷双，杨杨，孟静 MJ-638
四川：乐至 邓兴敏，邓秀发，张昌兵 ZCB0413
四川：雨城区 贾学静 YuanM2012001
四川：雨城区 袁明，刘静 Y07306
新疆：英吉沙 黄文娟，段黄金，王英鑫等 LiZJ0815
新疆：裕民 徐文斌，黄刚 SHI-2009485
云南：个旧 税玉民，陈文红 71660
云南：河口 税玉民，陈文红 71703
云南：景东 赵贤坤，鲍文华 JDNR11039
云南：麻栗坡 税玉民，陈文红 72012
云南：蒙自 田学军 TianXJ0114
云南：南涧 官有才 NJWLS1603
云南：腾冲 周应再 Zhyz-468
云南：新平 何罡安，罗光进 XPALSB026
云南：新平 谢雄 XPALSC032
云南：新平 谢雄 XPALSC478
云南：永德 李永亮 YDDXSB027
云南：永德 李永亮 YDDXS0451
云南：元阳 田学军，杨建，邱成书等 Tianxj0007

Echinochloa crusgalli (Linnaeus) P. Beauvois **稗**

安徽：肥东 陈延松，方晓磊，陈翠兵等 Xuzd091
安徽：屯溪区 方建新 TangXS0881
黑龙江：北安 郑宝江，潘磊 ZhengBJ022
湖北：宜昌 陈功锡，张代贵 SCSB-HC-2008082
湖北：竹溪 李盛兰 GanQL972
湖南：江永 姜孝成，唐贵华，潘孝武 SCSB-HNJ-0068
湖南：浏阳 刘克明，朱晓文，田淑珍 SCSB-HN-0445
湖南：武陵源区 吴福川，林永惠，魏清润等 22
湖南：永定区 吴福川，查学州，曹赫 7080
湖南：岳麓区 刘克明，丛义艳 SCSB-HN-0012
吉林：长岭 胡良军，王伟娜，胡应超 HuLJ031
吉林：长岭 胡良军，王伟娜，张祖毓 DBB201509220101P
江苏：句容 王兆银，吴宝成 SCSB-JS0153
江苏：句容 吴宝成，王兆银 HANGYY8321
辽宁：桓仁 祝业平 CaoW987
宁夏：青铜峡 何志斌，杜军，陈龙飞等 HHZA0083
宁夏：盐池 左忠，刘华 ZuoZh268
山西：小店区 张贵平，焦磊，吴琼 Zhangf0049
山西：榆次区 何志斌，杜军，陈龙飞等 HHZA0314
四川：西昌 苏涛，黄永江，杨青松等 ZhouZK11387
西藏：拉萨 钟扬 ZhongY1038
新疆：阿克苏 塔里木大学植物资源调查组 TD-00897
新疆：博乐 徐文斌，黄雪姣 SHI-2008100
新疆：博乐 徐文斌，许晓敏 SHI-2008382
新疆：博乐 徐文斌，许晓敏 SHI-2008451
新疆：博乐 徐文斌，许晓敏 SHI-2008469
新疆：博乐 徐文斌，杨清理 SHI-2008313
新疆：博乐 徐文斌，杨清理 SHI-2008339
新疆：博乐 徐文斌，杨清理 SHI-2008423

新疆：霍城 段士民，王喜勇，刘会良等 41
新疆：莎车 黄文娟，段黄金，王英鑫等 LiZJ0826
新疆：温泉 徐文斌，王莹 SHI-2008062
新疆：温泉 徐文斌，许晓敏 SHI-2008151
新疆：温泉 徐文斌，许晓敏 SHI-2008269
新疆：乌什 白宝伟，段黄金 TD-01847
云南：隆阳区 段在贤，刘占李，刀开国 BSGLGSly080
云南：蒙自 税玉民，陈文红 72211
云南：普洱 彭志仙 YNS0222
云南：思茅区 胡启和，张绍云，周兵 YNS0990
云南：腾冲 周应再 Zhyz-375
云南：新平 谢天华，李应富，郎定富 XPALSA016
云南：镇沅 叶金科 YNS0274

Echinochloa crusgalli var. **austrojaponensis** Ohwi **小旱稗**

安徽：屯溪区 方建新 TangXS0883
云南：河口 税玉民，陈文红 71702

Echinochloa crusgalli var. **breviseta** (Döll) Podpéra **短芒稗**

安徽：肥东 陈延松，姜九龙，朱合军 Xuzd089
安徽：舒城 陈延松，欧祖兰，高秋晨等 Xuzd407
贵州：花溪区 邹方伦 ZouFL0216
湖南：永定区 吴福川，查学州，余祥洪 7079
吉林：长岭 张宝田 Yanglm0325
山东：即墨 樊守金 Zhaozt0234
山东：历城区 李兰，王萍，张少华 Lilan037
山东：平邑 李卫东 SCSB-005
新疆：昌吉 段士民，王喜勇，刘会良 Zhangdy280
新疆：昌吉 段士民，王喜勇，刘会良 Zhangdy283
新疆：乌鲁木齐 王喜勇，马文宝，施翔 zdy279
新疆：乌鲁木齐 段士民，王喜勇，刘会良 Zhangdy271
新疆：新源 段士民，王喜勇，刘会良 Zhangdy399
新疆：裕民 徐文斌，黄刚 SHI-2009377
云南：沧源 赵金超，肖美芳 CYNGH220
云南：蒙自 田学军 TianXJ0115
云南：蒙自 田学军 TianXJ0116

Echinochloa crusgalli var. **mitis** (Pursh) Petermann **无芒稗**

安徽：蜀山区 陈延松，方晓磊，沈云等 Xuzd084
安徽：屯溪区 方建新 TangXS0440
甘肃：迭部 齐威 LJQ-2008-GN-266
甘肃：文县 齐威 LJQ-2008-GN-265
广西：田林 彭华，许瑾，陈丽 P.H.5086
贵州：江口 彭华，王英，陈丽 P.H.5109
湖南：麻阳 彭华，王英，陈丽 P.H.5229
山东：莱山区 陈朋 BianFH-393
陕西：平利 李盛兰 GanQL1006
四川：乐至 邓兴敏，邓秀发，张昌兵 ZCB0480
新疆：白碱滩区 徐文斌 SCSB-SHI-2006187
新疆：博乐 徐文斌 SHI2006314
新疆：和布克赛尔 马真 SCSB-SHI-2006193
新疆：和布克赛尔 徐文斌，郭一敏 SHI-2009131
新疆：石河子 石大标 SCSB-Y-2006151
新疆：石河子 石大标 SCSB-Y-2006166
新疆：石河子 白宝伟，段黄金 TD-02066
新疆：托里 徐文斌 SHI2006361
新疆：托里 徐文斌，黄刚 SHI-2009185
新疆：托里 徐文斌，杨清理 SHI-2009315
云南：剑川 彭华，许瑾，陈丽 P.H.5053
云南：景东 鲁艳 07-115
云南：昆明 税玉民，陈文红 65830
云南：南涧 熊绍荣 NJWLS442
云南：西山区 彭华，陈丽 P.H.5301

Echinochloa crusgalli var. **praticola** Ohwi **细叶旱稗**

安徽：肥西 陈延松，姜九龙，朱合军 Xuzd052
安徽：屯溪区 方建新 TangXS0254
安徽：屯溪区 方建新 TangXS0035
湖北：竹溪 李盛兰 GanQL055
云南：镇沅 罗成瑜 ALSZY106

Echinochloa crusgalli var. **zelayensis** (Kunth) Hitchcock **西来稗**

安徽：屯溪区 方建新 TangXS0310
江苏：启东 高兴 HANGYY8632
山东：垦利 曹子谊，吕蕾，柴振光等 Zhaozt0104
云南：麻栗坡 税玉民，陈文红 72046

Echinochloa cruspavonis (Kunth) Schultes **孔雀稗**

安徽：舒城 陈延松，欧祖兰，高秋晨等 Xuzd284
安徽：屯溪区 方建新 TangXS0882
江苏：南京 顾子霞 SCSB-JS0424

Echinochloa esculenta (A. Braun) H. Scholz **紫穗稗**

云南：蒙自 税玉民，陈文红 72212

Echinochloa frumentacea Link **湖南稗子**

吉林：镇赉 杨帆，马红媛，安丰华 SNA0177
云南：绿春 黄连山保护区科研所 HLS0461
云南：玉龙 陈文允，于文涛，黄永江等 CYHL032

Echinochloa glabrescens Kossenko **硬稃稗**

贵州：独山 张文超 Yuanm065
湖北：竹溪 李盛兰 GanQL105
江苏：宜兴 吴林园 HANGYY8705
四川：峨边 李小杰 LiXJ828
四川：峨眉山 李小杰 LiXJ659
云南：景东 罗忠华，刘长铭，鲁成荣等 JDNR09049
云南：麻栗坡 肖波 LuJL157
云南：蒙自 田学军 TianXJ0113
云南：南涧 阿国仁，何贵才 NJWLS537
云南：新平 自正尧 XPALSB505
云南：永德 李永亮 YDDXS0432

Echinochloa oryzoides (Arduino) Fritsch **水田稗**

安徽：休宁 唐鑫生，方建新 TangXS0307
湖南：长沙 刘克明 SCSB-HN-0031
四川：理县 张昌兵，邓秀发 ZhangCB0389
新疆：托里 徐文斌，黄刚 SHI-2009281
云南：景东 赵贤坤，鲍文华 JDNR11040
云南：西山区 税玉民，陈文红 65790

Eleusine coracana (Linnaeus) Gaertner **䅟**

西藏：察隅 张挺，蔡杰，袁明 09CS1589
西藏：墨脱 刘成，亚吉东，何华杰等 16CS11886
云南：贡山 王四海，唐春云，余奇 WangSH-07ZX-008

Eleusine indica (Linnaeus) Gaertner **牛筋草**

安徽：舒城 陈延松，欧祖兰，高秋晨等 Xuzd476
安徽：屯溪区 方建新 TangXS0030
安徽：黟县 刘淼 SCSB-JSB43
重庆：南川区 易思荣 YISR036
海南：三沙 郭永杰，涂铁要，李晓娟等 15CS10479
河北：涉县 牛玉璐，高彦飞 NiuYL618
黑龙江：呼兰 张欣欣 Liuetal447
湖北：神农架林区 李巨平 LiJuPing0078
湖北：宣恩 祝文志，刘志祥，曹远俊 ShenZH0096
湖北：竹溪 李盛兰 GanQL1008

湖南：吉首 陈功锡，张代贵，邓涛等 SCSB-HC-2007384
湖南：新宁 姜孝成，唐贵华，袁双艳等 SCSB-HNJ-0234
湖南：岳麓区 刘克明，肖乐希 SCSB-HN-0030
江苏：句容 王兆银，吴宝成 SCSB-JS0155
江苏：南京 韦阳连 SCSB-JS0496
江苏：射阳 吴宝成 HANGYY8263
江西：庐山区 董安淼，吴丛梅 TanCM3073
山东：博兴 刘奥，王广阳 WBG001861
山东：德州 刘奥，王广阳 WBG001803
山东：德州 刘奥，王广阳 WBG001808
山东：东阿 刘奥，王广阳 WBG001985
山东：高唐 刘奥，王广阳 WBG001940
山东：高唐 刘奥，王广阳 WBG001946
山东：冠县 刘奥，王广阳 WBG001297
山东：冠县 刘奥，王广阳 WBG001961
山东：莱山区 陈朋 BianFH-388
山东：历城区 赵遵田，杜远达，杜超等 Zhaozt0033
山东：历下区 李兰，王萍，张少华 Lilan-049
山东：历下区 张璐璐，李铭，孟凡格等 Zhaozt0215
山东：宁津 刘奥，王广阳 WBG001820
山东：平邑 李卫东 SCSB-009
山东：平原 刘奥，王广阳 WBG001902
山东：齐河 刘奥，王广阳 WBG001989
山东：齐河 刘奥，王广阳 WBG001990
山东：庆云 刘奥，王广阳 WBG001833
山东：夏津 刘奥，王广阳 WBG001925
山东：阳信 刘奥，王广阳 WBG001844
山西：晋源区 张丽，焦磊 Zhangf0088
山西：襄汾 何志斌，杜军，蔺鹏飞等 HHZA0327
四川：泸定 袁明 YuanM1023
四川：米易 袁明 MY041
四川：沐川 伊廷双，杨杨，孟静 MJ-639
四川：射洪 袁明 YUANM2015L006
云南：金平 喻智勇 JinPing67
云南：景东 杨国平 07-79
云南：景东 谢有能，罗文涛，李绍昆 JDNR049
云南：景洪 彭华，向春雷，王泽欢 PengH8503
云南：麻栗坡 肖波 LuJL169
云南：麻栗坡 税玉民，陈文红 72004
云南：蒙自 税玉民，陈文红 72478
云南：南涧 阿国仁，何贵才 NJWLS540
云南：南涧 熊绍荣 NJWLS2008194
云南：普洱 彭志仙 YNS0221
云南：新平 谢天华，郎定富，杨如伟 XPALSA002
云南：新平 孙振华，郑志兴，沈蕊等 OuXK-XP-150
云南：新平 自正尧 XPALSB273
云南：新平 何罡安 XPALSB099
云南：新平 谢雄 XPALSC037
云南：盈江 王立彦，桂魏 SCSB-TBG-144
云南：永德 李永亮 YDDXS0316
云南：元阳 田学军，杨建，邱成书等 Tianxj0014
浙江：临安 吴林园，彭斌，顾子霞 HANGYY9006

Elymus anthosachnoides (Keng) A. Love ex B. Rong Lu 假花鳞草 *

云南：东川区 张挺，刘成，郭明明等 11CS3674

Elymus antiquus (Nevski) Tzvelev 小颖披碱草

甘肃：卓尼 刘坤 LiuJQ-GN-2011-327
四川：松潘 齐威 LJQ-2008-GN-223
云南：香格里拉 杨青松，星耀武，苏涛 ZhouZK-07ZX-0334

Elymus aristiglumis (Keng & S. L. Chen) S. L. Chen 芒颖披碱草 *

四川：甘孜 陈家辉，王赟，刘德团 YangYP-Q-3042
西藏：阿里 陈家辉，庄会富，边巴扎西 Yangyp-Q-2045
西藏：班戈 杨永平，陈家辉，段元文等 Yangyp-Q-0146
西藏：当雄 杨永平，段元文，边巴扎西 Yangyp-Q-1004
西藏：当雄 杨永平，段元文，边巴扎西 Yangyp-Q-1031
西藏：当雄 陈家辉，庄会富，刘德团 Yangyp-Q-0169
西藏：定日 王东超，杨大松，张春林等 YangYP-Q-5112
西藏：噶尔 李晖，文雪梅，次旺加布等 Lihui-Q-0025
西藏：噶尔 陈家辉，庄会富，边巴扎西 Yangyp-Q-2017
西藏：那曲 陈家辉，庄会富，刘德团 yangyp-Q-0180
西藏：那曲 陈家辉，庄会富，刘德团 Yangyp-Q-0195
西藏：那曲 陈家辉，庄会富，刘德团 Yangyp-Q-0214
西藏：聂荣 陈家辉，庄会富，边巴扎西 Yangyp-Q-2097
西藏：普兰 陈家辉，庄会富，刘德团等 Yangyp-Q-0005
西藏：普兰 陈家辉，庄会富，刘德团等 Yangyp-Q-0015
西藏：普兰 陈家辉，庄会富，刘德团等 yangyp-Q-0016

Elymus aristiglumis var. **leianthus** (H. L. Yang) S. L. Chen 平滑披碱草 *

西藏：噶尔 陈家辉，庄会富，刘德团等 Yangyp-Q-0056
西藏：噶尔 陈家辉，庄会富，刘德团等 Yangyp-Q-0119
西藏：日土 陈家辉，庄会富，刘德团等 Yangyp-Q-0096

Elymus atratus (Nevski) Handel-Mazzetti 黑紫披碱草 *

甘肃：玛曲 刘坤 LiuJQ-GN-2011-390
四川：阿坝 张昌兵，邓秀发 ZCB0538
四川：阿坝 张昌兵，邓秀发 ZCB0558
四川：红原 张昌兵，邓秀发，郝国歉 ZCB0622
四川：红原 张昌兵，邓秀发 ZCB0631

Elymus breviaristatus Keng ex P. C. Keng 短芒披碱草 *

四川：阿坝 张昌兵，邓秀发 ZhangCB0325
四川：阿坝 张昌兵，邓秀发 ZCB0532
四川：红原 张昌兵，邓秀发 ZhangCB0374
四川：康定 彭玉兰，涂卫国，余春丽 Gaoxf-0688

Elymus brevipes (Keng) S. L. Chen 短柄披碱草 *

四川：白玉 张大才，尹五元，李双智等 ZhangDC-07ZX-2270
四川：德格 张大才，尹五元，李双智等 ZhangDC-07ZX-2310
四川：红原 张昌兵 ZhangCB0044
四川：雅江 苏涛，黄永江，杨青松等 ZhouZK11114

Elymus burchan-buddae (Nevski) Tzvelev 短颖披碱草

甘肃：合作 刘坤 LiuJQ-GN-2011-400
甘肃：玛曲 刘坤 LiuJQ-GN-2011-312
甘肃：玛曲 刘坤 LiuJQ-GN-2011-319
甘肃：玛曲 齐威 LJQ-2008-GN-238
青海：门源 吴玉虎 LJQ-QLS-2008-0013
四川：阿坝 张昌兵，邓秀发 ZhangCB0328
四川：稻城 何兴金，王长宝，刘爽等 SCU-09-062
四川：甘孜 张大才，尹五元，李双智等 ZhangDC-07ZX-2331
四川：红原 张昌兵，邓秀发，郝国歉 ZhangCB0352
四川：红原 张昌兵 ZhangCB0028
四川：红原 张昌兵，邓秀华 ZhangCB0314
四川：红原 张昌兵，邓秀华 ZhangCB0315
四川：理县 何兴金，李琴琴，赵丽华等 SCU-09-538
西藏：城关区 李晖，边巴，徐爱国 lihui-Q-09-87
西藏：措勤 李晖，卜海涛，边巴等 lihui-Q-09-10
新疆：和静 邱爱军，张玲 LiZJ1807

Elymus caianus S. L. Chen & G. Zhu 纤瘦披碱草 *

青海：兴海 岳伟，苏旭，王玉金 LiuJQ-2011-WYJ-019

Elymus calcicola (Keng) S. L. Chen 钙生披碱草 *

湖北：竹溪 李盛兰 GanQL439
云南：巧家 杨光明 SCSB-W-1302
云南：永德 李永亮 YDDXS0347
云南：永德 李永亮，王学军，杨建文等 YDDXSB072

Elymus ciliaris (Trinius ex Bunge) Tzvelev 纤毛披碱草

安徽：屯溪区 方建新 TangXS0429
北京：西城区 王雷，朱雅娟，黄振英 Beijing-huang-ss1-0012
河北：平山 牛玉璐，郑博颖，黄士良等 NiuYL056
湖北：竹溪 李盛兰 GanQL078
湖南：岳麓区 姜孝成 SCSB-HNJ-0003
山东：东营区 郑国伟 Zhaozt0246
山东：崂山区 罗艳，邓建平 LuoY259
山东：牟平区 卞福花 BianFH-0177
山东：牟平区 卞福花，宋言贺 BianFH-454

Elymus ciliaris var. **hackelianus** (Honda) G. Zhu & S. L. Chen 日本纤毛草

安徽：屯溪区 方建新 TangXS0095
江苏：句容 吴宝成，王兆银 HANGYY8168
江西：庐山区 谭策铭，李秀枝 TanCM218
云南：巧家 李文虎，罗蕊，豆文礼等 QJYS0002
浙江：临安 李宏庆，熊申展，陈纪云 Lihq0342

Elymus dahuricus Turczaninow ex Grisebach 披碱草

甘肃：碌曲 李晓东，刘帆，张景博等 LiJ0186
河北：平山 牛玉璐，郑博颖，黄士良等 NiuYL091
黑龙江：肇州 胡良军，王伟娜，胡应超 HuLJ369
湖北：竹溪 李盛兰 GanQL032
吉林：长岭 张宝田 Yanglm0367
内蒙古：正蓝旗 王雷，朱雅娟，黄振英 Beijing-ordos2-000008
陕西：眉县 张昌兵，田先华 TianXH097
四川：道孚 岳伟，苏旭，王玉金 LiuJQ-2011-WYJ-241
四川：稻城 李晓东，张景博，徐凌翔等 LiJ401
四川：红原 张昌兵，邓秀发，郝国歉 ZhangCB0346
四川：马尔康 何兴金，王月，胡灏禹 SCU-08152
西藏：八宿 张大才，李双智，罗康等 SunH-07ZX-0738
西藏：八宿 张挺，蔡杰，刘恩德等 SCSB-B-000483
西藏：左贡 徐波，陈光富，陈林杨等 SunH-07ZX-1588
西藏：左贡 徐波，陈光富，陈林杨等 SunH-07ZX-2040
新疆：策勒 冯建菊 Liujq-fjj-0058
云南：香格里拉 李晓东，张紫刚，操榆 LiJ664

Elymus dahuricus var. **cylindricus** Franchet 圆柱披碱草 *

甘肃：合作 刘坤 LiuJQ-GN-2011-395
青海：湟源 岳伟，苏旭，王玉金 LiuJQ-2011-WYJ-003
四川：阿坝 张昌兵，邓秀发 ZCB0547
四川：阿坝 张昌兵，邓秀发 ZCB0591
四川：阿坝 张昌兵，邓秀发 ZCB0600
四川：若尔盖 岳伟，苏旭，王玉金 LiuJQ-2011-WYJ-309
西藏：察雅 岳伟，苏旭，王玉金 LiuJQ-2011-WYJ-123
西藏：江达 岳伟，苏旭，王玉金 LiuJQ-2011-WYJ-117
新疆：博乐 徐文斌，黄雪姣 SHI-2008452
新疆：巩留 贺晓欢，徐文斌，马真等 SHI-A2007224
新疆：霍城 徐文斌，刘鸯，马真等 SHI-A2007141
新疆：托里 徐文斌，黄刚 SHI-2009338
新疆：温泉 徐文斌，许晓敏 SHI-2008060
新疆：温泉 徐文斌，黄雪姣 SHI-2008085
新疆：温泉 徐文斌，王莹 SHI-2008146

Elymus dolichatherus (Keng) S. L. Chen 长芒披碱草 *

四川：巴塘 孙航，张建文，邓涛等 SunH-07ZX-3399

Elymus durus (Keng) S. L. Chen 岷山披碱草 *

甘肃：合作 齐威 LJQ-2008-GN-214
四川：道孚 何兴金，胡灏禹，黄德青 SCU-10-107

Elymus excelsus Turczaninow ex Grisebach 肥披碱草

黑龙江：带岭区 郑宝江，丁晓炎，李月等 ZhengBJ231
黑龙江：哈尔滨 刘玫，王臣，张欣欣等 Liuetal788
黑龙江：五大连池 孙阎，张兰兰 SunY320
陕西：宁陕 王梅荣，田陌，田先华 TianXH107
四川：稻城 何兴金，王长宝，刘爽等 SCU-09-064
四川：红原 张昌兵，邓秀发，郝国歉 ZCB0621
四川：红原 张昌兵，邓秀发，郝国歉 ZCB0656
四川：红原 张昌兵，邓秀发，郝国歉 ZCB0685
四川：康定 何兴金，胡灏禹，陈德友等 SCU-09-303
四川：雅江 何兴金，胡灏禹，陈德友等 SCU-09-314

Elymus glaberrimus (Keng & S. L. Chen) S. L. Chen 光穗披碱草 *

新疆：霍城 徐文斌，刘鸯，马真等 SHI-A2007119

Elymus gmelinii (Ledebour) Tzvelev 真穗披碱草

河北：元氏 牛玉璐，郑博颖，黄士良等 NiuYL037

Elymus kamoji (Ohwi) S. L. Chen 柯孟披碱草

安徽：肥东 陈延松，陈翠兵，沈云 Xuzd065
安徽：屯溪区 方建新 TangXS0094
安徽：芜湖 狄皓 ZhouSB0200
安徽：芜湖 狄皓 ZhouSB0202
重庆：南川区 易思荣 YISR159
湖北：仙桃 张代贵 Zdg1538
湖北：竹溪 李盛兰 GanQL031
湖北：竹溪 李盛兰 GanQL440
湖南：永定区 吴福川，陈达武 7024
江西：庐山区 谭策铭，董安淼 TanCM263
辽宁：建平 卜军，金实，阴黎明 CaoW469
山东：崂山区 罗艳，邓建平 LuoY263
山东：牟平区 卞福花，陈朋 BianFH-0292
山东：长清区 王萍，高德民，张诏等 lilan270
陕西：长安区 田陌，田先华 TianXH010
上海：闵行区 李宏庆，殷鸽，杨灵霞 Lihq0172
四川：稻城 王文礼，冯欣，刘飞鹏 OUXK11142
四川：乐至 邓兴敏，邓秀发，张昌兵 ZCB0434
四川：乡城 孙航，李新辉，陈林杨 SunH-07ZX-2955
新疆：和静 杨赵平，焦培培，白冠章等 LiZJ0663
云南：德钦 孙航，李新辉，陈林杨 SunH-07ZX-3067
云南：南涧 李成清 NJWLS498
云南：石林 税玉民，陈文红 64545
云南：石林 税玉民，陈文红 65668
云南：永德 李永亮 YDDXS1054

Elymus nevskii Tzvelev 齿披碱草

甘肃：碌曲 岳伟，苏旭，王玉金 LiuJQ-2011-WYJ-314

Elymus nutans Grisebach 垂穗披碱草

甘肃：合作 刘坤 LiuJQ-GN-2011-332
甘肃：玛曲 刘坤 LiuJQ-GN-2011-397
甘肃：卓尼 齐威 LJQ-2008-GN-235
内蒙古：武川 蒲拴莲，刘润宽，刘毅等 M236
青海：德令哈 潘建斌，杜维波，牛炳韬 Liujq-2011CDM-373
青海：都兰 冯虎元 LiuJQ-08KLS-181
青海：都兰 潘建斌，杜维波，牛炳韬 Liujq-2011CDM-107
青海：都兰 潘建斌，杜维波，牛炳韬 Liujq-2011CDM-112
青海：都兰 潘建斌，杜维波，牛炳韬 Liujq-2011CDM-136

青海：都兰 潘建斌，杜维波，牛炳韬 Liujq-2011CDM-167
青海：都兰 潘建斌，杜维波，牛炳韬 Liujq-2011CDM-216
青海：格尔木 冯虎元 LiuJQ-08KLS-038
青海：格尔木 潘建斌，杜维波，牛炳韬 Liujq-2011CDM-025
青海：贵南 陈世龙，高庆波，张发起 Chensl0984
青海：门源 吴玉虎 LJQ-QLS-2008-0053
青海：曲麻莱 岳伟，苏旭，王玉金 LiuJQ-2011-WYJ-037
青海：天峻 潘建斌，杜维波，牛炳韬 Liujq-2011CDM-339
青海：乌兰 潘建斌，杜维波，牛炳韬 Liujq-2011CDM-254
青海：乌兰 潘建斌，杜维波，牛炳韬 Liujq-2011CDM-278
四川：阿坝 张昌兵，邓秀发 ZhangCB0322
四川：阿坝 张昌兵，邓秀发 ZhangCB0329
四川：阿坝 张昌兵，邓秀发 ZCB0560
四川：阿坝 张昌兵，邓秀发 ZCB0584
四川：阿坝 张昌兵，邓秀发 ZCB0594
四川：阿坝 张昌兵，邓秀发 ZCB0606
四川：白玉 李晓东，张景博，徐凌翔等 LiJ490
四川：丹巴 何兴金，胡灏禹，沈呈娟等 SCU-11-408
四川：丹巴 何兴金，胡灏禹，沈呈娟等 SCU-11-425
四川：道孚 余岩，周春景，秦汉涛 SCU-11-036
四川：道孚 何兴金，胡灏禹，沈呈娟等 SCU-11-456
四川：道孚 何兴金，胡灏禹，沈呈娟等 SCU-11-480
四川：德格 张挺，李爱花，刘成等 08CS823
四川：甘孜 陈家辉，王赟，刘德团 YangYP-Q-3058
四川：红原 张昌兵，邓秀发，郝国歉 ZCB0619
四川：红原 张昌兵，邓秀发，郝国歉 ZCB0652
四川：红原 张昌兵，邓秀发，郝国歉 ZCB0677
四川：红原 张昌兵 ZhangCB0020
四川：红原 张昌兵 ZhangCB0052
四川：红原 张昌兵 ZhangCB0064
四川：康定 张昌兵，向丽 ZhangCB0165
四川：康定 彭玉兰，涂卫国 Gaoxf-0880
四川：理塘 何兴金，赵丽华，梁乾隆等 SCU-11-158
四川：若尔盖 何兴金，高云东，刘海艳等 SCU-20080513
四川：雅江 何兴金，李琴琴，马祥光等 SCU-09-108
西藏：当雄 李晖，文雪梅，熊继贵 Lihui-Q-2010-58
西藏：当雄 陈家辉，韩希，王东超等 YangYP-Q-4246
西藏：定日 陈家辉，韩希，王东超等 YangYP-Q-4305
西藏：定日 王东超，杨大松，张春林等 YangYP-Q-5093
西藏：革吉 李晖，文雪梅，次旺加布等 Lihui-Q-0034
西藏：吉隆 陈家辉，韩希，王广艳等 YangYP-Q-4328
西藏：江孜 陈家辉，韩希，王东超等 YangYP-Q-4270
西藏：拉萨 钟扬 ZhongY1032
西藏：浪卡子 陈家辉，韩希，王广艳等 YangYP-Q-4178
西藏：芒康 徐波，陈光富，陈林杨等 SunH-07ZX-1577
西藏：墨竹工卡 钟扬 ZhongY1006
西藏：南木林 李晖，文雪梅，次旺加布等 Lihui-Q-0104
西藏：仲巴 李晖，文雪梅，熊继贵 Lihui-Q-2010-11
西藏：左贡 张永洪，王晓雄，周卓等 SunH-07ZX-1118
新疆：和静 段士民，王喜勇，刘会良等 99
新疆：尼勒克 阎平，邓丽娟 SHI-A2007272
新疆：温泉 徐文斌，黄雪姣 SHI-2008061
新疆：乌恰 杨赵平，周禧琳，贺冰 LiZJ1296
云南：东川区 张挺，刘成，郭明明等 11CS3638
云南：香格里拉 孔航辉，任琛 Yangqe2841

Elymus pendulinus (Nevski) Tzvelev **缘毛披碱草**
河北：蔚县 牛玉璐，高彦飞，赵二涛 NiuYL311
山东：历城区 张少华，王萍，张诏等 Lilan178

Elymus pulanensis (H. L. Yang) S. L. Chen **普兰披碱草 ***
西藏：普兰 陈家辉，庄会富，刘德团等 Yangyp-Q-0035
西藏：普兰 陈家辉，庄会富，刘德团等 yangyp-Q-0002

Elymus purpuraristatus C. P. Wang & H. L. Yang **紫芒披碱草 ***
甘肃：碌曲 李晓东，刘帆，张景博等 LiJ0165

Elymus purpurascens (Keng) S. L. Chen **紫穗披碱草 ***
青海：门源 吴玉虎 LJQ-QLS-2008-0163

Elymus sibiricus Linnaeus **老芒麦**
甘肃：合作 刘坤 LiuJQ-GN-2011-394
甘肃：碌曲 岳伟，苏旭，王玉金 LiuJQ-2011-WYJ-316
河北：涿鹿 牛玉璐，高彦飞，赵二涛 NiuYL309
黑龙江：带岭区 郑宝江，丁晓炎，李月等 ZhengBJ230
黑龙江：宁安 刘玫，王臣，史传奇等 Liuetal561
黑龙江：五大连池 孙阎，李鑫鑫，赵立波 SunY155
湖北：神农架林区 李巨平 LiJuPing0138
内蒙古：武川 蒲拴莲，刘润宽，刘毅等 M241
内蒙古：锡林浩特 张红香 ZhangHX135
青海：刚察 汪书丽，朱洪涛 Liujq-QLS-TXM-033
青海：海西 汪书丽，王志强，邹嘉宾 Liujq-Txm10-087
青海：兴海 岳伟，苏旭，王玉金 LiuJQ-2011-WYJ-020
青海：治多 岳伟，苏旭，王玉金 LiuJQ-2011-WYJ-048
青海：治多 岳伟，苏旭，王玉金 LiuJQ-2011-WYJ-066
陕西：眉县 田先华，张昌兵 TianXH091
四川：阿坝 张昌兵，邓秀发 ZCB0589
四川：阿坝 张昌兵，邓秀发 ZCB0605
四川：道孚 岳伟，苏旭，王玉金 LiuJQ-2011-WYJ-249
四川：甘孜 岳伟，苏旭，王玉金 LiuJQ-2011-WYJ-097
四川：甘孜 陈文允，于文涛，黄永江 CYH107
四川：红原 张昌兵，邓秀发，郝国歉 ZCB0620
四川：红原 张昌兵，邓秀发，郝国歉 ZCB0626
四川：红原 岳伟，苏旭，王玉金 LiuJQ-2011-WYJ-268
四川：红原 张昌兵 ZhangCB0049
四川：红原 张昌兵 ZhangCB0065
四川：红原 张昌兵 ZhangCB0068
四川：九寨沟 张昌兵 ZhangCB0002
四川：九寨沟 张昌兵 ZhangCB0005
四川：九寨沟 张昌兵 ZhangCB0011
四川：理塘 何兴金，马祥光，张云香等 SCU-11-228
四川：石渠 岳伟，苏旭，王玉金 LiuJQ-2011-WYJ-090
四川：乡城 杨青松，杨莹，黄永江等 ZhouZK-07ZX-0188
四川：雅江 何兴金，高云东，王志新等 SCU-09-220
西藏：八宿 张永洪，王晓雄，周卓等 SunH-07ZX-1195
西藏：类乌齐 岳伟，苏旭，王玉金 LiuJQ-2011-WYJ-145
新疆：博乐 徐文斌，许晓敏 SHI-2008133
新疆：策勒 冯建菊 Liujq-fjj-0049
新疆：和静 张玲 TD-01640
新疆：和田 冯建菊 Liujq-fjj-0104
新疆：尼勒克 贺晓欢，徐文斌，刘鸯等 SHI-A2007384
新疆：尼勒克 段士民，王喜勇，刘会良 Zhangdy418
新疆：塔什库尔干 邱娟，冯建菊 LiuJQ0076
新疆：塔什库尔干 邱娟，冯建菊 LiuJQ0168
新疆：托里 徐文斌，杨清理 SHI-2009339
新疆：温泉 段士民，王喜勇，刘会良等 34
新疆：乌鲁木齐 王喜勇，马文宝，施翔 zdy418
新疆：乌鲁木齐 段士民，王喜勇，刘会良 Zhangdy245
新疆：乌鲁木齐 段士民，王喜勇，刘会良 Zhangdy253
新疆：于田 冯建菊 Liujq-fjj-0007

新疆：于田 冯建菊 Liujq-fjj-0022
云南：香格里拉 郭永杰，张桥蓉，李春晓等 11CS3502

Elymus sinicus (Keng) S. L. Chen **中华披碱草** *
青海：湟源 汪书丽，朱洪涛 Liujq-QLS-TXM-006

Elymus sinosubmuticus S. L. Chen **无芒披碱草** *
青海：湟源 汪书丽，朱洪涛 Liujq-QLS-TXM-007
四川：阿坝 张昌兵，邓秀发 ZhangCB0326

Elymus strictus (Keng) S. L. Chen **肃草** *
甘肃：合作 郭淑青，杜品 LiuJQ-2012-GN-077
甘肃：合作 刘坤 LiuJQ-GN-2011-305
甘肃：合作 齐威 LJQ-2008-GN-220
甘肃：夏河 刘坤 LiuJQ-GN-2011-317
湖北：神农架林区 李巨平 LiJuPing0140
四川：康定 张昌兵，向丽 ZhangCB0174
四川：壤塘 何兴金，胡灏禹，黄德青 SCU-10-147
四川：松潘 何兴金，张云香，王志新 SCU-10-534
西藏：波密 孙航，张建文，陈建国等 SunH-07ZX-2527
云南：香格里拉 李国栋，陈建国，陈林杨等 SunH-07ZX-2295

Elymus tangutorum (Nevski) Handel-Mazzetti **麦宾草**
甘肃：合作 刘坤 LiuJQ-GN-2011-396
甘肃：卓尼 齐威 LJQ-2008-GN-236
甘肃：卓尼 齐威 LJQ-2008-GN-237
湖北：竹溪 李盛兰 GanQL706
四川：阿坝 张昌兵，邓秀发 ZhangCB0323
四川：红原 张昌兵，邓秀发 ZCB0630
四川：红原 张昌兵 ZhangCB0045
四川：九寨沟 张挺，李爱花，刘成等 08CS867
西藏：林芝 卢洋，刘帆等 LiJ774
西藏：墨竹工卡 钟扬 ZhongY1063
云南：香格里拉 郭永杰，张桥蓉，李春晓等 11CS3499

Elytrigia repens (Linnaeus) Desvaux ex B. D. Jackson **偃麦草**
黑龙江：尚志 刘玫，王臣，张欣欣等 Liuetal718
新疆：乌恰 杨赵平，周禧林，贺冰 LiZJ1269

Elytrigia repens subsp. **elongatiformis** (Drobow) Tzvelev **多花偃麦草**
新疆：托里 徐文斌，郭一敏 SHI-2009286
新疆：托里 徐文斌，郭一敏 SHI-2009334
新疆：温泉 段士民，王喜勇，刘会良等 19
新疆：裕民 徐文斌，郭一敏 SHI-2009385

Enneapogon desvauxii P. Beauvois **九顶草**
内蒙古：海勃湾区 刘博，蒲拴莲，刘润宽等 M331
四川：巴塘 张挺，蔡杰，刘恩德等 SCSB-B-000455
四川：得荣 孙航，李新辉，陈林杨 SunH-07ZX-3063

Enteropogon dolichostachyus (Lagasca) Keng ex Lazarides **肠须草**
云南：永德 李永亮 YDDXS0658

Eragrostis alta Keng **高画眉草** *
海南：三亚 彭华，向春雷，陈丽 PengH8177

Eragrostis atrovirens (Desfontaines) Trinius ex Steudel **鼠妇草**
四川：白玉 李晓东，张景博，徐凌翔等 LiJ459
云南：南涧 熊绍荣 NJWLS441

Eragrostis autumnalis Keng **秋画眉草** *
河北：桃城 牛玉璐，高彦飞，黄士良 NiuYL270
黑龙江：五常 王臣，张欣欣，崔皓钧等 WangCh369
湖北：竹溪 李盛兰 GanQL095
江西：庐山区 董安淼，吴从梅 TanCM1024
江西：庐山区 董安淼，吴丛梅 TanCM2559

Eragrostis cilianensis (Allioni) Vignolo-Lutati ex Janchen **大画眉草**
安徽：屯溪区 方建新 TangXS0298
福建：武夷山 于文涛，陈旭东 YUWT028
河北：平山 牛玉璐，高彦飞，黄士良 NiuYL257
黑龙江：尚志 孙阎，李鑫鑫 SunY293
黑龙江：五常 王臣，张欣欣，刘跃印等 WangCh378
江西：庐山区 董安淼，吴从梅 TanCM824
山东：崂山区 赵遵田，李振华，郑国伟等 Zhaozt0116
山东：历城区 李兰，王萍，张少华 Lilan120
山东：青岛 罗艳，李中华 LuoY285
云南：景东 鲁艳 07-132
云南：巧家 郁文彬，张舒，艾洪莲等 SCSB-W-1025
云南：石林 税玉民，陈文红 65865
云南：石林 税玉民，陈文红 66549
云南：石林 税玉民，陈文红 66550
云南：石林 税玉民，陈文红 66612

Eragrostis cumingii Steudel **珠芽画眉草**
安徽：屯溪区 方建新 TangXS0914
云南：景东 鲁艳 2008197
云南：景东 罗忠华，刘长铭，鲁成荣等 JDNR09048
云南：绿春 黄连山保护区科研所 HLS0025
云南：思茅区 胡启和，周兵，赵强 YNS0840
云南：永德 李永亮 YDDXS0937

Eragrostis ferruginea (Thunberg) P. Beauvois **知风草**
安徽：屯溪区 方建新 TangXS0401
安徽：芜湖 陈延松，吴国伟，洪欣 Zhousb0014
安徽：黟县 刘淼 SCSB-JSB45
河北：桃城 牛玉璐，高彦飞，赵二涛 NiuYL485
湖北：宣恩 祝文志，刘志祥，曹远俊 ShenZH0071
湖北：竹溪 李盛兰 GanQL129
湖南：桑植 陈功锡，廖博儒，查学州等 172
江西：庐山区 谭策铭，董安淼 TCM09109
内蒙古：赛罕区 蒲拴莲，刘润宽，刘毅等 M275
山东：莱芜 张少华，王萍，张诏等 Lilan143
山东：崂山区 罗艳，李中华 LuoY150
山东：牟平区 卞福花 BianFH-0247
陕西：宁陕 王梅荣，田先华，田陌 TianXH048
四川：射洪 袁明 YUANM2015L101
云南：景东 鲁艳 2008156
云南：景东 罗忠华，谢有能，罗文涛等 JDNR137
云南：丽江 孙航，李新辉，陈林杨 SunH-07ZX-3113
云南：蒙自 田学军，邱成书，高波 TianXJ0167
云南：宁蒗 任宗昕，寸龙琼，任尚国 SCSB-W-1388
云南：巧家 郁文彬，任宗昕，艾洪莲等 SCSB-W-1073
云南：西山区 税玉民，陈文红 65782
云南：香格里拉 李晓东，张紫刚，操榆 LiJ670
云南：新平 谢天华，郎定富 XPALSA124
云南：新平 何罡安 XPALSB166
云南：彝良 伊廷双，杨杨，孟静 MJ-784
云南：永德 李永亮 LiYL1597

Eragrostis japonica (Thunberg) Trinius **乱草**
安徽：屯溪区 方建新 TangXS0017
安徽：宣城 刘淼 HANGYY8095
湖北：黄梅 刘淼 SCSB-JSA31
湖南：会同 李胜华，伍贤进，曾汉元等 Wuxj984
江苏：句容 吴宝成，王兆银 HANGYY8395
江西：黎川 童和平，王玉珍，常迪江等 TanCM1998
江西：龙南 廖海红，徐清娣，赖曰旺 LiangYL063

江西：庐山区 董安淼，吴从梅 TanCM857
山东：长清区 高德民，王萍，张颖颖等 Lilan627
云南：金平 税玉民，陈文红 80070
云南：景东 罗忠华，李绍昆，鲁成荣 JDNR09087
云南：孟连 胡启和，赵强，周英等 YNS0779
云南：双柏 彭华，向春雷，陈丽等 P.H.5554
云南：思茅区 胡启和，叶金科，张绍云 YNS1353
云南：新平 何罡安 XPALSB170

Eragrostis minor Host 小画眉草

安徽：石台 陈延松，吴国伟，洪欣 Zhousb0078
安徽：屯溪区 方建新 TangXS0908
黑龙江：大同区 杨帆，马红媛，安丰华 SNA0640
吉林：长岭 张宝田 Yanglm0314
江西：庐山区 董安淼，吴从梅 TanCM2558
内蒙古：新巴尔虎右旗 黄学文 NMDB20170809130
内蒙古：新巴尔虎右旗 黄学文 NMDB20170809177
山东：历城区 李兰，王萍，张少华 Lilan119
山东：泰山区 张璐璐，杜超，王慧燕等 Zhaozt0189
陕西：定边 何志斌，杜军，陈龙飞等 HHZA0278
四川：米易 袁明 MY494
新疆：博乐 徐文斌，王莹 SHI-2008003
新疆：博乐 徐文斌，许晓敏 SHI-2008108
新疆：博乐 徐文斌，许晓敏 SHI-2008191
新疆：博乐 徐文斌，杨清理 SHI-2008319
新疆：博乐 徐文斌，黄雪姣 SHI-2008449
新疆：巩留 贺晓欢，徐文斌，马真等 SHI-A2007217
新疆：霍城 刘鸯，马真，贺晓欢等 SHI-A2007152
新疆：霍城 刘鸯，马真，贺晓欢等 SHI-A2007167
新疆：库车 塔里木大学植物资源调查组 TD-00951
新疆：木垒 段士民，王喜勇，刘会良等 139
新疆：沙雅 白宝伟，段黄金 TD-02031
新疆：托里 徐文斌，黄刚 SHI-2009209
新疆：温泉 徐文斌，许晓敏 SHI-2008066
新疆：温泉 徐文斌，黄雪姣 SHI-2008144
新疆：温宿 白宝伟，段黄金 TD-01819
新疆：温宿 白宝伟，段黄金 TD-01829
新疆：乌尔禾区 徐文斌，黄刚 SHI-2009122
新疆：乌苏 马真，贺晓欢，徐文斌等 SHI-A2007350
新疆：新和 塔里木大学植物资源调查组 TD-01003
新疆：焉耆 杨赵平，焦培培，白冠章等 LiZJ0640
新疆：伊宁 马真 SHI-A2007184
新疆：于田 冯建菊 Liujq-fjj-0004

Eragrostis multicaulis Steudel 多秆画眉草

云南：澜沧 胡启和，张绍云 YNS0948
云南：永德 李永亮 YDDXS0525
云南：永德 李永亮 YDDXS0575
云南：永德 李永亮 YDDXS0612
云南：永德 李永亮 YDDXS0649

Eragrostis nigra Nees ex Steudel 黑穗画眉草

甘肃：合作 刘坤 LiuJQ-GN-2011-478
甘肃：夏河 刘坤 LiuJQ-GN-2011-383
贵州：江口 彭华，王英，陈丽 P.H.5170
贵州：平塘 邹方伦 ZouFL0143
贵州：威宁 邹方伦 ZouFL0306
四川：稻城 何兴金，胡灏禹，陈德友等 SCU-09-351
四川：乐至 邓兴敏，邓秀发，张昌兵 ZCB0430
四川：米易 刘静，袁明 MY-046
四川：天全 汤加勇，陈刚 Y07155
四川：盐源 苏涛，黄永江，杨青松等 ZhouZK11377
西藏：拉萨 钟扬 ZhongY1035
西藏：林芝 卢洋，刘帆等 LiJ770
云南：洱源 杨青松，杨莹，黄永江等 ZhouZK-07ZX-0047
云南：河口 税玉民，陈文红 71747
云南：景东 杨国平 07-65
云南：麻栗坡 肖波 LuJL167
云南：麻栗坡 税玉民，陈文红 72083
云南：麻栗坡 税玉民，陈文红 72105
云南：南涧 罗新洪，阿国仁 NJWLS553
云南：南涧 罗新洪，阿国仁，何贵才 NJWLS529
云南：南涧 熊绍荣 NJWLS705
云南：宁蒗 任宗昕，周伟，何俊等 SCSB-W-944
云南：巧家 李文虎，吴天抗，高顺勇等 QJYS0138
云南：思茅区 胡启和，周兵，仇亚 YNS0935
云南：文山 税玉民，陈文红 71804
云南：文山 税玉民，陈文红 71904
云南：香格里拉 杨青松，星耀武，苏涛 ZhouZK-07ZX-0330
云南：香格里拉 孙航，李新辉，陈林杨 SunH-07ZX-3103
云南：新平 何罡安 XPALSB416
云南：永德 李永亮 YDDXS0476
云南：玉龙 孙航，李新辉，陈林杨 SunH-07ZX-3223

Eragrostis nutans (Retzius) Nees ex Steudel 细叶画眉草

云南：河口 税玉民，陈文红 71696
云南：金平 喻智勇，张云飞，谷翠莲等 JinPing91
云南：景东 罗忠华，刘长铭，李绍昆等 JDNR09092
云南：绿春 税玉民，陈文红 72892
云南：永德 李永亮 YDDXS6476

Eragrostis perennans Keng 宿根画眉草

贵州：关岭 张文超 Yuanm054
江西：庐山区 董安淼，吴从梅 TanCM1042
云南：南涧 阿国仁，何贵才 NJWLS2008235

Eragrostis perlaxa Keng ex P. C. Keng & L. Liu 疏穗画眉草 *

云南：西山区 税玉民，陈文红 65384

Eragrostis pilosa (Linnaeus) P. Beauvois 画眉草

安徽：宁国 洪欣，李中林 ZhouSB0228
安徽：石台 洪欣，王欧文 ZSB355
北京：海淀区 税玉民，陈文红 65805
北京：房山区 宋松泉 BJ033
河南：鲁山 宋松泉 HN055
河南：鲁山 宋松泉 HN106
河南：鲁山 宋松泉 HN155
湖北：神农架林区 李巨平 LiJuPing0079
湖北：竹溪 李盛兰 GanQL546
湖南：永定区 吴福川，廖博儒，余祥洪 7123
江苏：句容 王兆银，吴宝成 SCSB-JS0313
江苏：句容 王兆银，吴宝成 SCSB-JS0350
内蒙古：和林格尔 蒲拴莲，刘润宽，刘毅等 M301
内蒙古：赛罕区 郝丽珍，黄振英，朱雅娟 Beijing-ordos2-000014
内蒙古：伊金霍洛旗 杨学军 Huangzy0247
山东：崂山区 赵遵田，郑国伟，杜超等 Zhaozt0125
四川：普格 苏涛，黄永江，杨青松等 ZhouZK11015
西藏：达孜 卢洋，刘帆等 LiJ903
西藏：工布江达 卢洋，刘帆等 LiJ840
西藏：拉萨 卢洋，刘帆等 LiJ708
新疆：疏附 杨赵平，周禧林，贺冰 LiZJ1137
新疆：吐鲁番 段士民 zdy107
新疆：温宿 杨赵平，周禧琳，贺冰 LiZJ1923

云南：景洪 彭华，向春雷，陈丽等 P.H.5693
云南：昆明 税玉民，陈文红 65774
云南：南涧 罗增阳，袁玉川 NJWLS904
云南：丘北 税玉民，陈文红 71989
云南：新平 谢天华，郎定富，杨如伟 XPALSA022

Eragrostis suaveolens A. K. Becker ex Claus 香画眉草
新疆：阜康 王宏飞，王磊，黄振英 Beijing-huang-xjsm-0004
新疆：和硕 杨赵平，焦培培，白冠章等 LiZJ0606
新疆：克拉玛依 徐文斌，黄刚 SHI-2009017
新疆：石河子 徐文斌，黄刚 SHI-2009134
新疆：乌鲁木齐 王喜勇，马文宝，施翔 zdy332
新疆：乌鲁木齐 王雷，王宏飞，黄振英 Beijing-huang-xjys-0004
新疆：叶城 郭永杰，黄文娟，段黄金 LiZJ0187

Eragrostis tenella (Linnaeus) P. Beauvois ex Roemer & Schultes 鲫鱼草
安徽：石台 洪欣，王欧文 ZSB356
安徽：舒城 陈延松，欧祖兰，高秋晨等 Xuzd362
海南：三沙 郭永杰，涂铁要，李晓娟等 15CS10499
云南：新平 谢天华，郎定富，杨如伟 XPALSA001
云南：永德 李永亮 YDDXS0925

Eragrostis unioloides (Retzius) Nees ex Steudel 牛虱草
云南：河口 税玉民，陈文红 72614
云南：金平 税玉民，陈文红 80416
云南：金平 喻智勇，张云飞，谷翠莲等 JinPing93
云南：景东 罗忠华，李绍昆，鲁成荣 JDNR09085
云南：绿春 税玉民，陈文红 72805
云南：绿春 税玉民，陈文红 72894
云南：普洱 胡启和，周英，张绍云等 YNS0544
云南：普洱 胡启和，张绍云 YNS0609
云南：双柏 彭华，向春雷，陈丽等 P.H.5560
云南：思茅区 胡启和，张绍云，周兵 YNS0978
云南：腾冲 周应再 Zhyz-257
云南：新平 白绍斌 XPALSC538
云南：盈江 王立彦，桂魏，刀江飞 SCSB-TBG-109
云南：永德 李永亮 YDDXS0926
云南：永德 李永亮，马文军 YDDXSB220
云南：镇沅 罗成瑜，乔永华 ALSZY288

Eremochloa ciliaris (Linnaeus) Merrill 蜈蚣草
云南：蒙自 税玉民，陈文红 72257
云南：新平 谢天华，郎定富 XPALSA115

Eremochloa ophiuroides (Munro) Hackel 假俭草
贵州：江口 彭华，王英，陈丽 P.H.5126
贵州：台江 彭华，王英，陈丽 P.H.5104

Eremochloa zeylanica (Hackel ex Trimen) Hackel 马陆草
云南：蒙自 税玉民，陈文红 72521

Eremopyrum bonaepartis (Sprengel) Nevski 光穗旱麦草
新疆：米东区 段士民，王喜勇，刘会良 Zhangdy012

Eremopyrum distans (K. Koch) Nevski 毛穗旱麦草
新疆：阜康 谭敦炎，邱娟 TanDY0021
新疆：克拉玛依 谭敦炎，邱娟 TanDY0080
新疆：克拉玛依 张振春，刘建华 TanDY0341
新疆：乌鲁木齐 王雷，王宏飞，黄振英 Beijing-huang-xjys-0022
新疆：乌鲁木齐 谭敦炎，艾沙江 TanDY0184

Eremopyrum orientale (Linnaeus) Jaubert & Spach 东方旱麦草
新疆：昌吉 王喜勇，段士民 466
新疆：阜康 王喜勇，段士民 400
新疆：石河子 阎平，翟伟 SCSB-2006006
新疆：石河子 翟伟，许文斌 SCSB-2006010
新疆：乌鲁木齐 王喜勇，马文宝，施翔 zdy323
新疆：乌鲁木齐 王喜勇，段士民 424
新疆：乌鲁木齐 谭敦炎，艾沙江 TanDY0181

Eremopyrum triticeum (Gaertner) Nevski 旱麦草
新疆：阜康 谭敦炎，邱娟 TanDY0146
新疆：阜康 谭敦炎，艾沙江 TanDY0363
新疆：阜康 段士民，王喜勇，刘会良 Zhangdy058
新疆：克拉玛依 谭敦炎，邱娟 TanDY0081
新疆：乌鲁木齐 王喜勇，段士民 448
新疆：乌鲁木齐 谭敦炎，艾沙江 TanDY0186

Eriochloa procera (Retzius) C. E. Hubbard 高野黍
山东：岚山区 吴宝成 HANGYY8588

Eriochloa villosa (Thunberg) Kunth 野黍
安徽：肥东 陈延松，方晓磊，陈翠兵等 Xuzd096
安徽：舒城 陈延松，欧祖兰，高秋晨等 Xuzd316
安徽：屯溪区 方建新 TangXS0874
河北：兴隆 牛玉璐，高彦飞，赵二涛 NiuYL420
黑龙江：巴彦 孙阎，赵立波 SunY006
黑龙江：尚志 刘玫，程薪宇，史传奇 Liuetal444
湖北：英山 朱鑫鑫，王君 ZhuXX178
吉林：磐石 安海成 AnHC0159
吉林：长岭 胡良军，王伟娜，胡应超 HuLJ030
吉林：长岭 张红香 ZhangHX172
江苏：句容 吴宝成，王兆银 HANGYY8315
山东：即墨 郑国伟 Zhaozt0243
山东：莱山区 卞福花 BianFH-0205
山东：崂山区 罗艳 LuoY275
陕西：长安区 田先华，田陌 TianXH486
云南：蒙自 税玉民，陈文红 72262
云南：思茅区 胡启和，张绍云 YNS0985
云南：腾冲 周应再 Zhyz-297
云南：永德 李永亮 YDDXS1056
云南：永德 李永亮 YDDXS6381
云南：永德 李永亮 YDDXS6451

Eulalia pallens (Hackel) Kuntze 白健秆
云南：兰坪 孙振华，郑志兴，沈蕊等 OuXK-LC-052
云南：兰坪 王文礼，冯欣，刘飞鹏 OUXK11024
云南：丽江 王文礼 OuXK-0017
云南：泸水 孙振华，郑志兴，沈蕊等 OuXK-LC-020
云南：维西 王文礼，冯欣，刘飞鹏 OUXK11030
云南：维西 王文礼，冯欣，刘飞鹏 OUXK11060
云南：香格里拉 王文礼，冯欣，刘飞鹏 OUXK11232

Eulalia quadrinervis (Hackel) Kuntze 四脉金茅
江西：星子 董安淼，吴从梅 TanCM1413
云南：永德 李永亮 YDDXS7536
云南：云龙 字建泽，杨六斤，李国宏等 TC1061

Eulalia speciosa (Debeaux) Kuntze 金茅
山东：海阳 王萍，高德民，张诏等 lilan283
四川：米易 袁明 MY192
四川：米易 袁明 MY469
四川：米易 袁明 MY492
四川：射洪 袁明 YUANM2015L001
云南：东川区 张挺，刘成，郭明明等 11CS3640
云南：景东 张绍云，胡启和，仇亚等 YNS1161
云南：兰坪 孙振华 OuXK-0043
云南：永德 李永亮 YDDXS6536
云南：玉龙 于文涛，李国锋 WTYu-366

Eulaliopsis binata (Retzius) C. E. Hubbard 拟金茅

贵州：江口 周云，王勇 XiangZ091
云南：会泽 蔡杰，刘洋，李秋野 10CS1951
云南：巧家 李文虎，罗蕊，何明超等 QJYS0005
云南：曲靖 彭华，向春雷，王泽欢 PengH8017

Festuca amblyodes V. I. Kreczetowicz & Bobrov 葱岭羊茅
新疆：霍城 马真，贺晓欢，徐文斌等 SHI-A2007042

Festuca arundinacea Schreber 苇状羊茅
安徽：屯溪区 方建新 TangXS0093
新疆：裕民 徐文斌，杨清理 SHI-2009420

Festuca coelestis (St.-Yves) V. I. Kreczetowicz & Bobrov 矮羊茅
四川：雅江 何兴金，郜鹏，彭禄等 SCU-11-380

Festuca elata Keng ex E. B. Alexeev 高羊茅 *
宁夏：盐池 牛有栋，朱奋霞 ZuoZh206

Festuca extremiorientalis Ohwi 远东羊茅
吉林：磐石 安海成 AnHC0330
山东：岱岳区 步瑞兰，辛晓伟，郭雷等 Lilan716
四川：稻城 王文礼，冯欣，刘飞鹏 OUXK11138

Festuca fascinata Keng ex S. L. Lu 蛊羊茅 *
云南：景东 鲁艳 07-119
云南：香格里拉 张挺，亚吉东，李明勤等 11CS3336
云南：香格里拉 杨青松，杨莹，黄永江等 ZhouZK-07ZX-0254

Festuca forrestii St.-Yves 玉龙羊茅 *
青海：门源 吴玉虎，刘建全 LJQ-QLS-2008-0016

Festuca gigantea (Linnaeus) Villars 大羊茅
四川：康定 张昌兵，向丽 ZhangCB0176
云南：永德 李永亮 YDDXS0392

Festuca japonica Makino 日本羊茅
湖北：神农架林区 李巨平 LiJuPing0141

Festuca kryloviana Reverdatto 寒生羊茅
新疆：于田 冯建菊 Liujq-fjj-0005

Festuca leptopogon Stapf 弱序羊茅
西藏：昌都 岳伟，苏旭，王玉金 LiuJQ-2011-WYJ-129

Festuca litvinovii (Tzvelev) E. B. Alexeev 东亚羊茅
新疆：和静 邱爱军，张玲 LiZJ1812

Festuca modesta Nees ex Steudel 素羊茅
湖北：竹溪 李盛兰 GanQL297
湖北：竹溪 李盛兰 GanQL888
四川：理塘 陈家辉，刘亚辉，周妍等 YangYP-Q-2308

Festuca nitidula Stapf 微药羊茅
甘肃：玛曲 刘坤 LiuJQ-GN-2011-313
西藏：当雄 杨永平，段元文，边巴扎西 Yangyp-Q-1003
云南：香格里拉 张挺，亚吉东，李明勤等 11CS3335

Festuca ovina Linnaeus 羊茅
甘肃：合作 刘坤 LiuJQ-GN-2011-308
甘肃：临夏 郭淑青，杜品 LiuJQ-2012-GN-083
甘肃：卓尼 刘坤 LiuJQ-GN-2011-368
湖北：神农架林区 李巨平 LiJuPing0180
湖北：竹溪 李盛兰 GanQL417
青海：海西 汪书丽，王志强，邹嘉宾 Liujq-Txm10-086
山东：长清区 王萍，高德民，张诏等 lilan330
四川：红原 张昌兵，邓秀发，郝国歉 ZhangCB0351
西藏：林芝 张大才，李双智，唐路等 ZhangDC-07ZX-1815
新疆：霍城 马真，贺晓欢，徐文斌等 SHI-A2007038
云南：蒙自 税玉民，陈文红 72492
云南：巧家 杨光明 SCSB-W-1148
云南：文山 税玉民，陈文红 71842

Festuca pamirica Tzvelev 帕米尔羊茅
云南：巧家 杨光明 SCSB-W-1150

Festuca parvigluma Steudel 小颖羊茅
安徽：屯溪区 方建新 TangXS0098
湖北：神农架林区 李巨平 LiJuPing0194
湖北：竹溪 李盛兰 GanQL883
江西：庐山区 董安淼，吴从梅 TanCM1525
山东：莱山区 卞福花，宋言贺 BianFH-453
山东：牟平区 卞福花，陈朋 BianFH-0290
四川：峨眉山 李小杰 LiXJ411
云南：景东 鲁艳 07-118
浙江：临安 李宏庆，田怀珍 Lihq0224

Festuca rubra Linnaeus 紫羊茅
甘肃：合作 刘坤 LiuJQ-GN-2011-371
甘肃：卓尼 齐威 LJQ-2008-GN-250
黑龙江：肇源 杨帆，马红媛，安丰华 SNA0586
四川：红原 张昌兵，邓秀发，郝国歉 ZCB0648
四川：红原 张昌兵 ZhangCB0074
四川：红原 张昌兵，邓秀华 ZhangCB0265
四川：若尔盖 何兴金，赵丽华，李琴琴等 SCU-08011
云南：宁蒗 任宗昕，寸龙琼，任尚国 SCSB-W-1370
云南：巧家 杨光明 SCSB-W-1264

Festuca rubra subsp. arctica (Hackel) Govoruchin 毛稃羊茅
甘肃：玛曲 刘坤 LiuJQ-GN-2011-370
青海：都兰 潘建斌，杜维波，牛炳韬 Liujq-2011CDM-156
青海：都兰 潘建斌，杜维波，牛炳韬 Liujq-2011CDM-178
新疆：塔什库尔干 邱娟，冯建菊 LiuJQ0089

Festuca sinensis Keng ex E. B. Alexeev 中华羊茅 *
甘肃：合作 郭淑青，杜品 LiuJQ-2012-GN-065
甘肃：合作 刘坤 LiuJQ-GN-2011-340
甘肃：合作 齐威 LJQ-2008-GN-248
甘肃：玛曲 刘坤 LiuJQ-GN-2011-369
甘肃：卓尼 齐威 LJQ-2008-GN-247
四川：阿坝 张昌兵，邓秀发 ZCB0536
四川：阿坝 张昌兵，邓秀发 ZCB0565
四川：阿坝 张昌兵，邓秀发 ZCB0595
四川：阿坝 张昌兵，邓秀发 ZCB0604
四川：红原 张昌兵，邓秀发，郝国歉 ZhangCB0338
四川：红原 张昌兵，邓秀发，郝国歉 ZCB0615
四川：红原 张昌兵，邓秀发，郝国歉 ZCB0675

Festuca vierhapperi Handel-Mazzetti 藏滇羊茅 *
青海：治多 岳伟，苏旭，王玉金 LiuJQ-2011-WYJ-047
四川：康定 张昌兵，邓秀发，游明鸿 ZhangCB0412
西藏：林芝 张大才，李双智，唐路等 ZhangDC-07ZX-1865
云南：永德 李永亮 YDDXS0420
云南：永德 李永亮，杨金柱 YDDXSB009

Festuca yunnanensis St.-Yves 滇羊茅 *
四川：九寨沟 齐威 LJQ-2008-GN-256

Garnotia patula (Munro) Bentham 耳稃草
江西：九江 董安淼，吴从梅 TanCM877
江西：庐山区 董安淼，吴从梅 TanCM1095

Garnotia tenella (Arnott ex Miquel) Janowski 脆枝耳稃草
云南：镇沅 罗成瑜 ALSZY446

Glyceria acutiflora subsp. japonica (Steudel) T. Koyama & Kawano 甜茅
安徽：屯溪区 方建新 TangXS0713
湖北：竹溪 李盛兰 GanQL036
江西：黎川 童和平，王玉珍，常迪江等 TanCM1960
江西：庐山区 董安淼，吴从梅 TanCM1552

Glyceria leptolepis Ohwi 假鼠妇草
黑龙江：尚志 王臣，张欣欣，刘跃印等 WangCh346
Glyceria tonglensis C. B. Clarke 卵花甜茅
安徽：屯溪区 方建新 TangXS0845
四川：乐至 邓兴敏，邓秀发，张昌兵 ZCB0384
云南：永德 李永亮 YDDXS1205
Glyceria triflora (Korshinsky) Komarov 东北甜茅
黑龙江：宁安 王臣，张欣欣，史传奇 WangCh64
黑龙江：五大连池 孙阎，李鑫鑫，赵立波 SunY154
Hackelochloa granularis (Linnaeus) Kuntze 球穗草
安徽：休宁 唐鑫生，方建新 TangXS0285
云南：昌宁 赵玮 BSGLGS1y100
云南：金平 李爱花 SCSB-A-000232
云南：蒙自 税玉民，陈文红 72259
云南：新平 谢雄 XPALSC202
云南：永德 李永亮，马文军 YDDXSB164
云南：永德 李永亮 LiYL1424
云南：永德 李永亮 YDDXS0462
云南：镇沅 何忠云 ALSZY280
Harpachne harpachnoides (Hackel) B. S. Sun & S. Wang 镰稃草 *
四川：米易 刘静，袁明 MY-161
云南：南涧 阿国仁，何贵财 NJWLS543
云南：南涧 阿国仁，罗新洪 NJWLS1100
云南：石林 税玉民，陈文红 65544
Helictotrichon delavayi (Hackel) Henrard 云南异燕麦 *
云南：永德 李永亮 YDDXS1080
Helictotrichon hookeri (Scribner) Henrard 异燕麦
内蒙古：武川 蒲拴莲，刘润宽，刘毅等 M235
Helictotrichon hookeri subsp. **schellianum** (Hackel) Tzvelev 奢异燕麦
甘肃：合作 刘坤 LiuJQ-GN-2011-364
云南：香格里拉 张挺，亚吉东，李明勤等 11CS3362
Helictotrichon junghuhnii (Buse) Henrard 变绿异燕麦
西藏：林芝 陈家辉，韩希，王东超等 YangYP-Q-4052
云南：巧家 杨光明 SCSB-W-1147
云南：香格里拉 郭永杰，张桥蓉，李春晓等 11CS3424
Helictotrichon leianthum (Keng) Ohwi 光花异燕麦 *
甘肃：卓尼 刘坤 LiuJQ-GN-2011-365
Helictotrichon tibeticum (Roshevitz) J. Holub 藏异燕麦 *
甘肃：玛曲 李晓东，刘帆，张景博等 LiJ0019
甘肃：玛曲 刘坤 LiuJQ-GN-2011-343
甘肃：玛曲 齐威 LJQ-2008-GN-215
Hemarthria altissima (Poiret) Stapf & C. E. Hubbard 大牛鞭草
黑龙江：肇源 杨帆，马红媛，安丰华 SNA0570
山东：长清区 高德民，王萍，张颖颖等 Lilan631
四川：峨眉山 李小杰 LiXJ805
云南：永德 李永亮，马文军 YDDXSB123
Heteropogon contortus (Linnaeus) P. Beauvois ex Roemer & Schultes 黄茅
甘肃：文县 齐威 LJQ-2008-GN-228
湖北：竹溪 李盛兰 GanQL1047
四川：巴塘 张大才，尹五元，李双智等 ZhangDC-07ZX-2216
四川：乐至 邓兴敏，邓秀发，张昌兵 ZCB0466
四川：米易 袁明 MY475
云南：安宁 所内采集组培训 SCSB-A-000125
云南：宾川 孙振华，宋晓卿，文晖等 OuXK-BC-200
云南：宾川 孙振华，王文礼，宋晓卿等 OuxK-BC-0003
云南：德钦 孙振华，郑志兴，沈蕊等 OuXK-YS-243
云南：东川区 闫海忠，孙振华，王文礼等 OuxK-DC-0008
云南：洱源 杨青松，星耀武，苏涛 ZhouZK-07ZX-0263
云南：富民 王文礼，何彪，冯欣等 OUXK11251
云南：景东 鲁艳 2008178
云南：兰坪 孙振华，郑志兴，沈蕊等 OuXK-LC-047
云南：丽江 孙振华，郑志兴，沈蕊等 OuXK-YS-223
云南：龙陵 孙兴旭 SunXX158
云南：隆阳区 赵文李 BSGLGSly3025
云南：禄劝 张挺，张书东，李爱花 SCSB-A-000086
云南：南涧 张世雄，时国彩 NJWLS2008060
云南：普洱 胡启和，周英，张绍云等 YNS0540
云南：巧家 闫海忠，孙振华，王文礼等 OuxK-QJ-0001
云南：巧家 李文虎，吴天抗，张天壁等 QJYS0190
云南：施甸 孙振华，郑志兴，沈蕊等 OuXK-LC-007
云南：维西 王文礼，冯欣，刘飞鹏 OUXK11078
云南：文山 何德明，马世天 WSLJS1012
云南：香格里拉 孙振华，郑志兴，沈蕊等 OuXK-YS-263
云南：新平 谢雄 XPALSC201
云南：永德 李永亮，马文军 YDDXSB174
云南：永德 李永亮 YDDXS0703
云南：永胜 孙振华，郑志兴，沈蕊等 OuXK-YS-215
云南：元江 孙振华，王文礼，宋晓卿等 Ouxk-YJ-0006
云南：元谋 王文礼，何彪，冯欣等 OUXK11265
云南：云龙 郭永杰，王杨飞，李施文等 TC4023
Hordeum bogdanii Wilensky 布顿大麦草
新疆：库尔勒 张挺，杨赵平，焦培培等 LiZJ0408
新疆：托里 徐文斌，郭一敏 SHI-2009172
新疆：托里 徐文斌，郭一敏 SHI-2009235
Hordeum brevisubulatum (Trinius) Link 短芒大麦
甘肃：合作 郭淑青，杜品 LiuJQ-2012-GN-259
吉林：前郭尔罗斯 杨帆，马红媛，安丰华 SNA0441
吉林：前郭尔罗斯 杨帆，马红媛，安丰华 SNA0480
吉林：长岭 张红香 ZhangHX007
西藏：日土 李晖，文雪梅，次旺加布等 Lihui-Q-0040
西藏：日土 陈家辉，庄会富，刘德团等 Yangyp-Q-0109
新疆：塔什库尔干 邱娟，冯建菊 LiuJQ0152
Hordeum brevisubulatum subsp. **turkestanicum** Tzvelev 糙稃大麦草
新疆：塔什库尔干 邱娟，冯建菊 LiuJQ0153
新疆：塔什库尔干 黄文娟，段黄金，王英鑫等 LiZJ0291
新疆：塔什库尔干 黄文娟，段黄金，王英鑫等 LiZJ0298
新疆：塔什库尔干 黄文娟，段黄金，王英鑫等 LiZJ0322
Hordeum jubatum Linnaeus 芒颖大麦
河北：平山 牛玉璐，郑博颖，黄士良等 NiuYL054
黑龙江：宁安 刘玫，张欣欣，程薪宇等 Liuetal500
黑龙江：五大连池 孙阎，李鑫鑫，赵立波 SunY156
吉林：磐石 安海成 AnHC0106
宁夏：盐池 牛有栋，朱奋霞 ZuoZh196
Hordeum roshevitzii Bowden 紫大麦草
青海：格尔木 潘建斌，杜维波，牛炳韬 Liujq-2011CDM-049
新疆：阿合奇 杨赵平，周禧琳，贺冰 LiZJ1388
新疆：博乐 徐文斌，王莹 SHI-2008134
新疆：博乐 贺晓欢 SHI-A2007115
新疆：和静 邱爱军，张玲 LiZJ1806
新疆：塔什库尔干 杨赵平，周禧林，贺冰 LiZJ1156
新疆：塔什库尔干 黄文娟，段黄金，王英鑫等 LiZJ0331
Hymenachne amplexicaulis (Rudge) Nees 膜稃草

云南：永德 李永亮 YDDXS0543

Hystrix duthiei (Stapf ex J. D. Hooker) Bor 猬草

湖北：竹溪 李盛兰 GanQL445

四川：峨眉山 李小杰 LiXJ447

Imperata cylindrica (Linnaeus) Raeuschel 白茅

河北：桃城 牛玉璐，郑博颖，黄士良等 NiuYL013

湖北：黄梅 刘淼 SCSB-JSA3

湖南：永定区 吴福川 7016

江西：庐山区 谭策铭，董安淼 TanCM259

山东：平邑 赵遵田 Zhaozt0259

四川：射洪 袁明 YUANM2016L071

云南：丽江 苏涛，黄永江，杨青松等 ZhouZK11477

云南：丽江 王文礼，冯欣，刘飞鹏 OUXK11237

云南：普洱 叶金科 YNS0342

云南：普洱 叶金科 YNS0382

云南：腾冲 周应再 Zhyz-254

云南：永德 李永亮 YDDXS1190

Imperata cylindrica var. **major** (Nees) C. E. Hubbard 大白茅

安徽：屯溪区 方建新 TangXS0248

安徽：芜湖 李中林 ZhouSB0179

山东：长清区 王萍，高德民，张诏等 lilan263

四川：米易 袁明 MY-001

云南：景东 鲁艳 2008104

云南：龙陵 孙兴旭 SunXX133

云南：腾冲 周应再 Zhyz-420

云南：玉龙 张大才，李双智，杨川 ZhangDC-07ZX-2019

Isachne albens Trinius 白花柳叶箬

福建：长泰 李宏庆，陈纪云，王双 Lihq0292

四川：米易 袁明 MY473

西藏：墨脱 刘成，亚吉东，何华杰等 16CS11923

云南：安宁 郭永杰，张桥蓉 15CS10672

云南：大理 罗增阳，袁玉川 NJWLS902

云南：贡山 郭永杰，吴之坤，吴兴等 14CS9890

云南：金平 税玉民，陈文红 80577

云南：金平 税玉民，陈文红 80584

云南：金平 税玉民，陈文红 80619

云南：景东 罗忠华，谢有能，鲁成荣等 JDNR09057

云南：麻栗坡 肖波 LuJL166

云南：宁洱 胡启和，仇亚，张绍云 YNS0568

云南：文山 何德明，胡艳花 WSLJS486

云南：文山 何德明 WSLJS599

云南：新平 何罡安 XPALSB011

云南：永德 李永亮 YDDXS0484

云南：镇沅 朱恒 ALSZY132

Isachne clarkei J. D. Hooker 小柳叶箬

云南：景东 赵资坤，鲍文强 JDNR11008

云南：绿春 税玉民，陈文红 72899

云南：绿春 税玉民，陈文红 72932

云南：南涧 阿国仁，罗新洪，李敏等 NJWLS2008123

云南：腾冲 余新林，赵玮 BSGLGStc313

云南：新平 刘家良 XPALSD338

云南：永德 李永亮 YDDXS0930

云南：永德 李永亮 YDDXS6484

云南：沾益 彭华，陈丽 P.H.5989

Isachne globosa (Thunberg) Kuntze 柳叶箬

安徽：舒城 陈延松，欧祖兰，高秋晨等 Xuzd286

安徽：屯溪区 方建新 TangXS0100

贵州：开阳 肖恩婷 Yuanm061

贵州：南明区 邹方伦 ZouFL0203

湖南：江永 蔡秀珍，田淑珍，肖乐希 SCSB-HN-0605

湖南：石门 陈功锡，张代贵 SCSB-HC-2008158

江苏：句容 吴宝成，王兆银 HANGYY8151

江西：黎川 童和平，王玉珍，常迪江等 TanCM2051

江西：庐山区 董安淼，吴从梅 TanCM1010

江西：武宁 张吉华，刘运群 TanCM1113

山东：莱山区 卞福花，宋言贺 BianFH-487

山东：崂山区 罗艳，李中华 LuoY115

山东：历城区 高德民，王萍，张颖颖等 Lilan629

陕西：眉县 田先华，白根录 TianXH490

四川：峨眉山 李小杰 LiXJ233

四川：米易 刘静，袁明 MY-206

云南：景洪 彭华，向春雷，王泽欢 PengH8580

云南：绿春 黄连山保护区科研所 HLS0027

云南：绿春 税玉民，陈文红 72708

云南：绿春 税玉民，陈文红 72824

云南：绿春 税玉民，陈文红 72867

云南：麻栗坡 税玉民，陈文红 72044

云南：新平 彭华，陈丽 P.H.5362

云南：新平 谢雄 XPALSC554

云南：镇沅 罗成瑜 ALSZY389

Isachne nipponensis Ohwi 日本柳叶箬

江西：黎川 童和平，王玉珍，常迪江等 TanCM2032

江西：修水 缪以清，陈三友 TanCM2159

四川：峨眉山 李小杰 LiXJ243

浙江：鄞州区 李宏庆，葛斌杰，刘国丽 Lihq0094

Isachne pulchella Roth 矮小柳叶箬

云南：宁洱 胡启和，仇亚 YNS0559

云南：新平 谢雄 XPALSC553

Isachne truncata A. Camus 平颖柳叶箬

云南：景东 杨国平，李达文，鲁志云 ygp-025

Ischaemum anthephoroides (Steudel) Miquel 毛鸭嘴草

山东：海阳 王萍，高德民，张诏等 lilan293

山东：莱山区 卞福花，宋言贺 BianFH-510

Ischaemum aristatum Linnaeus 有芒鸭嘴草

安徽：屯溪区 方建新 TangXS0692

江西：黎川 童和平，王玉珍，常迪江等 TanCM2081A

江西：庐山区 谭策铭，董安淼 TanCM536

Ischaemum aristatum var. **glaucum** (Honda) T. Koyama 鸭嘴草

安徽：歙县 方建新 TangXS0636

Ischaemum barbatum Retzius 粗毛鸭嘴草

安徽：屯溪区 方建新 TangXS0921

西藏：芒康 王文礼，冯欣，刘飞鹏 OUXK11158

Ischaemum ciliare Retzius 细毛鸭嘴草

江西：黎川 童和平，王玉珍，常迪江等 TanCM2052

Ischaemum rugosum Salisbury 田间鸭嘴草

云南：景东 鲁艳 2008137

云南：龙陵 孙兴旭 SunXX142

云南：新平 自正尧 XPALSB290

云南：永德 李永亮 YDDXS0559

Kengyilia hirsuta (Keng) J. L. Yang et al. 糙毛以礼草 *

甘肃：合作 刘坤 LiuJQ-GN-2011-404

贵州：独山 张文超 Yuanm037

Kengyilia melanthera (Keng) J. L. Yang et al. 黑药以礼草 *

青海：海晏 岳伟，苏旭，王玉金 LiuJQ-2011-WYJ-009

青海：治多 岳伟，苏旭，王玉金 LiuJQ-2011-WYJ-044

Kengyilia mutica (Keng) J. L. Yang et al. 无芒以礼草 *

甘肃：玛曲 刘坤 LiuJQ-GN-2011-399
甘肃：玛曲 齐威 LJQ-2008-GN-269

Kengyilia rigidula (Keng) J. L. Yang et al. **硬秆以礼草 ***
四川：红原 张昌兵 ZhangCB0071

Kengyilia stenachyra (Keng) J. L. Yang et al. **窄颖以礼草 ***
甘肃：玛曲 刘坤 LiuJQ-GN-2011-392

Kengyilia thoroldiana (Oliver) J. L. Yang et al. **梭罗以礼草**
青海：海西 汪书丽，王志强，邹嘉宾 Liujq-Txm10-056
青海：玛多 岳伟，苏旭，王玉金 LiuJQ-2011-WYJ-031
西藏：安多 陈家辉，庄会富，边巴扎西 Yangyp-Q-2143

Koeleria litvinowii Domin **芒溚草**
甘肃：玛曲 刘坤 LiuJQ-GN-2011-345
宁夏：盐池 何志斌，杜军，陈龙飞等 HHZA0168

Koeleria macrantha (Ledebour) Schultes **溚草**
甘肃：合作 郭淑青，杜品 LiuJQ-2012-GN-067
甘肃：合作 刘坤 LiuJQ-GN-2011-405
甘肃：合作 齐威 LJQ-2008-GN-246
甘肃：卓尼 刘坤 LiuJQ-GN-2011-346
青海：德令哈 潘建斌，杜维波，牛炳韬 Liujq-2011CDM-356
青海：都兰 潘建斌，杜维波，牛炳韬 Liujq-2011CDM-113
青海：都兰 潘建斌，杜维波，牛炳韬 Liujq-2011CDM-199
青海：格尔木 潘建斌，杜维波，牛炳韬 Liujq-2011CDM-019
青海：格尔木 潘建斌，杜维波，牛炳韬 Liujq-2011CDM-053
青海：格尔木 潘建斌，杜维波，牛炳韬 Liujq-2011CDM-058
青海：乌兰 潘建斌，杜维波，牛炳韬 Liujq-2011CDM-350
山东：海阳 辛晓伟 Lilan827
四川：白玉 李晓东，张景博，徐凌翔等 LiJ433

Leersia hexandra Swartz **李氏禾**
江西：庐山区 董安淼，吴从梅 TanCM1412
云南：永德 李永亮 LiYL1384

Leersia japonica (Makino ex Honda) Honda **假稻**
湖北：竹溪 李盛兰 GanQL570
江西：星子 谭策铭，董安淼 TanCM539
陕西：宁陕 田先华，吴礼慧 TianXH496
陕西：长安区 田先华，田陌 TianXH481

Leersia sayanuka Ohwi **秕壳草**
安徽：歙县 方建新 TangXS0637
吉林：磐石 安海成 AnHC0207
江西：武宁 张吉华，刘运群 TanCM1161
山东：海阳 张少华，张颖颖，程丹丹等 lilan527
四川：峨眉山 李小杰 LiXJ570

Leptochloa chinensis (Linnaeus) Nees **千金子**
安徽：肥东 陈延松，方晓磊，陈翠兵等 Xuzd088
安徽：黟县 刘淼 SCSB-JSB58
广西：田林 彭华，许瑾，陈丽 P.H.5082
贵州：铜仁 彭华，王英，陈丽 P.H.5205
海南：三亚 彭华，向春雷，陈丽 PengH8181
湖北：竹溪 李盛兰 GanQL1004
江苏：句容 吴宝成，王兆银 HANGYY8382
江苏：句容 吴宝成，王兆银 HANGYY8335
江苏：南京 韦阳连 SCSB-JS0489
江苏：启东 高兴 HANGYY8631
江苏：宜兴 吴林园 HANGYY8707
江西：九江 谭策铭，易桂花 TanCM352
江西：黎川 童和平，王玉珍，常迪江等 TanCM2005
山东：平邑 王萍，高德民，张诏等 lilan297
云南：隆阳区 段在贤，密得生，刀开国等 BSGLGSly1055
云南：绿春 黄连山保护区科研所 HLS0280
云南：勐海 彭华，向春雷，陈丽等 P.H.5686
云南：西山区 税玉民，陈文红 65799
云南：新平 谢雄 XPALSC460
云南：永德 李永亮 YDDXS0241
云南：永德 李永亮 YDDXS0951
云南：永德 李永亮 YDDXS1094
云南：永德 李永亮 YDDXSB031
云南：元阳 田学军，杨建，邱成书等 Tianxj0031
浙江：临安 李宏庆，田怀珍，刘国丽 Lihq0083

Leptochloa fusca (Linnaeus) Kunth **双稃草**
山东：长清区 高德民，张诏，王萍等 lilan499

Leptochloa panicea (Retzius) Ohwi **虮子草**
安徽：肥西 陈延松，朱合军，姜九龙 Xuzd120
安徽：蜀山区 陈延松，姜九龙，朱合军 Xuzd074
安徽：屯溪区 方建新 TangXS0032
湖北：竹溪 李盛兰 GanQL107
山东：海阳 高德民，张诏，王萍等 lilan498
上海：李宏庆，吴冬，葛斌杰 Lihq0013
四川：乐至 邓兴敏，邓秀发，张昌兵 ZCB0386
四川：射洪 袁明 YUANM2016L236
云南：个旧 税玉民，陈文红 71662
云南：河口 税玉民，陈文红 71688
云南：金平 税玉民，陈文红 71522
云南：新平 白绍斌 XPALSC441

Lepturus repens (G. Forster) R. Brown **细穗草**
海南：三沙 郭永杰，涂铁要，李晓娟等 15CS10497

Leymus altus D. F. Cui **分株赖草 ***
新疆：塔什库尔干 邱娟，冯建菊 LiuJQ0170

Leymus angustus (Trinius) Pilger **窄颖赖草**
新疆：乌苏 石大标 SCSB-Y-2006081

Leymus chinensis (Trinius ex Bunge) Tzvelev **羊草**
黑龙江：昂昂溪区 胡良军，王伟娜，胡应超 HuLJ245
黑龙江：大同区 杨帆，马红媛，安丰华 SNA0620
黑龙江：杜尔伯特 胡良军，王伟娜，胡应超 HuLJ309
黑龙江：林甸 胡良军，王伟娜，胡应超 HuLJ259
黑龙江：肇源 胡良军，王伟娜，胡应超 HuLJ386
黑龙江：肇源 杨帆，马红媛，安丰华 SNA0565
吉林：大安 杨帆，马红媛，安丰华 SNA0003
吉林：大安 杨帆，马红媛，安丰华 SNA0004
吉林：大安 杨帆，马红媛，安丰华 SNA0027
吉林：大安 杨帆，马红媛，安丰华 SNA0042
吉林：大安 杨帆，马红媛，安丰华 SNA0063
吉林：大安 杨帆，马红媛，安丰华 SNA0528
吉林：大安 胡良军，王伟娜，胡应超 HuLJ163
吉林：乾安 杨帆，马红媛，安丰华 SNA0238
吉林：乾安 杨帆，马红媛，安丰华 SNA0250
吉林：洮北区 杨帆，马红媛，安丰华 SNA0261
吉林：通榆 胡良军，王伟娜，胡应超 HuLJ090
吉林：通榆 杨帆，马红媛，安丰华 SNA0219
吉林：长岭 胡良军，王伟娜，胡应超 HuLJ041
吉林：长岭 胡良军，王伟娜，胡应超 HuLJ043
吉林：长岭 胡良军，王伟娜，胡应超 HuLJ129
吉林：长岭 张红香 ZhangHX015
吉林：镇赉 胡良军，王伟娜，胡应超 HuLJ186
吉林：镇赉 杨帆，马红媛，安丰华 SNA0160
吉林：镇赉 杨帆，马红媛，安丰华 SNA0166
吉林：镇赉 杨帆，马红媛，安丰华 SNA0512
内蒙古：陈巴尔虎旗 黄学文 NMDB20170811267

内蒙古：陈巴尔虎旗 黄学文 NMDB20170811277
内蒙古：陈巴尔虎旗 黄学文 NMDB20170811286
内蒙古：回民区 蒲拴莲，李茂文 M012
内蒙古：新巴尔虎右旗 黄学文 NMDB20160816227
内蒙古：新巴尔虎右旗 黄学文 NMDB20170808043
内蒙古：新巴尔虎右旗 黄学文 NMDB20170808071
内蒙古：新巴尔虎右旗 黄学文 NMDB20170808084
内蒙古：新巴尔虎右旗 黄学文 NMDB20170809107
内蒙古：新巴尔虎右旗 黄学文 NMDB20170809129
内蒙古：新巴尔虎右旗 黄学文 NMDB20170809176
内蒙古：新巴尔虎右旗 黄学文 NMDB20170810222
内蒙古：新巴尔虎左旗 黄学文 NMDB20160815142
内蒙古：新巴尔虎左旗 黄学文 NMDB20160815147
内蒙古：新巴尔虎左旗 黄学文 NMDB20170807031
内蒙古：新巴尔虎左旗 黄学文 NMDB20170811244
新疆：裕民 徐文斌，杨清理 SHI-2009372

Leymus karelinii (Turczaninow) Tzvelev **大药赖草**
新疆：木垒 段士民，王喜勇，刘会良等 132
新疆：托里 徐文斌，黄刚 SHI-2009227
新疆：温泉 段士民，王喜勇，刘会良等 28
新疆：温泉 徐文斌，王莹 SHI-2008182
新疆：乌苏 马真，贺晓欢，徐文斌等 SHI-A2007340
新疆：裕民 徐文斌，郭一敏 SHI-2009415

Leymus mollis (Trinius) Pilger **滨草**
山东：海阳 王萍，高德民，张诏等 lilan254
山东：莱山区 卞福花 BianFH-0254
山东：莱山区 卞福花，宋言贺 BianFH-478
山东：威海 高德民，吴燕秋 Lilan927

Leymus ovatus (Trinius) Tzvelev **宽穗赖草**
青海：湟源 汪书丽，朱洪涛 Liujq-QLS-TXM-004
新疆：塔什库尔干 邱娟，冯建菊 LiuJQ0140
新疆：托里 徐文斌，杨清理 SHI-2009222

Leymus paboanus (Claus) Pilger **毛穗赖草**
新疆：博乐 刘鸯，徐文斌，马真等 SHI-A2007266
新疆：博乐 刘鸯，徐文斌，马真等 SHI-A2007271
新疆：库尔勒 张挺，杨赵平，焦培培等 LiZJ0414
新疆：托里 徐文斌，杨清理 SHI-2009168
新疆：托里 徐文斌，黄刚 SHI-2009263
新疆：叶城 黄文娟，段黄金，王英鑫等 LiZJ0887
新疆：裕民 徐文斌，黄刚 SHI-2009401
新疆：裕民 徐文斌，杨清理 SHI-2009453

Leymus racemosus (Lamarck) Tzvelev **大赖草**
新疆：富蕴 谭敦炎，邱娟 TanDY0421
新疆：哈巴河 段士民，王喜勇，刘会良等 223

Leymus ramosus Tzvelev **单穗赖草**
新疆：塔什库尔干 邱娟，冯建菊 LiuJQ0155
新疆：裕民 徐文斌，黄刚 SHI-2009416

Leymus ruoqiangensis S. L. Lu & Y. H. Wu **若羌赖草** *
青海：湟源 汪书丽，朱洪涛 Liujq-QLS-TXM-009

Leymus secalinus (Georgi) Tzvelev **赖草**
甘肃：合作 刘坤 LiuJQ-GN-2011-303
甘肃：玛曲 刘坤 LiuJQ-GN-2011-301
甘肃：玛曲 刘坤 LiuJQ-GN-2011-393
内蒙古：伊金霍洛旗 朱雅娟，黄振英，叶学华 Beijing-ordos2-000001
宁夏：惠农 何志斌，杜军，陈龙飞等 HHZA0097
宁夏：平罗 何志斌，杜军，陈龙飞等 HHZA0064
宁夏：盐池 朱奋霞，牛钦瑞 ZuoZh184
青海：都兰 冯虎元 LiuJQ-08KLS-156
青海：都兰 冯虎元 LiuJQ-08KLS-180
青海：格尔木 潘建斌，杜维波，牛炳韬 Liujq-2011CDM-052
青海：贵南 陈世龙，高庆波，张发起 Chensl0968
青海：湟源 汪书丽，朱洪涛 Liujq-QLS-TXM-010
青海：湟源 岳伟，苏旭，王玉金 LiuJQ-2011-WYJ-002
青海：门源 吴玉虎 LJQ-QLS-2008-0149
青海：门源 吴玉虎 LJQ-QLS-2008-0240
西藏：日土 李晖，卜海涛，边巴等 lihui-Q-09-38
西藏：日土 陈家辉，庄会富，刘德团等 Yangyp-Q-0086
新疆：和田 冯建菊 Liujq-fjj-0105
新疆：木垒 段士民，王喜勇，刘会良等 133
新疆：乌鲁木齐 王雷，王宏飞，黄振英 Beijing-huang-xjys-0020
新疆：于田 冯建菊 Liujq-fjj-0006

Leymus tianschanicus (Drobow) Tzvelev **天山赖草**
新疆：玛纳斯 亚吉东，张桥蓉，秦少发等 16CS13236
新疆：裕民 徐文斌，杨清理 SHI-2009396

Lolium multiflorum Lamarck **多花黑麦草**
内蒙古：土默特右旗 刘博，蒲拴莲，刘润宽等 M357
宁夏：盐池 牛有栋，朱奋霞 ZuoZh197
四川：峨眉山 李小杰 LiXJ424
四川：射洪 袁明 YUANM2015L088
云南：巧家 杨光明 SCSB-W-1286

Lolium perenne Linnaeus **黑麦草**
安徽：屯溪区 方建新 TangXS0865
河北：武安 牛玉璐，王晓亮 NiuYL537
山东：莱山区 卞福花，宋言贺 BianFH-446
山东：牟平区 卞福花，陈朋 BianFH-0307
四川：白玉 李晓东，张景博，徐凌翔等 LiJ441
云南：香格里拉 李晓东，张紫刚，操榆 LiJ619

Lolium persicum Boissier & Hohenacker **欧黑麦草**
新疆：乌什 塔里木大学植物资源调查组 TD-00889

Lolium temulentum Linnaeus **毒麦**
四川：红原 岳伟，苏旭，王玉金 LiuJQ-2011-WYJ-269
四川：红原 岳伟，苏旭，王玉金 LiuJQ-2011-WYJ-292

Lophatherum gracile Brongniart **淡竹叶**
安徽：黄山区 方建新 TangXS0354
安徽：金寨 陈延松，欧祖兰，姜九龙 Xuzd239
贵州：江口 周云，王勇 XiangZ032
湖北：宣恩 沈泽昊 HXE166
湖南：洪江 李胜华，伍贤进，刘光华等 Wuxj1058
湖南：吉首 陈功锡，张代贵，邓涛等 SCSB-HC-2007309
湖南：浏阳 刘克明，朱晓文，田淑珍 SCSB-HN-0455
湖南：武陵源区 吴福川，廖博儒，秦亚丽等 7156
湖南：岳麓区 刘克明，陈薇，肖乐希 SCSB-HN-0309
湖南：岳麓区 姜孝成，唐妹，卜剑超等 Jiangxc0501
湖南：岳麓区 姜孝成，田春娥，马正辉等 SCSB-HNJ-0133
江西：黎川 童和平，王玉珍 TanCM3110
江西：龙南 梁跃龙，廖海红 LiangYL014
江西：武宁 张吉华，刘运群 TanCM761
四川：峨眉山 李小杰 LiXJ266
云南：江城 叶金科 YNS0478
云南：绿春 税玉民，陈文红 72666
云南：绿春 税玉民，陈文红 72862
云南：文山 税玉民，陈文红 81049
浙江：鄞州区 李宏庆，葛斌杰，刘国丽 Lihq0093

Lophatherum sinense Rendle **中华淡竹叶**
安徽：黄山区 方建新 TangXS0355
江西：黎川 童和平，王玉珍 TanCM3144

江西：武宁 张吉华，刘运群 TanCM1142

Melica altissima Linnaeus 高臭草

新疆：巩留 亚吉东，迟建才，张桥蓉等 16CS13496

Melica grandiflora Koidzumi 大花臭草

吉林：磐石 安海成 AnHC030

江苏：句容 吴宝成，王兆银 HANGYY8119

山东：历城区 张少华，王萍，张诏等 Lilan185

Melica onoei Franchet & Savatier 广序臭草

安徽：徽州区 方建新 TangXS0771

安徽：黟县 刘淼 SCSB-JSB36

河南：栾川 黄振英，于顺利，杨学军 Huangzy0023

河南：南召 黄振英，于顺利，杨学军 Huangzy0186

河南：浉河区 朱鑫鑫，闫明慧，王君等 ZhuXX214

河南：嵩县 黄振英，于顺利，杨学军 Huangzy0116

湖北：竹溪 李盛兰 GanQL352

江西：庐山区 董安淼，吴从梅 TanCM912

辽宁：庄河 于立敏 CaoW922

山东：崂山区 罗艳，李中华 LuoY384

山东：崂山区 罗艳，李中华，邓建平 LuoY139

山东：崂山区 赵遵田，郑国伟，王海英等 Zhaozt0184

山东：牟平区 卞福花 BianFH-0240

Melica przewalskyi Roshevitz 甘肃臭草 *

甘肃：合作 郭淑青，杜品 LiuJQ-2012-GN-070

Melica radula Franchet 细叶臭草 *

河北：邢台 牛玉璐，高彦飞，赵二涛 NiuYL320

湖北：竹溪 李盛兰 GanQL293

山东：莱山区 卞福花，宋言贺 BianFH-448

山东：崂山区 罗艳，李中华 LuoY383

山东：平邑 赵遵田 Zhaozt0271

Melica scabrosa Trinius 臭草

北京：东城区 朱雅娟，王雷，黄振英 Beijing-huang-xs-0004

北京：西城区 王雷，朱雅娟，黄振英 Beijing-huang-ss1-0004

贵州：南明区 邹方伦 ZouFL0101

河北：赞皇 牛玉璐，郑博颖，黄士良等 NiuYL027

湖北：神农架林区 李巨平 LiJuPing0056

湖北：竹溪 甘啟良 GanQL005

山东：崂山区 罗艳，李中华 LuoY248

山东：牟平区 卞福花，宋言贺 BianFH-463

山东：栖霞 卞福花 BianFH-0187

陕西：长安区 田先华，王梅荣 TianXH168

Melica transsilvanica Schur 德兰臭草

新疆：察布查尔 徐文斌 SHI-A2007108

新疆：霍城 马真，贺晓欢，徐文斌等 SHI-A2007044

新疆：玛纳斯 亚吉东，张桥蓉，秦少发等 16CS13239

新疆：乌鲁木齐 段士民，王喜勇，刘会良 Zhangdy265

新疆：伊犁 段士民，王喜勇，刘会良等 35

Microchloa indica (Linnaeus f.) P. Beauvois 小草

云南：玉龙 李云龙，鲁仪增，和荣华等 15PX104

Microchloa indica var. kunthii (Desvaux) B. S. Sun & Z. H. Hu 长穗小草

云南：永德 李永亮 YDDXS0473

Microstegium ciliatum (Trinius) A. Camus 刚莠竹

江西：庐山区 董安淼，吴从梅 TanCM919

云南：景东 鲁艳 200810

云南：绿春 税玉民，陈文红 72868

云南：绿春 税玉民，陈文红 73146

云南：南涧 阿国仁，何贵才 NJWLS572

云南：文山 彭华，刘恩德，陈丽 P.H.5531

云南：新平 谢雄 XPALSC193

云南：新平 彭华，向春雷，陈丽等 P.H.5581

云南：永德 李永亮 YDDXS6517

云南：永德 李永亮 YDDXS7517

云南：永德 李永亮，马文军 YDDXSB153

云南：镇沅 罗成瑜 ALSZY435

Microstegium fasciculatum (Linnaeus) Henrard 蔓生莠竹

云南：南涧 徐家武，袁玉川 NJWLS636

Microstegium nudum (Trinius) A. Camus 竹叶茅

河南：栾川 黄振英，于顺利，杨学军 Huangzy0038

河南：南召 邓志军，付婷婷，水庆艳 Huangzy0194

河南：嵩县 邓志军，付婷婷，水庆艳 Huangzy0127

湖北：竹溪 李盛兰 GanQL577

陕西：长安区 田陌，田先华 TianXH538

四川：峨眉山 李小杰 LiXJ239

云南：贡山 蔡杰，郭云刚，张凤琼等 14CS9707

云南：景东 鲁艳 2008116

云南：绿春 税玉民，陈文红 72933

云南：南涧 罗新洪，阿国仁，何贵才 NJWLS527

云南：南涧 阿国仁 NJWLS1117

云南：文山 何德明，古少国 WSLJS1022

Microstegium reticulatum B. S. Sun ex H. Peng & X. Yang 网脉莠竹

云南：西山区 彭华，陈丽 P.H.5324

Microstegium vimineum (Trinius) A. Camus 柔枝莠竹

安徽：屯溪区 方建新 TangXS0615

江西：庐山区 谭策铭，董安淼 TCM09040

陕西：长安区 田先华，田陌 TianXH575

四川：峨眉山 李小杰 LiXJ236

云南：景东 刘长铭 JDNR11089

云南：南涧 阿国仁，何贵才 NJWLS534

云南：文山 何德明，古少国 WSLJS1021

云南：新平 谢雄 XPALSC371

云南：新平 谢雄 XPALSC376

云南：永德 李永亮 YDDXS0699

浙江：开化 李宏庆，熊申展，桂萍 Lihq0401

Milium effusum Linnaeus 粟草

安徽：泾县 王欧文，吴婕 ZhouSB0196

安徽：舒城 陈延松，欧祖兰，高秋晨等 Xuzd326

安徽：屯溪区 方建新 TangXS0682

河北：赞皇 牛玉璐，高彦飞，赵二涛 NiuYL460

湖北：神农架林区 李巨平 LiJuPing0141A

湖北：神农架林区 李巨平 LiJuPing0155

湖北：竹溪 李盛兰 GanQL462

吉林：磐石 安海成 AnHC028

江西：庐山区 董安淼，吴从梅 TanCM3019

江西：庐山区 董安淼，吴从梅 TanCM3322

Miscanthus floridulus (Labillardiere) Warburg ex K. Schumann & Lauterbach 五节芒

安徽：石台 洪欣，王欧文 ZSB362

安徽：石台 陈延松，吴国伟，洪欣 Zhousb0017

安徽：舒城 陈延松，欧祖兰，高秋晨等 Xuzd266

贵州：望谟 邹方伦 ZouFL0073

湖北：竹溪 李盛兰 GanQL051

湖南：永定区 廖博儒，吴福川，查学州等 55

湖南：永顺 陈功锡，张代贵 SCSB-HC-2008052

江西：龙南 梁跃龙，廖海红，欧考昌 LiangYL001

江西：庐山区 谭策铭，董安淼 TanCM285

四川：米易 刘静 MY-045

Miscanthus nepalensis (Trinius) Hackel 尼泊尔芒

四川：汉源 汤加勇，赖建军 Y07128

西藏：波密 孙航，张建文，陈建国等 SunH-07ZX-2603

西藏：林芝 张大才，李双智，唐路等 ZhangDC-07ZX-1798

云南：景东 罗忠华，谢有能，鲁成荣等 JDNR09056

云南：兰坪 张挺，徐远杰，陈冲等 SCSB-B-000220

云南：龙陵 孙兴旭 SunXX030

云南：隆阳区 郭永杰，李涟漪，聂细转 12CS5167

云南：香格里拉 陈文允，于文涛，黄永江等 CYHL216

Miscanthus nudipes (Grisebach) Hackel 双药芒

四川：宝兴 刘静 Y07120

Miscanthus sacchariflorus (Maximowicz) Hackel 荻

安徽：石台 洪欣，王欧文 ZSB351

安徽：屯溪区 方建新 TangXS0959

黑龙江：松北 王臣，张欣欣，史传奇 WangCh202

湖北：竹溪 李盛兰 GanQL829

吉林：九台 韩忠明 Yanglm0232

江西：庐山区 董安淼，吴从梅 TanCM1426

山东：海阳 王萍，高德民，张诏等 lilan264

山东：垦利 曹子谊，韩国营，吕蕾等 Zhaozt0088

山东：垦利 曹子谊，韩国营，吕蕾等 Zhaozt0093

山东：莱山区 卞福花 BianFH-0272

山西：夏县 陈浩 Zhangf0169

四川：汶川 袁明，高刚，杨勇 YM2014026

Miscanthus sinensis Andersson 芒

安徽：绩溪 胡长玉，方建新，徐林飞 TangXS0645

安徽：宣城 刘淼 HANGYY8096

贵州：南明区 邹方伦 ZouFL0005

海南：昌江 康勇，林灯，陈庆 LWXS023

湖北：五峰 陈功锡，张代贵 SCSB-HC-2008361

湖北：竹溪 李盛兰 GanQL754

江苏：句容 吴宝成，王兆银 HANGYY8663

江西：龙南 梁跃龙，廖海红 LiangYL103

江西：庐山区 谭策铭，董安淼 TCM09028

山东：海阳 王萍，高德民，张诏等 lilan290

山东：牟平区 陈朋 BianFH-414

四川：峨眉山 李小杰 LiXJ262

四川：射洪 袁明 YUANM2015L106

云南：贡山 蔡杰，郭云刚，张凤琼等 14CS9706

云南：金平 喻智勇，官兴永，张云飞等 JinPing11

Molinia japonica Hackel 拟麦氏草

江西：修水 谭策铭，易桂花，缪以清等 TanCM2139

Muhlenbergia huegelii Trinius 乱子草

甘肃：迭部 刘坤 LiuJQ-GN-2011-403

甘肃：临潭 齐威 LJQ-2008-GN-263

甘肃：文县 齐威 LJQ-2008-GN-211

河北：平山 牛玉璐，高彦飞，黄士良 NiuYL275

河南：栾川 黄振英，于顺利，杨学军 Huangzy0040

湖北：竹溪 李盛兰 GanQL576

江西：武宁 张吉华，刘运群 TanCM1176

内蒙古：武川 蒲拴莲，刘润宽，刘毅等 M238

山东：历下区 高德民，张诏，王萍等 lilan497

陕西：长安区 王梅荣，田先华，田陌 TianXH134

四川：理县 张昌兵，邓秀发 ZhangCB0394

四川：理县 张昌兵，邓秀发 ZhangCB0397

云南：镇沅 何忠云，周立刚 ALSZY311

Muhlenbergia japonica Steudel 日本乱子草

江西：庐山区 董安淼，吴从梅 TanCM2864

云南：金平 喻智勇，官兴永，张云飞等 JinPing87

云南：新平 何罡安 XPALSB454

云南：永德 李永亮 LiYL1468

Muhlenbergia ramosa (Hackel ex Matsumura) Makino 多枝乱子草

湖北：竹溪 李盛兰 GanQL906

江西：庐山区 董安淼，吴从梅 TanCM1047

山东：崂山区 罗艳，李中华 LuoY381

山东：历下区 王萍，高德民，张诏等 lilan309

山东：牟平区 卞福花 BianFH-0252

Neyraudia montana Keng 山类芦 *

安徽：石台 洪欣，王欧文 ZSB380

安徽：石台 陈延松，吴国伟，洪欣 Zhousb0061

江西：庐山区 董安淼，吴从梅 TanCM840

江西：星子 董安淼，吴从梅 TanCM1414

浙江：开化 李宏庆，熊申展，桂萍 Lihq0411

Neyraudia reynaudiana (Kunth) Keng ex Hitchcock 类芦

江西：庐山区 董安淼，吴从梅 TanCM2577

云南：东川区 彭华，陈丽 P.H. 5961

云南：建水 彭华，向春雷，陈丽 P.H. 6007

云南：景东 鲁艳 200885

云南：景东 鲁艳 2008218

云南：麻栗坡 肖波 LuJL497

云南：勐海 刀志灵 DZL-171

云南：南涧 张世雄，时国彩 NJWLS2008065

云南：腾冲 周应再 Zhyz-440

云南：新平 谢雄 XPALSC379

云南：永德 李永亮 YDDXS0956

云南：元江 刀志灵，陈渝 DZL-204

Oplismenus compositus (Linnaeus) P. Beauvois 竹叶草

江西：庐山区 董安淼，吴从梅 TanCM3067

四川：射洪 袁明 YUANM2015L090

云南：绿春 彭华，向春雷，陈丽等 P.H. 5599

云南：文山 何德明，丰艳飞，曹世超 WSLJS672

云南：盈江 王立彦 TBG-020

云南：盈江 王立彦，桂魏 SCSB-TBG-136

云南：永德 李永亮，马文军 YDDXSB146

云南：永德 李永亮 YDDXS0418

Oplismenus compositus var. **intermedius** (Honda) Ohwi 中间型竹叶草

四川：乐至 邓兴敏，邓秀发，张昌兵 ZCB0422

云南：新平 何罡安 XPALSB054

Oplismenus compositus var. **owatarii** (Honda) J. Ohwi 大叶竹叶草

云南：南涧 阿国仁，何贵才 NJWLS2008239

云南：盘龙区 伊廷双，孟静，杨杨 MJ-949

云南：永德 李永亮 YDDXS0585

云南：镇沅 罗成瑜 ALSZY408

Oplismenus undulatifolius (Arduino) Roemer & Schultes 求米草

安徽：黄山区 方建新 TangXS0356

安徽：黟县 刘淼 SCSB-JSB34

河南：栾川 何明高，付婷婷，水庆艳 Huangzy0092

湖北：宣恩 祝文志，刘志祥，曹远俊 ShenZH0033

湖北：竹溪 李盛兰 GanQL1088

江苏：江宁区 王兆银，吴宝成 SCSB-JS0266

江苏：句容 吴宝成，王兆银 HANGYY8669

江苏：南京 顾子霞 SCSB-JS0431
江西：黎川 童和平，王玉珍，常迪江等 TanCM2039A
江西：庐山区 董安淼，吴从梅 TanCM900
辽宁：庄河 于立敏 CaoW941
山东：崂山区 罗艳，李中华 LuoY199
山东：崂山区 赵遵田，郑国伟，王海英等 Zhaozt0186
山东：历下区 张少华，王萍，张诏等 Lilan202
山东：牟平区 卞福花，杜丽君，孟凡涛 BianFH-0143
陕西：长安区 王梅荣，田陌，田先华 TianXH119
云南：贡山 郭永杰，吴之坤，吴兴等 14CS9950
云南：西山区 彭华，陈丽 P.H.5325
云南：永德 李永亮 YDDXS6418
浙江：鄞州区 李宏庆，葛斌杰，刘国丽 Lihq0102

Oplismenus undulatifolius var. **glaber** S. L. Chen & Y. X. Jin 光叶求米草 *
四川：峨眉山 李小杰 LiXJ220

Oplismenus undulatifolius var. **imbecillis** (R. Brown) Hackel 狭叶求米草
湖南：中方 伍贤进，李胜华，曾汉元等 HHXY114

Oplismenus undulatifolius var. **japonicus** (Steudel) G. Koidzumi 日本求米草
江西：黎川 童和平，王玉珍，常迪江等 TanCM2041

Orinus anomala Keng ex P. C. Keng & L. Liu 四川固沙草 *
青海：囊谦 岳伟，苏旭，王玉金 LiuJQ-2011-WYJ-074
西藏：定日 毛康珊，任广朋，邹嘉宾 LiuJQ-QTP-2011-123
西藏：吉隆 毛康珊，任广朋，邹嘉宾 LiuJQ-QTP-2011-100

Orinus kokonorica (K. S. Hao) Tzvelev 青海固沙草 *
青海：囊谦 岳伟，苏旭，王玉金 LiuJQ-2011-WYJ-075

Orinus thoroldii (Stapf ex Hemsley) Bor 固沙草
四川：阿坝 岳伟，苏旭，王玉金 LiuJQ-2011-WYJ-285
四川：马尔康 岳伟，苏旭，王玉金 LiuJQ-2011-WYJ-267
西藏：昂仁 毛康珊，任广朋，邹嘉宾 LiuJQ-QTP-2011-034
西藏：定日 毛康珊，任广朋，邹嘉宾 LiuJQ-QTP-2011-119
西藏：噶尔 毛康珊，任广朋，邹嘉宾 LiuJQ-QTP-2011-055
西藏：拉孜 毛康珊，任广朋，邹嘉宾 LiuJQ-QTP-2011-033
西藏：朗县 岳伟，苏旭，王玉金 LiuJQ-2011-WYJ-202
西藏：日土 李晖，文雪梅，次旺加布等 Lihui-Q-0042
西藏：萨嘎 毛康珊，任广朋，邹嘉宾 LiuJQ-QTP-2011-043
西藏：萨嘎 毛康珊，任广朋，邹嘉宾 LiuJQ-QTP-2011-078
西藏：扎囊 岳伟，苏旭，王玉金 LiuJQ-2011-WYJ-196
西藏：札达 毛康珊，任广朋，邹嘉宾 LiuJQ-QTP-2011-059
西藏：仲巴 毛康珊，任广朋，邹嘉宾 LiuJQ-QTP-2011-045

Orinus tibetica N. X. Zhao 西藏固沙草 *
西藏：扎囊 岳伟，苏旭，王玉金 LiuJQ-2011-WYJ-195

Orthoraphium roylei Nees 直芒草
江西：庐山区 董安淼，吴从梅 TanCM3309
云南：永德 李永亮 YDDXSB011

Oryza sativa Linnaeus 稻
云南：麻栗坡 税玉民，陈文红 72078

Ottochloa nodosa (Kunth) Dandy 露籽草
云南：河口 税玉民，陈文红 72599
云南：镇沅 罗成瑜，乔永华 ALSZY299

Ottochloa nodosa var. **micrantha** (Balansa ex A. Camus) S. L. Chen & S. M. Phillips 小花露籽草
云南：金平 税玉民，陈文红 80246

Panicum bisulcatum Thunberg 糠稷
安徽：石台 陈延松，吴国伟，洪欣 Zhousb0094
安徽：舒城 陈延松，欧祖兰，高秋晨等 Xuzd397
安徽：屯溪区 方建新 TangXS0015
贵州：台江 邹方伦 ZouFL0264
河北：桃城 牛玉璐，郑博颖，黄士良等 NiuYL121
黑龙江：大同区 杨帆，马红媛，安丰华 SNA0651
湖北：宣恩 祝文志，刘志祥，曹远俊 ShenZH0049
湖北：英山 朱鑫鑫，王君 ZhuXX014
湖北：竹溪 李盛兰 GanQL235
湖南：沅陵 李胜华，伍贤进，刘光华等 Wuxj909
吉林：磐石 安海成 AnHC0265
吉林：镇赉 杨帆，马红媛，安丰华 SNA0162
江苏：句容 吴宝成，王兆银 HANGYY8373
江苏：南京 顾子霞 SCSB-JS0423
江西：黎川 童和平，王玉珍 TanCM1912
江西：庐山区 谭策铭，董安淼 TCM09035
山东：崂山区 赵遵田，李振华，郑国伟等 Zhaozt0115
山东：崂山区 罗艳，李中华 LuoY293
山东：历下区 王萍，高德民，张诏等 lilan286
云南：剑川 彭华，许瑾，陈丽 P.H.5051
云南：金平 税玉民，陈文红 80064
云南：绿春 黄连山保护区科研所 HLS0088
云南：新平 白绍斌 XPALSC435
浙江：鄞州区 李宏庆，葛斌杰 Lihq0116

Panicum brevifolium Linnaeus 短叶黍
江西：庐山区 董安淼，吴从梅 TanCM2578
云南：沧源 赵金超 CYNGH240
云南：绿春 税玉民，陈文红 72891
云南：宁洱 胡启和，仇亚，张绍云 YNS0567

Panicum coloratum Linnaeus 光头黍
云南：新平 自正尧 XPALSB503

Panicum curviflorum Hornemann 弯花黍
云南：永德 李永亮 YDDXS0448

Panicum dichotomiflorum Michaux 洋野黍
云南：永德 李永亮 YDDXS0235

Panicum humile Nees ex Steudel 南亚稷
云南：永德 李永亮 YDDXS6448

Panicum incomtum Trinius 藤竹草
云南：普洱 胡启和，仇亚，周英等 YNS0672

Panicum luzonense J. Presl 大罗湾草
云南：河口 税玉民，陈文红 71695

Panicum miliaceum Linnaeus 稷
广西：金秀 彭华，向春雷，陈丽 PengH8116
广西：金秀 彭华，向春雷，陈丽 PengH8143
吉林：长岭 胡良军，王伟娜 DBB201509210201P
山东：东营区 樊守金 Zhaozt0253

Panicum notatum Retzius 心叶稷
云南：金平 税玉民，陈文红 80474
云南：景东 鲁艳 07-133
云南：蒙自 税玉民，陈文红 72404
云南：腾冲 周应再 Zhyz-306
云南：文山 何德明，王成 WSLJS1048
云南：文山 何德明 WSLJS568
云南：新平 自正尧 XPALSB506
云南：永德 李永亮 LiYL1602

Panicum sumatrense Roth ex Roemer & Schultes 细柄黍
安徽：宁国 刘淼 SCSB-JSD5
安徽：黟县 刘淼 SCSB-JSB49
江苏：赣榆 吴宝成 HANGYY8566
江西：庐山区 董安淼，吴从梅 TanCM839

山东：海阳 王萍，高德民，张诏等 lilan320
山东：崂山区 罗艳，李中华 LuoY327
山东：牟平区 卞福花 BianFH-0239
云南：江城 叶金科 YNS0477
云南：景东 罗忠华，刘长铭，鲁成荣等 JDNR09051
云南：南涧 阿国仁，何贵财 NJWLS538
云南：巧家 张书东，张荣，王银环等 QJYS0208
云南：思茅区 胡启和，张绍云，周兵 YNS0975
云南：新平 谢雄 XPALSC482
云南：镇沅 朱恒 ALSZY049

Paspalidium flavidum (Retzius) A. Camus **类雀稗**

云南：澜沧 彭华，向春雷，陈丽 P.H.5783
云南：隆阳区 赵玮 BSGLGSly086
云南：新平 自正尧 XPALSB291
云南：永德 李永亮 YDDXS0376
云南：永德 李永亮 YDDXS6376

Paspalum conjugatum Bergius **两耳草**

云南：河口 税玉民，陈文红 71693
云南：景东 鲁艳 200893
云南：景东 罗忠华，刘长铭，鲁成荣等 JDNR09025
云南：麻栗坡 税玉民，陈文红 71999
云南：勐海 彭华，向春雷，陈丽等 P.H.5737
云南：孟连 彭华，向春雷，陈丽 P.H.5884
云南：普洱 彭志仙 YNS0212
云南：思茅区 胡启和，张绍云，周兵 YNS0977
云南：新平 白绍斌 XPALSC452
云南：新平 白绍斌 XPALSC487
云南：永德 李永亮 YDDXS0233
云南：镇沅 朱恒，何忠云 ALSZY021
云南：镇沅 罗成瑜 ALSZY436

Paspalum delavayi Henrard **云南雀稗** *

云南：永德 李永亮 LiYL1556

Paspalum dilatatum Poiret **毛花雀稗**

云南：腾冲 周应再 Zhyz-362
云南：永德 李永亮 LiYL1531

Paspalum distichum Linnaeus **双穗雀稗**

四川：米易 袁明 MY422
云南：蒙自 田学军 TianXJ0109
云南：新平 自正尧 XPALSB276
云南：新平 张云德，李俊友 XPALSC138
云南：永德 李永亮 YDDXS0304

Paspalum longifolium Roxburgh **长叶雀稗**

云南：盈江 王立彦，桂魏，刀江飞 SCSB-TBG-111

Paspalum scrobiculatum var. **orbiculare** (G. Forster) Hackel **圆果雀稗**

湖北：竹溪 李盛兰 GanQL101
湖南：洪江 李胜华，伍贤进，刘光华等 Wuxj1030
湖南：开福区 陈薇，丛义艳，肖乐希 SCSB-HN-0641
四川：峨眉山 李小杰 LiXJ454
云南：河口 税玉民，陈文红 71689
云南：景东 罗忠华，刘长铭，鲁成荣等 JDNR09052
云南：景东 杨国平 07-66
云南：澜沧 胡启和，周兵，仇亚 YNS0912
云南：南涧 阿国仁，何贵才 NJWLS539
云南：思茅区 张绍云，胡启和 YNS1033
云南：腾冲 周应再 Zhyz519
云南：新平 自正尧 XPALSB299
云南：新平 谢天华，郎定富 XPALSA128

Paspalum thunbergii Kunth ex Steudel **雀稗**

安徽：金寨 刘淼 SCSB-JSC23
安徽：石台 陈延松，吴国伟，洪欣 Zhousb0077
安徽：屯溪区 方建新 TangXS0160
安徽：芜湖 陈延松，吴国伟，洪欣 Zhousb0012
安徽：黟县 刘淼 SCSB-JSB31
湖北：竹溪 李盛兰 GanQL104
江苏：句容 吴宝成，王兆银 HANGYY8112
江苏：句容 吴宝成，王兆银 HANGYY8358
江苏：射阳 吴宝成 HANGYY8265
江西：黎川 童和平，王玉珍，常迪江等 TanCM2045
江西：武宁 谭策铭，张吉华 TanCM438
山东：莱山区 卞福花 BianFH-0220
山东：崂山区 罗艳 LuoY267
山东：平邑 高德民，王萍，张颖颖等 Lilan628
四川：峨眉山 李小杰 LiXJ726
四川：乐至 邓兴敏，邓秀发，张昌兵 ZCB0421
云南：金平 税玉民，陈文红 80735
云南：腾冲 余新林，赵玮 BSGLGStc011
云南：新平 谢雄 XPALSC033
云南：新平 谢雄 XPALSC407
云南：永德 李永亮 YDDXS1057
浙江：鄞州区 李宏庆，葛斌杰 Lihq0108

Pennisetum alopecuroides (Linnaeus) Sprengel **狼尾草**

安徽：滁州 陈延松，吴国伟，洪欣 Zhousb0002
安徽：金寨 刘淼 SCSB-JSC32
安徽：宁国 洪欣，陶旭 ZSB283
安徽：舒城 陈延松，欧祖兰，高秋晨等 Xuzd330
安徽：蜀山区 陈延松，徐忠东，朱合军 Xuzd001
安徽：屯溪区 方建新 TangXS0159
安徽：黟县 刘淼 SCSB-JSB10
北京：房山区 宋松泉 BJ018
福建：武夷山 于文涛，陈旭东 YUWT004
广西：昭平 莫水松 Liuyan1048
贵州：花溪区 赵亚美 SCSB-JS0458
贵州：黄平 邹方伦 ZouFL0236
贵州：江口 周云，王勇 XiangZ039
河北：桃城 牛玉璐，高彦飞，黄士良 NiuYL151
河南：鲁山 宋松泉 HN031
河南：鲁山 宋松泉 HN088
河南：鲁山 宋松泉 HN135
河南：鲁山 宋松泉 HN137
河南：栾川 黄振英，于顺利，杨学军 Huangzy0005
河南：南召 黄振英，于顺利，杨学军 Huangzy0173
河南：嵩县 黄振英，于顺利，杨学军 Huangzy0103
湖北：黄梅 刘淼 SCSB-JSA34
湖北：五峰 李平 AHL091
湖北：五峰 陈功锡，张代贵 SCSB-HC-2008365
湖北：宣恩 沈泽昊 HXE020
湖北：竹溪 李盛兰 GanQL1046
湖南：古丈 刘克明，朱晓文 SCSB-HN-0546
湖南：鹤城区 李胜华，伍贤进，曾汉元等 Wuxj842
湖南：开福区 陈薇，丛义艳，肖乐希 SCSB-HN-0636
湖南：湘乡 陈薇，朱香清，马仲辉 SCSB-HN-0489
湖南：新化 姜孝成，唐妹，戴小军等 Jiangxc0548
湖南：永定区 吴福川，陈启超 216
湖南：沅江 熊凯辉，刘克明 SCSB-HN-2205
湖南：沅江 熊凯辉，刘克明 SCSB-HN-2219

湖南：沅江 熊凯辉，刘克明 SCSB-HN-2257
湖南：沅江 熊凯辉，刘克明 SCSB-HN-2262
江苏：句容 王兆银，吴宝成 SCSB-JS0310
江苏：句容 吴宝成，王兆银 HANGYY8657
江苏：南京 顾子霞 SCSB-JS0433
江苏：启东 高兴 HANGYY8637
江苏：射阳 吴宝成 HANGYY8272
江西：黎川 童和平，王玉珍 TanCM1911
山东：历下区 李兰，王萍，张少华 Lilan018
山东：历下区 赵遵田，杜超，杜远达等 Zhaozt0008
山西：夏县 张贵平，吴琼，连俊强 Zhangf0036
山西：夏县 陈浩 Zhangf0168
陕西：长安区 王梅荣，田先华，田陌 TianXH133
四川：都江堰 伊廷双，杨杨，孟静 MJ-634
四川：乐至 邓兴敏，邓秀发，张昌兵 ZCB0417
四川：米易 赖建军 MY-062
四川：米易 刘静，袁明 MY-044
四川：万源 张桥蓉，余华 15CS11538
四川：雨城区 刘静 Y07333
云南：贡山 郭永杰，吴之坤，吴兴等 14CS9827
云南：贡山 张挺，杨湘云，李涟漪等 14CS8994
云南：蒙自 田学军，邱成书，高波 TianXJ0214
云南：南涧 李成清，高国政，徐如标 NJWLS472
云南：南涧 阿国仁，何贵才 NJWLS564
云南：南涧 马德跃，官有才，罗开宏 NJWLS923
云南：宁蒗 任宗昕，寸龙琼，任尚国 SCSB-W-1372
云南：盘龙区 伊廷双，孟静，杨杨 MJ-915
云南：普洱 叶金科 YNS0309
云南：思茅区 胡启和，张绍云 YNS0987
云南：盈江 王立彦 SCSB-TBG-134
云南：永德 李永亮 YDDXS0669
云南：永德 李永亮 YDDXSB032
云南：永德 李永亮 YDDXSB042
云南：永平 彭华，向春雷，陈丽 PengH8324
云南：玉溪 伊廷双，孟静，杨杨 MJ-894
云南：镇沅 罗成瑜 ALSZY471

Pennisetum flaccidum Grisebach 白草
甘肃：合作 刘坤 LiuJQ-GN-2011-304
甘肃：夏河 郭淑青，杜品 LiuJQ-2012-GN-059
山东：历城区 李兰，王萍，张少华等 Lilan070
四川：阿坝 张昌兵，邓秀发 ZCB0597
西藏：八宿 张永洪，李国栋，王晓雄 SunH-07ZX-1773
西藏：贡嘎 李晖，边巴，徐爱国 lihui-Q-09-58
西藏：拉萨 卢洋，刘帆等 LiJ702
西藏：拉萨 钟扬 ZhongY1036
西藏：芒康 张挺，蔡杰，刘恩德等 SCSB-B-000457
西藏：芒康 王文礼，冯欣，刘飞鹏 OUXK11150
西藏：南木林 李晖，文雪梅，次旺加布等 Lihui-Q-0093
西藏：普兰 陈家辉，庄会富，刘德团等 Yangyp-Q-0021
西藏：日土 陈家辉，庄会富，刘德团等 Yangyp-Q-0094
西藏：扎囊 王东超，杨大松，张春林等 YangYP-Q-5079
云南：宾川 孙振华，宋晓卿，文晖等 OuXK-BC-204
云南：宾川 孙振华 OuXK-0001
云南：富民 王文礼，何彪，冯欣等 OUXK11250
云南：澜沧 张绍云，胡启和 YNS1074
云南：丽江 王文礼，冯欣，刘飞鹏 OUXK11238
云南：南涧 阿国仁，何贵才 NJWLS562
云南：巧家 李文虎，吴天抗，张天壁等 QJYS0149
云南：腾冲 周应再 Zhyz-353
云南：维西 王文礼，冯欣，刘飞鹏 OUXK11039
云南：西山区 彭华，陈丽 P.H.5293
云南：西山区 税玉民，陈文红 65381
云南：西山区 税玉民，陈文红 65785
云南：西山区 税玉民，陈文红 65826
云南：香格里拉 孙振华，郑志兴，沈蕊等 OuXK-YS-265
云南：香格里拉 王文礼，冯欣，刘飞鹏 OUXK11095
云南：祥云 孙振华，王文礼，宋晓卿等 OuxK-XY-0012
云南：新平 谢雄 XPALSC415
云南：永平 王文礼，冯欣，刘飞鹏 OUXK11003
云南：玉龙 孙航，李新辉，陈林杨 SunH-07ZX-3222
云南：云龙 孙振华，郑志兴，沈蕊等 OuXK-LC-063

Pennisetum lanatum Klotzsch 西藏狼尾草
西藏：芒康 徐波，陈光富，陈林杨等 SunH-07ZX-1574

Pennisetum longissimum S. L. Chen & Y. X. Jin 长序狼尾草 *
北京：海淀区 林坚 SCSB-B-0004
甘肃：文县 齐威 LJQ-2008-GN-213
陕西：长安区 王梅荣，田先华，田陌 TianXH092
云南：安宁 彭华，向春雷，陈丽 P.H.5659
云南：隆阳区 赵玮 BSGLGS1y094
云南：盘龙区 伊廷双，孟静，杨杨 MJ-933
云南：易门 刘恩德，方伟，杜燕等 SCSB-B-000004

Pennisetum shaanxiense S. L. Chen & Y. X. Jin 陕西狼尾草 *
云南：峨山 马兴达，乔娣 WangHCH065
云南：镇沅 罗成瑜 ALSZY386

Perotis indica (Linnaeus) O. Kuntze 茅根
云南：双柏 彭华，刘恩德，陈丽等 P.H.5489
云南：永德 李永亮 LiYL1422

Phaenosperma globosa Munro ex Bentham 显子草
安徽：黄山区 唐鑫生，夏日红，程周旺等 TangXS0276
重庆：南川区 易思荣，谭秋平，张挺 YISR132
重庆：南川区 易思荣 YISR185
重庆：南川区 易思荣，谭秋平 YISR410
河南：浉河区 朱鑫鑫，闫明慧，王君等 ZhuXX236
湖北：五峰 李平 AHL002
湖北：仙桃 张代贵 Zdg2310
湖北：宣恩 许玥，祝文志，刘志祥等 ShenZH7823
湖北：竹溪 李盛兰 GanQL050
湖北：竹溪 李盛兰 GanQL066
湖南：石门 姜孝成，唐妹，陈显胜等 Jiangxc0432
湖南：永顺 陈功锡，张代贵 SCSB-HC-2008017
江苏：江宁区 吴宝成 SCSB-JS0344
江苏：句容 王兆银，吴宝成 SCSB-JS0239
江苏：溧阳 吴宝成 HANGYY8231
江西：修水 缪以清 TanCM616
四川：汶川 彭华，刘振稳，向春雷等 P.H.5042
云南：文山 何德明 WSLJS999
云南：永德 李永亮 YDDXS1232
浙江：鄞州区 李宏庆，葛斌杰 Lihq0034

Phalaris arundinacea Linnaeus 虉草
甘肃：卓尼 刘坤 LiuJQ-GN-2011-360
黑龙江：宁安 王臣，张欣欣，史传奇 WangCh80
山东：海阳 张少华，张诏，王萍等 lilan575
四川：阿坝 张昌兵，邓秀发 ZCB0603
四川：道孚 岳伟，苏旭，王玉金 LiuJQ-2011-WYJ-247

Phleum paniculatum Hudson 鬼蜡烛

安徽：屯溪区 方建新 TangXS0221
湖北：黄梅 刘淼 SCSB-JSA8
湖北：神农架林区 李巨平 LiJuPing0158
湖北：郧西 甘啟良 GanQL589
陕西：长安区 王梅荣，杨秀梅 TianXH155

Phleum phleoides (Linnaeus) H. Karsten 假梯牧草

新疆：博乐 徐文斌，许晓敏 SHI-2008019
新疆：察布查尔 贺晓欢 SHI-A2007107
新疆：和静 杨赵平，焦培培，白冠章等 LiZJ0740
新疆：霍城 徐文斌，刘鸯，马真等 SHI-A2007142
新疆：玛纳斯 亚吉东，张桥蓉，秦少发等 16CS13234
新疆：昭苏 贺晓欢，徐文斌，刘鸯等 SHI-A2007096

Phleum pratense Linnaeus 梯牧草

甘肃：合作 郭淑青，杜品 LiuJQ-2012-GN-052
江西：庐山区 董安淼，吴从梅 TanCM1611
山东：市南区 罗艳 LuoY277
新疆：乌鲁木齐 段士民，王喜勇，刘会良 Zhangdy235
新疆：乌鲁木齐 段士民，王喜勇，刘会良 Zhangdy240

Phragmites australis (Cavanilles) Trinius ex Steudel 芦苇

河北：桃城 牛玉璐，高彦飞，赵二涛 NiuYL486
吉林：通榆 杨莉 Yanglm0404
江西：龙南 梁跃龙，廖海红 LiangYL104
江西：庐山区 董安淼，吴从梅 TanCM952
江西：庐山区 谭策铭，董安淼 TCM09101
内蒙古：海拉尔区 黄学文 NMDB20160814101
内蒙古：新巴尔虎右旗 黄学文 NMDB20160816209
内蒙古：新巴尔虎左旗 黄学文 NMDB20160815139
内蒙古：新巴尔虎左旗 黄学文 NMDB20160815161
内蒙古：新巴尔虎左旗 黄学文 NMDB20170811248
青海：德令哈 潘建斌，杜维波，牛炳韬 Liujq-2011CDM-307
青海：都兰 潘建斌，杜维波，牛炳韬 Liujq-2011CDM-070
青海：都兰 潘建斌，杜维波，牛炳韬 Liujq-2011CDM-104
青海：都兰 潘建斌，杜维波，牛炳韬 Liujq-2011CDM-116
青海：都兰 潘建斌，杜维波，牛炳韬 Liujq-2011CDM-119
青海：都兰 潘建斌，杜维波，牛炳韬 Liujq-2011CDM-204
青海：格尔木 潘建斌，杜维波，牛炳韬 Liujq-2011CDM-002
青海：格尔木 潘建斌，杜维波，牛炳韬 Liujq-2011CDM-005
青海：格尔木 潘建斌，杜维波，牛炳韬 Liujq-2011CDM-014
青海：格尔木 潘建斌，杜维波，牛炳韬 Liujq-2011CDM-022
青海：格尔木 潘建斌，杜维波，牛炳韬 Liujq-2011CDM-034
青海：格尔木 潘建斌，杜维波，牛炳韬 Liujq-2011CDM-040
青海：格尔木 潘建斌，杜维波，牛炳韬 Liujq-2011CDM-048
青海：格尔木 潘建斌，杜维波，牛炳韬 Liujq-2011CDM-063
青海：乌兰 潘建斌，杜维波，牛炳韬 Liujq-2011CDM-275
青海：乌兰 潘建斌，杜维波，牛炳韬 Liujq-2011CDM-333
山东：东营区 曹子谊，韩国营，吕蕾等 Zhaozt0076
山东：长清区 王萍，高德民，张诏等 lilan289
四川：峨眉山 李小杰 LiXJ308
四川：米易 刘静，袁明 MY-102
新疆：昌吉 段士民，王喜勇，刘会良等 Zhangdy533
新疆：昌吉 段士民，王喜勇，刘会良等 Zhangdy550
新疆：乌鲁木齐 段士民，王喜勇，刘会良等 Zhangdy443
新疆：乌鲁木齐 段士民，王喜勇，刘会良等 Zhangdy455
云南：景东 罗忠华，李绍昆，鲁成荣 JDNR09088
云南：澜沧 彭华，向春雷，陈丽等 P.H.5753

Phragmites karka (Retzius) Trinius ex Steudel 卡开芦

云南：蒙自 田学军，邱成书，高波 TianXJ0163

Phyllostachys edulis (Carrière) J. Houzeau 毛竹

安徽：黄山区 唐鑫生，方建新 TangXS0519
广西：恭城 周建梅，张莹 GuoQR0033
广西：恭城 周建梅，张莹 GuoQR0034
广西：恭城 周建梅，张莹 GuoQR0035
广西：恭城 周建梅，张莹 GuoQR0036
广西：恭城 周建梅，张莹 GuoQR0037
广西：灌阳 周建梅，张莹 GuoQR0001
广西：灌阳 周建梅，张莹 GuoQR0002
广西：灌阳 周建梅，张莹 GuoQR0003
广西：灌阳 周建梅，张莹 GuoQR0004
广西：灌阳 周建梅，张莹 GuoQR0005
广西：灌阳 周建梅，张莹 GuoQR0006
广西：灌阳 周建梅，张莹 GuoQR0007
广西：灌阳 周建梅，张莹 GuoQR0008
广西：灌阳 周建梅，张莹 GuoQR0009
广西：灌阳 周建梅，张莹 GuoQR0010
广西：灌阳 周建梅，张莹 GuoQR0011
广西：灌阳 周建梅，张莹 GuoQR0012
广西：灌阳 周建梅，张莹 GuoQR0013
广西：灌阳 周建梅，张莹 GuoQR0014
广西：灌阳 周建梅，张莹 GuoQR0015
广西：灌阳 周建梅，张莹 GuoQR0016
广西：灌阳 周建梅，张莹 GuoQR0017
广西：灌阳 周建梅，张莹 GuoQR0018
广西：灌阳 周建梅，张莹 GuoQR0019
广西：灌阳 周建梅，张莹 GuoQR0020
广西：灌阳 周建梅，张莹 GuoQR0021
广西：灌阳 周建梅，张莹 GuoQR0022
广西：灌阳 周建梅，张莹 GuoQR0023
广西：灌阳 周建梅，张莹 GuoQR0024
广西：灌阳 周建梅，张莹 GuoQR0025
广西：灌阳 周建梅，张莹 GuoQR0026
广西：灌阳 周建梅，张莹 GuoQR0027
广西：灵川 周建梅，张莹 GuoQR0028
广西：灵川 周建梅，张莹 GuoQR0029
广西：灵川 周建梅，张莹 GuoQR0030
广西：灵川 周建梅，张莹 GuoQR0031
广西：灵川 周建梅，张莹 GuoQR0032
广西：灵川 周建梅，张莹 GuoQR0038
广西：灵川 周建梅，张莹 GuoQR0039
广西：灵川 周建梅，张莹 GuoQR0040
广西：灵川 周建梅，张莹 GuoQR0041
广西：灵川 周建梅，张莹 GuoQR0042
广西：灵川 周建梅，张莹 GuoQR0043

Piptatherum aequiglume (Duthie ex J. D. Hooker) Roshevitz 等颖落芒草

四川：红原 张昌兵，邓秀发 ZhangCB0369
四川：乡城 陈家辉，刘亚辉，周妍等 YangYP-Q-2237
云南：富民 蔡杰，刘成，李昌洪 13CS7262
云南：永德 李永亮 YDDXS0698
云南：永德 李永亮，王学军，杨建文等 YDDXSB071

Piptatherum gracile Mez 小落芒草

四川：新龙 陈家辉，王赟，刘德团 YangYP-Q-3003

Piptatherum hilariae Pazij 少穗落芒草

西藏：芒康 张永洪，李国栋，王晓雄 SunH-07ZX-1745

Piptatherum kuoi S. M. Phillips & Z. L. Wu 钝颖落芒草

重庆：南川区 易思荣，谭秋平 YISR393
湖北：竹溪 李盛兰 GanQL025

Piptatherum munroi (Stapf) Mez 落芒草
甘肃：合作 郭淑青，杜品 LiuJQ-2012-GN-068
甘肃：合作 刘坤 LiuJQ-GN-2011-373
甘肃：玛曲 刘坤 LiuJQ-GN-2011-326
甘肃：卓尼 齐威 LJQ-2008-GN-212
四川：红原 张昌兵，邓秀发，郝国歉 ZhangCB0344
西藏：昌都 陈家辉，王赟，刘德团 YangYP-Q-3133

Piptatherum songaricum (Trinius & Ruprecht) Roshevitz 新疆落芒草
新疆：乌鲁木齐 王喜勇，段士民 429
新疆：乌鲁木齐 段士民，王喜勇，刘会良 Zhangdy022

Piptatherum tibeticum Roshevitz 藏落芒草 *
甘肃：合作 郭淑青，杜品 LiuJQ-2012-GN-060
四川：阿坝 张昌兵，邓秀发 ZhangCB0330
四川：红原 何兴金，高云东，刘海艳等 SCU-20080509
四川：若尔盖 何兴金，冯图，廖晨阳等 SCU-080344
西藏：米林 陈家辉，王赟，刘德团 YangYP-Q-3284

Poa acroleuca Steudel 白顶早熟禾
安徽：屯溪区 方建新 TangXS0709
湖北：竹溪 李盛兰 GanQL673
江西：庐山区 董安淼，吴从梅 TanCM1505
四川：峨眉山 李小杰 LiXJ347
云南：景东 杨国平 07-12
云南：景东 杨国平 07-53

Poa albertii Regel 阿拉套早熟禾
四川：石渠 岳伟，苏旭，王玉金 LiuJQ-2011-WYJ-092
新疆：阿合奇 杨赵平，周禧琳，贺冰 LiZJ1393
新疆：塔什库尔干 杨赵平，周禧林，贺冰 LiZJ1157
新疆：塔什库尔干 邱娟，冯建菊 LiuJQ0061
新疆：乌恰 杨赵平，周禧琳，贺冰 LiZJ1300
新疆：乌恰 杨赵平，周禧琳，贺冰 LiZJ1313

Poa albertii subsp. **kunlunensis** (N. R. Cui) Olonova & G. Zhu 高寒早熟禾
甘肃：玛曲 齐威 LJQ-2008-GN-254
青海：格尔木 冯虎元 LiuJQ-08KLS-134
新疆：塔什库尔干 邱娟，冯建菊 LiuJQ0056

Poa albertii subsp. **lahulensis** (Bor) Olonova & G. Zhu 拉哈尔早熟禾
西藏：噶尔 陈家辉，庄会富，刘德团等 Yangyp-Q-0070

Poa albertii subsp. **poophagorum** (Bor) Olonova & G. Zhu 波伐早熟禾
甘肃：合作 郭淑青，杜品 LiuJQ-2012-GN-069
甘肃：合作 刘坤 LiuJQ-GN-2011-379

Poa alpina Linnaeus 高山早熟禾
四川：康定 何兴金，李琴琴，王长宝等 SCU-08092
四川：若尔盖 岳伟，苏旭，王玉金 LiuJQ-2011-WYJ-310

Poa alta Hitchcock 高株早熟禾
河北：蔚县 牛玉璐，高彦飞，赵二涛 NiuYL308
青海：治多 岳伟，苏旭，王玉金 LiuJQ-2011-WYJ-045
四川：道孚 岳伟，苏旭，王玉金 LiuJQ-2011-WYJ-243

Poa annua Linnaeus 早熟禾
安徽：屯溪区 方建新 TangXS0178
甘肃：合作 郭淑青，杜品 LiuJQ-2012-GN-072
甘肃：合作 齐威 LJQ-2008-GN-249
甘肃：玛曲 刘坤 LiuJQ-GN-2011-367
河北：井陉 牛玉璐，高彦飞 NiuYL594
湖北：竹溪 李盛兰 GanQL206
吉林：前郭尔罗斯 杨帆，马红媛，安丰华 SNA0388
江西：九江 谭策铭，易桂花 TanCM215
江西：黎川 童和平，王玉珍，常迪江等 TanCM1959
江西：庐山区 董安淼，吴从梅 TanCM1013
青海：海西 汪书丽，王志强，邹嘉宾 Liujq-Txm10-085
山东：长清区 张少华，张诏，王萍等 lilan571
上海：宝山区 李宏庆 Lihq0179
四川：红原 张昌兵，邓秀华 ZhangCB0289
四川：射洪 袁明 YUANM2016L172
新疆：乌鲁木齐 王雷，王宏飞，黄振英 Beijing-huang-xjys-0024
新疆：乌苏 马真，贺晓欢，徐文斌等 SHI-A2007341
新疆：于田 冯建菊 Liujq-fjj-0015
新疆：于田 冯建菊 Liujq-fjj-0023
云南：景东 杨国平 07-07
云南：景东 罗忠华，谢有能，罗文涛等 JDNR130
云南：南涧 阿国仁 NJWLS1157
云南：香格里拉 杨青松，杨莹，黄永江等 ZhouZK-07ZX-0072
云南：香格里拉 杨青松，杨莹，黄永江等 ZhouZK-07ZX-0111
云南：盈江 王立彦，桂魏，刀江飞 SCSB-TBG-105

Poa araratica subsp. **ianthina** (Keng ex Shan Chen) Olonova & G. Zhu 堇色早熟禾 *
甘肃：卓尼 齐威 LJQ-2008-GN-252
河北：平山 牛玉璐，高彦飞，黄士良 NiuYL274

Poa araratica Trautvetter 阿洼早熟禾
甘肃：合作 郭淑青，杜品 LiuJQ-2012-GN-062
甘肃：玛曲 李晓东，刘帆，张景博等 LiJ0044
甘肃：玛曲 刘坤 LiuJQ-GN-2011-378
甘肃：卓尼 齐威 LJQ-2008-GN-253
青海：都兰 潘建斌，杜维波，牛炳韬 Liujq-2011CDM-143
青海：门源 吴玉虎 LJQ-QLS-2008-0180
青海：兴海 岳伟，苏旭，王玉金 LiuJQ-2011-WYJ-018

Poa asperifolia Bor 糙叶早熟禾 *
西藏：林芝 卢洋，刘帆等 LiJ813
西藏：曲水 刘帆，卢洋等 LiJ934

Poa attenuata Trinius 渐尖早熟禾
甘肃：迭部 刘坤 LiuJQ-GN-2011-380
甘肃：玛曲 刘坤 LiuJQ-GN-2011-311

Poa calliopsis Litvinov ex Ovczinnikov 花丽早熟禾 *
西藏：措勤 李晖，卜海涛，边巴等 lihui-Q-09-18
新疆：塔什库尔干 邱娟，冯建菊 LiuJQ0159

Poa compressa Linnaeus 加拿大早熟禾
山东：长清区 张少华，王萍，张诏等 Lilan221

Poa faberi Rendle 法氏早熟禾 *
安徽：屯溪区 方建新 TangXS0198
湖北：竹溪 李盛兰 GanQL406
湖北：竹溪 李盛兰 GanQL410
江西：庐山区 董安淼，吴从梅 TanCM1570
西藏：拉萨 岳伟，苏旭，王玉金 LiuJQ-2011-WYJ-186

Poa faberi var. **ligulata** Rendle 尖舌早熟禾 *
青海：治多 岳伟，苏旭，王玉金 LiuJQ-2011-WYJ-055

Poa khasiana Stapf 喀斯早熟禾
云南：巧家 杨光明 SCSB-W-1128

Poa lhasaensis Bor 江萨早熟禾 *
西藏：察雅 岳伟，苏旭，王玉金 LiuJQ-2011-WYJ-122
西藏：拉萨 岳伟，苏旭，王玉金 LiuJQ-2011-WYJ-191

Poa lipskyi Roshevitz 疏穗早熟禾
新疆：策勒 冯建菊 Liujq-fjj-0059
新疆：策勒 冯建菊 Liujq-fjj-0067

Poa macroanthera D. F. Cui 大药早熟禾 *

新疆：霍城 马真，贺晓欢，徐文斌等 SHI-A2007040

Poa mairei Hackel 毛稃早熟禾 *

四川：康定 张昌兵，向丽 ZhangCB0177

云南：巧家 杨光明 SCSB-W-1135

云南：巧家 郁文彬，任宗昕，艾洪莲等 SCSB-W-1027

Poa nemoralis Linnaeus 林地早熟禾

湖北：竹溪 李盛兰 GanQL889

青海：治多 岳伟，苏旭，王玉金 LiuJQ-2011-WYJ-065

云南：香格里拉 李晓东，张紫刚，操榆 LiJ662

Poa nepalensis var. **nipponica** (Koidzumi) Soreng & G. Zhu 日本早熟禾

湖北：竹溪 李盛兰 GanQL434

Poa perennis Keng ex P. C. Keng 宿生早熟禾 *

西藏：芒康 徐波，陈光富，陈林杨等 SunH-07ZX-1573

西藏：左贡 徐波，陈光富，陈林杨等 SunH-07ZX-2071

Poa polycolea Stapf 多鞘早熟禾 *

四川：稻城 陈家辉，刘亚辉，周妍等 YangYP-Q-2273

四川：若尔盖 张昌兵 ZhangCB0054

西藏：八宿 徐波，陈光富，陈林杨等 SunH-07ZX-2008

西藏：八宿 徐波，陈光富，陈林杨等 SunH-07ZX-2033

西藏：那曲 陈家辉，庄会富，刘德团 Yangyp-Q-0215

Poa pratensis Linnaeus 草地早熟禾 *

甘肃：迭部 齐威 LJQ-2008-GN-251

甘肃：合作 刘坤 LiuJQ-GN-2011-359

甘肃：玛曲 刘坤 LiuJQ-GN-2011-382

河北：平山 牛玉璐，高彦飞，赵二涛 NiuYL386

江西：庐山区 董安淼，吴从梅 TanCM1079

青海：都兰 潘建斌，杜维波，牛炳韬 Liujq-2011CDM-225

山东：莱山区 卞福花 BianFH-0176

四川：稻城 何兴金，王长宝，刘爽等 SCU-09-067

四川：峨眉山 李小杰 LiXJ339

四川：甘孜 陈文允，于文涛，黄永江 CYH093

四川：红原 张昌兵，邓秀发，郝国歉 ZhangCB0341

西藏：日喀则 陈家辉，韩希，王东超等 YangYP-Q-4358

Poa pratensis subsp. **alpigena** (Lindman) Hiitonen 高原早熟禾 *

甘肃：玛曲 李晓东，刘帆，张景博等 LiJ0013

青海：格尔木 冯虎元 LiuJQ-08KLS-082

青海：治多 岳伟，苏旭，王玉金 LiuJQ-2011-WYJ-054

四川：石渠 岳伟，苏旭，王玉金 LiuJQ-2011-WYJ-091

西藏：左贡 岳伟，苏旭，王玉金 LiuJQ-2011-WYJ-209

Poa pratensis subsp. **angustifolia** (Linnaeus) Lejeun 细叶早熟禾 *

四川：九寨沟 张挺，李爱花，刘成等 08CS866

新疆：博乐 刘鸯，马真，贺晓欢等 SHI-A2007022

新疆：伊吾 段士民，王喜勇，刘会良 Zhangdy202

Poa pratensis subsp. **pruinosa** (Korotky) Dickore 粉绿早熟禾 *

甘肃：玛曲 刘坤 LiuJQ-GN-2011-318

Poa pratensis subsp. **staintonii** (Melderis) Dickore 长稃早熟禾 *

青海：都兰 潘建斌，杜维波，牛炳韬 Liujq-2011CDM-168

Poa sibirica Roshevitz 西伯利亚早熟禾

四川：理塘 李晓东，张景博，徐凌翔等 LiJ338

Poa sphondylodes Trinius 硬质早熟禾

湖北：竹溪 李盛兰 GanQL251

内蒙古：新城区 蒲拴莲，李茂文 M021

青海：乌兰 潘建斌，杜维波，牛炳韬 Liujq-2011CDM-283

山东：莱山区 卞福花 BianFH-0253

山东：莱山区 卞福花，宋言贺 BianFH-459

Poa subfastigiata Trinius 散穗早熟禾

吉林：磐石 安海成 AnHC0341

Poa szechuensis var. **debilior** (Hitchcock) Soreng & G. Zhu 垂枝早熟禾 *

甘肃：玛曲 刘坤 LiuJQ-GN-2011-372

甘肃：卓尼 齐威 LJQ-2008-GN-255

四川：红原 张昌兵，邓秀华 ZhangCB0290

Poa tangii Hitchcock 唐氏早熟禾 *

甘肃：玛曲 李晓东，刘帆，张景博等 LiJ0039

Poa tibetica Munro ex Stapf 西藏早熟禾

西藏：噶尔 陈家辉，庄会富，刘德团等 Yangyp-Q-0071

西藏：日土 李晖，文雪梅，次旺加布等 Lihui-Q-0048

新疆：塔什库尔干 邱娟，冯建菊 LiuJQ0063

Poa trivialis Linnaeus 普通早熟禾

云南：维西 陈文允，于文涛，黄永江等 CYHL060

Poa urssulensis Trinius 乌苏里早熟禾

黑龙江：嫩江 王臣，张欣欣，史传奇 WangCh16

Poa versicolor subsp. **orinosa** (Keng) Olonova & G. Zhu 山地早熟禾 *

青海：玛多 岳伟，苏旭，王玉金 LiuJQ-2011-WYJ-035

西藏：八宿 徐波，陈光富，陈林杨等 SunH-07ZX-2002

云南：香格里拉 周浙昆，苏涛，杨莹等 Zhou09-027

云南：香格里拉 张挺，亚吉东，李明勤等 11CS3343

Poa versicolor subsp. **relaxa** (Ovczinnikov) Tzvelev 新疆早熟禾

新疆：霍城 马真，贺晓欢，徐文斌等 SHI-A2007043

Poa versicolor subsp. **stepposa** (Krylov) Tzvelev 低山早熟禾

河北：蔚县 牛玉璐，高彦飞，赵二涛 NiuYL428

Pogonatherum crinitum (Thunberg) Kunth 金丝草

贵州：独山 张文超 Yuanm067

江苏：句容 吴宝成，王兆银 HANGYY8360

云南：澜沧 彭华，向春雷，陈丽 P.H. 5789

云南：文山 丰艳飞，韦荣彪，黄太文 WSLJS736

云南：文山 何德明 WSLJS622

云南：新平 张云德，李俊友 XPALSC122

云南：新平 谢雄 XPALSC257

云南：新平 何罡安 XPALSB421

云南：永德 李永亮 YDDXS0705

云南：永德 李永亮 YDDXS0711

云南：永德 李永亮 YDDXS1275

Pogonatherum paniceum (Lamarck) Hackel 金发草

云南：南涧 阿国仁，何贵才 NJWLS1103

Polypogon fugax Nees ex Steudel 棒头草

安徽：石台 洪欣 ZhouSB0172

安徽：屯溪区 方建新 TangXS0096

甘肃：迭部 刘坤 LiuJQ-GN-2011-374

贵州：花溪区 邹方伦 ZouFL0093

贵州：南明区 邹方伦 ZouFL0089

湖北：竹溪 李盛兰 GanQL931

湖南：岳麓区 姜孝成 SCSB-HNJ-0006

江苏：大丰 吴宝成 HANGYY8065

江苏：句容 吴宝成，王兆银 HANGYY8122

江西：黎川 童和平，王玉珍 TanCM2315

山东：莱山区 卞福花 BianFH-0199

山东：崂山区 罗艳，李中华 LuoY252

上海：李宏庆，葛斌杰，刘国丽 Lihq0185

四川：丹巴 余岩，周春景，秦汉涛 SCU-11-041

四川：稻城 何兴金，高云东，王志新等 SCU-09-250

四川：峨眉山 李小杰 LiXJ036
四川：峨眉山 李小杰 LiXJ340
四川：乐至 邓兴敏，邓秀发，张昌兵 ZCB0456
四川：普格 苏涛，黄永江，杨青松等 ZhouZK11030
四川：射洪 袁明 YUANM2016L141
四川：西昌 苏涛，黄永江，杨青松等 ZhouZK11382
新疆：策勒 冯建菊 Liujq-fjj-0073
新疆：伊宁 刘鸯 SHI-A2007195
云南：洱源 杨青松，杨莹，黄永江等 ZhouZK-07ZX-0251
云南：建水 彭华，向春雷，陈丽 P.H.6013
云南：金平 喻智勇，染完利，张云飞 JinPing105
云南：景东 杨国平 07-33
云南：绿春 黄连山保护区科研所 HLS0055
云南：绿春 黄连山保护区科研所 HLS0104
云南：南涧 熊绍荣 NJWLS2008320
云南：南涧 熊绍荣 NJWLS423
云南：南涧 熊绍荣 NJWLS1230
云南：南涧 饶富玺，阿国仁，何贵才 NJWLS787
云南：宁洱 胡启和，仇亚，周兵 YNS0790
云南：盘龙区 伊廷双，孟静，杨杨 MJ-922
云南：巧家 张书东，金建昌 QJYS0204
云南：巧家 杨光明，李文虎，张书东 QJYS0251
云南：腾冲 周应再 Zhyz-200
云南：腾冲 周应再 Zhyz-203
云南：西山区 杜燕，马海英，向春雷 SCSB-A-000008
云南：西山区 彭华，陈丽 P.H.5296
云南：西山区 税玉民，陈文红 65834
云南：新平 白绍斌 XPALSC346
云南：新平 谢雄 XPALSC262
云南：新平 李应富，郎定富，谢天华 XPALSA080
云南：新平 谢雄 XPALSC253
云南：新平 谢雄 XPALSC418
云南：镇沅 何忠云，周立刚 ALSZY312

Polypogon ivanovae Tzvelev 伊凡棒头草 *
新疆：策勒 冯建菊 Liujq-fjj-0072

Polypogon maritimus Willdenow 裂颖棒头草
新疆：塔什库尔干 杨赵平，周禧林，贺冰 LiZJ1253

Polypogon monspeliensis (Linnaeus) Desfontaines 长芒棒头草
安徽：屯溪区 方建新 TangXS0795
甘肃：迭部 刘坤 LiuJQ-GN-2011-387
江西：黎川 童和平，王玉珍 TanCM2313
新疆：阿勒泰 段士民，王喜勇，刘会良等 189
新疆：博乐 徐文斌，黄雪姣 SHI-2008473
新疆：巩留 刘鸯，徐文斌，马真等 SHI-A2007249
新疆：和布克赛尔 高木木 SCSB-SHI-2006194
新疆：和静 杨赵平，焦培培，白冠章等 LiZJ0715
新疆：呼图壁 段士民，王喜勇，刘会良 Zhangdy297
新疆：呼图壁 段士民，王喜勇，刘会良 Zhangdy304
新疆：塔什库尔干 邱娟，冯建菊 LiuJQ0119
新疆：塔什库尔干 黄文娟，段黄金，王英鑫等 LiZJ0313
新疆：塔什库尔干 黄文娟，段黄金，王英鑫等 LiZJ0363
新疆：托里 徐文斌，郭一敏 SHI-2009220
新疆：乌鲁木齐 王喜勇，马文宝，施翔 zdy316
新疆：叶城 黄文娟，段黄金，王英鑫等 LiZJ0866

Psammochloa villosa (Trinius) Bor 沙鞭
内蒙古：伊金霍洛旗 朱雅娟，黄振英，叶学华 Beijing-ordos2-000002

Psathyrostachys huashanica Keng 华山新麦草 *
陕西：华阴 田先华 TianXH843
陕西：华阴 田先华 TianXH848
陕西：华阴 田先华 TianXH849
陕西：华阴 田先华 TianXH850
陕西：华阴 田先华 TianXH851

Psathyrostachys juncea (Fischer) Nevski 新麦草
新疆：和静 杨赵平，焦培培，白冠章等 LiZJ0760
新疆：沙依巴克区 马文宝，刘会良 zdy027
新疆：托里 徐文斌，黄刚 SHI-2009260
新疆：温泉 段士民，王喜勇，刘会良等 31
新疆：乌鲁木齐 王喜勇，马文宝，施翔 zdy254
新疆：乌鲁木齐 段士民，王喜勇，刘会良 Zhangdy031
新疆：乌鲁木齐 段士民，王喜勇，刘会良 Zhangdy035
新疆：乌鲁木齐 段士民，王喜勇，刘会良 Zhangdy038
新疆：乌鲁木齐 段士民，王喜勇，刘会良 Zhangdy040
新疆：乌鲁木齐 段士民，王喜勇，刘会良 Zhangdy052

Pseudechinolaena polystachya (Kunth) Stapf 钩毛草
云南：绿春 黄连山保护区科研所 HLS0219
云南：永德 李永亮，马文军 YDDXSB246

Pseudosclerochloa kengiana (Ohwi) Tzvelev 耿氏假硬草 *
江苏：大丰 吴宝成 HANGYY8068
上海：宝山区 李宏庆 Lihq0181

Ptilagrostis concinna (J. D. Hooker) Roshevitz 太白细柄茅
甘肃：玛曲 刘坤 LiuJQ-GN-2011-333
四川：阿坝 蔡杰，张挺，刘成 10CS2565

Ptilagrostis dichotoma Keng ex Tzvelev 双叉细柄茅
甘肃：玛曲 李晓东，刘帆，张景博等 LiJ0018
甘肃：玛曲 刘坤 LiuJQ-GN-2011-351
甘肃：玛曲 刘坤 LiuJQ-GN-2011-353
四川：理塘 李晓东，张景博，徐凌翔等 LiJ317
四川：理县 张昌兵，邓秀发 ZhangCB0402

Ptilagrostis mongholica (Turczaninow ex Trinius) Grisebach 细柄茅
甘肃：玛曲 李晓东，刘帆，张景博等 LiJ0064
西藏：噶尔 陈家辉，庄会富，刘德团等 Yangyp-Q-0055

Ptilagrostis pelliotii (Danguy) Grubov 中亚细柄茅
新疆：乌鲁木齐 马文宝，刘会良，施翔 zdy204
新疆：乌鲁木齐 段士民，王喜勇，刘会良 Zhangdy028
新疆：伊吾 段士民，王喜勇，刘会良 Zhangdy198

Puccinellia distans (Jacquin) Parlatore 碱茅
吉林：大安 杨帆，马红媛，安丰华 SNA0353
吉林：乾安 杨帆，马红媛，安丰华 SNA0246
吉林：通榆 杨帆，马红媛，安丰华 SNA0225
吉林：长岭 张红香 ZhangHX001
吉林：镇赉 杨帆，马红媛，安丰华 SNA0122
吉林：镇赉 杨帆，马红媛，安丰华 SNA0153
陕西：定边 田陌，王梅荣 TianXH1148
新疆：托里 徐文斌，黄刚 SHI-2009167
新疆：乌鲁木齐 王喜勇，马文宝，施翔 zdy218
新疆：叶城 黄文娟，段黄金，王英鑫等 LiZJ0886

Puccinellia himalaica Tzvelev 喜马拉雅碱茅
西藏：日土 陈家辉，庄会富，刘德团等 Yangyp-Q-0108

Puccinellia macranthera (V. I. Kreczetowicz) Norlindh 大药碱茅
河北：围场 牛玉璐，王晓亮 NiuYL566

Puccinellia micrandra (Keng) Keng & S. L. Chen 微药碱茅 *
甘肃：卓尼 齐威 LJQ-2008-GN-229

Puccinellia pamirica (Roshevitz) V. I. Kreczetowicz ex Ovczinnikov & Czukavina 帕米尔碱茅

西藏：日土 李晖，文雪梅，次旺加布等 Lihui-Q-0039
新疆：塔什库尔干 邱娟，冯建菊 LiuJQ0101

Puccinellia schischkinii Tzvelev 斯碱茅
新疆：和静 邱爱军，张玲 LiZJ1810

Puccinellia tenuiflora (Grisebach) Scribner & Merrill 星星草
河北：阜平 牛玉璐，王晓亮 NiuYL544
黑龙江：杜尔伯特 胡良军，王伟娜，胡应超 HuLJ310
黑龙江：林甸 胡良军，王伟娜，胡应超 HuLJ304
黑龙江：肇东 刘玫，王臣，史传奇等 Liuetal579
吉林：通榆 胡良军，王伟娜，胡应超 HuLJ083
吉林：长岭 张宝田 Yanglm0371
吉林：长岭 胡良军，王伟娜，胡应超 HuLJ057
吉林：镇赉 胡良军，王伟娜，胡应超 HuLJ207
内蒙古：新城区 蒲拴莲，李茂文 M020
青海：都兰 潘建斌，杜维波，牛炳韬 Liujq-2011CDM-108
青海：都兰 潘建斌，杜维波，牛炳韬 Liujq-2011CDM-115
青海：都兰 潘建斌，杜维波，牛炳韬 Liujq-2011CDM-197
青海：天峻 潘建斌，杜维波，牛炳韬 Liujq-2011CDM-334
青海：天峻 潘建斌，杜维波，牛炳韬 Liujq-2011CDM-344
山东：历城区 张少华，张诏，王萍等 lilan576
新疆：托里 徐文斌，杨清理 SHI-2009234

Rottboellia cochinchinensis (Loureiro) Clayton 筒轴茅
四川：米易 袁明 MY606
云南：新平 自正尧 XPALSB282
云南：永德 李永亮 YDDXS0492

Saccharum arundinaceum Retzius 斑茅
安徽：歙县 方建新 TangXS0964
贵州：望谟 邹方伦 ZouFL0072
湖北：五峰 陈功锡，张代贵 SCSB-HC-2008359
江西：星子 谭策铭，董安淼 TCM09080
四川：峨眉山 李小杰 LiXJ593
云南：南涧 彭华，向春雷，陈丽 P.H.5925
云南：西山区 张挺，郭云刚，杨静 SCSB-B-000298
云南：永德 李永亮 YDDXS0069
云南：永德 李永亮 YDDXS6697
云南：镇沅 罗成瑜，李发珍 ALSZY257

Saccharum longesetosum (Andersson) V. Narayanaswami 长齿蔗茅
湖北：竹溪 李盛兰 GanQL087
云南：德钦 于文涛，李国锋 WTYu-378
云南：景东 鲁艳 2008155
云南：景东 罗忠华，谢有能，刘长铭等 JDNR079
云南：绿春 黄连山保护区科研所 HLS0302
云南：盘龙区 伊廷双，孟静，杨杨 MJ-926
云南：腾冲 周应再 Zhyz-441
云南：永德 李永亮，马文军 YDDXSB194
云南：永德 李永亮 YDDXS0047
云南：永德 李永亮 YDDXSB041

Saccharum officinarum Linnaeus 甘蔗
云南：文山 彭华，刘恩德，陈丽 P.H.6028

Saccharum rufipilum Steudel 蔗茅
贵州：花溪区 邹方伦 ZouFL0019
贵州：清镇 邹方伦 ZouFL0128
河南：栾川 黄振英，于顺利，杨学军 Huangzy0055
河南：南召 何明高，付婷婷，水庆艳 Huangzy0204
河南：嵩县 邓志军，付婷婷，水庆艳 Huangzy0138
四川：米易 刘静，汤加勇 MY-053
云南：P.H.5633
云南：安宁 彭华，向春雷，陈丽 P.H.5655
云南：大理 孙振华，王文礼，宋晓卿等 OuxK-DL-0002
云南：德钦 孙振华，郑志兴，沈蕊等 OuXK-YS-244
云南：德钦 孙航，李新辉，陈林杨 SunH-07ZX-3071
云南：富民 王文礼，何彪，冯欣等 OUXK11252
云南：古城区 孙振华，郑志兴，沈蕊等 OuXK-YS-216
云南：剑川 彭华，许瑾，陈丽 P.H.5047
云南：金平 税玉民，陈文红 80734
云南：金平 喻智勇，张云飞，谷翠莲等 JinPing90
云南：景东 罗忠华，谢有能，刘长铭等 JDNR098
云南：兰坪 孙振华，郑志兴，沈蕊等 OuXK-LC-058
云南：龙陵 孙兴旭 SunXX098
云南：隆阳区 赵文李 BSGLGS1y3018
云南：隆阳区 郭永杰，李涟漪，聂细转 12CS5168
云南：孟连 彭华，向春雷，陈丽 P.H.5869
云南：盘龙区 彭华，向春雷，王泽欢 PengH8445
云南：巧家 李文虎，吴天抗，张天壁等 QJYS0150
云南：维西 陈文允，于文涛，黄永江等 CYHL045
云南：维西 陈文允，于文涛，黄永江等 CYHL052
云南：维西 王文礼，冯欣，刘飞鹏 OUXK11031
云南：维西 王文礼，冯欣，刘飞鹏 OUXK11081
云南：文山 高发能，何德明 WSLJS1037
云南：西山区 彭华，陈丽 P.H.5318
云南：西山区 税玉民，陈文红 65409
云南：香格里拉 孙振华，郑志兴，沈蕊等 OuXK-YS-232
云南：香格里拉 孙振华，郑志兴，沈蕊等 OuXK-YS-260
云南：新平 张忠明，刘家良 XPALSD304
云南：盈江 王立彦，桂魏，刀江飞 SCSB-TBG-203
云南：玉龙 孙振华，郑志兴，沈蕊等 OuXK-YS-224
云南：元谋 孙振华，罗圆，宋晓卿等 OUXK-YM-0008
云南：云龙 字建泽，杨六斤，李国宏等 TC1086
云南：镇沅 罗成瑜 ALSZY329

Saccharum spontaneum Linnaeus 甜根子草
安徽：黟县 胡长玉，方建新，张勇等 TangXS0671
云南：剑川 彭华，许瑾，陈丽 P.H.5055
云南：龙陵 孙兴旭 SunXX141
云南：腾冲 余新林，赵玮 BSGLGStc045
云南：玉龙 孙航，李新辉，陈林杨 SunH-07ZX-3221

Sacciolepis indica (Linnaeus) Chase 囊颖草
安徽：金寨 刘淼 SCSB-JSC42
安徽：休宁 方建新 TangXS0039
福建：长泰 李宏庆，陈纪云，王双 Lihq0295
贵州：台江 彭华，王英，陈丽 P.H.5101
江西：黎川 童和平，王玉珍，常迪江等 TanCM1994
江西：庐山区 董安淼，吴从梅 TanCM3087
江西：庐山区 谭策铭，董安淼 TCM09049
山东：海阳 高德民，王萍，张颖颖等 Lilan630
云南：江城 叶金科 YNS0471
云南：金平 喻智勇，张云飞，谷翠莲等 JinPing72
云南：景东 罗忠华，刘长铭，鲁成荣等 JD102
云南：景东 鲁艳 07-154
云南：景东 鲁艳 2008153
云南：景东 罗忠华，谢有能，罗文涛等 JDNR131
云南：景东 罗忠华，谢有能，罗文涛等 JDNR144
云南：景东 罗忠华，刘长铭，鲁成荣等 JDNR09050
云南：景东 赵贤坤 JDNR11044
云南：澜沧 胡启和，周兵，仇亚 YNS0915
云南：龙陵 孙兴旭 SunXX143

云南：绿春 黄连山保护区科研所 HLS0267
云南：绿春 彭华，向春雷，陈丽等 P.H.5605
云南：蒙自 田学军，邱成书，高波 TianXJ0207
云南：蒙自 田学军，邱成书，高波 TianXJ0208
云南：勐海 彭华，向春雷，陈丽等 P.H.5725
云南：南涧 阿国仁，何贵才 NJWLS2008244
云南：南涧 李成法 NJWLS515
云南：宁蒗 任宗昕，周伟，何俊等 SCSB-W-943
云南：盘龙区 伊廷双，孟静，杨杨 MJ-912B
云南：普洱 叶金科 YNS0346
云南：普洱 胡启和，张绍云 YNS0615
云南：普洱 彭志仙 YNS0249
云南：腾冲 周应再 Zhyz-174
云南：腾冲 周应再 Zhyz-449
云南：腾冲 周应再 Zhyz-450
云南：腾冲 余新林，赵玮 BSGLGStc392
云南：文山 税玉民，陈文红 71903
云南：文山 何德明，丰艳飞 WSLJS811
云南：新平 何罡安 XPALSB022
云南：新平 张云德，李俊友 XPALSC121
云南：新平 何罡安 XPALSB171
云南：盈江 王立彦，左常盛，桂魏 SCSB-TBG-038
云南：永德 李永亮，马文军 YDDXSB078
云南：永德 李永亮 YDDXS0352
云南：永德 李永亮 YDDXS0759
云南：永德 李永亮 YDDXS6352
云南：永德 李永亮 YDDXS6443
云南：镇沅 罗成瑜 ALSZY250
云南：镇沅 罗成瑜，乔永华 ALSZY301
浙江：开化 李宏庆，熊申展，桂萍 Lihq0396

Sacciolepis interrupta (Willdenow) Stapf **间序囊颖草**
云南：临沧 彭华，向春雷，陈丽 PengH8069

Sacciolepis myosuroides var. nana S. L. Chen & T. D. Zhuang **矮小囊颖草 ***
云南：普洱 胡启和，仇亚，周英等 YNS0723

Schismus arabicus Nees **齿稃草**
新疆：阜康 王喜勇，段士民 388
新疆：巩留 刘鸯，徐文斌，马真等 SHI-A2007235
新疆：玛纳斯 王喜勇，段士民 490
新疆：石河子 翟伟，王仲科 SCSB-2006030
新疆：乌鲁木齐 王喜勇，段士民 456
新疆：乌恰 杨赵平，周禧林，贺冰 LiZJ1087

Schizachyrium brevifolium (Swartz) Nees ex Buse **裂稃草**
安徽：祁门 唐鑫生，方建新 TangXS0454
湖北：黄梅 刘淼 SCSB-JSA39
江西：庐山区 董安淼，吴从梅 TanCM1059
山东：海阳 张少华，张颖颖，程丹丹等 lilan526
山东：崂山区 罗艳，李中华 LuoY351

Schizachyrium delavayi (Hackel) Bor **旱茅**
四川：丹巴 何兴金，胡灏禹，沈呈娟等 SCU-11-405
西藏：林芝 孙航，张建文，陈建国等 SunH-07ZX-2724
云南：景东 鲁艳 2008199
云南：南涧 时国彩 NJWLS2008076
云南：永德 李永亮 YDDXS1248
云南：永德 李永亮，王四，杨建文 YDDXSB065

Sclerochloa dura (Linnaeus) P. Beauvois **硬草**
山东：历城区 张少华，张诏，王萍等 lilan572

Sehima nervosum (Rottler) Stapf **沟颖草**
云南：文山 何德明 WSLJS1031

Setaria chondrachne (Steudel) Honda **莩草**
安徽：宁国 刘淼 SCSB-JSD16
安徽：舒城 陈延松，欧祖兰，高秋晨等 Xuzd466
安徽：黟县 刘淼 SCSB-JSB44
湖北：广水 朱鑫鑫，王君，石琳琳等 ZhuXX305
湖北：竹溪 李盛兰 GanQL373
湖南：江永 姜孝成，唐贵华，潘孝武 SCSB-HNJ-0070
湖南：永顺 陈功锡，张代贵 SCSB-HC-2008018
江苏：玄武区 吴林园 HANGYY8712
江西：庐山区 董安淼，吴从梅 TanCM911

Setaria faberi R. A. W. Herrmann **大狗尾草**
安徽：蜀山区 陈延松，徐忠东 Xuzd018
安徽：屯溪区 方建新 TangXS0031
安徽：黟县 刘淼 SCSB-JSB4
黑龙江：大兴安岭 孙阎，赵立波 SunY027
黑龙江：哈尔滨 刘玫，王臣，张欣欣等 Liuetal785
湖北：神农架林区 李巨平 LiJuPing0047
湖北：竹溪 李盛兰 GanQL861
湖北：竹溪 李盛兰 GanQL979
湖南：永定区 林永惠，吴福川，魏清润等 23
吉林：长岭 韩忠明 Yanglm0330
江苏：句容 吴宝成，王兆银 HANGYY8323
江苏：无锡 李宏庆，熊申展，桂萍 Lihq0383
江西：龙南 梁跃龙，廖海红 LiangYL016
江西：庐山区 董安淼，吴从梅 TanCM2560
宁夏：盐池 左忠，刘华 ZuoZh292
宁夏：盐池 左忠，刘华 ZuoZh018
山东：崂山区 罗艳 LuoY281
山东：历城区 李兰，王萍，张少华等 Lilan-046
四川：峨眉山 李小杰 LiXJ471
四川：峨眉山 李小杰 LiXJ529
四川：乐至 邓兴敏，邓秀发，张昌兵 ZCB0410
云南：龙陵 孙兴旭 SunXX145
云南：石林 税玉民，陈文红 66584
云南：永德 李永亮 YDDXS0459

Setaria forbesiana (Nees ex Steudel) J. D. Hooker **西南莩草**
安徽：休宁 方建新，胡长玉，程周旺等 TangXS0102
陕西：白河 田先华，张雅娟 TianXH1031
四川：射洪 袁明 YUANM2015L068
云南：西山区 税玉民，陈文红 65815
云南：永德 李永亮 LiYL1634
云南：永德 欧阳红才，普跃东，赵学盛等 YDDXSC047
云南：玉溪 彭华，陈丽，许瑾 P.H.5288

Setaria intermedia Roemer & Schultes **间序狗尾草**
云南：景东 鲁艳 2008136
云南：景东 鲁艳 2008169
云南：景东 罗忠华，刘长铭，鲁成荣等 JDNR09024
云南：新平 谢天华，郎定富，杨如伟 XPALSA019

Setaria palmifolia (J. Konig) Stapf **棕叶狗尾草**
安徽：石台 洪欣，王欧文 ZSB359
安徽：休宁 方建新 TangXS0066
湖北：五峰 陈功锡，张代贵 SCSB-HC-2008362
湖北：宣恩 沈泽昊 HXE107
湖南：怀化 李胜华，伍贤进，曾汉元等 HHXY017
湖南：怀化 李胜华，伍贤进，曾汉元等 HHXY236
湖南：沅陵 李胜华，伍贤进，刘光华等 Wuxj908
江西：龙南 梁跃龙，廖海红 LiangYL022

江西：星子 谭策铭，董安淼 TanCM527
江西：星子 谭策铭，董安淼 TCM09055
四川：峨眉山 李小杰 LiXJ531
云南：蒙自 税玉民，陈文红 72227
云南：盈江 王立彦，徐桂华 SCSB-TBG-059
云南：元阳 田学军，杨建，邱成书等 Tianxj0045
浙江：鄞州区 李宏庆，葛斌杰，刘国丽 Lihq0090

Setaria parviflora (Poiret) Kerguelen **幽狗尾草**

贵州：安龙 彭华，许瑾，陈丽 P.H.5072
四川：乐至 邓兴敏，邓秀发，张昌兵 ZCB0385
云南：龙陵 孙兴旭 SunXX139
云南：南涧 熊绍荣 NJWLS2008301
云南：腾冲 周应再 Zhyz-325
云南：永德 李永亮 LiYL1588
云南：永德 李永亮 YDDXS0659
云南：镇沅 朱恒，罗成永 ALSZY041

Setaria plicata (Lamarck) T. Cooke **皱叶狗尾草**

安徽：黟县 刘淼 SCSB-JSB33
贵州：江口 彭华，王英，陈丽 P.H.5112
湖北：竹溪 李盛兰 GanQL1097
湖南：洪江 李胜华，伍贤进，刘光华等 Wuxj1031
湖南：洪江 李胜华，伍贤进，刘光华等 Wuxj1038
湖南：麻阳 彭华，王英，陈丽 P.H.5256A
湖南：新化 姜孝成，唐妹，戴小军等 Jiangxc0573
江苏：句容 吴宝成，王兆银 HANGYY8322
江西：靖安 张吉华，刘运群 TanCM1170
江西：黎川 童和平，王玉珍 TanCM1910
江西：庐山区 谭策铭，董安淼 TCM09014
四川：乐至 邓兴敏，邓秀发，张昌兵 ZCB0448
四川：米易 刘静，汤加勇 MY-024
四川：射洪 袁明 YUANM2015L085
云南：沧源 赵金超，肖美芳，汪顺莉 CYNGH230
云南：景东 鲁艳 07-92B
云南：麻栗坡 税玉民，陈文红 72008
云南：麻栗坡 肖波 LuJL322
云南：蒙自 税玉民，陈文红 72228
云南：勐海 胡光万 HGW-00347
云南：南涧 阿国仁，何贵才 NJWLS2008241
云南：南涧 阿国仁，何贵才 NJWLS560
云南：南涧 李成清 NJWLS497
云南：盘龙区 伊廷双，孟静，杨杨 MJ-916
云南：普洱 胡启和，周英，张绍云等 YNS0548
云南：巧家 李文虎，吴天抗，张天壁等 QJYS0189
云南：腾冲 周应再 Zhyz-105
云南：新平 彭华，向春雷，陈丽 PengH8285
云南：新平 自正尧 XPALSB293
云南：新平 谢天华，郎定富，杨如伟 XPALSA023
云南：新平 何罡安 XPALSB016
云南：永德 李永亮，马文军 YDDXSB148
云南：永德 李永亮 LiYL1344
云南：永德 李永亮 YDDXS0399
云南：永德 李永亮 YDDXS0400
云南：镇沅 罗成瑜 ALSZY108

Setaria pumila (Poiret) Roemer & Schultes **金色狗尾草**

安徽：肥西 陈延松，陶瑞松，朱合军 Xuzd105
安徽：屯溪区 方建新 TangXS0101
安徽：黟县 刘淼 SCSB-JSB3
安徽：黟县 刘淼 SCSB-JSB21
甘肃：夏河 郭淑青，杜品 LiuJQ-2012-GN-061
贵州：江口 彭华，王英，陈丽 P.H.5111
贵州：铜仁 彭华，王英，陈丽 P.H.5204
湖南：怀化 李胜华，伍贤进，曾汉元等 HHXY076
吉林：长岭 张宝田 Yanglm0366
江苏：句容 吴宝成，王兆银 HANGYY8338
江西：黎川 童和平，王玉珍 TanCM1930
内蒙古：伊金霍洛旗 杨学军 Huangzy0245
山东：莱山区 陈朋 BianFH-396
山东：历城区 李兰，王萍，张少华等 Lilan-036
山东：市南区 罗艳，李中华 LuoY159
山西：尖草坪区 张贵平，张丽，焦磊等 Zhangf0055
四川：白玉 李晓东，张景博，徐凌翔等 LiJ470
四川：丹巴 何兴金，胡灏禹，沈呈娟等 SCU-11-403
四川：道孚 余岩，周春景，秦汉涛 SCU-11-003
四川：稻城 何兴金，李琴琴，马祥光等 SCU-09-157
四川：乐至 邓兴敏，邓秀发，张昌兵 ZCB0416
四川：泸定 何兴金，赵丽华，梁乾隆等 SCU-11-112
四川：汶川 伊廷双，杨杨，孟静 MJ-637
四川：射洪 袁明 YUANM2015L032
四川：雨城区 贾学静 YuanM2012005
西藏：城关区 李晖，边巴，徐爱国 lihui-Q-09-84
西藏：拉萨 钟扬 ZhongY1020
西藏：林芝 卢洋，刘帆等 LiJ784
新疆：阿克陶 黄文娟，段黄金，王英鑫等 LiZJ0272
新疆：策勒 冯建菊 Liujq-fjj-0053
新疆：和布克赛尔 徐文斌 SCSB-SHI-2006191
新疆：库尔勒 杨赵平，焦培培，白冠章等 LiZJ0639
新疆：莎车 黄文娟，段黄金，王英鑫等 LiZJ0828
新疆：乌什 白宝伟，段黄金 TD-01848
新疆：叶城 黄文娟，段黄金，王英鑫等 LiZJ0908
新疆：叶城 郭永杰，黄文娟，段黄金 LiZJ0173
云南：河口 杨鑫峰 ZhangGL033
云南：剑川 彭华，许瑾，陈丽 P.H.5054
云南：景东 罗忠华，刘长铭，鲁成荣等 JDNR09023
云南：景东 杨国平 07-68
云南：昆明 税玉民，陈文红 65776
云南：澜沧 胡启和，周兵，仇亚 YNS0916
云南：麻栗坡 肖波 LuJL185
云南：南涧 罗新洪，阿国仁，何贵才 NJWLS526
云南：南涧 李成清 NJWLS502
云南：盘龙区 伊廷双，孟静，杨杨 MJ-925
云南：腾冲 周应再 Zhyz-507
云南：新平 谢雄 XPALSC091
云南：永德 李永亮 YDDXS1138
云南：镇沅 罗成瑜 ALSZY468
浙江：临安 李宏庆，田怀珍，刘国丽 Lihq0087

Setaria verticillata (Linnaeus) P. Beauvois **倒刺狗尾草**

云南：永德 李永亮 YDDXS1093

Setaria viridis (Linnaeus) P. Beauvois **狗尾草**

安徽：金寨 刘淼 SCSB-JSC61
安徽：宁国 刘淼 SCSB-JSD11
安徽：蜀山区 陈延松，沈云，陈翠兵等 Xuzd075
北京：税玉民，陈文红 65536
甘肃：迭部 郭淑青，杜品 LiuJQ-2012-GN-051
黑龙江：北安 郑宝江，潘磊 ZhengBJ021
黑龙江：虎林市 王庆贵 CaoW559
黑龙江：虎林市 王庆贵 CaoW650

湖北：神农架林区 李巨平 LiJuPing0069
湖北：五峰 李平 AHL051
湖北：宣恩 沈泽昊 HXE037
湖北：竹溪 李盛兰 GanQL937
湖南：鹤城区 李胜华，伍贤进，刘光华等 Wuxj825
湖南：怀化 李胜华，伍贤进，曾汉元等 HHXY072
湖南：怀化 李胜华，伍贤进，曾汉元等 HHXY378
湖南：吉首 陈功锡，张代贵，龚双骄等 235B
湖南：吉首 陈功锡，张代贵，邓涛等 SCSB-HC-2007374
湖南：江永 姜孝成，唐贵华，潘孝武 SCSB-HNJ-0045
湖南：沅江 刘克明，肖乐希 SCSB-HN-0394
湖南：沅陵 刘克明，周磊，彭新星等 SCSB-HN-1366
湖南：岳麓区 刘克明，丛义艳 SCSB-HN-0014
湖南：长沙 刘克明，蔡秀珍，田淑珍 SCSB-HN-0727
吉林：大安 杨帆，马红媛，安丰华 SNA0011
吉林：大安 杨帆，马红媛，安丰华 SNA0048
吉林：大安 杨帆，马红媛，安丰华 SNA0553
吉林：前郭尔罗斯 杨帆，马红媛，安丰华 SNA0471
吉林：乾安 杨帆，马红媛，安丰华 SNA0254
江苏：赣榆 吴宝成 HANGYY8300
江苏：句容 王兆银，吴宝成 SCSB-JS0134
江苏：溧阳 吴宝成 HANGYY8310
江苏：射阳 吴宝成 HANGYY8261
辽宁：桓仁 祝业平 CaoW960
内蒙古：新巴尔虎右旗 黄学文 NMDB20170809135
内蒙古：新巴尔虎右旗 黄学文 NMDB20170809178
内蒙古：伊金霍洛旗 杨学军 Huangzy0244
宁夏：青铜峡 何志斌，杜军，陈龙飞等 HHZA0084
宁夏：青铜峡 何志斌，杜军，陈龙飞等 HHZA0141
宁夏：盐池 何志斌，杜军，陈龙飞等 HHZA0165
宁夏：盐池 左忠，刘华 ZuoZh291
山东：滨州 刘奥，王广阳 WBG001853
山东：滨州 刘奥，王广阳 WBG001857
山东：博兴 刘奥，王广阳 WBG001669
山东：博兴 刘奥，王广阳 WBG001690
山东：茌平 刘奥，王广阳 WBG001123
山东：德州 刘奥，王广阳 WBG001804
山东：德州 刘奥，王广阳 WBG001809
山东：东阿 刘奥，王广阳 WBG001606
山东：东阿 刘奥，王广阳 WBG001796
山东：高唐 刘奥，王广阳 WBG001945
山东：冠县 刘奥，王广阳 WBG001966
山东：惠民 刘奥，王广阳 WBG001852
山东：济阳 刘奥，王广阳 WBG001879
山东：济阳 刘奥，王广阳 WBG001885
山东：莱山区 陈朋 BianFH-397
山东：岚山区 吴宝成 HANGYY8577
山东：乐陵 刘奥，王广阳 WBG000271
山东：乐陵 刘奥，王广阳 WBG000298
山东：历城区 李兰，王萍，张少华等 Lilan-035
山东：聊城 刘奥，王广阳 WBG001465
山东：聊城 刘奥，王广阳 WBG001504
山东：临清 刘奥，王广阳 WBG001192
山东：临清 刘奥，王广阳 WBG001216
山东：临邑 刘奥，王广阳 WBG000511
山东：临邑 刘奥，王广阳 WBG001891
山东：陵城区 刘奥，王广阳 WBG001813
山东：平原 刘奥，王广阳 WBG000820
山东：平原 刘奥，王广阳 WBG001905
山东：齐河 刘奥，王广阳 WBG000679
山东：庆云 刘奥，王广阳 WBG000199
山东：庆云 刘奥，王广阳 WBG000229
山东：商河 刘奥，王广阳 WBG000559
山东：莘县 刘奥，王广阳 WBG001363
山东：武城 刘奥，王广阳 WBG001912
山东：夏津 刘奥，王广阳 WBG001923
山东：夏津 刘奥，王广阳 WBG001929
山东：阳谷 刘奥，王广阳 WBG001790
山东：阳谷 刘奥，王广阳 WBG001793
山东：阳信 刘奥，王广阳 WBG000136
山东：阳信 刘奥，王广阳 WBG000166
山西：侯马 何志斌，杜军，蔺鹏飞等 HHZA0332
山西：尖草坪区 张贵平，张丽，焦磊等 Zhangf0056
陕西：平利 李盛兰 GanQL950
陕西：榆阳区 何志斌，杜军，蔺鹏飞等 HHZA0288
四川：得荣 孙航，李新辉，陈林杨 SunH-07ZX-3058
四川：康定 何兴金，冯图，廖晨阳等 SCU-080331
四川：康定 彭玉兰，涂卫国，余春丽 Gaoxf-0685
四川：米易 刘静 MY-042
四川：射洪 袁明 YUANM2015L003
四川：万源 张桥蓉，余华 15CS11537
四川：汶川 伊廷双，杨杨，孟静 MJ-633
西藏：拉萨 钟扬 ZhongY1031
西藏：普兰 陈家辉，庄会富，刘德团等 yangyp-Q-0034
新疆：博乐 郭静谊 SHI2006307
新疆：阜康 王宏飞，王磊，黄振英 Beijing-huang-xjsm-0008
新疆：和静 杨赵平，焦培培，白冠章等 LiZJ0650
新疆：库尔勒 杨赵平，焦培培，白冠章等 LiZJ0628
新疆：麦盖提 郭永杰，黄文娟，段黄金 LiZJ0161
新疆：沙雅 塔里木大学植物资源调查组 TD-00982
新疆：石河子 陶冶，雷凤品，黄刚等 SCSB-Y-2006108
新疆：石河子 石大标 SCSB-Y-2006145
新疆：石河子 石大标 SCSB-Y-2006155
新疆：温泉 石大标 SCSB-SHI-2006215
新疆：乌鲁木齐 王雷，王宏飞，黄振英 Beijing-huang-xjys-0008
新疆：新和 塔里木大学植物资源调查组 TD-01004
新疆：叶城 郭永杰，黄文娟，段黄金 LiZJ0178
新疆：英吉沙 黄文娟，段黄金，王英鑫等 LiZJ0821
云南：德钦 孙航，李新辉，陈林杨 SunH-07ZX-3068
云南：洱源 张书东，林娜娜，陆露等 SCSB-W-164
云南：景东 罗忠华，谢有能，罗文涛等 JDNR135
云南：麻栗坡 税玉民，陈文红 72011
云南：麻栗坡 税玉民，陈文红 72045
云南：麻栗坡 税玉民，陈文红 72079
云南：蒙自 税玉民，陈文红 72214
云南：丘北 税玉民，陈文红 71987
云南：石林 税玉民，陈文红 65853
云南：石林 税玉民，陈文红 66585
云南：香格里拉 杨亲二，袁琼 Yangqe2690
云南：盈江 王立彦，桂魏 SCSB-TBG-162
云南：元阳 田学军，杨建，邱成书等 Tianxj0023
云南：镇沅 叶金科 YNS0273

Setaria viridis subsp. pachystachys (Franchet & Savatier) Masamune & Yanagihara 厚穗狗尾草

安徽：滁州 陈延松，吴国伟，洪欣 Zhousb0005
安徽：金寨 陈延松，欧祖兰，白雅洁 Xuzd253

河南：鲁山 宋松泉 HN086
山东：历城区 赵遵田，杜远达，杜超等 Zhaozt0032
山东：平邑 李卫东 SCSB-011
四川：巴塘 陈家辉，刘亚辉，周妍等 YangYP-Q-2312
四川：理县 张昌兵，邓秀发 ZhangCB0387
四川：米易 袁明 MY619
四川：普格 苏涛，黄永江，杨青松等 ZhouZK11032
四川：西昌 苏涛，黄永江，杨青松等 ZhouZK11379
四川：乡城 孙航，李新辉，陈林杨 SunH-07ZX-2954
四川：新龙 陈家辉，王赟，刘德团 YangYP-Q-3015
西藏：拉萨 杨永平，王东超，杨大松等 YangYP-Q-5023
西藏：朗县 罗建，汪书丽，任德智 L115
西藏：芒康 王文礼，冯欣，刘飞鹏 OUXK11149
西藏：米林 张晓纬，汪书丽，罗建 LiuJQ-09XZ-LZT-005
西藏：桑日 陈家辉，韩希，王广艳等 YangYP-Q-4223
新疆：和硕 邱爱军，张玲，徐盼 LiZJ1419
新疆：和田 冯建菊 Liujq-fjj-0090
新疆：吐鲁番 段士民 zdy092
新疆：乌鲁木齐 马文宝，刘会良 zdy002
新疆：乌鲁木齐 马文宝，刘会良 zdy015
新疆：乌鲁木齐 王喜勇，马文宝，施翔 zdy217
新疆：裕民 徐文斌，黄刚 SHI-2009440
云南：宾川 孙振华 OuXK-0003
云南：楚雄 王文礼，何彪，冯欣等 OUXK11279
云南：兰坪 王文礼，冯欣，刘飞鹏 OUXK11026
云南：丽江 王文礼，冯欣，刘飞鹏 OUXK11235
云南：隆阳区 段在贤，密得生，刀开国等 BSGLGSly1058
云南：蒙自 田学军 TianXJ0106
云南：盘龙区 伊廷双，孟静，杨杨 MJ-914
云南：盘龙区 伊廷双，孟静，杨杨 MJ-960
云南：巧家 杨光明 SCSB-W-1289
云南：维西 王文礼，冯欣，刘飞鹏 OUXK11034
云南：维西 王文礼，冯欣，刘飞鹏 OUXK11074

Setaria viridis subsp. **pycnocoma** (Steudel) Tzvelev 巨大狗尾草
新疆：霍城 段士民，王喜勇，刘会良等 43
新疆：裕民 徐文斌，杨清理 SHI-2009393
新疆：裕民 徐文斌，郭一敏 SHI-2009484

Setaria yunnanensis Keng & G. D. Yu ex P. C. Keng & Y. K. Ma 云南狗尾草 *
云南：玉龙 陈文允，于文涛，黄永江等 CYHL031

Sorghum bicolor (Linnaeus) Moench 高粱
湖南：新化 刘克明，彭珊，李珊等 SCSB-HN-1683
湖南：新化 刘克明，彭珊，李珊 SCSB-HN-1664

Sorghum halepense (Linnaeus) Persoon 石茅
江苏：句容 白明明，王兆银，张晓峰 HANGYY9097

Sorghum nitidum (Vahl) Persoon 光高粱
安徽：屯溪区 方建新 TangXS0910
江苏：句容 王兆银，吴宝成 SCSB-JS0258

Sorghum propinquum (Kunth) Hitchcock 拟高粱
云南：河口 张贵生，白松民 ZhangGL181

Sorghum sudanense (Piper) Stapf 苏丹草
安徽：屯溪区 方建新 TangXS0393

Sphaerocaryum malaccense (Trinius) Pilger 稗荩
福建：同安区 李宏庆，陈纪云，王双 Lihq0271
江西：修水 缪以清，陈三友 TanCM2150
云南：绿春 彭华，向春雷，陈丽等 P.H. 5604
云南：勐海 彭华，向春雷，陈丽等 P.H. 5690

Spodiopogon cotulifer (Thunberg) Hackel 油芒
安徽：黄山区 方建新 Tangxs0425
安徽：金寨 陈延松，欧祖兰，周虎 Xuzd143
湖北：宣恩 沈泽昊 HXE074
湖北：竹溪 李盛兰 GanQL377
湖南：永定区 林永惠，吴福川，晏丽等 18
江苏：句容 吴宝成，王兆银 HANGYY8380
江西：九江 董安淼，吴从梅 TanCM867
江西：武宁 张吉华，刘运群 TanCM1143
山东：牟平区 卞福花 BianFH-0243
陕西：长安区 王梅荣，田陌，田先华 TianXH121
云南：永德 李永亮 YDDXS0910

Spodiopogon duclouxii A. Camus 滇大油芒 *
云南：文山 何德明，高发能 WSLJS1027
云南：永德 李永亮 LiYL1455
云南：镇沅 罗成瑜 ALSZY407

Spodiopogon sagittifolius Rendle 箭叶大油芒 *
云南：彭华，向春雷，陈丽 P.H. 5660
云南：会泽 蔡杰，李昌洪，黄莉等 13CS7180
云南：文山 高发能，何德明 WSLJS1032
云南：易门 王焕冲，马兴达 WangHCH038

Spodiopogon sibiricus Trinius 大油芒
安徽：金寨 陈延松，欧祖兰，刘旭升 Xuzd195
安徽：舒城 陈延松，欧祖兰，高秋晨等 Xuzd465
安徽：歙县 方建新 TangXS0968
北京：东城区 王雷，朱雅娟，黄振英 Beijing-huang-bhs-0002
北京：东城区 王雷，朱雅娟，黄振英 Beijing-huang-bws-0002
北京：东城区 王雷，朱雅娟，黄振英 Beijing-huang-dls-0011
北京：海淀区 李燕军 SCSB-D-0040
北京：海淀区 程红焱 SCSB-B-0030
北京：门头沟区 林坚 SCSB-E-0054
北京：西城区 王雷，朱雅娟，黄振英 Beijing-huang-yms-0002
北京：西城区 王雷，朱雅娟，黄振英 Beijing-huang-ss-0002
河北：兴隆 李燕军 SCSB-A-0032
湖北：黄梅 刘淼 SCSB-JSA26
吉林：磐石 安海成 AnHC0176
吉林：长岭 张宝田 Yanglm0365
江西：庐山区 谭策铭，董安淼 TCM09072
山东：崂山区 罗艳，李中华 LuoY343
山东：牟平区 卞福花 BianFH-0237
陕西：宁陕 田先华，杜青高 TianXH122

Sporobolus fertilis (Steudel) Clayton 鼠尾粟
安徽：肥西 陈延松，陶瑞松 Xuzd108
安徽：金寨 刘淼 SCSB-JSC27
安徽：宁国 刘淼 SCSB-JSD21
安徽：舒城 陈延松，欧祖兰，高秋晨等 Xuzd315
安徽：屯溪区 方建新 TangXS0443
安徽：芜湖 陈延松，吴国伟，洪欣 Zhousb0021
安徽：黟县 刘淼 SCSB-JSB11
北京：税玉民，陈文红 65535
福建：武夷山 于文涛，陈旭东 YUWT015
贵州：江口 彭华，王英，陈丽 P.H. 5169
贵州：平塘 邹方伦 ZouFL0145
贵州：台江 彭华，王英，陈丽 P.H. 5103
贵州：铜仁 彭华，王英，陈丽 P.H. 5209
贵州：威宁 赵厚涛，韩国营 YBG068
湖北：黄梅 刘淼 SCSB-JSA40
湖北：宣恩 祝文志，刘志祥，曹远俊 ShenZH0054

湖北：竹溪 李盛兰 GanQL993
湖南：吉首 陈功锡，张代贵，邓涛等 SCSB-HC-2007423
湖南：江永 刘克明，田淑珍，肖乐希 SCSB-HN-0137
江苏：启东 高兴 HANGYY8624
江西：黎川 童和平，王玉珍 TanCM1914
陕西：城固 田先华，王梅荣，吴明华 TianXH527
四川：九寨沟 齐威 LJQ-2008-GN-224
四川：乐至 邓兴敏，邓秀发，张昌兵 ZCB0396
四川：米易 刘静，袁明 MY-038
四川：普格 苏涛，黄永江，杨青松等 ZhouZK11027
云南：大理 李爱花，雷立公，马国强等 SCSB-A-000169
云南：峨山 孙振华，宋晓卿，文晖等 OuXK-ES-005
云南：个旧 税玉民，陈文红 71685
云南：古城区 孙振华，郑志兴，沈蕊等 OuXK-YS-218
云南：剑川 彭华，许瑾，陈丽 P.H.5052
云南：景东 鲁艳 07-122
云南：景东 罗忠华，刘长铭，鲁成荣 JD027
云南：景洪 彭华，向春雷，王泽欢 PengH8492
云南：景洪 彭华，向春雷，王泽欢 PengH8513
云南：昆明 税玉民，陈文红 65770
云南：澜沧 彭华，向春雷，陈丽 P.H.5768
云南：丽江 彭华，王英，陈丽 P.H.5258
云南：绿春 黄连山保护区科研所 HLS0024
云南：绿春 税玉民，陈文红 72836
云南：麻栗坡 肖波 LuJL198
云南：麻栗坡 张挺，修莹莹，李胜 SCSB-B-000596
云南：麻栗坡 税玉民，陈文红 72017
云南：蒙自 税玉民，陈文红 72494
云南：蒙自 田学军 TianXJ0110
云南：南涧 常学科，熊绍荣，时国彩等 njwls2007170
云南：南涧 熊绍荣 NJWLS432
云南：南涧 罗新洪，阿国仁，何贵才 NJWLS528
云南：南涧 李成清 NJWLS511
云南：宁蒗 任宗昕，寸龙琼，任尚国 SCSB-W-1389
云南：盘龙区 彭华，向春雷，王泽欢 PengH8404
云南：石林 税玉民，陈文红 65855
云南：石林 税玉民，陈文红 66552
云南：石林 税玉民，陈文红 66611
云南：香格里拉 孙航，李新辉，陈林杨 SunH-07ZX-3102
云南：新平 谢雄 XPALSC011
云南：新平 谢雄 XPALSC522
云南：新平 谢天华，郎定富，杨如伟 XPALSA021
云南：盈江 王立彦，桂魏 SCSB-TBG-140
云南：玉龙 孙振华，郑志兴，沈蕊等 OuXK-YS-225
云南：玉龙 孙航，李新辉，陈林杨 SunH-07ZX-3218
云南：元谋 冯欣 OuXK-0077
云南：云龙 孙振华 OuXK-0047
云南：镇沅 罗成瑜，王永发 ALSZY005
浙江：临安 李宏庆，田怀珍，刘国丽 Lihq0075

Sporobolus pilifer (Trinius) Kunth 毛鼠尾粟
山东：海阳 辛晓伟 Lilan840

Stipa aliena Keng 异针茅 *
甘肃：合作 刘坤 LiuJQ-GN-2011-337
甘肃：合作 齐威 LJQ-2008-GN-221
甘肃：玛曲 刘坤 LiuJQ-GN-2011-348
四川：红原 张昌兵，邓秀华 ZhangCB0225
四川：红原 张昌兵，邓秀华 ZhangCB0226

Stipa baicalensis Roshevitz 狼针草
甘肃：合作 刘坤 LiuJQ-GN-2011-339
河北：蔚县 牛玉璐，高彦飞，黄士良 NiuYL241
吉林：镇赉 杨帆，马红媛，安丰华 SNA0152
内蒙古：武川 蒲拴莲，刘润宽，刘毅等 M251

Stipa breviflora Grisebach 短花针茅
青海：共和 岳伟，苏旭，王玉金 LiuJQ-2011-WYJ-015
青海：泽库 岳伟，苏旭，王玉金 LiuJQ-2011-WYJ-329
西藏：普兰 陈家辉，庄会富，刘德团等 Yangyp-Q-0007

Stipa bungeana Trinius 长芒草
甘肃：合作 刘坤 LiuJQ-GN-2011-309
河北：桃城 牛玉璐，郑博颖，黄士良等 NiuYL038
青海：都兰 冯虎元 LiuJQ-08KLS-178
青海：同德 陈世龙，高庆波，张发起 Chensl0997
山东：长清区 王萍，高德民，张诏等 lilan259
陕西：神木 田先华，田陌 TianXH478

Stipa capillacea Keng 丝颖针茅
甘肃：玛曲 李晓东，刘帆，张景博等 LiJ0077
甘肃：玛曲 刘坤 LiuJQ-GN-2011-350
甘肃：卓尼 刘坤 LiuJQ-GN-2011-479
甘肃：卓尼 齐威 LJQ-2008-GN-260
四川：道孚 何兴金，胡灏禹，沈呈娟等 SCU-11-483
四川：红原 张昌兵，邓秀华 ZhangCB0312
四川：理塘 陈家辉，王赟，刘德团 YangYP-Q-3001
西藏：芒康 徐波，陈光富，陈林杨等 SunH-07ZX-1571
西藏：芒康 张永洪，李国栋，王晓雄 SunH-07ZX-1746
西藏：日土 陈家辉，庄会富，刘德团等 Yangyp-Q-0092

Stipa capillata Linnaeus 针茅
新疆：阜康 张道远，段士民，马文宝 zdy076
新疆：阜康 王宏飞，王磊，黄振英 Beijing-huang-xjsm-0027
新疆：乌鲁木齐 马文宝，刘会良，施翔 zdy175
新疆：乌鲁木齐 马文宝，刘会良，施翔 zdy189
新疆：乌鲁木齐 王喜勇，马文宝，施翔 zdy225

Stipa caucasica Schmalhausen 镰芒针茅
新疆：博乐 徐文斌，高木木 SHI-A2007002
新疆：塔什库尔干 杨赵平，周禧林，贺冰 LiZJ1159
新疆：塔什库尔干 邱娟，冯建菊 LiuJQ0078
新疆：乌恰 杨赵平，周禧琳，贺冰 LiZJ1270

Stipa caucasica subsp. **glareosa** (P. A. Smirnov) Tzvelev 沙生针茅
内蒙古：海勃湾区 刘博，蒲拴莲，刘润宽等 M332
青海：都兰 冯虎元 LiuJQ-08KLS-179
青海：格尔木 冯虎元 LiuJQ-08KLS-040
青海：格尔木 冯虎元 LiuJQ-08KLS-053
西藏：噶尔 李晖，文雪梅，次旺加布等 Lihui-Q-0022
西藏：日土 陈家辉，庄会富，刘德团等 Yangyp-Q-0091
新疆：塔什库尔干 杨赵平，周禧林，贺冰 LiZJ1200
新疆：塔什库尔干 邱娟，冯建菊 LiuJQ0136
新疆：乌恰 杨赵平，周禧琳，贺冰 LiZJ1298

Stipa grandis P. A. Smirnov 大针茅
甘肃：合作 郭淑青，杜品 LiuJQ-2012-GN-049
甘肃：合作 郭淑青，杜品 LiuJQ-2012-GN-076
吉林：前郭尔罗斯 张红香 ZhangHX150
内蒙古：锡林浩特 张红香 ZhangHX056

Stipa orientalis Trinius 东方针茅
西藏：吉隆 陈家辉，韩希，王广艳等 YangYP-Q-4342

Stipa penicillata Handel-Mazzetti 疏花针茅 *
四川：白玉 李晓东，张景博，徐凌翔等 LiJ432
西藏：班戈 杨永平，陈家辉，段元文等 Yangyp-Q-0156

Stipa przewalskyi Roshevitz **甘青针茅** *
甘肃：合作 刘坤 LiuJQ-GN-2011-307
河北：平山 牛玉璐，郑博颖，黄士良等 NiuYL108

Stipa purpurea Grisebach **紫花针茅**
青海：格尔木 冯虎元 LiuJQ-08KLS-025
青海：格尔木 冯虎元 LiuJQ-08KLS-075
青海：格尔木 汪书丽，朱洪涛 Liujq-QLS-TXM-067
青海：玛多 岳伟，苏旭，王玉金 LiuJQ-2011-WYJ-033
青海：门源 吴玉虎 LJQ-QLS-2008-0069
青海：治多 岳伟，苏旭，王玉金 LiuJQ-2011-WYJ-046
四川：金川 岳伟，苏旭，王玉金 LiuJQ-2011-WYJ-265
西藏：安多 陈家辉，庄会富，边巴扎西 Yangyp-Q-2065
西藏：安多 陈家辉，庄会富，边巴扎西 Yangyp-Q-2142
西藏：班戈 陈家辉，庄会富，边巴扎西 Yangyp-Q-2058
西藏：班戈 陈家辉，韩希，王东超等 YangYP-Q-4248
西藏：班戈 杨永平，陈家辉，段元文等 Yangyp-Q-0147
西藏：当雄 陈家辉，韩希，王东超等 YangYP-Q-4242
西藏：当雄 陈家辉，韩希，王东超等 YangYP-Q-4254
西藏：定日 王东超，杨大松，张春林等 YangYP-Q-5128
西藏：噶尔 李晖，文雪梅，次旺加布等 Lihui-Q-0070
西藏：噶尔 陈家辉，庄会富，边巴扎西 Yangyp-Q-2006
西藏：革吉 陈家辉，庄会富，边巴扎西 Yangyp-Q-2024
西藏：吉隆 陈家辉，韩希，王广艳等 YangYP-Q-4332
西藏：那曲 陈家辉，庄会富，边巴扎西 Yangyp-Q-2050
西藏：那曲 陈家辉，庄会富，边巴扎西 Yangyp-Q-2123
西藏：聂拉木 陈家辉，韩希，王广艳等 YangYP-Q-4326
西藏：普兰 李晖，文雪梅，次旺加布等 Lihui-Q-0016
西藏：普兰 陈家辉，庄会富，刘德团等 Yangyp-Q-0010
西藏：普兰 陈家辉，庄会富，刘德团等 Yangyp-Q-0036
西藏：仲巴 李晖，文雪梅，熊继贵 Lihui-Q-2010-35
新疆：和静 邱爱军，张玲 LiZJ1813
新疆：塔什库尔干 邱娟，冯建菊 LiuJQ0103

Stipa regeliana Hackel **狭穗针茅**
甘肃：玛曲 刘坤 LiuJQ-GN-2011-334
甘肃：玛曲 齐威 LJQ-2008-GN-222
甘肃：玛曲 齐威 LJQ-2008-GN-230
四川：红原 张昌兵 ZhangCB0027
四川：若尔盖 张昌兵 ZhangCB0055
西藏：当雄 陈家辉，王赟，刘德团 YangYP-Q-3253
西藏：噶尔 陈家辉，庄会富，刘德团等 Yangyp-Q-0131
西藏：类乌齐 陈家辉，王赟，刘德团 YangYP-Q-3166

Stipa roborowskyi Roshevitz **昆仑针茅**
四川：雅江 苏涛，黄永江，杨青松等 ZhouZK11110
西藏：班戈 杨永平，陈家辉，段元文等 Yangyp-Q-0143
西藏：当雄 杨永平，段元文，边巴扎西 Yangyp-Q-1007
西藏：定日 王东超，杨大松，张春林等 YangYP-Q-5111
西藏：噶尔 李晖，文雪梅，次旺加布等 Lihui-Q-0018
西藏：那曲 陈家辉，庄会富，刘德团 Yangyp-Q-0222
西藏：日土 陈家辉，庄会富，刘德团等 Yangyp-Q-0111

Stipa sareptana A. K. Becker **新疆针茅**
新疆：哈密 王喜勇，马文宝，施翔 zdy450
新疆：哈密 王喜勇，马文宝，施翔 zdy451
新疆：温泉 徐文斌，王莹 SHI-2008161
新疆：温泉 徐文斌，王莹 SHI-2008240

Stipa sareptana var. **krylovii** (Roshevitz) P. C. Kuo & Y. H. Sun **西北针茅**
内蒙古：正蓝旗 李茂文，李昌亮 M094
青海：都兰 潘建斌，杜维波，牛炳韬 Liujq-2011CDM-173
青海：刚察 汪书丽，朱洪涛 Liujq-QLS-TXM-034
新疆：和静 杨赵平，焦培培，白冠章等 LiZJ0667

Stipa subsessiliflora (Ruprecht) Roshevitz **座花针茅**
青海：格尔木 冯虎元 LiuJQ-08KLS-079
西藏：噶尔 陈家辉，庄会富，边巴扎西 Yangyp-Q-2008
西藏：噶尔 陈家辉，庄会富，刘德团等 yangyp-Q-0051
西藏：改则 李晖，卜海涛，边巴等 lihui-Q-09-20
西藏：革吉 陈家辉，庄会富，边巴扎西 Yangyp-Q-2025
西藏：日土 李晖，卜海涛，边巴等 lihui-Q-09-43

Stipa tianschanica var. **gobica** (Roshevitz) P. C. Kuo & Y. H. Sun **戈壁针茅**
内蒙古：鄂托克旗 刘博，蒲拴莲，刘润宽等 M317
青海：格尔木 冯虎元 LiuJQ-08KLS-031
青海：格尔木 冯虎元 LiuJQ-08KLS-078
西藏：噶尔 陈家辉，庄会富，边巴扎西 Yangyp-Q-2007
西藏：革吉 陈家辉，庄会富，边巴扎西 Yangyp-Q-2026

Stipagrostis pennata (Trinius) De Winter **羽毛针禾**
新疆：阜康 张道远，段士民，马文宝 zdy074
新疆：木垒 段士民，王喜勇，刘会良等 140

Themeda arundinacea (Roxburgh) A. Camus **韦菅**
云南：景东 罗忠华，刘长铭，李绍昆等 JDNR09095
云南：景东 彭华，陈丽 P.H.5443
云南：腾冲 周应再 Zhyz-365
云南：永德 李永亮 YDDXS0667

Themeda caudata (Nees) A. Camus **苞子草**
贵州：江口 彭华，王英，陈丽 P.H.5123
湖南：洪江 李胜华，伍贤进，刘光华等 Wuxj1085
江西：庐山区 董安淼，吴从梅 TanCM3214
江西：庐山区 董安淼，吴从梅 TanCM3373
江西：星子 谭策铭，董安淼 TCM09063
江西：星子 董安淼，吴从梅 TanCM1403
四川：米易 袁明 MY493
四川：射洪 袁明 YUANM2015L095
云南：景东 鲁艳 07-172
云南：麻栗坡 肖波 LuJL257
云南：腾冲 余新林，赵玮 BSGLGStc277
云南：盈江 王立彦，桂魏 SCSB-TBG-091

Themeda quadrivalvis (Linnaeus) Kuntze **中华菅**
云南：永德 李永亮，马文军 YDDXSB158

Themeda triandra Forsskål **黄背草**
安徽：屯溪区 方建新 TangXS0789
湖南：吉首 陈功锡，张代贵，邓涛等 SCSB-HC-2007357
湖南：新宁 姜孝成，唐贵华，袁双艳等 SCSB-HNJ-0251
江苏：连云港 李宏庆，熊申展，胡超 Lihq0353
山东：崂山区 罗艳，李中华 LuoY187
山东：历下区 李兰，王萍，张少华 Lilan122
山东：历下区 赵遵田，任昭杰，张秀娟等 Zhaozt0011
山东：牟平区 卞福花 BianFH-0257
山西：永济 廉凯敏，张海博，陈姣 Zhangf0205
陕西：长安区 王梅荣，田陌，田先华 TianXH123
云南：澜沧 张绍云，叶金科，仇亚 YNS1304
云南：普洱 胡启和，周英，仇亚 YNS0624
云南：思茅区 张挺，徐远杰，谭文杰 SCSB-B-000332
云南：文山 韦荣彪，何德明，丰艳飞 WSLJS648
云南：永德 李永亮 YDDXS0953

Themeda villosa (Poiret) A. Camus **菅**
湖北：恩施 祝文志，刘志祥，曹远俊 ShenZH5784
湖南：吉首 张代贵 Zdg3726

湖南：永顺 陈功锡，张代贵 SCSB-HC-2008272
江西：黎川 童和平，王玉珍 TanCM1895
江西：龙南 梁跃龙，廖海红 LiangYL109
四川：峨眉山 李小杰 LiXJ728
四川：乐至 邓兴敏，邓秀发，张昌兵 ZCB0409
西藏：墨脱 刘成，亚吉东，何华杰等 16CS11970
云南：绿春 李正明，白黎虹 HLS0327

Thysanolaena latifolia (Roxburgh ex Hornemann) Honda 粽叶芦
云南：勐腊 张挺，李洪超，李文化等 SCSB-B-000375
云南：永德 李永亮 YDDXS6072

Tragus berteronianus Schultes 虱子草
甘肃：迭部 刘坤 LiuJQ-GN-2011-375
甘肃：迭部 齐威 LJQ-2008-GN-267
河北：桃城 牛玉璐，高彦飞，赵二涛 NiuYL283
山东：历城区 张少华，王萍，张诏等 Lilan199

Tragus mongolorum Ohwi 锋芒草
宁夏：盐池 左忠，刘华 ZuoZh001
云南：元谋 蔡杰，秦少发 15CS11369

Trikeraia pappiformis (Keng) P. C. Kuo & S. L. LU 假冠毛草 *
甘肃：合作 郭淑青，杜品 LiuJQ-2012-GN-078
甘肃：卓尼 刘坤 LiuJQ-GN-2011-316

Tripogon chinensis (Franchet) Hackel 中华草沙蚕
山东：海阳 高德民，王萍，张颖颖等 Lilan626

Tripogon filiformis Nees ex Steudel 小草沙蚕
江西：庐山区 董安淼，吴从梅 TanCM1549
四川：峨眉山 李小杰 LiXJ565
云南：景东 彭华，陈丽 P.H.5444
云南：石林 彭华，许瑾，陈丽 P.H.5071
云南：新平 何罡安 XPALSB430
云南：永德 李永亮 YDDXS0395
云南：永德 李永亮 YDDXS0509

Tripogon longearistatus Hackel ex Honda 长芒草沙蚕
云南：五华区 蔡杰，张挺，郭永杰 11CS3684

Tripogon sichuanicus S. M. Phillips & S. L. Chen 四川草沙蚕 *
云南：个旧 税玉民，陈文红 71659
云南：河口 税玉民，陈文红 71692

Trisetum bifidum (Thunberg) Ohwi 三毛草
安徽：屯溪区 方建新 TangXS0220
甘肃：玛曲 刘坤 LiuJQ-GN-2011-363
江西：庐山区 董安淼，吴从梅 TanCM1547
西藏：普兰 李晖，文雪梅，次旺加布等 Lihui-Q-0065

Trisetum scitulum Bor 优雅三毛草
云南：巧家 杨光明 SCSB-W-1151

Trisetum sibiricum Ruprecht 西伯利亚三毛草
甘肃：卓尼 齐威 LJQ-2008-GN-258

Trisetum spicatum (Linnaeus) K. Richter 穗三毛
云南：香格里拉 杨青松，杨莹，黄永江等 ZhouZK-07ZX-0204

Trisetum spicatum subsp. **alaskanum** (Nash) Hulten 大花穗三毛
西藏：当雄 杨永平，段元文，边巴扎西 Yangyp-Q-1005

Trisetum spicatum subsp. **mongolicum** Hulten ex Veldkamp 蒙古穗三毛
青海：格尔木 冯虎元 LiuJQ-08KLS-127
云南：德钦 王文礼，冯欣，刘飞鹏 OUXK11197
云南：巧家 杨光明 SCSB-W-1170

Trisetum spicatum subsp. **tibeticum** (P. C. Kuo & Z. L. Wu) Dickore 西藏三毛草 *
西藏：安多 陈家辉，庄会富，边巴扎西 Yangyp-Q-2074

Triticum aestivum Linnaeus 小麦
江西：龙南 廖海红，徐清娣 LiangYL042

Urochloa panicoides P. Beauvois 类黍尾稃草
云南：麻栗坡 税玉民，陈文红 72013
云南：蒙自 田学军，刘成兴，赵丽花 TianXJ0124
云南：南涧 官有才 NJWLS1604
云南：永德 李永亮 YDDXS0455
云南：永德 李永亮 YDDXS0939
云南：永德 李永亮 YDDXS0972

Urochloa reptans (Linnaeus) Stapf 尾稃草
四川：射洪 袁明 YUANM2016L229
云南：个旧 税玉民，陈文红 71661
云南：新平 谢雄 XPALSC551
云南：永德 李永亮 YDDXS0464
云南：元阳 田学军，杨建，邱成书等 Tianxj0006

Urochloa reptans var. **glabra** S. L. Chen & Y. X. Jin 光尾稃草 *
云南：新平 谢雄 XPALSC094

Vulpia myuros (Linnaeus) C. C. Gmelin 鼠茅
安徽：屯溪区 方建新 TangXS0099

Zea mays Linnaeus 玉蜀黍
西藏：墨脱 刘成，亚吉东，何华杰等 16CS11932

Zizania latifolia (Grisebach) Turczaninow ex Stapf 菰
黑龙江：北安 王臣，张欣欣，史传奇 WangCh197
吉林：磐石 安海成 AnHC0361

Zoysia japonica Steudel 结缕草
江西：星子 董安淼，吴从梅 TanCM1411
山东：莱山区 卞福花 BianFH-0183
山东：崂山区 罗艳，邓建平 LuoY110
山东：长清区 王萍，高德民，张诏等 lilan282

Zoysia matrella (Linnaeus) Merrill 沟叶结缕草
安徽：屯溪区 方建新 TangXS0963

Zoysia sinica Hance 中华结缕草
江苏：句容 吴宝成，王兆银 HANGYY8144

Podocarpaceae 罗汉松科

罗汉松科	世界	中国	种质库
属 / 种（种下等级）/ 份数	19/180	4/12	1/1/2

Nageia nagi (Thunberg) Kuntze 竹柏
湖南：武陵源区 廖博儒，查学州 206
云南：勐腊 赵相兴 A018

Polemoniaceae 花荵科

花荵科	世界	中国	种质库
属 / 种（种下等级）/ 份数	19/320-350	1/3	1/2(3)/7

Polemonium caeruleum Linnaeus 花荵
黑龙江：嫩江 王臣，张欣欣，史传奇 WangCh125
新疆：和静 杨赵平，焦培培，白冠章等 LiZJ0573

Polemonium caeruleum var. **acutiflorum** (Willdenow ex Roemer & Schultes) Ledebour 尖裂花荵
新疆：新源 亚吉东，张桥蓉，秦少发等 16CS13392

Polemonium chinense (Brand) Brand 中华花荵
河北：赞皇 牛玉璐，郑博颖，黄士良等 NiuYL135

黑龙江：北安 郑宝江，丁晓炎，王美娟 ZhengBJ274
黑龙江：依兰 刘玫，张欣欣，程薪宇等 Liuetal394
四川：九寨沟 张挺，李爱花，刘成等 08CS882

Polygalaceae 远志科

远志科	世界	中国	种质库
属 / 种（种下等级）/ 份数	26/965	6/53	2/14/44

Polygala arillata Buchanan-Hamilton ex D. Don 荷包山桂花
湖北：竹溪 李盛兰 GanQL700
江西：井冈山 兰国华 LiuRL012
云南：沧源 李春华，肖美芳，钟明 CYNGH130
云南：沧源 赵金超，杨红强 CYNGH444
云南：南涧 常学科，熊绍荣，时国彩等 njwls2007150
云南：盘龙区 彭华，向春雷，王泽欢 PengH8461
云南：石林 税玉民，陈文红 66274
云南：文山 何德明，胡艳花 WSLJS482
云南：文山 张挺，蔡杰，刘越强等 SCSB-B-000442
云南：新平 刘家良 XPALSD010
云南：新平 谢天华，郎定富，杨如伟 XPALSA004
云南：永德 欧阳红才，奎文康 YDDXSC013
云南：元阳 亚吉东，黄莉，何华杰 15CS11250
云南：云龙 字建泽，杨六斤，李国宏等 TC1038
云南：镇沅 张绍云，胡启和 YNS1017

Polygala caudata Rehder & E. H. Wilson 尾叶远志 *
重庆：南川区 易思荣 YISR163

Polygala elegans Wallich ex Royle 雅致远志
四川：米易 袁明 MY435

Polygala fallax Hemsley 黄花倒水莲 *
云南：泸水 李爱花，李洪超，黄天才等 SCSB-A-000210

Polygala globulifera Dunn 球冠远志
云南：盈江 王立彦，桂魏 SCSB-TBG-126

Polygala hybrida Candolle 新疆远志
新疆：昭苏 亚吉东，张桥蓉，秦少发等 16CS13531

Polygala isocarpa Chodat 心果小扁豆 *
云南：蒙自 税玉民，陈文红 72586
云南：永德 李永亮 YDDXS0471

Polygala karensium Kurz 密花远志
云南：思茅区 张绍云，胡启和，仇亚 YNS1023

Polygala persicariifolia Candolle 蓼叶远志
四川：普格 苏涛，黄永江，杨青松等 ZhouZK11025
云南：隆阳区 赵文李 BSGLGS1y3017

Polygala tatarinowii Regel 小扁豆
湖北：竹溪 李盛兰 GanQL355
吉林：洮北区 杨帆，马红媛，安丰华 SNA0329
云南：丽江 孙航，李新辉，陈林杨 SunH-07ZX-3142
云南：麻栗坡 肖波 LuJL354
云南：蒙自 税玉民，陈文红 72264
云南：文山 何德明，丰艳飞，韦荣彪等 WSLJS716
云南：易门 马兴达，乔娣 WangHCH067
云南：永德 李永亮 YDDXS0440

Polygala tenuifolia Willdenow 远志
河北：邢台 牛玉璐，高彦飞，赵二涛 NiuYL284
吉林：磐石 安海成 AnHC021
宁夏：盐池 左忠，刘华 ZuoZh273

Polygala umbonata Craib 凹籽远志
云南：宁洱 张绍云，胡启和 YNS1058
云南：永德 李永亮 YDDXS0942
云南：永德 李永亮 YDDXS6458

Polygala wattersii Hance 长毛籽远志
云南：文山 何德明 WSLJS935

Salomonia cantoniensis Loureiro 齿果草
四川：米易 袁明 MY436
云南：思茅区 张绍云，胡启和 YNS1098
云南：永德 李永亮 YDDXS0621
云南：永德 李永亮 YDDXSB052

Polygonaceae 蓼科

蓼科	世界	中国	种质库
属 / 种（种下等级）/ 份数	50/1150	12/236	12/155 (178) /1694

Antenoron filiforme (Thunberg) Roberty & Vautier 金线草
安徽：霍山 吴林园，张晓峰 HANGYY9085
安徽：宁国 洪欣，陶旭 ZSB284
安徽：宁国 洪欣，李中林 ZhouSB0237
安徽：休宁 方建新 TangXS0051
安徽：黟县 刘淼 SCSB-JSB42
福建：武夷山 于文涛，陈旭东 YUWT037
贵州：南明区 侯小琪 YBG154
湖北：竹溪 李盛兰 GanQL1016
湖南：洞口 肖乐希，尹成园，谢江等 SCSB-HN-1566
湖南：衡山 旷仁平 SCSB-HN-1143
湖南：洪江 李胜华，伍贤进，曾汉元等 Wuxj1022
湖南：洪江 李胜华，伍贤进，刘光华等 Wuxj1041
湖南：会同 刘克明，王成 SCSB-HN-1119
湖南：南岳区 刘克明，相银龙，周磊等 SCSB-HN-1748
湖南：石门 陈功锡，张代贵，邓涛等 SCSB-HC-2007311
湖南：双牌 姜孝成，王丽萍，李育华 Jiangxc0799
湖南：新化 姜孝成，唐妹，戴小军等 Jiangxc0555
湖南：新化 姜孝成，唐妹，戴小军等 Jiangxc0582
湖南：新化 姜孝成，黄先辉，杨亚平等 SCSB-HNJ-0311
湖南：炎陵 刘应迪，孙秋妍，陈珮珮 SCSB-HN-1506
湖南：永顺 陈功锡，张代贵，邓涛等 SCSB-HC-2007325
湖南：沅陵 李胜华，伍贤进，刘光华等 Wuxj870
江苏：句容 王兆银，吴宝成 SCSB-JS0243
江苏：南京 韦阳连 SCSB-JS0482
山东：牟平区 卞福花，杜丽君，孟凡涛 BianFH-0137
陕西：长安区 王梅荣，田先华，田陌 TianXH066
四川：万源 张桥蓉，余华，王义 15CS11513
四川：荥经 袁明 Y07055
云南：大关 张挺，雷立公，王建军等 SCSB-B-000137
云南：文山 何德明，张挺，黎谷香 WSLJS557
浙江：临安 李宏庆 Lihq0088
浙江：龙泉 吴林园，郭建林，白明明 HANGYY9061

Antenoron filiforme var. neofiliforme (Nakai) A. J. Li 短毛金线草 *
湖北：竹溪 李盛兰 GanQL522
湖南：湘乡 陈薇，朱香清，马仲辉 SCSB-HN-0488
湖南：永顺 陈功锡，张代贵 SCSB-HC-2008369
江西：黎川 谭策铭，易桂花，杨文斌等 TanCM1338
江西：龙南 梁跃龙，廖海红 LiangYL015
江西：庐山区 谭策铭，董安淼 TCM09021

Atraphaxis bracteata Losinskaja 沙木蓼
宁夏：盐池 李磊，朱奋霞 ZuoZh119
青海：都兰 潘建斌，杜维波，牛炳韬 Liujq-2011CDM-080
Atraphaxis frutescens (Linnaeus) Eversmann 木蓼
新疆：阜康 王喜勇，段士民 405
新疆：乌鲁木齐 王喜勇，马文宝，施翔 zdy398
新疆：新源 段士民，王喜勇，刘会良等 95
新疆：伊吾 王喜勇，马文宝，施翔 zdy466
Atraphaxis laetevirens (Ledebour) Jaubert & Spach 绿叶木蓼
新疆：博乐 徐文斌，黄雪姣 SHI-2008434
新疆：温泉 徐文斌，王莹 SHI-2008044
新疆：温泉 徐文斌，许晓敏 SHI-2008081
新疆：温泉 徐文斌，许晓敏 SHI-2008224
Atraphaxis pungens (Marschall von Bieberstein) Jaubert & Spach 锐枝木蓼
新疆：伊吾 段士民，王喜勇，刘会良 Zhangdy161
新疆：伊吾 段士民，王喜勇，刘会良 Zhangdy162
Atraphaxis spinosa Linnaeus 刺木蓼
新疆：博乐 亚吉东，张桥蓉，秦少发等 16CS13839
Atraphaxis virgata (Regel) Krassnov 帚枝木蓼
新疆：乌恰 杨赵平，周禧林，贺冰 LiZJ1097
Calligonum alashanicum Losinskaja 阿拉善沙拐枣 *
内蒙古：鄂托克旗 朱雅娟，黄振英，曲荣明 Beijing-Ordos-000006
Calligonum caput-medusae Schrenk 头状沙拐枣
新疆：策勒 冯建菊，蒋学玮 Liujq-fjj-0157-065
新疆：鄯善 王仲科，徐海燕，郭静谊 SHI2006269
新疆：吐鲁番 段士民，王喜勇，刘会良 Zhangdy574
Calligonum colubrinum E. Borszcow 褐色沙拐枣
新疆：和布克赛尔 翟伟，马真，郭静谊 SHI2006369
新疆：奇台 冯建菊，蒋学玮 Liujq-fjj-0172-109
Calligonum densum E. Borszcow 密刺沙拐枣
新疆：和硕 邱爱军，张玲，徐盼 LiZJ1482
新疆：吐鲁番 王喜勇 499
Calligonum ebinuricum N. A. Ivanova ex Soskov 艾比湖沙拐枣
新疆：阜康 段士民，王喜勇，刘会良等 249
新疆：精河 亚吉东，张桥蓉，胡枭剑 16CS13144
Calligonum gobicum (Bunge ex Meisner) Losinskaja 戈壁沙拐枣
新疆：和田 冯建菊，蒋学玮 Liujq-fjj-0161-076
Calligonum klementzii Losinskaja 奇台沙拐枣 *
新疆：奇台 冯建菊，蒋学玮 Liujq-fjj-0174-111
Calligonum korlaense Z. M. Mao 库尔勒沙拐枣 *
新疆：巴音郭楞 冯建菊，蒋学玮 Liujq-fjj-0163-081
新疆：库尔勒 邱爱军，张玲，徐盼 LiZJ1400
新疆：轮台 冯建菊，蒋学玮 Liujq-fjj-0162-080
Calligonum leucocladum (Schrenk) Bunge 淡枝沙拐枣
新疆：阜康 谭敦炎，邱娟 TanDY0504
新疆：石河子 阎平，马真 SCSB-2006045
新疆：石河子 石大标 SCSB-Y-2006161
Calligonum mongolicum Turczaninow 沙拐枣
宁夏：灵武 牛有栋，李出山 ZuoZh108
青海：格尔木 潘建斌，杜维波，牛炳韬 Liujq-2011CDM-011
新疆：哈密 段士民，王喜勇，刘会良 Zhangdy097
新疆：哈密 段士民，王喜勇，刘会良 Zhangdy098
新疆：哈密 段士民，王喜勇，刘会良 Zhangdy105
新疆：哈密 段士民，王喜勇，刘会良 Zhangdy108
新疆：哈密 段士民，王喜勇，刘会良 Zhangdy118
新疆：鄯善 王仲科，徐海燕，郭静谊 SHI2006272
新疆：鄯善 冯建菊，蒋学玮 Liujq-fjj-0168-089
新疆：石河子 石大标 SCSB-Y-2006162
新疆：伊吾 王喜勇，马文宝，施翔 zdy488
新疆：伊吾 段士民，王喜勇，刘会良 Zhangdy171
新疆：伊吾 段士民，王喜勇，刘会良 Zhangdy174
新疆：伊吾 段士民，王喜勇，刘会良 Zhangdy181
Calligonum pumilum Losinskaja 小沙拐枣
新疆：伊吾 王喜勇，马文宝，施翔 zdy487
Calligonum roborowskii Losinskaja 塔里木沙拐枣
新疆：巴音郭楞 冯建菊，蒋学玮 Liujq-fjj-0165-083
新疆：拜城 冯建菊，蒋学玮 Liujq-fjj-0179-126
新疆：策勒 冯建菊 Liujq-fjj-0062
新疆：伽师 冯建菊，蒋学玮 Liujq-fjj-0151-028
新疆：和硕 杨赵平，焦培培，白冠章等 LiZJ0607
新疆：和硕 杨赵平，焦培培，白冠章等 LiZJ0608
新疆：和硕 杨赵平，焦培培，白冠章等 LiZJ0609
新疆：和硕 冯建菊，蒋学玮 Liujq-fjj-0164-082
新疆：民丰 冯建菊，蒋学玮 Liujq-fjj-0160-075
新疆：皮山 冯建菊，蒋学玮 Liujq-fjj-0156-049
新疆：若羌 冯建菊，万东石 LiuJQ-XJ-2011-107
新疆：莎车 冯建菊，蒋学玮 Liujq-fjj-0152-031
新疆：温宿 塔里木大学植物资源调查组 TD-00090
新疆：温宿 冯建菊，蒋学玮 Liujq-fjj-0148-001
新疆：乌恰 冯建菊，蒋学玮 Liujq-fjj-0149-021
新疆：叶城 冯建菊，蒋学玮 Liujq-fjj-0153-034
新疆：叶城 冯建菊，蒋学玮 Liujq-fjj-0154-035
新疆：叶城 冯建菊，蒋学玮 Liujq-fjj-0155-043
新疆：于田 冯建菊，蒋学玮 Liujq-fjj-0159-070
Calligonum rubicundum Bunge 红果沙拐枣
新疆：布尔津 冯建菊，毛康珊 LiuJQ-XJ-2011-051
新疆：布尔津 谭敦炎，邱娟 TanDY0447
新疆：布尔津 谭敦炎，邱娟 TanDY0450
新疆：奇台 冯建菊，蒋学玮 Liujq-fjj-0173-110
新疆：吐鲁番 王喜勇 498
Calligonum zaidamense Losinskaja 柴达木沙拐枣 *
青海：都兰 潘建斌，杜维波，牛炳韬 Liujq-2011CDM-066
青海：都兰 潘建斌，杜维波，牛炳韬 Liujq-2011CDM-131
青海：格尔木 冯虎元 LiuJQ-08KLS-143
青海：格尔木 潘建斌，杜维波，牛炳韬 Liujq-2011CDM-057
新疆：巴音郭楞 冯建菊，蒋学玮 Liujq-fjj-0178-125
新疆：哈密 冯建菊，蒋学玮 Liujq-fjj-0169-090
新疆：哈密 冯建菊，蒋学玮 Liujq-fjj-0170-093
Fagopyrum dibotrys (D. Don) H. Hara 金荞
安徽：屯溪区 方建新 TangXS0057
安徽：屯溪区 方建新 TangXS0674
甘肃：合作 郭淑青，杜品 LiuJQ-2012-GN-153
贵州：南明区 邹方伦 ZouFL0015
湖北：五峰 陈功锡，张代贵 SCSB-HC-2008350
湖北：五峰 陈功锡，张代贵 SCSB-HC-2008401
湖南：鹤城区 李胜华，伍贤进，曾汉元等 HHXY146
湖南：鹤城区 李胜华，伍贤进，曾汉元等 HHXY167
湖南：怀化 李胜华，伍贤进，曾汉元等 HHXY237
湖南：宁乡 熊凯辉，刘克明 SCSB-HN-1961
湖南：宁乡 熊凯辉，王得刚 SCSB-HN-1977
湖南：新化 刘克明，彭珊，李珊等 SCSB-HN-1688
湖南：永顺 陈功锡，张代贵 SCSB-HC-2008200
湖南：沅陵 周丰杰，李伟 SCSB-HN-2234

湖南：中方 伍贤进，李胜华，曾汉元等 HHXY126
湖南：资兴 熊凯辉，王得刚，盛波 SCSB-HN-2047
湖南：资兴 熊凯辉，王得刚，盛波 SCSB-HN-2055
湖南：资兴 刘克明，盛波，王得刚 SCSB-HN-2115
湖南：资兴 刘克明，盛波，王得刚 SCSB-HN-2132
江西：星子 董安淼，吴从梅 TanCM2244
江西：修水 缪以清，胡建华 TanCM1764
陕西：平利 田先华，张雅娟 TianXH1041
四川：米易 刘静，袁明 MY-108
西藏：林芝 罗建 LiuJQ-08XZ-010
云南：景东 罗忠华，刘长铭，鲁成荣 JDNR09108
云南：腾冲 周应再 Zhyz-142
云南：西山区 税玉民，陈文红 65779
云南：永德 李永亮 YDDXSB038
云南：镇沅 王立东，何忠云，罗成瑜 ALSZY190
云南：镇沅 罗成瑜 ALSZY342

Fagopyrum esculentum Moench **荞麦**
湖南：古丈 刘克明，朱晓文 SCSB-HN-0520
湖南：怀化 李胜华，伍贤进，曾汉元等 HHXY201
内蒙古：伊金霍洛旗 杨学军 Huangzy0240
山东：历城区 李兰，王萍，张少华等 Lilan-080
西藏：昌都 陈家辉，王赟，刘德团 YangYP-Q-3137
西藏：拉萨 卢洋，刘帆等 LiJ727
西藏：左贡 张永洪，王晓雄，周卓等 SunH-07ZX-1082

Fagopyrum gracilipes (Hemsley) Dammer ex Diels **细柄野荞** *
湖北：神农架林区 李巨平 LiJuPing0124
湖北：五峰 陈功锡，张代贵 SCSB-HC-2008278
湖北：竹溪 李盛兰 GanQL1147
四川：理塘 李晓东，张景博，徐凌翔等 LiJ336
云南：蒙自 田学军，邱成书，高波 TianXJ0160
云南：西山区 彭华，陈丽 P.H. 5300
云南：香格里拉 李晓东，张紫刚，操榆 LiJ623
云南：永德 李永亮 YDDXS0534
云南：永德 李永亮 YDDXS1119

Fagopyrum statice (H. Léveillé) H. Gross **长柄野荞** *
云南：新平 张学林 XPALSD179

Fagopyrum tataricum (Linnaeus) Gaertner **苦荞**
甘肃：合作 刘坤 LiuJQ-GN-2011-590
河北：平山 牛玉璐，郑博颖，黄士良等 NiuYL083
四川：米易 袁明 MY173
西藏：工布江达 罗建，汪书丽，任德智 LiuJQ-09XZ-ML078
西藏：加查 许炳强，童毅华 XiaNh-07zx-666
西藏：拉萨 杨永平，王东超，杨大松等 YangYP-Q-5022
西藏：朗县 罗建，汪书丽，任德智 L099
西藏：浪卡子 陈家辉，韩希，王广艳等 YangYP-Q-4186
西藏：扎囊 王东超，杨大松，张春林等 YangYP-Q-5087
云南：麻栗坡 肖波 LuJL412

Fagopyrum urophyllum (Bureau & Franchet) H. Gross **万年荞** *
云南：安宁 伊廷双，孟静，杨杨 MJ-882
云南：洱源 杨青松，星耀武，苏涛 ZhouZK-07ZX-0296

Fallopia aubertii (L. Henry) Holub **木藤首乌** *
内蒙古：赛罕区 蒲拴莲，刘润宽，刘毅等 M168
四川：九龙 孔航辉，罗江平，左雷等 YangQE3445
四川：康定 彭玉兰，涂卫国，余春丽 Gaoxf-0694
四川：康定 彭玉兰，涂卫国 Gaoxf-1112
四川：泸定 何兴金，赵丽华，梁乾隆等 SCU-11-114
四川：雅江 范邓妹 SunH-07ZX-2258

Fallopia convolvulus (Linnaeus) A. Love **蔓首乌**
山东：历下区 张少华，张颖颖，程丹丹等 lilan517
西藏：林芝 卢洋，刘帆等 LiJ782

Fallopia dentatoalata (F. Schmidt) Holub **齿翅首乌**
北京：东城区 王雷，朱雅娟，黄振英 Beijing-huang-bws-0051
北京：海淀区 邓志军 SCSB-D-0023
河北：平山 牛玉璐，郑博颖，黄士良等 NiuYL082
黑龙江：尚志 王臣，张欣欣，崔皓钧等 WangCh314
黑龙江：五大连池 孙阎，赵立波 SunY070
吉林：磐石 安海成 AnHC0377
辽宁：盖州 郑宝江，丁晓炎，焦宏斌等 ZhengBJ376
辽宁：庄河 于立敏 CaoW936
山东：崂山区 罗艳，李中华 LuoY129
陕西：长安区 王梅荣，田先华，田陌 TianXH093

Fallopia dumetorum (Linnaeus) Holub **篱首乌**
黑龙江：尚志 刘玫，王臣，张欣欣等 Liuetal672
山东：莱山区 卞福花，宋言贺 BianFH-467
山东：莱山区 卞福花 BianFH-0211
山东：崂山区 高德民，邵尉，吴燕秋 Lilan939
山东：崂山区 赵遵田，郑国伟，杜超等 Zhaozt0139
四川：康定 何兴金，高云东，刘海艳等 SCU-20080441

Fallopia multiflora (Thunberg) Haraldson **何首乌**
安徽：太和 彭斌 HANGYY8697
安徽：歙县 方建新 TangXS0640
贵州：花溪区 邹方伦 ZouFL0003
河南：栾川 黄振英，于顺利，杨学军 Huangzy0035
湖北：神农架林区 李巨平 LiJuPing0131
湖北：宣恩 沈泽昊 HXE130
湖南：凤凰 陈功锡，张代贵，邓涛等 SCSB-HC-2007392
湖南：会同 李胜华，伍贤进，曾汉元等 Wuxj1005
湖南：石门 陈功锡，张代贵，邓涛等 SCSB-HC-2007431
湖南：双峰 姜孝成，唐妹，陈峰林等 Jiangxc0619
湖南：永顺 陈功锡，张代贵 SCSB-HC-2008210
江苏：南京 高兴 SCSB-JS0442
陕西：户县 田陌，王梅荣，田先华 TianXH543
四川：得荣 张大才，李双智，杨川 ZhangDC-07ZX-1946
四川：康定 何兴金，赵丽华，李琴琴等 SCU-08091
四川：乐至 邓兴敏，邓秀发，张昌兵 ZCB0445
四川：理县 张昌兵，邓秀发 ZhangCB0383
四川：马尔康 何兴金，王月，胡灏禹等 SCU-08104
四川：米易 刘静，袁明 MY-109
云南：安宁 伊廷双，孟静，杨杨 MJ-872
云南：峨山 刘恩德，方伟，杜燕等 SCSB-B-000009
云南：金平 喻智勇，官兴永，张云飞等 JinPing59
云南：景东 罗忠华，罗文涛，李绍昆 JDNR101
云南：昆明 税玉民，陈文红 65894
云南：隆阳区 段在贤，代如亮，赵玮 BSGLGSly049
云南：隆阳区 李恒，李嵘，刀志灵 1267
云南：隆阳区 尹学建，蒙玉永 BSGLGSly2046
云南：麻栗坡 肖波 LuJL115
云南：宁洱 胡启和，周英，张绍云 YNS0527
云南：宁洱 胡启和，仇亚，张绍云 YNS0556
云南：盘龙区 伊廷双，孟静，杨杨 MJ-944
云南：石林 税玉民，陈文红 66607
云南：双柏 彭华，向春雷，陈丽等 P.H. 5553
云南：文山 何德明 WSLJS611
云南：武定 王曦，刘怡涛，王岩 SCSB-L-0011
云南：新平 刘家良 XPALSD368
云南：新平 彭华，刘恩德，陈丽等 P.H. 5508

云南：易门 彭华，向春雷，王泽欢 PengH8352
云南：易门 彭华，向春雷，王泽欢 PengH8377
云南：永德 李永亮 YDDXS0977
云南：永德 杨金荣，王学军，黄德武等 YDDXSA048
云南：元阳 车鑫，亚吉东，秦少发等 YYGYS082
云南：云龙 刀志灵 DZL406
云南：云龙 郭永杰，王杨飞，李施文等 TC4006
云南：沾益 彭华，陈丽 P.H.5976
云南：镇沅 何忠云 ALSZY284
云南：镇沅 罗成瑜 ALSZY110
云南：镇沅 朱恒 ALSZY123
浙江：鄞州区 李宏庆，葛斌杰 Lihq0122

Koenigia islandica Linnaeus 冰岛蓼
西藏：波密 陈家辉，韩希，王东超等 YangYP-Q-4059
西藏：拉萨 陈家辉，韩希，王广艳等 YangYP-Q-4203
西藏：亚东 陈家辉，韩希，王东超等 YangYP-Q-4277
云南：东川区 蔡杰，郭永杰，吴之坤等 11CS2984

Oxyria digyna (Linnaeus) Hill 山蓼
四川：黑水 顾垒，李忠荣 GaoXF-09ZX-1502
四川：九龙 张大才，尹五元，李双智等 ZhangDC-07ZX-2435
四川：康定 彭玉兰，涂卫国 Gaoxf-1046
四川：康定 李小杰 LiXJ002
西藏：察隅 张挺，蔡杰，袁明 09CS1571
西藏：错那 张晓纬，汪书丽，罗建 LiuJQ-09XZ-LZT-023
西藏：错那 聂泽龙，牛洋，周卓等 SunH-07ZX-2315
西藏：错那 扎西次仁 ZhongY384
西藏：噶尔 陈家辉，庄会富，刘德团等 Yangyp-Q-0121
西藏：工布江达 陈家辉，韩希，王东超等 YangYP-Q-4128
西藏：吉隆 张晓纬，汪书丽，罗建 LiuJQ-09XZ-LZT-070
西藏：吉隆 陈家辉，韩希，王广艳等 YangYP-Q-4340
西藏：林芝 罗建，汪书丽 LiuJQ-08XZ-176
西藏：林芝 张大才，李双智，唐路等 ZhangDC-07ZX-1850
西藏：林芝 陈家辉，韩希，王广艳等 YangYP-Q-4102
西藏：聂拉木 陈家辉，韩希，王广艳等 YangYP-Q-4322
西藏：聂拉木 扎西次仁 ZhongY036
西藏：普兰 李晖，文雪梅，熊继贵 Lihui-Q-2010-46
西藏：亚东 钟扬，扎西次仁 ZhongY759
西藏：左贡 汪书丽，王志强，邹嘉宾 Liujq-Txm10-213
新疆：乌恰 塔里木大学植物资源调查组 TD-00733
云南：德钦 汪书丽，田斌，姬明飞 Liujq-QLS-TXM-231
云南：德钦 张大才，李双智，唐路等 ZhangDC-07ZX-1889
云南：会泽 杜燕，黄天才，董勇等 SCSB-A-000346
云南：香格里拉 蔡杰，张挺，刘成等 11CS3264

Oxyria sinensis Hemsley 中华山蓼 *
四川：马尔康 何兴金，高云东，刘海艳等 SCU-20080479
四川：乡城 王文礼，冯欣，刘飞鹏 OUXK11129
云南：德钦 闫海忠，孙振华，罗圆等 ouxk-dq-0004
云南：南涧 马德跃，官有才，罗开宏 NJWLS939
云南：香格里拉 杨青松，詹克平，于文涛等 ZhouZK-07ZX-0001
云南：香格里拉 杨青松，詹克平，于文涛等 ZhouZK-07ZX-0013
云南：玉龙 胡光万 HGW-00217

Parapteropyrum tibeticum A. J. Li 翅果蓼 *
西藏：加查 张晓纬，汪书丽，罗建 LiuJQ-09XZ-LZT-013
西藏：加查 许炳强，童毅华 XiaNh-07zx-637
西藏：朗县 林玲 LiuJQ-08XZ-232
西藏：朗县 罗建，汪书丽，任德智 L041
西藏：朗县 罗建，汪书丽，任德智 L109

Polygonum acetosum Marschall von Bieberstein 灰绿萹蓄
新疆：昌吉 段士民，王喜勇，刘会良 Zhangdy288
新疆：奇台 段士民，王喜勇，刘会良等 129

Polygonum alpinum Allioni 高山神血宁
河北：宽城 牛玉璐，高彦飞，赵二涛 NiuYL465
山东：崂山区 罗艳，李中华 LuoY215
山东：牟平区 卞福花，卢学新，纪伟等 BianFH00046
山东：牟平区 卞福花，宋言贺 BianFH-551
新疆：博乐 刘鸯，马真，贺晓欢等 SHI-A2007021

Polygonum amphibium Linnaeus 两栖蓼
甘肃：碌曲 李晓东，刘帆，张景博等 LiJ0106
山东：历下区 张少华，王萍，张诏等 Lilan136
四川：稻城 李晓东，张景博，徐凌翔等 LiJ407
云南：宁洱 叶金科 YNS0287

Polygonum amplexicaule var. **sinense** Forbes & Hemsley ex Steward 中华抱茎拳参
湖北：仙桃 张代贵 Zdg3307

Polygonum argyrocoleon Steudel ex Kuntze 帚萹蓄
新疆：阿瓦提 杨赵平，黄文娟，段黄金等 LiZJ0015
新疆：和布克赛尔 徐文斌，黄刚 SHI-2009128
新疆：和静 邱爱军，张玲 LiZJ1859
新疆：克拉玛依 徐文斌，杨清理 SHI-2009192
新疆：裕民 谭敦炎，吉乃提 TanDY0693

Polygonum assamicum Meisner 阿萨姆蓼
云南：屏边 税玉民，陈文红 16026

Polygonum aviculare Linnaeus 萹蓄
甘肃：玛曲 刘坤 LiuJQ-GN-2011-576
吉林：大安 杨帆，马红媛，安丰华 SNA0086
吉林：通榆 张永刚 Yanglm0412
吉林：长岭 杨莉 Yanglm0311
吉林：镇赉 杨帆，马红媛，安丰华 SNA0511
江苏：句容 吴宝成，王兆银 HANGYY8044
江苏：射阳 吴宝成 HANGYY8276
江苏：射阳 吴宝成 HANGYY8277
江西：庐山区 董安淼，吴丛梅 TanCM2566
内蒙古：新巴尔虎右旗 黄学文 NMDB20170809199
内蒙古：新巴尔虎左旗 黄学文 NMDB20170811259
宁夏：盐池 左忠，刘华 ZuoZh077
青海：格尔木 冯虎元 LiuJQ-08KLS-015
山东：莱山区 卞福花，杨蕾蕾，谷胤征 BianFH-0121
山东：历城区 李兰，王萍，张少华等 Lilan-043
四川：红原 张昌兵 ZhangCB0076
四川：康定 张昌兵，向丽 ZhangCB0205
四川：米易 袁明 MY069
四川：射洪 袁明 YUANM2016L215
西藏：城关区 李晖，边巴，徐爱国 lihui-Q-09-80
新疆：策勒 冯建菊 Liujq-fjj-0045
新疆：和静 张玲 TD-01670
新疆：石河子 陶冶，雷凤品，黄刚等 SCSB-Y-2006105
新疆：托里 徐文斌，杨清理 SHI-2009291
新疆：乌恰 杨赵平，周禧琳，贺冰 LiZJ1308
新疆：叶城 郭永杰，黄文娟，段黄金 LiZJ0176
新疆：伊犁 段士民，王喜勇，刘会良 Zhangdy340
新疆：裕民 徐文斌，黄刚 SHI-2009374
云南：思茅区 胡启和，周兵，赵强 YNS0835
云南：腾冲 周应再 Zhyz-455
云南：香格里拉 李晓东，张紫刚，操榆 LiJ689
云南：永德 李永亮 YDDXS1185

Polygonum barbatum Linnaeus 毛蓼

湖北：竹溪 李盛兰 GanQL1077
江苏：句容 吴宝成，王兆银 HANGYY8160
四川：米易 袁明 MY051
云南：凤庆 谭运洪 B103
云南：景东 罗忠华，刘长铭，鲁成荣等 JD077
云南：景东 鲁艳 2008117
云南：绿春 黄连山保护区科研所 HLS0273
云南：蒙自 税玉民，陈文红 72206
云南：南涧 熊绍荣 NJWLS2008312
云南：宁洱 胡启和，张绍云 YNS0940
云南：普洱 叶金科，彭志仙 YNS0299
云南：思茅区 胡启和，仇亚，张绍云 YNS0832
云南：思茅区 胡启和，周兵，赵强 YNS0834
云南：思茅区 胡启和，周兵，仇亚 YNS0919
云南：腾冲 周应再 Zhyz-298
云南：腾冲 周应再 Zhyz-299
云南：腾冲 周应再 Zhyz-300
云南：腾冲 周应再 Zhyz-301
云南：永德 李永亮，杨金柱 YDDXSB012

Polygonum bistorta Linnaeus **拳参**
湖北：罗田 朱鑫鑫，甄爱国，孙增朋等 ZhuXX148
内蒙古：新城区 蒲拴莲，李茂文 M078
山东：海阳 王萍，高德民，张诏等 lilan302
山东：莱山区 卞福花，宋言贺 BianFH-506
山东：崂山区 罗艳，李中华 LuoY360
山东：崂山区 赵遵田，郑国伟，王海英等 Zhaozt0223
山东：牟平区 卞福花，陈朋 BianFH-0368
山西：翼城 张贵平，陈浩 Zhangf0121

Polygonum bungeanum Turczaninow **柳叶刺蓼**
黑龙江：北安 郑宝江，潘磊 ZhengBJ024
黑龙江：呼兰 刘玫，张欣欣，程薪宇等 Liuetal459
吉林：长岭 张宝田 Yanglm0350
吉林：镇赉 杨帆，马红媛，安丰华 SNA0146
山东：诸城 高德民，步瑞兰，辛晓伟等 Lilan718

Polygonum campanulatum J. D. Hooker **钟花神血宁**
云南：隆阳区 段在贤 BSGLGSly1212
云南：新平 谢天华，郎定富，杨如伟 XPALSA046

Polygonum campanulatum var. **fulvidum** J. D. Hooker **绒毛钟花神血宁**
安徽：黄山区 唐鑫生，方建新 TangXS0357
云南：蒙自 税玉民，陈文红 72504

Polygonum capitatum Buchanan-Hamilton ex D. Don **头花蓼**
广西：金秀 彭华，向春雷，陈丽 PengH8130
贵州：凯里 邹方伦 ZouFL0016
贵州：南明区 邹方伦 ZouFL0040
湖北：宣恩 祝文志，刘志祥，曹远俊 ShenZH0095
四川：理塘 李晓东，张景博，徐凌翔等 LiJ335
四川：米易 刘静，汤加勇 MY-034
云南：贡山 蔡杰，郭云刚，张凤琼等 14CS9701
云南：贡山 李恒，李嵘，刀志灵 938
云南：景东 罗庆光，杨华金，袁小龙 JDNR11081
云南：景谷 叶金科 YNS0416
云南：隆阳区 段在贤，杨采龙 BSGLGSly1022
云南：绿春 黄连山保护区科研所 HLS0122
云南：绿春 黄连山保护区科研所 HLS0231
云南：麻栗坡 陆章强 LuJL036
云南：麻栗坡 税玉民，陈文红 72127
云南：麻栗坡 税玉民，陈文红 82386
云南：蒙自 税玉民，陈文红 72258
云南：蒙自 税玉民，陈文红 72587
云南：勐海 谭运洪，余涛 B339
云南：宁洱 胡启和，仇亚，张绍云 YNS0576
云南：巧家 张天壁 SCSB-W-414
云南：巧家 张天壁 SCSB-W-415
云南：巧家 张天壁 SCSB-W-416
云南：腾冲 周应再 Zhyz-119
云南：文山 税玉民，陈文红 71784
云南：文山 税玉民，陈文红 71945
云南：西畴 税玉民，陈文红 80930
云南：西畴 税玉民，陈文红 80970
云南：西山区 彭华，陈丽 P.H.5313
云南：新平 罗永朋 XPALSB069
云南：新平 彭华，向春雷，陈丽 PengH8264
云南：新平 刘家良 XPALSD006
云南：盈江 王立彦，桂魏，刀江飞 SCSB-TBG-200
云南：元阳 田学军，杨建，邱成书等 Tianxj0075
云南：云龙 李爱花，李洪超，黄天才等 SCSB-A-000207
云南：云龙 郭永杰，王杨飞，李施文等 TC4014
云南：镇沅 罗成瑜，李发珍 ALSZY225
云南：镇沅 胡启和，张绍云 YNS0955

Polygonum cathayanum A. J. Li **华神血宁** *
四川：道孚 高云东，李忠荣，鞠文彬 GaoXF-12-165
四川：道孚 何兴金，胡灏禹，沈呈娟等 SCU-11-434
四川：道孚 何兴金，胡灏禹，沈呈娟等 SCU-11-459
四川：壤塘 何兴金，胡灏禹，黄德青 SCU-10-141
四川：雅江 何兴金，郜鹏，彭禄等 SCU-11-336
四川：雅江 何兴金，郜鹏，彭禄等 SCU-11-357

Polygonum chinense Linnaeus **火炭母**
广西：金秀 许玥，祝文志，刘志祥等 ShenZH8079
湖南：资兴 刘克明，盛波，王得刚 SCSB-HN-1862
江西：黎川 童和平，王玉珍 TanCM2763
云南：贡山 刀志灵 DZL336
云南：贡山 李恒，李嵘 792
云南：贡山 李恒，李嵘，刀志灵 1011
云南：景东 鲁艳 2008109
云南：景东 罗忠华，刘长铭，李绍昆等 JDNR09064
云南：龙陵 孙兴旭 SunXX062
云南：隆阳区 段在贤，杨采龙 BSGLGSly1019
云南：隆阳区 赵玮 BSGLGSly149
云南：绿春 朱正明，李建华，李正明 HLS0316
云南：麻栗坡 肖波，陆章强 LuJL011
云南：蒙自 税玉民，陈文红 72505
云南：弥勒 刘恩德，方伟，杜燕等 SCSB-B-000046
云南：普洱 叶金科 YNS0333
云南：腾冲 余新林，赵玮 BSGLGStc038
云南：文山 韦荣彪，何德明 WSLJS632
云南：新平 刘家良 XPALSD366
云南：永德 李永亮，马文军 YDDXSB100
云南：永德 李永亮，马文军 YDDXSB172
云南：永德 李永亮 YDDXS0301
云南：永德 李永亮 YDDXS6301
云南：永德 杨金荣，王学军，黄德武等 YDDXSA045
云南：元阳 田学军，杨建，邱成书等 Tianxj0055
云南：镇沅 何忠云，王立东 ALSZY151
云南：镇沅 张绍云，叶金科 YNS0007

Polygonum chinense var. **ovalifolium** Meisner **宽叶火炭母**

云南：贡山 刘成，何华杰，黄莉等 14CS8558
云南：贡山 郭永杰，吴之坤，吴兴等 14CS9884
云南：绿春 HLS0183
云南：腾冲 周应再 Zhyz-321
云南：永德 李永亮，马文军 YDDXSB237

Polygonum chinense var. **paradoxum** (H. Léveillé) A. J. Li 窄叶火炭母 *
四川：米易 袁明 MY050
云南：新平 何罡安 XPALSB044

Polygonum cognatum Meisner 岩萹蓄
新疆：克拉玛依 徐文斌，黄刚 SHI-2009191

Polygonum coriarium Grigorjev 白花神血宁
新疆：裕民 亚吉东，张桥蓉，秦少发等 16CS13865

Polygonum darrisii H. Léveillé 大箭叶蓼 *
安徽：徽州区 方建新 TangXS0763
浙江：鄞州区 李宏庆，田怀珍，葛斌杰等 Lihq0207

Polygonum delicatulum Meisner 小叶蓼
四川：康定 陈文允，于文涛，黄永江 CYH219
西藏：察隅 张挺，蔡杰，袁明 09CS1619

Polygonum dissitiflorum Hemsley 稀花蓼
黑龙江：尚志 王臣，张欣欣，刘跃印等 WangCh312
湖南：会同 李胜华，伍贤进，曾汉元等 Wuxj993
湖南：平江 姜孝成 Jiangxc0607
江西：庐山区 董安淼，吴丛梅 TanCM3059
山东：海阳 辛晓伟 Lilan868

Polygonum divaricatum Linnaeus 叉分神血宁
甘肃：玛曲 刘坤 LiuJQ-GN-2011-577
河北：平山 牛玉璐，郑博颖，黄士良等 NiuYL078
黑龙江：宁安 刘玫，张欣欣，程薪宇等 Liuetal426
吉林：洮北区 杨帆，马红媛，安丰华 SNA0293
辽宁：桓仁 祝业平 CaoW1026
内蒙古：额尔古纳 张红香 ZhangHX186
内蒙古：武川 蒲拴莲，刘润宽，刘毅等 M177
山东：海阳 辛晓伟 Lilan836

Polygonum emodi Meisner 竹叶舒筋
西藏：达孜 卢洋，刘帆等 LiJ921
云南：巧家 杨光明 SCSB-W-1256
云南：思茅区 胡启和，周兵，仇亚 YNS0925

Polygonum fertile (Maximowicz) A. J. Li 青藏蓼 *
四川：红原 张昌兵，邓秀发 ZhangCB0368

Polygonum filicaule Wallich ex Meisner 细茎蓼
云南：镇沅 何忠云，王立东 ALSZY082

Polygonum forrestii Diels 六铜钱叶神血宁
云南：德钦 陈文允，于文涛，黄永江等 CYHL147

Polygonum glabrum Willdenow 光蓼
湖北：神农架林区 李巨平 LiJuPing0128
四川：射洪 袁明 YUANM2016L240

Polygonum glaciale (Meisner) J. D. Hooker 冰川蓼
甘肃：玛曲 齐威 LJQ-2008-GN-202
西藏：工布江达 卢洋，刘帆等 LiJ847
西藏：浪卡子 杨永平，王东超，杨大松等 YangYP-Q-5038
云南：德钦 陈文允，于文涛，黄永江等 CYHL177

Polygonum griffithii J. D. Hooker 长梗拳参
西藏：波密 陈家辉，韩希，王东超等 YangYP-Q-4072
西藏：错那 聂泽龙，牛洋，周卓等 SunH-07ZX-2311
西藏：林芝 罗建，王国严，汪书丽 LiuJQ-08XZ-016
西藏：林芝 陈家辉，韩希，王东超等 YangYP-Q-4046
云南：香格里拉 张挺，蔡杰，郭永杰等 11CS3189

Polygonum hastatosagittatum Makino 长箭叶蓼
安徽：屯溪区 方建新 TangXS0122
黑龙江：宁安 刘玫，张欣欣，程薪宇等 Liuetal435
江西：黎川 童和平，王玉珍，常迪江等 TanCM2006
江西：庐山区 董安淼，吴丛梅 TanCM836
云南：腾冲 周应再 Zhyz-317

Polygonum hookeri Meisner 硬毛神血宁
甘肃：玛曲 刘坤 LiuJQ-GN-2011-580

Polygonum hydropiper Linnaeus 辣蓼
安徽：金寨 陈延松，欧祖兰，白雅洁 Xuzd247
安徽：金寨 刘淼 SCSB-JSC11
安徽：泾县 洪欣 ZhouSB0192
安徽：泾县 王欧文，吴婕 ZhouSB0194
安徽：屯溪区 方建新 TangXS0058
福建：武夷山 于文涛，陈旭东 YUWT016
福建：武夷山 于文涛，陈旭东 YUWT032
福建：长泰 李宏庆，陈纪云，王双 Lihq0287
甘肃：迭部 齐威 LJQ-2008-GN-203
甘肃：碌曲 李晓东，刘帆，张景博等 LiJ0181
贵州：江口 彭华，王英，陈丽 P.H.5116
贵州：清镇 邹方伦 ZouFL0126
贵州：榕江 赵厚涛，韩国营 YBG012
贵州：乌当区 赵厚涛，韩国营 YBG091
黑龙江：虎林市 王庆贵 CaoW567
黑龙江：嫩江 王臣，张欣欣，史传奇 WangCh176
湖北：五峰 李平 AHL062
湖北：五峰 陈功锡，张代贵 SCSB-HC-2008333
湖北：宣恩 沈泽昊 HXE075
湖北：竹溪 李盛兰 GanQL183
湖南：道县 刘克明，陈薇 SCSB-HN-1011
湖南：桂东 蔡秀珍，孙秋妍，王燕归等 SCSB-HN-1258
湖南：衡山 刘克明，田淑珍 SCSB-HN-0362
湖南：怀化 李胜华，伍贤进，曾汉元等 HHXY069
湖南：江华 肖乐希 SCSB-HN-0872
湖南：澧县 田淑珍 SCSB-HN-1583
湖南：浏阳 刘克明，朱晓文，田淑珍 SCSB-HN-0447
湖南：浏阳 丛义艳，田淑珍 SCSB-HN-1496
湖南：南岳区 刘克明，相银龙，周磊等 SCSB-HN-1398
湖南：望城 田淑珍 SCSB-HN-1206
湖南：新化 姜孝成，唐贵华，田春娥 SCSB-HNJ-0179
湖南：新化 姜孝成，唐贵华，田春娥 SCSB-HNJ-0180
湖南：永定区 吴福川，廖博儒，余祥洪 7121
湖南：沅江 刘克明 SCSB-HN-1027
湖南：岳麓区 蔡秀珍，肖乐希 SCSB-HN-0401
湖南：岳麓区 姜孝成，田春娥，马正辉等 SCSB-HNJ-0141
江苏：海州区 汤兴利 HANGYY8461
江西：黎川 童和平，王玉珍 TanCM2369
江西：庐山区 董安淼，吴丛梅 TanCM3352
辽宁：庄河 于立敏 CaoW819
内蒙古：赛罕区 蒲拴莲，刘润宽，刘毅等 M266
青海：城北区 薛春迎 Xuechy0261
山东：历城区 李兰，王萍，张少华 Lilan048
山西：永济 刘明光，廉凯敏，张海博 Zhangf0199
四川：稻城 李晓东，张景博，徐凌翔等 LiJ397
四川：乐至 邓兴敏，邓秀发，张昌兵 ZCB0414
四川：冕宁 孔航辉，罗江平，左雷等 YangQE3421
西藏：林芝 罗建，汪书丽 LiuJQ-09XZ-259
西藏：曲水 卢洋，刘帆等 LiJ933

新疆：裕民 徐文斌，郭一敏 SHI-2009367
云南：沧源 赵金超，肖美芳，汪顺莉 CYNGH218
云南：金平 税玉民，陈文红 80057
云南：景东 罗忠华，刘长铭，李绍昆等 JDNR09074
云南：隆阳区 尹学建，马雪，尹茂山 BSGLGSly2004
云南：绿春 黄连山保护区科研所 HLS0278
云南：麻栗坡 肖波 LuJL158
云南：麻栗坡 肖波 LuJL194
云南：蒙自 田学军 TianXJ0121
云南：南涧 罗新洪，阿国仁，何贵才 NJWLS523
云南：宁洱 叶金科 YNS0289
云南：宁洱 胡启元，周兵，张绍云 YNS0879
云南：宁洱 周兵，胡启元，张绍云 YNS0880
云南：腾冲 周应再 Zhyz-118
云南：维西 王文礼，冯欣，刘飞鹏 OUXK11041
云南：文山 何德明 WSLJS712
云南：文山 何德明，韦荣彪 WSLJS630
云南：香格里拉 李晓东，张紫刚，操榆 LiJ635
云南：新平 何罡安，罗光进 XPALSB025
云南：彝良 伊廷双，杨杨，孟静 MJ-811
云南：彝良 伊廷双，杨杨，孟静 MJ-812
云南：永德 李永亮，马文军 YDDXSB024
云南：永德 李永亮 YDDXSB017
云南：永德 李永亮 YDDXSB029
云南：云龙 李爱花，李洪超，李文化等 SCSB-A-000173
云南：镇沅 朱恒 ALSZY048

Polygonum intramongolicum Borodina 圆叶萹蓄
内蒙古：武川 蒲拴莲，刘润宽，刘毅等 M207

Polygonum japonicum Meisner 蚕茧蓼
安徽：舒城 陈延松，欧祖兰，高秋晨等 Xuzd331
安徽：舒城 陈延松，欧祖兰，高秋晨等 Xuzd425
安徽：黟县 刘淼 SCSB-JSB38
贵州：榕江 赵厚涛，韩国营 YBG011
湖北：竹溪 李盛兰 GanQL372
湖南：双牌 姜孝成，王丽萍，李育华 Jiangxc0794
江苏：句容 王兆银，吴宝成 SCSB-JS0315
江苏：句容 吴林园，王兆银，白明明 HANGYY9104
江苏：射阳 吴宝成 HANGYY8280
江苏：海州区 汤兴利 HANGYY8420
江苏：玄武区 顾子霞 HANGYY8684
云南：河口 田学军，杨建，高波等 TianXJ242
云南：景东 鲁艳 07-134
云南：景东 鲁艳 2008139
云南：宁洱 周兵，胡启元，张绍云 YNS0881
云南：新平 张云德，李俊友 XPALSC133
云南：新平 自正尧，李伟 XPALSB215

Polygonum japonicum var. **conspicuum** Nakai 显花蓼
安徽：屯溪区 方建新 TangXS0444
湖北：竹溪 李盛兰 GanQL647

Polygonum jucundum Meisner 愉悦蓼 *
安徽：肥西 陈延松，沈云，陈翠兵等 Xuzd123
安徽：琅琊区 洪欣 ZSB304
安徽：太和 彭斌 HANGYY8688
湖南：平江 姜孝成 Jiangxc0606
湖南：石门 姜孝成，唐妹，卜剑超等 Jiangxc0472
湖南：新化 黄先辉，杨亚平，卜剑超 SCSB-HNJ-0341
江苏：句容 王兆银，吴宝成 SCSB-JS0237
江苏：南京 高兴 SCSB-JS0445
江西：庐山区 董安淼，吴丛梅 TanCM3363
江西：庐山区 谭策铭，董安淼 TCM09120
江西：湾里区 杜小浪，慕泽泾，曹岚 DXL021
山东：崂山区 高德民，邵尉，吴燕秋 Lilan928
云南：香格里拉 李晓东，张紫刚，操榆 LiJ656

Polygonum kawagoeanum Makino 柔茎蓼
福建：长泰 李宏庆，陈纪云，王双 Lihq0288
云南：永德 李永亮 YDDXS1193

Polygonum lapathifolium Linnaeus 马蓼
安徽：宁国 刘淼 SCSB-JSD14
安徽：舒城 陈延松，欧祖兰，高秋晨等 Xuzd314
安徽：太和 彭斌 HANGYY8695
安徽：屯溪区 方建新 TangXS0123
甘肃：合作 郭淑青，杜品 LiuJQ-2012-GN-151
甘肃：夏河 刘坤 LiuJQ-GN-2011-583
甘肃：卓尼 齐威 LJQ-2008-GN-204
甘肃：卓尼 刘坤 LiuJQ-GN-2011-582
贵州：黎平 王成 SCSB-HN-1083
贵州：荔波 旷仁平，盛波 SCSB-HN-1826
贵州：台江 邹方伦 ZouFL0263
贵州：铜仁 彭华，王英，陈丽 P.H.5225
河南：鲁山 宋松泉 HN024
河南：鲁山 宋松泉 HN083
河南：栾川 黄振英，于顺利，杨学军 Huangzy0052
河南：南召 何明高，付婷婷，水庆艳 Huangzy0201
河南：嵩县 邓志军，付婷婷，水庆艳 Huangzy0135
黑龙江：尚志 郑宝江，丁晓炎，李月等 ZhengBJ190
湖南：安化 旷仁平，盛波 SCSB-HN-1988
湖南：桂东 蔡秀珍，孙秋妍，王燕归等 SCSB-HN-1264
湖南：澧县 田淑珍 SCSB-HN-1579
湖南：澧县 蔡秀珍 SCSB-HN-1069
湖南：浏阳 刘克明，朱晓文，田淑珍 SCSB-HN-0446
湖南：浏阳 丛义艳，田淑珍 SCSB-HN-1492
湖南：浏阳 朱晓文 SCSB-HN-1043
湖南：南岳区 刘克明，相银龙 SCSB-HN-1746
湖南：南岳区 刘克明，相银龙，周磊等 SCSB-HN-1392C
湖南：宁乡 姜孝成，唐妹，卜剑超等 Jiangxc0513
湖南：宁乡 姜孝成，唐妹，成海兰等 Jiangxc0640
湖南：宁乡 姜孝成，唐妹，卜剑超等 Jiangxc0645
湖南：宁乡 熊凯辉，刘克明 SCSB-HN-1994
湖南：宁乡 熊凯辉，刘克明 SCSB-HN-2017
湖南：平江 姜孝成 Jiangxc0605
湖南：平江 吴惊香 SCSB-HN-0942
湖南：桑植 田连成 SCSB-HN-1213
湖南：石门 陈功锡，张代贵 SCSB-HC-2008159
湖南：湘乡 朱香清，田淑珍 SCSB-HN-1437
湖南：新化 姜孝成，唐贵华，田春娥 SCSB-HNJ-0154
湖南：沅江 刘克明，肖乐希 SCSB-HN-0395
湖南：沅陵 李胜华，伍贤进，刘光华等 Wuxj922
湖南：岳麓区 刘克明，蔡秀珍，陈薇 SCSB-HN-0215
湖南：长沙 朱香清，田淑珍，刘克明 SCSB-HN-1483
湖南：长沙 蔡秀珍 SCSB-HN-0756
湖南：中方 伍贤进，李胜华，曾汉元等 HHXY115
吉林：大安 杨帆，马红媛，安丰华 SNA0019
吉林：镇赉 杨帆，马红媛，安丰华 SNA0197
江苏：赣榆 吴宝成 HANGYY8297
江苏：江宁区 王兆银，吴宝成 SCSB-JS0123
江苏：句容 吴宝成，王兆银 HANGYY8159

江苏：句容 王兆银，吴宝成 SCSB-JS0140
江苏：南京 高兴 SCSB-JS0448
江苏：启东 高兴 HANGYY8633
江苏：海州区 汤兴利 HANGYY8447
江西：黎川 童和平，王玉珍，常迪江等 TanCM2022
江西：庐山区 谭策铭，董安淼 TCM09046
辽宁：庄河 于立敏 CaoW932
山东：垦利 曹子谊，韩国营，吕蕾等 Zhaozt0094
山东：莱芜 张少华，王萍，张诏等 Lilan153
山东：崂山区 罗艳，李中华 LuoY172
山西：尖草坪区 张贵平，张丽，焦磊等 Zhangf0052
四川：米易 袁明 MY367
四川：射洪 袁明 YUANM2015L048
西藏：城关区 李晖，边巴，徐爱国 lihui-Q-09-73
西藏：林芝 卢洋，刘帆等 LiJ777
新疆：阿克苏 白宝伟，段黄金 TD-01871
新疆：拜城 塔里木大学植物资源调查组 TD-00944
新疆：博乐 徐文斌，黄雪姣 SHI-2008338
新疆：博乐 徐文斌，黄雪姣 SHI-2008386
新疆：巩留 段士民，王喜勇，刘会良等 84
新疆：和静 张玲 TD-01916
新疆：呼图壁 段士民，王喜勇，刘会良 Zhangdy294
新疆：木垒 段士民，王喜勇，刘会良等 136
新疆：尼勒克 徐文斌，刘鸯，马真等 SHI-A2007431
新疆：尼勒克 刘鸯，马真，贺晓欢等 SHI-A2007487
新疆：尼勒克 段士民，王喜勇，刘会良 Zhangdy411
新疆：塔城 潘泊荣，严成，王喜勇 Zhangdy561
新疆：温泉 石大标 SCSB-SHI-2006213
新疆：温泉 徐文斌，许晓敏 SHI-2008063
新疆：温泉 徐文斌，许晓敏 SHI-2008197
新疆：温泉 徐文斌，许晓敏 SHI-2008266
新疆：乌鲁木齐 王喜勇，马文宝，施翔 zdy294
新疆：乌鲁木齐 王喜勇，马文宝，施翔 zdy411
新疆：乌鲁木齐 段士民，王喜勇，刘会良 Zhangdy220
新疆：乌鲁木齐 段士民，王喜勇，刘会良 Zhangdy270
新疆：乌什 白宝伟，段黄金 TD-01849
新疆：伊犁 段士民，王喜勇，刘会良 Zhangdy332
新疆：裕民 徐文斌，黄刚 SHI-2009488
云南：景东 罗忠华，刘长铭，李绍昆等 JDNR09097
云南：腾冲 余新林，赵玮 BSGLGStc028
云南：腾冲 周应再 Zhyz-293
云南：维西 王文礼，冯欣，刘飞鹏 OUXK11053
云南：西山区 税玉民，陈文红 65780
云南：西山区 税玉民，陈文红 65825
云南：香格里拉 李晓东，张紫刚，操榆 LiJ654
云南：新平 谢天华，郎定富，杨如伟 XPALSA032
云南：永德 李永亮 YDDXS1222
浙江：临安 吴林园，彭斌，顾子霞 HANGYY9024
浙江：鄞州区 李宏庆，葛斌杰 Lihq0106

Polygonum lapathifolium var. salicifolium Sibthorp 绵毛马蓼

安徽：肥西 陈延松，朱合军 Xuzd057
安徽：屯溪区 方建新 TangXS0059
湖南：古丈 刘克明，朱晓文 SCSB-HN-0528
湖南：望城 熊凯辉，刘克明 SCSB-HN-2151
湖南：湘乡 朱香清，田淑珍 SCSB-HN-1432
湖南：炎陵 蔡秀珍，孙秋妍，王燕归等 SCSB-HN-1275
湖南：岳麓区 刘克明，陈薇 SCSB-HN-0413
湖南：岳麓区 熊凯辉，刘克明 SCSB-HN-2200
湖南：长沙 朱香清，田淑珍 SCSB-HN-1475
湖南：资兴 蔡秀珍，孙秋妍，王燕归等 SCSB-HN-1305
江西：庐山区 董安淼，吴从梅 TanCM3091
江西：湾里区 杜小浪，慕泽泾，曹岚 DXL047
云南：景东 鲁艳 200853
云南：巧家 杨光明 SCSB-W-1287
云南：腾冲 周应再 Zhyz-206
云南：永德 李永亮 YDDXS6309
浙江：鄞州区 李宏庆，葛斌杰 Lihq0115

Polygonum longisetum Bruijn 长鬃蓼

安徽：舒城 陈延松，欧祖兰，高秋晨等 Xuzd359
安徽：蜀山区 吴林园 HANGYY8709
安徽：蜀山区 陈延松，徐忠东，耿明 Xuzd008
安徽：屯溪区 方建新 TangXS0929
安徽：屯溪区 方建新 TangXS0930
贵州：江口 邹方伦 ZouFL0120
贵州：施秉 邹方伦 ZouFL0259
河南：栾川 黄振英，于顺利，杨学军 Huangzy0002
河南：南召 黄振英，于顺利，杨学军 Huangzy0170
河南：嵩县 黄振英，于顺利，杨学军 Huangzy0100
湖南：新化 姜孝成，唐妹，戴小军等 Jiangxc0575
江苏：启东 高兴 HANGYY8634
江西：黎川 童和平，王玉珍，常迪江等 TanCM2004
江西：庐山区 谭策铭，董安淼 TCM09118
山东：崂山区 赵遵田，李振华，郑国伟等 Zhaozt0111
山东：崂山区 樊守金 Zhaozt0245
山东：牟平区 卞福花，卢学新，纪伟等 BianFH00022
山东：市南区 罗艳，母华伟，范兆飞 LuoY120
山东：泰山区 张璐璐，杜超，王慧燕等 Zhaozt0191
陕西：宁陕 田先华，吴礼慧 TianXH516
四川：万源 张桥蓉，余华 15CS11526
云南：新平 谢雄 XPALSC369
云南：元阳 田学军，杨建，邱成书等 Tianxj0028
云南：元阳 田学军，杨建，邱成书等 Tianxj0032
浙江：临安 李宏庆，田怀珍，刘国丽 Lihq0084

Polygonum longisetum var. rotundatum A. J. Li 圆基长鬃蓼

安徽：屯溪区 方建新 TangXS0433
山东：莒县 高德民，辛晓伟，高丽丽 Lilan719

Polygonum maackianum Regel 长戟叶蓼

安徽：屯溪区 方建新 TangXS0046
黑龙江：宁安 刘玫，张欣欣，程薪宇等 Liuetal417
江苏：无锡 李宏庆，熊申展，桂萍 Lihq0386
江西：九江 谭策铭，易桂花 TCM09185

Polygonum macrophyllum D. Don 圆穗拳参

甘肃：合作 刘坤 LiuJQ-GN-2011-578
甘肃：玛曲 李晓东，刘帆，张景博等 LiJ0016
甘肃：玛曲 刘坤 LiuJQ-GN-2011-575
青海：门源 吴玉虎，刘建全 LJQ-QLS-2008-0035
青海：囊谦 许炳强，周伟，郑朝汉 Xianh0017
四川：巴塘 徐波，陈光富，陈林杨等 SunH-07ZX-1499
四川：稻城 陈家辉，刘亚辉，周妍等 YangYP-Q-2296
四川：若尔盖 何兴金，胡灏禹，王月 SCU-08187
西藏：波密 张大才，李双智，唐路等 ZhangDC-07ZX-1777
西藏：达孜 卢洋，刘帆等 LiJ927
西藏：当雄 陈家辉，庄会富，刘德团 Yangyp-Q-0171
西藏：芒康 张大才，李双智，罗康等 ZhangDC-07ZX-0012
西藏：芒康 张大才，罗康，梁群等 SunH-07ZX-1312
西藏：那曲 陈家辉，庄会富，刘德团 Yangyp-Q-0234

西藏：聂拉木 陈家辉，韩希，王广艳等 YangYP-Q-4314
云南：德钦 陈文允，于文涛，黄永江等 CYHL140
云南：南涧 熊绍荣，时国彩，李春明等 njwls2007091
云南：香格里拉 杨青松，星耀武，苏涛 ZhouZK-07ZX-0329
云南：新平 刘家良 XPALSD065

Polygonum macrophyllum var. **stenophyllum** (Meisner) A. J. Li **狭叶圆穗拳参**

青海：玉树 许炳强，周伟，郑朝汉 Xianh0260
四川：丹巴 余岩，周春景，秦汉涛 SCU-11-044
四川：丹巴 何兴金，胡灏禹，沈呈娟等 SCU-11-428
四川：得荣 张挺，蔡杰，刘恩德等 SCSB-B-000450
四川：雅江 何兴金，郜鹏，彭禄等 SCU-11-332
西藏：林芝 罗建，王国严，汪书丽 LiuJQ-08XZ-012

Polygonum milletii (H. Léveillé) H. Léveillé **大海拳参**

四川：理塘 陈文允，于文涛，黄永江 CYH030
云南：丽江 张书东，林娜娜，陆露等 SCSB-W-147
云南：宁洱 胡启元，周兵，张绍云 YNS0878

Polygonum molle D. Don **绢毛神血宁**

西藏：察雅 张挺，李爱花，刘成等 08CS713
西藏：聂拉木 扎西次仁 ZhongY030
西藏：亚东 钟扬，扎西次仁 ZhongY755
西藏：亚东 钟扬，扎西次仁 ZhongY773
云南：沧源 赵金超，田立新 CYNGH046
云南：沧源 李春华，肖美芳，李华明等 CYNGH159
云南：大理 张德全，段丽珍，段金成等 ZDQ020
云南：福贡 许炳强，吴兴，李婧等 XiaNh-07zx-171
云南：福贡 朱枫，张仲富，成梅 Wangsh-07ZX-033
云南：贡山 郭永杰，吴之坤，吴兴等 14CS9848
云南：红河 彭华，向春雷，陈丽 PengH8249
云南：金平 税玉民，陈文红 80572
云南：景东 张挺，李爱花，戚志洲等 SCSB-A-000103
云南：景东 杨国平，李达文，鲁志云 ygp-036
云南：景东 张挺，蔡杰，刘成等 08CS901
云南：澜沧 张绍云，胡启和，仇亚等 YNS1133
云南：龙陵 孙兴旭 SunXX005
云南：隆阳区 赵玮 BSGLGSly152
云南：泸水 许炳强，吴兴，李婧等 XiaNh-07zx-011
云南：泸水 李恒，李嵘，刀志灵 1169
云南：绿春 黄连山保护区科研所 HLS0005
云南：绿春 税玉民，陈文红 72997
云南：绿春 税玉民，陈文红 73164
云南：孟连 彭华，向春雷，陈丽 P.H.5843
云南：南涧 邹国娟，邱云龙，时国彩等 njwls2007017
云南：屏边 钱良超，陆海兴，张照跃等 Pbdws117
云南：屏边 楚永兴 Pbdws066
云南：普洱 叶金科 YNS0347
云南：腾冲 余新林，赵玮 BSGLGStc221
云南：腾冲 周应再 Zhyz-098
云南：文山 何德明，邵会昌，沈素娟 WSLJS511
云南：新平 彭华，向春雷，陈丽 PengH8294
云南：新平 刘家良 XPALSD059
云南：新平 王家和，罗田发 XPALSC079
云南：永德 李永亮，马文军，王学军 YDDXSB099
云南：元阳 田学军，杨建，邱成书等 Tianxj0077
云南：云龙 郭永杰，王杨飞，李施文等 TC4016
云南：镇沅 何忠云，王立东 ALSZY090
云南：镇沅 罗成瑜 ALSZY473

Polygonum molle var. **frondosum** (Meisner) A. J. Li **光叶神血宁**

云南：大理 李爱花，雷立公，马国强等 SCSB-A-000148
云南：河口 张贵良，饶春，陶英美等 ZhangGL043
云南：金平 喻智勇，官兴永，张云飞等 JinPing50

Polygonum molle var. **rude** (Meisner) A. J. Li **倒毛神血宁**

云南：福贡 许炳强，吴兴，李婧等 XiaNh-07zx-198
云南：贡山 蔡杰，郭云刚，张凤琼等 14CS9703
云南：景东 鲁成荣，谢有能，张明勇 JD056
云南：隆阳区 段在贤，杨采龙 BSGLGSly1018
云南：泸水 孙振华，郑志兴，沈蕊等 OuXK-LC-026
云南：永德 普跃东，鲁金国，奎文康 YDDXSC019

Polygonum muricatum Meisner **小蓼花**

安徽：金寨 陈延松，欧祖兰，白雅洁 Xuzd187
安徽：舒城 陈延松，欧祖兰，高秋晨等 Xuzd408
湖南：洞口 肖乐希，唐光波，谢江等 SCSB-HN-1739
湖南：沅陵 周丰杰，刘克明 SCSB-HN-1321
江西：庐山区 董安淼，吴丛梅 TanCM3080
江西：武宁 张吉华，刘运群 TanCM1162
江西：星子 谭策铭，董安淼 TanCM537
云南：景东 罗忠华，刘长铭，李绍昆等 JDNR09067
云南：腾冲 周应再 Zhyz-355
云南：盈江 王立彦，左常盛，何维海 SCSB-TBG-003

Polygonum nepalense Meisner **尼泊尔蓼**

安徽：绩溪 宋曰钦，方建新，张恒 TangXS0585
安徽：舒城 陈延松，欧祖兰，高秋晨等 Xuzd429
湖北：神农架林区 李巨平 LiJuPing0130
湖北：竹溪 李盛兰 GanQL1146
湖南：新化 姜孝成，黄先辉，杨亚平等 SCSB-HNJ-0310
江西：靖安 张吉华，刘运群 TanCM1174
陕西：宁陕 吴礼慧 TianXH544
四川：米易 刘静，袁明 MY-114
西藏：城关区 李晖，边巴，徐爱国 lihui-Q-09-69
西藏：工布江达 卢洋，刘帆等 LiJ845
西藏：林芝 罗建，汪书丽 LiuJQ-08XZ-208
西藏：林芝 卢洋，刘帆等 LiJ807
西藏：亚东 陈家辉，韩希，王东超等 YangYP-Q-4279
云南：金平 税玉民，陈文红 80586
云南：景东 鲁艳 2008113
云南：绿春 黄连山保护区科研所 HLS0277
云南：麻栗坡 肖波 LuJL162
云南：麻栗坡 税玉民，陈文红 72074
云南：蒙自 税玉民，陈文红 72208
云南：蒙自 税玉民，陈文红 72289
云南：蒙自 税玉民，陈文红 72588
云南：石林 税玉民，陈文红 65861
云南：思茅区 胡启和，周兵，赵强 YNS0837
云南：腾冲 周应再 Zhyz-273
云南：新平 鲁兴文，白绍斌 XPALSC172
云南：盈江 王立彦，桂魏 SCSB-TBG-179
云南：永德 李永亮 YDDXS0598
云南：永德 李永亮 YDDXS0665
云南：元阳 田学军，杨建，邱成书等 Tianxj0076
云南：云龙 李爱花，李洪超，黄天才等 SCSB-A-000198
云南：镇沅 何忠云，周立刚 ALSZY313

Polygonum orientale Linnaeus **红蓼**

安徽：金寨 刘淼 SCSB-JSC49
安徽：休宁 方建新 TangXS0125
贵州：花溪区 邹方伦 ZouFL0221

贵州：南明区 侯小琪 YBG146
湖北：竹溪 李盛兰 GanQL1123
湖南：怀化 李胜华，伍贤进，曾汉元等 HHXY245
湖南：南岳区 刘克明，相银龙，周磊 SCSB-HN-1747
湖南：南岳区 刘克明，丛义艳 SCSB-HN-1406
湖南：新化 姜孝成，唐妹，戴小军等 Jiangxc0586
湖南：沅江 刘克明，肖乐希 SCSB-HN-0399
湖南：岳麓区 刘克明，陈薇 SCSB-HN-0414
吉林：南关区 韩忠明 Yanglm0041
吉林：南关区 王云贺 Yanglm0074
江苏：秦淮区 吴宝成，王兆银 HANGYY8356
江苏：句容 王兆银，吴宝成 SCSB-JS0192
江西：湾里区 杜小浪，慕泽泾，曹岚 DXL015
江西：武宁 张吉华，刘运群 TanCM748
辽宁：桓仁 祝业平 CaoW1046
辽宁：庄河 于立敏 CaoW943
内蒙古：和林格尔 蒲拴莲，刘润宽，刘毅等 M303
宁夏：银川 李磊，朱奋霞 ZuoZh128
山东：历下区 李兰，王萍，张少华等 Lilan-025
山西：小店区 吴琼，赵璐璐 Zhangf0065
四川：稻城 王文礼，冯欣，刘飞鹏 OUXK11137
云南：德钦 王文礼，冯欣，刘飞鹏 OUXK11194
云南：麻栗坡 肖波 LuJL040
云南：思茅区 张绍云，仇亚，胡启和 YNS1257
云南：武定 王文礼，何彪，冯欣等 OUXK11261

Polygonum pacificum V. Petrov ex Komarov 太平洋拳参
湖北：仙桃 张代贵 Zdg3009

Polygonum paleaceum Wallich êx J. D. Hooker 草血竭
云南：腾冲 余新林，赵玮 BSGLGStc325
云南：香格里拉 郭永杰，张桥蓉，李春晓等 11CS3487
云南：永德 李永亮 YDDXS0467
云南：云龙 字建泽，杨六斤，李国庆等 TC1014

Polygonum palmatum Dunn 掌叶蓼
新疆：裕民 徐文斌，黄刚 SHI-2009362

Polygonum patulum Marschall von Bieberstein 展枝萹蓄
黑龙江：肇东 刘玫，王臣，史传奇等 Liuetal611
新疆：阿克陶 杨赵平，黄文娟 TD-01730

Polygonum perfoliatum Linnaeus 杠板归
安徽：蜀山区 陈延松，方晓磊，沈云等 Xuzd083
安徽：屯溪区 方建新 TangXS0798
福建：平潭 于文涛，陈旭东 YUWT044
贵州：花溪区 赵亚美 SCSB-JS0459
贵州：施秉 邹方伦 ZouFL0254
湖北：黄梅 刘淼 SCSB-JSA33
湖北：竹溪 李盛兰 GanQL1023
湖南：安化 旷仁平，盛波 SCSB-HN-1987
湖南：怀化 李胜华，伍贤进，曾汉元等 HHXY052
湖南：江永 姜孝成，唐贵华，潘孝武 SCSB-HNJ-0078
湖南：开福区 姜孝成，唐妹，尹恒等 SCSB-HNJ-0401
湖南：浏阳 刘克明，朱晓文，田淑珍 SCSB-HN-0435
湖南：宁乡 熊凯辉，刘克明 SCSB-HN-1999
湖南：宁乡 熊凯辉，刘克明 SCSB-HN-2019
湖南：石门 姜孝成，唐妹，吕杰等 Jiangxc0484
湖南：望城 姜孝成，旷仁平 SCSB-HNJ-0362
湖南：新化 姜孝成，唐贵华，田春娥 SCSB-HNJ-0142
湖南：永定区 林永惠，吴福川，魏清润等 25
湖南：岳麓区 刘克明，丛义艳 SCSB-HN-0007
湖南：岳麓区 熊凯辉，刘克明 SCSB-HN-2198
湖南：岳麓区 熊凯辉，刘克明 SCSB-HN-2201
湖南：长沙 熊凯辉，刘克明 SCSB-HN-2175
湖南：资兴 蔡秀珍，肖乐希 SCSB-HN-0298
湖南：资兴 熊凯辉，王得刚，盛波 SCSB-HN-2052
吉林：南关区 王云贺 Yanglm0080
江苏：海州区 汤兴利 HANGYY8453
江苏：玄武区 吴宝成 HANGYY8375
江西：黎川 童和平，王玉珍 TanCM1812
江西：湾里区 杜小浪，慕泽泾，曹岚 DXL003
辽宁：桓仁 祝业平 CaoW1005
辽宁：庄河 于立敏 CaoW768
山东：牟平区 卞福花，卢学新，纪伟等 BianFH00037
陕西：宁陕 李阳，田先华 TianXH112
云南：沧源 赵金超，田立新 CYNGH031
云南：景东 鲁艳 2008118
云南：景东 罗忠华，刘长铭，鲁成荣等 JDNR09044
云南：隆阳区 赵玮 BSGLGSly182
云南：隆阳区 段在贤，杨采龙 BSGLGSly1021
云南：绿春 杨玉开，李正明，朱正明 HLS0325
云南：腾冲 周应再 Zhyz-354
云南：永德 李永亮 LiYL1364

Polygonum persicaria Linnaeus 蓼
安徽：休宁 方建新 TangXS0430
河南：栾川 黄振英，于顺利，杨学军 Huangzy0024
河南：南召 黄振英，于顺利，杨学军 Huangzy0187
河南：嵩县 黄振英，于顺利，杨学军 Huangzy0117
黑龙江：北安 郑宝江，潘磊 ZhengBJ023
湖北：竹溪 李盛兰 GanQL184
湖北：竹溪 李盛兰 GanQL594
吉林：南关区 韩忠明 Yanglm0073
吉林：磐石 安海成 AnHC0353
吉林：长岭 张宝田 Yanglm0338
江西：庐山区 董安淼，吴从梅 TanCM1048
江西：武宁 张吉华，刘运群 TanCM1130
山东：海阳 辛晓伟 Lilan857
四川：万源 张桥蓉，余华，王义 15CS11506
新疆：博乐 徐文斌，杨清理 SHI-2008447
新疆：和布克赛尔 翟伟 SCSB-SHI-2006192
新疆：和静 邱爱军，张玲，马帅 LiZJ1770
新疆：托里 徐文斌，杨清理 SHI-2009186
新疆：叶城 郭永杰，黄文娟，段黄金 LiZJ0171
新疆：裕民 徐文斌，黄刚 SHI-2009365

Polygonum pinetorum Hemsley 松林神血宁 *
云南：金平 税玉民，陈文红 80520
云南：宁洱 周兵，胡启元，张绍云 YNS0883
云南：巧家 张天壁 SCSB-W-743
云南：思茅区 胡启和，周兵，仇亚 YNS0889
云南：思茅区 胡启和，周兵，仇亚 YNS0890
云南：思茅区 胡启和，周兵，仇亚 YNS0891
云南：文山 税玉民，陈文红 16346

Polygonum plebeium R. Brown 习见蓼
河北：蔚县 牛玉璐，高彦飞，赵二涛 NiuYL329
江西：星子 董安淼，吴从梅 TanCM1433
山东：莱山区 卞福花，宋言贺 BianFH-474
上海：宝山区 李宏庆 Lihq0184
新疆：和静 邱爱军，张玲，马帅 LiZJ1750
新疆：和静 张玲 TD-01657
云南：贡山 许炳强，吴兴，李婧等 XiaNh-07zx-067

云南：景东 罗忠华，刘长铭，鲁成荣等 JDNR09014
云南：景东 鲁艳 200836
云南：马关 何德明 WSLJS931
云南：勐海 张挺，李洪超，李文化等 SCSB-B-000406
云南：南涧 李加生，马德跃，官有才 NJWLS835
云南：南涧 官有才 NJWLS1626
云南：思茅区 胡启和，周兵，仇亚 YNS0923
云南：新平 王家和 XPALSC517
云南：新平 谢雄 XPALSC374
云南：新平 谢天华，郎定富 XPALSA090
云南：新平 刘家良 XPALSD303
云南：新平 李应富，谢天华，郎定富 XPALSA113

Polygonum polycnemoides Jaubert & Spach 针叶萹蓄

新疆：和静 杨赵平，焦培培，白冠章等 LiZJ0678

Polygonum polystachyum Wallich ex Meisner 多穗神血宁

四川：稻城 何兴金，王长宝，刘爽等 SCU-09-033
四川：道孚 何兴金，刘爽，易欣 SCU-10-300
四川：壤塘 何兴金，刘爽，易欣 SCU-10-337
西藏：林芝 罗建，汪书丽 LiuJQ-08XZ-089
西藏：林芝 罗建，汪书丽 LiuJQ-08XZ-170
西藏：林芝 罗建，汪书丽，王国严 LiuJQ-09XZ-373
西藏：林芝 张大才，李双智，唐路等 ZhangDC-07ZX-1845
西藏：聂拉木 毛康珊，任广朋，邹嘉宾 LiuJQ-QTP-2011-109
西藏：日喀则 张晓纬，汪书丽，罗建 LiuJQ-09XZ-LZT-107
云南：维西 陈文允，于文涛，黄永江等 CYHL049
云南：维西 王文礼，冯欣，刘飞鹏 OUXK11054
云南：永德 李永亮 YDDXS0962
云南：永德 李永亮 YDDXS0964
云南：云龙 字建泽，杨六斤，李国宏等 TC1090

Polygonum posumbu Buchanan-Hamilton ex D. Don 丛枝蓼

安徽：肥东 陈延松，朱合军，姜九龙 Xuzd072
安徽：宁国 洪欣，陶旭 ZSB281
安徽：舒城 陈延松，欧祖兰，高秋晨等 Xuzd344
安徽：屯溪区 方建新 TangXS0526
安徽：屯溪区 方建新 TangXS0933
贵州：江口 邹方伦 ZouFL0116
河南：栾川 黄振英，于顺利，杨学军 Huangzy0020
河南：南召 黄振英，于顺利，杨学军 Huangzy0183
河南：嵩县 黄振英，于顺利，杨学军 Huangzy0113
湖北：仙桃 李巨平 Lijuping0296
湖北：宣恩 祝文志，刘志祥，曹远俊 ShenZH0072
江苏：句容 吴宝成，王兆银 HANGYY8158
江西：庐山区 谭策铭，董安淼 TCM09050
江西：湾里区 杜小浪，慕泽泾，曹岚 DXL129
辽宁：庄河 于立敏 CaoW928
山东：崂山区 罗艳，李中华，邓建平 LuoY301
山东：崂山区 赵遵田，郑国伟，杜超等 Zhaozt0160
四川：康定 孔航辉，罗江平，左雷等 YangQE3482
四川：米易 袁明 MY371
云南：麻栗坡 肖波 LuJL076
云南：麻栗坡 税玉民，陈文红 72077
云南：蒙自 税玉民，陈文红 72203
云南：南涧 时国彩 njwls2007020
云南：思茅区 胡启和，周兵，赵强 YNS0839
云南：文山 税玉民，陈文红 71963
云南：西山区 税玉民，陈文红 65370
浙江：临安 李宏庆 Lihq0089

Polygonum praetermissum J. D. Hooker 疏蓼

安徽：屯溪区 方建新 TangXS0862
江苏：徐州 李宏庆，熊申展，胡超 Lihq0359

Polygonum pubescens Blume 伏毛蓼

安徽：肥东 徐忠东，陈延松 Xuzd032
安徽：金寨 刘淼 SCSB-JSC6
安徽：屯溪区 方建新 TangXS0052
贵州：江口 邹方伦 ZouFL0115
湖南：洞口 肖乐希，唐光波，谢江等 SCSB-HN-1735
湖南：怀化 李胜华，伍贤进，曾汉元等 HHXY348
湖南：双牌 姜孝成，王丽萍，李育华 Jiangxc0793
湖南：新化 姜孝成，唐妹，戴小军等 Jiangxc0564
湖南：永定区 陈功锡，吴福川，林永惠等 5
江西：庐山区 谭策铭，董安淼 TCM09045
江西：湾里区 杜小浪，慕泽泾，曹岚 DXL130
江西：湾里区 杜小浪，慕泽泾 DXL226
云南：景东 罗忠华，刘长铭，鲁成荣等 JDNR09030
云南：蒙自 税玉民，陈文红 72205
云南：腾冲 余新林，赵玮 BSGLGStc365
云南：腾冲 周应再 Zhyz-266
浙江：临安 李宏庆，田怀珍，刘国丽 Lihq0086

Polygonum pulchrum Blume 丽蓼

湖南：开福区 姜孝成，唐妹，尹恒等 SCSB-HNJ-0404

Polygonum runcinatum Buchanan-Hamilton ex D. Don 羽叶蓼

云南：澜沧 张绍云，胡启和，仇亚等 YNS1115
云南：腾冲 余新林，赵玮 BSGLGStc224
云南：永德 李永亮，王学军，杨建文等 YDDXSB076

Polygonum runcinatum var. **sinense** Hemsley 赤胫散 *

四川：峨眉山 李小杰 LiXJ682
云南：腾冲 周应再 Zhyz-316

Polygonum sagittatum Linnaeus 箭头蓼

安徽：绩溪 唐鑫生，宋曰钦，方建新 TangXS0564
安徽：金寨 陈延松，欧祖兰，王冬 Xuzd156
安徽：舒城 陈延松，欧祖兰，高秋晨等 Xuzd459
安徽：屯溪区 方建新 TangXS0049
河北：平山 牛玉璐，郑博颖，黄士良等 NiuYL092
黑龙江：北安 郑宝江，潘磊 ZhengBJ025
黑龙江：宁安 刘玫，张欣欣，程薪宇等 Liuetal415
黑龙江：尚志 郑宝江，丁晓炎，李月等 ZhengBJ192
湖北：竹溪 李盛兰 GanQL574
湖南：新化 姜孝成，唐妹，戴小军等 Jiangxc0587
吉林：九台 韩忠明 Yanglm0231
江苏：句容 王兆银，吴宝成 SCSB-JS0371
江苏：海州区 汤兴利 HANGYY8468
江西：黎川 童和平，王玉珍，常迪江等 TanCM1997
江西：庐山区 董安淼，吴从梅 TanCM842
江西：星子 谭策铭，董安淼 TanCM473
辽宁：凤城 李忠诚 CaoW212
山东：崂山区 罗艳 LuoY092
四川：米易 袁明 MY486

Polygonum senticosum (Meisner) Franchet & Savatier 刺蓼

黑龙江：尚志 王臣，张欣欣，刘跃印等 WangCh405
吉林：磐石 安海成 AnHC0130
江西：湾里区 杜小浪，慕泽泾，曹岚 DXL043
江西：星子 谭策铭，董安淼 TanCM512
辽宁：庄河 于立敏 CaoW927
山东：牟平区 卞福花，陈朋 BianFH-0376
云南：西山区 税玉民，陈文红 65817

Polygonum sibiricum Laxmann 西伯利亚神血宁

黑龙江：肇源 杨帆，马红媛，安丰华 SNA0595
吉林：大安 杨帆，马红媛，安丰华 SNA0008
内蒙古：太仆寺旗 陈晖，王金山 NMZA0012
宁夏：平罗 何志斌，杜军，陈龙飞等 HHZA0018
青海：都兰 潘建斌，杜维波，牛炳韬 Liujq-2011CDM-154
青海：门源 吴玉虎 LJQ-QLS-2008-0052
山东：海阳 高德民，张颖颖，程丹丹等 lilan560
山东：莱山区 卞福花，宋言贺 BianFH-451
四川：甘孜 陈文允，于文涛，黄永江 CYH153
四川：若尔盖 张昌兵，邓秀华 ZhangCB0222
西藏：林芝 卢洋，刘帆等 LiJ760
西藏：林芝 卢洋，刘帆等 LiJ793
西藏：墨竹工卡 卢洋，刘帆等 LiJ895
西藏：日土 陈家辉，庄会富，刘德团等 Yangyp-Q-0100
新疆：阿克陶 杨赵平，黄文娟 TD-01771
新疆：塔什库尔干 邱娟，冯建菊 LiuJQ0011

Polygonum sibiricum var. thomsonii Meisner **细叶西伯利亚神血宁**
西藏：定日 王东超，杨大松，张春林等 YangYP-Q-5117
西藏：革吉 李晖，卜海涛，边巴等 lihui-Q-09-32
西藏：日土 李晖，文雪梅，次旺加布等 Lihui-Q-0041
新疆：塔什库尔干 黄文娟，段黄金，王英鑫等 LiZJ0282

Polygonum songaricum Schrenk **准噶尔神血宁**
新疆：独山子区 亚吉东，张桥蓉，秦少发等 16CS13273

Polygonum sparsipilosum A. J. Li **柔毛蓼** *
甘肃：碌曲 李晓东，刘帆，张景博等 LiJ0169
甘肃：玛曲 刘坤 LiuJQ-GN-2011-589

Polygonum subscaposum Diels **大理拳参** *
云南：南涧 阿国仁，何贵才 NJWLS577

Polygonum suffultoides A. J. Li **珠芽支柱拳参** *
云南：维西 陈文允，于文涛，黄永江等 CYHL055

Polygonum suffultum var. pergracile (Hemsley) Samuelsson **细穗支柱拳参** *
云南：永德 李永亮 YDDXSB053

Polygonum taquetii H. Léveillé **细叶蓼**
湖南：开福区 姜孝成，唐妹，尹恒等 SCSB-HNJ-0400
江苏：句容 王兆银，吴宝成 SCSB-JS0205
江西：庐山区 董安淼，吴丛梅 TanCM1050
江西：武宁 张吉华，刘运群 TanCM1129
青海：门源 吴玉虎 LJQ-QLS-2008-0138

Polygonum thunbergii Siebold & Zuccarini **戟叶蓼**
安徽：绩溪 胡长玉，方建新，徐林飞 TangXS0654
安徽：金寨 陈延松，欧祖兰，刘旭升 Xuzd186
安徽：舒城 陈延松，欧祖兰，高秋晨等 Xuzd415
黑龙江：尚志 郑宝江，丁晓炎，王美娟等 ZhengBJ251
湖北：仙桃 张代贵 Zdg2907
湖北：竹溪 李盛兰 GanQL578
江西：黎川 童和平，王玉珍 TanCM1884
江西：武宁 谭策铭，张吉华 TanCM431
辽宁：桓仁 祝业平 CaoW1008
山东：崂山区 罗艳，李中华 LuoY171
陕西：宁陕 田先华，吴礼慧 TianXH494
四川：普格 苏涛，黄永江，杨青松等 ZhouZK11028
云南：麻栗坡 肖波 LuJL214
云南：永德 李永亮 YDDXS0680
云南：永德 李永亮 YDDXS6680

Polygonum tinctorium Aiton **蓼蓝**
安徽：屯溪区 方建新 TangXS0061

Polygonum tortuosum D. Don **叉枝神血宁**
四川：白玉 李晓东，张景博，徐凌翔等 LiJ486
四川：道孚 陈文允，于文涛，黄永江 CYH207
四川：新龙 陈文允，于文涛，黄永江 CYH074
西藏：噶尔 李晖，文雪梅，次旺加布等 Lihui-Q-0063
西藏：工布江达 罗建，汪书丽，任德智 LiuJQ-09XZ-ML035
西藏：曲松 陈家辉，王赟，刘德团 YangYP-Q-3266

Polygonum vacciniifolium Wallich ex Meisner **乌饭树叶蓼**
西藏：错那 罗建，汪书丽 LiuJQ11XZ240

Polygonum viscoferum Makino **粘蓼**
安徽：舒城 陈延松，欧祖兰，高秋晨等 Xuzd310
江苏：句容 王兆银，吴宝成 SCSB-JS0311
山东：海阳 辛晓伟 Lilan808
山东：海阳 张少华，张颖颖，程丹丹等 lilan516
山东：海阳 张少华，张诏，程丹丹等 Lilan651

Polygonum viscosum Buchanan-Hamilton ex D. Don **香蓼**
安徽：肥西 陈延松，姜九龙 Xuzd115
安徽：芜湖 陈延松，吴国伟，洪欣 Zhousb0100
黑龙江：尚志 郑宝江，丁晓炎，李月等 ZhengBJ191
黑龙江：尚志 刘玫，张欣欣，程薪宇等 Liuetal409
湖北：竹溪 李盛兰 GanQL376
江苏：吴中区 吴宝成 HANGYY8193
江西：庐山区 董安淼，吴丛梅 TanCM2552
辽宁：桓仁 祝业平 CaoW1047
辽宁：庄河 于立敏 CaoW933
山东：海阳 辛晓伟 Lilan859
山东：海阳 张少华，张诏，程丹丹等 Lilan650
云南：剑川 彭华，许瑾，陈丽 P.H.5050
云南：绿春 税玉民，陈文红 72747
云南：腾冲 周应再 Zhyz-259
云南：腾冲 余新林，赵玮 BSGLGStc022

Polygonum viviparum Linnaeus **珠芽拳参**
甘肃：合作 刘坤 LiuJQ-GN-2011-579
甘肃：玛曲 李晓东，刘帆，张景博等 LiJ0052
贵州：南明区 赵厚涛，韩国营 YBG064
青海：门源 吴玉虎，刘建全 LJQ-QLS-2008-0036
青海：治多 汪书丽，朱洪涛 Liujq-QLS-TXM-071
四川：宝兴 袁明 Y07112
西藏：工布江达 卢洋，刘帆等 LiJ886
西藏：林芝 罗建，王国严，汪书丽 LiuJQ-08XZ-013
西藏：林芝 卢洋，刘帆等 LiJ800
西藏：林芝 陈家辉，韩希，王东超等 YangYP-Q-4025
西藏：索县 汪书丽，王志强，邹嘉宾 Liujq-Txm10-142
新疆：和静 张玲 TD-01627
新疆：和静 段士民，王喜勇，刘会良等 98
新疆：玛纳斯 谭敦炎，吉乃提 TanDY0788
新疆：塔什库尔干 邱娟，冯建菊 LiuJQ0104
新疆：托里 谭敦炎，吉乃提 TanDY0748
新疆：乌鲁木齐 王喜勇，马文宝，施翔 zdy244
云南：贡山 刀志灵 DZL351
云南：巧家 杨光明 SCSB-W-1118

Reynoutria japonica Houttuyn **虎杖**
安徽：宁国 洪欣，李中林 ZhouSB0232
安徽：屯溪区 方建新 TangXS0124
安徽：宣城 刘淼 HANGYY8090
北京：房山区 李燕军 SCSB-C-0080
北京：海淀区 黄芸 SCSB-D-0053
北京：海淀区 李燕军 SCSB-B-0041

北京：门头沟区 李燕军 SCSB-E-0075
广西：龙胜 黄俞淞，叶晓霞，邹容 Liuyan0080
贵州：雷山 陈丽，董朝辉 P.H.5458
贵州：南明区 侯小琪 YBG148
河北：兴隆 李燕军 SCSB-A-0045
湖北：神农架林区 李巨平 LiJuPing0043
湖南：鹤城区 李胜华，伍贤进，曾汉元等 HHXY166
湖南：怀化 李胜华，伍贤进，曾汉元等 HHXY066
湖南：怀化 李胜华，伍贤进，曾汉元等 HHXY258
湖南：浏阳 刘克明，朱晓文，田淑珍 SCSB-HN-0454
湖南：双牌 姜孝成，王丽萍，李育华 Jiangxc0806
湖南：新化 姜孝成，唐妹，戴小军等 Jiangxc0545
湖南：新化 姜孝成，唐妹，戴小军等 Jiangxc0556
湖南：新化 黄先辉，杨亚平，卜剑超 SCSB-HNJ-0319
湖南：新化 刘克明，彭珊，李珊等 SCSB-HN-1669
湖南：炎陵 刘应迪，孙秋妍，陈珮珮 SCSB-HN-1509
江苏：句容 王兆银，吴宝成 SCSB-JS0383
江苏：海州区 汤兴利 HANGYY8496
江西：星子 董安淼，吴从梅 TanCM1619
江西：永新 杜小浪，慕泽泾，曹岚 DXL056
四川：红原 张昌兵 ZhangCB0041

Rheum acuminatum J. D. Hooker & Thomson **心叶大黄**

四川：稻城 陈文允，于文涛，黄永江 CYH014
四川：稻城 何兴金，王长宝，刘爽等 SCU-09-031
四川：稻城 何兴金，廖晨阳，任海燕等 SCU-09-429
四川：稻城 何兴金，廖晨阳，任海燕等 SCU-09-441
四川：康定 何兴金，王月，胡灏禹等 SCU-08133
四川：康定 何兴金，王月，胡灏禹 SCU-08185
四川：康定 彭玉兰，涂卫国 Gaoxf-0952
西藏：波密 陈家辉，韩希，王东超等 YangYP-Q-4082
西藏：错那 聂泽龙，牛洋，周卓等 SunH-07ZX-2305

Rheum alexandrae Batalin **水黄** *

四川：白玉 孙航，张建文，邓涛等 SunH-07ZX-3736
四川：稻城 孙航，张建文，董金龙等 SunH-07ZX-3565
四川：稻城 孙航，张建文，董金龙等 SunH-07ZX-3620
四川：稻城 张大才，尹五元，李双智等 ZhangDC-07ZX-2150
四川：康定 许炳强，童毅华，吴兴等 XiaNH-07ZX-1011
四川：理塘 孙航，张建文，邓涛等 SunH-07ZX-3364
四川：理塘 苏涛，黄永江，杨青松等 ZhouZK11119
四川：理塘 陈文允，于文涛，黄永江 CYH017
四川：理塘 陈文允，于文涛，黄永江 CYH024
四川：理塘 何兴金，赵丽华，梁乾隆等 SCU-11-180
四川：理塘 何兴金，马祥光，张云香等 SCU-11-268
云南：香格里拉 张挺，郭永杰，刘成等 10CS2235
云南：香格里拉 蔡杰，张挺，刘成等 11CS3268
云南：香格里拉 杨亲二，袁琼 Yangqe2147

Rheum australe D. Don **藏边大黄**

西藏：朗县 罗建，汪书丽，任德智 L110
西藏：墨脱 孙航，张建文，陈建国等 SunH-07ZX-2679

Rheum compactum Linnaeus **密序大黄**

新疆：博乐 刘鸯，马真，贺晓欢等 SHI-A2007032
新疆：霍城 马真，贺晓欢，徐文斌等 SHI-A2007060
新疆：尼勒克 阎平，邓丽娟 SHI-A2007275
新疆：乌鲁木齐 王喜勇，马文宝，施翔 zdy241

Rheum delavayi Franchet **滇边大黄**

四川：九龙 张大才，尹五元，李双智等 ZhangDC-07ZX-2397
四川：乡城 张大才，尹五元，李双智等 ZhangDC-07ZX-2113
云南：东川区 张挺，刘成，郭明明等 11CS3642
云南：香格里拉 张挺，蔡杰，郭永杰等 11CS3074

Rheum hotaoense C. Y. Cheng & T. C. Kao **河套大黄** *

青海：祁连 陈世龙，高庆波，张发起等 Chensl1557

Rheum kialense Franchet **疏枝大黄** *

云南：香格里拉 陈家辉，刘亚辉，周妍等 YangYP-Q-2202

Rheum likiangense Samuelsson **丽江大黄** *

青海：称多 田斌，姬明飞 Liujq-2010-QH-018
青海：囊谦 许炳强，周伟，郑朝汉 Xianh0012
青海：玉树 田斌，姬明飞 Liujq-2010-QH-010
云南：香格里拉 蔡杰，张挺，刘成等 11CS3253

Rheum moorcroftianum Royle **卵果大黄**

西藏：安多 汪书丽，王志强，邹嘉宾 Liujq-Txm10-103

Rheum nobile J. D. Hooker & Thomson **塔黄**

四川：理塘 李晓东，张景博，徐凌翔等 LiJ304
四川：雅江 孔航辉，罗江平，左雷等 YangQE3495
四川：雅江 彭华，向春雷，刘振稳等 P.H.5024
西藏：林芝 罗建 LiuJQ-08XZ-001
西藏：林芝 聂泽龙，牛洋，周卓等 SunH-07ZX-2326
西藏：林芝 孙航，张建文，陈建国等 SunH-07ZX-2752
西藏：林芝 张大才，李双智，唐路等 ZhangDC-07ZX-1800
西藏：亚东 聂泽龙，牛洋，周卓等 SunH-07ZX-2317
云南：香格里拉 郭永杰，张桥蓉，李春晓等 11CS3525
云南：香格里拉 苏涛，黄永江，杨青松等 ZhouZK11483

Rheum officinale Baillon **药用大黄** *

重庆：南川区 易思荣 YISR023
湖北：神农架林区 李巨平 LiJuPing0208
青海：玉树 许炳强，周伟，郑朝汉 Xianh0119
青海：玉树 许炳强，周伟，郑朝汉 Xianh0229
陕西：镇坪 田先华，段晓珊，陆东舜 TianXH018
西藏：昌都 苏涛，黄永江，杨青松等 ZhouZK11261
云南：禄劝 彭华，向春雷，王泽欢 PengH8004

Rheum palmatum Linnaeus **掌叶大黄**

青海：达日 陈世龙，高庆波，张发起 Chensl1101
青海：玛沁 田斌，姬明飞 Liujq-2010-QH-023
青海：泽库 陈世龙，高庆波，张发起 Chensl1023
陕西：眉县 田先华，白根录 TianXH110
四川：黑水 顾垒，李忠荣 GaoXF-09ZX-1412
四川：康定 彭玉兰，涂卫国 Gaoxf-1002
西藏：芒康 张挺，蔡杰，刘恩德等 SCSB-B-000466
西藏：芒康 张永洪，李国栋，王晓雄 SunH-07ZX-2214

Rheum przewalskyi Losinskaja **歧穗大黄** *

青海：祁连 陈世龙，高庆波，张发起等 Chensl1507

Rheum pumilum Maximowicz **小大黄** *

青海：祁连 陈世龙，高庆波，张发起等 Chensl1453

Rheum reticulatum Losinskaja **网脉大黄**

青海：玛多 汪书丽，朱洪涛 Liujq-QLS-TXM-128
新疆：和静 杨赵平，焦培培，白冠章等 LiZJ0597
新疆：叶城 郭永杰，黄文娟，段黄金 LiZJ0235

Rheum rhabarbarum Linnaeus **波叶大黄**

河北：围场 李中林 ZhouSB0242

Rheum rhomboideum Losinskaja **菱叶大黄** *

西藏：吉隆 扎西次仁 ZhongY103

Rheum spiciforme Royle **穗序大黄**

青海：海西 汪书丽，王志强，邹嘉宾 Liujq-Txm10-073
青海：玛多 陈世龙，张得钧，高庆波等 Chensl0104
青海：玛多 田斌，姬明飞 Liujq-2010-QH-007
青海：囊谦 陈世龙，高庆波，张发起 Chensl0666
青海：治多 汪书丽，朱洪涛 Liujq-QLS-TXM-075

西藏：噶尔 李晖，文雪梅，次旺加布等 Lihui-Q-0068

Rheum sublanceolatum C. Y. Cheng & T. C. Kao 窄叶大黄 *

四川：理塘 李晓东，张景博，徐凌翔等 LiJ423

Rheum tanguticum (Maximowicz ex Regel) Maximowicz ex Balfour 鸡爪大黄 *

青海：班玛 汪书丽，朱洪涛 Liujq-QLS-TXM-143

青海：玛沁 陈世龙，高庆波，张发起 Chensl1079

西藏：昌都 易思荣，谭秋平 YISR220

西藏：那曲 钟扬 ZhongY1005

西藏：左贡 汪书丽，王志强，邹嘉宾 Liujq-Txm10-221

Rheum tataricum Linnaeus f. 圆叶大黄

新疆：裕民 徐文斌，黄刚 SHI-2009089

Rheum webbianum Royle 须弥大黄

西藏：错那 张晓纬，汪书丽，罗建 LiuJQ-09XZ-LZT-022

西藏：浪卡子 杨永平，王东超，杨大松等 YangYP-Q-5048

Rheum wittrockii C. E. Lundstrom 天山大黄

新疆：独山子区 亚吉东，张桥蓉，秦少发等 16CS13269

新疆：和静 杨赵平，焦培培，白冠章等 LiZJ0743

新疆：和静 张玲 TD-01636

新疆：尼勒克 贺晓欢，徐文斌，刘鸯等 SHI-A2007394

新疆：乌苏 马真，贺晓欢，徐文斌等 SHI-A2007354

Rumex acetosa Linnaeus 酸模

安徽：铜陵 陈延松，唐成丰 Zhousb0125

安徽：屯溪区 方建新 TangXS0715

甘肃：玛曲 李晓东，刘帆，张景博等 LiJ0032

甘肃：玛曲 刘坤 LiuJQ-GN-2011-585

贵州：南明区 侯小琪 YBG152

黑龙江：尚志 郑宝江，丁晓炎，李月等 ZhengBJ193

黑龙江：尚志 刘玫，张欣欣，程薪宇等 Liuetal393

湖北：神农架林区 李巨平 LiJuPing0218

湖北：五峰 李平 AHL037

湖北：竹溪 李盛兰 GanQL290

湖南：新宁 姜孝成，唐贵华，袁双艳等 SCSB-HNJ-0218

湖南：永定区 林永惠，吴福川，晏丽等 13

湖南：永顺 陈功锡，张代贵 SCSB-HC-2008048

江苏：句容 王兆银，吴宝成 SCSB-JS0071

江西：黎川 童和平，王玉珍 TanCM2339

江西：龙南 梁跃龙，欧考昌，欧考胜 LiangYL123

江西：庐山区 谭策铭，董安淼 TanCM252

江西：湾里区 杜小浪，慕泽泾 DXL214

青海：班玛 汪书丽，朱洪涛 Liujq-QLS-TXM-132

青海：海晏 薛春迎 Xuechy0033

山东：济南 张少华，王萍，张诏等 Lilan155

山东：崂山区 郑国伟 Zhaozt0238

山东：牟平区 卞福花，卢学新，纪伟等 BianFH00019

山东：平原 刘奥，王广阳 WBG001741

陕西：宁陕 田陌，王梅荣，田先华 TianXH158

四川：九龙 孔航辉，罗江平，左雷等 YangQE3456

四川：理塘 苏涛，黄永江，杨青松等 ZhouZK11162

四川：马尔康 何兴金，冯图，廖晨阳等 SCU-080383

四川：盐源 苏涛，黄永江，杨青松等 ZhouZK11395

新疆：布尔津 谭敦炎，邱娟 TanDY0462

新疆：乌鲁木齐 王雷，王宏飞，黄振英 Beijing-huang-xjys-0019

新疆：乌鲁木齐 王喜勇，马文宝，施翔 zdy219

新疆：乌鲁木齐 马文宝，刘会良，施翔 zdy268

云南：德钦 陈文允，于文涛，黄永江等 CYHL181

云南：昆明 税玉民，陈文红 65764

云南：丽江 张书东，林娜娜，陆露等 SCSB-W-124

云南：芒市 彭华，陈丽，向春雷等 P.H.5408

云南：宁蒗 孔航辉，罗江平，左雷等 YangQE3337

云南：西山区 税玉民，陈文红 65789

云南：香格里拉 李晓东，张紫刚，操榆 LiJ625

Rumex acetosella Linnaeus 小酸模

河北：赞皇 牛玉璐，郑博颖，黄士良等 NiuYL136

湖北：仙桃 张代贵 Zdg3081

江西：庐山区 董安淼，吴从梅 TanCM1569

山东：市南区 罗艳 LuoY270

四川：米易 刘静，袁明 MY-107

云南：会泽 杜燕，黄天才，董勇等 SCSB-A-000340

云南：香格里拉 杨青松，詹克平，于文涛等 ZhouZK-07ZX-0006

云南：新平 自成仲 XPALSD342

Rumex amurensis F. Schmidt ex Maximowicz 黑龙酸模

安徽：屯溪区 方建新 TangXS0736

山东：泰山区 张少华，王萍，张诏等 Lilan229

四川：康定 苏涛，黄永江，杨青松等 ZhouZK11086

Rumex aquaticus Linnaeus 水生酸模

甘肃：碌曲 李晓东，刘帆，张景博等 LiJ0203

甘肃：玛曲 齐威 LJQ-2008-GN-208

甘肃：玛曲 刘坤 LiuJQ-GN-2011-584

陕西：陇县 田陌，王梅荣 TianXH1156

新疆：布尔津 谭敦炎，邱娟 TanDY0463

新疆：塔什库尔干 杨赵平，黄文娟 TD-01747

Rumex chalepensis Miller 网果酸模

江西：庐山区 董安淼，吴从梅 TanCM3320

Rumex crispus Linnaeus 皱叶酸模

甘肃：迭部 刘坤 LiuJQ-GN-2011-588

甘肃：迭部 齐威 LJQ-2008-GN-206

甘肃：碌曲 李晓东，刘帆，张景博等 LiJ0156

河北：武安 牛玉璐，高彦飞，赵二涛 NiuYL500

黑龙江：北安 郑宝江，潘磊 ZhengBJ028

黑龙江：虎林市 王庆贵 CaoW629

黑龙江：虎林市 王庆贵 CaoW649

黑龙江：虎林市 王庆贵 CaoW697

黑龙江：虎林市 王庆贵 CaoW732

黑龙江：虎林市 王庆贵 CaoW733

黑龙江：饶河 王庆贵 CaoW594

黑龙江：饶河 王庆贵 CaoW707

黑龙江：饶河 王庆贵 CaoW716

湖北：竹溪 李盛兰 GanQL932

江西：庐山区 董安淼，吴从梅 TanCM3315

青海：共和 陈世龙，高庆波，张发起 Chensl0498

青海：门源 吴玉虎 LJQ-QLS-2008-0237

陕西：长安区 田陌，田先华，王梅荣 TianXH373

四川：甘孜 陈文允，于文涛，黄永江 CYH099

四川：马尔康 何兴金，王月，胡灏禹等 SCU-08114

四川：壤塘 何兴金，胡灏禹，黄德青 SCU-10-144

四川：若尔盖 高云东，李忠荣，鞠文彬 GaoXF-12-016

四川：松潘 何兴金，张云香，王志新 SCU-10-502

四川：汶川 何兴金，高云东，余岩等 SCU-09-543

四川：小金 高云东，李忠荣，鞠文彬 GaoXF-12-073

西藏：工布江达 卢洋，刘帆等 LiJ833

新疆：阿合奇 杨赵平，黄文娟 TD-01716

新疆：阿勒泰 谭敦炎，邱娟 TanDY0503

新疆：阜康 王宏飞，王磊，黄振英 Beijing-huang-xjsm-0010

新疆：巩留 段士民，王喜勇，刘会良 Zhangdy386

新疆：玛纳斯 石大标 SCSB-Y-2006075

新疆：玛纳斯 谭敦炎，吉乃提 TanDY0783
新疆：尼勒克 徐文斌，刘鸯，马真等 SHI-A2007422
新疆：尼勒克 段士民，王喜勇，刘会良 Zhangdy419
新疆：托里 徐文斌，郭一敏 SHI-2009046
新疆：托里 徐文斌，黄刚 SHI-2009344
新疆：托里 徐文斌，杨清理 SHI-2009312
新疆：托里 徐文斌，杨清理 SHI-2009492
新疆：温泉 徐文斌，王莹 SHI-2008179
新疆：温泉 徐文斌，黄雪姣 SHI-2008196
新疆：温宿 杨赵平，周禧琳，贺冰 LiZJ1911
新疆：温宿 杨赵平，周禧琳，贺冰 LiZJ1966
新疆：乌鲁木齐 王雷，王宏飞，黄振英 Beijing-huang-xjys-0010
新疆：乌鲁木齐 谭敦炎，艾沙江 TanDY0556
新疆：乌鲁木齐 王喜勇，马文宝，施翔 zdy386
新疆：乌鲁木齐 王喜勇，马文宝，施翔 zdy409
新疆：乌鲁木齐 王喜勇，马文宝，施翔 zdy419
新疆：乌鲁木齐 段士民，王喜勇，刘会良 Zhangdy222
新疆：乌恰 杨赵平，周禧琳，贺冰 LiZJ1281
新疆：乌恰 黄文娟，白宝伟 TD-01535
新疆：新源 段士民，王喜勇，刘会良 Zhangdy409
新疆：伊吾 段士民，王喜勇，刘会良 Zhangdy184
新疆：于田 冯建菊 Liujq-fjj-0035
云南：新平 自正尧，李伟 XPALSB209
云南：玉龙 于文涛，李国锋 WTYu-351

Rumex dentatus Linnaeus **齿果酸模**

安徽：滁州 陈延松，吴国伟，洪欣 Zhousb0004
安徽：肥西 陈延松，朱合军，姜九龙 Xuzd049
安徽：太和 赵伊悦 ZhouSB0250
安徽：屯溪区 方建新 TangXS0120
安徽：芜湖 李中林 ZhouSB0175
安徽：芜湖 狄皓 ZhouSB0201
贵州：黎平 张恒 SCSB-HN-1097
河北：武安 牛玉璐，王晓亮 NiuYL534
湖北：来凤 陈利群，滕勇 SCSB-HN-1155
湖北：宜昌 陈功锡，张代贵 SCSB-HC-2008119
湖北：竹溪 李盛兰 GanQL935
湖南：江华 刘克明，蔡秀珍，田淑珍 SCSB-HN-1202
湖南：津市 田淑珍 SCSB-HN-1575
湖南：澧县 蔡秀珍，田淑珍 SCSB-HN-1057
湖南：浏阳 丛义艳，田淑珍 SCSB-HN-1493
湖南：湘乡 朱香清，田淑珍 SCSB-HN-1435
湖南：炎陵 蔡秀珍，孙秋妍，王燕归等 SCSB-HN-1283
湖南：永定区 吴福川 7030
湖南：沅江 刘克明，蔡秀珍 SCSB-HN-1019
湖南：岳麓区 姜孝成，旷仁平 SCSB-HNJ-0004
湖南：岳麓区 姜孝成，唐妹，卜剑超等 Jiangxc0650
湖南：岳麓区 刘克明，丛义艳 SCSB-HN-0009
湖南：长沙 朱香清，田淑珍，刘克明 SCSB-HN-1480
湖南：长沙 陈薇，肖乐希 SCSB-HN-0740
江苏：大丰 吴宝成 HANGYY8067
江苏：赣榆 吴宝成 HANGYY8289
江苏：句容 王兆银，吴宝成 SCSB-JS0120
江苏：射阳 吴宝成 HANGYY8278
江苏：海州区 汤兴利 HANGYY8424
江西：黎川 童和平，王玉珍 TanCM2362
上海：闵行区 李宏庆，葛斌杰，刘国丽 Lihq0153
四川：巴塘 陈文允，于文涛，黄永江 CYH050
四川：宝兴 袁明，胡超 Y07014
四川：道孚 何兴金，赵丽华，梁乾隆 SCU-10-003
四川：道孚 何兴金，胡灏禹，黄德青 SCU-10-108
四川：道孚 何兴金，胡灏禹，沈呈娟等 SCU-11-453
四川：道孚 何兴金，胡灏禹，沈呈娟等 SCU-11-487
四川：道孚 余岩，周春景，秦汉涛 SCU-11-009
四川：稻城 陈文允，于文涛，黄永江 CYH005
四川：稻城 何兴金，王长宝，刘爽等 SCU-09-029
四川：稻城 何兴金，王长宝，刘爽等 SCU-09-065
四川：稻城 何兴金，李琴琴，马祥光等 SCU-09-149
四川：稻城 何兴金，高云东，王志新等 SCU-09-266
四川：稻城 何兴金，胡灏禹，陈德友等 SCU-09-339
四川：稻城 何兴金，胡灏禹，陈德友等 SCU-09-361
四川：稻城 何兴金，廖晨阳，任海燕等 SCU-09-443
四川：德格 苏涛，黄永江，杨青松等 ZhouZK11226
四川：甘孜 陈文允，于文涛，黄永江 CYH144
四川：康定 何兴金，赵丽华，李琴琴等 SCU-08082
四川：康定 何兴金，冯图，廖晨阳等 SCU-080386
四川：乐至 邓兴敏，邓秀发，张昌兵 ZCB0444
四川：泸定 何兴金，赵丽华，梁乾隆等 SCU-11-106
四川：泸定 何兴金，赵丽华，梁乾隆等 SCU-11-117
四川：米易 袁明 MY361
四川：米易 袁明 MY378
四川：壤塘 何兴金，赵丽华，梁乾隆 SCU-10-034
四川：壤塘 何兴金，胡灏禹，黄德青 SCU-10-148
四川：壤塘 何兴金，马祥光，郜鹏 SCU-10-236
四川：壤塘 何兴金，刘爽，易欣 SCU-10-334
四川：松潘 何兴金，刘爽，赵财 SCU-10-410
四川：小金 何兴金，赵丽华，李琴琴等 SCU-08017
四川：新龙 陈文允，于文涛，黄永江 CYH075
四川：雅江 何兴金，王长宝，刘爽等 SCU-09-019
四川：雅江 何兴金，胡灏禹，陈德友等 SCU-09-310
西藏：林芝 何兴金，邓贤兰，廖晨阳等 SCU-080393
西藏：左贡 苏涛，黄永江，杨青松等 ZhouZK11310
新疆：富蕴 段士民，王喜勇，刘会良等 168
云南：兰坪 杨青松，杨莹，黄永江等 ZhouZK-07ZX-0031
云南：禄丰 郭永杰，亚吉东，李小杰等 14CS8211
云南：蒙自 田学军，邱成书，高波 TianXJ0170
云南：南涧 熊绍荣 NJWLS427
云南：南涧 熊绍荣 NJWLS2008319
云南：南涧 徐家武，李世东，袁玉明 NJWLS599
云南：普洱 叶金科 YNS0098
云南：普洱 张绍云 YNS0103
云南：巧家 张书东，金建昌 QJYS0201
云南：嵩明 胡光万 400221-026
云南：腾冲 周应再 Zhyz-190
云南：腾冲 周应再 Zhyz-462
云南：文山 肖波 LuJL518
云南：西山区 彭华，陈丽 P.H.5298
云南：西山区 税玉民，陈文红 65818
云南：新平 刘家良 XPALSD287
云南：新平 王家和 XPALSC294
云南：新平 自正尧，李伟 XPALSB211
云南：镇沅 罗成瑜 ALSZY012
云南：镇沅 罗成瑜 ALSZY219

Rumex gmelinii Turczaninow ex Ledebour **毛脉酸模**

黑龙江：嫩江 王臣，张欣欣，史传奇 WangCh104
黑龙江：尚志 郑宝江，丁晓炎，李月等 ZhengBJ195
黑龙江：乌伊岭区 郑宝江，丁晓炎，王美娟 ZhengBJ245

黑龙江：五大连池 孙阎，赵立波 SunY017

Rumex hastatus D. Don 戟叶酸模

云南：德钦 王文礼，冯欣，刘飞鹏 OUXK11213

云南：德钦 胡光万 HGW-00277

云南：德钦 张大才，李双智，杨川 ZhangDC-07ZX-1966

云南：麻栗坡 肖波 LuJL508

云南：蒙自 田学军，张冲，马明波 TianXJ260

云南：南涧 熊绍荣 NJWLS703

云南：巧家 张书东，金建昌 QJYS0202

云南：维西 孔航辉，任琛 Yangqe2918

云南：香格里拉 闫海忠，孙振华，罗圆等 ouxk-dq-0003

云南：永德 李永亮 YDDXS0840

云南：玉溪 伊廷双，孟静，杨杨 MJ-892

Rumex japonicus Houttuyn 羊蹄

安徽：肥西 陈延松，陈翠兵，沈云 Xuzd048

安徽：金寨 刘淼 SCSB-JSC34

安徽：石台 洪欣 ZhouSB0157

安徽：太和 赵伊悦 ZhouSB0260

安徽：屯溪区 方建新 TangXS0231

贵州：南明区 邹方伦 ZouFL0103

湖南：吉首 陈功锡，张代贵，邓涛等 SCSB-HC-2007322

湖南：津市 田淑珍 SCSB-HN-1574

湖南：澧县 田淑珍 SCSB-HN-1098

湖南：澧县 蔡秀珍，田淑珍 SCSB-HN-1058

湖南：湘乡 朱香清，田淑珍 SCSB-HN-1434

湖南：炎陵 蔡秀珍，孙秋妍，王燕归等 SCSB-HN-1274

湖南：宜章 刘克明，旷仁平，丛义艳 SCSB-HN-0713

湖南：宜章 刘克明，王成，刘欣欣 SCSB-HN-0783

湖南：沅江 李辉良 SCSB-HN-1026

湖南：岳麓区 刘克明，丛义艳 SCSB-HN-0008

湖南：长沙 朱香清，丛义艳 SCSB-HN-1479

湖南：资兴 蔡秀珍，孙秋妍，王燕归等 SCSB-HN-1306

江苏：句容 王兆银，吴宝成 SCSB-JS0109

江西：庐山区 董安淼，吴丛梅 TanCM3314

上海：闵行区 李宏庆，殷鸽，杨灵霞 Lihq0173

四川：道孚 余岩，周春景，秦汉涛 SCU-11-005

四川：康定 何兴金，王月，胡灏禹等 SCU-08142

四川：理塘 何兴金，马祥光，张云香等 SCU-11-206

四川：马尔康 何兴金，王月，胡灏禹 SCU-08161

四川：马尔康 何兴金，赵丽华，李琴琴等 SCU-08022

四川：若尔盖 蔡杰，张挺，刘成 10CS2531

Rumex longifolius Candolle 长叶酸模

新疆：拜城 塔里木大学植物资源调查组 TD-00926

新疆：策勒 冯建菊 Liujq-fjj-0063

新疆：和静 塔里木大学植物资源调查组 TD-00131

新疆：和田 冯建菊 Liujq-fjj-0080

新疆：吉木萨尔 谭敦炎，吉乃提 TanDY0594

新疆：温泉 石大标 SCSB-SHI-2006217

新疆：于田 冯建菊 Liujq-fjj-0027

Rumex maritimus Linnaeus 刺酸模

黑龙江：虎林市 王庆贵 CaoW592

黑龙江：虎林市 王庆贵 CaoW731

黑龙江：尚志 刘玫，张欣欣，程薪宇等 Liuetal391

黑龙江：五大连池 郑宝江，丁晓炎，王美娟 ZhengBJ267

吉林：磐石 安海成 AnHC0121

四川：理塘 李晓东，张景博，徐凌翔等 LiJ322

新疆：伊犁 段士民，王喜勇，刘会良 Zhangdy338

云南：香格里拉 李晓东，张紫刚，操榆 LiJ624

Rumex microcarpus Campdera 小果酸模

云南：盘龙区 伊廷双，孟静，杨杨 MJ-940

Rumex nepalensis Sprengel 尼泊尔酸模

甘肃：迭部 齐威 LJQ-2008-GN-201

甘肃：合作 郭淑青，杜品 LiuJQ-2012-GN-149

甘肃：合作 刘坤 LiuJQ-GN-2011-574

甘肃：碌曲 李晓东，刘帆，张景博等 LiJ0128

甘肃：玛曲 刘坤 LiuJQ-GN-2011-573

湖北：神农架林区 李巨平 LiJuPing0058

湖北：竹溪 李盛兰 GanQL933

江西：武宁 张吉华，张东红 TanCM2926

青海：玉树 汪书丽，朱洪涛 Liujq-QLS-TXM-084

陕西：长安区 田先华，田陌 TianXH1088

四川：白玉 孙航，张建文，董金龙等 SunH-07ZX-3670

四川：稻城 何兴金，高云东，王志新等 SCU-09-258

四川：红原 张昌兵，邓秀华 ZhangCB0320

四川：康定 许炳强，童毅华，吴兴等 XiaNH-07ZX-1062

四川：康定 彭玉兰，涂卫国，余春丽 Gaoxf-0630

四川：理塘 何兴金，马祥光，张云香等 SCU-11-207

四川：理塘 何兴金，马祥光，张云香等 SCU-11-247

四川：马尔康 何兴金，王月，胡灏禹等 SCU-08102

四川：马尔康 何兴金，王月，胡灏禹等 SCU-08109

四川：木里 苏涛，黄永江，杨青松等 ZhouZK11352

四川：木里 任宗昕，蒋伟，黄盼辉 SCSB-W-346

四川：乡城 周浙昆，苏涛，杨莹等 Zhou09-155

四川：乡城 王文礼，冯欣，刘飞鹏 OUXK11133

四川：乡城 孙航，李新辉，陈林杨 SunH-07ZX-2945

四川：小金 何兴金，王月，胡灏禹 SCU-08165

四川：雅江 何兴金，部鹏，彭禄等 SCU-11-349

四川：雅江 何兴金，部鹏，彭禄等 SCU-11-382

西藏：八宿 张永洪，王晓雄，周卓等 SunH-07ZX-1176

西藏：波密 陈家辉，韩希，王东超等 YangYP-Q-4018

西藏：波密 陈家辉，韩希，王东超等 YangYP-Q-4067

西藏：昌都 许炳强，周伟，郑朝汉 Xianh0178

西藏：堆龙德庆 扎西次仁 ZhongY147

西藏：工布江达 卢洋，刘帆等 LiJ828

西藏：工布江达 扎西次仁 ZhongY294

西藏：拉萨 卢洋，刘帆等 LiJ709

西藏：拉萨 杨永平，王东超，杨大松等 YangYP-Q-5026

西藏：浪卡子 陈家辉，韩希，王广艳等 YangYP-Q-4169

西藏：浪卡子 扎西次仁 ZhongY232

西藏：林芝 卢洋，刘帆等 LiJ764

西藏：林芝 卢洋，刘帆等 LiJ814

西藏：洛扎 扎西次仁 ZhongY214

西藏：墨竹工卡 卢洋，刘帆等 LiJ899

西藏：墨竹工卡 钟扬 ZhongY1007

西藏：墨竹工卡 钟扬 ZhongY1010

西藏：普兰 陈家辉，庄会富，刘德团等 Yangyp-Q-0038

西藏：左贡 苏涛，黄永江，杨青松等 ZhouZK11305

云南：德钦 杨青松，杨莹，黄永江等 ZhouZK-07ZX-0145

云南：富民 郁文彬，董莉娜，张舒等 SCSB-W-951

云南：会泽 杜燕，黄天才，董勇等 SCSB-A-000347

云南：景东 罗忠华，刘长铭，李绍昆等 JDNR09083

云南：景东 杨国平，李达文，鲁志云 ygp-034

云南：兰坪 杨青松，杨莹，黄永江等 ZhouZK-07ZX-0249

云南：丽江 伊廷双，孟静，杨杨 伊 10318

云南：隆阳区 赵玮 BSGLGS1y089

云南：麻栗坡 肖波 LuJL161

云南：南涧 熊绍荣，张雄 NJWLS1214B
云南：南涧 阿国仁，熊绍荣，邹国娟等 NJWLS2008009
云南：宁蒗 苏涛，黄永江，杨青松等 ZhouZK11440
云南：盘龙区 彭华，陈丽，向春雷等 P.H.5438
云南：巧家 杨光明 SCSB-W-1245
云南：巧家 杨光明 SCSB-W-1267
云南：巧家 李文虎，吴天抗，高顺勇等 QJYS0130
云南：巧家 李文虎，吴天抗，张天壁等 QJYS0163
云南：巧家 张天壁 SCSB-W-226
云南：石林 税玉民，陈文红 64535
云南：腾冲 周应再 Zhyz-014
云南：腾冲 周应再 Zhyz-137
云南：腾冲 周应再 Zhyz-463
云南：文山 何德明，邵校 WSLJS964
云南：武定 王文礼，何彪，冯欣等 OUXK11260
云南：香格里拉 张书东，林娜娜，郁文彬等 SCSB-W-002
云南：香格里拉 张建文，陈建国，陈林杨等 SunH-07ZX-2275
云南：香格里拉 周浙昆，苏涛，杨莹等 Zhou09-012
云南：香格里拉 王文礼，冯欣，刘飞鹏 OUXK11089
云南：香格里拉 王文礼，冯欣，刘飞鹏 OUXK11108
云南：香格里拉 杨青松，杨莹，黄永江等 ZhouZK-07ZX-0227
云南：香格里拉 杨青松，杨莹，黄永江等 ZhouZK-07ZX-0228
云南：香格里拉 杨亲二，袁琼 Yangqe2252
云南：新平 李应富，郎定富，谢天华 XPALSA087
云南：寻甸 彭华，向春雷，王泽欢 PengH8005
云南：永德 李永亮 YDDXS1199
云南：永德 李永亮 YDDXSB019

Rumex obtusifolius Linnaeus **钝叶酸模**
江西：庐山区 董安淼，吴从梅 TanCM889
山东：长清区 高德民，邵尉，吴燕秋 Lilan932

Rumex patientia Linnaeus **巴天酸模**
北京：东城区 朱雅娟，王雷，黄振英 Beijing-huang-xs-0019
甘肃：迭部 齐威 LJQ-2008-GN-207
甘肃：合作 刘坤 LiuJQ-GN-2011-587
甘肃：玛曲 刘坤 LiuJQ-GN-2011-586
河北：阜平 牛玉璐，王晓亮 NiuYL547
河南：栾川 黄振英，于顺利，杨学军 Huangzy0058
河南：南召 何明高，付婷婷，水庆艳 Huangzy0206
河南：嵩县 邓志军，付婷婷，水庆艳 Huangzy0140
湖北：竹溪 李盛兰 GanQL936
吉林：南关区 姜明，刘波 LiuB0019
吉林：南关区 王云贺 Yanglm0046
内蒙古：回民区 蒲拴莲，李茂文 M009
内蒙古：武川 蒲拴莲，刘润宽，刘毅等 M228
宁夏：盐池 李磊，朱奋霞 ZuoZh126
青海：班玛 汪书丽，朱洪涛 Liujq-QLS-TXM-181
青海：都兰 潘建斌，杜维波，牛炳韬 Liujq-2011CDM-091
山东：历城区 李兰，王萍，张少华 Lilan103
陕西：陇县 田陌，王梅荣 TianXH1150
四川：丹巴 何兴金，胡灏禹，沈呈娟等 SCU-11-416
四川：红原 何兴金，王月，胡灏禹等 SCU-08134
四川：康定 袁明 YuanM1026
西藏：昌都 许炳强，周伟，郑朝汉 Xianh0164
西藏：达孜 卢洋，刘帆等 LiJ928
西藏：贡嘎 扎西次仁 ZhongY166
西藏：拉萨 钟扬 ZhongY1018
西藏：墨竹工卡 钟扬 ZhongY1009
西藏：墨竹工卡 扎西次仁 ZhongY260
西藏：桑日 扎西次仁 ZhongY377
新疆：乌恰 杨赵平，黄文娟 TD-01810

Rumex pseudonatronatus (Borbás) Borbás ex Murbeck **披针叶酸模**
新疆：阿合奇 塔里木大学植物资源调查组 TD-00240
新疆：富蕴 段士民，王喜勇，刘会良等 165
新疆：尼勒克 贺晓欢，徐文斌，刘鸯等 SHI-A2007358
新疆：特克斯 阎平，徐文斌 SHI-A2007297
新疆：托里 徐文斌，郭一敏 SHI-2009229
新疆：托里 徐文斌，郭一敏 SHI-2009253
新疆：温泉 徐文斌，黄雪姣 SHI-2008028
新疆：温泉 徐文斌，黄雪姣 SHI-2008220
新疆：焉耆 杨赵平，焦培培，白冠章等 LiZJ0624
新疆：裕民 谭敦炎，吉乃提 TanDY0687
新疆：昭苏 阎平，黄建锋 SHI-A2007315

Rumex stenophyllus Ledebour **狭叶酸模**
新疆：克拉玛依 石大标 SHI-2006427
新疆：温泉 段士民，王喜勇，刘会良等 25
新疆：温泉 徐文斌，王莹 SHI-2008053

Rumex thianschanicus Losinskaja **天山酸模**
新疆：阿合奇 塔里木大学植物资源调查组 TD-00221
新疆：察布查尔 段士民，王喜勇，刘会良等 67
新疆：察布查尔 马真 SHI-A2007106
新疆：尼勒克 刘鸯，马真，贺晓欢等 SHI-A2007454
新疆：尼勒克 刘鸯，马真，贺晓欢等 SHI-A2007486

Rumex thyrsiflorus Fingerhuth **直根酸模**
新疆：塔城 谭敦炎，吉乃提 TanDY0632

Rumex trisetifer Stokes **长刺酸模**
安徽：屯溪区 方建新 TangXS0121
黑龙江：大兴安岭 孙阎，赵立波 SunY109
湖南：吉首 张代贵 Zdg1281
江西：庐山区 谭策铭，董安淼 TanCM271
江西：湾里区 杜小浪，慕泽泾 DXL210
新疆：察布查尔 段士民，王喜勇，刘会良等 48
云南：永德 李永亮 YDDXS1182

Pontederiaceae 雨久花科

雨久花科	世界	中国	种质库
属 / 种（种下等级）/ 份数	4/33	2/5	1/2/10

Monochoria korsakowii Regel & Maack **雨久花**
黑龙江：宁安 刘玫，张欣欣，程薪宇等 Liuetal487
黑龙江：尚志 郑宝江，丁晓炎，王美娟等 ZhengBJ298
黑龙江：五常 孙阎，吕军 SunY483
山东：海阳 辛晓伟 Lilan860

Monochoria vaginalis (N. L. Burman) C. Presl ex Kunth **鸭舌草**
江苏：句容 吴宝成，王兆银 HANGYY8399
江西：庐山区 董安淼，吴从梅 TanCM1664
江西：星子 董安淼，吴从梅 TanCM1073
辽宁：桓仁 祝业平 CaoW988
四川：米易 袁明 MY104
云南：永德 李永亮 LiYL1600

Portulacaceae 马齿苋科

马齿苋科	世界	中国	种质库
属 / 种（种下等级）/ 份数	1/116	1/5	1/2/38

Portulaca oleracea Linnaeus 马齿苋
安徽：肥西 陈延松，陈翠兵 Xuzd113
安徽：太和 彭斌 HANGYY8686
北京：东城区 朱雅娟，王雷，黄振英 Beijing-huang-xs-0005
北京：西城区 王雷，朱雅娟，黄振英 Beijing-huang-ssl-0005
河北：武安 牛玉璐，高彦飞，赵二涛 NiuYL446
黑龙江：北安 郑宝江，潘磊 ZhengBJ007
黑龙江：大同区 杨帆，马红媛，安丰华 SNA0633
湖北：竹溪 李盛兰 GanQL981
湖南：鹤城区 李胜华，伍贤进，曾汉元等 HHXY150
湖南：岳麓区 刘克明，丛义艳 SCSB-HN-0011
吉林：大安 杨帆，马红媛，安丰华 SNA0085
吉林：南关区 韩忠明 Yanglm0065
江苏：射阳 吴宝成 HANGYY8267
江苏：宜兴 李宏庆，田怀珍，葛斌杰等 Lihq0249
江西：庐山区 董安淼，吴从梅 TanCM2539
辽宁：清原 张永刚 Yanglm0154
山东：德州 刘奥，王广阳 WBG000895
山东：冠县 刘奥，王广阳 WBG001300
山东：广饶 韩国营，邱振鲁 Zhaozt0217
山东：莱山区 陈朋 BianFH-391
山东：历下区 李兰，王萍，张少华 Lilan-044
山东：莘县 刘奥，王广阳 WBG001324
山东：阳信 刘奥，王广阳 WBG000106
四川：米易 袁明 MY389
四川：射洪 袁明 YUANM2015L057
新疆：库车 塔里木大学植物资源调查组 TD-00955
新疆：麦盖提 郭永杰，黄文娟，段黄金 LiZJ0159
新疆：泽普 黄文娟，段黄金，王英鑫等 LiZJ0838
云南：南涧 邹国娟 NJWLS381
云南：南涧 袁玉川 NJWLS621
云南：南涧 官有才 NJWLS1662
云南：普洱 叶金科 YNS0140
云南：新平 白绍斌 XPALSC153
云南：新平 谢雄 XPALSC377
云南：新平 自正尧 XPALSB235
云南：永德 李永亮 YDDXS0408
云南：镇沅 罗成瑜 ALSZY216
Portulaca pilosa Linnaeus 毛马齿苋
海南：三沙 郭永杰，涂铁要，李晓娟等 15CS10498

Potamogetonaceae 眼子菜科

眼子菜科	世界	中国	种质库
属 / 种（种下等级）/ 份数	4/102	3/25	3/8/12

Potamogeton crispus Linnaeus 菹草
山东：海阳 辛晓伟 Lilan814
Potamogeton distinctus A. Bennett 眼子菜
江苏：句容 吴宝成，王兆银 HANGYY8312
Potamogeton natans Linnaeus 浮叶眼子菜
山东：海阳 张少华，张诏，程丹丹等 Lilan684
山东：槐荫区 高德民，邵尉 Lilan954
Potamogeton nodosus Poiret 小节眼子菜
山东：长清区 步瑞兰，辛晓伟，程丹丹 Lilan747
Potamogeton oxyphyllus Miquel 尖叶眼子菜
江西：庐山区 董安淼，吴从梅 TanCM820
Potamogeton pusillus Linnaeus 小眼子菜
西藏：八宿 张永洪，王晓雄，周卓等 SunH-07ZX-1627
Stuckenia pectinata (Linnaeus) Börner 蓖齿眼子菜
甘肃：碌曲 李晓东，刘帆，张景博等 LiJ0093
山东：海阳 辛晓伟 Lilan880
四川：白玉 李晓东，张景博，徐凌翔等 LiJ446
西藏：那曲 陈家辉，庄会富，边巴扎西 Yangyp-Q-2134
Zannichellia palustris Linnaeus 角果藻
山东：海阳 辛晓伟 Lilan805

Primulaceae 报春花科

报春花科	世界	中国	种质库
属 / 种（种下等级）/ 份数	58/2590	17/652	13/226(234)/1147

Anagallis arvensis Linnaeus 琉璃繁缕
福建：蕉城区 李宏庆，熊申展，陈纪云 Lihq0339
Androsace brachystegia Handel-Mazzetti 玉门点地梅 *
西藏：工布江达 卢洋，刘帆等 LiJ867
西藏：林芝 刘帆，卢洋等 LiJ888
Androsace bulleyana Forrest 景天点地梅 *
云南：香格里拉 杨亲二，袁琼 Yangqe1876
Androsace delavayi Franchet 滇西北点地梅
西藏：普兰 李晖，文雪梅，熊继贵 Lihui-Q-2010-44
Androsace elatior Pax & K. Hoffmann 高葶点地梅 *
四川：德格 张挺，李爱花，刘成等 08CS797
西藏：昌都 许炳强，周伟，郑朝汉 Xianh0375
Androsace erecta Maximowicz 直立点地梅
甘肃：合作 尹鑫，吴航，葛文静 LiuJQ-GN-2011-037
甘肃：夏河 齐威 LJQ-2008-GN-376
四川：巴塘 张大才，尹五元，李双智等 ZhangDC-07ZX-2219
四川：甘孜 陈文允，于文涛，黄永江 CYH173
西藏：波密 张书东 YNYS0957
西藏：江达 张挺，李爱花，刘成等 08CS772
西藏：拉萨 钟扬 ZhongY1055
西藏：拉萨 陈家辉，韩希，王广艳等 YangYP-Q-4206
西藏：拉萨 杨永平，王东超，杨大松等 YangYP-Q-5005
西藏：朗县 罗建，汪书丽，任德智 L006
西藏：浪卡子 陈家辉，韩希，王东超等 YangYP-Q-4256
西藏：林周 陈家辉，韩希，王广艳等 YangYP-Q-4157
西藏：桑日 陈家辉，韩希，王广艳等 YangYP-Q-4228
西藏：扎囊 王东超，杨大松，张春林等 YangYP-Q-5075
西藏：左贡 徐波，陈光富，陈林杨等 SunH-07ZX-0838
西藏：左贡 张永洪，王晓雄，周卓等 SunH-07ZX-1066
西藏：左贡 苏涛，黄永江，杨青松等 ZhouZK11318
云南：德钦 王文礼，冯欣，刘飞鹏 OUXK11180
云南：德钦 杨亲二，袁琼 Yangqe2449
Androsace filiformis Retzius 东北点地梅
河北：平山 牛玉璐，郑博颖，黄士良等 NiuYL052
黑龙江：大兴安岭 孙阎，赵立波 SunY108

吉林：磐石 安海成 AnHC027
新疆：和静 张玲 TD-01655

Androsace graceae Forrest **圆叶点地梅 ***
四川：乡城 陈家辉，刘亚辉，周妍等 YangYP-Q-2245
西藏：林芝 杨永平，王东超，杨大松等 YangYP-Q-4112

Androsace graminifolia C. E. C. Fischer **禾叶点地梅 ***
西藏：城关区 许炳强，童毅华 XiaNh-07zx-524
西藏：江达 张挺，李爱花，刘成等 08CS787
西藏：拉萨 杨永平，王东超，杨大松等 YangYP-Q-5009
西藏：浪卡子 陈家辉，韩希，王东超等 YangYP-Q-4257
西藏：林周 陈家辉，韩希，王广艳等 YangYP-Q-4163
西藏：墨竹工卡 汪书丽，王志强，邹嘉宾 Liujq-Txm10-173
西藏：南木林 李晖，文雪梅，次旺加布等 Lihui-Q-0100
西藏：萨嘎 陈家辉，庄会富，刘德团等 Yangyp-Q-0141
西藏：仲巴 李晖，文雪梅，熊继贵 Lihui-Q-2010-55

Androsace henryi Oliver **莲叶点地梅**
重庆：南川区 易思荣，谭秋平 YISR424

Androsace integra (Maximowicz) Handel-Mazzetti **石莲叶点地梅 ***
四川：松潘 齐威 LJQ-2008-GN-377

Androsace lehmanniana Sprengel **旱生点地梅**
云南：玉龙 孔航辉，任琛 Yangqe2762
云南：玉龙 孔航辉，任琛 Yangqe2774

Androsace mariae Kanitz **西藏点地梅 ***
甘肃：卓尼 尹鑫，吴航，葛文静 LiuJQ-GN-2011-039
青海：兴海 陈世龙，张得钧，高庆波等 Chensl0046
青海：玉树 许炳强，周伟，郑朝汉 Xianh0203
四川：理塘 何兴金，赵丽华，梁乾隆等 SCU-11-181
四川：雅江 何兴金，郜鹏，彭禄等 SCU-11-386
西藏：昌都 易思荣，谭秋平 YISR250
西藏：索县 汪书丽，王志强，邹嘉宾 Liujq-Txm10-130

Androsace maxima Linnaeus **大苞点地梅**
新疆：巴里 段士民，王喜勇，刘会良 Zhangdy149
新疆：巴里 段士民，王喜勇，刘会良 Zhangdy158
新疆：博乐 谭敦炎，吉乃提，艾沙江 TanDY0243
新疆：博乐 谭敦炎，吉乃提，艾沙江 TanDY0247
新疆：博乐 谭敦炎，吉乃提，艾沙江 TanDY0259
新疆：博乐 刘鸯 SHI-A2007013
新疆：博乐 刘鸯，徐文斌，马真等 SHI-A2007270
新疆：布尔津 谭敦炎，邱娟 TanDY0455
新疆：布尔津 谭敦炎，邱娟 TanDY0469
新疆：富蕴 王喜勇，马文宝，施翔 zdy497
新疆：塔城 刘成，张挺，李昌洪等 16CS12456
新疆：塔什库尔干 塔里木大学植物资源调查组 TD-00787
新疆：塔什库尔干 黄文娟，段黄金，王英鑫等 LiZJ0296
新疆：托里 谭敦炎，吉乃提 TanDY0751
新疆：托里 谭敦炎，吉乃提 TanDY0764
新疆：乌鲁木齐 谭敦炎，吉乃提，艾沙江 TanDY0205
新疆：乌鲁木齐 艾沙江，成小军 TanDY0211
新疆：伊吾 段士民，王喜勇，刘会良 Zhangdy164

Androsace mollis Handel-Mazzetti **柔软点地梅 ***
西藏：吉隆 张晓纬，汪书丽，罗建 LiuJQ-09XZ-LZT-083

Androsace septentrionalis Linnaeus **北点地梅**
黑龙江：大兴安岭 郑宝江，丁晓炎，王美娟等 ZhengBJ389
黑龙江：宁安 刘玫，王臣，张欣欣等 Liuetal640
黑龙江：五大连池 孙阎 SunY282
内蒙古：武川 蒲拴莲，刘润宽，刘毅等 M244
新疆：博乐 谭敦炎，吉乃提，艾沙江 TanDY0242
新疆：博乐 谭敦炎，吉乃提，艾沙江 TanDY0248
新疆：博乐 谭敦炎，吉乃提，艾沙江 TanDY0257
新疆：博乐 谭敦炎，吉乃提，艾沙江 TanDY0266
新疆：博乐 徐文斌，黄雪姣 SHI-2008023
新疆：布尔津 谭敦炎，邱娟 TanDY0477
新疆：和静 杨赵平，焦培培，白冠章等 LiZJ0543
新疆：和静 杨赵平，焦培培，白冠章等 LiZJ0698
新疆：和静 张玲，杨赵平 TD-01373
新疆：托里 谭敦炎，吉乃提 TanDY0749
新疆：乌鲁木齐 谭敦炎，吉乃提，艾沙江 TanDY0304
新疆：裕民 谭敦炎，吉乃提 TanDY0677
新疆：裕民 谭敦炎，吉乃提 TanDY0723

Androsace spinulifera (Franchet) R. Knuth **刺叶点地梅 ***
四川：甘孜 陈文允，于文涛，黄永江 CYH156
四川：甘孜 陈文允，于文涛，黄永江 CYH190
四川：理塘 张大才，尹五元，李双智等 ZhangDC-07ZX-2184
四川：雅江 苏涛，黄永江，杨青松等 ZhouZK11113
云南：东川区 蔡杰，郭永杰，吴之坤等 11CS2969
云南：东川区 张挺，刘成，郭明明等 11CS3646
云南：丽江 张书东，林娜娜，陆露等 SCSB-W-076
云南：香格里拉 郭永杰，张桥蓉，李春晓等 11CS3490
云南：香格里拉 张挺，亚吉东，张桥蓉等 11CS3565
云南：香格里拉 杨青松，星耀武，苏涛 ZhouZK-07ZX-0388
云南：香格里拉 杨青松，杨莹，黄永江等 ZhouZK-07ZX-0133
云南：香格里拉 杨亲二，袁琼 Yangqe1827

Androsace tanggulashanensis Y. C. Yang & R. F. Huang **唐古拉点地梅 ***
西藏：丁青 陈家辉，王赟，刘德团 YangYP-Q-3219

Androsace tapete Maximowicz **垫状点地梅**
青海：格尔木 冯虎元 LiuJQ-08KLS-066
青海：格尔木 冯虎元 LiuJQ-08KLS-092
青海：格尔木 冯虎元 LiuJQ-08KLS-118
新疆：和静 邱爱军，张玲，马帅 LiZJ1695
新疆：叶城 冯建菊，蒋学玮 Liujq-fjj-0116

Androsace umbellata (Loureiro) Merrill **点地梅**
安徽：屯溪区 方建新 TangXS0839
北京：东城区 朱雅娟，王雷，黄振英 Beijing-huang-xs-0013
北京：西城区 王雷，朱雅娟，黄振英 Beijing-huang-ssl-0013
重庆：武隆 易思荣，谭秋平 YISR363
河北：灵寿 牛玉璐，高彦飞，黄士良 NiuYL199
黑龙江：岭东区 刘玫，张欣欣，程薪宇等 Liuetal382
黑龙江：让胡路区 孙阎，吕军，张兰兰 SunY306
湖北：竹溪 李盛兰 GanQL447
吉林：磐石 安海成 AnHC0307
吉林：长岭 林红梅 Yanglm0457
江苏：句容 吴宝成，王兆银 HANGYY8111
江苏：海州区 汤兴利 HANGYY8517
江西：庐山区 董安淼，吴从梅 TanCM1528
山东：历城区 张少华，王萍，张诏等 Lilan187
山东：牟平区 卞福花，陈朋 BianFH-0282
四川：峨眉山 李小杰 LiXJ747
四川：射洪 袁明 YUANM2016L191
云南：马关 何德明 WSLJS952
云南：南涧 官有才 NJWLS1637
云南：永德 李永亮 YDDXS1015

Androsace yargongensis Petitmengin **雅江点地梅 ***
青海：称多 陈世龙，高庆波，张发起 Chensl0539

Androsace zambalensis (Petitmengin) Handel-Mazzetti **高原**

点地梅
青海：玛多 陈世龙，张得钧，高庆波等 Chensl0116
西藏：八宿 张挺，蔡杰，刘恩德等 SCSB-B-000477
Ardisia brevicaulis Diels 九管血 *
湖南：古丈 张代贵 Zdg1341
江西：黎川 童和平，王玉珍 TanCM1897
江西：庐山区 董安淼，吴从梅 TanCM1407
Ardisia caudata Hemsley 尾叶紫金牛 *
湖北：竹溪 甘霖 GanQL643
四川：峨眉山 李小杰 LiXJ317
Ardisia conspersa E. Walker 散花紫金牛
云南：普洱 张绍云 YNS0079
Ardisia corymbifera Mez 伞形紫金牛
云南：河口 张贵良，张贵生，陶英美等 ZhangGL122
云南：景东 张绍云，胡启和，仇亚等 YNS1147
云南：绿春 黄连山保护区科研所 HLS0433
Ardisia crenata Sims 朱砂根
重庆：南川区 易思荣 YISR110
广西：临桂 吴望辉，黄俞淞，农冬新 Liuyan0398
广西：兴安 吴望辉，吴磊，农冬新 Liuyan0505
湖北：仙桃 张代贵 Zdg1338
湖北：仙桃 张代贵 Zdg1348
江西：黎川 童和平，王玉珍 TanCM1893
江西：黎川 谭策铭，童和平 TanCM570
江西：龙南 梁跃龙，廖海红，徐清娣 LiangYL061
江西：庐山区 董安淼，吴从梅 TanCM1404
江西：湾里区 杜小浪，慕泽泾，曹岚 DXL089
四川：峨眉山 李小杰 LiXJ387
云南：贡山 郭永杰，吴之坤，吴兴等 14CS9844
云南：麻栗坡 张挺，修莹莹，李胜 SCSB-B-000605
云南：南涧 张挺，常学科，熊绍荣等 njwls2007140
云南：普洱 胡启和，周英，张绍云 YNS0728
云南：腾冲 周应再 Zhyz-067
云南：腾冲 余新林，赵玮 BSGLGStc311
云南：文山 税玉民，陈文红 81039
云南：文山 何德明 WSLJS914
云南：盈江 王立彦，桂魏，刀江飞 SCSB-TBG-207
云南：盈江 王立彦，左常盛，桂魏 SCSB-TBG-042
Ardisia crispa (Thunberg) A. de Candolle 百两金
湖北：仙桃 张代贵 Zdg1340
湖南：鹤城区 李胜华，伍贤进，曾汉元等 HHXY174
江西：黎川 童和平，王玉珍 TanCM1903
江西：庐山区 董安淼，吴从梅 TanCM1405
江西：修水 缪以清，李立新 TanCM1249
云南：江城 叶金科 YNS0485
云南：南涧 邹国娟，徐汝彪，李成清等 NJWLS2008291
Ardisia hanceana Mez 大罗伞树
广西：金秀 许为斌，黄俞淞，叶晓霞等 Liuyan0120
Ardisia hokouensis Yuen P. Yang 粗梗紫金牛 *
云南：河口 刘成，亚吉东，张桥蓉等 16CS14141
Ardisia japonica (Thunberg) Blume 紫金牛
安徽：黄山区 方建新 TangXS0698
湖北：仙桃 张代贵 Zdg1334
湖北：竹溪 李盛兰 GanQL833
江西：黎川 童和平，王玉珍，常迪江等 TanCM2068
江西：修水 谭策铭，缪以清，李立新 TanCM565
陕西：白河 田先华，王孝安 TianXH1058
云南：勐腊 赵相兴 A036
云南：勐腊 赵相兴 A117
云南：勐腊 谭运洪 A375
Ardisia lindleyana D. Dietrich 山血丹
福建：建阳 童毅华 TYH26
Ardisia quinquegona Blume 罗伞树
广西：上思 许为斌，黄俞淞，梁永延等 Liuyan0220
广西：上思 何海文，杨锦超 YANGXF0248
广西：上思 叶晓霞，吴望辉，农冬新 Liuyan0350
广西：阳朔 吴望辉，许为斌，农冬新 Liuyan0516
Ardisia sieboldii Miquel 多枝紫金牛
云南：景洪 张挺，谭运洪，王建军等 SCSB-B-000291
Ardisia solanacea Roxburgh 酸苔菜
云南：勐腊 谭运洪 A319
云南：宁洱 张绍云，叶金科，胡启和 YNS1223
云南：屏边 钱良超，陆海兴，康远勇等 Pbdws200
云南：西盟 胡启和，赵强，周英等 YNS0770
Ardisia thyrsiflora D. Don 南方紫金牛
西藏：墨脱 刘成，亚吉东，何华杰等 16CS11905
云南：沧源 赵金超，杨红强 CYNGH413
云南：耿马 张挺，蔡杰，刘成等 13CS5964
云南：景洪 张挺，徐远杰，谭文杰 SCSB-B-000349
云南：澜沧 张绍云，胡启和 YNS1084
云南：麻栗坡 张挺，修莹莹，李胜 SCSB-B-000604
云南：麻栗坡 肖波 LuJL262
云南：麻栗坡 肖波 LuJL334
云南：普洱 叶金科 YNS0380
Ardisia verbascifolia Mez 长毛紫金牛
云南：澜沧 张绍云，胡启和 YNS1090
Ardisia villosa Roxburgh 雪下红
广西：上思 何海文，杨锦超 YANGXF0467
云南：普洱 叶金科 YNS0396
Ardisia virens Kurz 纽子果
广西：金秀 彭华，向春雷，陈丽 PengH8112
云南：沧源 李春华，肖美芳，李华明等 CYNGH163
云南：隆阳区 段在贤，密得生，刀开国等 BSGLGSly1060
云南：绿春 黄连山保护区科研所 HLS0030
云南：绿春 何疆海，何来收，白然思等 HLS0359
云南：绿春 税玉民，陈文红 82790
云南：南涧 官有才，熊绍荣，张雄等 NJWLS667
云南：普洱 叶金科 YNS0089
云南：腾冲 余新林，赵玮 BSGLGStc192
云南：腾冲 周应再 Zhyz-080
云南：沾益 彭华，陈丽 P.H.5974
云南：镇康 胡光万 HGW-00352
云南：镇沅 朱恒 ALSZY122
Cortusa matthioli Linnaeus 假报春
新疆：昭苏 亚吉东，张桥蓉，秦少发等 16CS13558
Cortusa matthioli subsp. **pekinensis** (V. Richter) Kitagawa 河北假报春
河北：蔚县 牛玉璐，高彦飞，黄士良 NiuYL217
Embelia floribunda Wallich 多花酸藤子
西藏：墨脱 刘成，亚吉东，何华杰等 16CS11947
西藏：墨脱 刘成，亚吉东，何华杰等 16CS11987
云南：沧源 李春华，肖美芳，李华明等 CYNGH157
云南：沧源 赵金超，杨红强 CYNGH438
云南：昌宁 赵玮 BSGLGSly111
云南：福贡 朱枫，张仲富，成梅 Wangsh-07ZX-034
云南：贡山 蔡杰，郭云刚，张凤琼等 14CS9784

云南：贡山 刘成，何华杰，黄莉等 14CS8540
云南：景东 彭华，陈丽 P.H.5390
云南：景东 张挺，方伟，王建军等 SCSB-B-000197
云南：龙陵 孙兴旭 SunXX160
云南：隆阳区 段在贤，代如亮，赵玮 BSGLGSly060
云南：隆阳区 段在贤，陈学良，密祖廷等 BSGLGSly1259
云南：隆阳区 段在贤，杨安友，茶有锋等 BSGLGSly1249
云南：泸水 李爱花，李洪超，黄天才等 SCSB-A-000211
云南：绿春 黄连山保护区科研所 HLS0404
云南：勐海 谭运洪，余涛 B329
云南：勐海 彭华，向春雷，陈丽等 P.H.5688
云南：勐海 彭华，向春雷，陈丽等 P.H.5720
云南：腾冲 李爱花，黄之镨，黄押稳等 SCSB-A-000294
云南：腾冲 张挺，王建军，杨茜等 SCSB-B-000415
云南：腾冲 余新林，赵玮 BSGLGStc187
云南：腾冲 彭华，陈丽，向春雷等 P.H.5402
云南：腾冲 周应再 Zhyz-074
云南：西盟 胡启和，赵强，周英等 YNS0763
云南：西盟 张绍云，叶金科，仇亚 YNS1297
云南：镇沅 何忠云，王立东 ALSZY081

Embelia gamblei Kurz ex C. B. Clarke 皱叶酸藤子
云南：腾冲 余新林，赵玮 BSGLGStc400

Embelia henryi E. Walker 毛果酸藤子
云南：文山 韦荣彪，何德明 WSLJS635
云南：永德 李永亮 YDDXS0566

Embelia laeta (Linnaeus) Mez 酸藤子
江西：龙南 梁跃龙，廖海红 LiangYL100
云南：澜沧 张绍云，胡启和，仇亚等 YNS1137
云南：勐海 张挺，谭运洪，王建军等 SCSB-B-000279

Embelia parviflora Wallich ex A. de Candolle 当归藤
云南：景东 鲁艳 07-129

Embelia polypodioides Hemsley & Mez. 龙骨酸藤子
云南：绿春 黄连山保护区科研所 HLS0129

Embelia ribes N. L. Burman 白花酸藤果
广西：贺州 姜孝成，王丽萍，鲁长青 Jiangxc0684
广西：上思 何海文，杨锦超 YANGXF0301
广西：昭平 吴望辉，黄俞淞，蒋日红 Liuyan0325
云南：沧源 赵金超，田立新，陈海兵 CYNGH003
云南：贡山 刀志灵 DZL827
云南：江城 叶金科 YNS0442
云南：景东 鲁艳 07-102
云南：景东 罗庆光，刘长铭 JDNR11092
云南：景东 罗忠华，刘长铭，鲁成荣 JD019
云南：景东 罗忠华，谢有能，刘长铭等 JDNR105
云南：绿春 黄连山保护区科研所 HLS0003
云南：绿春 黄连山保护区科研所 HLS0021
云南：绿春 黄连山保护区科研所 HLS0125
云南：绿春 黄连山保护区科研所 HLS0214
云南：绿春 税玉民，陈文红 72995
云南：麻栗坡 张挺，修莹莹，李胜 SCSB-B-000598
云南：麻栗坡 肖波 LuJL069
云南：南涧 阿国仁，熊绍荣，邹国娟等 NJWLS2008032
云南：屏边 钱良超，陆海兴，张照跃 Pbdws118
云南：屏边 楚永兴，肖文权 Pbdws026
云南：普洱 叶金科 YNS0184
云南：腾冲 余新林，赵玮 BSGLGStc046
云南：文山 何德明，张挺，黎谷香 WSLJS540
云南：西盟 叶金科 YNS0487
云南：新平 张学林，李云贵 XPALSD108
云南：新平 李德才，张云德 XPALSC076
云南：新平 白绍斌 XPALSC312
云南：盈江 王立彦，桂魏，刀江飞 SCSB-TBG-204
云南：永德 张挺，孙之星，杨秋林 SCSB-B-000430
云南：永德 宋老五，黄德武，李永良等 YDDXSA015
云南：元阳 车鑫，亚吉东，秦少发等 YYGYS088
云南：镇沅 罗成瑜 ALSZY332

Embelia ribes subsp. **pachyphylla** (Chun ex C. Chen) Pipoly & C. Chen 厚叶白花酸藤果
广西：贺州 姜孝成，王丽萍，鲁长青 Jiangxc0734
云南：麻栗坡 亚吉东，李涟漪 15CS11591
云南：西畴 张挺，李洪超，左定科 SCSB-B-000309

Embelia scandens (Loureiro) Mez 瘤皮孔酸藤子
广西：上思 许为斌，黄俞淞，梁永延等 Liuyan0212
云南：西盟 胡启和，赵强，周英等 YNS0761

Embelia sessiliflora Kurz 短梗酸藤子
云南：河口 张贵良，杨鑫峰，陶美英等 ZhangGL089
云南：龙陵 孙兴旭 SunXX018
云南：绿春 黄连山保护区科研所 HLS0407
云南：思茅区 胡启和，张绍云，周兵 YNS0983
云南：新平 刘家良 XPALSD012
云南：永德 李永亮 YDDXS0756
云南：永德 杨金荣，黄德武，李任斌 YDDXSA098

Embelia undulata (Wallich) Mez 平叶酸藤子
广西：那坡 王红，陆露，王家艳 WH-2015-14
云南：富宁 蔡杰，张挺 12CS5727
云南：景东 张挺，蔡杰，刘成等 08CS900
云南：绿春 黄连山保护区科研所 HLS0429
云南：绿春 刀志灵，张洪喜 DZL605
云南：墨江 张绍云，仇亚，胡启和 YNS1314
云南：普洱 张绍云，仇亚，周英 YNS0505
云南：思茅区 胡启和，叶金科，张绍云 YNS1355
云南：永德 李永亮 LiYL1463
云南：元阳 亚吉东，黄莉，何华杰 15CS11276

Embelia vestita Roxburgh 密齿酸藤子
广西：灵川 吴望辉，黄俞淞，农冬新 Liuyan0413
广西：上思 何海文，杨锦超 YANGXF0357
湖南：江华 刘克明，王成，欧阳书珍 SCSB-HN-0837
湖南：江华 刘克明，王成，欧阳书珍 SCSB-HN-0852
湖南：永顺 陈功锡，张代贵 SCSB-HC-2008041
云南：楚雄 孙振华，郑志兴，沈蕊等 OuXK-YS-281
云南：景洪 张挺，李洪超，李文化等 SCSB-B-000401
云南：澜沧 叶金科 YNS0125
云南：孟连 彭华，向春雷，陈丽 P.H.5846
云南：文山 何德明 WSLJS614
云南：新平 自成仲 XPALSB360
云南：永德 李永亮 LiYL1389
云南：永德 李永亮 YDDXS0762

Glaux maritima Linnaeus 海乳草
内蒙古：达尔罕茂明安联合旗 刘玫，王臣，张欣欣 Liuetal679
新疆：库尔勒 张挺，杨赵平，焦培培等 LiZJ0422
新疆：乌恰 杨赵平，周禧琳，贺冰 LiZJ1282
新疆：乌恰 杨赵平，黄文娟 TD-01883

Lysimachia alfredii Hance 广西过路黄 *
江西：黎川 童和平，王玉珍 TanCM2378

Lysimachia auriculata Hemsley 耳叶珍珠菜 *
四川：米易 刘静，袁明 MY-223

Lysimachia barystachys Bunge **狼尾花**
重庆：南川区 易思荣，谭秋平 YISR401
甘肃：夏河 尹鑫，吴航，葛文静 LiuJQ-GN-2011-687
甘肃：舟曲 齐威 LJQ-2008-GN-375
河南：栾川 黄振英，于顺利，杨学军 Huangzy0034
河南：南召 邓志军，付婷婷，水庆艳 Huangzy0192
河南：嵩县 邓志军，付婷婷，水庆艳 Huangzy0125
黑龙江：宁安 刘玫，张欣欣，程薪宇等 Liuetal345
黑龙江：五大连池 孙阎，赵立波 SunY113
吉林：临江 李长田 Yanglm0005
吉林：磐石 安海成 AnHC0113
辽宁：长海 郑宝江，丁晓炎，焦宏斌等 ZhengBJ323
山东：崂山区 罗艳，李中华，邓建平 LuoY169
山东：崂山区 赵遵田，郑国伟，杜超等 Zhaozt0153
山东：历城区 张少华，王萍，张诏等 Lilan214
山东：牟平区 卞福花，陈朋 BianFH-0309
陕西：长安区 王梅荣，田先华，田陌 TianXH031
云南：隆阳区 赵玮 BSGLGSly095

Lysimachia breviflora C. M. Hu **短花珍珠菜** *
云南：永德 李永亮 LiYL1323

Lysimachia candida Lindley **泽珍珠菜**
安徽：肥西 陈延松，朱合军，姜九龙 Xuzd059
安徽：贵池区 邱雪莹 ZSB329
安徽：屯溪区 方建新 TangXS0091
安徽：芜湖 陈延松，唐成丰 Zhousb0136
湖北：竹溪 李盛兰 GanQL057
江苏：句容 吴宝成，王兆银 HANGYY8236
江西：庐山区 董安淼，吴从梅 TanCM3036
山东：莱山区 卞福花，宋言贺 BianFH-443
山东：崂山区 罗艳，邓建平 LuoY264
云南：景谷 叶金科 YNS0398
云南：南涧 官有才，熊绍荣，张雄等 NJWLS666
云南：腾冲 周应再 Zhyz-469
云南：维西 张挺，徐远杰，黄押稳等 SCSB-B-000176
浙江：鄞州区 李宏庆，田怀珍，葛斌杰等 Lihq0202

Lysimachia capillipes Hemsley **细梗香草**
重庆：南川区 易思荣 YISR202
江西：黎川 童和平，王玉珍 TanCM2733
江西：庐山区 谭策铭，董安淼 TanCM509
江西：星子 董安淼，吴从梅 TanCM2234
浙江：鄞州区 葛斌杰，熊申展，胡超 Lihq0453

Lysimachia chenopodioides Watt ex J. D. Hooker **藜状珍珠菜**
云南：德钦 孙航，李新辉，陈林杨 SunH-07ZX-3093
云南：南涧 官有才 NJWLS1639
云南：宁洱 胡启和，张绍云，周兵 YNS0996
云南：宁蒗 苏涛，黄永江，杨青松等 ZhouZK11425
云南：思茅区 胡启和，周兵，仇亚 YNS0933
云南：腾冲 周应再 Zhyz-277
云南：新平 刘家良 XPALSD319

Lysimachia christiniae Hance **过路黄** *
安徽：黄山区 方建新 TangXS0259
安徽：舒城 陈延松，欧祖兰，高秋晨等 Xuzd295
湖北：竹溪 李盛兰 GanQL510
湖南：武陵源区 吴福川，廖博儒，林永惠等 106
江苏：句容 吴宝成，王兆银 HANGYY8217
江西：庐山区 董安淼，吴从梅 TanCM1567
陕西：长安区 田先华，田陌 TianXH1112
四川：射洪 袁明 YUANM2016L204
云南：南涧 罗新洪，阿国仁 NJWLS549
云南：永德 李永亮 YDDXS0422
浙江：鄞州区 李宏庆，葛斌杰 Lihq0118

Lysimachia chungdienensis C. Y. Wu **中甸珍珠菜** *
云南：香格里拉 李爱花，周开洪，黄之镨等 SCSB-A-000234

Lysimachia circaeoides Hemsley **露珠珍珠菜** *
湖北：仙桃 张代贵 Zdg1434
湖南：保靖 刘克明，蔡秀珍，肖乐希等 SCSB-HN-0184
江西：星子 董安淼，吴从梅 TanCM1036

Lysimachia clethroides Duby **矮桃**
安徽：舒城 陈延松，欧祖兰，高秋晨等 Xuzd304
安徽：铜陵 张丹丹，毕德 ZSB333
安徽：芜湖 王鸥文 ZhouSB0243
安徽：休宁 洪欣 ZSB291
北京：东城区 王雷，朱雅娟，黄振英 Beijing-huang-bhs-0010
北京：东城区 王雷，朱雅娟，黄振英 Beijing-huang-bws-0027
北京：东城区 王雷，朱雅娟，黄振英 Beijing-huang-dls-0047
北京：房山区 李燕军 SCSB-C-0001
北京：西城区 王雷，朱雅娟，黄振英 Beijing-huang-yms-0015
北京：西城区 王雷，朱雅娟，黄振英 Beijing-huang-ss-0010
湖北：宣恩 沈泽昊 HXE148
湖北：竹溪 李盛兰 GanQL1065
湖南：怀化 李胜华，伍贤进，曾汉元等 HHXY351
湖南：新化 姜孝成，唐妹，戴小军等 Jiangxc0547
湖南：新化 姜孝成，唐妹，戴小军等 Jiangxc0589
湖南：资兴 刘克明，盛波，王得刚 SCSB-HN-1863
湖南：资兴 熊凯辉，王得刚，盛波 SCSB-HN-2104
吉林：临江 李长田 Yanglm0007
江苏：宜兴 李宏庆，田怀珍，葛斌杰等 Lihq0256
江西：湾里区 杜小浪，慕泽泾，曹岚 DXL135
江西：修水 李立新，缪以清 TanCM1245
辽宁：凌源 卜军，金实，阴黎明 CaoW438
辽宁：凌源 卜军，金实，阴黎明 CaoW459
陕西：宁陕 田先华，吴礼慧 TianXH505
云南：蒙自 田学军，邱成书，高波 TianXJ0217
云南：武定 张挺，张书东，李爱花等 SCSB-A-000071
云南：西山区 张挺，方伟，李爱花等 SCSB-A-000049
浙江：开化 李宏庆，熊申展，桂萍 Lihq0427

Lysimachia congestiflora Hemsley **临时救**
安徽：屯溪区 方建新 TangXS0438
江西：黎川 童和平，王玉珍 TanCM2399
江西：修水 缪以清 TanCM1714
四川：峨眉山 李小杰 LiXJ437
四川：米易 袁明 MY403
云南：景东 鲁艳 07-98
云南：腾冲 余新林，赵玮 BSGLGStc339
云南：文山 何德明，丰艳飞 WSLJS972

Lysimachia cordifolia Handel-Mazzetti **心叶香草** *
云南：新平 刘家良 XPALSD322

Lysimachia davurica Ledebour **黄连花**
河北：围场 牛玉璐，王晓亮 NiuYL563
黑龙江：宁安 刘玫，张欣欣，程薪宇等 Liuetal527
黑龙江：尚志 郑宝江，丁晓炎，李月等 ZhengBJ165
黑龙江：五大连池 孙阎，赵立波 SunY007
吉林：安图 周海城 ZhouHC014
吉林：磐石 安海成 AnHC0128
四川：米易 袁明 MY573

Lysimachia decurrens G. Forster **延叶珍珠菜**

广西：环江 莫水松，胡仁传，刘静 Liuyan1020
贵州：江口 彭华，王英，陈丽 P.H.5145
四川：峨眉山 李小杰 LiXJ139
云南：景东 鲁成荣，魏启军，张明勇等 JDNR11007

Lysimachia fistulosa Handel-Mazzetti 管茎过路黄 *
湖北：仙桃 张代贵 Zdg3246

Lysimachia foenum-graecum Hance 灵香草 *
云南：永德 李永亮 LiYL1405

Lysimachia fortunei Maximowicz 星宿菜
安徽：贵池区 邱雪莹 ZSB332
安徽：屯溪区 方建新 TangXS0900
湖南：江永 刘克明，肖乐希，田淑珍 SCSB-HN-0121
湖南：望城 姜孝成，段志贵 SCSB-HNJ-0138
湖南：湘乡 朱香清 SCSB-HN-0659
江西：庐山区 谭策铭，董安淼 TCM09003
江西：武宁 张吉华，张东红 TanCM2603
四川：盐边 苏涛，黄永江，杨青松等 ZhouZK11326
浙江：鄞州区 李宏庆，葛斌杰，刘国丽 Lihq0100

Lysimachia fukienensis Handel-Mazzetti 福建过路黄 *
江西：黎川 童和平，王玉珍 TanCM2395

Lysimachia glanduliflora Hanelt 繸瓣珍珠菜 *
安徽：贵池区 邱雪莹 ZSB331
安徽：舒城 陈延松，欧祖兰，高秋晨等 Xuzd283
安徽：歙县 唐鑫生，方建新 TangXS0872

Lysimachia grammica Hance 金爪儿 *
江苏：句容 王兆银，吴宝成 SCSB-JS0118

Lysimachia hemsleyana Maximowicz ex Oliver 点腺过路黄 *
江西：庐山区 董安淼，吴从梅 TanCM1564
江西：武宁 张吉华，刘运群 TanCM1132

Lysimachia heterogenea Klatt 黑腺珍珠菜 *
安徽：潜山 唐鑫生，宋曰钦，方建新 TangXS0895
安徽：迎江区 邱雪莹 ZSB330
江西：庐山区 谭策铭，董安淼 TanCM452
浙江：临安 李宏庆，董全英，桂萍 Lihq0438

Lysimachia insignis Hemsley 三叶香草
云南：马关 税玉民，陈文红 82548
云南：元阳 张挺，刘成，蔡磊 14CS9557

Lysimachia japonica Thunberg 小茄
江西：黎川 童和平，王玉珍 TanCM2374

Lysimachia klattiana Hance 轮叶过路黄 *
安徽：金寨 陈延松，欧祖兰，姜九龙 Xuzd218
安徽：屯溪区 方建新 TangXS0871
江苏：句容 吴宝成，王兆银 HANGYY8251
江西：修水 缪以清，余于明 TanCM3201
山东：市南区 罗艳 LuoY280

Lysimachia lancifolia Craib 长叶香草
云南：普洱 叶金科 YNS0376
云南：永德 李永亮 YDDXS0498

Lysimachia laxa Baudo 多枝香草
云南：贡山 郭永杰，吴之坤，吴兴等 14CS9867
云南：龙陵 郭永杰，吴义军，马蓉等 12CS5134
云南：南涧 阿国仁，何贵才 NJWLS2008223
云南：南涧 阿国仁，何贵才 NJWLS813
云南：南涧 李毕祥，袁玉明，王崇智 NJWLS601
云南：腾冲 余新林，赵玮 BSGLGStc364
云南：新平 何罡安 XPALSB018
云南：永德 欧阳红才，普跃东，鲁金国等 YDDXSC014
云南：永德 李永亮 YDDXS6498
云南：镇沅 罗成瑜 ALSZY417

Lysimachia lichiangensis Forrest 丽江珍珠菜 *
云南：东川区 蔡杰，郭永杰，吴之坤等 11CS2999

Lysimachia lichiangensis var. **xerophylla** C. Y. Wu 干生珍珠菜 *
四川：普格 苏涛，黄永江，杨青松等 ZhouZK11051

Lysimachia lobelioides Wallich 长蕊珍珠菜
云南：河口 杨鑫峰 ZhangGL031
云南：景东 杨国平 07-70
云南：麻栗坡 肖波 LuJL453
云南：巧家 张书东，张荣，王银环等 QJYS0222
云南：腾冲 余新林，赵玮 BSGLGStc340
云南：香格里拉 孙航，李新辉，陈林杨 SunH-07ZX-3206
云南：新平 白绍斌 XPALSC322
云南：永德 李永亮 YDDXS0333
云南：永德 李永亮，王学军，杨建文等 YDDXSB075

Lysimachia longipes Hemsley 长梗过路黄 *
安徽：金寨 陈延松，欧祖兰，刘旭升 Xuzd147

Lysimachia melampyroides R. Knuth 山萝过路黄 *
湖北：竹溪 李盛兰 GanQL519
湖南：东安 姜孝成，唐贵华，潘孝武 SCSB-HNJ-0103
湖南：江永 姜孝成，唐贵华，潘孝武 SCSB-HNJ-0034

Lysimachia microcarpa Handel-Mazzetti ex C. Y. Wu 小果香草
云南：景谷 胡启和，周英，仇亚 YNS0628

Lysimachia paridiformis var. **stenophylla** Franchet 狭叶落地梅 *
四川：峨眉山 李小杰 LiXJ095

Lysimachia parvifolia Franchet ex F. B. Forbes & Hemsley 小叶珍珠菜 *
安徽：屯溪区 方建新 TangXS0437
江西：庐山区 谭策铭，董安淼 TanCM262

Lysimachia patungensis Handel-Mazzetti 巴东过路黄 *
江西：庐山区 董安淼，吴从梅 TanCM3061
浙江：开化 李宏庆，熊申展，桂萍 Lihq0392

Lysimachia pentapetala Bunge 狭叶珍珠菜 *
河北：灵寿 牛玉璐，高彦飞，黄士良 NiuYL187
河南：栾川 黄振英，于顺利，杨学军 Huangzy0032
河南：南召 邓志军，付婷婷，水庆艳 Huangzy0191
河南：嵩县 邓志军，付婷婷，水庆艳 Huangzy0123
江苏：海州区 汤兴利 HANGYY8403
江苏：海州区 汤兴利 HANGYY8459
江西：黎川 童和平，王玉珍 TanCM2319
江西：庐山区 董安淼，吴从梅 TanCM1011
辽宁：盖州 郑宝江，丁晓炎，焦宏斌等 ZhengBJ377
辽宁：庄河 于立敏 CaoW784
山东：崂山区 罗艳，李中华 LuoY210
山东：历下区 李兰，王萍，张少华 Lilan112
山东：历下区 赵遵田，樊守金，郑国伟等 Zhaozt0022
山东：牟平区 卞福花，卢学新，纪伟等 BianFH00023
山东：芝罘区 卞福花，卢学新，纪伟 BianFH00007
陕西：宁陕 田先华，田陌，王梅荣 TianXH1020

Lysimachia petelotii Merrill 阔叶假排草
云南：兰坪 孔航辉，任琛 Yangqe2881

Lysimachia phyllocephala Handel-Mazzetti 叶头过路黄 *
重庆：南川区 易思荣 YISR201
江西：武宁 张吉华，张东红 TanCM2940
四川：峨眉山 李小杰 LiXJ464

Lysimachia platypetala Franchet 阔瓣珍珠菜 *

四川：康定 孙航，张建文，董金龙等 SunH-07ZX-4001
云南：贡山 刘成，何华杰，黄莉等 14CS9982
云南：贡山 郭永杰，吴之坤，吴兴等 14CS9826
云南：贡山 郭永杰，吴之坤，吴兴等 14CS9911
云南：宁洱 胡启和，张绍云，周兵 YNS0970
云南：盘龙区 王焕冲，马兴达 WangHCH020
云南：巧家 李文虎，吴天抗，张天壁等 QJYS0146
云南：新平 罗田发，谢雄 XPALSC175

Lysimachia pseudohenryi Pampanini **疏头过路黄 ***
安徽：舒城 陈延松，欧祖兰，高秋晨等 Xuzd281
湖北：竹溪 李盛兰 GanQL320
湖南：江永 刘克明，肖乐希，陈薇 SCSB-HN-0062
湖南：永顺 陈功锡，张代贵 SCSB-HC-2008025

Lysimachia racemiflora Bonati **总花珍珠菜 ***
云南：禄丰 王焕冲，马兴达 WangHCH035

Lysimachia remota Petitmengin **疏节过路黄 ***
江西：庐山区 董安淼，吴丛梅 TanCM2537

Lysimachia rubiginosa Hemsley **显苞过路黄 ***
江西：庐山区 董安淼，吴丛梅 TanCM3038

Lysimachia stenosepala Hemsley **腺药珍珠菜 ***
重庆：南川区 易思荣 YISR203
湖北：神农架林区 李巨平 LiJuPing0182
江西：武宁 张吉华，张东红 TanCM2927
陕西：宁陕 田先华，田陌，张峰 TianXH029
四川：乐至 邓兴敏，邓秀发，张昌兵 ZCB0406

Lysimachia taliensis Bonati **大理珍珠菜 ***
四川：木里 苏涛，黄永江，杨青松等 ZhouZK11361
云南：南涧 阿国仁，时国彩，熊绍荣 njwls2007137

Lysimachia thyrsiflora Linnaeus **球尾花**
吉林：磐石 安海成 AnHC024

Maesa acuminatissima Merrill **米珍果**
云南：河口 张挺，胡益敏 SCSB-B-000539
云南：绿春 黄连山保护区科研所 HLS0234
云南：屏边 张挺，胡益敏 SCSB-B-000551
云南：屏边 钱良超，陆海兴，张照跃等 Pbdws114

Maesa argentea (Wallich) A. de Candolle **银叶杜茎山**
云南：龙陵 孙兴旭 SunXX146
云南：隆阳区 刀志灵，张雪梅 DZL-107
云南：隆阳区 刀志灵，陈哲 DZL-082
云南：普洱 刀志灵 DZL583
云南：腾冲 李爱花，黄之镨，黄押稳等 SCSB-A-000290
云南：腾冲 余新林，赵玮 BSGLGStc060
云南：盈江 王立彦，桂魏，刀江飞 SCSB-TBG-195

Maesa brevipaniculata (C. Y. Wu & C. Chen) Pipoly & C. Chen **短序杜茎山 ***
云南：绿春 税玉民，陈文红 82764

Maesa cavinervis C. Chen **凹脉杜茎山 ***
西藏：波密 刘成，亚吉东，何华杰等 16CS11812

Maesa chisia Buchanan-Hamilton ex D. Don **密腺杜茎山**
西藏：墨脱 刘成，亚吉东，何华杰等 16CS11860
云南：隆阳区 段在贤，李晓东，封占昕 BSGLGSly041
云南：隆阳区 段在贤，刘绍纯，杨志顺等 BSGLGSly1071
云南：腾冲 周应再 Zhyz-063
云南：腾冲 刀志灵 DZL-186
云南：新平 彭华，向春雷，陈丽 PengH8292
云南：永德 李永亮 YDDXS0960
云南：镇沅 朱恒 ALSZY124

Maesa hupehensis Rehder **湖北杜茎山 ***
重庆：南川区 易思荣 YISR116
广西：上思 何海文，杨锦超 YANGXF0403
湖北：竹溪 李盛兰 GanQL366
四川：峨眉山 李小杰 LiXJ294

Maesa indica (Roxburgh) A. de Candolle **包疮叶**
广西：上思 何海文，杨锦超 YANGXF0267
云南：景洪 谭运洪 B41
云南：龙陵 郭永杰，吴义军，马蓉等 12CS5136
云南：隆阳区 段在贤，代如亮，赵玮 BSGLGSly055
云南：泸水 李爱花，李洪超，黄天才等 SCSB-A-000209
云南：禄劝 张挺，张书东，李爱花 SCSB-A-000090
云南：绿春 税玉民，陈文红 82754
云南：勐海 谭运洪，余涛 B349
云南：弥勒 刘恩德，方伟，杜燕等 SCSB-B-000036
云南：南涧 徐家武，袁立川，罗增阳等 NJWLS2008160
云南：普洱 刀志灵 DZL-108
云南：瑞丽 谭运洪 B140
云南：文山 何德明，丰艳飞，王成 WSLJS904
云南：新平 何罡安 XPALSB107
云南：新平 彭华，向春雷，陈丽 PengH8277
云南：永德 奎文康，欧阳红才，鲁金国 YDDXSC064
云南：元阳 田学军，杨建，邱成书等 Tianxj0090
云南：镇沅 叶金科 YNS0036

Maesa insignis Chun **毛穗杜茎山 ***
贵州：黄平 邹方伦 ZouFL0240
湖南：古丈 刘克明，朱晓文 SCSB-HN-0492
湖南：永顺 陈功锡，张代贵 SCSB-HC-2008373
湖南：雨花区 蔡秀珍，陈薇，朱晓文 SCSB-HN-0649

Maesa japonica (Thunberg) Moritzi & Zollinger **杜茎山**
广西：防城港 许为斌，黄俞淞，梁永延等 Liuyan0235
广西：贺州 姜孝成，王丽萍，鲁长青 Jiangxc0715
广西：环江 黄俞淞，叶晓霞，许为斌等 Liuyan0115
广西：临桂 吴望辉，黄俞淞，农冬新 Liuyan0395
广西：灵川 吴望辉，黄俞淞，蒋日红 Liuyan0419
广西：上思 许为斌，黄俞淞，梁永延等 Liuyan0224
广西：兴安 吴望辉，吴磊，农冬新 Liuyan0495
广西：永福 许为斌，黄俞淞，朱章明 Liuyan0472
贵州：江口 周云，王勇 XiangZ031
贵州：江口 周云，王勇 XiangZ057
海南：昌江 康勇，林灯，陈庆 LWXS048
湖北：利川 祝文志，刘志祥，曹远俊 ShenZH3479
湖南：洞口 肖乐希，谢江，唐光波等 SCSB-HN-1737
湖南：鹤城区 李胜华，伍贤进，刘光华等 Wuxj838
湖南：衡山 刘克明，田淑珍 SCSB-HN-0364
湖南：怀化 李胜华，伍贤进，曾汉元等 HHXY065
湖南：会同 李胜华，伍贤进，曾汉元等 Wuxj1010
湖南：会同 李胜华，伍贤进，曾汉元等 Wuxj1016
湖南：吉首 陈功锡，张代贵，邓涛等 SCSB-HC-2007303
湖南：江华 刘克明，王成，欧阳书珍 SCSB-HN-0861
湖南：江永 刘克明，肖乐希，陈薇 SCSB-HN-0060
湖南：江永 姜孝成，唐贵华，潘孝武 SCSB-HNJ-0031
湖南：浏阳 刘克明，朱晓文，田淑珍 SCSB-HN-0457
湖南：浏阳 丛义艳，田淑珍 SCSB-HN-1497
湖南：浏阳 蔡秀珍，田淑珍 SCSB-HN-1034
湖南：平江 刘克明，陈丰林 SCSB-HN-0939
湖南：新化 黄先辉，杨亚平，卜剑超 SCSB-HNJ-0353
湖南：新宁 姜孝成，唐贵华，袁双艳等 SCSB-HNJ-0281
湖南：新宁 姜孝成，唐贵华，袁双艳等 SCSB-HNJ-0290

湖南：永顺 陈功锡，张代贵 SCSB-HC-2008126
湖南：沅陵 刘克明，周磊，彭新星等 SCSB-HN-1322
湖南：沅陵 李胜华，伍贤进，刘光华等 Wuxj911
湖南：沅陵 李胜华，伍贤进，刘光华等 Wuxj914
湖南：岳麓区 朱香清，田淑珍 SCSB-HN-1466A
湖南：长沙 蔡秀珍 SCSB-HN-0758
湖南：中方 伍贤进，李胜华，曾汉元等 HHXY128
江西：井冈山 兰国华 LiuRL021
江西：黎川 杨文斌，饶云芳 TanCM1313
江西：星子 董安淼，吴从梅 TanCM1685
江西：永新 杜小浪，慕泽泾，曹岚 DXL040
云南：建水 彭华，向春雷，陈丽 P.H.6011
云南：金平 税玉民，陈文红 80027
云南：金平 税玉民，陈文红 80334
云南：金平 税玉民，陈文红 80398
云南：金平 税玉民，陈文红 80494
云南：澜沧 彭华，向春雷，陈丽 P.H.5765
云南：绿春 李嵘，张洪喜 DZL-260
云南：绿春 税玉民，陈文红 72792
云南：绿春 税玉民，陈文红 72875
云南：绿春 税玉民，陈文红 73068A
云南：麻栗坡 张挺，修莹莹，李胜 SCSB-B-000609
云南：麻栗坡 肖波 LuJL483
云南：勐腊 赵相兴 A095
云南：孟连 彭华，向春雷，陈丽 P.H.5796
云南：宁洱 张挺，王建军，廖琼 SCSB-B-000246
云南：普洱 谭运洪，余涛 B409
云南：思茅区 张绍云，胡启和，仇亚 YNS1035
云南：腾冲 李爱花，黄之镨，黄押稳等 SCSB-A-000300
云南：文山 何德明 WSLJS909
云南：新平 何罡安 XPALSB406
云南：新平 谢天华，郎定富，杨如伟 XPALSA062
浙江：鄞州区 李宏庆，葛斌杰 Lihq0109

Maesa macilenta E. Walker 细梗杜茎山 *
云南：文山 何德明 WSLJS847

Maesa macilentoides C. Chen 薄叶杜茎山 *
云南：勐海 张挺，谭运洪，王建军等 SCSB-B-000285

Maesa manipurensis Mez 隐纹杜茎山
云南：隆阳区 李恒，李嵘，刀志灵 1232

Maesa marioniae Merrill 毛脉杜茎山
云南：福贡 李恒，李嵘，刀志灵 1137
云南：贡山 刘成，何华杰，黄莉等 14CS8510
云南：贡山 刘成，何华杰，黄莉等 14CS8542
云南：贡山 李恒，李嵘 858

Maesa membranacea A. de Candolle 腺叶杜茎山
云南：红河 彭华，向春雷，陈丽 PengH8226
云南：绿春 彭华，向春雷，陈丽等 P.H.5592
云南：勐海 彭华，向春雷，陈丽等 P.H.5727
云南：屏边 钱良超，康远勇，陆海兴 Pbdws151
云南：双柏 彭华，向春雷，陈丽等 P.H.5550
云南：元阳 浦仕梅，刘成，杨娅娟等 YYGYS015

Maesa montana A. de Candolle 金珠柳
广西：八步区 莫水松 Liuyan1072
四川：峨眉山 李小杰 LiXJ259
西藏：林芝 张大才，李双智，唐路等 ZhangDC-07ZX-1787
西藏：墨脱 刘成，亚吉东，何华杰等 16CS11953
云南：沧源 赵金超，杨红强 CYNGH412
云南：沧源 赵金超 CYNGH037
云南：贡山 刘成，何华杰，黄莉等 14CS8552
云南：景东 鲁艳 07-150
云南：景东 罗忠华，刘长铭，鲁成荣等 JD074
云南：景谷 胡启和，周英，张绍云 YNS0524
云南：澜沧 刀志灵 DZL549
云南：梁河 郭永杰，李涟漪，聂细转 12CS5215
云南：隆阳区 许炳强，吴兴，李婧等 XiaNh-07zx-228
云南：隆阳区 尹学建 BSGLGS1y2013
云南：隆阳区 李恒，李嵘，刀志灵 1342
云南：隆阳区 赵玮，莫连贤，段在贤 BSGLGS1y030
云南：泸水 孙振华，郑志兴，沈蕊等 OuXK-LC-024
云南：绿春 黄连山保护区科研所 HLS0035
云南：绿春 黄连山保护区科研所 HLS0065
云南：绿春 黄连山保护区科研所 HLS0146
云南：绿春 黄连山保护区科研所 HLS0285
云南：麻栗坡 肖波 LuJL112
云南：蒙自 税玉民，陈文红 72396
云南：勐海 刀志灵 DZL558
云南：南涧 官有才，熊绍荣，张雄 NJWLS645
云南：南涧 李成清，李春明，邹国娟等 njwls2007053
云南：屏边 税玉民，陈文红 16023
云南：腾冲 余新林，赵玮 BSGLGStc111
云南：文山 何德明 WSLJS856
云南：文山 何德明，丰艳飞，曹世超 WSLJS684
云南：文山 韦荣彪，何德明 WSLJS631
云南：新平 刘恩德，方伟，杜燕等 SCSB-B-000019
云南：新平 彭华，陈丽 P.H.5354
云南：新平 张学林，王平 XPALSD099
云南：新平 白绍斌 XPALSC332
云南：新平 谢雄 XPALSC057
云南：盈江 王立彦，左常盛，桂魏 SCSB-TBG-053
云南：永德 杨金荣，王学军，黄德武等 YDDXSA046
云南：元阳 车鑫，刘成，杨娅娟等 YYGYS001
云南：元阳 车鑫，亚吉东，秦少发等 YYGYS062

Maesa perlarius (Loureiro) Merrill 鲫鱼胆
广西：八步区 莫水松 Liuyan1047
广西：上思 黄俞淞，吴望辉，农冬新 Liuyan0338
广西：阳朔 吴望辉，许为斌，农冬新 Liuyan0509
广西：昭平 莫水松 Liuyan1082
云南：沧源 赵金超，杨红强 CYNGH321
云南：景东 谭运洪，余涛 B284
云南：景东 杨国平 2008182
云南：勐海 谭运洪，余涛 B341
云南：屏边 钱良超，陆海兴，康远勇等 Pbdws182

Maesa permollis Kurz 毛杜茎山
云南：河口 张贵良，果忠，白松民 ZhangGL208
云南：景谷 张绍云，叶金科 YNS0016
云南：隆阳区 张雪梅，刘媛，万珠珠 SCSB-L-0009
云南：绿春 何疆海，何来收，白然思等 HLS0348
云南：盈江 王立彦，桂魏 SCSB-TBG-164

Maesa ramentacea (Roxburgh) A. de Candolle 称杆树
云南：金平 喻智勇，官兴永，张云飞等 JinPing12
云南：金平 喻智勇，官兴永，张云飞等 JinPing37
云南：绿春 黄连山保护区科研所 HLS0072
云南：绿春 税玉民，陈文红 81490
云南：马关 张挺，修莹莹，李胜 SCSB-B-000615
云南：蒙自 税玉民，陈文红 72448
云南：普洱 刀志灵 DZL-110

云南：普洱 刀志灵 DZL-111
云南：西畴 张挺，李洪超，左定科 SCSB-B-000312

Maesa reticulata C. Y. Wu **网脉杜茎山**
云南：河口 税玉民，陈文红 16044
云南：河口 刘成，亚吉东，张桥蓉等 16CS14139
云南：麻栗坡 何德明 WSLJS970
云南：勐海 张挺，谭运洪，王建军等 SCSB-B-000282

Maesa rugosa C. B. Clarke **皱叶杜茎山**
云南：贡山 蔡杰，郭云刚，张凤琼等 14CS9776
云南：贡山 张挺，杨湘云，周明芬等 14CS9668
云南：贡山 许炳强，吴兴，李婧等 XiaNh-07zx-115
云南：贡山 李恒，李嵘，刀志灵 996

Myrsine africana Linnaeus **铁仔**
贵州：道真 赵厚涛，韩国营 YBG032
贵州：江口 彭华，王英，陈丽 P.H.5162
贵州：铜仁 彭华，王英，陈丽 P.H.5182
湖北：长阳 祝文志，刘志祥，曹远俊 ShenZH2425
陕西：城固 田先华，冯星 TianXH522
四川：峨眉山 李小杰 LiXJ724
四川：康定 彭玉兰，涂卫国 Gaoxf-0831
四川：乐至 邓兴敏，邓秀发，张昌兵 ZCB0503
四川：理塘 何兴金，马祥光，张云香等 SCU-11-201
四川：米易 刘静，袁明 MY-232
云南：安宁 张挺，张书东，杨茜等 SCSB-A-000040
云南：安宁 伊廷双，孟静，杨杨 MJ-858
云南：大理 张德全，段丽珍，段金成等 ZDQ011
云南：鹤庆 孙振华，王文礼，宋晓卿等 OuxK-HQ-0011
云南：兰坪 刀志灵 DZL409
云南：宁蒗 任宗昕，周伟，何俊等 SCSB-W-945
云南：石林 税玉民，陈文红 65837
云南：腾冲 余新林，赵玮 BSGLGStc021
云南：文山 何德明，韦荣彪，黄太文 WSLJS757
云南：西山区 伊廷双，孟静，杨杨 MJ-887
云南：祥云 孙振华，王文礼，宋晓卿等 OuxK-XY-0003
云南：新平 彭华，向春雷，陈丽 PengH8313
云南：永胜 刀志灵，张洪喜 DZL487
云南：云龙 郭永杰，王杨飞，李施文等 TC4031
云南：云龙 张志云 TC3064
云南：云龙 刀志灵 DZL396

Myrsine faberi (Mez) Pipoly & C. Chen **平叶密花树** *
广西：八步区 许玥，祝文志，刘志祥等 ShenZH8002

Myrsine kwangsiensis (E. Walker) Pipoly & C. Chen **广西密花树** *
云南：沧源 赵金超，田世华 CYNGH440

Myrsine linearis (Loureiro) Poiret **打铁树**
广西：防城港 许为斌，黄俞淞，梁永延等 Liuyan0239
广西：防城港 许为斌，黄俞淞，梁永延等 Liuyan0240

Myrsine seguinii H. Léveillé **密花树**
广西：金秀 许为斌，黄俞淞，叶晓霞等 Liuyan0125
广西：那坡 黄俞淞，梁永延，叶晓霞 Liuyan0021
江西：井冈山 兰国华 LiuRL019
云南：昌宁 赵玮 BSGLGSly190
云南：景东 鲁艳 2008145
云南：景东 罗忠华，谢有能，刘长铭等 JDNR096
云南：隆阳区 赵文李 BSGLGSly3042
云南：绿春 黄连山保护区科研所 HLS0257
云南：麻栗坡 张挺，修莹莹，李胜 SCSB-B-000600
云南：麻栗坡 肖波 LuJL302
云南：麻栗坡 肖波 LuJL360
云南：麻栗坡 肖波 LuJL489
云南：墨江 何疆海，何来收，白然思等 HLS0339
云南：南涧 马德跃，官有才，熊绍荣 NJWLS825
云南：南涧 熊绍荣，潘继云，邹国娟等 NJWLS2008108
云南：宁洱 胡启和，仇亚 YNS0564
云南：普洱 叶金科 YNS0239
云南：西盟 叶金科 YNS0134
云南：永德 李永亮 YDDXS0438
云南：云龙 刀志灵 DZL402
云南：云龙 刀志灵 DZL407
云南：镇沅 朱恒，罗成瑜 ALSZY213
云南：镇沅 罗成瑜 ALSZY470

Myrsine semiserrata Wallich **针齿铁仔**
广西：环江 许为斌，胡仁传 Liuyan1009
西藏：波密 刘成，亚吉东，何华杰等 16CS11806
云南：贡山 蔡杰，郭云刚，张凤琼等 14CS9778
云南：贡山 张挺，杨湘云，周明芬等 14CS9665
云南：贡山 郭永杰，吴之坤，吴兴等 14CS9830
云南：贡山 郭永杰，吴之坤，吴兴等 14CS9894
云南：贡山 许炳强，吴兴，李婧等 XiaNh-07zx-108
云南：贡山 刀志灵，陈哲 DZL-044
云南：景东 杨国平 07-10
云南：景东 袁小龙，李光耀 JDNR110114
云南：隆阳区 段在贤，刘绍纯，杨志顺等 BSGLGSly1073
云南：麻栗坡 张挺，李洪超，左定科 SCSB-B-000319
云南：南涧 熊绍荣 njwls2007069
云南：腾冲 周应再 Zhyz-011
云南：腾冲 余新林，赵玮 BSGLGStc106
云南：腾冲 周应再 Zhyz545
云南：新平 罗光进 XPALSB159
云南：新平 王家和，李丛生 XPALSC387
云南：永德 李永亮 YDDXS0820
云南：永德 李永亮 YDDXS0901
云南：永德 李永亮 YDDXS0927
云南：永德 杨柱斌，王学军，黄德武等 YDDXSA029
云南：永德 鲁金国，普跃东 YDDXSC061
云南：永德 杨金荣，王学军，黄德武等 YDDXSA057
云南：云龙 李爱花，李洪超，黄天才等 SCSB-A-000229
云南：镇沅 何忠云，王立东 ALSZY083

Myrsine stolonifera (Koidzumi) E. Walker **光叶铁仔**
湖北：宣恩 祝文志，刘志祥，曹远俊 ShenZH0107
四川：峨眉山 李小杰 LiXJ265

Omphalogramma elegans Forrest **丽花独报春**
云南：香格里拉 蔡杰，张挺，刘成等 11CS3260

Omphalogramma souliei Franchet **长柱独花报春** *
云南：贡山 刀志灵 DZL341
云南：贡山 刀志灵 DZL352
云南：丽江 张挺，蔡杰，刘成 09CS1445
云南：香格里拉 蔡杰，张挺，刘成等 11CS3288

Omphalogramma vinciflorum (Franchet) Franchet **独花报春** *
四川：汶川 何兴金，高云东，刘海艳等 SCU-20080460
西藏：波密 张大才，李双智，唐路等 ZhangDC-07ZX-1778

Pomatosace filicula Maximowicz **羽叶点地梅** *
甘肃：合作 尹鑫，吴航，葛文静 LiuJQ-GN-2011-042
甘肃：合作 郭淑青，杜品 LiuJQ-2012-GN-007
甘肃：碌曲 李晓东，刘帆，张景博等 LiJ0152
青海：班玛 陈世龙，张得钧，高庆波等 Chensl0339

青海：达日 陈世龙，张得钧，高庆波等 Chensl0284
青海：格尔木 冯虎元 LiuJQ-08KLS-042
青海：格尔木 冯虎元 LiuJQ-08KLS-061
青海：格尔木 汪书丽，王志强，邹嘉宾 Liujq-Txm10-045
青海：海西 汪书丽，王志强，邹嘉宾 Liujq-Txm10-089
青海：海西 汪书丽，王志强，邹嘉宾 Liujq-Txm10-102
青海：玛多 陈世龙，高庆波，张发起等 Chensl1378
青海：玛多 田斌，姬明飞 Liujq-2010-QH-003
青海：玛沁 田斌，姬明飞 Liujq-2010-QH-019
青海：玛沁 田斌，姬明飞 Liujq-2010-QH-024
青海：门源 吴玉虎，刘建全 LJQ-QLS-2008-0046
青海：曲麻莱 陈世龙，高庆波，张发起等 Chensl1420

Primula advena W. W. Smith **折瓣雪山报春 ***
西藏：左贡 张大才，李双智，罗康等 ZhangDC-07ZX-0146

Primula alpicola (W. W. Smith) Stapf **杂色钟报春**
西藏：工布江达 马永鹏 ZhangCQ-0080
西藏：加查 毛康珊，任广朋，邹嘉宾 LiuJQ-QTP-2011-168
西藏：林芝 罗建，王国严，汪书丽 LiuJQ-08XZ-057
西藏：林芝 罗建，汪书丽 LiuJQ-08XZ-083
西藏：林芝 罗建，汪书丽 LiuJQ-09XZ-214
西藏：林芝 毛康珊，任广朋，邹嘉宾 LiuJQ-QTP-2011-178
西藏：林芝 孙航，张建文，陈建国等 SunH-07ZX-2836

Primula amethystina Franchet **紫晶报春 ***
四川：甘孜 陈文允，于文涛，黄永江 CYH180
云南：云龙 字建泽，李国宏，李施文等 TC1006

Primula amethystina subsp. **brevifolia** (Forrest) W. W. Smith & Forrest **短叶紫晶报春 ***
四川：德格 苏涛，黄永江，杨青松等 ZhouZK11210

Primula anisodora I. B. Balfour & Forrest **茴香灯台报春 ***
云南：维西 陈文允，于文涛，黄永江等 CYHL085

Primula atrodentata W. W. Smith **白心球花报春**
西藏：林芝 罗建，王国严，汪书丽 LiuJQ-08XZ-039

Primula aurantiaca W. W. Smith & Forrest **橙红灯台报春 ***
四川：理塘 何兴金，赵丽华，梁乾隆等 SCU-11-171
云南：云龙 刀志灵 DZL387

Primula bathangensis Petitmengin **巴塘报春 ***
云南：鹤庆 陈文允，于文涛，黄永江等 CYHL248

Primula beesiana Forrest **霞红灯台报春**
云南：兰坪 张挺，徐远杰，黄押稳等 SCSB-B-000182
云南：宁蒗 任宗昕，寸龙琼，任尚国 SCSB-W-1385
云南：玉龙 吴之坤 WZK2009076

Primula bergenioides C. M. Hu & Y. Y. Geng **岩白菜叶报春 ***
四川：峨眉山 李小杰 LiXJ375

Primula blinii H. Léveillé **糙毛报春 ***
四川：稻城 孙航，张建文，董金龙等 SunH-07ZX-3616
四川：乡城 周浙昆，苏涛，杨莹等 Zhou09-166
云南：香格里拉 张挺，亚吉东，李明勤等 11CS3364
云南：香格里拉 郭永杰，张桥蓉，李春晓等 11CS3462

Primula boreiocalliantha I. B. Balfour & Forrest **木里报春 ***
四川：乡城 张大才，尹五元，李双智等 ZhangDC-07ZX-2102
云南：香格里拉 郭永杰，张桥蓉，李春晓等 11CS3430
云南：香格里拉 杨亲二，袁琼 Yangqe2722

Primula bracteata Franchet **小苞报春 ***
西藏：昌都 张挺，李爱花，刘成等 08CS750

Primula bulleyana Forrest **桔红灯台报春 ***
云南：德钦 马永鹏 ZhangCQ-0001
云南：德钦 马永鹏 ZhangCQ-0002
云南：宁蒗 苏涛，黄永江，杨青松等 ZhouZK11438
云南：玉龙 吴之坤 WZK2009075
云南：玉龙 张长芹，王年，申敏 ZhangCQ-0171
云南：玉龙 张长芹，王年，申敏 ZhangCQ-0172

Primula calderiana I. B. Balfour & Cooper **暗紫脆蒴报春**
西藏：林芝 罗建，王国严，汪书丽 LiuJQ-08XZ-056

Primula capitata Hooker **头序报春**
西藏：察隅 张挺，蔡杰，袁明 09CS1551
西藏：错那 马永鹏 ZhangCQ-0064

Primula cawdoriana Kingdon-Ward **条裂垂花报春 ***
西藏：林芝 罗建，王国严，汪书丽 LiuJQ-08XZ-037

Primula chienii W. P. Fang **青城报春 ***
四川：都江堰 李小杰 LiXJ607

Primula chionantha I. B. Balfour & Forrest **紫花雪山报春 ***
四川：乡城 周浙昆，苏涛，杨莹等 Zhou09-113

Primula chungensis I. B. Balfour & Kingdon-Ward **中甸灯台报春 ***
四川：康定 许炳强，童毅华，吴兴等 XiaNH-07ZX-1105
四川：康定 何兴金，高云东，刘海艳等 SCU-20080429
西藏：林芝 罗建，林玲 LiuJQ-09XZ-076
西藏：林芝 陈家辉，韩希，王广艳等 YangYP-Q-4100
云南：鹤庆 陈文允，于文涛，黄永江等 CYHL244
云南：香格里拉 张挺，蔡杰，郭永杰等 11CS3038
云南：香格里拉 蔡杰，张挺，刘成等 11CS3287

Primula cinerascens Franchet **灰绿报春 ***
湖北：竹溪 李盛兰 GanQL956

Primula deflexa Duthie **穗花报春 ***
四川：红原 张昌兵，邓秀发 ZhangCB0376
四川：康定 许炳强，童毅华，吴兴等 XiaNH-07ZX-1109
云南：香格里拉 郭永杰，张桥蓉，李春晓等 11CS3527

Primula denticulata subsp. **sinodenticulata** (I. B. Balfour & Forrest) W. W. Smith **滇北球花报春**
云南：景东 杨国平 07-17
云南：景东 刘成，王苏化，朱迪恩等 12CS4368

Primula diantha Bureau & Franchet **双花报春 ***
云南：香格里拉 郭永杰，张桥蓉，李春晓等 11CS3402

Primula dryadifolia Franchet **石岩报春**
云南：香格里拉 张挺，亚吉东，李明勤等 11CS3394

Primula efarinosa Pax **无粉报春 ***
湖北：神农架林区 李巨平 LiJuPing0108

Primula falcifolia Kingdon-Ward **镰叶雪山报春 ***
西藏：波密 孙航，张建文，陈建国等 SunH-07ZX-2686
西藏：波密 张大才，李双智，唐路等 ZhangDC-07ZX-1761

Primula fangii F. H. Chen & C. M. Hu **金川粉报春 ***
四川：红原 张昌兵，邓秀发，郝国歉 ZhangCB0358

Primula filchnerae R. Knuth **陕西羽叶报春 ***
湖北：竹溪 李盛兰 GanQL468

Primula firmipes I. B. Balfour & Forrest **葶立钟报春**
西藏：林芝 罗建，汪书丽 LiuJQ-09XZ-276
西藏：林芝 孙航，张建文，陈建国等 SunH-07ZX-2811

Primula fistulosa Turkevicz **箭报春**
黑龙江：嫩江 王臣，张欣欣，史传奇 WangCh23

Primula flaccida N. P. Balakrishnan **垂花报春 ***
云南：东川区 蔡杰，郭永杰，吴之坤等 11CS2970
云南：永德 李永亮 LiYL1576

Primula florindae Kingdon-Ward **巨伞钟报春 ***
四川：稻城 李晓东，张景博，徐凌翔等 LiJ382
西藏：工布江达 马永鹏 ZhangCQ-0079
西藏：朗县 罗建，汪书丽，任德智 L073

西藏：林芝 罗建，汪书丽 LiuJQ-09XZ-233
西藏：林芝 毛康珊，任广朋，邹嘉宾 LiuJQ-QTP-2011-175
西藏：林芝 毛康珊，任广朋，邹嘉宾 LiuJQ-QTP-2011-187
西藏：林芝 张大才，李双智，唐路等 ZhangDC-07ZX-1833

Primula forbesii Franchet **小报春 ***
云南：思茅区 胡启和，仇亚，周兵 YNS0796
云南：永德 李永亮 YDDXS0145

Primula forrestii I. B. Balfour **灰岩皱叶报春 ***
云南：古城区 张挺，郭起荣，黄兰兰等 15PX212

Primula gemmifera Batalin **苞芽粉报春 ***
甘肃：迭部 齐威 LJQ-2008-GN-378
甘肃：迭部 齐威 LJQ-2008-GN-384
甘肃：玛曲 齐威 LJQ-2008-GN-385
甘肃：卓尼 尹鑫，吴航，葛文静 LiuJQ-GN-2011-041
四川：康定 苏涛，黄永江，杨青松等 ZhouZK11078

Primula glomerata Pax **立花头序报春**
西藏：聂拉木 毛康珊，任广朋，邹嘉宾 LiuJQ-QTP-2011-116

Primula graminifolia Pax & K. Hoffmann **禾叶报春 ***
四川：黑水 顾垒，李忠荣 GaoXF-09ZX-1358

Primula griffithii (Watt) Pax **高葶脆蒴报春**
西藏：林芝 何华杰，张书东 81450

Primula helodoxa I. B. Balfour **泽地灯台报春 ***
云南：贡山 刀志灵 DZL838

Primula heucherifolia Franchet **宝兴掌叶报春 ***
四川：峨眉山 李小杰 LiXJ662

Primula involucrata subsp. **yargongensis** (Petitmengin) W. W. Smith & Forrest **雅江报春**
四川：稻城 陈家辉，刘亚辉，周妍等 YangYP-Q-2272
四川：甘孜 张挺，李爱花，刘成等 08CS829
四川：松潘 齐威 LJQ-2008-GN-381
四川：雅江 苏涛，黄永江，杨青松等 ZhouZK11067
云南：东川区 蔡杰，郭永杰，吴之坤等 11CS2964

Primula jaffreyana King **藏南粉报春 ***
西藏：错那 何华杰，张书东 81400
西藏：错那 何华杰，刘杰 81585
西藏：加查 许炳强，童毅华 XiaNh-07zx-692
西藏：曲水 毛康珊，任广朋，邹嘉宾 LiuJQ-QTP-2011-013

Primula macrophylla D. Don **大叶报春**
西藏：林芝 孙航，张建文，陈建国等 SunH-07ZX-2731

Primula malacoides Franchet **报春花 ***
云南：景东 鲁艳 200845
云南：永德 李永亮 YDDXS1210

Primula mallophylla I. B. Balfour **川东灯台报春 ***
重庆：城口 吴之坤 WZK2009063

Primula maximowiczii Regel **胭脂花**
河北：涿鹿 牛玉璐，高彦飞，赵二涛 NiuYL343

Primula monticola (Handel-Mazzetti) F. H. Chen & C. M. Hu **中甸海水仙 ***
湖北：神农架林区 李巨平 LiJuPing0109

Primula moupinensis Franchet **宝兴报春 ***
四川：峨眉山 李小杰 LiXJ627
四川：金口河区 李小杰 LiXJ786

Primula neurocalyx Franchet **保康报春 ***
四川：南江 张挺，刘成，郭永杰 10CS2445

Primula ninguida W. W. Smith **林芝报春 ***
西藏：林芝 罗建，王国严，汪书丽 LiuJQ-08XZ-236

Primula nutans Georgi **天山报春**
甘肃：碌曲 李晓东，刘帆，张景博等 LiJ0112
青海：门源 陈世龙，高庆波，张发起等 Chensl1615
青海：祁连 陈世龙，高庆波，张发起等 Chensl1504
四川：稻城 李晓东，张景博，徐凌翔等 LiJ398
新疆：和静 张玲 TD-01630
新疆：塔什库尔干 杨赵平，周禧林，贺冰 LiZJ1221
新疆：塔什库尔干 邱娟，冯建菊 LiuJQ0053
新疆：塔什库尔干 杨赵平，黄文娟 TD-01761
新疆：叶城 黄文娟，段黄金，王英鑫等 LiZJ0871
新疆：叶城 郭永杰，黄文娟，段黄金 LiZJ0227

Primula obconica Hance **鄂报春 ***
湖北：仙桃 张代贵 Zdg1279
四川：峨眉山 李小杰 LiXJ053
云南：文山 杨云，何德明 WSLJS955
云南：香格里拉 孔航辉，任琛 Yangqe2862
云南：香格里拉 张挺，蔡杰，郭永杰等 11CS3196
云南：永德 李永亮 YDDXS0143

Primula odontocalyx (Franchet) Pax **齿萼报春 ***
四川：峨眉山 李小杰 LiXJ609

Primula optata Farrer ex I. B. Balfour **心愿报春 ***
甘肃：迭部 郭淑青，杜品 LiuJQ-2012-GN-004
甘肃：卓尼 尹鑫，吴航，葛文静 LiuJQ-GN-2011-040

Primula orbicularis Hemsley **圆瓣黄花报春 ***
甘肃：玛曲 齐威 LJQ-2008-GN-383
甘肃：卓尼 齐威 LJQ-2008-GN-382
四川：马尔康 顾垒，张羽 GAOXF-10ZX-1906
四川：乡城 张大才，尹五元，李双智等 ZhangDC-07ZX-2107

Primula oreodoxa Franchet **迎阳报春 ***
四川：峨边 李小杰 LiXJ787
四川：峨眉山 李小杰 LiXJ407
四川：洪雅 李小杰 LiXJ784
四川：天全 李小杰 LiXJ785

Primula ovalifolia Franchet **卵叶报春 ***
四川：峨边 李小杰 LiXJ788
云南：巧家 杨光明 SCSB-W-1125

Primula partschiana Pax **心叶报春 ***
云南：元阳 李文锋，刘成，杨娅娟等 YYGYS039

Primula pinnatifida Franchet **羽叶穗花报春 ***
云南：鹤庆 孙航，李新辉，陈林杨 SunH-07ZX-3187
云南：会泽 杜燕，黄天才，董勇等 SCSB-A-000337

Primula poissonii Franchet **海仙花 ***
四川：稻城 陈文允，于文涛，黄永江 CYH003
四川：黑水 顾垒，李忠荣 GaoXF-09ZX-1618
四川：九龙 吕元林 N012A
四川：乡城 王文礼，冯欣，刘飞鹏 OUXK11136
四川：乡城 吕元林 N016
四川：小金 顾垒，张羽 GAOXF-10ZX-1934
云南：德钦 王文礼，冯欣，刘飞鹏 OUXK11195
云南：景东 杨国平 2008126
云南：景东 鲁成荣，谢有能，王强 JD042
云南：维西 杨亲二，袁琼 Yangqe2057
云南：香格里拉 亚吉东，张桥蓉，张继等 11CS3546
云南：香格里拉 王文礼，冯欣，刘飞鹏 OUXK11092
云南：香格里拉 张挺，亚吉东，李明勤等 11CS3351
云南：香格里拉 杨亲二，袁琼 Yangqe1841
云南：玉龙 李云龙，鲁仪增，和荣华等 15PX109
云南：玉龙 吴之坤 WZK2009074

Primula polyneura Franchet **多脉报春 ***
四川：壤塘 何兴金，马祥光，郜鹏 SCU-10-218

四川：壤塘 何兴金，马祥光，郜鹏 SCU-10-246
四川：汶川 李小杰 LiXJ760
云南：香格里拉 杨亲二，袁琼 Yangqe2103
云南：玉龙 吴之坤 WZK2009079

Primula prenantha I. B. Balfour & W. W. Smith **小花灯台报春**
四川：康定 苏涛，黄永江，杨青松等 ZhouZK11087
西藏：八宿 毛康珊，任广朋，邹嘉宾 LiuJQ-QTP-2011-215
西藏：昌都 毛康珊，任广朋，邹嘉宾 LiuJQ-QTP-2011-225

Primula pseudodenticulata Pax **滇海水仙花 ***
云南：文山 何德明 WSLJS579

Primula pulchella Franchet **丽花报春 ***
四川：理塘 苏涛，黄永江，杨青松等 ZhouZK11122
四川：乡城 何兴金，高云东，王志新等 SCU-09-242
云南：香格里拉 张挺，亚吉东，李明勤等 11CS3387

Primula pulverulenta Duthie **粉被灯台报春 ***
四川：都江堰 李小杰 LiXJ755
四川：金口河区 李小杰 LiXJ797

Primula pumilio Maximowicz **柔小粉报春**
西藏：噶尔 陈家辉，庄会富，边巴扎西 Yangyp-Q-2016

Primula purdomii Craib **紫罗兰报春 ***
青海：杂多 陈世龙，高庆波，张发起 Chensl0737

Primula reticulata Wallich ex Roxburgh **网叶钟报春**
西藏：聂拉木 毛康珊，任广朋，邹嘉宾 LiuJQ-QTP-2011-115

Primula rugosa N. P. Balakrishnan **倒卵叶报春 ***
云南：文山 何德明 WSLJS582

Primula russeola I. B. Balfour & Forrest **黑萼报春 ***
四川：理塘 陈家辉，刘亚辉，周妍等 YangYP-Q-2309

Primula saxatilis V. Komarov **岩生报春 ***
吉林：磐石 安海成 AnHC0326

Primula secundiflora Franchet **偏花报春 ***
青海：班玛 陈世龙，高庆波，张发起 Chensl1131
四川：巴塘 张大才，尹五元，李双智等 ZhangDC-07ZX-2232
四川：理塘 苏涛，黄永江，杨青松等 ZhouZK11160
四川：乡城 孙航，张建文，邓涛等 SunH-07ZX-3320
四川：乡城 陈家辉，刘亚辉，周妍等 YangYP-Q-2223
四川：乡城 陈家辉，刘亚辉，周妍等 YangYP-Q-2230
四川：新龙 陈家辉，王赟，刘德团 YangYP-Q-3009
四川：雅江 苏涛，黄永江，杨青松等 ZhouZK11063
四川：雅江 苏涛，黄永江，杨青松等 ZhouZK11073
西藏：察雅 张挺，李爱花，刘成等 08CS731
西藏：类乌齐 陈家辉，王赟，刘德团 YangYP-Q-3165
西藏：芒康 张大才，李双智，罗康等 ZhangDC-07ZX-0026
西藏：左贡 张永洪，李国栋，王晓雄 SunH-07ZX-1790
云南：德钦 陈文允，于文涛，黄永江等 CYHL144
云南：香格里拉 郭永杰，张桥蓉，李春晓等 11CS3404
云南：香格里拉 亚吉东，张桥蓉，张继等 11CS3545
云南：香格里拉 张挺，李明勤，王关友等 11CS3623
云南：香格里拉 张建文，陈建国，陈林杨等 SunH-07ZX-2274
云南：香格里拉 李国栋，陈建国，陈林杨等 SunH-07ZX-2286
云南：香格里拉 杨青松，星耀武，苏涛 ZhouZK-07ZX-0448
云南：香格里拉 周浙昆，苏涛，杨莹等 Zhou09-009
云南：香格里拉 周浙昆，苏涛，杨莹等 Zhou09-037
云南：香格里拉 周浙昆，苏涛，杨莹等 Zhou09-042
云南：香格里拉 周浙昆，苏涛，杨莹等 Zhou09-064
云南：香格里拉 周浙昆，苏涛，杨莹等 Zhou09-075
云南：香格里拉 李晓东，张紫刚，操榆 LiJ608
云南：香格里拉 杨亲二，袁琼 Yangqe1840
云南：香格里拉 杨亲二，袁琼 Yangqe2717
云南：玉龙 吴之坤 WZK2009081

Primula septemloba Franchet **七指报春 ***
云南：香格里拉 郭永杰，张桥蓉，李春晓等 11CS3460
云南：香格里拉 郭永杰，张桥蓉，李春晓等 11CS3507
云南：香格里拉 张挺，亚吉东，李明勤等 11CS3350

Primula serratifolia Franchet **齿叶灯台报春**
四川：道孚 岳伟，苏旭，王玉金 LiuJQ-2011-WYJ-250
云南：香格里拉 李爱花，周开洪，黄之镨等 SCSB-A-000259

Primula sieboldii E. Morren **樱草**
黑龙江：尚志 王臣，张欣欣，谢博勋等 WangCh341

Primula sikkimensis J. D. Hooker **钟花报春**
青海：囊谦 陈世龙，高庆波，张发起 Chensl0710
青海：囊谦 许炳强，周伟，郑朝汉 Xianh0081
青海：玉树 田斌，姬明飞 Liujq-2010-QH-014
青海：治多 岳伟，苏旭，王玉金 LiuJQ-2011-WYJ-068
四川：阿坝 李小杰 LiXJ774
四川：巴塘 孙航，张建文，董金龙等 SunH-07ZX-3629
四川：白玉 孙航，张建文，邓涛等 SunH-07ZX-3712
四川：白玉 孙航，张建文，邓涛等 SunH-07ZX-3749
四川：白玉 孙航，张建文，董金龙等 SunH-07ZX-3672
四川：道孚 许炳强，童毅华，吴兴等 XiaNH-07ZX-0978
四川：道孚 余岩，周春景，秦汉涛 SCU-11-027
四川：稻城 张大才，尹五元，李双智等 ZhangDC-07ZX-2128
四川：稻城 孙航，张建文，董金龙等 SunH-07ZX-3555
四川：稻城 何兴金，李琴琴，马祥光等 SCU-09-176
四川：甘孜 张大才，尹五元，李双智等 ZhangDC-07ZX-2342
四川：甘孜 陈家辉，王赟，刘德团 YangYP-Q-3048
四川：九龙 孔航辉，罗江平，左雷等 YangQE3465
四川：九龙 张大才，尹五元，李双智等 ZhangDC-07ZX-2418
四川：九龙 张大才，尹五元，李双智等 ZhangDC-07ZX-2425
四川：九龙 孙航，张建文，董金龙等 SunH-07ZX-4012
四川：九龙 孙航，张建文，董金龙等 SunH-07ZX-4047
四川：康定 许炳强，童毅华，吴兴等 XiaNH-07ZX-1107
四川：理塘 孙航，张建文，邓涛等 SunH-07ZX-3359
四川：理塘 何兴金，赵丽华，梁乾隆等 SCU-11-127
四川：理塘 何兴金，赵丽华，梁乾隆等 SCU-11-165
四川：理塘 何兴金，赵丽华，梁乾隆等 SCU-11-196
四川：乡城 孙航，张建文，邓涛等 SunH-07ZX-3319
四川：乡城 孙航，张建文，邓涛等 SunH-07ZX-3323
四川：乡城 周浙昆，苏涛，杨莹等 Zhou09-147
四川：乡城 周浙昆，苏涛，杨莹等 Zhou09-182
四川：乡城 何兴金，高云东，王志新等 SCU-09-240
四川：雅江 何兴金，郜鹏，彭禄等 SCU-11-340
西藏：八宿 毛康珊，任广朋，邹嘉宾 LiuJQ-QTP-2011-214
西藏：八宿 张永洪，李国栋，王晓雄 SunH-07ZX-1768
西藏：八宿 徐波，陈光富，陈林杨等 SunH-07ZX-2025
西藏：波密 孙航，张建文，陈建国等 SunH-07ZX-2626
西藏：波密 陈家辉，韩希，王东超等 YangYP-Q-4054
西藏：察雅 张挺，李爱花，刘成等 08CS728
西藏：察隅 张挺，蔡杰，袁明 09CS1533
西藏：昌都 岳伟，苏旭，王玉金 LiuJQ-2011-WYJ-132
西藏：昌都 毛康珊，任广朋，邹嘉宾 LiuJQ-QTP-2011-224
西藏：昌都 毛康珊，任广朋，邹嘉宾 LiuJQ-QTP-2011-228
西藏：昌都 苏涛，黄永江，杨青松等 ZhouZK11286
西藏：昌都 易思荣，谭秋平 YISR234
西藏：昌都 许炳强，周伟，郑朝汉 Xianh0167
西藏：错那 张晓纬，汪书丽，罗建 LiuJQ-09XZ-LZT-026
西藏：错那 扎西次仁 ZhongY383

西藏：丁青 岳伟，苏旭，王玉金 LiuJQ-2011-WYJ-156
西藏：定结 马永鹏 ZhangCQ-0039
西藏：工布江达 陈家辉，韩希，王东超等 YangYP-Q-4137
西藏：加查 毛康珊，任广朋，邹嘉宾 LiuJQ-QTP-2011-170
西藏：加查 毛康珊，任广朋，邹嘉宾 LiuJQ-QTP-2011-172
西藏：加查 许炳强，童毅华 XiaNh-07zx-617
西藏：江孜 毛康珊，任广朋，邹嘉宾 LiuJQ-QTP-2011-139
西藏：林芝 陈家辉，韩希，王东超等 YangYP-Q-4043
西藏：林芝 杨永平，王东超，杨大松等 YangYP-Q-4119
西藏：芒康 孙航，张建文，邓涛等 SunH-07ZX-3382
西藏：芒康 徐波，陈光富，陈林杨等 SunH-07ZX-0208
西藏：芒康 张大才，罗康，梁群等 ZhangDC-07ZX-1294
西藏：乃东 岳伟，苏旭，王玉金 LiuJQ-2011-WYJ-198
西藏：索县 汪书丽，王志强，邹嘉宾 Liujq-Txm10-122
西藏：索县 汪书丽，王志强，邹嘉宾 Liujq-Txm10-137
西藏：左贡 张永洪，王晓雄，周卓等 SunH-07ZX-0580
西藏：左贡 张大才，李双智，罗康等 ZhangDC-07ZX-0178
云南：德钦 杨青松，杨莹，黄永江等 ZhouZK-07ZX-0177
云南：德钦 杨青松，星耀武，苏涛 ZhouZK-07ZX-0430
云南：香格里拉 郭永杰，张桥蓉，李春晓等 11CS3405
云南：香格里拉 孙航，张建文，邓涛等 SunH-07ZX-3315
云南：香格里拉 周浙昆，苏涛，杨莹等 Zhou09-090
云南：香格里拉 杨亲二，袁琼 Yangqe1833
云南：香格里拉 杨亲二，袁琼 Yangqe2188
云南：玉龙 吴之坤 WZK2009078

Primula sinoplantaginea I. B. Balfour 车前叶报春 *
四川：阿坝 李小杰 LiXJ773
四川：乡城 孙航，张建文，邓涛等 SunH-07ZX-3322
西藏：江达 苏涛，黄永江，杨青松等 ZhouZK11227
云南：香格里拉 张建文，董金龙，刘常周等 SunH-07ZX-2368
云南：香格里拉 孙航，张建文，董金龙等 SunH-07ZX-3506

Primula sinuata Franchet 波缘报春 *
云南：文山 何德明，张挺 WSLJS584

Primula smithiana Craib 亚东灯台报春
西藏：亚东 马永鹏 ZhangCQ-0043

Primula sonchifolia subsp. **emeiensis** C. M. Hu 峨眉苣叶报春 *
四川：峨眉山 李小杰 LiXJ428

Primula stenocalyx Maximowicz 狭萼报春 *
甘肃：玛曲 尹鑫，吴航，葛文静 LiuJQ-GN-2011-036

Primula szechuanica Pax 四川报春 *
四川：乡城 岳伟，苏旭，王玉金 LiuJQ-2011-WYJ-222
云南：香格里拉 张挺，亚吉东，李明勤等 11CS3600

Primula tangutica Duthie 甘青报春 *
甘肃：迭部 齐威 LJQ-2008-GN-379
甘肃：迭部 齐威 LJQ-2008-GN-380
青海：门源 吴玉虎 LJQ-QLS-2008-0110

Primula tardiflora (C. M. Hu) C. M. Hu 晚花卵叶报春 *
四川：峨眉山 李小杰 LiXJ001

Primula tibetica Watt 西藏报春
西藏：朗县 罗建，汪书丽，任德智 L070
西藏：林周 杨永平，段元文，边巴扎西 Yangyp-Q-1041

Primula tongolensis Franchet 东俄洛报春 *
四川：巴塘 陈文允，于文涛，黄永江 CYH059

Primula tridentifera F. H. Chen & C. M. Hu 三齿卵叶报春 *
云南：巧家 杨光明 SCSB-W-1110

Primula valentiniana Handel-Mazzetti 暗红紫晶报春
四川：雅江 孔航辉，罗江平，左雷等 YangQE3494

Primula veitchiana Petitmengin 川西縫瓣报春 *
四川：洪雅 李小杰 LiXJ789

Primula veris subsp. **macrocalyx** (Bunge) Ludi 硕萼报春
新疆：裕民 亚吉东，张桥蓉，秦少发等 16CS13855

Primula vialii Delavay ex Franchet 高穗花报春 *
云南：玉龙 张长芹 ZhangCQ-0210

Primula virginis H. Léveillé 乌蒙紫晶报春 *
云南：巧家 郁文彬，任宗昕，艾洪莲等 SCSB-W-1029

Primula waltonii Watt ex I. B. Balfour 紫钟报春
西藏：芒康 徐波，陈光富，陈林杨等 SunH-07ZX-0220
西藏：墨脱 孙航，张建文，陈建国等 SunH-07ZX-2658
西藏：墨竹工卡 毛康珊，任广朋，邹嘉宾 LiuJQ-QTP-2011-146
西藏：亚东 毛康珊，任广朋，邹嘉宾 LiuJQ-QTP-2011-128

Primula wilsonii Dunn 香海仙报春 *
云南：景东 谭运洪，余涛 B287
云南：香格里拉 李晓东，张紫刚，操榆 LiJ609

Primula woodwardii I. B. Balfour 岷山报春 *
陕西：眉县 董栓录，田先华 TianXH218

Stimpsonia chamaedryoides Wright ex A. Gray 假婆婆纳
安徽：屯溪区 方建新 TangXS0428
福建：蕉城区 李宏庆，熊申展，陈纪云 Lihq0350
江西：黎川 童和平，王玉珍 TanCM2352
江西：庐山区 董安淼，吴丛梅 TanCM3014
江西：湾里区 杜小浪，慕泽泾，曹岚 DXL107

Proteaceae 山龙眼科

山龙眼科	世界	中国	种质库
属 / 种（种下等级）/ 份数	77/1600	3/25	2/4/6

Helicia cochinchinensis Loureiro 小果山龙眼
云南：河口 张贵良，杨鑫峰，陶美英等 ZhangGL192

Helicia pyrrhobotrya Kurz 焰序山龙眼
云南：绿春 黄连山保护区科研所 HLS0382

Helicia reticulata W. T. Wang 网脉山龙眼 *
广西：金秀 彭华，向春雷，陈丽 PengH.8161
云南：屏边 税玉民，陈文红 16001

Heliciopsis terminalis (Kurz) Sleumer 痄腮树
云南：沧源 赵金超，杨红强 CYNGH078
云南：新平 谢雄，罗田发 XPALSC189

Ranunculaceae 毛茛科

毛茛科	世界	中国	种质库
属 / 种（种下等级）/ 份数	～55/2525	35/～923	31/303(358)/1752

Aconitum alboviolaceum Komarov 两色乌头
辽宁：庄河 于立敏 CaoW811

Aconitum apetalum (Huth) B. Fedtschenko 空茎乌头
新疆：尼勒克 徐文斌，刘鸯，马真等 SHI-A2007434

Aconitum austroyunnanense W. T. Wang 滇南乌头 *
云南：镇沅 王立东，何忠云，罗成瑜 ALSZY171

Aconitum barbatum var. **hispidum** (de Candolle) Seringe 西伯利亚乌头
甘肃：夏河 尹鑫，吴航，葛文静 LiuJQ-GN-2011-213
甘肃：夏河 齐威 LJQ-2008-GN-350
青海：平安 陈世龙，高庆波，张发起等 Chensl1758

Aconitum barbatum var. **puberulum** Ledebour 牛扁

河北：赤城 牛玉璐，高彦飞 NiuYL631

Aconitum brachypodum Diels 短柄乌头 *

四川：理塘 苏涛，黄永江，杨青松等 ZhouZK11131

Aconitum brachypodum var. **laxiflorum** H. R. Fletcher & Lauener 展毛短柄乌头 *

云南：香格里拉 杨亲二，孔航辉，李磊 Yangqe3071

Aconitum brevicalcaratum (Finet & Gagnepain) Diels 弯短距乌头 *

云南：香格里拉 陈家辉，刘亚辉，周妍等 YangYP-Q-2219

云南：云龙 彭华，陈丽 P.H. 5397

Aconitum brunneum Handel-Mazzetti 褐紫乌头 *

甘肃：玛曲 齐威 LJQ-2008-GN-366

甘肃：玛曲 齐威 LJQ-2008-GN-367

甘肃：玛曲 尹鑫，吴航，葛文静 LiuJQ-GN-2011-201

青海：平安 薛春迎 Xuechy0054

四川：巴塘 陈文允，于文涛，黄永江 CYH035

四川：甘孜 陈文允，于文涛，黄永江 CYH117

四川：黑水 顾垒，李忠荣 GaoXF-09ZX-1408

Aconitum campylorrhynchum Handel-Mazzetti 弯喙乌头 *

四川：康定 张昌兵，邓秀发，游明鸿 ZhangCB0411

Aconitum carmichaelii Debeaux 乌头

北京：东城区 王雷，朱雅娟，黄振英 Beijing-huang-bws-0014

北京：东城区 王雷，朱雅娟，黄振英 Beijing-huang-dls-0022

重庆：南川区 谭秋平 YISR291

江西：修水 缪以清，李立新，邹仁刚 TanCM676

山东：历城区 张少华，张诏，程丹丹等 Lilan659

山东：牟平区 卞福花，陈朋 BianFH-0371

云南：维西 张挺，徐远杰，陈冲等 SCSB-B-000235

Aconitum carmichaelii var. **truppelianum** (Ulbrich) W. T. Wang & P. K. Hsiao 展毛乌头 *

山东：历城区 步瑞兰，辛晓伟，徐永娟等 Lilan858

Aconitum chrysotrichum W. T Wang 黄毛乌头 *

四川：稻城 张大才，尹五元，李双智等 ZhangDC-07ZX-2170

Aconitum coreanum (H. Léveillé) Rapaics 黄花乌头

黑龙江：宁安 刘玫，张欣欣，程薪宇等 Liuetal498

吉林：磐石 安海成 AnHC0237

Aconitum dolichostachyum W. T. Wang 长序乌头 *

西藏：林芝 罗建，汪书丽，任德智 LiuJQ-09XZ-ML091

Aconitum elliotii Lauener 墨脱乌头 *

西藏：墨脱 孙航，张建文，陈建国等 SunH-07ZX-2670

Aconitum episcopale H. Léveillé 西南乌头 *

云南：巧家 杨光明 SCSB-W-1241

云南：巧家 杨光明 SCSB-W-1489

Aconitum falciforme Handel-Mazzetti 镰形乌头 *

西藏：错那 罗建，汪书丽 LiuJQ11XZ091

Aconitum finetianum Handel-Mazzetti 赣皖乌头 *

江西：武宁 张吉华，刘运群 TanCM714

Aconitum flavum Handel-Mazzetti 伏毛铁棒锤 *

甘肃：夏河 尹鑫，吴航，葛文静 LiuJQ-GN-2011-207

甘肃：卓尼 尹鑫，吴航，葛文静 LiuJQ-GN-2011-209

青海：达日 陈世龙，高庆波，张发起 Chensl1105

青海：玛多 李国栋，董金龙 SunH-07ZX-3262

四川：德格 张大才，尹五元，李双智等 ZhangDC-07ZX-2311

西藏：聂荣 陈家辉，庄会富，边巴扎西 Yangyp-Q-2096

Aconitum geniculatum H. R. Fletcher & Lauener 膝瓣乌头 *

云南：东川区 蔡杰，郭永杰，吴之坤等 11CS2971

Aconitum gymnandrum Maximowicz 露蕊乌头 *

甘肃：迭部 毛康珊，任广朋，邹嘉宾 LiuJQ-QTP-2011-282

甘肃：合作 尹鑫，吴航，葛文静 LiuJQ-GN-2011-199

甘肃：合作 齐威 LJQ-2008-GN-360

甘肃：玛曲 李晓东，刘帆，张景博等 LiJ0075

甘肃：玛曲 尹鑫，吴航，葛文静 LiuJQ-GN-2011-190

甘肃：天祝 陈世龙，张得钧，高庆波等 Chensl0465

青海：称多 岳伟，苏旭，王玉金 LiuJQ-2011-WYJ-087

青海：大通 陈世龙，高庆波，张发起等 Chensl1656

青海：都兰 潘建斌，杜维波，牛炳韬 Liujq-2011CDM-233

青海：贵德 汪书丽，朱洪涛 Liujq-QLS-TXM-208

青海：贵德 陈世龙，高庆波，张发起 Chensl0963

青海：贵南 陈世龙，高庆波，张发起 Chensl0976

青海：互助 薛春迎 Xuechy0104

青海：乐都 陈世龙，高庆波，张发起等 Chensl1817

青海：玛沁 田斌，姬明飞 Liujq-2010-QH-020

青海：玛沁 田斌，姬明飞 Liujq-2010-QH-029

青海：门源 陈世龙，高庆波，张发起等 Chensl1638

青海：平安 陈世龙，高庆波，张发起等 Chensl1756

青海：平安 陈世龙，高庆波，张发起等 Chensl1782

青海：祁连 陈世龙，高庆波，张发起等 Chensl1489

青海：祁连 陈世龙，高庆波，张发起等 Chensl1572

青海：同德 陈世龙，高庆波，张发起 Chensl0996

青海：同仁 陈世龙，高庆波，张发起 Chensl0909

青海：玉树 毛康珊，任广朋，邹嘉宾 LiuJQ-QTP-2011-246

青海：玉树 田斌，姬明飞 Liujq-2010-QH-011

青海：泽库 陈世龙，高庆波，张发起 Chensl0989

青海：泽库 田斌，姬明飞 Liujq-2010-QH-042

青海：泽库 田斌，姬明飞 Liujq-2010-QH-043

青海：治多 岳伟，苏旭，王玉金 LiuJQ-2011-WYJ-063

四川：阿坝 陈世龙，张得钧，高庆波等 Chensl0445

四川：巴塘 何华杰，刘杰 81583

四川：巴塘 汪书丽，王志强，邹嘉宾 Liujq-Txm10-233

四川：道孚 何兴金，胡灏禹，沈呈娟等 SCU-11-440

四川：甘孜 陈文允，于文涛，黄永江 CYH150

四川：红原 张昌兵，邓秀发，郝国歉 ZhangCB0353

四川：理塘 李晓东，张景博，徐凌翔等 LiJ332

四川：若尔盖 何兴金，冯图，廖晨阳等 SCU-080335

四川：若尔盖 何兴金，高云东，刘海艳等 SCU-20080523

四川：小金 何兴金，王月，胡灏禹等 SCU-08145

西藏：八宿 张挺，蔡杰，刘恩德等 SCSB-B-000502

西藏：八宿 何华杰，张书东，马永鹏 81531

西藏：八宿 张大才，罗康，梁群等 ZhangDC-07ZX-1325

西藏：八宿 扎西次仁，西落 ZhongY741

西藏：昌都 苏涛，黄永江，杨青松等 ZhouZK11258

西藏：江达 张挺，李爱花，刘成等 08CS781

西藏：江达 张挺，李爱花，刘成等 08CS784

西藏：江孜 陈家辉，韩希，王东超等 YangYP-Q-4271

西藏：江孜 汪书丽，王志强，邹嘉宾 Liujq-Txm10-161

西藏：林芝 罗建，汪书丽 LiuJQ-08XZ-200

西藏：林周 陈家辉，韩希，王广艳等 YangYP-Q-4154

西藏：林周 杨永平，段元文，边巴扎西 Yangyp-Q-1042

西藏：芒康 张大才，罗康，梁群等 ZhangDC-07ZX-1299

西藏：芒康 张永洪，王晓雄，周卓等 SunH-07ZX-0447

西藏：芒康 徐波，陈光富，陈林杨等 SunH-07ZX-1576

西藏：墨竹工卡 钟扬 ZhongY1050

西藏：索县 汪书丽，王志强，邹嘉宾 Liujq-Txm10-126

西藏：左贡 徐波，陈光富，陈林杨等 SunH-07ZX-0874

西藏：左贡 张永洪，李国栋，王晓雄 SunH-07ZX-1797

西藏：左贡 汪书丽，王志强，邹嘉宾 Liujq-Txm10-212

Aconitum handelianum H. F. Comber 剑川乌头 *
四川：理塘 李晓东，张景博，徐凌翔等 LiJ425
Aconitum hemsleyanum E. Pritzel 瓜叶乌头
安徽：石台 洪欣 ZhouSB0212
湖北：神农架林区 李巨平 LiJuPing0212
湖北：五峰 陈功锡，张代贵 SCSB-HC-2008319
江西：庐山区 董安淼，吴从梅 TanCM886
四川：峨眉山 李小杰 LiXJ182
Aconitum iochanicum Ulbrich 滇北乌头 *
云南：巧家 郁文彬，任宗昕，艾洪莲等 SCSB-W-1053
Aconitum jeholense var. **angustius** (W. T. Wang) Y. Z. Zhao 华北乌头
河北：蔚县 牛玉璐，高彦飞，黄士良 NiuYL229
Aconitum karakolicum Rapaics 多根乌头
新疆：巩留 亚吉东，张桥蓉，秦少发等 16CS13481
新疆：和静 杨赵平，焦培培，白冠章等 LiZJ0770
Aconitum karakolicum var. **patentipilum** W. T. Wang 展毛多根乌头 *
新疆：尼勒克 贺晓欢，徐文斌，刘鸯等 SHI-A2007383
新疆：尼勒克 徐文斌，刘鸯，马真等 SHI-A2007414
Aconitum kirinense Nakai 吉林乌头
吉林：磐石 安海成 AnHC0232
Aconitum kongboense Lauener 工布乌头 *
西藏：工布江达 毛康珊，任广朋，邹嘉宾 LiuJQ-QTP-2011-155
西藏：工布江达 卢洋，刘帆等 LiJ880
西藏：加查 许炳强，童毅华 XiaNh-07zx-724
西藏：米林 罗建，汪书丽 LiuJQ-08XZ-137
Aconitum kusnezoffii Reichenbach 北乌头
北京：东城区 王雷，朱雅娟，黄振英 Beijing-huang-dls-0060
河北：蔚县 牛玉璐，高彦飞，黄士良 NiuYL230
黑龙江：带岭区 郑宝江，丁晓炎，李月等 ZhengBJ221
黑龙江：五大连池 孙阎，赵立波 SunY064
吉林：磐石 安海成 AnHC0438
辽宁：凤城 李忠宇 CaoW232
山西：沁水 张贵平，张丽，吴琼 Zhangf0009
四川：稻城 李晓东，张景博，徐凌翔等 LiJ393
Aconitum kusnezoffii var. **gibbiferum** (Reichenbach) Regel 宽裂北乌头 *
吉林：磐石 安海成 AnHC0248
Aconitum leucostomum Voroschilov 白喉乌头
新疆：博乐 徐文斌，刘鸯，马真等 SHI-A2007116
新疆：博乐 亚吉东，张桥蓉，秦少发等 16CS13828
Aconitum ludlowii Exell 江孜乌头 *
西藏：芒康 徐波，陈光富，陈林杨等 SunH-07ZX-1519
西藏：聂拉木 毛康珊，任广朋，邹嘉宾 LiuJQ-QTP-2011-114
Aconitum macrorhynchum Turczaninow ex Ledebour 细叶乌头
黑龙江：嫩江 王臣，张欣欣，史传奇 WangCh247
吉林：磐石 安海成 AnHC0269
Aconitum nagarum Stapf 保山乌头
云南：隆阳区 赵文李 BSGLGSly3040
云南：盈江 王立彦，黄建刚 TBG-009
云南：永德 欧阳红才，普跃东，鲁金国等 YDDXSC027
云南：云龙 字建泽，杨六斤，李国宏等 TC1093
Aconitum nagarum var. **heterotrichum** H. R. Fletcher & Lauener 小白撑 *
云南：泸水 刀志灵 DZL889
Aconitum nemorum Popov 林地乌头
新疆：新源 亚吉东，张桥蓉，秦少发等 16CS13372
Aconitum novoluridum Munz 展喙乌头
西藏：林芝 罗建，汪书丽 LiuJQ-08XZ-193
Aconitum ouvrardianum Handel-Mazzetti 德钦乌头 *
云南：香格里拉 杨亲二，袁琼 Yangqe2156
Aconitum pendulum Busch 铁棒锤 *
湖北：神农架林区 李巨平 LiJuPing0176
青海：互助 薛春迎 Xuechy0207
青海：玛多 田斌，姬明飞 Liujq-2010-QH-004
青海：玛沁 陈世龙，高庆波，张发起 Chensl1100
青海：玉树 许炳强，周伟，郑朝汉 Xianh0286
四川：德格 孙航，张建文，董金龙等 SunH-07ZX-3697
西藏：昌都 马永鹏 ZhangCQ-0014
西藏：昌都 马永鹏 ZhangCQ-0091
西藏：桑日 聂泽龙，牛洋，周卓等 SunH-07ZX-2354
西藏：左贡 徐波，陈光富，陈林杨等 SunH-07ZX-2046
西藏：左贡 张大才，罗康，梁群等 ZhangDC-07ZX-1357
云南：香格里拉 李晓东，张紫刚，操榆 LiJ620
Aconitum piepunense Handel-Mazzetti 中甸乌头 *
云南：香格里拉 杨亲二，孔航辉 Yangqe3003
云南：香格里拉 杨亲二，袁琼 Yangqe2243
Aconitum pseudodivaricatum W. T. Wang 全裂乌头 *
西藏：察隅 张挺，蔡杰，袁明 09CS1535
Aconitum pulchellum Handel-Mazzetti 美丽乌头
四川：甘孜 陈家辉，王赟，刘德团 YangYP-Q-3065
四川：乡城 陈家辉，刘亚辉，周妍等 YangYP-Q-2233
Aconitum refractum (Finet & Gagnepain) Handel-Mazzetti 狭裂乌头 *
四川：巴塘 张大才，尹五元，李双智等 ZhangDC-07ZX-2247
四川：德格 张大才，尹五元，李双智等 ZhangDC-07ZX-2301
Aconitum richardsonianum Lauener 直序乌头 *
西藏：昌都 易思荣，谭秋平 YISR222
西藏：工布江达 罗建，汪书丽，任德智 LiuJQ-09XZ-ML040
西藏：隆子 罗建，汪书丽 LiuJQ11XZ259
Aconitum rockii H. R. Fletcher & Lauener 拟康定乌头 *
云南：香格里拉 杨亲二，袁琼 Yangqe2226
Aconitum rockii var. **fengii** (W. T. Wang) W. T. Wang 石膏山乌头 *
云南：香格里拉 杨亲二，孔航辉，李磊 Yangqe3067
Aconitum rotundifolium Karelin & Kirilov 圆叶乌头
新疆：和静 杨赵平，焦培培，白冠章等 LiZJ0535
Aconitum scaposum Franchet 花葶乌头
河南：栾川 邓志军，付婷婷，水庆艳 Huangzy0065
湖北：竹溪 李盛兰 GanQL784
四川：峨眉山 李小杰 LiXJ249
四川：南江 张挺，刘成，郭永杰 10CS2423
云南：巧家 杨光明，颜再奎，张天壁等 QJYS0060
云南：文山 税玉民，陈文红 72060
Aconitum scaposum var. **vaginatum** (E. Pritzel ex Diels) Rapaics 聚叶花葶乌头 *
湖北：仙桃 张代贵 Zdg3347
湖北：宣恩 祝文志，刘志祥，曹远俊 ShenZH0026
云南：云龙 字建泽，杨六斤，李国宏等 TC1059
Aconitum sinchiangense W. T. Wang 新疆乌头 *
新疆：和静 杨赵平，焦培培，白冠章等 LiZJ0556
Aconitum sinomontanum Nakai 高乌头 *
北京：东城区 王雷，朱雅娟，黄振英 Beijing-huang-dls-0008
甘肃：碌曲 李晓东，刘帆，张景博等 LiJ0170
甘肃：卓尼 尹鑫，吴航，葛文静 LiuJQ-GN-2011-210

河北：平山 牛玉璐，郑博颖，黄士良等 NiuYL066
湖北：五峰 李平 AHL016
青海：贵德 陈世龙，高庆波，张发起 Chens10959
青海：互助 薛春迎 Xuechy0181

Aconitum sinomontanum var. **angustius** W. T. Wang 狭盔高乌头 *
湖南：吉首 陈功锡，张代贵，邓涛等 SCSB-HC-2007505

Aconitum spathulatum W. T. Wang 匙苞乌头 *
云南：洱源 李爱花，雷立公，徐远杰等 SCSB-A-000134

Aconitum stylosum Stapf 显柱乌头 *
云南：隆阳区 段在贤，密得生，杨海等 BSGLGS1y1038

Aconitum stylosum var. **geniculatum** H. R. Fletcher & Lauener 膝爪显柱乌头 *
西藏：察隅 张挺，蔡杰，袁明 09CS1577

Aconitum sungpanense Handel-Mazzetti 松潘乌头 *
甘肃：合作 郭淑青，杜品 LiuJQ-2012-GN-256
甘肃：临潭 齐威 LJQ-2008-GN-352
甘肃：卓尼 尹鑫，吴航，葛文静 LiuJQ-GN-2011-188
陕西：长安区 田陌，王梅荣，田先华 TianXH243

Aconitum sungpanense var. **leucanthum** W. T. Wang 白花松潘乌头 *
陕西：眉县 董栓录，李智军 TianXH518

Aconitum tanguticum (Maximowicz) Stapf 甘青乌头 *
青海：祁连 陈世龙，高庆波，张发起等 Chens11449
四川：德格 陈家辉，王赟，刘德团 YangYP-Q-3072
四川：小金 高云东，李忠荣，鞠文彬 GaoXF-12-118

Aconitum tanguticum var. **trichocarpum** Handel-Mazzetti 毛果甘青乌头 *
四川：甘孜 张大才，尹五元，李双智等 ZhangDC-07ZX-2328

Aconitum tatsienense Finet & Gagnepain 康定乌头 *
四川：康定 许炳强，童毅华，吴兴等 XiaNH-07ZX-1095

Aconitum tongolense Ulbrich 新都桥乌头 *
四川：乡城 周浙昆，苏涛，杨莹等 Zhou09-171
西藏：芒康 张永洪，李国栋，王晓雄 SunH-07ZX-2205
西藏：米林 扎西次仁 ZhongY342

Aconitum volubile Pallas ex Koelle 蔓乌头
黑龙江：嫩江 王臣，张欣欣，史传奇 WangCh237
黑龙江：尚志 郑宝江，丁晓炎，李月等 ZhengBJ201
吉林：磐石 安海成 AnHC0432

Aconitum yinschanicum Y. Z. Zhao 阴山乌头 *
内蒙古：武川 蒲拴莲，刘润宽，刘毅等 M201
内蒙古：武川 蒲拴莲，刘润宽，刘毅等 M239
内蒙古：武川 蒲拴莲，刘润宽，刘毅等 M254

Actaea asiatica H. Hara 类叶升麻
河北：灵寿 牛玉璐，高彦飞，赵二涛 NiuYL381
黑龙江：爱辉区 刘玫，王臣，张欣欣等 Liuetal703
吉林：磐石 安海成 AnHC0104
辽宁：庄河 于立敏 CaoW950
陕西：眉县 田先华，白根录 TianXH467
云南：香格里拉 张挺，亚吉东，张桥蓉等 11CS3586
云南：香格里拉 张挺，蔡杰，郭永杰等 11CS3192

Actaea erythrocarpa Fischer 红果类叶升麻
吉林：安图 周海城 ZhouHC042
吉林：安图 孙阎 SunY435

Adonis amurensis Regel & Radde 侧金盏花
黑龙江：阿城 孙阎，吕军，张健男 SunY385
黑龙江：尚志 郑宝江，潘磊 ZhengBJ066
黑龙江：尚志 王臣，张欣欣，谢博勋等 WangCh343
吉林：磐石 安海成 AnHC0448

Anemoclema glaucifolium (Franchet) W. T. Wang 罂粟莲花 *
四川：盐源 张启泰，吴昊，马瑞 2008-056

Anemone amurensis (Korshinsky) Komarov 黑水银莲花
黑龙江：尚志 王臣，张欣欣，谢博勋等 WangCh340
吉林：磐石 安海成 AnHC0274

Anemone begoniifolia H. Léveillé & Vaniot 卵叶银莲花 *
贵州：黔东 张代贵 Zdg1260
云南：文山 何德明，丰艳飞，余金辉 WSLJS941

Anemone cathayensis Kitagawa ex Ziman & Kadota 银莲花
云南：洱源 杨青松，杨莹，黄永江等 ZhouZK-07ZX-0117

Anemone coelestina var. **linearis** (Diels) Ziman & B. E. Dutton 条叶银莲花
甘肃：玛曲 尹鑫，吴航，葛文静 LiuJQ-GN-2011-189
西藏：芒康 张大才，李双智，罗康等 ZhangDC-07ZX-0021

Anemone davidii Franchet 西南银莲花 *
湖北：神农架林区 李巨平 LiJuPing0202
四川：德格 苏涛，黄永江，杨青松等 ZhouZK11212
四川：甘孜 陈文允，于文涛，黄永江 CYH146
四川：新龙 陈文允，于文涛，黄永江 CYH069
西藏：昌都 易思荣，谭秋平 YISR226
云南：大理 张书东，林娜娜，陆露等 SCSB-W-185
云南：隆阳区 尹学建，赵菊兰 BSGLGS1y2005
云南：巧家 杨光明 SCSB-W-1260
云南：彝良 伊廷双，杨杨，孟静 MJ-804

Anemone delavayi Franchet 滇川银莲花 *
四川：乡城 陈家辉，刘亚辉，周妍等 YangYP-Q-2229

Anemone demissa J. D. Hooker & Thomson 展毛银莲花
四川：白玉 张大才，尹五元，李双智等 ZhangDC-07ZX-2276
四川：稻城 张大才，尹五元，李双智等 ZhangDC-07ZX-2158
西藏：八宿 张大才，李双智，罗康等 ZhangDC-07ZX-1230
西藏：八宿 徐波，陈光富，陈林杨等 SunH-07ZX-2016
西藏：昌都 苏涛，黄永江，杨青松等 ZhouZK11271
西藏：林芝 罗建，王国严，汪书丽 LiuJQ-08XZ-020
西藏：芒康 张大才，罗康，梁群等 ZhangDC-07ZX-1303
西藏：左贡 徐波，陈光富，陈林杨等 SunH-07ZX-2042
西藏：左贡 张大才，李双智，罗康等 ZhangDC-07ZX-0164
云南：香格里拉 郭永杰，张桥蓉，李春晓等 11CS3431
云南：香格里拉 郭永杰，张桥蓉，李春晓等 11CS3444
云南：香格里拉 张书东，林娜娜，郁文彬等 SCSB-W-045
云南：香格里拉 杨青松，杨莹，黄永江等 ZhouZK-07ZX-0066
云南：香格里拉 杨亲二，袁琼 Yangqe1817

Anemone demissa var. **major** W. T. Wang 宽叶展毛银莲花
西藏：芒康 徐波，陈光富，陈林杨等 SunH-07ZX-1532

Anemone demissa var. **villosissima** Bruhl 密毛银莲花
四川：巴塘 陈文允，于文涛，黄永江 CYH037
四川：稻城 陈文允，于文涛，黄永江 CYH002
四川：稻城 何兴金，李琴琴，马祥光等 SCU-09-139
四川：稻城 何兴金，高云东，王志新等 SCU-09-264
四川：理塘 苏涛，黄永江，杨青松等 ZhouZK11142
四川：理塘 何兴金，赵丽华，梁乾隆等 SCU-11-173
云南：宁蒗 任宗昕，寸龙琼，任尚国 SCSB-W-1351
云南：香格里拉 杨亲二，孔航辉 Yangqe3015

Anemone demissa var. **yunnanensis** Franchet 云南银莲花 *
四川：乡城 陈家辉，刘亚辉，周妍等 YangYP-Q-2225
云南：巧家 杨光明 SCSB-W-1285
云南：香格里拉 陈家辉，刘亚辉，周妍等 YangYP-Q-2215

Anemone dichotoma Linnaeus 二歧银莲花

黑龙江：五常 孙阎，吕军 SunY431
四川：甘孜 陈文允，于文涛，黄永江 CYH108

Anemone flaccida F. Schmidt **鹅掌草**
四川：雅江 苏涛，黄永江，杨青松等 ZhouZK11070
云南：贡山 刀志灵 DZL345

Anemone geum subsp. **ovalifolia** (Brühl) R. P. Chaudhary **疏齿银莲花**
甘肃：玛曲 尹鑫，吴航，葛文静 LiuJQ-GN-2011-206

Anemone hupehensis (Lemoine) Lemoine **打破碗花花** *
湖北：五峰 陈功锡，张代贵 SCSB-HC-2008283
湖北：仙桃 李巨平 Lijuping0312
湖北：宣恩 李正辉，艾洪莲 AHL2024
湖北：宣恩 李正辉，艾洪莲 AHL2078
湖北：竹溪 李盛兰 GanQL212
湖南：桑植 廖博儒，吴福川 252B
江西：修水 谭策铭，易桂花，缪以清等 TanCM2124
四川：峨眉山 李小杰 LiXJ289
四川：射洪 袁明 YUANM2015L065
四川：天全 汤加勇，陈刚 Y07165
云南：巧家 张天壁 SCSB-W-833
云南：巧家 李文虎，吴天抗，张天壁等 QJYS0172
云南：武定 张挺，张书东，李爱花等 SCSB-A-000073
云南：元谋 冯欣 OuXK-0086
云南：云龙 字建泽，杨六斤，李国宏等 TC1088

Anemone imbricata Maximowicz **叠裂银莲花** *
四川：马尔康 顾垒，张羽 GAOXF-10ZX-1911

Anemone narcissiflora subsp. **protracta** (Ulbrich) Ziman & Fedoronczuk **伏毛银莲花**
新疆：昭苏 亚吉东，张桥蓉，秦少发等 16CS13561

Anemone obtusiloba D. Don **钝裂银莲花**
青海：门源 吴玉虎，刘建全 LJQ-QLS-2008-0019
青海：门源 吴玉虎，刘建全 LJQ-QLS-2008-0049
四川：乡城 周浙昆，苏涛，杨莹等 Zhou09-185

Anemone prattii Huth ex Ulbrich **川西银莲花** *
云南：巧家 杨光明 SCSB-W-1163

Anemone raddeana Regel **多被银莲花**
吉林：磐石 安海成 AnHC0447

Anemone rivularis Buchanan-Hamilton ex de Candolle **草玉梅**
甘肃：碌曲 李晓东，刘帆，张景博等 LiJ0004
甘肃：玛曲 李晓东，刘帆，张景博等 LiJ0048
甘肃：夏河 齐威 LJQ-2008-GN-363
湖北：仙桃 张代贵 Zdg3356
湖北：竹溪 李盛兰 GanQL496
青海：称多 陈世龙，高庆波，张发起 Chensl0598
青海：互助 陈世龙，高庆波，张发起等 Chensl1703
青海：互助 薛春迎 Xuechy0093
青海：囊谦 许炳强，周伟，郑朝汉 Xianh0010
青海：同仁 陈世龙，高庆波，张发起 Chensl0910
青海：玉树 汪书丽，朱洪涛 Liujq-QLS-TXM-083
青海：泽库 陈世龙，高庆波，张发起 Chensl1020
四川：巴塘 张大才，尹五元，李双智等 ZhangDC-07ZX-2245
四川：白玉 李晓东，张景博，徐凌翔等 LiJ427
四川：丹巴 何兴金，胡灏禹，沈呈娟等 SCU-11-426
四川：道孚 何兴金，赵丽华，梁乾隆 SCU-10-006
四川：道孚 何兴金，刘爽，易欣 SCU-10-313
四川：道孚 余岩，周春景，秦汉涛 SCU-11-024
四川：稻城 何兴金，王长宝，刘爽等 SCU-09-045
四川：甘孜 张大才，尹五元，李双智等 ZhangDC-07ZX-2335
四川：甘孜 陈家辉，王赟，刘德团 YangYP-Q-3034
四川：甘孜 陈家辉，王赟，刘德团 YangYP-Q-3057
四川：红原 张昌兵，邓秀发，郝国歉 ZCB0644
四川：红原 张昌兵，邓秀华 ZhangCB0234
四川：红原 张昌兵，邓秀华 ZhangCB0281
四川：康定 张大才，尹五元，李双智等 ZhangDC-07ZX-2375
四川：康定 何兴金，王长宝，李琴琴等 SCU-08051
四川：康定 彭玉兰，涂卫国 Gaoxf-0893
四川：理塘 孔航辉，罗江平，左雷等 YangQE3511
四川：理塘 张大才，尹五元，李双智等 ZhangDC-07ZX-2198
四川：理塘 何兴金，赵丽华，梁乾隆等 SCU-11-139
四川：理塘 何兴金，马祥光，张云香等 SCU-11-253
四川：理塘 何兴金，王长宝，刘爽等 SCU-09-028
四川：理县 何兴金，李琴琴，赵丽华等 SCU-09-535
四川：马尔康 何兴金，冯图，廖晨阳等 SCU-080360
四川：马尔康 何兴金，王月，胡灏禹等 SCU-08096
四川：米易 袁明 MY399
四川：壤塘 何兴金，赵丽华，梁乾隆 SCU-10-062
四川：壤塘 何兴金，胡灏禹，黄德青 SCU-10-136
四川：壤塘 何兴金，马祥光，郜鹏 SCU-10-238
四川：若尔盖 高云东，李忠荣，鞠文彬 GaoXF-12-008
四川：若尔盖 高云东，李忠荣，鞠文彬 GaoXF-12-024
四川：若尔盖 何兴金，李琴琴，王长宝等 SCU-08048
四川：松潘 何兴金，刘爽，赵财 SCU-10-404
四川：松潘 何兴金，张云香，王志新 SCU-10-510
四川：乡城 李晓东，张景博，徐凌翔等 LiJ363
四川：乡城 杨青松，杨莹，黄永江等 ZhouZK-07ZX-0163
四川：小金 何兴金，高云东，刘海艳等 SCU-20080469
四川：新龙 陈家辉，王赟，刘德团 YangYP-Q-3007
四川：新龙 陈家辉，王赟，刘德团 YangYP-Q-3013
四川：雅江 何兴金，郜鹏，彭禄等 SCU-11-384
四川：雅江 何兴金，李琴琴，马祥光等 SCU-09-118
西藏：八宿 张挺，蔡杰，刘恩德等 SCSB-B-000473
西藏：波密 陈家辉，韩希，王东超等 YangYP-Q-4073
西藏：察隅 马永鹏 ZhangCQ-0092
西藏：昌都 陈家辉，王赟，刘德团 YangYP-Q-3107
西藏：昌都 陈家辉，王赟，刘德团 YangYP-Q-3147
西藏：工布江达 卢洋，刘帆等 LiJ856
西藏：江达 张挺，李爱花，刘成等 08CS770
西藏：江达 陈家辉，王赟，刘德团 YangYP-Q-3102
西藏：林芝 罗建，王国严，汪书丽 LiuJQ-08XZ-054
西藏：林芝 罗建，汪书丽 LiuJQ-09XZ-114
西藏：林芝 陈家辉，韩希，王东超等 YangYP-Q-4051
西藏：林芝 陈家辉，韩希，王广艳等 YangYP-Q-4095
西藏：芒康 徐波，陈光富，陈林杨等 SunH-07ZX-0227
西藏：芒康 张永洪，王晓雄，周卓等 SunH-07ZX-0418
西藏：墨竹工卡 钟扬 ZhongY1053
西藏：南木林 李晖，文雪梅，次旺加布等 Lihui-Q-0102
西藏：聂拉木 马永鹏 ZhangCQ-0036
西藏：左贡 张大才，罗康，梁群等 ZhangDC-07ZX-1362
云南：德钦 杨青松，杨莹，黄永江等 ZhouZK-07ZX-0162
云南：德钦 孙航，李新辉，陈林杨 SunH-07ZX-2987
云南：德钦 张大才，李双智，杨川 ZhangDC-07ZX-1986
云南：东川区 张挺，蔡杰，刘成等 11CS3596
云南：景东 杨国平 07-63
云南：澜沧 胡启和，周兵，仇亚 YNS0913
云南：南涧 阿国仁，何贵才 NJWLS575
云南：南涧 马德跃，官有才，罗开宏等 NJWLS949

云南：巧家 杨光明，张书东，张荣等 QJYS0254
云南：巧家 李文虎，吴天抗，高顺勇等 QJYS0136
云南：巧家 任宗昕，董莉娜，黄盼辉 SCSB-W-290
云南：香格里拉 孔航辉，李磊 Yangqe3019
云南：香格里拉 张书东，林娜娜，郁文彬等 SCSB-W-040
云南：香格里拉 张大才，李双智，唐路等 ZhangDC-07ZX-1644
云南：香格里拉 李晓东，张紫刚，操榆 LiJ614
云南：香格里拉 杨青松，星耀武，苏涛 ZhouZK-07ZX-0349
云南：香格里拉 杨青松，星耀武，苏涛 ZhouZK-07ZX-0390
云南：香格里拉 杨亲二，袁琼 Yangqe1816
云南：新平 刘家良 XPALSD011
云南：永德 李永亮 YDDXS0362
云南：镇沅 何忠云，周立刚 ALSZY264

Anemone rivularis var. flore-minore Maximowicz **小花草玉梅 ***

甘肃：合作 尹鑫，吴航，葛文静 LiuJQ-GN-2011-198
甘肃：玛曲 尹鑫，吴航，葛文静 LiuJQ-GN-2011-191
河北：涿鹿 牛玉璐，高彦飞，赵二涛 NiuYL344
内蒙古：克什克腾旗 刘润宽，李茂文，李昌亮 M121
青海：乐都 陈世龙，高庆波，张发起等 Chensl1816
青海：门源 陈世龙，高庆波，张发起等 Chensl1627
青海：平安 陈世龙，高庆波，张发起等 Chensl1792
青海：祁连 陈世龙，高庆波，张发起等 Chensl1539
山西：沁水 廉凯敏，焦磊，张海博 Zhangf0174B
陕西：宁陕 熊开行，韦凤娟，田先华 TianXH186
陕西：宁陕 王璐，王倩倩，田先华 TianXH187
四川：白玉 孙航，张建文，董金龙等 SunH-07ZX-3676
四川：稻城 何兴金，胡灏禹，陈德友等 SCU-09-345
四川：甘孜 孙航，张建文，董金龙等 SunH-07ZX-3961
西藏：芒康 孙航，张建文，邓涛等 SunH-07ZX-3373
新疆：巩留 段士民，王喜勇，刘会良 Zhangdy373

Anemone rupestris Wallich ex J. D. Hooker & Thomson **湿地银莲花**

云南：丽江 张书东，林娜娜，陆露等 SCSB-W-105

Anemone shikokiana (Makino) Makino **山东银莲花**

山东：牟平区 卞福花，陈朋 BianFH-0335
山东：牟平区 卞福花，宋言贺 BianFH-500
山东：牟平区 张少华，张诏，程丹丹等 Lilan660

Anemone taipaiensis W. T. Wang **太白银莲花 ***

陕西：眉县 田先华，蔡杰，张挺等 TianXH038

Anemone tetrasepala Royle **复伞银莲花**

西藏：林芝 孙航，张建文，陈建国等 SunH-07ZX-2794

Anemone tomentosa (Maximowicz) C. P'ei **大火草 ***

甘肃：夏河 齐威 LJQ-2008-GN-351
河北：灵寿 牛玉璐，高彦飞，黄士良 NiuYL204
河南：栾川 黄振英，于顺利，杨学军 Huangzy0039
河南：南召 邓志军，付婷婷，水庆艳 Huangzy0195
河南：嵩县 邓志军，付婷婷，水庆艳 Huangzy0128
湖北：神农架林区 李巨平 LiJuPing0112
湖北：五峰 陈功锡，张代贵 SCSB-HC-2008409
湖北：宜昌 陈功锡，张代贵 SCSB-HC-2008114
湖北：竹溪 李盛兰 GanQL851
青海：互助 薛春迎 Xuechy0085
山西：沁水 张贵平，张丽，吴琼 Zhangf0007
陕西：宁陕 田先华，胡仲连 TianXH138
四川：康定 彭玉兰，涂卫国 Gaoxf-1095
四川：天全 袁明 YM20090001

Anemone umbrosa C. A. Meyer **阴地银莲花**

吉林：磐石 安海成 AnHC0185

Anemone vitifolia Buchanan-Hamilton ex de Candolle **野棉花**

贵州：威宁 邹方伦 ZouFL0324
四川：峨眉山 刘芳，杨月龙 LiuC004
四川：理县 何兴金，高云东，余岩等 SCU-09-550
四川：马尔康 高云东，李忠荣，鞠文彬 GaoXF-12-060
西藏：波密 扎西次仁，西落 ZhongY662
西藏：林芝 罗建，汪书丽，任德智 LiuJQ-09XZ-303
云南：大理 张德全，陈琪，杨金历等 ZDQ061
云南：贡山 郭永杰，吴之坤，吴兴等 14CS9809
云南：贡山 朱枫，张仲富，成梅 Wangsh-07ZX-040
云南：贡山 许炳强，吴兴，李婧等 XiaNh-07zx-116
云南：景东 张绍云，叶金科，周兵 YNS1384
云南：景东 刘长铭，赵天晓，鲁成荣 JDNR110123
云南：兰坪 孙振华，郑志兴，沈蕊等 OuXK-LC-053
云南：澜沧 张绍云，胡启和，仇亚等 YNS1123
云南：隆阳区 赵玮 BSGLGSly170
云南：泸水 孙振华，郑志兴，沈蕊等 OuXK-LC-032
云南：南涧 袁玉川，徐家武，刘云 NJWLS2008348
云南：南涧 阿国仁，何贵才 NJWLS1128
云南：腾冲 余新林，赵玮 BSGLGStc124
云南：新平 鲁兴文，张云德 XPALSC181
云南：永德 李永亮 YDDXS0679

Aquilegia atrovinosa Popov ex Gamajuova **暗紫耧斗菜**

新疆：巩留 亚吉东，张桥蓉，秦少发等 16CS13486
新疆：新源 亚吉东，张桥蓉，秦少发等 16CS13294
新疆：昭苏 亚吉东，张桥蓉，秦少发等 16CS13592

Aquilegia ecalcarata Maximowicz **无距耧斗菜 ***

湖北：神农架林区 李巨平 LiJuPing0167
青海：玉树 许炳强，周伟，郑朝汉 Xianh0339
四川：马尔康 何兴金，李琴琴，王长宝等 SCU-08064
四川：马尔康 何兴金，高云东，刘海艳等 SCU-20080477
四川：壤塘 张挺，李爱花，刘成等 08CS833

Aquilegia incurvata P. K. Hsiao **秦岭耧斗菜 ***

重庆：城口 易思荣 YISR181

Aquilegia japonica Nakai & H. Hara **白山耧斗菜**

吉林：安图 周海城 ZhouHC051

Aquilegia oxysepala Trautvetter & C. A. Meyer **尖萼耧斗菜**

黑龙江：带岭区 孙阎，赵立波 SunY147
黑龙江：宁安 刘玫，张欣欣，程薪宇等 Liuetal427
吉林：临江 李长田 Yanglm0026
吉林：磐石 安海成 AnHC0124
吉林：磐石 安海成 AnHC0321

Aquilegia oxysepala var. kansuensis Brühl **甘肃耧斗菜 ***

湖北：神农架林区 李巨平 LiJuPing0087
湖北：竹溪 李盛兰 GanQL091

Aquilegia rockii Munz **直距耧斗菜 ***

四川：稻城 孙航，董金龙，朱鑫鑫等 SunH-07ZX-4085
云南：德钦 杨青松，杨莹，黄永江等 ZhouZK-07ZX-0196
云南：香格里拉 蔡杰，刘成，李昌洪 11CS3215
云南：香格里拉 杨亲二，袁琼 Yangqe1977
云南：香格里拉 杨亲二，孔航辉 Yangqe3141
云南：香格里拉 张书东，林娜娜，郁文彬等 SCSB-W-042
云南：香格里拉 张挺，杨新相，王东良 SCSB-B-000425
云南：香格里拉 张挺，蔡杰，郭永杰等 11CS3040
云南：香格里拉 张挺，蔡杰，郭永杰等 11CS3201

Aquilegia viridiflora Pallas **耧斗菜**

河北：邢台 牛玉璐，高彦飞，赵二涛 NiuYL313

黑龙江：阿城 孙阎，张兰兰 SunY273
黑龙江：宁安 刘玫，张欣欣，程薪宇等 Liuetal428
吉林：磐石 安海成 AnHC0284
山东：崂山区 罗艳，母华伟，范兆飞 LuoY027
山东：牟平区 卞福花，杨蕾蕾，谷胤征 BianFH-0074

Aquilegia viridiflora var. **atropurpurea** (Willdenow) Finet & Gagnepain 紫花耧斗菜
吉林：磐石 安海成 AnHC012
山东：牟平区 卞福花，宋言贺 BianFH-421

Aquilegia yabeana Kitagawa 华北耧斗菜 *
河北：赞皇 牛玉璐，郑博颖，黄士良等 NiuYL030
湖北：仙桃 张代贵 Zdg1990
内蒙古：赛罕区 蒲拴莲，刘润宽，刘毅等 M283
陕西：柞水 田先华，田陌 TianXH170

Asteropyrum cavaleriei (H. Léveillé & Vaniot) J. R. Drummond & Hutchinson 裂叶星果草 *
云南：文山 何德明，古少国，丰艳飞 WSLJS958

Batrachium bungei (Steudel) L. Liou 水毛茛
甘肃：碌曲 李晓东，刘帆，张景博等 LiJ0099
甘肃：卓尼 齐威 LJQ-2008-GN-361
云南：香格里拉 李晓东，张紫刚，操榆 LiJ653

Beesia calthifolia (Maximowicz ex Oliver) Ulbrich 铁破锣
四川：峨眉山 李小杰 LiXJ685

Calathodes oxycarpa Sprague 鸡爪草 *
四川：红原 张昌兵，邓秀发 ZhangCB0361

Caltha natans Pallas 白花驴蹄草
黑龙江：嫩江 王臣，张欣欣，史传奇 WangCh155
黑龙江：尚志 郑宝江，丁晓炎，王美娟等 ZhengBJ252

Caltha palustris Linnaeus 驴蹄草
黑龙江：阿城 孙阎，张兰兰 SunY274
黑龙江：尚志 郑宝江，潘磊 ZhengBJ075
山西：娄烦 焦磊，陈姣，刘莹 Zhangf0175B
陕西：宁陕 王梅荣，胡小平，田先华 TianXH021
四川：峨眉山 李小杰 LiXJ611
四川：红原 张昌兵，邓秀华 ZhangCB0272
四川：九寨沟 张挺，李爱花，刘成等 08CS873
四川：乡城 孙航，张建文，邓涛等 SunH-07ZX-3325
四川：小金 何兴金，王月，胡灏禹 SCU-08156
云南：香格里拉 张挺，郭永杰，张桥蓉 11CS3155
云南：香格里拉 蔡杰，刘成，李昌洪 11CS3217
云南：香格里拉 蔡杰，张挺，刘成等 11CS3250

Caltha palustris var. **himalaica** Tamura 长柱驴蹄草
四川：汶川 何兴金，高云东，刘海艳等 SCU-20080461

Caltha palustris var. **membranacea** Turczaninow 膜叶驴蹄草
黑龙江：嫩江 王臣，张欣欣，史传奇 WangCh24

Caltha scaposa J. D. Hooker & Thomson 花葶驴蹄草
甘肃：玛曲 尹鑫，吴航，葛文静 LiuJQ-GN-2011-197
四川：阿坝 蔡杰，张挺，刘成 10CS2568
四川：丹巴 余岩，周春景，秦汉涛 SCU-11-065
四川：道孚 何兴金，胡灏禹，沈呈娟等 SCU-11-438
四川：德格 张挺，李爱花，刘成等 08CS816
四川：康定 苏涛，黄永江，杨青松等 ZhouZK11117
四川：康定 苏涛，黄永江，杨青松等 ZhouZK11083
四川：康定 何兴金，高云东，刘海艳等 SCU-20080411
四川：雅江 何兴金，郜鹏，彭禄等 SCU-11-328
四川：雅江 何兴金，郜鹏，彭禄等 SCU-11-341
西藏：察雅 张挺，李爱花，刘成等 08CS730
西藏：林芝 罗建，汪书丽 LiuJQ-08XZ-078
云南：香格里拉 周浙昆，苏涛，杨莹等 Zhou09-045

Ceratocephala falcata (Linnaeus) Persoon 弯喙角果毛茛
新疆：阜康 王喜勇，段士民 417
新疆：乌鲁木齐 王喜勇，段士民 427
新疆：乌鲁木齐 王喜勇，段士民 437
新疆：乌鲁木齐 王喜勇，段士民 440

Ceratocephala testiculata (Crantz) Roth 角果毛茛
新疆：察布查尔 亚吉东，张桥蓉，胡枭剑 16CS13102
新疆：阜康 段士民，王喜勇，刘会良 Zhangdy059
新疆：石河子 马真 SCSB-2006015
新疆：乌鲁木齐 地里努尔，阿玛努拉 TanDY0803
新疆：裕民 谭敦炎，吉乃提 TanDY0691

Cimicifuga dahurica (Turczaninow ex Fischer & C. A. Meyer) Maximowicz 兴安升麻
河北：兴隆 牛玉璐，高彦飞，赵二涛 NiuYL417
黑龙江：嫩江 王臣，张欣欣，史传奇 WangCh170
黑龙江：尚志 郑宝江，丁晓炎，李月等 ZhengBJ166
吉林：磐石 安海成 AnHC0193
辽宁：庄河 于立敏 CaoW832

Cimicifuga foetida Linnaeus 升麻
甘肃：夏河 齐威 LJQ-2008-GN-356
甘肃：舟曲 齐威 LJQ-2008-GN-368
河南：鲁山 宋松泉 HN049
河南：鲁山 宋松泉 HN101
河南：鲁山 宋松泉 HN150
河南：栾川 何明高，付婷婷，水庆艳 Huangzy0081
河南：南召 何明高，付婷婷，水庆艳 Huangzy0220
河南：嵩县 何明高，付婷婷，水庆艳 Huangzy0158
湖北：神农架林区 李巨平 LiJuPing0023
湖北：仙桃 张代贵 Zdg3361
青海：互助 薛春迎 Xuechy0205
陕西：宁陕 吴礼慧 TianXH242
四川：稻城 孙航，张建文，董金龙等 SunH-07ZX-3567
四川：德格 张挺，李爱花，刘成等 08CS794
四川：德格 苏涛，黄永江，杨青松等 ZhouZK11215
四川：甘孜 孙航，张建文，董金龙等 SunH-07ZX-3956
四川：甘孜 陈家辉，王赟，刘德团 YangYP-Q-3068
四川：康定 高云东，李忠荣，鞠文彬 GaoXF-12-177
四川：康定 许炳强，童毅华，吴兴等 XiaNH-07ZX-1064
四川：理县 许炳强，童毅华，吴兴等 XiaNH-07ZX-0912
四川：米易 袁明 MY587
四川：小金 高云东，李忠荣，鞠文彬 GaoXF-12-109
四川：雅江 吕元林 N006A
西藏：林芝 罗建，汪书丽，王国严 LiuJQ-09XZ-363
西藏：隆子 扎西次仁，西落 ZhongY613
西藏：墨脱 刘成，亚吉东，何华杰等 16CS11838
云南：大理 张书东，林娜娜，陆露等 SCSB-W-189
云南：贡山 郭永杰，吴之坤，吴兴等 14CS9824
云南：丽江 张书东，林娜娜，陆露等 SCSB-W-120
云南：巧家 杨光明，颜再奎，张天壁等 QJYS0051
云南：腾冲 周应再 Zhyz-474
云南：香格里拉 郭永杰，张桥蓉，李春晓等 11CS3467
云南：香格里拉 杨亲二，袁琼 Yangqe1982
云南：香格里拉 杨亲二，孔航辉，李磊 Yangqe3119
云南：香格里拉 周浙昆，苏涛，杨莹等 Zhou09-028

Cimicifuga foetida var. **foliolosa** P. K. Hsiao 多小叶升麻 *
四川：理塘 孔航辉，罗江平，左雷等 YangQE3504

Cimicifuga heracleifolia Komarov 大三叶升麻

吉林：南关区 韩忠明 Yanglm0129
吉林：磐石 安海成 AnHC0257
辽宁：凤城 李忠宇 CaoW233

Cimicifuga japonica (Thunberg) Sprengel 小升麻
湖北：仙桃 李巨平 Lijuping0308
陕西：宁陕 田先华，杜青高 TianXH071

Cimicifuga simplex (de Candolle) Wormskjöld ex Turczaninow 单穗升麻
河南：栾川 何明高，付婷婷，水庆艳 Huangzy0087
黑龙江：北安 郑宝江，丁晓炎，王美娟 ZhengBJ278
黑龙江：宁安 刘玫，王臣，张欣欣等 Liuetal761
黑龙江：五大连池 孙阎，杜景红 SunY233
吉林：磐石 安海成 AnHC0242

Cimicifuga yunnanensis P. K. Hsiao 云南升麻 *
四川：巴塘 张大才，尹五元，李双智等 ZhangDC-07ZX-2249
云南：德钦 杨亲二，孔航辉，李磊 Yangqe3248
云南：香格里拉 杨亲二，袁琼 Yangqe2172
云南：香格里拉 杨亲二，孔航辉，李磊 Yangqe3039
云南：香格里拉 杨青松，星耀武，苏涛 ZhouZK-07ZX-0360
云南：玉龙 杨亲二，孔航辉，李磊 Yangqe3187

Clematis aethusifolia Turczaninow 芹叶铁线莲
北京：东城区 王雷，朱雅娟，黄振英 Beijing-huang-bws-0022
北京：东城区 王雷，朱雅娟，黄振英 Beijing-huang-dls-0040
北京：门头沟区 李燕军 SCSB-E-0009
河北：平山 牛玉璐，郑博颖，黄士良等 NiuYL098
内蒙古：赛罕区 蒲拴莲，刘润宽，刘毅等 M278
内蒙古：土默特右旗 刘博，蒲拴莲，刘润宽等 M353
山西：阳曲 陈浩 Zhangf0144

Clematis akebioides (Maximowicz) Veitch 甘川铁线莲 *
甘肃：夏河 尹鑫，吴航，葛文静 LiuJQ-GN-2011-195
四川：丹巴 高云东，李忠荣，鞠文彬 GaoXF-12-142
四川：道孚 何兴金，马祥光，郜鹏 SCU-10-206
四川：道孚 范邓妹 SunH-07ZX-2256
四川：德格 苏涛，黄永江，杨青松等 ZhouZK11208
四川：甘孜 苏涛，黄永江，杨青松等 ZhouZK11170
四川：甘孜 陈文允，于文涛，黄永江 CYH102
四川：甘孜 陈文允，于文涛，黄永江 CYH169
四川：黑水 顾垒，李忠荣 GaoXF-09ZX-1301
四川：炉霍 许炳强，童毅华，吴兴等 XiaNH-07ZX-0973
四川：木里 苏涛，黄永江，杨青松等 ZhouZK11339
四川：壤塘 何兴金，胡灏禹，黄德青 SCU-10-118
四川：松潘 何兴金，张云香，王志新 SCU-10-531
四川：小金 高云东，李忠荣，鞠文彬 GaoXF-12-097
四川：新龙 陈文允，于文涛，黄永江 CYH079
四川：新龙 陈家辉，王赟，刘德团 YangYP-Q-3005
西藏：左贡 苏涛，黄永江，杨青松等 ZhouZK11300
云南：香格里拉 周浙昆，苏涛，杨莹等 Zhou09-002
云南：香格里拉 周浙昆，苏涛，杨莹等 Zhou09-058
云南：香格里拉 李晓东，张紫刚，操榆 LiJ684

Clematis apiifolia de Candolle 女萎
安徽：绩溪 唐鑫生，方建新 TangXS0400
安徽：金寨 陈延松，欧祖兰，刘旭升 Xuzd258
安徽：黟县 刘淼 SCSB-JSB60
湖南：古丈 刘克明，朱晓文 SCSB-HN-0507
湖南：江永 蔡秀珍，田淑珍，肖乐希 SCSB-HN-0619
湖南：平江 刘克明，陈丰林 SCSB-HN-0941
湖南：平江 刘克明，吴惊香 SCSB-HN-0981
湖南：新化 姜孝成，唐妹，戴小军等 Jiangxc0592
江西：庐山区 董安淼，吴丛梅 TanCM2557

Clematis apiifolia var. **argentilucida** (H. Léveillé & Vaniot) W. T. Wang 钝齿铁线莲 *
贵州：花溪区 邹方伦 ZouFL0169
贵州：荔波 刘克明，旷仁平，盛波 SCSB-HN-1879
湖北：神农架林区 李巨平 LiJuPing0201
湖北：神农架林区 李巨平 LiJuPing0249
湖北：仙桃 张代贵 Zdg2636
湖南：安化 刘克明，彭珊，李珊等 SCSB-HN-1701
湖南：洞口 肖乐希，尹成园，谢江等 SCSB-HN-1603
湖南：新化 刘克明，彭珊，李珊 SCSB-HN-1655
湖南：新化 刘克明，彭珊，李珊等 SCSB-HN-1684
湖南：资兴 熊凯辉，王得刚，盛波 SCSB-HN-2065
湖南：资兴 熊凯辉，王得刚，盛波 SCSB-HN-2108
山西：夏县 赵璐璐 Zhangf0163
四川：峨眉山 李小杰 LiXJ686
云南：德钦 于文涛，李国锋 WTYu-407
云南：巧家 杨光明 SCSB-W-1193
云南：思茅区 胡启和，仇亚，周兵 YNS0793

Clematis armandii Franchet 小木通
湖北：仙桃 张代贵 Zdg1304
湖北：竹溪 李盛兰 GanQL502
湖南：沅陵 李胜华，伍贤进，刘光华等 Wuxj953
陕西：平利 田先华，王孝安 TianXH782
云南：马关 何德明 WSLJS934
云南：南涧 官有才 NJWLS1640
云南：南涧 马德跃，官有才，罗开宏等 NJWLS973
云南：永德 李永亮 YDDXS6701

Clematis barbellata var. **obtusa** Edgeworth 吉隆铁线莲
西藏：八宿 张永洪，王晓雄，周卓等 SunH-07ZX-1173
西藏：芒康 张永洪，王晓雄，周卓等 SunH-07ZX-0518
西藏：左贡 张永洪，王晓雄，周卓等 SunH-07ZX-1087

Clematis brevicaudata de Candolle 短尾铁线莲
北京：东城区 王雷，朱雅娟，黄振英 Beijing-huang-dls-0039
甘肃：夏河 尹鑫，吴航，葛文静 LiuJQ-GN-2011-208
河北：平山 牛玉璐，郑博颖，黄士良等 NiuYL114
黑龙江：阿城 孙阎，吕军，张兰兰 SunY361
黑龙江：尚志 刘玫，张欣欣，程薪宇等 Liuetal465
黑龙江：五大连池 孙阎，赵立波 SunY057
黑龙江：香坊区 姜洪哲 ZhengBJ104
湖北：竹溪 李盛兰 GanQL210
内蒙古：赛罕区 蒲拴莲，刘润宽，刘毅等 M269
内蒙古：土默特右旗 刘博，蒲拴莲，刘润宽等 M354
宁夏：西夏区 左忠，刘华 ZuoZh238
山西：永济 廉凯敏，刘明光，陈姣 Zhangf0190
四川：丹巴 高云东，李忠荣，鞠文彬 GaoXF-12-154
四川：道孚 何兴金，胡灏禹，沈呈娟等 SCU-11-479
西藏：昌都 许炳强，周伟，郑朝汉 Xianh0198

Clematis buchananiana de Candolle 毛木通
四川：米易 刘静，袁明 MY-138
云南：沧源 赵金超，赵树华，汪顺莉 CYNGH270
云南：贡山 刘成，何华杰，黄莉等 14CS8595
云南：景东 鲁艳 200825
云南：隆阳区 赵文李 BSGLGSly3035
云南：勐腊 刀志灵，崔景云 DZL-126
云南：南涧 阿国仁，熊绍荣，邹国娟等 NJWLS2008025
云南：南涧 阿国仁 NJWLS1502
云南：南涧 官有才 NJWLS1628

云南：普洱 郭永杰，聂细转，黄秋月等 12CS4998
云南：腾冲 周应再 Zhyz-217
云南：文山 何德明，丰艳飞，韦荣彪 WSLJS1058
云南：永德 李永亮 YDDXS0124

Clematis cadmia Buchanan-Hamilton ex J. D. Hooker & Thomson **短柱铁线莲**
江西：庐山区 董安淼，吴从梅 TanCM1038

Clematis chinensis Osbeck **威灵仙**
广西：八步区 黄俞凇，吴望辉，农冬新 Liuyan0294
湖北：神农架林区 李巨平 LiJuPing0254
湖南：江永 蔡秀珍，田淑珍，肖乐希 SCSB-HN-0613
湖南：石门 姜孝成，唐妹，吕杰等 Jiangxc0468
湖南：双牌 姜孝成，王丽萍，李育华 Jiangxc0859
湖南：湘潭 朱晓文，马仲辉 SCSB-HN-0379
湖南：新化 黄先辉，杨亚平，卜剑超 SCSB-HNJ-0328
湖南：新化 姜孝成，唐贵华，田春娥 SCSB-HNJ-0156
湖南：中方 伍贤进，李胜华，曾汉元等 HHXY129
江西：庐山区 谭策铭，董安淼 TCM09025
江西：庐山区 董安淼，吴从梅 TanCM2574
四川：峨眉山 李小杰 LiXJ746
四川：射洪 袁明 YUANM2015L027

Clematis chrysocoma Franchet **金毛铁线莲** *
云南：隆阳区 赵文李 BSGLGSly3037
云南：勐腊 张挺，李洪超，李文化等 SCSB-B-000379

Clematis connata de Candolle **合柄铁线莲**
四川：康定 孙航，张建文，董金龙等 SunH-07ZX-4034
西藏：林芝 罗建，汪书丽，任德智 LiuJQ-09XZ-281

Clematis delavayi var. **spinescens** Balfour ex Diels **刺铁线莲** *
云南：德钦 张大才，李双智，杨川 ZhangDC-07ZX-1963

Clematis fasciculiflora Franchet **滑叶藤**
云南：南涧 罗新洪，阿国仁，何贵才 NJWLS773
云南：永德 李永亮 YDDXS1055

Clematis finetiana H. Léveillé & Vaniot **山木通** *
安徽：歙县 方建新 TangXS0926
江西：黎川 童和平，王玉珍 TanCM1908
江西：庐山区 董安淼，吴从梅 TanCM954

Clematis florida Thunberg **铁线莲** *
北京：海淀区 付婷婷 SCSB-D-0024
北京：海淀区 李燕军 SCSB-B-0002
北京：门头沟区 宋松泉 SCSB-E-0012
江西：庐山区 董安淼，吴从梅 TanCM872
新疆：乌鲁木齐 王喜勇，马文宝，施翔 zdy215
新疆：乌鲁木齐 王喜勇，马文宝，施翔 zdy236
云南：石林 税玉民，陈文红 65856

Clematis fruticosa Turczaninow **灌木铁线莲**
内蒙古：和林格尔 蒲拴莲，刘润宽，刘毅等 M309
内蒙古：武川 蒲拴莲，刘润宽，刘毅等 M199
宁夏：金凤区 朱强 ZhuQ007

Clematis fusca Turczaninow **褐毛铁线莲**
黑龙江：北安 郑宝江，潘磊 ZhengBJ054
黑龙江：五常 王臣，张欣欣，崔皓钧等 WangCh381
吉林：磐石 安海成 AnHC0400
山东：历下区 张少华，王萍，张诏等 Lilan148
山东：牟平区 卞福花，陈朋 BianFH-0385

Clematis glauca Willdenow **粉绿铁线莲**
新疆：拜城 塔里木大学植物资源调查组 TD-00933
新疆：博乐 徐文斌，许晓敏 SHI-2008424
新疆：青河 许炳强，胡伟明 XiaNH-07ZX-802
新疆：塔城 谭敦炎，吉乃提 TanDY0654
新疆：塔什库尔干 张玲，杨赵平 TD-01395
新疆：温宿 塔里木大学植物资源调查组 TD-00909
新疆：乌鲁木齐 谭敦炎，吉乃提 TanDY0514
新疆：叶城 黄文娟，段黄金，王英鑫等 LiZJ0856
新疆：叶城 黄文娟，段黄金，王英鑫等 LiZJ0909
新疆：裕民 许炳强，胡伟明 XiaNH-07ZX-841

Clematis gouriana Roxburgh ex de Candolle **小蓑衣藤**
湖南：吉首 陈功锡，张代贵，邓涛等 SCSB-HC-2007367
四川：巴塘 王文礼，冯欣，刘飞鹏 OUXK11144
四川：黑水 顾垒，李忠荣 GaoXF-09ZX-1844
四川：乡城 王文礼，冯欣，刘飞鹏 OUXK11120
云南：剑川 何彪 OuXK-0040
云南：丽江 苏涛，黄永江，杨青松等 ZhouZK11479
云南：禄丰 刀志灵，陈渝 DZL505
云南：勐腊 刀志灵，崔景云 DZL-119
云南：弥勒 刘恩德，方伟，杜燕等 SCSB-B-000033
云南：南涧 李加生，官有才 NJWLS853
云南：宁洱 胡启和，张绍云 YNS0817
云南：香格里拉 王文礼，冯欣，刘飞鹏 OUXK11099
云南：香格里拉 王文礼，冯欣，刘飞鹏 OUXK11112
云南：永德 李永亮 YDDXS0943
云南：元谋 冯欣 OuXK-0084

Clematis gracilifolia Rehder & E. H. Wilson **薄叶铁线莲** *
四川：道孚 何兴金，胡灏禹，沈呈娟等 SCU-11-476
四川：九龙 孙航，张建文，董金龙等 SunH-07ZX-4054
四川：理塘 何兴金，马祥光，张云香等 SCU-11-212
西藏：工布江达 罗建，汪书丽，任德智 LiuJQ-09XZ-ML089
西藏：吉隆 聂泽龙，牛洋，周卓等 SunH-07ZX-2322
西藏：加查 许炳强，童毅华 XiaNh-07zx-697
西藏：林芝 罗建，汪书丽 LiuJQ-08XZ-220

Clematis grandidentata (Rehder & E. H. Wilson) W. T. Wang **粗齿铁线莲** *
甘肃：舟曲 齐威 LJQ-2008-GN-370
贵州：平塘 邹方伦 ZouFL0146
湖南：洪江 李胜华，伍贤进，刘光华等 Wuxj1033
云南：石林 税玉民，陈文红 64717

Clematis grandidentata var. **likiangensis** (Rehder) W. T. Wang **丽江铁线莲** *
云南：香格里拉 杨青松，星耀武，苏涛 ZhouZK-07ZX-0317

Clematis gratopsis W. T. Wang **金佛铁线莲** *
湖北：神农架林区 李巨平 LiJuPing0119
湖北：竹溪 李盛兰 GanQL375
陕西：长安区 田先华，田陌 TianXH276

Clematis henryi Oliver **单叶铁线莲** *
湖北：竹溪 李盛兰 GanQL359
云南：文山 何德明，丰艳飞，张代明 WSLJS1053

Clematis heracleifolia de Candolle **大叶铁线莲**
河北：灵寿 牛玉璐，高彦飞，黄士良 NiuYL198
河南：鲁山 宋松泉 HN038
河南：鲁山 宋松泉 HN092
河南：鲁山 宋松泉 HN141
黑龙江：阿城 孙阎，吕军，张兰兰 SunY370
黑龙江：宁安 刘玫，王臣，张欣欣等 Liuetal746
辽宁：凤城 李忠诚 CaoW217
山东：崂山区 罗艳，邓建平 LuoY205
山东：崂山区 赵遵田，郑国伟，王海英等 Zhaozt0162
山东：历城区 张少华，王萍，张诏等 Lilan162

山东：牟平区 卞福花，卢学新，纪伟等 BianFH00050
山东：牟平区 卞福花，宋言贺 BianFH-544
陕西：眉县 董栓录，田先华 TianXH520

Clematis hexapetala Pallas **棉团铁线莲**
黑龙江：宁安 刘玫，张欣欣，程薪宇等 Liuetal532
黑龙江：五大连池 孙阎，杜景红，李鑫鑫 SunY215
吉林：和龙 刘翠晶 Yanglm0210
吉林：磐石 安海成 AnHC067
吉林：前郭尔罗斯 杨帆，马红媛，安丰华 SNA0367
辽宁：连山区 卜军，金实，阴黎明 CaoW494
辽宁：连山区 卜军，金实，阴黎明 CaoW499
辽宁：绥中 卜军，金实，阴黎明 CaoW392
内蒙古：额尔古纳 张红香 ZhangHX028
内蒙古：正蓝旗 李茂文，李昌亮 M095
山西：小店区 吴琼，连俊强 Zhangf0077

Clematis hexapetala var. **tchefouensis** (Debeaux) S. Y. Hu **长冬草** *
山东：莒县 高德民，张颖颖，辛晓伟等 Lilan733
山东：莱山区 卞福花，宋言贺 BianFH-572
山东：崂山区 罗艳，李中华 LuoY295
山东：牟平区 卞福花 BianFH-0261

Clematis integrifolia Linnaeus **全缘铁线莲**
新疆：阿勒泰 谭敦炎，邱娟 TanDY0438
新疆：布尔津 谭敦炎，邱娟 TanDY0474
新疆：哈巴河 段士民，王喜勇，刘会良等 213

Clematis intricata Bunge **黄花铁线莲**
河北：赞皇 牛玉璐，高彦飞，赵二涛 NiuYL458
内蒙古：赛罕区 蒲拴莲，刘润宽，刘毅等 M167
内蒙古：武川 蒲拴莲，刘润宽，刘毅等 M206
宁夏：盐池 左忠，刘华 ZuoZh061
山西：夏县 廉凯敏 Zhangf0171

Clematis kirilowii Maximowicz **太行铁线莲** *
河北：蔚县 牛玉璐，高彦飞，黄士良 NiuYL208
山东：历城区 樊守金，郑国伟，任昭杰等 Zhaozt0039
山东：泰山区 张璐璐，王慧燕，杜超等 Zhaozt0190
山东：长清区 王萍，高德民，张诏等 lilan312

Clematis kirilowii var. **chanetii** (H. Léveillé) Handel-Mazzetti **狭裂太行铁线莲** *
山东：沂源 高德民，邵尉，吴燕秋 Lilan950

Clematis kockiana C. K. Schneider **滇川铁线莲** *
云南：维西 陈文允，于文涛，黄永江等 CYHL112

Clematis kweichowensis C. P'ei **贵州铁线莲** *
贵州：花溪区 邹方伦 ZouFL0001

Clematis lasiandra Maximowicz **毛蕊铁线莲**
贵州：江口 周云，王勇 XiangZ089
青海：门源 陈世龙，高庆波，张发起等 Chensl1631
陕西：长安区 田先华，王梅荣，田陌 TianXH139
四川：峨眉山 李小杰 LiXJ328
四川：理县 何兴金，李琴琴，赵丽华等 SCU-09-518
云南：文山 何德明，丰艳飞 WSLJS805

Clematis leschenaultiana de Candolle **绣毛铁线莲**
广西：全州 莫水松，黄歆怡，胡仁传 Liuyan1023

Clematis macropetala Ledebour **长瓣铁线莲**
四川：道孚 何兴金，赵丽华，梁乾隆 SCU-10-002

Clematis meyeniana Walpers **毛柱铁线莲**
江西：修水 缪以清，李立新 TanCM1238

Clematis montana Buchanan-Hamilton ex de Candolle **绣球藤**
贵州：江口 邹方伦 ZouFL0118
湖北：仙桃 张代贵 Zdg2010
江西：庐山区 谭策铭，董安淼 TCM09079
江西：星子 董安淼，吴从梅 TanCM1415
四川：米易 袁明 MY188
西藏：林芝 罗建，汪书丽 LiuJQ-08XZ-217
西藏：林芝 罗建，汪书丽 LiuJQ-09XZ-150
西藏：左贡 张大才，李双智，罗康等 ZhangDC-07ZX-0619
云南：巧家 杨光明 SCSB-W-1308
云南：巧家 张天壁 SCSB-W-690
云南：文山 何德明，尹志坚，韦荣彪 WSLJS570
云南：永德 奎文康，杨金柱，欧阳红才 YDDXSC082

Clematis montana var. **longipes** W. T. Wang **大花绣球藤**
四川：峨眉山 李小杰 LiXJ709

Clematis obscura Maximowicz **秦岭铁线莲** *
陕西：长安区 田先华，王梅荣 TianXH244
陕西：紫阳 田先华，王孝安 TianXH1053

Clematis orientalis Linnaeus **东方铁线莲**
新疆：阿合奇 黄文娟，杨赵平，王英鑫 TD-01951
新疆：阿合奇 黄文娟，杨赵平，王英鑫 TD-02082
新疆：阿克陶 塔里木大学植物资源调查组 TD-00755
新疆：阿克陶 塔里木大学植物资源调查组 TD-00810
新疆：阿勒泰 谭敦炎，邱娟 TanDY0486
新疆：阿图什 塔里木大学植物资源调查组 TD-00643
新疆：阿图什 塔里木大学植物资源调查组 TD-00674
新疆：拜城 张玲 TD-01976
新疆：博乐 郭静谊 SHI2006329
新疆：博乐 徐文斌，郭静谊，刘鸯 SHI2006335
新疆：和布克赛尔 马真 SCSB-SHI-2006197
新疆：和静 张挺，杨赵平，焦培培等 LiZJ0443
新疆：和静 塔里木大学植物资源调查组 TD-00352
新疆：克拉玛依 石大标 SHI-2006424
新疆：奎屯 徐文斌 SHI2006298
新疆：奎屯 徐文斌 SHI2006340
新疆：奎屯 马真，翟伟 SHI2006347
新疆：奎屯 石大标 SHI-2006516
新疆：玛纳斯 贺小欢 SHI-2006493
新疆：沙湾 许炳强，胡伟明 XiaNH-07ZX-869
新疆：石河子 高木木，郭静谊 SHI2006375
新疆：石河子 翟伟，马真 SHI2006383
新疆：石河子 石大标 SHI2006392
新疆：石河子 石大标 SHI-2006403
新疆：石河子 石大标 SHI-2006418
新疆：塔城 谭敦炎，吉乃提 TanDY0650
新疆：吐鲁番 段士民，王喜勇，刘会良 Zhangdy556
新疆：温宿 杨赵平，黄文娟，段黄金等 LiZJ0145
新疆：乌恰 杨赵平，黄文娟 TD-01801
新疆：乌恰 杨赵平，黄文娟 TD-01881
新疆：乌什 塔里木大学植物资源调查组 TD-00556
新疆：新和 塔里木大学植物资源调查组 TD-00529
新疆：裕民 徐文斌，黄刚 SHI-2009398

Clematis parviloba Gardner & Champion **裂叶铁线莲** *
江西：靖安 张吉华，刘运群 TanCM1168
四川：道孚 何兴金，刘爽，易欣 SCU-10-318
四川：稻城 何兴金，王长宝，刘爽等 SCU-09-041
四川：黑水 顾垒，李忠荣 GaoXF-09ZX-1302
四川：壤塘 何兴金，刘爽，易欣 SCU-10-325
四川：壤塘 何兴金，刘爽，易欣 SCU-10-343
四川：若尔盖 陈世龙，高庆波，张发起 Chensl1194

四川：松潘 何兴金，刘爽，赵财 SCU-10-401
云南：勐腊 张挺，李洪超，李文化等 SCSB-B-000374
云南：南涧 阿国仁 NJWLS1156
云南：石林 张挺，张书东，杨茜等 SCSB-A-000019
云南：新平 何罡安 XPALSB140
云南：新平 自正尧，李伟 XPALSB208
云南：玉溪 伊廷双，孟静，杨杨 MJ-897
云南：云龙 李施文，张志云 TC3045
云南：镇沅 罗成瑜 ALSZY346

Clematis patens C. Morren & Decaisne 转子莲
辽宁：沈阳 刘玫，王臣，张欣欣等 Liuetal818
山东：崂山区 高德民，邵尉，吴燕秋 Lilan923
山东：崂山区 罗艳，李中华 LuoY359

Clematis peterae Handel-Mazzetti 钝萼铁线莲 *
江西：庐山区 谭策铭，董安淼 TCM09036
山西：永济 刘明光，焦磊，张海博 Zhangf0189
四川：峨眉山 李小杰 LiXJ278
云南：盘龙区 彭华，向春雷，王泽欢 PengH8413
云南：盘龙区 彭华，向春雷，王泽欢 PengH8442
云南：西山区 彭华，陈丽 P.H.5316
云南：玉龙 张大才，李双智，杨川 ZhangDC-07ZX-2061
云南：玉溪 彭华，陈丽，许瑾 P.H.5279

Clematis peterae var. **trichocarpa** W. T. Wang 毛果铁线莲 *
安徽：屯溪区 方建新 TangXS0683

Clematis pogonandra Maximowicz 须蕊铁线莲 *
陕西：平利 田先华，王孝安 TianXH1046

Clematis potaninii Maximowicz 美花铁线莲 *
陕西：眉县 董栓录，李智军 TianXH514
四川：黑水 顾垒，李忠荣 GaoXF-09ZX-1590
四川：壤塘 何兴金，胡灏禹，黄德青 SCU-10-139
云南：香格里拉 张挺，亚吉东，李明勤等 11CS3371

Clematis pseudootophora M. Y. Fang 华中铁线莲 *
安徽：绩溪 胡长玉，方建新，徐林飞 TangXS0659
湖南：吉首 陈功锡，张代贵，邓涛等 SCSB-HC-2007308

Clematis pseudopogonandra Finet & Gagnepain 西南铁线莲 *
北京：海淀区 彭华，王立松，董洪进等 P.H.5522
四川：黑水 顾垒，李忠荣 GaoXF-09ZX-1791
西藏：八宿 徐波，陈光富，陈林杨等 SunH-07ZX-2013
西藏：隆子 张晓纬，汪书丽，罗建 LiuJQ-09XZ-LZT-016

Clematis puberula var. **ganpiniana** (H. Léveillé & Vaniot) W. T. Wang 扬子铁线莲 *
江西：庐山区 谭策铭，董安淼 TCM09022
四川：米易 刘静，袁明 MY-095
四川：木里 孔航辉，罗江平，左雷等 YangQE3384
四川：乡城 陈家辉，刘亚辉，周妍等 YangYP-Q-2224
云南：贡山 刀志灵 DZL822
云南：宁蒗 孔航辉，罗江平，左雷等 YangQE3332
云南：新平 自正尧，李伟 XPALSB204

Clematis puberula var. **subsericea** (Rehder & E. H. Wilson) W. T. Wang 毛叶扬子铁线莲 *
江西：星子 董安淼，吴从梅 TanCM1686

Clematis puberula var. **tenuisepala** (Maximowicz) W. T. Wang 毛果扬子铁线莲 *
甘肃：夏河 齐威 LJQ-2008-GN-349
青海：互助 薛春迎 Xuechy0094
山东：历下区 张少华，王萍，张诏等 Lilan176

Clematis quinquefoliolata Hutchinson 五叶铁线莲 *
湖南：吉首 陈功锡，张代贵，邓涛等 SCSB-HC-2007340

Clematis ranunculoides Franchet 毛茛铁线莲 *
云南：大理 张德全，王应龙，文青华等 ZDQ107
云南：宁蒗 苏涛，黄永江，杨青松等 ZhouZK11422
云南：五华区 郭永杰，李涟漪，聂细转 11CS3686
云南：香格里拉 孔航辉，罗江平，左雷等 YangQE3566
云南：香格里拉 杨亲二，孔航辉 Yangqe3097

Clematis rehderiana Craib 长花铁线莲
青海：囊谦 陈世龙，高庆波，张发起 Chens10694
四川：巴塘 张大才，尹五元，李双智等 ZhangDC-07ZX-2223
四川：道孚 高云东，李忠荣，鞠文彬 GaoXF-12-163
四川：道孚 何兴金，胡灏禹，沈呈娟等 SCU-11-472
四川：得荣 张大才，李双智，杨川 ZhangDC-07ZX-1957
四川：德格 张大才，尹五元，李双智等 ZhangDC-07ZX-2293
四川：黑水 顾垒，李忠荣 GaoXF-09ZX-1589
四川：红原 张昌兵 ZhangCB0043
四川：康定 孔航辉，罗江平，左雷等 YangQE3477
四川：雅江 何兴金，郜鹏，彭禄等 SCU-11-372
西藏：朗县 罗建，汪书丽，任德智 L085
西藏：林芝 罗建，汪书丽，任德智 LiuJQ-09XZ-ML092
西藏：芒康 徐波，陈光富，陈林杨等 SunH-07ZX-1509
西藏：左贡 徐波，陈光富，陈林杨等 SunH-07ZX-2075
云南：香格里拉 陈哲，刀志灵 DZL-300
云南：香格里拉 杨亲二，孔航辉，李磊 Yangqe3263
云南：香格里拉 杨亲二，袁琼 Yangqe1869
云南：香格里拉 杨青松，杨莹，黄永江等 ZhouZK-07ZX-0114

Clematis repens Finet & Gagnepain 曲柄铁线莲 *
四川：峨眉山 李小杰 LiXJ704
四川：康定 何兴金，胡灏禹，王月 SCU-08173

Clematis serratifolia Rehder 齿叶铁线莲
黑龙江：呼兰 刘玫，张欣欣，程薪宇等 Liuetal470
黑龙江：五常 刘长华，吕军 SunY452
吉林：磐石 安海成 AnHC0245
辽宁：庄河 于立敏 CaoW835

Clematis siamensis J. R. Drummond & Craib 锡金铁线莲
云南：江城 张绍云，胡启和 YNS1262

Clematis sibirica Miller 西伯利亚铁线莲
吉林：和龙 林红梅，刘翠晶 Yanglm0202
新疆：塔什库尔干 黄文娟，段黄金，王英鑫等 LiZJ0356
新疆：温宿 杨赵平，周禧琳，贺冰 LiZJ1912

Clematis sibirica var. **ochotensis** (Pallas) S. H. Li & Y. H. Huang 半钟铁线莲
广西：富川 莫水松 Liuyan1046
广西：雁山区 莫水松 Liuyan1064
贵州：铜仁 彭华，王英，陈丽 P.H.5214
河北：涿鹿 牛玉璐，高彦飞，赵二涛 NiuYL347
陕西：平利 田先华，张雅娟 TianXH1044
云南：文山 何德明，潘海仙 WSLJS521

Clematis songorica Bunge 准噶尔铁线莲
新疆：阿合奇 塔里木大学植物资源调查组 TD-00565
新疆：阿合奇 杨赵平，黄文娟 TD-01892
新疆：阿合奇 黄文娟，杨赵平，王英鑫 TD-02084
新疆：阿克陶 塔里木大学植物资源调查组 TD-00760
新疆：拜城 张玲 TD-01974
新疆：博乐 徐文斌，王莹 SHI-2008131
新疆：博乐 徐文斌，杨清理 SHI-2008363
新疆：独山子区 石大标 SCSB-Y-2006174
新疆：和布克赛尔 马真 SCSB-SHI-2006200
新疆：和静 杨赵平，焦培培，白冠章等 LiZJ0732

新疆：和静 塔里木大学植物资源调查组 TD-00105
新疆：和静 塔里木大学植物资源调查组 TD-00350
新疆：和硕 塔里木大学植物资源调查组 TD-00366
新疆：吉木乃 许炳强，胡伟明 XiaNH-07ZX-823
新疆：奇台 段士民，王喜勇，刘会良等 127
新疆：塔什库尔干 杨赵平，周禧林，贺冰 LiZJ1230
新疆：塔什库尔干 邱娟，冯建菊 LiuJQ0122
新疆：塔什库尔干 塔里木大学植物资源调查组 TD-00768
新疆：塔什库尔干 杨赵平，黄文娟 TD-01753
新疆：塔什库尔干 黄文娟，段黄金，王英鑫等 LiZJ0318
新疆：塔什库尔干 黄文娟，段黄金，王英鑫等 LiZJ0362
新疆：吐鲁番 段士民 zdy114
新疆：托里 徐文斌，黄刚 SHI-2009161
新疆：托里 徐文斌，杨清理 SHI-2009180
新疆：托里 徐文斌，郭一敏 SHI-2009211
新疆：托里 徐文斌，黄刚 SHI-2009224
新疆：托里 徐文斌，郭一敏 SHI-2009262
新疆：托里 徐文斌，黄刚 SHI-2009335
新疆：托里 徐文斌，郭一敏 SHI-2009496
新疆：温泉 徐文斌，许晓敏 SHI-2008142
新疆：温泉 徐文斌，许晓敏 SHI-2008272
新疆：温宿 TD-00461
新疆：温宿 杨赵平，焦培培，白冠章等 LiZJ0780
新疆：乌鲁木齐 谭敦炎，吉乃提 TanDY0511
新疆：乌鲁木齐 王喜勇，马文宝，施翔 zdy325
新疆：乌恰 杨赵平，周禧林，贺冰 LiZJ1267
新疆：乌恰 塔里木大学植物资源调查组 TD-00710
新疆：乌恰 塔里木大学植物资源调查组 TD-00744
新疆：乌恰 杨赵平，黄文娟 TD-01798
新疆：乌恰 杨赵平，黄文娟 TD-01882
新疆：乌什 塔里木大学植物资源调查组 TD-00553
新疆：新源 段士民，王喜勇，刘会良等 96
新疆：伊吾 王喜勇，马文宝，施翔 zdy463

Clematis songorica var. **aspleniifolia** (Schrenk) Trautvetter **蕨叶铁线莲**

新疆：霍城 段士民，王喜勇，刘会良 Zhangdy325

Clematis subumbellata Kurz **细木通**

云南：普洱 张绍云 YNS0102
云南：永德 李永亮 YDDXS0104

Clematis tangutica (Maximowicz) Korshinsky **甘青铁线莲**

甘肃：合作 郭淑青，杜品 LiuJQ-2012-GN-167
甘肃：玛曲 尹鑫，吴航，葛文静 LiuJQ-GN-2011-211
甘肃：卓尼 齐威 LJQ-2008-GN-369
甘肃：卓尼 尹鑫，吴航，葛文静 LiuJQ-GN-2011-194
青海：班玛 汪书丽，朱洪涛 Liujq-QLS-TXM-140
青海：班玛 汪书丽，朱洪涛 Liujq-QLS-TXM-171
青海：都兰 冯虎元 LiuJQ-08KLS-152
青海：都兰 潘建斌，杜维波，牛炳韬 Liujq-2011CDM-146
青海：都兰 潘建斌，杜维波，牛炳韬 Liujq-2011CDM-202
青海：都兰 潘建斌，杜维波，牛炳韬 Liujq-2011CDM-234
青海：格尔木 冯虎元 LiuJQ-08KLS-009
青海：格尔木 冯虎元 LiuJQ-08KLS-027
青海：格尔木 陈世龙，高庆波，张发起 Chensl0869
青海：格尔木 汪书丽，朱洪涛 Liujq-QLS-TXM-065
青海：格尔木 潘建斌，杜维波，牛炳韬 Liujq-2011CDM-021
青海：格尔木 潘建斌，杜维波，牛炳韬 Liujq-2011CDM-062
青海：贵德 陈世龙，高庆波，张发起 Chensl0953
青海：互助 薛春迎 Xuechy0123
青海：互助 陈世龙，高庆波，张发起等 Chensl1728
青海：湟源 汪书丽，朱洪涛 Liujq-QLS-TXM-015
青海：玛沁 陈世龙，高庆波，张发起 Chensl1054
青海：玛沁 陈世龙，高庆波，张发起 Chensl1080
青海：平安 陈世龙，高庆波，张发起等 Chensl1763
青海：祁连 陈世龙，高庆波，张发起等 Chensl1528
青海：天峻 潘建斌，杜维波，牛炳韬 Liujq-2011CDM-336
青海：天峻 陈世龙，张得钧，高庆波等 Chensl0483
青海：同德 陈世龙，张得钧，高庆波等 Chensl0037
青海：同德 陈世龙，高庆波，张发起 Chensl1013
青海：同德 陈世龙，高庆波，张发起 Chensl1028
青海：同仁 陈世龙，高庆波，张发起 Chensl0911
青海：乌兰 潘建斌，杜维波，牛炳韬 Liujq-2011CDM-285
青海：玉树 陈世龙，高庆波，张发起 Chensl0620
青海：玉树 陈世龙，高庆波，张发起 Chensl0654
四川：白玉 孙航，张建文，董金龙等 SunH-07ZX-3664
四川：白玉 李晓东，张景博，徐凌翔等 LiJ475
四川：稻城 孔航辉，罗江平，左雷等 YangQE3531
四川：稻城 孙航，张建文，董金龙等 SunH-07ZX-3600
四川：德格 孙航，张建文，董金龙等 SunH-07ZX-3910
四川：黑水 顾垒，李忠荣 GaoXF-09ZX-1686
四川：马尔康 高云东，李忠荣，鞠文彬 GaoXF-12-050
四川：壤塘 陈世龙，高庆波，张发起 Chensl1145
四川：石渠 陈世龙，高庆波，张发起 Chensl0630
四川：新龙 陈家辉，王赟，刘德团 YangYP-Q-3010
西藏：八宿 张挺，李爱花，刘成等 08CS699
西藏：察雅 张挺，李爱花，刘成等 08CS729
西藏：昌都 陈家辉，王赟，刘德团 YangYP-Q-3117
西藏：昌都 陈家辉，王赟，刘德团 YangYP-Q-3136
西藏：昌都 许炳强，周伟，郑朝汉 Xianh0199
西藏：丁青 陈家辉，王赟，刘德团 YangYP-Q-3203
西藏：工布江达 陈家辉，韩希，王东超等 YangYP-Q-4131
西藏：左贡 张大才，李双智，唐路等 ZhangDC-07ZX-1880
新疆：阿克陶 杨赵平，黄文娟 TD-01775
新疆：策勒 冯建菊 Liujq-fjj-0046
新疆：策勒 冯建菊 Liujq-fjj-0078
新疆：和静 杨赵平，焦培培，白冠章等 LiZJ0595
新疆：和静 张玲 TD-01677
新疆：和田 冯建菊 Liujq-fjj-0089
新疆：玛纳斯 亚吉东，张桥蓉，秦少发等 16CS13240
新疆：塔什库尔干 杨赵平，周禧林，贺冰 LiZJ1190
新疆：塔什库尔干 邱娟，冯建菊 LiuJQ0055
新疆：塔什库尔干 邱娟，冯建菊 LiuJQ0163
新疆：塔什库尔干 黄文娟，段黄金，王英鑫等 LiZJ0310
新疆：塔什库尔干 黄文娟，段黄金，王英鑫等 LiZJ0315
新疆：叶城 黄文娟，段黄金，王英鑫等 LiZJ0876
新疆：叶城 黄文娟，段黄金，王英鑫等 LiZJ0894
新疆：于田 冯建菊 Liujq-fjj-0014

Clematis tangutica var. **pubescens** M. C. Chang & P. P. Ling **毛萼甘青铁线莲** *

青海：班玛 陈世龙，张得钧，高庆波等 Chensl0332
四川：德格 张大才，尹五元，李双智等 ZhangDC-07ZX-2297
西藏：左贡 张大才，李双智，罗康等 ZhangDC-07ZX-0716

Clematis terniflora de Candolle **圆锥铁线莲**

安徽：歙县 方建新 TangXS0925
江苏：句容 王兆银，吴宝成 SCSB-JS0208
江西：武宁 张吉华，张东红 TanCM2963

Clematis terniflora var. **mandshurica** (Ruprecht) Ohwi **辣蓼**

铁线莲
黑龙江：北安 郑宝江，潘磊 ZhengBJ053
黑龙江：宁安 刘玫，张欣欣，程薪宇等 Liuetal529
黑龙江：五大连池 晁雄雄，焉志远 SunY048
吉林：南关区 韩忠明 Yanglm0058
吉林：磐石 安海成 AnHC0112
Clematis tibetana Kuntze **中印铁线莲**
西藏：曲水 李国栋，董金龙 SunH-07ZX-3276
Clematis tomentella (Maximowicz) W. T. Wang & L. Q. Li **灰叶铁线莲** *
宁夏：金凤区 朱强 ZhuQ006
Clematis uncinata Champion ex Bentham **柱果铁线莲**
安徽：舒城 陈延松，欧祖兰，高秋晨等 Xuzd263
广西：灵川 吴望辉，黄俞淞，农冬新 Liuyan0411
湖北：仙桃 张代贵 Zdg2500
江西：庐山区 谭策铭，董安淼 TCM09019
四川：峨眉山 李小杰 LiXJ062
云南：文山 何德明 WSLJS602
Clematis urophylla Franchet **尾叶铁线莲** *
四川：峨眉山 李小杰 LiXJ333
Coptis chinensis Franchet **黄连** *
湖北：竹溪 李盛兰 GanQL300
湖南：龙山 张代贵 Zdg1305
Coptis chinensis var. **brevisepala** W. T. Wang & P. K. Hsiao **短萼黄连** *
江西：武宁 张吉华，张东红 TanCM2891
Coptis omeiensis (Chen) C. Y. Cheng **峨眉黄连** *
四川：峨眉山 李小杰 LiXJ392
Coptis teeta Wallich **云南黄连** *
四川：峨眉山 李小杰 LiXJ342
云南：腾冲 余新林，赵玮 BSGLGStc205
云南：云龙 字建泽，杨六斤，李国宏等 TC1074
Delphinium albocoeruleum Maximowicz **白蓝翠雀花** *
四川：甘孜 张大才，尹五元，李双智等 ZhangDC-07ZX-2332
Delphinium anthriscifolium Hance **还亮草**
安徽：屯溪区 方建新 TangXS0234
湖北：仙桃 张代贵 Zdg1278
湖北：仙桃 张代贵 Zdg2433
湖北：竹溪 李盛兰 GanQL261
湖南：永定区 吴福川，廖博儒，查学州等 7059
江苏：句容 吴宝成，王兆银 HANGYY8174
江西：庐山区 董安淼，吴从梅 TanCM811
江西：湾里区 杜小浪，慕泽泾 DXL209
江西：武宁 张吉华，张东红 TanCM2907
陕西：长安区 田先华，王梅荣 TianXH173
四川：峨眉山 李小杰 LiXJ404
Delphinium anthriscifolium var. **majus** Pampanini **大花还亮草** *
湖北：仙桃 张代贵 Zdg1250
湖北：竹溪 李盛兰 GanQL298
Delphinium beesianum var. **latisectum** W. T. Wang **粗裂宽距翠雀花** *
西藏：类乌齐 陈家辉，王赟，刘德团 YangYP-Q-3170
Delphinium bulleyanum Forrest ex Diels **拟螺距翠雀花** *
云南：香格里拉 杨亲二，孔航辉 Yangqe3006
云南：香格里拉 杨亲二，孔航辉，李磊 Yangqe3035
云南：香格里拉 杨亲二，袁琼 Yangqe2258
Delphinium caeruleum Jacquemont **蓝翠雀花**
甘肃：夏河 尹鑫，吴航，葛文静 LiuJQ-GN-2011-217
四川：白玉 李晓东，张景博，徐凌翔等 LiJ481
四川：若尔盖 蔡杰，张挺，刘成 10CS2530
西藏：当雄 李晖，文雪梅，次旺加布等 Lihui-Q-0083
云南：香格里拉 杨亲二，孔航辉，李磊 Yangqe3120
Delphinium candelabrum Ostenfeld **奇林翠雀花** *
西藏：江达 苏涛，黄永江，杨青松等 ZhouZK11244
Delphinium candelabrum var. **monanthum** (Handel-Mazzetti) W. T. Wang **单花翠雀花** *
西藏：左贡 徐波，陈光富，陈林杨等 SunH-07ZX-0387
Delphinium ceratophorum Franchet **角萼翠雀花** *
云南：香格里拉 亚吉东，张桥蓉，张继等 11CS3537
Delphinium davidii Franchet **谷地翠雀花** *
四川：稻城 陈文允，于文涛，黄永江 CYH009
Delphinium delavayi Franchet **滇川翠雀花** *
云南：兰坪 孔航辉，任琛 Yangqe2898
云南：宁蒗 任宗昕，寸龙琼，任尚国 SCSB-W-1360
云南：腾冲 李爱花，黄之镨，黄押稳等 SCSB-A-000310
云南：文山 何德明，张挺，黎谷香 WSLJS544
云南：香格里拉 郭永杰，张桥蓉，李春晓等 11CS3442
云南：香格里拉 杨亲二，孔航辉，李磊 Yangqe3160
云南：香格里拉 杨青松，星耀武，苏涛 ZhouZK-07ZX-0323
云南：香格里拉 张挺，郭永杰，张桥蓉等 11CS3299
云南：香格里拉 张挺，亚吉东，李明勤等 11CS3315
云南：香格里拉 张挺，亚吉东，李明勤等 11CS3368
云南：玉龙 杨亲二，孔航辉，李磊 Yangqe3189
Delphinium delavayi var. **pogonanthum** (Handel-Mazzetti) W. T. Wang **须花翠雀花** *
云南：禄劝 张挺，郭永杰，刘成等 08CS617
云南：巧家 郁文彬，张舒，艾洪莲等 SCSB-W-1004
云南：永德 李永亮 YDDXS0773
Delphinium densiflorum Duthie ex Huth **密花翠雀花**
甘肃：玛曲 齐威 LJQ-2008-GN-358
Delphinium forrestii Diels **短距翠雀花** *
四川：黑水 顾垒，李忠荣 GaoXF-09ZX-1692
Delphinium giraldii Diels **秦岭翠雀花** *
陕西：眉县 田先华，白根录 TianXH076
Delphinium grandiflorum Linnaeus **翠雀**
河北：平山 牛玉璐，郑博颖，黄士良等 NiuYL050
吉林：前郭尔罗斯 杨帆，马红媛，安丰华 SNA0368
四川：黑水 顾垒，李忠荣 GaoXF-09ZX-1571
新疆：乌鲁木齐 王喜勇，马文宝，施翔 zdy259
云南：香格里拉 杨青松，杨莹，黄永江等 ZhouZK-07ZX-0022
Delphinium grandiflorum var. **gilgianum** (Pilger ex Gilg) Finet & Gagnepain **腺毛翠雀** *
山东：莱山区 卞福花，宋言贺 BianFH-440
山东：牟平区 卞福花，陈朋 BianFH-0295
山东：青岛 罗艳，邓建平 LuoY266
Delphinium gyalanum C. Marquand & Airy Shaw **拉萨翠雀花** *
西藏：浪卡子 扎西次仁 ZhongY230
Delphinium handelianum W. T. Wang **淡紫翠雀花** *
云南：云龙 字建泽，杨六斤，李国宏等 TC1042
Delphinium hillcoatiae Munz **毛茛叶翠雀花** *
西藏：拉萨 扎西次仁 ZhongY143
Delphinium hirticaule Franchet **毛茎翠雀花** *
湖北：竹溪 李盛兰 GanQL717
Delphinium iliense Huth **伊犁翠雀花**
新疆：昭苏 亚吉东，张桥蓉，秦少发等 16CS13563

Delphinium kamaonense Huth 光序翠雀花
西藏：吉隆 张晓纬，汪书丽，罗建 LiuJQ-09XZ-LZT-094
西藏：普兰 陈家辉，庄会富，刘德团等 Yangyp-Q-0030

Delphinium kamaonense var. **glabrescens** (W. T. Wang) W. T. Wang 展毛翠雀花 *
甘肃：合作 尹鑫，吴航，葛文静 LiuJQ-GN-2011-219
甘肃：玛曲 尹鑫，吴航，葛文静 LiuJQ-GN-2011-218
甘肃：夏河 齐威 LJQ-2008-GN-365
青海：囊谦 许炳强，周伟，郑朝汉 Xianh0072
西藏：类乌齐 陈家辉，王赟，刘德团 YangYP-Q-3184
西藏：林芝 罗建，汪书丽 LiuJQ-08XZ-111

Delphinium lacostei Danguy 帕米尔翠雀花
新疆：塔什库尔干 邱娟，冯建菊 LiuJQ0106

Delphinium likiangense Franchet 丽江翠雀花 *
四川：理塘 苏涛，黄永江，杨青松等 ZhouZK11161

Delphinium maackianum Regel 宽苞翠雀花
吉林：磐石 安海成 AnHC0172

Delphinium micropetalum Finet & Gagnepain 小瓣翠雀花
四川：德格 张大才，尹五元，李双智等 ZhangDC-07ZX-2303

Delphinium muliense W. T. Wang 木里翠雀花 *
云南：香格里拉 杨亲二，孔航辉，李磊 Yangqe3066

Delphinium nordhagenii Wendelbo 叠裂翠雀花
西藏：定结 马永鹏 ZhangCQ-0040

Delphinium omeiense W. T. Wang 峨眉翠雀花 *
四川：峨眉山 李小杰 LiXJ661
云南：南涧 熊绍荣，阿国仁，时国彩等 njwls2007131

Delphinium potaninii Huth 黑水翠雀花 *
湖北：竹溪 甘啟良 GanQL014
四川：黑水 顾垒，李忠荣 GaoXF-09ZX-1683

Delphinium potaninii var. **bonvalotii** (Franchet) W. T. Wang 螺距黑水翠雀花 *
青海：班玛 陈世龙，张得钧，高庆波等 Chensl0344

Delphinium pylzowii var. **trigynum** W. T. Wang 三果大通翠雀花 *
甘肃：卓尼 尹鑫，吴航，葛文静 LiuJQ-GN-2011-216

Delphinium siwanense Franchet 细须翠雀花 *
甘肃：夏河 尹鑫，吴航，葛文静 LiuJQ-GN-2011-220
甘肃：卓尼 齐威 LJQ-2008-GN-364

Delphinium souliei Franchet 川甘翠雀花 *
甘肃：玛曲 尹鑫，吴航，葛文静 LiuJQ-GN-2011-215

Delphinium sparsiflorum Maximowicz 疏花翠雀花 *
青海：门源 陈世龙，高庆波，张发起等 Chensl1682

Delphinium spirocentrum Handel-Mazzetti 螺距翠雀花 *
云南：香格里拉 张挺，亚吉东，李明勤等 11CS3380
云南：香格里拉 杨亲二，孔航辉，李磊 Yangqe3055
云南：香格里拉 张大才，李双智，唐路等 ZhangDC-07ZX-1641

Delphinium taliense Franchet 大理翠雀花 *
云南：南涧 阿国仁，何贵才 NJWLS1145

Delphinium tangkulaense W. T. Wang 唐古拉翠雀花 *
西藏：当雄 陈家辉，庄会富，刘德团 Yangyp-Q-0177

Delphinium thibeticum Finet & Gagnepain 澜沧翠雀花 *
四川：新龙 陈文允，于文涛，黄永江 CYH088
西藏：芒康 孙航，张建文，邓涛等 SunH-07ZX-3375
西藏：芒康 徐波，陈光富，陈林杨等 SunH-07ZX-0230

Delphinium thibeticum var. **laceratilobum** W. T. Wang 锐裂翠雀花 *
西藏：八宿 张永洪，王晓雄，周卓等 SunH-07ZX-1614
西藏：左贡 徐波，陈光富，陈林杨等 SunH-07ZX-0862
西藏：左贡 张永洪，王晓雄，周卓等 SunH-07ZX-1054

Delphinium tianshanicum W. T. Wang 天山翠雀花 *
新疆：阜康 吉乃提，贾静 TanDY0793
新疆：霍城 马真，贺晓欢，徐文斌等 SHI-A2007057
新疆：玛纳斯 亚吉东，张桥蓉，秦少发等 16CS13242
新疆：乌鲁木齐 谭敦炎，艾沙江 TanDY0548
新疆：乌鲁木齐 谭敦炎，地里努尔 TanDY0600
新疆：乌鲁木齐 段士民，王喜勇，刘会良 Zhangdy238
新疆：新源 亚吉东，张桥蓉，秦少发等 16CS13424

Delphinium trichophorum Franchet 毛翠雀花 *
四川：甘孜 张大才，尹五元，李双智等 ZhangDC-07ZX-2344
四川：康定 许炳强，童毅华，吴兴等 XiaNH-07ZX-1029

Delphinium umbrosum var. **drepanocentrum** (Bruhl ex Huth) W. T. Wang & M. J. Warnock 宽苞阴地翠雀花
四川：红原 张昌兵 ZhangCB0022

Delphinium wardii C. Marquand & Airy Shaw 堆拉翠雀花 *
西藏：林芝 罗建，汪书丽，任德智 LiuJQ-09XZ-345

Delphinium wentsaii Y. Z. Zhao 文采翠雀花 *
新疆：昭苏 亚吉东，张桥蓉，秦少发等 16CS13562

Delphinium winklerianum Huth 温泉翠雀花
新疆：尼勒克 贺晓欢，徐文斌，刘鸯等 SHI-A2007379

Delphinium yuanum Chen 中甸翠雀花 *
云南：香格里拉 杨亲二，孔航辉 Yangqe3005
云南：香格里拉 杨亲二，袁琼 Yangqe1879

Dichocarpum auriculatum (Franchet) W. T. Wang & P. K. Hsiao 耳状人字果 *
四川：峨眉山 李小杰 LiXJ027

Dichocarpum dalzielii (J. R. Drummond & Hutchinson) W. T. Wang & P. K. Hsiao 蕨叶人字果 *
云南：麻栗坡 肖波 LuJL430

Dichocarpum fargesii (Franchet) W. T. Wang & P. K. Hsiao 纵肋人字果 *
陕西：长安区 田先华，田陌，王占平 TianXH299

Dichocarpum franchetii (Finet & Gagnepain) W. T. Wang & P. K. Hsiao 小花人字果 *
湖北：仙桃 张代贵 Zdg2274
湖北：竹溪 李盛兰 GanQL386
四川：峨眉山 李小杰 LiXJ349

Dichocarpum sutchuenense (Franchet) W. T. Wang & P. K. Hsiao 人字果 *
湖北：竹溪 李盛兰 GanQL910
四川：峨眉山 李小杰 LiXJ360

Enemion raddeanum Regel 拟扁果草
黑龙江：尚志 郑宝江，潘磊 ZhengBJ099
吉林：磐石 安海成 AnHC0302

Eranthis stellata Maximowicz 菟葵
黑龙江：尚志 王臣，张欣欣，刘跃印等 WangCh349
吉林：磐石 安海成 AnHC0446

Halerpestes lancifolia (Bertoloni) Handel-Mazzetti 狭叶碱毛茛
西藏：革吉 李晖，卜海涛，边巴等 lihui-Q-09-36

Halerpestes ruthenica (Jacquin) Ovczinnikov 长叶碱毛茛
内蒙古：达尔罕茂明安联合旗 刘玫，王臣，张欣欣 Liuetal681
山西：朔城区 张贵平 Zhangf0103
陕西：神木 田陌，王梅荣 TianXH1144
新疆：托里 徐文斌，杨清理 SHI-2009171
新疆：托里 徐文斌，黄刚 SHI-2009218
新疆：乌鲁木齐 王喜勇，马文宝，施翔 zdy339

Halerpestes sarmentosa (Adams) Komarov & Alissova 碱毛茛

新疆：托里 徐文斌，黄刚 SHI-2009221

Halerpestes tricuspis (Maximowicz) Handel-Mazzetti **三裂碱毛茛**

甘肃：卓尼 齐威 LJQ-2008-GN-355

西藏：那曲 陈家辉，庄会富，边巴扎西 Yangyp-Q-2135

Helleborus thibetanus Franchet **铁筷子 ***

湖北：竹溪 甘啟良 GanQL009

陕西：眉县 董栓录，田先华 TianXH466

Isopyrum anemonoides Karelin & Kirilov **扁果草**

新疆：昭苏 亚吉东，张桥蓉，秦少发等 16CS13591

Leptopyrum fumarioides (Linnaeus) Reichenbach **蓝堇草**

黑龙江：尚志 刘玫，王臣，张欣欣等 Liuetal636

黑龙江：香坊区 郑宝江，潘磊 ZhengBJ059

Paraquilegia anemonoides (Willdenow) Ulbrich **乳突拟耧斗菜**

新疆：昭苏 亚吉东，张桥蓉，秦少发等 16CS13590

Paraquilegia microphylla (Royle) J. R. Drummond & Hutchinson **拟耧斗菜**

西藏：八宿 张挺，蔡杰，刘恩德等 SCSB-B-000476

Pulsatilla ambigua (Turczaninow ex Hayek) Juzepczuk **蒙古白头翁**

新疆：和静 邱爱军，张玲 LiZJ1827

Pulsatilla campanella Fischer ex Krylov **钟萼白头翁**

新疆：博乐 徐文斌，黄雪姣 SHI-2008020

新疆：塔什库尔干 邱娟，冯建菊 LiuJQ0083

Pulsatilla cernua (Thunberg) Berchtold & Presl **朝鲜白头翁**

黑龙江：尚志 郑宝江，潘磊 ZhengBJ101

吉林：抚松 林红梅 Yanglm0455

吉林：磐石 安海成 AnHC0282

Pulsatilla chinensis (Bunge) Regel **白头翁**

河北：井陉 牛玉璐，高彦飞 NiuYL591

湖北：竹溪 李盛兰 GanQL282

江苏：句容 吴宝成 HANGYY8011

山东：历下区 高德民，张颖颖，程丹丹等 lilan559

山东：芝罘区 卞福花，杨蕾蕾，谷胤征 BianFH-0081

陕西：眉县 董栓录 TianXH515

新疆：乌鲁木齐 王喜勇，马文宝，施翔 zdy224

Pulsatilla dahurica (Fischer ex de Candolle) Sprengel **兴安白头翁**

黑龙江：尚志 孙阎，杜景红 SunY139

吉林：磐石 安海成 AnHC013

Pulsatilla millefolium (Hemsley & E. H. Wilson) Ulbrich **西南白头翁 ***

四川：木里 王红，张书东，任宗昕 SCSB-W-338

云南：会泽 蔡杰，刘洋，李秋野 10CS1952

Pulsatilla patens subsp. **multifida** (Linnaeus) Miller **掌叶白头翁**

黑龙江：嫩江 王臣，张欣欣，史传奇 WangCh20

Pulsatilla turczaninovii Krylov & Sergievskaja **细叶白头翁**

黑龙江：嫩江 王臣，张欣欣，刘跃印等 WangCh304

Ranunculus brotherusii Freyn **鸟足毛茛**

甘肃：玛曲 齐威 LJQ-2008-GN-354

西藏：城关区 李晖，边巴，徐爱国 lihui-Q-09-81

Ranunculus cantoniensis de Candolle **禺毛茛**

安徽：肥东 陈延松，朱合军，姜九龙 Xuzd070

安徽：舒城 陈延松，欧祖兰，高秋晨等 Xuzd367

安徽：屯溪区 方建新 TangXS0107

贵州：开阳 肖恩婷 Yuanm015

湖南：古丈 张代贵 Zdg1215

江苏：南京 韦阳连 SCSB-JS0481

江西：庐山区 董安淼，吴丛梅 TanCM3013

四川：峨眉山 李小杰 LiXJ031

云南：龙陵 孙兴旭 SunXX134

云南：南涧 熊绍荣，张雄 NJWLS1216

云南：腾冲 周应再 Zhyz-250

云南：文山 何德明，曹世超，李永春 WSLJS587

云南：永德 李永亮 YDDXS0369

Ranunculus chinensis Bunge **茴茴蒜**

安徽：屯溪区 方建新 TangXS0825

河北：阜平 牛玉璐，王晓亮 NiuYL510

黑龙江：宁安 刘玫，王臣，张欣欣等 Liuetal661

黑龙江：尚志 郑宝江，潘磊 ZhengBJ102

湖北：仙桃 张代贵 Zdg1841

湖北：竹溪 李盛兰 GanQL926

吉林：磐石 安海成 AnHC090

吉林：镇赉 杨帆，马红媛，安丰华 SNA0159

江苏：句容 王兆银，吴宝成 SCSB-JS0112

内蒙古：和林格尔 蒲拴莲，李茂文 M036

山东：莱山区 卞福花，杨蕾蕾，谷胤征 BianFH-0094

山东：崂山区 罗艳，李中华 LuoY126

山东：崂山区 赵遵田 Zhaozt0266

山东：泰山区 张少华，王萍，张诏等 Lilan190

陕西：长安区 田先华，王梅荣，田陌 TianXH007

四川：米易 刘静，袁明 MY-105

四川：米易 袁明 MY-105B

云南：沧源 赵金超，肖美芳 CYNGH455

云南：勐腊 刀志灵，崔景云 DZL-142

云南：新平 何罡安 XPALSB410

云南：新平 李应富，郎定富，谢天华 XPALSA082

云南：新平 白绍斌 XPALSC344

云南：镇沅 罗成瑜，乔永华 ALSZY302

Ranunculus ficariifolius H. Léveillé & Vaniot **西南毛茛**

安徽：屯溪区 方建新 TangXS0738

四川：峨眉山 李小杰 LiXJ636

四川：红原 何兴金，高云东，刘海艳等 SCU-20080496

云南：景东 杨国平 07-58

云南：文山 何德明，张代明，罗家旺 WSLJS945

Ranunculus franchetii H. Boissieu **深山毛茛**

黑龙江：尚志 郑宝江，潘磊 ZhengBJ076

黑龙江：尚志 王臣，张欣欣，谢博勋等 WangCh342

吉林：磐石 安海成 AnHC0450

Ranunculus hirtellus Royle **基隆毛茛**

西藏：林芝 罗建，汪书丽 LiuJQ-08XZ-160

Ranunculus japonicus Thunberg **毛茛**

安徽：金寨 陈延松，欧祖兰，姜九龙 Xuzd188

安徽：屯溪区 方建新 TangXS0731

北京：东城区 王雷，朱雅娟，黄振英 Beijing-huang-bws-0050

北京：东城区 王雷，朱雅娟，黄振英 Beijing-huang-dls-0075

北京：海淀区 刘树君 SCSB-D-0022

北京：门头沟区 李燕军 SCSB-E-0018

北京：西城区 王雷，朱雅娟，黄振英 Beijing-huang-ss-0024

北京：西城区 王雷，朱雅娟，黄振英 Beijing-huang-yms-0034

河北：涿鹿 牛玉璐，高彦飞，赵二涛 NiuYL315

黑龙江：尚志 潘磊 ZhengBJ100

湖北：仙桃 李巨平 Lijuping0280

湖南：衡阳 刘克明，旷仁平 SCSB-HN-0695

湖南：会同 王成 SCSB-HN-1068

湖南：江永 姜孝成，唐贵华，潘孝武 SCSB-HNJ-0040

湖南：江永 刘克明，肖乐希，田淑珍 SCSB-HN-0049
湖南：津市 田淑珍 SCSB-HN-1577
湖南：浏阳 朱香清 SCSB-HN-1047
湖南：南岳区 刘克明，相银龙，周磊等 SCSB-HN-1382
湖南：南岳区 刘克明，相银龙，周磊等 SCSB-HN-1416
湖南：湘乡 朱香清，田淑珍 SCSB-HN-1436
湖南：宜章 刘克明，旷仁平，丛义艳 SCSB-HN-0712
湖南：永定区 吴福川，廖博儒 7046
湖南：沅江 李辉良 SCSB-HN-1024
湖南：长沙 刘克明，蔡秀珍，陈丰林 SCSB-HN-0688
吉林：抚松 刘翠晶 Yanglm0454
吉林：南关区 韩忠明 Yanglm0119
江苏：宜兴 吴宝成 HANGYY8016
江西：星子 董安淼，吴从梅 TanCM2512
陕西：眉县 田陌，王梅荣，董栓录 TianXH165
上海：闵行区 李宏庆 Lihq0189
四川：峨眉山 李小杰 LiXJ380
四川：峨眉山 李小杰 LiXJ634
四川：峨眉山 李小杰 LiXJ743A
云南：文山 税玉民，陈文红 71805

Ranunculus muricatus Linnaeus **刺果毛茛**

安徽：屯溪区 方建新 TangXS0109
江西：九江 谭策铭，易桂花 TanCM216
上海：普陀区 李宏庆，葛斌杰，刘国丽 Lihq0163

Ranunculus nephelogenes Edgeworth **云生毛茛**

西藏：噶尔 陈家辉，庄会富，边巴扎西 Yangyp-Q-2019
西藏：那曲 陈家辉，庄会富，刘德团 Yangyp-Q-0231
新疆：塔什库尔干 黄文娟，段黄金，王英鑫等 LiZJ0301

Ranunculus nephelogenes var. **geniculatus** (Handel-Mazzetti) W. T. Wang **曲升毛茛 ***

云南：香格里拉 张挺，郭永杰，张桥蓉 11CS3156

Ranunculus nephelogenes var. **longicaulis** (Trautvetter) W. T. Wang **长茎毛茛**

甘肃：玛曲 尹鑫，吴航，葛文静 LiuJQ-GN-2011-710
新疆：塔什库尔干 邱娟，冯建菊 LiuJQ0094

Ranunculus repens Linnaeus **匐枝毛茛**

吉林：磐石 安海成 AnHC036

Ranunculus sceleratus Linnaeus **石龙芮**

安徽：屯溪区 方建新 TangXS0201
黑龙江：北安 王臣，张欣欣，史传奇 WangCh200
湖北：竹溪 甘啟良 GanQL003
江苏：句容 吴宝成，王兆银 HANGYY8116
江苏：射阳 吴宝成 HANGYY8071
江西：黎川 童和平，王玉珍 TanCM2327
江西：庐山区 谭策铭，董安淼 TanCM250
山东：城阳区 罗艳，李中华 LuoY238
山东：芝罘区 卞福花，杨蕾蕾，谷胤征 BianFH-0084
上海：闵行区 李宏庆，葛斌杰，刘国丽 Lihq0150
四川：米易 袁明 MY274
四川：米易 袁明 MY309
云南：沧源 赵金超，杨红强 CYNGH454
云南：南涧 熊绍荣 NJWLS426
云南：思茅区 胡启和，周兵，赵强 YNS0836
云南：腾冲 周应再 Zhyz-202
云南：腾冲 余新林，赵玮 BSGLGStc199
云南：新平 白绍斌 XPALSC352
云南：永德 李永亮 LiYL1498

Ranunculus sieboldii Miquel **扬子毛茛**

安徽：屯溪区 方建新 TangXS0108
安徽：屯溪区 方建新 TangXS0110
湖北：宣恩 许玥，祝文志，刘志祥等 ShenZH7816
湖北：竹溪 甘啟良 GanQL004
湖北：竹溪 李盛兰 GanQL702
湖南：永定区 吴福川，廖博儒，查学州 7055
江苏：句容 吴宝成，王兆银 HANGYY8239
江苏：宜兴 吴宝成 HANGYY8015
江西：庐山区 董安淼，吴从梅 TanCM1550
四川：峨眉山 李小杰 LiXJ344
四川：乐至 邓兴敏，邓秀发，张昌兵 ZCB0453
四川：射洪 袁明 YUANM2015L116
云南：巧家 杨光明 SCSB-W-1130
云南：新平 张云德，李俊友 XPALSC120
云南：永德 李永亮 YDDXS1107
云南：永德 李永亮 YDDXS1197

Ranunculus silerifolius H. Léveillé **钩柱毛茛**

云南：麻栗坡 税玉民，陈文红 72101
云南：腾冲 余新林，赵玮 BSGLGStc330
云南：西畴 税玉民，陈文红 82298

Ranunculus tanguticus (Maximowicz) Ovczinnikov **高原毛茛**

甘肃：合作 尹鑫，吴航，葛文静 LiuJQ-GN-2011-192
甘肃：玛曲 李晓东，刘帆，张景博等 LiJ0035
甘肃：玛曲 尹鑫，吴航，葛文静 LiuJQ-GN-2011-203
甘肃：卓尼 齐威 LJQ-2008-GN-348
江西：庐山区 董安淼，吴从梅 TanCM1506
青海：门源 吴玉虎，刘建全 LJQ-QLS-2008-0032
青海：玉树 许炳强，周伟，郑朝汉 Xianh0135
四川：稻城 何兴金，廖晨阳，任海燕等 SCU-09-437
四川：峨眉山 李小杰 LiXJ458
四川：甘孜 张挺，李爱花，刘成等 08CS831
四川：红原 何兴金，冯图，廖晨阳等 SCU-080334
四川：理塘 何兴金，李琴琴，马祥光等 SCU-09-127
四川：雅江 何兴金，胡灏禹，陈德友等 SCU-09-311
西藏：工布江达 卢洋，刘帆等 LiJ876
西藏：江达 陈家辉，王赟，刘德团 YangYP-Q-3080
西藏：类乌齐 陈家辉，王赟，刘德团 YangYP-Q-3195
云南：德钦 杨青松，杨莹，黄永江等 ZhouZK-07ZX-0099
云南：德钦 杨青松，星耀武，苏涛 ZhouZK-07ZX-0420

Ranunculus tanguticus var. **dasycarpus** (Maximowicz) L. Liou **毛果高原毛茛 ***

青海：玉树 许炳强，周伟，郑朝汉 Xianh0153
云南：德钦 张书东，林娜娜，郁文彬等 SCSB-W-010
云南：香格里拉 蔡杰，张挺，刘成等 11CS3262

Ranunculus ternatus Thunberg **猫爪草**

安徽：屯溪区 方建新 TangXS0708
江苏：句容 吴宝成，王兆银 HANGYY8134
四川：稻城 何兴金，高云东，王志新等 SCU-09-274
四川：马尔康 何兴金，王月，胡灏禹等 SCU-08101

Ranunculus trigonus Handel-Mazzetti **棱喙毛茛 ***

云南：景东 杨国平 07-64
云南：景东 鲁艳 200834
云南：普洱 胡启和，仇亚，周英等 YNS0709
云南：普洱 叶金科 YNS0099
云南：腾冲 余新林，赵玮 BSGLGStc363
云南：腾冲 周应再 Zhyz-205
云南：盈江 王立彦，李荣佳 SCSB-TBG-221

Semiaquilegia adoxoides (de Candolle) Makino **天葵**

安徽：屯溪区 方建新 TangXS0194
重庆：南川区 易思荣，谭秋平，张挺 YISR128
贵州：花溪区 邹方伦 ZouFL0094
湖北：竹溪 李盛兰 GanQL242
湖南：鹤城区 伍贤进，李胜华，曾汉元等 HHXY003
湖南：鹤城区 伍贤进，李胜华，曾汉元等 HHXY007
湖南：鹤城区 李胜华，伍贤进，曾汉元等 HHXY011
湖南：永定区 吴福川，查学州，余祥洪 7035
湖南：岳麓区 刘克明，蔡秀珍 SCSB-HN-0004
江苏：句容 王兆银，吴宝成 SCSB-JS0073
江西：黎川 童和平，王玉珍，常迪江等 TanCM1956
江西：庐山区 董安淼，吴从梅 TanCM1502
江西：湾里区 杜小浪，慕泽泾，曹岚 DXL091
陕西：镇坪 田陌 TianXH751
浙江：临安 李宏庆，葛斌杰，刘国丽等 Lihq0149

Souliea vaginata (Maximowicz) Franchet **黄三七**

四川：巴塘 张大才，尹五元，李双智等 ZhangDC-07ZX-2259
四川：九寨沟 张挺，李爱花，刘成等 08CS878
西藏：察隅 张挺，蔡杰，袁明 09CS1570
云南：德钦 杨亲二，孔航辉，李磊 Yangqe3251
云南：东川区 蔡杰，郭永杰，吴之坤等 11CS2980
云南：巧家 杨光明 SCSB-W-1276
云南：香格里拉 郭永杰，张桥蓉，李春晓等 11CS3421
云南：香格里拉 杨亲二，孔航辉，李磊 Yangqe3068
云南：香格里拉 杨亲二，袁琼 Yangqe2178

Thalictrum alpinum Linnaeus **高山唐松草**

甘肃：玛曲 齐威 LJQ-2008-GN-357
甘肃：卓尼 尹鑫，吴航，葛文静 LiuJQ-GN-2011-204
西藏：阿里 陈家辉，庄会富，边巴扎西 Yangyp-Q-2037

Thalictrum alpinum var. **elatum** Ulbrich **直梗高山唐松草**

青海：门源 吴玉虎 LJQ-QLS-2008-0076
青海：门源 吴玉虎，刘建全 LJQ-QLS-2008-0017

Thalictrum aquilegiifolium var. **sibiricum** Linnaeus **唐松草**

河北：平山 牛玉璐，郑博颖，黄士良等 NiuYL079
黑龙江：北安 郑宝江，潘磊 ZhengBJ034
黑龙江：带岭区 孙阎，吕军 SunY342
黑龙江：依兰 刘玫，张欣欣，程薪宇等 Liuetal397
吉林：临江 李长田 Yanglm0012
青海：同德 田斌，姬明飞 Liujq-2010-QH-031
山东：崂山区 高德民，吴燕秋 Lilan926
山东：崂山区 罗艳，李中华 LuoY125
山东：崂山区 赵遵田，郑国伟，王海英等 Zhaozt0181
山东：牟平区 卞福花，杨蕾蕾，谷胤征 BianFH-0080
四川：得荣 杨青松，杨莹，黄永江等 ZhouZK-07ZX-0185
四川：米易 刘静，袁明 MY-157
新疆：乌鲁木齐 王喜勇，马文宝，施翔 zdy229
新疆：乌鲁木齐 王喜勇，马文宝，施翔 zdy249
云南：迪庆 张书东，林娜娜，郁文彬等 SCSB-W-038

Thalictrum atriplex Finet & Gagnepain **狭序唐松草** *

四川：白玉 孙航，张建文，邓涛等 SunH-07ZX-3706
四川：得荣 张大才，李双智，杨川 ZhangDC-07ZX-1933
四川：理塘 孔航辉，罗江平，左雷等 YangQE3508
四川：马尔康 何兴金，高云东，刘海艳等 SCU-20080473
西藏：昌都 张挺，李爱花，刘成等 08CS748
西藏：林芝 罗建，汪书丽 LiuJQ-09XZ-261
西藏：芒康 张挺，李爱花，刘成等 08CS655
西藏：芒康 张大才，罗康，梁群等 ZhangDC-07ZX-1298
云南：香格里拉 孔航辉，李磊 Yangqe3023
云南：香格里拉 张挺，郭永杰，张桥蓉等 11CS3303
云南：香格里拉 张挺，亚吉东，李明勤等 11CS3325
云南：香格里拉 杨亲二，袁琼 Yangqe1821

Thalictrum baicalense Turczaninow **贝加尔唐松草**

甘肃：迭部 齐威 LJQ-2008-GN-371
甘肃：卓尼 尹鑫，吴航，葛文静 LiuJQ-GN-2011-200
青海：互助 薛春迎 Xuechy0137
青海：平安 陈世龙，高庆波，张发起等 Chensl1750
山西：沁水 张贵平，廉凯敏，吴琼等 Zhangf0019
陕西：宁陕 吴礼慧，田先华 TianXH548

Thalictrum cirrhosum H. Léveillé **星毛唐松草** *

云南：鹤庆 陈文允，于文涛，黄永江等 CYHL246

Thalictrum cultratum Wallich **高原唐松草**

四川：丹巴 余岩，周春景，秦汉涛 SCU-11-064
四川：德格 苏涛，黄永江，杨青松等 ZhouZK11209
四川：甘孜 孙航，张建文，董金龙等 SunH-07ZX-3958
四川：康定 孔航辉，罗江平，左雷等 YangQE3478
四川：雅江 何兴金，郜鹏，彭禄等 SCU-11-376
西藏：八宿 徐波，陈光富，陈林杨等 SunH-07ZX-2026
西藏：芒康 孙航，张建文，邓涛等 SunH-07ZX-3381
西藏：芒康 张大才，李双智，罗康等 ZhangDC-07ZX-1268
西藏：芒康 张永洪，王晓雄，周卓等 SunH-07ZX-0433
西藏：左贡 徐波，陈光富，陈林杨等 SunH-07ZX-0833
云南：香格里拉 杨亲二，孔航辉 Yangqe3007

Thalictrum delavayi Franchet **偏翅唐松草** *

四川：壤塘 何兴金，马祥光，郜鹏 SCU-10-216
西藏：察隅 张挺，蔡杰，袁明 09CS1566
西藏：察隅 马永鹏 ZhangCQ-0093
西藏：芒康 徐波，陈光富，陈林杨等 SunH-07ZX-0279
西藏：芒康 张大才，李双智，罗康等 ZhangDC-07ZX-1287
云南：大理 张德全，王应龙，文青华等 ZDQ101
云南：东川区 蔡杰，郭永杰，吴之坤等 11CS2992
云南：洱源 李爱花，雷立公，徐远杰等 SCSB-A-000133
云南：景东 刘长铭，李先耀，罗尧等 JDNR11073
云南：巧家 任宗昕，董莉娜，黄盼辉 SCSB-W-280
云南：巧家 张天壁 SCSB-W-802
云南：西山区 张挺，方伟，李爱花等 SCSB-A-000046
云南：香格里拉 郭永杰，张桥蓉，李春晓等 11CS3440
云南：香格里拉 李晓东，张紫刚，操榆 LiJ616
云南：香格里拉 杨亲二，袁琼 Yangqe1819
云南：玉龙 李云龙，鲁仪增，和荣华等 15PX101
云南：玉龙 孙航，李新辉，陈林杨 SunH-07ZX-3231
云南：玉龙 张大才，李双智，杨川 ZhangDC-07ZX-2044

Thalictrum diffusiflorum C. Marquand & Airy Shaw **堇花唐松草** *

西藏：浪卡子 陈家辉，韩希，王广艳等 YangYP-Q-4181
西藏：林芝 罗建，汪书丽 LiuJQ-08XZ-183
西藏：林芝 罗建，汪书丽 LiuJQ-09XZ-253

Thalictrum elegans Wallich ex Royle **小叶唐松草**

云南：德钦 杨亲二，袁琼 Yangqe2518

Thalictrum faberi Ulbrich **大叶唐松草** *

江西：庐山区 董安淼，吴从梅 TanCM1600

Thalictrum fargesii Franchet ex Finet & Gagnepain **西南唐松草** *

四川：稻城 何兴金，高云东，王志新等 SCU-09-265
四川：康定 何兴金，高云东，刘海艳等 SCU-20080401
云南：景东 鲁艳 07-130

Thalictrum finetii B. Boivin **滇川唐松草** *

四川：白玉 孙航，张建文，邓涛等 SunH-07ZX-3705

四川：理塘 孔航辉，罗江平，左雷等 YangQE3500
四川：理塘 苏涛，黄永江，杨青松等 ZhouZK11166
四川：理塘 何兴金，马祥光，张云香等 SCU-11-233
四川：乡城 陈家辉，刘亚辉，周妍等 YangYP-Q-2221
四川：新龙 陈家辉，王赟，刘德团 YangYP-Q-3006
西藏：昌都 陈家辉，王赟，刘德团 YangYP-Q-3138
西藏：江达 陈家辉，王赟，刘德团 YangYP-Q-3094
云南：香格里拉 陈家辉，刘亚辉，周妍等 YangYP-Q-2189
云南：香格里拉 陈家辉，刘亚辉，周妍等 YangYP-Q-2212
云南：香格里拉 李晓东，张紫刚，操榆 LiJ651
云南：香格里拉 杨亲二，袁琼 Yangqe1820
云南：永德 李永亮 YDDXS0673
云南：镇沅 王立东，何忠云，罗成瑜 ALSZY194

Thalictrum flavum Linnaeus **黄唐松草**

新疆：布尔津 谭敦炎，邱娟 TanDY0461
新疆：和静 张挺，杨赵平，焦培培等 LiZJ0505
新疆：吉木萨尔 谭敦炎，吉乃提 TanDY0581
新疆：塔城 谭敦炎，吉乃提 TanDY0638
新疆：温宿 杨赵平，周禧琳，贺冰 LiZJ1920
新疆：乌鲁木齐 谭敦炎，吉乃提 TanDY0526
新疆：乌鲁木齐 谭敦炎，艾沙江 TanDY0550
新疆：乌恰 塔里木大学植物资源调查组 TD-00699
新疆：乌什 塔里木大学植物资源调查组 TD-00886

Thalictrum foeniculaceum Bunge **丝叶唐松草** *

河北：平山 牛玉璐，高彦飞，黄士良 NiuYL145

Thalictrum foetidum Linnaeus **腺毛唐松草**

黑龙江：宁安 刘玫，王臣，张欣欣等 Liuetal745
青海：都兰 潘建斌，杜维波，牛炳韬 Liujq-2011CDM-224
青海：互助 薛春迎 Xuechy0078
青海：囊谦 许炳强，周伟，郑朝汉 Xianh0109
山西：交城 焦磊，张海博，廉凯敏 Zhangf0196
西藏：丁青 陈家辉，王赟，刘德团 YangYP-Q-3201
西藏：加查 张晓纬，汪书丽，罗建 LiuJQ-09XZ-LZT-011
西藏：朗县 罗建，汪书丽 L138
西藏：芒康 张挺，李爱花，刘成等 08CS665
新疆：和静 杨赵平，焦培培，白冠章等 LiZJ0700
新疆：玛纳斯 亚吉东，张桥蓉，秦少发等 16CS13227
新疆：新源 亚吉东，张桥蓉，秦少发等 16CS13389

Thalictrum foliolosum de Candolle **多叶唐松草**

西藏：芒康 徐波，陈光富，陈林杨等 SunH-07ZX-0235
云南：龙陵 孙兴旭 SunXX031
云南：隆阳区 段在贤，代如山，黄国兵等 BSGLGSly1265
云南：蒙自 田学军，邱成书，高波 TianXJ0176
云南：南涧 李成清，沈文明，徐如标 NJWLS486
云南：南涧 阿国仁 NJWLS1118
云南：新平 刘家良 XPALSD251
云南：新平 何罡安 XPALSB115
云南：元阳 亚吉东，黄莉，何华杰 15CS11435

Thalictrum fortunei S. Moore **华东唐松草** *

江苏：句容 王兆银，吴宝成 SCSB-JS0078
江西：庐山区 董安淼，吴丛梅 TanCM2528
云南：腾冲 余新林，赵玮 BSGLGStc108

Thalictrum javanicum Blume **爪哇唐松草**

湖南：保靖 陈功锡，张代贵，邓涛等 SCSB-HC-2007316
湖南：石门 陈功锡，张代贵，邓涛等 SCSB-HC-2007447
湖南：永顺 陈功锡，张代贵 SCSB-HC-2008250
四川：凉山 聂泽龙，孟盈，邓涛 SunH-07ZX-2863
四川：普格 苏涛，黄永江，杨青松等 ZhouZK11047
四川：新龙 陈文允，于文涛，黄永江 CYH068
西藏：昌都 苏涛，黄永江，杨青松等 ZhouZK11267
云南：昌宁 赵玮 BSGLGSly097
云南：德钦 杨青松，杨莹，黄永江等 ZhouZK-07ZX-0113
云南：贡山 许炳强，吴兴，李婧等 XiaNh-07zx-104
云南：禄劝 胡光万 HGW-00338
云南：南涧 熊绍荣 NJWLS702
云南：南涧 熊绍荣 NJWLS2008099
云南：南涧 李名生，苏世忠 NJWLS2008202
云南：巧家 李文虎，高顺勇，吴天抗等 QJYS0034
云南：巧家 杨光明 SCSB-W-1297
云南：巧家 王红 SCSB-W-206
云南：巧家 张天壁 SCSB-W-801
云南：巧家 郁文彬，任宗昕，艾洪莲等 SCSB-W-1047
云南：香格里拉 杨亲二，孔航辉 Yangqe3010
云南：香格里拉 杨亲二，袁琼 Yangqe1822
云南：香格里拉 张挺，亚吉东，李明勤等 11CS3352
云南：香格里拉 张挺，亚吉东，李明勤等 11CS3353
云南：永德 李永亮 YDDXS0270
云南：玉龙 张挺，郭起荣，黄兰兰等 15PX204

Thalictrum laxum Ulbrich **疏序唐松草** *

湖北：宣恩 祝文志，刘志祥，曹远俊 ShenZH0009

Thalictrum leuconotum Franchet **白茎唐松草** *

四川：松潘 何兴金，张云香，王志新 SCU-10-521

Thalictrum macrorhynchum Franchet **长喙唐松草** *

湖北：仙桃 张代贵 Zdg1749

Thalictrum microgynum Lecoyer ex Oliver **小果唐松草**

湖北：神农架林区 李巨平 LiJuPing0169
四川：理塘 李晓东，张景博，徐凌翔等 LiJ343

Thalictrum minus Linnaeus **亚欧唐松草**

甘肃：卓尼 尹鑫，吴航，葛文静 LiuJQ-GN-2011-196
河南：栾川 黄振英，于顺利，杨学军 Huangzy0031
河南：嵩县 黄振英，于顺利，杨学军 Huangzy0122
内蒙古：锡林浩特 张红香 ZhangHX140
西藏：左贡 张永洪，王晓雄，周卓等 SunH-07ZX-1085
新疆：和静 杨赵平，焦培培，白冠章等 LiZJ0685
新疆：和静 杨赵平，焦培培，白冠章等 LiZJ0717
新疆：霍城 马真，贺晓欢，徐文斌等 SHI-A2007054
新疆：乌鲁木齐 段士民，王喜勇，刘会良 Zhangdy239

Thalictrum minus var. **hypoleucum** (Siebold & Zuccarini) Miquel **东亚唐松草**

甘肃：临潭 齐威 LJQ-2008-GN-373
湖北：神农架林区 李巨平 LiJuPing0020
内蒙古：武川 蒲拴莲，刘润宽，刘毅等 M233
山东：崂山区 罗艳，李中华，邓建平 LuoY123
山东：历城区 樊守金，郑国伟，李铭等 Zhaozt0057
山东：牟平区 卞福花 BianFH-0245
山西：翼城 连俊强，张丽，尉伯瀚等 Zhangf0018

Thalictrum petaloideum Linnaeus **瓣蕊唐松草**

河北：元氏 牛玉璐，郑博颖，黄士良等 NiuYL042
内蒙古：锡林浩特 张红香 ZhangHX046
山东：崂山区 罗艳，李中华，邓建平 LuoY112
山西：翼城 焦磊 Zhangf0122
四川：九龙 孙航，张建文，邓涛等 SunH-07ZX-3772
四川：松潘 齐威 LJQ-2008-GN-362

Thalictrum petaloideum var. **supradecompositum** (Nakai) Kitagawa **狭裂瓣蕊唐松草** *

黑龙江：让胡路区 孙阎，吕军，张兰兰 SunY304

Thalictrum przewalskii Maximowicz 长柄唐松草 *
北京：房山区 宋松泉 BJ030
甘肃：合作 郭淑青，杜品 LiuJQ-2012-GN-174
甘肃：夏河 齐威 LJQ-2008-GN-374
河南：鲁山 宋松泉 HN051
河南：鲁山 宋松泉 HN103
河南：鲁山 宋松泉 HN152
河南：栾川 邓志军，付婷婷，水庆艳 Huangzy0078
河南：南召 何明高，付婷婷，水庆艳 Huangzy0219
河南：嵩县 何明高，付婷婷，水庆艳 Huangzy0155
青海：互助 薛春迎 Xuechy0200
青海：门源 陈世龙，高庆波，张发起等 Chensl1687
青海：平安 薛春迎 Xuechy0052
青海：平安 陈世龙，高庆波，张发起等 Chensl1745
青海：玉树 许炳强，周伟，郑朝汉 Xianh0332
四川：理塘 李晓东，张景博，徐凌翔等 LiJ346
四川：若尔盖 尹鑫，吴航，葛文静 LiuJQ-GN-2011-214

Thalictrum ramosum B. Boivin 多枝唐松草 *
四川：峨眉山 李小杰 LiXJ381
云南：文山 何德明 WSLJS534

Thalictrum reniforme Wallich 美丽唐松草
西藏：错那 罗建，汪书丽 LiuJQ11XZ156

Thalictrum reticulatum Franchet 网脉唐松草 *
云南：云龙 李施文，张志云 TC3044

Thalictrum robustum Maximowicz 粗壮唐松草 *
湖北：仙桃 李巨平 Lijuping0307
湖北：竹溪 李盛兰 GanQL762

Thalictrum rostellatum J. D. Hooker & Thomson 小喙唐松草
西藏：察隅 张挺，蔡杰，袁明 09CS1614
西藏：察隅 张挺，蔡杰，袁明 09CS1615
西藏：吉隆 张晓纬，汪书丽，罗建 LiuJQ-09XZ-LZT-074
西藏：左贡 苏涛，黄永江，杨青松等 ZhouZK11315

Thalictrum rutifolium J. D. Hooker & Thomson 芸香叶唐松草
甘肃：碌曲 李晓东，刘帆，张景博等 LiJ0166
甘肃：玛曲 尹鑫，吴航，葛文静 LiuJQ-GN-2011-202
甘肃：玛曲 齐威 LJQ-2008-GN-359
青海：门源 吴玉虎 LJQ-QLS-2008-0151
青海：玉树 许炳强，周伟，郑朝汉 Xianh0336
四川：甘孜 陈文允，于文涛，黄永江 CYH100
四川：甘孜 陈文允，于文涛，黄永江 CYH112
西藏：聂拉木 陈家辉，韩希，王广艳等 YangYP-Q-4317
西藏：聂荣 陈家辉，庄会富，边巴扎西 Yangyp-Q-2098

Thalictrum saniculiforme de Candolle 叉枝唐松草
云南：贡山 许炳强，吴兴，李婧等 XiaNh-07zx-100
云南：南涧 彭华，向春雷，陈丽 P.H. 5905

Thalictrum scabrifolium Franchet 糙叶唐松草 *
云南：景东 彭华，陈丽 P.H. 5391
云南：香格里拉 陈文允，于文涛，黄永江等 CYHL222

Thalictrum simaoense W. T. Wang & G. Zhu 思茅唐松草 *
云南：普洱 谭运洪，余涛 B430
云南：镇沅 罗成瑜 ALSZY102
云南：镇沅 叶金科 YNS0409

Thalictrum simplex Linnaeus 箭头唐松草
黑龙江：五大连池 孙阎，赵立波 SunY001
吉林：大安 杨帆，马红媛，安丰华 SNA0532
吉林：长岭 张红香 ZhangHX175
内蒙古：武川 蒲拴莲，刘润宽，刘毅等 M248
内蒙古：锡林浩特 张红香 ZhangHX088
新疆：博乐 马真 SHI-A2007114
新疆：博乐 徐文斌，王莹 SHI-2008015
新疆：玛纳斯 马真 SHI2006285
新疆：尼勒克 贺晓欢，徐文斌，刘鸯等 SHI-A2007378
新疆：尼勒克 徐文斌，刘鸯，马真等 SHI-A2007415
新疆：尼勒克 刘鸯，马真，贺晓欢等 SHI-A2007473

Thalictrum simplex var. **brevipes** H. Hara 短梗箭头唐松草
吉林：磐石 安海成 AnHC0162

Thalictrum simplex var. **glandulosum** W. T. Wang 腺毛箭头唐松草 *
黑龙江：肇东 刘玫，张欣欣，程薪宇等 Liuetal479

Thalictrum smithii B. Boivin 鞭柱唐松草 *
四川：壤塘 何兴金，胡灏禹，黄德青 SCU-10-121

Thalictrum squamiferum Lecoyer 石砾唐松草
四川：康定 许炳强，童毅华，吴兴等 XiaNH-07ZX-1063
西藏：昌都 易思荣，谭秋平 YISR224

Thalictrum squarrosum Stephen ex Willdenow 展枝唐松草
河北：平山 牛玉璐，郑博颖，黄士良等 NiuYL100
黑龙江：阿城 孙阎，吕军，张兰兰 SunY359
黑龙江：让胡路区 刘玫，王臣，张欣欣等 Liuetal793
吉林：临江 李长田 Yanglm0022
吉林：磐石 安海成 AnHC0168
辽宁：桓仁 祝业平 CaoW1022
辽宁：清原 张永刚 Yanglm0157
内蒙古：克什克腾旗 刘润宽，李茂文，李昌亮 M123

Thalictrum tenue Franchet 细唐松草 *
宁夏：盐池 左忠，刘华 ZuoZh227

Thalictrum uncatum Maximowicz 钩柱唐松草 *
甘肃：合作 郭淑青，杜品 LiuJQ-2012-GN-169
湖北：竹溪 李盛兰 GanQL696
四川：巴塘 张大才，尹五元，李双智等 ZhangDC-07ZX-2231
四川：巴塘 陈文允，于文涛，黄永江 CYH036
四川：德格 张挺，李爱花，刘成等 08CS795
四川：康定 张昌兵，向丽 ZhangCB0162
四川：康定 彭玉兰，涂卫国，余春丽 Gaoxf-0722
四川：理塘 苏涛，黄永江，杨青松等 ZhouZK11165
四川：理塘 何兴金，赵丽华，梁乾隆等 SCU-11-166
西藏：昌都 许炳强，周伟，郑朝汉 Xianh0177
西藏：工布江达 卢洋，刘帆等 LiJ873
西藏：芒康 张大才，罗康，梁群等 ZhangDC-07ZX-1297
西藏：芒康 孙航，张建文，邓涛等 SunH-07ZX-3371
西藏：索县 汪书丽，王志强，邹嘉宾 Liujq-Txm10-128
云南：宁蒗 苏涛，黄永江，杨青松等 ZhouZK11427
云南：香格里拉 杨亲二，孔航辉，李磊 Yangqe3262
云南：香格里拉 杨亲二，袁琼 Yangqe1818

Thalictrum uncinulatum Franchet ex Lecoyer 弯柱唐松草 *
四川：壤塘 何兴金，马祥光，郜鹏 SCU-10-222

Thalictrum virgatum J. D. Hooker & Thomson 帚枝唐松草
云南：沧源 赵金超，陈海兵，田立新 CYNGH029
云南：南涧 袁玉川，徐家武，刘云等 NJWLS2008349
云南：腾冲 周应再 Zhyz-162
云南：香格里拉 张挺，亚吉东，张桥蓉等 11CS3557

Thalictrum yunnanense var. **austroyunnanense** Y. Y. Qian 滇南唐松草 *
云南：德钦 于文涛，李国锋 WTYu-412
云南：香格里拉 周浙昆，苏涛，杨莹等 Zhou09-036

Trollius buddae Schipczinsky 川陕金莲花 *
陕西：宁陕 田先华，陈振宁 TianXH027

Trollius chinensis Bunge 金莲花 *
甘肃：卓尼 齐威 LJQ-2008-GN-353
河北：涿鹿 牛玉璐，高彦飞，赵二涛 NiuYL342
黑龙江：爱辉区 刘玫，王臣，张欣欣等 Liuetal697
四川：白玉 李晓东，张景博，徐凌翔等 LiJ438
云南：香格里拉 杨青松，杨莹，黄永江等 ZhouZK-07ZX-0201
云南：香格里拉 杨青松，杨莹，黄永江等 ZhouZK-07ZX-0222
Trollius dschungaricus Regel 准噶尔金莲花
新疆：和静 邱爱军，张玲，马帅 LiZJ1733
新疆：和静 杨赵平，焦培培，白冠章等 LiZJ0526
新疆：昭苏 亚吉东，张桥蓉，秦少发等 16CS13552
Trollius farreri Stapf 矮金莲花 *
甘肃：合作 郭淑青，杜品 LiuJQ-2012-GN-176
甘肃：合作 尹鑫，吴航，葛文静 LiuJQ-GN-2011-7xy
甘肃：碌曲 李晓东，刘帆，张景博等 LiJ0085
甘肃：玛曲 尹鑫，吴航，葛文静 LiuJQ-GN-2011-205
四川：巴塘 孙航，张建文，董金龙等 SunH-07ZX-3633
四川：白玉 孙航，张建文，邓涛等 SunH-07ZX-3751
四川：稻城 孔航辉，罗江平，左雷等 YangQE3542
四川：稻城 李晓东，张景博，徐凌翔等 LiJ389
四川：稻城 孙航，张建文，邓涛等 SunH-07ZX-3345
四川：稻城 孙航，张建文，董金龙等 SunH-07ZX-3559
四川：甘孜 孙航，张建文，董金龙等 SunH-07ZX-3954
四川：马尔康 顾垒，张羽 GAOXF-10ZX-1920
Trollius macropetalus (Regel) F. Schmidt 长瓣金莲花
吉林：磐石 安海成 AnHC0149
Trollius pumilus var. **tanguticus** Bruhl 青藏金莲花 *
青海：门源 吴玉虎 LJQ-QLS-2008-0198
四川：马尔康 何兴金，冯图，廖晨阳等 SCU-080311
四川：马尔康 何兴金，冯图，廖晨阳等 SCU-080354
云南：东川区 蔡杰，郭永杰，吴之坤等 11CS2976
Trollius ranunculoides Hemsley 毛茛状金莲花 *
青海：囊谦 许炳强，周伟，郑朝汉 Xianh0045
四川：稻城 张大才，尹五元，李双智等 ZhangDC-07ZX-2142
四川：稻城 何兴金，王长宝，刘爽等 SCU-09-026
四川：稻城 何兴金，廖晨阳，任海燕等 SCU-09-445
四川：红原 张昌兵，邓秀华 ZhangCB0241
四川：理塘 何兴金，赵丽华，梁乾隆等 SCU-11-197
四川：理塘 何兴金，马祥光，张云香等 SCU-11-250
四川：雅江 何兴金，高云东，王志新等 SCU-09-223
西藏：察雅 张挺，李爱花，刘成等 08CS741
西藏：察隅 张挺，蔡杰，袁明 09CS1536
西藏：昌都 苏涛，黄永江，杨青松等 ZhouZK11279
西藏：昌都 易思荣，谭秋平 YISR258
西藏：芒康 张挺，蔡杰，刘恩德等 SCSB-B-000464
西藏：芒康 徐波，陈光富，陈林杨等 SunH-07ZX-0232
西藏：左贡 张大才，罗康，梁群等 ZhangDC-07ZX-1343
西藏：左贡 张永洪，李国栋，王晓雄 SunH-07ZX-1785
云南：香格里拉 蔡杰，张挺，刘成等 11CS3269
云南：香格里拉 郭永杰，张桥蓉，李春晓等 11CS3518
云南：香格里拉 杨亲二，孔航辉，李磊 Yangqe3149
云南：香格里拉 杨亲二，袁琼 Yangqe1832
云南：香格里拉 杨青松，星耀武，苏涛 ZhouZK-07ZX-0350
云南：永德 李永亮 YDDXS0749
Trollius yunnanensis (Franchet) Ulbrich 云南金莲花 *
四川：康定 彭玉兰，涂卫国 Gaoxf-0977
四川：乡城 周浙昆，苏涛，杨莹等 Zhou09-213
四川：小金 何兴金，王月，胡灏禹 SCU-08163
四川：小金 何兴金，李琴琴，王长宝等 SCU-08050
四川：雅江 何兴金，胡灏禹，陈德友等 SCU-09-317
云南：巧家 杨光明 SCSB-W-1213
云南：巧家 李文虎，吴天抗，高顺勇等 QJYS0137
云南：巧家 王红，周伟，任宗昕等 SCSB-W-262
云南：香格里拉 郭永杰，张桥蓉，李春晓等 11CS3441
云南：香格里拉 杨青松，星耀武，苏涛 ZhouZK-07ZX-0385
云南：香格里拉 李晓东，张紫刚，操榆 LiJ666
云南：香格里拉 张挺，亚吉东，李明勤等 11CS3356
云南：永德 李永亮 YDDXS0751
云南：云龙 张志云，段耀飞，杨桂天 TC3078
Urophysa rockii Ulbrich 距瓣尾囊草 *
四川：江油 亚吉东，胡枭剑 15CS11066

Resedaceae 木犀草科

木犀草科	世界	中国	种质库
属 / 种（种下等级）/ 份数	～6/80	2/4	1/1/1

Oligomeris linifolia (Vahl) Macbride 川犀草
四川：得荣 郭永杰，亚吉东，苏勇 14CS9409

Restionaceae 帚灯草科

帚灯草科	世界	中国	种质库
属 / 种（种下等级）/ 份数	55/～500	1/1	1/1/1

Dapsilanthus disjunctus (Masters) B. G. Briggs & L. A. S. Johnson 薄果草
广西：防城港 许为斌，黄俞淞，梁永延等 Liuyan0241

Rhamnaceae 鼠李科

鼠李科	世界	中国	种质库
属 / 种（种下等级）/ 份数	58/1000	13/137	10/73(84)/351

Berchemia brachycarpa C. Y. Wu ex Y. L. Chen & P. K. Chou 短果勾儿茶 *
云南：永德 李永亮 YDDXSB262
Berchemia flavescens (Wallich) Brongniart 黄背勾儿茶
湖北：仙桃 张代贵 Zdg2030
Berchemia floribunda (Wallich) Brongniart 多花勾儿茶
安徽：屯溪区 方建新 TangXS0852
广西：全州 蒋日红，杨金财，莫水松 Liuyan1056
贵州：施秉 张代贵 Zdg2134
湖北：宣恩 许玥，祝文志，刘志祥等 ShenZH4866
湖北：竹溪 李盛兰 GanQL283
湖南：新宁 姜孝成，唐贵华，袁双艳等 SCSB-HNJ-0280
湖南：宜章 刘克明，旷仁平 SCSB-HN-0711
江西：龙南 梁跃龙，赖海全，赖曰旺 LiangYL122
江西：庐山区 董安淼，吴丛梅 TanCM3009
四川：乐至 邓兴敏，邓秀发，张昌兵 ZCB0486
云南：景东 鲁艳 200855
云南：隆阳区 段在贤，杨宝柱，蔡之洪 BSGLGS1y1012
云南：宁蒗 任宗昕，周伟，何俊等 SCSB-W-935
云南：巧家 杨光明 SCSB-W-1138

云南：巧家 杨光明 SCSB-W-1140
云南：腾冲 周应再 Zhyz-235
云南：腾冲 余新林，赵玮 BSGLGStc003
云南：盈江 王立彦，左常盛，何维海 SCSB-TBG-008

Berchemia floribunda var. **oblongifolia** Y. L. Chen & P. K. Chou 矩叶勾儿茶 *
江西：黎川 童和平，王玉珍，常迪江等 TanCM1962

Berchemia hirtella H. T. Tsai & K. M. Feng 大果勾儿茶 *
云南：普洱 谭运洪，余涛 B219

Berchemia huana Rehder 大叶勾儿茶 *
江西：庐山区 董安淼，吴丛梅 TanCM3022

Berchemia kulingensis C. K. Schneider 牯岭勾儿茶 *
江西：修水 缪以清 TanCM602

Berchemia omeiensis Feng ex Y. L. Chen & P. K. Chou 峨眉勾儿茶 *
四川：峨眉山 李小杰 LiXJ616

Berchemia polyphylla var. **leioclada** (Handel-Mazzetti) Handel-Mazzetti 光枝勾儿茶 *
湖南：永定区 廖博儒，吴福川，查学州等 7020
湖南：永顺 陈功锡，张代贵 SCSB-HC-2008229
四川：峨眉山 李小杰 LiXJ779

Berchemia polyphylla Wallich ex M. A. Lawson 多叶勾儿茶
贵州：惠水 邹方伦 ZouFL0158
贵州：江口 周云，王勇 XiangZ044
湖南：沅陵 李胜华，伍贤进，刘光华等 Wuxj876
云南：麻栗坡 肖波 LuJL099

Berchemia sinica C. K. Schneider 勾儿茶 *
云南：麻栗坡 税玉民，陈文红 72023

Berchemia yunnanensis Franchet 云南勾儿茶 *
西藏：林芝 罗建，汪书丽 LiuJQ-09XZ-112
云南：盘龙区 张挺，李爱花，杜燕等 SCSB-B-000063
云南：普洱 张绍云 YNS0143
云南：巧家 张天壁 SCSB-W-257
云南：嵩明 张挺，蔡杰，李爱花等 SCSB-B-000056
云南：香格里拉 刀志灵，李嵘 SCSB-DZ-025

Berchemiella wilsonii (C. K. Schneider) Nakai 小勾儿茶 *
安徽：绩溪 唐鑫生，宋曰钦，方建新 TangXS0536

Gouania javanica Miquel 毛咀签
云南：麻栗坡 肖波 LuJL234
云南：永德 李永亮 YDDXS0957

Gouania leptostachya Candolle 咀签
云南：红河 彭华，向春雷，陈丽 PengH8254
云南：勐腊 刀志灵，崔景云 DZL-120
云南：勐腊 郭永杰，聂细转，黄秋月等 12CS4898
云南：孟连 彭华，向春雷，陈丽 P.H.5896
云南：元江 孙振华，王文礼，宋晓卿等 Ouxk-YJ-0029

Hovenia acerba Lindley 枳椇
安徽：祁门 洪欣 ZSB344
安徽：屯溪区 方建新 TangXS0077
贵州：惠水 邹方伦 ZouFL0154
贵州：荔波 旷仁平，盛波 SCSB-HN-1808
贵州：荔波 刘克明，旷仁平，盛波 SCSB-HN-1832
贵州：荔波 刘克明，旷仁平，盛波 SCSB-HN-1900
贵州：荔波 刘克明，盛波，王得刚 SCSB-HN-1858
湖北：来凤 丛义艳，陈丰林 SCSB-HN-1172
湖北：五峰 李平 AHL085
湖北：竹溪 李盛兰 GanQL1159
湖南：江华 肖乐希 SCSB-HN-0856
湖南：宜章 肖伯仲 SCSB-HN-0803
湖南：永定区 吴福川 234A
湖南：永顺 陈功锡，张代贵 SCSB-HC-2008208
湖南：长沙 田淑珍，相银龙 SCSB-HN-1776
湖南：长沙 朱香清，田淑珍 SCSB-HN-1486
湖南：长沙 刘克明，蔡秀珍，田淑珍 SCSB-HN-0725
湖南：资兴 熊凯辉，王得刚，盛波 SCSB-HN-2043
江苏：江宁区 王兆银，吴宝成 SCSB-JS0413
江苏：句容 王兆银，吴宝成 SCSB-JS0374
江苏：南京 高兴 SCSB-JS0449
江西：湾里区 杜小浪，慕泽泾，曹岚 DXL013
江西：修水 缪以清，李立新 TanCM1248
四川：射洪 袁明 YUANM2015L133
云南：麻栗坡 肖波 LuJL199
云南：腾冲 周应再 Zhyz-487
云南：西山区 杨湘云 YangXY0002
云南：新平 谢雄 XPALSC520
云南：盈江 郭永杰，李涟漪，聂细转 12CS5294
浙江：鄞州区 李宏庆，葛斌杰，刘国丽等 Lihq0050

Hovenia acerba var. **kiukiangensis** (Hu & Cheng) C. Y. Wu ex Y. L. Chen & P. K. Chou 俅江枳椇 *
云南：沧源 赵金超 CYNGH058
云南：隆阳区 赵玮 BSGLGSly201
云南：勐腊 谭运洪，余涛 B401

Hovenia dulcis Thunberg 北枳椇
安徽：芜湖 陈延松，吴国伟，洪欣 Zhousb0013
贵州：江口 周云，王勇 XiangZ063
河北：涞水 牛玉璐，高彦飞 NiuYL602
河南：浉河区 朱鑫鑫，闫明慧，王君等 ZhuXX235
湖南：道县 刘克明，陈薇 SCSB-HN-1004
湖南：雨花区 蔡秀珍，陈薇 SCSB-HN-0337
湖南：岳麓区 刘克明，肖乐希 SCSB-HN-0323
湖南：资兴 蔡秀珍，肖乐希 SCSB-HN-0290
江西：黎川 童和平，王玉珍 TanCM1863
江西：黎川 童和平，王玉珍，常迪江等 TanCM2070
山东：崂山区 罗艳，李中华，邓建平 LuoY306
山东：牟平区 卞福花，卢学新，纪伟等 BianFH00038
陕西：紫阳 田先华，王孝安 TianXH1050
四川：雨城区 刘静，古玉，庞胜苗 Y07312
云南：盈江 王立彦，桂魏，刀江飞 SCSB-TBG-112

Hovenia trichocarpa Chun & Tsiang 毛果枳椇
湖南：新化 刘克明，彭珊，李珊等 SCSB-HN-1676
江西：井冈山 兰国华 LiuRL091

Hovenia trichocarpa var. **robusta** (Nakai & Y. Kimura) Y. L. Chen & P. K. Chou 光叶毛果枳椇
安徽：黄山区 唐鑫生，方建新 TangXS0512

Paliurus hemsleyanus Rehder ex Schirarend & Olabi 铜钱树 *
安徽：滁州 陈延松，吴国伟，洪欣 Zhousb0001
广西：柳州 旷仁平，盛波 SCSB-HN-1809
广西：柳州 刘克明，旷仁平，盛波 SCSB-HN-1916
广西：柳州 刘克明，盛波，王得刚 SCSB-HN-1921
湖北：五峰 李平 AHL084
湖北：竹溪 李盛兰 GanQL347
湖南：慈利 吴福川，谷伏安，查学州等 80
湖南：怀化 李胜华，伍贤进，曾汉元等 HHXY392
湖南：江永 姜孝成，唐贵华，潘孝武 SCSB-HNJ-0050
湖南：江永 刘克明，田淑珍，肖乐希等 SCSB-HN-0109
湖南：沅陵 李胜华，伍贤进，刘光华等 Wuxj942

江苏：句容 王兆银，吴宝成 SCSB-JS0238
江西：庐山区 谭策铭，董安淼 TanCM467
云南：蒙自 田学军，邱成书，高波 TianXJ0134
云南：元江 孙振华，王文礼，宋晓卿等 Ouxk-YJ-0026

Paliurus orientalis (Franchet) Hemsley 短柄铜钱树 *
四川：木里 孔航辉，罗江平，左雷等 YangQE3382
云南：大理 张德全，王应龙，文青华等 ZDQ104
云南：兰坪 孔航辉，任琛 Yangqe2902
云南：丽江 王文礼 OuXK-0011
云南：丽江 王文礼 OuXK-0015
云南：禄丰 王焕冲，马兴达 WangHCH019
云南：易门 王焕冲，马兴达 WangHCH046

Paliurus ramosissimus (Loureiro) Poiret 马甲子
湖南：江永 刘克明，田淑珍，陈薇 SCSB-HN-0102
湖南：江永 蔡秀珍，田淑珍，陈薇 SCSB-HN-0119
湖南：江永 姜孝成，唐贵华，潘孝武 SCSB-HNJ-0080
湖南：永顺 陈功锡，张代贵，邓涛等 SCSB-HC-2007324
江西：九江 董安淼，吴从梅 TanCM1418
四川：峨眉山 李小杰 LiXJ683

Rhamnella franguloides (Maximowicz) Weberbauer 猫乳 *
安徽：肥西 陈延松，陈翠兵，沈云 Xuzd053
安徽：潜山 唐鑫生，宋曰钦，方建新 TangXS0894
安徽：石台 洪欣 ZhouSB0204
湖北：神农架林区 李巨平 LiJuPing0070
湖北：十堰 李盛兰 GanQL093
江苏：句容 王兆银，吴宝成 SCSB-JS0139
江西：庐山区 谭策铭，董安淼 TanCM289

Rhamnella martini (H. Léveillé) C. K. Schneider 多脉猫乳
云南：麻栗坡 肖波 LuJL388

Rhamnella rubrinervis (H. Léveillé) Rehder 苞叶木
贵州：惠水 邹方伦 ZouFL0152

Rhamnus arguta Maximowicz 锐齿鼠李 *
山东：长清区 步瑞兰，辛晓伟，高丽丽等 Lilan779

Rhamnus aurea Heppeler 铁马鞭 *
云南：安宁 伊廷双，孟静，杨杨 MJ-857

Rhamnus bungeana J. J. Vassiljev 卵叶鼠李 *
河北：隆化 牛玉璐，王晓亮 NiuYL556
山东：历城区 樊守金，任昭杰，李铭等 Zhaozt0052
山东：牟平区 卞福花，陈朋 BianFH-0318
山东：长清区 步瑞兰，辛晓伟，程丹丹等 lilan769

Rhamnus cathartica Linnaeus 药鼠李
新疆：裕民 徐文斌，郭一敏 SHI-2009469

Rhamnus crenata Siebold & Zuccarini 长叶冻绿
安徽：泾县 洪欣 ZhouSB0188
安徽：琅琊区 洪欣，王欧文 ZSB386
安徽：宁国 洪欣，李中林 ZhouSB0235
安徽：屯溪区 方建新 TangXS0278
贵州：惠水 邹方伦 ZouFL0132
湖南：鹤城区 伍贤进，李胜华，刘光华 Wuxj805
湖南：江华 肖乐希 SCSB-HN-0838
湖南：宁乡 姜孝成，唐妹，陈显胜等 Jiangxc0517
湖南：永定区 吴福川，查学州，林永惠 59
湖南：沅陵 李胜华，伍贤进，曾汉元等 Wuxj957
江苏：句容 王兆银，吴宝成 SCSB-JS0187
云南：麻栗坡 肖波 LuJL356
云南：屏边 楚永兴，普华柱，刘永建 Pbdws035
浙江：鄞州区 李宏庆，葛斌杰 Lihq0023

Rhamnus crenata var. **discolor** Rehder 两色冻绿 *
江西：黎川 童和平，王玉珍 TanCM2388

Rhamnus davurica Pallas 鼠李
安徽：舒城 陈延松，欧祖兰，高秋晨等 Xuzd317
贵州：务川 赵厚涛，韩国营 YBG045
河北：武安 牛玉璐，高彦飞，赵二涛 NiuYL499
黑龙江：尚志 李兵，路科 CaoW0110
湖北：仙桃 张代贵 Zdg3038
吉林：汪清 陈武璋，王炳辉 CaoW0181
吉林：长岭 张红香 ZhangHX157
辽宁：桓仁 祝业平 CaoW1002
四川：射洪 袁明 YUANM2015L035

Rhamnus diamantiaca Nakai 金刚鼠李
黑龙江：宁安 刘玫，王臣，张欣欣等 Liuetal733
黑龙江：五常 李兵，路科 CaoW0144
黑龙江：阳明区 陈武璋，王炳辉 CaoW0196
吉林：丰满区 李兵，路科 CaoW0074

Rhamnus dumetorum C. K. Schneider 刺鼠李 *
贵州：威宁 邹方伦 ZouFL0320
四川：康定 彭玉兰，涂卫国 Gaoxf-0809
四川：康定 彭玉兰，涂卫国 Gaoxf-1091
西藏：波密 刘成，亚吉东，何华杰等 16CS11817
西藏：朗县 罗建，汪书丽，任德智 L019
西藏：林芝 罗建，汪书丽，任德智 LiuJQ-09XZ-ML007

Rhamnus erythroxylum Pallas 柳叶鼠李
内蒙古：伊金霍洛旗 朱雅娟，黄振英，叶学华 Beijing-Ordos-000003

Rhamnus flavescens Y. L. Chen & P. K. Chou 淡黄鼠李 *
云南：澜沧 张绍云，胡启和 YNS1085

Rhamnus gilgiana Heppeler 川滇鼠李 *
云南：昌宁 赵玮 BSGLGSly098
云南：石林 税玉民，陈文红 64248

Rhamnus globosa Bunge 圆叶鼠李 *
安徽：滁州 洪欣，唐成丰 Zhousb0027
安徽：金寨 刘淼 SCSB-JSC57
江苏：江宁区 王兆银，吴宝成 SCSB-JS0213
江西：庐山区 董安淼，吴从梅 TanCM930
山东：海阳 王萍，高德民，张诏等 lilan359
山东：牟平区 卞福花，陈朋 BianFH-0375
陕西：宁陕 吴礼慧，田先华 TianXH240

Rhamnus hemsleyana var. **yunnanensis** C. Y. Wu ex Y. L. Chen & P. K. Chou 高山亮叶鼠李 *
云南：华宁 彭华，陈丽 P.H. 5377

Rhamnus henryi C. K. Schneider 毛叶鼠李 *
云南：贡山 刀志灵，陈哲 DZL-049
云南：河口 杨鑫峰 ZhangGL025
云南：绿春 黄连山保护区科研所 HLS0210
云南：新平 王家和，张宏雨 XPALSC082

Rhamnus heterophylla Oliver 异叶鼠李 *
四川：射洪 袁明 YUANM2015L081
云南：云龙 李施文，张志云 TC3043

Rhamnus hupehensis C. K. Schneider 湖北鼠李 *
湖北：保康 李盛兰 GanQL797
湖北：五峰 李平 AHL069
湖北：仙桃 张代贵 Zdg1471

Rhamnus koraiensis C. K. Schneider 朝鲜鼠李
山东：崂山区 罗艳，李中华 LuoY364
山东：崂山区 赵遵田，郑国伟，王海英等 Zhaozt0164
山东：牟平区 卞福花，陈朋 BianFH-0336
山东：牟平区 卞福花，宋言贺 BianFH-553

Rhamnus lamprophylla C. K. Schneider 钩齿鼠李 *
广西：全州 莫水松，廖云标，刘静 Liuyan1028
云南：麻栗坡 肖波 LuJL096

Rhamnus leptophylla C. K. Schneider 薄叶鼠李 *
广西：雁山区 莫水松 Liuyan1066
贵州：道真 赵厚涛，韩国营 YBG040
贵州：黄平 邹方伦 ZouFL0243
贵州：江口 周云，王勇 XiangZ027
贵州：威宁 邹方伦 ZouFL0300
河南：浉河区 朱鑫鑫，闫明慧，王君等 ZhuXX255
湖北：五峰 陈功锡，张代贵 SCSB-HC-2008346
湖北：宣恩 祝文志，刘志祥，曹远俊 ShenZH0083
湖北：竹溪 李盛兰 GanQL178
湖南：鹤城区 李胜华，伍贤进，曾汉元等 HHXY199
湖南：鹤城区 李胜华，伍贤进，刘光华等 Wuxj832
湖南：怀化 李胜华，伍贤进，曾汉元等 HHXY326
江西：井冈山 兰国华 LiuRL052
山东：历城区 高德民，王萍，张颖颖等 Lilan605
四川：峨眉山 李小杰 LiXJ206
四川：乐至 邓兴敏，邓秀发，张昌兵 ZCB0487
四川：马尔康 何兴金，高云东，刘海艳等 SCU-20080482
四川：乡城 李晓东，张景博，徐凌翔等 LiJ355
云南：景东 鲁成荣，魏启军，张明勇等 JDNR11006
云南：南涧 孙振华，王文礼，宋晓卿等 OuxK-NJ-0004
云南：文山 何德明，韦荣彪，黄太文 WSLJS756
云南：西山区 伊廷双，孟静，杨杨 MJ-884
云南：香格里拉 李晓东，张紫刚，操榆 LiJ681
云南：新平 王家和 XPALSC209
云南：新平 何罡安，罗光进 XPALSB024
云南：永德 李永亮，王学军，杨建文等 YDDXSB056
云南：元谋 冯欣 OuXK-0078

Rhamnus longipes Merrill & Chun 长柄鼠李 *
云南：屏边 楚永兴，陶国权 Pbdws054

Rhamnus maximovicziana J. J. Vassiljev 黑桦树
河北：蔚县 牛玉璐，高彦飞，赵二涛 NiuYL369

Rhamnus napalensis (Wallich) M. A. Lawson 尼泊尔鼠李
广西：环江 许为斌，梁永延，黄俞淞等 Liuyan0167
湖北：仙桃 张代贵 Zdg1346
云南：澜沧 张绍云，胡启和，仇亚等 YNS1111
云南：普洱 叶金科 YNS0295

Rhamnus nigricans Handel-Mazzetti 黑背鼠李 *
云南：腾冲 周应再 Zhyz-091
云南：腾冲 余新林，赵玮 BSGLGStc092
云南：永德 李永亮 YDDXS0489

Rhamnus parvifolia Bunge 小叶鼠李
河北：赞皇 牛玉璐，高彦飞，赵二涛 NiuYL459
黑龙江：尚志 郑宝江，潘磊 ZhengBJ072
辽宁：凌源 卜军，金实，阴黎明 CaoW383
辽宁：绥中 卜军，金实，阴黎明 CaoW405
辽宁：庄河 于立敏 CaoW767
山东：岱岳区 步瑞兰，辛晓伟，高丽丽 Lilan699

Rhamnus rosthornii E. Pritzel 小冻绿树 *
湖南：吉首 陈功锡，张代贵，邓涛等 SCSB-HC-2007469
湖南：永顺 陈功锡，张代贵 SCSB-HC-2008197

Rhamnus rugulosa Hemsley 皱叶鼠李 *
湖南：洪江 李胜华，伍贤进，刘光华等 Wuxj1065
湖南：新宁 姜孝成，唐贵华，袁双艳等 SCSB-HNJ-0220
湖南：新宁 姜孝成，唐贵华，袁双艳等 SCSB-HNJ-0285

Rhamnus schneideri var. **manshurica** (Nakai) Nakai 东北鼠李
吉林：磐石 安海成 AnHC084
内蒙古：克什克腾旗 刘润宽，李茂文，李昌亮 M110

Rhamnus songorica Gontscharow 新疆鼠李
新疆：察布查尔 段士民，王喜勇，刘会良等 54

Rhamnus subapetala Merrill 紫背鼠李
云南：麻栗坡 肖波 LuJL477

Rhamnus tangutica J. J. Vassiljev 甘青鼠李 *
四川：康定 孔航辉，罗江平，左雷等 YangQE3479
西藏：波密 张大才，李双智，唐路等 ZhangDC-07ZX-1717

Rhamnus ussuriensis J. J. Vassiljev 乌苏里鼠李
河北：赞皇 牛玉璐，高彦飞，赵二涛 NiuYL449
黑龙江：北安 郑宝江，潘磊 ZhengBJ019
黑龙江：宁安 陈武璋，王炳辉 CaoW0183
黑龙江：宁安 刘玫，张欣欣，程薪宇等 Liuetal506
吉林：安图 周海城 ZhouHC058
吉林：磐石 安海成 AnHC083
吉林：延吉 杨保国，张明鹏 CaoW0043
辽宁：凤城 李忠宇 CaoW226
辽宁：凤城 董清 CaoW248
辽宁：建昌 卜军，金实，阴黎明 CaoW443
辽宁：清原 张永刚 Yanglm0163
山东：历城区 高德民，王萍，张颖颖等 Lilan606

Rhamnus utilis Decaisne 冻绿
安徽：金寨 陈延松，欧祖兰，刘旭升 Xuzd192
安徽：金寨 刘淼 SCSB-JSC8
广西：龙胜 许为斌，黄俞淞，朱章明 Liuyan0447
广西：融安 许为斌，黄俞淞，农冬新 Liuyan0507
贵州：江口 周云，王勇 XiangZ014
湖北：神农架林区 祝文志，刘志祥，曹远俊 ShenZH5651
湖北：五峰 陈功锡，张代贵 SCSB-HC-2008352
湖北：仙桃 李巨平 Lijuping0309
湖北：咸丰 丛义艳，陈丰林 SCSB-HN-1168
湖北：宣恩 沈泽昊 XE735
湖南：东安 姜孝成，唐贵华，潘孝武 SCSB-HNJ-0117
湖南：鹤城区 李胜华，伍贤进，曾汉元等 HHXY157
湖南：鹤城区 李胜华，伍贤进，曾汉元等 HHXY169
湖南：鹤城区 李胜华，伍贤进，刘光华等 Wuxj831
湖南：洪江 李胜华，伍贤进，刘光华等 Wuxj1042
湖南：怀化 李胜华，伍贤进，曾汉元等 HHXY341
湖南：望城 姜孝成，杨强，刘昌 Jiangxc0745
湖南：新宁 姜孝成，唐贵华，袁双艳等 SCSB-HNJ-0216
湖南：新宁 姜孝成，唐贵华，袁双艳等 SCSB-HNJ-0217
江西：庐山区 董安淼，吴从梅 TanCM1096
江西：星子 董安淼，吴从梅 TanCM1672
山西：阳城 连俊强，吴琼，张丽 Zhangf0029
陕西：长安区 田先华，王梅荣，田陌 TianXH079
云南：香格里拉 张挺，亚吉东，张桥蓉等 11CS3585
云南：新平 谢天华，郎定富，李应富 XPALSA068
云南：新平 王家和，谢雄，鲁发旺 XPALSC006
浙江：临安 李宏庆，董全英，桂萍 Lihq0446

Rhamnus virgata Roxburgh 帚枝鼠李
贵州：开阳 肖恩婷 Yuanm021
西藏：林芝 卢洋，刘帆等 LiJ794
西藏：米林 罗建，汪书丽 LiuJQ-08XZ-123
云南：蒙自 田学军，邱成书，高波 TianXJ0139
云南：南涧 熊绍荣 NJWLS707
云南：嵩明 张挺，杜燕，Maynard B. 等 SCSB-B-000506

云南：维西 张挺，徐远杰，黄押稳等 SCSB-B-000175
云南：永德 李永亮 YDDXS0495
云南：玉龙 张大才，李双智，杨川 ZhangDC-07ZX-2028
云南：云龙 刀志灵 DZL398

Rhamnus wilsonii C. K. Schneider 山鼠李 *
安徽：祁门 唐鑫生，方建新 TangXS0453
贵州：江口 彭华，王英，陈丽 P.H. 5110
湖南：双牌 姜孝成，王丽萍，李育华 Jiangxc0842
江西：庐山区 董安淼，吴丛梅 TanCM3358

Rhamnus wilsonii var. pilosa Rehder 毛山鼠李 *
安徽：休宁 唐鑫生，方建新 TangXS0383

Rhamnus xizangensis Y. L. Chen & P. K. Chou 西藏鼠李 *
西藏：察隅 扎西次仁，西落 ZhongY711

Sageretia gracilis J. R. Drummond & Sprague 纤细雀梅藤 *
云南：永德 李永亮 YDDXS1294

Sageretia henryi J. R. Drummond & Sprague 梗花雀梅藤 *
湖北：竹溪 李盛兰 GanQL271
云南：宁洱 张绍云，胡启和 YNS1009

Sageretia horrida Pax & K. Hoffmann 凹叶雀梅藤 *
西藏：昌都 陈家辉，王赟，刘德团 YangYP-Q-3132

Sageretia laxiflora Handel-Mazzetti 疏花雀梅藤 *
云南：文山 何德明，丰艳飞，曹世超 WSLJS700

Sageretia paucicostata Maximowicz 少脉雀梅藤 *
山西：夏县 廉凯敏，焦磊 Zhangf0129

Sageretia pycnophylla C. K. Schneider 对节刺 *
新疆：阜康 段士民，王喜勇，刘会良等 243
新疆：阜康 段士民，王喜勇，刘会良等 281
新疆：阜康 段士民，王喜勇，刘会良等 286

Sageretia subcaudata C. K. Schneider 尾叶雀梅藤 *
云南：腾冲 周应再 Zhyz-208

Sageretia thea (Osbeck) M. C. Johnston 雀梅藤
广西：扶绥 许为斌，黄俞淞，梁永延等 Liuyan0194
江苏：句容 吴宝成，王兆银 HANGYY8121

Ventilago calyculata Tulasne 毛果翼核果
云南：龙陵 孙兴旭 SunXX126
云南：西盟 叶金科 YNS0142
云南：新平 白绍斌 XPALSC252
云南：新平 谢雄 XPALSC259

Ventilago leiocarpa Bentham 翼核果
云南：文山 何德明 WSLJS569

Ziziphus incurva Roxburgh 印度枣
云南：景东 罗忠华，张明勇，段玉伟等 JD128
云南：麻栗坡 肖波 LuJL305
云南：腾冲 周应再 Zhyz-121
云南：腾冲 余新林，赵玮 BSGLGStc301

Ziziphus jujuba Miller 枣
江苏：海州区 汤兴利 HANGYY8444

Ziziphus jujuba var. spinosa (Bunge) Hu ex H. F. Chow 酸枣 *
北京：房山区 李燕军 SCSB-C-0088
北京：海淀区 李燕军 SCSB-B-0042
北京：门头沟区 李燕军 SCSB-E-0079
河北：邢台 牛玉璐，王晓亮 NiuYL513
河北：兴隆 李燕军 SCSB-A-0044
湖北：竹溪 李盛兰 GanQL342
辽宁：盖州 郑宝江，丁晓炎，焦宏斌等 ZhengBJ380
辽宁：连山区 卜军，金实，阴黎明 CaoW442
辽宁：庄河 宫本胜 CaoW372
山东：牟平区 卞福花 BianFH-0255

Ziziphus mauritiana Lamarck 滇刺枣
云南：龙陵 孙兴旭 SunXX117
云南：隆阳区 陆树刚 Ouxk-BS-0004
云南：永德 李永亮 LiYL1505
云南：永德 李永亮 YDDXS0016
云南：元谋 何彪 OuXK-0068

Ziziphus montana W. W. Smith 山枣 *
四川：乡城 张永洪，李国栋，王晓雄 SunH-07ZX-2227

Ziziphus rugosa Lamarck 皱枣
云南：新平 白绍斌 XPALSC281

Ziziphus xiangchengensis Y. L. Chen & P. K. Chou 蜀枣 *
四川：乡城 孔航辉，罗江平，左雷等 YangQE3549

Rhizophoraceae 红树科

红树科	世界	中国	种质库
属 / 种（种下等级）/ 份数	16/149	6/14	2/2/3

Carallia brachiata (Loureiro) Merrill 竹节树
云南：勐腊 张挺，李洪超，李文化等 SCSB-B-000390

Pellacalyx yunnanensis H. H. Hu 山红树 *
云南：金平 税玉民，陈文红 80272
云南：勐腊 谭运洪，余涛 A548

Rosaceae 蔷薇科

蔷薇科	世界	中国	种质库
属 / 种（种下等级）/ 份数	90/2520	46/～942	※48/544 (650) /4429

※《中国维管植物科属词典》将桂樱属 Laurocerasus 和臭樱属 Maddenia 均并入李属 Prunus，本书参照 Flora of China，未对上述两属进行处理。

Agrimonia eupatoria subsp. asiatica (Juzepczuk) Skalicky 大花龙芽草
新疆：霍城 徐文斌，刘鸯，马真等 SHI-A2007139

Agrimonia nipponica var. occidentalis Skalicky ex J. E. Vidal 小花龙芽草
湖北：竹溪 李盛兰 GanQL788
江西：庐山区 董安淼，吴丛梅 TanCM1086
云南：贡山 刀志灵 DZL317

Agrimonia pilosa Ledebour 龙芽草
安徽：肥东 徐忠东，陈延松 Xuzd026
安徽：舒城 陈延松，欧祖兰，高秋晨等 Xuzd468
安徽：休宁 唐鑫生，方建新 TangXS0338
北京：门头沟区 宋松泉 SCSB-E-0067
甘肃：合作 尹鑫，吴航，葛文静 LiuJQ-GN-2011-084
贵州：黔西 彭华，许瑾，陈丽 P.H. 5075
河北：兴隆 林坚 SCSB-A-0043
河南：栾川 黄振英，于顺利，杨学军 Huangzy0033
河南：嵩县 邓志军，付婷婷，水庆艳 Huangzy0124
黑龙江：北安 郑宝江，潘磊 ZhengBJ001
湖北：神农架林区 李巨平 LiJuPing0007
湖北：五峰 陈功锡，张代贵 SCSB-HC-2008354
湖北：宣恩 沈泽昊 HXE031
湖北：竹溪 李盛兰 GanQL579
湖南：古丈 刘克明，朱晓文 SCSB-HN-0532
湖南：鹤城区 曾汉元，伍贤进，李胜华等 HHXY096
湖南：怀化 李胜华，伍贤进，曾汉元等 HHXY336

湖南：怀化 李胜华，伍贤进，曾汉元等 HHXY393
湖南：麻阳 彭华，王英，陈丽 P.H.5243
湖南：新化 黄先辉，杨亚平，卜剑超 SCSB-HNJ-0342
湖南：永定区 吴福川，查学州 7150
吉林：临江 李长田 Yanglm0029
吉林：南关区 韩忠明 Yanglm0044
江苏：句容 王兆银，吴宝成 SCSB-JS0185
江西：庐山区 谭策铭，董安淼 TCM09016
辽宁：庄河 于立敏 CaoW814
内蒙古：锡林浩特 张红香 ZhangHX133
青海：玉树 许炳强，周伟，郑朝汉 Xianh0329
山东：崂山区 赵遵田，郑国伟，杜超等 Zhaozt0140
山东：历城区 李兰，王萍，张少华等 Lilan-063
山东：芝罘区 卞福花，杨蕾蕾，谷胤征 BianFH-0117
山西：夏县 陈浩 Zhangf0167
四川：白玉 孙航，张建文，邓涛等 SunH-07ZX-3707
四川：宝兴 袁明 Y07100
四川：甘孜 陈文允，于文涛，黄永江 CYH163
四川：乐至 邓兴敏，邓秀发，张昌兵 ZCB0379
四川：米易 刘静 MY-092
四川：普格 苏涛，黄永江，杨青松等 ZhouZK11023
四川：射洪 袁明 YUANM2015L037
四川：松潘 何兴金，张云香，王志新 SCU-10-512
新疆：裕民 徐文斌，杨清理 SHI-2009444
云南：安宁 所内采集组培训 SCSB-A-000121
云南：安宁 伊廷双，孟静，杨杨等 MJ-868
云南：昌宁 赵玮 BSGLGSly109
云南：福贡 许炳强，吴兴，李婧等 XiaNh-07zx-175
云南：贡山 李恒，李嵘 920
云南：景东 鲁艳 07-161
云南：景东 刘长铭，罗庆光，袁小龙等 JDNR11009
云南：丽江 孙航，李新辉，陈林杨 SunH-07ZX-3121
云南：丽江 孙航，李新辉，陈林杨 SunH-07ZX-3134
云南：麻栗坡 肖波 LuJL106
云南：南涧 熊绍荣 NJWLS453
云南：宁蒗 任宗昕，寸龙琼，任尚国 SCSB-W-1403
云南：腾冲 周应再 Zhyz-296
云南：玉龙 陈文允，于文涛，黄永江等 CYHL036

Agrimonia pilosa var. **nepalensis** (D. Don) Nakai **黄龙尾**
湖北：竹溪 李盛兰 GanQL855
江西：庐山区 董安淼，吴从梅 TanCM2865
西藏：林芝 罗建，汪书丽 LiuJQ-08XZ-113
西藏：林芝 罗建，汪书丽，任德智 LiuJQ-09XZ-312
云南：隆阳区 段在贤，杨采龙 BSGLGSly1020
云南：隆阳区 段在贤，密得生，刀开国等 BSGLGSly1056
云南：南涧 罗新洪，阿国仁，何贵才 NJWLS525
云南：南涧 阿国仁，何贵才 NJWLS2008128
云南：宁蒗 任宗昕，周伟，何俊等 SCSB-W-938
云南：巧家 杨光明，颜再奎，张天壁等 QJYS0059
云南：新平 何罡安 XPALSB093
云南：永德 李永亮 YDDXS0335

Alchemilla japonica Nakai & H. Hara **羽衣草**
新疆：新源 亚吉东，张桥蓉，秦少发等 16CS13395

Amygdalus davidiana (Carriére) de Vos ex L. Henry **山桃** *
重庆：南川区 易思荣 YISR039
河北：邢台 牛玉璐，高彦飞，赵二涛 NiuYL287
辽宁：千山区 刘玫，王臣，张欣欣等 Liuetal689
宁夏：隆德 李磊，朱奋霞 ZuoZh115
四川：理县 彭华，刘振稳，向春雷等 P.H.5035
西藏：芒康 张永洪，王晓雄，周卓等 SunH-07ZX-0519

Amygdalus mira (Koehne) Ricker **光核桃**
四川：白玉 孙航，张建文，董金龙等 SunH-07ZX-3684
四川：德格 张大才，尹五元，李双智等 ZhangDC-07ZX-2286
四川：德格 张大才，尹五元，李双智等 ZhangDC-07ZX-2296
四川：康定 孙航，张建文，董金龙等 SunH-07ZX-3998
西藏：波密 张大才，李双智，唐路等 ZhangDC-07ZX-1727
西藏：工布江达 扎西次仁 ZhongY298
西藏：工布江达 扎西次仁 ZhongY316
西藏：加查 扎西次仁 ZhongY370
西藏：芒康 张大才，李双智，罗康等 SunH-07ZX-1265
西藏：米林 扎西次仁 ZhongY349
西藏：米林 扎西次仁 ZhongY356

Amygdalus mongolica (Maximowicz) Ricker **蒙古扁桃**
宁夏：金凤区 朱强 ZhuQ008
宁夏：西夏区 左忠，刘华 ZuoZh247

Amygdalus pedunculata Pallas **长梗扁桃**
宁夏：金凤区 朱强 ZhuQ009

Amygdalus persica Linnaeus **桃**
安徽：蜀山区 陈延松，方晓磊，沈云等 Xuzd082
安徽：休宁 唐鑫生 TangXS0558
湖北：竹溪 李盛兰 GanQL738
宁夏：西夏区 左忠，刘华 ZuoZh257
山东：崂山区 步瑞兰，辛晓伟，张世尧等 Lilan791
西藏：波密 孙航，张建文，陈建国等 SunH-07ZX-2594
西藏：察隅 张大才，李双智，唐路等 ZhangDC-07ZX-1711
云南：永德 李永亮 YDDXS1216

Amygdalus triloba (Lindley) Ricker **榆叶梅**
黑龙江：尚志 刘玫，张欣欣，程薪宇等 Liuetal389
内蒙古：新城区 蒲拴莲，李茂文 M023

Armeniaca holosericea (Batalin) Kostina **藏杏** *
四川：德格 孙航，张建文，董金龙等 SunH-07ZX-3915

Armeniaca hongpingensis C. L. Li **洪平杏** *
湖北：神农架林区 祝文志，刘志祥，曹远俊 ShenZH5790

Armeniaca mandshurica (Maximowicz) Skvortzov **东北杏**
吉林：磐石 安海成 AnHC0337
辽宁：瓦房店 宫本胜 CaoW360

Armeniaca mume Siebold **梅**
湖南：武陵源区 吴福川，廖博儒，余祥洪等 7061
西藏：芒康 张大才，李双智，罗康等 ZhangDC-07ZX-1280
云南：南涧 官有才 NJWLS1663

Armeniaca mume var. **pallescens** (Franchet) T. T. Yu & L. T. Lu **厚叶梅** *
四川：木里 彭华，向春雷，刘振稳等 P.H.5026

Armeniaca sibirica (Linnaeus) Lamarck **山杏**
黑龙江：宁安 王臣，张欣欣，史传奇 WangCh73
吉林：安图 杨丽娥，彭德力 YangLE537
吉林：磐石 安海成 AnHC0333
宁夏：盐池 李磊，朱奋霞 ZuoZh117
四川：巴塘 张大才，尹五元，李双智等 ZhangDC-07ZX-2211
四川：德格 张大才，尹五元，李双智等 ZhangDC-07ZX-2295

Armeniaca vulgaris Lamarck **杏**
西藏：昌都 张挺，李爱花，刘成等 08CS749

Aruncus gombalanus (Handel-Mazzetti) Handel-Mazzetti **贡山假升麻** *
西藏：波密 孙航，张建文，陈建国等 SunH-07ZX-2632
西藏：波密 孙航，张建文，陈建国等 SunH-07ZX-2637

西藏：墨脱 孙航，张建文，陈建国等 SunH-07ZX-2704
西藏：墨脱 张大才，李双智，唐路等 ZhangDC-07ZX-1769
云南：贡山 蔡杰，郭云刚，张凤琼等 14CS9720

Aruncus sylvester Kosteletzky ex Maximowicz **假升麻**
黑龙江：北安 郑宝江，丁晓炎，王美娟 ZhengBJ279
黑龙江：带岭区 孙阎，吕军 SunY341
黑龙江：尚志 刘玫，张欣欣，程薪宇等 Liuetal384
黑龙江：五常 郑宝江，潘磊 ZhengBJ043
吉林：临江 李长田 Yanglm0031
陕西：长安区 田先华，田陌 TianXH1113
四川：道孚 何兴金，胡灏禹，黄德青 SCU-10-101
四川：甘孜 陈文允，于文涛，黄永江 CYH103
四川：康定 彭玉兰，涂卫国 Gaoxf-1043
四川：理塘 何兴金，马祥光，张云香等 SCU-11-257
四川：壤塘 何兴金，胡灏禹，黄德青 SCU-10-125
云南：兰坪 张挺，徐远杰，陈冲等 SCSB-B-000213
云南：巧家 郁文彬，张舒，艾洪莲等 SCSB-W-1002
云南：香格里拉 周浙昆，苏涛，杨莹等 Zhou09-039

Cerasus caudata (Franchet) T. T. Yu & C. L. Li **尖尾樱桃＊**
云南：镇沅 何忠云 ALSZY350

Cerasus cerasoides (Buchanan-Hamilton ex D. Don) S. Y. Sokolov **高盆樱桃**
云南：沧源 赵金超，杨红强 CYNGH431
云南：沧源 赵金超，杨云贞，龙源凤 CYNGH065
云南：河口 杨鑫峰 ZhangGL002
云南：景东 杨国平 07-14
云南：景东 罗忠华，刘长明，鲁成荣 JDNR09001
云南：景谷 张绍云 YNS0115
云南：绿春 黄连山保护区科研所 HLS0116
云南：绿春 黄连山保护区科研所 HLS0189
云南：宁洱 张挺，李洪超，李文化 SCSB-B-000371
云南：腾冲 周应再 Zhyz-006
云南：腾冲 周应再 Zhyz-007
云南：永德 李永亮 YDDXS0115
云南：永德 李永亮 YDDXS0140
云南：玉龙 刀志灵，李嵘 DZL-007

Cerasus clarofolia (C. K. Schneider) T. T. Yu & C. L. Li **微毛樱桃＊**
湖北：利川 李仁坤，刘志祥 AHL2007
湖北：利川 李正辉，艾洪莲 AHL2010
宁夏：盐池 李磊，朱奋霞 ZuoZh121
山西：沁水 廉凯敏，焦磊，张海博 Zhangf0173B
四川：峨眉山 李小杰 LiXJ476
西藏：八宿 张永洪，王晓雄，周卓等 SunH-07ZX-1696

Cerasus conadenia (Koehne) T. T. Yu & C. L. Li **锥腺樱桃＊**
云南：福贡 刀志灵，陈哲 DZL-067
云南：巧家 李文虎，高顺勇，吴天抗等 QJYS0027

Cerasus conradinae (Koehne) T. T. Yu & C. L. Li **华中樱桃＊**
湖北：利川 李仁坤 AHL2002
湖北：宣恩 刘志祥 AHL2001
湖北：竹溪 李盛兰 GanQL676
湖南：永定区 廖博儒，吴福川，查学州等 7018
江西：庐山区 董安淼，吴丛梅 TanCM3020
山东：长清区 高德民，谭洁，李明栓等 lilan974
四川：米易 袁明 MY513
云南：盘龙区 张挺，李爱花，杨茜等 SCSB-A-000094
云南：腾冲 余新林，赵玮 BSGLGStc246

Cerasus cyclamina (Koehne) T. T. Yu & C. L. Li **襄阳山樱桃＊**
湖北：长阳 祝文志 AHL2003

Cerasus dictyoneura (Diels) Holub **毛叶欧李＊**
宁夏：贺兰 牛钦瑞，朱奋霞 ZuoZh166
宁夏：贺兰 左忠，李出山 ZuoZh172

Cerasus dielsiana (C. K. Schneider) T. T. Yu & C. L. Li **尾叶樱桃＊**
重庆：南川区 易思荣 YISR175
湖北：利川 李仁坤 AHL2005
湖北：竹溪 李盛兰 GanQL674
江西：武宁 张吉华，张东红 TanCM2897
四川：峨眉山 李小杰 LiXJ358

Cerasus discoidea T. T. Yu & C. L. Li **迎春樱桃＊**
江西：修水 缪以清 TanCM604

Cerasus glandulosa (Thunberg) Sokolov **麦李**
山东：海阳 高德民，王萍，张颖颖等 Lilan601
山东：崂山区 高德民，韩文凯 Lilan897

Cerasus henryi (C. K. Schneider) T. T. Yu & C. L. Li **蒙自樱桃＊**
云南：文山 何德明，罗家旺 WSLJS951

Cerasus humilis (Bunge) Sokolov **欧李＊**
黑龙江：宁安 王臣，张欣欣，谢博勋等 WangCh424
内蒙古：和林格尔 李茂文，李昌亮 M134
山东：莱山区 卞福花，陈朋 BianFH-0354

Cerasus japonica (Thunberg) Loiseleur-Deslongchamps **郁李**
山东：崂山区 罗艳，母华伟，范兆飞 LuoY013
山东：崂山区 赵遵田，郑国伟，杜超等 Zhaozt0138
山东：牟平区 卞福花，卢学新，纪伟等 BianFH00057
山东：平邑 高德民，王萍，张颖颖等 Lilan600

Cerasus polytricha (Koehne) T. T. Yu & C. L. Li **多毛樱桃＊**
湖北：竹溪 李盛兰 GanQL270
陕西：眉县 田先华，董栓录 TianXH164

Cerasus pseudocerasus (Lindley) Loudon **樱桃＊**
湖北：利川 李仁坤 AHL2004
山东：海阳 步瑞兰，辛晓伟，王林等 Lilan693
云南：景东 杨国平 200865
云南：腾冲 余新林，赵玮 BSGLGStc143

Cerasus pusilliflora (Cardot) T. T. Yu & C. L. Li **细花樱桃＊**
云南：香格里拉 杨亲二，袁琼 Yangqe2120

Cerasus serrula (Franchet) T. T. Yu & C. L. Li **细齿樱桃＊**
青海：班玛 陈世龙，张得钧，高庆波等 Chensl0324
四川：壤塘 陈世龙，高庆波，张发起 Chensl1150
四川：乡城 李晓东，张景博，徐凌翔等 LiJ377
西藏：昌都 易思荣，谭秋平 YISR261
云南：香格里拉 刀志灵，李嵘 SCSB-DZ-024
云南：香格里拉 张挺，郭永杰，张桥蓉 11CS3154

Cerasus serrulata (Lindley) Loudon **山樱花**
安徽：黄山区 方建新 TangXS0843
重庆：南川区 易思荣 YISR139
河北：邢台 牛玉璐，高彦飞，赵二涛 NiuYL289
吉林：磐石 安海成 AnHC0318
江西：武宁 张吉华，刘运群 TanCM701
江西：武宁 张吉华，刘运群 TanCM702
山东：海阳 步瑞兰，辛晓伟，王林等 Lilan687
山东：崂山区 罗艳，母华伟，范兆飞 LuoY016
山东：牟平区 卞福花，杨蕾蕾，谷胤征 BianFH-0078
四川：理塘 何兴金，马祥光，张云香等 SCU-11-210
云南：巧家 杨光明 SCSB-W-1224

Cerasus szechuanica (Batalin) T. T. Yu & C. L. Li **四川樱桃＊**

湖北：竹溪 李盛兰 GanQL275

Cerasus tatsienensis (Batalin) T. T. Yu & C. L. Li 康定樱桃 *

湖北：利川 李仁坤，刘志祥 AHL2006
湖北：利川 李正辉，艾洪莲 AHL2009
陕西：平利 李盛兰 GanQL272

Cerasus tomentosa (Thunberg) Wallich ex T. T. Yu & C. L. Li 毛樱桃 *

安徽：绩溪 唐鑫生，方建新 TangXS0705
黑龙江：尚志 孙阎，杜景红 SunY137
黑龙江：尚志 刘玫，张欣欣，程薪宇等 Liuetal386
吉林：磐石 安海成 AnHC0324
山东：崂山区 罗艳，邓建平 LuoY258
山东：历下区 高德民，步瑞兰，辛晓伟等 Lilan697
山东：牟平区 卞福花 BianFH-0202
山东：长清区 高德民，谭洁，李明栓等 lilan982
西藏：芒康 张大才，李双智，罗康等 SunH-07ZX-1284

Cerasus trichantha (Koehne) S. Y. Jiang & C. L. Li 毛瓣藏樱

西藏：芒康 张永洪，王晓雄，周卓等 SunH-07ZX-0535

Cerasus trichostoma (Koehne) T. T. Yu & C. L. Li 川西樱桃 *

西藏：昌都 许炳强，周伟，郑朝汉 Xianh0197

Cerasus vulgaris Miller 欧洲酸樱桃

山东：海阳 步瑞兰，辛晓伟，王林等 Lilan695

Cerasus yunnanensis (Franchet) T. T. Yu & C. L. Li 云南樱桃 *

四川：康定 何兴金，胡灏禹，王月 SCU-08172
云南：景东 罗忠华，谢有能，刘长铭等 JDNR09010
云南：麻栗坡 肖波 LuJL509
云南：永德 李永亮 YDDXS0262

Chaenomeles sinensis (Thouin) Koehne 木瓜 *

湖北：竹溪 李盛兰 GanQL920
湖南：石门 陈功锡，张代贵，邓涛等 SCSB-HC-2007389
江西：庐山区 谭策铭，董安淼 TCM09129

Chaenomeles speciosa (Sweet) Nakai 皱皮木瓜

北京：房山区 李燕军 SCSB-C-0082
北京：海淀区 李燕军 SCSB-B-0039
北京：海淀区 阚静 SCSB-D-0055
北京：门头沟区 林坚 SCSB-E-0073
河北：兴隆 李燕军 SCSB-A-0042
湖南：宁乡 姜孝成，唐妹，成海兰等 Jiangxc0641
云南：腾冲 余新林，赵玮 BSGLGStc036
云南：腾冲 周应再 Zhyz517
云南：新平 白绍斌 XPALSC320

Chaenomeles thibetica T. T. Yu 西藏木瓜 *

西藏：波密 张书东 YNYS0913
西藏：波密 扎西次仁，西落 ZhongY648

Chamaerhodos erecta (Linnaeus) Bunge 地蔷薇

河北：赞皇 牛玉璐，郑博颖，黄士良等 NiuYL130
黑龙江：五常 孙阎，吕军，张健男 SunY422
内蒙古：土默特左旗 李茂文，李昌亮 M138
内蒙古：武川 蒲拴莲，刘润宽，刘毅等 M182
新疆：托里 亚吉东，张桥蓉，秦少发等 16CS13875
新疆：托里 徐文斌，黄刚 SHI-2009029

Chamaerhodos sabulosa Bunge 砂生地蔷薇

西藏：噶尔 李晖，文雪梅，次旺加布等 Lihui-Q-0028
西藏：改则 李晖，卜海涛，边巴等 lihui-Q-09-25
新疆：奎屯 亚吉东，张桥蓉，秦少发等 16CS13260
新疆：托里 徐文斌，黄刚 SHI-2009032

Coluria longifolia Maximowicz 无尾果 *

甘肃：玛曲 齐威 LJQ-2008-GN-334
青海：门源 吴玉虎 LJQ-QLS-2008-0144
四川：雅江 苏涛，黄永江，杨青松等 ZhouZK11062

Comarum palustre Linnaeus 沼委陵菜

黑龙江：嫩江 王臣，张欣欣，刘跃印等 WangCh300
吉林：磐石 安海成 AnHC094

Comarum salesovianum (Stephan) Ascherson & Graebner 西北沼委陵菜

青海：德令哈 潘建斌，杜维波，牛炳韬 Liujq-2011CDM-355
青海：德令哈 潘建斌，杜维波，牛炳韬 Liujq-2011CDM-376
青海：门源 吴玉虎 LJQ-QLS-2008-0218
新疆：哈密 王喜勇，马文宝，施翔 zdy498
新疆：和静 杨赵平，焦培培，白冠章等 LiZJ0598
新疆：温宿 邱爱军，张玲 LiZJ1869

Cotoneaster acuminatus Lindley 尖叶栒子

四川：阿坝 蔡杰，张挺，刘成 10CS2590
四川：黑水 顾垒，李忠荣 GaoXF-09ZX-1614
四川：理塘 何兴金，马祥光，张云香等 SCU-11-204
四川：理县 何兴金，李琴琴，赵丽华等 SCU-09-578
西藏：波密 孙航，张建文，陈建国等 SunH-07ZX-2531
西藏：左贡 张大才，罗康，梁群等 ZhangDC-07ZX-1363
云南：文山 刘恩德，方伟，杜燕等 SCSB-B-000051
云南：镇沅 罗成瑜 ALSZY422

Cotoneaster acutifolius Turczaninow 灰栒子

甘肃：迭部 尹鑫，吴航，葛文静 LiuJQ-GN-2011-100
湖北：仙桃 张代贵 Zdg3290
内蒙古：和林格尔 蒲拴莲，李茂文 M043
宁夏：西夏区 左忠，刘华 ZuoZh221
青海：互助 薛春迎 Xuechy0129
青海：平安 薛春迎 Xuechy0043
青海：平安 陈世龙，高庆波，张发起等 Chensl1747
青海：玉树 许炳强，周伟，郑朝汉 Xianh0395
四川：道孚 范邓妹 SunH-07ZX-2255
四川：得荣 徐波，陈光富，陈林杨等 SunH-07ZX-1488
四川：康定 何兴金，王月，胡灏禹等 SCU-08131
西藏：八宿 徐波，陈光富，陈林杨等 SunH-07ZX-2011
西藏：类乌齐 扎西次仁，西落，耿宇鹏 ZhongY748
云南：陇川 谭运洪 B155
西藏：芒康 张大才，李双智，罗康等 SunH-07ZX-1281
西藏：芒康 张永洪，王晓雄，周卓等 SunH-07ZX-0523
西藏：芒康 徐波，陈光富，陈林杨等 SunH-07ZX-1520
西藏：左贡 张永洪，李国栋，王晓雄 SunH-07ZX-1798
云南：巧家 张书东，何俊，蒋伟等 SCSB-W-304
云南：香格里拉 李晓东，张紫刚，操榆 LiJ685
云南：香格里拉 张挺，蔡杰，郭永杰等 11CS3176

Cotoneaster adpressus Bois 匍匐栒子

甘肃：合作 尹鑫，吴航，葛文静 LiuJQ-GN-2011-086
甘肃：合作 郭淑青，杜品 LiuJQ-2012-GN-191
甘肃：碌曲 李晓东，刘帆，张景博等 LiJ0122
贵州：威宁 邹方伦 ZouFL0284
青海：囊谦 许炳强，周伟，郑朝汉 Xianh0033
青海：玉树 汪书丽，朱洪涛 Liujq-QLS-TXM-114
四川：道孚 何兴金，马祥光，郜鹏 SCU-10-202
四川：稻城 孔航辉，罗江平，左雷等 YangQE3530
四川：得荣 张大才，李双智，杨川 ZhangDC-07ZX-1937
四川：甘孜 张大才，尹五元，李双智等 ZhangDC-07ZX-2317
四川：甘孜 孙航，张建文，董金龙等 SunH-07ZX-3971
四川：康定 孔航辉，罗江平，左雷等 YangQE3476
四川：康定 高云东，李忠荣，鞠文彬 GaoXF-12-186

四川：康定 张大才，尹五元，李双智等 ZhangDC-07ZX-2384
四川：康定 许炳强，童毅华，吴兴等 XiaNH-07ZX-1066
四川：康定 张昌兵，向丽 ZhangCB0204
四川：康定 彭玉兰，涂卫国 Gaoxf-0889
四川：理塘 何兴金，马祥光，张云香等 SCU-11-266
四川：马尔康 高云东，李忠荣，鞠文彬 GaoXF-12-052
四川：马尔康 何兴金，李琴琴，王长宝等 SCU-08061
四川：壤塘 何兴金，马祥光，郜鹏 SCU-10-239
四川：石渠 陈世龙，高庆波，张发起 Chensl0623
西藏：八宿 徐波，陈光富，陈林杨等 SunH-07ZX-2024
西藏：察隅 孙航，张建文，陈建国等 SunH-07ZX-2419
西藏：昌都 易思荣，谭秋平 YISR262
西藏：堆龙德庆 杨永平，王东超，杨大松等 YangYP-Q-5058
西藏：贡嘎 李晖，边巴，徐爱国 lihui-Q-09-54
西藏：贡嘎 扎西次仁 ZhongY173
西藏：浪卡子 陈家辉，韩希，王广艳等 YangYP-Q-4187
西藏：浪卡子 杨永平，王东超，杨大松等 YangYP-Q-5046
西藏：浪卡子 扎西次仁 ZhongY239
西藏：芒康 徐波，陈光富，陈林杨等 SunH-07ZX-0301
西藏：芒康 徐波，陈光富，陈林杨等 SunH-07ZX-1527
西藏：芒康 张永洪，王晓雄，周卓等 SunH-07ZX-0437
西藏：左贡 徐波，陈光富，陈林杨等 SunH-07ZX-2050
云南：香格里拉 李晓东，张紫刚，操榆 LiJ648
云南：永德 李永亮，杨金柱 YDDXSB003

Cotoneaster ambiguus Rehder & E. H. Wilson 川康栒子 *
四川：稻城 何兴金，胡灏禹，陈德友等 SCU-09-343
四川：黑水 顾垒，李忠荣 GaoXF-09ZX-1480
四川：红原 高云东，李忠荣，鞠文彬 GaoXF-12-045
四川：康定 孙航，张建文，邓涛等 SunH-07ZX-3755
四川：理塘 何兴金，赵丽华，梁乾隆等 SCU-11-704
四川：壤塘 何兴金，赵丽华，梁乾隆 SCU-10-055
云南：鹤庆 孙航，李新辉，陈林杨 SunH-07ZX-3184

Cotoneaster bullatus Bois 泡叶栒子 *
湖北：仙桃 张代贵 Zdg3103
四川：峨眉山 李小杰 LiXJ194
四川：九龙 孙航，张建文，邓涛等 SunH-07ZX-3777
四川：泸定 高云东，李忠荣，鞠文彬 GaoXF-12-196
四川：眉山 Weiyg08203
四川：天全 袁明 YuanM1016
西藏：堆龙德庆 杨永平，王东超，杨大松等 YangYP-Q-5057
云南：巧家 杨光明，颜再奎，张天壁等 QJYS0057
云南：维西 王文礼，冯欣，刘飞鹏 OUXK11050
云南：彝良 张挺，雷立公，王建军等 SCSB-B-000105
云南：玉龙 孔航辉，任琛 Yangqe2794

Cotoneaster buxifolius Wallich ex Lindley 黄杨叶栒子
贵州：威宁 邹方伦 ZouFL0283
四川：阿坝 陈世龙，高庆波，张发起 Chensl1167
四川：理塘 何兴金，赵丽华，梁乾隆等 SCU-11-176
西藏：加查 许炳强，童毅华 XiaNh-07zx-685
西藏：加查 扎西次仁 ZhongY372
云南：大理 张德全，段丽珍，段金成等 ZDQ010
云南：德钦 杨青松，杨莹，黄永江等 ZhouZK-07ZX-0180
云南：洱源 杨青松，星耀武，苏涛 ZhouZK-07ZX-0304
云南：富民 彭华，向春雷，许瑾等 P.H.5479
云南：贡山 刀志灵 DZL319
云南：官渡区 彭华，陈丽，王英 P.H.5339
云南：隆阳区 赵文李 BSGLGSly3056
云南：南涧 沈文明 NJWLS1324

云南：巧家 李文虎，吴天抗，张天壁等 QJYS0181
云南：西山区 税玉民，陈文红 65361
云南：香格里拉 张挺，蔡杰，郭永杰等 11CS3111
云南：香格里拉 杨亲二，袁琼 Yangqe2249
云南：新平 谢雄 XPALSC521
云南：新平 罗永朋 XPALSB071
云南：新平 刘家良 XPALSD016

Cotoneaster chengkangensis T. T. Yu 镇康栒子 *
四川：木里 孔航辉，罗江平，左雷等 YangQE3397

Cotoneaster conspicuus Comber ex Marquand 大果栒子 *
四川：道孚 何兴金，胡灏禹，沈呈娟等 SCU-11-485
云南：兰坪 孙振华，郑志兴，沈蕊等 OuXK-LC-048
云南：泸水 孙振华，郑志兴，沈蕊等 OuXK-LC-033
云南：禄丰 孙振华，郑志兴，沈蕊等 OuXK-LF-006

Cotoneaster coriaceus Franchet 厚叶栒子 *
云南：安宁 伊廷双，孟静，杨杨 MJ-861
云南：大理 张德全，段丽珍，段金成等 ZDQ009
云南：德钦 刀志灵 DZL465
云南：景东 张绍云，胡启和，仇亚等 YNS1156
云南：禄丰 刀志灵，陈渝 DZL490
云南：禄丰 刀志灵，陈渝 DZL497
云南：麻栗坡 张挺，李洪超，左定科 SCSB-B-000323
云南：香格里拉 刀志灵 DZL464
云南：新平 刘家良 XPALSD055
云南：云龙 刀志灵 DZL408

Cotoneaster dammeri C. K. Schneider 矮生栒子 *
湖北：宣恩 沈泽昊 DS2262
四川：阿坝 陈世龙，高庆波，张发起 Chensl1174
四川：宝兴 刘静 Y07118
四川：红原 张昌兵 ZhangCB0033
云南：巧家 杨光明 SCSB-W-1501
云南：巧家 杨光明 SCSB-W-1503
云南：巧家 杨光明 SCSB-W-1527

Cotoneaster dielsianus E. Pritzel 木帚栒子 *
重庆：南川区 易思荣 YISR048
贵州：威宁 邹方伦 ZouFL0280
湖北：利川 祝文志，刘志祥，曹远俊 ShenZH3428
湖北：神农架林区 李巨平 LiJuPing0225
湖北：仙桃 张代贵 Zdg1470
湖北：咸丰 丛义艳，陈丰林 SCSB-HN-1154
湖北：宣恩 沈泽昊 DS2259
四川：丹巴 高云东，李忠荣，鞠文彬 GaoXF-12-139
四川：丹巴 高云东，李忠荣，鞠文彬 GaoXF-12-151
四川：黑水 顾垒，李忠荣 GaoXF-09ZX-1843
四川：泸定 高云东，李忠荣，鞠文彬 GaoXF-12-201
四川：天全 汤加勇，赖建军 Y07078
云南：德钦 张大才，李双智，杨川 ZhangDC-07ZX-1978
云南：景东 杨国平，李达文，鲁志云 ygp-022
云南：景东 张绍云，胡启和，仇亚等 YNS1155
云南：隆阳区 段在贤，密得生，杨海等 BSGLGSly1034
云南：石林 税玉民，陈文红 64929
云南：石林 税玉民，陈文红 65840
云南：维西 张挺，徐远杰，黄押稳等 SCSB-B-000144
云南：香格里拉 李爱花，周开洪，黄之镨等 SCSB-A-000246
云南：香格里拉 李国栋，陈建国，陈林杨等 SunH-07ZX-2292

Cotoneaster dielsianus var. **elegans** Rehder & E. H. Wilson 小叶木帚栒子 *
四川：峨眉山 李小杰 LiXJ700

Cotoneaster divaricatus Rehder & E. H. Wilson **散生栒子 ***
四川：汉源 汤加勇，赖建军 Y07136
西藏：昌都 许炳强，周伟，郑朝汉 Xianh0357
西藏：左贡 张永洪，王晓雄，周卓等 SunH-07ZX-1037
云南：德钦 杨亲二，袁琼 Yangqe2525
云南：香格里拉 杨亲二，孔航辉，李磊 Yangqe3272
云南：香格里拉 孔航辉，罗江平，左雷等 YangQE3309
云南：香格里拉 杨亲二，袁琼 Yangqe2674
Cotoneaster fangianus T. T. Yu **恩施栒子 ***
湖北：神农架林区 李巨平 LiJuPing0258
Cotoneaster foveolatus Rehder & E. H. Wilson **麻核栒子 ***
湖南：凤凰 陈功锡，张代贵，邓涛等 SCSB-HC-2007341
四川：丹巴 何兴金，胡灏禹，沈呈娟等 SCU-11-415
四川：康定 彭玉兰，涂卫国 Gaoxf-0859
四川：理县 何兴金，李琴琴，赵丽华等 SCU-09-539
四川：小金 高云东，李忠荣，鞠文彬 GaoXF-12-090
云南：维西 张挺，徐远杰，黄押稳等 SCSB-B-000146
Cotoneaster franchetii Bois **西南栒子**
四川：巴塘 王文礼，冯欣，刘飞鹏 OUXK11143
四川：九龙 吕元林 N008A
四川：九龙 吕元林 N010A
西藏：芒康 王文礼，冯欣，刘飞鹏 OUXK11152
云南：洱源 张挺，李爱花，郭云刚等 SCSB-B-000068
云南：福贡 许炳强，吴兴，李婧等 XiaNh-07zx-202
云南：华宁 彭华，陈丽 P.H.5379
云南：景东 张绍云，胡启和，仇亚等 YNS1158
云南：景东 鲁成荣，谢有能，王强 JD040
云南：蒙自 税玉民，陈文红 72532
云南：牟定 刀志灵，陈渝 DZL515
云南：南涧 时国彩 njwls2007024
云南：宁蒗 任宗昕，寸龙琼，任尚国 SCSB-W-1367
云南：盘龙区 彭华，向春雷，王泽欢 PengH8450
云南：巧家 李文虎，高顺勇，吴天抗等 QJYS0024
云南：石林 税玉民，陈文红 65839
云南：文山 何德明，韦荣彪 WSLJS701
云南：西山区 彭华，陈丽 P.H.5327
云南：香格里拉 张大才，李双智，杨川 ZhangDC-07ZX-2002
云南：彝良 张挺，雷立公，王建军等 SCSB-B-000124
云南：玉龙 陈哲，刀志灵 DZL-297
云南：云龙 李爱花，李洪超，李文化等 SCSB-A-000187
云南：云龙 赵玉贵，李占兵，张吉平等 TC2032
Cotoneaster frigidus Wallich ex Lindley **耐寒栒子**
西藏：错那 扎西次仁 ZhongY392
Cotoneaster glaucophyllus Franchet **粉叶栒子 ***
云南：大关 张挺，雷立公，王建军等 SCSB-B-000138
云南：鹤庆 张大才，李双智，杨川 ZhangDC-07ZX-2076
云南：麻栗坡 肖波 LuJL085
云南：蒙自 田学军，邱成书，高波 TianXJ0203
云南：巧家 杨光明，颜再奎，张天壁等 QJYS0080
云南：巧家 李文虎，吴天抗，张天壁等 QJYS0179
云南：腾冲 余新林，赵玮 BSGLGStc346
云南：文山 韦荣彪，何德明，丰艳飞 WSLJS657
云南：镇沅 罗成瑜 ALSZY233
Cotoneaster gracilis Rehder & E. H. Wilson **细弱栒子 ***
陕西：太白 田先华，董栓录 TianXH1192
四川：金川 何兴金，马祥光，郜鹏 SCU-10-229
四川：壤塘 何兴金，胡灏禹，黄德青 SCU-10-120
四川：壤塘 何兴金，马祥光，郜鹏 SCU-10-221
四川：松潘 何兴金，刘爽，赵财 SCU-10-431
四川：天全 汤加勇，赖建军 Y07064
Cotoneaster harrovianus E. H. Wilson **蒙自栒子 ***
云南：蒙自 田学军，邱成书，高波 TianXJ0156
云南：蒙自 胡光万 HGW-00202
Cotoneaster harrysmithii Flinck & Hylmö **丹巴栒子 ***
四川：木里 孔航辉，罗江平，左雷等 YangQE3401
四川：乡城 孔航辉，罗江平，左雷等 YangQE3543
西藏：芒康 张大才，李双智，罗康等 SunH-07ZX-1252
Cotoneaster hebephyllus Diels **钝叶栒子 ***
甘肃：迭部 齐威 LJQ-2008-GN-311
甘肃：迭部 齐威 LJQ-2008-GN-312
青海：玉树 许炳强，周伟，郑朝汉 Xianh0334
四川：稻城 张大才，尹五元，李双智等 ZhangDC-07ZX-2172
四川：理塘 张大才，尹五元，李双智等 ZhangDC-07ZX-2196
四川：炉霍 许炳强，童毅华，吴兴等 XiaNH-07ZX-0984
四川：乡城 杨青松，杨莹，黄永江等 ZhouZK-07ZX-0165
西藏：林芝 卢洋，刘帆等 LiJ790
西藏：曲水 陈家辉，韩希，王广艳等 YangYP-Q-4190
西藏：曲水 扎西次仁 ZhongY007
云南：楚雄 孙振华，郑志兴，沈蕊等 OuXK-YS-276
云南：德钦 刀志灵 DZL437
云南：德钦 刀志灵 DZL441
云南：德钦 杨青松，杨莹，黄永江等 ZhouZK-07ZX-0167
云南：古城区 张挺，郭起荣，黄兰兰等 15PX220
云南：南涧 时国彩 njwls2007023
云南：宁蒗 孔航辉，罗江平，左雷等 YangQE3335
云南：双柏 王焕冲，马兴达 WangHCH004
Cotoneaster horizontalis Decaisne **平枝栒子**
北京：海淀区 李燕军 SCSB-D-0054
北京：门头沟区 林坚 SCSB-E-0061
湖北：利川 祝文志，刘志祥，曹远俊 ShenZH3433
湖北：五峰 陈功锡，张代贵 SCSB-HC-2008387
湖南：吉首 陈功锡，张代贵，邓涛等 SCSB-HC-2007410
陕西：略阳 田先华，王梅荣，刘全军 TianXH1176
四川：稻城 何兴金，高云东，王志新等 SCU-09-273
四川：峨眉山 李小杰 LiXJ590
四川：康定 何兴金，王月，胡灏禹 SCU-08175
四川：康定 何兴金，冯图，廖晨阳等 SCU-080397
四川：康定 张昌兵，向丽 ZhangCB0203
四川：康定 彭玉兰，涂卫国，余春丽 Gaoxf-0639
四川：理县 何兴金，李琴琴，赵丽华等 SCU-09-582
四川：马尔康 何兴金，高云东，刘海艳等 SCU-20080481
四川：冕宁 孔航辉，罗江平，左雷等 YangQE3428
四川：乡城 吕元林 N015A
云南：大理 张德全，段丽珍，段金成等 ZDQ017
云南：泸水 许炳强，吴兴，李婧等 XiaNh-07zx-036
云南：蒙自 胡光万 HGW-00204
云南：香格里拉 陈文允，于文涛，黄永江等 CYHL192
云南：香格里拉 杨亲二，袁琼 Yangqe2685
Cotoneaster horizontalis var. **perpusillus** C. K. Schneider **小叶平枝栒子 ***
湖北：竹溪 李盛兰 GanQL358
Cotoneaster integerrimus Medikus **全缘栒子**
河北：蔚县 牛玉璐，高彦飞，黄士良 NiuYL236
Cotoneaster langei G. Klotz **中甸栒子 ***
云南：香格里拉 杨亲二，孔航辉，李磊 Yangqe3276
云南：香格里拉 李晓东，张紫刚，操榆 LiJ649

云南：香格里拉 杨亲二，袁琼 Yangqe2687

Cotoneaster melanocarpus Loddiges 黑果栒子

河北：蔚县 牛玉璐，高彦飞，赵二涛 NiuYL508

内蒙古：武川 蒲拴莲，刘润宽，刘毅等 M225

新疆：玛纳斯 亚吉东，张桥蓉，秦少发等 16CS13241

新疆：乌鲁木齐 谭敦炎，艾沙江 TanDY0558

新疆：乌鲁木齐 谭敦炎，地里努尔 TanDY0606

Cotoneaster microphyllus var. **cochleatus** (Franchet) Rehder & E. H. Wilson 白毛小叶栒子

西藏：工布江达 卢洋，刘帆等 LiJ842

云南：古城区 孙振华，郑志兴，沈蕊等 OuXK-YS-217

Cotoneaster microphyllus Wallich ex Lindley 小叶栒子

四川：道孚 何兴金，赵丽华，梁乾隆 SCU-10-023

四川：稻城 何兴金，李琴琴，马祥光等 SCU-09-154

四川：得荣 孙航，李新辉，陈林杨 SunH-07ZX-3054

四川：康定 孙航，张建文，邓涛等 SunH-07ZX-3756

四川：理县 张昌兵，邓秀发 ZhangCB0407

四川：米易 刘静，袁明 MY-181

四川：壤塘 何兴金，赵丽华，梁乾隆 SCU-10-039

四川：壤塘 何兴金，胡灏禹，黄德青 SCU-10-132

四川：壤塘 何兴金，刘爽，易欣 SCU-10-344

四川：松潘 何兴金，刘爽，赵财 SCU-10-420

西藏：波密 孙航，张建文，陈建国等 SunH-07ZX-2550

西藏：波密 张大才，李双智，唐路等 ZhangDC-07ZX-1737

西藏：波密 扎西次仁，西落 ZhongY695

西藏：察隅 孙航，张建文，陈建国等 SunH-07ZX-2500

西藏：堆龙德庆 扎西次仁 ZhongY144

西藏：浪卡子 杨永平，王东超，杨大松等 YangYP-Q-5047

西藏：林芝 罗建，王国严，汪书丽 LiuJQ-08XZ-050

西藏：林芝 罗建，汪书丽 LiuJQ-08XZ-223

西藏：林芝 张大才，李双智，唐路等 ZhangDC-07ZX-1871

西藏：芒康 徐波，陈光富，陈林杨等 SunH-07ZX-0212

西藏：芒康 张大才，罗康，梁群等 ZhangDC-07ZX-1304

西藏：亚东 钟扬，扎西次仁 ZhongY796

西藏：左贡 张大才，李双智，罗康等 ZhangDC-07ZX-0673

云南：大理 李爱花，雷立公，马国强等 SCSB-A-000151

云南：大理 李爱花，雷立公，马国强等 SCSB-A-000162

云南：德钦 孙振华，郑志兴，沈蕊等 OuXK-YS-234

云南：德钦 王文礼，冯欣，刘飞鹏 OUXK11217

云南：德钦 孙航，陈林杨，陈建国等 SunH-07ZX-2985

云南：德钦 孙航，李新辉，陈林杨 SunH-07ZX-3072

云南：东川区 张挺，刘成，郭明明等 11CS3664

云南：峨山 孙振华，宋晓卿，文晖等 OuXK-ES-006

云南：洱源 张德全，王应龙，陈琪等 ZDQ024

云南：洱源 张德全，王应龙，文青华等 ZDQ118

云南：洱源 杨青松，星耀武，苏涛 ZhouZK-07ZX-0266

云南：鹤庆 孙振华，王文礼，宋晓卿等 OuxK-HQ-0010

云南：鹤庆 张红良，木栅，李玉瑛等 15PX401

云南：鹤庆 张大才，李双智，杨川 ZhangDC-07ZX-2100

云南：景东 张绍云，胡启和，仇亚等 YNS1157

云南：景东 杨华军，刘国庆，陶正坤 JDNR110104

云南：兰坪 张挺，徐远杰，黄押稳等 SCSB-B-000179

云南：丽江 张书东，林娜娜，陆露等 SCSB-W-096

云南：隆阳区 段在贤，李晓东，封占昕 BSGLGSly037

云南：泸水 刀志灵 DZL890

云南：泸水 刀志灵 DZL-096

云南：泸水 许炳强，吴兴，李婧等 XiaNh-07zx-033

云南：盘龙区 张挺，杜燕，李爱花等 SCSB-A-000050

云南：盘龙区 胡光万 HGW-00353

云南：巧家 李文虎，颜再奎，张天壁等 QJYS0046

云南：巧家 李文虎，吴天抗，张天壁等 QJYS0167

云南：巧家 张天壁 SCSB-W-799

云南：石林 税玉民，陈文红 65013

云南：维西 王文礼，冯欣，刘飞鹏 OUXK11043

云南：西山区 李爱花，邓敏，焦军影 SCSB-A-000010

云南：香格里拉 张书东，林娜娜，郁文彬等 SCSB-W-029

云南：香格里拉 孙振华，郑志兴，沈蕊等 OuXK-YS-236

云南：香格里拉 李晓东，张紫刚，操榆 LiJ650

云南：香格里拉 杨亲二，袁琼 Yangqe2686

云南：新平 白绍斌 XPALSC066

云南：永德 YDDXSC080

云南：永德 李永亮 YDDXS0947

云南：永德 李永亮，马文军 YDDXSB135

云南：玉龙 孙航，李新辉，陈林杨 SunH-07ZX-3219

云南：玉龙 张大才，李双智，杨川 ZhangDC-07ZX-2070

Cotoneaster moupinensis Franchet 宝兴栒子 *

四川：宝兴 袁明 Y07024

四川：汉源 汤加勇，赖建军 Y07137

Cotoneaster multiflorus Bunge 水栒子

甘肃：合作 郭淑青，杜品 LiuJQ-2012-GN-193

甘肃：夏河 尹鑫，吴航，葛文静 LiuJQ-GN-2011-103

甘肃：榆中 王召峰，彭艳玲，朱兴福 LiuJQ-09XZ-LZT-203

河北：蔚县 牛玉璐，高彦飞，赵二涛 NiuYL432

黑龙江：宁安 刘玫，王臣，张欣欣等 Liuetal732

辽宁：盖州 郑宝江，丁晓炎，焦宏斌等 ZhengBJ374

辽宁：建平 卜军，金实，阴黎明 CaoW385

辽宁：建平 卜军，金实，阴黎明 CaoW483

内蒙古：和林格尔 蒲拴莲，刘润宽，刘毅等 M300

内蒙古：赛罕区 蒲拴莲，李茂文 M057

青海：互助 薛春迎 Xuechy0127

青海：玉树 许炳强，周伟，郑朝汉 Xianh0328

山西：交城 焦磊，张海博，陈姣 Zhangf0212

陕西：长安区 王梅荣，田先华，田陌 TianXH063

四川：道孚 高云东，李忠荣，鞠文彬 GaoXF-12-169

四川：道孚 何兴金，赵丽华，梁乾隆 SCU-10-026

四川：得荣 孙航，李新辉，陈林杨 SunH-07ZX-3042

四川：德格 孙航，张建文，董金龙等 SunH-07ZX-3914

四川：德格 张大才，尹五元，李双智等 ZhangDC-07ZX-2291

四川：德格 张大才，尹五元，李双智等 ZhangDC-07ZX-2292

四川：小金 高云东，李忠荣，鞠文彬 GaoXF-12-086

西藏：昂仁 李国栋，董金龙 SunH-07ZX-3265

西藏：波密 张大才，李双智，唐路等 ZhangDC-07ZX-1721

西藏：察隅 扎西次仁，西落 ZhongY715

西藏：江达 张挺，李爱花，刘成等 08CS777

西藏：浪卡子 杨永平，王东超，杨大松等 YangYP-Q-5049

西藏：米林 扎西次仁 ZhongY352

云南：德钦 杨亲二，袁琼 Yangqe2524

云南：富民 郁文彬，董莉娜，张舒等 SCSB-W-970

云南：巧家 郁文彬，张舒，艾洪莲等 SCSB-W-1018

Cotoneaster multiflorus var. **atropurpureus** T. T. Yu 紫果水栒子 *

北京：房山区 宋松泉 BJ037

河南：鲁山 宋松泉 HN060

河南：鲁山 宋松泉 HN111

河南：鲁山 宋松泉 HN159

四川：小金 高云东，李忠荣，鞠文彬 GaoXF-12-130

西藏：昌都 易思荣，谭秋平 YISR243

Cotoneaster nitidifolius Marquand 亮叶栒子 *

云南：玉龙 张挺，徐远杰，黄押稳等 SCSB-B-000142

Cotoneaster nitidus Jacques 两列栒子

四川：康定 彭玉兰，涂卫国 Gaoxf-1036

四川：康定 彭玉兰，涂卫国，余春丽 Gaoxf-0615

西藏：波密 刘成，亚吉东，何华杰等 16CS11823

西藏：洛扎 扎西次仁 ZhongY206

云南：贡山 刀志灵 DZL866

云南：贡山 郭永杰，吴之坤，吴兴等 14CS9823

云南：巧家 李文虎，高顺勇，吴天抗等 QJYS0086

Cotoneaster oliganthus Pojarkova 少花栒子

新疆：博乐 徐文斌，许晓敏 SHI-2008361

新疆：玛纳斯 亚吉东，张桥蓉，秦少发等 16CS13222

新疆：温泉 徐文斌，黄雪姣 SHI-2008034

新疆：乌鲁木齐 谭敦炎，艾沙江 TanDY0557

新疆：裕民 徐文斌，杨清理 SHI-2009468

Cotoneaster pannosus Franchet 毡毛栒子 *

四川：得荣 杨莹，黄永江，翟艳红 ZhouZK-07ZX-0158

四川：乡城 王文礼，冯欣，刘飞鹏 OUXK11123

云南：安宁 伊廷双，孟静，杨杨 MJ-862

云南：安宁 伊廷双，孟静，杨杨 MJ-864

云南：德钦 孙航，李新辉，陈林杨 SunH-07ZX-2988

云南：德钦 孙航，李新辉，陈林杨 SunH-07ZX-3066

云南：剑川 柳小康 OuXK-0026

云南：丽江 孙航，李新辉，陈林杨 SunH-07ZX-3128

云南：泸水 陆树刚 Ouxk-LK-0003

云南：禄丰 孙振华，郑志兴，沈蕊等 OuXK-LF-007

云南：禄劝 张挺，张书东，李爱花 SCSB-A-000091

云南：禄劝 王文礼，何彪，冯欣等 OUXK11254

云南：南涧 孙振华，王文礼，宋晓卿等 OuxK-NJ-0005

云南：施甸 孙振华，郑志兴，沈蕊等 OuXK-LC-001

云南：维西 王文礼，冯欣，刘飞鹏 OUXK11076

云南：文山 何德明，韦荣彪，黄太文 WSLJS764

云南：玉溪 伊廷双，孟静，杨杨 MJ-895

Cotoneaster rotundifolius Wallich ex Lindley 圆叶栒子

西藏：八宿 张大才，李双智，罗康等 SunH-07ZX-1248

云南：腾冲 余新林，赵玮 BSGLGStc395

Cotoneaster rubens var. **minimus** T. T. Yu 小叶红花栒子 *

四川：冕宁 孙航，张建文，董金龙等 SunH-07ZX-4063

Cotoneaster rubens W. W. Smith 红花栒子

西藏：工布江达 扎西次仁 ZhongY301

云南：兰坪 孔航辉，任琛 Yangqe2878

云南：泸水 许炳强，吴兴，李婧等 XiaNh-07zx-042

云南：香格里拉 郭永杰，张桥蓉，李春晓等 11CS3464

云南：香格里拉 李晓东，张紫刚，操榆 LiJ679

云南：玉龙 张挺，郭起荣，黄兰兰等 15PX205

Cotoneaster salicifolius Franchet 柳叶栒子 *

贵州：江口 周云，王勇 XiangZ003

湖北：竹溪 李盛兰 GanQL764

四川：峨眉山 李小杰 LiXJ204

云南：贡山 蔡杰，郭云刚，张凤琼等 14CS9726

云南：古城区 刀志灵，张洪喜 DZL481

云南：鹤庆 孙航，李新辉，陈林杨 SunH-07ZX-3165

Cotoneaster salicifolius var. **henryanus** (C. K. Schneider) T. T. Yu 大叶柳叶栒子 *

湖北：利川 祝文志，刘志祥，曹远俊 ShenZH3430

Cotoneaster sherriffii G. Klotz 康巴栒子

四川：黑水 顾垒，李忠荣 GaoXF-09ZX-1581

西藏：工布江达 扎西次仁 ZhongY300

西藏：芒康 张永洪，李国栋，王晓雄 SunH-07ZX-1727

Cotoneaster silvestrii Pampanini 华中栒子 *

安徽：石台 唐鑫生，方建新 TangXS0532

湖北：竹溪 李盛兰 GanQL1014

四川：盐源 孔航辉，罗江平，左雷等 YangQE3367

Cotoneaster soongoricus (Regel & Herder) Popov 准噶尔栒子

新疆：阿克苏 塔里木大学植物资源调查组 TD-00900

新疆：和静 杨赵平，焦培培，白冠章等 LiZJ0671

新疆：玛纳斯 亚吉东，张桥蓉，秦少发等 16CS13223

新疆：温宿 杨赵平，黄文娟，段黄金等 LiZJ0108

新疆：温宿 杨赵平，焦培培，白冠章等 LiZJ0785

新疆：温宿 杨赵平，焦培培，白冠章等 LiZJ0947

新疆：乌恰 塔里木大学植物资源调查组 TD-00741

Cotoneaster subadpressus T. T. Yu 高山栒子 *

四川：稻城 孔航辉，罗江平，左雷等 YangQE3529

云南：德钦 杨青松，杨莹，黄永江等 ZhouZK-07ZX-0144

云南：丽江 张书东，林娜娜，陆露等 SCSB-W-155

云南：香格里拉 杨亲二，孔航辉，李磊 Yangqe3275

云南：香格里拉 杨亲二，袁琼 Yangqe2235

云南：云龙 李施文，张志云 TCLMS5013

Cotoneaster submultiflorus Popov 毛叶水栒子

甘肃：迭部 齐威 LJQ-2008-GN-314

内蒙古：土默特右旗 刘博，蒲拴莲，刘润宽等 M361

青海：囊谦 许炳强，周伟，郑朝汉 Xianh0088

四川：巴塘 张大才，尹五元，李双智等 ZhangDC-07ZX-2218

西藏：波密 张大才，李双智，唐路等 ZhangDC-07ZX-1714

西藏：察隅 张大才，李双智，唐路等 ZhangDC-07ZX-1710

西藏：林芝 陈家辉，韩希，王东超等 YangYP-Q-4123

西藏：芒康 张大才，罗康，梁群等 ZhangDC-07ZX-1321

西藏：曲水 李国栋，董金龙 SunH-07ZX-3275

Cotoneaster taylorii T. T. Yu 藏南栒子 *

西藏：芒康 张大才，李双智，罗康等 ZhangDC-07ZX-0128

Cotoneaster tenuipes Rehder & E. H. Wilson 细枝栒子 *

甘肃：临潭 齐威 LJQ-2008-GN-310

宁夏：西夏区 左忠，刘华 ZuoZh294

四川：稻城 何兴金，李琴琴，马祥光等 SCU-09-161

四川：得荣 孙航，董金龙，朱鑫鑫等 SunH-07ZX-4082

四川：康定 何兴金，郜鹏，彭禄等 SCU-11-311

四川：理塘 何兴金，马祥光，张云香等 SCU-11-216

四川：理县 许炳强，童毅华，吴兴等 XiaNH-07ZX-0904

四川：理县 张昌兵，邓秀发 ZhangCB0406

西藏：波密 孙航，张建文，陈建国等 SunH-07ZX-2590

西藏：昌都 许炳强，周伟，郑朝汉 Xianh0159

西藏：林芝 孙航，张建文，陈建国等 SunH-07ZX-2804

西藏：芒康 张挺，蔡杰，刘恩德等 SCSB-B-000456

云南：香格里拉 杨亲二，袁琼 Yangqe2688

Cotoneaster turbinatus Craib 陀螺果栒子 *

云南：香格里拉 孙航，李新辉，陈林杨 SunH-07ZX-3213

云南：云龙 刀志灵 DZL391

Cotoneaster uniflorus Bunge 栒子

新疆：乌鲁木齐 谭敦炎，吉乃提 TanDY0560

新疆：裕民 谭敦炎，吉乃提 TanDY0715

Cotoneaster zabelii C. K. Schneider 西北栒子 *

甘肃：迭部 齐威 LJQ-2008-GN-313

河北：涉县 牛玉璐，王晓亮 NiuYL571

湖北：五峰 李平 AHL072

湖北：仙桃 张代贵 Zdg3596
山东：历下区 高德民，张诏，王萍等 lilan484
山西：阳城 张贵平，张丽，吴琼等 Zhangf0026
陕西：平利 田先华，张雅娟 TianXH1035

Crataegus altaica (Loudon) Lange **阿尔泰山楂**

新疆：博乐 亚吉东，张桥蓉，秦少发等 16CS13832
新疆：玛纳斯 亚吉东，张桥蓉，秦少发等 16CS13218

Crataegus chungtienensis W. W. Smith **中甸山楂 ***

云南：香格里拉 杨亲二，孔航辉，李磊 Yangqe3268
云南：香格里拉 王文礼，冯欣，刘飞鹏 OUXK11087
云南：香格里拉 李晓东，张紫刚，操榆 LiJ672
云南：香格里拉 杨亲二，袁琼 Yangqe2236

Crataegus cuneata Siebold & Zuccarini **野山楂**

安徽：肥东 陈延松 Xuzd064
安徽：舒城 陈延松，欧祖兰，高秋晨等 Xuzd305
安徽：休宁 唐鑫生，方建新 TangXS0318
贵州：南明区 侯小琪 YBG153
贵州：正安 韩国营 HanGY001
湖南：衡山 刘克明，田淑珍，陈薇 SCSB-HN-0243
湖南：会同 李胜华，伍贤进，曾汉元等 Wuxj985
湖南：岳麓区 姜孝成，唐妹，卜剑超等 Jiangxc0510
江苏：句容 王兆银，吴宝成 SCSB-JS0196
江苏：盱眙 李宏庆，熊申展，胡超 Lihq0378
江西：黎川 童和平，王玉珍，常迪江等 TanCM2021
江西：庐山区 谭策铭，董安淼 TCM09010
山东：平邑 高德民，张诏，王萍等 lilan532
云南：南涧 袁玉川，徐家武 NJWLS587
云南：香格里拉 李爱花，周开洪，黄之镨等 SCSB-A-000258

Crataegus dahurica Koehne ex C. K. Schneider **光叶山楂**

黑龙江：五大连池 孙阎，杜景红，李鑫鑫 SunY219

Crataegus hupehensis Sargent **湖北山楂 ***

安徽：黄山区 唐鑫生，宋曰钦，方建新 TangXS0555
重庆：南川区 易思荣 YISR288
河南：浉河区 朱鑫鑫，闫明慧，王君等 ZhuXX219
湖南：新化 刘克明，彭珊，李珊等 SCSB-HN-1378
湖南：新化 刘克明，彭珊，李珊等 SCSB-HN-1658
江苏：句容 吴宝成，王兆银 HANGYY8357

Crataegus kansuensis E. H. Wilson **甘肃山楂 ***

甘肃：迭部 齐威 LJQ-2008-GN-329
甘肃：迭部 齐威 LJQ-2008-GN-330
甘肃：夏河 尹鑫，吴航，葛文静 LiuJQ-GN-2011-083
河北：赤城 牛玉璐，高彦飞 NiuYL626
青海：互助 薛春迎 Xuechy0251
山西：永济 刘明光，焦磊，张海博 Zhangf0209
陕西：长安区 王梅荣，田先华，田陌 TianXH126

Crataegus maximowiczii C. K. Schneider **毛山楂**

黑龙江：宁安 刘玫，王臣，张欣欣等 Liuetal735
吉林：安图 周海城 ZhouHC057
内蒙古：克什克腾旗 刘润宽，李茂文，李昌亮 M117

Crataegus pinnatifida Bunge **山楂**

北京：房山区 宋松泉 BJ034
河北：围场 牛玉璐，王晓亮 NiuYL564
河北：蔚县 牛玉璐，高彦飞，黄士良 NiuYL147
河南：鲁山 宋松泉 HN057
河南：鲁山 宋松泉 HN108
河南：鲁山 宋松泉 HN156
黑龙江：虎林市 王庆贵 CaoW642
黑龙江：虎林市 王庆贵 CaoW695
黑龙江：宁安 陈武璋，王炳辉 CaoW0186
黑龙江：尚志 李兵，路科 CaoW0088
黑龙江：尚志 刘玫，张欣欣，程薪宇等 Liuetal321
黑龙江：五常 李兵，路科 CaoW0143
黑龙江：五大连池 郑宝江，丁晓炎，王美娟 ZhengBJ272
黑龙江：延寿 李兵，路科 CaoW0126
吉林：丰满区 李兵，路科 CaoW0071
吉林：珲春 杨保国，张明鹏 CaoW0051
吉林：南关区 张永刚 Yanglm0088
江苏：句容 王兆银，吴宝成 SCSB-JS0276
辽宁：凤城 李昊 CaoW225
辽宁：凤城 董清 CaoW251
辽宁：凤城 朱春龙 CaoW254
辽宁：凤城 张春华 CaoW269
辽宁：建昌 卜军，金实，阴黎明 CaoW509
辽宁：建平 卜军，金实，阴黎明 CaoW387
辽宁：建平 卜军，金实，阴黎明 CaoW508
辽宁：绥中 卜军，金实，阴黎明 CaoW425
辽宁：铁岭 刘少硕，谢峰 CaoW284
辽宁：瓦房店 宫本胜 CaoW358
内蒙古：卓资 蒲拴莲，李茂文 M085
山东：历城区 高德民，邵尉，吴燕秋 Lilan913
山东：历城区 高德民，王萍，张颖颖等 Lilan596
山西：交城 焦磊，张海博，陈姣 Zhangf0211
云南：维西 王文礼，冯欣，刘飞鹏 OUXK11046

Crataegus pinnatifida var. **major** N. E. Brown **山里红**

江苏：海州区 汤兴利 HANGYY8506

Crataegus sanguinea Pallas **辽宁山楂**

内蒙古：和林格尔 蒲拴莲，李茂文 M044
新疆：哈巴河 段士民，王喜勇，刘会良等 219
新疆：玛纳斯 亚吉东，张桥蓉，秦少发等 16CS13219
新疆：裕民 谭敦炎，吉乃提 TanDY0681
新疆：裕民 徐文斌，黄刚 SHI-2009470

Crataegus scabrifolia (Franchet) Rehder **云南山楂 ***

云南：德钦 孙航，李新辉，陈林杨 SunH-07ZX-2991
云南：景东 罗忠华，刘长铭，鲁成荣等 JD089
云南：麻栗坡 肖波，陆章强 LuJL030
云南：蒙自 田学军 TianXJ0185
云南：嵩明 张挺，唐勇，陈伟 SCSB-B-000090
云南：腾冲 周应再 Zhyz-328
云南：文山 何德明，胡艳花 WSLJS490
云南：新平 自成仲，自正荣，刘家良 XPALSD035
云南：永德 李永亮 YDDXS0627
云南：镇沅 罗成瑜，乔永华 ALSZY013

Crataegus songarica K. Koch **准噶尔山楂**

新疆：和静 张玲 TD-01920
新疆：霍城 阎平，徐文斌 SHI-A2007338
新疆：霍城 亚吉东，张桥蓉，秦少发等 16CS13809
新疆：霍城 亚吉东，张桥蓉，秦少发等 16CS13813
新疆：尼勒克 刘鸯，马真，贺晓欢等 SHI-A2007469

Crataegus wilsonii Sargent **华中山楂 ***

湖北：神农架林区 李巨平 LiJuPing0050
湖北：神农架林区 祝文志，刘志祥，曹远俊 ShenZH5558
湖北：竹溪 李盛兰 GanQL1152
山西：沁水 连俊强，赵璐璐，廉凯敏 Zhangf0002
陕西：太白 田先华，董栓录 TianXH1173
陕西：长安区 王梅荣，田先华，田陌 TianXH127

Dichotomanthes tristaniicarpa Kurz **牛筋条 ***

云南：安宁 张挺，张书东，李爱花 SCSB-A-000065
云南：景东 鲁艳 07-146
云南：景东 罗忠华，段玉伟，刘长铭等 JD067
云南：景东 罗忠华，段玉伟，刘长铭等 JD068
云南：兰坪 孙振华，郑志兴，沈蕊等 OuXK-LC-045
云南：临沧 彭华，向春雷，王泽欢 PengH8074
云南：泸水 刀志灵 DZL-097
云南：泸水 孙振华，郑志兴，沈蕊等 OuXK-LC-016
云南：禄丰 孙振华，郑志兴，沈蕊等 OuXK-LF-005
云南：麻栗坡 肖波 LuJL066
云南：蒙自 田学军，邱成书，高波 TianXJ0151
云南：蒙自 田学军，邱成书，高波 TianXJ0161
云南：蒙自 田学军，邱成书，高波 TianXJ0195
云南：南涧 阿国仁 NJWLS782
云南：腾冲 周应再 Zhyz-093
云南：腾冲 余新林，赵玮 BSGLGStc254
云南：文山 张挺，蔡杰，刘越强等 SCSB-B-000444
云南：文山 何德明 WSLJS608
云南：武定 张挺，张书东，李爱花等 SCSB-A-000067
云南：新平 彭华，陈丽 P.H.5369
云南：新平 刘家良 XPALSD117
云南：新平 谢雄 XPALSC523
云南：新平 白绍斌 XPALSC088
云南：新平 白绍斌 XPALSC086
云南：盈江 王立彦，左常盛，桂魏 SCSB-TBG-032
云南：玉龙 孔航辉，任琛 Yangqe2798
云南：元谋 冯欣 OuXK-0082

Dichotomanthes tristaniicarpa var. **glabrata** Rehder **光叶牛筋条** *
云南：泸水 李爱花，李洪超，黄天才等 SCSB-A-000208

Docynia delavayi (Franchet) C. K. Schneider **云南移衣** *
云南：景东 罗忠华，刘长铭，谢有能 JD014
云南：南涧 时国彩，何贵才，杨建平等 njwls2007031
云南：石林 张挺，张书东，杨茜等 SCSB-A-000033
云南：腾冲 余新林，赵玮 BSGLGStc292
云南：文山 何德明 WSLJS710
云南：武定 张挺，张书东，李爱花等 SCSB-A-000069
云南：永德 奎文康，杨金柱，鲁金国 YDDXSC077
云南：永德 李永亮 YDDXS0114
云南：玉龙 彭华，陈丽，刘恩德等 P.H.5445
云南：云龙 字建泽，杨六斤，李国宏等 TC1030

Docynia indica (Wallich) Decaisne **移衣**
云南：武定 彭华，刘振稳，向春雷等 P.H.5022
云南：香格里拉 张挺，亚吉东，张桥蓉等 11CS3573
云南：镇沅 罗成瑜 ALSZY400

Dryas octopetala var. **asiatica** (Nakai) Nakai **东亚仙女木**
吉林：安图 孙阎 SunY051

Duchesnea chrysantha (Zollinger & Moritzi) Miquel **皱果蛇莓**
四川：峨眉山 李小杰 LiXJ613
西藏：八宿 张大才，李双智，罗康等 SunH-07ZX-0763
西藏：芒康 张大才，李双智，罗康等 SunH-07ZX-0076

Duchesnea indica (Andrews) Focke **蛇莓**
安徽：肥西 陈延松，朱合军，姜九龙 Xuzd047
安徽：三山区 狄皓，吴婕 ZhouSB0138
安徽：舒城 陈延松，欧祖兰，高秋晨等 Xuzd268
安徽：屯溪区 方建新 TangXS0232
北京：东城区 朱雅娟，王雷，黄振英 Beijing-huang-xs-0007
北京：西城区 王雷，朱雅娟，黄振英 Beijing-huang-ssl-0007
贵州：南明区 邹方伦 ZouFL0088
河北：元氏 牛玉璐，郑博颖，黄士良等 NiuYL019
湖北：五峰 李平 AHL017
湖北：竹溪 李盛兰 GanQL960
湖南：衡阳 刘克明，旷仁平，丛义艳 SCSB-HN-0697
湖南：怀化 伍贤进，李胜华，曾汉元等 HHXY021
湖南：浏阳 蔡秀珍，田淑珍 SCSB-HN-1038
湖南：新宁 姜孝成，唐贵华，袁双艳等 SCSB-HNJ-0265
湖南：永定区 吴福川 7005
湖南：永定区 廖博儒，吴福川，查学州等 7023
湖南：长沙 陈薇，田淑珍 SCSB-HN-0736
江苏：句容 王兆银，吴宝成 SCSB-JS0074
江苏：玄武区 吴宝成，杭悦宇 SCSB-JS0036
江西：黎川 童和平，王玉珍，常迪江等 TanCM1969
江西：庐山区 董安淼，吴从梅 TanCM804
辽宁：庄河 于立敏 CaoW839
山东：莱山区 陈朋 BianFH-400
山西：夏县 赵璐璐 Zhangf0153
四川：宝兴 袁明 Y07043
四川：峨边 李小杰 LiXJ792
四川：米易 刘静，袁明 MY-253
四川：射洪 袁明 YUANM2015L145
西藏：波密 孙航，张建文，陈建国等 SunH-07ZX-2586
云南：景东 杨国平 07-34
云南：南涧 袁玉川，徐家武 NJWLS583
云南：南涧 官有才 NJWLS1643
云南：南涧 阿国仁 NJWLS1521
云南：宁洱 张绍云 YNS0121
云南：屏边 税玉民，陈文红 82502
云南：思茅区 胡启和，仇亚，张绍云 YNS0829
云南：嵩明 张挺，蔡杰，李爱花等 SCSB-B-000057
云南：嵩明 张挺，蔡杰，李爱花等 SCSB-B-000062
云南：腾冲 余新林，赵玮 BSGLGStc151
云南：腾冲 余新林，赵玮 BSGLGStc321
云南：腾冲 周应再 Zhyz-188
云南：文山 何德明 WSLJS928
云南：香格里拉 杨青松，詹克平，于文涛等 ZhouZK-07ZX-0002
云南：新平 白绍斌 XPALSC349
云南：新平 李应富，郎定富，谢天华 XPALSA081
云南：盈江 王立彦 WLYTBG-046
云南：永德 李永亮 YDDXS0264
浙江：临安 李宏庆，田怀珍 Lihq0215

Exochorda giraldii Hesse **红柄白鹃梅** *
陕西：长安区 田先华，王梅荣 TianXH216

Exochorda racemosa (Lindley) Rehder **白鹃梅** *
安徽：潜山 唐鑫生，宋曰钦，方建新 TangXS0890
河南：浉河区 朱鑫鑫，闫明慧，王君等 ZhuXX218
江苏：句容 王兆银，吴宝成 SCSB-JS0145

Filipendula × intermedia (Glehn) Juzepczuk **翻白蚊子草**
黑龙江：大兴安岭 孙阎，赵立波 SunY024
吉林：抚松 张宝田 Yanglm0414

Filipendula palmata (Pallas) Maximowicz **蚊子草**
黑龙江：带岭区 郑宝江，丁晓炎，李月等 ZhengBJ229
黑龙江：五大连池 孙阎，张兰兰 SunY380
吉林：磐石 安海成 AnHC0131

Filipendula palmata var. **glabra** Ledebour ex Komarov & Alissova-Klobulova **光叶蚊子草**
吉林：抚松 张宝田 Yanglm0466

Filipendula vestita (Wallich ex G. Don) Maximowicz **锈脉蚊子草**
云南：香格里拉 周浙昆，苏涛，杨莹等 Zhou09-046
Fragaria gracilis Losinskaja **纤细草莓 ***
湖北：神农架林区 李巨平 LiJuPing0164
四川：峨眉山 李小杰 LiXJ071
四川：洪雅 亚吉东，胡枭剑 15CS11035
云南：香格里拉 杨青松，杨莹，黄永江等 ZhouZK-07ZX-0208
Fragaria moupinensis (Franchet) Cardot **西南草莓 ***
四川：峨眉山 李小杰 LiXJ612
四川：泸定 李小杰 LiXJ003
云南：德钦 杨青松，杨莹，黄永江等 ZhouZK-07ZX-0206
云南：贡山 王四海，李苏雨，吴超 Wangsh-07ZX-021
云南：香格里拉 杨青松，詹克平，于文涛等 ZhouZK-07ZX-0008
Fragaria nilgerrensis Schlechtendal ex J. Gay **黄毛草莓**
重庆：南川区 易思荣 YISR178
湖北：仙桃 张代贵 Zdg2049
湖北：竹溪 李盛兰 GanQL071
陕西：平利 田先华，陆东舜，温学军 TianXH017
云南：洱源 张书东，林娜娜，陆露等 SCSB-W-168
云南：丽江 张书东，林娜娜，陆露等 SCSB-W-130
云南：丽江 张书东，林娜娜，陆露等 SCSB-W-131
云南：南涧 熊绍荣 NJWLS439
云南：南涧 阿国仁 NJWLS1529
云南：巧家 杨光明 SCSB-W-1122
云南：石林 税玉民，陈文红 65627
云南：石林 税玉民，陈文红 65688
云南：腾冲 周应再 Zhyz-237
云南：文山 何德明，丰艳飞，张代明 WSLJS953
云南：永德 李永亮 YDDXS0282
云南：云龙 字建泽，李国宏，李施文等 TC1001
Fragaria nilgerrensis var. **mairei** (H. Léveillé) Handel-Mazzetti **粉叶黄毛草莓 ***
云南：麻栗坡 肖波 LuJL432
Fragaria orientalis Losinskaja **东方草莓**
甘肃：合作 尹鑫，吴航，葛文静 LiuJQ-GN-2011-096
黑龙江：宁安 王臣，张欣欣，史传奇 WangCh50
青海：囊谦 许炳强，周伟，郑朝汉 Xianh0087
陕西：宁陕 王梅荣，田陌 TianXH1094
四川：峨眉山 李小杰 LiXJ008
四川：泸定 何兴金，李琴琴，王长宝等 SCU-08067
Fragaria vesca Linnaeus **野草莓**
甘肃：合作 郭淑青，杜品 LiuJQ-2012-GN-254
湖北：仙桃 张代贵 Zdg1412
四川：九寨沟 张挺，李爱花，刘成等 08CS870
云南：巧家 杨光明 SCSB-W-1121
Geum aleppicum Jacquin **路边青**
甘肃：合作 尹鑫，吴航，葛文静 LiuJQ-GN-2011-094
甘肃：玛曲 尹鑫，吴航，葛文静 LiuJQ-GN-2011-101
河北：丰宁 牛玉璐，高彦飞 NiuYL616
黑龙江：北安 郑宝江，潘磊 ZhengBJ002
黑龙江：虎林市 王庆贵 CaoW557
黑龙江：尚志 刘玫，张欣欣，程薪宇等 Liuetal298
湖北：神农架林区 李巨平 LiJuPing0142
湖北：宜昌 陈功锡，张代贵 SCSB-HC-2008061
吉林：抚松 张宝田 Yanglm0417
江苏：玄武区 顾子霞 HANGYY8677
辽宁：义县 卜军，金实，阴黎明 CaoW379
辽宁：庄河 于立敏 CaoW801
内蒙古：额尔古纳 张红香 ZhangHX166
内蒙古：卓资 蒲拴莲，李茂文 M087
青海：互助 陈世龙，高庆波，张发起等 Chensl1707
青海：平安 薛春迎 Xuechy0051
山西：沁水 焦磊 Zhangf0124
四川：巴塘 张大才，尹五元，李双智等 ZhangDC-07ZX-2239
四川：巴塘 陈文允，于文涛，黄永江 CYH047
四川：白玉 孙航，张建文，董金龙等 SunH-07ZX-3675
四川：丹巴 余岩，周春景，秦汉涛 SCU-11-062
四川：甘孜 孙航，张建文，董金龙等 SunH-07ZX-3931
四川：甘孜 陈文允，于文涛，黄永江 CYH095
四川：甘孜 陈文允，于文涛，黄永江 CYH106
四川：红原 高云东，李忠荣，鞠文彬 GaoXF-12-034
四川：红原 张昌兵，邓秀华 ZhangCB0231
四川：红原 张昌兵，邓秀华 ZhangCB0279
四川：九寨沟 张挺，李爱花，刘成等 08CS861
四川：康定 孙航，张建文，董金龙等 SunH-07ZX-4000
四川：康定 彭玉兰，涂卫国 Gaoxf-1086
四川：康定 张大才，尹五元，李双智等 ZhangDC-07ZX-2389
四川：凉山 孙航，张建文，邓涛等 SunH-07ZX-3795
四川：冕宁 张大才，尹五元，李双智等 ZhangDC-07ZX-2461
四川：普格 苏涛，黄永江，杨青松等 ZhouZK11042
四川：壤塘 何兴金，赵丽华，梁乾隆 SCU-10-035
四川：若尔盖 高云东，李忠荣，鞠文彬 GaoXF-12-014
四川：松潘 何兴金，张云香，王志新 SCU-10-504
四川：天全 何兴金，李琴琴，马祥光等 SCU-09-105
四川：新龙 陈文允，于文涛，黄永江 CYH078
西藏：波密 陈家辉，韩希，王东超等 YangYP-Q-4023
西藏：波密 陈家辉，韩希，王东超等 YangYP-Q-4074
西藏：江达 张挺，李爱花，刘成等 08CS774
西藏：林芝 罗建，汪书丽 LiuJQ-08XZ-097
西藏：林芝 罗建，汪书丽 LiuJQ-08XZ-168
西藏：林芝 卢洋，刘帆等 LiJ776
西藏：林芝 张大才，李双智，唐路等 ZhangDC-07ZX-1838
西藏：林芝 陈家辉，韩希，王广艳等 YangYP-Q-4101
新疆：阜康 吉乃提，贾静 TanDY0792
新疆：哈巴河 段士民，王喜勇，刘会良等 211
新疆：和静 张玲 TD-01703
新疆：玛纳斯 贺小欢 SHI2006287
新疆：尼勒克 段士民，王喜勇，刘会良 Zhangdy417
新疆：乌鲁木齐 谭敦炎，吉乃提 TanDY0525
新疆：乌鲁木齐 谭敦炎，艾沙江 TanDY0547
新疆：乌鲁木齐 谭敦炎，地里努尔 TanDY0609
新疆：乌鲁木齐 段士民，王喜勇，刘会良 Zhangdy250
新疆：新源 亚吉东，张桥蓉，秦少发等 16CS13383
云南：洱源 杨青松，杨莹，黄永江等 ZhouZK-07ZX-0125
云南：福贡 许炳强，吴兴，李婧等 XiaNh-07zx-203
云南：景东 杨国平 ygp-051
云南：南涧 罗新洪，阿国仁，何贵才 NJWLS766
云南：宁蒗 任宗昕，寸龙琼，任尚国 SCSB-W-1350
云南：巧家 郁文彬，任宗昕，艾洪莲等 SCSB-W-1056
云南：巧家 李文虎，吴天抗，张天壁等 QJYS0154
云南：巧家 杨光明 SCSB-W-1199
云南：腾冲 赵玮 BSGLGSly117
云南：腾冲 余新林，赵玮 BSGLGStc078
云南：腾冲 周应再 Zhyz-130
云南：维西 陈文允，于文涛，黄永江等 CYHL090

云南：香格里拉 张建文，陈建国，陈林杨等 SunH-07ZX-2280
云南：香格里拉 陈文允，于文涛，黄永江等 CYHL208
云南：香格里拉 周浙昆，苏涛，杨莹等 Zhou09-043
云南：永德 李永亮 LiYL1333

Geum japonicum var. **chinense** F. Bolle **柔毛路边青** *

安徽：石台 陈延松，吴国伟，洪欣 Zhousb0068
安徽：屯溪区 方建新 TangXS0038
重庆：南川区 易思荣 YISR021
贵州：南明区 邹方伦 ZouFL0012
湖北：来凤 丛义艳，陈丰林 SCSB-HN-1180
湖北：宣恩 沈泽昊 HXE141
湖北：竹溪 李盛兰 GanQL197
湖南：衡山 旷仁平 SCSB-HN-1148
湖南：会同 丛义艳 SCSB-HN-1129
湖南：桑植 陈功锡，廖博儒，查学州等 204
湖南：桑植 田连成 SCSB-HN-1212
湖南：永定区 廖博儒，吴福川，查学州等 141
湖南：永顺 陈功锡，张代贵 SCSB-HC-2008222
江西：修水 缪以清 TanCM637
四川：宝兴 袁明，胡超 Y07004
四川：宝兴 袁明 Y07110
四川：道孚 陈文允，于文涛，黄永江 CYH203
四川：稻城 何兴金，廖晨阳，任海燕等 SCU-09-456
四川：峨眉山 李小杰 LiXJ492
四川：红原 张昌兵，邓秀发，郝国歉 ZCB0645
四川：理县 何兴金，李琴琴，赵丽华等 SCU-09-536
四川：壤塘 何兴金，胡灏禹，黄德青 SCU-10-138
四川：壤塘 何兴金，马祥光，郜鹏 SCU-10-234
四川：壤塘 何兴金，刘爽，易欣 SCU-10-331
四川：壤塘 何兴金，刘爽，易欣 SCU-10-333
四川：松潘 何兴金，刘爽，赵财 SCU-10-411
四川：天全 何兴金，赵丽华，梁乾隆等 SCU-11-103
新疆：和静 杨赵平，焦培培，白冠章等 LiZJ0553
新疆：霍城 马真，贺晓欢，徐文斌等 SHI-A2007052
新疆：尼勒克 贺晓欢，徐文斌，刘鸯等 SHI-A2007365
新疆：温泉 徐文斌，许晓敏 SHI-2008292
新疆：乌鲁木齐 王喜勇，马文宝，施翔 zdy266
云南：福贡 李恒，李嵘，刀志灵 1105
云南：景东 罗忠华，谢有能，刘长铭等 JDNR069
云南：麻栗坡 肖波 LuJL217
云南：巧家 李文虎，高顺勇，张天壁等 QJYS0091
云南：巧家 张书东，何俊，蒋伟等 SCSB-W-303
云南：巧家 张天壁 SCSB-W-786
云南：腾冲 周应再 Zhyz531
云南：永德 李永亮 YDDXS0589

Kerria japonica (Linnaeus) Candolle **棣棠花**

安徽：舒城 陈延松，欧祖兰，高秋晨等 Xuzd270
安徽：休宁 唐鑫生，方建新 TangXS0269
湖北：仙桃 张代贵 Zdg1593
湖北：竹溪 李盛兰 GanQL063
湖南：怀化 李胜华，伍贤进，曾汉元等 HHXY334
湖南：永定区 吴福川，查学州，余祥洪 7155
江西：庐山区 谭策铭，董安淼 TanCM287
江西：星子 董安淼，吴从梅 TanCM814
江西：修水 缪以清 TanCM1715
陕西：长安区 王梅荣，田先华 TianXH248
四川：峨眉山 李小杰 LiXJ059
云南：盘龙区 张挺，蔡杰，郭永杰等 08CS893
云南：永善 蔡杰，刘成，秦少发等 08CS368
云南：元江 孙振华，王文礼，宋晓卿等 Ouxk-YJ-0054

Laurocerasus phaeosticta (Hance) C. K. Schneider **腺叶桂樱**

云南：腾冲 余新林，赵玮 BSGLGStc157

Laurocerasus undulata (Buchanan-Hamilton ex D. Don) M. Roemer **尖叶桂樱**

湖北：宣恩 许玥，祝文志，刘志祥等 ShenZH7822
云南：河口 杨鑫峰 ZhangGL027
云南：泸水 孙振华，郑志兴，沈蕊等 OuXK-LC-027
云南：马关 张挺，郭永杰，张云川 08CS563
云南：南涧 沈文明 NJWLS1313
云南：屏边 钱良超，陆海兴，康远勇等 Pbdws189
云南：思茅区 张绍云，仇亚，胡启和 YNS1258
云南：思茅区 张绍云，仇亚，胡启和 YNS1259
云南：腾冲 余新林，赵玮 BSGLGStc382
云南：文山 何德明，胡艳花，丰艳飞 WSLJS464
云南：新平 自正荣，自成仲，刘家良 XPALSD032
云南：新平 罗田发，李丛生 XPALSC470

Maddenia himalaica J. D. Hooker & Thomson **喜马拉雅臭樱**

西藏：墨脱 蔡杰，刘恩德，郭永杰 13CS7654

Maddenia hypoleuca Koehne **臭樱** *

四川：峨眉山 李小杰 LiXJ477

Maddenia wilsonii Koehne **华西臭樱** *

四川：康定 彭玉兰，涂卫国，余春丽 Gaoxf-0678

Malus baccata (Linnaeus) Borkhausen **山荆子**

河南：南召 邓志军，付婷婷，水庆艳 Huangzy0197
黑龙江：北安 郑宝江，潘磊 ZhengBJ004
黑龙江：虎林市 王庆贵 CaoW643
黑龙江：虎林市 王庆贵 CaoW698
黑龙江：梨树区 陈武璋，王炳辉 CaoW0208
黑龙江：饶河 王庆贵 CaoW725
黑龙江：尚志 王臣，张欣欣，刘跃印等 WangCh412
黑龙江：尚志 刘玫，王臣，张欣欣等 Liuetal724
黑龙江：绥芬河 陈武璋，王炳辉 CaoW0203
黑龙江：五常 李兵，路科 CaoW0145
黑龙江：五大连池 孙阎，晁雄雄 SunY088
吉林：南关区 张永刚 Yanglm0089
吉林：延吉 杨保国，张明鹏 CaoW0046
辽宁：凤城 李忠诚 CaoW219
辽宁：凤城 董清 CaoW249
辽宁：凤城 朱春龙 CaoW257
辽宁：开原 刘少硕，谢峰 CaoW317
辽宁：开原 刘少硕，谢峰 CaoW318
辽宁：清河区 刘少硕，谢峰 CaoW299
辽宁：瓦房店 宫本胜 CaoW321
内蒙古：克什克腾旗 刘润宽，李茂文，李昌亮 M115
山东：历下区 高德民，张诏，王萍等 lilan483
山东：牟平区 卞福花，陈朋 BianFH-0378
山东：长清区 张少华，王萍，张诏等 Lilan220
西藏：林芝 罗建，汪书丽，任德智 LiuJQ-09XZ-ML100
西藏：米林 罗建，汪书丽 LiuJQ-08XZ-125
西藏：米林 扎西次仁 ZhongY350

Malus daochengensis C. L. Li **稻城海棠** *

四川：九龙 孔航辉，罗江平，左雷等 YangQE3459

Malus doumeri (Bois) A. Chevalier **台湾林檎**

湖南：新化 黄先辉，杨亚平，卜剑超 SCSB-HNJ-0352
江西：庐山区 董安淼，吴从梅 TanCM894

Malus halliana Koehne **垂丝海棠** *

安徽：屯溪区 方建新 TangXS0888
湖北：神农架林区 祝文志，刘志祥，曹远俊 ShenZH5551
云南：新平 王家和 XPALSC549

Malus hupehensis (Pampanini) Rehder 湖北海棠 *
安徽：休宁 唐鑫生，方建新 TangXS0339
贵州：江口 周云，王勇 XiangZ042
湖北：五峰 李平 AHL082
湖北：仙桃 张代贵 Zdg2666
湖北：宣恩 沈泽昊 HXE039
湖南：开福区 陈薇，丛义艳，肖乐希 SCSB-HN-0644
湖南：新宁 姜孝成，唐贵华，袁双艳等 SCSB-HNJ-0262
湖南：永定区 廖博儒，余祥洪，陈启超 7130
湖南：长沙 朱香清，田淑珍 SCSB-HN-1722
湖南：资兴 熊凯辉，王得刚，盛波 SCSB-HN-2095
江西：庐山区 董安淼，吴从梅 TanCM865
山东：崂山区 高德民，邵尉，吴燕秋 Lilan919
四川：盐源 孔航辉，罗江平，左雷等 YangQE3354
云南：景东 罗忠华，谢有能，刘长铭等 JDNR062
云南：腾冲 余新林，赵玮 BSGLGStc375
云南：盈江 王立彦 TBG-004

Malus kansuensis (Batalin) C. K. Schneider 陇东海棠 *
四川：白玉 李晓东，张景博，徐凌翔等 LiJ445
四川：丹巴 高云东，李忠荣，鞠文彬 GaoXF-12-159
四川：黑水 顾垒，李忠荣 GaoXF-09ZX-1427
四川：理县 许炳强，童毅华，吴兴等 XiaNH-07ZX-0910
四川：理县 何兴金，李琴琴，赵丽华等 SCU-09-527
四川：马尔康 顾垒，张羽 GAOXF-10ZX-1929

Malus mandshurica (Maximowicz) Komarov ex Juzepczuk 毛山荆子
甘肃：夏河 尹鑫，吴航，葛文静 LiuJQ-GN-2011-098

Malus ombrophila Handel-Mazzetti 沧江海棠 *
西藏：墨脱 刘成，亚吉东，何华杰等 16CS11839
云南：贡山 蔡杰，郭云刚，张凤琼等 14CS9730
云南：贡山 蔡杰，郭云刚，张凤琼等 14CS9740
云南：贡山 蔡杰，郭云刚，张凤琼等 14CS9793
云南：贡山 张挺，杨湘云，李涟漪等 14CS9650
云南：贡山 郭永杰，吴之坤，吴兴等 14CS9932
云南：云龙 字建泽，杨六斤，李国宏等 TC2014

Malus prattii (Hemsley) C. K. Schneider 西蜀海棠 *
四川：峨眉山 李小杰 LiXJ742
云南：大关 张挺，王培，肖良俊 SCSB-B-000522
云南：巧家 杨光明 SCSB-W-1523

Malus prunifolia (Willdenow) Borkhausen 秋子 *
四川：木里 孔航辉，罗江平，左雷等 YangQE3387

Malus pumila Miller 苹果
河北：丰宁 牛玉璐，高彦飞 NiuYL617
宁夏：彭阳 牛有栋，朱奋霞 ZuoZh208

Malus rockii Rehder 丽江山荆子
西藏：波密 刘成，亚吉东，何华杰等 16CS11814
西藏：察隅 孙航，张建文，陈建国等 SunH-07ZX-2481
西藏：芒康 王文礼，冯欣，刘飞鹏 OUXK11156
云南：大理 张德全，王应龙，文青华等 ZDQ098
云南：维西 张挺，徐远杰，黄押稳等 SCSB-B-000177
云南：香格里拉 李爱花，周开洪，黄之镨等 SCSB-A-000256
云南：香格里拉 张挺，亚吉东，李明勤等 11CS3613
云南：香格里拉 李晓东，张紫刚，操榆 LiJ629
云南：香格里拉 杨青松，星耀武，苏涛 ZhouZK-07ZX-0325
云南：香格里拉 杨亲二，袁琼 Yangqe2676
云南：云龙 刀志灵 DZL392

Malus sieboldii (Regel) Rehder 三叶海棠
甘肃：卓尼 齐威 LJQ-2008-GN-323
贵州：花溪区 邹方伦 ZouFL0173
湖北：仙桃 张代贵 Zdg3629
山东：牟平区 卞福花，杜丽君，孟凡涛 BianFH-0158

Malus sieversii (Ledebour) M. Roemer 新疆野苹果
新疆：尼勒克 亚吉东，张桥蓉，秦少发等 16CS13438

Malus spectabilis (Aiton) Borkhausen 海棠花 *
宁夏：银川 李磊，朱奋霞 ZuoZh111
宁夏：银川 牛钦瑞，朱奋霞 ZuoZh159
宁夏：银川 牛钦瑞，朱奋霞 ZuoZh170
宁夏：银川 牛有栋，牛钦瑞 ZuoZh176
宁夏：银川 牛有栋，朱奋霞 ZuoZh177

Malus toringoides (Rehder) Hughes 变叶海棠 *
四川：德格 张大才，尹五元，李双智等 ZhangDC-07ZX-2287
四川：炉霍 许炳强，童毅华，吴兴等 XiaNH-07ZX-0972
四川：若尔盖 张昌兵 ZhangCB0016
西藏：波密 孙航，张建文，陈建国等 SunH-07ZX-2546
西藏：波密 张大才，李双智，唐路等 ZhangDC-07ZX-1716
西藏：芒康 张挺，李爱花，刘成等 08CS650
西藏：芒康 张大才，罗康，梁群等 ZhangDC-07ZX-1293

Malus transitoria (Batalin) C. K. Schneider 花叶海棠 *
四川：若尔盖 齐威 LJQ-2008-GN-324
西藏：八宿 张永洪，李国栋，王晓雄 SunH-07ZX-1761

Malus transitoria var. **glabrescens** T. T. Yu & T. C. Ku 少毛花叶海棠 *
甘肃：夏河 郭淑青，杜品 LiuJQ-2012-GN-185
四川：白玉 孙航，张建文，董金龙等 SunH-07ZX-3683
西藏：波密 扎西次仁，西落 ZhongY689
西藏：昌都 扎西次仁，西落，耿宇鹏 ZhongY752

Malus yunnanensis (Franchet) C. K. Schneider 滇池海棠
湖南：永定区 吴福川，廖博儒 7102
四川：康定 彭玉兰，涂卫国 Gaoxf-1010
云南：麻栗坡 肖波 LuJL146

Malus yunnanensis var. **veitchii** (Osborn) Rehder 川鄂滇池海棠 *
湖北：仙桃 张代贵 Zdg2044

Neillia affinis Hemsley 川康绣线梅 *
四川：峨眉山 李小杰 LiXJ091
云南：文山 何德明 WSLJS966
云南：西畴 张挺，李洪超，左定科 SCSB-B-000303

Neillia densiflora T. T. Yu & T. C. Ku 密花绣线梅 *
西藏：林芝 罗建，汪书丽，任德智 LiuJQ-09XZ-314

Neillia grandiflora T. T. Yu & T. C. Ku 大花绣线梅 *
西藏：隆子 扎西次仁，西落 ZhongY599

Neillia ribesioides Rehder 毛叶绣线梅 *
湖北：竹溪 李盛兰 GanQL046

Neillia rubiflora D. Don 粉花绣线梅
云南：永德 普跃东，杨金柱，奎文康 YDDXSC006
云南：元阳 彭华，向春雷，陈丽 PengH8217

Neillia serratisepala H. L. Li 云南绣线梅 *
云南：沧源 赵金超，张化龙 CYNGH006
云南：迪庆 聂泽龙，孟盈，邓涛 SunH-07ZX-2339
云南：福贡 许炳强，吴兴，李婧等 XiaNh-07zx-201
云南：贡山 刀志灵 DZL802
云南：贡山 刀志灵 DZL857
云南：贡山 刘成，何华杰，黄莉等 14CS8508

云南：贡山 李恒，李嵘，刀志灵 1012
云南：临沧 彭华，向春雷，陈丽 PengH8052
云南：隆阳区 尹学建 BSGLGS1y2024
云南：隆阳区 段在贤 BSGLGS1y002
云南：麻栗坡 肖波，陆章强 LuJL016
云南：马关 刀志灵，张洪喜 DZL603
云南：蒙自 田学军，邱成书，高波 TianXJ0159
云南：屏边 楚永兴 Pbdws086
云南：屏边 税玉民，陈文红 82518
云南：巧家 杨光明 SCSB-W-1132
云南：巧家 张书东，何俊，蒋伟等 SCSB-W-326
云南：腾冲 刀志灵 DZL-101
云南：腾冲 余新林，赵玮 BSGLGStc017
云南：文山 何德明，潘海仙 WSLJS522
云南：文山 张挺，蔡杰，刘越强等 SCSB-B-000439
云南：西畴 彭华，刘恩德，陈丽 P.H.5535
云南：西盟 叶金科 YNS0488
云南：元阳 彭华，向春雷，陈丽 PengH8216
云南：元阳 田学军，杨建，邱成书等 Tianxj0054
云南：镇沅 罗成瑜 ALSZY235
云南：镇沅 王立东，何忠云，罗成瑜 ALSZY168
云南：镇沅 朱恒，罗成瑜 ALSZY208

Neillia sinensis Oliver **中华绣线梅 ***

湖北：竹溪 李盛兰 GanQL698
江西：芦溪 杜小浪，慕泽泾，曹岚 DXL070
江西：修水 缪以清 TanCM1711
云南：贡山 张挺，杨湘云，李涟漪等 14CS8996
云南：马关 税玉民，陈文红 82587
云南：元阳 彭华，向春雷，陈丽 PengH8210

Neillia sinensis var. **caudata** Rehder **尾叶中华绣线梅 ***

云南：蒙自 税玉民，陈文红 72502

Neillia thibetica Bureau & Franchet **西康绣线梅 ***

云南：云龙 李爱花，李洪超，李文化等 SCSB-A-000181

Neillia thyrsiflora D. Don **绣线梅**

西藏：错那 马永鹏 ZhangCQ-0056
西藏：错那 何华杰，张书东 81315
云南：福贡 李恒，李嵘，刀志灵 1113
云南：贡山 蔡杰，郭云刚，张凤琼等 14CS9768
云南：贡山 刀志灵 DZL334
云南：贡山 刀志灵，陈哲 DZL-034
云南：贡山 李恒，李嵘 788
云南：建水 彭华，向春雷，陈丽 P.H.5995
云南：景东 鲁成荣，谢有能，张明勇等 JD062
云南：景东 李坚强，罗尧 JDNR11076
云南：龙陵 孙兴旭 SunXX007
云南：绿春 黄连山保护区科研所 HLS0041
云南：绿春 黄连山保护区科研所 HLS0048
云南：麻栗坡 税玉民，陈文红 72042
云南：南涧 李成法 NJWLS514
云南：南涧 时国彩，何贵才，杨建平等 njwls2007029
云南：屏边 钱良超，陆海兴，张照跃等 Pbdws122
云南：腾冲 李爱花，黄之镨，黄押稳等 SCSB-A-000299
云南：文山 税玉民，陈文红 71901
云南：西盟 胡启和，赵强，周英等 YNS0758
云南：新平 彭华，陈丽 P.H.5361
云南：新平 何罡安 XPALSB003
云南：新平 谢天华，郎定富，杨如伟 XPALSA047
云南：新平 白绍斌 XPALSC144
云南：新平 XPALSD103
云南：盈江 王立彦，桂魏，刀江飞 SCSB-TBG-194
云南：永德 李永亮，马文军，杨建文 YDDXSB068

Neillia thyrsiflora var. **tunkinensis** (J. E Vidal) J. E Vidal **毛果绣线梅**

云南：贡山 郭永杰，吴之坤，吴兴等 14CS9802
云南：腾冲 周应再 Zhyz-041
云南：元阳 亚吉东，黄莉，何华杰 15CS11284

Osteomeles anthyllidifolia (Smith) Lindley **小石积**

云南：安宁 张书东，林娜娜，陆露等 SCSB-W-063

Osteomeles schwerinae C. K. Schneider **华西小石积 ***

甘肃：迭部 齐威 LJQ-2008-GN-325
四川：丹巴 何兴金，王月，胡灏禹等 SCU-08146
四川：木里 孔航辉，罗江平，左雷等 YangQE3378
四川：木里 王红，张书东，任宗昕 SCSB-W-340
四川：小金 何兴金，高云东，刘海艳等 SCU-20080449
云南：安宁 所内采集组培训 SCSB-A-000119
云南：宾川 王文礼，冯欣，刘飞鹏 OUXK11002
云南：宾川 孙振华 OuXK-0005
云南：楚雄 孙振华，宋晓卿，文晖等 OuXK-CHX-001
云南：大理 张德全，段丽珍，段金成等 ZDQ008
云南：德钦 王文礼，冯欣，刘飞鹏 OUXK11175
云南：德钦 刀志灵 DZL454
云南：德钦 杨青松，杨莹，黄永江等 ZhouZK-07ZX-0197
云南：洱源 杨青松，星耀武，苏涛 ZhouZK-07ZX-0260
云南：富民 郁文彬，董莉娜，张舒等 SCSB-W-971
云南：剑川 孙振华，郑志兴，沈蕊等 OuXK-YS-275
云南：剑川 柳小康 OuXK-0024
云南：景东 罗忠华，谢有能，刘长铭等 JDNR002
云南：蒙自 田学军，邱成书，高波 TianXJ0133
云南：南涧 张挺，孙之星，杨秋林 SCSB-B-000429
云南：南涧 孙振华，王文礼，宋晓卿等 OuxK-NJ-0003
云南：石林 税玉民，陈文红 64328
云南：双柏 孙振华，郑志兴，沈蕊等 OuXK-SB-103
云南：文山 何德明，丰艳飞，韦荣彪等 WSLJS768
云南：香格里拉 张大才，李双智，杨川 ZhangDC-07ZX-1997
云南：香格里拉 杨亲二，袁琼 Yangqe2422
云南：香格里拉 杨亲二，袁琼 Yangqe2673
云南：祥云 孙振华，王文礼，宋晓卿等 OuxK-XY-0002
云南：新平 刘家良 XPALSD017
云南：新平 谢雄 XPALSC423
云南：新平 何罡安 XPALSB407
云南：永仁 孙振华，罗圆，宋晓卿等 OUXK-YM-0016
云南：永胜 孙振华，王文礼，宋晓卿等 OuxK-YS-0017
云南：玉溪 伊廷双，孟静，杨杨等 MJ-901
云南：元谋 闫海忠，孙振华，王文礼等 Ouxk-YM-0027
云南：元阳 田学军，杨建，邱成书等 Tianxj0033
云南：云龙 刀志灵 DZL397
云南：云龙 王文礼，冯欣，刘飞鹏 OUXK11021

Osteomeles schwerinae var. **microphylla** Rehder & E. H. Wilson **小叶华西小石积 ***

云南：安宁 彭华，陈丽 P.H.5375
云南：德钦 孙航，董金龙，朱鑫鑫等 SunH-07ZX-4084
云南：盘龙区 彭华，陈丽，向春雷等 P.H.5437
云南：文山 肖波 LuJL524
云南：云龙 李施文，张志云 TC3048

Padus avium Miller **稠李**

甘肃：夏河 郭淑青，杜品 LiuJQ-2012-GN-182

河北：宽城 牛玉璐，高彦飞，赵二涛 NiuYL474
黑龙江：北安 郑宝江 ZhengBJ030
黑龙江：尚志 刘玫，张欣欣，程薪宇等 Liuetal318
黑龙江：五营区 孙阎，晁雄雄，刘博奇 SunY031
湖南：鹤城区 李胜华，伍贤进，刘光华等 Wuxj822
辽宁：瓦房店 宫本胜 CaoW328
内蒙古：克什克腾旗 刘润宽，李茂文，李昌亮 M116
山东：崂山区 步瑞兰，辛晓伟，高丽丽 Lilan688

Padus brachypoda (Batalin) C. K. Schneider 短梗稠李 *
安徽：绩溪 宋曰钦，方建新，张恒 TangXS0597
湖北：神农架林区 祝文志，刘志祥，曹远俊 ShenZH5725
湖北：竹溪 李盛兰 GanQL296
四川：峨眉山 李小杰 LiXJ076
云南：丽江 张挺，蔡杰，刘成 09CS1418
云南：巧家 张书东，何俊，蒋伟等 SCSB-W-308

Padus buergeriana (Miquel) T. T. Yu & T. C. Ku 橉木
湖北：保康 甘啟良 GanQL134
湖北：竹溪 李盛兰 GanQL096
江西：修水 缪以清 TanCM1706
云南：新平 刘家良 XPALSD267

Padus grayana (Maximowicz) C. K. Schneider 灰叶稠李
湖北：竹溪 李盛兰 GanQL081

Padus maackii (Ruprecht) Komarov 斑叶稠李
黑龙江：尚志 刘玫，张欣欣，程薪宇等 Liuetal304
吉林：磐石 安海成 AnHC016

Padus napaulensis (Seringe) C. K. Schneider 粗梗稠李
云南：沧源 赵金超，肖美芳，汪顺莉 CYNGH216
云南：景东 谢有能，刘长铭，张明勇等 JDNR043
云南：景东 罗忠华，谢有能，刘长铭等 JDNR051
云南：龙陵 孙兴旭 SunXX057
云南：南涧 沈文明 NJWLS1315
云南：巧家 杨光明 SCSB-W-1156
云南：巧家 张天壁 SCSB-W-658
云南：腾冲 余新林，赵玮 BSGLGStc015
云南：腾冲 余新林，赵玮 BSGLGStc041
云南：腾冲 余新林，赵玮 BSGLGStc075
云南：腾冲 余新林，赵玮 BSGLGStc174
云南：腾冲 余新林，赵玮 BSGLGStc378
云南：腾冲 周应再 Zhyz-021
云南：腾冲 周应再 Zhyz-028
云南：永德 奎文康，欧阳红才，鲁金国 YDDXSC065
云南：云龙 字建泽，杨六斤，李国宏等 TC1034

Padus obtusata (Koehne) T. T. Yu & T. C. Ku 细齿稠李 *
湖北：仙桃 张代贵 Zdg2685
江西：武宁 张吉华，刘运群 TanCM703
江西：修水 缪以清 TanCM1720
四川：峨眉山 李小杰 LiXJ102
四川：峨眉山 李小杰 LiXJ496
云南：南涧 邹国娟，徐汝彪，李成清等 NJWLS2008292
云南：南涧 邹国娟，徐汝彪，李成清等 NJWLS2008293
云南：巧家 李文虎，吴天抗，高顺勇等 QJYS0128
云南：香格里拉 张挺，郭永杰，张桥蓉 11CS3158
云南：云龙 字建泽，杨六斤，李国庆等 TC1039

Padus perulata (Koehne) T. T. Yu & T. C. Ku 宿鳞稠李 *
云南：腾冲 周应再 Zhyz-002
云南：永德 李永亮 YDDXS1226

Padus stellipila (Koehne) T. T. Yu & T. C. Ku 星毛稠李 *
陕西：平利 李盛兰 GanQL1027

Padus velutina (Batalin) C. K. Schneider 毡毛稠李 *
四川：康定 何兴金，胡灏禹，王月 SCU-08184

Padus wilsonii C. K. Schneider 绢毛稠李 *
安徽：黄山区 唐鑫生，宋曰钦，方建新 TangXS0552
湖北：宣恩 祝文志，刘志祥，曹远俊 ShenZH0005
四川：峨眉山 李小杰 LiXJ165
云南：大关 张挺，王培，肖良俊 SCSB-B-000532
云南：南涧 李成清，高国政，徐如标等 NJWLS464

Photinia beauverdiana C. K. Schneider 中华石楠
安徽：徽州区 方建新 TangXS0772
安徽：金寨 陈延松，欧祖兰，刘旭升 Xuzd231
广西：金秀 许为斌，黄俞淞，叶晓霞等 Liuyan0138
贵州：丹寨 赵厚涛，韩国营 YBG059
湖北：仙桃 张代贵 Zdg3637
湖北：宣恩 沈泽昊 HXE015
湖南：永定区 吴福川，廖博儒 7116
江西：庐山区 谭策铭，董安淼 TanCM476
江西：庐山区 谭策铭，董安淼 TanCM477
四川：峨眉山 李小杰 LiXJ246
西藏：墨脱 刘成，亚吉东，何华杰等 16CS11936
云南：河口 张贵良，杨鑫峰，陶美英等 ZhangGL103
云南：麻栗坡 肖波 LuJL470
云南：腾冲 周应再 Zhyz-410
云南：腾冲 余新林，赵玮 BSGLGStc166
云南：文山 韦荣彪，何德明 WSLJS640

Photinia beauverdiana var. **brevifolia** Cardot 短叶中华石楠 *
江西：庐山区 董安淼，吴从梅 TanCM3086

Photinia beckii C. K. Schneider 椭圆叶石楠 *
云南：文山 韦荣彪，何德明，丰艳飞 WSLJS647
云南：镇沅 何忠云，王立东 ALSZY154

Photinia benthamiana var. **salicifolia** Cardot 柳叶闽粤石楠
广西：上思 许为斌，黄俞淞，梁永延等 Liuyan0205
广西：上思 叶晓霞，吴望辉，农冬新 Liuyan0356

Photinia bergerae C. K. Schneider 湖北石楠 *
云南：腾冲 李爱花，黄之镨，黄押稳等 SCSB-A-000284

Photinia bodinieri H. Léveillé 贵州石楠
安徽：屯溪区 方建新 TangXS0358
贵州：花溪区 邹方伦 ZouFL0007
湖南：双峰 姜孝成，唐妹，陈峰林等 Jiangxc0614
湖南：双峰 姜孝成，唐妹，陈峰林等 Jiangxc0631
江西：井冈山 兰国华 LiuRL107
江西：黎川 童和平，王玉珍 TanCM1892
江西：庐山区 董安淼，吴从梅 TanCM945
云南：维西 王文礼，冯欣，刘飞鹏 OUXK11064

Photinia callosa Chun ex T. T. Yu & K. C. Kuan 厚齿石楠 *
云南：景东 罗忠华，刘长铭，李绍昆等 JDNR09082
云南：屏边 钱良超，陆海兴，康远勇等 Pbdws198

Photinia crassifolia H. Léveillé 厚叶石楠 *
云南：文山 税玉民，陈文红 16338

Photinia glabra (Thunberg) Maximowicz 光叶石楠
安徽：宣城 刘淼 HANGYY8106
江西：湾里区 杜小浪，慕泽泾，曹岚 DXL081
江西：修水 谭策铭，缪以清 TCM09159
浙江：鄞州区 李宏庆，葛斌杰，刘国丽等 Lihq0045

Photinia glomerata Rehder & E. H. Wilson 球花石楠 *
云南：德钦 孙振华，郑志兴，沈蕊等 OuXK-YS-248
云南：剑川 何彪 OuXK-0037
云南：泸水 孙振华，郑志兴，沈蕊等 OuXK-LC-029

云南：牟定 张燕妮 OuXK-0062
云南：维西 孙振华，郑志兴，沈蕊等 OuXK-YS-258
云南：香格里拉 孙振华，郑志兴，沈蕊等 OuXK-YS-230
云南：香格里拉 孙振华，郑志兴，沈蕊等 OuXK-YS-270
云南：新平 白绍斌 XPALSC305
云南：云龙 孙振华，郑志兴，沈蕊等 OuXK-LC-060

Photinia impressivena Hayata **陷脉石楠**

广西：临桂 吴望辉，黄俞淞，农冬新 Liuyan0392

Photinia integrifolia Lindley **全缘石楠**

西藏：墨脱 刘成，亚吉东，何华杰等 16CS11928
云南：安宁 杜燕，周开洪，王建军等 SCSB-A-000361
云南：峨山 马兴达，乔娣 WangHCH054
云南：福贡 许炳强，吴兴，李婧等 XiaNh-07zx-200
云南：贡山 蔡杰，郭云刚，张凤琼等 14CS9777
云南：贡山 刘成，何华杰，黄莉等 14CS8520
云南：贡山 张挺，杨湘云，周明芬等 14CS9661
云南：贡山 郭永杰，吴之坤，吴兴等 14CS9840
云南：贡山 朱枫，张仲富，成梅 Wangsh-07ZX-041
云南：贡山 张挺，杨湘云，李涟漪等 14CS8991
云南：贡山 刀志灵 DZL309
云南：贡山 刀志灵 DZL338
云南：贡山 刀志灵 DZL381
云南：贡山 刀志灵，陈哲 DZL-045
云南：贡山 李恒，李嵘 922
云南：河口 张贵良，张贵生，陶英美等 ZhangGL052
云南：金平 李苏梅，邹绿柳 SCSB-L-0002
云南：金平 税玉民，陈文红 80587
云南：龙陵 孙兴旭 SunXX088
云南：隆阳区 郭永杰，李涟漪，聂细转 12CS5096
云南：绿春 HLS0188
云南：绿春 何疆海，何来收，白然思等 HLS0357
云南：麻栗坡 张挺，李洪超，左定科 SCSB-B-000322
云南：麻栗坡 肖波 LuJL119
云南：屏边 钱良超，陆海兴，徐浩 Pbdws166
云南：屏边 楚永兴 Pbdws087
云南：腾冲 余新林，赵玮 BSGLGStc180
云南：腾冲 余新林，赵玮 BSGLGStc403
云南：文山 何德明，丰艳飞，陈斌等 WSLJS800
云南：永德 李永亮 LiYL1361
云南：永德 李永亮 LiYL1464
云南：永德 李永亮 YDDXS1066
云南：元阳 车鑫，亚吉东，秦少发等 YYGYS086
云南：镇沅 罗成瑜 ALSZY248

Photinia integrifolia var. **flavidiflora** (W. W. Smith) J. E. Vidal **黄花全缘石楠**

云南：腾冲 周应再 Zhyz-407

Photinia lasiogyna var. **glabrescens** L. T. Lu & C. L. Li **脱毛石楠** *

云南：思茅区 张绍云，叶金科，胡启和 YNS1332

Photinia loriformis W. W. Smith **带叶石楠** *

云南：P. H. 5662
云南：禄劝 张挺，张书东，李爱花等 SCSB-A-000083
云南：禄劝 蔡杰，亚吉东，苏勇等 14CS9698

Photinia parvifolia (E. Pritzel) C. K. Schneider **小叶石楠** *

安徽：黄山 唐鑫生，方建新 TangXS1000
贵州：江口 周云，王勇 XiangZ029
湖北：仙桃 张代贵 Zdg3634
湖北：宣恩 沈泽昊 HXE065
湖南：鹤城区 李胜华，伍贤进，刘光华等 Wuxj811
湖南：洪江 李胜华，伍贤进，刘光华等 Wuxj1061
湖南：会同 李胜华，伍贤进，曾汉元等 Wuxj995
湖南：新化 姜孝成，唐贵华，田春娥 SCSB-HNJ-0171
江西：庐山区 谭策铭，董安淼 TanCM483
江西：武宁 张吉华，刘运群 TanCM1133

Photinia prionophylla (Franchet) C. K. Schneider **刺叶石楠** *

云南：鹤庆 孙航，李新辉，陈林杨 SunH-07ZX-3180
云南：玉龙 张大才，李双智，杨川 ZhangDC-07ZX-2040

Photinia prunifolia (Hooker & Arnott) Lindley **桃叶石楠**

广西：永福 许为斌，梁永延，黄俞淞等 Liuyan0192
湖南：鹤城区 李胜华，伍贤进，曾汉元等 Wuxj849
江西：黎川 童和平，王玉珍，常迪江等 TanCM2089
云南：玉龙 孙航，李新辉，陈林杨 SunH-07ZX-3227
云南：云龙 李施文，张志云，段耀飞等 TC3028

Photinia schneideriana Rehder & E. H. Wilson **绒毛石楠** *

安徽：金寨 陈延松，欧祖兰，刘旭升 Xuzd243
湖北：宣恩 沈泽昊 HXE042
湖南：长沙 朱香清，田淑珍 SCSB-HN-1726
江西：修水 谭策铭，缪以清 TCM09175
江西：修水 缪以清，余于明 TanCM1277

Photinia serratifolia (Desfontaines) Kalkman **石楠**

安徽：祁门 唐鑫生，方建新 TangXS0483
安徽：屯溪区 方建新 Tangxs0167
北京：海淀区 林坚 SCSB-B-0024
广西：阳朔 吴望辉，许为斌，农冬新 Liuyan0519
贵州：江口 彭华，王英，陈丽 P. H. 5107
贵州：江口 熊建兵 XiangZ125
湖北：宣恩 沈泽昊 HXE022
湖北：宣恩 沈泽昊 HXE112
湖南：怀化 李胜华，伍贤进，曾汉元等 HHXY240
湖南：怀化 李胜华，伍贤进，曾汉元等 HHXY297
湖南：怀化 李胜华，伍贤进，曾汉元等 HHXY383
湖南：浏阳 姜孝成，陈晓莲，周亮 Jiangxc0869
湖南：浏阳 姜孝成，陈晓莲，周亮 Jiangxc0886
湖南：中方 伍贤进，李胜华，曾汉元等 HHXY106
江苏：句容 王兆银，吴宝成 SCSB-JS0363
江西：井冈山 兰国华 LiuRL093
四川：米易 刘静，袁明 MY-155
云南：迪庆 吕元林 N008B
云南：峨山 蔡杰，刘成，郑国伟 12CS5770
云南：洱源 杨青松，星耀武，苏涛 ZhouZK-07ZX-0313
云南：景东 罗忠华，刘长铭，鲁成荣等 JD118
云南：景东 罗忠华，段玉伟，刘长铭等 JD122
云南：景东 罗忠华，刘长铭，李绍昆等 JDNR09096
云南：景东 谭运洪，余涛 B307
云南：禄丰 刀志灵，陈渝 DZL493
云南：墨江 张绍云，仇亚，胡启和 YNS1308
云南：墨江 张绍云，仇亚，胡启和 YNS1309
云南：牟定 刀志灵，陈渝 DZL519
云南：南涧 饶富玺，阿国仁，何贵才 NJWLS794
云南：宁洱 刀志灵 DZL588
云南：腾冲 余新林，赵玮 BSGLGStc304
云南：腾冲 郭永杰，李涟漪，聂细转 12CS5202
云南：维西 张挺，徐远杰，黄押稳等 SCSB-B-000163
云南：维西 张挺，徐远杰，陈冲等 SCSB-B-000238
云南：新平 刘恩德，方伟，杜燕等 SCSB-B-000024
云南：永德 李永亮 YDDXS1234

云南：永平 张挺，徐远杰，陈冲等 SCSB-B-000203

Photinia villosa (Thunberg) Candolle **毛叶石楠**

重庆：南川区 易思荣 YISR068

Physocarpus amurensis (Maximowicz) Maximowicz **风箱果**

河北：武安 牛玉璐，高彦飞，赵二涛 NiuYL444

黑龙江：尚志 王臣，张欣欣，史传奇 WangCh205

黑龙江：五大连池 孙阎，晁雄雄 SunY087

Potentilla ancistrifolia Bunge **皱叶委陵菜**

安徽：舒城 陈延松，欧祖兰，高秋晨等 Xuzd390

甘肃：玛曲 李晓东，刘帆，张景博等 LiJ0024

河南：栾川 邓志军，付婷婷，水庆艳 Huangzy0077

河南：嵩县 何明高，付婷婷，水庆艳 Huangzy0154

湖北：神农架林区 李巨平 LiJuPing0135

吉林：磐石 安海成 AnHC0360

辽宁：庄河 于立敏 CaoW920

山东：长清区 步瑞兰，辛晓伟，高丽丽等 Lilan813

四川：理塘 何兴金，赵丽华，梁乾隆等 SCU-11-178

四川：壤塘 何兴金，赵丽华，梁乾隆 SCU-10-040

Potentilla angustiloba T. T. Yu & C. L. Li **窄裂委陵菜 ***

西藏：日土 李晖，文雪梅，次旺加布等 Lihui-Q-0060

新疆：阿合奇 杨赵平，黄文娟 TD-01715

新疆：和静 杨赵平，焦培培，白冠章等 LiZJ0694

新疆：吉木乃 段士民，王喜勇，刘会良等 237

新疆：塔什库尔干 黄文娟，段黄金，王英鑫等 LiZJ0288

新疆：塔什库尔干 黄文娟，段黄金，王英鑫等 LiZJ0319

Potentilla anserina Linnaeus **蕨麻**

河北：平山 牛玉璐，郑博颖，黄士良等 NiuYL102

黑龙江：宁安 刘玫，王臣，张欣欣等 Liuetal748

吉林：镇赉 杨帆，马红媛，安丰华 SNA0182

吉林：镇赉 杨帆，马红媛，安丰华 SNA0193

内蒙古：克什克腾旗 刘润宽，李茂文，李昌亮 M096

西藏：波密 陈家辉，韩希，王东超等 YangYP-Q-4060

西藏：工布江达 罗建，汪书丽，任德智 LiuJQ-09XZ-ML084

西藏：林芝 罗建，汪书丽 LiuJQ-08XZ-094

西藏：林芝 卢洋，刘帆等 LiJ740

西藏：索县 汪书丽，王志强，邹嘉宾 Liujq-Txm10-129

新疆：塔什库尔干 杨赵平，黄文娟 TD-01749

Potentilla argentea Linnaeus **银背委陵菜**

新疆：博乐 徐文斌，许晓敏 SHI-2008355

新疆：温泉 徐文斌，黄雪姣 SHI-2008052

新疆：温泉 徐文斌，王莹 SHI-2008237

新疆：裕民 亚吉东，张桥蓉，秦少发等 16CS13852

Potentilla argyrophylla Wallich ex Lehmann **银光委陵菜**

西藏：普兰 李晖，文雪梅，熊继贵 Lihui-Q-2010-45

Potentilla bifurca Linnaeus **二裂委陵菜**

甘肃：合作 尹鑫，吴航，葛文静 LiuJQ-GN-2011-085

甘肃：玛曲 李晓东，刘帆，张景博等 LiJ0011

河北：围场 牛玉璐，王晓亮 NiuYL562

内蒙古：额尔古纳 张红香 ZhangHX022

内蒙古：武川 蒲拴莲，刘润宽，刘毅等 M189

宁夏：盐池 左忠，刘华 ZuoZh004

青海：格尔木 冯虎元 LiuJQ-08KLS-034

青海：门源 吴玉虎 LJQ-QLS-2008-0056

四川：道孚 何兴金，赵丽华，梁乾隆 SCU-10-013

四川：红原 张昌兵，邓秀华 ZhangCB0271

西藏：安多 陈家辉，庄会富，边巴扎西 Yangyp-Q-2070

西藏：班戈 陈家辉，庄会富，边巴扎西 Yangyp-Q-2059

西藏：班戈 陈家辉，庄会富，边巴扎西 Yangyp-Q-2063

西藏：当雄 陈家辉，韩希，王东超等 YangYP-Q-4252

西藏：改则 李晖，卜海涛，边巴等 lihui-Q-09-30

西藏：改则 陈家辉，庄会富，边巴扎西 Yangyp-Q-2032

西藏：革吉 陈家辉，庄会富，边巴扎西 Yangyp-Q-2030

西藏：浪卡子 陈家辉，韩希，王广艳等 YangYP-Q-4176

西藏：那曲 陈家辉，庄会富，边巴扎西 Yangyp-Q-2125

新疆：阿合奇 杨赵平，黄文娟，何刚 LiZJ0992

新疆：阿克陶 杨赵平，黄文娟 TD-01773

新疆：巴里 段士民，王喜勇，刘会良 Zhangdy144

新疆：巴里 段士民，王喜勇，刘会良 Zhangdy155

新疆：博乐 刘鸯，徐文斌，马真等 SHI-A2007265

新疆：霍城 马真，贺晓欢，徐文斌等 SHI-A2007050

新疆：塔什库尔干 邱娟，冯建菊 LiuJQ0098

新疆：塔什库尔干 邱娟，冯建菊 LiuJQ0222

新疆：托里 徐文斌，杨清理 SHI-2009231

新疆：托里 徐文斌，杨清理 SHI-2009333

新疆：温泉 徐文斌，许晓敏 SHI-2008096

新疆：温泉 徐文斌，许晓敏 SHI-2008242

新疆：乌鲁木齐 王喜勇，马文宝，施翔 zdy283

新疆：乌鲁木齐 王喜勇，马文宝，施翔 zdy369

新疆：乌鲁木齐 段士民，王喜勇，刘会良 Zhangdy226

新疆：乌恰 杨赵平，周禧琳，贺冰 LiZJ1290

新疆：叶城 黄文娟，段黄金，王英鑫等 LiZJ0878

新疆：裕民 亚吉东，张桥蓉，秦少发等 16CS13871

Potentilla bifurca var. **humilior** Osten-Sacken & Ruprecht **矮生二裂委陵菜**

新疆：阿合奇 杨赵平，周禧琳，贺冰 LiZJ1384

新疆：塔什库尔干 杨赵平，周禧林，贺冰 LiZJ1164

新疆：乌恰 杨赵平，周禧琳，贺冰 LiZJ1332

Potentilla bifurca var. **major** Ledebour **长叶二裂委陵菜**

青海：都兰 潘建斌，杜维波，牛炳韬 Liujq-2011CDM-148

四川：巴塘 孙航，张建文，董金龙等 SunH-07ZX-3625

四川：德格 孙航，张建文，董金龙等 SunH-07ZX-3695

四川：理塘 李晓东，张景博，徐凌翔等 LiJ344

新疆：博乐 马真 SHI2006327

Potentilla centigrana Maximowicz **蛇莓委陵菜**

黑龙江：尚志 刘玫，王臣，张欣欣等 Liuetal726

湖北：竹溪 李盛兰 GanQL281

吉林：九台 韩忠明 Yanglm0230

四川：乡城 陈家辉，刘亚辉，周妍等 YangYP-Q-2227

云南：麻栗坡 肖波 LuJL433

云南：宁洱 胡启和，仇亚，周兵 YNS0789

云南：香格里拉 陈家辉，刘亚辉，周妍等 YangYP-Q-2214

Potentilla chinensis Seringe **委陵菜**

安徽：肥西 陈延松，陶瑞松，朱合军 Xuzd100

北京：东城区 王雷，朱雅娟，黄振英 Beijing-huang-bws-0019

北京：东城区 王雷，朱雅娟，黄振英 Beijing-huang-dls-0031

甘肃：碌曲 李晓东，刘帆，张景博等 LiJ0124

湖北：竹溪 李盛兰 GanQL990

湖南：吉首 陈功锡，张代贵，邓涛等 SCSB-HC-2007422

湖南：永顺 陈功锡，张代贵 SCSB-HC-2008256

吉林：临江 李长田 Yanglm0020

吉林：长岭 张红香 ZhangHX014

江苏：江宁区 王兆银，吴宝成 SCSB-JS0210

江苏：江宁区 吴宝成 SCSB-JS0337

江苏：海州区 汤兴利 HANGYY8432

辽宁：庄河 于立敏 CaoW808

宁夏：盐池 左忠，刘华 ZuoZh286

山东：崂山区 赵遵田，郑国伟，杜超等 Zhaozt0141
山东：历城区 李兰，王萍，张少华 Lilan007
山东：历城区 樊守金，郑国伟，任昭杰 Zhaozt0045
山东：芝罘区 卞福花，卢学新，纪伟 BianFH00009
山西：夏县 张贵平，吴琼，连俊强 Zhangf0037
山西：夏县 赵璐璐 Zhangf0165
西藏：林芝 孙航，张建文，陈建国等 SunH-07ZX-2805
西藏：左贡 苏涛，黄永江，杨青松等 ZhouZK11302
新疆：乌鲁木齐 王喜勇，马文宝，施翔 zdy233
新疆：乌鲁木齐 王喜勇，马文宝，施翔 zdy253
云南：德钦 张书东，林娜娜，郁文彬等 SCSB-W-007
云南：德钦 杨青松，星耀武，苏涛 ZhouZK-07ZX-0407
云南：富民 郁文彬，董莉娜，张舒等 SCSB-W-958
云南：富民 郁文彬，董莉娜，张舒等 SCSB-W-961
云南：鹤庆 张书东，林娜娜，陆露等 SCSB-W-159
云南：丽江 张书东，林娜娜，陆露等 SCSB-W-125
云南：麻栗坡 税玉民，陈文红 72095
云南：麻栗坡 税玉民，陈文红 72107
云南：盘龙区 张书东，林娜娜，陆露等 SCSB-W-056
云南：巧家 郁文彬，张舒，艾洪莲等 SCSB-W-1022
云南：石林 税玉民，陈文红 65432
云南：石林 税玉民，陈文红 66709
云南：文山 税玉民，陈文红 81045
云南：文山 税玉民，陈文红 81114
云南：文山 税玉民，陈文红 81140
云南：香格里拉 周浙昆，苏涛，杨莹等 Zhou09-053

Potentilla chinensis var. **lineariloba** Franchet & Savatier **细裂委陵菜**

山东：海阳 张少华，张诏，程丹丹等 Lilan663

Potentilla chrysantha Treviranus **黄花委陵菜**

新疆：博乐 徐文斌，黄雪姣 SHI-2008014
新疆：布尔津 谭敦炎，邱娟 TanDY0466
新疆：察布查尔 刘鸯 SHI-A2007105
新疆：霍城 马真，贺晓欢，徐文斌等 SHI-A2007048
新疆：尼勒克 徐文斌，刘鸯，马真等 SHI-A2007400
新疆：尼勒克 刘鸯，马真，贺晓欢等 SHI-A2007509
新疆：托里 徐文斌，郭一敏 SHI-2009340
新疆：裕民 谭敦炎，吉乃提 TanDY0718
新疆：裕民 亚吉东，张桥蓉，秦少发等 16CS13870
新疆：裕民 徐文斌，黄刚 SHI-2009449

Potentilla conferta Bunge **大萼委陵菜**

河北：阜平 牛玉璐，王晓亮 NiuYL538
黑龙江：嫩江 王臣，张欣欣，史传奇 WangCh288
黑龙江：五大连池 孙阎，赵立波 SunY011
西藏：噶尔 陈家辉，庄会富，边巴扎西 Yangyp-Q-2015
西藏：普兰 陈家辉，庄会富，刘德团等 Yangyp-Q-0027
新疆：博乐 谭敦炎，吉乃提，艾沙江 TanDY0249
新疆：和静 杨赵平，焦培培，白冠章等 LiZJ0755
新疆：尼勒克 刘鸯，马真，贺晓欢等 SHI-A2007450
新疆：尼勒克 刘鸯，马真，贺晓欢等 SHI-A2007501
新疆：特克斯 阎平，邓丽娟 SHI-A2007301
新疆：托里 徐文斌，黄刚 SHI-2009230
新疆：温泉 徐文斌，许晓敏 SHI-2008160
新疆：温泉 徐文斌，许晓敏 SHI-2008175
新疆：温泉 徐文斌，王莹 SHI-2008216
新疆：昭苏 贺晓欢，徐文斌，刘鸯等 SHI-A2007085

Potentilla coriandrifolia var. **dumosa** Franchet **丛生荽叶委陵菜**

西藏：林芝 罗建，王国严，汪书丽 LiuJQ-08XZ-023
云南：香格里拉 孙航，张建文，董金龙等 SunH-07ZX-3511

Potentilla cryptotaeniae Maximowicz **狼牙委陵菜**

黑龙江：海林 郑宝江，丁晓炎，王美娟等 ZhengBJ302
黑龙江：尚志 刘玫，张欣欣，程薪宇等 Liuetal406
湖北：仙桃 张代贵 Zdg1827
吉林：和龙 林红梅 Yanglm0207
吉林：磐石 安海成 AnHC0346
辽宁：庄河 于立敏 CaoW937
陕西：宁陕 田先华，吴礼慧 TianXH1155

Potentilla cuneata Wallich ex Lehmann **楔叶委陵菜**

四川：道孚 余岩，周春景，秦汉涛 SCU-11-032
四川：康定 张昌兵，向丽 ZhangCB0194
西藏：八宿 徐波，陈光富，陈林杨等 SunH-07ZX-2005
西藏：察隅 张挺，蔡杰，袁明 09CS1572
西藏：丁青 陈家辉，王赟，刘德团 YangYP-Q-3228
西藏：吉隆 张晓纬，汪书丽，罗建 LiuJQ-09XZ-LZT-078
西藏：加查 许炳强，童毅华 XiaNh-07zx-704
西藏：江达 苏涛，黄永江，杨青松等 ZhouZK11243
西藏：林芝 罗建，王国严，汪书丽 LiuJQ-08XZ-044
西藏：林芝 陈家辉，韩希，王广艳等 YangYP-Q-4107
云南：东川区 蔡杰，郭永杰，吴之坤等 11CS3589

Potentilla delavayi Franchet **滇西委陵菜** *

西藏：亚东 陈家辉，韩希，王东超等 YangYP-Q-4290
云南：景东 杨国平 200867

Potentilla discolor Bunge **翻白草**

安徽：屯溪区 方建新 TangXS0716
河北：邢台 牛玉璐，高彦飞，赵二涛 NiuYL316
湖北：竹溪 李盛兰 GanQL268
湖南：鹤城区 曾汉元，伍贤进，李胜华等 HHXY107
湖南：鹤城区 伍贤进，李胜华，曾汉元等 HHXY143
湖南：怀化 李胜华，伍贤进，曾汉元等 HHXY010
湖南：怀化 李胜华，伍贤进，曾汉元等 HHXY316
吉林：大安 杨帆，马红媛，安丰华 SNA0541
吉林：磐石 安海成 AnHC0314
吉林：洮北区 杨帆，马红媛，安丰华 SNA0299
吉林：镇赉 杨帆，马红媛，安丰华 SNA0151
江苏：句容 王兆银，吴宝成 SCSB-JS0067
江西：庐山区 谭策铭，董安淼 TanCM253
江西：星子 董安淼，吴丛梅 TanCM2511
山东：崂山区 罗艳，李中华 LuoY254
山东：历下区 高德民，张颖颖，程丹丹等 lilan558
山东：芝罘区 卞福花，杨蕾蕾，谷胤征 BianFH-0129
四川：道孚 何兴金，胡灏禹，沈呈娟等 SCU-11-468
四川：红原 张昌兵，邓秀发，郝国歉 ZhangCB0343
四川：理塘 孔航辉，罗江平，左雷等 YangQE3506
四川：盐源 孔航辉，罗江平，左雷等 YangQE3360
云南：香格里拉 李晓东，张紫刚，操榆 LiJ639

Potentilla eriocarpa var. **tsarongensis** W. E. Evans **裂叶毛果委陵菜** *

四川：道孚 陈文允，于文涛，黄永江 CYH216

Potentilla eriocarpa Wallich ex Lehmann **毛果委陵菜**

四川：甘孜 陈文允，于文涛，黄永江 CYH091
西藏：南木林 李晖，文雪梅，次旺加布等 Lihui-Q-0120
云南：德钦 陈文允，于文涛，黄永江等 CYHL122
云南：德钦 王文礼，冯欣，刘飞鹏 OUXK11202

Potentilla fallens Cardot **川滇委陵菜** *

四川：道孚 陈文允，于文涛，黄永江 CYH198

四川：得荣 孙航，李新辉，陈林杨 SunH-07ZX-3019
四川：雅江 苏涛，黄永江，杨青松等 ZhouZK11105
云南：会泽 杜燕，黄天才，董勇等 SCSB-A-000332
云南：永德 李永亮 YDDXS0644

Potentilla festiva Soják **合耳委陵菜**

四川：九龙 孙航，张建文，董金龙等 SunH-07ZX-4044

Potentilla flagellaris Willdenow ex Schlechtendal **匐枝委陵菜**

河北：赞皇 牛玉璐，郑博颖，黄士良等 NiuYL002
黑龙江：宁安 刘玫，王臣，史传奇等 Liuetal567
吉林：长岭 杨莉 Yanglm0416

Potentilla fragarioides Linnaeus **莓叶委陵菜**

甘肃：玛曲 李晓东，刘帆，张景博等 LiJ0043
湖北：竹溪 李盛兰 GanQL890
吉林：磐石 安海成 AnHC0281
江苏：赣榆 吴宝成 HANGYY8306
江苏：句容 吴宝成，王兆银 HANGYY8033
江苏：句容 吴宝成，王兆银 HANGYY8118
江苏：射阳 吴宝成 HANGYY8269
江苏：太仓 吴宝成 HANGYY8198
内蒙古：和林格尔 蒲拴莲，刘润宽，刘毅等 M299
山东：莱山区 卞福花，宋言贺 BianFH-438
山东：历下区 高德民，张颖颖，程丹丹等 lilan557
山东：牟平区 卞福花，杨蕾蕾，谷胤征 BianFH-0076
四川：白玉 李晓东，张景博，徐凌翔等 LiJ480

Potentilla freyniana Bornmüller **三叶委陵菜**

安徽：石台 洪欣 ZhouSB0154
甘肃：碌曲 李晓东，刘帆，张景博等 LiJ0118
湖北：竹溪 甘啟良 GanQL017
吉林：磐石 安海成 AnHC0292
山东：海阳 步瑞兰，辛晓伟，王林等 Lilan742
四川：红原 何兴金，高云东，刘海艳等 SCU-20080517

Potentilla fruticosa Linnaeus **金露梅**

甘肃：合作 尹鑫，吴航，葛文静 LiuJQ-GN-2011-095
甘肃：玛曲 尹鑫，吴航，葛文静 LiuJQ-GN-2011-102
黑龙江：虎林市 王庆贵 CaoW570
内蒙古：克什克腾旗 刘润宽，李茂文，李昌亮 M124
内蒙古：土默特右旗 刘博，蒲拴莲，刘润宽等 M363
青海：都兰 潘建斌，杜维波，牛炳韬 Liujq-2011CDM-147
青海：门源 吴玉虎 LJQ-QLS-2008-0091
青海：乌兰 潘建斌，杜维波，牛炳韬 Liujq-2011CDM-279
青海：玉树 许炳强，周伟，郑朝汉 Xianh0304
四川：木里 苏涛，黄永江，杨青松等 ZhouZK11345
西藏：八宿 徐波，陈光富，陈林杨等 SunH-07ZX-0969
西藏：工布江达 卢洋，刘帆等 LiJ885
西藏：江达 苏涛，黄永江，杨青松等 ZhouZK11233
西藏：类乌齐 陈家辉，王赟，刘德团 YangYP-Q-3172
西藏：林芝 孙航，张建文，陈建国等 SunH-07ZX-2761
西藏：芒康 徐波，陈光富，陈林杨等 SunH-07ZX-0210
西藏：左贡 张永洪，王晓雄，周卓等 SunH-07ZX-0565
新疆：和静 张挺，杨赵平，焦培培等 LiZJ0516
云南：香格里拉 陈家辉，刘亚辉，周妍等 YangYP-Q-2194
云南：香格里拉 周浙昆，苏涛，杨莹等 Zhou09-023

Potentilla fruticosa var. **arbuscula** (D. Don) Maximowicz **伏毛金露梅**

云南：东川区 蔡杰，郭永杰，吴之坤等 11CS2989

Potentilla fruticosa var. **pumila** J. D. Hooker **垫状金露梅**

西藏：阿里 陈家辉，庄会富，边巴扎西 Yangyp-Q-2043

Potentilla glabra Loddiges **银露梅**

河北：涿鹿 牛玉璐，高彦飞，赵二涛 NiuYL279
宁夏：银川 左忠，刘华 ZuoZh090
四川：康定 许炳强，童毅华，吴兴等 XiaNH-07ZX-1018
四川：理塘 何兴金，马祥光，张云香等 SCU-11-235
西藏：察雅 张挺，李爱花，刘成等 08CS712
西藏：当雄 许炳强，童毅华 XiaNh-07zx-555
云南：临沧 彭华，向春雷，陈丽 PengH8056
云南：玉龙 孔航辉，任琛 Yangqe2769

Potentilla griffithii J. D. Hooker **柔毛委陵菜**

贵州：开阳 肖恩婷 Yuanm013
贵州：威宁 邹方伦 ZouFL0299
西藏：朗县 罗建，汪书丽，任德智 L015
云南：南涧 邹国娟，时国彩 njwls2007013
云南：嵩明 李爱花，邓敏，郁文彬 SCSB-A-000002
云南：香格里拉 杨亲二，袁琼 Yangqe1844
云南：云龙 字建泽，杨六斤，李国庆等 TC1013

Potentilla griffithii var. **velutina** Cardot **长柔毛委陵菜** *

四川：白玉 李晓东，张景博，徐凌翔等 LiJ491
云南：香格里拉 杨青松，杨莹，黄永江等 ZhouZK-07ZX-0100

Potentilla hololeuca Boissier ex Lehmann **全白委陵菜**

新疆：塔什库尔干 塔里木大学植物资源调查组 TD-00765
新疆：温宿 塔里木大学植物资源调查组 TD-00918

Potentilla hypargyrea Handel-Mazzetti **白背委陵菜** *

云南：镇沅 胡启元，周兵，张绍云 YNS0871

Potentilla kleiniana Wight & Arnott **蛇含委陵菜**

安徽：舒城 陈延松，欧祖兰，高秋晨等 Xuzd265
安徽：屯溪区 方建新 TangXS0112
安徽：屯溪区 方建新 TangXS0723
重庆：南川区 易思荣 YISR177
湖北：竹溪 李盛兰 GanQL291
江苏：句容 王兆银，吴宝成 SCSB-JS0089
江西：黎川 童和平，王玉珍，常迪江等 TanCM1988
江西：庐山区 董安淼，吴从梅 TanCM807
山东：海阳 高德民，张颖颖，程丹丹等 lilan556
四川：峨眉山 李小杰 LiXJ024
西藏：察雅 张挺，李爱花，刘成等 08CS714
云南：景东 鲁艳 200827
云南：景东 杨国平 07-57
云南：孟连 胡启和，赵强，周英等 YNS0778
云南：南涧 熊绍荣，张雄 NJWLS1219
云南：南涧 官有才 NJWLS1642
云南：南涧 阿国仁 NJWLS1522
云南：巧家 杨光明 SCSB-W-1119
云南：文山 何德明，丰艳飞，张代明 WSLJS944
云南：香格里拉 张书东，林娜娜，郁文彬等 SCSB-W-022
云南：新平 自正尧 XPALSB231
云南：新平 刘家良 XPALSD269
云南：新平 谢天华，郎定富 XPALSA091
云南：新平 白绍斌 XPALSC350
云南：永德 李永亮 YDDXS0375

Potentilla lancinata Cardot **条裂委陵菜** *

云南：香格里拉 张书东，林娜娜，郁文彬等 SCSB-W-027
云南：香格里拉 郭永杰，张桥蓉，李春晓等 11CS3501
云南：永德 杨金荣，王学军，黄德武等 YDDXSA035

Potentilla leuconota D. Don **银叶委陵菜**

湖北：仙桃 张代贵 Zdg1877
四川：稻城 何兴金，高云东，王志新等 SCU-09-269
四川：康定 何兴金，高云东，王志新等 SCU-09-206

四川：理塘 何兴金，李琴琴，马祥光等 SCU-09-124
四川：雅江 何兴金，李琴琴，马祥光等 SCU-09-113
四川：雅江 何兴金，高云东，王志新等 SCU-09-221
西藏：察隅 张挺，蔡杰，袁明 09CS1545
西藏：林芝 罗建，汪书丽 LiuJQ-09XZ-206
西藏：林芝 罗建，汪书丽，任德智 LiuJQ-09XZ-282
西藏：林芝 孙航，张建文，陈建国等 SunH-07ZX-2810
西藏：林芝 张大才，李双智，唐路等 ZhangDC-07ZX-1862
云南：鹤庆 张大才，李双智，杨川 ZhangDC-07ZX-2096
云南：剑川 陈文允，于文涛，黄永江等 CYHL001
云南：巧家 郁文彬，任宗昕，艾洪莲等 SCSB-W-1080
云南：巧家 杨光明 SCSB-W-1129
云南：巧家 郁文彬，任宗昕，艾洪莲等 SCSB-W-1057
云南：巧家 王红，周伟，任宗昕等 SCSB-W-270
云南：巧家 张书东，何俊，蒋伟等 SCSB-W-301
云南：维西 陈文允，于文涛，黄永江等 CYHL074
云南：香格里拉 郭永杰，张桥蓉，李春晓等 11CS3438
云南：香格里拉 张挺，郭永杰，张桥蓉 11CS3157

Potentilla lineata Treviranus **西南委陵菜**

甘肃：舟曲 齐威 LJQ-2008-GN-332
湖南：吉首 陈功锡，张代贵，邓涛等 SCSB-HC-2007444
四川：白玉 张大才，尹五元，李双智等 ZhangDC-07ZX-2253
四川：道孚 余岩，周春景，秦汉涛 SCU-11-019
四川：稻城 聂泽龙，孟盈，邓涛 SunH-07ZX-2336
四川：稻城 孙航，张建文，董金龙等 SunH-07ZX-3604
四川：稻城 何兴金，廖晨阳，任海燕等 SCU-09-428
四川：稻城 何兴金，廖晨阳，任海燕等 SCU-09-457
四川：九龙 张大才，尹五元，李双智等 ZhangDC-07ZX-2421
四川：九龙 孙航，张建文，董金龙等 SunH-07ZX-4010
四川：泸定 高云东，李忠荣，鞠文彬 GaoXF-12-191
四川：米易 刘静 MY-005
四川：冕宁 孙航，张建文，董金龙等 SunH-07ZX-4062
四川：冕宁 孙航，张建文，董金龙等 SunH-07ZX-4069
四川：普格 苏涛，黄永江，杨青松等 ZhouZK11046
四川：雅江 何兴金，郜鹏，彭禄等 SCU-11-383
四川：雅江 何兴金，高云东，王志新等 SCU-09-227
四川：盐源 任宗昕，艾洪莲，张舒 SCSB-W-1431
四川：盐源 苏涛，黄永江，杨青松等 ZhouZK11400
西藏：错那 张晓纬，汪书丽，罗建 LiuJQ-09XZ-LZT-054
西藏：工布江达 罗建，汪书丽，任德智 LiuJQ-09XZ-ML065
云南：洱源 李爱花，雷立公，徐远杰等 SCSB-A-000130
云南：会泽 杜燕，黄天才，董勇等 SCSB-A-000329
云南：景东 杨国平，李达文，鲁志云 ygp-024
云南：景东 鲁成荣，谢有能，张明勇 JD052
云南：丽江 孙航，李新辉，陈林杨 SunH-07ZX-3120
云南：隆阳区 尹学建 BSGLGSly2029
云南：禄劝 胡光万 HGW-00333
云南：麻栗坡 肖波 LuJL163
云南：南涧 罗新洪，阿国仁，何贵才 NJWLS522
云南：南涧 沈文明 NJWLS1314
云南：宁蒗 任宗昕，寸龙琼，任尚国 SCSB-W-1358
云南：普洱 叶金科 YNS0371
云南：巧家 李文虎，高顺勇，吴天抗等 QJYS0012
云南：巧家 李文虎，高顺勇，吴天抗等 QJYS0031
云南：巧家 杨光明 SCSB-W-1218
云南：腾冲 周应再 Zhyz-019
云南：文山 何德明，胡艳花 WSLJS489
云南：香格里拉 李国栋，陈建国，陈林杨等 SunH-07ZX-2288
云南：香格里拉 王文礼，冯欣，刘飞鹏 OUXK11086
云南：香格里拉 王文礼，冯欣，刘飞鹏 OUXK11109
云南：香格里拉 王文礼，冯欣，刘飞鹏 OUXK11223
云南：香格里拉 孙航，李新辉，陈林杨 SunH-07ZX-3096
云南：香格里拉 孔航辉，任琛 Yangqe2848
云南：新平 刘家良 XPALSD013
云南：新平 白绍斌 XPALSC058
云南：新平 谢雄 XPALSC524
云南：新平 何罡安 XPALSB002
云南：盈江 王立彦，左常盛，何维海 SCSB-TBG-018
云南：永德 李永亮 YDDXS0383
云南：永德 欧阳红才，普跃东，杨金柱等 YDDXSC002
云南：玉龙 孙航，李新辉，陈林杨 SunH-07ZX-3232
云南：元谋 冯欣 OuXK-0089
云南：元阳 田学军，杨建，邱成书等 Tianxj0087
云南：云龙 字建泽，杨六斤，李国庆等 TC1057
云南：镇沅 罗成瑜 ALSZY368
云南：镇沅 张绍云，胡启和 YNS1014
云南：镇沅 朱恒，罗成永 ALSZY040
云南：镇沅 何忠云，王立东 ALSZY085

Potentilla longifolia Willdenow ex Schlechtendal **腺毛委陵菜**

北京：东城区 王雷，朱雅娟，黄振英 Beijing-huang-bhs-0024
北京：东城区 王雷，朱雅娟，黄振英 Beijing-huang-bws-0055
北京：东城区 王雷，朱雅娟，黄振英 Beijing-huang-dls-0080
北京：海淀区 王伟青 SCSB-D-0047
北京：门头沟区 李燕军 SCSB-E-0046
北京：西城区 王雷，朱雅娟，黄振英 Beijing-huang-yms-0037
北京：西城区 王雷，朱雅娟，黄振英 Beijing-huang-ss-0028
黑龙江：巴彦 孙阎 SunY038
黑龙江：宁安 刘玫，张欣欣，程薪宇等 Liuetal422
吉林：和龙 刘翠晶 Yanglm0221
山东：崂山区 高德民，吴燕秋 Lilan959
四川：巴塘 张大才，尹五元，李双智等 ZhangDC-07ZX-2204
四川：红原 张昌兵，邓秀华 ZhangCB0228
新疆：博乐 徐文斌，许晓敏 SHI-2008007
新疆：博乐 徐文斌，许晓敏 SHI-2008022
新疆：托里 徐文斌，黄刚 SHI-2009038
新疆：乌鲁木齐 王喜勇，马文宝，施翔 zdy269
新疆：乌鲁木齐 段士民，王喜勇，刘会良 Zhangdy269

Potentilla macrosepala Cardot **大花委陵菜** *

云南：贡山 刀志灵 DZL350

Potentilla multicaulis Bunge **多茎委陵菜**

甘肃：玛曲 李晓东，刘帆，张景博等 LiJ0042
河北：蔚县 牛玉璐，高彦飞，黄士良 NiuYL240
内蒙古：武川 蒲拴莲，李茂文 M063
青海：门源 吴玉虎 LJQ-QLS-2008-0119
四川：理塘 李晓东，张景博，徐凌翔等 LiJ337
西藏：八宿 张永洪，王晓雄，周卓等 SunH-07ZX-1607
西藏：波密 孙航，张建文，陈建国等 SunH-07ZX-2540
西藏：噶尔 李晖，文雪梅，次旺加布等 Lihui-Q-0072
西藏：南木林 李晖，文雪梅，次旺加布等 Lihui-Q-0098
新疆：乌恰 杨赵平，黄文娟 TD-01873
云南：丽江 张书东，林娜娜，陆露等 SCSB-W-108

Potentilla multifida Linnaeus **多裂委陵菜**

甘肃：合作 尹鑫，吴航，葛文静 LiuJQ-GN-2011-107
青海：都兰 潘建斌，杜维波，牛炳韬 Liujq-2011CDM-186
青海：都兰 潘建斌，杜维波，牛炳韬 Liujq-2011CDM-213
西藏：那曲 陈家辉，庄会富，刘德团 Yangyp-Q-0191

新疆：阿合奇 杨赵平，周禧琳，贺冰 LiZJ1386
新疆：巴里 段士民，王喜勇，刘会良 Zhangdy145
新疆：博乐 徐文斌，黄雪姣 SHI-2008017
新疆：和静 邱爱军，张玲 LiZJ1808
新疆：和静 张玲 TD-01647
新疆：和田 冯建菊 Liujq-fjj-0107
新疆：塔什库尔干 杨赵平，周禧林，贺冰 LiZJ1234
新疆：塔什库尔干 邱娟，冯建菊 LiuJQ0018
新疆：塔什库尔干 邱娟，冯建菊 LiuJQ0039
新疆：塔什库尔干 邱娟，冯建菊 LiuJQ0097
新疆：塔什库尔干 邱娟，冯建菊 LiuJQ0145
新疆：托里 徐文斌，郭一敏 SHI-2009250
新疆：温泉 徐文斌，许晓敏 SHI-2008172
新疆：温泉 徐文斌，黄雪姣 SHI-2008238
新疆：乌恰 杨赵平，周禧琳，贺冰 LiZJ1279
新疆：于田 冯建菊 Liujq-fjj-0026

Potentilla nervosa Juzepczuk **显脉委陵菜**
西藏：林芝 罗建，汪书丽 LiuJQ-08XZ-095
新疆：昭苏 贺晓欢，徐文斌，刘鸯等 SHI-A2007093

Potentilla nivea Linnaeus **雪白委陵菜**
四川：稻城 何兴金，高云东，王志新等 SCU-09-257

Potentilla pamiroalaica Juzepczuk **高原委陵菜**
西藏：噶尔 陈家辉，庄会富，刘德团等 Yangyp-Q-0118
西藏：革吉 李晖，卜海涛，边巴等 lihui-Q-09-39
新疆：塔什库尔干 邱娟，冯建菊 LiuJQ0085
新疆：塔什库尔干 邱娟，冯建菊 LiuJQ0167

Potentilla parvifolia Fischer ex Lehmann **小叶金露梅**
宁夏：银川 牛有栋，李出山 ZuoZh107
青海：格尔木 冯虎元 LiuJQ-08KLS-011
四川：稻城 陈家辉，刘亚辉，周妍等 YangYP-Q-2284
四川：康定 张昌兵，向丽 ZhangCB0207
西藏：墨竹工卡 罗建，汪书丽，任德智 LiuJQ-09XZ-ML019

Potentilla peduncularis D. Don **总梗委陵菜**
西藏：林芝 罗建，王国严，汪书丽 LiuJQ-08XZ-052
云南：大理 张书东，林娜娜，陆露等 SCSB-W-190
云南：洱源 杨青松，星耀武，苏涛 ZhouZK-07ZX-0271
云南：丽江 张书东，林娜娜，陆露等 SCSB-W-102

Potentilla plumosa T. T. Yu & C. L. Li **羽毛委陵菜** *
青海：平安 薛春迎 Xuechy0046
西藏：林芝 陈家辉，韩希，王东超等 YangYP-Q-4049

Potentilla polyphylla Wallich ex Lehmann **多叶委陵菜**
云南：泸水 许炳强，吴兴，李婧等 XiaNh-07zx-038
云南：永德 李永亮 LiYL1539

Potentilla potaninii Th. Wolf **华西委陵菜**
甘肃：玛曲 尹鑫，吴航，葛文静 LiuJQ-GN-2011-106
四川：马尔康 高云东，李忠荣，鞠文彬 GaoXF-12-055
四川：壤塘 何兴金，马祥光，郜鹏 SCU-10-251

Potentilla recta Linnaeus **直立委陵菜**
新疆：博乐 徐文斌，许晓敏 SHI-2008010
新疆：裕民 徐文斌，郭一敏 SHI-2009085

Potentilla reptans var. **sericophylla** Franchet **绢毛匍匐委陵菜** *
湖北：竹溪 李盛兰 GanQL872

Potentilla saundersiana Royle **钉柱委陵菜**
甘肃：合作 尹鑫，吴航，葛文静 LiuJQ-GN-2011-108
青海：门源 吴玉虎，刘建全 LJQ-QLS-2008-0020
青海：囊谦 许炳强，周伟，郑朝汉 Xianh0069
四川：理塘 何兴金，马祥光，张云香等 SCU-11-240
四川：米易 袁明 MY322
西藏：安多 陈家辉，庄会富，边巴扎西 Yangyp-Q-2069
西藏：波密 陈家辉，韩希，王东超等 YangYP-Q-4014
西藏：昌都 许炳强，周伟，郑朝汉 Xianh0200
西藏：当雄 陈家辉，庄会富，刘德团 Yangyp-Q-0161
西藏：当雄 李晖，文雪梅，次旺加布等 Lihui-Q-0082
西藏：堆龙德庆 杨永平，王东超，杨大松等 YangYP-Q-5051
西藏：革吉 李晖，文雪梅，次旺加布等 Lihui-Q-0037
西藏：林芝 罗建，汪书丽 LiuJQ-09XZ-207
西藏：林芝 卢洋，刘帆等 LiJ789
西藏：米林 张晓纬，汪书丽，罗建 LiuJQ-09XZ-LZT-002
西藏：那曲 陈家辉，庄会富，边巴扎西 Yangyp-Q-2118
西藏：那曲 陈家辉，庄会富，刘德团 Yangyp-Q-0183
西藏：那曲 陈家辉，庄会富，刘德团 Yangyp-Q-0201
西藏：那曲 陈家辉，庄会富，刘德团 Yangyp-Q-0220
西藏：聂荣 陈家辉，庄会富，边巴扎西 Yangyp-Q-2093
云南：腾冲 周应再 Zhyz-210
云南：香格里拉 郭永杰，张桥蓉，李春晓等 11CS3414

Potentilla sericea Linnaeus **绢毛委陵菜**
黑龙江：爱辉区 刘玫，王臣，张欣欣等 Liuetal701
黑龙江：宁安 刘玫，张欣欣，程薪宇等 Liuetal416
四川：理塘 陈家辉，刘亚辉，周妍等 YangYP-Q-2300
新疆：和静 邱爱军，张玲，马帅 LiZJ1693
新疆：托里 徐文斌，杨清理 SHI-2009027
新疆：托里 徐文斌，郭一敏 SHI-2009037

Potentilla stenophylla (Franchet) Diels **狭叶委陵菜**
四川：甘孜 苏涛，黄永江，杨青松等 ZhouZK11191
四川：马尔康 顾垒，张羽 GAOXF-10ZX-1903
西藏：林芝 张大才，李双智，唐路等 ZhangDC-07ZX-1813
云南：香格里拉 郭永杰，张桥蓉，李春晓等 11CS3517
云南：香格里拉 孙航，张建文，董金龙等 SunH-07ZX-3514
云南：香格里拉 蔡杰，张挺，刘成等 11CS3273

Potentilla stenophylla var. **emergens** Cardot **康定委陵菜**
四川：巴塘 张大才，尹五元，李双智等 ZhangDC-07ZX-2230
四川：道孚 陈文允，于文涛，黄永江 CYH215
四川：甘孜 张大才，尹五元，李双智等 ZhangDC-07ZX-2340
四川：康定 高云东，李忠荣，鞠文彬 GaoXF-12-171
四川：康定 许炳强，童毅华，吴兴等 XiaNH-07ZX-1006
四川：理塘 何兴金，马祥光，张云香等 SCU-11-239
四川：理塘 何兴金，廖晨阳，任海燕等 SCU-09-421
四川：盐边 苏涛，黄永江，杨青松等 ZhouZK11321

Potentilla stenophylla var. **taliensis** (W. W. Smith) H. Ikeda & H. Ohba **大理委陵菜** *
云南：香格里拉 陈家辉，刘亚辉，周妍等 YangYP-Q-2217

Potentilla strigosa Pallas ex Tratt. **茸毛委陵菜**
新疆：博乐 马真 SHI-A2007018

Potentilla supina Linnaeus **朝天委陵菜**
安徽：屯溪区 方建新 TangXS0111
北京：东城区 朱雅娟，王雷，黄振英 Beijing-huang-xs-0011
北京：西城区 王雷，朱雅娟，黄振英 Beijing-huang-ss1-0011
河北：青龙 牛玉璐，高彦飞 NiuYL598
黑龙江：香坊区 郑宝江，潘磊 ZhengBJ089
湖北：竹溪 李盛兰 GanQL1031
湖北：竹溪 李盛兰 GanQL1033
湖南：澧县 蔡秀珍，田淑珍 SCSB-HN-1061
湖南：浏阳 朱香清，丛义艳 SCSB-HN-1779
湖南：南县 田淑珍，刘克明 SCSB-HN-1769
湖南：岳麓区 姜孝成 SCSB-HNJ-0007
湖南：岳麓区 姜孝成，唐妹，尹恒等 SCSB-HNJ-0411

湖南：长沙 朱香清，田淑珍，刘克明 SCSB-HN-1472
湖南：长沙 刘克明，蔡秀珍，田淑珍 SCSB-HN-0685
湖南：长沙 朱香清，丛义艳 SCSB-HN-1489
吉林：长岭 张宝田 Yanglm0415
江苏：海州区 汤兴利 HANGYY8436
江西：星子 董安淼，吴丛梅 TanCM2518
山东：莱山区 陈朋 BianFH-395
上海：闵行区 李宏庆，葛斌杰，刘国丽 Lihq0154
西藏：拉萨 钟扬 ZhongY1015
新疆：阿勒泰 段士民，王喜勇，刘会良等 181
新疆：博乐 徐文斌，王莹 SHI-2008009
新疆：博乐 徐文斌，黄雪姣 SHI-2008356
新疆：巩留 马真，徐文斌，贺晓欢等 SHI-A2007210
新疆：和布克赛尔 徐文斌，杨清理 SHI-2009129
新疆：沙湾 陶冶，雷凤品，黄刚 SHI2006263
新疆：特克斯 徐文斌，刘丽霞 SHI-A2007294
新疆：托里 徐文斌，杨清理 SHI-2009240
新疆：托里 徐文斌，杨清理 SHI-2009330
新疆：温泉 徐文斌，黄雪姣 SHI-2008040
新疆：温泉 徐文斌，黄雪姣 SHI-2008250
新疆：温泉 徐文斌，王莹 SHI-2008264
新疆：温泉 徐文斌，王莹 SHI-2008279
新疆：伊吾 段士民，王喜勇，刘会良 Zhangdy190
新疆：裕民 徐文斌，杨清理 SHI-2009369
新疆：裕民 徐文斌，黄刚 SHI-2009419
云南：西山区 彭华，陈丽 P.H.5295

Potentilla supina var. **ternata** Petermann **三叶朝天委陵菜**

江西：庐山区 董安淼，吴丛梅 TanCM1527
云南：永德 李永亮 YDDXS1183

Potentilla tanacetifolia Willdenow ex Schlechtendal **菊叶委陵菜**

甘肃：迭部 齐威 LJQ-2008-GN-336
甘肃：合作 尹鑫，吴航，葛文静 LiuJQ-GN-2011-082
甘肃：夏河 尹鑫，吴航，葛文静 LiuJQ-GN-2011-110
甘肃：卓尼 齐威 LJQ-2008-GN-333
吉林：前郭尔罗斯 杨帆，马红媛，安丰华 SNA0372
吉林：长岭 张宝田 Yanglm0341
吉林：长岭 张宝田 Yanglm0345
内蒙古：额尔古纳 张红香 ZhangHX021
内蒙古：赛罕区 蒲拴莲，刘润宽，刘毅等 M166
内蒙古：武川 蒲拴莲，李茂文 M064
山东：历城区 李兰，王萍，张少华 Lilan059
云南：香格里拉 周浙昆，苏涛，杨莹等 Zhou09-010

Potentilla turfosa var. **gracilescens** (Soják) H. Ikeda & H. Ohba **纤细委陵菜** *

西藏：波密 张大才，李双智，唐路等 ZhangDC-07ZX-1774

Potentilla virgata Lehmann **密枝委陵菜**

青海：格尔木 潘建斌，杜维波，牛炳韬 Liujq-2011CDM-032
新疆：阿合奇 塔里木大学植物资源调查组 TD-00629
新疆：巩留 刘鸯，徐文斌，马真等 SHI-A2007228
新疆：和静 邱爱军，张玲，马帅 LiZJ1715
新疆：和静 杨赵平，焦培培，白冠章等 LiZJ0683
新疆：托里 徐文斌，杨清理 SHI-2009336
新疆：温泉 徐文斌，黄雪姣 SHI-2008174
新疆：温宿 杨赵平，焦培培，白冠章等 LiZJ0795
新疆：乌鲁木齐 王喜勇，马文宝，施翔 zdy375
新疆：乌鲁木齐 段士民，王喜勇，刘会良 Zhangdy228
新疆：乌鲁木齐 段士民，王喜勇，刘会良 Zhangdy249
新疆：昭苏 阎平，陈志丹 SHI-A2007314

Prinsepia sinensis (Oliver) Oliver ex Bean **东北扁核木** *

黑龙江：巴彦 孙阎，赵立波 SunY041
黑龙江：尚志 刘玫，张欣欣，程薪宇等 Liuetal402
吉林：通化 郑宝江，潘磊，王平等 ZhengBJ051

Prinsepia uniflora Batalin **蕤核** *

宁夏：彭阳 左忠，刘华 ZuoZh246

Prinsepia utilis Royle **扁核木**

云南：宁蒗 任宗昕，周伟，何俊等 SCSB-W-932

Prunus cerasifera Ehrhart **樱桃李**

新疆：霍城 亚吉东，张桥蓉，秦少发等 16CS13808

Prunus domestica Linnaeus **欧洲李**

新疆：新源 亚吉东，张桥蓉，秦少发等 16CS13426

Prunus salicina Lindley **李** *

安徽：潜山 唐鑫生，宋曰钦，方建新 TangXS0889
安徽：舒城 陈延松，欧祖兰，高秋晨等 Xuzd300
重庆：南川区 易思荣 YISR008
湖北：神农架林区 李巨平 LiJuPing0100
湖北：仙桃 张代贵 Zdg1564
湖北：宣恩 祝文志，刘志祥，曹远俊 ShenZH0021
湖北：竹溪 李盛兰 GanQL076
江西：庐山区 董安淼，吴丛梅 TanCM1578
宁夏：银川 牛有栋，李出山 ZuoZh093
四川：阿坝 陈世龙，高庆波，张发起 Chensl1170
云南：兰坪 王四海，唐春云，李苏雨 Wangsh-07ZX-015
云南：云龙 赵玉贵，李占兵，张吉平等 TC2008

Prunus simonii Carrière **杏李** *

云南：腾冲 余新林，赵玮 BSGLGStc345

Pygeum henryi Dunn **云南臀果木** *

云南：景东 罗忠华，谢有能，罗文涛等 JDNR139
云南：景东 罗忠华，刘长铭，鲁成荣 JDNR09016
云南：南涧 官有才 NJWLS1657
云南：普洱 叶金科 YNS0155
云南：普洱 叶金科 YNS0172
云南：普洱 叶金科，彭志仙 YNS0302

Pyracantha angustifolia (Franchet) C. K. Schneider **窄叶火棘** *

四川：冕宁 孔航辉，罗江平，左雷等 YangQE3432
四川：冕宁 张大才，尹五元，李双智等 ZhangDC-07ZX-2448
西藏：察隅 孙航，张建文，陈建国等 SunH-07ZX-2470
西藏：察隅 张大才，李双智，唐路等 ZhangDC-07ZX-1690
云南：昌宁 赵玮 BSGLGSly135
云南：德钦 孙振华，郑志兴，沈蕊等 OuXK-YS-242
云南：德钦 孙振华，郑志兴，沈蕊等 OuXK-YS-254
云南：富民 郁文彬，董莉娜，张舒等 SCSB-W-959
云南：富民 彭华，向春雷，许瑾等 P.H.5463
云南：贡山 许炳强，吴兴，李婧等 XiaNh-07zx-162
云南：古城区 孙振华，郑志兴，沈蕊等 OuXK-YS-222
云南：鹤庆 孙振华，王文礼，宋晓卿等 OuxK-HQ-0015
云南：剑川 柳小康 OuXK-0027
云南：景东 鲁艳 07-140
云南：景东 张绍云，胡启和，仇亚等 YNS1154
云南：兰坪 孙振华，郑志兴，沈蕊等 OuXK-LC-050
云南：兰坪 王文礼，冯欣，刘飞鹏 OUXK11025
云南：丽江 孔航辉，罗江平，左雷等 YangQE3320
云南：隆阳区 赵玮 BSGLGSly169
云南：泸水 刀志灵 DZL-099
云南：泸水 朱枫，张仲富，成梅 Wangsh-07ZX-052
云南：泸水 孙振华，郑志兴，沈蕊等 OuXK-LC-015

云南：泸水 陆树刚 Ouxk-LK-0001
云南：禄丰 刀志灵，陈渝 DZL511
云南：麻栗坡 税玉民，陈文红 72047
云南：麻栗坡 税玉民，陈文红 72125
云南：麻栗坡 肖波 LuJL139
云南：蒙自 税玉民，陈文红 72491
云南：墨江 张绍云，胡启和 YNS1002
云南：南涧 罗增阳，袁立川，徐家武等 NJWLS2008187
云南：南涧 熊绍荣，时国彩，李春明等 njwls2007097
云南：盘龙区 张挺，蔡杰，刘成等 08CS910
云南：双柏 孙振华，郑志兴，沈蕊等 OuXK-SB-105
云南：腾冲 周应再 Zhyz-502
云南：维西 王文礼，冯欣，刘飞鹏 OUXK11029
云南：维西 王文礼，冯欣，刘飞鹏 OUXK11069
云南：维西 王文礼，冯欣，刘飞鹏 OUXK11070
云南：维西 王文礼，冯欣，刘飞鹏 OUXK11077
云南：香格里拉 孙振华，郑志兴，沈蕊等 OuXK-YS-267
云南：香格里拉 张大才，李双智，杨川 ZhangDC-07ZX-1994
云南：香格里拉 杨亲二，袁琼 Yangqe2675
云南：新平 谢天华，郎定富，李应富 XPALSA066
云南：新平 刘家良 XPALSD015
云南：永平 刀志灵 DZL384
云南：玉龙 刀志灵，李嵘，唐安军 DZL-001
云南：玉龙 孙振华，郑志兴，沈蕊等 OuXK-YS-227
云南：云龙 孙振华，郑志兴，沈蕊等 OuXK-LC-064
云南：云龙 王文礼，冯欣，刘飞鹏 OUXK11014

Pyracantha atalantioides (Hance) Stapf **全缘火棘** *

广西：环江 许为斌，梁永延，黄俞淞等 Liuyan0165
广西：昭平 莫水松 Liuyan1050
广西：资源 许为斌，黄俞淞，朱章明 Liuyan0446
贵州：江口 彭华，王英，陈丽 P.H.5125
贵州：荔波 刘克明，盛波，王得刚 SCSB-HN-1853
贵州：荔波 刘克明，王得刚 SCSB-HN-1877
贵州：荔波 刘克明，盛波，王得刚 SCSB-HN-1883
贵州：荔波 旷仁平，盛波 SCSB-HN-1892
贵州：荔波 旷仁平，盛波 SCSB-HN-1907
贵州：铜仁 彭华，王英，陈丽 P.H.5140
湖北：来凤 丛义艳，陈丰林 SCSB-HN-1238
湖北：五峰 陈功锡，张代贵 SCSB-HC-2008348
湖北：宣恩 沈泽昊 DS2298
湖北：竹溪 李盛兰 GanQL170
湖南：洞口 肖乐希，尹成园，唐光波等 SCSB-HN-1736
湖南：芙蓉区 姜孝成 SCSB-HNJ-0367
四川：米易 刘静，袁明 MY-228
云南：德钦 孙航，李新辉，陈林杨 SunH-07ZX-3092

Pyracantha crenulata (D. Don) M. Roemer **细圆齿火棘**

湖南：永顺 陈功锡，张代贵，邓涛等 SCSB-HC-2007559
山东：长清区 王萍，高德民，张诏等 lilan323
云南：剑川 彭华，许瑾，陈丽 P.H.5049
云南：景东 张明勇，鲁成荣，谢有能 JD057
云南：丽江 孙航，李新辉，陈林杨 SunH-07ZX-3130
云南：丽江 孙航，李新辉，陈林杨 SunH-07ZX-3131
云南：麻栗坡 肖波，陆章强 LuJL013
云南：香格里拉 刀志灵 DZL463
云南：玉龙 孙航，李新辉，陈林杨 SunH-07ZX-3237
云南：玉龙 孔航辉，任琛 Yangqe2797

Pyracantha crenulata var. **kansuensis** Rehder **细叶细圆齿火棘** *

四川：九寨沟 齐威 LJQ-2008-GN-328

Pyracantha fortuneana (Maximowicz) H. L. Li **火棘** *

安徽：蜀山区 陈延松，姜九龙，朱合军 Xuzd079
安徽：屯溪区 方建新 Tangxs0170
广西：环江 刘静，莫水松，胡仁传 Liuyan1041
广西：那坡 黄俞淞，梁永延，叶晓霞 Liuyan0022
贵州：花溪区 赵亚美 SCSB-JS0461
河北：涉县 牛玉璐，王晓亮 NiuYL583
湖北：神农架林区 祝文志，刘志祥，曹远俊 ShenZH5746
湖北：五峰 李平 AHL068
湖北：五峰 陈功锡，张代贵 SCSB-HC-2008347
湖北：仙桃 李巨平 Lijuping0279
湖北：宣恩 沈泽昊 HXE079
湖南：古丈 刘克明，朱晓文 SCSB-HN-0497
湖南：古丈 朱晓文 SCSB-HN-1242
湖南：鹤城区 曾汉元，伍贤进，李胜华等 HHXY110
湖南：鹤城区 李胜华，伍贤进，曾汉元等 HHXY171
湖南：鹤城区 李胜华，伍贤进，曾汉元等 HHXY179
湖南：怀化 李胜华，伍贤进，曾汉元等 HHXY044
湖南：怀化 李胜华，伍贤进，曾汉元等 HHXY243
湖南：江永 刘克明，蔡秀珍，马仲辉等 SCSB-HN-0097
湖南：浏阳 朱香清，田淑珍 SCSB-HN-1448
湖南：浏阳 朱香清，田淑珍 SCSB-HN-1721
湖南：浏阳 旷仁平 SCSB-HN-1247
湖南：南岳区 刘克明，丛义艳 SCSB-HN-1409
湖南：宁乡 熊凯辉 SCSB-HN-2031
湖南：平江 吴惊香 SCSB-HN-0932
湖南：桑植 田连成 SCSB-HN-1218
湖南：桃源 旷仁平 SCSB-HN-1223
湖南：新化 姜孝成，唐贵华，田春娥 SCSB-HNJ-0146
湖南：新宁 旷仁平 SCSB-HN-1939
湖南：新宁 旷仁平 SCSB-HN-2037
湖南：永定区 吴福川，廖博儒 246B
湖南：永顺 陈功锡，张代贵，龚双骄等 246A
湖南：永顺 陈功锡，张代贵 SCSB-HC-2008196
湖南：雨花区 丛义艳，朱晓文 SCSB-HN-1230
湖南：沅陵 周丰杰，刘克明 SCSB-HN-1312
湖南：沅陵 周丰杰，刘克明 SCSB-HN-1341
湖南：沅陵 李胜华，伍贤进，刘光华等 Wuxj919
江苏：句容 王兆银，吴宝成 SCSB-JS0406
江苏：句容 吴宝成，王兆银 HANGYY8607
陕西：洋县 田陌，王梅荣，田先华 TianXH532
四川：康定 彭玉兰，涂卫国 Gaoxf-0812
四川：乐至 邓兴敏，邓秀发，张昌兵 ZCB0502
四川：冕宁 张大才，尹五元，李双智等 ZhangDC-07ZX-2446
四川：冕宁 孙航，张建文，邓涛等 SunH-07ZX-3778
四川：射洪 袁明 YUANM2015L042
四川：天全 汤加勇，陈刚 Y07145
云南：安宁 所内采集组培训 SCSB-A-000123
云南：德钦 刀志灵 DZL457
云南：德钦 孙航，李新辉，陈林杨 SunH-07ZX-2993
云南：德钦 张大才，李双智，杨川 ZhangDC-07ZX-1959
云南：洱源 杨青松，星耀武，苏涛 ZhouZK-07ZX-0291
云南：洱源 杨青松，星耀武，苏涛 ZhouZK-07ZX-0293
云南：洱源 杨青松，杨莹，黄永江等 ZhouZK-07ZX-0193
云南：洱源 杨青松，星耀武，苏涛 ZhouZK-07ZX-0292
云南：富民 郁文彬，董莉娜，张舒等 SCSB-W-946
云南：富民 郁文彬，董莉娜，张舒等 SCSB-W-962

云南：官渡区 彭华，刘恩德，向春雷等 P.H.5017
云南：剑川 陈哲，刀志灵 DZL-296
云南：丽江 张书东，林娜娜，陆露等 SCSB-W-152
云南：丽江 张书东，林娜娜，陆露等 SCSB-W-153
云南：丽江 张书东，林娜娜，陆露等 SCSB-W-154
云南：禄劝 闫海忠，孙振华，王文礼等 Ouxk-LQ-0002
云南：禄劝 郁文彬，董莉娜，张舒等 SCSB-W-967
云南：禄劝 郁文彬，董莉娜，张舒等 SCSB-W-968
云南：麻栗坡 税玉民，陈文红 72015
云南：麻栗坡 税玉民，陈文红 72031
云南：蒙自 税玉民，陈文红 72268
云南：蒙自 税玉民，陈文红 72490
云南：蒙自 田学军，邱成书，高波 TianXJ0148
云南：盘龙区 彭华，陈丽，向春雷等 P.H.5436
云南：屏边 楚永兴 Pbdws070
云南：巧家 张天壁 SCSB-W-835
云南：巧家 张天壁 SCSB-W-838
云南：巧家 张天壁 SCSB-W-861
云南：石林 税玉民，陈文红 65871
云南：石林 税玉民，陈文红，张美德 64068
云南：嵩明 刘恩德，扬洋，杨茜等 SCSB-A-000006
云南：维西 杨亲二，袁琼 Yangqe2538
云南：维西 杨亲二，袁琼 Yangqe2539
云南：文山 税玉民，陈文红 71965
云南：文山 税玉民，陈文红 71966
云南：西山区 伊廷双，孟静，杨杨 MJ-888
云南：香格里拉 张书东，林娜娜，郁文彬等 SCSB-W-052
云南：香格里拉 杨青松，杨莹，黄永江等 ZhouZK-07ZX-0060
云南：香格里拉 杨亲二，袁琼 Yangqe1943
云南：玉龙 刀志灵，李嵘 DZL-006
云南：玉龙 杨青松，杨莹，黄永江等 ZhouZK-07ZX-0150
云南：玉龙 杨青松，杨莹，黄永江等 ZhouZK-07ZX-0152
云南：玉龙 孔航辉，任琛 Yangqe2799
云南：沾益 彭华，陈丽 P.H.5987

Pyrus betulifolia Bunge **杜梨**
安徽：休宁 唐鑫生，方建新 TangXS0474
河北：平山 牛玉璐，高彦飞，黄士良 NiuYL164
江苏：句容 王兆银，吴宝成 SCSB-JS0320
江西：庐山区 董安淼，吴从梅 TanCM1417
宁夏：盐池 李出山，牛钦瑞 ZuoZh188
四川：乡城 孔航辉，罗江平，左雷等 YangQE3552
新疆：石河子 塔里木大学植物资源调查组 TD-01028
云南：禄劝 郁文彬，董莉娜，张舒等 SCSB-W-969
云南：禄劝 郁文彬，董莉娜，张舒等 SCSB-W-973
云南：宁蒗 孔航辉，罗江平，左雷等 YangQE3333
云南：石林 税玉民，陈文红 64840
云南：永德 奎文康，杨金柱，穆勤学 YDDXSC084

Pyrus calleryana Decaisne **豆梨**
安徽：祁门 唐鑫生，方建新 TangXS0457
广西：金秀 许为斌，黄俞淞，叶晓霞等 Liuyan0116
广西：灵川 吴望辉，黄俞淞，农冬新 Liuyan0417
江西：修水 缪以清，李立新，邹仁刚 TanCM678
江西：修水 谭策铭，缪以清 TCM09173
山东：牟平区 卞福花，陈朋 BianFH-0377
山东：平邑 高德民，张诏，王萍等 lilan533
山东：长清区 高德民，王萍，张颖颖等 Lilan602

Pyrus hopeiensis T. T. Yu **河北梨＊**
山东：崂山区 步瑞兰，辛晓伟，高丽丽等 Lilan709

Pyrus pashia Buchanan-Hamilton ex D. Don **川梨**
四川：凉山 孙航，张建文，邓涛等 SunH-07ZX-3867
四川：米易 袁明 MY329
西藏：察隅 孙航，张建文，陈建国等 SunH-07ZX-2465
云南：安宁 伊廷双，孟静，杨杨 MJ-866
云南：沧源 赵金超，肖美芳，汪顺莉 CYNGH239
云南：楚雄 孙振华，宋晓卿，文晖等 OuXK-CHX-003
云南：楚雄 孙振华，郑志兴，沈蕊等 OuXK-YS-278
云南：德钦 孙振华，郑志兴，沈蕊等 OuXK-YS-251
云南：峨山 刘恩德，方伟，杜燕等 SCSB-B-000014
云南：洱源 张德全，王应龙，陈琪等 ZDQ023
云南：剑川 孙振华，郑志兴，沈蕊等 OuXK-YS-273
云南：景东 罗忠华，刘长铭，鲁成荣等 JD081
云南：龙陵 孙兴旭 SunXX091
云南：龙陵 孙兴旭 SunXX094
云南：隆阳区 李恒，李嵘，刀志灵 1265
云南：禄丰 刀志灵，陈渝 DZL491
云南：禄丰 孙振华，郑志兴，沈蕊等 OuXK-LF-003
云南：绿春 黄连山保护区科研所 HLS0019
云南：麻栗坡 肖波 LuJL070
云南：蒙自 田学军，邱成书，高波 TianXJ0152
云南：南涧 孙振华，王文礼，宋晓卿等 OuxK-NJ-0008
云南：南涧 袁玉川，刘云等 NJWLS2008342
云南：盘龙区 张书东，林娜娜，陆露等 SCSB-W-055
云南：石林 税玉民，陈文红 65874
云南：双柏 孙振华，郑志兴，沈蕊等 OuXK-SB-102
云南：腾冲 余新林，赵玮 BSGLGStc374
云南：维西 吕元林 N012B
云南：文山 何德明，丰艳飞，曾祥 WSLJS895
云南：新平 刘恩德，方伟，杜燕等 SCSB-B-000016
云南：盈江 王立彦 TBG-003
云南：永仁 孙振华，罗圆，宋晓卿等 OUXK-YM-0017
云南：玉龙 李云龙，鲁仪增，和荣华等 15PX111
云南：元谋 闫海忠，孙振华，王文礼等 Ouxk-YM-0026
云南：云龙 孙振华，郑志兴，沈蕊等 OuXK-LC-059
云南：云龙 字建泽，杨六斤，李国宏等 TC1087A

Pyrus pashia var. **grandiflora** Cardot **大花川梨＊**
云南：腾冲 李爱花，黄之镨，黄押稳等 SCSB-A-000318

Pyrus pashia var. **obtusata** Cardot **钝叶川梨＊**
云南：德钦 张大才，李双智，杨川 ZhangDC-07ZX-1974

Pyrus phaeocarpa Rehder **褐梨＊**
山东：牟平区 卞福花，陈朋 BianFH-0343
山西：夏县 廉凯敏 Zhangf0175
云南：贡山 许炳强，吴兴，李婧等 XiaNh-07zx-058

Pyrus pseudopashia T. T. Yu **滇梨＊**
云南：香格里拉 吕元林 N013B

Pyrus pyrifolia (N. L. Burman) Nakai **沙梨**
江西：庐山区 董安淼，吴从梅 TanCM946

Pyrus serrulata Rehder **麻梨＊**
江西：修水 缪以清，缪忠景 TanCM3203
山东：崂山区 高德民，吴燕秋 Lilan895
云南：云龙 王文礼，冯欣，刘飞鹏 OUXK11022

Pyrus ussuriensis Maximowicz **秋子梨**
黑龙江：北安 郑宝江，潘磊 ZhengBJ003
吉林：磐石 安海成 AnHC0348
辽宁：开原 刘少硕，谢峰 CaoW310
内蒙古：武川 蒲拴莲，刘润宽，刘毅等 M211
山东：崂山区 高德民，邵尉，韩文凯 Lilan903

山东：崂山区 步瑞兰，辛晓伟，高丽丽 Lilan790
Rhaphiolepis indica (Linnaeus) Lindley 石斑木
安徽：绩溪 唐鑫生，方建新 TangXS0421
江西：井冈山 兰国华 LiuRL112
云南：勐腊 谭运洪 A315
云南：永德 奎文康，欧阳红才，鲁金国等 YDDXSC085
Rhodotypos scandens (Thunberg) Makino 鸡麻
河北：邢台 牛玉璐，高彦飞，赵二涛 NiuYL296
辽宁：盖州 郑宝江，丁晓炎，焦宏斌等 ZhengBJ382
山东：牟平区 卞福花，杨蕾蕾 BianFH-0126
Rosa acicularis Lindley 刺蔷薇
黑龙江：爱辉区 刘玫，王臣，张欣欣等 Liuetal695
黑龙江：阳明区 陈武璋，王炳辉 CaoW0195
吉林：敦化 陈武璋，王炳辉 CaoW0166
吉林：汪清 陈武璋，王炳辉 CaoW0176
吉林：汪清 陈武璋，王炳辉 CaoW0180
吉林：延吉 杨保国，张明鹏 CaoW0044
四川：松潘 何兴金，刘爽，赵财 SCU-10-426
新疆：乌鲁木齐 马文宝，刘会良，施翔 zdy187
Rosa albertii Regel 腺齿蔷薇
青海：乐都 陈世龙，高庆波，张发起等 Chens11809
新疆：和静 邱爱军，张玲，马帅 LiZJ1767
新疆：和静 杨赵平，焦培培，白冠章等 LiZJ0745
新疆：玛纳斯 谭敦炎，吉乃提 TanDY0782
新疆：塔城 谭敦炎，吉乃提 TanDY0644
新疆：温宿 杨赵平，黄文娟，段黄金等 LiZJ0107
新疆：乌鲁木齐 谭敦炎，吉乃提 TanDY0523
新疆：乌鲁木齐 谭敦炎，艾沙江 TanDY0546
新疆：乌恰 塔里木大学植物资源调查组 TD-00728
Rosa banksiae var. **normalis** Regel 单瓣木香花 *
湖北：远安 祝文志，刘志祥，曹远俊 ShenZH2445
湖北：竹溪 李盛兰 GanQL169
Rosa banksiae W. T. Aiton 木香花 *
四川：射洪 袁明 YUANM2015L017
云南：宾川 孙振华，宋晓卿，文晖等 OuXK-BC-201
云南：大理 何彪 OuXK-0031
云南：永胜 刀志灵，张洪喜 DZL485
Rosa banksiopsis Baker 拟木香 *
湖北：神农架林区 祝文志，刘志祥，曹远俊 ShenZH5552
四川：康定 彭玉兰，涂卫国，余春丽 Gaoxf-0746
Rosa beggeriana Schrenk 弯刺蔷薇
新疆：拜城 塔里木大学植物资源调查组 TD-00929
新疆：博乐 郭静谊，马真，刘鸯 SHI2006331
新疆：博乐 徐文斌，黄雪姣 SHI-2008330
新疆：博乐 徐文斌，许晓敏 SHI-2008340
新疆：博乐 徐文斌，黄雪姣 SHI-2008425
新疆：库车 塔里木大学植物资源调查组 TD-00959
新疆：奎屯 郭静谊 SHI2006300
新疆：尼勒克 刘鸯，马真，贺晓欢等 SHI-A2007506
新疆：奇台 谭敦炎，吉乃提 TanDY0569
新疆：石河子 陶冶，雷凤品 SHI2006247
新疆：托里 许炳强，胡伟明 XiaNH-07ZX-844
新疆：托里 徐文斌，郭一敏 SHI-2009271
新疆：温泉 徐文斌，王莹 SHI-2008252
新疆：乌鲁木齐 谭敦炎，吉乃提 TanDY0512
新疆：乌鲁木齐 谭敦炎，艾沙江 TanDY0559
新疆：乌鲁木齐 谭敦炎，地里努尔 TanDY0603
新疆：伊吾 王喜勇，马文宝，施翔 zdy464
Rosa bella Rehder & E. H. Wilson 美蔷薇 *
河北：蔚县 牛玉璐，高彦飞，黄士良 NiuYL213
内蒙古：和林格尔 蒲拴莲，刘润宽，刘毅等 M297
山西：交城 张海博，陈姣，焦磊 Zhangf0180
Rosa berberifolia Pallas 小檗叶蔷薇
新疆：呼图壁 王喜勇，段士民 482
Rosa bracteata J. C. Wendland 硕苞蔷薇
福建：福清 李宏庆，陈纪云，王双 Lihq0314
Rosa brunonii Lindley 复伞房蔷薇
云南：香格里拉 孙航，李新辉，陈林杨 SunH-07ZX-3202
云南：云龙 李爱花，李洪超，黄天才等 SCSB-A-000189
Rosa chinensis Jacquin 月季花
湖南：永定区 吴福川，查学州，余祥洪等 93
宁夏：贺兰 李出山，牛钦瑞 ZuoZh145
宁夏：贺兰 李出山，朱奋霞 ZuoZh175
云南：沧源 赵金超，杨红强 CYNGH312
云南：麻栗坡 肖波 LuJL259
Rosa corymbulosa Rolfe 伞房蔷薇 *
重庆：南川区 易思荣 YISR086
陕西：宁陕 田先华，田陌，王梅荣 TianXH1026
Rosa cymosa Trattinnick 小果蔷薇
安徽：舒城 陈延松，欧祖兰，高秋晨等 Xuzd368
安徽：屯溪区 方建新 TangXS0114
安徽：宣城 刘淼 HANGYY8098
安徽：宣城 刘启新 HANGYY8097
福建：同安区 李宏庆，陈纪云，王双 Lihq0280
福建：武夷山 于文涛，陈旭东 YUWT009
广西：钟山 黄俞淞，吴望辉，农冬新 Liuyan0273
贵州：花溪区 邹方伦 ZouFL0006
贵州：江口 彭华，王英，陈丽 P.H.5163
湖南：鹤城区 李胜华，伍贤进，曾汉元等 HHXY145
湖南：鹤城区 李胜华，伍贤进，曾汉元等 HHXY176
湖南：衡山 旷仁平，陈薇 SCSB-HN-0259
湖南：江永 蔡秀珍，肖乐希，田淑珍 SCSB-HN-0603
湖南：冷水江 姜孝成，唐贵华，田春娥 SCSB-HNJ-0163
湖南：平江 刘克明，旷强，刘洪新 SCSB-HN-0949
湖南：永定区 吴福川，查学州，余祥洪等 96
江苏：江宁区 韦阳连 SCSB-JS0477
江苏：句容 王兆银，吴宝成 SCSB-JS0304
江西：黎川 童和平，王玉珍 TanCM1873
江西：湾里区 杜小浪，慕泽泾，曹岚 DXL079
四川：峨眉山 李小杰 LiXJ551
四川：乐至 邓兴敏，邓秀发，张昌兵 ZCB0496
云南：安宁 伊廷双，孟静，杨杨 MJ-854
云南：澄江 伊廷双，孟静，杨杨 MJ-910
云南：麻栗坡 肖波 LuJL095
云南：宁蒗 任宗昕，艾洪莲，张舒 SCSB-W-1437
云南：盘龙区 伊廷双，孟静，杨杨 MJ-942
云南：石林 税玉民，陈文红 65869
云南：维西 孔航辉，任琛 Yangqe2822
云南：西山区 伊廷双，孟静，杨杨 MJ-891
浙江：临安 吴林园，彭斌，顾子霞 HANGYY9049
浙江：余杭区 葛斌杰 Lihq0130
Rosa davidii Crépin 西北蔷薇 *
甘肃：宕昌 齐威 LJQ-2008-GN-315
Rosa davurica Pallas 山刺玫
北京：门头沟区 宋松泉 SCSB-E-0071
河北：围场 牛玉璐，王晓亮 NiuYL568

黑龙江：北安 郑宝江，潘磊 ZhengBJ005
黑龙江：虎林市 王庆贵 CaoW614
黑龙江：虎林市 王庆贵 CaoW662
黑龙江：虎林市 王庆贵 CaoW681
黑龙江：梨树区 陈武璋，王炳辉 CaoW0206
黑龙江：穆棱 陈武璋，王炳辉 CaoW0199
黑龙江：宁安 陈武璋，王炳辉 CaoW0185
黑龙江：饶河 王庆贵 CaoW639
黑龙江：饶河 王庆贵 CaoW714
黑龙江：尚志 李兵，路科 CaoW0082
黑龙江：尚志 刘玫，张欣欣，程薪宇等 Liuetal327
黑龙江：绥芬河 陈武璋，王炳辉 CaoW0202
吉林：安图 杨保国，张明鹏 CaoW0027
吉林：安图 周海城 ZhouHC067
吉林：敦化 陈武璋，王炳辉 CaoW0161
吉林：丰满区 李兵 CaoW0070
吉林：和龙 杨保国，张明鹏 CaoW0034
吉林：和龙 韩忠明 Yanglm0226
吉林：珲春 杨保国，张明鹏 CaoW0061
吉林：磐石 安海成 AnHC089
辽宁：凤城 朱春龙 CaoW256
辽宁：桓仁 祝业平 CaoW1038
辽宁：铁岭 刘少硕，谢峰 CaoW288
宁夏：西夏区 左忠，刘华 ZuoZh284

Rosa duplicata T. T. Yu & T. C. Ku 重齿蔷薇 *
四川：得荣 徐波，陈光富，陈林杨等 SunH-07ZX-1492
西藏：芒康 高信芬，朱章明，赵雪利等 GAOXF-10ZX-1987

Rosa farreri Cox 刺毛蔷薇 *
云南：贡山 许炳强，吴兴，李婧等 XiaNh-07zx-055

Rosa fedtschenkoana Regel 腺果蔷薇
西藏：亚东 李国栋，董金龙 SunH-07ZX-3266
新疆：尼勒克 刘鸯，马真，贺晓欢等 SHI-A2007514
新疆：青河 许炳强，胡伟明 XiaNH-07ZX-803
新疆：温宿 杨赵平，焦培培，白冠章等 LiZJ0797
新疆：裕民 亚吉东，张桥蓉，秦少发等 16CS13854

Rosa filipes Rehder & E. H. Wilson 腺梗蔷薇 *
西藏：察隅 孙航，张建文，陈建国等 SunH-07ZX-2460

Rosa giraldii Crépin 陕西蔷薇 *
四川：阿坝 陈世龙，高庆波，张发起 Chensl1168
四川：康定 许炳强，童毅华，吴兴等 XiaNH-07ZX-1070
四川：康定 孙航，张建文，邓涛等 SunH-07ZX-3757
四川：康定 彭玉兰，涂卫国，余春丽 Gaoxf-0638
四川：康定 彭玉兰，涂卫国 Gaoxf-0916

Rosa glomerata Rehder & E. H. Wilson 绣球蔷薇 *
四川：泸定 高云东，李忠荣，鞠文彬 GaoXF-12-200
四川：荥经 许炳强，童毅华，吴兴等 XiaNh-07ZX-1123
云南：德钦 孙航，李新辉，陈林杨 SunH-07ZX-2994
云南：福贡 许炳强，吴兴，李婧等 XiaNh-07zx-195
云南：兰坪 王四海，李苏雨，吴超 Wangsh-07ZX-018
云南：云龙 刀志灵 DZL385

Rosa graciliflora Rehder & E. H. Wilson 细梗蔷薇 *
四川：德格 高信芬，朱章明，赵雪利等 GAOXF-10ZX-1969
四川：德格 高信芬，朱章明，赵雪利等 GAOXF-10ZX-1985
四川：黑水 顾垒，李忠荣 GaoXF-09ZX-1374
四川：康定 高信芬，朱章明，赵雪利等 GAOXF-10ZX-1976
四川：马尔康 何兴金，高云东，刘海艳等 SCU-20080492
西藏：错那 扎西次仁 ZhongY400
西藏：林芝 陈家辉，韩希，王东超等 YangYP-Q-4041

云南：德钦 孙振华，郑志兴，沈蕊等 OuXK-YS-235
云南：香格里拉 杨亲二，袁琼 Yangqe2680

Rosa helenae Rehder & E. H. Wilson 卵果蔷薇
甘肃：舟曲 齐威 LJQ-2008-GN-308
湖北：五峰 陈功锡，张代贵 SCSB-HC-2008357
湖北：仙桃 李巨平 Lijuping0277
湖北：宣恩 沈泽昊 DS2266
湖南：石门 陈功锡，张代贵 SCSB-HC-2008181
四川：米易 袁明 MY281
四川：天全 汤加勇，赖建军 Y07066
四川：雨城区 刘静 Y07332
云南：德钦 孙航，李新辉，陈林杨 SunH-07ZX-3075
云南：贡山 许炳强，吴兴，李婧等 XiaNh-07zx-113
云南：香格里拉 杨青松，詹克平，于文涛等 ZhouZK-07ZX-0007
云南：香格里拉 杨青松，星耀武，苏涛 ZhouZK-07ZX-0315

Rosa henryi Boulenger 软条七蔷薇 *
安徽：金寨 刘淼 SCSB-JSC5
安徽：休宁 唐鑫生，方建新 TangXS0288
安徽：宣城 刘淼 HANGYY8104
安徽：黟县 刘淼 SCSB-JSB19
贵州：荔波 刘克明，王得刚 SCSB-HN-1817
贵州：荔波 刘克明，旷仁平，盛波 SCSB-HN-1855
湖北：五峰 陈功锡，张代贵 SCSB-HC-2008063
湖南：衡山 旷仁平，陈薇 SCSB-HN-0257
湖南：衡阳 刘克明，旷仁平 SCSB-HN-0703
湖南：洪江 李胜华，伍贤进，刘光华等 Wuxj1043
湖南：冷水江 姜孝成，唐贵华，田春娥 SCSB-HNJ-0148
湖南：浏阳 朱晓文 SCSB-HN-1046
湖南：宁乡 旷仁平，盛波 SCSB-HN-1979
湖南：宁乡 熊凯辉，刘克明 SCSB-HN-2024
湖南：平江 吴惊香 SCSB-HN-0900
湖南：平江 刘克明，吴惊香 SCSB-HN-0991
湖南：双牌 姜孝成，王丽萍，李育华 Jiangxc0795
湖南：新化 姜孝成，唐妹，戴小军等 Jiangxc0541
湖南：新化 黄先辉，杨亚平，卜剑超 SCSB-HNJ-0339
湖南：新化 刘克明，彭珊，李珊等 SCSB-HN-1672
湖南：宜章 肖伯仲 SCSB-HN-0802
湖南：资兴 刘克明，盛波，王得刚 SCSB-HN-2120
江西：星子 谭策铭，黎光华 TCM09204
四川：峨眉山 李小杰 LiXJ552

Rosa hugonis Hemsley 黄蔷薇 *
宁夏：银川 牛钦瑞，朱奋霞 ZuoZh160
青海：大通 陈世龙，高庆波，张发起等 Chensl1670
四川：康定 何兴金，王月，胡灏禹等 SCU-08139
四川：松潘 何兴金，刘爽，赵财 SCU-10-428
四川：乡城 孔航辉，罗江平，左雷等 YangQE3550

Rosa koreana Komarov 长白蔷薇
黑龙江：北安 郑宝江，丁晓炎，王美娟 ZhengBJ282
黑龙江：嫩江 王臣，张欣欣，史传奇 WangCh110
黑龙江：五大连池 孙阎，杜景红 SunY099
吉林：安图 周海城 ZhouHC033
辽宁：庄河 于立敏 CaoW949

Rosa kwangtungensis T. T. Yü & H. T. Tsai 广东蔷薇 *
广西：那坡 黄俞淞，梁永延，叶晓霞 Liuyan0024

Rosa laevigata Michaux 金樱子
安徽：宁国 洪欣，陶旭 ZSB285
安徽：歙县 方建新 TangXS0796
广西：环江 许为斌，梁永延，黄俞淞等 Liuyan0170

贵州：江口 彭华，王英，陈丽 P.H.5164
贵州：铜仁 彭华，王英，陈丽 P.H.5210
湖南：慈利 吴福川，查学州，余祥洪 76
湖南：古丈 陈功锡，张代贵，龚双骄等 241B
湖南：江华 刘克明，蔡秀珍，田淑珍 SCSB-HN-0821
湖南：江永 刘克明，田淑珍，肖乐希等 SCSB-HN-0104
湖南：宁乡 姜孝成，唐妹，成海兰等 Jiangxc0516
湖南：双峰 姜孝成，唐妹，陈峰林等 Jiangxc0625
湖南：新化 刘克明，彭珊，李珊等 SCSB-HN-1708
湖南：永定区 廖博儒，查学州 219
湖南：岳麓区 蔡秀珍，肖乐希 SCSB-HN-0403
湖南：长沙 陈薇，田淑珍 SCSB-HN-0728
湖南：中方 伍贤进，李胜华，曾汉元等 HHXY124
江西：黎川 童和平，王玉珍 TanCM1854
云南：南涧 彭华，向春雷，陈丽 P.H.5949

Rosa lasiosepala Metcalf **毛萼蔷薇 ***

云南：昆明 朱卫东，陈林杨，周卓 SunH-07ZX-2346

Rosa laxa Retzius **疏花蔷薇**

新疆：阿合奇 塔里木大学植物资源调查组 TD-00592
新疆：阿合奇 黄文娟，杨赵平，王英鑫 TD-01954
新疆：阿合奇 黄文娟，杨赵平，王英鑫 TD-02081
新疆：阿克陶 塔里木大学植物资源调查组 TD-00750
新疆：阿克陶 塔里木大学植物资源调查组 TD-00761
新疆：阿勒泰 谭敦炎，邱娟 TanDY0431
新疆：阿图什 塔里木大学植物资源调查组 TD-00641
新疆：阿图什 黄文娟，白宝伟 TD-01550
新疆：阿图什 杨赵平，黄文娟 TD-01778
新疆：阿图什 杨赵平，黄文娟 TD-01785
新疆：拜城 张玲 TD-01999
新疆：博乐 许炳强，胡伟明 XiaNH-07ZX-862
新疆：博乐 许炳强，胡伟明 XiaNH-07ZX-863
新疆：博乐 徐文斌，许晓敏 SHI-2008117
新疆：博乐 徐文斌，许晓敏 SHI-2008364
新疆：博乐 徐文斌，许晓敏 SHI-2008454
新疆：和静 塔里木大学植物资源调查组 TD-00320
新疆：和静 段士民，王喜勇，刘会良等 106
新疆：和静 张玲 TD-01930
新疆：和硕 塔里木大学植物资源调查组 TD-00359
新疆：和硕 塔里木大学植物资源调查组 TD-00369
新疆：吉木乃 许炳强，胡伟明 XiaNH-07ZX-827
新疆：柯坪 塔里木大学植物资源调查组 TD-00846
新疆：库车 塔里木大学植物资源调查组 TD-00396
新疆：库车 张玲 TD-01614
新疆：沙湾 许炳强，胡伟明 XiaNH-07ZX-866
新疆：石河子 塔里木大学植物资源调查组 TD-01011
新疆：疏勒 黄文娟，段黄金，王英鑫等 LiZJ0802
新疆：塔什库尔干 黄文娟，段黄金，王英鑫等 LiZJ0361
新疆：托里 谭敦炎，吉乃提 TanDY0754
新疆：托里 徐文斌，黄刚 SHI-2009269
新疆：托里 徐文斌，杨清理 SHI-2009324
新疆：温泉 徐文斌，王莹 SHI-2008155
新疆：温宿 杨赵平，焦培培，白冠章等 LiZJ0778
新疆：温宿 塔里木大学植物资源调查组 TD-00914
新疆：温宿 杨赵平，焦培培，白冠章等 LiZJ0794
新疆：温宿 白宝伟，段黄金 TD-01834
新疆：乌尔禾区 徐文斌，杨清理 SHI-2009117
新疆：乌恰 塔里木大学植物资源调查组 TD-00695
新疆：乌恰 黄文娟，白宝伟 TD-01541
新疆：乌什 塔里木大学植物资源调查组 TD-00498
新疆：乌什 塔里木大学植物资源调查组 TD-00551
新疆：乌什 塔里木大学植物资源调查组 TD-00882
新疆：乌什 塔里木大学植物资源调查组 TD-00883
新疆：新和 塔里木大学植物资源调查组 TD-01000
新疆：裕民 谭敦炎，吉乃提 TanDY0701
新疆：裕民 徐文斌，杨清理 SHI-2009462

Rosa laxa var. **mollis** T. T. Yu & T. C. Ku **毛叶疏花蔷薇 ***

新疆：布尔津 许炳强，胡伟明 XiaNH-07ZX-820

Rosa lichiangensis T. T. Yu & T. C. Ku **丽江蔷薇 ***

云南：云龙 字建泽，杨六斤，李国宏等 TC1002

Rosa longicuspis Bertoloni **长尖叶蔷薇**

四川：乡城 王文礼，冯欣，刘飞鹏 OUXK11119
西藏：芒康 张永洪，王晓雄，周卓等 SunH-07ZX-0514
云南：安宁 所内采集组培训 SCSB-A-000126
云南：安宁 蔡杰，张挺，郭永杰等 11CS3722
云南：大理 张德全，段丽珍，段金成等 ZDQ006
云南：德钦 王文礼，冯欣，刘飞鹏 OUXK11168
云南：德钦 王文礼，冯欣，刘飞鹏 OUXK11172
云南：贡山 蔡杰，郭云刚，张凤琼等 14CS9738
云南：剑川 柳小康 OuXK-0025
云南：兰坪 孙振华，郑志兴，沈蕊等 OuXK-LC-049
云南：泸水 孙振华，郑志兴，沈蕊等 OuXK-LC-037
云南：禄丰 刀志灵，陈渝 DZL504
云南：禄丰 刀志灵，陈渝 DZL509
云南：禄劝 郁文彬，董莉娜，张舒等 SCSB-W-964
云南：禄劝 郁文彬，董莉娜，张舒等 SCSB-W-966
云南：禄劝 郁文彬，董莉娜，张舒等 SCSB-W-972
云南：蒙自 田学军，邱成书，高波 TianXJ0147
云南：牟定 张燕妮 OuXK-0058
云南：牟定 王文礼，何彪，冯欣等 OUXK11272
云南：南涧 邹国娟，袁玉川，时国彩 njwls2007007
云南：石林 税玉民，陈文红 65870
云南：石林 张桥蓉，亚吉东，李昌洪 15CS11570
云南：腾冲 李爱花，黄之镨，黄押稳等 SCSB-A-000301
云南：腾冲 周应再 Zhyz-092
云南：维西 王文礼，冯欣，刘飞鹏 OUXK11045
云南：维西 孙振华，郑志兴，沈蕊等 OuXK-YS-256
云南：维西 王文礼，冯欣，刘飞鹏 OUXK11040
云南：维西 王文礼，冯欣，刘飞鹏 OUXK11062
云南：维西 王文礼，冯欣，刘飞鹏 OUXK11065
云南：文山 丰艳飞，韦荣彪，黄太文 WSLJS739
云南：武定 王文礼，何彪，冯欣等 OUXK11258
云南：西山区 郭云刚，夏珂，李尚雨 SCSB-A-000011
云南：西山区 税玉民，陈文红 65820
云南：香格里拉 孙振华，郑志兴，沈蕊等 OuXK-YS-233
云南：新平 王家和，谢雄 XPALSC003
云南：新平 何罡安 XPALSB009
云南：新平 谢天华，郎定富，杨如伟 XPALSA057
云南：盈江 王立彦，左常盛，何维海 SCSB-TBG-009
云南：永德 李永亮 YDDXS0616
云南：永平 王文礼，冯欣，刘飞鹏 OUXK11009
云南：玉龙 孙航，李新辉，陈林杨 SunH-07ZX-3197
云南：玉龙 张大才，李双智，杨川等 ZhangDC-07ZX-2042B
云南：玉龙 张大才，李双智，杨川 ZhangDC-07ZX-2059
云南：云龙 孙振华，郑志兴，沈蕊等 OuXK-LC-065
云南：云龙 王文礼，冯欣，刘飞鹏 OUXK11016
云南：云龙 刀志灵 DZL393

云南：镇沅 罗成瑜 ALSZY424

Rosa longicuspis var. **sinowilsonii** (Hemsley) T. T. Yü & T. C. Ku **多花长尖叶蔷薇** *

云南：文山 何德明，韦荣彪，黄太文 WSLJS763

Rosa luciae Franchet & Rochebrune **光叶蔷薇**

山东：海阳 高德民，张诏，王萍等 lilan534

云南：景东 杨国平，李达文，鲁志云 ygp-048

云南：腾冲 周应再 Zhyz-046

云南：西山区 杨永平，韩希，杨雪飞 SCSB-B-000139

云南：西山区 胡光万，王跃虎，唐贵华 400221-018

Rosa lucidissima H. Léveillé **亮叶月季** *

宁夏：贺兰 牛有栋，李磊 ZuoZh173

Rosa macrophylla Lindley **大叶蔷薇**

内蒙古：克什克腾旗 刘润宽，李茂文，李昌亮 M103

西藏：八宿 张永洪，王晓雄，周卓等 SunH-07ZX-1665

西藏：八宿 徐波，陈光富，陈林杨等 SunH-07ZX-2029

西藏：波密 孙航，张建文，陈建国等 SunH-07ZX-2648

西藏：波密 扎西次仁，西落 ZhongY719

西藏：察隅 孙航，张建文，陈建国等 SunH-07ZX-2414

西藏：察隅 孙航，张建文，陈建国等 SunH-07ZX-2479

西藏：错那 罗建，汪书丽 LiuJQ11XZ229

西藏：林芝 孙航，张建文，陈建国等 SunH-07ZX-2803

西藏：林芝 张大才，李双智，唐路等 ZhangDC-07ZX-1861

西藏：隆子 扎西次仁，西落 ZhongY603

西藏：芒康 张永洪，李国栋，王晓雄 SunH-07ZX-2207

西藏：亚东 钟扬，扎西次仁 ZhongY764

西藏：亚东 钟扬，扎西次仁 ZhongY784

西藏：亚东 钟扬，扎西次仁 ZhongY797

西藏：亚东 何华杰，张书东 81242

云南：迪庆 吕元林 N010B

云南：福贡 刀志灵，陈哲 DZL-072

云南：贡山 刀志灵 DZL834

云南：贡山 刀志灵，陈哲 DZL-043

云南：腾冲 余新林，赵玮 BSGLGStc117

Rosa macrophylla var. **glandulifera** T. T. Yu & T. C. Ku **腺果大叶蔷薇** *

西藏：错那 张晓纬，汪书丽，罗建 LiuJQ-09XZ-LZT-043

西藏：林芝 罗建，汪书丽 LiuJQ-08XZ-211

西藏：林芝 罗建，林玲 LiuJQ-09XZ-019

Rosa mairei H. Léveillé **毛叶蔷薇** *

四川：泸定 高信芬，朱章明，赵雪利等 GAOXF-10ZX-1988

四川：雅江 吕元林 N005A

四川：雅江 高信芬，朱章明，赵雪利等 GAOXF-10ZX-1973

西藏：波密 高信芬，朱章明，赵雪利等 GAOXF-10ZX-1984

西藏：波密 孙航，张建文，陈建国等 SunH-07ZX-2530

西藏：波密 陈家辉，韩希，王东超等 YangYP-Q-4076

西藏：波密 高信芬，朱章明，赵雪利等 GAOXF-10ZX-1970

西藏：洛隆 高信芬，朱章明，赵雪利等 GAOXF-10ZX-1956

云南：龙陵 孙兴旭 SunXX137

Rosa maximowicziana Regel **伞花蔷薇**

辽宁：庄河 于立敏 CaoW794

云南：西盟 张绍云，叶金科，仇亚 YNS1298

Rosa moyesii Hemsley & E. H. Wilson **华西蔷薇** *

甘肃：夏河 尹鑫，吴航，葛文静 LiuJQ-GN-2011-099

甘肃：夏河 郭淑青，杜品 LiuJQ-2012-GN-189

湖北：仙桃 张代贵 Zdg1326

青海：平安 陈世龙，高庆波，张发起等 Chensl1746

四川：丹巴 高云东，李忠荣，鞠文彬 GaoXF-12-136

四川：道孚 何兴金，赵丽华，梁乾隆 SCU-10-004

四川：汉源 许炳强，童毅华，吴兴等 XiaNh-07ZX-1124

四川：康定 高信芬，朱章明，赵雪利等 GAOXF-10ZX-1978

四川：康定 高云东，李忠荣，鞠文彬 GaoXF-12-175

四川：康定 何兴金，高云东，王志新等 SCU-09-207

四川：冕宁 张大才，尹五元，李双智等 ZhangDC-07ZX-2457

四川：小金 高云东，李忠荣，鞠文彬 GaoXF-12-088

云南：香格里拉 杨亲二，袁琼 Yangqe2670

云南：香格里拉 杨亲二，袁琼 Yangqe2681

Rosa moyesii var. **pubescens** T. T. Yü & H. T. Tsai **毛叶华西蔷薇** *

四川：凉山 孙航，张建文，邓涛等 SunH-07ZX-3793

Rosa multibracteata Hemsley & E. H. Wilson **多苞蔷薇** *

四川：汶川 何兴金，李琴琴，赵丽华等 SCU-09-509

四川：乡城 李晓东，张景博，徐凌翔等 LiJ360

Rosa multiflora Thunberg **野蔷薇**

安徽：屯溪区 方建新 TangXS0115

安徽：芜湖 陈延松，吴国伟，洪欣 Zhousb0099

河北：蔚县 牛玉璐，高彦飞，黄士良 NiuYL156

湖南：鹤城区 李胜华，伍贤进，曾汉元等 HHXY149

湖南：南岳区 相银龙，熊凯辉 SCSB-HN-1904

湖南：平江 姜孝成 Jiangxc0603

湖南：石门 陈功锡，张代贵，邓涛等 SCSB-HC-2007363

湖南：石门 陈功锡，张代贵，邓涛等 SCSB-HC-2007478

湖南：新宁 姜孝成，唐贵华，袁双艳等 SCSB-HNJ-0225

湖南：岳麓区 王得刚，熊凯辉 SCSB-HN-1849

湖南：资兴 熊凯辉，王得刚，盛波 SCSB-HN-2110

江苏：句容 王兆银，吴宝成 SCSB-JS0301

江西：庐山区 谭策铭，董安淼 TCM09075

江西：修水 谭策铭，缪以清 TCM09150

辽宁：长海 郑宝江，丁晓炎，焦宏斌等 ZhengBJ338

山东：崂山区 罗艳，李中华，母华伟 LuoY019

山东：崂山区 赵遵田，李振华，郑国伟等 Zhaozt0110

山东：牟平区 卞福花，卢学新，纪伟 BianFH00033

山东：牟平区 陈朋 BianFH-420

陕西：洋县 田先华，王梅荣，杨建军 TianXH1193

四川：丹巴 何兴金，冯图，廖晨阳等 SCU-080390

四川：稻城 何兴金，高云东，王志新等 SCU-09-247

四川：金川 何兴金，胡灏禹，黄德青 SCU-10-110

四川：马尔康 何兴金，胡灏禹，黄德青 SCU-10-114

四川：松潘 何兴金，刘爽，赵财 SCU-10-414

四川：小金 何兴金，王月，胡灏禹 SCU-08151

云南：蒙自 胡光万 HGW-00205

云南：腾冲 谭运洪 B162

Rosa multiflora var. **cathayensis** Rehder & E. H. Wilson **粉团蔷薇** *

安徽：屯溪区 方建新 TangXS0490

湖北：竹溪 甘霖 GanQL598

江西：黎川 童和平，王玉珍 TanCM1844

Rosa murielae Rehder & E. H. Wilson **西南蔷薇** *

西藏：八宿 张挺，蔡杰，刘恩德等 SCSB-B-000485

云南：福贡 许炳强，吴兴，李婧等 XiaNh-07zx-204

Rosa odorata (Andrews) Sweet **香水月季**

四川：乐至 邓兴敏，邓秀发，张昌兵 ZCB0507

云南：石林 税玉民，陈文红 66315

云南：石林 税玉民，陈文红 65866

云南：腾冲 余新林，赵玮 BSGLGStc256

云南：新平 自正尧 XPALSB219

云南：永德 李永亮，王学军，陈海涛 YDDXSB087
云南：元阳 田学军，杨建，邱成书等 Tianxj0083

Rosa odorata var. erubescens (Focke) T. T. Yu & T. C. Ku 粉红香水月季 *

云南：文山 何德明 WSLJS621
云南：永德 李永亮，马文军 YDDXSB133

Rosa odorata var. gigantea (Crépin) Rehder & E. H. Wilson 大花香水月季

云南：贡山 刀志灵，李玉华 DZL800
云南：禄劝 闫海忠，孙振华，王文礼等 Ouxk-LQ-0001
云南：蒙自 税玉民，陈文红 72489
云南：双柏 王焕冲，马兴达 WangHCH006
云南：双柏 孙振华，郑志兴，沈蕊等 OuXK-SHB-004
云南：文山 税玉民，陈文红 81078

Rosa odorata var. pseudoindica (Lindley) Rehder 桔黄香水月季

云南：麻栗坡 肖波，陆章强 LuJL029

Rosa omeiensis Rolfe 峨眉蔷薇 *

甘肃：合作 郭淑青，杜品 LiuJQ-2012-GN-255
甘肃：碌曲 李晓东，刘帆，张景博等 LiJ0146
贵州：威宁 赵厚涛，韩国营 YBG066
湖北：仙桃 张代贵 Zdg2016
青海：班玛 陈世龙，张得钧，高庆波等 Chens10340
青海：贵德 陈世龙，高庆波，张发起 Chens10957
青海：互助 薛春迎 Xuechy0174
青海：乐都 陈世龙，高庆波，张发起等 Chens11810
青海：门源 陈世龙，高庆波，张发起等 Chens11689
青海：平安 陈世龙，高庆波，张发起等 Chens11748
青海：平安 陈世龙，高庆波，张发起等 Chens11779
青海：同仁 陈世龙，高庆波，张发起 Chens10899
四川：巴塘 孙航，张建文，邓涛等 SunH-07ZX-3400
四川：巴塘 张大才，尹五元，李双智等 ZhangDC-07ZX-2215
四川：巴塘 张大才，尹五元，李双智等 ZhangDC-07ZX-2236
四川：丹巴 何兴金，胡灏禹，沈呈娟等 SCU-11-414
四川：道孚 范邓妹 SunH-07ZX-2254
四川：得荣 刀志灵，李嵘 SCSB-DZ-057
四川：得荣 孙航，李新辉，陈林杨 SunH-07ZX-2916
四川：得荣 孙航，李新辉，陈林杨 SunH-07ZX-3020
四川：得荣 张大才，李双智，杨川 ZhangDC-07ZX-1939
四川：德格 高信芬，朱章明，赵雪利等 GAOXF-10ZX-1964
四川：德格 高信芬，朱章明，赵雪利等 GAOXF-10ZX-1965
四川：甘孜 孙航，张建文，董金龙等 SunH-07ZX-3949
四川：黑水 顾垒，李忠荣 GaoXF-09ZX-1372
四川：康定 孔航辉，罗江平，左雷等 YangQE3483
四川：康定 许炳强，童毅华，吴兴等 XiaNH-07ZX-1067
四川：康定 孙航，张建文，邓涛等 SunH-07ZX-3754
四川：康定 何兴金，王月，胡灏禹等 SCU-08140
四川：康定 彭玉兰，涂卫国 Gaoxf-0944
四川：康定 何兴金，郜鹏，彭禄等 SCU-11-314
四川：康定 何兴金，王长宝，刘爽等 SCU-09-014
四川：理塘 何兴金，赵丽华，梁乾隆等 SCU-11-120
四川：理塘 何兴金，马祥光，张云香等 SCU-11-218
四川：泸定 何兴金，王长宝，赵丽华等 SCU-08003
四川：马尔康 何兴金，李琴琴，王长宝等 SCU-08004
四川：马尔康 何兴金，冯图，廖晨阳等 SCU-080380
四川：冕宁 张大才，尹五元，李双智等 ZhangDC-07ZX-2456
四川：壤塘 陈世龙，高庆波，张发起 Chens11157
四川：乡城 杨青松，杨莹，黄永江等 ZhouZK-07ZX-0161
四川：乡城 杨青松，杨莹，黄永江等 ZhouZK-07ZX-0141
四川：小金 何兴金，赵丽华，李琴琴等 SCU-08031
四川：小金 高云东，李忠荣，鞠文彬 GaoXF-12-075
四川：雅江 高信芬，朱章明，赵雪利等 GAOXF-10ZX-1977
四川：雅江 何兴金，李琴琴，马祥光等 SCU-09-119
西藏：八宿 徐波，陈光富，陈林杨等 SunH-07ZX-1470
西藏：八宿 张永洪，王晓雄，周卓等 SunH-07ZX-1200
西藏：八宿 张永洪，王晓雄，周卓等 SunH-07ZX-1617
西藏：八宿 高信芬，朱章明，赵雪利等 GAOXF-10ZX-1961
西藏：波密 陈家辉，韩希，王东超等 YangYP-Q-4077
西藏：察雅 高信芬，朱章明，赵雪利等 GAOXF-10ZX-1962
西藏：察雅 高信芬，朱章明，赵雪利等 GAOXF-10ZX-1966
西藏：昌都 高信芬，朱章明，赵雪利等 GAOXF-10ZX-1982
西藏：错那 张晓纬，汪书丽，罗建 LiuJQ-09XZ-LZT-039
西藏：错那 罗建，林玲 LiuJQ11XZ111
西藏：江达 高信芬，朱章明，赵雪利等 GAOXF-10ZX-1959
西藏：江达 高信芬，朱章明，赵雪利等 GAOXF-10ZX-1971
西藏：朗县 罗建，汪书丽，任德智 L062
西藏：林芝 罗建，汪书丽 LiuJQ-08XZ-180
西藏：林芝 罗建，汪书丽 LiuJQ-09XZ-151
西藏：林芝 孙航，张建文，陈建国等 SunH-07ZX-2831
西藏：林芝 卢洋，刘帆等 LiJ757
西藏：林芝 卢洋，刘帆等 LiJ785
西藏：林周 李国栋，董金龙 SunH-07ZX-3264
西藏：洛隆 高信芬，朱章明，赵雪利等 GAOXF-10ZX-1960
西藏：芒康 张挺，李爱花，刘成等 08CS688
西藏：芒康 高信芬，朱章明，赵雪利等 GAOXF-10ZX-1983
西藏：芒康 张挺，李爱花，刘成等 08CS689
西藏：芒康 张永洪，李国栋，王晓雄 SunH-07ZX-1726
西藏：芒康 徐波，陈光富，陈林杨等 SunH-07ZX-0213
西藏：芒康 高信芬，朱章明，赵雪利等 GAOXF-10ZX-1963
西藏：左贡 张永洪，王晓雄，周卓等 SunH-07ZX-1041
云南：大理 吕元林 N002B
云南：德钦 张书东，林娜娜，郁文彬等 SCSB-W-011
云南：德钦 张书东，林娜娜，郁文彬等 SCSB-W-014
云南：德钦 张大才，李双智，唐路等 ZhangDC-07ZX-1891
云南：德钦 杨青松，杨莹，黄永江等 ZhouZK-07ZX-0168
云南：德钦 闫海忠，孙振华，罗圆等 ouxk-dq-0005
云南：德钦 杨青松，杨莹，黄永江等 ZhouZK-07ZX-0140
云南：德钦 刀志灵 DZL442
云南：洱源 李爱花，雷立公，马国强等 SCSB-A-000140
云南：贡山 刀志灵 DZL809
云南：贡山 刀志灵，陈哲 DZL-019
云南：丽江 张书东，林娜娜，陆露等 SCSB-W-142
云南：禄劝 张挺，郭永杰，刘成等 08CS606
云南：巧家 杨光明 SCSB-W-1133
云南：香格里拉 郭永杰，张桥蓉，李春晓等 11CS3439
云南：香格里拉 孙航，张建文，邓涛等 SunH-07ZX-3301
云南：香格里拉 张建文，陈建国，陈林杨等 SunH-07ZX-2266
云南：香格里拉 张建文，董金龙，刘常周等 SunH-07ZX-2384
云南：香格里拉 杨青松，詹克平，于文涛等 ZhouZK-07ZX-0014
云南：香格里拉 杨青松，詹克平，于文涛等 ZhouZK-07ZX-0015
云南：香格里拉 李晓东，张紫刚，操榆 LiJ669
云南：香格里拉 李晓东，张紫刚，操榆 LiJ677
云南：玉龙 刀志灵，李嵘，胡光万 DZL-003

Rosa oxyacantha Marschall von Bieberstein 尖刺蔷薇

新疆：和静 张玲 TD-01921

Rosa platyacantha Schrenk 宽叶蔷薇

新疆：博乐 许炳强，胡伟明 XiaNH-07ZX-861
新疆：博乐 许炳强，胡伟明 XiaNH-07ZX-864
新疆：察布查尔 段士民，王喜勇，刘会良等 49
新疆：独山子区 石大标 SCSB-Y-2006173
新疆：和静 张挺，杨赵平，焦培培等 LiZJ0428
新疆：和静 张挺，杨赵平，焦培培等 LiZJ0434
新疆：和静 杨赵平，焦培培，白冠章等 LiZJ0688
新疆：和静 张挺，杨赵平，焦培培等 LiZJ0433
新疆：玛纳斯 石大标 SCSB-Y-2006071
新疆：奇台 谭敦炎，吉乃提 TanDY0568
新疆：沙湾 陶冶，雷凤品，黄刚 SHI2006252
新疆：温宿 杨赵平，焦培培，白冠章等 LiZJ0781
新疆：温宿 杨赵平，焦培培，白冠章等 LiZJ0937
新疆：裕民 谭敦炎，吉乃提 TanDY0716

Rosa praelucens Byhouwer 中甸刺玫 *

云南：香格里拉 刘成，郭永杰，吴之坤等 13CS7940
云南：香格里拉 刘成，郭永杰，吴之坤等 13CS7941
云南：香格里拉 郭永杰，吴之坤 13CS7942
云南：香格里拉 刘成，刘德团 13CS7943
云南：香格里拉 郭永杰，陈智发 13CS7944
云南：香格里拉 郭永杰，陈智发 13CS7945
云南：香格里拉 郭永杰，陈智发 13CS7946
云南：香格里拉 刘成，刘德团，陈智发 13CS7937
云南：香格里拉 刘成，郭永杰，吴之坤等 13CS7938
云南：香格里拉 刘成，郭永杰，吴之坤等 13CS7939
云南：香格里拉 孔航辉，任琛 Yangqe2840

Rosa prattii Hemsley 铁杆蔷薇 *

四川：黑水 顾垒，李忠荣 GaoXF-09ZX-1463
四川：凉山 孙航，张建文，邓涛等 SunH-07ZX-3797
四川：马尔康 顾垒，张羽 GAOXF-10ZX-1926

Rosa roxburghii Trattinnick 缫丝花

广西：那坡 黄俞淞，梁永延，叶晓霞 Liuyan0025
贵州：荔波 刘克明，旷仁平，盛波 SCSB-HN-1885
贵州：铜仁 彭华，王英，陈丽 P.H.5191
贵州：云岩区 赵厚涛，韩国营 YBG010
湖北：来凤 丛义艳，陈丰林 SCSB-HN-1171
湖南：保靖 刘克明，蔡秀珍，肖乐希等 SCSB-HN-0209
江西：修水 缪以清，李立新 TanCM1215
四川：米易 袁明 MY334
四川：冕宁 孔航辉，罗江平，左雷等 YangQE3425
四川：射洪 袁明 YUANM2016L214
四川：荥经 袁明 Y07062
西藏：芒康 张永洪，李国栋，王晓雄 SunH-07ZX-2211
云南：西畴 张挺，蔡杰，刘越强等 SCSB-B-000448
云南：香格里拉 杨青松，杨莹，黄永江等 ZhouZK-07ZX-0183
云南：彝良 张挺，雷立公，王建军等 SCSB-B-000126

Rosa rubus H. Léveillé & Vaniot 悬钩子蔷薇 *

安徽：金寨 陈延松，欧祖兰，姜九龙 Xuzd155
贵州：花溪区 邹方伦 ZouFL0217
贵州：施秉 邹方伦 ZouFL0248
贵州：铜仁 彭华，王英，陈丽 P.H.5212
湖北：宣恩 沈泽昊 HXE078
湖南：麻阳 彭华，王英，陈丽 P.H.5239
江西：黎川 童和平，王玉珍 TanCM1851
江西：湾里区 杜小浪，慕泽泾，曹岚 DXL075
四川：红原 张昌兵 ZhangCB0039

Rosa rugosa Thunberg 玫瑰

宁夏：金凤区 左忠，刘华 ZuoZh280

Rosa sericea Lindley 绢毛蔷薇

四川：康定 何兴金，赵丽华，李琴琴等 SCU-08075
四川：康定 何兴金，冯图，廖晨阳等 SCU-080396
四川：康定 彭玉兰，涂卫国，余春丽 Gaoxf-0628
四川：康定 何兴金，王月，胡灏禹等 SCU-08132
四川：泸定 高信芬，朱章明，赵雪利等 GAOXF-10ZX-1980
四川：雅江 吕元林 N004A
西藏：八宿 张永洪，王晓雄，周卓等 SunH-07ZX-1671
西藏：八宿 张永洪，李国栋，王晓雄 SunH-07ZX-1775
西藏：堆龙德庆 扎西次仁 ZhongY152
西藏：吉隆 张晓纬，汪书丽，罗建 LiuJQ-09XZ-LZT-088
西藏：加查 许炳强，童毅华 XiaNh-07zx-676
西藏：林芝 罗建，王国严，汪书丽 LiuJQ-08XZ-058
西藏：林芝 孙航，张建文，陈建国等 SunH-07ZX-2792
西藏：林芝 何兴金，邓贤兰，廖晨阳等 SCU-080391
西藏：洛扎 扎西次仁 ZhongY213
西藏：芒康 张大才，李双智，罗康等 SunH-07ZX-1282
西藏：墨竹工卡 扎西次仁 ZhongY263
西藏：聂拉木 扎西次仁 ZhongY035
云南：禄劝 张挺，蔡杰，李爱花等 SCSB-B-000060
云南：腾冲 周应再 Zhyz-232
云南：文山 何德明 WSLJS822

Rosa sertata Rolfe 钝叶蔷薇 *

安徽：舒城 陈延松，欧祖兰，高秋晨等 Xuzd392
四川：红原 高云东，李忠荣，鞠文彬 GaoXF-12-047
云南：景东 张绍云，胡启和，仇亚等 YNS1153
云南：景东 罗志华，刘长铭，谢有能 JD063
云南：隆阳区 尹学建 BSGLGSly2025
云南：巧家 杨光明 SCSB-W-1319

Rosa setipoda Hemsley & E. H. Wilson 刺梗蔷薇 *

湖北：仙桃 张代贵 Zdg1857

Rosa sikangensis T. T. Yu & T. C. Ku 川西蔷薇 *

西藏：八宿 高信芬，朱章明，赵雪利等 GAOXF-10ZX-1972
西藏：八宿 高信芬，朱章明，赵雪利等 GAOXF-10ZX-1986
西藏：波密 陈家辉，韩希，王东超等 YangYP-Q-4078
西藏：芒康 高信芬，朱章明，赵雪利等 GAOXF-10ZX-1968
西藏：普兰 李晖，文雪梅，次旺加布等 Lihui-Q-0011
西藏：普兰 陈家辉，庄会富，刘德团等 Yangyp-Q-0033
西藏：亚东 陈家辉，韩希，王东超等 YangYP-Q-4280
西藏：左贡 张大才，李双智，罗康等 ZhangDC-07ZX-0674

Rosa soulieana Crépin 川滇蔷薇 *

四川：巴塘 张大才，尹五元，李双智等 ZhangDC-07ZX-2227
四川：得荣 杨青松，杨莹，黄永江等 ZhouZK-07ZX-0081
四川：得荣 杨青松，杨莹，黄永江等 ZhouZK-07ZX-0149
四川：得荣 孙航，李新辉，陈林杨 SunH-07ZX-3040
四川：得荣 张大才，李双智，杨川 ZhangDC-07ZX-1952
四川：德格 张大才，尹五元，李双智等 ZhangDC-07ZX-2289
四川：黑水 顾垒，李忠荣 GaoXF-09ZX-1846
四川：康定 孙航，张建文，董金龙等 SunH-07ZX-3996
四川：康定 许炳强，童毅华，吴兴等 XiaNH-07ZX-1079
四川：康定 张大才，尹五元，李双智等 ZhangDC-07ZX-2379
四川：理县 何兴金，李琴琴，赵丽华等 SCU-09-537
四川：马尔康 高云东，李忠荣，鞠文彬 GaoXF-12-059
四川：马尔康 许炳强，童毅华，吴兴等 XiaNH-07ZX-0942
四川：茂县 高云东，李忠荣，鞠文彬 GaoXF-12-005
四川：乡城 孙航，李新辉，陈林杨 SunH-07ZX-2949
四川：小金 高云东，李忠荣，鞠文彬 GaoXF-12-128
四川：小金 顾垒，张羽 GAOXF-10ZX-1954

四川：雅江 张昌兵，邓秀发，游明鸿 ZhangCB0413
西藏：八宿 张永洪，李国栋，王晓雄 SunH-07ZX-1757
西藏：察雅 高信芬，朱章明，赵雪利等 GAOXF-10ZX-1967
西藏：察隅 张大才，李双智，唐路等 ZhangDC-07ZX-1698
西藏：芒康 高信芬，朱章明，赵雪利等 GAOXF-10ZX-1975
云南：大理 李爱花，雷立公，马国强等 SCSB-A-000168
云南：德钦 杨青松，杨莹，黄永江等 ZhouZK-07ZX-0138
云南：德钦 刀志灵 DZL433
云南：迪庆 吕元林 N011B
云南：昆明 张书东，林娜娜，陆露等 SCSB-W-058
云南：宁蒗 任宗昕，寸龙琼，任尚国 SCSB-W-1396
云南：巧家 杨光明 SCSB-W-1288
云南：嵩明 张挺，唐勇，陈伟等 SCSB-B-000095
云南：香格里拉 张书东，林娜娜，郁文彬等 SCSB-W-017
云南：香格里拉 杨亲二，袁琼 Yangqe2671

Rosa spinosissima Linnaeus **密刺蔷薇**

新疆：阿勒泰 谭敦炎，邱娟 TanDY0426
新疆：博乐 许炳强，胡伟明 XiaNH-07ZX-860
新疆：哈巴河 段士民，王喜勇，刘会良等 201
新疆：和静 杨赵平，焦培培，白冠章等 LiZJ0681
新疆：和硕 塔里木大学植物资源调查组 TD-00368
新疆：塔城 谭敦炎，吉乃提 TanDY0630
新疆：裕民 潘伯荣，严成，王喜勇 Zhangdy557
新疆：裕民 徐文斌，郭一敏 SHI-2009073
新疆：裕民 徐文斌，黄刚 SHI-2009476
云南：香格里拉 王文礼，冯欣，刘飞鹏 OUXK11098

Rosa sweginzowii Koehne **扁刺蔷薇** *

重庆：城口 易思荣，谭秋平 YISR420
甘肃：碌曲 李晓东，刘帆，张景博等 LiJ0171
青海：互助 薛春迎 Xuechy0096
四川：得荣 张大才，李双智，杨川 ZhangDC-07ZX-1900
西藏：八宿 徐波，陈光富，陈林杨等 SunH-07ZX-2028
西藏：察隅 张大才，李双智，唐路等 ZhangDC-07ZX-1680
西藏：察隅 张挺，蔡杰，袁明 09CS1522

Rosa tibetica T. T. Yu & T. C. Ku **西藏蔷薇** *

西藏：八宿 张永洪，李国栋，王晓雄 SunH-07ZX-1767
西藏：察隅 扎西次仁，西落 ZhongY706
西藏：堆龙德庆 杨永平，王东超，杨大松等 YangYP-Q-5059
西藏：工布江达 陈家辉，韩希，王东超等 YangYP-Q-4140
西藏：吉隆 陈家辉，韩希，王广艳等 YangYP-Q-4335
西藏：浪卡子 杨永平，王东超，杨大松等 YangYP-Q-5045

Rosa tsinglingensis Pax & Hoffmmann **秦岭蔷薇** *

青海：互助 薛春迎 Xuechy0173
陕西：眉县 田先华，蔡杰 TianXH073

Rosa webbiana Wallich ex Royle **藏边蔷薇**

西藏：八宿 张大才，李双智，罗康等 ZhangDC-07ZX-0746
西藏：普兰 陈家辉，庄会富，刘德团等 Yangyp-Q-0025
新疆：博乐 徐文斌，黄雪姣 SHI-2008455
新疆：温泉 徐文斌，许晓敏 SHI-2008203
新疆：温宿 塔里木大学植物资源调查组 TD-00919
新疆：温宿 邱爱军，张玲 LiZJ1871

Rosa willmottiae Hemsley **小叶蔷薇** *

甘肃：迭部 郭淑青，杜品 LiuJQ-2012-GN-188
甘肃：夏河 齐威 LJQ-2008-GN-307
四川：稻城 何兴金，高云东，王志新等 SCU-09-248
四川：石渠 陈世龙，高庆波，张发起 Chens10624
四川：松潘 何兴金，张云香，王志新 SCU-10-517
西藏：八宿 张大才，李双智，罗康等 ZhangDC-07ZX-1200
西藏：八宿 张永洪，李国栋，王晓雄 SunH-07ZX-1759

Rosa willmottiae var. **glandulifera** T. T. Yu & T. C. Ku **多腺小叶蔷薇** *

青海：玉树 许炳强，周伟，郑朝汉 Xianh0317

Rosa xanthina Lindley **黄刺玫** *

甘肃：合作 郭淑青，杜品 LiuJQ-2012-GN-196
河北：赤城 牛玉璐，王晓亮 NiuYL575
吉林：敦化 杨保国，张明鹏 CaoW0014
吉林：临江 李长田 Yanglm0011
内蒙古：新城区 蒲拴莲，李茂文 M016
宁夏：盐池 左忠，刘华 ZuoZh056
山东：长清区 张少华，王萍，张诏等 Lilan237
山西：阳曲 焦磊 Zhangf0107

Rubus acuminatus Smith **尖叶悬钩子**

云南：沧源 赵金超，田立新 CYNGH044
云南：永德 李永亮 YDDXS1125

Rubus alceifolius Poiret **粗叶悬钩子**

广西：灵川 吴望辉，黄俞淞，农冬新 Liuyan0403
贵州：黄平 邹方伦 ZouFL0234
贵州：黎平 刘克明，王成，张恒 SCSB-HN-1096
湖南：桂东 盛波，黄存坤 SCSB-HN-2085
湖南：江华 旷仁平 SCSB-HN-1201
湖南：江永 姜孝成，唐贵华，潘孝武 SCSB-HNJ-0022
湖南：江永 刘克明，肖乐希，陈微等 SCSB-HN-0034
湖南：桃源 陈功锡，张代贵 SCSB-HC-2008167
湖南：新化 姜孝成，唐妹，戴小军等 Jiangxc0583
湖南：新化 姜孝成，黄先辉，杨亚平等 SCSB-HNJ-0314
湖南：沅陵 李胜华，伍贤进，刘光华等 Wuxj858
湖南：资兴 熊凯辉，王得刚，盛波 SCSB-HN-2041
湖南：资兴 熊凯辉，王得刚，盛波 SCSB-HN-2093
湖南：资兴 刘克明，盛波，王得刚 SCSB-HN-2111
湖南：资兴 刘克明，盛波，王得刚 SCSB-HN-2129
湖南：资兴 王得刚，熊凯辉 SCSB-HN-2137
江西：黎川 童和平，王玉珍 TanCM1852
西藏：墨脱 刘成，亚吉东，何华杰等 16CS11933
云南：景东 杨国平 07-69

Rubus alexeterius Focke **刺萼悬钩子**

云南：洱源 张挺，李爱花，郭云刚等 SCSB-B-000070

Rubus amabilis Focke **秀丽莓** *

四川：峨眉山 李小杰 LiXJ070
四川：黑水 顾垒，李忠荣 GaoXF-09ZX-1428

Rubus amphidasys Focke **周毛悬钩子** *

湖南：鹤城区 李胜华，伍贤进，曾汉元等 HHXY187

Rubus assamensis Focke **西南悬钩子**

四川：峨眉山 李小杰 LiXJ691

Rubus biflorus Buchanan-Hamilton ex Smith **粉枝莓**

西藏：林芝 罗建，汪书丽 LiuJQ-09XZ-107
云南：禄劝 张挺，郭永杰，刘成等 08CS599
云南：巧家 杨光明 SCSB-W-1159
云南：香格里拉 张书东，林娜娜，郁文彬等 SCSB-W-001
云南：香格里拉 杨青松，杨莹，黄永江等 ZhouZK-07ZX-0209
云南：香格里拉 张挺，蔡杰，郭永杰等 11CS3200
云南：永德 李永亮 YDDXS0260

Rubus buergeri Miquel **寒莓**

安徽：宁国 洪欣，李中林 ZhouSB0229
安徽：歙县 方建新 TangXS0810
安徽：宣城 刘淼 HANGYY8093
贵州：江口 周云，王勇 XiangZ008

湖北：利川 祝文志，刘志祥，曹远俊 ShenZH3451
湖北：仙桃 张代贵 Zdg1263
湖北：竹溪 李盛兰 GanQL967
江西：湾里区 杜小浪，慕泽泾，曹岚 DXL132
四川：峨眉山 李小杰 LiXJ572
四川：雨城区 刘静 Y07334
浙江：鄞州区 李宏庆，葛斌杰，刘国丽 Lihq0104

Rubus caesius Linnaeus **欧洲木莓**
新疆：巩留 亚吉东，迟建才，张桥蓉等 16CS13494

Rubus calycacanthus H. Léveillé **猬莓** *
贵州：江口 周云，王勇 XiangZ069

Rubus calycinus Wallich ex D. Don **齿萼悬钩子**
云南：景东 张挺，李爱花，戚志洲等 SCSB-A-000110
云南：文山 何德明，余金辉 WSLJS956
云南：新平 谢雄 XPALSC419
云南：永德 李永亮 YDDXS1115

Rubus chingii H. H. Hu **掌叶复盆子**
安徽：绩溪 唐鑫生，方建新 TangXS0529
江西：修水 缪以清，余于明 TanCM2483
江西：修水 缪以清 TanCM606

Rubus chroosepalus Focke **毛萼莓**
湖北：仙桃 张代贵 Zdg1324
四川：峨眉山 李小杰 LiXJ644

Rubus chrysobotrys var. **lobophyllus** Handel-Mazzetti **裂叶黄穗悬钩子** *
广西：八步区 莫水松 Liuyan1063

Rubus cinclidodictyus Cardot **网纹悬钩子** *
四川：峨眉山 李小杰 LiXJ642

Rubus cochinchinensis Trattinnick **蛇泡筋**
广西：上思 何海文，杨锦超 YANGXF0397

Rubus cockburnianus Hemsley **华中悬钩子** *
陕西：宁陕 王梅荣，胡小平，田先华 TianXH032

Rubus columellaris Tutcher **小柱悬钩子**
湖北：仙桃 张代贵 Zdg2035
江西：万载 张志勇，贺伟 JXAU308

Rubus corchorifolius Linnaeus f. **山莓**
安徽：屯溪区 方建新 TangXS0711
重庆：南川区 易思荣 YISR148
湖北：竹溪 甘啟良 GanQL010
江苏：句容 吴宝成，王兆银 HANGYY8115
江西：黎川 童和平，王玉珍，常迪江等 TanCM1982
江西：龙南 梁跃龙，欧考胜 LiangYL131
江西：湾里区 杜小浪，慕泽泾，曹岚 DXL095
江西：修水 缪以清 TanCM605
山东：崂山区 罗艳，邓建平 LuoY243
四川：峨眉山 李小杰 LiXJ374
云南：腾冲 余新林，赵玮 BSGLGStc012
云南：腾冲 余新林，赵玮 BSGLGStc150
云南：腾冲 周应再 Zhyz-192
云南：腾冲 余新林，赵玮 BSGLGStc245
云南：文山 何德明，罗家旺 WSLJS949
云南：新平 谢雄 XPALSC263

Rubus coreanus Miquel **插田泡**
安徽：歙县 方建新 TangXS0527
湖北：竹溪 李盛兰 GanQL035
湖南：永定区 廖博儒，吴福川，查学州等 7058
江西：庐山区 谭策铭，董安淼 TanCM258
云南：龙陵 孙兴旭 SunXX138
云南：腾冲 周应再 Zhyz-226
浙江：临安 李宏庆，田怀珍 Lihq0216

Rubus crataegifolius Bunge **牛叠肚**
黑龙江：尚志 刘玫，张欣欣，程薪宇等 Liuetal408
吉林：磐石 安海成 AnHC064
山东：莱山区 卞福花，宋言贺 BianFH-473
山东：崂山区 罗艳，李中华，邓建平 LuoY273
山东：牟平区 卞福花 BianFH-0198

Rubus delavayi Franchet **三叶悬钩子** *
云南：金平 喻智勇 JinPing99
云南：丽江 张书东，林娜娜，陆露等 SCSB-W-119
云南：丽江 张书东，林娜娜，陆露等 SCSB-W-129
云南：云龙 李施文，张志云，段耀飞等 TC3014

Rubus doyonensis Handel-Mazzetti **白薷** *
云南：绿春 黄连山保护区科研所 HLS0310

Rubus ellipticus Smith **椭圆悬钩子**
西藏：芒康 张大才，李双智，罗康等 ZhangDC-07ZX-1249
云南：南涧 熊绍荣 NJWLS428

Rubus ellipticus var. **obcordatus** (Franchet) Focke **栽秧泡**
四川：米易 袁明 MY331
云南：金平 喻智勇，染完利，张云飞 JinPing101
云南：景东 罗忠华，谢有能，刘长铭等 JDNR09006
云南：景东 杨国平 200870
云南：景谷 张绍云 YNS0105
云南：龙陵 孙兴旭 SunXX127
云南：禄劝 张挺，蔡杰，李爱花等 SCSB-B-000059
云南：麻栗坡 肖波 LuJL443
云南：南涧 官有才 NJWLS1649
云南：腾冲 周应再 Zhyz-214
云南：新平 李应富，郎定富，谢天华 XPALSA086
云南：盈江 郭永杰，赵文李，唐培洵等 13CS7476
云南：永德 李永亮 YDDXS0265

Rubus erythrocarpus T. T. Yu & L. T. Lu **红果悬钩子** *
云南：玉龙 孔航辉，任琛 Yangqe2755

Rubus eustephanos Focke **大红泡** *
湖北：仙桃 张代贵 Zdg1225
湖北：竹溪 甘啟良 GanQL011
湖南：永定区 廖博儒，查学州 7037
陕西：紫阳 田先华，王孝安 TianXH1081
四川：峨眉山 李小杰 LiXJ046
四川：峨眉山 李小杰 LiXJ401

Rubus flagelliflorus Focke **攀枝莓** *
湖北：竹溪 李盛兰 GanQL929

Rubus flosculosus Focke **弓茎悬钩子** *
湖北：竹溪 李盛兰 GanQL045
湖南：保靖 张代贵 Zdg1073
山东：泰山区 张少华，王萍，张诏等 Lilan182
陕西：宁陕 田先华，陈振宁 TianXH087
云南：腾冲 余新林，赵玮 BSGLGStc148

Rubus fockeanus Kurz **凉山悬钩子**
云南：香格里拉 张挺，蔡杰，郭永杰等 11CS3043
云南：香格里拉 张挺，郭永杰，张桥蓉 11CS3149

Rubus fuscifolius T. T. Yu & L. T. Lu **锈叶悬钩子** *
云南：绿春 黄连山保护区科研所 HLS0212

Rubus grayanus Maximowicz **中南悬钩子**
湖南：永定区 廖博儒，吴福川 7019

Rubus hastifolius H. Léveillé & Vaniot **戟叶悬钩子**
江西：修水 缪以清 TanCM1702

Rubus henryi Hemsley & Kuntze 鸡爪茶 *
四川：峨眉山 李小杰 LiXJ058
Rubus hirsutus Thunberg 蓬蘽
安徽：石台 洪欣 ZhouSB0181
安徽：歙县 方建新 TangXS0218
湖南：怀化 李胜华，伍贤进，曾汉元等 HHXY233
江苏：句容 王兆银，吴宝成 SCSB-JS0092
江苏：宜兴 吴宝成 HANGYY8017
江西：黎川 童和平，王玉珍，常迪江等 TanCM1981
江西：庐山区 董安淼，吴从梅 TanCM801
江西：湾里区 杜小浪，慕泽泾，曹岚 DXL106
云南：沧源 赵金超，杨红强 CYNGH436
Rubus hunanensis Handel-Mazzetti 湖南悬钩子 *
江西：庐山区 谭策铭，董安淼 TCM09123
四川：峨眉山 李小杰 LiXJ708
Rubus ichangensis Hemsley & Kuntze 宜昌悬钩子 *
贵州：花溪区 邹方伦 ZouFL0014
贵州：威宁 邹方伦 ZouFL0318
湖北：利川 祝文志，刘志祥，曹远俊 ShenZH3469
湖北：五峰 李平 AHL001
湖北：五峰 陈功锡，张代贵 SCSB-HC-2008390
湖北：宣恩 沈泽昊 HXE135
四川：峨眉山 李小杰 LiXJ241
四川：雨城区 刘静，洪志刚 Y07348
Rubus idaeopsis Focke 拟复盆子 *
云南：麻栗坡 肖波 LuJL456
Rubus idaeus Linnaeus 复盆子
江苏：句容 吴宝成，王兆银 HANGYY8247
Rubus innominatus S. Moore 白叶莓 *
重庆：南川区 易思荣 YISR184
湖北：仙桃 张代贵 Zdg2721
湖北：竹溪 甘啟良 GanQL113
湖南：石门 姜孝成，唐妹，吕杰等 Jiangxc0460
湖南：永顺 陈功锡，张代贵 SCSB-HC-2008023
四川：峨眉山 李小杰 LiXJ656
云南：丽江 孔航辉，罗江平，左雷等 YangQE3317
Rubus innominatus var. **kuntzeanus** (Hemsley) L. H. Bailey 无腺白叶莓 *
重庆：南川区 易思荣 YISR194
湖北：竹溪 李盛兰 GanQL720
江西：庐山区 谭策铭，董安淼 TanCM315
江西：庐山区 董安淼，吴从梅 TanCM1566
Rubus innominatus var. **quinatus** L. H. Bailey 五叶白叶莓 *
江西：修水 缪以清 TanCM1708
Rubus inopertus (Focke) Focke 红花悬钩子
湖北：竹溪 李盛兰 GanQL711
Rubus irenaeus Focke 灰毛泡 *
湖北：仙桃 张代贵 Zdg1315
湖北：竹溪 李盛兰 GanQL998
Rubus irenaeus var. **innoxius** (Focke) T. T. Yu & L. T. Lu 尖裂灰毛泡 *
云南：南涧 袁玉川，徐家武 NJWLS584
Rubus irritans Focke 紫色悬钩子
青海：平安 陈世龙，高庆波，张发起等 Chensl1781
云南：德钦 王文礼，冯欣，刘飞鹏 OUXK11183
Rubus jinfoshanensis T. T. Yu & L. T. Lu 金佛山悬钩子 *
云南：麻栗坡 张挺，修莹莹，李胜 SCSB-B-000614
Rubus kulinganus L. H. Bailey 牯岭悬钩子 *
江西：庐山区 谭策铭，董安淼 TanCM316
Rubus lambertianus Seringe 高粱泡
安徽：金寨 陈延松，欧祖兰，姜九龙 Xuzd197
安徽：金寨 刘淼 SCSB-JSC15
安徽：宁国 洪欣，李中林 ZhouSB0217
安徽：石台 陈延松，吴国伟，洪欣 Zhousb0069
安徽：舒城 陈延松，欧祖兰，高秋晨等 Xuzd413
安徽：屯溪区 方建新 TangXS0074
安徽：宣城 刘淼 HANGYY8089
广西：龙胜 黄俞淞，叶晓霞，邹容 Liuyan0063
广西：那坡 黄俞淞，梁永延，叶晓霞 Liuyan0028
贵州：江口 周云，王勇 XiangZ068
湖北：五峰 李平 AHL075
湖北：五峰 陈功锡，张代贵 SCSB-HC-2008293
湖北：竹溪 李盛兰 GanQL171
湖南：凤凰 陈功锡，张代贵，邓涛等 SCSB-HC-2007455
湖南：怀化 李胜华，伍贤进，曾汉元等 HHXY386
湖南：会同 李胜华，伍贤进，曾汉元等 Wuxj992
湖南：浏阳 姜孝成，陈晓莲，周亮 Jiangxc0881
湖南：沅陵 李胜华，伍贤进，刘光华等 Wuxj857
湖南：沅陵 李胜华，伍贤进，刘光华等 Wuxj899
江苏：句容 王兆银，吴宝成 SCSB-JS0351
江苏：句容 顾子霞 SCSB-JS0437
江苏：句容 吴宝成，王兆银 HANGYY8666
江苏：南京 顾子霞 SCSB-JS0429
江西：黎川 童和平，王玉珍 TanCM1916
江西：庐山区 董安淼，吴从梅 TanCM2599
陕西：白河 田先华，王孝安 TianXH1062
四川：天全 汤加勇，赖建军 Y07068
四川：汶川 袁明，高刚，杨勇 YM2014008
云南：隆阳区 尹学建 BSGLGS1y2002
云南：麻栗坡 肖波 LuJL082
云南：蒙自 税玉民，陈文红 72294
云南：普洱 叶金科 YNS0174
云南：文山 何德明，邵会昌，沈素娟 WSLJS525
云南：新平 XPALSD299
云南：云龙 李爱花，李洪超，黄天才等 SCSB-A-000228
浙江：鄞州区 李宏庆，葛斌杰，刘国丽等 Lihq0052
Rubus lambertianus var. **glaber** Hemsley 光滑高粱泡
湖北：利川 祝文志，刘志祥，曹远俊 ShenZH3467
湖北：宣恩 沈泽昊 HXE127
陕西：宁陕 田先华，吴礼慧 TianXH492
四川：峨眉山 李小杰 LiXJ205
四川：康定 张昌兵，邓秀发，游明鸿 ZhangCB0409
四川：雨城区 贾学静 YuanM2012021
Rubus lambertianus var. **paykouangensis** (H. Léveillé) Handel-Mazzetti 毛叶高粱泡
湖南：保靖 张代贵 Zdg1328B
云南：绿春 刀志灵，张洪喜 DZL617
Rubus lasiostylus Focke 绵果悬钩子 *
湖北：仙桃 张代贵 Zdg1932
湖北：仙桃 李巨平 Lijuping0329
湖北：宣恩 许玥，祝文志，刘志祥等 ShenZH7813
青海：互助 陈世龙，高庆波，张发起等 Chensl1718
云南：景东 罗忠华，谢有能，刘长铭等 JDNR005
Rubus lasiotrichos Focke 多毛悬钩子
云南：蒙自 田学军，邱成书，高波 TianXJ0168
Rubus leucanthus Hance 白花悬钩子

四川：九龙 孔航辉，罗江平，左雷等 YangQE3446

Rubus lichuanensis T. T. Yu & L. T. Lu **黎川悬钩子 ***

江西：黎川 童和平，王玉珍，常迪江等 TanCM1983

Rubus lineatus Reinwardt **绢毛悬钩子**

云南：贡山 刀志灵 DZL312

云南：贡山 张挺，杨湘云，李涟漪等 14CS8975

云南：贡山 张挺，杨湘云，李涟漪等 14CS8995

云南：泸水 许炳强，吴兴，李婧等 XiaNh-07zx-017

云南：绿春 黄连山保护区科研所 HLS0191

云南：绿春 张挺，马国强，刘娜等 SCSB-B-000563

云南：腾冲 余新林，赵玮 BSGLGStc042

云南：腾冲 周应再 Zhyz532

Rubus lutescens Franchet **黄色悬钩子 ***

四川：得荣 孙航，李新辉，陈林杨 SunH-07ZX-3010

四川：甘孜 孙航，张建文，董金龙等 SunH-07ZX-3970

四川：九龙 张大才，尹五元，李双智等 ZhangDC-07ZX-2437

四川：康定 何兴金，王长宝，刘爽等 SCU-09-015

四川：康定 何兴金，王长宝，刘爽等 SCU-09-016

四川：理塘 何兴金，马祥光，张云香等 SCU-11-237

西藏：八宿 扎西次仁，西落 ZhongY739

西藏：昌都 易思荣，谭秋平 YISR233

云南：香格里拉 张挺，亚吉东，李明勤等 11CS3370

云南：香格里拉 郭永杰，张桥蓉，李春晓等 11CS3466

云南：香格里拉 孙航，张建文，邓涛等 SunH-07ZX-3310

Rubus macilentus Cambessèdes **细瘦悬钩子**

四川：峨边 李小杰 LiXJ791

云南：永德 李永亮 YDDXS1108

Rubus malifolius Focke **棠叶悬钩子 ***

湖南：古丈 张代贵 Zdg1216

Rubus mallotifolius C. Y. Wu ex T. T. Yu & L. T. Lu **楸叶悬钩子 ***

云南：大理 张挺，李爱花，郭云刚等 SCSB B 000076

云南：屏边 张挺，胡益敏 SCSB-B-000555

Rubus mesogaeus Focke **喜阴悬钩子**

湖北：竹溪 李盛兰 GanQL023

陕西：长安区 田先华，田陌 TianXH1090

四川：峨眉山 李小杰 LiXJ082

四川：康定 何兴金，李琴琴，王长宝等 SCU-08090

西藏：芒康 张永洪，李国栋，王晓雄 SunH-07ZX-2206

Rubus multisetosus T. T. Yu & L. T. Lu **刺毛悬钩子 ***

云南：洱源 杨青松，星耀武，苏涛 ZhouZK-07ZX-0275

Rubus nagasawanus Koidzumi **高砂悬钩子**

贵州：台江 邹方伦 ZouFL0262

Rubus neoviburnifolius L. T. Lu & Boufford **荚蒾叶悬钩子 ***

云南：勐腊 张挺，李洪超，李文化等 SCSB-B-000392

Rubus niveus Thunberg **红泡刺藤**

西藏：芒康 张挺，李爱花，刘成等 08CS683

云南：大理 张德全，段丽珍，段金成等 ZDQ013

云南：德钦 孙航，董金龙，朱鑫鑫等 SunH-07ZX-4083

云南：兰坪 杨青松，杨莹，黄永江等 ZhouZK-07ZX-0194

云南：南涧 阿国仁，何贵才 NJWLS578

云南：普洱 叶金科 YNS0178

云南：腾冲 周应再 Zhyz-242

云南：香格里拉 郭永杰，张桥蓉，李春晓等 11CS3505

云南：香格里拉 孙航，张建文，邓涛等 SunH-07ZX-3311

云南：新平 谢雄 XPALSC256

云南：新平 刘家良 XPALSD285

云南：寻甸 彭华，向春雷，王泽欢 PengH8010

云南：永德 李永亮 YDDXS0278

Rubus pacificus Hance **太平莓 ***

江西：庐山区 谭策铭，董安淼 TanCM284

Rubus panduratus Handel-Mazzetti **琴叶悬钩子 ***

云南：文山 何德明，邵会昌，沈素娟 WSLJS443

Rubus paniculatus Smith **圆锥悬钩子**

云南：腾冲 周应再 Zhyz-031

Rubus parkeri Hance **乌泡子 ***

湖南：新化 黄先辉，杨亚平，卜剑超 SCSB-HNJ-0338

陕西：镇坪 田先华，温学军，陆东舜 TianXH019

四川：射洪 袁明 YUANM2016L187

云南：文山 张挺，蔡杰，刘越强等 SCSB-B-000438

Rubus parvifolius Linnaeus **茅莓**

安徽：屯溪区 方建新 TangXS0113

湖北：神农架林区 李巨平 LiJuPing0133

湖南：鹤城区 伍贤进，李胜华，曾汉元等 HHXY016

湖南：鹤城区 伍贤进，李胜华，曾汉元等 HHXY031

湖南：新化 姜孝成，唐贵华，田春娥 SCSB-HNJ-0170

江苏：句容 王兆银，吴宝成 SCSB-JS0115

江西：黎川 童和平，王玉珍 TanCM2321

江西：庐山区 谭策铭，董安淼 TanCM257

山东：崂山区 罗艳，邓建平 LuoY096

山东：牟平区 卞福花，陈朋 BianFH-0301

四川：米易 袁明 MY344

云南：新平 谢雄 XPALSC265

云南：永德 李永亮 YDDXS0261

云南：元江 刀志灵，陈渝 DZL-208

Rubus parvifolius var. **adenochlamys** (Focke) Migo **腺花茅莓**

安徽：屯溪区 方建新 TangXS0867

甘肃：卓尼 尹鑫，吴航，葛文静 LiuJQ-GN-2011-697

Rubus pedunculosus D. Don **密毛纤细悬钩子**

四川：峨眉山 李小杰 LiXJ055

云南：麻栗坡 肖波 LuJL447

云南：腾冲 余新林，赵玮 BSGLGStc001

Rubus peltatus Maximowicz **盾叶莓**

湖北：仙桃 张代贵 Zdg1238

Rubus pentagonus Wallich ex Focke **掌叶悬钩子**

西藏：左贡 张大才，李双智，罗康等 ZhangDC-07ZX-0612

云南：腾冲 余新林，赵玮 BSGLGStc334

云南：腾冲 周应再 Zhyz-240

云南：永德 李永亮 LiYL1551

Rubus phoenicolasius Maximowicz **多腺悬钩子**

河北：青龙 牛玉璐，王晓亮 NiuYL527

青海：互助 薛春迎 Xuechy0224

青海：门源 陈世龙，高庆波，张发起等 Chensl1681

山东：莱山区 卞福花，宋言贺 BianFH-472

山东：崂山区 罗艳，李中华，邓建平 LuoY274

山东：牟平区 卞福花，杨蕾蕾，谷胤征 BianFH-0108

四川：理塘 何兴金，赵丽华，梁乾隆等 SCU-11-174

Rubus pileatus Focke **菰帽悬钩子 ***

湖北：竹溪 李盛兰 GanQL712

陕西：宁陕 田陌，张峰 TianXH182

四川：峨眉山 李小杰 LiXJ068

云南：丽江 孔航辉，罗江平，左雷等 YangQE3313

Rubus piluliferus Focke **陕西悬钩子 ***

湖北：竹溪 李盛兰 GanQL069

Rubus pinnatisepalus Hemsley **羽萼悬钩子 ***

四川：峨眉山 李小杰 LiXJ098

云南：大理 张德全，段丽珍，段金成等 ZDQ019
Rubus pirifolius Smith 梨叶悬钩子
云南：永德 李永亮 YDDXS1130
Rubus playfairianus Hemsley ex Focke 五叶鸡爪茶 *
四川：峨眉山 李小杰 LiXJ412
云南：绿春 黄连山保护区科研所 HLS0051
Rubus pluribracteatus L. T. Lu & Boufford 大乌泡
湖南：鹤城区 李胜华，伍贤进，曾汉元等 HHXY184
湖南：鹤城区 李胜华，伍贤进，刘光华等 Wuxj830
湖南：洪江 李胜华，伍贤进，刘光华等 Wuxj1072
云南：沧源 赵金超，田立新，张化龙等 CYNGH002
云南：金平 税玉民，陈文红 71566
云南：金平 税玉民，陈文红 71653
云南：金平 喻智勇，官兴永，张云飞等 JinPing23
云南：绿春 刀志灵，张洪喜 DZL610
云南：南涧 邹国娟，常学科，时国彩等 njwls2007012
云南：普洱 叶金科 YNS0175
云南：思茅区 胡启和，周兵，仇亚 YNS0928
云南：腾冲 余新林，赵玮 BSGLGStc004
云南：文山 何德明，张挺，丰艳飞等 WSLJS413
云南：文山 税玉民，陈文红 71749
云南：新平 刘家良 XPALSD001
云南：永德 李永亮 YDDXS0338
Rubus poliophyllus Kuntze 毛叶悬钩子
云南：永德 李永亮 YDDXS1188
Rubus pseudopileatus Cardot 假帽莓 *
湖北：竹溪 李盛兰 GanQL476
四川：康定 彭玉兰，涂卫国，余春丽 Gaoxf-0613
Rubus pungens Cambessèdes 针刺悬钩子
四川：宝兴 袁明，胡超 Y07008
四川：九龙 孔航辉，罗江平，左雷等 YangQE3453
西藏：芒康 张大才，李双智，罗康等 ZhangDC-07ZX-0054
Rubus reflexus Ker Gawler 锈毛莓 *
江西：黎川 童和平，王玉珍 TanCM2741
Rubus rosifolius Smith 空心泡
贵州：江口 周云，王勇 XiangZ041
湖南：鹤城区 李胜华，伍贤进，曾汉元等 HHXY047
湖南：洪江 李胜华，伍贤进，刘光华等 Wuxj1077
江西：龙南 梁跃龙，欧考昌 LiangYL121
四川：洪雅 亚吉东，胡枭剑 15CS11039
云南：腾冲 余新林，赵玮 BSGLGStc211
浙江：临安 李宏庆，田怀珍 Lihq0225
Rubus rufus Focke 棕红悬钩子
云南：隆阳区 段在贤，杨采龙，杨安友 BSGLGSly1004
云南：文山 何德明，丰艳飞，韦荣彪 WSLJS1057
Rubus sachalinensis H. Léveillé 库页悬钩子
河北：涿鹿 牛玉璐，高彦飞，赵二涛 NiuYL351
新疆：和静 邱爱军，张玲，马帅 LiZJ1763
Rubus saxatilis Linnaeus 石生悬钩子
湖南：中方 伍贤进，李胜华，曾汉元等 HHXY127
新疆：和静 杨赵平，焦培培，白冠章等 LiZJ0554
新疆：新源 亚吉东，张桥蓉，秦少发等 16CS13297
Rubus setchuenensis Bureau & Franchet 川莓 *
湖北：利川 祝文志，刘志祥，曹远俊 ShenZH3478
湖南：怀化 李胜华，伍贤进，曾汉元等 HHXY216
四川：宝兴 袁明 Y07032
四川：峨眉山 李小杰 LiXJ115
四川：峨眉山 李小杰 LiXJ146
四川：天全 何兴金，赵丽华，梁乾隆等 SCU-11-102
四川：天全 何兴金，李琴琴，马祥光等 SCU-09-102
四川：天全 何兴金，廖晨阳，任海燕等 SCU-09-401
四川：汶川 袁明，高刚，杨勇 YM2014022
四川：荥经 袁明 Y07048
云南：腾冲 余新林，赵玮 BSGLGStc153
云南：文山 何德明，曾祥 WSLJS1004
Rubus simplex Focke 单茎悬钩子 *
重庆：涪陵区 许玥，祝文志，刘志祥等 ShenZH6589
湖北：竹溪 甘啟良 GanQL115
四川：峨眉山 李小杰 LiXJ073
Rubus stans Focke 直立悬钩子 *
西藏：林芝 孙航，张建文，陈建国等 SunH-07ZX-2829
Rubus stans var. **soulieanus** (Cardot) T. T. Yu & L. T. Lu 多刺直立悬钩子 *
云南：香格里拉 张挺，蔡杰，郭永杰等 11CS3178
Rubus stimulans Focke 华西悬钩子 *
四川：乡城 张大才，尹五元，李双智等 ZhangDC-07ZX-2110
云南：兰坪 杨青松，杨莹，黄永江等 ZhouZK-07ZX-0234
云南：巧家 杨光明 SCSB-W-1160
Rubus subcoreanus T. T. Yu & L. T. Lu 柱序悬钩子 *
湖北：竹溪 李盛兰 GanQL443
Rubus subinopertus T. T. Yu & L. T. Lu 紫红悬钩子 *
四川：峨眉山 李小杰 LiXJ131
Rubus subornatus Focke 美饰悬钩子
四川：得荣 张挺，李爱花，刘成等 08CS635
四川：康定 彭玉兰，涂卫国 Gaoxf-0856
西藏：林芝 张大才，李双智，唐路等 ZhangDC-07ZX-1868
云南：香格里拉 张挺，蔡杰，郭永杰等 11CS3175
Rubus subornatus var. **melanadenus** Focke 黑腺美饰悬钩子 *
四川：康定 何兴金，郜鹏，彭禄等 SCU-11-306
云南：香格里拉 郭永杰，张桥蓉，李春晓等 11CS3510
云南：香格里拉 张挺，蔡杰，郭永杰等 11CS3041
Rubus sumatranus Miquel 红腺悬钩子
湖北：仙桃 张代贵 Zdg1220
湖北：竹溪 甘啟良 GanQL100
江西：黎川 童和平，王玉珍，常迪江等 TanCM1964
江西：庐山区 谭策铭，董安淼 TanCM281
四川：峨眉山 李小杰 LiXJ414
四川：黑水 顾垒，李忠荣 GaoXF-09ZX-1319
云南：贡山 刘成，何华杰，黄莉等 14CS8559
云南：绿春 黄连山保护区科研所 HLS0393
云南：普洱 叶金科 YNS0173
云南：腾冲 余新林，赵玮 BSGLGStc335
云南：文山 何德明 WSLJS624
云南：盈江 王立彦 TBG-024
浙江：鄞州区 李宏庆，田怀珍，葛斌杰等 Lihq0192
Rubus swinhoei Hance 木莓
重庆：南川区 易思荣 YISR200
贵州：花溪区 邹方伦 ZouFL0170
湖北：神农架林区 李巨平 LiJuPing0233
湖北：宣恩 许玥，祝文志，刘志祥等 ShenZH7820
湖北：竹溪 李盛兰 GanQL312
湖南：古丈 张代贵 Zdg1217
江西：黎川 童和平，王玉珍 TanCM2370
浙江：临安 李宏庆，田怀珍 Lihq0213
Rubus taronensis C. Y. Wu ex T. T. Yu & L. T. Lu 独龙悬钩子 *
云南：贡山 郭永杰，吴之坤，吴兴等 14CS9871

Rubus tephrodes Hance **灰白毛莓 ***
安徽：金寨 陈延松，欧祖兰，姜九龙 Xuzd176
安徽：潜山 唐鑫生，宋曰钦，方建新 TangXS0891
安徽：黟县 刘淼 SCSB-JSB39
贵州：江口 周云，王勇 XiangZ005
贵州：江口 邹方伦 ZouFL0117
湖北：竹山 李盛兰 GanQL204
湖南：洞口 肖乐希，尹成园，唐光波等 SCSB-HN-1554
湖南：鹤城区 伍贤进，李胜华，刘光华 Wuxj806
湖南：衡山 刘克明，旷仁平，陈薇 SCSB-HN-0264
湖南：怀化 李胜华，伍贤进，曾汉元等 HHXY265
湖南：江华 肖乐希 SCSB-HN-0870
湖南：江永 刘克明，田淑珍，肖乐希等 SCSB-HN-0110
湖南：江永 姜孝成，唐贵华，潘孝武 SCSB-HNJ-0075
湖南：宁乡 姜孝成，唐妹，成海兰等 Jiangxc0531
湖南：平江 刘克明，旷强，刘洪新 SCSB-HN-0945
湖南：望城 肖乐希，陈薇 SCSB-HN-0347
湖南：新宁 姜孝成，唐贵华，袁双艳等 SCSB-HNJ-0296
湖南：永定区 吴福川，查学州 7073
湖南：雨花区 田淑珍，陈薇 SCSB-HN-0338
湖南：沅江 刘克明，肖乐希 SCSB-HN-0384
湖南：岳麓区 姜孝成，唐妹，卜剑超等 Jiangxc0653
湖南：资兴 肖乐希，蔡秀珍 SCSB-HN-0277
江西：湾里区 杜小浪，慕泽泾，曹岚 DXL127
江西：星子 董安淼，吴从梅 TanCM2247
云南：彝良 张挺，雷立公，王建军等 SCSB-B-000109

Rubus thibetanus Franchet **西藏悬钩子 ***
云南：香格里拉 张挺，蔡杰，郭永杰等 11CS3204

Rubus trianthus Focke **三花悬钩子**
安徽：绩溪 唐鑫生，方建新 TangXS0528
江西：庐山区 董安淼，吴从梅 TanCM1554
江西：修水 缪以清，余于明 TanCM2482

Rubus trijugus Focke **三对叶悬钩子 ***
云南：洱源 杨青松，星耀武，苏涛 ZhouZK-07ZX-0259
云南：腾冲 周应再 Zhyz-241

Rubus tsangii Merrill **光滑悬钩子 ***
云南：麻栗坡 肖波 LuJL458
云南：腾冲 周应再 Zhyz-239
云南：永德 李永亮 YDDXS0271
云南：永德 李永亮 YDDXS1109

Rubus tsangiorum Handel-Mazzetti **东南悬钩子 ***
广西：临桂 许为斌，黄俞淞，朱章明 Liuyan0437
江西：庐山区 董安淼，吴从梅 TanCM1658

Rubus wallichianus Wight & Arnott **红毛悬钩子**
湖南：桑植 吴福川，廖博儒，查学州等 33
四川：峨眉山 李小杰 LiXJ064
四川：峨眉山 李小杰 LiXJ396
云南：金平 喻智勇，染完利，张云飞 JinPing103
云南：绿春 黄连山保护区科研所 HLS0190
云南：腾冲 余新林，赵玮 BSGLGStc146
云南：永德 李永亮 YDDXS1110

Rubus wardii Merrill **大花悬钩子**
青海：大通 陈世龙，高庆波，张发起等 Chensl1667
青海：祁连 陈世龙，高庆波，张发起等 Chensl1525

Rubus xanthocarpus Bureau & Franchet **黄果悬钩子 ***
甘肃：迭部 齐威 LJQ-2008-GN-335
四川：理塘 何兴金，赵丽华，梁乾隆等 SCU-11-131
四川：小金 何兴金，王月，胡灏禹 SCU-08166

Rubus xanthoneurus Focke **黄脉莓**
湖南：石门 姜孝成，唐妹，陈显胜等 Jiangxc0441
湖南：双牌 姜孝成，王丽萍，李育华 Jiangxc0789

Rubus yunnanicus Ktze **云南悬钩子 ***
云南：隆阳区 段在贤，杨宝柱，刘少纯等 BSGLGSly1009

Sanguisorba alpina Bunge **高山地榆**
新疆：和静 张挺，杨赵平，焦培培等 LiZJ0499
新疆：尼勒克 马真，贺晓欢，徐文斌等 SHI-A2007356
新疆：尼勒克 贺晓欢，徐文斌，刘鸯等 SHI-A2007363

Sanguisorba applanata T. T. Yu & C. L. Li **宽蕊地榆 ***
山东：海阳 王萍，高德民，张诏等 lilan287
山东：莱山区 卞福花，宋言贺 BianFH-496
山东：牟平区 卞福花，卢学新，纪伟等 BianFH00027
山东：市南区 罗艳，李中华 LuoY368

Sanguisorba officinalis Linnaeus **地榆**
安徽：金寨 刘淼 SCSB-JSC41
安徽：屯溪区 方建新 TangXS0116
北京：门头沟区 林坚 SCSB-E-0076
甘肃：合作 尹鑫，吴航，葛文静 LiuJQ-GN-2011-097
甘肃：卓尼 齐威 LJQ-2008-GN-320
黑龙江：北安 郑宝江，丁晓炎，王美娟 ZhengBJ277
黑龙江：肇源 杨帆，马红媛，安丰华 SNA0587
湖北：神农架林区 李巨平 LiJuPing0052
湖南：石门 陈功锡，张代贵，邓涛等 SCSB-HC-2007414
吉林：大安 杨帆，马红媛，安丰华 SNA0537
吉林：南关区 王云贺 Yanglm0049
吉林：前郭尔罗斯 杨帆，马红媛，安丰华 SNA0361
吉林：前郭尔罗斯 杨帆，马红媛，安丰华 SNA0445
江苏：句容 王兆银，吴宝成 SCSB-JS0305
江苏：溧阳 吴宝成 HANGYY8328
江苏：海州区 汤兴利 HANGYY8466
辽宁：桓仁 祝业平 CaoW1024
辽宁：长海 郑宝江，丁晓炎，焦宏斌等 ZhengBJ349
辽宁：庄河 于立敏 CaoW830
内蒙古：和林格尔 蒲拴莲，李茂文 M061
青海：互助 薛春迎 Xuechy0128
山东：历城区 李兰，王萍，张少华等 Lilan-060
山东：芝罘区 卞福花，卢学新，纪伟 BianFH00005
山西：翼城 廉凯敏 Zhangf0106
四川：红原 张昌兵，邓秀发 ZhangCB0414
四川：松潘 何兴金，张云香，王志新 SCU-10-520
新疆：布尔津 谭敦炎，邱娟 TanDY0460
新疆：布尔津 谭敦炎，邱娟 TanDY0480

Sanguisorba officinalis var. **longifolia** (Bertoloni) T. T. Yu & C. L. Li **长叶地榆**
重庆：南川区 易思荣 YISR081
湖北：竹溪 李盛兰 GanQL139
江西：庐山区 董安淼，吴从梅 TanCM1090
山东：莱山区 卞福花 BianFH-0275

Sanguisorba tenuifolia Fischer ex Link **细叶地榆**
山东：市南区 罗艳，李中华 LuoY366

Sanguisorba tenuifolia var. **alba** Trautvetter & C. A. Meyer **小白花地榆**
黑龙江：嫩江 王臣，张欣欣，史传奇 WangCh249
黑龙江：尚志 郑宝江，丁晓炎，李月等 ZhengBJ179
吉林：和龙 刘翠晶 Yanglm0217
吉林：辉南 姜明，刘波 LiuB0002

Sibbaldia cuneata Hornemann ex Kuntze **楔叶山莓草**

四川：稻城 何兴金，李琴琴，马祥光等 SCU-09-171
四川：理塘 何兴金，赵丽华，梁乾隆等 SCU-11-170
四川：雅江 何兴金，李琴琴，马祥光等 SCU-09-114
西藏：错那 何华杰，张书东 81414
西藏：林芝 孙航，张建文，陈建国等 SunH-07ZX-2841
西藏：林芝 张大才，李双智，唐路等 ZhangDC-07ZX-1817
云南：德钦 杨青松，星耀武，苏涛 ZhouZK-07ZX-0408
云南：德钦 杨青松，杨莹，黄永江等 ZhouZK-07ZX-0092
云南：香格里拉 张挺，蔡杰，郭永杰等 11CS3181

Sibbaldia micropetala (D. Don) Handel-Mazzetti **白叶山莓草**
西藏：林芝 罗建，汪书丽 LiuJQ-09XZ-203
云南：香格里拉 蔡杰，张挺，刘成等 11CS3292

Sibbaldia pentaphylla J. Krause **五叶山莓草 ***
西藏：昌都 陈家辉，王赟，刘德团 YangYP-Q-3143
云南：东川区 蔡杰，郭永杰，吴之坤等 11CS2987

Sibbaldia procumbens Linnaeus **山莓草**
四川：稻城 李晓东，张景博，徐凌翔等 LiJ384

Sibbaldia procumbens var. **aphanopetala** (Handel-Mazzetti) T. T. Yü & C. L. Li **隐瓣山莓草 ***
甘肃：玛曲 李晓东，刘帆，张景博等 LiJ0022
甘肃：玛曲 齐威 LJQ-2008-GN-331
青海：玉树 许炳强，周伟，郑朝汉 Xianh0305
四川：稻城 张大才，尹五元，李双智等 ZhangDC-07ZX-2129
四川：红原 高云东，李忠荣，鞠文彬 GaoXF-12-036
四川：红原 张昌兵，邓秀华 ZhangCB0240
四川：九龙 张大才，尹五元，李双智等 ZhangDC-07ZX-2409

Sibbaldia purpurea var. **macropetala** (Muravjeva) T. T. Yü & C. L. Li **大瓣紫花山莓草**
四川：德格 张挺，李爱花，刘成等 08CS801
云南：巧家 李文虎，张天壁，杨光明 QJYS0090

Sibbaldia tetrandra Bunge **四蕊山莓草**
新疆：昭苏 亚吉东，张桥蓉，秦少发等 16CS13595

Sibiraea angustata (Rehder) Handel-Mazzetti **窄叶鲜卑花 ***
甘肃：合作 郭淑青，杜品 LiuJQ-2012-GN-199
甘肃：玛曲 尹鑫，吴航，葛文静 LiuJQ-GN-2011-087
甘肃：卓尼 尹鑫，吴航，葛文静 LiuJQ-GN-2011-090
甘肃：卓尼 齐威 LJQ-2008-GN-326
青海：班玛 陈世龙，高庆波，张发起 Chensl1134
青海：大通 陈世龙，高庆波，张发起等 Chensl1665
青海：贵德 陈世龙，高庆波，张发起 Chensl0955
青海：互助 薛春迎 Xuechy0247
青海：门源 吴玉虎 LJQ-QLS-2008-0090
青海：囊谦 陈世龙，高庆波，张发起 Chensl0699
青海：囊谦 许炳强，周伟，郑朝汉 Xianh0028
青海：囊谦 李国栋，董金龙 SunH-07ZX-3284
青海：玉树 陈世龙，高庆波，张发起 Chensl0616
青海：杂多 陈世龙，高庆波，张发起 Chensl0769
青海：泽库 陈世龙，高庆波，张发起 Chensl0921
四川：巴塘 孙航，张建文，董金龙等 SunH-07ZX-3624
四川：巴塘 孙航，张建文，董金龙等 SunH-07ZX-3654
四川：白玉 孙航，张建文，董金龙等 SunH-07ZX-3668
四川：丹巴 余岩，周春景，秦汉涛 SCU-11-054
四川：道孚 何兴金，胡灏禹，黄德青 SCU-10-102
四川：道孚 何兴金，刘爽，易欣 SCU-10-307
四川：道孚 何兴金，胡灏禹，沈呈娟等 SCU-11-493
四川：稻城 王文礼，冯欣，刘飞鹏 OUXK11139
四川：稻城 何兴金，王长宝，刘爽等 SCU-09-034
四川：稻城 何兴金，胡灏禹，陈德友等 SCU-09-327
四川：德格 苏涛，黄永江，杨青松等 ZhouZK11206
四川：甘孜 陈文允，于文涛，黄永江 CYH148
四川：甘孜 陈文允，于文涛，黄永江 CYH182
四川：甘孜 苏涛，黄永江，杨青松等 ZhouZK11184
四川：甘孜 孙航，张建文，董金龙等 SunH-07ZX-3924
四川：甘孜 孙航，张建文，董金龙等 SunH-07ZX-3965
四川：甘孜 张大才，尹五元，李双智等 ZhangDC-07ZX-2346
四川：红原 高云东，李忠荣，鞠文彬 GaoXF-12-040
四川：九龙 张大才，尹五元，李双智等 ZhangDC-07ZX-2439
四川：理塘 苏涛，黄永江，杨青松等 ZhouZK11137
四川：理塘 张大才，尹五元，李双智等 ZhangDC-07ZX-2190
四川：理塘 陈家辉，王赟，刘德团 YangYP-Q-3002
四川：理塘 何兴金，马祥光，张云香等 SCU-11-252
四川：马尔康 何兴金，王月，胡灏禹等 SCU-08098
四川：马尔康 何兴金，赵丽华，李琴琴等 SCU-08038
四川：壤塘 何兴金，马祥光，郜鹏 SCU-10-235
四川：壤塘 何兴金，刘爽，易欣 SCU-10-345
四川：壤塘 许炳强，童毅华，吴兴等 XiaNH-07ZX-0943
四川：壤塘 陈世龙，高庆波，张发起 Chensl1153
四川：若尔盖 高云东，李忠荣，鞠文彬 GaoXF-12-010
四川：小金 何兴金，王月，胡灏禹 SCU-08159
四川：雅江 何兴金，郜鹏，彭禄等 SCU-11-335
西藏：八宿 张挺，蔡杰，刘恩德等 SCSB-B-000470
西藏：八宿 张大才，李双智，罗康等 ZhangDC-07ZX-0770
西藏：察隅 孙航，张建文，陈建国等 SunH-07ZX-2432
西藏：察隅 张大才，李双智，唐路等 ZhangDC-07ZX-1677
西藏：察隅 扎西次仁，西落 ZhongY704
西藏：昌都 苏涛，黄永江，杨青松等 ZhouZK11259
西藏：丁青 李国栋，董金龙 SunH-07ZX-3286
西藏：工布江达 陈家辉，韩希，王东超等 YangYP-Q-4132
西藏：芒康 张大才，罗康，梁群等 ZhangDC-07ZX-1302
西藏：墨竹工卡 罗建，汪书丽，任德智 LiuJQ-09XZ-ML013
西藏：墨竹工卡 陈家辉，韩希，王东超等 YangYP-Q-4143
西藏：左贡 张大才，李双智，唐路等 ZhangDC-07ZX-1879
西藏：左贡 张大才，李双智，罗康等 ZhangDC-07ZX-0675
云南：德钦 王文礼，冯欣，刘飞鹏 OUXK11203

Sibiraea laevigata (Linnaeus) Maximowicz **鲜卑花**
甘肃：合作 齐威 LJQ-2008-GN-327
甘肃：碌曲 李晓东，刘帆，张景博等 LiJ0138
青海：大通 陈世龙，高庆波，张发起等 Chensl1664
四川：白玉 李晓东，张景博，徐凌翔等 LiJ485
四川：甘孜 陈家辉，王赟，刘德团 YangYP-Q-3036
四川：九龙 孔航辉，罗江平，左雷等 YangQE3467
四川：康定 彭玉兰，涂卫国 Gaoxf-1047
四川：理塘 孔航辉，罗江平，左雷等 YangQE3499
西藏：八宿 张永洪，王晓雄，周卓等 SunH-07ZX-1646
西藏：昌都 易思荣，谭秋平 YISR227

Sibiraea tomentosa Diels **毛叶鲜卑花 ***
四川：甘孜 陈文允，于文涛，黄永江 CYH110

Sorbaria arborea C. K. Schneider **高丛珍珠梅 ***
北京：房山区 宋松泉 BJ003
河南：鲁山 宋松泉 HN003
河南：鲁山 宋松泉 HN068
河南：鲁山 宋松泉 HN119
湖北：仙桃 李巨平 Lijuping0311
四川：丹巴 何兴金，胡灏禹，沈呈娟等 SCU-11-421
四川：康定 许炳强，童毅华，吴兴等 XiaNH-07ZX-1045
四川：康定 彭玉兰，涂卫国 Gaoxf-1115

四川：理县 何兴金，李琴琴，赵丽华等 SCU-09-532
四川：马尔康 高云东，李忠荣，鞠文彬 GaoXF-12-066
四川：冕宁 孔航辉，罗江平，左雷等 YangQE3427
四川：松潘 何兴金，刘爽，赵财 SCU-10-421
四川：松潘 何兴金，张云香，王志新 SCU-10-533
四川：小金 高云东，李忠荣，鞠文彬 GaoXF-12-087
四川：小金 高云东，李忠荣，鞠文彬 GaoXF-12-111
西藏：波密 孙航，张建文，陈建国等 SunH-07ZX-2533
西藏：波密 孙航，张建文，陈建国等 SunH-07ZX-2575
西藏：波密 扎西次仁，西落 ZhongY721
西藏：察隅 孙航，张建文，陈建国等 SunH-07ZX-2476
西藏：察隅 张大才，李双智，唐路等 ZhangDC-07ZX-1707
西藏：察隅 扎西次仁，西落 ZhongY714
西藏：错那 罗建，林玲 LiuJQ11XZ118
西藏：工布江达 罗建，汪书丽，任德智 LiuJQ-09XZ-ML090
西藏：林芝 罗建，汪书丽 LiuJQ-08XZ-096
西藏：林芝 罗建，汪书丽 LiuJQ-08XZ-174
西藏：林芝 孙航，张建文，陈建国等 SunH-07ZX-2855
西藏：林芝 张大才，李双智，唐路等 ZhangDC-07ZX-1835
云南：德钦 刀志灵 DZL451
云南：德钦 王文礼，冯欣，刘飞鹏 OUXK11187
云南：德钦 王文礼，冯欣，刘飞鹏 OUXK11209
云南：德钦 孙航，李新辉，陈林杨 SunH-07ZX-2978
云南：巧家 杨光明，颜再奎，张天壁等 QJYS0058
云南：巧家 杨光明，颜再奎，张天壁等 QJYS0079
云南：巧家 张天壁 SCSB-W-227
云南：巧家 杨光明 SCSB-W-1300
云南：香格里拉 孙振华，郑志兴，沈蕊等 OuXK-YS-239

Sorbaria arborea var. glabrata Rehder 光叶高丛珍珠梅 *

四川：康定 高云东，李忠荣，鞠文彬 GaoXF-12-174

Sorbaria arborea var. subtomentosa Rehder 毛叶高丛珍珠梅 *

四川：凉山 孙航，张建文，邓涛等 SunH-07ZX-3868

Sorbaria kirilowii (Regel & Tiling) Maximowicz 华北珍珠梅 *

甘肃：夏河 尹鑫，吴航，葛文静 LiuJQ-GN-2011-105
甘肃：永登 王召峰，彭艳玲，朱兴福 LiuJQ-09XZ-LZT-201
贵州：威宁 邹方伦 ZouFL0305
河北：赞皇 牛玉璐，郑博颖，黄士良等 NiuYL116
河南：栾川 邓志军，付婷婷，水庆艳 Huangzy0066
河南：南召 何明高，付婷婷，水庆艳 Huangzy0211
河南：嵩县 何明高，付婷婷，水庆艳 Huangzy0145
黑龙江：宁安 陈武璋，王炳辉 CaoW0189
黑龙江：尚志 李兵，路科 CaoW0086
黑龙江：尚志 李兵，路科 CaoW0094
黑龙江：尚志 李兵，路科 CaoW0101
黑龙江：尚志 李兵，路科 CaoW0112
黑龙江：五常 李兵，路科 CaoW0136
黑龙江：延寿 李兵，路科 CaoW0133
吉林：安图 杨保国，张明鹏 CaoW0022
吉林：敦化 杨保国，张明鹏 CaoW0002
吉林：和龙 杨保国，张明鹏 CaoW0032
吉林：珲春 杨保国，张明鹏 CaoW0060
吉林：蛟河 陈武璋，王炳辉 CaoW0152
吉林：汪清 陈武璋，王炳辉 CaoW0169
辽宁：凤城 董清 CaoW246
辽宁：凤城 朱春龙 CaoW261
辽宁：凤城 张春华 CaoW268
辽宁：瓦房店 宫本胜 CaoW349
内蒙古：赛罕区 蒲拴莲，李茂文 M081
宁夏：盐池 左忠，刘华 ZuoZh046
山西：翼城 张贵平，廉凯敏，吴琼等 Zhangf0016
陕西：宁陕 田先华，王梅荣，田陌 TianXH140

Sorbaria sorbifolia (Linnaeus) A. Braun 珍珠梅

甘肃：夏河 齐威 LJQ-2008-GN-322
黑龙江：虎林市 王庆贵 CaoW566
黑龙江：虎林市 王庆贵 CaoW578
黑龙江：虎林市 王庆贵 CaoW583
黑龙江：虎林市 王庆贵 CaoW601
黑龙江：虎林市 王庆贵 CaoW686
黑龙江：虎林市 王庆贵 CaoW719
黑龙江：虎林市 王庆贵 CaoW721
黑龙江：宁安 刘玫，王臣，张欣欣等 Liuetal741
黑龙江：饶河 王庆贵 CaoW633
黑龙江：饶河 王庆贵 CaoW657
黑龙江：饶河 王庆贵 CaoW668
黑龙江：饶河 王庆贵 CaoW717
黑龙江：尚志 郑宝江，丁晓炎，李月等 ZhengBJ176
吉林：临江 李长田 Yanglm0013
吉林：磐石 安海成 AnHC0147
辽宁：桓仁 祝业平 CaoW956
山东：长清区 王萍，高德民，张诏等 lilan334
云南：丽江 张书东，林娜娜，陆露等 SCSB-W-090

Sorbus albopilosa T. T. Yu & L. T. Lu 白毛花楸 *

西藏：波密 孙航，张建文，陈建国等 SunH-07ZX-2624

Sorbus alnifolia (Siebold & Zuccarini) K. Koch 水榆花楸

黑龙江：阿城 孙阎，吕军，张兰兰 SunY364
黑龙江：穆棱 王臣，张欣欣，史传奇 WangCh258
湖南：怀化 李胜华，伍贤进，曾汉元等 HHXY259
湖南：桑植 陈功锡，廖博儒，查学州等 197
湖南：双牌 姜孝成，王丽萍，李育华 Jiangxc0835
吉林：磐石 安海成 AnHC019
江西：庐山区 谭策铭，董安淼 TanCM493
辽宁：凤城 张春华 CaoW278
辽宁：盖州 郑宝江，丁晓炎，焦宏斌等 ZhengBJ375
山东：崂山区 赵遵田，郑国伟，王海英等 Zhaozt0183
山东：牟平区 卞福花，陈朋 BianFH-0346
山东：牟平区 高德民，王萍，张颖颖等 Lilan599
四川：盐源 孔航辉，罗江平，左雷等 YangQE3372

Sorbus amabilis Cheng ex T. T. Yü & K. C. Kuan 黄山花楸 *

安徽：黄山区 方建新 TangXS0324
湖北：五峰 李平 AHL057
湖北：英山 朱鑫鑫，甄爱国，孙增朋等 ZhuXX133

Sorbus arguta T. T. Yu 锐齿花楸 *

湖南：怀化 李胜华，伍贤进，曾汉元等 HHXY396
云南：永善 张挺，王培，肖良俊 SCSB-B-000536
云南：元江 刀志灵，陈渝 DZL-206

Sorbus caloneura (Stapf) Rehder 美脉花楸 *

广西：兴安 刘演，黄俞淞，吴望辉等 Liuyan0099
贵州：江口 周云，王勇 XiangZ087
湖北：仙桃 李巨平 Lijuping0328
四川：峨眉山 李小杰 LiXJ679
云南：麻栗坡 肖波 LuJL406

Sorbus coronata (Cardot) T. T. Yü & H. T. Tsai 冠萼花楸

云南：兰坪 张挺，徐远杰，陈冲等 SCSB-B-000219
云南：巧家 杨光明，颜再奎，张天壁等 QJYS0062
云南：香格里拉 张大才，李双智，杨川 ZhangDC-07ZX-2005

Sorbus corymbifera (Miquel) N. T. Kh’ep & G. P. Yakovlev

疣果花楸
云南：沧源 赵金超，杨红强 CYNGH419
云南：隆阳区 刀志灵，陈哲 DZL-086
云南：绿春 黄连山保护区科研所 HLS0124
云南：腾冲 周应再 Zhyz-029
云南：元阳 李文锋，刘成，杨娅娟等 YYGYS049
Sorbus discolor (Maximowicz) Maximowicz 北京花楸 *
北京：房山区 宋松泉 BJ027
河南：鲁山 宋松泉 HN046
河南：鲁山 宋松泉 HN098
河南：鲁山 宋松泉 HN147
山东：崂山区 高德民，步瑞兰，辛晓伟等 Lilan702
山西：交城 焦磊，廉凯敏，陈姣 Zhangf0182
陕西：长安区 王梅荣，田先华，田陌 TianXH065
Sorbus epidendron Handel-Mazzetti 附生花楸
云南：贡山 李恒，李嵘，刀志灵 1023
云南：贡山 刀志灵，陈哲 DZL-014
Sorbus ferruginea (Wenzig) Rehder 锈色花楸
四川：九龙 孔航辉，罗江平，左雷等 YangQE3458
云南：安宁 蔡杰，张挺，刘成等 11CS3726
云南：新平 刘家良 XPALSD053
云南：云龙 李施文，张志云，段耀飞等 TC3060
Sorbus folgneri (C. K. Schneider) Rehder 石灰花楸 *
湖北：鹤峰 许玥，祝文志，刘志祥等 ShenZH7935
湖北：兴山 张代贵 Zdg2734
江西：井冈山 兰国华 LiuRL062
江西：庐山区 谭策铭，董安淼 TanCM485
江西：修水 谭策铭，缪以清 TCM09176
四川：峨眉山 李小杰 LiXJ714
四川：万源 张桥蓉，余华，王义 15CS11510
云南：香格里拉 李爱花，周开洪，黄之镨等 SCSB-A-000244
Sorbus foliolosa (Wallich) Spach 尼泊尔花楸
西藏：亚东 钟扬，扎西次仁 ZhongY766
西藏：亚东 钟扬，扎西次仁 ZhongY799
云南：德钦 杨亲二，袁琼 Yangqe2682
云南：兰坪 张挺，徐远杰，黄押稳等 SCSB-B-000185
云南：文山 何德明，邵会昌，陈斌 WSLJS492
Sorbus globosa T. T. Yü & H. T. Tsai 圆果花楸
云南：景东 罗忠华，谢有能，罗文涛等 JDNR141
Sorbus glomerulata Koehne 球穗花楸 *
云南：德钦 刀志灵 DZL450
云南：香格里拉 亚吉东，张桥蓉，张继等 11CS3542
Sorbus hemsleyi (C. K. Schneider) Rehder 江南花楸 *
湖北：宣恩 沈泽昊 HXE089
江西：修水 缪以清，胡建华 TanCM1735
陕西：平利 牛俊峰，田陌 TianXH942
四川：峨眉山 李小杰 LiXJ741
云南：丽江 孙航，李新辉，陈林杨 SunH-07ZX-3115
Sorbus hupehensis C. K. Schneider 湖北花楸 *
重庆：南川区 易思荣 YISR087
甘肃：合作 郭淑青，杜品 LiuJQ-2012-GN-183
甘肃：碌曲 李晓东，刘帆，张景博等 LiJ0167
湖北：宣恩 沈泽昊 DS2300
青海：互助 陈世龙，高庆波，张发起等 Chensl1699
青海：门源 陈世龙，高庆波，张发起等 Chensl1680
青海：平安 陈世龙，高庆波，张发起等 Chensl1770
青海：祁连 陈世龙，高庆波，张发起等 Chensl1517
陕西：宁陕 田先华，田陌，王梅荣 TianXH1025
四川：丹巴 何兴金，胡灏禹，沈呈娟等 SCU-11-413
四川：道孚 何兴金，胡灏禹，黄德青 SCU-10-105
四川：稻城 何兴金，廖晨阳，任海燕等 SCU-09-467
四川：康定 彭玉兰，涂卫国 Gaoxf-0945
四川：理县 许炳强，童毅华，吴兴等 XiaNH-07ZX-0901
四川：马尔康 高云东，李忠荣，鞠文彬 GaoXF-12-065
四川：雅江 何兴金，李琴琴，马祥光等 SCU-09-109
云南：香格里拉 李爱花，周开洪，黄之镨等 SCSB-A-000251
云南：云龙 张志云，李施文，张剑君 TC3020
Sorbus insignis (J. D. Hooker) Hedlund 卷边花楸
云南：贡山 蔡杰，郭云刚，张凤琼等 14CS9756
云南：贡山 蔡杰，郭云刚，张凤琼等 14CS9757
云南：贡山 蔡杰，郭云刚，张凤琼等 14CS9791
云南：贡山 刀志灵 DZL806
云南：贡山 刀志灵 DZL812
云南：贡山 刀志灵 DZL854
云南：贡山 张挺，杨湘云，李涟漪等 14CS9652
Sorbus keissleri (C. K. Schneider) Rehder 毛序花楸 *
云南：大关 张挺，王培，肖良俊 SCSB-B-000515
Sorbus koehneana C. K. Schneider 陕甘花楸 *
甘肃：夏河 尹鑫，吴航，葛文静 LiuJQ-GN-2011-104
青海：班玛 陈世龙，张得钧，高庆波等 Chensl0342
青海：互助 陈世龙，高庆波，张发起等 Chensl1720
青海：互助 薛春迎 Xuechy0126
青海：乐都 陈世龙，高庆波，张发起等 Chensl1819
青海：囊谦 许炳强，周伟，郑朝汉 Xianh0094
青海：同仁 陈世龙，高庆波，张发起 Chensl0895
陕西：眉县 田先华，白根录，刘成 TianXH064
四川：阿坝 陈世龙，高庆波，张发起 Chensl1173
四川：丹巴 高云东，李忠荣，鞠文彬 GaoXF-12-161
四川：峨眉山 李小杰 LiXJ143
四川：黑水 顾垒，李忠荣 GaoXF-09ZX-1313
四川：红原 高云东，李忠荣，鞠文彬 GaoXF-12-042
四川：红原 张昌兵 ZhangCB0040
四川：马尔康 何兴金，赵丽华，李琴琴等 SCU-08013
四川：壤塘 陈世龙，高庆波，张发起 Chensl1146
四川：若尔盖 陈世龙，高庆波，张发起 Chensl1193
云南：贡山 刀志灵 DZL346
云南：鹤庆 张红良，木栅，李玉瑛等 15PX402
云南：香格里拉 杨亲二，袁琼 Yangqe2718
云南：玉龙 孔航辉，任琛 Yangqe2765
Sorbus macrantha Merrill 大花花楸
云南：永德 李永亮 YDDXS1145
Sorbus megalocarpa Rehder 大果花楸 *
贵州：江口 熊建兵 XiangZ148
湖北：宣恩 沈泽昊 HXE052
Sorbus meliosmifolia Rehder 泡吹叶花楸 *
云南：腾冲 余新林，赵玮 BSGLGStc154
Sorbus microphylla (Wallich ex J. D. Hooker) Wenzig 小叶花楸
云南：香格里拉 张挺，亚吉东，李明勤等 11CS3322
Sorbus monbeigii (Cardot) Balakr. 维西花楸 *
云南：贡山 蔡杰，郭云刚，张凤琼等 14CS9792
Sorbus obsoletidentata (Cardot) T. T. Yu 宾川花楸 *
四川：汉源 汤加勇，赖建军 Y07139
云南：丽江 张书东，林娜娜，陆露等 SCSB-W-091
Sorbus ochracea (Handel-Mazzetti) J. E. Vidal 褐毛花楸 *
云南：永德 李永亮 YDDXS0641

Sorbus oligodonta (Cardot) Handel-Mazzetti 少齿花楸
四川：白玉 张大才，尹五元，李双智等 ZhangDC-07ZX-2273
四川：黑水 顾垒，李忠荣 GaoXF-09ZX-1751
四川：九龙 孔航辉，罗江平，左雷等 YangQE3468
西藏：八宿 张大才，李双智，罗康等 ZhangDC-07ZX-0765
西藏：波密 孙航，张建文，陈建国等 SunH-07ZX-2641
云南：巧家 李文虎，高顺勇，吴天抗等 QJYS0029
Sorbus pallescens Rehder 灰叶花楸 *
四川：康定 张大才，尹五元，李双智等 ZhangDC-07ZX-2377
西藏：林芝 孙航，张建文，陈建国等 SunH-07ZX-2781
Sorbus pohuashanensis (Hance) Hedlund 花楸树 *
河北：青龙 牛玉璐，王晓亮 NiuYL525
河南：栾川 邓志军，付婷婷，水庆艳 Huangzy0062
黑龙江：虎林市 王庆贵 CaoW577
黑龙江：饶河 王庆贵 CaoW711
黑龙江：尚志 李兵，路科 CaoW0121
黑龙江：五大连池 孙阎，张兰兰 SunY375
吉林：桦甸 安海成 AnHC0395
吉林：临江 张永刚 Yanglm0309
辽宁：桓仁 祝业平 CaoW1034
辽宁：铁岭 刘少硕，谢峰 CaoW290
辽宁：瓦房店 宫本胜 CaoW332
山东：崂山区 赵遵田，郑国伟，王海英等 Zhaozt0182
山东：泰山区 慕泽泾 DXL228
云南：维西 王文礼，冯欣，刘飞鹏 OUXK11058
Sorbus poteriifolia Handel-Mazzetti 侏儒花楸
云南：福贡 李恒，李嵘，刀志灵 1065
云南：贡山 刀志灵 DZL870
Sorbus prattii Koehne 西康花楸
四川：道孚 何兴金，赵丽华，梁乾隆 SCU-10-025
四川：德格 张挺，李爱花，刘成等 08CS790
四川：黑水 顾垒，李忠荣 GaoXF-09ZX-1510
四川：九龙 张大才，尹五元，李双智等 ZhangDC-07ZX-2390
四川：九龙 孙航，张建文，董金龙等 SunH-07ZX-4058
四川：康定 何兴金，郜鹏，彭禄等 SCU-11-305
四川：理塘 何兴金，赵丽华，梁乾隆等 SCU-11-129
四川：理塘 何兴金，赵丽华，梁乾隆等 SCU-11-168
四川：理塘 何兴金，马祥光，张云香等 SCU-11-215
四川：雅江 吕元林 N018
西藏：察隅 张挺，蔡杰，袁明 09CS1554
西藏：察隅 张挺，蔡杰，袁明 09CS1556
西藏：察隅 张挺，蔡杰，袁明 09CS1557
西藏：察隅 张挺，蔡杰，袁明 09CS1558
西藏：察隅 张挺，蔡杰，袁明 09CS1559
西藏：察隅 张挺，蔡杰，袁明 09CS1561
西藏：察隅 张挺，蔡杰，袁明 09CS1582
西藏：错那 张晓纬，汪书丽，罗建 LiuJQ-09XZ-LZT-042
西藏：类乌齐 拉穷，西落 ZhongY469
西藏：林芝 罗建，汪书丽，任德智 LiuJQ-09XZ-295
西藏：林芝 孙航，张建文，陈建国等 SunH-07ZX-2838
西藏：林芝 孙航，张建文，陈建国等 SunH-07ZX-2843
云南：贡山 刀志灵 DZL340
云南：贡山 刀志灵 DZL856
云南：宁蒗 任宗昕，艾洪莲，张舒 SCSB-W-1445
云南：香格里拉 孙航，张建文，邓涛等 SunH-07ZX-3303
Sorbus pteridophylla Handel-Mazzetti 蕨叶花楸
云南：兰坪 张挺，徐远杰，陈冲等 SCSB-B-000215
Sorbus reducta Diels 铺地花楸 *
四川：理塘 李晓东，张景博，徐凌翔等 LiJ307
云南：香格里拉 李爱花，周开洪，黄之镨等 SCSB-A-000242
Sorbus rehderiana Koehne 西南花楸
青海：班玛 陈世龙，高庆波，张发起 Chensl1126
四川：稻城 张大才，尹五元，李双智等 ZhangDC-07ZX-2153
四川：黑水 顾垒，李忠荣 GaoXF-09ZX-1418
西藏：八宿 徐波，陈光富，陈林杨等 SunH-07ZX-2015
西藏：林芝 罗建，汪书丽 LiuJQ-08XZ-103
西藏：林芝 罗建，汪书丽 LiuJQ-08XZ-165
西藏：林芝 罗建，汪书丽 LiuJQ-09XZ-250
西藏：林芝 张大才，李双智，唐路等 ZhangDC-07ZX-1863
西藏：芒康 张永洪，李国栋，王晓雄 SunH-07ZX-2213
云南：德钦 杨青松，杨莹，黄永江等 ZhouZK-07ZX-0164
云南：德钦 张大才，李双智，唐路等 ZhangDC-07ZX-1890
云南：洱源 张德全，王应龙，杨思秦等 ZDQ145
云南：丽江 张书东，林娜娜，陆露等 SCSB-W-092
云南：香格里拉 郭永杰，张桥蓉，李春晓等 11CS3417
云南：香格里拉 张建文，陈建国，陈林杨等 SunH-07ZX-2269
云南：香格里拉 张大才，李双智，唐路等 ZhangDC-07ZX-1639
云南：香格里拉 张大才，李双智，唐路等 ZhangDC-07ZX-1661
云南：香格里拉 周浙昆，苏涛，杨莹等 Zhou09-106
云南：香格里拉 张长芹，王年，申敏 ZhangCQ-0185
云南：香格里拉 孔航辉，任琛 Yangqe2863
云南：玉龙 亚吉东，张德全，唐治喜等 15PX502
Sorbus rehderiana var. cupreonitens Handel-Mazzetti 锈毛西南花楸 *
四川：乡城 王文礼，冯欣，刘飞鹏 OUXK11135
西藏：察隅 张挺，蔡杰，袁明 09CS1560
西藏：林芝 罗建，汪书丽 LiuJQ-08XZ-189
云南：德钦 王文礼，冯欣，刘飞鹏 OUXK11185
Sorbus rhamnoides (Decaisne) Rehder 鼠李叶花楸
云南：贡山 郭永杰，吴之坤，吴兴等 14CS9907
云南：景东 杨国平，李达文 ygp-004
云南：新平 罗有明 XPALSB302
云南：新平 谢雄，王家和，李进勇 XPALSC104
Sorbus rufopilosa C. K. Schneider 红毛花楸
四川：泸定 高云东，李忠荣，鞠文彬 GaoXF-12-188
西藏：察雅 张挺，李爱花，刘成等 08CS719
西藏：察隅 张挺，蔡杰，袁明 09CS1555
云南：大理 李爱花，雷立公，马国强等 SCSB-A-000150
云南：洱源 李爱花，雷立公，马国强等 SCSB-A-000144
云南：鹤庆 孙航，李新辉，陈林杨 SunH-07ZX-3185
云南：鹤庆 张大才，李双智，杨川 ZhangDC-07ZX-2099
云南：维西 杨亲二，袁琼 Yangqe2703
云南：香格里拉 亚吉东，张桥蓉，张继等 11CS3543
云南：香格里拉 亚吉东，张桥蓉，张继等 11CS3554
Sorbus sargentiana Koehne 晚绣花楸 *
四川：峨眉山 李小杰 LiXJ140
云南：彝良 张挺，雷立公，王建军等 SCSB-B-000116
Sorbus scalaris Koehne 梯叶花楸 *
四川：峨眉山 李小杰 LiXJ677
云南：大关 张挺，王培，肖良俊 SCSB-B-000511
云南：香格里拉 蔡杰，张挺，刘成等 11CS3265
Sorbus setschwanensis (C. K. Schneider) Koehne 四川花楸 *
四川：峨眉山 李小杰 LiXJ780
四川：木里 孔航辉，罗江平，左雷等 YangQE3396
西藏：察隅 张挺，蔡杰，袁明 09CS1562
Sorbus tapashana C. K. Schneider 太白花楸 *

新疆：温宿 杨赵平，黄文娟，段黄金等 LiZJ0105

Sorbus thibetica (Cardot) Handel-Mazzetti **康藏花楸**

四川：九龙 吕元林 N009A
西藏：林芝 罗建，汪书丽 LiuJQ-09XZ-171
云南：贡山 王四海，唐春云，余奇 WangSH-07ZX-011
云南：云龙 字建泽，杨六斤，李国宏等 TC1092

Sorbus thomsonii (King ex J. D. Hooker) Rehder **滇缅花楸**

西藏：墨脱 刘成，亚吉东，何华杰等 16CS11888
云南：大关 张挺，雷立公，王建军等 SCSB-B-000132
云南：新平 刘家良 XPALSD347
云南：永德 李永亮 YDDXS0694
云南：永德 李永亮 YDDXS0696

Sorbus tianschanica Ruprecht **天山花楸**

青海：乐都 陈世龙，高庆波，张发起等 Chens11805
新疆：察布查尔 段士民，王喜勇，刘会良等 68
新疆：和静 杨赵平，焦培培，白冠章等 LiZJ0558
新疆：尼勒克 徐文斌，刘鸯，马真等 SHI-A2007401
新疆：乌鲁木齐 谭敦炎，吉乃提 TanDY0520
新疆：乌鲁木齐 谭敦炎，地里努尔 TanDY0596
新疆：叶城 冯建菊，蒋学玮 Liujq-fjj-0128

Sorbus vilmorinii C. K. Schneider **川滇花楸** *

云南：大理 张书东，林娜娜，陆露等 SCSB-W-173
云南：鹤庆 张红良，木栅，李玉瑛等 15PX404
云南：维西 刀志灵 DZL423
云南：香格里拉 张挺，亚吉东，李明勤等 11CS3342

Sorbus wilsoniana C. K. Schneider **华西花楸** *

重庆：南川区 易思荣 YISR284
湖南：桑植 陈功锡，廖博儒，查学州等 171
四川：九龙 孔航辉，罗江平，左雷等 YangQE3462
云南：兰坪 孔航辉，任琛 Yangqe2894
云南：禄劝 胡光万 HGW-00337
云南：维西 张挺，徐远杰，黄押稳等 SCSB-B-000145

Spenceria ramalana Trimen **马蹄黄**

四川：巴塘 徐波，陈光富，陈林杨等 SunH-07ZX-1497
四川：甘孜 陈文允，于文涛，黄永江 CYH195
四川：康定 张昌兵，向丽 ZhangCB0182
四川：理塘 陈文允，于文涛，黄永江 CYH025
西藏：芒康 徐波，陈光富，陈林杨等 SunH-07ZX-1522

Spiraea alpina Pallas **高山绣线菊**

甘肃：合作 齐威 LJQ-2008-GN-317
甘肃：玛曲 尹鑫，吴航，葛文静 LiuJQ-GN-2011-109
甘肃：玛曲 齐威 LJQ-2008-GN-319
青海：互助 薛春迎 Xuechy0149
青海：门源 吴玉虎 LJQ-QLS-2008-0089
青海：泽库 陈世龙，高庆波，张发起 Chens10922
四川：白玉 孙航，张建文，邓涛等 SunH-07ZX-3743
四川：稻城 何兴金，胡灏禹，陈德友等 SCU-09-331
四川：德格 孙航，张建文，董金龙等 SunH-07ZX-3916
四川：红原 高云东，李忠荣，鞠文彬 GaoXF-12-031
四川：康定 彭玉兰，涂卫国 Gaoxf-0873
四川：康定 何兴金，王长宝，刘爽等 SCU-09-013
四川：理塘 何兴金，赵丽华，梁乾隆等 SCU-11-135
四川：理塘 何兴金，马祥光，张云香等 SCU-11-265
四川：壤塘 许炳强，童毅华，吴兴等 XiaNH-07ZX-0940
四川：若尔盖 何兴金，王月，胡灏禹等 SCU-08135
四川：雅江 孔航辉，罗江平，左雷等 YangQE3491
四川：雅江 何兴金，郜鹏，彭禄等 SCU-11-352
西藏：丁青 陈家辉，王赟，刘德团 YangYP-Q-3198
西藏：江达 陈家辉，王赟，刘德团 YangYP-Q-3089
西藏：类乌齐 陈家辉，王赟，刘德团 YangYP-Q-3171
西藏：墨竹工卡 罗建，汪书丽，任德智 LiuJQ-09XZ-ML012
西藏：左贡 张永洪，王晓雄，周卓等 SunH-07ZX-0568
西藏：左贡 徐波，陈光富，陈林杨等 SunH-07ZX-2052
西藏：左贡 张大才，李双智，罗康等 ZhangDC-07ZX-0627

Spiraea arcuata J. D. Hooker **拱枝绣线菊**

西藏：江达 苏涛，黄永江，杨青松等 ZhouZK11231
云南：香格里拉 郭永杰，张桥蓉，李春晓等 11CS3435

Spiraea bella Sims **藏南绣线菊**

四川：新龙 陈文允，于文涛，黄永江 CYH072
西藏：错那 罗建，汪书丽 LiuJQ11XZ168
西藏：林芝 罗建，汪书丽 LiuJQ-08XZ-110
云南：香格里拉 杨青松，星耀武，苏涛 ZhouZK-07ZX-0321

Spiraea blumei G. Don **绣球绣线菊**

安徽：宣城 刘淼 HANGYY8101
湖北：竹溪 张代贵 Zdg3608
江苏：江宁区 王兆银，吴宝成 SCSB-JS0199
江西：庐山区 谭策铭，董安淼 TanCM306
山西：夏县 廉凯敏 Zhangf0173

Spiraea calcicola W. W. Smith **石灰岩绣线菊** *

云南：贡山 刀志灵 DZL816

Spiraea canescens D. Don **楔叶绣线菊**

四川：康定 苏涛，黄永江，杨青松等 ZhouZK11080
西藏：朗县 扎西次仁，西落 ZhongY627
西藏：林芝 罗建，汪书丽 LiuJQ-08XZ-179
西藏：米林 陈家辉，王赟，刘德团 YangYP-Q-3278

Spiraea canescens var. **glaucophylla** Franchet **粉背楔叶绣线菊** *

四川：理塘 陈家辉，刘亚辉，周妍等 YangYP-Q-2305
云南：大理 李爱花，雷立公，马国强等 SCSB-A-000166
云南：洱源 李爱花，雷立公，马国强等 SCSB-A-000139
云南：永德 李永亮 YDDXS1247
云南：云龙 李施文，张志云 TCLMS5012

Spiraea cantoniensis Loureiro **麻叶绣线菊**

安徽：金寨 刘淼 SCSB-JSC43
安徽：金寨 陈延松，欧祖兰，王冬 Xuzd171
安徽：休宁 方建新 TangXS0875
贵州：南明区 赵厚涛，韩国营 YBG109
四川：小金 何兴金，赵丽华，李琴琴等 SCU-08035
浙江：临安 彭华，陈丽，向春雷等 P.H.5411

Spiraea chamaedryfolia Linnaeus **石蚕叶绣线菊**

黑龙江：宁安 刘玫，王臣，张欣欣等 Liuetal756
吉林：磐石 安海成 AnHC0396
吉林：汪清 陈武璋，王炳辉 CaoW0175
吉林：汪清 陈武璋，王炳辉 CaoW0178
辽宁：凤城 李忠诚 CaoW215
新疆：哈巴河 段士民，王喜勇，刘会良等 202

Spiraea chinensis Maximowicz **中华绣线菊** *

安徽：绩溪 宋曰钦，方建新，张恒 TangXS0580
安徽：金寨 陈延松，欧祖兰，徐柳华 Xuzd149
安徽：舒城 陈延松，欧祖兰，高秋晨等 Xuzd373
北京：彭华，王立松，董洪进等 P.H.5520
贵州：江口 彭华，王英，陈丽 P.H.5157
贵州：铜仁 彭华，王英，陈丽 P.H.5184
河北：邢台 牛玉璐，高彦飞，赵二涛 NiuYL361
湖北：五峰 陈功锡，张代贵 SCSB-HC-2008331
湖北：长阳 祝文志，刘志祥，曹远俊 ShenZH2440

湖南：道县 刘克明，陈薇 SCSB-HN-1013
湖南：鹤城区 李胜华，伍贤进，曾汉元等 HHXY160
湖南：衡山 刘克明，陈薇，田淑珍 SCSB-HN-0222
湖南：衡山 蔡秀珍，陈薇，田淑珍 SCSB-HN-0226
湖南：花垣 刘克明，蔡秀珍，肖乐希等 SCSB-HN-0193
湖南：宁乡 刘克明，熊凯辉 SCSB-HN-1834
湖南：宁乡 熊凯辉，刘克明 SCSB-HN-1970
湖南：宁乡 熊凯辉，刘克明 SCSB-HN-2011
湖南：宁乡 熊凯辉，刘克明 SCSB-HN-2023
湖南：石门 姜孝成，唐妹，陈显胜等 Jiangxc0428
湖南：新化 姜孝成，唐妹，戴小军等 Jiangxc0544
湖南：沅江 刘克明，肖乐希 SCSB-HN-0389
湖南：沅陵 李胜华，伍贤进，刘光华等 Wuxj952
湖南：资兴 肖乐希，蔡秀珍 SCSB-HN-0278
江西：湾里区 杜小浪，慕泽泾 DXL227
四川：汶川 何兴金，高云东，刘海艳等 SCU-20080534
浙江：临安 吴林园，彭斌，顾子霞 HANGYY9048

Spiraea compsophylla Handel-Mazzetti 粉叶绣线菊 *
四川：乡城 周浙昆，苏涛，杨莹等 Zhou09-158
云南：香格里拉 周浙昆，苏涛，杨莹等 Zhou09-096

Spiraea dahurica (Ruprecht) Maximowicz 窄叶绣线菊
黑龙江：北安 郑宝江，丁晓炎，王美娟 ZhengBJ281

Spiraea dasyantha Bunge 毛花绣线菊 *
北京：东城区 王雷，朱雅娟，黄振英 Beijing-huang-bhs-0023
北京：东城区 王雷，朱雅娟，黄振英 Beijing-huang-bws-0054
北京：东城区 王雷，朱雅娟，黄振英 Beijing-huang-dls-0079
北京：海淀区 程红焱 SCSB-D-0044
北京：门头沟区 李燕军 SCSB-E-0050
北京：西城区 王雷，朱雅娟，黄振英 Beijing-huang-ss-0027
北京：西城区 王雷，朱雅娟，黄振英 Beijing-huang-yms-0036

Spiraea elegans Pojarkova 美丽绣线菊
河北：灵寿 牛玉璐，高彦飞，黄士良 NiuYL197

Spiraea flexuosa var. **pubescens** Liou 柔毛曲萼绣线菊 *
北京：东城区 王雷，朱雅娟，黄振英 Beijing-huang-bhs-0011
北京：东城区 王雷，朱雅娟，黄振英 Beijing-huang-bws-0028
北京：东城区 王雷，朱雅娟，黄振英 Beijing-huang-dls-0048
北京：海淀区 李燕军 SCSB-D-0037
北京：海淀区 宋松泉 SCSB-B-0032
北京：门头沟区 李燕军 SCSB-E-0058
北京：西城区 王雷，朱雅娟，黄振英 Beijing-huang-ss-0011
北京：西城区 王雷，朱雅娟，黄振英 Beijing-huang-yms-0016
黑龙江：尚志 李兵，路科 CaoW0092
辽宁：朝阳 卜军，金实，阴黎明 CaoW426
辽宁：建平 卜军，金实，阴黎明 CaoW473
辽宁：建平 卜军，金实，阴黎明 CaoW480
辽宁：建平 卜军，金实，阴黎明 CaoW495

Spiraea fritschiana C. K. Schneider 华北绣线菊 *
河南：栾川 黄振英，于顺利，杨学军 Huangzy0042
河南：南召 邓志军，付婷婷，水庆艳 Huangzy0196
河南：嵩县 邓志军，付婷婷，水庆艳 Huangzy0129
湖北：神农架林区 李巨平 LiJuPing0197
湖北：宣恩 沈泽昊 HXE041
湖北：宜昌 陈功锡，张代贵 SCSB-HC-2008094
辽宁：朝阳 卜军，金实，阴黎明 CaoW439
辽宁：建平 卜军，金实，阴黎明 CaoW472
辽宁：建平 卜军，金实，阴黎明 CaoW475
辽宁：建平 卜军，金实，阴黎明 CaoW479
辽宁：凌源 卜军，金实，阴黎明 CaoW449
山东：崂山区 罗艳，李中华 LuoY376
山东：崂山区 赵遵田，郑国伟，杜超等 Zhaozt0131
山东：牟平区 卞福花，卢学新，纪伟等 BianFH00063

Spiraea fritschiana var. **parvifolia** Liou 小叶华北绣线菊 *
山东：牟平区 高德民，王萍，张颖颖等 Lilan598

Spiraea henryi Hemsley 翠蓝绣线菊 *
湖北：神农架林区 李巨平 LiJuPing0186
湖北：神农架林区 李巨平 LiJuPing0195
湖北：竹溪 李盛兰 GanQL1132

Spiraea hingshanensis T. T. Yu & L. T. Lu 兴山绣线菊 *
湖北：神农架林区 李巨平 Lijuping0330

Spiraea hirsuta (Hemsley) C. K. Schneider 疏毛绣线菊 *
重庆：南川区 易思荣，谭秋平 YISR425
河南：栾川 黄振英，于顺利，杨学军 Huangzy0016
河南：南召 黄振英，于顺利，杨学军 Huangzy0180
河南：嵩县 黄振英，于顺利，杨学军 Huangzy0110
湖南：永定区 廖博儒，吴福川 223A
山东：沂源 辛晓伟，张世尧 Lilan876

Spiraea hirsuta var. **rotundifolia** (Hemsley) Rehder 圆叶疏毛绣线菊 *
湖北：神农架林区 李巨平 LiJuPing0187

Spiraea hypericifolia Linnaeus 金丝桃叶绣线菊
新疆：巴里 段士民，王喜勇，刘会良 Zhangdy150
新疆：巴里 段士民，王喜勇，刘会良 Zhangdy159
新疆：哈密 段士民，王喜勇，刘会良 Zhangdy203
新疆：哈密 段士民，王喜勇，刘会良 Zhangdy205

Spiraea japonica Linnaeus f. 粉花绣线菊
贵州：雷山 陈丽，董朝辉 P. H. 5459
贵州：龙里 赵厚涛，韩国营 YBG125
湖北：五峰 陈功锡，张代贵 SCSB-HC-2008316
湖南：桑植 陈功锡，廖博儒，查学州等 173
湖南：永顺 陈功锡，张代贵 SCSB-HC-2008040
四川：普格 任宗昕，艾洪莲，张舒 SCSB-W-1423
西藏：左贡 苏涛，黄永江，杨青松等 ZhouZK11314
云南：聂泽龙，孟盈，邓涛 SunH-07ZX-2881
云南：安宁 蔡杰，张挺，郭永杰等 11CS3720
云南：大理 李爱花，雷立公，马国强等 SCSB-A-000165
云南：洱源 杨青松，星耀武，苏涛 ZhouZK-07ZX-0294
云南：福贡 李恒，李嵘，刀志灵 1120
云南：河口 张贵良，张贵生，陶英美等 ZhangGL051
云南：鹤庆 孙航，李新辉，陈林杨 SunH-07ZX-3167
云南：麻栗坡 肖波 LuJL092
云南：蒙自 税玉民，陈文红 72531
云南：南涧 阿国仁 NJWLS1162
云南：屏边 楚永兴，普华柱，刘永建 Pbdws036
云南：腾冲 余新林，赵玮 BSGLGStc018
云南：新平 彭华，向春雷，陈丽 PengH8309
云南：云龙 字建泽，杨六斤，李国宏等 TC1083
云南：镇沅 朱恒 ALSZY059
云南：镇沅 何忠云 ALSZY354

Spiraea japonica var. **acuminata** Franchet 渐尖粉花绣线菊 *
安徽：黟县 胡长玉，方建新 TangXS0984
甘肃：舟曲 齐威 LJQ-2008-GN-316
河南：鲁山 宋松泉 HN025
河南：鲁山 宋松泉 HN084
河南：鲁山 宋松泉 HN133
湖北：竹溪 李盛兰 GanQL838
湖南：桂东 蔡秀珍，孙秋妍，王燕归等 SCSB-HN-1251

湖南：桂东 盛波，黄存坤 SCSB-HN-2080
湖南：衡山 刘克明，田淑珍 SCSB-HN-0269
湖南：怀化 李胜华，伍贤进，曾汉元等 HHXY343
湖南：南岳区 刘克明，丛义艳 SCSB-HN-1417A
湖南：平江 刘克明，蔡秀珍，陈丰林 SCSB-HN-0894
湖南：双牌 姜孝成，王丽萍，李育华 Jiangxc0776
湖南：新化 刘克明，彭珊，李珊等 SCSB-HN-1660
湖南：新宁 姜孝成，唐贵华，袁双艳等 SCSB-HNJ-0219
湖南：炎陵 蔡秀珍，孙秋妍 SCSB-HN-1504
湖南：宜章 刘克明，王成，刘欣欣 SCSB-HN-0794
湖南：沅陵 周丰杰，刘克明 SCSB-HN-1330
湖南：资兴 熊凯辉，王得刚，盛波 SCSB-HN-2063
湖南：资兴 熊凯辉，王得刚，盛波 SCSB-HN-2102
湖南：资兴 熊凯辉，王得刚，盛波 SCSB-HN-2109
江西：黎川 童和平，王玉珍 TanCM3107
四川：宝兴 袁明 Y07029
四川：峨眉山 李小杰 LiXJ647
四川：峨眉山 李小杰 LiXJ705
四川：汉源 许炳强，童毅华，吴兴等 XiaNH-07ZX-1121
四川：凉山 孙航，张建文，邓涛等 SunH-07ZX-3796
四川：米易 刘静 MY-297
四川：汶川 袁明，高刚，杨勇 YM2014006
云南：安宁 杜燕，周开洪，王建军等 SCSB-A-000368
云南：贡山 李恒，李嵘，刀志灵 1015
云南：景东 杨国平，李达文，鲁志云 ygp-015
云南：景东 张绍云，胡启和，仇亚等 YNS1151
云南：景东 罗忠华，谢有能，刘长铭等 JDNR078
云南：蒙自 田学军，邱成书，高波 TianXJ0154
云南：蒙自 胡光万 HGW-00210
云南：宁蒗 任宗昕，寸龙琼，任尚国 SCSB-W-1399
云南：屏边 钱良超，陆海兴，康远勇等 Pbdws170
云南：巧家 王红 SCSB-W-211
云南：巧家 杨光明 SCSB-W-1158
云南：巧家 郁文彬，任宗昕，艾洪莲等 SCSB-W-1081
云南：巧家 杨光明 SCSB-W-1510
云南：腾冲 李爱花，黄之镨，黄押稳等 SCSB-A-000289
云南：新平 何罡安 XPALSB004
云南：新平 白绍斌 XPALSC042
云南：彝良 伊廷双，杨杨，孟静 MJ-809
云南：元阳 田学军，杨建，邱成书等 Tianxj0053

Spiraea japonica var. **fortunei** (Planchon) Rehder 光叶粉花绣线菊 *
四川：万源 张桥蓉，余华，王义 15CS11508
云南：永德 李永亮 LiYL1545

Spiraea japonica var. **glabra** (Regel) Koidzumi 无毛粉花绣线菊 *
湖北：五峰 陈功锡，张代贵 SCSB-HC-2008127
湖北：宜昌 陈功锡，张代贵 SCSB-HC-2008095
湖南：石门 陈功锡，张代贵 SCSB-HC-2008161
江西：庐山区 董安淼，吴丛梅 TanCM2553

Spiraea japonica var. **incisa** T. T. Yu 裂叶粉花绣线菊 *
云南：永德 欧阳红才，普跃东，鲁金国等 YDDXSC015

Spiraea japonica var. **ovalifolia** Franchet 椭圆粉花绣线菊花 *
云南：巧家 王红，周伟，任宗昕等 SCSB-W-274

Spiraea laeta Rehder 华西绣线菊 *
四川：道孚 何兴金，刘爽，易欣 SCU-10-303
四川：稻城 何兴金，廖晨阳，任海燕等 SCU-09-461
四川：松潘 何兴金，刘爽，赵财 SCU-10-402

Spiraea lobulata T. T. Yu & L. T. Lu 裂叶绣线菊 *
西藏：波密 孙航，张建文，陈建国等 SunH-07ZX-2582
西藏：波密 张大才，李双智，唐路等 ZhangDC-07ZX-1732
西藏：错那 聂泽龙，牛洋，周卓等 SunH-07ZX-2304

Spiraea longigemmis Maximowicz 长芽绣线菊 *
四川：康定 张昌兵，向丽 ZhangCB0195
西藏：波密 孙航，张建文，陈建国等 SunH-07ZX-2625
西藏：林芝 罗建，汪书丽 LiuJQ-08XZ-175

Spiraea media Schmidt 欧亚绣线菊
黑龙江：宁安 刘玫，张欣欣，程薪宇等 Liuetal433
黑龙江：五大连池 孙阎，晁雄雄 SunY132
新疆：察布查尔 段士民，王喜勇，刘会良等 65

Spiraea mollifolia Rehder 毛叶绣线菊 *
四川：稻城 何兴金，胡灏禹，陈德友等 SCU-09-365
四川：得荣 杨青松，杨莹，黄永江等 ZhouZK-07ZX-0068
四川：马尔康 何兴金，李琴琴，王长宝等 SCU-08057
西藏：工布江达 罗建，汪书丽，任德智 LiuJQ-09XZ-ML062
西藏：加查 许炳强，童毅华 XiaNh-07zx-689
西藏：朗县 罗建，汪书丽，任德智 L061

Spiraea mollifolia var. **glabrata** T. T. Yu & L. T. Lu 光秃绣线菊 *
四川：康定 高云东，李忠荣，鞠文彬 GaoXF-12-180
西藏：林芝 罗建，王国严，汪书丽 LiuJQ-08XZ-059
西藏：林芝 卢洋，刘帆等 LiJ804

Spiraea mongolica Maximowicz 蒙古绣线菊 *
甘肃：合作 郭淑青，杜品 LiuJQ-2012-GN-190
甘肃：合作 尹鑫，吴航，葛文静 LiuJQ-GN-2011-111
内蒙古：和林格尔 蒲拴莲，李茂文 M032
内蒙古：武川 蒲拴莲，刘润宽，刘毅等 M175
宁夏：西夏区 左忠，刘华 ZuoZh234
青海：同仁 汪书丽，朱洪涛 Liujq-QLS-TXM-193
四川：红原 高云东，李忠荣，鞠文彬 GaoXF-12-030
四川：红原 高云东，李忠荣，鞠文彬 GaoXF-12-041
四川：康定 何兴金，王月，胡灏禹等 SCU-08128
四川：小金 高云东，李忠荣，鞠文彬 GaoXF-12-078
西藏：昌都 许炳强，周伟，郑朝汉 Xianh0456
西藏：加查 许炳强，童毅华 XiaNh-07zx-723

Spiraea morrisonicola Hayata 新高山绣线菊 *
四川：冕宁 张大才，尹五元，李双智等 ZhangDC-07ZX-2452
云南：文山 何德明，胡艳花，丰艳飞 WSLJS463

Spiraea myrtilloides Rehder 细枝绣线菊 *
青海：囊谦 许炳强，周伟，郑朝汉 Xianh0073
青海：囊谦 许炳强，周伟，郑朝汉 Xianh0134
四川：巴塘 孙航，张建文，邓涛等 SunH-07ZX-3396
四川：丹巴 何兴金，胡灏禹，沈呈娟等 SCU-11-411
四川：道孚 余岩，周春景，秦汉涛 SCU-11-028
四川：稻城 孙航，张建文，邓涛等 SunH-07ZX-3356
四川：稻城 张大才，尹五元，李双智等 ZhangDC-07ZX-2139
四川：稻城 何兴金，高云东，王志新等 SCU-09-275
四川：得荣 张大才，李双智，杨川 ZhangDC-07ZX-1906
四川：德格 孙航，张建文，董金龙等 SunH-07ZX-3909
四川：德格 苏涛，黄永江，杨青松等 ZhouZK11205
四川：甘孜 孙航，张建文，董金龙等 SunH-07ZX-3964
四川：康定 许炳强，童毅华，吴兴等 XiaNH-07ZX-1017
四川：康定 何兴金，郜鹏，彭禄等 SCU-11-313
四川：康定 何兴金，高云东，王志新等 SCU-09-205
四川：理塘 何兴金，赵丽华，梁乾隆等 SCU-11-169

四川：理塘 何兴金，赵丽华，梁乾隆等 SCU-11-191
四川：理塘 何兴金，马祥光，张云香等 SCU-11-244
四川：理塘 何兴金，高云东，王志新等 SCU-09-229
四川：马尔康 何兴金，王月，胡灏禹 SCU-08186
四川：壤塘 何兴金，赵丽华，梁乾隆 SCU-10-054
四川：壤塘 何兴金，胡灏禹，黄德青 SCU-10-134
四川：乡城 王文礼，冯欣，刘飞鹏 OUXK11134
四川：雅江 何兴金，李琴琴，马祥光等 SCU-09-116
四川：雅江 何兴金，高云东，王志新等 SCU-09-224
西藏：昌都 苏涛，黄永江，杨青松等 ZhouZK11273
西藏：米林 张晓纬，汪书丽，罗建 LiuJQ-09XZ-LZT-007
西藏：左贡 徐波，陈光富，陈林杨等 SunH-07ZX-0856
云南：德钦 王文礼，冯欣，刘飞鹏 OUXK11193
云南：玉龙 张挺，郭起荣，黄兰兰等 15PX203

Spiraea ovalis Rehder **广椭绣线菊 ***
湖北：神农架林区 李巨平 LiJuPing0198

Spiraea papillosa Rehder **乳突绣线菊 ***
四川：九寨沟 张挺，李爱花，刘成等 08CS883

Spiraea prunifolia Siebold & Zuccarini **李叶绣线菊**
安徽：歙县 方建新 TangXS0719
江西：庐山区 谭策铭，董安淼 TCM09001

Spiraea prunifolia var. **simpliciflora** (Nakai) Nakai **单瓣李叶绣线菊 ***
江西：九江 董安淼，吴从梅 TanCM1503

Spiraea pubescens Turczaninow **土庄绣线菊**
河北：平山 牛玉璐，郑博颖，黄士良等 NiuYL061
吉林：临江 李长田 Yanglm0035
吉林：磐石 安海成 AnHC057
辽宁：盖州 郑宝江，丁晓炎，焦宏斌等 ZhengBJ379
辽宁：桓仁 祝业平 CaoW1056
山西：阳城 张丽，廉凯敏，焦磊等 Zhangf0024

Spiraea pubescens var. **lasiocarpa** Nakai **毛果土庄绣线菊 ***
四川：米易 袁明 MY256

Spiraea purpurea Handel-Mazzetti **紫花绣线菊 ***
四川：盐边 苏涛，黄永江，杨青松等 ZhouZK11324
云南：腾冲 周应再 Zhyz-042
云南：文山 税玉民，陈文红 16239

Spiraea rosthornii Pritzel ex Diels **南川绣线菊 ***
甘肃：临潭 齐威 LJQ-2008-GN-318
甘肃：碌曲 李晓东，刘帆，张景博等 LiJ0168
青海：班玛 陈世龙，高庆波，张发起 Chensl1135
青海：互助 薛春迎 Xuechy0141
陕西：宁陕 田先华，田陌，王梅荣 TianXH1023
四川：宝兴 袁明 Y07114
四川：道孚 何兴金，赵丽华，梁乾隆 SCU-10-021
四川：峨眉山 李小杰 LiXJ483
四川：九龙 孙航，张建文，董金龙等 SunH-07ZX-4057
四川：康定 彭玉兰，涂卫国 Gaoxf-0838
四川：康定 彭玉兰，涂卫国 Gaoxf-0913
四川：康定 彭玉兰，涂卫国 Gaoxf-1042
四川：理县 许炳强，童毅华，吴兴等 XiaNH-07ZX-0911
云南：福贡 许炳强，吴兴，李婧等 XiaNh-07zx-199

Spiraea salicifolia Linnaeus **绣线菊**
黑龙江：宁安 刘玫，张欣欣，程薪宇等 Liuetal530
黑龙江：饶河 王庆贵 CaoW713
黑龙江：尚志 李兵，路科 CaoW0105
黑龙江：尚志 李兵，路科 CaoW0113
黑龙江：尚志 李兵，路科 CaoW0122
黑龙江：尚志 郑宝江，丁晓炎，李月等 ZhengBJ175
黑龙江：五常 李兵，路科 CaoW0137
黑龙江：五大连池 孙阎，赵立波 SunY120
黑龙江：延寿 李兵，路科 CaoW0124
湖南：怀化 李胜华，伍贤进，曾汉元等 HHXY275
吉林：敦化 杨保国，张明鹏 CaoW0011
吉林：敦化 陈武璋，王炳辉 CaoW0160
吉林：抚松 林红梅 Yanglm0461
吉林：珲春 杨保国，张明鹏 CaoW0059
吉林：辉南 姜明，刘波 LiuB0005
吉林：临江 李长田 Yanglm0001
吉林：汪清 陈武璋，王炳辉 CaoW0171
辽宁：桓仁 祝业平 CaoW1030
青海：互助 薛春迎 Xuechy0175
西藏：芒康 张永洪，王晓雄，周卓等 SunH-07ZX-0526
云南：麻栗坡 税玉民，陈文红 72097
云南：麻栗坡 税玉民，陈文红 72110
云南：文山 税玉民，陈文红 71833
云南：文山 税玉民，陈文红 71929

Spiraea sargentiana Rehder **茂汶绣线菊 ***
云南：富民 郁文彬，董莉娜，张舒等 SCSB-W-948
云南：富民 郁文彬，董莉娜，张舒等 SCSB-W-949
云南：石林 税玉民，陈文红 64894

Spiraea schneideriana Rehder **川滇绣线菊 ***
四川：道孚 陈文允，于文涛，黄永江 CYH201
四川：道孚 余岩，周春景，秦汉涛 SCU-11-017
四川：稻城 何兴金，李琴琴，马祥光等 SCU-09-142
四川：稻城 何兴金，李琴琴，马祥光等 SCU-09-181
四川：甘孜 陈家辉，王赟，刘德团 YangYP-Q-3035
四川：理塘 何兴金，赵丽华，梁乾隆等 SCU-11-130
四川：理塘 何兴金，马祥光，张云香等 SCU-11-217
四川：普格 苏涛，黄永江，杨青松等 ZhouZK11006
四川：普格 任宗昕，艾洪莲，张舒 SCSB-W-1422
四川：普格 任宗昕，艾洪莲，张舒 SCSB-W-1425
四川：若尔盖 何兴金，赵丽华，李琴琴等 SCU-08019
四川：松潘 何兴金，张云香，王志新 SCU-10-508
四川：乡城 陈家辉，刘亚辉，周妍等 YangYP-Q-2222
四川：乡城 陈家辉，刘亚辉，周妍等 YangYP-Q-2241
四川：雅江 何兴金，郜鹏，彭禄等 SCU-11-358
西藏：八宿 徐波，陈光富，陈林杨等 SunH-07ZX-2014
西藏：工布江达 陈家辉，韩希，王东超等 YangYP-Q-4133
西藏：吉隆 陈家辉，韩希，王广艳等 YangYP-Q-4338
西藏：林芝 陈家辉，韩希，王广艳等 YangYP-Q-4104
西藏：芒康 张大才，罗康，梁群等 ZhangDC-07ZX-1317
西藏：聂拉木 马永鹏 ZhangCQ-0037
西藏：桑日 陈家辉，韩希，王广艳等 YangYP-Q-4226
云南：福贡 刀志灵，陈哲 DZL-060
云南：宁蒗 孔航辉，罗江平，左雷等 YangQE3345
云南：巧家 李文虎，高顺勇，吴天抗等 QJYS0015
云南：巧家 杨光明 SCSB-W-1305
云南：香格里拉 郭永杰，张桥蓉，李春晓等 11CS3434
云南：香格里拉 孙航，张建文，邓涛等 SunH-07ZX-3312
云南：香格里拉 杨青松，星耀武，苏涛 ZhouZK-07ZX-0341
云南：香格里拉 陈家辉，刘亚辉，周妍等 YangYP-Q-2193
云南：香格里拉 陈家辉，刘亚辉，周妍等 YangYP-Q-2207
云南：玉龙 孔航辉，任琛 Yangqe2782

Spiraea schneideriana var. **amphidoxa** Rehder **无毛川滇绣线菊 ***

四川：壤塘 许炳强，童毅华，吴兴等 XiaNH-07ZX-0936

Spiraea schochiana Rehder **滇中绣线菊 ***

云南：寻甸 彭华，向春雷，王泽欢 PengH8040

Spiraea sericea Turczaninow **绢毛绣线菊**

四川：稻城 何兴金，王长宝，刘爽等 SCU-09-066

Spiraea siccanea (W. W. Smith) Rehder **干地绣线菊 ***

云南：维西 张挺，徐远杰，陈冲等 SCSB-B-000229

Spiraea sublobata Handel-Mazzetti **浅裂绣线菊 ***

云南：巧家 李文虎，高顺勇，吴天抗等 QJYS0010

Spiraea trilobata Linnaeus **三裂绣线菊**

安徽：休宁 唐鑫生，方建新 TangXS0284

河北：赞皇 牛玉璐，郑博颖，黄士良等 NiuYL031

河南：栾川 邓志军，付婷婷，水庆艳 Huangzy0072

河南：南召 何明高，付婷婷，水庆艳 Huangzy0215

河南：嵩县 何明高，付婷婷，水庆艳 Huangzy0150

辽宁：建平 卜军，金实，阴黎明 CaoW476

辽宁：建平 卜军，金实，阴黎明 CaoW490

辽宁：建平 卜军，金实，阴黎明 CaoW498

辽宁：连山区 卜军，金实，阴黎明 CaoW399

辽宁：连山区 卜军，金实，阴黎明 CaoW409

内蒙古：赛罕区 蒲拴莲，刘润宽，刘毅等 M271

山东：莱山区 卞福花，杨蕾蕾，谷胤征 BianFH-0097

山东：崂山区 赵遵田，郑国伟，杜超等 Zhaozt0135

山东：历城区 王萍，高德民，张诏等 lilan304

山西：阳曲 陈浩 Zhangf0145

陕西：长安区 田先华，田陌 TianXH1159

Spiraea veitchii Hemsley **鄂西绣线菊 ***

贵州：威宁 邹方伦 ZouFL0323

湖北：五峰 陈功锡，张代贵 SCSB-HC-2008320

湖北：宣恩 许玥，祝文志，刘志祥等 ShenZH7758

四川：巴塘 陈文允，于文涛，黄永江 CYH049

四川：道孚 何兴金，赵丽华，梁乾隆 SCU-10-008

四川：峨眉山 李小杰 LiXJ199

四川：理塘 苏涛，黄永江，杨青松等 ZhouZK11164

四川：木里 张书东，何俊，蒋伟等 SCSB-W-337

云南：德钦 于文涛，李国锋 WTYu-392

云南：东川区 张挺，刘成，郭明明等 11CS3665

云南：巧家 王红，周伟，任宗昕等 SCSB-W-265

云南：巧家 张天壁 SCSB-W-741

云南：石林 税玉民，陈文红 64931

云南：新平 罗有明 XPALSB063

Spiraea velutina Franchet **绒毛绣线菊 ***

西藏：错那 张晓纬，汪书丽，罗建 LiuJQ-09XZ-LZT-049

Spiraea wilsonii Duthie **陕西绣线菊 ***

湖北：神农架林区 李巨平 LiJuPing0188

湖北：竹溪 李盛兰 GanQL419

Stephanandra chinensis Hance **华空木 ***

安徽：绩溪 唐鑫生，方建新 TangXS0753

安徽：金寨 陈延松，欧祖兰，姜九龙 Xuzd140

江西：庐山区 谭策铭，董安淼 TCM09043

江西：湾里区 杜小浪，慕泽泾 DXL207

江西：星子 董安淼，吴从梅 TanCM1602

浙江：临安 李宏庆，田怀珍，刘国丽 Lihq0072

浙江：临安 吴林园，彭斌，顾子霞 HANGYY9052

Stephanandra incisa (Thunberg) Zabel **小米空木**

辽宁：庄河 于立敏 CaoW823

山东：崂山区 罗艳，李中华，邓建平 LuoY014

山东：崂山区 赵遵田，郑国伟，杜超等 Zhaozt0155

山东：牟平区 卞福花，卢学新，纪伟等 BianFH00030

山东：平邑 高德民，王萍，张颖颖等 Lilan597

Stranvaesia amphidoxa C. K. Schneider **毛萼红果树 ***

湖北：宣恩 祝文志，刘志祥，曹远俊 ShenZH0110

云南：彝良 张挺，雷立公，王建军等 SCSB-B-000115

Stranvaesia davidiana Decaisne **红果树**

广西：龙胜 黄俞淞，梁永延，叶晓霞 Liuyan0039

广西：兴安 刘演，黄俞淞，吴望辉等 Liuyan0102

广西：兴安 吴望辉，吴磊，农冬新 Liuyan0498

湖北：竹溪 甘霖 GanQL650

湖南：怀化 李胜华，伍贤进，曾汉元等 HHXY227

湖南：怀化 李胜华，伍贤进，曾汉元等 HHXY400

湖南：桑植 陈功锡，廖博儒，查学州等 179

陕西：平利 吕鼎豪，田陌 TianXH967

四川：峨眉山 李小杰 LiXJ276

四川：泸定 袁明 YM20090005

云南：古城区 张挺，郭起荣，黄兰兰等 15PX217

云南：景东 杨国平，李达文，鲁志云 ygp-031

云南：景东 张挺，刘成，郭永杰 10CS2638

云南：景东 罗忠华，刘长铭，鲁成荣等 JD088

云南：景东 彭华，陈丽 P.H.5457

云南：双柏 彭华，刘恩德，陈丽等 P.H.5506

云南：维西 王文礼，冯欣，刘飞鹏 OUXK11057

云南：文山 何德明，丰艳飞，杨云等 WSLJS894

云南：香格里拉 张大才，李双智，杨川 ZhangDC-07ZX-2011

云南：永平 彭华，向春雷，王泽欢 PengH8340

Stranvaesia davidiana var. **undulata** (Decaisne) Rehder & E. H. Wilson **波叶红果树 ***

湖北：五峰 陈功锡，张代贵 SCSB-HC-2008386

湖北：宣恩 李正辉，艾洪莲 AHL2055

湖北：宣恩 沈泽昊 HXE059

湖北：竹溪 李盛兰 GanQL839

江西：井冈山 兰国华 LiuRL067

Stranvaesia oblanceolata (Rehder & E. H. Wilson) Stapf **滇南红果树**

云南：思茅区 张绍云，叶金科，胡启和 YNS1329

云南：新平 谢天华 XPALSA063

Rubiaceae 茜草科

茜草科	世界	中国	种质库
属 / 种（种下等级）/ 份数	～614/13150	103/～743	52/194(212)/962

Adina pilulifera (Lamarck) Franchet ex Drake **水团花**

安徽：休宁 方建新，张慧冲，程周旺等 TangXS0154

湖南：永顺 陈功锡，张代贵，邓涛等 SCSB-HC-2007394

湖南：沅陵 李胜华，伍贤进，刘光华等 Wuxj889

江西：黎川 童和平，王玉珍，常迪江等 TanCM2092

江西：龙南 梁跃龙，廖海红 LiangYL116

江西：庐山区 董安淼，吴从梅 TanCM960

江西：武宁 张吉华，刘运群 TanCM1154

Adina rubella Hance **细叶水团花**

安徽：金寨 刘淼 SCSB-JSC58

安徽：休宁 唐鑫生，方建新 TangXS0472

安徽：黟县 刘淼 SCSB-JSB9

广西：鹿寨 许为斌，梁永延，黄俞淞等 Liuyan0155

广西：上思 许为斌，黄俞淞，梁永延等 Liuyan0206

广西：永福 许为斌，黄俞淞，朱章明 Liuyan0475

湖北：英山 朱鑫鑫，甄爱国，孙增朋等 ZhuXX056
湖南：永顺 陈功锡，张代贵 SCSB-HC-2008264
湖南：永顺 陈功锡，张代贵，邓涛等 SCSB-HC-2007365
江西：黎川 童和平，王玉珍，常迪江等 TanCM2020
江西：星子 谭策铭，董安淼 TCM09093

Aidia canthioides (Champion ex Bentham) Masamune 香楠
江西：黎川 杨文斌，饶云芳 TanCM1326
江西：武宁 张吉华，刘运群 TanCM1199
江西：修水 缪以清 TanCM695

Aidia cochinchinensis Loureiro 茜树
广西：上思 叶晓霞，吴望辉，农冬新 Liuyan0364
湖南：新宁 姜孝成，唐贵华，袁双艳等 SCSB-HNJ-0242
江西：修水 缪以清 TanCM696
云南：沧源 赵金超 CYNGH238
云南：景洪 张挺，王建军，廖琼 SCSB-B-000252
云南：麻栗坡 肖波 LuJL333
云南：文山 何德明 WSLJS869

Aidia pycnantha (Drake) Tirvengadum 多毛茜草树
广西：阳朔 吴望辉，许为斌，农冬新 Liuyan0520

Brachytome hirtellata Hu 滇短萼齿木
云南：贡山 刘成，何华杰，黄莉等 14CS8555
云南：麻栗坡 肖波 LuJL367
云南：屏边 钱良超，陆海兴，张照跃等 Pbdws155

Brachytome hirtellata var. **glabrescens** W. C. Chen 疏毛短萼齿木
云南：麻栗坡 张挺，修莹莹，李胜 SCSB-B-000601

Brachytome wallichii J. D. Hooker 短萼齿木
云南：贡山 张挺，杨湘云，李涟漪 14CS9606
云南：勐腊 谭运洪，余涛 B244

Catunaregam spinosa (Thunberg) Tirvengadum 山石榴
广西：八步区 莫水松 Liuyan1040
云南：景谷 张绍云，周兵 YNS1323
云南：勐腊 谭运洪 A250
云南：腾冲 余新林，赵玮 BSGLGStc114

Cephalanthus tetrandrus (Roxburgh) Ridsdale & Bakhuizen f. 风箱树
江西：修水 谭策铭，缪以清，李立新 TanCM360

Chassalia curviflora (Wallich) Thwaites 弯管花
云南：绿春 黄连山保护区科研所 HLS0283
云南：勐腊 谭运洪 A324
云南：思茅区 叶金科 YNS0318

Clarkella nana (Edgeworth) J. D. Hooker 岩上珠
云南：永德 李永亮 YDDXS1069

Coffea arabica Linnaeus 小粒咖啡
云南：勐腊 李梦 A044
云南：勐腊 李梦 A045
云南：勐腊 李梦 A046

Coptosapelta diffusa (Champion ex Bentham) Steenis 流苏子
安徽：休宁 方建新，张慧冲，程周旺等 TangXS0155
江西：黎川 童和平，王玉珍，常迪江等 TanCM2081
江西：庐山区 董安淼，吴从梅 TanCM931

Damnacanthus giganteus (Makino) Nakai 短刺虎刺
四川：峨眉山 李小杰 LiXJ415

Damnacanthus indicus C. F. Gaertner 虎刺
江苏：宜兴 吴宝成 HANGYY8202
江西：庐山区 董安淼，吴从梅 TanCM957
云南：龙陵 孙兴旭 SunXX046

Damnacanthus macrophyllus Siebold ex Miquel 浙皖虎刺
江西：庐山区 董安淼，吴从梅 TanCM1680
江西：武宁 张吉华，刘运群 TanCM1350
江西：修水 缪以清，梁荣文，余于明 TanCM700

Diodia teres Walter 山东丰花草
山东：莒县 高德民，步瑞兰，辛晓伟等 lilan767
山东：崂山区 罗艳，李中华 LuoY341

Diplospora dubia (Lindley) Masamune 狗骨柴
安徽：休宁 方建新，张慧冲，程周旺等 TangXS0153
江西：龙南 梁跃龙，欧考昌 LiangYL086
江西：武宁 张吉华，刘运群 TanCM1200
浙江：鄞州区 李宏庆，葛斌杰，刘国丽等 Lihq0041

Diplospora fruticosa Hemsley 毛狗骨柴
湖南：永顺 陈功锡，张代贵，邓涛等 SCSB-HC-2007393
湖南：永顺 陈功锡，张代贵 SCSB-HC-2008183
江西：井冈山 兰国华 LiuRL035
四川：峨眉山 李小杰 LiXJ319

Emmenopterys henryi Oliver 香果树 *
安徽：黄山区 唐鑫生，方建新 TangXS0503
安徽：舒城 陈延松，欧祖兰，高秋晨等 Xuzd389
湖北：鹤峰 许玥，祝文志，刘志祥等 ShenZHzz213
湖北：竹溪 甘啟良 GanQL660
江西：修水 缪以清，李立新 TanCM1251
云南：巧家 杨光明 SCSB-W-1234

Fosbergia shweliensis (J. Anthony) Tirvengadum & Sastre 瑞丽茜树 *
云南：沧源 赵金超，杨红强 CYNGH441
云南：隆阳区 赵玮，莫连贤，段在贤 BSGLGSly020
云南：腾冲 周应再 Zhyz-022
云南：盈江 张挺，王建军，杨茜等 SCSB-B-000412

Galium aparine Linnaeus 原拉拉藤
甘肃：碌曲 李晓东，刘帆，张景博等 LiJ0002
河北：蔚县 牛玉璐，高彦飞，赵二涛 NiuYL424
湖南：永定区 吴福川，查学州，余祥洪 7066
湖南：岳麓区 姜孝成 SCSB-HNJ-0002
江苏：句容 吴宝成，王兆银 HANGYY8156
江苏：宜兴 吴宝成 HANGYY8022
江西：修水 谭策铭，缪以清，李立新 TanCM240
山东：市南区 罗艳，母华伟，范兆飞 LuoY007
四川：峨眉山 李小杰 LiXJ463
四川：米易 袁明 MY319
四川：射洪 袁明 YUANM2016L169
云南：洱源 杨青松，星耀武，苏涛 ZhouZK-07ZX-0305
云南：景东 李坚强，罗尧 JDNR11074

Galium asperifolium var. **sikkimense** (Gandoger) Cufodontis 小叶律
湖南：江永 姜孝成，唐贵华，潘孝武 SCSB-HNJ-0048
四川：峨眉山 李小杰 LiXJ624
四川：米易 袁明 MY431
云南：巧家 李文虎，吴天抗，张天壁等 QJYS0161
云南：腾冲 周应再 Zhyz-211

Galium asperifolium var. **verrucifructum** Cufodontis 滇小叶律 *
云南：景东 杨国平，李达文，鲁志云 ygp-040

Galium baldensiforme Handel-Mazzetti 玉龙拉拉藤 *
西藏：察隅 张挺，蔡杰，袁明 09CS1583

Galium boreale Linnaeus 北方拉拉藤
甘肃：合作 刘坤 LiuJQ-GN-2011-725
江西：庐山区 董安淼，吴从梅 TanCM3310

西藏：丁青 陈家辉，王赟，刘德团 YangYP-Q-3208

Galium bungei Steudel 四叶律

安徽：屯溪区 方建新 TangXS0431
湖北：竹溪 甘啟良 GanQL015
湖北：竹溪 李盛兰 GanQL409
江西：靖安 李立新，缪以清 TanCM1244
江西：庐山区 董安淼，吴丛梅 TanCM3033
山东：崂山区 罗艳，邓建平 LuoY262
四川：峨眉山 李小杰 LiXJ436
云南：贡山 李恒，李嵘，刀志灵 946
云南：景东 杨国平，李达文，鲁志云 ygp-043
云南：腾冲 余新林，赵玮 BSGLGStc081

Galium bungei var. **angustifolium** (Loesener) Cufodontis 狭叶四叶律 *

湖北：仙桃 张代贵 Zdg1210

Galium dahuricum Turczaninow ex Ledebour 大叶猪殃殃

四川：普格 苏涛，黄永江，杨青松等 ZhouZK11012

Galium dahuricum var. **lasiocarpum** (Makino) Nakai 东北猪殃殃

江西：庐山区 谭策铭，董安淼 TanCM248

Galium elegans var. **nephrostigmaticum** (Diels) W. C. Chen 肾柱拉拉藤 *

云南：腾冲 周应再 Zhyz-278

Galium elegans Wallich 小红参

四川：甘孜 陈文允，于文涛，黄永江 CYH176
四川：红原 张昌兵，邓秀华 ZhangCB0253
云南：昌宁 赵玮 BSGLGSly110
云南：贡山 郭永杰，吴之坤，吴兴等 14CS9883
云南：景东 张绍云，胡启和，仇亚等 YNS1167
云南：景东 鲁成荣，谢有能，张明勇 JD051
云南：南涧 阿国仁，何贵才 NJWLS1146
云南：新平 彭华，向春雷，陈丽 PengH8272
云南：新平 何罡安 XPALSB029
云南：永德 李永亮 YDDXS0044
云南：永德 李永亮，王学军，杨建文等 YDDXSB077
云南：永德 李永亮 YDDXS6044

Galium hoffmeisteri (Klotzsch) Ehrendorfer & Schönbeck-Temesy ex R. R. Mill 六叶律

重庆：南川区 易思荣，谭秋平 YISR384
贵州：南明区 邹方伦 ZouFL0090
湖北：神农架林区 李巨平 LiJuPing0139
四川：白玉 李晓东，张景博，徐凌翔等 LiJ443
四川：峨眉山 李小杰 LiXJ022
西藏：林芝 卢洋，刘帆等 LiJ779
西藏：林芝 卢洋，刘帆等 LiJ810
云南：龙陵 孙兴旭 SunXX032
云南：南涧 李毕祥，袁玉明 NJWLS608
云南：宁蒗 任宗昕，寸龙琼，任尚国 SCSB-W-1387
浙江：临安 李宏庆，田怀珍 Lihq0223

Galium humifusum M. Bieberstein 蔓生拉拉藤

新疆：裕民 徐文斌，郭一敏 SHI-2009391
新疆：裕民 徐文斌，黄刚 SHI-2009437

Galium innocuum Miquel 小猪殃殃

西藏：那曲 陈家辉，庄会富，刘德团 Yangyp-Q-0206
云南：南涧 熊绍荣，阿国仁，邹国娟等 NJWLS2008114

Galium karataviense (Pavlov) Pobedimova 喀喇套拉拉藤

新疆：乌鲁木齐 王喜勇，马文宝，施翔 zdy235
新疆：乌鲁木齐 段士民，王喜勇，刘会良等 Zhangdy466

Galium linearifolium Turczaninow 线叶拉拉藤

北京：东城区 王雷，朱雅娟，黄振英 Beijing-huang-dls-0004
北京：门头沟区 林坚 SCSB-E-0001

Galium odoratum (Linnaeus) Scopoli 车轴草

新疆：巩留 亚吉东，张桥蓉，秦少发等 16CS13487

Galium paradoxum Maximowicz 林猪殃殃

湖北：仙桃 李巨平 Lijuping0324
四川：天全 何兴金，廖晨阳，任海燕等 SCU-09-402

Galium pusillosetosum H. Hara 细毛拉拉藤

四川：峨眉山 李小杰 LiXJ494

Galium spurium Linnaeus 猪殃殃

安徽：屯溪区 方建新 TangXS0199
重庆：南川区 易思荣，谭秋平 YISR136
甘肃：合作 郭淑青，杜品 LiuJQ-2012-GN-178
湖北：竹溪 李盛兰 GanQL327
湖南：怀化 李胜华，伍贤进，曾汉元等 HHXY019
青海：海西 汪书丽，王志强，邹嘉宾 Liujq-Txm10-099
青海：门源 吴玉虎 LJQ-QLS-2008-0074
山东：莱山区 卞福花，宋言贺 BianFH-447
上海：闵行区 李宏庆，葛斌杰，刘国丽 Lihq0160
四川：峨眉山 李小杰 LiXJ368
四川：雅江 何兴金，郜鹏，彭禄等 SCU-11-374
西藏：安多 陈家辉，庄会富，边巴扎西 Yangyp-Q-2082
西藏：察隅 张挺，蔡杰，袁明 09CS1569
西藏：昌都 陈家辉，王赟，刘德团 YangYP-Q-3112
西藏：浪卡子 杨永平，王东超，杨大松等 YangYP-Q-5036
西藏：聂荣 陈家辉，庄会富，边巴扎西 Yangyp-Q-2084
新疆：新源 亚吉东，张桥蓉，秦少发等 16CS13388
云南：景东 刘长铭，刘东，李先耀等 JDNR11094
云南：南涧 阿国仁 NJWLS1176
云南：腾冲 周应再 Zhyz-473
云南：腾冲 余新林，赵玮 BSGLGStc080
云南：香格里拉 张挺，亚吉东，李明勤等 11CS3367
云南：新平 张云德，李俊友 XPALSC128
云南：永德 李永亮 YDDXS1150
云南：镇沅 何忠云，周立刚 ALSZY267

Galium tenuissimum M. Bieberstein 纤细拉拉藤

新疆：伊宁 亚吉东，张桥蓉，秦少发等 16CS13448

Galium turkestanicum Pobedimova 中亚拉拉藤

新疆：和静 杨赵平，焦培培，白冠章等 LiZJ0541

Galium uliginosum Linnaeus 沼猪殃殃

云南：香格里拉 陈文允，于文涛，黄永江等 CYHL206

Galium verum Linnaeus 蓬子菜

甘肃：合作 刘坤 LiuJQ-GN-2011-724
甘肃：玛曲 李晓东，刘帆，张景博等 LiJ0051
甘肃：玛曲 刘坤 LiuJQ-GN-2011-723
河北：平山 牛玉璐，郑博颖，黄士良等 NiuYL086
黑龙江：宁安 刘玫，张欣欣，程薪宇等 Liuetal418
辽宁：桓仁 祝业平 CaoW1021
内蒙古：武川 蒲拴莲，李茂文 M067
内蒙古：武川 蒲拴莲，刘润宽，刘毅等 M245
山东：牟平区 卞福花，陈朋 BianFH-0298
山东：长清区 张少华，王萍，张诏等 Lilan177
四川：甘孜 张挺，李爱花，刘成等 08CS830
四川：理塘 李晓东，张景博，徐凌翔等 LiJ330
西藏：八宿 张永洪，王晓雄，周卓等 SunH-07ZX-1188
新疆：独山子区 亚吉东，张桥蓉，秦少发等 16CS13272
新疆：和静 张挺，杨赵平，焦培培等 LiZJ0521

新疆：青河 段士民，王喜勇，刘会良等 148
新疆：青河 段士民，王喜勇，刘会良等 160
新疆：托里 徐文斌，杨清理 SHI-2009261

Gardenia jasminoides J. Ellis 栀子
安徽：黄山区 方建新 TangXS0502
安徽：休宁 唐鑫生，方建新 TangXS0520
重庆：南川区 易思荣 YISR101
广西：上思 许为斌，黄俞淞，梁永延等 Liuyan0201
广西：钟山 黄俞淞，吴望辉，农冬新 Liuyan0275
贵州：江口 周云，王勇 XiangZ049
贵州：南明区 邹方伦 ZouFL0325
湖南：南岳区 刘克明，相银龙，周磊等 SCSB-HN-1754
湖南：双峰 姜孝成，唐妹，陈峰林等 Jiangxc0627
湖南：沅陵 李胜华，伍贤进，刘光华等 Wuxj912
湖南：岳麓区 陈薇，朱晓文，肖乐希 SCSB-HN-0665
湖南：长沙 朱香清，田淑珍 SCSB-HN-1723
江苏：句容 吴宝成，王兆银 HANGYY8613
江西：黎川 童和平，王玉珍 TanCM1877
江西：庐山区 谭策铭，董安淼 TCM09104
江西：湾里区 杜小浪，慕泽泾，曹岚 DXL059
江西：永新 旷仁平 SCSB-HN-2210
云南：勐腊 赵相兴 A055

Gardenia jasminoides var. **fortuneana** (Lindley) H. Hara 白蟾
云南：腾冲 周应再 Zhyz-434

Gardenia sootepensis Hutchinson 大黄栀子
云南：景洪 郭永杰，聂细转，黄秋月等 12CS4980
云南：勐腊 谭运洪，余涛 A522

Gardenia stenophylla Merrill 狭叶栀子
广西：上思 许为斌，黄俞淞，梁永延等 Liuyan0210
广西：上思 何海文，杨锦超 YangXF0068B

Geophila repens (Linnaeus) I. M. Johnston 爱地草
云南：个旧 税玉民，陈文红 81801
云南：永德 李永亮，马文军 YDDXSB142
云南：永德 李永亮 YDDXS0350

Haldina cordifolia (Roxburgh) Ridsdale 心叶木
云南：新平 白绍斌 XPALSC527

Hedyotis auricularia Linnaeus 耳草
广西：金秀 彭华，向春雷，陈丽 PengH8108
广西：金秀 彭华，向春雷，陈丽 PengH8164
湖南：沅陵 李胜华，伍贤进，刘光华等 Wuxj948
江西：星子 董安淼，吴从梅 TanCM1427
云南：景东 鲁艳 07-103
云南：景谷 胡启和，周英，仇亚 YNS0630
云南：孟连 彭华，向春雷，陈丽 P.H.5827
云南：普洱 胡启和，仇亚，张绍云 YNS0671
云南：新平 自正尧 XPALSB288
云南：永德 李永亮 YDDXS0812

Hedyotis biflora (Linnaeus) Lamarck 双花耳草
云南：景东 刘长铭，刘东 JDNR11068
云南：南涧 官有才 NJWLS1612
云南：腾冲 周应再 Zhyz-336
云南：文山 何德明，丰艳飞，韦荣彪等 WSLJS772
云南：镇沅 罗成瑜 ALSZY227

Hedyotis capitellata var. **mollis** (Pierre ex Pitard) T. N. Ninh 疏毛头状花耳草
云南：麻栗坡 肖波 LuJL339

Hedyotis capitellata Wallich ex G. Don 头花耳草
云南：绿春 黄连山保护区科研所 HLS0416
云南：南涧 马德跃，官有才，罗开宏等 NJWLS979
云南：普洱 叶金科 YNS0094
云南：新平 罗有明 XPALSB076

Hedyotis chrysotricha (Palibin) Merrill 金毛耳草
江西：庐山区 董安淼，吴从梅 TanCM1020
江西：星子 董安淼，吴从梅 TanCM1604
云南：景东 刘长铭，刘东，李先耀等 JDNR11088
云南：澜沧 张绍云，胡启和，叶金科等 YNS1195
云南：南涧 阿国仁，何贵才 NJWLS576
云南：新平 谢雄 XPALSC463
云南：镇沅 罗成瑜 ALSZY114

Hedyotis corymbosa (Linnaeus) Lamarck 伞房花耳草
贵州：正安 韩国营 HanGY012
江西：黎川 童和平，王玉珍 TanCM3113
四川：米易 刘静，袁明 MY-074

Hedyotis dianxiensis W. C. Ko 滇西耳草 *
云南：南涧 彭华，向春雷，陈丽 P.H.5903

Hedyotis diffusa Willdenow 白花蛇耳草
安徽：休宁 唐鑫生，方建新 TangXS0343
湖南：永顺 陈功锡，张代贵，邓涛等 SCSB-HC-2007323
江苏：无锡 李宏庆，熊申展，桂萍 Lihq0387
江西：黎川 童和平，王玉珍，常迪江等 TanCM2027
江西：庐山区 谭策铭，董安淼 TanCM520
云南：景东 彭华，陈丽 P.H.5452
云南：景谷 胡启和，周英，仇亚 YNS0656
云南：景洪 张挺，徐远杰，谭文杰 SCSB-B-000352
云南：普洱 胡启和，张绍云 YNS0606
云南：普洱 叶金科 YNS0392
云南：思茅区 胡启和，周兵，仇亚 YNS0895
云南：新平 自正尧 XPALSB296
浙江：鄞州区 李宏庆，葛斌杰 Lihq0123

Hedyotis hedyotidea (Candolle) Merrill 牛白藤
广西：防城港 许为斌，黄俞淞，梁永延等 Liuyan0234
广西：临桂 吴望辉，黄俞淞，农冬新 Liuyan0390
云南：沧源 赵金超 CYNGH267
云南：景东 鲁艳 200811

Hedyotis merguensis Bentham & J. D. Hooker 合叶耳草
云南：镇沅 何忠云，王立东 ALSZY150

Hedyotis ovatifolia Cavanilles 矮小耳草
广西：金秀 彭华，向春雷，陈丽 PengH8165
云南：新平 何罡安 XPALSB113

Hedyotis scandens Roxburgh 攀茎耳草
云南：沧源 赵金超，肖美芳 CYNGH249
云南：贡山 聂泽龙，孟盈，邓涛 SunH-07ZX-2872
云南：景东 鲁艳 200814
云南：龙陵 孙兴旭 SunXX149
云南：绿春 HLS0180
云南：绿春 刀志灵，周鲁门 DZL-182
云南：绿春 黄连山保护区科研所 HLS0032
云南：南涧 马德跃，官有才，罗开宏等 NJWLS951
云南：普洱 叶金科 YNS0088
云南：腾冲 周应再 Zhyz-176
云南：腾冲 余新林，赵玮 BSGLGStc406
云南：新平 何罡安 XPALSB142
云南：永德 李永亮 YDDXS0027
云南：元阳 亚吉东，黄莉，何华杰 15CS11292
云南：镇沅 王立东，何忠云，罗成瑜 ALSZY198
云南：镇沅 朱恒，罗成瑜 ALSZY203

云南：镇沅 罗成瑜 ALSZY338

Hedyotis tenelliflora Blume 纤花耳草

云南：文山 何德明，丰艳飞 WSLJS813

云南：永德 李永亮 YDDXS0873

云南：永德 李永亮 YDDXS0983

Hedyotis uncinella Hooker & Arnott 长节耳草

云南：江城 叶金科 YNS0438

云南：景东 罗忠华，谢有能，罗文涛等 JDNR136

云南：景东 鲍文强 JDNR11077

云南：南涧 阿国仁，熊绍荣，邹国娟等 NJWLS2008027

云南：腾冲 周应再 Zhyz-489

云南：西山区 蔡杰，张挺，刘成等 11CS3700

云南：新平 谢雄 XPALSC196

云南：永德 李永亮 YDDXSB045

云南：永德 李永亮 YDDXS0483

云南：镇沅 胡启和，周英，仇亚 YNS0633

云南：镇沅 罗成瑜 ALSZY403

Hedyotis verticillata (Linnaeus) Lamarck 粗叶耳草

福建：同安区 李宏庆，陈纪云，王双 Lihq0285

云南：景东 鲁艳 07-160

云南：墨江 张绍云，胡启和 YNS1006

云南：文山 何德明 WSLJS732

云南：永德 李永亮 LiYL1612

云南：永德 李永亮 YDDXS0869

Himalrandia lichiangensis (W. W. Smith) Tirvengadum 须弥茜树 *

云南：古城区 吴之坤 ZKWu2014115

Hymenodictyon orixense (Roxburgh) Mabberley 毛土连翘

云南：麻栗坡 肖波 LuJL488

Ixora henryi H. Léveillé 白花龙船花

云南：景谷 叶金科 YNS0403

Kelloggia chinensis Franchet 云南钩毛草

四川：得荣 张挺，蔡杰，刘恩德等 SCSB-B-000449

云南：勐海 彭华，向春雷，陈丽等 P.H.5745

Lasianthus biermannii King ex J. D. Hooker 梗花粗叶木

云南：景东 罗忠华，刘长铭，鲁成荣 JDNR09008

云南：景东 鲁成荣，魏启军，张明勇等 JDNR11005

云南：龙陵 孙兴旭 SunXX044

云南：南涧 高国政，徐如标，李成清 NJWLS2008252

云南：屏边 楚永兴 Pbdws078

云南：盈江 王立彦，桂魏，刀江飞 SCSB-TBG-206

云南：永德 李增柱，王学军，杨金荣 YDDXSA026

Lasianthus biermannii subsp. **crassipedunculatus** C. Y. Wu & H. Zhu 粗梗粗叶木 *

云南：麻栗坡 肖波 LuJL348

云南：文山 何德明，肖波 WSLJS844

云南：西畴 张挺，蔡杰，刘越强等 SCSB-B-000447

Lasianthus chrysoneurus (Korthals) Miquel 库兹粗叶木

云南：西盟 叶金科 YNS0130

Lasianthus henryi Hutchinson 西南粗叶木 *

云南：景东 刘长铭，罗庆光，袁小龙等 JDNR11020

云南：麻栗坡 肖波 LuJL347

云南：麻栗坡 肖波 LuJL484

云南：屏边 张挺，胡益敏 SCSB-B-000561

云南：屏边 钱良超，陆海兴，张照跃等 Pbdws112

云南：屏边 楚永兴 Pbdws082

云南：文山 何德明 WSLJS1056

Lasianthus inodorus Blume 革叶粗叶木

云南：普洱 叶金科 YNS0308

云南：西盟 胡启和，赵强，周英等 YNS0759

Lasianthus japonicus Miquel 日本粗叶木

贵州：江口 周云，王勇 XiangZ021

贵州：江口 周云，王勇 XiangZ045

江西：井冈山 兰国华 LiuRL051

江西：武宁 张吉华，刘运群 TanCM594

江西：修水 缪以清，陈三友 TanCM2179

云南：沧源 赵金超，杨红强 CYNGH427

Lasianthus japonicus subsp. **longicaudus** (J. D. Hooker) C. Y. Wu & H. Zhu 云广粗叶木

云南：河口 张贵良，张贵生，陶英美等 ZhangGL063

Lasianthus lucidus Blume 无苞粗叶木

云南：南涧 高国政，徐汝彪，李成清等 NJWLS2008276

Lasianthus sikkimensis J. D. Hooker 锡金粗叶木

云南：麻栗坡 肖波 LuJL346

Leptodermis glomerata Hutchinson 聚花野丁香 *

云南：西山区 蔡杰，张挺，刘成等 11CS3693

Leptodermis oblonga Bunge 薄皮木

云南：南涧 阿国仁 NJWLS1505

Leptodermis ordosica H. C. Fu & E. W. Ma 内蒙野丁香 *

宁夏：西夏区 左忠，刘华 ZuoZh244

宁夏：西夏区 朱强 ZhuQ003

Leptodermis pilosa Diels 川滇野丁香 *

西藏：加查 许炳强，童毅华 XiaNh-07zx-731

西藏：林芝 张大才，李双智，唐路等 ZhangDC-07ZX-1872

云南：玉龙 张大才，李双智，杨川 ZhangDC-07ZX-2023

Leptodermis pilosa var. **acanthoclada** H. S. Lo ex X. Y. Wen & Q. Lin 刺枝野丁香 *

西藏：朗县 罗建，汪书丽，任德智 L088

Leptodermis potaninii Batalin 野丁香 *

云南：富民 彭华，向春雷，许瑾等 P.H.5466

云南：巧家 杨光明，颜再奎，张天壁等 QJYS0065

云南：永德 李永亮，王学军，杨建文等 YDDXSB057

Leptodermis potaninii var. **glauca** (Diels) H. J. P. Winkler 粉绿野丁香 *

云南：文山 何德明，高发能 WSLJS1003

云南：永德 李永亮 YDDXS0675

Leptodermis wilsonii Diels 大果野丁香 *

云南：南涧 常学科，熊绍荣，时国彩等 njwls2007161

Luculia gratissima (Wallich) Sweet 馥郁滇丁香

云南：西盟 叶金科 YNS0149

Luculia pinceana Hooker 滇丁香

广西：隆安 莫水松，胡仁传 Liuyan1120

云南：沧源 赵金超，杨红强 CYNGH276

云南：贡山 张挺，杨湘云，李涟漪等 14CS9633

云南：河口 张贵良，杨鑫峰，陶美英等 ZhangGL084

云南：金平 喻智勇，官兴永，张云飞等 JinPing74

云南：景东 罗忠华，刘长铭，李绍昆等 JDNR09063

云南：隆阳区 许炳强，吴兴，李婧等 XiaNh-07zx-227

云南：隆阳区 段在贤，杨安友，陈波等 BSGLGSly1235

云南：麻栗坡 张挺，李洪超，左定科 SCSB-B-000321

云南：麻栗坡 税玉民，陈文红 81292

云南：勐海 谭运洪，余涛 B371

云南：南涧 张挺，常学科，熊绍荣等 njwls2007141

云南：屏边 钱良超，陆海兴，康远勇等 Pbdws174

云南：腾冲 李爱花，黄之镨，黄押稳等 SCSB-A-000308

云南：腾冲 余新林，赵玮 BSGLGStc032

云南：腾冲 周应再 Zhyz-053
云南：文山 税玉民，陈文红 16301
云南：文山 何德明，丰艳飞，曹世超 WSLJS697
云南：文山 税玉民，陈文红 71937
云南：永德 李永亮 YDDXS1287

Luculia yunnanensis S. Y. Hu 鸡冠滇丁香 *
云南：贡山 刘成，何华杰，黄莉等 14CS8568

Morinda citrifolia Linnaeus 海滨木巴戟
湖南：怀化 李胜华，伍贤进，曾汉元等 HHXY391
云南：勐腊 赵相兴 A017
云南：勐腊 谭运洪 A139
云南：勐腊 谭运洪 A169
云南：勐腊 谭运洪 A348

Morinda cochinchinensis Candolle 大果巴戟
广西：上思 何海文，杨锦超 YANGXF0488

Morinda nanlingensis var. **pilophora** Y. Z. Ruan 毛背鸡眼藤 *
广西：金秀 许为斌，黄俞淞，叶晓霞等 Liuyan0123
广西：阳朔 吴望辉，许为斌，黄俞淞 Liuyan0427

Morinda nanlingensis Y. Z. Ruan 南岭鸡眼藤 *
云南：文山 何德明 WSLJS597

Morinda umbellata Linnaeus 印度羊角藤
广西：龙胜 黄俞淞，朱章明，农冬新 Liuyan0249
贵州：江口 周云，王勇 XiangZ040
湖南：古丈 刘克明，朱晓文 SCSB-HN-0522
江西：黎川 童和平，王玉珍 TanCM1828
江西：修水 缪以清 TanCM660
云南：文山 何德明 WSLJS532
浙江：鄞州区 李宏庆，葛斌杰，刘国丽等 Lihq0049

Morinda umbellata subsp. **obovata** Y. Z. Ruan 羊角藤 *
安徽：休宁 唐鑫生，方建新 TangXS0332
广西：八步区 黄俞淞，吴望辉，农冬新 Liuyan0293
广西：灵川 吴望辉，黄俞淞，农冬新 Liuyan0416
贵州：黄平 邹方伦 ZouFL0244
湖南：古丈 张代贵 Zdg1351
湖南：新化 黄先辉，杨亚平，卜剑超 SCSB-HNJ-0347

Mussaenda breviloba S. Moore 短裂玉叶金花
云南：景谷 叶金科 YNS0424

Mussaenda decipiens H. Li 墨脱玉叶金花 *
西藏：墨脱 刘成，亚吉东，何华杰等 16CS11844
云南：景东 罗忠华，段玉伟，刘长铭等 JD127

Mussaenda divaricata Hutchinson 展枝玉叶金花
云南：绿春 黄连山保护区科研所 HLS0031
云南：弥勒 刘恩德，方伟，杜燕等 SCSB-B-000034
云南：宁洱 胡启和，仇亚，张绍云 YNS0579
云南：宁洱 胡启和，仇亚，张绍云 YNS0581
云南：文山 何德明 WSLJS873
云南：新平 罗永朋 XPALSB074
云南：新平 谢天华，郎定富，杨如伟 XPALSA056

Mussaenda erosa Champion ex Bentham 楠藤
广西：上思 何海文，杨锦超 YANGXF0342
广西：昭平 莫水松 Liuyan1055
广西：昭平 吴望辉，黄俞淞，蒋日红 Liuyan0328
云南：沧源 赵金超，肖美芳 CYNGH210
云南：绿春 黄连山保护区科研所 HLS0049
云南：腾冲 余新林，赵玮 BSGLGStc115
云南：腾冲 周应再 Zhyz-072
云南：西畴 张挺，李洪超，左定科 SCSB-B-000308

Mussaenda frondosa Linnaeus 洋玉叶金花
湖南：鹤城区 李胜华，伍贤进，曾汉元等 HHXY192
湖南：怀化 李胜华，伍贤进，曾汉元等 HHXY218
湖南：怀化 李胜华，伍贤进，曾汉元等 HHXY279
湖南：新化 姜孝成，黄先辉，杨亚平等 SCSB-HNJ-0312

Mussaenda hainanensis Merrill 海南玉叶金花 *
广西：阳朔 吴望辉，许为斌，农冬新 Liuyan0513

Mussaenda hirsutula Miquel 粗毛玉叶金花 *
云南：普洱 谭运洪，余涛 B442

Mussaenda macrophylla Wallich 大叶玉叶金花
广西：八步区 黄俞淞，吴望辉，农冬新 Liuyan0288
湖北：五峰 陈功锡，张代贵 SCSB-HC-2008334
云南：沧源 赵金超，肖美芳，汪顺莉 CYNGH248
云南：景东 鲁艳 07-144
云南：景东 罗忠华，刘长铭，李绍昆等 JDNR09100
云南：勐海 谭运洪，余涛 B369
云南：南涧 李名生 NJWLS2008218
云南：普洱 谭运洪，余涛 B413
云南：普洱 谭运洪，余涛 B441
云南：普洱 谭运洪，余涛 B461
云南：腾冲 周应再 Zhyz-065

Mussaenda mollissima C. Y. Wu ex H. H. Hsue & H. Wu 多毛玉叶金花 *
云南：景东 刘长铭 JDNR110115
云南：宁洱 张绍云，胡启和 YNS1051
云南：思茅区 张绍云，胡启和 YNS1104
云南：新平 何罡安 XPALSB143
云南：元阳 亚吉东，黄莉，何华杰 15CS11273
云南：元阳 车鑫，刘成，杨娅娟等 YYGYS002

Mussaenda multinervis C. Y. Wu ex H. H. Hsue & H. Wu 多脉玉叶金花 *
云南：金平 喻智勇，官兴永，张云飞等 JinPing78

Mussaenda parviflora Miquel 小玉叶金花
湖南：沅陵 李胜华，伍贤进，刘光华等 Wuxj879

Mussaenda pubescens W. T. Aiton 玉叶金花
广西：八步区 莫水松 Liuyan1074
广西：临桂 吴望辉，黄俞淞，农冬新 Liuyan0399
广西：上思 叶晓霞，吴望辉，农冬新 Liuyan0358
广西：永福 许为斌，梁永延，黄俞淞等 Liuyan0153
贵州：江口 周云 XiangZ118
贵州：黎平 刘克明，王成，张恒 SCSB-HN-1084
贵州：施秉 邹方伦 ZouFL0251
湖南：古丈 刘克明，朱晓文 SCSB-HN-0502
湖南：江华 肖乐希 SCSB-HN-0884
湖南：浏阳 朱晓文 SCSB-HN-1044
湖南：南岳区 旷仁平 SCSB-HN-0757
湖南：石门 陈功锡，张代贵，邓涛等 SCSB-HC-2007536
湖南：永顺 陈功锡，张代贵 SCSB-HC-2008269
湖南：雨花区 蔡秀珍，陈薇，朱晓文 SCSB-HN-0651
湖南：岳麓区 姜孝成，唐贵华，旷仁平等 SCSB-HNJ-0126
四川：峨眉山 李小杰 LiXJ564
云南：景洪 张挺，谭运洪，王建军等 SCSB-B-000265
云南：景洪 彭华，向春雷，王泽欢 PengH8517
云南：隆阳区 尹学建，蒙玉永 BSGLGSly2045
云南：南涧 熊绍荣，潘继云，邹国娟等 NJWLS2008105
云南：南涧 熊绍荣，李旭生，邹国娟等 NJWLS2008112
云南：屏边 钱良超，康远勇，陆海兴 Pbdws150
云南：普洱 谭运洪，余涛 B408
云南：新平 刘家良 XPALSD119

云南：镇沅 朱恒 ALSZY129

Mussaenda shikokiana Makino 大叶白纸扇

安徽：屯溪区 方建新，张勇，张恒 TangXS0627
湖北：通山 甘啟良 GanQL157
湖北：宣恩 沈泽昊 HXE094
湖南：安化 刘克明，彭珊，李珊等 SCSB-HN-1692
湖南：鹤城区 李胜华，伍贤进，曾汉元等 HHXY188
湖南：衡山 刘克明，田淑珍 SCSB-HN-0361
湖南：会同 刘克明，王成，张恒 SCSB-HN-0746
湖南：江华 肖乐希，刘克明 SCSB-HN-1618
湖南：江华 肖乐希，刘欣欣 SCSB-HN-0877
湖南：江永 刘克明，蔡秀珍，陈薇 SCSB-HN-0038
湖南：浏阳 刘克明，朱晓文，田淑珍 SCSB-HN-0433
湖南：浏阳 旷仁平 SCSB-HN-1040
湖南：桑植 陈功锡，廖博儒，查学州等 200
湖南：新化 姜孝成，唐妹，戴小军等 Jiangxc0571
湖南：新化 刘克明，彭珊，李珊等 SCSB-HN-1644
湖南：炎陵 蔡秀珍，孙秋妍 SCSB-HN-1503
湖南：宜章 田淑珍 SCSB-HN-0717
湖南：沅陵 周丰杰，刘克明 SCSB-HN-1327
江西：黎川 童和平，王玉珍，常迪江等 TanCM2036
江西：武宁 张吉华，刘运群 TanCM746
四川：峨眉山 李小杰 LiXJ566
云南：绿春 黄连山保护区科研所 HLS0284
云南：麻栗坡 肖波 LuJL371
云南：永德 李永亮，马文军 YDDXSB117
浙江：开化 李宏庆，熊申展，桂萍 Lihq0412

Mycetia brevisepala H. S. Lo 短萼腺萼木

广西：龙胜 黄俞淞，梁永延，叶晓霞 Liuyan0051

Mycetia glandulosa Craib 腺萼木

广西：金秀 彭华，向春雷，陈丽 PengH8126
云南：景谷 叶金科 YNS0412
云南：景洪 张挺，谭运洪，王建军等 SCSB-B-000289
云南：绿春 何疆海，何来收，白然思等 HLS0347
云南：绿春 税玉民，陈文红 82789

Mycetia gracilis Craib 纤梗腺萼木

云南：江城 叶金科 YNS0475
云南：金平 DNA barcoding B组 GBOWS1367
云南：景洪 张挺，王建军，廖琼 SCSB-B-000251
云南：景洪 胡启和，仇亚，周英等 YNS0682
云南：景洪 彭华，向春雷，王泽欢 PengH8516
云南：隆阳区 段在贤，李晓东，封占昕 BSGLGSly044
云南：绿春 黄连山保护区科研所 HLS0060
云南：绿春 黄连山保护区科研所 HLS0084
云南：绿春 李嵘，张洪喜 DZL-252
云南：绿春 李嵘，张洪喜 DZL-256
云南：绿春 税玉民，陈文红 81463
云南：南涧 阿国仁，何贵才 NJWLS2008222
云南：普洱 胡启和，仇亚，周英等 YNS0718
云南：元江 孙振华，王文礼，宋晓卿等 Ouxk-YJ-0037

Mycetia hirta Hutchinson 毛腺萼木 *

西藏：墨脱 刘成，亚吉东，何华杰等 16CS11943
西藏：墨脱 刘成，亚吉东，何华杰等 16CS11951
云南：河口 税玉民，陈文红 82722
云南：江城 叶金科 YNS0455
云南：金平 税玉民，陈文红 80284
云南：金平 税玉民，陈文红 80392
云南：金平 喻智勇，官兴永，张云飞等 JinPing56
云南：景洪 张挺，王建军，廖琼 SCSB-B-000259
云南：景洪 张挺，徐远杰，谭文杰 SCSB-B-000350
云南：景洪 彭华，向春雷，王泽欢 PengH8542
云南：绿春 黄连山保护区科研所 HLS0059
云南：绿春 税玉民，陈文红 81480
云南：麻栗坡 肖波 LuJL419
云南：盈江 郭永杰，李涟漪，聂细转 12CS5275

Mycetia longiflora F. C. How ex H. S. Lo 长花腺萼木 *

云南：沧源 张挺，刘成，郭永杰 08CS923
云南：江城 叶金科 YNS0456
云南：南涧 马德跃，官有才，罗开宏 NJWLS944
云南：西畴 张挺，李洪超，左定科 SCSB-B-000313
云南：永德 李永亮，马文军 YDDXSB177

Mycetia sinensis (Hemsley) Craib 华腺萼木 *

云南：河口 张贵良，白松民 ZhangGL207
云南：绿春 何疆海，何来收，白然思等 HLS0341
云南：绿春 何疆海，何来收，白然思等 HLS0346
云南：屏边 钱良超，陆海兴，康远勇等 Pbdws184
云南：西盟 胡启和，赵强，周英等 YNS0769

Mycetia yunnanica H. S. Lo 云南腺萼木 *

云南：红河 彭华，向春雷，陈丽 PengH8227

Myrioneuron effusum (Pitard) Merrill 大叶密脉木

云南：绿春 黄连山保护区科研所 HLS0269
云南：绿春 李嵘，张洪喜 DZL-257
云南：元阳 车鑫，亚吉东，秦少发等 YYGYS064

Myrioneuron faberi Hemsley 密脉木 *

广西：临桂 吴望辉，黄俞淞，农冬新 Liuyan0394
广西：永福 许为斌，黄俞淞，朱章明 Liuyan0471
湖南：吉首 陈功锡，张代贵，邓涛等 SCSB-HC-2007307
四川：峨眉山 李小杰 LiXJ293
云南：沧源 赵金超 CYNGH259
云南：河口 张贵良，白松民，蒋忠华 ZhangGL213
云南：绿春 HLS0185
云南：麻栗坡 税玉民，陈文红 81243
云南：麻栗坡 税玉民，陈文红 81277
云南：马关 税玉民，陈文红 82663
云南：文山 何德明，丰艳飞，韦荣彪等 WSLJS778
云南：西畴 税玉民，陈文红 80751
云南：西畴 税玉民，陈文红 80787
云南：西盟 胡启和，赵强，周英等 YNS0767
云南：新平 刘家良 XPALSD367

Myrioneuron tonkinense Pitard 越南密脉木

云南：河口 张贵良，果忠 ZhangGL205
云南：景洪 彭华，向春雷，王泽欢 PengH8550
云南：景洪 彭华，向春雷，王泽欢 PengH8605
云南：景洪 彭华，向春雷，王泽欢 PengH8606
云南：麻栗坡 DNA barcoding B组 GBOWS0012
云南：麻栗坡 肖波 LuJL114
云南：南涧 熊绍荣，李成清，邹国娟等 NJWLS2008104
云南：普洱 叶金科 YNS0364
云南：永德 李永亮 LiYL1414
云南：永德 李永亮 YDDXS0922
云南：元阳 浦仕梅，刘成，杨娅娟等 YYGYS024

Nauclea officinalis (Pierre ex Pitard) Merrill & Chun 乌檀

云南：普洱 叶金科 YNS0329

Neanotis calycina (Wallich ex J. D. Hooker) W. H. Lewis 紫花新耳草

云南：峨山 蔡杰，张挺，亚吉东等 13CS7269

云南：新平 何罡安 XPALSB465
云南：镇沅 何忠云，周立刚 ALSZY271

Neanotis hirsuta (Linnaeus f.) W. H. Lewis **薄叶新耳草**
安徽：屯溪区 方建新 TangXS0625
江西：黎川 童和平，王玉珍，常迪江等 TanCM2065
江西：修水 缪以清，陈三友 TanCM2164
云南：贡山 郭永杰，吴之坤，吴兴等 14CS9897
云南：墨江 张绍云，胡启和 YNS1010
云南：南涧 阿国仁，何贵才 NJWLS798
云南：永德 李永亮，马文军 YDDXSB165
云南：镇沅 何忠云，周立刚 ALSZY268
浙江：开化 李宏庆，熊申展，桂萍 Lihq0408

Neanotis ingrata (Wallich ex J. D. Hooker) W. H. Lewis **臭味新耳草**
四川：米易 刘静，袁明 MY-151

Neanotis kwangtungensis (Merrill & F. P. Metcalf) W. H. Lewis **广东新耳草**
江西：庐山区 董安淼，吴丛梅 TanCM2567

Neanotis thwaitesiana (Hance) W. H. Lewis **新耳草** *
西藏：墨脱 刘成，亚吉东，何华杰等 16CS11996

Neanotis wightiana (Wallich ex Wight & Arnott) W. H. Lewis **西南新耳草**
云南：新平 白绍斌 XPALSC226
云南：永德 李永亮 YDDXS0555

Neohymenopogon parasiticus (Wallich) Bennet **石丁香**
云南：贡山 刘成，何华杰，黄莉等 14CS9981
云南：贡山 刀志灵 DZL467
云南：麻栗坡 肖波，陆章强 LuJL042
云南：腾冲 余新林，赵玮 BSGLGStc368
云南：新平 王家和 XPALSC219
云南：盈江 王立彦，桂魏，刀江飞 SCSB-TBG-196
云南：永德 杨金荣，黄德武，李增柱等 YDDXSA068
云南：永德 欧阳红才，普跃东，鲁金国等 YDDXSC039

Neolamarckia cadamba (Roxburgh) Bosser **团花**
云南：沧源 赵金超 CYNGH034
云南：金平 税玉民，陈文红 80164
云南：景洪 谭运洪，余涛 B253
云南：麻栗坡 肖波 LuJL389
云南：勐腊 谭运洪 A331

Nertera sinensis Hemsley **薄柱草** *
四川：峨眉山 李小杰 LiXJ734
云南：贡山 刘成，何华杰，黄莉等 14CS8528
云南：贡山 张挺，杨湘云，李涟漪 14CS9600

Ophiorrhiza alatiflora H. S. Lo **延翅蛇根草** *
云南：文山 何德明，丰艳飞 WSLJS936

Ophiorrhiza cantonensis Hance **广州蛇根草** *
贵州：开阳 邹方伦 ZouFL0185
湖北：竹溪 李盛兰 GanQL397
四川：峨眉山 李小杰 LiXJ640
云南：永德 李永亮 LiYL1319

Ophiorrhiza chinensis H. S. Lo **中华蛇根草** *
四川：峨眉山 李小杰 LiXJ004

Ophiorrhiza japonica Blume **日本蛇根草**
湖北：竹溪 李盛兰 GanQL395
江西：黎川 童和平，王玉珍 TanCM2310
江西：庐山区 董安淼，吴丛梅 TanCM2514
四川：峨眉山 李小杰 LiXJ043
云南：禄丰 蔡杰，李爱花，Gemma Hoyle 09CS1076

Ophiorrhiza luchuanensis H. S. Lo **绿春蛇根草** *
云南：绿春 刀志灵，张洪喜 DZL614

Ophiorrhiza mitchelloides (Masamune) H. S. Lo **东南蛇根草** *
云南：文山 何德明，丰艳飞，韦荣彪等 WSLJS746

Ophiorrhiza nutans C. B. Clarke ex J. D. Hooker **垂花蛇根草**
云南：腾冲 余新林，赵玮 BSGLGStc348
云南：文山 何德明，丰艳飞 WSLJS1051

Ophiorrhiza rosea J. D. Hooker **美丽蛇根草**
云南：贡山 刘成，何华杰，黄莉等 14CS8569
云南：元阳 浦仕梅，刘成，杨娅娟等 YYGYS023

Ophiorrhiza subrubescens Drake **变红蛇根草**
云南：景东 鲁艳 2008103

Paederia cavaleriei H. Léveillé **耳叶鸡矢藤**
江西：铅山 谭策铭，易桂花 TCM09193
江西：修水 缪以清，谢由根 TanCM2456

Paederia foetida Linnaeus **鸡矢藤**
安徽：肥东 徐忠东，陈延松 Xuzd031
安徽：舒城 陈延松，欧祖兰，高秋晨等 Xuzd433
安徽：屯溪区 唐鑫生，方建新 TangXS0405
安徽：屯溪区 唐鑫生，方建新 TangXS0406
重庆：南川区 易思荣 YISR103
广西：雁山区 莫水松 Liuyan1067
贵州：花溪区 邹方伦 ZouFL0174
贵州：江口 彭华，王英，陈丽 P.H.5143
河南：栾川 黄振英，于顺利，杨学军 Huangzy0013
河南：南召 黄振英，于顺利，杨学军 Huangzy0178
河南：嵩县 黄振英，于顺利，杨学军 Huangzy0108
湖北：神农架林区 李巨平 LiJuPing0250
湖北：宣恩 沈泽昊 DS2290
湖北：宣恩 沈泽昊 HXE007
湖北：长阳 祝文志，刘志祥，曹远俊 ShenZH5773
湖南：安化 李伟，刘克明 SCSB-HN-1702
湖南：古丈 刘克明，朱晓文 SCSB-HN-0517
湖南：鹤城区 伍贤进，李胜华，曾汉元等 HHXY100
湖南：怀化 李胜华，伍贤进，曾汉元等 HHXY203
湖南：怀化 李胜华，伍贤进，曾汉元等 HHXY397
湖南：南县 田淑珍，刘克明 SCSB-HN-1767
湖南：南岳区 刘克明，相银龙 SCSB-HN-1753
湖南：新化 刘克明，李伟 SCSB-HN-1687
湖南：永定区 吴福川，余祥洪，曹赫等 2007A011
湖南：永顺 陈功锡，张代贵 SCSB-HC-2008203
湖南：沅江 熊凯辉，刘克明 SCSB-HN-2220
湖南：沅江 熊凯辉，刘克明 SCSB-HN-2251
湖南：沅江 熊凯辉，刘克明 SCSB-HN-2254
湖南：沅江 熊凯辉，刘克明 SCSB-HN-2259
湖南：沅江 熊凯辉，刘克明 SCSB-HN-2264
湖南：长沙 朱香清，田淑珍，刘克明 SCSB-HN-1450
江苏：句容 王兆银，吴宝成 SCSB-JS0352
江西：黎川 杨文斌，饶云芳 TanCM1319
江西：庐山区 董安淼，吴从梅 TanCM902
山东：历下区 张璐璐，王慧燕，邱振鲁等 Zhaozt0213
四川：乐至 邓兴敏，邓秀发，张昌兵 ZCB0460
四川：米易 刘静 MY-137
四川：万源 张桥蓉，余华，王义 15CS11501
云南：安宁 杜燕，周开洪，王建军等 SCSB-A-000367
云南：河口 张挺，胡益敏 SCSB-B-000544
云南：景东 鲁艳 2008216
云南：景东 刘长铭，袁小龙，杨华金等 JDNR11031

云南：景东 刘长铭，张明勇，罗庆光 JDNR11038
云南：隆阳区 尹学建，蒙玉永 BSGLGSly2033
云南：隆阳区 段在贤，刀开国，陈学良 BSGLGSly1204
云南：麻栗坡 肖波 LuJL048
云南：麻栗坡 肖波 LuJL255
云南：麻栗坡 肖波 LuJL459
云南：马关 张挺，修莹莹，李胜 SCSB-B-000616
云南：墨江 张绍云，叶金科，胡启和 YNS1336
云南：南涧 马德跃，官有才，熊绍荣 NJWLS823
云南：宁洱 胡启和，仇亚 YNS0565
云南：普洱 叶金科 YNS0348
云南：普洱 叶金科 YNS0379
云南：腾冲 周应再 Zhyz-337
云南：腾冲 周应再 Zhyz-508
云南：文山 彭华，刘恩德，陈丽 P.H.5530
云南：文山 何德明 WSLJS854
云南：新平 王家和 XPALSC207
云南：新平 彭华，向春雷，陈丽 PengH8263
云南：新平 彭华，向春雷，陈丽 PengH8279
云南：易门 彭华，向春雷，王泽欢 PengH8385
云南：盈江 王立彦，桂魏，刀江飞 SCSB-TBG-119
云南：永德 李永亮，马文军 YDDXSB226
云南：永德 李永亮 YDDXS0902
云南：云龙 赵玉贵，李占兵，张吉平等 TC2034
云南：镇沅 罗成瑜 ALSZY258
浙江：鄞州区 李宏庆，葛斌杰，刘国丽等 Lihq0044
浙江：余杭区 葛斌杰 Lihq0132

Paederia stenobotrya Merrill 狭序鸡矢藤 *
广西：阳朔 吴望辉，许为斌，黄俞淞 Liuyan0428

Paederia yunnanensis (H. Léveillé) Rehder 云南鸡矢藤
云南：江城 叶金科 YNS0484
云南：景东 彭华，陈丽 P.H.5387
云南：南涧 张世雄，时国彩 NJWLS2008069
云南：文山 丰艳飞，韦荣彪，黄太文 WSLJS744
云南：盈江 王立彦，赵永全，沙麻糯 WLYTBG-035
云南：永德 李永亮 YDDXS0981

Pavetta arenosa Loureiro 大沙叶
云南：个旧 税玉民，陈文红 71666

Pavetta hongkongensis Bremekamp 香港大沙叶
云南：隆阳区 段在贤，代如亮，赵玮 BSGLGSly061
云南：马关 税玉民，陈文红 82605

Pavetta polyantha (J. D. Hooker) R. Brown ex Bremekamp 多花大沙叶
云南：景洪 张挺，李洪超，李文化等 SCSB-B-000403

Pavetta scabrifolia Bremekamp 糙叶大沙叶 *
云南：马关 张挺，修莹莹，李胜 SCSB-B-000626
云南：马关 张挺，修莹莹，李胜 SCSB-B-000627

Prismatomeris tetrandra (Roxburgh) K. Schumann 四蕊三角瓣花
云南：南涧 高国政，徐汝彪，李成清等 NJWLS2008280

Psychotria asiatica Linnaeus 九节
广西：隆安 莫水松，胡仁传，林春蕊 Liuyan1113
广西：上思 许为斌，黄俞淞，梁永延等 Liuyan0199
广西：上思 何海文，杨锦超 YANGXF0096
广西：上思 黄俞淞，吴望辉，农冬新 Liuyan0342
云南：江城 叶金科 YNS0486
云南：隆阳区 段在贤，陈学良，密祖廷等 BSGLGSly1253
云南：勐腊 谭运洪 A357
云南：永德 杨金荣，黄德武，李增柱等 YDDXSA086

Psychotria calocarpa Kurz 美果九节
西藏：墨脱 刘成，亚吉东，何华杰等 16CS11945
云南：沧源 张挺，刘成，郭永杰 08CS945
云南：河口 张挺，胡益敏 SCSB-B-000547
云南：绿春 张挺，马国强，刘娜等 SCSB-B-000572

Psychotria densa W. C. Chen 密脉九节 *
云南：绿春 黄连山保护区科研所 HLS0444

Psychotria morindoides Hutchinson 聚果九节
云南：澜沧 张绍云，胡启和，仇亚等 YNS1141
云南：南涧 马德跃，官有才，罗开宏等 NJWLS953

Psychotria serpens Linnaeus 蔓九节
广西：东兴 叶晓霞，吴望辉，农冬新 Liuyan0372
广西：防城港 许为斌，黄俞淞，梁永延等 Liuyan0243

Psychotria straminea Hutchinson 黄脉九节
云南：绿春 刀志灵，张洪喜 DZL613
云南：绿春 黄连山保护区科研所 HLS0131

Psychotria symplocifolia Kurz 山矾叶九节
云南：隆阳区 赵玮 BSGLGSly010
云南：西盟 张绍云，叶金科，仇亚 YNS1292
云南：镇沅 朱恒 ALSZY121

Psychotria tutcheri Dunn 假九节
云南：隆阳区 尹学建，胡玉龙 BSGLGSly2038
云南：麻栗坡 张挺，修莹莹，李胜 SCSB-B-000611
云南：腾冲 余新林，赵玮 BSGLGStc177
云南：腾冲 周应再 Zhyz-115

Psychotria yunnanensis Hutchinson 云南九节 *
西藏：墨脱 刘成，亚吉东，何华杰等 16CS11979
云南：河口 张贵良，饶春，陶英美等 ZhangGL046
云南：景东 鲁艳 2008147
云南：景东 杨华军，刘国庆，陶正坤 JDNR11099
云南：绿春 黄连山保护区科研所 HLS0018
云南：绿春 税玉民，陈文红 82799
云南：勐海 谭运洪，余涛 B354
云南：南涧 高国政，徐汝彪，李成清等 NJWLS2008278
云南：南涧 李成法，高国政 NJWLS513
云南：文山 何德明，张挺，黎谷香 WSLJS538
云南：永德 李永亮 YDDXS0844
云南：元阳 浦仕梅，刘成，杨娅娟等 YYGYS020
云南：镇沅 何忠云，王立东 ALSZY079

Rubia alata Wallich 金剑草
安徽：黟县 方建新 TangXS0995
贵州：威宁 邹方伦 ZouFL0279
湖北：竹溪 李盛兰 GanQL215
湖南：永顺 陈功锡，张代贵，邓涛等 SCSB-HC-2007511
四川：汉源 汤加勇，赖建军 Y07127
云南：会泽 杜燕，黄天才，董勇等 SCSB-A-000321
云南：景东 罗忠华，段玉伟，刘长铭等 JD124
云南：南涧 常学科，熊绍荣，时国彩等 njwls2007165
云南：石林 张桥蓉，亚吉东，李昌洪 15CS11572
云南：维西 张挺，徐远杰，黄押稳等 SCSB-B-000173
云南：永德 欧阳红才，普跃东，鲁金国等 YDDXSC041

Rubia argyi (H. Léveillé & Vaniot) H. Hara ex Lauener & D. K. Ferguson 东南茜草
湖北：竹溪 李盛兰 GanQL220
四川：峨眉山 李小杰 LiXJ582

Rubia cordifolia Linnaeus 茜草
安徽：祁门 唐鑫生，方建新 TangXS0482

北京：海淀区 阚静 SCSB-D-0049
甘肃：碌曲 李晓东，刘帆，张景博等 LiJ0172
甘肃：卓尼 刘坤 LiuJQ-GN-2011-726
贵州：江口 彭华，王英，陈丽 P.H.5154
贵州：江口 周云，张勇 XiangZ107
河北：桃城 牛玉璐，高彦飞，赵二涛 NiuYL483
河北：兴隆 李燕军 SCSB-A-0036
黑龙江：尚志 刘玫，张欣欣，程薪宇等 Liuetal349
黑龙江：五大连池 孙阎，杜景红 SunY100
湖北：利川 祝文志，刘志祥，曹远俊 ShenZH3435
湖北：神农架林区 李巨平 LiJuPing0030
湖北：五峰 李平 AHL105
湖北：仙桃 李巨平 Lijuping0276
湖北：宣恩 沈泽昊 HXE129
湖南：鹤城区 伍贤进，李胜华，曾汉元等 HHXY005
湖南：怀化 李胜华，伍贤进，曾汉元等 HHXY209
湖南：怀化 李胜华，伍贤进，曾汉元等 HHXY231
湖南：桑植 廖博儒，吴福川 258B
吉林：临江 李长田 Yanglm0036
吉林：长岭 张宝田 Yanglm0351
江苏：赣榆 吴宝成 HANGYY8571
江苏：海州区 汤兴利 HANGYY8471
江西：黎川 杨文斌，饶云芳 TanCM1316
江西：修水 谭策铭，易桂花，缪以清等 TanCM2132
辽宁：凌源 郑宝江，王美娟，曹鹏等 ZhengBJ393
辽宁：长海 郑宝江，丁晓炎，焦宏斌等 ZhengBJ343
内蒙古：和林格尔 李茂文，李昌亮 M147
内蒙古：克什克腾旗 刘润宽，李茂文，李昌亮 M113
内蒙古：锡林浩特 张红香 ZhangHX139
青海：平安 陈世龙，高庆波，张发起等 Chensl1757
山东：崂山区 樊守金 Zhaozt0239
山东：历城区 李兰，王萍，张少华等 Lilan-031
山东：历城区 赵遵田，张璐璐，杜远达等 Zhaozt0229
山西：沁水 张贵平，张丽，吴琼 Zhangf0004
陕西：紫阳 田先华，王梅荣 TianXH288
四川：白玉 李晓东，张景博，徐凌翔等 LiJ456
四川：丹巴 高云东，李忠荣，鞠文彬 GaoXF-12-153
四川：九寨沟 张挺，李爱花，刘成等 08CS879
四川：米易 刘静 MY-175
四川：射洪 袁明 YUANM2015L082
西藏：波密 刘成，亚吉东，何华杰等 16CS11818
西藏：墨脱 刘成，亚吉东，何华杰等 16CS11889
西藏：普兰 李晖，文雪梅，次旺加布等 Lihui-Q-0013

Rubia deserticola Pojarkova **沙生茜草**

新疆：库车 塔里木大学植物资源调查组 TD-00949
新疆：沙雅 塔里木大学植物资源调查组 TD-00979
新疆：沙雅 白宝伟，段黄金 TD-02030
新疆：新和 塔里木大学植物资源调查组 TD-00532

Rubia edgeworthii J. D. Hooker **川滇茜草**

云南：南涧 阿国仁，罗新洪，李敏等 NJWLS2008126

Rubia falciformis H. S. Lo **镰叶茜草 ***

云南：隆阳区 段在贤 BSGLGSly1210

Rubia manjith Roxburgh ex Fleming **梵茜草**

西藏：桑日 陈家辉，韩希，王广艳等 YangYP-Q-4221

Rubia membranacea Diels **金钱草 ***

云南：楚雄 刀志灵，陈渝 DZL516
云南：南涧 马德跃，官有才，罗开宏等 NJWLS961

Rubia oncotricha Handel-Mazzetti **钩毛茜草 ***

云南：洱源 杨青松，星耀武，苏涛 ZhouZK-07ZX-0289
云南：文山 何德明，丰艳飞，张代明 WSLJS1055
云南：文山 何德明，丰艳飞，韦荣彪等 WSLJS769
云南：西山区 张挺，郭云刚，杨静 SCSB-B-000297
云南：香格里拉 张挺，亚吉东，张桥蓉等 11CS3559
云南：永德 杨金荣，王学军，黄德武等 YDDXSA058
云南：云龙 字建泽，杨六斤，李国庆等 TC1024

Rubia ovatifolia Z. Ying Zhang ex Q. Lin **卵叶茜草 ***

湖北：竹溪 李盛兰 GanQL1151
山东：海阳 王萍，高德民，张诏等 lilan341
陕西：紫阳 田先华，王梅荣 TianXH289

Rubia podantha Diels **柄花茜草 ***

四川：松潘 何兴金，刘爽，赵财 SCU-10-429
云南：大理 张德全，王应龙，杨思秦等 ZDQ151
云南：景东 鲁艳 2008217
云南：隆阳区 段在贤，刘占李，蔡生洪 BSGLGSly073
云南：麻栗坡 肖波 LuJL116
云南：巧家 郁文彬，任宗昕，艾洪莲等 SCSB-W-1045
云南：腾冲 周应再 Zhyz-415
云南：文山 何德明，邵会明，陈斌 WSLJS493
云南：香格里拉 孙航，李新辉，陈林杨 SunH-07ZX-3097

Rubia schumanniana E. Pritzel **大叶茜草 ***

重庆：南川区 易思荣 YISR082
云南：巧家 杨光明，颜再奎，张天壁等 QJYS0056

Rubia siamensis Craib **对叶茜草**

云南：贡山 郭永杰，吴之坤，吴兴等 14CS9851

Rubia sylvatica (Maximowicz) Nakai **林生茜草**

黑龙江：北安 郑宝江，潘磊 ZhengBJ035
黑龙江：铁力 郑宝江，丁晓炎，李月等 ZhengBJ216
吉林：磐石 安海成 AnHC0412
辽宁：连山区 卜军，金实，阴黎明 CaoW447
辽宁：连山区 卜军，金实，阴黎明 CaoW488
辽宁：庄河 宫本胜 CaoW374
四川：壤塘 何兴金，赵丽华，梁乾隆 SCU-10-053

Rubia tinctorum Linnaeus **染色茜草**

新疆：阿瓦提 杨赵平，黄文娟，段黄金等 LiZJ0010

Rubia truppeliana Loesener **山东茜草 ***

山东：海阳 王萍，高德民，张诏等 lilan307
山东：崂山区 罗艳，李中华 LuoY397
山东：牟平区 卞福花，杜丽君，孟凡涛 BianFH-0130

Rubia wallichiana Decaisne **多花茜草**

四川：峨眉山 李小杰 LiXJ580
云南：南涧 阿国仁，熊绍荣，邹国娟等 NJWLS2008004
云南：永德 李永亮，马文军 YDDXSB244
云南：永德 李永亮 YDDXS0529
云南：云龙 李爱花，李洪超，黄天才等 SCSB-A-000224

Rubia yunnanensis Diels **紫参 ***

云南：澜沧 张绍云，胡启和 YNS1027

Schizomussaenda dehiscens (Craib) H. L. Li **裂果金花**

云南：金平 税玉民，陈文红 80254
云南：景洪 彭华，向春雷，王泽欢 PengH8569
云南：景洪 彭华，向春雷，王泽欢 PengH8577
云南：景洪 彭华，向春雷，王泽欢 PengH8588
云南：景洪 彭华，向春雷，王泽欢 PengH8593
云南：麻栗坡 肖波 LuJL191
云南：马关 张挺，修莹莹，李胜 SCSB-B-000621
云南：屏边 钱良超，陆海兴，张照跃等 Pbdws097
云南：西盟 胡启和，赵强，周英等 YNS0771

云南：盈江 王立彦，桂魏，刀江飞 SCSB-TBG-197

Serissa japonica (Thunberg) Thunberg 六月雪
安徽：祁门 唐鑫生，方建新 TangXS0477
湖南：吉首 陈功锡，张代贵，邓涛等 SCSB-HC-2007433
湖南：中方 伍贤进，李胜华，曾汉元等 HHXY135
江西：庐山区 董安淼，吴从梅 TanCM1092
四川：米易 袁明 MY248

Serissa serissoides (Candolle) Druce 白马骨
湖北：宣恩 祝文志，刘志祥，曹远俊 ShenZH0092
湖北：竹溪 李盛兰 GanQL142
江苏：句容 吴宝成 HANGYY8600
江西：庐山区 董安淼，吴从梅 TanCM1070

Sinoadina racemosa (Siebold & Zuccarini) Ridsdale 鸡仔木
重庆：南川区 易思荣 YISR029
江西：庐山区 谭策铭，董安淼 TanCM519
云南：沧源 李春华，钟明，李华明 CYNGH148

Spermacoce alata Aublet 阔叶丰花草
广西：融水 许为斌，梁永延，黄俞淞等 Liuyan0180
云南：景东 鲁艳 200802
云南：绿春 黄连山保护区科研所 HLS0228
云南：绿春 黄连山保护区科研所 HLS0229
云南：腾冲 余新林，赵玮 BSGLGStc272

Spermacoce articularis Linnaeus f. 长管糙叶丰花草
云南：思茅区 叶金科等 YNS0378
云南：盈江 王立彦，桂魏 SCSB-TBG-160
云南：永德 李永亮 YDDXS0002

Spermacoce pusilla Wallich 丰花草
江苏：海州区 汤兴利 HANGYY8474
四川：米易 袁明 MY478
云南：宁洱 胡启和，仇亚，周兵 YNS0792
云南：普洱 叶金科 YNS0360

Spermacoce remota Lamarck 光叶丰花草
广东：天河区 童毅华 TYH09

Spiradiclis caespitosa Blume 螺序草
云南：蒙自 税玉民，陈文红 72369
云南：南涧 官有才，罗新洪 NJWLS1605
云南：文山 何德明 WSLJS708
云南：永德 李永亮 LiYL1610

Spiradiclis cylindrica Wallich ex J. D. Hooker 尖叶螺序草
四川：峨眉山 李小杰 LiXJ228
西藏：墨脱 刘成，亚吉东，何华杰等 16CS11849

Spiradiclis malipoensis H. S. Lo 滇南螺序草 *
云南：绿春 黄连山保护区科研所 HLS0255

Tarenna acutisepala F. C. How ex W. C. Chen 尖萼乌口树 *
湖南：会同 李胜华，伍贤进，曾汉元等 Wuxj1013

Tarenna attenuata (J. D. Hooker) Hutchinson 假桂乌口树
云南：建水 彭华，王英，陈丽 P.H.5061
云南：景谷 彭志仙 YNS0093

Tarenna mollissima (Hooker & Arnott) B. L. Robinson 白花苦灯笼
湖南：古丈 刘克明，朱晓文 SCSB-HN-0531
湖南：浏阳 田淑珍 SCSB-HN-1596
湖南：浏阳 朱晓文 SCSB-HN-1028
湖南：宁乡 蔡秀珍 SCSB-HN-1224
湖南：平江 吴惊香 SCSB-HN-0924
湖南：望城 相银龙，熊凯辉 SCSB-HN-2305
湖南：望城 朱香清，田淑珍，刘克明 SCSB-HN-1445
湖南：望城 李辉良 SCSB-HN-1241
湖南：湘乡 朱香清 SCSB-HN-0658
湖南：湘乡 朱香清，田淑珍 SCSB-HN-1439
湖南：宜章 刘克明，王成，刘欣欣 SCSB-HN-0809
湖南：沅陵 周丰杰，刘克明 SCSB-HN-1592
湖南：岳麓区 刘克明，肖乐希 SCSB-HN-0415
湖南：岳麓区 蔡秀珍，田淑珍 SCSB-HN-1228
湖南：岳麓区 熊凯辉，刘克明 SCSB-HN-2072
湖南：岳麓区 熊凯辉，刘克明 SCSB-HN-2158
湖南：长沙 田淑珍，刘克明 SCSB-HN-1442
江西：井冈山 兰国华 LiuRL018
江西：武宁 张吉华，刘运群 TanCM1153
江西：修水 缪以清 TanCM988

Tarennoidea wallichii (J. D. Hooker) Tirvengadum & Sastre 岭罗麦
云南：景洪 张绍云，叶金科 YNS0081
云南：景洪 刀志灵 DZL-173
云南：南涧 官有才 NJWLS1623
云南：新平 自正尧 XPALSB248

Theligonum japonicum Ôkubo & Makino 日本假繁缕
江西：武宁 张吉华，张东红 TanCM2628

Trailliaedoxa gracilis W. W. Smith & Forrest 丁茜 *
云南：东川区 张挺，刘成，郭明明等 11CS3650
云南：易门 王焕冲，马兴达 WangHCH039

Uncaria hirsuta Haviland 毛钩藤 *
广西：阳朔 吴望辉，许为斌，农冬新 Liuyan0521
广西：永福 许为斌，梁永延，黄俞淞等 Liuyan0189

Uncaria laevigata Wallich ex G. Don 平滑钩藤
云南：腾冲 周应再 Zhyz-331

Uncaria macrophylla Wallich 大叶钩藤
云南：勐腊 张挺，李洪超，李文化等 SCSB-B-000386

Uncaria rhynchophylla (Miquel) Miquel ex Haviland 钩藤
安徽：休宁 唐鑫生，方建新 TangXS0470
重庆：南川区 易思荣 YISR058
江西：星子 谭策铭，董安淼 TanCM551
江西：星子 董安淼，吴从梅 TanCM1623
云南：南涧 马德跃，官有才，罗开宏等 NJWLS971

Uncaria scandens (Smith) Hutchinson 攀茎钩藤 *
广西：上思 叶晓霞，吴望辉，农冬新 Liuyan0357
云南：景谷 张绍云 YNS0118
云南：景洪 谭运洪，余涛 B207
云南：绿春 黄连山保护区科研所 HLS0373
云南：勐腊 谭运洪，余涛 B195
云南：新平 白绍斌，罗田发 XPALSC542
云南：新平 王家和 XPALSC475

Uncaria sinensis (Oliver) Haviland 华钩藤 *
湖北：宣恩 祝文志，刘志祥，曹远俊 ShenZH0063
湖南：永顺 陈功锡，张代贵，邓涛等 SCSB-HC-2007456
江西：星子 董安淼，吴从梅 TanCM1637
陕西：白河 田先华，王孝安 TianXH980

Uncaria yunnanensis K. C. Hsia 云南钩藤 *
云南：金平 税玉民，陈文红 80252

Wendlandia formosana Cowan 水金京
云南：沧源 赵金超，肖美芳 CYNGH288

Wendlandia ligustrina Wallich ex G. Don 小叶水锦树
云南：永德 李永亮 YDDXS1281

Wendlandia pendula (Wallich) Candolle 垂枝水锦树
云南：永德 李永亮 YDDXS0225

Wendlandia scabra Kurz 粗叶水锦树

云南：龙陵 李爱花，黄之镨，黄押稳等 SCSB-A-000279
云南：隆阳区 段在贤，代如亮，赵玮 BSGLGS1y059
云南：绿春 黄连山保护区科研所 HLS0201
云南：新平 何罡安 XPALSB137
Wendlandia speciosa Cowan 美丽水锦树
西藏：墨脱 刘成，亚吉东，何华杰等 16CS11929
云南：龙陵 孙兴旭 SunXX075
云南：隆阳区 许炳强，吴兴，李婧等 XiaNh-07zx-230
云南：腾冲 余新林，赵玮 BSGLGStc218
Wendlandia tinctoria subsp. **handelii** Cowan 麻栗水锦树 *
云南：景东 鲁艳 200854
Wendlandia tinctoria subsp. **orientalis** Cowan 东方水锦树
云南：沧源 赵金超，杨红强 CYNGH460
云南：思茅区 胡启和，周兵，仇亚 YNS0899
云南：新平 罗田发，李丛生 XPALSC287
云南：新平 罗有明 XPALSB089
Wendlandia uvariifolia Hance 水锦树
云南：沧源 赵金超，肖美芳 CYNGH289
云南：南涧 官有才 NJWLS1654
云南：新平 谢天华，郎定富 XPALSA122

Ruppiaceae 川蔓藻科

川蔓藻科	世界	中国	种质库
属 / 种（种下等级）/ 份数	1/1-10	1/1-3	1/1/1

Ruppia maritima Linnaeus 川蔓藻
山东：海阳 张少华，张诏，程丹丹等 Lilan685

Rutaceae 芸香科

芸香科	世界	中国	种质库
属 / 种（种下等级）/ 份数	155/1600	23/127	14/56(64)/472

Acronychia pedunculata (Linnaeus) Miquel 山油柑
广西：防城港 许为斌，黄俞淞，梁永延等 Liuyan0245
云南：绿春 黄连山保护区科研所 HLS0419
Aegle marmelos (Linnaeus) Corrêa 木橘
贵州：镇宁 赵厚涛，韩国营 YBG054
Anogeissus acuminata (Roxburgh ex Candolle) Guillemin et al. 榆绿木
云南：思茅区 胡启和，周兵，仇亚 YNS0908
Boenninghausenia albiflora (Hooker) Reichenbach ex Meisner 臭节草
安徽：石台 陈延松，吴国伟，洪欣 Zhousb0087
安徽：歙县 宋曰钦，方建新，张恒 TangXS0557
湖北：竹溪 李盛兰 GanQL549
湖南：洪江 李胜华，伍贤进，刘光华等 Wuxj1048
湖南：怀化 李胜华，伍贤进，曾汉元等 HHXY229
湖南：怀化 李胜华，伍贤进，曾汉元等 HHXY358
湖南：双牌 姜孝成，王丽萍，李育华 Jiangxc0777
湖南：永定区 廖博儒，吴福川，查学州等 144
四川：米易 刘静，袁明 MY-180
四川：雨城区 刘静，洪志刚 Y07346
云南：德钦 张大才，李双智，杨川 ZhangDC-07ZX-1983
云南：贡山 刘成，何华杰，黄莉等 14CS10002
云南：贡山 郭永杰，吴之坤，吴兴等 14CS9806
云南：贡山 许炳强，吴兴，李婧等 XiaNh-07zx-098
云南：贡山 刀志灵 DZL323
云南：官渡区 彭华，陈丽，王英 P.H.5338
云南：景东 鲁艳 2008193
云南：景东 罗忠华，谢有能，罗文涛等 JDNR143
云南：隆阳区 赵文李 BSGLGS1y3003
云南：隆阳区 赵玮，莫连贤，段在贤 BSGLGS1y024
云南：麻栗坡 肖波 LuJL187
云南：南涧 沈文明 NJWLS1401
云南：南涧 李成清，高国政，徐如标 NJWLS505
云南：南涧 罗增阳，袁立川，徐家武等 NJWLS2008177
云南：南涧 熊绍荣，阿国仁 njwls2007118
云南：巧家 杨光明 SCSB-W-1215
云南：石林 税玉民，陈文红 65844
云南：石林 税玉民，陈文红 66576
云南：石林 税玉民，陈文红 66599
云南：腾冲 余新林，赵玮 BSGLGStc048
云南：腾冲 周应再 Zhyz528
云南：维西 张挺，徐远杰，黄押稳等 SCSB-B-000156
云南：西山区 张挺，方伟，李爱花等 SCSB-A-000044
云南：新平 何罡安 XPALSB126
云南：盈江 王立彦，桂魏 SCSB-TBG-155
云南：永德 李永亮，王四，杨建文 YDDXSB058
云南：永德 欧阳红才，穆勤学，奎文康 YDDXSC022
云南：镇沅 张绍云，胡启和，仇亚等 YNS1175
云南：镇沅 王立东，何忠云，罗成瑜 ALSZY184
云南：镇沅 罗成瑜 ALSZY456
云南：镇沅 张绍云，叶金科，仇亚 YNS1376
Dictamnus dasycarpus Turczaninow 白鲜
黑龙江：宁安 刘玫，王臣，张欣欣等 Liuetal657
吉林：磐石 安海成 AnHC060
江苏：句容 吴宝成，王兆银 HANGYY8163
Haplophyllum acutifolium (Candolle) G. Don 大叶芸香
新疆：托里 徐文斌，郭一敏 SHI-2009283
新疆：裕民 徐文斌，郭一敏 SHI-2009091
新疆：裕民 徐文斌，杨清理 SHI-2009384
Haplophyllum dauricum (Linnaeus) G. Don 北芸香
内蒙古：赛罕区 蒲拴莲，刘润宽，刘毅等 M284
内蒙古：新城区 蒲拴莲，李茂文 M075
宁夏：盐池 左忠，刘华 ZuoZh040
Haplophyllum tragacanthoides Diels 针枝芸香 *
宁夏：西夏区 朱强 ZhuQ002
Melicope glomerata (Craib) T. G. Hartley 密果蜜茱萸
云南：勐腊 谭运洪 A284
Melicope pteleifolia (Champion ex Bentham) T. G. Hartley 三椏苦
广西：贺州 姜孝成，王丽萍，鲁长青 Jiangxc0713
广西：贺州 姜孝成，王丽萍，鲁长青 Jiangxc0730
广西：上思 何海文，杨锦超 YANGXF0285
海南：昌江 康勇，林灯，陈庆 LWXS033
云南：沧源 李春华，肖美芳，李华明等 CYNGH117
云南：景东 鲁艳 07-131
云南：景东 罗忠华，刘长铭，鲁成荣等 JDNR09039
云南：屏边 楚永兴，肖文权 Pbdws021
云南：普洱 叶金科 YNS0263
云南：思茅区 张绍云，胡启和，仇亚 YNS1022
云南：腾冲 周应再 Zhyz-079
云南：新平 罗有明 XPALSB061

云南：永德 杨金荣，李增柱，李任斌等 YDDXSA111
云南：永德 李永亮 LiYL1353
云南：元阳 田学军，杨建，邱成书等 Tianxj0059
云南：镇沅 朱恒，罗成永 ALSZY043

Melicope triphylla (Lamarck) Merrill **三叶蜜茱萸**
广西：贺州 姜孝成，王丽萍，鲁长青 Jiangxc0681

Melicope viticina (Wallich ex Kurz) T. G. Hartley **单叶蜜茱萸**
云南：普洱 叶金科 YNS0258

Micromelum falcatum (Loureiro) Tanaka **大管**
云南：沧源 赵金超，田洪强 CYNGH011

Micromelum integerrimum (Buchanan-Hamilton ex Candolle) Wight & Arnott ex M. Roemer **小芸木**
云南：南涧 官有才，罗新洪 NJWLS1602
云南：普洱 叶金科 YNS0147
云南：思茅区 胡启和，周兵，仇亚 YNS0918

Orixa japonica Thunberg **臭常山**
湖南：石门 陈功锡，张代贵，邓涛等 SCSB-HC-2007338
湖南：永定区 吴福川，查学州，余祥洪等 89
湖南：永定区 吴福川，查学州，余祥洪等 97
江西：庐山区 谭策铭，奚亚，徐玉荣 TanCM3406

Phellodendron amurense Ruprecht **黄檗**
安徽：徽州区 方建新 TangXS0993
贵州：南明区 邹方伦 ZouFL0189
河北：宽城 牛玉璐，高彦飞，赵二涛 NiuYL475
河南：浉河区 朱鑫鑫，王君，石琳琳等 ZhuXX313
黑龙江：虎林市 王庆贵 CaoW552
黑龙江：虎林市 王庆贵 CaoW704
黑龙江：饶河 王庆贵 CaoW604
黑龙江：饶河 王庆贵 CaoW627
黑龙江：饶河 王庆贵 CaoW710
黑龙江：尚志 刘玫，张欣欣，程薪宇等 Liuetal309
黑龙江：铁力 郑宝江，丁晓炎，李月等 ZhengBJ219
湖北：竹溪 李盛兰 GanQL153
湖南：安化 刘克明，彭珊，李珊等 SCSB-HN-1695
湖南：洞口 肖乐希，尹成园，谢江等 SCSB-HN-1606
湖南：洪江 李胜华，伍贤进，刘光华等 Wuxj1029
湖南：新化 姜孝成，唐妹，戴小军等 Jiangxc0569
湖南：新化 刘克明，彭珊，李珊等 SCSB-HN-1643
湖南：新化 刘克明，彭珊，李珊等 SCSB-HN-1376
湖南：沅陵 周丰杰，刘克明 SCSB-HN-1591
吉林：白山 王云贺 Yanglm0147
吉林：磐石 安海成 AnHC095
江西：井冈山 兰国华 LiuRL009
江西：井冈山 兰国华 LiuRL099
辽宁：凤城 郑宝江，潘磊 ZhengBJ150
辽宁：凤城 董清 CaoW243
辽宁：凤城 张春华 CaoW274
辽宁：开原 刘少硕，谢峰 CaoW315
辽宁：清河区 刘少硕，谢峰 CaoW295
山东：崂山区 步瑞兰，辛晓伟，高丽丽 Lilan789
四川：汶川 袁明，高刚，杨勇 YM2014031

Phellodendron chinense C. K. Schneider **川黄檗** *
湖北：来凤 陈利群，滕勇 SCSB-HN-1239
湖北：五峰 李平 AHL067
湖北：咸丰 丛义艳，陈丰林 SCSB-HN-1236
湖南：古丈 刘克明，朱晓文 SCSB-HN-0515
湖南：衡山 旷仁平 SCSB-HN-1139
湖南：花垣 刘克明，朱晓文 SCSB-HN-0599
湖南：宁乡 熊凯辉，刘克明 SCSB-HN-1955
湖南：桑植 田连成 SCSB-HN-1204
湖南：石门 陈利群 SCSB-HN-1220
湖南：武陵源区 丛义艳 SCSB-HN-1225
湖南：新化 黄先辉，杨亚平，卜剑超 SCSB-HNJ-0343
湖南：雨花区 蔡秀珍，陈薇，朱晓文 SCSB-HN-0648
湖南：资兴 熊凯辉，王得刚，盛波 SCSB-HN-2058
湖南：资兴 刘克明，盛波，王得刚 SCSB-HN-2114
湖南：资兴 王得刚，熊凯辉 SCSB-HN-2135

Phellodendron chinense var. **glabriusculum** C. K. Schneider **秃叶黄檗** *
湖北：宣恩 祝文志，刘志祥，曹远俊 ShenZH0061
湖南：道县 朱晓文 SCSB-HN-1016
湖南：洞口 肖乐希，唐光波，谢江等 SCSB-HN-1745
湖南：江华 肖乐希，欧阳书珍 SCSB-HN-1203
湖南：江华 肖乐希，刘欣欣 SCSB-HN-0829
湖南：新化 刘克明，彭珊，李彬 SCSB-HN-1714
江西：武宁 张吉华，刘运群 TanCM720
云南：腾冲 余新林，赵玮 BSGLGStc383
云南：元阳 杨家喜，李金，刘成等 YYGYS057

Skimmia arborescens T. Anderson ex Gamble **乔木茵芋**
云南：贡山 郭永杰，吴之坤，吴兴等 14CS9936
云南：景东 罗忠华，张明勇，段玉伟等 JD132
云南：景东 罗忠华，张明勇，段玉伟等 JD133
云南：隆阳区 段在贤，杨安友，茶有锋等 BSGLGSly1242
云南：南涧 熊绍荣，阿国仁，时国彩等 njwls2007124
云南：南涧 邹国娟，徐汝彪，李成清等 NJWLS2008287

Skimmia multinervia C. C. Huang **多脉茵芋**
云南：泸水 刀志灵 DZL883
云南：腾冲 余新林，赵玮 BSGLGStc299

Skimmia reevesiana (Fortune) Fortune **茵芋**
湖南：桑植 陈功锡，廖博儒，查学州等 192

Tetradium austrosinense (Handel-Mazzetti) T. G. Hartley **华南吴萸**
广西：金秀 许为斌，黄俞淞，叶晓霞等 Liuyan0136
广西：临桂 许为斌，黄俞淞，朱章明 Liuyan0430
云南：河口 张贵良，张贵生，陶英美等 ZhangGL072
云南：绿春 黄连山保护区科研所 HLS0090
云南：绿春 黄连山保护区科研所 HLS0290
云南：绿春 黄连山保护区科研所 HLS0414
云南：勐腊 谭运洪 A299
云南：南涧 官有才，马德跃，熊绍荣等 NJWLS681

Tetradium calcicola (Chun ex C. C. Huang) T. G. Hartley **石山吴萸** *
贵州：凯里 陈功锡，张代贵 SCSB-HC-2008134
云南：麻栗坡 肖波，陆章强 LuJL025
云南：盈江 王立彦，左常盛，何维海 SCSB-TBG-002

Tetradium daniellii (Bennett) T. G. Hartley **臭檀吴萸**
河北：赞皇 牛玉璐，高彦飞，赵二涛 NiuYL450
湖北：竹溪 甘啟良 GanQL114
山东：历城区 高德民，王萍，张颖颖等 Lilan611
陕西：宁陕 田先华，吴礼慧 TianXH233
四川：丹巴 高云东，李忠荣，鞠文彬 GaoXF-12-138
四川：壤塘 许炳强，童毅华，吴兴等 XiaNH-07ZX-0941
云南：德钦 刀志灵 DZL432
云南：德钦 杨亲二，袁琼 Yangqe2523
云南：巧家 张天壁 SCSB-W-229

Tetradium fraxinifolium (Hooker) T. G. Hartley **无腺吴萸**

云南：沧源 赵金超，杨红强，肖美芳 CYNGH315
云南：龙陵 孙兴旭 SunXX008
云南：隆阳区 赵玮 BSGLGS1y005
云南：泸水 李苏雨 Wangsh-07ZX-023
云南：永德 欧阳红才，鲁金国，杨金柱 YDDXSC020
云南：元阳 车鑫，亚吉东，秦少发等 YYGYS087

Tetradium glabrifolium (Champion ex Bentham) T. G. Hartley **楝叶吴萸**

安徽：金寨 陈延松，欧祖兰，刘旭升 Xuzd180
广西：上思 叶晓霞，吴望辉，农冬新 Liuyan0354
贵州：花溪区 邹方伦 ZouFL0227
湖北：宣恩 沈泽昊 HXE058
湖北：长阳 祝文志，刘志祥，曹远俊 ShenZH5780
湖南：衡山 刘克明，陈薇 SCSB-HN-0355
湖南：会同 刘克明，王成，张恒 SCSB-HN-1118
湖南：江华 肖乐希，欧阳书珍 SCSB-HN-0881
湖南：浏阳 刘克明，朱晓文，田淑珍 SCSB-HN-0438
湖南：南岳区 旷仁平 SCSB-HN-0710
湖南：宁乡 熊凯辉，刘克明 SCSB-HN-1954
湖南：平江 吴惊香 SCSB-HN-0944
湖南：岳麓区 陈薇，田淑珍，肖乐希 SCSB-HN-0310
湖南：岳麓区 姜孝成，唐贵华，潘孝武 SCSB-HNJ-0122
湖南：长沙 李辉良 SCSB-HN-0735
湖南：资兴 蔡秀珍，肖乐希 SCSB-HN-0291
江西：九江 谭策铭，易桂花 TCM09188
江西：龙南 梁跃龙，欧考胜，潘国元 LiangYL029
四川：峨眉山 李小杰 LiXJ148
云南：景东 罗忠华，刘长铭，鲁成荣等 JD025
云南：绿春 黄连山保护区科研所 HLS0441
云南：南涧 熊绍荣 njwls2007071
云南：思茅区 叶金科 YNS0331
云南：腾冲 周应再 Zhyz-013
云南：文山 何德明 WSLJS616
云南：西盟 张绍云，叶金科，仇亚 YNS1295
云南：新平 谢天华，郎定富，杨如伟 XPALSA018

Tetradium ruticarpum (A. Jussieu) T. G. Hartley **吴茱萸**

北京：东城区 王雷，朱雅娟，黄振英 Beijing-huang-bws-0023
北京：东城区 王雷，朱雅娟，黄振英 Beijing-huang-dls-0042
北京：海淀区 邓志军 SCSB-D-0046
广西：那坡 黄俞淞，梁永延，叶晓霞 Liuyan0023
贵州：道真 易思荣，谭秋平 YISR422
贵州：江口 周云，王勇 XiangZ002
贵州：荔波 赵厚涛，韩国营 YBG099
河北：兴隆 林坚 SCSB-A-0037
湖北：宣恩 沈泽昊 HXE088
湖南：花垣 刘克明，蔡秀珍，肖乐希等 SCSB-HN-0199
湖南：怀化 李胜华，伍贤进，曾汉元等 HHXY220
湖南：江华 刘克明，王成，欧阳书珍 SCSB-HN-0873
湖南：双牌 姜孝成，王丽萍，李育华 Jiangxc0778
湖南：望城 姜孝成，卢叶平，杨强 Jiangxc0755
湖南：新化 姜孝成，唐妹，戴小军等 Jiangxc0570
湖南：宜章 刘克明，王成，刘欣欣 SCSB-HN-0776
江西：黎川 童和平，王玉珍 TanCM1816
江西：黎川 谭策铭，易桂花，杨文斌等 TanCM1301
江西：庐山区 董安淼，吴从梅 TanCM1595
江西：武宁 张吉华，刘运群 TanCM776
云南：景东 张挺，方伟，王建军等 SCSB-B-000201
云南：景东 鲁成荣，李光雄，张明勇等 JDNR11001
云南：屏边 钱良超，陆海兴，张照跃等 Pbdws105
云南：屏边 楚永兴 Pbdws061
云南：石林 税玉民，陈文红 65504
云南：腾冲 周应再 Zhyz-003
云南：维西 张挺，徐远杰，陈冲等 SCSB-B-000222
云南：维西 孔航辉，任琛 Yangqe2819
云南：文山 何德明，邵会明，陈斌 WSLJS495
云南：新平 李德才，张云德 XPALSC073
云南：永德 李永亮 YDDXS0611
浙江：临安 李宏庆，田怀珍，刘国丽 Lihq0073

Tetradium trichotomum Loureiro **牛科吴萸**

云南：景谷 叶金科 YNS0282
云南：腾冲 刀志灵，陈哲 DZL-092
云南：元阳 亚吉东，黄莉，何华杰 15CS11282

Toddalia asiatica (Linnaeus) Lamarck **飞龙掌血**

广西：龙胜 许为斌，黄俞淞，朱章明 Liuyan0444
四川：沙湾区 李小杰 LiXJ759
云南：安宁 所内采集组培训 SCSB-A-000118
云南：沧源 赵金超，杨红强，田立新 CYNGH026
云南：贡山 刘成，何华杰，黄莉等 14CS8570
云南：贡山 刀志灵 DZL337
云南：贡山 李恒，李嵘 889
云南：贡山 李恒，李嵘 894
云南：龙陵 孙兴旭 SunXX035
云南：隆阳区 刀志灵，陈哲 DZL-077
云南：绿春 HLS0160
云南：绿春 黄连山保护区科研所 HLS0112
云南：普洱 叶金科 YNS0179
云南：瑞丽 谭运洪 B126
云南：石林 税玉民，陈文红 64305
云南：腾冲 周应再 Zhyz-076
云南：文山 何德明 WSLJS596
云南：新平 刘家良 XPALSD042
云南：盈江 王立彦，桂魏 SCSB-TBG-146
云南：元阳 田学军，杨建，邱成书等 Tianxj0086

Zanthoxylum acanthopodium Candolle **刺花椒**

四川：米易 袁明 MY302
西藏：察隅 孙航，张建文，陈建国等 SunH-07ZX-2461
云南：安宁 伊廷双，孟静，杨杨 MJ-871
云南：大理 张德全，段丽珍，段金成等 ZDQ001
云南：贡山 刀志灵 DZL305
云南：官渡区 彭华，陈丽，王英 P.H.5334
云南：鹤庆 孙航，李新辉，陈林杨 SunH-07ZX-3178
云南：景东 刘长铭，罗庆光，袁小龙等 JDNR11013
云南：绿春 HLS0156
云南：南涧 邹国娟，袁玉川，时国彩 njwls2007006
云南：宁蒗 任宗昕，寸龙琼，任尚国 SCSB-W-1390
云南：宁蒗 任宗昕，寸龙琼，任尚国 SCSB-W-1395
云南：屏边 楚永兴，普华柱，刘永建 Pbdws039
云南：石林 税玉民，陈文红 65520
云南：石林 税玉民，陈文红 65868
云南：思茅区 张绍云，胡启和，仇亚 YNS1019
云南：嵩明 胡光万 400221-025
云南：腾冲 余新林，赵玮 BSGLGStc167
云南：文山 何德明 WSLJS627
云南：文山 韦荣彪，何德明，丰艳飞 WSLJS652
云南：西山区 张挺，周静，方伟 SCSB-A-000007
云南：西山区 税玉民，陈文红 65342

云南：新平 谢天华，郎定富，杨如伟 XPALSA025
云南：新平 王家和，罗田发 XPALSC081
云南：寻甸 彭华，向春雷，王泽欢 PengH8013
云南：永德 奎文康，杨金柱，欧阳红才 YDDXSC083
云南：永德 李永亮 YDDXS0610
云南：玉龙 孙航，李新辉，陈林杨 SunH-07ZX-3193
云南：玉龙 张大才，李双智，杨川 ZhangDC-07ZX-2039
云南：玉龙 孔航辉，任琛 Yangqe2796
云南：元谋 冯欣 OuXK-0085
云南：云龙 孙振华，郑志兴，沈蕊等 OuXK-LC-061

Zanthoxylum ailanthoides Siebold & Zuccarini **椿叶花椒**

江西：武宁 张吉华，张东红 TanCM2630

Zanthoxylum armatum Candolle **竹叶花椒**

安徽：宁国 洪欣，李中林 ZhouSB0224
安徽：屯溪区 方建新 TangXS0301
重庆：武隆 许玥，祝文志，刘志祥等 ShenZH6747
贵州：云岩区 邹方伦 ZouFL0098
湖北：神农架林区 李巨平 LiJuPing0075
湖北：五峰 李平 AHL039
湖南：澧县 田淑珍 SCSB-HN-1578
湖南：南岳区 刘克明，相银龙，周磊等 SCSB-HN-1394
湖南：望城 姜孝成，杨强，刘昌 Jiangxc0747
湖南：湘乡 朱香清，田淑珍 SCSB-HN-1426
湖南：永顺 陈功锡，张代贵，龚双骄等 245B
湖南：沅陵 周丰杰，刘克明 SCSB-HN-1375
湖南：沅陵 李胜华，伍贤进，刘光华等 Wuxj877
湖南：沅陵 李胜华，伍贤进，刘光华等 Wuxj910
湖南：沅陵 李胜华，伍贤进，刘光华等 Wuxj947
湖南：长沙 朱香清，田淑珍，刘克明 SCSB-HN-1459
湖南：长沙 李辉良 SCSB-HN-0748
江苏：句容 王兆银，吴宝成 SCSB-JS0160
江苏：南京 高兴 SCSB-JS0456
江西：黎川 童和平，王玉珍 TanCM3128
江西：庐山区 董安淼，吴从梅 TanCM1610
四川：木里 刘克明，吕杰 SCSB-HN-1802
四川：木里 刘克明，吕杰 SCSB-HN-1811
四川：木里 刘克明，吕杰 SCSB-HN-1829
四川：木里 刘克明，吕杰 SCSB-HN-1850
四川：小金 何兴金，李琴琴，王长宝等 SCU-08058
云南：安宁 张挺，张书东，杨茜等 SCSB-A-000039
云南：德钦 孙航，李新辉，陈林杨 SunH-07ZX-2996
云南：迪庆 吕元林 N007B
云南：贡山 郭永杰，吴之坤，吴兴等 14CS9841
云南：贡山 许炳强，吴兴，李婧等 XiaNh-07zx-107
云南：金平 喻智勇，官兴永，张云飞等 JinPing39
云南：景东 鲁艳 200890
云南：南涧 熊绍荣，张雄 NJWLS1214
云南：腾冲 余新林，赵玮 BSGLGStc159
云南：文山 何德明，何德永 WSLJS517
云南：香格里拉 孙航，李新辉，陈林杨 SunH-07ZX-3095
云南：新平 刘家良 XPALSD331
云南：盈江 王立彦，桂魏 SCSB-TBG-098
云南：云龙 赵玉贵，李占兵，张吉平等 TC2030
云南：镇沅 罗成瑜 ALSZY252
云南：镇沅 朱恒，何忠云 ALSZY034

Zanthoxylum austrosinense C. C. Huang **岭南花椒** *

湖南：双峰 姜孝成，唐妹，陈峰林等 Jiangxc0616

Zanthoxylum avicennae (Lamarck) Candolle **簕党花椒**

广西：上思 叶晓霞，吴望辉，农冬新 Liuyan0355

Zanthoxylum bungeanum Maximowicz **花椒**

安徽：祁门 唐鑫生，方建新 TangXS0450
安徽：潜山 唐鑫生 TangXS0901
河北：井陉 牛玉璐，高彦飞，黄士良 NiuYL142
湖北：五峰 李平 AHL038
湖南：保靖 陈功锡，张代贵，邓涛等 224B
湖南：鹤城区 伍贤进，李胜华，刘光华 Wuxj803
湖南：怀化 李胜华，伍贤进，曾汉元等 HHXY250
湖南：怀化 李胜华，伍贤进，曾汉元等 HHXY395
湖南：会同 李胜华，伍贤进，曾汉元等 Wuxj1018
湖南：新宁 姜孝成，唐贵华，袁双艳等 SCSB-HNJ-0271
湖南：永定区 吴福川，查学州，余祥洪 69
江苏：江宁区 王兆银，吴宝成 SCSB-JS0271
四川：康定 彭玉兰，涂卫国 Gaoxf-1078
四川：木里 刘克明，吕杰 SCSB-HN-1801
四川：木里 刘克明，吕杰 SCSB-HN-1812
四川：木里 刘克明，吕杰 SCSB-HN-1827
四川：木里 刘克明，吕杰 SCSB-HN-1860
四川：木里 刘克明，吕杰 SCSB-HN-1869
西藏：错那 罗建，汪书丽 LiuJQ11XZ202
西藏：吉隆 张晓纬，汪书丽，罗建 LiuJQ-09XZ-LZT-075
西藏：芒康 张大才，李双智，罗康等 SunH-07ZX-1283
云南：洱源 杨青松，星耀武，苏涛 ZhouZK-07ZX-0290
云南：丽江 孙航，李新辉，陈林杨 SunH-07ZX-3122
云南：维西 孔航辉，任琛 Yangqe2828

Zanthoxylum bungeanum var. **pubescens** C. C. Huang **毛叶花椒** *

湖南：鹤城区 伍贤进，李胜华，刘光华 Wuxj808
云南：盘龙区 彭华，向春雷，王泽欢 PengH8428

Zanthoxylum dimorphophyllum Hemsley **异叶花椒**

湖北：竹溪 李盛兰 GanQL075
湖南：新化 刘克明，彭珊，李珊等 SCSB-HN-1693
云南：腾冲 周应再 Zhyz-049

Zanthoxylum dimorphophyllum var. **multifoliolatum** C. C. Huang **多异叶花椒** *

湖南：石门 姜孝成，唐妹，陈显胜等 Jiangxc0427
湖南：永顺 陈功锡，张代贵 SCSB-HC-2008227
云南：南涧 邹国娟，徐汝彪，李成清等 NJWLS2008294
云南：镇沅 朱恒 ALSZY071

Zanthoxylum dimorphophyllum var. **spinifolium** Rehder & E. H. Wilson **刺异叶花椒** *

湖北：仙桃 张代贵 Zdg3099

Zanthoxylum dissitum Hemsley **蚬壳花椒** *

贵州：开阳 邹方伦 ZouFL0176
湖北：五峰 李平 AHL090
湖北：咸丰 丛义艳，陈丰林 SCSB-HN-1165
湖北：宣恩 沈泽昊 HXE147
湖北：竹溪 李盛兰 GanQL441
湖北：竹溪 李盛兰，甘霖 GanQL608
陕西：平利 田先华，张雅娟 TianXH1042
四川：峨眉山 李小杰 LiXJ290
云南：文山 何德明，李永春 WSLJS527

Zanthoxylum echinocarpum Hemsley **刺壳花椒** *

湖南：吉首 陈功锡，张代贵，邓涛等 SCSB-HC-2007472
湖南：永顺 陈功锡，张代贵 SCSB-HC-2008193

Zanthoxylum esquirolii H. Léveillé **贵州花椒** *

四川：峨眉山 李小杰 LiXJ522

四川：天全 汤加勇，赖建军 Y07073
云南：新平 自成仲，自正荣，刘家良 XPALSD029

Zanthoxylum laetum Drake 拟蚬壳花椒
云南：景东 刘长铭，罗庆光 JDNR11082

Zanthoxylum macranthum (Handel-Mazzetti) C. C. Huang 大花花椒 *
云南：永德 李永亮 YDDXS0365

Zanthoxylum micranthum Hemsley 小花花椒 *
湖北：南漳 甘啟良 GanQL126
湖北：长阳 祝文志，刘志祥，曹远俊 ShenZH2423
湖南：永顺 陈功锡，张代贵 SCSB-HC-2008234

Zanthoxylum molle Rehder 朵花椒 *
安徽：黄山区 方建新，张恒，张强 TangXS0608
湖北：宣恩 祝文志，刘志祥，曹远俊 ShenZH0066
湖北：竹溪 李盛兰 GanQL584
江西：黎川 童和平，王玉珍 TanCM2760
江西：修水 缪以清，李立新，邹仁刚 TanCM679
江西：修水 谭策铭，易桂花，缪以清等 TanCM2136
江西：永新 杜小浪，慕泽泾，曹岚 DXL027
云南：盈江 王立彦，赵永全，赵科宗 WLYTBG-027

Zanthoxylum motuoense C. C. Huang 墨脱花椒 *
西藏：墨脱 刘成，亚吉东，何华杰等 16CS11856

Zanthoxylum multijugum Franchet 多叶花椒 *
云南：富民 杜燕，周开洪，王建军等 SCSB-A-000356

Zanthoxylum myriacanthum var. **pubescens** (C. C. Huang) C. C. Huang 毛大叶臭花椒 *
云南：沧源 李春华，熊友明，杨宏胜等 CYNGH182
云南：绿春 黄连山保护区科研所 HLS0133

Zanthoxylum myriacanthum Wallich ex J. D. Hooker 大叶臭花椒
云南：景东 刘长铭，袁小龙，杨华金等 JDNR11053
云南：景洪 张挺，谭运洪，王建军等 SCSB-B-000270
云南：泸水 李爱花，李洪超，黄天才等 SCSB-A-000215
云南：泸水 孙振华，郑志兴，沈蕊等 OuXK-LC-022
云南：绿春 黄连山保护区科研所 HLS0130

Zanthoxylum nitidum (Roxburgh) Candolle 两面针
湖南：江华 刘克明，蔡秀珍，田淑珍 SCSB-HN-0819
湖南：江华 刘克明，王成，欧阳书珍 SCSB-HN-0835

Zanthoxylum oxyphyllum Edgeworth 尖叶花椒
西藏：波密 扎西次仁，西落 ZhongY677
西藏：波密 刘成，亚吉东，何华杰等 16CS11804
西藏：错那 扎西次仁 ZhongY395
云南：永德 李永亮 YDDXS0587

Zanthoxylum piasezkii Maximowicz 川陕花椒 *
四川：道孚 何兴金，赵丽华，梁乾隆 SCU-10-022
四川：康定 何兴金，王月，胡灏禹等 SCU-08106

Zanthoxylum pilosulum Rehder & E. H. Wilson 微柔毛花椒 *
云南：新平 谢雄，王家和，李进勇 XPALSC102

Zanthoxylum scandens Blume 花椒簕
湖北：仙桃 张代贵 Zdg3242
湖南：新宁 姜孝成，唐贵华，袁双艳等 SCSB-HNJ-0272
江西：黎川 童和平，王玉珍 TanCM3127
江西：黎川 杨文斌，饶云芳 TanCM1333
江西：湾里区 杜小浪，慕泽泾，曹岚 DXL037
江西：武宁 张吉华，刘运群 TanCM1151
江西：修水 缪以清，缪忠景 TanCM3206
江西：修水 谭策铭，缪以清 TCM09182
云南：德钦 孙振华，郑志兴，沈蕊等 OuXK-YS-253
云南：贡山 郭永杰，吴之坤，吴兴等 14CS9951
云南：河口 杨鑫峰 ZhangGL035
云南：泸水 孔航辉，任琛 Yangqe2907
云南：绿春 黄连山保护区科研所 HLS0422
云南：南涧 阿国仁，罗新洪，李敏等 NJWLS2008139
云南：屏边 楚永兴，普华柱 Pbdws043
云南：屏边 钱良超，陆海兴，康远勇等 Pbdws177
云南：腾冲 余新林，赵玮 BSGLGStc155
云南：腾冲 周应再 Zhyz-075
云南：文山 何德明，张挺，黎谷香 WSLJS554
云南：新平 孙振华，郑志兴，沈蕊等 OuXK-XP-156
云南：新平 罗光进 XPALSB427
云南：元阳 车鑫，亚吉东，秦少发等 YYGYS074
云南：云龙 李爱花，李洪超，黄天才等 SCSB-A-000195

Zanthoxylum schinifolium Siebold & Zuccarini 青花椒
安徽：舒城 陈延松，欧祖兰，高秋晨等 Xuzd450
安徽：休宁 唐鑫生 TangXS0495
重庆：南川区 易思荣 YISR006
湖南：古丈 刘克明，朱晓文 SCSB-HN-0540
湖南：江永 蔡秀珍，田淑珍，肖乐希 SCSB-HN-0610
湖南：石门 姜孝成，唐妹，卜剑超等 Jiangxc0448
湖南：石门 姜孝成，唐妹，陈显胜等 Jiangxc0443
湖南：新化 姜孝成，唐贵华，田春娥 SCSB-HNJ-0174
江苏：句容 王兆银，吴宝成 SCSB-JS0206
江苏：海州区 汤兴利 HANGYY8505
江苏：宜兴 李宏庆，田怀珍，葛斌杰等 Lihq0255
江西：湾里区 杜小浪，慕泽泾，曹岚 DXL136
江西：星子 谭策铭，董安淼 TanCM514
辽宁：凤城 董清 CaoW245
辽宁：凤城 张春华 CaoW275
辽宁：瓦房店 宫本胜 CaoW344
辽宁：长海 郑宝江，丁晓炎，焦宏斌等 ZhengBJ333
山东：崂山区 罗艳，李中华，邓建平 LuoY305
山东：牟平区 卞福花，卢学新，纪伟等 BianFH00047
山东：芝罘区 卞福花，卢学新，纪伟 BianFH00001
西藏：波密 张大才，李双智，唐路等 ZhangDC-07ZX-1751

Zanthoxylum simulans Hance 野花椒 *
安徽：肥西 陈延松，朱合军，姜九龙 Xuzd045
安徽：琅琊区 洪欣 ZSB302
贵州：云岩区 邹方伦 ZouFL0204
湖北：来凤 丛义艳，陈丰林 SCSB-HN-1177
湖南：江永 刘克明，蔡秀珍，肖乐希等 SCSB-HN-0098
湖南：冷水江 姜孝成，唐贵华，田春娥 SCSB-HNJ-0150
湖南：新化 姜孝成，唐贵华，田春娥 SCSB-HNJ-0194
湖南：岳麓区 姜孝成，唐妹，陈显胜等 Jiangxc0499
江西：庐山区 谭策铭，董安淼 TanCM301
江西：庐山区 董安淼，吴丛梅 TanCM3044
辽宁：凤城 李昊 CaoW224
辽宁：庄河 宫本胜 CaoW369
山东：平邑 高德民，张诏，王萍等 lilan530
四川：米易 袁明 MY498

Zanthoxylum stipitatum C. C. Huang 梗花椒 *
湖北：仙桃 张代贵 Zdg1211
湖南：怀化 李胜华，伍贤进，曾汉元等 HHXY347

Zanthoxylum tomentellum J. D. Hooker 毡毛花椒
云南：大关 张挺，雷立公，王建军等 SCSB-B-000128

Zanthoxylum undulatifolium Hemsley 浪叶花椒 *
湖北：竹溪 李盛兰 GanQL475

Zanthoxylum yuanjiangense C. C. Huang 元江花椒 *
云南：元阳 田学军，杨建，邱成书等 Tianxj0088

Sabiaceae 清风藤科

清风藤科	世界	中国	种质库
属 / 种（种下等级）/ 份数	3/ ~ 100	2/46	2/20(24)/50

Meliosma arnottiana (Wight) Walpers 南亚泡花树
贵州：花溪区 邹方伦 ZouFL0163
云南：沧源 赵金超 CYNGH309
云南：景东 刘亚勇 JDNR09113
云南：绿春 黄连山保护区科研所 HLS0292
云南：文山 何德明，丰艳飞，曾祥 WSLJS898
云南：盈江 王立彦 TBG-001

Meliosma cuneifolia Franchet 泡花树 *
湖北：竹溪 李盛兰 GanQL542
湖南：怀化 李胜华，伍贤进，曾汉元等 HHXY281
江西：修水 谭策铭，缪以清 TCM09136
陕西：宁陕 吴礼慧，田先华 TianXH241
西藏：墨脱 刘成，亚吉东，何华杰等 16CS11870
云南：洱源 李爱花，雷立公，马国强等 SCSB-A-000137
云南：贡山 郭永杰，吴之坤，吴兴等 14CS9831
云南：维西 张挺，徐远杰，黄押稳等 SCSB-B-000153
云南：香格里拉 张挺，亚吉东，张桥蓉等 11CS3558

Meliosma cuneifolia var. **glabriuscula** Cufodontis 光叶泡花树 *
云南：大关 张挺，王培，肖良俊 SCSB-B-000527
云南：鹤庆 张大才，李双智，杨川 ZhangDC-07ZX-2092
云南：香格里拉 张大才，李双智，杨川 ZhangDC-07ZX-1989
云南：云龙 李爱花，李洪超，黄天才等 SCSB-A-000227
云南：云龙 李施文，张志云，段耀飞等 TC3002

Meliosma dilleniifolia (Wallich ex Wight & Arnott) Walpers 重齿泡花树
云南：贡山 张挺，杨湘云，李涟漪 14CS9603

Meliosma dumicola W. W. Smith 灌丛泡花树
云南：景东 杨华军，刘国庆，陶正坤 JDNR110100

Meliosma flexuosa Pampanini 垂枝泡花树 *
湖北：仙桃 张代贵 Zdg3656
湖北：宣恩 沈泽昊 HXE090
江西：武宁 张吉华，刘运群 TanCM723

Meliosma kirkii Hemsley & E. H. Wilson 山青木 *
四川：峨眉山 李小杰 LiXJ822

Meliosma myriantha Siebold & Zuccarini 多花泡花树
江西：井冈山 兰国华 LiuRL069

Meliosma myriantha var. **discolor** Dunn 异色泡花树 *
江西：修水 李立新，缪以清 TanCM1218

Meliosma oldhamii Miquel ex Maximowicz 红柴枝
湖北：竹溪 李盛兰 GanQL1051
湖南：保靖 陈功锡，张代贵，邓涛等 SCSB-HC-2007399
江西：庐山区 董安淼，吴从梅 TanCM1031
江西：修水 缪以清，李立新 TanCM1208
云南：大关 张挺，王培，肖良俊 SCSB-B-000529
云南：景东 杨国平，李达文，鲁志云 ygp-039

Meliosma parviflora Lecomte 细花泡花树 *
四川：峨眉山 李小杰 LiXJ144

Meliosma paupera Handel-Mazzetti 狭序泡花树
广西：金秀 许玥，祝文志，刘志祥等 ShenZH8102

Meliosma pinnata (Roxburgh) Maximowicz 羽叶泡花树
西藏：墨脱 刘成，亚吉东，何华杰等 16CS11864

Meliosma squamulata Hance 樟叶泡花树
云南：文山 何德明 WSLJS867

Meliosma thomsonii King ex Brandis 西南泡花树
云南：永德 李永亮 YDDXS0252

Meliosma thorelii Lecomte 山様叶泡花树
云南：沧源 赵金超，李春华，肖美芳 CYNGH294

Meliosma veitchiorum Hemsley 暖木 *
湖北：神农架林区 祝文志，刘志祥，曹远俊 ShenZH5627
云南：贡山 郭永杰，吴之坤，吴兴等 14CS9917

Meliosma yunnanensis Franchet 云南泡花树
四川：峨眉山 李小杰 LiXJ821
云南：贡山 蔡杰，郭云刚，张凤琼等 14CS9785

Sabia japonica Maximowicz 清风藤
江西：修水 缪以清，李立新 TanCM1220

Sabia schumanniana subsp. **pluriflora** (Rehder & E. H. Wilson) Y. F. Wu 多花清风藤 *
湖北：竹溪 李盛兰 GanQL822

Sabia yunnanensis Franchet 云南清风藤
云南：禄丰 蔡杰，李爱花，Gemma Hoyle 09CS1077
云南：弥勒 刘恩德，方伟，杜燕等 SCSB-B-000045

Sabia yunnanensis subsp. **latifolia** (Rehder & E. H. Wilson) Y. F. Wu 阔叶清风藤 *
云南：永德 李永亮，马文军 YDDXSB178

Salicaceae 杨柳科

杨柳科	世界	中国	种质库
属 / 种（种下等级）/ 份数	~ 50/ ~ 1800	13/ ~ 385	10/14(16)/72

Bennettiodendron leprosipes (Clos) Merrill 山桂花
湖南：怀化 李胜华，伍贤进，曾汉元等 HHXY321
湖南：怀化 李胜华，伍贤进，曾汉元等 HHXY362
云南：红河 彭华，向春雷，陈丽 PengH8250
云南：腾冲 周应再 Zhyz-423
云南：永平 彭华，向春雷，王泽欢 PengH8342

Carrierea dunniana H. Léveillé 贵州嘉丽树
贵州：绥阳 赵厚涛，韩国营 YBG030
云南：景东 罗忠华，谢有能，罗文涛等 JDNR138
云南：麻栗坡 肖波 LuJL081

Casearia graveolens Dalzell 香味脚骨脆
云南：思茅区 胡启和，张绍云 YNS0949

Casearia velutina Blume 毛叶脚骨脆
云南：澜沧 彭华，向春雷，陈丽等 P.H. 5754
云南：南涧 高国政，徐如标，李成清 NJWLS2008255

Flacourtia jangomas (Loureiro) Raeuschel 云南刺篱木 *
云南：普洱 叶金科 YNS0253

Flacourtia ramontchi L'Héritier 大果刺篱木
云南：江城 张绍云，胡启和，白海洋 YNS1270
云南：麻栗坡 肖波 LuJL487

Idesia polycarpa Maximowicz 山桐子
安徽：徽州区 方建新 TangXS0768
安徽：石台 洪欣，王欧文 ZSB353
广西：临桂 许为斌，黄俞淞，朱章明 Liuyan0438
贵州：花溪区 邹方伦 ZouFL0161
湖北：利川 祝文志，刘志祥，曹远俊 ShenZH3464
湖南：洞口 肖乐希，唐光波，谢江等 SCSB-HN-1733

湖南：双牌 姜孝成，王丽萍，李育华 Jiangxc0857
湖南：永顺 陈功锡，张代贵 SCSB-HC-2008367
江西：井冈山 兰国华 LiuRL027
四川：汶川 袁明，高刚，杨勇 YM2014002
云南：大关 张挺，王培，肖良俊 SCSB-B-000514
云南：贡山 许炳强，吴兴，李婧等 XiaNh-07zx-111
云南：龙陵 孙兴旭 SunXX039
云南：龙陵 郭永杰，吴义军，马蓉等 12CS5108
云南：腾冲 周应再 Zhyz-009
云南：文山 何德明，潘海仙 WSLJS518
云南：文山 税玉民，陈文红 81191
浙江：开化 李宏庆，熊申展，桂萍 Lihq0429

Idesia polycarpa var. **vestita** Diels 毛叶山桐子
安徽：黄山区 唐鑫生，宋曰钦，方建新 TangXS0546
湖北：竹溪 李盛兰 GanQL364
江西：庐山区 董安淼，吴从梅 TanCM1630
陕西：宁陕 田先华，吴礼慧 TianXH502
陕西：长安区 田先华，田陌 TianXH565
四川：峨眉山 李小杰 LiXJ730

Itoa orientalis Hemsley 栀子皮
广西：环江 许为斌，胡仁传 Liuyan1010
广西：环江 许为斌，梁永延，黄俞淞等 Liuyan0161
贵州：丹寨 赵厚涛，韩国营 YBG001
云南：沧源 赵金超，杨红强 CYNGH468
云南：景东 罗忠华，张明勇，刘长铭等 JD137
云南：景东 彭华，陈丽 P.H.5455
云南：澜沧 张绍云，胡启和，叶金科等 YNS1184
云南：麻栗坡 肖波 LuJL138
云南：蒙自 亚吉东，李涟漪 15CS11474
云南：蒙自 税玉民，陈文红 72284
云南：孟连 彭华，向春雷，陈丽 P.H.5854
云南：南涧 马德跃，官有才，熊绍荣 NJWLS822
云南：文山 韦荣彪，何德明，丰艳飞 WSLJS651
云南：西畴 税玉民，陈文红 80938
云南：新平 白绍斌 XPALSC559
云南：永德 李永亮 YDDXS0915
云南：永德 李永亮，马文军 YDDXSB257
云南：元阳 亚吉东，黄莉，何华杰 15CS11275

Populus euphratica Olivier 胡杨
新疆：阿瓦提 塔里木大学植物资源调查组 TD-00312
新疆：阿瓦提 塔里木大学植物资源调查组 TD-00313
新疆：沙湾 许炳强，胡伟明 XiaNH-07ZX-870
新疆：石河子 阎平，雷凤品，陶冶 SCSB-2006068
新疆：石河子 塔里木大学植物资源调查组 TD-00301
新疆：石河子 塔里木大学植物资源调查组 TD-00303
新疆：石河子 塔里木大学植物资源调查组 TD-00305
新疆：石河子 塔里木大学植物资源调查组 TD-00308
新疆：石河子 徐文斌，杨清理 SHI-2009132
新疆：吐鲁番 段士民 zdy110
新疆：尉犁 魏岩，黄振英，朱雅娟 Beijing-Junggar-000029

Salix cathayana Diels 中华柳 *
云南：巧家 李文虎，吴天抗，高顺勇等 QJYS0144

Scolopia saeva (Hance) Hance 广东箣柊
云南：绿春 HLS0176

Xylosma congesta (Loureiro) Merrill 柞木
江西：庐山区 董安淼，吴从梅 TanCM1406

Xylosma controversa Clos 南岭柞木
云南：西盟 张绍云，叶金科，仇亚 YNS1291

Xylosma longifolia Clos 长叶柞木
云南：景东 罗忠华，唐云，刘长铭等 JD109

Santalaceae 檀香科

檀香科	世界	中国	种质库
属 / 种（种下等级）/ 份数	39-44/450-990	10/51	5/7(8)/38

Buckleya graebneriana Diels 秦岭米面蓊 *
陕西：眉县 董栓录 TianXH1207

Buckleya henryi Diels 米面蓊 *
陕西：眉县 蔡杰，张挺，刘成 10CS2371

Osyris quadripartita Salzmann ex Decaisne 沙针
四川：丹巴 范邓妹 SunH-07ZX-2252
四川：丹巴 何兴金，胡灏禹，沈呈娟等 SCU-11-401
四川：理塘 何兴金，马祥光，张云香等 SCU-11-202
四川：泸定 何兴金，赵丽华，梁乾隆等 SCU-11-109
四川：米易 袁明 MY219
西藏：察隅 孙航，张建文，陈建国等 SunH-07ZX-2472
云南：景东 鲁艳 200871
云南：景东 罗忠华，刘长铭，鲁成荣等 JDNR09020
云南：隆阳区 赵文李 BSGLGSly3001
云南：隆阳区 段在贤，尹布贵，刀开国 BSGLGSly1213
云南：南涧 阿国仁 NJWLS1512
云南：南涧 李成清，高国政，徐如标 NJWLS490
云南：宁洱 胡启和，仇亚，张绍云 YNS0937
云南：盘龙区 张书东，林娜娜，陆露等 SCSB-W-057
云南：双柏 孙振华，郑志兴，沈蕊等 OuXK-SHB-002
云南：维西 杨青松，杨莹，黄永江等 ZhouZK-07ZX-0203
云南：文山 肖波 LuJL402
云南：文山 税玉民，陈文红 71969
云南：文山 何德明，丰艳飞，曹世超 WSLJS585
云南：西山区 彭华，陈丽 P.H.5303
云南：新平 刘家良 XPALSD009
云南：新平 王家和 XPALSC385
云南：永德 李永亮 YDDXS0273
云南：永德 李永亮 YDDXS6273

Pyrularia edulis (Wallich) A. Candolle 檀梨
云南：沧源 赵金超，杨红强 CYNGH409
云南：南涧 熊绍荣，阿国仁，邹国娟等 NJWLS2008115

Thesium cathaicum Hendrych 华北百蕊草 *
山东：长清区 高德民，步瑞兰，辛晓伟 Lilan802

Thesium chinense Turczaninow 百蕊草
安徽：屯溪区 方建新 TangXS0832
黑龙江：肇东 刘玫，王臣，史传奇等 Liuetal581
湖北：十堰 李盛兰 GanQL403
吉林：磐石 安海成 AnHC0310
吉林：长岭 张红香 ZhangHX010
江苏：句容 王兆银，吴宝成 SCSB-JS0066
江西：庐山区 董安淼，吴从梅 TanCM1513
山东：海阳 高德民，张颖颖，程丹丹等 lilan547

Viscum coloratum (Komarov) Nakai 槲寄生
黑龙江：北安 郑宝江，潘磊 ZhengBJ056

Sapindaceae 无患子科

无患子科	世界	中国	种质库
属 / 种（种下等级）/ 份数	～141/1900	25/158	11/64(73)/426

Acer acutum W. P. Fang 锐角枫 *
江西：黎川 杨文斌，饶云芳 TanCM1335

Acer amplum Rehder 阔叶枫
安徽：黄山区 唐鑫生，宋曰钦，方建新 TangXS0553
湖南：江永 姜孝成，唐贵华，潘孝武 SCSB-HNJ-0054
湖南：江永 刘克明，田淑珍，肖乐希等 SCSB-HN-0084
江西：庐山区 谭策铭，董安淼 TanCM478
四川：乡城 孔航辉，罗江平，左雷等 YangQE3553

Acer amplum subsp. **catalpifolium** (Rehder) Y. S. Chen 梓叶枫 *
四川：峨眉山 李小杰 LiXJ528

Acer barbinerve Maximowicz ex Miquel 簇毛枫
吉林：安图 周海城 ZhouHC050
吉林：集安 郑宝江，潘磊，王平等 ZhengBJ046
吉林：蛟河 陈武璋，王炳辉 CaoW0153
吉林：汪清 陈武璋，王炳辉 CaoW0170

Acer buergerianum Miquel 三角枫
安徽：黄山区 唐鑫生 TangXS0524
河南：浉河区 朱鑫鑫，闫明慧，王君等 ZhuXX273
湖南：鹤城区 伍贤进，李胜华，曾汉元等 HHXY097
湖南：望城 姜孝成，卢叶平，杨强 Jiangxc0767
江苏：句容 王兆银，吴宝成 SCSB-JS0242
江西：井冈山 兰国华 LiuRL015
江西：龙南 梁跃龙，欧考昌，欧考胜 LiangYL025
江西：庐山区 谭策铭，董安淼 TanCM457
江西：庐山区 谭策铭，董安淼 TanCM463

Acer caesium Wallich ex Brandis 深灰枫
四川：黑水 顾垒，李忠荣 GaoXF-09ZX-1315
西藏：察隅 张挺，蔡杰，袁明 09CS1520
西藏：错那 张晓纬，汪书丽，罗建 LiuJQ-09XZ-LZT-033
西藏：错那 罗建，林玲 LiuJQ11XZ115
西藏：林芝 罗建，汪书丽 LiuJQ-08XZ-201
西藏：林芝 孙航，张建文，陈建国等 SunH-07ZX-2854
云南：香格里拉 张挺，亚吉东，李明勤等 11CS3334

Acer campbellii var. **serratifolium** Banerji 重齿藏南枫
云南：景东 张挺，方伟，王建军等 SCSB-B-000194
云南：腾冲 李爱花，黄之镨，黄押稳等 SCSB-A-000283

Acer cappadocicum Gleditsch 青皮枫
西藏：错那 罗建，汪书丽 LiuJQ11XZ226
云南：维西 孔航辉，任琛 Yangqe2829

Acer cappadocicum subsp. **sinicum** (Rehder) Handel-Mazzetti 小叶青皮枫 *
四川：理县 何兴金，李琴琴，赵丽华等 SCU-09-530
云南：丽江 孙航，李新辉，陈林杨 SunH-07ZX-3112
云南：香格里拉 张挺，亚吉东，张桥蓉等 11CS3532
云南：永德 李永亮 YDDXS0617

Acer caudatifolium Hayata 尖尾枫 *
四川：理县 何兴金，李琴琴，赵丽华等 SCU-09-533

Acer caudatum Wallich 长尾枫
四川：黑水 顾垒，李忠荣 GaoXF-09ZX-1823
西藏：林芝 罗建，汪书丽 LiuJQ-08XZ-079
云南：景东 罗忠华，谢有能，刘长铭等 JDNR065
云南：香格里拉 孔航辉，任琛 Yangqe2857

Acer ceriferum Rehder 杈叶枫 *
江西：庐山区 谭策铭，董安淼 TanCM313
云南：景东 杨国平 ygp-002
云南：巧家 杨光明 SCSB-W-1497

Acer chienii Hu & W. C. Cheng 怒江枫 *
云南：腾冲 余新林，赵玮 BSGLGStc298

Acer cordatum Pax 紫果枫 *
安徽：休宁 唐鑫生，方建新 TangXS0744
江西：修水 梁荣文，缪以清 TanCM1216

Acer coriaceifolium H. Léveillé 樟叶枫 *
贵州：江口 彭华，王英，陈丽 P.H. 5156
云南：沧源 赵金超，杨红强 CYNGH317

Acer davidii Franchet 青榨枫
安徽：黄山区 唐鑫生，宋曰钦，方建新 TangXS0551
安徽：舒城 陈延松，欧祖兰，高秋晨等 Xuzd363
广西：龙胜 黄俞淞，叶晓霞，邹容 Liuyan0066
广西：兴安 吴望辉，吴磊，农冬新 Liuyan0502
贵州：云岩区 赵厚涛，韩国营 YBG021
河北：蔚县 牛玉璐，高彦飞，赵二涛 NiuYL292
湖北：神农架林区 李巨平 LiJuPing0268
湖北：宜昌 陈功锡，张代贵 SCSB-HC-2008140
湖北：竹溪 李盛兰 GanQL1100
湖南：东安 姜孝成，唐贵华，潘孝武 SCSB-HNJ-0093
湖南：东安 刘克明，田淑珍，肖乐希 SCSB-HN-0168
湖南：衡山 刘克明，陈薇，田淑珍 SCSB-HN-0236
湖南：洪江 李胜华，伍贤进，刘光华等 Wuxj1050
湖南：怀化 李胜华，伍贤进，曾汉元等 HHXY211
湖南：江华 肖乐希，欧阳书珍 SCSB-HN-1191
湖南：浏阳 姜孝成，陈晓莲，周亮 Jiangxc0871
湖南：南岳区 刘克明，相银龙，李伟 SCSB-HN-1403
湖南：桑植 陈功锡，廖博儒，查学州等 180
湖南：双峰 姜孝成，唐妹，陈峰林等 Jiangxc0638
湖南：双牌 姜孝成，王丽萍，李育华 Jiangxc0815
湖南：新化 姜孝成，唐妹，戴小军等 Jiangxc0546
湖南：新化 黄先辉，杨亚平，卜剑超 SCSB-HNJ-0318
湖南：炎陵 蔡秀珍，孙秋妍，王燕归等 SCSB-HN-1277
湖南：炎陵 刘应迪，孙秋妍，陈珮珮 SCSB-HN-1516
湖南：永定区 吴福川，廖博儒 7101
湖南：永顺 陈功锡，张代贵 SCSB-HC-2008145
江西：井冈山 兰国华 LiuRL026
江西：黎川 杨文斌，饶云芳 TanCM1307
山西：洪洞 高瑞如，李农业，张爱红 Huangzy0255
山西：翼城 尉伯瀚，焦磊 Zhangf0013
陕西：宁陕 王梅荣，田陌，田先华 TianXH106
陕西：宁陕 王梅荣，田陌，田先华 TianXH111
四川：宝兴 袁明 Y07020
四川：丹巴 高云东，李忠荣，鞠文彬 GaoXF-12-137
四川：黑水 顾垒，李忠荣 GaoXF-09ZX-1761
四川：九龙 吕元林 N007A
四川：理县 何兴金，高云东，余岩等 SCU-09-561
四川：盐源 孔航辉，罗江平，左雷等 YangQE3363
云南：德钦 杨亲二，袁琼 Yangqe2683
云南：贡山 刘成，何华杰，黄莉等 14CS9983
云南：兰坪 孙振华 OuXK-0044
云南：麻栗坡 肖波，陆章强 LuJL026
云南：巧家 杨光明 SCSB-W-1173

云南：巧家 杨光明 SCSB-W-1172
云南：维西 张挺，徐远杰，黄押稳等 SCSB-B-000168
云南：香格里拉 杨亲二，袁琼 Yangqe2109
云南：香格里拉 孔航辉，任琛 Yangqe2869
云南：新平 李伟，罗忠学，李文顺 XPALSD370
云南：彝良 张挺，雷立公，王建军等 SCSB-B-000120
云南：永德 奎文康，杨金柱，鲁金国 YDDXSC093
云南：永德 李永亮 YDDXS0552
云南：云龙 张挺，徐远杰，陈冲等 SCSB-B-000209
云南：云龙 字建泽，杨六斤，李国宏等 TC1022
云南：镇沅 何忠云，周立刚 ALSZY317
浙江：临安 李宏庆，田怀珍，刘国丽 Lihq0066

Acer davidii subsp. **grosseri** (Pax) P. C. de Jong 葛罗枫 *
安徽：徽州区 方建新 TangXS0769
河南：鲁山 宋松泉 HN015
河南：鲁山 宋松泉 HN076
河南：鲁山 宋松泉 HN126
湖北：仙桃 张代贵 Zdg1313
山西：永济 陈姣，张海博，廉凯敏 Zhangf0186

Acer elegantulum W. P. Fang & P. L. Chiu 秀丽枫 *
安徽：黄山区 唐鑫生，方建新 TangXS0484
湖北：宣恩 沈泽昊 HXE081
江西：靖安 张吉华，刘运群 TanCM707
江西：星子 董安淼，吴从梅 TanCM2203

Acer fabri Hance 罗浮枫
安徽：屯溪区 方建新 TangXS0887
贵州：黄平 邹方伦 ZouFL0246
湖南：东安 姜孝成，唐贵华，潘孝武 SCSB-HNJ-0095
湖南：东安 刘克明，田淑珍，肖乐希等 SCSB-HN-0152
湖南：洞口 肖乐希，尹成园，谢江等 SCSB-HN-1744
湖南：江华 肖乐希 SCSB-HN-1640
湖南：新化 刘克明，彭珊，李珊等 SCSB-HN-1681
湖南：炎陵 蔡秀珍，孙秋妍，王燕归等 SCSB-HN-1271
湖南：长沙 田淑珍，相银龙 SCSB-HN-1482
湖南：长沙 蔡秀珍 SCSB-HN-0759
江西：井冈山 兰国华 LiuRL043
云南：文山 韦荣彪，何德明 WSLJS641

Acer flabellatum Rehder 扇叶枫
湖北：神农架林区 祝文志，刘志祥，曹远俊 ShenZH5685
江西：星子 董安淼，吴从梅 TanCM2208
云南：福贡 许炳强，吴兴，李婧等 XiaNh-07zx-191
云南：贡山 刀志灵，陈哲 DZL-031
云南：河口 张贵良，张贵生，陶英美等 ZhangGL050
云南：景东 陶正坤，杨华军，刘国庆 JDNR110101
云南：麻栗坡 肖波，陆章强 LuJL012
云南：屏边 楚永兴，普华柱，刘永建 Pbdws034
云南：巧家 杨光明 SCSB-W-1174
云南：腾冲 周应再 Zhyz-347
云南：文山 何德明，张挺，刘成等 WSLJS510

Acer forrestii Diels 丽江枫 *
云南：香格里拉 孔航辉，罗江平，左雷等 YangQE3304

Acer fulvescens Rehder 黄毛枫 *
西藏：察隅 孙航，张建文，陈建国等 SunH-07ZX-2455

Acer henryi Pax 三叶枫 *
安徽：石台 唐鑫生，方建新 TangXS1011
北京：房山区 宋松泉 BJ015
河南：鲁山 宋松泉 HN023
河南：鲁山 宋松泉 HN082
河南：鲁山 宋松泉 HN132
湖北：竹溪 李盛兰 GanQL792
湖南：武陵源区 吴福川，廖博儒，查学州 38
江西：庐山区 谭策铭，董安淼 TanCM314
陕西：宁陕 王梅荣，田先华，田陌 TianXH051
四川：宝兴 袁明 Y07081

Acer komarovii Pojarkova 小楷枫
黑龙江：通河 郑宝江，丁晓炎，李月等 ZhengBJ213

Acer kungshanense W. P. Fang & C. Y. Chang 贡山枫 *
云南：维西 张挺，徐远杰，黄押稳等 SCSB-B-000151

Acer kuomeii W. P. Fang & M. Y. Fang 国楣枫 *
云南：贡山 许炳强，吴兴，李婧等 XiaNh-07zx-054

Acer kwangnanense Hu & W. C. Cheng 广南枫 *
云南：麻栗坡 肖波，陆章强 LuJL056

Acer laevigatum Wallich 光叶枫
湖北：来凤 许玥，祝文志，刘志祥等 ShenZH4482
湖北：五峰 陈功锡，张代贵 SCSB-HC-2008144
四川：峨眉山 李小杰 LiXJ799

Acer laxiflorum Pax 疏花枫 *
四川：峨眉山 李小杰 LiXJ147
四川：黑水 顾垒，李忠荣 GaoXF-09ZX-1426
四川：黑水 顾垒，李忠荣 GaoXF-09ZX-1679
四川：康定 彭玉兰，涂卫国 Gaoxf-1027
四川：泸定 高云东，李忠荣，鞠文彬 GaoXF-12-195
云南：巧家 张天壁 SCSB-W-749
云南：香格里拉 亚吉东，张桥蓉，张继等 11CS3544

Acer linganense W. P. Fang & P. L. Chiu 临安枫 *
江西：庐山区 谭策铭，董安淼 TanCM465

Acer longipes Franchet ex Rehder 长柄枫 *
湖北：竹溪 李盛兰 GanQL1106

Acer mandshuricum Maximowicz 东北枫
吉林：磐石 安海成 AnHC081

Acer maximowiczii Pax 五尖枫 *
河南：栾川 邓志军，付婷婷，水庆艳 Huangzy0079
河南：嵩县 何明高，付婷婷，水庆艳 Huangzy0156
湖北：神农架林区 祝文志，刘志祥，曹远俊 ShenZH5738
湖北：宣恩 李正辉，艾洪莲 AHL2073
湖南：南岳区 刘克明，相银龙，周磊等 SCSB-HN-1405

Acer miaotaiense P. C. Tsoong 庙台枫 *
湖南：洪江 李胜华，伍贤进，刘光华等 Wuxj1039

Acer negundo Linnaeus 复叶枫
黑龙江：虎林市 王庆贵 CaoW534
黑龙江：尚志 刘玫，张欣欣，程薪宇等 Liuetal545
黑龙江：五大连池 孙阎，赵立波 SunY124
吉林：安图 杨保国，张明鹏 CaoW0023
吉林：和龙 杨保国，张明鹏 CaoW0036
辽宁：桓仁 祝业平 CaoW978
新疆：塔城 许炳强，胡伟明 XiaNH-07ZX-835

Acer oblongum var. **omeiense** W. P. Fang & T. P. Soong 峨眉飞蛾枫 *
四川：盐源 孔航辉，罗江平，左雷等 YangQE3361

Acer oblongum Wallich ex Candolle 飞蛾树
云南：盈江 王立彦，左常盛，何维海 SCSB-TBG-019

Acer oliverianum Pax 五裂枫 *
湖北：广水 朱鑫鑫，王君，石琳琳等 ZhuXX306
湖南：东安 刘克明，田淑珍，肖乐希等 SCSB-HN-0159
湖南：怀化 李胜华，伍贤进，曾汉元等 HHXY278
湖南：南岳区 刘克明，相银龙，周磊 SCSB-HN-1388

湖南：永定区 吴福川，廖博儒 7117
江西：井冈山 兰国华 LiuRL050
江西：修水 缪以清 TanCM629
云南：腾冲 余新林，赵玮 BSGLGStc168
云南：新平 罗田发，李丛生 XPALSC471
云南：元阳 亚吉东，黄莉，何华杰 15CS11403
云南：元阳 李文锋，刘成，杨娅娟等 YYGYS035

Acer palmatum Thunberg **鸡爪枫**
安徽：黄山区 唐鑫生，方建新 TangXS0485
江西：庐山区 谭策铭，董安淼 TanCM453
江西：庐山区 谭策铭，董安淼 TanCM458
江西：庐山区 谭策铭，董安淼 TanCM531
江西：庐山区 谭策铭，董安淼 TCM09033
四川：峨眉山 李小杰 LiXJ202

Acer pectinatum subsp. **taronense** (Handel-Mazzetti) A. E. Murray **独龙枫**
西藏：察隅 张挺，蔡杰，袁明 09CS1610
西藏：林芝 孙航，张建文，陈建国等 SunH-07ZX-2856
云南：福贡 刀志灵，陈哲 DZL-059
云南：福贡 刀志灵，陈哲 DZL-069
云南：贡山 刀志灵 DZL361

Acer pectinatum Wallich ex G. Nicholson **篦齿枫**
西藏：察隅 孙航，张建文，陈建国等 SunH-07ZX-2515

Acer pictum subsp. **mono** (Maximowicz) H. Ohashi **五角枫**
黑龙江：虎林市 王庆贵 CaoW598
黑龙江：尚志 李兵，路科 CaoW0083
黑龙江：通河 郑宝江，丁晓炎，李月等 ZhengBJ212
湖北：仙桃 张代贵 Zdg3253
湖北：宣恩 沈泽昊 HXE040
湖北：英山 朱鑫鑫，甄爱国，孙增朋等 ZhuXX108
江西：庐山区 董安淼，吴从梅 TanCM876
江西：武宁 张吉华，刘运群 TanCM730
辽宁：瓦房店 宫本胜 CaoW324
山东：牟平区 卞福花 BianFH-0236

Acer pseudosieboldianum (Pax) Komarov **紫花枫**
吉林：桦甸 安海成 AnHC0404
辽宁：凤城 李昊 CaoW223
辽宁：瓦房店 宫本胜 CaoW343

Acer pubinerve Rehder **毛脉枫** *
江西：庐山区 董安淼，吴从梅 TanCM2202

Acer shenkanense W. P. Fang ex C. C. Fu **陕甘枫** *
陕西：眉县 董栓录，李智军 TianXH519

Acer sikkimense Miquel **锡金枫**
西藏：察隅 张挺，蔡杰，袁明 09CS1604
西藏：林芝 孙航，张建文，陈建国等 SunH-07ZX-2845
云南：河口 张贵良，张贵生，陶英美等 ZhangGL053
云南：巧家 李文虎，高顺勇，吴天抗等 QJYS0025
云南：永德 李永亮，王学军，陈海涛 YDDXSB095
云南：永德 李永亮 LiYL1547

Acer sinense Pax **中华枫** *
湖北：宣恩 祝文志，刘志祥，曹远俊 ShenZH0006
湖南：南岳区 刘克明，相银龙 SCSB-HN-1385
湖南：双牌 姜孝成，王丽萍，李育华 Jiangxc0822
四川：峨眉山 李小杰 LiXJ156
四川：理县 何兴金，高云东，余岩等 SCU-09-562
云南：南涧 高国政，徐汝彪 NJWLS1337

Acer stachyophyllum Hiern **毛叶枫**
云南：贡山 许炳强，吴兴，李婧等 XiaNh-07zx-056
云南：巧家 李文虎，高顺勇，吴天抗等 QJYS0028
云南：香格里拉 李爱花，周开洪，黄之镨等 SCSB-A-000253
云南：香格里拉 张挺，亚吉东，李明勤等 11CS3330

Acer stachyophyllum subsp. **betulifolium** (Maximowicz) P. C. de Jong **四蕊枫**
甘肃：迭部 刘坤 LiuJQ-GN-2011-653
甘肃：夏河 刘坤 LiuJQ-GN-2011-654
西藏：林芝 罗建，汪书丽，任德智 LiuJQ-09XZ-289
云南：巧家 杨光明 SCSB-W-1171
云南：维西 张挺，徐远杰，黄押稳等 SCSB-B-000150
云南：维西 张挺，徐远杰，陈冲等 SCSB-B-000227

Acer sterculiaceum subsp. **franchetii** (Pax) A. E. Murray **房县枫** *
湖北：神农架林区 祝文志，刘志祥，曹远俊 ShenZH5740
湖北：宣恩 沈泽昊 HXE069
湖北：竹溪 李盛兰 GanQL092
云南：大关 张挺，王培，肖良俊 SCSB-B-000530
云南：德钦 杨青松，杨莹，黄永江等 ZhouZK-07ZX-0135
云南：巧家 杨光明 SCSB-W-1155
云南：文山 税玉民，陈文红 16272
云南：文山 何德明，张挺，刘成等 WSLJS499
云南：香格里拉 杨青松，星耀武，苏涛 ZhouZK-07ZX-0369

Acer tataricum subsp. **ginnala** (Maximowicz) Wesmael **茶条枫**
安徽：绩溪 唐鑫生，宋曰钦，方建新 TangXS0561
安徽：金寨 刘淼 SCSB-JSC29
安徽：石台 洪欣，王欧文 ZSB375
北京：房山区 宋松泉 BJ028
河南：鲁山 宋松泉 HN047
河南：鲁山 宋松泉 HN099
河南：鲁山 宋松泉 HN148
黑龙江：北安 郑宝江，潘磊 ZhengBJ018
黑龙江：虎林市 王庆贵 CaoW539
黑龙江：虎林市 王庆贵 CaoW540
黑龙江：虎林市 王庆贵 CaoW541
黑龙江：虎林市 王庆贵 CaoW589
黑龙江：虎林市 王庆贵 CaoW680
黑龙江：虎林市 王庆贵 CaoW700
黑龙江：虎林市 王庆贵 CaoW703
黑龙江：虎林市 王庆贵 CaoW706
黑龙江：虎林市 王庆贵 CaoW742
黑龙江：饶河 王庆贵 CaoW626
黑龙江：饶河 王庆贵 CaoW636
黑龙江：饶河 王庆贵 CaoW666
黑龙江：饶河 王庆贵 CaoW738
黑龙江：尚志 李兵，路科 CaoW0107
黑龙江：尚志 李兵，路科 CaoW0114
黑龙江：尚志 刘玫，张欣欣，程薪宇等 Liuetal301
黑龙江：五常 李兵，路科 CaoW0134
黑龙江：延寿 李兵，路科 CaoW0125
湖北：广水 朱鑫鑫，王君，石琳琳等 ZhuXX303
湖南：怀化 李胜华，伍贤进，曾汉元等 HHXY310
吉林：安图 杨保国，张明鹏 CaoW0024
吉林：敦化 杨保国，张明鹏 CaoW0013
吉林：敦化 陈武璋，王炳辉 CaoW0159
吉林：丰满区 李兵，路科 CaoW0072
吉林：珲春 杨保国，张明鹏 CaoW0050
吉林：珲春 杨保国，张明鹏 CaoW0066

吉林：临江 李长田 Yanglm0039
江苏：江宁区 王兆银，吴宝成 SCSB-JS0079
辽宁：凤城 董清 CaoW241
辽宁：凤城 朱春龙 CaoW259
辽宁：凤城 张春华 CaoW270
辽宁：开原 刘少硕，谢峰 CaoW314
辽宁：清河区 刘少硕，谢峰 CaoW291
辽宁：铁岭 刘少硕，谢峰 CaoW305
辽宁：瓦房店 宫本胜 CaoW323
山西：交城 焦磊，刘明光，张海博 Zhangf0181
陕西：眉县 田先华，白根录 TianXH489
浙江：临安 李宏庆，田怀珍，刘国丽 Lihq0063

Acer tataricum subsp. **semenovii** (Regel & Herder) A. E. Murray 天山枫
新疆：察布查尔 段士民，王喜勇，刘会良等 56
新疆：尼勒克 亚吉东，张桥蓉，秦少发等 16CS13437

Acer tataricum subsp. **theiferum** (W. P. Fang) Y. S. Chen & P. C. de Jong 苦条枫 *
安徽：滁州 陈延松，吴国伟，洪欣 Zhousb0007
安徽：金寨 陈延松，欧祖兰，徐柳华 Xuzd169
安徽：宁国 洪欣，李中林 ZhouSB0216

Acer tegmentosum Maximowicz 青楷枫
黑龙江：阿城 孙阎，吕军，张兰兰 SunY355
黑龙江：虎林市 王庆贵 CaoW537
黑龙江：虎林市 王庆贵 CaoW613
黑龙江：虎林市 王庆贵 CaoW743
黑龙江：饶河 王庆贵 CaoW584
吉林：集安 郑宝江，潘磊，王平等 ZhengBJ050
吉林：磐石 安海成 AnHC0378

Acer tonkinense Lecomte 粗柄枫
云南：麻栗坡 肖波 LuJL073

Acer triflorum Komarov 三花枫
吉林：磐石 安海成 AnHC073

Acer truncatum Bunge 元宝枫
北京：海淀区 赵利铭 SCSB-D-0058
北京：门头沟区 李燕军 SCSB-E-0074
河北：隆化 牛玉璐，高彦飞 NiuYL606
辽宁：建平 卜军，金实，阴黎明 CaoW462
辽宁：建平 卜军，金实，阴黎明 CaoW485
辽宁：旅顺口区 刘长华 SunY474
辽宁：长海 郑宝江，丁晓炎，焦宏斌等 ZhengBJ364
宁夏：盐池 李出山，牛钦瑞 ZuoZh150
山东：牟平区 卞福花 BianFH-0235

Acer ukurunduense Trautvetter & C. A. Meyer 花楷枫
黑龙江：五常 孙阎，吕军 SunY488

Acer wilsonii Rehder 三峡枫
湖北：宣恩 沈泽昊 HXE064
湖南：吉首 陈功锡，张代贵，邓涛等 SCSB-HC-2007442

Boniodendron minus (Hemsley) T. C. Chen 黄梨木 *
湖南：东安 姜孝成，唐贵华，潘孝武 SCSB-HNJ-0073
湖南：江永 刘克明，田淑珍，蔡秀珍等 SCSB-HN-0118

Cardiospermum halicacabum Linnaeus 倒地铃
云南：隆阳区 段在贤，尹布贵，刀开国 BSGLGS1y1214
云南：新平 谢雄 XPALSC477
云南：永德 李永亮，马文军 YDDXSB156
云南：永德 李永亮 YDDXS0452
云南：镇沅 罗成瑜 ALSZY402

Delavaya toxocarpa Franchet 茶条木
云南：江川 刘恩德，方伟，杜燕等 SCSB-B-000028

Dipteronia dyeriana Henry 云南金钱枫 *
云南：屏边 楚永兴，陶国权 Pbdws052
云南：文山 何德明，张挺，刘成等 WSLJS509
云南：文山 税玉民，陈文红 81080
云南：文山 胡光万 HGW-00206
云南：文山 税玉民，陈文红 81040

Dipteronia sinensis Oliver 金钱枫 *
北京：房山区 宋松泉 BJ024
贵州：江口 熊建兵 XiangZ150
河南：鲁山 宋松泉 HN042
河南：鲁山 宋松泉 HN094
河南：鲁山 宋松泉 HN143
湖北：竹山 李盛兰 GanQL974
湖南：永定区 吴福川，廖博儒 7110
陕西：眉县 董栓录，田先华 TianXH269

Dodonaea viscosa Jacquin 车桑子
福建：长泰 李宏庆，陈纪云，王双 Lihq0290
贵州：罗甸 邹方伦 ZouFL0055
四川：米易 袁明 MY503
云南：宾川 孙振华，王文礼，宋晓卿等 OuxK-BC-0004
云南：宾川 张德全，黄瑜，王应龙等 ZDQ139
云南：大理 张德全，王应龙，陈琪等 ZDQ049
云南：龙陵 刀志灵 DZL-103
云南：隆阳区 赵玮 BSGLGS1y197
云南：泸水 朱枫，张仲富，成梅 Wangsh-07ZX-027
云南：弥勒 王四海，吴超，朱枫 Wangsh-07ZX-026
云南：弥勒 税玉民，陈文红 81235
云南：墨江 胡启和，仇亚，周英等 YNS0727
云南：南涧 熊绍荣，张雄 NJWLS1222
云南：屏边 楚永兴，陶国权 Pbdws048
云南：新平 张学林，李云贵 XPALSD106
云南：新平 谢雄 XPALSC093
云南：新平 刘家良 XPALSD027
云南：新平 谢雄 XPALSC427
云南：新平 自正尧 XPALSB271
云南：永德 李永亮 YDDXS0015
云南：玉溪 伊廷双，孟静，杨杨 MJ-893

Eurycorymbus cavaleriei (H. Léveillé) Rehder & Handel-Mazzetti 伞花木 *
广西：环江 许为斌 Liuyan0113
广西：龙胜 黄俞淞，叶晓霞，邹容 Liuyan0097
贵州：黄平 杨加文 YangJW001
贵州：黄平 杨加文 YangJW002
贵州：黄平 杨加文 YangJW003
贵州：惠水 邹方伦 ZouFL0157
贵州：凯里 杨加文 YangJW007
贵州：南明区 赵厚涛，韩国营 YBG133
湖南：浏阳 朱香清，丛义艳 SCSB-HN-1773
湖南：南岳区 刘克明，相银龙，李伟 SCSB-HN-1387
湖南：永顺 陈功锡，张代贵，邓涛等 SCSB-HC-2007348
湖南：沅陵 周丰杰，刘克明 SCSB-HN-1782

Handeliodendron bodinieri (H. Léveillé) Rehder 掌叶木 *
贵州：凯里 陈功锡，张代贵 SCSB-HC-2008135

Koelreuteria bipinnata Franchet 复羽叶栾树 *
安徽：黄山区 张翔 TangXS0001
贵州：罗甸 邹方伦 ZouFL0065
湖北：恩施 祝文志，刘志祥，曹远俊 ShenZH5788

湖南：古丈 刘克明，朱晓文 SCSB-HN-0534
湖南：澧县 田淑珍 SCSB-HN-1063
湖南：平江 吴惊香 SCSB-HN-0904A
湖南：望城 李辉良 SCSB-HN-1021
湖南：炎陵 蔡秀珍，孙秋妍 SCSB-HN-1502
湖南：永顺 陈功锡，张代贵 SCSB-HC-2008214
湖南：沅陵 周丰杰，刘克明 SCSB-HN-1325
湖南：沅陵 李胜华，伍贤进，曾汉元等 Wuxj963
湖南：岳麓区 刘克明，肖乐希 SCSB-HN-0407
湖南：岳麓区 熊凯辉，刘克明 SCSB-HN-2190
湖南：岳麓区 熊凯辉，刘克明 SCSB-HN-2194
湖南：长沙 王得刚，熊凯辉 SCSB-HN-2272
湖南：长沙 朱香清，田淑珍 SCSB-HN-1485
湖南：长沙 李辉良 SCSB-HN-0752
湖南：长沙 熊凯辉，刘克明 SCSB-HN-2171
湖南：长沙 熊凯辉，刘克明 SCSB-HN-2176
江西：黎川 童和平，王玉珍，常迪江等 TanCM2095
江西：庐山区 董安淼，吴从梅 TanCM1408
江西：修水 缪以清，胡建华 TanCM1748
山东：长清区 高德民，张颖颖，程丹丹等 lilan535
云南：麻栗坡 肖波 LuJL279

Koelreuteria paniculata Laxmann 栾树
北京：海淀区 李燕军 SCSB-D-0027
河北：灵寿 牛玉璐，高彦飞，黄士良 NiuYL154
湖北：神农架林区 李巨平 LiJuPing0272
湖南：永定区 廖博儒，吴福川，查学州等 51
辽宁：桓仁 祝业平 CaoW979
宁夏：银川 牛有栋，朱奋霞 ZuoZh191
山东：历下区 张少华，王萍，张诏等 Lilan183
四川：丹巴 何兴金，冯图，廖晨阳等 SCU-080387
四川：金川 何兴金，马祥光，郜鹏 SCU-10-210
四川：木里 孔航辉，罗江平，左雷等 YangQE3385

Sapindus delavayi (Franchet) Radlkofer 川滇无患子 *
云南：楚雄 王文礼，何彪，冯欣等 OUXK11278
云南：楚雄 孙振华，郑志兴，沈蕊等 OuXK-YS-282
云南：双柏 孙振华，郑志兴，沈蕊等 OuXK-SB-100
云南：五华区 彭华，陈丽，董朝辉 P.H.5021
云南：香格里拉 孙振华，郑志兴，沈蕊等 OuXK-YS-272
云南：新平 刘恩德，方伟，杜燕等 SCSB-B-000027
云南：新平 张忠明，刘家良 XPALSD309
云南：永平 孙振华 OuXK-0052
云南：云龙 郭永杰，王杨飞，李施文等 TC4028

Sapindus saponaria Linnaeus 无患子
安徽：黄山区 唐鑫生 TangXS0522
海南：昌江 康勇，林灯，陈庆 LWXS031
湖南：开福区 陈薇，丛义艳，肖乐希 SCSB-HN-0638
江西：龙南 梁跃龙，廖海红 LiangYL118

Xanthoceras sorbifolium Bunge 文冠果
河北：赤城 牛玉璐，王晓亮 NiuYL576
山东：长清区 高德民，邵尉 Lilan901
新疆：吐鲁番 段士民 zdy104

Sapotaceae 山榄科

山榄科	世界	中国	种质库
属 / 种（种下等级）/ 份数	53/1100	11/23	4/4/5

Madhuca pasquieri (Dubard) H. J. Lam 紫荆木
云南：盈江 张挺，张昌兵，邓秀发 12CS3908

Pouteria grandifolia (Wallich) Baehni 龙果
云南：南涧 官有才，熊绍荣，张雄等 NJWLS655

Sarcosperma arboreum Buchanan-Hamilton ex C. B. Clarke 大肉实树
云南：南涧 李加生，官有才 NJWLS852
云南：新平 王家和，罗田发，李丛生 XPALSC389

Xantolis boniana var. **rostrata** (Merrill) P. Royen 喙果刺榄 *
云南：沧源 赵金超，杨红强 CYNGH459

Saururaceae 三白草科

三白草科	世界	中国	种质库
属 / 种（种下等级）/ 份数	4/6	3/4	2/2/30

Houttuynia cordata Thunberg 蕺菜
安徽：肥西 陈延松，陈翠兵，沈云 Xuzd055
安徽：舒城 陈延松，欧祖兰，高秋晨等 Xuzd312
安徽：屯溪区 方建新 TangXS0264
重庆：南川区 易思荣 YISR013
湖北：竹溪 李盛兰 GanQL984
湖南：鹤城区 李胜华，伍贤进，曾汉元等 HHXY077
湖南：衡阳 刘克明，旷仁平 SCSB-HN-0705
湖南：怀化 李胜华，伍贤进，曾汉元等 HHXY394
湖南：江华 刘克明，王成 SCSB-HN-0876
湖南：江永 姜孝成，唐贵华，潘孝武 SCSB-HNJ-0033
湖南：江永 蔡秀珍，马仲辉，胡彦如 SCSB-HN-0051
湖南：桑植 吴福川，廖博儒，查学州等 27
湖南：中方 伍贤进，李胜华，曾汉元等 HHXY111
江西：黎川 童和平，王玉珍 TanCM2376
江西：庐山区 董安淼，吴从梅 TanCM2556
四川：射洪 袁明 YUANM2016L211
云南：景东 杨国平 07-85
云南：南涧 徐家武，袁立川，罗增阳等 NJWLS2008166
云南：腾冲 周应再 Zhyz-288
云南：文山 税玉民，陈文红 71825
云南：文山 何德明，丰艳飞，韦荣彪等 WSLJS755
云南：新平 何罡安 XPALSB433
云南：永德 李永亮 YDDXS0407
浙江：开化 李宏庆，熊申展，桂萍 Lihq0395

Saururus chinensis (Loureiro) Baillon 三白草
安徽：屯溪区 方建新 TangXS0877
湖北：竹溪 李盛兰 GanQL751
湖南：怀化 李胜华，伍贤进，曾汉元等 HHXY222
江西：黎川 童和平，王玉珍 TanCM2707
江西：庐山区 谭策铭，董安淼 TanCM291
云南：麻栗坡 肖波 LuJL150

Saxifragaceae 虎耳草科

虎耳草科	世界	中国	种质库
属 / 种（种下等级）/ 份数	33-38/～620	14/268	10/74(82)/265

Astilbe chinensis (Maximowicz) Franchet & Savatier 落新妇
甘肃：迭部 齐威 LJQ-2008-GN-386
广西：龙胜 黄俞淞，叶晓霞，邹容 Liuyan0076
河南：栾川 何明高，付婷婷，水庆艳 Huangzy0089

河南：南召 何明高，付婷婷，水庆艳 Huangzy0224
河南：嵩县 何明高，付婷婷，水庆艳 Huangzy0163
黑龙江：阿城 郑宝江，丁晓炎，王美娟等 ZhengBJ256
黑龙江：带岭区 郑宝江，丁晓炎，李月等 ZhengBJ225
湖北：神农架林区 李巨平 LiJuPing0210
湖北：五峰 陈功锡，张代贵 SCSB-HC-2008294
湖北：宜昌 陈功锡，张代贵 SCSB-HC-2008123
湖北：竹溪 李盛兰 GanQL1067
湖南：鹤城区 李胜华，伍贤进，曾汉元等 HHXY178
湖南：洪江 李胜华，伍贤进，刘光华等 Wuxj1079
湖南：桑植 陈功锡，廖博儒，查学州等 170
吉林：临江 李长田 Yanglm0015
江西：黎川 童和平，王玉珍 TanCM2731
辽宁：桓仁 祝业平 CaoW1058
辽宁：凌源 卜军，金实，阴黎明 CaoW437
山东：牟平区 卞福花，陈朋 BianFH-0303
陕西：宁陕 田先华，杜青高 TianXH060
四川：宝兴 袁明 Y07028
四川：宝兴 袁明 Y07101
四川：汉源 汤加勇，赖建军 Y07132
四川：米易 袁明 MY289
四川：米易 袁明 MY311
四川：汶川 袁明，高刚，杨勇 YM2014005
云南：贡山 聂泽龙，孟盈，邓涛 SunH-07ZX-2878
云南：贡山 刀志灵，陈哲 DZL-032
云南：贡山 刀志灵 DZL349
云南：红河 彭华，向春雷，陈丽 PengH8239
云南：新平 彭华，向春雷，陈丽 PengH8305
云南：永平 彭华，向春雷，王泽欢 PengH8344

Astilbe grandis Stapf ex E. H. Wilson **大落新妇**

安徽：休宁 唐鑫生，方建新 Tangxs0423
贵州：威宁 赵厚涛，韩国营 YBG065
湖北：宣恩 祝文志，刘志祥，曹远俊 ShenZH0047
江西：武宁 谭策铭，张吉华 TanCM392
山东：牟平区 高德民，王萍，张颖颖等 Lilan632
云南：南涧 时国彩，何贵才，熊绍荣 njwls2007037
浙江：开化 李宏庆，熊申展，桂萍 Lihq0426

Astilbe rivularis Buchanan-Hamilton ex D. Don **溪畔落新妇**

西藏：波密 刘成，亚吉东，何华杰等 16CS11811
云南：大理 张德全，文青华，段金成等 ZDQ087
云南：贡山 蔡杰，郭云刚，张凤琼等 14CS9763
云南：贡山 刘成，何华杰，黄莉等 14CS8598
云南：贡山 郭永杰，吴之坤，吴兴等 14CS9858
云南：贡山 李恒，李嵘 772
云南：贡山 李恒，李嵘，刀志灵 976
云南：贡山 李恒，李嵘，刀志灵 1040
云南：景东 张绍云，胡启和，仇亚等 YNS1148
云南：景东 罗忠华，刘长铭，李绍昆等 JDNR09066
云南：景东 杨国平，李达文，鲁志云 ygp-037
云南：隆阳区 段在贤，李晓东，封占昕 BSGLGSly036
云南：泸水 许炳强，吴兴，李婧等 XiaNh-07zx-046
云南：麻栗坡 肖波 LuJL232
云南：南涧 徐家武，袁立川，罗增阳等 NJWLS2008170
云南：南涧 彭华，向春雷，陈丽 P.H.5917
云南：巧家 李文虎，高顺勇，吴天抗等 QJYS0042
云南：巧家 杨光明 SCSB-W-1219
云南：巧家 张天壁 SCSB-W-236
云南：巧家 杨光明 SCSB-W-1515
云南：腾冲 余新林，赵玮 BSGLGStc070
云南：文山 何德明，张挺，黎谷香 WSLJS543
云南：新平 何罡安 XPALSB041
云南：彝良 张挺，雷立公，王建军等 SCSB-B-000108
云南：永德 杨金荣，黄德武，李增柱等 YDDXSA074
云南：云龙 李爱花，李洪超，黄天才等 SCSB-A-000192

Astilbe rivularis var. **angustifoliolata** H. Hara **狭叶落新妇**

云南：贡山 张挺，杨湘云，李涟漪 14CS9601

Astilbe rivularis var. **myriantha** (Diels) J. T. Pan **多花落新妇** *

湖北：神农架林区 李巨平 LiJuPing0152
湖北：神农架林区 李巨平 LiJuPing0222
湖北：竹溪 李盛兰 GanQL856
江西：武宁 张吉华，刘运群 TanCM726
西藏：林芝 罗建，汪书丽，任德智 LiuJQ-09XZ-328
西藏：林芝 孙航，张建文，陈建国等 SunH-07ZX-2791
云南：维西 张挺，徐远杰，黄押稳等 SCSB-B-000159

Astilbe rubra J. D. Hooker & Thomson **腺萼落新妇**

西藏：林芝 罗建，汪书丽，任德智 LiuJQ-09XZ-331

Astilboides tabularis (Hemsley) Engler **大叶子**

吉林：安图 吕军 SunY455

Bergenia purpurascens (J. D. Hooker & Thomson) Engler **岩白菜**

四川：普格 苏涛，黄永江，杨青松等 ZhouZK11005
四川：普格 任宗昕，艾洪莲，张舒 SCSB-W-1410
四川：普格 任宗昕，艾洪莲，张舒 SCSB-W-1417
西藏：波密 孙航，张建文，陈建国等 SunH-07ZX-2621
西藏：波密 张大才，李双智，唐路等 ZhangDC-07ZX-1771
西藏：工布江达 马永鹏 ZhangCQ-0084
西藏：林芝 何华杰，张书东 81462
西藏：林芝 罗建，王国严，汪书丽 LiuJQ-08XZ-015
西藏：林芝 张大才，李双智，唐路等 ZhangDC-07ZX-1823
云南：贡山 刀志灵 DZL359
云南：玉龙 孔航辉，任琛 Yangqe2770

Bergenia purpurascens var. **sessilis** H. Chuang **短毛岩白菜** *

云南：香格里拉 郭永杰，张桥蓉，李春晓等 11CS3511
云南：香格里拉 蔡杰，张挺，刘成等 11CS3241

Chrysosplenium cavaleriei H. Léveillé & Vaniot **滇黔金腰** *

重庆：南川区 易思荣，张挺，蔡杰 YISR361

Chrysosplenium davidianum Decaisne ex Maximowicz **锈毛金腰** *

云南：禄劝 张挺，郭永杰，刘成等 08CS591

Chrysosplenium delavayi Franchet **肾萼金腰**

四川：峨眉山 李小杰 LiXJ391
四川：峨眉山 李小杰 LiXJ605
云南：巧家 张书东，杨光明，金建昌 QJYS0193
云南：文山 税玉民，陈文红 71315

Chrysosplenium flagelliferum F. Schmidt **蔓金腰**

吉林：磐石 安海成 AnHC0276

Chrysosplenium glossophyllum H. Hara **舌叶金腰** *

湖北：竹溪 李盛兰 GanQL896
四川：都江堰 李小杰 LiXJ353

Chrysosplenium griffithii J. D. Hooker & Thomson **肾叶金腰**

四川：峨眉山 李小杰 LiXJ637

Chrysosplenium japonicum (Maximowicz) Makino **日本金腰**

安徽：休宁 胡长玉，方建新 TangXS0976

Chrysosplenium lanuginosum J. D. Hooker & Thomson **绵毛金腰**

湖北：五峰 张代贵 Zdg1270

湖北：竹溪 李盛兰 GanQL274

Chrysosplenium lectus-cochleae Kitagawa 林金腰 *

吉林：磐石 安海成 AnHC0275

Chrysosplenium macrophyllum Oliver 大叶金腰 *

重庆：南川区 易思荣，谭秋平 YISR377

重庆：南川区 易思荣，谭秋平，张挺 YISR127

江西：武宁 张吉华，张东红 TanCM2892

四川：峨眉山 李小杰 LiXJ625

Chrysosplenium microspermum Franchet 微子金腰 *

湖北：竹溪 李盛兰 GanQL671

Chrysosplenium nepalense D. Don 山溪金腰

湖北：竹溪 甘啟良 GanQL868

四川：峨眉山 李小杰 LiXJ390

四川：峨眉山 李小杰 LiXJ442

云南：景东 杨国平 07-30

云南：麻栗坡 肖波 LuJL510

云南：文山 刘成，郑宝江，易思荣等 14CS8427

云南：文山 何德明，张代明，罗家旺 WSLJS946

云南：永德 李永亮 LiYL1517

Chrysosplenium pilosum Maximowicz 毛金腰

黑龙江：尚志 刘玫，王臣，张欣欣等 Liuetal635

吉林：磐石 安海成 AnHC0277

Chrysosplenium pilosum var. **valdepilosum** Ohwi 柔毛金腰

湖北：竹溪 李盛兰 GanQL897

Chrysosplenium ramosum Maximowicz 多枝金腰

黑龙江：阿城 孙阎，张兰兰 SunY280

Chrysosplenium sinicum Maximowicz 中华金腰

黑龙江：嫩江 王臣，张欣欣，史传奇 WangCh36

黑龙江：尚志 刘玫，王臣，张欣欣等 Liuetal634

湖北：神农架林区 李巨平 LiJuPing0105

湖北：竹溪 李盛兰 GanQL677

江西：庐山区 董安淼，吴丛梅 TanCM2530

江西：武宁 张吉华，张东红 TanCM2889

Mitella nuda Linnaeus 唢呐草

黑龙江：爱辉区 刘玫，王臣，张欣欣等 Liuetal702

Oresitrophe rupifraga Bunge 独根草 *

云南：红河 胡光万 HGW-00209

Rodgersia aesculifolia Batalin 七叶鬼灯檠

甘肃：舟曲 齐威 LJQ-2008-GN-387

河南：栾川 邓志军，付婷婷，水庆艳 Huangzy0070

河南：南召 何明高，付婷婷，水庆艳 Huangzy0213

河南：嵩县 何明高，付婷婷，水庆艳 Huangzy0148

湖北：仙桃 李巨平 Lijuping0301

陕西：宁陕 吴礼慧，田先华，高玉兵 TianXH232

西藏：波密 孙航，张建文，陈建国等 SunH-07ZX-2560

西藏：波密 张大才，李双智，唐路等 ZhangDC-07ZX-1725

西藏：波密 扎西次仁，西落 ZhongY727

西藏：林芝 孙航，张建文，陈建国等 SunH-07ZX-2793

西藏：林芝 罗建，汪书丽，任德智 LiuJQ-09XZ-337

云南：贡山 李恒，李嵘，刀志灵 969

云南：红河 彭华，向春雷，陈丽 PengH8231

云南：维西 聂泽龙，孟盈，邓涛 SunH-07ZX-2870

Rodgersia pinnata Franchet 羽叶鬼灯檠 *

云南：贡山 刀志灵，陈哲 DZL-012

云南：巧家 杨光明 SCSB-W-1228

Rodgersia sambucifolia Hemsley 西南鬼灯檠 *

云南：香格里拉 杨亲二，袁琼 Yangqe1958

Saxifraga aristulata J. D. Hooker & Thomson 小芒虎耳草

四川：雅江 何兴金，郜鹏 SCU-11-334

云南：香格里拉 张大才，李双智，唐路等 ZhangDC-07ZX-1672

Saxifraga aristulata var. **longipila** (Engler & Irmscher) J. T. Pan 长毛虎耳草 *

西藏：丁青 陈家辉，王赟，刘德团 YangYP-Q-3218

Saxifraga brachypoda D. Don 短柄虎耳草

西藏：墨脱 孙航，张建文，陈建国等 SunH-07ZX-2661

Saxifraga cardiophylla Franchet 心叶虎耳草 *

四川：九寨沟 张挺，李爱花，刘成等 08CS862

Saxifraga champutungensis H. Chuang 菖蒲桶虎耳草 *

四川：乡城 周浙昆，苏涛，杨莹等 Zhou09-116

Saxifraga ciliatopetala (Engler & Irmscher) J. T. Pan 毛瓣虎耳草

云南：德钦 陈文允，于文涛，黄永江等 CYHL137

Saxifraga consanguinea W. W. Smith 棒腺虎耳草

西藏：安多 汪书丽，王志强，邹嘉宾 Liujq-Txm10-110

Saxifraga davidii Franchet 双喙虎耳草

四川：峨眉山 李小杰 LiXJ389

Saxifraga diversifolia Wallich ex Seringe 异叶虎耳草

云南：德钦 陈文允，于文涛，黄永江等 CYHL183

云南：香格里拉 孔航辉，罗江平，左雷等 YangQE3564

Saxifraga dongchuanensis H. Chuang 东川虎耳草 *

云南：东川区 蔡杰，郭永杰，吴之坤等 11CS2965

Saxifraga drabiformis Franchet 葶苈虎耳草 *

西藏：左贡 张大才，李双智，罗康等 SunH-07ZX-0692

Saxifraga draboides C. Y. Wu 中甸虎耳草 *

云南：香格里拉 张挺，亚吉东，李明勤等 11CS3395

Saxifraga egregia Engler 优越虎耳草 *

甘肃：卓尼 刘坤 LiuJQ-GN-2011-684

青海：互助 薛春迎 Xuechy0217

西藏：昌都 陈家辉，王赟，刘德团 YangYP-Q-3157

西藏：左贡 张大才，罗康，梁群等 ZhangDC-07ZX-1341

云南：永德 李永亮 YDDXS1243

Saxifraga gemmipara Franchet 芽生虎耳草

四川：米易 刘静，袁明 MY-190

云南：兰坪 张挺，徐远杰，陈冲等 SCSB-B-000217

云南：南涧 阿国仁，熊绍荣，邹国娟等 NJWLS2008034

云南：南涧 徐家武，袁立川，罗增阳等 NJWLS2008157

云南：云龙 李施文，张志云 TC5003

Saxifraga glaucophylla Franchet 灰叶虎耳草 *

四川：乡城 陈家辉，刘亚辉，周妍等 YangYP-Q-2238

云南：隆阳区 段在贤，密得生，杨海等 BSGLGSly1037

云南：宁蒗 任宗昕，艾洪莲，张舒 SCSB-W-1446

Saxifraga granulifera Harry Smith 珠芽虎耳草

云南：香格里拉 陈家辉，刘亚辉，周妍等 YangYP-Q-2185

Saxifraga heleonastes Harry Smith 沼地虎耳草 *

甘肃：玛曲 刘坤 LiuJQ-GN-2011-679

甘肃：卓尼 刘坤 LiuJQ-GN-2011-685

Saxifraga hispidula D. Don 齿叶虎耳草

四川：德格 张挺，李爱花，刘成等 08CS809

西藏：察隅 张挺，蔡杰，袁明 09CS1573

西藏：吉隆 张晓纬，汪书丽，罗建 LiuJQ-09XZ-LZT-071

西藏：林芝 罗建，汪书丽，王国严 LiuJQ-09XZ-379

Saxifraga implicans Harry Smith 藏东虎耳草 *

西藏：墨脱 张大才，李双智，唐路等 ZhangDC-07ZX-1762

Saxifraga laciniata Nakai & Takeda 长白虎耳草

吉林：安图 周海城 ZhouHC001

Saxifraga lepidostolonosa Harry Smith 异条叶虎耳草

西藏：八宿 张大才，罗康，梁群等 ZhangDC-07ZX-1332

Saxifraga litangensis Engler 理塘虎耳草 *

西藏：江达 陈家辉，王赟，刘德团 YangYP-Q-3086

西藏：芒康 张挺，李爱花，刘成等 08CS673

西藏：左贡 徐波，陈光富，陈林杨等 SunH-07ZX-2103

Saxifraga lushuiensis H. Chuang 泸水虎耳草 *

云南：香格里拉 张挺，亚吉东，李明勤等 11CS3376

Saxifraga melanocentra Franchet 黑蕊虎耳草

甘肃：卓尼 刘坤 LiuJQ-GN-2011-682

四川：稻城 陈家辉，刘亚辉，周妍等 YangYP-Q-2298

四川：甘孜 张大才，尹五元，李双智等 ZhangDC-07ZX-2356

西藏：林芝 罗建，王国严，汪书丽 LiuJQ-08XZ-031

Saxifraga mengtzeana Engler & Irmscher 蒙自虎耳草 *

云南：澜沧 胡启和，赵强，周英等 YNS0740

云南：澜沧 张绍云，叶金科，胡启和 YNS1206

Saxifraga miralana Harry Smith 白毛茎虎耳草 *

西藏：那曲 陈家辉，庄会富，边巴扎西 Yangyp-Q-2136

Saxifraga montanella Harry Smith 类毛瓣虎耳草

西藏：墨竹工卡 罗建，汪书丽，任德智 LiuJQ-09XZ-ML029

Saxifraga moorcroftiana (Seringe) Wallich ex Sternberg 聂拉木虎耳草

西藏：波密 陈家辉，韩希，王东超等 YangYP-Q-4058

西藏：聂拉木 陈家辉，韩希，王广艳等 YangYP-Q-4325

云南：香格里拉 周浙昆，苏涛，杨莹等 Zhou09-005

Saxifraga nigroglandulifera N. P. Balakrishnan 垂头虎耳草

西藏：芒康 徐波，陈光富，陈林杨等 SunH-07ZX-1556

西藏：左贡 张永洪，王晓雄，周卓等 SunH-07ZX-0591

西藏：左贡 徐波，陈光富，陈林杨等 SunH-07ZX-2088

Saxifraga pallida Wallich ex Seringe 多叶虎耳草

云南：香格里拉 蔡杰，张挺，刘成等 11CS3235

Saxifraga przewalskii Engler 青藏虎耳草 *

青海：玛沁 陈世龙，张得钧，高庆波等 Chens10123

Saxifraga pseudohirculus Engler 狭瓣虎耳草 *

甘肃：卓尼 刘坤 LiuJQ-GN-2011-681

Saxifraga rufescens I. B. Balfour 红毛虎耳草 *

湖北：宜昌 陈功锡，张代贵 SCSB-HC-2008066

陕西：南郑 田先华，王梅荣，杨建军 TianXH1194

云南：贡山 刘成，何华杰，黄莉等 14CS8590

云南：红河 彭华，向春雷，陈丽 PengH8233

云南：景东 杨国平 200866

云南：宁蒗 任宗昕，寸龙琼，任尚国 SCSB-W-1348

云南：香格里拉 亚吉东，张桥蓉，张继等 11CS3540

云南：香格里拉 张挺，亚吉东，李明勤等 11CS3321

Saxifraga rufescens var. **flabellifolia** C. Y. Wu & J. T. Pan 扇叶虎耳草 *

陕西：紫阳 张九东，张雅娟 TianXH1014

Saxifraga sediformis Engler & Irmscher 景天虎耳草 *

四川：乡城 周浙昆，苏涛，杨莹等 Zhou09-156

云南：香格里拉 陈家辉，刘亚辉，周妍等 YangYP-Q-2186

Saxifraga sibirica Linnaeus 球茎虎耳草

山东：岱岳区 步瑞兰，辛晓伟，郭雷等 Lilan728

陕西：长安区 田阳，田先华 TianXH389

Saxifraga signata Engler & Irmscher 西南虎耳草 *

四川：稻城 陈家辉，刘亚辉，周妍等 YangYP-Q-2257

Saxifraga sinomontana J. T. Pan & Gornall 山地虎耳草

甘肃：迭部 齐威 LJQ-2008-GN-390

甘肃：卓尼 刘坤 LiuJQ-GN-2011-680

四川：稻城 孙航，张建文，董金龙等 SunH-07ZX-3579

四川：甘孜 张大才，尹五元，李双智等 ZhangDC-07ZX-2353

四川：甘孜 陈文允，于文涛，黄永江 CYH181

新疆：塔什库尔干 黄文娟，段黄金，王英鑫等 LiZJ0300

Saxifraga stolonifera Curtis 虎耳草

安徽：舒城 陈延松，欧祖兰，高秋晨等 Xuzd282

安徽：屯溪区 方建新 TangXS0858

湖北：黄梅 刘淼 SCSB-JSA14

江苏：句容 王兆银，吴宝成 SCSB-JS0107

江西：黎川 童和平，王玉珍 TanCM2353

江西：星子 谭策铭，董安淼 TanCM320

陕西：长安区 田先华，田陌 TianXH1092

四川：峨眉山 李小杰 LiXJ012

新疆：阜康 王宏飞，王磊，黄振英 Beijing-huang-xjsm-0001

新疆：乌鲁木齐 王喜勇，马文宝，施翔 zdy243

新疆：乌鲁木齐 王雷，王宏飞，黄振英 Beijing-huang-xjys-0001

浙江：临安 李宏庆，田怀珍 Lihq0210

Saxifraga strigosa Wallich ex Seringe 伏毛虎耳草

西藏：吉隆 陈家辉，韩希，王广艳等 YangYP-Q-4339

云南：会泽 杜燕，黄天才，董勇等 SCSB-A-000345

云南：泸水 许炳强，吴兴，李婧等 XiaNh-07zx-044

Saxifraga substrigosa J. T. Pan 疏叶虎耳草

西藏：林芝 罗建，汪书丽 LiuJQ-08XZ-206

Saxifraga tangutica Engler 唐古特虎耳草

甘肃：迭部 齐威 LJQ-2008-GN-391

青海：祁连 陈世龙，高庆波，张发起等 Chensl1467

青海：祁连 陈世龙，高庆波，张发起等 Chensl1474

四川：甘孜 张大才，尹五元，李双智等 ZhangDC-07ZX-2357

四川：小金 高云东，李忠荣，鞠文彬 GaoXF-12-117

Saxifraga tibetica Losinskaja 西藏虎耳草 *

西藏：察雅 张挺，李爱花，刘成等 08CS715

Saxifraga tigrina Harry Smith 米林虎耳草 *

西藏：林芝 罗建，汪书丽，王国严 LiuJQ-09XZ-354

Saxifraga umbellulata var. **pectinata** (C. Marquand & Airy Shaw) J. T. Pan 篦齿虎耳草 *

西藏：江达 张挺，李爱花，刘成等 08CS782

Saxifraga unguiculata Engler 爪瓣虎耳草 *

西藏：芒康 张大才，李双智，罗康等 ZhangDC-07ZX-0100

西藏：聂荣 陈家辉，庄会富，边巴扎西 Yangyp-Q-2110

Saxifraga versicallosa C. Y. Wu 多痂虎耳草 *

四川：乡城 陈家辉，刘亚辉，周妍等 YangYP-Q-2253

Saxifraga wardii var. **glabripedicellata** J. T. Pan 光梗虎耳草 *

西藏：林芝 陈家辉，韩希，王广艳等 YangYP-Q-4110

Saxifraga wardii W. W. Smith 腺瓣虎耳草 *

西藏：林芝 张大才，李双智，唐路等 ZhangDC-07ZX-1810

Tanakaea radicans Franchet & Savatier 峨屏草

四川：峨眉山 李小杰 LiXJ576

Tiarella polyphylla D. Don 黄水枝

重庆：南川区 易思荣 YISR154

湖北：神农架林区 李巨平 LiJuPing0104

湖北：仙桃 张代贵 Zdg1563

湖北：竹溪 李盛兰 GanQL964

湖南：永定区 吴福川，廖博儒 7011

江西：庐山区 谭策铭，董安淼 TanCM267

江西：湾里区 杜小浪，慕泽泾 DXL206

陕西：长安区 田阳，田先华 TianXH387

四川：峨眉山 李小杰 LiXJ045

四川：峨眉山 刘芳，杨月龙 LiuC003

云南：巧家 杨光明 SCSB-W-1145

云南：文山 何德明，罗家旺 WSLJS948
云南：镇沅 何忠云 ALSZY394

Scheuchzeriaceae 冰沼草科

冰沼草科	世界	中国	种质库
属 / 种（种下等级）/ 份数	1/1	1/1	1/1/1

Scheuchzeria palustris Linnaeus 冰沼草
吉林：抚松 周海城 ZhouHC039

Schisandraceae 五味子科

五味子科	世界	中国	种质库
属 / 种（种下等级）/ 份数	3/ ～ 70	3/54	3/24(26)/125

Illicium burmanicum E. H. Wilson 中缅八角
云南：永德 欧阳红才，鲁金国，杨金柱 YDDXSC023
Illicium lanceolatum A. C. Smith 红毒茴 *
江西：修水 谭策铭，缪以清，李立新 TanCM336
Illicium macranthum A. C. Smith 大花八角 *
云南：景东 杨国平，李达文，鲁志云 ygp-018
Illicium majus J. D. Hooker & Thomson 大八角
云南：景东 罗忠华，谢有能，刘长铭等 JDNR050
Illicium merrillianum A. C. Smith 滇西八角
云南：文山 何德明，韦荣彪，古少国 WSLJS1001
Illicium simonsii Maximowicz 野八角
重庆：南川区 易思荣 YISR054
云南：大理 张德全，段丽珍，段金成等 ZDQ004
云南：福贡 刀志灵，陈哲 DZL-071
云南：盘龙区 彭华，向春雷，王泽欢 PengH8459
云南：巧家 张天壁 SCSB-W-723
Illicium verum J. D. Hooker 八角 *
广西：金秀 彭华，向春雷，陈丽 PengH.8115
贵州：乌当区 赵厚涛，韩国营 YBG104
Kadsura coccinea (Lemaire) A. C. Smith 黑老虎
江西：黎川 童和平，王玉珍 TanCM1868
江西：修水 缪以清，李江海 TanCM2461
云南：景东 张挺，刘成，郭永杰 10CS2640
云南：景东 罗忠华，段玉伟，刘长铭等 JD125
云南：新平 自成仲，自正荣 XPALSD133
云南：镇沅 罗成瑜 ALSZY379
Kadsura heteroclita (Roxburgh) Craib 异形南五味子
贵州：江口 周云，王勇 XiangZ050
湖北：五峰 甘啟良 GanQL156
江西：修水 缪以清，余于明，梁荣文 TanCM984
西藏：墨脱 刘成，亚吉东，何华杰等 16CS11876
云南：沧源 赵金超，杨红强 CYNGH316
云南：贡山 刀志灵，陈哲 DZL-046
云南：隆阳区 赵玮，莫连贤，段在贤 BSGLGSly026
云南：文山 何德明，丰艳飞，曹世超 WSLJS679
云南：永德 杨金柱，欧阳红才，穆勤学 YDDXSC099
Kadsura longipedunculata Finet & Gagnepain 南五味子 *
安徽：舒城 陈延松，欧祖兰，高秋晨等 Xuzd410
安徽：休宁 唐鑫生 TangXS0499
湖南：石门 姜孝成，唐妹，卜剑超等 Jiangxc0450
湖南：石门 姜孝成，唐妹，卜剑超等 Jiangxc0461
江西：龙南 梁跃龙，廖海红 LiangYL073
江西：庐山区 董安淼，吴从梅 TanCM962
江西：湾里区 杜小浪，慕泽泾，曹岚 DXL115
云南：龙陵 孙兴旭 SunXX054
云南：勐海 谭运洪，余涛 B327
云南：屏边 钱良超，康远勇，陆海兴 Pbdws148
云南：腾冲 周应再 Zhyz-086
浙江：鄞州区 李宏庆，葛斌杰，刘国丽等 Lihq0040
Kadsura oblongifolia Merrill 冷饭藤 *
江西：黎川 杨文斌，饶云芳 TanCM1329
江西：武宁 张吉华，刘运群 TanCM1192
Schisandra arisanensis subsp. **viridis** (A. C. Smith) R. M. K. Saunders 绿叶五味子 *
江西：龙南 梁跃龙，欧考昌 LiangYL012
Schisandra bicolor W. C. Cheng 二色五味子 *
云南：云龙 字建泽，杨六斤，李国宏等 TC1038A
Schisandra chinensis (Turczaninow) Baillon 五味子
河北：平山 牛玉璐，高彦飞，赵二涛 NiuYL387
黑龙江：巴彦 孙阎，赵立波 SunY043
黑龙江：大兴安岭 郑宝江 ZhengBJ039
黑龙江：虎林市 王庆贵 CaoW544
黑龙江：虎林市 王庆贵 CaoW572
黑龙江：虎林市 王庆贵 CaoW573
黑龙江：虎林市 王庆贵 CaoW634
黑龙江：虎林市 王庆贵 CaoW683
黑龙江：虎林市 王庆贵 CaoW739
黑龙江：宁安 刘玫，张欣欣，程薪宇等 Liuetal535
黑龙江：饶河 王庆贵 CaoW606
黑龙江：饶河 王庆贵 CaoW723
黑龙江：尚志 李兵，路科 CaoW0096
黑龙江：尚志 李兵，路科 CaoW0118
黑龙江：五常 李兵，路科 CaoW0140
黑龙江：阳明区 陈武璋，王炳辉 CaoW0193
湖北：竹溪 甘啟良 GanQL132
湖南：怀化 李胜华，伍贤进，曾汉元等 HHXY264
湖南：武陵源区 吴福川，廖博儒，余祥洪等 39
吉林：敦化 杨保国，张明鹏 CaoW0009
吉林：南关区 韩忠明 Yanglm0117
吉林：磐石 安海成 AnHC039
辽宁：瓦房店 宫本胜 CaoW366
山东：牟平区 高德民，王萍，张颖颖等 Lilan591
Schisandra glaucescens Diels 金山五味子 *
陕西：眉县 董栓录，李智军 TianXH513
Schisandra henryi C. B. Clarke 翼梗五味子 *
广西：贺州 姜孝成，王丽萍，鲁长青 Jiangxc0665
湖南：江永 刘克明，肖乐希 SCSB-HN-0066
湖南：武陵源区 吴福川，廖博儒，秦亚丽等 7088
湖南：新宁 姜孝成，唐贵华，袁双艳等 SCSB-HNJ-0273
湖南：沅陵 刘克明，周磊，彭新星等 SCSB-HN-1333
江西：修水 缪以清，胡军民 TanCM1721
四川：峨眉山 李小杰 LiXJ541
云南：景东 张挺，方伟，王建军等 SCSB-B-000199
云南：澜沧 张绍云，胡启和 YNS1026
云南：绿春 黄连山保护区科研所 HLS0438
Schisandra henryi subsp. **yunnanensis** (A. C. Smith) R. M. K. Saunders 滇五味子 *
云南：沧源 赵金超，张化龙 CYNGH007
Schisandra incarnata Stapf 兴山五味子 *

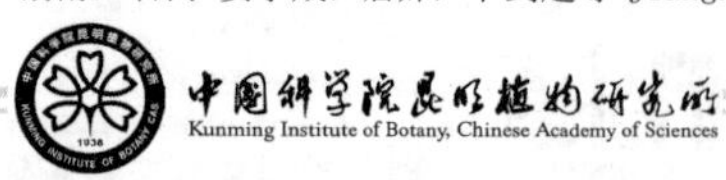

湖北：神农架林区 祝文志，刘志祥，曹远俊 ShenZH5619

Schisandra lancifolia (Rehder & E. H. Wilson) A. C. Smith 狭叶五味子 *

四川：凉山 孙航，张建文，邓涛等 SunH-07ZX-3799

四川：冕宁 孙航，张建文，董金龙等 SunH-07ZX-4074

四川：冕宁 张大才，尹五元，李双智等 ZhangDC-07ZX-2451

云南：维西 张挺，徐远杰，黄押稳等 SCSB-B-000155

云南：永德 李永亮 YDDXS0772

Schisandra macrocarpa Q. Lin & Y. M. Shui 大果五味子 *

云南：河口 刘成，亚吉东，张桥蓉等 16CS13897

Schisandra neglecta A. C. Smith 滇藏五味子

云南：景东 罗忠华，刘长铭，鲁成荣 JD035

云南：隆阳区 刀志灵，陈哲 DZL-080

云南：宁蒗 孔航辉，罗江平，左雷等 YangQE3351

云南：腾冲 周应再 Zhyz-320

云南：香格里拉 张建文，陈建国，陈林杨等 SunH-07ZX-2265

云南：香格里拉 张挺，蔡杰，郭永杰等 11CS3191

云南：香格里拉 张挺，亚吉东，李明勤等 11CS3320

云南：永德 杨金荣，王学军，黄德武等 YDDXSA055

Schisandra plena A. C. Smith 重瓣五味子

云南：沧源 赵金超，李春华 CYNGH306

云南：思茅区 叶金科 YNS0264

Schisandra propinqua (Wallich) Baillon 合蕊五味子

湖北：竹溪 李盛兰 GanQL1098

陕西：宁陕 陈振宁，马继峰 TianXH025

云南：云龙 李施文，张志云 TC3059

云南：云龙 字建泽，李国宏，李施文等 TC1003

Schisandra propinqua subsp. **sinensis** (Oliver) R. M. K. Saunders 铁箍散 *

四川：万源 张桥蓉，余华，王义 15CS11511

Schisandra rubriflora Rehder & E. H. Wilson 红花五味子

湖北：竹溪 李盛兰 GanQL582

四川：康定 何兴金，郜鹏，彭禄等 SCU-11-303

西藏：错那 扎西次仁 ZhongY387

云南：贡山 刀志灵，陈哲 DZL-036

云南：腾冲 余新林，赵玮 BSGLGStc049

云南：维西 杨亲二，袁琼 Yangqe2022

Schisandra sphenanthera Rehder & E. H. Wilson 华中五味子 *

安徽：黄山区 方建新 TangXS0696

重庆：开县 易思荣，谭秋平 YISR418

重庆：南川区 易思荣 YISR015

湖北：五峰 李平 AHL019

湖北：仙桃 张代贵 Zdg2417

湖北：宜昌 陈功锡，张代贵 SCSB-HC-2008060

湖北：英山 朱鑫鑫，甄爱国，孙增朋等 ZhuXX086

湖北：竹溪 李盛兰 GanQL714

湖南：鹤城区 李胜华，伍贤进，刘光华等 Wuxj823

江西：庐山区 谭策铭，董安淼 TanCM307

江西：星子 董安淼，吴从梅 TanCM1594

陕西：眉县 董栓录 TianXH223

四川：宝兴 袁明 Y07084

四川：峨眉山 李小杰 LiXJ130

四川：黑水 顾垒，李忠荣 GaoXF-09ZX-1795

云南：沧源 李春华，肖美芳，李华明等 CYNGH114

云南：鹤庆 孙航，李新辉，陈林杨 SunH-07ZX-3172

云南：新平 张学林，李云贵 XPALSD104

Schoepfiaceae 青皮木科

青皮木科	世界	中国	种质库
属 / 种（种下等级）/ 份数	3/55	1/4	1/2(3)/10

Schoepfia fragrans Wallich 香芙木

云南：勐海 彭华，向春雷，陈丽等 P.H.5717

云南：思茅区 张绍云，叶金科，仇亚 YNS1389

云南：元阳 车鑫，亚吉东，秦少发等 YYGYS077

Schoepfia jasminodora Siebold & Zuccarini 青皮木

安徽：屯溪区 方建新 TangXS0869

湖北：竹溪 李盛兰 GanQL442

江西：武宁 张吉华，刘运群 TanCM1101

江西：修水 缪以清，余于明 TanCM2481

云南：南涧 官有才 NJWLS1645

云南：永德 李永亮 YDDXS1112

浙江：鄞州区 李宏庆，田怀珍，葛斌杰等 Lihq0195

Scrophulariaceae 玄参科

玄参科	世界	中国	种质库
属 / 种（种下等级）/ 份数	9/510	8/68	6/41(41)/248

Buddleja albiflora Hemsley 巴东醉鱼草 *

湖北：神农架林区 李巨平 LiJuPing0080

湖北：五峰 陈功锡，张代贵 SCSB-HC-2008336

湖北：竹溪 李盛兰 GanQL836

湖南：石门 陈功锡，张代贵 SCSB-HC-2008162

云南：腾冲 周应再 Zhyz-215

Buddleja alternifolia Maximowicz 互叶醉鱼草 *

甘肃：迭部 郭淑青，杜品 LiuJQ-2012-GN-253

甘肃：夏河 刘坤 LiuJQ-GN-2011-626

宁夏：盐池 李出山，牛钦瑞 ZuoZh131

Buddleja asiatica Loureiro 白背枫

福建：武夷山 于文涛，陈旭东 YUWT018

广西：金秀 彭华，向春雷，陈丽 PengH8089

广西：金秀 许玥，祝文志，刘志祥等 ShenZH8080

广西：龙胜 黄俞淞，朱章明，农冬新 Liuyan0251

广西：兴安 吴望辉，吴磊，农冬新 Liuyan0490

广西：阳朔 吴望辉，许为斌，农冬新 Liuyan0511

广西：昭平 吴望辉，黄俞淞，蒋日红 Liuyan0330

四川：峨眉山 李小杰 LiXJ256

四川：康定 彭玉兰，涂卫国 Gaoxf-1098

四川：米易 袁明 MY328

西藏：墨脱 刘成，亚吉东，何华杰等 16CS11865

云南：贡山 刘成，何华杰，黄莉等 14CS8507

云南：贡山 聂泽龙，孟盈，邓涛 SunH-07ZX-2874

云南：金平 喻智勇，染完利，张云飞 JinPing106

云南：景东 杨国平 07-32

云南：景东 罗忠华，刘长铭，鲁成荣等 JDNR09013

云南：澜沧 胡启和，周兵，仇亚 YNS0914

云南：绿春 黄连山保护区科研所 HLS0105

云南：勐腊 张挺，李洪超，李文化等 SCSB-B-000382

云南：巧家 李文虎，高顺勇，吴天抗等 QJYS0043

云南：巧家 郁文彬，任宗昕，艾洪莲等 SCSB-W-1067

云南：文山 税玉民，陈文红 16270
云南：文山 何德明 WSLJS874
云南：元江 刀志灵，陈渝 DZL-189
云南：元江 刀志灵，陈渝 DZL-207

Buddleja candida Dunn 密香醉鱼草
西藏：墨脱 刘成，亚吉东，何华杰等 16CS11998

Buddleja crispa Bentham 皱叶醉鱼草
四川：天全 聂泽龙，孟盈，邓涛 SunH-07ZX-2335
云南：德钦 王文礼，冯欣，刘飞鹏 OUXK11208

Buddleja davidii Franchet 大叶醉鱼草
安徽：石台 洪欣，王欧文 ZSB379
贵州：江口 周云，张勇 XiangZ098
湖北：五峰 陈功锡，张代贵 SCSB-HC-2008335
湖北：仙桃 李巨平 Lijuping0315
湖北：宣恩 沈泽昊 HXE105
陕西：平利 田先华，张雅娟 TianXH1038
四川：丹巴 高云东，李忠荣，鞠文彬 GaoXF-12-132
四川：汉源 许炳强，童毅华，吴兴等 XiaNH-07ZX-1117
四川：黑水 顾垒，李忠荣 GaoXF-09ZX-1467
四川：康定 许炳强，童毅华，吴兴等 XiaNH-07ZX-1080
四川：马尔康 高云东，李忠荣，鞠文彬 GaoXF-12-070
四川：射洪 袁明 YUANM2016L136

Buddleja delavayi Gagnepain 腺叶醉鱼草 *
云南：永德 李永亮 YDDXS0057

Buddleja fallowiana I. B. Balfour & W. W. Smith 紫花醉鱼草 *
云南：宁蒗 任宗昕，艾洪莲，张舒 SCSB-W-1459
云南：宁蒗 任宗昕，艾洪莲，张舒 SCSB-W-1461
云南：宁蒗 任宗昕，寸龙琼，任尚国 SCSB-W-1345

Buddleja forrestii Diels 滇川醉鱼草
云南：巧家 李文虎，吴天抗，张天壁等 QJYS0155
云南：腾冲 余新林，赵玮 BSGLGStc147

Buddleja lindleyana Fortune 醉鱼草 *
安徽：绩溪 胡长玉，方建新，徐林飞 TangXS0666
安徽：舒城 陈延松，欧祖兰，高秋晨等 Xuzd353
福建：福清 李宏庆，陈纪云，王双 Lihq0301
广西：金秀 彭华，向春雷，陈丽 PengH8127
广西：阳朔 吴望辉，许为斌，农冬新 Liuyan0512
贵州：铜仁 彭华，王英，陈丽 P.H.5193
湖北：恩施 李正辉，艾洪莲 AHL2039
湖南：道县 刘克明，陈薇，朱晓文 SCSB-HN-1000
湖南：鹤城区 李胜华，伍贤进，曾汉元等 HHXY196
湖南：鹤城区 李胜华，伍贤进，曾汉元等 Wuxj844
湖南：怀化 李胜华，伍贤进，曾汉元等 HHXY350
湖南：怀化 李胜华，伍贤进，曾汉元等 HHXY375
湖南：会同 李胜华，伍贤进，曾汉元等 Wuxj1001
湖南：江华 肖乐希 SCSB-HN-1641
湖南：江华 刘克明，王成，欧阳书珍 SCSB-HN-0851
湖南：江永 刘克明，蔡秀珍，肖乐希等 SCSB-HN-0036
湖南：浏阳 刘克明，朱晓文，田淑珍 SCSB-HN-0442
湖南：浏阳 朱香清，田淑珍，刘克明 SCSB-HN-1446
湖南：南岳区 刘克明，相银龙，周磊等 SCSB-HN-1393
湖南：平江 刘克明，旷强，刘洪新 SCSB-HN-0967
湖南：炎陵 蔡秀珍，孙秋妍，王燕归等 SCSB-HN-1266
湖南：炎陵 刘应迪，孙秋妍，陈珮珮 SCSB-HN-1514
湖南：永顺 陈功锡，张代贵 SCSB-HC-2008262
江西：星子 董安淼，吴从梅 TanCM2235
青海：互助 薛春迎 Xuechy0081
四川：天全 汤加勇，陈刚 Y07142
四川：盐源 苏涛，黄永江，杨青松等 ZhouZK11374

Buddleja macrostachya Wallich ex Bentham 大序醉鱼草
云南：金平 喻智勇，官兴永，张云飞等 JinPing42
云南：隆阳区 赵玮，赵一帆 BSGLGSly211
云南：泸水 李恒，李嵘，刀志灵 1177
云南：绿春 黄连山保护区科研所 HLS0111
云南：巧家 郁文彬，任宗昕，艾洪莲等 SCSB-W-1048
云南：巧家 郁文彬，任宗昕，艾洪莲等 SCSB-W-1079
云南：腾冲 周应再 Zhyz-197
云南：文山 何德明，韦荣彪 WSLJS573
云南：文山 税玉民，陈文红 81133
云南：新平 何罡安 XPALSB150
云南：永德 李永亮 YDDXS0038
云南：镇沅 胡启和，张绍云 YNS0809
云南：镇沅 何忠云 ALSZY348

Buddleja myriantha Diels 酒药花醉鱼草
云南：福贡 许炳强，吴兴，李婧等 XiaNh-07zx-190
云南：贡山 郭永杰，吴之坤，吴兴等 14CS9847
云南：绿春 刀志灵，周鲁门 DZL-181
云南：墨江 胡启元，周兵，张绍云 YNS0850
云南：腾冲 余新林，赵玮 BSGLGStc206
云南：永德 李永亮 YDDXS0056

Buddleja nivea Duthie 金沙江醉鱼草 *
四川：峨眉山 李小杰 LiXJ297

Buddleja officinalis Maximowicz 密蒙花
湖北：竹溪 李盛兰 GanQL217
四川：泸定 高云东，李忠荣，鞠文彬 GaoXF-12-190
四川：米易 刘静 MY-287
四川：米易 袁明 MY324
云南：景东 鲁艳 200840
云南：普洱 谭运洪，余涛 B407
云南：腾冲 周应再 Zhyz-207
云南：新平 何罡安 XPALSB165

Buddleja paniculata Wallich 喉药醉鱼草
陕西：平利 田先华，张雅娟 TianXH1037

Buddleja yunnanensis Gagnepain 云南醉鱼草 *
云南：景东 鲁艳 2008170
云南：景东 罗忠华，张明勇，刘长铭等 JD138
云南：勐腊 谭运洪，余涛 B198
云南：普洱 叶金科 YNS0077
云南：新平 张学林 XPALSD164
云南：镇沅 罗成瑜，乔永华 ALSZY303

Limosella aquatica Linnaeus 水茫草
四川：红原 张昌兵 ZhangCB0025
西藏：当雄 杨永平，段元文，边巴扎西 yangyp-Q-1009
西藏：亚东 陈家辉，韩希，王东超等 YangYP-Q-4288

Oreosolen wattii J. D. Hooker 藏玄参
西藏：八宿 张挺，李爱花，刘成等 08CS711
西藏：浪卡子 杨永平，王东超，杨大松等 YangYP-Q-5032

Scrophularia buergeriana Miquel 北玄参
黑龙江：尚志 刘玫，张欣欣，程薪宇等 Liuetal448

Scrophularia chasmophila W. W. Smith 岩隙玄参 *
云南：德钦 杨青松，星耀武，苏涛 ZhouZK-07ZX-0437

Scrophularia delavayi Franchet 大花玄参 *
四川：米易 汤加勇 MY-004

Scrophularia dentata Royle ex Bentham 齿叶玄参
西藏：巴青 陈家辉，王赟，刘德团 YangYP-Q-3231
西藏：城关区 李晖，卜海涛，边巴 lihui-Q-09-47

西藏：丁青 陈家辉，王赟，刘德团 YangYP-Q-3211
西藏：噶尔 陈家辉，庄会富，刘德团等 Yangyp-Q-0063
西藏：拉萨 扎西次仁 ZhongY142
西藏：浪卡子 陈家辉，韩希，王广艳等 YangYP-Q-4180
西藏：浪卡子 扎西次仁 ZhongY235
西藏：左贡 张永洪，李国栋，王晓雄 SunH-07ZX-2201

Scrophularia diplodonta Franchet 重齿玄参 *

云南：腾冲 余新林，赵玮 BSGLGStc173
云南：香格里拉 蔡杰，张挺，刘成等 11CS3233

Scrophularia elatior Bentham 高玄参

云南：鹤庆 孙航，李新辉，陈林杨 SunH-07ZX-3179
云南：景东 罗忠华，孔明勇，刘长铭等 JD115
云南：景东 张绍云，胡启和，仇亚等 YNS1162
云南：麻栗坡 肖波 LuJL297
云南：南涧 袁玉川，刘云 NJWLS2008343
云南：南涧 高国政 NJWLS1335
云南：南涧 彭华，向春雷，陈丽 P.H.5916
云南：南涧 熊绍荣，阿国仁 njwls2007117
云南：文山 税玉民，陈文红 16261
云南：文山 何德明，丰艳飞 WSLJS713
云南：西山区 蔡杰，张挺，郭永杰等 11CS3719
云南：新平 谢雄，王家和，白少兵 XPALSC107
云南：永德 李永亮 LiYL1359
云南：云龙 李施文，张志云 TC5004

Scrophularia fargesii Franchet 长梗玄参 *

四川：峨眉山 李小杰 LiXJ537

Scrophularia heucheriiflora Schrenk 新疆玄参

新疆：塔什库尔干 邱娟，冯建菊 LiuJQ0128

Scrophularia incisa Weinmann 砾玄参

甘肃：夏河 刘坤 LiuJQ-GN-2011-537
新疆：和静 邱爱军，张玲，马帅 LiZJ1740
新疆：和静 张玲 TD-01675
新疆：和静 张玲 TD-01705
新疆：温宿 杨赵平，焦培培，白冠章等 LiZJ0777
新疆：乌苏 马真，贺晓欢，徐文斌等 SHI-A2007351
新疆：伊宁 马真 SHI-A2007176

Scrophularia kakudensis Franchet 丹东玄参

辽宁：庄河 于立敏 CaoW790

Scrophularia kansuensis Batalin 甘肃玄参 *

甘肃：合作 刘坤 LiuJQ-GN-2011-532

Scrophularia kiriloviana Schischkin 羽裂玄参

新疆：和静 杨赵平，焦培培，白冠章等 LiZJ0661
新疆：尼勒克 徐文斌，刘鸯，马真等 SHI-A2007437
新疆：尼勒克 刘鸯，马真，贺晓欢等 SHI-A2007480
新疆：昭苏 贺晓欢，徐文斌，刘鸯等 SHI-A2007088

Scrophularia moellendorffii Maximowicz 华北玄参 *

湖北：仙桃 张代贵 Zdg1902

Scrophularia ningpoensis Hemsley 玄参 *

安徽：绩溪 唐鑫生，方建新 TangXS0369
安徽：宁国 刘淼 SCSB-JSD19
重庆：南川区 易思荣 YISR034
湖南：江华 肖乐希，刘克明 SCSB-HN-1623
湖南：炎陵 刘应迪，孙秋妍，陈珮珮 SCSB-HN-1526
江西：黎川 童和平，王玉珍 TanCM3136
江西：庐山区 董安淼，吴从梅 TanCM953
江西：遂川 彭华，陈丽，向春雷等 P.H.5430
江西：修水 缪以清，胡建华 TanCM1753
浙江：临安 李宏庆，董全英，桂萍 Lihq0441

Scrophularia pauciflora Bentham 轮花玄参

西藏：聂拉木 陈家辉，韩希，王广艳等 YangYP-Q-4323

Scrophularia souliei Franchet 小花玄参 *

四川：红原 张昌兵，邓秀发，郝国歉 ZhangCB0356

Scrophularia spicata Franchet 穗花玄参 *

云南：普洱 胡启和，仇亚，张绍云 YNS0669

Scrophularia umbrosa Dumortier 翅茎玄参

新疆：吉木萨尔 谭敦炎，吉乃提 TanDY0592

Scrophularia urticifolia Wallich ex Bentham 荨麻叶玄参

云南：腾冲 周应再 Zhyz-322
云南：永德 李永亮 YDDXS1084

Verbascum blattaria Linnaeus 毛瓣毛蕊花

新疆：巩留 贺晓欢，徐文斌，马真等 SHI-A2007223
新疆：裕民 谭敦炎，吉乃提 TanDY0678

Verbascum chaixii subsp. **orientale** (M. Bieberstein) Hayek 东方毛蕊花

新疆：霍城 徐文斌，刘鸯，马真等 SHI-A2007129
新疆：伊宁 徐文斌 SHI-A2007170
新疆：裕民 徐文斌，杨清理 SHI-2009477

Verbascum songaricum Schrenk 准噶尔毛蕊花

新疆：巩留 徐文斌 SHI-A2007257
新疆：塔城 谭敦炎，吉乃提 TanDY0646
新疆：特克斯 段士民，王喜勇，刘会良 Zhangdy425
新疆：特克斯 段士民，王喜勇，刘会良 Zhangdy427
新疆：乌鲁木齐 王喜勇，马文宝，施翔 zdy425
新疆：伊吾 王喜勇，马文宝，施翔 zdy427
新疆：裕民 谭敦炎，吉乃提 TanDY0679
新疆：裕民 徐文斌，郭一敏 SHI-2009451
新疆：裕民 徐文斌，郭一敏 SHI-2009460

Verbascum thapsus Linnaeus 毛蕊花

贵州：花溪区 邹方伦 ZouFL0018
四川：白玉 李晓东，张景博，徐凌翔等 LiJ467
四川：稻城 何兴金，高云东，王志新等 SCU-09-253
四川：稻城 何兴金，胡灏禹，陈德友等 SCU-09-353
四川：得荣 杨青松，杨莹，黄永江等 ZhouZK-07ZX-0192
四川：得荣 孙航，李新辉，陈林杨 SunH-07ZX-3044
四川：峨眉山 李小杰 LiXJ475
四川：康定 许炳强，童毅华，吴兴等 XiaNH-07ZX-1076
四川：泸定 何兴金，赵丽华，梁乾隆等 SCU-11-105
四川：普格 苏涛，黄永江，杨青松等 ZhouZK11041
四川：乡城 孙航，李新辉，陈林杨 SunH-07ZX-2948
西藏：波密 孙航，张建文，陈建国等 SunH-07ZX-2598
西藏：波密 扎西次仁，西落 ZhongY645
西藏：波密 何华杰 81489
西藏：察隅 孙航，张建文，陈建国等 SunH-07ZX-2459
西藏：林芝 卢洋，刘帆等 LiJ744
西藏：林芝 马永鹏 ZhangCQ-0087
西藏：亚东 钟扬，扎西次仁 ZhongY777
西藏：亚东 钟扬，扎西次仁 ZhongY793
西藏：亚东 李国栋，董金龙 SunH-07ZX-3273
新疆：博乐 徐文斌，许晓敏 SHI-2008352
新疆：霍城 徐文斌，刘鸯，马真等 SHI-A2007117
新疆：尼勒克 徐文斌，刘鸯，马真等 SHI-A2007407
新疆：尼勒克 刘鸯，马真，贺晓欢等 SHI-A2007490
新疆：尼勒克 刘鸯，马真，贺晓欢等 SHI-A2007517
新疆：尼勒克 徐文斌，刘鸯，马真等 SHI-A2007526
新疆：尼勒克 段士民，王喜勇，刘会良 Zhangdy413
新疆：温泉 徐文斌，黄雪姣 SHI-2008291

新疆：伊宁 马真 SHI-A2007188
新疆：裕民 徐文斌，郭一敏 SHI-2009427
云南：德钦 孙航，李新辉，陈林杨 SunH-07ZX-3081
云南：德钦 王文礼，冯欣，刘飞鹏 OUXK11190
云南：德钦 孙航，李新辉，陈林杨 SunH-07ZX-2980
云南：洱源 李爱花，雷立公，徐远杰等 SCSB-A-000128
云南：洱源 杨青松，杨莹，黄永江等 ZhouZK-07ZX-0020
云南：洱源 杨青松，杨莹，黄永江等 ZhouZK-07ZX-0046
云南：剑川 陈文允，于文涛，黄永江等 CYHL004
云南：剑川 杨青松，杨莹，黄永江等 ZhouZK-07ZX-0043
云南：兰坪 朱枫，张仲富，成梅 Wangsh-07ZX-053
云南：兰坪 杨青松，杨莹，黄永江等 ZhouZK-07ZX-0051
云南：丽江 孔航辉，罗江平，左雷等 YangQE3319
云南：丽江 张书东，林娜娜，陆露等 SCSB-W-148
云南：丽江 苏涛，黄永江，杨青松等 ZhouZK11470
云南：丽江 王文礼，冯欣，刘飞鹏 OUXK11239
云南：宁蒗 苏涛，黄永江，杨青松等 ZhouZK11429
云南：香格里拉 杨亲二，孔航辉，李磊 Yangqe3274
云南：香格里拉 孙航，李新辉，陈林杨 SunH-07ZX-3205
云南：香格里拉 张长芹，王年，申敏 ZhangCQ-0193
云南：香格里拉 李晓东，张紫刚，操榆 LiJ682
云南：香格里拉 杨亲二，袁琼 Yangqe2261
云南：玉龙 刀志灵，李嵘 DZL-005
云南：玉龙 于文涛，李国锋 WTYu-358
云南：玉龙 陈哲，刀志灵 DZL-298

Simaroubaceae 苦木科

苦木科	世界	中国	种质库
属 / 种（种下等级）/ 份数	22/～109	3/10	3/6(7)/49

Ailanthus altissima (Miller) Swingle 臭椿
安徽：肥西 陈延松，朱合军，姜九龙 Xuzd062
安徽：屯溪区 方建新 TangXS0741
北京：彭华，王立松，董洪进等 P.H. 5518
北京：东城区 王雷，朱雅娟，黄振英 Beijing-huang-dls-0090
贵州：荔波 相银龙，熊凯辉 SCSB-HN-1861
河北：赞皇 牛玉璐，高彦飞，赵二涛 NiuYL453
湖北：神农架林区 祝文志，刘志祥，曹远俊 ShenZH5572
湖南：慈利 吴福川，查学州，余祥洪等 75
湖南：衡山 刘克明，陈薇，田淑珍 SCSB-HN-0237
湖南：南岳区 刘克明，相银龙，周磊 SCSB-HN-1391
湖南：湘乡 陈薇，朱香清，马仲辉 SCSB-HN-0480
湖南：湘乡 朱香清，相银龙 SCSB-HN-1890
湖南：新化 相银龙，熊凯辉 SCSB-HN-1838
湖南：沅陵 刘克明，周磊，彭新星等 SCSB-HN-1347
湖南：岳麓区 刘克明，肖乐希，丛义艳 SCSB-HN-0671
江苏：句容 王兆银，吴宝成 SCSB-JS0180
江苏：南京 吴宝成 SCSB-JS0499
江西：黎川 杨文斌，饶云芳 TanCM1332
辽宁：绥中 卜军，金实，阴黎明 CaoW389
辽宁：绥中 卜军，金实，阴黎明 CaoW390
辽宁：绥中 卜军，金实，阴黎明 CaoW418
辽宁：瓦房店 宫本胜 CaoW347
辽宁：义县 卜军，金实，阴黎明 CaoW492
辽宁：义县 卜军，金实，阴黎明 CaoW502
辽宁：义县 卜军，金实，阴黎明 CaoW503
宁夏：盐池 左忠，刘华 ZuoZh045
山东：历下区 张少华，王萍，张诏等 Lilan171
山东：牟平区 陈朋 BianFH-413
四川：巴塘 王文礼，冯欣，刘飞鹏 OUXK11147
四川：丹巴 何兴金，高云东，刘海艳等 SCU-20080447
四川：道孚 何兴金，刘爽，易欣 SCU-10-315
四川：汶川 何兴金，高云东，余岩等 SCU-09-541
四川：乡城 孔航辉，罗江平，左雷等 YangQE3547
四川：乡城 李晓东，张景博，徐凌翔等 LiJ364
四川：乡城 王文礼，冯欣，刘飞鹏 OUXK11118
四川：小金 高云东，李忠荣，鞠文彬 GaoXF-12-100
新疆：吐鲁番 段士民，王喜勇，刘会良 Zhangdy564
云南：泸水 孔航辉，任琛 Yangqe2908

Ailanthus altissima var. **sutchuenensis** (Dode) Rehder & E. H. Wilson 大果臭椿 *
湖北：宣恩 祝文志，刘志祥，曹远俊 ShenZH0027

Ailanthus giraldii Dode 毛臭椿 *
湖北：竹溪 李盛兰 GanQL544

Ailanthus vilmoriniana Dode 刺臭椿 *
湖北：神农架林区 李巨平 LiJuPing0229

Brucea javanica (Linnaeus) Merrill 鸦胆子
海南：昌江 康勇，林灯，陈庆 LWXS042

Brucea mollis Wallich ex Kurz 柔毛鸦胆子
云南：勐腊 谭运洪 A343

Picrasma quassioides (D. Don) Bennett 苦树
湖北：竹溪 李盛兰 GanQL086
湖北：竹溪 李盛兰 GanQL551
湖南：永顺 陈功锡，张代贵，龚双骄等 258A
江西：修水 缪以清 TanCM1719
山东：历下区 辛晓伟，高丽丽 Lilan780
四川：峨眉山 李小杰 LiXJ623

Smilacaceae 菝葜科

菝葜科	世界	中国	种质库
属 / 种（种下等级）/ 份数	1/210	1/92	1/34(35)/185

Smilax arisanensis Hayata 尖叶菝葜
云南：丽江 孙航，李新辉，陈林杨 SunH-07ZX-3127

Smilax aspericaulis Wallich ex A. de Candolle 疣枝菝葜
云南：新平 王家和，谢雄 XPALSC005

Smilax chapaensis Gagnepain 密疣菝葜
云南：腾冲 周应再 Zhyz-071
云南：元阳 车鑫，亚吉东，秦少发等 YYGYS070

Smilax china Linnaeus 菝葜
安徽：宁国 洪欣，陶旭 ZSB275
安徽：舒城 陈延松，欧祖兰，高秋晨等 Xuzd341
安徽：休宁 方建新，张翔 TangXS0006
广西：龙胜 黄俞淞，朱章明，农冬新 Liuyan0254
湖北：崇阳 谭策铭，易桂花，缪以清等 TanCM2140
湖北：利川 许玥，祝文志，刘志祥等 ShenZH7881
湖北：五峰 陈功锡，张代贵 SCSB-HC-2008405
湖南：江永 蔡秀珍，田淑珍，肖乐希 SCSB-HN-0616
湖南：双牌 姜孝成，王丽萍，李育华 Jiangxc0828
湖南：双牌 姜孝成，王丽萍，李育华 Jiangxc0832
湖南：双牌 姜孝成，王丽萍，李育华 Jiangxc0853
湖南：湘乡 陈薇，朱香清，马仲辉 SCSB-HN-0461
湖南：新化 姜孝成，唐妹，戴小军等 Jiangxc0565
湖南：新化 姜孝成，唐贵华，田春娥 SCSB-HNJ-0164

江苏：句容 王兆银，吴宝成 SCSB-JS0255
江西：黎川 童和平，王玉珍 TanCM1848
江西：湾里区 杜小浪，慕泽泾 DXL221
山东：崂山区 慕泽泾 DXL231
山东：崂山区 罗艳，邓建平 LuoY031
山东：崂山区 赵遵田，郑国伟，杜超等 Zhaozt0158
山东：牟平区 卞福花，卢学新，纪伟等 BianFH00043
山东：平邑 高德民，王萍，张颖颖等 Lilan585
四川：峨眉山 李小杰 LiXJ304
四川：理县 何兴金，高云东，余岩等 SCU-09-577
四川：射洪 袁明 YUANM2015L073
云南：金平 税玉民，陈文红 80626
云南：景东 罗忠华，谢有能，罗文涛等 JDNR122
云南：澜沧 彭华，向春雷，陈丽 P.H.5767
云南：盘龙区 彭华，王英，陈丽 P.H.5273
云南：新平 谢雄 XPALSC019
云南：盈江 王立彦 TBG-010
云南：镇沅 张绍云，叶金科，胡启和 YNS1348

Smilax chingii F. T. Wang & Tang **柔毛菝葜** *
湖北：利川 祝文志，刘志祥，曹远俊 ShenZH3447
湖北：竹溪 李盛兰 GanQL1094
云南：贡山 蔡杰，郭云刚，张凤琼等 14CS9747

Smilax cocculoides Warburg **银叶菝葜** *
四川：峨眉山 李小杰 LiXJ586

Smilax davidiana A. de Candolle **小果菝葜**
安徽：宁国 刘淼 SCSB-JSD12
安徽：舒城 陈延松，欧祖兰，高秋晨等 Xuzd340
安徽：歙县 方建新 TangXS0927
江苏：句容 王兆银，吴宝成 SCSB-JS0252
江苏：无锡 田怀珍，陈纪云 Lihq0324
江西：德安 董安淼，吴从梅 TanCM1683
江西：黎川 童和平，王玉珍 TanCM1857
江西：修水 谭策铭，缪以清 TCM09164

Smilax densibarbata F. T. Wang & Tang **密刺菝葜** *
云南：麻栗坡 肖波 LuJL216

Smilax discotis Warburg **托柄菝葜** *
湖北：神农架林区 李巨平 LiJuPing0057
云南：永德 李永亮 YDDXS0445
云南：镇沅 罗成瑜 ALSZY420

Smilax ferox Wallich ex Kunth **长托菝葜**
湖南：古丈 刘克明，朱晓文 SCSB-HN-0504
云南：沧源 赵金超 CYNGH035
云南：沧源 赵金超，肖美芳，汪顺莉 CYNGH237
云南：大理 张德全，段丽珍，王应龙等 ZDQ137
云南：大理 杨亲二，袁琼 Yangqe2603
云南：隆阳区 段在贤，陈学良，密祖廷等 BSGLGSly1254
云南：南涧 阿国仁，熊绍荣，邹国娟等 NJWLS2008051
云南：南涧 罗增阳，袁立川，徐家武等 NJWLS2008185
云南：腾冲 李爱花，黄之镨，黄押稳等 SCSB-A-000315
云南：腾冲 余新林，赵玮 BSGLGStc344
云南：腾冲 刀志灵，陈哲 DZL-095
云南：武定 张挺，张书东，李爱花等 SCSB-A-000082
云南：西盟 张绍云，叶金科，仇亚 YNS1299
云南：新平 何罡安 XPALSB014
云南：永德 李永亮 LiYL1444
云南：元阳 亚吉东，黄莉，何华杰 15CS11409

Smilax glabra Roxburgh **土伏苓**
湖北：五峰 李平 AHL096
湖南：永顺 陈功锡，张代贵，邓涛等 SCSB-HC-2007480
湖南：资兴 王得刚，熊凯辉 SCSB-HN-1923
江西：黎川 童和平，王玉珍 TanCM1941
江西：黎川 童和平，王玉珍，常迪江等 TanCM2088
江西：庐山区 谭策铭，董安淼 TCM09100
江西：修水 缪以清，李立新 TanCM1254
四川：米易 袁明 MY402
云南：安宁 伊廷双，孟静，杨杨 MJ-855
云南：沧源 李春华，肖美芳，李华明等 CYNGH166
云南：河口 张贵良，张贵生，陶英美等 ZhangGL059
云南：景东 罗忠华，谢有能，刘长铭等 JDNR029
云南：宁洱 张绍云，彭志仙 YNS0067
云南：屏边 张挺，胡益敏 SCSB-B-000558
云南：巧家 杨光明 SCSB-W-1521
云南：新平 张学林，王平 XPALSD097
云南：新平 刘家良 XPALSD069
云南：永德 李永亮 YDDXS0594
云南：永德 李永亮 YDDXS1086
云南：永德 李永亮，王学军，杨建文等 YDDXSB066
云南：镇沅 何忠云，王立东 ALSZY146

Smilax glaucochina Warburg **黑果菝葜** *
安徽：绩溪 唐鑫生，方建新 TangXS0367
广西：八步区 莫水松 Liuyan1042
湖南：永顺 陈功锡，张代贵，邓涛等 SCSB-HC-2007552
江苏：南京 韦阳连 SCSB-JS0483
江西：庐山区 董安淼，吴从梅 TanCM938
陕西：平利 田先华，张雅娟 TianXH1039
四川：峨眉山 李小杰 LiXJ589

Smilax hemsleyana Craib **束丝菝葜**
云南：蒙自 田学军，邱成书，高波 TianXJ0132

Smilax hypoglauca Bentham **粉背菝葜** *
云南：麻栗坡 肖波 LuJL057
云南：文山 何德明，丰艳飞，韦荣彪 WSLJS977
云南：永德 欧阳红才，普跃东，赵学盛等 YDDXSC045

Smilax jiankunii H. Li **建昆菝葜** *
云南：龙陵 孙兴旭 SunXX104

Smilax lanceifolia Roxburgh **马甲菝葜**
广西：龙胜 黄俞淞，梁永延，叶晓霞等 Liuyan0070
云南：元阳 李文锋，刘成，杨娅娟等 YYGYS041

Smilax lanceifolia var. **opaca** A. de Candolle **暗色菝葜**
江西：黎川 杨文斌，饶云芳 TanCM1337
江西：龙南 梁跃龙，徐宝田，赖曰旺 LiangYL037
江西：武宁 张吉华，刘运群 TanCM1155

Smilax lebrunii H. Léveillé **粗糙菝葜**
广西：金秀 许为斌，黄俞淞，叶晓霞等 Liuyan0132
湖北：宣恩 沈泽昊 HXE142
四川：峨眉山 李小杰 LiXJ592
云南：河口 张贵良，杨鑫峰，陶美英等 ZhangGL105
云南：屏边 刘成，亚吉东，张桥蓉 16CS14113
云南：屏边 钱良超，陆海兴，徐浩 Pbdws162
云南：盈江 王立彦，左常盛，何维海 SCSB-TBG-028

Smilax lunglingensis F. T. Wang & Tang **马钱叶菝葜** *
云南：蒙自 税玉民，陈文红 72454
云南：文山 何德明 WSLJS533

Smilax mairei H. Léveillé **无刺菝葜** *
云南：普洱 叶金科 YNS0328
云南：石林 税玉民，陈文红 65527
云南：西山区 伊廷双，孟静，杨杨 MJ-885

云南：永德 杨金荣，黄德武，李增柱等 YDDXSA070

Smilax megacarpa A. de Candolle **大果菝葜**

云南：河口 税玉民，陈文红 16060

Smilax menispermoidea A. de Candolle **防己叶菝葜**

云南：景东 鲁艳 07-143

云南：镇沅 张绍云，胡启和，仇亚等 YNS1176

Smilax microphylla C. H. Wright **小叶菝葜** *

湖北：竹溪 张代贵 Zdg3618

湖南：桑植 廖博儒，吴福川 255B

湖南：石门 陈功锡，张代贵，龚双骄等 255A

四川：乐至 邓兴敏，邓秀发，张昌兵 ZCB0489

云南：嵩明 张挺，杜燕，Maynard B. 等 SCSB-B-000505

云南：永善 张挺，王培，肖良俊 SCSB-B-000537

Smilax myrtillus A. de Candolle **乌饭叶菝葜**

云南：贡山 刘成，何华杰，黄莉等 14CS8518

Smilax nipponica Miquel **白背牛尾菜**

安徽：歙县 方建新 TangXS0991

山东：牟平区 卞福花，陈朋 BianFH-0325

Smilax ocreata A. de Candolle **抱茎菝葜**

广西：上思 何海文，杨锦超 YANGXF0243

贵州：威宁 赵厚涛，韩国营 YBG067

云南：贡山 张挺，李涟漪 14CS9658

云南：景东 罗忠华，刘长铭，李绍昆等 JDNR09091

云南：景洪 张挺，谭运洪，王建军等 SCSB-B-000268

云南：绿春 黄连山保护区科研所 HLS0428

云南：普洱 胡启和，周英，张绍云等 YNS0539

云南：普洱 叶金科 YNS0262

云南：永德 李永亮 YDDXS0423

云南：永德 李永亮 YDDXS0781

云南：镇沅 罗成瑜 ALSZY370

Smilax polycolea Warburg **红果菝葜** *

湖北：神农架林区 李巨平 LiJuPing0013

湖北：竹溪 李盛兰 GanQL211

湖北：竹溪 李盛兰 GanQL1136

Smilax quadrata A. de Candolle **方枝菝葜**

云南：景东 刘长铭，刘东，李先耀等 JDNR11090

云南：景东 张明芬，杨国春，王春华 JDNR11091

云南：文山 何德明，胡艳花 WSLJS483

云南：西山区 张挺，刘杰 11CS3687

云南：新平 谢天华，李应富，郎定富 XPALSA038

Smilax riparia A. de Candolle **牛尾菜**

安徽：休宁 唐鑫生，方建新 TangXS0471

安徽：黟县 刘淼 SCSB-JSB59

重庆：南川区 易思荣 YISR079

广西：龙胜 黄俞淞，梁永延，叶晓霞 Liuyan0034

湖北：宣恩 祝文志，刘志祥，曹远俊 ShenZH0089

吉林：磐石 安海成 AnHC0156

江西：黎川 童和平，王玉珍 TanCM1840

江西：黎川 杨文斌，饶云芳 TanCM1330

江西：武宁 张吉华，刘运群 TanCM785

辽宁：瓦房店 宫本胜 CaoW368

山东：崂山区 赵遵田，李振华，郑国伟等 Zhaozt0121

山东：牟平区 卞福花，卢学新，纪伟等 BianFH00055

陕西：眉县 田先华，董栓录 TianXH274

Smilax scobinicaulis C. H. Wright **短梗菝葜** *

湖北：宣恩 沈泽昊 HXE054

湖北：竹溪 李盛兰 GanQL1074

湖南：古丈 刘克明，朱晓文 SCSB-HN-0516

江西：武宁 张吉华，刘运群 TanCM798

陕西：眉县 田先华，白根录 TianXH287

陕西：宁陕 吴礼慧，田先华 TianXH569

云南：大理 张德全，段丽珍，王应龙等 ZDQ138

云南：石林 张挺，张书东，杨茜等 SCSB-A-000025

云南：文山 何德明 WSLJS997

云南：五华区 蔡杰，张挺，郭永杰 11CS3677

Smilax sieboldii Miquel **华东菝葜**

山东：海阳 王萍，高德民，张诏等 lilan275

山东：崂山区 罗艳，邓建平 LuoY216

山东：崂山区 赵遵田，郑国伟，王海英等 Zhaozt0225

山东：牟平区 卞福花，宋言贺 BianFH-545

山东：牟平区 卞福花，杜丽君，孟凡涛 BianFH-0131

Smilax stans Maximowicz **鞘柄菝葜**

甘肃：临潭 齐威 LJQ-2008-GN-187

甘肃：夏河 刘坤 LiuJQ-GN-2011-624

云南：古城区 刀志灵，张洪喜 DZL482

Smilax synandra Gagnepain **筒被菝葜**

云南：屏边 张挺，胡益敏 SCSB-B-000556

Smilax trinervula Miquel **三脉菝葜**

江西：修水 谭策铭，易桂花，缪以清等 TanCM2134

云南：云龙 字建泽，杨六斤，李国宏等 TC1044

Smilax tsinchengshanensis F. T. Wang **青城菝葜** *

贵州：荔波 赵厚涛，韩国营 YBG100

Solanaceae 茄科

茄科	世界	中国	种质库
属 / 种（种下等级）/ 份数	～102/2460	20/102	19/65(70)/951

Anisodus carniolicoides (C. Y. Wu & C. Chen) D'Arcy & Z. Y. Zhang **赛莨菪** *

四川：甘孜 陈文允，于文涛，黄永江 CYH116

云南：香格里拉 张挺，亚吉东，张桥蓉等 11CS3567

云南：香格里拉 张挺，李明勤，王关友等 11CS3614

云南：香格里拉 蔡杰，刘成，李昌洪 11CS3211

云南：香格里拉 蔡杰，张挺，刘成等 11CS3270

Anisodus luridus Link **铃铛子**

西藏：朗县 罗建，汪书丽，任德智 L102

西藏：林芝 罗建，汪书丽 LiuJQ-08XZ-199

西藏：芒康 徐波，陈光富，陈林杨等 SunH-07ZX-0261

西藏：左贡 张永洪，王晓雄，周卓等 SunH-07ZX-1102

Anisodus tanguticus (Maximowicz) Pascher **山莨菪**

甘肃：合作 刘坤 LiuJQ-GN-2011-627

甘肃：碌曲 李晓东，刘帆，张景博等 LiJ0123

甘肃：玛曲 陈世龙，张得钧，高庆波等 Chens10439

青海：班玛 陈世龙，张得钧，高庆波等 Chens10360

青海：班玛 陈世龙，高庆波，张发起 Chens11133

青海：贵南 陈世龙，高庆波，张发起等 Chens11227

青海：互助 薛春迎 Xuechy0148

青海：化隆 陈世龙，高庆波，张发起 Chens10883

青海：久治 陈世龙，张得钧，高庆波等 Chens10386

青海：玛沁 陈世龙，高庆波，张发起 Chens11085

青海：门源 吴玉虎 LJQ-QLS-2008-0241

青海：门源 陈世龙，高庆波，张发起等 Chens11626

青海：囊谦 陈世龙，高庆波，张发起 Chens10672

青海：囊谦 许炳强，周伟，郑朝汉 Xianh0029

青海：祁连 陈世龙，高庆波，张发起等 Chensl1571
青海：曲麻莱 陈世龙，高庆波，张发起等 Chensl1398
青海：同德 陈世龙，高庆波，张发起 Chensl1007
青海：同德 陈世龙，高庆波，张发起等 Chensl1257
青海：同仁 陈世龙，高庆波，张发起 Chensl0893
青海：玉树 汪书丽，朱洪涛 Liujq-QLS-TXM-081
青海：玉树 田斌，姬明飞 Liujq-2010-QH-012
四川：阿坝 陈世龙，张得钧，高庆波等 Chensl0449
四川：阿坝 蔡杰，张挺，刘成 10CS2554
四川：白玉 孙航，张建文，邓涛等 SunH-07ZX-3723
四川：丹巴 何兴金，胡灏禹，沈呈娟等 SCU-11-430
四川：道孚 余岩，周春景，秦汉涛 SCU-11-034
四川：道孚 何兴金，胡灏禹，沈呈娟等 SCU-11-446
四川：德格 孙航，张建文，董金龙等 SunH-07ZX-3908
四川：德格 苏涛，黄永江，杨青松等 ZhouZK11207
四川：德格 张大才，尹五元，李双智等 ZhangDC-07ZX-2313
四川：甘孜 陈文允，于文涛，黄永江 CYH157
四川：红原 张昌兵 ZhangCB0032
四川：理塘 李晓东，张景博，徐凌翔等 LiJ350
四川：理塘 何兴金，马祥光，张云香等 SCU-11-230
四川：理塘 何兴金，马祥光，张云香等 SCU-11-254
四川：壤塘 何兴金，胡灏禹，黄德青 SCU-10-146
四川：若尔盖 高云东，李忠荣，鞠文彬 GaoXF-12-023
四川：若尔盖 陈世龙，张得钧，高庆波等 Chensl0456
四川：松潘 何兴金，刘爽，赵财 SCU-10-415
四川：松潘 何兴金，张云香，王志新 SCU-10-501
四川：雅江 何兴金，郜鹏，彭禄等 SCU-11-323
四川：雅江 何兴金，郜鹏，彭禄等 SCU-11-359
西藏：八宿 张永洪，王晓雄，周卓等 SunH-07ZX-1670
西藏：八宿 张挺，李爱花，刘成等 08CS704
西藏：昌都 苏涛，黄永江，杨青松等 ZhouZK11285
西藏：浪卡子 扎西次仁 ZhongY176
西藏：浪卡子 扎西次仁 ZhongY233
西藏：曲松 扎西次仁 ZhongY380
西藏：左贡 张大才，李双智，罗康等 ZhangDC-07ZX-0602
西藏：左贡 张大才，李双智，罗康等 ZhangDC-07ZX-0723
西藏：左贡 徐波，陈光富，陈林杨等 SunH-07ZX-2048
西藏：左贡 汪书丽，王志强，邹嘉宾 Liujq-Txm10-216

Atropa belladonna Linnaeus **颠茄**

贵州：荔波 旷仁平，盛波 SCSB-HN-1859
湖南：石门 陈功锡，张代贵，龚双骄等 243B
云南：维西 张挺，徐远杰，陈冲等 SCSB-B-000226

Capsicum annuum Linnaeus **辣椒**

云南：新平 李伟，刘蜀南 XPALSB500

Cestrum nocturnum Linnaeus **夜香树**

云南：景东 鲁艳 200894
云南：景洪 叶金科，彭志仙 YNS0301
云南：西盟 张绍云，叶金科，仇亚 YNS1293
云南：永德 李永亮 YDDXS0113
云南：镇沅 罗成瑜，李彩斌，张守泉等 ALSZY462

Cyphomandra betacea (Cavanilles) Sendtner **树番茄**

云南：新平 刘家良 XPALSD284

Datura inoxia Miller **毛曼陀罗**

吉林：长岭 张宝田 Yanglm0440
山东：长清区 王萍，高德民，张诏等 lilan292
云南：蒙自 田学军 TianXJ0118

Datura metel Linnaeus **洋金花**

云南：宁洱 张绍云，胡启和 YNS1050
云南：普洱 叶金科 YNS0141
云南：新平 谢雄 XPALSC465
云南：新平 白绍斌 XPALSC456

Datura stramonium Linnaeus **曼陀罗**

甘肃：迭部 郭淑青，杜品 LiuJQ-2012-GN-201
贵州：南明区 邹方伦 ZouFL0010
贵州：南明区 赵厚涛，韩国营 YBG082
湖北：仙桃 李巨平 Lijuping0310
湖北：竹溪 李盛兰 GanQL562
吉林：南关区 王云贺 Yanglm0076
江苏：赣榆 吴宝成 HANGYY8567
江苏：句容 王兆银，吴宝成 SCSB-JS0386
辽宁：建平 卜军，金实，阴黎明 CaoW464
辽宁：建平 卜军，金实，阴黎明 CaoW465
辽宁：建平 卜军，金实，阴黎明 CaoW486
宁夏：青铜峡 何志斌，杜军，陈龙飞等 HHZA0140
青海：贵德 陈世龙，高庆波，张发起等 Chensl1209
青海：贵南 陈世龙，高庆波，张发起 Chensl0973
青海：同德 陈世龙，高庆波，张发起 Chensl1032
山东：岚山区 吴宝成 HANGYY8606
山西：洪洞 高瑞如，李农业，张爱红 Huangzy0259
四川：巴塘 王文礼，冯欣，刘飞鹏 OUXK11146
四川：稻城 何兴金，李琴琴，马祥光等 SCU-09-148
四川：金川 何兴金，胡灏禹，黄德青 SCU-10-113
四川：九龙 孔航辉，罗江平，左雷等 YangQE3439
四川：乐至 邓兴敏，邓秀发，张昌兵 ZCB0504
四川：米易 刘静，袁明 MY-160
四川：壤塘 何兴金，刘爽，易欣 SCU-10-320
四川：松潘 何兴金，张云香，王志新 SCU-10-529
四川：西昌 苏涛，黄永江，杨青松等 ZhouZK11390
四川：乡城 王文礼，冯欣，刘飞鹏 OUXK11124
四川：小金 高云东，李忠荣，鞠文彬 GaoXF-12-101
四川：小金 何兴金，李琴琴，王长宝等 SCU-08044
西藏：城关区 钟扬，扎西次仁 ZhongY424
西藏：拉萨 卢洋，刘帆等 LiJ724
西藏：拉萨 陈家辉，韩希，王广艳等 YangYP-Q-4193
西藏：朗县 罗建，汪书丽，任德智 L029
新疆：博乐 翟伟 SHI2006315
新疆：昌吉 段士民，王喜勇，刘会良等 Zhangdy540
新疆：昌吉 段士民，王喜勇，刘会良等 Zhangdy543
新疆：巩留 徐文斌，马真，贺晓欢等 SHI-A2007197
新疆：喀什 塔里木大学植物资源调查组 TD-00819
新疆：莎车 黄文娟，段黄金，王英鑫等 LiZJ0830
新疆：温泉 徐文斌，黄雪姣 SHI-2008202
新疆：温宿 白宝伟，段黄金 TD-01824
新疆：乌鲁木齐 王喜勇，马文宝，施翔 zdy371
新疆：乌鲁木齐 段士民，王喜勇，刘会良等 Zhangdy528
新疆：乌鲁木齐 段士民，王喜勇，刘会良等 Zhangdy530
新疆：新和 塔里木大学植物资源调查组 TD-00998
新疆：英吉沙 黄文娟，段黄金，王英鑫等 LiZJ0812
云南：宾川 孙振华，王文礼，宋晓卿等 OuxK-BC-0005
云南：楚雄 刀志灵，陈渝 DZL512
云南：大理 张德全，王应龙，陈琪等 ZDQ051
云南：德钦 刀志灵 DZL435
云南：德钦 孙振华，郑志兴，沈蕊等 OuXK-YS-246
云南：德钦 王文礼，冯欣，刘飞鹏 OUXK11171
云南：洱源 王文礼，冯欣，刘飞鹏 OUXK11245
云南：景东 罗忠华，刘长铭，鲁成荣 JD039

云南：昆明 税玉民，陈文红 65884
云南：隆阳区 赵玮 BSGLGSly114
云南：麻栗坡 肖波 LuJL503
云南：蒙自 田学军 TianXJ0117
云南：南涧 袁玉川 NJWLS2008341
云南：南涧 高国政 NJWLS1417
云南：南涧 邹国娟，邱云龙，时国彩等 njwls2007019
云南：南涧 官有才，罗开宏 NJWLS1619
云南：宁洱 张绍云 YNS0164
云南：宁蒗 苏涛，黄永江，杨青松等 ZhouZK11424
云南：腾冲 周应再 Zhyz-285
云南：维西 陈文允，于文涛，黄永江等 CYHL111
云南：维西 王文礼，冯欣，刘飞鹏 OUXK11037
云南：维西 王文礼，冯欣，刘飞鹏 OUXK11072
云南：文山 肖波 LuJL519
云南：香格里拉 孔航辉，任琛 Yangqe2814
云南：新平 谢天华，李应富，郎定富 XPALSA037
云南：新平 张云德，李俊友 XPALSC135
云南：新平 谢雄 XPALSC354
云南：永德 杨金荣，黄德武，李任斌等 YDDXSA094
云南：元阳 田学军，杨建，邱成书等 Tianxj0063
云南：云龙 李施文，张志云 TC3050
云南：镇沅 朱恒 ALSZY136

Hyoscyamus niger Linnaeus 天仙子

甘肃：迭部 蔡杰，张挺，刘成 10CS2521
甘肃：夏河 刘坤 LiuJQ-GN-2011-617
河北：涿鹿 牛玉璐，高彦飞，赵二涛 NiuYL328
吉林：长岭 张宝田 Yanglm0437
辽宁：建平 卜军，金实，阴黎明 CaoW463
辽宁：建平 卜军，金实，阴黎明 CaoW487
内蒙古：武川 蒲拴莲，刘润宽，刘毅等 M252
内蒙古：新城区 蒲拴莲，李茂文 M013
青海：城北区 薛春迎 Xuechy0260
青海：互助 薛春迎 Xuechy0159
青海：互助 陈世龙，高庆波，张发起等 Chensl1726
青海：门源 吴玉虎 LJQ-QLS-2008-0232
青海：同德 汪书丽，朱洪涛 Liujq-QLS-TXM-213
青海：同仁 何兴金，冯图，成英等 SCU-QH08072206
四川：白玉 李晓东，张景博，徐凌翔等 LiJ458
四川：黑水 顾垒，李忠荣 GaoXF-09ZX-1305
四川：若尔盖 何兴金，冯图，廖晨阳等 SCU-080306
四川：松潘 何兴金，张云香，王志新 SCU-10-532
西藏：察雅 张挺，李爱花，刘成等 08CS721
西藏：朗县 罗建，汪书丽，任德智 L111
新疆：阿勒泰 谭敦炎，邱娟 TanDY0488
新疆：拜城 张玲 TD-01986
新疆：博乐 翟伟，徐文斌 SHI2006332
新疆：博乐 马真 SHI-A2007010
新疆：博乐 谭敦炎，吉乃提，艾沙江 TanDY0244
新疆：博乐 徐文斌，黄雪姣 SHI-2008127
新疆：博乐 徐文斌，王莹 SHI-2008119
新疆：博乐 徐文斌，王莹 SHI-2008140
新疆：博乐 徐文斌，许晓敏 SHI-2008004
新疆：博乐 徐文斌，许晓敏 SHI-2008358
新疆：博乐 徐文斌，杨清理 SHI-2008459
新疆：阜康 谭敦炎，艾沙江 TanDY0361
新疆：和静 邱爱军，张玲，马帅 LiZJ1718
新疆：和静 杨赵平，焦培培，白冠章等 LiZJ0738
新疆：玛纳斯 马真，翟伟 SHI2006279
新疆：玛纳斯 马真 SHI-2006482
新疆：玛纳斯 吉乃提，王爱波 TanDY0377
新疆：尼勒克 刘鸯，马真，贺晓欢等 SHI-A2007519
新疆：青河 许炳强，胡伟明 XiaNH-07ZX-804
新疆：沙湾 石大标 SCSB-Y-2006077
新疆：塔城 谭敦炎，吉乃提 TanDY0660
新疆：托里 谭敦炎，吉乃提 TanDY0735
新疆：托里 谭敦炎，吉乃提 TanDY0774
新疆：托里 徐文斌，黄刚 SHI-2009158
新疆：托里 徐文斌，黄刚 SHI-2009311
新疆：托里 徐文斌，黄刚 SHI-2009497
新疆：托里 徐文斌，杨清理 SHI-2009048
新疆：托里 徐文斌，杨清理 SHI-2009213
新疆：托里 徐文斌，杨清理 SHI-2009225
新疆：托里 徐文斌，杨清理 SHI-2009351
新疆：温泉 石大标 SCSB-SHI-2006218
新疆：温泉 徐文斌，黄雪姣 SHI-2008282
新疆：温泉 徐文斌，王莹 SHI-2008167
新疆：温泉 徐文斌，王莹 SHI-2008273
新疆：温泉 徐文斌，许晓敏 SHI-2008245
新疆：乌鲁木齐 马文宝，刘会良，施翔 zdy195
新疆：乌鲁木齐 王喜勇，马文宝，施翔 zdy213
新疆：乌鲁木齐 谭敦炎，艾沙江 TanDY0185
新疆：乌鲁木齐 谭敦炎，邱娟 TanDY0196
新疆：乌鲁木齐 谭敦炎，吉乃提，艾沙江 TanDY0294
新疆：乌鲁木齐 段士民，王喜勇，刘会良 Zhangdy013
新疆：乌鲁木齐 段士民，王喜勇，刘会良 Zhangdy032
新疆：乌鲁木齐 段士民，王喜勇，刘会良 Zhangdy036
新疆：乌鲁木齐 段士民，王喜勇，刘会良 Zhangdy039
新疆：乌鲁木齐 段士民，王喜勇，刘会良 Zhangdy041
新疆：乌鲁木齐 段士民，王喜勇，刘会良 Zhangdy045
新疆：裕民 徐文斌，郭一敏 SHI-2009430
新疆：昭苏 贺晓欢，徐文斌，刘鸯等 SHI-A2007099
新疆：昭苏 徐文斌，刘丽霞 SHI-A2007319
云南：德钦 王文礼，冯欣，刘飞鹏 OUXK11184
云南：香格里拉 杨亲二，袁琼 Yangqe2434

Hyoscyamus pusillus Linnaeus 中亚天仙子

新疆：布尔津 谭敦炎，邱娟 TanDY0443
新疆：布尔津 谭敦炎，邱娟 TanDY0483
新疆：富蕴 谭敦炎，邱娟 TanDY0416
新疆：玛纳斯 吉乃提，王爱波 TanDY0375
新疆：天山区 段士民，王喜勇，刘会良 Zhangdy025
新疆：托里 徐文斌，黄刚 SHI-2009350
新疆：乌鲁木齐 马文宝，刘会良 zdy004
新疆：乌鲁木齐 马文宝，刘会良 zdy016
新疆：乌鲁木齐 谭敦炎，艾沙江 TanDY0183
新疆：乌鲁木齐 谭敦炎，邱娟 TanDY0198
新疆：乌鲁木齐 谭敦炎，吉乃提，艾沙江 TanDY0298
新疆：乌鲁木齐 段士民，王喜勇，刘会良 Zhangdy018
新疆：裕民 谭敦炎，吉乃提 TanDY0685
新疆：裕民 徐文斌，杨清理 SHI-2009357

Lycianthes biflora (Loureiro) Bitter 红丝线

广西：金秀 许为斌，黄俞淞，叶晓霞等 Liuyan0128
广西：罗城 莫水松，刘静，胡仁传 Liuyan1091
贵州：江口 周云，王勇 XiangZ056
贵州：荔波 刘克明，旷仁平，盛波 SCSB-HN-1814
贵州：荔波 刘克明，旷仁平，盛波 SCSB-HN-1845

贵州：荔波 刘克明，旷仁平，盛波 SCSB-HN-1865
贵州：荔波 旷仁平，盛波 SCSB-HN-1910
湖南：吉首 陈功锡，张代贵，邓涛等 SCSB-HC-2007364
四川：峨眉山 李小杰 LiXJ090
云南：个旧 税玉民，陈文红 81882
云南：河口 张贵良，张贵生，陶英美等 ZhangGL081
云南：金平 税玉民，陈文红 80632
云南：金平 喻智勇，官兴永，张云飞等 JinPing55
云南：景东 罗忠华，李绍昆，鲁成荣 JDNR09090
云南：景谷 胡启和，周英 YNS0523
云南：隆阳区 段在贤，尹布贵，刀开国等 BSGLGSly1226
云南：绿春 黄连山保护区科研所 HLS0256
云南：麻栗坡 肖波，陆章强 LuJL051
云南：麻栗坡 税玉民，陈文红 81261
云南：麻栗坡 税玉民，陈文红 81283
云南：蒙自 税玉民，陈文红 72450
云南：勐海 彭华，向春雷，陈丽等 P.H.5750
云南：南涧 官有才，马德跃 NJWLS674
云南：南涧 阿国仁，熊绍荣，邹国娟等 NJWLS2008019
云南：屏边 楚永兴 Pbdws079
云南：腾冲 周应再 Zhyz-292
云南：文山 何德明，李永春 WSLJS528
云南：永德 李永亮 YDDXS0775
云南：永德 李永亮 YDDXS0827
云南：永德 李永亮，马文军 YDDXSB179

Lycianthes biflora var. **subtusochracea** Bitter **密毛红丝线**

云南：景洪 谭运洪，余涛 B390
云南：勐海 谭运洪，余涛 B383

Lycianthes hupehensis (Bitter) C. Y. Wu & S. C. Huang **鄂红丝线** *

贵州：开阳 邹方伦 ZouFL0181

Lycianthes lysimachioides (Wallich) Bitter **单花红丝线**

湖北：竹溪 李盛兰 GanQL1126
江西：庐山区 董安淼，吴从梅 TanCM1592
江西：修水 缪以清，胡建华 TanCM1759
四川：峨眉山 李小杰 LiXJ232
云南：贡山 刘成，何华杰，黄莉等 14CS8535

Lycianthes lysimachioides var. **sinensis** Bitter **中华红丝线** *

湖北：竹溪 李盛兰 GanQL233
湖南：武陵源区 吴福川，余祥洪，曹赫等 2007A008

Lycianthes macrodon (Wallich ex Nees) Bitter **大齿红丝线**

云南：隆阳区 赵玮 BSGLGSly218
云南：隆阳区 郭永杰，李涟漪，聂细转 12CS5079
云南：屏边 钱良超，康远勇，陆海兴 Pbdws144

Lycianthes marlipoensis C. Y. Wu & S. C. Huang **麻栗坡红丝线** *

云南：隆阳区 段在贤，刀开国，陈学良 BSGLGSly1202
云南：麻栗坡 肖波 LuJL307
云南：马关 张挺，修莹莹，李胜 SCSB-B-000625

Lycianthes neesiana (Wallich ex Nees) D'Arcy & Z. Y. Zhang **截萼红丝线**

云南：沧源 赵金超，杨红强 CYNGH437
云南：江城 叶金科 YNS0443
云南：景洪 谭运洪，余涛 B489

Lycianthes yunnanensis (Bitter) C. Y. Wu & S. C. Huang **滇红丝线** *

云南：沧源 赵金超 CYNGH261
云南：屏边 刘成，亚吉东，张桥蓉 16CS14104
云南：腾冲 余新林，赵玮 BSGLGStc263
云南：新平 白绍斌，刘竹南，鲁兴文 XPALSC191
云南：元阳 亚吉东，黄莉，何华杰 15CS11439
云南：元阳 浦仕梅，刘成，杨娅娟等 YYGYS010
云南：元阳 田学军，杨建，邱成书等 Tianxj0085

Lycium barbarum Linnaeus **宁夏枸杞** *

河北：涉县 牛玉璐，高彦飞 NiuYL622
宁夏：中宁 牛钦瑞，朱奋霞 ZuoZh167
青海：都兰 冯虎元 LiuJQ-08KLS-149
青海：玉树 许炳强，周伟，郑朝汉 Xianh0330
新疆：奇台 谭敦炎，吉乃提 TanDY0561
新疆：石河子 张挺，杨赵平，焦培培等 LiZJ0405

Lycium chinense Miller **枸杞**

安徽：金寨 刘淼 SCSB-JSC60
重庆：南川区 易思荣 YISR019
黑龙江：宁安 陈武璋，王炳辉 CaoW0190
湖北：竹溪 李盛兰 GanQL193
吉林：大安 杨帆，马红媛，安丰华 SNA0055
江苏：赣榆 吴宝成 HANGYY8304
江苏：句容 王兆银，吴宝成 SCSB-JS0409
江西：黎川 童和平，王玉珍 TanCM1928
江西：庐山区 董安淼，吴从梅 TanCM1093
江西：修水 缪以清，李立新 TanCM1228
辽宁：长海 郑宝江，丁晓炎，焦宏斌等 ZhengBJ350
宁夏：盐池 左忠，刘华 ZuoZh068
青海：贵德 陈世龙，高庆波，张发起等 Chensl1208
山东：崂山区 罗艳，李中华 LuoY426
山东：历城区 李兰，王萍，张少华等 Lilan-029
山东：牟平区 卞福花 BianFH-0232
山西：永济 刘明光，焦磊，张海博 Zhangf0203
四川：理县 张昌兵，邓秀发 ZhangCB0382
四川：射洪 袁明 YUANM2015L104
四川：汶川 何兴金，李琴琴，赵丽华等 SCU-09-502
西藏：八宿 张永洪，李国栋，王晓雄 SunH-07ZX-1776
云南：西山区 彭华，陈丽 P.H.5305

Lycium chinense var. **potaninii** (Pojarkova) A. M. Lu **北方枸杞**

西藏：昌都 许炳强，周伟，郑朝汉 Xianh0351

Lycium dasystemum Pojarkova **新疆枸杞**

青海：德令哈 潘建斌，杜维波，牛炳韬 Liujq-2011CDM-367
青海：都兰 潘建斌，杜维波，牛炳韬 Liujq-2011CDM-101
青海：都兰 潘建斌，杜维波，牛炳韬 Liujq-2011CDM-200

Lycium qingshuiheense X. L. Jiang & J. N. Li **清水河枸杞** *

宁夏：中宁 牛有栋，李出山 ZuoZh097

Lycium ruthenicum Murray **黑果枸杞**

宁夏：中宁 左忠，刘华 ZuoZh267
宁夏：中宁 牛钦瑞，朱奋霞 ZuoZh156
青海：都兰 冯虎元 LiuJQ-08KLS-147
青海：都兰 潘建斌，杜维波，牛炳韬 Liujq-2011CDM-067
青海：格尔木 汪书丽，朱洪涛 Liujq-QLS-TXM-054
青海：格尔木 潘建斌，杜维波，牛炳韬 Liujq-2011CDM-001
青海：格尔木 潘建斌，杜维波，牛炳韬 Liujq-2011CDM-004
新疆：阿合奇 塔里木大学植物资源调查组 TD-00258
新疆：阿合奇 黄文娟，杨赵平，王英鑫 TD-02083
新疆：阿克苏 塔里木大学植物资源调查组 TD-00207
新疆：阿克陶 杨赵平，黄文娟 TD-01729
新疆：阿图什 塔里木大学植物资源调查组 TD-00672
新疆：阿瓦提 杨赵平，黄文娟，段黄金等 LiZJ0020
新疆：白碱滩区 马真 SCSB-SHI-2006180

新疆：白碱滩区 翟伟 SCSB-SHI-2006186
新疆：拜城 塔里木大学植物资源调查组 TD-00273
新疆：博乐 郭静谊，翟伟 SHI2006311
新疆：博乐 徐文斌，许晓敏 SHI-2008320
新疆：博乐 徐文斌，许晓敏 SHI-2008460
新疆：博乐 徐文斌，杨清理 SHI-2008301
新疆：博乐 徐文斌，杨清理 SHI-2008331
新疆：博乐 徐文斌，杨清理 SHI-2008402
新疆：博乐 徐文斌，杨清理 SHI-2008417
新疆：博乐 徐文斌，杨清理 SHI-2008432
新疆：福海 段士民，王喜勇，刘会良等 238
新疆：和静 张挺，杨赵平，焦培培等 LiZJ0429
新疆：和静 塔里木大学植物资源调查组 TD-00322
新疆：和硕 塔里木大学植物资源调查组 TD-00146
新疆：和田 郭永杰，黄文娟，段黄金 LiZJ0269
新疆：柯坪 塔里木大学植物资源调查组 TD-00837
新疆：克拉玛依 谭敦炎，邱娟 TanDY0496
新疆：库尔勒 张挺，杨赵平，焦培培等 LiZJ0413
新疆：奎屯 谭敦炎，吉乃提 TanDY0610
新疆：奎屯 徐文斌，郭一敏 SHI-2009016
新疆：沙湾 谭敦炎，邱娟 TanDY0499
新疆：沙湾 许炳强，胡伟明 XiaNH-07ZX-871
新疆：石河子 石大标 SCSB-Y-2006119
新疆：石河子 石大标 SCSB-Y-2006158
新疆：石河子 石大标 SHI-2006453
新疆：石河子 塔里木大学植物资源调查组 TD-01026
新疆：石河子 许文斌，马真 SCSB-2006061
新疆：石河子 许文斌，马真 SCSB-2006062
新疆：塔什库尔干 黄文娟，段黄金，王英鑫等 LiZJ0372
新疆：温宿 塔里木大学植物资源调查组 TD-00916
新疆：温宿 白宝伟，段黄金 TD-01835
新疆：温宿 杨赵平，黄文娟，段黄金等 LiZJ0035
新疆：乌恰 杨赵平，黄文娟 TD-01802
新疆：叶城 郭永杰，黄文娟，段黄金 LiZJ0185

Lycopersicon esculentum Miller **蕃茄**

云南：南涧 官有才，马德，马开宏 NJWLS922
云南：新平 谢雄 XPALSC372

Mandragora caulescens C. B. Clarke **茄参**

云南：香格里拉 张挺，亚吉东，李明勤等 11CS3381

Nicandra physalodes (Linnaeus) Gaertner **假酸浆**

安徽：屯溪区 方建新 TangXS0141
重庆：南川区 易思荣，谭秋平 YISR414
贵州：江口 邹方伦 ZouFL0121
湖南：古丈 刘克明，朱晓文 SCSB-HN-0526
湖南：湘西 陈功锡，张代贵 SCSB-HC-2008101
湖南：新宁 姜孝成，唐贵华，袁双艳等 SCSB-HNJ-0229
湖南：岳麓区 刘克明，丛义艳 SCSB-HN-0006
湖南：岳麓区 姜孝成，唐妹，尹恒等 SCSB-HNJ-0414
吉林：南关区 韩忠明 Yanglm0064
吉林：通榆 张宝田 Yanglm0408
山东：沂源 高德民，邵尉 Lilan925
四川：丹巴 何兴金，胡灏禹，沈呈娟等 SCU-11-400
四川：丹巴 何兴金，胡灏禹，沈呈娟等 SCU-11-419
四川：汉源 汤加勇，赖建军 Y07126
四川：米易 刘静，袁明 MY-026
四川：射洪 袁明 YUANM2015L014
四川：射洪 袁明 YUANM2016L218
西藏：拉萨 钟扬 ZhongY1024
西藏：朗县 罗建，汪书丽，任德智 L028
西藏：芒康 王文礼，冯欣，刘飞鹏 OUXK11148
云南：楚雄 孙振华，郑志兴，沈蕊等 OuXK-YS-280
云南：大理 刀志灵，张洪喜 DZL476
云南：东川区 闫海忠，孙振华，王文礼等 OuxK-DC-0006
云南：贡山 刀志灵 DZL315
云南：金平 喻智勇 JinPing65
云南：景东 鲁艳 07-139
云南：景东 鲁成荣，刘长铭，张明勇 JD065
云南：昆明 税玉民，陈文红 65831
云南：丽江 王文礼，冯欣，刘飞鹏 OUXK11233
云南：丽江 李晓东，张紫刚，操榆 LiJ692
云南：隆阳区 赵玮 BSGLGS1y082
云南：泸水 孙振华，郑志兴，沈蕊等 OuXK-LC-019
云南：麻栗坡 肖波 LuJL165
云南：蒙自 田学军 TianXJ0112
云南：勐海 刀志灵 DZL563
云南：牟定 刀志灵，陈渝 DZL518
云南：南涧 徐家武，袁立川，罗增阳等 NJWLS2008167
云南：南涧 饶富玺，阿国仁，何贵才 NJWLS785
云南：南涧 熊绍荣 NJWLS2008191
云南：南涧 马德跃，官有才，罗开宏 NJWLS925
云南：南涧 李成清，高国政，常学科 njwls2007056
云南：宁洱 叶金科 YNS0206
云南：宁蒗 田先华，李金钢 TianXHZS009
云南：盘龙区 伊廷双，孟静，杨杨 MJ-932
云南：盘龙区 彭华，向春雷，王泽欢 PengH8416
云南：盘龙区 彭华，向春雷，王泽欢 PengH8475
云南：巧家 李文虎，张天壁 QJYS0124
云南：石林 张挺，张书东，杨茜等 SCSB-A-000020
云南：腾冲 周应再 Zhyz-016
云南：维西 王文礼，冯欣，刘飞鹏 OUXK11036
云南：维西 王文礼，冯欣，刘飞鹏 OUXK11073
云南：西山区 税玉民，陈文红 65791
云南：香格里拉 孙振华，郑志兴，沈蕊等 OuXK-YS-271
云南：祥云 孙振华，王文礼，宋晓卿等 OuxK-XY-0006
云南：新平 自成仲，刘家良 XPALSD037
云南：新平 何罡安，罗光进 XPALSB027
云南：新平 李德才，张云德 XPALSC077
云南：新平 谢雄 XPALSC356
云南：砚山 余涛 B239
云南：砚山 税玉民，陈文红 71998
云南：漾濞 张德全，王应龙，文青华等 ZDQ040
云南：永德 李永亮 YDDXSB015
云南：玉龙 孙振华，郑志兴，沈蕊等 OuXK-YS-226
云南：玉溪 孙振华，郑志兴，沈蕊等 OuXK-YX-001
云南：元谋 刀志灵，陈渝 DZL524
云南：云龙 李施文，张志云 TC3046
云南：云龙 刀志灵 DZL403
云南：云龙 王文礼，冯欣，刘飞鹏 OUXK11015
云南：镇沅 罗成瑜 ALSZY008
云南：镇沅 朱恒 ALSZY068

Nicotiana tabacum Linnaeus **烟草**

河北：赤城 牛玉璐，高彦飞 NiuYL630
湖南：吉首 陈功锡，张代贵，邓涛等 SCSB-HC-2007385
湖南：江华 肖乐希 SCSB-HN-0869
湖南：江永 刘克明，田淑珍，肖乐希等 SCSB-HN-0111
湖南：宜章 陈薇，田淑珍 SCSB-HN-0791

湖南：长沙 陈薇，田淑珍 SCSB-HN-0734
宁夏：贺兰 牛有栋，朱奋霞 ZuoZh200
云南：贡山 刀志灵 DZL314
云南：新平 白绍斌 XPALSC529
云南：元阳 田学军，杨建，邱成书等 Tianxj0058
云南：镇沅 罗成瑜 ALSZY229

Physaliastrum chamaesarachoides (Makino) Makino 广西地海椒
浙江：开化 李宏庆，熊申展，桂萍 Lihq0393

Physaliastrum echinatum (Yatabe) Makino 日本散血丹
辽宁：庄河 于立敏 CaoW919
山东：历城区 张少华，张诏，程丹丹等 Lilan664

Physaliastrum heterophyllum (Hemsley) Migo 江南散血丹 *
安徽：黄山区 唐鑫生，方建新 TangXS0507
浙江：临安 李宏庆，董全英，桂萍 Lihq0435

Physaliastrum sinense (Hemsley) D'Arcy & Z. Y. Zhang 地海椒 *
江西：黎川 童和平，王玉珍 TanCM1927

Physaliastrum yunnanense Kuang & A. M. Lu 云南散血丹 *
云南：永德 李永亮 LiYL1548

Physalis alkekengi Linnaeus 酸浆
重庆：南川区 易思荣 YISR088
黑龙江：五大连池 孙阎，赵立波 SunY020
湖南：武陵源区 吴福川，廖博儒，余祥洪等 42
吉林：南关区 韩忠明 Yanglm0066
江苏：句容 王兆银，吴宝成 SCSB-JS0281
江苏：句容 白明明，王兆银，张晓峰 HANGYY9099
江西：庐山区 董安淼，吴丛梅 TanCM3054
江西：修水 谭策铭，缪以清，李立新 TanCM381
山西：夏县 廉凯敏，张丽，赵璐璐 Zhangf0038
陕西：眉县 田先华，刘成，郭永杰 TianXH053
陕西：宁陕 吴礼慧，张峰 TianXH026
四川：康定 何兴金，高云东，刘海艳等 SCU-20080444
四川：南江 张挺，刘成，郭永杰 10CS2435
四川：汶川 袁明，高刚，杨勇 YM2014018
新疆：巩留 段士民，王喜勇，刘会良等 79
云南：富民 彭华，向春雷，许瑾等 P.H.5472
云南：华宁 彭华，陈丽 P.H.5382
云南：西山区 税玉民，陈文红 65398
云南：元阳 田学军，杨建，邱成书等 Tianxj0068

Physalis alkekengi var. **franchetii** (Masters) Makino 挂金灯
安徽：金寨 陈延松，欧祖兰，刘旭升 Xuzd252
贵州：南明区 邹方伦 ZouFL0091
贵州：威宁 邹方伦 ZouFL0286
河北：兴隆 牛玉璐，高彦飞，赵二涛 NiuYL422
河南：洛宁 田先华，张红艳 TianXHZS011
黑龙江：尚志 郑宝江，余快，丁岩岩 ZhengBJ107
黑龙江：尚志 刘玫，张欣欣，程薪宇等 Liuetal324
湖北：竹溪 甘啟良 GanQL128
湖北：竹溪 李盛兰 GanQL991
湖南：长沙 陈薇，田淑珍 SCSB-HN-0303
湖南：资兴 肖乐希，蔡秀珍 SCSB-HN-0287
山东：历城区 樊守金，郑国伟，邵娜等 Zhaozt0218
山东：长清区 王萍，高德民，张诏等 lilan274
四川：宝兴 袁明 Y07102
四川：峨眉山 李小杰 LiXJ491
四川：天全 汤加勇，赖建军 Y07079
云南：腾冲 周应再 Zhyz-422

Physalis angulata Linnaeus 苦职
安徽：舒城 陈延松，欧祖兰，高秋晨等 Xuzd396
安徽：屯溪区 方建新 TangXS0013
贵州：花溪区 邹方伦 ZouFL0276
江苏：句容 王兆银，吴宝成 SCSB-JS0151
江苏：南京 韦阳连 SCSB-JS0494
江苏：海州区 汤兴利 HANGYY8475
江西：黎川 童和平，王玉珍 TanCM2735
江西：庐山区 董安淼，吴从梅 TanCM1642
江西：修水 缪以清，余于民 TanCM2454
山东：崂山区 罗艳，李中华 LuoY399
山东：历城区 张少华，王萍，张诏等 Lilan164
云南：盈江 王立彦 SCSB-TBG-183

Physalis minima Linnaeus 小酸浆
安徽：屯溪区 方建新 TangXS0012
广西：钟山 黄俞淞，吴望辉，农冬新 Liuyan0261
贵州：正安 韩国营 HanGY016
湖北：竹溪 李盛兰 GanQL131
山东：长清区 李兰，王萍，张少华 Lilan-052
云南：麻栗坡 肖波 LuJL465
云南：镇沅 罗成瑜 ALSZY411

Physalis peruviana Linnaeus 灯笼果
云南：永德 李永亮 YDDXS0468
云南：云龙 字建泽，杨六斤，李国庆等 TC1056

Physalis philadelphica Lamarck 毛酸浆
贵州：台江 彭华，王英，陈丽 P.H.5105
湖南：永顺 陈功锡，张代贵 SCSB-HC-2008242
湖南：沅江 熊凯辉，刘克明 SCSB-HN-1889
湖南：沅江 熊凯辉，刘克明 SCSB-HN-1936
湖南：沅江 熊凯辉，刘克明 SCSB-HN-1941
湖南：沅江 熊凯辉，刘克明 SCSB-HN-1945
云南：腾冲 余新林，赵玮 BSGLGStc231

Physochlaina physaloides (Linnaeus) G. Don 泡囊草
新疆：伊吾 段士民，王喜勇，刘会良 Zhangdy163

Physochlaina praealta (Decaisne) Miers 西藏泡囊草
西藏：堆龙德庆 杨永平，王东超，杨大松等 YangYP-Q-5062
西藏：噶尔 毛康珊，任广朋，邹嘉宾 LiuJQ-QTP-2011-058
西藏：噶尔 陈家辉，庄会富，边巴扎西 YangYP-Q-2005
西藏：噶尔 陈家辉，庄会富，刘德团等 Yangyp-Q-0064
西藏：普兰 陈家辉，庄会富，刘德团等 Yangyp-Q-0011
西藏：普兰 李晖，文雪梅，次旺加布等 Lihui-Q-0001
西藏：日土 陈家辉，庄会富，刘德团等 Yangyp-Q-0083

Przewalskia tangutica Maximowicz 马尿泡 *
青海：达日 陈世龙，张得钧，高庆波等 Chensl0242
青海：达日 陈世龙，高庆波，张发起 Chensl1117
青海：格尔木 冯虎元 LiuJQ-08KLS-067
青海：玛多 陈世龙，高庆波，张发起等 Chensl1372
青海：玛多 陈世龙，高庆波，张发起等 Chensl1388
青海：玛多 陈世龙，张得钧，高庆波等 Chensl0078
青海：玛多 陈世龙，张得钧，高庆波等 Chensl0094
青海：玛沁 陈世龙，高庆波，张发起 Chensl1094
青海：玛沁 陈世龙，高庆波，张发起等 Chensl1275
青海：玛沁 陈世龙，张得钧，高庆波等 Chensl0129
青海：曲麻莱 汪书丽，朱洪涛 Liujq-QLS-TXM-068
青海：曲麻莱 陈世龙，高庆波，张发起等 Chensl1413
青海：兴海 陈世龙，高庆波，张发起 Chensl0513
西藏：工布江达 罗建，汪书丽，任德智 LiuJQ-09XZ-ML041
西藏：类乌齐 陈家辉，王赟，刘德团 YangYP-Q-3185

西藏：那曲 钟扬 ZhongY1003
西藏：南木林 李晖，文雪梅，次旺加布等 Lihui-Q-0111
西藏：聂荣 陈家辉，庄会富，边巴扎西 Yangyp-Q-2092

Solanum aculeatissimum Jacquin **喀西茄**

四川：泸定 田先华，于晓平 TianXHZS005
云南：沧源 李春华，肖美芳，李华明等 CYNGH162
云南：沧源 赵金超，李春华 CYNGH326
云南：河口 税玉民，陈文红 71718
云南：河口 税玉民，陈文红 71748
云南：金平 喻智勇 JinPing100
云南：金平 喻智勇，官兴永，张云飞等 JinPing53
云南：景东 罗忠华，刘长铭，鲁成荣 JD018
云南：隆阳区 赵玮，莫连贤，段在贤 BSGLGS1y032
云南：禄丰 刀志灵，陈渝 DZL492
云南：麻栗坡 肖波 LuJL171
云南：麻栗坡 税玉民，陈文红 72016
云南：麻栗坡 税玉民，陈文红 72131
云南：麻栗坡 税玉民，陈文红 81376
云南：马关 税玉民，陈文红 16168
云南：蒙自 税玉民，陈文红 72201
云南：屏边 钱良超，陆海兴，张照跃等 Pbdws089
云南：普洱 胡启和，仇亚，周英等 YNS0721
云南：普洱 张绍云，叶金科 YNS0014
云南：普洱 刀志灵 DZL-112
云南：石林 税玉民，陈文红 65902
云南：腾冲 周应再 Zhyz-015
云南：腾冲 周应再 Zhyz-490
云南：文山 税玉民，陈文红 71807
云南：文山 税玉民，陈文红 72142
云南：新平 李德才，张云德 XPALSC078
云南：元江 刀志灵，陈渝 DZL623
云南：元谋 刀志灵，陈渝 DZL525
云南：元阳 田学军，杨建，邱成书等 Tianxj0025
云南：云龙 刀志灵 DZL401
云南：镇沅 朱恒，罗成瑜 ALSZY205

Solanum americanum Miller **少花龙葵**

安徽：屯溪区 方建新 TangXS0618
重庆：南川区 易思荣 YISR104
广西：八步区 黄俞淞，吴望辉，农冬新 Liuyan0300
云南：贡山 郭永杰，吴之坤，吴兴等 14CS9899
云南：江城 叶金科 YNS0444
云南：昆明 税玉民，陈文红 65832
云南：新平 自成仲，刘家良 XPALSD040

Solanum capsicoides Allioni **牛茄子**

重庆：南川区 谭秋平 YISR289

Solanum deflexicarpum C. Y. Wu & S. C. Huang **苦刺 ***

云南：楚雄 孙振华，宋晓卿，文晖等 OuXK-CHX-002

Solanum dulcamara Linnaeus **欧白英**

安徽：黄山区 唐鑫生，方建新 TangXS0506
湖北：竹溪 甘啟良 GanQL109
湖南：怀化 李胜华，伍贤进，曾汉元等 HHXY303
四川：峨眉山 李小杰 LiXJ321

Solanum erianthum D. Don **假烟叶树**

四川：米易 刘静，袁明 MY-176
云南：景东 罗忠华，刘长铭，罗文寿等 JDNR016
云南：丽江 王文礼 OuXK-0016
云南：绿春 刀志灵，张洪喜 DZL611
云南：南涧 官有才，熊绍荣，张雄 NJWLS649
云南：南涧 李名生，苏世忠 NJWLS2008201
云南：普洱 叶金科 YNS0321
云南：新平 孙振华，郑志兴，沈蕊等 OuXK-XP-155
云南：新平 刘家良 XPALSD044
云南：新平 张云德，李俊友 XPALSC139
云南：永德 李永亮，马文军 YDDXSB180
云南：永德 李永亮 YDDXS0088
云南：元江 刀志灵，陈渝，张洪喜 DZL-201
云南：元江 孙振华，郑志兴，沈蕊等 OuXK-YJ-103
云南：云龙 李爱花，李洪超，黄天才等 SCSB-A-000203

Solanum japonense Nakai **野海茄**

安徽：绩溪 唐鑫生，方建新 TangXS0752
安徽：金寨 刘淼 SCSB-JSC39
安徽：舒城 陈延松，欧祖兰，高秋晨等 Xuzd371
河南：栾川 何明高，付婷婷，水庆艳 Huangzy0098
湖北：竹溪 李盛兰 GanQL1066
青海：互助 薛春迎 Xuechy0252
山东：历下区 王萍，高德民，张诏等 lilan354
四川：小金 高云东，李忠荣，鞠文彬 GaoXF-12-124
云南：洱源 何彪 OuXK-0034
云南：元阳 田学军，杨建，邱成书等 Tianxj0097

Solanum kitagawae Schönbeck Temesy **光白英**

新疆：巩留 亚吉东，张桥蓉，秦少发等 16CS13472

Solanum lyratum Thunberg **白英**

安徽：肥西 陈延松，徐忠东，朱合军 Xuzd004
安徽：金寨 陈延松，欧祖兰，姜九龙 Xuzd206
安徽：石台 陈延松，吴国伟，洪欣 Zhousb0054
安徽：舒城 陈延松，欧祖兰，高秋晨等 Xuzd454
安徽：歙县 方建新 TangXS0076
广西：临桂 吴望辉，黄俞淞，农冬新 Liuyan0393
广西：临桂 许为斌，黄俞淞，朱章明 Liuyan0436
广西：那坡 黄俞淞，莫水松，韩孟奇 Liuyan1006
贵州：开阳 邹方伦 ZouFL0182
贵州：黎平 刘克明 SCSB-HN-1079
贵州：南明区 侯小琪 YBG149
贵州：榕江 赵厚涛，韩国营 YBG013
贵州：铜仁 彭华，王英，陈丽 P.H.5203
河南：栾川 黄振英，于顺利，杨学军 Huangzy0012
河南：南召 黄振英，于顺利，杨学军 Huangzy0177
河南：嵩县 黄振英，于顺利，杨学军 Huangzy0107
湖北：利川 祝文志，刘志祥，曹远俊 ShenZH3481
湖北：神农架林区 李巨平 LiJuPing0240
湖北：五峰 李平 AHL097
湖北：五峰 陈功锡，张代贵 SCSB-HC-2008337
湖北：竹溪 李盛兰 GanQL1039
湖南：东安 姜孝成，唐贵华，潘孝武 SCSB-HNJ-0107
湖南：鹤城区 李胜华，伍贤进，曾汉元等 Wuxj848
湖南：衡山 旷仁平 SCSB-HN-1149
湖南：洪江 李胜华，伍贤进，刘光华等 Wuxj1062
湖南：怀化 李胜华，伍贤进，曾汉元等 HHXY307
湖南：怀化 李胜华，伍贤进，曾汉元等 HHXY380
湖南：会同 李胜华，伍贤进，曾汉元等 Wuxj987
湖南：澧县 田淑珍 SCSB-HN-1062
湖南：浏阳 朱晓文 SCSB-HN-1048
湖南：南岳区 刘克明，相银龙，周磊等 SCSB-HN-1411
湖南：宁乡 熊凯辉 SCSB-HN-1899
湖南：宁乡 熊凯辉，刘克明 SCSB-HN-2033
湖南：石门 姜孝成，唐妹，吕杰等 Jiangxc0493

湖南：望城 姜孝成，旷仁平 SCSB-HNJ-0368
湖南：湘潭 朱晓文，马仲辉 SCSB-HN-0376
湖南：湘乡 朱香清，田淑珍 SCSB-HN-1427
湖南：新化 姜孝成，唐贵华，田春娥 SCSB-HNJ-0182
湖南：新化 刘克明，彭珊，李珊等 SCSB-HN-1647
湖南：永定区 吴福川，查学州，余祥洪等 94
湖南：永顺 陈功锡，张代贵 SCSB-HC-2008261
湖南：永顺 陈功锡，张代贵 SCSB-HC-2008378
湖南：沅江 李辉良 SCSB-HN-1025
湖南：沅陵 周丰杰 SCSB-HN-1365
湖南：沅陵 李胜华，伍贤进，刘光华等 Wuxj871
湖南：长沙 陈薇，肖乐希 SCSB-HN-0420
湖南：长沙 蔡秀珍 SCSB-HN-0749
湖南：长沙 朱香清，田淑珍 SCSB-HN-1461
江苏：句容 王兆银，吴宝成 SCSB-JS0173
江苏：句容 吴林园，白明明，王兆银 HANGYY9112
江苏：南京 韦阳连 SCSB-JS0485
江西：黎川 童和平，王玉珍 TanCM1855
江西：庐山区 董安淼，吴从梅 TanCM906
山东：崂山区 罗艳，李中华 LuoY192
山东：历下区 张少华，王萍，张诏等 Lilan137
山东：历下区 王萍，高德民，张诏等 lilan350
山东：历下区 赵遵田，曹子谊，吕蕾等 Zhaozt0012
山东：泰山区 张璐璐，杜超，王慧燕等 Zhaozt0192
陕西：城固 田先华，王梅荣，吴明华 TianXH531
陕西：长安区 田先华，王梅荣，田陌 TianXH081
四川：白玉 李晓东，张景博，徐凌翔等 LiJ451
四川：乐至 邓兴敏，邓秀发，张昌兵 ZCB0484
四川：万源 张桥蓉，余华，王义 15CS11502
四川：雨城区 刘静 Y07323
云南：德钦 张大才，李双智，杨川 ZhangDC-07ZX-1972
云南：德钦 杨亲二，袁琼 Yangqe2526
云南：金平 喻智勇，官兴永，张云飞等 JinPing30
云南：隆阳区 段在贤，陈学良 BSGLGSly1201
云南：麻栗坡 亚吉东，李涟漪 15CS11596
云南：麻栗坡 肖波，陆章强 LuJL052
云南：维西 张挺，徐远杰，黄押稳等 SCSB-B-000167

Solanum mammosum Linnaeus 乳茄

云南：宁洱 刀志灵 DZL586

Solanum merrillianum Liou 光枝木龙葵 *

云南：文山 韦荣彪，何德明，丰艳飞 WSLJS661

Solanum nigrum Linnaeus 龙葵

安徽：绩溪 许玥，祝文志，刘志祥等 ShenZH8429
安徽：宁国 刘淼 SCSB-JSD2
安徽：舒城 陈延松，欧祖兰，高秋晨等 Xuzd398
安徽：蜀山区 陈延松，徐忠东，耿明 Xuzd007
安徽：屯溪区 方建新 TangXS0140
安徽：芜湖 陈延松，吴国伟，洪欣 Zhousb0018
福建：惠安 刘克明，旷仁平，丛义艳 SCSB-HN-0721
广西：八步区 莫水松 Liuyan1069
广西：贺州 姜孝成，王丽萍，鲁长青 Jiangxc0707
贵州：南明区 邹方伦 ZouFL0057
河北：涉县 牛玉璐，王晓亮 NiuYL551
黑龙江：北安 郑宝江，潘磊 ZhengBJ052
湖北：神农架林区 李巨平 LiJuPing0029
湖北：五峰 李平 AHL045
湖北：五峰 陈功锡，张代贵 SCSB-HC-2008326
湖北：竹溪 李盛兰 GanQL973
湖南：鹤城区 李胜华，伍贤进，曾汉元等 HHXY083
湖南：怀化 伍贤进，李胜华，曾汉元等 HHXY123
湖南：江永 姜孝成，唐贵华，潘孝武 SCSB-HNJ-0086
湖南：开福区 姜孝成，唐妹，陈显胜等 Jiangxc0425
湖南：宁乡 姜孝成，唐妹，成海兰等 Jiangxc0514
湖南：宁乡 熊凯辉，刘克明 SCSB-HN-1957
湖南：望城 姜孝成，旷仁平 SCSB-HNJ-0366
湖南：望城 熊凯辉，刘克明 SCSB-HN-2141
湖南：湘乡 陈薇，朱香清，马仲辉 SCSB-HN-0483
湖南：宜章 刘克明，王成，刘欣欣 SCSB-HN-0784
湖南：永定区 吴福川 7027
湖南：永顺 陈功锡，张代贵 SCSB-HC-2008032
湖南：岳麓区 刘克明，陈薇，丛义艳 SCSB-HN-0020
吉林：大安 杨帆，马红媛，安丰华 SNA0087
吉林：南关区 韩忠明 Yanglm0059
吉林：长岭 张宝田 Yanglm0337
江苏：赣榆 吴宝成 HANGYY8291
江苏：句容 王兆银，吴宝成 SCSB-JS0135
江苏：南京 韦阳连 SCSB-JS0486
江苏：射阳 吴宝成 HANGYY8281
江苏：吴中区 吴宝成 HANGYY8192
江苏：宜兴 吴宝成 HANGYY8211
江西：黎川 童和平，王玉珍 TanCM1824
江西：修水 缪以清，陈三友 TanCM2187
辽宁：桓仁 祝业平 CaoW968
辽宁：庄河 于立敏 CaoW942
宁夏：盐池 左忠，刘华 ZuoZh079
山东：莱山区 陈朋 BianFH-408
山东：岚山区 吴宝成 HANGYY8603
山东：历城区 李兰，王萍，张少华等 Lilan-006
山东：历城区 赵遵田，杜远达，杜超等 Zhaozt0031
山西：朔州 张贵平 Zhangf0059
四川：乐至 邓兴敏，邓秀发，张昌兵 ZCB0485
四川：理县 何兴金，李琴琴，赵丽华等 SCU-09-517
四川：米易 刘静，袁明 MY-116
四川：射洪 袁明 YUANM2015L011
四川：汶川 何兴金，李琴琴，赵丽华等 SCU-09-510
新疆：阿克苏 塔里木大学植物资源调查组 TD-00898
新疆：拜城 张玲 TD-01985
新疆：博乐 徐文斌，黄雪姣 SHI-2008315
新疆：博乐 徐文斌，杨清理 SHI-2008381
新疆：阜康 王喜勇，马文宝，施翔 zdy344
新疆：巩留 徐文斌，刘丽霞 SHI-A2007283
新疆：麦盖提 郭永杰，黄文娟，段黄金 LiZJ0157
新疆：莎车 黄文娟，段黄金，王英鑫等 LiZJ0835
新疆：石河子 陶冶，雷凤品 SHI2006249
新疆：石河子 石大标 SHI2006395
新疆：石河子 白宝伟，段黄金 TD-02067
新疆：托里 谭敦炎，吉乃提 TanDY0730
新疆：托里 郭静谊，高木木 SHI2006360
新疆：乌什 塔里木大学植物资源调查组 TD-00492
新疆：乌什 白宝伟，段黄金 TD-01840
新疆：新和 白宝伟，段黄金 TD-02044
新疆：新源 段士民，王喜勇，刘会良 Zhangdy396
新疆：叶城 黄文娟，段黄金，王英鑫等 LiZJ0855
新疆：叶城 黄文娟，段黄金，王英鑫等 LiZJ0901
新疆：叶城 郭永杰，黄文娟，段黄金 LiZJ0180
新疆：伊犁 段士民，王喜勇，刘会良 Zhangdy434

新疆：英吉沙 黄文娟，段黄金，王英鑫等 LiZJ0813
云南：大理 张德全，杨思秦，陈金虎等 ZDQ168
云南：河口 税玉民，陈文红 82716
云南：金平 喻智勇 JinPing64
云南：景东 杨国平 07-31
云南：景东 罗忠华，刘长铭，鲁成荣 JD030
云南：昆明 伊廷双 MJ-945
云南：隆阳区 段在贤，刘占李，刀开国 BSGLGSly1011
云南：隆阳区 段在贤，尹布贵，刀开国 BSGLGSly1215
云南：禄劝 闫海忠，孙振华，王文礼等 Ouxk-LQ-0003
云南：麻栗坡 肖波 LuJL172
云南：南涧 阿国仁，何贵才 NJWLS2008226
云南：南涧 徐家武，李世东，袁玉明 NJWLS595
云南：普洱 胡启和，仇亚，周英等 YNS0715
云南：普洱 叶金科 YNS0166
云南：腾冲 周应再 Zhyz-140
云南：文山 税玉民，陈文红 71855
云南：新平 李应富，郎定富，谢天华 XPALSA085
云南：永德 李永亮 YDDXS0251
云南：永胜 孙振华，王文礼，宋晓卿等 OuxK-YS-0004
云南：元阳 田学军，杨建，邱成书等 Tianxj0081
云南：云龙 赵玉贵，李占兵，张吉平等 TC2021
云南：镇沅 朱恒，何忠云 ALSZY033
浙江：临安 吴林园，彭斌，顾子霞 HANGYY9014
浙江：余杭区 葛斌杰 Lihq0143

Solanum pittosporifolium Hemsley 海桐叶白英

安徽：石台 洪欣，王欧文 ZSB349
重庆：南川区 易思荣 YISR052
广西：八步区 黄俞淞，吴望辉，农冬新 Liuyan0297
广西：环江 莫水松，刘静，胡仁传 Liuyan1039
广西：龙胜 黄俞淞，梁永延，叶晓霞 Liuyan0038
湖北：保康 甘啟良 GanQL119
湖南：安化 刘克明，彭珊，李珊等 SCSB-HN-1691
湖南：双牌 姜孝成，王丽萍，李育华 Jiangxc0771
江西：庐山区 董安淼，吴从梅 TanCM928
江西：湾里区 杜小浪，慕泽泾，曹岚 DXL057
江西：武宁 张吉华，刘运群 TanCM1111
云南：澜沧 张绍云，叶金科，仇亚 YNS1366
云南：绿春 黄连山保护区科研所 HLS0054
云南：腾冲 周应再 Zhyz-351
浙江：开化 李宏庆，熊申展，桂萍 Lihq0424

Solanum pseudocapsicum Linnaeus 珊瑚樱

安徽：肥西 陈延松，陈翠兵，沈云 Xuzd051
湖南：鹤城区 李胜华，伍贤进，曾汉元等 HHXY159
湖南：鹤城区 李胜华，伍贤进，曾汉元等 HHXY161
湖南：开福区 姜孝成，唐妹，陈显胜等 Jiangxc0424
湖南：湘潭 朱晓文，马仲辉 SCSB-HN-0374
湖南：湘乡 陈薇，朱香清，马仲辉 SCSB-HN-0464
湖南：湘乡 朱香清，田淑珍 SCSB-HN-1428
湖南：永顺 陈功锡，张代贵 SCSB-HC-2008224
湖南：沅陵 刘克明，周磊，彭新星等 SCSB-HN-1368
湖南：岳麓区 陈薇，朱晓文，肖乐希 SCSB-HN-0666
江苏：句容 吴宝成，王兆银 HANGYY8617
四川：峨眉山 李小杰 LiXJ060
四川：乐至 邓兴敏，邓秀发，张昌兵 ZCB0497
云南：沧源 赵金超，刀剑 CYNGH074
云南：景东 杨国平 07-82
云南：麻栗坡 肖波 LuJL225
云南：腾冲 余新林，赵玮 BSGLGStc024
云南：云龙 字建泽，杨六斤，李国庆等 TC1043
云南：镇沅 叶金科 YNS0194

Solanum pseudocapsicum var. diflorum (Vellozo) Bitter 珊瑚豆 *

重庆：南川区 易思荣 YISR053
贵州：威宁 邹方伦 ZouFL0310
湖南：望城 姜孝成，杨强，刘昌 Jiangxc0748
四川：天全 汤加勇，陈刚 Y07158
云南：南涧 阿国仁 NJWLS783
云南：南涧 时国彩 NJWLS2008072
云南：盘龙区 伊廷双，孟静，杨杨 MJ-918
云南：腾冲 周应再 Zhyz-109
云南：西盟 张绍云，叶金科，仇亚 YNS1294
云南：新平 王家和，谢雄 XPALSC026
云南：新平 何罡安 XPALSB032
云南：永德 李永亮 YDDXS0387

Solanum septemlobum Bunge 青杞

河北：邢台 牛玉璐，高彦飞，赵二涛 NiuYL326
内蒙古：赛罕区 蒲拴莲，刘润宽，刘毅等 M162
内蒙古：玉泉区 刘玫，王臣，张欣欣等 Liuetal680
内蒙古：卓资 蒲拴莲，刘润宽，刘毅等 M258

Solanum spirale Roxburgh 旋花茄

四川：稻城 何兴金，王长宝，刘爽等 SCU-09-043
云南：沧源 李春华 CYNGH329
云南：金平 喻智勇 JinPing61
云南：隆阳区 段在贤，密得生，刀开国等 BSGLGSly1051
云南：绿春 李天华，杨玉开 HLS0319
云南：麻栗坡 肖波 LuJL258
云南：宁洱 胡启和，仇亚，周兵 YNS0786
云南：新平 白绍斌 XPALSC250
云南：新平 刘家良 XPALSD262
云南：永德 李永亮 YDDXSA095
云南：永德 李永亮 YDDXS0712
云南：永德 李永亮 YDDXS0855
云南：镇沅 朱恒，罗成瑜 ALSZY209
云南：镇沅 罗成瑜 ALSZY324

Solanum torvum Swartz 水茄

云南：景东 罗忠华，刘长铭，鲁成荣 JD008
云南：景东 罗忠华，刘长铭，鲁成荣等 JD026
云南：龙陵 孙兴旭 SunXX157
云南：隆阳区 段在贤，杨采龙，刘占李 BSGLGSly1031
云南：绿春 黄连山保护区科研所 HLS0282
云南：马关 刀志灵，张洪喜 DZL604
云南：勐腊 赵相兴 A090
云南：孟连 彭华，向春雷，陈丽 P.H.5821
云南：弥勒 刘恩德，方伟，杜燕等 SCSB-B-000047
云南：南涧 熊绍荣，李旭生，邹国娟等 NJWLS2008113
云南：屏边 钱良超，陆海兴，张照跃等 Pbdws090
云南：普洱 叶金科 YNS0245
云南：普洱 张绍云，叶金科 YNS0051
云南：腾冲 周应再 Zhyz-110
云南：新平 谢雄 XPALSC051
云南：新平 谢雄 XPALSC054
云南：永德 李永亮 YDDXS0078
云南：元谋 闫海忠，孙振华，王文礼等 Ouxk-YM-0021
云南：镇沅 罗成瑜 ALSZY111
云南：镇沅 罗成瑜 ALSZY234

Solanum tuberosum Linnaeus 阳芋
云南：新平 何罡安 XPALSB187
Solanum undatum Lamarck 野茄
广西：贺州 姜孝成，王丽萍，鲁长青 Jiangxc0712
贵州：凯里 陈功锡，张代贵 SCSB-HC-2008059
湖北：五峰 陈功锡，张代贵 SCSB-HC-2008400
湖南：永顺 陈功锡，张代贵 SCSB-HC-2008211
云南：贡山 许炳强，吴兴，李婧等 XiaNh-07zx-152
云南：景东 杨国平 07-88
云南：澜沧 胡启和，仇亚，周英等 YNS0694
云南：绿春 何疆海，何来收，白然思等 HLS0349
云南：新平 谢天华，李应富，郎定富 XPALSA011
云南：永德 李永亮 LiYL1481
Solanum villosum Miller 红果龙葵
甘肃：夏河 刘坤 LiuJQ-GN-2011-612
新疆：阿克陶 塔里木大学植物资源调查组 TD-00753
新疆：阿图什 塔里木大学植物资源调查组 TD-00655
新疆：拜城 塔里木大学植物资源调查组 TD-00942
新疆：巩留 阎平，董雪洁 SHI-A2007284
新疆：沙雅 塔里木大学植物资源调查组 TD-00980
新疆：莎车 黄文娟，段黄金，王英鑫等 LiZJ0836
新疆：石河子 陶冶，雷凤品 SHI2006248
新疆：疏勒 黄文娟，段黄金，王英鑫等 LiZJ0391
新疆：乌什 塔里木大学植物资源调查组 TD-00494
新疆：乌什 白宝伟，段黄金 TD-01841
新疆：叶城 黄文娟，段黄金，王英鑫等 LiZJ0902
新疆：英吉沙 黄文娟，段黄金，王英鑫等 LiZJ0816
云南：新平 谢雄 XPALSC097
Solanum violaceum Ortega 刺天茄
四川：射洪 袁明 YUANM2015L038
Solanum virginianum Linnaeus 毛果茄
广西：柳州 刘克明，旷仁平，盛波 SCSB-HN-1915
贵州：荔波 旷仁平，盛波 SCSB-HN-1835
贵州：荔波 刘克明，盛波，王得刚 SCSB-HN-1844
贵州：荔波 刘克明，盛波，王得刚 SCSB-HN-1851
贵州：荔波 刘克明，盛波，王得刚 SCSB-HN-1891
贵州：荔波 刘克明，王得刚 SCSB-HN-1878
贵州：荔波 刘克明，王得刚 SCSB-HN-1881
贵州：荔波 刘克明，王得刚 SCSB-HN-1896
贵州：荔波 旷仁平，盛波 SCSB-HN-1927
贵州：南明区 邹方伦 ZouFL0035
湖北：咸丰 丛义艳，陈丰林 SCSB-HN-1159
湖北：竹溪 李盛兰 GanQL202
湖南：鹤城区 伍贤进，李胜华，刘光华 Wuxj807
湖南：江永 姜孝成，唐贵华，潘孝武 SCSB-HNJ-0064
湖南：江永 刘克明，田淑珍，肖乐希等 SCSB-HN-0080
湖南：宁乡 姜孝成，唐妹，成海兰等 Jiangxc0523
湖南：新化 姜孝成，唐贵华，田春娥 SCSB-HNJ-0185
江西：星子 董安淼，吴从梅 TanCM1431
四川：康定 何兴金，郜鹏，彭禄等 SCU-11-302
四川：米易 刘静，袁明 MY-195
云南：马关 税玉民，陈文红 16143
Solanum wrightii Bentham 大花茄
云南：勐腊 谭运洪 A392
Tubocapsicum anomalum (Franchet & Savatier) Makino 龙珠
安徽：黄山区 方建新 TangXS0970
安徽：石台 陈延松，吴国伟，洪欣 Zhousb0082
广西：金秀 许为斌，黄俞淞，叶晓霞等 Liuyan0143
贵州：黎平 刘克明，王成，张恒 SCSB-HN-1078
贵州：台江 邹方伦 ZouFL0269
湖北：利川 甘啟良 GanQL155
湖北：五峰 陈功锡，张代贵 SCSB-HC-2008353
湖北：仙桃 张代贵 Zdg3500
湖南：宜章 田淑珍 SCSB-HN-0795
江西：黎川 童和平，王玉珍 TanCM1843
江西：龙南 梁跃龙，徐宝田 LiangYL071
江西：湾里区 杜小浪，慕泽泾，曹岚 DXL038
江西：武宁 张吉华，刘运群 TanCM591
西藏：墨脱 刘成，亚吉东，何华杰等 16CS11913
云南：贡山 刘成，何华杰，黄莉等 14CS8534
云南：马关 税玉民，陈文红 82538
云南：南涧 官有才，熊绍荣，张雄等 NJWLS670
云南：普洱 胡启和，仇亚，张绍云 YNS0663
浙江：鄞州区 李宏庆，葛斌杰，刘国丽 Lihq0105

Stachyuraceae 旌节花科

旌节花科	世界	中国	种质库
属 / 种（种下等级）/ 份数	1/ ～8	1/ ～7	1/7/59

Stachyurus chinensis Franchet 中国旌节花 *
安徽：绩溪 唐鑫生，宋曰钦，方建新等 TangXS0601
贵州：独山 赵厚涛，韩国营 YBG074
贵州：黄平 邹方伦 ZouFL0241
贵州：江口 彭华，王英，陈丽 P.H.5149
贵州：江口 周云，王勇 XiangZ067
贵州：黎平 刘克明，王成，张恒 SCSB-HN-1095
湖北：来凤 丛义艳 SCSB-HN-1156
湖北：神农架林区 李巨平 LiJuPing0262
湖北：五峰 陈功锡，张代贵 SCSB-HC-2008108
湖北：宣恩 沈泽昊 HXE093
湖北：竹溪 李盛兰 GanQL952
湖南：东安 姜孝成，唐贵华，潘孝武 SCSB-HNJ-0106
湖南：鹤城区 李胜华，伍贤进，刘光华等 Wuxj828
湖南：会同 李胜华，伍贤进，曾汉元等 Wuxj981
湖南：会同 刘克明，王成，张恒 SCSB-HN-1130
湖南：吉首 陈功锡，张代贵，邓涛等 SCSB-HC-2007413
湖南：江华 肖乐希 SCSB-HN-1199
湖南：桑植 田连成 SCSB-HN-1215
湖南：石门 姜孝成，唐妹，吕杰等 Jiangxc0440
湖南：石门 姜孝成，唐妹，吕杰等 Jiangxc0464
湖南：新化 黄先辉，杨亚平，卜剑超 SCSB-HNJ-0346
湖南：新宁 姜孝成，唐贵华，袁双艳等 SCSB-HNJ-0241
湖南：炎陵 孙秋妍，陈珮珮 SCSB-HN-1533
湖南：宜章 田淑珍 SCSB-HN-0808
湖南：沅陵 刘克明，周磊，彭新星等 SCSB-HN-1338
湖南：沅陵 刘克明，周磊，彭新星等 SCSB-HN-1340
湖南：沅陵 李胜华，伍贤进，刘光华等 Wuxj874
江西：庐山区 谭策铭，董安淼 TCM09057
江西：修水 李立新，缪以清 TanCM1246
四川：宝兴 袁明 Y07095
四川：峨眉山 李小杰 LiXJ057
四川：荥经 袁明 Y07047
云南：麻栗坡 税玉民，陈文红 82482
云南：巧家 李文虎，吴天抗，高顺勇等 QJYS0135

云南：文山 何德明，潘海仙 WSLJS520
云南：永善 张挺，王培，肖良俊 SCSB-B-000534
浙江：开化 李宏庆，熊申展，桂萍 Lihq0425
浙江：临安 吴林园，彭斌，顾子霞 HANGYY9011

Stachyurus cordatulus Merrill **滇缅旌节花**
云南：贡山 张挺，杨湘云，李涟漪等 14CS9639

Stachyurus himalaicus J. D. Hooker & Thomson ex Bentham **西域旌节花**
湖南：洞口 肖乐希，尹成园，唐光波等 SCSB-HN-1564
湖南：江华 肖乐希 SCSB-HN-1619
湖南：永顺 陈功锡，张代贵 SCSB-HC-2008050
湖南：永顺 陈功锡，张代贵 SCSB-HC-2008248
四川：泸定 聂泽龙，孟盈，邓涛 SunH-07ZX-2355
云南：贡山 刀志灵，陈哲 DZL-047
云南：麻栗坡 肖波 LuJL193
云南：南涧 熊绍荣，阿国仁，时国彩等 njwls2007127
云南：宁蒗 任宗昕，寸龙琼，任尚国 SCSB-W-1392
云南：巧家 杨光明 SCSB-W-1184
云南：石林 张挺，张书东，杨茜等 SCSB-A-000030
云南：文山 何德明 WSLJS996
云南：云龙 李爱花，李洪超，黄天才等 SCSB-A-000226

Stachyurus obovatus (Rehder) Handel-Mazzetti **倒卵叶旌节花** *
四川：峨眉山 李小杰 LiXJ717

Stachyurus retusus Y. C. Yang **凹叶旌节花** *
四川：峨眉山 李小杰 LiXJ085

Stachyurus salicifolius Franchet **柳叶旌节花** *
四川：峨眉山 李小杰 LiXJ078

Stachyurus yunnanensis Franchet **云南旌节花**
湖南：石门 姜孝成，唐妹，吕杰等 Jiangxc0466
四川：峨眉山 李小杰 LiXJ690
云南：马关 张挺，郭永杰，张云川 08CS561
云南：玉龙 张大才，李双智，杨川 ZhangDC-07ZX-2045

Staphyleaceae 省沽油科

省沽油科	世界	中国	种质库
属 / 种（种下等级）/ 份数	3/40-60	3/20	3/10/81

Euscaphis japonica (Thunberg) Kanitz **野鸦椿**
安徽：舒城 陈延松，欧祖兰，高秋晨等 Xuzd297
安徽：休宁 洪欣，李中林 ZSB298
安徽：休宁 唐鑫生，方建新 TangXS0299
安徽：休宁 方建新，张慧冲，程周旺等 TangXS0158
重庆：涪陵区 许玥，祝文志，刘志祥等 ShenZH6527
广西：临桂 许为斌，黄俞淞，朱章明 Liuyan0434
广西：龙胜 黄俞淞，朱章明，农冬新 Liuyan0248
广西：钟山 黄俞淞，吴望辉，农冬新 Liuyan0267
贵州：平坝 邹方伦 ZouFL0219
湖北：黄梅 刘淼 SCSB-JSA28
湖北：五峰 李平 AHL009
湖北：竹溪 李盛兰 GanQL992
湖南：慈利 吴福川，查学州，余祥洪等 71
湖南：东安 刘克明，蔡秀珍，肖乐希等 SCSB-HN-0163
湖南：鹤城区 曾汉元，伍贤进，李胜华等 HHXY112
湖南：衡山 刘克明，陈薇，田淑珍 SCSB-HN-0232
湖南：吉首 陈功锡，张代贵，邓涛等 SCSB-HC-2007334
湖南：南岳区 刘克明，相银龙，周磊等 SCSB-HN-1389
湖南：宁乡 熊凯辉，刘克明 SCSB-HN-1995
湖南：平江 刘克明，蔡秀珍，陈丰林 SCSB-HN-0899
湖南：石门 姜孝成，唐妹，卜剑超等 Jiangxc0438
湖南：石门 姜孝成，唐妹，卜剑超等 Jiangxc0470
湖南：石门 姜孝成，唐妹，吕杰等 Jiangxc0479
湖南：望城 肖乐希，陈薇 SCSB-HN-0348
湖南：望城 姜孝成，杨强，刘昌 Jiangxc0739
湖南：新化 刘克明，彭珊，李珊等 SCSB-HN-1654
湖南：新宁 姜孝成，唐贵华，袁双艳等 SCSB-HNJ-0208
湖南：永顺 陈功锡，张代贵 SCSB-HC-2008190
湖南：岳麓区 刘克明，肖乐希 SCSB-HN-0330
湖南：岳麓区 姜孝成，唐贵华，旷仁平等 SCSB-HNJ-0127
湖南：资兴 肖乐希，蔡秀珍 SCSB-HN-0275
江西：井冈山 兰国华 LiuRL003
江西：九江 谭策铭，易桂花 TCM09192
江西：黎川 童和平，王玉珍 TanCM1806
江西：龙南 廖海红，徐清娣，赖曰旺 LiangYL034
江西：湾里区 杜小浪，慕泽泾，曹岚 DXL008
江西：修水 缪以清 TanCM1727
陕西：紫阳 田先华，王孝安 TianXH999
四川：理县 何兴金，李琴琴，赵丽华等 SCU-09-514
四川：眉山 Weiyg08212
四川：汶川 袁明，高刚，杨勇 YM2014011
云南：大关 张挺，王培，肖良俊 SCSB-B-000512
浙江：临安 李宏庆，田怀珍，刘国丽 Lihq0064
浙江：鄞州区 李宏庆，葛斌杰 Lihq0030

Staphylea bumalda Candolle **省沽油**
安徽：歙县 宋曰钦，方建新，张恒 TangXS0540
北京：东城区 王雷，朱雅娟，黄振英 Beijing-huang-bws-0032
北京：东城区 王雷，朱雅娟，黄振英 Beijing-huang-dls-0052
河北：涞水 牛玉璐，高彦飞 NiuYL603
湖北：仙桃 张代贵 Zdg2989
江西：庐山区 谭策铭，董安淼 TanCM488
辽宁：盖州 郑宝江，丁晓炎，焦宏斌等 ZhengBJ370
山西：永济 焦磊，张海博，廉凯敏 Zhangf0187

Staphylea holocarpa Hemsley **膀胱果** *
湖北：仙桃 张代贵 Zdg2655
湖北：竹溪 李盛兰 GanQL229
湖南：永定区 吴福川，廖博儒 7107
江西：庐山区 董安淼，吴从梅 TanCM1603
陕西：眉县 张九东，杜喜春 TianXH142
陕西：宁陕 田先华，张峰，田陌 TianXH022
四川：峨眉山 李小杰 LiXJ761

Turpinia affinis Merrill & L. M. Perry **硬毛山香圆** *
广西：金秀 许玥，祝文志，刘志祥等 ShenZH8110
云南：新平 刘蜀南 XPALSB502

Turpinia arguta (Lindley) Seemann **锐尖山香圆** *
贵州：江口 周云，王勇 XiangZ026
江西：武宁 张吉华，刘运群 TanCM1188
江西：修水 缪以清，李立新 TanCM1250
江西：永新 杜小浪，慕泽泾，曹岚 DXL039

Turpinia cochinchinensis (Loureiro) Merrill **越南山香圆**
云南：贡山 朱枫，张仲富，成梅 Wangsh-07ZX-037
云南：腾冲 周应再 Zhyz543

Turpinia macrosperma C. C. Huang **大籽山香圆** *
云南：福贡 李恒，李嵘，刀志灵 1133
云南：贡山 刀志灵 DZL329

Turpinia montana (Blume) Kurz 山香圆
云南：沧源 赵金超，杨红强 CYNGH410
云南：贡山 刀志灵 DZL378
云南：贡山 刘成，何华杰，黄莉等 14CS8541
云南：龙陵 孙兴旭 SunXX077
云南：隆阳区 段在贤，杨安友，茶有锋等 BSGLGSly1248
云南：麻栗坡 肖波 LuJL132
云南：南涧 阿国仁，熊绍荣，邹国娟等 NJWLS2008020
云南：腾冲 余新林，赵玮 BSGLGStc394
Turpinia pomifera (Roxburgh) Candolle 大果山香圆
湖南：桑植 陈功锡，廖博儒，查学州等 201
云南：元阳 亚吉东，黄莉，何华杰 15CS11253
云南：元阳 亚吉东，黄莉，何华杰 15CS11285
Turpinia robusta Craib 粗壮山香圆
云南：景洪 彭志仙 YNS0256

Stylidiaceae 花柱草科

花柱草科	世界	中国	种质库
属 / 种（种下等级）/ 份数	6/245	1/2	1/1/1

Stylidium uliginosum Swartz ex Willdenow 花柱草
广西：防城区 刘成，郭永杰，苏勇等 14CS8489

Styracaceae 安息香科

安息香科	世界	中国	种质库
属 / 种（种下等级）/ 份数	11/～160	11/～55	8/30(31)/139

Alniphyllum eberhardtii Guillaumin 滇赤杨叶
云南：河口 张贵良，张贵生，陶英美等 ZhangGL078
云南：屏边 税玉民，陈文红 16028
Alniphyllum fortunei (Hemsley) Makino 赤杨叶
安徽：黄山区 方建新 TangXS0319
安徽：石台 洪欣，王欧文 ZSB373
安徽：石台 陈延松，吴国伟，洪欣 Zhousb0057
广西：金秀 彭华，向春雷，陈丽 PengH8160
广西：上思 许为斌，黄俞淞，梁永延等 Liuyan0222
湖北：利川 许玥，祝文志，刘志祥等 ShenZHzz136
湖北：宣恩 沈泽昊 HXE155
湖南：洞口 肖乐希，唐光波，尹成园等 SCSB-HN-1556
湖南：江华 肖乐希 SCSB-HN-1192
湖南：江华 肖乐希 SCSB-HN-1614
湖南：江华 肖乐希，王成 SCSB-HN-0818
湖南：浏阳 姜孝成，陈晓莲，周亮 Jiangxc0885
湖南：麻阳 彭华，王英，陈丽 P.H.5249
湖南：平江 刘克明，旷强，刘洪新 SCSB-HN-0952
湖南：平江 刘克明，旷强，刘洪新 SCSB-HN-0960
湖南：石门 陈功锡，张代贵 SCSB-HC-2008030
湖南：双牌 姜孝成，王丽萍，李育华 Jiangxc0865
湖南：炎陵 刘应迪，孙秋妍，陈珮珮 SCSB-HN-1544
湖南：宜章 田淑珍 SCSB-HN-0782A
湖南：宜章 田淑珍 SCSB-HN-0801
江西：庐山区 谭策铭，董安淼 TCM09012
江西：修水 谭策铭，缪以清 TCM09149
云南：河口 张贵良，杨鑫峰，陶美英等 ZhangGL100
云南：景东 罗忠华，刘长铭，鲁成荣等 JD071
云南：绿春 黄连山保护区科研所 HLS0036
云南：南涧 彭华，向春雷，陈丽 P.H.5941
云南：文山 税玉民，陈文红 16350
云南：文山 韦荣彪，何德明 WSLJS642
云南：新平 刘家良 XPALSD324
云南：新平 张学林 XPALSD172
云南：镇沅 张绍云，胡启和，仇亚等 YNS1177
云南：镇沅 朱恒，罗成瑜 ALSZY201
云南：镇沅 何忠云 ALSZY353
浙江：临安 吴林园，彭斌，顾子霞 HANGYY9050
Halesia macgregorii Chun 银钟花 *
湖南：东安 姜孝成，唐贵华，潘孝武 SCSB-HNJ-0119
湖南：东安 刘克明，田淑珍，肖乐希 SCSB-HN-0182
湖南：雨花区 刘克明，陈薇 SCSB-HN-0322
Huodendron biaristatum (W. W. Smith) Rehder 双齿山茉莉
云南：金平 税玉民，陈文红 80624
云南：屏边 蔡杰，苏勇，李昌洪 14CS9690
Melliodendron xylocarpum Handel-Mazzetti 陀螺果 *
广西：金秀 许玥，祝文志，刘志祥等 ShenZH8078
江西：永新 杜小浪，慕泽泾，曹岚 DXL105
Pterostyrax corymbosus Siebold & Zuccarini 小叶白辛树
安徽：石台 洪欣，王欧文 ZSB374
湖南：衡山 刘克明，旷仁平 SCSB-HN-0254
湖南：新化 黄先辉，杨亚平，卜剑超 SCSB-HNJ-0324
湖南：新化 刘克明，彭珊，李珊等 SCSB-HN-1689
湖南：炎陵 蔡秀珍，孙秋妍 SCSB-HN-1282
湖南：炎陵 刘应迪，孙秋妍，陈珮珮 SCSB-HN-1524
湖南：雨花区 蔡秀珍，陈薇 SCSB-HN-0332
湖南：沅陵 周丰杰，刘克明 SCSB-HN-1335
江西：庐山区 董安淼，吴从梅 TanCM1054
Pterostyrax psilophyllus Diels ex Perkins 白辛树 *
江西：武宁 张吉华，刘运群 TanCM1134
Rehderodendron indochinense H. L. Li 越南木瓜红
云南：河口 张贵良，杨鑫峰，张贵生等 ZhangGL040
云南：元阳 亚吉东，黄莉，何华杰 15CS11402
Rehderodendron kweichowense Hu 贵州木瓜红
云南：河口 张贵良，杨鑫峰，陶美英等 ZhangGL094
云南：绿春 黄连山保护区科研所 HLS0062
Rehderodendron macrocarpum Hu 木瓜红
贵州：江口 周云 XiangZ111
四川：峨眉山 李小杰 LiXJ158
Sinojackia dolichocarpa C. J. Qi 长果秤锤树 *
湖南：桑植 陈功锡，廖博儒 240A
Sinojackia xylocarpa Hu 秤锤树 *
安徽：舒城 陈延松，欧祖兰，高秋晨等 Xuzd290
湖南：沅陵 李胜华，伍贤进，刘光华等 Wuxj886
江苏：句容 王兆银，吴宝成 SCSB-JS0416
Styrax argentifolius H. L. Li 银叶安息香
广西：临桂 许玥，祝文志，刘志祥等 ShenZH8115
云南：屏边 钱良超，陆海兴，张照跃等 Pbdws104
Styrax benzoides Craib 滇南安息香
云南：景东 罗忠华，谢有能，刘长铭等 JDNR061
云南：景东 罗忠华，刘长铭，鲁成荣等 JD076
Styrax calvescens Perkins 灰叶安息香 *
安徽：屯溪区 方建新 TangXS0906
江西：修水 缪以清，余于明 TanCM640
Styrax confusus Hemsley 赛山梅 *
安徽：屯溪区 方建新 TangXS0886

安徽：屯溪区 方建新 TangXS0897
江苏：句容 王兆银，吴宝成 SCSB-JS0179
江西：星子 谭策铭，董安淼 TCM09062

Styrax dasyanthus Perkins 垂珠花 *
安徽：潜山 唐鑫生，宋曰钦，方建新 TangXS0892
广西：贺州 姜孝成，王丽萍，鲁长青 Jiangxc0688
广西：贺州 姜孝成，王丽萍，鲁长青 Jiangxc0690
广西：贺州 姜孝成，王丽萍，鲁长青 Jiangxc0691
江西：庐山区 谭策铭，董安淼 TCM09002
江西：湾里区 杜小浪，慕泽泾，曹岚 DXL006

Styrax faberi Perkins 白花龙 *
安徽：舒城 陈延松，欧祖兰，高秋晨等 Xuzd354
湖南：双峰 姜孝成，唐妹，陈峰林等 Jiangxc0624
江西：黎川 童和平，邓若生 TanCM1821
江西：庐山区 谭策铭，董安淼 TCM09042

Styrax grandiflorus Griffith 大花野茉莉
云南：腾冲 余新林，赵玮 BSGLGStc169
云南：文山 何德明 WSLJS600
云南：盈江 王立彦，桂魏，刀江飞 SCSB-TBG-118
云南：永德 李任斌，李增柱，李永良等 YDDXSA012
云南：元阳 李文锋，刘成，杨娅娟等 YYGYS054

Styrax japonicus Siebold & Zuccarini 野茉莉
安徽：绩溪 唐鑫生，方建新 TangXS0386
安徽：舒城 陈延松，欧祖兰，高秋晨等 Xuzd299
贵州：南明区 邹方伦 ZouFL0022
湖南：东安 刘克明，蔡秀珍 SCSB-HN-0165
湖南：桂东 蔡秀珍，孙秋妍，王燕归等 SCSB-HN-1253
湖南：江华 刘克明，蔡秀珍，田淑珍 SCSB-HN-0817
湖南：江华 刘克明，旷强，吴惊香 SCSB-HN-0831
湖南：宁乡 姜孝成，唐妹，成海兰等 Jiangxc0529
湖南：平江 刘克明，蔡秀珍，陈丰林 SCSB-HN-0910
湖南：双牌 姜孝成，王丽萍，李育华 Jiangxc0802
湖南：双牌 姜孝成，王丽萍，李育华 Jiangxc0846
湖南：望城 姜孝成，杨强，刘昌 Jiangxc0741
湖南：望城 姜孝成，卢叶平，杨强 Jiangxc0761
湖南：武陵源区 吴福川，廖博儒，秦亚丽等 7092
湖南：湘乡 陈薇，马仲辉，朱香清 SCSB-HN-0466
湖南：新化 黄先辉，杨亚平，卜剑超 SCSB-HNJ-0340
湖南：新宁 姜孝成，唐贵华，袁双艳等 SCSB-HNJ-0255
湖南：永顺 陈功锡，张代贵 SCSB-HC-2008026
湖南：沅陵 周丰杰，刘克明 SCSB-HN-1352
湖南：岳麓区 刘克明，肖乐希 SCSB-HN-0328
湖南：岳麓区 姜孝成 SCSB-HNJ-0198
山东：崂山区 罗艳，李中华，邓建平 LuoY015
云南：景东 谭运洪，余涛 B308
云南：新平 何罡安 XPALSB045
浙江：临安 李宏庆，田怀珍，刘国丽 Lihq0068

Styrax limprichtii Lingelsheim & Borza 楚雄安息香 *
云南：宾川 孙振华 OuXK-0006
云南：大理 张德全，段丽珍，段金成等 ZDQ012
云南：云龙 李爱花，李洪超，黄天才等 SCSB-A-000200

Styrax macranthus Perkins 禄春安息香 *
云南：文山 何德明，邵会昌，沈素娟 WSLJS512

Styrax macrocarpus Cheng 大果安息香 *
湖南：新化 姜孝成，唐贵华，田春娥 SCSB-HNJ-0165

Styrax obassis Siebold & Zuccarini 玉铃花
山东：牟平区 卞福花，陈朋 BianFH-0326
山东：牟平区 高德民，王萍，张颖颖等 Lilan584

Styrax odoratissimus Champion 芬芳安息香 *
湖北：仙桃 张代贵 Zdg3499

Styrax perkinsiae Rehder 瓦山安息香 *
云南：景东 杨国平，李达文，鲁志云 ygp-008
云南：镇沅 罗成瑜 ALSZY399

Styrax roseus Dunn 粉花安息香 *
湖北：竹溪 李盛兰 GanQL1053

Styrax serrulatus Roxburgh 齿叶安息香
云南：马关 税玉民，陈文红 16142

Styrax suberifolius Hooker & Arnott 栓叶安息香
广西：金秀 许为斌，黄俞淞，叶晓霞等 Liuyan0129
江西：武宁 张吉华，刘运群 TanCM1147
云南：景东 刘长铭，袁小龙，杨华金等 JDNR11054

Styrax tonkinensis (Pierre) Craib ex Hartwich 越南安息香
广西：金秀 许为斌，黄俞淞，叶晓霞等 Liuyan0130
云南：沧源 赵金超，杨云贞，龙源凤 CYNGH066
云南：河口 税玉民，陈文红 16065
云南：河口 张贵良，张贵生，陶英美等 ZhangGL079
云南：景东 刘东，袁德财，曾寿康等 JDNR110108
云南：龙陵 孙兴旭 SunXX085
云南：绿春 黄连山保护区科研所 HLS0230
云南：绿春 HLS0151
云南：屏边 楚永兴，陶国权，张照跃等 Pbdws010
云南：文山 何德明 WSLJS619
云南：新平 何罡安 XPALSB437

Symplocaceae 山矾科

山矾科	世界	中国	种质库
属 / 种（种下等级）/ 份数	1/200	1/42	1/17(18)/149

Symplocos adenophylla Wallich ex G. Don 腺叶山矾
云南：新平 自成仲，自正荣，刘家良 XPALSD028
云南：永德 李永亮 YDDXS1116

Symplocos adenopus Hance 腺柄山矾 *
云南：绿春 HLS0163

Symplocos anomala Brand 薄叶山矾
江西：庐山区 董安淼，吴丛梅 TanCM2533
云南：河口 杨鑫峰 ZhangGL003
云南：南涧 邹国娟，徐如标，李成清等 NJWLS2008282
云南：新平 刘家良 XPALSD289

Symplocos cochinchinensis (Loureiro) S. Moore 越南山矾
云南：屏边 钱良超，陆海兴，张照跃等 Pbdws098

Symplocos cochinchinensis var. **laurina** (Retzius) Nooteboom 黄牛奶树 *
湖南：桂东 盛波，黄存坤 SCSB-HN-2083
湖南：双牌 姜孝成，王丽萍，李育华 Jiangxc0861
湖南：资兴 刘克明，盛波，王得刚 SCSB-HN-1946
湖南：资兴 熊凯辉，王得刚，盛波 SCSB-HN-2076
湖南：资兴 熊凯辉，王得刚，盛波 SCSB-HN-2097
四川：峨眉山 李小杰 LiXJ684
云南：龙陵 孙兴旭 SunXX006
云南：腾冲 李爱花，黄之镨，黄押稳等 SCSB-A-000295
云南：云龙 李爱花，李洪超，黄天才等 SCSB-A-000218

Symplocos dryophila C. B. Clarke 坚木山矾
云南：景东 杨国平，李达文，鲁志云 ygp-020
云南：石林 税玉民，陈文红 64214

云南：元阳 李文锋，刘成，杨娅娟等 YYGYS050

Symplocos glandulifera Brand **腺缘山矾 ***

云南：河口 张贵良，杨鑫峰，陶美英 ZhangGL187

Symplocos glomerata King ex C. B. Clarke **团花山矾**

云南：南涧 高国政 NJWLS1412

云南：腾冲 周应再 Zhyz-221

云南：新平 谢天华，郎定富，杨如伟 XPALSA024

云南：镇沅 何忠云，周立刚 ALSZY272

Symplocos groffii Merrill **毛山矾**

云南：镇沅 何忠云，王立东 ALSZY094

Symplocos heishanensis Hayata **海桐山矾 ***

湖南：新宁 姜孝成，唐贵华，袁双艳等 SCSB-HNJ-0276

Symplocos lancifolia Siebold & Zuccarini **光叶山矾**

贵州：江口 周云，王勇 XiangZ059

湖南：古丈 刘克明，朱晓文 SCSB-HN-0524

江西：武宁 张吉华，刘运群 TanCM1136

四川：峨眉山 李小杰 LiXJ711

云南：勐海 谭运洪，余涛 B321

浙江：鄞州区 李宏庆，葛斌杰，刘国丽等 Lihq0036

Symplocos lucida (Thunberg) Siebold & Zuccarini **光亮山矾**

安徽：绩溪 唐鑫生，方建新 TangXS0366

安徽：金寨 陈延松，欧祖兰，白雅洁 Xuzd241

湖南：衡山 刘克明，陈薇 SCSB-HN-0356

湖南：平江 吴惊香 SCSB-HN-0911

湖南：望城 相银龙，熊凯辉 SCSB-HN-2304

湖南：望城 姜孝成，杨强，刘昌 Jiangxc0753

湖南：新化 姜孝成，唐贵华，田春娥 SCSB-HNJ-0168

湖南：岳麓区 陈薇，田淑珍，肖乐希 SCSB-HN-0307

湖南：岳麓区 姜孝成，唐妹，卜剑超等 Jiangxc0500

湖南：岳麓区 姜孝成，唐贵华，施刚 SCSB-HNJ-0120

湖南：岳麓区 熊凯辉，刘克明 SCSB-HN-2040

湖南：岳麓区 熊凯辉，刘克明 SCSB-HN-2161

湖南：岳麓区 熊凯辉，刘克明 SCSB-HN-2166

江苏：宜兴 李宏庆，田怀珍，葛斌杰等 Lihq0250

江西：星子 董安淼，吴从梅 TanCM1667

江西：修水 缪以清，余于明 TanCM642

云南：洱源 李爱花，雷立公，马国强等 SCSB-A-000142

云南：绿春 黄连山保护区科研所 HLS0436

云南：麻栗坡 肖波 LuJL009

云南：新平 自成仲 XPALSB356

云南：元阳 亚吉东，黄莉，何华杰 15CS11246

云南：元阳 亚吉东，黄莉，何华杰 15CS11410

云南：云龙 李施文，张志云，段耀飞等 TC3011

Symplocos paniculata (Thunberg) Miquel **白檀**

安徽：肥东 陈延松，方晓磊，陈翠兵等 Xuzd098

安徽：徽州区 方建新 TangXS0765

安徽：舒城 陈延松，欧祖兰，高秋晨等 Xuzd436

安徽：芜湖 陈延松，吴国伟，洪欣 Zhousb0095

广西：八步区 吴望辉，黄俞淞，蒋日红 Liuyan0316

湖北：房县 祝文志，刘志祥，曹远俊 ShenZH5754

湖北：神农架林区 张代贵 Zdg3026

湖南：衡山 刘克明，陈薇，田淑珍 SCSB-HN-0229

湖南：衡阳 刘克明，旷仁平 SCSB-HN-0704

湖南：江华 肖乐希，王成 SCSB-HN-0887

湖南：宁乡 熊凯辉，刘克明 SCSB-HN-2020

湖南：双峰 姜孝成，唐妹，陈峰林等 Jiangxc0609

湖南：新化 姜孝成，唐妹，戴小军等 Jiangxc0535

湖南：永定区 吴福川，廖博儒 7118

湖南：永顺 陈功锡，张代贵 SCSB-HC-2008194

湖南：岳麓区 姜孝成，唐妹，卜剑超等 Jiangxc0511

湖南：长沙 陈薇，田淑珍 SCSB-HN-0745

湖南：资兴 肖乐希，蔡秀珍 SCSB-HN-0273

湖南：资兴 熊凯辉，王得刚，盛波 SCSB-HN-2094

江苏：苏州 田怀珍，陈纪云 Lihq0323

江苏：海州区 汤兴利 HANGYY8504

江西：龙南 梁跃龙，徐宝国 LiangYL075

江西：庐山区 董安淼，吴从梅 TanCM3065

江西：星子 谭策铭，董安淼 TanCM311

江西：修水 谭策铭，缪以清 TCM09141

江西：永新 旷仁平 SCSB-HN-2215

辽宁：瓦房店 宫本胜 CaoW365

山东：崂山区 赵遵田，郑国伟，杜超等 Zhaozt0226

山东：牟平区 卞福花，卢学新，纪伟 BianFH00056

山东：牟平区 陈朋 BianFH-416

四川：峨眉山 李小杰 LiXJ702

云南：沧源 赵金超，肖美芳，汪顺莉 CYNGH217

云南：沧源 赵金超，杨红强 CYNGH433

云南：景东 罗忠华，段玉伟，刘长铭等 JD069

云南：景东 鲁艳 07-137

云南：龙陵 孙兴旭 SunXX019

云南：蒙自 田学军，邱成书，高波 TianXJ0145

云南：墨江 张绍云，仇亚，胡启和 YNS1306

云南：南涧 阿国仁，何贵才 NJWLS2008143

云南：屏边 钱良超，陆海兴，康远勇等 Pbdws172

云南：普洱 叶金科 YNS0261

云南：巧家 杨光明，颜再奎，张天壁等 QJYS0068

云南：腾冲 李爱花，黄之镨，黄押稳等 SCSB-A-000281

云南：腾冲 刀志灵 DZL-102

云南：腾冲 余新林，赵玮 BSGLGStc172

云南：腾冲 周应再 Zhyz-026

云南：维西 张挺，徐远杰，黄押稳等 SCSB-B-000154

云南：维西 杨亲二，袁琼 Yangqe2709

云南：文山 何德明 WSLJS620

云南：新平 刘家良 XPALSD070

云南：新平 何罡安，罗光进 XPALSB023

云南：新平 自成仲，自正荣 XPALSD137

云南：新平 谢天华，郎定富，杨如伟 XPALSA050

云南：新平 刘家良 XPALSD327

云南：盈江 王立彦，左常盛，桂魏 SCSB-TBG-040

云南：永德 李永亮 YDDXS0488

云南：永德 李永亮 YDDXS6488

云南：元江 孙振华，王文礼，宋晓卿等 Ouxk-YJ-0041

云南：元阳 浦仕梅，刘成，杨娅娟等 YYGYS014

云南：元阳 李文锋，刘成，杨娅娟等 YYGYS051

云南：元阳 彭华，向春雷，陈丽 PengH8213

云南：元阳 田学军，杨建，邱成书等 Tianxj0080

云南：云龙 刀志灵 DZL390

云南：云龙 赵玉贵，李占兵，张吉平等 TC2017

云南：镇沅 罗成瑜 ALSZY232

云南：镇沅 何忠云，王立东 ALSZY088

云南：镇沅 刘成，李桂花，王冠等 12CS4715

Symplocos paucinervia Nooteboom **少脉山矾 ***

云南：景东 杨国平，李达文，鲁志云 ygp-016

Symplocos ramosissima Wallich ex G. Don **多花山矾**

云南：景东 张挺，李爱花，戚志洲等 SCSB-A-000101

云南：景东 罗忠华，谢有能，鲁成荣 JDNR017

云南：龙陵 孙兴旭 SunXX010
云南：绿春 HLS0162
云南：新平 罗田发，白绍斌 XPALSC029

Symplocos stellaris Brand 老鼠矢
安徽：黄山区 唐鑫生 TangXS0531
湖南：怀化 李胜华，伍贤进，曾汉元等 HHXY241
湖南：怀化 李胜华，伍贤进，曾汉元等 HHXY366
江西：庐山区 董安淼，吴从梅 TanCM1563

Symplocos sumuntia Buchanan-Hamilton ex D. Don 山矾
广西：上思 何海文，杨锦超 YANGXF0511
贵州：江口 熊建兵 XiangZ153
贵州：江口 周云，王勇 XiangZ022
贵州：江口 周云，王济红，祁翔 XiangZ120
湖南：怀化 李胜华，伍贤进，曾汉元等 HHXY288
湖南：怀化 李胜华，伍贤进，曾汉元等 HHXY300
湖南：新化 姜孝成，唐贵华，田春娥 SCSB-HNJ-0167
江西：井冈山 兰国华 LiuRL038
四川：米易 袁明 MY545
云南：大关 张挺，雷立公，王建军等 SCSB-B-000135
云南：龙陵 孙兴旭 SunXX003
云南：永平 彭华，向春雷，陈丽 PengH8330
云南：云龙 字建泽，杨六斤，李国宏等 TC1035
云南：镇沅 朱恒 ALSZY054

Symplocos wikstroemiifolia Hayata 微毛山矾
江西：井冈山 兰国华 LiuRL016
云南：龙陵 孙兴旭 SunXX101

Talinaceae 土人参科

土人参科	世界	中国	种质库
属 / 种（种下等级）/ 份数	2/27	1/1	1/1/31

Talinum paniculatum (Jacquin) Gaertner 土人参
湖南：江永 刘克明，田淑珍，肖乐希等 SCSB-HN-0112
湖南：澧县 田淑珍 SCSB-HN-1568
湖南：南岳区 刘克明，相银龙，周磊 SCSB-HN-1414
湖南：湘潭 朱晓文，马仲辉 SCSB-HN-0378
湖南：沅陵 刘克明，周磊，彭新星等 SCSB-HN-1332
湖南：沅陵 李胜华，伍贤进，刘光华等 Wuxj882
江西：黎川 童和平，王玉珍，常迪江等 TanCM2040
江西：星子 董安淼，吴从梅 TanCM1636
陕西：紫阳 田先华，王梅荣 TianXH290
四川：乐至 邓兴敏，邓秀发，张昌兵 ZCB0443
云南：昌宁 赵玮 BSGLGSly132
云南：大关 张挺，雷立公，王建军等 SCSB-B-000129
云南：景东 鲁艳 07-116
云南：景东 赵贤坤，鲍文华，鲍文强等 JDNR11048
云南：勐腊 赵相兴 A019
云南：南涧 李成清，高国政 NJWLS495
云南：南涧 阿国仁，何贵才 NJWLS811
云南：南涧 官有才 NJWLS1665
云南：南涧 马德跃，官有才，罗开宏 NJWLS943
云南：宁洱 胡启和，张绍云，周兵 YNS0969
云南：盘龙区 张挺，蔡杰，郭永杰等 08CS897
云南：文山 何德明，何德永 WSLJS515
云南：新平 刘家良 XPALSD075
云南：新平 白绍斌 XPALSC067
云南：新平 何罡安 XPALSB402
云南：新平 张学林，李云贵 XPALSD105
云南：永德 李永亮 YDDXS0337
云南：元阳 田学军，杨建，邱成书等 Tianxj0044
云南：镇沅 罗成瑜 ALSZY377
云南：镇沅 叶金科 YNS0187
浙江：临安 李宏庆，田怀珍，刘国丽 Lihq0080

Tamaricaceae 柽柳科

柽柳科	世界	中国	种质库
属 / 种（种下等级）/ 份数	3/56-110	3/32	3/3/20

Myricaria bracteata Royle 宽苞水柏枝
内蒙古：新城区 蒲拴莲，李茂文 M029
陕西：太白 田先华，董栓录 TianXH1204
西藏：乃东 陈家辉，韩希，王广艳等 YangYP-Q-4236
新疆：阿合奇 杨赵平，周禧琳，贺冰 LiZJ1365
新疆：和静 杨赵平，焦培培，白冠章等 LiZJ0689
新疆：塔什库尔干 塔里木大学植物资源调查组 TD-00769
新疆：温宿 邱爱军，张玲 LiZJ1882
新疆：叶城 郭永杰，黄文娟，段黄金 LiZJ0218

Reaumuria kaschgarica Ruprecht 五柱红砂
青海：德令哈 潘建斌，杜维波，牛炳韬 Liujq-2011CDM-360
青海：都兰 潘建斌，杜维波，牛炳韬 Liujq-2011CDM-155
西藏：达孜 卢洋，刘帆等 LiJ906
新疆：阿合奇 杨赵平，周禧林，贺冰 LiZJ1039

Tamarix chinensis Loureiro 柽柳 *
江苏：赣榆 吴宝成 HANGYY8293
内蒙古：赛罕区 蒲拴莲，刘润宽，刘毅等 M257
内蒙古：伊金霍洛旗 杨学军 Huangzy0235
山东：垦利 曹子谊，韩国营，吕蕾等 Zhaozt0092
山东：莱山区 卞福花，杨蕾蕾，谷胤征 BianFH-0099
山东：历城区 李兰，王萍，张少华 Lilan079
云南：香格里拉 杨青松，杨莹，黄永江等 ZhouZK-07ZX-0186
云南：香格里拉 孔航辉，任琛 Yangqe2801

Tapisciaceae 瘿椒树科

瘿椒树科	世界	中国	种质库
属 / 种（种下等级）/ 份数	2/5	1/2	1/2/11

Tapiscia sinensis Oliver 瘿椒树 *
安徽：舒城 陈延松，欧祖兰，高秋晨等 Xuzd335
安徽：歙县 方建新，洪天明，洪淦伙 TangXS0980
湖北：竹溪 李盛兰 GanQL959
湖南：永定区 吴福川，廖博儒，查学州等 86
江西：井冈山 兰国华 LiuRL086
江西：黎川 童和平，王玉珍 TanCM2385
江西：星子 董安淼，吴从梅 TanCM2544
四川：峨眉山 李小杰 LiXJ109
云南：沧源 赵金超，杨红强 CYNGH283

Tapiscia yunnanensis W. C. Cheng & C. D. Chu 云南瘿椒树 *
云南：景东 罗忠华，刘长铭，鲁成荣等 JDNR007
云南：腾冲 余新林，赵玮 BSGLGStc347

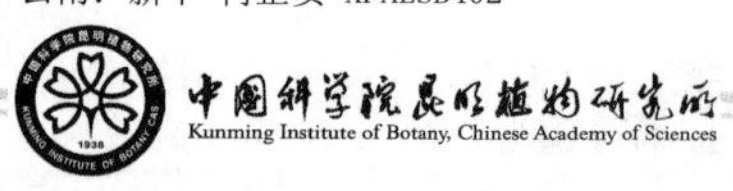

Taxaceae 红豆杉科

红豆杉科	世界	中国	种质库
属 / 种（种下等级）/ 份数	6/28	5/21	4/8(11)/52

Amentotaxus yunnanensis H. L. Li 云南穗花杉
云南：麻栗坡 张挺，李洪超，左定科 SCSB-B-000327
Cephalotaxus fortunei Hooker 三尖杉
安徽：黄山区 唐鑫生，宋曰钦，方建新 TangXS0556
湖北：竹溪 李盛兰 GanQL748
湖南：双牌 姜孝成，王丽萍，李育华 Jiangxc0783
江西：修水 谭策铭，缪以清，李立新 TanCM375
陕西：眉县 白根录，田先华，田陌 TianXH470
云南：麻栗坡 肖波 LuJL228
云南：维西 张挺，徐远杰，黄押稳等 SCSB-B-000158
Cephalotaxus oliveri Masters 篦子三尖杉 *
湖北：仙桃 张代贵 Zdg1336
湖北：竹溪 李盛兰 GanQL333
湖南：永定区 廖博儒，查学州，吴福川 248A
Cephalotaxus sinensis (Rehder & E. H. Wilson) H. L. Li 粗榧 *
湖北：神农架林区 李巨平 LiJuPing0001
湖南：桑植 陈功锡，廖博儒，查学州等 187
云南：景东 罗忠华，罗志强，刘长铭等 JD120
云南：永德 李永亮 YDDXS0480
Taxus cuspidata Siebold & Zuccarini 东北红豆杉
黑龙江：穆棱 王臣，张欣欣，史传奇 WangCh260
黑龙江：穆棱 王臣，张欣欣，史传奇 WangCh266
吉林：安图 周海城 ZhouHC019
吉林：桦甸 安海成 AnHC0393
Taxus wallichiana var. **chinensis** (Pilger) Florin 红豆杉
安徽：屯溪区 张翔 TangXS0004
安徽：休宁 唐鑫生，方建新 TangXS0417
重庆：南川区 易思荣 YISR092
贵州：江口 周云，王勇 XiangZ033
贵州：江口 周云 XiangZ110
贵州：江口 熊建兵 XiangZ124
贵州：黎平 刘克明 SCSB-HN-1087
贵州：南明区 邹方伦 ZouFL0275
湖北：仙桃 李巨平 Lijuping0291
湖北：咸丰 丛义艳，陈丰林 SCSB-HN-1170
湖北：竹溪 李盛兰 GanQL565
湖南：衡山 旷仁平 SCSB-HN-1145
湖南：洪江 李胜华，伍贤进，刘光华等 Wuxj1089
湖南：怀化 李胜华，伍贤进，曾汉元等 HHXY309
四川：丹巴 高云东，李忠荣，鞠文彬 GaoXF-12-140
Taxus wallichiana var. **mairei** (Lemée & H. Léveillé) L. K. Fu & Nan Li 南方红豆杉
贵州：江口 周云，王勇 XiangZ075
湖南：洞口 肖乐希，谢江，唐光波等 SCSB-HN-1563
湖南：双牌 姜孝成，王丽萍，李育华 Jiangxc0860
湖南：新化 刘克明，彭珊，李珊等 SCSB-HN-1670
湖南：新化 刘克明，彭珊，李珊等 SCSB-HN-1703
湖南：永定区 吴福川 238A
湖南：资兴 王得刚，熊凯辉 SCSB-HN-2134
江西：井冈山 兰国华 LiuRL100
江西：黎川 童和平，王玉珍，常迪江等 TanCM2098
江西：武宁 张吉华，张东红 TanCM2835
江西：修水 谭策铭，缪以清 TCM09170
云南：腾冲 余新林，赵玮 BSGLGStc230
Taxus wallichiana Zuccarini 喜马拉雅红豆杉
湖南：南岳区 刘克明，丛义艳 SCSB-HN-1421
云南：洱源 张挺，李爱花，郭云刚等 SCSB-B-000071
云南：腾冲 周应再 Zhyz-147
Torreya fargesii var. **yunnanensis** (W. C. Cheng & L. K. Fu) N. Kang 云南榧 *
云南：云龙 李施文，张志云，段耀飞等 TC3006
Torreya grandis Fortune ex Lindley 榧树 *
安徽：黄山区 方建新 TangXS0344
江西：黎川 谭策铭，童和平 TanCM569

Tetramelaceae 四数木科

四数木科	世界	中国	种质库
属 / 种（种下等级）/ 份数	2/2	1/1	1/1/1

Tetrameles nudiflora R. Brown 四数木
云南：勐腊 谭运洪，余涛 A527

Theaceae 山茶科

山茶科	世界	中国	种质库
属 / 种（种下等级）/ 份数	9/～250	6/145	5/31(33)/118

Adinandra bockiana E. Pritzel 川杨桐 *
重庆：南川区 易思荣 YISR212
Adinandra bockiana var. **acutifolia** (Handel-Mazzetti) Kobuski 尖叶川杨桐 *
广西：龙胜 黄俞淞，叶晓霞，梁永延 Liuyan0053A
广西：全州 莫水松，廖云标，黄歆怡 Liuyan1027
Adinandra glischroloma Handel-Mazzetti 两广杨桐 *
广西：上思 何海文，杨锦超 YANGXF0392
湖南：道县 刘克明，朱晓文 SCSB-HN-1010
湖南：江华 刘克明，王成，欧阳书珍 SCSB-HN-0871
湖南：宜章 刘克明，王成，刘欣欣 SCSB-HN-0777
Adinandra glischroloma var. **macrosepala** (F. P. Metcalf) Kobuski 大萼杨桐 *
江西：庐山区 董安淼，吴丛梅 TanCM3318
Adinandra hainanensis Hayata 海南杨桐
海南：昌江 康勇，林灯，陈庆 LWXS034
Adinandra hirta Gagnepain 粗毛杨桐 *
云南：金平 张挺，马国强，刘娜等 SCSB-B-000588
Adinandra integerrima T. Anderson ex Dyer 全缘叶杨桐
云南：文山 何德明 WSLJS974
Adinandra megaphylla Hu 大叶杨桐
云南：麻栗坡 肖波，陆章强 LuJL045
Adinandra millettii (Hooker & Arnott) Bentham & J. D. Hooker ex Hance 杨桐
安徽：休宁 唐鑫生，方建新 TangXS0378
湖南：古丈 刘克明，朱晓文 SCSB-HN-0538
湖南：怀化 李胜华，伍贤进，曾汉元等 HHXY276
湖南：南岳区 刘克明，相银龙，周磊等 SCSB-HN-1410
湖南：平江 刘克明，吴惊香，刘洪新 SCSB-HN-0979
湖南：望城 王得刚，熊凯辉 SCSB-HN-2266

湖南：望城 王得刚，熊凯辉 SCSB-HN-2289
湖南：望城 姜孝成，杨强，刘昌 Jiangxc0754
湖南：望城 姜孝成，卢叶平，杨强 Jiangxc0758
湖南：湘乡 陈薇，马仲辉，朱香清 SCSB-HN-0463
湖南：岳麓区 姜孝成，唐妹，卜剑超等 Jiangxc0506
湖南：岳麓区 熊凯辉，刘克明 SCSB-HN-2159
湖南：长沙 丛义艳，田淑珍 SCSB-HN-0730
江西：井冈山 兰国华 LiuRL039
江西：黎川 童和平，王玉珍 TanCM1809
江西：龙南 梁跃龙，廖海红 LiangYL019
江西：永新 杜小浪，慕泽泾，曹岚 DXL114

Adinandra nitida Merrill ex H. L. Li 亮叶杨桐 *
广西：兴安 刘演，黄俞淞，吴望辉等 Liuyan0106

Polyspora axillaris (Roxburgh ex Ker Gawler) Sweet 大头茶
云南：新平 彭华，陈丽 P.H.5372

Polyspora chrysandra (Cowan) Hu ex B. M. Bartholomew & T. L. Ming 黄药大头茶
云南：沧源 赵金超，肖美芳，汪顺莉 CYNGH236
云南：景东 罗忠华，刘长铭，鲁成荣等 JDNR09105
云南：绿春 黄连山保护区科研所 HLS0401
云南：墨江 张绍云，胡启和 YNS1004
云南：南涧 李加生，马德跃，官有才 NJWLS831
云南：南涧 高国政 NJWLS1418
云南：宁洱 张挺，王建军，廖琼 SCSB-B-000245
云南：普洱 叶金科 YNS0033
云南：石屏 蔡杰，刘成，郑国伟 12CS5777
云南：腾冲 余新林，赵玮 BSGLGStc160
云南：文山 何德明，何德永 WSLJS516
云南：新平 彭华，陈丽 P.H.5373
云南：永德 李永亮 YDDXS1233
云南：永德 李增柱，黄德武，杨金荣 YDDXSA023
云南：镇康 张挺，蔡杰，刘成等 13CS5889

Polyspora longicarpa (Hung T. Chang) C. X. Ye ex B. M. Bartholomew & T. L. Ming 长果大头茶
云南：腾冲 李爱花，黄之镨，黄押稳等 SCSB-A-000292
云南：腾冲 余新林，赵玮 BSGLGStc226

Polyspora tiantangensis (L. L. Deng & G. S. Fan) S. X. Yang 天棠大头茶 *
云南：腾冲 周应再 Zhyz-037

Pyrenaria diospyricarpa Kurz 叶萼核果茶
云南：沧源 赵金超，肖美芳，汪顺莉 CYNGH244

Pyrenaria khasiana R. N. Paul 印藏核果茶
西藏：墨脱 刘成，亚吉东，何华杰等 16CS11877

Pyrenaria microcarpa (Dunn) H. Keng 小果核果茶
江西：龙南 梁跃龙，欧考昌 LiangYL087

Pyrenaria spectabilis (Champion) C. Y. Wu & S. X. Yang 大果核果茶
江西：井冈山 兰国华 LiuRL006
江西：寻乌 梁跃龙，廖海红，欧考昌 LiangYL088

Schima argentea E. Pritzel 银木荷
广西：贺州 姜孝成，王丽萍，鲁长青 Jiangxc0736
湖南：衡山 刘克明，田淑珍，陈薇 SCSB-HN-0239
湖南：岳麓区 姜孝成，唐贵华，旷仁平等 SCSB-HNJ-0129
江西：庐山区 谭策铭，董安淼 TCM09059
云南：绿春 何疆海，何来收，白然思等 HLS0362
云南：勐海 张挺，李洪超，李文化等 SCSB-B-000407
云南：墨江 张绍云，叶金科，胡启和 YNS1342
云南：石屏 蔡杰，刘成，胡枭剑 12CS5797
云南：维西 张挺，徐远杰，陈冲等 SCSB-B-000237
云南：镇沅 罗成瑜 ALSZY373

Schima brevipedicellata Hung T. Chang 短梗木荷
云南：河口 张贵良，杨鑫峰，陶美英等 ZhangGL198

Schima khasiana Dyer 印度木荷
云南：腾冲 周应再 Zhyz-384
云南：永德 李永亮，王学军，陈海涛 YDDXSB091

Schima noronhae Reinwardt ex Blume 南洋木荷
云南：景东 罗忠华，孔明勇，刘长铭等 JD117

Schima remotiserrata Hung T. Chang 疏齿木荷 *
江西：星子 董安淼，吴从梅 TanCM2256

Schima sericans (Handel-Mazzetti) T. L. Ming 贡山木荷 *
云南：腾冲 余新林，赵玮 BSGLGStc121

Schima sinensis (Hemsley & E. H. Wilson) Airy Shaw 华木荷 *
四川：黑水 顾垒，李忠荣 GaoXF-09ZX-1842

Schima superba Gardner & Champion 木荷
安徽：休宁 方建新 TangXS0363
广西：金秀 许玥，祝文志，刘志祥等 ShenZH8104
海南：乐东 杨怀，康勇，林灯 LWXS009
湖南：鹤城区 伍贤进，李胜华，曾汉元等 HHXY029
湖南：怀化 李胜华，伍贤进，曾汉元等 HHXY327
湖南：怀化 李胜华，伍贤进，曾汉元等 HHXY371
湖南：石门 陈功锡，张代贵，邓涛等 SCSB-HC-2007521
湖南：岳麓区 刘克明，肖乐希，陈薇 SCSB-HN-0412
湖南：资兴 刘克明，盛波，王得刚 SCSB-HN-1920
湖南：资兴 熊凯辉，王得刚，盛波 SCSB-HN-2086
江西：修水 谭策铭，缪以清 TCM09166
云南：绿春 税玉民，陈文红 81640
浙江：开化 李宏庆，熊申展，桂萍 Lihq0404

Schima villosa Hu 毛木荷 *
云南：绿春 李嵘，张洪喜 DZL-251
云南：绿春 李嵘，张洪喜 DZL-265

Schima wallichii (Candolle) Korthals 红木荷
四川：峨眉山 李小杰 LiXJ818
云南：沧源 赵金超，田世华 CYNGH060
云南：景东 杨国平 07-09
云南：绿春 黄连山保护区科研所 HLS0075
云南：勐腊 刀志灵，崔景云 DZL-130
云南：思茅区 胡启和，仇亚，周兵 YNS0794
云南：腾冲 周应再 Zhyz-008
云南：腾冲 余新林，赵玮 BSGLGStc138
云南：新平 何罡安 XPALSB163
云南：永德 李永亮 YDDXS0004
云南：镇沅 罗成瑜 ALSZY455

Stewartia calcicola T. L. Ming & J. Li 云南紫茎 *
云南：元阳 亚吉东，黄莉，何华杰 15CS11261

Stewartia crassifolia (S. Z. Yan) J. Li & T. L. Ming 厚叶紫茎 *
江西：井冈山 兰国华 LiuRL066

Stewartia pteropetiolata W. C. Cheng 翅柄紫茎 *
湖南：江华 刘克明，王成，欧阳书珍 SCSB-HN-0855
湖南：宜章 刘克明，王成，刘欣欣 SCSB-HN-0775
云南：景东 张挺，方伟，王建军等 SCSB-B-000202
云南：景东 杨国平，李达文，鲁志云 ygp-023
云南：景东 鲍文强，鲍文华 JDNR11034
云南：龙陵 孙兴旭 SunXX049
云南：绿春 何疆海，何来收，白然思等 HLS0354
云南：墨江 张绍云，叶金科，胡启和 YNS1340
云南：南涧 李成清 NJWLS482

云南：新平 何罡安 XPALSB043
云南：元阳 亚吉东，黄莉，何华杰 15CS11434
云南：元阳 李文锋，刘成，杨娅娟等 YYGYS043
Stewartia rostrata Spongberg 长喙紫茎 *
江西：庐山区 董安淼，吴从梅 TanCM2217
Stewartia sinensis Rehder & E. H. Wilson 紫茎 *
安徽：绩溪 唐鑫生，方建新 TangXS0748
湖北：仙桃 张代贵 Zdg2937
湖南：桑植 陈功锡，廖博儒，查学州等 185
江西：庐山区 谭策铭，董安淼 TCM09024
江西：庐山区 董安淼，吴从梅 TanCM2216
江西：星子 董安淼，吴从梅 TanCM2254

Thymelaeaceae 瑞香科

瑞香科	世界	中国	种质库
属 / 种（种下等级）/ 份数	49/892	9/115	6/18/35

Daphne acutiloba Rehder 尖瓣瑞香 *
西藏：波密 张挺，张书东，郭永杰 13CS7582
Daphne genkwa Siebold & Zuccarini 芫花
湖北：竹溪 李盛兰 GanQL886
江西：黎川 童和平，王玉珍 TanCM2360
山东：海阳 高德民，张颖颖，程丹丹等 lilan536
Daphne giraldii Nitsche 黄瑞香 *
陕西：眉县 田先华，董栓录 TianXH228
Daphne longilobata (Lecomte) Turrill 长瓣瑞香 *
西藏：波密 刘成，亚吉东，何华杰等 16CS11827
Daphne pseudomezereum A. Gray 东北瑞香
吉林：安图 周海城 ZhouHC025
Daphne tangutica Maximowicz 唐古特瑞香 *
四川：德格 张挺，李爱花，刘成等 08CS815
四川：甘孜 孙航，张建文，董金龙等 SunH-07ZX-3966
西藏：聂拉木 聂泽龙，牛洋，周卓等 SunH-07ZX-2353
Diarthron linifolium Turczaninow 草瑞香
河北：蔚县 牛玉璐，高彦飞，赵二涛 NiuYL325
吉林：磐石 安海成 AnHC0345
吉林：长岭 张宝田 Yanglm0340
内蒙古：和林格尔 李茂文，李昌亮 M149
山东：长清区 步瑞兰，辛晓伟，高丽丽等 Lilan812
Diarthron vesiculosum (Fischer & C. A. Meyer) C. A. Meyer 囊管草瑞香
新疆：霍城 亚吉东，张桥蓉，胡枭剑 16CS13127
Edgeworthia chrysantha Lindley 结香
江西：庐山区 董安淼，吴从梅 TanCM1556
Edgeworthia gardneri Meisner 滇结香
云南：腾冲 余新林，赵玮 BSGLGStc329
Stellera chamaejasme Linnaeus 狼毒
黑龙江：肇东 刘玫，王臣，张欣欣等 Liuetal644
青海：门源 吴玉虎，刘建全 LJQ-QLS-2008-0045
四川：巴塘 陈文允，于文涛，黄永江 CYH054
四川：木里 王红，张书东，任宗昕等 SCSB-W-332
四川：乡城 杨青松，杨莹，黄永江等 ZhouZK-07ZX-0104
西藏：那曲 陈家辉，庄会富，边巴扎西 Yangyp-Q-2113
Thymelaea passerina (Linnaeus) Cosson & Germain 欧瑞香
新疆：博乐 亚吉东，张桥蓉，秦少发等 16CS13825
新疆：特克斯 亚吉东，张桥蓉，秦少发等 16CS13459

Wikstroemia chamaedaphne (Bunge) Meisner 河朔荛花 *
河北：涿鹿 牛玉璐，高彦飞，赵二涛 NiuYL359
Wikstroemia dolichantha Diels 一把香 *
云南：南涧 熊绍荣 NJWLS454
云南：文山 何德明 WSLJS1000
Wikstroemia gracilis Hemsley 纤细荛花 *
江西：修水 缪以清，胡建华 TanCM1736
Wikstroemia indica (Linnaeus) C. A. Meyer 了哥王
云南：勐腊 谭运洪 A267
云南：思茅区 张绍云，胡启和 YNS1275
Wikstroemia micrantha Hemsley 小黄构 *
四川：射洪 袁明 YUANM2015L040
云南：永德 李永亮 YDDXS0779
Wikstroemia pilosa Cheng 多毛荛花 *
江西：庐山区 董安淼，吴从梅 TanCM916

Tofieldiaceae 岩菖蒲科

岩菖蒲科	世界	中国	种质库
属 / 种（种下等级）/ 份数	5/31	1/3	1/2/5

Tofieldia divergens Bureau & Franchet 叉柱岩菖蒲 *
四川：稻城 何兴金，高云东，王志新等 SCU-09-271
云南：东川区 张挺，刘成，郭明明等 11CS3673
云南：宁蒗 任宗昕，寸龙琼，任尚国 SCSB-W-1381
云南：香格里拉 张挺，李明勤，王关友等 11CS3627
Tofieldia thibetica Franchet 岩菖蒲 *
四川：峨眉山 李小杰 LiXJ164

Torricelliaceae 鞘柄木科

鞘柄木科	世界	中国	种质库
属 / 种（种下等级）/ 份数	3/～12	1/2	1/2/4

Torricellia angulata Oliver 角叶鞘柄木 *
云南：巧家 张天壁 SCSB-W-221
Torricellia tiliifolia de Candolle 鞘柄木
四川：峨眉山 李小杰 LiXJ635
云南：沧源 赵金超，杨红强 CYNGH272
云南：景东 罗忠华，刘长铭，鲁成荣 JDNR09015

Trochodendraceae 昆栏树科

昆栏树科	世界	中国	种质库
属 / 种（种下等级）/ 份数	2/2	2/2	1/1/13

Tetracentron sinense Oliver 水青树
湖北：宣恩 沈泽昊 HXE066
湖南：桑植 陈功锡，廖博儒，查学州等 163
四川：峨眉山 李小杰 LiXJ196
云南：福贡 刀志灵，陈哲 DZL-063
云南：贡山 刘成，何华杰，黄莉等 14CS9979
云南：景东 杨国平，李达文，鲁志云 ygp-027
云南：景东 罗忠华，谢有能，刘长铭等 JDNR081
云南：南涧 熊绍荣，阿国仁，时国彩等 njwls2007130
云南：巧家 杨光明，颜再奎，张天壁等 QJYS0072

云南：腾冲 余新林，赵玮 BSGLGStc273
云南：文山 税玉民，陈文红 81126
云南：永德 欧阳红才，奎文康，赵学盛 YDDXSC018
云南：元阳 车鑫，亚吉东，秦少发等 YYGYS081

Typhaceae 香蒲科

香蒲科	世界	中国	种质库
属 / 种（种下等级）/ 份数	2/35	2/23	2/12/83

Sparganium confertum Y. D. Chen 穗状黑三棱 *
云南：贡山 蔡杰，郭云刚，张凤琼等 14CS9725
Sparganium emersum Rehmann 小黑三棱
新疆：昭苏 亚吉东，张桥蓉，秦少发等 16CS13538
Sparganium glomeratum Laestadius ex Beurling 短序黑三棱
吉林：磐石 安海成 AnHC0373
Sparganium stoloniferum (Buchanan-Hamilton ex Graebner) Buchanan-Hamilton ex Juzepczuk 黑三棱
吉林：磐石 安海成 AnHC0126
山东：海阳 高德民，王萍，张颖颖等 Lilan589
山东：章丘 张少华，王萍，张诏等 Lilan159
新疆：塔城 亚吉东，张桥蓉，秦少发等 16CS13859
Typha angustifolia Linnaeus 水烛
安徽：屯溪区 方建新 TangXS0803
安徽：屯溪区 方建新 TangXS0996
黑龙江：方正 孙阎，杜景红 SunY259
黑龙江：海林 郑宝江，丁晓炎，王美娟等 ZhengBJ311
黑龙江：让胡路区 刘玫，王臣，张欣欣等 Liuetal805
黑龙江：饶河 王庆贵 CaoW677
湖北：五峰 李平 AHL060
湖北：竹溪 李盛兰 GanQL831
湖南：南县 相银龙，熊凯辉 SCSB-HN-2258
湖南：望城 相银龙，熊凯辉 SCSB-HN-2302
湖南：岳阳 相银龙，熊凯辉 SCSB-HN-2296
湖南：岳阳 相银龙，熊凯辉 SCSB-HN-2297
湖南：长沙 相银龙，熊凯辉 SCSB-HN-2285
江苏：句容 王兆银，吴宝成 SCSB-JS0189
江西：武宁 张吉华，刘运群 TanCM1341
宁夏：盐池 左忠，刘华 ZuoZh052
上海：李宏庆，田怀珍，黄姝博 Lihq0009
上海：李宏庆，吴冬，葛斌杰 Lihq0014
新疆：玛纳斯 徐文斌 SHI-2006484
云南：东川区 蔡杰，张挺，郭永杰等 11CS3675
Typha domingensis Persoon 长苞香蒲
安徽：肥西 陈延松，姜九龙 Xuzd135
安徽：屯溪区 方建新 TangXS0161
山东：长清区 王萍，高德民，张诏等 lilan255
新疆：呼图壁 段士民，王喜勇，刘会良 Zhangdy311
新疆：温泉 许炳强，胡伟明 XiaNH-07ZX-856
新疆：伊犁 段士民，王喜勇，刘会良 Zhangdy331
Typha latifolia Linnaeus 宽叶香蒲
黑龙江：带岭区 郑宝江，丁晓炎，李月等 ZhengBJ227
湖北：竹溪 李盛兰 GanQL1070
新疆：霍城 刘鸯，马真，贺晓欢等 SHI-A2007151
Typha laxmannii Lepechin 无苞香蒲
黑龙江：带岭区 郑宝江，丁晓炎，李月等 ZhengBJ228
吉林：磐石 安海成 AnHC0435
青海：都兰 潘建斌，杜维波，牛炳韬 Liujq-2011CDM-109
青海：格尔木 潘建斌，杜维波，牛炳韬 Liujq-2011CDM-020
青海：乌兰 潘建斌，杜维波，牛炳韬 Liujq-2011CDM-353
山东：长清区 高德民，张诏，王萍等 lilan488
新疆：博乐 徐文斌，黄雪姣 SHI-2008419
新疆：博乐 徐文斌，许晓敏 SHI-2008439
新疆：巩留 徐文斌，马真，贺晓欢等 SHI-A2007203
新疆：玛纳斯 翟伟 SHI-2006483
Typha lugdunensis P. Chabert 短序香蒲
新疆：阿勒泰 段士民，王喜勇，刘会良等 190
新疆：阿勒泰 段士民，王喜勇，刘会良等 191
新疆：哈巴河 段士民，王喜勇，刘会良等 196
新疆：呼图壁 段士民，王喜勇，刘会良 Zhangdy312
新疆：吉木乃 段士民，王喜勇，刘会良等 233
新疆：尼勒克 段士民，王喜勇，刘会良 Zhangdy359
新疆：奇台 段士民，王喜勇，刘会良等 126
新疆：温泉 许炳强，胡伟明 XiaNH-07ZX-855
Typha minima Funck ex Hoppe 小香蒲
黑龙江：海林 郑宝江，丁晓炎，王美娟等 ZhengBJ304
黑龙江：五大连池 孙阎，杜景红 SunY105
吉林：磐石 安海成 AnHC0436
山东：槐荫区 高德民，邵尉 Lilan968
山西：交城 张海博，刘明光，廉凯敏 Zhangf0178
Typha orientalis C. Presl 东方香蒲
安徽：芜湖 洪欣，唐成丰 Zhousb0103
安徽：休宁 唐鑫生，方建新 TangXS0473
福建：平潭 于文涛，陈旭东 YUWT042
河北：桃城 牛玉璐，高彦飞，赵二涛 NiuYL412
黑龙江：虎林市 王庆贵 CaoW694
黑龙江：五大连池 孙阎，杜景红 SunY104
湖北：竹溪 甘啟良 GanQL162
湖南：石门 陈功锡，张代贵，邓涛等 SCSB-HC-2007533
湖南：永定区 吴福川 7044
吉林：镇赉 杨帆，马红媛，安丰华 SNA0138
江苏：句容 王兆银，吴宝成 SCSB-JS0174
江苏：射阳 吴宝成 HANGYY8268
江西：庐山区 谭策铭，董安淼 TCM09037
江西：星子 董安淼，吴从梅 TanCM2232
辽宁：桓仁 祝业平 CaoW983
内蒙古：武川 蒲拴莲，刘润宽，刘毅等 M219
山东：东营区 曹子谊，韩国营，吕蕾等 Zhaozt0083
山西：交城 焦磊，廉凯敏，张海博 Zhangf0179
四川：射洪 袁明 YUANM2016L225
四川：汶川 袁明，高刚，杨勇 YM2014034
云南：德钦 孙振华，郑志兴，沈蕊等 OuXK-YS-247
云南：东川区 闫海忠，孙振华，王文礼等 OuxK-DC-0013
云南：景东 罗忠华，谢有能，刘长铭等 JDNR084
Typha przewalskii Skvortsov 普香蒲 *
黑龙江：宁安 刘玫，张欣欣，程薪宇等 Liuetal515

Ulmaceae 榆科

榆科	世界	中国	种质库
属 / 种（种下等级）/ 份数	8/35	3/25	3/15(16)/50

Hemiptelea davidii (Hance) Planchon 刺榆
山东：历城区 步瑞兰，辛晓伟，张世尧等 lilan778
Ulmus androssowii Litvinov var. **subhirsuta** (C. K. Schneider)

P. H. Huang et al. 毛枝榆 *
云南：腾冲 周应再 Zhyz-439
Ulmus bergmanniana C. K. Schneider 兴山榆 *
湖北：竹溪 李盛兰 GanQL877
Ulmus chenmoui W. C. Cheng 琅琊榆 *
安徽：滁州 吴宝成 HANGYY8004
Ulmus davidiana Planchon 黑榆
山东：海阳 高德民，辛晓伟，郭雷 Lilan705
Ulmus davidiana var. **japonica** (Rehder) Nakai 春榆
湖北：竹溪 李盛兰 GanQL874
吉林：磐石 安海成 AnHC0279
山东：崂山区 罗艳，邓建平 LuoY247
山东：牟平区 卞福花 BianFH-0166
山东：新泰 步瑞兰，辛晓伟，高丽丽 Lilan792
Ulmus elongata L. K. Fu & C. S. Ding 长序榆 *
安徽：祁门 洪欣，王欧文 ZSB384
Ulmus gaussenii W. C. Cheng 醉翁榆 *
安徽：滁州 吴宝成 HANGYY8001
Ulmus glaucescens Franchet 旱榆 *
山东：历城区 高德民，张颖颖，程丹丹等 lilan537
Ulmus laciniata (Trautvetter) Mayr 裂叶榆
吉林：磐石 安海成 AnHC0280
Ulmus macrocarpa Hance 大果榆
河北：赤城 牛玉璐，王晓亮 NiuYL509
黑龙江：宁安 王臣，张欣欣，史传奇 WangCh286
吉林：集安 郑宝江，潘磊 ZhengBJ049
吉林：磐石 安海成 AnHC0298
山东：历下区 高德民，辛晓伟 Lilan696
Ulmus parvifolia Jacquin 榔榆
安徽：镜湖区 李中林 ZhouSB0262
安徽：休宁 唐鑫生，方建新 TangXS0500
贵州：花溪区 赵厚涛，韩国营 YBG025
河南：浉河区 朱鑫鑫，石琳琳，徐坤等 ZhuXX205
湖南：古丈 刘克明，朱晓文 SCSB-HN-0548
湖南：江永 蔡秀珍，田淑珍，肖乐希 SCSB-HN-0627
湖南：南岳区 刘克明，相银龙 SCSB-HN-1392A
湖南：炎陵 孙秋妍，陈珮珮 SCSB-HN-1521
湖南：岳麓区 肖乐希，丛义艳 SCSB-HN-0661
湖南：岳麓区 朱香清，田淑珍，刘克明 SCSB-HN-1484A
江苏：句容 王兆银，吴宝成 SCSB-JS0375
江苏：南京 吴宝成 SCSB-JS0500
江西：庐山区 谭策铭，董安淼 TCM09095
山东：泰山区 杜超，张璐璐，王慧燕等 Zhaozt0194
山东：长清区 高德民，张诏，王萍等 lilan529
陕西：长安区 田陌，田先华 TianXH534
Ulmus prunifolia W. C. Cheng & L. K. Fu 李叶榆 *
湖北：竹溪 李盛兰 GanQL865
Ulmus pumila Linnaeus 榆树
安徽：蜀山区 陈延松，徐忠东，耿明 Xuzd014
河北：桃城 牛玉璐，高彦飞，黄士良 NiuYL143
黑龙江：肇东 刘玫，张欣欣，程薪宇等 Liuetal390
湖北：竹溪 李盛兰 GanQL866
吉林：抚松 韩忠明 Yanglm0430
吉林：磐石 安海成 AnHC007
江苏：句容 吴宝成 HANGYY8008
宁夏：盐池 左忠，刘华 ZuoZh283
Zelkova schneideriana Handel-Mazzetti 大叶榉树 *
湖北：竹溪 甘霖 GanQL646
江西：庐山区 董安淼，吴从梅 TanCM2215
Zelkova serrata (Thunberg) Makino 榉树
安徽：黄山区 唐鑫生，宋曰钦，方建新 TangXS0554
江西：庐山区 董安淼，吴从梅 TanCM2255
山东：崂山区 高德民，邵尉，吴燕秋 Lilan906
山东：崂山区 高德民，步瑞兰，辛晓伟等 Lilan691

Urticaceae 荨麻科

荨麻科	世界	中国	种质库
属 / 种（种下等级）/ 份数	55/2626	26/～430	20/104(121)/941

Boehmeria clidemioides Miquel 白面苎麻
安徽：宣城 刘淼 HANGYY8109
河南：栾川 何明高，付婷婷，水庆艳 Huangzy0090
河南：南召 何明高，付婷婷，水庆艳 Huangzy0225
河南：嵩县 何明高，付婷婷，水庆艳 Huangzy0164
四川：米易 刘静，袁明 MY-048
云南：江城 刘飞虎 Liufh0075
云南：景东 鲁艳 07-163
云南：腾冲 周应再 Zhyz-163
云南：盈江 王立彦，桂魏，刀江飞 SCSB-TBG-120
云南：永德 李永亮 YDDXS0570
Boehmeria clidemioides var. **diffusa** (Weddell) Handel-Mazzetti 序叶苎麻
安徽：休宁 唐鑫生，方建新 TangXS0341
安徽：黟县 刘淼 SCSB-JSB26
贵州：镇宁 刘飞虎 Liufh0267
湖北：五峰 陈功锡，张代贵 SCSB-HC-2008299
湖北：宣恩 祝文志，刘志祥，曹远俊 ShenZH0070
湖北：竹溪 李盛兰 GanQL201
湖南：洪江 李胜华，伍贤进，刘光华等 Wuxj1032
江西：武宁 谭策铭，张吉华 TanCM404
四川：峨眉山 李小杰 LiXJ681
云南：个旧 刘飞虎 Liufh0325
云南：江城 刘飞虎 Liufh0040
云南：江城 刘飞虎 Liufh0049
云南：江城 刘飞虎 Liufh0050
云南：江城 刘飞虎 Liufh0076
云南：景东 刘长铭，罗庆光，袁小龙等 JDNR11011
云南：景洪 刘飞虎 Liufh0037
云南：龙陵 孙兴旭 SunXX166
云南：禄劝 刘飞虎 Liufh0066
云南：南涧 阿国仁，熊绍荣，邹国娟等 NJWLS2008008
云南：盘龙区 刘飞虎 Liufh0268
云南：腾冲 余新林，赵玮 BSGLGStc087
云南：文山 何德明 WSLJS876
云南：文山 何德明，高发能 WSLJS1050
云南：武定 刘飞虎 Liufh0069
云南：西山区 刘飞虎 Liufh0017
云南：西山区 刘飞虎 Liufh0026
云南：永德 李永亮 LiYL1426
云南：永德 李永亮 YDDXS0172
浙江：开化 李宏庆，熊申展，桂萍 Lihq0422
Boehmeria dolichostachya W. T. Wang 长序苎麻 *
贵州：凯里 陈功锡，张代贵 SCSB-HC-2008118
Boehmeria formosana Hayata 海岛苎麻
安徽：徽州区 方建新 TangXS0770

湖南：永顺 陈功锡，张代贵 SCSB-HC-2008382
江西：黎川 童和平，王玉珍，常迪江等 TanCM2066
江西：修水 缪以清，余于明 TanCM643

Boehmeria glomerulifera Miquel **腋球苎麻**

云南：绿春 黄连山保护区科研所 HLS0217
云南：绿春 黄连山保护区科研所 HLS0218
云南：马关 税玉民，陈文红 16122
云南：勐腊 刘飞虎 Liufh0371
云南：勐腊 刘飞虎 Liufh0384
云南：勐腊 刘飞虎 Liufh0386
云南：普洱 刘飞虎 Liufh0036

Boehmeria hamiltoniana Weddell **细序苎麻**

云南：景谷 叶金科 YNS0399
云南：绿春 彭华，向春雷，陈丽等 P.H.5596

Boehmeria japonica (Linnaeus f.) Miquel **野线麻**

安徽：黄山区 唐鑫生，方建新 TangXS0515
安徽：蜀山区 陈延松，徐忠东，耿明 Xuzd033
安徽：歙县 方建新 TangXS0811
广西：八步区 吴望辉，黄俞淞，蒋日红 Liuyan0318
贵州：江口 彭华，王英，陈丽 P.H.5131
贵州：南明区 邹方伦 ZouFL0052
湖北：仙桃 张代贵 Zdg2176
湖南：永定区 吴福川，查学州 7163
湖南：永顺 陈功锡，张代贵 SCSB-HC-2008377
江苏：句容 吴宝成，王兆银 HANGYY8313
江苏：句容 吴宝成，王兆银 HANGYY8368
江西：黎川 童和平，王玉珍，常迪江等 TanCM2079
江西：庐山区 谭策铭，董安淼 TanCM535
江西：武宁 谭策铭，张吉华 TanCM407
山东：莱山区 卞福花，宋言贺 BianFH-579
山东：崂山区 罗艳，李中华 LuoY396
山东：崂山区 赵遵田，郑国伟，杜超等 Zhaozt0152
山东：历城区 步瑞兰，辛晓伟，张世尧等 lilan776
山东：牟平区 卞福花，卢学新，纪伟等 BianFH00064

Boehmeria macrophylla Hornemann **水苎麻**

贵州：罗甸 邹方伦 ZouFL0044
江西：龙南 梁跃龙，廖海红 LiangYL108
云南：贡山 许炳强，吴兴，李婧等 XiaNh-07zx-097
云南：建水 刘成，蔡杰，胡枭剑 12CS4747
云南：金平 喻智勇，官兴永，张云飞等 JinPing57
云南：景谷 胡启和，周英，仇亚 YNS0653
云南：勐腊 刘飞虎 Liufh0377
云南：南涧 张世雄，时国彩 NJWLS2008071
云南：腾冲 周应再 Zhyz-161
云南：新平 谢天华，郎定富 XPALSA103
云南：新平 刘飞虎 Liufh0391
云南：新平 刘家良 XPALSD274
云南：盈江 王立彦，桂魏 SCSB-TBG-142
云南：永德 李永亮 LiYL1469
云南：永德 李永亮 LiYL1604
云南：永德 李永亮 YDDXS1002
云南：云龙 彭华，陈丽 P.H.5398

Boehmeria macrophylla var. **canescens** (Weddell) D. G. Long **灰绿水苎麻**

云南：江城 刘飞虎 Liufh0039
云南：勐腊 刘飞虎 Liufh0369
云南：勐腊 刘飞虎 Liufh0373
云南：勐腊 刘飞虎 Liufh0383
云南：勐腊 刘飞虎 Liufh0385
云南：普洱 胡启和，仇亚，周英等 YNS0720

Boehmeria macrophylla var. **scabrella** (Weddell) D. G. Long **糙叶苎麻**

山东：海阳 张少华，张诏，程丹丹等 Lilan682
云南：昌宁 刘飞虎 Liufh0061
云南：河口 刘飞虎 Liufh0316
云南：江城 刘飞虎 Liufh0046
云南：景东 罗忠华，刘长铭，李绍昆等 JDNR09070
云南：勐腊 刘飞虎 Liufh0368
云南：文山 何德明，丰艳飞，韦荣彪等 WSLJS782
云南：永德 李永亮，马文军 YDDXSB171
云南：元江 刀志灵，陈渝，张洪喜 DZL-203

Boehmeria nivea (Linnaeus) Gaudichaud-Beaupré **苎麻**

安徽：金寨 陈延松，欧祖兰，白雅洁 Xuzd196
安徽：金寨 刘淼 SCSB-JSC56
安徽：舒城 陈延松，欧祖兰，高秋晨等 Xuzd457
安徽：屯溪区 方建新 TangXS0018
重庆：南川区 易思荣 YISR009
贵州：关岭 刘飞虎 Liufh0260
贵州：花溪区 刘飞虎 Liufh0261
贵州：花溪区 刘飞虎 Liufh0263
贵州：黎平 王成 SCSB-HN-1086
贵州：望谟 邹方伦 ZouFL0053
贵州：息烽 刘飞虎 Liufh0264
湖北：恩施 李正辉，艾洪莲 AHL2042
湖北：五峰 陈功锡，张代贵 SCSB-HC-2008306
湖北：五峰 陈功锡，张代贵 SCSB-HC-2008397
湖北：五峰 李平 AHL099
湖南：安化 旷仁平，盛波 SCSB-HN-1984
湖南：古丈 刘克明，朱晓文 SCSB-HN-0542
湖南：鹤城区 李胜华，伍贤进，刘光华等 Wuxj836
湖南：怀化 李胜华，伍贤进，曾汉元等 HHXY226
湖南：怀化 李胜华，伍贤进，曾汉元等 HHXY399
湖南：会同 陈丰林 SCSB-HN-1169
湖南：会同 李胜华，伍贤进，曾汉元等 Wuxj999
湖南：会同 王成 SCSB-HN-1125
湖南：江永 蔡秀珍，田淑珍，肖乐希 SCSB-HN-0623
湖南：澧县 田淑珍 SCSB-HN-1067
湖南：醴陵 刘飞虎 Liufh0350
湖南：醴陵 刘飞虎 Liufh0351
湖南：醴陵 刘飞虎 Liufh0352
湖南：醴陵 刘飞虎 Liufh0353
湖南：醴陵 刘飞虎 Liufh0354
湖南：醴陵 刘飞虎 Liufh0356
湖南：醴陵 刘飞虎 Liufh0357
湖南：醴陵 刘飞虎 Liufh0358
湖南：醴陵 刘飞虎 Liufh0359
湖南：浏阳 蔡秀珍 SCSB-HN-1045
湖南：浏阳 刘飞虎 Liufh0236
湖南：浏阳 刘飞虎 Liufh0237
湖南：浏阳 刘飞虎 Liufh0238
湖南：浏阳 刘飞虎 Liufh0239
湖南：浏阳 刘飞虎 Liufh0240
湖南：浏阳 刘飞虎 Liufh0241
湖南：浏阳 刘飞虎 Liufh0243
湖南：浏阳 刘飞虎 Liufh0244
湖南：浏阳 刘飞虎 Liufh0245

湖南：浏阳 刘飞虎 Liufh0246
湖南：浏阳 刘飞虎 Liufh0247
湖南：浏阳 刘飞虎 Liufh0248
湖南：浏阳 刘飞虎 Liufh0249
湖南：浏阳 刘飞虎 Liufh0250
湖南：浏阳 刘飞虎 Liufh0251
湖南：浏阳 刘飞虎 Liufh0252
湖南：浏阳 刘飞虎 Liufh0256
湖南：浏阳 刘飞虎 Liufh0257
湖南：浏阳 刘飞虎 Liufh0258
湖南：浏阳 刘飞虎 Liufh0270
湖南：浏阳 刘飞虎 Liufh0271
湖南：浏阳 刘飞虎 Liufh0272
湖南：浏阳 刘飞虎 Liufh0300
湖南：浏阳 刘飞虎 Liufh0301
湖南：浏阳 刘飞虎 Liufh0360
湖南：浏阳 刘飞虎 Liufh0361
湖南：浏阳 刘飞虎 Liufh0362
湖南：浏阳 刘飞虎 Liufh0363
湖南：浏阳 刘飞虎 Liufh0364
湖南：南岳区 刘克明，相银龙 SCSB-HN-1418
湖南：宁乡 熊凯辉，王得刚 SCSB-HN-1962
湖南：宁乡 熊凯辉，王得刚 SCSB-HN-2028
湖南：新化 李伟，刘克明 SCSB-HN-1665
湖南：新宁 刘飞虎 Liufh0439
湖南：新宁 刘飞虎 Liufh0440
湖南：新宁 刘飞虎 Liufh0441
湖南：炎陵 孙秋妍，陈珮珮 SCSB-HN-1519
湖南：永定区 廖博儒，吴福川，查学州等 57
湖南：永顺 陈功锡，张代贵 SCSB-HC-2008370
湖南：沅陵 周丰杰，刘克明 SCSB-HN-1381
湖南：岳麓区 熊凯辉，刘克明 SCSB-HN-2191
湖南：长沙 蔡秀珍，田淑珍 SCSB-HN-0760
湖南：长沙 刘飞虎 Liufh0259
湖南：长沙 熊凯辉，刘克明 SCSB-HN-2177
湖南：长沙 熊凯辉，刘克明 SCSB-HN-2180
湖南：株洲 刘飞虎 Liufh0253
湖南：株洲 刘飞虎 Liufh0254
湖南：株洲 刘飞虎 Liufh0255
湖南：株洲 刘飞虎 Liufh0346
湖南：株洲 刘飞虎 Liufh0347
湖南：株洲 刘飞虎 Liufh0348
湖南：株洲 刘飞虎 Liufh0349
湖南：株洲 刘飞虎 Liufh0355
湖南：资兴 蔡秀珍 SCSB-HN-1259
江苏：句容 王兆银，吴宝成 SCSB-JS0278
江苏：南京 顾子霞 SCSB-JS0438
江西：东湖区 刘飞虎 Liufh0292
江西：东湖区 刘飞虎 Liufh0293
江西：高安 刘飞虎 Liufh0294
江西：高安 刘飞虎 Liufh0295
江西：九江 刘飞虎 Liufh0280
江西：九江 刘飞虎 Liufh0283
江西：九江 刘飞虎 Liufh0284
江西：九江 刘飞虎 Liufh0285
江西：九江 刘飞虎 Liufh0286
江西：九江 刘飞虎 Liufh0287
江西：九江 刘飞虎 Liufh0288
江西：芦溪 刘飞虎 Liufh0275
江西：萍乡 刘飞虎 Liufh0274
江西：上高 刘飞虎 Liufh0279
江西：上栗 刘飞虎 Liufh0273
江西：上栗 刘飞虎 Liufh0298
江西：上栗 刘飞虎 Liufh0299
江西：湾里区 刘飞虎 Liufh0290
江西：湾里区 刘飞虎 Liufh0291
江西：万载 刘飞虎 Liufh0278
江西：星子 谭策铭，董安淼 TCM09084
江西：宜春 刘飞虎 Liufh0276
江西：宜春 刘飞虎 Liufh0277
江西：宜丰 刘飞虎 Liufh0296
江西：宜丰 刘飞虎 Liufh0297
陕西：长安区 王梅荣，田先华，田陌 TianXH061
四川：金堂 刘飞虎 Liufh0123
四川：乐至 邓兴敏，邓秀发，张昌兵 ZCB0439
四川：中江 刘飞虎 Liufh0124
四川：中江 刘飞虎 Liufh0125
云南：个旧 刘飞虎 Liufh0324
云南：个旧 刘飞虎 Liufh0327
云南：个旧 刘飞虎 Liufh0328
云南：个旧 刘飞虎 Liufh0331
云南：金平 税玉民，陈文红 80716
云南：景洪 彭华，向春雷，王泽欢 PengH8485
云南：昆明 刘飞虎 Liufh0081
云南：昆明 刘飞虎 Liufh0084
云南：昆明 刘飞虎 Liufh0085
云南：昆明 刘飞虎 Liufh0086
云南：昆明 刘飞虎 Liufh0087
云南：昆明 刘飞虎 Liufh0088
云南：昆明 刘飞虎 Liufh0089
云南：昆明 刘飞虎 Liufh0090
云南：昆明 刘飞虎 Liufh0091
云南：昆明 刘飞虎 Liufh0092
云南：昆明 刘飞虎 Liufh0093
云南：昆明 刘飞虎 Liufh0094
云南：昆明 刘飞虎 Liufh0095
云南：昆明 刘飞虎 Liufh0096
云南：昆明 刘飞虎 Liufh0097
云南：昆明 刘飞虎 Liufh0098
云南：昆明 刘飞虎 Liufh0099
云南：昆明 刘飞虎 Liufh0100
云南：昆明 刘飞虎 Liufh0101
云南：昆明 刘飞虎 Liufh0102
云南：昆明 刘飞虎 Liufh0103
云南：昆明 刘飞虎 Liufh0104
云南：昆明 刘飞虎 Liufh0105
云南：昆明 刘飞虎 Liufh0106
云南：昆明 刘飞虎 Liufh0107
云南：昆明 刘飞虎 Liufh0108
云南：昆明 刘飞虎 Liufh0109
云南：昆明 刘飞虎 Liufh0110
云南：昆明 刘飞虎 Liufh0111
云南：昆明 刘飞虎 Liufh0112
云南：昆明 刘飞虎 Liufh0113
云南：昆明 刘飞虎 Liufh0114
云南：昆明 刘飞虎 Liufh0115

云南：昆明 刘飞虎 Liufh0116
云南：昆明 刘飞虎 Liufh0117
云南：昆明 刘飞虎 Liufh0118
云南：昆明 刘飞虎 Liufh0119
云南：昆明 刘飞虎 Liufh0120
云南：昆明 刘飞虎 Liufh0121
云南：昆明 刘飞虎 Liufh0392
云南：昆明 刘飞虎 Liufh0393
云南：昆明 刘飞虎 Liufh0394
云南：昆明 刘飞虎 Liufh0395
云南：昆明 刘飞虎 Liufh0396
云南：昆明 刘飞虎 Liufh0397
云南：昆明 刘飞虎 Liufh0398
云南：昆明 刘飞虎 Liufh0399
云南：昆明 刘飞虎 Liufh0400
云南：昆明 刘飞虎 Liufh0404
云南：昆明 刘飞虎 Liufh0405
云南：昆明 刘飞虎 Liufh0406
云南：昆明 刘飞虎 Liufh0407
云南：昆明 刘飞虎 Liufh0408
云南：昆明 刘飞虎 Liufh0409
云南：昆明 刘飞虎 Liufh0410
云南：昆明 刘飞虎 Liufh0411
云南：昆明 刘飞虎 Liufh0412
云南：昆明 刘飞虎 Liufh0413
云南：昆明 刘飞虎 Liufh0414
云南：昆明 刘飞虎 Liufh0415
云南：昆明 刘飞虎 Liufh0416
云南：昆明 刘飞虎 Liufh0417
云南：昆明 刘飞虎 Liufh0418
云南：昆明 刘飞虎 Liufh0419
云南：昆明 刘飞虎 Liufh0420
云南：昆明 刘飞虎 Liufh0421
云南：昆明 刘飞虎 Liufh0422
云南：昆明 刘飞虎 Liufh0423
云南：昆明 刘飞虎 Liufh0424
云南：昆明 刘飞虎 Liufh0425
云南：昆明 刘飞虎 Liufh0426
云南：昆明 刘飞虎 Liufh0427
云南：昆明 刘飞虎 Liufh0428
云南：昆明 刘飞虎 Liufh0430
云南：昆明 刘飞虎 Liufh0431
云南：昆明 刘飞虎 Liufh0433
云南：昆明 刘飞虎 Liufh0436
云南：昆明 刘飞虎 Liufh0437
云南：昆明 刘飞虎 Liufh0438
云南：马关 刘飞虎 Liufh0306
云南：马关 刘飞虎 Liufh0308
云南：勐腊 谭运洪，余涛 B494
云南：弥勒 刘飞虎 Liufh0302
云南：弥勒 刘飞虎 Liufh0336
云南：墨江 刘飞虎 Liufh0127
云南：腾冲 余新林，赵玮 BSGLGStc086
云南：文山 刘飞虎 Liufh0303
云南：永德 李永亮 YDDXS0959
浙江：余杭区 葛斌杰 Lihq0142

Boehmeria nivea var. tenacissima (Gaudichaud-Beaupré) Miquel 青叶苎麻

安徽：宁国 洪欣，陶旭 ZSB287
安徽：石台 洪欣，王欧文 ZSB376
安徽：石台 陈延松，吴国伟，洪欣 Zhousb0070
安徽：歙县 方建新 TangXS1018
贵州：铜仁 彭华，王英，陈丽 P.H.5189
湖北：仙桃 李巨平 Lijuping0323
湖北：宣恩 沈泽昊 HXE017
江西：黎川 童和平，王玉珍 TanCM1931
江西：庐山区 董安淼，吴从梅 TanCM2873
云南：建水 刘成，蔡杰，胡枭剑 12CS4746
云南：澜沧 彭华，向春雷，陈丽等 P.H.5759
云南：澜沧 彭华，向春雷，陈丽等 P.H.5761
云南：麻栗坡 肖波 LuJL252
云南：孟连 彭华，向春雷，陈丽 P.H.5797
云南：思茅区 胡启和，叶金科，张绍云 YNS1351
云南：永德 李永亮 YDDXS0111
浙江：鄞州区 李宏庆，葛斌杰，刘国丽 Lihq0098

Boehmeria penduliflora Weddell ex D. G. Long 长叶苎麻

广西：上思 许为斌，黄俞淞，梁永延等 Liuyan0217
云南：保山 刘飞虎 Liufh0059
云南：昌宁 刘飞虎 Liufh0064
云南：大理 刘飞虎 Liufh0056
云南：河口 刀志灵，张洪喜 DZL535
云南：江城 刘飞虎 Liufh0077
云南：金平 喻智勇，官兴永，张云飞等 JinPing13
云南：景东 鲁艳 07-171
云南：景东 罗忠华，刘长铭，李绍昆等 JDNR09068
云南：景谷 胡启和，周英，仇亚 YNS0658
云南：澜沧 胡启和，仇亚，周英等 YNS0700
云南：澜沧 彭华，向春雷，陈丽等 P.H.5760
云南：澜沧 彭华，向春雷，陈丽 P.H.5763
云南：隆阳区 赵玮 BSGLGSly193
云南：绿春 彭华，向春雷，陈丽等 P.H.5611
云南：麻栗坡 肖波 LuJL091
云南：马关 刘飞虎 Liufh0312
云南：勐腊 刀志灵，崔景云 DZL-161
云南：勐腊 刘飞虎 Liufh0372
云南：勐腊 刘飞虎 Liufh0375
云南：勐腊 刘飞虎 Liufh0378
云南：勐腊 刘飞虎 Liufh0380
云南：墨江 彭华，向春雷，陈丽等 P.H.5669
云南：墨江 彭华，向春雷，陈丽等 P.H.5671
云南：南涧 熊绍荣 njwls2007158
云南：宁洱 蔡杰，王立松 09CS1034
云南：屏边 楚永兴 Pbdws083
云南：普洱 刀志灵，陈渝 DZL578
云南：普洱 刘飞虎 Liufh0030
云南：普洱 刘飞虎 Liufh0079
云南：文山 何德明，丰艳飞 WSLJS686
云南：新平 自正尧 XPALSB507
云南：永德 李永亮 YDDXS0048
云南：元江 刀志灵，陈渝，张洪喜 DZL-205
云南：元江 孙振华，王文礼，宋晓卿等 Ouxk-YJ-0031

Boehmeria pilosiuscula (Blume) Hasskarl 疏毛苎麻

云南：江城 刘飞虎 Liufh0041
云南：澜沧 胡启和，仇亚，周英等 YNS0701
云南：隆阳区 尹学建 BSGLGSly2048
云南：普洱 刘飞虎 Liufh0027

Boehmeria polystachya Weddell 歧序苎麻
西藏：错那 罗建，汪书丽 LiuJQ11XZ207
云南：普洱 胡启和，仇亚，周英等 YNS0713
Boehmeria siamensis Craib 八棱麻
云南：景东 鲁艳 200844
云南：永德 李永亮 YDDXS0105
Boehmeria silvestrii (Pampanini) W. T. Wang 赤麻
湖北：神农架林区 李巨平 LiJuPing0114
山东：东港区 高德民，邵尉 Lilan934
山东：莒县 高德民，步瑞兰，辛晓伟等 Lilan820
陕西：宁陕 田先华，杜青高 TianXH062
Boehmeria spicata (Thunberg) Thunberg 小赤麻
安徽：黄山区 方建新 TangXS0328
安徽：金寨 陈延松，欧祖兰，刘旭升 Xuzd204
安徽：舒城 陈延松，欧祖兰，高秋晨等 Xuzd456
安徽：宣城 刘淼 HANGYY8102
北京：房山区 宋松泉 BJ020
北京：房山区 宋松泉 BJ021
重庆：南川区 易思荣 YISR020
河南：鲁山 宋松泉 HN033
河南：鲁山 宋松泉 HN090
河南：鲁山 宋松泉 HN139
湖北：五峰 陈功锡，张代贵 SCSB-HC-2008310
湖北：英山 朱鑫鑫，甄爱国，孙增朋等 ZhuXX075
湖北：竹溪 李盛兰 GanQL840
湖南：双牌 姜孝成，王丽萍，李育华 Jiangxc0827
江西：武宁 谭策铭，张吉华 TanCM396
山东：莱山区 卞福花，宋言贺 BianFH-580
山东：牟平区 卞福花 BianFH-0238
四川：宝兴 袁明 Y07096
Boehmeria tomentosa Weddell 密毛苎麻
云南：个旧 刘飞虎 Liufh0322
云南：龙陵 孙兴旭 SunXX164
云南：弥勒 刘飞虎 Liufh0335
云南：镇沅 何忠云，王立东 ALSZY078
Boehmeria tricuspis (Hance) Makino 八角麻
安徽：金寨 刘淼 SCSB-JSC31
河南：栾川 黄振英，于顺利，杨学军 Huangzy0004
河南：南召 黄振英，于顺利，杨学军 Huangzy0172
河南：嵩县 黄振英，于顺利，杨学军 Huangzy0102
湖北：英山 朱鑫鑫，王君 ZhuXX031
湖北：竹溪 李盛兰 GanQL231
湖南：会同 李胜华，伍贤进，曾汉元等 Wuxj978
湖南：江华 肖乐希 SCSB-HN-1630
湖南：南岳区 刘克明，相银龙，周磊 SCSB-HN-1752
湖南：新化 周丰杰，刘克明 SCSB-HN-1663
湖南：炎陵 刘应迪，孙秋妍，陈珮珮 SCSB-HN-1522
湖南：沅陵 周丰杰，刘克明 SCSB-HN-1314
湖南：沅陵 李胜华，伍贤进，曾汉元等 Wuxj959
江西：庐山区 谭策铭，董安淼 TanCM529
山东：平邑 高德民，辛晓伟，张世尧等 Lilan873
山西：阳城 张贵平，吴琼，连俊强等 Zhangf0023
四川：万源 张桥蓉，余华 15CS11539
Boehmeria umbrosa (Handell-Mazzetti) W. T. Wang 阴地苎麻 *
安徽：金寨 陈延松，欧祖兰，姜九龙 Xuzd236
安徽：舒城 陈延松，欧祖兰，高秋晨等 Xuzd439
安徽：休宁 唐鑫生，方建新 TangXS0340
湖南：浏阳 刘飞虎 Liufh0242
江西：九江 刘飞虎 Liufh0282
四川：峨眉山 李小杰 LiXJ238
云南：麻栗坡 肖波 LuJL211
云南：马关 刘飞虎 Liufh0311
Boehmeria zollingeriana Weddell 帚序苎麻
云南：大理 刘飞虎 Liufh0065
云南：富宁 蔡杰，张挺 12CS5730
云南：澜沧 刀志灵 DZL543
云南：绿春 黄连山保护区科研所 HLS0375
云南：思茅区 张绍云，叶金科，胡启和 YNS1216
云南：永德 李永亮 LiYL1432
云南：镇沅 叶金科 YNS0410
Chamabainia cuspidata Wight 微柱麻
湖北：神农架林区 李巨平 LiJuPing0181
江西：靖安 张吉华，刘运群 TanCM1175
四川：壤塘 张挺，李爱花，刘成等 08CS848
云南：河口 田学军，杨建，高波等 TianXJ243
云南：景东 刘长铭，李先耀，李强平等 JDNR11072
云南：南涧 饶富玺，阿国仁，何贵才 NJWLS790
云南：南涧 熊绍荣 NJWLS2008091
云南：新平 何罡安 XPALSB457
云南：永德 李永亮 YDDXS0603
Debregeasia elliptica C. J. Chen 椭圆叶水麻
四川：峨眉山 李小杰 LiXJ383
云南：绿春 黄连山保护区科研所 HLS0383
云南：马关 DNA barcoding B 组 GBOWS0676
Debregeasia longifolia (N. L. Burman) Weddell 长叶水麻
广西：上思 许为斌，黄俞淞，梁永延等 Liuyan0225
四川：米易 袁明 MY339
云南：沧源 赵金超 CYNGH055
云南：贡山 李恒，李嵘 928
云南：贡山 王四海，唐春云，余奇 WangSH-07ZX-009
云南：江城 叶金科 YNS0431
云南：景东 谢有能，张明勇，段玉伟 JD140
云南：景洪 胡启和，仇亚，周英等 YNS0676
云南：龙陵 孙兴旭 SunXX014
云南：隆阳区 段在贤，代如亮，赵玮 BSGLGS1y057
云南：隆阳区 段在贤，密得生，杨海等 BSGLGS1y1045
云南：隆阳区 段在贤，尹布贵，刀开国等 BSGLGS1y1217
云南：隆阳区 赵玮，莫连贤，段在贤 BSGLGS1y021
云南：绿春 黄连山保护区科研所 HLS0095
云南：绿春 刀志灵，张洪喜 DZL527
云南：麻栗坡 肖波 LuJL072
云南：蒙自 税玉民，陈文红 72528
云南：南涧 熊绍荣 NJWLS708
云南：普洱 胡启和，周英，仇亚 YNS0623
云南：普洱 胡启和，仇亚，周英等 YNS0686
云南：普洱 胡启和，仇亚，周英等 YNS0687
云南：普洱 刀志灵 DZL-109
云南：普洱 张绍云 YNS0101
云南：思茅区 张绍云，胡启和，仇亚 YNS1034
云南：腾冲 李爱花，黄之镨，黄押稳等 SCSB-A-000282
云南：腾冲 周应再 Zhyz-113
云南：漾濞 张德全，王应龙，文青华等 ZDQ041
云南：盈江 王立彦，徐桂华 SCSB-TBG-077
云南：永平 刀志灵 DZL475
云南：永平 王文礼，冯欣，刘飞鹏 OUXK11005

云南：元江 孙振华，王文礼，宋晓卿等 Ouxk-YJ-0032
云南：元阳 浦仕梅，刘成，杨娅娟等 YYGYS013
云南：云龙 刀志灵 DZL404
云南：云龙 孙振华 OuXK-0046

Debregeasia orientalis C. J. Chen 水麻
贵州：江口 周云，张勇 XiangZ116
湖北：兴山 张代贵 Zdg1251
湖北：宣恩 许玥，祝文志，刘志祥等 ShenZH4873
湖南：永定区 吴福川 7026
陕西：紫阳 田先华，王孝安 TianXH1080
四川：射洪 袁明 YUANM2016L167
云南：大理 刘飞虎 Liufh0055
云南：东川区 刘飞虎 Liufh0230
云南：富民 刘飞虎 Liufh0071
云南：个旧 刘飞虎 Liufh0321
云南：贡山 刘杰，刘基男，陈凯 GLGE141005
云南：贡山 刀志灵 DZL306
云南：河口 税玉民，陈文红 71731
云南：河口 刘飞虎 Liufh0318
云南：河口 刘飞虎 Liufh0319
云南：金平 税玉民，陈文红 80533
云南：金平 喻智勇，官兴永，张云飞等 JinPing35
云南：金平 喻智勇，官兴永，张云飞等 JinPing36
云南：景洪 张挺，王建军，廖琼 SCSB-B-000253
云南：景洪 刘飞虎 Liufh0365
云南：兰坪 孔航辉，任琛 Yangqe2914
云南：绿春 税玉民，陈文红 72830
云南：绿春 税玉民，陈文红 73128
云南：绿春 税玉民，陈文红 73136
云南：麻栗坡 肖波 LuJL275
云南：麻栗坡 税玉民，陈文红 72059
云南：马关 刘飞虎 Liufh0307
云南：马关 刘飞虎 Liufh0309
云南：马关 刘飞虎 Liufh0310
云南：马关 刘飞虎 Liufh0313
云南：勐海 彭华，向春雷，陈丽等 P.H.5723
云南：勐腊 刘飞虎 Liufh0366
云南：勐腊 刘飞虎 Liufh0367
云南：勐腊 刘飞虎 Liufh0370
云南：勐腊 刘飞虎 Liufh0376
云南：勐腊 刘飞虎 Liufh0381
云南：勐腊 刘飞虎 Liufh0389
云南：南涧 阿国仁 NJWLS1534
云南：屏边 田学军，杨建，高波等 TianXJ232
云南：屏边 楚永兴，普华柱 Pbdws027
云南：普洱 刘飞虎 Liufh0029
云南：普洱 刘飞虎 Liufh0078
云南：巧家 李文虎，豆文礼，苏普芬等 QJYS0003
云南：瑞丽 谭运洪 B177
云南：石林 刘飞虎 Liufh0232
云南：石林 刘飞虎 Liufh0235
云南：西山区 刘飞虎 Liufh0014
云南：新平 李应富，谢天华，郎定富 XPALSA106
云南：新平 自正尧 XPALSB268
云南：新平 刘家良 XPALSD113

Debregeasia squamata King ex J. D. Hooker 鳞片水麻
广西：融水 许为斌，梁永延，黄俞淞等 Liuyan0184
广西：永福 许为斌，黄俞淞，朱章明 Liuyan0468
广西：昭平 吴望辉，黄俞淞，蒋日红 Liuyan0334
云南：江城 叶金科 YNS0452

Dendrocnide basirotunda (C. Y. Wu) Chew 圆基火麻树
云南：富宁 蔡杰，张挺 12CS5733

Dendrocnide sinuata (Blume) Chew 全缘火麻树
西藏：墨脱 刘成，亚吉东，何华杰等 16CS11893

Dendrocnide urentissima (Gagnepain) Chew 火麻树
广西：那坡 张挺，蔡杰，方伟 12CS3808
云南：个旧 亚吉东，李涟漪 15CS11485

Droguetia iners (Forsskål) Schweinfurth subsp. **urticoides** (Wight) Friis & Wilmot-Dear 单蕊麻
云南：泸水 刘杰，刘基男，陈凯 GLGE141371
云南：屏边 蔡杰，张挺 12CS5642

Elatostema cuspidatum Wight 骤尖楼梯草
四川：峨眉山 李小杰 LiXJ416
云南：景东 刘长铭，刘东 JDNR11065

Elatostema cyrtandrifolium (Zollinger & Moritzi) Miquel 锐齿楼梯草
四川：峨眉山 李小杰 LiXJ654

Elatostema dissectum Weddell 盘托楼梯草
云南：绿春 黄连山保护区科研所 HLS0150

Elatostema involucratum Franchet & Savatier 楼梯草
江西：黎川 童和平，王玉珍 TanCM2764
江西：武宁 张吉华，刘运群 TanCM1181
四川：峨眉山 李小杰 LiXJ509
云南：南涧 饶富玺，阿国仁，何贵才 NJWLS792
云南：文山 何德明，丰艳飞，王成 WSLJS905

Elatostema macintyrei Dunn 多序楼梯草
四川：峨眉山 李小杰 LiXJ405
云南：思茅区 胡启和，仇亚，赵强 YNS0907

Elatostema monandrum (D. Don) H. Hara 异叶楼梯草
云南：新平 何罡安 XPALSB447

Elatostema nasutum J. D. Hooker 托叶楼梯草
云南：文山 何德明，丰艳飞，韦荣彪等 WSLJS754

Elatostema platyphyllum Weddell 宽叶楼梯草
云南：永德 李永亮 YDDXS0096

Elatostema retrohirtum Dunn 曲毛楼梯草 *
云南：文山 何德明 WSLJS828

Elatostema stewardii Merrill 庐山楼梯草 *
江西：修水 缪以清，汪泽林 TanCM1286
四川：峨眉山 李小杰 LiXJ622
浙江：临安 李宏庆，董全英，桂萍 Lihq0443

Elatostema strigulosum W. T. Wang 伏毛楼梯草 *
四川：峨眉山 李小杰 LiXJ559

Girardinia diversifolia (Link) Friis 大蝎子草
贵州：南明区 邹方伦 ZouFL0027
湖北：竹溪 李盛兰 GanQL1107
江西：修水 缪以清，李立新 TanCM1253
四川：峨眉山 李小杰 LiXJ258
四川：射洪 袁明 YUANM2015L138
云南：贡山 郭永杰，吴之坤，吴兴等 14CS9888
云南：景东 罗庆光 JDNR110110
云南：景东 刘长铭，罗庆光，袁小龙等 JDNR11018
云南：澜沧 胡启和，赵强，周英等 YNS0730
云南：澜沧 胡启和，赵强，周英等 YNS0732
云南：龙陵 孙兴旭 SunXX163
云南：南涧 饶富玺，阿国仁，何贵才 NJWLS786
云南：南涧 徐家武，袁立川，罗增阳等 NJWLS2008163

云南：盘龙区 伊廷双，孟静，杨杨 MJ-955
云南：盘龙区 彭华，向春雷，王泽欢 PengH8436
云南：腾冲 周应再 Zhyz-398
云南：腾冲 余新林，赵玮 BSGLGStc293
云南：新平 白绍斌 XPALSC331
云南：盈江 王立彦，桂魏，刀江飞 SCSB-TBG-208
云南：盈江 王立彦，桂魏，刀江飞 SCSB-TBG-209
云南：永德 李永亮 YDDXS0188
云南：永德 李永亮 YDDXS0685
云南：云龙 李施文，张志云 TC5007
云南：镇沅 王立东，何忠云，罗成瑜 ALSZY174
浙江：临安 李宏庆，董全英，桂萍 Lihq0445

Girardinia diversifolia subsp. **suborbiculata** (C. J. Chen) C. J. Chen & Friis 蝎子草
贵州：南明区 邹方伦 ZouFL0051
陕西：长安区 田先华，田陌 TianXH507
云南：沧源 赵金超，肖美芳，汪顺莉 CYNGH256
云南：元江 刀志灵，陈渝 DZL-193

Girardinia diversifolia subsp. **triloba** (C. J. Chen) C. J. Chen & Friis 红火麻 *
湖北：仙桃 张代贵 Zdg3757
湖北：竹溪 李盛兰 GanQL166
四川：米易 刘静，袁明 MY-122

Gonostegia hirta (Blume) Miquel 糯米团
安徽：屯溪区 方建新 TangXS0071
湖南：洪江 李胜华，伍贤进，曾汉元等 Wuxj1024
云南：沧源 赵金超，龙源凤 CYNGH017
云南：麻栗坡 肖波 LuJL278
云南：普洱 叶金科 YNS0387
云南：文山 何德明 WSLJS601
云南：永德 李永亮 YDDXS0758
浙江：鄞州区 葛斌杰，熊申展，胡超 Lihq0451

Gonostegia pentandra (Roxburgh) Miquel 五蕊糯米团
四川：峨眉山 李小杰 LiXJ525
云南：盈江 王立彦，桂魏 SCSB-TBG-158

Laportea bulbifera (Siebold & Zuccarini) Weddell 珠芽艾麻
北京：房山区 宋松泉 BJ019
河南：鲁山 宋松泉 HN030
河南：鲁山 宋松泉 HN087
河南：鲁山 宋松泉 HN136
黑龙江：尚志 王臣，张欣欣，谢博勋等 WangCh350
湖北：仙桃 李巨平 Lijuping0304
江苏：句容 吴宝成，王兆银 HANGYY8385
江西：武宁 谭策铭，张吉华 TanCM430
江西：修水 缪以清，李立新 TanCM1283
陕西：宁陕 田陌，张峰，田先华 TianXH207
西藏：察隅 张挺，蔡杰，袁明 09CS1502
西藏：林芝 罗建，汪书丽，王国严 LiuJQ-09XZ-389
云南：贡山 郭永杰，吴之坤，吴兴等 14CS9863
云南：南涧 饶富玺，阿国仁，何贵才 NJWLS793
云南：香格里拉 张挺，亚吉东，李明勤等 11CS3311
云南：新平 刘家良，刘祝兰，张云德 XPALSD362
云南：永德 李永亮 LiYL1378

Laportea cuspidata (Weddell) Friis 艾麻
黑龙江：宁安 刘玫，张欣欣，程薪宇等 Liuetal537

Lecanthus peduncularis (Wallich ex Royle) Weddell 假楼梯草
云南：贡山 张挺，杨湘云，周明芬等 14CS9667
云南：景东 刘长铭，刘东 JDNR11084
云南：澜沧 张绍云，胡启和，叶金科等 YNS1191
云南：隆阳区 段在贤，刘绍纯 BSGLGS1y070
云南：绿春 HLS0186
云南：绿春 黄连山保护区科研所 HLS0132
云南：南涧 熊绍荣，阿国仁 njwls2007106
云南：屏边 蔡杰，张挺 12CS5640
云南：腾冲 周应再 Zhyz-361
云南：腾冲 余新林，赵玮 BSGLGStc112
云南：盈江 王立彦，桂魏 SCSB-TBG-176
云南：永德 李永亮 YDDXS0583
云南：永德 李永亮 YDDXS0970
云南：镇沅 王立东，何忠云，罗成瑜 ALSZY172

Lecanthus petelotii (Gagnepain) C. J. Chen 越南假楼梯草
云南：南涧 袁玉川，刘云等 NJWLS2008345

Maoutia puya (Hooker) Weddell 水丝麻
四川：米易 袁明 MY613
云南：景东 鲁艳 200898
云南：泸水 刘杰，刘基男，陈凯 GLGE141455
云南：南涧 李成清，高国政，徐如标 NJWLS507
云南：永德 李永亮 LiYL1467
云南：永德 李永亮 YDDXS0109
云南：镇沅 罗成瑜 ALSZY409

Nanocnide japonica Blume 花点草
安徽：屯溪区 方建新 TangXS0714
四川：峨眉山 李小杰 LiXJ356

Nanocnide lobata Weddell 毛花点草
安徽：屯溪区 方建新 TangXS0245
重庆：南川区 易思荣，谭秋平 YISR134
湖北：竹溪 李盛兰 GanQL278
浙江：鄞州区 李宏庆，田怀珍，葛斌杰等 Lihq0199

Oreocnide boniana (Gagnepain) Handel-Mazzetti 膜叶紫麻
云南：河口 刘成，亚吉东，张桥蓉等 16CS14143

Oreocnide frutescens (Thunberg) Miquel 紫麻
安徽：祁门 唐鑫生，方建新 TangXS0463
安徽：石台 洪欣，王欧文 ZSB352
广西：金秀 彭华，向春雷，陈丽 PengH8121
广西：隆安 莫水松，杨金财，胡仁传等 Liuyan1112
广西：永福 许为斌，梁永延，黄俞淞等 Liuyan0188
贵州：黄平 邹方伦 ZouFL0239
湖北：利川 祝文志，刘志祥，曹远俊 ShenZH3473
湖北：竹溪 李盛兰 GanQL172
湖南：东安 刘克明，田淑珍，肖乐希 SCSB-HN-0173
湖南：洞口 肖乐希，谢江 SCSB-HN-1562
湖南：鹤城区 李胜华，伍贤进，曾汉元等 HHXY181
湖南：花垣 刘克明，蔡秀珍，田淑珍等 SCSB-HN-0195
湖南：怀化 李胜华，伍贤进，曾汉元等 HHXY389
湖南：浏阳 刘克明，朱晓文，田淑珍 SCSB-HN-0458
湖南：永顺 陈功锡，张代贵 SCSB-HC-2008374
湖南：沅陵 周丰杰，刘克明 SCSB-HN-1328
湖南：沅陵 刘克明，周磊，彭新星等 SCSB-HN-1337
湖南：资兴 肖乐希，蔡秀珍 SCSB-HN-0285
湖南：资兴 蔡秀珍，孙秋妍，王燕归等 SCSB-HN-1289
江西：黎川 童和平，王玉珍 TanCM1921
江西：武宁 谭策铭，张吉华 TanCM402
陕西：白河 田先华，王孝安 TianXH1057
陕西：平利 牛俊峰，田陌 TianXH920
四川：峨眉山 李小杰 LiXJ030
四川：米易 袁明 MY049

云南：个旧 税玉民，陈文红 71679
云南：河口 税玉民，陈文红 81982
云南：金平 税玉民，陈文红 80667
云南：景谷 胡启和，周英，仇亚 YNS0659
云南：景洪 谭运洪，余涛 B476
云南：澜沧 胡启和，仇亚，周英等 YNS0702
云南：澜沧 胡启和，赵强，周英等 YNS0742
云南：绿春 税玉民，陈文红 72919
云南：马关 税玉民，陈文红 16127
云南：勐海 彭华，向春雷，陈丽等 P.H.5684
云南：勐腊 刘飞虎 Liufh0374
云南：勐腊 刘飞虎 Liufh0379
云南：勐腊 刘飞虎 Liufh0387
云南：勐腊 谭运洪，余涛 B492
云南：孟连 彭华，向春雷，陈丽 P.H.5795
云南：双柏 彭华，向春雷，陈丽等 P.H.5572
云南：文山 韦荣彪，何德明，丰艳飞 WSLJS653
云南：西畴 税玉民，陈文红 80832

Oreocnide frutescens subsp. **occidentalis** C. J. Chen 滇藏紫麻

云南：沧源 赵金超 CYNGH050
云南：隆阳区 尹学建 BSGLGS1y2043
云南：隆阳区 段在贤，杨宝柱，刘少纯等 BSGLGS1y1010
云南：普洱 叶金科 YNS0230
云南：永德 李永亮 YDDXS0093
云南：永德 李永亮 YDDXS0160

Oreocnide integrifolia (Gaudichaud-Beaupré) Miquel 全缘叶紫麻

西藏：墨脱 刘成，亚吉东，何华杰等 16CS11976
云南：河口 刘成，亚吉东，张桥蓉等 16CS14156
云南：江城 叶金科 YNS0466
云南：隆阳区 尹学建 BSGLGS1y2042
云南：隆阳区 段在贤，尹布贵，刀开国等 BSGLGS1y1222
云南：普洱 胡启和，仇亚，周英等 YNS0714
云南：盈江 王立彦，徐桂华 SCSB-TBG-074

Oreocnide obovata (C. H. Wright) Merrill 倒卵叶紫麻

湖南：江华 肖乐希，王成 SCSB-HN-1184
湖南：宜章 肖伯仲 SCSB-HN-0800

Oreocnide rubescens (Blume) Miquel 红紫麻

云南：沧源 赵金超，田世华，赵帝 CYNGH052
云南：河口 DNA barcoding B 组 GBOWS0351
云南：绿春 黄连山保护区科研所 HLS0028
云南：绿春 黄连山保护区科研所 HLS0064
云南：绿春 李嵘，张洪喜 DZL-255
云南：镇沅 何忠云，王立东 ALSZY149

Oreocnide serrulata C. J. Chen 细齿紫麻

广西：那坡 黄俞淞，莫水松，韩孟奇 Liuyan1000
云南：隆阳区 段在贤，蔡生洪 BSGLGS1y075
云南：麻栗坡 张挺，李洪超，左定科 SCSB-B-000317
云南：麻栗坡 张挺，李洪超，左定科 SCSB-B-000318

Oreocnide tonkinensis (Gagnepain) Merrill & Chun 宽叶紫麻

云南：景洪 彭华，向春雷，王泽欢 PengH8559

Oreocnide trinervis (Weddell) Miquel 三脉紫麻

云南：绿春 税玉民，陈文红 81484

Parietaria micrantha Ledebour 墙草

安徽：石台 陈延松，吴国伟，洪欣 Zhousb0031
安徽：屯溪区 方建新 TangXS0916
吉林：磐石 安海成 AnHC0235
新疆：伊宁 亚吉东，张桥蓉，秦少发等 16CS13453
云南：新平 白绍斌 XPALSC069

Pellionia radicans (Siebold & Zuccarini) Weddell 赤车

江西：黎川 童和平，王玉珍 TanCM2309

Pellionia scabra Bentham 蔓赤车

江西：庐山区 董安淼，吴丛梅 TanCM2521

Pellionia viridis C. H. Wright 绿赤车 *

四川：峨眉山 李小杰 LiXJ050

Pellionia yunnanensis (H. Schroeter) W. T. Wang 云南赤车 *

云南：南涧 彭华，向春雷，陈丽 P.H.5921

Pilea angulata (Blume) Blume 圆瓣冷水花

云南：龙陵 孙兴旭 SunXX147
云南：绿春 HLS0173
云南：腾冲 余新林，赵玮 BSGLGStc370
云南：西山区 蔡杰，张挺，刘成等 11CS3696

Pilea angulata subsp. **latiuscula** C. J. Chen 华中冷水花 *

江西：修水 缪以清，李立新 TanCM1237

Pilea angulata subsp. **petiolaris** (Siebold & Zuccarini) C. J. Chen 长柄冷水花

江西：黎川 童和平，王玉珍，常迪江等 TanCM2062

Pilea aquarum Dunn 湿生冷水花

江西：武宁 张吉华，张东红 TanCM2660

Pilea boniana Gagnepain 五萼冷水花

云南：文山 何德明 WSLJS862

Pilea bracteosa Weddell 多苞冷水花

云南：泸水 许炳强，吴兴，李婧等 XiaNh-07zx-002

Pilea glaberrima (Blume) Blume 点乳冷水花

云南：景东 张绍云，胡启和，仇亚等 YNS1166
云南：南涧 阿国仁，罗新洪，李敏等 NJWLS2008132
云南：永德 李永亮 YDDXS0767

Pilea hilliana Handel-Mazzetti 翠茎冷水花

云南：隆阳区 赵玮 BSGLGS1y150
云南：绿春 HLS0174

Pilea howelliana Handel-Mazzetti 泡果冷水花 *

云南：文山 何德明，丰艳飞，韦荣彪等 WSLJS753
云南：永德 李永亮 YDDXS0592

Pilea japonica (Maximovicz) Handel-Mazzetti 山冷水花

安徽：舒城 陈延松，欧祖兰，高秋晨等 Xuzd394
河南：浉河区 朱鑫鑫，闫明慧，王君等 ZhuXX247
湖北：竹溪 李盛兰 GanQL191
吉林：磐石 安海成 AnHC0365
江西：武宁 谭策铭，张吉华 TanCM406
陕西：长安区 田先华，田陌 TianXH1161
云南：文山 何德明，丰艳飞，韦荣彪等 WSLJS752

Pilea lomatogramma Handel-Mazzetti 隆脉冷水花 *

四川：峨眉山 李小杰 LiXJ212

Pilea longipedunculata Chien & C. J. Chen 鱼眼果冷水花

云南：腾冲 余新林，赵玮 BSGLGStc355

Pilea martini (H. Léveillé) Handel-Mazzetti 大叶冷水花

云南：泸水 许炳强，吴兴，李婧等 XiaNh-07zx-016
云南：镇沅 王立东，何忠云，罗成瑜 ALSZY173

Pilea menghaiensis C. J. Chen 勐海冷水花 *

云南：景东 张绍云，胡启和，仇亚等 YNS1169

Pilea microphylla (Linnaeus) Liebmann 小叶冷水花

上海：普陀区 李宏庆，陈纪云，王双 Lihq0321
云南：新平 张云德，李俊友 XPALSC137
云南：永德 李永亮 LiYL1419

Pilea monilifera Handel-Mazzetti 念珠冷水花 *

四川：峨眉山 李小杰 LiXJ621

Pilea notata C. H. Wright 冷水花
安徽：绩溪 胡长玉，方建新，徐林飞 TangXS0653
湖北：竹溪 李盛兰，甘霖 GanQL604
江西：庐山区 董安淼，吴从梅 TanCM855
四川：峨眉山 李小杰 LiXJ240
云南：金平 税玉民，陈文红 80203

Pilea paniculigera C. J. Chen 滇东南冷水花
云南：永德 李永亮 YDDXS0916

Pilea pauciflora C. J. Chen 少花冷水花 *
四川：米易 赖建军 MY-101

Pilea peploides (Gaudichaud-Beaupré) W. J. Hooker & Arnott 苔水花
安徽：歙县 方建新 TangXS0720
福建：蕉城区 李宏庆，熊申展，陈纪云 Lihq0337
江西：修水 缪以清，余于明 TanCM2473
云南：新平 何罡安 XPALSB103

Pilea plataniflora C. H. Wright 石筋草
云南：南涧 阿国仁，熊绍荣，邹国娟等 NJWLS2008002
云南：文山 何德明 WSLJS837

Pilea pumila (Linnaeus) A. Gray 透茎冷水花
安徽：绩溪 胡长玉，方建新，徐林飞 TangXS0649
安徽：舒城 陈延松，欧祖兰，高秋晨等 Xuzd379
黑龙江：尚志 刘玫，王臣，张欣欣等 Liuetal723
黑龙江：五大连池 孙阎，晁雄雄 SunY128
湖南：双牌 姜孝成，王丽萍，李育华 Jiangxc0829
吉林：和龙 韩忠明 Yanglm0224
江苏：南京 高兴 SCSB-JS0455
江苏：南京 韦阳连 SCSB-JS0475
江西：黎川 童和平，王玉珍 TanCM2765
江西：庐山区 谭策铭，董安淼 TanCM495
江西：武宁 谭策铭，张吉华 TanCM405
山东：历城区 步瑞兰，辛晓伟，张世尧等 lilan775
陕西：长安区 田先华，王梅荣，田陌 TianXH260
四川：峨眉山 李小杰 LiXJ663
四川：若尔盖 刘坤 LiuJQ-GN-2011-686
云南：新平 何罡安 XPALSB441
云南：永德 李永亮 YDDXS0966
浙江：临安 李宏庆，董全英，桂萍 Lihq0432

Pilea pumila var. **hamaoi** (Makino) C. J. Chen 荫地冷水花
湖北：宣恩 祝文志，刘志祥，曹远俊 ShenZH0109
湖北：竹溪 李盛兰 GanQL194

Pilea pumila var. **obtusifolia** C. J. Chen 钝尖冷水花 *
湖北：竹溪 李盛兰 GanQL199
湖北：竹溪 李盛兰 GanQL632
陕西：紫阳 田先华 TianXH1125
四川：峨眉山 李小杰 LiXJ210

Pilea racemosa (Royle) Tuyama 亚高山冷水花
四川：峨眉山 李小杰 LiXJ676

Pilea sinocrassifolia C. J. Chen 厚叶冷水花 *
云南：西畴 税玉民，陈文红 80956

Pilea sinofasciata C. J. Chen 粗齿冷水花
安徽：金寨 陈延松，欧祖兰，姜九龙 Xuzd194
安徽：金寨 陈延松，欧祖兰，白雅洁 Xuzd202
河南：浉河区 朱鑫鑫，闫明慧，王君等 ZhuXX276
江西：武宁 谭策铭，张吉华 TanCM417
四川：峨眉山 李小杰 LiXJ367
四川：天全 汤加勇，陈刚 Y07149
云南：景东 刘长铭，刘东 JDNR11063
云南：马关 税玉民，陈文红 16164
云南：西山区 蔡杰，张挺，刘成等 11CS3698
云南：新平 白绍斌，刘竹南，鲁兴文 XPALSC190
浙江：临安 李宏庆，董全英，桂萍 Lihq0444

Pilea subcoriacea (Handel-Mazzetti) C. J. Chen 翅茎冷水花 *
云南：西畴 彭华，刘恩德，陈丽 P.H.5536

Pilea swinglei Merrill 玻璃草
安徽：舒城 陈延松，欧祖兰，高秋晨等 Xuzd380

Pilea verrucosa Handel-Mazzetti 疣果冷水花
云南：南涧 阿国仁，罗新洪，李敏等 NJWLS2008131
云南：文山 何德明 WSLJS993

Poikilospermum lanceolatum (Trècul) Merrill 毛叶锥头麻
云南：绿春 黄连山保护区科研所 HLS0194

Poikilospermum suaveolens (Blume) Merrill 锥头麻
云南：绿春 黄连山保护区科研所 HLS0196

Pouzolzia calophylla W. T. Wang & C. J. Chen 美叶雾水葛
云南：贡山 蔡杰，郭云刚，张凤琼等 14CS9712

Pouzolzia sanguinea (Blume) Merrill 红雾水葛
四川：峨眉山 李小杰 LiXJ332
四川：乐至 邓兴敏，邓秀发，张昌兵 ZCB0464
西藏：林芝 罗建，汪书丽，任德智 LiuJQ-09XZ-316
云南：保山 刘飞虎 Liufh0060
云南：富民 刘飞虎 Liufh0020
云南：麻栗坡 肖波 LuJL043
云南：普洱 胡启和，仇亚，周英等 YNS0719
云南：普洱 刘飞虎 Liufh0028
云南：文山 何德明 WSLJS871
云南：永德 李永亮 YDDXS0223
云南：永德 李永亮 YDDXS0660
云南：永德 李永亮 YDDXS0668
云南：永德 李永亮 YDDXS1068

Pouzolzia sanguinea var. **elegans** (Weddell) Friis 雅致雾水葛 *
云南：玉溪 彭华，陈丽，许瑾 P.H.5286

Pouzolzia zeylanica (Linnaeus) Bennett 雾水葛
福建：福清 李宏庆，陈纪云，王双 Lihq0310
湖北：竹溪 甘霖 GanQL616
湖南：鹤城区 伍贤进，李胜华，刘光华 Wuxj801
湖南：鹤城区 李胜华，伍贤进，刘光华等 Wuxj854
湖南：沅陵 李胜华，伍贤进，刘光华等 Wuxj892
江西：修水 谭策铭，缪以清，李立新 TanCM342
四川：峨眉山 李小杰 LiXJ486
四川：乐至 邓兴敏，邓秀发，张昌兵 ZCB0402
四川：汶川 袁明，高刚，杨勇 YM2014036
云南：永德 李永亮 LiYL1357
云南：永德 李永亮 YDDXS1077

Pouzolzia zeylanica var. **microphylla** (Weddell) Masam. 多枝雾水葛
江西：黎川 童和平，王玉珍 TanCM3111
江西：星子 谭策铭，董安淼 TanCM543
四川：峨边 李小杰 LiXJ827

Procris crenata C. B. Robinson 藤麻
云南：贡山 刘成，何华杰，黄莉等 14CS8567
云南：金平 税玉民，陈文红 80138
云南：金平 税玉民，陈文红 80654
云南：景谷 叶金科 YNS0401
云南：腾冲 余新林，赵玮 BSGLGStc257
云南：文山 何德明 WSLJS882
云南：永德 李永亮 LiYL1431

Urtica angustifolia Fischer ex Hornemann 狭叶荨麻
黑龙江：宁安 刘玫，张欣欣，程薪宇等 Liuetal432
黑龙江：五大连池 孙阎，赵立波 SunY068
吉林：磐石 安海成 AnHC0362
辽宁：桓仁 祝业平 CaoW965
Urtica ardens Link 须弥荨麻
云南：沧源 赵金超，杨红强 CYNGH422
云南：盈江 王立彦，桂魏，刀江飞 SCSB-TBG-113
云南：永德 李永亮 LiYL1429
Urtica atrichocaulis (Handel-Mazzetti) C. J. Chen 小果荨麻 *
云南：腾冲 余新林，赵玮 BSGLGStc013
云南：腾冲 周应再 Zhyz-261
云南：文山 何德明，丰艳飞 WSLJS842
云南：永德 李永亮 YDDXS0388
云南：镇沅 叶金科 YNS0188
Urtica cannabina Linnaeus 麻叶荨麻
甘肃：夏河 刘坤 LiuJQ-GN-2011-711
河北：蔚县 牛玉璐，高彦飞，赵二涛 NiuYL356
黑龙江：五大连池 孙阎，张兰兰 SunY378
内蒙古：土默特右旗 刘博，蒲拴莲，刘润宽等 M349
宁夏：西夏区 左忠，刘华 ZuoZh236
新疆：博乐 马真，翟伟 SHI2006325
新疆：博乐 徐文斌，王莹 SHI-2008192
新疆：和静 杨赵平，焦培培，白冠章等 LiZJ0686
新疆：玛纳斯 郭静谊 SHI2006294
新疆：尼勒克 刘鸯，马真，贺晓欢等 SHI-A2007463
新疆：尼勒克 刘鸯，马真，贺晓欢等 SHI-A2007496
新疆：尼勒克 刘鸯，马真，贺晓欢等 SHI-A2007522
新疆：托里 徐文斌，黄刚 SHI-2009248
新疆：托里 徐文斌，杨清理 SHI-2009309
新疆：托里 徐文斌，杨清理 SHI-2009342
新疆：温泉 徐文斌，黄雪姣 SHI-2008079
新疆：温泉 徐文斌，黄雪姣 SHI-2008226
新疆：温泉 徐文斌，王莹 SHI-2008059
新疆：温泉 徐文斌，许晓敏 SHI-2008154
新疆：乌鲁木齐 马文宝，刘会良，施翔 zdy212
新疆：乌鲁木齐 王喜勇，马文宝，施翔 zdy285
新疆：乌鲁木齐 王喜勇，马文宝，施翔 zdy415
新疆：乌鲁木齐 段士民，王喜勇，刘会良 Zhangdy219
新疆：乌苏 马真，贺晓欢，徐文斌等 SHI-A2007348
新疆：裕民 徐文斌，郭一敏 SHI-2009409
新疆：裕民 徐文斌，杨清理 SHI-2009426
新疆：裕民 徐文斌，黄刚 SHI-2009458
Urtica dioica Linnaeus 异株荨麻
西藏：当雄 陈家辉，庄会富，刘德团 Yangyp-Q-0165
西藏：当雄 陈家辉，韩希，王东超等 YangYP-Q-4238
西藏：贡嘎 李晖，边巴，徐爱国 lihui-Q-09-52
西藏：浪卡子 陈家辉，韩希，王广艳等 YangYP-Q-4177
新疆：博乐 徐文斌，黄雪姣 SHI-2008124
新疆：和静 杨赵平，焦培培，白冠章等 LiZJ0748
新疆：玛纳斯 翟伟，贺小欢 SHI2006292
新疆：尼勒克 徐文斌，刘鸯，马真等 SHI-A2007428
新疆：尼勒克 刘鸯，马真，贺晓欢等 SHI-A2007471
新疆：温泉 徐文斌，王莹 SHI-2008246
云南：普洱 刘飞虎 Liufh0080
Urtica fissa E. Pritzel 荨麻
四川：峨眉山 李小杰 LiXJ291
云南：双柏 彭华，向春雷，陈丽等 P.H.5576
云南：镇沅 罗成瑜 ALSZY439
Urtica hyperborea Jacquin ex Weddell 高原荨麻
甘肃：合作 刘坤 LiuJQ-GN-2011-712
甘肃：碌曲 李晓东，刘帆，张景博等 LiJ0176
甘肃：玛曲 刘坤 LiuJQ-GN-2011-714
四川：白玉 李晓东，张景博，徐凌翔等 LiJ474
西藏：那曲 陈家辉，庄会富，边巴扎西 Yangyp-Q-2117
西藏：聂荣 陈家辉，庄会富，边巴扎西 Yangyp-Q-2111
Urtica laetevirens Maximowicz 宽叶荨麻
湖南：新宁 姜孝成，唐贵华，袁双艳等 SCSB-HNJ-0230
吉林：磐石 安海成 AnHC0364
四川：小金 高云东，李忠荣，鞠文彬 GaoXF-12-091
云南：西山区 李德铢，刘杰，张挺等 LiDZ1106
Urtica mairei H. Léveillé 滇藏荨麻
四川：米易 刘静，袁明 MY-121
云南：景东 张绍云，叶金科，周兵 YNS1386
云南：景东 张绍云，胡启和，仇亚等 YNS1164
云南：景东 刘长铭，罗庆光，袁小龙等 JDNR11015
云南：麻栗坡 肖波 LuJL256
云南：南涧 熊绍荣 NJWLS709
云南：南涧 罗增阳，袁立川，徐家武等 NJWLS2008179
云南：南涧 阿国仁 NJWLS1164
云南：巧家 李文虎，吴天抗，张天壁等 QJYS0186
云南：腾冲 周应再 Zhyz-397
云南：腾冲 余新林，赵玮 BSGLGStc089
云南：文山 何德明，丰艳飞，陈斌 WSLJS803
云南：西山区 彭华，陈丽 P.H.5330
云南：西山区 刘飞虎 Liufh0005
云南：西山区 刘飞虎 Liufh0012
云南：西山区 刘飞虎 Liufh0015
云南：西山区 刘飞虎 Liufh0018
云南：新平 白绍斌 XPALSC515
云南：永德 李永亮 YDDXS0609
云南：云龙 郭永杰，王杨飞，李施文等 TC4018
Urtica thunbergiana Siebold & Zuccarini 咬人荨麻
湖北：竹溪 李盛兰 GanQL168
湖北：竹溪 李盛兰 GanQL1061
Urtica triangularis Handel-Mazzetti 三角叶荨麻 *
云南：永德 李永亮 YDDXS0948

Velloziaceae 翡若翠科

翡若翠科	世界	中国	种质库
属 / 种（种下等级）/ 份数	5/240	1/1	1/1/1

Acanthochlamys bracteata P. C. Kao 芒苞草 *
四川：乡城 周浙昆，苏涛，杨莹等 Zhou09-176

Verbenaceae 马鞭草科

马鞭草科	世界	中国	种质库
属 / 种（种下等级）/ 份数	32/～840	5/8	5/5/70

Duranta erecta Linnaeus 假连翘
云南：澜沧 张绍云，胡启和，叶金科等 YNS1200
云南：勐海 刀志灵 DZL562
云南：勐腊 赵相兴 A060

云南：勐腊 刀志灵，崔景云 DZL-144
云南：文山 税玉民，陈文红 71785
云南：镇沅 罗成瑜 ALSZY010

Lantana camara Linnaeus 马缨丹
湖南：开福区 陈薇，丛义艳，肖乐希 SCSB-HN-0637
云南：景东 罗忠华，罗文寿，李绍昆 JDNR09011
云南：腾冲 周应再 Zhyz-417
云南：新平 自正尧，李伟 XPALSB202
云南：新平 谢雄 XPALSC485
云南：永德 李永亮 YDDXS0287
云南：元谋 王文礼，何彪，冯欣等 OUXK11267

Phyla nodiflora (Linnaeus) E. L. Greene 过江藤
云南：景谷 叶金科 YNS0279
云南：南涧 熊绍荣 NJWLS430
云南：新平 自正尧 XPALSB218
云南：永德 李永亮 YDDXS0234
云南：元阳 田学军，杨建，邱成书等 Tianxj0071

Stachytarpheta jamaicensis (Linnaeus) Vahl 假马鞭
云南：思茅区 张绍云，叶金科，胡启和 YNS1220

Verbena officinalis Linnaeus 马鞭草
安徽：肥西 陈延松，朱合军，姜九龙 Xuzd050
安徽：屯溪区 方建新 TangXS0791
重庆：南川区 易思荣 YISR208
重庆：南川区 易思荣，谭秋平 YISR399
贵州：独山 张文超 Yuanm012
贵州：开阳 肖恩婷 Yuanm024
湖北：宣恩 祝文志，刘志祥，曹远俊 ShenZH0052
湖南：桂东 蔡秀珍，孙秋妍，王燕归 SCSB-HN-1260
湖南：怀化 李胜华，伍贤进，曾汉元等 HHXY059
湖南：永定区 吴福川，吴文滔，余祥洪 16
湖南：永顺 陈功锡，张代贵 SCSB-HC-2008247
湖南：沅陵 刘克明，周磊，彭新星等 SCSB-HN-1315
江苏：句容 吴宝成，王兆银 HANGYY8249
江西：黎川 童和平，王玉珍 TanCM2372
江西：庐山区 董安淼，吴从梅 TanCM2250
四川：米易 刘静，袁明 MY-016
四川：射洪 袁明 YUANM2015L036
四川：西昌 苏涛，黄永江，杨青松等 ZhouZK11385
四川：盐源 苏涛，黄永江，杨青松等 ZhouZK11407
云南：安宁 伊廷双 MJ-873
云南：洱源 杨青松，星耀武，苏涛 ZhouZK-07ZX-0265
云南：河口 杨鑫峰 ZhangGL032
云南：河口 税玉民，陈文红 71722
云南：景东 罗忠华，刘长铭，鲁成荣等 JDNR09029
云南：景东 杨国平 07-67
云南：昆明 税玉民，陈文红 65768
云南：麻栗坡 肖波 LuJL177
云南：麻栗坡 陈文红，税玉民 72021
云南：麻栗坡 税玉民，陈文红 72081
云南：蒙自 税玉民，陈文红 72207
云南：蒙自 田学军 TianXJ0120
云南：南涧 李加生，官有才 NJWLS855
云南：南涧 阿国仁，何贵才 NJWLS1122
云南：南涧 熊绍荣 NJWLS2008198
云南：普洱 胡启和，周英，张绍云等 YNS0547
云南：石林 税玉民，陈文红 65516
云南：石林 税玉民，陈文红 65851
云南：腾冲 周应再 Zhyz-260
云南：腾冲 余新林，赵玮 BSGLGStc249
云南：维西 陈文允，于文涛，黄永江等 CYHL101
云南：西山区 税玉民，陈文红 65795
云南：西山区 税玉民，陈文红 65812
云南：新平 谢天华，郎定富，杨如伟 XPALSA054
云南：新平 自成仲，刘家良 XPALSD043
云南：新平 谢雄 XPALSC052
云南：盈江 王立彦 SCSB-TBG-182
云南：永德 李永亮 YDDXS1128
云南：云龙 赵玉贵，李占兵，张吉平等 TC2028
云南：镇沅 朱恒 ALSZY047
浙江：临安 吴林园，彭斌，顾子霞 HANGYY9003
浙江：余杭区 葛斌杰 Lihq0141

Violaceae 堇菜科

堇菜科	世界	中国	种质库
属 / 种（种下等级）/ 份数	22/ ～1100	3/101	1/33(35)/114

Viola acuminata Ledebour 鸡腿堇菜
安徽：舒城 陈延松，欧祖兰，高秋晨等 Xuzd280
黑龙江：尚志 王臣，张欣欣，史传奇 WangCh203
湖北：竹溪 李盛兰 GanQL314
吉林：磐石 安海成 AnHC0322
辽宁：桓仁 祝业平 CaoW975
山东：牟平区 卞福花，卢学新，纪伟 BianFH00069

Viola arcuata Blume 如意草
河北：元氏 牛玉璐，郑博颖，黄士良等 NiuYL020
湖南：鹤城区 伍贤进，李胜华，曾汉元等 HHXY009
江西：庐山区 董安淼，吴从梅 TanCM1530
山东：历下区 樊守金，郑国伟，张璐璐等 Zhaozt0027
山东：牟平区 卞福花，卢学新，纪伟等 BianFH00035

Viola belophylla H. Boissieu 枪叶堇菜 *
山东：崂山区 罗艳，母华伟，范兆飞 LuoY034

Viola betonicifolia Smith 戟叶堇菜
江苏：句容 吴宝成，王兆银 HANGYY8034
江西：湾里区 杜小浪，慕泽泾，曹岚 DXL102
山东：海阳 辛晓伟，高丽丽 Lilan824
四川：万源 张桥蓉，余华 15CS11524

Viola biflora Linnaeus 双花堇菜
西藏：墨脱 刘成，亚吉东，何华杰等 16CS11918

Viola chaerophylloides (Regel) W. Becker 南山堇菜
江西：庐山区 董安淼，吴从梅 TanCM1626
江西：修水 缪以清，陈三友 TanCM2115
山东：牟平区 卞福花，陈朋 BianFH-0306

Viola collina Besser 球果堇菜
黑龙江：富锦 孙阎 SunY398
黑龙江：宁安 王臣，张欣欣，谢博勋等 WangCh361
湖北：竹溪 李盛兰 GanQL054
吉林：磐石 安海成 AnHC001
山东：崂山区 罗艳，邓建平 LuoY241
山东：历下区 张少华，张诏，王萍等 lilan570

Viola collina var. **intramongolica** C. J. Wang 光叶球果堇菜 *
山东：崂山区 步瑞兰，辛晓伟，高丽丽等 Lilan744

Viola davidii Franchet 深圆齿堇菜 *
四川：峨眉山 李小杰 LiXJ652

Viola diffusa Gingins 七星莲
安徽：屯溪区 方建新 TangXS0830

江西：湾里区 杜小浪，慕泽泾，曹岚 DXL099
江西：修水 缪以清，陈三友 TanCM2106
西藏：墨脱 刘成，亚吉东，何华杰等 16CS11850
云南：永德 李永亮 YDDXS0792
云南：永德 李永亮 YDDXS1288
浙江：鄞州区 李宏庆，田怀珍，葛斌杰等 Lihq0204

Viola dissecta Ledebour 裂叶堇菜
江西：武宁 张吉华，张东红 TanCM2911
山东：长清区 张少华，张诏，王萍等 lilan568

Viola fargesii H. Boissieu 柔毛堇菜 *
湖北：仙桃 张代贵 Zdg1271
江西：修水 缪以清，陈三友 TanCM2103
四川：峨眉山 李小杰 LiXJ040
云南：麻栗坡 肖波 LuJL351
云南：南涧 阿国仁，何贵才 NJWLS1126
云南：文山 何德明，丰艳飞，韦荣彪等 WSLJS725

Viola grypoceras A. Gray 紫花堇菜
湖北：仙桃 张代贵 Zdg1213
湖南：永定区 廖博儒，吴福川 7013
江苏：句容 吴宝成，王兆银 HANGYY8032
江西：庐山区 董安淼，吴从梅 TanCM3048

Viola hancockii W. Becker 西山堇菜 *
山东：历下区 王萍，高德民，张诏等 lilan319

Viola inconspicua Blume 长萼堇菜
安徽：屯溪区 方建新 TangXS0710
湖北：竹溪 李盛兰 GanQL949
湖南：吉首 张代贵 Zdg1202
江西：黎川 童和平，王玉珍 TanCM2302
江西：湾里区 杜小浪，慕泽泾 DXL215
江西：星子 董安淼，吴从梅 TanCM1668
山东：天桥区 王萍，高德民，张诏等 lilan256
云南：文山 何德明 WSLJS927
云南：新平 自正尧 XPALSB221
云南：新平 何罡安 XPALSB162
云南：永德 李永亮 YDDXS0269
浙江：鄞州区 李宏庆，田怀珍，葛斌杰等 Lihq0205

Viola lactiflora Nakai 白花堇菜
江西：庐山区 董安淼，吴从梅 TanCM1572
江西：修水 缪以清 TanCM1713

Viola magnifica C. J. Wang ex X. D. Wang 犁头叶堇菜 *
江西：庐山区 董安淼，吴从梅 TanCM1624
江西：武宁 张吉华，刘运群 TanCM1120

Viola mandshurica W. Becker 东北堇菜
河北：平山 牛玉璐，高彦飞，黄士良 NiuYL153
河南：渑池 彭华，向春雷，王泽欢 PengH8012
山东：海阳 张少华，张诏，王萍等 lilan569
山东：牟平区 卞福花，杜丽君，孟凡涛 BianFH-0156

Viola moupinensis Franchet 萱
四川：峨眉山 李小杰 LiXJ645
云南：永德 李永亮 YDDXS0324

Viola nuda W. Becker 裸堇菜 *
云南：贡山 刘成，何华杰，黄莉等 14CS8596

Viola orientalis (Maximowicz) W. Becker 东方堇菜
山东：崂山区 罗艳，邓建平 LuoY242

Viola patrinii Candolle ex Gingins 白花地丁
贵州：南明区 邹方伦 ZouFL0087

Viola phalacrocarpa Maximowicz 茜堇菜
湖北：竹溪 李盛兰 GanQL058

Viola philippica Cavanilles 紫花地丁
安徽：滁州 吴宝成 HANGYY8002
重庆：武隆 易思荣，谭秋平 YISR365
河北：元氏 牛玉璐，郑博颖，黄士良等 NiuYL022
黑龙江：香坊区 郑宝江，丁晓炎，王美娟 ZhengBJ383
湖北：竹溪 李盛兰 GanQL285
吉林：南关区 韩忠明 Yanglm0110
吉林：乾安 杨帆，马红媛，安丰华 SNA0247
江苏：句容 王兆银，吴宝成 SCSB-JS0068
江苏：徐州 李宏庆，熊申展，胡超 Lihq0363
内蒙古：赛罕区 蒲拴莲，刘润宽，刘毅等 M150
宁夏：银川 牛钦瑞，朱奋霞 ZuoZh169
山东：崂山区 邓建平 LuoY244
山东：历城区 张少华，王萍，张诏等 Lilan198
山东：芝罘区 卞福花，卢学新，纪伟 BianFH00014
陕西：长安区 田先华，田陌，王梅荣 TianXH147
四川：峨眉山 李小杰 LiXJ056

Viola pilosa Blume 匍匐堇菜
云南：永德 李永亮 YDDXS0809

Viola prionantha Bunge 早开堇菜
北京：东城区 朱雅娟，王雷，黄振英 Beijing-huang-xs-0008
北京：西城区 王雷，朱雅娟，黄振英 Beijing-huang-ssl-0008
河北：井陉 牛玉璐，高彦飞，黄士良 NiuYL165
黑龙江：尚志 刘玫，张欣欣，程薪宇等 Liuetal410
黑龙江：香坊区 郑宝江，潘磊 ZhengBJ057
山东：历下区 李兰，王萍，张少华等 Lilan-011
山东：牟平区 卞福花 BianFH-0181
山东：牟平区 卞福花，宋言贺 BianFH-431
山东：市南区 罗艳 LuoY067

Viola rossii Hemsley 辽宁堇菜
江西：湾里区 杜小浪，慕泽泾，曹岚 DXL103

Viola selkirkii Pursh ex Goldie 深山堇菜
江西：庐山区 董安淼，吴从梅 TanCM2568
山东：历城区 樊守金，郑国伟，邵娜等 Zhaozt0044
山东：历城区 张少华，张诏，程丹丹等 Lilan633

Viola stewardiana W. Becker 庐山堇菜 *
安徽：石台 陈延松，吴国伟，洪欣 Zhousb0058
江西：黎川 童和平，王玉珍 TanCM2721
江西：庐山区 董安淼，吴从梅 TanCM3337

Viola szetschwanensis W. Becker & H. Boissieu 四川堇菜
西藏：波密 陈家辉，韩希，王东超等 YangYP-Q-4080

Viola tenuicornis W. Becker 细距堇菜
山东：牟平区 卞福花，陈朋 BianFH-0285

Viola tenuissima Chang 纤茎堇菜 *
云南：永德 李永亮 YDDXS0547

Viola variegata Fischer ex Link 斑叶堇菜
山东：山亭区 高丽丽 Lilan806
山东：长清区 步瑞兰，辛晓伟，程丹丹等 lilan759

Viola yunnanfuensis W. Becker 心叶堇菜
安徽：舒城 陈延松，欧祖兰，高秋晨等 Xuzd279
江西：庐山区 董安淼，吴从梅 TanCM918

Vitaceae 葡萄科

葡萄科	世界	中国	种质库
属 / 种（种下等级）/ 份数	14-15/ ~ 800	9/156	8/69 (84) /356

Ampelopsis aconitifolia Bunge 乌头叶蛇葡萄 *
吉林：通榆 韩忠明 Yanglm0410
山西：夏县 廉凯敏，焦磊 Zhangf0126

Ampelopsis aconitifolia var. **palmiloba** (Carrière) Rehder 掌裂草葡萄 *
内蒙古：回民区 蒲拴莲，李茂文 M068

Ampelopsis acutidentata W. T. Wang 尖齿蛇葡萄 *
四川：巴塘 张永洪，王晓雄，周卓等 SunH-07ZX-0414

Ampelopsis bodinieri (H. Léveillé & Vaniot) Rehder 蓝果蛇葡萄 *
湖北：仙桃 张代贵 Zdg2133
湖南：怀化 李胜华，伍贤进，曾汉元等 HHXY317
湖南：石门 陈功锡，张代贵，龚双骄等 238B
湖南：武陵源区 吴福川，廖博儒，秦亚丽等 7090

Ampelopsis cantoniensis (Hooker & Arnott) K. Koch 广东蛇葡萄
湖北：仙桃 张代贵 Zdg3120
湖南：东安 姜孝成，唐贵华，潘孝武 SCSB-HNJ-0100
湖南：东安 刘克明，田淑珍，肖乐希等 SCSB-HN-0156
湖南：平江 刘克明，旷强，刘洪新 SCSB-HN-0964
湖南：桑植 吴福川，廖博儒，查学州等 44
湖南：石门 姜孝成，唐妹，卜剑超等 Jiangxc0451
湖南：新化 姜孝成，唐贵华，田春娥 SCSB-HNJ-0178
湖南：新宁 姜孝成，唐贵华，袁双艳等 SCSB-HNJ-0239
江西：黎川 童和平，王玉珍 TanCM2739
江西：星子 董安淼，吴从梅 TanCM1062
江西：修水 缪以清 TanCM634
浙江：鄞州区 葛斌杰，熊申展，胡超 Lihq0450

Ampelopsis chaffanjonii (H. Léveillé & Vaniot) Rehder 羽叶蛇葡萄 *
贵州：施秉 邹方伦 ZouFL0252
云南：屏边 钱良超，陆海兴，张照跃等 Pbdws111
云南：永善 蔡杰，刘成，秦少发等 08CS373

Ampelopsis delavayana Planchon ex Franchet 三裂蛇葡萄 *
安徽：金寨 陈延松，欧祖兰，刘旭升 Xuzd167
江西：黎川 童和平，王玉珍 TanCM1814
江西：庐山区 谭策铭，董安淼 TanCM317
四川：米易 袁明 MY581
四川：射洪 袁明 YUANM2015L025
云南：双柏 王焕冲，马兴达 WangHCH048
云南：新平 刘家良 XPALSD019
云南：云龙 赵玉贵，李占兵，张吉平等 TC2022

Ampelopsis delavayana var. **glabra** (Diels & Gilg) C. L. Li 掌裂蛇葡萄 *
湖南：永定区 吴福川，廖博儒，余祥洪等 113
山东：长清区 高德民，王萍，张颖颖等 Lilan595
山西：夏县 廉凯敏，焦磊 Zhangf0128

Ampelopsis delavayana var. **setulosa** (Diels & Gilg) C. L. Li 毛三裂蛇葡萄 *
湖南：永定区 吴福川，查学州，余祥洪 65

Ampelopsis glandulosa (Wallich) Momiyama 蛇葡萄
湖南：鹤城区 伍贤进，李胜华，刘光华 Wuxj810

Ampelopsis glandulosa var. **brevipedunculata** (Maximowicz) Momiyama 东北蛇葡萄 *
贵州：江口 彭华，王英，陈丽 P.H.5166
贵州：铜仁 彭华，王英，陈丽 P.H.5187
黑龙江：宁安 刘玫，张欣欣，程薪宇等 Liuetal491
湖北：竹溪 李盛兰 GanQL547
湖南：中方 伍贤进，李胜华，曾汉元等 HHXY138

Ampelopsis glandulosa var. **hancei** (Planchon) Momiyama 光叶蛇葡萄
湖北：竹溪 李盛兰 GanQL088
湖南：望城 姜孝成，卢叶平，杨强 Jiangxc0756
江西：星子 董安淼，吴从梅 TanCM1582

Ampelopsis glandulosa var. **heterophylla** (Thunberg) Momiyama 异叶蛇葡萄
安徽：舒城 陈延松，欧祖兰，高秋晨等 Xuzd374
重庆：南川区 易思荣 YISR281
江苏：句容 王兆银，吴宝成 SCSB-JS0236
江西：庐山区 董安淼，吴从梅 TanCM1028
江西：星子 董安淼，吴从梅 TanCM1581
山东：莒县 步瑞兰，张颖颖，辛晓伟等 Lilan700

Ampelopsis grossedentata (Handel-Mazzetti) W. T. Wang 显齿蛇葡萄
广西：贺州 姜孝成，王丽萍，鲁长青 Jiangxc0702
贵州：江口 周云，王勇 XiangZ043
贵州：黎平 刘克明，王成，张恒 SCSB-HN-1076
湖南：鹤城区 李胜华，伍贤进，刘光华等 Wuxj824
湖南：江华 刘克明，王成，欧阳书珍 SCSB-HN-0845
湖南：双牌 姜孝成，王丽萍，李育华 Jiangxc0791
湖南：新宁 姜孝成，唐贵华，袁双艳等 SCSB-HNJ-0287
江西：黎川 童和平，王玉珍 TanCM1803
云南：绿春 黄连山保护区科研所 HLS0378
云南：宁洱 胡启和，仇亚，张绍云 YNS0575
云南：屏边 钱良超，陆海兴，张照跃等 Pbdws095
云南：普洱 叶金科，彭志仙 YNS0300
云南：文山 韦荣彪，何德明 WSLJS645

Ampelopsis humulifolia Bunge 葎叶蛇葡萄 *
北京：东城区 王雷，朱雅娟，黄振英 Beijing-huang-dls-0028
湖南：怀化 李胜华，伍贤进，曾汉元等 HHXY339
江西：庐山区 董安淼，吴丛梅 TanCM3316
山东：崂山区 罗艳，李中华 LuoY124
山东：历下区 高德民，张世尧，高丽丽 Lilan694
山东：牟平区 卞福花，陈朋 BianFH-0308

Ampelopsis japonica (Thunberg) Makino 白蔹
湖北：兴山 张代贵 Zdg2821
吉林：磐石 安海成 AnHC0138
山东：莒县 高德民，步瑞兰，高丽丽等 Lilan784
山东：牟平区 卞福花，陈朋 BianFH-0386

Ampelopsis megalophylla Diels & Gilg 大叶蛇葡萄 *
湖北：神农架林区 祝文志，刘志祥，曹远俊 ShenZH5625
湖北：仙桃 张代贵 Zdg2970
湖北：竹溪 李盛兰 GanQL084
陕西：眉县 张九东，杜喜春 TianXH074

Cayratia japonica (Thunberg) Gagnepain 乌蔹莓
安徽：肥西 陈延松，姜九龙，朱合军 Xuzd054
安徽：肥西 陈延松，陈翠兵，沈云 Xuzd044
安徽：屯溪区 唐鑫生 TangXS0492
广西：大新 黄俞淞，梁永延，叶晓霞 Liuyan0019

广西：贺州 姜孝成，王丽萍，鲁长青 Jiangxc0661
贵州：花溪区 邹方伦 ZouFL0110
湖南：江永 刘克明，田淑珍 SCSB-HN-0136
湖南：石门 姜孝成，唐妹，吕杰等 Jiangxc0475
湖南：沅陵 李胜华，伍贤进，刘光华等 Wuxj907
江苏：句容 王兆银，吴宝成 SCSB-JS0171
江西：黎川 童和平，王玉珍，常迪江等 TanCM1976
江西：庐山区 谭策铭，董安淼 TanCM292
山东：崂山区 罗艳，李中华 LuoY394
山东：长清区 王萍，高德民，张诏等 lilan343
山东：芝罘区 卞福花，陈朋 BianFH-0358
陕西：长安区 王梅荣，田先华，田陌 TianXH030
上海：李宏庆，吴冬，葛斌杰 Lihq0011
四川：峨眉山 李小杰 LiXJ174
四川：汶川 袁明，高刚，杨勇 YM2014030
云南：沧源 李春华，肖美芳，李华明等 CYNGH115
云南：河口 田学军，杨建，高波等 TianXJ237
云南：景东 张挺，方伟，王建军等 SCSB-B-000195
云南：龙陵 郭永杰，吴义军，马蓉等 12CS5122
云南：马关 税玉民，陈文红 16147
云南：马关 税玉民，陈文红 16165
云南：南涧 熊绍荣，李旭生，邹国娟等 NJWLS2008110
云南：腾冲 余新林，赵玮 BSGLGStc156
云南：盈江 王立彦，左常盛，何维海 SCSB-TBG-001
云南：永德 李永亮 YDDXS0828
云南：元阳 亚吉东，黄莉，何华杰 15CS11256
云南：镇沅 何忠云，王立东 ALSZY074

Cayratia japonica var. **mollis** (Wallich ex M. A. Lawson) Momiyama 毛乌蔹莓
云南：新平 白绍斌 XPALSC330
云南：元阳 亚吉东，秦少发，车鑫等 15CS11473

Cayratia japonica var. **pseudotrifolia** (W. T. Wang) C. L. Li 尖叶乌蔹莓 *
湖北：仙桃 张代贵 Zdg2198
湖北：竹溪 李盛兰 GanQL112
湖南：新宁 姜孝成，唐贵华，袁双艳等 SCSB-HNJ-0205
江西：庐山区 董安淼，吴丛梅 TanCM3055

Cayratia pedata (Lamarck) Jussieu ex Gagnepain 乌足乌蔹莓
云南：沧源 赵金超，田立新，张化龙等 CYNGH005
云南：景东 谢有能，鲁成荣，刘长铭等 JDNR028
云南：隆阳区 许炳强，吴兴，李婧等 XiaNh-07zx-240
云南：隆阳区 刀志灵，张雪梅 DZL-106
云南：麻栗坡 肖波 LuJL325

Cayratia trifolia (Linnaeus) Domin 三叶乌蔹莓
四川：峨眉山 李小杰 LiXJ472
云南：永德 李永亮，马文军 YDDXSB154

Cissus adnata Roxburgh 贴生白粉藤
云南：永德 李永亮 YDDXS0968

Cissus assamica (M. A. Lawson) Craib 苦郎藤
江西：黎川 童和平，王玉珍 TanCM1802

Cissus javana Candolle 青紫葛
云南：沧源 李春华，肖美芳，李华明等 CYNGH107
云南：绿春 朱正明，白黎虹 HLS0332
云南：绿春 张挺，马国强，刘娜等 SCSB-B-000576
云南：南涧 马德跃，官有才，罗开宏 NJWLS940
云南：宁洱 胡启和，仇亚，张绍云 YNS0582
云南：普洱 叶金科 YNS0241
云南：永德 李永亮，马文军 YDDXSB242

Cissus repens Lamarck 白粉藤
云南：江城 叶金科 YNS0429
云南：景谷 胡启和，周英，张绍云 YNS0518
云南：景洪 张挺，谭运洪，王建军等 SCSB-B-000271
云南：南涧 马德跃，官有才，罗开宏等 NJWLS969

Cissus subtetragona Planchon 四棱白粉藤
云南：南涧 官有才，马德跃 NJWLS680

Leea aequata Linnaeus 圆腺火筒树
云南：景谷 叶金科 YNS0280

Leea asiatica (Linnaeus) Ridsdale 单羽火筒树
云南：沧源 赵金超，李春华 CYNGH400
云南：绿春 李正明，杨玉开 HLS0322
云南：南涧 马德跃，官有才，罗开宏等 NJWLS931

Leea compactiflora Kurz 密花火筒树
西藏：墨脱 刘成，亚吉东，何华杰等 16CS11952
云南：沧源 李春华，肖美芳，熊友明等 CYNGH150
云南：景谷 叶金科 YNS0270
云南：绿春 黄连山保护区科研所 HLS0248
云南：普洱 叶金科 YNS0242
云南：思茅区 叶金科 YNS0243

Leea glabra C. L. Li 光叶火筒树 *
云南：盈江 胡光万 HGW-00171

Leea indica (N. L. Burman) Merrill 火筒树
云南：沧源 赵金超 CYNGH023
云南：马关 张挺，修莹莹，李胜 SCSB-B-000628
云南：勐腊 谭运洪 A294
云南：思茅区 蔡杰，张挺 13CS7209
云南：永德 李增柱，王学军，杨金荣 YDDXSA027

Leea setuligera C. B. Clarke 糙毛火筒树
云南：沧源 李春华，李峰，李华亮等 CYNGH103

Parthenocissus dalzielii Gagnepain 异叶地锦 *
安徽：休宁 唐鑫生，方建新 TangXS0291

Parthenocissus feddei (H. Léveillé) C. L. Li 长柄地锦 *
湖北：竹溪 李盛兰 GanQL778

Parthenocissus henryana (Hemsley) Graebner ex Diels & Gilg 花叶地锦 *
四川：峨眉山 李小杰 LiXJ803

Parthenocissus laetevirens Rehder 绿叶地锦 *
安徽：歙县 方建新 TangXS0642
湖北：广水 朱鑫鑫，王君，石琳琳等 ZhuXX290
湖北：仙桃 张代贵 Zdg1317
江西：黎川 童和平，王玉珍 TanCM1853
江西：武宁 谭策铭，张吉华 TanCM403
江西：星子 董安淼，吴丛梅 TanCM1607

Parthenocissus quinquefolia (Linnaeus) Planchon 五叶地锦
江苏：句容 王兆银，吴宝成 SCSB-JS0384
江苏：徐州 李宏庆，熊申展，胡超 Lihq0365
宁夏：银川 牛有栋，朱奋霞 ZuoZh192
山东：长清区 王萍，高德民，张诏等 lilan318
陕西：宁陕 田先华，王梅荣，田陌 TianXH1130

Parthenocissus semicordata (Wallich) Planchon 三叶地锦
湖北：神农架林区 祝文志，刘志祥，曹远俊 ShenZH5739
四川：康定 何兴金，郜鹏，彭禄等 SCU-11-304
四川：理塘 何兴金，马祥光，张云香等 SCU-11-205
云南：景东 杨国平 ygp-001
云南：景东 袁德财，刘东，杨玉华 JDNR110132
云南：景东 罗忠华，谢有能，刘长铭等 JDNR064
云南：宁洱 张绍云，胡启和 YNS1055

云南：文山 何德明，丰艳飞，韦荣彪等 WSLJS721
云南：云龙 李爱花，李洪超，黄天才等 SCSB-A-000193

Parthenocissus tricuspidata (Siebold & Zuccarini) Planchon 地锦
安徽：屯溪区 唐鑫生，方建新 TangXS0493
河北：桃城 牛玉璐，高彦飞，赵二涛 NiuYL323
湖北：仙桃 张代贵 Zdg1350
湖南：永定区 吴福川，廖博儒，查学州 47
湖南：岳麓区 姜孝成，王丽萍 Jiangxc0770
江苏：南京 顾子霞 SCSB-JS0434
江西：庐山区 董安淼，吴从梅 TanCM1631
江西：修水 缪以清 TanCM684
山东：长清区 李兰，王萍，张少华等 Lilan-053
新疆：乌苏 马真，贺晓欢，徐文斌等 SHI-A2007345
新疆：新源 段士民，王喜勇，刘会良等 90
云南：新平 白绍斌 XPALSC162

Tetrastigma apiculatum var. **pubescens** C. L. Li 柔毛草崖藤 *
云南：镇沅 朱恒 ALSZY143

Tetrastigma campylocarpum (Kurz) Planchon 多花崖爬藤
云南：景东 谢有能，刘长铭，张明勇等 JDNR044

Tetrastigma ceratopetalum C. Y. Wu 角花崖爬藤 *
云南：河口 杨鑫峰 ZhangGL034
云南：新平 自成仲，刘家良 XPALSD038
云南：元阳 亚吉东，黄莉，何华杰 15CS11291

Tetrastigma cruciatum Craib & Gagnepain 十字崖爬藤
云南：景东 罗忠华，刘长铭，鲁成荣 JD024
云南：云龙 郭永杰，吴义军，马蓉 12CS5149

Tetrastigma delavayi Gagnepain 七小叶崖爬藤
云南：沧源 李春华，肖美芳，李华亮等 CYNGH136
云南：贡山 刘成，何华杰，黄莉等 14CS8547
云南：墨江 张绍云 YNS0059
云南：普洱 胡启和，张绍云 YNS0619

Tetrastigma hemsleyanum Diels & Gilg 三叶崖爬藤
重庆：南川区 易思荣 YISR211
湖北：竹溪 李盛兰 GanQL760
湖北：竹溪 李盛兰 GanQL1127
江西：修水 缪以清，梁荣文，余于明 TanCM699
江西：修水 谭策铭，缪以清 TCM09168
四川：峨眉山 李小杰 LiXJ225
云南：南涧 马德跃，官有才，罗开宏等 NJWLS957

Tetrastigma henryi Gagnepain 蒙自崖爬藤 *
云南：屏边 楚永兴，普华柱，刘永建 Pbdws041
云南：永德 李永亮 YDDXS0442
云南：镇沅 胡启和，张绍云 YNS0951

Tetrastigma hypoglaucum Planchon 叉须崖爬藤 *
云南：普洱 胡启和，周英，张绍云等 YNS0532

Tetrastigma jinghongense C. L. Li 景洪崖爬藤 *
云南：景洪 叶金科，彭志仙 YNS0076

Tetrastigma lenticellatum C. Y. Wu ex W. T. Wang 显孔崖爬藤 *
云南：龙陵 孙兴旭 SunXX009
云南：永德 杨金荣，王学军，黄德武等 YDDXSA049
云南：元阳 浦仕梅，刘成，杨娅娟等 YYGYS018

Tetrastigma lincangense C. L. Li 临沧崖爬藤 *
云南：永德 李永亮 YDDXS0987

Tetrastigma macrocorymbum Gagnepain ex J. Wen 伞花崖爬藤
云南：沧源 赵金超，杨红强 CYNGH307
云南：景东 罗忠华，段玉伟，刘长铭等 JD123
云南：隆阳区 赵玮 BSGLGSly009
云南：腾冲 余新林，赵玮 BSGLGStc062

Tetrastigma obovatum Gagnepain 毛枝崖爬藤
云南：沧源 李春华，肖美芳，熊友明等 CYNGH151
云南：景洪 彭志仙 YNS0251

Tetrastigma obtectum (Wallich ex M. A. Lawson) Planchon ex Franchet 崖爬藤
贵州：绥阳 赵厚涛，韩国营 YBG048
湖北：五峰 李平 AHL106
四川：峨眉山 李小杰 LiXJ554
云南：景东 鲁艳 2008161
云南：隆阳区 段在贤，李晓东，封占昕 BSGLGSly042
云南：麻栗坡 肖波 LuJL332
云南：孟连 彭华，向春雷，陈丽 P.H.5842
云南：易门 彭华，向春雷，王泽欢 PengH8356

Tetrastigma planicaule (J. D. Hooker) Gagnepain 扁担藤
广西：上思 许为斌，黄俞淞，梁永延等 Liuyan0228
广西：上思 何海文，杨锦超 YANGXF0294
云南：麻栗坡 肖波，陆章强 LuJL061
云南：南涧 马德跃，官有才，罗开宏等 NJWLS975
云南：普洱 叶金科 YNS0323
云南：盈江 王立彦，左常盛，桂魏 SCSB-TBG-034
云南：元阳 亚吉东，黄莉，何华杰 15CS11277

Tetrastigma rumicispermum (M. A. Lawson) Planchon 喜马拉雅崖爬藤
云南：隆阳区 李恒，李嵘，刀志灵 1260
云南：泸水 李爱花，李洪超，黄天才等 SCSB-A-000213
云南：绿春 张挺，马国强，刘娜等 SCSB-B-000568
云南：绿春 何疆海，何来收，白然思等 HLS0355
云南：屏边 张挺，胡益敏 SCSB-B-000549
云南：普洱 胡启和，周英，张绍云等 YNS0535
云南：腾冲 周应再 Zhyz-084
云南：新平 李德才，张云德 XPALSC074
云南：永德 李永亮 YDDXS0782

Tetrastigma rumicispermum var. **lasiogynum** (W. T. Wang) C. L. Li 锈毛喜马拉雅崖爬藤 *
云南：贡山 郭永杰，吴之坤，吴兴等 14CS9868
云南：贡山 刀志灵 DZL333
云南：河口 杨鑫峰 ZhangGL039

Tetrastigma serrulatum (Roxburgh) Planchon 狭叶崖爬藤
云南：贡山 蔡杰，郭云刚，张凤琼等 14CS9794
云南：景东 刘长铭，杨华金，王莉辉等 JDNR11026
云南：隆阳区 段在贤，刘绍纯，杨志顺等 BSGLGSly1072
云南：隆阳区 尹学建 BSGLGSly2009
云南：南涧 时国彩，何贵才，杨建平等 njwls2007041
云南：西盟 叶金科 YNS0131
云南：新平 谢天华，郎定富，杨如伟 XPALSA008
云南：新平 王家和，谢雄 XPALSC023
云南：永德 李永亮 YDDXS0783

Tetrastigma serrulatum var. **puberulum** W. T. Wang 毛狭叶崖爬藤 *
云南：贡山 郭永杰，吴之坤，吴兴等 14CS9954

Tetrastigma sichouense C. L. Li 西畴崖爬藤
云南：景谷 胡启和，周英，张绍云 YNS0519
云南：屏边 钱良超，陆海兴，张照跃等 Pbdws110

Tetrastigma subtetragonum C. L. Li 红花崖爬藤 *
云南：宁洱 仇亚，胡启和，周英 YNS0510

Tetrastigma triphyllum (Gagnepain) W. T. Wang **菱叶崖爬藤** *
云南：思茅区 张绍云，胡启和，王礼忠 YNS1046
云南：香格里拉 张挺，亚吉东，李明勤等 11CS3316
云南：新平 张学林 XPALSD163
Tetrastigma triphyllum var. **hirtum** (Gagnepain) W. T. Wang **毛菱叶崖爬藤** *
西藏：波密 刘成，亚吉东，何华杰等 16CS11824
云南：普洱 张绍云，仇亚，周英等 YNS0506
云南：文山 何德明 WSLJS908
Tetrastigma yunnanense Gagnepain **云南崖爬藤** *
云南：隆阳区 段在贤，杨采龙，杨安友 BSGLGS1y1002
云南：腾冲 周应再 Zhyz520
云南：云龙 李爱花，李洪超，黄天才等 SCSB-A-000225
Vitis amurensis Ruprecht **山葡萄** *
海南：三亚 彭华，向春雷，陈丽 PengH8176
黑龙江：巴彦 孙阎，赵立波 SunY039
黑龙江：尚志 李兵，路科 CaoW0117
黑龙江：尚志 郑宝江，丁晓炎，李月等 ZhengBJ207
湖南：石门 姜孝成，唐妹，卜剑超等 Jiangxc0456
吉林：磐石 安海成 AnHC096
吉林：汪清 陈武璋，王炳辉 CaoW0174
江苏：句容 王兆银，吴宝成 SCSB-JS0198
辽宁：庄河 于立敏 CaoW935
山东：海阳 辛晓伟 Lilan782
山东：牟平区 卞福花，陈朋 BianFH-0311
山东：牟平区 卞福花，宋言贺 BianFH-504
Vitis balansana Planchon **小果葡萄**
湖南：新宁 姜孝成，唐贵华，袁双艳等 SCSB-HNJ-0269
Vitis betulifolia Diels & Gilg **桦叶葡萄** *
湖北：仙桃 张代贵 Zdg2050
四川：宝兴 袁明 Y07082
云南：石林 税玉民，陈文红 64706
云南：云龙 李施文，张志云，段耀飞等 TC3016
Vitis chungii F. P. Metcalf **闽赣葡萄** *
江西：修水 缪以清 TanCM613
Vitis davidii (Romanet du Caillaud) Föex **刺葡萄** *
湖南：永定区 吴福川，查学州，余祥洪等 95
江西：修水 缪以清 TanCM623
四川：峨眉山 李小杰 LiXJ767
云南：文山 何德明，丰艳飞 WSLJS839
Vitis fengqinensis C. L. Li **凤庆葡萄** *
云南：永德 李永亮 YDDXS0466
Vitis flexuosa Thunberg **葛藟葡萄**
安徽：舒城 陈延松，欧祖兰，高秋晨等 Xuzd271
安徽：屯溪区 方建新，张勇，张恒 TangXS0535
安徽：屯溪区 方建新 TangXS0029
湖北：仙桃 张代贵 Zdg2498
湖南：东安 姜孝成，唐贵华，潘孝武 SCSB-HNJ-0111
湖南：江华 肖乐希，欧阳书珍 SCSB-HN-0863
湖南：永定区 吴福川，廖博儒，余祥洪等 119
江西：黎川 童和平，王玉珍 TanCM2713
山东：崂山区 罗艳，李中华 LuoY178
云南：麻栗坡 肖波 LuJL281
云南：巧家 杨光明 SCSB-W-1512
Vitis heyneana Roemer & Schultes **毛葡萄**
广西：贺州 姜孝成，王丽萍，鲁长青 Jiangxc0735
贵州：花溪区 邹方伦 ZouFL0206
湖北：保康 祝文志，刘志祥，曹远俊 ShenZH5509
湖北：仙桃 张代贵 Zdg3485
湖北：竹溪 李盛兰 GanQL528
江苏：句容 吴宝成，王兆银 HANGYY8222
江苏：句容 吴宝成，王兆银 HANGYY8240
江西：庐山区 谭策铭，董安淼 TCM09013
山东：长清区 步瑞兰，高德民，辛晓伟等 lilan766
云南：贡山 郭永杰，吴之坤，吴兴等 14CS9942
云南：景东 罗忠华，刘长铭，鲁成荣等 JD007
云南：南涧 官有才 NJWLS1667
云南：宁洱 胡启和，张绍云，周兵 YNS0995
云南：普洱 张绍云，仇亚，胡启和 YNS0503
云南：新平 刘家良 XPALSD026
云南：新平 谢天华，郎定富，李应富 XPALSA152
云南：永德 李永亮 YDDXS0446
云南：永德 李永亮 YDDXS6446
Vitis heyneana subsp. **ficifolia** (Bunge) C. L. Li **桑叶葡萄** *
山东：莒县 高德民，步瑞兰，辛晓伟等 Lilan786
Vitis piasezkii Maximowicz **变叶葡萄** *
湖北：保康 甘啟良 GanQL123
湖北：神农架林区 祝文志，刘志祥，曹远俊 ShenZH5687
Vitis pseudoreticulata W. T. Wang **华东葡萄**
江西：庐山区 董安淼，吴从梅 TanCM821
浙江：余杭区 葛斌杰 Lihq0129
Vitis silvestrii Pampanini **湖北葡萄** *
江西：修水 谭策铭，缪以清，李立新 TanCM331
Vitis sinocinerea W. T. Wang **小叶葡萄** *
江西：庐山区 董安淼，吴丛梅 TanCM3047
Vitis vinifera Linnaeus **葡萄**
河北：赤城 牛玉璐，高彦飞 NiuYL627
吉林：昌邑区 王伟青，甘阳英 SCSBDB0001
吉林：昌邑区 王伟青，甘阳英 SCSBDB0002
吉林：昌邑区 王伟青，甘阳英 SCSBDB0003
吉林：昌邑区 王伟青，甘阳英 SCSBDB0004
吉林：昌邑区 王伟青，甘阳英 SCSBDB0005
吉林：昌邑区 王伟青，甘阳英 SCSBDB0006
吉林：昌邑区 王伟青，甘阳英 SCSBDB0007
吉林：昌邑区 王伟青，甘阳英 SCSBDB0008
吉林：昌邑区 王伟青，甘阳英 SCSBDB0009
吉林：吉林 王伟青，甘阳英 SCSBDB0010
吉林：吉林 王伟青，甘阳英 SCSBDB0011
吉林：吉林 王伟青，甘阳英 SCSBDB0012
吉林：吉林 王伟青，甘阳英 SCSBDB0013
吉林：吉林 王伟青，甘阳英 SCSBDB0014
吉林：吉林 王伟青，甘阳英 SCSBDB0015
吉林：吉林 王伟青，甘阳英 SCSBDB0016
吉林：吉林 王伟青，甘阳英 SCSBDB0017
吉林：吉林 王伟青，甘阳英 SCSBDB0018
吉林：吉林 王伟青，甘阳英 SCSBDB0019
吉林：吉林 王伟青，甘阳英 SCSBDB0020
Vitis wilsoniae H. J. Veitch **网脉葡萄** *
四川：峨眉山 李小杰 LiXJ697
Vitis yunnanensis C. L. Li **云南葡萄** *
云南：景东 罗忠华，刘长铭，鲁成荣等 JD072
Yua thomsonii (M. A. Lawson) C. L. Li **俞藤**
湖南：新宁 姜孝成，唐贵华，袁双艳等 SCSB-HNJ-0246
江西：修水 缪以清 TanCM1712
四川：天全 汤加勇，赖建军 Y07074
Yua thomsonii var. **glaucescens** (Diels & Gilg) C. L. Li **华西**

俞藤 *
湖南：平江 刘克明，蔡秀珍，陈丰林 SCSB-HN-0901
四川：宝兴 袁明 Y07115

Xyridaceae 黄眼草科

黄眼草科	世界	中国	种质库
属 / 种（种下等级）/ 份数	5/225-300	1/6	1/4/6

Xyris capensis var. **schoenoides** (Martius) Nilsson 南非黄眼草
云南：景东 罗忠华，谢有能，刘长铭等 JDNR060
云南：永德 李永亮 LiYL1404

Xyris complanata R. Brown 硬叶葱草
广西：东兴 叶晓霞，吴望辉，农冬新 Liuyan0378
广西：防城港 许为斌，黄俞淞，梁永延等 Liuyan0238

Xyris indica Linnaeus 黄眼草
海南：文昌 张挺，刘成 14CS8641

Xyris pauciflora Willdenow 葱草
广西：东兴 叶晓霞，吴望辉，农冬新 Liuyan0375

Zingiberaceae 姜科

姜科	世界	中国	种质库
属 / 种（种下等级）/ 份数	50/1300	20/216	9/50(51)/157

Alpinia blepharocalyx K. Schumann 云南草蔻
云南：沧源 赵金超，肖美芳 CYNGH252
云南：金平 税玉民，陈文红 80268
云南：金平 喻智勇，官兴永，张云飞等 JinPing54
云南：景东 罗忠华，刘长铭，鲁成荣等 JD096
云南：麻栗坡 肖波 LuJL113
云南：屏边 楚永兴 Pbdws058
云南：屏边 楚永兴，陶国权 Pbdws016
云南：普洱 叶金科 YNS0322
云南：普洱 叶金科，彭志仙 YNS0011
云南：腾冲 余新林，赵玮 BSGLGStc303
云南：永德 李永亮，马文军 YDDXSB192
云南：永德 李永亮，马文军 YDDXSB227
云南：永德 杨金荣，黄德武，李增柱等 YDDXSA067
云南：镇沅 何忠云，王立东 ALSZY153

Alpinia conchigera Griffith 节鞭山姜
云南：思茅区 张挺，徐远杰，谭文杰 SCSB-B-000347

Alpinia emaculata S. Q. Tong 无斑山姜 *
云南：永德 杨金荣，王学军，黄德武等 YDDXSA019

Alpinia galanga (Linnaeus) Willdenow 红豆蔻
广西：上思 何海文，杨锦超 YANGXF0338
云南：麻栗坡 张挺，修莹莹，李胜 SCSB-B-000606
云南：勐腊 赵相兴 A116
云南：勐腊 谭运洪 A255
云南：南涧 官有才，马德，马开宏 NJWLS921
云南：思茅区 张绍云，胡启和，王礼忠 YNS1045

Alpinia intermedia Gagnepain 光叶山姜
云南：腾冲 周应再 Zhyz-496

Alpinia japonica (Thunberg) Miquel 山姜
安徽：休宁 唐鑫生，方建新 TangXS0475
重庆：南川区 易思荣 YISR049
湖北：咸丰 丛义艳，陈丰林 SCSB-HN-1161
湖南：江华 肖乐希，王成 SCSB-HN-0889
湖南：江华 肖乐希，刘欣欣 SCSB-HN-0893
湖南：宜章 田淑珍 SCSB-HN-0797
江西：黎川 童和平，王玉珍 TanCM1871
江西：武宁 张吉华，刘运群 TanCM1149
江西：修水 谭策铭，缪以清，李立新 TanCM390
云南：河口 税玉民，陈文红 16064
云南：永德 欧阳红才，普跃东，鲁金国等 YDDXSC029
浙江：鄞州区 李宏庆，葛斌杰，刘国丽等 Lihq0037

Alpinia maclurei Merrill 假益智
云南：河口 税玉民，陈文红 16063
云南：麻栗坡 肖波 LuJL207

Alpinia malaccensis (N. L. Burman) Roscoe 毛瓣山姜
西藏：墨脱 刘成，亚吉东，何华杰等 16CS11894

Alpinia nigra (Gaertner) B. L. Burtt 黑果山姜
云南：普洱 叶金科 YNS0395

Alpinia oblongifolia Hayata 华山姜
广西：上思 何海文，杨锦超 YANGXF0469
贵州：南明区 邹方伦 ZouFL0232
云南：景洪 张挺，徐远杰，谭文杰 SCSB-B-000348
云南：麻栗坡 肖波 LuJL244
云南：勐海 张挺，谭运洪，王建军等 SCSB-B-000278
云南：腾冲 李爱花，黄之镨，黄押稳等 SCSB-A-000305
云南：新平 李德才，张云德 XPALSC071
云南：新平 刘家良，自成仲 XPALSD336
云南：永德 李永亮，马文军 YDDXSB228
云南：元阳 田学军，杨建，邱成书等 Tianxj0089

Alpinia stachyodes Hance 密苞山姜 *
贵州：江口 周云，王勇 XiangZ082
四川：峨眉山 李小杰 LiXJ227
云南：隆阳区 赵玮，莫连贤，段在贤 BSGLGSly025
云南：麻栗坡 肖波 LuJL462
云南：麻栗坡 肖波 LuJL486

Alpinia strobiliformis T. L. Wu & S. J. Chen 球穗山姜 *
云南：屏边 楚永兴 Pbdws056

Alpinia zerumbet (Persoon) B. L. Burtt & R. M. Smith 艳山姜
福建：福清 李宏庆，陈纪云，王双 Lihq0313
四川：峨眉山 李小杰 LiXJ327
云南：绿春 黄连山保护区科研所 HLS0128
云南：蒙自 税玉民，陈文红 72354
云南：屏边 楚永兴 Pbdws057

Amomum dealbatum Roxburgh 长果砂仁
云南：永德 李永亮 YDDXS0904

Amomum maximum Roxburgh 九翅豆蔻
云南：勐腊 谭运洪 A330
云南：南涧 王学智 NJWLS905

Amomum purpureorubrum S. Q. Tong & Y. M. Xia 紫红砂仁 *
云南：新平 谢天华，李应富，郎定富 XPALSA014

Amomum scarlatinum H. T. Tsai & P. S. Chen 红花砂仁 *
云南：沧源 赵金超，肖美芳，汪顺莉 CYNGH243

Amomum tsaoko Crevost & Lemarie 草果 *
云南：麻栗坡 肖波 LuJL526

Amomum villosum Loureiro 砂仁
广西：上思 何海文，杨锦超 YANGXF0264

Cautleya gracilis (Smith) Dandy 距药姜
云南：沧源 李春华，肖美芳，李华明等 CYNGH160
云南：河口 张贵良，杨鑫峰，陶美英 ZhangGL190

云南：金平 税玉民，陈文红 71593
云南：景东 杨华军，刘国庆 JDNR11002
云南：景东 刘长铭，李先耀，李强平 JDNR11070
云南：泸水 李爱花，李洪超，黄天才等 SCSB-A-000212
云南：麻栗坡 税玉民，陈文红 72092
云南：南涧 李成清，高国政，徐如标 NJWLS466
云南：腾冲 余新林，赵玮 BSGLGStc341
云南：腾冲 胡光万 HGW-00182
云南：腾冲 周应再 Zhyz-055
云南：永德 李永亮 LiYL1406
云南：永德 欧阳红才，普跃东，杨金柱等 YDDXSC001

Cautleya spicata (Smith) Baker 红苞距药姜

云南：隆阳区 赵玮 BSGLGSly092

Etlingera elatior (Jack) R. M. Smith 火炬姜

云南：勐腊 赵相兴 A025
云南：勐腊 谭运洪 A506

Globba emeiensis Z. Y. Zhu 峨眉舞花姜 *

四川：峨眉山 李小杰 LiXJ107

Globba racemosa Smith 舞花姜

云南：龙陵 孙兴旭 SunXX042
云南：龙陵 郭永杰，吴义军，马蓉等 12CS5130
云南：南涧 官有才，马德跃，熊绍荣等 NJWLS685
云南：腾冲 余新林，赵玮 BSGLGStc176
云南：永德 李永亮 LiYL0788

Hedychium bijiangense T. L. Wu & S. J. Chen 碧江姜花 *

云南：贡山 郭永杰，吴之坤，吴兴等 14CS9807

Hedychium coccineum Smith 红姜花

云南：腾冲 余新林，赵玮 BSGLGStc268

Hedychium convexum S. Q. Tong 唇凸姜花 *

云南：普洱 叶金科 YNS0236

Hedychium coronarium J. König 姜花

云南：贡山 李恒，李嵘 919
云南：梁河 郭永杰，李涟漪，聂细转 12CS5223
云南：绿春 税玉民，陈文红 72992
云南：麻栗坡 肖波 LuJL181
云南：云龙 字建泽，杨六斤，李国宏等 TC1025

Hedychium densiflorum Wallich 密花姜花

西藏：波密 扎西次仁，西落 ZhongY639

Hedychium flavum Roxburgh 黄姜花

四川：峨眉山 李小杰 LiXJ298
西藏：墨脱 刘成，亚吉东，何华杰等 16CS11875
西藏：墨脱 刘成，亚吉东，何华杰等 16CS11990
云南：贡山 刀志灵 DZL318

Hedychium forrestii Diels 圆瓣姜花

云南：永德 李永亮 YDDXS0815

Hedychium forrestii var. **latebracteatum** K. Larsen 宽苞圆瓣姜花

云南：马关 DNA barcoding B组 GBOWS0694

Hedychium parvibracteatum T. L. Wu & S. J. Chen 小苞姜花 *

西藏：波密 孙航，张建文，陈建国等 SunH-07ZX-2601

Hedychium sinoaureum Stapf 小花姜花

云南：耿马 张挺，孙之星，杨秋林 SCSB-B-000431
云南：绿春 黄连山保护区科研所 HLS0402
云南：永德 李永亮 YDDXS0714

Hedychium spicatum Smith 草果药

西藏：波密 张大才，李双智，唐路等 ZhangDC-07ZX-1752
云南：贡山 刀志灵 DZL316
云南：贡山 李恒，李嵘，刀志灵 930

云南：景东 鲁艳 07-175
云南：景东 刘长铭，罗庆光，袁小龙等 JDNR11022
云南：龙陵 孙兴旭 SunXX074
云南：隆阳区 赵文李 BSGLGSly3006
云南：隆阳区 赵玮 BSGLGSly214
云南：南涧 李成清，高国政，徐如标 NJWLS489
云南：宁蒗 任宗昕，寸龙琼，任尚国 SCSB-W-1361
云南：普洱 叶金科 YNS0368
云南：腾冲 余新林，赵玮 BSGLGStc366
云南：西山区 彭华，陈丽 P.H.5328
云南：新平 刘家良 XPALSD079
云南：永德 李永亮 YDDXSB039
云南：镇沅 罗成瑜 ALSZY425

Hedychium tengchongense Y. B. Luo 腾冲姜花 *

云南：维西 张挺，徐远杰，黄押稳等 SCSB-B-000171

Hedychium villosum Wallich 毛姜花

云南：南涧 邹国娟，常学科，时国彩 njwls2007015

Hedychium yunnanense Gagnepain 滇姜花

云南：贡山 刘成，何华杰，黄莉等 14CS9986
云南：绿春 李天华，李正明 HLS0313
云南：香格里拉 孔航辉，任琛 Yangqe2872

Rhynchanthus beesianus W. W. Smith 喙花姜

云南：绿春 黄连山保护区科研所 HLS0450

Roscoea cautleoides Gagnepain 早花象牙参 *

云南：香格里拉 蔡杰，张挺，刘成等 11CS3247

Roscoea debilis Gagnepain 长柄象牙参 *

云南：香格里拉 张挺，亚吉东，李明勤等 11CS3355

Roscoea tibetica Batalin 藏象牙参

云南：嵩明 李爱花，李梅娟，李涟漪等 Liaihua101

Zingiber densissimum S. Q. Tong & Y. M. Xia 多毛姜

云南：永德 李永亮 LiYL1374

Zingiber fragile S. Q. Tong 脆舌姜

云南：景洪 谭运洪，余涛 B389
云南：勐腊 谭运洪 A256

Zingiber mioga (Thunberg) Roscoe 蘘荷

安徽：金寨 陈延松，欧祖兰，刘旭升 Xuzd246
安徽：祁门 唐鑫生，方建新 TangXS0452
湖南：新化 黄先辉，杨亚平，卜剑超 SCSB-HNJ-0351
江西：黎川 童和平，王玉珍，常迪江等 TanCM1999
江西：龙南 梁跃龙，潘国元，欧考胜 LiangYL032
江西：武宁 张吉华，刘运群 TanCM724
云南：景东 鲁艳 07-156
浙江：临安 李宏庆，董全英，桂萍 Lihq0442

Zingiber nigrimaculatum S. Q. Tong 黑斑姜 *

云南：景洪 张挺，王建军，廖琼 SCSB-B-000254

Zingiber officinale Roscoe 姜

云南：迪庆 吕元林 N009B
云南：景东 鲁艳 2008146
云南：双柏 彭华，刘恩德，陈丽 P.H.5502
云南：新平 王家和 XPALSC208

Zingiber striolatum Diels 阳荷 *

四川：峨眉山 李小杰 LiXJ310
云南：景东 罗忠华，刘长铭，鲁成荣等 JDNR09040
云南：弥勒 刘恩德，方伟，杜燕等 SCSB-B-000043
云南：永德 李永亮，马文军 YDDXSB145

Zingiber yingjiangense S. Q. Tong 盈江姜 *

云南：绿春 白才福，杨玉开 HLS0331

Zingiber yunnanense S. Q. Tong & X. Z. Liu 云南姜 *

云南：绿春 彭华，向春雷，陈丽等 P.H.5594
云南：腾冲 周应再 Zhyz-505
Zingiber zerumbet (Linnaeus) Roscoe ex Smith **红球姜**
云南：景洪 张挺，谭运洪，王建军等 SCSB-B-000295

Zygophyllaceae 蒺藜科

蒺藜科	世界	中国	种质库
属 / 种（种下等级）/ 份数	22/～280	3/22	3/14/129

Tetraena mongolica Maximowicz **四合木 ***
内蒙古：鄂尔多斯 洪欣，王鸥文 ZhouSB0261
Tribulus terrestris Linnaeus **蒺藜**
重庆：南川区 易思荣 YISR016
河北：桃城 牛玉璐，高彦飞，赵二涛 NiuYL434
吉林：南关区 韩忠明 Yanglm0060
内蒙古：新城区 蒲拴莲，李茂文 M028
宁夏：盐池 左忠，刘华 ZuoZh009
山东：长清区 高德民，张诏，王萍等 lilan500
西藏：贡嘎 扎西次仁 ZhongY169
西藏：拉萨 陈家辉，韩希，王广艳等 YangYP-Q-4202
西藏：朗县 罗建，汪书丽，任德智 L037
西藏：仁布 陈家辉，韩希，王东超等 YangYP-Q-4365
新疆：乌鲁木齐 王喜勇，马文宝，施翔 zdy319
新疆：叶城 黄文娟，段黄金，王英鑫等 LiZJ0911
Zygophyllum brachypterum Karelin & Kirilov **细茎霸王**
新疆：阿合奇 塔里木大学植物资源调查组 TD-00259
新疆：阿图什 塔里木大学植物资源调查组 TD-00651
新疆：拜城 塔里木大学植物资源调查组 TD-00153
新疆：库车 杨赵平，焦培培，白冠章等 LiZJ0775
新疆：乌什 塔里木大学植物资源调查组 TD-00869
新疆：新和 塔里木大学植物资源调查组 TD-00520
新疆：叶城 黄文娟，段黄金，王英鑫等 LiZJ0850
Zygophyllum fabago Linnaeus **豆型霸王**
青海：格尔木 冯虎元 LiuJQ-08KLS-004
新疆：阿克苏 塔里木大学植物资源调查组 TD-00205
新疆：白碱滩区 高木木 SCSB-SHI-2006181
新疆：博乐 刘成，亚吉东 15CS10281
新疆：博乐 马真，刘鸯，郭静谊 SHI2006306
新疆：博乐 段士民，王喜勇，刘会良等 15
新疆：和静 段士民，王喜勇，刘会良等 109
新疆：精河 石大标 SCSB-SHI-2006237
新疆：精河 谭敦炎，吉乃提，艾沙江 TanDY0230
新疆：库车 塔里木大学植物资源调查组 TD-00389
新疆：奎屯 翟伟，马真 SHI2006338
新疆：奎屯 徐文斌 SHI2006343
新疆：奎屯 高木木，郭静谊 SHI2006351
新疆：鄯善 王仲科，徐海燕，郭静谊 SHI2006268
新疆：石河子 石大标 SHI-2006408
新疆：乌苏 段士民，王喜勇，刘会良等 5
Zygophyllum jaxarticum Popov **长果霸王**
新疆：塔什库尔干 张玲，杨赵平 TD-01598
Zygophyllum loczyi Kanitz **粗茎霸王**
新疆：策勒 冯建菊 Liujq-fjj-0076
新疆：和田 冯建菊 Liujq-fjj-0083
新疆：和田 冯建菊 Liujq-fjj-0094
新疆：和田 郭永杰，黄文娟，段黄金 LiZJ0258
新疆：叶城 冯建菊，蒋学玮 Liujq-fjj-0145
Zygophyllum macropodum Borissova **大叶霸王**
新疆：博乐 徐文斌，黄雪姣 SHI-2008416
新疆：博乐 徐文斌，许晓敏 SHI-2008332
新疆：博乐 徐文斌，许晓敏 SHI-2008430
新疆：博乐 徐文斌，许晓敏 SHI-2008463
新疆：博乐 徐文斌，杨清理 SHI-2008405
新疆：察布查尔 阎平，张庆 SHI-A2007336
新疆：霍城 刘鸯 SHI-A2007262
新疆：精河 徐文斌，许晓敏 SHI-2008299
新疆：克拉玛依 徐文斌，郭一敏 SHI-2009190
新疆：奎屯 徐文斌，黄刚 SHI-2009140
新疆：石河子 塔里木大学植物资源调查组 TD-01006
新疆：塔什库尔干 邱娟，冯建菊 LiuJQ0049
新疆：塔什库尔干 邱娟，冯建菊 LiuJQ0115
新疆：塔什库尔干 黄文娟，段黄金，王英鑫等 LiZJ0316
新疆：乌尔禾区 徐文斌，黄刚 SHI-2009119
新疆：叶城 黄文娟，段黄金，王英鑫等 LiZJ0860
Zygophyllum macropterum C. A. Meyer **大翅霸王**
新疆：乌鲁木齐 马文宝，刘会良 zdy029
新疆：乌鲁木齐 谭敦炎，艾沙江 TanDY0182
新疆：乌鲁木齐 段士民，王喜勇，刘会良 Zhangdy047
Zygophyllum mucronatum Maximowicz **蝎虎霸王**
青海：格尔木 冯虎元 LiuJQ-08KLS-146
Zygophyllum obliquum Popov **长梗霸王**
新疆：阿克陶 杨赵平，黄文娟 TD-01776
新疆：柯坪 塔里木大学植物资源调查组 TD-00834
新疆：塔什库尔干 黄文娟，段黄金，王英鑫等 LiZJ0354
新疆：乌恰 塔里木大学植物资源调查组 TD-00698
新疆：乌恰 塔里木大学植物资源调查组 TD-00724
新疆：乌恰 杨赵平，黄文娟 TD-01803
Zygophyllum potaninii Maximowicz **大花霸王**
新疆：富蕴 谭敦炎，邱娟 TanDY0407
新疆：哈密 段士民，王喜勇，刘会良 Zhangdy127
新疆：哈密 段士民，王喜勇，刘会良 Zhangdy128
新疆：伊吾 段士民，王喜勇，刘会良 Zhangdy172
新疆：伊吾 段士民，王喜勇，刘会良 Zhangdy175
新疆：伊吾 段士民，王喜勇，刘会良 Zhangdy176
新疆：伊吾 段士民，王喜勇，刘会良 Zhangdy179
新疆：伊吾 段士民，王喜勇，刘会良 Zhangdy191
新疆：伊吾 段士民，王喜勇，刘会良 Zhangdy192
Zygophyllum pterocarpum Bunge **翼果霸王**
新疆：昌吉 谭敦炎，艾沙江 TanDY0369
新疆：阜康 马健，陈亮 MAJ012
新疆：阜康 谭敦炎，邱娟 TanDY0003
新疆：阜康 谭敦炎，邱娟 TanDY0028
新疆：阜康 谭敦炎，艾沙江 TanDY0350
新疆：阜康 段士民，王喜勇，刘会良 Zhangdy056
新疆：阜康 段士民，王喜勇，刘会良 Zhangdy061
新疆：阜康 段士民，王喜勇，刘会良 Zhangdy073
新疆：阜康 段士民，王喜勇，刘会良 Zhangdy074
新疆：阜康 段士民，王喜勇，刘会良 Zhangdy075
新疆：阜康 段士民，王喜勇，刘会良 Zhangdy076
新疆：阜康 段士民，王喜勇，刘会良 Zhangdy077
新疆：阜康 段士民，王喜勇，刘会良 Zhangdy078
新疆：阜康 段士民，王喜勇，刘会良 Zhangdy079
新疆：阜康 段士民，王喜勇，刘会良 Zhangdy080
新疆：阜康 段士民，王喜勇，刘会良 Zhangdy081

新疆：阜康 段士民，王喜勇，刘会良 Zhangdy082
新疆：富蕴 谭敦炎，邱娟 TanDY0150
新疆：精河 谭敦炎，吉乃提，艾沙江 TanDY0234
新疆：克拉玛依 谭敦炎，邱娟 TanDY0103
新疆：克拉玛依 张振春，刘建华 TanDY0335
新疆：石河子 阎平，许文斌 SCSB-2006047
新疆：石河子 谭敦炎，邱娟 TanDY0063

Zygophyllum rosowii Bunge 石生霸王

新疆：阿合奇 杨赵平，周禧琳，贺冰 LiZJ1369
新疆：巴里 段士民，王喜勇，刘会良 Zhangdy153
新疆：富蕴 谭敦炎，邱娟 TanDY0406
新疆：哈密 段士民，王喜勇，刘会良 Zhangdy104
新疆：塔什库尔干 杨赵平，周禧林，贺冰 LiZJ1198
新疆：塔什库尔干 邱娟，冯建菊 LiuJQ0048
新疆：塔什库尔干 张玲，杨赵平 TD-01044
新疆：塔什库尔干 黄文娟，段黄金，王英鑫等 LiZJ0352

Zygophyllum xanthoxylon (Bunge) Maximowicz 霸王

内蒙古：鄂托克旗 朱雅娟，黄振英，曲荣明 Beijing-Ordos-000007
内蒙古：海勃湾区 刘博，蒲拴莲，刘润宽等 M336
宁夏：银川 牛有栋，李出山 ZuoZh099
青海：贵德 陈世龙，高庆波，张发起等 Chensl1200
新疆：哈密 段士民，王喜勇，刘会良 Zhangdy095
新疆：哈密 段士民，王喜勇，刘会良 Zhangdy096
新疆：哈密 段士民，王喜勇，刘会良 Zhangdy099
新疆：哈密 段士民，王喜勇，刘会良 Zhangdy100
新疆：哈密 段士民，王喜勇，刘会良 Zhangdy130
新疆：哈密 段士民，王喜勇，刘会良 Zhangdy133
新疆：哈密 段士民，王喜勇，刘会良 Zhangdy135
新疆：哈密 段士民，王喜勇，刘会良 Zhangdy138
新疆：哈密 段士民，王喜勇，刘会良 Zhangdy139
新疆：和静 张挺，杨赵平，焦培培等 LiZJ0445
新疆：和硕 邱爱军，张玲，徐盼 LiZJ1434
新疆：库车 塔里木大学植物资源调查组 TD-00966
新疆：库尔勒 邱爱军，张玲，徐盼 LiZJ1402
新疆：吐鲁番 段士民 zdy082
新疆：吐鲁番 段士民，王喜勇，刘会良等 500
新疆：温宿 杨赵平，黄文娟，段黄金等 LiZJ0039
新疆：伊吾 王喜勇，马文宝，施翔 zdy475

图版一

野外生态写生照片

爵床科 Acanthaceae

(1) 白接骨 Asystasia neesiana

(2) 红花山牵牛 Thunbergia coccinea

(3) 狗肝菜 Dicliptera chinensis

(4) 曲序马蓝 Strobilanthes helicta

(5) 碗花草 Thunbergia fragrans

(6) (7) 野靛棵 Justicia patentiflora

(8) 肾苞草 Phaulopsis dorsiflora

(9) 南一笼鸡 Strobilanthes henryi

钟花科 Achariaceae

(1) (2) (3) 马蛋果 Gynocardia o

菖蒲科 Acoraceae

(4) (5) 菖蒲 Acorus calamus

(6) (7) (8) 金钱蒲 Acorus grami

猕猴桃科 Actinidiaceae

(1) 革叶猕猴桃 Actinidia rubricaulis var. coriacea

(2) (3) 狗枣猕猴桃 Actinidia kolomikta

(4) 中华猕猴桃 Actinidia chinensis

(5) 硬齿猕猴桃 Actinidia callosa

(6) (7) 藤山柳 Clematoclethra scandens

(8) 尼泊尔水东哥 Saurauia napaulensis

(9) 朱毛水东哥 Saurauia miniata

(10) 少脉水东哥 Saurauia polyneura var. paucinervis

五福花科 Adoxaceae

(1) 西伯利亚接骨木 Sambucus sibirica
(2) 接骨草 Sambucus javanica
(3) 接骨木 Sambucus williamsii
(4) 密花荚蒾 Viburnum congestum
(5) 漾濞荚蒾 Viburnum chingii
(6) 红荚蒾 Viburnum erubescens
(7) 珍珠荚蒾 Viburnum foetidum var. ceanot
(8) 水红木 Viburnum cylindricum
(9) 臭荚蒾 Viburnum foetidum
(10) 欧洲荚蒾 Viburnum opulus
(11) 蓝黑果荚蒾 Viburnum atrocyaneum
(12) 皱叶荚蒾 Viburnum rhytidophyllum

番杏科 Aizoaceae

(1) (2) 海马齿 Sesuvium portulacastrum

叠珠树科 Akaniaceae

(3) (4) (5) 伯乐树 Bretschneidera sinensis

泽泻科 Alismataceae

(6) 泽泻 Alisma plantago-aquatica

(7) 野慈姑 Sagittaria trifolia

(8) 东方泽泻 Alisma orientale

蕈树科 Altingiaceae

(9) 枫香 Liquidambar formosana

(10) 细青皮 Altingia excelsa

(11) 蕈树 Altingia chinensis

苋科 Amaranthaceae

(1) 白苋 Amaranthus albus

(2) 异苞滨藜 Atriplex micrantl

(3) 短叶假木贼 Anabasis brevi

(4) (5) 合头草 Sympegma rege

(6) 浆果苋 Deeringia amaranth

(7) 杯苋 Cyathula prostrata

(8) 琐琐 Haloxylon ammodend

(9) 刺沙蓬 Salsola tragus

(10) 球花藜 Chenopodium foli

石蒜科 Amaryllidaceae

(1) 棱叶薤 Allium caeruleum

(2) 蒙古韭 Allium mongolicum

(3) 滩池韭 Allium oreoprasum

(4) 野韭 Allium ramosum

(5) 石蒜 Lycoris radiata

漆树科 Anacardiaceae

(6) 毛黄栌 Cotinus coggygria var. pubescens

(7) 厚皮树 Lannea coromandelica

(8) 岭南酸枣 Spondias lakonensis

(9) 九子母 Dobinea vulgaris

(10) 三叶漆 Terminthia paniculata

(11) 小果绒毛漆 Toxicodendron wallichii var. microcarpum

番荔枝科 Annonaceae

(1) 大花哥纳香 Goniothalamus calv

(2) 多花瓜馥木 Fissistigma polyanth

(3) 细基丸 Polyalthia cerasoides

伞形科 Apiaceae

(4) 扁叶刺芹 Eryngium planum

(5) 下延叶古当归 Archangelica dec

(6) 簇花芹 Soranthus meyeri

(7) 大瓣芹 Semenovia transiliensis

夹竹桃科 Apocynaceae

(8) 紫花络石 Trachelospermum axil

(9) 刺瓜 Cynanchum corymbosum

(10) 羊角棉 Alstonia mairei

(11) 翅果藤 Myriopteron extensum

冬青科 Aquifoliaceae

(1) 毛冬青 *Ilex pubescens*

(2) 沙坝冬青 *Ilex chapaensis*

(3) 弯尾冬青 *Ilex cyrtura*

天南星科 Araceae

(4) 黄苞南星 *Arisaema flavum* subsp. *tibeticum*

(5) 鞭檐犁头尖 *Typhonium flagelliforme*

(6) 广东万年青 *Aglaonema modestum*

(7) 爬树龙 *Rhaphidophora decursiva*

五加科 Araliaceae

(8) 红马蹄草 *Hydrocotyle nepalensis*

(9) 刺通草 *Trevesia palmata*

(10) 文山鹅掌柴 *Schefflera fengii*

(11) 珠子参 *Panax japonicus* var. *major*

(1)

(3)

(4)

(5)

(8)

(9)

(10)

棕榈科 Arecaceae

(1) 棕榈 Trachycarpus fortunei

马兜铃科 Aristolochiaceae

(2) 耳叶马兜铃 Aristolochia taga

(3)(4) 尾花细辛 Asarum caudige

(5) 西藏马兜铃 Aristolochia griff

天门冬科 Asparagaceae

(6) 天门冬 Asparagus cochinchin

(7) 独花黄精 Polygonatum hooke

(8) 西南吊兰 Chlorophytum nepa

(9) 三脉黄精 Polygonatum griffit

(10) 管花鹿药 Maianthemum hen

独尾草科 Asphodelaceae

(1) (2) (3) 阿尔泰独尾草 *Eremurus altaicus*

蛇菰科 Balanophoraceae

(4) (7) 葛菌 *Balanophora harlandii*

凤仙花科 Balsaminaceae

(5) 耳叶凤仙花 *Impatiens delavayi*

(6) 金黄凤仙花 *Impatiens xanthina*

(8) 抱茎凤仙花 *Impatiens amplexicaulis*

(9) 水凤仙花 *Impatiens aquatilis*

(10) 裂距凤仙花 *Impatiens fissicornis*

落葵科 Basellaceae

(11) 落葵薯 *Anredera cordifolia*

(12) 落葵 *Basella alba*

菊科 Asteraceae

(1) 东风草 Blumea megacephala
(2) 百能葳 Blainvillea acmella
(3) 绢毛菊 Soroseris glomerata
(4) 绵头雪兔子 Saussurea laniceps
(5) 星状雪兔子 Saussurea stella
(6) 康滇毛鳞菊 Melanoseris souliei
(7) 华漏芦 Rhaponticum chinense
(8) 厚叶翅膜菊 Alfredia nivea
(9) 栌菊木 Nouelia insignis
(10) 蝎尾菊 Koelpinia linearis
(11) 半毛菊 Crupina vulgaris

秋海棠科 Begoniaceae

(1) 紫背天葵 Begonia fimbristipula

(2) 独牛 Begonia henryi

(3) 圭山秋海棠 Begonia guishanensis

小檗科 Berberidaceae

(4) 黑果小檗 Berberis atrocarpa

(5) 红毛七 Caulophyllum robustum

(6) 阿尔泰牡丹草 Gymnospermium altaicum

(7) (8) 桃儿七 Sinopodophyllum hexandrum

桦木科 Betulaceae

(9) 西桦 Betula alnoides

(10) 云贵鹅耳枥 Carpinus pubescens

熏倒牛科 Biebersteiniaceae

(11) (12) 熏倒牛 Biebersteinia heterostemon

紫葳科 Bignoniaceae

(1) 火烧花 Mayodendron igneum

(2) 西南猫尾木 Markhamia stipulata

(3) 藏波罗花 Incarvillea younghusband

(4) 木蝴蝶 Oroxylum indicum

红木科 Bixaceae

(5) 红木 Bixa orellana

紫草科 Boraginaceae

(6) 黄花软紫草 Arnebia guttata

(7) 尖叶微孔草 Microula blepharolepis

(8) 毛束草 Trichodesma calycosum

(9) 长柱琉璃草 Lindelofia stylosa

(10) 峨眉附地菜 Trigonotis omeiensis

十字花科 Brassicaceae

(1) 欧洲山芥 Barbarea vulgaris

(2) 绵果荠 Lachnoloma lehmannii

(3) 毛果群心菜 Cardaria pubescens

(4) 唐古碎米荠 Cardamine tangutorum

(5) 舟果荠 Tauscheria lasiocarpa

水玉簪科 Burmanniaceae

(6) 水玉簪 Burmannia disticha

橄榄科 Burseraceae

(7) (8) (9) 白头树 Garuga forrestii

花蔺科 Butomaceae

(1) (2) 花蔺 Butomus umbellatus

黄杨科 Buxaceae

(3) (4) 野扇花 Sarcococca ruscifolia

(5) 板凳果 Pachysandra axillaris

仙人掌科 Cactaceae

(6) 梨果仙人掌 Opuntia ficus-indica

胡桐科 Calophyllaceae

(7) (8) 铁力木 Mesua ferrea

蜡梅科 Calycanthaceae

(9) 夏蜡梅 Calycanthus chinensis

(10) 山蜡梅 Chimonanthus nitens

(11) 蜡梅 Chimonanthus praecox

(12) 美国蜡梅 Calycanthus floridus

桔梗科 Campanulaceae

(1) 牧根草 *Asyneuma japonicum*

(2) 流石风铃草 *Campanula crenulata*

(3) 新疆党参 *Codonopsis clematidea*

(4) 金钱豹 *Campanumoea javanica*

(5) 轮钟花 *Cyclocodon lancifolius*

(6) 美丽蓝钟花 *Cyananthus formosus*

(7) 细钟花 *Leptocodon gracilis*

(8) 袋果草 *Peracarpa carnosa*

大麻科 Cannabaceae

(9) 滇糙叶树 *Aphananthe cuspidata*

(10) 白颜树 *Gironniera subaequalis*

(11) 滇葎草 *Humulus yunnanensis*

(12) 山黄麻 *Trema tomentosa*

美人蕉科 Cannaceae

(1) (2) 美人蕉 Canna indica

山柑科 Capparaceae

(3) 苦子马槟榔 Capparis yunnanensi

(4) 小绿刺 Capparis urophylla

(5) 薄叶山柑 Capparis tenera

忍冬科 Caprifoliaceae

(6) 裂叶异首花 Pterocephalus bretsc

(7) 刺续断 Acanthocalyx nepalensis

(8) 刚毛忍冬 Lonicera hispida

(9) 云南双盾木 Dipelta yunnanensis

(10) 亮叶忍冬 Lonicera ligustrina var. yunnanensis

番木瓜科 Caricaceae

(1) (2) 番木瓜 *Carica papaya*

香茜科 Carlemanniaceae

(3) 蜘蛛花 *Silvianthus bracteatus*

(4) 香茜 *Carlemannia tetragona*

(5) 线萼蜘蛛花 *Silvianthus tonkinensis*

石竹科 Caryophyllaceae

(6) (7) 刺叶 *Acanthophyllum pungens*

(8) 金铁锁 *Psammosilene tunicoides*

(9) 剪秋罗 *Lychnis fulgens*

(10) 六齿卷耳 *Cerastium cerastoides*

(11) 白玉草 *Silene vulgaris*

木麻黄科 Casuarinaceae

(12) (13) 木麻黄 *Casuarina equisetifolia*

卫矛科 Celastraceae

(1) 灯油藤 Celastrus paniculatus
(2) 中华卫矛 Euonymus nitidus
(3) 独子藤 Celastrus monospermus
(4) 裂果卫矛 Euonymus dielsianus
(5) 荚蒾卫矛 Euonymus viburnoides
(6) 栓翅卫矛 Euonymus phellomanus
(7) 岩波卫矛 Euonymus clivicola
(8) (9) 云南翅子藤 Loeseneriella yunn
(10) 白耳菜 Parnassia foliosa
(11) 类三脉梅花草 Parnassia pusilla

连香树科 Cercidiphyllaceae

(1) (2) 连香树 Cercidiphyllum japonicum

金粟兰科 Chloranthaceae

(3) (4) 海南草珊瑚 Sarcandra glabra subsp. brachystachys

(5) (6) 鱼子兰 Chloranthus erectus

(7) 银线草 Chloranthus japonicus

星叶草科 Circaeasteraceae

(8) (9) 星叶草 Circaeaster agrestis

半日花科 Cistaceae

(10) (11) 半日花 Helianthemum songaricum

(1)

(3)

(5)

(6)

(8)

(9)

白花菜科 Cleomaceae

(1) 黄花草 Arivela viscosa

(2) 醉蝶花 Tarenaya hassleriar

桤叶树科 Clethraceae

(3) (4) 云南桤叶树 Clethra de

秋水仙科 Colchicaceae

(5) 山慈菇 Iphigenia indica

(6) 万寿竹 Disporum cantonie

(7) 横脉万寿竹 Disporum trab

使君子科 Combretaceae

(8) 千果榄仁 Terminalia myri

(9) 滇榄仁 Terminalia franche

鸭跖草科 Commelinaceae

(1) 大苞鸭跖草 Commelina paludosa

(2) 鸭跖草 Commelina communis

(3) 竹叶子 Streptolirion volubile

(4) 钩毛子草 Rhopalephora scaberrima

(5) 紫背水竹叶 Murdannia divergens

(6) 聚花草 Floscopa scandens

(7) 大杜若 Pollia hasskarlii

(8) 细竹篙草 Murdannia simplex

牛栓藤科 Connaraceae

(9) (10) 长尾红叶藤 Rourea caudata

旋花科 Convolvulaceae

(1) 田旋花 Convolvulus arvensis

(2) 猪菜藤 Hewittia malabarica

(3) 金灯藤 Cuscuta japonica

(4) 飞蛾藤 Dinetus racemosus

(5) 掌叶鱼黄草 Merremia vitifo

(6) 搭棚藤 Poranopsis discifera

(7) 小牵牛 Jacquemontia panicul

(8) 篱栏网 Merremia hederacea

(9) 黄毛金钟藤 Merremia boisia var. fulvopilosa

(10) 大果三翅藤 Tridynamia sin

马桑科 Coriariaceae

(1) 草马桑 *Coriaria terminalis*

山茱萸科 Cornaceae

(2) 毛八角枫 *Alangium kurzii*

(3) 长圆叶梾木 *Cornus oblonga*

(4) 小梾木 *Cornus quinquenervis*

(5) (6) 头状四照花 *Cornus capitata*

(7) 灯台树 *Cornus controversa*

(8) 蓝果树 *Nyssa sinensis*

(9) (10) 珙桐 *Davidia involucrata*

(11) 喜树 *Camptotheca acuminata*

闭鞘姜科 Costaceae

(1) (2) 闭鞘姜 Costus speciosus

景天科 Crassulaceae

(3) 匙叶伽蓝菜 Kalanchoe integra

(4) 云南红景天 Rhodiola yunnanen

(5) 合景天 Pseudosedum lievenii

(6) 卵叶瓦莲 Rosularia platyphylla

(7) 瓦松 Orostachys fimbriata

(8) 钝叶瓦松 Orostachys malacophy

(9) 小山飘风 Sedum filipes

隐翼科 Crypteroniaceae

(1) (2) 隐翼木 Crypteronia paniculata

葫芦科 Cucurbitaceae

(3) 西南野黄瓜 Cucumis sativus var. hardwickii

(4) 野黄瓜 Cucumis hystrix

(5) 红花栝楼 Trichosanthes rubriflos

(6) 帽儿瓜 Mukia maderaspatana

(7) 云南马瓟儿 Scopellaria marginata

(8) 云南赤瓟 Thladiantha pustulata

(9) 云南木鳖 Momordica subangulata subsp. renigera

(10) 棒锤瓜 Neoalsomitra clavigera

(11) 金瓜 Gymnopetalum chinense

柏科 Cupressaceae

(1) 滇藏方枝柏 Juniperus indica

(2) 池杉 Taxodium distichum var. imb

莎草科 Cyperaceae

(3) 毛芙兰草 Fuirena ciliaris

(4) 南莎草 Cyperus niveus

(5) 囊果薹草 Carex physodes

(6) 毛囊薹草 Carex inanis

(7) 刺子莞 Rhynchospora rubra

(8) 扁秆荆三棱 Bolboschoenus planic

(9) 单穗水蜈蚣 Kyllinga nemoralis

交让木科 Daphniphyllaceae

(10) 西藏虎皮楠 Daphniphyllum hima

(11) 纸叶虎皮楠 Daphniphyllum chart

岩梅科 Diapensiaceae

(1) 红花岩梅 Diapensia purpurea

五桠果科 Dilleniaceae

(2) (3) 五桠果 Dillenia indica

(4) 锡叶藤 Tetracera sarmentosa

薯蓣科 Dioscoreaceae

(5) 箭根薯 Tacca chantrieri

(6) 丽叶薯蓣 Dioscorea aspersa

(7) 蜀葵叶薯蓣 Dioscorea althaeoides

(8) 毛芋头薯蓣 Dioscorea kamoonensis

(9) 薯蓣 Dioscorea polystachya

十齿花科 Dipentodontaceae

(10) (11) 十齿花 Dipentodon sinicus

茅膏菜科 Droseraceae

(1) 茅膏菜 *Drosera peltata*（朱鑫鑫

柿树科 Ebenaceae

(2) 老鸦柿 *Diospyros rhombifolia*

(3) 乌材 *Diospyros eriantha*

(4) 岩柿 *Diospyros dumetorum*

胡颓子科 Elaeagnaceae

(5) 牛奶子 *Elaeagnus umbellata*

(6) 鸡柏紫藤 *Elaeagnus loureiroi*

(7) 贵州牛奶子 *Elaeagnus guizhouen*

(8) 西藏沙棘 *Hippophaë tibetana*

(9) 云南沙棘 *Hippophaë rhamnoides* subsp. *yunnanensis*

杜英科 Elaeocarpaceae

(10) 水石榕 *Elaeocarpus hainanensis*

(11) 仿栗 *Sloanea hemsleyana*

(12) 猴欢喜 *Sloanea sinensis*

麻黄科 Ephedraceae

(1) (2) 中麻黄 Ephedra intermedia

杜鹃花科 Ericaceae

(3) 毛叶吊灯花 Enkianthus deflexus

(4) 菱形叶杜鹃 Rhododendron rhombifolium

(5) 樟叶越桔 Vaccinium dunalianum

(6) 大樟叶越桔 Vaccinium dunalianum var. megaphyllum

(7) 假木荷 Craibiodendron stellatum

谷精草科 Eriocaulaceae

(8) 尼泊尔谷精草 Eriocaulon nepalense

古柯科 Erythroxylaceae

(9) 东方古柯 Erythroxylum sinense

杜仲科 Eucommiaceae

(10) 杜仲 Eucommia ulmoides

大戟科 Euphorbiaceae

(1) (2) (3) 希陶木 Tsaiodendron
(4) 斑籽木 Baliospermum solani
(5) 沙戟 Chrozophora sabulosa
(6) 高山大戟 Euphorbia strachey
(7) 白木乌桕 Neoshirakia japoni
(8) 铁苋菜 Acalypha australis
(9) 山乌桕 Triadica cochinchinen
(10) 粗糠柴 Mallotus philippensi
(11) 毛桐 Mallotus barbatus

领春木科 Eupteleaceae

(1) 领春木 Euptelea pleiosperma

豆科 Fabaceae

(2) 云南甘草 Glycyrrhiza yunnanensis
(3) 冬麻豆 Salweenia wardii
(4) 肉色土圞儿 Apios carnea
(5) 云实 Caesalpinia decapetala
(6) 薄叶羊蹄甲 Bauhinia glauca subsp. tenuiflora
(7) 两型豆 Amphicarpaea edgeworthii
(8) 柔毛山黑豆 Dumasia villosa
(9) 野大豆 Glycine soja （周海城 摄）
(10) 茧荚黄耆 Astragalus lehmannianus
(11) (12) 任豆 Zenia insignis

壳斗科 Fagaceae

(1) 水青冈 Fagus longipetiolata

(2) 三棱栎 Formanodendron doichang

瓣鳞花科 Frankeniaceae

(3) 瓣鳞花 Frankenia pulverulenta

绞木科 Garryaceae

(4) 细齿桃叶珊瑚 Aucuba chlorascen

(5) 喜马拉雅珊瑚 Aucuba himalaica

胡蔓藤科 Gelsemiaceae

(6) 钩吻 Gelsemium elegans

龙胆科 Gentianaceae

(7) 獐牙菜 Swertia bimaculata

(8) 滇龙胆 Gentiana rigescens

(9) 大钟花 Megacodon stylophorus

(10) 美丽肋柱花 Lomatogonium bellu

(11) 尼泊尔双蝴蝶 Tripterospermum

牻牛儿苗科 Geraniaceae

(1) 草地老鹳草 *Geranium pratense*

(2) 紫地榆 *Geranium strictipes*

苦苣苔科 Gesneriaceae

(3) 紫花苣苔 *Loxostigma griffithii*

(4) 华丽芒毛苣苔 *Aeschynanthus superbus*

(5) 弥勒苣苔 *Paraisometrum mileense*

(6) 盾座苣苔 *Epithema carnosum*

(7) 尖舌苣苔 *Rhynchoglossum obliquum*

(8) 毛线柱苣苔 *Rhynchotechum vestitum*

(9) 大花芒毛苣苔 *Aeschynanthus mimetes*

(10) 长瓣马铃苣苔 *Oreocharis auricula*

(11) 美丽唇柱苣苔 *Chirita speciosa*

银杏科 Ginkgoaceae

(1) 银杏 Ginkgo biloba

买麻藤科 Gnetaceae

(2) 买麻藤 Gnetum montanum

茶藨子科 Grossulariaceae

(3) 糖茶藨子 Ribes himalense

(4) 长序茶藨子 Ribes longeracemos

(5)(6) 冰川茶藨子 Ribes glaciale

(7) 长刺茶藨子 Ribes alpestre

(8) 裂叶茶藨子 Ribes laciniatum

(9)(10) 黑茶藨子 Ribes nigrum

(11) 曲萼茶藨子 Ribes griffithii

小二仙草科 Haloragaceae

(1) 小二仙草 Gonocarpus micranthus

(2) 狐尾藻 Myriophyllum verticillatum

金缕梅科 Hamamelidaceae

(3) 牛鼻栓 Fortunearia sinensis

(4) 马蹄荷 Exbucklandia populnea

(5) 檵木 Loropetalum chinense

(6) 大果马蹄荷 Exbucklandia tonkinensis

青荚叶科 Helwingiaceae

(7) 中华青荚叶 Helwingia chinensis

(8) 西域青荚叶 Helwingia himalaica

(9) 青荚叶 Helwingia japonica

莲叶桐科 Hernandiaceae

(10) 心叶青藤 lligera cordata

(11) 大花青藤 Illigera grandiflora

绣球花科 Hydrangeaceae

(1) 草绣球 Cardiandra moellendorffii

(2) 赤壁木 Decumaria sinensis

(3) 东北溲疏 Deutzia parviflora var. a

(4) 紫花溲疏 Deutzia purpurascens

(5)(8) 冠盖藤 Pileostegia viburnoides

(6) 微绒绣球 Hydrangea heteromalla

(7) 滇南山梅花 Philadelphus henryi

(9)(10) 常山 Dichroa febrifuga

田基麻科 Hydrophyllaceae

(1) (2) 田基麻 Hydrolea zeylanica

金丝桃科 Hypericaceae

(3) 红芽木 Cratoxylum formosum subsp. pruniflorum

(4) (5) 黄牛木 Cratoxylum cochinchinense

(6) 小连翘 Hypericum erectum

(7) 川滇金丝桃 Hypericum forrestii

(8) 多蕊金丝桃 Hypericum choisyanum

(9) 察隅遍地金 Hypericum kingdonii

(10) 糙枝金丝桃 Hypericum scabrum

仙茅科 Hypoxidaceae

(1) 小金梅草 Hypoxis aurea

(2) (3) 大叶仙茅 Curculigo capitulata

茶茱萸科 Icacinaceae

(4) 小果微花藤 Iodes vitiginea

(5) 马比木 Nothapodytes pittosporoides

(6) 毛假柴龙树 Nothapodytes tomentosa

鸢尾科 Iridaceae

(7) (8) 细叶鸢尾 Iris tenuifolia

(9) 紫苞鸢尾 Iris ruthenica

(10) 西南鸢尾 Iris bulleyana

鼠刺科 Iteaceae

(1) 冬青叶鼠刺 *Itea ilicifolia*

(2) 鼠刺 *Itea chinensis*

鸢尾蒜科 Ixioliriaceae

(3) (4) 鸢尾蒜 *Ixiolirion tataricum*

胡桃科 Juglandaceae

(5) 马尾树 *Rhoiptelea chilianth*

(6) 越南山核桃 *Carya tonkinensis*

(7) (9) 云南黄杞 *Engelhardia spicata*

(8) 化香树 *Platycarya strobilacea*

灯心草科 Juncaceae

(1) 葱状灯心草 Juncus allioides

(2) 喜马灯心草 Juncus himalens

(3) 长苞灯心草 Juncus leucomel

(4) (5) 西藏地杨梅 Luzula jilong

水麦冬科 Juncaginaceae

(6) (7) 海韭菜 Triglochin maritir

(8) (9) (10) 水麦冬 Triglochin pa

唇形科 Lamiaceae

(1) 西藏鳞果草 Achyrospermum wallichianum
(2) 红紫珠 Callicarpa rubella
(3) 香莸 Caryopteris bicolor
(4) 绒苞藤 Congea tomentosa
(5) 沙穗 Eremostachys moluccelloides
(6) 云南冠唇花 Microtoena delavayi
(7) 云南石梓 Gmelina arborea
(8) 块根糙苏 Phlomis tuberosa
(9) 滇黄芩 Scutellaria amoena
(10) 刺蕊草 Pogostemon glaber
(11) 单叶蔓荆 Vitex rotundifolia

木通科 Lardizabalaceae

(1) 白木通 Akebia trifoliata subsp. a

(2) 鹰爪枫 Holboellia coriacea

(3) 猫儿屎 Decaisnea insignis

(4) 大血藤 Sargentodoxa cuneata

樟科 Lauraceae

(5) 无根藤 Cassytha filiformis

(6) 香叶树 Lindera communis

(7) 山鸡椒 Litsea cubeba

狸藻科 Lentibulariaceae

(8) 狸藻 Utricularia vulgaris

(9) (10) 圆叶挖耳草 Utricularia striat

百合科 Liliaceae

(1) 大百合 Cardiocrinum giganteum

(2) 梭砂贝母 Fritillaria delavayi

(3) 细弱顶冰花 Gagea tenera

(4) 川滇百合 Lilium primulinum var. ochraceum

(5) 黄花油点草 Tricyrtis pilosa

亚麻科 Linaceae

(6) 垂果亚麻 Linum nutans

(7) 石海椒 Reinwardtia indica

(8) 异腺草 Anisadenia pubescens

母草科 Linderniaceae

(9) 旱田草 Lindernia ruellioides

(10) 紫萼蝴蝶草 Torenia violacea

马钱科 Loganiaceae

(1) (2) 狭叶蓬莱葛 Gardneria angu

千屈菜科 Lythraceae

(3) 耳基水苋 Ammannia auriculata

(4) 八宝树 Duabanga grandiflora

(5) 石榴 Punica granatum

(6) 圆叶节节菜 Rotala rotundifolia

(7) 虾子花 Woodfordia fruticosa

木兰科 Magnoliaceae

(8) 长蕊木兰 Alcimandra cathcartii

(9) 合果木 Michelia baillonii

(10) 鹅掌楸 Liriodendron chinense

(11) 红花木莲 Manglietia insignis

金虎尾科 Malpighiaceae

(1) 倒心盾翅藤 *Aspidopterys obcordata*

(2) 蒙自盾翅藤 *Aspidopterys henryi*

(3) 风筝果 *Hiptage benghalensis*

竹芋科 Marantaceae

(4) (5) 尖苞柊叶 *Phrynium placentarium*

通泉草科 Mazaceae

(6) (7) 野胡麻 *Dodartia orientalis*

(8) 低矮通泉草 *Mazus humilis*

(9) 粗毛肉果草 *Lancea hirsuta*

Melanthiaceae 黑药花科

(10) 牯岭藜芦 *Veratrum schindleri*

(11) 七叶一枝花 *Paris polyphylla*

锦葵科 Malvaceae

(1) 昂天莲 Ambroma augustum
(2) (3) 滇桐 Craigia yunnanensis
(4) 元江柄翅果 Burretiodendron kyd
(5) 木棉 Bombax ceiba
(6) 毛果扁担杆 Grewia eriocarpa
(7) 旱地木槿 Hibiscus aridicola
(8) 假苹婆 Sterculia lanceolata
(9) 单毛刺蒴麻 Triumfetta annua
(10) 海南破布叶 Microcos chungii
(11) 华椴 Tilia chinensis

野牡丹科 Melastomataceae

(1) 柏拉木 Blastus cochinchinensis

(2) 异药花 Fordiophyton faberi

(3) 沙巴酸脚杆 Medinilla petelotii

(4) 滇尖子木 Oxyspora yunnanensis

楝科 Meliaceae

(5) (6) 浆果楝 Cipadessa baccifera

防己科 Menispermaceae

(7) 西南千金藤 Stephania subpeltata

(10) 连蕊藤 Parabaena sagittata

睡菜科 Menyanthaceae

(8) 荇菜 Nymphoides peltata

粟米草科 Molluginaceae

(9) 种棱粟米草 Mollugo verticillata

(11) 长梗星粟草 Glinus oppositifolius

桑科 Moraceae

(1) 楮 Broussonetia kazinoki

(2) 苹果榕 Ficus oligodon

(4) 鸡桑 Morus australis

杨梅科 Myricacea

(3) 毛杨梅 Myrica esculenta

(5) 杨梅 Myrica rubra

芭蕉科 Musaceae

(6)(7) 红蕉 Musa coccinea

(8) 血红蕉 Musa sanguinea

桃金娘科 Myrtaceae

(9) 桃金娘 Rhodomyrtus tomentosa

(10) 五瓣子楝树 Decaspermum parvifl

纳茜菜科 Nartheciaceae

(1) 穗花粉条儿菜 Aletris pauciflora var. khasiana

(2) 星花粉条儿菜 Aletris gracilis

莲科 Nelumbonaceae

(3) (5) 莲 Nelumbo nucifera

猪笼草科 Nepenthaceae

(4) (6) 猪笼草 Nepenthes mirabilis

白刺科 Nitrariaceae

(7) 白刺 Nitraria tangutorum

(8) 小果白刺 Nitraria sibirica

(9) 骆驼蒿 Peganum nigellastrum

(10) 骆驼蓬 Peganum harmala

紫茉莉科 Nyctaginaceae

(1) (2) 中华粘腺果 Commicarpus chin

(3) 紫茉莉 Mirabilis jalapa

睡莲科 Nymphaeaceae

(4) (5) 萍蓬草 Nuphar pumila

铁青树科 Olacaceae

(6) (7) 赤苍藤 Erythropalum scandens

木犀科 Oleaceae

(8) 香花木犀 Osmanthus suavis

(9) 长叶女贞 Ligustrum compactum

(10) 白枪杆 Fraxinus malacophylla

(11) 矮探春 Jasminum humile

(12) 滇素馨 Jasminum subhumile

柳叶菜科 Onagraceae

(1) 柳兰 Chamerion angustifolium

(2) 南方露珠草 Circaea mollis

(3) 水龙 Ludwigia adscendens

(4) 草龙 Ludwigia hyssopifolia

(5) 柳叶菜 Epilobium hirsutum

山柚子科 Opiliaceae

(6) 茎花山柚 Champereia manillana var. longistaminea

酢浆草科 Oxalidaceae

(7) 山酢浆草 Oxalis griffithii

(8) (9) 分枝感应草 Biophytum fruticosum

兰科 Orchidaceae

(1) 多花脆兰 Acampe rigida
(2) 藓叶卷瓣兰 Bulbophyllum retusiusculun
(3) 黄花杓兰 Cypripedium flavum
(4) 阴生掌裂兰 Dactylorhiza umbrosa
(5) 球花石斛 Dendrobium thyrsiflorum
(6) 口盖花蜘蛛兰 Esmeralda bella
(7) 毛萼山珊瑚 Galeola lindleyana
(8) 落地金钱 Habenaria aitchisonii
(9) 缘毛鸟足兰 Satyrium nepalense var. cil
(10) 毛唇独蒜兰 Pleione hookeriana

列当科 Orobanchaceae

(1) 黑蒴 Alectra avensis
(2) 野菰 Aeginetia indica
(3) 总花来江藤 Brandisia racemosa
(4) 盐生肉苁蓉 Cistanche salsa
(5) 滇川山罗花 Melampyrum klebelsbergianum
(6) 美丽列当 Orobanche amoena
(7) 杜氏翅茎草 Pterygiella duclouxii
(8) 拉氏马先蒿 Pedicularis labordei
(9) 欧氏马先蒿 Pedicularis oederi
(10) 腺毛阴行草 Siphonostegia laeta

芍药科 Paeoniaceae

(1) 新疆芍药 Paeonia anomala

(2) 滇牡丹 Paeonia delavayi

(3) 美丽芍药 Paeonia mairei

罂粟科 Papaveraceae

(4) 血水草 Eomecon chionantha

(5) 多刺绿绒蒿 Meconopsis horridula

(6) 野罂粟 Papaver nudicaule

(7) 紫金龙 Dactylicapnos scandens

西番莲科 Passifloraceae

(8) 三开瓢 Adenia cardiophylla（王立彦

(9) 龙珠果 Passiflora foetida

(10) 鸡蛋果 Passiflora edulis

泡桐科 Paulowniaceae

(11) 白花泡桐 Paulownia fortunei

胡麻科 Pedaliaceae

(1) (2) 芝麻 Sesamum indicum

(3) 茶菱 Trapella sinensis

五膜草科 Pentaphragmataceae

(4) (5) 直序五膜草 Pentaphragma spicatum

五列木科 Pentaphylacaceae

(6) 茶梨 Anneslea fragrans

(7) 大花红单比 Cleyera japonica var. wallichiana

扯根菜科 Penthoraceae

(1) (2) (3) 扯根菜 Penthorum chinense

田葱科 Philydraceae

(4) (5) (6) 田葱 Philydrum lanuginosum

透骨草科 Phrymaceae

(7) (8) (9) 透骨草 Phryma leptostachya subsp. asiatica（8 朱鑫

叶下珠科 Phyllanthaceae

(1) 银柴 Aporosa dioica

(2) 圆果算盘子 Glochidion sphaerogynum

(3) (4) 黄珠子草 Phyllanthus virgatus

(5) 毛果算盘子 Glochidion eriocarpum

(6) 山地五月茶 Antidesma montanum

(7) 钝叶黑面神 Breynia retusa

(8) 土蜜藤 Bridelia stipularis

(9) 木奶果 Baccaurea ramiflora（刘光裕 摄）

(10) 秋枫 Bischofia javanica

商陆科 Phytolaccaceae

(1) 商陆 Phytolacca acinosa

(2) 垂序商陆 Phytolacca americana（朱鑫鑫

松科 Pinaceae

(3) 紫果云杉 Picea purpurea

(4) 云南油杉 Keteleeria evelyniana

(5) 不丹松 Pinus bhutanica

(6) 秦岭红松 Larix potaninii var. chinensis

胡椒科 Piperaceae

(7) 豆瓣绿 Peperomia tetraphylla

(8) 石南藤 Piper wallichii

海桐花科 Pittosporaceae

(9) 四子海桐 Pittosporum tonkinense

(10) 海桐 Pittosporum tobira

车前科 Plantaginaceae

(1) 北车前 Plantago media

(2) 幌菊 Ellisiophyllum pinnatum

(3) 长距柳穿鱼 Linaria longicalcarata

(4) 紫花柳穿鱼 Linaria bungei

(5) 杉叶藻 Hippuris vulgaris

(6) 毛麝香 Adenosma glutinosum

(7) 细穗腹水草 Veronicastrum stenostachyum

(8) 野甘草 Scoparia dulcis

悬铃木科 Platanaceae

(9) 二球悬铃木 Platanus acerifolia

白花丹科 Plumbaginaceae

(10) 伊犁花 Ikonnikovia kaufmanniana

(11) 白花丹 Plumbago zeylanica

禾本科 Poaceae

(1) (2) 箭叶大油芒 *Spodiopogon sagitt*

(3) 䅟 *Eleusine coracana*

(4) 细柄茅 *Ptilagrostis mongholica*

(5) 尼泊尔芒 *Miscanthus nepalensis*

罗汉松科 Podocarpaceae

(6) 竹柏 *Nageia nagi*

花荵科 Polemoniaceae

(7) (8) 花荵 *Polemonium caeruleum*

远志科 Polygalaceae

(9) 荷包山桂花 *Polygala arillata*

(10) 齿果草 *Salomonia cantoniensis*

(11) 密花远志 *Polygala karensium*

蓼科 Polygonaceae

(1) 水黄 Rheum alexandrae

(2) 戟叶酸模 Rumex hastatus

(3) 塔黄 Rheum nobile

(4) 荞麦 Fagopyrum esculentum

(5) 宽叶火炭母 Polygonum chinense var. ovalifolium

(6) 红果沙拐枣 Calligonum rubicundum

(7) 头花蓼 Polygonum capitatum

(8) 艾比湖沙拐枣 Calligonum ebinuricum

(9) 金线草 Antenoron filiforme

(10) 山蓼 Oxyria digyna

雨久花科 Pontederiaceae

(1) (2) 雨久花 Monochoria korsakow

(3) (4) (5) 鸭舌草 Monochoria vagina

马齿苋科 Portulacaceae

(6) (7) 马齿苋 Portulaca oleracea

(8) 毛马齿苋 Portulaca pilosa

眼子菜科 Potamogetonaceae

(9) (10) 眼子菜 Potamogeton distinct

(11) (12) 蓖齿眼子菜 Stuckenia pecti

报春花科 Primulaceae

(1) 高穗花报春 *Primula vialii*

(2) 暗紫脆蒴报春 *Primula calderiana*

(3) 海乳草 *Glaux maritima*

(4) 多枝香草 *Lysimachia laxa*

(5) 朱砂根 *Ardisia crenata*

(6) 针齿铁仔 *Myrsine semiserrata*

(7) 川东灯台报春 *Primula mallophylla*

山龙眼科 Proteaceae

(8) 网脉山龙眼 *Helicia reticulata*

(9) 小果山龙眼 *Helicia cochinchinensis*

毛茛科 Ranunculaceae

(1) 扁果草 Isopyrum anemonoides
(2) 金毛铁线莲 Clematis chrysocoma
(3) 瓜叶乌头 Aconitum hemsleyanum
(4) 卵叶银莲花 Anemone begoniifolia
(5) 距瓣尾囊草 Urophysa rockii
(6) 罂粟莲花 Anemoclema glaucifoliu
(7) 驴蹄草 Caltha palustris
(8) 直距耧斗菜 Aquilegia rockii
(9) 小花人字果 Dichocarpum franchet
(10) 铁破锣 Beesia calthifolia
(11) 乳突拟耧斗菜 Paraquilegia anemc

木犀草科 Resedaceae

(1) 节蒴木 Borthwickia trifoliata

(2) (3) 川犀草 Oligomeris linifolia

帚灯草科 Restionaceae

(4) (5) 薄果草 Dapsilanthus disjunctus

鼠李科 Rhamnaceae

(6) 猫乳 Rhamnella franguloides

(7) 咀签 Gouania leptostachya

(8) 云南勾儿茶 Berchemia yunnanensis

(9) 刺鼠李 Rhamnus dumetorum

红树科 Rhizophoraceae

(10) (11) (12) 竹节树 Carallia brachiata

蔷薇科 Rosaceae

(1) 渐尖粉花绣线菊 Spiraea japonica var. acuminata
(2) 绢毛蔷薇 Rosa sericea
(3) 丽江山荆子 Malus rockii
(4) 香水月季 Rosa odorata
(5) 西康花楸 Sorbus prattii
(6) 两列栒子 Cotoneaster nitidus
(7) 牛筋条 Dichotomanthes tristaniicar
(8) 窄叶火棘 Pyracantha angustifolia
(9) 牛叠肚 Rubus crataegifolius
(10) 辽宁山楂 Crataegus sanguinea

茜草科 Rubiaceae

(1) 裂果金花 *Schizomussaenda dehiscens*

(2) 香果树 *Emmenopterys henryi*

(3) 墨脱玉叶金花 *Mussaenda decipiens*

(4) 四蕊三角瓣花 *Prismatomeris tetrandra*

(5) 弯管花 *Chassalia curviflora*

(6) 滇丁香 *Luculia pinceana*

(7) 短萼齿木 *Brachytome wallichii*

(8) 大叶钩藤 *Uncaria macrophylla*

(9) 云南九节 *Psychotria yunnanensis*

(10) 山石榴 *Catunaregam spinosa*

(11) 短萼腺萼木 *Mycetia brevisepala*

川蔓藻科 Ruppiaceae

(1) (2) 川蔓藻 Ruppia maritima

芸香科 Rutaceae

(3) 山油柑 Acronychia pedunculat

(4) 牛料吴萸 Tetradium trichotom

(5) 秃叶黄檗 Phellodendron chine var. glabriusculum

(6) 白鲜 Dictamnus dasycarpus

(7) 浪叶花椒 Zanthoxylum undula

(8) 蚬壳花椒 Zanthoxylum dissitu

(9) 飞龙掌血 Toddalia asiatica

清风藤科 Sabiaceae

(10) 云南泡花树 Meliosma yunna

(11) 清风藤 Sabia japonica

杨柳科 Salicaceae

(1) (2) 胡杨 *Populus euphratica*

(3) 栀子皮 *Itoa orientalis*

(4) 香味脚骨脆 *Casearia graveolens*

(5) 山桐子 *Idesia polycarpa*

(6) 柞木 *Xylosma congesta*

檀香科 Santalaceae

(7) 檀梨 *Pyrularia edulis*

(8) 沙针 *Osyris quadripartita*

(9) 米面蓊 *Buckleya henryi*

无患子科 Sapindaceae

(1) (2) 云南金钱枫 Dipteronia dyeriana（蔡

(3) 茶条木 Delavaya toxocarpa

(4) 川滇无患子 Sapindus delavayi

(5) 樟叶枫 Acer coriaceifolium

(6) 倒地铃 Cardiospermum halicacabum

(7) 掌叶木 Handeliodendron bodinieri

山榄科 Sapotaceae

(8) (9) 大肉实树 Sarcosperma arboreum

(10) 紫荆木 Madhuca pasquieri

三白草科 Saururaceae

(1) 三白草 Saururus chinensis

(2) (3) 蕺菜 Houttuynia cordata

冰沼草科 Scheuchzeriaceae

(4) 冰沼草 Scheuchzeria palustris

虎耳草科 Saxifragaceae

(5) 中甸虎耳草 Saxifraga draboides

(6) 黄水枝 Tiarella polyphylla

(7) 短毛岩白菜 Bergenia purpurascens var. sessilis

(8) 西南鬼灯檠 Rodgersia sambucifolia

(9) 肾萼金腰 Chrysosplenium delavayi

五味子科 Schisandraceae

(1) 红花五味子 Schisandra rubriflora

(2) 野八角 Illicium simonsii

(3) 华中五味子 Schisandra sphenanthe

(4) 异形南五味子 Kadsura heteroclita

(5) 大果五味子 Schisandra macrocarpa

(6) 大八角 Illicium majus

青皮木科 Schoepfiaceae

(7) (8) 青皮木 Schoepfia jasminodora

(9) 香芙木 Schoepfia fragrans

玄参科 Scrophulariaceae

(1) (2) 准噶尔毛蕊花 Verbascum songaricum

(3) 高玄参 Scrophularia elatior

(4) 大序醉鱼草 Buddleja macrostachya

苦木科 Simaroubaceae

(5) (6) (7) 苦树 Picrasma quassioides

(8) 柔毛鸦胆子 Brucea mollis

(9) 鸦胆子 Brucea javanica

菝葜科 Smilacaceae

(10) 束丝菝葜 Smilax hemsleyana

(11) 防己叶菝葜 Smilax menispermoidea

(12) 粗糙菝葜 Smilax lebrunii

(13) 乌饭叶菝葜 Smilax myrtillus

茄科 Solanaceae

(1) 酸浆 Physalis alkekengi
(2) 天仙子 Hyoscyamus niger
(3) 夜香树 Cestrum nocturnum
(4) 单花红丝线 Lycianthes lysimach
(5) 铃铛子 Anisodus luridus
(6) 龙珠 Tubocapsicum anomalum
(7) 黑果枸杞 Lycium ruthenicum

旌节花科 Stachyuraceae

(8) 柳叶旌节花 Stachyurus salicifol
(9) 西域旌节花 Stachyurus himalaic
(10) 中国旌节花 Stachyurus chinens

省沽油科 Staphyleaceae

(1) (2) 野鸦椿 Euscaphis japonica

(3) (4) 膀胱果 Staphylea holocarpa

(5) 大果山香圆 Turpinia pomifera

花柱草科 Stylidiaceae

(6) 花柱草 Stylidium uliginosum

安息香科 Styracaceae

(7) 双齿山茉莉 Huodendron biaristatum

(8) 贵州木瓜红 Rehderodendron kweichowense

(9) 大花野茉莉 Styrax grandiflorus

山矾科 Symplocaceae

(10) 多花山矾 Symplocos ramosissima

(11) 白檀 Symplocos paniculata

土人参科 Talinaceae

(1) (2) 土人参 Talinum paniculatum

柽柳科 Tamaricaceae

(3) 宽苞水柏枝 Myricaria bracteata

(4) 五柱红砂 Reaumuria kaschgarica

(5) 柽柳 Tamarix chinensis

瘿椒树科 Tapisciaceae

(6) (7) 云南瘿椒树 Tapiscia yunnanensi

红豆杉科 Taxaceae

(8) 红豆杉 Taxus wallichiana var. chir

(9) 云南穗花杉 Amentotaxus yunnanen

四数木科 Tetramelaceae

(10) (11) 四数木 Tetrameles nudiflora

鞘柄木科 Torricelliaceae

(1) (3) 鞘柄木 Torricellia tiliifolia

(2) 角叶鞘柄木 Torricellia angulata

昆栏树科 Trochodendraceae

(4) (5) 水青树 Tetracentron sinense

香蒲科 Typhaceae

(6) 黑三棱 Sparganium stoloniferum

(7) 东方香蒲 Typha orientalis

榆科 Ulmaceae

(8) 刺榆 Hemiptelea davidii

(9) 榔榆 Ulmus parvifolia

(10) 大叶榉树 Zelkova schneideriana

(11) 大果榆 Ulmus macrocarpa

荨麻科 Urticaceae

(1) 火麻树 Dendrocnide urentissima
(2) 大蝎子草 Girardinia diversifolia
(3) 长叶苎麻 Boehmeria penduliflora
(4) 水麻 Debregeasia orientalis
(5) 红紫麻 Oreocnide rubescens

翡若翠科 Velloziaceae

(6) (7) 芒苞草 Acanthochlamys bracte

马鞭草科 Verbenaceae

(8) (9) 过江藤 Phyla nodiflora
(10) 马鞭草 Verbena officinalis（叶

堇菜科 Violaceae

(11) 辽宁堇菜 Viola rossii
(12) 如意草 Viola arcuata

葡萄科 Vitaceae

(1) 青紫葛 Cissus javana

(2) 毛葡萄 Vitis heyneana

(3) 扁担藤 Tetrastigma planicaule

(4) 崖爬藤 Tetrastigma obtectum

(5) 光叶火筒树 Leea glabra

黄眼草科 Xyridaceae

(6) 黄眼草 Xyris indica

姜科 Zingiberaceae

(7) 红苞距药姜 Cautleya spicata

(8) 黄姜花 Hedychium flavum

(9) 草果 Amomum tsaoko

蒺藜科 Zygophyllaceae

(10) 四合木 Tetraena mongolica

(11) 蝎虎霸王 Zygophyllum mucronatum

(12) 大花霸王 Zygophyllum potaninii

(13) 蒺藜 Tribulus terrestris

图版二

种子（果实）光学显微照片

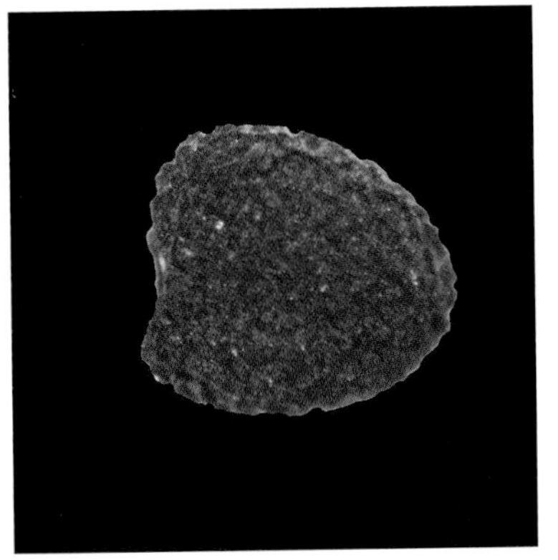

爵床 Justicia procumbens
爵床科 ACANTHACEAE

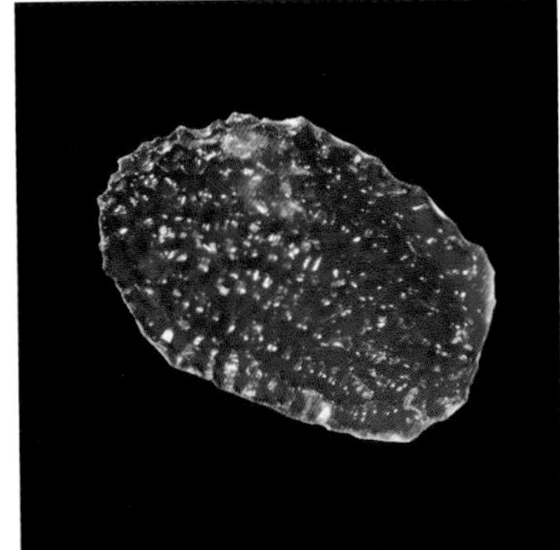

中华猕猴桃 Actinidia chinensis
猕猴桃科 ACTINIDIACEAE

荚蒾 Viburnum dilatatum
五福花科 ADOXACEAE

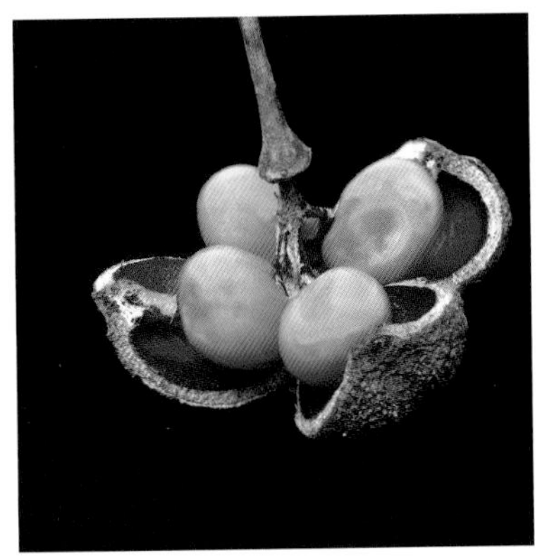

伯乐树 Bretschneidera sinensis
叠珠树科 AKANIACEAE

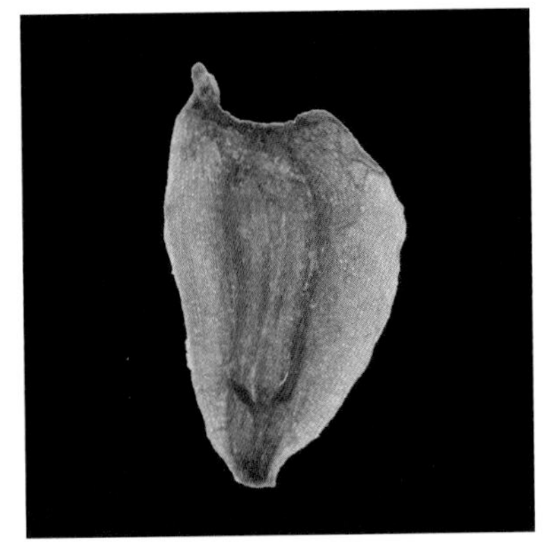

浮叶慈姑 Sagittaria natans
泽泻科 ALISMATACEAE

枫香树 Liquidambar formosana
蕈树科 ALTINGIACEAE

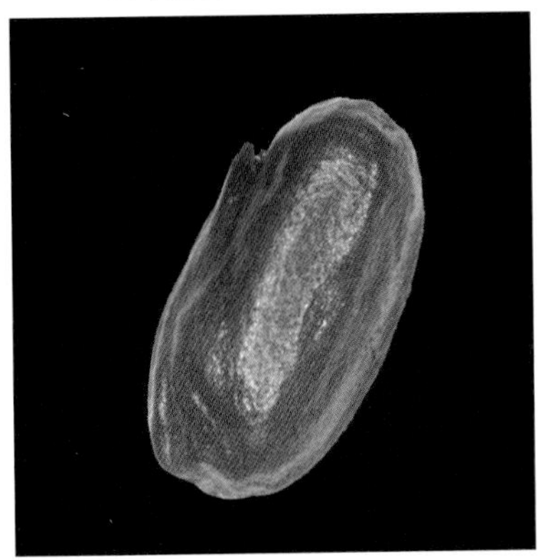

牛膝 Achyranthes bidentata
苋科 AMARANTHACEAE

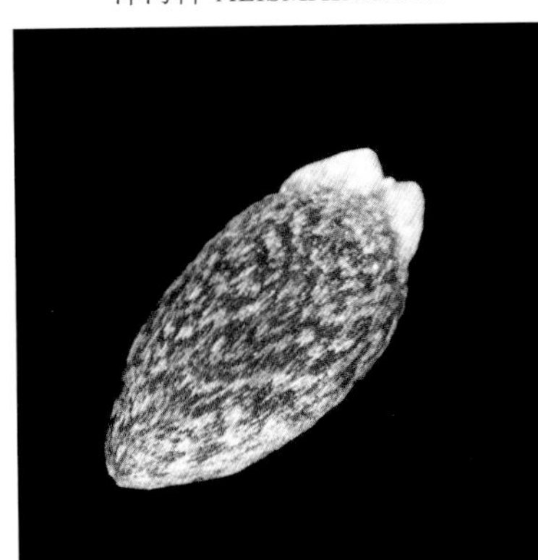

轴藜 Axyris amaranthoides
苋科 AMARANTHACEAE

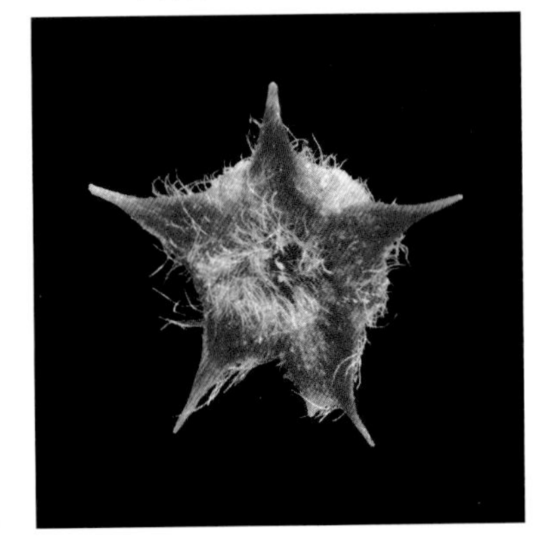

雾冰藜 Bassia dasyphylla
苋科 AMARANTHACEAE

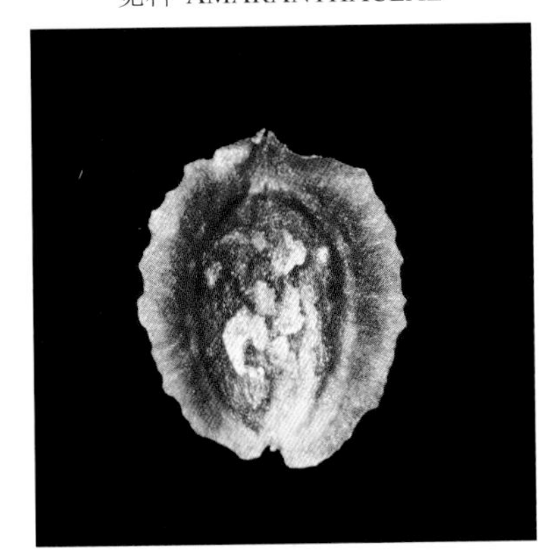

兴安虫实 Corispermum chinganicum
苋科 AMARANTHACEAE

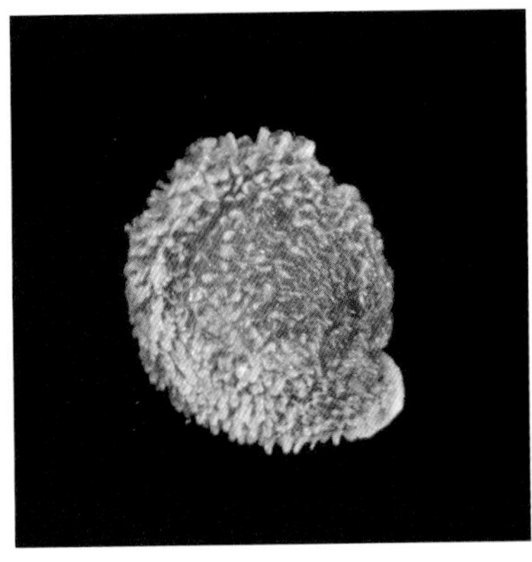

盐爪爪 Kalidium foliatum
苋科 AMARANTHACEAE

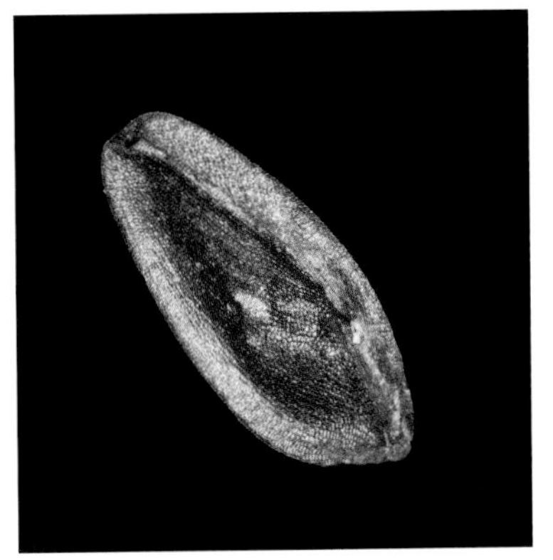

野黄韭 Allium rude
石蒜科 AMARYLLIDACEAE

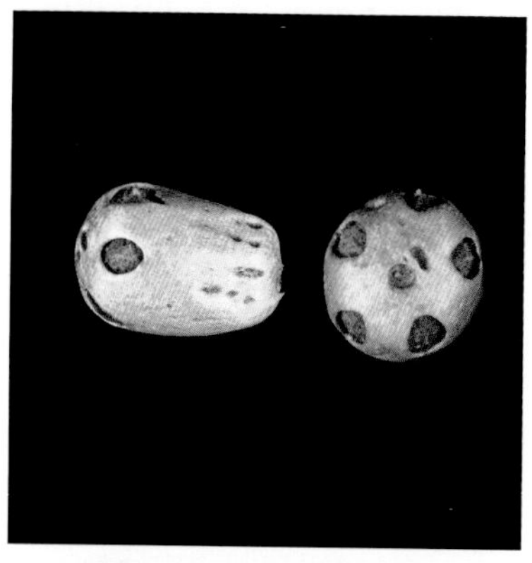

南酸枣 Choerospondias axillaris
漆树科 ANACARDIACEAE

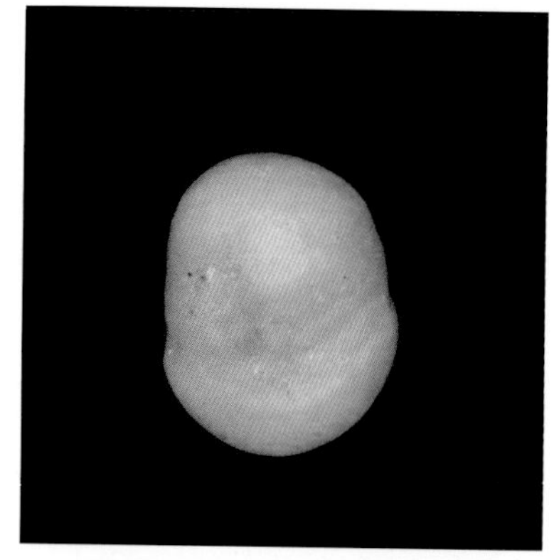

漆树 Toxicodendron vernicifluum
漆树科 ANACARDIACEAE

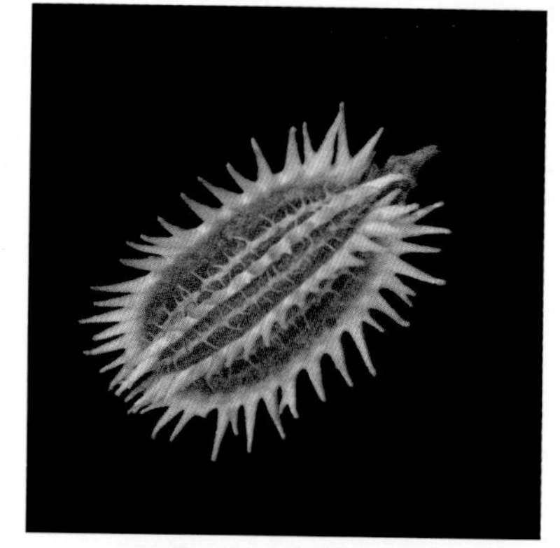

野胡萝卜 Daucus carota
伞形科 APIACEAE

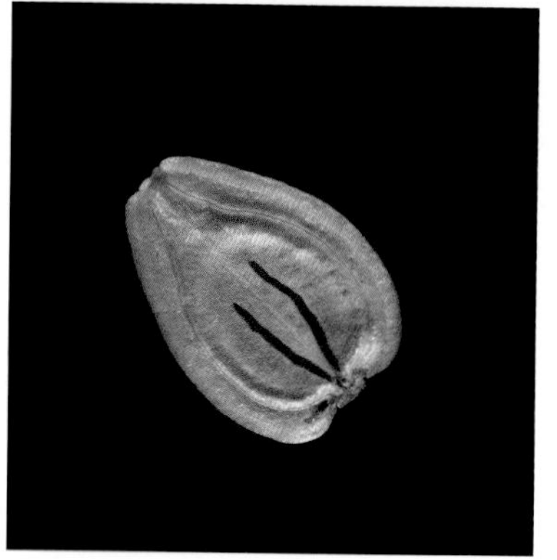

白亮独活 Heracleum candicans
伞形科 APIACEAE

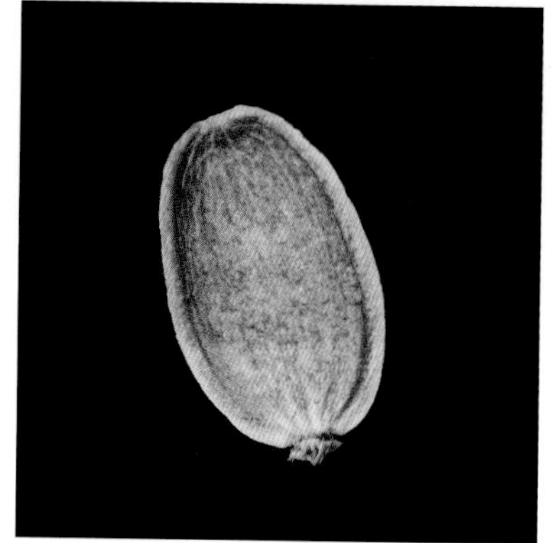

簇花芹 Soranthus meyeri
伞形科 APIACEAE

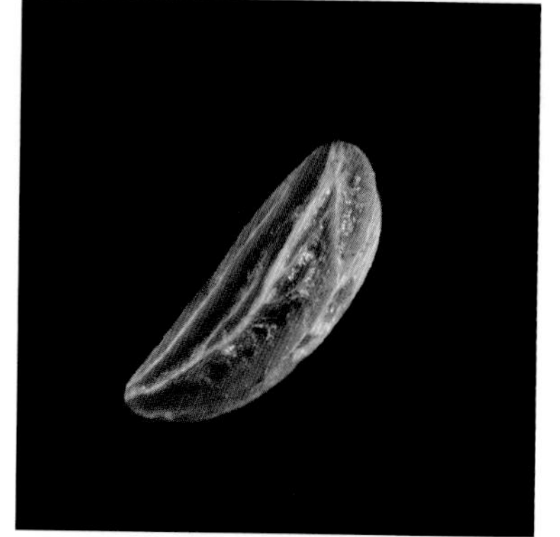

满树星 Ilex aculeolata
冬青科 AQUIFOLIACEAE

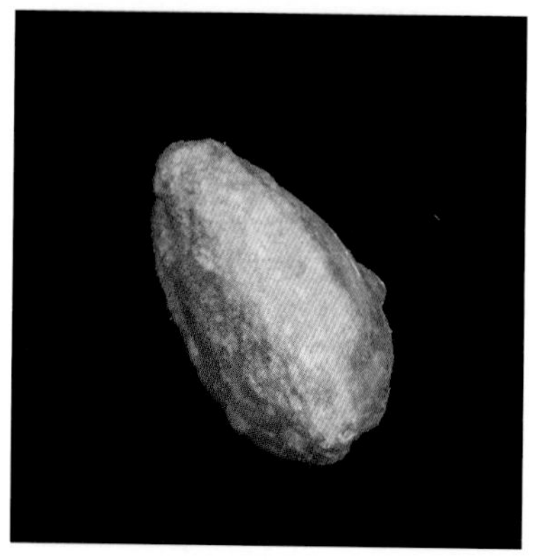

征镒冬青 Ilex wuana
冬青科 AQUIFOLIACEAE

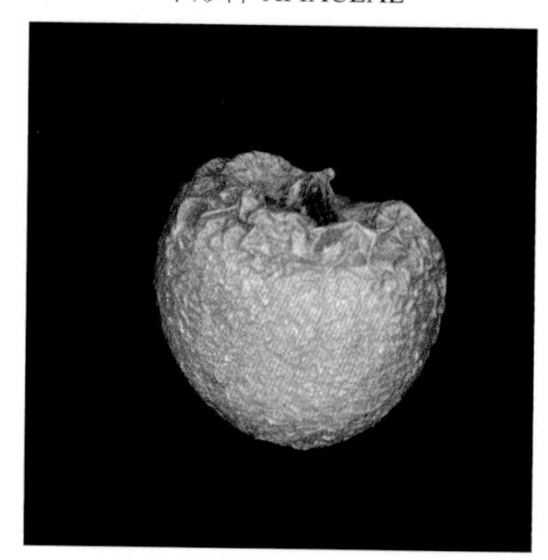

一把伞南星 Arisaema erubescens
天南星科 ARACEAE

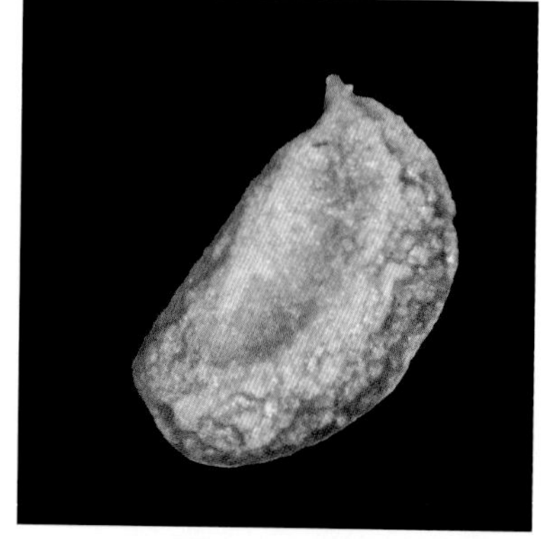

楤木 Aralia elata
五加科 ARALIACEAE

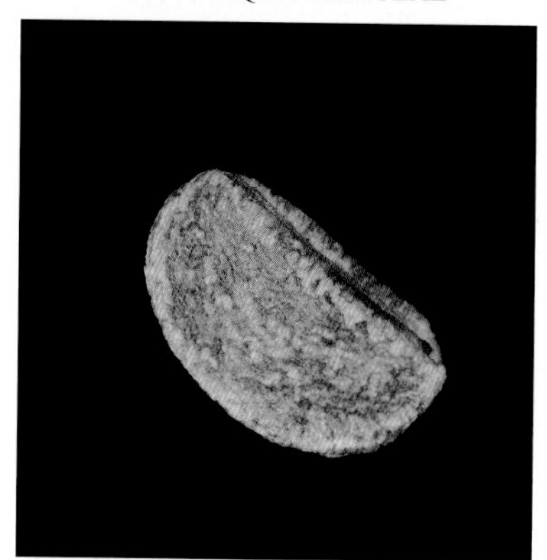

康定五加 Eleutherococcus lasiogyne
五加科 ARALIACEAE

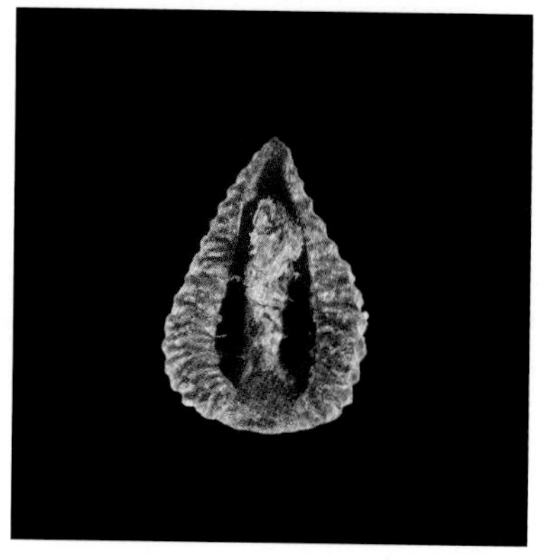

马蹄香 Saruma henryi
马兜铃科 ARISTOLOCHIACEAE

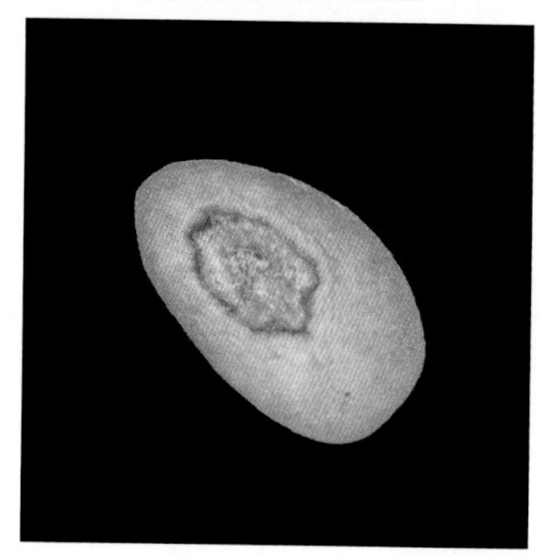

开口箭 Campylandra chinensis
天门冬科 ASPARAGACEAE

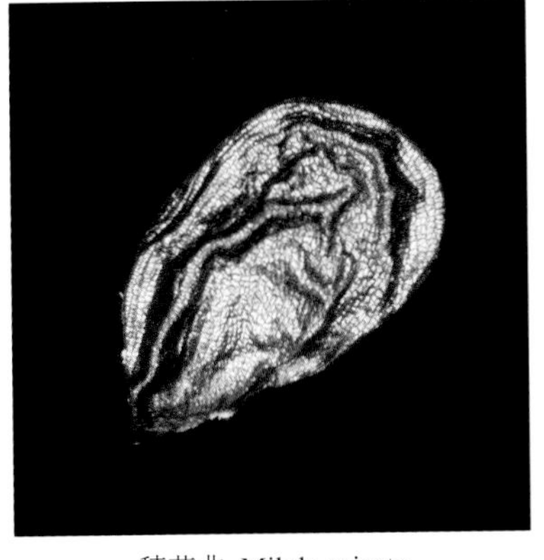
穗花韭 Milula spicata
天门冬科 ASPARAGACEAE

麦冬 Ophiopogon japonicus
天门冬科 ASPARAGACEAE

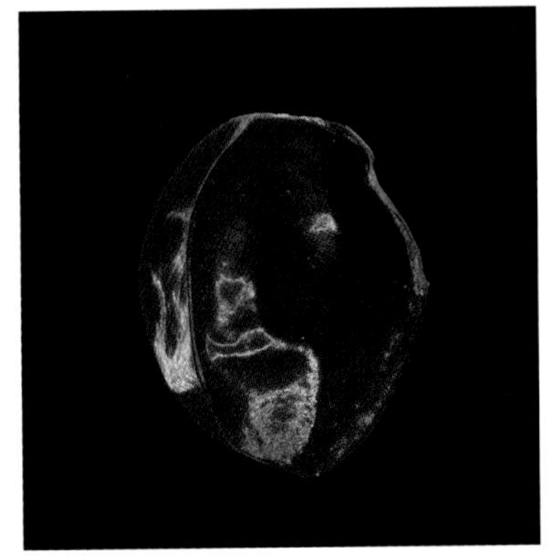
黄花菜 Hemerocallis citrina
独尾草科 ASPHODELACEAE

萎软紫菀 Aster flaccidus
菊科 ASTERACEAE

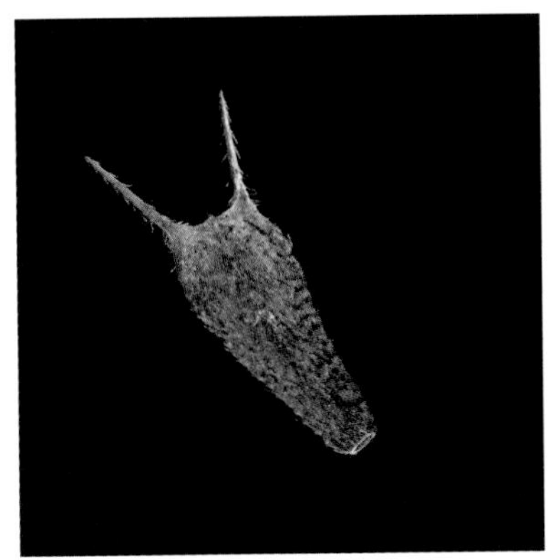
鬼针草 Bidens pilosa
菊科 ASTERACEAE

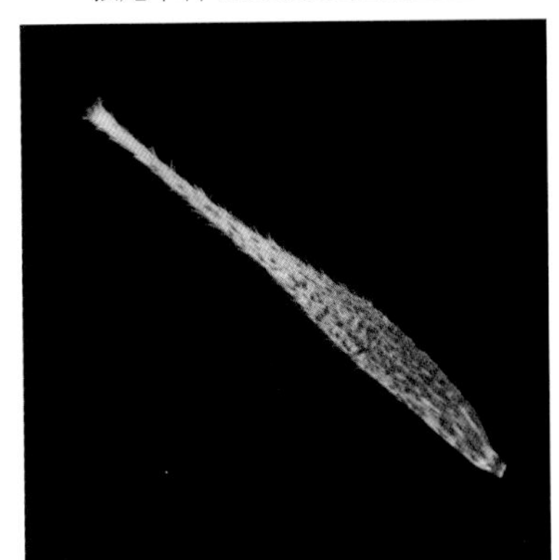
大丁草 Leibnitzia anandria
菊科 ASTERACEAE

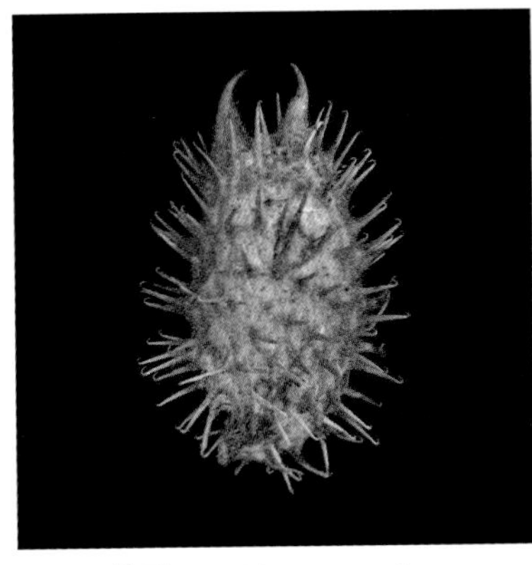
苍耳 Xanthium strumarium
菊科 ASTERACEAE

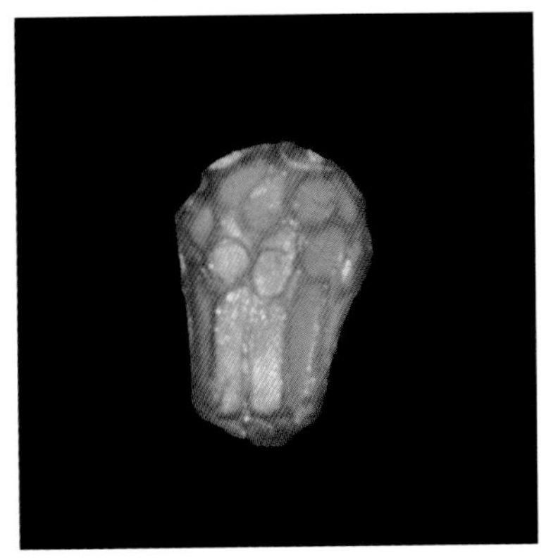
心叶秋海棠 Begonia labordei
秋海棠科 BEGONIACEAE

河口秋海棠 Begonia hekouensis
秋海棠科 BEGONIACEAE

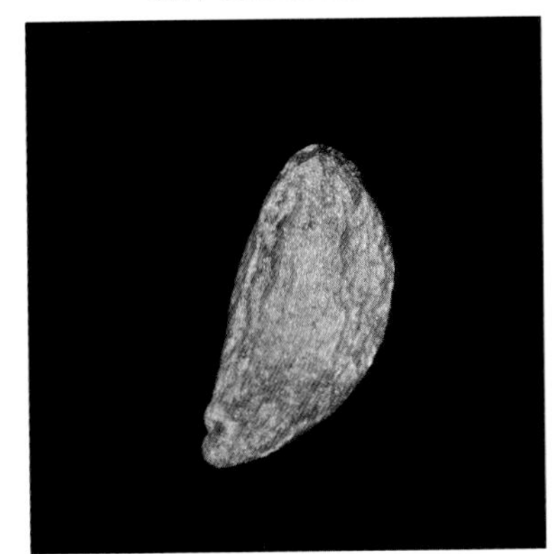
道孚小檗 Berberis dawoensis
小檗科 BERBERIDACEAE

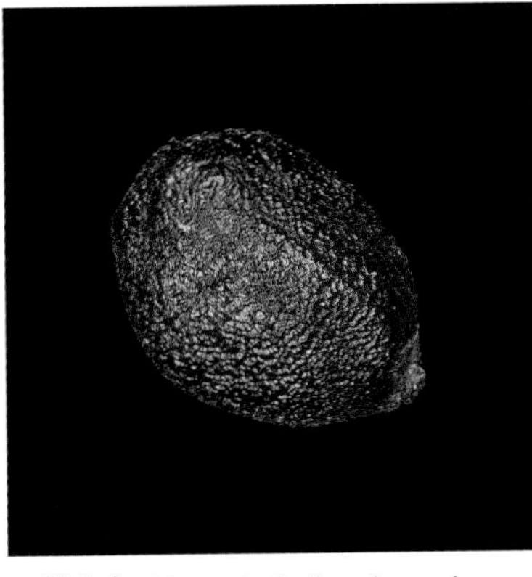
桃儿七 Sinopodophyllum hexandrum
小檗科 BERBERIDACEAE

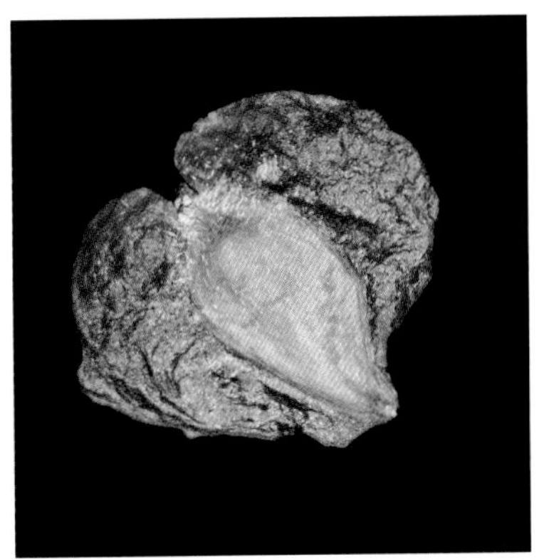
白桦 Betula platyphylla
桦木科 BETULACEAE

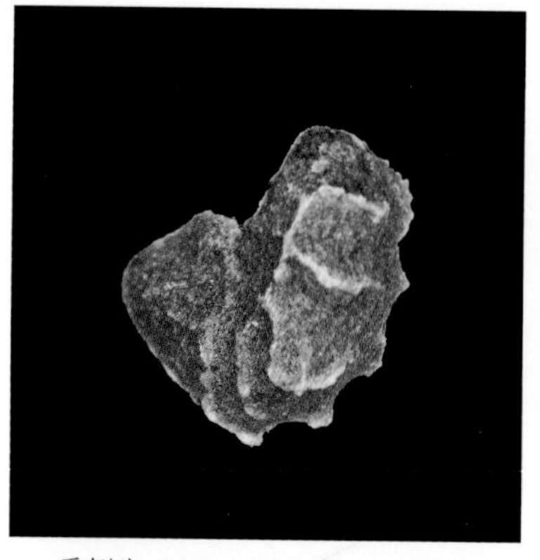

熏倒牛 Biebersteinia heterostemon
熏倒牛科 BIEBERSTEINIACEAE

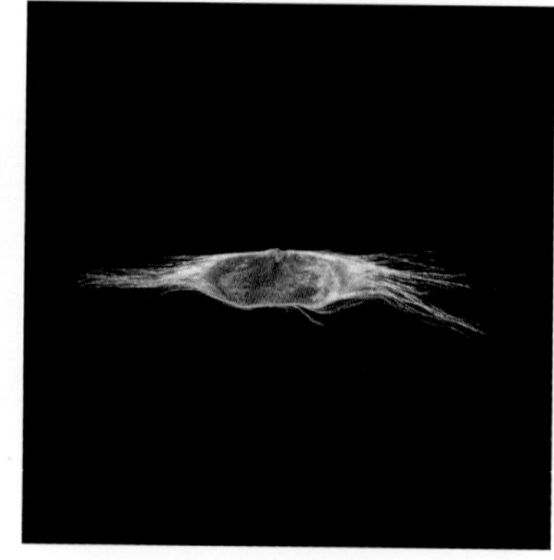

梓 Catalpa ovata
紫葳科 BIGNONIACEAE

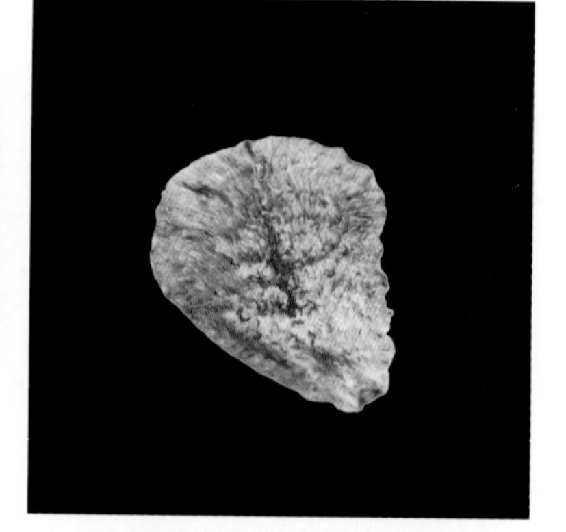

黄波罗花 Incarvillea lutea
紫葳科 BIGNONIACEAE

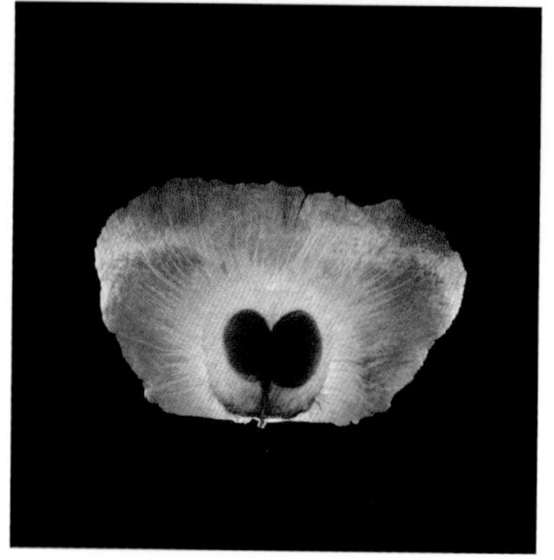

木蝴蝶 Oroxylum indicum
紫葳科 BIGNONIACEAE

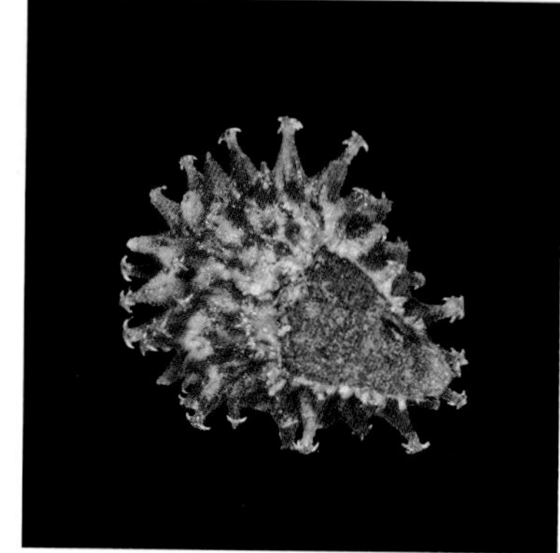

倒提壶 Cynoglossum amabile
紫草科 BORAGINACEAE

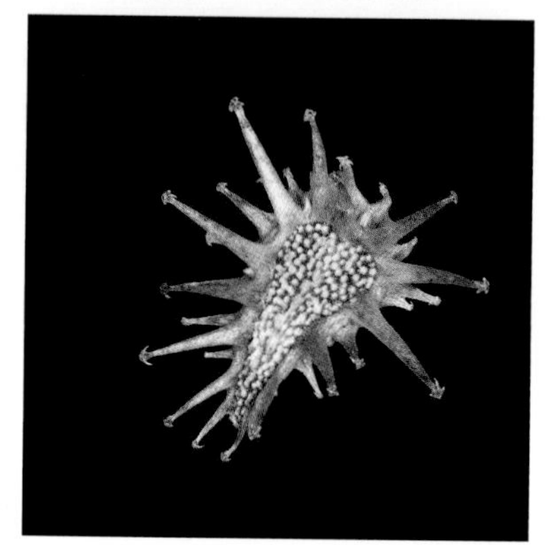

鹤虱 Lappula myosotis
紫草科 BORAGINACEAE

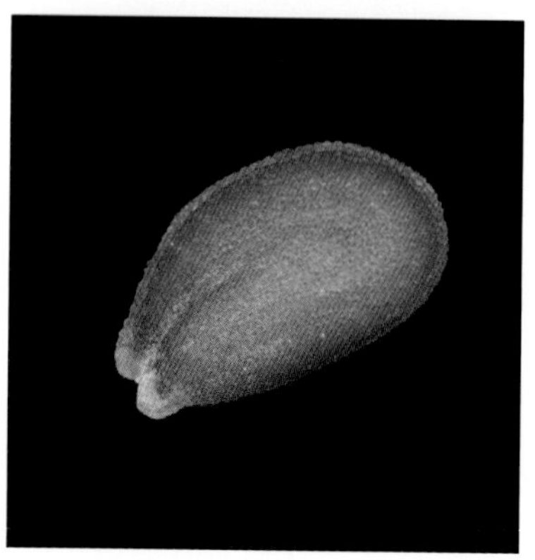

独行菜 Lepidium apetalum
十字花科 BRASSICACEAE

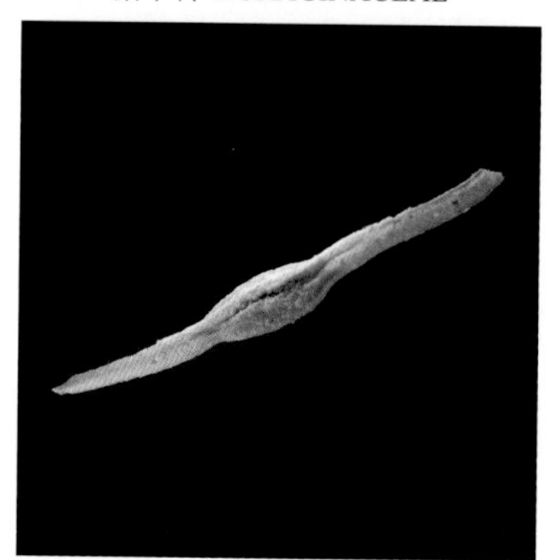

螺果荠 Spirorhynchus sabulosus
十字花科 BRASSICACEAE

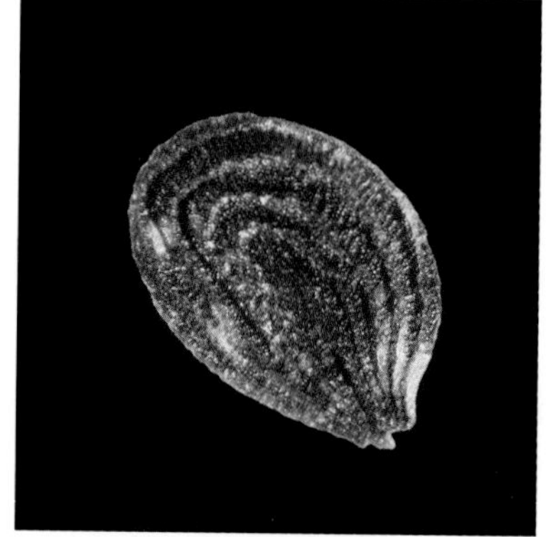

菥蓂 Thlaspi arvense
十字花科 BRASSICACEAE

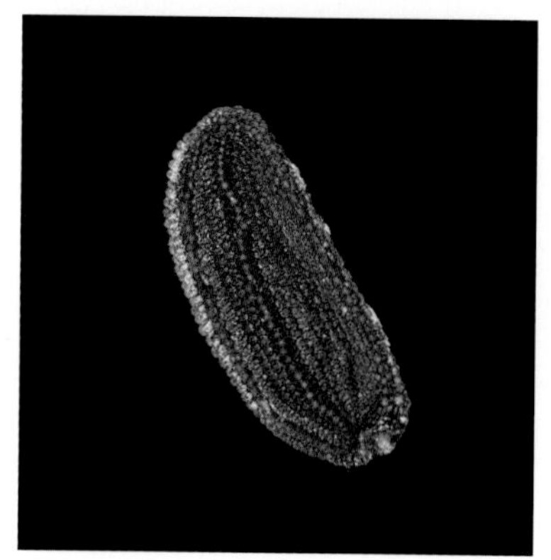

花蔺 Butomus umbellatus
花蔺科 BUTOMACEAE

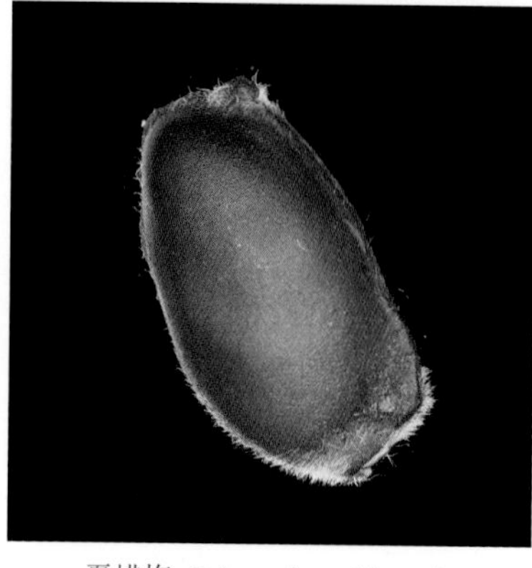

夏蜡梅 Calycanthus chinensis
蜡梅科 CALYCANTHACEAE

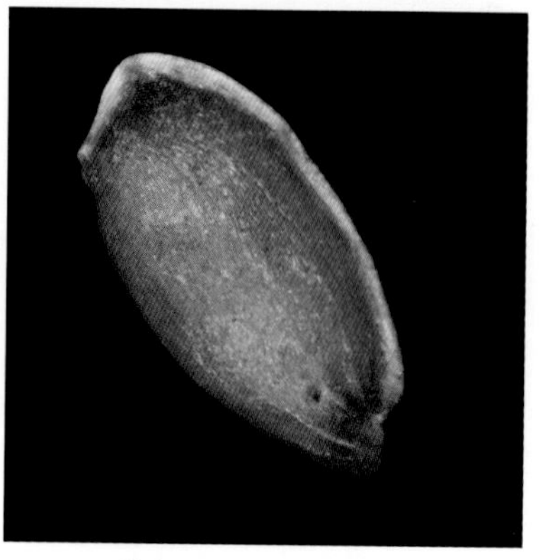

沙参 Adenophora stricta
桔梗科 CAMPANULACEAE

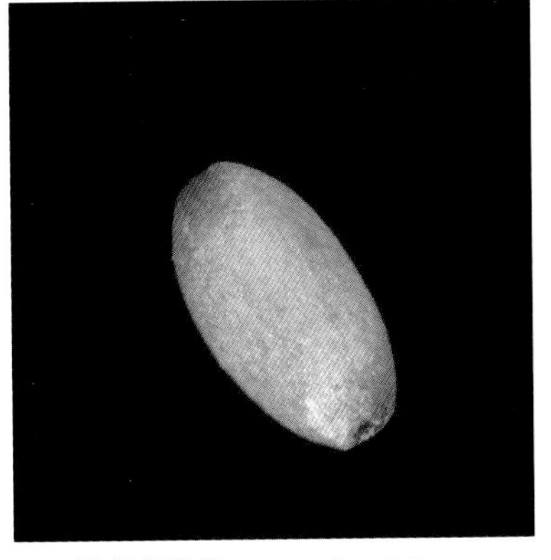

胀萼蓝钟花 Cyananthus inflatus
桔梗科 CAMPANULACEAE

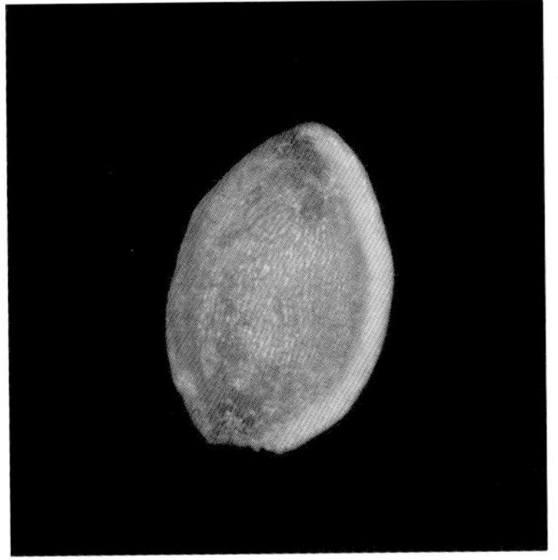

西南山梗菜 Lobelia seguinii
桔梗科 CAMPANULACEAE

四蕊朴 Celtis tetrandra
大麻科 CANNABACEAE

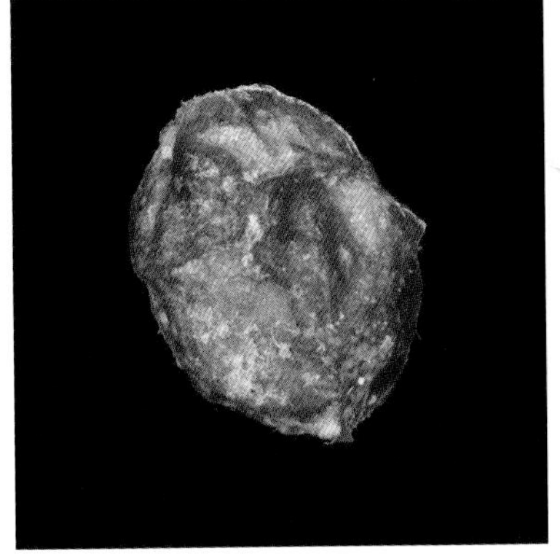

山黄麻 Trema tomentosa
大麻科 CANNABACEAE

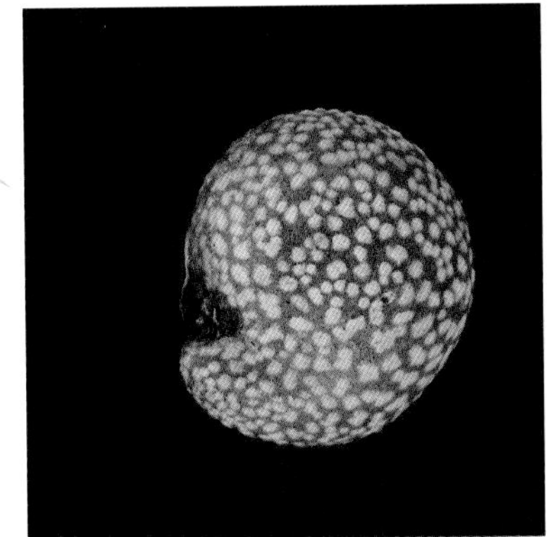

小绿刺 Capparis urophylla
山柑科 CAPPARACEAE

长叶毛花忍冬 Lonicera trichosantha
忍冬科 CAPRIFOLIACEAE

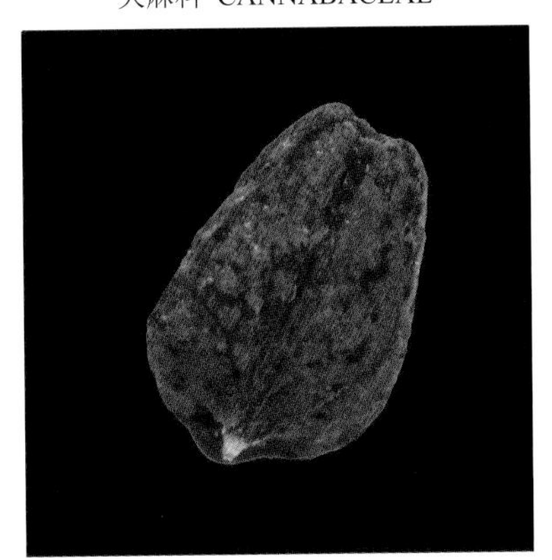

圆萼刺参 Morina chinensis
忍冬科 CAPRIFOLIACEAE

败酱 Patrinia scabiosifolia
忍冬科 CAPRIFOLIACEAE

匙叶翼首花 Pterocephalus hookeri
忍冬科 CAPRIFOLIACEAE

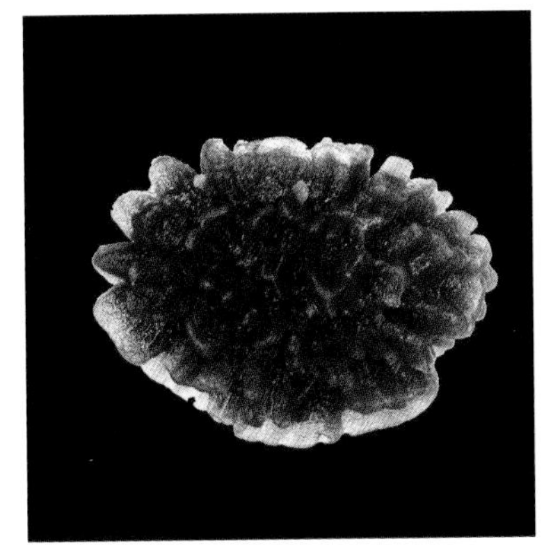

番木瓜 Carica papaya
番木瓜科 CARICACEAE

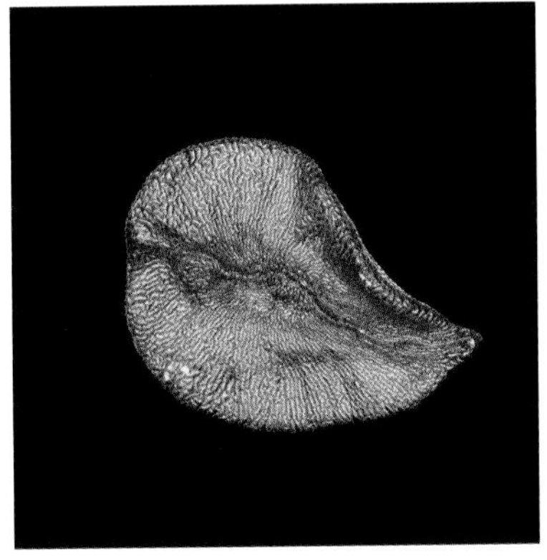

簇茎石竹 Dianthus repens
石竹科 CARYOPHYLLACEAE

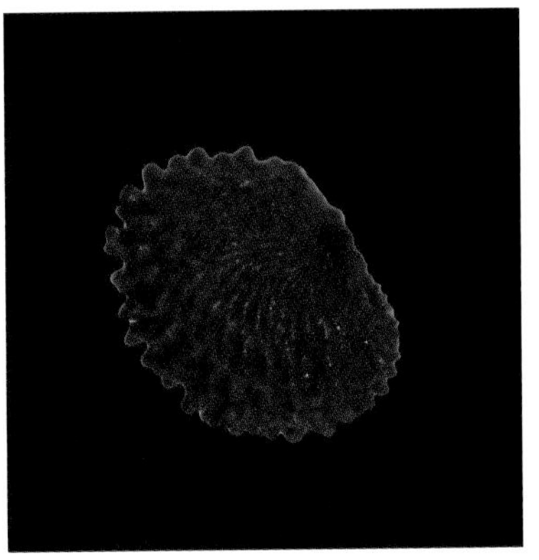

腺毛蝇子草 Silene yetii
石竹科 CARYOPHYLLACEAE

南蛇藤 Celastrus orbiculatus
卫矛科 CELASTRACEAE

南蛇藤 Celastrus orbiculatus
卫矛科 CELASTRACEAE

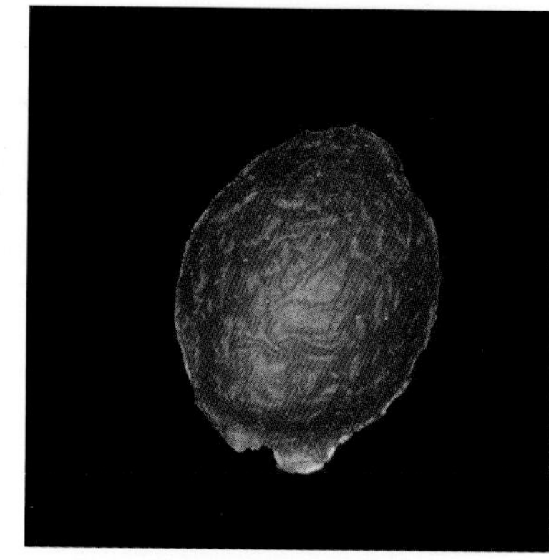

卫矛 Euonymus alatus
卫矛科 CELASTRACEAE

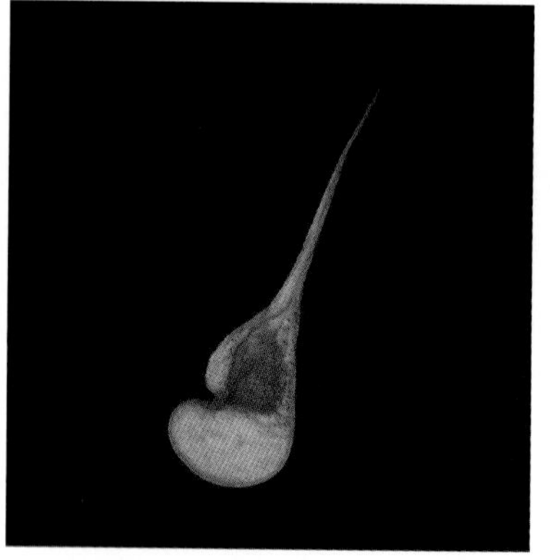

连香树 Cercidiphyllum japonicum
连香树科 CERCIDIPHYLLACEAE

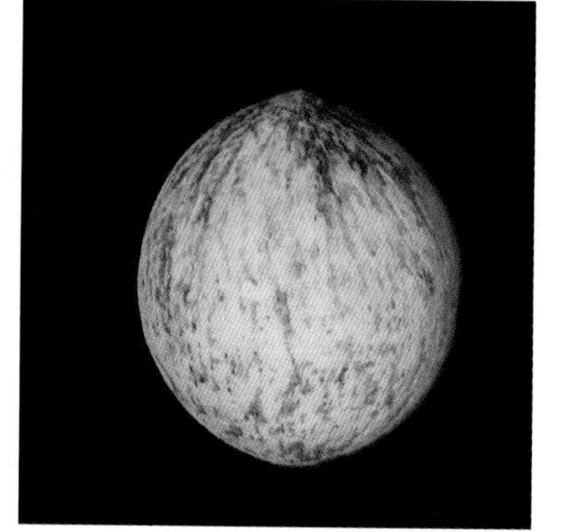

草珊瑚 Sarcandra glabra
金粟兰科 CHLORANTHACEAE

星叶草 Circaeaster agrestis
星叶草科 CIRCAEASTERACEAE

云南桤叶树 Clethra delavayi
桤叶树科 CLETHRACEAE

千果榄仁 Terminalia myriocarpa
使君子科 COMBRETACEAE

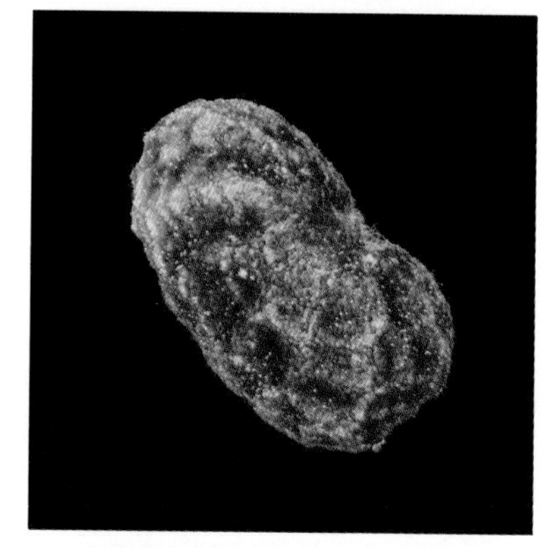

鸭跖草 Commelina communis
鸭跖草科 COMMELINACEAE

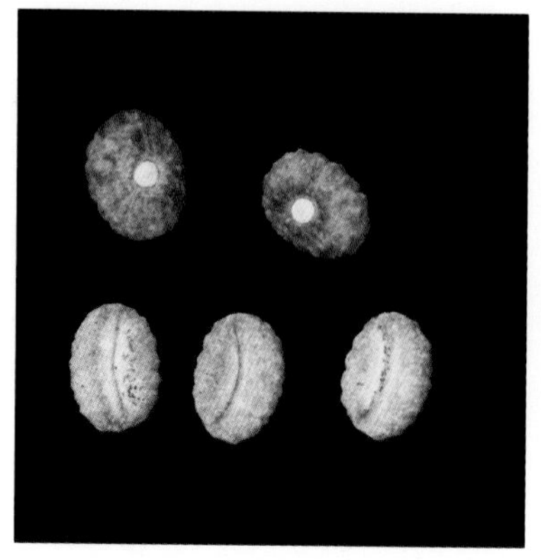

聚花草 Floscopa scandens
鸭跖草科 COMMELINACEAE

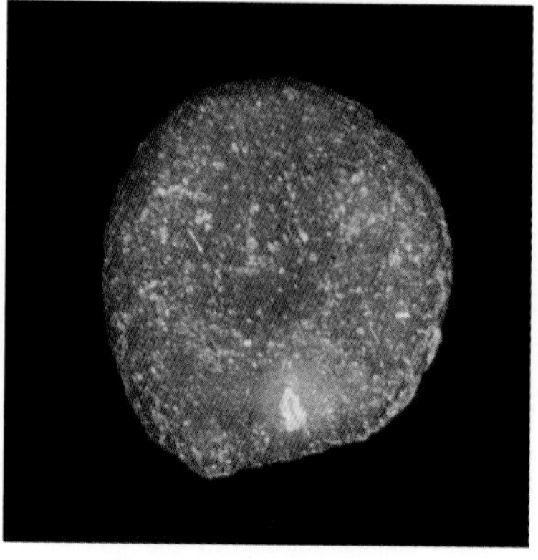

菟丝子 Cuscuta chinensis
旋花科 CONVOLVULACEAE

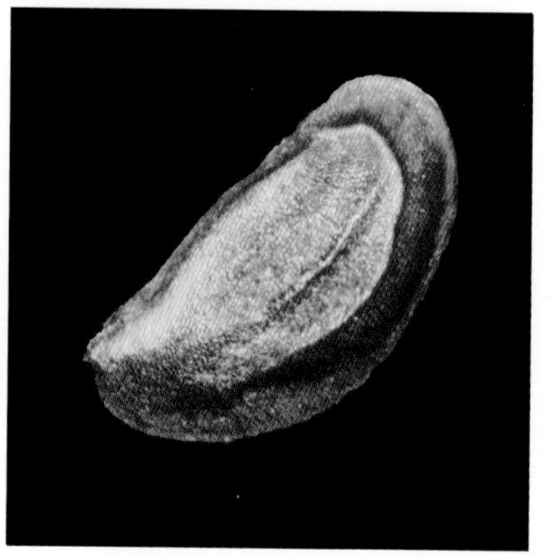

草马桑 Coriaria terminalis
马桑科 CORIARIACEAE

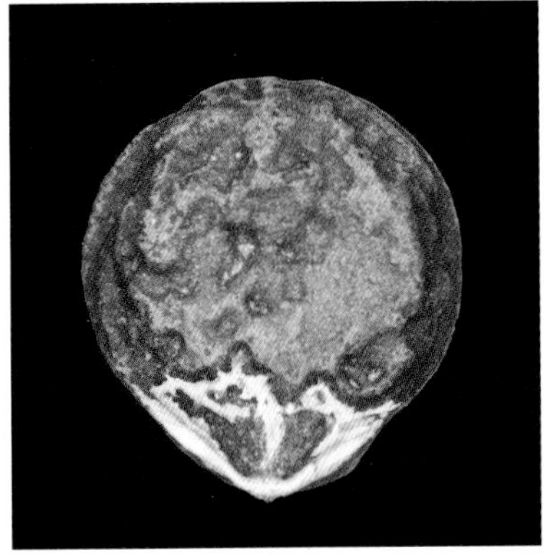

八角枫 Alangium chinense
山茱萸科 CORNACEAE

光叶珙桐 Davidia involucrata
山茱萸科 CORNACEAE

蓝果树 Nyssa sinensis
山茱萸科 CORNACEAE

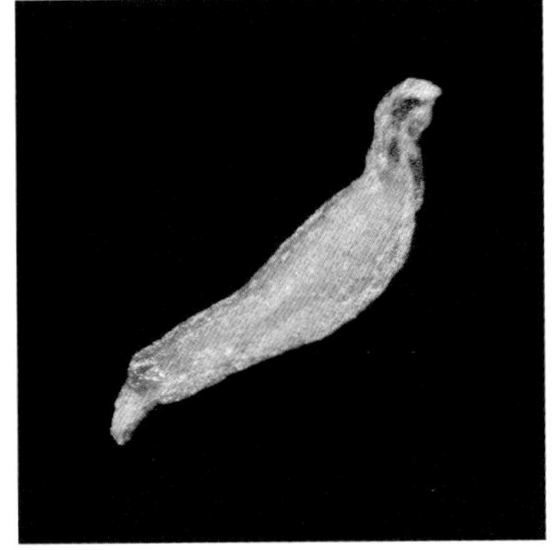

小丛红景天 Rhodiola dumulosa
景天科 CRASSULACEAE

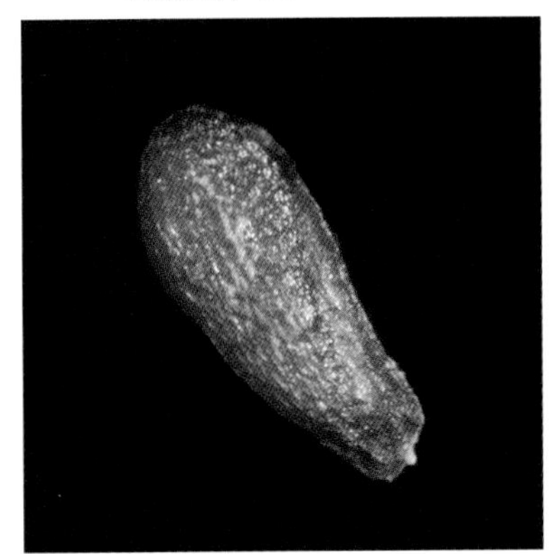

粗茎红景天 Rhodiola wallichiana
景天科 CRASSULACEAE

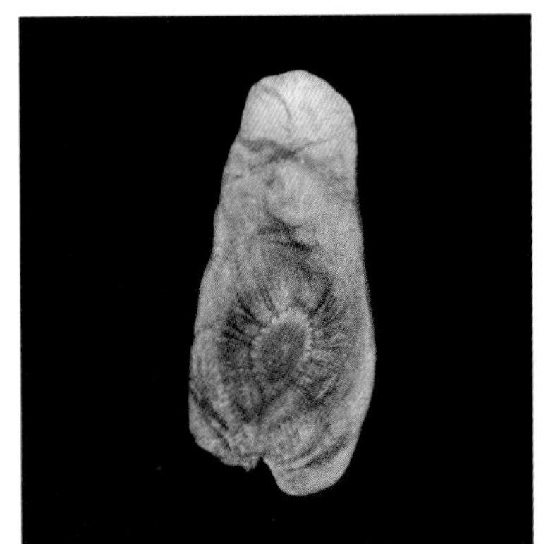

马铜铃 Hemsleya graciliflora
葫芦科 CUCURBITACEAE

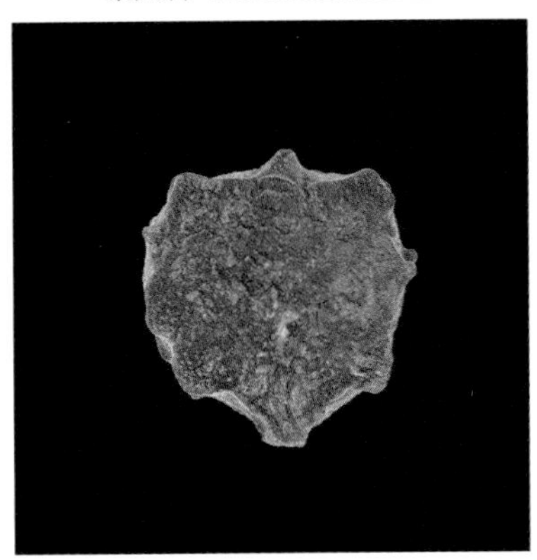

木鳖子 Momordica cochinchinensis
葫芦科 CUCURBITACEAE

糙点栝楼 Trichosanthes dunniana
葫芦科 CUCURBITACEAE

祁连圆柏 Juniperus przewalskii
柏科 CUPRESSACEAE

青藏薹草 Carex moorcroftii
莎草科 CYPERACEAE

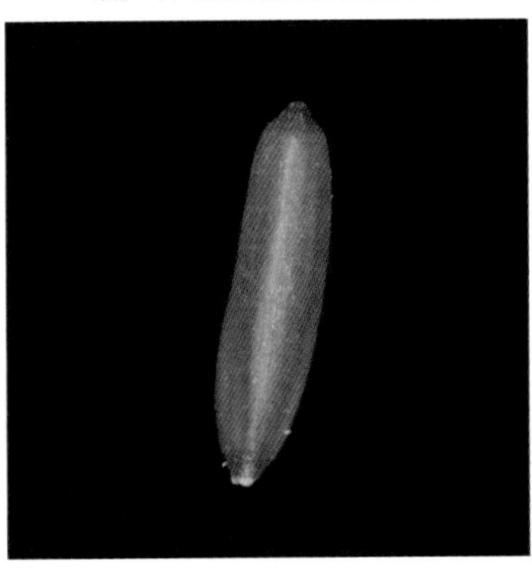

砖子苗 Cyperus cyperoides
莎草科 CYPERACEAE

交让木 Daphniphyllum macropodum
交让木科 DAPHNIPHYLLACEAE

毛胶薯蓣 Dioscorea subcalva
薯蓣科 DIOSCOREACEAE

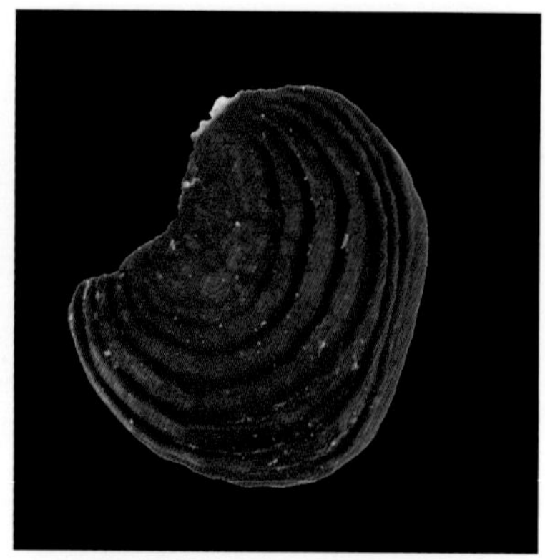

箭根薯 Tacca chantrieri
薯蓣科 DIOSCOREACEAE

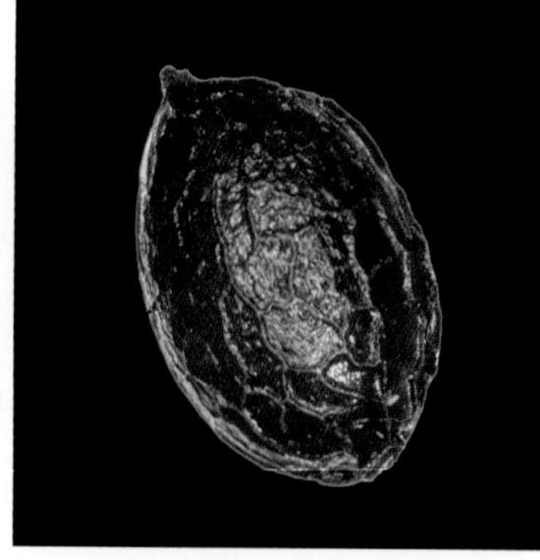

十齿花 Dipentodon sinicus
十齿花科 DIPENTODONTACEAE

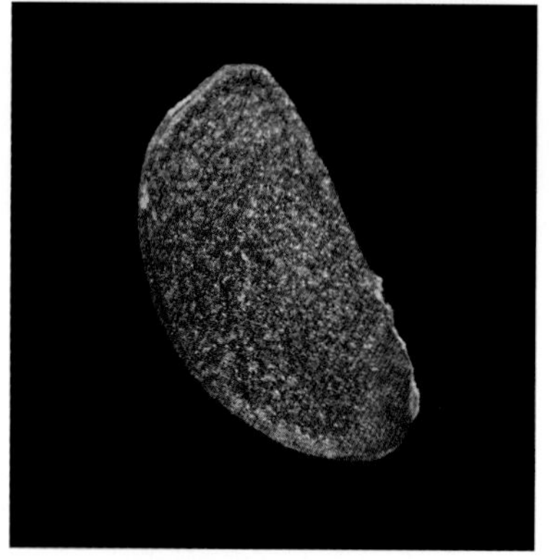

君迁子 Diospyros lotus
柿树科 EBENACEAE

沙枣 Elaeagnus angustifolia
胡颓子科 ELAEAGNACEAE

西藏沙棘 Hippophae tibetana
胡颓子科 ELAEAGNACEAE

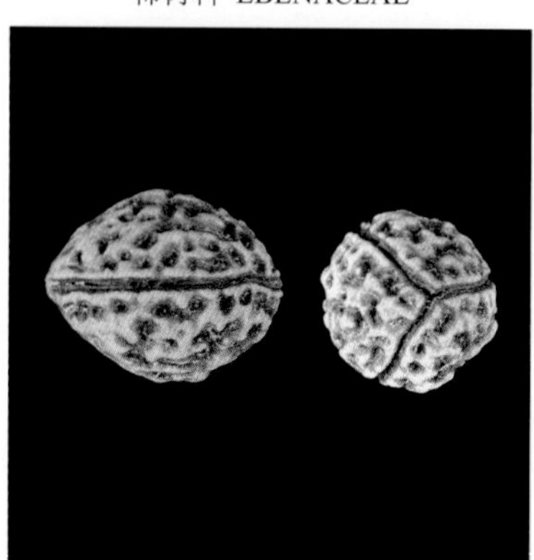

滇藏杜英 Elaeocarpus braceanus
杜英科 ELAEOCARPACEAE

膜果麻黄 Ephedra przewalskii
麻黄科 EPHEDRACEAE

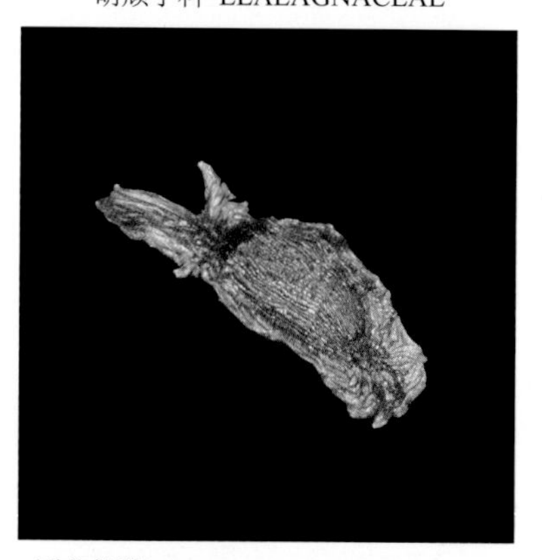

团花杜鹃 Rhododendron anthosphaerum
杜鹃花科 ERICACEAE

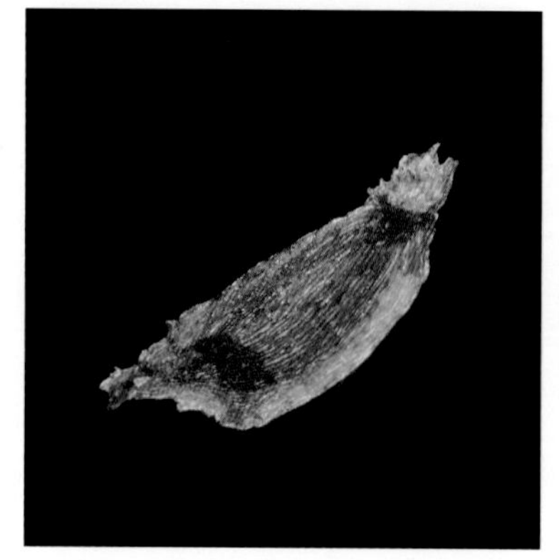

锈红杜鹃 Rhododendron bureavii
杜鹃花科 ERICACEAE

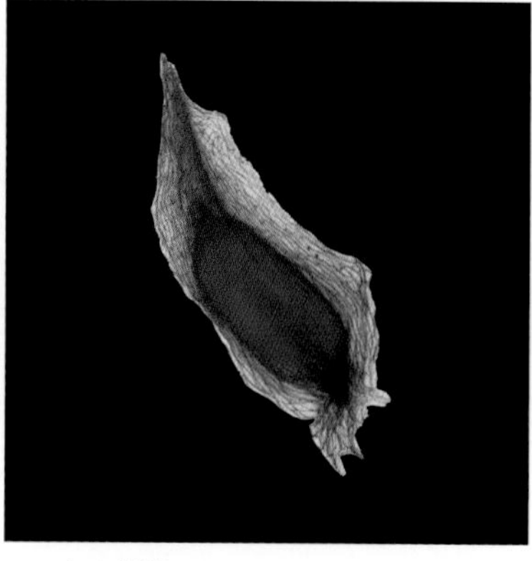

大白杜鹃 Rhododendron decorum
杜鹃花科 ERICACEAE

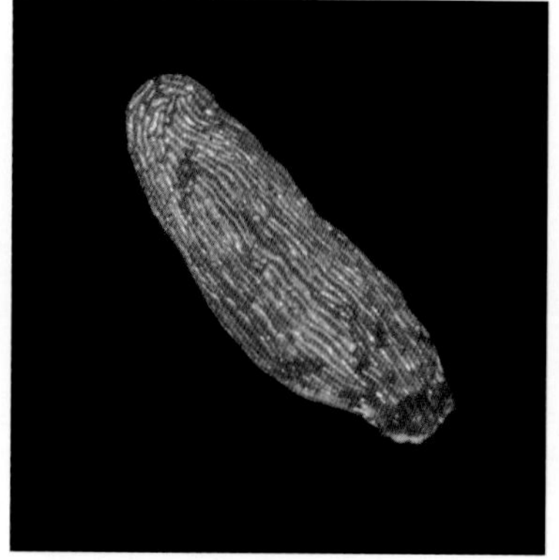

密枝杜鹃 Rhododendron fastigiatum
杜鹃花科 ERICACEAE

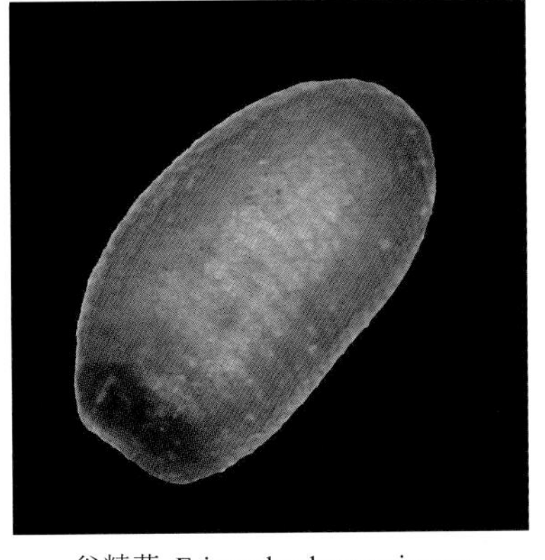

谷精草 *Eriocaulon buergerianum*
谷精草科 ERIOCAULACEAE

杜仲 *Eucommia ulmoides*
杜仲科 EUCOMMIACEAE

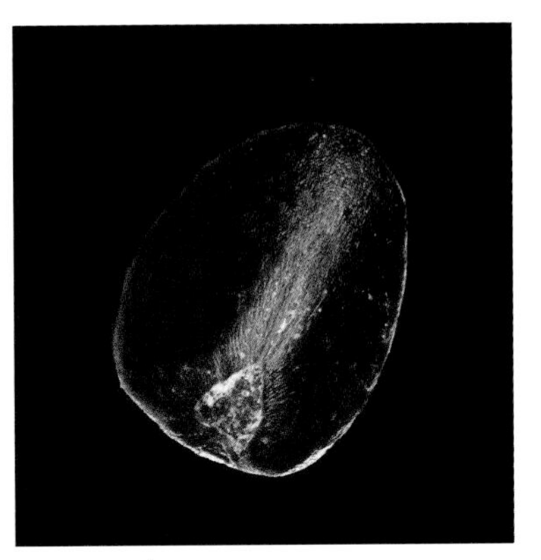

野桐 *Mallotus tenuifolius*
大戟科 EUPHORBIACEAE

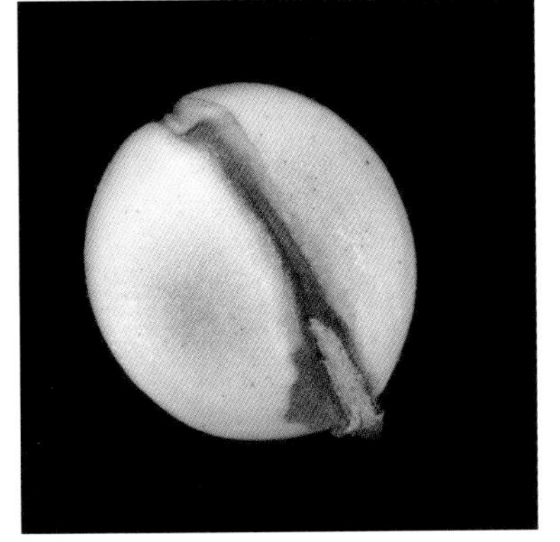

乌桕 *Triadica sebifera*
大戟科 EUPHORBIACEAE

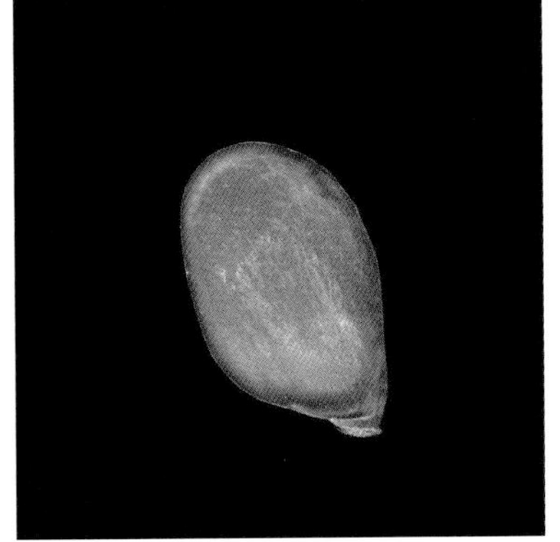

鞍叶羊蹄甲 *Bauhinia brachycarpa*
豆科 FABACEAE

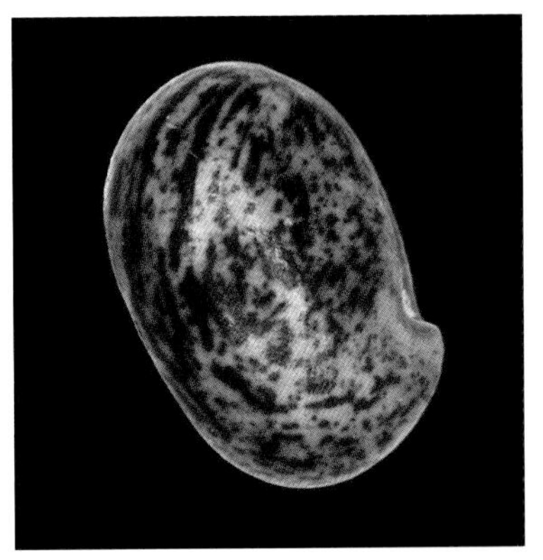

变色锦鸡儿 *Caragana versicolor*
豆科 FABACEAE

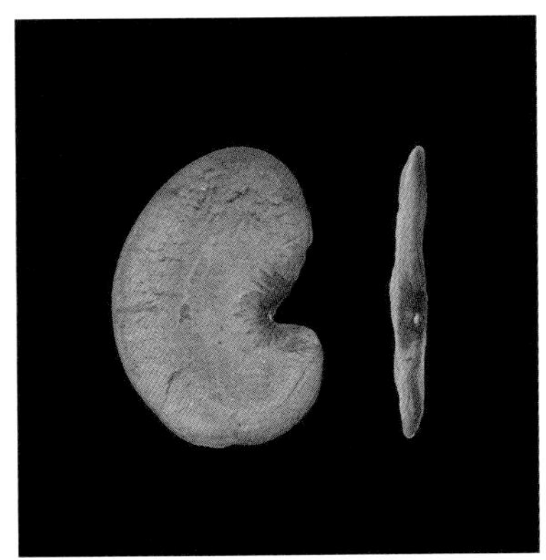

黑黄檀 *Dalbergia cultrata*
豆科 FABACEAE

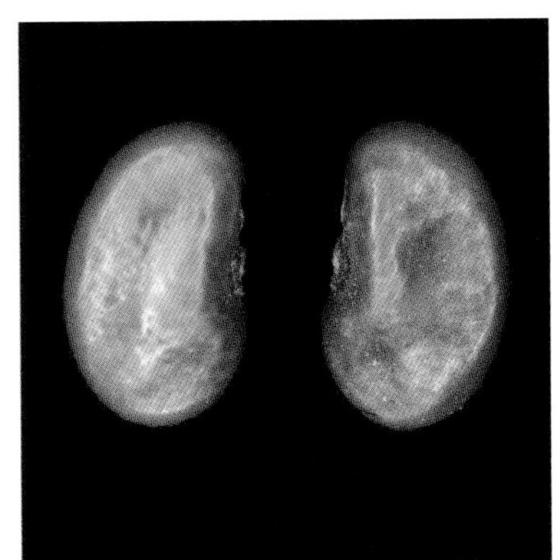

云南山蚂蝗 *Desmodium yunnanense*
豆科 FABACEAE

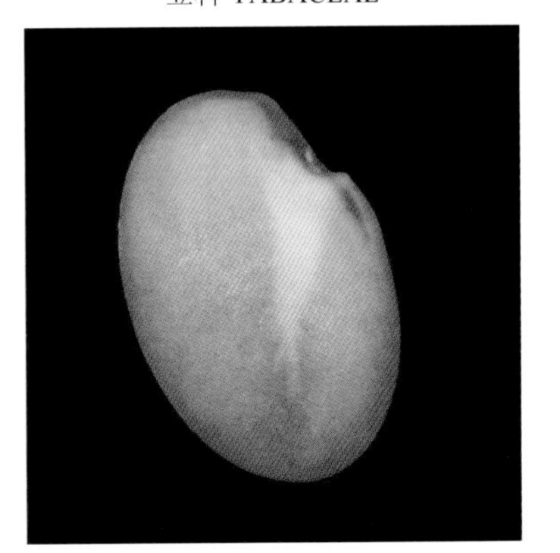

草木犀 *Melilotus officinalis*
豆科 FABACEAE

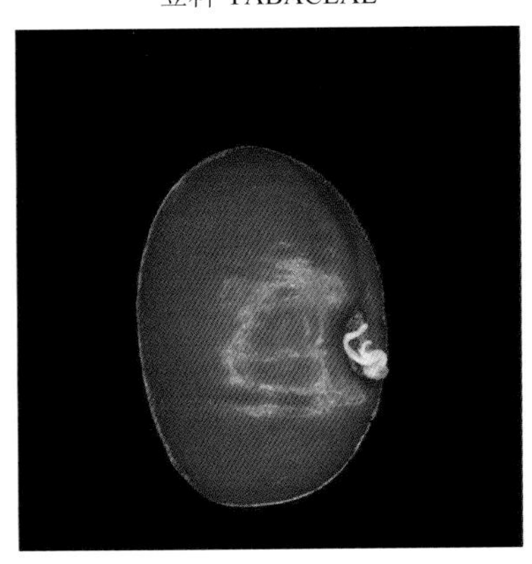

软荚红豆 *Ormosia semicastrata*
豆科 FABACEAE

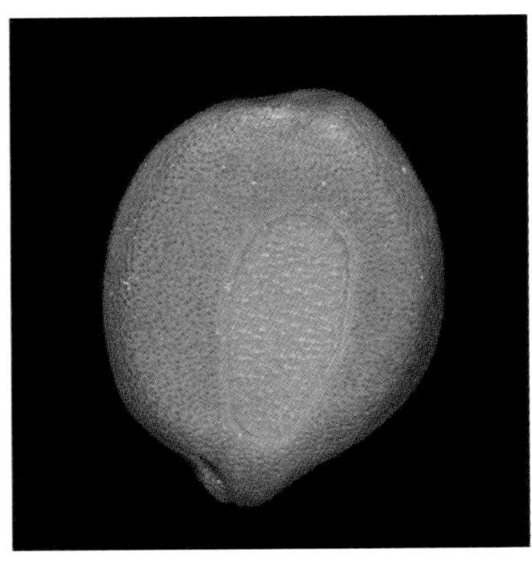

望江南 *Senna occidentalis*
豆科 FABACEAE

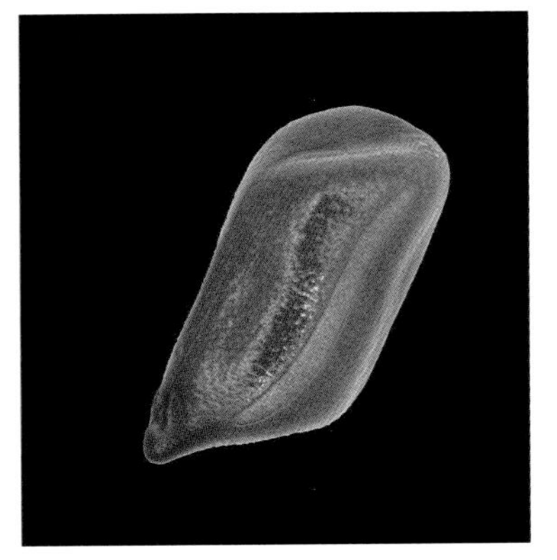

决明 *Senna tora*
豆科 FABACEAE

三棱栎 Formanodendron doichangensis
壳斗科 FAGACEAE

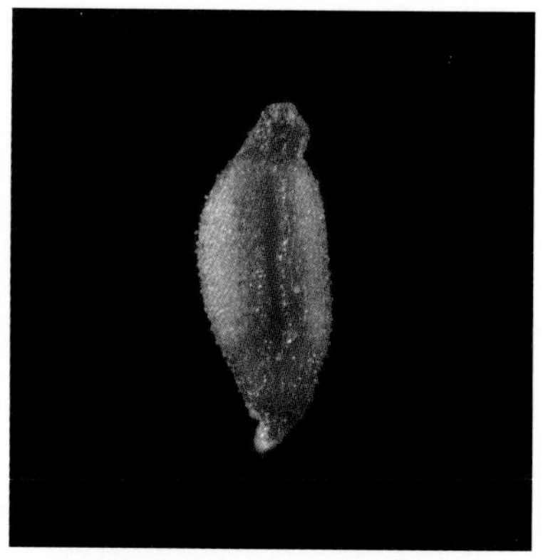

瓣鳞花 Frankenia pulverulenta
瓣鳞花科 FRANKENIACEAE

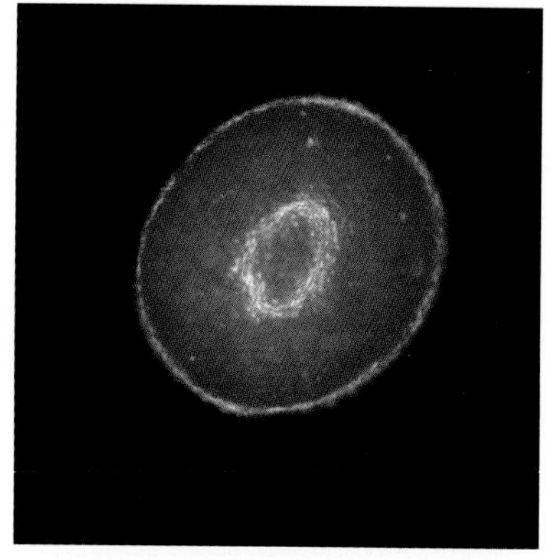

喉毛花 Comastoma pulmonarium
龙胆科 GENTIANACEAE

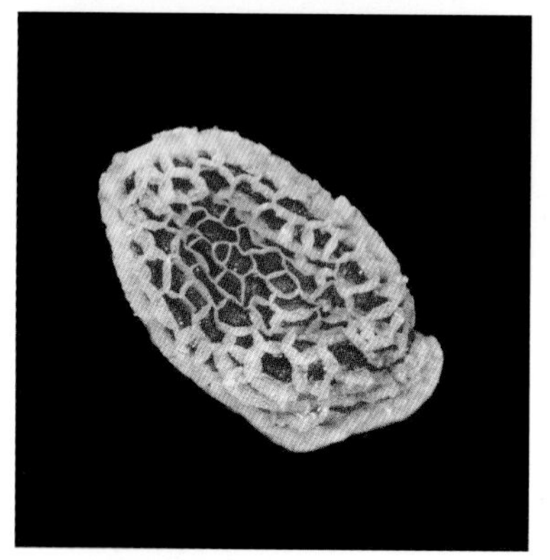

喜湿龙胆 Gentiana helophila
龙胆科 GENTIANACEAE

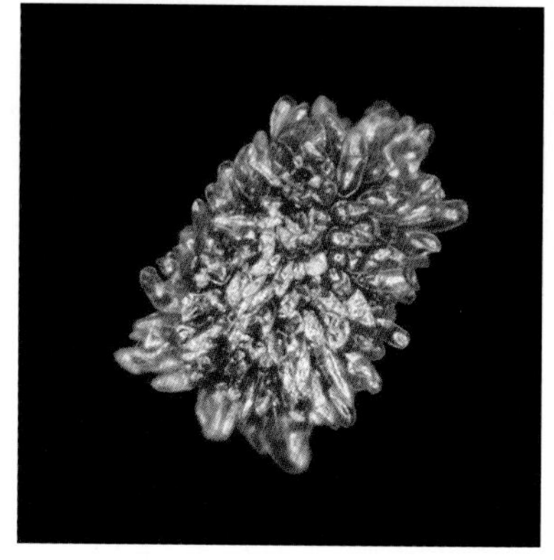

女娄菜叶龙胆 Gentiana melandriifolia
龙胆科 GENTIANACEAE

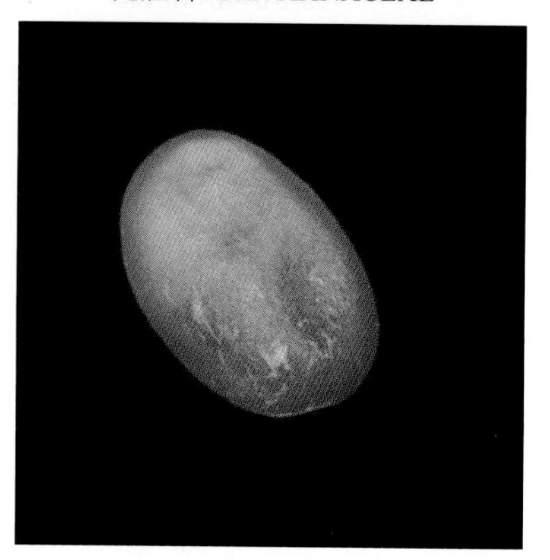

椭圆叶花锚 Halenia elliptica
龙胆科 GENTIANACEAE

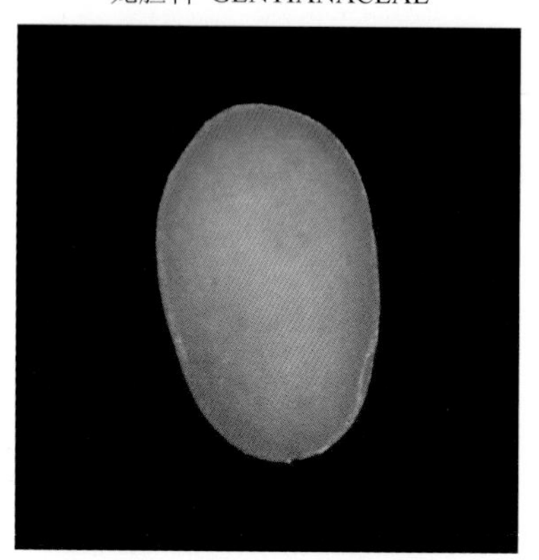

四数獐牙菜 Swertia tetraptera
龙胆科 GENTIANACEAE

牻牛儿苗 Erodium stephanianum
牻牛儿苗科 GERANIACEAE

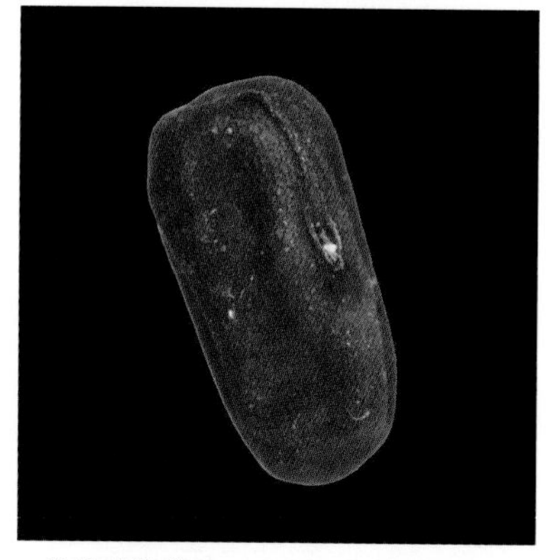

蓝花老鹳草 Geranium pseudosibiricum
牻牛儿苗科 GERANIACEAE

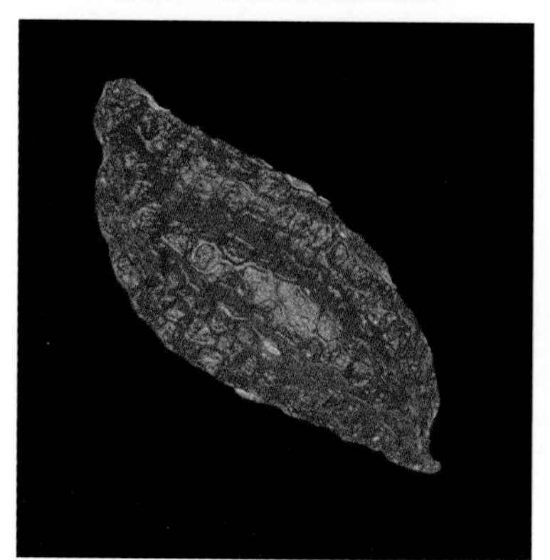

单座苣苔 Metabriggsia ovalifolia
苦苣苔科 GESNERIACEAE

银杏 Ginkgo biloba
银杏科 GINKGOACEAE

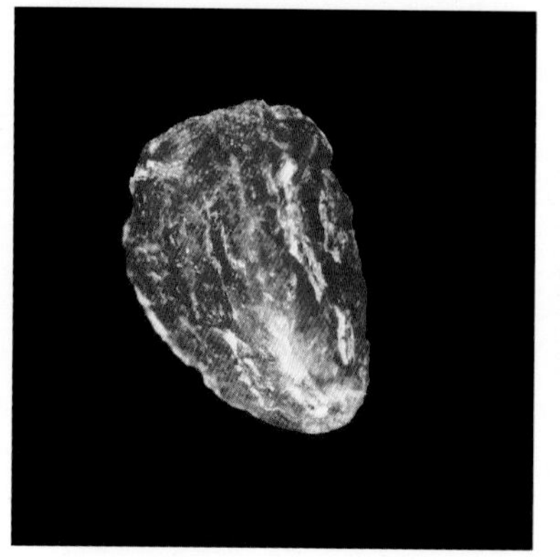

东方茶藨子 Ribes orientale
虎耳草科 SAXIFRAGACEAE

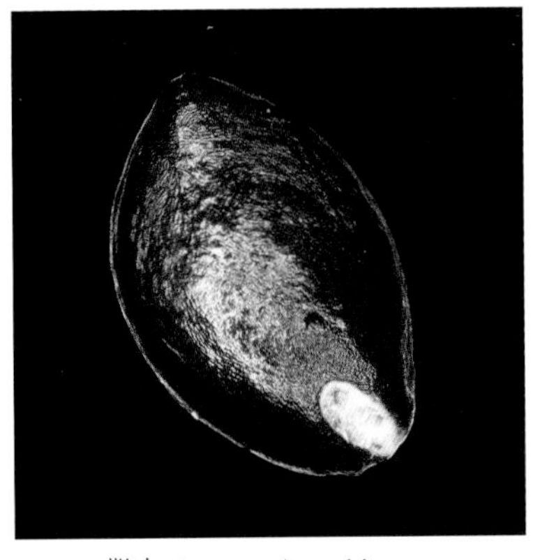

檵木 Loropetalum chinense
金缕梅科 EXCELSAHAMAMELIDACEAE

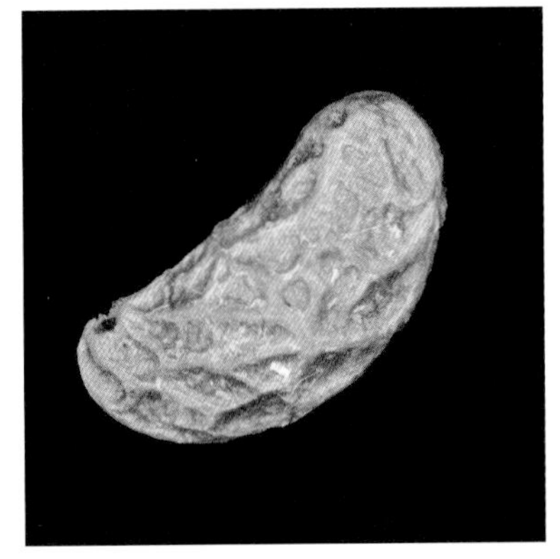

青荚叶 Helwingia japonica
青荚叶科 HELWINGIACEAE

心叶青藤 Illigera cordata
莲叶桐科 HERNANDIACEAE

常山 Dichroa febrifuga
绣球花科 HYDRANGEACEAE

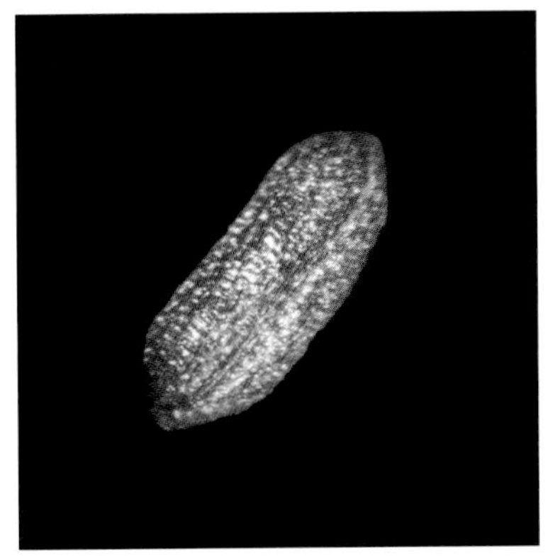

单花遍地金 Hypericum monanthemum
金丝桃科 HYPERICACEAE

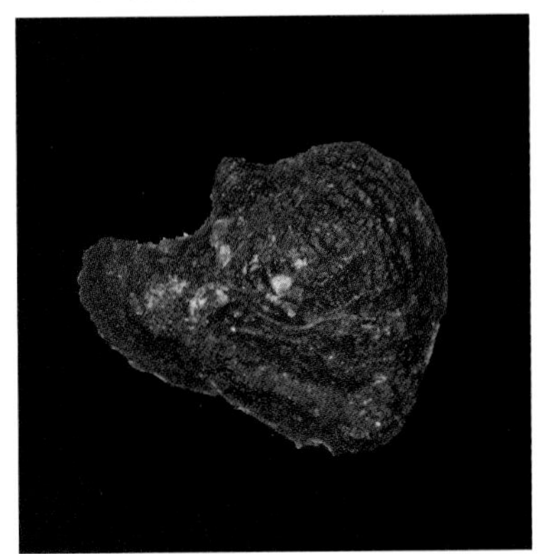

中华仙茅 Curculigo sinensis
仙茅科 HYPOXIDACEAE

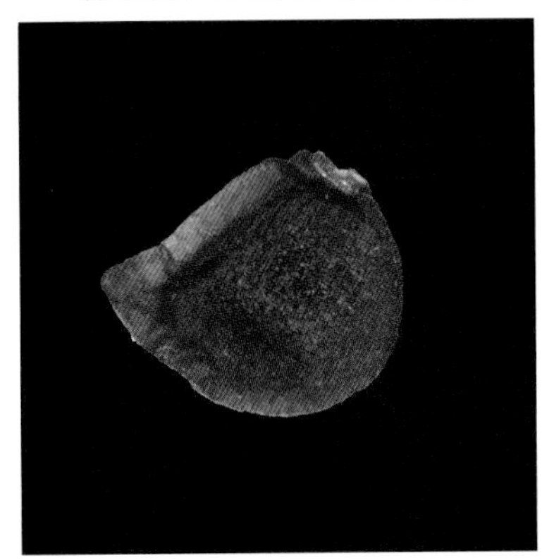

西南鸢尾 Iris bulleyana
鸢尾科 IRIDACEAE

喜盐鸢尾 Iris halophila
鸢尾科 IRIDACEAE

白花马蔺 Iris lactea
鸢尾科 IRIDACEAE

黄杞 Engelhardia roxburghiana
胡桃科 JUGLANDACEAE

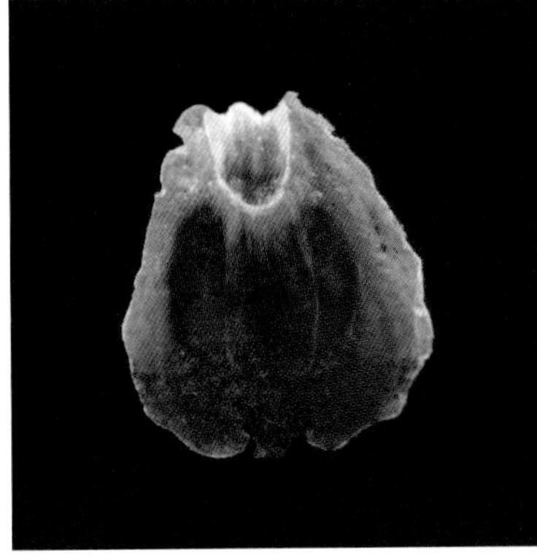

化香树 Platycarya strobilacea
胡桃科 JUGLANDACEAE

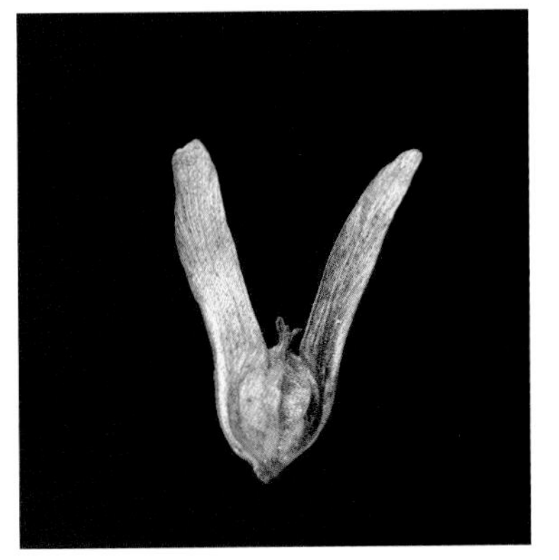

枫杨 Pterocarya stenoptera
胡桃科 JUGLANDACEAE

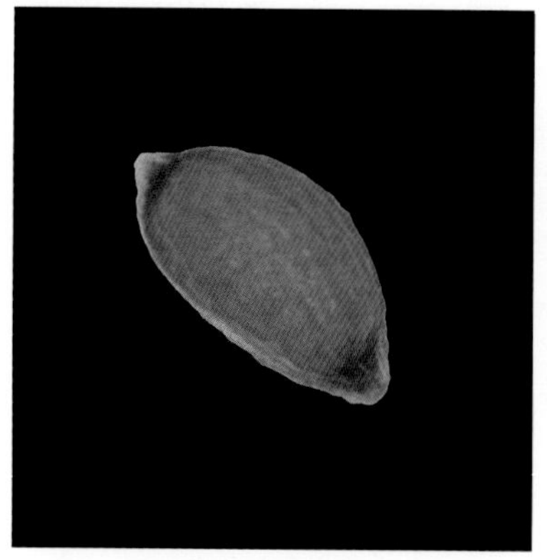
灯心草 Juncus effusus
灯心草科 JUNCACEAE

锡金灯心草 Juncus sikkimensis
灯心草科 JUNCACEAE

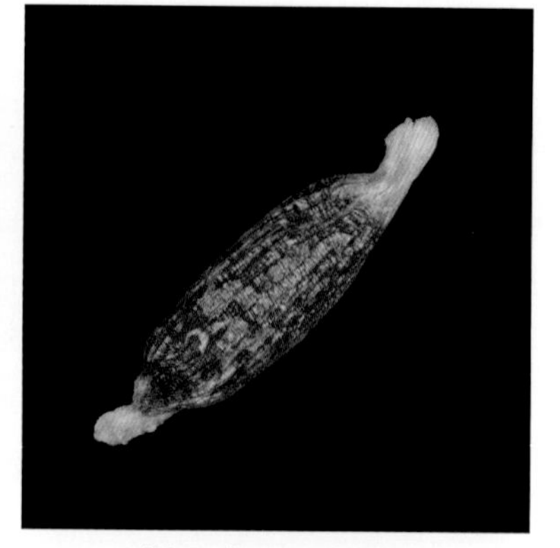
金灯心草 Juncus kingii
灯心草科 JUNCACEAE

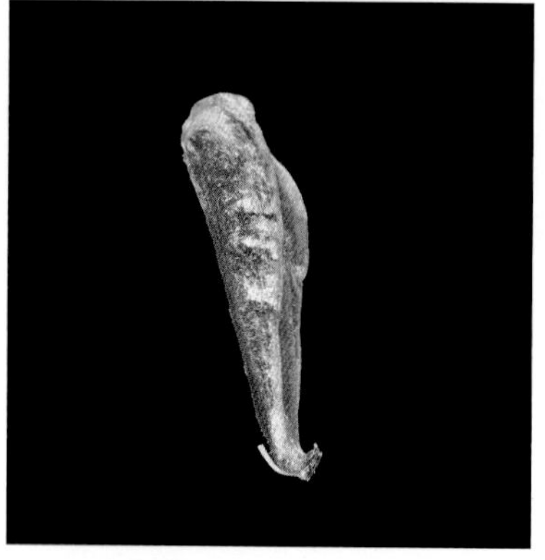
海韭菜 Triglochin maritima
水麦冬科 JUNCAGINACEAE

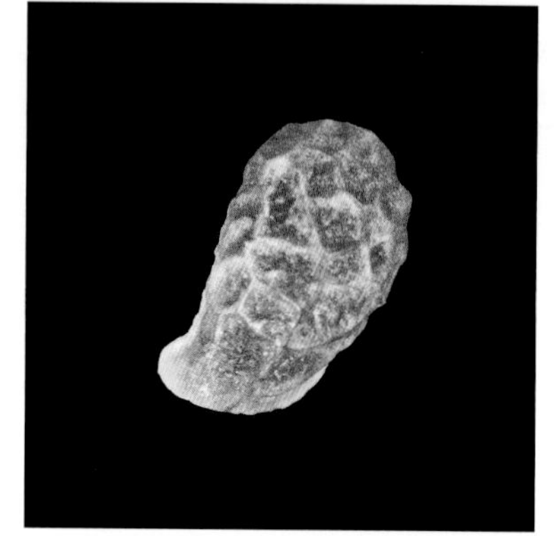
白苞筋骨草 Ajuga lupulina
唇形科 LAMIACEAE

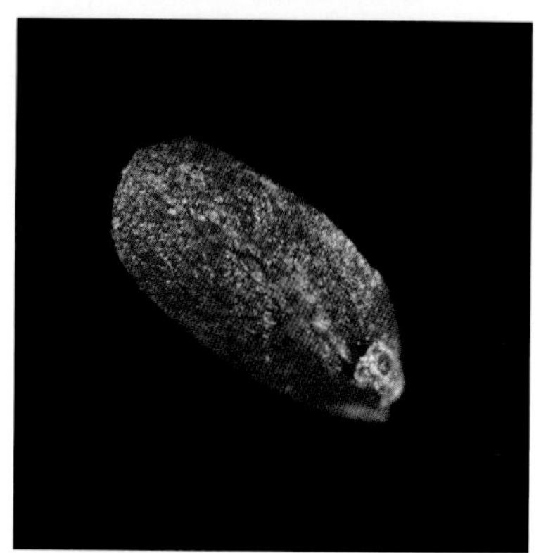
鸡骨柴 Elsholtzia fruticosa
唇形科 LAMIACEAE

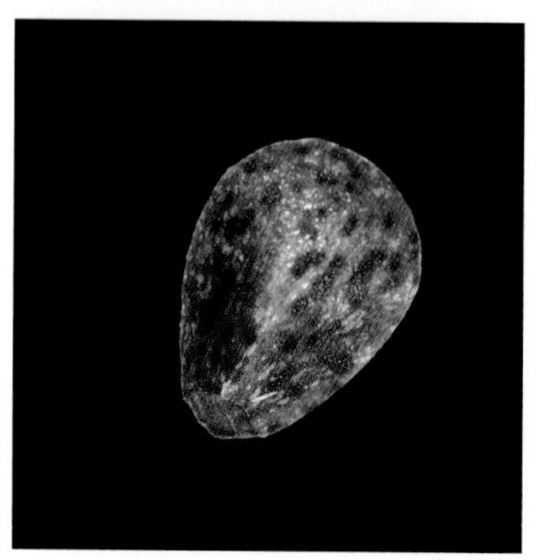
四川小野芝麻 Galeobdolon szechuanense
唇形科 LAMIACEAE

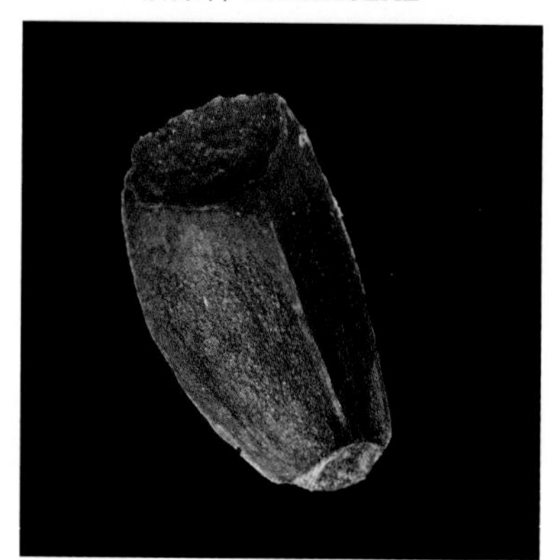
益母草 Leonurus japonicus
唇形科 LAMIACEAE

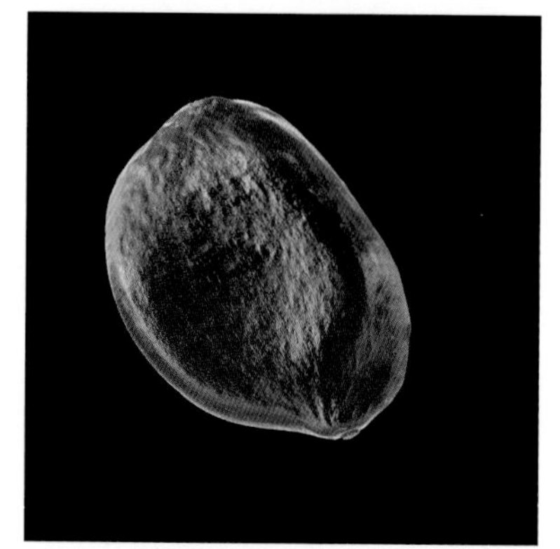
猫儿屎 Decaisnea insignis
木通科 LARDIZABALACEAE

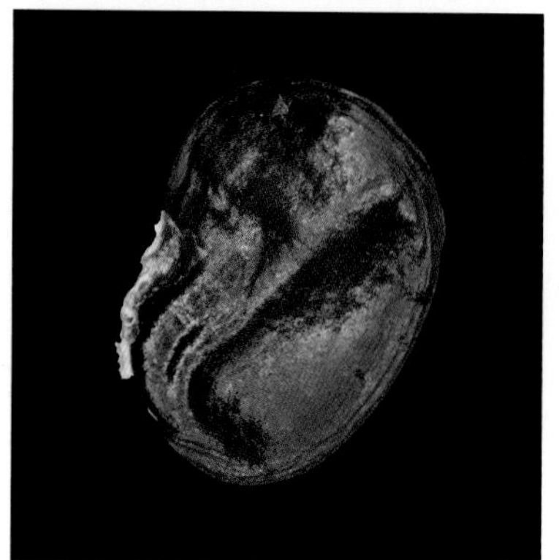
八月瓜 Holboellia latifolia
木通科 LARDIZABALACEAE

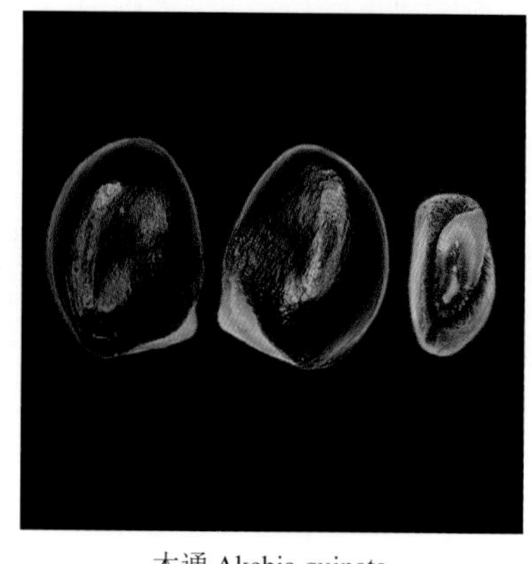
木通 Akebia quinata
木通科 LARDIZABALACEAE

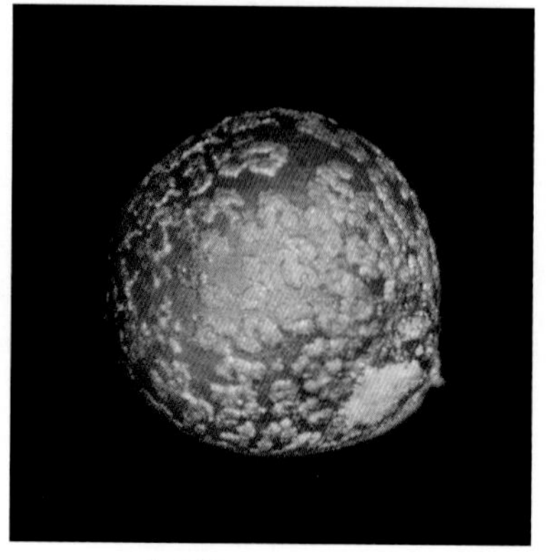
山鸡椒 Litsea cubeba
樟科 LAURACEAE

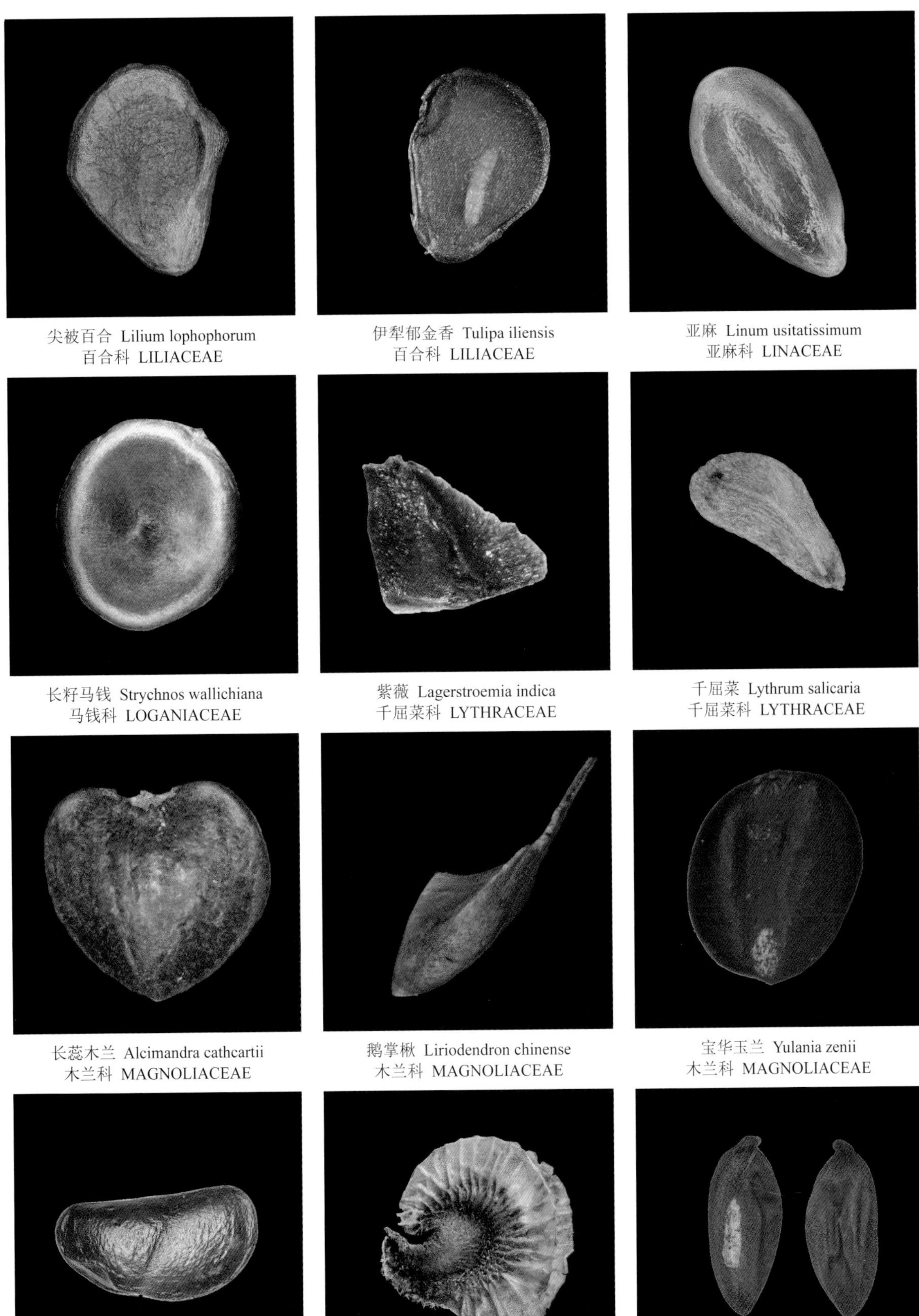

尖被百合 Lilium lophophorum
百合科 LILIACEAE

伊犁郁金香 Tulipa iliensis
百合科 LILIACEAE

亚麻 Linum usitatissimum
亚麻科 LINACEAE

长籽马钱 Strychnos wallichiana
马钱科 LOGANIACEAE

紫薇 Lagerstroemia indica
千屈菜科 LYTHRACEAE

千屈菜 Lythrum salicaria
千屈菜科 LYTHRACEAE

长蕊木兰 Alcimandra cathcartii
木兰科 MAGNOLIACEAE

鹅掌楸 Liriodendron chinense
木兰科 MAGNOLIACEAE

宝华玉兰 Yulania zenii
木兰科 MAGNOLIACEAE

云南拟单性木兰 Parakmeria yunnanensis
木兰科 MAGNOLIACEAE

蜀葵 Alcea rosea
锦葵科 MALVACEAE

滇桐 Craigia yunnanensis
锦葵科 MALVACEAE

梧桐 Firmiana simplex
锦葵科 MALVACEAE

小花扁担杆 Grewia biloba
锦葵科 MALVACEAE

藜芦 Veratrum nigrum
黑药花科 MELANTHIACEAE

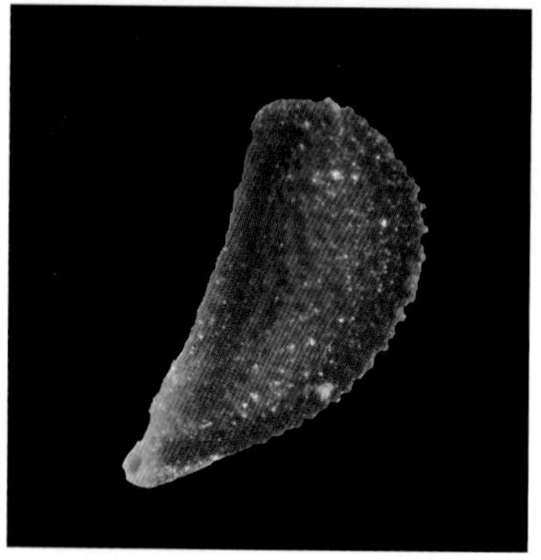

楮头红 Sarcopyramis napalensis
野牡丹科 MELASTOMATACEAE

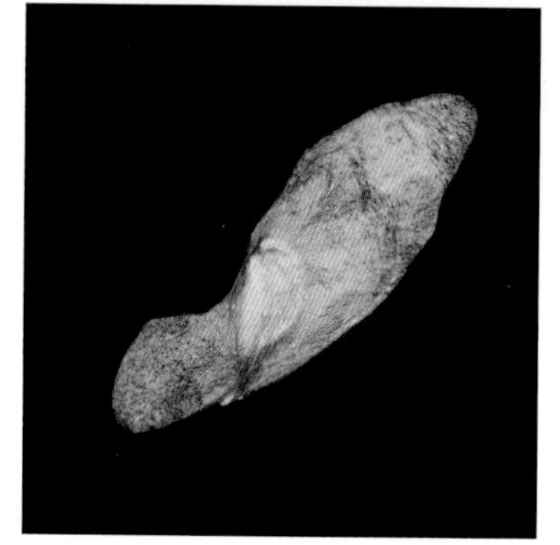

红椿 Toona ciliata
楝科 MELIACEAE

苍白秤钩风 Diploclisia glaucescens
防己科 MENISPERMACEAE

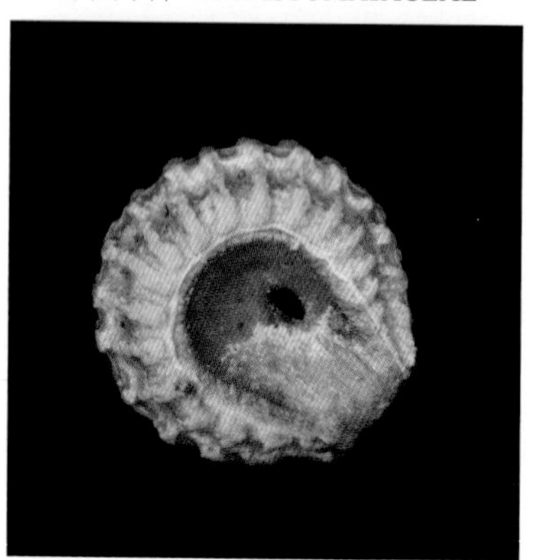

粉防己 Stephania tetrandra
防己科 MENISPERMACEAE

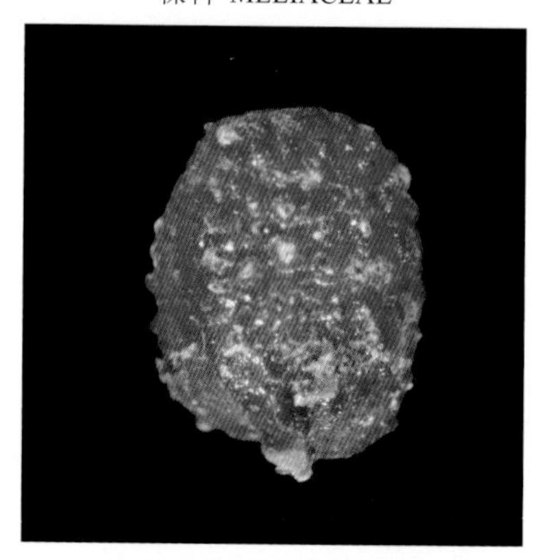

构树 Broussonetia papyrifera
桑科 MORACEAE

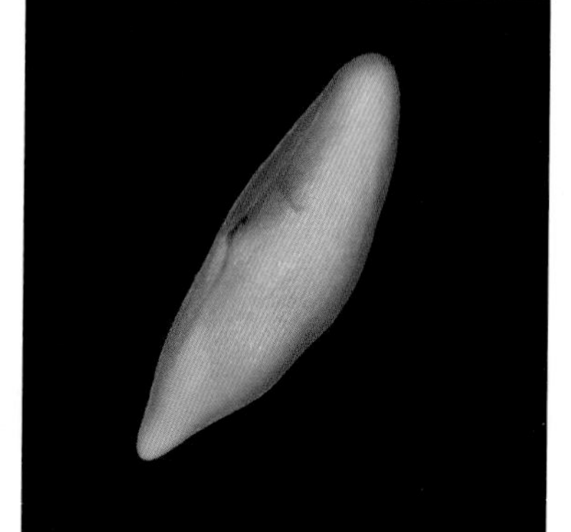

薜荔 Ficus pumila
桑科 MORACEAE

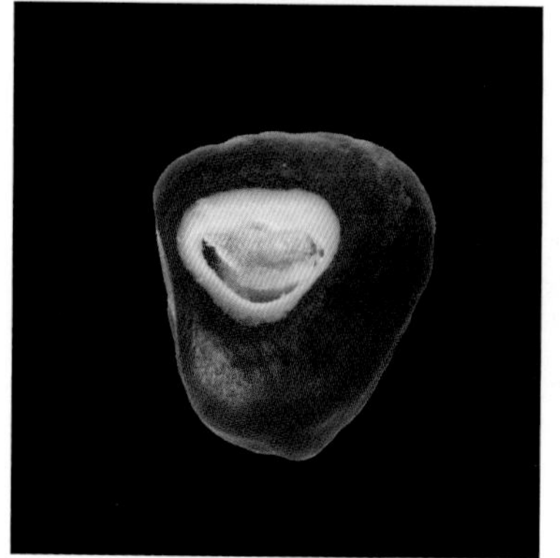

象头蕉 Ensete wilsonii
芭蕉科 MUSACEAE

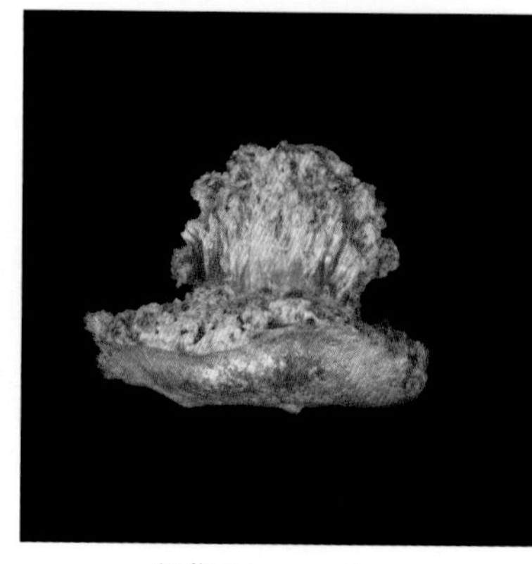

红蕉 Musa coccinea
芭蕉科 MUSACEAE

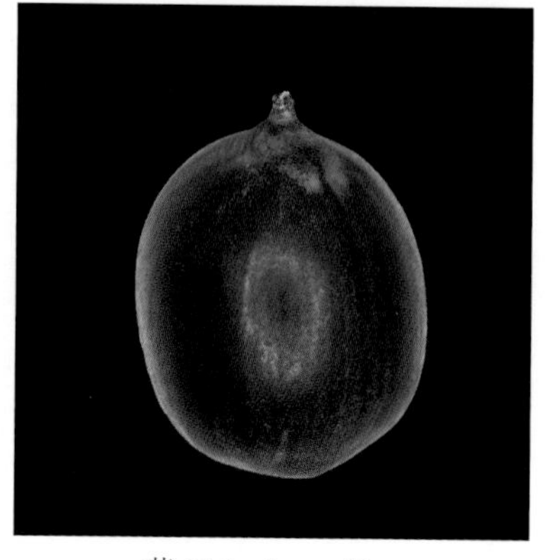

莲 Nelumbo nucifera
莲科 NELUMBONACEAE

连翘 Forsythia suspensa
木犀科 OLEACEAE

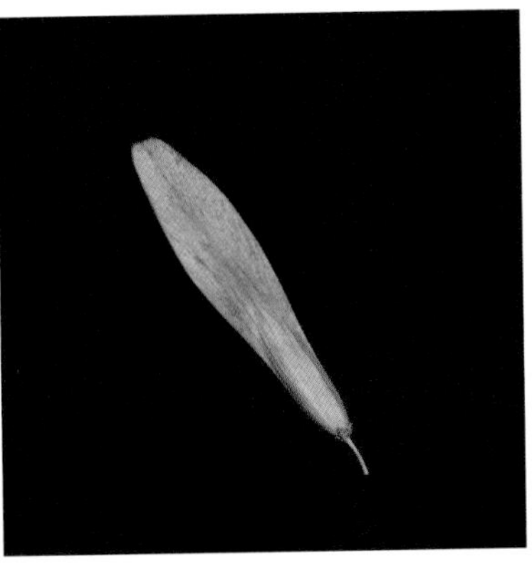

花曲柳 Fraxinus chinensis
木犀科 OLEACEAE

水曲柳 Fraxinus mandschurica
木犀科 OLEACEAE

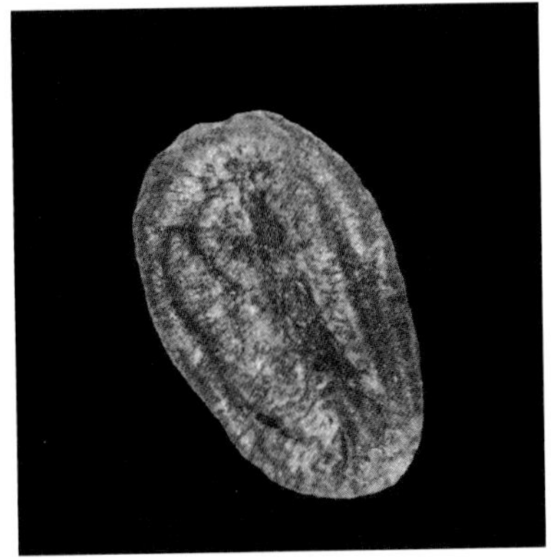

散生女贞 Ligustrum confusum
木犀科 OLEACEAE

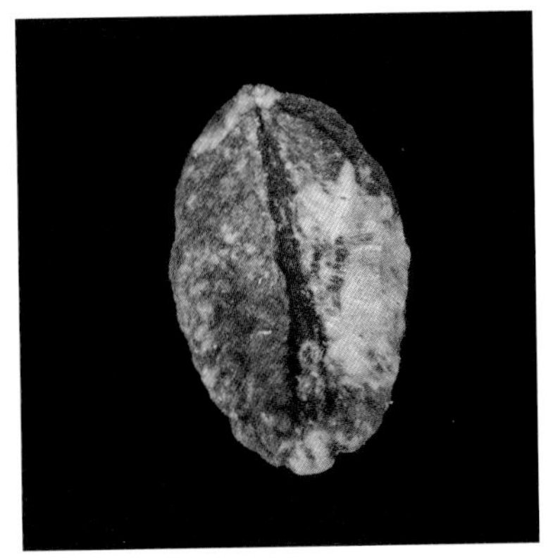

小蜡 Ligustrum sinense
木犀科 OLEACEAE

暴马丁香 Syringa reticulata
木犀科 OLEACEAE

柳兰 Chamerion angustifolium
柳叶菜科 ONAGRACEAE

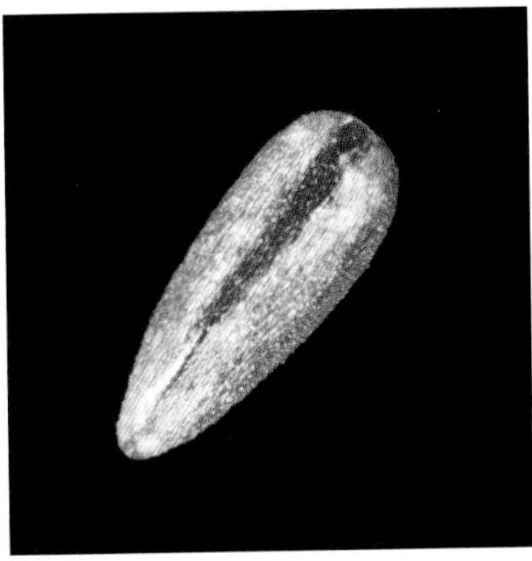

埋鳞柳叶菜 Epilobium williamsii
柳叶菜科 ONAGRACEAE

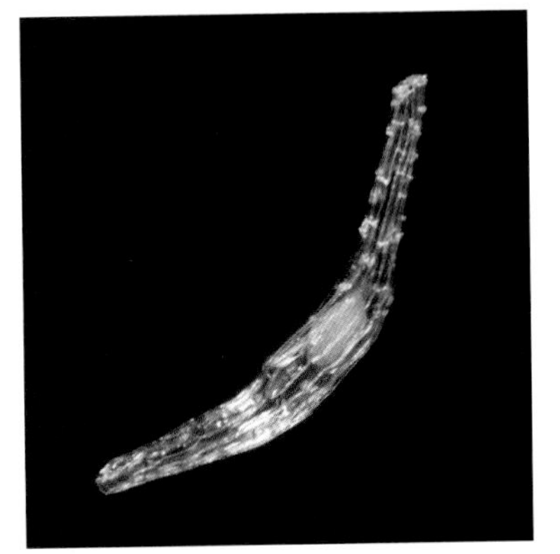

镰萼虾脊兰 Calanthe puberula
兰科 ORCHIDACEAE

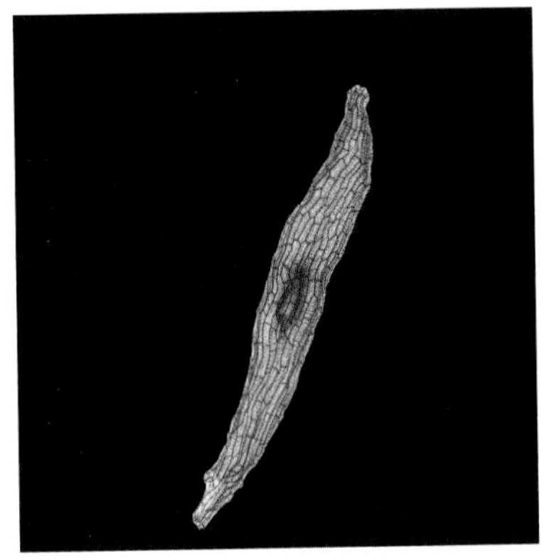

杜鹃兰 Cremastra appendiculata
兰科 ORCHIDACEAE

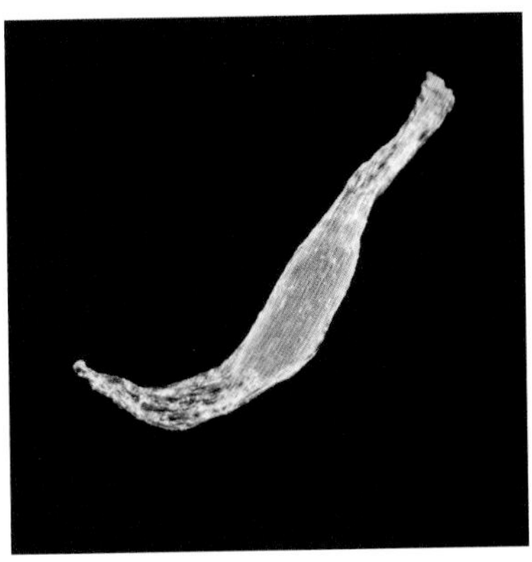

束花石斛 Dendrobium chrysanthum
兰科 ORCHIDACEAE

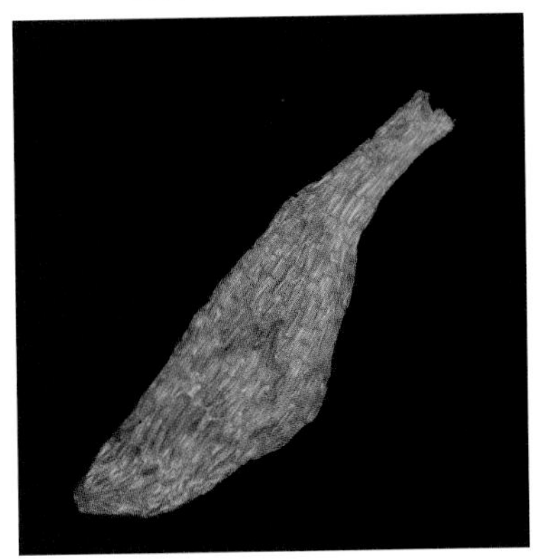

大叶火烧兰 Epipactis mairei
兰科 ORCHIDACEAE

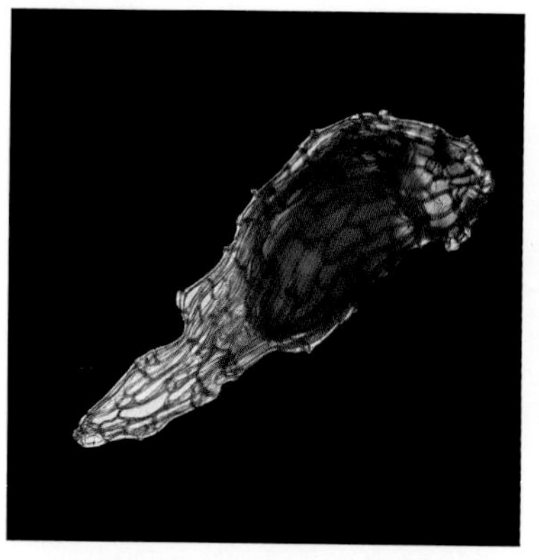

云南独蒜兰 Pleione yunnanensis
兰科 ORCHIDACEAE

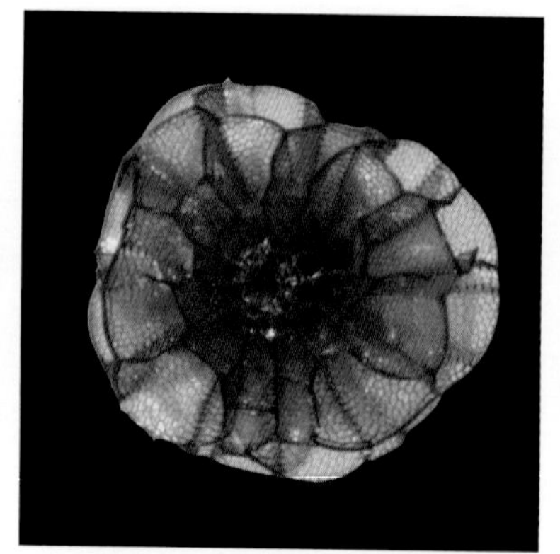

丁座草 Boschniakia himalaica
列当科 OROBANCHACEAE

滇列当 Orobanche yunnanensis
列当科 OROBANCHACEAE

大卫氏马先蒿 Pedicularis davidii
列当科 OROBANCHACEAE

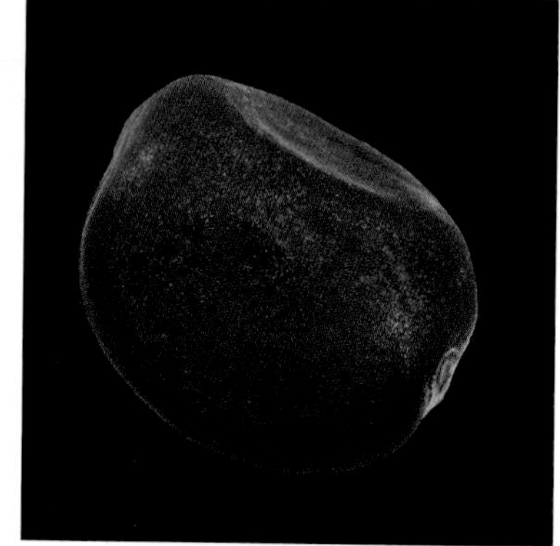

滇牡丹 Paeonia delavayi
芍药科 PAEONIACEAE

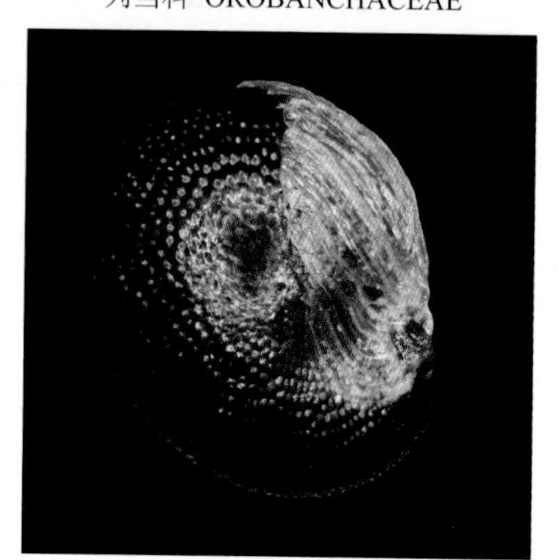

黄堇 Corydalis pallida
罂粟科 PAPAVERACEAE

鸡蛋果 Passiflora edulis
西番莲科 PASSIFLORACEAE

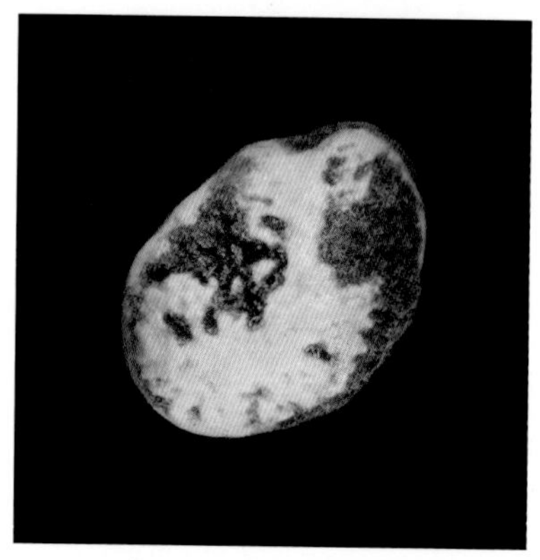

茶梨 Anneslea fragrans
五列木科 PENTAPHYLACACEAE

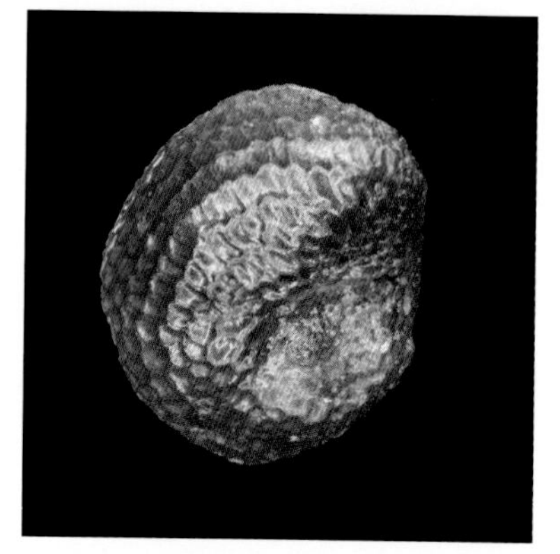

岗柃 Eurya groffii
五列木科 PENTAPHYLACACEAE

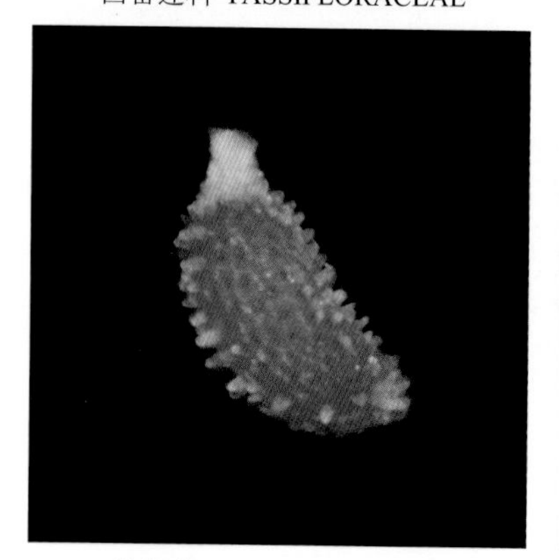

扯根菜 Penthorum chinense
扯根菜科 PENTHORACEAE

透骨草 Phryma leptostachya
透骨草科 PHRYMACEAE

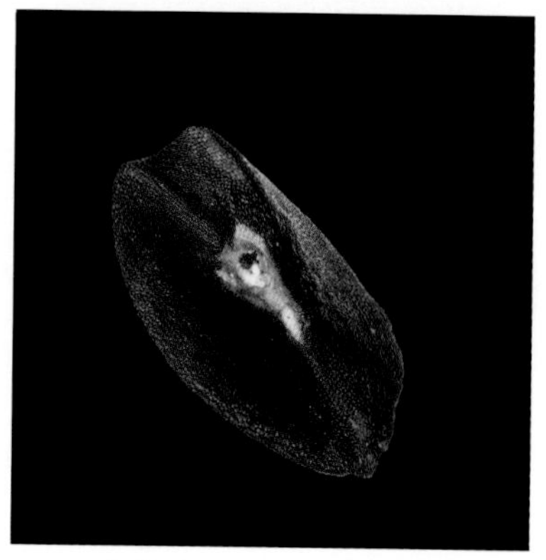

余甘子 Phyllanthus emblica
叶下珠科 PHYLLANTHACEAE

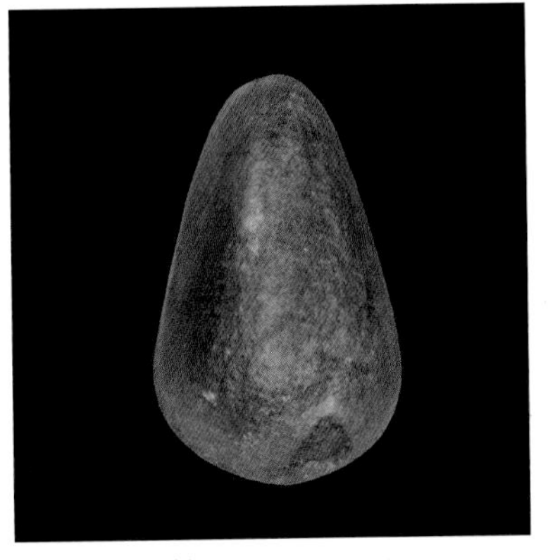

红松 Pinus koraiensis
松科 PINACEAE

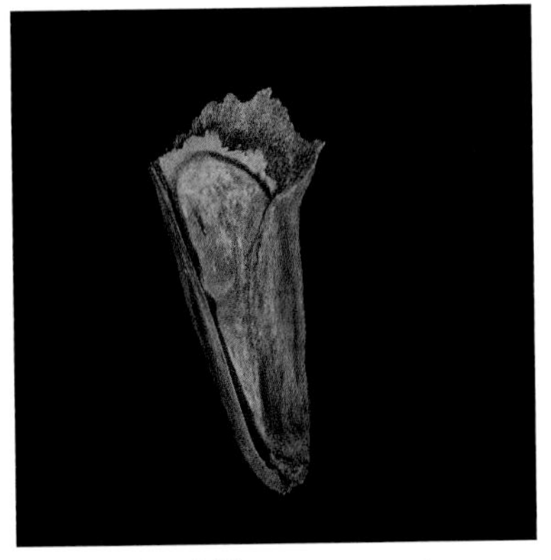

苍山冷杉 Abies delavayi
松科 PINACEAE

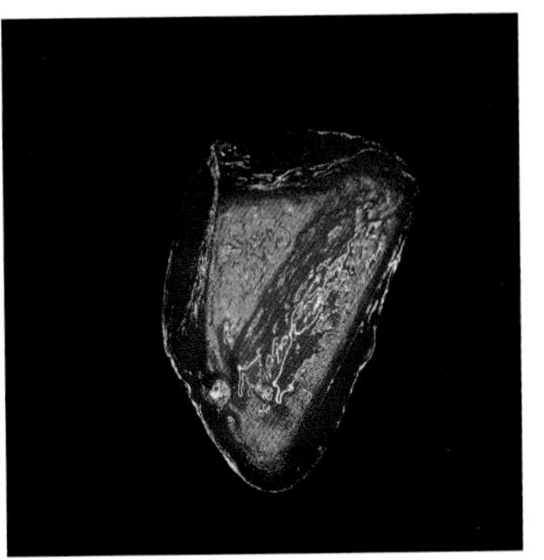

海桐 Pittosporum tobira
海桐花科 PITTOSPORACEAE

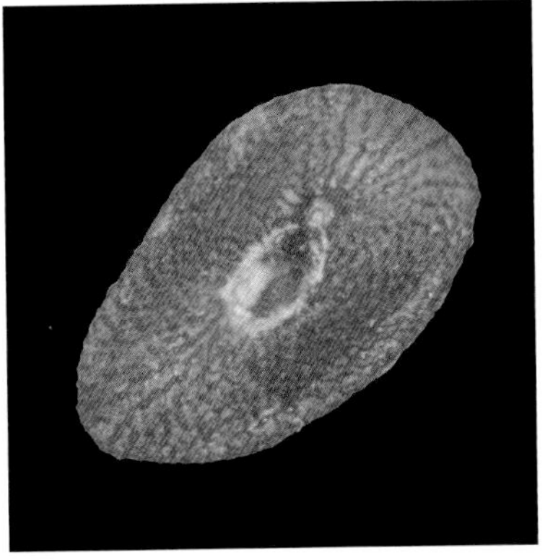

车前 Plantago asiatica
车前科 PLANTAGINACEAE

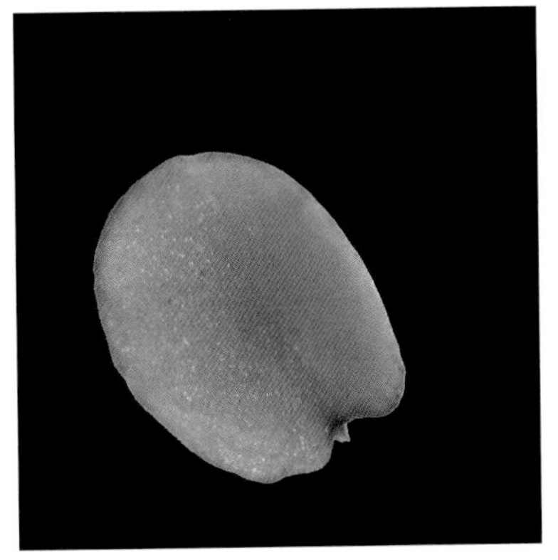

多毛四川婆婆纳 Veronica szechuanica
车前科 PLANTAGINACEAE

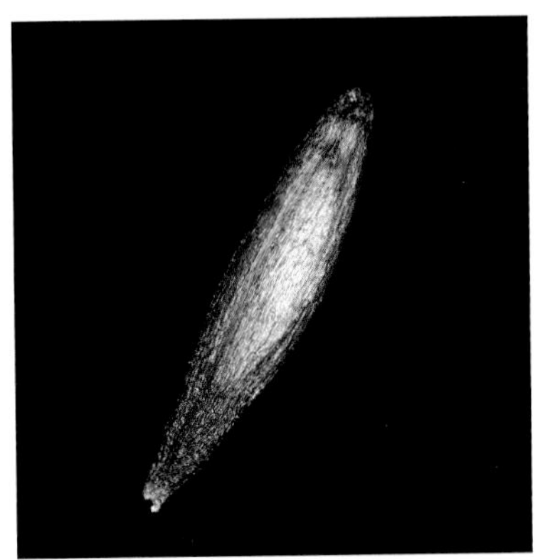

团花驼舌草 Goniolimon eximium
白花丹科 PLUMBAGINACEAE

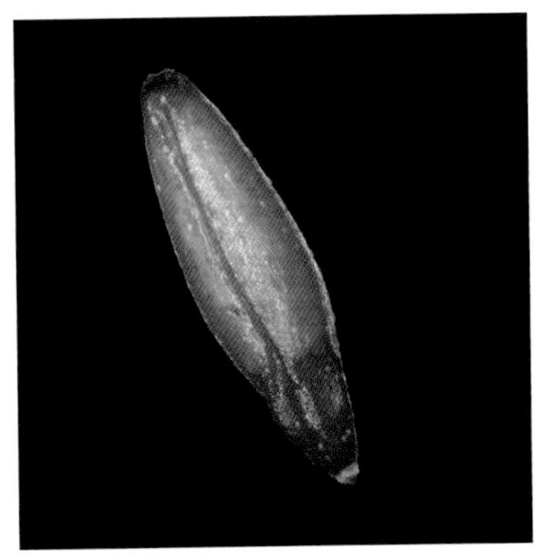

补血草 Limonium sinense
白花丹科 PLUMBAGINACEAE

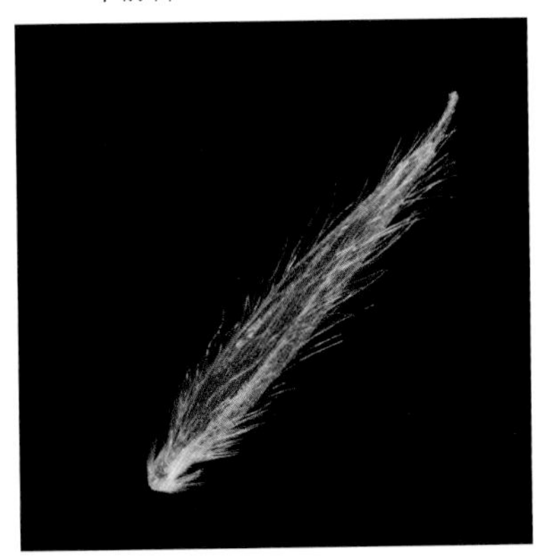

芨芨草 Achnatherum splendens
禾本科 POACEAE

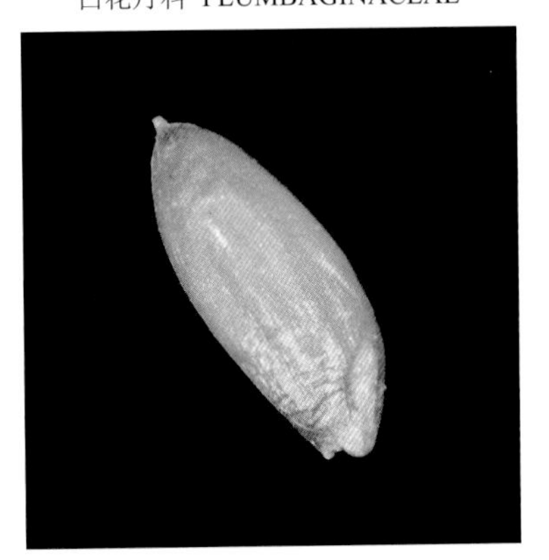

菵草 Beckmannia syzigachne
禾本科 POACEAE

蔺状隐花草 Crypsis schoenoides
禾本科 POACEAE

稗 Echinochloa crusgalli
禾本科 POACEAE

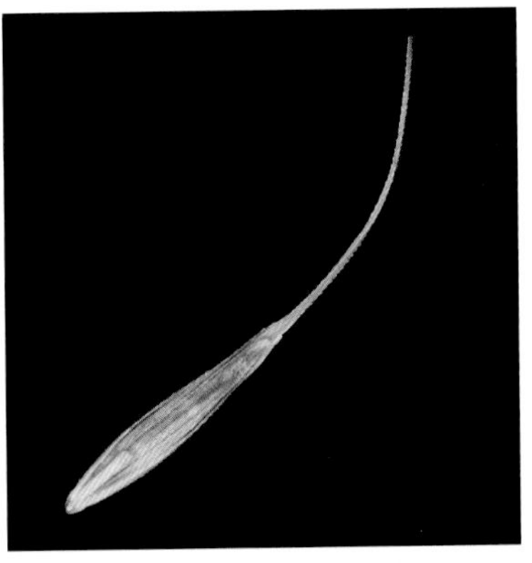

短颖披碱草 Elymus burchan-buddae
禾本科 POACEAE

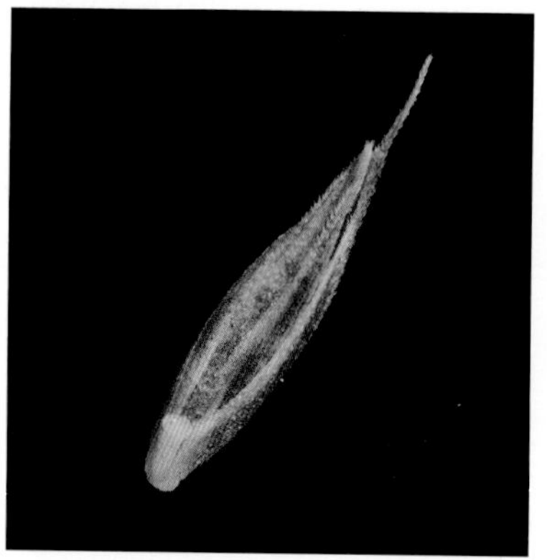
羊茅 Festuca ovina
禾本科 POACEAE

昆仑针茅 Stipa roborowskyi
禾本科 POACEAE

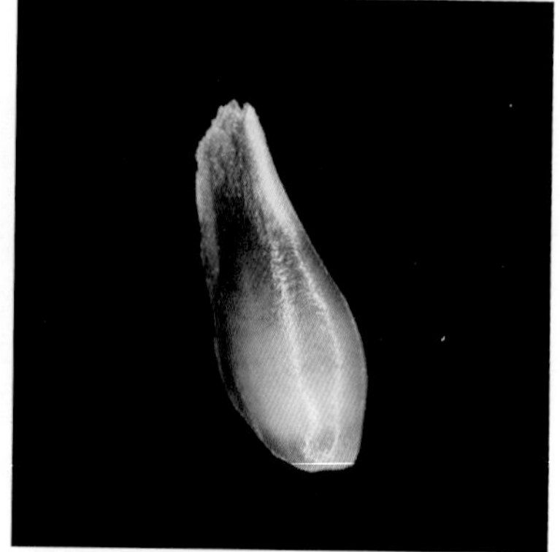
中华结缕草 Zoysia sinica
禾本科 POACEAE

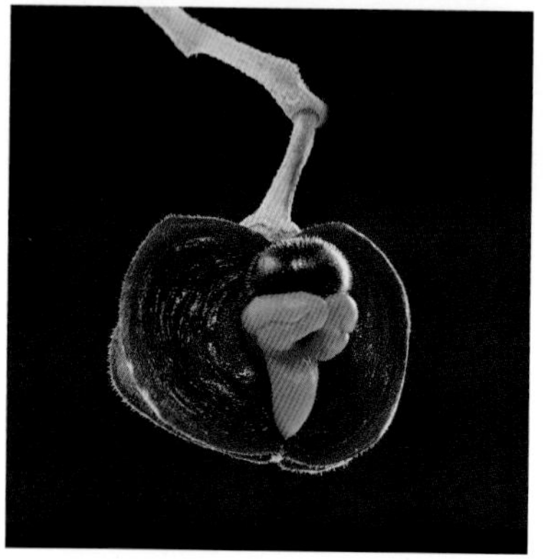
荷包山桂花 Polygala arillata
远志科 POLYGALACEAE

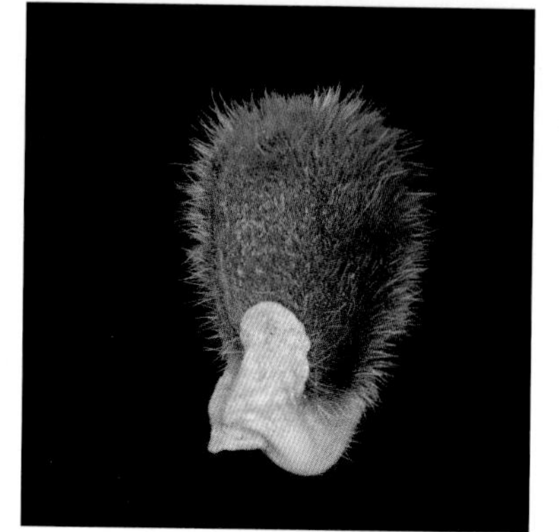
远志 Polygala tenuifolia
远志科 POLYGALACEAE

褐色沙拐枣 Calligonum colubrinum
蓼科 POLYGONACEAE

塔里木沙拐枣 Calligonum roborowskii
蓼科 POLYGONACEAE

山蓼 Oxyria digyna
蓼科 POLYGONACEAE

虎杖 Reynoutria japonica
蓼科 POLYGONACEAE

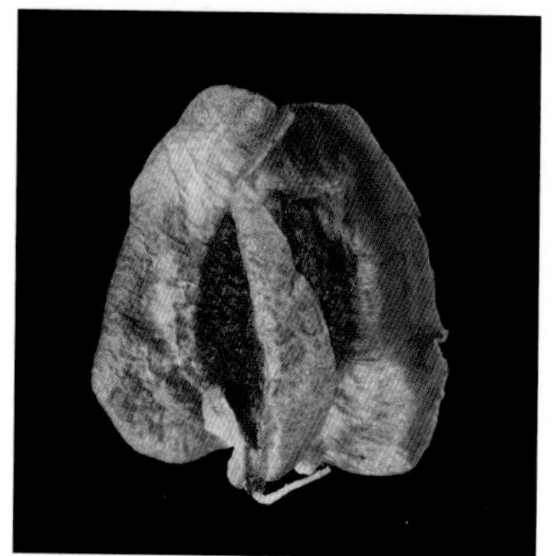
穗序大黄 Rheum spiciforme
蓼科 POLYGONACEAE

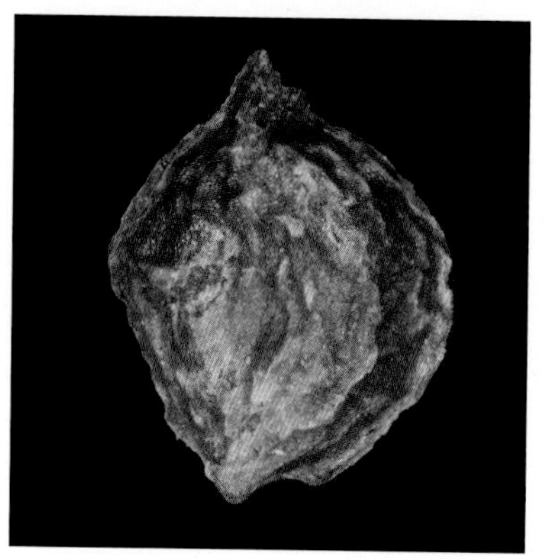
眼子菜 Potamogeton distinctus
眼子菜科 POTAMOGETONACEAE

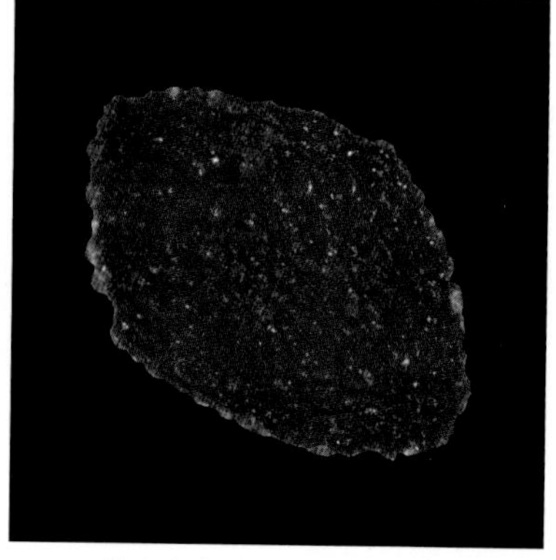
石莲叶点地梅 Androsace integra
报春花科 PRIMULACEAE

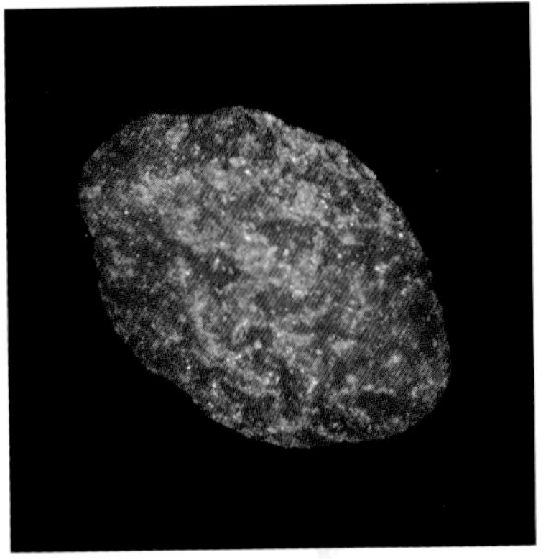

垫状点地梅 Androsace tapete
报春花科 PRIMULACEAE

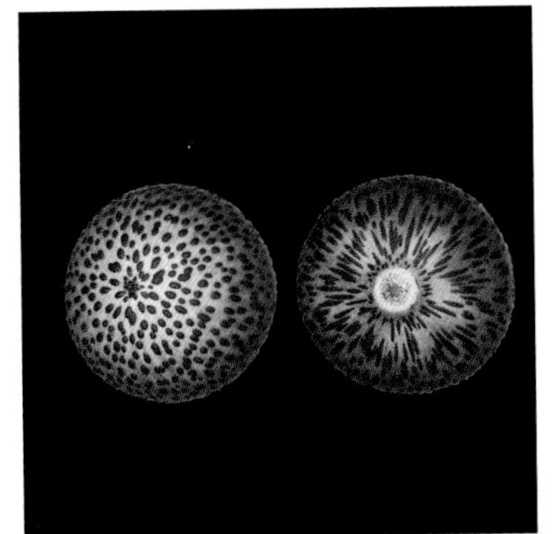

紫金牛 Ardisia japonica
报春花科 PRIMULACEAE

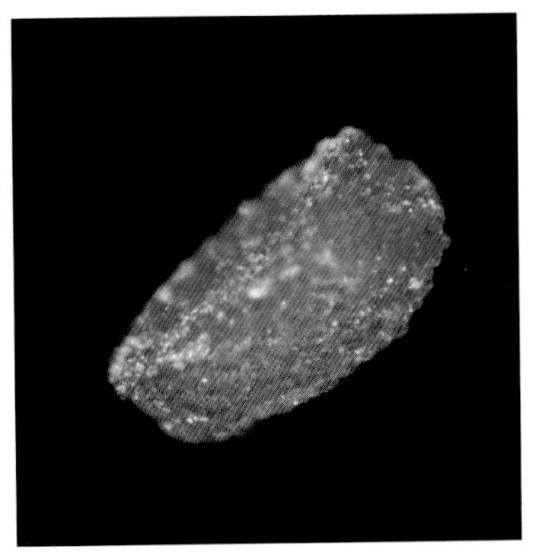

藏南粉报春 Primula jaffreyana
报春花科 PRIMULACEAE

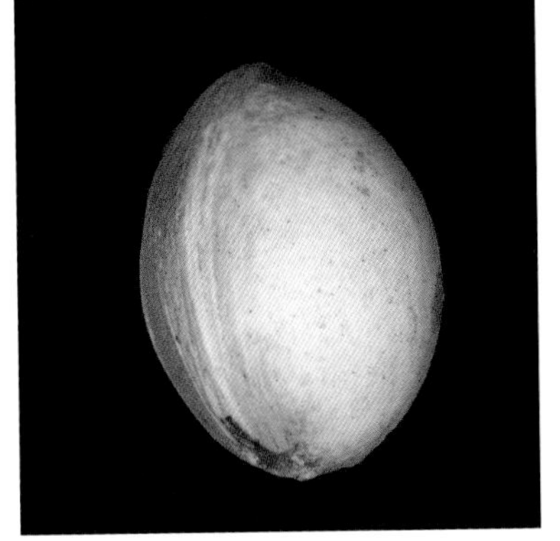

小果山龙眼 Helicia cochinchinensis
山龙眼科 PROTEACEAE

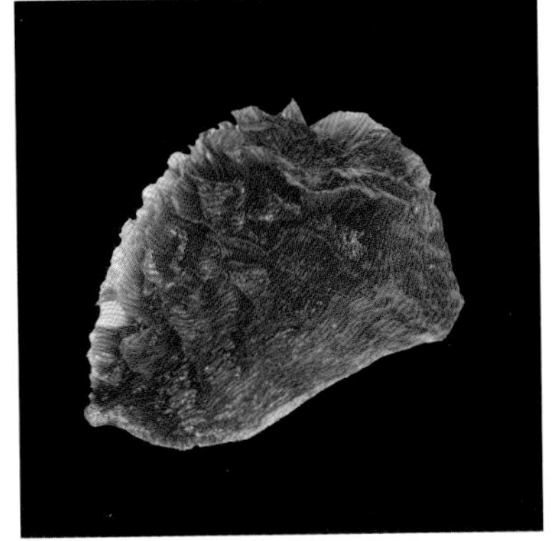

乌头 Aconitum carmichaelii
毛茛科 RANUNCULACEAE

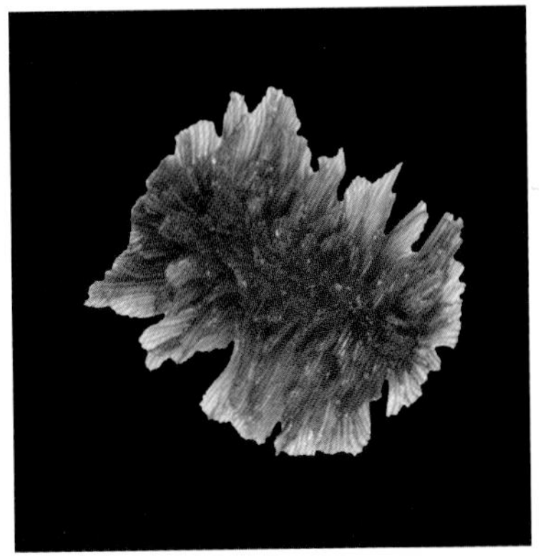

升麻 Cimicifuga foetida
毛茛科 RANUNCULACEAE

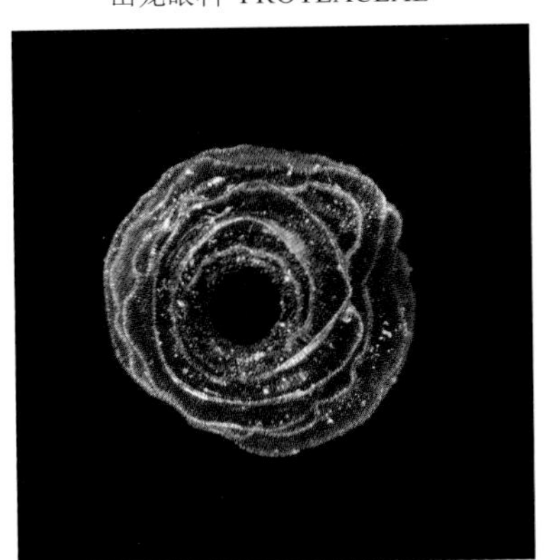

还亮草 Delphinium anthriscifolium
毛茛科 RANUNCULACEAE

钩柱唐松草 Thalictrum uncatum
毛茛科 RANUNCULACEAE

枣 Ziziphus jujuba
鼠李科 RHAMNACEAE

光核桃 Amygdalus mira
蔷薇科 ROSACEAE

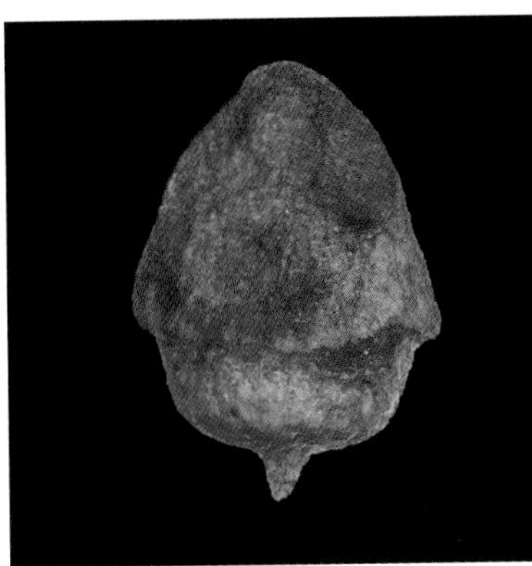

耐寒栒子 Cotoneaster frigidus
蔷薇科 ROSACEAE

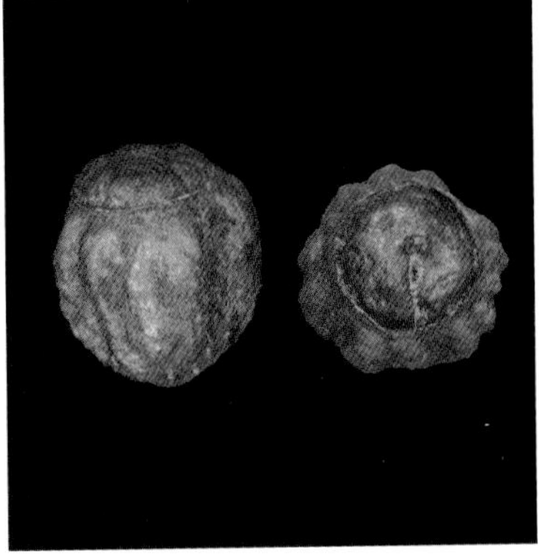

水栒子 Cotoneaster multiflorus
蔷薇科 ROSACEAE

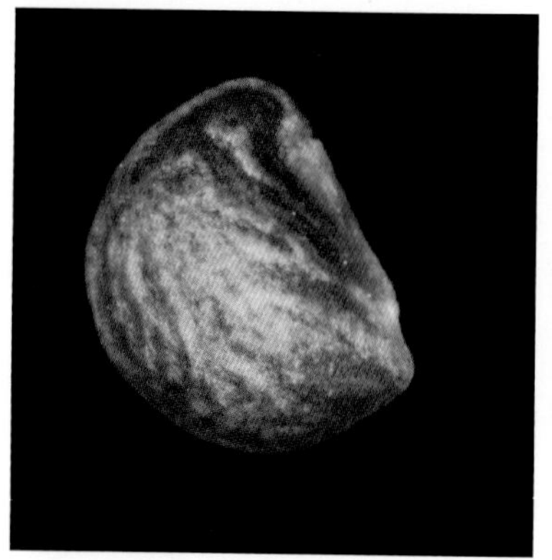

钉柱委陵菜 Potentilla saundersiana
蔷薇科 ROSACEAE

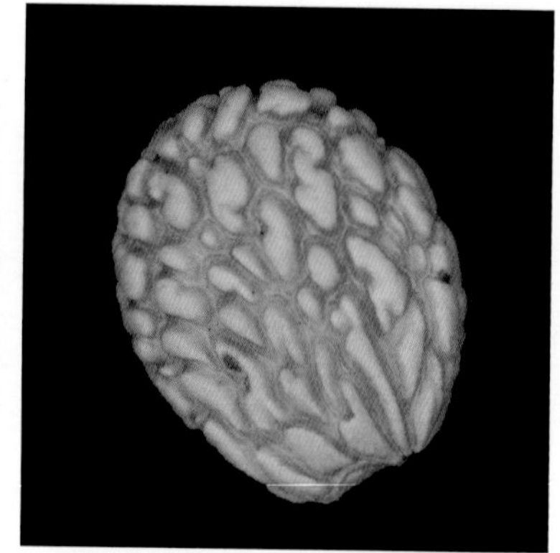

东北扁核木 Prinsepia sinensis
蔷薇科 ROSACEAE

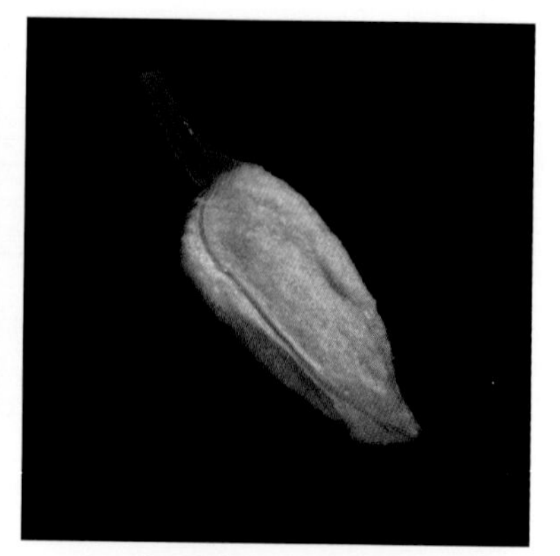

川滇蔷薇 Rosa soulieana
蔷薇科 ROSACEAE

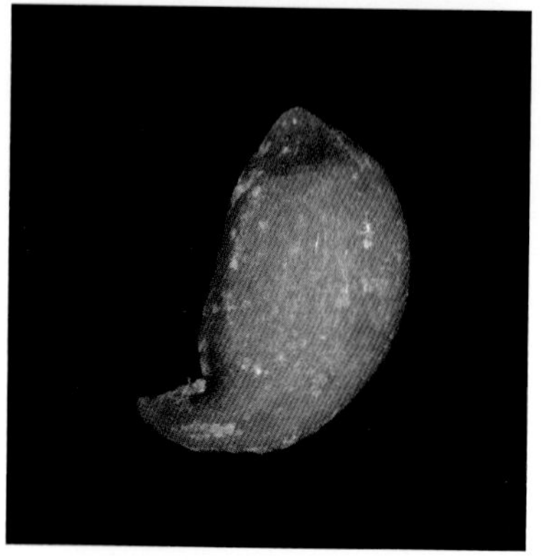

西南花楸 Sorbus rehderiana
蔷薇科 ROSACEAE

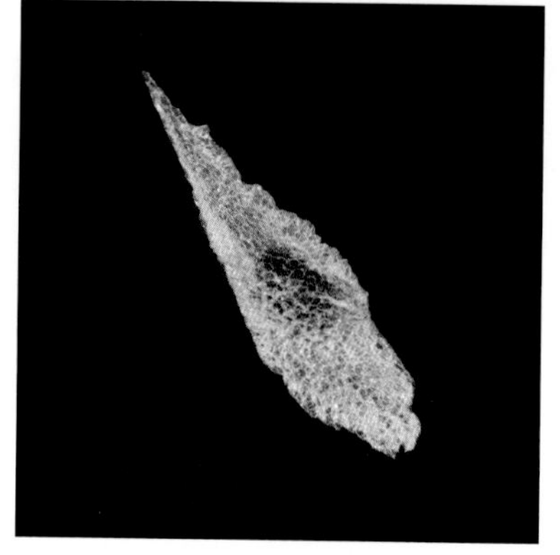

香果树 Emmenopterys henryi
茜草科 RUBIACEAE

丁茜 Trailliaedoxa gracilis
茜草科 RUBIACEAE

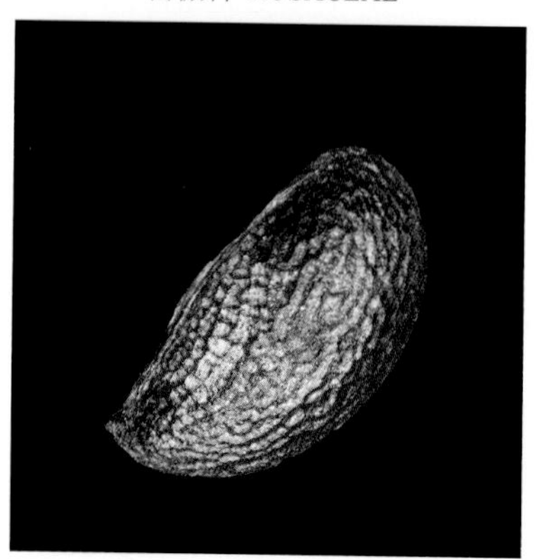

川黄檗 Phellodendron chinense
芸香科 RUTACEAE

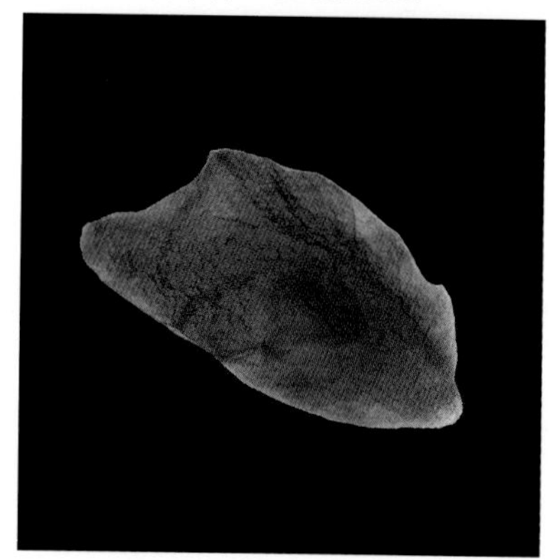

栀子皮 Itoa orientalis
杨柳科 SALICACEAE

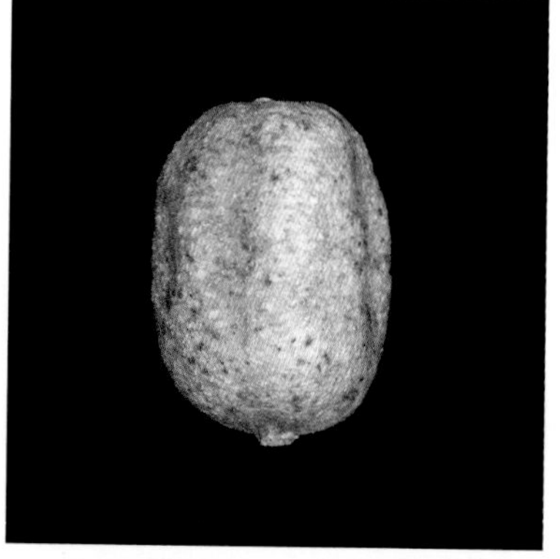

秦岭米面蓊 Buckleya graebneriana
檀香科 SANTALACEAE

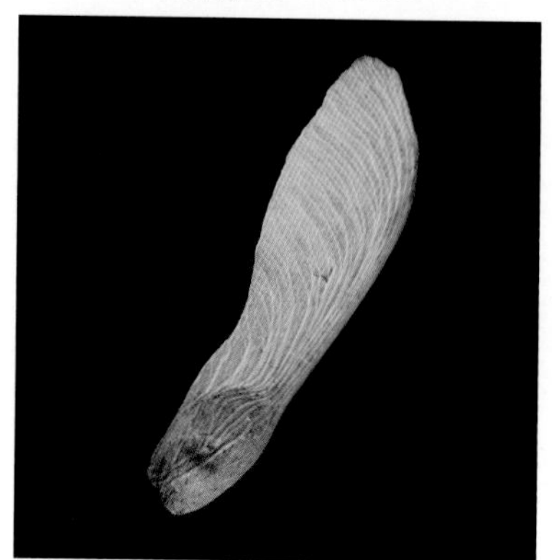

葛罗枫 Acer davidii subsp. grosseri
无患子科 SAPINDACEAE

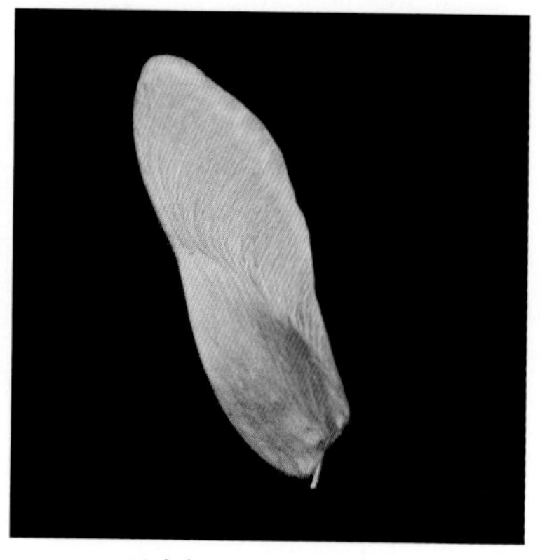

元宝枫 Acer truncatum
无患子科 SAPINDACEAE

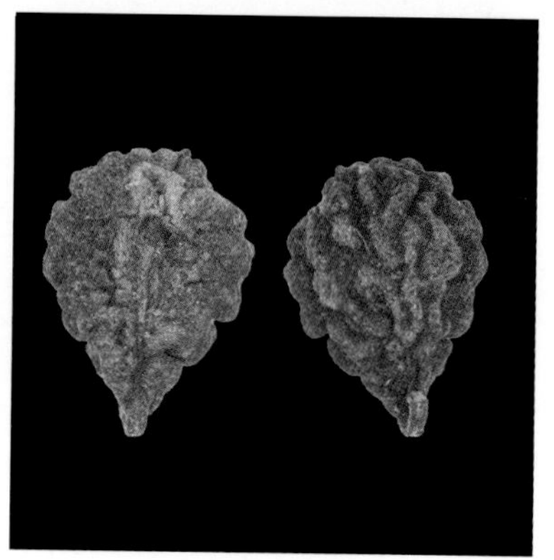

三白草 Saururus chinensis
三白草科 SAURURACEAE

华中五味子 *Schisandra sphenanthera*
五味子科 SCHISANDRACEAE

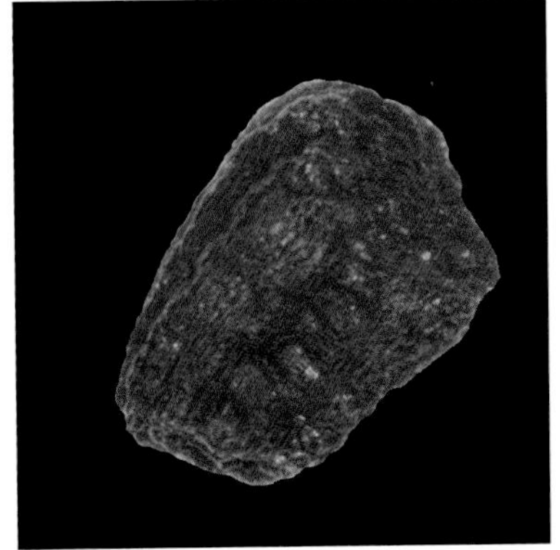

玄参 *Scrophularia ningpoensis*
玄参科 SCROPHULARIACEAE

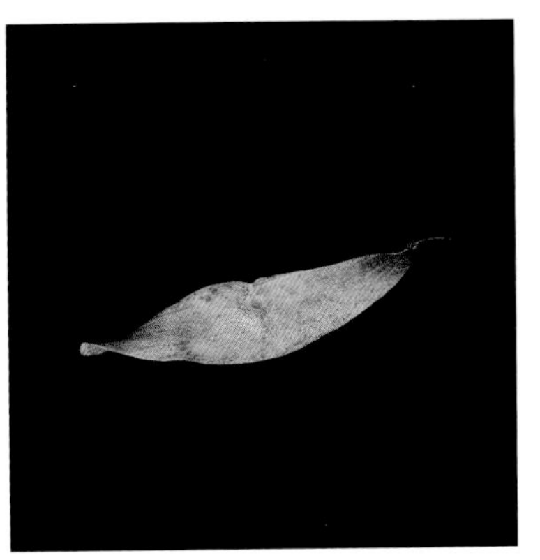

臭椿 *Ailanthus altissima*
苦木科 SIMAROUBACEAE

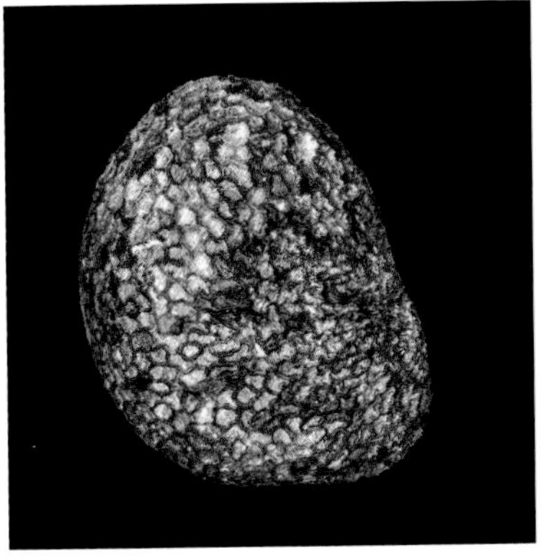

铃铛子 *Anisodus luridus*
茄科 SOLANACEAE

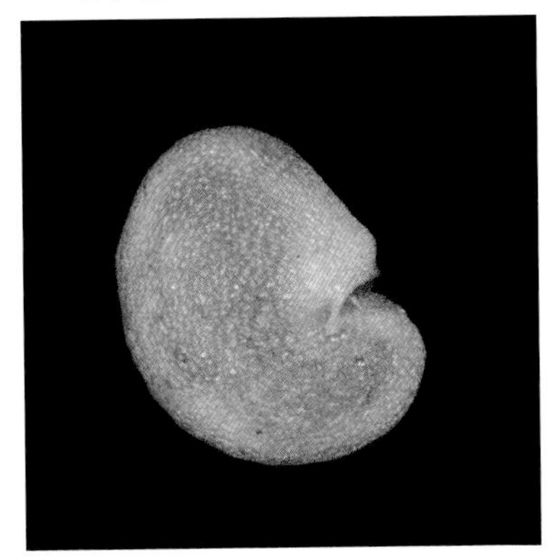

枸杞 *Lycium chinense*
茄科 SOLANACEAE

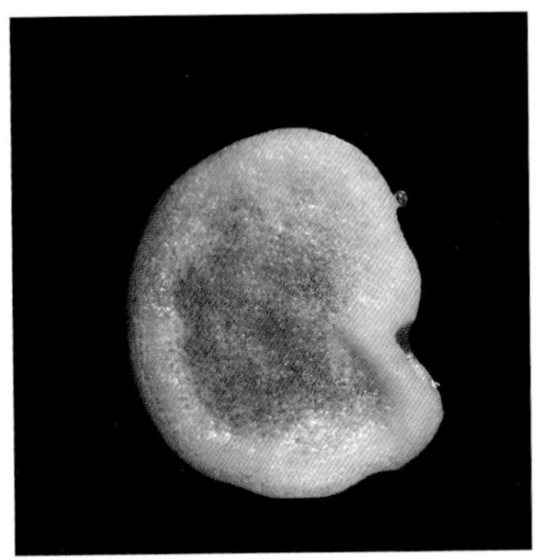

珊瑚樱 *Solanum pseudocapsicum*
茄科 SOLANACEAE

中国旌节花 *Stachyurus chinensis*
旌节花科 STACHYURACEAE

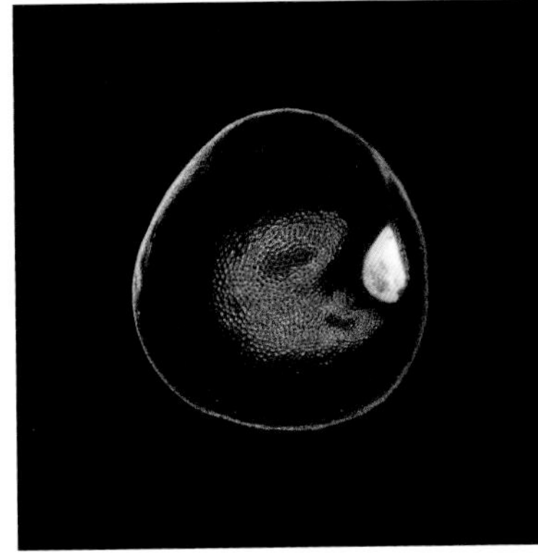

野鸦椿 *Euscaphis japonica*
省沽油科 STAPHYLEACEAE

赤杨叶 *Alniphyllum fortunei*
安息香科 STYRACACEAE

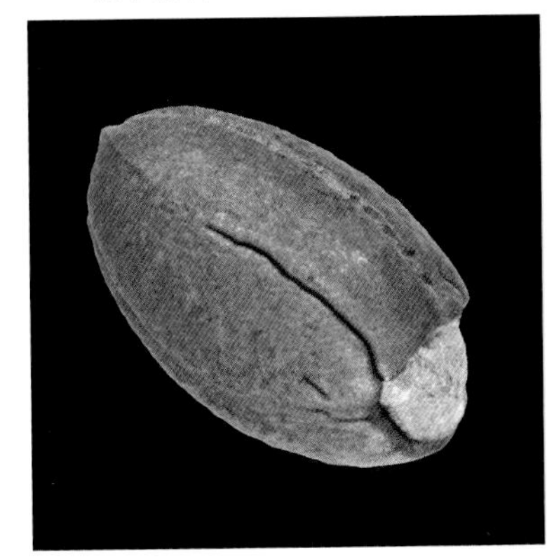

野茉莉 *Styrax japonicus*
安息香科 STYRACACEAE

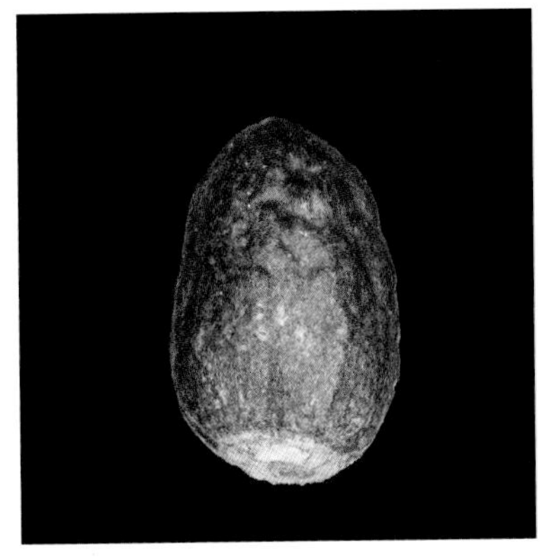

山矾 *Symplocos sumuntia*
山矾科 SYMPLOCACEAE

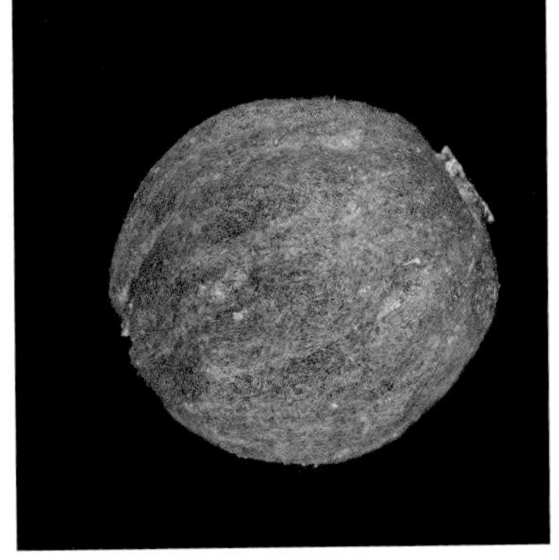

光叶山矾 *Symplocos lancifolia*
山矾科 SYMPLOCACEAE

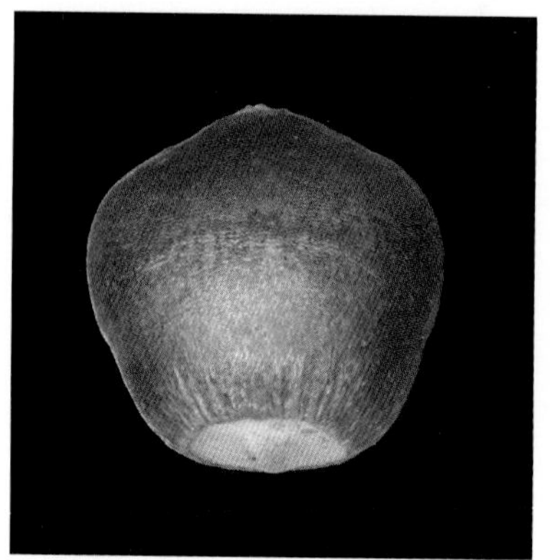

喜马拉雅红豆杉 Taxus wallichiana
红豆杉科 TAXACEAE

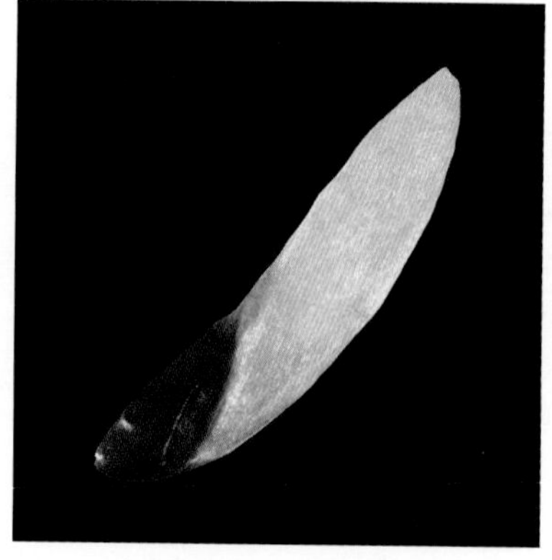

大头茶 Polyspora axillaris
山茶科 THEACEAE

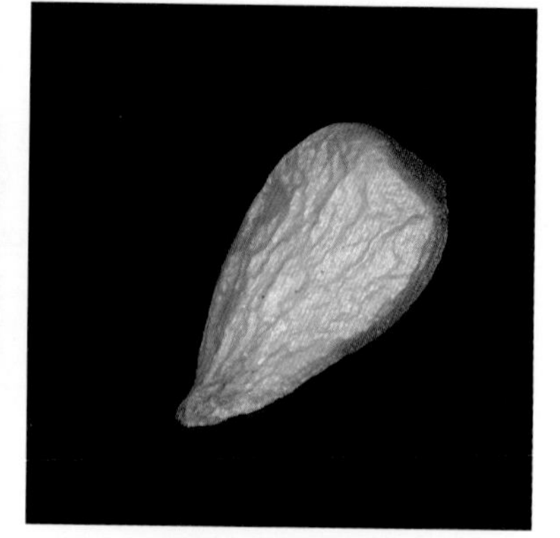

长序榆 Ulmus elongata
榆科 ULMACEAE

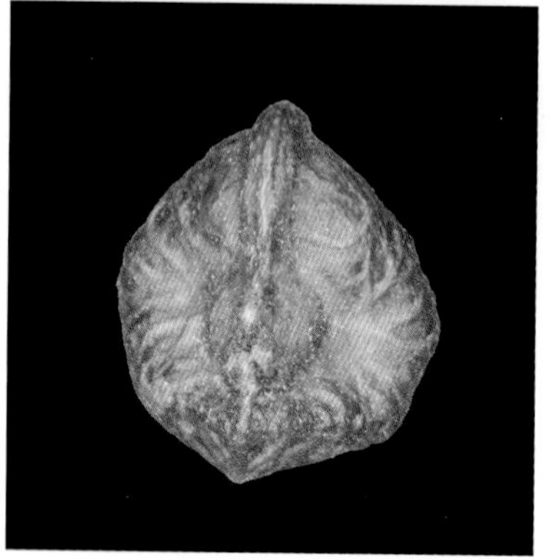

榉树 Zelkova serrata
榆科 ULMACEAE

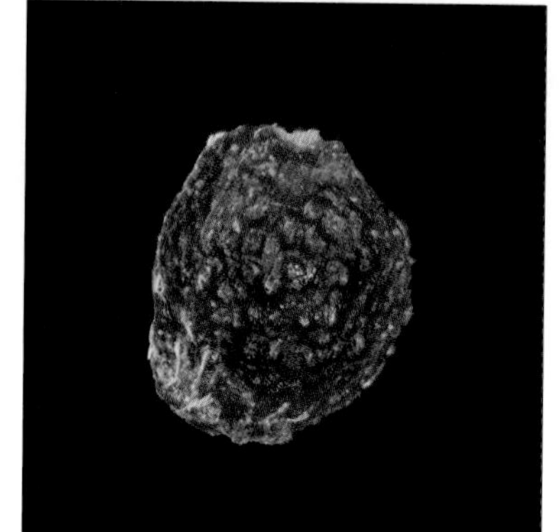

紫麻 Oreocnide frutescens
荨麻科 URTICACEAE

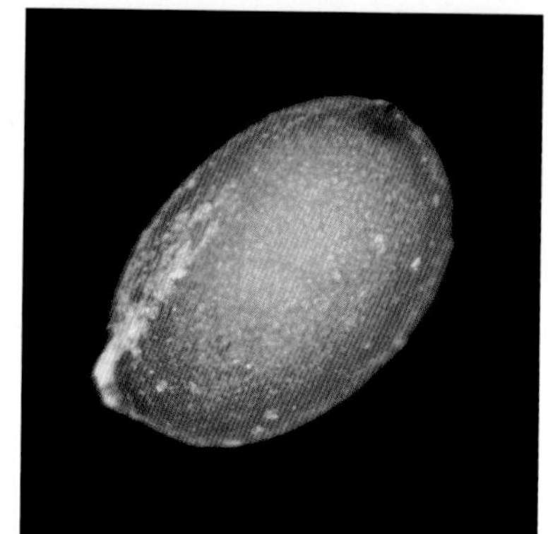

芒苞草 Acanthochlamys bracteata
翡若翠科 VELLOZIACEAE

长萼堇菜 Viola inconspicua
堇菜科 VIOLACEAE

扁担藤 Tetrastigma planicaule
葡萄科 VITACEAE

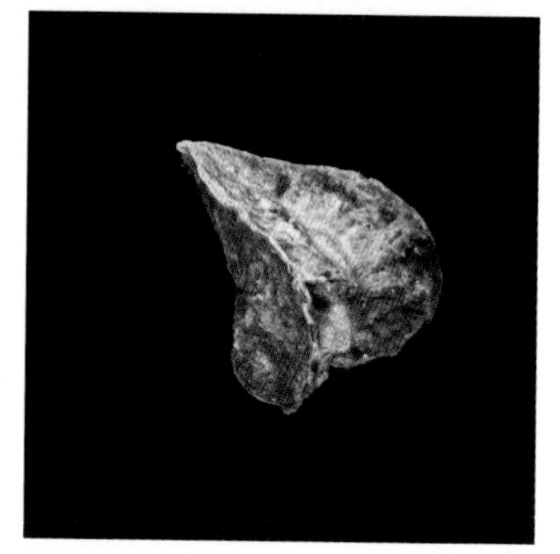

狭叶崖爬藤 Tetrastigma serrulatum
葡萄科 VITACEAE

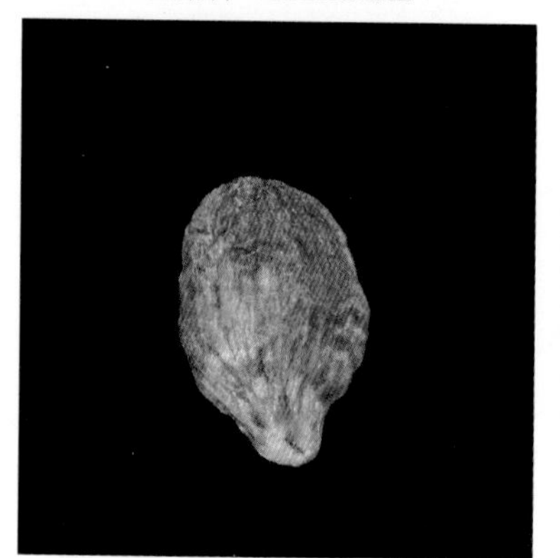

草果药 Hedychium spicatum
姜科 ZINGIBERACEAE

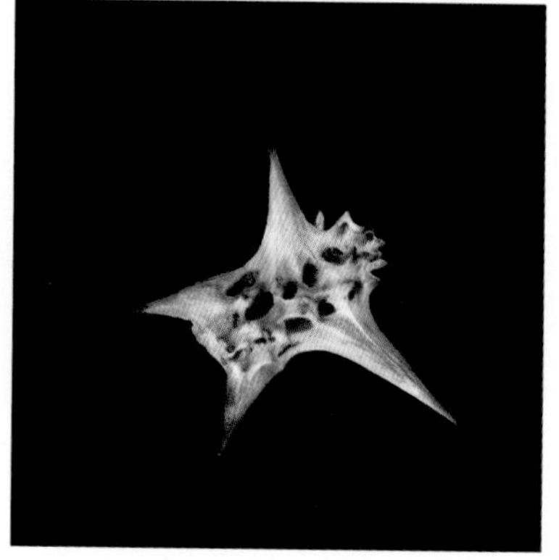

蒺藜 Tribulus terrestris
蒺藜科 ZYGOPHYLLACEAE

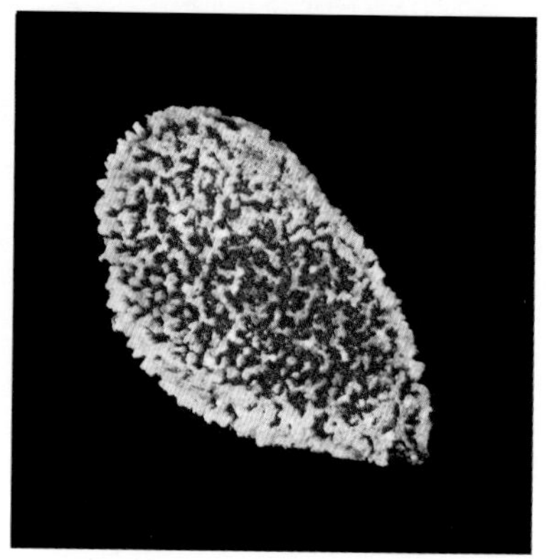

豆型霸王 Zygophyllum fabago
蒺藜科 ZYGOPHYLLACEAE